总 篇 目

焊 接 手 册

第 1 卷

焊接方法及设备

第 3 版（修订本）

中国机械工程学会焊接学会　编

机 械 工 业 出 版 社

《焊接手册》是由中国机械工程学会焊接学会在全国范围内组织专家编著的一部综合性专业工具书，是学会为生产服务的具体体现。对手册内容的不断充实、完善是学会的长期工作任务。此次的修订本是在第3版的基础上，依然保持内容选材广泛的特点，突出手册的实践性、准确性、可靠性；采纳了近几年国内外焊接生产技术飞速发展的成果、新颁布的国内外标准。全套手册共计3卷（焊接方法及设备、材料的焊接、焊接结构），本书为其中的第1卷。

本书共6篇42章，主要内容包括：电弧焊、电阻焊、高能束焊、钎焊、其他焊接方法、焊接过程自动化技术。特点是焊接工艺与设备兼顾，原理与工艺（或设备）密切联系。可引导读者正确选择和使用焊接方法及设备，并提供解决焊接工艺问题的基本途径。

本手册的读者对象是以工业部门中从事焊接生产的工程技术人员为主；同时，这部手册对于从事焊接的科研、设计和教学人员也是一部解决实际问题时必备的工具书。

图书在版编目（CIP）数据

焊接手册．第1卷，焊接方法及设备/中国机械工程学会焊接学会编．—3版（修订本）．—北京：机械工业出版社，2015.12（2022.10重印）
ISBN 978-7-111-52070-2

Ⅰ.①焊…　Ⅱ.①中…　Ⅲ.①焊接-技术手册②焊接工艺-技术手册③焊接设备-技术手册　Ⅳ.①TG4-62

中国版本图书馆CIP数据核字（2015）第265736号

机械工业出版社（北京市百万庄大街22号　邮政编码100037）
策划编辑：何月秋　责任编辑：何月秋　吕德齐
版式设计：霍永明　责任校对：陈立辉　陈　越
封面设计：马精明　责任印制：单爱军
北京虎彩文化传播有限公司印刷
2022年10月第3版第4次印刷
184mm×260mm·62.5印张·2插页·2147千字
标准书号：ISBN 978-7-111-52070-2
定价：188.00元

凡购本书，如有缺页、倒页、脱页，由本社发行部调换

电话服务
服务咨询热线：010-88361066
读者购书热线：010-68326294

网络服务
机 工 官 网：www.cmpbook.com
机 工 官 博：weibo.com/cmp1952
金 书 网：www.golden-book.com
教育服务网：www.cmpedu.com

中国机械工程学会焊接学会
《焊接手册》第3版编委会

《焊接手册》第1卷第3版（修订本）编审者名单

主　编

吴毅雄　上海交通大学　教授

副主编

（按分管篇排序）

殷树言　北京工业大学　教授

都东　清华大学　教授

刘金合　西北工业大学　教授

陈善本　上海交通大学　教授

高洪明　哈尔滨工业大学　教授

作　者　审　者

（按汉语拼音排序）

常保华　清华大学　副教授

陈强　清华大学　教授

陈树君　北京工业大学　教授

陈文威　长安大学　教授

陈彦宾　哈尔滨工业大学　教授

陈裕川　上海市焊接协会　高级工程师

丁韦　铁道科学研究院　研究员

方臣富　江苏科技大学　教授

方洪渊　哈尔滨工业大学　教授

冯吉才　哈尔滨工业大学　教授

高文会　铁道科学研究院　副研究员

耿正　哈尔滨工业大学　教授

郭明达　上海重型机器厂　高级工程师

韩赞东　清华大学　副教授

何鹏　哈尔滨工业大学　教授

华学明　上海交通大学　教授

黄鹏飞　北京工业大学　副教授

冀春涛　南昌航空大学　教授

冀殿英　南昌航空大学　教授

蒋建敏　北京工业大学　教授级高级工程师

蒋力培　北京石油化工学院　教授

介升旗　宝鸡住金石油钢管有限公司　高级工程师

李宝良　北京市挪斯恩焊接技术公司　高级工程师

李海超　哈尔滨工业大学　副教授

《焊接手册》第 1 卷第 3 版编审者名单

主　编

吴毅雄　上海交通大学　教授

副主编

（按分管篇排序）

殷树言 北京工业大学 教授	都东 清华大学 教授	刘金合 西北工业大学 教授	陈善本 上海交通大学 教授
高洪明 哈尔滨工业大学 教授			

作　者　审　者

（按汉语拼音排序）

常宝华 清华大学 副教授	陈强 清华大学 教授	陈树君 北京工业大学 教授	陈文威 长安大学 教授
陈彦宾 哈尔滨工业大学 教授	陈裕川 上海市焊接协会 高级工程师	丁韦 铁道科学研究院 研究员	方臣富 江苏科技大学 教授
冯吉才 哈尔滨工业大学 教授	高文会 铁道科学研究院 副研究员	耿正 哈尔滨工业大学 教授	郭明达 上海重型机器厂 高级工程师
韩永尴 哈尔滨焊接研究所 高级工程师	韩赞东 清华大学 副教授	何鹏 哈尔滨工业大学 副教授	华学明 上海交通大学 副教授
黄鹏飞 北京工业大学 副教授	冀春涛 南昌航空大学 教授	冀殿英 南昌航空大学 教授	蒋建敏 北京工业大学 教授级高级工程师
蒋力培 北京石油化工学院 教授	介升旗 宝鸡住金石油钢管有限公司 高级工程师	李宝良 北京市挪斯恩焊接技术公司 高级工程师	李海超 哈尔滨工业大学 讲师

李宏运 航空材料研究院 研究员	李力 铁道科学研究院 副研究员	李西恭 北京工业大学 副教授	林书玉 陕西师范大学 教授
林涛 上海交通大学 副教授	刘方军 北京航空航天大学 教授	刘会杰 哈尔滨工业大学 教授	刘嘉 北京工业大学 副教授
刘家发 大庆油田建设集团 教授级高级工程师	刘世参 装甲兵工程学院 教授	刘文焕 清华大学 教授	刘效方 北京航空材料研究院 研究员
刘永平 宝鸡住金石油钢管有限公司 高级工程师	马国红 南昌大学 副教授	马铁军 西北工业大学 副教授	毛唯 北京航空材料研究院 研究员
潘际銮 清华大学 中国科学院院士	施克仁 清华大学 教授	孙振国 清华大学 副教授	王纯祥 重庆科技学院 讲师
王克争 清华大学 教授	王敏 上海交通大学 教授	王惜宝 天津大学 教授	魏继昆 浙江肯德焊接设备有限公司 高级工程师
吴成材 陕西省建筑科学研究院 教授级高级工程师	吴林 哈尔滨工业大学 教授	吴文飞 西安市第三建筑工程公司 高级工程师	谢晓东 北京永创工贸有限公司 总经理
徐滨士 装甲兵工程学院 中国工程院院士	许一 装甲兵工程学院 讲师	薛松柏 南京航空航天大学 教授	严向明 上海交通大学 教授
杨建华 山东大学 教授	杨立军 天津大学 教授	杨思乾 西北工业大学 教授	姚舜 上海交通大学 教授
益小苏 北京航空材料研究院 教授	张田仓 航空制造工程研究所 研究员	张华 哈尔滨焊接研究所 研究员级高级工程师	张华 南昌大学 教授
郑远谋 广东省鹤山市新技术应用研究所 高级工程师	朱志明 清华大学 教授	邹积铎 上海重型机器厂 高级工程师	邹立顺 铁道科学研究院 副研究员
左从进 航空制造工程研究所 高级工程师			

《焊接手册》第1卷第2版编审者名单

主　编

吴　林　哈尔滨工业大学　教授

副主编

殷树言　北京工业大学　教授

刘金合　西北工业大学　教授

陈善本　上海交通大学　教授

作　者　审　者

（按汉语拼音排列）

查慧华　上海电焊机厂设计科　工程师

陈树君　北京工业大学　副教授

陈文威　长安大学工程机械学院　教授

陈彦宾　哈尔滨工业大学　副教授

崔维达　哈尔滨工业大学　教授

董大军　长安大学工程机械学院　副教授

丁　韦　铁道部科学研究院　副研究员

都　东　清华大学　教授

方鸿渊　哈尔滨工业大学　教授

方臣富　华东船舶工程学院　教授、博士

冯吉才　哈尔滨工业大学　教授

耿　正　哈尔滨工业大学　教授

郭世康　清华大学　教授

郭寓岷　冶金建筑研究总院　研究员级高级工程师

何方殿　清华大学　教授

何伟儒　第二汽车制造厂　研究员级高级工程师

胡百信　中国电工设备总公司　教授级高工

冀殿英　南昌航空工业学院　教授

蒋建敏　北京工业大学　教授

李鹤岐　兰州理工大学　教授

李宏运　北京航空材料研究院　高级工程师

李　力　铁道部科学研究院　副研究员

李西恭　北京工业大学　教授

李致焕　河北工业大学　教授

刘方军　北京航空工艺研究院　研究员

刘国溟　第二汽车制造厂　研究员级高级工程师

刘会杰　哈尔滨工业大学　副研究员

刘家发　大庆石油管理局　教授级高级工程师

《焊接手册》第1卷第1版编审者名单

主 编

潘际銮　中国科学院学部委员　清华大学　教授

第一副主编

郭世康　清华大学　教授

副主编

王其隆　哈尔滨工业大学　教授

何方殿　清华大学　教授

作 者 审 者

（按汉语拼音排列）

鲍力立 第二汽车制造厂 高级工程师	丁培璠 中国机械工程学会 研究员级高级工程师	何伟儒 第二汽车制造厂 研究员级高级工程师	才荫先 哈尔滨焊接研究所 高级工程师
冯吉才 哈尔滨工业大学 讲师	胡百僖 北京精艺技术开发公司 高级工程师	陈武柱 清华大学 教授	龚国尚 清华大学 副教授
胡正衡 北京工业大学 教授	成亚男 北京金属结构厂 高级工程师	郭明达 上海重型机器厂 高级工程师	黄石生 华南理工大学 教授
崔维达 哈尔滨工业大学 教授	郭希烈 铁道部科学研究院 研究员	冀殿英 南昌航空工业学院 教授	李尚周 华南理工大学 讲师
蒲万林 原华中理工大学 教授	吴敏生 清华大学 副教授	李树槐 吉林工业大学 教授	齐志扬 上海交通大学 副教授
吴志强 清华大学 教授	李先耀 清华大学 副教授	乔松龄 北京精艺技术开发公司 高级工程师	肖　敏 华中理工大学 讲师

李致焕
河北工学院
副教授

施克仁
清华大学
副教授

邢小琳
冶金部钢铁研究院
高级工程师

刘国滨
第二汽车制造厂
研究员级高级工程师

宋天虎
哈尔滨焊接研究所
高级工程师

徐滨士
装甲兵工程学院
教授

刘文焕
清华大学
副教授

孙　勇
装甲兵工程学院
讲师

徐庆鸿
哈尔滨工业大学
副教授

刘效方
北京航空材料研究所
研究员级高级工程师

王纯孝
北京航空工艺研究所
高级工程师

徐松英
上海电焊机厂
高级工程师

梅福欣
华南理工大学
教授

王克家
铁道部科学研究院
副研究员

益小苏
浙江大学
教授

聂淦生
成都电焊机研究所
高级工程师

王克争
清华大学
副教授

俞尚知
上海交通大学
教授

宁斐章
哈尔滨焊接研究所
研究员级高级工程师

吴　林
哈尔滨工业大学
教授

张人豪
清华大学
教授

赵家瑞
天津大学
教授

郑元亮
上海电焊机厂
高级工程师

朱正行
上海交通大学
教授

郑笔康
中国科学院金属研究所
副研究员

郑远谋
第二汽车制造厂
工程师

庄鸿寿
北京航空航天大学
教授

郑　兵
哈尔滨工业大学
讲师

周方洁
北京理工大学
助理研究员

邹积铎
上海重型机器厂
高级工程师

郑宜庭
北京航空航天大学
副教授

周万盛
航空航天工业部703 所
研究员

何瑞芳高级工程师也曾积极参加了第六篇第三十九章的编写工作。

此外，还有清华大学焊接专业研究生朱志明和苏勇同志参加了编审的辅助工作。

修订本出版说明

《焊接手册》是由中国机械工程学会焊接学会组织国内两百余名焊接界专家学者编写的一部综合性大型专业工具书。全套手册共3卷700多万字。该手册自1992年出版以来，历经3次修订再版，凝聚了几代焊接人的集体智慧和丰硕成果，成为焊接学会当之无愧的经典传承著作。长期以来，她承载着传承、指导和培育一代代中国焊接科技工作者的使命和责任，并成为焊接行业的权威出版物和重要工具书。

《焊接手册》第3版于2008年1月出版，至今已有7年多了，这期间出现了一些新材料、新技术、新设备、新标准，广大读者也陆续提出了一些宝贵意见，给予了热情的鼓励和帮助。为了保持《焊接手册》的先进性和权威性，满足读者的需求，焊接学会和机械工业出版社商定出版《焊接手册》第3版修订本，以便及时反映焊接技术新成果，并更正手册中的不当之处。鉴于总体上焊接技术没有大的变化，本次修订基本保持了第3版的章节结构。在广大读者所提宝贵意见的基础上，焊接学会组织各章作者对手册内容，包括文字、技术、数据、符号、单位、图、表等进行了全面审读修订。在修订过程中，全面贯彻了现行的最新技术标准，将手册中相应的名词术语、引用内容、图表和数据按新标准进行了改写；对陈旧、淘汰的技术内容进行删改，增补了相关焊接新技术内容。

最后，向对手册修订提出宝贵意见的广大读者表示衷心的感谢！

《焊接手册》第3版序

继1992年初版、2001年2版之后，很高兴《焊接手册》第3版以崭新的面貌与广大读者见面了。

《焊接手册》是新中国成立以来中国机械工程学会焊接学会组织编写的第一部综合性大型骨干工具书。书中涵盖了焊接理论基础、焊接方法与设备、焊接自动化、各种材料的焊接、焊接结构的设计、生产、检验、安全评定、劳动安全与卫生等各个领域，为广大焊接生产工程技术人员以及从事焊接科研、设计和教学人员提供了必要的参考，为推动我国焊接事业的进步起到了不可忽视的作用。

随着时代的发展、知识的更新以及焊接技术的不断进步，对《焊接手册》（第2版）进行查缺补漏，完善焊接知识体系与内容，是时代赋予学会的重要任务，亦是广大焊接专家、学者刻不容缓的社会责任。在这样的社会背景下，在广大焊接同仁的大力支持下，《焊接手册》第3版问世了。

新版《焊接手册》沿袭前两版风格，仍分3卷编写，依次为：焊接方法及设备、材料的焊接、焊接结构；在内容上继承了前版布局科学、内容翔实、数据可靠、图文并茂、生动活泼等特点，又增加了国内外近年来焊接理论基础、焊接方法与设备、材料、结构等领域的最新发展情况。相信《焊接手册》第3版能够满足广大焊接工作者日常查询、参考的需要，成为广大焊接工作者的良师益友。

来自清华大学、哈尔滨工业大学、山东大学、兰州理工大学、上海交通大学、西安交通大学、天津大学、北京工业大学、装甲兵工程学院、南京航空航天大学、北京航空航天大学、吉林大学、航空制造工程研究所、铁道部科学研究院、北京钢铁研究总院、哈尔滨焊接研究所、哈尔滨焊接技术培训中心、中科院金属研究所、中国工程物理研究院、宝山钢铁股份有限公司、济南第二机床厂、哈尔滨锅炉厂、南车集团四方机车车辆股份有限公司、黑龙江省齐齐哈尔铁路车辆集团有限公司、上海江南造船厂、东方汽轮机厂、东方电机股份有限公司、大连船用柴油机厂、山推工程机械股份有限公司、上海大众汽车有限公司、上海航天设备制造总厂、北车集团大同电力机车有限责任公司等国内高等院校、科研院所及企、事业单位的两百余位专家、学者参与了《焊接手册》第3版的编写与审校工作。在此，本人代表焊接学会向各位作者的辛勤付出表示衷心的感谢！

本书的编纂得到了中国科学院潘际銮院士、中国工程院关桥院士、林尚扬院士、徐滨士院士、哈尔滨工业大学吴林教授、兰州理工大学陈剑虹教授、清华大学陈丙森教授、中国机械工程学会宋天虎研究员的关怀与指导；焊接学会第七届编辑出版委员会主任、本手册第1卷主编吴毅雄教授、第2卷主编邹增大教授、第3卷主编史耀武教授以及编委会的各位成员为本书的编纂耗费了大量心血，在此一并表示真诚的谢意！

机械工业出版社多年来一直支持学会焊接系列书籍的出版，在此表示深深的感谢！

本手册涉及的内容广泛、参与编撰的人员队伍庞大，编写过程中难免出现差错，希望广大读者批评指正。

中国机械工程学会
焊接学会理事长

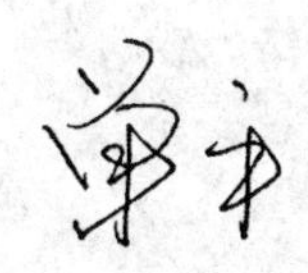

《焊接手册》第1卷第3版前言

随着中国从制造大国走向制造强国的脚步，先进的焊接方法及焊接设备也必将随之而涌现积极的创新性变革。从纳米尺度新材料连接技术到宏大钢结构建造焊接技术，无不亟盼着革新的焊接方法及设备、焊接过程控制、焊接质量保证技术为之建功。为顺应中国制造业的发展，延续焊接知识，在中国机械工程学会焊接学会和中国机械工业出版社的组织与大力支持下，《焊接手册》第1卷第3版问世了，希望能给予广大焊接工作者带来有益的帮助。

本版基本保持前版的编写框架，增加或修改了某些章节内容，其修订的原则是尽可能反映自第2版出版以来出现的焊接新方法、新设备、新工艺和新技术，尽可能体现理论与实践相结合。

第1卷第3版分为6篇，共42章，较之前版增加了一章，还对前版章节内容作了一定量的增删。在本版本卷编写中，得到了广大焊接工作者的热心帮助与支持，特别是参与具体编写和审稿的焊接工作者克服繁重的工作压力，挤出宝贵的时间，为中国焊接事业做出了贡献。本卷本版副主编殷树言教授、刘金合教授、陈善本教授、都东教授、高洪明教授对修订工作的组织、编写、审校等做出了很大贡献，在编写过程中上海交通大学蔡艳老师、机械工业出版社相关人员也为之做出了极大的努力，在此一并致以衷心感谢！

第1版、第2版编审人员为本卷打下了良好的编写基础，同时他们对中国焊接事业做出了贡献，在此本卷全体编审人员向他们表示崇高敬意和诚挚谢意！我们特此向本卷第1版主编潘际銮院士、副主编郭世康教授、王其隆教授及何方殿教授，本卷第2版主编吴林教授、副主编殷树言教授、刘金合教授及陈善本教授致以深深的谢忱！

鉴于我们的知识局限性和水平，本卷本版一定存在不足之处，敬请广大读者提出批评建议，以期在下一版修订中得到改进。

主编 吴林

目　录

第1篇　电　弧　焊

第2篇　电　阻　焊

第3篇　高能束焊

第4篇　钎　焊

第5篇 其他焊接方法

第6篇　焊接过程自动化技术

第 1 章　焊接方法概述

作者　潘际銮　刘文焕　常保华　审者　陈强

金属焊接是指通过适当的手段，使两个分离的金属物体（同种金属或异种金属）产生原子（分子）间结合而连成一体的连接方法。

在各种产品制造工业中，焊接与切割（热切割）是十分重要的加工工艺。

焊接不仅可以进行各种钢材的连接，而且还可以进行铝、铜等有色金属及钛、锆等特种金属材料的连接，因而广泛地应用于机械制造、造船、海洋开发、汽车制造、机车车辆、石油化工、航空航天、原子能、电力、电子技术、建筑及家用电器等部门。

随着现代工业生产的需要和科学技术的蓬勃发展，焊接技术不断进步。仅以新型焊接方法而言，到目前为止，已达数十种之多。

生产中选择焊接方法时，不但要了解各种焊接方法的特点和适用范围，而且要考虑产品的要求，还要根据所焊产品的结构、材料以及生产技术等条件做出选择。

1.1　焊接方法分类

目前，国内外著作中焊接方法分类法种类很多，各有差异。本手册首先对现有分类法进行简单描述和评论，然后提出一种新的分类方法，并讨论其原则和优点。

1. 族系法

本分类方法基本上是根据焊接工艺中的某几个特征将焊接方法分为若干大类，然后进一步根据其他特征细分为若干小类，形成族系。这种分类法在目前的各种著作中应用最多[1]。表 1-1 所示为其一例。在此分类法中，首先将焊接方法划分为三大类，即熔焊、压焊和钎焊；其次，将每一大类方法，例如熔焊，按能源种类细分为电弧焊、气焊、铝热焊、电渣焊、电子束焊、激光焊等；然后有的又按不同原则（如电弧焊按不同的保护方法），再细分为各种焊接方法。

表 1-1　焊接方法分类（族系法）[1]

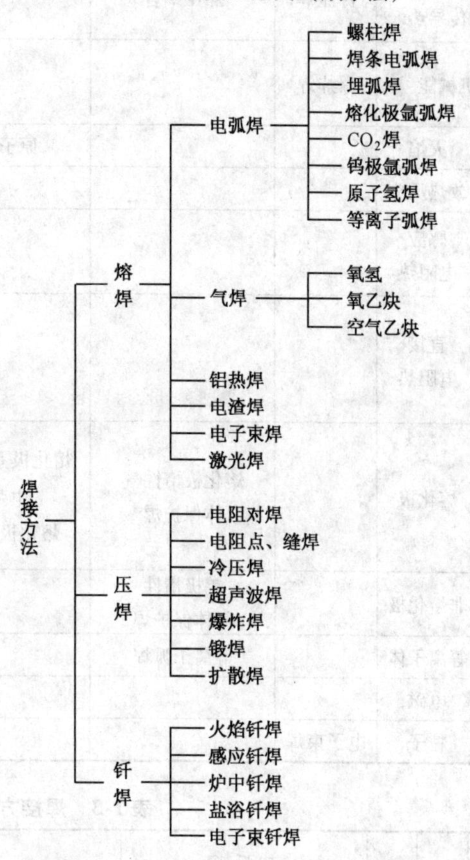

由表 1-1 可见，按焊接工艺特征分类时，分类的层次可多可少，比较灵活，其主次关系也比较明确，这是优点。但是这种分类法往往没有明确的、一致的分类原则，例如表 1-1 中，分大类时与后面几层分类时根据的原则是不一致的。三大类特征之间也没有一定的、一致的分类原则，例如熔焊以焊接过程中母材是否熔化为准则；压焊以是否加压为准则；钎焊则以钎料为划分的主要依据。因此对于某一种焊接方法，可能因强调的特点不同而有不同的分类，例如电阻点焊、闪光焊、熔化气压焊。

此外，由于上下各主次分类之间界限过于机械，不可能跨界交叉分类，以至于有些方法无法归类，例如扩散钎焊、热喷涂等。

2. 一元坐标法

在本坐标法中以焊接工艺中的某两个特征作为归类准则。以一个特征为横坐标，以另一个特征为纵坐标，列出表格。然后将各种焊接方法按其所具有的两个特征列入表内的某一坐标位置，见表 1-2[2]。这种分类方法具有以下优点：可以根据焊接分类图直接了解某个焊接方法的某些特征；也可以根据这两种特征将某一方法归入图中某一位置。这是一种“开放型”分类法，适应性较强，无论今后出现什么新的焊接方法，均可在现有表格中直接纳入一定位置，或者在纵坐标或横坐标上增加新的特征项目后纳入一定位置。

表1-2 焊接方法分类（一元坐标法）[2]

焊接方法分类							
热源		保护方法					
		真空	惰性气体	活性气体	焊剂	无保护	机械排除
不加热或无传导热		冷压焊	热压结合				热压焊 冷压焊
机械能		爆炸焊				爆炸焊	摩擦焊 超声波焊
化学热	火焰			原子氢焊		锻焊	压力对接焊
	放热反应				热剂焊		
电阻热	感应电阻热					感应 高频焊	感应 对接焊
	直接电阻热				电渣焊	闪光焊 高频电阻焊 凸焊	点焊 缝焊；对焊
电弧热	熔化极		熔化极惰性气体保护焊	熔化极 CO_2 保护电弧焊 熔化极气电焊	涂料焊条电弧焊 埋弧焊	光焊丝电弧焊 螺柱电弧焊 火花放电焊 冲击电弧焊	
	非熔化极		钨极惰性气体保护焊			碳弧焊	
	等离子体		等离子弧焊				
放射能	电磁					激光焊	
	粒子	电子束焊					

表1-3 焊接方法分类（二元坐标法）

两材料结合时状态	焊接过程中的手段	焊接方法类型	电弧热								电阻热					高能束		混合热源		化学反应热			机械能	间接热能		
			药皮（焊剂）保护					气体保护			熔渣电阻	固体电阻				电子束	激光束	激光电弧	激光等离子弧	火焰	热剂	炸药		传热介质		
												工频		高频												
												接触式	感应式	接触式	感应式									气体	液体	固体
液相	熔化不加压力	基本型	焊条电弧焊	埋弧焊				钨极氩弧焊	等离子弧焊	熔化极气体保护焊	电渣焊					电子束焊	激光焊	激光电弧复合焊	激光等离子弧复合焊	气焊及气割	热剂焊					
		变型应用	焊条电弧堆焊	埋弧堆焊	水下电弧	电弧点焊	碳弧气刨	钨极氩弧堆焊	等离子弧堆焊	药芯焊丝电弧堆焊										火焰堆焊						

（续）

两材料结合时状态	焊接过程中的手段	焊接方法类型	电弧热								电阻热										高能束		混合热源		化学反应热			机械能			间接热能		
			药皮(焊剂)保护					气体保护			熔渣电阻	固体电阻									电子束	激光束	激光电弧	激光等离子弧	火焰	热剂	炸药				传热介质		
												工频				高频															气体	液体	真空
												接触式			感应式	接触式		感应式															
液相	熔化加压力	基本型										电阻点焊	缝焊	凸焊	(工频)感应电阻焊																		
		变型应用			电容储能焊(放电)	电弧螺柱焊																											
固相	加压力不熔化											电阻对焊		电阻扩散焊		接触高频对焊	电阻对焊		感应高频对焊	电阻对焊					气压焊		爆炸焊	搅拌摩擦焊、摩擦焊	超声波焊	变形焊	扩散焊		
	加压力熔化											闪光对焊					闪光对焊			闪光对焊													
固相兼液相		基本型钎焊							非熔化极气体保护钎焊	熔化极气体保护钎焊		电阻钎焊							感应高频钎焊		电子束钎焊	激光钎焊			火焰钎焊						炉中钎焊	浸渍钎焊(盐浴、金属浴)	扩散钎焊
		热喷涂							等离子弧喷涂																火焰喷涂								

但是本分类方法有两个重大缺点。一，统一以固定的两个特征（此处为热源和保护方法）作为所有焊接方法归类的准则，这就未必都能确切地反映某个特定焊接方法的主要特征；二，没有反映两种金属在什么状态下形成结合的最本质的特征，例如固相结合，液相结合等。这种单纯以工艺的外部特征为分类准则的分类法称为一元坐标法。

3. 二元坐标法——本卷推荐的分类法

为了使读者既可从分类中看出某种焊接方法焊接工艺的主要特征，而且还可以了解该方法的焊接过程和产生结合时的本质特征，本卷在采纳了前述两种分类方法的优点的基础上，设计了二元坐标分类法，即以焊接工艺特征为一类（元），在横坐标上分层列出其主次特征，类似于族系法；同时又以焊接时物理冶金过程特征为另一类（元），在纵坐标上分层列出其主次特征，见表1-3。

在纵坐标中，首先以两材料发生结合时的物理状态为焊接过程最主要的特征。众所周知，焊接的本质是两种金属通过原子之间的结合而成为一个整体，因此原子之间是在什么条件下互相结合，不仅可以用来反映焊接过程的最终本质，而且还可以用来预计或判断焊接接头的微观组织和结合的质量，以及可能发生的缺陷和对母材可能发生的影响等。其次，在纵坐标中以焊接过程中材料是否熔化、是否施加压力或其他特征作为第二特征。

在横坐标中，对于热源类型本应按其热量集中程度，依次分为高能束、电弧热、电阻热、化学反应热、机械能、间接热能等六大类。但考虑一般习惯，表1-3仍按常用的次序列出。每一大类又按其各自的特征划分为若干细类，如电阻热大类中先分为熔渣电阻热及固体电阻热两类，固体电阻热又分为工频和高频、接触式和感应式等分支。

这种分类法不仅具备上述两种分类法的优点，而且由于抓住了焊接工艺和焊接冶金过程这两类关键的特征作为坐标参数，达到了更为科学的分类目的。

这种分类法不仅可以使焊接工作者清晰地了解各种焊接方法的本质，而且能为开发新的焊接方法开阔思路。

1.2 焊接方法介绍

1. 电弧焊

电弧焊是目前应用最广泛的焊接方法。它包括焊条电弧焊、埋弧焊、钨极气体保护焊、熔化极气体保护焊、等离子弧焊等。

绝大部分电弧焊是以电极与工件之间燃烧的电弧作为热源的。在形成接头时，可以采用也可以不采用填充金属。所用的电极在焊接过程中熔化时，叫作熔化极电弧焊，如焊条电弧焊、埋弧焊、熔化极气体保护电弧焊、药芯焊丝电弧焊等；所用的电极在焊接过程中不熔化时，叫作非熔化极电弧焊，如钨极氩弧焊、等离子弧焊等。

（1）焊条电弧焊　焊条电弧焊是各种电弧焊方法中发展最早、目前仍然应用最广的一种焊接方法。它是以外部包有药皮的焊条作电极和填充金属，电弧是在焊条的端部和被焊工件表面燃烧。药皮在电弧热作用下一方面可以产生气体以保护电弧，另一方面可以产生熔渣覆盖在熔池表面，防止熔化金属与周围气体的相互作用。熔渣更重要的作用是与熔化金属产生物理化学反应或添加合金元素，改善焊缝金属性能。

焊条电弧焊设备简单、轻便，操作灵活。可以应用于维修及装配中短缝的焊接，特别是可以用于难以达到的部位的焊接。焊条电弧焊配用相应的焊条可适用于大多数工业用碳钢、不锈钢、铸铁、铜、铝、镍及其合金的焊接。

（2）埋弧焊　埋弧焊是以连续送进的焊丝作为电极和填充金属。焊接时，在焊接区的上面覆盖一层颗粒状焊剂，电弧在焊剂层下燃烧，将焊丝端部和局部母材熔化，形成焊缝。

在电弧热的作用下，一部分焊剂熔化成熔渣并与液态金属发生冶金反应。熔渣浮在金属熔池的表面，一方面可以保护焊缝金属，防止空气的污染，并与熔化金属产生物理化学反应，改善焊缝金属的成分及性能；另一方面还可以使焊缝金属缓慢冷却。

埋弧焊可以采用较大的焊接电流。与焊条电弧焊相比，其最大的优点是焊缝质量好、焊接速度高。因此它特别适于焊接大型工件的直缝和环缝，而且多数采用机械化焊接。

埋弧焊已广泛用于碳钢、低合金结构钢和不锈钢的焊接。由于熔渣可降低接头的冷却速度，故某些高强度结构钢、高碳钢等也可采用埋弧焊焊接。

（3）钨极惰性气体保护焊　这是一种非熔化极气体保护焊，是利用钨极和工件之间的电弧使金属熔化而形成焊缝的，也称为TIG焊。焊接过程中钨极不熔化，只起电极的作用。同时由焊炬的喷嘴送进氩气或氦气作保护。还可以根据需要另外添加填充金属。

钨极惰性气体保护焊由于能很好地控制热输入，所以它是连接薄板金属和打底焊的一种极好方法。焊接电流采用脉冲形式可以更好地控制熔深、改善熔池凝固，因此常常用来进行管道底层的焊接以达到单面焊双面成形的目的，这种方法几乎可以用于所有金属的连接，尤其适用于焊接铝、镁等能形成难熔氧化物的金属以及像钛和锆等活泼金属。这种焊接方法的焊缝质量好，但与其他电弧焊相比，其焊接速度较慢。

（4）等离子弧焊　等离子弧焊也是一种非熔化极气体保护焊。它是利用电极和工件之间的压缩电弧（转移或非转移电弧）进行焊接的。所用的电极通常是钨极。产生等离子弧的等离子气可用氩气、氮气、氦气或其中二者的混合气。同时还通过喷嘴用惰性气体保护。焊接时可以外加填充金属，也可以不加填充金属。

等离子弧焊时，由于其电弧挺直、能量密度大，因而电弧穿透能力强。等离子弧焊时可产生小孔效应，因此对于一定厚度范围内的大多数金属可以进行不开坡口对接，并能保证熔透和焊缝均匀一致。因此等离子弧焊的生产率高、焊缝质量好。但等离子弧焊设备（包括喷嘴）比较复杂，对焊接参数的控制要求较高。

钨极气体保护焊可焊接的绝大多数金属，均可采用等离子弧焊。与之相比，对于1mm以下的极薄的金属的焊接，用微束等离子弧焊可较易进行。

（5）熔化极气体保护焊 这种焊接方法是利用连续送进的焊丝与工件之间燃烧的电弧作热源，由焊炬喷嘴喷出的气体来保护电弧进行焊接的。

熔化极气体保护焊通常用的保护气体有氩气、氦气、CO_2、O_2或这些气体的混合气。以氩气或氦气作为保护气时称为熔化极惰性气体保护焊（简称为MIG焊）；以惰性气体与氧化性气体（O_2、CO_2）的混合气体作为保护气时，或以CO_2气体或CO_2+O_2的混合气为保护气时，称为熔化极活性气体保护焊（简称为MAG焊）。

熔化极气体保护焊的主要优点是可以方便地进行各种位置的焊接，同时也具有焊接速度较快、熔敷率较高等优点。熔化极活性气体保护焊可适用于大部分主要金属的焊接，包括碳钢、合金钢。熔化极惰性气体保护焊适用于不锈钢、铝、镁、铜、钛、锆及镍合金。利用这种方法还可以进行电弧点焊。

（6）药芯焊丝电弧焊 药芯焊丝电弧焊也是利用连续送进的焊丝与工件之间燃烧的电弧作热源来进行焊接的，可以认为是熔化极气体保护焊的一种类型。所使用的焊丝是药芯焊丝，焊丝的心部装有不同成分的焊剂。焊接时，可外加保护气体，主要是CO_2。焊剂受热分解或熔化，起着造气、造渣保护熔池、渗合金及稳弧等作用。

药芯焊丝电弧焊不另外加保护气体时，叫作自保护药芯焊丝电弧焊，是以焊剂分解产生的气体作为保护气体。这种方法的焊丝伸出长度变化不会影响保护效果，其变化范围可较大。

药芯焊丝电弧焊除具有上述熔化极气体保护焊的优点外，由于焊剂的作用，使之在冶金上更具优点。药芯焊丝电弧焊可以应用于大多数钢铁材料各种厚度、各种接头的焊接。

2. 电阻焊

这是以电阻热为能源的一类焊接方法，包括以熔渣电阻热为能源的电渣焊和以固体电阻热为能源的电阻焊。由于电渣焊具有更独特的特点，故放在后面介绍。这里主要介绍几种以固体电阻热为能源的电阻焊，主要有点焊、缝焊、凸焊及对焊等。

电阻焊一般是使工件处在一定电极压力作用下并利用电流通过工件时所产生的电阻热将两工件之间的接触表面加热而实现连接的焊接方法。通常使用较大的电流。为了防止在接触面上发生电弧并且为了锻压焊缝金属，焊接过程中要施加压力，且被焊工件的表面状况会影响焊接质量。

点焊、缝焊和凸焊的特点在于焊接电流（单相）大（几千至几万安培），通电时间短（几周波至几秒），设备昂贵、复杂，生产率高，因此适于大批量生产。主要用于焊接厚度小于3mm的薄板组件。各类钢材、铝、镁等有色金属及其合金、不锈钢等均可焊接。

二次侧整流电阻焊是将电阻焊机变压器降压以后的二次电流，用大功率二极管予以整流变成直流电进行焊接，这样可以大大减少次级回路的感抗，减少焊机的视在功率，提高焊接质量的稳定性，这种方法广泛用于大功率的点焊机上。

3. 高能束焊

这一类焊接方法包括电子束焊、激光焊和等离子弧焊。

（1）电子束焊 电子束焊是利用高速电子聚焦后所形成的电子束轰击工件表面时所产生的热能进行焊接的方法。

常用的电子束焊有高真空电子束焊、低真空电子束焊和非真空电子束焊。前两种方法都是在真空室内进行的，焊接准备时间（主要是抽真空时间）较长，工件尺寸受真空室大小限制。

电子束焊与电弧焊相比，主要的特点是焊缝熔深大、熔宽小、焊缝金属纯度高。它既可以用在很薄材料的精密焊接，又可以用在很厚的（最厚达300mm）构件焊接。所有用其他焊接方法能进行熔焊的金属及合金都可以用电子束焊接。主要用于要求高质量的产品的焊接，例如异种金属、易氧化金属及难熔金属的焊接。用于批量产品时可用专门的焊接装备，以使工件能逐步连续地进入真空室，在焊接完毕后又能逐步连续地退出真空室，从而提高效率。

（2）激光焊 激光焊是利用大功率相干单色光子流聚焦而成的激光束为热源进行的焊接。这种焊接方法通常有连续功率激光焊和脉冲功率激光焊。

激光焊的优点是不需要在真空中进行。激光的穿透力不如电子束强。近年来激光技术和激光器的研究有非常大的进步。二氧化碳激光器已做到30~40kW，出现了Nd-YAG激光器、DISK激光器、光纤激光器、半导体激光器，功率可达10kW，甚至更高。这些激光器的输出激光波长为1.06μm（二氧化碳激光器输出波长为10.6μm），因而可以方便地采用光纤传导，大大地促进了激光焊接技术的发展。激光焊接已成为最有前途的焊接方法之一，成为一种先进的制造方法，广泛地应用于工业生产。

激光精密焊接的接头和位置可达到微米级精度，利用准分子激光器来进行连接或切割，这种激光器功率很小（≈50W），但是它具有很短的波长（157～308nm），因而可以用来进行精密微型器件的焊接和加工。

（3）激光电弧复合焊接法　激光电弧复合焊接法将激光焊和电弧焊的优点综合在一起，大大提高了焊接速度，成形和质量好，焊接变形小。国外已成功地应用于重要的工业生产，如造船厂的生产流水线等。

4. 钎焊

钎焊的能源可以是化学反应热，也可以是间接热能。它是利用比被焊材料的熔点低的金属做钎料，经过加热使钎料熔化，靠毛细作用将钎料吸入到接头接触面的间隙内，润湿被焊金属表面，使液相与固相之间相互扩散而形成钎焊接头。因此钎焊是一种固相兼液相的焊接方法。

钎焊加热温度较低，母材不熔化，而且也不需施加压力。但焊前需采取一定的措施清除被焊工件表面的油污、灰尘、氧化膜等，这是使工件润湿性好、确保接头质量的重要保证。

钎料的液相线温度高于450℃而低于母材金属的熔点时，称为硬钎焊；低于450℃时，称为软钎焊。

根据热源或加热方法的不同，钎焊可分为火焰钎焊、感应钎焊、炉中钎焊、浸渍钎焊、电阻钎焊等。

钎焊时由于加热温度比较低，故对工件材料的性能影响较小，焊件的应力变形也较小。但钎焊接头的强度一般比较低，耐热性能较差。

钎焊可以用于焊接碳钢、不锈钢、高温合金、铝、铜等金属材料，还可以连接异种金属、金属与非金属、陶瓷与陶瓷。适于焊接受载不大或常温下工作的接头，对于精密的、微型的以及复杂得多钎缝的焊件尤其适用。

5. 其他焊接方法

这些焊接方法属于不同程度专门化的焊接方法。主要包括以电阻热为能源的电渣焊、高频焊；以化学能为焊接能源的气焊、气压焊、爆炸焊；以机械能为焊接能源的摩擦焊、冷压焊、超声波焊、扩散焊。

（1）电渣焊　如前面所述，电渣焊是以熔渣的电阻热为能源的焊接方法。焊接过程是在立焊位置由两工件端面与两侧水冷铜滑块形成的装配间隙内进行。焊接时利用电流流过熔渣产生的电阻热将焊接部位熔化。

根据焊接时所用的电极形状不同，电渣焊分为丝极电渣焊、板极电渣焊和熔嘴电渣焊。

电渣焊的优点是可焊的工件厚度大（从30mm到大于1000mm），生产率高。主要用于大断面对接接头及丁字接头的焊接。

电渣焊可用于各种钢结构的焊接，也可用于铸铁的组焊。电渣焊接头由于加热及冷却均较慢，热影响区宽、显微组织粗大、韧性低，因此焊接后一般需进行正火处理。

（2）高频焊　高频焊是以固体电阻热为能源。焊接时利用高频电流在工件内产生的电阻热使工件焊接区表层加热到熔化或接近熔化的塑性状态，随即施加（或不施加）顶锻力而实现金属的结合。因此它也是一种固相电阻焊方法。

高频焊根据高频电流在工件中产生热的方式可分为接触高频焊和感应高频焊。接触高频焊时，高频电流通过与工件机械接触而传入工件。感应高频焊时，高频电流通过工件外部感应圈的耦合作用而在工件内产生感应电流。

高频焊是专业化较强的焊接方法，要根据产品配备专用设备。生产率高，焊接速度可达30m/min。主要用于制造管子时纵缝或螺旋缝的焊接。

（3）气焊　气焊是用气体火焰为热源的一种焊接方法。应用最多的是以乙炔气作燃料的氧乙炔焰。设备简单、操作方便，但气焊加热温度、速度及生产率较低，热影响区较大，且容易引起较大的变形。

气焊可用于钢铁材料、有色金属及其合金的焊接。一般适用于维修及单件薄板焊接。

（4）气压焊　和气焊一样，气压焊也是以气体火焰为热源。焊接时将两对接工件的待焊端部加热到一定温度，然后再施加足够的压力以获得牢固的接头。气压焊是一种固相焊接。

气压焊不加填充金属，常用于铁轨和钢筋焊接。

（5）爆炸焊　爆炸焊是以化学反应热为能源的一种固相焊接方法。它利用炸药爆炸所产生的能量实现金属连接。在爆炸波作用下，两件金属在不到1s的时间内即可被加速撞击形成结合。

在各种焊接方法中，爆炸焊可以焊接的异种金属的组合范围最广。可以用爆炸焊将冶金上不相容的两种金属焊成各种过渡接头。爆炸焊多用于表面积相当大的平板包覆，是制造复合板的高效方法。

（6）摩擦焊　摩擦焊是以机械能为能源的固相焊接。它是利用两表面间的机械摩擦所产生的热来实现金属连接的。

摩擦焊时，热量集中在接合面处，因此热影响区窄。两表面间须施加压力，多数情况是在加热终止时增大压力，使热态金属受顶锻而结合，一般结合面并不熔化。

摩擦焊生产率较高，原理上几乎所有能进行热锻的金属都能用摩擦焊焊接。摩擦焊还可用于异种金属的焊接。主要适用于横断面为圆形的工件，最大直径为100mm。

（7）搅拌摩擦焊 1991年英国焊接研究所（TWI）发明了一种新的摩擦焊方法，称为“搅拌摩擦焊”，也称为FSW焊。这种焊接方法是用一个特殊材料做的搅拌头在焊缝的接头部位旋转并按一定速度沿焊缝方向前进，将接头两侧通过摩擦加热到塑性的金属搅拌在一起而形成坚固的焊缝，属于固相焊接。由于焊缝金属未熔化只是在塑性状态下搅拌，因此质量很好。这种方法特别适用于铝、镁、铜等金属，已经用于宇航和航空等重要工业。也可用于钢材，但较为困难。

（8）超声波焊 超声波焊也是一种以机械能为能源的固相焊接方法。进行超声波焊时，工件在较低的静压力下，由声极发出的高频振动能使结合面产生强烈摩擦并加热到焊接温度而形成结合。

超声波焊可用于大多数金属材料之间的焊接，能实现金属、异种金属及金属与非金属间的焊接。可适用于金属丝、箔或2~3mm以下的薄板金属接头的重复生产。

（9）扩散焊 扩散焊一般是以间接热能为能源的固相焊接方法。通常是在真空或保护气氛下进行。焊接时使两被焊工件的表面在高温和较大压力下接触并保温一定时间，以达到原子间距离，经过原子相互扩散而结合。焊前不仅需要清洗工件表面的氧化物等杂质，而且表面粗糙度要低于一定程度才能保证焊接质量。

扩散焊对被焊材料的性能几乎不产生有害作用。它可以焊接很多同种和异种金属以及一些非金属材料，如陶瓷等。

扩散焊可以焊接复杂的结构及厚度相差很大的工件。

1.3 焊接方法的选择

选择焊接方法时必须符合以下要求：能保证焊接产品的质量优良可靠，生产率高；生产费用低，能获得较好的经济效益。

影响这几方面的因素很多，概括如下：

1. 产品特点

（1）产品结构类型 焊接的产品按结构特点大致可分为以下4大类。

1）结构类，如桥梁、建筑工程、石油化工容器等。

2）机械零件类，如汽车零部件等。

3）半成品类，如工字梁、管子等。

4）微电子器件类。

这些不同结构的产品由于焊缝的长短、形状、焊接位置等各不相同，因而适用的焊接方法也会不同。

结构类产品中规则的长焊缝和环缝宜用埋弧焊和熔化极气体保护焊。焊条电弧焊用于打底焊和短焊缝焊接。机械零件类产品接头一般较短，根据其准确度要求，选用气体保护焊（一般厚度）电渣焊、气电焊（重型构件宜于立焊的）、电阻焊（薄板件）、摩擦焊（圆形断面）或电子束焊（有高精度要求的）。半成品类产品的焊接接头往往是规则的，宜采用适于机械化的焊接方法，如埋弧焊、气体保护电弧焊、高频焊。微型电子器件的接头主要要求密封、导电性、受热程度小等，因此宜于电子束焊、激光焊、超声波焊、扩散焊、钎焊和电容储能焊。

如上所述，对于不同结构的产品通常有几种焊接方法可供选择，因此还要综合考虑产品的其他特点。

（2）工件厚度 工件的厚度可在一定程度上决定所适用的焊接方法。每种焊接方法由于所用的热源不同，都有一定的适用的材料厚度范围。在推荐的厚度范围内焊接时，较易控制焊接质量和保持合理的生产率。推荐的各种方法适用的厚度范围如图1-1所示[2]。

（3）接头形式和焊接位置 根据产品的使用要求和所用母材的厚度及形状，设计的产品可采用对接、搭接、角接等几种类型的接头形式。其中对接形式适用于大多数焊接方法。钎焊一般只适用于连接面积比较大而材料厚度较小的搭接接头。

产品中各个接头的位置往往根据产品的结构要求和受力情况决定。这些接头可能需要在不同的位置焊接，包括平焊、立焊、横焊、仰焊及全位置焊接等。平焊是最容易、最普遍的焊接位置，因此焊接时应该尽可能使产品接头处于平焊位置，这样就可以选择既能保证良好的焊接质量，又能获得较高的生产率的焊接方法，如埋弧焊和熔化极气体保护焊。对于立焊接头宜采用熔化极气体保护焊（薄板）、气电焊（中厚度），当板厚超过30mm时可采用电渣焊。

（4）母材性能

1）母材的物理性能。母材的导热、导电、熔点等物理性能会直接影响其焊接性及焊接质量。

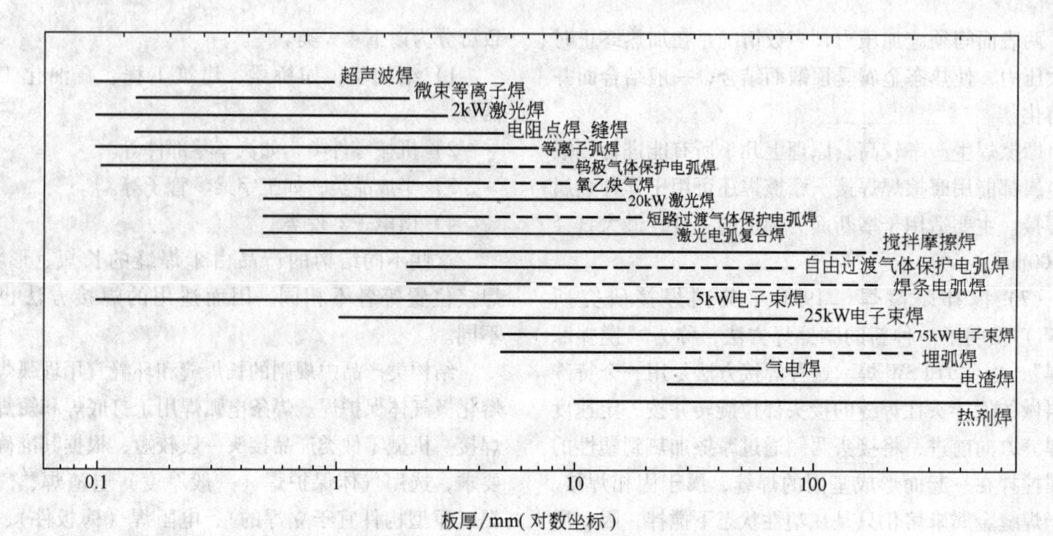

图1-1 各种焊接方法适用的厚度范围

注：1. 由于技术的发展，激光焊及等离子弧焊可焊厚度有增加的趋势。

2. 虚线表示采用多道焊。

当焊接热导率较高的金属，如铜、铝及其合金时，应选择热输入大、具有较高焊透能力的焊接方法，以使被焊金属在最短的时间内达到熔化状态，并使工件变形最小。

对于电阻率较高的金属则更宜采用电阻焊。

对于热敏感材料，则应注意选择热输入较小的焊接方法，例如激光焊、超声波焊等。

对于钼、钽等高熔点的难熔金属，采用电子束焊是极好的焊接方法；而对于物理性能相差较大的异种金属，宜采用不易形成脆性中间相的焊接方法，如各种固相焊、激光焊等。

2）母材的力学性能。被焊材料的强度、塑性、硬度等力学性能会影响焊接过程的顺利进行。如铝、镁一类塑性温度区较窄的金属就不能用电阻凸焊，而低碳钢的塑性温度区宽，易于电阻焊；又如，延性差的金属就不宜采用大幅度塑性变形的冷焊方法；再如爆炸焊时，要求所焊的材料具有足够的强度与延性，并能承受焊接工艺过程中发生的快速变形。

另一方面，各种焊接方法对焊缝金属及热影响区的金相组织及其力学性能的影响程度不同，因此也会不同程度地影响产品的使用性能。选择的焊接方法还要便于通过控制热输入从而控制熔深、熔合比和热影响区（固相焊接时要便于控制其塑性变形）以获得力学性能与母材相近的接头。例如电渣焊、埋弧焊时由于热输入较大，从而使焊接接头的冲击韧度降低；又如电子束焊的焊接接头的热影响区较窄，与一般电弧焊相比，其接头具有较好的力学性能和较小的热影响区。因此电子束焊对某些金属，如不锈钢或经热处理的零件是很好的焊接方法。

3）母材的冶金性能。由于母材的化学成分直接影响了它的冶金性能，因而也影响了材料的焊接性。这也是选择焊接方法时必须考虑的重要因素。

工业生产中应用最多的普通碳钢和低合金钢采用一般的电弧焊方法都可进行焊接。钢材的合金含量，特别是碳含量越高，焊接性往往越差，可选用的焊接方法种类越有限。

对于铝、镁及其合金等较活泼的有色金属材料，不宜选用 CO_2 焊、埋弧焊，而应选用惰性气体保护焊，如钨极氩弧焊、熔化极氩弧焊等。对于不锈钢，通常可采用焊条电弧焊、钨极氩弧焊或熔化极氩弧焊等。特别是氩弧焊，其保护效果好，焊缝成分易于控制，可以满足焊缝耐蚀性的要求。对于钛、锆这类金属，由于其气体溶解度较高，焊后容易变脆，因此采用高真空电子束焊最佳。

此外，对于含有较多合金元素的金属材料，采用不同的焊接方法会使焊缝具有不同的熔合比，因而会影响焊缝的化学成分，亦即影响其性能。

具有高淬硬性的金属宜采用冷却速度缓慢的焊接方法和预热的办法，以减少热影响区的脆性和裂纹倾向。淬火钢则不宜采用电阻焊，否则，由于焊后冷却速度太快，可能造成焊点开裂。焊接某些沉淀硬化不锈钢时，采用电子束焊可以获得力学性能较好的接头。

对于熔焊不容易焊接的冶金相容性较差的异种金属，应考虑采用某种非液相结合的焊接方法，如钎焊、扩散焊或爆炸焊等。表1-4是推荐的常用材料适用的焊接方法，可供参考。

表1-4 常用材料适用的焊接方法[1]

材料	厚度/mm	焊接方法																											
		焊条电弧焊	埋弧焊	气体保护金属极电弧焊				药芯焊丝电弧焊	气保护钨极电弧焊	等离子弧焊	电渣焊	气电焊	电阻焊	闪光焊	气焊	扩散焊	摩擦焊	搅拌摩擦焊	电子束焊	激光焊	激光电弧复合焊	硬钎焊							软钎焊
				射流过渡	潜弧	脉冲弧	短路电弧															火焰钎焊	炉中钎焊	感应加热钎焊	电阻加热钎焊	浸渍钎焊	红外线钎焊	扩散钎焊	
碳钢	≤3	△	△			△	△		△				△	△	△				△	△	△	△	△	△	△	△	△	△	△
	3~6	△	△	△	△	△	△	△	△				△	△	△		△		△	△	△	△	△	△	△	△	△	△	△
	6~19	△	△	△	△	△		△					△	△	△		△		△	△	△	△	△	△					△
	>19	△	△	△	△	△		△			△	△		△	△		△		△				△					△	
低合金钢	≤3	△	△			△	△		△				△	△	△	△			△	△	△	△	△	△	△	△	△	△	△
	3~6	△	△	△		△	△		△				△	△		△	△		△	△	△	△	△	△				△	△
	6~19	△	△	△		△		△						△		△	△		△	△	△	△	△	△				△	
	>19	△	△	△		△		△			△			△		△	△		△				△					△	
不锈钢	≤3	△	△			△	△		△	△			△	△	△	△			△	△	△	△	△	△	△	△	△	△	△
	3~6	△	△	△		△	△	△	△	△			△	△		△	△		△	△	△	△	△	△				△	△
	6~19	△	△	△		△		△		△				△		△	△		△	△	△	△	△	△				△	△
	>19	△	△	△		△		△			△					△	△		△				△					△	
铸铁	3~6	△													△							△	△	△				△	△
	6~19	△	△	△				△							△							△	△	△				△	△
	>19	△	△	△				△							△								△					△	
镍和镍合金	≤3	△				△	△		△	△			△	△	△				△	△	△	△	△	△	△	△	△	△	△
	3~6	△	△	△		△	△		△	△			△	△			△		△	△	△	△	△	△				△	△
	6~19	△	△	△		△				△				△			△		△	△	△	△	△					△	
	>19	△		△		△					△			△			△		△				△					△	

（续）

材料	厚度/mm	焊接方法																											
				气体保护金属极电弧焊																		硬钎焊							
		焊条电弧焊	埋弧焊	射流过渡	潜弧	脉冲弧	短路电弧	药芯焊丝电弧焊	钨极气保护电弧焊	等离子弧焊	电渣焊	气电焊	电阻焊	闪光对焊	气焊	扩散焊	摩擦焊	搅拌摩擦焊	电子束焊	激光焊	激光电弧复合焊	火焰钎焊	炉中钎焊	感应加热钎焊	电阻加热钎焊	浸渍钎焊	红外线钎焊	扩散钎焊	软钎焊
铝和铝合金	≤3			△		△			△	△			△	△	△	△	△	△	△	△	△	△	△	△	△	△	△	△	△
	3～6			△		△			△	△			△	△		△	△	△	△	△	△	△	△			△		△	△
	6～19			△					△	△				△			△	△	△		△	△	△			△		△	
	>19			△							△	△		△					△				△					△	
钛和钛合金	≤3					△			△	△			△	△		△		△	△	△	△		△	△			△	△	
	3～6			△		△			△	△				△		△	△	△	△	△	△		△					△	
	6～19			△		△			△	△				△		△	△	△	△	△	△		△					△	
	>19			△		△								△		△			△				△					△	
铜和铜合金	≤3					△			△	△				△				△	△			△	△	△	△			△	△
	3～6			△		△				△				△			△	△	△			△	△		△			△	△
	6～19			△										△			△	△	△			△	△					△	
	>19			△										△					△				△					△	
镁和镁合金	≤3					△			△										△	△		△	△					△	
	3～6			△		△			△					△			△		△	△		△	△					△	
	6～19			△		△								△			△		△	△			△					△	
	>19			△		△								△					△										
难熔合金	≤3					△			△	△				△					△			△	△	△	△		△	△	
	3～6			△		△				△				△					△			△	△					△	
	6～19													△															
	>19																												

注：有△表示被推荐。

2. 生产条件

（1）技术水平　在选择焊接方法以制造具体产品时，要顾及制造厂家的设计及制造的技术条件，其中焊工的操作技术水平尤其重要。

通常需要对焊工进行培训。包括手工操作、焊机使用、焊接技术、焊接检验及焊接管理等。对某些要求较高的产品，如压力容器，在焊接生产前要对焊工进行专门的培训和考核。

焊条电弧焊时，要求焊工具有一定的操作技能，特别是进行立焊、仰焊、横焊等位置的焊接时，要求焊工有更高的操作技能。

手工钨极氩弧焊与焊条电弧焊相比，要求焊工经过更长期的培训和具有更熟练、更灵巧的操作技能。

埋弧焊、熔化极气体保护焊多为机械化焊接或半自动焊，其操作技术比焊条电弧焊要求相对低一些。

电子束焊、激光焊、激光电弧复合焊及搅拌摩擦焊由于设备及辅助装置较复杂，因此要求有更高的基础知识和操作技术水平。

（2）设备　每种焊接方法都需要配用一定的焊接设备。包括焊接电源，实现机械化焊接的机械系统、控制系统及其他一些辅助设备。电源的功率、设备的复杂程度、成本等都直接影响了焊接生产的经济效益，因此焊接设备也是选择焊接方法时必须考虑的重要因素。

焊接电源有直流电源和交流电源两大类。一般交流弧焊机的构造比较简单、成本低。焊条电弧焊所需设备最简单，除了需要一台焊接电源外，只需配用焊接电缆及夹持焊条的电焊钳即可。近年来出现的逆变电源、双脉冲电源，焊接参数能闭环控制，具有优良的特性和焊接性能，但是价格比较昂贵。

熔化极气体保护电弧焊需要有自动送进焊丝，自动行走小车等机械设备。此外还要有输送保护气的供气系统，通冷却水的供水系统及焊炬等。

真空电子束焊需配用高压电源、真空室和专门的电子枪。激光焊时需要有一定功率的激光器及光路系统。因此这两种焊接方法都要有专门的工装和辅助设备，其设备较复杂、功率大，价格昂贵，只在自动化程度高、材料特殊、质量要求高等情况下采用。由于电子束焊机的高电压及其X射线的辐射，因此还要有一定的安全防护措施及防止X射线辐射的屏蔽设施。

（3）焊接用消耗材料　焊接时的消耗材料包括焊丝、焊条或填充金属、焊剂、钎剂、钎料、保护气体等。

各种熔化极电弧焊都需要配用一定的消耗性材料。如焊条电弧焊时使用药皮焊条；埋弧焊、熔化极气体保护焊都需要焊丝；药芯焊丝电弧焊则需要专门的药芯焊丝；电渣焊则需要焊丝、熔嘴或板极。埋弧焊和电渣焊除电极（焊丝等）外，都需要有一定化学成分的焊剂。

钨极氩弧焊和等离子弧焊时，需使用熔点很高的钨极、钍钨极或铈钨极作为非熔化电极。此外还需要高纯度的惰性气体。

电阻焊时通常用电导率高、较硬的铜合金作电极，以使焊接时既能有高的电导率，又能在高温下承受压力和磨损。

1.4　焊接技术的新发展

随着工业和科学技术的发展，焊接工艺不断进步。本章仅对其中比较成熟的部分加以介绍。时代车轮在迅速地运转，本章内容不可能及时修订补充以反映焊接技术最前沿情况，为补此不足本节特介绍焊接技术的发展趋势。

1. 提高焊接生产率是推动焊接技术发展的重要驱动力

提高生产率的途径有二：第一，提高焊接熔敷率。焊条电弧焊中的铁粉焊条、重力焊条、躺焊条等工艺，埋弧焊中的多丝焊、热丝焊均属此类，其效果显著。例如三丝埋弧焊，其焊接参数分别为2200A/33V、1400A/40V、1100A/45V。采用坡口断面小，背后设置挡板或衬垫，50～60mm的钢板可一次焊透成形，焊接速度达到0.4m/min以上。其熔敷效率与焊条电弧焊相比在100倍以上。第二个途径则是减少坡口断面及熔敷金属量，最突出的成就是窄间隙焊接。窄间隙焊接以气体保护焊为基础，利用单丝、双丝或三丝进行焊接。无论接头厚度如何，均可采用对接形式。例如，钢板厚度由50～300mm，间隙均可设计为13mm左右，因此所需熔敷金属量仅为原来的几分之一甚至几十分之一，从而大大提高生产率。窄间隙焊接的主要技术关键是如何保证两侧熔透和电弧自动跟踪。为此，世界各国开发出多种不同方案，因而出现了多种多样的窄间隙焊接法。

电子束焊、等离子弧焊和激光焊时，可采用对接接头，且不用开坡口，因此是更理想的窄间隙焊接法，这是它们受到广泛重视的重要原因之一。

最新开发成功的激光电弧复合焊接法可以大幅提高焊接速度，如5mm厚的钢板或铝板，焊接速度可达2～3m/min，获得好的焊缝成形和质量，焊接变形小。

2. 提高准备车间的机械化、自动化水平是当前

的重点发展方向

为了提高焊接结构生产的效率和质量，仅仅从焊接工艺着手是有一定局限性的。因而世界各国特别重视准备车间的技术改造。准备车间的主要工序包括材料运输；材料表面去油、喷砂、涂保护漆；钢板划线、切割、开坡口；部件组装及定位。以上 4 道工序在现代化的工厂中已全部机械化、自动化。其优点不仅在于提高了生产率，更重要的是提高了产品的质量。例如，钢板划线（包括装配时定位中心及线条）、切割、开坡口全部采用计算机数字控制技术（CNC 技术）以后，零部件尺寸精度大大提高，而坡口表面粗糙度大幅度降低。整个结构在装配时已可接近机械零件装配方式，因而坡口几何尺寸都相当准确。在自动焊施焊以后，整个结构工整、精确、美观，完全改变了过去铆焊车间人工操作的落后现象。

3. 焊接过程自动化、智能化是提高焊接质量稳定性，解决恶劣劳动条件的重要方向

由于焊接质量要求严格，而劳动条件往往较差，因而自动化、智能化受到特殊重视。工业机器人的出现迅速得到工业界的热烈响应。目前，全世界工业机器人有 50% 以上用在焊接技术上。在刚开始时，多用于汽车工业中的点焊流水线上，近几年来已拓展到弧焊领域。

机器人虽然是一个高度自动化的装备，但从自动控制的角度来看，它仍是一个程序控制的开环控制系统。因而它不可能根据焊接时具体情况而进行适时调节。为此智能焊接机器人成为当前焊接界重视的中心。智能焊接的第一个发展重点在视觉系统。目前已开发出的视觉系统可使机器人根据焊接中具体情况自动修改焊枪运动轨迹，有的还能根据坡口尺寸适时地调节工艺规范。网络远距离控制技术也在焊接机器人上应用。然而，总的来说，目前焊接过程智能化仅仅处在初级阶段，这方面的发展将是一个长期的任务。

为解决工地大型结构焊接机械化、自动化问题，有大挂车式和磁性轨道式自动焊装备，已成功地应用于大型储油罐的制造，还出现了无导轨爬行式弧焊机器人[3,4]。

4. 新兴工业的发展不断推动焊接技术前进

焊接技术自发明至今已有百余年历史，它几乎可满足当前工业中一切重要产品生产制造的需要，如航空、航天及核能工业中的重要产品等。但是新兴工业的发展仍然迫使焊接技术不断前进，以满足其需要。例如，微电子工业的发展促进了微型连接工艺和设备的发展；又如陶瓷材料和复合材料的发展促进了真空钎焊、真空扩散焊、喷涂以及粘接工艺的发展，使它们获得更大的生命力，走上了一个新台阶。宇航技术的发展也将促进空间连接技术的开发。

5. 热源的研究与开发是推动焊接工艺发展的根本动力

焊接工艺几乎运用了世界上一切可以利用的热源，其中包括火焰、电弧、电阻、超声波、摩擦、等离子体、电子束、激光束、微波等。历史上每一种热源的出现，都伴随着新的焊接工艺的出现。至今焊接热源的研究与开发并未终止。新的发展可概括为两方面：一方面是对现有热源的改善，使之更为有效、方便、经济适用。在这方面，电子束焊和激光焊的发展比较显著。另一方面则是开发更好、更有效的热源。例如近来有不少工作采用两种热源叠加，以求获得更强的能量密度，如在等离子弧中加激光束、在电弧中加激光束等。

6. 节能技术是普遍关切的问题

节能技术在焊接工业中也是重要方向之一。众所周知，焊接消耗能源甚大。焊条电弧焊电源，每台约 10kVA，埋弧焊机每台 90kVA，电阻焊机每台则可高达上千 kVA。不少新技术的出现就是为了节能这一目标。在电阻点焊中，利用电子技术的发展，将交流点焊改变为二次整流点焊，可以大大提高焊机的功率因素，减少焊机容量，1000kVA 的点焊机可降低至 200kVA，而仍能达到同样的焊接效果。逆变焊机的出现是另外一个成功的例子。它可以大幅减轻焊机的重量，提高焊机的功率因素和控制性能，已广泛应用于生产。

通过以上的介绍，可见焊接技术仍在不断发展之中，我们希望通过这个简单的介绍，使读者知道如何辨别当前五花八门的新工艺的意义，并能明确如何正确地选用或发展新的工艺。

参 考 文 献

[1] 姜焕中. 焊接方法及设备：第一分册[M]. 北京：机械工业出版社，1981.

[2] Houldcraff P T. Welding Process Technology [M]. London: Cambridge University Press, 1977.

[3] 潘际銮，阎炳义，高力生，等. 爬行式全位置弧焊机器人[J]. 电焊机，2005(6)：1-5.

[4] Pan J, Yan B, Gao L, et al. Tackles Difficult Jobs [J]. Welding Journal, 2005(6): 50-54.

第1篇 电 弧 焊

第2章 弧焊电源

作者 耿 正 王 巍 审者 陈树君

2.1 弧焊电源的负载特性——焊接电弧特性

弧焊电源是一种二次电源，所谓二次电源就是在一次电源（电力网）和负载之间的电能变换器。其作用是从一次电源获得电能，并转化为负载所需要的形式。在二次电源的设计与使用中最关心的问题是电源负载的特性，在弧焊电源中的负载就是焊接电弧，焊接电弧的特性包括：电弧的静态特性和动态特性两部分。

2.1.1 焊接电弧的静态特性

弧焊电源的负载是由焊接电缆（N-E）、焊接电极（E）、焊接电弧（K-A）、焊接工件（W）及焊接电缆（W-P）串联构成，如图 2-1a 所示。

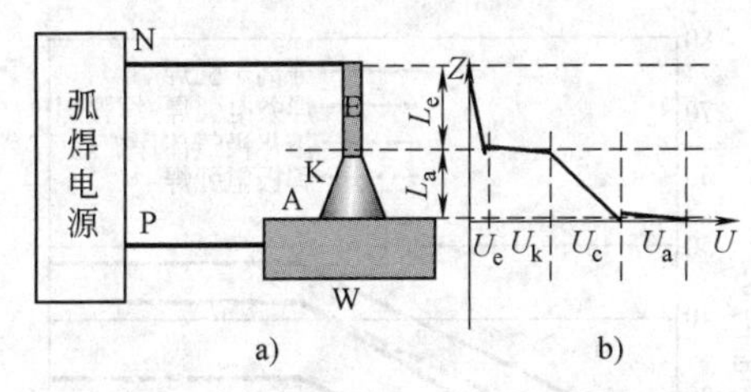

图 2-1 弧焊电源负载构成示意图

设图 2-1a 中弧焊电源的 N 为负极，P 为正极，负载中各段的特性是不相同的，其中：

焊接电缆（N-E）和（W-P）是一个简单的电阻性负载，总电阻用 R_c 表示，对于常规的 3 ~ 5m 长度的焊接电缆 $R_c \leqslant 0.01\Omega$，因此在负载特性中这部分一般可以不予考虑。但是当焊接电缆过长（ >20m）的时候就不能忽略了。

焊接电极（E）是简单的电阻特性，E-K 之间的电阻可用 R_e 表示，R_e 与电极材料的电阻率 ρ_e、长度 L_e 和直径 D_e 相关。常温下测量到焊接电极电阻 R_e 是很低的，可忽略不计。但是在焊接条件下，由于焊接电弧的直接加热作用导致电极电阻率 ρ_e 上升数十倍，特别是在大电流下焊接电极上的压降可高达几伏。

焊接电极 E 与焊接工件 W 之间（K-A）是最复杂也是最重要的电弧部分。电弧是一种基于气体放电的导电机构，不同于一般的金属导电，并导致了弧焊电源负载具有以下两个重要的特殊性。在讨论电弧特性之前，必须指出：焊接电极 E-K 这一段的电压降是焊接电弧电压不可分割的部分，所谓焊接电弧电压，实际上是 E-W 之间的电压，而不是 K-A 之间的电压，因为 K-A 之间的电压在工程上是不可测量的，因此焊接电极导电特性必须计入焊接电弧中。

1. 各段的电压分配不均匀性

沿 Z 轴方向，由焊接电极 E 到焊接工件 W 之间的电压分配关系如图 2-1b 所示。

设 E-K 之间的距离为 L_e，即电极长度。电极上压降 $U_e = IR_e$，其中 R_e 正比与 L_e。

设 K-A 之间距离为 L_a，即电弧长度（一般在 2 ~ 10mm 的范围内）。在电流一定的条件下，对于一个初始的 L_a 记下初始的电弧电压 $U_{arc} = U_1$，将弧长 L_a 减小会发现 K-A 之间的电压 U_{arc} 也随之减小，这说明两者之间成正比关系。当 L_a 趋于零但尚未短路时（此时仍有电弧）记下 $U_{arc} = U_2$，此时 $U_2 < U_1$ 但仍会有较大的数值，通常在 10V 以上。当焊接电极 E 与焊接工件 W 短路时（此时电弧熄灭），电压会突然降低到 3V 以下（与电极电阻有关），此时的电压即为电极压降 U_e。这说明在靠近阴极 K 和阳极 A 区间里有一个显著的电压降，这就是阴极压降 U_k 和阳极压降 U_a。其中阴极区约 10^{-5}mm，阳极区 A 约 10^{-3}mm，如此小的距离在弧长测量中完全可忽略。且阴极压降 U_k 和阳极压降 U_a 与电流和弧长无关。在上述关系中，U_{arc}、U_c、U_e 均可实际测量到，其中 $U_c = U_1 - U_2$，因此通过图 2-1b 的关系可以得到：$U_k + U_a = U_{arc} - U_c - U_e$，其数值大致在 8 ~ 20V 的范围。

阴极压降 U_k 受电极材料熔点影响较大，高熔点材料 U_k 低，例如钨仅为 5 ~ 7V，低熔点材料 U_k 高，例如铝合金可高达 20V 左右。这种差异与阴极的导电机构中的电子发射机理有关。而阳极的导电机构只是接受电子，因此阳极压降 U_a 相对稳定，与材料关系不大，一般在5V以下。这样一来，在电极与工件的材料不同时，如果转换电源极性，电弧的导电性将发生变化。例如在铝合金的交流钨极氩弧焊中，DCEN（钨极接负）期间的电弧电压仅为10V左右，而DCEP（工件接负）期间的电弧电压高达20～30V。从这个角度看，可认为电弧具有“整流作用”，而事实上建立在钨极与汞之间的电弧装置是最早的工业整流器，即汞弧整流器。

2. 电弧伏安特性曲线的非线性

伏安特性曲线就是负载电压与负载电流的关系曲线。在保持电弧长度恒定（K-A之间距离不变）的条件下，改变电流 I，测量K-A之间的电压 U 获得如图2-2所示结果。

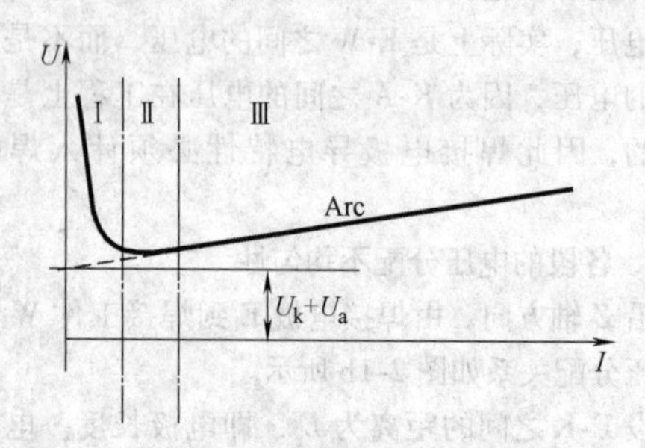

图2-2 电弧的伏安特性曲线

在电流很低的Ⅰ区间，电弧电压 U 随着电流 I 的上升而下降，即呈负阻特性；在电流上升到Ⅱ区间，电弧电压 U 基本不随电流 I 变化而变化，即呈恒压特性；当电流 I 上升到足够大的Ⅲ区间，电弧电压 U 随着电流 I 上升而上升，即呈常规的电阻特性。

对于焊接应用，电弧电流通常在数百安，即使小电流焊接一般也在20A以上，因此焊接电弧通常都是工作在Ⅲ区间。Ⅲ区间的伏安特性近似为直线，用Arc表示。将直线Arc向小电流方向用虚线延长到与纵坐标相交，其交点的电压值为 U_k 与 U_a 之和。此交点上的电压值与图2-1b中的 U_k 与 U_a 之和是相同的。

通过上述方法可以将电弧伏安特性曲线近似为以下表达式：

$$U = U_o + R_o I \tag{2-1}$$

式中：$U_o = U_k + U_a$；

$R_o = R_e + R_c$，R_e 为焊丝电阻，R_c 为电弧弧柱的等效电阻。

对于不同的焊接方法，通过大量的实验获得了对应的 U_o 和 R_o 值，见表2-1。

表2-1 不同焊接方法的 U_o 与 R_o

焊接方法	U_o/V	R_o/Ω
焊条电弧焊/埋弧焊	20	0.04
钨极氩弧焊	10	0.04
熔化极气体保护焊	15	0.05
等离子弧焊	25	0.04

将表2-1中的数值带入式（2-1）则可得到不同焊接方法的电弧伏安特性曲线表达式：

焊条电弧焊/埋弧焊：

$$0 < I \leqslant 600\text{A}:\quad U = 20 + 0.04I \tag{2-2}$$
$$I > 600\text{A}:\quad U = 44$$

钨极氩弧焊：

$$0 < I \leqslant 600\text{A}:\quad U = 10 + 0.04I \tag{2-3}$$
$$I > 600\text{A}:\quad U = 34$$

熔化极气体保护焊：

$$0 < I \leqslant 600\text{A}:\quad U = 15 + 0.05I \tag{2-4}$$
$$I > 600\text{A}:\quad U = 44$$

等离子弧焊：

$$0 < I \leqslant 600\text{A}:\quad U = 25 + 0.04I \tag{2-5}$$
$$I > 600\text{A}:\quad U = 49$$

将上述4个公式用伏安特性曲线表示，如图2-3所示。

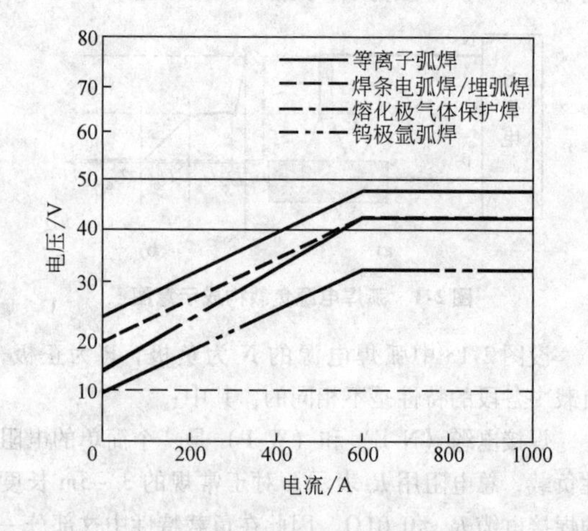

图2-3 电弧伏安特性曲线近似表示

式（2-2）～式（2-5）及图2-3可作为弧焊电源在确定电流范围后选择最低输出电压的设计依据。实际上，为了保证焊接过程的稳定性，电源的输出电压要比计算值高出10V左右。

2.1.2 焊接电弧的动特性

所谓焊接电弧的动特性，是指在一定的弧长下，当焊接电流快速变化时，电弧电压和电流瞬时值之间的关系。

1. 直流脉动电流的电弧动特性

实验表明，当焊接电流快速变化时，电弧的伏安特性曲线并不遵循图2-2所示关系，而是如图2-4所示。

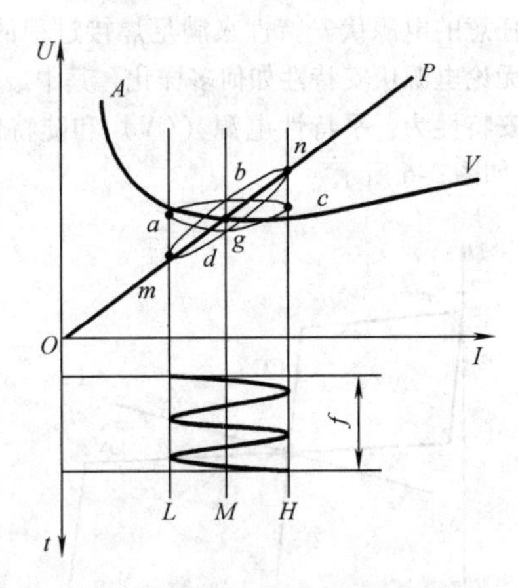

图2-4 电弧动特性曲线示意图

在图2-4中，曲线A-V是电弧的伏安特性曲线，A-V是在电弧电流缓慢变化时得到的，因此也称电弧静特性曲线。设电弧电流为脉动直流，幅值变化范围是从最低值L到最大值H，频率为f。当频率f很低时，电弧电压沿A-V曲线变化，即电弧的静特性；当频率f较高时，电流从最小值L上升到最大值H时，电压的变化轨迹是a—b—c，电流从最大值H下降到最小值L时，电压的变化轨迹是c—d—a；当频率f很高，电流从最小值L上升到最大值H时，电压的变化轨迹是m—b—n，电流从最大值H下降到最小值L时，电压的变化轨迹是n—d—m。由此可见电流脉动频率f越高（电弧电流变化得越快），电弧动特性曲线与静特性曲线的差别越大。由于电弧弧柱区的导电机制是气体电离，因此弧柱区的导电能力取决于电离程度。而电离程度主要取决于电弧温度，电弧温度又是通过电弧电流的加热作用产生的。由于电弧温度对电流的响应存在一定的惯性，因此当电弧电流的脉动频率升高时，电弧温度的相位响应滞后增加，电弧温度的幅值响应降低，电弧电压的变化轨迹将脱离静特性曲线。当电弧电流变化速度极快时，电弧温度的幅值响应趋于零。这时候电弧的动特性曲线将与OP线重合，OP是过坐标原点O和电弧静特性曲线A-V上g点的一条直线，g点是电弧电流有效值M与电弧静特性曲线A-V的交点。在高频脉动电流下电弧伏安特性呈线性电阻特性。这表明，此时电弧温度恒定不变，稳定在电弧电流有效值M与电弧静特性曲线A-V的交点g所对应的温度状态下。

2. 交流电的电弧动特性

在电弧焊中，不仅用到直流电源，也会用到交流电源，因此有必要分析一下交流电弧的动特性。交流电弧的动特性与脉动直流有很多相似的地方。交流电流下的电弧动特性与脉动直流电流的差别是存在电流过零期间，因此在交流电弧中存在电弧熄灭和电弧再引燃现象。在交流电弧中要保证电弧熄灭后能够再引燃，必须在电流过零后对电弧迅速施加较高的电压。对于正弦波交流电源要使用大电感产生足够大的电压超前角，保证电流过零时，电压已经在一个比较高的数值——超过再引燃电压。更好的方法是使用交流方波电源。正弦波交流电流作用下电弧动特性曲线如图2-5所示，可以看作是脉动直流电弧动特性在1和3两个象限的扩展。

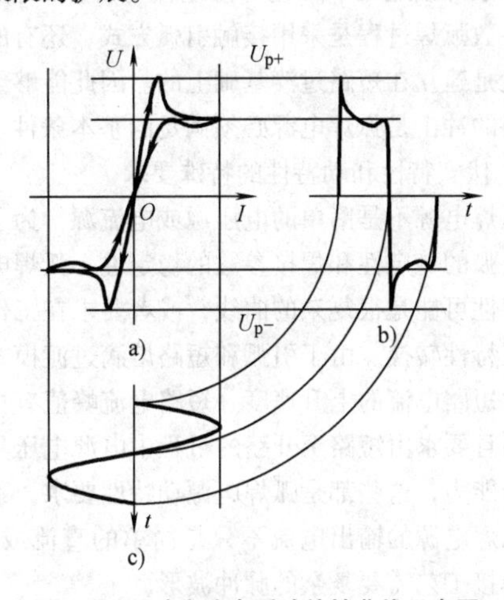

图2-5 正弦交流电弧动特性曲线示意图

图2-5a是正弦交流电流下的电弧动特性曲线图，也就是里沙育图；图2-5b是电弧电压波形；图2-5c是电弧电流波形。U_{p+}、U_{p-}分别为电弧正负半波的过零再引燃电压，与电极材料、电弧气氛和电弧电流有关。当电极材料不同时，U_{p+}与U_{p-}不同，正负半波电流波形也将不对称，这将导致变压器存在直流分量。如果直流分量过大，可能影响变压器的正常工作。

2.2 弧焊电源基础知识

弧焊电源与一般二次电源的相同之处：从经济观点出发，要求结构简单轻巧、制造容易、消耗材料少、节省电能；从使用观点出发，要求使用方便、可靠、安全、性能良好和容易维修。由于焊接电弧特殊的电特性，弧焊电源有许多不同于一般二次电源的特点。弧焊电源的特点主要在于适应弧焊工艺的需要，特别是新的弧焊工艺不断出现，对弧焊电源还可能提出新的要求。在焊接过程中，焊接电源不仅仅是简单地提供电弧能源，而且是控制电弧及其焊丝的熔化过程，满足焊接工艺的要求。从这角度出发，也可以将焊接电源看作一个“功率放大器”。

2.2.1 基本特性与要求

1. 低电压、大电流、高功率

常用的电弧焊电压为10~50V，焊接电流在几十至上千安。弧焊电源的输出功率一般在2kW以上，最大可达数百千瓦。因此低电压、大电流、高功率是弧焊电源的一个基本特征。

2. 承受短路负载冲击

由于电弧焊接的特性，焊接电弧的长度仅有几毫米，多数焊接过程中难免焊接电极与焊接工件接触，而且多数弧焊过程是采用接触引弧方式，还有的焊接过程就是建立在短路过渡基础上的。因此能够经受负载短路的冲击是弧焊电源必须满足的基本条件。

3. 伏安特性和动特性的特殊要求

弧焊电源不是简单的电压源或电流源，为了满足焊接电弧的稳定性和焊接参数的稳定性，弧焊电源的伏安特性可能是很复杂的曲线，或者要求在工作过程中进行特性转换。由于引弧和短路熔滴过渡模式的需要，对短路电流的上升速度、短路电流峰值有特定要求，而且要求由短路至开路的过程中电源电压具有快速上升能力，这些都是弧焊电源动特性要求。不仅如此，弧焊电源的输出电流不只是简单的直流或交流，有些焊接工艺需要复杂的脉冲波形。

4. 调节范围宽

弧焊电源不是一种固定输出的电源，为了完成不同的焊接工作，要求弧焊电源输出电流、电压可以在较宽的范围内调节。

5. 恶劣的工作环境

焊接施工可能在室内，也可能在野外，如石油天然气管线焊接、造船焊接和大型钢结构建筑焊接等。即使在室内使用，焊接车间的烟尘、高温和腐蚀性气体等都会对弧焊电源的电气部分构成威胁。此外弧焊电源还可能经常被移动，要经受运输过程的颠簸。

综上所述，弧焊电源可能是所有工业电源中技术要求（伏安特性和动特性）最为复杂、工作环境最为恶劣的一种电源。

2.2.2 弧焊电源的伏安特性及选用原则

电源的伏安特性是指在规定范围内电源稳态输出电流与输出电压的关系，又称为电源的外特性。弧焊电源特殊的伏安特性要求是区别于其他电源的主要标志之一。在早期的弧焊电源中，例如弧焊发电机和弧焊变压器只能依靠电磁反馈和电感压降调节电流或电压，因此电源的伏安特性受到很大的局限性。但是现在的焊接电源已经普遍采用逆变电源技术，以及电子电路和数字化控制技术，因此可以通过电压、电流反馈获得任意的电源伏安特性来满足焊接过程的要求。然而，无论电源伏安特性如何多样化，其中最基本的两种伏安特性为：平特性电源（CV）和陡特性电源（CC），如图2-6所示。

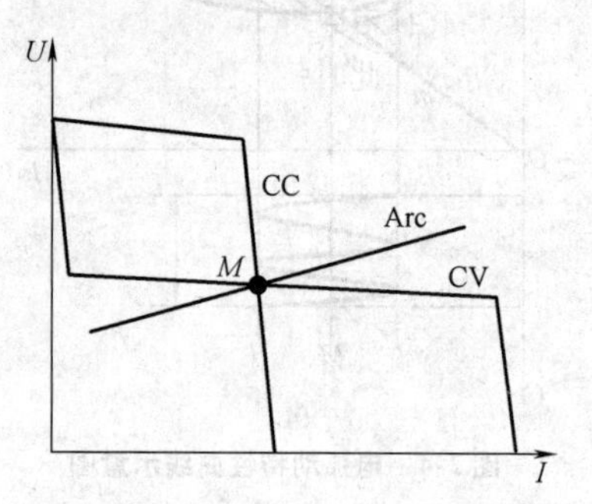

图2-6 弧焊电源的两种基本伏安特性

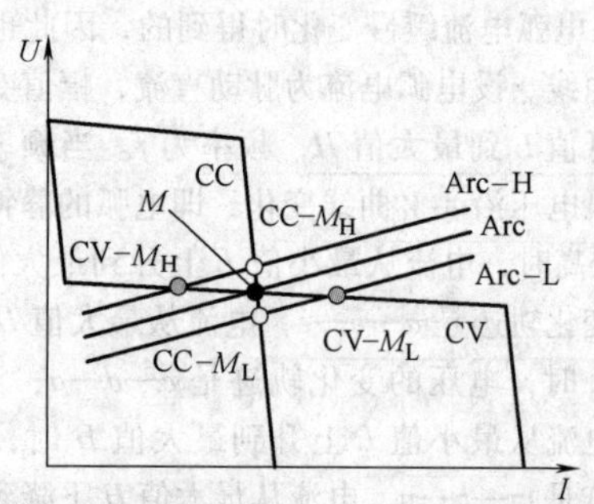

图2-7 电弧弧长变化对工作点 M 的影响

在图2-6中，无论是CV还是CC外特性曲线都可与电弧的伏安特性曲线Arc交于同一点 M，也就是具有稳定的工作点。从这个角度看，无论是CC电源还是CV电源都可以用于电弧焊接过程，而且可以获得相同的焊接电流和电压。但是这只是建立在弧长稳定的理想状态下，而在实际焊接过程中电弧弧长会受到焊接工件表面及其他原因影响而变化。图2-7给出了电弧的弧长变化的影响关系：弧长上升，Arc曲线平行上移变为Arc-H；弧长下降，Arc曲线平行下移变为Arc-L。这样一来Arc曲线与CC或CV外特性曲线的交点将发生变化，由此会造成电弧电压或电流的变化。根据图2-7可以得到这样一个结论：对于CC电源，弧长变化引起的电弧电流变化很小，而电弧电压变化较大；对于CV电源，弧长变化引起的电弧电压变化很小，而电弧电流变化较大。而无论对于CC

还是 CV 电源都是针对电流稳定与弧长稳定兼顾的原则设计的。具体就是要在焊接电流波动最小的前提下，使电弧弧长最快速恢复到原来的长度。对于不同的焊接方法，恢复弧长的方法是不同的，由此就产生了选择合适电源伏安特性的问题。

对于钨极氩弧焊、焊条电弧焊和粗丝埋弧焊通常是采用 CC 电源，这是因为它们的电极根本不熔化或熔化速度很慢（低于 2m/min），只要有 CC 电源保持电流不变，弧长的变化可以通过调节电极与工件之间距离或调整送丝速度来恢复。

对于细丝熔化极电弧焊，通常采用 CV 电源，等速送丝的配合方式。此时弧长的变化将引起较大的电流变化，由于细丝熔化速度对电流变化非常敏感，少量的电流变化可以引起足够大的焊丝熔化速度的变化，从而实现自动恢复弧长，这也就是所谓的“弧长自身调节作用”。

反之如果钨极氩弧焊、焊条电弧焊和粗丝埋弧焊采用 CV 电压，这些方法的电极是非熔化的或者熔化速度对电流变化不敏感，因此微小的弧长变化将引起很大的电流变化，导致焊接过程不稳定。同样如果细丝熔化极电弧焊采用 CC 电源，由于焊丝的熔化速度可达高 10m/min 以上，受制于电动机的响应速度无法迅速调节送丝速度补偿弧长变化，因此会导致焊接电压的大幅度波动。

综上所述，CC 电源配合非熔化极或粗丝使用变速送丝系统；CV 电源配合细丝使用等速送丝系统。或可归结为：非熔化电极和熔化速度慢的粗焊丝采用 CC 电源，反之熔化速度很快的细焊丝采用 CV 电源。

2.2.3　弧焊电源的动特性

弧焊电源的动特性包含了两方面的问题：

1）负载响应特性：具体又分为“短路”和“开路”两种情况：①电源在从空载或负载工作状态变为短路时能限制并控制电流的上升速度和短路峰值电流；②电源从短路状态变为负载或开路时能迅速提升电源的输出电压，提升速度达到 1V/μs 以上以保证引燃或再引燃电弧。

2）输入响应特性：电源能迅速响应输入控制信号，为了满足焊接过程波形控制的要求，需要输出电流对输入控制信号的响应速度达到 1000A/ms 以上。

有关问题参见表 2-2。弧焊电源具有良好的动特性是满足高质量、高效率焊接的重要条件。

表 2-2　弧焊电源动特性的基本问题及要求

	波形图	主要技术指标和技术措施	应用对象及问题
电流动特性	I, Δt, ΔI, I_p, O, t	技术指标 1. 短路电流上升速度 $\Delta I/\Delta t$ 2. 短路电流峰值　I_p 技术措施： 1. 电磁电抗器 2. 逆变电源，波形控制——电子电抗器	用于控制熔化极气体保护焊短路熔滴过渡过程，控制焊接飞溅和焊缝成形。固定的电感值很难适应宽范围焊接电流。电子电抗器是理想的解决方法
电压动特性	U, Δt, ΔU, O, t	技术指标： 电压上升（恢复）速度 $\Delta U/\Delta t$ 技术措施： 1. 逆变电源、二次逆变交流方波 2. 利用电感作用 3. 电源输出端不能有大电容，这是弧焊电源与普通电源的重要差别	1. 接触引弧和短路过渡过程中短路爆断之后的电弧再引燃 2. 交流电弧中的电流过零后电弧再引燃（图中虚线所示）
热引弧特性	I, Δt_r, Δt_s, I_s, I_w, O, t	技术指标： 1. 电流上升速度 $I_s/\Delta t_r$ 2. 热引弧时间 Δt_s 3. 引弧电流 I_s 技术措施： 1. 降低输出回路电感 2. 逆变电源、电子电路（微处理器）	改善接触引弧，用于各种熔化极电弧焊。降低电感可以提高电流上升速度，但这可能与短路过渡所要求的电流上升速度矛盾。电子电抗器是理想的解决方法

（续）

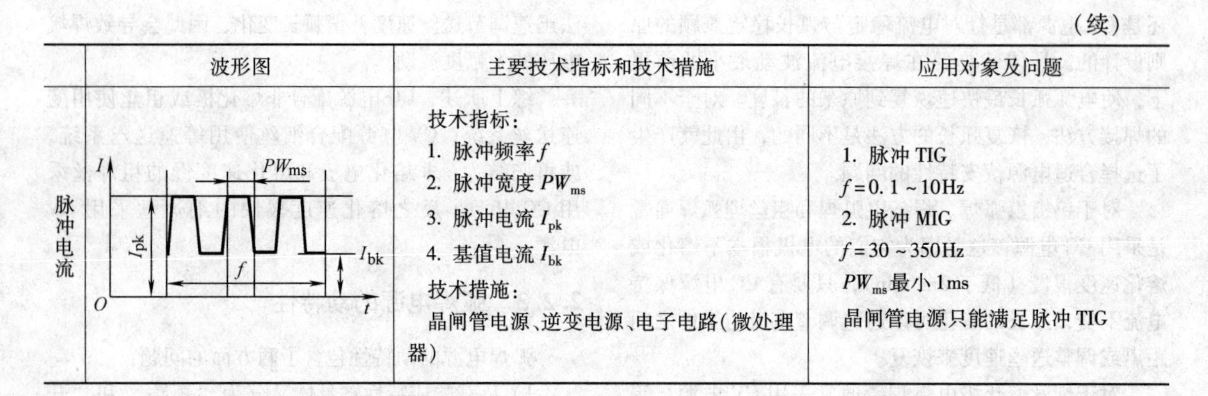

	波形图	主要技术指标和技术措施	应用对象及问题
脉冲电流	I, PW_{ms}, I_{pk}, I_{bk}, f, O, t	技术指标： 1. 脉冲频率 f 2. 脉冲宽度 PW_{ms} 3. 脉冲电流 I_{pk} 4. 基值电流 I_{bk} 技术措施： 晶闸管电源、逆变电源、电子电路（微处理器）	1. 脉冲 TIG $f=0.1\sim10$Hz 2. 脉冲 MIG $f=30\sim350$Hz PW_{ms} 最小 1ms 晶闸管电源只能满足脉冲 TIG

2.2.4　负载持续率

弧焊电源的一个特点就是断续工作（自动焊除外），因此弧焊电源有一个重要的技术指标就是负载持续率。电焊机在断续工作方式中，负载工作的持续时间占整个周期时间的百分比称为负载持续率（FC）。不同焊接用途对弧焊电源 FC 的要求是不同的，用于自动焊接要达到100%，用于工业生产过程的手工焊接要达到60%，用于维修工作的手工焊接为30%～45%，而作为家用机10%～20%即可满足要求。

弧焊电源的额定电流就是额定负载持续率条件下允许的最大输出电流。在实际工作中，实际焊接时间与工作周期之比称为实际负载持续率。在不同的实际负载持续率条件下允许使用的输出电流可按式（2-6）计算：

$$I = I_r(FC_r/FC)^{1/2} \tag{2-6}$$

式中　FC_r——额定负载持续率；

FC——实际负载持续率；

I_r——额定负载持续率下的额定电流；

I——实际负载持续率下的允许电流。

根据式（2-6），降低焊接电流可以提高实际的负载持续率，反之降低负载持续率可以提高实际允许的焊接电流。但是后者通常受到电源最大输出电流的限制。

2.3　传统交流弧焊电源

弧焊变压器是一种最简单的传统交流弧焊电源，主要用于焊条电弧焊。为了满足焊条电弧对电源伏安特性的要求，弧焊变压器在原理上可由一台普通的变压器和一个串联的可调电感构成，如图2-8所示。

图2-8a中的电感 L 理论上可以是一个独立的电感，根据图2-8b的输出电压矢量图关系可以得到输出电流与串联电感的关系：

$$I_f = \frac{\sqrt{U_o^2 - U_f^2}}{2\pi fL} \tag{2-7}$$

式中　I_f——输出电流；

U_o——空载电压；

U_f——负载电压；

f——电源频率；

L——电感值。

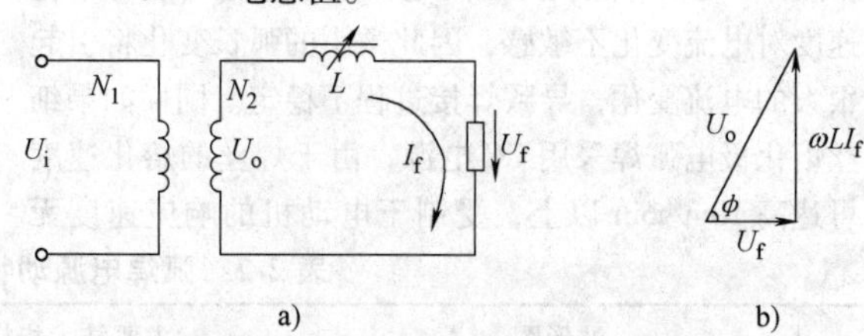

图2-8　弧焊变弧压器的结构及电路原理

a）电路原理图　b）输出电压矢量图

根据式（2-7），调节图2-8中的电感 L，可以调节弧焊变压器的输出电流。弧焊变压器伏安特性曲线如图2-9所示，尽管不能得到理想的恒流特性，但可以满足一般焊接要求。

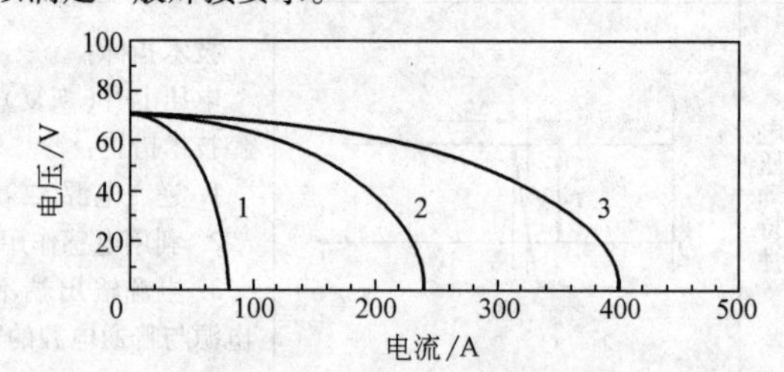

图2-9　弧焊变压器的外特性曲线

实用的弧焊变压器并不采用一个独立外接电感，而采用一种特殊设计的高漏抗变压器，具体结构上有动铁式、动圈式和抽头式三种方式。弧焊变压器具有结构简单，可靠性高，易于维护，成本低廉等一系列优点，曾经是最主要的焊条电弧焊电源。但是进入21世纪后，随着弧焊逆变电源技术的发展和成熟，弧焊变压器已经逐渐被逆变电源所取代。

2.4　传统直流弧焊电源

2.4.1　早期直流弧焊电源

随着焊接工艺技术的发展，交流电源已经不能满足要求，因此直流弧焊电源就应运而出。最早的直流弧焊电源是由电动机拖动的特殊设计的弧焊发电机构成。发电机的常规伏安特性为CV（恒压），为了满足焊条电弧等的CC（恒流）特性要求，采用了输出电流负反馈控制发电机励磁电流的方式，可以使发电机的输出电压随着输出电流的增加而下降。弧焊发电机优点是可靠性高，特别在野外工作。弧焊发电机的缺点是制造成本高，体积大，重量大，效率低，噪声大，特别是空载损耗大，因此作为耗能产品，早在20世纪80年代就被淘汰了。

20世纪中期，随着半导体整流器件的出现，各种整流弧焊电源也随之出现。最简单的是在交流弧焊变压器的输出端经整流成为直流弧焊电源。为了实现通过电信号控制电源的输出，一种特殊的电磁器件——磁放大器被引入弧焊电源领域。磁放大器是一种利用控制线圈，通过较小的电流来控制较大的输出电流的特殊电磁器件。这使得弧焊整流器具有了可控性。但是此种电源的体积重量很大，制造复杂，而且控制响应速度很慢，所以随着可控整流器件——晶闸管的出现很快就被淘汰了。

2.4.2　晶闸管式弧焊整流器

晶闸管是一种功率半导体器件。具有电流容量大、耐压高、控制灵敏、体积小、重量轻、使用简单等优点。晶闸管与一般整流器间的差别在于具有三个PN结，除了与一般整流器件相同的阳极A和阴极K之外还增加了一个控制极G。晶闸管导通的条件：首先是A-K为正向电压（A为正，K为负），但是此时若控制极G-K之间的电压低于触发电压，A-K之间仍为截止状态，只有当G-K之间施加一个正向电压（触发电压），并保证提供足够的电流（触发电流），A-K之间才能转换为导通状态；晶闸管是一种自关断器件，晶闸管导通之后，即使去除G-K之间的触发电压，甚至施加负电压都不能使之关断，而只有对A-K施加反向电压（A为负，K为正），或使流经A-K的电流低于一定值（维持电流）时晶闸管才能关断。由上述分析可见，晶闸管适合于交流可控整流而不适用于直流关断。晶闸管弧焊整流器就是一种对工频交流输入的可控整流，对于弧焊电源需要通过变压器降压，电源工作原理如图2-10所示。常用的主电路形式有：六相半波、三相桥式和带平衡电抗器的双反星形可控整流电路。其中双反星形可控整流电路在早期的产品中应用较多，其原因是对于弧焊电源这样的低电压、大电流输出工作状态经济性最佳。但是随着晶闸管器件的成本下降和金属材料成本的上升，三相桥式结构的经济性上升，甚至超过了带平衡电抗器的双反星形结构，因此逐渐被广泛采用。

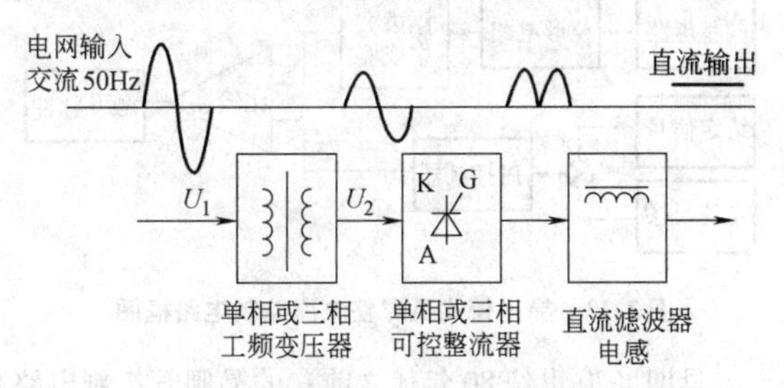

图2-10　晶闸管式弧焊电源电路原理框图

2.4.3　晶闸管式交直流两用电源

弧焊电源是一种大功率电源，因此以三相整流方式为主。单相整流方式输入多用于交直流两用电源，如图2-11所示。相对于三相整流电路，这种单相电源的输出电抗器需要很大的电感值，因为单相整流的脉动值很大，要获得平稳的直流输出，就必须增加电感值。足够大的直流输出电感，在获得平稳直流输出的同时，在交流输出方式时可以获得近似的方波交流，满足交流焊接电弧过零后再引燃的要求。直流输出时，S_2开路、S_1闭合，电弧接在S_2处；交流输出时，S_2闭合、S_1开路，电弧接在S_1处。

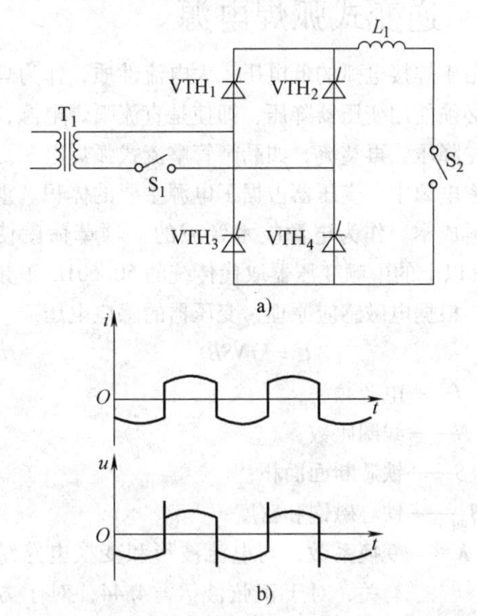

图2-11　交直流两用晶闸管弧焊整流器电路原理图

a）电路原理图　b）交流输出时电压与电流波形图

根据前述晶闸管的工作原理，晶闸管弧焊整流器是利用上述触发脉冲移相控制的方式来实现整流电路输出电压或电流控制的。通过不同的电压、电流反馈深度和组合可获得不同电源伏安特性，并满足电弧焊接工艺的特殊需要。晶闸管式弧焊整流器控制电路框图如图2-12所示。

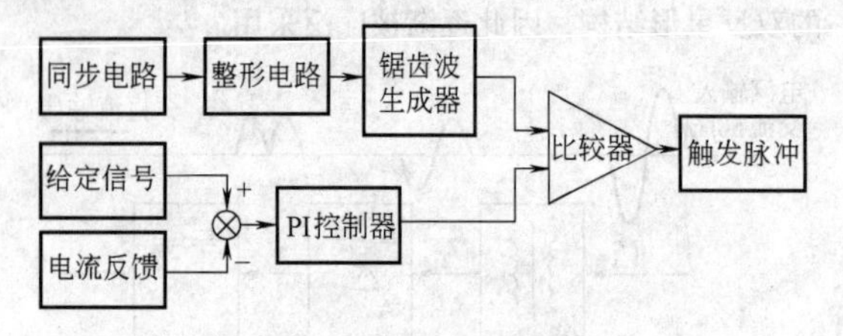

图2-12 晶闸管式弧焊整流器控制电路框图

早期（20世纪80年代之前）的晶闸管控制电路主要是由分离的电子器件构成，因此当时的晶闸管式弧焊整流器产品稳定性较差。随着模拟和数字集成电路的发展，转换为集成电路控制，其可靠性大为提高，使晶闸管式弧焊整理器成为20世纪末期的主要弧焊电源。晶闸管式弧焊整流器是基于传统电源模式的最后一种电源形式，也是综合技术性能最好的一种电源，现在仍在焊接生产中广泛使用。进入21世纪，随着逆变式弧焊电源技术的成熟，特别是随着大功率可关断器件（MOSFET和IGBT）的技术性能不断改进且器件成本大幅降低和金属材料（铜铁）成本的上升，晶闸管式弧焊整流器作为最后一种基于工频变压器技术的传统电源也逐渐退出弧焊电源技术领域。

2.5 逆变式弧焊电源

由于焊接电弧的低电压、大电流性质，作为焊接电源必须使用变压器降压，即使是直流弧焊电源，也必须先降压、再整流，如晶闸管整流式弧焊电源。在大功率电源中，变压器占据了电源主要的体积、重量和材料成本。作为电源技术领域的一项革命就使用20kHz以上的中频变压器取代传统的50/60Hz工频变压器。根据电磁感应原理，变压器的感应电压

$$U = KfNSB_m$$

式中 f——电源频率；

N——线圈匝数；

S——铁芯断面面积；

B_m——铁心磁饱和密度；

K——变换系数，与电流波形和变换电路结构有关，对于正弦波 $K=4.44$，对于方波 $K=4.0$。

对于固定的电压 U 和磁饱和密度 B_m，fNS 为一常数。变压器的体积、重量由线圈 N 和铁心断面面积 S 决定，因此如果提高电源频率 f 就可以降低 NS，即降低变压器的体积和重量。同等功率的变压器，在20kHz下的体积重量仅是50Hz的十几分之一。要获得这种优点，首先是将50Hz交流电整流，再将直流电变为20kHz以上的中频交流电，将直流变为交流就是逆变技术。由于逆变技术是这种电源的关键技术，因此采用逆变技术的电源也被称为逆变电源。逆变电源对于电弧焊技术的作用，不仅仅是提供了轻巧的电焊机，而且更重要的是逆变电源具有极高的响应速度，这对电弧焊过程提供了有效的控制手段。因此可以说，在近十几年来电弧焊领域所取得的技术进步中，一个必要条件就是逆变电源具有快速响应特性。

2.5.1 直流逆变电源基本原理

1. 系统构成

直流逆变式弧焊电源的基本原理如图2-13所示，它包括了一次整流滤波、逆变器、变压器、二次整流滤波和控制电路四大部分。一次整流滤波 *PWM* 控制的逆变器将直流电压 U_{in} 变换为中频交流电压 U_1，通过中频变压器将 U_1 降低为 U_2，二次整流滤波后获得直流电压 U_o。输出电压/电流的调节是通过电压/电流采样和反馈控制电路实现。

2. 逆变电源的基本工作原理

将直流变为交流的过程称为逆变（相对整流而言），实现逆变的基本方法是通过电子开关将直流电转换为交流电。四只功率电子开关 S_1、S_2、S_3、S_4 构成逆变器主电路，将中频变压器和二次整流滤波用负载Z表示，如图2-14所示。图2-14a中，S_1、S_3 导通，S_2、S_4 截止，逆变输出电压 $U_1 = +U_{in}$，电压波形如图2-14d的 $t_0 \sim t_1$ 期间；图2-14b中，S_1、S_3 和 S_2、S_4 全部截止，逆变输出电压 $U_1 = 0$，电压波形如图2-14d的 $t_1 \sim t_2$ 期间；图2-14c中，S_1、S_3 截止，S_2、S_4 导通，逆变输出电压 $U_1 = -U_{in}$，电压波形如图2-14d的 $t_2 \sim t_3$；图2-14d的 $t_3 \sim t_4$ 期间重复图2-14b的状态。逆变电路按图a→图b→图c→图b→图a的顺序循环工作就可得到一系列的正负交替的电压波形，就实现了将直流变为交流的逆变过程。

中频变压器和二次整流滤波器将逆变后的中频交流电 U_1 降压并整流为直流电压 U_o，如图2-14e所示。由 t_0 到 t_4 完成了一个完整的逆变过程，这个时间也就是逆变周期 T；$t_0 \sim t_1$ 或 $t_2 \sim t_3$ 期间是负载通电时间，这时间也称为脉冲宽度 t_p。直流输出电压 U_o 为：

$$U_o = (U_{in}/n)(2t_p/T) \tag{2-8}$$

式中 n——变压器的降压比。

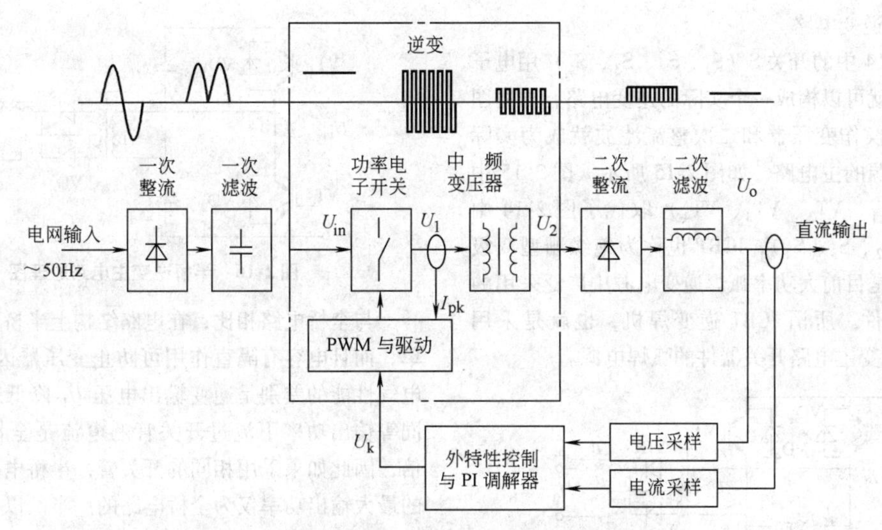

图 2-13 逆变弧焊电源结构原理图

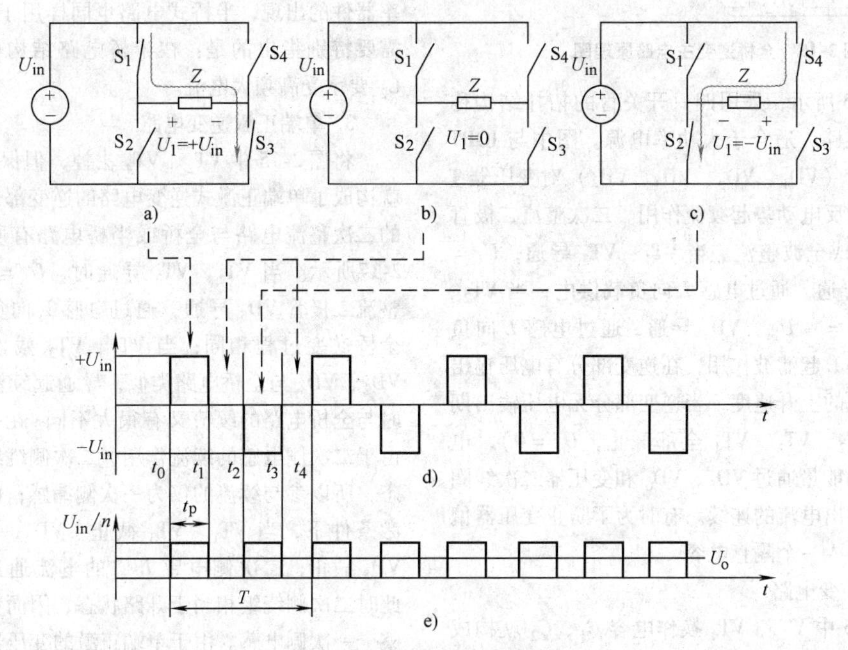

图 2-14 逆变过程原理示意图

由式（2-8）可见，在 U_{in}、n 一定时，改变 t_p 或 T 可以调整输出电压 U_o，$2t_p/T$ 又称为占空比。在弧焊电源中通常采用固定脉冲频率，也就是固定逆变周期 T，调整脉冲宽度 t_p 来调节逆变输出电压。这种调节方式称为脉冲宽度调节（PWM，Pulse Width Modulation）。

由上述分析可见，逆变电源的输出是依靠电子开关的开通与关断的时序和时间比例控制的，因此逆变电源也称为开关电源。

在逆变弧焊电源中，逆变频率 $f=1/T$ 决定了逆变弧焊电源的基本性能。逆变频率 f 越高，电源的体积和重量可以做得越小；而且更重要的是，逆变频率 f 越高，电源的响应速度越高，或者说电源的动态特性越好，这也是高性能弧焊电源的基础。同时，逆变频率 f 越高，对逆变电源的设计与制造技术的要求也越高。因此逆变频率是评价逆变弧焊电源的一个最基本的技术指标。

2.5.2 逆变主电路

以 IGBT 为例给出逆变弧焊电源的主电路中常用的全桥、半桥和单端正激三种电路拓扑结构，对于 MOSFET 同样适用。

1. 全桥逆变电路

将图2-14中的开关S（S_1、S_2、S_3、S_4）用电子开关取代，就可以构成一个实际的逆变电路，再将图中的负载Z换作变压器和二次整流滤波就成为实际逆变弧焊电源的主电路，如图2-15所示。图2-15中用IGBT（VT_1、VT_2、VT_3、VT_4）取代了图2-14中的S（S_1、S_2、S_3、S_4），IGBT也称为绝缘栅型双级型晶体管，是目前大功率弧焊逆变电源中广泛采用的电子开关器件。所谓IGBT逆变焊机，也就是采用IGBT作为逆变主电路开关器件的弧焊电源。

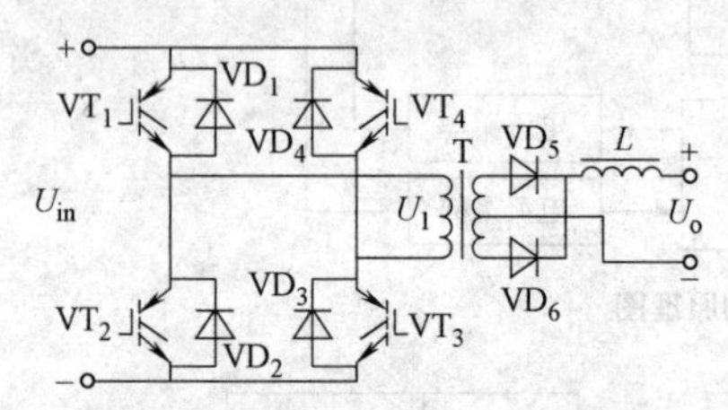

图2-15 全桥逆变主电路原理图

如图2-15所示，采用四只开关管的拓扑结构称为全桥逆变电路，适合于大功率电源。图中与IGBT并联的二极管（VD_1、VD_2、VD_3、VD_4）对变压器T的漏感引起的反电动势起续流作用。二次整流二极管VD_5、VD_6构成全波整流。当VT_1、VT_3导通，$U_1=+U_{in}$，VD_5导通，通过电感L向负载供电；当VT_2、VT_4导通，$U_1=-U_{in}$，VD_2导通，通过电感L向负载供电；电感L起滤波作用，在逆变部分有电压输出期间限制电流的上升速度，当逆变部分无电压输出期间（VT_1、VT_2、VT_3、VT_4全部截止，$U_1=0$），电感L中储存的能量通过VD_5、VD_6和变压器二次线圈续流，保证输出电流的连续。有时为了防止变压器偏磁，一次侧串入一个隔直电容。

2. 半桥逆变电路

将图2-15中VT_3、VT_4换作电容C_1、C_2就构成了半桥式逆变电路，如图2-16所示。首先假设电容$C_1=C_2$，并且容量足够大，C_1、C_2中点的电位等于$U_{in}/2$。当VT_1导通的时候，$U_1=+U_{in}/2$，VT_2导通的时候，$U_1=-U_{in}/2$。实际上并不要求C_1、C_2中点的电位恒定（$U_{in}/2$），±10%~20%的波动不会影响逆变输出功率。因此电容可根据实际输出功率选择较小的容量，而且C_1、C_2中点的电位的波动还有隔直作用。实际中，有的电源只采用一只电容（去掉C_1或C_2中的一个）。如果此时的电容量等于C_1与C_2的并联值，则电源的输出特性与原来完全一样。这是因为，从交流回路等效分析上，直流电源相当于短路，所以图中的C_1与C_2实际上就是并联的。

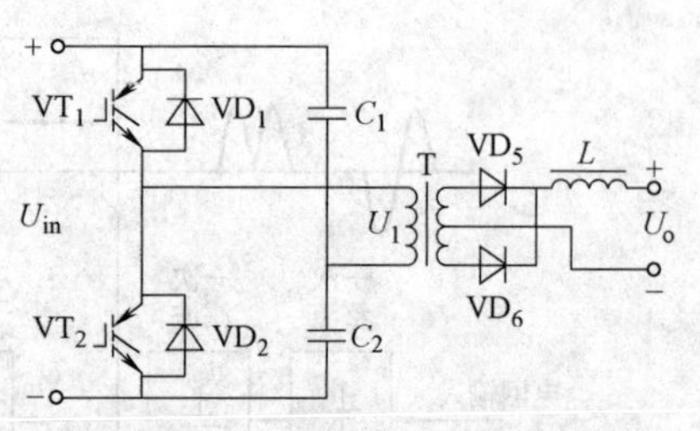

图2-16 半桥逆变主电路原理图

与全桥电路相比，在电路结构上半桥电路相对简单，而且电容有隔直作用可防止变压器因偏磁饱和。电气性能的差别是逆变输出电压U_1降低了一半，在同等输出功率下流过开关管的电流是全桥电路的一倍，因此如果采用相同的开关管，半桥电路所能达到的最大输出功率仅为全桥电路的一半。以往的观点认为半桥电路一般适用于中等功率电源，但是随着大功率器件的出现，半桥式电路也同样用于大功率输出。需要特别指出的是：在半桥电路结构中，电容C_1、C_2要承受高频大电流。

3. 单端正激逆变电路

将图2-15中VT_2、VT_4去掉，但保留VD_2、VD_4就构成了单端正激式逆变电路的逆变部分，注意此时的二次整流电路与全桥或半桥电路有所不同，如图2-17所示。当VT_1、VT_3导通时，$U_1=+U_{in}$，二次整流二极管VD_5导通，通过电感L向负载供电，与全桥逆变过程相同；当VT_1、VT_3截止时，二极管VD_2、VD_4与全桥电路类似，导通起续流作用，但此时与全桥电路的续流又有很大不同。在全桥电路中，由于二次侧电感的续流作用，二次侧绕组处于短路状态，所以参与续流的仅为一次侧漏感；但是在单端正激条件下，当VT_1、VT_3截止，VD_2、VD_4续流时，VD_5截止，二次侧电感L中的电流通过VD_6续流，此时二次侧绕组相当于开路状态，因而参与续流的是整个一次侧电感。由于单端正激的变压器只工作在第一象限，因此必须有足够的续流时间使磁通复位，所以续流时间必须大于等于励磁时间，即VT_1、VT_3的导通时间不能大于一个逆变周期的50%。单端正激电路中开关管所承受的电压、电流与全桥电路相同，但是由于最大占空比只有50%，因此相同条件下的最大输出功率也只有全桥电路的一半。但这种电路结构有很多优点：首先是电路器件少，虽然变压器的磁芯利用率低，但是二次侧不需要中心抽头，也不存在变压器的偏磁问题，而且没有开关管的直通问题。同时非常适合采用电流型PWM控制，即由一次电流I_{pk}反馈控制获得陡降特性。由于这种电路结构简单、可靠，非常适合在小功率、负载持续率低的便携式弧焊

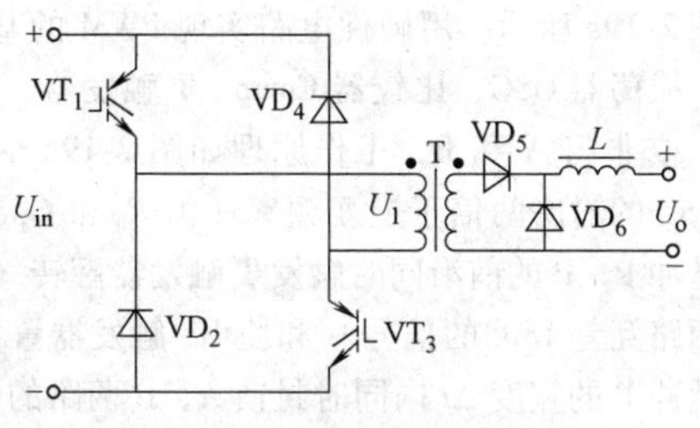

图2-17　单端正激逆变电路

电源中应用。

2.5.3　逆变电源的关键器件

1. 大功率电子开关器件

逆变电源的核心技术是采用大功率电子开关将直流转换为交流。无论为了提高电源自身性能的，还是满足焊接工艺要求，都希望采用较高的逆变频率。而电源的逆变频率主要受限于作为电子开关使用的大功率开关器件的开关速度，特别是在弧焊电源这种大功率工业电源中，大电流限制了器件的开关速度。早期的逆变弧焊电源使用快速晶闸管（SCR）逆变频率仅为2kHz左右；使用大功率双极型晶体管（GTR）逆变频率可以达到15kHz在左右，但是驱动复杂，可靠性差。所以SCR和GTR仅是逆变弧焊电源初期的过渡性器件。使逆变弧焊电源走向成熟应用的是金属氧化物半导体场效应晶体管（MOSFET）和绝缘栅双极型半导体晶体管（IGBT）两种器件。

MOSFET（Metal Oxide Semiconductor Field Effect Transistor）的符号见表2-3，有G（栅极）、S（源极）和D（漏极）三个电极，图中的二极管VD是MOSFET结构中寄生的。通过加在G-S之间的控制电压可以控制D-S之间的导通与截止。MOSFET具有很高的开关速度，但是电流承载能力I_{DM}较低。特别是随着耐压的增加，I_{DM}降低。这与MOSFET的导通机制有关，因为MOSFET导通时D-S之间相当于一个很低阻值的电阻R_{on}（10～300mΩ），其阻值R_{on}随耐压增加而增加，这样一来，同样I_{DM}下的发热量就增加了，从而限制了I_{DM}。目前逆变弧焊电源所需要的耐压500V以上的MOSFET，I_{DM}只有10A左右。但所幸的是MOSFET的R_{on}具有正温度系数，因此很容易并联使用。MOSFET的发热除了导通电阻以外还来自于到开关过程的损耗，显然开关频率越高，损耗越大，发热量也越大，由此将导致I_{DM}降低。因此必须在I_{DM}与开关损耗之间选择一个合适的平衡点，对于用于逆变弧焊电源的MOSFET，开关频率一般限制在100kHz左右。

IGBT（Insulated Gate Bipolar Transistor），是由BJT（双极型三极管）和MOS（绝缘栅型场效应管）组成的复合全控型电压驱动式功率半导体器件。IGBT的符号见表2-3，有G（栅极）、E（发射极）和C（集电极）三个电极。与MOSFET相类似：通过加在G-E之间的控制电压可以控制C-E之间的导通与截止。与MOSFET不同的是：IGBT导通时C-E之间呈一个很低的导通压降（2～3V），这是由IGBT的双极型晶体管输出特性所决定的。因此可以承受较大的电流。例如同样封装尺寸（TO3P或TO264）500V耐压的MOSFET单管仅为10A左右，而600V耐压的IGBT单管的最大电流可达30A甚至更高。而且IGBT可以并联封装在一起，做成大功率模块满足大功率电源的要求，例如逆变弧焊电源中常用的有1200V，100～300A的半桥IGBT模块（同时封装两只IGBT构成半桥结构）。IGBT模块不仅使用方便，而且可靠性也更高。但是IGBT模块的开关频率较低，一般只能工作在20kHz左右。而IGBT单管的工作频率则可高达40～80kHz，IGBT单管也可以并联使用（但要注意：不是所有的IGBT单管都可以并联使用，必须是导通压降具有正温度系数）。

MOSFET与IGBT单管、IGBT模块各有优缺点，参见表2-3。

表2-3　MOSFET与IGBT的比较

	MOSFET D G S	IGBT单管 C G E	IGBT模块
适用逆变频率/kHz	60～100	40～80	16～20
使用方便性	差	中等	好
电源制造工艺	复杂	中等	简单
适用焊接要求	高性能	中高性能	一般性能

在实际应用中，IGBT模块用于一般焊接性能要求的大功率焊接电源；MOSFET和IGBT单管则适用于两个方面：①输出电流200A以下的低负载持续率的小功率焊接电源，②满足高焊接性能要求的大功率工业焊接电源。

2. 中频变压器

逆变频率的提高降低了变压器体积和重量，但同时也对变压器铁心提出了更高的要求。当电源频率超过5kHz，硅钢片的铁损过大，已不适用于做变压器铁心。图2-18为逆变电源变压器外观图。在逆变弧焊电源中使用的变压器铁心材料有两种：铁氧体材料和非晶材料。两者的性能差异与使用范围见表2-4。

从导磁性能看，非晶材料要优于铁氧体材料，用较小铁心断面面积可以制造较大输出功率的变压器，而且居里点温度高，在绝缘材料许可的条件下可以承受较高的温升。因此在20kHz左右的逆变电源普遍采用非晶材料。而在频率较高时，非晶材料的铁损迅速增加，变压器效率降低。因此在40kHz以上的工作频率采用铁氧体材料。此外，逆变焊机的变压器绕组导线还必须考虑趋肤效应和邻近效应问题。使用多股线或薄铜带绕制线圈降低集肤效应，同时还要考虑到合理的绕组位置安排避免临近效应。

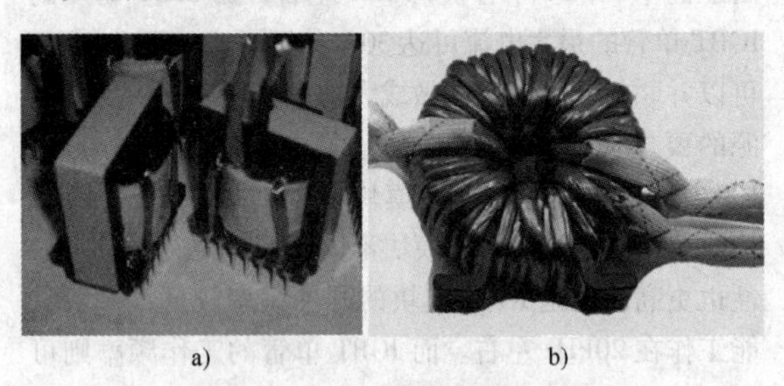

图2-18 逆变电源变压器外观图

a）EE形铁氧体磁心变压器 b）O形非晶铁心变压器

表2-4 变压器铁心材料对比

项目	铁氧体	非晶
磁饱和密度/T	0.2	0.5
居里点/℃	150	300～400
工作频率/kHz	20～100	15～30

3. 二次侧整流管

二次侧整流管要求具有很快的恢复速度，即所谓快恢复二极管。同样，逆变频率越高，要求二次侧整流管的恢复时间越短。对于20kHz逆变频率，已有大电流（100～300A）的快恢复整流管模块。但对于100kHz的逆变频率，尚无大电流快恢复整流模块，仍需要采用多个小电流快恢复二极管并联，这对电源的制造工艺要求很高。

2.5.4 逆变弧焊电源控制电路——模拟-数字混合集成电路方式

逆变电源的控制电路包括PWM电路、功率开关管驱动电路和电源外特性与动特性控制三个部分。

1. PWM电路

PWM电路在工作原理上又可分为电压型和电流型两种。

（1）电压型PWM 电压型PWM有很多专用模拟-数字混合集成电路，例如弧焊电源中最常用的3525等（不同型号的其核心部分基本相同），工作原理如图2-19a所示。用硬件电路实现PWM的基本要素是：振荡器OSC、比较器Comp、T触发器、RS触发器、或非门A和B，工作原理如图2-19b的波形图。OSC的输出两倍于逆变频率（由R_T和C_T决定）的窄脉冲P，P的前沿同时触发T触发器翻转（产生A/B两路互差180°的信号）和使RS触发器置“0”，在窄脉冲P的宽度Δt内同时封锁A、B两路的输出，用于防止同侧开关管直通，所以Δt又称为死区时间。U_k与锯齿波U_{CT}经比较器Comp，当U_{CT}上升到高于U_k的时刻RS触发器置“1”。因此输出脉冲A/B起始于P的后沿，终止于U_k与U_{CT}的交点。从图中可以看到，随着U_k的提高，U_k与U_{CT}的交点后移，即实现了脉冲宽度t_p正比于U_k的PWM功能。

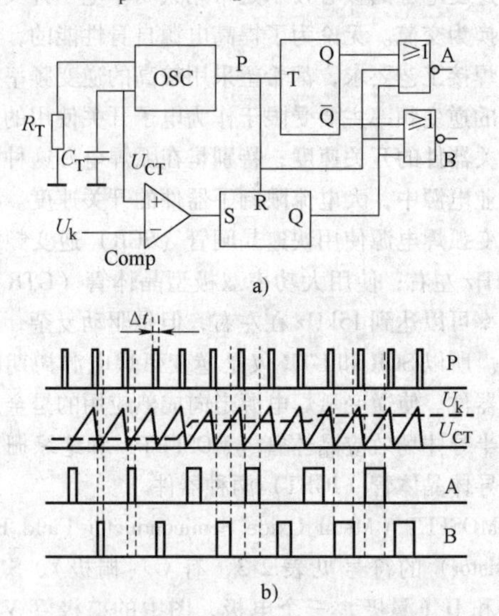

图2-19 电压型PWM控制器工作原理

在图2-19中，由于与U_k比较的锯齿波是固定波形，所以当U_k一定时，输出脉冲宽度也是一定的，根据式（2-7），逆变电源的输出电压是恒定的，并受U_k控制，因此这种方法又称为电压型PWM控制。电压型PWM控制是最基本的逆变控制方法，也是早期逆变弧焊电源中常用的一种控制方法。

（2）电流型PWM 电流型PWM也有很多专用模拟-数字混合集成电路，例如弧焊电源中最常用的3846等（不同型号的其核心部分基本相同），工作原理如图2-20a所示。将图2-20a与图2-19a比较可以发现，两者的差别仅在于比较器Comp+端的信号来源不同：电压型PWM来自于固定的锯齿波信号U_{CT}，而电流型PWM来自于正比于变压器一次电流峰值的U_I。对于电流型PWM，当U_I上升到高于U_k的时刻，PWM输出转为低电平，也就是当U_k一定时，变压器的一次电流峰值限定脉冲宽度。电流型PWM的优点

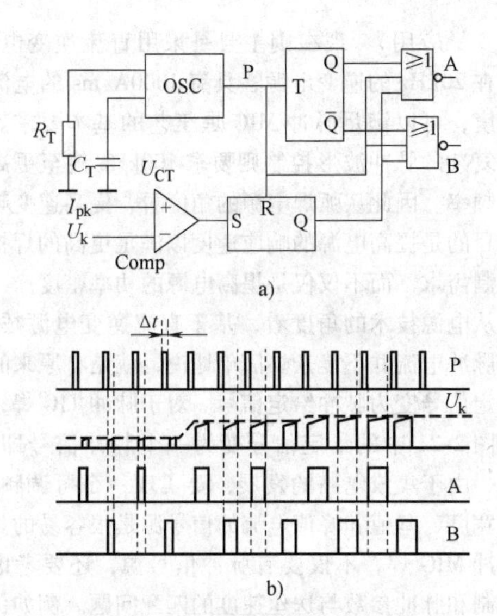

图 2-20 电流型 PWM 控制器工作原理

是显而易见的：变压器一次电流峰值，也就是流过逆变开关元件 IGBT 或 MOSFET 的电流峰值是被逐波控制的，或者说这种控制方式使得电源的开环特性就具有 CC 电源特性，因此特别适合于弧焊电源的电弧负载特性。因此用电流型 PWM 取代电压型 PWM 已经成为弧焊电源的一种技术趋势。

2. 驱动电路

由于 PWM 集成电路的输出能力有限，为了驱动大功率开关管，通常需要进行功率放大。而且多数场合还需要与大功率开关管之间进行电气隔离，隔离方法有光电隔离和脉冲变压器隔离两种。

3. 恒流（CC）控制电路

恒流（CC）特性是逆变式弧焊电源的核心部分，例如对于焊条电弧焊或 TIG 焊等应用，弧焊电源就是一个恒流输出特性的电源。尽管熔化极气体保护焊等应用中要求使用恒压（CV）电源，但是这个恒压电源也是基于恒流电源通过电压反馈实现。因此做好一个恒流特性的电源是逆变弧焊电源的基础。弧焊用恒流电源的好坏有两个标准：其一是良好的恒流伏安特性；其二是快速的负载响应特性。前者是指静态测试条件下，电源输出电流不随负载变化而波动；后者是指当负载快速波动时，电源的输出能快速恢复到恒流输出。逆变电源恒流控制电路框图如图 2-21 所示。设β为电流采样系数，则电流反馈信号 $U_{if}=\beta I_f$。由于积分环节的存在，在稳态下 $U_{if}=U_{ig}$，则有 $I_f=U_{ig}/\beta$。但是当负载快速波动时，电源的瞬态输出电流将偏离设定电流值。比例系数 P 越小，偏离量越大；积分系数 I 越大，恢复时间越长。但是从另一个角度看，比例系数越大，积分系数越小系统越不稳定。因此从首先要保证系统稳定性的原则出发，实际上要选择较小的 P 和较大的 I。对于同样的 PI 参数，决定电源恒流输出特性的是 PWM 控制器的工作方式。因为电流型 PWM 本身就具有一定的下降特性，所以只需要较小的 P 和 I 就能获得良好的恒流输出特性。因此对于逆变弧焊电源来说，电流型 PWM 已经成为一种必要的方式。

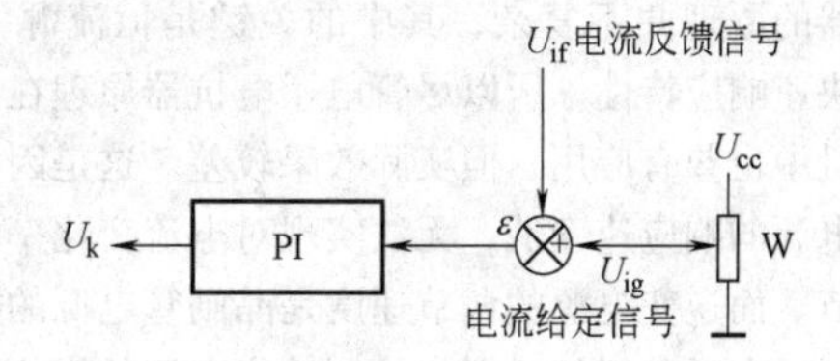

图 2-21 逆变电源恒流控制电路框图

4. 恒压（CV）控制电路

熔化极气体保护焊用焊接电源要求恒压特性，并需要一个合适的动特性，在电弧负载短路时限制短路电流上升速度和短路电流峰值。实现这一过程的电路原理框图如图 2-22 所示。

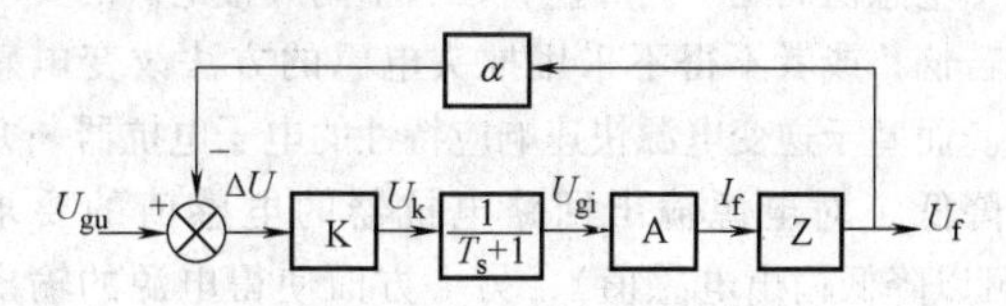

图 2-22 逆变电源恒压控制电路框图

在图 2-22 中 A 为具有高速响应特性的恒流源（即图 2-21 所示部分），Z 为负载（电弧），U_f为负载 Z 上的电压，α 为电压反馈回路的采样系数，K 为电压误差放大器，$1/(Ts+1)$ 为由电阻电容构成的惯性环节（$T=RC$）。

电压反馈是电源技术中用于稳定输出电压的基本方法，在弧焊电源中的电压反馈也是为了获得恒压（CV）输出特性。但是与一般的电源不同的是，在反馈控制回路中加入了一个惯性环节，这样就使得电压反馈调节的速度降低了。另外更重要的一点就是，电压反馈回路的输出 U_k是电流源 A 的输入控制信号。

当负载 Z 缓慢变化时，输出端电压 U_f也缓慢变化，电压反馈作用可以调节恒流源 A 的输出电流使负载 Z 上的电压 U_f恒定，即满足熔化极气体保护焊的平特性电源要求；当负载 Z 突变，电压 U_f也随之突变，ΔU 也会随之突变，但是由于惯性环节的响应特性，使得 U_k不能突变，则恒流源 A 的输出电流 I_f也不能突变，而是响应 U_k的变化。通过 RC 回路的延时作用，U_k在短路时的电压变化规律与输出端串联电感的电流变化规律相同，因此电源的实际输出电流变化规律也就与输出端串联电感的电流变化规律相同。通过传递函数原理可以证明：惯性环节中具有输出回路的等效电感的作用，即相当于输出回路串有电感。改变惯性环节的时间常数 T（即 RC 值），即可以调节负载 Z 短路时 I_f的变化速度，即等效于调节输出回路的电感值。这也就是所谓的电子电抗器。电子电抗器的原理并不复杂，其中的关键是恒流源 A 要具有快速响应特性。所以尽管电子电抗器原理在晶闸管焊机中也曾有应用，但实际效果较差。这是因为晶闸管电源的响应速度低，无法实现对电流变化率的快速调节。而逆变电源的调节速度是晶闸管电源的数百倍，可以在微秒级的时间内控制输出电流的变化，所以电子电抗器设计思想只有在逆变电源中才得以真正地实现，而且只有使用更高的逆变频率，电子电抗器才能获得更好的效果。这也就是只有高逆变频率才能满足高焊接性能要求的原因之一。

电子电抗器是逆变电源技术对电弧焊接方法的一项重要贡献。之前的焊接电源一直为选择一个合适的输出电感值满足不同焊丝直径、不同焊接电流的要求而苦恼，或者不得不采用抽头电感的方法改变电感值。而基于逆变电源快速响应特性的电子电抗器一方面降低了对电源输出回路电抗器的电感值的要求（可以降低输出电感值），另一方面使得电源的输出电感值可以方便调节，以满足不同焊接工艺的要求。

2.6 逆变弧焊电源的高级应用

2.6.1 直流脉冲电源

逆变电源与传统电源相比重量轻，体积小，但是逆变电源更主要的优点还不仅在于此。逆变电源与传统电源相比更主要的优势是在于焊接性能方面的提高。在焊接过程中，由于对焊接热输入和熔滴过渡控制的需要，越来越多地采用脉冲电源。特别对于 MIG 焊，为了获得稳定的射流过渡，尤其是铝合金焊接中，脉冲电源成为最重要的控制手段。理想的 MIG 脉冲焊是“一脉一滴”，即一个脉冲，过渡一个熔滴。这也就是要求电源的脉冲频率与熔滴过渡频率一致。脉冲 MIG 射流过渡的频率范围大约为 30 ~ 350Hz，基本的脉冲波形图及参数见表 2-2。对于脉冲电源的基本要求是具有足够高的响应速度。早期的电弧焊脉冲电源采用了很多方法，如：阻抗不平衡的单相或三相电源整流获得固定频率的脉冲；直流电源附加晶闸管的脉冲断续器；模拟晶体管电源等。后来比较实用的方法是采用直流斩波式开关电源（目前还有少量应用），现在则主要是采用直流逆变电源。工作在 20kHz 的逆变电源，具有 1000A/ms 的电流响应速度，可以满足脉冲 MIG 焊工艺的基本要求。对于更复杂的脉冲波形控制则要求 100kHz 甚至更高的逆变频率。因此从弧焊电源的角度看，提高逆变频率主要目的是提高电源的响应速度以满足更高的焊接过程控制需求，而不仅仅是提高电源的功率密度。

从电源技术的角度看，基于直流逆变电源技术，输出脉冲电流并不复杂。简单地说，就是将原来的固定给定信号变为脉冲给定信号。对于脉冲 TIG 焊，只要将图 2-21 中的给定信号变为一个脉冲信号即可。目前，由于集成电路的发展，要实现一个可调频率、脉冲宽度、基值和峰值电流的信号源是很容易的。对于脉冲 MIG 焊，不仅要有脉冲信号源，还要考虑弧长控制和脉冲参数与送丝速度的匹配问题。例如，对于一个送丝速度就要有一组脉冲与此对应，对于不同的焊丝，不同的送丝速度就会有很复杂的脉冲参数对应关系。由于单纯用硬件电路实现脉冲 MIG 焊的控制是很困难的，所以现在完善的脉冲 MIG 焊电源都采用了基于 MCU 的数字化控制技术。关于更多的脉冲 MIG 焊问题可参考数字化电源部分。

2.6.2 二次逆变交流方波电源

二次逆变交流方波电源是在直流逆变弧焊电源的基础上，再加上一级逆变电路构成的，主要用于交流 TIG 焊和交流等离子弧焊，在熔化极电弧焊中也有应用。二次逆变交流方波电源的典型电路如图 2-23 所示。P 是一次直流逆变电源输出正端，N 是一次直流逆变电源输出负端，二次逆变交流方波电源的输出端为 E 和 W，焊接电极接 E 端，焊接工件接 W 端。二次逆变部分的工作原理与一次逆变相似，当 VT_1、VT_3 导通和 VT_2、VT_4 截止时，焊接工件接 W 端接 P，焊接电极接 E 端接 N，也称 DCEN；当 VT_2、VT_4 导通和 VT_1、VT_3 截止时，焊接工件接 W 端接 N，焊接电极接 E 端接 P，也称 DCEP。与一次逆变不同的是，二次逆变的频率较低，通常在 1kHz 以下，正负半波的时间不要求对称，而且从焊接工艺角度，多数应用中还希望 DCEN/DCEP 的时间可以任意控制，如图 2-24a 所示。由于一次直流逆变电源具有很高的响应速度，因此 DCEN/DCEP 两个阶段里的电流幅值也可以不同，即实现所谓变极性电源，如图 2-24b 所示。当然，这种交流方波电源也可以作为直流电源使用，可以在焊接过程中任意变化极性，可以输出交直流混合波形，或者是改变频率，甚至附加脉冲功能。因此可以说，二次逆变交流方波电源覆盖了目前所有

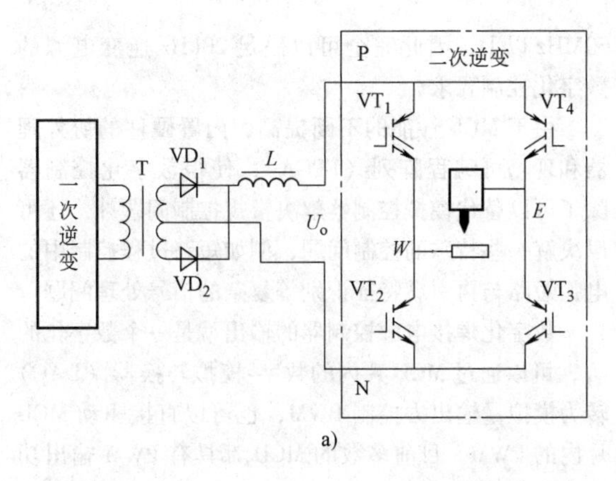

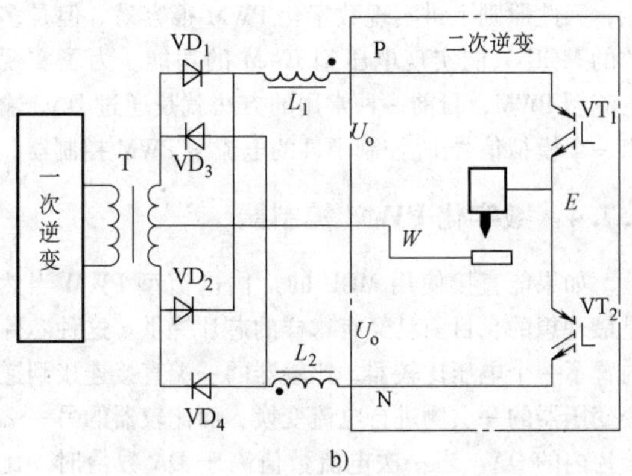

图2-23 二次逆变交流方波电源原理图

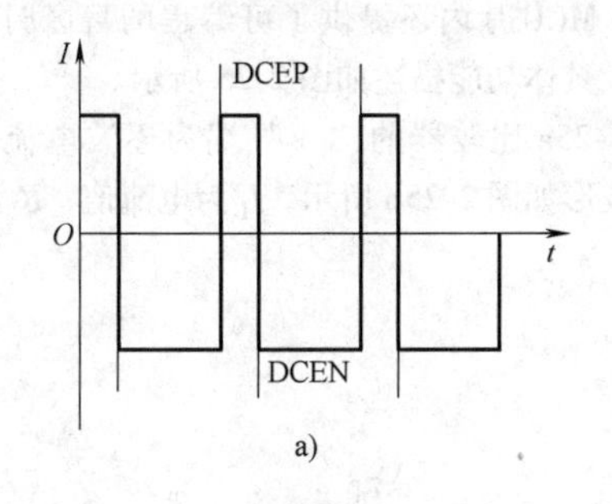

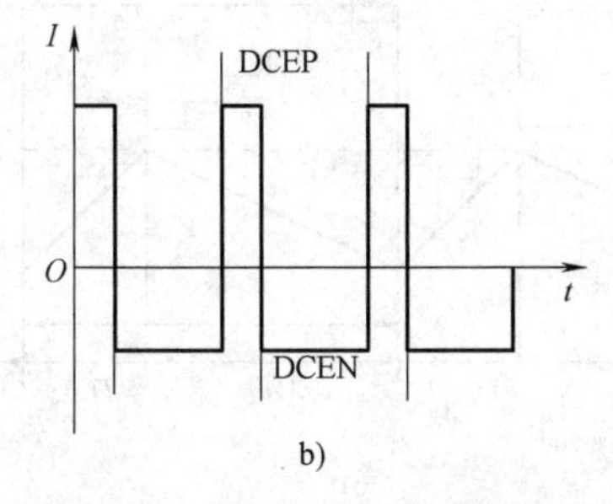

图2-24 二次逆变交流方波电源波形图

弧焊电源的功能。

二次逆变交流方波电源不仅用于交流TIG焊和等离子弧焊，而且在熔化极电弧焊方面也有很多应用。①减少磁偏吹：碱性焊条必须使用直流电源，但是直流电弧在一些结构中会产生磁偏吹，因此交流方波电源就成为一种替代直流的选择，由于交流方波电源在电流过零时的电压、电流上升速度极快，所以电弧的稳定性好，可用碱性焊条进行交流电弧焊接。②改变焊丝熔化速度与焊缝成形：对于熔化极电弧焊，不同的极性（DCEP/DCEN）时焊丝熔化速度是不同的，焊缝成形也不同，这在MIG焊和埋弧焊工艺中已经采用。

2.7 数字化弧焊电源

2.7.1 数字化弧焊电源的定义

数字化焊接电源是数字化电源的一种，或者说是数字化电源在焊接中的应用。电源数字化的这个含义实际上是比较模糊的，因为从根本上来说，电源都是模拟的。即使用模拟-数字转换器（ADC）和数字信号处理器（DSP）取代误差放大器和脉冲宽度调制器的数字化开关电源也仍然需要电压基准、电流检测电路和IGBT或MOSFET驱动器。此外，从现有知识和技术的角度看，电感器或变压器和电容器在实现数字电源时也是不能没有的。因此从这个意义上看，数字化电源只是一种采用数字化电源控制器的电源。现在的数字化电源或者说数字化电源控制器都是针对逆变弧焊电源而言，而且数字化控制已经成为一种趋势。

弧焊电源数字化控制器主要包含四个方面的基本内容：①数字化焊接数据库和操作界面；②数字化焊接电源特性控制器；③数字化PWM控制器；④弧焊电源特殊控制技术。

从理论上讲，实现其中任意功能都可称为数字化弧焊电源。所谓的全数字化电源在理论上是不存在的。因为即使上述三个部分都实现了数字化控制，决定电源性能的还有很多模拟器件（环节）。

2.7.2 数字化焊接数据库和操作界面

数字化焊接数据库是最容易实现的数字化过程，也是最有实用价值的部分。例如熔化极气体保护的电压与送丝速度的一元化调节，特别是脉冲MIG焊数据库必须依靠数字化的操作界面来实现。脉冲MIG焊的脉冲电流有四个基本的参数：峰值电流I_{pk}，基值电流I_{bk}，脉冲周期T和脉冲峰值时间T_p。对于给定的焊丝和送丝速度可以通过焊接工艺试验获得最佳的脉冲参数匹配关系。但是对于不同的送丝速度就要对应于不同的脉冲参数，如果再考虑不同的焊丝直径、焊丝材料，就需要一个很大的数据库才能支持脉冲MIG焊的实际操作过程。因此尽管脉冲MIG焊很早就在原理上实现了，但是直到MCU用于逆变弧焊电源的操作界面以后，脉冲MIG焊的技术才真正得以实用化。

数字化操作界面是一种新型的人机互交界面，它可以极大地简化传统焊接电源的操作界面。特别是对于脉冲TIG、MIG焊，交直流脉冲焊等，极大地简化了焊接电源的内部硬件电路的设计和制造过程。例如在传统操作面板上有10个操作旋钮和选择开关，至少就需要十几条电缆与之连接。而使用数字化操作面板，可以采用串行接口方式，无论多么复杂的操作，最多只需要四根电缆。甚至可以通过WIFI或蓝牙等无线方式对焊接电源进行远程操作。此外，弧焊电源操作界面的数字化，也是实现弧焊电源与焊接机器人数字化连接的必要基础。

2.7.3　数字化焊接电源特性控制器

弧焊电源特性控制器是决定弧焊电源特性的核心部分。主要包括电流、电压的反馈与PI调节和动特性调节等环节。如果用模拟器件来实现，就需要大量的集成电路（运算放大器）和阻容器件。数字化电源特性控制器无疑可以简化控制电路的设计和制造，而且还可以实现变参数控制等硬件电路无法实现的功能。实现数字化电源特性控制器的关键是微控制单元（MCU）的处理速度。当MCU的处理速度可以达到在半个逆变周期内完成一个PI控制算法的时候就可以用于最简单的恒流电源了；当MCU的处理速度可以达到可以半个逆变周期内完成两个PI控制算法和一个惯性环节算法的时候就可以用于熔化极气体保护焊电源了。目前的高性能MCU工作频率可以达到60MHz以上，因此完全可以满足20kHz逆变电源的数字化控制要求。

由于MCU性能的不断提高，内置硬件的协处理器和现场可编程阵列（FPGA），使得数字化控制器除了可以替代模拟控制器解决常规控制问题外，还可以决解一些特殊的控制问题，例如短路过程控制中的电弧短路与再引燃特征识别等复杂的信号处理问题。

数字化焊接电源控制器的输出就是一个数字化的U_k，可以通过MCU片内的数字-模拟转换器（DAC）转为模拟量输出去控制PWM，也可以直接驱动MCU片内的PWM。目前多数的MCU都具有PWM输出功能，因此原则上讲实现数字化PWM很容易。但是多数的MCU只能实现电压型PWM的功能。为了实现电流型PWM，目前一种常用的方法就是通过DAC输出一个模拟信号U_k控制硬件的电流型PWM控制器。

2.7.4　数字化PWM控制器

如果能直接使用MCU的片内电流型PWM当然是最理想的，目前已经有这样的芯片提供。这种芯片内置了一个电压比较器，比较器的一端直接连接到逆变变压器的一次侧进行电流变换，而比较器的另一端接片内的DA。当一次电流数值高于DA数值时，比较器的输出信号自动将PWM输出复位（置零）。不仅如此，MCU片内还提供了可编程的盲区时间和斜波补偿。具体功能描述如图2-25所示。

图2-25a比较器的“+”端为逐波电流反馈信号，其波形如图2-25b所示，I_L为电流值，R_I为采样

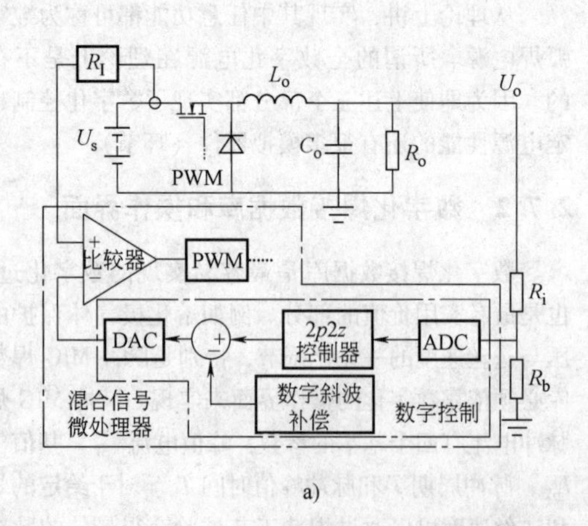

a)

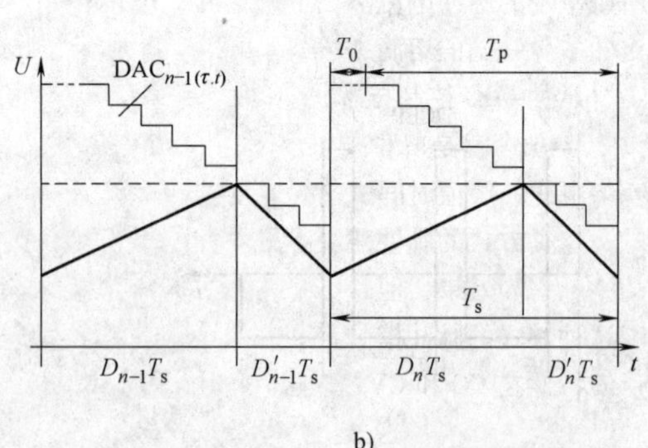

b)

图2-25　数字化的电流型PWM系统框图

a）工作原理框图　b）斜波补偿原理图

T_0—斜波补偿起始时间　T_s—PWM周期　T_p—斜波补偿停止时间　D_n—占空比

D_nT_s—导通时间　D'_nT_s—截止时间

电阻，则电流反馈信号的电压值 U 为 $I_L R_I$。数字化控制器的输出量与数字斜波补偿信号相叠加由 DAC 输出模拟电压值到比较器的“-”端，如图 2-25b 中的 $DAC_{n-1(\tau,t)}$ 所示。此外，T_0 为斜波补偿的起始时间，同时也为盲区时间，在此时间内无论电流反馈信号如何高，都会保持 PWM 输出高电平，也即最小脉宽时间，这样可以避免电流采样初期的尖峰干扰。

2.7.5　弧焊电源的脉冲制技术

脉冲焊是电弧焊中的一项重要技术，其中又分为：非熔化极脉冲焊和熔化极脉冲焊。非熔化极脉冲焊不涉及熔滴过渡和弧长变化问题，所以其控制过程很简单，只需要一个脉冲信号作为焊接电流给定信号即可；而熔化极（MIG）脉冲焊的控制过程涉及熔滴过渡和弧长变化问题，在脉冲电流、电压下的电弧过程变得更复杂。熔化极脉冲焊的主要目的是为了在较低的电流下达到射流过渡，因此都采用纯氩或富氩的惰性气体保护焊，即 MIG 焊，又称为脉冲 MIG 焊。具体实施上又可分为：*I/I* 和 *U/I* 两种方式。

1. *I/I* 脉冲 MIG 控制技术

所谓 *I/I* 方式就是峰值电流和基值电流控制方式，其峰值电流时间是固定的，但是脉冲周期是可变的。其中关键技术是采用积分方式一个周期内连续计算电弧的平均电压，并与设定的电压比较。计算周期的起点是脉冲电流开始时间，在此期间电弧电压高于设定电压，当脉冲峰值结束后，电弧的瞬时电压低于设定电压，但是由于积分作用，平均电压慢慢下降，电压下降速度与实际弧长有关，直到等于设定电压时结束基值电流，并开始一个新的脉冲周期。

在 *I/I* 脉冲方式中，脉冲峰值时间和电流都是固定的，所以单个的脉冲电流能量是固定的，这有利于获得稳定的一脉一滴的熔滴过渡效果。

2. *U/I* 脉冲 MIG 控制技术

所谓 *U/I* 方式就是峰值电压和基值电流控制方式，其峰值电压、峰值时间、基值电流和脉冲周期都是固定的。这种方式的脉冲能量不是固定的，不能保证稳定的一脉一滴效果，但是具有良好的弧长自身调节作用。这种方式的脉冲控制算法简单，但是要求对电源的伏安特性在 CC 和 CV 之间实时切换。

此种方法的另一个优点就是可以实现两台电源的脉冲相位同步，以互差 180°的方式用于 tandem 双丝焊。

2.8　弧焊电源的电磁兼容技术

电磁兼容性（EMC）是指设备或系统在其电磁环境中符合要求运行并不对其环境中的任何设备产生无法忍受的电磁干扰的能力。EMC 包括两个方面的要求：一方面是指设备在正常运行过程中对所在环境产生的电磁干扰不能超过一定的限值；另一方面是指设备对所在环境中存在的电磁干扰具有一定程度的抗扰度，即电磁敏感性。

逆变弧焊电源对环境的干扰主要是传导干扰和谐波干扰。传导干扰主要是逆变电源工作中的电子开关过程对电网电压产生的 150kHz～30MHz 高频干扰，解决方法是通过在电源的输入和输出端加装合适的电感或电容滤波器。解决传导干扰主要依靠经验。谐波干扰是由于整流滤波电容造成的供电电流不连续，如图 2-26 所示。

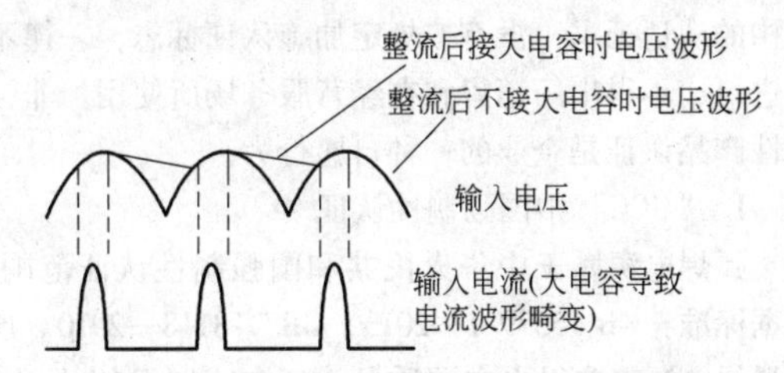

图 2-26　整流滤波电路造成的输入电流不连续

电流不连续引发的问题就是功率因数降低，解决方法是通过功率因数校正器（PFC）进行校正。简单的电感储能方式功率因数校正器效果有限，理想的解决方式是通过基于升压开关电路的有源 PFC 解决，如图 2-27 所示。功率因数校正电路去掉了整流后的大电解电容，从而保证整流输出电压按正弦半波上升和下降，接着功率因数校正电路将正弦半波输入电压转换成恒定的直流输出电压，并通过监控输入电压、电流使其成为正弦半波并与瞬时输入网压成比例。电路结构采用增益升压电路，对于单相输入来说，可将输入 95～265V 的网电转换成 400V 左右的直流电压，供给逆变器使用。PFC 的控制电路有专用集成电路，在数字化电源中，则可由 MCU 控制。

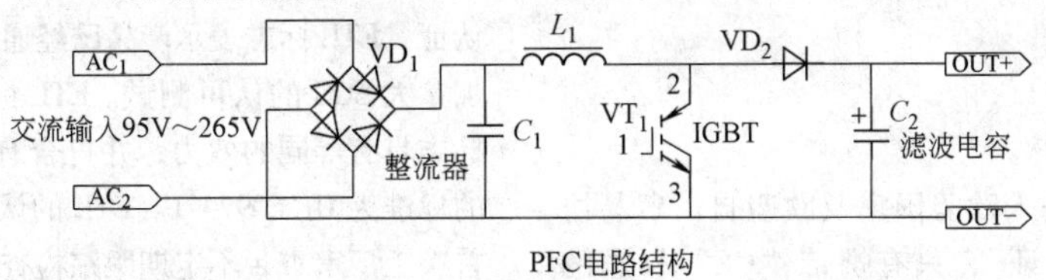

图 2-27　PFC 主电路结构

采用有源PFC控制电路的功率因数可以高达99%，而且可以实现宽工作电压范围。即对于单相供电可自动适应100～240V的电压输入。

2.9　弧焊电源安全认证

弧焊电源进入中国、欧盟、美国、加拿大等市场销售、使用，必须在产品上加贴各国政府公认的认证标志。认证标志是各国的通行证，产品粘贴了认证标志，可让顾客和消费者来识别产品的质量好坏和安全与否。目前，世界各国政府都通过立法的形式建立起这种产品认证制度，以保证产品的质量和安全、维护消费者的切身利益。弧焊电源可通过以下认证获得的证书进入各国市场。

2.9.1　中国产品认证

按认证的种类，中国目前开展的产品认证可以分为：国家强制性产品认证和非强制性产品认证。凡列入强制性产品认证目录内的产品，没有获得指定认证机构的认证证书，没有按规定加施认证标志，一律不得进口、不得出厂销售和在经营服务场所使用。非强制性产品认证是企业的一种自愿行为。

1. “CCC”中国强制性认证

弧焊电源属于中华人民共和国强制性认证范围。依据标准：GB 15579.1—2013、GB/T 8118—2010。所有弧焊电源需取得由中国质量认证中心颁发的“CCC证书”并向CCC标志管理中心购买/申请模压、印刷批准书等方式施加“CCC”标志后才能进入中国市场销售和使用。“CCC”的认证模式为：型式试验+初始工厂检查+获证后监督，证书有效期通常是5年。

2. 节能认证

节能产品认证是中国质量认证中心开展的自愿性产品认证业务之一，以施加“节”标志的方式表明产品符合相关的节能认证要求。弧焊电源也属于节能认证范围，依据标准：GB 28736—2012，是在取得“CCC”证书的前提下自愿选择的认证，由中国质量认证中心（CQC）颁发“节能证书”，申请节能标志备案后向CQC标志管理中心购买或企业自行印刷/模压“节”字标。节能的认证模式为：型式试验+初始工厂检查+获证后监督，证书有效期通常是3年。

2.9.2　CE认证

CE标志是产品进入欧盟国家及欧盟自由贸易协会国家市场的“通行证”，只有携带“CE”标志的产品方可在欧盟统一市场内销售。而粘贴CE标志需有符合性证书或者自我声明书。有以下3种证书：

1）企业自主签发的Declaration of conformity / Declaration of compliance“符合性声明书”，属于自我声明书。

2）Certificate of compliance / Certificate of compliance“符合性证书”，此为第三方机构（中介或测试认证机构）颁发的符合性声明，必须附有测试报告等技术资料，同时，企业也要签署“符合性声明书”。

3）EC Attestation of conformity“欧盟标准符合性证明书”，此为欧盟公告机构（Notified Body简写为NB）颁发的证书。

CE测试项目分类有LVD（安全性）和EMC（电磁兼容性）指令，焊接电源的LVD认证依据的标准为IEC/EN 60974.1—2012，EMC认证依据的标准为IEC/EN 60974.10—2007。除非有新的指令出台，否则CE证书长期有效。

2.9.3　北美认证

弧焊电源若进入北美市场，需取得美国或加拿大认可的证书，如UL、CSA、ETL。这三种证书都可由第三方机构测试，UL、CSA、ETL发证后粘贴相应的标志。

1）UL认证在美国属于非强制性认证，依据的标准为UL60974.1（1版），主要是产品安全性能方面的检测和认证，其认证范围不包含产品的EMC（电磁兼容）特性。UL安全试验所是美国最有权威的。UL认证模式为：型式试验+首批出货前工厂审查+每年至少4次跟踪检查。

2）CSA是加拿大最大的安全认证机构，经CSA测试和认证的产品，被确定为完全符合标准规定，可以销往美国和加拿大两国市场。弧焊电源做CSA认证依据的标准为CAN/CSA-E60974-1-12，UL 60974-1。CSA标志有两种，分别是“”和“”，携带第一种标志仅能销往加拿大市场，认证模式为：型式试验+首批出货前工厂审查+每年2次跟踪检查。携带第二种标志可以销往美国和加拿大两国市场，认证模式为：型式试验+首批出货前工厂审查+每年4次跟踪检查。

3）ETL认证是产品出口美国及加拿大可选择的认证。ETL标志表示产品已经通过美国NRTL及（或）加拿大SCC的认可测试。ETL标志认可与UL或CSA标志具有等同的效力，并符合有关的安全标准，依据的标准为UL 60974-1。ETL的认证模式为型式试验+首次工厂审查+不定期跟踪检查。

ETL认证与UL、CSA相比，认证的费用低得多，一般只有UL认证的一半，而且可以先发证再进行工厂检查为企业节省大量的时间。

2.9.4 日本产品认证

PSE认证是日本强制性安全认证，分为两类，“特定电气用品认证范围”即菱形PSE和“非特定电气用品认证范围”即圆形PSE，弧焊电源属于“非特定电气用品认证范围”，依据的标准为JIS C9300-1、JIS C9300-6-2006。需通过自我检查以及声明的方式证明产品的符合性，并在产品上加贴PSE圆形标志。

2.9.5 德国产品认证

GS认证是欧洲市场公认的德国安全认证标志，通常GS认证产品销售单价更高而且更加畅销！“GS”标志虽不是法律的强制要求，但它确实能在产品发生故障而造成意外事故时，使制造商收到严格的德国（欧洲）产品安全法的约束。在国内知名的德国本土的GS发证机构有TUV SUD（在中国叫TUV南德意志集团，也称TUV PS）、TUV RHEINLAND、VDE等，是德国直接认可的GS发证机构。GS认证依据的标准为EN 60974-1，认证模式为型式试验+首次工厂审查+每年1次跟踪检查。

2.9.6 认证工作的一般程序

认证工作申请和办理的程序总的来说可以分为两类，国内（中国）和国外。中国的产品认证通常是由中国质量认证中心（CQC）授权的第三方检测机构测试并出具实验报告，中国质量认证中心颁发证书。国外的产品认证通常是由第三方检测机构进行型式试验，再由各国认可的发证机构（如UL、CSA、TUV莱茵等）颁发证书，而CE证书直接由检测机构颁发。申请和办理的程序分别如下：

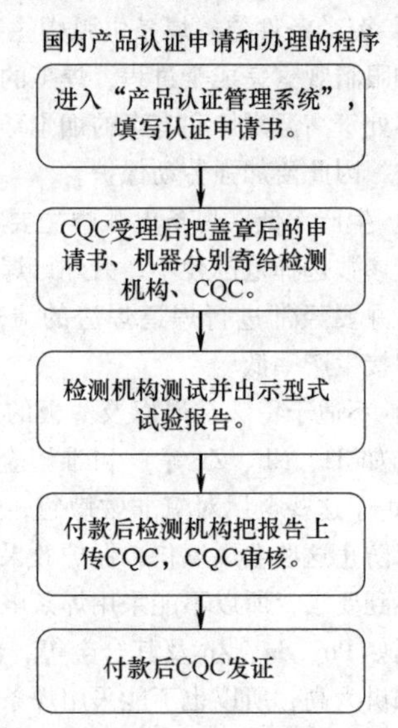

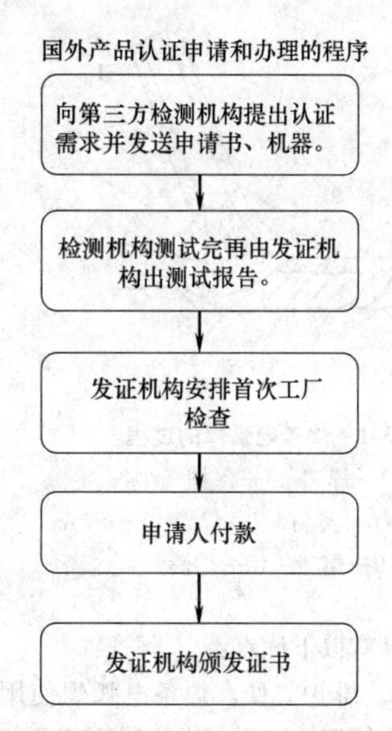

无论是国内的产品认证还是国外的产品认证，提交的资料大致一样。

1）需提交检测机构资料：申请书、产品描述报告、电路原理图、整机分解图、整机分解图明细、说明书、铭牌、关键零部件清单。

2）需提交发证机构资料：申请书、企业营业执照、组织机构代码证。

弧焊电源的产品认证是一个国家对其国内生产、销售、使用的弧焊电源在安全、环保等方面实行的一种强制管理手段，与产品的焊接性能没有必然联系，认证标志也只是安全合格标志而非质量合格标志。

参考文献

[1] 杨春利，林三宝. 电弧焊基础［M］哈尔滨：哈尔滨工业大学出版社，2003.
[2] IEC 60974-1 电焊机通用标准.
[3] 普利斯曼，比得斯. 开关电源设计［M］. 3版. 王志强，肖文勋，虞龙，等译. 北京：电子工业出版社，2010.
[4] 陈坚，康勇，阮新波，等. 电力电子学：电力电子变换和控制技术［M］. 北京：高等教育出版社，2011.
[5] IEC 60974-10 电焊机电磁兼容标准.
[6] Hallworth M, Shirsavar S A. Microcontroller Based Peak Current Mode Control Using Digital Slope Compensation［J］. IEEE Transactions on Power Electronics, 2012, 2（7）：3340-3351.

第3章　焊条电弧焊

作者　刘家发　审者　李宝良

（2013年2月修订）

焊条电弧焊是用手工操纵焊条进行焊接的电弧焊方法[1]。焊条电弧焊时，在焊条末端和工件之间燃烧的电弧所产生的高温使焊条药皮、焊芯及工件熔化，熔化的焊芯端部迅速形成细小的金属熔滴，通过弧柱过渡到局部熔化的工件表面，融合一起形成熔池，药皮熔化过程中产生的气体和熔渣，不仅使熔池和电弧周围的空气隔绝，而且和熔化了的焊芯、母材发生一系列冶金反应，保证所形成焊缝的性能。随着电弧以适当的弧长和速度在工件上不断地前移，熔池液态金属逐步冷却结晶，形成焊缝。焊条电弧焊的过程如图3-1所示。

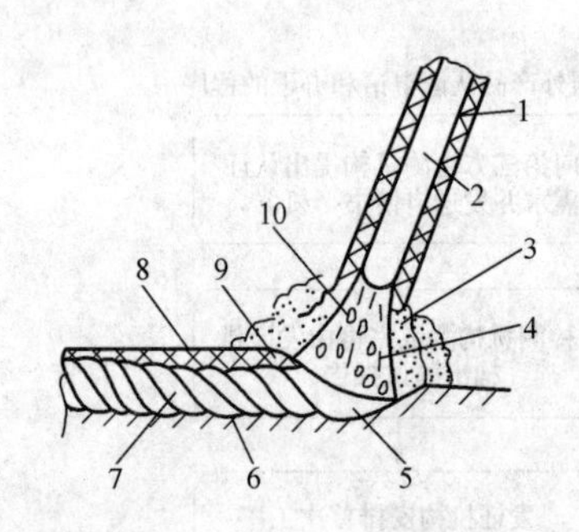

图3-1　焊条电弧焊的过程

1—药皮　2—焊芯　3—保护气　4—电弧
5—熔池　6—母材　7—焊缝　8—渣壳
9—熔渣　10—熔滴

焊条电弧焊具有以下优点：

1）设备简单，维护方便。焊条电弧焊使用的交流和直流焊机都比较简单，焊接操作时不需要复杂的辅助设备，只需配备简单的辅助工具。这些焊机结构简单，价格便宜，维护方便，购置设备的投资少，这是它广泛应用的原因之一。

2）不需要辅助气体防护。焊条不但能提供填充金属，而且在焊接过程中能够产生保护熔池和焊接处避免氧化的保护气体，并且具有较强的抗风能力。

3）操作灵活，适应性强。焊条电弧焊适用于焊接单件或小批量的产品，短的和不规则的、空间任意位置的以及其他不易实现机械化焊接的焊缝。凡焊条能够达到的地方都能进行焊接，可达性好，操作十分灵活。

4）应用范围广，适用于大多数工业用金属和合金的焊接。选用合适的焊条不仅可以焊接碳素钢、低合金钢，而且还可以焊接高合金钢及有色金属；不仅可以焊接同种金属，而且可以焊接异种金属，还可以进行铸铁焊补和各种金属材料的堆焊等。

焊条电弧焊有以下缺点：

1）对焊工操作技术要求高，焊工培训费用大。焊条电弧焊的焊接质量，除靠选用合适的焊条、焊接参数和焊接设备外，主要靠焊工的操作技术和经验保证，即焊条电弧焊的焊接质量在一定程度上取决于焊工的操作技术。因此必须经常进行焊工培训，所需要的培训费用很大。

2）劳动条件差。焊条电弧焊主要靠焊工的手工操作和眼睛观察完成全过程，焊工的劳动强度大，并且始终处于高温烘烤和有毒的烟尘环境中，劳动条件比较差，因此要加强劳动保护。

3）生产率低。焊条电弧焊主要靠手工操作，并且焊接参数选择范围较小，另外，焊接时要经常更换焊条，并要经常进行焊道焊渣的清理，与自动焊相比，焊接生产率低。

4）不适于特殊金属以及薄板的焊接。对于活泼金属（如Ti、Nb、Zr等）和难熔金属（如Ta、Mo等），由于这些金属对氧非常敏感，焊条的保护作用不足以防止这些金属氧化，保护效果不够好，焊接质量达不到要求，所以不能采用焊条电弧焊；对于低熔点金属如Pb、Sn、Zn及其合金等，由于电弧的温度对其来讲太高，所以也不能采用焊条电弧焊焊接。另外，焊条电弧焊的工件厚度一般在1.5mm以上，1mm以下的薄板不适于焊条电弧焊。

由于焊条电弧焊具有设备简单、操作方便、适应性强，能在空间任意位置焊接的特点，所以被广泛应用于各个工业领域，是应用最广泛的焊接方法之一。本章将简要介绍焊条电弧焊的设备选择、焊条种类及选用、焊接工艺和操作技术以及焊条电弧焊常见焊接缺陷及防止等。

3.1　焊接电弧和熔滴过渡

3.1.1　焊接电弧的静特性

由于焊条电弧焊使用的焊接电流较小，特别是电流密度较小，所以电弧的静特性处于电弧静特性曲线的 bc 段[2]，如图 3-2 所示。在此 bc 段区间内，当改变电流值时，电弧电压几乎不发生变化，当电弧长度在一定范围内变动时，电弧电压随之有所变化，但将保持一定范围的电压；而电流大小相对保持不变，从而使焊接电弧能稳定燃烧。

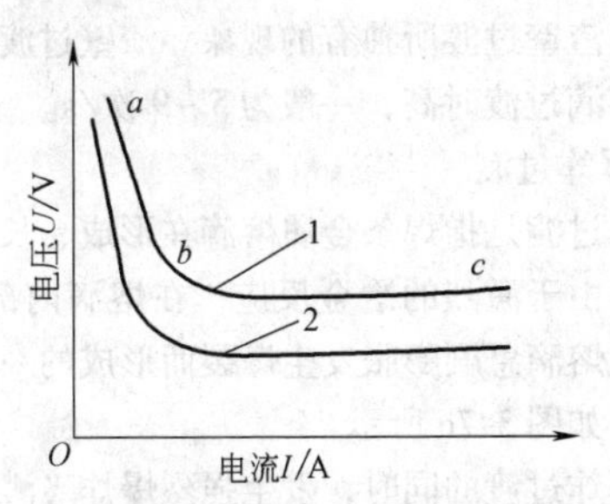

图 3-2　焊条电弧焊电弧的静特性曲线

1—电弧较长时　2—电弧较短时

3.1.2　电弧的温度分布

电弧在焊条末端和工件间燃烧，焊条和工件都是电极，两电极的温度由极性和电极材料决定。电弧阴、阳两极的最高温度接近于材料的沸点，焊接钢材时，阴极约 2400℃，阳极约 2600℃，电弧的温度为 6000～7000℃。随着焊接电流的增大，弧柱的温度也增高。由于交流电弧两个电极的极性在不断地变化，故两个电极的平均温度是相等的，而直流电弧正极的温度比负极高 200℃左右。

3.1.3　电弧偏吹

焊接过程中，因气流干扰、磁场作用或焊条偏心等影响，使电弧中心偏离电极轴线的现象，称为电弧偏吹。

1. 产生电弧偏吹的原因

（1）焊条偏心产生的偏吹　焊条的偏心度过大，造成焊条药皮厚薄不均匀，药皮较厚的一边比药皮较薄的一边熔化时吸收的热量多，药皮较薄的一边很快熔化而使电弧外露，迫使电弧偏吹，如图 3-3 所示。

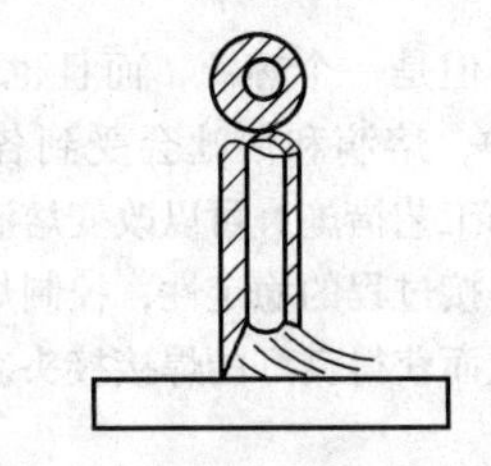

图 3-3　焊条药皮偏心引起的偏吹

（2）电弧周围气流产生的偏吹　电弧周围气体流动过强也会产生偏吹。造成电弧周围气体流动过强的因素很多，主要是大气中的气流和热对流作用。如在露天大风中进行焊接操作时，电弧偏吹就很严重；在管线焊接时，由于空气在管子中的流速较大，形成“穿堂风”，使电弧偏吹；如果对接接头的间隙较大，在热对流的影响下也会产生偏吹。

（3）焊接电弧的磁偏吹　直流电弧焊时，因受到焊接回路所产生的电磁力的作用而产生的电弧偏吹，称为焊接电弧的磁偏吹。产生磁偏吹的原因有：

1）接地线位置不适当引起磁偏吹，如图 3-4 所示。通过焊件的电流在空间产生磁场，当焊条与焊件垂直时，电弧左侧的磁力线密度较大，而电弧右侧的磁力线稀疏，磁力线的不均匀分布致使密度大的一侧对电弧产生推力，使电弧偏离轴线。

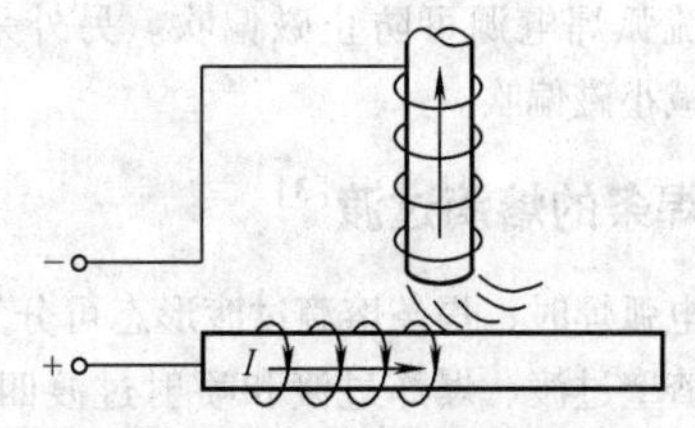

图 3-4　接地线位置不适当引起的磁偏吹

2）不对称铁磁物质引起磁偏吹，如图 3-5 所示。焊接时，在电弧一侧放置一块钢板（磁导体）时，由于铁磁物质的导磁能力远远大于空气，铁磁物质侧的磁力线大部分都通过铁磁物质形成封闭曲线，致使电弧同铁磁物质之间的磁力线密度降低，所以在电磁力作用下电弧向铁磁物质一侧偏吹。

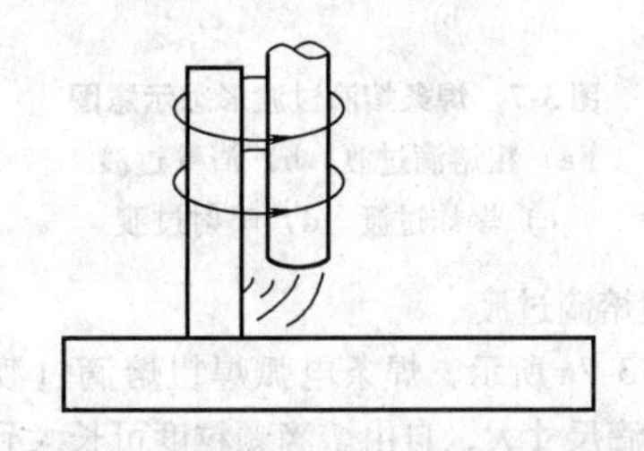

图 3-5　不对称铁磁物质引起的磁偏吹

3）电弧运动至钢板的端部时引起磁偏吹，如图 3-6 所示。这是因为电弧到达钢板端头时导磁面积发生变化，引起空间磁力线在靠近焊件边缘的地方密度增加，所以在电磁力作用下，产生了指向焊件内侧的

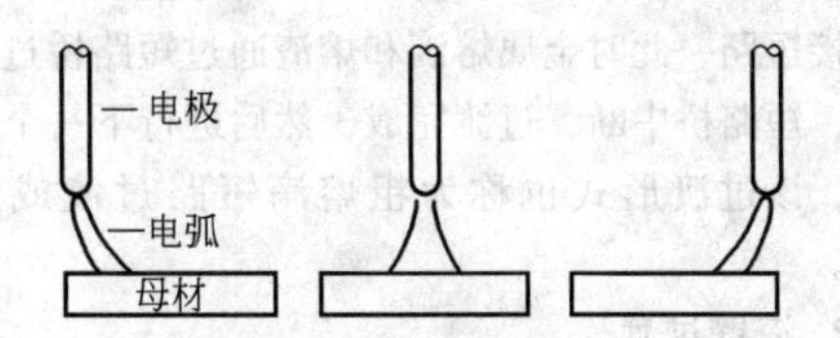

图 3-6　在焊件一端焊接时引起的磁偏吹

磁偏吹。

2. 防止电弧偏吹的措施

1）焊接过程中遇到焊条偏心引起的偏吹，应立即停弧。如果偏心度较小，可转动焊条将偏心位置移到焊接前进方向，调整焊条角度后再施焊；如果偏心度较大，就必须更换新的焊条。

2）焊接过程中若遇到气流引起的偏吹，要停止焊接，查明原因，采用遮挡等方法来解决。

3）当发生磁偏吹时，可以将焊条向磁偏吹相反的方向倾斜，以改变电弧左右空间的大小，使磁力线密度趋于均匀，减小偏吹程度；改变接地线位置或在焊件两侧加接地线，可减少因接地位置引起的磁偏吹。因交流的电流和磁场的方向都是不断变化的，所以采用交流弧焊电源可防止磁偏吹。另外采用短弧焊，也可减小磁偏吹。

3.1.4　焊条的熔滴过渡[3]

焊条电弧焊时，焊条熔滴过渡形态可分为：粗熔滴过渡、渣壁过渡、爆炸过渡和喷射过渡四种类型，如图3-7所示。过渡形式取决于焊条药皮的成分和厚度、焊接参数、电流种类和极性等。

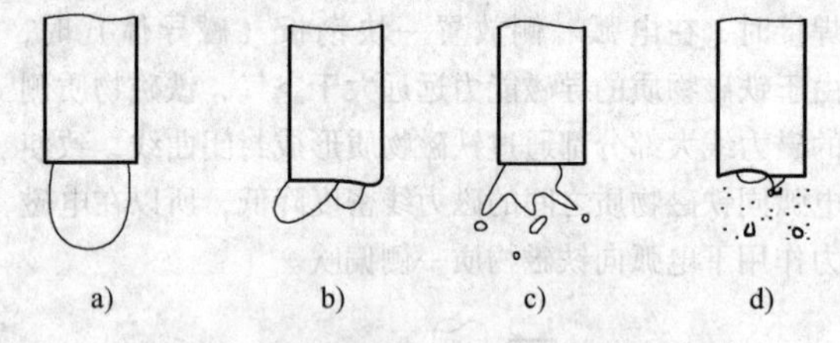

图3-7　焊条熔滴过渡形态示意图

a）粗熔滴过渡　b）渣壁过渡
c）爆炸过渡　d）喷射过渡

1. 粗熔滴过渡

如图3-7a所示，焊条电弧焊粗熔滴过渡的明显特征是熔滴尺寸大，自由熔滴颗粒度可长大到接近或超过焊芯直径。在正常弧长焊接时，熔滴的形成、长大到过渡需要较长的时间，熔滴过渡频率低，一般为1.5～3次/s。长弧焊时的粗熔滴过渡，熔滴在长大到自由尺寸以前不与熔池短路，当熔滴长大到最大尺寸时，从焊条端部脱离，通过电弧空间向熔池过渡。而正常弧长时，熔滴在长大到自由尺寸前就与熔池发生桥接短路，此时金属熔滴和熔渣通过短路桥过渡到熔池，短路桥中断，过渡完成，然后进行下一个过渡周期，该过渡形式也称为粗熔滴短路过渡或短路过渡。

2. 渣壁过渡

焊条电弧焊的渣壁过渡是指焊条端部的熔化金属，沿药皮套筒壁面滑向熔池的一种过渡形式，熔滴过渡时不发生短路，如图3-7b所示。这种过渡形式与粗滴过渡相比，熔滴尺寸细小，一般不超过焊芯直径。因此在熔滴形成、长大，直到脱离焊条芯端部之前的过程中，一个熔滴不会占据焊芯的整个端面，而是在焊芯端面处，同时存在两个或者两个以上的熔滴，这是渣壁过渡所独有的现象。渣壁过渡的过渡频率比粗熔滴过渡时高，一般为5～9次/s。

3. 爆炸过渡

爆炸过渡是指焊条金属熔滴在形成、长大或过渡过程中，由于激烈的冶金反应，在熔滴内部产生CO气体，使熔滴急剧膨胀发生爆裂而形成的一种金属过渡形式，如图3-7c所示。

在爆炸过渡的同时，发生强烈爆炸飞溅，使焊接工艺性严重恶化。熔滴爆炸过渡的频率大约为30～50次/s。熔滴爆炸现象多半发生在熔滴悬挂在焊条末端、尚未脱离焊条端部的时候，有时也发生在熔滴的过渡过程中。

4. 喷射过渡

喷射过渡如图3-7d所示，焊条金属的熔滴呈细碎的颗粒由套筒内喷射出来，并以喷射状态快速通过电弧空间向熔池过渡，其熔滴细碎程度比爆炸过渡细得多。熔滴过渡的频率可以达到100～150次/s以上。

5. 其他过渡形态

除了以上四种焊条熔滴过渡的基本形态以外，还存在着一种常见的熔滴自由过渡。在熔滴形成过程中，由于某种力的作用，从停留在焊条端部的大熔滴中，分离出较小的熔滴，这个小熔滴又远离套筒，不能形成渣壁过渡，“自由地”飘落于熔池，而形成自由过渡。

焊条电弧焊的熔滴自由过渡，是焊条熔滴过渡形态的一种特例。任何一种焊条电弧焊不可能以自由过渡为主要过渡形式，而这种过渡形式又往往和四种基本过渡形式伴随发生。

3.1.5　熔滴和熔池的作用力

焊接电弧不但是一个热源，而且也是一个力源，熔滴过渡过程中，熔滴和熔池会受到各种外力的作用。采用一定的工艺措施，可以改变熔滴和熔池上的作用力，保证焊接过程的稳定性，控制焊缝成形，减少焊接飞溅，从而获得良好的焊接接头。

1. 重力

重力使物体始终具有下垂的倾向。平焊时，熔滴的重力会促进熔滴过渡，而熔池在重力的作用下，如果温度过高，熔池过大，则会产生焊瘤和烧穿现象。

立焊和仰焊时，重力阻碍熔滴向熔池过渡，采用短弧焊可以克服重力的影响。

2. 表面张力

平焊时，液态熔滴表面张力会阻碍熔滴过渡，而仰焊时，熔滴表面张力可使其不易滴落，有利于向熔池过渡。熔池液态金属表面张力使熔池力求趋于保持平面，可在一定程度上阻止重力所引起的表面凹陷。同时，在熔滴与熔池短路接触时，熔池表面张力可将熔滴拉入熔池，加速熔滴的短路过渡。

3. 电弧气体吹力

焊条电弧焊时，焊条药皮的熔化速度比焊芯的熔化速度稍慢一些，在焊条熔化端头形成一个套管，药皮成分中的造气剂熔化后产生大量的气体从套管中喷出，在高温状态下体积急剧膨胀，沿焊条的轴线方向形成挺直稳定的气流，把熔滴吹入熔池中去。在任何焊接位置，电弧气体吹力都有助于熔滴过渡。

4. 电磁压缩力

焊条电弧焊是将焊条及焊条末端的熔滴作为导体，当有焊接电流通过后就会在它们周围产生磁场，并产生从四周向中心的电磁压缩力。焊条末端熔滴的缩颈部分电流密度较大，产生的电磁压缩力也较强，可促使熔滴很快地脱离焊条端部向熔池过渡。

5. 极点压力

在焊接电弧中，极点压力是阻碍熔滴过渡的力。当采用直流正接时，阳离子的压力阻碍熔滴过渡；当采用直流反接时，电子的压力阻碍熔滴过渡。由于阳离子质量大，阳离子流比电子流的压力也大，所以直流反接时，容易产生细颗粒过渡，而正接时则不容易。

3.2 焊接设备

3.2.1 基本焊接电路

图3-8是焊条电弧焊的基本电路。它由交流或直流弧焊电源、电缆、焊钳、焊条、电弧、工件及地线等组成。

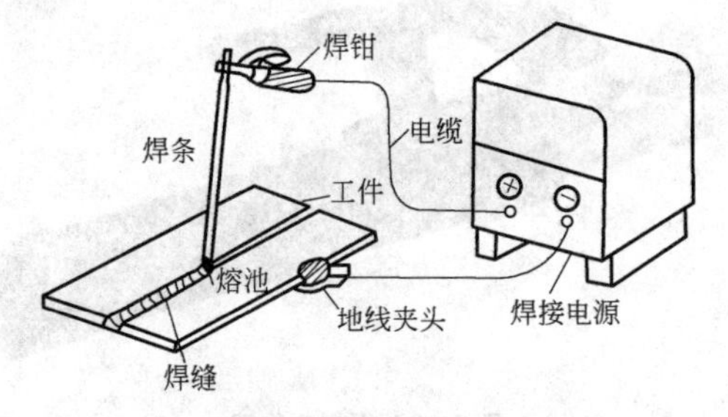

图3-8 焊条电弧焊基本焊接电回路

用直流电源焊接时，工件和焊条与电源输出端正、负极的接法，称极性。工件接直流电源正极，焊条接负极时，称正接或正极性；工件接负极，焊条接正极时，称反接或反极性。无论采用正接还是反接，主要从电弧稳定燃烧的条件来考虑。不同类型的焊条要求不同的接法，一般在焊条说明书上都有规定。用交流弧焊电源焊接时，极性在不断变化，所以不用考虑极性接法。

3.2.2 弧焊电源

1. 电源种类与比较

焊条电弧焊采用的焊接电流既可以是交流也可以是直流，所以焊条电弧焊电源既有交流电源也有直流电源。目前，我国焊条电弧焊用的电源有三大类：弧焊变压器、直流弧焊发电机和弧焊整流器（包括逆变弧焊电源），前一种属于交流电源，后两种属于直流电源。弧焊变压器、弧焊整流器及直流弧焊发电机的性能比较见表3-1。

弧焊变压器用以将电网的交流电变成适宜于弧焊的交流电，与直流电源相比，具有结构简单、制造方便、使用可靠、维修容易、效率高和成本低等优点。直流弧焊发电机虽然稳弧性好，经久耐用，电网电压波动的影响小，但硅钢片和铜导线的需要量大，空载损耗大，效率低，结构复杂笨重，成本高，已属于淘汰产品，但由于某些行业（如长输管道）野外作业的特殊性，施工中仍使用（由柴油机、汽油机拖动）。逆变弧焊电源体积小、质量轻、高效节能、引弧容易、性能柔和、电弧稳定、飞溅少，适用于焊条电弧焊的所有场合，已被广泛应用。

表3-1 弧焊变压器、弧焊整流器及直流弧焊发电机的性能比较

项目	弧焊变压器	弧焊整流器	直流弧焊发电机
电弧稳定性	差	稳定	稳定，输出电流脉动小
磁偏吹影响	无	有	有
极性可换性	无	有	有
空载电压	较高	较低	较低
触电危险	较大	较小	较小
构造与维护	简单	较复杂	复杂
噪声	小	较小	大
成本	低	高	高
供电	一般单相	一般三相	
重量	较轻	较重 逆变电源轻	重

2. 电源的选择

焊条电弧焊要求电源具有陡降的外特性、良好的动特性和合适的电流调节范围。选择焊条电弧焊电源应主要考虑以下因素：

1）所要求的焊接电流的种类。

2）所要求的电流范围。

3）弧焊电源的功率。

4）工作条件和节能要求等。

电源的种类有交流、直流或交直流两用，主要是根据所使用的焊条类型和所要焊接的焊缝形式进行选择。低氢钠型焊条必须选用直流弧焊电源，以保证电弧稳定燃烧。酸性焊条虽然交、直流均可使用，但一般选用结构简单且价格较低的交流弧焊电源。

其次，根据焊接产品所需的焊接电流范围和实际负载持续率来选择弧焊电源的容量，即弧焊电源的额定电流。额定电流是在额定负载持续率条件下允许使用的最大焊接电流，焊接过程中使用的焊接电流值如果超过这个额定焊接电流值，就要考虑更换额定电流值大一些的弧焊电源或者降低弧焊电源的负载持续率。不同负载持续率时，弧焊电源所允许的焊接电流值用第2章中式（2-3）计算。

在一般生产条件下，尽量采用单站弧焊电源，在大型焊接车间，可以采用多站弧焊电源。直流弧焊电源需用电阻箱分流而耗电较大，应尽可能少用。弧焊电源用电量较大，应尽可能选用高效节能的电源，如逆变弧焊电源，其次是弧焊整流器、变压器，尽量不用弧焊发电机。

另外，必须考虑焊接现场一次电源的情况，如果可以利用电力网，则应查明电源是单相还是三相。如果不能利用电力网，就必须使用发动机驱动的直流或交流发电机电源。如野外长输管道的焊接施工时，主要采用的是柴油机或汽油机驱动的直流弧焊电源。

3.2.3　常用工具和辅具

焊条电弧焊常用工具和辅具有焊钳、焊接电缆、面罩、防护服、敲渣锤、钢丝刷和焊条保温筒等。

1. 焊钳

焊钳是用以夹持焊条进行焊接的工具。主要作用是夹住和控制焊条，同时也起着从焊接电缆向焊条传导焊接电流的作用。焊钳应具有良好的导电性、不易发热、重量轻、夹持焊条牢固及装换焊条方便等特性。焊钳的构造如图3-9所示，主要由上下钳口、弯臂、弹簧、直柄、胶木手柄及固定销等组成。

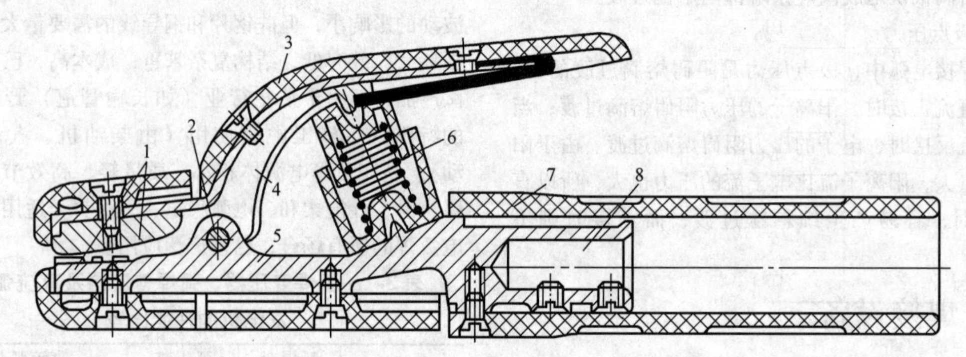

图3-9　焊钳的构造

1—钳口　2—固定销　3—弯臂罩壳　4—弯臂　5—直柄　6—弹簧　7—胶木手柄　8—焊接电缆固定处

焊钳分各种规格，以适应各种规格的焊条直径。每种规格焊钳是以所要夹持的最大直径焊条需用的电流设计的。常用的市售焊钳有300A和500A两种，其技术指标见表3-2。其实物如图3-10所示。

2. 焊接电缆快速接头、快速连接器

它是一种快速方便地连接焊接电缆与焊接电源的装置。其主体采用导电性好并具有一定强度的黄铜加工而成，外套采用氯丁橡胶。具有轻便适用、接触电阻小、无局部过热、操作简单、连接快、拆卸方便等特点。常用的快速接头、快速连接器见表3-3。

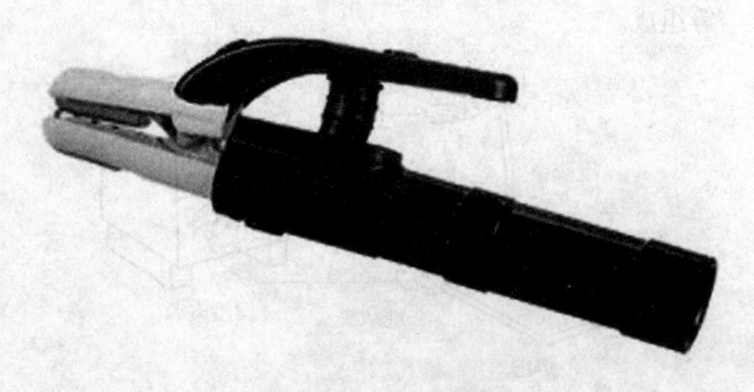

图3-10　焊钳实物图

表 3-2 常用焊钳的技术指标[4]

焊钳型号	160A 型		300A 型		500A 型	
额定焊接电流/A	160		300		500	
负载持续率（%）	60	35	60	35	60	35
焊接电流/A	160	220	300	400	500	560
适用焊条直径/mm	1.6~4		2~5		3.2~8	
连接电缆断面面积/mm²	25~35		35~50		70~95	
手柄温度/℃	≤40		≤40		≤40	
外形尺寸（长/mm×宽/mm×高/mm）	220×70×30		235×80×36		258×86×38	
质量/kg	0.24		0.34		0.40	

表 3-3 常用的电缆快速接头、快速连接器型号规格[4]

名称	型号规格	额定电流/A	用途
焊接电缆快速接头	DKJ—16	100~160	由插头、插座两部件组成，能快速将电缆连接在弧焊电源上，螺旋槽端面接触，符合国家标准
	DKJ—35	160~250	
	DKJ—50	250~310	
	DKJ—70	310~400	
	DKJ—95	400~630	
	DKJ—120	630~800	
焊接电缆快速连接器	DKL—16	100~160	能快速连接两根电缆的器件，螺旋槽端面接触，符合国家标准
	DKL—35	160~250	
	DKL—50	250~310	
	DKL—70	310~400	
	DKL—95	400~630	
	DKL—120	630~800	

3. 接地夹钳

接地夹钳是将焊接导线或接地电缆接到工件上的一种器具。接地夹钳必须能形成牢固的连接，又能快速且容易地夹到工件上。对于低负载率来说，弹簧夹钳比较合适。使用大电流时，需要螺纹夹钳，以使夹钳不过热并形成良好的连接。

4. 焊接电缆

利用焊接电缆将焊钳和接地夹钳接到电源上。焊接电缆是焊接回路的一部分，除要求应具有足够的导电面积以免过热而引起导线绝缘破坏外，还必须耐磨和耐擦伤，应柔软易弯曲，以便焊工操作，减轻劳动强度。焊接电缆应采用多股细铜线电缆，一般可选用电焊机用 YHH 型橡套电缆或 YHHR 型橡套电缆。焊接电缆的断面面积可根据焊机的额定焊接电流进行选择，焊接电缆断面与电流、电缆长度的关系见表 3-4。

表 3-4 焊接电缆断面面积与电流、电缆长度的关系[4]

额定电流/A	电缆长度/m						
	20	30	40	50	60	70	80
	电缆断面面积/mm²						
100	25	25	25	25	25	25	25
150	35	35	35	35	50	50	60
200	35	35	35	50	60	70	70
300	35	50	60	60	70	70	70
400	35	50	60	70	85	85	85
500	50	60	70	85	95	95	95

5. 焊接面罩

焊接面罩是防止焊接时的飞溅物、强烈弧光及其他辐射对焊工面部及颈部灼伤的一种遮蔽器具，又是焊工观察焊接区不可缺少的工具。

焊接面罩按外形结构可分为手持式和头盔式两种，如图3-11所示，其主要由罩体和护目玻璃组成，罩体采用耐热塑料或玻璃纤维强化塑料压制而成，护目玻璃安装在面罩正面，用来减弱弧光强度，吸收由电弧发射的红外线、紫外线和大多数可见光线。焊接时，焊工通过护目玻璃观察熔池情况，正确掌握和控制焊接过程，避免眼睛受弧光灼伤。

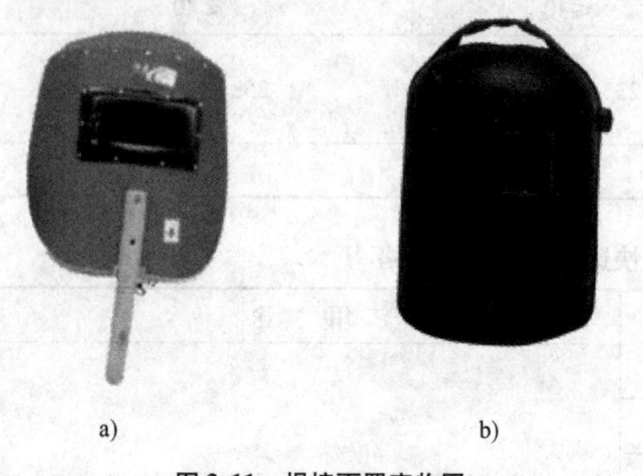

图3-11　焊接面罩实物图
a）手持式　b）头盔式

护目镜片有各种色泽，以褐色和墨绿色为主，为改善防护效果，将受光面镀铬。护目玻璃的颜色深浅分很多档，可根据焊接电流大小和焊工视力好坏情况来确定。护目镜片色号、规格选用见表3-5。护目镜片使用时，应在两面各加一块尺寸相同的透明玻璃，以保护护目镜片。

表3-5　焊工护目镜片选用表[4]

护目玻璃色号	颜色深浅	适用焊接电流/A	规格尺寸（厚/mm×宽/mm×长/mm）
7～8	较浅	≤100	2×50×107
9～10	中等	100～350	2×50×107
11～12	较深	≥350	2×50×107

图3-12所示为自动变光焊接面罩，自动变光焊接面罩是集光学、电子学、人体学、材料学等学科为一体的高科技产品。面罩上的光控护目镜片可根据弧光的闪亮，瞬间自动变暗，弧光熄灭，瞬间自动变亮，焊接操作时无须频繁戴、脱面罩，非常便于焊工的操作。在实际焊接生产中已逐步推广应用。这种面罩起弧前可以清楚地看见焊接工件，起弧瞬间自动变暗，彻底解决盲焊，省时省力，方便焊接操作；瞬时自动调光、遮光，可靠地滤除红外线和紫外线，有效防止电光性眼炎。

自动变光焊接面罩是一种应用了光探测技术与液

图3-12　自动变光焊接面罩实物图

晶技术的新型焊接面罩，其原理是：内部的光电传感电路在检测到焊接时产生的光线（主要是红外线或是紫外线），经过放大，触发液晶的控制电路，并根据预设的光透过率在面罩的液晶（透射式TN液晶）施加相应的驱动信号。液晶作为光阀将改变其透光度。将滤去焊接产生对人眼有害的红外和紫外线。同时将强光减弱到人眼可以承受的弱光。与传统的电焊面罩相比，不仅保护了操作人员的健康，更可以清晰地观察焊接的全过程，是传统焊接面罩的理想替代品。自动变光焊接面罩的变暗范围可以在9～13号间调节。

6. 焊条保温筒

焊条保温筒是焊工焊接操作现场必备的辅具，携带方便。将已烘干的焊条放在保温筒内供现场使用，起到防粘泥土、防潮、防雨淋等作用，能够避免焊接过程中焊条药皮的含水率上升。

7. 防护服

为了防止焊接时触电及被弧光和金属飞溅物灼伤，焊工焊接时，必须戴皮革手套、工作帽，穿好白帆布工作服、脚盖、绝缘鞋等。焊工在敲渣时，应戴有平光眼镜。

8. 其他辅具

焊接中的清理工作很重要，必须清除掉工件和前层熔敷的焊缝金属表面上的油垢、焊渣和对焊接有害的任何其他杂质。为此，焊工应备有角向磨光机、钢丝刷、清渣锤、扁铲和锉刀等辅具。另外，在排烟情况不好的场所焊接作业时，应配有电焊烟雾吸尘器或排风扇等辅助器具。

3.3　焊条

3.3.1　焊条的组成及其作用

涂有药皮的供焊条电弧焊用的熔化电极称为焊条。焊条由焊芯和药皮（涂层）两个部分组成，其外形如图3-13a所示。焊条的一端为引弧端，药皮被除去一部分，一般将引弧端的药皮磨成一定的角度，以使焊芯外露，便于引弧。低氢型焊条为了获得更好的引弧性能，还常在引弧端涂上引弧剂，或在引弧端焊芯的端面钻一小孔或开一个槽以提高电流密度，如图3-13b所示。焊条的另一端为夹持端，夹持端是一段长度为15~25mm的裸露焊芯，焊时夹持在焊钳上。在靠近夹持端的药皮上印有焊条牌号。

普通焊条的断面形状如图3-14a所示，图3-14b、c所示均为特殊的断面形状。图3-14b是一种双层药皮焊条，主要是为了改善低氢焊条的工艺性能，两层药皮按不同成分配方。图3-14c的焊芯为一空心管，外面包覆药皮，管子中心填充合金剂或涂料，这种产品在含有多量合金粉的耐磨堆焊焊条中采用。

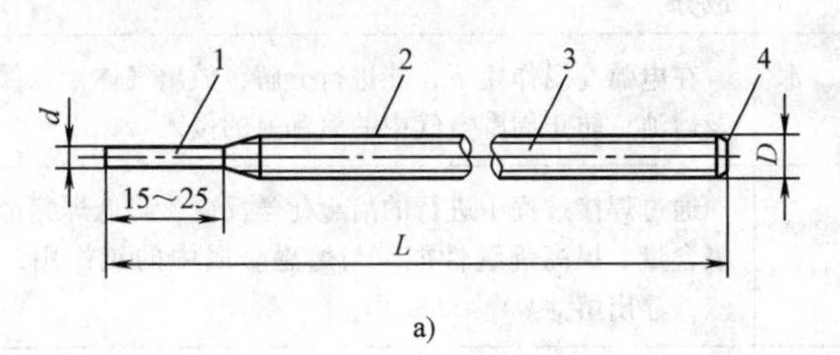

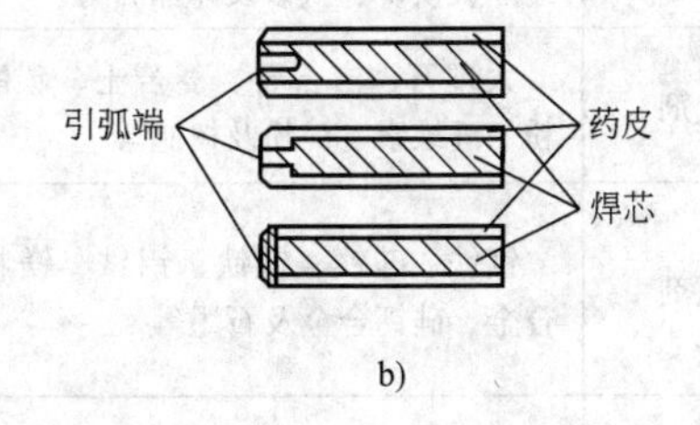

图3-13 焊条外形示意图

a）焊条的外形 b）低氢焊条的引弧

1—夹持端 2—药皮 3—焊芯 4—引弧端

L—焊条长度 *D*—药皮直径 *d*—焊芯直径（焊条直径）

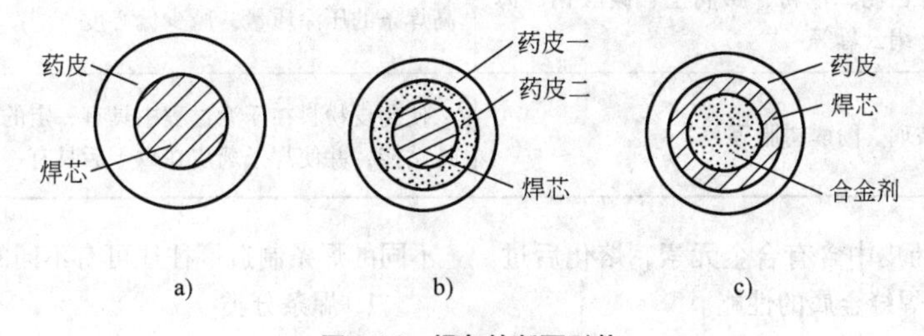

图3-14 焊条的断面形状

a）普通焊条 b）双层焊条 c）管状焊条

1. 焊芯

焊条中被药皮包覆的金属芯称焊芯。焊条电弧焊时，焊芯与焊件之间产生电弧并熔化为焊缝的填充金属。焊芯既是电极，又是填充金属。按国家标准规定，用于焊芯的专用金属丝（称焊丝）分为碳素结构钢、低合金结构钢和不锈钢3类。焊芯的成分将直接影响着熔敷金属的成分和性能，各类焊条所用的焊芯（钢丝）见表3-6。

表3-6 各类焊条所用的焊芯[5]

焊条种类	所用焊芯
低碳钢焊条	低碳钢焊芯（H08A等）
低合金高强度钢焊条	低碳钢或低合金钢焊芯
低合金耐热钢焊条	低碳钢或低合金钢焊芯
不锈钢焊条	不锈钢或低碳钢焊芯
堆焊用焊条	低碳钢或合金钢焊芯
铸铁焊条	低碳钢、铸铁、非铁合金焊芯
有色金属焊条	有色金属焊芯

2. 药皮

涂敷在焊芯表面的涂料层称为药皮，也称涂层。焊条药皮是矿石粉末、铁合金粉、有机物和化工制品等原料按一定比例配制后压涂在焊芯表面上的一层涂料。各类焊条药皮的组分及作用见表3-7。药皮的主要作用是：

1）机械保护。焊条药皮熔化或分解后产生气体和熔渣，隔绝空气，防止熔滴和熔池金属与空气接触。熔渣凝固后的渣壳覆盖在焊缝表面，可防止高温的焊缝金属被氧化和氮化，并可减慢焊缝金属的冷却速度。

2）冶金处理。通过熔渣和铁合金进行脱氧、去硫、去磷、去氢和渗合金等焊接冶金反应，可去除有害元素，增添有用元素，使焊缝具备良好的力学性能。

3）改善焊接工艺性能。药皮可保证电弧容易引燃并稳定地连续燃烧；同时减少飞溅，改善熔滴过渡和焊缝成形等。

表 3-7 焊条药皮组分及作用

名 称	组 分	作 用
稳弧剂	碳酸钾、碳酸钡、金红石、长石、钛铁矿、白垩、大理石等	使焊条容易引弧及在焊接过程中能保持电弧稳定燃烧
造渣剂	大理石、萤石、白云石、菱苦土、长石、白泥、云母、石英砂、金红石、钛铁矿、还原钛铁矿、铁砂及冰晶石等	焊接时能形成具有一定物理化学性能的熔渣，保护焊缝金属不受空气的影响，改善焊缝成形，保证熔融金属的化学成分
造气剂	大理石、白云石、菱苦土、碳酸钡、木粉、纤维素、淀粉及树脂等	在电弧高温作用下，能进行分解，放出气体，以保护电弧及熔池，防止周围空气中的氧和氮的侵入
脱氧剂	锰铁、硅铁、钛铁、铝铁、镁粉、铝镁合金、硅钙合金及石墨等	通过焊接过程中进行的冶金化学反应，降低焊缝金属中的氧含量，提高焊缝性能。与熔融金属中的氧作用，生成熔渣，浮出熔池
合金剂	锰铁、硅铁、铬铁、钼铁、钒铁、铌铁、硼铁、金属锰、金属铬、镍粉、钨粉、稀土硅铁等	补偿焊接过程中合金元素的烧损及向焊缝过渡合金元素，保证焊缝金属获得必要的化学成分及性能等
增塑润滑剂	云母、合成云母、滑石粉、白土、二氧化钛、白泥、木粉、膨润土、碳酸钠、海泡石、绢云母等	增加药皮粉料在焊条压涂过程的塑性、滑性及流动性，提高焊条的压涂质量，减少偏心度
粘结剂	水玻璃、酚醛树脂等	使药皮粉料在压涂过程中具有一定的黏性，能与焊芯牢固地粘接，并使焊条药皮在烘干后具有一定的强度

4）渗合金。焊条药皮中含有合金元素，熔化后过渡到熔池中，可改善焊缝金属的性能。

3.3.2 焊条分类、型号和牌号

焊条种类繁多，国产焊条约有 300 多种。在同一类型焊条中，根据不同特性分成不同的型号。某一型号的焊条可能有一个或几个品种。同一型号的焊条在不同的焊条制造厂往往可有不同的牌号。

1. 焊条分类

焊条的分类方法很多，可以从不同的角度对焊条进行分类，不同国家焊条种类的划分、型号、牌号的编制方法等都有很大的差异。本章介绍的焊条分类方法，主要根据焊条使用习惯和我国现行焊条国家标准及参考《焊接材料产品样本》编写的，如图 3-15 所示。

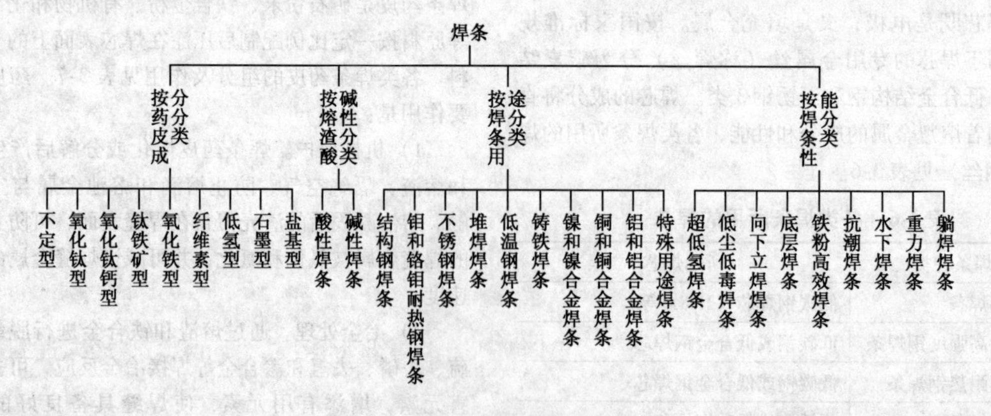

图 3-15 焊条电弧焊焊条分类方法

（1）按焊条药皮的主要成分分类 焊条药皮由多种原料组成，按照药皮的主要成分可以确定焊条的药皮类型，可将焊条分为：不定型、氧化钛型、钛钙型、钛铁矿型、氧化铁型、纤维素型、低氢钾型、低氢钠型、石墨型和盐基型等。其主要特点见表 3-8。

表3-8　焊条药皮类型及主要特点

序号	药皮类型	电流种类	主要特性
1	氧化钛型	DC、AC	药皮中主要成分为氧化钛，焊条工艺性能良好，再引弧容易，飞溅少，熔深较浅，溶渣覆盖性良好，脱渣性好，焊缝外形美观。可作全位置焊，适用于薄板焊接。焊缝的塑性和抗裂性较差。按药皮中钾、钠盐及铁粉的用量，可分为高钛钾型、高钛钠型和铁粉钛型等
2	钛钙型	DC、AC	药皮中氧化钛含量30%（质量分数）以上，钙、镁碳酸盐含量20%（质量分数）以下，焊条工艺性能良好，熔渣流动性好，电弧稳定，焊缝美观，熔深中等，脱渣容易，适用于全位置焊接
3	钛铁矿型	DC、AC	药皮中钛铁矿含量≥30%（质量分数），焊条熔化速度快，熔渣流动性好，熔深较深，脱渣性好，电弧稳定，适于平焊、平角焊，立焊性能稍差，焊缝金属抗裂性较好
4	氧化铁型	DC、AC	药皮中氧化铁和锰铁含量较高，熔深大、熔化速度快，电弧稳定，再引弧容易，立焊、仰焊操作较困难，飞溅较大，焊缝金属抗热裂性较好，适用于中厚板焊接。电弧吹力大，也适于野外操作
5	纤维素型	DC、AC	药皮中有机物含量15%（质量分数）以上，氧化钛30%（质量分数）左右，电弧吹力大，熔深大，熔渣少，脱渣容易，可向下立焊、深熔焊和单面焊双面成形，按药皮中有机物、稳弧剂、粘结剂含量，分为高纤维素钠型和高纤维素钾型
6	低氢钾型	DC、AC	药皮主要组分为碳酸盐和萤石，要求短弧操作，焊条工艺性能尚可，适于全位置焊。焊缝金属抗裂性好，综合力学性能优。按药皮中稳弧剂、铁粉、粘结剂含量，分为低氢钠型、低氢钾型和铁粉低氢型
7	低氢钠型	DC	
8	石墨型	DC、AC	药皮中石墨含量较高，主要用于铸铁和堆焊焊条。如果焊条芯为低碳钢，则工艺性较差，飞溅较多，烟雾较大，熔渣少，适于平焊。如果焊条芯丝为有色金属，则工艺性能有所改善，电流不宜过大
9	盐基型	DC	药皮中主要组分为氯化物和氟化物，通常用于铝及铝合金焊条。药皮吸潮性强，焊前必须烘干，药皮熔点低、熔化速度快、工艺性较差，要求短弧操作。熔渣有一定的腐蚀性，焊后焊缝需用热水清洗

（2）按熔渣的酸碱性分类　在实际生产中通常按熔渣的碱度（即熔渣中酸性氧化物和碱性氧化物的比例），可将焊条分为：酸性焊条和碱性焊条（又称低氢型焊条）两大类。熔渣以酸性氧化物为主的焊条称为酸性焊条。熔渣以碱性氧化物和氟化钙为主的焊条称为碱性焊条。在碳钢焊条和低合金钢焊条中，低氢型焊条（包括低氢钠型、低氢钾型和铁粉低氢型）是碱性焊条；其他涂料类型的焊条均属酸性焊条。

碱性焊条与强度级别相同的酸性焊条相比，其熔敷金属的延性和韧性高、扩散氢含量低、抗裂性能强。因此当产品设计或焊接工艺规程规定用碱性焊条时，不能用酸性焊条代替。但碱性焊条的焊接工艺性能（包括稳弧性、脱渣性、飞溅等）较差，对锈、水、油污的敏感性大，容易出气孔，有毒气体和烟尘多，毒性也大。酸性焊条和碱性焊条的特性对比见表3-9。

表3-9　酸性焊条和碱性焊条的特性对比

酸性焊条	碱性焊条
1. 对水、铁锈的敏感性不大，使用前经100～150℃烘焙1h	1. 对水、铁锈的敏感性较大，使用前经300～350℃烘焙1～2h
2. 电弧稳定，可用交流或直流施焊	2. 必须用直流反接施焊；药皮加稳弧剂后，可交、直流两用施焊
3. 焊接电流较大	3. 同规格比酸性焊条约小10%
4. 可长弧操作	4. 必须短弧操作，否则易引起气孔
5. 合金元素过渡效果差	5. 合金元素过渡效果好
6. 熔深较浅，焊缝成形较好	6. 熔深稍深，焊缝成形一般
7. 焊渣呈玻璃状，脱渣较方便	7. 焊渣呈结晶状，脱渣不及酸性焊条
8. 焊缝的常温、低温冲击韧度一般	8. 焊缝的常温、低温冲击韧度较高
9. 焊缝的抗裂性较差	9. 焊缝的抗裂性好
10. 焊缝的氢含量较高，影响塑性	10. 焊缝的氢含量低
11. 焊接时烟尘较少	11. 焊接时烟尘稍多

（3）按焊条用途分类 可分为：结构钢焊条、钼和铬钼耐热钢焊条、不锈钢焊条、堆焊焊条、低温钢焊条、铸铁焊条、镍和镍合金焊条、铜和铜合金焊条、铝和铝合金焊条和特殊用途焊条10大类，见表3-10。

表3-10 按焊条的用途分类

序号	焊条大类	代号	
		拼音	汉字
1	结构钢焊条	J	结
2	钼及铬钼钢耐热钢焊条	R	热
3	铬不锈钢焊条	G	铬
	铬镍不锈钢焊条	A	奥
4	堆焊焊条	D	堆
5	低温钢焊条	W	温
6	铸铁焊条	Z	铸
7	镍及镍合金焊条	Ni	镍
8	铜及铜合金焊条	T	铜
9	铝及铝合金焊条	L	铝
10	特殊用途焊条	TS	特

注：焊条牌号标注时，以拼音字母为主，如J422、A102等。

（4）按焊条性能分类 按性能分类的焊条，都是根据其特殊使用性能而制造的专用焊条，有超低氢焊条、低尘低毒焊条、向下立焊焊条、底层焊条、铁粉高效焊条、抗潮焊条、水下焊条、重力焊条和躺焊焊条等。

2. 焊条型号

焊条型号指的是国家规定的各类标准焊条。焊条型号是以焊条国家标准为依据，反映焊条主要特性的一种表示方法。型号应包括以下含义：焊条、焊条类别、焊条特点（如熔敷金属抗拉强度、使用温度、焊芯金属类型、熔敷金属化学组成类型等）、药皮类型及焊接电源。不同类型的焊条，型号表示方法不同，具体的表示方法和表达在各类焊条相对应的国家标准中均有详细规定。

3. 焊条牌号

焊条牌号是焊条产品的具体命名，一般由焊条制造厂制定。

每种焊条产品只有一个牌号，但多种牌号的焊条可以同时对应于一种型号。

焊条牌号是用一个汉语拼音字母或汉字与三位数字来表示，拼音字母或汉字表示焊条各大类，后面的三位数字中，前两位数字表示各大类中的若干小类，第三位数字表示各种焊条牌号的药皮类型及焊接电源种类，其含义见表3-11。

表3-11 焊条牌号第三位数字的含义

焊条牌号	药皮类型	焊接电源种类
□××0	不定型	不规定
□××1	氧化钛型	交流或直流
□××2	钛钙型	交流或直流
□××3	钛铁矿型	交流或直流
□××4	氧化铁型	交流或直流
□××5	纤维素型	交流或直流
□××6	低氢钾型	交流或直流
□××7	低氢钠型	直流
□××8	石墨型	交流或直流
□××9	盐基型	直流

注：1. 表中“□”表示焊条牌号中的拼音字母或汉字，各类焊条的拼音字母代号见表3-10。
2. “××”表示牌号中的前两位数字。

3.3.3 焊条的选用原则

焊条的种类繁多，每种焊条均有一定的特性和用途。选用焊条是焊接准备工作中一个很重要的环节。在实际工作中，除了要认真了解各种焊条的成分、性能及用途外，还应根据被焊焊件的状况、施工条件及焊接工艺等综合考虑。选用焊条一般应考虑以下原则[4,7]。

1. 焊接材料的力学性能和化学成分

1）对于普通结构钢，通常要求焊缝金属与母材等强度，应选用抗拉强度等于或稍高于母材的焊条。

2）对于合金结构钢，通常要求焊缝金属的主要合金成分与母材金属相同或相近。

3）在被焊结构刚性大、接头应力高、焊缝容易产生裂纹的情况下，可以考虑选用比母材强度低一级的焊条。

4）当母材中C及S、P等元素含量偏高时，焊缝容易产生裂纹，应选用抗裂性能好的低氢型焊条。

2. 焊件的使用性能和工作条件

1）对承受动载荷和冲击载荷的焊件，除满足强度要求外，还要保证焊缝具有较高的韧性和塑性，应选用塑性和韧性指标较高的低氢型焊条。

2）接触腐蚀介质的焊件，应根据介质的性质及腐蚀特征，选用相应的不锈钢焊条或其他耐腐蚀焊条。

3）在高温或低温条件下工作的焊件，应选用相应的耐热钢或低温钢焊条。

3. 焊件的结构特点和受力状态

1）对结构形状复杂、刚性大及大厚度焊件，由于焊接过程中产生很大的应力，容易使焊缝产生裂纹，应选用抗裂性能好的低氢型焊条。

2）对焊接部位难以清理干净的焊件，应选用氧化性强，对铁锈、氧化皮、油污不敏感的酸性焊条。

3）对受条件限制不能翻转的焊件，有些焊缝处于非平焊位置，应选用全位置焊接的焊条。

4. 施工条件及设备

1）在没有直流电源，而焊接结构又要求必须使用低氢型焊条的场合，应选用交、直流两用低氢型焊条。

2）在狭小或通风条件差的场所，应选用酸性焊条或低尘焊条。

5. 改善操作工艺性能

在满足产品性能要求的条件下，尽量选用电弧稳定、飞溅少、焊缝成形均匀整齐、容易脱渣的工艺性能好的酸性焊条。焊条工艺性能要满足施焊操作需要。如在非水平位置施焊时，应选用适于各种位置焊接的焊条。如在向下立焊、管道焊接、底层焊接、盖面焊、重力焊时，可选用相应的专用焊条。

6. 合理的经济效益

在满足使用性能和操作工艺性的条件下，尽量选用成本低、效率高的焊条。对于焊接工作量大的结构，应尽量采用高效率焊条，如铁粉焊条、高效率不锈钢焊条及重力焊条等，以提高焊接生产率。

3.3.4 常用钢材的焊条选用

常用钢号推荐选用的焊条见表3-12，不同钢号相焊推荐选用的焊条见表3-13。

表3-12 常用钢号推荐选用的焊条[8]

钢号	焊条型号	对应牌号
Q235—AF Q235—A、10、20	E4303	J422
20R、20HP、20g	E4316	J426
	E4315	J427
25	E4303	J422
	E5003	J502
Q295（09Mn2V、09Mn2VD、09Mn2VDR）	E5515—C1	W707Ni
Q345（16Mn、16MnR、16MnRE）	E5003	J502
	E5016	J506
	E5015	J507
Q390（16MnD、16MnDR）	E5016—G	J506RH
	E5015—G	J507RH
Q390（15MnVR 15MnVRE）	E5016	J506
	E5015	J507
	E5515—G	J557
20MnMo	E5015	J507
	E5515—G	J557
Q420R	E6016—D1	J606
	E6015—D1	J607
15MnMoV 18MnMoNbR 20MnMoNb	E7015—D2	J707
12CrMo	E5515—B1	R207
15CrMo 15CrMoR	E5515—B2	R307

钢号	焊条型号	对应牌号
12Cr1MoV	E5515—B2—V	R317
12Cr2Mo 12Cr2Mo1 12Cr1Mo1R	E6015—B3	R407
1Cr5Mo	E1—5MoV—15	R507
1Cr18Ni9Ti①	E308—16	A102
	E308—15	A107
	E347—16	A132
	E347—15	A137
0Cr19Ni9①	E308—16	A102
	E308—15	A107
0Cr18Ni9Ti① 0Cr18Ni11Ti	E347—16	A132
	E347—15	A137
00Cr18Ni10 00Cr19Ni11	E308L—16	A002
06Cr17Ni12Mo2	E316—16	A202
	E316—15	A207
0Cr18Ni12Mo2Ti① 06Cr17Ni12Mo2Ti	E316L—16	A022
	E318—16	A212
06Cr13	E410—16	G202
	E410—15	G207

① 在GB/T 20878—2007中无此钢材牌号。

3.3.5　焊条的管理和使用

1. 焊条的库存管理

入库前要检查焊条质量保证书和焊条型号（牌号）标志。焊接锅炉、压力容器等重要结构的焊条，应按国家标准要求进行复验，复验合格后才能办理入库手续。

在仓库里，焊条应按种类、牌号、批次、规格、入库时间分类堆放，并应有明确标志。库房内要保持通风、干燥（室温宜10～25℃，相对湿度小于60%）。堆放时不要直接放在地面上，要用木板垫高，距离地面高度不小于300mm，并与墙距离不小于300mm，上下左右空气流通。搬运过程中要轻拿轻放，防止包装损坏。

表3-13　不同钢号相焊推荐选用的焊条[8]

类　别	接　头　钢　号	焊条型号	焊条牌号
碳素钢、低合金钢和低合金钢相焊	Q235A+Q345（16Mn）	E4303	J422
	20、20R+Q345R、Q345RC Q235A+18MnMoNbR	E4315	J427
		E5015	J507
	Q345R+15MnMoV Q345R+18MnMoNbR	E5015	J507
	Q390R+20MnMo 20MnMo+18MnMoNbR	E5015	J507
		E5515—G	J557
碳素钢、碳锰低合金钢和铬钼低合金钢相焊	Q235A+15CrMo Q235A+1Cr5Mo	E4315	J427
	Q345R+15CrMo 20、20R、Q345R+12Cr1MoV	E5015	J507
	15MnMoV+12CrMo、15CrMo 15MnMoV+12Cr1MoV	E7015—D2	J707
其他钢号与奥氏体高合金钢相焊	Q235A、20R、Q345R、20MnMo+0Cr18Ni9Ti①	E309—16	A302
		E309Mo—16	A312
	18MnMoNbR、15CrMo+0Cr18Ni9Ti①	E310—16	A402
		E310—15	A407

① 在GB/T 20878—2007中无此钢材牌号。

2. 施工中的焊条管理

焊条在领用和再烘干时都必须认真核对牌号，分清规格，并做好记录。当焊条端头有油漆着色或药皮上印有字时，要仔细核对，防止用错。不同牌号的焊条不能混在同一烘干炉中烘干，如果使用时间较长或在野外施工，要使用焊条保温筒，随用随取。低氢焊条一般在常温下超过4h，即应重新烘干。

3. 焊条使用前的检验

焊条应有制造厂的质量合格证，凡无合格证或对其质量有怀疑时，应按批抽查检验，合格者方可使用，存放多年的焊条应进行工艺性能试验，待检验合格后才能使用。

如发现焊条内部有锈迹，须经试验合格后才能使用。焊条受潮严重，已发现药皮脱落者，一般应予报废。

4. 焊条的烘焙

焊条使用前一般应按说明书规定的烘焙温度进行烘干。焊条烘干的目的是去除受潮涂层中的水分，以便减少熔池及焊缝中的氢，防止产生气孔和冷裂纹。烘干焊条要严格按照规定的参数进行。烘干温度过高时，涂层中某些成分会发生分解，降低机械保护的效果；烘干温度过低或烘干时间不够时，则受潮涂层的水分去除不彻底，仍会产生气孔和延迟裂纹。

1）碱性低氢型焊条烘焙温度一般为350～400℃，对氢含量有特殊要求的低氢型焊条的烘焙温度应提高到400～450℃，烘箱温度应缓慢升高，烘焙1h，烘干后放在100～150℃的恒温箱内，随用随取。切不可突然将冷焊条放入高温烘箱内或突然冷却，以免药皮开裂。取出后放在焊条保温筒内。重复烘干次数不宜超过2次。

2）酸性焊条要根据受潮情况，在70～150℃上烘焙1～2h。若储存时间短且包装完好，用于一般钢结构，在使用前也可不再烘焙。

3）烘干焊条时，不能堆放得太厚，以1～2层为好，以免焊条受热不均和潮气不易排除。烘干时，做好记录。

3.3.6 焊条消耗量计算

在进行焊接施工时，正确地估算焊条的需用量是相当重要的，估算过多，将造成仓库积压；估算过少，将造成工程预算经费的不足，有时甚至影响工程的正常进行。焊条的消耗量主要由焊接结构的接头形式、坡口形式和焊缝长度等因素决定，可查阅有关焊条用量定额手册等，也可按下述公式进行计算。

1）普通焊条消耗量计算公式[4]：

$$m = \frac{Al\rho}{1 - K_s}$$

式中 m——焊条消耗量（g）；

A——焊缝横断面面积（cm^2），按表3-14中的公式进行计算。

l——焊缝长度（cm）；

ρ——熔敷金属的密度（g/cm^3）；

K_s——焊条损失系数，见表3-15。

2）非铁粉型焊条消耗量计算公式[4]：

$$m = \frac{Al\rho}{K_n}(1 + K_b)$$

式中 m——焊条消耗量（g）；

A——焊缝横断面面积（cm^2），见表3-14；

l——焊缝长度（cm）；

ρ——熔敷金属的密度（g/cm^3）；

K_b——药皮质量系数，见表3-16；

K_n——金属由焊条到焊缝的转熔系数（包括因烧损、飞溅及焊条头在内的损失），见表3-17。

表3-14 焊缝横断面面积的计算公式[4]

焊缝名称	计算公式	焊缝横断面图
I形坡口单面对接焊缝	$A = \delta b + \frac{2}{3}hc$	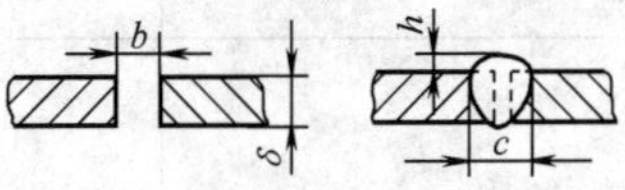
I形坡口双面对接焊缝	$A = \delta b + \frac{4}{3}hc$	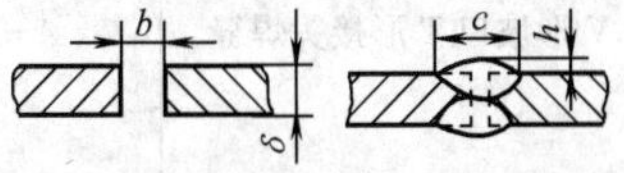
V形坡口对接焊缝（不做封底焊）	$A = \delta b + (\delta - p)^2 \tan\frac{\alpha}{2} + \frac{2}{3}hc$	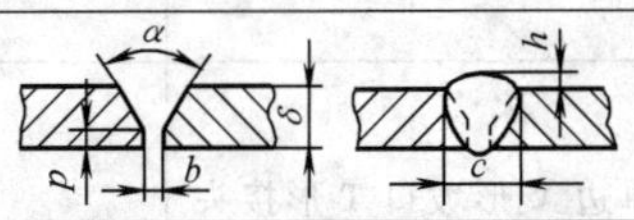
单边V形坡口对接焊缝（不做封底焊）	$A = \delta b + \frac{(\delta - p)^2 \tan\beta}{2} + \frac{2}{3}hc$	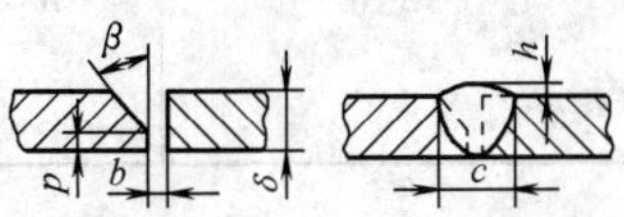
U形坡口对接焊缝（不做封底焊）	$A = \delta b + (\delta - p - r)^2 \tan\beta + 2r(\delta - p - r) + \frac{\pi r^2}{2} + \frac{2}{3}hc$	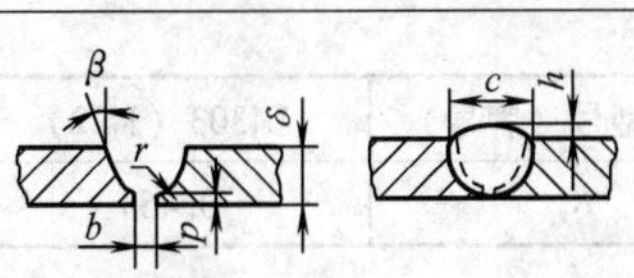
V形、U形坡口对接底层不挑焊根的封底焊	$A = \frac{2}{3}h_1 c_1$	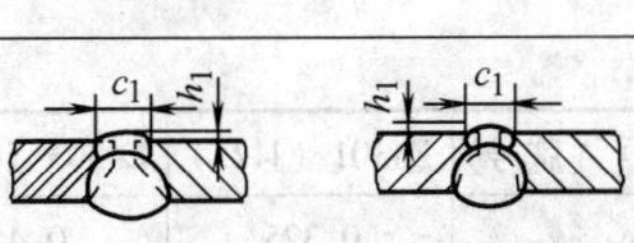
保留钢垫板的V形坡口对接焊缝	$A = \delta b + \delta^2 \tan\frac{\alpha}{2} + \frac{2}{3}hc$	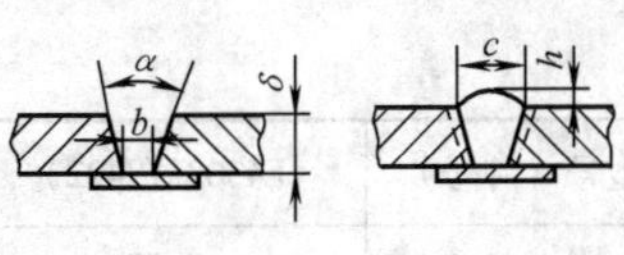

（续）

焊缝名称	计算公式	焊缝横断面图
双面V形坡口对接焊缝（坡口对称）	$A=\delta b+\dfrac{(\delta-p)^2\tan\dfrac{\alpha}{2}}{2}+\dfrac{4}{3}hc$	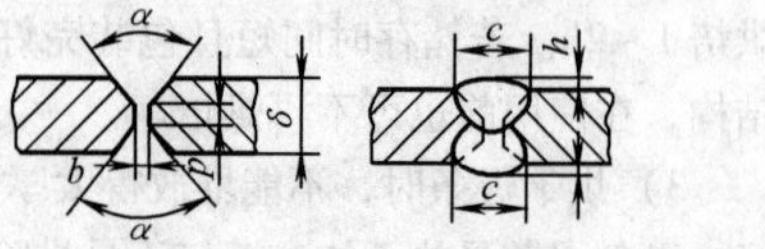
K形坡口对接焊缝（坡口对称）	$A=\delta b+\dfrac{(\delta-p)^2\tan\beta}{4}+\dfrac{4}{3}hc$	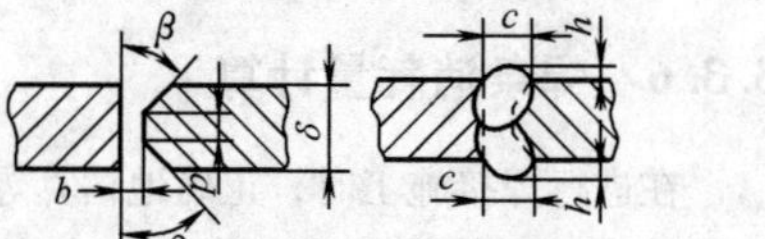
双U形坡口平对接焊缝（坡口对称）	$A=\delta b+2r(\delta-2r-p)+\pi r^2+\dfrac{(\delta-2r-p)^2\tan\beta}{2}+\dfrac{4}{3}hc$	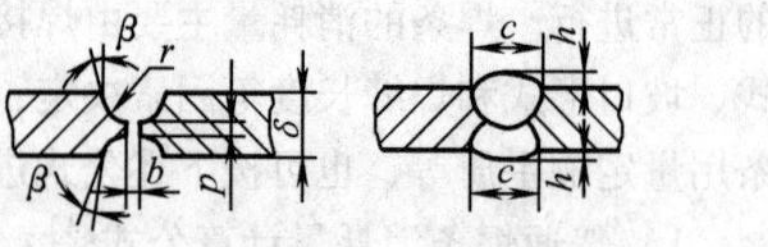
I形坡口的角焊缝	$A=\dfrac{k^2}{2}+kh$	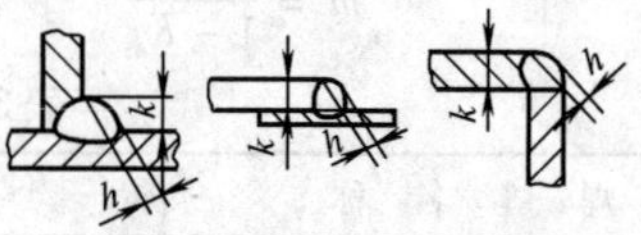
单边V形坡口T形接头焊缝	$A=\delta b+\dfrac{(\delta-p)^2\tan\alpha}{2}+\dfrac{2}{3}hc$	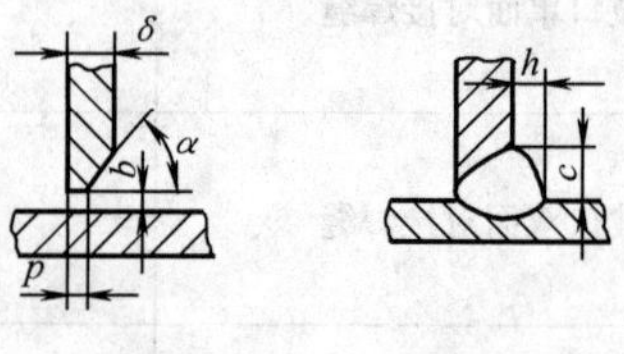
双单边V形坡口T形接头焊缝	$A=\delta b+\dfrac{(\delta-p)^2\tan\alpha}{4}+\dfrac{4}{3}hc$	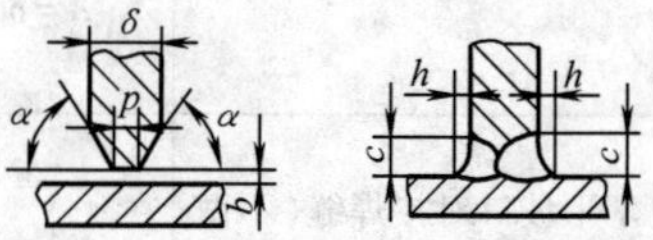

表3-15 焊条损失系数 K_s[4]

焊条型号（牌号）	E4303（J422）	E4320（J424）	E5014（J502Fe）	E5015（J507）
K_s	0.465	0.47	0.41	0.44

表3-16 药皮质量系数 K_b[4]

焊条型号（牌号）	E4301（J423）	E4303（J422）	E4320（J424）	E4316（J426）	E5016（J506）	E5015（J507）
K_b	0.325	0.45	0.46	0.32	0.32	0.41

表3-17 焊条转熔系数 K_n[4]

焊条型号（牌号）	E4303（J422）	E4301（J423）	E4320（J424）	E5015（J507）
K_n	0.77	0.7	0.77	0.79

3.4　接头设计与准备

3.4.1　接头的基本形式

焊条电弧焊常用的基本接头形式有对接、搭接、角接和T形接，如图3-16所示。选择接头形式时，主要根据产品的结构，并综合考虑受力条件、加工成本等因素。对接接头在各种焊接结构中应用十分广泛，是一种比较理想的接头形式，与搭接接头相比，具有受力简单均匀、节省金属等优点，但对接接头对下料尺寸和组装要求比较严格；T形接头通常作为一种联系焊缝，其承载能力较差，但它能承受各种方向的力和力矩，在船体结构中应用较多；角接接头的承载能力差，一般用于不重要的焊接结构中；搭接接头一般用于厚度小于12mm的钢板，其搭接长度为3~5倍的板厚。搭接接头易于装配，但承载能力差。

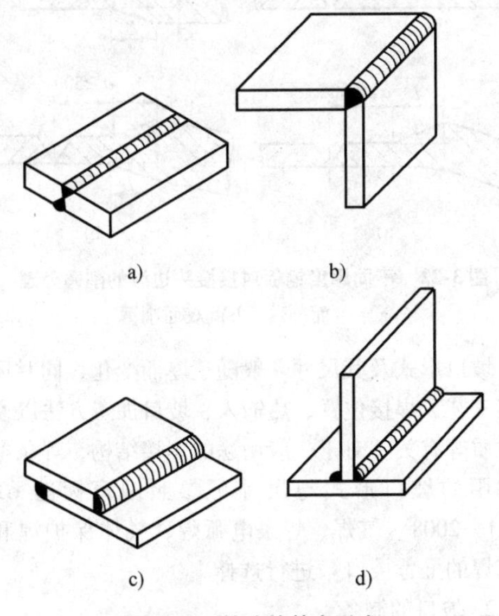

图3-16　接头的基本形式
a）对接接头　b）角接接头
c）搭接接头　d）T形接头

3.4.2　坡口的形式与制备

1. 坡口的形式

根据设计或工艺需要，将焊件的待焊部位加工成一定几何形状，经装配后构成的沟槽称为坡口。利用机械（剪切、刨削或车削）、火焰或电弧（碳弧气刨）等加工坡口的过程称为开坡口。

在焊条电弧焊中，由于电弧的穿透能力有限，当接头的厚度超过一定范围时，为焊制全焊透、无缺陷的焊缝，要求将接缝边缘开某种形状的坡口。开坡口使电弧能深入坡口底层，保证底层焊透，便于清渣，获得较好的焊缝成形，还能调节焊缝金属中母材和填充金属的比例。

电弧焊的坡口形式应根据焊件结构形式、厚度和技术要求选用，常用的坡口形式有：I形、V形、X形、Y形、双Y形和U形坡口等，坡口的尺寸主要是坡口角、钝边和根部间隙。坡口形状和尺寸的设计不仅关系到焊缝的质量，而且也影响到焊接效率和经济性。焊条电弧焊坡口形式设计应遵循以下基本原则[9]。

（1）选用适当的坡口角　应根据接头的板厚和根部间隙选用适当的坡口角。不同的坡口角对焊缝成形，焊缝质量和焊条消耗量的影响如图3-17和图3-18所示。过小的坡口角会阻碍焊条伸入坡口底部，造成未焊透，且过分窄的焊道对热裂纹十分敏感，但过大的坡口角则会消耗较多的焊条，并引起较大的收缩变形。

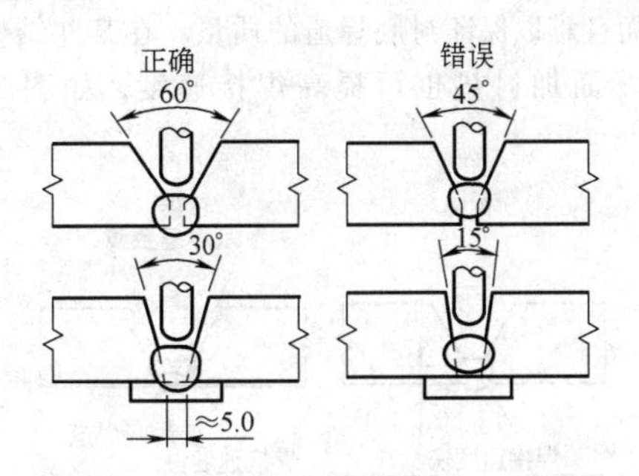

图3-17　正确的坡口角与过小的坡口角的对比

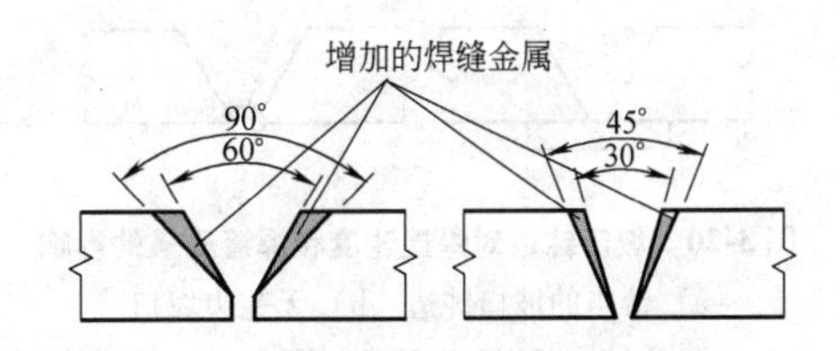

图3-18　过大的坡口角增大焊缝金属体积

一般对接接头板厚1~6mm时，用I形坡口采用单面焊或双面焊即可保证焊透；板厚≥6mm时，为了保证焊缝有效厚度或焊透，改善焊缝成形，应开成具有合适角度的坡口。

（2）选定合适的接头根部间隙　保证焊缝全焊透必须选择合适的接头根部间隙范围，如图3-19a所示。过小的根部间隙可能导致未焊透或焊缝背面需清根，如图3-19b所示；但过大的根部间隙不仅增大了焊缝断面面积，增加了焊条消耗量，而且降低了焊接

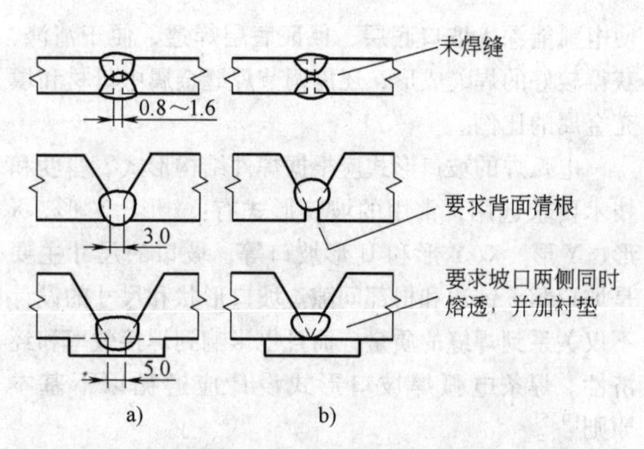

图 3-19　各种坡口形式合适的根部间隙范围及过小的根部间隙引起的后果

a）合适的根部间隙　b）过小的根部间隙

速度。

（3）设计恰当的坡口钝边尺寸　恰当的钝边尺寸可加快焊接速度，并保证焊缝质量。如图 3-20b 所示，焊接坡口中如不加钝边，不但增加了焊条的消耗量，而且难以保证封底焊道的质量。在某些结构中，焊缝背面加衬垫也可提高焊接速度，如图 3-20a 所示。

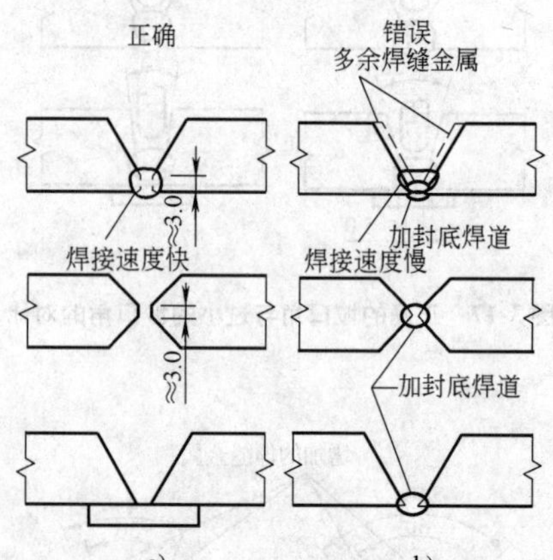

图 3-20　坡口钝边对焊接速度和焊缝质量的影响

a）恰当的坡口钝边　b）无钝边坡口

（4）厚壁接头尽量选用 U 形坡口　在板厚相同时，双面坡口比单面坡口、U 形坡口比 V 形坡口消耗焊条少，焊接变形小，随着板厚增大，这些优点更加突出。如图 3-21 所示，U 形坡口的焊缝断面面积比 V 形坡口小得多，但 U 形坡口加工较困难，必须采用机械加工方法制备，坡口加工费用较高，一般用于较重要的结构。

如图 3-22 所示，不同厚度的钢板对接时，如两板厚度差（$\delta-\delta_1$）超过表 3-18 的规定，则应将厚板边缘作单面或双面削薄处理，其削薄长度 $L\geqslant 3(\delta-\delta_1)$。

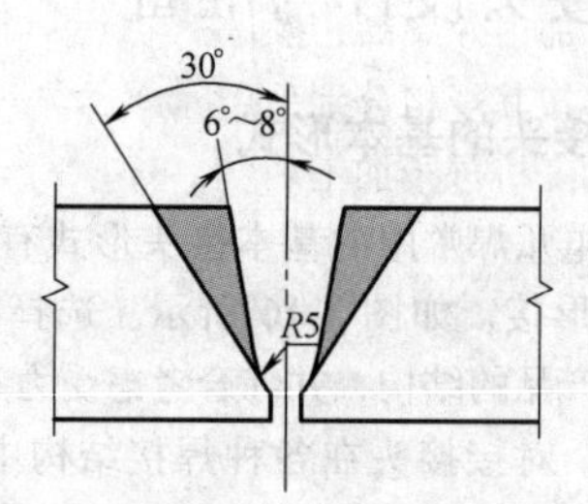

图 3-21　U 形坡口与 V 形坡口焊缝断面面积的对比

表 3-18　不同厚度钢板接头允许的厚度差

较薄板板的厚度 δ_1/mm	≥2～5	>5～9	>9～12	>12
允许厚度差（$\delta-\delta_1$）/mm	1.0	2.0	3.0	4.0

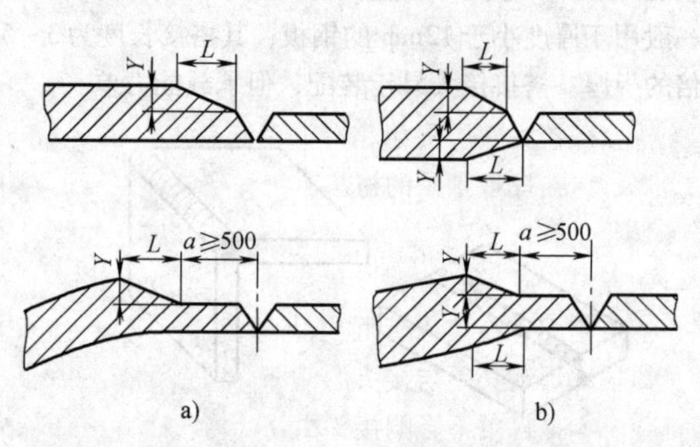

图 3-22　不同厚度钢板对接接头边缘的削薄处理

a）单面削薄　b）双面削薄

坡口形式及其尺寸一般随板厚而变化，同时还与焊接工艺、焊接位置、热输入、坡口加工方法以及工件材质等有关。对于一般用途的焊接结构，焊条电弧焊常用的坡口形式与尺寸可参照国家标准 GB/T 985.1—2008《气焊、焊条电弧焊、气体保护焊和高能束焊的推荐坡口》进行选择。

2. 坡口的制备

焊缝坡口的制备可以采用剪切、刨削、铣削、车削和磨削等机械加工法以及火焰切割法来完成。机械加工法的加工精度最高，但加工效率较低；热切割加工法的加工精度较差，但效率较高，加工费用较低。

（1）剪切加工　对于要求无间隙装配的 I 形接头，钢板边缘的可以采用精剪机剪切，要保证边缘直角度偏差不大于 ±1.0mm。采用普通剪板机可以制备厚度 1～6mm 薄钢板 I 形对接接头。

（2）刨削和铣削加工　对于大长度板材边缘的坡口加工，大多采用固定式专用刨边机或铣边机。也可采用可行走式的轻便型刨边机，解决固定式专用刨边机占地面积较大的问题。

（3）车削加工　压力容器筒体环缝边缘坡口可

以采用普通车床、大直径立车或专用的边缘车床进行车削加工，加工效率高，操作简便。管道管子端部的坡口加工可按其规格分别采用固定式坡口加工机和移动式坡口加工机进行加工。

（4）热切割加工　用于坡口加工的热切割法分为氧燃气切割和等离子弧切割。前者主要用于碳钢和低合金钢的坡口加工，后者则用于不锈钢材的坡口加工。在生产中，为提高生产效率，在板材切割下料时，往往同时加工出焊缝坡口。为保证坡口加工精度，应采用自动或半自动切割机进行坡口加工。

3.4.3　焊缝衬垫

当要求焊缝全焊透且只能从接头的一面进行焊接时，除了采用单面焊双面成形焊接操作技术外，还可以采用焊缝背面加焊接衬垫的方法。使用焊接衬垫的目的是使第一层金属熔敷在衬垫之上，从而避免该层熔化金属从接头底层漏穿。

焊条电弧焊中常用的衬垫有三种形式：衬条、铜衬垫和非金属衬垫。

1. 衬条

衬条是固定在接头背面的金属条。使用衬条时，接头的根部焊道必须与接头的两侧面以及衬条的表面相熔合。如果衬条不影响接头的使用特性，则可保留在原位置上。否则，衬条在接头焊完后应加以拆除。

衬条的材料必须与所焊母材及所选用的焊条在冶金上相匹配。衬条尺寸通常为宽20～30mm，厚4～5mm。为保证焊接质量，衬条的表面应清理干净，无任何污染。

2. 铜衬垫

采用安放在接头背面的铜衬垫以支托根部焊道焊接熔池，使焊缝快速冷却成形，是一种常用的简易方法。有时采用铜衬垫在接头底层支撑焊接熔池，它适用于平直对接焊缝。铜的热导率较高，有助于防止焊缝金属与衬垫熔合，但铜衬垫应具有足够的体积，以加快散热。在批量生产连续焊接时，应将铜衬垫通水冷却。

加铜衬垫焊接时，应避免焊接电弧直接作用于铜衬垫表面，防止铜熔化污染焊缝金属。铜衬垫表面也可加工出圆弧形凹槽，以使焊缝背面具有所要求的形状和余高，如图3-23所示。

3. 非金属衬垫

非金属衬垫采用难熔材料制作，主要有陶瓷衬垫和玻璃纤维衬带。这两种衬垫焊后容易拆除，价格低廉，已在许多焊接工程中推广应用。

图3-24所示的是一种陶瓷衬垫的结构，制作成

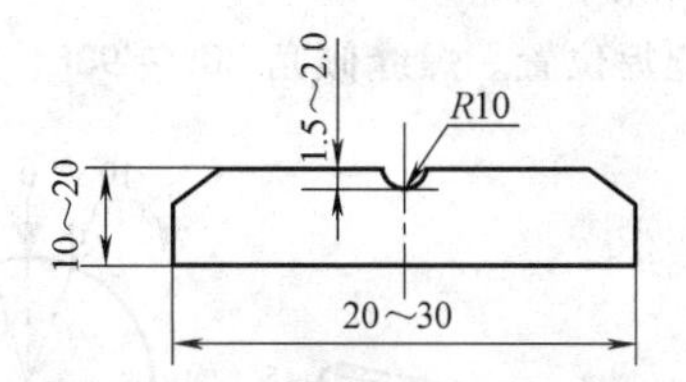

图3-23　铜衬垫凹槽的形状和尺寸

伸缩的成形件，适用于空间曲面对接焊缝。陶瓷块借助夹具或涂胶铝箔粘贴在接头的背面。焊接过程中，根部焊道的背面直接与陶瓷衬垫表面接触，金属熔池使陶瓷衬垫表面局部熔化而形成一层熔渣，保护了熔池背面，并使焊缝背面成形美观。

玻璃纤维衬带是一种柔性封带，如图3-25所示，它借助粘接带可将其紧贴在焊缝背面，使用十分方便。

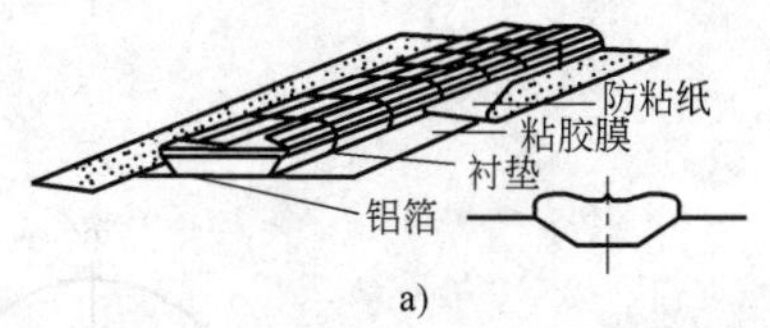

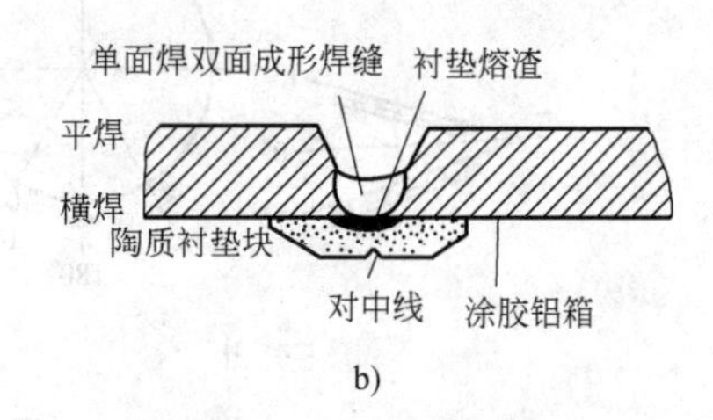

图3-24　一种陶瓷衬垫的结构

a）陶瓷衬垫组成　b）焊后效果示意

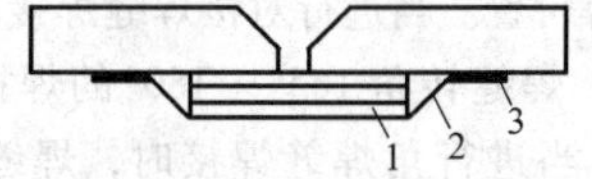

图3-25　玻璃纤维衬带的结构和安装方法

3.4.4　焊接位置

熔焊时，焊件接缝所处的空间位置称为焊接位置。按焊缝空间位置的不同可分为：平焊、立焊、横焊和仰焊等位置，如图3-26所示。

1）平焊位置。焊缝倾角0°～5°、焊缝转角0°～10°的焊接位置称为平焊位置，如图3-26a所示。在平焊位置的焊接称为平焊和平角焊。

2）横焊位置。对接焊缝时的横焊位置为：焊缝倾角0°～5°，焊缝转角70°～90°，如图3-26b所示。角焊缝横焊位置为：焊缝倾角0°～5°，焊缝转角30°～55°，如图3-26c所示。在横焊位置进行的焊接

称为横焊和横角焊。

3）立焊位置。焊缝倾角 80° ~ 90°、焊缝转角 0° ~ 180°的焊接位置称为立焊位置，如图 3-26d 所示。在立焊位置进行的焊接称为立焊和立角焊。

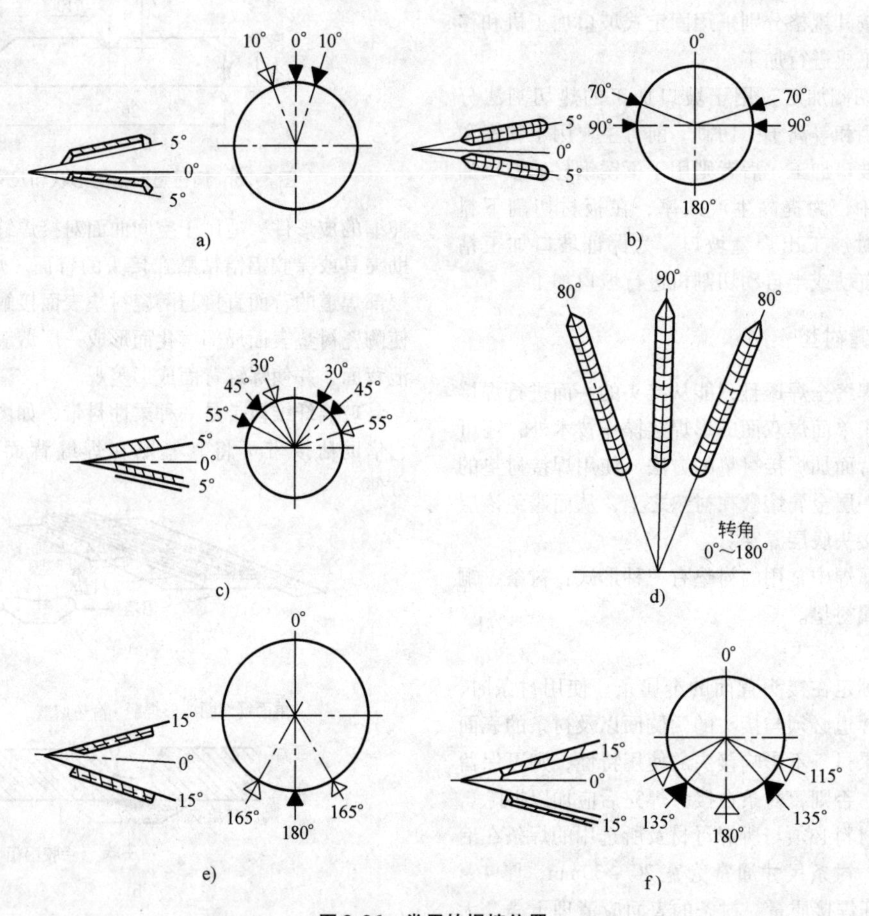

图3-26　常用的焊接位置

a）平焊位置　b）、c）横焊位置　d）立焊位置　e）、f）仰焊位置

4）仰焊位置。当进行对接焊缝焊接时，焊缝倾角 0° ~ 15°，焊缝转角 165° ~ 180°的焊接位置如图 3-26e所示；当进行角焊缝焊接时，焊缝倾角 0° ~ 15°，焊缝转角 115° ~ 180°的焊接位置，称为仰焊位置，如图 3-26f 所示。在仰焊位置进行的焊接称为仰焊和仰角焊。

此外，T形、十字形和角接接头处于平焊位置进行的焊接，称为船形焊。这种焊接位置相当于在 90°角 V 形坡口内的水平对接缝。水平固定管的对接焊缝，包括了平焊、立焊和仰焊等焊接位置。类似这样的焊接位置施焊时，称为全位置焊接。

在平焊位置施焊时，熔滴可借助重力落入熔池。熔池中气体、熔渣容易浮出表面。因此平焊可以用较大电流焊接，生产率高，焊缝成形好，焊接质量容易保证，劳动条件较好。一般应尽量在平焊位置施焊。当然，在其他位置施焊，也能保证焊接质量，但对焊工操作技术要求较高，劳动条件较差。

3.5　焊接参数

焊接参数是指焊接时，为保证焊接质量而选定的诸物理量（例如：焊接电流、电弧电压、焊接速度、热输入等）的总称。焊条电弧焊的焊接参数主要包括焊条直径、焊接电流、电弧电压、焊接速度和预热温度等。

3.5.1　焊条直径

焊条直径是根据焊件厚度、焊接位置、接头形式、焊接层数等进行选择的。为提高生产效率，应尽可能地选用直径较大的焊条。但是用直径过大的焊条焊接时，容易造成未焊透或焊缝成形不良等缺陷。

厚度较大的焊件，搭接和T形接头的焊缝应选用直径较大的焊条。对于小坡口焊件，为了保证根部的熔透，宜采用较细直径的焊条，如打底焊时一般选用 ϕ2.5mm 或 ϕ3.2mm 焊条。不同的焊接位置，选用的焊条直径也不同，通常平焊时选用较粗的 ϕ4.0 ~ ϕ6.0mm 的焊条，立焊和仰焊时选用 ϕ3.2 ~ ϕ4.0mm 的焊条；横焊时选用 ϕ3.2 ~ ϕ5.0mm 的焊条。对于特殊钢材，需要小参数焊接时可选用小直径焊条。

根据工件厚度选择时，可参考表3-19。对于重要结构应根据规定的焊接电流范围（根据热输入确定）参照表3-20来确定焊条直径。

表3-19　焊条直径与焊件厚度的关系

焊件厚度/mm	2	3	4 ~ 5	6 ~ 12	>13
焊条直径/mm	2	3.2	3.2 ~ 4	4 ~ 5	4 ~ 6

表3-20　各种直径焊条使用电流参考值

焊条直径/mm	1.6	2.0	2.5	3.2	4.0	5.0	5.8
焊接电流/A	25 ~ 40	40 ~ 60	50 ~ 80	100 ~ 130	160 ~ 210	200 ~ 270	260 ~ 300

3.5.2　焊接电流

焊接电流是焊条电弧焊的主要焊接参数，焊工在操作过程中需要调节的只有焊接电流，而焊接速度和电弧电压都是由焊工控制的。焊接电流的选择直接影响着焊接质量和劳动生产率。

焊接电流越大，熔深越大，焊条熔化快，焊接效率也高，但是焊接电流太大时，飞溅和烟雾大，焊条尾部易发红，部分涂层要失效或崩落，而且容易产生咬边、焊瘤、烧穿等缺陷，增大焊件变形，还会使接头热影响区晶粒粗大，焊接接头的韧性降低；焊接电流太小，则引弧困难，焊条容易粘连在工件上，电弧不稳定，易产生未焊透、未熔合、气孔和夹渣等缺陷，且生产率低。

选择焊接电流时，应根据焊条类型、焊条直径、焊件厚度、接头形式、焊缝位置及焊接层数来综合考虑。首先应保证焊接质量，其次应尽量采用较大的电流，以提高生产效率。板厚较大的，T形接头和搭接接头，在施焊环境温度低时，由于导热较快，所以焊接电流要大一些。但主要考虑焊条直径、焊接位置和焊道层次等因素。

1. 考虑焊条直径

焊条越粗，熔化焊条所需的热量越大，必须增大焊接电流，每种焊条都有一个最合适的电流范围，见表3-20。

焊条电弧焊使用碳钢焊条时，还可以根据选定的焊条直径，用下面的经验公式计算焊接电流：

$$I = Kd$$

式中　I——焊接电流（A）；

d——焊条直径（mm）；

K——经验系数，见表3-21。

表3-21　焊接电流经验系数与焊条直径的关系[7]

焊条直径 d/mm	1.6	2 ~ 2.5	3.2	4 ~ 6
经验系数 K	20 ~ 25	25 ~ 30	30 ~ 40	40 ~ 50

在采用同样直径的焊条焊接不同厚度的钢板时，电流应有所不同。一般来说，板越厚，焊接热量散失得就越快，因此应选用电流值的上限。

2. 考虑焊接位置

在平焊位置焊接时，可选择偏大些的焊接电流，非平焊位置焊接时，为了易于控制焊缝成形，焊接电流比平焊位置要小，仰、横焊时所用电流应比平焊小5% ~ 10%，立焊时应比平焊小10% ~ 15%。

3. 考虑焊接层次

通常焊接打底焊道时，为保证背面焊道的质量，使用的焊接电流较小；焊接填充焊道时，为提高效率，保证熔合好，使用较大的电流；焊接盖面焊道时，防止咬边和保证焊道成形美观，使用的电流稍小些。

实际生产过程中焊工一般都是根据试焊的结果，根据自己的实践经验选择焊接电流的。通常焊工根据焊条直径推荐的电流范围，或根据经验选定一个电流，在试板上试焊，在焊接过程中看熔池的变化情况、渣和铁液的分离情况、飞溅大小、焊条是否发红、焊缝成形是否好、脱渣性是否好等来选择合适的焊接电流。但对于有力学性能要求的如锅炉、压力容器等重要结构，要经过焊接工艺评定合格以后，才能最后确定焊接电流等参数。

3.5.3　电弧电压

焊条电弧焊时，焊缝宽度主要靠焊条的横向摆动幅度来控制，当焊接电流调好以后，焊机的外特性曲线就决定了。实际上电弧电压主要是由电弧长度来决定的。电弧长，电弧电压就高，反之则低。焊接过程中，电弧不宜过长，否则会出现电弧燃烧不稳定、飞溅大、熔深浅及产生咬边、气孔等缺陷；若电弧太短，容易粘焊条。一般情况下，电弧长度等于焊条直径的1/2～1倍为好，相应的电弧电压为16～25V。碱性焊条的电弧长度不超过焊条的直径，为焊条直径的一半较好，尽可能地选择短弧焊；酸性焊条的电弧长度应等于焊条直径。

3.5.4 焊接速度

焊接速度是指焊接过程中焊条沿焊接方向移动的速度，即单位时间内完成的焊缝长度。焊接速度过快会造成焊缝变窄，严重凸凹不平，容易产生咬边及焊缝波形变尖；焊接速度过慢会使焊缝变宽，余高增加，功效降低。焊接速度还直接决定着热输入的大小，一般根据钢材的淬硬倾向来选择。焊条电弧焊时，在保证焊缝具有所要求的尺寸和外形及良好的熔合原则下，焊接速度由焊工根据具体情况灵活掌握。

3.5.5 焊缝层数

厚板的焊接，一般要开坡口并采用多层焊或多层多道焊。多层焊和多层多道焊接头的显微组织较细，热影响区较窄。前一条焊道对后一条焊道起预热作用，而后一条焊道对前一条焊道起热处理作用。因此接头的延性和韧性都比较好。特别是对于易淬火钢，后焊道对前焊道的回火作用，可改善接头的组织和性能。

对于低合金高强度钢等钢种，焊缝层数对接头性能有明显影响。焊缝层数少，每层焊缝厚度太大时，由于晶粒粗化，将导致焊接接头的延性和韧性下降。每层焊道厚度不能大于4～5mm。

3.5.6 热输入

熔焊时，由焊接能源输入给单位长度焊缝上的热量称为热输入。其计算公式如下：

$$Q = \frac{\eta IU}{u}$$

式中 Q——单位长度焊缝的热输入（J/cm）；

I——焊接电流（A）；

U——电弧电压（V）；

u——焊接速度（cm/s）；

η——热效率系数，焊条电弧焊为0.7～0.8。

热输入对低碳钢焊接接头性能的影响不大，因此对于低碳钢焊条电弧焊一般不规定热输入。对于低合金钢和不锈钢等钢种，热输入太大时，接头性能可能降低；热输入太小时，有的钢种焊接时可能产生裂纹。因此焊接工艺中要规定热输入。

一般要通过试验来确定既不产生焊接裂纹、又能保证接头性能合格的热输入范围。允许的热输入范围越大，越便于焊接操作。

3.5.7 预热温度

预热是焊接开始前对被焊工件的全部或局部进行适当加热的工艺措施。预热可以减小接头焊后冷却速度，避免产生淬硬组织，减小焊接应力及变形。它是防止产生裂纹的有效措施。对于刚性不大的低碳钢和强度级别较低的低合金高强度钢的一般结构，一般不必预热。但对刚性大的或焊接性差的容易产生裂纹的结构，焊前需要预热。

预热温度根据母材的化学成分、焊件的性能、厚度、焊接接头的拘束程度和施焊环境温度以及有关产品的技术标准等条件综合考虑，重要的结构要经过裂纹试验确定不产生裂纹的最低预热温度。预热温度选得越高，防止裂纹产生的效果越好；但超过必需的预热温度，会使熔合区附近的金属晶粒粗化，降低焊接接头质量，劳动条件也将会更加恶化。整体预热通常用各种炉子加热。局部预热一般采用气体火焰加热或红外线加热。预热温度常用表面温度计测量。

3.5.8 后热与焊后热处理

焊后立即对焊件的全部（或局部）进行加热或保温，使其缓冷的工艺措施称为后热。后热的目的是避免形成硬脆组织，以及使扩散氢逸出焊缝，从而防止产生裂纹。

焊后为改善焊接接头的显微组织和性能或消除焊接残余应力而进行的热处理称为焊后热处理。焊后热处理的主要作用是消除焊件的焊接残余应力，降低焊接区的硬度，促使扩散氢逸出，稳定组织及改善力学性能、高温性能等。因此选择热处理温度时要根据钢材的性能、显微组织、接头的工作温度、结构形式、热处理目的来综合考虑，并通过显微金相和硬度试验来确定。

对于易产生脆断和延迟裂纹的重要结构，尺寸稳定性要求高的结构，以及有应力腐蚀的结构，应考虑进行去应力退火；对于锅炉、压力容器，则有专门的规程规定，厚度超过一定限度后要进行去应力退火。去应力退火的温度按有关规程或资料根据结构材质确定，必要时要经过试验确定。铬钼珠光体耐热钢焊后常常需要高温回火，以改善接头组织，消除焊接残余应力。

重要的焊接结构，如锅炉、压力容器等，所制定的焊接工艺需要进行焊接工艺评定，按所设计的焊接工艺而焊得的试板的焊接质量和接头性能达到技术要求后，才予以正式确定。焊接施工时，必须严格按规定的焊接工艺进行，不得随意更改。

3.6 焊接操作技术

3.6.1 基本操作技术

焊条电弧焊的基本操作技术主要包括引弧、运条、接头和收弧。焊接操作过程中，运用好这四种操作技术，才能保证焊缝的施焊质量。

1. 引弧方法

焊接开始时，引燃焊接电弧的过程叫引弧。引弧是焊条电弧焊操作中最基本的动作，如果引弧方法不当会产生气孔、夹渣等焊接缺陷。焊条电弧焊一般不采用不接触引弧方法，主要采用接触引弧方法，包括碰击法和划擦法两种方法。

（1）碰击引弧法　碰击引弧法是一种理想的引弧方法，其优点是可用于困难位置，污染焊件轻。其缺点是受焊条端部状况限制；用力过猛时，药皮易大块脱落，造成暂时性偏吹；操作不熟时焊条易粘于焊件表面。引弧方法是在始焊处作焊条垂直于焊件的接触碰击动作，形成短路后迅速提起焊条 2 ~ 4mm 的距离后电弧即引燃，接头时应在熔池端部一侧坡口上引弧，如图 3-27 所示。碰击法不容易掌握，但焊接淬硬倾向较大的钢材时最好采用碰击法。

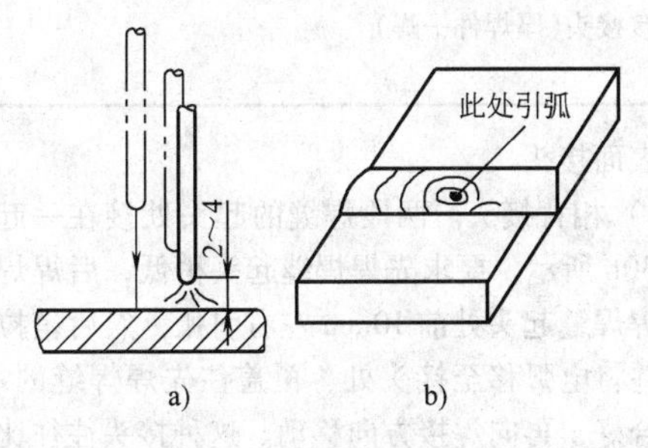

图 3-27　碰击引弧方法图

a）碰击法引弧　b）碰击法接头的引弧处

（2）划擦引弧法　划擦引弧法是将焊条在焊件表面上划动一下，即可引燃电弧。这种方法的优点是易掌握，不受焊条端部状况的限制。其缺点是操作不熟练时易污染焊件，容易在焊件表面造成电弧擦伤，所以必须在焊缝前方的坡口内划擦引弧，如图 3-28 所示。划擦法应在坡口内进行，划动长度以 20 ~ 25mm 为佳，以减少污染。引弧后，将焊条提起，使弧长约为所用焊条外径的 1.5 倍，迅速移至施焊处，停留片刻，然后将电弧压短，在始焊点作适量横向摆动，且在坡口根部稳弧以形成熔池，进行正常焊接。接头时的引弧应在弧坑前 10 ~ 15mm 的任何一个坡口面上进行。

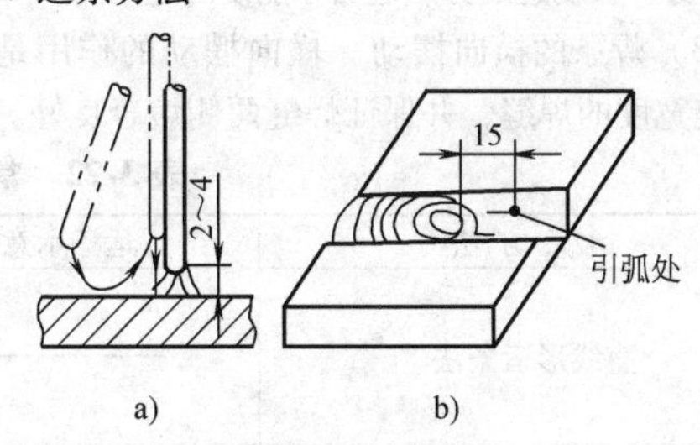

图 3-28　划擦引弧方法

a）划擦法引弧　b）划擦法接头的引弧处

2. 运条方法

焊接过程中，焊条相对焊缝所做的各种动作的总称叫运条。电弧引燃后运条时，焊条末端有 3 个基本动作要互相配合，即焊条沿着轴线向熔池送进、焊条沿着焊接方向移动、焊条作横向摆动，这 3 个动作组成焊条有规则的运动，如图 3-29 所示。

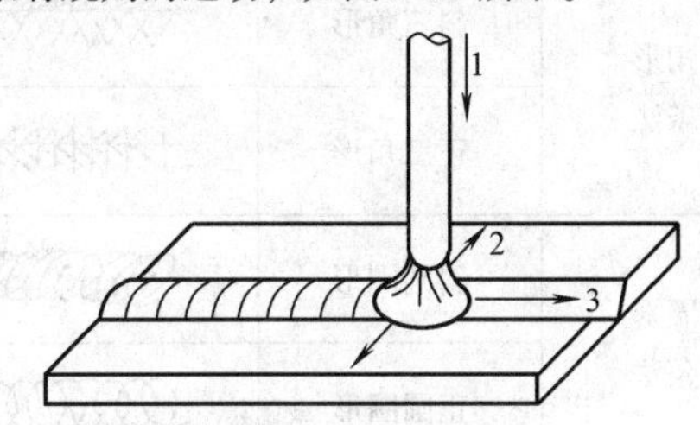

图 3-29　运条的基本动作

1—焊条送进　2—焊条摆动
3—沿焊缝移动

（1）焊条沿轴线向熔池方向送进　焊接时，要保持电弧的长度不变，则焊条向熔池方向送进的速度要与焊条熔化的速度相等。如果焊条送进的速度小于焊条熔化的速度，则电弧的长度将逐渐增加，导致断弧；如果焊条送进速度太快，则电弧长度迅速缩短，使焊条末端与焊件接触发生短路，同样会使电弧熄灭。

焊条的送进速度代表着焊条熔化的快慢，在操作中，可通过改变电弧长度来调节焊条熔化的快慢，弧长的变化将影响焊缝的熔深及熔宽，长弧（弧长大于焊条直径）焊时，虽可加大熔宽，但电弧却飘动不稳，保护效果差，飞溅大，熔深浅，焊接质量差。所以一般情况下，应尽量采用短弧（弧长等于或小于焊条直径）焊。

（2）焊条沿焊接方向的纵向移动 此动作的快慢代表着焊接速度（每分钟焊接的焊缝长度）。焊条移动速度对焊缝质量、焊接生产率有很大影响。如果焊条移动速度太快，则电弧来不及熔化足够的焊条与母材金属，产生未焊透或焊缝较窄；若焊条移动速度太慢，则会造成焊缝过高、过宽、外形不整齐。在焊较薄焊件时容易焊穿。移动速度必须适当才能使焊缝均匀。

（3）焊条的横向摆动 横向摆动的作用是为获得一定宽度的焊缝，并保证焊缝两侧熔合良好。其摆动幅度应根据焊缝宽度与焊条直径决定。横向摆动力求均匀一致，才能获得宽度整齐的焊缝。

在实际操作时，均应根据熔池形状与大小的变化，灵活地调整运条动作，使三者很好地协调，将熔池控制在所需要的形状与大小范围内。

运条的方法有很多，焊工可以根据焊接接头形式、装配间隙、焊缝的空间位置、焊条直径与性能、焊接电流及操作熟练程度等因素合理地选择各种运条方法。常用的运条方法及适用范围见表3-22。

表3-22 常用的运条方法及适用范围

运条方法		运条示意图	适用范围
直线形运条法			1. 3～5mm厚度I形坡口对接平焊 2. 多层焊的第一层焊道 3. 多层多道焊
直线往返形运条法		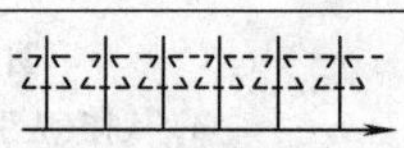	1. 薄板焊 2. 对接平焊（间隙较大）
锯齿形运条法			1. 对接接头（平焊、立焊、仰焊） 2. 角接接头（立焊）
月牙形运条法			同锯齿形运条法
三角形运条法	斜三角形	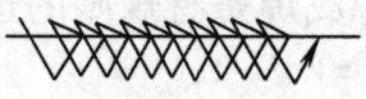	1. 角接接头（仰焊） 2. 对接接头（开V形坡口横焊）
	正三角形	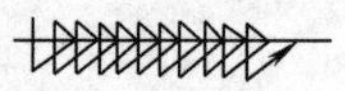	1. 角接接头（立焊） 2. 对接接头
圆圈形运条法	斜圆圈形		1. 角接接头（平焊、仰焊） 2. 对接接头（横焊）
	正圆圈形		对接接头（厚焊件平焊）
八字形运条法		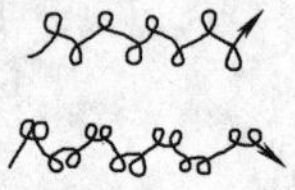	对接接头（厚焊件平焊）

3. 接头方法

后焊焊缝与先焊焊缝的连接处称为焊缝的接头。焊条电弧焊时，由于受到焊条长度的限制，或焊接位置的限制，在焊接过程中产生两段焊缝接头的情况是不可避免的，接头处的焊缝应力求均匀，防止产生过高、脱节、宽窄不一致等缺陷。

（1）接头的种类 焊缝接头有四种情况，如图3-30所示。

1）中间接头。后焊焊缝从先焊焊缝收尾处开始焊接，如图3-30a所示。这种接头最好焊，操作适当时，几乎看不出接头。接头时在弧坑前10mm附近引燃电弧，当电弧长度比正常电弧稍长时，立即回移至弧坑处，压低电弧，稍作摆动，再转入正常焊接向前移动。这种接头方法用得最多，适用于单层焊及多层焊的表面接头。

2）相背接头。两段焊缝的起头处接在一起，如图3-30b所示。要求先焊焊缝起头稍低，后焊焊缝应在先焊焊缝起头处前10mm左右引弧，然后稍拉长电弧，并将电弧移至接头处，覆盖住先焊焊缝的端部，待熔合好，再向焊接方向移动。这种接头往往比焊缝高，为此接头前可将先焊焊缝的起头处用角向磨光机磨成斜面再接头。

3）相向接头。两段焊缝的收尾处接在一起，如图3-30c所示。当后焊焊缝焊到先焊焊缝的收弧处时，应降低焊接速度，将先焊焊缝的弧坑填满后，以较快的速度向前焊一段，然后熄弧。为了好接头，先焊焊缝的收尾处焊接速度要快些，使焊缝较低，最好呈斜面，而且弧坑不能填得太满。若先焊焊缝收尾处焊缝太高，为保证接好头，可预先磨成斜面。

4）分段退焊接头。后焊焊缝的收尾与先焊焊缝起头处连接，如图3-30d所示。要求先焊焊缝起头处较低，最好呈斜面，后焊焊缝焊至先焊焊缝始端时，改变焊条角度，将前倾改为后倾，使焊条指向先焊焊缝的始端，拉长电弧，待形成熔池后，再压低电弧，并往返移动，最后返回至原来的熔池处收弧。

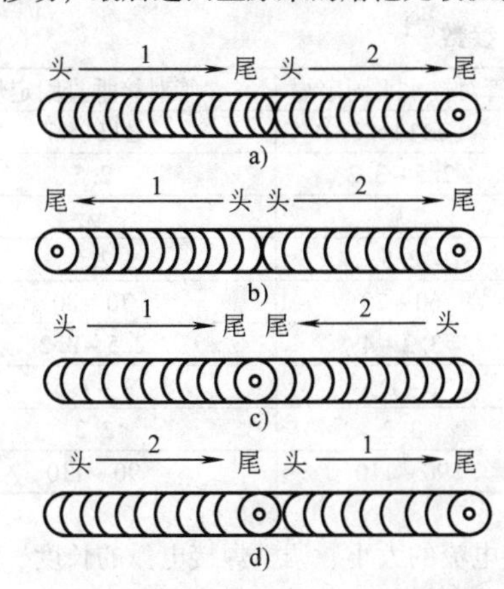

图3-30　焊缝接头的4种情况

a）中间接头　b）相背接头　c）相向接头　d）分段退焊接头

1—先焊焊缝　2—后焊焊缝

（2）冷接头与热接头　根据施焊焊缝接头操作方法的不同，还可分为冷接头与热接头两类。不同的接头形式，可采用不同的操作方法。

1）冷接头。冷接头即焊缝与焊缝之间的接头连接，如图3-30b、c、d所示。冷接头在施焊前，应使用砂轮机或机械方法将焊缝被连接处打磨出斜坡形过渡带，在接头前方10mm处引弧，电弧引燃后稍微拉长一些，然后移到接头处，稍作停留，待形成熔池后再继续向前焊接，如图3-31a所示。用这种方法可以使接头得到必要的预热，保证熔池中气体的逸出，防止在接头处产生气孔。收弧时要将弧坑填满后，慢慢地将焊条拉向弧坑一侧熄弧。

2）热接头。热接头即焊接过程中由于自行断弧或更换焊条时，熔池处在高温红热状态下的接头连接。热接头的操作方法可分为两种：一种是快速接头法；另一种是正常接头法，如图3-31b所示。快速接头法是在熔池熔渣尚未完全凝固的状态下，将焊条端头与熔渣接触，在高温热电离的作用下重新引燃电弧的接头方法，这种接头方法适用于厚板的大电流焊接，它要求焊工更换焊条的动作要特别迅速而准确。正常接头法是在熔池前方5mm左右处引弧后，将电弧迅速拉回熔池，按照熔池的形状摆动焊条后正常焊

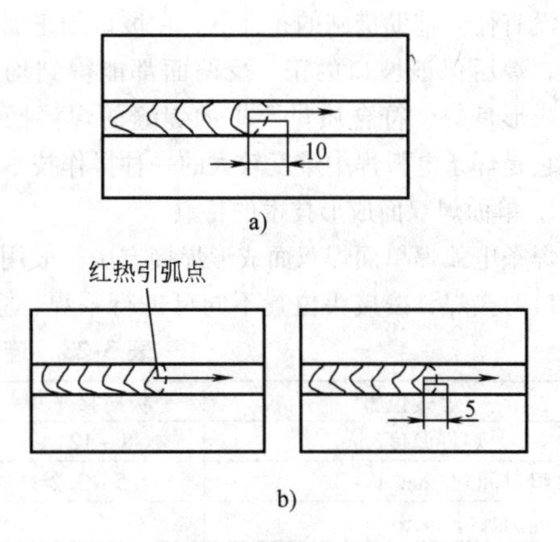

图3-31　接头操作方法

a）冷接头连接　b）热接头连接

接的接头方法。如果等到收弧处完全冷却后再接头，则以采用冷接头操作方法为宜。

4. 收弧方法

收弧是焊接过程中的关键动作。焊接结束时，若立即将电弧熄灭，则焊缝收尾处会产生凹陷很深的弧坑，不仅会降低焊缝收尾处的强度，还容易产生弧坑裂纹。过快拉断电弧，使熔池中的气体来不及逸出，就会产生气孔等缺陷。为防止出现这些缺陷，必须采取合理的收弧方法，填满焊缝收尾处的弧坑。收弧方法主要有以下几种方法。

（1）反复断弧法　焊条移到焊缝终点时，在弧坑处反复熄弧、引弧数次，直到填满弧坑为止。此方法适用于薄板和大电流焊接时的收弧，不适于用碱性焊条收弧。

（2）划圈收弧法　焊条移到焊缝终点处，沿弧坑作圆圈运动，直到填满弧坑再拉断电弧，此法适于厚板收弧。

（3）转移收弧法　焊条移至焊缝终点时，在弧坑处稍作停留，将电弧慢慢抬高，引到焊缝边缘的母材坡口内，这时熔池会逐渐缩小，凝固后一般不出现缺陷。适用于换焊条或临时停弧时的收弧。

（4）回焊法　焊条移至焊缝终点时，电弧稍作停留，并向与焊接方向相反的方向回烧一段很小的距离，然后立即拉断电弧。由于熔池中液态金属较多，凝固时会自动填满弧坑，此法适合于碱性焊条收弧。

3.6.2　单面焊双面成形操作技术

当焊件要求焊接接头完全焊透，但因构件尺寸和形状的限制，只能在一侧进行焊接，这时应采用单面焊双面成形技术。焊条电弧焊单面焊双面成形操作技术就是采用普通的焊条，以特殊的操作方法，在坡口

背面没有任何辅助措施的条件下，在坡口的正面进行焊接，焊后保证坡口的正、反两面都能得到均匀整齐、成形良好、符合质量要求的焊缝的焊接操作方法。它是焊条电弧焊中难度较大的一种操作技术。

1. 单面焊双面成形技术的特点

焊条电弧焊单面焊双面成形焊接方法一般用于V形坡口对接焊，按接头位置不同可进行平焊、立焊、横焊和仰焊等位置焊接。操作方法有两种：一种是连弧法，另一种是断弧法。断弧法是通过电弧的不断引燃和熄灭来控制熔池温度和熔池形状，达到单面焊接双面成形的目的；连弧法是在根焊过程中不存在人为熄弧，通过选择适当的焊接参数、运条方法、焊条角度来控制熔池温度及熔池形状，达到单面焊双面成形的目的。连弧法与断弧法焊接参数见表3-23。

表3-23　连弧法与断弧法焊接参数[7]

焊接位置		平板对接平焊	平板对接立焊	管对接水平固定焊	管对接垂直固定焊
焊件厚度/mm		8~12	8~12	$\phi114\times7$	$\phi114\times7$
连弧焊	组对间隙/mm	2.5~3.2	2.5~3.2	2.5~3.2	2.5
	钝边尺寸/mm	无	无	无	无
	焊条直径/mm	3.2	3.2	2.5	2.5
	打底焊道焊接电流/A	70~80	75~85	60~70	70~80
断弧焊	组对间隙/mm	3.2~4	3.2~4	3.2~4	2.5~3.2
	钝边尺寸/mm	1~1.5	1~1.5	1~1.5	1~1.5
	焊条直径/mm	3.2~4	3.2~4	3.2	3.2
	打底焊道焊接电流/A	80~110	100~110	90~110	90~110

2. 连弧法单面焊接双面成形的机理

连弧法单面焊双面成形机理可分为渗透成形和穿透成形两种。渗透成形是在坡口无间隙或间隙很小时，采用压低电弧直线形运条法。虽然背面成形均匀，但由于坡口两侧靠电弧和熔池的热传导熔合在一起，背面缺少气渣保护，焊缝在高温下易氧化烧损，渗透过程中局部出现半熔化状态易造成假熔合，降低了焊缝质量，如图3-32a所示。当使用专用的打底焊条时，可以克服上述缺点，否则不宜采用这种方法施焊。穿透成形是在坡口、间隙和钝边合适的情况下，采用锯齿形或月牙形短弧运条法，使焊道前方始终保持一个穿透的熔孔，使坡口两侧母材金属和填充金属共同熔化后均匀地搅拌成熔池，焊道两面可同时处在气渣保护之下，既达到单面焊接双面成形的目的，又保证了焊接质量，如图3-32b所示，是广泛应用的一种操作方法。

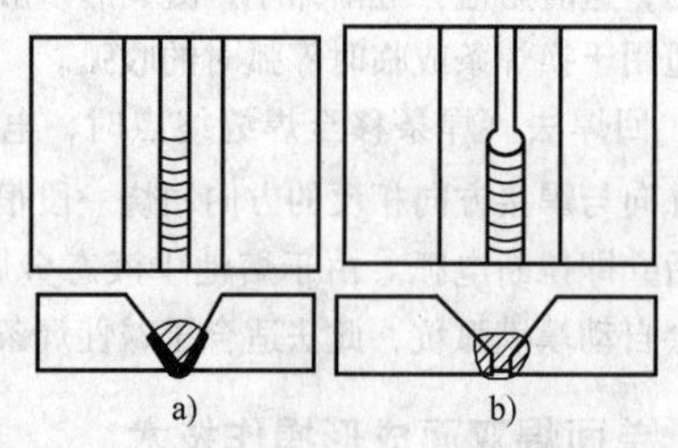

图3-32　单面焊双面成形机理
a）渗透成形焊缝　b）穿透成形焊缝

焊工在操作过程中要想保证单面焊接双面成形的质量，就必须控制住熔孔的尺寸，常用的控制方法有改变焊接电流的大小、调整焊接电弧的长度、改变运条方法和在运条过程中随时调整焊条的倾斜角度。其中最好的控制方法是在运条过程中随着熔孔直径的变化，随时调整焊条的倾斜角度，通过焊条倾斜角度的变化控制熔池的温度和作用力，使熔孔始终保持同样的尺寸，保证焊缝背面形成均匀美观的焊道，达到单面焊接双面成形的目的。

3.6.3　管道向下立焊技术

1. 向下立焊的特点

焊条电弧焊的向下立焊技术是指在焊接结构中的立焊位置，焊接时用向下立焊焊条，由上向下运条进行施焊的一种操作方法。采用此操作方法焊接时，坡口应留有一定的均匀钝边，底层留一定间隙，焊接电流大，宜于使用带引弧电流的弧焊电源，电弧吹力强，熔深大，不宜摆动。可由多个焊工组成连续操作的流水作业班组，特别适用于长距离大口径管线的焊接施工。它与传统的向上立焊比较，具有焊接质量好，焊接速度快，生产效率高，易学习掌握等优点。

2. 管道向下立焊操作方法

以纤维素型焊条管道向下立焊为例，管道焊接时，要求单面焊双面成形，背面焊缝要求焊波均匀、表面光滑并略有凸起，因此打底焊道是保证背面成形良好的关键。管道向下立焊的操作方法主要分为：根焊（打底焊）、热焊、填充焊和盖面焊4个过程。焊接顺序如图3-33所示。

（1）根焊　指焊接底层第一层焊道。焊接时从

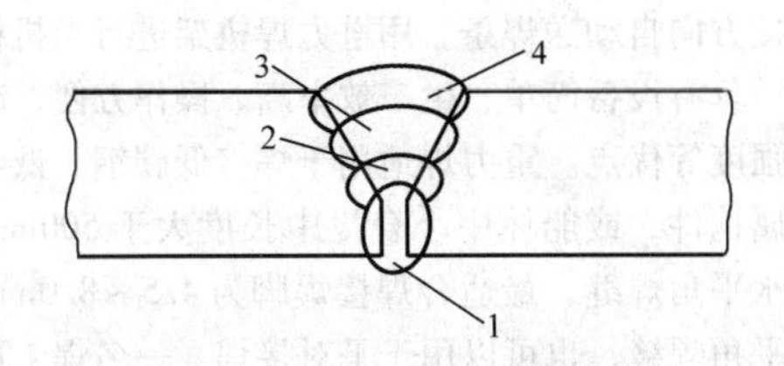

图3-33　管道向下立焊焊接顺序

1—根焊焊道　2—热焊焊道

3—填充焊道　4—盖面焊道

管顶中部略超过中心线5~10mm处起焊，在坡口表面上引弧，然后将电弧引至起焊处。电弧在起焊处稍作停留，待钝边熔透后沿焊缝直拖向下，采用短弧操作，焊条倾角变化如图3-34a所示。根焊焊道焊完后，应彻底清除表面焊渣，尤其是焊缝与坡口表面交界处应仔细清除干净，避免在下层焊道焊接时产生夹渣。

（2）热焊　根焊焊道焊完后应立即进行第二层焊道的焊接，即热焊。热焊与根焊的时间间隔不宜太长（最长10min），焊条直径可与根焊时相同或略大，运条时一般直拖向下或稍作摆动，但摆动时电弧长度要适中，保持短弧焊接，焊条倾角与根焊时相同。

（3）填充焊　填充焊道是为盖面焊接打基础的，焊道要求均匀、饱满，两侧熔合良好且不能破坏坡口。焊条直径和焊接电流可大些，采用直线运条或稍作摆动，保持短弧焊接。焊条倾角与根焊焊时基本相同。

（4）盖面焊　盖面焊道是保证焊缝尺寸及外观的关键工序，焊条直径可以与填充焊道时相同或更大，但焊接电流不宜太大。采用直线稍加摆动运条，摆动幅度要适当，以压两侧坡口1.5~2.0mm为宜。收弧时，焊条要慢慢抬起，以保证焊道均匀过渡。焊接时焊条倾角的变化如图3-34b所示。

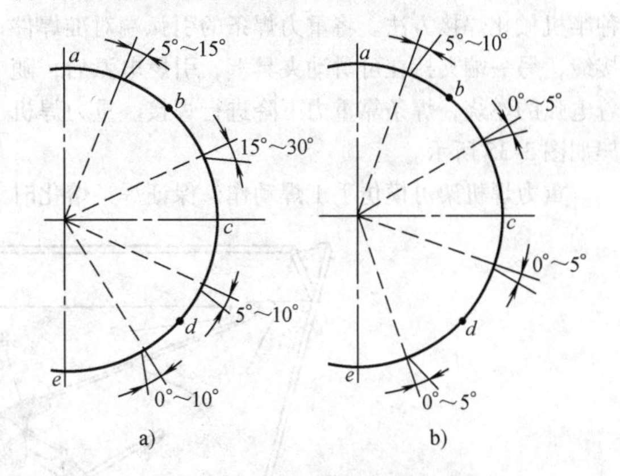

图3-34　管道向下立焊的焊条倾角

a）焊根焊焊道的焊条倾角

b）焊盖面焊道的焊条倾角

3. 管道向下立焊的焊接参数

管道向下立焊的焊接遵循多层多道焊的原则。应根据不同的管材、输送介质选择不同的焊条。输气管线原则上选用低氢型向下立焊焊条，输油、水管线选用纤维素型向下立焊焊条。向下立焊均采用直流电源反极性接法。纤维素型向下立焊焊条的焊接参数见表3-24，低氢型向下立焊焊条的焊接参数见表3-25。

表3-24　纤维素型向下立焊焊条的焊接参数[7]

层次	焊条直径/mm	电源极性	焊接电流/A	电弧电压/V	焊接速度/(cm/min)	运条方法
根焊	3.2	直流反接	70~130	21~30	10~30	直拉
	4.0		120~180	22~31	15~50	
热焊	3.2①	直流反接	90~150	24~34	10~30	直拉或摆动
	4.0		140~190	25~35	15~35	
填充及盖面焊	4.0①	直流反接	110~170	25~35	7~35	
	4.0		140~220	26~36	10~40	

① 适用于焊接壁厚较薄或直径较小的管子。

表3-25　低氢型向下立焊焊条的焊接参数[7]

层次	焊条直径/mm	电源极性	焊接电流/A	电弧电压/V	焊接速度/(cm/min)	运条方法
根焊	3.2	直流反接	70~120	19~26	6~20	直拉或摆动
热焊	3.2①	直流反接	90~140	20~27	10~30	
	4.0		120~210	21~30	15~35	
填充及盖面焊	4.0①	直流反接	90~140	20~37	6~25	
	4.0		120~210	21~30	10~35	

① 适用于焊接壁厚较薄或直径较小的管子。

3.7　焊条电弧焊的特殊方法

3.7.1　重力焊

重力焊是高效铁粉焊条和重力焊机架相结合的一种半机械化焊接方法。将重力焊条的引弧端对准焊件接缝，另一端夹持在可滑动夹具上，引燃电弧后，随着电弧的燃烧，焊条靠重力下降进行焊接。重力焊机架如图3-35所示。

重力焊机架可模仿手工焊动作，保证焊条熔化时沿焊接方向自动送焊条。用重力焊机架进行半机械化焊接，具有设备简单、生产效率高、操作方便、减轻劳动强度等优点。重力焊适用于焊接低碳钢、低合金钢金属构件，或船体中小合拢中长度大于500mm的连续水平角焊缝，最适合焊接焊脚为4.5～8.0mm单道水平角焊缝，也可以用于平对接焊。一名焊工可同时操作5～12台重力焊机，一台重力焊机每小时能焊接焊脚为6mm的角焊缝10～12m。重力焊与普通焊条电弧焊的效率对比列于表3-26。

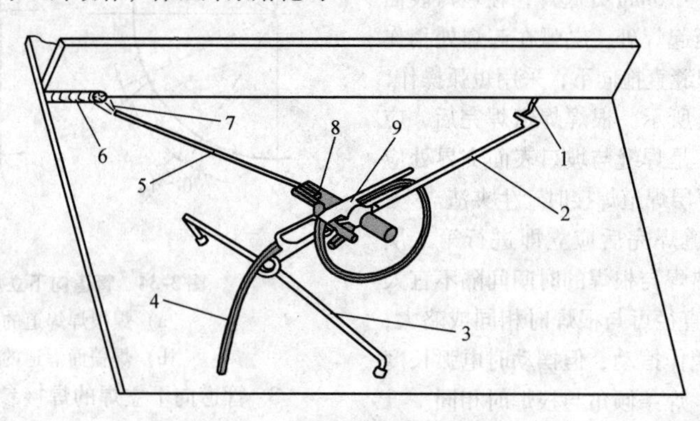

图3-35　重力焊机架示意图

1—定位棒　2—滑轨　3—支架　4—电缆　5—焊条　6—焊缝　7—电弧　8—焊钳　9—滑块

表3-26　重力焊与焊条电弧焊的效率对比[5]

焊接方法	每个工人操作台数	焊条规格 (φ/mm)×(L/mm)	焊接电流 /A	一根焊条的焊接时间 /s	焊脚长 /mm	每焊接100m 所需时间/min
焊条电弧焊	1	5.0×500	240	160	5.5	720
重力焊	1	5.0×700	200	180	5.5	446
	3					148
	4					114
	5					89
	6					74

重力焊一般以倾斜角小于10°的上坡焊为宜。重力焊接头的装配间隙必须在0～2mm范围内。装配时采用φ3.2～φ4mm低氢型焊条焊接定位焊缝，焊脚不大于4mm，每段定位焊缝长80mm，间距300～500mm，除两端需双面焊外，一般部位单面焊即可。焊接拘束度较大或扁钢等纵桁类零件，需两面进行定位焊，间距为500mm，必要时还要加防挠措施，防止构件倾斜变形。焊接时，将焊条装在可沿滑轨向下滑动的焊钳上，并使焊条头抵在始焊处，接通焊接电源后，利用焊条头上涂有的专门引弧剂自动引弧，随着焊条的熔化，焊钳在重力作用下沿着滑轨以固定的角度沿着焊接方向下滑形成焊缝。当焊条快用完时，焊条夹钳已滑到滑轨下端弧形弯头处，靠重力作用，翻转焊条夹钳，自动熄弧。

重力焊的焊脚尺寸取决于焊条熔敷率、焊条尺寸、运棒比（运棒比＝焊缝长度/焊条消耗长度）、工件倾斜度、焊条和滑轨倾角等，在选定焊条类型后，根据所需焊脚尺寸确定焊条直径，通常焊条直径比焊脚尺寸小1mm左右，改变运棒比可改变焊脚尺寸，滑轨倾角大，焊脚也大。调节滑轨与水平板之间、焊条与滑轨之间的夹角，可以改变一根焊条所能得到的焊缝长度和焊脚尺寸的大小。

重力焊需采用重力焊条。重力焊条的直径常用的有φ5.6mm、φ6.0mm、φ6.4mm、φ8.0mm四种，长度为700mm，常用的有J422Z13、J422Z16、J503Z等牌号。国外生产的重力焊条直径可达φ9mm，长

700～900mm，有的可长达1000～1200mm。

重力焊电源的空载电压应大于65V，负载持续率大于75%时的焊接电流，应能满足选定的重力焊条使用要求。为确保作业安全，应在重力焊机的支架上设置接通和切断焊接电源的断路器。

3.7.2 躺焊

躺焊是一种将焊条躺置在接缝上，从一端引弧而焊条自动连续熔化进行焊接的一种电弧焊方法。躺焊过程如图3-36所示。用这种方法施焊得到的焊缝宽度比焊条直径稍大，焊缝表面光滑均匀。

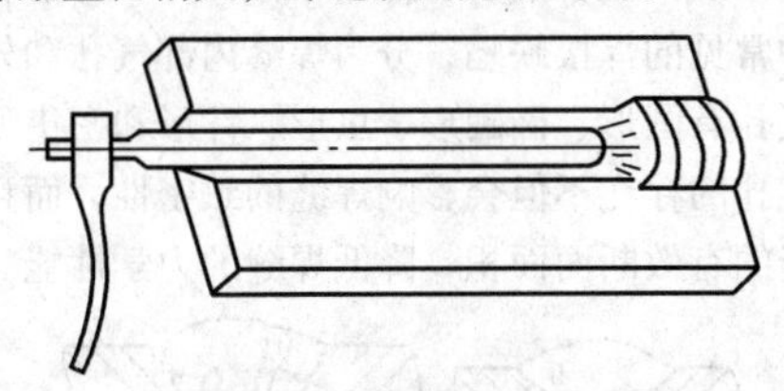

图3-36 躺焊示意图

躺焊时必须用厚药皮焊条，每侧药皮厚度为1.6～2.2mm。施焊时，最好使用粗焊条，直径为ϕ5～ϕ12mm，焊条长度为400～1200mm。为了准确固定焊条的位置，改善电弧燃烧状况，可用钢或钢夹板将焊条压紧在工件上，焊条与夹板间用纸条衬垫，如图3-37所示。躺焊可用于狭窄不便于施焊处及小断面短焊缝处，一名焊工可同时管2～3个焊缝，且不需要高度熟练的技术。

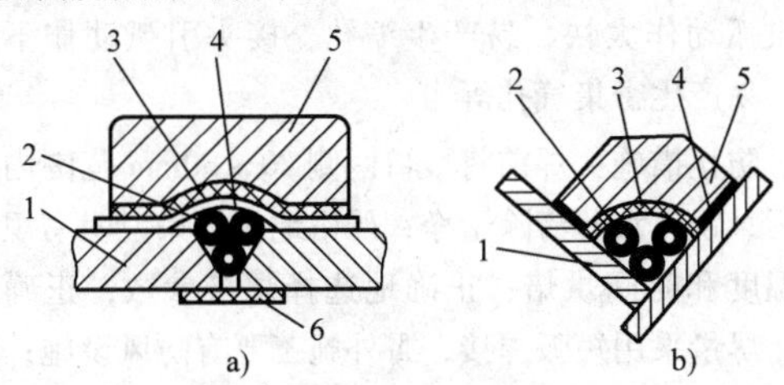

图3-37 躺焊固定焊条的方法

a）对接接头 b）角接接头

1—工件 2—焊条 3、4—衬垫

5—夹板 6—焊缝下的垫板

3.8 常见的焊条电弧焊缺陷及防止措施

焊条电弧焊常见的焊接缺陷有焊缝形状缺陷、气孔、夹渣和裂纹等。焊接缺陷会导致应力集中，降低承载能力，缩短使用寿命，甚至造成脆断。一般技术规程规定：裂纹、未焊透、未熔合和表面夹渣等是不允许有的；咬边、内部夹渣和气孔等缺陷不能超过一定的允许值；对于超标缺陷必须进行彻底去除和焊补。

3.8.1 焊缝形状缺陷及防止措施

焊缝形状缺陷有：焊缝尺寸不符合要求、咬边、底层未焊透、未熔合、烧穿、焊瘤、弧坑、电弧擦伤、飞溅等。产生的原因和防止方法如下：

1. 焊缝尺寸不符合要求

焊缝尺寸不符合要求主要指焊缝余高及余高差、焊缝宽度及宽度差、错边量、焊后变形量等不符合标准规定的尺寸，焊缝高低不平、宽窄不齐、变形较大等，如图3-38所示。焊缝宽度不一致，除了造成焊缝成形不美观外，还影响焊缝与母材的结合强度；焊缝余高过大，造成应力集中，而焊缝低于母材，则得不到足够的接头强度；错边和变形过大，则会使传力扭曲及产生应力集中，造成强度下降。

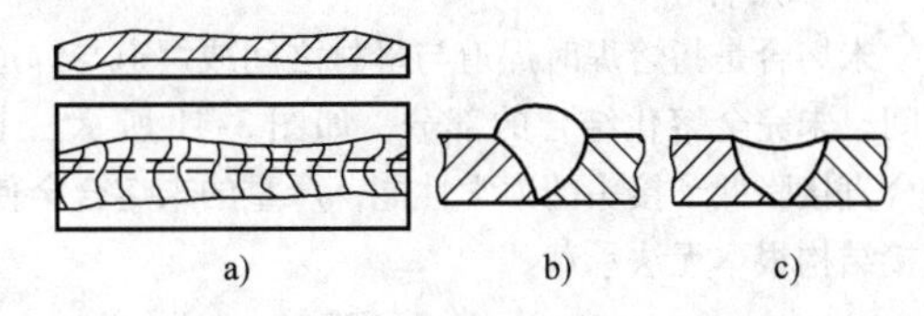

图3-38 焊缝尺寸不符合要求

a）焊缝不直，宽窄不均 b）余高太大

c）焊肉不足

焊缝尺寸不符合要求产生的原因是坡口角度不当或钝边及装配间隙不均匀；焊接参数选择不合理；焊工的操作技能较低等。

预防措施是：选择适当的坡口角度和装配间隙；提高装配质量；选择合适的焊接参数；提高焊工的操作技术水平等。

2. 咬边

由于焊接参数选择不正确或操作工艺不正确，在沿着焊趾的母材部位烧熔形成的沟槽或凹陷称为咬边，如图3-39所示。咬边不仅减弱了焊接接头强度，而且因应力集中容易引发裂纹。

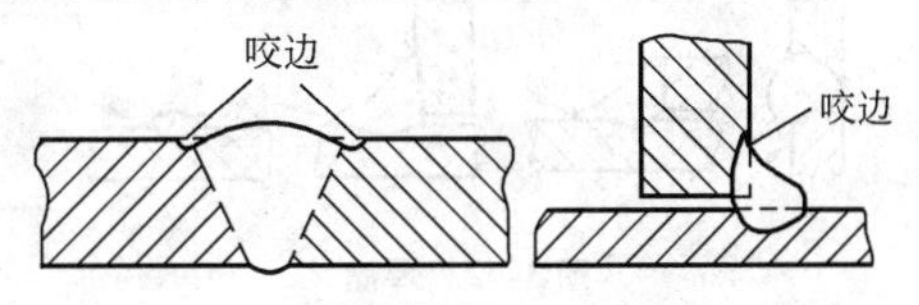

图3-39 咬边

产生的原因主要是电流过大、电弧过长、焊条角度不正确、运条方法不当等。

防止措施是：选择合适的焊接电流和焊接速度，电弧不能拉得太长，焊条角度要适当，运条方法要正确。

3. 未焊透

未焊透是指焊接时焊接接头底层未完全熔透的现象，如图3-40所示。未焊透处会造成应力集中，并容易引起裂纹，重要的焊接接头不允许有未焊透。

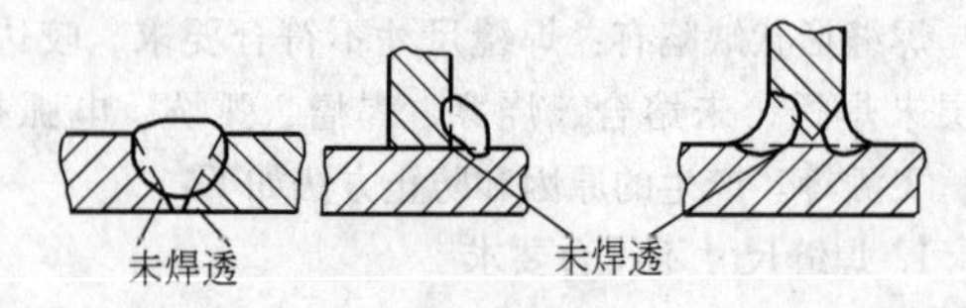

图3-40 未焊透

焊条电弧焊未焊透产生的原因是：坡口角度或间隙过小、钝边过大，焊接参数选用不当或装配不良，焊工操作技术不良而造成。

预防措施是：正确设计和加工坡口尺寸，合理装配，保证间隙，选择合适的焊接电流和焊接速度，提高焊工的操作技术水平。

4. 未熔合

未熔合是指熔焊时焊道与母材之间或焊道与焊道之间，未完全熔化结合的部分，如图3-41所示。未熔合直接降低了接头的力学性能，严重的未熔合会使焊接结构根本无法承载。

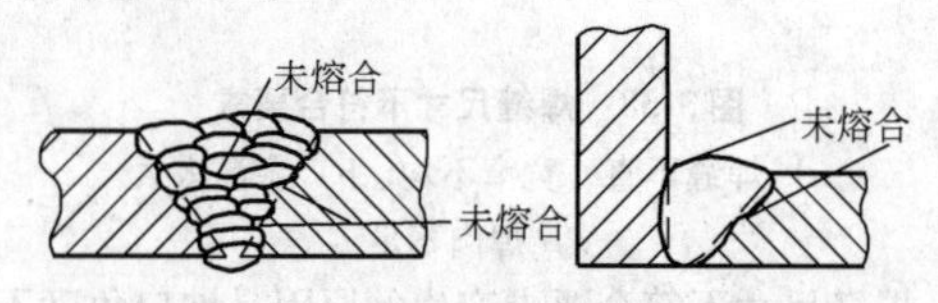

图3-41 未熔合

产生原因主要是焊接热输入太低，电弧指向偏斜，坡口侧壁有锈垢及污物，层间清渣不彻底等。

防止措施是：正确地选择焊接参数；认真操作，加强层间清理等。

5. 焊瘤

焊瘤是指焊接过程中熔化金属流淌到焊缝之外未熔化的母材上所形成的金属瘤，如图3-42所示。焊瘤不仅影响了焊缝的成形，而且在焊瘤的部位，往往还存在夹渣和未焊透。

图3-42 焊瘤

焊瘤产生的原因是由于熔池温度过高，液态金属凝固较慢，在自重的作用下形成的。

防止措施是：焊条电弧焊时根据不同的焊接位置要选择合适的焊接参数，严格地控制熔孔的大小。

6. 弧坑

焊缝收尾处产生的下陷部分叫作弧坑。弧坑不仅使该处焊缝的强度严重削弱，而且由于杂质的集中，会产生弧坑裂纹。

产生原因主要是熄弧停留时间过短，薄板焊接时电流过大。

防止措施是：焊条电弧焊收弧时焊条应在熔池处稍作停留或作环形运条，待熔池金属填满后再引向一侧熄弧。

3.8.2 气孔、夹杂和夹渣及防止措施

1. 气孔

焊接时，熔池中的气体在凝固时未能逸出而残留下来所形成的空穴称为气孔，如图3-43所示。气孔是一种常见的焊接缺陷，分为焊缝内部气孔和外部气孔。气孔有圆形、椭圆形、虫形、针形和密集型等多种，气孔的存在不但会影响焊缝的致密性，而且将减少焊缝的有效断面面积，降低焊缝的力学性能。

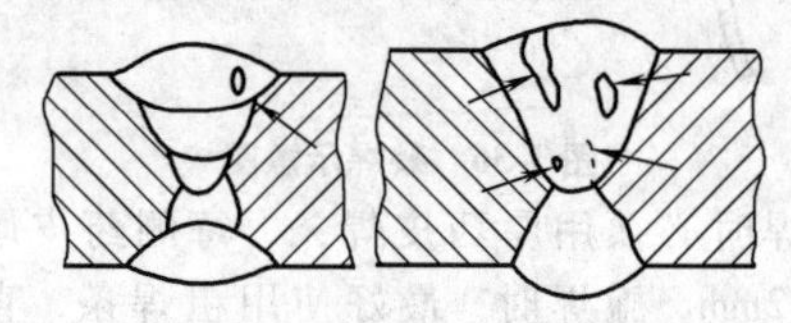

图3-43 气孔

产生原因：焊件表面和坡口处有油、锈、水分等污物存在；焊条药皮受潮，使用前没有烘干；焊接电流太小或焊接速度过快；电弧过长或偏吹，熔池保护效果不好，空气侵入熔池；焊接电流过大，焊条发红、药皮提前脱落，失去保护作用；运条方法不当，如收弧动作太快，易产生缩孔，接头引弧动作不正确，易产生密集气孔等。

防止措施：焊前将坡口两侧20～30mm范围内的油污、锈、水分清除干净；严格地按焊条说明书规定的温度和时间烘焙；正确地选择焊接参数，正确操作；尽量采用短弧焊接，野外施工要有防风设施；不允许使用失效的焊条，如焊芯锈蚀，药皮开裂、剥落、偏心度过大等。

2. 夹杂和夹渣

夹杂是残留在焊缝金属中由冶金反应产生的非金属夹杂和氧化物。夹渣是残留在焊缝中的焊渣，如图3-44所示。夹渣可分为点状夹渣和条状夹渣两种。夹渣减小了焊缝的有效断面面积，从而降低了焊缝的力学性能，夹渣还会引起应力集中，容易使焊接结构在承载时遭受破坏。

产生原因：焊接过程中的层间清渣不净；焊接电流太小；焊接速度太快；焊接过程中操作不当；焊接材料与母材化学成分匹配不当；坡口设计、加工不合适等。

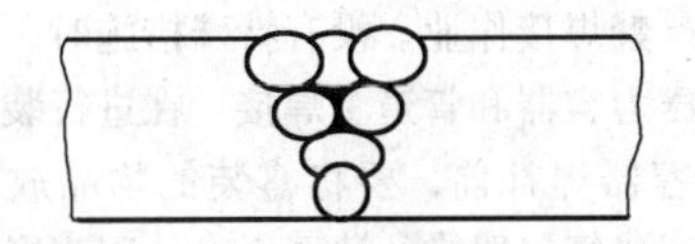

图 3-44　焊缝中的夹渣

防止措施：选择脱渣性能好的焊条；认真地清除层间焊渣；合理地选择焊接参数；调整焊条角度和运条方法。

3.8.3　裂纹产生的原因及防止措施

裂纹按其产生的温度和时间的不同可分为冷裂纹、热裂纹和再热裂纹；按其产生的部位不同可分为纵裂纹、横裂纹、焊根裂纹、弧坑裂纹、熔合线裂纹及热影响区裂纹等，如图 3-45 所示。裂纹是焊接结构中最危险的一种缺陷，不但会使产品报废，甚至可能引起严重的生产事故。

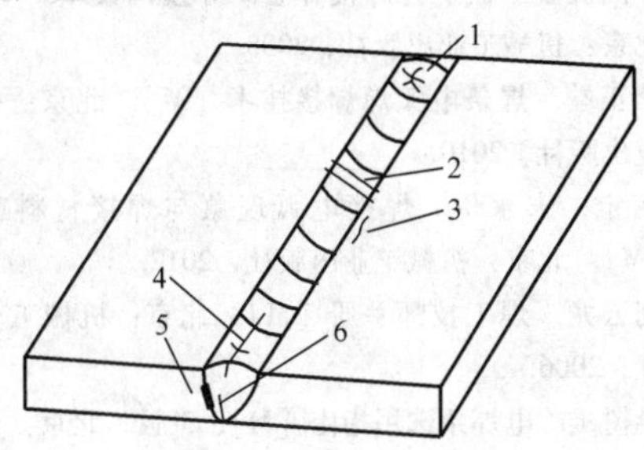

图 3-45　各种部位裂纹

1—弧坑裂纹　2—横裂纹　3—热影响区裂纹

4—纵裂纹　5—熔合线裂纹　6—焊根裂纹

1. 热裂纹

焊接过程中，焊缝和热影响区金属冷却到固相线附近的高温区间所产生的焊接裂纹称热裂纹。它是一种不允许存在的危险焊接缺陷。根据热裂纹产生的机理、温度区间和形态，热裂纹可分成结晶裂纹、高温液化裂纹和高温低塑性裂纹。

产生热裂纹的主要原因是：熔池金属中的低熔点共晶物和杂质在结晶过程中，形成严重的晶内和晶间偏析，同时在焊接应力作用下，沿着晶界被拉开，形成热裂纹。热裂纹一般多发生在奥氏体不锈钢、镍合金和铝合金中。低碳钢焊接时一般不易产生热裂纹，但随着钢的碳含量增高，热裂倾向也增大。

防止措施：严格地控制钢材及焊接材料的 S、P 等有害杂质的含量，降低热裂纹的敏感性；调节焊缝金属的化学成分，改善焊缝组织，细化晶粒，提高塑性，减少或分散偏析程度；采用碱性焊条，降低焊缝中杂质的含量，改善偏析程度；选择合适的焊接参数，适当地提高焊缝成形系数，采用多层多道焊法；收弧时采用与母材相同的引出板，或逐渐灭弧，并填满弧坑，避免在弧坑处产生热裂纹。

2. 冷裂纹

焊接接头冷却到较低温度下（对于钢来说在 Ms 温度以下）产生的裂纹称为冷裂纹。冷裂纹可在焊后立即出现，也有可能经过一段时间（几小时、几天，甚至更长时间）才出现，这种裂纹又称延迟裂纹。它是冷裂纹中比较普遍的一种形态，具有更大的危险性。

产生冷裂纹的原因是：马氏体转变而形成的淬硬组织、拘束度大而形成的焊接残余应力和残留在焊缝中的氢是产生冷裂纹的三大要素。

防止措施：选用碱性低氢型焊条，使用前严格按照说明书的规定进行烘焙，焊前清除焊件上的油污、水分，减少焊缝中氢的含量；选择合理的焊接参数和热输入，减少焊缝的淬硬倾向；焊后立即进行去氢处理，使氢从焊接接头中逸出；对于淬硬倾向高的钢材，焊前预热、焊后及时进行热处理，改善接头的组织和性能；采用降低焊接应力的各种工艺措施。

3. 再热裂纹

焊后，焊件在一定温度范围内再次加热（去应力退火或其他加热过程）而产生的裂纹叫再热裂纹。

产生的原因：再热裂纹一般发生在含 V、Cr、Mo、B 等合金元素的低合金高强度钢、珠光体耐热钢及不锈钢中，是经受一次焊接热循环后，再加热到敏感区域（550～650℃范围内）而产生的。这是由于第一次加热过程中过饱和的固溶碳化物（主要是 V、Mo、Cr 碳化物）再次析出，造成晶内强化，使滑移应变集中于原先的奥氏体晶界，当晶界的塑性应变能力不足以承受松弛应力过程中的应变时，就会产生再热裂纹。裂纹大多起源于焊接热影响区的粗晶区。再热裂纹大多数产生于厚件和应力集中处，多层焊时有时也会产生再热裂纹。

防止措施：在满足设计要求的前提下，选择低强度的焊条，使焊缝强度低于母材，应力在焊缝中松弛，避免热影响区产生裂纹；尽量减少焊接残余应力和应力集中；控制焊接热输入，合理地选择热处理温度，尽可能地避开敏感区范围的温度。

3.9　安全与防护技术

焊条电弧焊操作时，必须注意安全与防护。安全与防护技术主要包括防止触电、弧光辐射、火灾、爆炸和有毒气体与烟尘中毒等。

3.9.1　防止触电

焊条电弧焊时，电网电压和焊机输出电压以及手提照明灯的电压等都会有触电危险，因此要采取防止触电措施。

焊接电源的外壳必须要有良好可靠的接地或接零。焊接电缆和焊钳绝缘要良好，如有损坏，要及时修理。焊条电弧焊时，要穿绝缘鞋，戴电焊手套。在锅炉、压力容器、管道、狭小潮湿的地沟内焊接时，要有绝缘垫，并有人在外监护。使用手提照明灯时，电压不超过安全电压36V，高空作业时不超过12V。高空作业，在接近高压线5m或离低压线2.5m以内作业时，必须停电，并在刀开关上挂警告牌，设人监护。万一有人触电，要迅速切断电源，并及时抢救。

3.9.2　防止弧光辐射

焊接电弧的强烈弧光和紫外线对眼睛和皮肤有损害。焊条电弧焊时，必须使用带弧焊护目镜片的面罩，并穿工作服，戴电焊手套。多人焊接操作时，要注意避免相互影响，宜设置弧光防护屏或采取其他措施，避免弧光辐射的交叉影响。

3.9.3　防止火灾

隔绝火星。6级以上大风时，没有采取有效的安全措施不能进行露天焊接作业和高空作业，焊接作业现场附近应有消防设施。焊接作业完毕应拉下刀开关，并及时清理现场，彻底消除火种。

在焊接作业点火源10m以内、高空作业下方和焊接火星所及范围内，应彻底清除有机灰尘、木材、木屑、棉纱、棉丝、草垫、干草、石油、汽油、油漆等易燃物品。如果有不能撤离的易燃物品，如木材、未拆除的隔热保温的可燃材料等，应采取可靠的安全措施，如用水喷湿、覆盖湿麻袋、石棉布等。

3.9.4　防止爆炸

在焊接作业点10m以内，不得有易爆物品，在油库、油品室、乙炔站、喷漆室等有爆炸性混合气体的室内，严禁焊接作业。没有特殊措施时，不得在内有压力的压力容器和管道上焊接。在进行装过易燃易爆物品的容器焊补前，要将盛装的物品放尽，并用水、水蒸气或氮气置换，清洗干净；用测爆仪等仪器检验分析气体介质的浓度；焊接作业时，要打开盖口，操作人员要躲离容器孔口。

3.9.5　防止有毒气体和烟尘中毒

焊条电弧焊时会产生可溶性氟、氟化氢、锰、氮氧化物等有毒气体和粉尘，会导致氟中毒、锰中毒、电焊尘肺等，尤其是碱性焊条在容器、管道内部焊接更甚。因此要根据具体情况采取全面通风换气、局部通风、小型电焊排烟机组等通风排烟尘措施。

参考文献

[1]　中国机械工程学会焊接分会. 焊接词典［M］. 3版. 北京：机械工业出版社，2008.

[2]　李正端. 焊条电弧焊焊接技术［M］. 北京：机械工业出版社，2010.

[3]　王宝，宋永伦. 焊接电弧现象与焊接材料工艺性［M］. 北京：机械工业出版社，2012.

[4]　刘云龙. 焊工技师手册［M］. 北京：机械工业出版社，2006.

[5]　吴树雄. 电焊条选用指南［M］. 3版. 北京：化学工业出版社，2003.

[6]　机械工业部. 焊接材料产品样本［M］. 北京：机械工业出版社，1997.

[7]　刘家发. 焊工手册：手工焊接与切割［M］. 3版. 北京：机械工业出版社，2001.

[8]　国家机械工业局，国家石油和化学工业局. JB/T 4709—2000 钢制压力容器焊接规程［S］. 北京：机械工业出版社，2000.

[9]　陈裕川. 焊条电弧焊［M］. 北京：机械工业出版社，2012.

第4章　埋　弧　焊

作者　刘嘉　审者　李西恭

4.1　埋弧焊原理及特点

埋弧焊是以电弧作为热源加热、熔化焊丝和母材的焊接方法。焊接中焊丝端部、电弧和工件被一层可熔化的颗粒状焊剂覆盖，无可见电弧和飞溅。

4.1.1　埋弧焊原理和应用

埋弧焊实施过程如图4-1所示，它由4个部分组成：①颗粒状焊剂由焊剂漏斗经软管均匀地堆敷到焊缝接口区。②焊丝由焊丝盘经送丝机构和导电嘴送入焊接区。③焊接电源接在导电嘴和工件之间用来产生电弧。④焊丝及送丝机构、焊剂漏斗和焊接控制盘等通常装在一台小车上，以实现焊接电弧的移动。

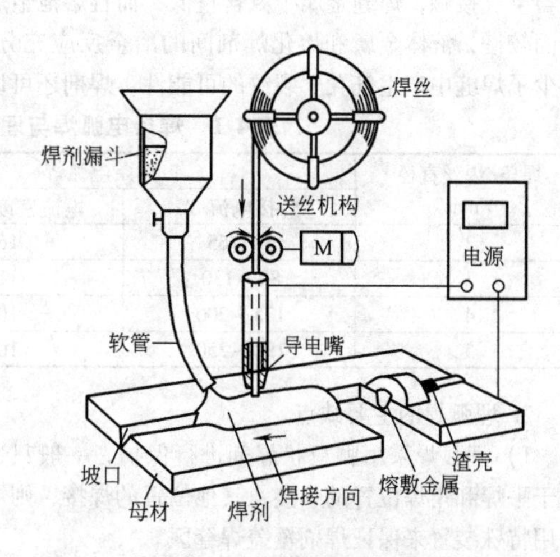

图4-1　埋弧焊焊接过程

埋弧焊时，连续送进的焊丝在一层可熔化的颗粒状焊剂覆盖下引燃电弧。电弧热使焊丝、母材和焊剂熔化以致部分蒸发，在电弧区由金属和焊剂蒸气构成一个空腔，电弧在这个空腔内稳定燃烧。埋弧焊焊缝形成过程如图4-2所示，空腔底部是焊丝和母材熔化形成的金属熔池，顶部则是熔融焊剂形成的熔渣。熔池受熔渣和焊剂蒸气的保护，不与空气接触。随着电弧向前移动，电弧力将液态金属推向后方并逐渐冷却凝固成焊缝，熔渣则凝固成渣壳覆盖在焊缝表面。熔渣除了对熔池和焊缝金属起到机械保护作用外，焊接过程中还与熔化金属发生冶金反应，从而影响焊缝金属的化学成分和力学性能。焊后未熔化的焊剂另行清理回收。

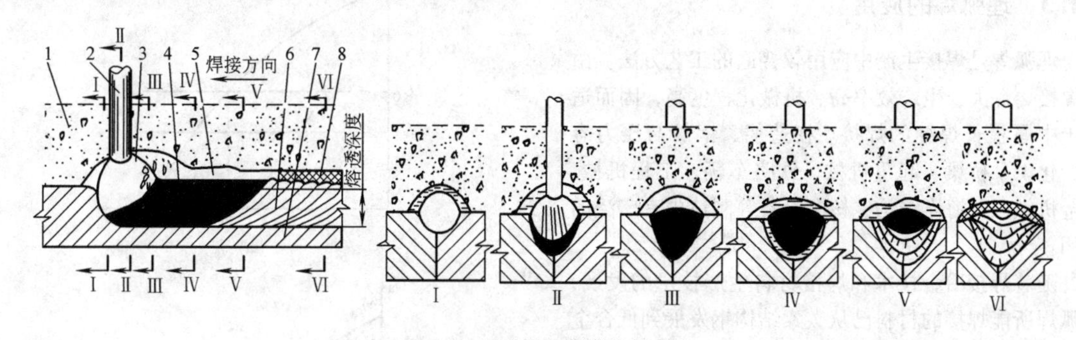

图4-2　埋弧焊焊缝的形成过程

1—焊剂　2—焊丝　3—电弧　4—熔池　5—熔渣　6—焊缝　7—焊件　8—渣壳

埋弧焊时，焊丝连续不断地送进，同时其端部在电弧热作用下不断熔化，焊丝送进速度和熔化速度相互平衡，以保持焊接过程的稳定进行。依据应用不同，焊丝有单丝、双丝和多丝，有的应用中还以药芯焊丝代替裸焊丝，或用钢带代替焊丝。

埋弧焊有自动埋弧焊和半自动埋弧焊两种方式，前者焊丝的送进和电弧的移动均由专用焊接小车完成，后者焊丝送进由机械完成，而电弧的移动则由操作者手持焊枪移动完成。但是由于半自动埋弧焊工人劳动强度大，目前国内已经很少使用。

4.1.2　埋弧焊的特点

1. 埋弧焊的主要优点

（1）生产效率高　埋弧焊所用焊接电流大，相应电流密度也大，见表4-1。加上焊剂和熔渣的隔热作用，电弧的熔透能力和焊丝的熔敷速度都大大提高。以板厚8～10mm的钢板对接为例，单丝埋弧焊焊接速度可达30～50m/h，若采用双丝和多丝焊，速度还可以提高 1 倍以上，而焊条电弧焊焊接速度则不超过 6 ~ 8m/h。同时由于埋弧焊热效率高，熔深大，单丝埋弧焊不开坡口一次熔深可达 20mm。

（2）焊接质量好　因为熔渣的保护，熔化金属不与空气接触，焊缝金属中氮含量低，而且熔池金属凝固较慢，液体金属和熔化焊剂间的冶金反应充分，减少了焊缝中产生气孔、裂纹的可能性。焊剂还可以向焊缝过渡一些合金元素，调整化学成分，提高力学性能。自动焊时，焊接参数通过自动调节保持稳定，对焊工操作技术要求不高，焊缝成形好，成分稳定，力学性能好，焊缝质量高。

（3）劳动条件好　埋弧焊弧光不外露，没有弧光辐射，机械化的焊接方法减轻了手工操作强度。

表 4-1　焊条电弧焊与埋弧焊的焊接电流、电流密度比较

焊条/焊丝直径/mm	焊条电弧焊		埋弧焊	
	焊接电流/A	电流密度/(A/mm²)	焊接电流/A	电流密度/(A/mm²)
2	50 ~ 65	16 ~ 25	200 ~ 400	63 ~ 125
3	80 ~ 130	11 ~ 18	350 ~ 600	50 ~ 85
4	125 ~ 200	10 ~ 16	500 ~ 800	40 ~ 63
5	190 ~ 250	10 ~ 18	700 ~ 1000	30 ~ 50

2. 埋弧焊的主要缺点

1）埋弧焊采用颗粒状焊剂进行保护，一般只适用于平焊和角焊位置的焊接，其他位置的焊接，则需采用特殊装置来保证焊剂覆盖焊缝区。

2）焊接时不能直接观察电弧与坡口的相对位置，需要采用焊缝自动跟踪装置来保证焊枪对准焊缝不焊偏。

3）埋弧焊使用电流较大，电弧的电场强度较高，电流小于 100A 时，电弧稳定性较差，因此不适宜焊接厚度小于 1mm 的薄件。

4.1.3　埋弧焊的应用

埋弧焊是焊接生产中应用较普遍的工艺方法。由于焊接熔深大、生产效率高、机械化程度高，因而适用于中厚板长焊缝的焊接。在造船、锅炉与压力容器、化工、桥梁、起重机械、铁路车辆、工程机械、冶金机械以及海洋结构、核电设备等制造中有广泛的应用。

随着焊接冶金技术和焊接材料生产技术的发展，埋弧焊所能焊接的材料已从碳素结构钢发展到低合金结构钢、不锈钢、耐热钢以及一些有色金属材料，如镍基合金、铜合金的焊接等。埋弧焊除了主要用于金属结构件的连接外，还可以用来进行金属表面耐磨或耐腐蚀合金层的堆焊。

4.2　埋弧焊电弧自动调节原理

4.2.1　埋弧焊对自动调节的要求

在埋弧焊过程中，维持电弧稳定燃烧和保持焊接参数基本不变是保证焊接质量的基本条件。而在实际焊接过程中，由于受到外界干扰，电源外特性和电弧静特性都可能发生波动。如电网上大容量用电设备的启动和停止、用电负荷的不均衡等都可能引起电网电压的波动，从而造成电源外特性发生波动；坡口加工及装配不均匀、装配定位焊道、环缝焊时筒体椭圆、送丝机头的振动、电动机转速不稳定等都可能引起弧长变化，从而造成电弧静特性发生波动。如图 4-3 所示，当弧长由 l_0 缩短到 l_1 时，电弧静特性曲线下移，焊接电流由 I_0 增大到 I_1，而电弧电压由 U_0 下降为 U_1；而当网压下降引起电源外特性曲线由 MN 变为

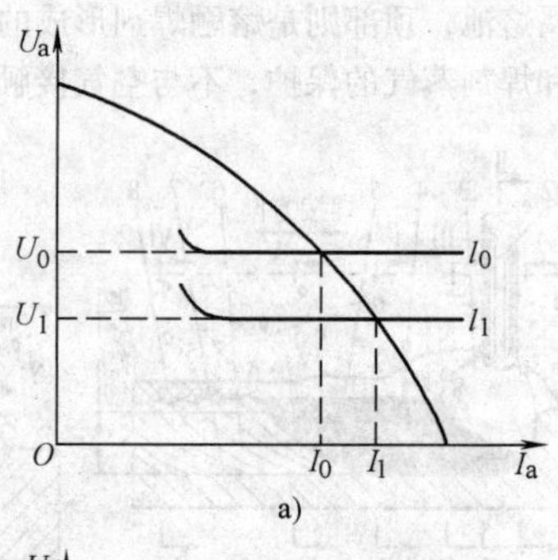

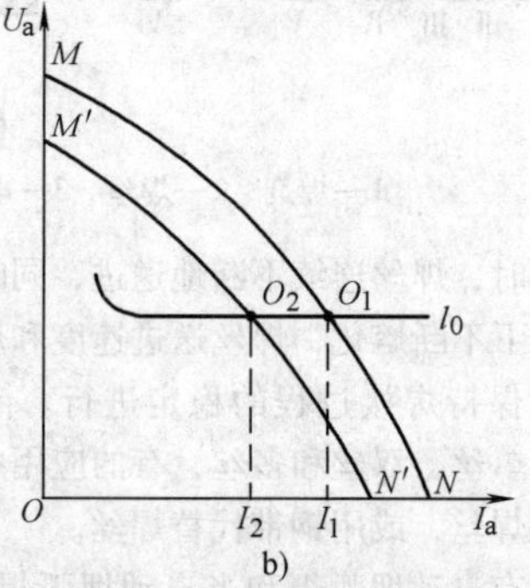

图 4-3　弧长、网压波动与焊接参数的关系

a）弧长波动与焊接参数的关系

b）网压波动与焊接参数的关系

$M'N'$时，焊接电流则由 I_1 减少到 I_2。

控制埋弧焊自动调节系统的作用，就是外界干扰发生时，消除或减弱焊接工作点的漂移，稳定焊接参数，使焊缝熔深和熔宽在允许的公差范围内。在埋弧焊生产中有两种自动调节方法，其一是电弧自身调节系统，它采用缓降特性或平硬特性电源配等速送丝系统，通过改变焊丝熔化速度进行调节，该系统主要用于 ϕ3mm 以下细丝埋弧焊。其二是电弧电压反馈变速送丝调节系统，它采用陡降外特性或垂降外特性电源配变速送丝系统，利用电弧电压反馈改变送丝速度进行调节，该系统主要用于 ϕ3mm 以上粗丝埋弧焊。

4.2.2　电弧自身调节系统

这种系统在焊接过程中，焊丝以稳定的速度恒速送进，所以称作等速送丝系统。熔化极等速送丝系统电弧稳定燃烧的必要条件是送丝速度 v_f 与焊丝熔化速度 v_m 相等，即 $v_f = v_m$。同时，焊丝的熔化速度正比于焊接电流 I_a，而反比于电弧电压，即

$$v_m = k_i I_a - k_u U_a$$

式中　k_i——焊丝熔化速度随焊接电流变化的系数，其值与焊丝电阻率、直径、伸出长度和电流值有关；

k_u——熔化速度随电弧电压变化的系数，其值与弧柱电位梯度、弧长有关。

因此有：$I_a = \frac{v_f}{k_i} + \frac{k_u}{k_i} U_a$。该方程式表示在送丝速度一定的条件下，弧长稳定时电流与电弧电压之间的关系，即等速送丝电弧焊系统的稳定条件，又称自身调节系统静特性方程或等熔化特性曲线。

等熔化特性曲线可以通过实验测定。在给定保护条件、焊丝直径、伸出长度情况下，选定一种送丝速度和几种不同电源外特性曲线进行焊接，测出每一次焊接过程的稳态 I_a、U_a，即可在 I-U 坐标中画出一条静特性曲线，如图 4-4a 所示，1 ~ 4 曲线就是焊接过程电弧稳定燃烧的工作曲线，即等熔化特性曲线。等熔化特性曲线的形状和在 U-I 坐标系中的位置决定于焊接条件，当其他条件不变时，送丝速度增加（减小），等熔化特性曲线平行向右（左）移动；当伸出长度增加（减小）时，k_i 增加（减小），等熔化特性曲线向左（右）移动。

1. 等速送丝自身调节精度

（1）弧长波动时的自身调节精度　电弧在等熔化特性曲线上任何一点工作时，均满足 $v_f = v_m$；当电弧工作偏离该曲线时，$v_f \neq v_m$，弧长将发生波动。假设初始时刻电弧稳定工作在 O_0 点，图 4-4b 所示，当

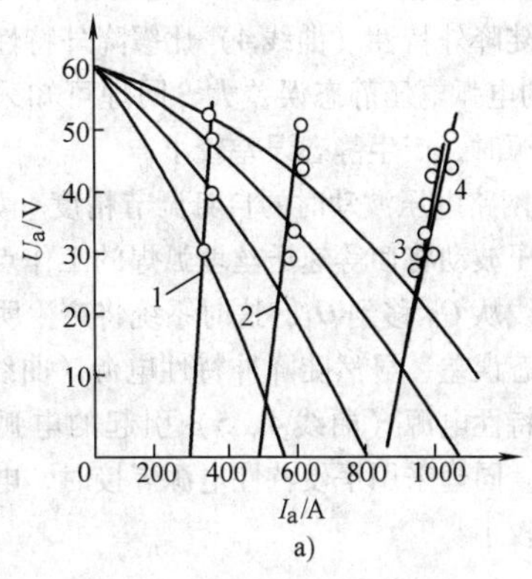

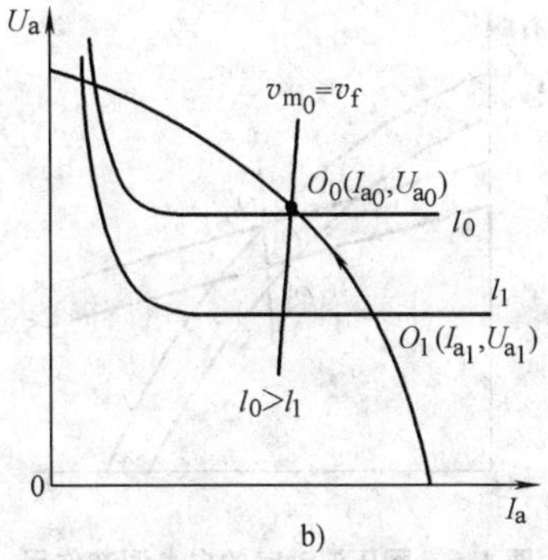

图 4-4　等熔化特性曲线及电弧自身调节原理

a）等熔化特性曲线的测定　b）弧长波动时自身调节

由于某种干扰使弧长突然缩短，由 l_0 变为 l_1 时，电弧的工作点也由 O_0 转移到 O_1。由于 $I_{a_1} > I_{a_0}$、$U_{a_1} < U_{a_0}$，所以在 O_1 点 $v_{m_1} > v_{m_0} = v_f$，弧长将因熔化速度的增加而得以恢复，电弧的工作点也将沿着电源的外特性曲线逐渐地回归到 O_0 点。此时，如果焊丝伸出长度不变，则电弧的稳定工作点最终将回到 O_0 点，调节过程完成后不存在静态误差。如果弧长波动时伴随有焊丝伸出长度的变化，这时调节过程完成后，系统的稳定工作点将由伸出长度变化后新的等熔化特性曲线和电源外特性曲线的交点决定，这时调节系统存在静态误差，如图 4-5 所示。系统静态误差大小与焊

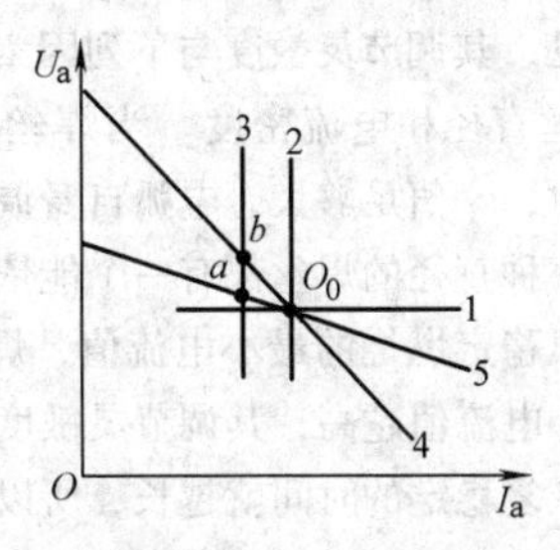

图 4-5　焊丝伸出长度变化时的自身调节作用

1—电弧静特性曲线　2、3—等熔化特性曲线

4、5—电源外特性曲线

丝伸出长度变化量、焊丝直径及电源外特性陡度有关，显然陡降外特性（曲线4）比缓降外特性（曲线5）引起的电弧电压静态误差大，同理可知采用平硬外特性电源时，产生静态误差较小。

（2）网路电压波动时的自身调节精度　如图4-6所示，网压波动将使等速送丝埋弧焊的工作点沿等熔化特性曲线从 O_0 移到 O_1，这时系统将产生明显的电弧电压静态误差，显然陡降外特性电源（曲线1、2）比缓降外特性电源（曲线4、5）引起的电弧电压静态误差大。同理采用平硬特性电源焊接时，电弧电压静态误差较小。

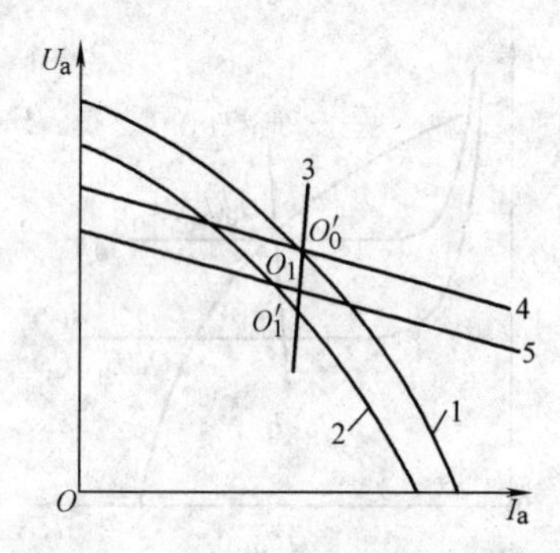

图4-6　网压波动时的自身调节作用

1、2—陡降外特性曲线　3—等熔化曲线
4、5—缓降外特性曲线

2. 等速送丝自身调节的灵敏度

在等速送丝埋弧焊过程中，弧长干扰是依靠焊丝熔化速度的变化所产生的电弧自身调节作用得以补偿的。显然，这种弧长调节过程需要一定的时间，只有当调节时间足够短，自身调节作用的灵敏度足够高时，埋弧焊过程的稳定才能满足工程需要。自身调节的灵敏度取决于弧长波动所引起焊丝熔化速度变化量的大小，变化量越大，弧长恢复就越快，调节时间就越短，自身调节灵敏度就越高，反之，自身调节灵敏度就低。即应有：

$$\Delta v_m = k_i \Delta I_a - k_u \Delta U_a$$

由此可见，其调节灵敏度与下列因素有关：

（1）焊丝直径和电流密度　当焊丝较细或电流密度足够大时，k_i 值足够大，电弧自身调节作用就会很灵敏。每一种直径的焊丝都有一个能依靠自身调节作用保证电弧稳定燃烧的最小电流值，焊丝越粗，k_i 值越低，最小电流值越高，其调节灵敏度就越低，电弧受干扰后恢复稳定的时间就越长，所以等速送丝电弧自身调节系统适宜 ϕ4mm 以下细丝的焊接。

（2）电源外特性的形状　如图4-7所示，采用缓降外特性比陡降外特性能获得更大的 ΔI_a，电源外特性越缓，其 ΔI_a 越大，弧长恢复速度就越快，而趋于平硬特性的电源调节灵敏度就更高。所以一般等速送丝埋弧焊焊机均采用缓降或平硬外特性电源。

综上所述，在电弧自身调节系统中，为了提高调节灵敏度应尽量采用平硬外特性电源。但是由于在弧长波动时，电弧自身调节过程中会产生较大的电流波动，因此焊缝熔深变化较大。当焊丝直径较大时，电流的波动尤其严重，焊接质量会变得很难控制。

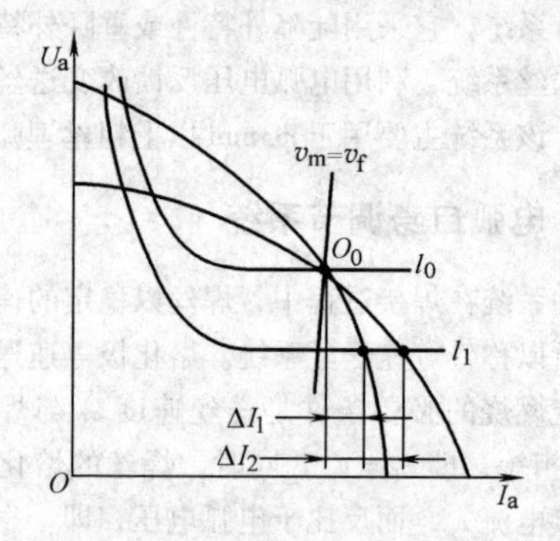

图4-7　电源外特性形状对自身调节灵敏度的影响

3. 等速送丝自身调节系统参数调节方法

埋弧焊采用缓降或平硬外特性电源配等速送丝系统焊接时，其电弧自身调节系统静特性曲线，即等熔化特性曲线几乎垂直于电流坐标轴。通过改变送丝速度可以实现对焊接电流的调整，而改变电源外特性可以调整电弧电压。焊接电流的调整范围将取决于送丝速度的调整范围，而电弧电压的调整范围则由电源外特性的调整范围确定，如图4-8所示。

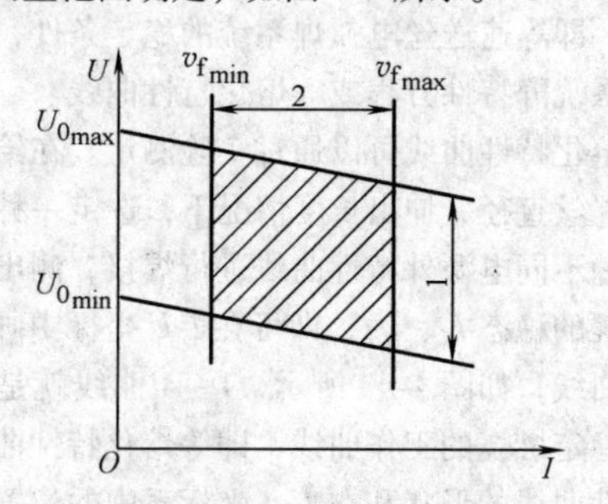

图4-8　等速送丝系统 I_a、U_a 调节方法

4.2.3　电弧电压反馈调节系统

从自动调节原理看，这是一种以电弧电压作为被控制量，以送丝速度作为控制量的闭环系统。当系统遇到外界对弧长的干扰时，利用电弧电压反馈强迫改变送丝速度来恢复弧长，以保证焊接参数稳定，这种调节系统也称为均匀调节系统。这种调节可以近似用下列方程描述：

$$v_f = k(U_a - U_c)$$

式中 v_f——送丝速度；

k——控制器的比例系数；

U_a——电弧电压的实际值；

U_c——电弧电压设定值。

同时在电弧稳定燃烧时，应满足：

$$\begin{cases} v_f = v_m \\ v_m = k_i I_a - k_u U_a \end{cases}$$

因此 $$U_a = \frac{k}{k + k_u} U_c + \frac{k_i}{k + k_u} I_a$$

假设 k、k_i、k_u 和 U_c 为常数，则上式为直线方程，直线与电压轴的截距为 $\frac{k}{k+k_i}U_c$，直线的斜率为 $\frac{dU_a}{dI_a} = \tan\beta = \frac{k_i}{k+k_u}$。该方程称为电弧电压反馈变速送丝系统的静态特性方程，曲线如图4-9所示。电弧在 C 线上的任一点燃烧时，焊丝的熔化速度恒等于焊丝的送进速度，焊接过程稳定；电弧在 C 线下方燃烧时，焊丝的熔化速度大于送进速度；电弧在 C 线上方燃烧时，焊丝的熔化速度小于其送进速度。

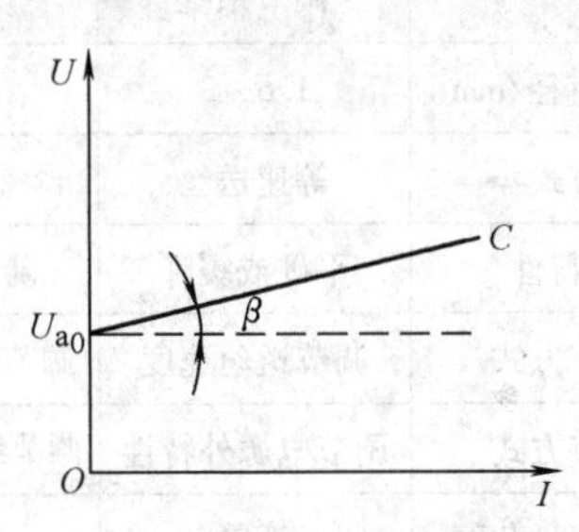

图4-9 电弧电压反馈调节系统的静特性曲线

电弧电压反馈调节系统的调节过程如图4-10所示，当电弧在 O_0 点稳定工作时，焊丝熔化速度等于送丝速度，弧长稳定。O_0 点为电源外特性曲线、电弧电压反馈系统静特性曲线 C 及弧长为 l_0 时电弧静特性曲线的交点。当弧长受干扰而由 l_0 突然变短为 l_1 时，电弧工作点由 O_0 转移到 O_1 点。这时送丝速度在反馈控制系统的作用下，由原来 U_0 对应的值调整到 U_1 所对应的值。由于送丝速度降低，弧长得以恢复。同时，弧长为 l_1 时，电弧的工作点 O_1 位于 C 曲线下方，此时焊丝的熔化速度大于送丝速度，弧长逐渐增加。由此可见，在电弧电压反馈控制系统中，弧长调节是电弧电压反馈控制送丝速度和电弧自身调节共同作用的过程。但是，电弧电压反馈系统主要应用于粗焊丝、低电流密度的条件下，k_i 较小，k 值很大，因此起主导作用的是前者。

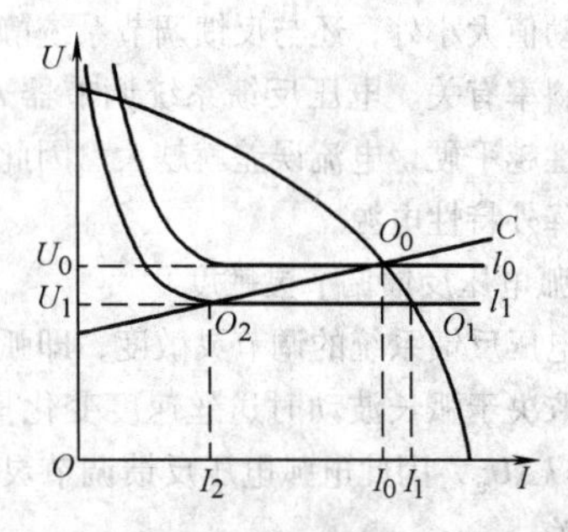

图4-10 电弧电压反馈调节系统的调节作用

1. 电弧电压反馈系统调节精度

（1）弧长波动时的调节精度 若弧长波动是在焊丝伸出长度不变的条件下发生的，则上述调节过程最终会使电弧恢复到原来的稳定工作点 O_0，调节过程没有静态误差。如果弧长波动是因焊枪高度发生变化，即焊丝伸出长度、反馈调节系统静特性斜率改变的情况下，则新的稳定工作点 O_0 将带有静态误差。如图4-11所示，静态误差大小取决于焊丝伸出长度的变化量及焊丝直径、电阻率、电流密度。焊丝越细、电阻率越大、电流密度越高，其静态误差越大。所以通常变速送丝系统用于 ϕ4mm 以上焊丝低电流密度条件下焊接。

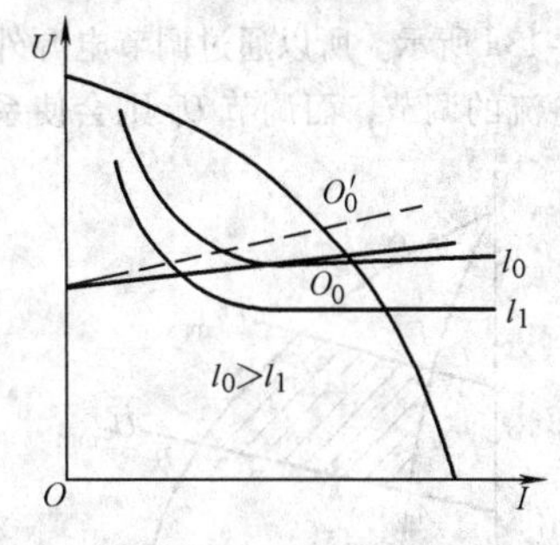

图4-11 弧长干扰系统误差

（2）电网电压波动时的系统调节精度 如图4-12所示，电网电压波动时，电源外特性的移动将使电弧稳定工作点从 O_0 点移至 O_1 点，这时电弧电压误差不大，但电流误差则可能很大，其值大小除取决

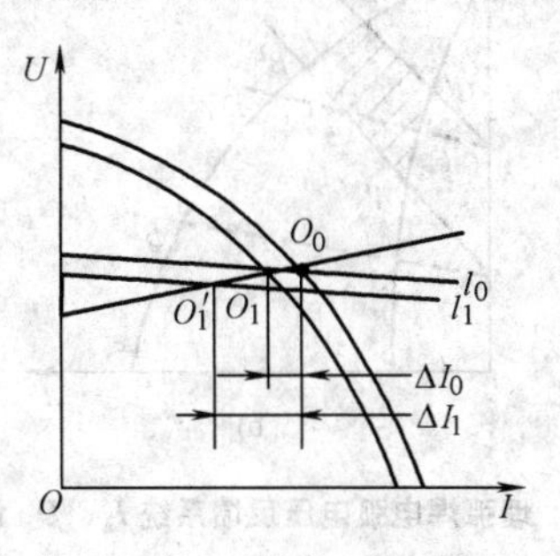

图4-12 网压干扰系统误差

于网压波动值大小外，还与反馈调节系统静特性和电源外特性斜率有关。电压反馈系统调节器 k 值越大，电源外特性越平硬，电流误差就越大。因此这种系统应采用陡降外特性电源。

2. 电弧电压反馈调节灵敏度

电弧电压反馈系统的调节灵敏度，即弧长恢复速度，主要取决于弧长波动时送丝速度变化量的大小。由于 $\Delta v_f = k\Delta U_a$，因此电弧电压反馈调节灵敏度与下列因素有关：

1）电弧电压调节器 k 值越大，调节灵敏度越高。但是由于埋弧焊系统中含有惯性环节，k 值过大容易造成系统振荡，因此 k 值不能无限增大。系统中的惯性环节，特别是送丝电动机的机械惯性越大，系统越容易产生振荡，灵敏度就越受限制。因此有些焊机采用机械惯性较小的印刷电动机作送丝电动机。

2）弧柱电场强度越大，同样弧长波动引起的 ΔU_a 增大，调节灵敏度也就增大。在 k 值相同的条件下，埋弧焊由于弧柱电场强度大，因此调节灵敏度高。

3. 电弧电压反馈系统参数调节方法

在电弧电压反馈系统中，系统调节静特性曲线是近于平行电流坐标轴的直线，而电源通常为陡降特性，如图4-13a 所示。所以通过调节电源外特性来实现对焊接电流的调节，而调节 U_c 则会使系统静态特性曲线上下平移，从而实现对电弧电压的调节。电源外特性调节范围确定了焊接电流范围，而送丝速度调节范围则确定了电弧电压的调节范围。

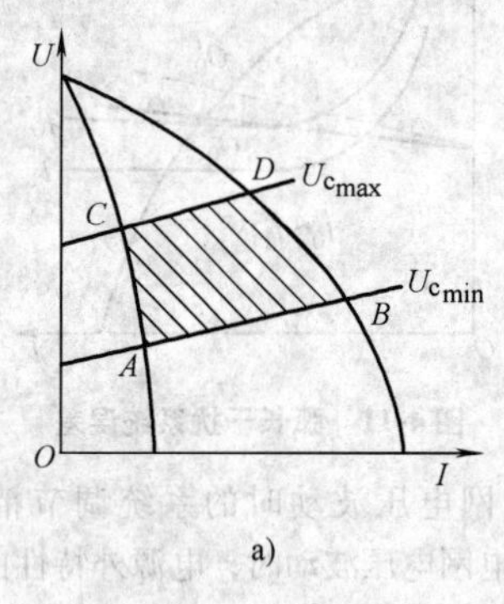

a)

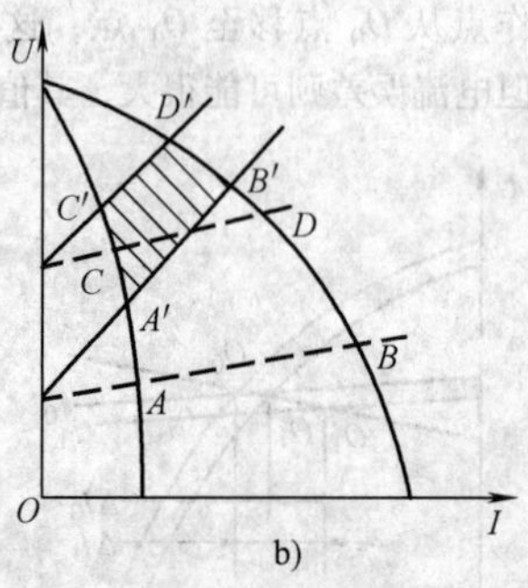

b)

图4-13　埋弧焊电弧电压反馈系统 I_a、U_a 调节方法
a）焊丝直径5mm　b）焊丝直径2mm

值得注意的是，焊丝直径的变化直接影响 k_i 值的改变，引起电弧电压反馈调节系统静特性曲线斜率的改变，使系统的电流和电流调节范围产生漂移，造成细丝埋弧焊时电流和电压调节范围向电流减小而电压偏高的方向移动，如图4-13b 所示。这与一般电流减小，电弧电压也相应减小的参数调节要求是不相适应的。因此埋弧焊电弧电压反馈系统中应设计成 k 值可调，焊丝比较细时增加 k 值，使系统静特性斜率减小。

等速送丝电弧自身的调节系统和电弧电压反馈系统特点各异，这两种系统在埋弧焊中的应用对比见表4-2。

表4-2　电弧自身调节系统和电弧电压反馈系统对比

项　目	调节方法	
	电弧自身调节系统	电弧电压反馈系统
适用焊丝直径/mm	1.6～3	3～5
送丝方式	等速送丝	变速送丝
电源外特性	平硬或缓降	陡降或垂降
电流调节方式	调节送丝速度	调节电源外特性
电压调节方式	调节电源外特性	调节给定电压 U_c
电路和机构复杂度	简单	复杂

4.3　埋弧焊设备

4.3.1　埋弧焊设备的分类和结构

埋弧焊设备分为半自动埋弧焊和自动埋弧焊两种。半自动焊机的主要功能是：①将焊丝输送到焊接区。②输出焊接电流。③控制焊接的启动和停止。④向焊接区输送焊剂。由于半自动埋弧焊的电弧移动是由焊工操作的，劳动强度大，目前已经很少使用。自动埋弧焊机的主要功能是：①连续不断地向电弧区送进焊丝。②输出焊接电流。③使焊接电弧沿焊缝移动。④控制电弧的主要参数。⑤控制焊接的启动与停止。⑥向焊接区输送焊剂。⑦焊前调整焊丝伸出端位置。

自动埋弧焊机由机头、控制箱、导轨（或支架）

以及焊接电源组成，大致有如下四种分类方法：

1）按用途分专用和通用两种，通用焊机广泛用于各种结构的对接、角接、环缝和纵缝的焊接，而专用焊机则适用于特定的焊缝或构件，如埋弧角焊机、T形梁焊机、埋弧堆焊机等。

2）按送丝方式分等速送丝式和变速送丝式两种，前者适用于细焊丝高电流密度条件的焊接，而后者则适用于粗丝低电流密度条件下的焊接。

3）按行走机构形式分为小车式、门架式（包括车床式）、悬臂式（包括悬挂式）三类，如图4-14所示。通用埋弧焊机多采用小车式结构，可适合平板对接、角接及内外环缝的焊接；门架式行走机构适用于大型结构件的平板对接、角接；悬臂式焊机则适用于大型工字梁、化工容器、锅炉锅筒（汽包）等圆筒、圆球形结构上的纵缝和环缝的焊接。

4）按焊丝数目和形状可分为单丝、双丝、多丝及带状电极焊机。焊接生产应用最广泛的是单丝焊机；双丝或多丝埋弧焊是提高焊接生产效率的有效条件，目前得到了越来越多的应用，使用最多的是双丝和三丝埋弧焊；带状电极埋弧焊机主要用作大面积堆焊。

国产埋弧焊机主要技术数据见表4-3。

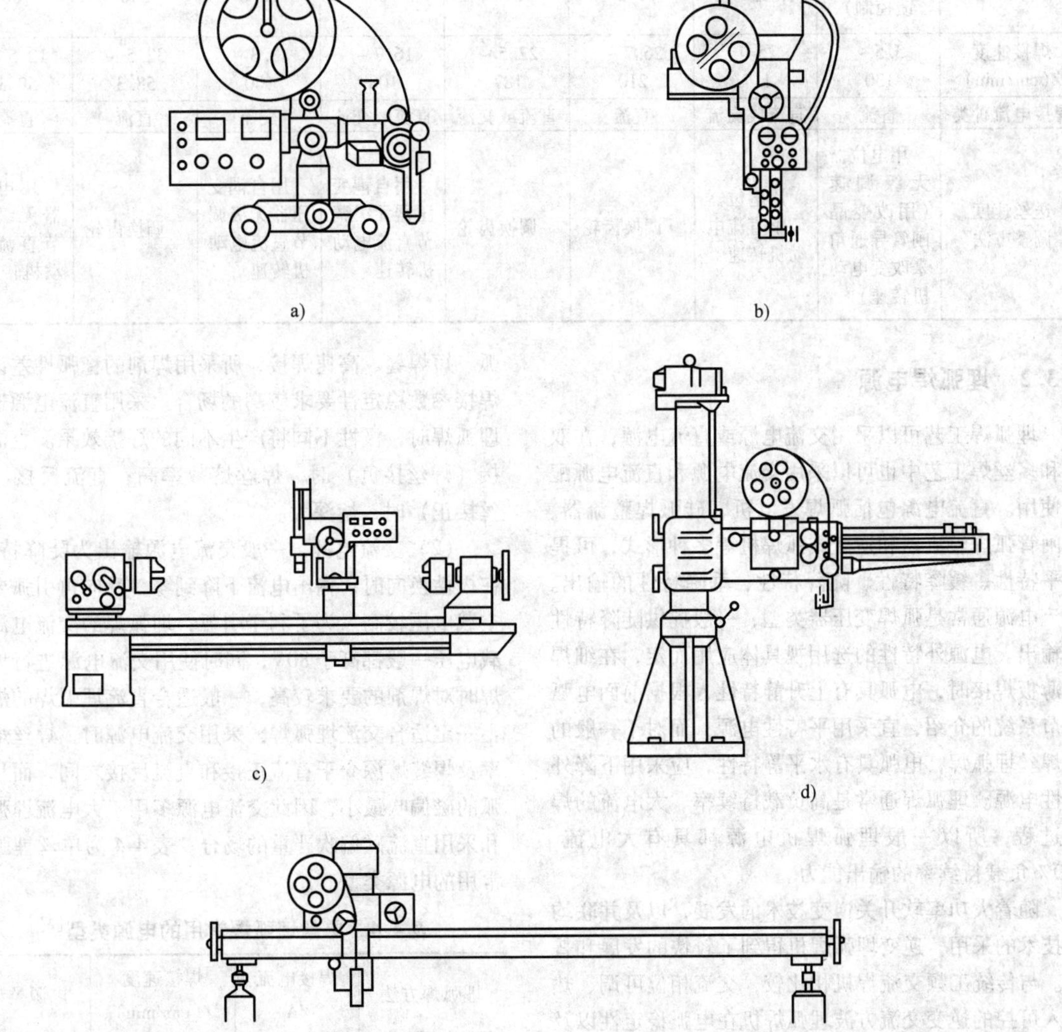

图4-14 常见自动埋弧焊行走机构[5]

a）小车式 b）悬挂式 c）车床式 d）悬臂式 e）门架式

表 4-3　国产埋弧焊机主要技术数据[1]

技术参数＼型号	NZA—1000	MZ—1000	MZ1—1000	MZ2—1500	MZ3—500	MZ6—2×500	MU—2×300	MU1—1000
送丝方式	变速送丝	变速送丝	等速送丝	等速送丝	等速送丝	等速送丝	等速送丝	变速送丝
焊机结构特点	埋弧、明弧两用焊车	焊车	焊车	悬挂式自动机头	电磁爬行小车	焊车	堆焊专用焊机	堆焊专用焊机
焊接电流/A	200~1200	400~1200	200~1000	400~1500	180~600	200~600	160~300	400~1000
焊丝直径/mm	3~5	3~6	1.6~5	3~6	1.6~2	1.6~2	1.6~2	焊带宽30~80厚0.5~1
送丝速度/(cm/min)	50~600（弧压反馈控制）	50~200（弧压35V）	87~672	47.5~375	180~700	250~1000	160~540	25~100
焊接速度/(cm/min)	3.5~130	25~117	26.7~210	22.5~187	16.7~108	13.3~100	32.5~58.3	12.5~58.3
焊接电流种类	直流	直流或交流	直流	直流或交流	直流或交流	交流	直流	直流
送丝速度调整方法	用电位器无级调速（用改变晶闸管导通角来改变电动机转速）	用电位器调整直流电动机转速	调换齿轮	调换齿轮	用自耦变压器无级调节直流电动机转速	用自耦变压器无级调节直流电动机转速	调换齿轮	用电位器无级调节直流电动机转速

4.3.2　埋弧焊电源

埋弧焊工艺可以采用交流电源或直流电源，在双丝和多丝焊工艺中也可以采用交流电源和直流电源配合使用。直流电源包括弧焊发电机、硅弧焊整流器、晶闸管弧焊整流器和逆变式弧焊机等多种形式，可提供平特性、缓降特性、陡降特性、垂降特性的输出。交流电源通常是弧焊变压器类型，一般提供陡降特性的输出。电源外特性的选用视具体应用而定，在细焊丝薄板焊接时，电弧具有上升静特性，根据前面电弧调节系统的介绍，宜采用平特性电源；而对于一般的粗焊丝埋弧焊，电弧具有水平静特性，应采用下降外特性电源。埋弧焊通常是高负载持续率、大电流的焊接过程，所以一般埋弧焊机电源都具有大电流、100%负载持续率的输出能力。

随着大功率软开关逆变技术的发展，以及并联均流技术的采用，逆变埋弧焊机得到了较快的发展和普及。与传统工频交流焊机相比较，交流相位可调、热输入可控的逆变交流方波埋弧焊机在电弧稳定性以及焊接工艺控制上具有明显的优势。

（1）直流电源　直流电源的外特性可以是平特性、缓降特性、垂降或者陡降特性，也可能同时具有多种外特性。一般直流电源用于小电流范围、快速引弧、短焊缝、高速焊接、所采用焊剂的稳弧性差以及焊接参数稳定性要求较高的场合。采用直流电源进行埋弧焊时，极性不同将产生不同的焊接效果。直流正接（焊丝接负）时，焊丝熔敷率高；直流反接（焊丝接正）时，熔深大。

（2）交流电源　一般交流电源输出为陡降特性，在极性换向时，输出电流下降到零，反向再引弧要求空载电压较高。为了利于引弧，埋弧焊的交流电源空载电压一般都高于80V，同时使用交流电源进行埋弧焊时对焊剂的要求较高，一般适合直流埋弧焊的焊剂不一定适合交流埋弧焊。采用交流电源时，焊丝熔敷率及焊缝熔深介于直流正接和直流反接之间，而且电弧的磁偏吹最小，因此交流电源多用于大电流埋弧焊和采用直流磁偏吹严重的场合。表4-4为单丝埋弧焊常用的电源类型。

表 4-4　单丝埋弧焊常用的电源类型[2]

埋弧焊方法	焊接电流/A	焊接速度/(cm/min)	电源类型
半自动焊	300~500	—	直流
自动焊	300~500	>100	直流
	600~900	3.8~75	交流、直流
	1200以上	12.5~38	交流

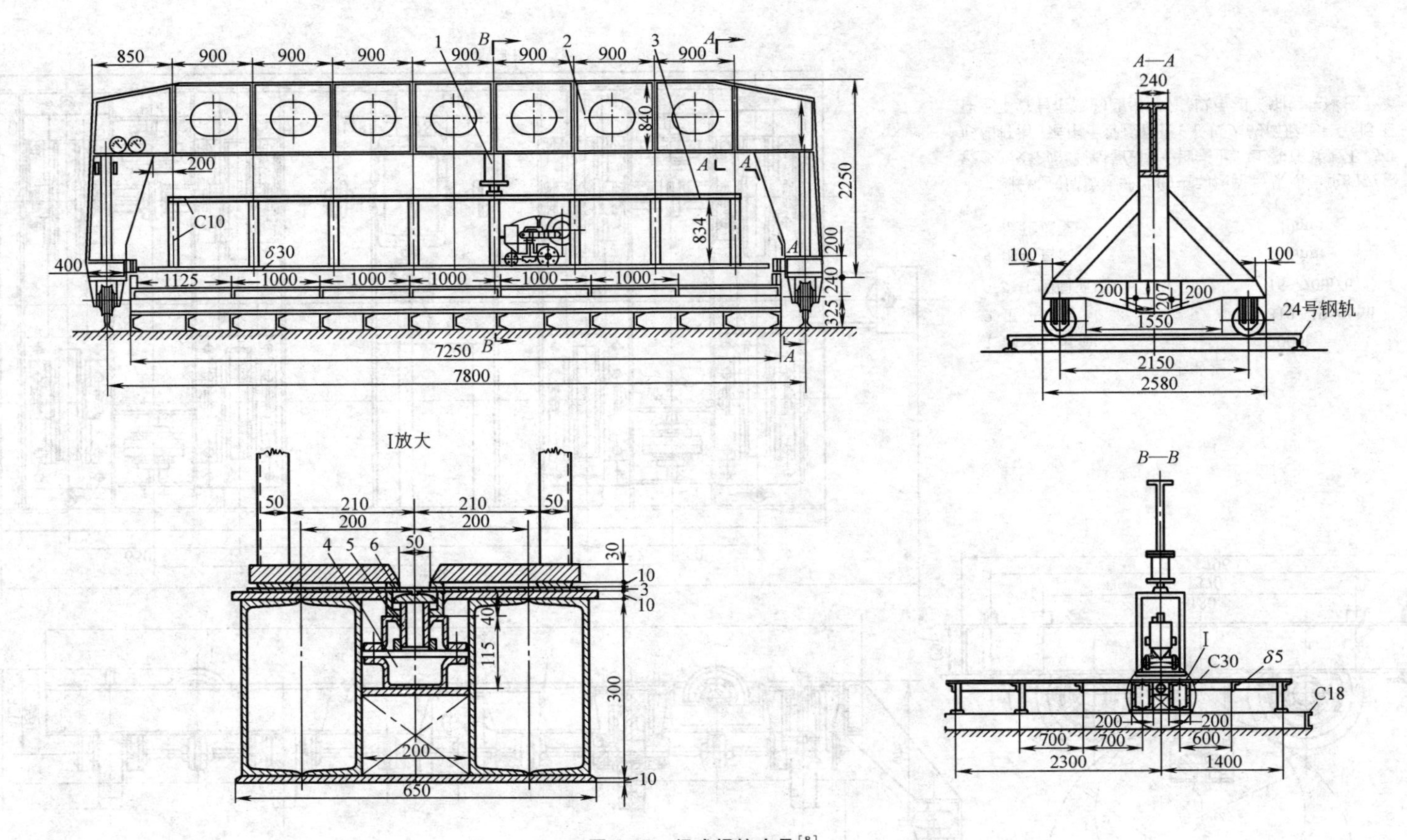

图 4-15 门式焊接夹具[8]

1—加压气缸 2—行走大车 3—加压架 4—长形气室 5—铜垫板 6—平台

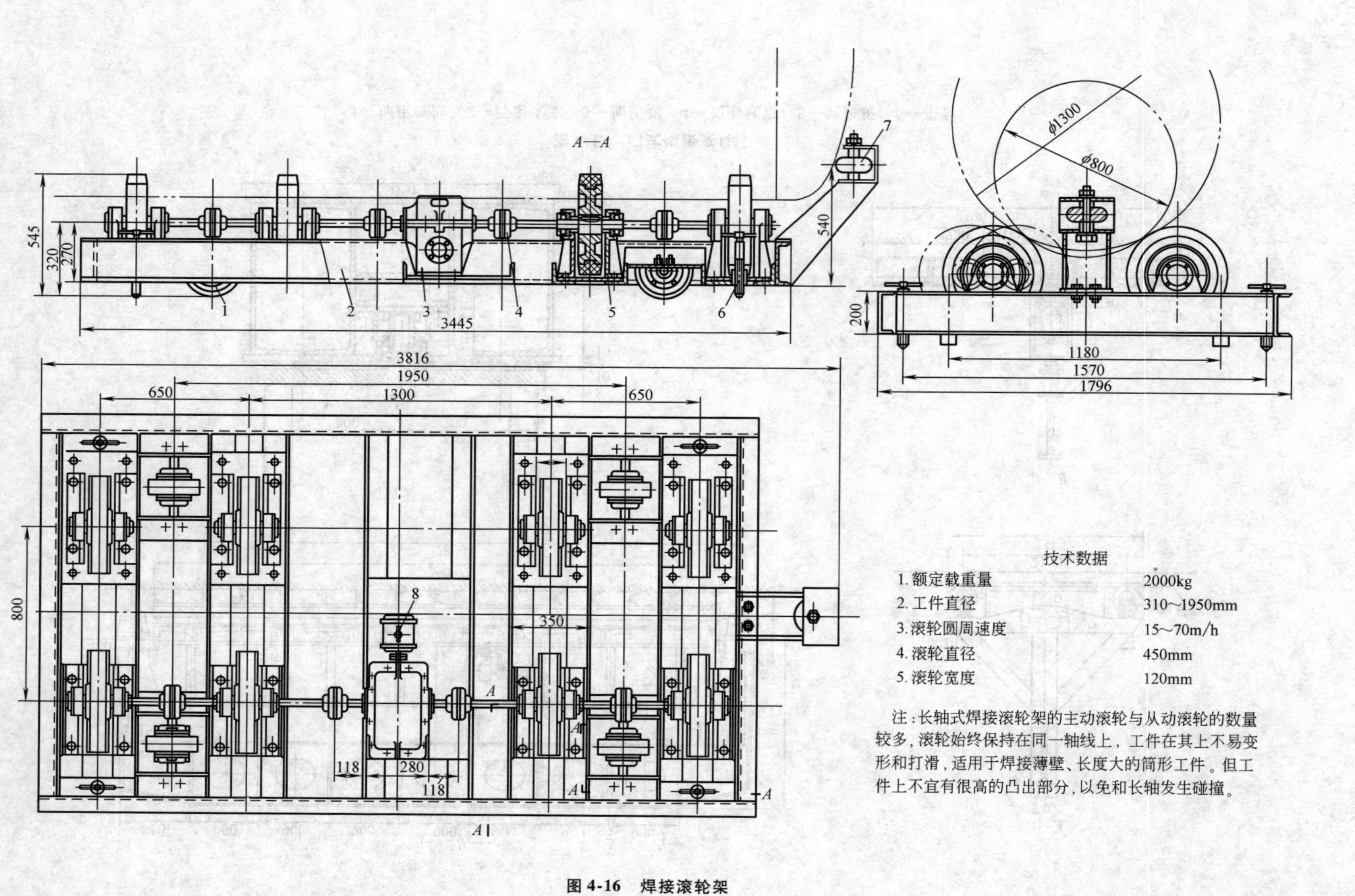

技术数据

1. 额定载重量	2000kg
2. 工件直径	310～1950mm
3. 滚轮圆周速度	15～70m/h
4. 滚轮直径	450mm
5. 滚轮宽度	120mm

注：长轴式焊接滚轮架的主动滚轮与从动滚轮的数量较多，滚轮始终保持在同一轴线上，工件在其上不易变形和打滑，适用于焊接薄壁、长度大的筒形工件。但工件上不宜有很高的凸出部分，以免和长轴发生碰撞。

图4-16 焊接滚轮架

1—行走轮 2—底架 3—蜗杆减速器 4—弹性联轴器B 5—滚轮架 6—支承脚 7—限位滚轮 8—电动机Z4—100—1

4.3.3 埋弧焊辅助设备

自动埋弧焊中为了调整施焊位置、控制焊接变形或者控制焊缝成形，一般都需要有相应的辅助设备与焊机相配合，埋弧焊的辅助设备大致有以下几种类型：

（1）焊接夹具 使用焊接夹具的作用在于使工件准确定位并夹紧，以便于焊接。这样可以减少或免除定位焊缝和减少焊接变形。有时焊接夹具往往与其他辅助设备联用，如单面焊双面成形装置等。图4-15为一种钢板拼焊用的大型门式焊接夹具，配有单面焊双面成形装置（铜垫板）。这种夹具在造船、大型金属结构制造等工作中广泛地应用。

（2）工件变位设备 这种设备的主要功能是使工件旋转、倾斜、翻转，以便把待焊的接缝置于最佳的焊接位置，达到提高生产率、改善焊接质量、减轻劳动强度的目的。工件变位设备的形式、结构及尺寸因焊接工件而异。埋弧焊中常用的工件变位设备有滚轮架、翻转机等。图4-16是一种用于回转体工件的典型滚轮架。翻转机主要用于梁、柱、框架、椭圆容器等长形工件的焊接。图4-17是一种适用于“П”形、“I”形及箱形梁的链式翻转机。

（3）焊机变位设备 焊机变位设备也称为焊接操作机，其主要功能是将焊接机头准确地送到待焊位置，焊接时可在该位置操作，或是以一定速度沿规定的轨迹移动焊接机头进行焊接。它们大多与工件变位机配合使用，完成各种工件的焊接。基本形式有平台式、悬臂式、伸缩式、龙门式等几种。图4-18为较常见的台式焊接操作机与滚轮架配合使用的情况。

（4）焊缝成形设备 埋弧焊的电弧功率较大，钢板对接时，为防止熔化金属的流失和烧穿并促使焊缝背面成形，往往需要在焊缝背面加衬垫。最常用的焊缝成形设备除前面已提到的铜垫板外，还有焊剂垫。焊剂垫有用于纵缝和用于环缝的两种基本形式，图4-19为典型的环缝焊剂垫。

（5）焊剂回收输送设备 用来在焊接中自动回收并输送焊剂，以提高焊接自动化的程度。图4-20是利用焊剂回收输送器安装在小车上的情况。

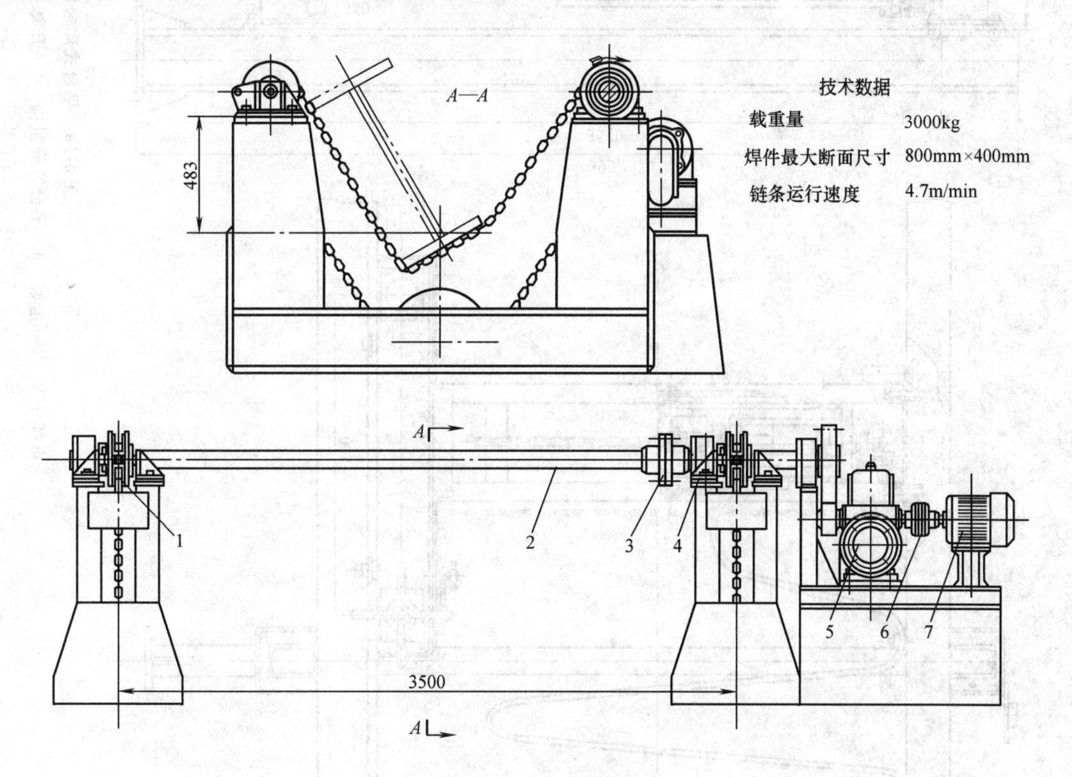

图4-17 链式工件翻转机[8]

1—翻转装置 2—传动轴组件 3—刚性联轴器 4—轴承组件
5—减速器 6—弹性联轴器 7—电动机 Y100L2—4（3kW、1430r/min）

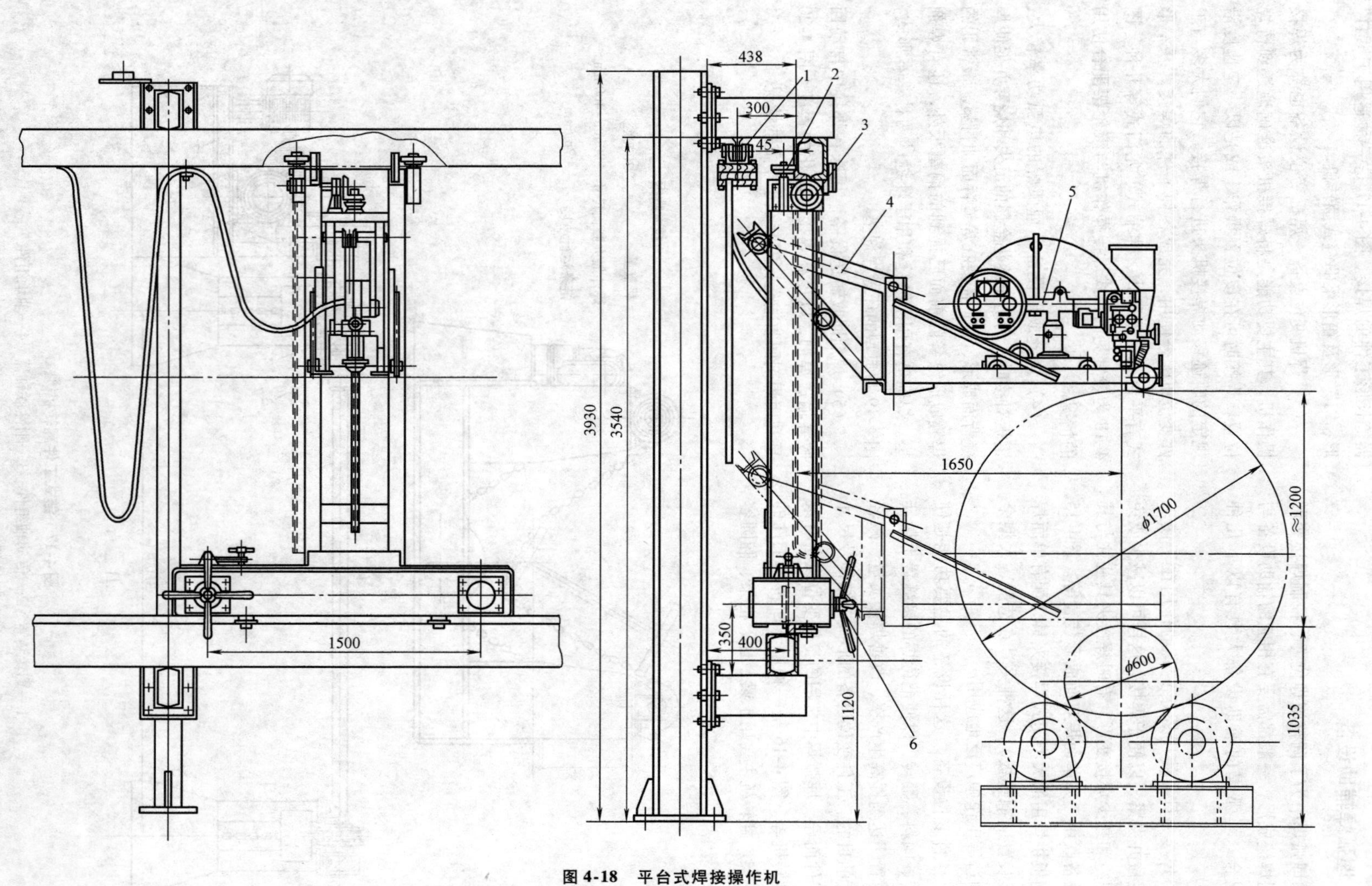

图 4-18 平台式焊接操作机

1—电缆小车 2—走架 3—平台升降机构 4—升降平台 5—埋弧焊机 6—走架行走机构

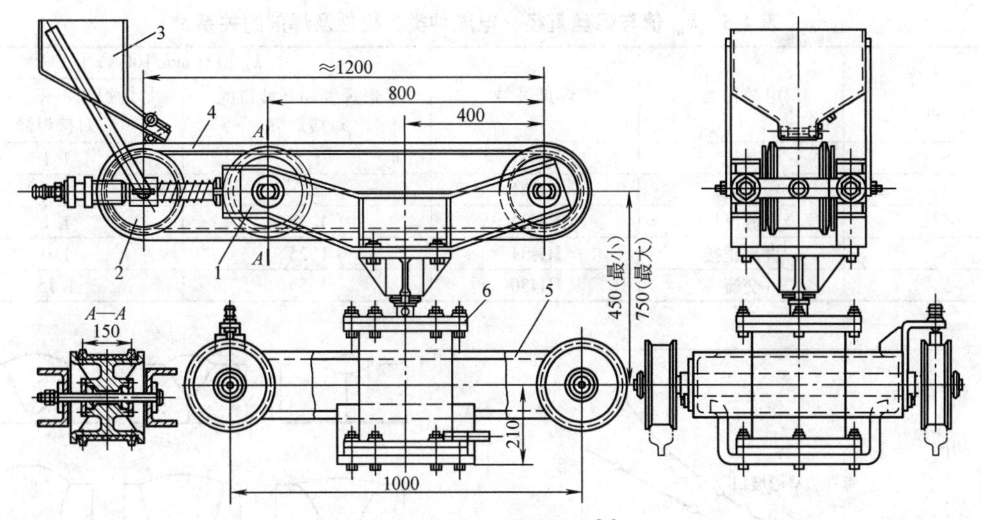

图4-19 带式环缝焊剂垫[8]

1—带支撑总成 2—张紧装置 3—焊剂斗 4—传送带 5—行走台车 6—带升气缸

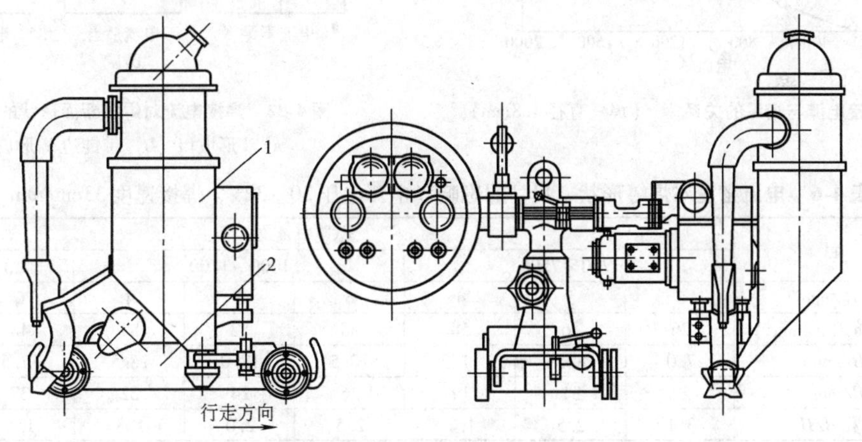

图4-20 吸压式焊剂回收输送器[8]

1—吸压式焊剂回收输送器 2—自动焊小车

4.4 埋弧焊焊接参数及焊接技术

4.4.1 影响焊缝形状及性能的因素

埋弧焊主要适用于平焊位置的焊接，采用一定的辅助设备也可以实现角焊和横焊位置的焊接。由于埋弧焊工业应用以平焊为主，本节主要讨论平焊位置的情况，其他位置的焊接与平焊位置具有相似的规律。影响埋弧焊焊缝形状和性能的因素主要是焊接参数、工艺条件等。

1. 焊接参数

埋弧焊的焊接参数有焊接电流、电弧电压、焊接速度等。

(1) 焊接电流 当其他条件不变时，增加焊接电流对焊缝形状和尺寸的影响如图4-21所示。无论是带钝边V形坡口还是I形坡口，正常焊接条件下，熔深与焊接电流变化成正比，即 $H=k_mI$，k_m 为比例系数，随电流种类、极性、焊丝直径以及焊剂的化学成分变化而异。各种条件下 k_m 值见表4-5。焊接电流对焊缝断面形状的影响，如图4-22所示。电流小，熔深浅，余高和宽度不足；电流过大，熔深大，余高过大，易产生高温裂纹。

同样焊接电流条件下，焊丝直径不同（电流密度不同），焊缝形状和尺寸会发生变化。表4-6表示电流密度对焊缝形状和尺寸的影响，从表中可见，其他条件不变时，熔深与焊丝直径成反比关系，但这种关系随电流密度的增加而减弱，这是由于随着电流密度的增加，熔池熔化金属量不断增加，熔融金属后排困难，熔深增加较慢，并随着熔化金属量的增加，余高增加，焊缝成形变差，所以埋弧焊时增加焊接电流的同时要增加电弧电压，以保证焊缝成形。

表4-5　k_m 值与焊丝直径、电流种类、极性及焊剂的关系

焊丝直径/mm	电源种类	焊剂牌号	k_m 值/(mm/100A)	
			T形焊缝和开坡口的对接焊缝	堆焊和不开坡口的对接焊缝
5	交流	HJ431	1.5	1.1
2	交流	HJ431	2.0	1.0
5	直流反接	HJ431	1.75	1.1
5	直流正接	HJ431	1.25	1.0
5	交流	HJ430	1.55	1.15

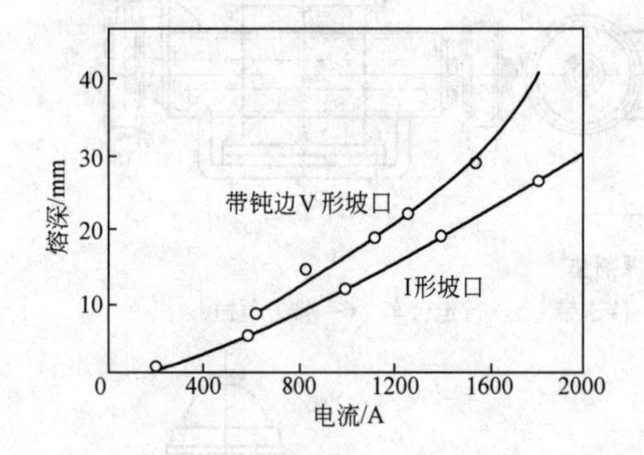

图4-21　焊接电流与熔深的关系[13]（焊丝直径4.8mm）

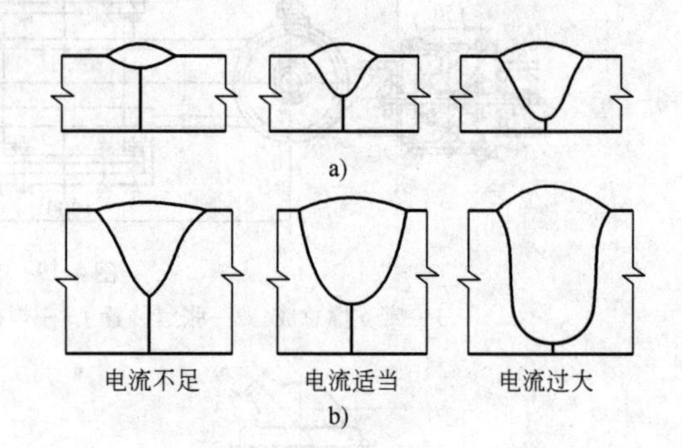

图4-22　焊接电流对焊缝断面形状的影响[13]
a）I形坡口　b）带钝边V形坡口

表4-6　电流密度对焊缝形状、尺寸的影响（电弧电压30～32V，焊接速度33cm/min）

项　目	焊接电流/A							
	700～750			1000～1100			1300～1400	
焊丝直径/mm	6	5	4	6	5	4	6	5
平均电流密度/(A/mm²)	26	36	58	38	52	84	48	68
熔深 H/mm	7.0	8.5	11.5	10.5	12.0	16.5	17.5	19.0
熔宽 B/mm	22	31	19	26	24	22	27	24
成形系数 B/H	3.1	2.5	1.7	2.5	2.0	1.3	1.5	1.3

（2）电弧电压　电弧电压和电弧长度成正比，在相同的电弧电压和焊接电流时，如果选用的焊剂不同，电弧空间电场强度不同，则电弧长度不同。如果其他条件不变，改变电弧电压对焊缝形状的影响如图4-23所示。电弧电压低，熔深大，焊缝宽度窄，易产生热裂纹；电弧电压高时，焊缝宽度增加，余高不够。埋弧焊时，电弧电压是依据焊接电流调整的，即一定焊接电流要保持一定的弧长才可能保证焊接电弧的稳定燃烧，所以电弧电压的变化范围是有限的。

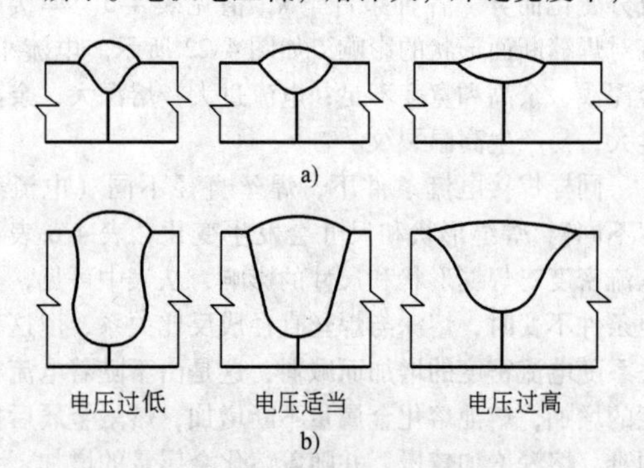

图4-23　电弧电压对焊缝断面形状的影响[13]
a）I形坡口　b）带钝边V形坡口

极性不同时，电弧电压对熔宽的影响不同。表4-7为采用HJ431焊剂时，正极性和反极性条件下电弧电压对熔宽的影响。

表4-7　不同极性埋弧焊时，电弧电压对熔宽的影响

电弧电压/V	熔宽 B/mm	
	正极性	反极性
30～32	21	22
40～42	25	28
53～55	25	33

注：焊丝直径5mm，焊接电流550A，焊接速度40cm/min。

（3）焊接速度　焊接速度对熔深和熔宽都有明显的影响，通常焊接速度小，焊接熔池大，焊缝熔深

和熔宽均较大。随着焊接速度增加，焊缝熔深和熔宽都将减小，即熔深和熔宽与焊接速度成反比，如图4-24所示。焊接速度对焊缝断面形状的影响，如图4-25所示。焊接速度过小，熔化金属量多，焊缝成形差；焊接速度较大的，熔化金属量不足，容易产生咬边。实际焊接中为了提高生产率同时保持一定的热输入，在增加焊接速度的同时必须加大电弧功率，才能保证一定的熔深和熔宽。

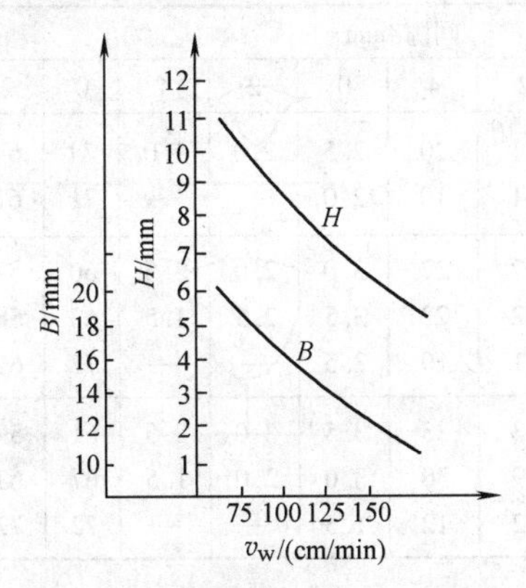

图4-24 焊接速度对焊缝成形的影响

H—熔深 *B*—熔宽

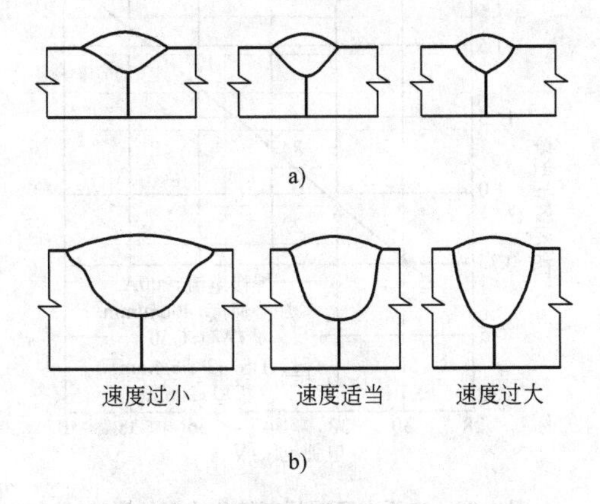

图4-25 焊接速度对焊缝断面形状的影响[13]

a）I形坡口 b）带钝边V形坡口

2. 工艺条件

（1）焊丝倾角和工件斜度 焊丝的倾斜方向分为前倾和后倾两种，如图4-26所示。倾斜的方向和大小不同，电弧对熔池的力和热的作用就不同，对焊缝成形的影响也不同。图4-26a为焊丝前倾，图4-26b为焊丝后倾。焊丝在一定倾角内后倾时，电弧力后排熔池金属的作用减弱，熔池底部液体金属增厚，故熔深减小。而电弧对熔池前方的母材预热作用加强，故熔宽增大。图4-26c是焊丝后倾角度对熔深、熔宽的影响。实际工作中焊丝前倾只在某些特殊情况下使用，例如焊接小直径圆筒形工件的环缝等。

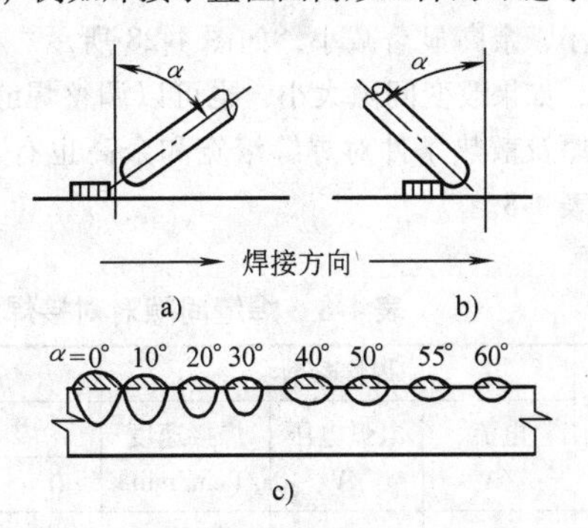

图4-26 焊丝倾角对焊缝成形的影响[1]

a）焊丝前倾 b）焊丝后倾

c）焊丝后倾角度对熔深熔宽的影响

工件倾斜焊接时有上坡焊和下坡焊两种情况，它们对焊缝成形的影响明显不同，如图4-27所示。上坡焊时，若斜度$\beta > 6° \sim 12°$，则焊缝余高过大，两侧出现咬边，成形明显恶化。实际焊接中应避免采用上坡焊。下坡焊的情况与上坡焊相反，当β为6°左右时，焊缝的熔深和余高均有减小，而熔宽略有增加，焊缝成形得到改善。继续增大β角将会产生未焊透、焊瘤等缺陷。在焊接圆筒工件的内、外环缝时，一般都采用下坡焊，以减少发生烧穿的可能性，并改善焊缝成形。

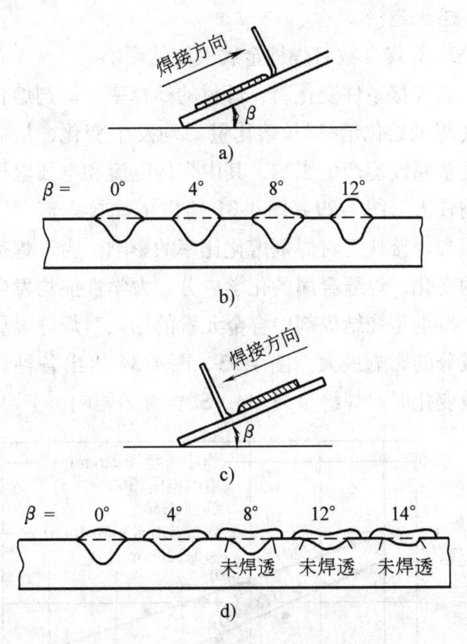

图4-27 工件斜度对焊缝成形的影响

a）上坡焊 b）上坡焊工件斜度的影响

c）下坡焊 d）下坡焊工件斜度的影响

（2）对接坡口形状、间隙的影响 在其他条件相同时，增加坡口深度和宽度，焊缝熔深增加，熔宽略有减小，余高显著减小，如图4-28所示。在对接焊缝中，如果改变间隙大小，也可以调整焊缝形状，同时板厚及散热条件对焊缝熔宽和余高也有显著影响，见表4-8。

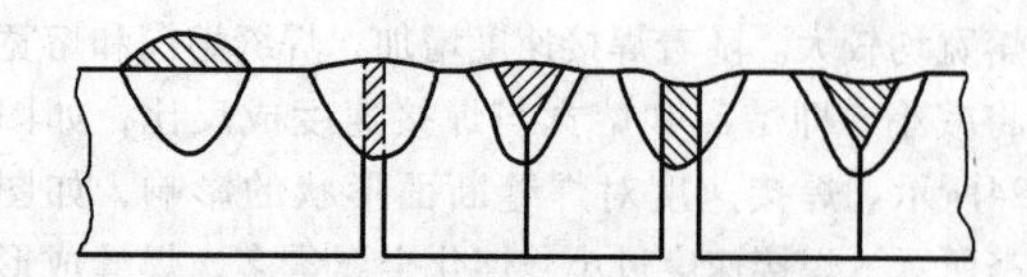

图4-28 坡口形状对焊缝成形的影响[1]

表4-8 焊缝间隙对对接焊缝尺寸的影响（焊丝直径5mm，焊剂HJ330）

板厚/mm	焊接参数			熔深/mm			熔宽/mm			余高/mm			熔合比(%)		
	电流/A	电弧电压/V	焊接速度/(cm/min)	间隙/mm											
				0	2	4	0	2	4	0	2	4	0	2	4
12	700~750	32~34	50	7.5	8.0	7.5	20	21	20	2.5	2.0	1.0	74	64	57
			134	5.6	6.0	5.5	10	11	10	2.0	—	—	71	61	46
20	800~850	36~38	20	10.0	9.5	10.0	27	27	27	3.0	2.0	2.5	60	57	52
			33.4	11.0	11.5	11.0	23	22	22	3.5	2.5	1.5	63	58	49
			134	6.5	7.0	7.0	11	11	10	2.5	—	—	72	61	45
30	900~1000	40~42	20	10.5	11.0	10.5	34	33	35	3.5	3.0	2.5	61	59	55
			33.4	12.0	12.0	11.0	30	29	30	3.0	2.0	1.5	67	63	59
			134	7.5	7.5	7.5	12	12	12	1.5	—	—	72	72	60

（3）焊剂堆高的影响 埋弧焊焊剂堆高一般在25~40mm，应保证在丝极周围埋住电弧。当使用粘结焊剂或烧结焊剂时，由于密度小，焊剂堆高比熔炼焊剂高出20%~50%。焊剂堆高越大，焊缝余高越大，熔深越浅。

3. 焊接参数对焊缝金属性能的影响

当焊接条件变化时，母材的稀释率、焊剂熔化比率（焊剂熔化量/焊丝熔化量）均发生变化，从而对焊缝金属性能产生影响，其中焊接电流和电弧电压的影响较大。图4-29~图4-31给出了焊接电流、电弧电压和焊接速度对焊剂熔化比率的影响。由于焊剂比率的变化，焊缝金属的化学成分、力学性能均发生变化，特别是烧结焊剂中合金元素的加入对焊缝金属化学成分的影响最大。图4-32~图4-34给出各种焊接参数变化时对焊缝金属Mn、Si含量的影响。

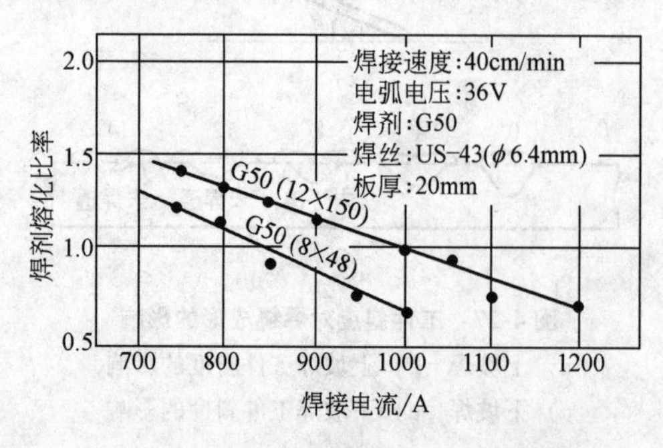

图4-29 焊接电流对焊剂熔化比率的影响

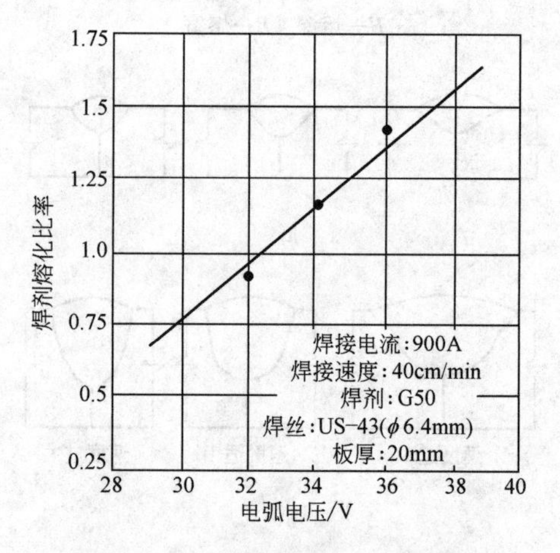

图4-30 电弧电压对焊剂熔化比率的影响

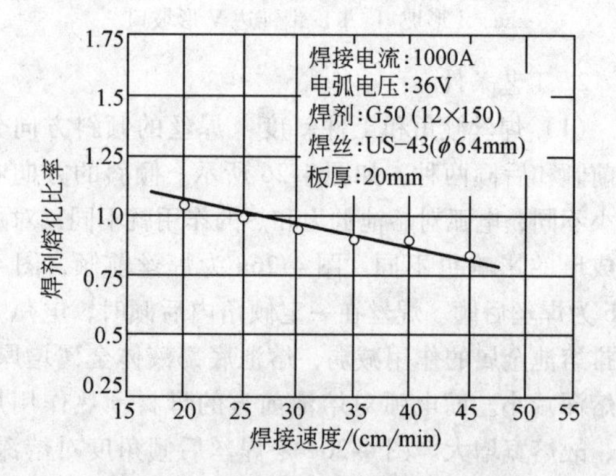

图4-31 焊接速度对熔化比率的影响

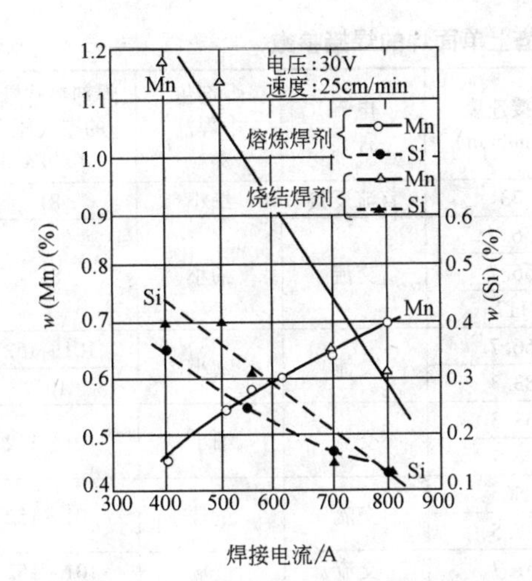

图4-32 焊接电流对焊缝金属化学成分的影响

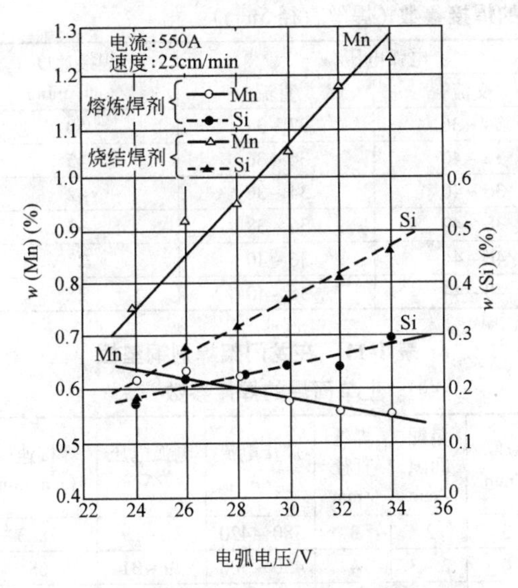

图4-33 电弧电压对焊缝金属化学成分的影响

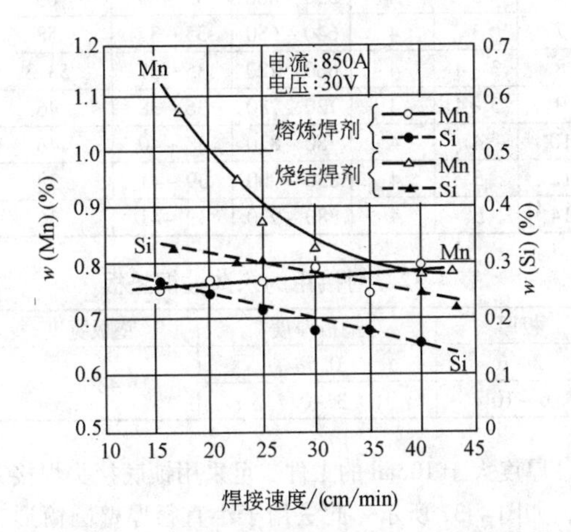

图4-34 焊接速度对焊缝金属化学成分的影响

4.4.2 自动埋弧焊工艺

1. 对接接头单面焊

对接接头埋弧焊时，工件可以开坡口或不开坡口。开坡口不仅为了保证熔深，而且有时还为了达到其他的工艺目的。如焊接合金钢时，可以控制熔合比；在焊接低碳钢时，可以控制焊缝余高等。在不开坡口的情况下，埋弧焊可以一次焊透20mm以下的工件，但要求预留5~6mm的间隙，否则厚度超过14~16mm的板料必须开坡口才能用单面焊一次焊透。

对接接头单面焊可采用以下几种方法：在焊剂垫上焊，在焊剂铜垫板上焊，在永久性垫板或锁底接头上焊，以及在临时衬垫上焊和悬空焊等。

（1）在焊剂垫上焊接　用这种方法焊接时，焊缝成形的质量主要取决于焊剂垫托力的大小和均匀与否，以及装配间隙的均匀与否。图4-35说明焊剂垫托力与焊缝成形的关系。板厚2~8mm的对接接头在具有焊剂垫的电磁平台上焊接所用的参数列于表4-9。电磁平台在焊接中起固定板料的作用。板厚10~20mm的I形坡口对接接头预留装配间隙并在焊剂垫上进行单面焊的焊接参数见表4-10。所用的焊剂垫应尽可能选用细颗粒焊剂。

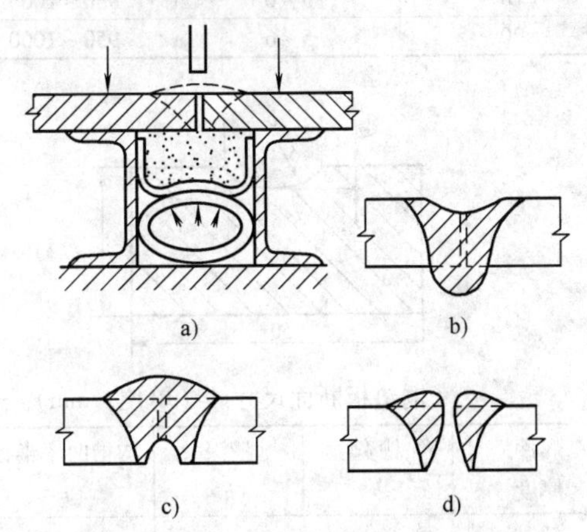

图4-35 在焊剂垫上的对接焊

a）焊接情况　b）焊剂托力不足
c）焊剂托力很大　d）焊剂托力过大

（2）在焊剂铜垫板上焊接　这种方法采用带沟槽的铜垫板，沟槽中铺撒焊剂，焊接时，这部分焊剂起焊剂垫的作用，同时又保护铜垫板免受电弧直接作用。沟槽起焊缝背面成形作用。这种工艺对工件装配质量、垫板上焊剂托力均匀与否均不敏感。板料可用电磁平台固定，也可用龙门压力架固定。铜垫板的尺寸如图4-36所示。在龙门架焊剂铜垫板上的焊接参数见表4-11。

表 4-9　对接接头在电磁平台-焊剂垫上单面焊的焊接参数

板厚/mm	装配间隙/mm	焊丝直径/mm	焊接电流/A	电弧电压/V	焊接速度/(cm/min)	电流种类	焊剂垫中焊剂颗粒	焊剂垫软管中的空气压力/kPa
2	0～1.0	1.6	120	24～28	73	直流反接	细小	81
3	0～1.5	1.6	275～300	28～30	56.7	交流	细小	81
		2	275～300	28～30	56.7			
		3	400～425	25～28	117			
4	0～1.5	2	375～400	28～30	66.7	交流	细小	101～152
		4	525～550	28～30	83.3			101
5	0～2.5	2	425～450	32～34	58.3	交流	细小	101～152
		4	575～625	28～30	76.7			
6	0～3.0	2	475	32～34	50	交流	正常	101～152
		4	600～650	28～32	67.5			
7	0～3.0	4	650～700	30～34	61.7	交流	正常	101～152
8	0～3.5	4	725～775	30～36	56.7	交流	正常	101～152

表 4-10　对接接头在焊剂垫上单面焊的焊接参数（焊丝直径 5mm）

板厚/mm	装配间隙/mm	焊接电流/A	电弧电压/V		焊接速度/(cm/min)
			交流	直流	
10	3～4	700～750	34～36	32～34	50
12	4～5	750～800	36～40	34～36	45
14	4～5	850～900	36～40	34～36	42
16	5～6	900～950	38～42	36～38	33
18	5～6	950～1000	40～44	36～40	28
20	5～6	950～1000	40～44	36～40	25

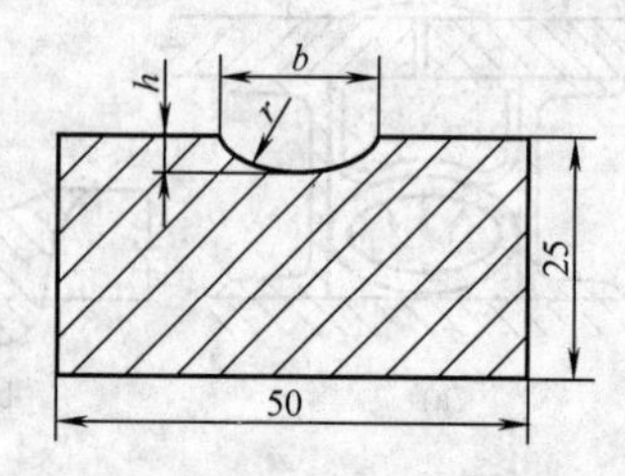

铜垫板断面尺寸　（单位：mm）

焊件厚度	槽宽 b	槽深 h	沟槽曲率半径 r
4～6	10	2.5	7.0
6～8	12	3.0	7.5
8～10	14	3.5	9.5
12～14	18	4.0	12

图 4-36　铜垫板尺寸[1]

（3）在永久性垫板或锁底接头上焊接　当焊件结构允许焊后保留永久性垫板时，厚10mm以下的工件可采用永久性垫板单面焊方法。永久性铜垫板的尺寸见表4-12。垫板必须紧贴在待焊板边缘，垫板与工件板面间的间隙不得超过1mm。

表 4-11　在龙门架焊剂铜垫板上单面焊的焊接参数[1]

板厚/mm	装配间隙/mm	焊丝直径/mm	焊接电流/A	电弧电压/V	焊接速度/(cm/min)
3	2	3	380～420	27～29	78.3
4	2～3	4	450～500	29～31	68
5	2～3	4	520～560	31～33	63
6	3	4	550～600	33～35	63
7	3	4	640～680	35～37	58
8	3～4	4	680～720	35～37	53.3
9	3～4	4	720～780	36～38	46
10	4	4	780～820	38～40	46
12	5	4	850～900	39～41	38
14	5	4	880～920	39～41	36

表 4-12　对接用的永久性铜垫板

板厚	垫板厚度	垫板宽度
2～6	0.5δ	$4\delta+5$
6～10	$(0.3\sim0.4)\delta$	

厚度大于10mm的工件，可采用锁底接头焊接方法，如图4-37所示。此法用于小直径厚壁圆筒形工件的环缝焊接，效果很好。

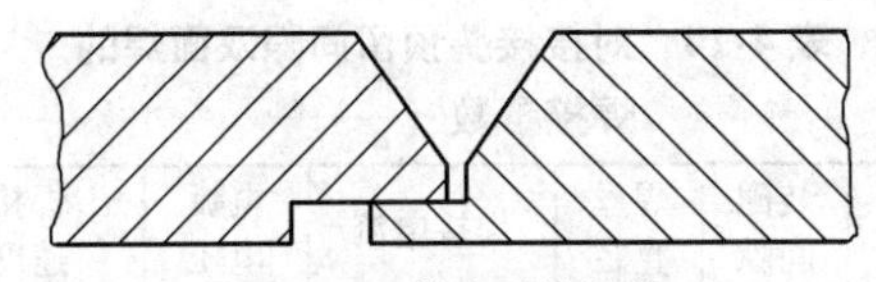

图4-37 锁底对接接头

(4) 在临时性的衬垫上焊接 这种方法采用柔性的热固化焊剂衬垫贴合在接缝背面进行焊接。衬垫材料需要专门制造或由焊接材料制造部门供应。另外还有采用陶瓷材料制造的衬垫进行单面焊的方法。

(5) 悬空焊 当工件装配质量良好并且没有间隙的情况下，可以采用不加垫板的悬空焊。用这种方法进行平面焊时，工件不能完全熔透。一般的熔深不超过2/3板厚，否则容易烧穿。这种方法只用于不要求完全焊透的接头。

2. 对接接头双面焊

工件厚度超过12mm的对接接头，通常采用双面焊。接头形式根据板厚、钢种、接头性能要求的不同，可采用图4-38所示的I形、带钝边V形、双V形坡口。这种方法对焊接参数的波动和工件装配质量不敏感，一般都可以获得较好的焊接质量。第一面焊接时，所采用的技术与上述单面焊相似，但是不要求完全焊透，焊缝的熔透由反面焊接保证。焊接第一面的实施方法有悬空法、加焊剂垫法以及临时工艺垫板法进行焊接。

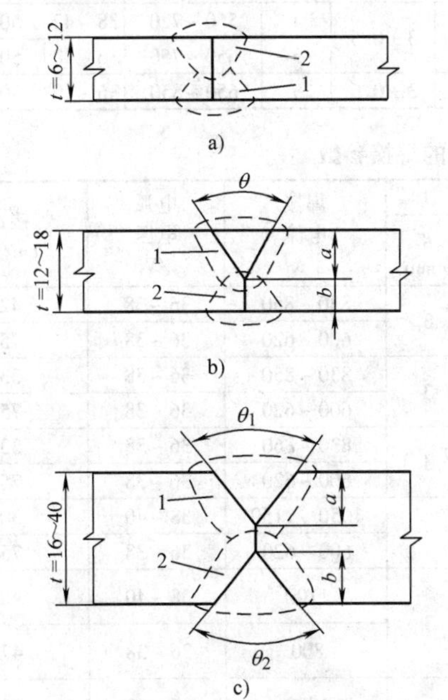

图4-38 不同板厚的接头形式[13]

a) I形坡口对接焊 b) 带钝边V形坡口对接焊 c) 双V形坡口对接焊

1、2—焊道顺序

(1) 悬空焊 装配时不留间隙或只留很小的间隙（一般不超过1mm）。第一面焊接达到的熔深一般小于工件厚度的一半。反面焊接的熔深要求达到工件厚度的60%~70%，以保证工件完全焊透。不开坡口的对接接头悬空焊的焊接参数见表4-13。

表4-13 不开坡口对接接头悬空双面焊的焊接参数[1]

工件厚度/mm	焊丝直径/mm	焊接顺序	焊接电流/A	电弧电压/V	焊接速度/(cm/min)
6	4	正	380~420	30	58
		反	430~470	30	55
8	4	正	440~480	30	50
		反	480~530	31	50
10	4	正	530~570	31	46
		反	590~640	33	46
12	4	正	620~660	35	42
		反	680~720	35	41
14	4	正	680~720	37	41
		反	730~770	40	38
16	5	正	800~850	34~36	63
		反	850~900	36~38	43
17	5	正	850~900	35~37	60
		反	900~950	37~39	48
18	5	正	850~900	36~38	60
		反	900~950	38~40	40
20	5	正	850~900	36~38	42
		反	900~1000	38~40	40
22	5	正	900~950	37~39	53
		反	1000~1050	38~40	40

注：装配间隙0~1mm，MZ-1000直流。

(2) 在焊剂垫上焊接 如图4-39所示，焊接第一面时采用预留间隙不开坡口的方法最为经济。第一面的焊接参数应保证熔深达到工件厚度的60%~70%。焊完第一面后翻转工件，进行反面焊接，其参数可以与正面的相同以保证工件完全焊透。预留间隙双面焊的焊接参数依工件的不同而异，表4-14、表4-15分别为两组数据，可供参考。在预留间隙的I形坡口内，焊前均匀塞填干净焊剂，然后在焊剂垫上施焊，可减少产生夹渣的可能，并可改善焊缝成形。第一面焊道焊接后，是否需要清根，视第一道焊缝的质量而定。

如果工件需要开坡口，坡口形式按工件厚度决定。工件坡口形式及焊接参数见表4-16。

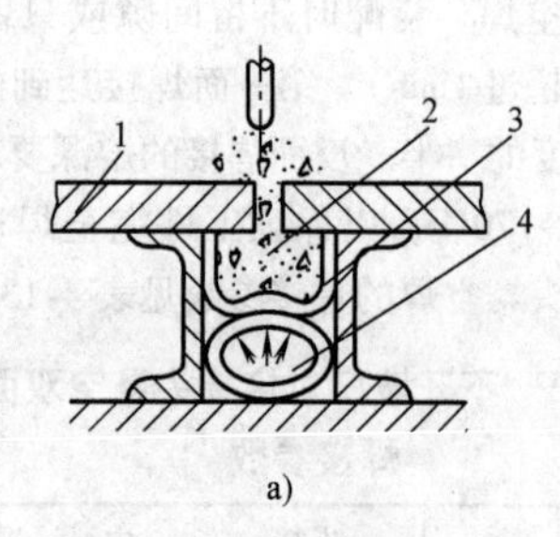

a)

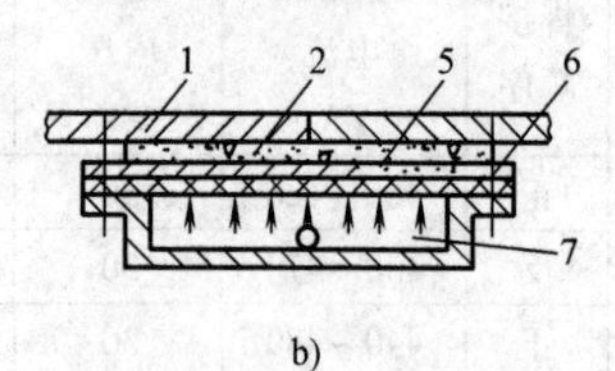

b)

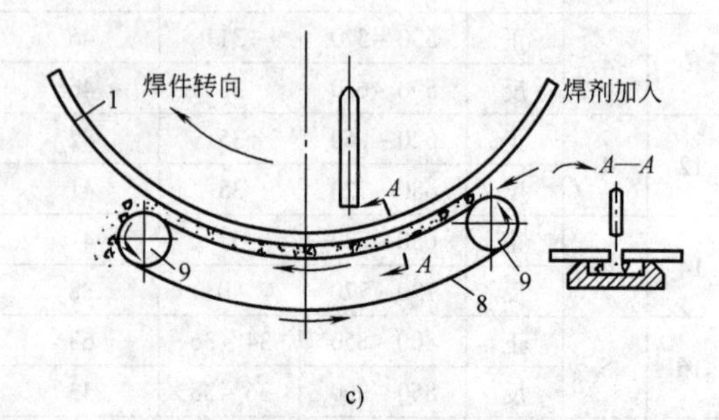

c)

图 4-39　焊剂垫的结构实例

a）软管气压式　b）皮膜气压式　c）平带张紧式

1—工件　2—焊剂　3—帆布　4—充气软管

5—橡胶膜　6—压板　7—气室　8—平带　9—带轮

表 4-14　对接接头预留间隙双面焊的焊接参数（一）[4]

工件厚度/mm	装配间隙/mm	焊丝直径/mm	焊接电流/A	电弧电压/V	焊接速度/(cm/min)
14	3～4	5	700～750	34～36	50
16	3～4	5	700～750	34～36	45
18	4～5	5	750～800	36～40	45
20	4～5	5	850～900	36～40	45
24	4～5	5	900～950	38～42	42
28	5～6	5	900～950	38～42	33
30	6～7	5	950～1000	40～44	27
40	8～9	5	1100～1200	40～44	20
50	10～11	5	1200～1300	44～48	17

注：采用交流电，HJ431，第一面在焊剂垫上焊。

表 4-15　对接接头预留间隙双面焊的焊接参数（二）[4]

工件厚度/mm	装配间隙/mm	焊丝直径/mm	焊接电流/A	电弧电压/V	焊接速度/(cm/min)
6	0+1	3	380～400	30～32	57～60
		4	400～550	28～32	63～73
8	0+1	3	400～420	30～32	53～57
		4	500～600	30～32	63～67
10	2±1	4	500～600	36～40	50～60
		5	600～700	34～38	58～67
12	2±1	4	550～580	38～40	50～57
		5	600～700	34～38	58～67
14	3±0.5	4	550～720	38～42	50～53
		5	650～750	36～40	50～57
≤16	3±0.5	5	650～850	36～40	50～57

表 4-16　开坡口工件的双面焊的焊接参数

工件厚度/mm	坡口形式	焊丝直径/mm	焊接顺序	坡口尺寸			焊接电流/A	电弧电压/V	焊接速度/(cm/min)
				α/(°)	h/mm	g/mm			
14	70°, h, g	5	正	70	3	3	830～850	36～38	42
			反				600～620	36～38	75
16		5	正	70	3	3	830～850	36～38	33
			反				600～620	36～38	75
18		5	正	70	3	3	830～860	36～38	33
			反				600～620	36～38	75
22		6	正	70	3	3	1050～1150	38～40	30
		5	反				600～620	36～38	75
24	70°, h, g	6	正	70	3	3	1100	38～40	40
		5	反				800	36～38	47
30		6	正	70	3	3	1000	36～40	30
			反				900～1000	36～38	33

注：1. 第一面在焊剂垫上焊接。
2. 江南造船厂资料。

(3) 在临时衬垫上焊接　采用此法焊接第一面时，一般都要求接头处留有一定间隙，以保证焊剂能填满其中。临时衬垫的作用是托住间隙中的焊剂。平板对接接头的临时衬垫常用厚3~4mm、宽30~50mm的薄钢带；也可采用石棉绳或石棉板，如图4-40所示。焊完第一面后，去除临时衬垫及间隙中的焊剂和焊缝底层的渣壳，用同样参数焊接第二面。要求每面熔深均达板厚的60%~70%。

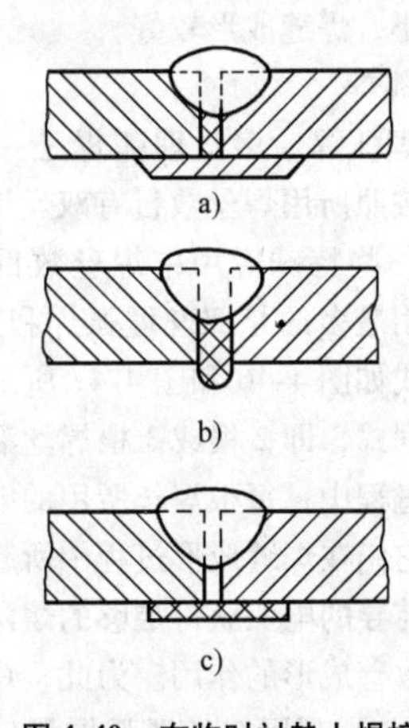

图4-40　在临时衬垫上焊接

a）薄钢带垫　b）石棉绳垫　c）石棉板垫

(4) 多层焊　当板厚超过40~50mm时，往往需要采用多层焊。多层焊时坡口形状一般采用V形和双V形，而且坡口角度比较窄。图4-41b所示的焊道宽度比焊缝深度小得多，此时在焊缝中心容易产生梨形焊道裂纹。另外多层焊结束时，在焊道端部需加衬板，由于背面初始焊道不能全部铲除造成坡口角度变窄，如图4-42所示，此时形成的梨形焊道更增加裂纹产生倾向，因而需要特别注意。

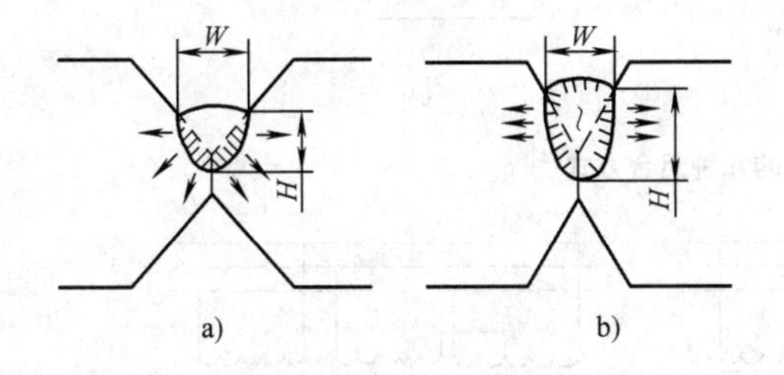

图4-41　多层焊坡口角度对焊缝的影响[13]

a）坡口角度适当　b）坡口角度较小

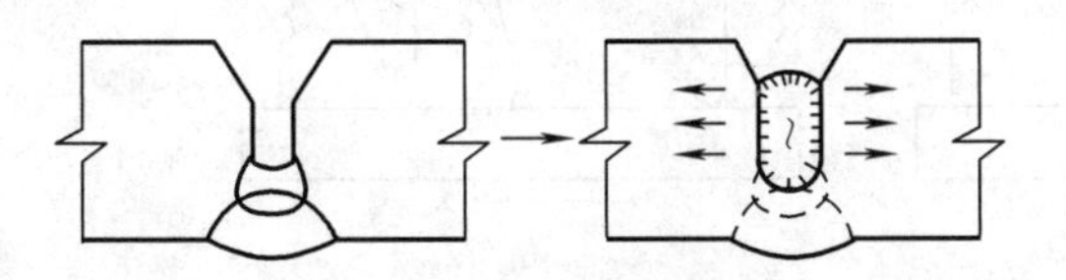

图4-42　坡口狭小产生焊缝内部初始裂纹[13]

3. 角焊缝焊接

焊接T形接头或搭接接头的角焊缝时，采用船形焊和平角焊两种焊接位置。

(1) 船形焊　将工件角焊缝的两边置于与垂直线成45°的位置（图4-43），可为焊缝成形提供最有利的条件。在这种焊接位置，接头的装配间隙不超过1~1.5mm，否则，必须采取措施以防止液态金属流失。船形焊的焊接参数见表4-17。

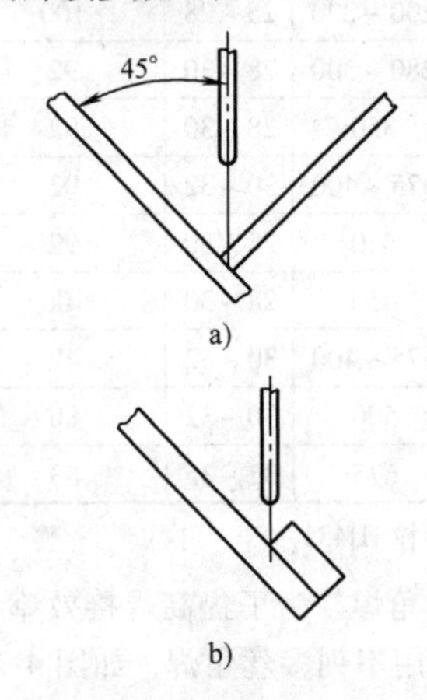

图4-43　船形焊

a）T形接头　b）搭接接头

表4-17　船形焊焊接参数[4]

焊脚长度/mm	焊丝直径/mm	焊接电流/A	电弧电压/V	焊接速度/(cm/min)
6	2	450~475	34~36	67
8	3	550~600	34~36	50
10	4	575~625	34~36	50
	3	600~650	34~36	38
12	4	650~700	34~36	38
	3	600~650	34~36	25
	4	725~775	36~38	33
	5	775~825	36~38	30

注：采用交流焊接。

(2) 平角焊　当工件不便于采用船形焊时，可采用平角焊来焊接角焊缝（图4-44）。这种焊接方法对接头装配间隙较不敏感，即使间隙达到2~3mm，也不必采取防止液态金属流失的措施。焊丝与焊缝的相对位置，对于角焊的质量有重大影响。焊丝偏角α一

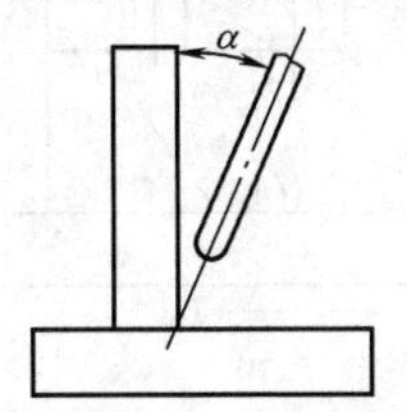

图4-44　平角焊

般在 20°～30°之间。每一单道平角焊缝的断面积不得超过 40～50mm²，当焊脚长度超过 8mm×8mm 时，会产生金属溢流和咬边。平角焊的焊接参数见表 4-18。

表 4-18　平角焊焊接参数[4]

焊脚长度/mm	焊丝直径/mm	焊接电流/A	电弧电压/V	焊接速度/(cm/min)	电流种类
3	2	200～220	25～28	100	直流
4	2	280～300	28～30	92	交流
	3	350	28～30	92	
5	2	375～400	30～32	92	交流
	3	450	28～30	92	
	4	450	28～30	100	
7	2	375～400	30～32	47	交流
	3	500	30～32	80	
	4	675	32～35	83	

注：用细颗粒 HJ431。

（3）多丝角焊　为了提高焊接效率和增大焊脚尺寸，可以采用串列多丝角焊，如图 4-45 所示。此时焊丝布置的位置、角度及距离必须设计好，其依据是前后熔池的确定。如果焊丝距离不大，前面熔池的渣会使后面电弧不稳定；距离太小又会使熔渣卷入后面的熔池。一般串列电弧焊接时，前面电极使用电流较大而后面较小，焊缝成形较好。

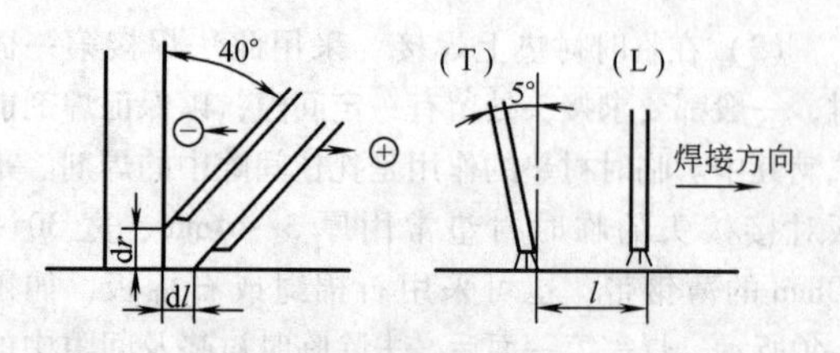

图 4-45　串列多丝角焊时焊丝的位置和角度[13]

4. 高效埋弧焊

（1）多丝埋弧焊　多丝埋弧焊是一种高生产率的焊接方法。按照所用焊丝数目有双丝埋弧焊、三丝埋弧焊等。在一些特殊应用中焊丝数目多达 14 根。目前工业上应用最多的是双丝埋弧焊和三丝埋弧焊，其电源接线方式如图 4-46 和图 4-47 所示。焊丝排列一般都采用纵列式，即 2 根或 3 根焊丝沿焊接方向顺序排列。焊接过程中，每根焊丝所用的电流和电压各不相同，因而它们在焊缝成形过程中所起的作用也不相同。一般由前导的电弧获得足够的熔深，后续电弧调节熔宽或起改善成形的作用。为此，焊丝间的距离要适当。表 4-19 为利用双丝埋弧焊和三丝埋弧焊进行单面焊的焊接参数。表 4-20～表 4-22 为各种接头双丝埋弧焊参数。

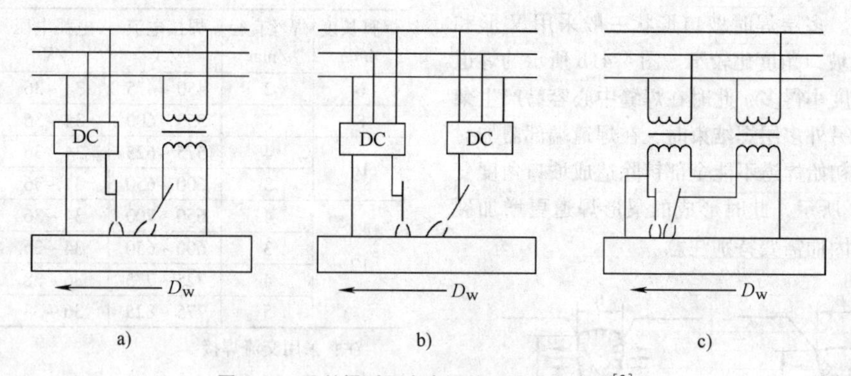

图 4-46　双丝焊时两台电源的几种组合方式[3]

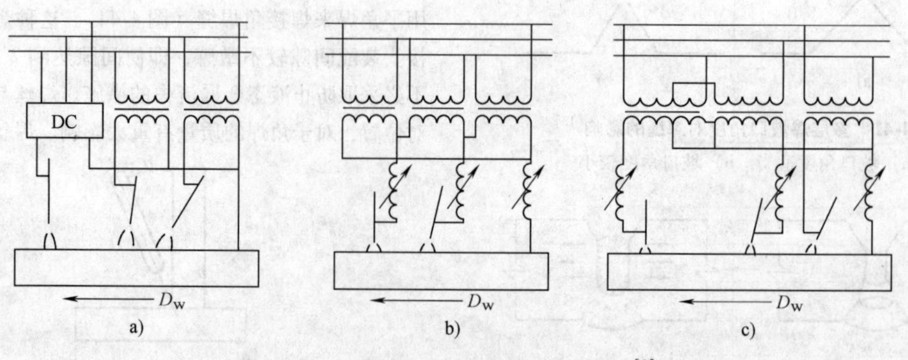

图 4-47　三丝焊时三台电源的几种组合方式[3]

表 4-19 双丝和多丝埋弧焊单面焊的焊接参数[9]

板厚/mm	焊丝数	坡口（θ, h_1, h_2）			焊接参数			
		h_1/mm	h_2/mm	θ/(°)	焊丝	电流/A	电压/V	焊接速度/(cm/min)
20	双丝（70，D_W）	8	12	90	前	1400	32	60
					后	900	45	
25		10	15	90	前	1600	32	60
					后	1000	45	
32		16	16	75	前	1800	33	50
35		17	18	75	后	1100	45	43
20	三丝（50，110，D_W）	11	9	90	前	2200	30	110
25		12	13	90	中	1300	40	95
					后	1000	45	
32		17	15	70	前	2200	33	70
50		30	20	60	中	1400	40	40
					后	1100	45	

表 4-20 V 形坡口对接接头双丝埋弧焊参数

板厚/mm	焊接电流/A		电弧电压/V		焊接速度/(m/h)
	前丝	后丝	前丝	后丝	
20	1300～1400	800～900	31～32	44～45	35～36
25	1400～1600	900～1000	31～32	44～45	35～36
32	1700～1800	1000～1100	32～33	44～45	30～31
35	1700～1800	1000～1100	32～33	44～45	25～26

表 4-21 船形角焊缝接头双丝埋弧焊参数

焊脚/mm	焊丝直径/mm		焊接电流/A		电弧电压/V		焊接速度/(m/h)
	前丝	后丝	前丝	后丝	前丝	后丝	
6	5.0	4.0	700～730	530～550	32～25	32～35	90～92
8	5.0	5.0	780～820	640～660	35～37	35～37	70～72
10	5.0	5.0	780～820	700～740	34～36	38～42	55～57
13	5.0	5.0	900～1000	840～860	36～40	38～42	40～42
16	5.0	5.0	980～1100	880～920	36～40	38～42	27～28
19	5.0	5.0	980～1100	880～920	36～40	38～42	20～21

表 4-22 平角焊缝接头双丝埋弧焊参数

焊脚/mm	焊丝直径/mm		焊接电流/A		电弧电压/V		焊接速度/(m/h)
	前丝	后丝	前丝	后丝	前丝	后丝	
6	4.0	3.2	480～520	380～420	28～30	32～35	60～61
8	4.0	3.2	620～660	480～520	32～34	32～34	48～50
10	4.0	3.2	640～680	480～520	32～34	32～34	39～40

（2）带状电极埋弧焊　此种方法具有最高的熔敷速度、最低的熔深和稀释度，尤其是双带极埋弧焊，因此是表面堆焊的理想方法。带极埋弧堆焊的关键是要选择合适成分的带材、焊剂和送带机构。一般常用的带宽为60mm。焊剂宜采用烧结焊剂，并尽可能减少氧化铁含量。带极埋弧堆焊通常采用直流反接，图4-48为带宽60mm带极堆焊参数对堆焊焊缝成形的影响，为了尽可能减小稀释率，焊接电流不超过950A，电弧电压以26V为最佳，焊接速度也不应选得太大。宽带极埋弧堆焊采用轴向外加磁场或横向交变磁场，可以有效提高宽带堆焊层的熔宽和熔深均匀性。

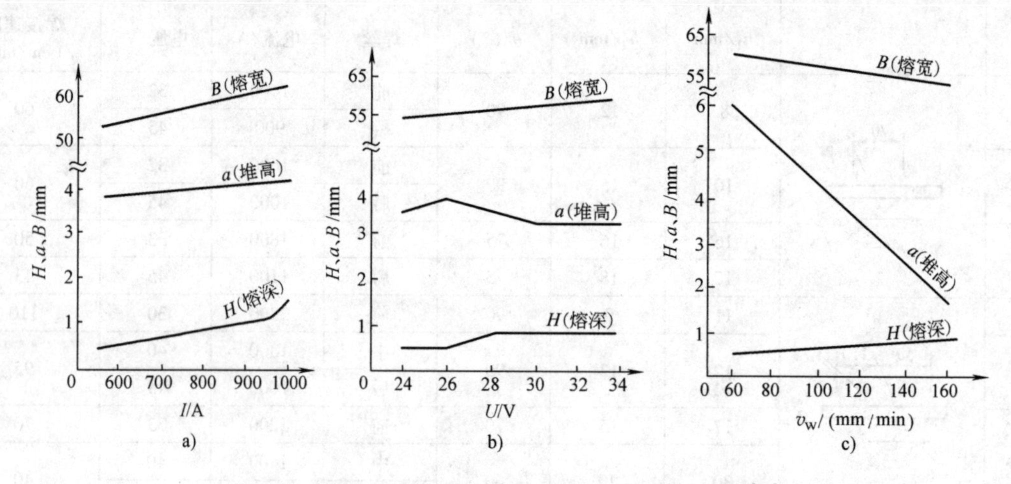

图4-48　60mm带极埋弧堆焊焊接参数对堆焊成形的影响[14]

a）焊接电流的影响　b）电弧电压的影响　c）焊接速度的影响

（3）附加依靠焊丝电阻热预热的热丝、冷丝、铁粉的埋弧焊方法　这些方法有较高熔敷率、较低的熔深和稀释率，适用于难以制成带极或丝极的某些合金埋弧堆焊及焊接，也常在窄间隙埋弧焊时被采用。

（4）窄间隙埋弧焊　厚度在50mm以上的工件若采用普通的V形或U形坡口埋弧焊，则焊接层数、道数多，焊缝金属填充量及所需焊接时间均随厚度成几何级数增长，焊接变形也会非常大且难以控制。窄间隙埋弧焊就是为了克服上述弊端而发展起来的，其主要特点为：①窄间隙坡口底层间隙为12～35mm，坡口角度为1°～7°，每层焊缝道数为1～3，常采用工艺垫板打底焊。②为避免电弧在窄坡口内极易诱发的磁偏吹，通常采用交流电弧而不采用直流电弧，晶闸管控制的交流方波电源是一种理想的电源。③为了提高窄坡口埋弧焊的熔敷和焊接速度，采用串列双弧焊是有效途径，如AC-AC或DC-AC组合的串列双弧。④为使焊丝送达厚板窄坡口底层，需设计能插入坡口内的专用窄焊嘴，焊丝伸出长度常取为50～75mm，以获得较高熔敷速率。⑤要采用专用焊剂，其颗粒度一般较细，脱渣性应特别好，为满足高强韧性焊缝金属性能，大多采用高碱度烧结型焊剂。⑥为保证焊丝和电弧在深而窄坡口内的正确位置，常常需要采用自动跟踪控制。

4.4.3　半自动埋弧焊工艺

半自动埋弧焊时，焊接速度及其均匀程度完全由焊工控制。焊接短而不规则的接头时，焊枪通常没有支托。焊接较长的接头时，可在焊枪上加支托装置，以减轻焊工的体力负担并易于保证焊接质量。装配间隙较大、堆焊或上坡焊时，焊枪除沿接缝移动外还可以作横向摆动。

焊接对接接头时，可以采用单面焊也可以采用双面焊。表4-23为用直径2mm焊丝在焊剂垫上进行对接接头单面半自动埋弧焊的焊接参数。表4-24为用直径2mm的焊丝进行对接接头双面半自动埋弧焊的焊接参数。半自动双面焊时，工件不开坡口，装配间隙可参考表4-14和表4-15。用这种方法可焊接厚度3～24mm的工件。

表4-23　在焊接垫上进行对接接头单面半自动埋弧焊的焊接参数

板厚/mm	焊接电流①/A	电弧电压/V	焊接速度/(cm/min)	允许装配间隙/mm	允许错边/mm
3	275～300	28～30	67～83	≤1.5	≤0.5
4	375～400	28～30	58～67	≤2	≤0.5
5	425～450	32～34	50～58	≤3	≤1.0
6	475	32～34	50～58	≤3	≤1.0

① 采用交流电焊接，焊丝直径2mm。

表4-24 对接接头双面半自动埋弧焊焊接参数

板厚 /mm	焊接电流 /A	电弧电压 /V	焊接速度 /(cm/min)
4	220~240	32~34	30~40
5	275~300	32~34	30~40
8	450~470	34~36	30~40
12	500~550	36~40	30~40

角焊缝不论用船形焊或平角焊缝都可采用半自动焊，表4-25为角焊缝半自动埋弧焊横焊的焊接参数。

表4-25 角焊缝半自动埋弧焊横焊的焊接参数

板厚 /mm	焊脚长度 /mm	焊接电流 /A	电弧电压 /V	焊接速度 /(cm/min)
4	4	220~240	32~34	40~50
5	5	275~300	32~34	40~50
8	8	380~420	32~38	30~40

4.4.4 埋弧焊接头的基本形式

碳钢和低合金钢埋弧焊接头的基本形式已经标准化，各种接头使用厚度及其基本尺寸请参阅GB/T 985.2—2008。

4.5 埋弧焊主要缺陷及防止

埋弧焊时可能产生的主要缺陷，除了由于所用焊接参数不当造成的熔透不足、烧穿、成形不良以外，还有气孔、裂纹、夹渣等。本节主要叙述气孔、裂纹、夹渣这几种缺陷的产生原因及其防止措施。

4.5.1 气孔

埋弧焊焊缝产生气孔的主要原因及防止措施如下。

(1) 焊剂吸潮或不干净 焊剂中的水分、污物和氧化铁屑等都会使焊缝产生气孔，在回收使用的焊剂中这个问题更为突出。水分可通过烘干消除，烘干温度与时间由焊剂生产厂家规定。防止焊剂吸收水分的最好方法是正确地储存和保管。采用真空式焊剂回收器可以较有效地分离焊剂与尘土，从而减少回收焊剂在使用中产生气孔的可能性。

(2) 焊接时焊剂覆盖不充分 由于电弧外露卷入空气而造成气孔。焊接环缝时，特别是小直径的环缝，容易出现这种现象，应采取适当措施，防止焊剂散落。

(3) 熔渣黏度过大 焊接时溶入高温液态金属中的气体在冷却过程中将以气泡形式溢出。如果熔渣黏度过大，气泡无法通过熔渣，被阻挡在焊缝金属表面附近而造成气孔。通过调整焊剂的化学成分，改变熔渣的黏度即可解决。

(4) 电弧磁偏吹 焊接时经常发生电弧磁偏吹现象，特别是在用直流电焊接时更为严重，电弧磁偏吹会在焊缝中造成气孔。磁偏吹的方向受很多因素的影响，例如工件上焊接电缆的连接位置、电缆接线处接触不良、部分焊接电缆环绕接头造成的二次磁场等。在同一条焊缝的不同部位，磁偏吹的方向也不相同。在接近端部的一段焊缝上，磁偏吹更经常发生，因此这段焊缝的气孔也较多。为了减少磁偏吹的影响，应尽可能采用交流电源；工件上焊接电缆的连接位置尽可能远离焊缝终端；避免部分焊接电缆在工件上产生二次磁场等。

(5) 工件焊接部位被污染 焊接坡口及其附近的铁锈、油污或其他污物在焊接时将产生大量气体，促使气孔生成，焊接之前应予清除。

4.5.2 裂纹

通常情况下，埋弧焊接头有可能产生两种类型裂纹，即结晶裂纹和氢致裂纹。前者只限于焊缝金属，后者则可能发生在焊缝金属或热影响区。

(1) 结晶裂纹 钢材焊接时，焊缝中的硫、磷等杂质在结晶过程中形成低熔点共晶。随着结晶过程的进行，它们逐渐被排挤在晶界，形成了“液态薄膜”。焊缝凝固过程中，由于收缩作用，焊缝金属受拉应力。“液态薄膜”不能承受拉应力而形成裂纹。可见产生“液态薄膜”和焊缝的拉应力是形成结晶裂纹的两方面原因。

钢材的化学成分对结晶裂纹的形成有重要影响。硫对形成结晶裂纹影响最大，但其影响程度又与钢中其他元素含量有关，如Mn与S结合成MnS而除硫，从而对S的有害作用起抑制作用。Mn还能改善硫化物的性能、形态及其分布等。因此为了防止产生结晶裂纹，对焊缝金属中的Mn/S值有一定要求。Mn/S值多大才有利于防止结晶裂纹，还与碳含量有关。图4-49表示C、Mn、S含量与焊缝裂纹倾向的关系。可见C含量越高，要求Mn/S值也越高。Si和Ni的存在也会增加S的有害作用。

埋弧焊焊缝的熔合比通常都较大，因而母材金属的杂质含量对结晶裂纹倾向有很大关系。母材杂质较多，或因偏析使局部C、S含量偏高，Mn/S可能达不到要求。可以通过工艺措施（如采用直流反接、

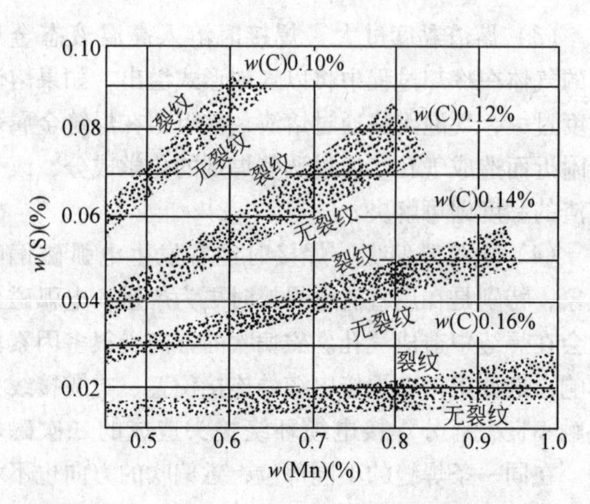

图4-49 Mn、C、S同时存在对结晶裂纹的影响[11]

加粗焊丝以减小电流密度、改变坡口尺寸等）减小熔合比，也可以通过焊接材料调整焊缝金属的成分，如增加Mn含量，降低C、Si含量等。

焊缝形状对于结晶裂纹的形成也有明显影响。窄而深的焊缝会造成对生的结晶面，“液态薄膜”将在焊缝中心形成，有利于结晶裂纹的形成。焊接接头形式不同，不但刚性不同，并且散热条件与结晶特点也不同，对产生结晶裂纹的影响也不同。图4-50表示不同形式接头对结晶裂纹的影响，图4-50a、b两种接头抗裂性较高，图4-50c、d、e、f几种接头抗裂性较差。

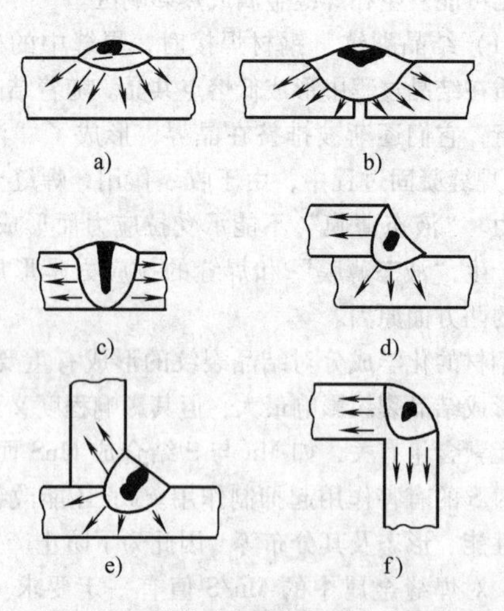

图4-50 接头形式对结晶裂纹的影响

（2）氢致裂纹 这种裂纹较多发生在低合金钢、中合金钢和高碳钢的焊接热影响区中。它可能在焊后立即出现，也可能在焊后几小时、几天，甚至更长时间才出现。这种焊后若干时间才出现的裂纹称为延迟裂纹。

氢致裂纹是焊接接头氢含量、接头显微组织、接头拘束情况等因素相互作用的结果。在焊接厚度10mm以下的工件一般很少发现这种裂纹。工件较厚时，焊接接头冷却速度较大，对淬硬倾向大的母材金属，易在接头处产生硬脆的组织。另一方面，焊接时溶解于焊缝金属中的氢由于冷却过程中溶解度下降，向热影响区扩散。当热影响区的某些区域氢浓度很高而温度继续下降时，一些氢原子开始结合成氢分子，在金属内部造成很大的局部应力。在接头拘束应力作用下产生裂纹。

焊接某些超高强度钢时，这种裂纹会出现在焊缝金属中。

针对氢致裂纹产生的原因，可以从以下几方面采取措施，防止其发生。

1）减少氢的来源及其在焊缝金属中的溶解，采用低氢焊剂；焊剂保管中注意防潮，使用前严格烘干；对焊丝、工件焊口附近的锈、油污、水分等，焊前必须清理干净。通过焊剂的冶金反应把氢结合成不溶于液态金属的化合物，如高Mn高Si焊剂可以促使H^+结合成HF和OH^-进入熔渣中，减少氢对生成裂纹的影响。

2）正确地选择焊接参数，降低钢材的淬硬程度并有利于氢的逸出和改善应力状态，必要时可采用预热。

3）采用后热或焊后热处理，焊后后热有利于焊缝中的溶解氢顺利地逸出。有些工件焊后需要进行热处理，一般情况下多采用回火处理。这种热处理的效果一方面可消除焊接残余应力，另一方面使已产生的马氏体高温回火，改善组织。同时接头中的氢可进一步逸出，有利于消除氢致裂纹，改善热影响区的延性。

4）改善接头设计，降低焊接接头的拘束应力。在焊接接头设计上，应尽可能消除引起应力集中的因素。如避免缺口、防止焊缝的分布过分密集等。坡口形状尽量对称为宜，不对称的坡口裂纹敏感性较大。在满足焊缝强度的基本要求下，应尽量减少填充金属的用量。埋弧焊时，焊接热影响区除了可能产生氢致裂纹外，还可能产生淬硬脆化裂纹、层状撕裂等。

4.5.3 夹渣

埋弧焊时，焊缝的夹渣除与焊剂的脱渣性能有关外，还与工件的装配情况和焊接工艺有关。对接焊缝装配不良时，易在焊缝底层产生夹渣，焊缝成形对脱渣情况也有明显影响。平而略凸的焊缝比深凹或咬边的焊缝更容易脱渣。双道焊的第一道焊缝，当它与坡口上缘熔合时，脱渣容易，如图4-51a所示，而当焊缝不能与坡口边缘充分熔合时，脱渣困难，如图4-51 b所示，在焊接第二道焊缝时易造成夹渣。焊接深坡口时，有较多的小焊道组成的焊缝，夹渣的可能性小。而有较多的大焊道组成的焊缝，夹渣的可能性大。图4-52为这两种焊缝对夹渣的影响。

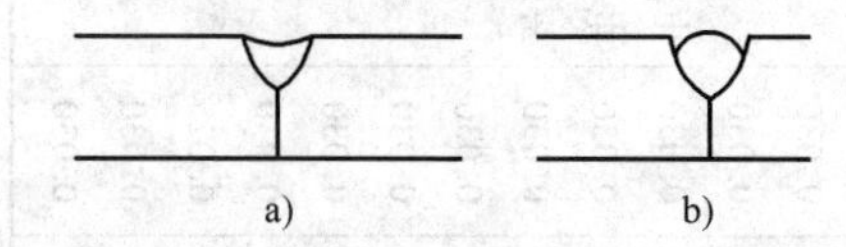

图4-51 焊道与坡口熔合情况对脱渣的影响[12]
a）脱渣容易 b）脱渣困难

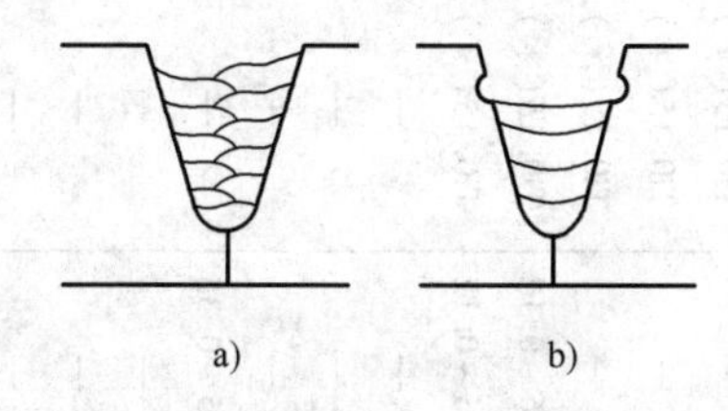

图4-52 多层焊时焊道大小对脱渣的影响[12]
a）脱渣容易 b）脱渣困难

4.6 埋弧焊材料——焊丝、焊剂及其选配

焊丝和焊剂是埋弧焊的消耗材料，从普通碳素钢到高级镍合金多种金属材料的焊接都可以选用焊丝和焊剂配合进行埋弧焊。二者直接参与焊接过程中的冶金反应，因而它们的化学成分和物理性能不仅影响埋弧焊过程中的稳定性、焊接接头性能和质量，同时还影响着焊接生产率，因此根据焊缝金属要求，正确选配焊丝和焊剂是埋弧焊技术的一项重要内容。

4.6.1 焊丝

埋弧焊使用的焊丝有实心焊丝和药芯焊丝两类，生产中普遍使用的是实心焊丝，药芯焊丝只在某些特殊场合应用。焊丝品种随所焊金属的不同而不同，目前已有碳素结构钢、低合金钢、高碳钢、特殊合金钢、不锈钢、镍基合金焊丝，以及堆焊用的特殊合金焊丝。根据国家标准GB/T 14957—1994、GB/T 4241—2006的规定，表4-26、表4-27是典型的碳素结构钢、合金结构钢和不锈钢焊丝的化学成分。

焊丝牌号的字母“H”表示焊接用实心焊丝，字母“H”后面的数字表示碳的质量分数，化学元素符号及后面的数字表示该元素大致的质量分数值。当元素的含量 w(Me) 小于1%时，元素符号后面的1省略。有些结构钢焊丝牌号尾部标有“A”或“E”字母，“A”为优质品，即焊丝的硫、磷含量比普通焊丝低；“E”表示为高级优质品，其硫、磷含量更低。

例如：

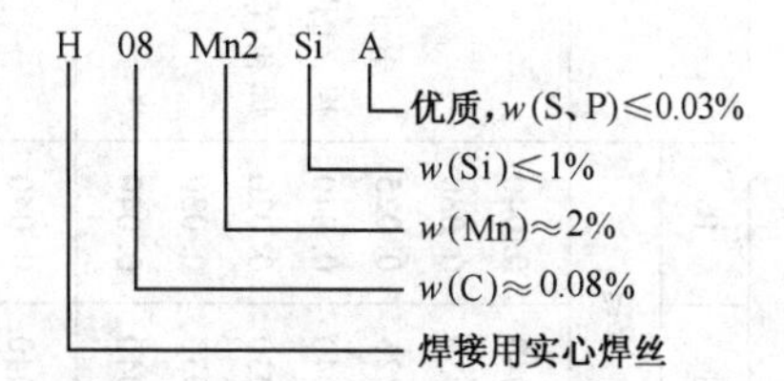

表4-28为国产钢焊丝标准直径及允许偏差。焊丝直径的选择依用途而定，半自动埋弧焊用焊丝较细，一般为 ϕ1.6 ~ ϕ2.4mm，自动埋弧焊时一般使用 ϕ3 ~ ϕ6mm 的焊丝。各种直径的普通钢焊丝埋弧焊时，使用的电流范围见表4-29。一定直径的焊丝，使用的电流有一定范围，使用电流越大，熔敷率越高。而同一电流使用较小直径的焊丝，可获得加大焊缝熔深、减小熔宽的效果。当工件装配不良时，宜选用较粗的焊丝。

焊丝表面应当干净光滑，除不锈钢、有色金属焊丝外，各种低碳钢和低合金钢焊丝表面最好镀铜，镀铜层既可起防锈作用，又可改善焊丝与导电嘴的接触状况。但耐蚀和核反应堆材料焊接用的焊丝是不允许镀铜的。

为了使焊接过程稳定进行并减少焊接辅助时间，焊丝通常用盘丝机整齐地盘绕在焊丝盘上，按照国家标准规定，每盘焊丝应由一根焊丝绕成，焊丝盘的内径和重量见表4-30所示。

4.6.2 焊剂

埋弧焊焊剂在焊接过程中起隔离空气、保护焊缝金属不受空气侵害和参与熔池金属冶金反应的作用。

1. 焊剂的分类

埋弧焊焊剂除按用途分为钢用焊剂和有色金属用焊剂外，通常按制造方法、化学成分、化学性质、颗粒结构等分类，如图4-53所示。

2. 焊剂的型号和牌号的编制方法

（1）焊剂的型号 焊剂的型号是按照国家标准划分的，我国现行的GB/T 5293—1999《埋弧焊用碳钢焊丝和焊剂》中规定：焊剂型号依据埋弧焊焊缝金属的力学性能来编制。

焊剂型号的表示方法如图4-54所示尾部的“H×××”表示与焊剂匹配的焊丝牌号，按GB/T 14957—1994《熔化焊用钢丝》的规定选用。

表 4-26 国产焊丝标准化学成分（GB/T 14957—1994）[15]

钢种	牌号	化学成分（质量分数，%）										用途
		C	Mn	Si	Cr	Ni	Mo	V	其他	S ≤	P ≤	
碳素结构钢	H08	≤0.10	0.30～0.55	≤0.03	≤0.20	≤0.30	—	—	—	0.040	0.040	用于碳素钢的电弧焊、气焊、埋弧焊、电渣焊和气体保护焊等
	H08A	≤0.10	0.30～0.55	≤0.03	≤0.20	≤0.30	—	—	—	0.030	0.030	
	H08E	≤0.10	0.30～0.55	≤0.03	≤0.20	≤0.30	—	—	—	0.025	0.025	
	H08Mn	≤0.10	0.80～1.10	≤0.07	≤0.20	≤0.30	—	—	—	0.040	0.040	
	H08MnA	≤0.10	0.80～1.10	≤0.07	≤0.20	≤0.30	—	—	—	0.030	0.030	
	H15A	0.11～0.18	0.35～0.65	≤0.03	≤0.20	≤0.30	—	—	—	0.030	0.030	
	H15Mn	0.11～0.18	0.80～1.10	≤0.07	≤0.20	≤0.30	—	—	—	0.040	0.040	
合金结构钢	H10Mn2	≤0.12	1.50～1.90	≤0.07	≤0.20	≤0.30	—	—	—	0.040	0.040	用于合金结构钢的电弧焊、气焊、埋弧焊、电渣焊和气体保护焊等
	H08Mn2Si	≤0.11	1.70～2.10	0.65～0.95	≤0.20	≤0.30	—	—	—	0.040	0.040	
	H08Mn2SiA	≤0.11	1.80～2.10	0.65～0.95	≤0.20	≤0.30	—	—	—	0.030	0.030	
	H10MnSi	≤0.14	0.80～1.10	0.60～0.90	≤0.20	≤0.30	—	—	—	0.030	0.040	
	H10MnSiMo	≤0.14	0.90～1.20	0.70～1.10	≤0.20	≤0.30	0.15～0.25	—	—	0.030	0.040	
	H10MnSiMoTiA	0.08～0.12	1.00～1.30	0.40～0.70	≤0.20	≤0.30	0.20～0.40	—	Ti0.05～0.15	0.025	0.030	
	H08MnMoA	≤0.10	1.20～1.60	≤0.25	≤0.20	≤0.30	0.30～0.50	—	Ti0.15(*)	0.030	0.030	
	H08Mn2MoA	0.06～0.11	1.60～1.90	≤0.25	≤0.20	≤0.30	0.50～0.70	—	Ti0.15(*)	0.030	0.030	
	H10Mn2MoA	0.08～0.13	1.70～2.00	≤0.40	≤0.20	≤0.30	0.60～0.80	—	Ti0.15(*)	0.030	0.030	
	H08Mn2MoVA	0.06～0.11	1.60～1.90	≤0.25	≤0.20	≤0.30	0.50～0.70	0.06～0.12	Ti0.15(*)	0.030	0.030	
	H10Mn2MoVA	0.08～0.13	1.70～2.00	≤0.40	≤0.20	≤0.30	0.60～0.80	0.06～0.12	Ti0.15(*)	0.030	0.030	
	H08CrMoA	≤0.10	0.40～0.70	0.15～0.35	0.80～1.10	≤0.30	0.40～0.60	—	—	0.030	0.030	
	H13CrMoA	0.11～0.16	0.40～0.70	0.15～0.35	0.80～1.00	≤0.30	0.40～0.60	—	—	0.030	0.030	
	H18CrMoA	0.15～0.22	0.40～0.70	0.15～0.35	0.80～1.10	≤0.30	0.15～0.25	—	—	0.025	0.030	
	H08CrMoVA	≤0.10	0.40～0.70	0.15～0.35	1.00～1.30	≤0.30	0.50～0.70	0.15～0.35	—	0.030	0.030	
	H08CrNi2MoA	0.05～0.10	0.50～0.85	0.10～0.30	0.70～1.00	1.40～1.80	0.20～0.40	—	—	0.025	0.025	
	H30CrMoSiA	0.25～0.35	0.80～1.10	0.90～1.20	0.80～1.10	≤0.30	—	—	—	0.025	0.030	
	H10MoCrA	≤0.10	0.40～0.70	0.15～0.35	0.45～0.65	≤0.30	0.40～0.60	—	—	0.030	0.030	

注：表中*号为加入量。

表 4-27 国产不锈钢焊丝的牌号及化学成分（熔炼分析）（GB/T 4241—2006）

类型	序号	牌号	化学成分①（质量分数，%）										
			C	Si	Mn	P	S	Cr	Ni	Mo	Cu	N	其他
奥氏体	1	H05Cr22Ni11Mn6Mo3VN	≤0.05	≤0.90	4.00~7.00	≤0.030	≤0.030	20.50~24.00	9.50~12.00	1.50~3.00	≤0.75	0.10~0.30	V:0.10~0.30
	2	H10Cr17Ni8Mn8Si4N	≤0.10	3.40~4.50	7.00~9.00	≤0.030	≤0.030	16.00~18.00	8.00~9.00	≤0.75	≤0.75	0.08~0.18	
	3	H05Cr20Ni6Mn9N	≤0.05	≤1.00	8.00~10.00	≤0.030	≤0.030	19.00~21.50	5.50~7.00	≤0.75	≤0.75	0.10~0.30	
	4	H05Cr18Ni5Mn12N	≤0.05	≤1.00	10.50~13.50	≤0.030	≤0.030	17.00~19.00	4.00~6.00	≤0.75	≤0.75	0.10~0.30	
	5	H10Cr21Ni10Mn6	≤0.10	0.20~0.60	5.00~7.00	≤0.030	≤0.020	20.00~22.00	9.00~11.00	≤0.75	≤0.75		
	6	H09Cr21Ni9Mn4Mo	0.04~0.14	0.30~0.65	3.30~4.75	≤0.030	≤0.030	19.50~22.00	8.00~10.70	0.50~1.50	≤0.75		
	7	H08Cr21Ni10Si	≤0.08	0.30~0.65	1.00~2.50	≤0.030	≤0.030	19.50~22.00	9.00~11.00	≤0.75	≤0.75		
	8	H08Cr21Ni10	≤0.08	≤0.35	1.00~2.50	≤0.030	≤0.030	19.50~22.00	9.00~11.00	≤0.75	≤0.75		
	9	H06Cr21Ni10	0.04~0.08	0.30~0.65	1.00~2.50	≤0.030	≤0.030	19.50~22.00	9.00~11.00	≤0.50	≤0.75		
	10	H03Cr21Ni10Si	≤0.030	0.30~0.65	1.00~2.50	≤0.030	≤0.030	19.50~22.00	9.00~11.00	≤0.75	≤0.75		
	11	H03Cr21Ni10	≤0.030	≤0.35	1.00~2.50	≤0.030	≤0.030	19.50~22.00	9.00~11.00	≤0.75	≤0.75		
	12	H08Cr20Ni11Mo2	≤0.08	0.30~0.65	1.00~2.50	≤0.030	≤0.030	18.00~21.00	9.00~12.00	2.00~3.00	≤0.75		
	13	H04Cr20Ni11Mo2	≤0.04	0.30~0.65	1.00~2.50	≤0.030	≤0.030	18.00~21.00	9.00~12.00	2.00~3.00	≤0.75		
	14	H08Cr21Ni10Si1	≤0.08	0.65~1.00	1.00~2.50	≤0.030	≤0.030	19.50~22.00	9.00~11.00	≤0.75	≤0.75		
	15	H03Cr21Ni10Si1	≤0.030	0.65~1.00	1.00~2.50	≤0.030	≤0.030	19.50~22.00	9.00~11.00	≤0.75	≤0.75		
	16	H12Cr24Ni13Si	≤0.12	0.30~0.65	1.00~2.50	≤0.030	≤0.030	23.00~25.00	12.00~14.00	≤0.75	≤0.75		
	17	H12Cr24Ni13	≤0.12	≤0.35	1.00~2.50	≤0.030	≤0.030	23.00~25.00	12.00~14.00	≤0.75	≤0.75		
	18	H03Cr24Ni13Si	≤0.030	0.30~0.65	1.00~2.50	≤0.030	≤0.030	23.00~25.00	12.00~14.00	≤0.75	≤0.75		
	19	H03Cr24Ni13	≤0.030	≤0.35	1.00~2.50	≤0.030	≤0.030	23.00~25.00	12.00~14.00	≤0.75	≤0.75		
	20	H12Cr24Ni13Mo2	≤0.12	0.30~0.65	1.00~2.50	≤0.030	≤0.030	23.00~25.00	12.00~14.00	2.00~3.00	≤0.75		
	21	H03Cr24Ni13Mo2	≤0.030	0.30~0.65	1.00~2.50	≤0.030	≤0.030	23.00~25.00	12.00~14.00	2.00~3.00	≤0.75		
	22	H12Cr24Ni13Si1	≤0.12	0.65~1.00	1.00~2.50	≤0.030	≤0.030	23.00~25.00	12.00~14.00	≤0.75	≤0.75		
	23	H03Cr24Ni13Si1	≤0.030	0.65~1.00	1.00~2.50	≤0.030	≤0.030	23.00~25.00	12.00~14.00	≤0.75	≤0.75		
	24	H12Cr26Ni21Si	0.08~0.15	0.30~0.65	1.00~2.50	≤0.030	≤0.030	25.00~28.00	20.00~22.50	≤0.75	≤0.75		
	25	H12Cr26Ni21	0.08~0.15	≤0.35	1.00~2.50	≤0.030	≤0.030	25.00~28.00	20.00~22.50	≤0.75	≤0.75		
	26	H08Cr26Ni21	≤0.08	≤0.65	1.00~2.50	≤0.030	≤0.030	25.00~28.00	20.00~22.50	≤0.75	≤0.75		
	27	H08Cr19Ni12Mo2Si	≤0.08	0.30~0.65	1.00~2.50	≤0.030	≤0.030	18.00~20.00	11.00~14.00	2.00~3.00	≤0.75		
	28	H08Cr19Ni12Mo2	≤0.08	≤0.35	1.00~2.50	≤0.030	≤0.030	18.00~20.00	11.00~14.00	2.00~3.00	≤0.75		
	29	H06Cr19Ni12Mo2	0.04~0.08	0.30~0.65	1.00~2.50	≤0.030	≤0.030	18.00~20.00	11.00~14.00	2.00~3.00	≤0.75		
	30	H03Cr19Ni12Mo2Si	≤0.030	0.30~0.65	1.00~2.50	≤0.030	≤0.030	18.00~20.00	11.00~14.00	2.00~3.00	≤0.75		
	31	H03Cr19Ni12Mo2	≤0.030	≤0.35	1.00~2.50	≤0.030	≤0.030	18.00~20.00	11.00~14.00	2.00~3.00	≤0.75		
	32	H08Cr19Ni12Mo2Si1	≤0.08	0.65~1.00	1.00~2.50	≤0.030	≤0.030	18.00~20.00	11.00~14.00	2.00~3.00	≤0.75		

（续）

类型	序号	牌号	化学成分①（质量分数,%）									
			C	Si	Mn	P	S	Cr	Ni	Mo	Cu	N	其他
奥氏体	33	H03Cr19Ni12Mo2Si1	≤0.030	0.65~1.00	1.00~2.50	≤0.030	≤0.030	18.00~20.00	11.00~14.00	2.00~3.00	≤0.75		
	34	H03Cr19Ni12Mo2Cu2	≤0.030	≤0.65	1.00~2.50	≤0.030	≤0.030	18.00~20.00	11.00~14.00	2.00~3.00	1.00~2.50		
	35	H08Cr19Ni14Mo3	≤0.08	0.30~0.65	1.00~2.50	≤0.030	≤0.030	18.50~20.50	13.00~15.00	3.00~4.00	≤0.75		
	36	H03Cr19Ni14Mo3	≤0.030	0.30~0.65	1.00~2.50	≤0.030	≤0.030	18.50~20.50	13.00~15.00	3.00~4.00	≤0.75		
	37	H08Cr19Ni12Mo2Nb	≤0.08	0.30~0.65	1.00~2.50	≤0.030	≤0.030	18.00~20.00	11.00~14.00	2.00~3.00	≤0.75		Nb②:8×C~1.00
	38	H07Cr20Ni34Mo2Cu3Nb	≤0.07	≤0.60	≤2.50	≤0.030	≤0.030	19.00~21.00	32.00~36.00	2.00~3.00	3.00~4.00		Nb②:8×C~1.00
	39	H02Cr20Ni34Mo2Cu3Nb	≤0.025	≤0.15	1.50~2.00	≤0.015	≤0.020	19.00~21.00	32.00~36.00	2.00~3.00	3.00~4.00		Nb②:8×C~0.40
	40	H08Cr19Ni10Ti	≤0.08	0.30~0.65	1.00~2.50	≤0.030	≤0.030	18.50~20.50	9.00~10.50	≤0.75	≤0.75		Ti:9×C~1.00
	41	H21Cr16Ni35	0.18~0.25	0.30~0.65	1.00~2.50	≤0.030	≤0.030	15.00~17.00	34.00~37.00	≤0.75	≤0.75		
	42	H08Cr20Ni10Nb	≤0.08	0.30~0.65	1.00~2.50	≤0.030	≤0.030	19.00~21.50	9.00~11.00	≤0.75	≤0.75		Nb②:10×C~1.00
	43	H08Cr20Ni10SiNb	≤0.08	0.65~1.00	1.00~2.50	≤0.030	≤0.030	19.00~21.50	9.00~11.00	≤0.75	≤0.75		Nb②:10×C~1.00
	44	H02Cr27Ni32Mo3Cu	≤0.025	≤0.50	1.00~2.50	≤0.020	≤0.030	26.50~28.50	30.00~33.00	3.20~4.20	0.70~1.50		
	45	H02Cr20Ni25Mo4Cu	≤0.025	≤0.50	1.00~2.50	≤0.020	≤0.030	19.50~21.50	24.00~26.00	4.20~5.20	1.20~2.00		
	46	H06Cr19Ni10TiNb	0.04~0.08	0.30~0.65	1.00~2.00	≤0.030	≤0.030	18.50~20.00	9.00~11.00	≤0.25	≤0.75		Ti:≤0.05 Nb②:≤0.05
	47	H10Cr16Ni8Mo2	≤0.10	0.30~0.65	1.00~2.00	≤0.030	≤0.030	14.50~16.50	7.50~9.50	1.00~2.00	≤0.75		
奥氏体加铁素体	48	H03Cr22Ni8Mo3N	≤0.030	≤0.90	0.50~2.00	≤0.030	≤0.030	21.50~23.50	7.50~9.50	2.50~3.50	≤0.75	0.08~0.20	
	49	H04Cr25Ni5Mo3Cu2N	≤0.04	≤1.00	≤1.50	≤0.040	≤0.030	24.00~27.00	4.50~6.50	2.90~3.90	1.50~2.50	0.10~0.25	
	50	H15Cr30Ni9	≤0.15	0.30~0.65	1.00~2.50	≤0.030	≤0.030	28.00~32.00	8.00~10.50	≤0.75	≤0.75		
马氏体	51	H12Cr13	≤0.12	≤0.50	≤0.60	≤0.030	≤0.030	11.50~13.50	≤0.60	≤0.75	≤0.75		
	52	H06Cr12Ni4Mo	≤0.06	≤0.50	≤0.60	≤0.030	≤0.030	11.00~12.50	4.00~5.00	0.40~0.70	≤0.75		
	53	H31Cr13	0.25~0.40	≤0.50	≤0.60	≤0.030	≤0.030	12.00~14.00	≤0.60	≤0.75	≤0.75		
铁素体	54	H06Cr14	≤0.06	0.30~0.70	0.30~0.70	≤0.030	≤0.030	13.00~15.00	≤0.60	≤0.75	≤0.75		
	55	H10Cr17	≤0.10	≤0.50	≤0.60	≤0.030	≤0.030	15.50~17.00	≤0.60	≤0.75	≤0.75		
	56	H01Cr26Mo	≤0.015	≤0.40	≤0.40	≤0.020	≤0.020	25.00~27.50	Ni+Cu≤0.50	0.75~1.50	Ni+Cu≤0.50	≤0.015	
	57	H08Cr11Ti	≤0.08	≤0.80	≤0.80	≤0.030	≤0.030	10.50~13.50	≤0.60	≤0.50	≤0.75		Ti:10×C~1.50
	58	H08Cr11Nb	≤0.08	≤1.00	≤0.80	≤0.040	≤0.030	10.50~13.50	≤0.60	≤0.50	≤0.75		Nb②:10×C~0.75
沉淀硬化	59	H05Cr17Ni4Cu4Nb	≤0.05	≤0.75	0.25~0.75	≤0.030	≤0.030	16.00~16.75	4.50~5.00	≤0.75	3.25~4.00		Nb②:0.15~0.30

① 在对表中给出元素进行分析时，如果发现有其他元素存在，其总的质量分数（除铁外）不应超过0.50%。

② Nb可报告为Nb+Ta。

表 4-28 钢焊丝直径及其允许偏差 （单位：mm）

焊丝直径		0.4 0.6 0.8	1.0 1.2 1.6 2.0 2.5 3.0	3.2 4.0 5.0 6.0	6.5 7.0 8.0 9.0
允许偏差	普通精度	-0.07	-0.12	-0.16	-0.20
	较高精度	-0.04	-0.06	-0.08	-0.10

表 4-29 各种直径普通钢焊丝埋弧焊使用的电流范围[2]

焊丝直径/mm	1.6	2.0	2.5	3.0	4.0	5.0	6.0
电流范围/A	115~500	125~600	150~700	200~1000	340~1100	400~1300	600~1600

表 4-30 钢焊丝的焊丝盘内径和重量

焊丝直径/mm	焊丝盘内径/mm	每盘重量/kg(不小于)		
		碳素结构钢	合金结构钢	不锈钢
1.6~2.0	250	15.0	10.0	6.0
2.5~3.5	350	30.0	12.0	8.0
4.0~6.0	500	40.0	15.0	10.0
6.5~9.0	500	40.0	20.0	12.0

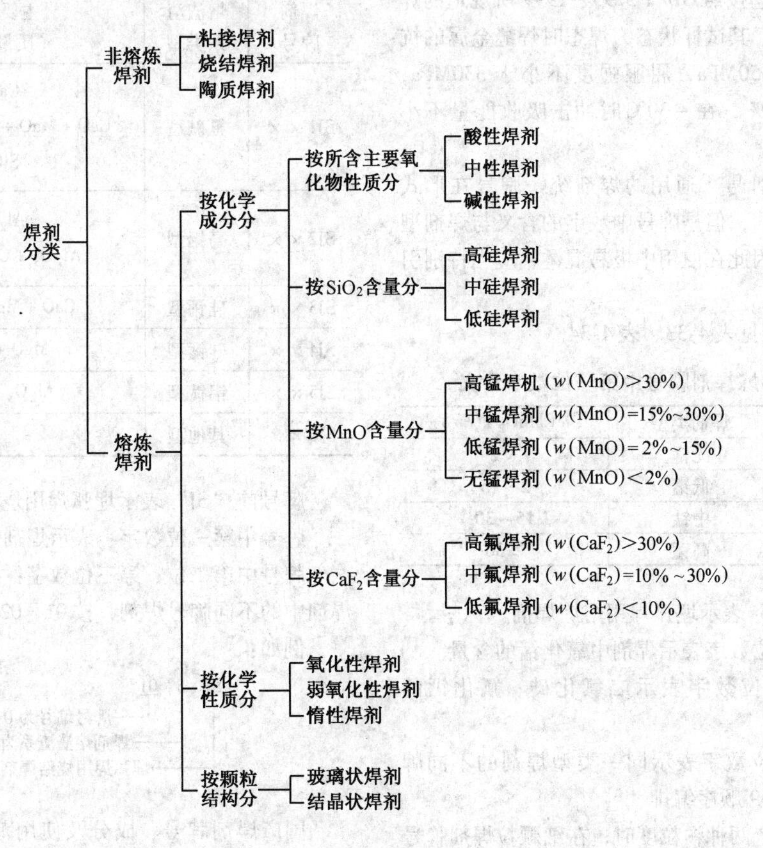

图 4-53 焊剂的分类[15]

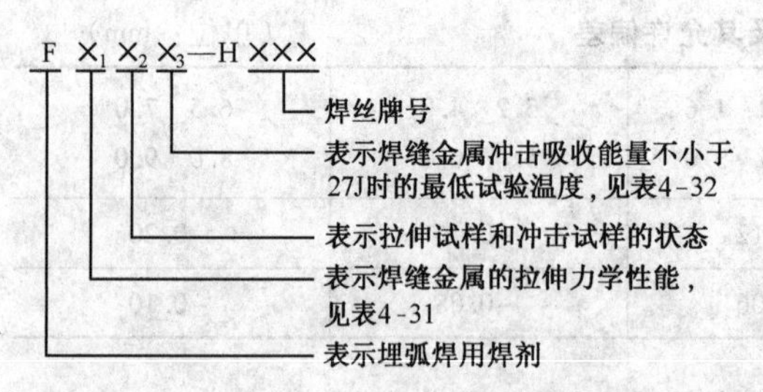

图4-54　焊剂型号的表示方法

表4-31　焊剂型号中的第一位数字的含义

$\times_1$	抗拉强度 R_m /MPa	下屈服强度 R_{eL} /MPa	伸长率 A (%)
3	410～550	≥303	≥22.0
4	410～550	≥330	≥22.0
5	480～650	≥437	≥22.0

表4-32　焊剂型号中第三位数字的含义

$\times_3$	0	1	2	3	4	5	6
试验温度/℃	—	0	-20	-30	-40	-50	-60

举例：HJ403—H08MnA，表示为埋弧焊用焊剂，采用H08MnA焊丝按照GB/T 5293—1999所规定的焊接参数焊接试板，其试杆状态为焊态时焊缝金属的抗拉强度为410～550MPa，屈服强度不小于330MPa，伸长率不小于22%，在-30℃时冲击吸收能量不小于27J。

（2）焊剂的牌号　通用的焊剂统一牌号在形式上与焊剂型号相同，但是牌号中数字的含义与焊剂型号是不相同的，因此在使用中极易混淆，应当特别引起注意。

1）熔炼焊剂见表4-33、表4-34。

表4-33　熔炼焊剂牌号中第一位数字含义

焊剂牌号	焊剂类型	$w(MnO_2)$(%)
HJ1××	无锰	<2
HJ2××	低锰	2～15
HJ3××	中锰	15～30
HJ4××	高锰	>30

牌号前“HJ”表示埋弧焊用熔炼焊剂。

牌号中第一位数字表示焊剂中氧化锰的含量。

牌号中第二位数字表示二氧化硅、氟化钙的含量。

牌号中第三位数字表示同一类型焊剂的不同牌号，按0、1、2…9顺序编排。

同一牌号生产两种颗粒度时，在细颗粒焊剂牌号后面加X。

表4-34　熔炼焊剂牌号中第二位数字含义

焊剂牌号	焊剂类型	$w(SiO_2)$(%)	$w(CaF_2)$(%)
HJ×1×	低硅低氟	<10	<10
HJ×2×	中硅低氟	10～30	<10
HJ×3×	高硅低氟	>30	<10
HJ×4×	低硅中氟	<10	10～30
HJ×5×	中硅中氟	10～30	10～30
HJ×6×	高硅中氟	>30	10～30
HJ×7×	低硅高氟	<10	>30
HJ×8×	中硅高氟	10～30	>30

例如：

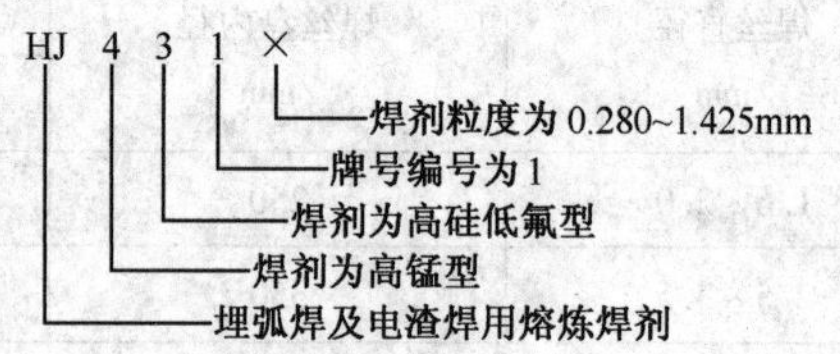

2）烧结焊剂见表4-35。

表4-35　烧结焊剂牌号中第一位数字含义

焊剂牌号	熔渣渣系类型	主要组成范围（质量分数,%）
SJ1××	氟碱型	CaF_2≥15 $CaO+MgO+MnO_2+CaF_2>50$ SiO_2≤20
SJ2××	高铝型	Al_2O_3≥20 $Al_2O_3+CaO+MgO>45$
SJ3××	硅钙型	$CaO+MgO+SiO_2>60$
SJ4××	硅锰型	$MgO+SiO_2>50$
SJ5××	铝钛型	$Al_2O_3+TiO_2>45$
SJ6××	其他型	

牌号前“SJ”表示埋弧焊用烧结焊剂。

牌号中第一位数字：表示焊剂熔渣渣系的类型。

牌号中第二位、第三位数字：表示同一渣系类型焊剂中的不同牌号焊剂，按01、02…09顺序编排。

例如：

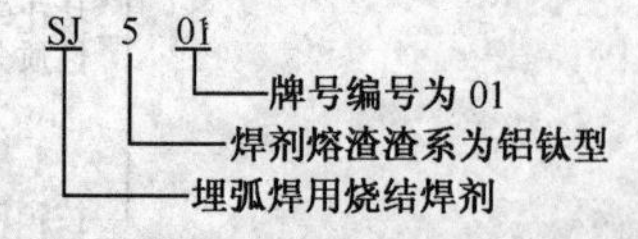

国产焊剂牌号、成分及使用范围见表4-36、表4-37。

表 4-36 国产熔炼型埋弧焊剂牌号、成分及其应用范围[14]

牌号①	成分类型	组成成分(质量分数)(%)											用途	配用焊丝	适用电源种类
		SiO_2	CaF_2	CaO	MgO	Al_2O_3	MnO	FeO	K_2O+Na_2O	S	P	其他			
HJ130	无锰高硅低氟	35~40	4~7	10~18	14~19	12~16	—	0~2	—	≤0.05	≤0.05	TiO_2 7~11	低碳钢、低合钢	H10Mn2	交直流
HJ131	无锰高硅低氟	34~38	2.5~4.5	48~55	—	6~9	—	≤1.0	1.5~3.0	≤0.05	≤0.08	—	镍基合金(薄板)	Ni 基焊丝	交直流
HJ150	无锰中硅中氟	21~23	25~33	3~7	9~13	28~32	—	≤1.0	≤3	≤0.08	≤0.08	—	轧辊堆焊	20Cr13	直流
HJ172	无锰低硅高氟	3~6	45~55	2~5	—	28~35	1~2	≤0.8	≤3	≤0.05	≤0.05	ZrO_2 2~4 NaF2~3	高铬铁素体钢	相应钢种焊丝	直流
HJ173	无锰低硅高氟	≤4	45~58	13~20	—	22~33	—	≤1.0	—	≤0.05	≤0.04	ZrO_2 2~4	锰、铝高合金钢	相应钢种焊丝	直流
HJ230	低锰高硅低氟	40~46	7~11	8~14	10~14	10~17	5~10	≤1.5	—	≤0.05	≤0.05	—	低碳钢、低合钢	H08MnA,H10Mn2	交直流
HJ250	低锰中硅中氟	18~22	23~30	4~8	12~16	18~23	5~8	≤1.5	≤3	≤0.05	≤0.05	—	低合金高强度钢	相应钢种焊丝	直流
HJ251	低锰中硅中氟	18~22	23~30	3~6	14~17	18~23	7~10	≤1.0	—	≤0.08	≤0.05	—	珠光体耐热钢	Cr-Mo 钢焊丝	直流
HJ253	低锰中硅中氟	20~24	24~30	—	13~17	12~16	6~10	≤1.0	—	≤0.08	≤0.05	TiO_2 2~4	低合金高强度钢(薄板)	相应钢种焊丝	直流
HJ260	低锰高硅中氟	29~34	20~25	4~7	15~18	19~24	2~4	≤1.0	—	≤0.07	≤0.07	—	不锈钢,轧辊堆焊	不锈钢焊丝	直流
HJ330	中锰高硅低氟	44~48	3~6	≤3	16~20	≤4	22~26	≤1.5	≤1	≤0.08	≤0.08	—	重要低碳钢及低合钢	H08MnA,H10Mn2	交直流
HJ350	中锰中硅中氟	30~35	14~20	10~18	—	13~18	14~19	≤1.0	—	≤0.06	≤0.07	—	重要低合金高强度钢	Mn-MoMn-Si 及含 Ni 高强度钢焊丝	交直流
HJ430	高锰高硅低氟	38~45	5~9	≤6	—	≤5	38~47	≤1.8	—	≤0.10	≤0.10	—	重要低碳钢及低合钢	H08A,H08MnA	交直流
HJ431	高锰高硅低氟	40~44	3~6.5	≤5.5	5~7.5	≤4	34.5~38	≤1.8	—	≤0.10	≤0.10	—	重要低碳钢及低合钢	H08A,H08MnA	交直流
HJ433	高锰高硅低氟	42~45	2~4	≤4	—	≤3	14~47	≤1.8	0.3~0.5	≤0.15	≤0.10	—	低碳钢	H08A	交直流

① 国家标准 GB/T 5293—1999、GB/T 12470—2003 规定熔炼焊剂型号标注方法为：HJ $\times_1\times_2\times_3$H×××，其中 $\times_1$ 表示焊缝金属的拉伸力学性能；$\times_2$ 表示拉伸和冲击试样的状态；$\times_3$ 表示焊缝金属冲击吸收能量不小于 27J 的最低试验温度；H×××表示可配用焊丝牌号。但生产厂商的牌号是按成分类型区分的，即 HJabc 中，a 表示锰含量；b 表示硅氟含量；c 表示同类不同牌号，实际中应注意辨明。

表4-37　国产烧结焊剂牌号、成分及其使用范围[14]

牌号	渣系类别	碱度	主要成分(质量分数)(%)						配用焊丝	用途	适用电源种类
			SiO_2 + TiO_2	CaO + MgO	Al_2O_3 + MnO	CaF_2	S	P			
SJ101	氟碱	1.8	25	30	25	2.0	≤0.06	≤0.08	H08MnA，H08MnMoA H08Mn2MoA，H10Mn2	多层焊、多丝焊、窄间隙双单焊	AC、DCRP
SJ102		3.5	10～15	35～45	15～25	20～30					DCRP
SJ104		2.7	30～35	20～25	20～25	20～25			H08Mn2，H08MnMoTi H08MnA		
SJ105		2.0	16～22	30～34	18～20	18～25					AC、DCRP
SJ301	硅钙	1.0	25～35	20～30	25～40	5～15			H08A，H08MnA H08MnMoA	多层焊、多丝焊双单焊	DCRP
SJ302		1.1	20～25	20～25	30～40	8～20					
SJ401	硅锰	<1	45	10	40	—			H08A	常规单丝焊	
SJ402		0.7	34～45	40～50	5～15	—				薄板较高速焊	
SJ403		—	≥45	≥20	≥20	—	≤0.04	≤0.04	H08A	耐磨堆焊	
SJ501	铝钛	0.5～0.8	25～40	45～60	≤10	—	≤0.06	≤0.08	H08A，H08MnA，H08MnMoA	多丝高速焊	
SJ502		<1	45	30	10	5			H08A	薄板较高速焊	
SJ503		0.7～0.9	25～35	45～60	—	≤17			H08A，H08MnA	常规单丝焊	
SJ601	其他	1.8	5～10	30～40	6～10	40～50	≤0.06	≤0.06	H00Cr21Ni10，H0Cr21NiTi	多道焊不锈钢	
SJ604		1.8	5～8	30～35	4～8	40～50					
SJ641		2.0	20～25	20～22	15～20	20～25					
CHF602		3.0～3.2	(SiO_2) 8～12	(MgO) 24～30	(Al_2O_3) 8～12	20～25	($BaCO_3$)38～21		H08MnNiMoA，H10Cr2Mo1A	厚壁压力容器	DCRP
CHF603		2.3～2.7	(SiO_2) 6～10	(MgO) 22～28	18～23	15～20	($CaCO_3$)20～24		H13Cr2Mo1A，H11CrMoA H04Ni13A，H08Mn2Ni2A	Cr-Mo钢 Ni钢	AC、DCRP

参考文献

[1] 姜焕中. 电弧焊及电渣焊 [M]. 修订本. 北京：机械工业出版社，1988.

[2] American Society for Metals. Metals Handbook：Vol 6 [M]. 9th Ed. Oh-io：AMS，1983.

[3] Houldcroft PT. Weldlng Process Technology [M]. London：Cambridge University Press，1977.

[4] 日本熔接学会. 熔接·接合便览 [M]. 东京：丸善株式会社，1990.

[5] 成都电焊机研究所，等. 电机工程手册：第35篇电焊机 [M]. 北京：机械工业出版社，1980.

[6] 上海船舶工业设计研究院，等. 焊接设备选用手册 [M]. 修订本. 北京：机械工业出版社，1986.

[7] 甘肃工业大学. 焊接机械装备图册 [M]. 北京：机械工业出版社，1982.

[8] 国家机械工业委员会. 焊接材料样本 [M]. 北京：机械工业出版社，1987.

[9] Tsuboietal. Submerged-Arc One-Side Welding Process With Lower Heat Input [C]. Proceeding of the 2nd International Symposium of the Japan Welding Society，1995.

[10] 周振丰. 金属熔焊原理及工艺：下册 [M]. 北京：机械工业出版社，1981.

[11] 张文钺. 金属熔焊原理及工艺：下册 [M]. 北京：机械工业出版社，1980.

[12] 美国焊接学会. 焊接手册第二卷 [M]. 第七版. 黄静文，等译. 北京：机械工业出版社，1988.

[13] American Welding Society. Welding Hand book：Vol 2 Welding Processes [M]. 1991.

[14] 胡特生，等. 电弧焊 [M]. 北京：机械工业出版社，1996.

[15] 张文钺，等. 焊接冶金学 [M]. 北京：机械工业出版社，1995.

[16] 林三宝，等. 高效焊接方法 [M]. 北京：机械工业出版社，2011.

第5章 钨极惰性气体保护焊

作者 陈树君 审者 李西恭

钨极惰性气体保护焊是以钨或钨的合金作为电极材料，在惰性气体的保护下，利用电极与母材金属（工件）之间产生的电弧热熔化母材和填充焊丝的焊接过程，英文称为 GTAW-Gas Tungsten Arc Welding 或 TIG-Tungsten Inert Gas Welding。

5.1 钨极惰性气体保护焊的原理、分类及特点

5.1.1 原理

TIG 焊焊接过程示意图如图 5-1 所示。焊接时，惰性气体以一定的流量从焊枪的喷嘴中喷出，在电弧周围形成气体保护层将空气隔离，以防止大气中的氧、氮等对钨极、熔池及焊接热影响区金属的有害作用，从而获得优质的焊缝。当需要填充金属时，一般在焊接方向的一侧把焊丝送入焊接区、熔入熔池而成为焊缝金属的组成部分。

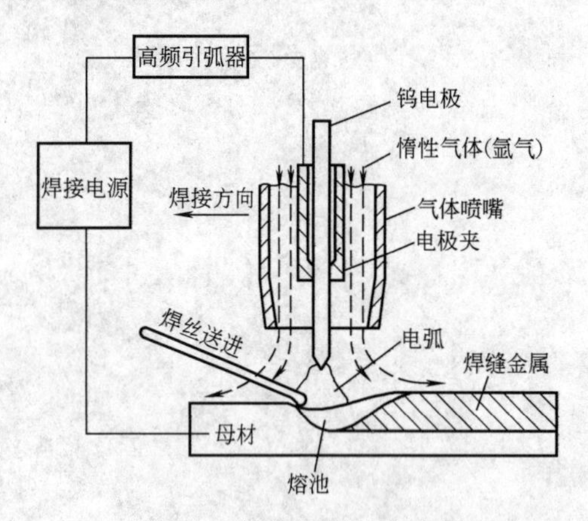

图 5-1 TIG 焊焊接过程示意图

在焊接时所用的惰性气体有氩气（Ar）、氦气（He）或氩氦混合气体。在某些使用场合可加入少量的氢气（H_2）。用氩气保护的称钨极氩弧焊；用氦气保护的称钨极氦弧焊。两者在电、热特性方面有所不同。我国由于氦气的价格比氩气高很多，故在工业上主要用钨极氩弧焊。

5.1.2 分类

根据不同的分类方式，TIG 焊大致有如下几种类型：

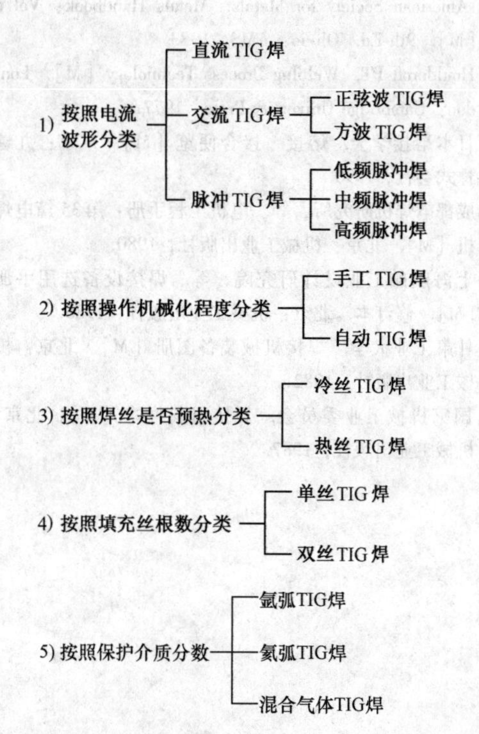

通常根据工件材料种类、厚度、产品要求以及生产率等条件选择不同的 TIG 焊方法。如直流 TIG 焊适合不锈钢、耐热钢、铜合金、钛合金等材料，交流 TIG 焊用于铝及铝合金、镁合金、铝青铜等。脉冲 TIG 焊用来焊接薄板（0.3mm 左右）、全位置管道焊接、高速焊以及对热敏感性强的一些材料。热丝、双丝 TIG 焊主要是为了提高焊接生产率。直流氦弧焊几乎可以焊接所有金属，尤其适用于大厚度（>10mm）铝板。

5.1.3 特点

1. TIG 焊工艺的优点

1）惰性气体不与金属发生任何化学反应，也不溶于金属，使得焊接过程中熔池的冶金反应简单易控制。在惰性气体保护下焊接，不需使用焊剂就几乎可以焊接所有的金属，焊后不需要去除焊渣，为获得高质量的焊缝提供了良好条件。

2）焊接工艺性能好，明弧，能观察电弧及熔池。即使在小的焊接电流下电弧仍然燃烧稳定。由于填充焊丝是通过电弧间接加热，焊接过程无飞溅，焊缝成形美观。

3）钨极电弧非常稳定，即使在很小的电流情况下（<10A）仍可稳定燃烧，能进行全位置焊接，并能进行脉冲焊接，容易调节和控制焊接的热输入，适合于薄板或对热敏感材料的焊接。

4）电弧具有阴极清理作用。电弧中的阳离子受阴极电场加速，以很高的速度冲击阴极表面，使阴极表面的氧化膜破碎并清除掉，在惰性气体的保护下，形成清洁的金属表面，又称阴极破碎作用。当母材是易氧化的轻金属，如铝、镁及其合金作为阴极时这一清理作用尤为显著。

5）热源和填充焊丝可分别控制，因而热输入容易调整，所以这种焊接方法可进行全位置焊接，也是实现单面焊双面成形的理想方法。

2. TIG 焊的缺点及其局限性

1）熔深较浅，焊接速度较慢，焊接生产率较低。

2）钨极载流能力有限，过大的焊接电流会引起钨极熔化和蒸发，其微粒可能进入熔池造成对焊缝金属的污染，使接头的力学性能降低，特别是塑性和冲击韧度的降低。

3）惰性气体在焊接过程中仅仅起保护隔离作用，因此对工件表面状态要求较高。工件在焊前要进行表面清洗、脱脂、去锈等准备工作。

4）焊接时气体的保护效果受周围气流的影响较大，需采取防风措施。

5）采用的氩气较贵，熔敷率低，且氩弧焊机又较复杂，故和其他焊接方法（如焊条电弧焊、埋弧焊、CO_2 气体保护焊）相比，生产成本较高。

综上所述，钨极氩弧焊几乎可用于所有金属和合金的焊接，但由于其成本较高，通常多用于焊接铝、镁、钛、铜等有色金属，以及不锈钢、耐热钢等。对于低熔点和易蒸发的金属（如铅、锡、锌），焊接较困难。对于某些厚壁重要构件（如压力容器及管道），在底层熔透焊道焊接、全位置焊接和窄间隙焊接时，为了保证底层焊接质量，往往采用氩弧焊打底。

5.2　钨极惰性气体保护焊的电流种类及极性选择

TIG 焊根据工件的材料和要求可选择直流、交流和脉冲三种焊接电源。直流焊接电源有正接和反接两种接法。焊接铝、镁及其合金时应优先选择交流焊接电源，其他金属一般选择直流正接。

5.2.1　直流钨极氩弧焊

直流钨极氩弧焊时，没有极性变化，因此电弧燃烧非常稳定。然而它有正、反接法之分。工件接电源正极，钨极接电源负极，称为正接法，反之，则称为反接法。

1. 直流正接法

这种焊接工艺工件与电源的正极相连，钨极与电源的负极相连，电弧燃烧时，弧柱中的电子流从钨极“跑”向工件，正离子流“跑”向钨极。由于此时钨极为阴极，具有很强的热电子发射能力，大量高能量的电子流从阴极表面发射出来，“跑”向弧柱。在发射电子流的同时，这些具有高能量的电子要从阴极带走一部分能量，即阴极以汽化潜热形式失掉一部分能量，功率数值为 IV_W，其中 I 为发射出来的电子流，V_W 为电极材料的逸出功。这些能量的损失将造成阴极表面的冷却，此时钨极烧损极少。同时由于阴极斑点集中，电弧比较稳定。工件受到质量很小的电子流撞击，故不能除去金属表面的氧化膜。除铝、镁合金外，其他金属表面不存在高熔点的氧化膜问题，故一般金属焊接均采用此种连接方法。

采用直流正接有如下优点：

1）工件为阳极，接受电子轰击放出的全部动能和逸出功，电弧比较集中，阳极加热面积比较小，因此获得窄而深的焊缝。

2）钨极的热电子发射能力强，所以正接时电弧非常稳定。

3）钨极发射电子的同时，具有很强的冷却作用，所以钨极不易过热，采用正接法时，钨极允许通过的电流要比反接时大很多。

2. 直流反接法

反接时工件与电源的负极相连，钨极接到电源的正极。此时弧柱内的电子流“跑”向钨极而离子流“跑”向工件。当离子流撞向工件时，工件表面的氧化膜会自动地破碎被清除，即出现阴极清理作用。而钨极受到电子流的撞击，把电子流所携带的能量全部吸收进来，使得钨极具有很高的温度而过热，导致熔化，所以反接时钨极允许承受的焊接电流很小。工件的材料如钢、铝、铜等一般都属冷阴极材料，其电子发射主要为场致发射，场致发射时对阴极材料没有冷却作用，所以工件所处的温度较高，但由于氧化膜存在，阴极斑点在氧化膜上来回游动，电弧不集中，加热区域大，因此电弧不稳，且熔深浅而宽，此法生产率低，电弧稳定性不好，一般不推荐使用。

5.2.2　交流钨极氩弧焊

当工件为负极时，表面生成的氧化膜逸出功小，易发射电子，所以阴极斑点总是优先在氧化膜处形成。工件为冷阴极材料时，阴极区有很高的电压降，因此阴极斑点能量密度相当高，远远高于阳极。正离子在阴极电场作用下高速撞击氧化膜，使得氧化膜破碎、分解而被清理掉，接着阴极斑点又在邻近氧化膜上发射电子，继而又被清理，阴极斑点始终在金属表面的氧化膜上游动，被清理的范围也不断地扩大，直到不在氩气所能保护的范围内。清理作用的强弱与阴极区的能量密度和正离子质量有关，能量密度越高，离子质量越大，清理效果越好。

当工件为正极时，由于工件转为阳极，不存在清除氧化膜的功能。

使用直流正接法时没有阴极清理作用，所以无法焊接容易被氧化的铝、镁及其合金。虽然直流反接法具有阴极清理作用，能够焊接铝、镁及其合金，但是直流反接的焊缝熔深浅、缝宽大，而焊接电流又受到钨极易烧损的限制，故这类金属多采用交流 TIG 焊，主要的原因是利用交流正半周期钨极发射电子有利于电弧的稳定，而交流负半周期有工件表面的阴极清理作用。焊缝清理后周围的白边，就是清理作用把母材表面氧化膜去除的痕迹。发生的范围是在惰性气体充分包围的地方，如混入空气就不发生这种作用。当惰性气体流量不足或保护欠佳时，其作用范围就会减少。

交流电的极性是周期性变换的，相当于在每个周期里半波为直流正接，半波为直流反接。正接的半波期间钨极可以发射足够的电子而又不至于过热，有利于电弧的稳定。反接的半波期间工件表面生成的氧化膜很容易被清理掉而获得表面光亮美观、成形良好的焊缝。这样，同时兼顾了阴极清理作用、钨极烧损少和电弧稳定性好的效果，对于活泼性强的铝、镁、铝青铜等金属及其合金一般都选用交流氩弧焊。

1. 交流正弦波 TIG 焊

铝合金交流正弦钨极氩弧焊的典型电流、电压波形如图 5-2 所示，可以看出：电弧电压波形与正弦波相差很大。电弧是非线性电阻。当电弧重新引燃的瞬时，电流很小而电弧电压数值较高，得到如图 5-2 所示的电弧电压波形。电源电压波形是正弦波形，电弧电流也是正弦波形。交流钨极氩弧焊的电弧主要有以下两个特点。其一是由于电弧每秒有 100 次过零，电弧每秒熄灭 100 次。当焊接电流较小时，在每个半波中焊接电流按正弦波变化，由小到大而后又逐渐减小为零，则电弧空间温度下降，电弧空间的电离度也随之降低，使电弧的稳定性变差。其二是在每个半波都要重新引燃电弧。在钨极为负的半波，较高温度的钨极发射电子的能力很强，因此当电极极性由铝板为负变成钨极为负时，电弧的再引燃电压 U_{ri-p} 较小，电弧电流过零，电弧的再引燃电压 U_{ri-p} 小于电源电压瞬时值，则电弧就可以依靠电源电压的作用可靠地再引燃。而当交流电流由钨极为负变成工件为负的瞬间，因电流减小，电弧空间及电极的温度下降，同时铝板的熔点很低，发射电子的能力很差，则电弧再引燃电压数值很高。一般情况下此时的再引燃电压 U_{ri-n} 很高，要大于电源电压瞬时值。此时如不采取特殊的稳弧措施，电弧就要熄灭，因此交流钨极氩弧焊的第一个问题是焊接过程中的稳弧问题。为保证交流电弧稳定燃烧，在交流钨极氩弧焊时，当焊接电流由钨极为负变为铝板为负的瞬间，必须加以高压重新引燃电弧，否则电弧就要熄灭，只有采取稳弧措施，电弧才能稳定燃烧。交流钨极氩弧焊时，由于铝板与钨极发射电子能力的差异，造成两半波电弧电压数值也有较大的差别，钨极为负半波电弧电压较低。

不仅两半波电弧电压波形有很大的差别，同时其正、负半波电流波形也有很大的差异。当钨极为负半波时，因钨极发射电子能力强，有较大的电流，而铝为负半波时电流较小。又因钨极为负半波的电弧电压低，在较低电压时，还可以维持电弧燃烧，而铝为负半波必须用较高的电压维持电弧燃烧，因此钨极为负半波比铝为负半波电弧引燃时间长，再加上钨极为负半波时电流的幅值高，导致正负半波电流不对称，在交流焊接回路中存在一个由工件流向钨极的直流分量，即图 5-2 的 I_{DC}，这种现象称为电弧的“整流作用”。电极和工件的熔点、沸点、导热性相差越大（如钨和铝、镁），上述不对称情况就越严重，直流分量就越大。

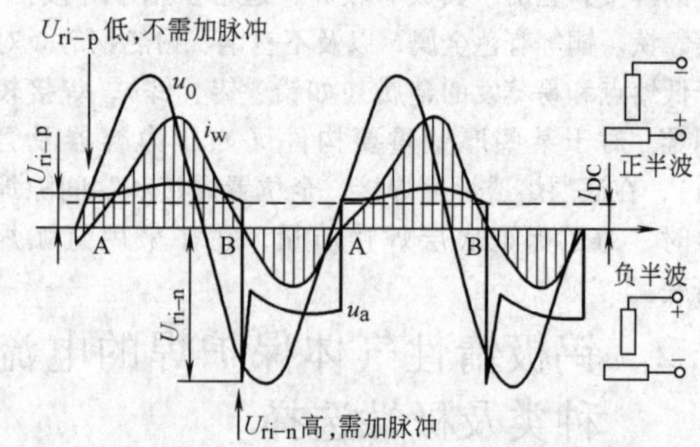

图 5-2　交流钨极氩弧焊的电压、电流波形与直流分量

u_0—电源电压　u_a—电弧电压　i_w—焊接电流
I_{DC}—直流分量　U_{ri-p}—正半波重新引弧电压
U_{ri-n}—负半波重新引弧电压

直流分量的存在削弱了阴极清理作用，使焊接过程困难，另外，直流分量磁通将使得焊接变压器铁心饱和而发热，降低功率输出甚至烧毁变压器。为此要降低或消除直流分量，可在焊接回路中串接无极性的电容器组，容量按300~400μF/A计量。

2. 交流矩形波TIG焊

采用交流矩形电流波形一方面能有效改善交流电弧的稳定性，另一方面能合理分配钨极和工件之间的热量，在满足阴极清理的条件下，能最大限度地减少钨极烧损，并获得满意的熔深。交流矩形波过零后电流增长快，电弧再引燃容易。目前已有两种交流矩形电流波形，如图5-3所示。其中，占空比β对铝、镁合金的焊接有重要影响，β可用下式表示：

$$\beta = \frac{t_n}{t_n + t_p}$$

式中 t_n——周期中的负半波时间；

t_p——周期中的正半波时间。

当β增大时，阴极清理作用加强，但工件得到的热量减少，熔池浅而宽，钨极烧损加大；反之，β减小时，阴极清理作用稍有减弱，熔深增加，且钨极烧损显著下降。一般β在10%~50%范围内调整。

另外，在工件为负时的电流值对阴极清理作用影响很大。当增大t_n半波的电流值时，可进一步减少t_n的时间，在满足工件表面去除氧化膜的同时，使交流TIG电弧的稳定性大大提高，并将钨极烧损减少到最小程度。这种焊接工艺称为变极性交流矩形波TIG焊。

图5-4显示了t_n期间其电流大小和时间长短对阴极清理作用的影响[3]。

矩形波交流氩弧焊的优点是：

1）由于矩形波过零后电流增长快，再引燃容易，和一般正弦波相比，大大提高了稳弧性能。

2）可根据焊接条件选择最小而必要的β，使其既能满足清理氧化膜的需要，又能获得最大的熔深和最小的钨极损耗。

直流和交流氩弧焊的特点总结见表5-1。

5.2.3 脉冲氩弧焊

脉冲TIG焊的电流幅值或有效值按一定频率周期性地变化。当每一次脉冲电流通过时，工件被加热熔化形成一个点状熔池，基值电流通过时使熔池冷凝结晶，同时维持电弧燃烧，如图5-5所示。因此焊接过程是一个断续的加热过程，焊缝由一个一个点状熔池叠加而成。电流是脉动的，电弧由明亮和暗淡的交替

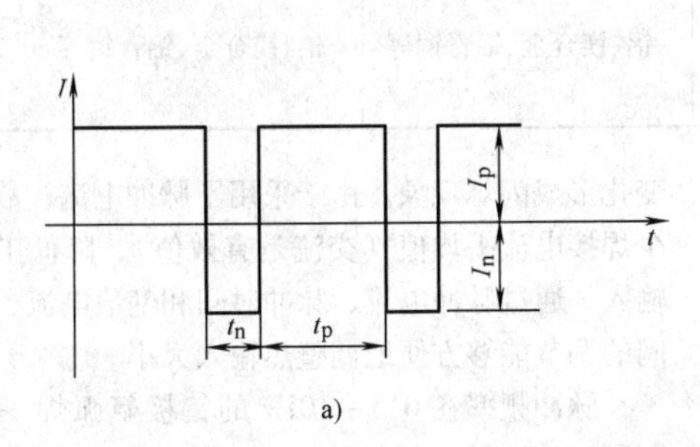

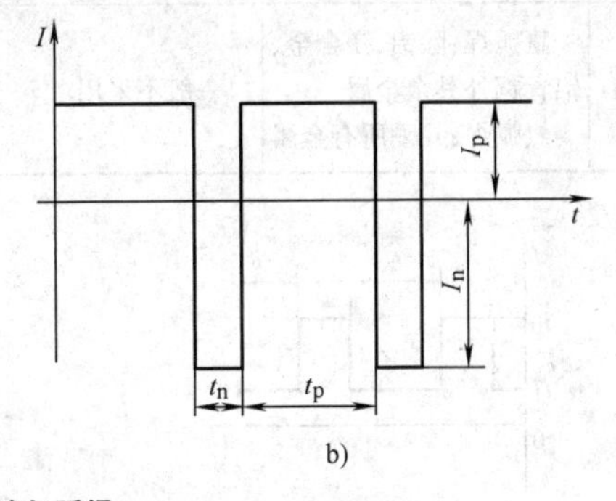

图5-3 交流矩形波氩弧焊

a）矩形波变脉宽 b）变极性

t_n—负半波时间 I_n—负半波电流 t_p—正半波时间 I_p—正半波电流

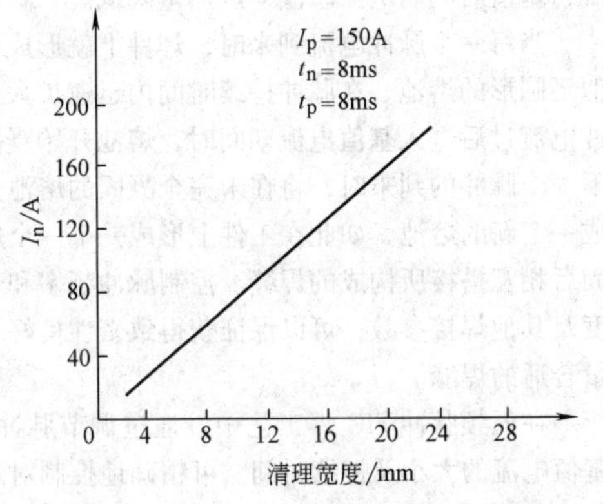

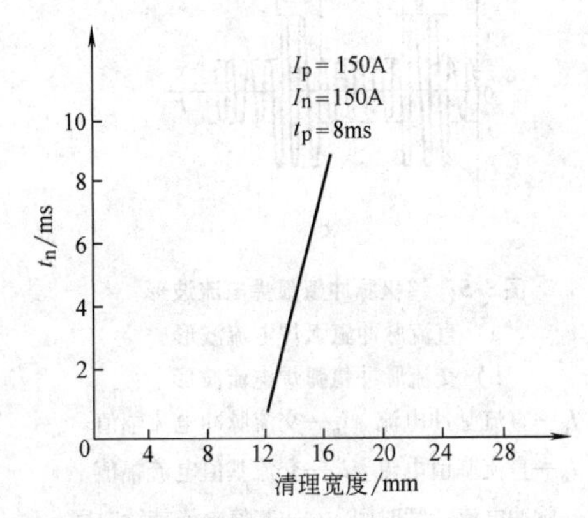

图5-4 t_n期间电流和时间对阴极清理作用的影响

表 5-1　直流和交流氩弧焊的特点

电流种类	直流		交流	
	正接	反接	正弦波	矩形波
示意图				
电流波形				
两极热量比例（近似）	工件 70% 钨极 30%	工件 30% 钨极 70%	工件 50% 钨极 50%	通过占空比可调
熔深特点	深、窄	浅、宽	中等	较深
钨极许用电流	最大 例如 3.2mm，400A	小 例如 6.4mm，120A	较大 例如 3.2mm，225A	大 例如 3.2mm，325A
阴极清理作用	无	有	有	有
电弧稳定性	很稳	不稳	很不稳	稳
直流分量	无	无	有	无
适用材料	氩弧焊：除铝、镁合金、铝青铜外其余金属 氦弧焊：几乎所有金属	一般不采用	铝、镁合金、铝青铜等	铝、镁合金、铝青铜等

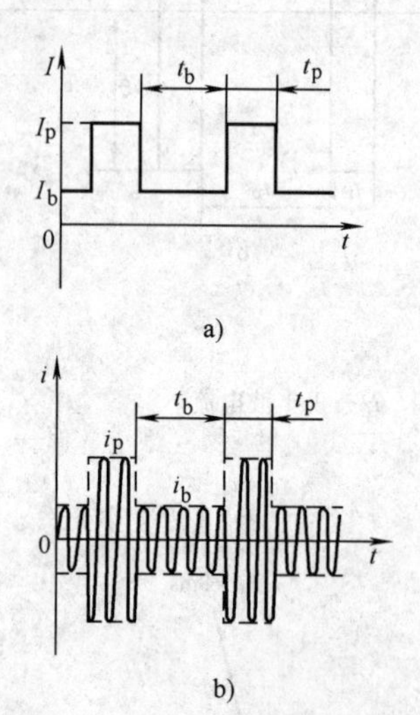

图 5-5　钨极脉冲氩弧焊电流波形

a）直流脉冲氩弧焊电流波形

b）交流脉冲氩弧焊电流波形

I_p—直流脉冲电流　i_p—交流脉冲电流幅值

I_b—直流基值电流　i_b—交流基值电流幅值

t_p—脉冲电流持续时间　t_b—基值电流持续时间

变化形成闪烁现象。由于采用了脉冲电流，故可以减少焊接电流平均值（交流是有效值），降低工件的热输入。通过脉冲电流、脉冲时间和基值电流、基值时间的调节能够方便地调整热输入大小。

脉冲频率在 0.5～10Hz 的钨极氩弧焊一般称作“低频脉冲焊”。低频脉冲焊由于电流变化频率很低，对电弧形态上的变化可以有非常直观的感觉，即电弧有低频闪烁现象。峰值时间内电弧燃烧强烈，弧柱扩展；基值时间内电弧暗淡，产热量降低。

当每一个脉冲电流到来时，焊件上就形成一个近似于圆形的熔池，在脉冲持续时间内迅速扩大；当脉冲电流过后进入基值电流期间时，熔池开始凝固，当下一个脉冲的到来时，将在未完全凝固的熔池上再形成一个新的熔池，如此在工件上形成一个一个熔池凝固后相互搭接所构成的焊缝。控制脉冲频率和焊接速度及其他焊接参数，可以保证获得致密性良好、搭接量合适的焊缝。

在低频脉冲 TIG 焊工艺中，通过调节脉冲电流、基值电流的大小及持续时间，可精确地控制对工件的热输入和熔池尺寸，焊缝熔深均匀，热影响区窄，工件变形小，特别适于薄板、全位置管道和单面焊双面成形等的焊接。另外，由于焊接过程是脉冲式加热，熔池金属在高温停留时间短，冷却速度快，可减小热敏感材料产生焊接裂纹的倾向，也适于焊接导热性能和厚度差别较大的工件。

实践证明，脉冲电流频率超过5kHz后，电弧具有强烈的电磁收缩效果，使得高频电弧的挺度大为增加，即使在小电流情况下，电弧亦有很强的稳定性和指向性，因此对薄板焊接非常有效；如图5-6所示，随着电流频率的提高，电弧压力也增大，当电流频率达到10kHz时，电弧压力稳定，大约为稳态直流电弧压力的4倍。电流频率再增加，电弧压力略有增大。随着电流频率的增加，由于电磁收缩作用和电弧形态产生的保护气流使电弧压缩而增大压力。所以高频电弧具有很强的穿透力，可增加焊缝熔深。高频电流对焊接熔池金属有更强的电磁搅拌作用，有利于晶粒细化、消除气孔，得到优良的焊缝接头。高频脉冲电弧在10A以下小电流区域仍然非常稳定，可以进行0.1mm超薄板的焊接，特别是对不锈钢超薄件的焊接，焊缝成形均匀美观。

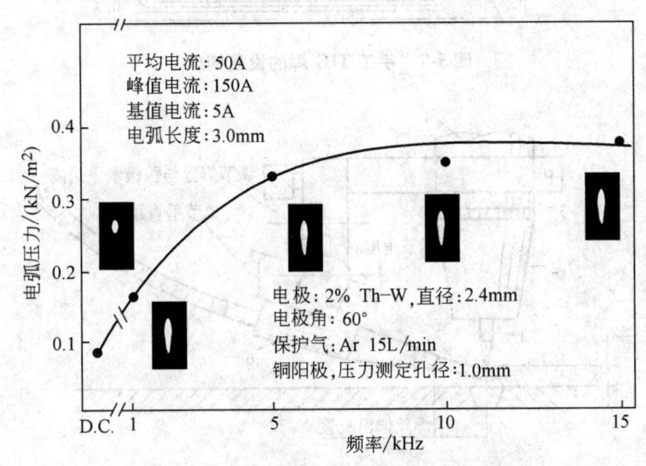

图5-6　高频电弧形态及电弧压力的频率特性

交流脉冲氩弧焊可以得到稳定的交流氩弧，同时通过调节正负半波的占空比既能去除氧化膜，又能得到大的熔深，钨极烧损最少。

综合上述分析可知，脉冲氩弧焊具有以下几个特点：

1）焊接过程是脉冲式加热，熔池金属高温停留时间短，金属冷凝快，可减少热敏感材料产生裂纹的倾向性。

2）焊件热输入少，电弧能量集中且挺度高，有利于薄板、超薄板焊接；接头热影响区和变形小，可以焊接0.1mm厚不锈钢薄片。

3）可以精确地控制热输入和熔池尺寸，得到均匀的熔深，适合于单面焊双面成形和全位置管道焊接。

4）高频电弧振荡作用有利于获得细晶粒的金相组织，消除气孔，提高接头的力学性能。

5）高频电弧挺度大、指向性强，适合高速焊，焊接速度最高可达到3m/min，大幅提高生产效率。

5.3　钨极氩弧焊设备

钨极氩弧焊设备通常由焊接电源、引弧及稳弧装置、焊枪、供气系统、水冷系统和焊接程序控制装置等部分组成，对于自动氩弧焊还应包括焊接小车行走机构及送丝装置。

手工焊时，焊枪的运动和焊丝的送进均由焊工的左右手协调操作；自动焊时分别通过焊枪或工件的移动装置及送丝机构完成这两个动作。图5-7是手工钨极氩弧焊设备系统示意图，其中焊接电源内已包括了引弧及稳弧装置、焊接程序控制装置等，图5-8为自动TIG焊的焊枪与导丝机构示意图。

5.3.1　焊接电源

电弧的静特性曲线是指在一定的电弧长度、一定的保护气体氛围和一定的阴、阳电极材料条件下，电弧达到稳定状态时电弧电压与焊接电流之间对应关系的曲线。图5-9表示了在分别采用氩气和氦气作保护气体时的两组电弧静特性曲线。从图中可以看出，在任何给定的焊接电流和电弧长度下，氩弧电压都比氦弧低。这和氩气的一次电离电压（15.76V）低于氦气的一次电离电压（24.59V）有关，亦表征氩弧比氦弧容易引燃。这两种电弧的电压也都随电弧长度的增加而提高。氩气保护具有较低电弧电压的特性，有

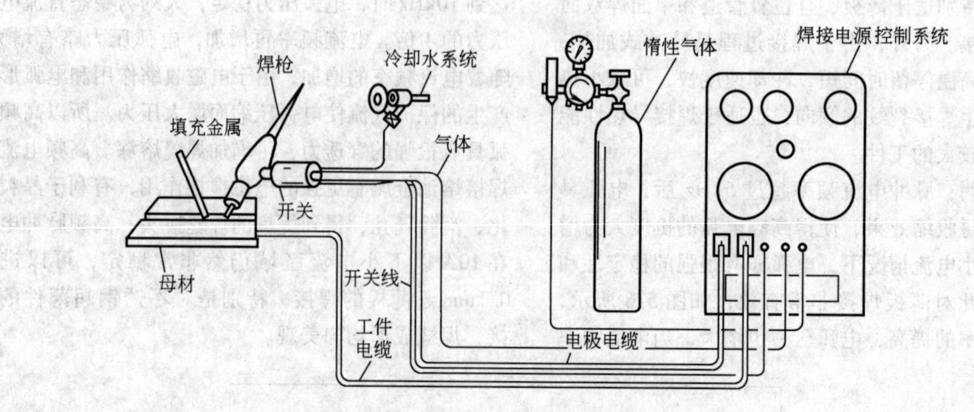

图5-7　手工TIG焊的设备构成

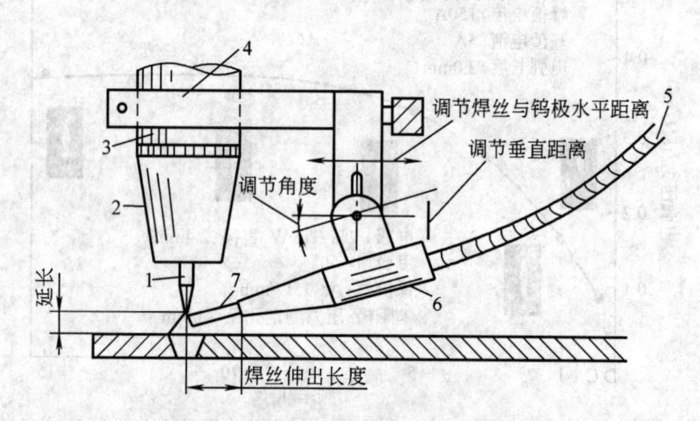

图5-8　自动TIG焊的焊枪与导丝机构

1—钨极　2—喷嘴　3—焊枪　4—调节机构　5—焊丝导管　6—导丝嘴　7—焊丝

利于薄板手工焊，可减少烧穿倾向，也有利于立焊和仰焊。当弧长和焊接电流相同时，氦弧的功率比氩弧高，故常用氦弧来焊接厚板、热导率高或熔点高的材料；或在氩气中加入氦来提高电弧的功率。

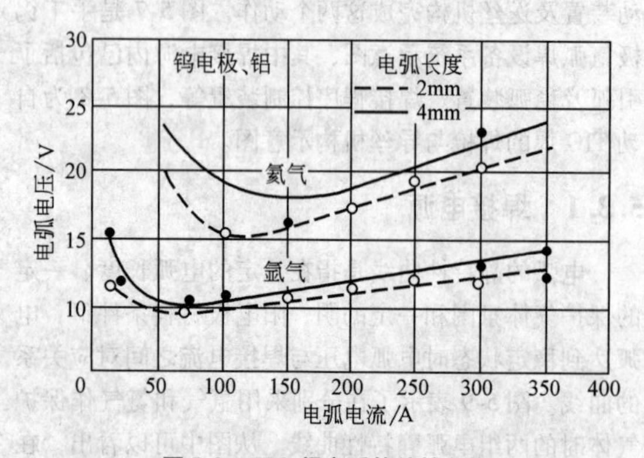

图5-9　TIG焊电弧静特性曲线

根据TIG焊电弧静特性曲线的特征，为了减少或排除因弧长变化而引起的焊接电流的波动，无论直流或交流TIG焊，都要求选用具有陡降（恒流）外特性的弧焊电源，如图5-10a所示。有些电源为了减少

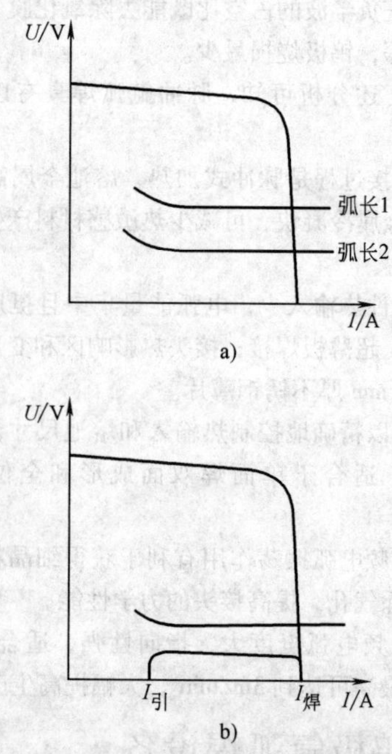

图5-10　TIG焊接电源的特性示意图

a）陡降外特性　b）内拖外特性

接触引弧时钨极的烧损，采用图5-10b所示的电源外特性。焊接电源应能在整个调节范围内提供约定负载电压（U）下的焊接电流（I），即：$U = 10 + 0.04I$；当焊接电流大于600A时，电弧电压保持34V恒定。

采用弧焊变压器进行铝及铝合金钨极氩弧焊时，由于电流过零点增加缓慢，电弧稳定性差，正负半波通电时间比不可调，还需增设消除直流分量的装置。特别对于一些要求较高的焊接工作，如铝薄件小电流焊接、单面焊双面成形、高强度铝合金焊接等，很难得到满意的焊缝质量。而方波交流弧焊电源，输出电流为交流矩形波，电流过零点时增加极快，且电弧稳定性好，其次通过电子控制电路，正负半波通电时间比和电流比都可以自由调节，电弧稳定，电弧电流过零点时重新引弧容易，不必加稳弧措施。方波交流TIG弧焊电源常用的电路形式主要有记忆电抗器式和逆变器式两种。

1. 记忆电抗器式交流方波电源

单相晶闸管式交直流两用电源工作在交流方式时的电路如图5-11所示，它的输出电流波形近似为方波，如图5-12所示。与普通的单相交流弧焊整流器相比，它们的不同之处在于，弧焊整流器的电感直接与负载串联连接到整流桥的直流输出端，而图5-11所示的交流电源只将电感接在整流器的直流输出端，然后整流器的交流输入端与负载串联再连接到交流变压器的输出端。即输出电感是一直工作在直流状态，而与之串联的交流负载却工作在交流状态。

输出电感一直工作在直流状态，对电源工作状态产生如下影响：

1）引起电流畸变，使负载电流波形由正弦波转变为方波。而且通过调节正负半波晶闸管的导通时间比，还可以获得正负半波时间宽度不等的矩形波，最大不对称度为：DCEP30%，DCEN70%。一个正比于直流电感中电流值的采样信号，用于电源的电流反馈控制，因此当电感足够大时，无论是极性变化，还是正负半波导通时间变化，交流负载电流的幅值都等于直流电感中的电流值，此时电感的储能作用，就像有一种记忆功能一样，保持交流电流幅值不变，故称为记忆电感式交流方波电源。

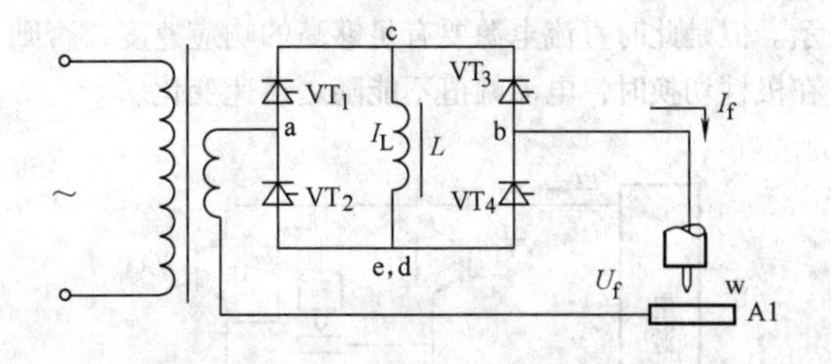

图5-11　交流方波电源电路原理图

2）引起电压尖峰，如图5-12d所示，易于电弧的过零再引燃。由于电弧负载工作在交流状态下，所以电弧必然在电流过零点熄灭，电弧的熄灭意味着包括电感在内的整个回路电流中断，即电感中的电流突然下降，则电感中所储存的能量将在电感两端产生一个很高的电压尖峰。对于冷阴极材料，如铝及铝合金的交流钨极氩弧焊，这个尖峰电压是极为有利的，它提供了必需的稳弧脉冲，而且在相位上是自动同步。与正弦波电源中的再引燃电压一样，交流方波中的尖峰电压，也只是当使用电弧负载时才有，因此应该说，它是由电源结构和电弧负载特性共同产生的。

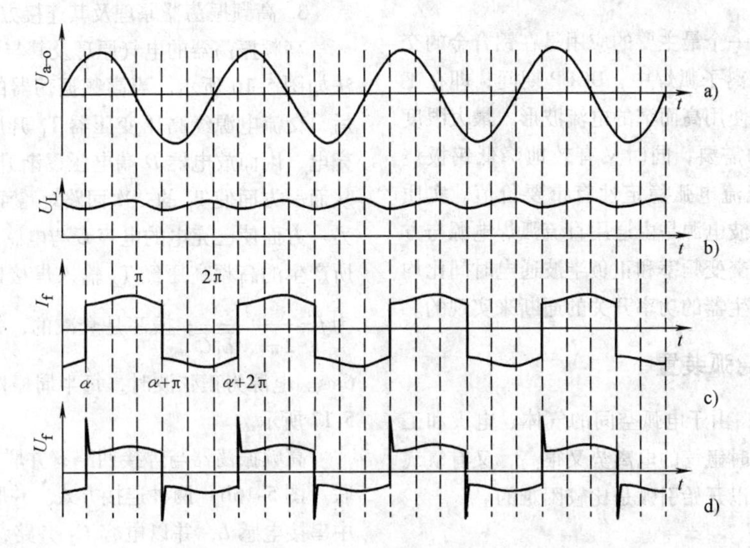

图5-12　交流方波电源波形图

2. 逆变式交流方波及变极性电源

由直流电源逆变，可获得性能更为优良的交流方波电源，这种方波电源不但正负半波的时间可在一个非常宽的范围内调节，其频率不受工业电网频率的限制，而且正负半波的幅值也可以分别调节。从电源的输出看，其极性和幅值随时可变，故称为可变极性电源。

图 5-13 是单电源方式变极性电源工作原理，在控制逆变桥切换电源输出极性的同时，又调节直流电源的输出，则可获得变极性输出波形，如图 5-14 所示。但是此时直流电源要有足够高的响应速度，否则在极性切换时，电流幅值不能随之迅速变化。

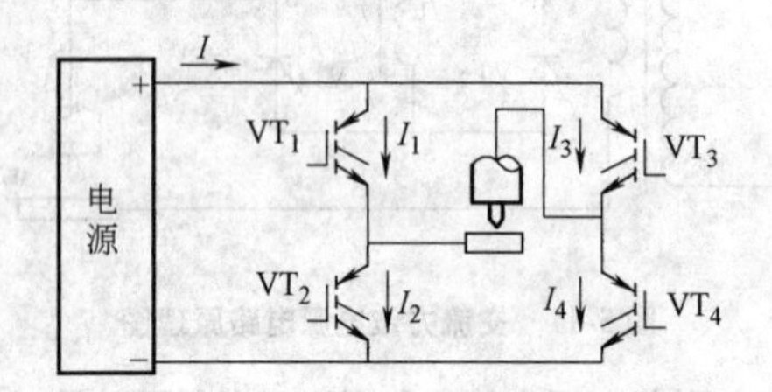

图 5-13　单电源变极性电源工作原理

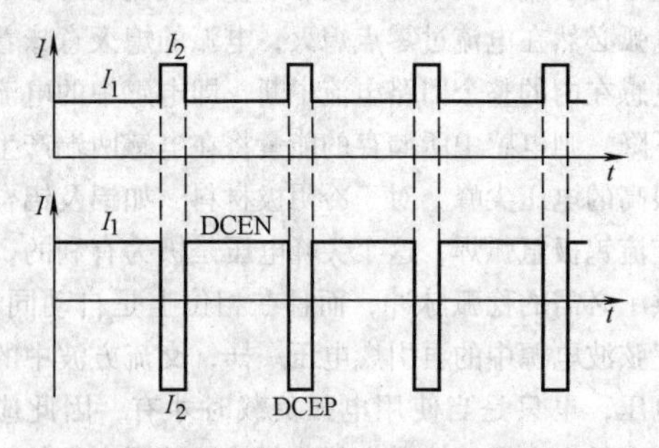

图 5-14　单电源变极性电源的波形图

变极性电源的一个最主要的应用是在铝合金的交流钨极氩弧焊或等离子弧焊中，DCEP 期间，即在工件为负的半波通过使用高而窄的电流波形，最大限度地满足阴极雾化的需要，同时又有效地降低钨极烧损。这对于提高交流电弧稳定性有重要价值。实质上，逆变式交流方波电源是由通用直流弧焊电源与方波发生器组成。其交变频率和正负半波通电时间比均是通过调节方波发生器的功率开关的通断来实现的。

5.3.2　引弧及稳弧装置

TIG 焊开始时，由于电弧空间的气体、电极和工件都处于冷态，同时氩气的电离势又很高，又有氩气流的冷却作用，所以开始引弧是比较困难的。

1. 引弧方法

1）短路引弧。依靠钨极和引弧板或者工件之间接触引弧。其缺点是引弧时钨极损耗较大，端部形状容易被破坏，应尽量少用。

2）高频引弧。利用高频振荡器产生的高频高压击穿钨极与工件之间的间隙（3mm 左右）而引燃电弧。

3）高压脉冲引弧。在钨极与工件之间加一高压脉冲，使两极间气体介质电离而引弧（脉冲幅值≥300V）。

4）高频叠加辅助直流电源引弧。交流氩弧焊时，在电源两端并联一个辅助的直流电源，如图 5-15 所示，提供一个正接的恒定电流（约 5A）帮助引弧。

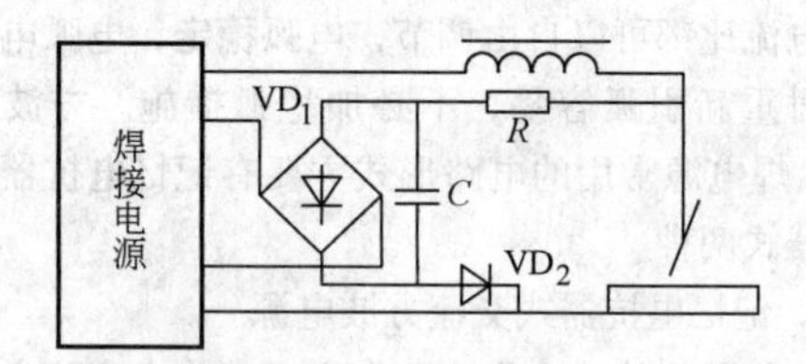

图 5-15　高频叠加辅助直流电源引弧

2. 稳弧方法

交流氩弧的稳定性很差，在正接转换成反接瞬间必须采取稳弧措施。

1）高频稳弧。同时采取高频高压稳弧，可以在稳弧时适当降低高频电的电压。

2）高压脉冲稳弧。在电流过零瞬间加上一个高压脉冲。

3）交流矩形波稳弧。利用交流矩形波在过零瞬间有极高的电流变化率，帮助电弧在极性转换时很快地反向引燃。

3. 高频振荡器原理及其连接方法

高频振荡器的电气原理及其与焊接回路的连接方法如图 5-16 所示。当高频振荡器的输入端接通电源后，交流电源经高压变压器 T_1 升压，并对电容器 C 充电，因而放电器 D 端电压逐渐升高，最后被击穿，从而一方面使 T_1 的二次回路短路而中止对 C 的充电，另一方面使已充电的电容 C 与电感 L_1 组成振荡回路。所产生的高频高压经 T_2 输入焊接回路，其振荡频率为 $f=\dfrac{1}{2\pi\sqrt{L_1 C}}$。振荡是衰减的，每次仅能维持 2 ~ 6ms。电源为正弦波时，每半周振荡一次，波形如图 5-17 所示。

高频振荡器与焊接回路有并联（图 5-16a）和串联（图 5-16b）两种连接方式。并联时需在焊接回路中串接电感 L，并以电容 C_2 旁路，这种连接方式因 L、C_2 对高频有分流作用，引弧效果较差。采用串联方式，没有分流回路，引弧可靠，而且大大减小了高频对电源的影响，目前大多采用串联式。

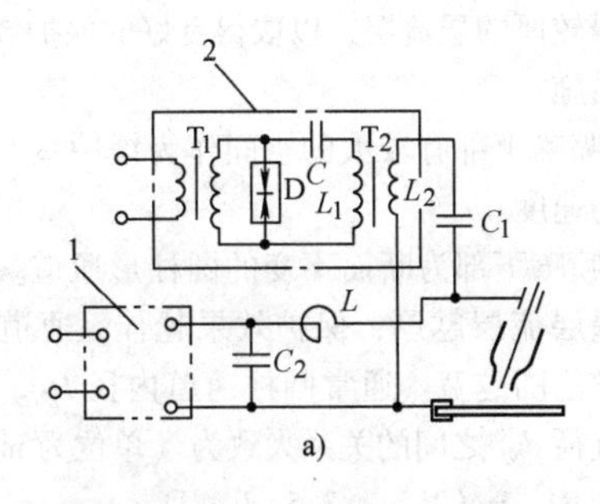

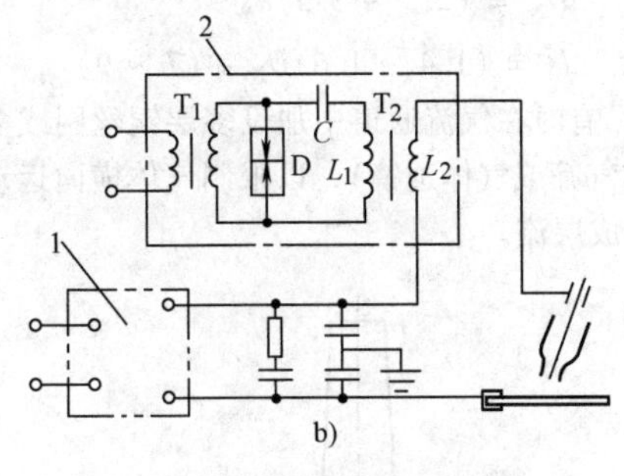

图5-16 高频振荡器及其连接方式

a）并联式 b）串联式

1—焊接电源 2—高频振荡器

D—放电器 T_1—高压高漏抗变压器

T_2—高频变压器

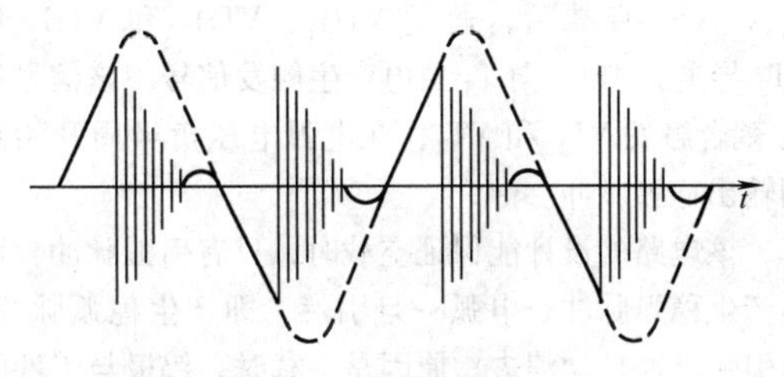

图5-17 高频振荡波形

4. 高压脉冲引弧及稳弧装置

图5-18是高压脉冲引弧和稳弧装置电路，引弧和稳弧脉冲由共用的主电路产生，但有各自的触发电路。脉冲主电路中，变压器T_1二次侧的800V交流电压经整流后向电容C_{13}充电，当晶闸管VT_1和VT_2在焊接电源负半波同时被来自引弧或稳弧脉冲触发电路的信号触发，C_{13}即向变压器T_2一次侧放电，T_2二次侧即感应一高压脉冲用于引弧或稳弧。

引弧脉冲触发电路的信号自变压器T_1二次侧−24V绕组，经R_{18}、C_5和R_{17}、RP_{16}、C_6移相90°后，通过VTH_5、VTH_4使VT_4导通，C_7向T_3一次侧放电产生触发信号。该信号经T_3耦合使VT_1和VT_2触发，在焊接空载电压负半波达极大值（π/2）时产生引弧脉冲。

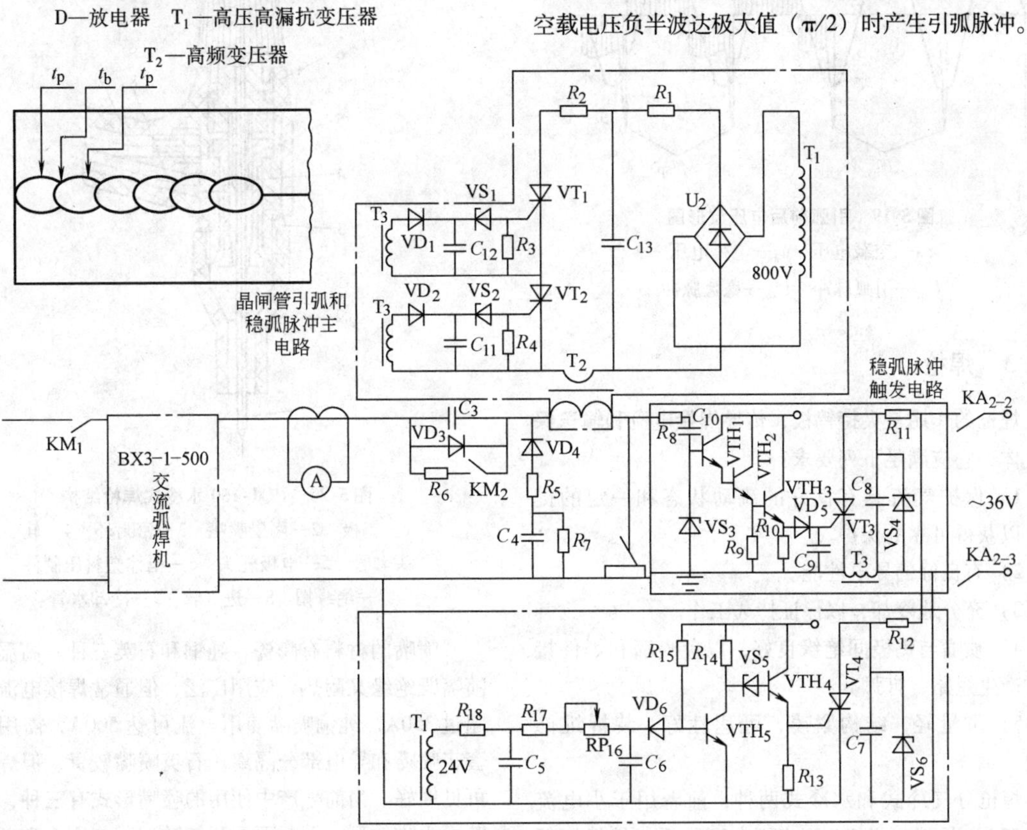

图5-18 高压脉冲引弧和稳弧电路

稳弧脉冲触发电路信号取自电弧电压，经 R_8、C_{10}和 VS_3 衰减后，通过 VTH_1、VTH_2 和 VTH_3 使 VT_3 导通，则 C_8 向 T_3 放电产生触发信号。该信号经 T_3 耦合触发 VT_1 和 VT_2，在电弧电压负半周开始瞬间输出稳弧脉冲。

该电路的设计能保证空载时，只有引弧脉冲，而不产生稳弧脉冲；电弧一旦引燃，即产生稳弧脉冲，而引弧脉冲自动消失。原因是空载时，钨极与工件间是焊接电源空载电压，与向 C_8 充电的36V交流电同相，当 VT_3 开始导通时，C_8 尚未充电，故稳弧脉冲触发电路不起作用。引弧后，钨极与工件间变为电弧电压，比空载电压滞后约70°。当 VT_3 触发时 C_8 已充上电，故可以产生稳弧脉冲触发信号，使脉冲主电路的 VT_1、VT_2 触发。C_{13} 放电，发出稳弧脉冲。在电源90°处虽也可产生引弧脉冲触发信号，但因 C_{13} 刚放完电，电压还不高，所以没有引弧脉冲输出。图5-19为引弧前后电压波形。

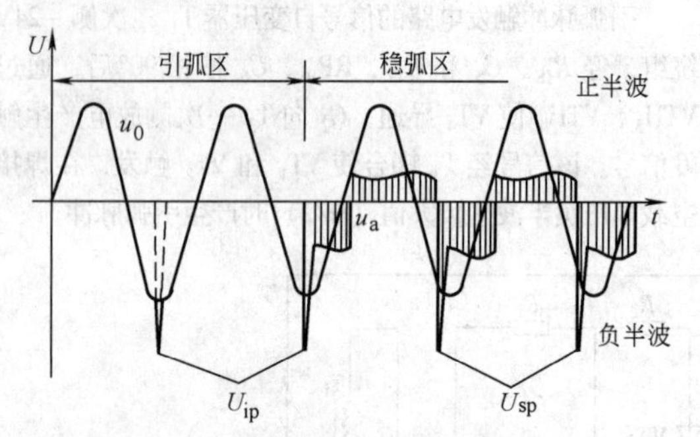

图 5-19　引弧前后电压波形图

u_0—空载电压　u_a—电弧电压

U_{ip}—引弧脉冲　U_{sp}—稳弧脉冲

5.3.3　焊枪

焊枪的作用是夹持钨极，传导焊接电流和输送保护气体，它应满足下列要求：

1）保护气流具有良好的流动状态和一定的挺度，以获得可靠的保护。

2）有良好的导电性能。

3）充分地冷却，以保证持久工作。

4）喷嘴与钨极间绝缘良好，以免喷嘴和焊件接触时产生短路、打弧。

5）重量轻，结构紧凑，可达性好；装拆维修方便。

焊枪分气冷式和水冷式两种，前者用于小电流（≤150A）焊接，表5-2列出了典型的手工钨极氩弧焊焊枪的技术数据。图5-20为一种水冷式焊枪结构，其中喷嘴的形状对气流的保护性能影响大。为了使出口处获得较厚的层流层，以取得良好的保护效果，采取以下措施。

1）喷嘴上部有较大的空间作为缓冲室，以降低气流的初速度。

2）喷嘴下部为断面不变的圆柱形通道。通道越长，近壁层流层越厚，保护效果越佳；通道直径越大，保护范围越宽。通常圆柱通道内径 D_N、长度 l_0 和钨极直径 d_W 之间的关系大致为（单位为mm）

$$D_N = (2.5 \sim 3.5) d_W$$

$$l_0 = (1.4 \sim 1.6) D_N + (7 \sim 9)$$

3）有时在气流通道中加设多层铜丝网或多孔隔板（称气筛或气体透镜），以限制气体横向运动，有利于形成层流。

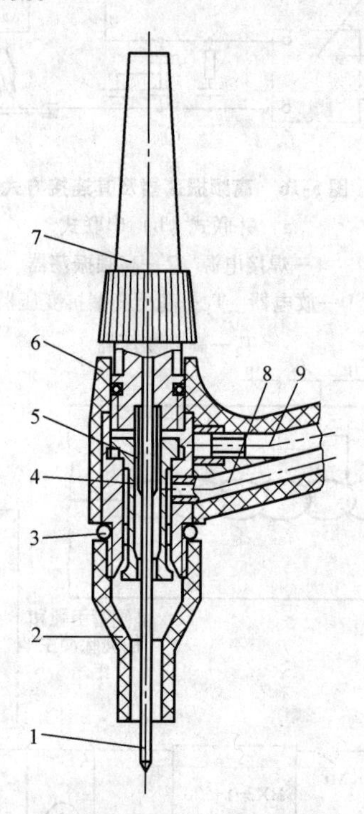

图 5-20　PQ1-150 水冷式焊枪结构

1—钨极　2—陶瓷喷嘴　3—密封环　4—轧头套管　5—电极轧头　6—枪体塑料压制件　7—绝缘帽　8—进气管　9—冷却水管

喷嘴的材料有陶瓷、纯铜和石英三种。高温陶瓷喷嘴既绝缘又耐热，应用广泛，但通常焊接电流不能超过350A。纯铜喷嘴使用电流可达500A，需用绝缘套将喷嘴和导电部分隔离。石英喷嘴较贵，但焊接时可见度好。当前生产中使用的喷嘴形式有三种，喷嘴断面为收敛型、等断面型和扩散型，如图5-21所示。其中等断面形喷嘴喷出气流有效保护区域最大，应用

表5-2　常见手工钨极氩弧焊焊枪的技术数据

型号	冷却方式	出气角度/(°)	额定焊接电流/A	适用钨极尺寸/mm 长度	直径	开关形式	重量/kg
PQ1—150	循环水冷却	65	150	110	ϕ1.6、ϕ2、ϕ3	推键	0.13
PQ1—350		75	350	150	ϕ3、ϕ4、ϕ5	推键	0.3
PQ1—500		75	500	180	ϕ4、ϕ5、ϕ6	推键	0.45
QS—0/150		0(笔式)	150	90	ϕ1.6、ϕ2、ϕ2.5	按钮	0.14
QS—65/700		65	200	90	ϕ1.6、ϕ2、ϕ2.5	按钮	0.11
QS—85/250		85(近直角)	250	160	ϕ2、ϕ3、ϕ4	船形开关	0.26
QS—65/300		65	300	160	ϕ3、ϕ4、ϕ5	按钮	0.26
QS—75/400		75	400	150	ϕ3、ϕ4、ϕ5	推键	0.40
QQ—0/10	气冷却(自冷)	0(笔式)	10	100	ϕ1.0、ϕ1.6	微动开关	0.08
QQ—65/75		65	75	40	ϕ1.0、ϕ1.6	微动开关	0.09
QQ—0～90/75		0～90(可变角)	75	70	ϕ1.2、ϕ1.6、ϕ2	按钮	0.15
QQ—85/100		85(近直角)	100	160	ϕ1.6、ϕ2	船形开关	0.2
QQ—0～90/150		0～90	150	70	ϕ1.6、ϕ2、ϕ3	按钮	0.2
QQ—85/150—1		85	150	110	ϕ1.6、ϕ2、ϕ3	按钮	0.15
QQ—85/150		85	150	110	ϕ1.6、ϕ2、ϕ3	按钮	0.2
QQ—85/200		85(近直角)	200	150	ϕ1.6、ϕ2、ϕ3	船形开关	0.26

最广泛，收敛形喷嘴电弧可见度较好，又便于操作，应用也很普遍，扩散形通常用于熔化极气体保护焊。表5-3列出了喷嘴孔径与钨极尺寸之间的相应关系。

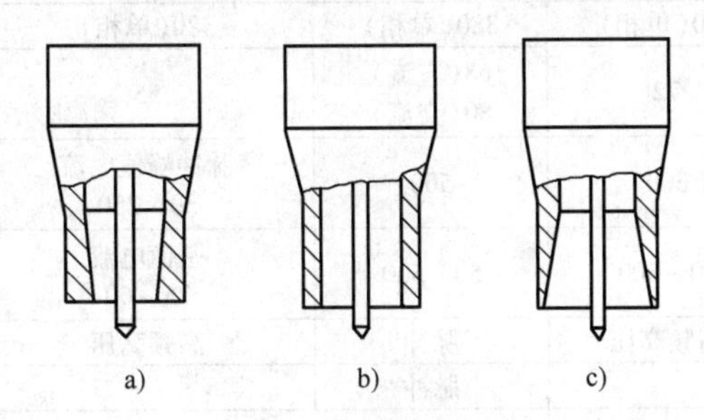

图5-21　常见的喷嘴形式

a）断面呈收敛型　b）等断面型　c）断面呈扩散型

表5-3　喷嘴孔径与钨极尺寸之间的相应关系

喷嘴孔径/mm	钨极直径/mm
6.4	0.5
8	1.0
9.5	1.6或2.4
11.1	3.2

5.3.4　供气系统和水冷系统

1. 供气系统

供气系统由高压气瓶、减压阀、浮子流量计和电磁气阀组成，如图5-22所示。氩气瓶规定外表涂成蓝灰色。减压阀将高压气瓶中的气体压力降至焊接所要求的压力，流量计用来调节和测量气体的流量，目前国内常用的是浮子式流量计和指针式流量计两种形式，电磁气阀以电信号控制气流的通断。有时将流量计和减压阀做成一体，成为组合式。流量计的刻度出厂时按空气标定，用于氩气（或氦气）时需按下式进行修正：

$$Q_2 = Q_1 \sqrt{\frac{(\rho_f - \rho_2)\rho_1}{(\rho_f - \rho_1)\rho_2}}$$

式中　Q_2——氩气（或氦气）实际流量（L/min）；

Q_1——用空气标定的刻度值（L/min）；

ρ_f——浮子材料的密度（g/cm^3）；

ρ_2——氩气（或氦气）密度（g/cm^3）；

ρ_1——原标定的空气密度（g/cm^3）。

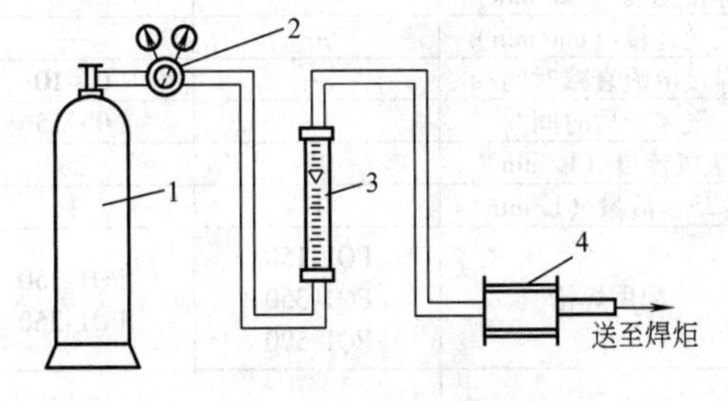

图5-22　供气系统组成

1—高压气瓶　2—减压阀　3—流量计　4—电磁气阀

2. 水冷系统

许用电流大于150A的焊枪一般为水冷式，用水冷却焊枪和钨极。对于手工水冷式焊枪，通常将焊接电缆装入通水软管中做成水冷电缆，这样可大幅提高电流密度，减轻电缆重量，使焊枪更轻便。有时水路中还接入水压开关，保证冷却水接通并有一定压力后才能起动焊机。必要时可采用水泵，将水箱内的水循环使用。

5.3.5　焊接程序控制装置

焊接程序控制装置应满足如下要求：

1）焊前提前1.5~4s输送保护气，以驱赶管内及焊接区域空气。

2）焊后延迟5~15s停气，以保护尚未冷却的钨极和熔池。

3）自动接通和切断引弧和稳弧电路。

4）控制电源的通断。

5）焊接结束前电流自动衰减，以消除弧坑和防止弧坑开裂，对于环缝焊接及热裂纹敏感材料，尤其重要。

图5-23为钨极氩弧焊工作程序示意图。

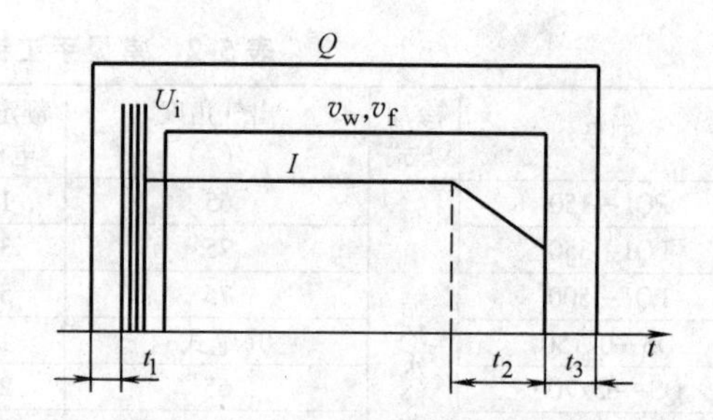

图5-23　钨极氩弧焊工作程序示意图

U_i—高频或引弧脉冲电压　I—焊接电流　v_w—焊接速度　v_f—送丝速度　Q—保护气体流量　t_1—提前送气时间　t_2—电流衰减时间　t_3—延迟断气时间

5.3.6　典型TIG焊的焊机技术数据

表5-4列出了典型的通用钨极氩弧焊焊机技术数据，一些特殊的专用焊机（如氩弧点焊机、管-管对接和热丝TIG焊机等）将在5.6节中介绍。

表5-4　典型钨极氩弧焊焊机技术数据[4]

型号	WSJ—400—1	WSE5—315	WS—300	WZE—500	WSM—250
类　别	手工交流钨极氩弧焊机	手工交直流钨极氩弧焊机	手工直流钨极氩弧焊机	自动交直流钨极氩弧焊机	手工脉冲钨极氩弧焊机
电网电压/V	380(单相)	380(单相)	380(单相)	380(单相)	380(单相)
空载电压/V	70~75	80	72	68(直流) 80(交流)	55
额定焊接电流/A	400	315	300	500	脉冲峰值电流 50~250
电流调节范围/A	50~400	30~315	20~300	50~500	基值电流 25~60
引弧方式	脉冲	高频高压	高频高压	脉冲	高频高压
稳弧方式	脉冲	脉冲(交流)	—	脉冲	—
消除直流分量方法	电容	—	—	电容(交流)	—
钨极直径/mm	1~7	1~6	1~5	2~7	1.6~4
额定负载持续率(%)	60	35	60	60	60
焊接速度/(cm/min)	—	—	—	8~130	—
送丝速度/(cm/min)	—	—	—	33~1700	—
焊接电流衰减时间/s	—	0~10	0~5	5~15	0~15
气体滞后时间/s	—	0~15	0~15	0~15	0~15
氩气流量/(L/min)	25	25	15	50	15
冷却水流量/(L/min)	1	1	1	1	1
配用焊枪	PQ1-150 PQ1-350 PQ1-500	PQ1-150 PQ1-350	QQ-0~90/75 QS-65/300	—	QS-85/250
用途	焊接铝、铝合金	焊接铝、铝合金、不锈钢、高合金钢、纯铜等	焊接不锈钢、耐热钢、铜等	焊接不锈钢、耐热钢及各种有色金属	焊接不锈钢、耐热合金、钛合金等
备注	配用BX3—400弧焊变压器	交流为矩形波电流，可变30%~70%	—	配用ZX5—500弧焊整流器及BX3—500交流电源各一台	脉冲峰值时间0.02~3s 基值电流时间0.025~3s

5.4　钨极和保护气体

5.4.1　钨极

电弧放电中的钨极需要具有如下几方面的性质：

1）电弧引燃容易、可靠，电弧产生在电极前端，不出现阴极斑点的上爬现象。

2）工作中产生的熔化变形及耗损对电弧特性不构成大的影响。

3）电弧的稳定性好。

TIG 焊及等离子弧焊选择钨材料作为电极，主要是由于钨材料具有很高的熔点，能够承受很高的温度，在很广泛的电流范围内充分具备发射电子的能力。比如 TIG 电弧、等离子电弧的阴极电流密度通常达到 $10^6 \sim 10^8 A/m^2$ 程度，其工作温度在电极端部通常达到 3 000K 以上的高温。虽然钨极属于热阴极，发射电子带走部分热量，但是在这样高的温度下工作，钨极本身也会产生烧损。因此如何维持钨极形状的稳定性、减少钨极的烧损是很重要的。

钨极的烧损及形状的变化会带来如下几方面问题：①形状的变化会带来电弧形态的改变，影响电弧力及对母材的热输入；②焊接时会带来焊缝夹钨的问题；③影响电极的使用寿命，需要频繁换电极。此外还涉及引弧性能等。

目前钨极的材料有纯钨材料和钨的合金材料，经常使用的是纯钨极、钍钨极、铈钨极，一些性能更好的新材料电极也在发展中。

钨极作为氩弧焊的电极，对它的基本要求是：发射电子能力要强；耐高温而不易熔化烧损；有较大的许用电流。钨具有高的熔点（3410℃）和沸点（5900℃）、强度大（可达 850～1100MPa）、热导率小和高温挥发性小等特点，因此适合作为不熔化电极。目前国内所用的钨极有纯钨（W）、钍钨（WTh）和铈钨（WCe）三种，其牌号、化学成分和特点见表 5-5，三种钨极的性能比较见表 5-6，不同直径钨极的许用电流范围见表 5-7。有些国家还采用锆钨、镧钨、钇钨作为电极使用，进一步提高钨极的性能，表 5-8 列出部分钨极的国际规格。

表 5-5　钨极氩弧焊常用电极的化学成分

电极牌号	化学成分(质量分数,%)						
	W	ThO_2	CeO	SiO_2	$Fe_2O_3 + Al_2O_3$	Mo	CaO
W_1	>99.92	—	—	0.03	0.03	0.01	0.01
W_2	>99.85	—	—	—	总含量不大于 0.15		
WTh-10	余量	1.0～1.49	—	0.06	0.02	0.01	0.01
WTh-15	余量	1.5～2.0	—	0.06	0.02	0.01	0.01
WCe-20	余量	—	2.0	0.06	0.02	0.01	0.01

表 5-6　钨极性能比较

名称	空载电压	电子逸出功	小电流下断弧间隙	弧压	许用电流	放射性剂量	化学稳定性	大电流时烧损	寿命	价格
纯钨	高	高	短	较高	小	无	好	大	短	低
钍钨	较低	较低	较长	较低	较大	小	好	较小	较长	较高
铈钨	低	低	长	低	大	无	较好	小	长	较高

表 5-7　钨极许用电流

电极直径/mm	直流/A				交流/A	
	正接(电极－)		反接(电极＋)			
	纯钨	钍钨、铈钨	纯钨	钍钨、铈钨	钍钨	钍钨、铈钨
0.5	2～20	2～20	—	—	2～15	2～15
1.0	10～75	10～75	—	—	15～55	15～70
1.6	40～130	60～150	10～20	10～20	45～90	60～125
2.0	75～180	100～200	15～25	15～25	65～125	85～160
2.5	130～230	160～250	17～30	17～30	80～140	120～210
3.2	160～310	225～330	20～35	20～35	150～190	150～250
4.0	275～450	350～480	35～50	35～50	180～260	240～350
5.0	400～625	500～675	50～70	50～70	240～350	330～460
6.3	550～675	650～950	65～100	65～100	300～450	430～575
8.0	—	—	—	—	—	650～830

表5-8　钨极的国际规格（ISO）

牌号	化学成分(质量分数,%)				标准颜色
	氧化物		杂质	W	
Wp	—	—	≤0.20	99.8	绿色
WT4	ThO_2	0.35~0.55	<0.20	余量	蓝色
WT10	ThO_2	0.85~1.20	<0.20	余量	黄色
WT20	ThO_2	1.70~2.20	<0.20	余量	红色
WT30	ThO_2	2.80~3.20	<0.20	余量	紫色
WT40	ThO_2	3.80~4.20	<0.20	余量	橙色
WZ3	ZrO_2	0.15~0.50	<0.20	余量	棕色
WZ8	ZrO_2	0.70~0.90	<0.20	余量	白色
WL10	LaO_2	0.90~1.20	<0.20	余量	黑色
WC20	CeO_2	1.80~2.20	<0.20	余量	灰色

5.4.2　保护气体

焊接时，保护气体不仅仅是焊接区域的保护介质，也是产生电弧的气体介质。因此保护气体的特性（如物理特性、化学特性等）不仅影响保护效果也影响到电弧的引燃、焊接过程的稳定以及焊缝的成形与质量。用于TIG焊的保护气体大致有三种，使用最广泛的是氩气，因此通常我们习惯把TIG焊简称氩弧焊。其次是氦（He）气，由于氦气比较稀缺，提炼困难，价格昂贵，国内用得极少。第三种是混合气体，由两种不同成分的气体按一定的配比混合后使用。

1）氩气是惰性气体，几乎不与任何金属产生化学反应，也不溶于金属中。氩气的性能见表5-9。其密度比空气大，而比热容和热导率比空气小。这些特性使氩气具有良好的保护作用，并且具有好的稳弧特性。

不同金属焊接时对氩气纯度的要求见表5-10。

表5-9　某些气体性能参数

气体	相对分子质量	密度(273K，0.1MPa)/(kg/m³)	电离电位/V	比热容(273K时)/[J/(kg·K)]	热导率(273K时)/[W/(m·K)]	5000K时离解程度
Ar	39.944	1.782	15.7	0.523	0.0158	不离解
He	4.003	0.178	24.5	5.230	0.1390	不离解
H_2	2.016	0.089	13.5	14.232	0.1976	0.96
N_2	28.016	1.250	14.5	1.038	0.0243	0.038
空气	29	1.293	—	1.005	0.0238	—

表5-10　各种金属对氩气纯度的要求

焊接材料	厚度/mm	焊接方法	氩气纯度(体积分数,%)	电流种类
钛及其合金	0.5以上	钨极手工及自动	99.99	直流正接
镁及其合金	0.5~2.0	钨极手工及自动	99.9	交流
铝及其合金	0.5~2.0	钨极手工及自动	99.9	交流
铜及其合金	0.5~3.0	钨极手工及自动	99.8	直流正接或交流
不锈钢,耐热钢	0.1以上	钨极手工及自动	99.7	直流正接或交流
低碳钢、低合金钢	0.1以上	钨极手工及自动	99.7	直流正接或交流

2）氦气也是惰性气体，从表5-9可知，氦气的电离电位很高，故焊接时引弧较困难。氦气和氩气相比较，由于其电离电位高、热导率大，在相同的焊接电流和电弧长度下，氦弧的电弧电压比氩弧高（即电弧的电场强度高），使电弧有较大的功率。氦气的冷却效果好，使得电弧能量密度大，弧柱细而集中，焊缝有较大的熔透率。

氦气的相对原子质量轻、密度小，要有效地保护焊接区域，其流量要比氩气大得多。由于价格昂贵，只在某些特殊场合下应用，如核反应堆的冷却棒、大厚度的铝合金等。

钨极氦弧焊一般用直流正接，对于铝镁及其合金的焊接也不采用交流电源。原因是电弧不稳定，阴极清理作用也不明显。由于氦弧发热量大且集中，电弧穿透力强，在电弧很短时，正接也有一定的去除氧化膜效果。直流正接氦弧焊焊接铝合金，单道焊接厚度可达12mm，正反双面焊可达20mm。与交流氩弧焊相比，熔深大、焊道窄、变形小、软化区小、金属不易过烧。对于热处理强化铝合金（如锻铝2A14），其接头的常温及低温力学性能均优于交流氩弧焊。

3）在单一气体的基础上加入一定比例的某些气体可以改变电弧形态、提高电弧能量、改善焊缝成形及力学性能、提高焊接生产率。用得较多的混合气体有以下两种配比：

① 氩-氦混合气体。它的特点是电弧燃烧稳定，阴极清理作用好，具有高的电弧温度，工件热输入大，熔透深，焊接速度几乎为氩弧焊的两倍。一般混合体积比例是He75% ~80% + Ar25 % ~20%（体积分数）。

② 氩-氢混合气体。氩气中添加氢气也可提高电弧电压，从而提高电弧热功率，增加熔透，并有防止咬边、抑制CO气孔的作用。氩-氢混合气体中氢是还原性气体，该气体只限于焊接不锈钢、镍基合金和镍－铜合金。常用的比例是Ar + H_2（5% ~15%）（体积分数），用它焊接厚度为1.6mm以下的不锈钢对接接头，焊接速度比纯氩快50%。H_2含量过大易出现氢气孔，焊后焊缝表面很光亮。

5.5　焊接工艺

5.5.1　接头及坡口形式

钨极氩弧焊的接头形式有对接、搭接、角接、T形接和端接五种基本类型，如图5-24所示。端接接头仅在薄板焊接时采用。坡口的形状和尺寸取决于工件的材料、厚度和工作要求。表5-11表示铝及铝合金焊接的接头和坡口形式。

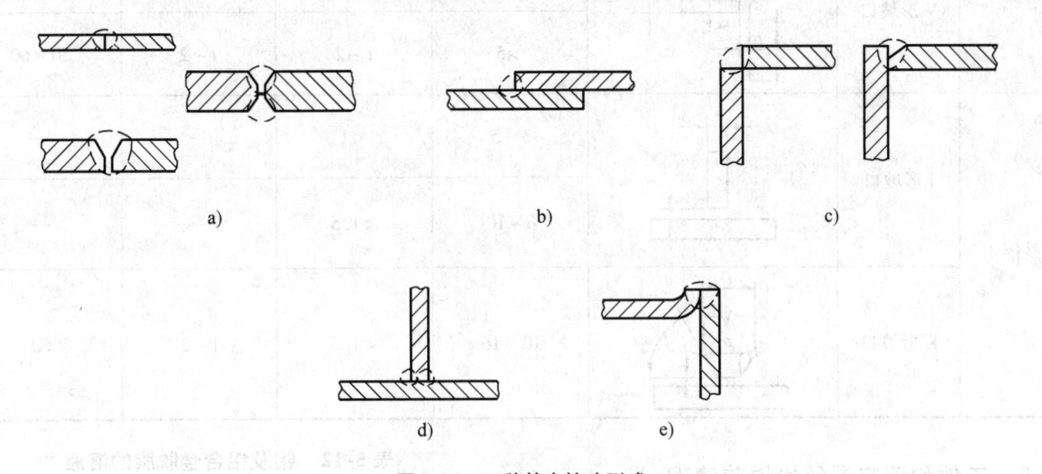

图5-24　五种基本接头形式

a）对接接头　b）搭接接头　c）角接接头　d）T形接头　e）端接接头

表5-11　（铝及铝合金）不同板厚的接头和坡口形式

接头坡口形式		示　图	板厚 δ/mm	间隙 b/mm	钝边 p/mm	坡口角度 α /(°)
对接接头	卷边		≤2	<0.5	<2	—
	I形坡口		1 ~5	0.5 ~2	—	—
	V形坡口		3 ~5	1.5 ~2.5	1.5 ~2	60 ~70
			5 ~12	2 ~3	2 ~3	60 ~70
	X形坡口		>10	1.5 ~3	2 ~4	60 ~70

（续）

接头坡口形式		示 图	板厚 δ/mm	间隙 b/mm	钝边 p/mm	坡口角度 α /(°)
搭接接头			<1.5	0~0.5	$L\geqslant2\delta$	—
			1.5~3	0.5~1	$L\geqslant2\delta$	—
角接接头	I形坡口		<12	<1	—	—
	V形坡口		3~5	0.8~1.5	1~1.5	50~60
			>5	1~2	1~2	50~60
T形接头	I形坡口		3~5	<1	—	—
			6~10	<1.5	—	—
	K形坡口		10~16	<1.5	1~2	60

5.5.2 工件和填充焊丝的焊前清理

氩弧焊时，对材料的表面质量要求很高，焊前必须经过严格清理，清除填充焊丝及工件坡口和坡口两侧表面至少20mm范围内的油污、水分、灰尘、氧化膜等，否则在焊接过程中将影响电弧稳定性，恶化焊缝成形，并可能导致气孔、夹杂、未熔合等缺陷。常用清理方法如下：

1. 脱脂、灰尘

可以用有机溶剂（汽油、丙酮、三氯乙烯、四氯化碳等）擦洗，也可配制专用化学溶液清洗。表5-12为用于铝及铝合金脱脂的溶液配方及清洗工艺。

2. 除氧化膜

1）机械清理。此方法只适用于工件，对于焊丝不适用。通常是用不锈钢丝或铜丝轮（刷）将坡口及其两侧氧化膜清除。对于不锈钢及其他钢材也可用砂布打磨。铝及铝合金材质较软，用刮刀清理也较有效。但机械清理效率低，去除氧化膜不彻底，一般只用于尺寸大、生产周期长或化学清洗后又局部沾污的工件。

表5-12 铝及铝合金脱脂的溶液配方及清洗工艺

脱脂			冲洗时间/min	
溶液成分/(g/L)	溶液温度/℃	脱脂时间/min	热水（50~60℃）	流动冷水
工业磷酸三钠40~50	60~70	5~8	2	2
碳酸钠40~50				
水玻璃20~30				
水 其余				

2）化学清理。依靠化学反应的方法去除焊丝或工件表面的氧化膜，清洗用的溶液和方法因材料而异，表5-13列出铝及铝合金的清理方法。

5.5.3 焊接参数的选取

与其他焊接方法一样，TIG焊也是以焊接电流、电弧电压、焊接速度作为三个基本焊接参数。只是在TIG焊中，多数情况要求得到高品质的焊接结果，如何确保气体保护效果也是十分重要的。

表 5-13 铝及铝合金的清理方法

材料	碱洗			冲洗	中和光化			冲洗	干燥
	溶液	温度/℃	时间/min		溶液	温度/℃	时间/min		
纯铝	NaOH 6% ~10%	40 ~50	≤20	清水	$HNO_3$30%	室温	1 ~3	清水	风干或低温干燥
铝镁、铝锰合金	同上	同上	≤7	同上	$HNO_3$30%	同上	1 ~3	同上	

注：1. 清理后至焊接前的储存时间一般不得超过 24h。
2. 表中溶液的百分数皆指体积分数。

1. 焊接电流

焊接电流通过工位操作盒或焊机上的电流调整旋钮设定。TIG 焊中，焊接电流通常都采取缓升缓降，即在焊接引弧时采用较小的引弧电流引燃电弧，然后焊机自动按所设定的时间速率提升电流至所要使用的焊接电流值，这一点主要是为了给焊接行走（动作开始）提供一个缓冲时间，也利于在电弧引燃后对初始状态进行观察（比如电弧是否燃烧在焊接线上）。在焊接结束时，焊接电流按设定的时间速率下降，最后熄灭，这一点主要是使电弧下方的熔池凹陷区有一个金属回填过程，防止大电流熄弧在焊缝上形成弧坑，同时在焊接封闭形焊缝时，使焊缝的最后连接部位不致产生过量熔化。

焊接电流的缓升缓降在脉冲焊中同样适用，图 5-25示意出了电流改变过程。

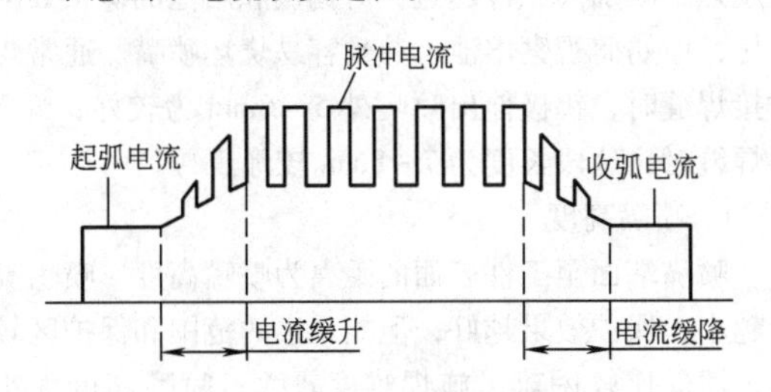

图 5-25 焊接电流缓升缓降控制

2. 电弧电压

TIG 焊多是以电弧长度作为规范参数。此外，如果电弧长度增加，电极与母材间的距离过大，会使电弧对母材的熔透能力降低，也会增加焊接保护的难度，引起电极的异常烧损，在焊缝中发生气孔。反之，如果电极过于接近母材，电弧长度过短，容易造成电极与熔池的接触，钨极被污染或断弧，在焊缝中出现夹钨缺陷。

TIG 焊电弧长度根据电流值的大小通常选择在 1.2 ~5mm 之间。需要填加焊丝时，要选择较长的电弧长度。

3. 焊接速度

TIG 焊在 5 ~50cm/min 的焊接速度下能够维持比其他焊接方法更为稳定的电弧形态。利用这一特点，TIG 焊常被使用在高速自动焊中。

在通常情况下，高速电弧焊接容易产生咬边及焊缝不均匀缺陷。咬边不仅使焊缝外观恶化，还会引起应力集中，对接头强度有不良影响。比如 200A 焊接电流、50cm/min 焊接速度下可以得到正常的焊缝，当速度增加到 100cm/min 时将会出现咬边。因此在进行高速 TIG 焊时，必须均衡确定焊接电流和焊接速度。

手工 TIG 焊时，由于焊枪移动速度不稳，也会引起不规则焊缝以及出现部分熔透不良现象。

4. 保护气体流量

TIG 焊决定保护效果的主要因素有喷嘴尺寸、喷嘴与母材间的距离、保护气体流量、外来风等。保护气体流量的选择通常首先要考虑焊枪喷嘴尺寸和所需保护的范围以及所使用焊接电流的大小。

喷嘴尺寸的选择要求对熔池周围的高温母材区给予充分的保护。对一种直径的喷嘴，如果保护气体流量过大，将会形成紊流流动，并导致空气的卷入。喷嘴形状也具有同等重要的作用，自己随意制作的喷嘴，即使在较小的气体流量下也可能出现紊流。表 5-14给出对喷嘴孔径及气体流量的推荐范围。

表 5-14 钨极氩弧焊喷嘴孔径与保护气体流量的推荐范围

焊接电流 /A	直流正极性焊接		直流反极性焊接	
	喷嘴孔径 /mm	保护气体流量 /(L/min)	喷嘴孔径 /mm	保护气体流量 /(L/min)
10 ~100	4 ~9.5	4 ~5	8 ~9.5	6 ~8
100 ~150	4 ~9.5	4 ~7	9.5 ~11	7 ~10
150 ~200	6 ~13	6 ~8	11 ~13	7 ~10
200 ~300	8 ~13	8 ~9	13 ~16	8 ~15
300 ~500	13 ~16	9 ~12	16 ~19	8 ~15

5. 钨极直径、端部形状及伸出长度

钨极直径根据焊接电流大小、电流种类选择（参阅表5-7）。

钨极端部形状是一个重要焊接参数。根据所用焊接电流种类，选用不同的端部形状，如图5-26所示。尖端角度α的大小会影响钨极的许用电流、引弧及稳弧性能。表5-15列出了钨极不同尖端尺寸推荐的电流范围。小电流焊接时，选用小直径钨极和小的锥角，可使电弧容易引燃和稳定；在大电流焊接时，增大锥角可避免尖端过热熔化，减少损耗，并防止电弧往上扩展而影响阴极斑点的稳定性。

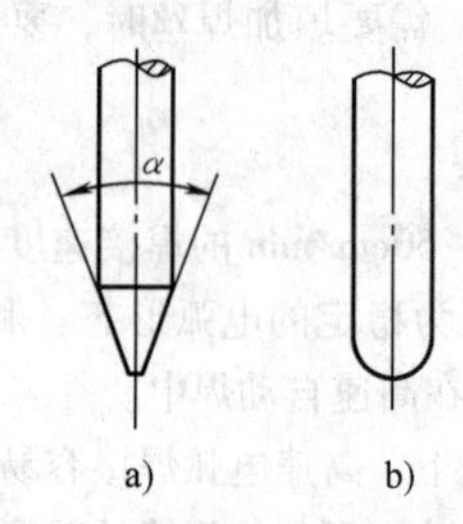

图5-26　钨极端部的形状

a）直流正接　b）交流

表5-15　钨极尖端形状和电流范围（直流正接）

钨极直径/mm	尖端直径/mm	尖端角度α/(°)	电流/A	
			恒定电流	脉冲电流
1.0	0.125	12	2~15	2~25
1.0	0.25	20	5~30	5~60
1.6	0.5	25	8~50	8~100
1.6	0.8	30	10~70	10~140
2.4	0.8	35	12~90	12~180
2.4	1.1	45	15~150	15~250
3.2	1.1	60	20~200	20~300
3.2	1.5	90	25~250	25~350

钨极尖端角度对焊缝熔深和熔宽也有一定影响。在焊接电流相同的条件下减小锥角，使电弧上爬，将引起弧柱扩散，导致熔深减小，熔宽增大；随着α角增大，电弧不易上爬，弧柱扩散倾向减小，熔深增大，熔宽减小，如图5-27所示。焊接电流越大，上述变化会越明显。

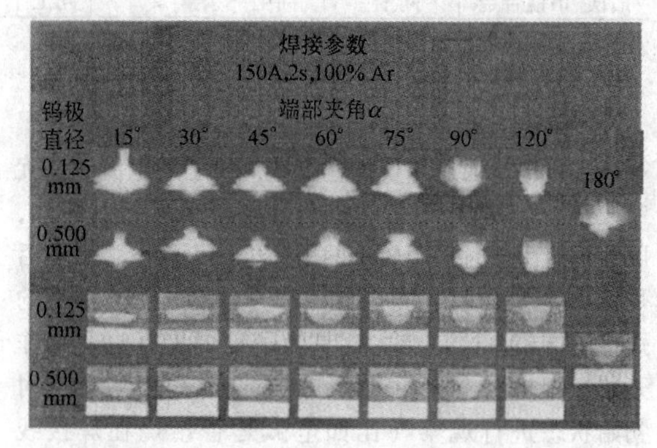

图5-27　钨极端部夹角对焊缝熔深和熔宽的影响

钨极伸出长度是指钨极尖到钨极夹那一段钨极的长度，它不仅影响保护效果，还影响钨极的最大允许电流。因为这段钨极传导焊接电流不仅受电弧热作用，而且电流流过时，会产生电阻热，因此这段长度越长，同一直径的钨极的许用电流越小。钨极伸出长度越短，喷嘴离工件越近，对钨极和熔池的保护效果越好，但妨碍观察熔池，并且容易烧坏喷嘴。通常焊对接焊缝时，钨极伸出喷嘴外5~6mm为较好；焊T形焊缝时，这段长度为7~8mm较好。

6. 喷嘴高度

喷嘴端面至工件表面的距离为喷嘴高度。喷嘴高度越小，保护效果越好，但能观察的范围和保护区较小，填丝比较困难，施焊难度较大；喷嘴高度太小时，容易使钨极与焊丝或熔池短路，产生夹钨缺陷；喷嘴高度越大，能观察的范围越大，但保护效果差。一般喷嘴高度应在8~14mm之间。

7. 焊丝直径

应根据焊接电流的大小选择焊丝直径，表5-16给出了它们之间的关系。

表5-16　焊接电流与焊丝直径之间的关系

焊接电流/A	10~20	20~50	50~100	100~200	200~300	300~400	400~500
焊丝直径/mm	≤1.0	1.0~1.6	1.0~2.4	1.6~3.0	2.4~4.5	3.0~6.0	4.5~8.0

以上所讨论的是TIG焊应用时必要的基础及各焊接参数对焊缝成形与质量的影响。但在实际TIG焊生产中独立的参数并不很多，例如手工TIG焊工艺中只规定焊接电流与氩气流量两个参数；自动TIG焊时需考虑的焊接参数有焊接电流、电弧电压、焊接速度、氩气流量、焊丝直径与送丝速度。除此之外，焊接一些特别活泼的金属时，如钛等，必须加强高温区的保护，应采取严格的气体保护措施。表5-17~表5-21列出了几种材料钨极氩弧焊的参考焊接参数。

表5-17 纯铝、铝镁合金手工钨极氩弧焊焊接参数（对接接头，交流）

板厚/mm	坡口形式	焊接层数(正面/反面)	钨极直径/mm	焊丝直径/mm	预热温度/℃	焊接电流/A	氩气流量/(L/min)	喷嘴孔径/mm
1	卷边	正1	2	1.6	—	45~60	7~9	8
1.5	卷边或I形	正1	2	1.6~2.0	—	50~80	7~9	8
2	I形	正1	2~3	2~2.5	—	90~120	8~12	8~12
3		正1	3	2~3	—	150~180	8~12	8~12
4		1~2/1	4	3	—	180~200	10~15	8~12
5		1~2/1	4	3~4	—	180~240	10~15	10~12
6		1~2/1	5	4	—	240~280	16~20	14~16
8		2/1	5	4~5	100	260~320	16~20	14~16
10	带钝边V形坡口	3~4/1~2	5	4~5	100~150	280~340	16~20	14~16
12		3~4/1~2	5~6	4~5	150~200	300~360	18~22	16~20
14		3~4/1~2	5~6	5~6	180~200	340~380	20~24	16~20
16		4~5/1~2	6	5~6	200~220	340~380	20~24	16~20
18		4~5/1~2	6	5~6	200~240	360~400	25~30	16~20
20		4~5/1~2	6	5~6	200~260	360~400	25~30	20~22
16~20	双V形坡口	2~3/2~3	6	5~6	200~260	300~380	25~30	16~20
22~25		3~4/3~4	6~7	5~6	200~260	360~400	30~35	20~22

表5-18 铝及铝合金自动钨极氩弧焊焊接参数（交流）

板厚/mm	焊接层数	钨极直径/mm	焊丝直径/mm	焊接电流/A	氩气流量/(L/min)	喷嘴孔径/mm	送丝速度/(cm/min)
1	1	1.5~2	1.6	120~160	5~6	8~10	—
2	1	3	1.6~2	180~220	12~14	8~10	108~117
3	1~2	4	2	220~240	14~18	10~14	108~117
4	1~2	5	2~3	240~280	14~18	10~14	117~125
5	2	5	2~3	280~320	16~20	12~16	117~125
6~8	2~3	5~6	3	280~320	18~24	14~18	125~133
8~12	2~3	6	3~4	300~340	18~24	14~18	133~142

表5-19 不锈钢钨极氩弧焊焊接参数（单道焊）

板厚/mm	接头形式	钨极直径/mm	焊丝直径/mm	氩气流量/(L/min)	焊接电流/A(直流正接)	焊接速度/(cm/min)
0.8	对接	1.0	1.6	5	20~50	66
1.0	对接	1.6	1.6	5	50~80	56
1.5	对接	1.6	1.6	7	65~105	30
1.5	角接	1.6	1.6	7	75~125	25
2.4	对接	1.6	2.4	7	85~125	30
2.4	角接	1.6	2.4	7	95~135	25
3.2	对接	1.6	2.4	7	100~135	30
3.2	角接	1.6	2.4	7	115~145	25
4.8	对接	2.4	3.2	8	150~225	25
4.8	角接	3.2	3.2	9	175~250	20

表5-20 钛及钛合金手工钨极氩弧焊焊接参数（对接，直流正接）

板厚/mm	坡口形式	焊接层数	钨极直径/mm	焊丝直径/mm	焊接电流/A	氩气流量/(L/min)			喷嘴孔径/mm	备注
						主喷嘴	拖罩	背面		
0.5	I形坡口	1	1.5	1.0	30~50	8~10	14~16	6~8	10	对接接头的间隙0.5mm，也可不加钛丝
1.0		1	2.0	1.0~2.0	40~60	8~10	14~16	6~8	10	
1.5		1	2.0	1.0~2.0	60~80	10~12	14~16	8~10	10~12	
2.0		1	2.0~3.0	1.0~2.0	80~110	12~14	16~20	10~12	12~14	间隙1.0mm
2.5		1	2.0~3.0	2.0	110~120	12~14	16~20	10~12	12~14	

续表

板厚/mm	坡口形式	焊接层数	钨极直径/mm	焊丝直径/mm	焊接电流/A	氩气流量/(L/min)			喷嘴孔径/mm	备注
						主喷嘴	拖罩	背面		
3.0	带钝边V形坡口	1~2	3.0	2.0~3.0	120~140	12~14	16~20	10~12	14~18	坡口间隙2~3mm,钝边0.5mm焊缝反面衬有钢垫板 坡口角度60°~150°
3.5		1~2	3.0~4.0	2.0~3.0	120~140	12~14	16~20	10~12	14~18	
4.0		2	3.0~4.0	2.0~3.0	130~150	14~16	20~25	12~14	18~20	
4.0		2	3.0~4.0	2.0~3.0	200	14~16	20~25	12~14	18~20	
5.0		2~3	4.0	3.0	130~150	14~16	20~25	12~14	18~20	
6.0		2~3	4.0	3.0~4.0	140~180	14~16	25~28	12~14	18~20	
7.0		2~3	4.0	3.0~4.0	140~180	14~16	25~28	12~14	20~22	
8.0		3~4	4.0	3.0~4.0	140~180	14~16	25~28	12~14	20~22	
10.0	双V形坡口	4~6	4.0	3.0~4.0	160~200	14~16	25~28	12~14	20~22	
13.0		6~8	4.0	3.0~4.0	220~240	14~16	25~28	12~14	20~22	坡口角度60°,钝边1mm
20.0		12	4.0	4.0	200~240	12~14	20	10~12	18	坡口角度55°,钝边1.5~2.0mm
22		6	4.0	4.0~5.0	230~250	15~18	18~20	18~20	20	坡口角度55°,钝边1.5~2.0mm,间隙1.5mm
25		15~16	4.0	3.0~4.0	200~220	16~18	26~30	20~26	22	
30		17~18	4.0	3.0~4.0	200~220	16~18	26~30	20~26	22	

表5-21 钛及钛合金自动钨极氩弧焊焊接参数（对接接头，直流正接）

板厚/mm	坡口形式	焊接层数	成形槽的垫板尺寸		钨极直径/mm	焊丝直径/mm	焊接电流/A	电弧电压/V	焊接速度/(cm/min)	氩气流量/(L/min)		
			宽度/mm	深度/mm						主喷嘴	拖罩	背面
1.0	I形	1	5	0.5	1.6	1.2	70~100	12~15	30~37	8~10	12~14	6~8
1.2	I形	1	5	0.7	2.0	1.2	100~120	12~15	30~37	8~10	12~14	6~8
1.5	I形	1	5	0.7	2.0	1.2~1.6	120~140	14~16	37~40	10~12	14~16	8~10
2.0	I形	1	6	1.0	2.5	1.6~2.0	140~160	14~16	33~37	12~14	14~16	10~12
3.0	I形	1	7	1.1	3.0	2.0~3.0	200~240	14~16	32~35	12~14	16~18	10~12
4.0	I形,留2mm间隙	2	8	1.3	3.0	3.0	200~260	14~16	32~33	14~16	18~20	12~14
6.0	带钝边V形60°	3	—	—	4.0	3.0	240~280	14~18	30~37	14~16	20~24	14~16
10.0	带钝边V形60°	3	—	—	4.0	3.0	200~260	14~18	15~20	14~16	18~20	12~14
13.0	双V形60°	4	—	—	4.0	3.0	220~260	14~18	33~42	14~16	18~20	12~14

5.5.4 脉冲氩弧焊的参数选择原则及步骤

选择脉冲TIG焊的焊接参数是根据工件厚度、材料和焊接位置等条件进行。选择焊接参数的基本出发点是在脉冲期间加热、熔化，在基值时间冷却凝固，可以看作是氩弧点焊时焊点的重叠。

选择焊接参数时应注意以下几点：

1）为得到必要的熔深应根据熔深选择脉冲电流（I_p）、脉冲时间（t_p）。

2）到后面的熔池出现为止，熔池必须充分冷却凝固。按这一原则选择基值电流（I_b）、基值时间（t_b）。

3）高效获得熔池应合理选择占空比：$G = t_b/t_p$。

4）保证各熔池相互重叠并注意选择焊接速度。

也就是说脉冲TIG焊电源的主要焊接参数有脉冲电流、脉冲时间、基值电流和基值时间。

选择各焊接参数的主要途径为：

1）脉冲电流（I_p）：获得一定熔深的电流，材质比工件厚度的影响更大。图5-28所示为不锈钢完全熔透的脉冲电流和脉冲时间的关系。对于其他材质也有相同的趋势。

2）脉冲时间（t_p）：获得一定熔深的时间，由工件的板厚来决定。一般为0.03~1s范围内。

3）基值电流（I_b）：它比脉冲电流小，一般为脉冲电流的15%（10~50A）。特别是在薄板焊接时低一些为好。

4）基值时间（t_b）：熔池充分冷却凝固的时间，一般为脉冲时间的1~3倍（$G = t_b/t_p = 1 \sim 3$）。

基值时间过短，则为积累热量的条件裕度不足。图5-29为各种材质和板厚的合适的脉冲电流和

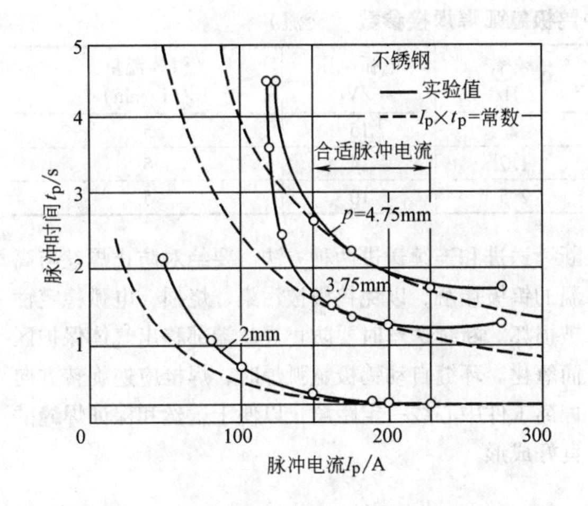

图5-28　最适合的脉冲电流和脉冲时间的关系

脉冲时间的计算因素。例如，2mm 厚的不锈钢完全熔透的脉冲条件是连接材料和熔深间的线，并在其延长线上得到脉冲电流和脉冲时间，得到：$I_p=150A$、$t_p=0.5s$。

焊接速度的选择应与脉冲频率相匹配，以满足焊点间距的要求，它们的关系如下：

$$L_w = v_w/2.16f$$

式中　L_w——焊点间距（mm）；

v_w——焊接速度（cm/min）；

f——脉冲频率（Hz）。

为了获得连续致密的焊缝，要求焊点之间要有一定的重叠量（而 L_w 不能过大）。常用的频率见表5-22，一般低于10Hz。

表5-22　脉冲钨极氩弧焊常用脉冲频率范围

焊接方法	手工钨极氩弧焊	下列焊接速度/（cm/min）的自动脉冲钨极氩弧焊			
		20	28	37	38
频率 f/Hz	1～2	≥3	≥4	≥5	≥6

表5-23～表5-25分别列出了不锈钢、钛合金和铝合金薄板钨极脉冲氩弧焊的焊接参数。

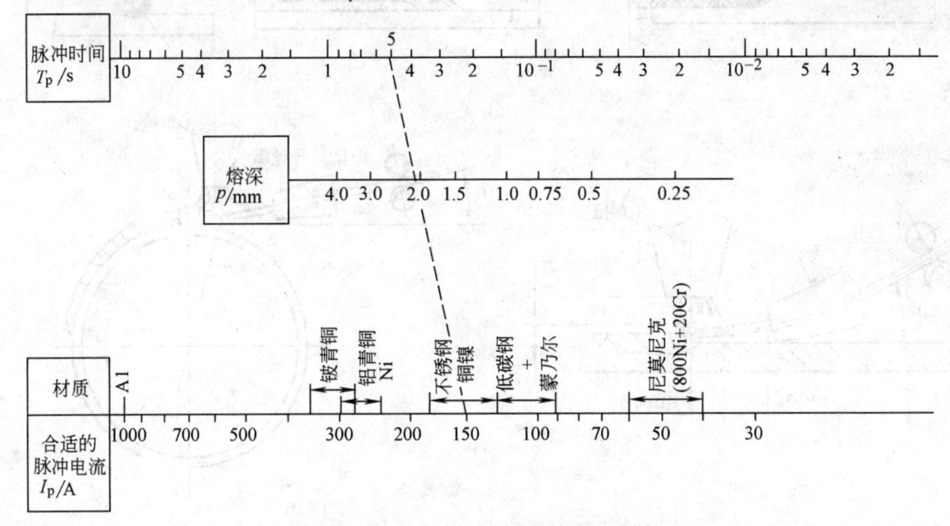

图5-29　选择脉冲TIG焊的计算图表

表5-23　不锈钢脉冲钨极氩弧焊焊接参数（直流正接）

板厚/mm	电流/A		持续时间/s		脉冲频率/Hz	弧长/mm	焊接速度/(cm/min)
	脉冲	基值	脉冲	基值			
0.3	20～22	5～8	0.06～0.08	0.06	8	0.6～0.8	50～60
0.5	55～60	10	0.08	0.06	7	0.8～1.0	55～60
0.8	85	10	0.12	0.08	5	0.8～1.0	80～100

表5-24　钛及钛合金的脉冲自动钨极氩弧焊焊接参数（直流正接）

板厚/mm	钨极直径/mm	电流/A		持续时间/s		电弧电压/V	弧长/mm	焊速/(cm/min)	氩气流量/(L/min)
		脉冲	基值	脉冲电流时	基值电流时				
0.8	2	55～80	4～5	0.1～0.2	0.2～0.3	10～11	1.2	30～42	6～8
1.0	2	66～100	4～5	0.14～0.22	0.2～0.34	10～11	1.2	30～42	6～8
1.5	3	120～170	4～6	0.16～0.24	0.2～0.36	11～12	1.2	27～40	8～10
2.0	3	160～210	6～8	0.16～0.24	0.2～0.36	11～12	1.2～1.5	23～37	10～12

表 5-25 5A03、5A06 铝合金脉冲钨极氩弧焊焊接参数（交流）

材料	板厚/mm	焊丝直径/mm	电流/A		脉宽比（%）	频率/Hz	电弧电压/V	气体流量/（L/min）
			脉冲	基值				
5A03	2.5	2.5	95	50	33	2	15	5
5A03	1.5	2.5	80	45	33	1.7	14	5
5A06	2.0	2	83	44	33	2.5	10	5

5.5.5 操作技术

焊接时，焊枪、焊丝和工件之间必须保持正确的相对位置，如图 5-30 所示，焊直缝时通常采用左向焊法。焊丝与工件间的角度不宜过大，否则会扰乱电弧和气流的稳定。手工钨极氩弧焊时，送丝可以采用断续送进和连续送进两种方法。要绝对防止焊丝与高温的钨极接触，以免钨极被污染、烧损，电弧稳定性被损坏。断续送丝时要防止焊丝端部移出气体保护区而氧化。环缝自动钨极氩弧焊时，焊枪应逆旋转方向偏离工件中心线一定距离，以便于送丝和保证焊缝的良好成形。

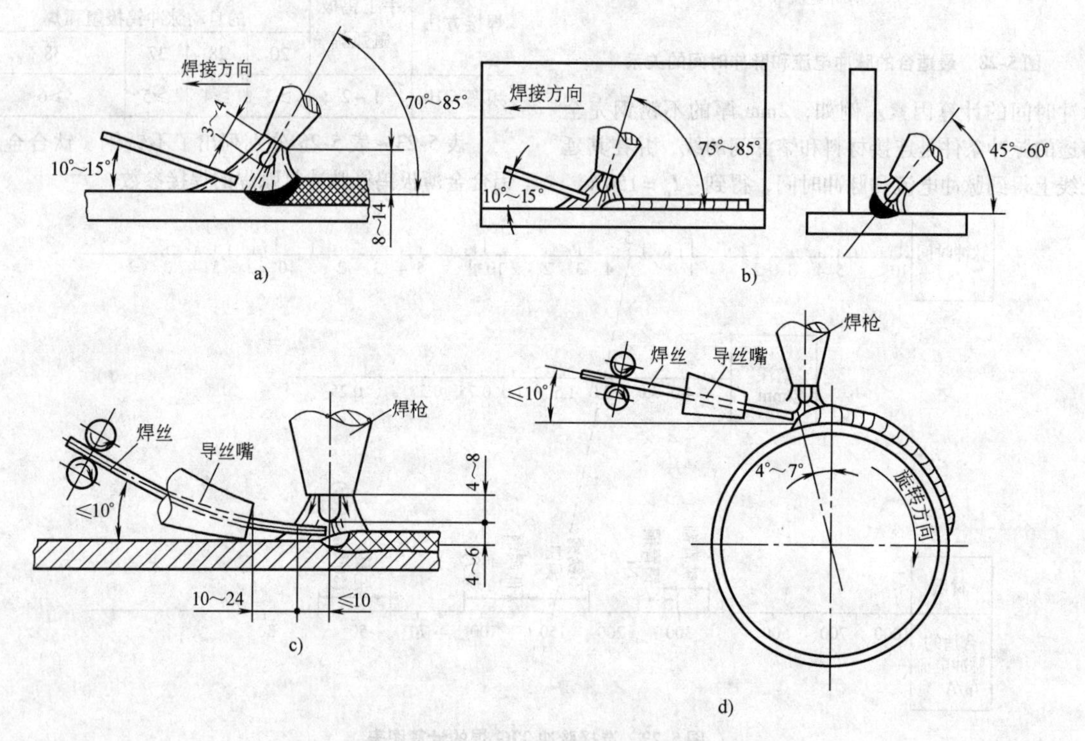

图 5-30 焊枪、焊丝和工件之间的相对位置

a）对接手工焊 b）角接手工焊 c）平对接自动焊 d）环缝自动焊

为提高 TIG 焊焊缝质量，还需注意如下问题：

1）定位焊是为了保证待焊工件的尺寸要求，并防止工件在焊接过程中受热膨胀引起变形。定位焊缝是正式焊缝的一部分，必须按正式的焊接工艺要求焊接定位焊缝，不允许有缺陷，如果该焊缝要求单面焊双面成形，则定位焊缝必须焊透。如果正式焊缝要求预热、缓冷，则定位焊前也要预热，焊后要缓冷。

2）打底焊的焊缝应一气呵成，不允许中途停止。打底层焊缝应有一定厚度，对于壁厚≤10mm 的管子，其厚度不小于 2～3mm；壁厚＞10mm 的管子，其厚度不小于 4～5mm；打底层焊缝需自检合格后，才能焊盖面层。

3）填丝时，焊丝应与工件表面夹角为 15°左右，必须等坡口两侧熔化后才能填丝，以免引起熔合不良。填丝从熔池前沿点进或连续送丝，速度要均匀，填丝时，要使焊丝端头始终在氩气保护区内。不能用焊丝在保护区内搅动，防止卷入空气。填丝速度太快，则焊缝余高大；过慢则焊缝下凹或咬边。

4）随时注意观察钨极端部的形状和颜色的变化。焊接过程中如果钨极端部始终能够保持磨好的锥形，焊后钨极端部为银白色，说明保护效果好。如果焊后钨极端部发蓝，加长焊后氩气延迟断气时间，仍不能得到银白色的钨极端部，说明保护效果欠佳。如果焊后钨极端部发黑，局部变细或有瘤状物，说明钨极已被污染，在这种情况下，必须将这段钨极去掉，否则焊缝容易夹钨。

5）无论是打底层还是填充焊接时，接头质量是很重要的，接头处最好磨成斜面，使焊缝重叠20～30mm。因为接头是两段焊缝连接的地方，由于温度的差别和填充金属数量的变化，接头处容易出现超高、未焊透、夹渣、气孔等缺陷。所以焊接时应尽量避免停弧，减少接头次数。

5.5.6 加强气体保护作用的措施

对于对氧化、氮化非常敏感的金属和合金（如钛及其合金）或散热慢、高温停留时间长的材料（如不锈钢），要求有更强的保护作用。加强气体保护作用的具体措施有：

1）在焊枪后面附加通有氩气的拖罩，使在400℃以上的焊缝和热影响区仍处于保护之中（图5-31和图5-32）。

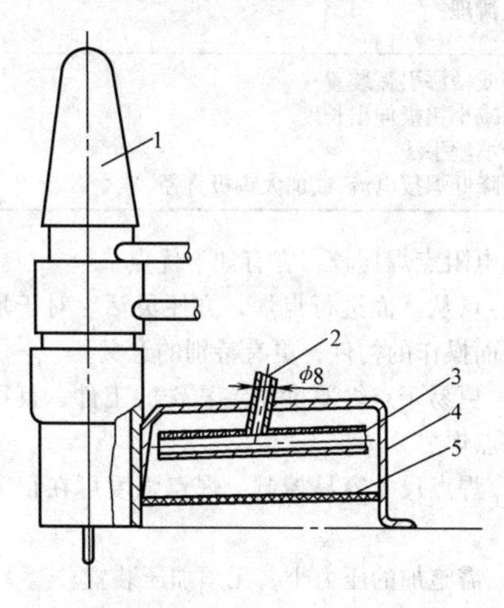

图5-31 对接平焊用的拖罩

1—焊枪 2—进气管 3—气体分布 4—拖罩外壳 5—铜丝网

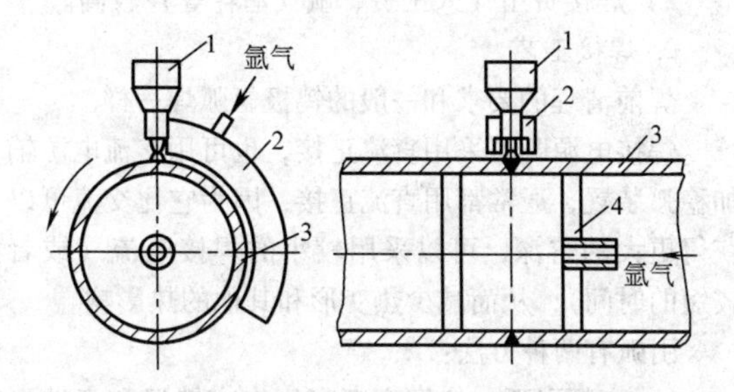

图5-32 管子对接环缝焊接用拖罩及反面保护

1—焊枪 2—环形拖罩 3—管子 4—金属或纸质挡板

2）在焊缝背面采用可通氩气保护的垫板（图5-33）、反面保护罩（图5-34）或在被焊管子内部局部密闭气腔内充满氩气（图5-35），以加强反面的保护。图5-33、图5-34中焊缝两侧和背面设置的纯铜冷却板、铜垫板、铜压块（水冷或空冷）都有加速焊缝和热影响区冷却、缩短高温停留时间的作用。

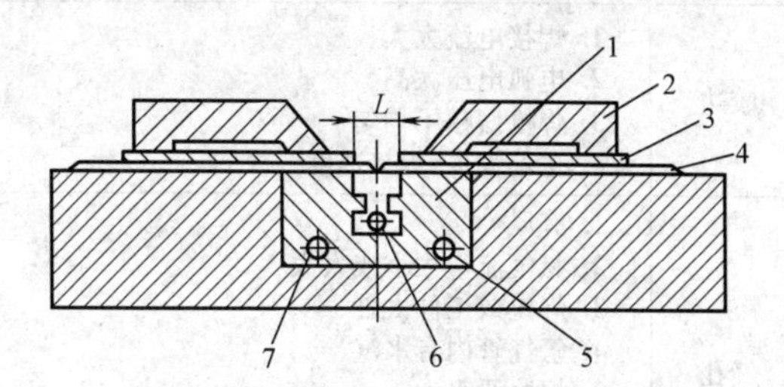

图5-33 对接焊背面通氩气保护用垫板

1—铜垫板 2—压板 3—纯铜冷却板 4—工件 5—出水管 6—进气管 7—进水管

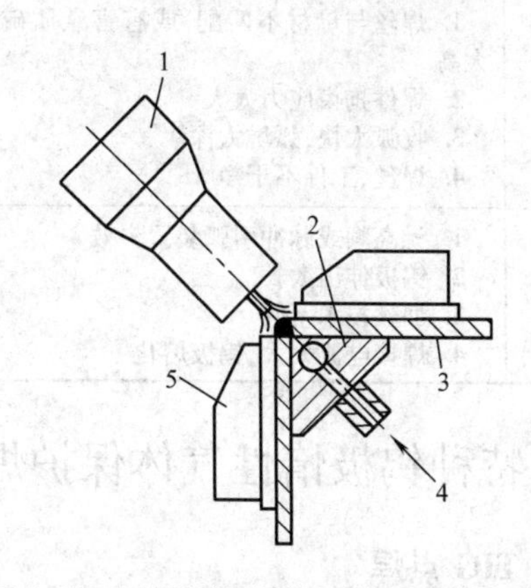

图5-34 角接焊背面保护罩和加强冷却的装置

1—焊枪 2—带背面保护气垫板 3—工件 4—保护气 5—铜压块

保护效果可通过焊接区正反面的表面颜色大致评定，表5-26表示不锈钢和钛合金焊接时焊缝颜色与保护效果之间的关系。对于铝及铝合金氩弧焊来说，焊缝阴极清理区的宽度反映了有效保护范围的大小，可作为衡量保护效果的一个依据。

表5-26 焊缝表面颜色和保护效果之间的关系

保护效果		最好	良好	较好	不良	最坏
焊缝表面颜色	不锈钢	银白	金黄	蓝、红、灰	灰色	黑
	钛及其合金	银白	淡黄 深黄	金紫 深蓝	浅蓝	灰红、灰黑

5.5.7 TIG焊常见缺陷产生的原因及预防措施

TIG焊常见缺陷产生的原因及预防措施见表5-27。

表 5-27　TIG 焊常见缺陷及预防措施

缺陷种类	产生原因	预防措施
未焊透	1. 焊接电流太小 2. 焊接速度太快 3. 坡口角度太小,钝边太大或间隙太小 4. 钨极烧损,电弧不集中 5. 送丝太快	1. 增加焊接电流 2. 降低焊接速度 3. 坡口角度不小于 30°,钝边不大于 2mm,间隙不小于 2mm 4. 修磨钨极尖端 5. 降低送丝速度
咬边	1. 焊接电流太大 2. 电弧电压太高 3. 焊枪摆幅不均匀 4. 送丝太少,焊接速度太快	1. 降低焊接电流 2. 缩短弧长 3. 保持摆幅均匀 4. 适当增加送丝速度,或降低焊接速度
气孔	1. 有风 2. 氩气流量太小或太大 3. 焊丝或工件太脏 4. 氩气管内有水汽 5. 焊枪漏水 6. 进气管道或接头有漏气处 7. 送丝手法不好,破坏了氩气保护区 8. 钨极伸出太长,或喷嘴高度太高	1. 设法挡风 2. 调整氩气流量 3. 清除焊丝及工件待焊区的污物 4. 用干燥无油的热空气吹干氩气管 5. 消除漏水处 6. 检查气路 7. 调整送丝手法 8. 减小钨极伸出长度,降低喷嘴高度
裂纹	1. 焊丝与母材不匹配,或有害杂质硫、磷含量太高 2. 焊件拘束应力太大 3. 收弧太快,弧坑太深 4. 焊丝、工件不干净	1. 选用硫、磷含量低的焊丝 2. 设法减小拘束度,或采用预热缓冷措施 3. 调整收弧衰减参数,或多次收弧,填满弧坑 4. 加强清理
夹钨	1. 无高频或脉冲引弧装置失效 2. 钨极伸出太长 3. 加丝技术不好 4. 焊接电流太大,钨极熔化	1. 修理或增添引弧装置 2. 适当减小钨极伸出长度 3. 改善填丝手法 4. 适当降低焊接电流,或加大钨极直径

5.6　特种钨极惰性气体保护焊

5.6.1　TIG 点焊

1. 优缺点

钨极氩弧点焊的原理如图 5-35 所示，焊枪端部的喷嘴将被焊的两块母材压紧，保证连接面紧密接合，然后靠钨极和母材之间的电弧使钨极下方金属局部熔化形成焊点。适用于焊接各种薄板结构以及薄板与较厚材料的连接，所焊材料目前主要为不锈钢、低合金钢等。

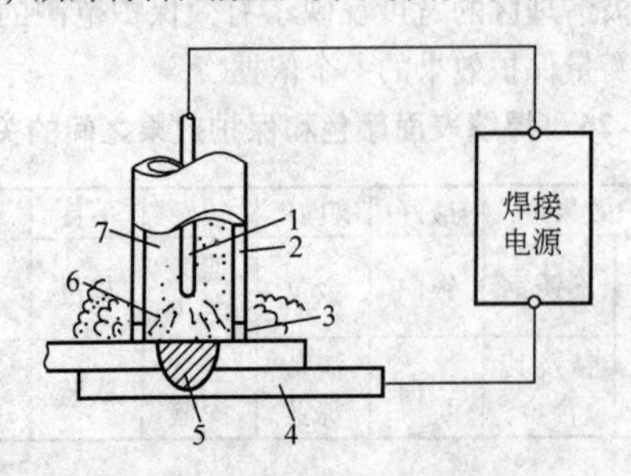

图 5-35　钨极氩弧点焊示意图

1—钨极　2—喷嘴　3—出气孔　4—母材　5—焊点　6—电弧　7—氩气

和电阻点焊比较，它有如下优点：

1）可从一面进行点焊，方便灵活。对于那些无法从两面操作的构件，更有特别的意义。

2）更易于点焊厚度相差悬殊的工件，且可将多层板材点焊。

3）焊点尺寸容易控制，焊点强度可在很大范围内调节。

4）需施加的压力小，无须加压装置。

5）设备费用低廉，耗电量少。

缺点是：

1）焊接速度不如电阻点焊高。

2）焊接费用（人工费、氩气消耗等）较高。

2. 焊接工艺

焊前清理的要求和一般的钨极氩弧焊一样。

焊接电源既可采用直流正接，也可用交流电源辅加稳弧装置，通常都用直流正接，因为它比交流可以获得更大的熔深，可以采用较小的焊接电流（或者较短的时间），从而减少热变形和其他的热影响。

引弧有两种方法：

1）高频引弧。依靠高频高压击穿钨极和工件之间的气隙而引弧。

2）诱导电弧引弧。先在钨极和喷嘴之间引起一小电流（约5A）的诱导电弧。然后再接通焊接电源。诱导电弧由一个小的辅助电源供电。

目前最常用的是高频引弧。

通过调节电流值和电流持续时间控制焊点尺寸。增大电流和电流持续时间都会增加熔深和焊点直径，减小这些焊接参数则产生相反的效果。所以除了焊接电流外，焊接持续时间也必须采用精确的定时控制。

电弧长度也是一个重要参数。电弧过长，熔池会过热并可能产生咬边：电弧太短，母材膨胀后会接触钨极，造成污染。

为了防止焊点表面过度凹陷和产生弧坑裂纹：点焊结束前使电流自动衰减或者进行二次脉冲电流加热。当焊点余高要求严格时，可往熔池输送适量的填充焊丝。表5-28列出了不锈钢钨极氩弧点焊的焊接参数。

表5-28　1Cr18Ni9Ti钢钨极氩弧点焊焊接参数（直流正接）

材料厚度/mm	焊接电流/A	焊接时间/s	二次脉冲电流/A	二次脉冲时间/s	保护气体流量/(L/min)	焊点直径/mm
0.5+0.5	80	1.03	80	0.57	7.5	4.5
0.5+0.5	100	1.03	100	0.57	7.5	5.5
2+2	160	9	300	0.47	7.5	8
2+2	190	7.5	180	0.57	7.5	9
3+3	180	18	280	0.69	7.5	10
3+3	160	18	280	0.69	7.5	11

注：1. 加入二次脉冲电流前电弧熄灭一段时间。
2. 电弧长度0.5～1.0mm。

3. 设备

钨极氩弧点焊专用设备与一般钨极氩弧焊设备不同之处在于具有特殊控制装置和点焊焊枪。控制装置除能自动确保提前输送氩气、通水、起弧外，尚有焊接时间控制、电流自动衰减以及滞后关断氩气等功能。

除专用设备外，普通手工钨极氩弧焊设备中增加一个焊接时间控制器及更换喷嘴，也可充当钨极氩弧点焊设备。

5.6.2　热丝TIG焊

1. 工作原理

热丝TIG焊原理如图5-36所示，填充焊丝在进入熔池之前约10cm处开始，由加热电源通过导电块对其通电，依靠电阻热将焊丝加热至预定温度，与钨极呈40°～60°角，从电弧后面送入熔池，这样熔敷速度可比通常所用的冷丝提高两倍。热丝TIG焊大大提高了热输入，使焊丝熔化速度增加到20～50g/min。在相同的电流情况下焊接速度可提高一倍以上，达到100～300mm/min。热丝和冷丝熔敷速度的比较如图5-37所示。

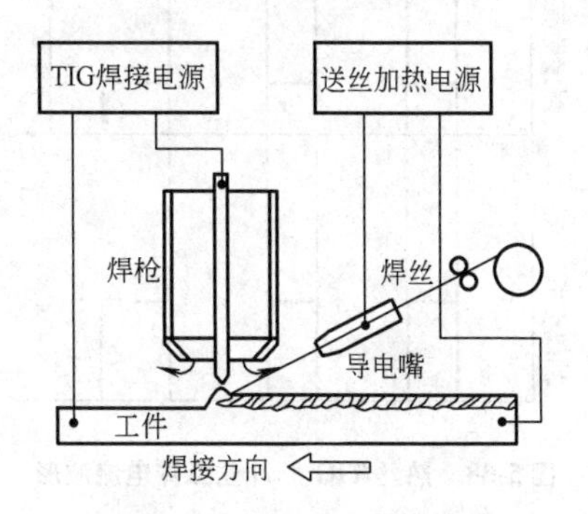

图5-36　热丝钨极氩弧示意图

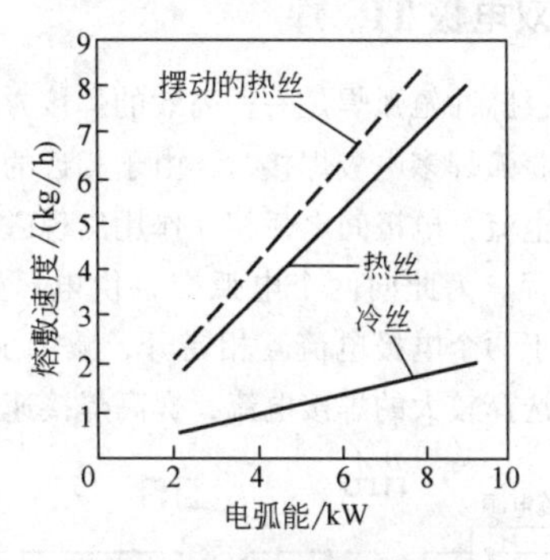

图5-37　钨钨极氩弧焊时冷丝和热丝熔敷速度比较

同TIG焊相比，热丝TIG焊明显地提高了熔敷率、焊接速度，适合于焊接中等厚度的焊接结构，同时又具有TIG焊高质量焊缝的特点。同MIG焊相比，其熔敷率相差不大，但是热丝TIG焊的送丝速度独立于焊接电流，因此也就能够更好地控制焊缝成形，对于开坡口的焊缝，其侧壁熔合性比MIG焊好得多。

热丝钨极氩弧焊时，由于流过焊丝的电流所产生磁场的影响，电弧产生磁偏吹而沿焊缝作纵向偏摆。为此，用交流电源加热填充焊丝，以减少磁偏吹。在这种情况下，当加热电流不超过焊接电流的60%时，电弧摆动的幅度被限制在30°左右。为了使焊丝加热电流不超过焊接电流的60%，通常焊丝最大直径限为1.2mm。如果焊丝过粗，由于电阻小，需增加加热电流，这对防止磁偏吹是不利的。

热丝焊接已成功用于碳钢、低合金钢、不锈钢、镍和钛等。对于铝和铜，由于电阻率小，要求很大的加热电流，从而造成过大的电弧磁偏吹和熔化不均匀，所以不推荐热丝焊接。

2. 热丝氩弧焊机

热丝氩弧焊机由以下几部分组成：直流氩弧焊电源、预热焊丝的附加电源（通常用交流居多）、送进焊丝的送丝机构以及控制、协调这三部分之间的控制电路。为了获得稳定的焊接过程，主电源还可采用低频脉冲电源。在基值电流期间，填充焊丝通入预热电流，脉冲电流期间焊丝熔化，如图5-38所示。这种方法可以减少磁偏吹。脉冲电流频率可以提高到100Hz左右。

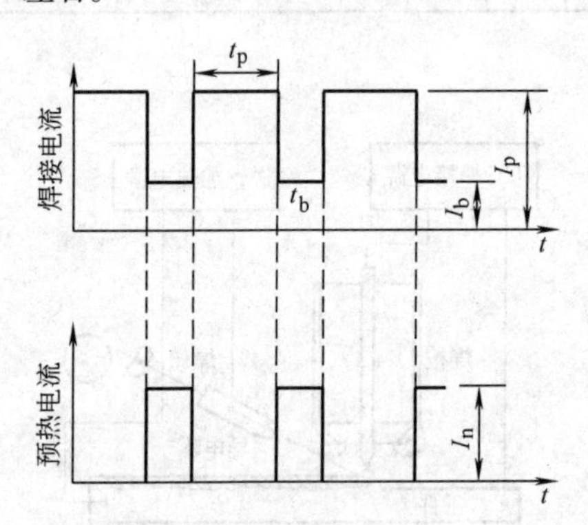

图5-38 热丝TIG脉冲氩弧焊电流波形

5.6.3 双电极TIG焊

双电极脉冲氩弧焊是一种高效的焊接方法。但是直流钨极氩弧焊多电极焊接时，由于相近的电极通以同方向的电流，电极间电弧相互作用出现磁偏吹，影响焊接过程。为此向两个电弧交替供电，如图5-39所示。由于两个电极电流互相错开，减少了磁偏吹，因此可以选择较大的焊接电流，提高焊接速度。

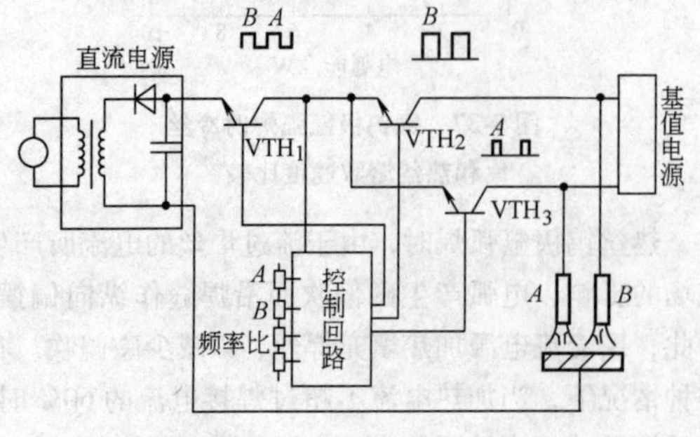

图5-39 双电极TIG脉冲氩弧焊

5.6.4 管-管TIG焊

在锅炉、化工、电力、原子能等工业部门的管线及换热器生产和安装中，经常要遇到管-管的焊接问题，在这个领域内广泛采用钨极氩弧焊。在工业管道制造和安装过程中，许多情况下管道是固定不动的，此时，要求焊枪围绕工件作360°的空间旋转，所以完成一条焊缝的过程实际上是全位置焊接，每种位置需要不同的焊接参数相匹配，为了保证焊缝获得均匀的熔透和熔宽，要求参数稳定而精确。同时要求机头的转速稳定而可靠，并与焊接参数相适应。钨极氩弧焊或者脉冲钨极氩弧焊的电弧非常稳定，无飞溅，输入的热输入调节方便，易得到单面焊双面成形的焊缝，所以是管道焊接的理想方法。

在焊接过程中，焊接电流大小和机头运动速度应相互配合，在电弧引燃后焊接电流逐渐上升至工作值，将工件预热并形成熔池，待底层完全熔透后，机头才开始转动。电弧熄灭前，焊接电流逐渐衰减，机头运动逐渐加快，以保证环缝首尾平滑地搭接，理想的焊接程序如图5-40所示。

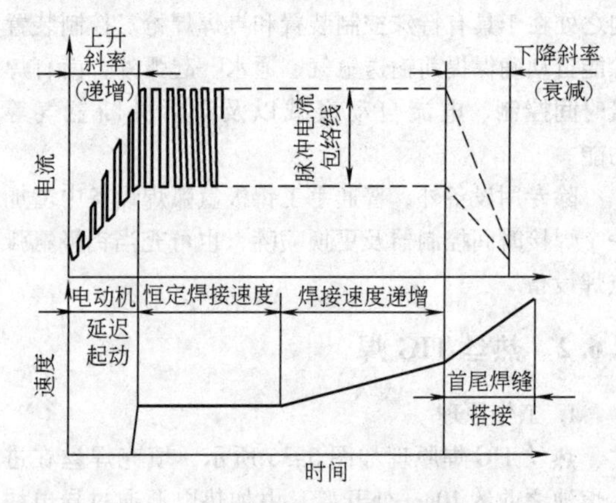

图5-40 管道自动钨极氩弧焊全位置焊接的电流和焊接速度程序

管道全位置焊接时，根据管道直径、壁厚往往需要分段进行程序控制，按照不同的位置划分焊接电流和焊接速度，因此控制电路要实现机头行走、转动，送丝速度调节，机头摆动频率及停留时间改变，保护气体的输送，焊接电流和弧长的控制、各区间的时间设定及焊缝的对中等。控制参数多而且要求精度高，目前以计算机进行编程控制居多。所有参数通过键盘进行调节和编程，系统有外接打印机，随时记录焊接参数，计算机屏幕可以图像显示各种参数的实时变化，并可随时调阅原设定参数。

焊接机头包括有固定的焊枪、输送氩气的导管、送丝机构、旋转电动机、传动齿轮、导电环及连接电缆。图 5-41 所示为卡钳式焊接机头，一般适合于小直径管道焊接，根据管道直径可以更换不同尺寸的机头。

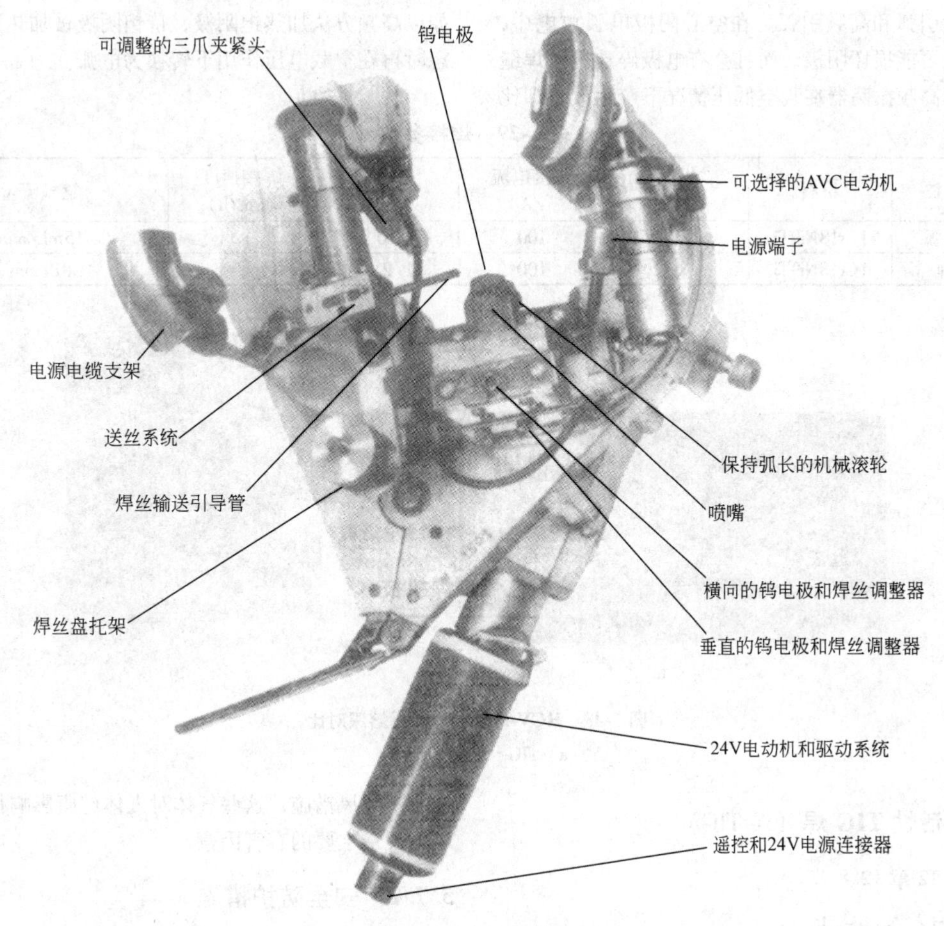

图 5-41　卡钳式焊接机头

5.6.5　空心阴极真空电弧焊

1. 概述

焊接化学活性金属和难熔金属时，常规的保护介质有时不能满足使用要求，必须采用更为有效的［含氧、氮、氢和水蒸气（极少）］保护介质，这样的保护介质实质上就是工程真空。空心阴极电弧焊（Hollow Cathode Vacuum Arc Welding，简称 HCVAW）具有较高的工艺能力，在 $1\times10^{-2}\sim10$Pa 的工程真空环境中相对容易实施。

研究结果表明，在一定电流和弧长下，HCVAW 焊缝比 GTAW 焊缝有更大的熔深。相关研究认为，焊接效率的提高是由于空心阴极真空电弧有收缩的电弧形态，并且在低气压状态下电弧弧柱散热少、电弧能量集中所致，同时产生的热影响区也较小。另外，在真空保护状态下，熔池金属对母材有良好的润湿性。

HCVAW 的工作状态是：将空心阴极焊枪置于真空室内，空心阴极内部通以惰性气体，气体经过空心阴极到达电弧中，真空泵不断地将真空室内的气体抽走，从而维持真空度在一定数值。在动态真空环境中，电弧在空心阴极和阳极工件之间燃烧，如图 5-42 所示。将空心阴极作为焊枪电极的真空焊接，具有设备简单、适应性强的特点，既利用了真空保护的优点，又能和常规电弧焊设备相通用，有着良好的工艺条件。

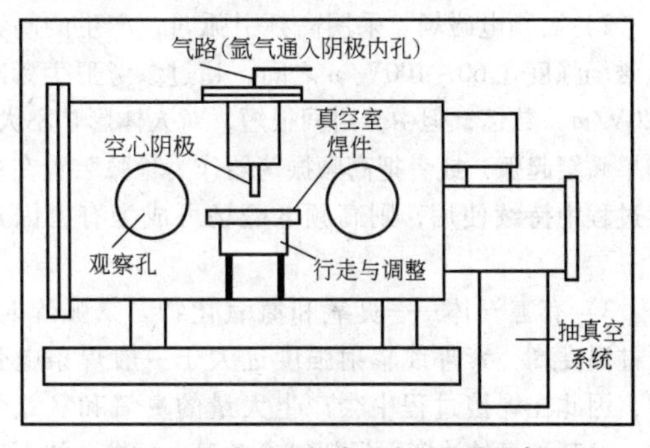

图 5-42　空心阴极真空电弧焊接设备

2. HCVAW 电弧放电现象

HCVAW 的引弧方法主要有三种：接触引弧、非接触加热引弧和高频引弧。在空心阴极电弧放电中，接触引弧可能损坏阴极，而且会有电极碎粒落入焊缝中。利用高频振荡器在真空低压情况下产生放电却比较困难，因为在真空中需要有更高的电压，引弧可靠性不高。加热引弧有高频加热和电阻加热等办法，比如以高频方法加热钽阴极，待钽阴极被加热到白热状态时再在空载电压作用下转换为电弧。

表 5-29　焊接参数

焊接方法	材料	板厚 /mm	焊接电流 /A	弧长 /mm	焊接速度 /(m/h)	氩气流量
真空电弧	1Cr18Ni9Ti	6	100	10	12	15mL/min
TIG 焊	1Cr18Ni9Ti	6	100	2	12	8L/min

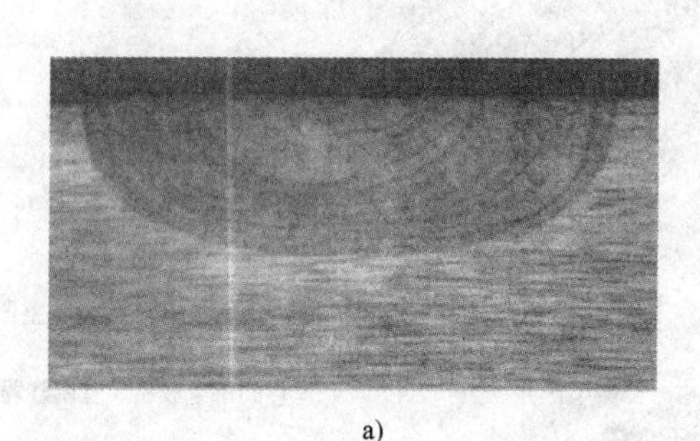

a)　　b)

图 5-43　HCVAW 和 TIG 焊熔深对比

a）TIG　b）HCVAW

5.6.6　活性 TIG 焊（A-TIG）

见第 12 章 12.8 节。

5.7　安全技术

5.7.1　TIG 焊的有害因素

氩弧焊影响人体的有害因素有三方面：

1）放射性。钍钨极中的钍是放射性元素，但钨极氩弧焊时钍钨极的放射剂量很小，在允许范围之内，危害不大。如果放射性气体或微粒进入人体作为内放射源，则会严重影响身体健康。

2）高频电磁场。采用高频引弧时，产生的高频电磁场强度在 60～100V/m 之间，超过参考卫生标准（20V/m）数倍，但由于时间很短，对人体影响不大。如果频繁起弧，或者把高频振荡器作为稳弧装置在焊接过程中持续使用，则高频电磁场可成为有害因素之一。

3）有害气体——臭氧和氮氧化物。氩弧焊时，弧柱温度高，紫外线辐射强度远大于一般焊条电弧焊，因此在焊接过程中会产生大量的臭氧和氧氮化物，尤其臭氧的浓度远远超出参考卫生标准。如不采取有效通风措施，这些气体对人体健康影响很大，是氩弧焊最主要的有害因素。

5.7.2　安全防护措施

1）通风措施。氩弧焊工作现场要有良好的通风装置，以排出有害气体及烟尘。除厂房通风外，可在焊接工作量大、焊机集中的地方，安装几台轴流风机向外排风。

此外，还可采用局部通风的措施将电弧周围的有害气体抽走，例如采用明弧排烟罩、隐弧排烟罩、排烟焊枪、轻便小风机等（图 5-44）。

2）防护射线措施。尽可能采用放射剂量极低的铈钨极。钍钨极和铈钨极加工时，应采用密封式或抽风式砂轮磨削，操作者应配戴口罩、手套等个人防护用品，加工后要洗净手脸。钍钨极和铈钨极应放在铝盒内保存。

3）防护高频的措施。为了防备和削弱高频电磁场的影响，采取的措施有：①工件良好接地，焊枪电缆和地线要用金属编织线屏蔽；②适当降低频率；③使用高频振荡器作为稳弧装置，应减小高频电流作用时间。

4）其他个人防护措施。氩弧焊时，由于臭氧和

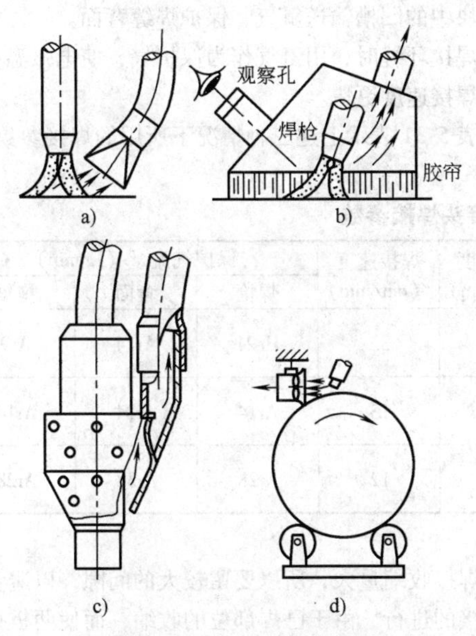

图5-44 局部通风的措施

a）明弧排烟罩 b）隐弧排烟罩

c）排烟焊枪 d）轻便小风机排烟

紫外线作用强烈，应穿戴非棉布工作服（如耐酸呢、柞绸等）。在容器内焊接又不能采用局部通风的情况下，可以采用送风式头盔、送风口罩或防毒口罩等个人防护措施。

5.8 生产实例

5.8.1 铝合金包壳核燃料元件端盖密封焊接

核反应堆所用的核燃料有的用铝及铝合金管作为包壳，内装核燃料（铀或钚等）后两端加端盖，用钨极氩弧焊封焊。

1）接头形式。核燃料元件端盖封焊接头形式如图5-45所示。从焊接着眼，图5-45c、d比较合理；管壁和端盖焊接部位等厚，受热均匀，容易获得高质量的焊缝，对装配要求也低。但焊后管端表面有凹陷，反应堆运行时其表面积水，局部死水会影响冷却性能，是不允许的。图5-45f的接头不但容易焊接，而且焊后端盖表面光滑平整，焊缝成形美观，是一种比较满意的接头形式。

2）焊接条件。接头用手工钨极氩弧焊焊成，其焊接参数列于表5-30。

5.8.2 不锈钢薄板自动TIG焊

自动钨极惰性气体保护焊很适合不锈钢薄板和薄板结构的焊接，因为它方法可靠，生产率高。图5-46表示美国316不锈钢单面焊双面成形的生产实例。图

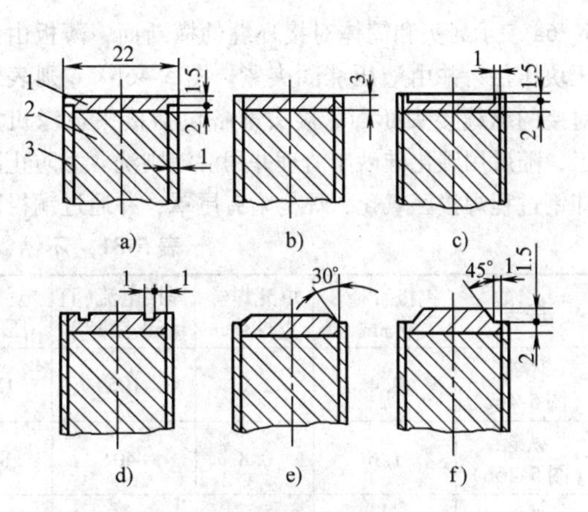

图5-45 核燃料元件端盖封焊接头形式

1—端盖 2—核燃料 3—包壳

表5-30 核元件封焊接头钨极氩焊焊接参数

钨极直径/mm	焊接电流/A	弧长/mm	焊接速度/(r/min)
3(磨尖)①	40~50(交流)	2	≈10
氩气流量/(L/min)	喷嘴直径/mm	喷嘴至工件距离/mm	钨极伸出喷嘴外长度/mm
10	12	6~8	≈5

① 如果用直径ϕ2mm的钨极，焊接时间稍长，端部即易熔化并伸长，采用短弧焊时会经常短路。故改为ϕ3mm并磨尖，焊接效果较好。

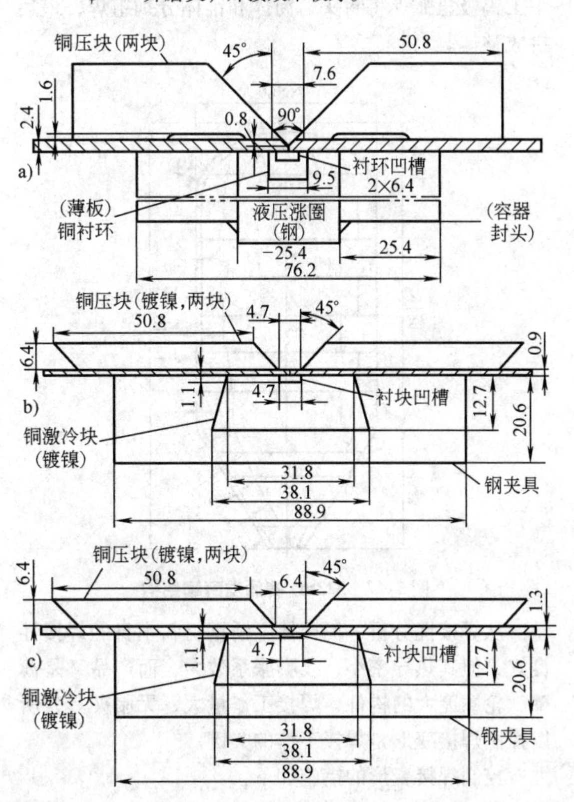

图5-46 不锈钢薄板自动钨极惰性气体保护焊的对接接头及夹具

5-46a 表示封头和筒体对接环缝的横断面，薄板由铜压块压住，并由液压涨圈夹紧。图 5-46b、c 则表示对接的纵缝接头断面。接头准备包括接头边缘机加工，随后用碳化硅砂布清理并用溶液刷洗。为防止冷却钢过程焊接区氧化，焊枪附有尾罩，并通过铜衬环或衬块中的凹槽输送氩气，保护焊缝背面。

焊接环缝时，用氦气作为保护气，使电弧温度更高，焊接速度更快。

表 5-31 表示上述三种情况下所用的焊接参数。

表 5-31　不锈钢薄板对接接头焊接参数

接头	钨极直径①/mm	填充焊丝直径/mm	焊接电流(直流正接)/A	电弧电压/V	送丝速度/(cm/min)	焊接速度/(cm/min)	保护气流量/(L/min)		
							焊枪	背面	拖罩
环缝（图 5-46a）	2.4	1.2	105	15	123	32	He21	Ar14	Ar9
纵缝（图 5-46b）	1.6	0.8	40	8	15	13	Ar14	Ar14	Ar14
纵缝（图 5-46c）	1.6	0.8	73	7.5	23	12	Ar28	Ar38	Ar28

① 电极材料为钍钨极 EWTh-2，w(Th) = 1.7% ~ 2.2%。

5.8.3　啤酒发酵罐制造

1）产品结构及要求。啤酒发酵罐（容量 322m^3）结构如图 5-47 所示。材料为德国 SS 142333-28 和瑞典 WI4301 两种奥氏体不锈钢，板厚包括了 3 ~ 8mm 和 10mm 的各种尺寸。要求焊缝内表面磨平、抛光，不允许有气孔、裂纹、咬边等缺陷。

2）焊接工艺。该产品结构十分庞大，为此选用手工钨极氩弧焊将封头、筒体和锥体分别组焊，最后拼成整体。

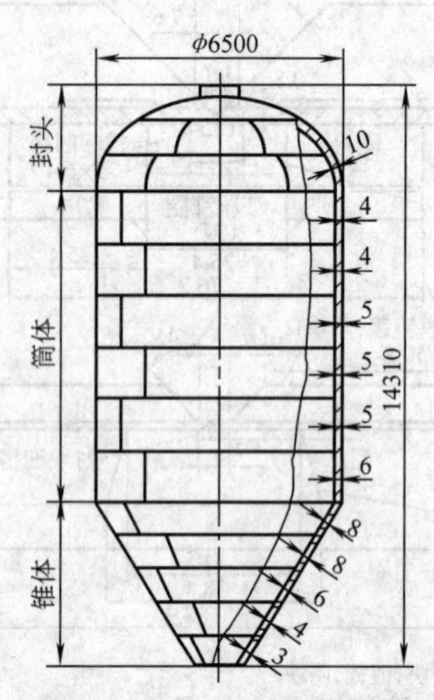

图 5-47　322m^3 啤酒发酵罐结构

从焊接性分析，奥氏体不锈钢材料本身的焊接性良好，但其热导率小，线膨胀系数大，而产品又是薄壁、轮廓庞大的构件，焊接工作量大，无胎夹具，所以控制焊接变形是焊接工作的关键。

控制焊接变形的措施如下：

① 所有接头对接时均保留间隙 2mm 左右。因不锈钢焊接收缩量大，所以要留较大的间隙，以避免随着焊接的进行，由于已焊部位的收缩，而使两板挤紧造成很大的变形。

② 装配的定位焊缝长 5mm，相邻定位焊缝之间的距离 15mm。采用较密集的定位焊，有利于防止薄板接口错边，防止待焊部分的间隙过分收缩产生未焊透和严重的焊接变形。

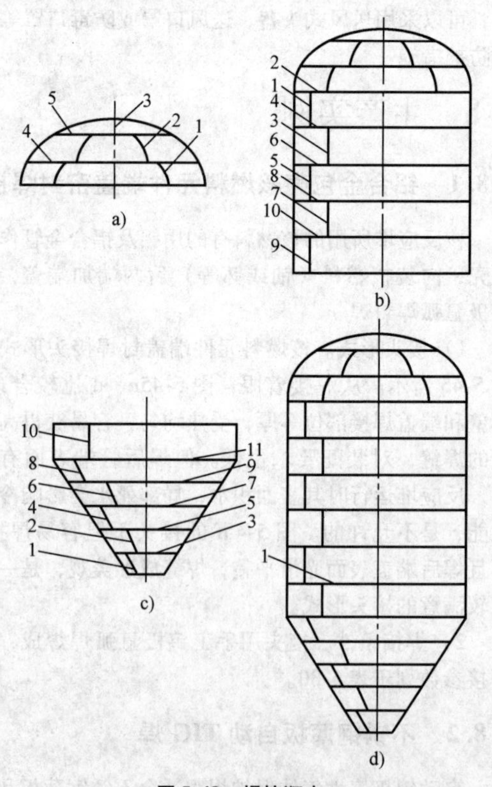

图 5-48　焊接顺序

a）封头组焊　b）筒体组焊　c）锥体组焊
d）最后拼焊（直流正接）

③ 采用双面互保护的手工钨极氩弧焊，即两个焊枪同时从两面施焊，焊枪相距不大于5mm。实践表明，这种工艺可使焊接能量集中，加快焊接速度，有助于减小变形。双面互保护焊还具有可两面进行氩气保护，防止氧化，提高热效率，使热输入减小，改善接头力学性能等优点。

④ 选择合理的焊接顺序。焊接按图5-48a、b、c、d的工序顺序进行，图中还标明了每个工序中各焊道的焊接顺序。

表5-32列出了所用的坡口形式及焊接参数。

表5-32　不锈钢啤酒发酵罐双面互保护钨极氩弧焊焊接参数（直流正接）

板厚/mm	坡口形式	焊接方法	焊接位置	钨极直径/mm	焊丝直径/mm	焊接电流/A	焊接速度/(cm/min)	氩气流量/(L/min)
3	(外) 2 (内)	双面互保护手工钨极氩弧焊	立	3.2 2.4	2	(外)40 (内)30	5.7	8~10
			横	3.2 2.4	2	(外)35~40 (内)35~40	6.0	8~10
4	60° (外) 3 2 (内)		立	3.2 2.4	2	(外)55 (内)40	5.4	8~10
			横	3.2 2.4	2	(外)45 (内)35	4.2	8~10
5	60° (外) 3 2 (内)		立	3.2 2.4	2	(外)60~70 (内)45	4.2	8~10
			横	3.2 2.4	2	(外)70~80 (内)35~40	6.0	8~10
6	60° (外) 3 2 (内)	双面互保护手工钨极氩弧焊打底，焊条电弧焊盖面	立	3.2 2.4	2	(外)75~90 (内)35~40	3.0	8~10
			横	3.2 2.4	2	(外)80~90 (内)35~40	3.6	8~10

注：不同厚度钢板对接时，内侧齐平，坡口形式以厚板为准，其他规范参数在两者之间。

5.8.4　锅炉管道打底焊接

锅炉管道工程建设中普遍使用钨极氩弧焊。现行电站建设规范已做出明确规定，50MW以上机组安装必须采用TIG焊工艺焊接打底焊道。对外径小于89mm、壁厚小于或等于6mm的管道采用全氩弧焊工艺，对于较大直径和机壁厚的管道采用氩弧焊打底，焊条电弧焊盖面的联合工艺。

对小口径管或壁厚≤16mm的管道采用V形坡口；对于大中径管或壁厚为16~80mm管道常用双V形或U形坡口。

低碳钢管道采用氩弧焊封底时一般可不进行预热，但当壁厚较大时或合金钢管道焊接时应进行焊前预热。推荐的预热温度列于表5-33。

焊接时低合金钢管的最低环境温度为-10℃，采用氩弧焊封底时，可按下限值降低50℃来预热。

表5-33　推荐的管道焊接预热温度

钢　号	壁厚/mm	预热温度/℃
10、20钢	≥26	100~200
Q345(16Mn)、Q390(15MnV)、12CrMo	≥15	150~200
15CrMo	≥10	150~200
12Cr1MoV	≥6	200~300
12Cr2MoWVB 12Cr3MoWVSiTiBG5Mo (10CrMo910)	≥6	250~350

管道氩弧焊封底时，采用直流正接，热输入要适中，宜选用小规范，规范参数见表5-34。

焊接时可根据表5-35选择氩弧焊填充焊丝。焊丝的直径为2.0mm和2.5mm，长度1000mm。

表 5-34　管道封底焊规范参数

管径 φ /mm	钨棒直径 /mm	喷嘴孔径 /mm	焊丝直径 /mm	焊接电流 /A	电弧电压 /V	氩气流量 /(L/min)	焊接速度 /(cm/min)
38	2.0	8	2	75~90	11~13	6~8	4~5
42	2.0	8	2	75~95	11~13	6~8	4~5
60	2.0	8	2	75~100	11~13	7~9	4~5
76	2.5	8~10	2.5	80~105	14~16	8~10	4~5
108	2.5	8~10	2.5	90~110	14~16	9~11	5~6
133	2.5	8~10	2.5	90~115	14~16	10~12	5~6
159	2.5	8~10	2.5	95~120	14~16	11~13	5~6
219	2.5	8~10	2.5	100~120	14~16	12~14	5~6
273	2.5	8~10	2.5	110~125	14~16	12~14	5~6
325	2.5	8~10	2.5	120~140	14~16	12~14	5~6

表 5-35　管道焊接氩弧焊焊丝的选择

焊丝型号	焊丝牌号	适用钢材牌号
H05MnSiRE	TIG-150	Q235、10钢、20钢(St35.8、St45.8)
H05MnTiRE	TIG-R10	16Mn、15Mo3
H05MoTiRE	TIG-R30	12CrMo、15CrMo(13CrMo44)
H05Cr1MoVTiRE	TIG-R31	12CrMoV、12Cr1MoV(14CrMoV63、10CrSiMoV7)
H05Cr2Mo1TiRE	TIG-R40	12Cr2MoWVTiB(10CrMo910)
H1Cr18Ni9Ti		1Cr18Ni9Ti
H1Cr25Ni13		1Cr18Ni9Ti + Q235(20钢) 1Cr18Ni9Ti + 低合金耐热钢

5.8.5　铝镁合金对接垂直固定位置单面焊双面成形

1. 铝镁合金管对接垂直固定的特点

铝镁合金管对接垂直固定焊时，受焊缝周围变化的影响，焊工需随时变换焊枪角度，以保证电弧在坡口根部稳定燃烧，同时防止液态金属在重力作用下产生下淌，或形成焊瘤，以保证背面焊缝成形。

2. 焊接操作工艺

（1）焊前准备

1）试件的加工。采用壁厚为5mm的5A03镁铝合金管材，管直径为φ60mm，试件加工长度为100mm，坡口加工角度为30°±1°，不留钝边。

2）焊接电源及焊接材料的选择。焊接电源采用ZXE1-300型交直流两用氩弧焊机或其他型号氩弧焊机，交流输出，水冷式焊枪。焊接材料的选择见表5-36。

表 5-36　焊接材料的选择

名称	牌号	规格/mm	要　求
焊丝	SALMg3	φ3	专用焊丝,长度500~800mm
钨极	WCe-20	φ3	端部磨成45°圆锥形,锥端直径0.5~0.6mm
氩气	—	—	纯度≥99.95%

3）焊丝与试件的清理。在去除材料表面氧化膜之前，先用汽油或丙酮将焊丝与试件表面的油污清理干净，然后用50℃左右温水冲洗1~2min，并经80℃烘干处理，对于焊丝表面的氧化膜可用不锈钢丝屑擦拭去除；对于试件坡口内外30mm范围内的氧化膜，管内可用金属刮刀刮掉，管外壁可用不锈钢丝刷清除，并用锉刀打出合适的钝边。

氧化膜清除后最好立即组对施焊。不能立即组对焊接时，停放时间不应超过20h。否则，应重新清理和打磨。

4）试件的组对与定位焊。将清理好的两个管试件卡在组对台上，留出所需间隙，试件组对形式如图5-57所示，试件组对各项尺寸见表5-49。

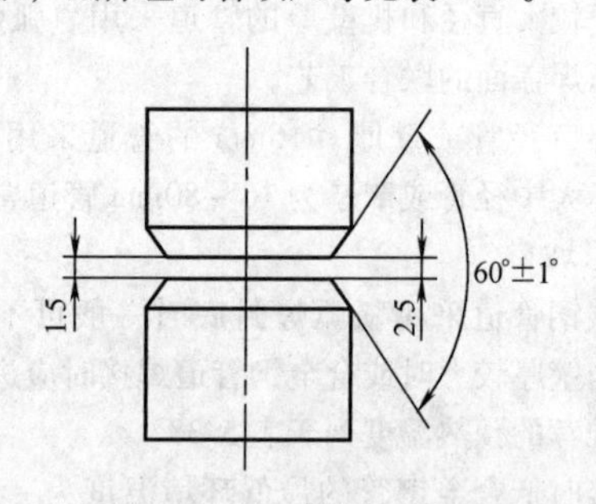

图 5-49　组对形式示意图

表5-37 试件组对各项尺寸

坡口角度/(°)	间隙/mm	钝边/mm	错边量/mm	定位焊缝长度/mm	定位焊缝间距/mm
60±1	1.5~2.5	1~1.5	≤0.5	6~10	1/4管周长

定位焊缝为4处，位置如图5-50所示。管组对定位时，始焊端间隙应比终焊端间隙小1mm，定位焊缝长度为6~10mm。定位焊缝要作为正式焊缝留在试件中，所以定位焊时所使用的焊丝、焊接参数及操作方法与正式焊接时相同。定位焊缝不得存在缺陷，定位焊完成后，定位焊缝两端要用角磨机修成斜坡状。

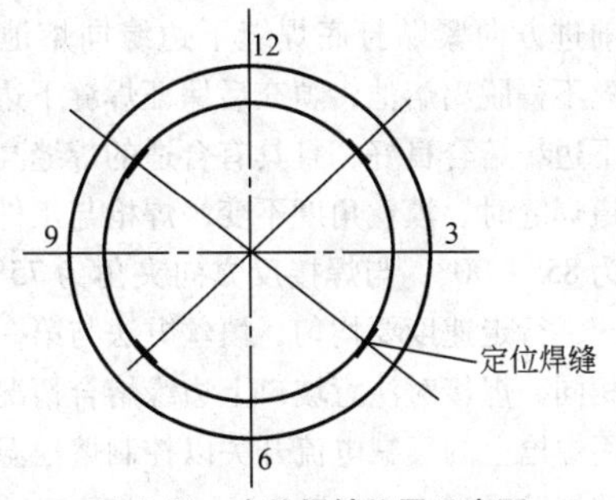

图5-50 定位焊缝位置示意图

5）焊接参数的选择。镁铝合金管对接垂直固定位置手工钨极氩弧焊焊接参数的选择见表5-38。

表5-38 焊接参数的选择

焊接层次	钨极直径/mm	喷嘴直径/mm	钨极伸出长度/mm	Ar气流量/(L/min)	焊丝直径/mm	焊接电流/A
1	3	8~12	5~6	8~12	3	90~120
2	3	8~12	5~6	8~12	3	115~125

（2）焊接 将组对好的试件垂直固定在焊接工作台上，6点钟位置为始焊端。

1）引弧。将焊枪喷嘴下端斜靠在坡口边缘棱角上，钨极端部与工件表面的距离为1.5~2.5mm，按焊枪开关，电弧引燃后，迅速抬起焊枪，使之与工件间距离保持在2~4mm，即可焊接。

2）打底焊。管垂直固定焊时，先焊左半部分，由6点钟位置沿顺时针方向焊接。焊枪与工件表面之间夹角为70°~80°，与工件垂直方向下侧夹角为80°~85°，焊丝与工件之间夹角为10°~15°，如图5-51所示。

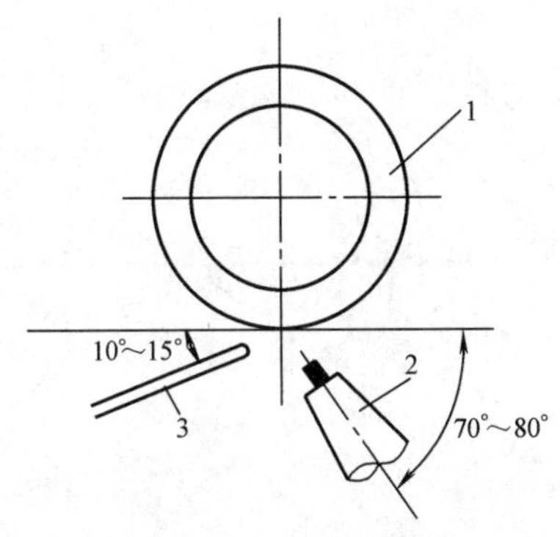

图5-51 焊枪、焊丝与试件夹角示意图

1—试件 2—焊枪 3—焊丝

始焊时，应压低电弧，击穿坡口根部，形成熔孔后，立即填充焊丝。焊枪在坡口根部应作适当斜向环形舞动，使熔孔直径保持在3mm左右。焊丝填充采用断续点滴送丝法，填丝速度要视熔孔尺寸大小而定，当熔孔缩小时，应减慢送丝速度，并加大焊枪与焊接方向的夹角。焊接过程中，要及时根据焊缝位置调整站位，调整站位时要稳住电弧，停止送丝，待站位调整好后，要及时压低电弧，对熔孔周围进行加热。待熔化形成新的熔池后，再送丝焊接。焊至定位焊缝时，要停止送丝，压低电弧作小幅度摆动，使熔池与定位焊缝良好连接后，继续填丝焊接。必要时，也可使用衰减电流。

3）收弧和接头。焊丝用完收弧时，一般有两种方法。一种是启动衰减电流开关，使熔池温度降低，左手迅速更换焊丝，然后按动控制开关，恢复正常焊接。第二种方法是当设备上没有衰减电流装置时，须中断电弧，断弧前向熔池内补充一滴熔滴，使收弧处焊缝厚一些，以防产生裂纹。停弧后2~3s再移开焊枪，以防空气介入熔池产生冷缩孔。

接头分为封口接头和收弧接头。当焊至定位焊缝或始焊端时需封口接头，应在距接头部位3~4mm处，停止送丝，压缩电弧，并后倾焊枪进行焊接。接头完成后恢复原焊枪角度，并继续向前施焊6~10mm停弧。在收弧处接头的引弧方法与始焊时相同。

镁铝合金管对接垂直固定位置手工钨极氩弧焊单面焊双面成形的操作要点：打底焊时，尽量采用短弧，弧长为2~3mm，焊枪沿焊接方向运行时，随焊缝位置的变化，不断变换焊枪角度；呈圆圈形摆动；填丝时，要根据熔孔尺寸，适当调整送丝速度。

4）盖面焊。由于镁铝合金熔点较低，盖面层焊接时尽可能采取直线运弧法，以防熔池下坠。盖面层焊接分两道进行，先下后上。焊接第一道焊缝时，注意坡口下边缘熔合情况，焊枪角度与填丝角度都与打底焊时相同，焊丝填充方法采用推送填丝法，即焊丝沿焊枪前进方向紧贴打底焊缝下边缘向熔池推动填丝。焊丝不得脱离熔池，填充后保证焊缝下边缘与工件坡口下边缘熔合良好，且具有合适的焊缝高度。焊接第二道焊缝时，填丝角度不变，焊枪与工件下侧夹角调整为 85° ~90°，与焊接反方向夹角为 75° ~85°，电弧要短，行走速度要均匀，填丝方法与第一道焊缝焊接时相同。焊接时注意坡口上边缘熔合情况，必要时可启用焊枪上的衰减电流开关以控制熔池温度，保证良好的焊缝成形。

3. 试件焊后检验方法及合格标准

（1）焊缝外观尺寸要求　镁铝合金管对接垂直固定位置手工钨极氩弧焊焊缝外观尺寸要求见表 5-39。

表 5-39　焊缝外观尺寸要求

（单位：mm）

焊缝	比坡口每侧增宽	宽度差	直线度	余高	余高差
正面	0.5 ~2.5	≤2	≤2	0.5 ~3	≤1.5
背面	—	—	—	0 ~2.5	≤1.5

（2）对焊缝外观缺陷要求　焊缝正、反两面表面均不得有气孔、夹渣、夹钨、焊瘤、裂纹、未焊透、未熔合、咬边及凹陷等缺陷。

（3）通球检验　通球直径为管内径的 85%，通球检验为合格。

（4）力学性能试验　冷弯试验执行 GB/T 2653—2008《焊接接头弯曲试验方法》标准，合格标准为：弯曲 120° 角，横向无大于 3mm 裂纹，纵向无大于 1.5mm 裂纹，边缘棱角不计。

参考文献

[1]　American Welding Society. Welding Handbook [M]. 9th ed. New York: Amercian Welding Society, 2004.

[2]　殷树言. 气体保护焊工艺基础 [M]. 北京：机械工业出版社，2007.

[3]　杨春利，林三宝. 电弧焊基础 [M]. 哈尔滨：哈尔滨工业大学出版社，2003.

[4]　邹尚利，冯玉敏，杜冬梅. 单面焊双面成形技术 [M]. 北京：机械工业出版社，2003.

第6章　等离子弧焊及切割

作者　李西恭　审者　陈树君

等离子弧是利用等离子枪将阴极（如钨极）和阳极之间的自由电弧压缩成高温、高电离度、高能量密度及高焰流速度的电弧。等离子弧可用于焊接、喷涂、堆焊及切割。本章只介绍焊接及切割，堆焊及喷涂在第33章及第34章中介绍。

6.1　等离子弧工作原理

6.1.1　等离子弧的工作形式

等离子枪按用途可分为焊枪及割枪，枪的主要组成部分及术语如图6-1所示。切割用枪无保护气体2及保护气罩6。压缩喷嘴5是等离子枪的关键部件，一般需用水冷。喷嘴孔径 d_n 及孔道长度 l_0 是压缩喷嘴的两个主要尺寸。喷嘴内通的气体称离子气。中性的离子气在喷嘴内电离后使喷嘴内压力增加，所以喷嘴内壁与电极4之间的空间称增压室。电离了的离子气从喷嘴流出时受到孔径限制，使弧柱断面变小，该孔径对弧柱的压缩作用称机械压缩。水冷喷嘴内壁表面有一层冷气膜，电弧经过孔道时，冷气膜一方面使喷嘴与弧柱绝缘，另一方面使弧柱有效断面进一步收缩，这种收缩称热收缩。弧柱电流自身磁场对弧柱的压缩作用称磁收缩。在机械压缩与热收缩的作用下，弧柱电流密度增加，磁收缩随之增强，如电流不变，弧柱电场强度及弧压降都随电流密度增加而增加，所以等离子弧（也称压缩电弧）的电弧功率及温度明显高于自由电弧。图6-2a所示的对比中，等离子弧的电弧温度比自由电弧高30%，电弧功率高100%。图6-2b是自由电弧和等离子弧弧柱断面面积沿弧柱轴线方向变化的情况，在可见弧柱面积同样变化20%时，自由电弧的弧长变动只有0.12mm，而等离子弧可达1.2mm，可见，等离子弧具有较小的扩散角及较大的电弧挺度，而且等离子弧显然也具有更高的速度（300m/s）和较大的电弧力。

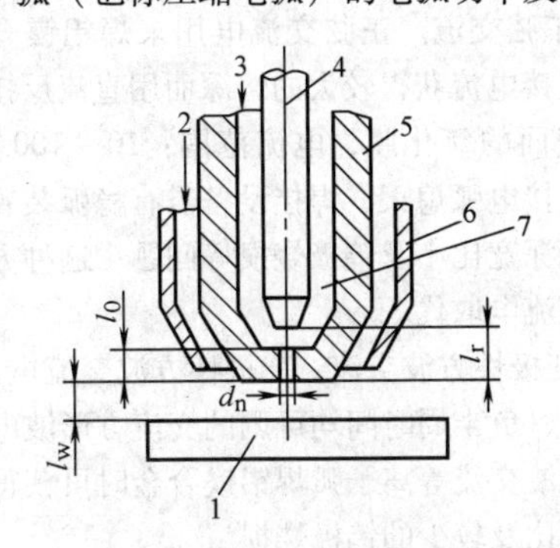

图6-1　等离子弧枪的术语[1]

1—工件　2—保护气体　3—离子气　4—电极
5—压缩喷嘴　6—保护气罩　7—增压室
d_n—喷嘴孔径　l_0—喷嘴孔道长度
l_r—钨极内缩长度　l_w—喷嘴至工件距离

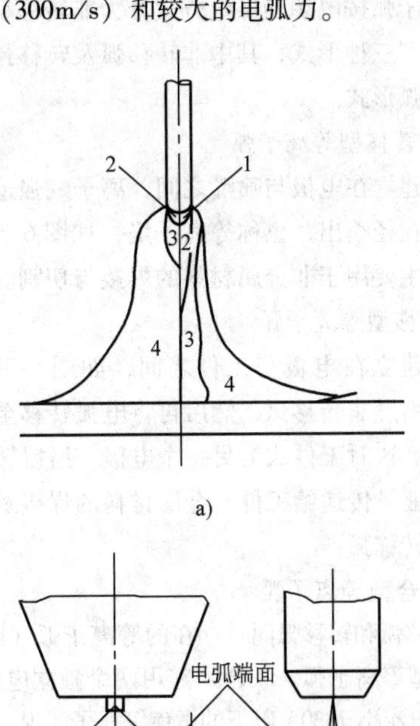

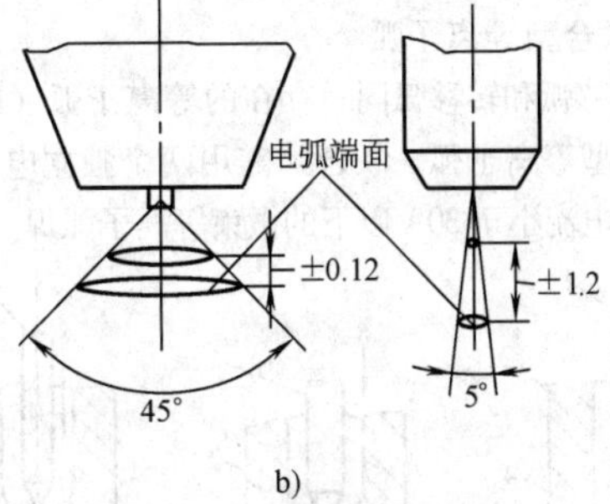

图6-2　自由电弧等离子弧的对比

a）温度分布　b）挺直度（左—自由电弧，右—等离子弧）

1—24000～50000K　2—18000～24000K
3—14000～18000K　4—10000～14000K
自由电弧200A，15V，40×28L/h
压缩电弧200A，30V，40×28L/h，
压缩孔径 ϕ4.8mm

等离子弧具有的电弧力、能量密度及电弧挺度等与加工有关的物理性能取决于下列5个参数：

1）电流。

2）喷嘴孔径的几何尺寸。

3）离子气种类。

4）离子气流量。

5）保护气种类。

调整以上 5 个参数可使等离子弧适应不同的加工工艺。如在切割工艺中，应选择大电流、小喷嘴孔径、大离子气流量及导热好的离子气，以便使等离子弧具有高度集中的热量和高的焰流速度。而在焊接工艺中，为防止焊穿工件则应选择小的离子气流量及较大的喷嘴孔径。

6.1.2　等离子弧的类型

等离子弧按电源的供电方式分为非转移型、转移型及联合型三种形式，其中非转移弧及转移弧是基本的等离子弧形式。

1. 非转移型等离子弧

电弧建立在电极与喷嘴之间，离子气强迫等离子弧从喷嘴孔径喷出，也称等离子焰，如图 6-3a 所示。非转移弧主要用于非金属材料的焊接与切割。

2. 转移型等离子弧

电弧建立在电极与工件之间，如图 6-3b 所示。一般要先引燃非转移弧，然后再将电弧转移至电极与工件之间。这时工件成为另一个电极，所以转移弧能把较多的能量传递给工件，金属材料的焊接及切割一般都采用转移弧。

3. 联合型等离子弧

非转移弧和转移弧同时存在的等离子弧（图 6-3c）称为联合型等离子弧。联合弧需用两个独立电源供电，主要用于电流小于 30A 以下的微束等离子弧焊。

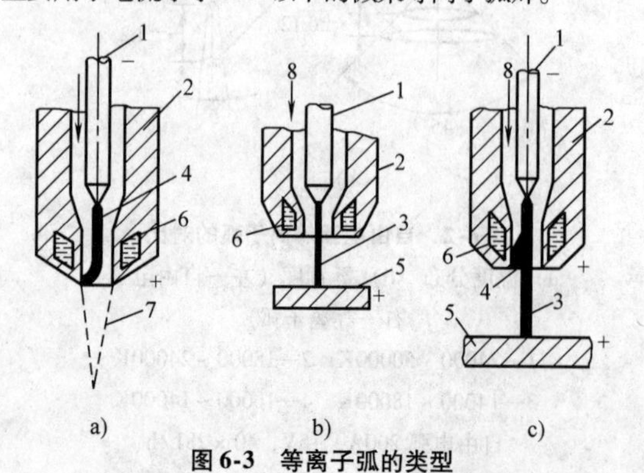

图 6-3　等离子弧的类型

a）非转移型　b）转移型　c）联合型

1—钨极　2—喷嘴　3—转移弧　4—非转移弧

5—工件　6—冷却水　7—弧焰　8—离子气

4. 双弧现象

正常的转移弧应建立在电极与工件之间，但对于某一个喷嘴，如果离子气过小，电流过大或者喷嘴与工件接触，喷嘴内壁表面的冷气膜便容易被击穿而形成如图 6-4 所示的串联双弧，这时，一个电弧产生在电极与喷嘴之间，另一个电弧产生在喷嘴与工件之间。出现双弧将会破坏正常的焊接与切割，严重时还会烧毁喷嘴。

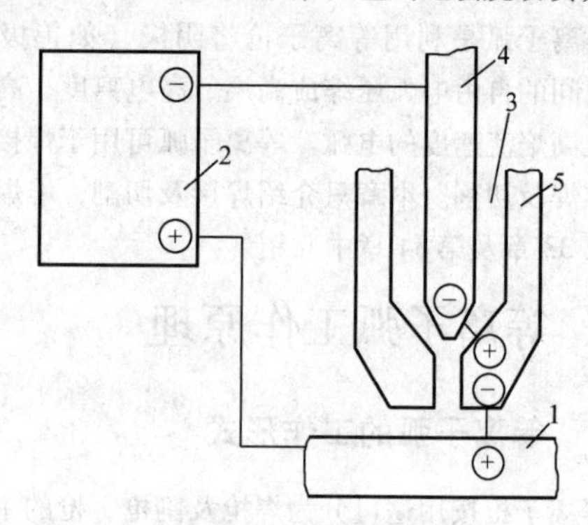

图 6-4　双弧现象

1—工件　2—电源　3—离子气

4—电极　5—喷嘴

6.1.3　等离子弧的电流极性

1. 切割

用等离子弧切割时只采用直流正接的电流极性，即工件接电源的正极。切割电流范围：30～1000A。

2. 焊接

1）直流正接。大多数焊接工艺采用直流正极接工件，如焊合金钢、不锈钢、钛合金及镍合金等。电流范围：0.1～500A。

2）直流反接。电极接电源正极的直流反接用于焊接铝合金。由于这种方法钨极烧损严重且熔深浅，仅限于焊接薄件，电流不超过 100A。

3）正弦交流。正弦交流电用来焊铝镁合金，利用直流正接电流获得较大的熔深而用直流反接电流清理工件表面的氧化膜，电流范围：10～100A。为防止直流反接电弧熄灭，焊接设备需有稳弧装置。由于存在焊缝深宽比小及钨极烧损等问题，这种方法趋于被方波交流电取代。

4）变极性方波交流。变极性方波交流电是正接、反接及正、负半周时间均可调的交流方形波电流。用变极性方波交流等离子弧焊铝镁合金时可获得较大的焊缝深宽比及较少的钨极烧损。

6.2　等离子弧焊

6.2.1　基本焊接方法

按焊缝成形原理，等离子弧有两种基本焊接方法：穿透型（小孔型）等离子弧焊及熔透型等离子弧焊，其中30A以下的熔透型等离子弧焊又可称为微束等离子弧焊。

1. 穿透型等离子弧焊

利用小孔效应实现等离子弧焊的方法称穿透型等离子弧焊，也称穿透型焊接法。

1）穿透型原理。在对一定厚度范围内的金属进行焊接时，适当地配合电流、离子气流及焊接速度三个焊接参数，等离子弧将会穿透整个工件厚度，形成一个贯穿工件的小孔，如图6-5所示。小孔周围的液体金属在电弧吹力、液体金属重力与表面张力作用下保持平衡。焊枪前进时，在小孔前沿的熔化金属沿着等离子弧柱流到小孔后面并逐渐凝固成焊缝。

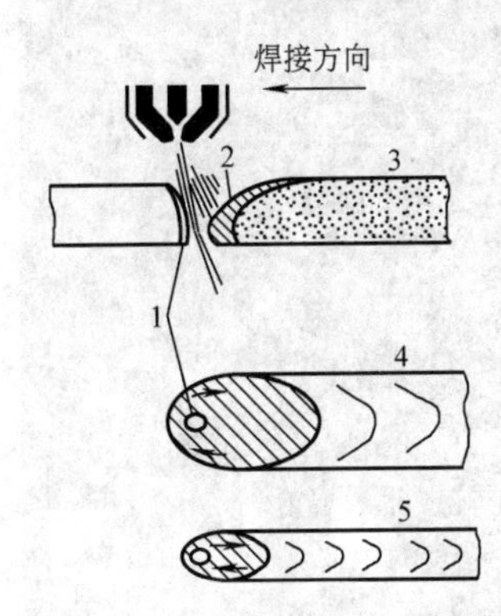

图6-5 小孔型等离子弧焊缝成形原理[2]

1—小孔 2—熔池 3—焊缝
4—焊缝正面 5—焊缝背面

穿透型焊接的主要优点在于可以单道焊接厚板，板厚范围：1.6～9mm。穿透型一般仅限于平焊，然而对于某些种类的材料，采取必要的工艺措施，用穿透型等离子弧焊可实现全位置焊接。

2）焊接特点。穿透型等离子弧焊所具有的优点是：①孔隙率低。②由于穿透型产生较为对称的焊缝，焊接横向变形小。③由于电弧穿透能力强，对厚板可实现单道焊接。④不开坡口实现对接焊，焊前对工件坡口加工量减少。

穿透型的缺点是：①焊接可变参数多，规范区间窄。②厚板焊接时，对操作者的技术水平要求较高，并且穿透型仅限于自动焊接。③焊枪对焊接质量影响大，喷嘴寿命短。④除铝合金外，大多数穿透型工艺仍限于平焊位置。

2. 熔透型等离子弧焊

焊接过程中，只熔透工件，但不产生小孔效应的等离子弧焊方法，又称熔透型焊接法。

1）熔透法原理。当离子气流量较小，弧柱受压缩程度较弱时，这种等离子弧在焊接过程中只熔化工件而不产生小孔效应，焊缝成形原理与氩弧焊类似。主要用于薄板焊接及厚板多层焊。

2）微束等离子弧焊。微束等离子弧焊通常采用如图6-3所示的联合弧。由于非转移弧的存在，焊接电流小至1A以下电弧仍具有较好的稳定性，能够焊接细丝及箔材。这时的非转移弧又称维弧，而用于焊接的转移弧又称主弧。

3）焊接特点。与TIG焊相比，熔透法等离子弧焊具有的优点是：①电弧能量集中，因此焊接工艺具有焊接速度快，焊缝深宽比大，断面面积小，薄板焊接变形小，厚板焊接缩孔倾向小及热影响区窄等优点。②电弧稳定性好。由于微束等离子弧焊接采用联合弧，电流小至0.1A时电弧仍能稳定燃烧，因此可焊超薄件，如厚度为0.1mm的不锈钢片。③电弧挺直性好。以焊接电流10A为例，等离子弧焊喷嘴高度（喷嘴到工件表面的距离）达6.4mm时，弧柱仍较挺直，而钨极氩弧焊的弧长仅能采用0.6mm（弧长大于0.6mm后稳定性变差）。钨极氩弧的扩散角约45°，呈圆锥形（图6-6a），工件上的加热面积与弧长呈平方关系，只要电弧长度有很小变化将引起单位面积上输入热量的较大变化。而等离子弧的扩散角仅5°左右（图6-6b），基本上是圆柱形，弧长变化对工件上的加热面积和电流密度影响比较小，所以等离子弧焊弧长变化对焊缝成形的影响不明显。④由于等离子弧焊枪的钨极缩在喷嘴之内，电极不可能与工件相接触，因而没有焊缝夹钨的问题。

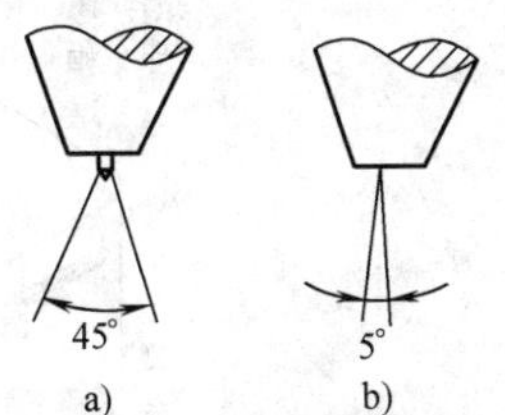

图6-6 等离子弧与钨极氩弧的扩散角

a）钨极氩弧 b）等离子弧

与TIG焊相比，熔透法的主要缺点是：①由于电弧直径小，要求焊枪喷嘴轴线更准确地对中焊缝。②焊枪结构复杂，加工精度高。焊枪喷嘴对焊接质量有着直接影响，必须定期检查、维修，及时更换。

3. 机器人等离子弧焊

机器人系统常常包括各种各样的反馈机制，这样，在没有操作员操作的情况下，可以辅助控制系统调节焊接参数，来适应焊道几何形状和位置中的未知变化。这些未知变化包括像加工焊接毛坯时的超差、装配偏差和过量的焊接变形。一些机器人系统能够实时地根据熔池的数字图像做出针对焊接参数（例如，电流、移动速度和送丝速度）的变化，来防止低质量的焊接。图6-7是一个机器人等离子弧焊的应用，用于工作单元中相关联的机器臂。

4. 热丝等离子弧焊

在热丝等离子弧焊时，填充焊丝在进入熔池之前通过电流流过焊丝时产生的电阻热对其加热，加热电流由一个独立的交流电源提供。热丝焊接是非常有益的，因为它可以提高焊接速度，降低稀释率。热丝等离子弧焊一般用在大电流熔透法焊接中。

6.2.2 等离子弧焊设备

1. 等离子弧焊设备系统

等离子弧焊工艺按照操作方式可以分为手工操作、自动操作及机器人操作三种。设备分为手工焊设备及自动焊设备，如图6-8所示。一个完整的手工等

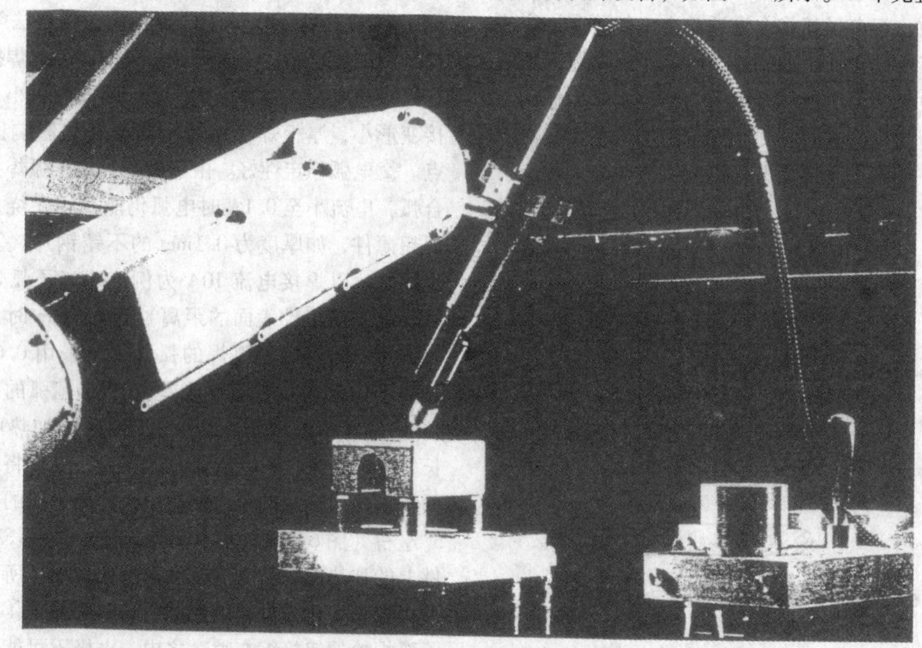

图6-7 等离子弧焊接机器人[3]

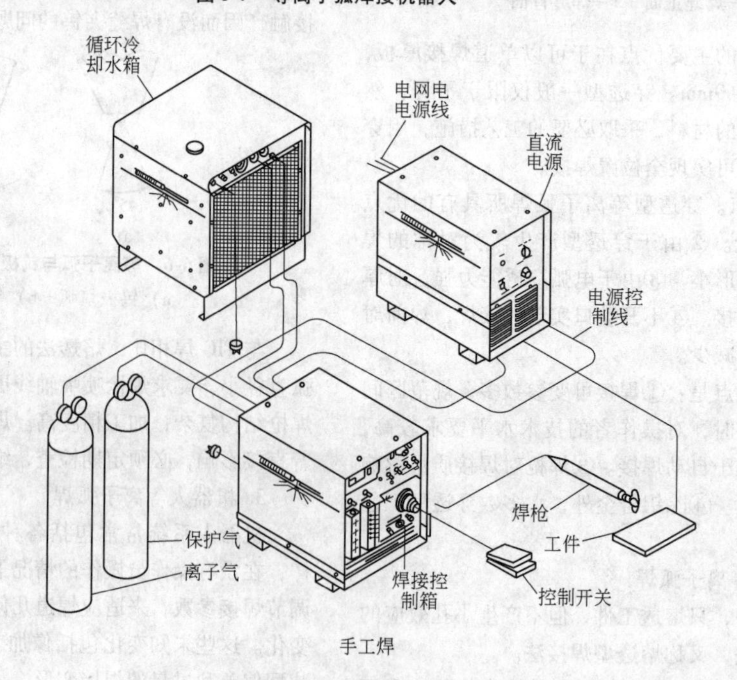

图6-8 典型的手工及自动等离子弧焊设备[3]

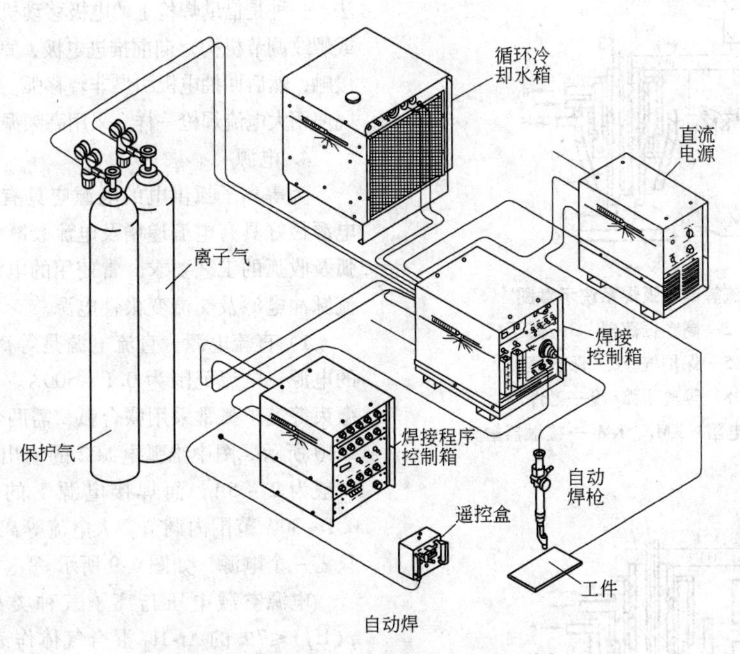

图 6-8　典型的手工及自动等离子弧焊设备[3]（续）

离子弧焊系统由焊枪、控制台、电源、离子气及保护气气源、焊枪冷却循环水装置及一些辅助部件如气流流量计及电流遥控盒等。与氩弧焊不同，等离子弧焊的焊枪必须是水冷的，手工等离子弧焊枪的许用正接电流范围为0.1~220A。

大电流等离子弧焊工艺需使用自动焊设备，自动焊枪许用的正接电流高达500A。自动焊和手工焊的主要区别在于焊枪不是人工操作而是将其固定在焊枪支架或是行走小车之上，由机械系统传动。自动焊设备配备一个顺序控制器，如图6-8所示，其作用是使一个完整的焊接工艺按顺序自动进行。如果焊缝有填丝要求，自动焊设备中还应增加送丝机构。根据工艺需要，有的自动等离子弧焊设备还要配备弧高控制器。自动等离子弧焊的优点是可以在大电流的规范下获得高的焊速和大的熔深。另外，由于自动焊接可以准确地控制焊接规范，精密等离子弧焊工艺或穿透型等离子弧焊工艺也必须使用自动焊。

机器人等离子弧焊系统的特点是，当控制系统测出所有器件准备好并且所有安全互锁都满足要求时，自动地引燃转移弧进行焊接。

按照焊接电流大小，等离子弧焊设备又可分为大电流等离子弧焊设备和微束等离子弧焊设备。大电流等离子弧焊设备常采用转移弧，设备中只有一套电源供电；而微束等离子弧焊设备常采用联合弧，需两套电源供电。图6-9及图6-10分别为大电流等离子弧及微束等离子弧焊系统示意图。

2. 等离子弧焊控制系统

等离子弧焊工艺的主要控制由控制系统完成。控制系统可以与电源集成在一起，也可以单独做成一个控制箱（台）。一个典型的等离子弧控制系统的主要功能包括：设定离子气流量、保护气流量、维弧电流、主弧电流等。一个独立的控制箱通常还包括水流、气流的流量调节，一个用于引燃维弧的高频引弧器及一个维弧电源。除此之外，控制系统还有可能提供对离子气流量、离子气上升速率及下降速率的控制，从而可以更方便地实现熔透型或穿透型的焊接工艺。对离子气上升速率的控制是为了打开小孔，对离子气下降速率的控制是为了封闭小孔。有些控制箱具有对离子气上升速率及下降速率的编程控制功能，以便根据不同的焊接条件打开及闭合小孔。大多数控制系统还具有保护功能的用于检测水流或气流的传感器，当水流或气流过低时，传感器发出信号中断主弧电流或维弧电流以防止焊枪被损坏。许多控制箱都集成了循环水系统。典型的控制箱如图6-11所示。

3. 引弧装置

使用大电流焊枪时，如图6-9所示，可在焊接回路中叠加一个高频高压振荡器（或高压脉冲装置）。引弧时，KM_1 闭合，依靠高频高压火花（或高压脉冲）在钨极与喷嘴之间引燃非转移弧。焊接时 KM_1 断开，KM_2 闭合，等离子弧转移至电极与工件之间。串联电阻是为了获得非转移弧需要的低电流。

使用微束等离子弧焊枪有两种引燃非转移弧的方

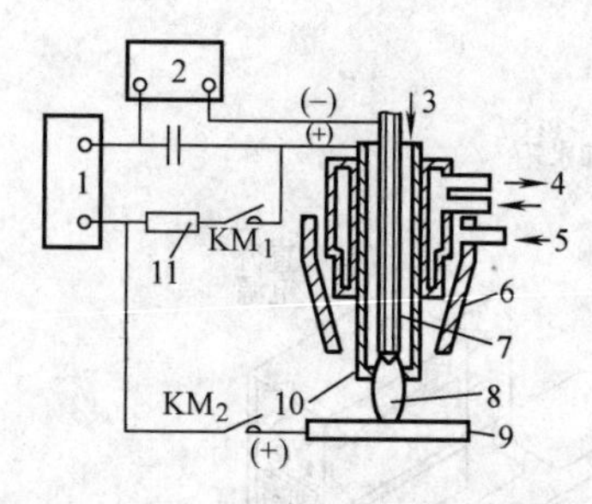

图 6-9 大电流等离子弧焊系统示意图[4]

1—焊接电源 2—高频振荡器 3—离子气 4—冷却水 5—保护气 6—保护气罩 7—钨极 8—等离子弧 9—工件 10—喷嘴 11—电阻 KM_1、KM_2—接触器触头

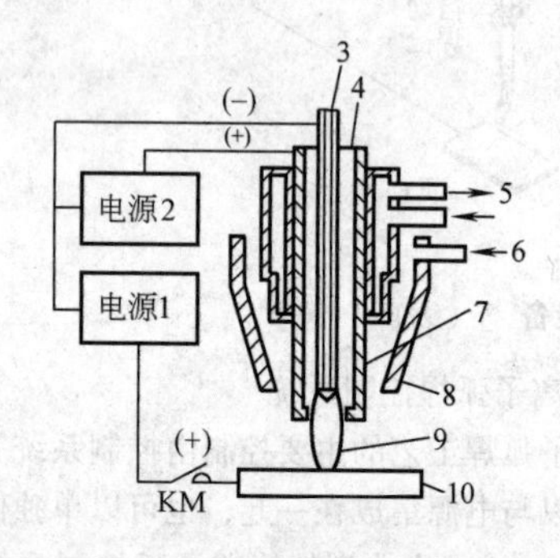

图 6-10 微束等离子弧焊系统示意图[4]

1—焊接电源 2—维弧电源 3—钨极 4—离子气 5—冷却水 6—保护气 7—喷嘴 8—保护气罩 9—等离子弧 10—工件 KM—接触器触头

图 6-11 典型的等离子弧焊控制箱[3]

注：图中是自动焊枪。

法。一种是借助焊枪上的电极移动机构（弹簧移动机构或螺纹调节机构）向前推进电极，直至电极与压缩喷嘴接触，然后回抽电极引燃非转移弧。另一种引弧方法如同使用大电流焊枪一样，采用高频振荡器。

4. 电源

为等离子弧供电的电源应具有陡降或垂降特性，电源最好具有电流递增及电流衰减等功能，以满足起弧及收弧的工艺要求。常使用的电源有直流电源、直流脉冲电源及交流变极性电源。

1）直流电源。直流电源是等离子弧焊使用最多的电源，电流范围为0.1～500A。其中0.1～30A的微束等离子弧常采用联合弧，需两套电源供电，如图6-10所示。图中维弧电源2的输出电流是不可调的，一般为2～5A，而焊接电源1的输出电流可以在0.1～30A范围内调节。大电流等离子弧采用转移弧，只需一个电源，如图6-9所示。

电源空载电压与离子气种类有关。用纯Ar或$\varphi(H_2)\leqslant 7\%$的Ar-$H_2$混合气体作离子气时，电源空载电压需65～80V。但如采用纯He或$\varphi(H_2)$大于7%的Ar-H_2混合气体作离子气时，为了可靠地引弧及保持电弧的稳定性，则需采用较高的空载电压。如引燃电弧的成功率不高，可先在纯Ar中引燃电弧，电弧引燃后再通H_2气或者更换成He气。

2）脉冲电源。脉冲直流电源也可用于等离子弧焊。脉冲等离子弧焊电源与脉冲TIG电源相似，电源输出电流波形如图6-12所示，输出电流在脉冲电流与基值电流之间转换。脉冲电流期间，母材熔化，基体电流期间，熔化金属凝固成焊缝。脉冲焊接法可降低焊缝热输入、控制焊缝成形、减少热影响区宽度及焊接变形。图6-12中，基值电流、脉冲电流、脉冲电流时间以及基值电流时间均是可调节的。

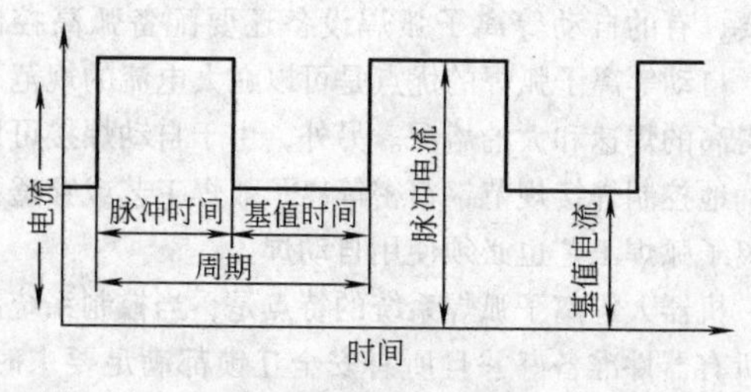

图 6-12 脉冲电流波形

3）变极性交流方波电源。变极性交流方波电源输出正（工件接正）、负（工件接负）半周电流幅值及正、负半周电流持续时间均可调节的交流矩形波电流，电流波形如图6-13所示。

变极性交流方波电源主要用于穿透型工艺焊接铝合金。在铝合金焊接工艺中，焊前表面处理一般包括

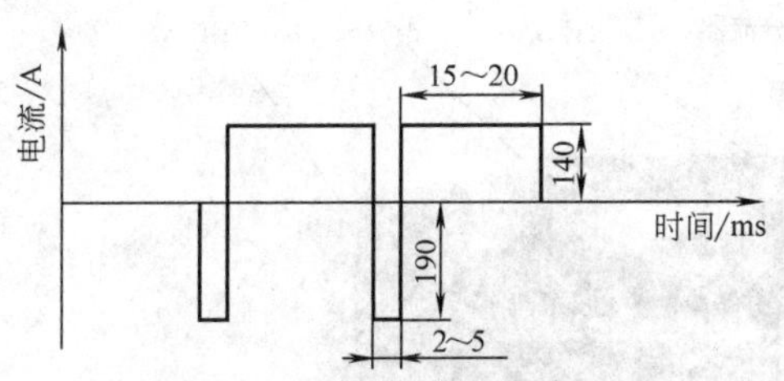

图 6-13　典型的变极性电流波形

表面除油垢及清除氧化膜。一般可采用弱碱溶液清除表面油垢而用机械法清除氧化膜。然而在变极性交流铝合金焊接工艺中，由于负半周的电流具有较强的清理氧化膜的功能，焊接大多数种类的铝合金时，无须用机械法清除氧化膜。

在穿透型等离子弧焊接铝合金的工艺中，正、负半周电流持续时间是非常重要的焊接参数。根据经验，正半周电流持续时间取 15 ~ 20ms，负半周电流持续时间取 2 ~ 5ms 可获得最佳焊接效果。当负半周电流持续时间低于 2ms，焊缝易出现气孔；而负半周电流持续时间超过 6ms，不但钨极烧损严重，而且还易出现双弧。在图 6-13 中，负半周电流大于正半周电流，这部分大于正半周的电流不仅起到清理工件氧化膜的作用，同时还使压缩喷嘴孔径表面得到清理，负半周电流可以比正半周电流大 30 ~ 80A。表 6-1 是使用变极性交流方波电流焊接板厚 6.4mm 的铝合金典型参数。

5. 等离子弧焊枪

等离子弧焊时产生等离子弧并用以进行焊接的工具称等离子弧焊枪。等离子弧焊枪结构比 TIG 焊枪更为复杂，压缩喷嘴是等离子弧焊枪的关键部件。

1）焊枪结构。等离子弧焊枪在结构上应达到：①能固定钨极与喷嘴之间的相对位置，并要求钨极与喷嘴孔径同心。②能够水冷钨极及喷嘴，20A 以下的焊枪可以不水冷钨极，但必须冷却喷嘴。③喷嘴要与钨极有一定间隙，以便在钨极与喷嘴间产生非转移弧。④采用单独的气路分别导入离子气与保护气。

表 6-1　在平焊、横焊及立焊条件下的变极性铝合金焊接参数[5]

焊接位置	平焊	横焊	立焊
板厚/mm	6.4	6.4	6.4
铝合金牌号	2219	3003	1100
填充丝直径	1.6	1.6	1.6
填充丝牌号	2319	4043	4043
正半周电流/A	140	140	170
正半周电流时间/ms	19	19	19
负半周增加的电流值/A	50	60	80
负半周电流时间/ms	3	4	4
起弧用离子气流量/(L/min)	Ar0.9	Ar1.2	Ar1.2
焊接用离子气流量/(L/min)	Ar2.4	Ar2.1	Ar2.4
保护气流量/(L/min)	Ar14	Ar19	Ar21
电极直径/mm	3.2	3.2	3.2
焊接速度/(mm/s)	3.4	3.4	3.2

等离子弧焊枪按其操作方式分为手工焊枪及自动焊枪。手工焊枪结构如图 6-14 所示。自动焊枪结构如图 6-15 所示。

手工焊枪的最大许用正接电流一般为 225A，反接电流不超过 70A。手工焊枪也可以将其固定在行走装置及支架上进行自动焊接。

不论是直流正接、反接还是交流方波焊接都可以使用商品化的自动焊枪。直流正接应用最多，电流等级范围在 10 ~ 500A 之间，常常使用脉冲焊接电流进行焊接。

自动等离子弧焊焊枪与手工焊枪的原理相同，只是在外形及体积上有差别。自动焊枪的结构多为直线状，为了自动焊接，有的枪体有曲柄，以便将其安装在标准化的焊枪夹上。由于自动焊枪的许用电流大，它们的直径及体积一般比手工焊枪大。

2）压缩喷嘴。压缩喷嘴是等离子弧焊枪中产生等离子弧的关键零件之一，它对电弧直径起机械压缩作用，它是一个铜质的水冷喷嘴。压缩喷嘴结构、类型和尺寸对等离子弧性能起决定性作用。

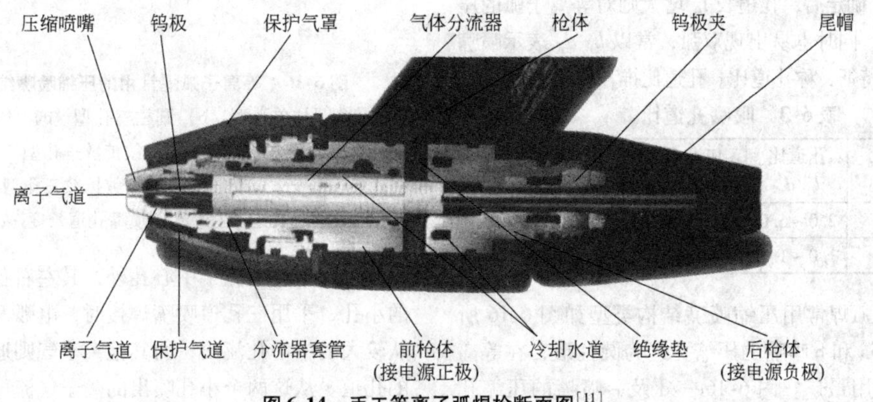

图 6-14　手工等离子弧焊枪断面图[11]

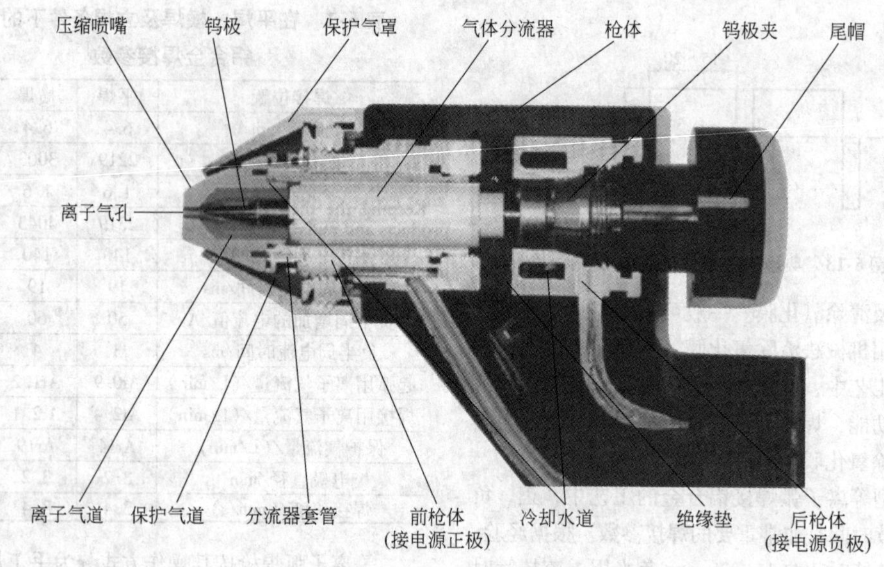

图 6-15　自动等离子弧焊枪断面图[3]

图 6-1 中，喷嘴孔径 d_n 及孔道长度 l_0 是压缩喷嘴的两个重要尺寸。孔径 d_n 决定等离子弧直径和能量密度，应根据电流和离子气流量来决定。对于给定的电流和离子气流量，增加 d_n 则降低喷嘴对电弧的压缩作用，弧压也随之降低，等离子弧逐渐向 TIG 电弧转化；而减少 d_n 易出现双弧，破坏等离子弧的稳定性。表 6-2 列出常用等离子弧电流与喷嘴孔径间的关系。

表 6-2　等离子弧电流与喷嘴孔径间的关系[6]

喷嘴孔径 d_n/mm	等离子弧电流 /A	离子气流量 Ar/(L/min)
0.8	1 ~ 25	0.24
1.6	20 ~ 75	0.47
2.1	40 ~ 100	0.94
2.5	100 ~ 200	1.89
3.2	150 ~ 300	2.36
4.8	200 ~ 500	2.83

孔径 d_n 确定后，孔道长 l_0 增大则对等离子弧的压缩作用增大，同时也易出现双弧，常以 l_0/d_n 表示喷嘴孔道的压缩特征，称孔道比。孔道比推荐值见表 6-3。

表 6-3　喷嘴孔道比[2]

喷嘴孔径 d_n /mm	孔道比 l_0/d_n	压缩角 α /(°)	等离子弧类型
0.6 ~ 1.2	2.0 ~ 6.0	25 ~ 45	联合弧
1.6 ~ 3.5	1.0 ~ 1.2	60 ~ 90	转移弧

等离子弧焊常用压缩喷嘴结构类型如图 6-16 所示。图 6-16a 和 b 喷嘴的压缩孔道为圆柱形，在等离子弧焊中应用最广。图 6-16c、d 及 e 喷嘴的压缩孔道为收敛扩散型，减弱了对等离子弧的压缩作用。但这种喷嘴可以采用更大的焊接电流而不产生（或很少产生）双弧。所以收敛扩散型喷嘴适用于大电流、厚板焊接。图 6-16b、d、e 均有大小孔 3 个，属三孔型喷嘴。

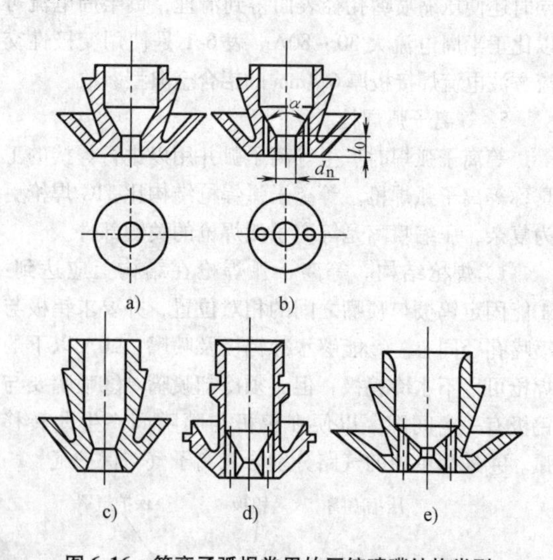

图 6-16　等离子弧焊常用的压缩喷嘴结构类型

a）圆柱单孔型　b）圆柱三孔型　c）收敛扩散单孔型　d）收敛扩散三孔型
e）有压缩段的收敛扩散三孔型
d_n—喷嘴孔道直径　l_0—喷嘴孔道长度　α—压缩角

三孔型喷嘴除了中心孔外，其左右各有一个对称的小孔，采用三孔道喷嘴焊接时，电弧及部分离子气从较大的中心孔流出，而其他离子气则通过两旁较小的孔道。从这两个小孔喷出的离子气流可将等离子弧产生的圆形热场变成椭圆形。当3个孔中心的连线与焊道垂直时，椭圆形热场的长轴平行于焊接方向，这将有助于提高焊接速度及降低焊缝宽度。

压缩角 α 对等离子弧压缩作用不大，一般取60°。

最通用的喷嘴材料是纯铜。水冷铜嘴可将电弧压缩至16600℃高温。正常焊接时，喷嘴内部电弧弧柱被一层冷气膜包围，如果喷嘴冷却效果不好，冷气膜便容易被击穿形成双弧，破坏正常的焊接过程。大功率喷嘴必须采用直接水冷，为提高冷却效果，喷嘴壁厚一般不大于2~2.5mm。

给焊枪供气的喷孔气体流速低，不能提供足够体积的气体保护熔池，所以保护气体是必需的。另外，在孔焊中由等离子束引起的紊流更会减少等离子气体覆盖率。保护气体由保护气体喷嘴提供，分布在焊枪压缩喷嘴的周围。在一些应用中，为了更好地保护工件，需要额外的保护气体拖罩增强保护。

3）电极夹。等离子弧焊焊枪的电极夹装置可以由各种各样的铜合金组成。大部分焊枪的电极夹能使电极自动对准喷嘴孔道的中心。然而一些焊枪需要手工对准电极，操作方法是根据电极和喷嘴之间的高频火花来检查，在压缩喷嘴和电极间生成小功率电弧，然后操作员调节电极位置，直到高频电弧能平稳地分布在电极周围。这样可以使电极电气对中（指高频火花对中），只是此法对中消耗时间较多。钨极电气对中可以延长电极和压缩喷嘴的使用寿命。任何电极的错位都可以引起电弧集中在焊枪的局部。这样会导致靠近喷孔附近的铜喷嘴快速磨损和熔化，还有可能引起焊缝污染和咬边。

6. 电极

1）电极材料。等离子弧焊枪所采用的电极材料与钨极氩弧焊相同。目前国内主要采用钍钨和铈钨电极。国外还采用锆钨极［w(Zr)=0.15%~0.40%］。表6-4列出了钍钨电极的正接许用电流，也可供铈钨电极做参考。由于等离子弧焊枪对钨电极的冷却及保护效果均优于氩弧焊枪，所以钨极烧损程度比氩弧焊时少。

表6-4　等离子弧钨棒直径电流范围[2]

电极直径/mm	电流范围/A	电极直径/mm	电流范围/A
0.25	≤15	2.4	150~250
0.50	5~20	3.2	250~400
1.0	15~80	4.0	400~500
1.6	70~150	—	—

为了便于引弧和提高电弧稳定性，直流正接焊接工艺中，电极端部要磨成20°~60°的夹角，如图6-17a、b、c所示。在直流正接大电流工艺中，为保持电极端部形状及降低钨极烧损程度，电极端部要磨成锥球形或球形，如图6-17d、e所示。在交流焊接工艺中，常将钨极磨成尖锥形后，再烧一个圆球，如图6-17f所示。由于直流反接电流严重烧损钨极，降低钨电极的许用电流，现已很少采用直流反接焊接工艺。

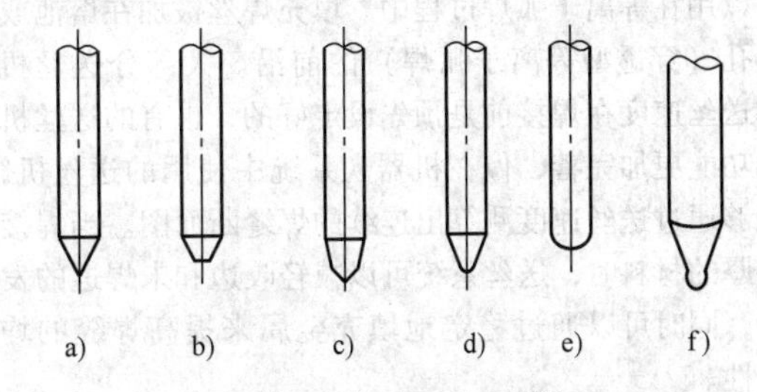

图6-17　电极端部形状[2]

a）尖锥形　b）圆台形　c）圆台尖锥形
d）锥球形　e）球形　f）尖锥球形

2）内缩和同心度。在图6-1中，由钨极安装位置所确定的电极内缩长度 l_r 一般取 $l_r = l_0 \pm 0.2$mm。

安装电极时注意电极与喷嘴保持同心。电极偏心将使等离子弧偏斜，影响焊缝成形并且是促成双弧的一个诱因。同心度可根据电极和喷嘴之间的高频火花在电极四周的分布情况来检查（图6-18），一般焊接时要求高频火花布满圆周75%~80%以上。

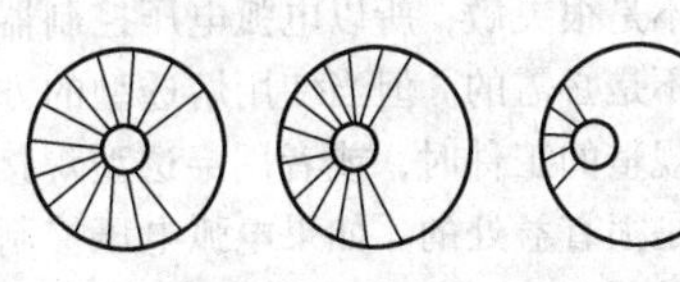

图6-18　电极同心度及高频火花在电极四周分布情况[2]

7. 冷却系统

等离子弧焊需要液体冷却系统。它一般由冷却液体存储罐、散热器、泵、流量传感器和控制开关组成。与冷却液体接触表面必须涂有防腐材料。在等离子弧焊的操作中，冷却系统和冷却剂的条件非常重要，因为冷却的过程是通过空气和水的热交换来冷却焊枪头和电缆的。

对于连续操作的设备，保持散热器有良好的散热条件，冷却剂不具有腐蚀性是绝对必要的，只有去离子水（蒸馏水）才能用在等离子弧焊接的冷却系统中。如果冷却液体被污染，它将成为电解质，破坏等离子枪中钨极与喷嘴之间的绝缘，严重时形成钨极到喷嘴的短路，这将阻碍维持电弧的产生。在给冷却系统加水时，操作人员应特别注意不要引入污染物，以免冷却液体成为电解液。

8. 辅助装置

在等离子弧焊中使用辅助装置可以提高生产效率及质量。辅助装置包括送丝机、弧压控制系统、焊枪摆动器和定位设备。在钨极氩弧焊系统中使用的是同样的辅助装置。

（1）送丝机　钨极氩弧焊的送丝系统（冷丝）可以用在等离子弧焊过程中。填充焊丝被加在熔池或小孔（穿透型等离子弧焊）的前沿。大部分送丝机的送丝速度在焊接前是预先设定好的，也有的送丝机的功能更加完善，像在机器人系统中使用的送丝机，能够通过送丝速度测算出连续的焊缝断面图。当焊接较厚的材料时，送丝系统可以减轻咬边和未焊透的发生，同时可以通过稳定地填充金属来提高焊缝的均匀性。

像钨极氩弧焊一样，热送丝系统也可以被使用，但应该把焊丝送入熔池的后沿。对于冷送丝，送丝的开始和终止都应该由自动焊接设备控制和编程。

当使用脉冲电流焊接时，一种常用的技术是当有等离子弧电流脉冲发生时，同步地将填充金属放入焊缝中。这种技术被广泛地用在航天和航空工业中，例如，用来焊接气体涡轮引擎上的曲径气封的边缘。

（2）电弧电压控制器　电弧电压控制系统是通过调节焊枪与工件之间的距离来使等离子弧电压在焊接过程达到设定值。由于等离子弧焊的焊接过程对电弧长度的变化不是很灵敏，所以电弧电压控制器设备对许多应用并不是必需的。但当使用熔透型的方法焊接表面形状不规整的工件时，或者用穿透型焊接时，电弧电压控制是很有益处的。如果电弧电压控制器是用电弧做弧高传感器，在焊接开始时或者焊口填满时，由于电流或等离子气体流动速度改变，这种电弧控制必须减弱或封锁，因为改变这些焊接参数也会改变电弧电压。电弧电压控制器系统仅仅被用在机器人或自动焊操作中。

（3）焊枪摆动器　在机器人或自动等离子弧焊中，当要求摆动焊枪时，也常常需要用到焊枪摆动器。常通过调节摆动器的摆动速率、摆幅和停顿时间来适应具体的焊道。速率是摆动器将焊枪垂直于焊道从一边端点移动到另一边端点的速率，两个端点之间的距离叫作摆幅。停顿时间是摆动器在到达一边端点时的停留时间。焊枪摆动器主要用在表面处理，如等离子弧堆焊。

6.2.3　焊接材料

1. 母材

凡氩弧焊能够焊接的材料均可用等离子弧焊接，如碳钢、耐热钢、蒙乃尔合金、可伐合金、钛合金、铜合金、铝合金以及镁合金等。

除铝、镁及其合金外，其余材料均采用直流正接法焊接；铝、镁及其合金采用交流或直流反接法焊接。直流正接等离子弧单道可焊材料厚度范围一般为0.3～6.4mm。交流变极性等离子弧单道可焊铝合金厚度达12.7mm（穿透型）。

等离子弧焊接的冶金过程与氩弧焊相同，只是由于等离子弧具有较小的弧柱直径，焊接时母材熔化量少，所以焊缝深宽比大、热影响区窄。每一种母材金属焊接时对预热、后热以及气体保护等工艺要求与氩弧焊相同。

2. 填充金属

与氩弧焊一样，等离子弧焊工艺可以使用填充金属。填充金属一般制成光焊丝或者光焊条。自动焊使用光焊丝作填充金属，手工焊则用光焊条作填充金属。填充金属的主要成分与被焊母材相同。

3. 气体

等离子弧焊枪中有两层气体，即从喷嘴流出的离子气及从保护气罩流出的保护气。有时为了增强保护，还需使用保护拖罩及通气的背面垫板以扩大保护范围。

离子气对钨极应该是惰性的，以免钨极烧损过快。保护气体对母材一般是惰性的，但如果活性气体不损坏焊缝的性能，允许在保护气中添加活性气体。

为保证焊接过程稳定，大电流焊接时，离子气与保护气成分应相同；小电流焊接时，离子气一律使用纯氩，保护气可以用纯 Ar 也可以选择其他成分。等离子弧焊所用的气体种类取决于被焊金属，可供选择的气体有：

1）Ar 气。Ar 气用于焊接碳钢、高强度钢及活性金属，如钛、钽及锆合金。焊接这些金属所用的气体中，即使含有极小量的 H_2 也可能导致焊缝产生气孔、裂纹或降低力学性能。

2）Ar-H_2 混合气。焊接奥氏体不锈钢、镍基合金及铜镍合金时，允许使用 Ar-H_2 混合气体。Ar 气中添加 H_2 气可提高电弧温度及电弧电场强度，能够更有效地将电弧热量传递给工件，在给定的电流条件下可以得到较高的焊接速度。同时，H_2 具有还原性，使用 Ar-H_2 混合气体可以获得更光亮的焊缝外观。但 H_2 含量过多焊缝易出现气孔及裂纹，一般$\varphi(H_2)$限制在7.5%以下。然而在穿透型焊接工艺中，由于气体可以充分逸出，加$\varphi(H_2)$范围为5%～15%，工件越薄，允许 H_2 的比例越大。如穿透型焊 6.4mm

不锈钢时，加 $\varphi(H_2)$ 为 5%；而进行 3.8mm 不锈钢管道高速焊时，允许加 $\varphi(H_2)$ 达 15%。

使用 Ar-H_2 混合气体作离子气时，由于电弧温度较高，应降低喷嘴孔径的额定电流。

3）Ar-He 混合气。He 气也是一种惰性气体，当被焊工件不允许使用 Ar-H_2 混合气时，可考虑使用 Ar-He 混合气。在 Ar-He 混合气体中，φ(He) 超过 40%时电弧热量才能有明显的变化，φ(He) 超过 75%时，其性能基本与纯 He 相同，通常在 Ar 气中加入 φ(He) = 50% ~75% 的 He 气进行钛、铝及其合金的穿透型焊及在所有金属材料上熔敷焊道。

4）He 气。采用纯 He 作离子气时，由于弧柱温度较高，会降低喷嘴的热负载，降低喷嘴的使用寿命及承载电流的能力，另外 He 气密度较小，在合理的离子气流量下难以形成小孔。所以纯 He 仅用于熔透型焊接，如焊接铜。

5）Ar-CO_2 混合气。由于保护气体不与钨极接触，在小电流焊接低碳钢及低合金钢时，允许在保护气中添加活性气体，其流量在 10 ~ 15L/min 之内。如在 Ar 中加 $\varphi(CO_2)$ = 25% 的 CO_2 气作保护气体焊接铁心叠片。

等离子弧焊接气体选择分别见表 6-5 和表 6-6。

表 6-5　等离子弧焊接气体选择①[6]

金属	厚度		熔透型			穿透型		
	mm	in	喷嘴气体（离子气体）（体积分数）	保护气（体积分数）	背面保护气或延伸保护气	喷嘴气体（离子气体）	保护气	背面保护气或延伸保护气
碳钢（铝镇定）	<3.2	1/8	Ar	Ar	Ar	Ar④	Ar	Ar
	>3.2	1/8	Ar	75% He + 25% Ar	Ar	Ar	Ar, 75% He + 25% Ar	Ar
低合金钢	<3.2	1/8	Ar	Ar	Ar	Ar④	Ar	Ar
	>3.2	1/8	Ar	75% He + 25% Ar	Ar	Ar	Ar, 75% He + 25% Ar	Ar
不锈钢	<3.2	1/8	Ar, 98% Ar + 2%② H_2	Ar, 95% Ar + 5% H_2	Ar	Ar, 98% Ar + 2%② H_2	Ar, 95% Ar + 5% H_2	Ar
	>3.2	1/8	Ar, 98% Ar + 2%② H_2	Ar, 95% Ar + 5% H_2	Ar	Ar, Ar98% + 2%② H_2	Ar, 95% Ar + 5% H_2	Ar
铝	<2.8	3/32	Ar	Ar, He, 75% He + 25% Ar	—③	Ar④	Ar, He, 75% He + 25% Ar	Ar
	>2.8	3/32	Ar	He, 75% He + 25% Ar	—③	Ar	He, 75% He + 25% Ar	Ar
铜	<2.8	3/32	Ar	Ar + He, 75% He + 25% Ar	Ar	Ar④	Ar, He, 75% He + 25% Ar	Ar
	>2.8	3/32	Ar	He, 75% He + 25% Ar	Ar	不推荐⑤	不推荐⑤	不推荐⑤
镍合金	<3.2	1/8	Ar, 98% Ar + 2%② H_2	Ar, 95% Ar + 5% H_2	Ar	Ar, 98% Ar + 2%② H_2	Ar, 95% Ar + 5% H_2	Ar
	>3.2	1/8	Ar, 98% Ar + 2%② H_2	Ar, 75% He + 25% Ar 95% Ar + 5% H_2	Ar	Ar, 98% Ar + 2%② H_2	Ar, 75% He + 25% Ar 95% Ar + 5% H_2	Ar
活性金属	<6.4	1/4	Ar	Ar, 75% He + 25% Ar	Ar	Ar	Ar, He, 75% He + 25% Ar	Ar
	>6.4	1/4	Ar	Ar, He, 75% He + 25% Ar	Ar	Ar	Ar, He, 75% He + 25% Ar	Ar

① 气体的种类和含量只用作一般性指导，焊接过程中可做适当调整。
② 离子气的氢气在起弧中有重要作用，当氢气含量超过 5%（体积分数）后会显著加速喷嘴的腐蚀。
③ 一些活性铝合金可能需要背面保护气或延伸保护气。
④ 不推荐使用厚度在 1.6mm 以下的材料。
⑤ 背面焊道成形不好，只适用于镀锌铜合金。

表 6-6　小电流等离子弧焊的保护气体选择

金　属	厚度/mm	焊接技术	
		穿　透　型	熔　透　型
铝	<1.6	不推荐	Ar, He
	>1.6	He	He

（续）

金属	厚度/mm	焊接技术	
		穿透型	熔透型
碳钢 （铝镇静）	<1.6	不推荐	Ar,75% He+25% Ar
	>1.6	Ar,75% He+25% Ar	Ar,75% He+25% Ar
低合金钢	<1.6	不推荐	Ar,He Ar+(1% ~5%) H_2
	>1.6	75% He+25% Ar Ar+H_2(1% ~5% H_2)	Ar,He Ar+(1% ~5%) H_2
不锈钢	所有厚度	Ar,75% He+25% Ar Ar+(1% ~5%) H_2	Ar,He Ar+(1% ~5%) H_2
铜	<1.6	不推荐	75% He+25% Ar 75% H_2+25% Ar,He
	>1.6	75% He+25% Ar,He	He
镍合金	所有厚度	Ar,75% He+25% Ar Ar+(1% ~5%) H_2	Ar,He, Ar+(1% ~5%) H_2
活性金属	<1.6	Ar,75% He+25% Ar,He	Ar
	>1.6	Ar,75% He+25% Ar,He	Ar,75% He+25% Ar

注：1. 气体选择仅指保护气体，在所有情况下等离子气均为氩气。
2. 表中各种气体的百分含量皆为体积分数。

6.2.4 焊接工装

1. 接头形式

用于等离子弧焊的通用接头形式为：I形坡口、单面V形和U形坡口以及双面V形和U形坡口。这些坡口形式用于从一侧或两侧进行对接接头的单道焊或多道焊，除对接接头外，等离子弧焊也适合于焊接角焊缝和T形接头，而且具有良好的熔透性。

厚度大于1.6mm但小于表6-7所列厚度值的工件，可不开坡口，采用穿透型等离子弧焊单面一次焊成。

表6-7　一次焊透的厚度[7]

（单位：mm）

材料	不锈钢	钛及钛合金	镍及镍合金	低合金钢	低碳钢
焊接厚度范围	≤8	≤12	≤6	≤7	≤8

注：不加衬垫，单面焊双面成形。

对于厚度较大的工件，需要开坡口对接焊时，与钨极氩弧焊相比，可采用较大的钝边和较小的坡口角度。第一道焊缝采用穿透型焊接，填充焊道则采用熔透型完成。图6-19为两种焊接方法所需V形坡口几何形状的比较。

焊件厚度如果在0.05～1.6mm之间，通常使用熔透型焊接。常用接头形式如图6-20所示。

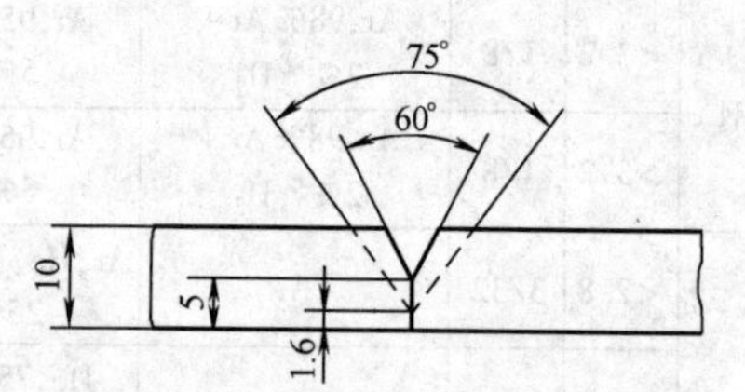

图6-19　等离子弧焊和钨极氩弧焊V形坡口形状的对比[1]

-----钨极氩弧焊　——等离子弧焊

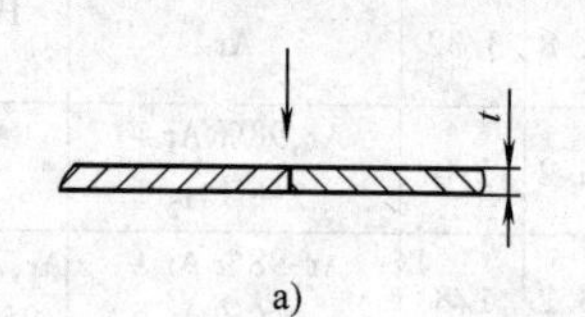

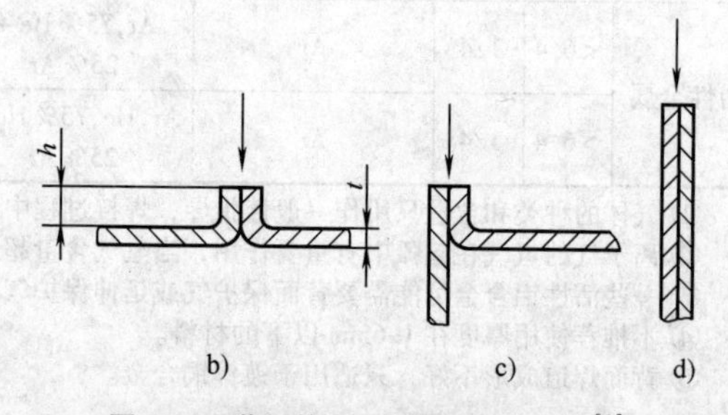

图6-20　薄板等离子弧焊的接头形式[2]

a）I形对接接头　b）卷边对接接头
c）卷边角接接头　d）端接接头
t—板厚（0.025～1mm）
h—卷边高度［=(2～5)t］

2. 装配与夹紧

小电流等离子弧焊对接头的装配要求和钨极氩弧焊相同。引弧处坡口边缘必须紧密接触，间隙不应超过金属厚度的10%，难以保持上述公差时必须添加填充金属。对于厚度不大于0.8mm的金属，焊接接头的装配和夹紧要求如表6-8、图6-21和图6-22所示[1]。

图6-21给出了接头间隙和错边的允许偏差、压板间距以及垫板凹槽等的尺寸。允许偏差与板厚成比例，I形坡口对接接头允许的最大间隙为0.2t。图6-22给出了端接接头的装配和夹紧的允许偏差。端接接头的允许偏差比对接接头大得多。所以端接接头是金属箔片较方便的连接接头。

表6-8　厚度<0.8mm的薄板对接接头装配要求（图6-21）

焊缝形式	间隙A（最大）	错边B（最大）	压板间距C		垫板凹槽宽①D	
			最小	最大	最小	最大
I形坡口焊缝	0.2t	0.4t	10t	20t	4t	16t
卷边焊缝②	0.6t	1t	15t	30t	4t	16t

① 背面用Ar或He保护。
② 板厚小于0.25mm的对接接头推荐采用卷边焊缝。

焊接如壁厚0.1～0.2mm的金属箔片时，焊口附近微小的热量波动都可能使熔化焊道分离，以致无法得到连续的焊缝。因此要求夹具在整个焊接过程中与工件紧密接触，利用夹具对焊件的良好散热作用稳定焊缝成形以及减少焊接变形。如普通夹具压紧箔件效果不好，可考虑使用气动琴键夹具或弹簧琴键夹具。图6-23是焊接1mm以下不锈钢对接接头的工装参数曲线。

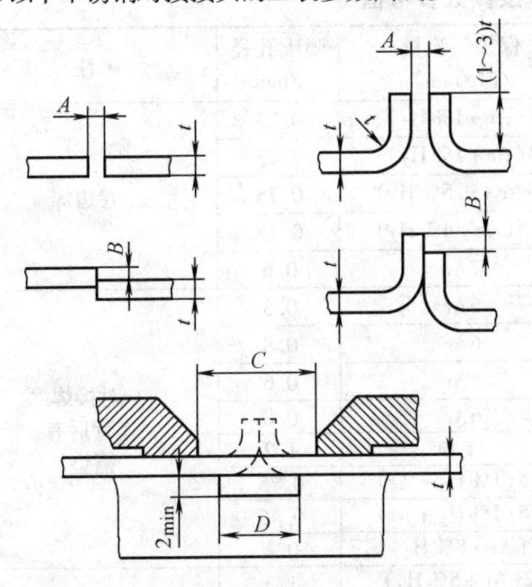

图6-21　厚度小于0.8mm的薄板对接接头装配要求（数据见表6-8）[1]

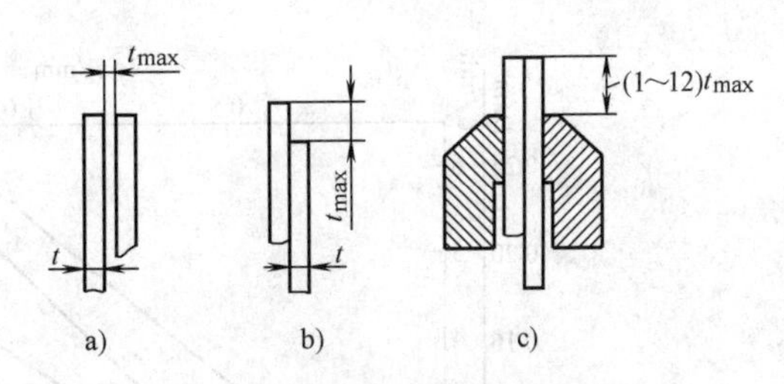

图6-22　厚度小于0.8mm的薄板端面接头装配要求[1]

a）间隙　b）错边　c）夹紧距离

焊接夹具一般分为压板和带凹槽的垫板（图6-23）。当采用熔透型焊接时，垫板与氩弧焊时相同，开口凹槽的垫板用以支撑熔池，但采用穿透型焊接时，熔池是由表面张力支撑的，熔化的铁液不与垫板凹槽相接触。穿透型焊接用的典型垫板如图6-24所示，凹槽通常宽13mm，深19mm，这样的凹槽不仅能够容纳背面保护气，还为等离子射流提供一个穿出的空间。

3. 焊枪定位

与氩弧焊一样，等离子弧可以进行全位置焊接。由于等离子弧指向性强，弧柱直径小，所以要求焊接时焊枪能够更精确地对准焊缝，即严格地限制焊枪喷嘴轴线沿焊缝中心线的横向摆动。等离子弧对弧长不敏感，所以焊枪喷嘴至工件的距离不像氩弧焊时要求那么严格。

6.2.5　焊接工艺

1. 熔透型等离子弧焊

可以选择手工及自动两种方式进行熔透法焊接。

（1）手工熔透法　手工熔透法焊接的最佳电流范围是0.1～50A。当电流超过50A时，使用手工氩弧焊更为经济。使用等离子弧焊设备的过程是先引燃维弧，开始焊接时再引燃主弧。如果一段时间内需焊接多段焊缝或多个焊点，在完成一段焊缝或一个焊点时，可以只熄灭主弧，保存维弧。这样，在下一次焊接时，便可以方便地引燃主弧，而不像氩弧焊那样反复地使用高频引弧。而且等离子弧的弧长偏差±1mm对焊缝质量无影响，所以手工等离子弧特别适合焊接需要反复引燃主弧，而又无法精确控制弧长的焊接工艺，如焊接丝网。

（2）自动熔透法　自动熔透法焊接工艺应用广泛，特别是焊接小型精密元件如医疗设备元件、光学仪器元件、精密仪器元件、丝材、膜盒或波纹管等。

在许多焊接应用中，熔透法等离子弧焊应用微机程序控制焊接参数。如控制起弧电流、电流上升、脉冲电流、电流衰减及引弧电流。

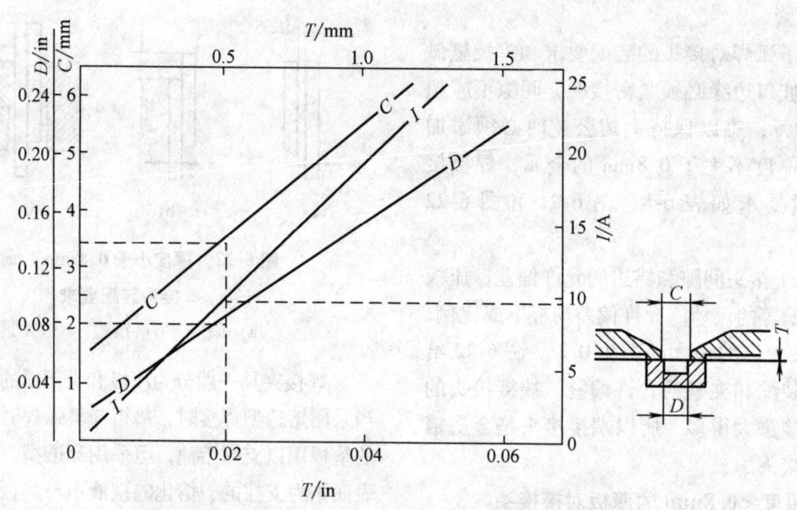

图 6-23　小电流焊接不锈钢对接接头的工装参数曲线[5]

虚线示例：T—板厚，0.5mm，C—压板间距，3.5mm　D—垫板槽宽，2.0mm　I—焊接电流，9A

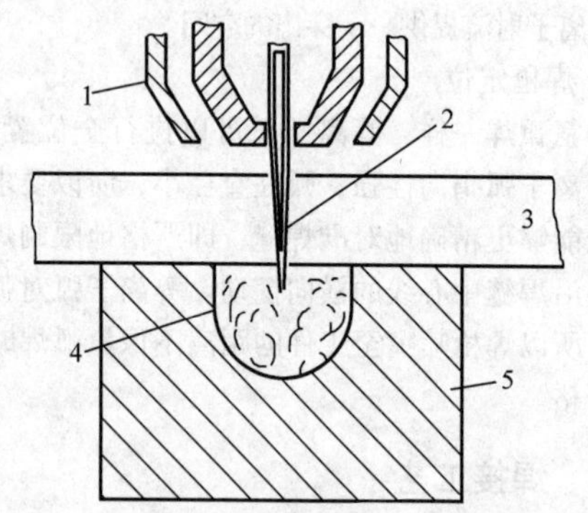

图 6-24　小孔法等离子弧焊接用的典型垫板

1—焊枪　2—等离子射流　3—工件

4—背面保护气　5—垫板

由于高频引弧器仅用来引燃维弧，焊接时无须再用高频引弧器便可以顺利地在工件与电极之间建立起转移弧。因此等离子弧焊设备工作时不会损坏周围其他的电子设备。这种特点使等离子弧焊设备可以在电子检测设备、机器人、计算机周围使用而无需对这些设备加以隔离或防护。

熔透型等离子弧焊的焊接参数参考值见表 6-9 及表 6-10。

2. 穿透型等离子弧焊

穿透型等离子弧焊只能采用自动焊。穿透型等离子弧焊需要精确地控制起弧与收弧、离子气流量、焊接电流、焊接速度等焊接参数。

表 6-9　熔透型等离子弧焊的焊接参数参考值[8]

材料	板厚/mm	焊接电流/A	电弧电压/V	焊接速度/(cm/min)	离子气 Ar 流量/(L/min)	保护气流量/(L/min)	喷嘴孔径/mm	注
不锈钢	0.025	0.3	—	12.7	0.2	8(Ar + 1% H_2)	0.75	卷边焊
	0.075	1.6	—	15.2	0.2	8(Ar + 1% H_2)	0.75	
	0.125	1.6	—	37.5	0.28	7(Ar + 0.5% H_2)	0.75	
	0.175	3.2	—	77.5	0.28	9.5(Ar + 4% H_2)	0.75	
	0.25	5	30	32.0	0.5	7Ar	0.6	
	0.2	4.3	25	—	0.4	5Ar	0.8	对接焊（背后有铜垫）
	0.2	4	26	—	0.4	6Ar	0.8	
	0.1	3.3	24	37.0	0.15	4Ar	0.6	
	0.25	6.5	24	27.0	0.6	6Ar	0.8	
	1.0	2.7	25	27.5	0.6	11Ar	1.2	
	0.25	6	—	20.0	0.28	9.5(1% H_2 + Ar)	0.75	
	0.75	10	—	12.5	0.28	9.5(1% H_2 + Ar)	0.75	
	1.2	13	—	15.0	0.42	7(Ar + 8% H_2)	0.8	
	1.6	46	—	25.4	0.47	12(Ar + 5% H_2)	1.3	手工对接
	2.4	90	—	20.0	0.7	12(Ar + 5% H_2)	2.2	
	3.2	100	—	25.4	0.7	12(Ar + 5% H_2)	2.2	

（续）

材料	板厚/mm	焊接电流/A	电弧电压/V	焊接速度/(cm/min)	离子气Ar流量/(L/min)	保护气流量/(L/min)	喷嘴孔径/mm	注
镍合金	0.15	5	22	30.0	0.4	5Ar	0.6	对接焊
	0.56	4~6	—	15.0~20.0	0.28	7(Ar+8% H_2)	0.8	
	0.71	5~7	—	15.0~20.0	0.28	7(Ar+8% H_2)	0.8	
	0.91	6~8	—	12.5~17.5	0.33	7(Ar+8% H_2)	0.8	
	1.2	10~12	—	12.5~15.0	0.38	7(Ar+8% H_2)	0.8	
钛	0.75	3	—	15.0	0.2	8Ar	0.75	手工对接
	0.2	5	—	15.0	0.2	8Ar	0.75	
	0.37	8	—	12.5	0.2	8Ar	0.75	
	0.55	12	—	25.0	0.2	8(He+25% Ar)	0.75	
哈斯特洛依合金	0.125	4.8	—	25.0	0.28	8Ar	0.75	对接焊
	0.25	5.8	—	20.0	0.28	8Ar	0.75	
	0.5	10	—	25.0	0.28	8Ar	0.75	
	0.4	13	—	50.0	0.66	4.2Ar	0.9	
不锈钢丝	φ0.75	1.7	—	—	0.28	7(Ar+15% H_2)	0.75	搭接时间1s 端接时间0.6s
	φ0.75	0.9	—	—	0.28	7(Ar+15% H_2)	0.75	
镍丝	φ0.12	0.1	—	—	0.28	7Ar	0.75	搭接热电偶
	φ0.37	1.1	—	—	0.28	7Ar	0.75	
	φ0.37	1.0	—	—	0.28	7(Ar+2% H_2)	0.75	
钽丝与镍丝(φ0.5)		2.5	—	焊一点为0.2s	0.2	9.5Ar	0.75	点焊
纯铜	0.025	0.3	—	12.5	0.28	9.5(Ar+0.5% H_2)	0.75	卷边对接
	0.075	10	—	15.0	0.28	9.5(Ar+75% He)	0.75	

表6-10　微束等离子弧焊接不锈钢的焊接参数参考值①

板厚/mm	焊接形式	焊速/(mm/s)	电流/A	喷嘴孔径/mm	离子气流量/(L/min)	喷嘴至工件距离/mm	电极直径/mm	备　注
0.76	I形坡口，对接	2	11	0.76	0.3	6.4	1.0	自动焊
1.5	I形坡口，对接	2	28	1.2	0.4	6.4	1.5	自动焊
0.76	角接，T形接头	—	8	0.76	0.3	6.4	1.0	手工焊，填充丝②
1.5	角接，T形接头	—	22	1.2	0.4	6.4	1.5	手工焊，填充丝②
0.76	角接，搭接接头	—	9	0.76	0.6	9.5	1.0	手工焊，填充丝②
1.5	角接，搭接接头	—	22	1.2	0.4	9.5	1.5	手工焊，填充丝③

注：1. 保护气：95% Ar-5% H_2、流量10L/min。

2. 背面保护气：Ar，流量5L/min。

① 离子气：Ar。

② 填充丝：310不锈钢，φ1.1mm。

③ 填充丝：310不锈钢，φ1.4mm。

（1）引弧与收弧　板厚小于3mm时，可以直接在焊件上引弧及收弧。板厚大于3mm时，对于纵缝，可以采用引弧板及引出板，将小孔起始区及收尾区排除在焊缝之外。环缝焊接时，必须采用电流及离子气量递增的方式形成合适的小孔形成区，而采用电流及离子气量递减的方式获得小孔收尾区。图6-25是穿透型焊时电流及离子气流量斜率控制曲线。有的等离子弧设备配备了先进的流量控制器，可以在焊接过程中精确地控制离子气流量。

（2）离子气流量　离子气流量增加，可使等离子流力和熔透能力增大，在其他条件不变时，为了形成小孔，必须有足够的离子气流量，但是离子气流量过大也不好，会使小孔直径过大而不能保证焊缝成形，喷嘴孔径确定后，离子气流量大小视焊接电流和焊接速度而定，即离子气流量、焊接电流和焊接速度这三者之间要有适当的匹配。

（3）焊接电流　焊接电流增加，等离子弧穿透能力增加。和其他电弧焊方法一样，焊接电流总是根据板厚或熔透要求来选定的，电流过小，不能形成小孔，电流过大，又将因小孔直径过大而使熔池金属

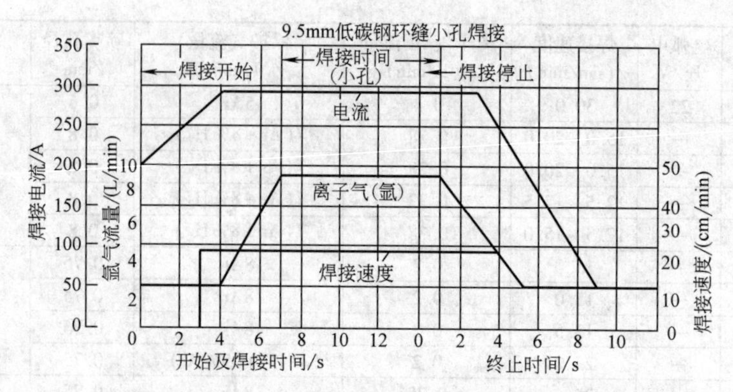

图6-25 厚板环缝穿透型等离子弧焊时焊接电流及离子气流量斜率控制曲线[6]

坠落。此外，电流过大还可能引起双弧现象。为此，在喷嘴结构确定后，为了获得稳定的穿透型焊接过程，焊接电流只能被限定在某一个合适的范围内，而且这个范围与离子气的流量有关。图6-26a为喷嘴结构、板厚和其他焊接参数给定时，用实验方法在8mm厚不锈钢板上测定的小孔型焊接电流和离子气流量的匹配关系。图中1为普通圆柱形喷嘴，2为收敛扩散型喷嘴，后者降低了喷嘴压缩程度，因而扩大了电流范围，即在较高的电流下也不会出现双弧。由于电流上限的提高，因此采用这种喷嘴可提高工件厚度和焊接速度。

（4）焊接速度 焊接速度也是影响小孔效应的一个重要焊接参数。其他条件一定时，焊速增加，焊缝热输入减小，小孔直径也随之减小，最后消失。反之，如果焊速太低，母材过热，背面焊缝会出现下陷甚至熔池泄漏等缺陷。焊接速度的确定，取决于离子气流量和焊接电流，这三个焊接参数相互匹配关系如图6-26b所示。由图可见，为了获得平滑的穿透型焊接焊缝，随着焊速的提高，必须同时提高焊接电流，如果焊接电流一定，增大离子气流量就要增大焊速，若焊速一定时，增加离子气流量应相应减小电流。

（5）喷嘴距离 距离过大，熔透能力降低；距离过小则造成喷嘴被飞溅物污染。一般取3～8mm，和钨极氩弧焊相比，喷嘴距离变化对焊接质量的影响不太敏感。

（6）保护气体流量 保护气体流量应与离子气流量有一个适当的比例，离子气流量不大而保护气体流量太大时会导致气流的紊乱，将影响电弧稳定性和保护效果。穿透型焊接的保护气体流量一般在15～30L/min范围内。

常用4类金属（碳钢和低合金钢、不锈钢、钛合金、铜和黄铜）小孔型焊接的焊接参数参考值见表6-11。

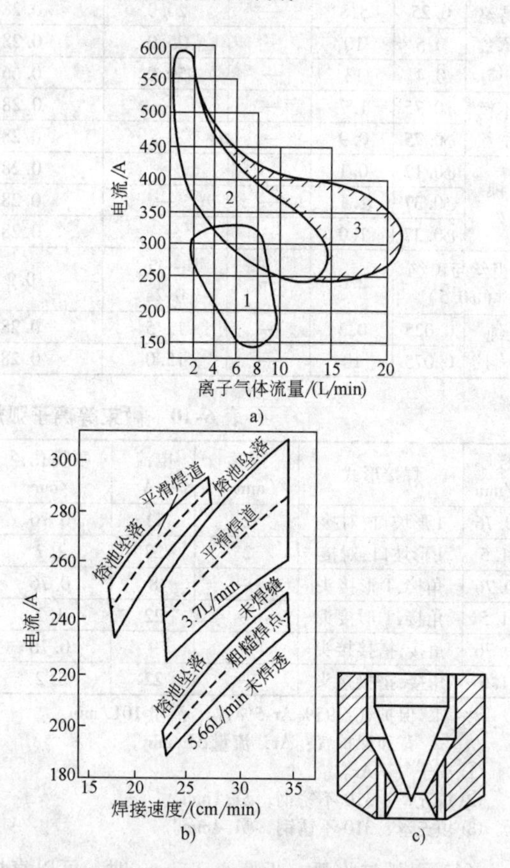

图6-26 穿透型等离子弧焊的焊接参数匹配[2]

a）焊接电流-离子气流量匹配

b）焊接电流-焊接速度-离子气流量匹配

c）电极在收敛扩散型喷嘴中的相对位置

1—圆柱形喷嘴 2—三孔收敛扩散型喷嘴

3—加填充金属可消除咬肉的区域

6.2.6 焊接缺陷

等离子弧焊常见特征缺陷有：咬边、气孔等。

1. 咬边

表6-11　穿透型等离子弧焊焊接参数参考值[4]

材料	厚度/mm	接头形式及坡口形式	电流(直流正接)/A	电弧电压/V	焊接速度/(cm/min)	气体成分	气体流量/(L/min)		备注①
							离子气	保护气体	
碳钢和低合金钢	3.2	I形对接	185	28	30	Ar	6.1	28	穿透型技术
	4.2	I形对接	200	29	25	Ar	5.7	28	穿透型技术
	6.4	I形对接	275	33	36	Ar	7.1	28	穿透型技术②
不锈钢③	2.4	I形对接	115	30	61	Ar95% + $H_2$5%	2.8	17	穿透型技术
	3.2	I形对接	145	32	76	Ar95% + $H_2$5%	4.7	17	穿透型技术
	4.8		165	36	41	Ar95% + $H_2$5%	6.1	21	穿透型技术
	6.4	I形对接	240	38	36	Ar95% + $H_2$5%	8.5	24	穿透型技术
	9.5								
	根部焊道	V形坡口④	230	36	23	Ar95% + $H_2$5%	5.7	21	穿透型技术
	填充焊道		220	40	18		11.8	83	填充丝⑤
钛合金⑥	3.2	I形对接	185	21	51	Ar	3.8	28	穿透型技术
	4.8	I形对接	175	25	33	Ar	8.5	28	穿透型技术
	9.9	I形对接	225	38	25	He75% + Ar25%	15.1	28	穿透型技术
	12.7	I形对接	270	36	25	He50% + Ar50%	12.7	28	穿透型技术
	15.1	V形坡口⑦	250	39	18	He50% + Ar50%	14.2	28	穿透型技术
铜和黄铜	2.4	I形对接	180	28	25	Ar	4.7	28	穿透型技术
	3.2	I形对接	300	33	25	He	3.8	5	一般熔化技术⑧
	6.4	I形对接	670	46	51	He	2.4	28	一般熔化技术
	2.0(Cu70-Zn30)	I形对接	140	25	51	Ar	3.8	28	穿透型技术③
	3.2(Cu70-Zn30)	I形对接	200	27	41	Ar	4.7	28	穿透型技术③

① 碳钢和低合金钢焊接时喷嘴高度为1.2mm；焊接其他金属时为4.8mm；采用多孔喷嘴。
② 预热到316℃；焊后加热至399℃，保温1h。
③ 焊缝背面须用保护气体保护。
④ 60°V形坡口，钝边高度4.8mm。
⑤ 直径1.1mm的填充金属丝，送丝速度152cm/min。
⑥ 要求采用焊缝背面的气体保护装置和带后拖的气体保护装置。
⑦ 30°V形坡口，钝边高度9.5mm。
⑧ 采用一般常用的熔化技术和石墨支撑衬垫。

不加填充丝时最易出现咬边，产生咬边的原因为：

1）离子气流量过大，电流过大及焊速过高。

2）焊枪向一侧倾斜。

3）装配错边，坡口两侧边缘高低不平，则高位置一边咬边。

4）电极与压缩喷嘴不同心。

5）采用多孔喷嘴时，两侧辅助孔位置偏斜。

6）焊接磁性材料时，电缆连接位置不当，导致磁偏吹，造成单边咬边。

2. 气孔

等离子弧焊的气孔常见于焊缝根部，引起气孔的原因是：

1）焊接速度过高，在一定的焊接电流、电弧电压下，焊接速度过高会引起气孔，穿透型焊接时甚至产生贯穿焊缝方向的长气孔。

2）其他条件一定，电弧电压过高。

3）填充丝送进速度太快。

4）引弧和收弧处焊接参数配合不当。

5）穿透型焊的闭合气孔。在穿透型等离子弧焊的过程中，小孔闭合过程中的气孔是一个非常重要的问题。顾名思义，它仅仅发生在穿透型焊的方式中。通常通过形状来辨别小孔闭合时的气孔和典型焊接中的气孔。由于小孔闭合时压力的出现，气孔往往成椭圆形；典型的气孔大多是球形的。穿过即将闭合的小孔的离子气体的速度会随着小孔直径的收缩而升高，并且会在小孔的上方引起压差。压力差会增大空气突破氩保护气体被吸入小孔的危险，这有可能污染熔池。另外，小孔在根部闭合的那一精确点上，充足的气体压力仍然会压在液体表面上，会在熔池中产生凹坑。凹坑会使得一些液体金属从熔池中挤出，这样会在弧坑部分留下大的气孔。

在小孔闭合时，增加填充金属的送进速度，有助于降低小孔闭合时气孔产生的可能性。这是脱氧剂的作用，大部分焊丝中含有脱氧剂。在直线焊接中，引出板（收弧板）的使用可以提高焊接质量。引出板是一个与工件材质相同的金属片，它相对短小，与焊缝的末端对接并对中。在焊接过程中，小孔在引出板上闭合，焊后将引出板割掉。

6.3　等离子弧喷焊

等离子弧喷焊技术是一种进行表面防护与强化的热喷焊技术，它是采用转移型等离子弧为热源，利用压缩等离子弧产生的高温熔化金属粉末，在工件表面形成一层与基体冶金结合的、具有特定性能熔覆层的一种表面加工方法。

6.3.1　等离子弧喷焊的基本原理

等离子弧喷焊采用陡降外特性的直流弧焊机作为电源，在喷焊枪钨极与喷嘴之间借助高频火花引燃非转移型等离子弧，在钨极和工件之间借助非转移弧引燃转移型等离子弧，合金粉末由送粉器按需要量连续供给，借助送粉气流（一般用氩气）进入喷焊枪，并吹入电弧中，喷射到工件上，在工件上获得所需的合金熔敷层。

等离子弧喷焊包括喷涂和重熔两个过程，这两个过程是同时进行的。在喷涂过程中，粉末通过弧柱的加热，一般以半熔化状态过渡到工件上。重熔过程是粉末在工件上的熔化过程，落入熔池的粉末立即进入转移弧的阴极区，受到高温加热而迅速熔化，并将热量传递到母材。等离子弧喷焊熔深较浅，使得基材对合金的稀释率低，同氧乙炔焰喷焊相比，电弧对熔池的搅拌作用较强，熔池的冶金过程进行得比较充分，喷焊层气孔和夹渣少。

6.3.2　等离子弧喷焊的特点

与气焊、钨极氩弧焊等传统的焊接方法相比，等离子弧喷焊有很多优势。

1）等离子弧喷焊很容易实现自动化，有很强的重复性。

2）等离子弧喷焊可以精确控制送粉量，与其他传统的焊接方法相比等离子弧喷焊使用的金属的量较少。熔敷速度可根据焊枪、金属粉末和应用进行调节。

3）等离子弧喷焊可以精确控制主要的焊接参数（例如：送粉量、气体流速、电流、电压、热输入），以保证焊层间的一致性。

4）等离子弧喷焊可以涂覆某种特定性能合金的熔敷金属，熔敷金属密度高，变形小，夹杂、氧化物、裂纹少。

5）等离子弧喷焊熔敷金属成形好，显著减少了传统焊接方法送粉量。与激光堆焊相比，等离子弧喷焊生产效率高、熔敷效率高、成本低。

6）等离子弧喷焊熔敷金属的厚度可以达到1.2～2.5mm，甚至更高，以1～13kg/h的熔敷速率一次熔透。

6.3.3　等离子弧喷焊的设备

等离子弧喷焊设备的基本组成如图6-27所示。

（1）焊接电源　主要由非转移弧电源、转移弧电源和电流调节器构成，在起弧前可以精确预置焊接电流。

（2）电气控制系统　主要由喷焊主电路、高频发生器、直流电动机调速电路、程序控制电路等部分组成。通过控制电缆与转移弧电源、喷焊机床相连，完成工艺过程的程序控制、工艺参数的调节等。

（3）机械装置　包括摆动器、送粉器、焊枪移动和工件运转机构、工作台、防护通风装置等。

（4）气路系统　提供离子气体、保护气体和送粉气体的系统。

（5）水路系统　提供冷却喷嘴用水的系统。

（6）喷焊枪　喷焊枪集水气电于一身，来实现具体的喷焊工艺过程。

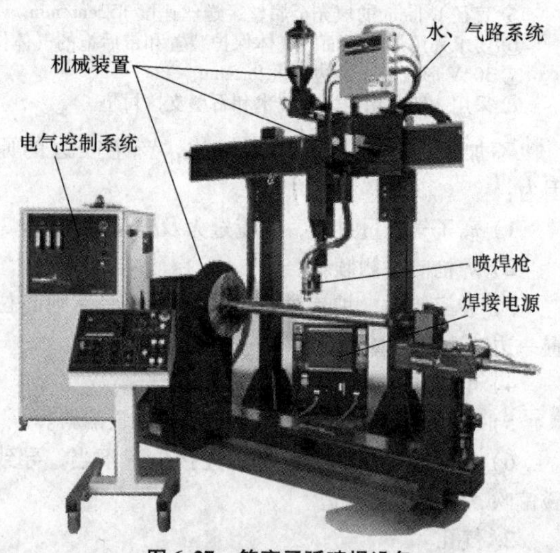

图6-27　等离子弧喷焊设备

6.3.4　等离子弧喷焊的应用

等离子弧喷焊可以根据零件、设备不同的使用要求采用相应的粉末，等离子弧喷焊常用粉末有铁基合金、镍基合金、铜基合金、钴基合金、金属陶瓷及其复合合金等。目前，等离子弧喷焊已广泛应用于矿山机械、阀门、碾压机、锻造模具、农业设备、核电站设备等机械设备的制造。

等离子弧喷焊技术也可用于制备性能优良的复合材料。通过改变金属粉末的不同配比，使复合材料层与层之间的成分达到连续变化，同时通过调节射流的速度和温度等工艺参数，使组织具有一定程度的变化，以制备性能优越的梯度功能复合材料，对生产和科研工作都具有积极意义。

6.4　等离子弧切割

6.4.1　工作原理与切割特点

等离子弧切割是利用等离子弧热能实现金属熔化的切割方法。根据切割气流的不同，分为氮等离子弧切割、空气等离子弧切割和氧等离子弧切割等。

切割用等离子电弧温度一般在 10000 ~ 14000℃ 之间，远远超过所有金属以及非金属的熔点。因此能够切割绝大部分金属和非金属材料。这种方法诞生于 20 世纪 50 年代，最初用于切割氧乙炔焰无法切割的金属材料，如铝合金及不锈钢等。随着这种方法的发展，其应用范围已经扩大到碳钢和低合金钢。

1. 工作原理

等离子弧割枪的基本设计与等离子弧焊枪相似。用于焊接时，采用低速的离子气流熔化母材以形成焊接接头；用于切割时，采用高速的离子气流熔化母材并吹掉熔融金属而形成切口。切割用离子气焰流速度及强度取决于离子气种类、气体压力、电流、喷嘴孔道比及喷嘴至工件的距离等参数。等离子弧割枪基本结构及术语如图 6-28 所示。

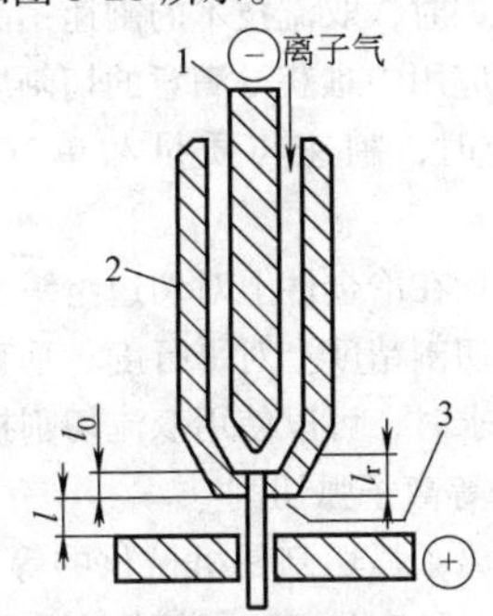

图 6-28　等离子割枪的结构及术语

1—电极　2—压缩喷嘴　3—压缩喷嘴孔

l_0—压缩喷嘴子孔道长

l—等离子弧枪与工件距离

l_r—电极内缩距离

等离子弧切割时采用正极性电流，即电极接电源负极。切割金属时采用转移弧，引燃转移弧的方法与割枪有关。割枪分有维弧割枪及无维弧割枪两种，有维弧割枪的电路接线如图 6-29 所示，无维弧割枪的电路无电阻支路，其余与有维弧割枪的电路接线相同。

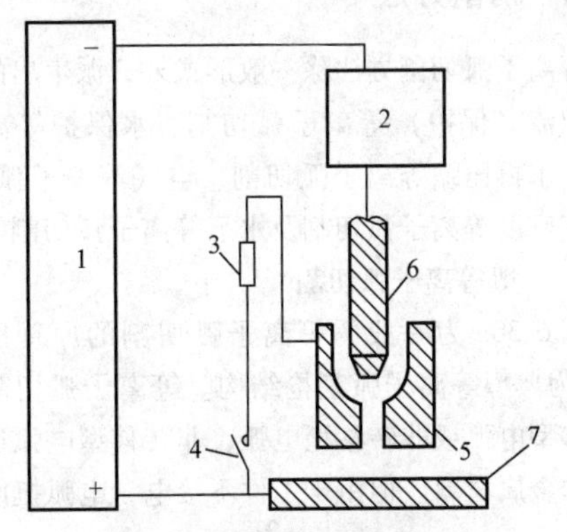

图 6-29　等离子弧切割的基本电路

1—电源　2—高频引弧器　3—电阻

4—接触器触点　5—压缩喷嘴

6—电极　7—工件

图 6-28 中电阻的作用是限制维弧电流，将维弧电流限制在能够顺利引燃转移弧的最低值。高频引弧器用来引燃维弧。引弧时，接触器触点闭合，高频引弧器产生高频高压引燃维弧。维弧引燃后，当割枪接近工件时，从喷嘴喷出的高速等离子焰流接触到工件便形成电极至工件间的通路，使电弧转移至电极与工件之间，一旦建立起转移弧，维弧自动熄灭，接触器触点经一段时间延时后自动断开。

无维弧割枪引弧时，将喷嘴与工件接触，高频引弧器引燃电极与喷嘴之间的非转移弧。非转移弧引燃后，就迅速将割枪提起距工件 3 ~ 5mm，使喷嘴脱离导电通路，电弧便转移至电极与工件之间。自动割枪均需采用有维弧结构。60A 以下手工切割常采用无维弧结构割枪。60A 以上手工割枪常采用有维弧结构割枪。

除使用高频引弧器外，有的割枪上的电极是可移动的，此类割枪可以使用电极回抽法引弧。引弧时，将割枪上的电极与喷嘴短路后迅速分离，引燃电弧。

2. 切割特点

与机械切割相比，等离子弧切割具有切割厚度大，切割灵活，装夹工件简单及可以切割曲线等优点。与氧乙炔焰切割相比，等离子弧具有能量集中，切割变形小及起始切割时不用预热等优点。

等离子弧切割的缺点是：与机械切割相比，等离子弧切割公差大，切割过程中产生弧光辐射、烟尘及噪声等公害。与氧乙炔焰相比，等离子弧切割设备成本高，切割厚度小；切割用电源空载电压高，不仅耗电量大而且在割枪绝缘不好的情况下，易对操作人员造成电击。

6.4.2　切割方法

等离子弧切割方法除一般形式外，派生出的形式还有双流（保护）等离子弧切割、水保护等离子弧切割、水再压缩等离子弧切割、空气等离子弧切割、大电流密度等离子弧切割及水下等离子弧切割等。

1. 一般等离子弧切割

图6-30a为一般的等离子弧切割的原理图，图6-30b为典型等离子弧割枪结构。等离子弧切割可采用转移型电弧或非转移型电弧，非转移型电弧适宜于切割非金属材料。但由于工件不接电，电弧挺度差，

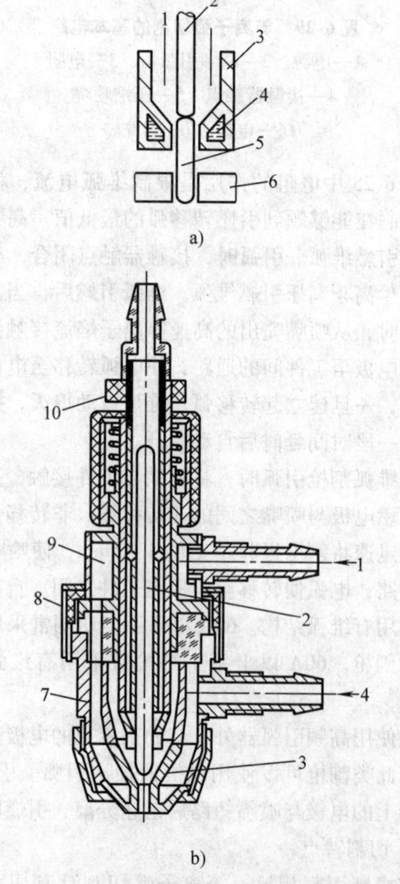

图6-30　一般等离子弧切割的原理及割枪[8]

a）切割原理　b）典型割枪

1—气体　2—电极　3—喷嘴　4—冷却水　5—电弧　6—工件　7—下枪体　8—绝缘螺母　9—上枪体　10—调整螺母

故非转移型电弧切割金属材料的切割厚度小。因此切割金属材料通常都采用转移型电弧。一般的等离子弧切割不用保护气，工作气体和切割气体从同一喷嘴内喷出，引弧时，喷出小气流离子气体作为电离介质，切割时，则同时喷出大气流气体以排除熔化金属。

切割薄金属板材时，可采用微束等离子弧来获得更窄的割口。

2. 双流（保护）等离子弧切割

双流技术要求等离子弧切割矩带有外部保护气罩，如图6-31所示。这个喷嘴可以在等离子气体周围提供同轴的辅助保护气体流。保护气体常用氮气、空气、二氧化碳、氩气及氩氢混合气体。这项技术的优点在于辅助的保护气体可以保护等离子气体和切割区，还可以降低和消除切割表面的污染。喷嘴外部有保护气罩，这个气罩可以防止喷嘴和工件接触时产生双弧损坏喷嘴。

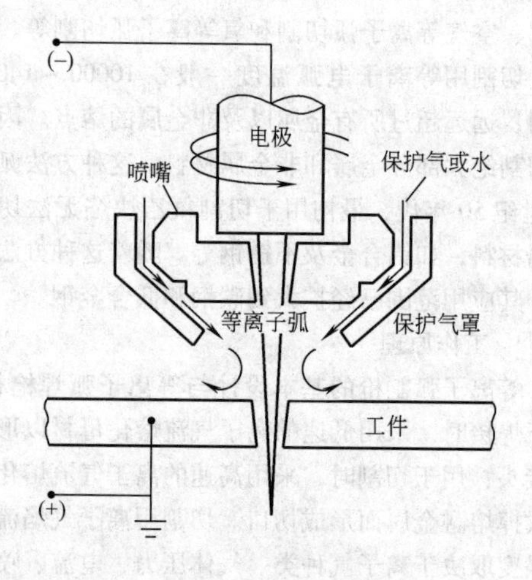

图6-31　双流等离子弧切割示意图[3]

切割低碳钢时，双流技术的割速稍高于单气流切割，但在某些应用中难获得满意的切割质量。切割不锈钢和铝合金时，割速与质量和单气流相比差别不大。

当切割质量在冶金性上对切边组织，物理性能上对挂结瘤，在切割精度上对平行度、垂直度及表面粗糙度有严格要求时，可以使用双流切割技术。

3. 水保护等离子弧切割

水保护等离子弧切割是机械化的等离子弧切割，是双流技术的一种变化。水保护等离子弧切割是用水来代替喷嘴外层的保护气，这项技术主要是用于切割不锈钢。水冷可以延长割枪喷嘴的使用寿命及改善切割面的外观质量，水也可以吸收切割时的粉尘，改善切割环境。但当对切割速度、割边垂直度和沿切割面

挂结瘤要求严格时，则不建议使用这项技术。

4. 水再压缩等离子弧切割（注水等离子弧切割）

注水等离子弧切割是一种自动切割方法，如图 6-32所示。一般使用 250 ~750A 的电流。所注水流沿电弧周围喷出，喷出水有两种形态：①水沿电弧径向高速喷出；②水以旋涡形式切向喷出并包围电弧。注水对电弧造成的收缩比传统方法造成的电弧收缩更大。这项技术的优点在于提高了割口的平行度、垂直度，同时也提高了切割速度，最大限度地减少了结瘤的形成。等离子弧切割时，由割枪喷出的除工作气体外，还伴随着高速流动的水束，共同迅速地将熔化金属排开。典型割枪如图 6-33 所示。喷出喷嘴的高速水流有两种进水形式。一种为高压水流径向进入喷嘴孔道后再从割枪喷出；另一种为轴向进入喷嘴外围后以环形水流从割枪喷出。这两种形式的原理分别如图 6-33a、b 所示。高压高速水流由一高压水源提供。高压高速水流在割枪中，一方面对喷嘴起冷却作用，一方面对电弧起再压缩作用。图 6-33a 形式对电弧的再压缩作用较强烈。喷出的水束一部分被电弧蒸发，分解成氧与氢，它们与工作气体共同组成切割气体，使等离子弧具有更高的能量；另一部分未被电弧蒸发、分解，但对电弧有着强烈的冷却作用，使等离子电弧的能量更为集中，因而可增加切割速度。喷出割枪的工作气体采用压缩空气时，为水再压缩空气等离子弧切割，它利用空气热焓值高的特点，可进一步提高切割速度。

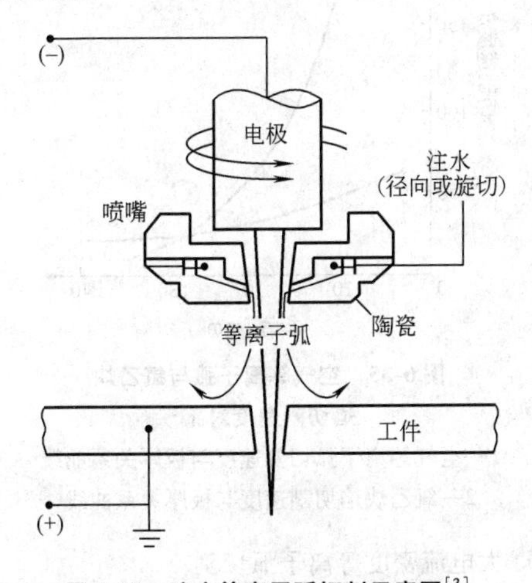

图 6-32　注水等离子弧切割示意图[3]

水再压缩等离子弧切割的水喷溅严重，一般在水槽中进行，工件位于水面下 200mm 左右。切割时，利用水的特性，可以使切割噪声降低 15dB 左右，并能吸收切割过程中所形成的强烈弧光、金属粒子、灰尘、烟气、紫外线等，大幅改善了操作工的工作条件。水还能冷却工件，使割口平整和割后工件热变形减小，割口宽度也比等离子弧切割的割口窄。

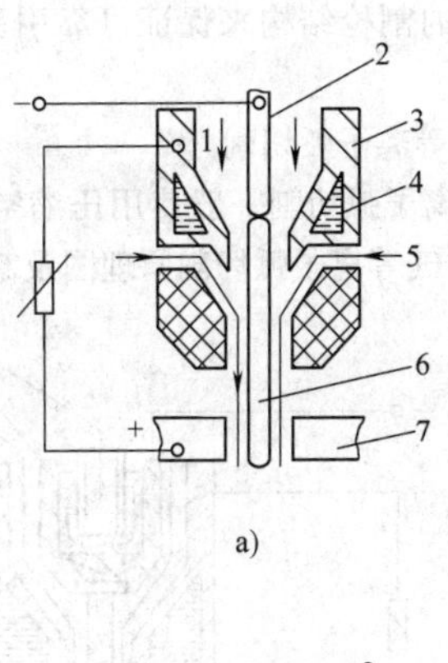

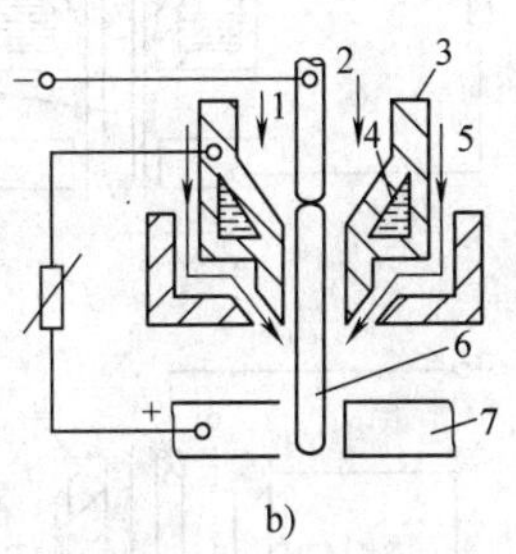

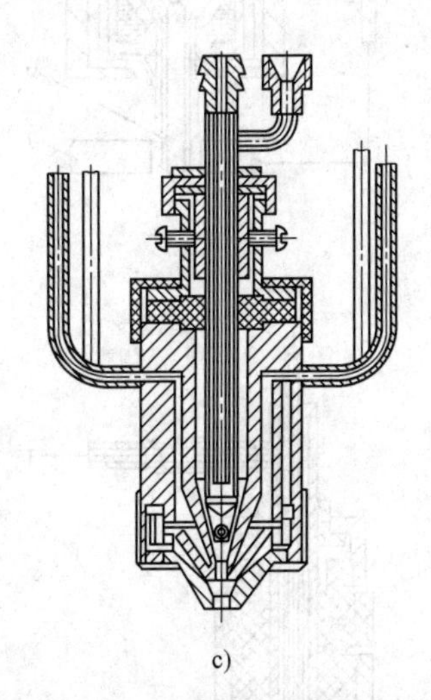

图 6-33　水再压缩等离子弧切割原理及割枪[8]

a）径向进水式切割原理　b）轴向进水式切割原理　c）典型轴向进水式割枪

1—气体　2—电极　3—喷嘴　4—冷却水　5—压缩水　6—电弧　7—工件

水再压缩等离子弧切割时，由于水的充水冷却以及水中切割时水的静压力，降低了电弧的热能效率，要保持足够的切割效率，在切割电流一定条件下，其切割电压比一般等离子弧切割电压要高。此外，为消除水的不利因素，必须增加引弧功率、引弧高频电压和设计合适的割枪结构来保证可靠引弧和稳定切割电弧。

5. 空气等离子弧切割

空气等离子弧切割一般使用压缩空气作离子气，图6-34为空气等离子弧切割原理图及割枪结构。这种方法切割成本低，气体来源方便。压缩空气在电弧中加热后分解和电离，生成的氧与切割金属产生化学放热反应，加快了切割速度。充分电离了的空气等离子体的热焓值高，因而电弧的能量大，切割速度快。图6-35所示是空气等离子弧与氧乙炔焰切割速度对比，其中空气等离子弧切割电流为70A。根据图6-35，当板材厚度为12mm时，空气等离子弧切割速度为氧乙炔焰切割速度的2倍，而切割厚度为9mm时，切割速度是氧乙炔焰切割速度的3倍。由于切割速度快，人工费相对降低，加之压缩空气价廉易得，空气等离子弧在切割30mm以下板材时比氧乙炔焰更具有优势。除切割碳钢外，这种方法也可以切割铜、不锈钢、铝及其他材料。但是这种方法电极受到强烈的氧化腐蚀，所以一般采用纯锆或纯铪电极。即使采用锆、铪电极，它的工作寿命一般也只在5~10h以内。为了进一步提高切割碳钢时的速度和质量，可采用氧作离子气，但氧作离子气时电极烧损更严重。为降低电极烧损，也可采用复合式空气等离子弧切割，其切割原理如图6-34b所示。这种方法采用内外两层喷嘴，内层喷嘴通入常用的工作气体，外喷嘴内通入压缩空气。

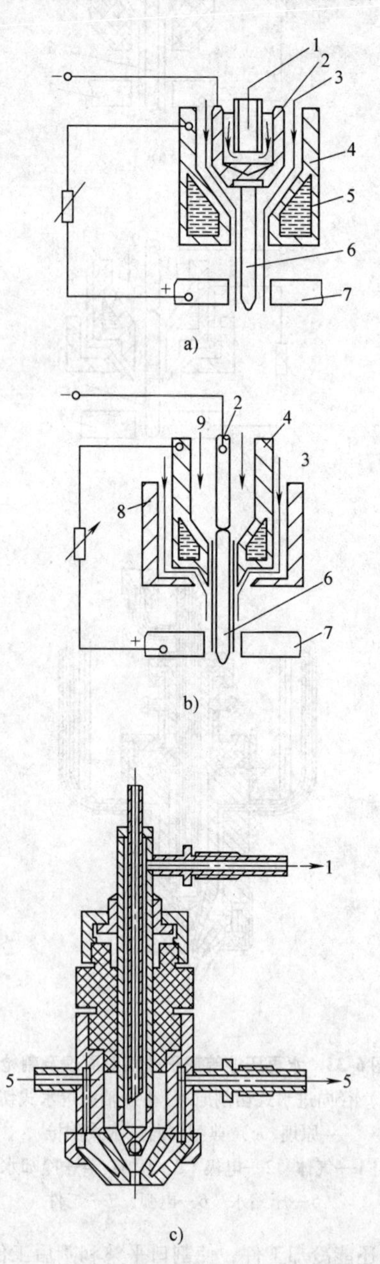

图6-34 空气等离子弧切割原理及割枪[8]

a）单一式空气切割原理 b）复合式空气切割原理 c）典型单一式空气割枪

1—电极冷却水 2—电极 3—压缩空气 4—镶嵌式压缩喷嘴 5—压缩喷嘴冷却水 6—电弧 7—工件 8—外喷嘴 9—工作气体

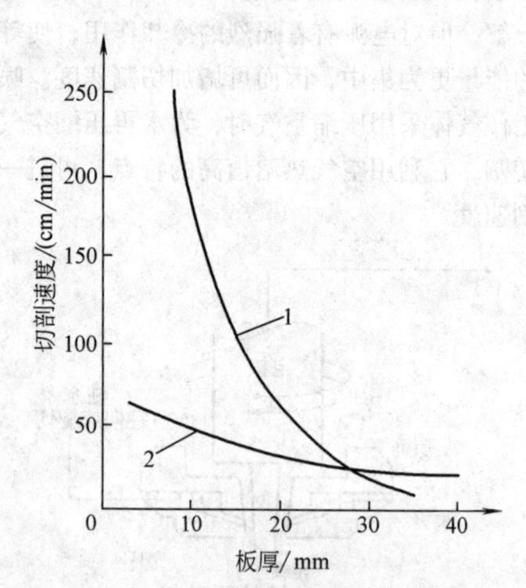

图6-35 空气等离子弧与氧乙炔焰切割速度对比

1—空气等离子弧切割速度与板厚关系曲线

2—氧乙炔焰切割速度与板厚关系曲线

6. 大电流密度等离子弧切割

大电流密度等离子弧切割是使用空气或氧气作为等离子气体，附有大量保护气体的双流切割技术。任何厚度在13mm以下的金属都可以切割，而且切割面的质量非常好。这项技术使用大电流密度等离子弧割枪，其使用的电流密度是常规割枪的3~4倍。这种割枪可以产生很大的压缩电弧。用这种切割枪切割形成的割口很狭窄，而且在一些应用场合下用大电流等离子弧切割形成的割口的质量可以和激光束切割相比。

6.4.3　切割设备

等离子弧切割系统主要由供气装置、电源以及割枪几部分组成，水冷枪还须有冷却循环水装置。图6-36是空气等离子弧切割系统示意图。

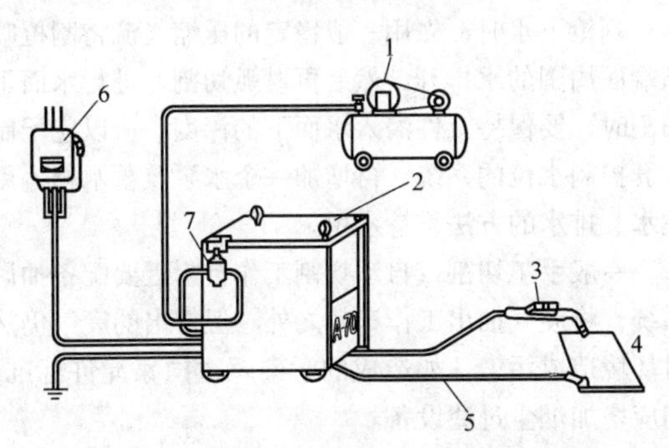

图 6-36　空气等离子弧切割系统示意图
1—空气压缩机　2—切割电源　3—割枪　4—工件
5—接工件电缆　6—电源开关　7—过滤减压阀

1. 供气设备

空气等离子弧切割的供气装置的主要设备是一台大于 1.5kW 的空气压缩机，切割时所需气体压力为 0.3 ~ 0.6MPa。如选用其他气体，可采用瓶装气体经减压后供切割时使用。

2. 电源

等离子弧切割采用具有陡降或恒流外特性的直流电源。为获得满意的引弧及稳弧效果，电源空载电压一般为切割时电弧电压的 2 倍，常用切割电源空载电压为 150 ~ 400V。

切割用电源有几种类型。最简单的电源是硅整流电源，整流器、前级的变压器是高漏抗式的，所以电源具有陡降外特性。这种电源的输出电流是不可调节的，但有的电源采用抽头式变压器，用切换开关调节二挡或三挡的输出电流。

目前连续可调节输出电流的常用电源有磁放大器式、晶闸管整流式以及逆变电源，这些电源可将输出电流调节至理想的电流值上。其中逆变电源具有高效、体积小及节能等优点，随着大功率半导体器件的商品化，逆变电源将是切割电源的发展方向。

3. 割枪

等离子弧切割用的割枪大体上与等离子弧焊枪相似，只是割枪的压缩喷嘴及电极不一定都采用水冷结构。割枪的具体形式取决于割枪的电流等级，一般 60A 以下割枪多采用风冷结构，即利用高压气流对喷嘴及枪体冷却及对等离子弧进行压缩。风冷割枪原理如图 6-37 所示。60A 以上割枪多采用水冷结构，如图 6-34a 所示。割枪压缩喷嘴的结构尺寸对等离子弧的压缩及稳定有直接影响，并关系到切割能力、割口质量及喷嘴寿命。表 6-12 为推荐的切割用喷嘴的主要形状参数。割枪中的电极可采用纯钨、钍钨、铈钨棒，也可采用镶嵌式电极。电极材料优先选用铈钨，但空气等离子弧切割时，则采用镶嵌式锆或铪电极，镶嵌式水冷及风冷电极如图 6-38 所示。

表 6-12　等离子弧切割用喷嘴主要形状参数[2]

喷嘴孔径 d_n/mm	孔道比 l_0/d_n	压缩角 α/(°)
0.8 ~ 2.0	2.0 ~ 2.5	30 ~ 45
2.5 ~ 5.0	1.5 ~ 1.8	30 ~ 45

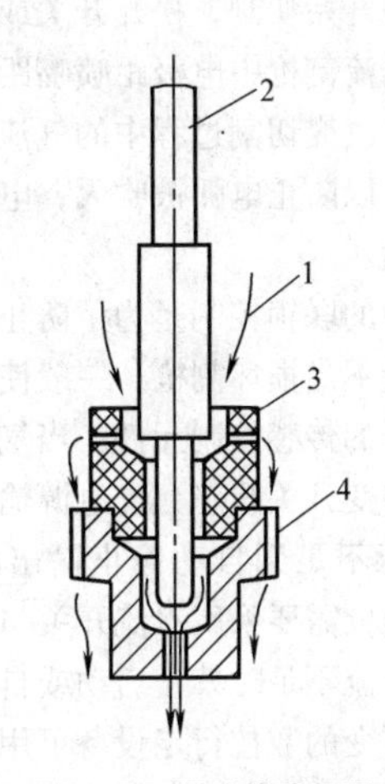

图 6-37　风冷枪原理图
1—气流　2—电极　3—分流器（陶瓷）　4—喷嘴

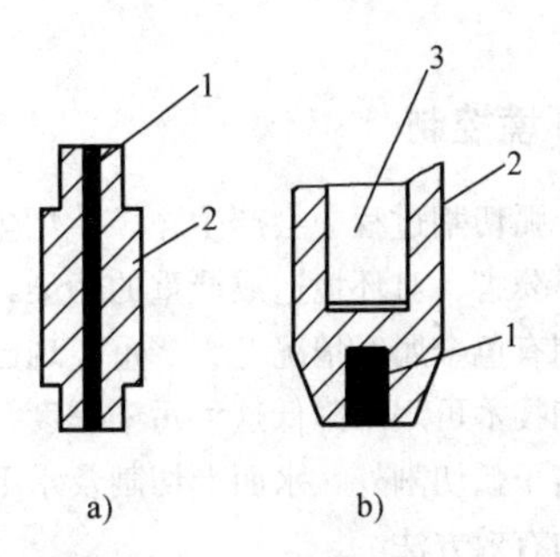

图 6-38　镶嵌式电极
a) 风冷　b) 水冷
1—钨　2—铜　3—水槽

由于等离子弧割枪在极高的温度下工作，枪上的零件应被认为是易损件。尤其喷嘴和电极在切割过程中最易损坏，为保证切割质量必须定期进行更换。

等离子弧割枪按操作方式可分手工割枪及自动割枪。割枪喷嘴至工件间的距离对切割质量有影响。手工割枪的操作因割枪的样式而有所不同，有的手工割枪需操作者保持喷嘴至工件间的距离，而有的割枪喷嘴至工件间的距离是固定的，操作者可以在被割工件上拖着枪进行切割。自动割枪可以安装在行走小车、数控切割设备或机器人上进行自动切割。自动割枪喷嘴至工件间的距离可以控制在所需的数值范围之内，有些自动切割设备在切割过程中可以自动将该距离调节至最佳数值。

4. 切割控制

等离子弧切割过程的控制相对简单，主要有启动、停止控制、联锁控制及切割轨迹控制。

大部分手工切割通过割枪上的触动开关控制操作过程，压下开关开始切割，松开开关或抬起割枪停止切割。由于大电流割枪中电极距喷嘴距离较远，为了便于引弧，可以改变切割过程中的气流量，在引弧时使用小气流量，以防止电弧被吹灭，电弧引燃后再通入正常的气流量。

切割过程中的联锁控制是为了防止切割时气压不足或冷却水流量不足损坏割枪。一般使用气电转换开关作为监测气压的传感控制元件。当气压足够时气电转换开关才能转变开关状态允许电源输出电流，如在切割过程中气压不足则自动停止输出电流，中断切割。对于水冷割枪需要采用水流开关与控制电路形成联锁控制，在水流不足时禁止启动或自动停止切割。

运动轨迹可变的数控行走设备可用于等离子弧自动切割，设备依据预先编制好的程序行走直线或曲线，将板材切割成所需的形状。另外，切割机器人也已用在切割生产之中，使切割自动化程度进一步提高。

6.4.4　环境控制

等离子弧切割过程中会产生噪声、烟尘、弧光及金属蒸气等公害，对环境造成严重的污染，在大电流切割或切割有色金属时情况尤为严重。现已有几种不同的设备和技术可用来降低这种污染程度，除前述水再压缩等离子弧切割外，水面上切割及水下切割也是抑制污染的有效方法。

进行水面上切割需有蓄水槽，蓄水槽中用来放置工件的工作台由多个排列有序的尖顶形钢构件组成，由这些尖顶形钢构件将被切工件支撑在水平面之上，割枪工作时，等离子弧周围被一层水帘笼罩。为了维持连续不断的水帘，需要一个循环水泵将水从蓄水槽中抽出后再打入割枪，水从割枪喷出时便形成笼罩在等离子弧周围的水帘，这种水帘，极大地抑制了切割过程中产生的噪声、烟尘、弧光及金属蒸气等污染物对环境造成的危害。这种方法需水流量为55～75L/min。

水面下切割是将工件置于水面下75mm左右。放置工件的工作台仍由前述的尖顶形钢构件组成。选用尖顶形钢构件的目的是使切割工作台具有足够的容纳切屑、渣的能力。

割枪下水时，先用一般稳定的压缩气流将割枪喷嘴端面周围的水排开，然后再燃弧切割。进行水面下切割时，要保持工件潜入水面下的深度，所以应配制一套控制水位的系统，再增加一个水泵及蓄水箱，用注水、排水的方法维持水位。

一般手工切割或自动切割工作台附近要配备抽风系统，将废气抽出工作车间之外。但排出的废气仍然对环境造成污染，如造成的污染超过国家允许标准，则应增加烟尘过滤设备。

6.4.5　切割工艺

1. 气体选择

等离子弧切割使用的离子气有N_2、Ar、Ar-H_2、N_2-H_2、空气以及氧气等。离子气的种类决定切割时的弧压，弧压越高切割功率越大，切割速度及切割厚度都相应提高。但弧压越高，要求切割电源的空载电压也越高，否则难以引弧或电弧在切割过程中容易熄灭。表6-13为等离子弧切割时常用气体的选择。

N_2是一种广泛采用的切割离子气，用N_2作离子气时，需要165V以上的空载电压。Ar作离子气时，只需75～80V空载电压，但切割厚度仅在30mm以下，因不经济不常使用。H_2作离子气需350V以上空载电压才能产生稳定的等离子弧。以上任意两种气体混合使用都比单一的气体好，其中尤以Ar-H_2及N_2-H_2混合气切口质量最好，由于N_2价格低廉，生产中用得较多。压缩空气作离子气时热焓值高，弧压100V以上，电源电压200V以上，在切割30mm以下厚度的材料时，已有取代氧乙炔焰切割的趋势。

表6-13　等离子弧切割常用气体的选择[8]

工件厚度/mm	气体种类（体积分数）	空载电压/V	切割电压/V
≤120	N_2	250～350	150～200
≤150	N_2 + Ar（$N_2$60%～80%）	200～350	120～200
≤200	N_2 + H_2（$N_2$50%～80%）	300～500	180～300
≤200	Ar + H_2（H_2约35%）	250～500	150～300

2. 切割参数

切割参数包括切割电流、切割电压、切割速度、气体流量以及喷嘴距工件高度。

(1) 切割电流　一般依据板厚及切割速度选择切割电流。提供切割设备的厂商都向用户说明某一电流等级的切割设备能够切割板材的最大厚度。但应注意，对于确定厚度的板材，切割电流越大，则切割速度越快。

(2) 切割电压　虽然可以通过提高电流，增加切割厚度及切割速度，但单纯增加电流使弧柱变粗，切口加宽，所以切割大厚度工件时，提高切割电压更为有效。可以通过调整或改变切割气体成分提高切割电压，但切割电压超过电源空载电压2/3时容易熄弧，因此选择的电源空载电压一般应是切割电压的2倍。

(3) 切割速度　在切割功率不变的前提下，提高切割速度使切口变窄，热影响区减小。因此在保证切透的前提下尽可能选择大的切割速度。

(4) 气体流量　气体流量要与喷嘴孔径相适应。气体流量大，利于压缩电弧，使等离子弧的能量更为集中，提高了工作电压，有利于提高切割速度和及时吹除熔化金属。但气体流量过大，从电弧中带走过多的热量，降低了切割能力，不利于电弧稳定。

(5) 喷嘴高度　喷嘴距工件高度一般为6~8mm。空气等离子弧切割所需高度略小，正常切割时一般为2~5mm。除正常切割外，空气等离子弧切割时还可以将喷嘴与工件接触，即喷嘴贴着工件表面滑动，这种切割方式称接触切割或称笔式切割，切割厚度约为正常切割时的一半。

(6) 常用金属的切割参数　几乎所有的金属材料和非金属材料都可以进行等离子弧切割。不同切割方法的切割参数见表6-14~表6-19及图6-39。

表6-14　一般的等离子弧切割参数参考值[2]

材料	工件厚度 /mm	喷嘴孔径 ϕ/mm	空载电压 /V	切割电压 /V	切割电流 /A	氮气流量 /(L/min)	切割速度 /(cm/min)
不锈钢	8	3	160	120	185	32~36	75~83
	20	3	160	120	220	35~38	53~67
	30	3	230	135	280	42	58~61
	45	3.5	240	145	340	45	34~42
铝及铝合金	12	2.8	215	125	250	73	130
	21	3.0	230	130	300	73	125~130
	34	3.2	240	140	350	73	58
	80	3.5	245	150	350	73	17
碳钢	50	7	252	110	300	17.5	17
	85	10	252	110	300	20.5	8

表6-15　水再压缩等离子弧切割参数参考值[6]

材料	工件厚度 /mm	喷嘴孔径 ϕ/mm	切割电压 /V	切割电流 /A	压缩水流量 /(L/min)	氮气流量 /(L/min)	切割速度 /(cm/min)
低碳钢	3	3	145	260	2	52	500
	3	4	140	260	1.7	78	500
	6	3	160	300	2	52	380
	6	4	145	380	1.7	78	380
	12	4	155	400	1.7	78	250
	12	5	160	550	1.7	78	290
	51	5.5	190	700	2.2	123	60
不锈钢	3	4	140	300	1.7	78	500
	19	5	165	575	1.7	78	190
	51	5.5	190	700	2.2	123	60
铝	3	ϕ4	140	300	1.7	78	577
	25	ϕ5	165	500	1.7	78	203
	51	ϕ5.5	190	700	2	123	102

表 6-16　空气等离子弧切割常用材料厚度参考值

（单位：mm）

电流/A	材料		
	不锈钢与低碳钢	铝及铝合金	黄铜
30	5	3	3
40	6	4	3
45	10	6	4
60	15	10	6
100	20	16	8

表 6-17　切割铝合金的典型参数[3]

厚度/mm	割速/(mm/s)	喷嘴孔径/mm	电流/A	功率/kW
6	127	3.2	300	45
13	86	3.2	250	37
25	38	4.0	400	60
51	9	4.0	400	60
76	6	4.8	450	67
102	5	4.8	450	67
152	3	6.4	750	150

注：喷嘴孔径与离子气流速有关。喷嘴孔径从 ϕ3.2mm 到 ϕ6.4mm 改变时，对应的离子气流速从 47L/min 到 120L/min。气体采用氮气或氩气加 35% 氢气。

表 6-18　切割不锈钢的典型参数[3]

厚度/mm	割速/(mm/s)	喷嘴孔径/mm	电流/A	功率/kW
6	86	3.2	300	45
13	42	3.2	300	45
25	21	4.0	400	60
51	9	4.8	500	100
76	7	4.8	500	100
102	3	4.8	500	100

注：喷嘴孔径与离子气流速有关。喷嘴孔径从 ϕ3.2mm 到 ϕ4.8mm 改变时，对应的离子气流流速从 47 L/min到 94L/min。气体采用氮气或氩气加 35% 氢气。

表 6-19　自动切割碳钢的典型参数[3]

厚度/mm	割速/(mm/s)	喷嘴孔径/mm	电流/A	功率/kW
6	86	3.2	275	40
13	42	3.2	275	40
25	21	4.0	425	64
51	11	4.8	550	110

注：喷嘴孔径与离子气流速有关。喷嘴孔径从 ϕ3.2mm 到 ϕ4.8mm 改变时，对应的离子气流流速从 94 L/min到 104L/min。气体通常采用氮气、氧气或空气。

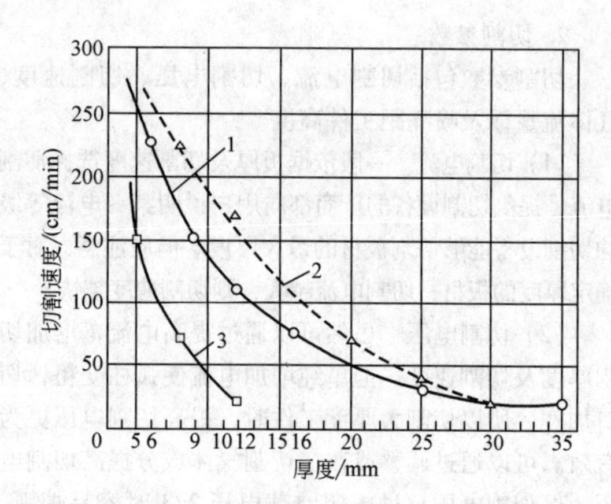

图 6-39　空气等离子弧切割厚度与切割速度的关系曲线

1—低碳钢与不锈钢　2—铝合金　3—铜合金

（切割条件：电流 70A；空气压力 0.4MPa；喷嘴高度 3mm）

6.4.6　切口质量

切口质量主要以表面粗糙度、切口的宽度和垂直度、切口结瘤、切口顶部边沿的锐度，以及切口热影响区硬度和宽度来评定。良好的切口标准是，其宽度要窄，切口横断面呈矩形，切口底部无结瘤或挂渣，切口表面硬度应不妨碍切后的机加工。

1. 表面粗糙度

等离子弧切割可以切割大约 75mm 厚的平板。切割面的粗糙度和氧切割的很相似。在厚板上面低速切割容易造成切割面的污染和粗糙。在使用自动注水式切割或水保护切割设备时，切割面的氧化一般是不存在的。但是以氧作为离子气切割碳钢时，切割面就容易形成很薄的氧化膜。

2. 切口的宽度和垂直度

切割厚度 50mm 以下的碳钢板材时，等离子弧切口的宽度是氧切割口宽度的 1.5～2 倍。例如，在 25mm 厚的钢板上形成切口大约为 5mm。切口宽度随着板厚度的增加而增加。等离子弧喷射去除掉切割口顶部的金属要比底部的多。这将造成切割口的顶部比底部的宽度要大一些。如割枪的离子气是沿切向以旋涡状顺时针旋转，在切 25mm 厚的钢板时，在切割口左侧形成的典型切割角度是 4°～6°，割口右侧形成的典型角度是 2°。为提高切割质量，应把生成工件的一侧放在右侧。

3. 结瘤

等离子弧切割时，熔化金属被高速吹落的同时，还有一部分会附着于切割面下缘而凝固残留下来，称此附着物为结瘤。利用现代自动切割设备，在切割厚度到达 75mm 厚的铝合金和不锈钢或 40mm 厚的碳钢可以实现基本不存在结瘤。切割碳钢时是否粘有结瘤与选择切割速度和电流有很大关系。结瘤自由脱落的参数范围受到材料成分、厚度、切割气体和电流影响。这个范围对于氧气和空气等离子弧切割是很宽的，但是对于氮气等离子弧切割是很窄的。结瘤通常在切割厚板时出现。

4. 割口顶部边沿的锐度

好的等离子弧割口顶部边沿不应该有圆角，应该在切割面与工件上面形成一个 90°的角度。导致顶部边沿倒圆的原因是由于对于确定厚度的板材使用的切割能量过大或者是割枪喷嘴距工件的距离太大。这种情况还有可能发生在高速切割厚度小于 6mm 的板子。

5. 冶金影响

在等离子弧切割过程中，切割面的材料被加热到熔化的同时被等离子流力喷出。这样就沿切割面形成了热影响区，它和熔焊过程很相似。在热影响区，热量不仅改变了金属的组织而且由于在切割面的金属迅速扩张和收缩形成了内部拉应力。

电弧热量可以熔透工件的深度和切割的速度成反比。25mm 的不锈钢在 21mm/s 的切割速度下形成的切割面的热影响区大约有 0.08～0.13mm 宽。热影响区的宽度通过对切割面微观金相组织区域的检测得到。

在高速切割不锈钢和急冷的情况下，切割面可以非常迅速地通过 650℃的临界温度。这导致不锈钢中碳化铬成分没有机会沿晶界沉淀，因而耐蚀能力依然存在。在测量 304 型不锈钢母材和等离子弧切割试样的磁性时发现磁导率不受等离子弧切割的影响。

对相同厚度的铝板和不锈钢板切割面进行冶金检测说明，铝板的热影响区比不锈钢的宽。导致这一结果的原因是由于铝的高热导率。显微硬度检测表明，切 25mm 厚的铝板时，热影响区大约为 5mm。在 2000 和 7000 系列的时效硬化铝合金的切割面上有较强的裂纹敏感性。裂纹出现的原因是晶界低熔点共晶体液化和应力作用。切割面有裂纹的母材不能作为焊接件，在焊前需用机械法去除切割面上的裂纹。

等离子弧切割高碳钢在热影响区很容易出现淬硬性。淬硬的程度受到等离子气体的影响。氮气作为离子气容易使切割面有最高的表面硬度，而氧气作为离子气形成的切割面的硬度最低。这是因为有一定量的氮气被吸收到切割面。

切割长、窄、锥形的工件或外角会发生不同的冶金反应。在先切割过程中产生的热量对随后切割的质量会有不良的影响。

上述割口质量评定因素都与切割参数有关，假如采用的切割参数合适而割口质量不理想时，则要着重检查电极与喷嘴的同心度以及喷嘴结构是否合适。喷嘴的烧损会严重影响切口质量。

利用等离子弧切割开坡口时，要特别注意切口底都不能残留熔渣，不然会增加焊接装配的困难。

6.5　安全防护技术[9]

6.5.1　防电击

等离子弧焊接和切割用电源的空载电压较高，尤其在手工操作时，有被电击的危险。因此电源在使用时必须可靠接地，焊枪枪体或割枪枪体与手触摸部分必须可靠绝缘。可以采用较低电压引燃非转移弧后再接通较高电压的转移弧回路。如果启动开关装在手把上，必须对外露开关套上绝缘橡胶套管，避免手直接接触开关。尽可能采用自动操作方法。

6.5.2　防电弧光辐射

电弧光辐射强度大，主要由紫外线辐射、可见光辐射与红外线辐射组成。等离子弧较其他电弧的光辐射强度更大，尤其是紫外线强度，故对皮肤损伤严重，操作者在焊接或切割时必须带上良好的面罩、手套，颈部也要保护。面罩上除具有黑色目镜外，最好加上吸收紫外线的镜片。自动操作时，可在操作者与操作区设置防护屏。等离子弧切割时，可采用水中切割方法，利用水来吸收光辐射。

6.5.3　防灰尘与烟气

等离子弧焊接和切割过程中伴随有大量汽化的金属蒸气、臭氧、氮化物等。尤其切割时，由于气体流量大，致使工作场地上的灰尘大量扬起，这些烟气与灰尘对操作工人的呼吸道、肺等产生严重影响。因此要求工作场地必须配置良好的通风设备。切割时，在栅格工作台下方还可安置排风装置，也可以采取水中切割方法。

6.5.4　防噪声

等离子弧会产生高强度、高频率的噪声，尤其采用大功率等离子弧切割时，其噪声更大，这对操作者的听觉系统和神经系统非常有害。其噪声频率集中在 2000～8000Hz 范围内。要求操作者必须戴耳塞，或可能的话，尽量采用自动化切割，使操作者在隔声良好的操作室内工作，也可以采取水中切割方法，利用水来吸收噪声。

6.5.5 防高频

等离子弧焊接和切割都采用高频振荡器引弧，但高频对人体有一定的危害。引弧频率选择在20～60kHz较为合适，还要求工件接地可靠，转移弧引燃后，立即可靠地切断高频振荡器电源。

参考文献

[1] 美国焊接学会．焊接手册：第2卷焊接方法［M］．7版．北京：机械工业出版社，1988．

[2] 姜焕中．焊接方法及设备：第一分册［M］．北京：机械工业出版社，1981．

[3] American Welding Society．Welding Handbook：Vol 2［M］．9th Ed．New York：AWS．2004．

[4] 美国金属学会．金属手册：第6卷焊接与钎焊［M］．8版．北京：机械工业出版社，1984．

[5] Schwartz M M，Gerken J M．Welding Handbook：Vol2［M］．8th Ed．Florida：Amercian Welding Society．1991．

[6] American Society for metals．Metals Handbook：Vol6［M］．9th Ed．Ohio：AMS，1983．

[7] 北京市技术协作委员会．实用焊接手册［M］．北京：水利电力出版社，1985．

[8] 崔信昌．等离子弧焊接与切割［M］．北京：国防工业出版社，1980．

[9] 中国机械工程学会焊接学会．焊接卫生与安全[M]．北京：机械工业出版社，1987．

[10] 上海船舶工业设计院，等．焊接设备选用手册［M］．北京：机械工业出版社，1984．

第 7 章　熔化极气体保护电弧焊

作者　殷树言　审者　黄鹏飞

7.1　概述

熔化极气体保护电弧焊（英文简称 GMAW）是采用连续送进可熔化焊丝与焊件之间的电弧作为热源来熔化焊丝和母材金属，形成熔池和焊缝的焊接方法，如图 7-1 所示。为了得到良好的焊缝应利用外加气体作为电弧介质并保护熔滴、熔池金属及焊接区高温金属免受周围空气的有害作用。

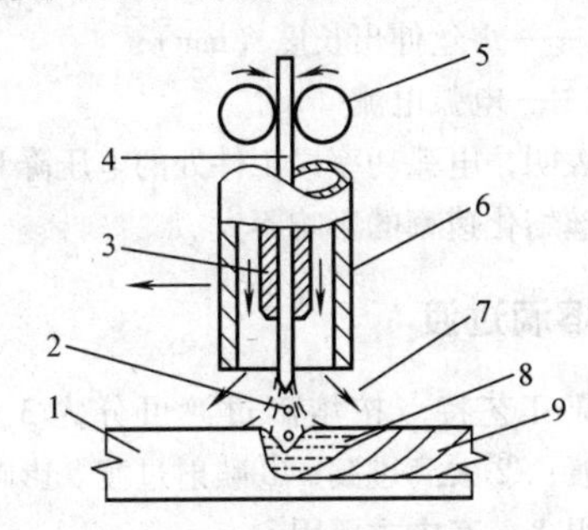

图 7-1　熔化极气体保护电弧焊示意图

1—母材　2—电弧　3—导电嘴　4—焊丝　5—送丝轮
6—喷嘴　7—保护气体　8—熔池　9—焊缝金属

由于不同种类的保护气体及焊丝对电弧状态、电气特性、热效应、冶金反应及焊缝成形等有着不同影响，因此根据保护气体的种类和焊丝类型分成不同的焊接方法。

气体保护焊中焊丝是对焊接过程影响最大的因素之一。焊丝应满足以下要求：

1）焊丝应与母材相适应，不同的母材金属，选用不同的焊丝。

2）根据母材的厚度和焊接位置来选择合适的焊丝直径。

3）正确选择焊丝形式，它分为实心焊丝和药芯焊丝，实际上应用最多的是镀铜实心焊丝。

气体保护焊中另一个影响最大的因素是保护气体。以氩、氦或其混合气体等惰性气体为保护气体的焊接方法称为熔化极惰性气体保护电弧焊（英文简称 MIG 焊）。通常该法应用于铝、铜和钛等有色金属。

在氩中加入少量氧化性气体（O_2、CO_2 或其混合气体）混合而成的气体作为保护气体的焊接方法称为熔化极活性气体保护电弧焊（英文简称 MAG 焊）。通常该法应用于钢铁材料，一般情况下，该活性气体中 $\varphi(O_2)$ 为 2% ~5% 或 $\varphi(CO_2)$ 为 5% ~20%。还可以由 Ar、CO_2 和 O_2 组成三元气体，以及由 Ar、He、CO_2 和 O_2 组成四元气体。其作用是能提高电弧稳定性，改善焊缝成形和提高效率。

采用纯 CO_2 气体作为保护气体的焊接方法称为 CO_2 气体保护焊（简称 CO_2 焊）。也有采用 CO_2+O_2 混合气体作为保护气体。由于 CO_2 焊成本低、效率高，现已成为钢铁材料的主要焊接方法。

由上述可见，保护气体性质不同，则电弧形态、熔滴过渡和焊道形状等都不同。对焊接结果有重要影响。所以熔化极气体保护焊主要是按保护气体进行分类，见表 7-1。另一方面根据焊丝的熔滴过渡形态，除了典型的喷射过渡电弧焊以外，还有短路过渡电弧焊和脉冲电弧焊。这些焊接方法对电源要求不同，喷射过渡和短路过渡电弧焊都采用直流恒压源，后者对直流电源有特殊的要求。而脉冲电弧焊采用直流脉冲输出特性的电源。

表 7-1　熔化极气体保护电弧焊分类

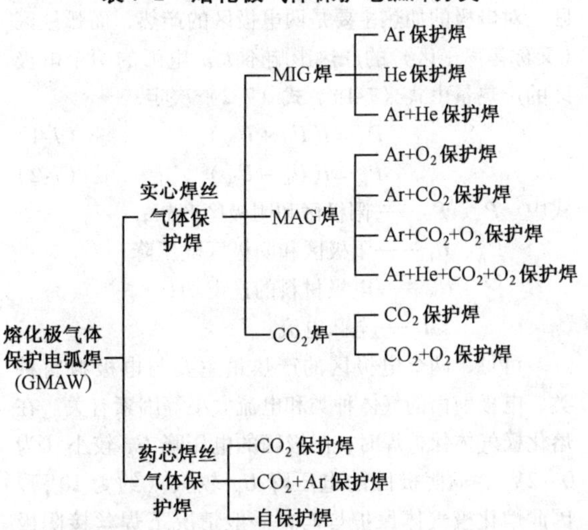

熔化极气体保护电弧焊具有多种功能，所以该法能广泛地应用并大量取代焊条电弧焊。其主要原因是有以下优点：

1）GMAW 可以焊接所有的金属和合金。

2）克服了焊条电弧焊焊条长度的限制。

3）能进行全位置焊。

4）电弧的熔敷率比焊条电弧焊高。

5）焊接速度比焊条电弧焊高。

6）焊丝能连续送进，所以得到长焊缝没有中间接头。

7）当采用射流过渡时，可以得到比焊条电弧焊更深的熔深，所以可以减少填充金属，并得到等强度的焊缝。

8）由于产生的熔渣少，可以降低焊后清理工作量。

9）它是低氢焊方法。

10）焊接操作简单，容易操作和使用。

主要缺点如下：

1）焊接设备复杂，价格较贵又不便于携带。

2）因焊枪较大，在狭窄处的可达性不好，因此影响保护效果。

3）室外风速应小于1.5m/s，否则易产生气孔，所以室外焊接应采取防风措施。

4）GMAW是明弧焊，应注意预防辐射和弧光。

7.2 基本原理

7.2.1 焊丝的加热与熔化

电弧是在电极与母材金属间，在气体介质中产生的强烈而持久的放电现象。它是将电能转化为热能的元件。电弧分为三个空间，有弧柱区、阴极区和阳极区。对电极的加热主要是两电极区的产热，而弧柱区（又称等离子区）的产热影响不大。电弧的两个电极区的产热量由式（7-1）、式（7-2）决定。

$$P_A = I(U_A + U_W) \tag{7-1}$$

$$P_K = I(U_K - U_W) \tag{7-2}$$

式中 P_A、P_K——阳极区和阴极区产热；

U_A、U_K——阳极区和阴极区电压降；

U_W——电极材料的逸出功；

I——电弧电流。

可见，两个电极区的产热量主要与电极材料种类、电极前面的气体种类和电流大小等因素有关。在熔化极气体保护焊时，阳极区的电压降 U_A 较小（为0~2V），而阴极区的电压降 U_K 较大（约为10V）。因此熔化极气体保护焊时，一般情况下焊丝接阴极（DCEN）时焊丝的熔化速度高于焊丝接阳极（DCEP）时的熔化速度。但是焊丝接阴极时电弧不稳定，熔滴过渡不规则且焊缝成形不良。所以绝大多数情况下，GMAW要求采用DCEP。这时电弧稳定，但焊丝熔化速度较慢。

GMAW通常不用交流电，主要原因是电流过零时电弧熄灭，电弧难以再引燃且焊丝为阴极的半波电弧不稳定。

熔化焊丝的能量主要来自电弧的电极区，此外焊接电流引起的焊丝电阻热也对焊丝的熔化速率有影响，尤其是在细焊丝、较大的焊丝伸出长度和焊丝的电阻率较高时，由欧姆定律决定将产生较大的电阻热。

焊丝熔化速率由式（7-3）决定：

$$MR = aI + bLI^2 \tag{7-3}$$

式中 MR——焊丝熔化速率（mm/s）；

a——阳极或阴极加热的比例常数［mm/(s·A)］，其大小与极性、焊丝化学成分有关；

b——电阻加热比例常数［1/(s·A^2)］；

L——焊丝伸出长度（mm）；

I——电弧电流（A）。

试验表明，电弧功率、工件处的电压降和弧柱电压降对焊丝熔化速率的影响不大。

7.2.2 熔滴过渡

GMAW工艺特点按熔滴过渡可分为3种形式：①短路过渡；②大滴过渡；③喷射过渡。影响熔滴过渡的因素很多，其中主要因素有：

1）焊接电流的大小和种类。

2）焊丝直径。

3）焊丝成分。

4）焊丝伸出长度。

5）保护气体。

1. 短路过渡

短路过渡发生在GMAW的细焊丝和小电流条件下。这种过渡形式产生小而快速凝固的焊接熔池，适合于焊接薄板、全位置焊和有较大间隙的搭桥焊。熔滴过渡只发生在熔滴与熔池接触时，而在电弧空间不发生熔滴过渡。

焊丝与熔池的短路频率为20~200次/s。短路过渡过程和相应的电流与电压波形示于图7-2。当焊丝与熔池接触时，电弧熄灭，电弧电压急剧下降，接近于零，而短路电流上升（图7-2a、b、c、d），在焊丝与熔池之间形成液体金属柱（图7-2b），它在不断增大的短路电流所形成的电磁收缩力和表面张力的作用下，强烈地压缩液柱而形成缩颈（图7-2d），该缩颈称为“小桥”。在这个小桥中通过某一短路电流时（即短路峰值电流），小桥由于过热汽化而迅速爆断。这时电弧电压很快恢复到空载电压以上，电弧又重新引燃（图7-2e），短路电流上升曲线为指数特性，在短路后期的电流上升速度较低，以保证小桥爆断时产生较少的飞溅。这一电流上升速度是靠调节电源电感来进行控制。电感量的选择取决于焊接回路电阻和焊丝直径。

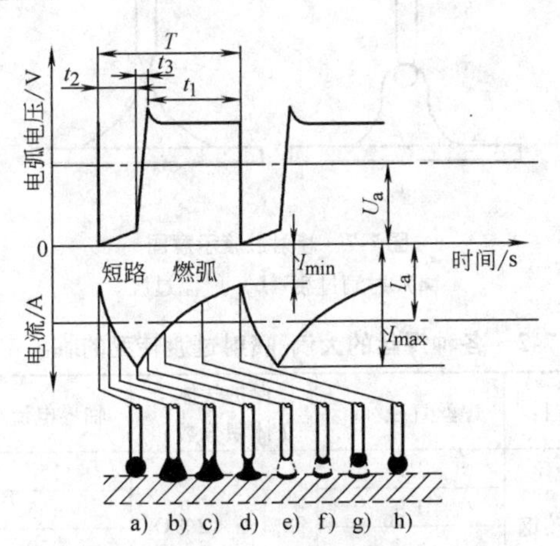

图 7-2　短路过渡过程示意图与波形图

t_1—燃弧时间　t_2—短路时间　t_3—电压恢复时间

T—焊接循环周期　I_{max}—短路峰值电流

I_{min}—最小电流　I_a—焊接平均电流

U_a—平均电弧电压

当电弧建立之后，焊丝继续送进并被电弧熔化。这时电弧电压必须足够低，以免在焊丝与熔池接触之前发生熔滴过渡。燃弧能量除由电源提供以外，在短路时储存在电感中的能量也将释放出来。逆变焊机的问世，对电源动特性有了极大的影响。根据电弧的状态，设置了不同的电子电抗器，同时降低了直流输出电感。使得在短路初期保持低电流值，然后以双斜率控制短路电流波形。这样一来不但消除了瞬时短路，而且减少了正常短路飞溅。在燃弧期间，由电源提供更多的能量，以便改善焊缝成形，如图 7-3 所示。

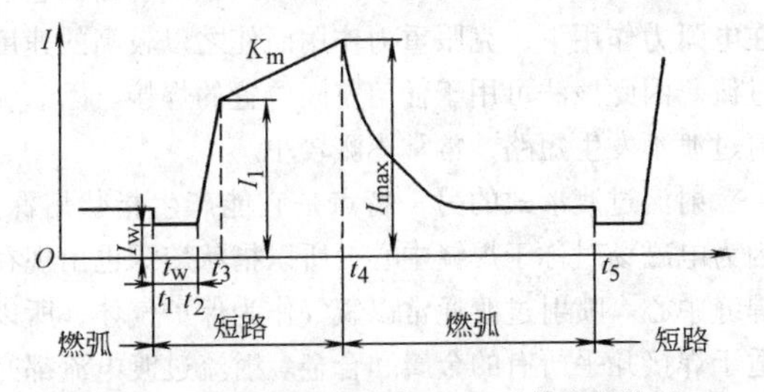

图 7-3　逆变式短路过渡 GMAW 的电流波形

虽然熔滴过渡仅发生在短路期间，但是保护气体成分对熔化金属的表面张力和电弧电场强度均有影响，因此对电弧形态和对熔滴作用力也有影响。所以保护气体成分变化将对短路过渡频率及短路时间有很大影响。与惰性气体相比，CO_2 保护时将产生更多的飞溅，可是 CO_2 气还能促进加大熔深。为了获得较小的飞溅、较大的熔深和良好的性能，在焊接碳钢和低合金钢时还可采用 CO_2 和 Ar 的混合气体，而在焊接有色金属时向 Ar 中加入 He 可以增加熔深。

2. 大滴过渡

在 DCEP（直流反接）情况下，无论是哪种保护气体，在较小电流时都能产生大滴过渡。但是 CO_2 焊和氦弧焊时，在所有可用焊接电流时都能产生大滴过渡。大滴过渡的特征是熔滴直径大于焊丝直径，大滴过渡只能在平焊位置，靠重力作用过渡。

在惰性气体为主的保护介质中，当平均电流等于或略高于短路过渡所用的电流时，就能获得大滴轴向过渡。如果弧长过短，长大的熔滴就会与工件短路，造成过热和崩断，而产生相当大的飞溅。所以电弧长度必须足够长。以保证熔滴接触熔池之前脱落。相反，当弧长过大时，则形成不良焊缝，如未熔合、未焊透和余高过大等。这样一来，大滴过渡的应用受到很大限制。

CO_2 保护焊在焊接电流和电压超过短路过渡范围时，都产生非轴向大滴过渡，其原因是在熔滴底部作用着斑点压力，该力是由三部分组成：一为电弧收缩力；二为带电质点的撞击力；三为斑点处的金属蒸气的反作用力。因为斑点面积只占据熔滴底部的局部面积，该力偏离焊丝轴线，也使熔滴偏离轴线，并上翘。这时熔滴在 $F_{斑}$ 和重力 G 的作用下形成力偶，使熔滴旋转着脱离焊丝，产生飞溅和焊缝成形不良，而难以用于生产，如图 7-4 所示。然而 CO_2 气体仍然是焊接低碳钢和低合金钢最常用的气体。

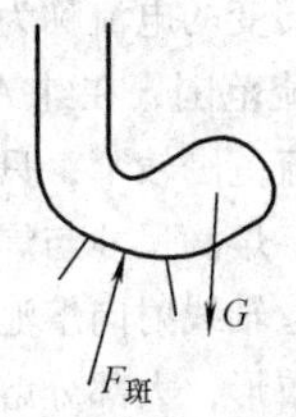

图 7-4　非轴向大滴过渡

在焊丝直径大于 $\phi1.6$mm 时，使用较大电流和较低电压能够形成潜弧，如图 7-5 所示。这时焊丝端头和电弧在工件表面以下的凹坑内。在其中，电弧气氛

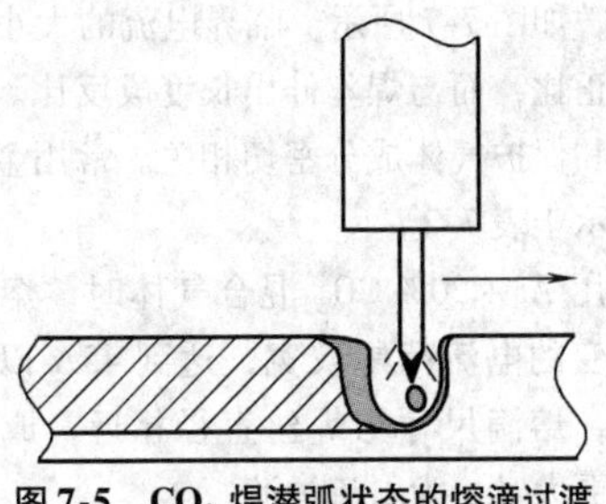

图 7-5　CO_2 焊潜弧状态的熔滴过渡

变为 CO_2 及其分解产物与金属蒸气的混合物，使得电弧空间的电场强度降低，电弧扩张，使熔滴过渡呈喷射状。这时电弧力很大，足以维持相对稳定的空腔，这样一来，不但因改善了熔滴过渡形式而减少飞溅，而且该空腔还能捕捉到大部分金属飞溅，使得焊接飞溅损失减小。很明显，这种方法的熔深较大，是一种高效焊接方法，已被广泛用于较厚工件的焊接。但是应注意焊接速度的选择，否则焊缝的余高过大。

3. 喷射过渡

用富氩气体保护可能产生稳定的、无飞溅的轴向喷射过渡，如图7-6所示。它要求电流极性为DCEP和电流在临界值以上。在该电流以下为大滴过渡，熔滴过渡频率为每秒钟几滴。而在临界电流以上为小滴过渡形式，每秒钟形成和过渡几十甚至几百滴。它将沿焊丝轴线，以较高的速度通过电弧空间。

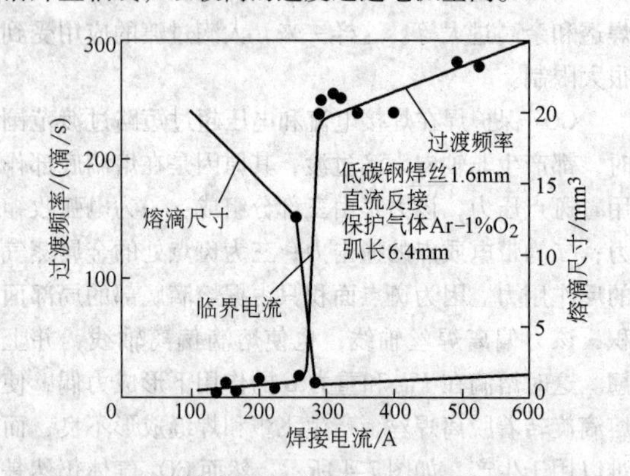

图7-6　熔滴的体积和过渡频率与焊接电流的关系

由大滴向小滴转变的电流称为临界电流。这一转变发生在一定的电流范围，在纯Ar或Ar+1% O_2 的混合气体时，该电流范围较窄，只有几安培，在这较窄的几安培区间内，熔滴尺寸与焊丝直径相近，并以较大的加速度沿焊丝轴线射向熔池，所以称为射滴过渡。这时电弧呈钟罩形，大部分熔滴表面被电弧所包围，从而保证了熔滴过渡的轴向性。而在临界电流之上，熔滴直径很细小，仅为焊丝直径的1/5～1/3。这时电弧呈锥形，它包围着焊丝端头呈铅笔尖状，形成明显的轴向性很强的液体流束，这种过渡形式称为射流过渡，如图7-7所示。临界电流的大小与焊丝直径大致成正比，而与焊丝伸出长度成反比。同时还与焊丝材料和保护气体成分密切相关。常用金属材料的临界电流示于表7-2。

当采用Ar+20% CO_2 混合气体时，熔滴从大滴向小滴转变的电流范围较宽，达到45A以上。电弧为钟罩形，熔滴尺寸与焊丝直径相近，成为射滴过渡。电流更大时，为射流过渡。

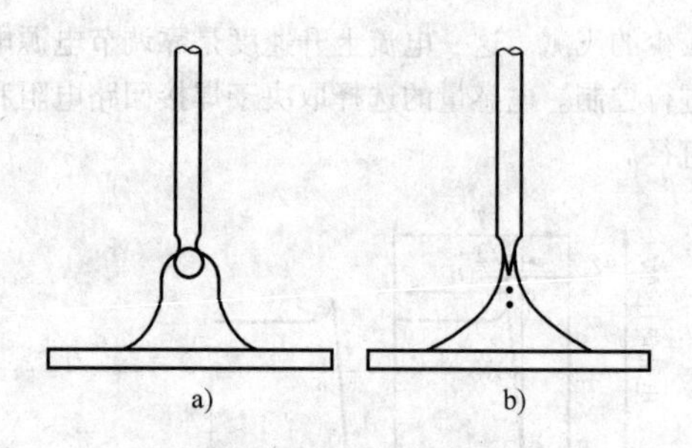

图7-7　喷射过渡示意图

a）射滴过渡　b）射流过渡

表7-2　各种焊丝的大滴-喷射过渡转变的临界电流

材料	焊丝直径/mm	保护气体（体积分数）	临界电流/A
低碳钢	0.8	98% Ar + 2% O_2	150
	0.9		165
	1.2		220
	1.6		275
不锈钢	0.9	99% Ar + 1% O_2	170
	1.2		225
	1.6		285
铝	0.8	Ar	95
	1.2		135
	1.6		180
脱氧铜	0.9	Ar	180
	1.2		210
	1.6		310
硅青铜	0.9	Ar	165
	1.2		205
	1.6		270
钛	0.8	Ar	120
	1.6		225
	2.4		320

喷射过渡导致分离的熔滴沿焊丝轴线射出。它们在电弧力作用下，克服重力作用而使之以较高的速度过渡。因此该法可用于任何空间位置的焊接。因为喷射过渡不发生短路，常常飞溅较小。

射流过渡形式的另一特点是它能产生指状熔深。因为电磁场对称于焊缝中心，所以指状熔深也出现在焊缝中心。喷射过渡通常以氩气作为保护气体，所以适于焊接几乎所有的金属和合金。射流过渡电流都必须大于临界电流，由于焊接电流很大，焊接薄板时易产生切割而难以焊接。另外，它的熔敷率高，产生的熔池很大，不宜用于立焊和仰焊位置。

这样一来，射流过渡受到很大局限，对于工件厚度和焊接位置均有要求。于是又产生了熔化极脉冲焊。其波形可以是正弦波，还可以是方波，如图7-8所示。它由维弧电流和脉冲电流组成。维弧电流只能维持电弧连续而不能在焊丝端头生成熔滴。而脉冲电流都高于喷射过渡临界电流值。在脉冲期间形成并过渡一个或几个熔滴。还可能在维弧初期过渡一个或几个熔滴，最佳状态为一个脉冲过渡一个熔滴，实现了脉冲频率对熔滴过渡的控制。一般脉冲频率为30～300Hz。

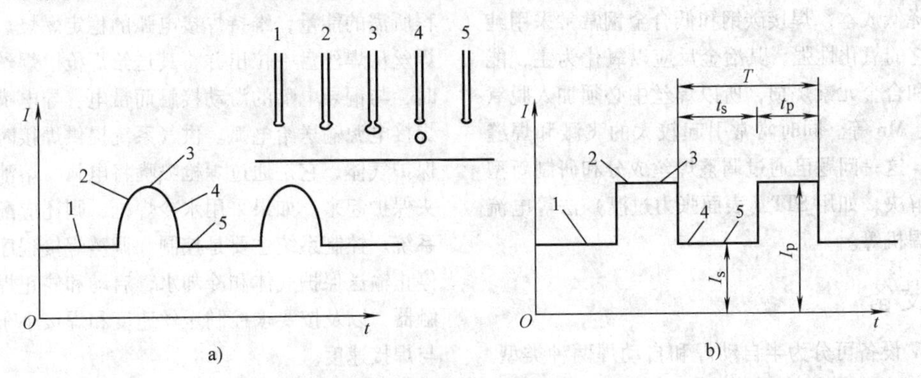

图7-8　熔化极脉冲焊电流波形示意图

a）正弦波脉冲　b）方波脉冲

T—脉冲周期　t_p—脉冲时间　t_s—维弧时间　I_p—脉冲电流　I_s—维弧电流

熔化极脉冲焊由于脉冲宽度和脉冲电流的不同可以出现三种熔滴过渡形式。为了获得一个脉冲过渡一个熔滴的最佳熔滴过渡形式，要求脉冲宽度和脉冲电流应搭配在一个合适区间内，如图7-9中的②区。在该图中①区由于能量不足，只能几个脉冲过渡一个较大的熔滴。③区由于能量过大，一个脉冲就可以过渡许多熔滴，这种规范虽然可以应用，但有少量飞溅和指状熔深，常常是不推荐的。只有在②区才能实现一个脉冲过渡一个熔滴，符合式（7-4）。

$$I_p^n t_p = C \tag{7-4}$$

式中　I_p——脉冲电流（A）；

t_p——脉冲时间（ms）；

n——常数；

C——常数。

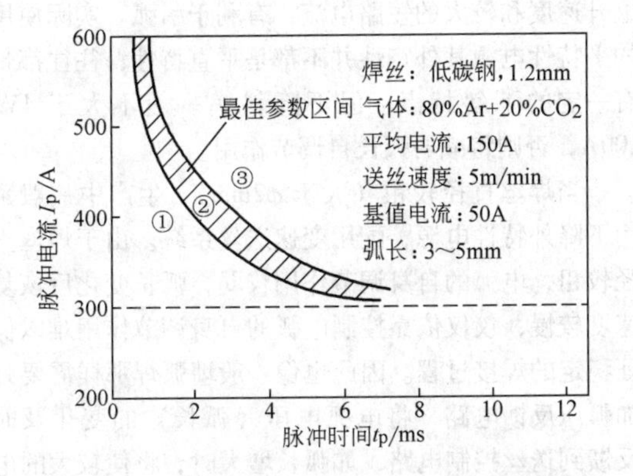

图7-9　脉冲焊时熔滴过渡与脉冲参数之间的关系

通常熔化极脉冲焊采用脉冲频率调节，也就是每个脉冲宽度和幅值是不变的；而通过改变脉冲频率来调节焊接平均电流。弧长自调节作用正是利用这一规律，如弧长变短时，自动增加脉冲频率，也就是提高平均电流，而加快焊丝熔化速度，反之，弧长变长时，自动减少脉冲频率。

另外，焊接平均电流也是通过送丝速度来确定的。当调节送丝速度时，通过设备的控制电路自动调整脉冲频率与之相适应，从而也调节了平均电流。例如在送丝速度高时，脉冲频率也高，则焊接电流增大，反之亦然。

由于脉冲频率较低时，也就是焊接平均电流较低时，电弧仍然可以稳定地燃烧。这样一来，可用的焊接电流就可以远远低于射流过渡临界值，从而扩大了焊接电流使用范围。采用熔化极脉冲焊时，电弧形态为钟罩形，熔滴过渡形式类似于射滴过渡，所以焊缝成形不是指状熔深，而是圆弧状熔深，有利于焊接薄工件和实现厚板的全位置焊。

气体保护焊中的各种焊接方法，因其保护气体的种类不同，它们都有不同的冶金特点和应用范围。熔化极惰性气体保护焊因为熔滴与熔池金属都在惰性气体覆盖下，使其与空气隔离。而惰性气体不能与熔化金属发生冶金反应，也不溶于熔化金属中。这时焊缝的化学成分主要取决于焊丝与母材。但是惰性气体对电弧特点与熔滴过渡的影响都十分明显。在惰性气体中加入活性气体如Ar-CO_2、Ar-O_2二元气体或Ar-CO_2-O_2三元气体等成为活性气体保护焊（又称MAG焊）。这时保护气体与熔化金属将发生氧化作用。它们不仅能烧损合金元素，而且还能引起其他的冶金反应，生成气孔和夹渣等。为了获得良好的焊缝，一方面要选择对母材的适应性，MAG 焊不适合用于有色金属，通常主要用于碳钢、低合金钢和不锈钢。另一方面要选择合适的焊丝，增加其脱氧性和限制其碳含量。为了降低成本，焊接碳钢和低合金钢常常采用纯 CO_2 焊。它的氧化性强，其冶金反应以氧化为主，能引起气孔和合金元素烧损，所以焊丝中必须加入脱氧元素如 Si、Mn 等。同时常常引起较大的飞溅和焊缝成形不良。这一问题已通过调整焊丝成分和研制新型焊机得到解决，如用 STT（表面张力过渡）法等电流波形控制焊机等。

7.3 设备

GMAW 设备可分为半自动焊和自动焊两种类型。焊接设备主要有焊接电源、送丝系统、焊枪和行走系统（自动焊）、供气系统和冷却系统、控制系统 5 部分组成，如图 7-10 所示。焊接电源用来提供焊接过程所需的能量，维持焊接电弧的稳定燃烧。送丝机将焊丝从焊丝盘中拉出并将其送给焊枪。焊丝通过焊枪时，与铜导电嘴的滑动接触而带电，导电嘴将电流从焊接电源输送给电弧。供气系统提供焊接时所需要的保护气体，它是通过焊枪喷嘴将电弧、熔池及焊丝端头保护起来。如果采用水冷焊枪，则还应配有冷却水系统。控制系统主要是控制和调整焊接程序；开始和停止输送保护气体和冷却水，启动和停止焊接电源接触器，以及按要求控制送丝速度和焊接小车行走方向与焊接速度。

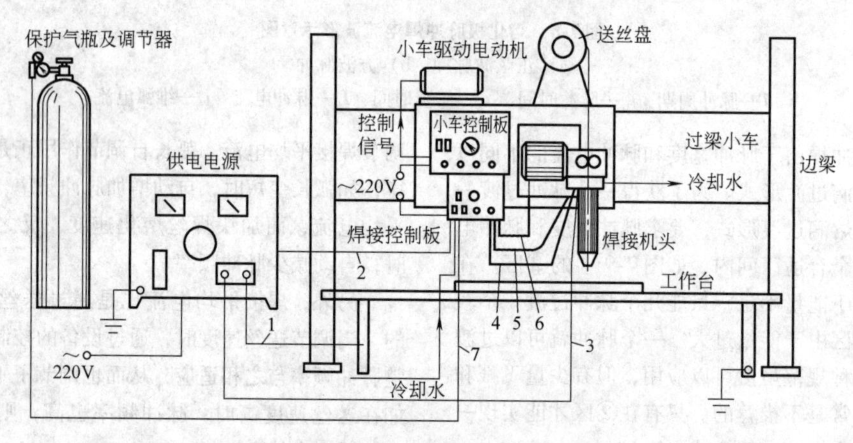

图 7-10 熔化极气体保护电弧焊的设备组成

1—工件插头及连线 2—输入到焊接控制箱的 220V 交流 3—输入到焊接控制箱的保护气 4—送丝控制输入 5—冷却水输入 6—保护气输入 7—供电电缆

7.3.1 焊接电流

熔化极气体保护电弧焊通常采用直流焊接电源，这种电源可为变压器-整流器式、原动机-发电机式和逆变式电源。GMAW 所需求的电流通常在 50～500A 之间，特种应用要求 1500A。电源的负载持续率通常为 60%～100% 范围，对于便携式焊机可为 30%。空载电压在 55～85V 范围。

1. 焊接电源的外特性

GMAW 的焊接电源按其特性类型可分为三种：平特性（恒压）、陡降型（恒流）和缓降型。

当采用惰性气体或活性气体作为保护气体，焊丝直径小于 $\phi1.6$mm 时，常常选用平特性电源。这是因为平特性电源配合等速送丝系统具有许多优点。这里平特性电源可以是“L”形外特性，还可以是水平外特性。前者可以改变“L”形特性的给定信号调节电弧电压，而后者可以通过改变电源空载电压调节电弧电压。可见焊接参数调节方便，同时使用这种电源，当弧长变化时能引起较大的电流变化，从而产生较强的弧长自调节作用，在引弧时能产生较大的短路电流上升速度和较大的短路电流，有利于引弧。实际使用的平特性电源其外特性并不都是平直特性，往往都带有一定的下斜特点，但下降斜率一般不大于 4V/100A，否则将减弱弧长自调节作用。

当焊丝直径较粗（大于 $\phi2$mm），生产中一般采用下降外特性电源，配用变速送丝系统。由于焊丝直径较粗，电弧的自身调节作用较弱，弧长变化后恢复速度较慢，仅仅依靠控制电弧的自身调节作用难以保证稳定的焊接过程。因此也像一般埋弧焊那样需要外加弧压反馈电路，将电弧电压（弧长）的变化及时反馈到送丝控制电路，如弧长增大时，将使较大的电弧电压信号反馈到送丝控制电路，使送丝速度增大，从而使弧长能及时恢复，反之亦然。对于铝及铝合金的焊丝（直径小于 $\phi1.6$mm），其熔滴过渡特点与钢不同，它通常采用亚射流过渡形式（它为射滴过渡与短路过渡的混合形式）。当弧长改变时，电弧具有较强的固有自身调节能力，所以这时不再选用平特性电源，而采用陡降特性电源。不仅能获得稳定的焊接过程，而且还能改善焊缝成形。

2. 焊接电源的动特性

焊接电源的动特性概念随着科学技术的进步，其含义也发生变化。电源动特性是指当负载状态发生瞬时变化时，焊接电流和输出电压与时间的关系，用以表征对负载瞬变的反应能力。在GMAW工艺中，短路过渡时负载周期性地发生很大变化，如果电源不能适应负载变化的需要，则将破坏焊接过程的稳定性，引起强烈飞溅和不良焊缝成形。

最初，电源动特性指标主要有三项：

1）短路电流上升速率，di_s/dt（A/s）。

2）短路峰值电流，I_{max}（A）。

3）从短路到燃弧的电源电压恢复速度，dU_a/dt（V/s）。

这些指标如图7-11所示。

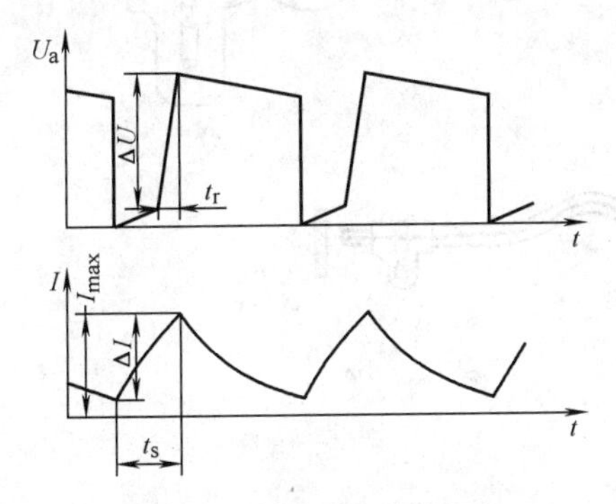

图7-11 弧焊电源动特性示意图

$\Delta U/t_r$—电压恢复速度 $\Delta I/t_s$—短路电流上升速度

I_{max}—短路峰值电流

电压恢复速度dU_a/dt较小时，电弧不易再引燃，这个问题在原动机-发电机式焊机上容易出现。而整流式焊机和逆变式焊机的dU_a/dt很大，电弧再引燃不成问题。

目前大量使用的整流式CO_2焊机都采用串联在输出电路中的直流电感作为抑制电流变化的元件。在粗焊丝、大电流情况下，要求短路电流上升速度di_s/dt小一些，则直流电感应大一些；反之细焊丝、小电流情况下，要求di_s/dt大一些，则直流电感应小一些。在其他条件不变时，小电感将产生较大的di_s/dt，则得到较大的短路峰值电流I_{max}和产生较大的飞溅。反之，较大电感将产生较小的I_{max}和较小的飞溅。但是过大的电感，将引起焊丝与工件固体短路和产生更大的飞溅。所以应该正确地选择直流电感，应按表7-3选择合适的直流电感值。

表7-3 合适的直流电感

额定电流/A	200	350	500
直流电感/mH	0.04~0.4	0.08~0.5	0.3~0.8
适于焊丝直径/mm	0.8~1.0	1.2	1.6

可见，晶闸管整流焊机的动特性可用直流电感进行调解。此外，还可采用状态控制，也就是分别控制短路阶段和燃弧阶段。适当地降低短路阶段的电源电压和提高燃弧阶段的电源电压，就可以起到类似于直流电感的作用。短路时降低di_s/dt和I_{max}，而燃弧时提高燃弧电流。这样一来，不但可以降低飞溅，而且还可以改善焊缝成形。

逆变式焊机，由于其工作频率高达20kHz，这就决定了其响应速度很高，能充分满足短路过渡的需要。这时也采取状态控制法。控制短路阶段的主要出发点是降低焊接飞溅。首先在短路初期应抑制电流上升速度，维持较低的电流（几十安），使熔滴能柔顺地沿熔池铺展开，而防止瞬时短路和避免大颗粒飞溅。然后迅速提高短路电流，其目的是加快短路过渡过程。当达到某一设定之后，立刻改变电流上升率，以较小的di_s/dt增大电流，以便降低I_{max}和减小飞溅。控制燃弧阶段的主要出发点是提高燃弧能量，以便改善焊缝成形。

上述典型电流波形示于图7-12。上述电流波形是通过电子电抗器实现的，而不再是依靠铁磁电抗器。所以逆变式焊机的铁磁电感常常很小，仅为几十微亨，比一般整流电焊机小一个数量级。通过微机控制短路过渡的逆变式焊机，可以针对不同焊丝、不同电流和不同需要（如焊接速度和焊接位置等）较容易地通过柔性系统调节出合适的焊接参数，并得到理想的工艺效果。

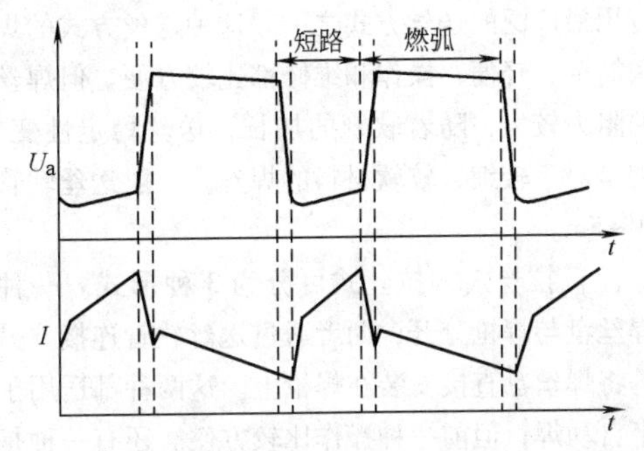

图7-12 逆变式GMAW焊机的电流、电压波形

从上述可以看到，短路过渡焊时不仅应选择合适的电源外特性（也就是电源静特性），还必须十分重视电源动特性。显然，自由过渡工艺对电源动特性要求不高，但是对于 CO_2 保护的潜弧焊，虽然以喷射过渡为主，但常常伴以瞬时短路，所以还应选择合适的电源动特性。

3. 电源输出参数的调节

GMAW 电源的主要技术参数有：输入电压（相数、频率、电压）、额定焊接电流、额定负载持续率、空载电压、负载电压范围、焊接电流范围、电源外特性曲线类型（平特性、陡降外特性和缓降外特性）等。根据焊接工艺的需要确定对焊接电源技术参数的要求，然后选用能满足要求的焊接电源。

在焊接过程中可以根据工艺需要对电源的输出参数、电弧电压及焊接电流及时进行调节。

（1）电弧电压　电弧电压是指焊丝端头和工件之间电压降。不是电源电压表指示的电压（电源输出端的电压）。电弧电压的调节，对于“L”形外特性是通过改变电压给定信号来实现的，而对于平特性电源主要是通过调节空载电压来实现。对于陡降特性电源，通过调节控制系统的电压给定信号来实现。

（2）焊接电流　平特性电源的电流大小主要通过调节送丝速度来实现。对于陡降特性电源则主要通过调节电源外特性来实现。

7.3.2　送丝系统

送丝系统通常是由送丝机（包括电动机、减速器、矫直轮和送丝轮）、送丝软管及焊丝盘等组成。盘绕在焊丝盘上的焊丝经过矫直轮后，再经过安装在减速器输出轴上的送丝轮，最后经过送丝软管送到焊枪（推丝式）。或者焊丝先经过送丝软管，然后再经过送丝轮送到焊枪（拉丝式）。根据送丝方式不同，送丝系统可分为4种类型，如图7-13所示。

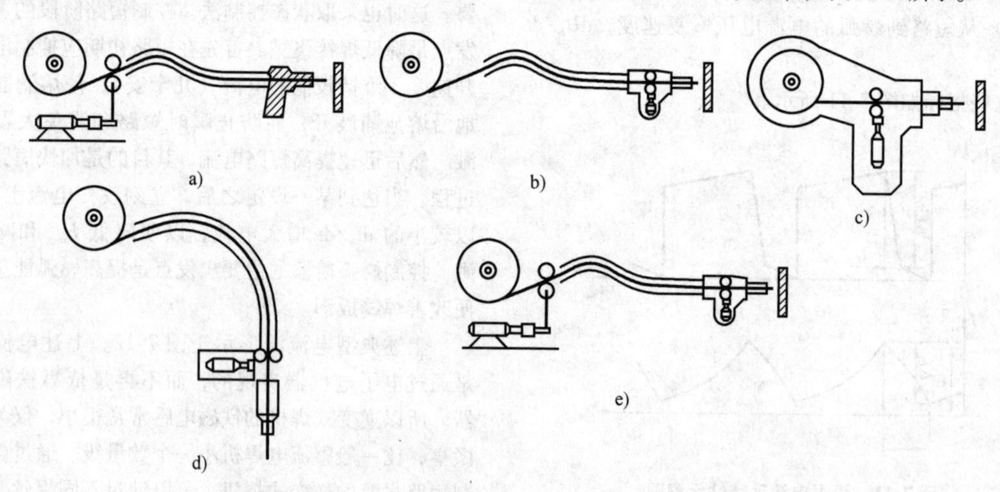

图7-13　送丝方式示意图

a）推丝式　b）、c）、d）拉丝式　e）推拉丝式

（1）推丝式　推丝式是半自动熔化极气体保护焊应用最广泛的送丝方式之一。这种送丝方式的焊枪结构简单、轻便、操作和维修都比较方便。但焊丝送进的阻力较大，随着软管的加长，送丝稳定性变差，特别是对于较细、较软材料的焊丝。一般送丝软管长为3～5m。

（2）拉丝式　拉丝式可分为3种形式。一种是将焊丝盘与焊枪分开，两者通过送丝软管连接。另一种是将焊丝盘直接安装在焊枪上。这两种都适用于细丝半自动焊，但前一种操作比较方便。还有一种是不但焊丝盘与焊枪分开，而且送丝电动机也与焊枪分开，这种送丝方式可用于自动熔化极气体保护电弧焊。

（3）推拉丝式　这种送丝方式的送丝软管最长可以加长到15m左右，扩大了半自动焊操作距离。送进焊丝时既靠后面送丝机的推力，又靠前面送丝机的拉力。但是拉丝速度应稍快于推丝，做到以拉丝为主。这样在送丝过程中，始终能保持焊丝在软管中处于拉直状态。这种送丝方式常被用于半自动熔化极气体保护电弧焊。

目前我国与大部分国家一样，主要使用对滚轮送丝机。送丝电动机与驱动轮相连接，该驱动轮在运行过程中将力传递给焊丝，一方面从焊丝盘拉出焊丝，另一方面通过软管和焊枪把焊丝推出。送丝机可用二轮或四轮驱动装置，如图7-14和图7-15所示。其中二轮送丝装置中，轮间的压紧力可以调节，该力的大小决定于焊丝直径和焊丝种类（如实心和药芯焊丝，硬的或软的焊丝）。在送丝轮前后设有输入和输出导向管，其作用是使焊丝准确地对准送丝轮沟槽和尽量缩短导向管到送丝轮之间的距离，以便支承焊丝并防止焊丝失稳而弯折。四轮送丝装置中，有两对滚轮压紧焊丝，这就保证了在送丝力相同时，减小滚轮对焊丝的压紧力，适合用于送进软的焊丝，如铝焊丝和药芯焊丝。

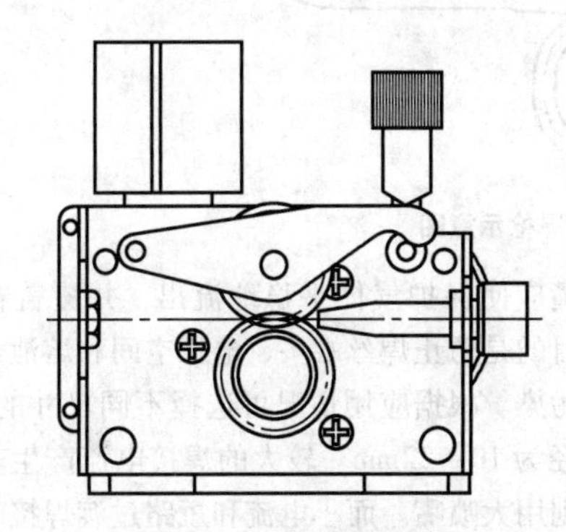

图7-14 对滚轮送丝机构

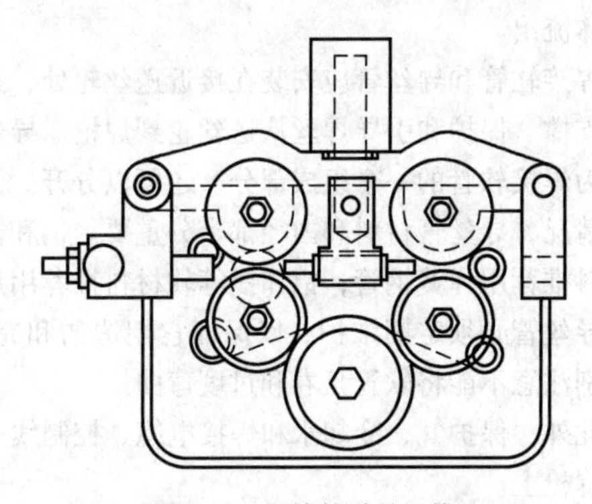

图7-15 四滚轮送丝机构

通常用于实心焊丝的送丝滚轮形式示于图7-16。这里沟槽轮与平的支承轮相配合。V形沟槽常用于实心硬焊丝，如碳钢、不锈钢；U形沟槽适用于软焊丝，如铝。

滚花送丝轮与滚花支承轮相配合，如图7-17所示，常用于药芯焊丝。滚花的作用是可以把最大的驱动力转移到焊丝上，但驱动轮对焊丝的压力却减小。

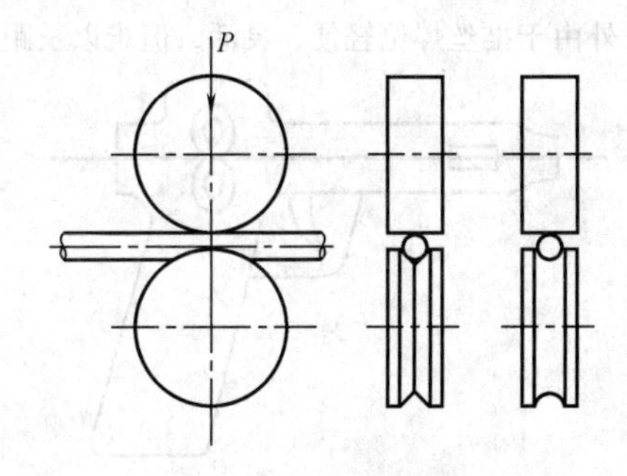

图7-16 送丝轮的沟槽形状

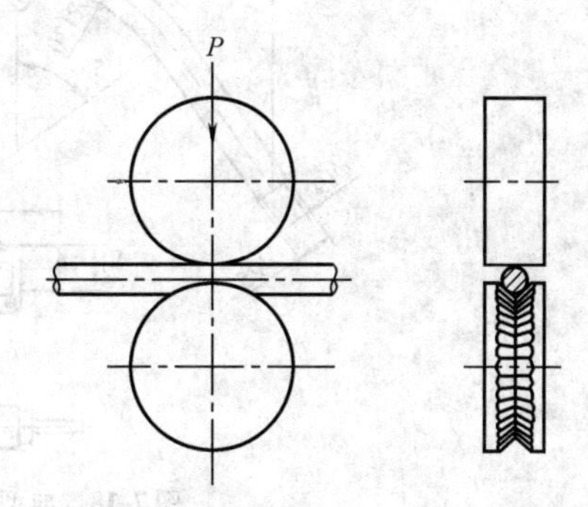

图7-17 滚花送丝轮适用于药芯焊丝

为了保证送丝速度稳定和调节方便，送丝电动机一般采用直流型。细焊丝采用等速送丝方式，运行中应保持送丝速度不变，所以送丝电动机采用他励式或永久磁铁型。对于粗焊丝采用恒流型电源和变速送丝，所以这类送丝电动机除可用上述电动机外，还可以采用串励式电动机。等速送丝机的送丝速度范围为2～16m/min，而变速送丝机的送丝速度为0.2～5m/min。

7.3.3 焊枪及软管

GMAW用焊枪可用来进行手工操作（半自动焊）和自动焊（安装在机械装置上）。这些焊枪包括用于大电流、高生产率的重型焊枪和适用于小电流、全位置焊的轻型焊枪。

还可以分为水冷或气冷及鹅颈式或手枪式，这些形式既可以制成重型焊枪，也可以制成轻型焊枪。

GMAW用焊枪的基本组成有导电嘴、气体保护喷嘴、焊接软管和导丝管、气管、水管、焊接电缆、控制开关。这些元件示于图7-18。

在焊接时，由于焊接电流通过导电嘴将产生电阻热和电弧的辐射热，将使焊枪发热，所以常常需要冷却。气冷焊枪在CO_2焊时，由于CO_2气体具有冷却作用，一般可使用高达600A的电流。但是在使用氩气或氦气保护焊时，通常只限于200A电流。超过上述电流时，应该采用水冷焊枪。半自动焊枪通常有两种形式：鹅颈式和手枪式。鹅颈式焊枪应用最广泛，它适合于细焊丝，使用灵活方便，可达性好。典型鹅颈式焊枪示于图7-18。而手枪式焊枪适用于较粗的焊丝，它常常采用水冷，如图7-19所示。

自动焊焊枪的基本构造与半自动焊焊枪相同，但其载容量较大，工作时间较长，一般都采用水冷。

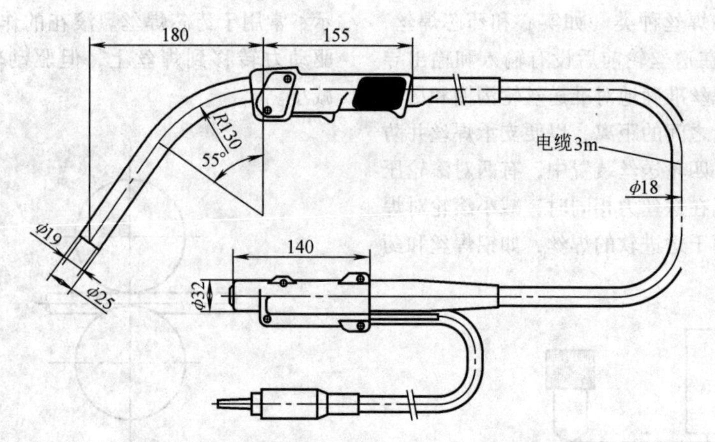

图7-18　典型鹅颈式气冷GMAW焊枪示意图

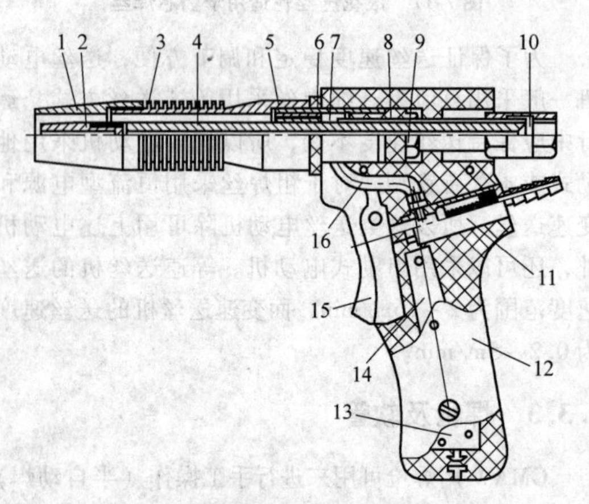

图7-19　手枪式焊枪

1—喷嘴　2—导电嘴　3—套筒　4—导电杆　5—分流环　6—挡圈　7—气室　8—绝缘圈　9—紧固螺母　10—锁母　11—球形气阀　12—枪把　13—退丝开关　14—送丝开关　15—扳机　16—气管

导电嘴是由铜或铜合金制成。因为焊丝是连续送给的，焊枪必须有一个滑动的电接触管（一般称导电嘴），由它将电流传给焊丝。导电嘴通过电缆与焊接电源相连。导电嘴的内表面应光滑，以利于焊丝送给和良好导电。

一般导电嘴的内孔应比焊丝直径大0.13～0.25mm，对于铝焊丝应更大些。导电嘴必须牢固地固定在焊枪本体上，并使其定位于喷嘴中心。导电嘴与喷嘴之间的相对位置取决于熔滴过渡形式。对于短路过渡，导电嘴常常伸到喷嘴之外；而对于喷射过渡，导电嘴应缩到喷嘴内，最多可以缩进3mm。

焊接时应定期检查导电嘴，如果发现导电嘴内孔因磨损而变椭或由于飞溅而堵塞时就应立即更换。为便于更换导电嘴，它常采用螺纹连接。磨损的导电嘴将破坏电弧稳定性。

喷嘴应使保护气体平稳地流出，并覆盖在焊接区。其目的是防止焊丝端头、电弧空间和熔池金属受到空气污染。根据应用情况可选择不同尺寸的喷嘴，一般直径为10～22mm。较大的焊接电流产生较大的熔池，则用大喷嘴。而小电流和短路过渡焊接时用小喷嘴。对于电弧点焊，焊枪喷嘴端头应开出沟槽，以便气体流出。

焊接软管和导丝管应安装在接近送丝轮处，送丝软管支撑、保护和引导焊丝从送丝轮到焊枪。导丝管可作为焊接软管的一个组成部分，还可以分开。无论哪种情况，导丝管材料和内径都十分重要。钢和铜等硬材料推荐用弹簧钢管；铝和镁等软材料推荐用尼龙管。导丝管必须定期维护，以保证它们清洁和完好。应特别注意不能将软管盘卷和过度弯曲。

此外，保护气、冷却水和焊接电缆、控制线也应接到焊枪上。

除了上述两种推丝焊枪外，还有两种拉丝焊枪。其中一种在焊枪上装有小型送丝机构，通过焊丝软管与焊丝盘相连，如图7-20所示。还有一种焊枪上不但装有小型送丝机构，而且还装有小型焊丝盘，焊丝重约5kg，如图7-21所示。这种焊枪主要用于细焊丝和软焊丝（如铝焊丝）。但是由于枪体较重，不便使用。另外由于推丝焊枪轻便、灵活，但难以长距离送

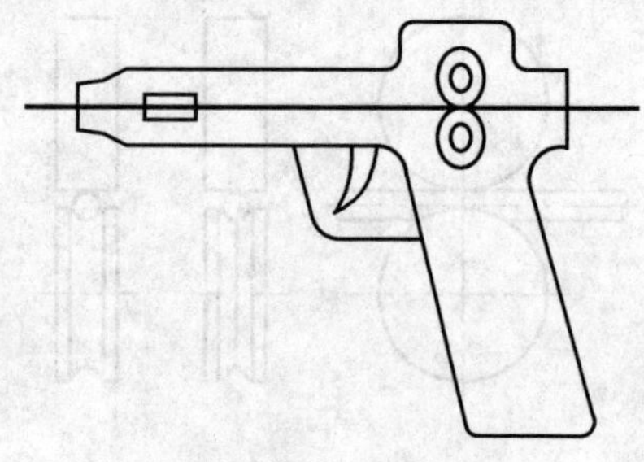

图7-20　拉丝式GMAW焊枪

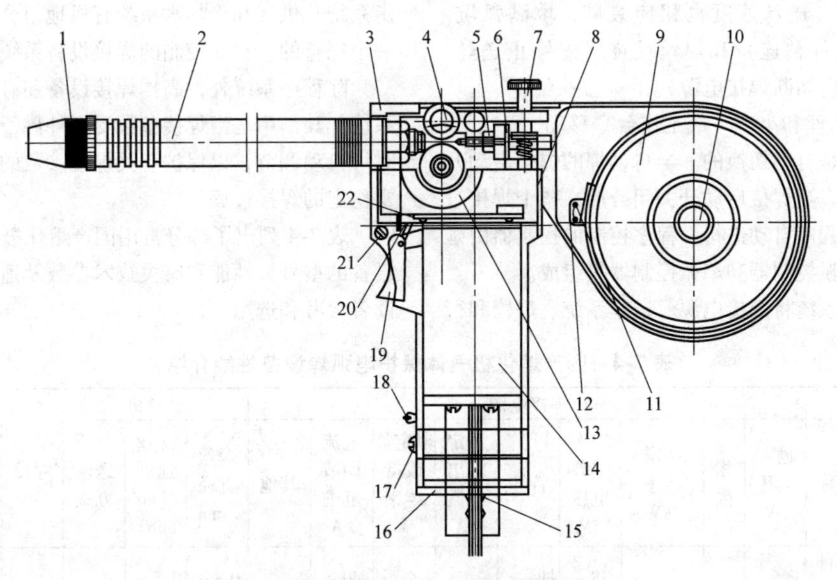

图7-21　带有焊丝盘的拉丝式焊枪

1—喷嘴　2—外套　3—绝缘外壳　4—送丝滚轮　5—螺母　6—导丝杆　7—调节螺杆　8—绝缘外壳　9—焊丝盘　10—压栓　11、15、17、21、22—螺钉　12—压片　13—减速器　14—电动机　16—底板　18—退丝按钮　19—扳机　20—触点

丝，如果再与拉丝枪结合起来，就可以形成推拉式送丝方式，这样一来既保持了操作的灵活性，又有利于扩大工作范围。

7.3.4　供气系统与冷却水系统

供气系统通常与钨极氩弧焊类似。对于 CO_2 气体，通常还需要安装预热器、减压阀、流量计和气阀。如果气体纯度不够，还需要串接高压干燥器和低压干燥器，以吸收气体中的水分，防止焊缝中生成气孔，如图7-22所示。对于熔化极混合气体保护电弧焊还需要安装气体混合装置。若采用双层气体保护，则需要两套独立的供气系统。

水冷式焊枪的冷却水系统由水箱、水泵、冷却水管和水压开关组成。水箱里的冷却水经水泵流经冷却水管和水压开关后流入焊枪，然后经冷却水管再回流入水箱，形成冷却水循环。水压开关的作用是保证当冷却水未流经焊枪时，焊接系统不能启动焊接，以保护焊枪，避免过热而烧坏。

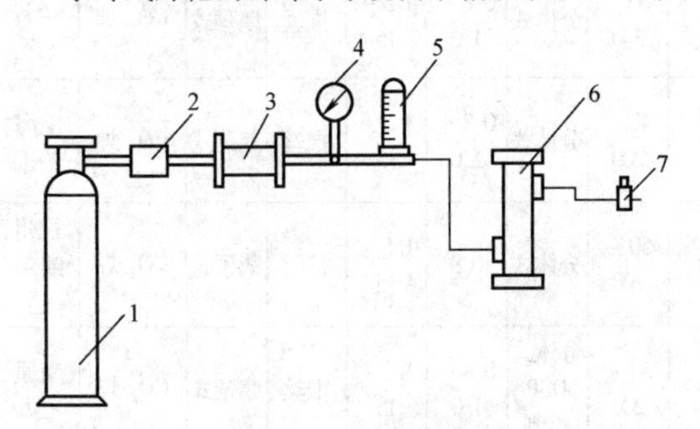

图7-22　供气系统示意图

1—气源　2—预热器　3—高压干燥器　4—气体减压阀　5—气体流量计　6—低压干燥器　7—气阀

7.3.5　控制系统

控制系统由基本控制系统和程序控制系统组成。基本控制系统主要包括：焊接电源输出调节系统、送丝速度调节系统、小车或（工作台）行走速度调节系统和气体流量调节系统。它们的作用是在焊前或焊接过程中调节焊接电流、电压、送丝速度和气体流量的大小。焊接设备程序控制系统的主要作用是：

1）控制焊接设备的启动和停止。

2）控制电磁气阀动作，实现提前送气和滞后停气，使焊接区受到良好的保护。

3）控制水压开关动作，保证焊枪受到良好的冷却。

4）控制引弧和熄弧。GMAW的引弧方式一般有3种：爆断引弧（焊丝接触工件并通以电流使焊丝与工件接触处熔化，焊丝爆断后引燃电弧）、慢送丝引弧（焊丝缓慢送向工件，与工件接触引燃电弧后，再提高送丝速度达到正常值）和回抽引弧（焊丝接触工件，通电后回抽焊丝引燃电弧）。熄弧方式有两种：电流衰减（送丝速度也相应衰减，填满弧坑，防止焊丝与工件粘连）和焊丝反烧（先停止送丝，经过一定时间后切断焊接电源）。

5）控制送丝和小车（或工作台）移动。

程序控制是自动切换的。半自动焊的焊接启动开关装在焊枪上。当焊接启动开关闭合后，整个焊接过程按照设定的程序自动进行。程序控制的控制器由延时控制器、引弧控制器和熄弧控制器等组成。

程序控制系统将焊接电源、送丝系统、焊枪和行走系统、供气和冷却水系统有机地组合在一起，构成一个完整的、自动控制的焊接设备系统。

除程序系统外，高档焊接设备还有参数自动调节系统。其作用是当焊接参数受到外界干扰而发生变化时可自动调节，以保护有关焊接参数的恒定，维持正常稳定的焊接过程。

表 7-4 列出了部分常用国产熔化极气体保护电弧设备的型号、性能和有关技术参数及适用范围，以供读者参考和选用。

表 7-4　国产熔化极气体保护电弧焊设备性能介绍

焊机			焊接电源									送丝机			焊枪	应用特点	生产厂家
国标型号	企业型号	名称	输入电压/V	相数	额定功率/kW	二次空载电压/V	特性	额定输出电流/A	额定负载持续率（%）	电流调节范围/A	其他	焊丝直径/mm	送丝速度/(m/min)	送丝方式			
NBC-200	NBC-200	半自动 CO_2 焊机	380	3	6.6kVA	18~32	抽头式整流	200	35	40~210	一体式	0.8~1.0	1.5~15	推丝	鹅颈式	CO_2 焊	上海沪工
	NBC-200	半自动 CO_2 焊机	380	3	6.6kVA	18~32	抽头式整流	200	60	40~230	分体式	0.8~1.0	1.5~15	推丝	鹅颈式	CO_2 焊	
	NBC-200	半自动 CO_2 焊机	380	3	6.9kVA	18~32	抽头式整流	200	35	40~230	一体式	0.8	1.5~15	推丝	鹅颈式	CO_2 焊	杭州凯尔达
	NBC-200R	半自动 CO_2 焊机	380	3	6.9kVA	18~32	抽头式整流	200	35	40~200	分体式	0.8	1.5~15	推丝	鹅颈式	CO_2 焊	
NBC-300（350）	NBC-300	半自动 CO_2 焊机	380	3	11.5kVA	19~37	抽头式整流	300	35	70~300	一体式	0.8~1.2	1.5~15	推丝	鹅颈式	CO_2 焊	上海沪工
	NBC-350	半自动 CO_2 焊机	380	3	15.1kVA	19~40	抽头式整流	350	60	70~350	分体式	0.8~1.2	1.5~15	推丝	鹅颈式	CO_2 焊	
	NBC-300	半自动 CO_2 焊机	380	3	13.2kVA	—	抽头式整流	300	35	60~300	一体式	0.8~1.2	1.5~15	推丝	鹅颈式	CO_2 焊	杭州凯尔达
	NBC-300R	半自动 CO_2 焊机	380	3	13.2kVA	—	抽头式整流	300	35	60~300	分体式	0.8~1.2	1.5~15	推丝	鹅颈式	CO_2 焊	
NBC-200	NBC-200K	半自动 CO_2 焊机	380	3	6.9kVA	35	晶闸管整流	200	60	40~200	分体式	0.8~1.0	1.5~15	推丝	鹅颈式	CO_2 焊	上海沪工
	KH-200	半自动 CO_2 焊机	380	3	7.6kVA	—	晶闸管整流	200	60	50~200	分体式	0.8	1.5~15	推丝	鹅颈式	CO_2 焊	杭州凯尔达
	NBC-100	半自动 CO_2 焊机	380	3	6.8kVA	—	晶闸管整流	200	60	50~200	分体式DSP控制	0.8~1.0	1.5~15	推丝	鹅颈式	CO_2 焊	南通三九
	YM-200	半自动 CO_2 焊机	380	3	6.5kVA	—	晶闸管整流	200	60	50~200	分体式	0.8~1.2	1.5~15	推丝	鹅颈式	CO_2 焊	唐山松下

（续）

焊机			焊接电源									送丝机			焊枪	应用特点	生产厂家
国标型号	企业型号	名称	输入电压/V	相数	额定功率/kW	二次空载电压/V	特性	额定输出电流/A	额定负载持续率(%)	电流调节范围/A	其他	焊丝直径/mm	送丝速度/(m/min)	送丝方式			
NBC-200	DYNA AUTO XC200	半自动 CO_2 焊机	380	3	—	—	晶闸管整流	200	50	50~200	分体式	0.8~1.2	1.5~15	推丝	鹅颈式	CO_2 焊	上海欧地希
	DIGI-TAL DYNA AUTO	半自动 CO_2 焊机	380	3	—	—	晶闸管整流	200	50	50~200	分体式数字控制	0.8~1.2	1.5~15	推丝	鹅颈式	CO_2 焊	
NBC-350	NBC 350K	半自动 CO_2 焊机	380	3	16.5kVA	48	晶闸管整流	350	60	50~370	分体式	0.8~1.2	1.5~15	推丝	鹅颈式	CO_2 焊	上海沪工
	KH-350	半自动 CO_2 焊机	380	3	18.1kVA	—	晶闸管整流	350	60	50~350	分体式	0.8~1.2	1.5~15	推丝	鹅颈式	CO_2 焊	杭州凯尔达
	NBC-350	半自动 CO_2 焊机	380	3	14.4kVA	—	晶闸管整流	350	60	70~350	分体式DSP控制	0.8~1.2	1.5~15	推丝	鹅颈式	CO_2 焊	南通三九
	YM350 KRⅡ	半自动 CO_2 焊机	380	3	16.2kVA	输出电压16/36	晶闸管整流	350	50	60~350	分体式	0.8~1.2	1.5~15	推丝	鹅颈式	CO_2 焊	唐山松下
	DYNA AUTO XC350	半自动 CO_2 焊机	380	3	—	—	晶闸管整流	350	50	50~350	分体式	0.8~1.2	1.5~15	推丝	鹅颈式	CO_2 焊	上海欧地希
	DIGIT AL DYNA AUTO	半自动 CO_2 焊机	380	3	—	—	晶闸管整流	350	50	50~350	分体式数字控制	0.8~1.2	1.5~15	推丝	鹅颈式	CO_2 焊	
NBC-500	NB-500K	半自动 CO_2 焊机	380(400)	3	30kVA	60	晶闸管整流	500	60	60~550	分体式	1.0~1.6	1.5~15	推丝	鹅颈式	CO_2 焊	上海沪工
	KH-500	半自动 CO_2 焊机	380	3	31.9kVA	—	晶闸管整流	500	60	60~500	分体式	1.2~1.6	1.5~15	推丝	鹅颈式	CO_2 焊	杭州凯尔达
	NBC-500	半自动 CO_2 焊机	380	3	25kVA	—	晶闸管整流	500	60	100~500	分体式DSP控制	1.0~1.6	1.5~15	推丝	鹅颈式	CO_2 焊	南通三九
	YM500 KRⅡ	半自动 CO_2 焊机	380	3	28.1kVA	输出电压15~45	晶闸管整流	500	60	60~500	分体式	1.2~1.6	1.5~15	推丝	鹅颈式	CO_2 焊	唐山松下
	DYNA AUTO XC	半自动 CO_2 焊机	380	3	—	—	晶闸管整流	500	60	50~500	分体式	1.2~1.6	1.5~15	推丝	鹅颈式	CO_2 焊、MAG焊	上海欧地希
	DIGIT AL DYNA AUTO	半自动 CO_2 焊机	380	3	—	—	晶闸管整流	500	60	50~500	分体式数字控制	1.2~1.6	1.5~15	推丝	鹅颈式	CO_2 焊	

（续）

焊机			焊接电源									送丝机			焊枪	应用特点	生产厂家
国标型号	企业型号	名称	输入电压/V	相数	额定功率/kW	二次空载电压/V	特性	额定输出电流/A	额定负载持续率（%）	电流调节范围/A	其他	焊丝直径/mm	送丝速度/(m/min)	送丝方式			
NBC-600(630)	KH-600	半自动 CO_2 焊机	380	3	45kVA	80	晶闸管整流	600	60	60～630	分体式	1.2～1.6	1.5～15	推丝	鹅颈式	CO_2 焊	杭州凯尔达
	NBC-630	半自动 CO_2 焊机	380	3	—	—	晶闸管整流	630	60	140～630	分体式 DSP 控制	1.2～1.6	1.5～15	推丝	鹅颈式	CO_2 焊、MAG 焊、气刨	南通三九
	DIGITAL DYNA AUTO XD600G	半自动 CO_2 焊机	380	3	—	—	晶闸管整流	600	100	60～640	分体式一元化	1.2～2.0	1.5～15	推丝	鹅颈式	CO_2 焊、MAG 焊、气刨、焊条电弧焊	上海欧地希
NB-250	A160-250	半自动气体保护焊机	380	3	8.3	46	IGBT 逆变式	250	100	20～250	分体式	0.8～1.0	2～15	推丝	鹅颈式	CO_2 焊、MAG 焊	北京时代
	NBC-250	半自动气体保护焊机	380	3	8	45	IGBT 逆变式	250	60	40～250	分体式	0.8～1.2	2～15	推/拉丝	鹅颈式	CO_2 焊、MAG 焊	奥太
	NB-250N	半自动气体保护焊机	380	3	10.5kVA	30	IGBT 逆变式	250	60	20～250	分体式一元化波形控制	0.8～1.0	2～15	推丝	鹅颈式	CO_2 焊、MAG 焊	上海沪工
	MIG-250（J04）	半自动气体保护焊机	380	3	9.2kVA	26.5	IGBT 逆变式	250	60	50～250	一体式	0.8～1.0	2～15	推丝	鹅颈式	CO_2 焊、MAG 焊	深圳佳士
	MIG-250（J33）	半自动气体保护焊机	380	3	9.2kVA	27	IGBT 逆变式	250	60		分体式	0.8～1.0	2～15	推丝	鹅颈式	CO_2 焊	
	NB-200	半自动气体保护焊机	380	3	6	60	IGBT 逆变式	250	60		分体式	0.8～1.0	0.3～13	推丝	鹅颈式	MAG 焊、MIG 焊	上海威特力
NB-350	A161-350	半自动气体保护焊机	380	3	13	66	IGBT 逆变式	350	60	50～350	分体式一元化波形控制预测参数	0.8～1.2	2～15	推丝	鹅颈式	MAG 焊、MIG 焊	北京时代
	NBC-350	半自动气体保护焊机	380	3	14kVA	50	IGBT 逆变式	350	60	60～350	分体式波形控制加长电缆	1.0～1.6	2～15	推丝	鹅颈式	MAG 焊、MIG 焊	奥太
	NB-350N	半自动气体保护焊机	380	3	16.8kVA	40	IGBT 逆变式	350	60	50～350	分体式波形控制加长电缆	0.8～1.2	2～15	推丝	鹅颈式	MAG 焊、MIG 焊	上海沪工

（续）

焊机			焊接电源										送丝机			焊枪	应用特点	生产厂家
国标型号	企业型号	名称	输入电压/V	相数	额定功率/kW	二次空载电压/V	特性	额定输出电流/A	额定负载持续率（%）	电流调节范围/A	其他	焊丝直径/mm	送丝速度/(m/min)	送丝方式			
NB-350	NB-350IJ	半自动气体保护焊机	380	3	13.9	—	IGBT逆变式	315	60	50～350	分体式波形控制	0.8～1.2	3～15	推丝	鹅颈式	MAG 焊、MIG 焊	深圳瑞凌
	NB-350（J1601）	半自动气体保护焊机	380	3	14	输出电压范围 15～36	IGBT逆变式	350	60	50～350	分体式	0.8～1.2	1.5～15	推丝	鹅颈式	CO_2 焊、MAG 焊、焊条电弧焊	深圳佳士
	NBC-350（N301）	半自动气体保护焊机	380	3	—	75	IGBT逆变式	350	60	30～400	分体式长电缆	0.8～1.2	0.6～21	推丝	鹅颈式	CO_2 焊、MAG 焊、焊条电弧焊	
	KE-350	半自动气体保护焊机	380	3	14kVA	—	IGBT逆变式	350	60	30～400	分体式软开关	0.8～1.2	2～15	推丝	鹅颈式	CO_2 焊、MAG 焊、焊条电弧焊	杭州凯尔达
	NBC-315F	半自动气体保护焊机	380	3	12.5	18～40.8	IGBT逆变式	315	40	—	一体式	0.8～1.2	0～11	推丝	鹅颈式	CO_2 焊	上海威特力
	YD-350GR	半自动气体保护焊机	380	3	14	73	IGBT逆变式	350	60	30～430	分体式一元化	0.8～1.2	—	推丝	鹅颈式	MAG 焊、MIG 焊	唐山松下
	YD-350GM	半自动气体保护焊机	380	3	14	73	IGBT逆变式	350	60	30～430	分体式一元化伸出长度补偿	0.8～1.2	—	推丝	鹅颈式	MAG 焊、MIG 焊	唐山松下
	CPVM-350	半自动气体保护焊机	380	3	—	—	IGBT逆变式	350	60	30～350	分体式波形控制	0.8～1.2		推丝	鹅颈式	MAG 焊、MIG 焊	上海欧地希
NB-500	A161-500	半自动气体保护焊机	380	3	23	66	IGBT逆变式	500	60	50～500	分体式波形控制	1.0～1.6	1.5～19	推丝	鹅颈式	MAG 焊、MIG 焊	北京时代
	NBC-500	半自动气体保护焊机	380	3	25kVA	79	IGBT逆变式	500	60	60～500	分体式波形控制	1.0～1.6	2～15	推丝	鹅颈式	CO_2 焊、MAG 焊	奥太
	NB-500N	半自动气体保护焊机	380	3	24.4kVA	50	IGBT逆变式	500	60	50～500	分体式一元化波形控制	1.0～1.6	2～15	推丝	鹅颈式	CO_2 焊、MAG 焊	上海沪工
	NB-500I	半自动气体保护焊机	380	3	25.5kVA	—	IGBT逆变式	500	60	80～500	分体式波形控制伸出长度补偿	1.0～1.6	3～15	推丝	鹅颈式	CO_2 焊、MAG 焊	深圳瑞凌
	NB-500CL	半自动气体保护焊机	380	3	25.5kVA	—	IGBT逆变式	500	60	80～500	分体式波形控制伸出长度补偿参数跟踪控制	1.0～1.6	3～15	推丝	鹅颈式	CO_2 焊、MAG 焊	

（续）

焊机			焊接电源									送丝机			焊枪	应用特点	生产厂家
国标型号	企业型号	名称	输入电压/V	相数	额定功率/kW	二次空载电压/V	特性	额定输出电流/A	额定负载持续率（%）	电流调节范围/A	其他	焊丝直径/mm	送丝速度/(m/min)	送丝方式			
NB-500	NBC-500（J8110）	半自动气体保护焊机	380	3	24.6kVA	二次电压范围15~50	IGBT逆变式	500	60	60~500	分体式加长电缆三防（防水防尘防酸）	1.0~1.6	1.5~15	推丝	鹅颈式	CO_2焊、MAG焊	深圳佳士
NB-500	NBC-500（N302）	半自动气体保护焊机	380	3	—	82	IGBT逆变式	500	60	30~500	分体式波形控制加长电缆	1.0~1.6	0.8~20.5	推丝	鹅颈式	CO_2焊、MAG焊	深圳佳士
NB-500	NBC-500（J28）	半自动气体保护焊机	380	3	—	二次电压范围15~50	IGBT逆变式	500	60	35~500	分体式一元化加长电缆DSP控制	1.0~1.6	15~20	推丝	鹅颈式	CO_2焊、MAG焊、焊条电弧焊	深圳佳士
NB-500	KE-500V2	半自动气体保护焊机	380	3	25kVA	70	IGBT逆变式	500	100	60~500	分体式软开关载体控制	1.0~1.6	2~15	推丝	鹅颈式	CO_2焊、MAG焊	杭州凯尔达
NB-500	NB-500	半自动气体保护焊机	380	3	33	67	IGBT逆变式	500	60	60~500	分体式	1.0~1.6	0.3~13	推丝	鹅颈式	CO_2焊、MAG焊	上海威特力
NB-500	YD-500GR	半自动气体保护焊机	380	3	22.4	68	IGBT逆变式	500	100	60~550	分体式一元化波形控制	1.2~1.6	—	推丝	鹅颈式	MAG焊、MIG焊	唐山松下
NB-500	YD-500GM	半自动气体保护焊机	380	3	22.4	68	IGBT逆变式	500	100	60~550	分体式一元化波形控制伸出长度补偿	1.2~1.6	—	推丝	鹅颈式	MAG焊、MIG焊	唐山松下
NB-500	CPVM-500	半自动气体保护焊机	380	3	—	—	IGBT逆变式	500	100	30~500	分体式波形控制	1.2~1.6	—	推丝	鹅颈式	MAG焊、MIG焊	上海欧地希
NB-600（630）	A160-630	半自动气体保护焊机	380	3	33	83	IGBT逆变式	630	100	100~630	分体式波形控制加长电缆	1.0~1.6	2~20	推丝	鹅颈式	MAG焊、MIG焊	北京时代
NB-600（630）	NBC-630	半自动气体保护焊机	380	3	36kVA	79	IGBT逆变式	630	100	60~630	分体式波形控制加长电缆	1.0~2.0	2~18	推丝	鹅颈式	MAG焊、MIG焊	奥太

（续）

焊机			焊接电源									送丝机			焊枪	应用特点	生产厂家
国标型号	企业型号	名称	输入电压/V	相数	额定功率/kW	二次空载电压/V	特性	额定输出电流/A	额定负载持续率(%)	电流调节范围/A	其他	焊丝直径/mm	送丝速度/(m/min)	送丝方式			
NB-600(630)	NB-630	半自动气体保护焊机	380	3	33	85	IGBT逆变式	630	60	60～630	分体式	1.0～1.6	0.3～13	推丝	鹅颈式	MAG焊、MIG焊	上海威特力
NBM-XXX	A110-500P	脉冲MIG/MAG气体保护焊机	380	3	24	70	IGBT逆变式	500	60	50～500	分体式一元化一脉一滴	1.2～1.6(铝)0.8～1.6(碳钢)	2～20	推丝	鹅颈式	脉冲MAG/MIG焊可焊钢、铝	北京时代
	Pulse MIG-350	脉冲MIG焊机	380	3	14	79	IGBT逆变式	350	60	30～350	分体式一元化一脉一滴	0.8～1.6	2～20	推丝	鹅颈式	脉冲MAG/MIG焊可焊钢、不锈钢、纯铝、铝镁合金	奥太
	Pulse MIG-500		380	3	25		IGBT逆变式	500		30～350				推丝	鹅颈式		
	NBM-500	脉冲气体保护焊机	380	3	24.4kVA	50	IGBT逆变式	500	60	50～500	分体式一元化一脉一滴	1.2～2.0(铝)1.0～1.6(钢)	2～15	推丝	鹅颈式	脉冲MAG/MIG焊可焊钢、不锈钢、纯铝、铝镁合金	上海沪工
	NBM-630		380	3	31kVA	50	IGBT逆变式	630		70～630		1.6～2.5(铝)1.2～2.0(钢)		推丝	鹅颈式		
	NB-500P	脉冲气体保护焊机	380	3	24kVA	72	IGBT逆变式	500	60	80～500	分体式脉冲	1.0～1.6	0.3～13	推丝	鹅颈式	脉冲MAG/MIG焊可焊钢、不锈钢、纯铝、铝镁合金	上海威特力
	ADP 350	脉冲气体保护焊机	380	3	12kVA	56	IGBT逆变式	350	60	40～350	分体式一元化脉冲(单脉冲和双脉冲)	0.8～1.6	3～15	推丝	鹅颈式	脉冲MAG/MIG焊可焊钢、不锈钢、铝	深圳瑞凌
	ADP 500		380	3	23kVA	70	IGBT逆变式	350		40～550		0.8～2.4		推丝	鹅颈式		
	NBM-500(J77)	脉冲气体保护焊机	380	3	—	73	IGBT逆变式	500	60	10～500	分体式一元化DSP控制	0.8～1.6	10～18	推丝	鹅颈式	脉冲MIG焊脉冲MAG焊(含单脉冲、双脉冲)	深圳佳士

（续）

焊机			焊接电源									送丝机					
国标型号	企业型号	名称	输入电压/V	相数	额定功率/kW	二次空载电压/V	特性	额定输出电流/A	额定负载持续率(%)	电流调节范围/A	其他	焊丝直径/mm	送丝速度/(m/min)	送丝方式	焊枪	应用特点	生产厂家
	YD-350GL3	脉冲MIG/MAG气体保护焊机	380	3	14	73	IGBT逆变式(数字)	350	60	30~430	分体式一元化	0.8~1.2		推丝	鹅颈式	脉冲MIG焊脉冲MAG焊可焊钢、不锈钢	唐山松下
	YD-500GL3		380	3	22.4	67		500	100	60~550		1.2~1.6	—	推丝	鹅颈式		
	YD-350AG2	脉冲MIG/MAG气体保护焊机	380	3	18	77	IGBT逆变式(数字)	350	77	40~470	分体式一元化DIP短路脉冲控制模式	0.8~1.2	—	推丝	鹅颈式	脉冲MIG焊脉冲MAG焊可焊钢、不锈钢和铝	
	YD-500AG2		380	3	26.5	70		500	70	40~550		1.2~1.6	—	推丝	鹅颈式		
NBM-XXX	DIGITAL PULSE 350	脉冲MIG/MAG气体保护焊机	380	3			IGBT逆变式(数字)	350	60	40~350	分体式一元化全数字控制	1.0~1.2	—	推丝	鹅颈式	脉冲MIG焊脉冲MAG焊可焊钢、不锈钢和铝	上海欧地希
	DIGITAL PULSE 500		380					500	60	40~500		1.2~1.6	—	推丝	鹅颈式		
	DIGITAL INVERTER DP400	脉冲MIG/MAG气体保护焊机	380	3			IGBT逆变式(数字)	400	50	30~400	分体式一元化高速焊引弧易送丝速度反馈	0.9~1.2(钢)1.0~1.6(铝)	—	推丝	鹅颈式	脉冲MIG焊(铝)脉冲MAG焊(钢)	
	DIGITAL INVERTER DP500		380					350	100	30~350		1.2~1.6(钢)1.2~1.6(铝)	—	推丝	鹅颈式	脉冲MIG焊(铝)脉冲MAG焊(钢)	

7.3.6　自动气体保护焊设备

GMAW是一种简易的机械化焊接法。在机械化、自动化或机器人化设备之中的主要构成与前面介绍过的半自动焊设备基本相同。常常在焊接小车上搭载着焊接机头（包括焊枪和送丝机），其特点是将工件夹紧并固定，焊接时只是机头运动。另一种情况是焊接机头不动，而工件移动（平移或旋转），焊接机头可以作适当的摆动，用来调整机头对准焊接线（即焊缝跟踪）。根据移动系统的移动范围、移动轨迹和过程控制特点，来决定它是哪一种控制系统，可以是机械化的、自动化的、机器人化的或自适应控制的。

7.3.7　设备的选择

用户选择焊接设备时，应考虑到产品的焊接工艺及焊接技术所提出的要求，根据工件材料、板厚和焊接位置等提出具体焊接设备性能，如输出功率范围、电源的空载电压、电源的静特性、动特性、输出电流类型、焊接参数的调节范围和送丝速度范围等。例如当焊接铝合金薄板时，需选用细直径铝焊丝，为保证送丝稳定，应考虑选用推-拉丝送丝机和选择脉冲焊机。又如焊接钢结构件时，因钢焊丝的刚性较好，采用简单的推丝机构和平特性直流焊机就能满足要求。

购置新设备时，应满足焊接现场的使用条件，如工作环境、水与电的供应条件，操作人员的技术素质等。如果工件没有特殊要求，应尽量采用标准化设备。只有在特殊情况下，才选用非标设备。另外，还应根据焊接产品的产量进行选择，如果是单件或小批量的产品，应选用多功能焊机；而如果是大量生产的产品，则应选用单一功能的设备。总之应降低设备的成本和提高设备的利用率。

7.4 消耗材料

在熔化极气体保护电弧焊中采用的消耗材料是焊丝和保护气体。焊丝、母材和保护气体的化学成分决定了焊缝金属的化学成分。而焊缝金属的化学成分又决定着焊件的化学性能和力学性能。保护气体和焊丝的选择受如下因素的影响：

1）母材的成分和力学性能。

2）对焊缝力学性能的要求。

3）母材的状态和清洁度。

4）焊接的位置。

5）期望的熔滴过渡形式。

7.4.1 焊丝

熔化极气体保护电弧焊用焊丝的有关标准为：焊接用钢丝 GB/T 8110—2008、铝及铝合金焊丝 GB/T 10858—2008 和铜及铜合金焊丝 GB/T 9460—2008。在这些标准中规定了焊丝的型号、化学成分和力学性能。

熔化极气体保护电弧焊用焊丝的化学成分一般与母材的化学成分相近，并且具有良好的焊接工艺性能和焊缝性能。焊丝金属的化学成分可以稍微与母材不同以补偿在焊接电弧中发生的损失或者为向焊接熔池中提供脱氧剂。在实际应用中，为获得满意的焊接性能和焊缝金属性能还可能要求焊丝成分与母材成分不同。例如对于 GMAW 焊接锰青铜、铜-锌合金时，最满意的焊丝为铝青铜或铜-锰-镍-铝合金。

最适合焊接高强度铝合金和高强度合金钢的焊丝在成分上完全不同于母材。这是因为某些铝合金如 6A02 不适合作为焊缝填充金属。因此焊丝合金应具有理想的焊缝金属性能和满意的操作工艺性能。

不论在焊丝成分上作什么样的改进，几乎总是要添加脱氧剂或其他净化元素。这样做是为了通过与氧、氮或氢的反应来使焊缝中的气孔减到最少或保证焊缝的力学性能。这些有害的气体可能是来自保护气体或偶尔从外界环境进入金属中。在焊丝中添加适量的正确的脱氧剂，是采用含氧的保护气体时所必不可少的条件，同样在大多数的其他情况下也是有益的。在钢焊丝中最经常使用的脱氧剂是锰、硅和铝、钛；镍合金焊丝中是钛和硅；对铜合金，可以使用钛、硅或磷作为脱氧剂。这与合金的类型及其所要求的结果有关。

与其他焊接方法相比，熔化极气体保护电弧焊用焊丝直径是很小的。焊丝的平均直径为1.0～1.6mm。有时焊丝直径可以小到0.5mm，大到3.2mm。因为熔化极气体保护电弧焊采用小直径焊丝和较大的电流，所以焊丝的熔化速率非常高。除镁以外，所有金属的熔化速度范围为2.4～20.4m/min，镁丝的熔化速度达到35.4m/min。为了防止焊丝表面锈蚀和减小送丝阻力，以便确保焊丝可以连续而顺利地通过送丝软管和焊枪，通常应在钢焊丝表面镀铜或涂防护油等。同时焊丝还是被规则地盘绕在一定尺寸的焊丝盘或焊丝卷上。

因为焊丝直径比较小，所以焊丝的表面积与体积之比较大，因此加工过程中在焊丝表面将存在较多的拔丝剂、油和其他物质。这些物质可能引起焊缝的缺陷，诸如气孔和裂纹等，因此必须特别注意焊丝的清理和防止污染。

此外，熔化极气体保护电弧焊还广泛应用于堆焊和电弧点焊。这里应根据要求注意选择焊丝成分和母材稀释率，以便获得所要求的堆焊焊道成分和点焊焊缝质量。

7.4.2 保护气体

保护气体的主要作用是防止空气的有害作用，实现对焊缝和近缝区的保护。因为大多数金属在空气中加热到高温，直到熔点以上时，很容易被氧化和氮化，而生成氧化物和氮化物。如氧与钢液中的碳进行反应生成一氧化碳和二氧化碳。这些不同的反应产物可以引起焊接缺陷，如夹渣、气孔和焊缝金属脆化。

保护气体除了提供保护环境外，保护气体的种类和其流量还将对下列特性产生影响：

1）电弧特性。

2）熔滴过渡形式。

3）熔深与焊道形状。

4）焊接速度。

5）咬边倾向。

6）焊缝金属的力学性能。

熔化极气体保护电弧焊喷射过渡时使用的主要气体见表7-5。其中有纯惰性气体、惰性气体的混合气体和惰性气体与氧化性气体的混合气。在表7-6中列出了熔化极气体保护焊短路过渡时使用的保护气体。

表 7-5 GMAW 喷射过渡保护气体

被焊材料	保护气体（体积分数）	工件板厚/mm	特点
铝及铝合金	100% Ar	0 ~ 25	较好的熔滴过渡；电弧稳定；极小的飞溅
	35% Ar + 65% He	25 ~ 76	热输入比纯氩大；改善 Al-Mg 合金的熔化特性，减少气孔
	25% Ar + 75% He	76	热输入高；增加熔深、减少气孔、适于焊接厚铝板
镁	100% Ar	—	良好的清理作用
钛	100% Ar	—	良好的电弧稳定性；焊缝污染小；在焊缝区域的背面要求惰性气体保护以防空气污染
铜及铜合金	100% Ar	≤3.2	能产生稳定的射流过渡；良好的润湿性
	Ar + (50% ~ 70%) He	—	热输入比纯氩大；可以降低预热温度
镍及镍合金	100% Ar	≤3.2	能产生稳定的射流过渡、脉冲射滴过渡、短路过渡
	Ar + (15% ~ 20%) He		热输入大于纯氩
不锈钢	99% Ar + 1% O_2		改善电弧稳定性用于射流过渡及脉冲射滴过渡；能够较好地控制熔池，焊道形状良好，在焊较厚的材料时产生咬边较小
	98% Ar + 2% O_2		较好的电弧稳定性，可用于射流过渡及脉冲射滴过渡；焊道形状良好；焊接较薄件时比 1% O_2 混合气体有更快的速度
低合金高强度钢	98% Ar + 2% O_2		最小的咬边和良好的韧性，可用于射流过渡和脉冲射滴过渡
	65% Ar + 26.5He + 8% CO_2 + 0.5% O_2		电弧稳定，尤其在大电流时可得到稳定的喷射过渡，能实现大电流下的高熔敷率；ϕ1.2mm 的焊丝的最高送丝速度可达 50m/min；焊缝冲击韧度好
低碳钢	Ar + (3% ~ 5%) O_2		改善电弧稳定性，可用于射流过渡及脉冲射滴过渡，能够较好地控制熔池，焊道形状良好，最小的咬边，允许比纯氩的焊接速度更高
	Ar + (10% ~ 20%) CO_2		电弧稳定，可用于射流过渡及脉冲射滴过渡，焊道成形良好，可高速焊接，飞溅较小
	80% Ar + 15% CO_2 + 5% O_2		电弧稳定，可用于射流过渡及脉冲射滴过渡，焊道成形良好，熔深较大
	65% Ar + 26.5He + 8% CO_2 + 0.5% O_2		电弧稳定，尤其在大电流时可得到稳定的喷射过渡，能实现大电流下的高熔敷率；ϕ1.2mm 焊丝的最高送丝速度可达 50m/min；焊缝的冲击韧度好

表 7-6 GMAW 短路过渡保护气体

材料	保护气体（体积分数）	工件板厚/mm	优点
低碳钢	Ar + 8% CO_2 Ar + 15% CO_2	<3.2	熔敷率高，烟尘和飞溅小，间隙搭桥性好，空间位置熔池易控制，焊缝成形美观，冲击韧度好
	Ar + 20% CO_2 Ar + 25% CO_2	>3.2	焊速高，熔深较大，易控制熔池，适于全位置焊，飞溅较小，冲击韧度好，焊缝成形美观
	CO_2	—	飞溅大，烟尘大，冲击韧度最低，但价格最便宜，能满足一般力学性能要求
	80% CO_2 + 20% O_2	—	与纯 CO_2 焊类似，但氧化性更强，电弧热量更高，可以提高焊接速度和熔深
低合金钢	Ar + 25% CO_2	—	较好的冲击韧度；良好的电弧稳定性，润湿性和焊缝成形；较小的飞溅
	He + (25% ~ 35%) Ar + 4.5% CO_2	—	氧化性弱；冲击韧度好；良好的电弧稳定性、润湿性和焊缝成形；较小的飞溅

（续）

材　　料	保护气体（体积分数）	工件板厚/mm	优　　点
不锈钢	$Ar+5\%CO_2+2\%O_2$		电弧稳定、飞溅小，焊缝成形良好
	$He+(25\%\sim35\%)Ar+4.5\%CO_2$		对耐蚀性无影响；热影响区小；无咬边；烟尘小
铝、铜、镁、镍等	Ar 或 Ar + He	>3.2	氩适合于薄金属；Ar + He 适合于较厚的工件

1. 惰性气体——氩和氦

氩和氦都是惰性气体，这两种气体及其混合气体可以用来焊接有色金属、不锈钢、低碳钢和低合金钢等。但是氩和氦两者的工艺性能却大不相同，如对熔滴过渡形式、焊缝断面形状和咬边等的影响都不相同。在实际生产中，为焊接某些材料，常需要采用一定比例的氩气和氦气的混合气体，以获得所要求的焊接效果。

氩气和氦气作为保护气体，其工艺性能的差异，是因为它们的物理性质不同，如密度、热传导性和电弧特性。

氩气的密度大约是空气的 1.4 倍，而氦气的密度大约是空气的 0.14 倍。密度较大的氩气在平焊位置时，对电弧的保护和对焊接区的覆盖作用是有效的。为得到相同的保护效果，氦气的流量应比氩气的流量大 2 ~ 3 倍。

氦气的热传导性比氩气高，能产生能量更均匀分布的电弧等离子体。相反，氩弧等离子体具有弧柱中心能量高而周围能量低的特点。这一区别对焊缝成形产生极大的影响。氦弧焊的焊缝成形特点为熔深与熔宽较大，焊缝底部呈圆弧状。而氩弧焊缝中心呈深而窄的“指状”熔深，在其两侧熔深较浅。

氦比氩的电离电压高，所以在给定弧长和焊接电流时，氦气保护的电弧电压比氩气高得多，如图 7-23 所示。仅由氦气作为保护气时，在任何电流时都不能实现轴向射流过渡。常常产生较多的飞溅和较粗糙的焊缝表面。而氩气保护中焊接电流较小时为大滴过渡，当焊接电流超过临界电流时，将会形成轴向射流过渡。

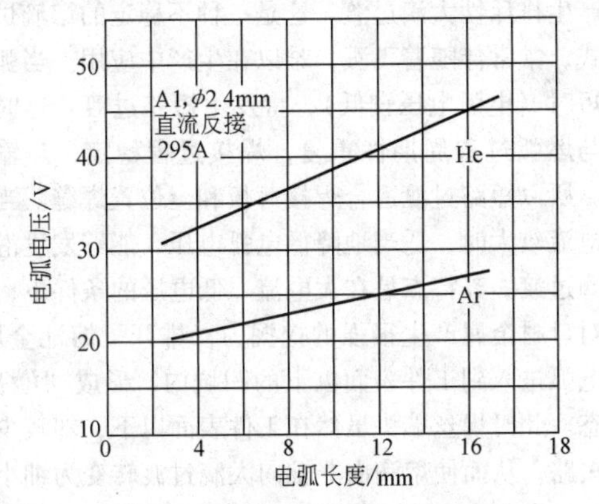

图 7-23　Ar 和 He 的电弧电压特性

正因为氩气保护时的电弧电压和电弧能量密度低，所以电弧燃烧稳定，飞溅极小，适合于焊接薄板金属和热导率低的金属。而氦气却不同，电弧能量密度高，温度高，适应于焊接中厚板和热导率高的金属材料。但在我国氦气价格昂贵，单独使用氦气保护成本高，所以可以使用 Ar-He 混合气体保护。

许多有色金属焊接都采用纯氩气保护。由于氦气电弧的稳定性差，因此一般仅用于特殊场合。然而用氦气保护电弧能获得较大的、盆底状的焊缝熔深。所以常常综合其优点而采用Ar-He混合气体保护，其结果既可改善焊缝成形，又可以得到理想的稳定的熔滴过渡过程。

短路过渡中，含氦 60% ~90%（体积分数）的 Ar-He 混合气体电弧产热大、热输入高，并有较好的熔化特性和焊缝力学性能。此外还适合于焊接铝、镁和铜等热导率较高的金属材料。

2. 惰性气体与氧化性气体的混合气体

这种混合气体具有一定的氧化性，常常称为活性气体。如氩气-二氧化碳气体（$Ar+CO_2$）、氩气-氧气（$Ar+O_2$）、氩气-二氧化碳气体-氧气（$Ar+CO_2+O_2$）等作为保护气体的一种熔化极气体保护焊方法。这种方法可采用短路过渡、喷射过渡和脉冲射流过渡进行焊接。可用于平焊和各种位置的焊接，尤其适用于碳钢、低合金钢和不锈钢等。

采用氧化性混合气体作为保护气体通常都具有下列作用：

1）提高熔滴过渡的稳定性。

2）稳定阴极斑点，提高电弧燃烧的稳定性。

3）改善焊缝的熔深形状和外观成形。

4）增大电弧的热功率。

5）控制焊缝的冶金质量。

6）降低焊接成本。

当采用纯氩保护焊接钢材时，将引起电弧不稳（漂移）和咬边倾向。而向氩气中加入 1% ~5% O_2 或 3% ~25% CO_2 时，将消除由于阴极斑点跳动而引起的电弧漂移，于是明显地改善电弧的稳定性和清除咬边。

向氩气中加入氧和二氧化碳的最佳量由以下因素决定：工件表面状态（存在氧化物的状况）、接头几何形状、焊接位置或技术和母材成分等。通常认为加入2% O_2 或8% ~10% CO_2 是良好的配比。

（Ar + CO_2）混合气体适于焊接低碳钢和低合金钢，常用的混合比为 φ(Ar) ≥70% ~80%，φ(CO_2) ≤20% ~30%。氩气中加入二氧化碳将提高喷射过渡临界电流，如图7-24a所示。可见，随着 CO_2 含量的提高，临界电流增加。例如纯氩时，临界电流为240A，而含有20% φ(CO_2) 时，临界电流上升到320A。如果进一步增加 φ(CO_2) 达到30%时，熔滴过渡将失去氩弧特性而呈现 CO_2 电弧特征。目前我国常用（Ar + 20% CO_2）混合气体，这时既具有氩弧特点（电弧燃烧稳定、飞溅小、喷射过渡），又具有氧化性，克服了纯氩保护时的表面张力大，液体金属黏稠，易咬边和斑点漂移问题。同时改善了焊缝成形，具有深圆弧状熔深。可用于喷射过渡、脉冲射滴过渡和短路过渡电弧。

Ar + O_2 混合气体适于焊接低碳钢、不锈钢和高强度钢。常用的混合比为 φ(Ar) ≥ 91% ~ 99%，φ(O_2) ≤1% ~9%，可以改善熔池的流动性、熔深和电弧稳定性。加入氧能降低临界电流（如图7-24b所示），减小咬边倾向，适用于喷射过渡和脉冲射滴过渡。在氩气中无论加入氧气还是二氧化碳，都能增强氧化性，将引起熔滴和熔池金属较强烈的氧化和其中硅、锰元素的烧损。Ar + CO_2 混合气体不适合于耐蚀不锈钢。焊接不锈钢应采用 Ar + O_2 混合气体保护。

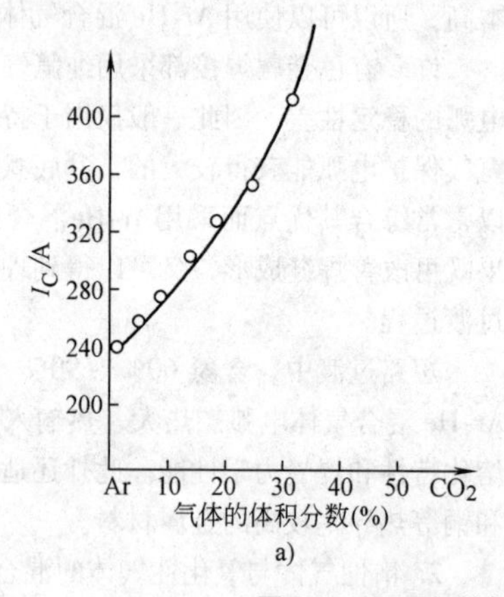

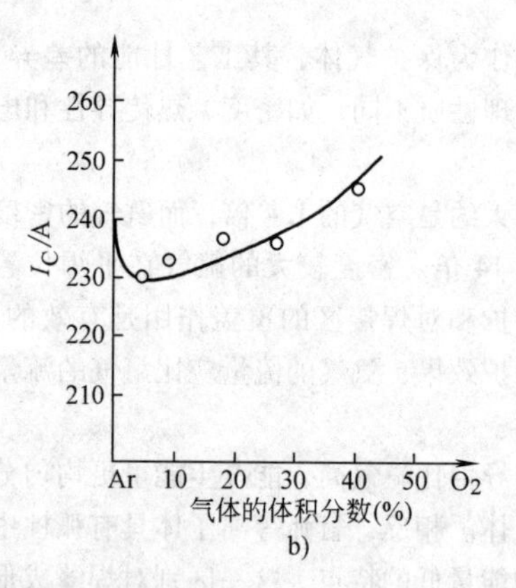

图7-24 不同保护气体时的射流过渡临界电流

a）Ar + CO_2（H08Mn2Si，ϕ1.2mm） b）Ar + O_2（H08Mn2Si，ϕ1.2mm）

采用 Ar + CO_2 + O_2 三元混合气体作为保护气体焊接低碳钢和低合金钢将获得更好的工艺效果。常用的保护气体配比为 Ar + 15% CO_2 + 5% O_2，可用于射流过渡、脉冲射滴过渡和短路过渡。在我国采用 Ar + CO_2 和 Ar + O_2 二元混合气体较多，而 Ar + CO_2 + O_2 三元混合气体却很少采用。

Ar + He + CO_2 + O_2 四元混合气体能够在较大电流时获得稳定的熔滴过渡。例如 ϕ1.2mm 的 H08Mn2SiA 焊丝，采用这种四元混合气体保护时，焊丝的熔化速度可达到30m/min以上。这样就形成了大电流高熔敷率的GMAW法。同时还能得到良好的力学性能和操作性。它主要用于焊接低合金高强度钢。当然也可以用于焊接低碳钢，但要注意焊接的经济性是否合理。

3. 二氧化碳气体

二氧化碳气体是一种活性气体，也是唯一适合于焊接用的单一活性气体。CO_2 焊具有焊接速度高、熔深大、成本低和易进行空间位置焊接等优点，因此 CO_2 焊已广泛用于焊接碳钢和低合金钢。

因为 CO_2 气体在电弧高温作用下将发生分解，同时伴随吸热反应，对电弧产生冷却作用，而使其收缩。于是焊丝端头的熔滴在电弧力作用下被排斥，使得产生排斥性大滴过渡。这是一种不稳定的熔滴过渡形式，常常伴随着飞溅，难以在生产中应用。当弧长较短时（电弧电压较低），将发生短路过渡。这时短路与燃弧过程周期性重复，焊接过程稳定，热输入低，所以短路过渡适合焊接薄板和全位置焊缝。当焊接电流较大时，适当地降低电弧电压，能够发生潜弧射滴过渡。其特点是在大电流、低电压的条件下，电弧对母材金属产生很强的挖掘力，排开了熔池金属，使电弧进入到工件表面以下的凹坑内，形成“潜弧”状态。此时焊丝端头虽然在工件表面以下，却较少发生短路，从而使熔滴由非轴向大滴过渡转变为细小熔滴的轴向射滴过渡。常常伴随着瞬时短路，如图7-5

所示，这是一种比较稳定的过渡过程，焊缝熔深大、飞溅较小，但由潜弧造成焊缝表面比较粗糙，在生产中常常用于中、厚板的平焊。从上述可见，CO_2 焊主要有 3 种熔滴过渡形式：大滴过渡、短路过渡和潜弧射滴过渡。其中后两种已被广泛应用。当焊接电流与电弧电压匹配不合适时，还可能发生不稳定的滴状排斥过渡和焊丝与工件固体短路。关于 CO_2 焊熔滴过渡形式与焊接参数之间的关系示于图 7-25。

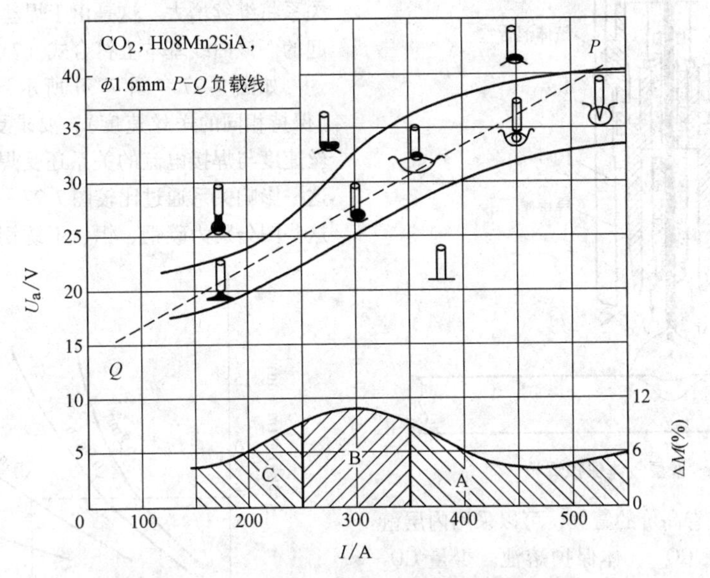

图 7-25　CO_2 焊飞溅、熔滴过渡与焊接参数的关系

CO_2 焊的主要缺点是焊接过程中产生金属飞溅和焊缝成形不良。飞溅不但会降低熔敷效率，而且还能恶化劳动条件。产生飞溅的主要原因是：金属内部的 CO 气体急剧膨胀而发生剧烈爆炸；短路过渡焊接时，在短路过渡初期易发生瞬时短路，有的瞬时短路能产生大颗粒飞溅。而短路小桥的缩颈因通过很大电流而发生强烈爆断，同时伴随着细小的飞溅。通过工艺措施和冶金措施可使短路过渡飞溅明显降低。工艺措施方面主要是尽量采用较细的焊丝；焊接电流与电弧电压应合理匹配；降低短路峰值电流和在短路初期保持低值电流。短路过程中的电流波形控制，在整流式焊接电源中可以通过焊接回路串接的直流电感来调节，而在逆变焊接电源中不需串接较大的直流电感，而是依靠电子电抗器控制。这种情况下焊接飞溅可以明显降低，甚至可以达到无飞溅的焊接。冶金措施方面主要是采用合适的焊丝和保护气体成分。因为 CO_2 气体是强氧化性气体，在焊接过程中与熔滴和熔池中金属的碳相互作用，生成 CO，其结果可能产生飞溅和气孔。为此应避免产生 CO，于是在焊丝中加入脱氧元素如 Si、Mn 和 Al、Ti 等，同时还应降低碳含量。此外，还应注意清理焊丝表面的油、锈等污物。

焊缝成形不良的主要特征是焊道呈窄而高的形状，熔深较浅。其主要原因是焊道短路过渡过程中燃弧能量不足。为此，对于整流电源可通过串接直流电感调节，电感大时能延长燃弧时间和提高燃弧能量，并改善焊缝成形。而对于逆变电源还可以控制燃弧电流的大小和燃弧时间，可以收到更好的效果。由于 CO_2 气体是强氧化性气体，所以焊缝中含有较多的非金属夹杂物，较大地降低了焊缝中的冲击韧度。所以 CO_2 不适合于焊接低合金高强度钢。

4. 双层气流保护气体

熔化极气体保护焊采用双层气流保护可以得到更好的效果。此时，喷嘴采用两个同心喷嘴组成，即内喷嘴和外喷嘴。气流分别从内、外喷嘴流出，如图 7-26所示。采用双层气流保护的目的一般有两个。

（1）提高保护效果　熔化极气体保护焊时，由于电流密度较大，易产生较强的等离子流，容易将保护气流层破坏而卷入空气，破坏保护效果。这在大电流熔化极惰性气体保护电弧焊时尤其严重。将保护气流分内、外层流入保护区，则外层的保护气流可以较好地将外围空气与内层保护气体隔开，防止空气卷入，提高保护效果。对于铝合金大电流焊可以收到显著的效果。此时，两层保护气体可用同种气体，但流量不同，需要合理配置。一般内层气体流量与外层气体流量的比例为 1～2 时可以得到较好的效果。

（2）节省高价气体　熔化极气体保护焊焊接钢材时，为得到喷射过渡需要用富氩气体保护。但是影响熔滴过渡形式的气体环境只是直接与电弧本身相接触

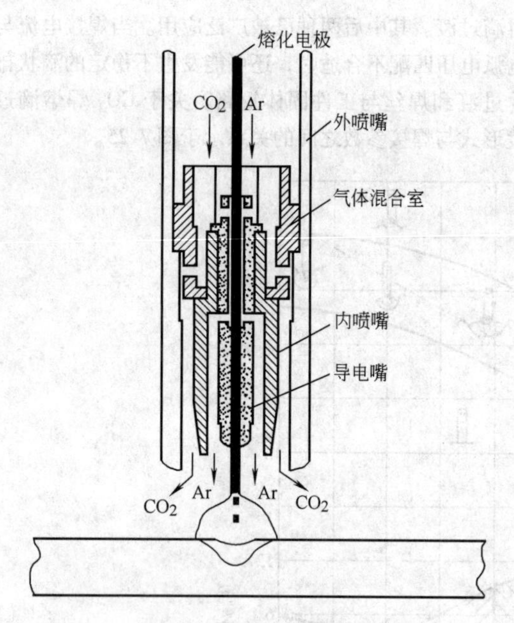

图 7-26　双层气体保护焊枪

的部分，因此为了节省高价的氩气，可以采用内层氩气保护电弧区，外层 CO_2 气体保护熔池。少量 CO_2 气体卷入内层氩气保护区，仍能保证富氩特性，保证稳定的喷射过渡特点。熔池在 CO_2 气体保护下凝固结晶，可以得到性能良好的焊接接头。采用内层 Ar，外层用纯 CO_2，而内外层流量比为 3∶7 的双层气流保护的焊接效果大致与 80% Ar + 20% CO_2 混合气体保护的效果相同，但是焊接成本却大幅度下降。

7.5　焊接参数

影响 GMAW 法焊缝熔深、焊道几何形状和焊接质量的焊接参数有：焊接电流（送丝速度）、极性、电弧电压（弧长）、焊接速度、焊丝伸出长度、焊丝倾角、焊接接头位置、焊丝直径、保护气体成分和流量。对于这些焊接参数的影响与控制的目的是为了获得质量良好的焊缝。这些焊接参数并不是完全独立的，改变某一个焊接参数就要求同时改变另一个或另一些焊接参数，以便获得所要求的结果。选择最佳的焊接参数需要较高的技能和丰富的经验。最佳焊接参数受母材成分、焊丝成分、焊接位置、质量要求等因素的影响。因此对于每一种情况，为获得最佳结果，焊接参数的搭配可能有几种方案，而不是唯一的一种。

1. 焊接电流

当所有其他参数保持恒定时，焊接电流与送丝速度或熔化速度以非线性关系变化。当送丝速度增加时，焊接电流也随之增大。碳钢焊丝的焊接电流与送丝速度之间的关系示于图 7-27。对每一种直径的焊丝，在低电流时的曲线接近于线性。可是在高电流时，特别是细焊丝时，曲线变为非线性。随着焊接电流的增大，熔化速度以更高的速度增加。这种非线性关系将继续增大。这是由于焊丝伸出长度的电阻热引起的。该曲线基本上符合式（7-3）。

如图 7-27 ~ 图 7-30 所示，当焊丝直径增加时（保持相同的送丝速度），要求更高的焊接电流。送丝速度与焊接电流的关系还受焊丝化学成分的影响。这一影响关系通过比较图 7-27 ~ 图 7-30 可以看出来。这些图分别为碳钢、铝、不锈钢和铜焊丝的曲线图。

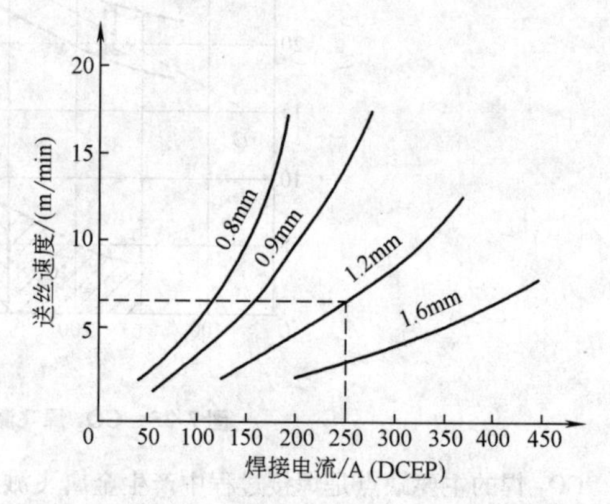

图 7-27　碳钢焊丝焊接电流与送丝速度的关系曲线

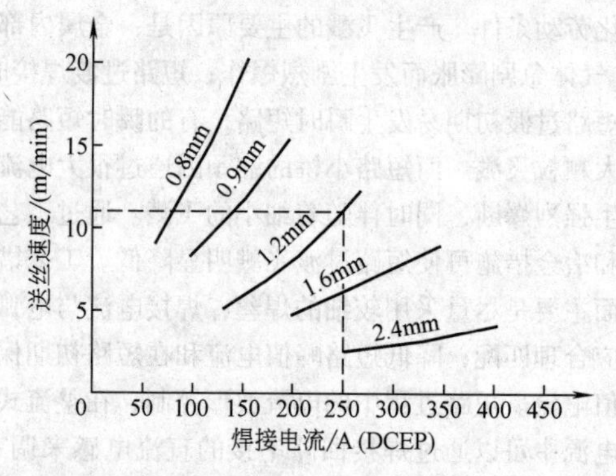

图 7-28　铝焊丝焊接电流与送丝速度关系曲线

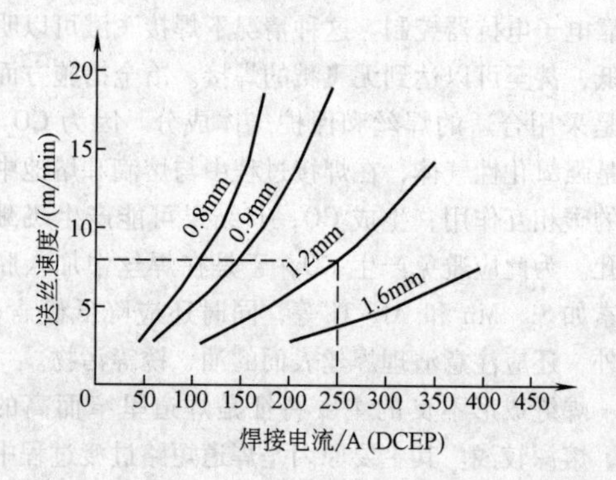

图 7-29　不锈钢焊丝焊接电流与送丝速度的关系曲线

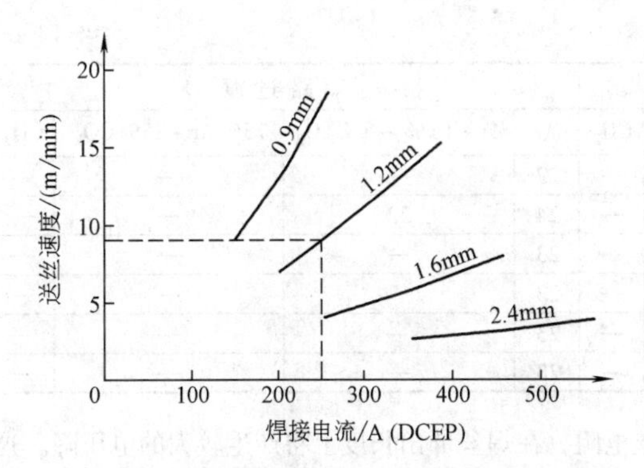

图 7-30　铜焊丝焊接电流与送丝速度的关系曲线

曲线不同位置的斜率是由于金属熔点和电阻的不同造成的，此外还与焊丝伸出长度有关。

当所有其他参数保持恒定，焊接电流（送丝速度）增加将引起如下的变化：

1）增加焊缝的熔深和熔宽。

2）提高熔敷率。

3）增大焊道的尺寸。

另外，脉冲喷射过渡焊是 GMAW 工艺的一种形式。这时脉冲电流的平均值可以在小于或等于连续直流焊的临界电流值以下得到射流过渡的特点。减小脉冲平均电流，则电弧力和焊丝熔敷率也减小，所以可用于全位置焊和薄板焊接。同样还可以用较粗的焊丝，在低电流下获得稳定的脉冲喷射过渡，从而有利于降低成本（如铝焊丝）。

2. 极性

极性的概念是用来描述焊枪与直流电源输出端子的电气连接方式。当焊枪接正极端子时表示为直流电极正（DCEP），称为反接。相反，当焊枪接负极端子时表示为直流电极负（DCEN），称为正接。GMAW 法大多采用 DCEP。这种极性时电弧稳定，熔滴过渡平稳，飞溅较小，焊缝成形较好，在较宽的电流范围内熔深较大。

DCEN 是很少采用的，因为不采取特殊的措施就不可能实现轴向喷射过渡。当采用 DCEN 时焊丝的熔敷率很高，但因熔滴过渡呈不稳定的大滴过渡形式，实际上难以采用。为此焊钢时向氩气保护气体中加入氧气超过 5%（要求向焊丝中加入脱氧元素补偿氧化烧损）或者使用含有电离剂的焊丝（增加了焊丝的成本）来改善熔滴过渡。在这两种情况下，熔敷率下降，而失去了改变极性的优越性，然而 DCEN 已在表面工程上得到一些应用。

在 GMAW 工艺中试图使用交流电，但总是不成功。电流的周期变化使其在交流过零时电弧熄灭，造成电弧不稳。尽管对焊丝进行处理后可以有一定改善，但却提高了成本。

3. 电弧电压（弧长）

电弧电压和弧长是常常被相互替代的两个术语。需要指出的是，尽管这两个术语相关，却是不同的。对于 GMAW，弧长的选择范围很窄，必须小心地控制。例如在 MIG 焊喷射过渡工艺中，如果弧长太短，就会造成瞬时短路。这将对气体保护效果有影响。由于空气卷入而易生成气孔或吸收氮而使焊缝金属硬化。如果电弧过长易发生飘移，从而影响熔深与焊道的均匀性和气体的保护效果。在 CO_2 潜弧焊时，当弧长过长难以下潜，而引起电弧对焊丝端头熔滴的排斥，并产生飞溅。如果弧长过短，焊丝端部与熔池短路而引起不稳定，引起较大的飞溅和不良的焊缝成形。

弧长是一个独立的焊接参数，而电弧电压却不同，电弧电压不但与弧长有关，而且还与焊丝成分、焊丝直径、保护气体和焊接技术有关。此外，电弧电压是在电源的输出端子上测量的，所以它还包括焊接电缆长度和焊丝伸出长度的电压降。

当其他参数保持不变时，电弧电压与弧长呈正比关系。尽管弧长应加以控制，但是电弧电压却是一个较易测量的焊接参数。因此在实际焊接生产中一般都要求给出电弧电压值。电弧电压的给定值决定于焊丝材料、保护气体和熔滴过渡形式等，典型的参数值列于表 7-7。

表 7-7　各种金属 GMAW 焊典型电弧电压　（单位：V）

金属材料	喷射过渡(焊丝直径 1.6mm)					短路过渡			
	Ar	He	25% Ar + 75% He	Ar + (1% ~5%) O_2	CO_2	Ar	Ar + (1% ~5%) O_2	75% Ar + 25% CO_2	CO_2
Al	25	30	29	—	—	19	—	—	—
Mg	26	—	28	—	—	16	—	—	—
碳钢	—	—	—	28	30	17	18	19	20
低合金钢	—	—	—	28	30	17	18	19	20
不锈钢	24	—	—	26	—	18	19	21	—
镍	26	30	28	—	—	22	—	—	—
镍铜合金	26	30	28	—	—	22	—	—	—

（续）

金属材料	喷射过渡（焊丝直径1.6mm）					短路过渡			
	Ar	He	25%Ar+75%He	Ar+(1%~5%)O_2	CO_2	Ar	Ar+(1%~5%)O_2	75%Ar+25%CO_2	CO_2
镍铬合金	26	30	28	—	—	22	—	—	—
铜	30	36	33	—	—	24	22	—	—
铜镍合金	28	32	30	—	—	23	—	—	—
硅青铜	28	32	30	28	—	23	—	—	—
铝铜	28	32	30	—	—	23	—	—	—
青铜	28	32	30	23	—	23	—	—	—

在确定电弧电压之前，必须通过实验进行选择，以便得到最适应的焊缝性能和焊道成形。在电流一定的情况下，当电弧电压增加时焊道宽而平坦，电压过高时，将会产生气孔、飞溅和咬边。当电弧电压降低时，将会使焊道变得窄而高，熔深减小，电压过低时产生焊丝插桩现象。

4. 焊接速度

焊接速度是指电弧沿焊接工件移动的线速度。其他条件不变时，中等焊接速度时熔深最大，焊接速度降低时，则单位长度焊缝上的熔敷金属量增加。在很慢的焊接速度时，焊接电弧直接冲击熔池，而不是母材。这样会降低有效熔深。焊道也将加宽。

相反，焊接速度提高时，在单位长度焊缝上尽管电弧传给母材的热量减少，但是由于电弧能排斥熔池金属和直接作用于熔池底部的母材上，使其受热增加。但是当进一步提高焊速，使在单位长度焊缝上向母材过渡的热能减少。再提高焊接速度就产生咬边倾向。其原因是高速焊接时熔池中的液态金属温度分布不均匀性更大，而使液态金属的表面张力差异增大，促使焊趾处的液态金属向焊缝中心聚集。当焊接速度更高时，还会产生驼峰焊道，这是因为液体金属熔池较长而发生失稳的结果。

5. 焊丝伸出长度

焊丝伸出长度是指导电嘴端头到焊丝端头之间的距离，如图7-31所示。随着焊丝伸出长度的增加，焊丝的电阻也增大。电阻热引起焊丝的温度升高，同时也引起少许增大焊丝的熔化率。另一方面，增大焊丝电阻，在焊丝伸出长度上将产生较大的电压降。这一现象传感到电源，就会通过降低电流加以补偿。于是焊丝熔化率也立即降低，使得电弧的物理长度变短。这样一来将获得窄而高的焊道。当焊丝伸出长度过大时，将使焊丝的指向性变差，焊道成形恶化。短路过渡时合适的焊丝伸出长度是6~13mm；其他熔滴过渡形式为13~25mm。

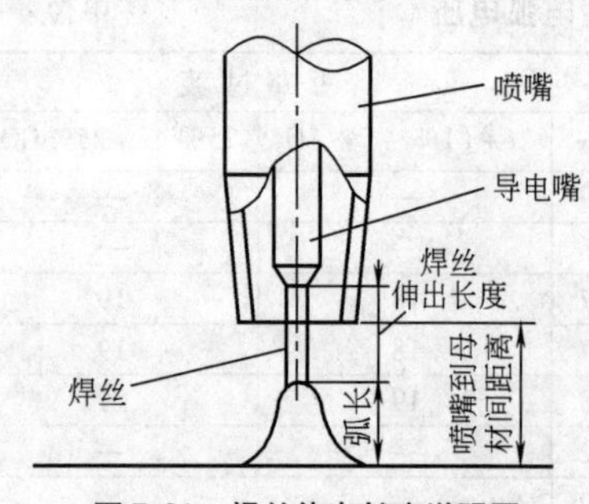

图7-31　焊丝伸出长度说明图

6. 焊枪角度

就像所有的电弧焊方法一样，焊枪相对于焊接接头的方向影响着焊道的形状和熔深。这种影响比电弧电压或焊接速度的影响还要大。焊枪角度可用下述两个方面来描述：焊丝轴线相对于焊接方向之间的角度（行走角）和焊丝轴线和相邻工作表面之间的角度（工作角）。当焊丝指向焊接方向的相反方向时，称为右焊法；当焊丝指向焊接方向时，称为左焊法。焊枪（焊丝）角度和它对焊道成形的影响示于表7-8。

表7-8　焊枪倾角

	左焊法	右焊法
焊枪角度	10°~15° 焊接方向	10°~15° 焊接方向
焊道断面形状		

当其他焊接条件不变时，焊丝从垂直变为左焊法时，熔深减小而焊道变为较宽和较平。在平焊位置采用右焊法时，熔池被电弧力吹向后方，因此电弧能直接作用在母材上，而获得较大熔深，焊道变为窄而凸起，电弧较稳定，飞溅较小。对于各种焊接位置，焊丝的倾角大多选在10°~15°范围内，这时可实现对熔池良好的控制和保护。

对某些材料（如铝）多采用左焊法，该法可提供良好的清理作用，熔池在电弧力作用下，熔化金属被吹向前方，促进了熔化金属对母材的润湿作用和减少氧化。另外在半自动焊时，采用左焊法容易观察到焊接接头位置，便于确定焊接方向。

在焊接水平角焊缝时，焊丝轴线应与水平面呈45°角（工作角），如图7-32所示。

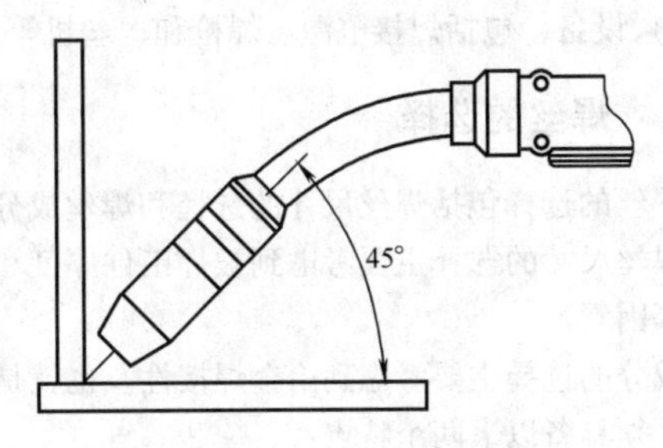

图7-32　焊接角焊缝的工作角

7. 焊接接头位置

焊接结构的多样化，决定了焊接接头位置的多样化，如有平焊、仰焊和立焊，而立焊还有向上立焊和向下立焊等。为了焊接不同位置的焊缝，不仅要考虑到GMAW法的熔滴过渡特点，而且还要考虑到熔池的形成和凝固特点。

对于平焊和横焊位置的焊接，可以使用任何一种GMAW技术，如喷射过渡法和短路过渡法都可以得到良好的焊缝。而对于全位置焊却不然，虽然喷射过渡法可以将熔化的焊丝金属过渡到熔池中去，但因电流较大，而形成较大的熔池，从而使熔池难以在仰焊和向上立焊位置上保持，常常引起熔池铁液流失。这时就必须考虑到小熔池容易保持的特点，所以只有采用低能量的脉冲或短路过渡的GMAW工艺才可能。同样道理，为克服重力对熔池金属的作用，在立焊和仰焊位置时，总是使用直径小于1.2mm的细焊丝和采用脉冲射流过渡或短路过渡。这些低热输入方法可使熔池较小，凝固较快。向下立焊和向上立焊不同，这时熔池金属向下流淌，有利于以较大电流配合较高速度焊接薄板。

平焊缝使用射流过渡可以得到比较均匀的焊缝。它与平角焊缝相比，不易产生咬边。

在平焊位置焊接时，当工件表面（即焊缝轴线）与水平构成不同倾角时，将会影响焊道形状、熔深和焊接速度。这种情况下，不论是焊枪移动还是工件移动，其影响是相同的。

如果将焊缝轴线与水平面呈15°角摆放，进行下坡焊时，即使采用在平焊位置时易产生过大余高的焊接参数，也可以得到焊缝余高较小的焊缝。并且在下坡焊时，可使用较快的焊接速度和降低熔深，这对焊接薄板有利。

下坡焊影响焊道余高形状和熔深大小如图7-33a所示。焊接熔池金属可能流到焊丝的前面，对母材产生预热作用，类似于左焊法，得到宽而浅的焊缝。随着倾斜角度的增大，焊缝中心表面下陷，熔深降低，而熔宽增大。对于铝材不推荐下坡焊技术，因为液体金属超前较多，而削弱了清理作用和保护效果。

上坡焊对焊道余高形状和熔深大小的影响如图7-33b所示，由于重力作用引起焊接熔池金属向后流，并落在电弧的后面。电弧可以直接加热母材金属，而增大焊缝的熔深，同时熔池两侧的液体金属向中心集中。随着倾角的增加，这一影响进一步增强，使得焊缝的熔深和余高都增大，而熔宽减小。这些影响与下坡焊时所产生的影响正好相反。

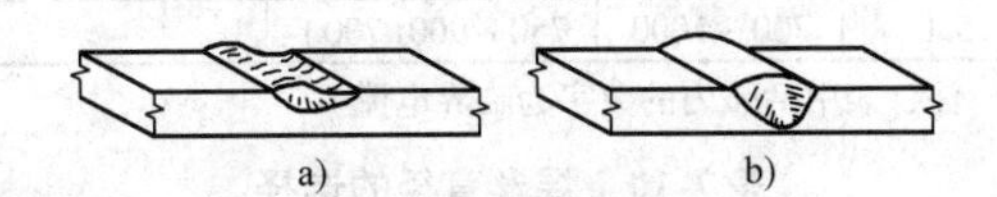

图7-33　工件倾角对焊道形状的影响
a）下坡焊　b）上坡焊

在上坡焊时，随着工件倾角增大，必将降低最大的可用焊接电流。

8. 焊丝尺寸

对每一种成分和直径的焊丝都有一定的可用电流范围。GMAW工艺中所用的焊丝直径为ϕ0.4～ϕ5mm范围内。通常半自动焊多用ϕ0.4～ϕ1.6mm较细的焊丝，而自动焊常采用ϕ1.6mm以上的较粗焊丝。

各种直径焊丝的适用电流范围见表7-9。可见，细丝使用的电流较小，而粗丝使用的电流较大。ϕ1.0mm以下的细丝使用的电流范围较窄，主要采用短路过渡形式，而较粗焊丝使用的电流范围较宽。如ϕ1.0～ϕ1.6mm焊丝CO_2焊的熔滴过渡形式可以采用短路过渡和潜弧状态下的喷射过渡。ϕ2mm以上的粗丝CO_2焊却基本采用潜弧状态下的射滴或射流过渡。MAG焊时ϕ1.0mm以下的细焊丝也是以短路过渡为主，较粗焊丝以射流过渡为主，其使用电流均大于临界电流。同时还可以采用脉冲MAG焊。因此细丝不但可用于平焊，还可以用于全位置焊，而粗丝只能用于平焊。在使用脉冲MAG焊时，可以用较粗的焊丝进行全位置焊，见表7-10。表中还列出了各种直径焊丝适用的板厚范围和焊缝位置。细丝主要用于薄板和任意位置焊接，采用短路过渡和脉冲MAG焊。而粗丝多用于厚板，平焊位置，以提高焊接熔敷率和增加熔深。

9. 保护气体

各种保护气体的特性和它们对焊缝质量及电弧特性的影响将在本章材料部分进行详细讨论。

表7-9 不同直径焊丝的电流范围

焊丝直径/mm	CO_2 焊电流范围/A	MAG 焊	
		直流电流范围/A	脉冲电流范围/A(平均值)
0.4	—	20~70	—
0.6	40~90	25~90	—
0.8	50~120	30~120	—
1.0	70~180	50~300(260)	—
1.2	80~350	60~440(320)	60~350
1.6	140~500	120~550(360)	80~500
2.0	200~550	450~650(400)	—
2.5	300~650	—	—
3.0	500~750	—	—
4.0	600~850	650~800(630)	—
5.0	700~1000	750~900(700)	—

注：表中括弧内的数字为临界电流。

表7-10 焊丝直径的选择

焊丝直径/mm	熔滴过渡形式	可焊板厚/mm	焊缝位置
0.5~0.8	短路过渡 射滴过渡 脉冲射滴过渡	0.4~3.2 2.5~4 —	全位置 水平 —
1.0~1.4	短路过渡 射滴过渡(CO_2) 射流过渡(MAG焊) 脉冲射滴过渡	2~8 2~12 >6 2~9	全位置 水平 水平 全位置
1.6	短路过渡 射滴过渡(CO_2) 射流过渡(MAG焊) 脉冲射滴过渡(MAG焊)	3~12 >8 >8 >3	全位置 水平 水平 全位置
2.0~5.0	射滴过渡(CO_2) 射流过渡(MAG焊) 脉冲射滴过渡(MAG焊)	>10 >10 >6	水平 水平 水平

7.6 熔化极气体保护电弧焊的应用

熔化极气体保护电弧焊已广泛应用于各类金属和各类结构中。为了成功地应用这种方法，必须正确地确定以下条件：

1）焊丝成分、尺寸和包装方法。

2）保护气体种类和流量。

3）焊接参数，包括焊接电流、电弧电压、焊接速度和熔滴过渡形式。

4）焊接接头形式设计。

5）设备，包括焊接电源、焊枪和送丝机等。

7.6.1 焊丝的选择

焊丝的选择包括焊丝尺寸的选择和焊丝成分的选择。焊丝尺寸的选择主要考虑到被焊工件厚度和焊接位置等因素。

成分的选择主要考虑到冶金焊接性。也就是焊缝金属必须具备以下两个特点：

1）焊缝金属应与母材的力学和物理性能良好地匹配，或者具有更好的性能，如耐蚀性或耐磨性。

2）焊缝应是致密的和无缺陷的。前者，焊缝金属即使成分与母材接近，但其金相特点可能完全不同，这取决于焊接热输入和焊道成形。后者却要求焊丝中加入一定的脱氧剂。

7.6.2 保护气体的选择

熔化极气体保护电弧焊的保护气体是惰性气体（如Ar、He）、活性气体（如CO_2）或者是二者的混合气体。向氩气中加入氧气、二氧化碳气有时还加入氦气，其目的是为了获得理想的电弧特性和焊道几何形状。

保护气体的选择首先应考虑到基本金属的种类，其次是根据熔滴过渡类型。对于各种母材金属，在喷射过渡时最常用的保护气体列于表7-5，而短路过渡时常用的保护气体列于表7-6。

7.6.3 焊接参数的设定

焊接参数（如焊接电流、电弧电压、焊接速度、保护气体流量和焊丝伸出长度等）的选择是比较困难的，因为各种焊接参数不是孤立的，而是相互影响的。焊接参数都要通过大量的反复实验进行确定。各种金属材料的典型焊接参数列于表7-11~表7-25。这些并不是唯一的，如果改变某一参数，则其他焊接参数也必须加以修正，而成为一组新的焊接参数。

表7-11 钢的半自动和自动 CO_2 焊的焊接参数（对接接头）

母材厚度/mm	坡口形式	焊接位置	有无垫板	焊丝直径/mm	坡口或坡口面角度/(°)	底层间隙/mm	钝边/mm	底层半径/mm	焊接电流/A	电弧电压/V	气体流量/(L/min)	自动焊焊接速度/(m/h)
1.0~2.0	I	平	无	0.5~1.2	—	0~0.5	—	—	35~120	17~21	6~12	18~35
			有	0.5~1.2	—	0~1.0	—	—	40~150	18~23	6~12	18~30
		立	无	0.5~0.8	—	0~0.5	—	—	35~100	16~19	8~15	—
			有	0.5~1.0	—	0~1.0	—	—	35~100	16~19	8~15	—

（续）

母材厚度/mm	坡口形式	焊接位置	有无垫板	焊丝直径/mm	坡口或坡口面角度/(°)	底层间隙/mm	钝边/mm	底层半径/mm	焊接电流/A	电弧电压/V	气体流量/(L/min)	自动焊焊接速度/(m/h)
2.0~4.5	I	平	无	0.8~1.2	—	0~2.0	—	—	100~230	20~26	10~15	20~30
			有	0.8~1.6	—	0~2.5	—	—	120~260	21~27	10~15	20~30
		立	无	0.8~1.0	—	0~1.5	—	—	70~120	17~20	10~15	—
			有	0.8~1.0	—	0~2.0	—	—	70~120	17~20	10~15	—
5.0~9.0	I	平	无	1.2~1.6	—	1.0~2.0	—	—	200~400	23~40	15~25	20~42
			有	1.2~1.6	—	1.0~3.0	—	—	250~420	26~41	15~25	18~35
10~12	I	平	无	1.6	—	1.0~2.0	—	—	350~450	32~43	20~25	20~42
5~60	V	平	无	1.2~1.6	45~60	0~2.0	0~5.0	—	200~450	23~43	15~25	20~42
			有	1.2~1.6	30~50	4.0~7.0	0~3.0	—	250~450	26~43	20~25	18~35
		立	无	0.8~1.2	45~60	0~2.0	0~3.0	—	100~150	17~21	10~15	—
			有	0.8~1.2	35~50	4.0~7.0	0~2.0	—	100~150	17~21	10~15	—
		横	无	1.2~1.6	40~50	0~2.0	0~5.0	—	200~400	23~40	15~25	—
			有	1.2~1.6	30~50	4.0~7.0	0~3.0	—	250~400	26~40	20~25	—
	V	平	无	1.2~1.6	45~60	0~2.0	0~5.0	—	200~450	23~43	15~25	20~42
			有	1.2~1.6	35~60	2~6.0	0~3.0	—	250~450	26~43	20~25	18~35
		立	无	0.8~1.2	45~60	0~2.0	0~3.0	—	100~150	17~21	10~15	—
			有	0.8~1.2	35~60	3.0~7.0	0~2.0	—	100~150	17~21	10~15	—
10~100	K	平	无	1.2~1.6	40~60	0~2.0	0~5.0	—	200~450	23~43	15~25	20~42
		立	无	0.8~1.2	45~60	0~2.0	0~3.0	—	100~150	17~21	10~15	—
		横	无	1.2~1.6	45~60	0~3.0	0~5.0	—	200~400	23~40	15~25	—
	双面V	平	无	1.2~1.6	45~60	0~2.0	0~5.0	—	200~450	23~43	15~25	20~42
		立	无	1.0~1.2	45~60	0~2.0	0~3.0	—	100~150	19~21	10~15	—
20~60	U	平	无	1.2~1.6	10~12	0~2.0	2.0~5.0	8.0~10	200~450	23~43	20~25	20~42
40~100	双U	平	无	1.2~1.6	10~12	0~2.0	2.0~5.0	8.0~10	200~450	23~43	20~25	20~42

表7-12　钢的半自动焊和自动 CO_2 焊的焊接参数（T形接头）

母材厚度/mm	坡口形式	焊接位置	有无垫板	焊丝直径/mm	坡口或坡口面角度/(°)	底层间隙/mm	钝边/mm	焊接电流/A	电弧电压/V	气体流量/(L/min)	自动焊焊接速度/(m/h)
1.0~2.0	I	平	无	0.5~1.2	—	0~0.5	—	40~120	18~21	6~12	18~35
		立	无	0.5~1.2	—	—	—	40~120	18~21	6~12	—
		横	无	0.5~0.8	—	—	—	35~100	16~19	6~12	—
2.0~4.5	I	平	无	0.8~1.6	—	0~1.0	—	100~230	20~26	10~15	20~30
		立	无	0.8~1.0	—	—	—	70~120	17~20	10~15	—
		横	无	0.8~1.6	—	—	—	100~230	20~26	10~15	—
5.0~6.0	I	平	无	0.8~1.6	—	0~2.0	—	200~450	23~43	15~25	20~42
		立	无	0.8~1.2	—	0~2.0	—	100~150	17~21	10~15	—
		横	无	0.8~1.6	—	0~2.0	—	200~450	23~43	15~25	—
50~60	V	平	无	1.2~1.6	40~60	0~2.0	0~5.0	200~450	23~43	15~25	20~42
			有	1.2~1.6	30~50	4.0~7.0	0~3.0	250~450	26~43	20~25	18~35
		立	无	0.8~1.2	45~60	0~2.0	0~5.0	100~150	17~21	10~15	—
			有	0.8~1.2	35~50	4.0~7.0	0~2.0	100~150	17~21	10~15	—
		横	无	1.2~1.6	40~50	0~2.0	0~5.0	200~400	23~40	15~25	—
			有	1.2~1.6	30~50	4.0~7.0	0~3.0	250~400	26~40	20~25	—
10~100	K	平	无	1.2~1.6	45~60	0~2.0	0~5.0	200~450	23~43	15~25	20~42
		立	无	0.8~1.2	45~60	0~2.0	0~3.0	100~150	17~21	10~15	—
		横	无	1.2~1.6	45~60	0~3.0	0~5.0	200~400	23~40	15~20	

表7-13 钢的半自动和自动 CO_2 焊的焊接参数（角接接头）

母材厚度/mm	坡口形式	焊接位置	有无垫板	焊丝直径/mm	坡口或坡口面角度/(°)	底层间隙/mm	钝边/mm	焊接电流/A	电弧电压/V	气体流量/(L/min)	自动焊焊接速度/(m/h)
1~2	I	平	无	0.5~1.2	—	0~0.5	—	40~120	18~21	6~12	20~35
		立	无	0.5~0.8	—		—	35~80	16~18	6~12	—
		横	无	0.5~1.2	—		—	40~120	18~21	6~12	—
2~4.5	I	平	无	0.8~1.6	—	0~1.5	—	100~230	20~26	10~15	20~30
		立	无	0.8~1.0	—		—	70~120	17~20	10~15	—
		横	无	0.8~1.6	—		—	100~230	20~26	10~15	—
5~30	I	平	无	0.8~1.6	—	0~2.0	—	200~450	23~43	20~25	20~42
		立	无	0.8~1.2	—	0~1.0	—	100~150	17~21	10~15	—
		横	无	0.8~1.6	—	0~2.0	—	200~400	23~40	15~25	—
5~60	V	平	无	1.2~1.6	45~60	0~2.0	0~3.0	200~450	23~43	15~25	20~42
			有	1.2~1.6	30~50	2.0~7.0	0~3.0	200~450	26~43	20~25	18~35
		立	无	0.8~1.2	45~60	0~2.0	0~3.0	100~150	17~21	10~15	—
			有	0.8~1.2	35~50	4.0~7.0	0~2.0	100~150	17~21	10~15	—
		横	无	1.2~1.6	40~50	0~2.0	0~5.0	200~400	23~40	15~25	—
			有	1.2~1.6	30~50	2.0~7.0	0~3.0	250~400	26~40	20~25	—
	V	平	无	1.2~1.6	45~60	0~2.0	0~5.0	200~450	23~40	15~25	20~42
			有	1.2~1.6	35~60	2.0~6.0	0~3.0	250~450	26~43	20~25	18~35
		立	无	0.8~1.2	45~60	0~2.0	0~3.0	100~150	17~21	10~15	—
			有	0.8~1.2	35~60	3.0~7.0	0~2.0	100~150	17~21	10~15	—
10~100	K	平	无	1.2~1.6	40~60	0~2.0	0~5.0	200~450	23~43	15~25	20~42
		立	无	0.8~1.2	40~60	0~2.0	0~3.0	100~150	17~21	10~15	—
		横	无	1.2~1.6	40~60	0~3.0	0~5.0	200~400	23~40	15~25	—

表7-14 钢的 MAG 焊的焊接参数（短路过渡）

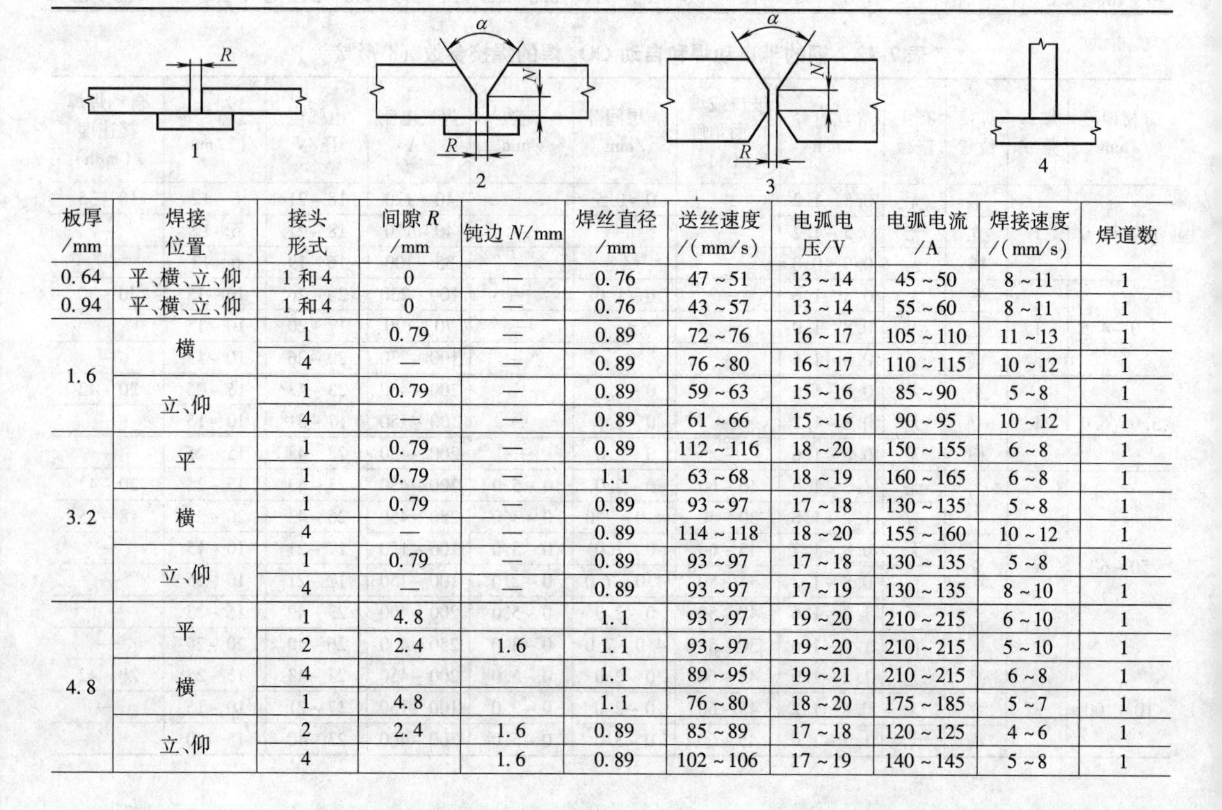

板厚/mm	焊接位置	接头形式	间隙 R/mm	钝边 N/mm	焊丝直径/mm	送丝速度/(mm/s)	电弧电压/V	电弧电流/A	焊接速度/(mm/s)	焊道数
0.64	平、横、立、仰	1和4	0	—	0.76	47~51	13~14	45~50	8~11	1
0.94	平、横、立、仰	1和4	0	—	0.76	43~57	13~14	55~60	8~11	1
1.6	横	1	0.79	—	0.89	72~76	16~17	105~110	11~13	1
		4	—	—	0.89	76~80	16~17	110~115	10~12	1
	立、仰	1	0.79	—	0.89	59~63	15~16	85~90	5~8	1
		4	—	—	0.89	61~66	15~16	90~95	10~12	1
3.2	平	1	0.79	—	0.89	112~116	18~20	150~155	6~8	1
		1	0.79	—	1.1	63~68	18~19	160~165	6~8	1
	横	1	0.79	—	0.89	93~97	17~18	130~135	5~8	1
		4	—	—	0.89	114~118	18~20	155~160	10~12	1
	立、仰	1	0.79	—	0.89	93~97	17~18	130~135	5~8	1
		4	—	—	0.89	93~97	17~19	130~135	8~10	1
4.8	平	1	4.8	—	1.1	93~97	19~20	210~215	6~10	1
		2	2.4	1.6	1.1	93~97	19~20	210~215	5~10	1
	横	4	2.4	—	1.1	89~95	19~21	210~215	6~8	1
		1	4.8	—	1.1	76~80	18~20	175~185	5~7	1
	立、仰	2	2.4	1.6	0.89	85~89	17~18	120~125	4~6	1
		4		1.6	0.89	102~106	17~19	140~145	5~8	1

（续）

板厚/mm	焊接位置	接头形式	间隙 R/mm	钝边 N/mm	焊丝直径/mm	送丝速度/(mm/s)	电弧电压/V	电弧电流/A	焊接速度/(mm/s)	焊道数
6.4	平	2	2.4		1.1	99~104	20~21	220~225	5~7	2
	横	2	2.4	1.6	1.1	180~190	18~20	175~185	3~5	2
		4			1.1	235~245	20~21	220~225	3~5	1
	立、横	2	2.4	1.6	0.89	85~89	17~18	120~125	2~3	2
		4			0.89	102~106	18~19	140~145	5~7	2
	仰	4			0.89	93~97	17~19	130~135	2~3	1
9.5	横	2	2.4	1.6	1.1	76~80	18~20	175~185	5~7	4
		4			1.1	99~104	20~21	220~225	3~5	2
	立	2	2.4	1.6	0.89	114~118	19~20	150~155	5~8	2
		4			0.89	114~118	19~20	150~155	2~3	2
	仰	4 和 2	2.4	1.6	0.89	123~127	19~21	165~175	4~6	3
12.7	横	3	2.4	1.6	1.1	76~80	18~20	175~185	3~5	4
		4			1.1	99~104	20~21	220~225	5~7	4
	立	3	2.4	1.6	0.89	114~118	19~20	150~155	3~4	4
		4			0.89	114~118	19~20	150~155	5~7	2
	仰	4 和 2	2.4	1.6	0.89	123~127	19~21	165~175	3~5	5

注：坡口角度 $\alpha=45°\sim60°$，气体流量 =16~20L/min，Ar+25% CO_2（体积分数）或 Ar+50% CO_2（体积分数）。

表 7-15　钢的 MAG 焊的焊接参数（射流过渡）

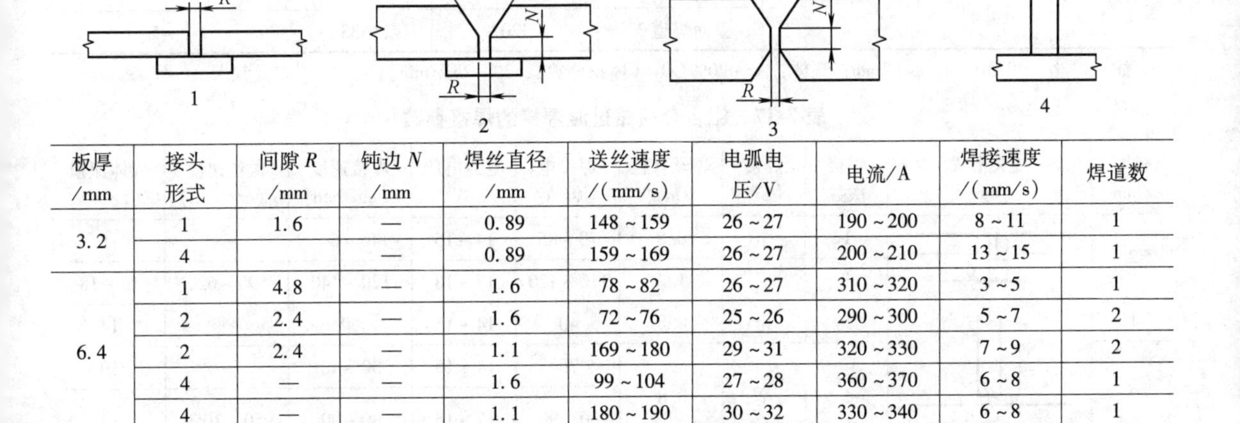

板厚/mm	接头形式	间隙 R/mm	钝边 N/mm	焊丝直径/mm	送丝速度/(mm/s)	电弧电压/V	电流/A	焊接速度/(mm/s)	焊道数
3.2	1	1.6	—	0.89	148~159	26~27	190~200	8~11	1
	4		—	0.89	159~169	26~27	200~210	13~15	1
6.4	1	4.8	—	1.6	78~82	26~27	310~320	3~5	1
	2	2.4	—	1.6	72~76	25~26	290~300	5~7	2
	2	2.4	—	1.1	169~180	29~31	320~330	7~9	2
	4	—	—	1.6	99~104	27~28	360~370	6~8	1
	4	—	—	1.1	180~190	30~32	330~340	6~8	1
9.5	2	2.4	—	1.6	91~95	26~27	340~350	5~7	2
	3	1.6	2.4	1.1	154~163	29~30	300~310	5~7	2
	3	1.6	2.4	1.6	72~76	25~26	290~300	4~6	2
	4	—	—	1.6	87~91	26~27	300~340	4~6	2
12.7	2	—	—	1.6	82~89	26~27	320~330	7~9	4
	3	1.6	2.4	1.6	78~82	26~27	310~320	7~9	4
	4	—	—	1.6	99~104	27~28	360~370	6~8	3
15.9	3	1.6	2.4	1.6	82~89	26~27	320~330	5~8	4
	4	—	—	1.6	91~95	27~28	340~350	5~8	4
19.1	3	1.6	2.4	1.6	82~89	26~27	320~330	5~7	4
	4	—	—	1.6	99~104	27~28	360~370	4~6	6

注：$\alpha=45°\sim60°$，气体：气体流量 20~25L/min，Ar+8% CO_2（体积分数）或 Ar+5% O_2（体积分数）。

表 7-16 钢的脉冲 MAG 焊的焊接参数（对接接头）

板厚/mm	坡口形式	焊道号	电流/A	电弧电压/V	焊接速度/(cm/min)
6	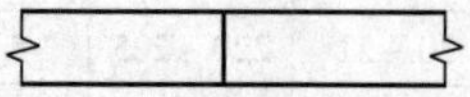	1	170	26	30
		2	180	27	30
9	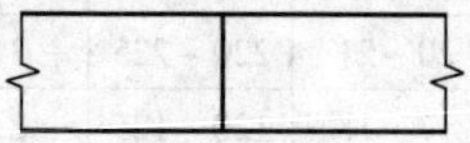	1	270	30	30
		2	290	31	30
12	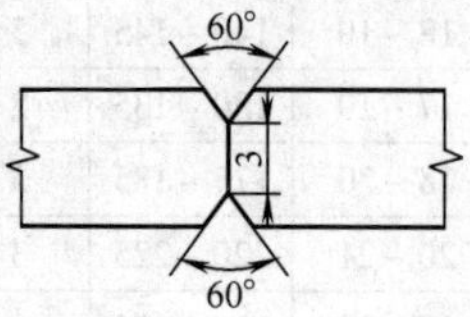 60°，3，60°	1	280	31	40
		2	330	34	40
19	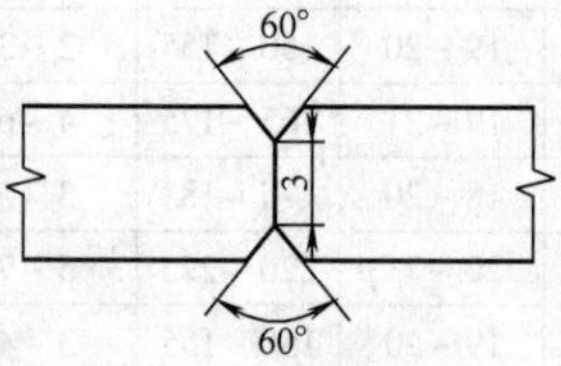 60°，3，60°	底层焊道1	300	32	45
		底层焊道2	300	32	45
		盖面焊道1′	340	33	45
		盖面焊道2′	280	31	45
25	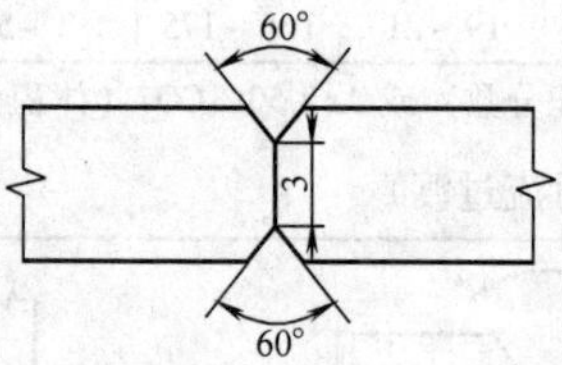 60°，3，60°	底层焊道1	300	32	45
		底层焊道2	320	33	45
		底层焊道3	320	33	45
		盖面焊道1′	340	33	45
		盖面焊道2′	320	33	45
		盖面焊道3′	320	33	45

注：焊丝：H08Mn2Si，ϕ1.2mm；气体：Ar+20% CO_2（体积分数），20~25L/min。

表 7-17 铝合金短路过渡焊接的焊接参数

板厚/mm	接头形式/mm	焊接次数	焊接位置	焊丝直径/mm	焊接电流/A	电弧电压/V	焊接速度/(cm/min)	送丝速度/(cm/min)	气体流量/(L/min)
2	 0~0.5	1	全	0.8	70~85	14~15	40~60	—	15
		1	平	1.2	110~120	17~18	120~140	590~620	15~18
1	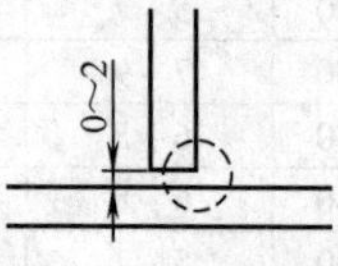 0~2	1	全	0.8	40	14~15	50	—	14
2		1	全	0.8	70	14~15	30~40	—	10
					80~90	17~18	80~90	950~1050	14

表 7-18 铝合金喷射过渡及亚射流过渡焊接的焊接参数

板厚/mm	坡口尺寸/mm	焊道顺序	焊接位置	焊丝直径/mm	电流/A	电压/V	焊接速度/(cm/min)	送丝速度/(cm/min)	氩气流量/(L/min)	备注
6	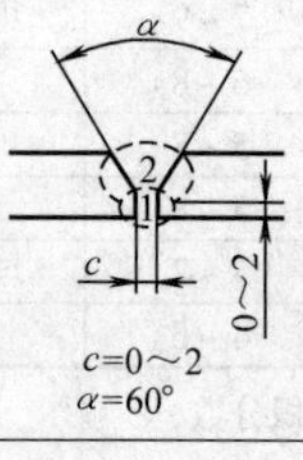 c=0~2 α=60°	1	水平	1.6	200~250	24~27 (22~26)	40~50	590~770 (640~790)	20~24	使用垫板
		1	横、立			23~26		500~560		
		2(背)	仰		170~190	(21~25)	60~70	(580~620)		

（续）

板厚/mm	坡口尺寸/mm	焊道顺序	焊接位置	焊丝直径/mm	电流/A	电压/V	焊接速度/(cm/min)	送丝速度/(cm/min)	氩气流量/(L/min)	备注
8	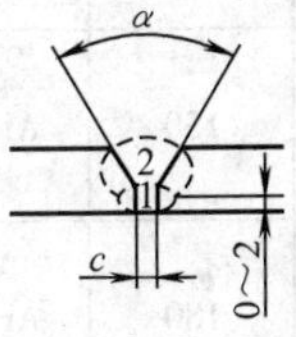 $c=0\sim2$ $\alpha=60°$	1 2	水平	1.6	240~290	25~28 (23~27)	45~60	730~890 (750~1000)	20~24	使用垫板、仰焊时增加焊道数
		1 2 3~4	横 立 仰		190~210	24~28 (22~23)	60~70	560~630 (620~650)		
12	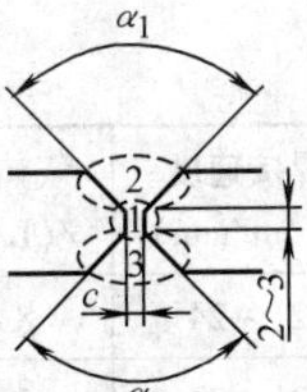 $c=1\sim3$ $\alpha_1=60°\sim90°$ $\alpha_2=60°\sim90°$	1 2 3(背)	水平	1.6或2.4	230~300	25~28 (23~27)	40~70	700~930 (750~1000) 310~410	20~28	仰焊时增加焊道数
		1 2 3 1~8(背)	横、立、仰	1.6	190~230	24~28 (22~24)	30~45	560~700 (620~750)	20~24	
16	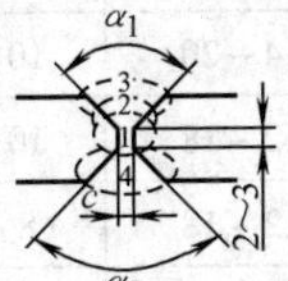 $c=1\sim3$ $\alpha_1=90°$ $\alpha_2=90°$	4道	水平	2.4	310~350	26~30	30~40	430~480	24~30	焊道数可适当增加或减少正反两面交替焊接，以减少变形
		4道	横立	1.6	220~250	25~28 (23~25)	15~30	660~770 (700~790)		
		10~12道	仰	1.6	230~250	25~28 (23~25)	40~50	700~770 (720~790)		
25	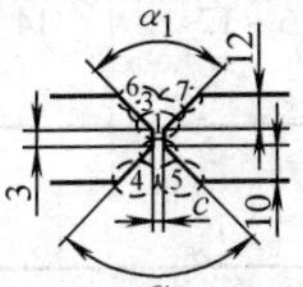 $c=2\sim3$ (7道时) $\alpha_1=90°$ $\alpha_2=90°$	6~7道	水平	2.4	310~350	26~30	40~60	430~480	24~30	
		6道	横立	1.6	220~250	25~28 (23~25)	15~30	660~770 (700~790)		
		约15道	仰	1.6	240~270	25~28 (23~26)	40~50	730~830 (760~860)		

表7-19 铝合金大电流焊接的焊接参数

板厚/mm	接头形式	坡口尺寸			层数	焊丝直径/mm	焊接电流/A	电弧电压/V	焊接速度/(cm/min)	气体流量/(L/min)	保护气体
		θ/(°)	a/mm	b/mm							
25	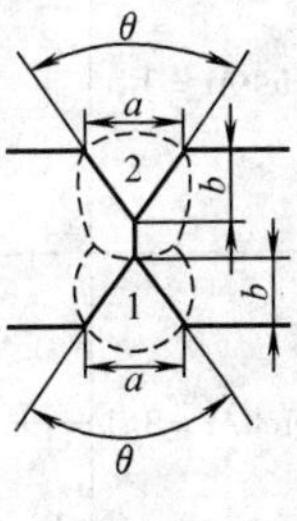	90	—	5	2	3.2	480~530	29~30	30	100	Ar
25		90	—	5	2	4.0	560~610	35~36	30	100	Ar+He
38		90	—	10	2	4.0	630~660	30~31	25	100	Ar
45		60	—	13	2	4.8	780~800	37~38	25	150	Ar+He
50		90	—	15	2	4.0	700~730	32~33	15	150	Ar
60		60	—	19	2	4.8	820~850	38~40	20	180	Ar+He

（续）

板厚 /mm	接头形式	坡口尺寸			层数	焊丝直径 /mm	焊接电流 /A	电弧电压 /V	焊接速度 /(cm/min)	气体流量 /(L/min)	保护气体
		θ/(°)	a/mm	b/mm							
50	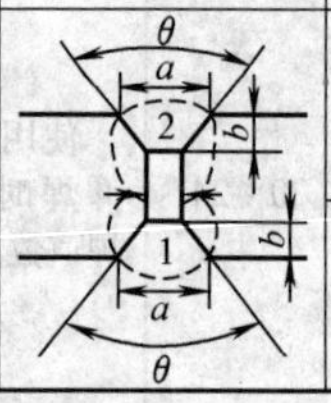 θ, a, b, 1, 2	60	30	9	2	4.8	760~780	37~38	20	150	Ar + He
60		80	40	12	2	5.6	940~960	41~42	18	180	Ar + He

注：保护气体为 Ar + He 时，内喷嘴 50% Ar + 50% He（体积分数），外喷嘴 100% Ar（体积分数）。

表 7-20　铝合金脉冲熔化极惰性气体保护电弧焊的焊接参数

板厚 /mm	接头形式	焊接位置	焊丝直径 /mm	焊接电流 /A	电弧电压 /V	焊接速度 /(cm/min)	气体流量 /(L/min)
3	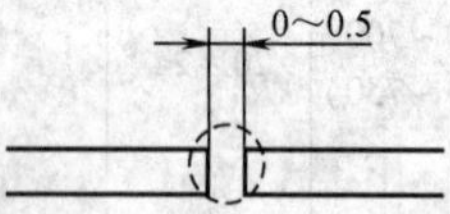 0~0.5	水平	1.4~1.6	70~100	18~20	21~24	8~9
		横	1.4~1.6	70~100	18~20	21~24	13~15
		立(下向)	1.4~1.6	60~80	17~18	21~24	8~9
		仰	1.2~1.6	60~80	17~18	18~21	8~10
4~6	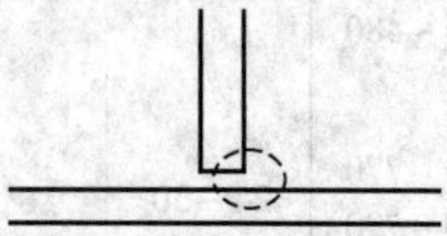	水平	1.6~2.0	180~200	22~23	14~20	10~12
		立(上向)	1.6~2.0	150~180	21~22	12~18	10~12
		仰	1.6~2.0	120~180	20~22	12~18	8~12
14~25	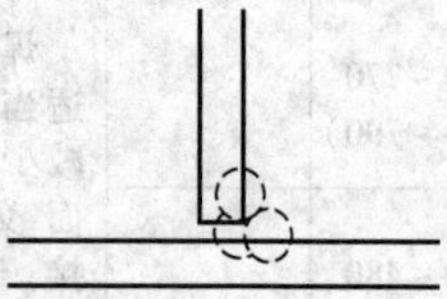	立(上向)	2.0~2.5	220~230	21~24	6~15	12~25
		仰	2.0~2.5	240~300	23~24	6~12	14~26

表 7-21　铜的喷射过渡熔化极惰性气体保护焊的焊接参数

板厚 /mm	坡口尺寸 /mm	焊丝直径 /mm	层数	预热温度 /℃	焊接电流 /A	焊接速度/ (cm/min)	送丝速度/ (cm/min)	保护气体	气体流量 /(L/min)
≤4.8	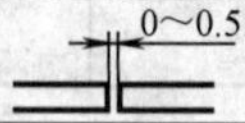 0~0.5	1.2	1~2	38~93	180~250	35~50	450~787	Ar	15
6.4	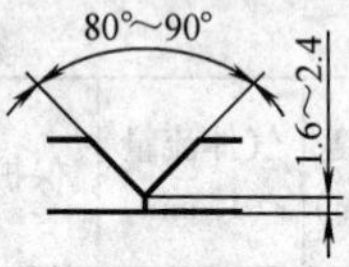 80°~90°, 1.6~2.4	1.6	1~2	93	250~325	24~25	375~525	He: Ar = 3: 1	23
12.5	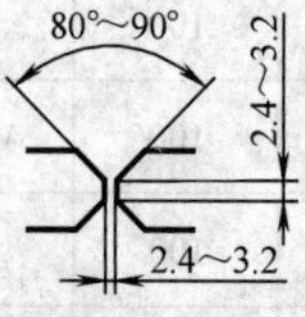 80°~90°, 2.4~3.2, 2.4~3.2	1.6	2~4	316	330~400	20~35	525~675	He: Ar = 3: 1	23
≥16	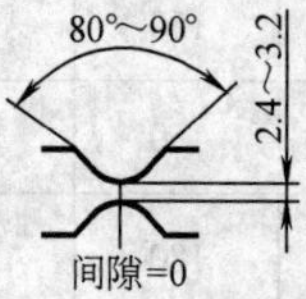 80°~90°, 2.4~3.2, 间隙=0	1.6	—	472	330~400	15~30	525~675	He: Ar = 3: 1	23
		2.4	—	472	500~600	20~35	375~475		30

表 7-22　铜的大电流熔化极惰性气体保护焊的焊接参数

板厚/mm	坡口尺寸熔化区形状	层数	焊丝直径/mm	焊接电流/A	电弧电压/V	焊接速度/(cm/min)
15	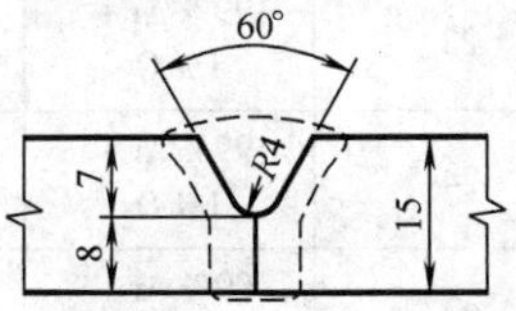 60°，R4，7，8，15	1	4.0	850	36	24
19	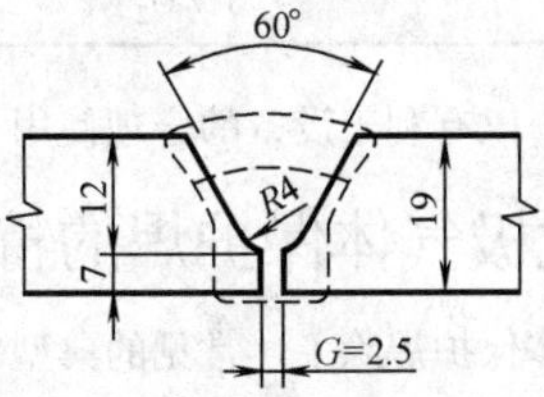 60°，R4，12，7，19，G=2.5	1	4.8	900	33	30
		2		900	37	30
25	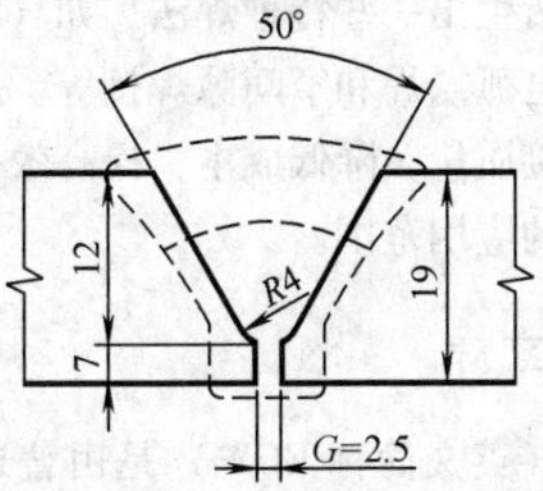 50°，R4，12，7，19，G=2.5	1	4.8	1000	33	27
		2		1000	37	20

注：保护气体为内侧 75% He + 25% Ar（体积分数），外侧 100% Ar；衬垫材料为玻璃丝板；预热温度为室温；焊丝为脱氧铜。

表 7-23　不锈钢的熔化极气体保护焊（短路过渡）的焊接参数

厚度/mm	坡口形式	焊接直径/mm	焊接电流/A	电弧电压/V	送丝速度/(m/min)	保护气体(体积分数)	气体流量/(L/min)
1.6	I	0.8	85	21	4.5	90% He + 7.5% Ar + 2.5% CO_2	14
2.4	I	0.8	105	23	5.5	90% He + 7.5% Ar + 2.5% CO_2	14
3.2	I	0.8	125	24	7	90% He + 7.5% Ar + 2.5% CO_2	14

表 7-24　不锈钢的熔化极气体保护焊（射流过渡）的焊接参数

厚度/mm	坡口形式	焊接直径/mm	焊接电流/A	电弧电压/V	送丝速度/(m/min)	保护气体(体积分数)	气体流量/(L/min)
3.2	I(带垫板)	1.6	225	24	3.3	98% Ar + 2% O_2	14
6.4	带钝边 V 形 60°	1.6	275	26	4.5	98% Ar + 2% O_2	16
9.5	带钝边 V 形 60°	1.6	300	28	6	98% Ar + 2% O_2	16

表7-25 不锈钢的熔化极气体保护焊（脉冲电流）的焊接条件

厚度/mm	坡口形式	焊接直径/mm	焊接电流/A	基值电流/A	电弧电压/V	保护气体（体积分数）	气体流量/(L/min)
1.6	I	1.2	120	65	22	99% Ar + 1% O_2	16
3.0	I	1.2	200	70	24	99% Ar + 1% O_2	16
6.0	带钝边V形60°	1.6	200	70	24	99% Ar + 1% O_2	16

7.6.4 接头设计

接头设计主要根据工件厚度，工件材料、焊接位置和熔滴过渡形式等因素来确定坡口形式、底层间隙、钝边高度和有无垫板等。工件厚度小于6mm时一般采用I形坡口、带垫板或者采用V形。工件更厚时还可以采用双面焊。

坡口底层尺寸，如间隙和钝边高度，主要与熔滴的过渡形式有关。短路过渡时，因熔深浅，搭桥性能好，可以选择较大的间隙和较小的钝边，同时还可以采用较小的坡口角度，如从一般的60°降低到30°~40°。这样一来，就能减少填充金属和节省工时。

还应该考虑到工件材料特点，如果工件为导热性好的材料（Al和Cu），坡口角度应开得大一些，如可以从一般的60°增大到90°，这样能使未熔合缺陷大幅减少。

关于接头设计也可参考表7-11~表7-25所示的数据。

7.6.5 焊接设备选择

选择设备时，购货者必须考虑到对设备的使用要求：功率输出范围、静态特性、动态特性和送丝机特点等。例如，焊接钢和不锈钢时，大多采用一般推丝式送丝机。而用细丝焊铝时，就必须采用双轮双主动推丝式或推-拉式送丝机。通常焊接厚大工件时，多采用大电流和较大输出功率的焊接设备。而焊接空间位置焊缝时，应选用脉冲焊机或短路过渡用焊机。对于短路过渡用焊机应注意选择动特性合适的设备或者动特性可调节的设备。逆变焊机通常具有较大的适应性。对于半自动焊机几乎都采用等速送丝及平的和缓降的多特性电源。

当购置新设备时，应考虑设备的多功能性和标准化问题。对于单一用途或大量生产用设备，应选择功能单一的专用设备。然而，车间里有多种工作，就应该用多功能焊机。

购置新设备时还应注意标准化程度和工厂现有的焊接设备情况，以有利于设备的合理使用与维护。

7.7 熔化极气体保护焊的特殊应用

熔化极气体保护焊除上述常见的典型熔化极气体保护焊外，还衍生出一些特种焊法，如气电立焊、熔化极气体保护电弧点焊和窄间隙焊接等。这些方法可进一步提高焊接质量，降低成本，提高效率，并扩大了气体保护焊的应用范围。

7.7.1 气电立焊

气电立焊（英文简称EGW）是由普通熔化极气体保护焊和电渣焊发展而形成的一种熔化极气体保护电弧焊方法。这种焊接方法的优点是：可不开坡口焊接厚板，生产效率高，成本低。与窄间隙的主要区别在于焊缝一次成形，而不是多道多层焊。气电立焊与电渣焊类似，也是利用水冷滑块挡住熔化金属，使之强迫成形，以实现立向位置焊接。不同之处在于气电立焊依靠气体保护和电弧加热，保护气体可以是单一气体（如CO_2）或混合气体（如Ar+CO_2）。焊丝可以是实心焊丝和药芯焊丝。其中实心焊丝气电立焊的原理示意如图7-34所示。可以看到，焊丝连续向下

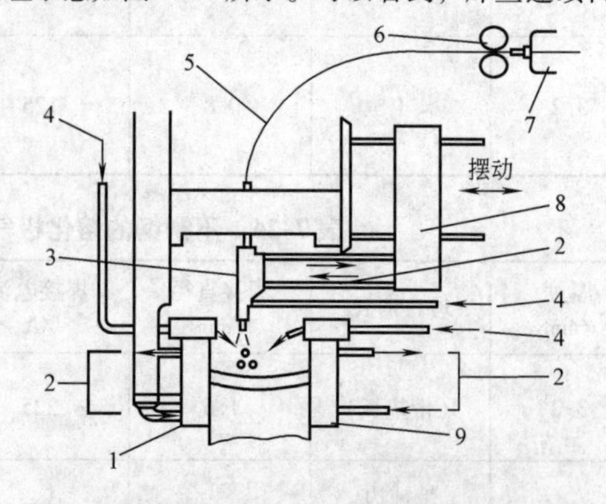

图7-34 气电立焊原理示意图

1—水冷固定铜垫块 2—水 3—焊枪 4—气体 5—导丝管 6—送丝轮 7—焊丝矫直机构 8—摆动器 9—水冷滑动铜垫块

送入由板材坡口和两个水冷滑块形成的凹槽中，在焊丝和母材金属之间形成电弧，并不断地熔化和流向电弧下的熔池中。随着熔池上升，电弧和水冷滑块也随着上移，原先的凹槽被熔化金属填充，并形成焊缝，而自保护药芯焊丝气电立焊时却不需要气体保护。

气电立焊通常用于较厚的低碳钢和低合金钢，也可用于奥氏体不锈钢和其他金属合金。板材厚度在12～80mm之间最为适宜。

1. 气电立焊设备

气电立焊设备主要由焊接电源、导电嘴、水冷滑块、送丝机构、焊丝摆动机构和供气装置等组成。除焊接电源，其余部分被组装在一起，并随着焊接过程的进行而垂直向上移动。

2. 焊接电源

气电立焊与普通熔化极气体保护电弧焊一样，采用直流电源，反接法。采用陡降特性，还可以采用平特性。当采用陡降特性时，可以通过电弧电压的反馈来控制行走机构，当电弧电压降到设定值以下时，行走机构自动提升，直到恢复电压为止，以保持焊丝伸出长度不变。而当采用平特性电源时，可以采用手动控制行走机构自动提升。

因焊缝较长，往往需要长时间连续工作。所以电源的负载持续率为100%，额定电流为750～1000A。

（1）送丝机构　常采用推丝方式送丝。送丝机构安装在行走机构之上，它由送丝电动机、减速器、焊丝盘、送丝轮、校直机构及送丝软管组成。焊丝伸出长度较长，一般为38mm以上。所以要求矫直机构应保证焊丝平直。

（2）水冷滑块和气罩　水冷滑块常常做成凹形，使每侧形成适当的余高。同时为保证良好的气体保护效果，保护气体除从焊枪喷嘴流出外，在水冷滑块上还安装气罩，它能提供一定流量的辅助保护气体。

（3）焊枪与摆动　气电立焊采用的焊枪与普通熔化极气体保护焊采用的焊枪主要区别在于焊枪的喷嘴必须能进入板材之间的窄间隙内，并且能在两个滑块之间作横向摆动，因此对焊枪尺寸有一定的限制。

当板材较厚时，为了保证两侧金属均匀熔化，焊枪须在熔池上方作横向摆动。通常摆动速度不变，而在两端的停留时间可调。板材厚度小于30mm时，一般不需要横向摆动。

此外还需要控制器，除与普通熔化极气体保护焊相同的功能之外，还应具有监控熔池水平面，以改变行走速度和焊丝伸出长度的功能。

3. 气电立焊工艺

气电立焊通常采用熔化极氧化性混合气体电弧焊或CO_2焊方法，保护气体为80%（Ar）+20%（CO_2）混合气体或为纯CO_2。气电立焊用焊丝可为实心焊丝，焊丝的直径通常为$\phi1.6\sim\phi4$mm，还可以用药芯焊丝。

气电立焊常用的坡口形状，见表7-26中的图形，有I形坡口、V形坡口或双V形坡口等。一般在接头两端处加引弧板和引出板。

表7-26　气电立焊采用的坡口形状及特点

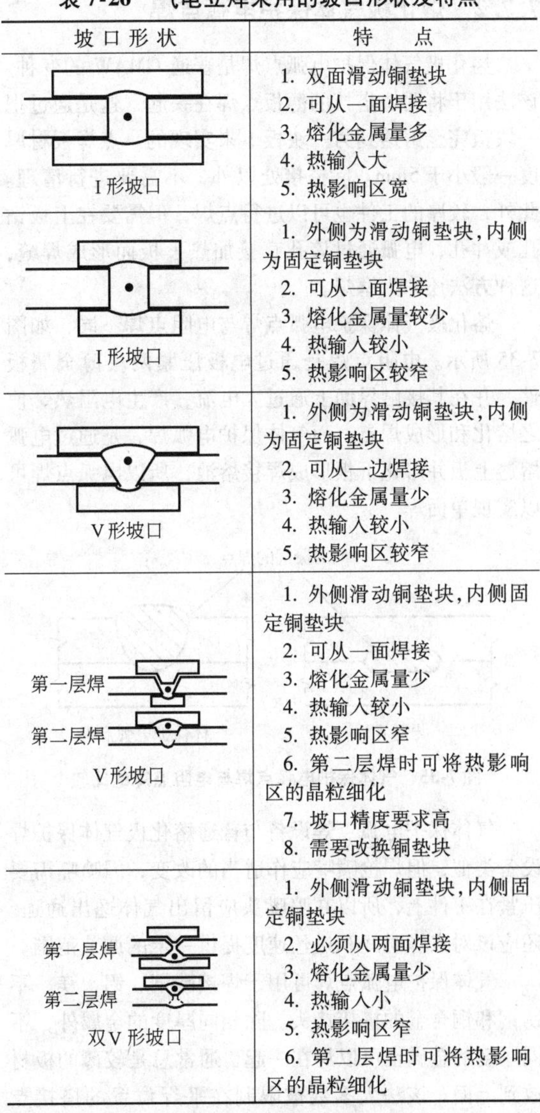

坡口形状	特点
I形坡口	1. 双面滑动铜垫块 2. 可从一面焊接 3. 熔化金属量多 4. 热输入大 5. 热影响区宽
I形坡口	1. 外侧为滑动铜垫块，内侧为固定铜垫块 2. 可从一面焊接 3. 熔化金属量较少 4. 热输入较小 5. 热影响区较窄
V形坡口	1. 外侧为滑动铜垫块，内侧为固定铜垫块 2. 可从一边焊接 3. 熔化金属量少 4. 热输入较小 5. 热影响区较窄
第一层焊 第二层焊 V形坡口	1. 外侧滑动铜垫块，内侧固定铜垫块 2. 可从一面焊接 3. 熔化金属量少 4. 热输入较小 5. 热影响区窄 6. 第二层焊时可将热影响区的晶粒细化 7. 坡口精度要求高 8. 需要改换铜垫块
第一层焊 第二层焊 双V形坡口	1. 外侧滑动铜垫块，内侧固定铜垫块 2. 必须从两面焊接 3. 熔化金属量少 4. 热输入小 5. 热影响区窄 6. 第二层焊时可将热影响区的晶粒细化

气电立焊的焊接参数对焊接的影响：气电立焊的熔深是指对接接头侧面母材的熔入深度。通常熔深随焊接电流的增加（或送丝速度的增加）而减小，即焊缝宽度减小。同时焊接电流增加，则送丝速率、熔敷率和接头填充速率（既焊接速率）将提高。焊接电流通常在750～1000A范围内。随着电弧电压增高，

熔深增大，而焊缝宽度增加。电弧电压通常是 30 ~ 55V 之间。焊接速度的控制随采用平特性或陡降特性电源而有所不同。焊丝伸出长度为 38 ~ 40mm，因此焊丝熔化速度较高。板材厚度大于 30mm 的工件一般要作横向摆动，摆动速度为 7 ~ 8mm/s。导电嘴在距每侧冷却滑块约 10mm 处停留，停留时间在 1 ~ 3s 之间，以抵消水冷滑块对金属的冷却作用，使焊缝表面完全熔合。

7.7.2 熔化极气体保护电弧点焊

熔化极气体保护电弧点焊是普通 GMAW 的变种。该法用于将两块搭接的薄板点焊在一起，这是通过把一块板完全熔透到另一块板上来实现的。点焊板材厚度一般小于 5mm。除搭接处以外，不需要进行清理。此外，较厚的工件也可以进行点焊，但需要在上板钻孔或冲孔，电弧通过该孔直接加热下板而形成焊缝，这种方法还称为塞焊。

熔化极气体保护电弧点焊与电阻点焊不同，如图 7-35 所示。电阻点焊是通过电极压紧两块薄金属板件，并在其接触界面上通过大电流，产生电阻热，使之熔化和形成焊点。而气体保护电弧焊，是通过电弧熔透上板并熔化下板形成焊接熔池，所以电弧点焊可以实现单面焊。

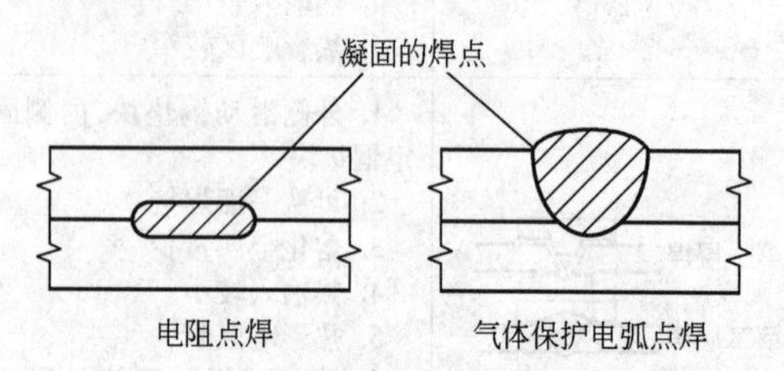

图 7-35 气体保护电弧点焊与电阻点焊的比较

气体保护电弧点焊设备与普通熔化极气体保护焊设备类似，但焊枪喷嘴应作适当的改变，因喷嘴需要压紧在工件上，所以在喷嘴头应留出气体逸出通道。还应该对点焊时间和送丝速度提供一定的调节范围。

气体保护电弧点焊可用于焊接碳钢、铝、镁、不锈钢和铜合金的搭接接头。除相同厚度的金属外，不同厚度的金属也可以焊在一起，通常总是较薄的板材放到上面。该法大多数被限制在平焊位置的搭接点焊。但改进喷嘴设计后，还能进行搭接角焊缝和角接接头的点焊。当板材较薄时（厚度小于 1.3mm）可以采用短路过渡形式进行立焊和仰焊。

气体保护电弧点焊的操作过程应该这样进行，将待焊工件装配好，并置于合适的焊接位置。将焊枪压在接头上，保持不动。按焊枪开关，通保护气体、同时通电和送丝，引燃电弧。经预定的焊接时间，形成焊缝。随后停丝—停电—延时停气。这样完成一个焊点全部过程。

焊接参数是影响焊接质量的重要因素。气体保护电弧点焊的主要焊接参数有 3 个：焊接电流、电弧电压和燃弧时间。

（1）焊接电流　电流对熔深影响最大。熔深随电流增加而增大（电流与送丝速度成正比）。增大熔深通常将使板材界面的焊缝直径增加。

（2）电弧电压　电弧电压对焊点形状的影响很大。通常，在电流保持不变时，随着电弧电压的提高而增加熔化区的直径，轻微地减少余高和熔深。电弧电压不足将在余高的中心处形成凹陷并且在焊缝边缘产生未熔合。电弧电压太高，就可能出现严重的飞溅。

（3）焊接时间　焊接时间对熔深和板材界面上焊缝尺寸有重要的影响。随着焊接时间的增加，熔深和焊缝直径都增大，同时点焊缝的余高也增大。

焊接时间是一个极易受干扰的参数，如引弧成功率对焊接时间影响极大。为了保证焊接时间准确，常常检测电弧电压，当电弧电压达到预定值后，才开始对焊接时间进行计时。

气体保护电弧点焊的焊接参数互相依赖性很强，往往改变一个参数就要求改变其他一个或几个参数。具体应用中焊接参数的设置要求通过实验来确定。推荐的焊接参数值列于表 7-27。

表 7-27 碳钢 CO_2 点焊焊接参数的推荐值

（熔核直径为 6.4mm）

焊丝直径 /mm	板厚 /mm	电弧点焊时间 /s	焊接电流 /A	电弧电压 /V
0.8	0.56	1	90	24
	0.81	1.2	120	27
	0.94	1.2	120	27
0.9	0.99	1	190	27
	1.50	2	190	28
	1.83	5	190	28
1.2	1.83	1.5	300	30
	2.79	3.5	300	30
	3.15	4.2	300	30
1.6	3.15	1	490	32
	4.0	1.5	490	32

7.7.3 窄间隙焊接

窄间隙熔化极气体保护焊是传统熔化极气体保护焊的一种特殊方法。它是用于焊接厚板的多道多层焊接技术。对接坡口间隙较小，大约为 13mm，典型的窄间隙焊接坡口形式示于图 7-36。该技术主要用于焊接碳钢和低合金钢的厚板，是一种高效和变形小的焊接方法。

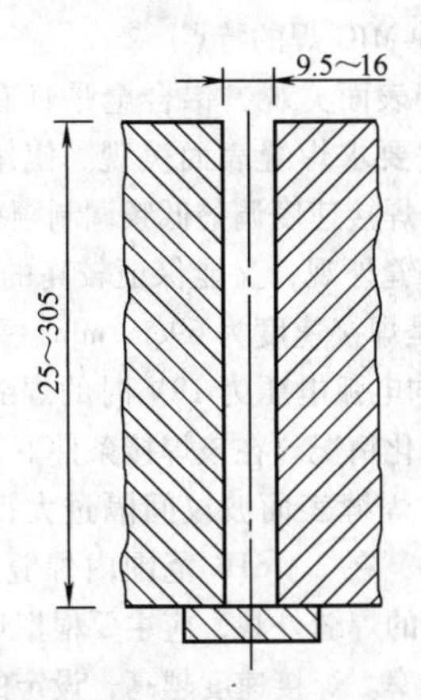

图 7-36　窄间隙 GMAW 的典型坡口形式

由于焊接坡口间隙小，所以要求采用专用焊枪，保证焊丝和保护气能送到焊接电弧处。应使用水冷导电嘴和从板材表面输入保护气体的喷嘴。通常采用一个或两个导电嘴送进细焊丝。可以用脉冲电流或直流反接射流过渡焊接。

在应用窄间隙气体保护焊技术时，因为使用细焊丝，导电嘴都深入到窄坡口中，并使焊丝对准工件的侧壁与坡口的尖角。在全位置焊接时，必须提高焊速，为的是降低热输入和形成小的焊接熔池。典型的焊丝送进技术如图 7-37 所示。

如图 7-37a 所示，可控方向的两根焊丝和两个导电嘴可以按前后排列，电弧分别指向各自的坡口侧面，并焊出一系列搭接角焊缝。单焊丝依靠摆动技术也可得到同样的效果，如图 7-37b、c 所示，这时通过导电嘴在坡口内对称摆动，带动焊丝和焊接电弧指向坡口两侧的尖角处，但是由于导电嘴到坡口面的距离太小，所以这项技术常常不易可靠地实现和难以应用。

由于在窄间隙中移动焊枪较难，所以还有一些不需摆动焊枪的方法，如图 7-37d，e 所示。图 7-37d 中，焊丝通过摇摆装置、送丝轮和坡口中的导电嘴进入到待焊处，摇摆器带动焊丝左右摇摆和通过旋转的送丝轮，使焊丝弯曲成波浪状，并送进导电嘴中，经过导电嘴的矫直作用。可是通过导电嘴后，焊丝又恢复了波浪形。该波浪形焊丝的端头从窄间隙坡口的一侧不断地摆动到另一侧。这项技术是在很窄的坡口中也能摆动电弧，而导电嘴却始终保持在坡口的中心。

图 7-37e 中，导电嘴也保持在坡口中心，可是其中的焊丝却是将两根焊丝绞合在一起成为麻花状。当把它送进坡口间隙后，在二根焊丝端头产生电弧，该电弧连续绕导电嘴中心旋转。并指向两侧，产生足够的熔深。

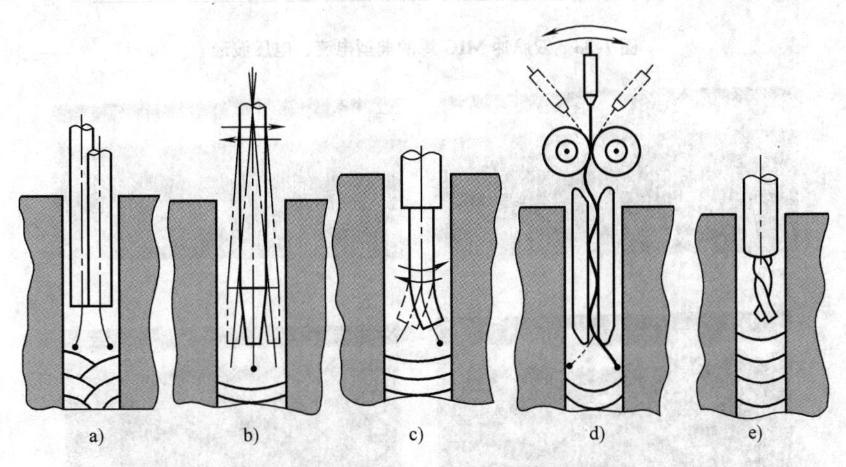

图 7-37　窄间隙 GMAW 的典型焊丝送进技术

a）前后交错双丝　b）摆动单焊丝　c）编织单焊丝　d）预弯单焊丝　e）预绞成麻花状双丝

从上述可见，电弧摆动技术往往需要特殊的送丝装置。显然，这是较复杂的。于是有人采用粗丝技术（粗丝直径为 ϕ2.4～ϕ3.2mm），可以将粗丝直接通过导电嘴送进坡口中心，不需摆动电弧便可以熔化坡口两侧的金属，而产生无缺陷的焊缝。可见，该法是一种简单、可靠的方法，但是由于采用粗丝和大电流，而不宜用于空间位置焊接，一般仅限于平焊。

与其他电弧焊方法相比，窄间隙焊接具有如下优点：

1）残余应力小和变形小。

2）焊接热影响区小，所以接头性能好。

3）经济性好，尤其是焊接 50mm 以上厚板时。

主要缺点是：

1）比较容易产生缺陷，主要是未焊透和夹渣。

2）当产生缺陷时难以排除。

7.7.4　铝合金双脉冲 MIG 焊

铝合金 TIG 焊常采用低频脉冲焊法，一个脉冲形成一个熔池。在脉冲电流作用下，使熔池发生规律性的振动，改善焊缝成形和质量。但是 TIG 焊效率太低，于是又出现双脉冲 MIG 焊法。

1. 铝合金双脉冲 MIG 焊法原理

传统脉冲 MIG 焊中的脉冲频率范围是 50 ~ 300Hz，以一个脉冲过渡一个熔滴的原则，控制焊丝熔化和熔滴过渡。为了控制铝合金的焊缝成形，提出一种双脉冲焊法。铝合金脉冲焊实现一个脉冲一个熔滴的脉冲参数范围较宽，这一特点使 0.5 ~25Hz 范围的低频调制型焊法成为可能。低频调制脉冲的占空比一般固定为 50%。组成低频脉冲的强、弱脉冲都是由若干高频脉冲单元组成，如图 7-38 所示。焊接时随着强弱脉冲不断地交替，就可以得到有鱼鳞纹的美观焊缝外貌，能改善搭接接头的搭桥性能，细化晶粒，减少气孔和裂纹倾向等。

2. 双脉冲 MIG 焊的特点

（1）焊缝表面美观　铝合金是具有装饰性的金属材料，常常要求焊缝表面美观。使用双脉冲 MIG 焊法，应根据焊接速度调整低频调制频率，既可得到漂亮鱼鳞状焊缝外观，又能保证较高的焊接生产率。图 7-39 所示是焊接速度为 69cm/min，平均焊接电流为 110A，平均电弧电压为 19V 时的焊缝外观随低频调制频率的变化情况。在该焊接条件下，低频调制频率低于 1Hz 时焊缝表面波纹间隔过大，高于 8Hz 时波纹间隔过小，在 2 ~ 6Hz 范围内焊缝外观最漂亮，为了得到漂亮的焊缝外观，应主要根据焊接速度来选择低频调制频率。焊接速度越高，设定的低频调制频率也应越高。

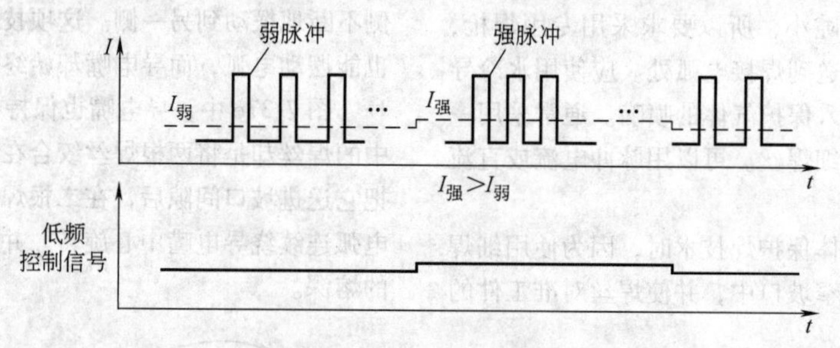

图 7-38　双脉冲 MIG 焊的典型电流、电压波形

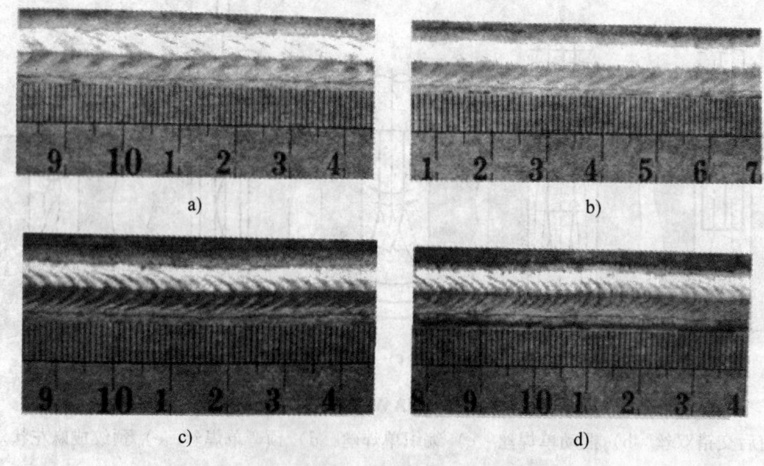

图 7-39　低频调制频率对鱼鳞状焊缝外观的影响

a）2Hz　b）3Hz　c）4.5Hz　d）5.6Hz

（2）可焊搭接接头间隙更大　焊接 3mm 以下的薄板时，因为母材容易变形，焊件的装配精度难以保证，常因接头间隙变动而导致焊接失败，所以可焊接头间隙的范围大小是评价焊接方法优劣的标准之一。与一般脉冲 MIG 焊相比，双脉冲 MIG 焊的可焊搭接接头间隙允许更大些。

双脉冲 MIG 焊时，强脉冲群期间的强电弧使接头两侧都熔化，以此防止熔化不良。弱脉冲群期间的较弱电弧使熔化温度相对降低而防止烧穿，同时把焊丝熔化金属集中填充于间隙中。与传统脉冲MIG焊法相比，低频调制型脉冲MIG焊的可焊接头间隙允许更大些，尤其是在高速焊接时两者的差别更大。图7-40所示是低频调制型脉冲MIG焊缝的断面形状，

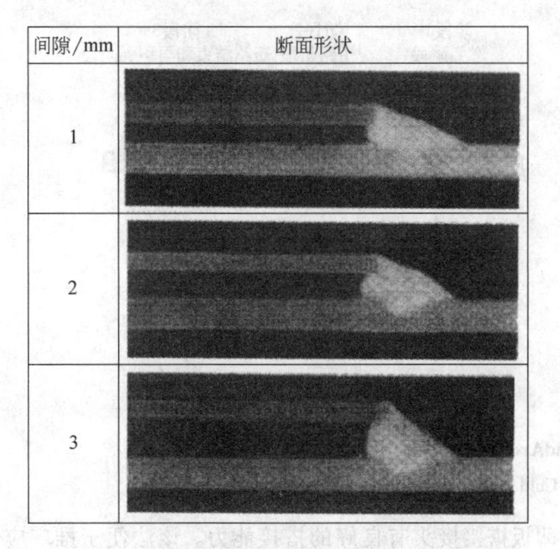

图7-40　双脉冲MIG焊接可焊大间隙接头

平均电流90A，平均电弧电压18V，焊接速度40cm/min。在焊件间隙达到3mm时仍能正常焊接，且焊缝断面形状满足要求。

（3）减少气孔发生率　气孔是铝合金焊接时常见的质量问题之一，特别是在焊接铸铝件时更加突出。为了防止气孔的产生，一般要求保护气体纯度高，而且不含湿气，焊接参数合适，母材及焊丝干净。双脉冲MIG焊能明显降低气孔发生率，在低频频率大约为20Hz时抑制气孔效果最佳。

（4）细化焊缝金属晶粒　双脉冲MIG焊对熔池的搅拌作用还能细化晶粒。通常低频频率在5～35Hz时均有明显效果。晶粒细化有利于改善接头的力学性能和降低裂纹敏感性。

3. 两种双脉冲MIG焊接工艺

双脉冲焊接工艺根据送丝方式不同，分为变速送丝和等速送丝两种。

（1）变速送丝双脉冲MIG焊　焊接时采用均匀的脉动送丝。送丝速度快时同步产生强脉冲电流，而送丝速度慢时同步产生弱脉冲电流，如图7-41所示。

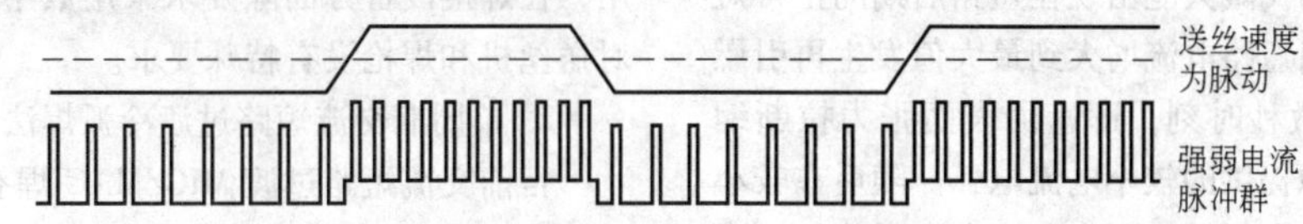

图7-41　Kemmppi PRO增强型双脉冲工艺控制波形示意图

（2）等速送丝双脉冲MIG焊　焊接时送丝速度不变，脉冲电流供电。总的平均电流值应与送丝速度保持平衡。但在强脉冲电流时，其平均电流大于总平均值，所以此时弧长必然提高，则电压变大，如图7-42所示。相反在弱脉冲电流时，其平均电流小于总平均电流，则弧长变短，电弧电压降低。可见，这时送丝速度不变，而焊丝熔化速度却随着电流强弱的频率而变化。双脉冲MIG焊还成功应用在铝合金摩托车车架的焊接和奥迪A8的铝合金车门的焊接。

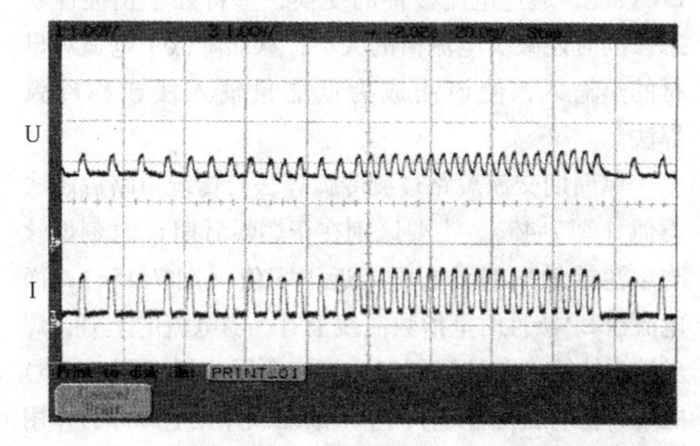

图7-42　等速送丝双脉冲工艺电流、电压波形

7.8　先进的低热输入焊接法

近年来，工业迅猛发展，对轻量化、节能、减排、降耗和环保等要求越来越高。许多薄壁件产品纷纷问世，如汽车、高速火车、集装箱和家用电器等。如果仍使用传统焊接方法焊接薄壁产品，那是十分困难的，主要问题有：易烧穿、变形大、焊缝成形差和难以高速焊接等。为此在现代科技进步基础上，产生了数字控制的逆变焊接设备，在降低热输入和降低飞溅的基础上，提高了焊接过程的稳定性。在焊接薄板时可以得到焊透而不焊漏、变形小、成形美观的焊缝，效率高。

7.8.1　低热输入冷弧焊法（Cold Arc）

众所周知，在各种熔滴过渡中，以短路过渡形式的焊接电流和电弧电压最低，也就是短路过渡的热输入最低。所以短路过渡主要用于细焊丝、小电流的焊接中，用于焊接薄板和空间位置焊缝。这种熔滴过渡形式因能量不足不宜用于厚大工件，也不适合于超薄板（板厚<0.6mm），因为易烧穿、变形大和焊接成

形不良等。因此传统短路过渡形式只适合于焊接中、薄板（0.8～8mm），更薄的板材就要求更低的热输入方法。为降低短路过渡过程的热输入，就应减小燃弧期的能量。下面根据降低燃弧期能量的不同方法做进一步说明。

1. 直流冷弧焊法（EWM-Cold Arc 法）

传统短路过渡焊不宜用于焊接超薄板。为此必须对其进行改进，还应进一步降低飞溅和热输入。德国 EWM 公司发明的冷弧焊法所采用的电流波形如图 7-43 所示。

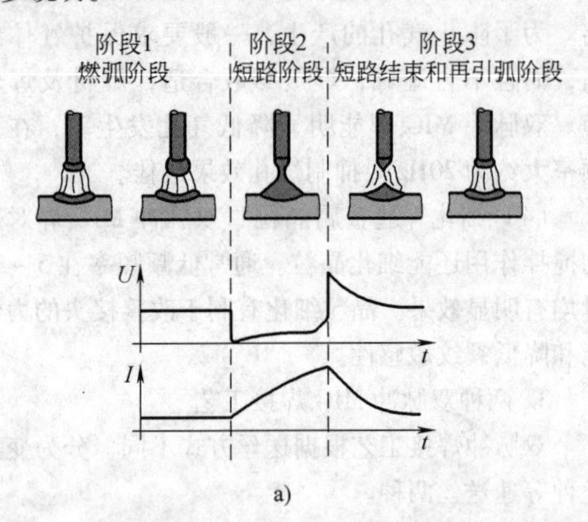

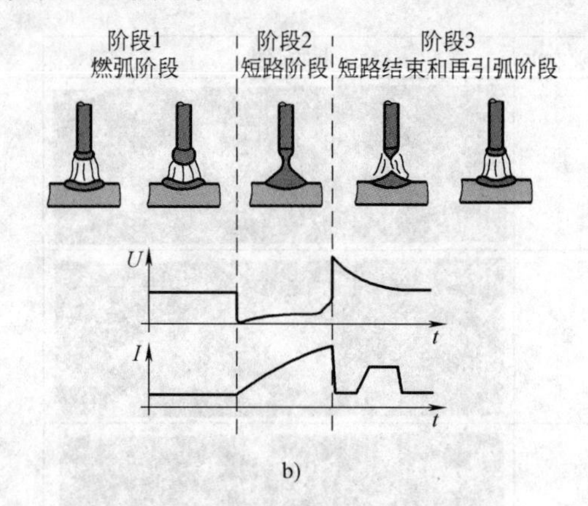

图 7-43　传统短路过渡与 ColdArc 法波形对比示意图

a）短弧焊接方法　b）Cold Arc 焊接方法

通常在低电压、小电流情况下较少发生瞬时短路及其飞溅。这时的飞溅只能出现在短路后期的正常短路过程中。为此当短路电流增大到最大值发生再引燃电弧之前的几十微秒时刻，迅速由表面张力拉断缩颈，并产生由电源提供的较小电流电弧。随后在较小焊接电流时持续一段时间，再由电源向电弧施加一个脉冲。之后电流随着电弧电压的下降而自然降低。这样就能大幅降低电弧再引燃时的能量输出，而随后的脉冲电流可以根据焊丝和熔池的熔化状况来决定，如图 7-44 所示。

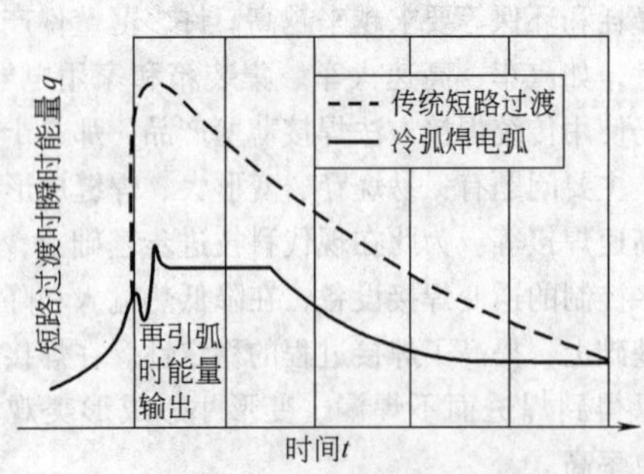

图 7-44　燃弧阶段的能量输出

从图 7-44 可以看到该法的燃弧电流比传统短路时低得多，也就是该冷弧焊不仅大幅减少了电弧再引燃时的能量，同时也减少了燃弧期间的热输入。

总之，直流冷弧焊与传统短路过渡焊相比较，焊接飞溅更小，热输入更低，所以焊接变形小，焊后无须清理。自动焊时可以焊接 0.3mm 的超薄板，还可以对镀锌钢与铝进行异种金属 MIG 钎焊。另外对于薄板搭接接头有良好的搭接能力。该法便于推广应用，在焊接设备方面除要求采用数字式逆变焊机外，对送丝机和焊枪没有特殊要求。

2. 单周期交流短路过渡冷弧焊法

目前交流短路过渡 MIG/MAG 焊有两种形式：一为单周期交流短路过渡控制法；另一为多周期短路过渡法。本节首先介绍单周期交流短路过渡冷弧焊法。

（1）基本原理　单周期交流短路过渡冷弧焊法的基本原理是在传统短路过渡的基础上，进一步降低燃弧能量。图 7-45 给出几种控制方法的波形图。图 7-45a 为传统短路过渡焊的波形图；图 7-45b 是德国 EWM 公司的直流短路过渡冷弧焊法波形图，该法的主要出发点是降低燃弧电流的大小；图 7-45c 是单周期交流短路过渡冷弧焊法的波形图，该法的出发点是把传统短路过渡的燃弧初期电流由 EP 极性转变为 EN 极性，通过电流极性的变换，母材处于正极性状态，同时还减少电流值的大小，从而降低了电弧对母材的热输入，使该法成为低能量输入法或称冷弧焊法。

单周期交流短路过渡冷弧焊法与传统短路过渡法类似（图 7-45），主要区别在于燃弧后期 t_0 时刻焊丝与熔池接触短路，电压接近于零值（图 7-45c），而电流在 EP 极性时呈指数曲线上升，随电流的上升，焊丝端头的熔滴与熔池间形成液态金属小桥（图 7-46b）之后，在电磁收缩力作用下形成缩颈并在电爆炸力作用下而发生爆断，如图 7-45c 中的 t_1 时刻）。在缩颈爆

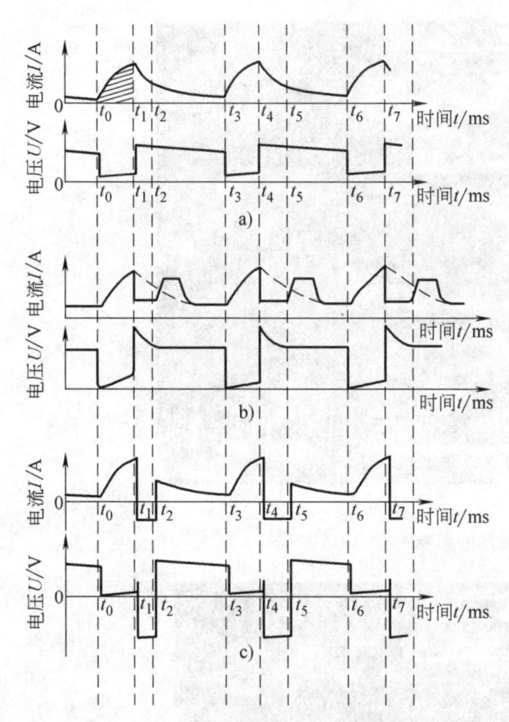

图 7-45　交流短路过渡 MIG/MAG 焊的波形

断之后发出信息，向电源发出指令，使 EP 极性立刻转变为 EN 极性，同时生成 EN 极性的电弧。该电弧的作用是焊丝为负极和电弧将沿电极上爬并覆盖着焊丝端部周围，从而加快焊丝熔化，相反却减少了对熔池的热作用。也就是降低了对母材的热输入，结果减少了焊缝熔深，实现了浅熔深的要求。当 EN 极性达到设定时间后，电流极性将再次从 EN 极性转变为 EP 极性（见图 7-45c 中 t_2 和图 7-46f），这时因电流过零点，使电弧变暗。在 EP 极性时，燃弧电流从较大值逐渐减小，使焊丝熔化较慢，并使焊丝端头的熔滴整形呈球状，这就保证在图 7-45c 的 t_3 时刻，焊丝端头再一次平稳地与熔池接触短路（图 7-46l）。以上过程完成一个短路周期。在短路阶段短路电流还能加热焊丝伸出部分而产生电阻热，它有利于加热焊丝和控制熔滴过渡。同时母材为负极时，电弧还对母材表面施以阴极清理作用，有利于 MIG 焊铝、镁及其合金。

（2）单周期交流短路过渡冷弧焊工艺特性

1）冷弧焊法的关键是利用交流电流改变极性而取得的。为了稳定这一过程，由 EP 极性转换成 EN 极性是由短路状态到燃弧状态（图 7-45c 之 t_1 时刻），这一再引燃过程十分可靠，不需外加措施，而在 EN 极性结束时（图 7-45c 之 t_2），也就是从 EN 极性向 EP 极性转变时，是在电弧状态下进行的，当过零点时电弧因失去能量而熄灭，为此必须向电弧同步施加 200V 以上的稳弧脉冲。这里 EN 极性电流不仅能降低热输入，而且还影响过程稳定性。

2）EN 极性时间 t_{en} 的影响：在送丝速度不变的情况下，随着 t_{en} 增大，过渡频率和焊接电流都减少，焊缝熔深也减小了，也就是热输入降低了，如图 7-47 所示。

3）EN 极性电流 I_{en} 的影响：在送丝速度和焊接速度不变时，通过改变 EN 极性电流 I_{en}，也能影响焊缝成形。当 I_{en} 增大时，焊缝熔深与熔宽均减小，如图 7-48 所示。

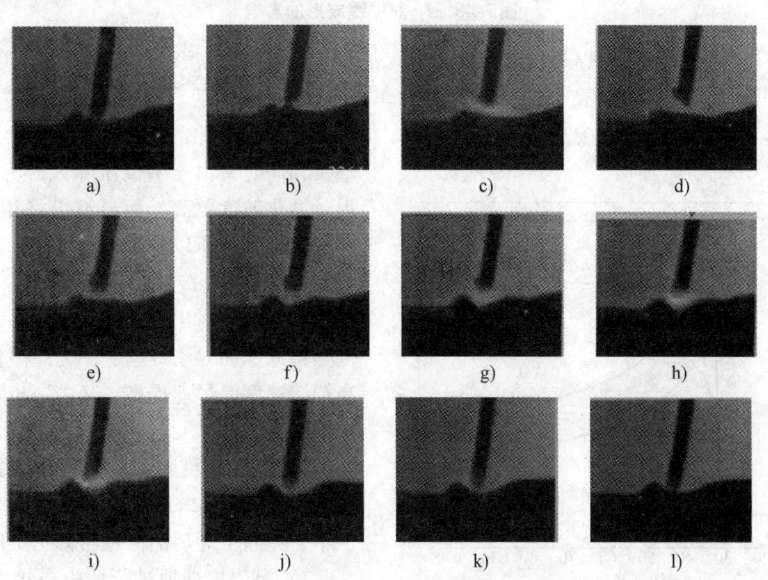

图 7-46　单周期交流短路过渡焊一个周期中的熔滴过渡高速摄影图片

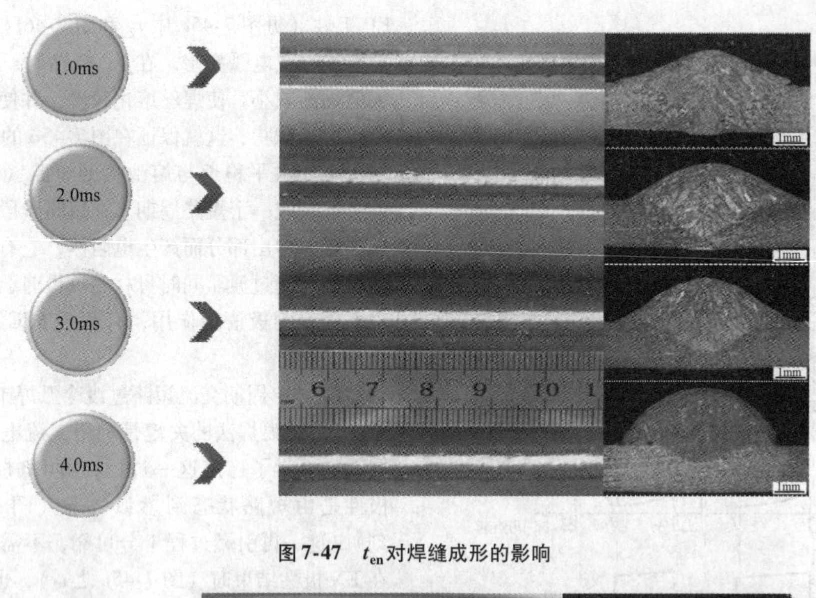

图 7-47　t_{en}对焊缝成形的影响

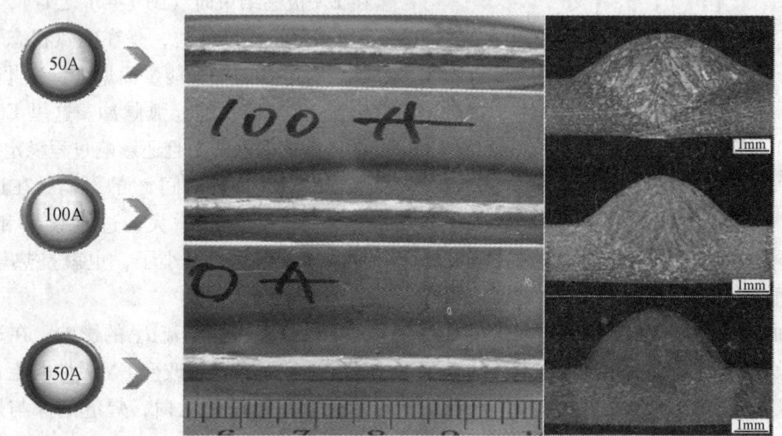

图 7-48　I_{en}对焊缝成形的影响

4）单周期交流短路过渡冷弧焊与传统短路过渡焊相比热输入较低，如图 7-49 所示。两种焊接方法的送丝速度均为 3.57m/min，焊接速度 0.6m/min，保护气为纯 CO_2。

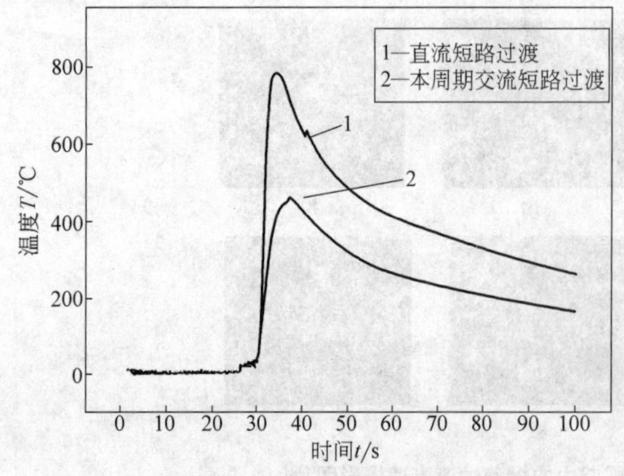

图 7-49　不同焊接方法时焊缝背面的温度循环曲线

5）冷弧焊法可以提高焊接速度。冷弧焊对母材一侧的热输入低。相反 EN 极性时，焊丝为负极性，而母材为正极性，这时电弧沿焊丝上爬，包覆着焊丝端头，同时又由于阴极压降大，所以焊丝产热量大，焊丝熔化速度更高，而母材恰好相反，阳极压降小，产热量也小，所以焊缝的熔深浅。总之交流短路过渡焊时，由于 EN 极性引起焊丝与母材两侧加热的不对称性，因此同时出现两种加热效果，对于母材一侧为低热输入，而对于焊丝一侧为高熔化率，可以明显提高焊接速度。焊速提高，又进一步降低热输入和提高焊接效率。

6）工件的热输入低，适于焊接薄板和超薄板，可以焊接 0.2～2mm 的材料。焊接变形小，焊接飞溅也小，免除了焊后的清理与修正工序。

7）可以成功地进行薄板搭接焊，对于搭接缝间隙适应性强，如图 7-50 所示。

图 7-50　利用本周期控制法焊接搭接焊缝的焊缝成形

注：两图间隙不同，上图为 0，下图为 1mm。

8）该法除了可以使用 CO_2 气体外，还可使用其他保护气。CO_2 焊可用于焊接钢材，MIG 和 MAG 焊可用于焊接不锈钢、铝和涂层材料等。

3. 多周期交流短路过渡冷弧焊法

多周期交流短路过渡冷弧焊法是日本 OTC 公司开发的一种低热输入与低飞溅的 CO_2/MAG 焊法，简称 AC-CBT 法（AC-Controlled Bridge Transfer）。它是基于汽车、摩托车行业之需，为了车体的轻量化，应用薄板的需要，开发的一种新焊接方法。

（1）AC-CBT 法的原理　AC-CBT 法是由正极性（EP）和负极性（EN）的输出极性之间相互切换进行焊接的方法。而正极性组与负极性组又是由多周期的 CBT 控制的短路过渡过程的波形所组成，如图 7-51 所示。保护气为（Ar 80% + CO_2 20%）混合气体。

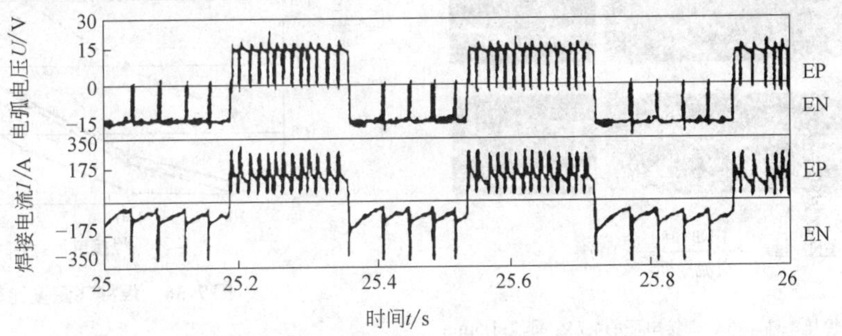

图 7-51　AC-CBT 方法的焊接电流和电弧电压波形图

众所周知，DC EN 极性时焊丝为负极，因为熔化极气体保护焊时，阴极压降常常大于阳极压降，所以作为阴极的焊丝熔化得快，而作为阳极的母材产热较低。反之，DC EP 极性焊丝为正极，则焊丝熔化慢，而母材产热高。所以在交流状态，通过改变 EN 极性比率，就能够改变对焊丝与母材的加热行为。

在相同电流情况下，DC EP 极性时焊丝熔化最慢，而对母材的热输入却最高。相反 DC EN 极性时，焊丝熔化最快，而对母材的热输入却最低。如图 7-52 所示。而交流时，随着 EN 比率的增加，焊丝熔化速度向上（增大）变化，而对母材的热输入却减少，表现为降低熔深。因此 AC-CBT 焊法是一种冷弧焊法。

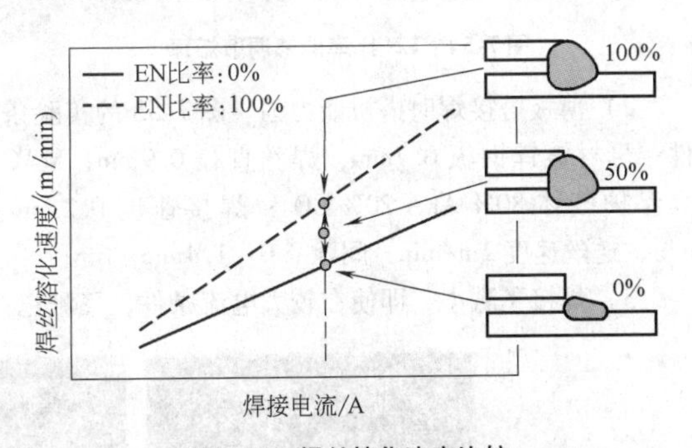

图 7-52　焊丝熔化速度比较

上述还说明 EN 与 EP 极性过渡都是由多个短路周期组成的。为了得到低飞溅的效果就必须使每一个周期都不产生飞溅。这里是采用 CBT 控制法，其原理如图 7-53 所示。由图可见，CBT 法类似于美国林肯公司的 STT 法，在短路后期得到电弧即将再引燃的信息后，立即减少电流，从而抑制了短路小桥发生电爆炸而引起的飞溅。

（2）多周期交流短路过渡冷弧焊法的工艺特性

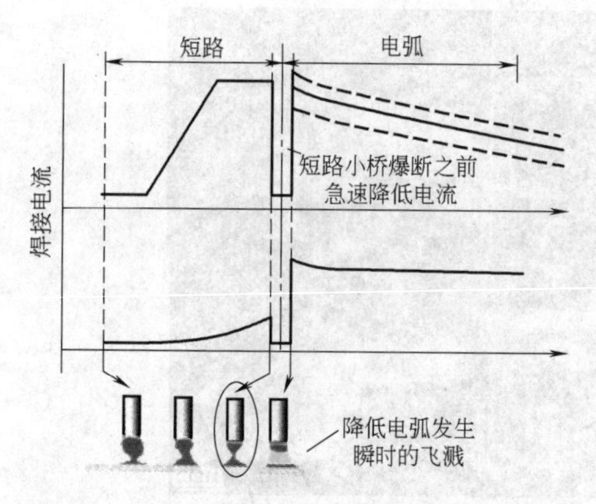

图 7-53　CBT 焊接法的基本原理

1）适合于薄板焊接。通过调整 EN 比率可以改变熔深。随着提高 EN 比率，焊缝熔深明显降低，而搭桥性能变好，如图 7-54 所示。

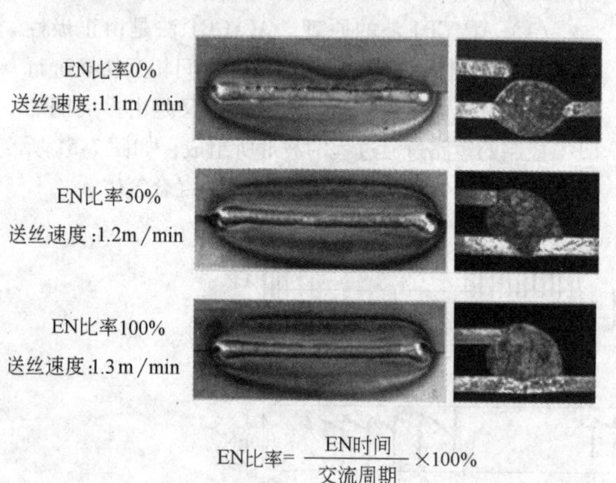

焊接方法：MAG焊接　焊接电流：40A　焊接电压：14.7V　间隙：1.5mm
焊接速度：30cm/min　焊丝直径：ϕ1.2mm　母材：钢材　板厚：0.8mm

图 7-54　EN 比率能够调节熔深

2）薄板搭接焊时搭桥能力强。图 7-55 的实验条件：母材镀锌钢板 0.7mm，焊丝直径 0.9mm；MAG 焊保护气体 80% Ar + 20% CO_2；焊接速度 0.2mm/min，送丝速度 2m/min，间隙 0.0～1.4mm。

3）焊接飞溅小，即使在较大电流条件，飞溅也很小。该法即使采用 CO_2 焊也能达到传统逆变焊机 MAG 焊的水平。图 7-56 的试验用参数为：保护气体 CO_2 或 80% Ar + 20% CO_2，焊接电流 250A，焊接电压 25.5V，焊速 0.8m/min，板厚 4.5mm。

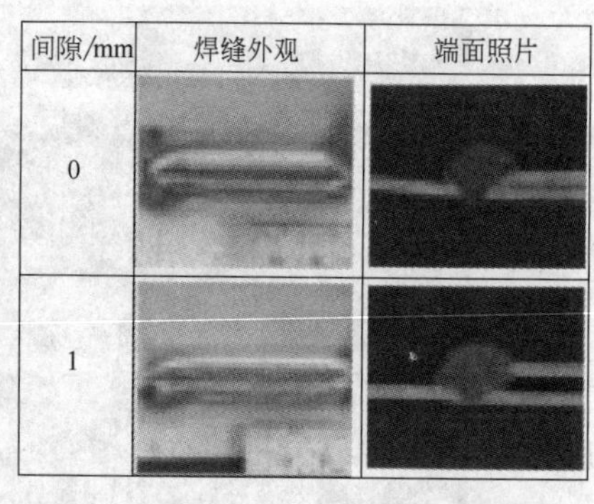

图 7-55　AC-CBT 焊可适应较大的搭接间隙

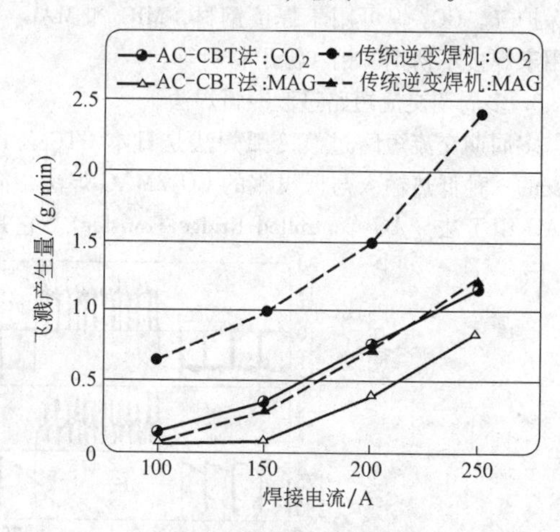

图 7-56　焊接飞溅量比较

4）AC-CBT 法的交流频率与焊接速度应合理搭配，如图 7-57 所示。

在试验条件为平均电流 80A，焊接速度 0.5m/min，板厚 1.0mm。交流频率较低时图 7-57a 熔深与焊道外观可以看出周期性的波纹变化。当提高交流频率时（从图 7-57a 到图 7-57b），就可以改善焊缝成形。交流频率必须与焊接速度相适应，如图 7-58 所示。

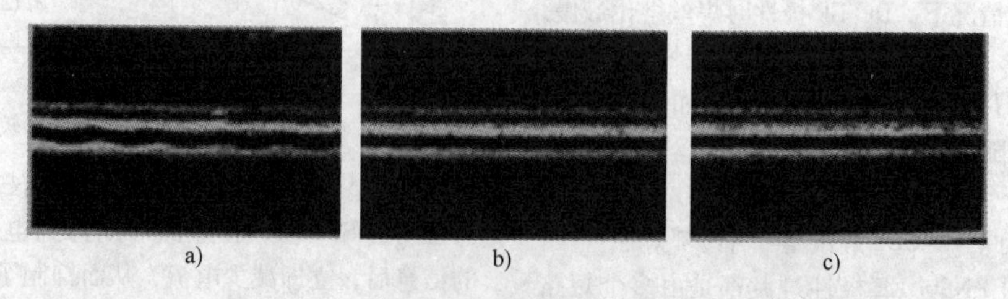

a)　　b)　　c)

图 7-57　AC-CBT 法时交流频率对焊道形状的影响

a）f=1.0Hz　b）f=3.0Hz　c）f=5.0Hz

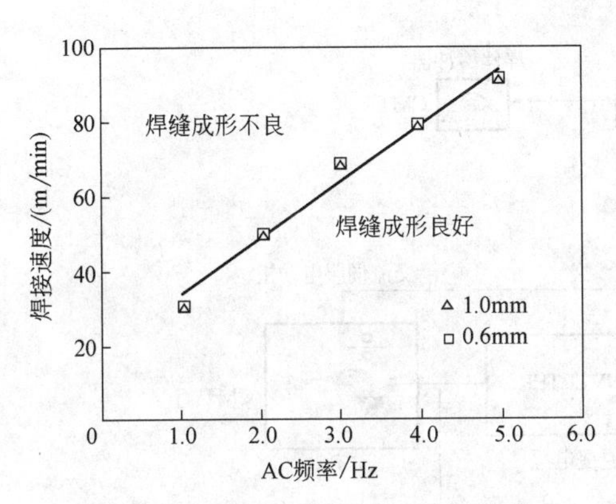

图 7-58　交流频率和最大的焊接速度的关系

5）适合用于碳钢不锈钢和镀锌钢板等材料的焊接。

7.8.2　冷金属过渡气体保护焊法

冷金属过渡气体保护焊（cold metal transfer）简称 CMT 焊。它是奥地利 Fronius 公司推出的新的焊接工艺，热输入极低，可以焊接薄至 0.3mm 的板材，可实现钢与铝的异种金属焊接。

1. CMT 焊法的基本原理

CMT 焊法是在 MIG/MAG 焊短路过渡基础上开发的。传统的短路过渡过程是：焊丝连续等速送进，当焊丝熔化形成熔滴，熔滴与熔池短路，短路的小桥爆断，短路时伴有大电流（即大的热输入）和飞溅。而 CMT 法采用推拉送丝方式，当熔滴与熔池一发生短路，焊机的数字信号处理器监测到短路信号。该信号一方面反馈给送丝机，送丝机继续送进，并准备回抽焊丝；另一方面反馈给焊接电源，这时数字化电源输出电流几乎为零。这就保证了熔滴与熔池的可靠短路，而不发生瞬时短路。短路之后在短路液体小桥中只通过很小的电流，同时焊丝转入回抽运动，在机械拉力与表面张力作用下，使熔滴分离，消除了飞溅产生的因素。之后迅速再引燃电弧，快速提升电流，用以加热焊丝和母材，焊丝转为送进，随着焊丝熔化、形成熔滴、长大直至再次短路，完成一次循环。总之，CMT 法在短路阶段对母材热输入很小，呈冷态；而燃弧阶段的电弧热量是加热焊丝与母材的主要热源，呈热态。随着短路与燃弧的交替，母材与焊丝受热也是冷热交替循环往复，这一过程示于图 7-59。

2. CMT 焊法的特点

1）送丝过程与熔滴过渡过程相结合。传统的熔化极气体保护焊送丝系统与熔滴过渡过程是相对独立的。而 CMT 法焊丝的送进与回抽动作影响熔滴过渡过程。也就是熔滴过渡过程是由送丝运动变化来控制的。焊丝的送进与回抽频率可达到 70 次/s。整个焊接系统的闭环控制包含焊丝的运动控制，如图 7-60 所示。

2）焊接热输入低。CMT 焊法短路时电弧熄灭，电源输出电流几乎为 0，产热极少。而燃弧电流又被限制在较低的数值，所以 CMT 焊法是热输入最低的一种焊接方法。不用垫板就可以焊接 0.3mm 的超薄板，焊接变形极小。图 7-61 为各种熔滴过渡形式的焊接参数区间示意图。

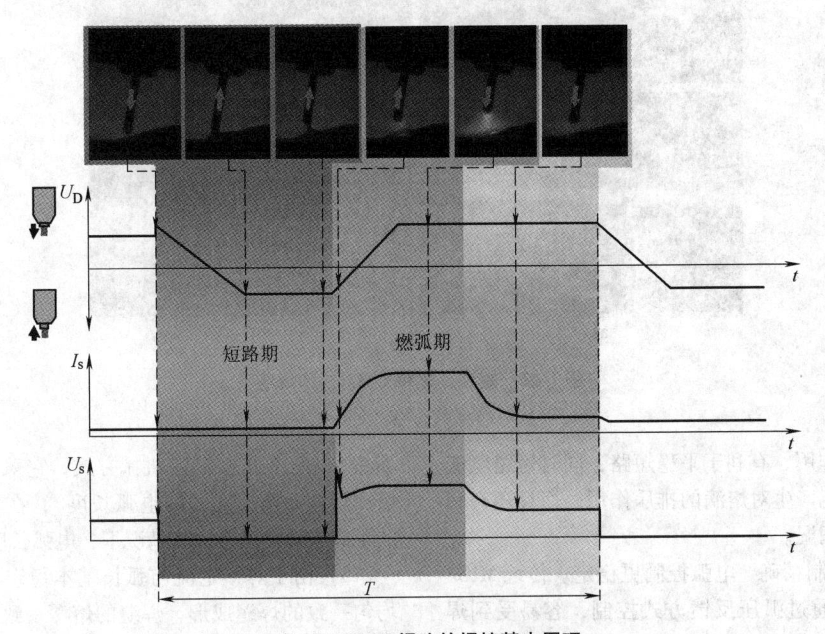

图 7-59　CMT 焊法的焊接基本原理

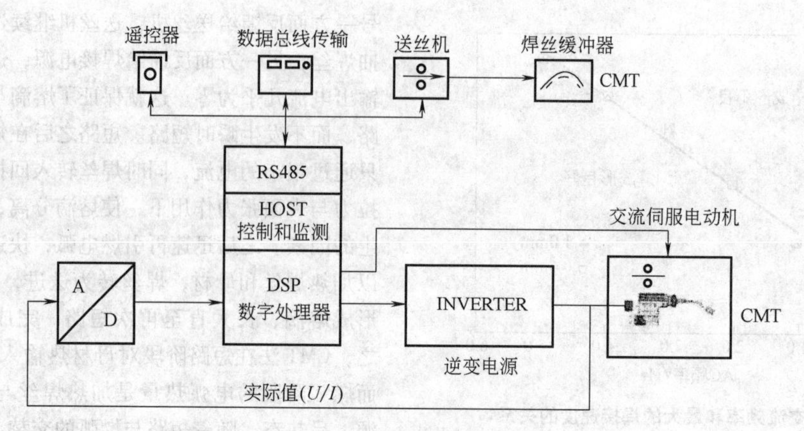

图 7-60　CMT 系统控制原理图

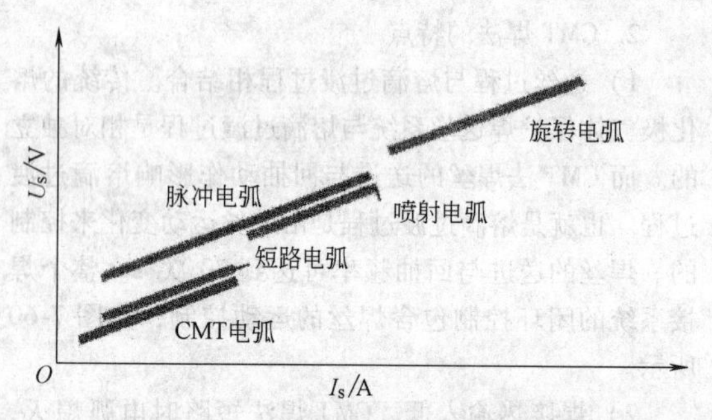

图 7-61　各种熔滴过渡形式的焊接参数区间示意图

图 7-62 为采用传统短路过渡和 CMT 焊法得到的焊缝成形，由图可见 CMT 焊法的焊缝成形为窄而高。其送丝速度都为 5m/min，传统短路过渡的焊接电流为 96A，电压为 17V，而 CMT 焊法的焊接电流为 84A，电压为 13.5V。CMT 焊法产生的热量仅为传统短路过渡的 70%。

3）熔滴过渡无飞溅。焊丝的机械式回抽运动推动了熔滴过渡，克服了传统短路过渡方式因电爆炸而引起的飞溅。另外该法还抑制了瞬时短路及其飞溅，主要措施为在燃弧后期燃弧电流很低，对焊丝端头的熔滴产生整形作用，有利于平稳短路，同时短路电流极低，不仅不能产生对熔滴的排斥作用，而且还有利于熔滴金属的润湿。

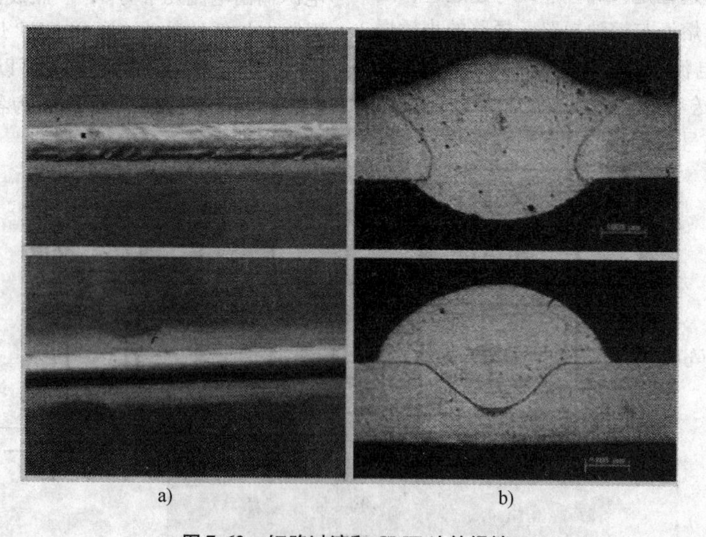

图 7-62　短路过渡和 CMT 法的焊缝

a）短路过渡　b）CMT 方法

4）弧长控制精确，电弧控制更稳定。传统 MIG/MAG 焊弧长是通过弧压反馈方式控制，容易受到焊接速度改变和工件表面平整度的影响。而 CMT 焊法则不然，电弧长度控制是机械方式，它采用闭环控制和监测焊丝回抽长度（即电弧长度），在导电嘴离工件的距离或焊接速度改变情况下，电弧长度是一致的。

5）由于焊接电流与弧长基本稳定，因此能得到均匀一致的焊缝成形，焊缝的熔深一致，焊缝质量重复精度高。

6）具有良好的搭桥能力，对装配间隙要求低。

7）焊接速度快。1mm 铝板对接焊可达到 2.5m/min，CMT 钎焊镀锌板可达到 1.5m/min。

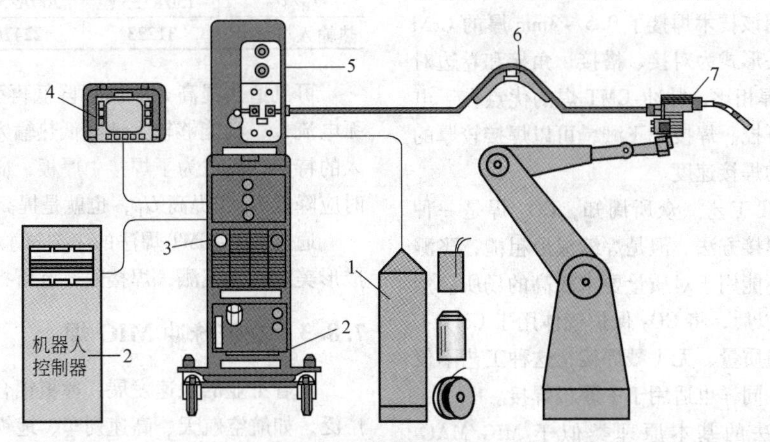

图 7-63　CMT 焊接设备

1—焊丝筒（盘）　2—冷却水箱　3—焊接电源　4—手控盒

5—送丝机　6—缓冲器　7—焊枪

与传统的 MIG/MAG 焊接设备相比，CMT 焊设备的最大差异在送丝机构上。CMT 焊的焊丝端头以 70Hz 的频率高速进行，往复运动，依靠传统的送丝机构难以完成这样的任务，必须采用数字控制的送丝机构。CMT 焊的送丝机构一般有两套数字化送丝机和一套送丝缓冲器组成。其中后送丝机只是负责将焊丝向前送出；前送丝机是使焊丝高频推拉运动的关键。传统齿轮传动由于运动惯性达不到这样的要求，因此采用无齿轮设计，依靠新型拉丝系统来保证连续的接触压力。

另一个关键环节就是送丝缓冲器，它减弱了前、后送丝机构之间的矛盾，保证了送丝过程的平顺。

3. CMT 焊设备

CMT 焊法设备由焊接电源、两台送丝机、缓冲器和焊枪组成，如图 7-63 所示。

4. CMT 焊法的应用

1）适于焊接薄板和超薄板，板厚大约在 0.3～3mm。

2）可以进行电镀锌板或热镀锌板的无飞溅 CMT 钎焊。

3）钢与铝的异种金属焊接。

4）可以焊接碳钢、不锈钢、铝及铝合金。

5. CMT 焊法应用范围的拓宽

（1）脉冲-CMT 技术　CMT 技术提供了一个最低热输入的平台。如果将 CMT 过渡和脉冲过渡组合在一起，使其交替进行，将产生新的焊接工艺特征，如图 7-64 所示。当脉冲过渡完成后，将进入 CMT 熔滴过渡状态，随后再一次转换成脉冲过渡。这里脉冲期

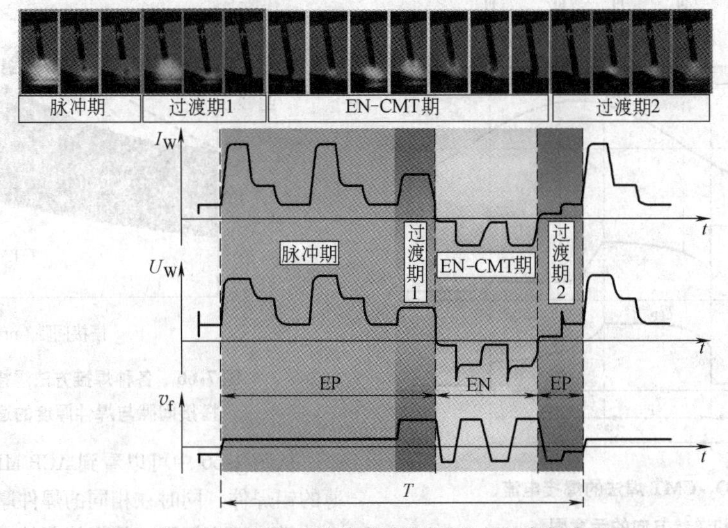

图 7-64　脉冲-CMT 焊法的高速摄像图及焊接参数波形图

间可以是一个或几个脉冲。随着脉冲的加入，增加了热输入。每一组脉冲数越多，则热输入也越大。通过调节脉冲数，就可以调节热输入、熔透状况和熔深大小。

已成功地应用该技术焊接了0.5~3mm厚的CrNi钢和铝合金，接头形式为对接、搭接、角接和卷边对接。与其他MIG焊相比，脉冲-CMT焊的优点在于电弧稳定，热输入可控、焊接无飞溅，可以焊接较厚的材料和使用更高的焊接速度。

（2）CO_2-CMT工艺　众所周知，CO_2焊是一种经济的、可用的焊接方法。但是焊缝成形粗糙，飞溅较大。所以常常不能用于对质量要求较高的场所。然而CMT工艺出现以后，将CO_2保护气体用于CMT工艺中，也能实现高质量、无飞溅焊接，这种工艺不仅可用于薄板焊接，同样也适用于中厚板焊接。

CO_2-CMT焊法的基本原理类似于MIG/MAG-CMT焊法（图7-65），都采用推拉送丝方式，送丝过程与熔滴过渡过程相互协调，熔滴过渡过程是由送丝运动变化来控制的。CO_2气体与Ar-CO_2混合气体的物理性能差异极大，使用图7-59所示的工作原理不能保证CO_2-CMT焊接稳定性。由于CO_2气体在电弧高温作用下将发生分解反应，并吸收较大热量。这将使电弧冷却，并使电弧收缩，提高电弧电场强度。而Ar-CO_2混合气体却不同，其电场强度较低。为了引燃电弧，不仅需要较高的引弧电压，同时还要求阴极表面温度较高（即引弧之前的短路电流必须控制在较高水平）。实验表明，为了稳定从短路期到燃弧期的再引燃过程，短路电流I_H与燃弧电压U_P之间存在一定的依赖关系。实际上，当短路电流I_H低一些，则再引燃电压U_P就应高一些，反之亦然。CO_2-CMT

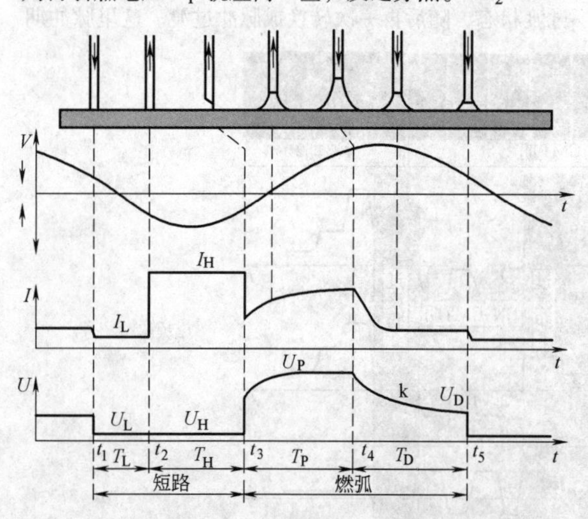

图7-65　CO_2-CMT焊法的焊接电流、电压和送丝方向的示意图

焊法在稳定条件下的参数匹配关系见表7-28。

表7-28　CO_2-CMT焊法在稳定条件下的参数匹配关系

I_H/U_P	130A/33V	200A/30V	250A/26V
热输入/J×10^3	31223	22476	13204

可见适当提高I_H，可以降低再引弧电压U_P和燃弧电流I_P，则能够较大地降低热输入，而具有低热输入的特点。反之为了焊接中厚板，应提高热输入，这时应降低I_H和提高U_P，也就是提高燃弧能量。

通过CO_2-CMT焊法的工艺试验表明该法的焊缝成形美观、无飞溅，焊接效率有所提高。

7.8.3　交流脉冲MIG焊

随着工业的快速发展，薄板铝合金制件应用日益广泛，如航空航天、高速列车、地铁车辆、汽车、石化和船舶工业等。铝合金结构常常采用TIG焊，但因其效率太低，已被近几年出现的交流脉冲MIG焊（简称ACP MIG焊）所取代。

1. ACP MIG焊原理

众所周知，脉冲MIG焊可以在几十安的小电流情况下进行稳定的焊接。但是在焊接1mm以下的薄板时，尤其是在焊接搭接角焊缝时，要求在装配间隙较大的情况下，具备良好的搭桥性能。这时传统的DCP MIG焊（直流脉冲MIG焊）和DCLPMIG（直流低频脉冲MIG焊）是不能适应这一要求的。有人提出一种ACP MIG焊（交流脉冲MIG焊，也称VPPA MIG焊）法，如图7-66所示。

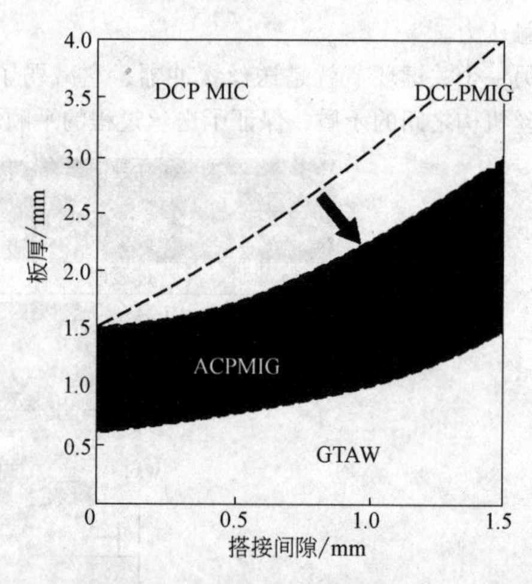

图7-66　各种焊接方法焊接铝合金时搭接间隙与焊件厚度的适用范围

从图7-66中可以看到ACP MIG焊法可以焊接更薄的铝焊件，同时在相同的焊件厚度时，该法允许更大的搭接接头间隙。从焊接薄件来看，它的适用性仅次于TIG焊，但却比传统MIG焊的方法好。

DCP MIG焊法的电流波形如图7-67a所示，将基值电流的一部分时间t_b从EP极性翻转成EN极性的时间t_{en}，这时该电流就由直流正极性（DCEP）转变为交流脉冲波形，如图7-67b所示。这里提出了一个重要参数EN比率。

$$EN(\%) = t_{en}/(t_{en} + t_1 + t_2) \times 100\% \tag{7-5}$$

式中　t_{en}——EN极性所占的时间（ms）；

t_1——EP极性的脉冲时间（ms）；

t_2——EP极性的基值时间（ms）。

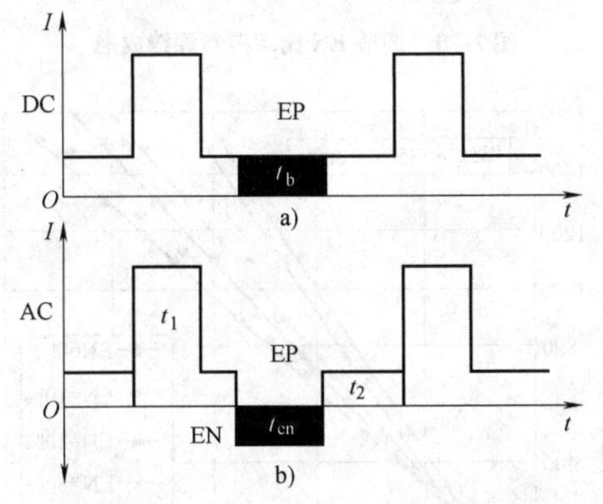

图7-67　DCP MIG与ACP MIG焊的电流波形比较

a）DCP MIG　b）ACP MIG

EP的脉冲电流与DCP MIG焊相同，也是为了保证一个脉冲过渡一个熔滴的单元脉冲。在基值时间将发生两次过零，先发生EP向EN转变，后发生EN向EP转变。这种电流波形的作用是在EP期间生成一个熔滴，并在脉冲后沿或基值期间过渡一个熔滴，这与DCP MIG焊一样，是很稳定的。另外，EN比率是可调的。随着极性的变化，电弧形态、焊丝加热、熔滴过渡及熔池行为都将发生变化，如图7-68所示。

铝合金DCEP MIG焊时焊丝接正、工件接负。这时，一方面电弧对母材有阴极清理作用，另一方面电弧加热焊丝，并过渡熔滴。在电流较大时，电弧形态为钟罩形和喷射过渡。从焊丝向熔池方向有较大的等离子流力和较细熔滴的冲击力。这样一来，不仅把大量的热量带到熔池中，而且还向熔池施加了较大的挖掘力。因而产生了较大的熔深，且有指状熔深的特征，如图7-68a所示。

图7-68b为铝合金DCEN MIG焊的情况，电弧基本上成束状，熔滴较大。铝焊丝为阴极，由于阴极斑点将自动寻找氧化膜，当焊丝端部的氧化膜被击碎之后，阴极斑点将再寻找新的氧化膜，则电弧的阴极斑点必将沿焊丝上爬，上爬高度最高能达到10～15mm。这样一来，焊丝为阴极时将从电弧获得更大的热量。一是由于焊丝作为冷阴极，阴极压降大，则产热高；二是由于焊丝端头被电弧所包覆，则电弧弧柱的高温直接向焊丝辐射，而获得更多的电弧热。总之，当焊丝接负时，焊丝的熔化速度更高，大约为EP极性时的1.5倍。相反，熔池为正极性，产热较少又没有去除氧化膜的功能，熔深很浅。

图7-68c为交流MIG焊，因电弧为交流供电，电流极性不断变化，所以又称为变极性MIG焊（VP MIG焊）。电弧形态和焊缝熔深等特性均介于DCEN和DCEP之间。但是随着EN比率的增加，将更趋向于DCEN的特点，如熔深变浅和提高了搭桥性能，有利于焊接薄铝板等。总之，可以根据铝合金板厚的不同，调整EN比率，取得合适的工艺性能。

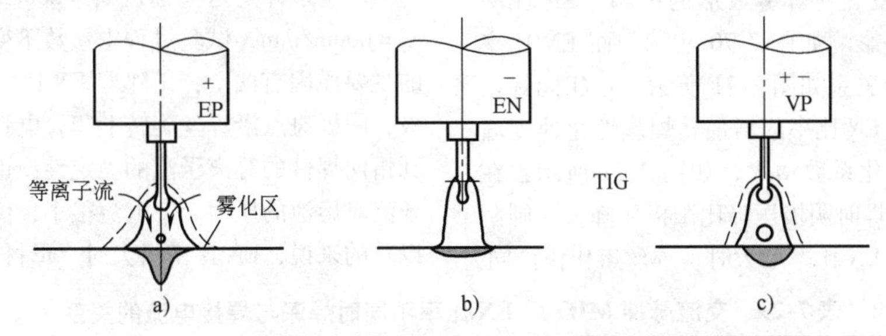

图7-68　MIG焊不同极性的电弧形态、熔滴过渡及熔深示意图

a）DCEP极性　b）DCEN极性　c）AC变极性

2. ACP MIG焊工艺特性

（1）交流电流过零后的再引燃问题　交流电流过零时电弧将熄灭，这一现象在交流TIG焊时也同样发生，尤其在TIG焊EP时，铝焊件为负极，铝的熔点低，导热性又好，是典型的冷阴极。为了能再引弧，这时往往采用两种方法，一是电流过零后，施加较大的电压脉冲，一般需要200～300V才能可靠地再引燃电弧。另一种是在电流过零前，先施加电流脉冲，为的是提高电离度，当电流过零后，由于电弧空间的电离度仍较高，所以这时在较低的再引燃电压下就能再引燃电弧，如图7-69所示。

对于一般正弦波交流电流，电流较小时，再引燃

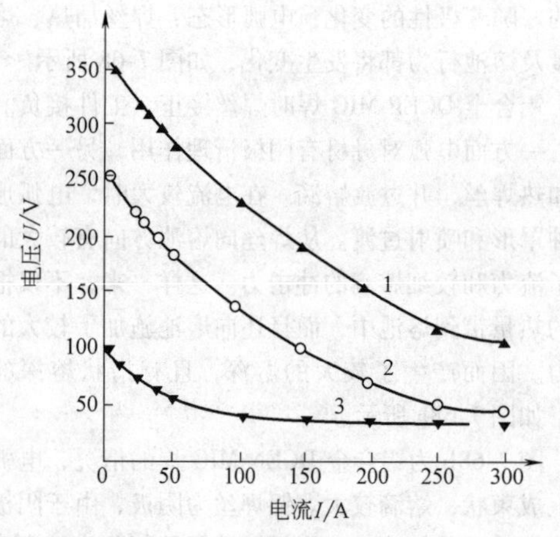

图7-69 稳定电弧的最低再引燃电压与电流的关系曲线

1—正弦波交流 2—晶闸管式交流 3—逆变式方波交流

电压 U_r 为300V左右，而逆变式方波交流电源的再引燃电压 U_r 为100V左右，当电流较大时，U_r 可降到50V以下。可见过零速度越快，电弧再引燃越容易。

ACP MIG焊电弧特点是双冷阴极，焊件及焊丝两个电极都是铝合金。另外，该法在变换极性时，都发生在基值电流条件下。这样一来，增加了电弧再引燃的困难。不论是焊丝还是焊件为阴极时，都需要施加同步脉冲。这个脉冲电压的大小还与电压上升速度有关，当电压上升速度越快时，就可能在电弧空间保持较高的电离度时接受电压脉冲，所以越容易再引燃。例如，当稳弧脉冲电压上升率为84V/μs时，再引燃电压为328V以上；当电压上升率为97.7V/μs时，再引燃电压为293V以上；当电压上升更快，如117.6V/μs时，再引燃电压为80V以上。

（2）EN比率变化对焊缝成形的影响 EN比率变化对焊缝成形的影响如图7-70所示，而EN比率与焊丝熔化速度的关系如图7-71所示。在相同焊接电流情况下，随着EN比率的增加，焊丝熔化速度增大。这说明焊丝熔化系数增大，如图7-71所示，在相同条件下，MIG焊时阴极压降比阳极压降大，则阴极产热高，所以在EN比率增大时，焊丝熔化快。同

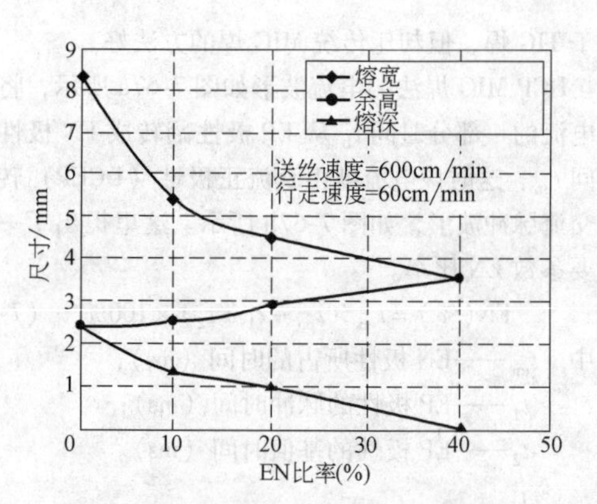

图7-70 调节EN比率控制焊缝成形

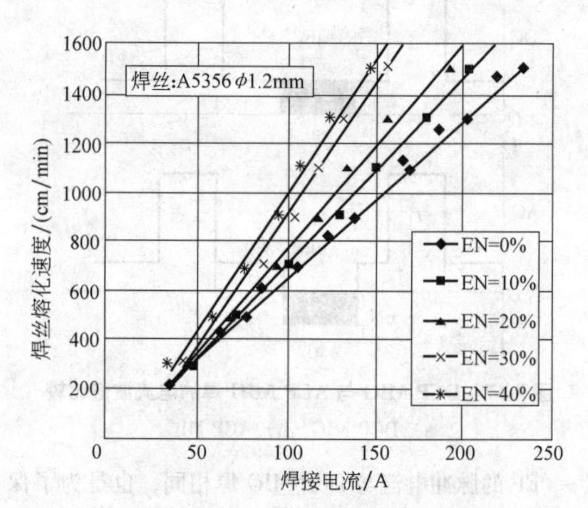

图7-71 EN比率与焊丝熔化速度的关系

时EN比率越大，则焊接变形越小。

（3）改变EN比率能控制熔深的原因 大量试验证实了改变EN比率能够控制熔深，其结果见表7-29。这个试验条件是送丝速度 $v_f=600\text{cm/min}$，焊接速度 $v_w=60\text{cm/min}$，试验过程中参数不变。熔深发生变化的主要原因有两个：①随着EN比率增加，焊丝为负极，阴极斑点沿焊丝旋转上爬，电弧不稳，同时影响到指向焊件的等离子流的稳定性，也就是减小了等离子流对熔池的压力。②电流很小，仅为基值电流，所以总的来说，EN比率增大时，母材熔深减小。

表7-29 交流脉冲MIG焊EN比率不同时焊深与焊接电流的关系

EN比率(%)	0	10	20	40
电流 I_a/A	98	88	83	65
电压 U_a/V	17.6	16.2	15.6	15.6
焊缝断面				

注：$v_f=600\text{cm/min}$，$v_w=60\text{cm/min}$。

(4) ACP MIG焊与DCP MIG焊对搭接接头焊缝成形的影响　铝合金薄板焊件很多都采用搭接接头。但是许多焊接方法对薄板之间的间隙十分敏感，见表7-30。

表7-30　直流脉冲与交流脉冲焊可焊接头间隙比较

焊接参数	焊丝:A5356 Φ1.2mm 母材金属:A5052,板厚1.0mmt		送丝速度:380cm/min 焊接速度:100cm/min	
间隙/mm	0	0.5	1.0	1.5
DCP MIG 焊缝断面	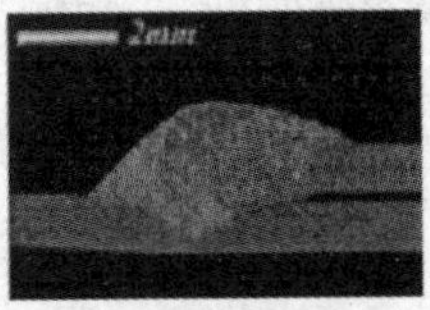	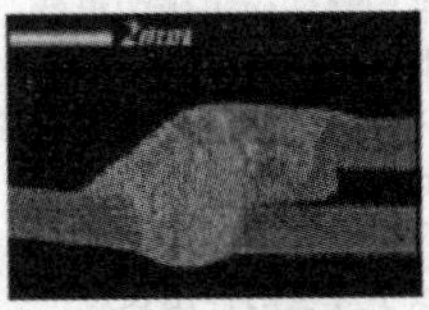	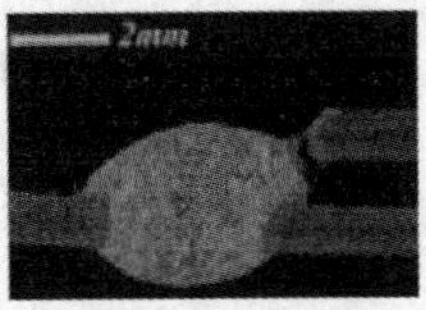	
ACP MIG (EN% =20%) 焊缝断面	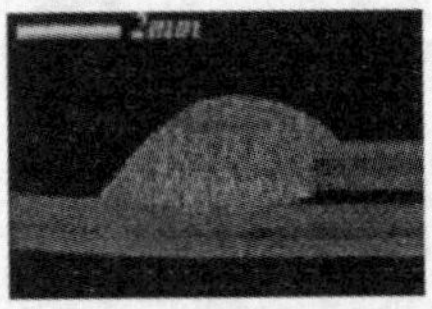			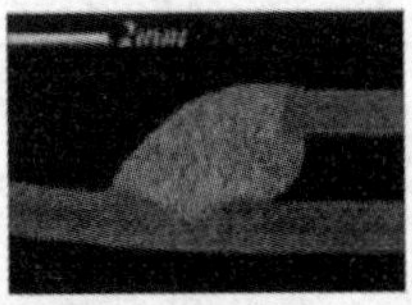

表7-30中用DCP MIG焊法焊接搭接焊缝时，熔深较大，下板易被烧穿，而上板由于搭接性不好而烧断。ACP MIG焊因热输入低，熔深浅而不易产生烧穿和烧断的问题，当间隙达到1.5mm时，也能正常焊接。DCP MIG焊法的间隙为零时能焊接上，可是当间隙达到0.5mm时已经出现烧穿的趋势。

3. ACP MIG焊设备

ACP MIG焊接设备是一台低热输入的数字化逆变焊机。焊接设备系统是由五部分组成：主电路、高压稳弧电路、控制电路、送丝系统和参数给定与显示电路。其中主电路包括一次逆变和二次逆变电路。控制电路包括DSP控制中心、一次和二次逆变的驱动电路、高压稳弧电路、保护电路、电流和电压反馈电路等。

ACP MIG焊接系统采用软件编程。软件部分由主程序、系统初始化程序、引弧与收弧程序以及焊接程序等部分组成。

7.9　焊接缺陷与防止方法

按照正确的焊接工艺焊接时，一般能得到高质量的焊缝。因熔化极气体保护焊无焊剂和焊条药皮，所以可消除焊缝中的夹渣。但使用含脱氧剂的焊丝时可能会出现一些浮渣。这些渣也应在焊接下一焊道之前清除掉。

惰性气体保护焊极好地保护了焊接区不受空气中的氧和氮的污染。由于氢是低合金钢焊缝和热影响区中裂纹之源，所以要采取去氢措施。用CO_2或氧化性混合气体保护时，为了排除氧的影响，必须使用脱氧焊丝。这些可选用的保护气体能保证得到高质量焊缝。

然而，当采用熔化极气体保护电弧焊时，如果焊接参数、材料或焊接工艺不合适，就可能出现焊接缺陷。这种方法所特有的某些缺陷，它们形成的大概原因及防止措施，见表7-31。

表7-31　焊接缺陷形成原因及防止措施

缺陷形成原因	防　止　措　施
焊缝金属裂纹	
1. 焊缝深宽比太大 2. 焊道太窄(特别是角焊缝和底层焊道) 3. 焊缝末端处的弧坑冷却过快	增大电弧电压或减小焊接电流以加宽焊道而减小熔深 减慢焊接速度以加大焊道的横断面 采用衰减控制以减小冷却速度;适当地填充弧坑;在盖面焊道采用分段退焊技术一直到焊缝结束
夹　渣	
1. 采用多道焊短路过渡(焊渣型夹杂物) 2. 高的行走速度(氧化膜型夹杂物)	在焊接后续焊道之前,清除掉焊缝边上的渣壳 减慢焊接速度;采用含脱氧剂较高的焊丝;提高电弧电压

（续）

缺陷形成原因	防 止 措 施
气 孔	
1. 保护气体覆盖不足	增加保护气体流量，排除焊缝区的全部空气；减小保护气体的流量，以防止卷入空气；清除气体喷嘴内的飞溅；避免周边环境的空气流过大，破坏气体保护；降低焊接速度；减小喷嘴到工件的距离；焊接结束时应在熔池凝固之后再移开焊枪喷嘴
2. 焊丝的污染	采用清洁而干燥的焊丝；清除焊丝在送丝装置中或导丝管中黏附上的润滑剂
3. 工件的污染	在焊接之前清除工件表面上的全部油脂、锈、油漆和尘土；采用含脱氧剂的焊丝
4. 电弧电压太高	减小电弧电压
5. 喷嘴与工件距离太大	减小焊丝的伸出长度
咬 边	
1. 焊接速度太高	减慢焊接速度
2. 电弧电压太高	降低电压
3. 电流过大	减慢送丝速度
4. 停留时间不足	增加在熔池边缘的停留时间
5. 焊枪角度不正确	改变焊枪角度使电弧力推动金属流动
未 熔 合	
1. 焊缝区表面有氧化膜或锈皮	在焊接之前清理全部坡口面和焊缝区表面上的轧制氧化皮或杂质
2. 热输入不足	提高送丝速度和电弧电压；减慢焊接速度
3. 焊接熔池太大	减小电弧摆动幅度以减小焊接熔池
4. 焊接操作不合适	采用摆动技术时应在靠近坡口面的熔池边缘停留；焊丝应指向熔池的前沿
5. 接头设计不合理	坡口角度应足够大，以便减少焊丝伸出长度（增大电流），使电弧直接加热熔池底部；坡口设计为J形或U形
未 焊 透	
1. 坡口加工不合适	适当加大坡口角度，使焊枪能够直接作用到熔池底部，同时要保持喷嘴到工件的距离合适；减小钝边高度；设置或增大对接接头中的底层间隙
2. 焊接操作不合适	使焊丝保持适当的送进角度，以达到最大的熔深；使电弧处在熔池的前沿
3. 热输入不合适	提高送丝速度以获得较大的焊接电流，保持喷嘴与工件的距离合适
熔 透 过 大	
1. 热输入过大	减小送丝速度和电弧电压；提高焊接速度
2. 坡口加工不合适	减小过大的底层间隙；增大钝边高度
蛇 形 焊 道	
1. 焊丝伸出长度过大	保持合适的焊丝伸出长度
2. 焊丝的矫正机构调整不良	再仔细调整焊丝矫正机构
3. 导电嘴磨损严重	更换新的导电嘴
4. 用纯氩作保护气体来焊接钢或不锈钢	在纯氩保护气体中加入少量的氧化性气体
飞 溅	
1. 电弧电压过高或过低	根据焊接电流仔细调节电压；采用一元化调节焊机
2. 焊丝与工件清理不良	焊前仔细清理焊丝及坡口处
3. 焊丝不均匀	检查压丝轮和送丝软管（修理或更换）
4. 导电嘴磨损严重	更换新导电嘴
5. 焊机动特性不合适	对于整流式焊机应调节直流电感；对于逆变式焊机须调节控制回路的电子电抗器

参 考 文 献

[1]　殷树言，张九海．气体保护焊工艺［M］．哈尔滨：哈尔滨工业大学出版社，1989.
[2]　殷树言，邵清廉．CO_2 焊接技术及应用［M］．哈尔滨：哈尔滨工业大学出版社，1992.
[3]　殷树言，耿正，刚铁．晶闸管整流弧焊机的设计与调试［M］．北京：机械工业出版社，1997.
[4]　殷树言．CO_2 焊接设备原理与调试［M］．北京：机械工业出版社，2000.
[5]　安藤弘平，长谷川光雄．溶接アーク现象［M］．东京都：产业图书株式会社，1967.
[6]　日本溶接学会．溶接·接合便览［M］．东京都：丸善株式会社，1990.
[7]　殷树言．气体保护焊接工艺基础［M］．北京：机械工业出版社，2007.
[8]　AWS．Welding Handbook：part 1．Welding processes［M］．9th ed，NewYork：ASW，2004.
[9]　殷树言．气体保护焊工艺基础及应用［M］．北京：机械工业出版社，2012.

第8章　药芯焊丝电弧焊

作者　蒋建敏　审者　刘嘉

8.1 概述

药芯焊丝是继焊条、实心焊丝之后广泛应用的一类新型焊接材料，它由两部分构成：①具有良好延展性的金属带材经加工后构成药芯焊丝的外皮；②呈一定粒度分布的各类粉状材料（金属粉、矿物粉等）按比例混合均匀后构成药芯焊丝的药芯部分。使用药芯焊丝作为填充金属的各种电弧焊方法统称为药芯焊丝电弧焊。

8.1.1　药芯焊丝的发展

药芯焊丝最早出现在20世纪20年代的美国和德国。真正大量应用于工业生产是在20世纪50年代，特别是20世纪70年代以后，随着ϕ1.2mm细直径全位置药芯焊丝的出现，药芯焊丝进入高速发展阶段。目前，发达国家药芯焊丝的用量约占焊接材料总质量的20%～40%。在我国，焊条、实心焊丝、药芯焊丝3大类焊接材料中，焊条年消耗量呈逐年下降趋势，实心焊丝年消耗量进入平稳发展阶段，而药芯焊丝无论是在品种、规格还是在用量等各方面仍具有很大的发展空间。

我国是在20世纪60年代开始有药芯焊丝的相关技术以及制造设备的研究。20世纪80年代初，国内以上海宝山钢铁公司为代表的一批重大工程项目中开始使用药芯焊丝（几乎全部为国外产品），对药芯焊丝的推广使用起到了积极的推动作用。20世纪90年代随着世界造船工业中心向我国的转移，使我国药芯焊丝应用进入快速增长期。2000年药芯焊丝用量不足1万吨，其中近80%是进口产品，到2005年药芯焊丝用量超过8万吨，其中近5万吨是国产药芯焊丝。到2012年底药芯焊丝用量超过50万吨，其中近90%为国产药芯焊丝。近年来，药芯焊丝在造船业已逐步成为主力焊接材料，大型造船厂其用量占焊接材料总量超过50%，焊条用量不足10%。随着冶金行业的快速发展，连铸连轧技术及其装备的引进、消化、吸收以及国产化，对各类辊的需求量呈快速增长，另外人们对环境、能源、资源问题日益关注，采用堆焊技术的复合制造、修复各类轧辊逐渐形成具有相当规模的产业，对各类堆焊用药芯焊丝形成强烈市场需求。在建筑行业，随着国家大剧院、国家体育馆等大型、重型钢结构的建设，带动了该行业药芯焊丝的应用。此外，在石化行业压力容器对焊接材料有苛刻要求，药芯焊丝也逐步被工程界所接受。尽管药芯焊丝应用有了长足的进步，但2012年度超过50万吨药芯焊丝的用量占当年的焊接材料总量不足10%，与发达国家相比差距甚远，此外国产药芯焊丝在品种方面也不能满足国内市场的需求。然而从近几年国产药芯焊丝的发展趋势可以看出，国产药芯焊丝及其相关技术已经成熟，今后几年我国的药芯焊丝技术及应用将进入高速发展阶段。

总之，药芯焊丝以其明显的技术和经济方面的优势将逐步成为焊接材料的主导产品，是21世纪最具发展前景的高技术焊接材料。

8.1.2　药芯焊丝的分类

药芯焊丝目前尚无统一的分类方法，一般公认的分类方法如下：

1. 按横断面形状分

药芯焊丝的横断面形状可分为简单O形断面和复杂断面两大类见表8-1。

O形断面的药芯焊丝又分为有缝和无缝药芯焊丝。有缝O形断面药芯焊丝又有对接O形和搭接O形之分。药芯焊丝直径在2.0mm以下的细丝多采用简单O形断面，且以有缝O形为主。此类焊丝断面形状简单，易于加工，生产成本低，因而具有价格优势。无缝药芯焊丝制造工艺复杂，设备投入大，生产成本高，但无缝药芯焊丝成品丝表面可进行镀铜处理，焊丝保管过程中的防潮性能以及焊接过程中的导电性均优于有缝药芯焊丝。细直径的药芯焊丝主要用于结构件的焊接。

复杂断面主要有T形、E形、梅花形和双层形等断面形状。复杂断面形状主要应用于直径在2.0mm以上的粗丝。采用复杂断面形状的药芯焊丝，因金属外皮进入到焊丝芯部，一方面对于改善熔滴过渡、减少飞溅、提高电弧稳定性有利；另一方面焊丝的挺度比O形断面药芯焊丝好，在送丝轮压力作用下焊丝断面形状的变化比O形断面小，对于提高焊接过程中送丝稳定性有利。复杂断面形状在提高药芯焊丝焊接过程稳定性方面的优势，粗直径的药芯焊丝显得尤为突出。随着药芯焊丝直径减小，焊接过程中电流密度的增加，药芯焊丝断面形状对焊接过程稳定性的影响将减小。焊丝越细，断面形状在影响焊接过程稳定性诸多因素中所占权重越小。近年来随着药芯焊丝制备技术的提高和各类电弧焊设备技术的进步，上述影响粗直径药芯焊丝焊接过程稳定性因素的作用逐步弱化，已较少采用复杂断面制备药芯焊丝，特别是堆焊用药芯焊丝，为保证较多地过渡合金元素，多采用搭接 O 形断面。粗直径药芯焊丝全位置焊接适应性较差，多用于平焊、平角焊。特别是直径在 2.4mm 以上的粗丝主要应用于堆焊方面。

表 8-1　药芯焊丝横断面形状示意图

类别	无缝	对接	搭接	T 形	E 形	双层
横断面						
符号						

2. 按保护方式分

根据焊接过程中外加的保护方式，药芯焊丝可分为气体保护焊用药芯焊丝、埋弧焊用药芯焊丝及自保护药芯焊丝。气体保护焊用药芯焊丝根据保护气体的种类可细分为：CO_2 气体保护焊（图 8-1）、熔化极惰性气体保护焊、混合气体保护焊以及钨极氩弧焊用药芯焊丝。其中 CO_2 气体保护焊药芯焊丝主要用于结构件的焊接制造，其用量大幅超过其他种类气体保护焊用药芯焊丝。由于不同种类的保护气体在焊接冶金反应过程中的表现行为是不同的，所以药芯焊丝在粉芯中所采用的冶金处理方式以及程度也是不同的，因此尽管被焊金属相同，不同种类气体保护焊用药芯焊丝原则上讲是不能相互代用的。这一点非常重要。

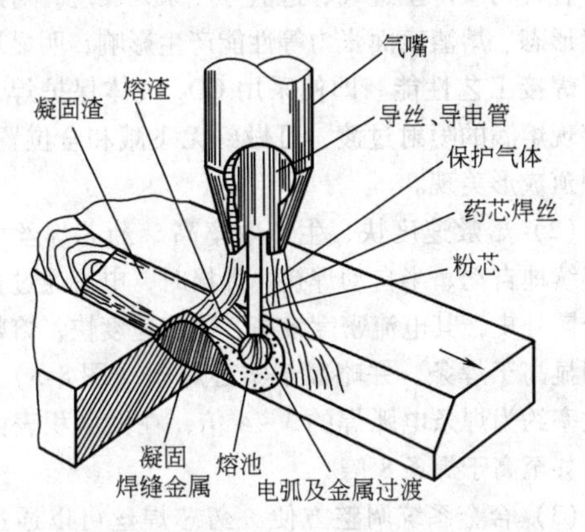

图 8-1　药芯焊丝 CO_2 气体保护焊接示意图

埋弧焊用药芯焊丝主要应用于表面堆焊。由于药芯焊丝制造工艺比实心焊丝复杂，生产成本较高，因此普通结构除特殊需求外一般不采用药芯焊丝埋弧焊。但对于高强度钢，药芯焊丝与实心焊丝生产成本较接近，合金含量较高的药芯焊丝生产成本甚至低于实心焊丝，而某些成分的材料要制成实心焊丝是十分困难的，在这种情况下药芯焊丝比实心焊丝具有明显的技术、经济优势。埋弧焊用药芯焊丝多数情况下不需要配合选用专用焊剂，通用的熔炼焊剂、烧结焊剂可满足使用要求。焊接金属中合金元素的过渡、化学成分的调整可方便地通过调整粉芯配方来实现。另一方面，尽管成分上无特殊要求，但药芯焊丝也可小批量生产供货（几百公斤甚至几十公斤）。药芯焊丝的上述优点在表面堆焊应用中显得十分突出。

自保护药芯焊丝或称为明弧焊用药芯焊丝，是在焊接过程中不需要外加保护气体或焊剂的一类焊丝（图 8-2）。通过焊丝芯部药粉中造渣剂、造气剂在电弧高温作用下产生的气、渣对熔滴和熔池进行保护。与气保护药芯焊丝比较，其突出的特点是在施焊过程中该类焊丝有较强的抗风能力，特别适合于远离中心城市、交通运输较困难的野外工程，因此在石油、建筑、冶金等行业得到广泛应用。但由于造气剂、造渣剂被金属外皮包敷着，所产生的气、渣对熔滴（特别是焊丝端部的熔滴）的保护效果较差，焊缝金属的韧性稍差。随着科学技术的不断进步，特别是近几年高韧性自保护药芯焊丝的出现，对于一般结构甚至一些较为重要的结构，自保护药芯焊丝也完全可以满足结构对焊接材料的要求。另外，该类焊丝在焊接过程中会产生大量的烟尘，一般不适用于室内施焊，户外应用时也应注意通风。

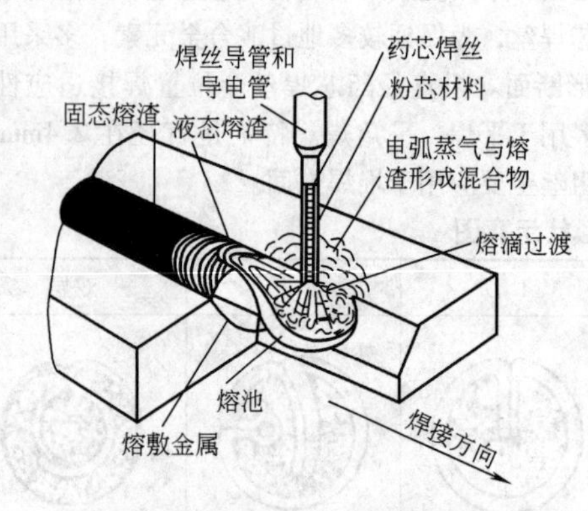

图8-2 自保护药芯焊丝焊接示意图

3. 按金属外皮所用材料分

药芯焊丝金属外皮所用材料有：低碳钢、不锈钢、镍及其合金等具有良好延展性的金属材料。低碳钢的加工性能优良，是药芯焊丝首选外皮材料。目前大部分药芯焊丝产品采用冷轧低碳钢带作为外皮材料，少数品种选用低碳钢盘条或无缝管作为外皮材料，选用原料状态不同其制备工艺装备差异较大，生产成本也有较大的差异。

由于受加粉系数（单位质量焊丝中药粉所占比例）的制约，生产合金含量较高的药芯焊丝时采用低碳钢外皮制造难度很大。对于高合金钢几乎不能实现用低碳钢外皮制备药芯焊丝。对于铬镍含量较高的高合金钢，可采用不锈钢作为外皮材料制造药芯焊丝。对于镍基合金药芯焊丝，可采用纯镍或镍基合金作为外皮材料制造。当然，用后两种材料制造药芯焊丝时对生产设备也有不同的要求。

除上述三种材料外，在焊接以外其他用途中也有采用铜、铝、锌、铌等具有良好延展性的金属材料制造粉芯丝，例如选用铝及锌铝合金作为外皮制造热喷涂用粉芯丝。

4. 按芯部药粉类型分

药芯焊丝可分为有渣型和无渣型。无渣型又称为金属粉芯焊丝，主要用于埋弧焊，高速 CO_2 气体保护焊药芯焊丝也多为金属粉芯型。有渣型药芯焊丝按熔渣的碱度分为酸性渣和碱性渣两类。目前用量较大的 CO_2 气体保护焊药芯焊丝多为钛型（酸性）渣系，自保护药芯焊丝多采用高氟化物（弱碱性）渣系。应当指出，酸、碱性渣系药芯焊丝熔敷金属氢含量的差别远小于酸、碱性焊条，酸性渣系药芯焊丝熔敷金属氢含量可以达到低氢型（碱性）焊条标准（<8mL/100g）。钛型渣系药芯焊丝熔敷金属不仅氢含量可以达到低氢，而且其力学性能也可以达到高韧性。近年来，国内外某些重要焊接结构（如球罐）工程中，有选用钛型渣系 CO_2 气体保护焊药芯焊丝作为焊接材料。当然碱性渣系药芯焊丝在熔敷金属氢含量方面仍占有一定的优势，可以达到超低氢焊条的水平（<3mL/100g），但其在焊接工艺性能方面仍与钛型渣系药芯焊丝有差距。由于药芯焊丝与焊条的加工工艺差别较大，粉芯与焊条药皮配方设计、原材料的选择也有很大差别，因此建立在焊条熔渣理论基础上的某些经验不能简单地套用在药芯焊丝的选择原则中，应该以药芯焊丝产品的性能作为选材的依据。

5. 按用途分

药芯焊丝按被焊钢种可分为：低碳、低合金钢用药芯焊丝，低合金高强度钢用药芯焊丝，低温钢用药芯焊丝，耐热钢用药芯焊丝，不锈钢用药芯焊丝和镍及镍合金用药芯焊丝。

药芯焊丝按被焊结构类型可分为：一般结构用药芯焊丝，船用药芯焊丝，锅炉、压力容器用药芯焊丝和硬面堆焊用药芯焊丝。

药芯焊丝按焊接方法可分为：CO_2 气体保护焊用药芯焊丝，TIG 焊用药芯焊丝，MIG 焊、混合气体保护焊用药芯焊丝，自保护焊药芯焊丝，埋弧焊用药芯焊丝和热喷涂用粉芯线材。

8.1.3 药芯焊丝的特点

药芯焊丝是在结合焊条的优良工艺性能和实心焊丝的高效率自动焊的基础上产生的一类新型焊接材料。

1. 药芯焊丝的优点

较为公认的优点如下。

（1）焊接工艺性能好　在电弧高温作用下，粉芯中各种物质产生造气、造渣等一系列反应，对熔滴过渡形态、熔渣表面张力等性能产生影响，明显地改善了焊接工艺性能。即使采用 CO_2 气体保护焊，也可实现熔滴的喷射过渡，可做到无飞溅和全位置焊，且焊道成形美观。

（2）熔敷速度快、生产效率高　药芯焊丝可进行连续地自动、半自动焊接。焊接时，电流通过很薄的金属外皮，其电流密度较高，熔化速度快，熔敷速度明显高于焊条，并略高于实心焊丝（图8-3）。生产效率约为焊条电弧焊的3～4倍，在大面积表面堆焊时甚至高于焊条8倍。

（3）合金系统调整方便　药芯焊丝可以通过外皮和药芯两种途径调整熔敷金属的化学成分。特别是通过改变药芯中的粉料组成，可获得各种不同渣系、合金系的药芯焊丝，以满足各种不同需求。该优点在除低碳、低合金钢以外钢种焊接时的优势是实心焊丝无法比拟的。

（4）能耗低　在药芯焊丝电弧焊过程中，连续施焊使得焊机空载损耗大为减少；较大的电流密度，增加了电阻热，提高了热源利用率。两者使药芯焊丝能源有效利用率可提高20%～30%。

（5）环保　在生产过程中，药芯焊丝不采用酸洗、碱洗、电镀等可能造成环境严重污染的生产工艺。在使用过程中，药芯焊丝产生的固体废弃物——焊渣（4%～8%）明显低于焊条（20%左右）和实心焊丝埋弧焊（40%～50%）。在三大类焊接填充材料中，药芯焊丝对焊接生产的负面影响最小。

（6）综合成本低　焊接生产的总成本应由焊接材料、辅助材料、人工费用、能源消耗、生产效率、熔敷金属表面填充量等多项指标综合构成。焊接相同厚度（中厚板以上）的钢板，药芯焊丝单位长度焊缝的综合成本不到焊条一半，且略低于实心焊丝。使用药芯焊丝经济效益是非常显著的。

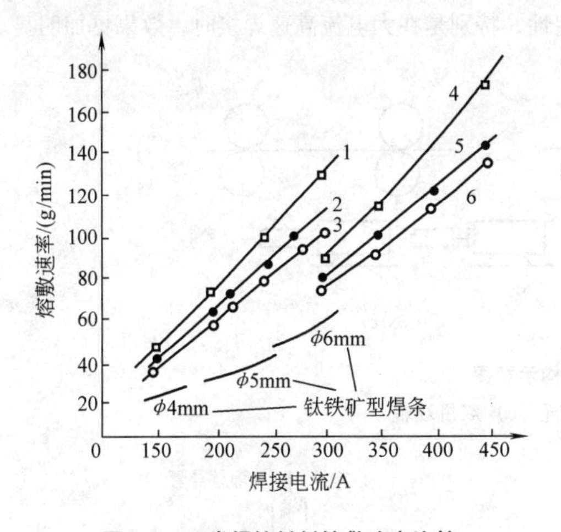

图8-3　三类焊接材料熔敷速率比较

1—金属粉型药芯焊丝，$\phi=1.2$mm
2—氧化钛型药芯焊丝，$\phi=1.2$mm
3—金属粉型药芯焊丝，$\phi=1.6$mm
4—实心焊丝，$\phi=1.2$mm
5—氧化钛型药芯焊丝，$\phi=1.6$mm
6—实芯焊丝，$\phi=1.6$mm

总之，药芯焊丝是一种高效节能的新型焊接材料。近年来在我国应用领域增长迅速。

2. 药芯焊丝的缺点

下列因素仍将在一段时间内制约药芯焊丝广泛应用。

（1）制造设备复杂　无论用何种工艺生产药芯焊丝，其设备的复杂程度，在加工精度、标制精度、设备高技术含量、操作人员素质等多方面的要求，均高于另两类焊接材料的生产设备。

（2）制造工艺技术要求高　药芯焊丝生产工艺的复杂程度，远大于焊条和实心焊丝的生产。合格的药芯焊丝产品除了精良的制造设备、内在质量优良的药粉配方技术，另一关键则在于制造工艺。目前，国内许多药芯焊丝制造厂家在产品质量、批量上有差距，其原因还是在制造工艺方面尚不过关。

上述原因使得普通结构钢用药芯焊丝的市场售价高于焊条和实心焊丝。

（3）成品丝的防潮保管困难　除了无缝药芯焊丝外表面可镀铜外，药芯焊丝在防潮保管方面比另两类焊材要求高。在防潮性能方面，药芯焊丝不如镀铜实心焊丝的抗潮性好。从受潮后通过烘干，恢复其性能方面分析，药芯焊丝不如焊条，受潮较重的药芯焊丝或是无法烘干（塑料盘），或是烘干效果不理想，基本上不能使用。在防潮保管问题上，一方面生产厂商在药芯焊丝包装上要给予充分重视，采取相应的技术措施，另一方面建议使用单位不要长期大量保存药芯焊丝。目前现有的常规防潮包装可保证药芯焊丝在半年至一年内基本符合出厂时的技术要求。因此使用单位应根据生产实际情况组织进货，减少库存。

8.2　焊接设备

药芯焊丝作为一种新型的焊接材料，适用于多种焊接方法。大多数使用实心焊丝的焊接设备也可以使用药芯焊丝。一些标有实心、药芯焊丝两用的焊机，只是在使用实心焊丝焊机的基础上添加了某些功能，以便更有效地发挥药芯焊丝的优势，这些功能并不是使用药芯焊丝的必要条件。也就是说，使用实心焊丝的焊接设备完全可以使用药芯焊丝。

8.2.1　焊接电源

实心、药芯焊丝两用的焊机，是在使用实心焊丝焊机的基础上添加了下面所列功能中的一种或多种。

（1）极性转换　直流正接/直流反接转换装置。

（2）电源外特性微调　在平特性的基础上，微调外特性。调节范围在微翘和缓降之间，如图8-4所示。

（3）电弧挺度调节　通过调节电弧挺度，可实现对熔滴过渡形态的调节，以减少飞溅，并可改善全位置焊接性能。

埋弧焊、钨极氩弧焊机不用添加上述功能就可以使用药芯焊丝。CO_2焊机在增加了极性转换装置后可以使用自保护药芯焊丝（多数产品须用直流正接）。

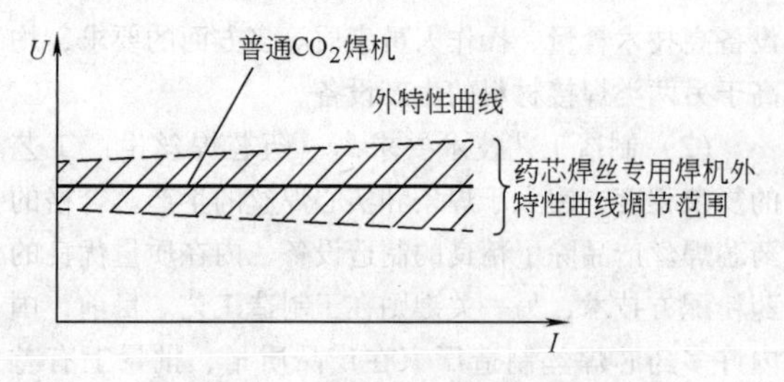

图8-4　电源外特性调节示意图

增加了电源外特性微调和电弧挺度调节功能的CO_2焊机，不仅可以使用CO_2气体保护用药芯焊丝，也可以使用其他气体保护用药芯焊丝，并且能够更好地发挥药芯焊丝的优点。

8.2.2　送丝机

实心焊丝送丝机可以正常使用加粉系数较小的药芯焊丝，如用量较大的低碳钢CO_2气体保护用药芯焊丝。但要正常使用加粉系数较大的药芯焊丝则最好选用专用送丝机，如图8-5所示。药芯焊丝专用送丝机与一般实心焊丝送丝机的差别如下：

（1）两对主动轮送丝　一般实心焊丝送丝机采用单电动机驱动一只主动轮送丝。药芯焊丝专用送丝机则采用单电动机或双电动机驱动两对主动轮送丝。这样在送丝推力不变的情况下，可以减小施加在药芯焊丝上的正压力，以减少药芯焊丝横断面形状的变化，提高送丝的稳定性。

（2）上下轮均开V形槽　一般实心焊丝送丝机的上送丝轮为普通轴承，不开槽。而药芯焊丝专用送丝机的上下送丝轮均开V形槽，变三点受力为四点对称受力，以减少焊丝横断面变形。

（3）槽内压花　药芯焊丝专用送丝机焊丝直径在1.6mm（或1.4mm）以上的送丝轮，V形槽内采用压花处理。处理后的送丝轮，通过提高送丝轮的摩擦系数以提高送丝推力。不仅提高了送丝的稳定性，同时也改善了药芯焊丝通过导电嘴时的导电性能。

药芯焊丝专用送丝机通过上述处理措施，在增大送丝推力的同时降低了焊丝的变形，提高了送丝的稳定性，特别是在大电流高速焊接时，效果更加明显。

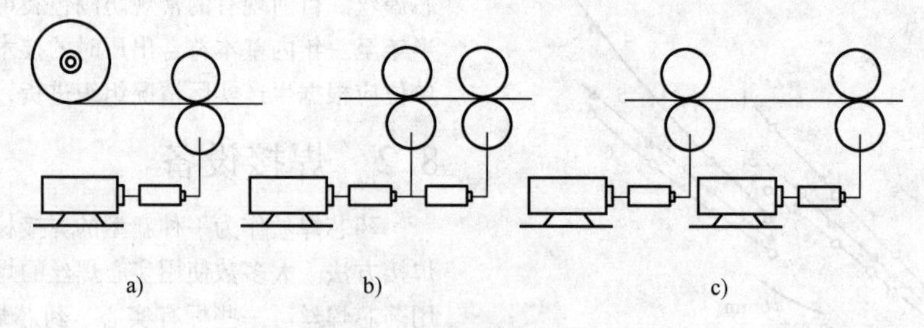

图8-5　送丝机结构示意图
a）单机单辊　b）单机双辊　c）双机双辊

8.2.3　焊枪

药芯焊丝埋弧焊、钨极氩弧焊、熔化极气体保护焊等方法的焊枪与实心焊丝的焊枪相同。自保护药芯焊丝，可以使用专用焊枪或CO_2气体保护焊枪。两者在结构上的差别为：专用焊枪是在CO_2气体保护焊枪基础上去掉气罩，并在导电嘴外侧加绝缘护套以满足某些自保护药芯焊丝在伸出长度方面的特殊要求，同时可以减少飞溅的影响；某些专用焊枪附加有负压吸尘装置，使自保护药芯焊丝可以在室内施工中使用。图8-6为自保护药芯焊丝专用焊枪结构示意图。

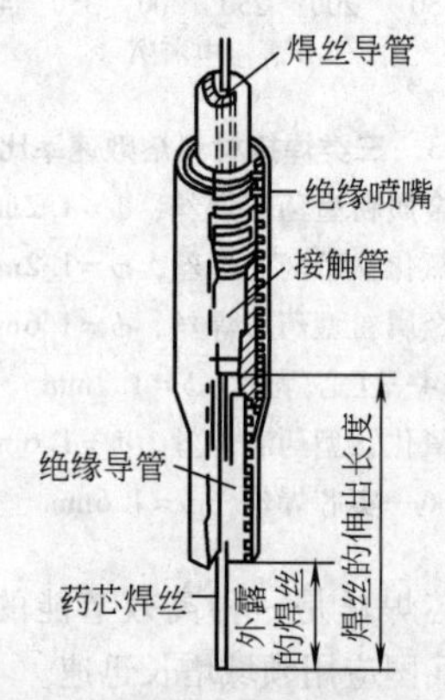

图8-6　自保护药芯焊丝专用焊枪结构示意图

8.2.4　其他

其他设备与实心焊丝所用设备相同。详见本手册有关章节。

8.3　焊接参数

熔化极药芯焊丝电弧焊的焊接参数主要包括：焊接电流、电弧电压、焊接速度、焊丝伸出长度以及保护气流量等。焊接参数对焊接过程的影响及其变化规律，药芯焊丝和实心焊丝基本相同。但由于药芯焊丝填充药粉在焊接过程中的造气、造渣等一系列冶金作用，其影响程度不仅使药芯焊丝与实心焊丝有差别，而且同一类别不同生产厂家生产的药芯焊丝其影响程度也略有差别。因此最佳焊接参数的选择是有前提条件的，即确定的生产厂家、针对具体的药芯焊丝产品、施焊时的实际工况条件，通过工艺评定试验，最终确定最佳焊接参数。

8.3.1　焊接电流、电弧电压

在药芯焊丝电弧焊过程中，焊接电流、电弧电压对焊缝几何形状（熔宽、熔深）的影响规律同实心焊丝基本一致。略有差别的是焊接电流、电弧电压对药芯焊丝熔滴过渡形态的影响。图 8-7 所示为焊接电流、电弧电压对 ϕ1.6mm E71T-1 型药芯焊丝熔滴过渡形态的影响，图中阴影部分为喷射过渡。如图 8-8 所示，焊接电流的适用范围很大，而电弧电压的可变范围则较小，且随着电流的增加，电弧电压应适当增加，大电流焊接时，电弧电压应足够高。这一规律对选择焊接参数有着重要的指导意义。表 8-2 为不同直径药芯焊丝稳定焊接时焊接电流、电弧电压常用范围。表 8-3 为中厚板在不同位置焊接时的焊接电流、电弧电压常用范围。

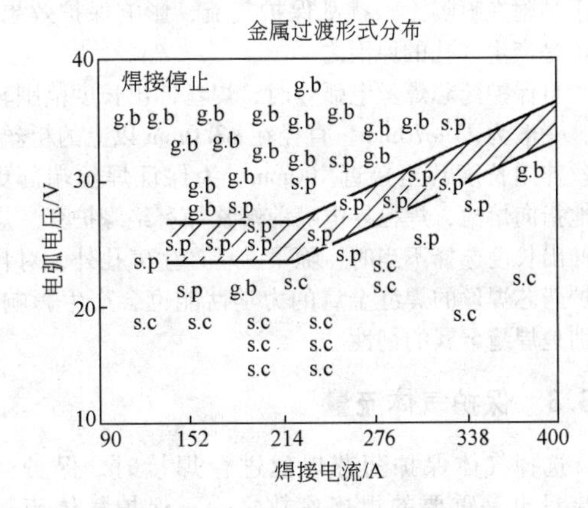

图 8-7　焊接电流、电弧电压对熔滴过渡形态的影响

s. p—喷射过渡　g. b—滴状过渡　s. c—短路过渡

应注意自保护药芯焊丝因各品种之间芯部组成物差异较大，稳定焊接时的焊接参数也有较大的差异，特别是电弧电压。如某种以多种氟化物组成的自保护药芯焊丝，其稳定焊接时，电弧电压的范围为 13 ~ 18V，这在使用其他焊丝时，几乎无法实现正常的焊接过程。因此厂家提供的产品使用说明书是正确选择焊接电流、电弧电压的重要依据之一。

表 8-2　不同直径药芯焊丝稳定焊接时焊接电流、电弧电压范围

CO_2 气保护药芯焊丝			
焊丝直径/mm	1.2	1.4	1.6
焊接电流/A	140 ~ 350	150 ~ 400	150 ~ 450
电弧电压/V	25 ~ 32	25 ~ 34	26 ~ 38
自保护药芯焊丝			
焊丝直径/mm	1.6	2.0	2.4
焊接电流/A	150 ~ 250	180 ~ 350	200 ~ 400
电弧电压/V	20 ~ 25	22 ~ 28	22 ~ 32

表 8-3　各种位置焊接中厚板时药芯焊丝焊接电流、电弧电压常用范围

焊接位置	ϕ1.2mm CO_2 气保护药芯焊丝		ϕ2.0mm 自保护药芯焊丝	
	电流/A	电压/V	电流/A	电压/V
平焊	160 ~ 350	25 ~ 32	180 ~ 350	22 ~ 28
横焊	180 ~ 260	25 ~ 30	180 ~ 250	22 ~ 25
向上立焊	160 ~ 240	25 ~ 30	180 ~ 220	22 ~ 25
向下立焊	240 ~ 260	25 ~ 30	180 ~ 260	24 ~ 28
仰焊	160 ~ 200	25 ~ 28	180 ~ 220	22 ~ 25

8.3.2　焊丝伸出长度

气体保护药芯焊丝电弧焊时，焊丝伸出长度一般为 15 ~ 25mm，焊接电流较小时，焊丝伸出长度小；电流增加时，焊丝伸出长度适当增加。以 ϕ1.6mm CO_2 气体保护药芯焊丝为例，如电流为 250A 以下时，焊丝伸出长度为 15 ~ 20mm；电流为 250A 以上时，焊丝伸出长度以 20 ~ 25mm 为宜。改变焊丝伸出长度，会对焊接工艺性能产生影响。当焊丝伸出长度过大时，熔深变浅，同时由于气体保护效果下降易产生气孔；焊丝伸出长度过小时，长时间焊接后，飞溅物易于黏附在喷嘴上，扰乱保护气流，影响保护效果，这也是产生气孔的原因之一。

自保护药芯焊丝电弧焊时，焊丝伸出长度范围较宽，一般为25～70mm。直径在φ3.0mm以上的粗丝，焊丝伸出长度甚至接近100mm。为保证焊丝端部更好地指向熔池，焊枪导电嘴前端常加有绝缘护套。焊丝伸出长度选择不当时，除了易于产生气孔外，对自保护药芯焊丝的焊缝金属的力学性能也会产生影响，特别是焊缝金属的韧性。

8.3.3　保护气体流量

选择气体保护药芯焊丝进行焊接时，保护气体流量也是重要的焊接参数之一。保护气体流量的选择可根据焊接电流的大小、气体喷嘴的直径和保护气体的种类等因素确定，图8-9所示为三者的关系。

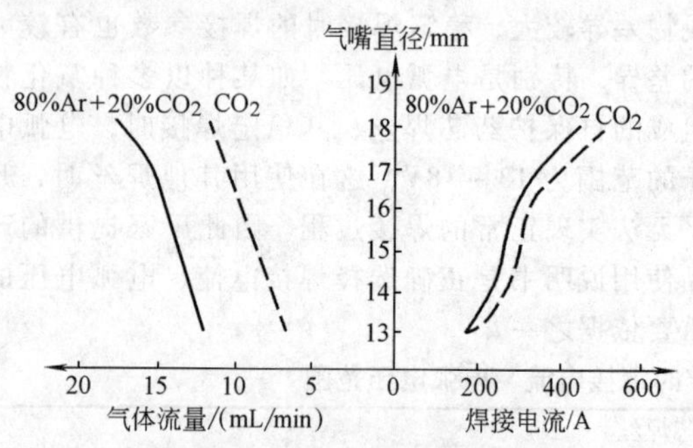

图8-8　保护气体流量选择参考图

8.3.4　焊接速度

当焊接电流、电弧电压确定后，焊接速度不仅对焊缝几何形状产生影响，而且对焊接质量也有影响。药芯焊丝半自动焊接时，焊接速度通常在30～50cm/min范围内。焊接速度过快易导致熔渣覆盖不均匀，焊缝成形变坏。在表面有漆层或有污染的钢板上焊接时，焊接速度过快易产生气孔。焊接速度过小，熔融金属容易先行，导致熔合不良等缺陷的产生。药芯焊丝全自动焊接时，焊接速度可达1m/min以上。

8.4　焊接工艺

制定合理的焊接工艺应综合考虑焊件的结构特征、接头设计、母材及焊材的各种性能、焊接设备及施工条件等多种因素。本小节仅对使用药芯焊丝的焊接工艺特点作简单介绍。

8.4.1　接头准备

对于搭接接头、T形接头、角接接头，使用药芯焊丝采用角焊缝可以较容易地实现上述三种接头的全位置焊接。因药芯焊丝的穿透能力较强，可以选择较小的焊脚尺寸，以减少焊材用量和焊接时间，提高效率。使用药芯焊丝时，对接头的准备有较高的要求。气割和等离子弧切割后的结瘤必须彻底清除。坡口角度可以选择比焊条、实心焊丝小10°～20°（图8-9）。对坡口、钝边加工的精度要求较高，药芯焊丝焊接坡口实例见表8-4。使用药芯焊丝CO_2气体保护焊焊接厚板钢结构（δ≥40mm）时，为了便于操作保证焊缝根部焊道的质量，一方面可以将焊枪保护气罩的外径减小，在工程应用中多数情况将保护气罩外径由φ20mm改为φ15mm，少数施工单位将保护气罩外径改为φ12mm。使用小直径保护气罩外径时，气体流量应适当调整。另一方面对坡口几何尺寸进行适当调整，基本原则是便于焊枪在坡口深处的正常摆动、减少金属填充量，充分发挥药芯焊丝的优势。图8-10a、b分别为厚板钢结构药芯焊丝CO_2气体保护焊平焊和横焊接头形式示意图。

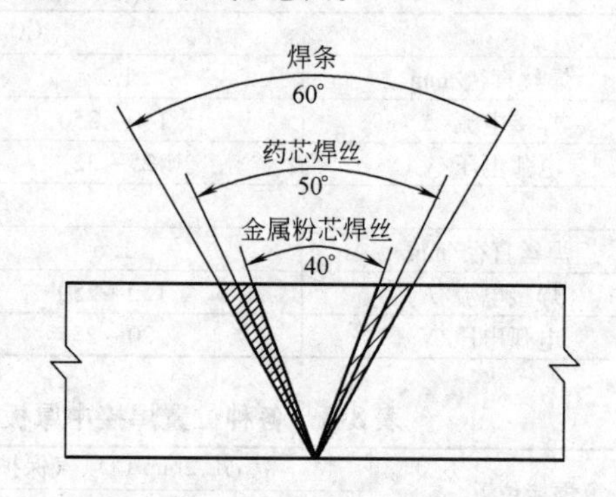

图8-9　使用药芯焊丝时坡口角度示意图

8.4.2　接头的施焊

表8-5～表8-7分别为角焊缝、无衬垫、有衬垫对接焊缝各种位置的焊接。

表8-4　药芯焊丝气体保护焊坡口形状、尺寸

坡口形状	板厚/mm	焊接位置	有无衬垫	坡口角度	间隙 G/mm	钝边 R/mm
G	1.2～4.5	平焊	无	—	0～2	—
	≤9	平焊	有	—	0～3	—
	≤12	平焊	无	—	0～2	—

（续）

坡口形状	板厚/mm	焊接位置	有无衬垫	坡口角度 α/(°)	间隙 G/mm	钝边 R/mm
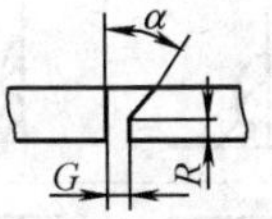	≤60	平焊	无	45～60	0～2	0～5
			有	25～50	4～7	0～3
		立焊	无	45～60	0～2	0～5
			有	35～50	0～2	0～5
		横焊	无	45～50	0～2	0～5
			有	30～50	4～7	0～3
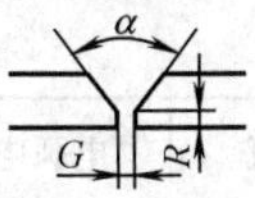	≤60	平焊	无	45～60	0～2	0～5
			有	35～60	0～6	0～3
	≤50	立焊	无	45～60	0～2	0～5
			有	35～60	3～7	0～2
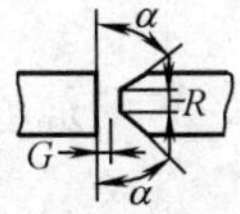	≤100	平焊	无	45～60	0～2	0～5
		立焊	无	45～60	0～2	0～5
		横焊	无	45～60	0～3	0～5
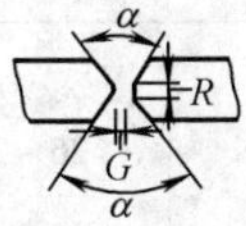	≤100	平焊	无	45～60	0～2	0～5
		横焊	无	45～60	0～2	0～5

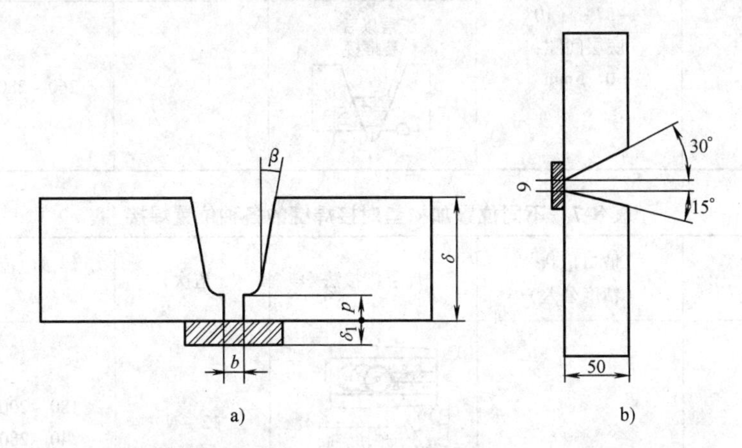

图 8-10　厚板钢结构药芯焊丝 CO_2 气体保护焊平焊和横焊接头形式示意图

a）平焊接头　b）横焊接头

表 8-5　不同位置角焊缝的焊接

焊接位置	焊丝种类（直径）	焊接电流/A	电弧电压/V	焊层搭接头 焊脚长/mm								
				5	6	7	8	9	10	11	12	13
横向	全位置用药芯焊丝（ϕ1.2mm）	260	28			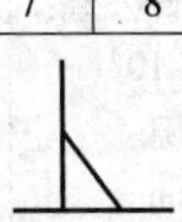					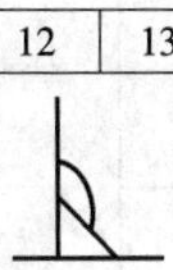	
立向上		220	25					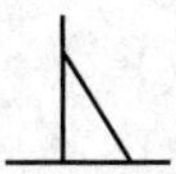				

（续）

焊接位置	焊丝种类(直径)	焊接电流/A	电弧电压/V	焊层搭接头 焊脚长/mm 5	6	7	8	9	10	11	12	13
立向下	全位置用药芯焊丝(ϕ1.2mm)	270	29									
仰向		240	28									

表 8-6　不同位置无衬垫对接焊缝的各种位置焊接

焊接位置	焊丝种类（直径）	坡口形状（精度公差）	焊层搭接法	道次	焊接电流/A	电弧电压/V
平焊	全位置用药芯焊丝(ϕ1.2mm)	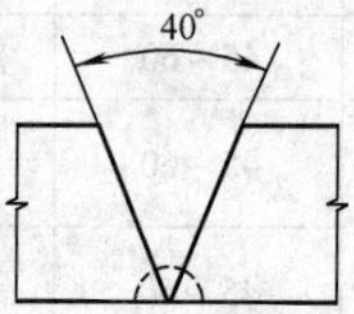 40° 坡口角度允许公差： -5° ~ +10° 底层间隙： 0 ~ 5mm	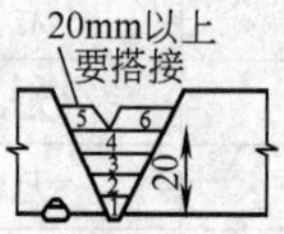 20mm以上要搭接	1 ~ N	260 ~ 300	26 ~ 30
横焊			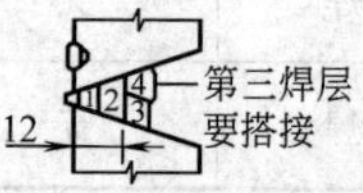 12　第三焊层要搭接	1 ~ N	240 ~ 280	26 ~ 28
向上立焊			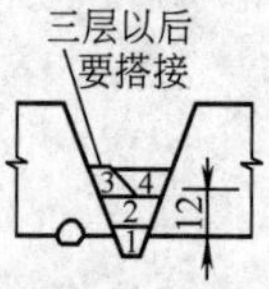 三层以后要搭接　12	1 ~ N	260 ~ 280	26 ~ 28

表 8-7　不同位置加衬垫对接焊缝的各种位置焊接

焊接位置	焊丝种类（直径）	坡口形状（精度公差）	焊层搭接法	道次	焊接电流/A	电弧电压/V
平焊	全位置用药芯焊丝(ϕ1.2mm)	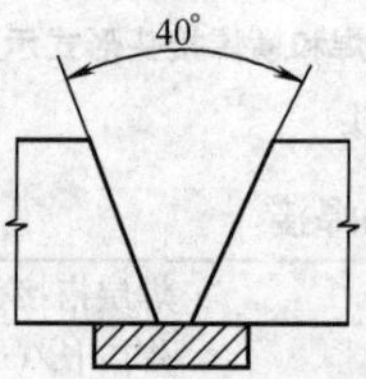 40° 坡口角度允许公差： -5° ~ +10° 底层间隙： 4 ~ 12mm	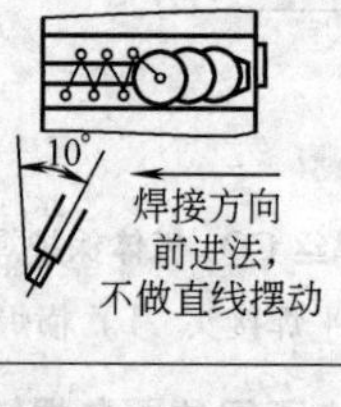 10° 焊接方向 前进法， 不做直线摆动	12 ~ N	180 ~ 200 240 ~ 280	25 ~ 27 25 ~ 30
横焊			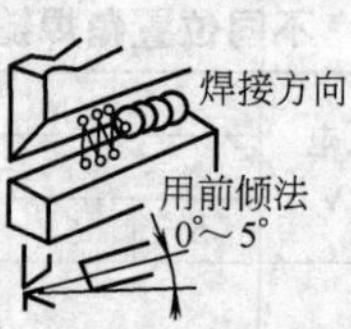 焊接方向 用前倾法 0° ~ 5°	12 ~ N	180 ~ 200 220 ~ 260	25 ~ 27 25 ~ 30
向上立焊			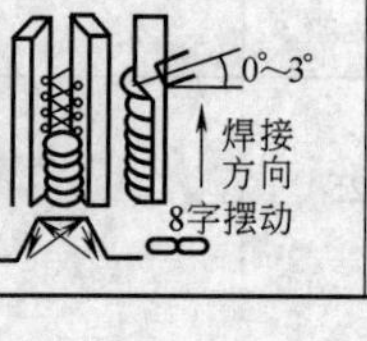 0° ~ 3° 焊接方向 8字摆动	12 ~ N	160 ~ 180 200 ~ 240	25 ~ 27 25 ~ 30

8.5　药芯焊丝标准

最早的药芯焊丝标准是由美国焊接学会于 20 世纪 60 年代制定，并于 1969 年正式颁布的 AWS A5.20《电弧焊碳钢用药芯焊丝标准》，随后相继制定了低合金钢、不锈钢等一系列药芯焊丝标准，并进行过多次修正和补充，成为目前影响最大、应用最广的药芯焊丝标准。在 AWS 药芯焊丝标准基础上，各工业发达国家根据药芯焊丝发展，制定了本国的药芯焊丝标准，如英国 BS、德国 DIN、日本 JIS 药芯焊丝标准。欧洲标准委员会（CEN）20 世纪 90 年代初制定了欧洲（EN）药芯焊丝标准，现已被欧洲各国接受和采纳，成为另一个应用广泛的药芯焊丝标准。国际焊接学会（IIW）一直在致力于制定通用药芯焊丝标准，已提交国际标准委员会（ISO）并被采纳。我国于 20 世纪 80 年代中期开始药芯焊丝标准的制定工作，并于 1988 年正式颁布执行我国第一部药芯焊丝国家标准。本节仅对碳钢药芯焊丝标准中最基本的内容做简单介绍，要对更多药芯焊丝标准的内容，请参见参考文献［4］。

8.5.1　中国（GB）标准

目前我国正式颁布执行的药芯焊丝标准为：GB/T 10045—2001《碳钢药芯焊丝》、GB/T 17853—1999《不锈钢药芯焊丝》和 GB/T 17493—2008《低合金钢药芯焊丝》。国家标准 GB/T 10045—2001《碳钢药芯焊丝》规定碳钢药芯焊丝型号由 7 部分组成，如图 8-11 所示。

碳钢药芯焊丝焊接位置、保护类型、极性和适用性要求见表 8-8，熔敷金属化学成分要求见表 8-9，熔敷金属力学性能要求见表 8-10。

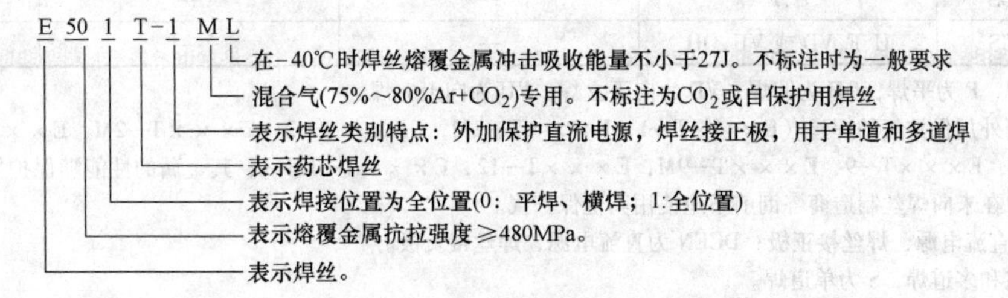

图 8-11　碳钢药芯焊丝型号说明

表 8-8　焊接位置、保护类型、极性和适用性要求（GB/T 10045—2001）

型　　号	焊接位置①	外加保护气②	极性③	适用性④
E500T—1	H, F	CO_2	DCEP	M
E500T—1M	H, F	75% ~80% Ar + CO_2	DCEP	M
E501T—1	H, F, VU, OH	CO_2	DCEP	M
E501T—1M	H, F, VU, OH	75% ~80% Ar + CO_2	DCEP	M
E500T—2	H, F	CO_2	DCEP	S
E500T—2M	H, F	75% ~80% Ar + CO_2	DCEP	S
E501T—2	H, F, VU, OH	CO_2	DCEP	S
E501T—2M	H, F, VU, OH	75% ~80% Ar + CO_2	DCEP	S
E500T—3	H, F	无	DCEP	S
E500T—4	H, F	无	DCEP	M
E500T—5	H, F	CO_2	DCEP	M
E500T—5M	H, F	75% ~80% Ar + CO_2	DCEP	M
E501T—5	H, F, VU, OH	CO_2	DCEP 或 DCEN⑤	M
E501T—5M	H, F, VU, OH	75% ~80% Ar + CO_2	DCEP 或 DCEN⑤	M
E500T—6	H, F	无	DCEP	M
E500T—7	H, F	无	DCEN	M
E501T—7	H, F, VU, OH	无	DCEN	M
E500T—8	H, F	无	DCEN	M
E501T—8	H, F, VU, OH	无	DCEN	M
E500T—9	H, F	CO_2	DCEP	M
E500T—9M	H, F	75% ~80% Ar + CO_2	DCEP	M
E501T—9	H, F, VU, OH	CO_2	DCEP	M

（续）

型　号	焊接位置①	外加保护气②	极性③	适用性④
E501T—9M	H,F,VU,OH	75% ~80% Ar + CO_2	DCEP	M
E500T—10	H,F	无	DCEN	S
E500T—11	H,F	无	DCEN	M
E501T—11	H,F,VU,OH	无	DCEN	M
E500T—12	H,F	CO_2	DCEP	M
E500T—12M	H,F	75% ~80% Ar + CO_2	DCEP	M
E501T—12	H,F,VU,OH	CO_2	DCEP	M
E501T—12M	H,F,VU,OH	75% ~80% Ar + CO_2	DCEP	M
E431T—13	H,F,VD,OH	无	DCEN	S
E501T—13	H,F,VD,OH	无	DCEN	S
E501T—14	H,F,VD,OH	无	DCEN	S
E××0T—G	H,F	—	—	M
E××1T—G	H,F,VD 或 VU,OH	—	—	M
E××0T—GS	H,F	—	—	S
E××1T—GS	H,F,VD 或 VU,OH	—	—	S

① H 为横焊，F 为平焊，OH 为仰焊，VD 为向下立焊，VU 为向上立焊。

② 对于使用外加保护气的焊丝（E×××T—1，E×××T—1M，E×××T—2，E×××T—2M，E×××T—5，E×××T—5M，E×××T—9，E×××T—9M，E×××T—12，E×××T—12M)，其金属的性能随保护气类型不同而变化。用户在未向焊丝制造商咨询前不应使用其他保护气。

③ DCEP 为直流电源，焊丝接正极；DCEN 为直流电源，焊丝接负极。

④ M 为单道和多道焊，S 为单道焊。

⑤ E501T—5 和 E501T—5M 型焊丝可在 DCEN 极性下使用，以改善不适当位置的焊接性，推荐的极性请咨询制造商。

表 8-9　熔敷金属化学成分要求①、②（GB/T 10045—2001）

型　号	化学成分(质量分数,%)									
	C	Mn	Si	S	P	Cr③	Ni③	Mo③	V③	Al③、④	Cu③
E50×T—1 E50×T—1M E50×T—5 E50×T—5M E50×T—9 E50×T—9M	0.18	1.75	0.90	0.03	0.03	0.20	0.50	0.30	0.08	—	0.35
E50×T—4 E50×T—6 E50×T—7 E50×T—8 E50×T—11	—⑤	1.75	0.60	0.03	0.03	0.20	0.50	0.30	0.08	1.8	0.35
E×××T—G⑥	—⑤	1.75	0.90	0.03	0.03	0.02	0.50	0.30	0.08	1.8	0.35
E50×T—12 E50×T—12M	0.15	1.60	0.90	0.03	0.03	0.20	0.50	0.30	0.08	—	0.35

注：E50×T—2、E50×T—2M、E50×T—3、E50×T—10、E43×T—13、E50×T—13、E50×T—14、E×××T—GS 无规定。

① 应分析表中列出值的特定元素。

② 单值均为最大值。

③ 这些元素如果是有意添加的，应进行分析并报出数值。

④ 只适用于自保护焊丝。

⑤ 该值不做规定，但应分析其数值并出示报告。

⑥ 该类焊线添加的所有元素总和不应超过 5%。

表 8-10　熔敷金属力学性能要求①（GB/T 10045—2001）

型　号	抗拉强度/MPa	屈服强度/MPa	伸长率(%)	V 形缺口冲击性能	
				试验温度/℃	冲击吸收能量/J
E50×T—1, E50×T—1M②	480	400	22	-20	27
E50×T—2, E50×T—2M③	480	—	—	—	—
E50×T—3③	480	—	—	—	—
E50×T—4	480	400	22	—	—
E50×T—5, E50×T—5M②	480	400	22	-30	27
E50×T—6②	480	400	22	-30	27
E50×T—7	480	400	22	—	—
E50×T—8②	480	400	22	-30	27
E50×T—9, E50×T—9M②	480	400	22	-30	27
E50×T—10③	480	—	—	—	—
E50×T—11	480	400	20	—	—
E50×T—12, E50×T—12M②	480~620	400	22	-30	27
E43×T—13③	415	—	—	—	—
E50×T—13③	480	—	—	—	—
E50×T—14③	480	—	—	—	—
E43×T—G	415	330	22	—	—
E50×T—G	480	400	22	—	—
E43×T—GS③	415	—	—	—	—
E50×T—GS③	480	—	—	—	—

① 表中所列单值均为最小值。

② 型号中带有字母“L”的焊丝，其熔敷金属冲击性能应满足以下要求：

型　号	V 形缺口冲击吸收能量
E50×T—1L, E50×T—1ML E50×T—5L, E50×T—5ML E50×T—6L E50×T—8L E50×T—9L, E50×T—9ML E50×T—12L, E50×T—12ML	-40℃, ≥27J

③ 这些型号主要用于单道焊接而不用于多道焊接。因为只规定了抗拉强度，所以只要求做横向拉伸和纵向辊筒弯曲（缠绕式导向弯曲）试验。

8.5.2　美国（AWS）标准

美国焊接学会（AWS）早在 1969 年制定了 AWS A5.20《碳钢药芯焊丝》，随后相继制定了 AWS A5.22《不锈钢药芯焊丝》、AWS A5.26《气电立焊药芯焊丝》和 AWS A5.29《低合金钢药芯焊丝》等主要药芯焊丝标准，并进行了多次修正和补充。

AWS A5.20 规定碳钢药芯焊丝型号的表示方法及分类，分别见图 8-12 和表 8-11。

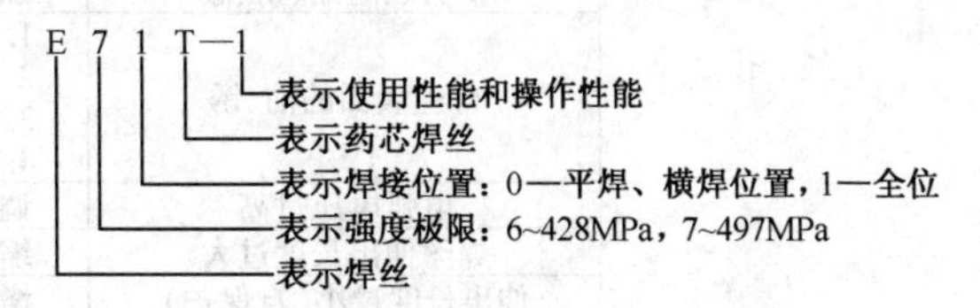

图 8-12　AWS A5.20 碳钢药芯焊丝型号表示方法

表 8-11　碳钢药芯焊丝分类（AWS A5.20）

种类	药粉类型	保护气体	电流种类	适 用 性	其　他
T—1	金红石型	CO_2 或混合气	直流反接	单道或多道焊	—
T—2	金红石型	CO_2	直流反接	单道焊	—
T—3	自保护型	无	直流反接	单道高速焊	电弧呈喷射过渡；用于薄板焊接
T—4	自保护型	无	直流反接	单道或多道焊	电弧呈射滴过渡
T—5	碱性渣系	CO_2 或混合气	直流反接	单道或多道焊	—
T—6	自保护型	无	直流反接	单道或多道焊	电弧呈射流过渡；韧性良好

（续）

种类	药粉类型	保护气体	电流种类	适 用 性	其 他
T—7	自保护型	无	直流反接	单道或多道焊	全位置
T—8	自保护型	无	直流正接	单道或多道焊	全位置;韧性良好
T—10	自保护型	无	直流正接	单道焊	可焊接厚度 < 6.4mm 的钢板
T—11	自保护型	无	直流正接	单道或多道焊	全位置;电弧呈射流过渡
T—G	—	—	—	单道或多道焊	—
T—GS	—	—	—	单道焊	—

8.5.3 日本（JIS）标准

日本的药芯焊丝标准有日本焊接学会（JIS）制定的下列几个主要标准：JIS Z3313《低碳钢、高强度钢及低温钢药芯焊丝》；JIS Z3318《Cr-Mo耐热钢药芯焊丝》；JIS Z3319《气电立焊药芯焊丝》；JIS Z3320《耐腐蚀钢药芯焊丝》；JIS Z3323《不锈钢药芯焊丝》和 JIS Z3326《硬面堆焊药芯焊丝》。

图8-13为碳钢药芯焊丝的型号表示方法。

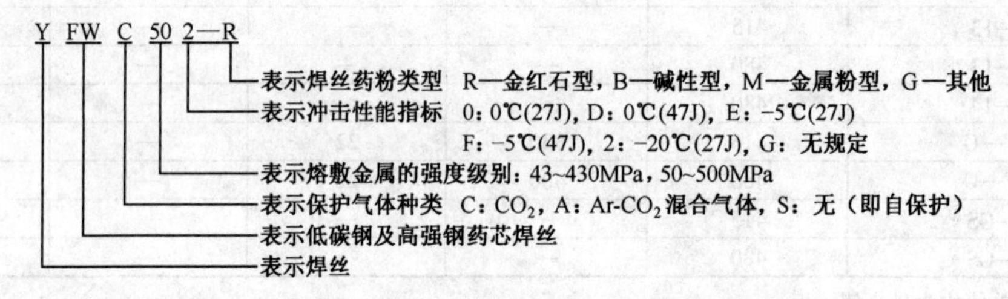

图8-13　碳钢药芯焊丝型号（JIS）表示方法

8.6 焊接质量

焊接质量受焊接材料、焊接工艺、设备以及管理等多种因素的影响。与焊接过程有关的某一环节的质量问题，都会影响产品的最终质量。本节仅就药芯焊丝使用过程中常见的质量问题做简单介绍，表8-12列出了药芯焊丝电弧焊常见的质量问题及防治措施。

表8-12　药芯焊丝电弧焊常见的焊接质量问题及防治措施

类　型	原　因	措　施
气　孔	保护气流量过小	1. 增加保护气流量 2. 清除保护气喷嘴内的飞溅物
	保护气流量过大	减少保护气流量
	焊接区风速过大	加强焊接工作区域的防风保护
	保护气的纯度低	1. 使用质量合格的保护气体 2. 检查气源、气路、供气设备工作是否正常
	接头区的油、锈、漆	加强清除焊缝及附近区域油、锈、漆及做好焊前准备工作
	焊丝表面的油、锈	1. 清除焊丝表面的润滑剂(用于焊丝生产) 2. 清除送丝轮表面的油污 3. 采取防护措施,防止其他设备的油污对焊丝的污染 4. 更换表面有锈斑的焊丝
	电弧电压过高	调整电弧电压
	焊丝伸出长度过大	缩短伸出长度或调整焊接电流
	伸出长度过小(自保护)	增加伸出长度或调整焊接电流
	焊接速度过快	调整焊接速度
	焊丝质量不合格	更换焊丝
未熔合、未焊透	操作不当	1. 焊丝对准焊缝底层或前道焊缝的焊趾 2. 调整焊枪角度 3. 调整焊枪摆动幅度
	焊接参数不合适	1. 增加焊接电流 2. 减小焊接速度 3. 增加焊接速度(自保护焊丝) 4. 调整焊丝伸出长度 5. 更换细直径的焊丝
	坡口尺寸不当	1. 适量增大坡口间隙 2. 减小坡口钝边尺寸

（续）

类　型	原　因	措　施
裂纹	接头刚度过大	1. 采用调整焊接顺序等措施降低接头的拘束度 2. 预热 3. 锤击
	焊丝质量不合格	更换合格焊丝
	焊丝选用不当	选用高韧性药芯焊丝
送丝不畅	送丝推力不够	增加送丝轮压力
	焊丝变形	减小送丝轮压力
	导电嘴烧蚀	1. 减小电弧电压 2. 调整停弧控制参数 3. 更换过度磨损的导电嘴
	导丝管太脏	用压缩空气清除管内的粉灰

参考文献

[1]　马风辉，等．第八次全国焊接会议论文集［C］．北京：机械工业出版社，1997.

[2]　田志凌，等．药芯焊丝［M］．北京：冶金工业出版社，1999.

[3]　AWS．Welding Hand Book：Flux Cored Arc Welding［M］．New York：Ameciran Welding Society，1991.

[4]　中国质检出版社第五编辑室．焊接标准汇编［S］．北京：中国标准出版社，2011.

第9章　水下焊接与切割

作者　蒋力培　审者　黄鹏飞

随着海洋工程的迅速发展，特别是大陆架海底油田的开发，水下焊接与切割技术日益受到重视，并取得了突飞猛进的发展。现在，水下焊接与切割在海上采油平台、海底油气管道、海底油库、海底隧道、海上飞机场等各种海洋工程结构的施工及海上救助打捞中，已经成为不可缺少的关键技术。

当前，高压干法水下焊接已取得很大进展，湿法水下焊接与局部干法水下焊接以及氧弧切割等水下切割技术更加成熟，为水下焊接工程提供了全方位的技术支持。

9.1　水下焊接的特点与分类

9.1.1　水下焊接的基本特点

1. 水下环境对焊接过程的影响

水下环境使得焊接过程比陆上焊接复杂得多，除焊接技术本身外，还涉及潜水作业技术等诸多因素。这里只论述在水下焊接时，水下环境对焊接过程有影响的几个主要问题。

1）能见度差。由于水对光线的吸收、反射及折射等作用，使光线在水中的传播能力显著减弱，只有大气中的千分之一左右。采用湿法水下焊接或国外通常用的局部干法焊接时，受电弧周围产生气泡的影响，潜水焊工很难看清焊接熔池的状态，妨碍了焊接技术的正常发挥。

2）急冷效应。海水的热导率较高，约为空气的20倍。即使是淡水，其热导率也为空气的十几倍。若采用湿法或局部干法水下焊接时，被焊工件直接处在水中，水对焊缝的急冷效应极明显，容易产生高硬度的淬硬组织。只有采用干法焊接时，才能避免急冷效应。

3）增加了焊缝氢含量。湿法水下焊接时，电弧周围的水被电弧热分解产生了大量的氢和氧，使电弧气氛中 φ（H）高达62%～82%，则熔池中溶解或吸附大量的氢气，致使焊缝金属氢含量达20～70mL/100g，高于陆上焊接的数倍。

高压干法水下焊接时，虽然工件不直接处在水中，但电弧气氛压力高，氢的溶解度大，也比陆上用相同焊接方法焊接的焊缝氢含量高。只有常压干法水下焊接与陆上焊接相似。

4）水压力使电弧被压缩，降低了电弧稳定性。水深每增加10m，则压力增加0.1MPa，随着压力增加，电弧弧柱变细，焊道宽度变窄，焊缝高度增加。同时导电介质密度增加，从而增加了电离难度，电弧电压随之升高，电弧稳定性降低，飞溅和烟尘也增多。

2. 水下焊接电弧特性

水下焊接电弧与陆上焊接电弧一样均处在气体介质中，但在水下焊接时，由于水对电弧周围气体产生压力，使气体密度加大，对电弧的冷却作用加强，则电弧被压缩变细，弧柱的电位梯度随之增大。因此随着水深增加，电弧静特性曲线逐渐向上移，上升的斜率也逐渐变大。图9-1为水下 CO_2 气体保护焊与陆上焊接时的电弧静特性曲线示意图。

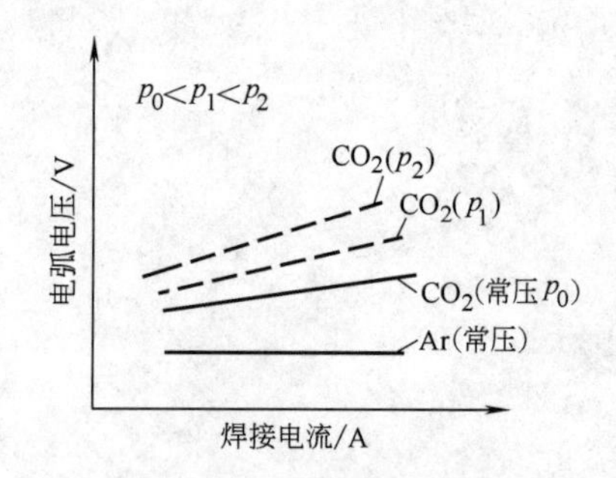

图9-1　不同条件下同一弧长的电弧静特性曲线[2]

由于电弧静特性曲线上升，斜率随着水深增加而增加，对同一台平外特性的焊接电源而言，电弧自调作用将逐渐减弱，电弧稳定性变差。表9-1列出了压力对 CO_2 焊接电源稳定性的影响。从表中可以看出，当压力为0.5MPa时，断弧时间的百分数可达40%，此时已很难对电弧进行控制了。

另外，当环境压力增加时，电弧受压缩的程度、电位梯度的增加以及焊丝、焊条的熔化速率还与气体种类及极性有关。熔化极电弧焊时，随着环境压力增加，焊丝在Ar气中的熔化速率减小，而在 CO_2 气体中的熔化速率增加，在混合气体中的熔化速率则介于二者之间。

水下焊条电弧焊时（湿法或干法），也与气体保护焊时类似，电弧被压缩，弧柱变细，亮度增加。而且随水深压力增大，电弧电压增大，电弧静特性也呈上升趋势。水下电弧的弧柱电流密度为陆上相同条件下焊接的5～10倍。即若保持相同的电弧条件，压力每增加0.1MPa（相当于10m水深）时，电流必须增加10%左右。

3. 水下焊接冶金特性

由于受到水深和相应水深压力的影响，水下焊接的冶金过程表现出与陆上焊接不同的特点。

1）水下焊接焊缝金属中氢含量比陆上焊接明显增多，而且随着水深压力增大而增多，见表9-2。

出现上述现象的主要原因是随着焊接环境压力增大，焊接冶金反应向不利于生成气态物质方向发展，不利于熔池中气体的析出而大量地溶解在焊缝金属中。

表9-1 不同 CO_2 气体压力下焊接电弧稳定性实验值[2]

压力/MPa	短路过渡频率/(次/min)	短路时间/ms	最大短路电流/A	短路时间比率(%)	燃弧时间比率(%)	断弧时间比率(%)	电弧稳定性
0	52	4.4	330	23.1	76.9	0	良
0.1	48	4.7	360	21.3	78.7	0	良
0.3	42	7.1	440	26.8	52.1	21.1	较差
0.5	38	7.9	450	30.3	29.5	40.2	较差

表9-2 不同焊接方法的焊缝金属扩散氢及 $\Delta t_{8/5}$ 实验值[29]

焊接环境	焊接方法	焊接材料	扩散氢含量/(mL/100g)	$\Delta t_{8/5}$/s
水下	局部干法钨极氩弧焊	H08A焊丝，ϕ3.2mm	3.2	11①
	局部干法 CO_2 焊	H08Mn2Si焊丝，ϕ1.0mm	3.6	4.0～5.5②
	湿法涂料焊条电弧焊	T-201焊条	66.6	—
		T-202焊条	40.0	2.5～3.5③
		T-203焊条(10-1)	19.5	—
陆上	钨极氩弧焊	H08A焊丝，ϕ3.2mm	0.2	17①
	CO_2 焊	H08Mn2Si焊丝，ϕ1.0mm	3.2	9.2～10.2④
	涂料焊条电弧焊	J422焊条	～15.0	—
		J507焊条	≤5.0	—

① 焊接热输入 Q=1.54kJ/mm时测定值。
② Q=1.10kJ/mm时测定值。
③ Q=2.20kJ/mm时测定值。
④ Q=1.30kJ/mm时测定值。

2）水及水压力使焊接电弧气氛中氢分压增加的同时，也增加了氧分量，焊缝中含氧量也增加。而在压力作用下，C和O的反应受到抑制，导致合金元素烧损。研究表明，采用碱性焊条干法水下焊条电弧焊在水下300m完成焊缝，焊缝中锰的质量分数（Mn）比陆上焊接减少30%，w（C）增加3倍，氧从0.03%（质量分数）增加到0.075%（质量分数）。水下76m焊接时焊缝的w（Si）降低10%。

3）因水和水压力的影响，使焊缝的冷却过程因不同焊接方法而出现很大差异，从而使焊缝的金相组织和力学性能也有很大不同。如湿法水下焊条电弧焊，即使焊接普通低碳钢，也往往产生马氏体组织。

9.1.2 水下焊接分类

目前，世界各国正在应用和研究的水下焊接与切割技术种类繁多。可以说，陆上生产应用的焊接方法，几乎均在水下尝试过，这些方法可主要按其水下焊接环境分为四大类：湿法水下焊接、干法水下焊接、局部干法水下焊接以及特种水下焊接，如图9-2所示。由图可见前三类水下焊接方法几乎覆盖了各种电弧焊方法，而特种水下焊接方法是从陆上非电弧焊类方法发展出来的新型水下焊接方法。鉴于特种水下焊接方法还很少推广应用，本章仅介绍前三类水下电弧焊方法。

1. 湿法水下焊接的特点

湿法水下焊接是在焊接区与水之间无机械屏障的

条件下进行的，焊接区既受到环境水压的影响，还受到周围水的强烈冷却作用。该类方法操作方便、灵活，设备简单，施工造价较低，故应用较广。但该类方法能见度差，焊缝金属中氢的含量较高，焊接接头区易出现淬硬组织，导致焊缝质量及力学性能差，故目前不采取有效措施尚不宜用在重要海洋结构上。

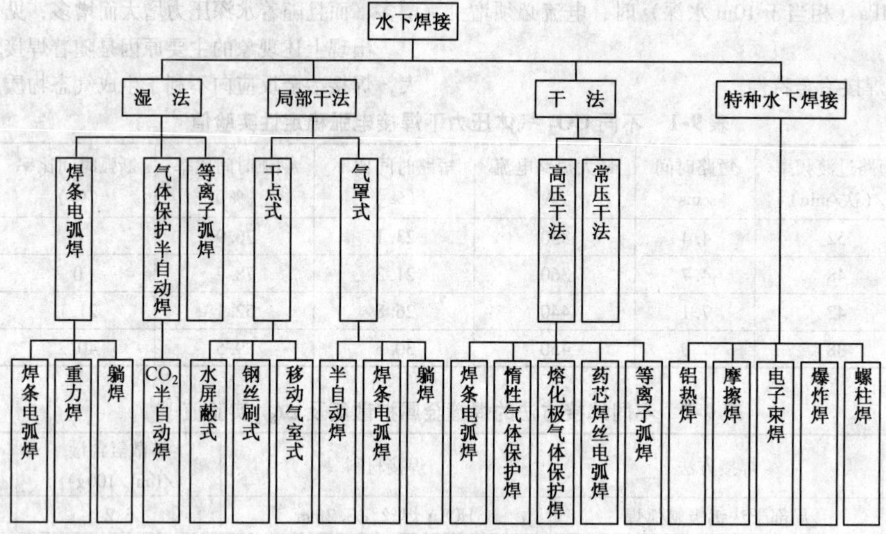

图9-2　水下焊接方法分类

2. 干法水下焊接的特点

用气体将焊接部位周围的水排除，而潜水焊工处于完全干燥或半干燥的条件下进行焊接的方法称为干法水下焊接。

进行干法水下焊接时，需要设计和制造复杂的压力舱或工作室。根据压力舱或工作室内压力不同，干法水下焊接又可分为高压干法水下焊接和常压干法水下焊接。

（1）高压干法水下焊接的特点　国外自20世纪50年代初开始对该方法进行研究，并于1966年正式用于生产。使用水深已达300m，是目前水下焊接质量最好的方法之一。图9-3为一种高压干法水下焊接压力舱示意图。舱内置有焊接设备和潜水焊工生命维系系统，被焊工件的坡口处在舱内干燥的条件下，潜水焊工站在工作台上焊接操作。

高压干法水下焊接常采用的焊接方法是焊条电弧焊（SMAW）、惰性气体保护焊（GTAW）及药芯焊丝电弧焊（FCAW）。在高压条件下，GTAW的电压较稳定，常用于打底焊道的焊接。其他焊接方法熔敷率较高，常用于坡口填充焊接。等离子弧水下焊接正处于发展阶段。

（2）常压干法水下焊接的特点　这种方法是为了克服高压干法水下焊接时压力对焊接过程的不利影响而发展起来的。其焊接舱制成封闭式的，内部压力保持与陆上大气压相同，如图9-4所示。显而易见，焊接过程和焊缝质量与陆上焊接一样。

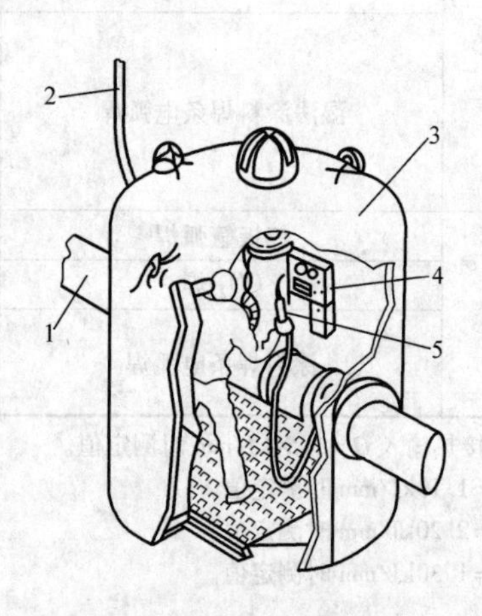

图9-3　高压干法水下焊接压力舱示意图[1]

1—工件　2—电缆　3—干室
4—焊接设备　5—焊枪

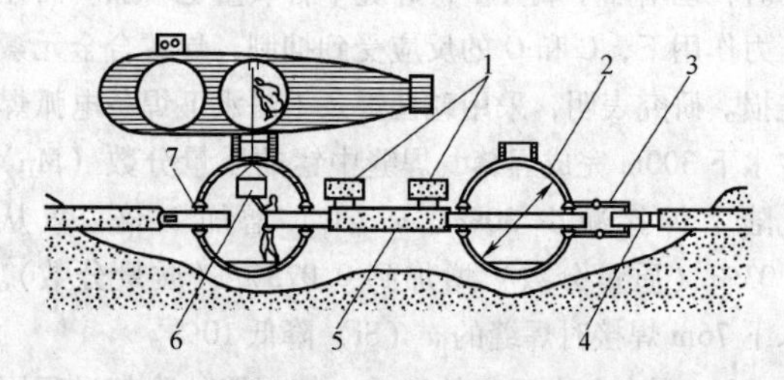

图9-4　干法水下焊接压力舱示意图[1,2]

1—浮力箱　2—气压室　3—液压千斤顶
4—闭合装置塞块　5—替换管段
6—可调节的管接头　7—活动夹钳

1977年国外曾用该法在150m水深处进行了海底管线的焊接。但这种方法和设备比高压干法焊接更复杂，施工成本也更高昂。此方法发展缓慢，应用很少，本章不再作具体介绍。

3. 局部干法水下焊接的特点

潜水焊工和工件直接处在水中，采用特殊构造的排水罩罩在待焊部位，用空气或保护气体将罩内的水排除，形成一个局部气相空间而进行焊接的方法，称局部干法水下焊接，如图9-5所示。

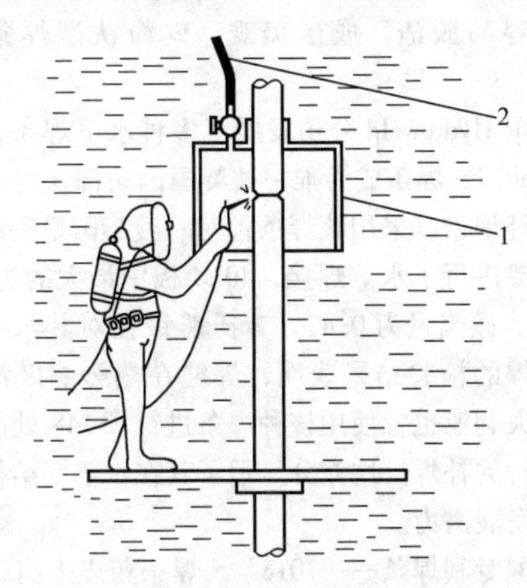

图9-5 局部干法水下焊接示意图[3]

1—排水充气罩 2—充气管

在焊接过程中局部气相空间可随电弧一起移动，也可分段移动（即焊完一段后移动一次排水罩）。这样，电弧的燃烧及熔池凝固等过程都是在气相环境中进行，因此采用这种方法可以获得接近干法的接头质量。同时由于设备简单，成本较低，又具有湿法水下焊接的灵活性，所以近20年来，这类方法越来越受到国外的关注，已开发了多种局部干法水下焊接方法，有的已用于生产。

9.2 湿法水下焊接

9.2.1 水下焊条电弧焊

1. 基本原理

水下焊条电弧焊是典型的湿法水下焊接，发展最早，应用较广。这种方法的基本原理是：当焊条与焊件接触时，电阻热将接触点周围的水汽化，形成一个气相区。当焊条稍离开焊件，电弧便在气相区里引燃，继而由电弧热将周围的水大量汽化，加上焊条药皮产生的气体，在电弧周围形成一个一定大小的“气泡”，称为电弧气泡，把电弧和在焊件上形成的熔池与水隔开。由此可见，电弧在水中燃烧与在大气中燃烧大致相同，都是气体放电，只是电弧周围气体成分和压力不同而已。图9-6是电弧在水中燃烧的示意图。

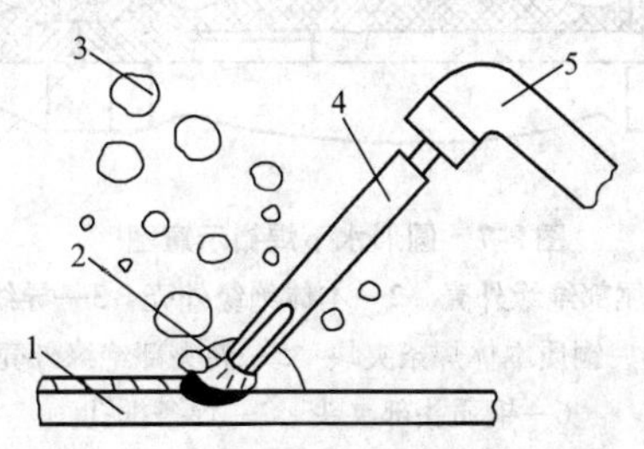

图9-6 湿法水下焊条电弧焊示意图[2]

1—工件 2—电弧气泡 3—上浮气泡

4—焊条 5—焊钳

电弧热使水蒸发或电离出的气体，使电弧气泡不断长大，但长到一定程度开始破裂，一部分气体以气泡形式逸出，电弧气泡变小。接着电弧热产生的气体又使气泡变大，就这样周而复始，电弧气泡处于亚稳定状态，电弧在亚稳定状态的电弧气泡中燃烧，完成焊接过程。

水下焊条电弧焊时，电弧气泡主要成分（体积分数）是$H_2$62%～82%、CO 11%～24%、$CO_2$4%～6%，其余为水蒸气及金属和矿物质蒸气等。测量表明，电弧气泡破裂前的排水面最大直径可达ϕ20mm，而破裂后的尺寸为ϕ5～ϕ10mm，随着水深增加，电弧气泡尺寸变小，电弧稳定性变差，焊接质量随之变差。

2. 焊接设备

水下焊条电弧焊的焊接设备比较简单，主要是由焊接电源、焊接电缆、切断开关和水下焊钳组成。水下焊接时，焊接电源放在陆上或工作船上（或平台上），潜水焊工将焊钳带到工作地点。

（1）焊接电源　从安全角度来考虑，水下焊条电弧焊一般采用直流电源。实践证明，采用陆上用的直流弧焊机基本上满足需要。水下焊接施工环境比较恶劣，电器元件和金属构件易损坏。焊接电源在使用过程中要经常维护和保养。

（2）水下焊钳　水下焊钳与陆上焊钳基本相同，但由于水，特别是海水，具有较好的导电性，故要求焊钳绝缘性更高些。图9-7所示为常用圆形水下焊钳示意图。图9-8为水下焊割两用钳。如果是单纯水下焊接作业，使用专用焊钳较方便、灵活些。

水下焊接时，尤其是在海水中焊接，焊钳易被水电解和腐蚀，使夹头部位损坏，从而导致夹紧力不足，使焊条松脱，或焊条与夹头间打弧而烧结。为延长焊钳使用寿命，要经常检查其绝缘状况、夹头夹紧力等，发现问题及时保养维修。

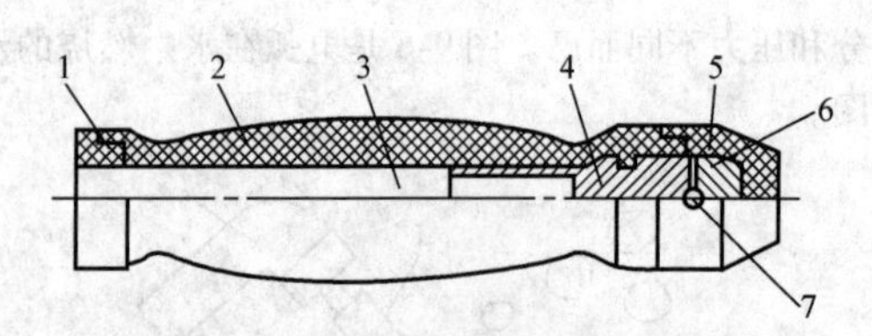

图9-7 圆形水下焊钳示意图[2]

1—尾部绝缘外壳 2—本体绝缘外壳 3—导线孔 4—铜质本体焊条夹块 5—夹头部绝缘外壳 6—铜质头部夹头 7—焊条插孔

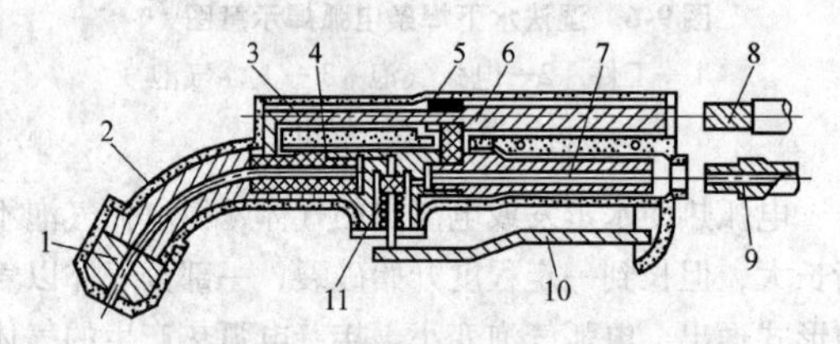

图9-8 水下焊割两用焊钳示意图[2]

1—焊钳夹头 2—气密弯管 3—导电铜排 4—绝缘接头 5—绝缘塑料外壳 6—绝缘体 7—进气管道 8—电线 9—氧气管接头 10—阀门压柄 11—氧气阀

(3) 电缆和切断开关 目前尚没有专用水下焊接电缆，用陆上焊接电缆代替，但水下焊接电缆一般都较长，为减少电压损失，导电断面要选大一些。对于ZX-400、ZX-500型焊接电源，配用电缆断面不要低于70mm^2，最好选用95mm^2。为了操作方便，靠近焊钳那段（3~5m）断面可小些。另外，电缆护套绝缘性能要好，最好选用YHF型氯丁橡胶护套焊接电缆，耐海水腐蚀，强度好，不易破损。

为了水下作业安全，焊接回路应装置切断开关。可用自动切断器，亦可用刀开关。

3. 焊接材料

(1) 母材 目前，国内用于制造水下结构的材料大都限于低碳钢及低合金高强度钢。母材焊接性的评定，还是沿用陆上的试验方法。比较常用的有：碳当量法、小铁研抗裂试验、刚性固定对接试验、十字接头试验和IIW最高强度试验等。

2) 水下焊条。水下焊条结构与陆上焊接结构基本相似，都有焊芯和涂料药皮。不同之处在于水下焊条具有防水性，是通过药皮外涂防水层或在药皮中加具有防水性的酚醛树脂做粘结剂来实现的。

由于水下焊接的特殊工作条件，陆上焊接用的焊条一般不太适合水下焊接，很多国家都研究了水下专用焊条，而且根据不同水深设计不同药皮成分。对于低碳钢及低合金钢焊条可分3个深度范围，即0~3m、3~50m、50~100m。药皮类型基本是两类，钛钙型和铁粉钛型。钛钙型焊条的焊接工艺性好、电弧稳定、容易脱渣、成形美观，铁粉钛型焊条熔敷率高。

英国Hydroweld公司发展了多种水下焊条，其中Hydroweld FS焊条成为唯一被英国国防部认可的军舰水下修补焊条。采用该焊条曾对一艘英国皇家海军潜艇的球罐进行了水下焊接，40块板中最大的为2.6m×1.2m，碳当量为0.47。劳氏船级社对其水平、垂直和仰焊的检验结果表明，焊缝在热影响区没有裂纹。澳大利亚也曾使用该种焊条进行了148处高强度结构钢桥的补焊。这充分显示了其在水下钢结构焊接方面的发展潜力。

美国专利焊条——7018’S焊条药皮上有一层铝粉，水下焊接时能产生大量气体，避免焊缝金属受到侵蚀。铝粉颗粒尺寸近似为0.0254μm，使焊条抗湿性很强。该焊条施焊的焊缝连续20天在湿度为100%的条件下金属的氢含量仍然保持在2.3×10^{-6}的低值，适用于高强度钢材的水下焊接，-30℃的冲击吸收能量达到100J，相当于490MPa级交直流两用低氢型焊条[4]。

我国目前使用的水下专用焊条（表9-3），主要是上海东亚焊条厂生产的T202和华南理工大学等单位开发的T203（由桂林市焊条厂生产）。焊条属于钛钙型药皮低碳钢焊条，焊芯是H08A。焊条涂有防水层，可焊接低碳钢及碳当量不大于0.40%的低合金钢。T202焊条熔敷金属的化学成分（质量分数）：C≤0.12%，Mn=0.30%~0.60%，Si≤0.25%，S≤0.035%，P≤0.04%。熔敷金属抗拉强度大于或等于420MPa。

表9-3 水下低碳钢焊条的化学成分及力学性能[2]

焊条型号	焊缝化学成分(质量分数)(%)					接头力学性能	
	C	Si	Mn	S	P	抗拉强度/MPa	冷弯角/(°)
T202	≤0.12	≤0.25	0.3~0.5	≤0.035	≤0.04	≥420	~90($d=3a$)
T212	≤0.12	≤0.30	0.8~1.00	≤0.035	≤0.04	≥500	~90($d=3a$)
T203(10-1)	0.070	0.126	0.383	0.015	0.022	400	130($d=3a$)
15-1	0.050	0.109	0.399	0.015	0.023	417	123($d=3a$)
TSH-1	<0.10	<0.20	0.35~0.65	<0.05	<0.05	≥420	

天津电焊条厂生产的TSH-1也是钛钙型低碳钢焊条，性能与T202焊条相似。TSH-1焊条不涂防水层，而是焊条药皮自身具有防水性，焊接过程中烟雾较少。猴王集团公司开发的水下焊条有两种：10m以内水深度使用的MK. ST-1和30m以内水深度使用的MK. ST-2。焊条熔敷金属的化学成分（质量分数）是C≤0.10%，Mn≈0.60%，Si≤0.25%，S≤0.035%，P≤0.035%。熔敷金属抗拉强度大于或等于420MPa。MK. ST-1焊条曾用于水下高压蒸汽管道和循环冷却水管道的水下焊接修复，以及湛江港的建设。

焊接通常采用直流电源正极性（焊条接负极），但在某些场合也采用反极性，以减少气孔。在海水中焊接时，采用直流正极性还能减少海水对焊枪的腐蚀作用。

为了水下施工的应急需要，也可临时采用陆上焊接常用的酸性低碳钢焊条替代，E4313（J421）或E4303（J422）焊条，可在药皮外涂上防水层（油漆、酚醛树脂等）后，直接用于水下焊接。当然，效果要差一些。

4. 焊接工艺及操作技术

（1）焊接工艺

1）工艺深度。我国尚未正式规定各种水下焊接方法在实际生产中的工作深度。考虑这一问题时，可参考美国AWS. D3. 6—1993中的有关规定。即最大实际工作深度等于该水下焊接方法的试验深度再加上10m（或比试验深度大20%），在小于3m的深度进行湿法焊接时，可在等于实际工作深度或更浅的深度进行实验。

2）接头形式、焊缝类型及坡口的加工。水下焊接接头的形式及焊缝的类型大致与陆上焊接相同。坡口尺寸可根据焊接方法、板厚及结构的形状尺寸等参考陆上坡口的标准来考虑决定。若不能在陆上预先加工的坡口，可采用风动砂轮机、氧弧切割等方法及设备在水下进行加工。

3）焊接参数的选择。实际操作时，焊接参数的选择原则与陆上焊时大致相同，一般情况下应先进行试焊以确定最佳的条件。

① 焊条直径。焊条直径的选择一般应根据母材厚度、接头形式、焊缝位置及焊接层次等条件而定。例如，板厚小于10mm时，焊条直径一般不超过4mm。

② 焊接电流。焊接电流主要取决于焊条直径、母材厚度、焊接位置及现场条件等因素。使用同种直径的焊条时，水下焊接使用的焊接电流可比陆上焊时高20%～30%。表9-4是不同焊条直径使用的焊接电流范围。

③ 电弧电压。电弧电压主要由弧长决定。湿法焊条电弧焊时，焊条一般靠在工件上运行，故弧长仅取决于焊条涂料层套筒的长度。实际焊接时，应尽量压低电弧。

表9-4　不同焊条直径使用的焊接电流范围[2]

焊条直径/mm	3.2	4.0	5.0
焊接电流/A	110～150	160～200	180～320

④ 焊接速度。焊接速度对水下焊接的质量影响较大，应根据实际情况确定。在大坡口对接平焊、角焊缝平焊、船形焊时，焊接速度可慢些，一般在10～20cm/min。横焊、立焊、仰焊时，焊接速度可稍快，一般不低于15cm/min。

⑤ 焊道层次。湿法焊条电弧焊时，由于运条方法的特点，焊缝宽度在很大程度上取决于焊条直径。实际焊接时，每层焊道的厚度为焊条直径的0.8～1.2倍时较为合适。

（2）操作技术　水下焊条电弧焊的基本操作也是引弧、运条、收弧操作。但由于水下可见度差，必须采取一些辅助工艺措施。具体操作方法如下：

1）引弧。水下焊条电弧焊一般采用定位触动引弧，即引弧前焊接回路处于开路（断电状态），焊接时先将焊条端部放在选定的引弧点上，然后通知水面辅助人员接通焊接回路，再用力触动焊条，或稍微抬起焊条，并碰击焊件，便可引弧。

2）运条。在水下焊条电弧焊中，多采用拖拉运条法，即将焊条端部依靠在工件上，使焊条与工件呈60°～80°角。引弧后，焊条始终不抬起来，让药皮套筒一直靠在焊件上，边往下压边往前拖着运行。在拖拉过程中焊条可摆动，也可不摆动。为使运条均匀，可用左手扶持焊条，或用绝缘物体（母材或塑料）做靠尺，使焊条能准确地沿坡口运行。这样就成了引焊，如图9-9所示。

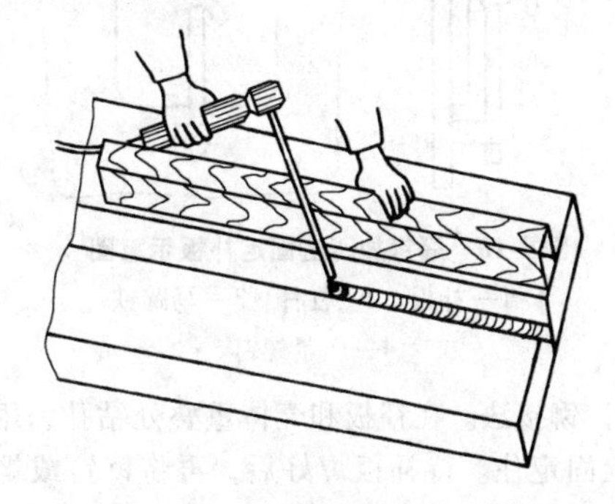

图9-9　水下焊接操作示意图[2]

3）收弧。水下焊接收弧可采用陆上焊接时的收弧方法。即划圈式收弧或后移式收弧。但在水下焊接中焊缝余高较大，如果采用后移收弧，会使收弧处的焊缝更高了，尤其多层焊时，会给下层焊接带来困难。故一般采用划圈收弧较好。

水下焊条电弧焊时，不宜使用反复断弧法收弧。因为电弧一断，熔池很快被水淬冷，再引弧时如同在冷钢板上引弧，极易产生气孔。

不同位置的水下焊条电弧焊操作技术，可参考陆上焊条电弧焊操作技术及文献，这里不再赘述。

5. 水下焊条电弧焊实际应用

由于水下焊条电弧焊成本低、方便灵活、工期短，因而广泛地应用于船舶、海洋工程结构等应急性修理工作。这里介绍几种常用的水下补焊要领。

（1）漏洞的补焊　对于船体和闸门产生的漏洞，多采用外敷板的方法堵漏，补板的厚度根据需要而定。

焊接补板时，较重要的工作是焊前补板的装配固定。一般补板要大出漏洞的边缘 20～30mm。补板和壳体间的间隙不得大于 2mm。如超过 2mm，必须在间隙内塞入薄铁板，并清除坡口附近的油污、泥沙及铁锈等。

补板的固定有以下几种方法：

1）直接定位焊法。将补板扶持在补焊位置上，先压紧一边，将该部位定位焊上。定位焊缝长度不得小于 20mm，以防裂开滑落。然后在两侧按顺序轮换定位焊，焊缝间距以 150～250mm 为宜。

2）螺钉加压法。在漏洞边缘适当的地方先焊两个马蹄形铁，用带有螺钉的杠杆压在补板上，如图 9-10所示，然后焊固。

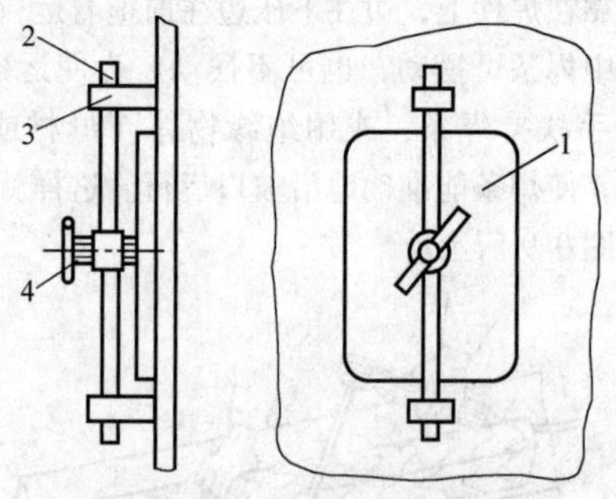

图 9-10　螺钉加压法固定补板示意图[2]

1—补板　2—杠杆　3—马蹄铁
4—压紧螺钉

3）铆接法。在补板和壳体重叠处钻孔，用铆钉和螺栓固定住。待补板焊好后，再将铆钉或螺栓焊牢，如图 9-11 所示。

焊接补板的搭接焊缝时，要分段对称施焊，以防焊接应力过大将焊缝拉开。焊接程序如图 9-12 所示。

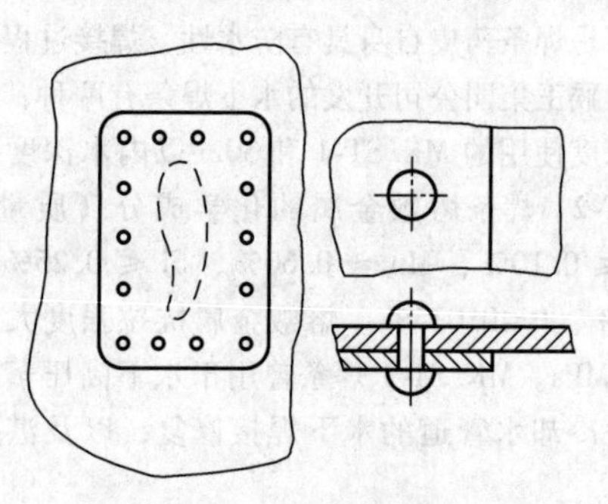

图 9-11　铆接法固定补板示意图[2]

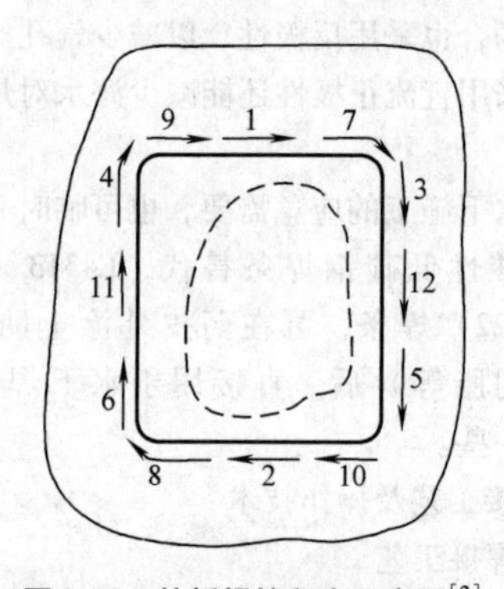

图 9-12　补板焊接程序示意图[2]

（2）裂纹的补焊　补焊裂纹一般分下列几个程序：

1）止裂。补焊前先在裂纹两端钻直径 ϕ6～ϕ8mm 的止裂孔，如图 9-13 所示。止裂孔的位置要离裂纹可见端有一定的距离，一般要求沿裂纹的延伸方向超出 10～20mm 为宜。

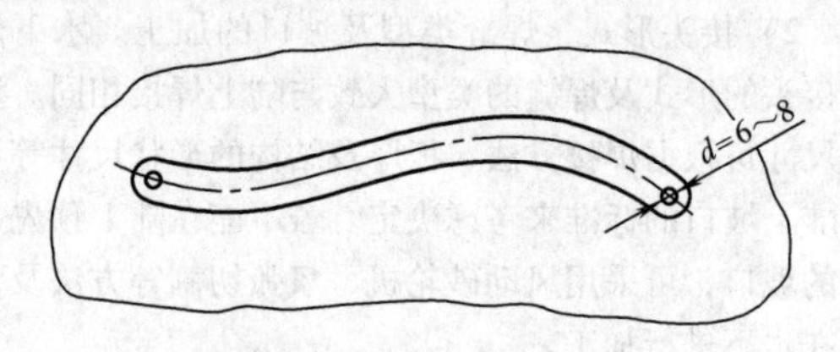

图 9-13　裂纹补焊示意图[2]

2）开坡口（清除裂纹）。用水下砂轮或风铲将裂纹清除，并修成 V 形或 U 形坡口。目前，我国还没有使用水下砂轮和水下风铲开坡口的经验。一般是用水下焊条直接清除，即采用较大的焊接电流，较大的焊条倾角，利用电弧吹力将熔化金属吹掉，形成 U 形坡口，如图 9-14 所示。

对于较短的裂纹，清除前也可以不钻止裂孔。但用焊条清除时，要从裂纹端部沿裂纹方向超前 20～30mm 处开始清除，以防止裂纹扩展。

3）补焊。采用分段反焊法（短裂纹除外）。多道焊时，每段焊道的接头要错开。

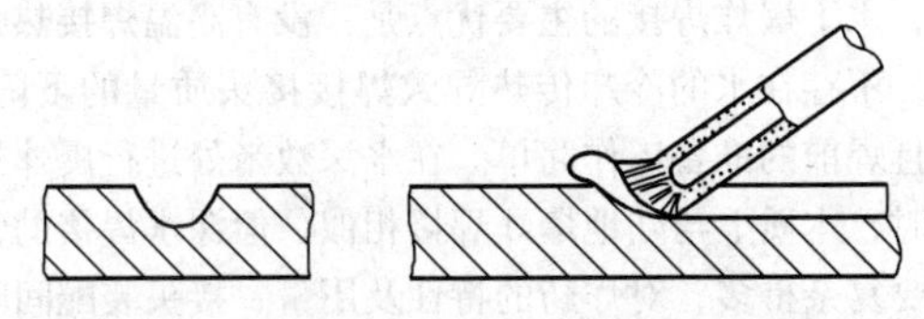

图 9-14　用焊条清除裂纹开 U 形坡口示意图[2]

（3）管结构焊接　水下金属结构，大部分是管结构（如钻采平台的导管架）。补焊管结构可采用两种形式：一是利用补板进行补焊，即在破损处敷一个曲率与管径相符的弧形补板，采用前一节所介绍的焊补板的方法进行补焊；二是将破损段切除，换一段新管，采用对接焊修复。

补焊管结构时，一条焊缝往往处在几种焊接位置上，潜水焊工必须掌握全位置焊接技术。下面介绍一下对接焊技术。

1）水平固定管的对接。这种焊缝处于平、立、仰三种位置。焊接过程中，焊条必须不断地变换位置，而又不便于调节焊接参数，这就要求潜水焊工的操作技术必须熟练。

焊前将焊缝开成 V 形坡口（薄壁管也可不开坡口）。组装时，管子轴线要对正。定位焊缝要均匀而对称布置，定位焊缝长度不小于 20mm。

焊接时，一般是采用先上部后下部的施焊程序。组装时，下部装配间隙稍大一点，以补偿焊缝收缩而造成的下部间隙的减小。

一般情况下，将管口圆周沿垂线分成两部分进行焊接。起焊时，从 12 点钟位置超前 10 ~ 15mm 处引弧，在超过最低点（即 6 点钟位置）10 ~ 15mm 处熄弧。焊接时，焊条倾角如图 9-15 所示。后半周焊接时，应注意接头质量。

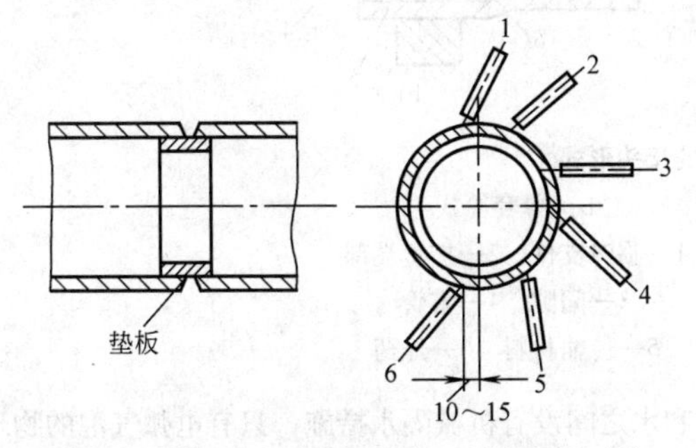

图 9-15　水平固定管焊接时焊条倾角示意图[2]

焊接层数视壁厚决定，每层之间各焊缝接头处均要错开。为了确保焊缝底层熔透，可在管内加环形垫板。垫板和管子焊在一起，留在管内。

2）竖直固定管的对接。这种管结构的对接，是单一的横向环焊缝，与平板焊缝大体相同。

近年来为了解决湿法水下焊接在重要海洋工程结构中的应用问题，按照结构适合于服役的思想，提出了焊接接头设计的概念，即只要采用恰当设计的对接接头，虽然湿法水下焊接接头的延性较差，但并不影响水下工程结构的服役性能。按这个概念设计的焊接接头不仅可用于水下工程重要节点的修复，而且在新结构建造时也可借鉴。

焊接接头设计可采用有限元方法，不需要昂贵的接头原形制备以及力学试验，只需按照实际结构建模，在计算机上模拟计算。接头几何尺寸、材料特性及加载条件可随意改变，并用可视化技术清晰地给出结构节点上的应力应变分布及变化规律。通过分析连接部位各区域在加载过程中应变的发展，并用临界断裂应变作为失效判据。经过多种方案进行比较，找出恰当的焊接设计以减轻焊缝的负担，使焊缝处于低应力区。例如，采用柔性连接板，修理水下管结构节点，如图 9-16 所示。使水下焊缝避开了重应力区，同时也改善了装配及焊接条件。

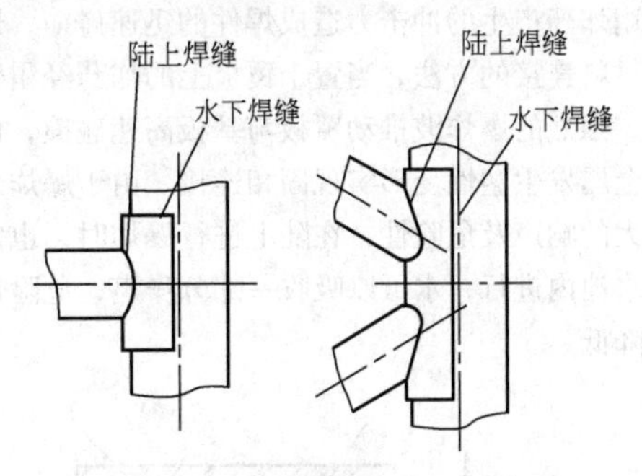

图 9-16　柔性连接板示意图[5]

9.2.2　其他湿法水下焊接

1. 水下药芯焊丝电弧焊

水下药芯焊丝电弧焊是将陆上药芯焊丝焊接的送丝机构和焊枪经过防水处理，直接在水下进行焊接的一种湿法水下焊接。其原理与水下焊条电弧焊基本一样，只是用药芯焊丝替代了焊条而已。

水下用药芯焊丝多为自保护药芯焊丝。与水下焊条电弧焊相比，焊缝成形较差，焊接气孔也较多，但焊接效率较高。最近开发的不锈钢及镍基合金药芯焊丝改善了水下湿法焊接的焊接性。由于药芯配方中不含卤族元素，有利于不锈钢焊接接头的耐蚀性，这种焊接方法已成功地应用于不锈钢及镍基合金结构水下焊接与堆焊。

最近国外又开发了一种双层保护的自保护药芯焊

丝。其横断面结构如图9-17所示。内层粉芯为造渣剂，外层粉芯为造气剂，形成渣、气联合保护，改善了电弧稳定性，促进熔滴过渡顺利。在粉芯中添加了稀土钇进一步改善了焊接工艺性，从而改善了焊接接头性能，可与焊条电弧焊相媲美，并满足AWSD3.6对B级焊接接头的要求。

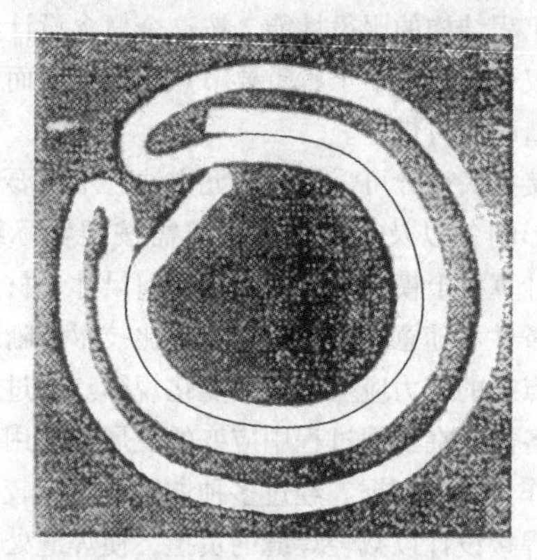

图9-17 双层药芯焊丝横断面结构示意图[6]

2. 爆炸焊[3]

湿法水下爆炸焊是很有前途的焊接方法。爆炸焊是利用炸药产生的冲击力造成焊件的迅速碰撞，进行金属材料连接的方法，当置于覆板上的炸药经雷管引爆后，强烈的爆炸波推动覆板与基板高速碰撞，使撞击面金属发生塑性变形实现固相连接。由于爆炸焊接有很大的响声及危险性，在陆上进行爆炸时，也常考虑在水池内进行，水可以吸收一部分噪声，危险性也相应降低。

英国最早采用了湿法水下爆炸焊方法，作为北海油气田管线铺设技术。与通常水下电弧焊接方法相比，水下爆炸焊接的主要优点是：没有高温焊接热作用，不存在水的冷却传热导致焊接接头质量的下降，而且焊前的准备工作简单。在水深数米处进行爆炸焊接时，本质上与陆地爆炸焊接相似，但深水焊接的情况要复杂得多，对炸药的特性及用量、接头装配间隙等条件必须认真设计。图9-18是英国国际研究开发公司采用的水下爆炸焊接头。炸药放在管内不仅便于支撑，而且有利于降低噪声。图9-18a适用于较小直径管的爆炸连接；图9-18b适用于直径200mm以上管道的连接。研究表明，爆炸焊接的接头疲劳强度与熔焊接头基本相同。

9.2.3 湿法水下焊接的设计

由于湿法水下焊接成本低、工期短，因而广泛应用于海洋油气工程的结构修理工作，而且在船舶及其他海洋结构修理方面的应用也在扩大。如对巡洋舰船身水下62个孔洞进行封闭，需要18名潜水员组成的施工队，工作5天，湿法水下焊接工时504个，用230kg焊条。所需费用比在干船坞中修理节约50%[8]。1990年美国堪萨斯Wolf Greek核设施燃料输送管道内衬发生泄漏。如用干法水下焊接修理，需要工作人员6名，6天进行排水并清除污染，1天检查修理，2天重新注水。采用湿法水下焊接补焊只需2天，实际上潜水员从检查到修理只用了3.5h，节约修理费80%以上，还显著降低了维修人员经受辐射的危险。

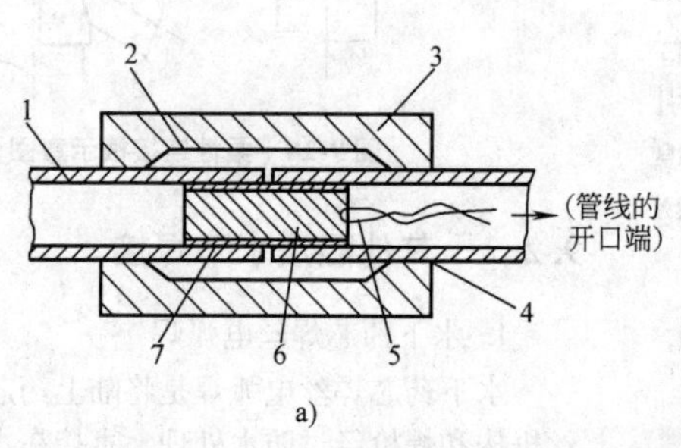

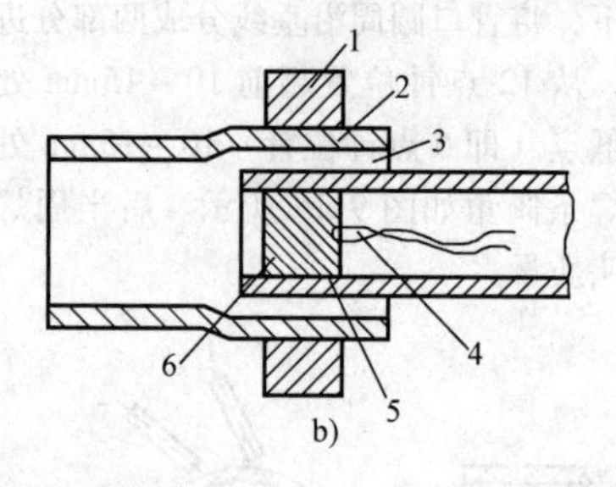

图9-18 水下爆炸焊管的接头形式[7]

a）双套筒式
1、4—管子 2—间隙 3—连接套
5—连接套端部
6—雷管 7—炸药

b）单套筒式
1—临时支件 2—扩管端部
3—间隙 4—雷管
5—传输材料 6—炸药

虽然高压干法水下焊接在海洋工程结构的修理中现在仍占主导地位，但自从1971年以来，海洋石油平台的湿法水下焊接修理已进行了数百件，还未出现焊接失效的记录。正如前面所讨论的，湿法水下焊接有明显的缺点，除了水下焊接操作的视线差外，焊接区和水之间没有机械隔水措施，只有电弧气泡的物理隔水屏障。因此焊件周围的水使焊接冷却速度增加焊接接头硬化，延性变差。同时焊接接头也容易产生氢致裂纹，为此人们采取了各种方法来降低水环境对湿法水下焊接接头质量的影响。例如，使用药芯焊丝或奥氏体镍基合金焊条等新型焊接材料，希望能改善焊接接头的韧性，但这些措施的实际效果并不理想。因此一般湿法水下焊接不适宜结构重要部件的水下焊接或焊接修理工作。

近年来按照结构适合于服役的思想，提出了湿法水下焊接接头设计的概念，即只要采用恰当设计的焊接接头，虽然湿法水下焊接接头的延性较差，但并不影响水下工程结构的服役性能。按照概念设计的焊接接头，不仅可以用于水下工程结构重要节点的修理，对新结构的设计建造也有帮助。

1. 柔性连接板

（1）结构形式　柔性连接板如图9-19所示，用于水下管子结构节点接头的修理。管子结构节点相贯线焊缝的质量是非常关键的，这里是高应力集中区，而且装配间隙又不容易保证。在采用湿法水下焊接这种相贯线焊缝时，焊接质量是很难保证的，为此可借助柔性连接板作为过渡头。连接板本身的相贯线焊接在陆上完成，装配及焊接条件均好，而且避免了湿法水下焊接时水对相贯线焊接接头的不利作用。焊后对焊接接头还可以仔细修磨，进一步减小应力集中。湿法水下焊接的部件仅限于柔性连接板与主管及支管连接的低应力部位，而且此时的搭接角焊缝也较适宜湿法水下焊接。

采用柔性连接板还能改善焊接钢管结构对应变能的吸收。当海洋工程结构受到冲击或动态加载时，冲击吸收能量转变为结构的动能和变形能。除一部分动能耗散到周围的环境外，剩余的动能作用到构件及构件的连接接头上。焊接接头对结构中这两种形式能量转换的构成比例起重要影响。如果焊接构件中的应变能密度超过焊缝金属或热影响区材料的临界变形吸收能，焊接接头就会开裂，实际上夏比冲击试验的冲击吸收能量就可以表征带缺口材料的临界应变吸收能。

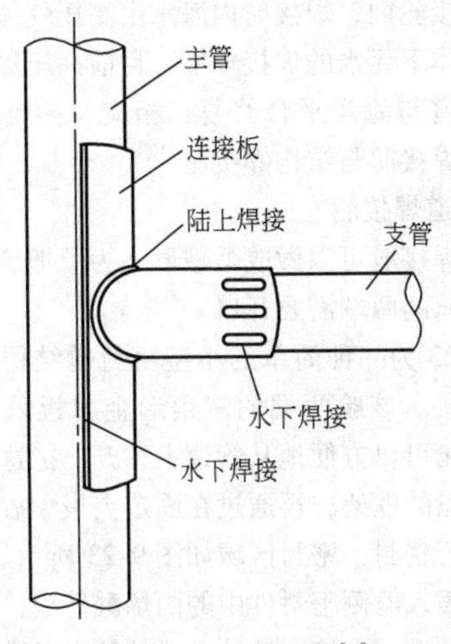

图9-19　柔性连接板[9]

应该说湿法水下焊接接头有足够的静强度，但韧性差，硬度高，承受冲击载荷的能力差。若采用了柔性连接板，冲击吸收能量在达到湿法水下焊接的焊缝前，已大部分耗散在连接板中，使湿法水下焊缝中的应变能密度保持在其韧性极限值以下，从而减小了结构在冲击载荷作用下焊接接头发生脆断的可能性。

（2）连接板的设计　连接板的设计要根据管接头的具体结构及加载条件进行。优化设计的连接板，要使湿法水下焊缝承受的应力最小，同时连接板能吸收最多的应变能。

优化设计主要变量是连接板的长度 L_1、厚度 δ_1，以及弧形板的高度 H，如图9-20所示。设支管的几何尺寸固定不变，且支管直径 D_2 是弧形板直径 D_1 的一半。计算中采用线弹性薄壳单元。采用两种加载方式：一种是在支管端部作用集中弯曲载荷2kN；另一种是沿支管轴线作用均匀分布拉伸载荷4kN。计算中求解连接板上的Mises应力分布及吸收的应变能。根据线弹性关系，吸收的应变能与应力的平方成正比。

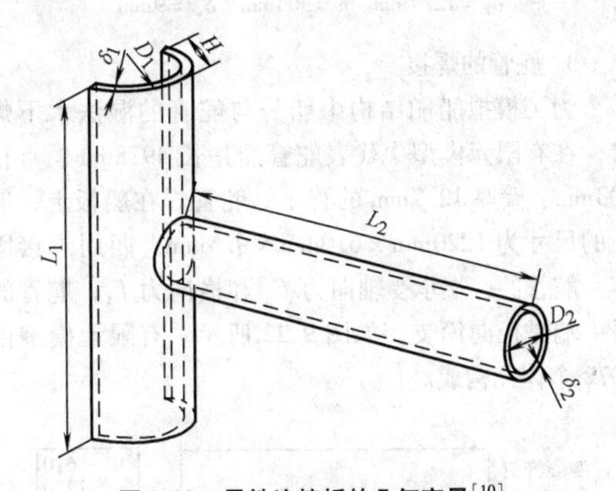

图9-20　柔性连接板的几何变量[10]

计算中考察湿法水下焊接焊缝中的最大Mises应力 S_w，连接板上的最大Mises应力 S_p，连接板的总应变吸收能 E_p 以及比例 E_p/S_w^2 和 E_p/S_p^2 四个计算参量。求解连接板总应变吸收能与最大Mises应力之比的目的，是为了在最大Mises应力相同的情况下，比较不同连接板设计的应变吸收能。

理想的连接板应 S_w 和 S_p 最小，E_p/S_w^2 和 E_p/S_P^2 最大。但实际情况往往并不这么简单，需要对上述四个计算参量按照具体情况进行权衡折中。对于广泛使用水下焊接技术的离岸油气工程结构来说，疲劳寿命是最重要的。因而在给定加载条件下，最重要的首先是减小焊缝中的Mises应力 S_w，然后是使连接板的 E_p/S_w^2 比值最大，最后才是连接板的总应变吸收能最大。参量 S_p 最不重要，因为可用更换优质连接板材料来改善连接板的服役性能。

2. 系船板的焊接

由于泊船或其他原因，有时要在船身上焊接附件。图 9-21 所示为系船板的焊接及加载条件。

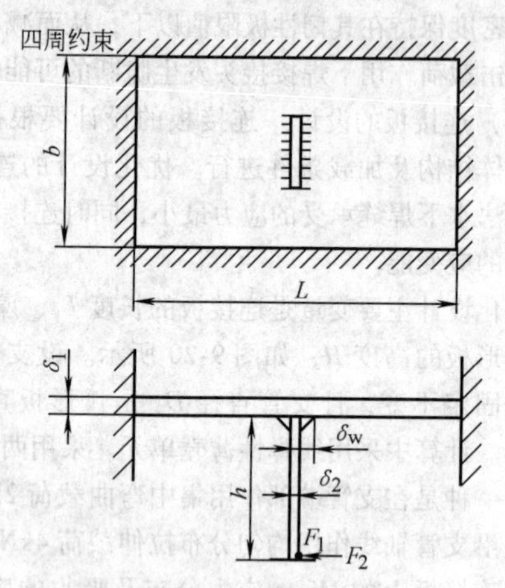

图 9-21　系船板的焊接及加载条件[11]

$b = 610\text{mm}$　$L = 1220\text{mm}$　$\delta_1 = 9.5\text{mm}$

$\delta_2 = 12.7\text{mm}$　$h = 305\text{mm}$　$\delta_w = 9\text{mm}$

3. 舵管的焊接

为了模拟船舶结构中船身与舵管的湿法水下焊接，在有限元模型中代表舵管的是长 4978mm、直径 203mm、壁厚 12.7mm 的管子。舵管焊在船板上，船板的尺寸为 1220mm × 610mm × 9.5mm，四周焊接固定。舵管的一端承受轴向力 F_a 和横向力 F_t，舵管的另一端是径向简支，如图 9-22 所示。有限元模型由 2072 个体元构成。

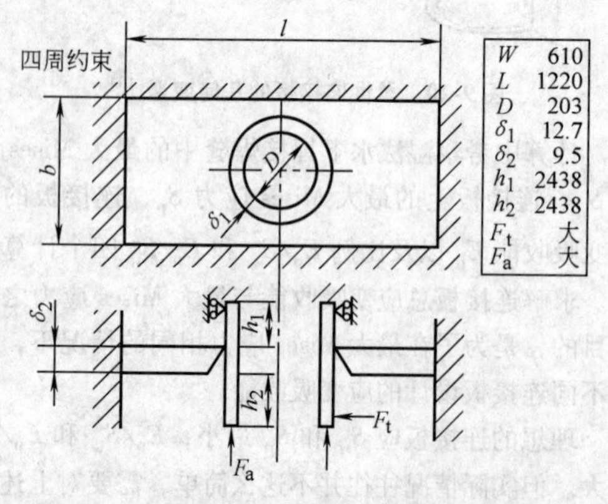

图 9-22　船身与舵管的连接结构及加载条件[11]

计算表明，在轴向推力的作用下，当载荷 F_a 小于 222.4kN 时，焊缝的最大主应变比船板及舵管都大，焊缝中最大主应变的位置处于舵管附近区域。当载荷进一步增加时，舵管在连接部位的最大主应变迅速增加，但在船板内的应变增加缓慢，这是因为非弹性弯曲引起管壁褶皱造成的。船板主应变最大的部位在长边支撑的中间区域。加载过程中，焊缝首先达到其断裂应变 13%。船板与舵管是 A36 钢，断裂应变是 35%。焊缝断裂发生在载荷为 1334.4kN，此时舵管只达到其延性的 68%。

在横向力 F_t 作用下，舵管先于焊缝断裂，舵管的最大主应变处于靠近焊接接头的区域，当 F_t 超过 33.36kN 时，舵管就超过其断裂应变，而此时焊缝及船板的应变水平小于 5%，在这种情况下，焊缝已不是关键部位，完全可用湿法进行水下焊接。

为弥补在轴向推力作用下湿法水下焊接焊缝承载能力的不足，需要设置其他传递载荷的途径，把轴向载荷传递到船身板。为此可采用加强肋。为了避免应力集中，肋板要离开舵管与船板对接焊缝。加强肋与舵管的装配焊接在陆上进行，然后加强肋与船板在水下湿法焊接，并用双面角焊。此时轴向力不仅经过舵管与船板的连接焊缝传递，而且经过加强肋传递。

以上的实例均说明，只要焊接设计恰当，湿法水下焊接不仅适于海洋油气工程结构的建设与维修，还能用于船舶的修理工作。湿法水下焊接设计的基本方法，就是采用有限元对连接部位进行模拟计算，分析连接部位各区域在加载过程中应变的发展，并用临界断裂应变作为失效判据。经多种设计方案进行比较，找出恰当的焊接设计，以减轻湿法水下焊接焊缝的承载负担，使湿法水下焊接焊缝处于低应力区。

9.3　高压干法水下焊接

9.3.1　高压焊接舱

高压干法水下焊接的首要条件是将水下焊件置于密封式焊接舱内，焊接舱内海水由高压气体排出，形成高压气体下无水的焊接环境。目前高压焊接主要用于海底管道与海洋平台修复，相应有两类高压焊接舱：管道焊接舱与结构焊接舱[12]。

1. 管道焊接舱

管道焊接舱可以做成马鞍形，为了把舱放置在管道上，在舱的两端需要开口。

图 9-23 为一种简单的小型密封舱结构，可应用于管道焊接。该舱两端的三角形金属板采用对开方式，使得舱可以方便地从管道上移开。把这些构件连接后形成舱的框架，再通过在固定夹板中放置氯丁橡胶条来进行密封，密封区域如图 9-23 所示。作业时，需要提升插入舱侧密封件中的丙烯酸薄板，以使潜水员接近管道进行焊接。该种形式的舱内通道和空间狭

小，只能进行非常简单的维修作业。

大型的管道焊接舱通常装在由钢管或者角钢构成的框架上，舱体采用1～3mm厚的钢板，其结构强度足够抵抗适当的压差，而且容易针对具体应用进行建造或者改造。常用的管道连接采用的焊接舱如图9-24所示，该舱配备可更换式密封装置以适应不同尺寸管道的需要。在舱相对的两个侧壁上开门，使得舱可以在管道上定位，并通过密封件缠绕后夹紧管道，形成防水密封。对于不同尺寸的管道，只需要更换密封件。

焊接舱的重量和尺寸已不是重要控制指标，所以通常在舱的壁上开设一些防水舱室，用来放置连接操作所需要的各种设备，比如焊接和管道准备系统等设备，还有用作动力驱动的电气设备和其他连接装置。在图9-24的焊接舱中，圆锥形的突出物就是防水舱室。

在更加复杂的干式舱中，通常安装活动底板，在柔性膜片或者活塞系统的压力补偿作用下，允许在舱内形成一个更加干燥的环境。

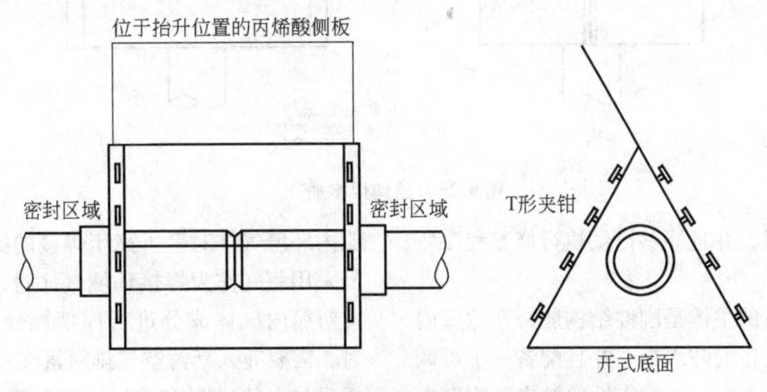

图9-23　简单的三角状焊接舱[12]

图9-24　Comex公司“海马”焊接舱和管道操作系统[12]

2. 结构焊接舱

结构焊接舱主要用于海上平台等钢结构的水下干法焊接。海上平台基础结构（导管架）的建造包括数量众多的钢管、节点之间的组装和焊接，钢管的直径可以达到几米，壁厚可达到几十毫米。一般需要用高压焊接舱包围整个节点。

结构焊接舱必须分成若干个部分分别建造，然后下放到工作位置，用螺栓连接组装起来，围住待焊结构。这个过程相当复杂，因为对于数百米高的结构物而言，建造时钢管的安装位置与图样设计位置相比出现几十毫米的偏差是允许的。解决的办法是在成对的密封钢板上为每个钢管安装环状密封件，每对密封钢板可以相对主舱移动，从而实现有效的密封。焊接舱排水之后形成的正浮力会对结构物施加载荷，需要将这些载荷有效地传递到主结构上，避免局部发生损伤。

图9-25所示刚性结构焊接舱的简化原理图。舱体由钢板和角钢构成，设计时需要考虑各个部件之间安装时的匹配。各组成部分通常由螺栓连接在一起，尼龙衬垫用于提高舱的密封性。当舱体就位后，装配单个钢管的密封钢板，最后夹紧密封钢板。

刚性结构焊接舱的安装过程相当长，不太适用于水下钢结构维修焊接工作。

为了改进结构焊接舱的操作灵活性，Comex公司于1991年对Magnus油田的一个平台的导管架采用一个独创的柔性舱和刚性舱组合的焊接结构舱，可最大

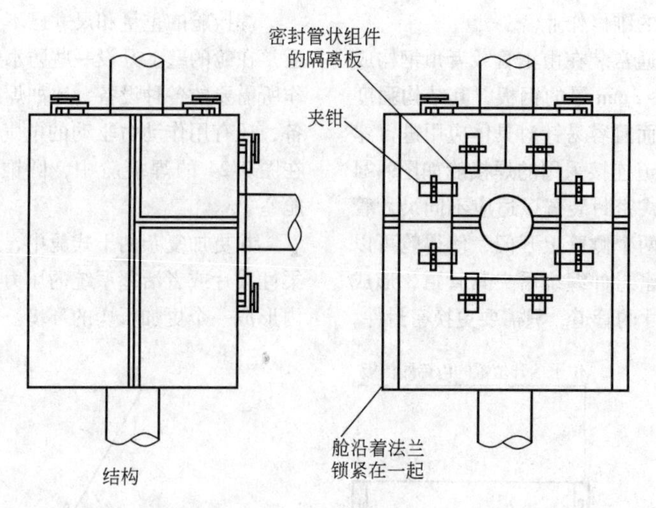

图 9-25　结构焊接舱[12]

限度地靠近修复位置，并且能够提供执行修复程序所需要的空间。

这种组合结构舱的主体是刚性结构舱，在舱壁内设计了放置焊接用设备的防水柜，并且配备一个可调整的供潜水员使用的甲板，这个刚性舱被夹紧固定在与待修结构相邻的一个水平杆件上，一面舱壁是用柔性材料制造的，可以压向邻近的立管，使得舱内工作空间尽可能大。柔性舱各组成部分被精确地连接在一起，与刚性舱相比，柔性舱可以方便地适应钢管结构实际位置与设计尺寸的误差。

3. 舱内气体

高压焊接舱安装和密封之后，就需要通过往舱中充入压缩空气将舱内海水排出，当气-水界面达到稳定后，舱内的气体压力与舱外的水压大体相当，水压的变化可以按照水深每增加 10m，压力增加 1atm（101.325kPa）计算。可以用于排除舱内海水的气体有多种，具体选择则需要考虑许多种因素。

空气作为舱内气体有许多优点，成本低而且随处随时可以得到，只需要将其压缩至适当的压力即可使用。但是，空气的氧含量高（体积分数约 20%），当压力在增加到几个巴（$1bar = 10^5Pa$）以上时，舱内物体的可燃性会显著增加，产生突出的安全问题。此外，为了保证焊接质量，需要保护熔池避免与空气中的氮和氧接触，这种高压环境下是很难保证的。空气可以作“浅水区域”焊接舱内的气体，已成功用于 60m 水深的高压干法焊接试验，但是不适合于更深的水域[13]。

氩气供应方便，密度与空气相近，热导率比氦气低，可以降低焊缝金属冷却速率。但是，在高压环境下，氩气对潜水员有麻醉作用，所以，使用氩气作为舱内环境气体对手工高压焊接的操作人员是危险的。当采用氩气作为焊接环境气体时，例如高压 TIG 焊，应对舱内气体成分进行周期性分析，在其浓度过高时，需要充入新鲜空气排除氩气。因为氩气的麻醉作用只与人的生理有关，所以对于无潜水员式焊接操作，采用氩气作为舱内气体，是比较好的选择。

氦气比氩气成本高得多，其密度只有氩气的 1/10。采用氦气作为舱内气体的主要好处是，它与 50m 水深以上饱和潜水用的呼吸性混合气体类似。典型的潜水气体是由氦气和氧气组成，与水深无关。通常采用这样的混合气体作为有人焊接操作的舱内气体，因为氧含量低，对于可燃性没有影响，而且吸入这种混合气体对潜水员也不会造成危害。使用氦气的问题是，高热导率将增加焊缝金属的冷却速率。

9.3.2　焊接方法

高压干法水下焊接最常采用的方法是焊条电弧焊（SMAW），同时钨极惰性气体保护焊（GTAW）及药芯焊丝电弧焊（FCAW）也有广泛应用。在环境压力高的条件下，由于 GTAW 的电弧稳定性好，热源与填丝分离，操作方便，常用于焊接打底焊缝。其他焊接方法因熔敷率高，常用于坡口填充焊接。此外，还有等离子弧焊和激光焊等正处于发展阶段。各种焊接方法适用的水深范围如图 9-26 所示。

1. 焊条电弧焊

这种焊接方法虽然生产率低，但方便灵活、使用设备简单、运行成本低，因此目前在水下结构的焊接施工中应用最广。焊条电弧焊的电弧稳定性主要取决于焊条药皮。各种类型药皮焊条的对比试验发现，金红石焊条的焊缝气孔较大，飞溅也较大，纤维素型焊条的焊缝成形不均匀，碱性焊条最好。虽然有些碱性焊条也容易产生气孔，但受环境压力变化的影响小。目前市场上销售的焊条一般可用在水深90m，采用专门配方制作的高压干法水下焊条一般可用到水深300m以内。只要焊条选择正确，焊接工艺得当，就能得到优质的焊接接头。表9-5为我国生产的高压干法水下专用焊条熔敷金属化学成分及接头力学性能[14]，焊接参数见表9-6。

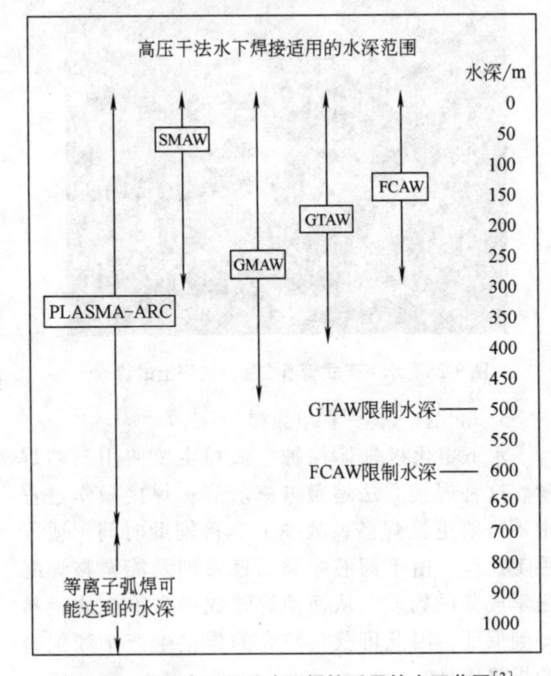

图9-26　各种高压干法水下焊接适用的水深范围[3]

如果环境压力超过1MPa，采用正极性焊接，飞溅会小些。另外，该焊条端部钻有$\phi1.8\sim\phi2.0$mm、深3~5mm的孔，孔内填有引弧剂，提高了高压环境下一次引弧的成功率。

高压干法水下焊条电弧焊操作技术与陆上焊条电弧焊操作技术相似，只是安全技术方面比陆地焊接要求严格些。

2. 惰性气体保护电弧焊（GTAW）

在高压环境下，电弧稳定性和熔池金属流动性变差，如果用焊条电弧焊焊接打底焊道，因坡口底层间隙较小，难以保证质量。一般均采用GTAW打底，然后再用焊条电弧焊填充坡口。

在浅水（45m以内）条件下进行干法GTAW，一般采用Ar作为保护气体，采用普通焊枪即可。但在深水作业时，按潜水医学要求，压力舱内气体应由空气换成He-O_2混合气，以避免产生麻醉。如果在舱内进行Ar气保护GTAW，则要控制单位时间内流入焊接压力舱内的Ar。否则会使Ar分压超过0.4MPa，会产生Ar麻醉，影响焊接作业。为解决这一问题，人们采用He气进行GTAW。结果发现，在高压环境中He气保护进行GTAW引弧困难，电弧稳定性变差，钨极烧损严重。当压力达2MPa时几乎无法进行正常焊接。为了减缓焊接压力舱内Ar分压上升速度，最好采用双层气流保护GTAW，内层用Ar气，电弧在Ar气中燃烧，焊接过程不失Ar弧焊特点，外层用N_2气或He气以适应环境需要。我国自行开发了旋流式双层气流保护GTAW焊枪，如图9-27所示。这种焊枪比普通双层气

表9-5　200m水深焊条熔敷金属化学成分及力学性能[14]

焊条牌号	环境压力	化学成分(质量分数)(%)							力学性能			
		C	Si	Mn	S	P	Ni	Ti	R_{eL}	R_m	A	Z
GST-1	0MPa	0.04	0.38	1.37	—	—	0.74	0.04	446	548	20.9	78.2
	2MPa	0.12	0.17	0.88	0.022	0.099	0.81	0.02	489	566	20.3	61.5

表9-6　GST-1型水下焊条电弧焊焊接参数[14]

焊条直径/mm	焊接电流/A	电弧电压/V	环境气体	极性
3.2	~160	~35	N_2	反

流焊枪气流保持性好，保护效果好，在2MPa气压下，内层Ar气流量等于或大于2.92m^3/h。外层气（N_2、CO_2、He）流量等于或大于1.82m^3/h时，就可得到良好效果[15]。与单一Ar气体保护相比，可减少50%的Ar气用量。也就是说，可使高压舱内Ar分压的上升速度降低50%左右。

在2MPa压力下焊接时，钨极直径以3mm为宜，焊接电流150A。

目前开发的轨道焊接系统，可用于海底管线的自

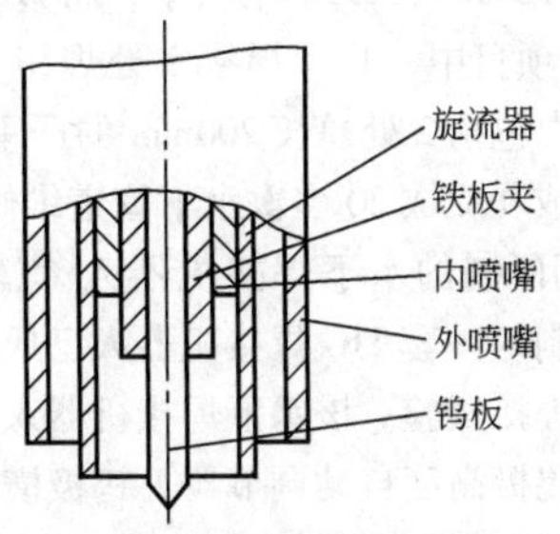

图9-27　旋流式双层气流保护GTAW焊枪示意图[15]

动 TIG 焊，焊接过程的监控在水面上进行，无须潜水员干预。

水下高压轨道 TIG 焊系统已有以下几种：

1）英国 Aberdeen Subsea Offshore Ltd 的 OTTO 系统[16]。OTTO 系统的核心部分是焊接接头和轨道，其他还有电气控制部分、供应室和监控室，整个系统采用光纤传导和计算机进行监控。经过陆上和水下模拟焊接的系列试验，制订了可行的焊接工艺，取得了较为满意的焊缝，并对各种缺陷的出现采取了相应的预防和解决措施。性能试验表明，135m 水深的 AP2 试板上焊缝 -10℃ 冲击吸收能量达到 180J，断裂强度达到 550MPa。

2）英法合作的 Comex 公司的 THOR-1 系统[17]。THOR-1 系统由三部分组成：焊接头与轨道、水下舱、水面控制舱。该系统的焊接参数既能预先设定又能实时调整。系统的监测单元由两台监视器组成，能全面获得熔池和电弧的信息。陆上和水下各有一套计算机系统，分别进行焊接电气参数的控制和位置参数的控制。1989 年该公司继续发展了水下管道焊前准备装置，并将其成功应用于水下 220m 深的焊接施工。新一代的 THOR-1 系统正在实时控制、焊接头和焊接轨道的安装、专家系统和焊接速度等方面取得进展。

3）Norsk Hydro 和 SINTEF 的 IMT 系统[18]。IMT 系统的设计目标是能从事 1000m 水深的焊接。它的施工全过程由计算机控制完成，通常由第一焊道、第二焊道、填充焊道和盖面焊道组成。1994 年在 334m 水深中对管道焊接成功。

4）挪威 Statoil 公司的 PRS 系统[19]。PRS 系统的设计目标是能从事 1000m 水深处的焊接，施工全过程由计算机控制完成；水面和水底之间的通信系统由水面 PC 和水底微处理器组成，在焊接头两侧安装有送丝装置和摄像头，可以上行焊接和下行焊接；预热、调整、退磁及保护气体输送等全部准备工作由水面焊接控制室遥控、在潜水员手工辅助下完成。在结合不同水深针对该系统各个模块进行广泛测试的基础上（最深达 334m），1994 年秋季，将该系统首次用于 Troll 近海项目中，共计焊接 8 处焊缝（总计焊缝长 24m，其中包括 2 处总长 200mm 的严重缺陷），迄今为止已经成功完成 20 多次水下管道维修任务。

5）我国研制的水下焊接机器人[20]。北京石油化工学院研制的一套 TIG 焊接机器人已成功应用于水下高压干式焊接试验。该水下焊接机器人主要由焊接行走小车、钨极高度自动调节器、钨极横向自动调节器、钨极二维精细调准器、焊接摆动控制器、遥控盒、送丝机构、导轨、TIG 焊接电源、TIG 焊枪、水冷系统、气体保护系统、弧长控制器、角度检测器、场景监视系统、控制箱等部分组成。

2006 年，由我国海洋石油工程股份有限公司主持承担的国家 863 计划“水下干式管道维修系统”重大专项课题已经完成了海上试验[36]（图 9-28），在 60m 水深下成功完成了管道干式 TIG 修补焊接，积累了实际工程应用经验。

图 9-28　水下干式管道维修系统海上试验[28]

3. 熔化极气体保护电弧焊

水下熔化极气体保护电弧焊主要使用药芯焊丝。这种焊接方法熔敷效率较高；焊接操作过程中不需要更换焊条，减少了焊接辅助时间，适于手工操作。由于药芯中添加稳弧剂及能调整焊缝化学成分的物质，从而使焊缝成形和冶金质量易得到保证。因此可获得较高的焊接生产率和优秀的焊接质量。

自保护药芯焊丝也可用于干法水下焊接，但这种焊丝在环境压力增加时自保护效果下降，因此，用于较深焊接时，也需要 CO_2 或混合气体进行保护。

目前市场上销售的药芯焊丝适用水深为 60m 以内，深于 60m 的场合需配制专用药芯焊丝。

试验发现，在高压条件下，如果焊接设备是闭环控制的，实心焊丝气体保护焊可适用于水深 150～400m，采用细径焊丝（ϕ0.9mm）并加入 He 气保护效果好。最好采用 He/CO_2 混合气体作保护气体。德国采用 $He/O_2$15%（体积分数）N_2 作为保护气体，在 600m 水深成功地焊接了 445.7TM 控轧钢（相当于 APIX65 管线钢）。

4. 等离子弧焊

水下等离子弧焊接一般采用转移弧方式，气体流量通常为 2～10L/min。在 5MPa 压力下的焊接试验表明，由于等离子弧的强烈压缩，阳极斑点在焊接宽度 5%～10% 的范围内移动，而钨极惰性气体保护焊时，阳极斑点要在焊缝宽度 50% 的范围内移动。当环境水压增加到7MPa时，电弧稳定性没有明显改变，这与其他水下电弧焊明显不同。预示等离子弧焊可能适宜更深的水下焊接。到目前为止，尚未发现有关水下等离子弧焊实际应用的报道。

9.3.3 高压干法水下焊接工艺

1. 焊前预热

在水下工作室或焊接舱内焊接时，底面的水使舱室内的环境气体湿度增大。为了避免焊条受潮，烘干的焊条应放在密封的容器内。在焊接高强度钢时，要注意选择合适的预热及层间温度。像陆上焊接一样，预热及层间温度的确定与母材的化学成分、结构板厚及焊缝含氢量等因素有关。

水下焊接时采用的预热保温方法和设备与陆上焊接时相同。在用电热毯加热时，其上盖有保温材料层，焊工可用便携式测温计检查焊接区的温度，施工检查人员可借助监视器通过布置的热电偶数字温度计监视焊接接头的温度。另外，在施工过程中还要加强通风，排除焊接烟雾并降低潮气。

2. 钨极的磨损

在高压惰性气体环境下进行焊接时，钨极的冲蚀磨损是影响焊接工艺性能的重要因素。通常陆上焊接时钨极的磨损率是很小的，但在水下高压气体环境焊接时，钨极尖端的磨损加快，并使电弧稳定性恶化，焊接质量变差。

焊接电流大于100A时，磨损量随焊接电流及环境压力的增加而增加，特别是在压力大于3.1MPa时，磨损量的增加尤为显著。另外，在He弧中钨极的磨损大大高于Ar弧，所以在采用He+Ar混合气体进行高压干法焊接时，钨极的磨损要比在纯Ar中大很多。其原因与环境高压引起电弧收缩有关，同时高压使钨极尖端的局部能量密度与温度增加，使钨极材料更易于熔化、滴状分离及蒸发而加剧磨损。

电极材料及电极尖端锥角也对电极磨损有影响。研究表明[21]，35°可能是Th-W电极最适合的电极锥角，用La代替电极中的Th也可能降低电极的磨损，改善电弧稳定性。

3. 保护气体与呼吸气体

水深50m以内，潜水员可在压缩空气中工作。超过这个深度范围，空气中的N_2，会成为潜水员的麻醉剂，抑制潜水员的身体功能。采用$He+O_2$混合气体，潜水员的工作深度可达到水下500m。

潜水医学研究表明，水下焊接高压舱内的Ar气分压不得超过0.4MPa，否则也会使潜水焊工发生Ar麻醉。因此在GTAW焊接时大都采用He或He+Ar混合气体。

通常在水下工作室或压力舱中把舱用气体或呼吸气体与焊接电弧的保护气体分开。通常呼吸气体为$He+O_2$二元混合气体或$He+O_2+N_2$三元混合气体，药芯焊丝及实心焊丝气体保护焊用保护气体为CO_2或$He+CO_2$混合气体，GTAW焊接的保护气体通常为He、Ar或He+Ar混合气体。对于压力舱不载人GTAW焊接时，舱用气体或保护气体可都用Ar。

4. 焊接参数

高压干法水下焊接时，焊接电流与电弧电压等参数的配合与陆上焊接有所不同。由于焊接环境压力增加，要维持恒定的焊接操作弧长，电弧电压将提高。在熔透焊接时要使焊接热输入一定，必然要相应减小焊接电流。在对3.2mm厚的低碳钢板开I形坡口对接焊时，图9-29给出了GTAW焊接时环境压力对最佳焊接电流的影响。焊接速度3.33mm/s，弧长1～1.5mm。结果表明，随着压力的增加，焊接电流需相应减小，在He弧中这一关系尤为明显。

采用钨极氩弧焊进行水下干法管线接头打底焊道的焊接试验，管线直径700mm，壁厚18mm。试验过程中的焊接热输入用焊接电流除以焊接速度I/v（[A/(mm/s)]）作为评价参数，结果如图9-30所示[22]。

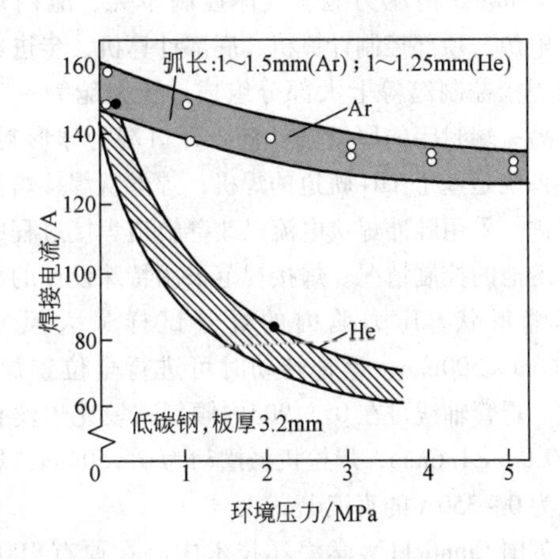

图9-29 GTAW焊接时环境压力对最佳焊接电流的影响[3]

因此在环境压力增高的情况下，为了避免焊根缺陷，焊接热输入必须相应减小。研究还发现，在根部间隙超过2mm时，自动焊机的焊枪应以3～3.5mm/s的速度作横向摆动，并在坡口侧面停留0.5s，以利于根部打底焊道的焊缝成形。

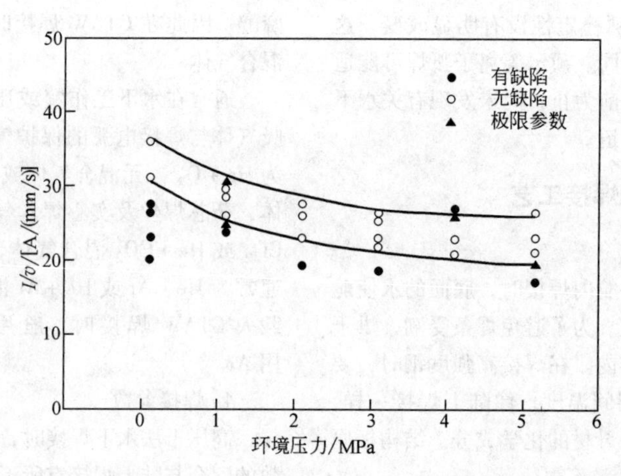

图 9-30　根部间隙 5mm 立向下焊时，焊接参数 *I/v* 与环境压力的关系[19]

9.3.4　压力舱焊接模拟器

干法水下焊接试验一般都是在压力舱中进行的，同时在压力舱中还可进行焊接工艺评定试验。目前致力海洋开发的国家或大公司都建有压力舱焊接模拟器。

1）国外建立的模拟舱，最大舱内压力可模拟 1000m 或更大水深的压力环境，原因是不少国家正积极探索在更深的水域进行油气开发。

挪威 SINTEF 建立在挪威科技大学的舱内无人高压焊接模拟试验装置名为 Simweld，试验舱压力范围为 0 ~ 10.0MPa（相当于能模拟 1000m 水深），整套装置 Simweld 由压力舱、气体控制单元、舱内焊接头、电源、顶部控制计算机、底部计算机、步进电动机及焊枪控制箱等七大部分组成。压力舱为一端开口，另一端封闭的厚壁圆柱筒，开口端为球形封头。焊接系统是基于 TIG 轨道的焊机，焊丝从焊接熔池前方送进，采用脉冲焊接电流以改善轨道焊接过程中对焊接熔池的控制情况；焊接规范采用特殊设计的窄间隙焊缝形状。压力舱内的焊管试样最大尺寸为 ϕ330mm × 300mm，焊管转动时可进行全位置焊接，同时，焊管轴线可在 0° ~ 90°内倾斜；填充焊丝直径为 ϕ0.9 ~ ϕ1.6mm，焊枪机械摆动为 0 ~ 50mm，焊接电流为 0 ~ 350A 的直流电。

英国 Cranfield 大学海洋技术中心在原有 1000 ~ 1100m 水深舱内无人高压焊接模拟试验装置的基础上，于 1990 年初又研制了一套能模拟 2500m 水深的舱内无人高压焊接模拟试验装置——Hyperweld 250 Simulator[23]。

该系统主要由压力舱、气体压力和流量控制系统、内部操作系统、焊接电源、控制和数据分析系统等五大部分组成。压力舱尺寸为 ϕ1.1m × 1.2m，为一端封闭，另一端开口的铸造厚壁圆柱筒状结构，开口端用管塞进行封闭，整个壁厚圆柱筒安放在滚轮支架上，在液压作用下来回移动，管塞外端固定安装在支撑架上，全部穿舱件安装在管塞中心部分与舱内相通，采用 CCTV 连接方式监控焊接过程。气体压力和流量控制系统分别针对纯氦气、纯氩气和混合气体使用了 3 个独立的气体存储系统，分别存储 2MPa、6MPa 和 20MPa 三种气体压力，最后通过一个气体压力为 35MPa 的缓冲储气瓶向压力舱供气。为了能同时进行平板和管状构件的焊接，Hyperweld 250 Simulator 以机械框架的形式来构建焊接系统，该机械框架能安装在一个圆形或一个直线轨道上，框架上带有其自身运动所需的驱动电动机、焊枪及其摆动机构、送丝机构以及焊接熔池观察系统。

2010 年 11 月在挪威 Statoil 公司的资助下，英国 Cranfield 大学正在建造一个新的高压模拟试验舱，模拟 4000m 水深的压力环境，拟开展高压 GMA 和 FCA 焊接过程的研究[37]。

巴西的 Petrobras 研究发展工程中心设立了 500m 水深高压焊接模拟器[25]，可开展高压干法水下焊接的试验研究及焊接工艺评定试验，该系统可进行 GTAW、GMAG、FCAW 自动焊或焊条电弧焊，焊接参数和环境条件由微机控制，可提供各种混合气体作为保护气氛，以及供呼吸用的 $He + O_2$ 混合气体。

模拟器由六个子系统组成，用于环境控制、气体分配、气体回收再生、高压舱控制及自动焊接。最大模拟压力 5MPa，最高环境温度 60℃，内部湿度 30% ~ 100%，环境气体为 He、Ar、N_2 或压缩空气；模拟舱空间 1.2m^3，He 的回收再生经渗透膜进行，用色谱法定时对气体环境进行监测，用摄像系统对模拟舱内部进行观察。为了进行全位置焊接，模拟工作舱能 180°转动，焊接采用 500A 直流方波脉冲晶体管焊接电源。主要开展的焊接研究工作有：焊接方法的选择；焊接参数优化；焊接过程自动控制；环境、接头坡口、热循环、保护气体及冶金因素对焊接性的作用等。采用该模拟器进行水下结构建设和修复的焊接工艺评定，与在实际现场相比有巨大的经济意义。

德国 Geesthacht 公司的 GKSS 研究中心，建立了 GUSI 水下焊模拟设备[19]，压力舱可进行 600m 水深的载人焊接试验和 1200 ~ 2200m 水深的不载人焊接试验。利用压力舱内的设备及辅助装置，可进行焊接工艺及焊接设备方面的研究。

对 250 ~ 600m 水深进行半自动药芯焊丝气体保护焊时，保护气体为 $He + O_2$ 混合气体，舱内的呼吸气体由 $He + O_2 + N_2$ 三元混合气体组成，采用 C-Mn-Ni1%（质量分数）药芯焊丝。对管线接头的打底焊试验，采用钨极惰性气体保护焊。在 360 ~ 600m 水深做载人试验时，Ar 气为保护气体，舱内气体仍为 $He + O_2 + N_2$ 三元混合气体。在进行不载人试验时，用 320A 直流方波脉冲晶体管电源，焊接过程由微机控制，并有工业电视监视装置。模拟舱试验表明，采用该轨道式 GTAW 自动焊，可以焊接有 2mm 错边及 5mm 根部间隙的安装接头。

2）我国哈尔滨焊接研究所从 20 世纪 80 年代开始研究干法水下焊接，先后研制了 HSG1 型和 HSG2 两台模拟水下焊接试验舱，HSG1 型舱体外形尺寸为 ϕ380mm × 2000mm，最大工作压力 1.6MPa；在这套模拟水下焊接试验舱内可进行 MAG 焊接试验、TIG 焊接试验和焊条重力焊试验。HSG2 型为立式结构，舱体外形尺寸为 ϕ400mm × 800mm，最大工作压力为 3.0MPa；舱内介质可为氩气、氦气或混合气体，可进行 MMA 焊接试验和 TIG 焊接试验。该所利用这两套模拟水下焊接试验舱先后进行了 50m 水深 CO_2 气体保护焊焊接特性研究、50m 水深脉冲 MIG 焊研究、200m 水深 MMA 焊研究和 200m 水深 TIG 焊研究。

我国北京石油化工学院于 2004 年建立 160m 水深无人高压焊接模拟实验系统[25]，该系统主要包括高压焊接试验舱、舱内的高压焊接轨道焊机系统、舱外的焊接电源、试验舱环境气体调配储罐和测控系统，测控系统由中央控制台、操舱系统、轨道焊机控制系统、焊接电源控制系统和摄像系统组成。该模拟实验系统满足了高压焊接工艺试验的要求。该学院于 2009 年建立了模拟 500m 水深的无人高压焊接试验系统，如图 9-31 所示，在此系统中成功实现了 100m 水深以内的水下高压熔化极气体保护焊的焊接试验，研究了水下高压熔化极气体保护焊的电弧形态和熔滴过渡特征。焊接试验时，模拟舱中充满 80% Ar + 20% CO_2 的高压保护气体，压力 1MPa（相当于 100m 水深），焊丝直径为 ϕ1.0mm，焊接试件为 APIX65 管线钢，焊后检测数据显示焊接接头力学性能满足要求[38,39]。

a)

b)

图 9-31 高压焊接试验系统照片

a）高压焊接舱外观 b）舱内焊接试验装置

9.4 局部干法水下焊接

9.4.1 水下局部排水半自动 CO_2 焊（LD-CO_2 焊）

水下局部排水半自动 CO_2 焊接法，简称 LD-CO_2 焊接法，是我国 1977 年研制成的一种新的水下焊接方法。这种水下焊接方法的特点是：

1）可见性好。在焊接过程中，潜水焊工可直接从气室内看到电弧和熔池。

2）焊缝金属含氢量低。焊缝金属中扩散氢含量一般在 2 ~ 4mL/100g，与陆上低氢型焊条焊缝相近。

3）淬硬倾向小。焊接低碳钢焊接接头最高硬度不超过 300HV，16Mn、SM53B 等低合金高强度钢焊接接头的最高硬度不超过 350HV。

4）焊接接头质量好。只要焊接操作不失误，就可获得无气孔、夹渣、裂纹等缺陷，成形美观的焊缝，力学性能接近母材，达到了美国 API1104 规程的有关要求。

5）方便灵活，适应性强。焊枪结构简单，轻巧实用，可配合轻潜和重潜装具进行水下焊接施工，可全位置焊接对接、搭接焊缝。

6）焊接效率高。采用 ϕ1.0mm 焊丝，熔敷效率可达 5kg/h，可连续施焊，大幅度降低了辅助时间。

综上所述，LD-CO_2 焊接法是一种优质高效、低成本的水下焊接方法。其配套设备——NBS-500 型水下半自动焊机已定型生产。自 1979 年以来，已多次用于水下焊接施工。

1. 基本原理

LD-CO_2 焊接法是一种可移动气室式局部干法水下焊接。该法的原理是用一个特制的小型排水罩（亦称可移动气室），其上端与潜水面罩（或头盔）相连接并水密，下端带有弹性泡沫塑料垫。半自动焊枪从侧面插入罩内，焊枪的手把与罩体水密、铰接。焊接时将排水罩压在坡口上，向罩内通入 CO_2 气体。由于气室上端被潜水面罩密封住，CO_2 气迫使罩内的水向下移动，从泡沫塑料垫与焊件的接触面处排出罩外，直至罩内全部充满 CO_2 气体，形成一个 CO_2 气室。这时引弧焊接，电弧便在 CO_2 气体介质中燃烧，从而实现了局部干法水下焊接。LD-CO_2 焊接原理如图 9-32 所示。

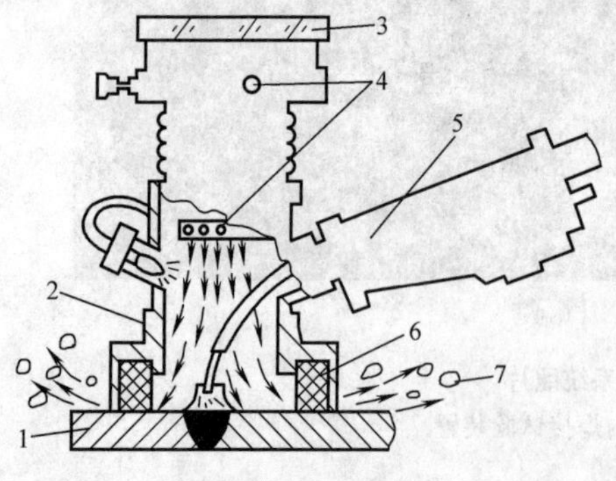

图 9-32　LD-CO_2 焊接原理示意图[2]

1—工件　2—罩体　3—连接法兰
4—CO_2 进气孔　5—半自动焊枪
6—弹性泡沫垫　7—气泡

焊接时，半自动焊枪和送丝箱都随潜水员带进水中。其余设备都放在作业船（或工作平台）上，由水面的辅助人员操作。

2. 焊接设备及材料

（1）焊接设备　LD-CO_2 焊接法配套设备是 NBS-500 型水下半自动焊机，该焊机由 ZDS-500 型晶闸管弧焊整流器、SX-Ⅲ型水下送丝箱、SQ-Ⅲ型水下半自动焊枪、供气系统及组合电缆五部分组成。图 9-33 为该焊机示意图。

1）ZDS—500 型晶闸管弧焊整流器。该整流器输入电压 380V，频率 50Hz，三相三线供电（无地线），适应船上供电特点。额定电流 500A，最大电流达 600A，具有平、陡两种静外特性。除用于 LD-CO_2 焊接法外，还可用于湿法焊条电弧焊和水下电-氧切割。

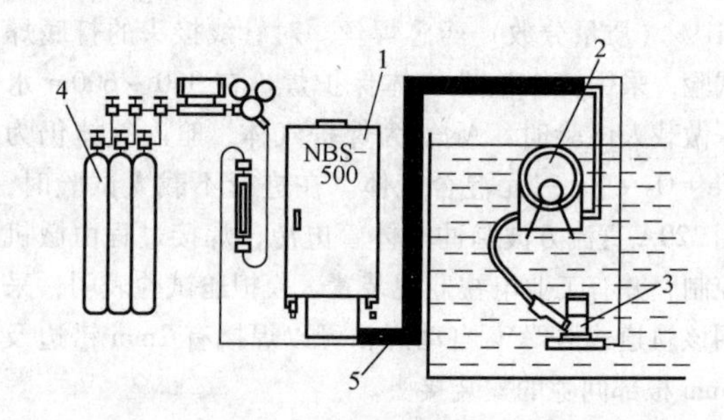

图 9-33　LD-CO_2 焊接设备示意图[2]

1—焊接电源　2—水下送丝箱
3—水下半自动焊枪　4—供气系统
5—组合电缆

2）SX—Ⅲ型水下送丝箱。水下送丝箱由密封箱体和送丝机构组成，如图 9-34 所示。箱体可承受内压 0.5MPa，进口电缆均采用可拆卸接头，拆卸方便。送丝机构是两对双主动式送丝机构。可送焊丝直径 0.8～1.2mm，最大送丝速度为 600m/h，每次可装焊丝 2kg。送丝箱体积仅 21L 左右，空气中重量约 25kg，水中重量约 5kg。前后两个箱盖，类似高压锅盖，装卸方便，便于拆卸焊丝盘。

3）SQ—Ⅲ型水下半自动焊枪。SQ—Ⅲ型水下半自动焊枪是 NBS-500 型水下半自动焊机关键组成部分，LD-CO_2 焊接法的特点，主要是通过该焊枪体现的。该焊枪结构如图 9-35 所示。焊枪有效排水面直径为 80～100mm，焊枪上下调节范围为 25mm，枪体最大直径为 130mm，高 280mm，在空气中重量 2.5kg。可焊接厚度为 3～20mm 的钢板或钢管（直径不小于 300mm）。

焊枪与送丝箱间由送丝软管连接。软管内的弹簧管用不锈钢丝制作，防止生锈。导电电缆截面不小于 50mm²。为水下操作方便，软管不宜太长。一般在

1.5 ~2m 为宜。

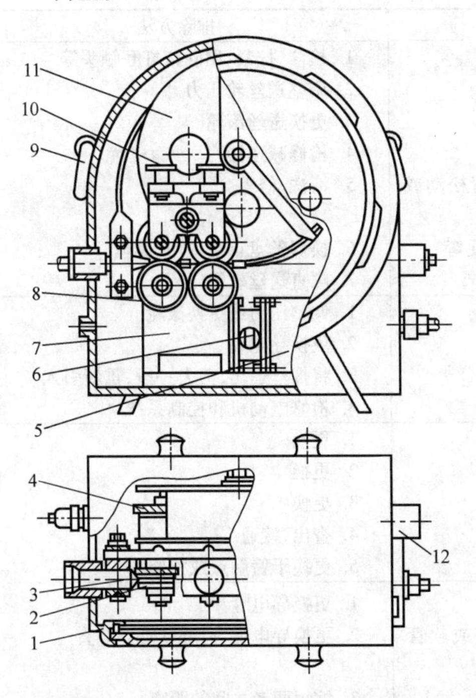

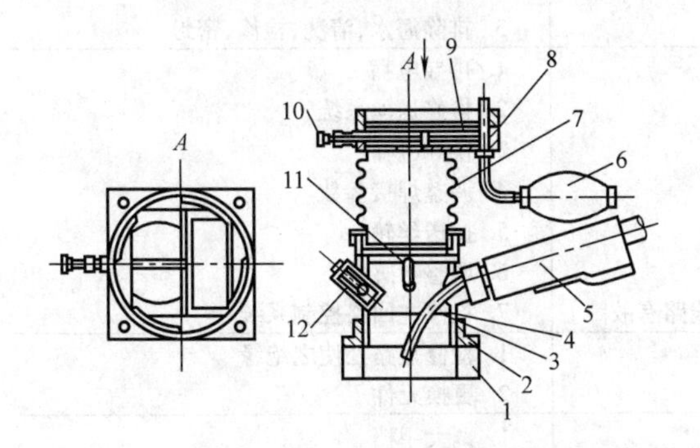

图 9-34 SX—Ⅲ型水下送丝箱简图[2]

1—箱体 2—送丝轮 3—导位管 4—变速齿轮 5—电动机 6—联轴器 7—变速器 8—送丝齿轮 9—手把 10—压紧螺母 11—焊丝盘 12—电缆接头

图 9-35 SQ—Ⅲ型水下半自动焊枪结构示意图[2]

1—密封垫 2—密封垫法兰 3—锁紧螺母 4—罩体 5—手把 6—橡胶单向泵 7—波纹管 8—连接法兰 9—护目玻璃 10—拉杆 11—进气环 12—照明灯

水下半自动焊用的导电嘴与陆上 CO_2 保护焊用的导电嘴不同。水下焊接用导电嘴在中段侧面钻有对称的两个孔（直径为 1 ~1.5mm）。这是因为水下焊接时，为防止水从导电嘴通过送丝软管进入送丝箱，要向送丝箱内充入一定压力的气体。使气体沿送丝管流向导电嘴，阻止水进入。然而，如果导电嘴没有侧孔，这个气流就直接吹向熔池，甚至把熔池金属吹跑，造成成形不良。有了侧孔，大部分气体从侧孔逸出，从导电嘴端孔中出来的气体流量就很小了，不至于影响焊缝成形。

4）供气系统。LD-CO_2 焊接法用 CO_2 作保护气体和排水气体，用气量较大，需多瓶供气，一般至少用3只 CO_2 气瓶并联使用。工作时，打开两只瓶供气，一只备用。加热器功率也必须大些，一般不少于1kW。图 9-36 为供气系统示意图。

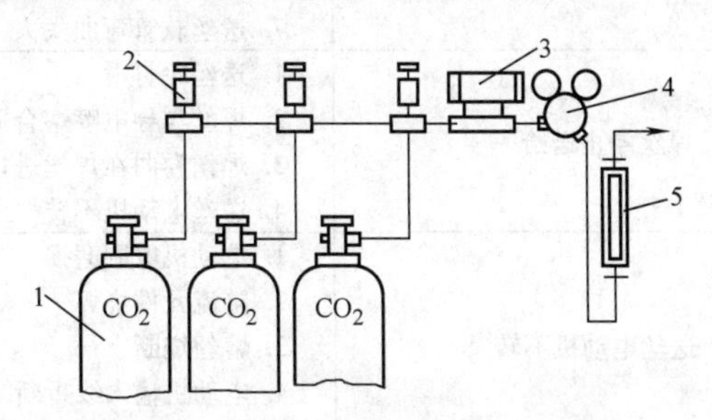

图 9-36 LD-CO_2 焊接供气系统示意图[2]

1—气瓶 2—配气阀 3—加热器 4—减压阀 5—流量计

5）组合电缆。LD-CO_2 焊接用组合电缆由主回路焊接电缆、七芯控制电缆，供气气管及增强尼龙绳组合而成。用于 30m 水深焊接的电缆长度不小于 50m，导电截面不小于 $70mm^2$。用于 60m 水深焊接的，其长度不小于 90m，导电截面积不小于 $90mm^2$。气管通径不小于 10mm，耐内压不小于 0.8MPa。

6）设备保养及排除故障。水下焊接设备工作环境较恶劣，对设备能正确使用，经常保养和维修，以及在运行过程中及时排除故障才能延长设备使用寿命，提高作业质量，提高工作效率。表 9-7 列出了设备常见故障及排除方法，供参考。

（2）焊接材料

1）母材。LD-CO_2 焊接法适于焊接低碳钢及抗拉强度为 500MPa 的低碳钢。

2）焊接材料。LD-CO_2 焊接使用 CO_2 作排水气体和保护气体。其成分应满足下列要求：

$$\varphi(CO_2)\geqslant 99\%,\varphi(O_2)\leqslant 0.1\%,H_2O<1\sim 2g/m^3$$

LD-CO_2 焊接使用 H08Mn2SiA 表面镀铜焊丝。其规格为 $\phi0.8\sim\phi1.2$mm。化学成分应符合标准规定。

3. 焊接工艺及操作技术

（1）焊接参数的选择

1）焊丝直径。一般选用直径 1mm 的焊丝，采用短路过渡的焊接参数进行焊接。板厚大于 6mm 且工件水平放置时，可选用直径为 1.2mm 的焊丝，采用短路和滴状混合过渡的焊接参数进行焊接。

表9-7　设备常见故障及排除方法[2]

故障特点	产生原因	排除方法
焊丝送丝不均匀	1. 焊枪开关或控制线路接触不良 2. 送丝滚轮压力调整不当 3. 送丝滚轮磨损 4. 减速器出故障 5. 送丝软管接头处或内层弹簧管松动或堵塞 6. 焊丝绕得不好,时松时紧或有硬弯 7. 送丝软管弯曲太大	1. 检修、拧紧、用砂布打磨触头等 2. 调整送丝轮压力 3. 更换送丝滚轮 4. 检修减速器 5. 清洗、修整 6. 换焊丝盘重绕,矫直焊丝 7. 顺直送丝软管
焊丝停止送给	1. 送丝轮打滑 2. 焊丝与导电嘴熔合 3. 焊丝卷曲在焊丝进口管处 4. 送丝电动机不转	1. 调整压力或更换滚轮 2. 更换导电嘴 3. 将焊丝退出,剪去一段,重新引入 4. 检修电动机和控制系统
送丝电动机不转	1. 电动机电刷磨损 2. 整流元件烧坏 3. 熔丝烧断 4. 电动机输入线折断 5. 开关失灵未接通电源	1. 更换 2. 更换 3. 更换 4. 查出,接通 5. 更换干簧触点或检修
焊丝在送丝轮和软管进口间卷曲	1. 导电嘴与焊丝粘住 2. 导电嘴内径太小,软管内堵塞或软管弯曲太严重,致使送丝阻力太大 3. 软管进口管离送丝轮太远 4. 送丝轮、进口管、导位管不在一条直线上	1. 更换导电嘴 2. 更换导电嘴,清洗软管并顺直 3. 缩短两者之间的距离 4. 调直
照明等不亮	1. 灯丝烧断 2. 灯线折断 3. 灯罩内进海水短路	1. 更换 2. 更换 3. 排除海水,清洗,检修,密封
焊接过程中,发生熄弧现象和焊接参数不稳	1. 焊丝和导电嘴熔合粘连 2. 送丝阻力太大 3. 导电嘴磨损,内孔太大 4. 焊接参数不合适 5. 送丝轮磨损,送丝不稳 6. 电感值选择不当 7. 主回路少相或晶闸管触发线路有故障	1. 排导电嘴 2. 检修送丝系统 3. 换导电嘴 4. 调整焊接参数 5. 换送丝轮 6. 调整电感值 7. 检修主回路控制系统
送丝电动机转速突然增高及发热	1. 励磁线圈与外壳短路 2. 晶闸管击穿	1. 检修短路处使之绝缘 2. 更换元件
焊接电压降低	1. 网路电源电压降低 2. 三相电源单相短路 (1)单相熔丝烧断 (2)晶闸管击穿 3. 三相变压器单相断线或短路 4. 接触器单相失灵	1. 调大一档 2. (1)更换 (2)找出坏元件,更换之 3. 找出损坏线包,更换之 4. 检修触头
焊接电流降低	1. 电缆接头松动 2. 地线接触不良 3. 软管与导电杆、送丝箱接头接触不良 4. 导电嘴内孔太大,接触不好 5. 焊丝伸出长度太长 6. 送丝速度降低 7. 因送丝箱进水、入水电缆、水下半自动焊枪漏电,产生分流	1. 拧紧 2. 清理焊件表面,压紧地线 3. 打磨触点 4. 换导电嘴 5. 压低焊枪,调整焊丝伸出长度 6. 调整送丝速度 7. 检查密封情况,及时修复绝缘

（续）

故障特点	产生原因	排除方法
电压失调	1. 焊接线路接触不良或断线 2. 三相断线或开关损坏 3. 变压器抽头接触不良 4. 大功率管击穿 5. 变压器烧损 6. 移相触发电路故障 7. 控制线路接触不良或断线	1. 拧紧接头，接通断线 2. 检修或更换 3. 检修 4. 更换 5. 检修或更换 6. 检修或更换元件 7. 检修接通，更换元件
电流失稳	1. 焊接主回路故障 2. 送丝电动机及其线路故障 3. 晶闸管线路故障 4. 变压器断线或接触不良	1. 用万用表逐级检查 2. 用万用表逐级检查 3. 用万用表逐级检查 4. 检修
排水效果不良	1. 气量不足 (1)气路漏气 (2)减压器冻结，流量减少 (3)加热器不热，减压器冻结 (4)气瓶压力不足 2. 焊枪排水罩漏气 3. 焊枪头密封垫烧损	1. 加大气量 (1)检修气路 (2)加大加热器功率 (3)检修加热器 (4)开大气阀或换气瓶 2. 检查漏气部位、修补 3. 换修焊枪头
可见度变坏	1. 焊接区进水，雾气上窜 2. 气量不足，焊接烟雾排不出 3. 进气环出气孔堵塞，封锁不住烟雾 4. 护目镜粘污 5. 白玻璃烧污	1. 查出漏水原因，彻底排水 2. 增加气量 3. 清理进气环 4. 清理、洗净 5. 更换

2）焊接电流及电弧电压。焊接过程中，要求电弧电压与焊接电流有良好的配合。使用直径为1mm的焊丝时，焊接电流常用的范围为90～180A，此时，电弧电压在19～23V之间调节。焊丝直径为1.2mm时，上述参数范围分别为110～200A及20～24V。

电弧电压的选择，除焊接电流、焊丝直径外，还应考虑到水深压力的影响。

3）焊丝速度。一般可在100～300mm/min之间选用。

4）焊丝伸出长度。经验表明，焊丝伸出长度为焊丝直径的10倍较合适。打底焊道焊接时，焊丝伸出长度宜长些，以后的填充焊道，则可适当缩短。

5）电感值。焊接时，可根据飞溅颗粒的大小、焊接电缆的长度及电缆盘绕的情况加以调整。

6）气体流量。主要根据工作的水深压力及实际的排水效果加以确定、调整。可参考表9-8所列的经验值。表中Δ为坡口间隙，S为气体逸出截面积。

表9-8 LD-CO_2焊接法CO_2气体流量经验值[2]

焊接位置	接头形式	$\Delta=0\sim2$mm $S=80\sim250$mm^2		$\Delta=2\sim3$mm $S=250\sim450$mm^2		$\Delta=3\sim4$mm $S=450\sim520$mm^2		$\Delta=4\sim5$mm $S=500\sim600$mm^2	
		流量/(m^3/h)	流量计指示值(%)	流量/(m^3/h)	流量计指示值(%)	流量/(m^3/h)	流量计指示值(%)	流量/(m^3/h)	流量计指示值(%)
平焊	对接	1.5～2.5	30～40	2.0～3.0	35～50	2.5～4.5	45～65	3.5～5.0	60～80
	搭接	1.5～3.0	35～50	2.5～4.0	10～65	3.5～5.0	60～80	—	—
立焊	对接	2.0～3.5	35～60	3.0～4.5	50～70	4.0～6.0	65～100	—	—
	搭接	2.0～3.5	35～60	3.0～4.5	50～70	4.0～6.0	65～100	—	—
横焊	对接	2.0～3.5	35～60	3.0～4.5	50～70	4.0～6.0	65～100	—	—
	搭接	2.0～3.5	35～60	3.0～4.5	50～70	4.0～6.0	65～100	—	—
仰焊	对接	4.0～6.0	60～100	—	—	—	—	—	—
	搭接	4.0～6.0	60～100	—	—	—	—	—	—

注：LZB—15型气体流量计，最大流量为6m^3/h时标记为100%。

（2）操作技术　由于水下环境和SQ—Ⅲ型焊枪的特殊性，LD-CO_2 焊接操作也有其特殊性，这里仅介绍几项基本操作技术。

1）排除枪体内的水。首先将焊枪与潜水头盔连接起来，将枪体上口封住。然后将密封垫贴在被焊工件的坡口处，打开气阀将枪体内和坡口内的水排除，调节气体流量，直至坡口底层间隙处没有水晃动为止。

2）调节焊丝伸出长度。旋转密封垫法兰，则枪体便上下移动，导电嘴亦随着上下移动。调好导电嘴端部到坡口底部的距离以期获得合适的焊丝伸出长度。

3）引弧。将导电嘴指向引弧位置，拉出护目玻璃，按下手把上的开关即可引弧。

4）焊接。该方法在水下进行焊接时，焊枪密封垫必须贴在焊件上，引弧后往前移动时必须克服密封垫与焊件间的摩擦力。为了平稳移动，右手握住焊枪手把，左手扶住密封垫法兰，左右摆动焊枪往前拖动，同时左手给焊枪一定推力，则焊枪就可平稳地往前移动了，焊接过程亦可稳定进行。

5）熄弧。熄弧时应注意火口的缓冷。断弧后不要将焊枪从工件上移开，而要继续保持火口区无水，直至焊缝和火口全部由红变黑后，再将焊枪移开。避免焊缝被淬硬。

有关不同位置，不同焊接接头形式的操作技术可参看文献［2］。为确保水下焊接质量，在水下焊接施工前应遵守交通部行业标准《水下局部排水二氧化碳保护半自动焊作业规程》（JT/T 371—1997）。

9.4.2　其他局部干法水下焊接

1. 大型排水罩局部干法水下焊接

这种方法使用的排水罩，如图9-37所示。焊接时，将排水罩立靠于工件表面，从顶部通入气体，把水从底部压出而形成一个局部干燥的环境。排水罩内的无水空间较大，潜水焊工的头部、肩部和双手都可以伸进罩内进行操作。

用这种排水罩可实现焊条电弧焊，气体保护电弧焊等基本的焊接方法。另外，还可以在水下对焊缝作局部热处理。由于干燥操作空间较大，故可以获得质量较好的焊缝。但排水罩的移动灵活性稍差。该法目前实用的深度可达40m[1]。

2. 小型排水罩局部干法水下焊接

这种方法一般将小型排水罩直接装在气体保护焊焊枪的端部，保护气体亦起排水作用，在罩内形成一个稳定的局部空间。焊接时局部空间随焊枪一起移动。对电弧进行有效的保护。

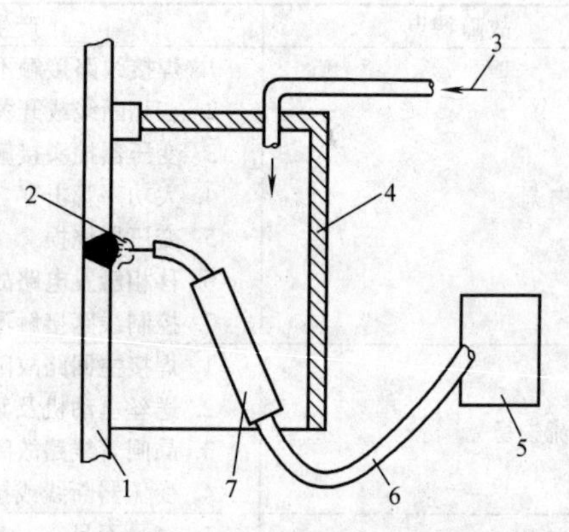

图9-37　大型排水罩局部干法水下焊接示意图

1—工件　2—电弧　3—保护气　4—排水罩
5—送丝装置　6—软管　7—焊枪

这种方法除可进行半自动气体保护焊外，还易于向自动焊方向发展。现在已成功研制了多种不同的排水罩，如钢丝刷式[28]、水帘式[28,29]、旋罩式[1]、小型气罩及同轴式小型气罩等[28,2]。但目前只有钢丝刷式排水罩在生产上使用。

钢丝刷式局部干法水下焊的示意图，如图9-38所示。

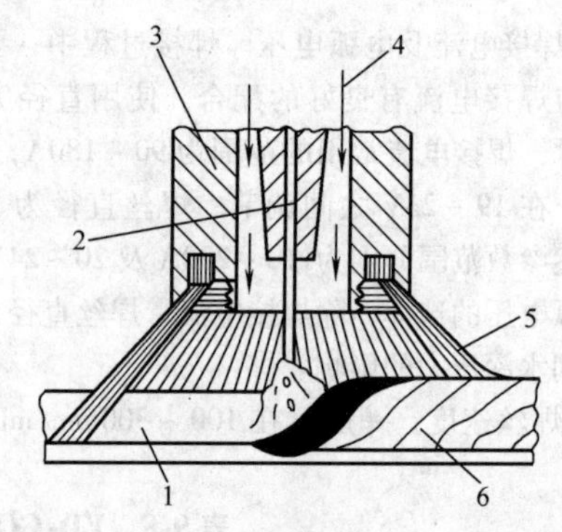

图9-38　钢丝刷式局部干法水下焊示意图[29]

1—工件　2—焊丝　3—喷嘴　4—保护气体
5—钢丝刷　6—焊缝

焊接时，保护气体通过钢丝间隙以小气泡形式排出，并将罩内的水排出，而形成一个局部空间。由于弧光被减弱，故能直接通过钢丝间隙观察熔池。该法可采用各种气体保护焊方法进行对接及角接，曾在数米水深处进行过平台桩钢的修补[29]。

3. 水下局部干法自动焊接装备研究

2009年，我国北京石油化工学院研制出一种能够进行焊接过程实时监测的局部干式焊接小型排水装置与一种水下局部干法焊接机器人，可实现水下自动焊接。

该水下局部干式焊接装置由排水罩体（由上端盖、下端盖、锁紧套、渗水套、密封套和排水海绵组成）、小型焊枪和微型水下焊接光纤窥视镜组成，小型焊枪和微型水下焊接光纤窥视镜安装在排水罩体的顶部，排水罩底部安装有水下密封装置，形成允许罩内的气体排出、但罩外的水不能进入焊接区的局部干式焊接小型排水装置[40]，如图9-39所示。

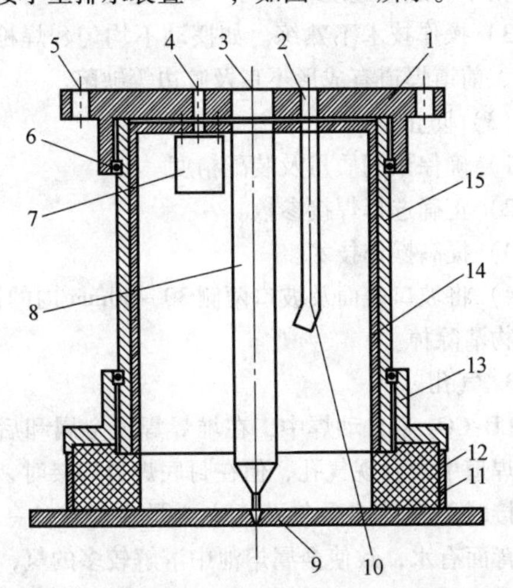

图9-39 局部干法焊接小型排水装置

1—上端盖 2—窥视镜孔 3—焊枪孔 4—高压气体孔 5—连接孔 6—密封圈 7—滤气装置 8—小型焊枪 9—待焊工件 10—微型光纤窥视镜 11—排水海绵 12—密封套 13—下端盖 14—渗水套 15—锁紧套

图9-40为水下局部干法焊接机器人的照片，此机器人采用磁轮式水下自由行走机构，可在水面实时监控进行水下局部干法MIG/MAG焊[41]。

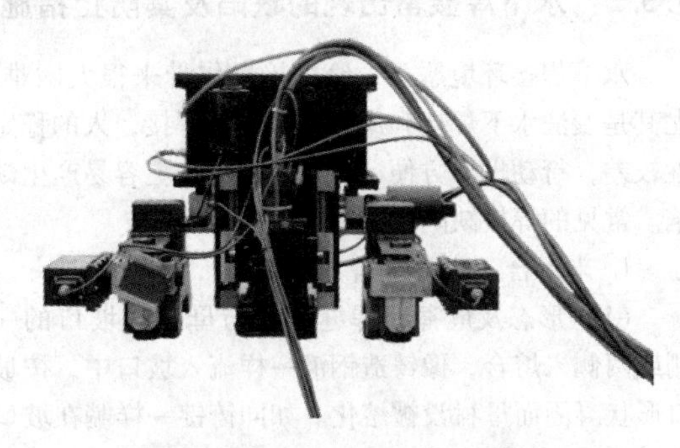

图9-40 水下局部干法焊接机器人

9.5 水下焊缝的性能指标及质量检验

9.5.1 水下焊缝性能指标

我国在交通部标准《水下局部排水二氧化碳保护半自动焊作业规范》（JT/T371—1997）[26]中对LD-CO_2焊接的焊缝外观、射线检测及弯曲性能作了规定，其他力学性能根据设计单位或建设单位要求临时确定。

美国焊接学会制定的AWS D3.6—1993标准[33]中将水下焊缝分为A、B、C、O四个等级，并对每个等级都提出相应的性能要求[9]。

另外，表9-9列出了目前国外几个常用规程对焊缝性能的要求，供参考。

表9-9 有关规程对焊缝的性能要求[1]

内容 \ 规程		Lloyds①	API1104②	ASMEIX③
无损检测		要求由检验员来判断是否合格	1. 不允许有裂纹 2. 不允许有未焊透 3. 对气孔及夹渣的尺寸及密度作了规定和限制	1. 不允许有裂纹 2. 不允许有未焊透 3. 对气孔、夹渣的尺寸及密度作了规定和限制
断面宏观粗晶检查		未作要求	未作要求	1. 底层熔透 2. 焊缝及热影响区中没有裂纹 3. 对焊缝成形也作了规定
焊缝性能	拉伸	大于母材	必须断于母材（远离焊缝及母材）	大于母材
	冷弯	120°，$d=3a$，正反弯	180°，$d=7a$，正反侧弯	180°，$d=4a$，正反侧弯
	冲击（夏比试样）	≈48J，20℃，1级④ ≈48J，0℃，2级 ≈48J，20℃，3级	未作要求	未作要求
	断口检查	未作要求	1. 检查焊透情况 2. 允许的气孔、夹渣水平	未作要求

①（英）劳埃德（船级）协会。

② 美国石油学会。

③ 美国机械工程师学会。

④ 按优劣次序为3级、2级、1级对水下焊缝进行性能及质量评定时，可参考上述标准。

9.5.2　水下焊接常出现的缺陷及其防止措施

水下焊接环境恶劣，给焊接操作带来很大困难，尤其是湿法水下焊接和局部干法水下焊接，人的稳定性较差，行动也不方便，比在陆上焊接更容易产生缺陷。常见的焊接缺陷有以下几种。

1. 未熔合（也称冷搭）

（1）形态及危害　焊缝金属与母材在坡口的一侧或两侧未熔合，像铸造钢液一样流入坡口中，按坡口形状凝固而母材没被熔化。如同铸锭一样躺在坡口中，起不到连接作用，如图9-41所示。

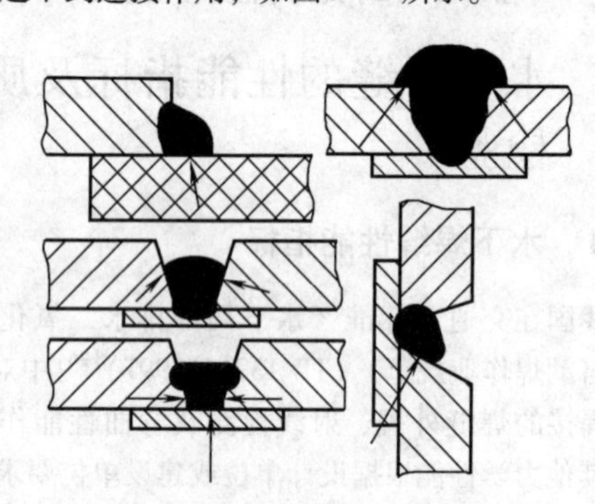

图9-41　未熔合示意图

（2）产生原因

1）引弧位置不合理。

2）焊接速度过慢。

3）电弧偏吹。

（3）防止措施

1）正确引弧。

2）焊接速度适当。

3）注意摆动。

2. 未焊透

（1）形态及危害

未焊透主要是底层未焊透，如图9-42所示。

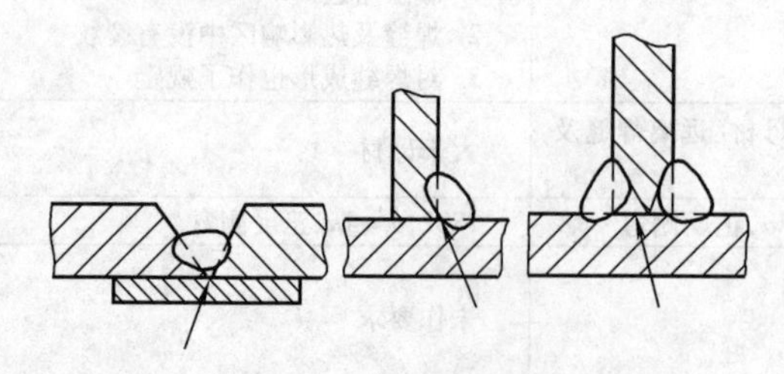

图9-42　未焊透示意图

这种缺陷降低了接头力学性能，同时，由于未焊透处的缺口及端部是应力集中点，承载后，未焊透处可能引起破裂。

这种缺陷的危害性比未熔合更大，因为坡口两侧未熔合，可以通过表面检查发现，及时返修。而未焊透这种缺陷是在底层，用肉眼从表面发现不了，所以其隐患性极大。

（2）产生主要原因

1）坡口装配间隙小，钝边大，错边太大。

2）焊接参数选择不当，如电弧电压太低、焊接电流太小。送丝速度不均匀、焊接速度太快等。

3）操作技术不熟练。如摆动不均匀、焊枪角度不对、前道焊道有成形不良及咬边等缺陷。

（3）防止措施

1）确保预制质量及装配精度。

2）正确选择焊接参数。

3）提高操作技术。

4）将坡口表面及坡口两侧30～50mm内的铁锈、海生物清除掉。

3. 气孔

LD-CO_2半自动焊中，在堆焊焊道金属和后焊的几层焊道中没发现气孔，但在封底焊道焊接时，比陆上焊接时更容易产生气孔。主要是在焊接这一焊道时，背面有水，致使金属熔池中溶解较多的氢，熔池冷却时，氢又来不及从焊缝金属中逸出而造成的。

（1）形态及危害　焊缝中的气孔主要有如下几种形状：

1）虫形内部气孔，见图9-43a。多从焊缝底层向焊缝中心生长。

2）螺钉形气孔，见图9-43b。粗而短，一般不露出表面。

3）蜂窝状气孔，见图9-43c。多出现在引弧和弧坑处（火口）。

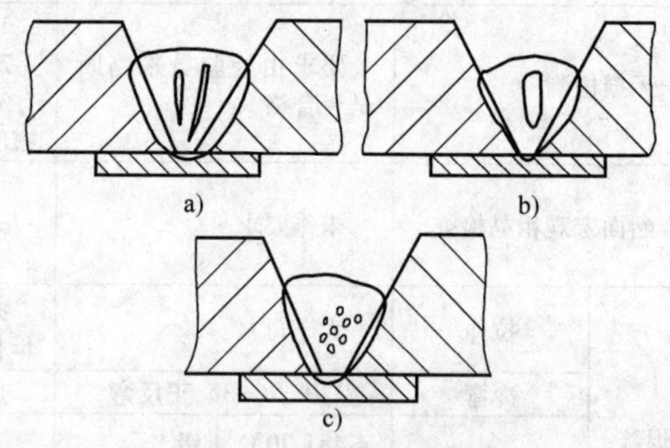

图9-43　气孔形态示意图
a）虫形内部气孔　b）螺钉形气孔　c）蜂窝状气孔

焊缝中有气孔，将降低接头的致密性和塑性，并减少焊缝有效截面而使接头的强度降低，尤其是这种由底层向焊缝中心生长的虫形气孔，比陆地上焊接中常出现的圆形气孔危害性更大。一般来说，具有较多气孔的接头，冷弯试验难以合格。

（2）产生原因

1）气体流量不足，排水不彻底。

2）CO_2 气体不纯，含水量太大；送丝箱或送丝软管内进水，随气体将水带入焊接区所致。

3）坡口表面有铁锈、油污等杂物，或头道焊缝成形不好，在凹坑中有积水。

4）焊接参数选择不当，操作不正确，如焊丝伸出长度过长、焊接电流过小、电弧电压过高、焊接速度过快、收弧过早等。

（3）防护措施

1）注意焊前一定要把水彻底排除，特别是焊接底层焊道时，不仅要排除正面的水，而且也要将背面的水排除，即在背面也要形成一个气相区。

2）注意 CO_2 气体预热，使送进焊枪中的气体具有一定的温度。

3）注意清理坡口杂物。

4）选择适当的焊接参数。

5）注意清洗和保管焊丝，不得有油污和铁锈等。

4. 裂纹

目前在 LD-CO_2 焊中，除铁研式抗裂试验曾出现过裂纹外，在试板、模拟件及产品焊接中，尚未发现裂纹。但这不等于说这种水下焊接法不产生裂纹，尤其是水下焊接，环境恶劣、冷却速度快，容易产生焊接裂纹。

（1）产生原因

1）用作焊件的钢材碳当量高，淬硬性强。

2）结构设计不合理，易造成应力集中。

3）焊接程序不当，限制了焊件自由膨胀和收缩，因而产生较大的焊接应力。

4）装配质量不好，错边大、间隙小等。

5）焊缝中具有尖角的缺陷（虫状气孔、夹渣、咬边、未焊透等）。

（2）防护措施

1）应合理设计焊件。

2）确定合理的施焊程序，尽量避免焊缝集中。

3）定位焊时，焊点要有一定的长度，使它不致被拉裂。

4）熄弧要缓慢，填满弧坑，并等到熔池冷下来后再提起焊枪，以降低淬硬程度。

5）提高操作技术。

5. 咬边

（1）形态和危害　焊缝交接处曾被电弧熔化的母材但又没被熔化金属填满而形成凹坑或沟槽叫咬边（咬肉）。

咬边能减少接头的有效面积，从而降低了接头强度，并造成应力集中，容易诱导裂纹的产生。

（2）产生原因

1）焊接参数选择不当，如电弧电压过高、焊接电流过大、焊接速度不均匀等。

2）操作技术不熟练等，如电弧拉得过长、焊丝摆动不正确、边缘停留时间太短或未摆动到所需的位置等。

3）焊枪角度不合适。

（3）防止措施

1）焊接参数选择适中。

2）根据不同的焊接位置，选用合适的焊枪角度，操作平稳，确保焊丝伸出长度稳定。

3）焊条、焊丝摆动均匀，位置适当，根据不同位置和焊道层次选用不同的摆动速度、摆动形式。

6. 夹渣

（1）形态和危害　夹渣的形态是多种多样的，这里主要指宏观夹渣，一般说与气孔相似，为球状或长条状。夹渣对焊缝的危害和气孔相似，但尖角引起的应力集中比气孔更严重。

（2）产生原因

1）坡口清理不静，层次焊渣积留过多。

2）焊接参数太小，熔池金属流动性差而且凝固快，阻碍熔渣上浮。

3）焊缝成形不良，尖角处藏渣太深。

4）操作技术不熟练，焊丝摆动不均匀。

（3）防止措施

1）注意清理坡口，将凸凹不平处铲平。

2）选择合适的焊接电流及焊接速度。

3）注意摆动及清渣，防止熔渣流到熔池前面。

7. 成形不良及焊瘤

（1）形态及危害　焊缝凸凹不平、宽窄不均，或高而窄，均称为成形不良。焊瘤是在横、立、仰三种位置焊接时，熔化金属下流而形成的瘤状金属。

焊瘤和焊缝成形不良，不仅影响焊缝的美观，且容易造成应力集中，导致裂纹产生。如果焊瘤和焊缝成形不良产生在底层焊道中，则会给以后焊道产生缺陷创造条件，易产生未熔合、夹渣等缺陷。此外，如在凹陷处积水，则很难排除，焊接时，易产生熔池爆炸。这种现象对焊接过程很不利，严重的熔池爆炸会使护目玻璃破裂，致使焊接中断。

（2）产生原因

1）焊接参数选择不当，如焊接电弧电压过低、焊接电流过小、焊接速度过快或过慢不均等。

2）操作技术不良（空间位置焊接）。

（3）防止措施

1）注意焊接参数的选择。

2）提高操作技术水平。

3）对出现的凸起处和焊瘤，应铲平后再焊下一道。

9.5.3　水下焊缝的质量检验

1. 水下检验方法

目前，已有多种方法应用于水下结构及水下焊缝的质量检验，但大都是沿用陆上的检验方法及设备，只是在设备的防水性及电气安全等方面作了一定的改进。

由于水下结构往往较为庞大和复杂，制造费用高昂，因此对这类结构一般不采用破坏性检验而多采用非破坏性检验。常用的非破坏性检验方法有下面两类：

（1）水下目视检验　通常是潜水员用肉眼或借助放大镜（一般 20 倍以下）进行观察检验，也可借助水下摄影、水下电视及水下录像等方法将待检部位的状况摄录下来，由陆上人员进行检验。

检验前需将待检部位或焊缝附近 10 ~ 20mm 表面的污物清除干净，然后按顺序进行观察，捕捉焊缝表面的缺陷（如咬边、夹渣、表面裂纹等）及结构潜在的隐患（如机械损伤、外观裂纹、腐蚀情况等）。

水下目视检验的效果很大程度上取决于潜水检验人员的判识能力和实践经验。

水下焊接施工的检查应按相应的标准或法规进行，AWS D3.6—1993 对水下焊接接头的试验和检查提供了详细的规定。如客户有特殊要求，可协商解决。

制造阶段或修理质量的检查通常是一次性的，而服役检查是贯穿在结构的整个服役寿命之中的。可以定期检查，也可以实时检测。

另外，由于 A 类和 B 类最初是分别针对铁素体钢干法和湿法水下焊接的，它们在验收准则上的差别实际上反映了干法和湿法水下焊接接头所能达到的质量。

例如焊接咬边，A 类焊接接头不应超过 0.8mm，B 类焊接接头不应超过 1.6mm，这对熟练的潜水焊工来说一般不成问题。对于有间隙单边 V 形坡口对接接头无衬垫焊接，干法水下焊接很容易保证焊透并不发生烧穿，但湿法水下焊接时就很难达到这一要求，所以湿法水下焊接更常用于角焊接头和有衬垫的对接接头。如在焊接修理中，一定要用湿法焊接无衬垫的单边 V 形坡口对接接头，要根据断裂力学的合于使用准则，决定焊根焊透的程度，并制订相应的焊接工艺。

（2）无损检测　水下检查所用的设备和技术与陆上检查是一样的，只是在设备的防水性和电气安全等方面作了某些改进。另外水下检查的操作环境比陆上恶劣得多。水下检测人员必须要有合格证，他们多是经过专门无损检测培训的职业潜水人员。

1）外观检查（VT）。不管在水下还是陆上，这种检查都是最重要的检查方法。检查时潜水员用肉眼或放大镜仔细观察，也可借助水下摄像和摄影等方法，将待检的部位摄录下来，由陆上人员进行分析，并提供书面证明文件。外观检查可检查焊接接头尺寸较大的表面缺陷，如咬边、夹渣、表面裂纹、表面腐蚀及表面机械损伤等。

2）磁粉检测（MT）。磁粉检测是目前应用最广泛的水下无损检测技术，主要用于检查表面裂纹或近表面裂纹。在海洋工程结构中，其主要用于检查节点和焊缝的疲劳裂纹及其他服役裂纹。检查前金属表面必须清理干净。为了增强观测效果，也常采用荧光磁粉。磁粉由喷雾器喷撒，喷雾器和手持紫外光灯装在一起。在浅水或日光下，也可采用磁粉。使用的磁场强度对检查的可靠性十分重要，现在标准多采用 0.72T 的磁场强度。在环境照明较差的情况下，采用荧光磁粉可检测到 10μm 宽度的裂纹。对工件进行磁化的方式很多。海洋工程中大量使用的钢管结构，可采用线圈法磁化，即采用绝缘电缆线在要检查的焊缝附近沿钢管圆周绕几圈，形成纵向磁场，可发现与线圈轴线垂直的周向裂纹。为了方便，现在也可采用饼式扁平线圈，放在检测结构的表面就能形成必要的磁化。可用水下摄像或拍照的方法记录检查到的缺陷。磁粉检测的缺点是不能给出裂纹的深度。现在试验采用霍尔效应探针定量测量漏磁的密度与分布，进而预测缺陷的尺寸。

3）超声检测（UT）。对于超声检测来说，探头的耦合及可靠定位十分重要。在手工检测时探头由潜水员放在要检测的部位，而显示超声信号的屏幕在水面上，两者的通信联系问题使得这种方法很难得到满意的结果，故目前只在简单结构的检测上获得成功应用，而且主要用于诊断，很难大规模使用。对于数显的超声波测厚仪，潜水员可方便地自己拿着使用，用于确定结构的腐蚀程度和范围。自动化的水下超声检测设备在 20 世纪 80 年代初已得到应用，主要用于确定腐蚀范围、结构的层状撕裂以及管接头焊缝的检查；可给出管壁厚度变化图及焊接缺陷投影图；不但效率高、成本低，而且减少了对熟练超声检查人员的依赖。

4）射线检测（RT）。射线检测在焊接金属结构制造中早已得到广泛应用，是评价焊接质量的可靠方法。虽然射线检测可在水中进行，但通常不直接在水中应用，目前还是在紧靠水面的干箱或围堰中使用。

5）电磁检测（ET）。电磁检测主要有涡流法及交流阻抗法等。

① 涡流法。当交流线圈接近金属表面时，线圈交变磁场在工件表面产生涡流，涡流磁场又将削弱线圈磁场，改变线圈的表观阻抗。金属表面存在缺陷或物理性能发生改变都对涡流造成影响，通过测量线圈的阻抗或电位的变化就能实现材料表面缺陷的检测。目前涡流法还没有在水下工程结构的无损检测中得到广泛应用。但由于这种方法容易操作，检测速度快，将来可能是一种很有前途的检测方法。

② 交流阻抗法。在金属表面两点间通过交流电，由于趋肤效应使电流约束在材料表层。如在引入交流电的两个接触点间存在表面裂纹，会使电流路径加长，进而改变两点间的电位。通过比较有裂纹及无裂纹的两点间电位，就可以确定裂纹的深度。但采用这种技术能否成功，与电源和金属表面的电接触有密切关系。这种技术现也在断裂力学试验中用于评价裂纹的扩展。

此外，还可以采用金属锤敲击结构的方法，通过声响频谱来判断结构的缺陷或水下构件的丢失；可用电化学电极电位的测量，间接表示结构的腐蚀程度；水下管线的检查可用管道猪、检测猪随流体通过管线。另外，英国及挪威最近的研究表明，声发射能可靠地检测钢结构的腐蚀疲劳，在监测系统中不再设置接受探头，而是改用水声设备，但这种缺陷定位及信号接收灵敏度上可能有所降低。水下检查往往采用多种方法和技术同时进行，然后做出综合分析与评价，以便给出可靠的检测报告。

以欧洲北海油田为例，对海洋结构的典型年度检查包括：对钢管架及提升设备全面的外观检查，寻找结构的重要损伤破坏，甚至可能丢失的构件；对约20%的牺牲阳极，检查阴极保护系统的电位；选择结构的重要节点或可能发生损坏的节点进行仔细外观检查，然后决定是否对其中的一些焊缝进行无损检测。由于繁重的检查任务，英国每年花在水下工程结构检查的费用就高达6000万英镑[31]。

对于工作水深超过400m的海洋石油工程结构，其结构形式比浅水结构更复杂，设计安全系数更低，因而对结构的焊接及检查有更高的要求。另外，实际上潜水员安全工作的水深范围不超过300m，而且需要的辅助时间随潜水深度的增加而增加，潜水深度超过30～50m，潜水员就要呼吸 $He+O_2$ 混合气体，在水下130m呼吸 $He+O_2$ 混合气体1h，就必须减压20h才行。因而潜水成本很高，这就要求必须使用遥控机械手或机器人进行水下无损检测与评价工作。

图9-44是一种现已投入使用的水下无损检测设备。检测设备装在遥控小车上，利用柔性机械手臂进行水下清理、检查及探伤工作。整个过程由技术人员在水面遥控操作进行。

图9-44　水下无损检测设备[32]

磁粉检测最简单，机械手把磁轭放在焊接接头处，遥控小车上的微型泵把荧光磁粉喷撒在焊缝表面，并由摄像机观测表面裂纹的存在。

射线及超声波检测时，需要专门的辅助设备，在焊接管件上装设轨道小车，实现检测部位的准确定位。小车电动机对车轮传动比为500:1，遥控手臂上的蛤壳式夹钳为轨道小车装设轨道。

2. 焊接接头性能测试

这类试验主要用于水下结构的研制阶段，以考核构件的承载能力；或进行水下结构焊接性试验时采用，以选择恰当的焊接工艺、焊接材料。对重要的海洋工程结构，要通过见证件试验，如结构强度试验或焊接工艺解剖试验等。另外，在潜水焊工考试时也要进行焊接接头的性能测试。

1）焊接接头的拉伸试验。在60m以内水深焊接时，焊缝化学成分的改变及焊缝中存在的气孔，通常不影响焊接接头的抗拉强度。甚至到水深100m，湿法水下焊接接头的抗拉强度也能达到母材的最低设计强度。通常认为湿法水下焊接接头的强度大约只能达到干法水下焊接接头强度的80%，是因为考虑到这种接头可能不是由合格的潜水焊工完成的。

2）全焊缝金属拉伸试验。D3.6—1993对B级焊接接头不要求做全焊缝金属拉伸试验。如果要做的话，在湿法水下焊接水深的限定范围内，湿法水下焊接接头的全焊缝金属抗拉强度与干法一样，只是湿法焊缝的伸长率降低8%～10%。

3）焊接接头弯曲试验。按D3.6—1993的规定。屈服点小于345MPa碳素钢或低合金钢，压头弯曲半径是弯曲试件厚度的2倍（2δ）。对于B级焊接接头试件，弯曲半径是6δ，这个要求对300m水深的焊接接头是够严格的。然而在水深小于10m时，焊接接头通常都能通过4δ的弯曲试验。不过对水深不同的焊接接头到底采用多大的弯曲半径进行试验最合适，目前仍缺乏足够的数据积累。

4）端面宏观侵蚀检查。干法及湿法水下焊接接头都应通过这种低倍检查，一般放大5倍观察。湿法水下焊接时存在的气孔和夹杂，不能超过焊缝横断面面积的5%，但一般湿法水下焊接都能达到这一要求。

5）硬度试验。AWS D3.6—1993规定A级焊接接头要做硬度试验，98N载荷下的维氏硬度要求不超过325HV。但B级焊接接头不要求做硬度试验。由于B级焊接接头热影响区的最高硬度常常超过A级焊接接头的允许值，为了降低焊接热影响区的硬度，可采用多层焊道回火技术。

6）冲击试验。AWS D3.6—1993要求A级焊接接头要做夏比冲击试验，并要求最低设计服役温度的冲击吸收能量平均值不低于20J，且最低值不低于14J。最近的研究工作表明，就是湿法水下焊接接头的缺口韧性也能大大超过AWS D3.6—1993对A级焊接接头的韧性要求。

7）断裂力学评价。目前这方面的工作还很少。对CTOD断裂韧度的测试结果表明，高压干法水下修理焊缝的断裂韧度与原始结构陆上制造焊接接头的断裂韧度相当。对陆上、高压干法及湿法三类焊接接头进行疲劳裂纹扩展速率的对比试验，结果表明，湿法水下焊接接头的疲劳裂纹扩展速率与陆上及高压干法水下焊接接头相似。

9.6　水下切割

20世纪初水下切割技术用于打捞沉船工程，并逐渐发展起来，尤其是近几十年来，随着海洋事业的发展，它已成为水下工程结构建造与解体不可缺少的工艺手段。

9.6.1　水下切割的发展及其分类

近几十年来，为适应水下工程建造与解体事业的发展，从提高水下切割能力、速度和质量，以及为适应特殊结构、特殊环境需要出发，相继开发了一些新的水下切割方法和设备，如等离子弧切割法、聚能爆炸切割法、熔化极水喷射切割法、热割矛切割法、铝热剂切割法、高压水切割法。这些新的水下切割技术有的已应用于生产，有的正处在试验研究中。

关于水下切割法分类，虽然目前尚没有统一标准。但从可查到的资料中看出，从各种水下切割法的基本原理和切割状态上分类是比较合适的，可表达出基本特点。依据这个原则，大体上可将现有的水下切割法归纳为两大类，即水下热切割法和水下冷切割法。所谓水下热切割法，就是利用热源对金属进行加热，使其熔化，或在纯氧气中燃烧，并采取某种措施将熔化金属或熔渣去除而形成切口的切割方法。如水下氧-火焰切割、水下电弧切割、水下电-氧切割等。

热切割法中，按切割原理可分为氧化切割（如氧-火焰切割）、熔化切割（如电弧切割）和熔化-氧化切割（如电-氧切割）3种。

所谓水下冷切割法，是利用某种器具或某种高能量在金属处于固态下直接破坏分子间的连接而形成切口的切割方法。如水下机械切割法、水下高压水切割法等。

根据上述原则，水下切割分类示于图9-45。各种水下切割方法概况示于表9-10。

水深对水下切割方法可能性的影响，列于表9-11。下面仅介绍几种水下切割法。

表9-10 水下切割方法摘要[28]

方法		经验深度/m	应用	优点	限度
氧可燃气体	氧乙炔	13	未应用	火焰温度比氧氢高	超过 2×10^5Pa,乙炔就不稳定
	氧氢	100	厚度达40mm的铁素体材料。维修切割到300mm厚,但有困难	具有最佳蒸气压的可燃气体。简单、容易维修,设备轻便	理论极限深度1400m需要相当的技艺,割速较低
	氧-丙烯丙二烯	1	未应用	对喷嘴到工件之间距离的敏感性很小	火焰温度较氧-氢为低,装卸困难
	氧汽油	100	如氧-氢	在压力下液体燃料易于保存	在点燃前需要加热器使燃料汽化
氧-电弧	钢管割条	180	厚度达40mm的铁素体材料,能够切割得更厚一些,但有困难	设备简单轻便,操作技术容易	需要经常换割条,割口表面粗糙
	陶瓷管割条	约120	厚度达40mm的铁素体材料能够切割得更厚一些,但有困难	设备简单轻便,操作技术容易,割条轻,适宜于切割受到限制的场所	割条较脆,较钢管割条的割速为慢
手工金属电弧		60	铸铁、奥氏体钢和非铁材料	用湿法手工金属电弧焊相同的设备	需要高的技艺,割速很慢
爆炸	爆破炸药	—	打捞沉船	简单,可远距离操纵	割缝很粗糙,对附近构件有危害
	成形炸药	约90	切割管道、电缆、工字钢、割孔等,切割厚度达100mm	简单,远距离操纵速度,需要小的装置,对技艺无要求	限于简单的几何形状,对临近构件需要小心
机械切割		180	管子开坡口	能对焊缝准备作精确加工,可机械化,除安装外,不需要换割条	限于简单的几何形状,例如管道、割速很慢
等离子弧	转移弧	4(反应堆部件)	厚度达75mm的所有金属材料的切割,表面割槽和开坡口	高速、精确、割缝干净、切割速度为氧-弧切割的2~5倍,不需要换割条	使用高电压,造成了对手工操作的严重危险性,进一步研究
	非转移弧	无	非金属切割	—	需要大功率
热割矛		约60	大断面金属混凝土	简单、设备便宜,几乎能切割所有的东西	割缝很粗糙,有"蒸气爆炸"的危险
熔化极水喷射		1	厚度达60mm的所有金属	设备和熔化极都简单,能机械化开坡口	可见度成问题,需要进一步对机动和手工操作进行研究

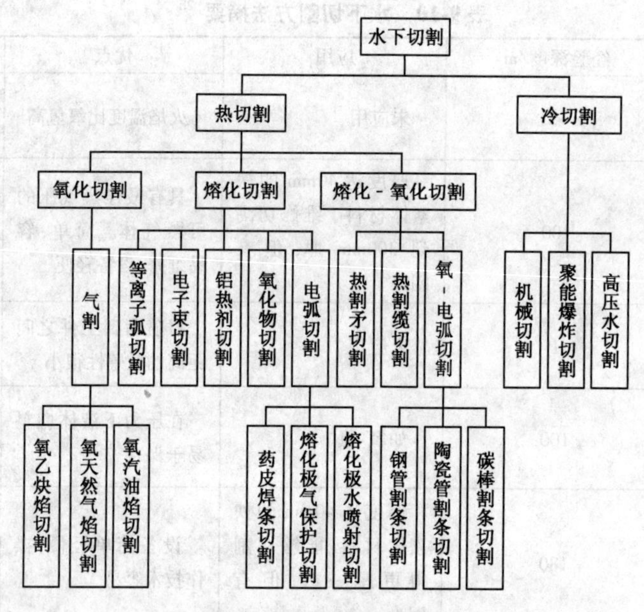

图9-45　水下切割的分类[2]

表9-11　深度对水下切割方法可能性的影响[28]

切割方法	注释
1. 氧碳氢化合物	碳氢化合物液化的极限深度
a. 70%丙烷 30%丁烷	16.5m(4℃),21.3m(10℃)
b. 丙烷乙烷	44m(4℃),54m(10℃)
c. 乙炔	255m(4℃)
d. 甲烷	179m(0℃)
e. 丙炔丙二烯	35m(0℃)
2. 氧氢	氢液化的极限深度1400m
3. 氧-电弧	氧液化的极限深度4410m
4. 热割矛	同氧-电弧
5. 等离子弧	离子气液化的极限深度①
a. 氮	5090m
b. 氩	3570m
c. 氢	1400m
6. 金属电弧	电弧的长度取决于周围的压力及电压,至今尚未弄清其极限深度。在30m深,电压50V时以及在200m深,电压100V时的电弧长度是5mm
7. 机械切割 a. 气压 b. 液压 c. 电动	由于高压气体管路搬运问题,极限深度为30m 用水面上液压装置时,极限深度是45m。在水面上供电,液压泵及驱动装置在水下时,深度就不受限制

① 不是真正液化，而是在这个深度时，气体密度接近其液体密度。

9.6.2　水下氧-电弧切割

1. 基本原理

水下氧-电弧切割属熔化-氧化型水下热切割法，是利用空心电极（也称割条）与工件之间产生的电弧使工件熔化，氧气从电极孔中吹出，使热态金属氧化燃烧，并吹掉熔化金属和熔渣而形成切口，如图9-46所示。

这种水下切割法最初是使用实心水下焊条另加单独的氧气喷嘴或侧附氧气管进行切割。切割时，喷嘴或侧附管必须置于割条（即焊条）后面，不便于操作，切割效率和质量也较低。

水下专用电割条-管状割条的诞生，使这一技术向前跃进一步，不仅提高了切割速度和质量，也提高了氧气利用率，在生产中得到了广泛应用。到目前为止，这种水下切割方法仍然是应用最广，适用水深最大（180m）的水下切割法。

2. 切割设备及材料

（1）切割设备

1）切割电源。水下电-氧切割使用的电源基本上与水下焊条电弧焊使用的电源相同，也是直流弧焊电源，只是功率大些，额定输出电流不应小于 500A。

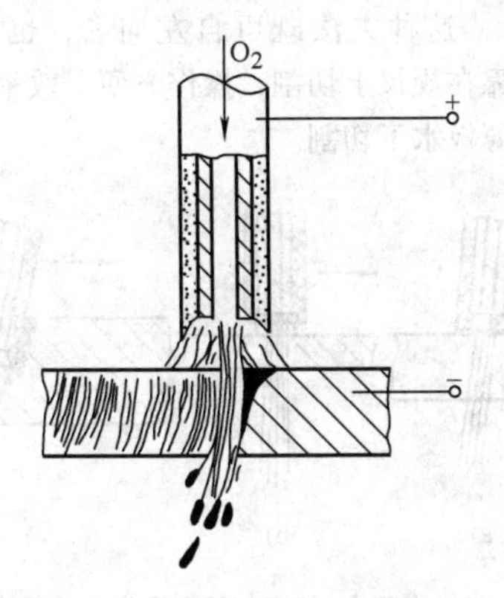

图 9-46　水下电-氧切割法原理示意图

2）切割炬。水下电-氧切割炬应满足下列技术要求：

① 割炬从夹割条处起到握柄中心之间距离为 150 ~ 200mm，在水中的重量不宜大于 1000g。

② 割炬头部应设有自动断弧、防止回火等装置。

③ 电缆接头牢靠，带电部分必须包敷绝缘套，其绝缘电阻不小于 35MΩ，耐压 1000V（工频交流）。

④ 气阀开启、关闭灵活，接头牢固，0.6MPa 下不漏气，且可供气体流量不小于 1400L/min。

⑤ 割炬构件外表面应镀铬或镀银。镀层不得有脱壳等缺陷。

图 9-47 是我国生产的 SG-Ⅲ型水下电-氧割炬结构示意图。实践证明，这种割炬较适用。也可使用图 9-8 所示的水下焊-割两用钳进行水下切割。

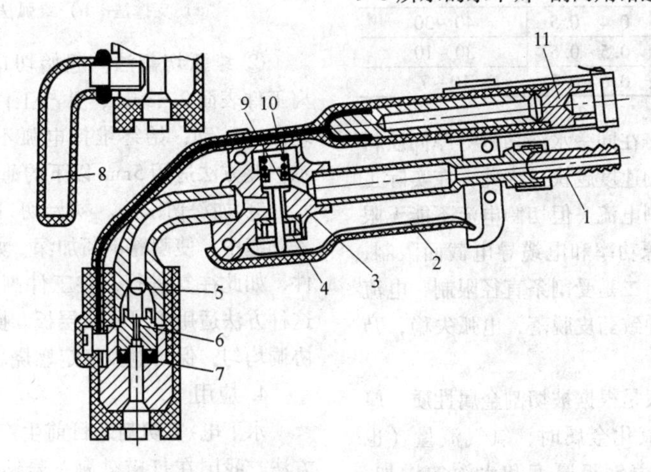

图 9-47　SG—Ⅲ型水下电-氧割炬结构示意图

1—氧气胶管接头　2—开阀手柄　3—阀体　4—开启用阀杆　5—回火保险球　6—回火保险器座　7—密封垫　8—夹紧螺钉　9—氧气阀头　10—气阀回位弹簧　11—电缆接头

3）切割电缆和切断开关。切割电缆和切断开关也与水下焊条电弧相同。由于切割电流大，电缆导电截面要比焊接时大些。

4）供氧气系统。水下电-氧切割供氧气系统由氧气瓶、气排、减压器、氧气管组成，连接及供气方法可参考 LD-CO_2 焊接法供气系统。

（2）切割材料

1）切割母材。水下电-氧切割适用于能导电的金属材料，但主要是用于切割易氧化的低碳钢和低合金高强度钢。

2）水下割条。水下电-氧切割使用的割条大体上有 3 种：钢管割条、陶瓷管割条、碳棒割条。

钢管割条的结构及制造方法与水下焊条基本相似，只是用钢管替代了实心焊芯。割条芯外径一般为 6 ~ 10mm。内孔直径为 1.25 ~ 4.0mm，长度一般为 250 ~ 400mm。我国生产的水下电-氧切割条为特 304，割条芯外径 8mm，内孔径 3mm，长 400mm，属钛铁型厚药皮割条，其重量系数为 20%，性能不亚于国外同类产品。

陶瓷管割条是以陶瓷管作芯，外表喷涂一层 0.8mm 厚的金属而制成。一般规格：外径为 12 ~ 14mm，内孔径为 3mm，长度为 200 ~ 250mm。因陶瓷具有较高的抗氧化能力，一根割条可使用 40 ~ 60min，可大幅度缩短水下切割作业辅助时间。但在单位纯切割时间内的切割速度低于钢管割条。电弧稳定性也差。

碳棒割条是用中空碳棒外镀一层铜制成。外径 10 ~ 11mm，内孔径 1.6 ~ 2mm，长度为 200 ~ 300mm。为了防触电，在镀铜层外再涂绝缘层（塑料或树脂）。碳棒割条的使用寿命仅次于陶瓷焊条。但纯切割时间的切割速度仍低于钢管割条。因此，与陶瓷割条一样，在生产中应用不多。

3）氧气。水下电-氧切割氧气，为一般工业用氧。

3. 切割工艺及操作技术

（1）切割参数的选择　影响水下电-氧切割质量和效率的参数，主要有切割电流和氧气压力。采用不同的割条和切割不同的材质，对其切割效率和质量的影响也不同。表9-12列出了在10m水深，用ϕ8mm钢管割条切割不同板厚时的切割电流、氧气压力及切割速度。

表9-12　ϕ8mm钢管割条参数经验值（10m水深）

钢板厚度 /mm	切割电流 /A	氧气压力 /MPa	切割速度 /(m/h)
5~10	280~320	0.3~0.4	56~40
10~20	320~340	0.4~0.5	40~30
20~50	340~370	0.5~0.6	30~10
50~80	370~400	0.6~0.7	10~7

对于同一直径割条，在同一水深切割等厚同质材料，切割电流越大，切割速度越快。为此，在实际工作中，尽量选用较大切割电流。但切割电流不能无限制增加：一是受切割电源功率和电缆导电截面限制，超负荷使用会损坏设备；二是受割条直径限制，电流过大，会使割条过热，导致药皮脱落，电弧失稳，乃至断弧。

氧气压力的选择一般是根据被切割金属性质、厚度及所处水深。切割难氧化金属时，氧气流量（也氧气压力）要大些。随着钢板厚度和水深的增加，氧气压力也要增加。时间证明氧气压力大些，可提高切割速度，而且切口质量好，背面挂渣少，不易出现粘连现象。但氧气压力亦不能无限制增加：一是受气管承压能力限制，二是吹向割缝氧气流量过大时，会使割缝过冷导致电弧不稳定，反而使切割速度下降。另外放到水中的氧气增加，增加了爆炸的可能性。

（2）基本操作方法

1）起割点的操作。一般情况下皆从工件边缘起割。首先将割条端部触及工件边缘，使割条内孔骑到工件边棱线上，送电起弧。当工件边形成凹形口后便可慢慢向中间移动，开始正常切割。但有时受结构特点及环境所限，需从工件中间起割。此时将割条触及工件并与工件成80°~85°角，送电引弧后原地不动，直至割穿后再开始正常切割。

2）正常切割的基本操作。这里所说的正常切割系指在起始切口形成后的切割过程。其基本操作方法有以下3种：

① 支撑切割法。起始切口形成后，割条倾斜并与工件表面成80°~85°角，利用割条药皮套筒支撑在工件表面上，割条移动时，始终不离开工件，如图9-48a所示。这种方法既可自左向右，也可自右向左，也可靠在规尺上切割，操作方便，效率较高。适用于中、薄板水下切割。

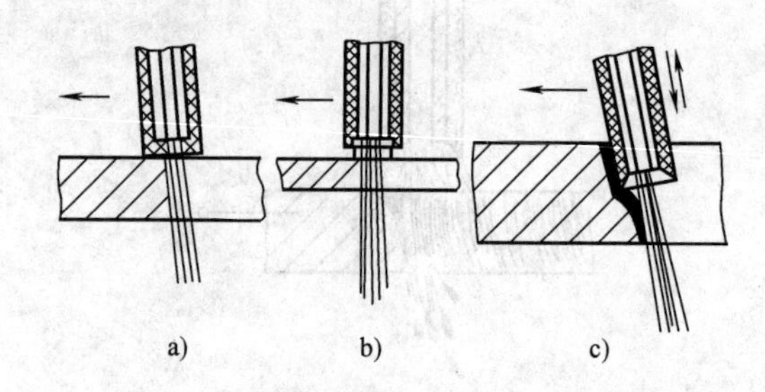

图9-48　水下电-氧切割基本操作方法示意图
a）支撑法　b）维弧法　c）加深法

② 维弧切割法。起始切口形成后将割条提起，离工件表面2~3mm，并与工件垂直，沿切割线均匀地向前移动，始终维持电弧不熄灭，如图9-48b所示。此方法适用5mm以下的薄板水下切割。

③ 加深切割法。初始切口形成后，割条不断伸入割缝中，使割缝不断加深，如拉锯状，直至割穿工件，如此往复进行，将工件割开，如图9-48c所示。这种方法适用于厚板或层板。操作时割条上下移动要协调均匀，保持电弧稳定燃烧。

4. 应用

水下电-氧切割是目前生产应用最广的水下切割方法。我国在打捞渤海2号钻井船和“阿波凡”船时主要是用这种水下切割方法进行解体的。切割钢板厚度达50mm，最大水深达64m。

9.6.3　其他水下切割方法

属于水下电弧切割的水下切割法中，除水下电-氧切割之外，还有水下焊条电弧切割、熔化极气体保护水下切割、熔化极水喷射水下切割、水下等离子弧切割、水下电弧锯切割等，本节仅就较有发展前途的水下等离子弧切割和熔化极水喷射水下切割作简要介绍。

1. 水下等离子弧切割

水下等离子弧切割是利用高温高速等离子气流加热熔化待切割材料，并借助高速气流或水流把熔化材料排除形成切口，直至切断该材料。图9-49所示为PM型水下等离子弧切割枪简图。由于等离子弧难以在电极和工件之间形成，必须利用高频或直接接触方式首先在钨极和喷嘴之间引燃引导电弧（亦称小弧），然后再转移过渡到钨极和工件之间。目前用于水下金属材料切割的等离子弧切割枪，都是转移弧形式的。

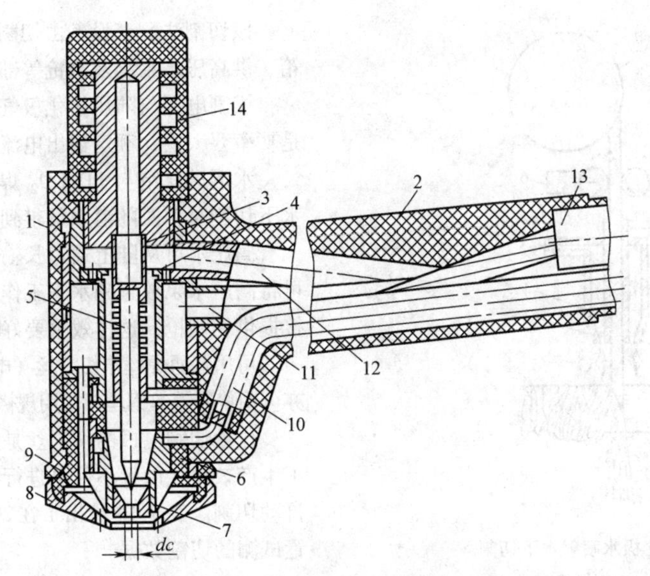

图 9-49　PM 型水下等离子弧切割枪纵断面

1—枪体　2—手柄　3—夹紧套　4—支承环　5—电极　6—内喷嘴　7—镶套　8—外喷嘴　9—隔热套　10—导线　11—导电管　12—气管　13—水管　14—密封帽

水下等离子弧切割用电源与陆上等离子弧切割电源大体上相似，只是空载电压要高些，功率要大些。

水下等离子弧切割枪与陆用的不同之处在于增设屏蔽喷嘴，喷出的气体（或水）围绕等离子弧形成屏蔽，保护等离子弧不受水的干扰，同时对等离子弧也起一定压缩作用，使其能量进一步集中。也可采用双层保护，即水-气联合保护，图 9-49 所示，即为水-气联合保护。

可用作等离子气的气体主要有 N_2、Ar/H_2 混合气体、O_2 和压缩空气。用于形成屏蔽和保护气体有 CO_2、Ar、N_2 和压缩空气。使用不同的离子气，电极材料亦不同。一般情况下，等离子气为 N_2、Ar/H_2 时，应选钨电极；压缩空气和 O_2 作离子气时，应选用铪电极。因水下切割时需要电流较大，为增加电极使用寿命，应采用水冷电极。

由于水下离子弧受到水的冷却和压缩，比陆上等离子切割电弧稳定性差。为确保水下引弧顺利，切割过程稳定，需要较高的电弧电压和较大的切割电流。经验表明，切割相同厚度的金属材料，水下切割比陆上切割时电弧电压提高20% ~50%，切割电流增加 1 倍以上。表 9-13 列出几例核设施解体时遥控水下等离子弧切割参数。

由于水下等离子弧切割速度、切口质量不亚于陆上等离子弧切割，而且噪声、弧光、烟雾及金属粉尘等对环境的污染比陆上等离子弧切割小得多。因此，水面下（水深 100 ~ 200m）等离子弧切割已被制造业广泛应用。

表 9-13　遥控水下等离子弧切割参数

国家	材质	板厚/mm	水深/m	电弧电压/V	切割电流/A	切割速度/(mm/min)
意大利	碳素钢	76	1 ~ 7	210	982	250
美国	不锈钢	51 ~ 64	—	180	450 ~ 860	180 ~ 200
中国	不锈钢	80 ~ 100	1 ~ 8	230 ~ 250	705 ~ 960	70 ~ 103
中国	碳素钢	40	1 ~ 4	170 ~ 200	~ 500	200 ~ 300

手工水下等离子弧切割技术尚未广泛应用。国外早在 20 世纪 70 年代已研制成功水下手工等离子弧切割专用割枪，试验水深 10m。潜水员在水下手工操作切割 6.35mm 厚的不锈钢、切割速度达 1800mm/min，切割 12mm 厚的板，切割速度达 840mm/min。

我国已研制成功水下手工空气等离子弧切割技术，可切割板厚 30mm。但尚未在生产中应用。

2. 熔化极水喷射水下切割

熔化极水喷射水下切割是利用高压水流将被电弧熔化了的电极和工件熔化金属吹掉而形成切口的切割方法，其原理如图 9-50 所示。该切割法属熔化切割，可切割所有金属。

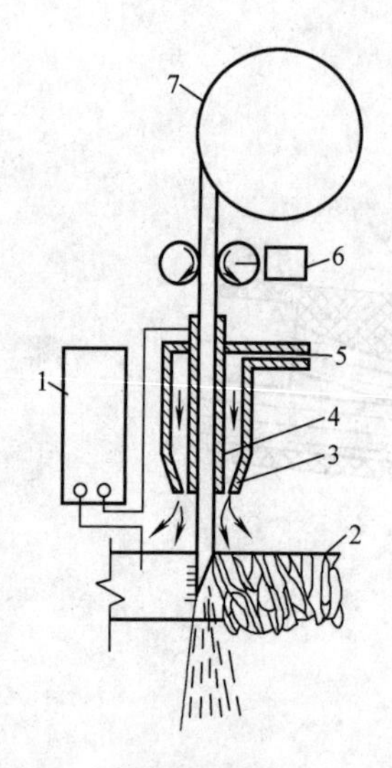

图9-50 熔化极水喷射水下切割原理示意图[28,29]

1—切割电源 2—工件 3—喷嘴 4—导电嘴 5—高压水 6—送丝机 7—割丝盘

该切割法配套设备由切割电源、电缆、水下送丝箱、供高压水系统及割枪等部分组成。

切割电源与陆用熔化极气体保护焊电源相同，只是功率要大些，额定输出电流一般为500～1500A。

水下送丝箱与LD-CO_2焊接用水下送丝箱相似。水下切割时，要随潜水员带到工地地点。

高压水可从陆上通过长输管线提供给切割枪。亦可将高压水泵放置到水下工作地点附近，通过短管直接提供切割枪，这样效果要好些。

可用普通焊丝作切割丝（电极）。为降低切割成本，亦可用普通镀锌钢丝，可用规格为$\phi1.6\sim\phi4.0$mm。

作为切割电极的切割丝是连续提供的，从而提高了生产效率，而且不仅可进行半自动切割，也可进行自动切割。表9-14给出了在200m水深中自动切割装置试测的切割数据。

我国于20世纪70年代末引进了这项技术，研制了切割设备，在浅水56m水深试切，12mm厚低碳钢板，其速度超过20m/h。最大切割能力达40mm。

表9-14 熔化极水喷射水下切割数据（水深200mm）[28,29]

被切割材料	厚度/mm	电弧电压/V	切割电流/A	切割速度/(mm/min)	切割宽度/mm	
					顶部	底部
低碳钢	9	25～30	500	40	2.8～3.2	3.0～4.5
			1000	150		
	16	25～30	600	30		
			1000	90		
	20	28～33	600	30	3.0～3.5	3.5～5.0
			1000	60		
	30	30～35	1000	25		3.7～5.5
不锈钢	12	35	600	50	1.8～2.0	2.0～4.5
		40	1200	140		
	20	35	700	45	2.3～2.8	4.0～5.0
		40	1200	90		
	30	40		55		4.5～5.5
	40	45		35		4.5～6.0

9.7 水下焊接与切割安全技术及劳动卫生保护

9.7.1 水下焊接与切割安全技术基本知识

水下焊接与切割是潜水和焊接与切割综合性作业，其操作环境相当复杂和恶劣。尤其是潜水焊工必须直接在水中进行带电作业，由于水的导电性能，往往比陆上焊接与切割时具有更大的危险性，容易造成潜水事故及触电事故，因此，进行水下焊接与切割作业时，必须注意水下用电安全，并做好水下安全作业的准备措施。

1. 水下安全作业准备措施[3]

（1）作业环境准备工作 在水下进行焊接与切割作业前，应当认真调查作业区的环境，要求了解进行焊接或切割的结构状况和工作要求，发生紧急情况时的应急计划和方案，以及在施工中可能遇到的障碍和潜在危险。在进行水下作业前应做好充分准备，所有设备、夹具以及操作工具都要处于完好状态。接好焊接或切割的电路和气路，消除工作区内可能危及作业安全的障碍物、各种易爆物品，在潜水员工作以及进出水的区域要有安全保障，避免重物下落伤人。除非在海底或固定基座上工作，否则应设置悬吊的作业平台，潜水焊工不能在悬浮状态下进行焊接或切割操作。在水下焊接或切割时，禁止利用油管、船体、钢缆、锚链或海水作为接地线，接地线必须使用导电截面足够的软电缆。

（2）组织作业人员　从安全角度出发，在潜水焊工进行水下焊接或切割作业时，最好指定三方面的人专职为水下操作人员提供支援：一个人必须要与潜水焊工保持通信联系，传递指示，控制焊接或切断电源开关，并规定统一的联络及应急用语和信号；第二个人要能根据指令调节焊接电流，给潜水人员递送焊条或切割电极等；第三个人要在潜水焊工进出水面时，照料潜水人员的通气管路，保持必要的松紧程度。在对核工程项目进行水下施工时，还要有人负责为潜水人员进行辐射剂量监测并去除放射性污染。另外，辐射监测人员还要确保潜水焊工避开高辐射区。

2. 水下安全用电知识

人体在水下触电时，主要危害作用是通过人体的电流产生的。同时也与接触的电压、距带电体的距离及地线位置等因素有关。

（1）安全电流　电流对人体作用的情况如表9-15所示。

表9-15　电流对人体的作用[33]

触电时人体反应情况	直流/mA		交流/mA			
			60Hz		10000Hz	
	男人	女人	男人	女人	男人	女人
有感觉，稍有点发麻	5.2	3.5	1.1	0.7	12	8
没有抖动，无痛苦，能脱开	9	6	1.8	1.2	17	11
抖动而痛苦，仍能脱开	62	41	9	6	55	37
抖动而痛苦，达到能脱开的极限	74	50	16	10.5	75	50
严重抖动，肌肉强直，呼吸困难	90	60	23	15	94	63
脉搏有可能减弱	1300	1300	1000	1000	1100	1100
脉搏有可能减弱	500	500	100	100	500	500

从表9-15中可以看出，电流对人体的作用因电源种类的不同及人体状况的差异（如性别、接触电阻等）而有所区别。而且，工频交流电流最为危险。

一般将通过人体而不致使人发生危险的电流限值称为通过人体的安全电流。由于它会受到多种因素的影响。因此，国内外不同的标准中规定的数值亦不尽相同。我国常用水下直接通过人体的安全电流阈值，工频交流时为9mA，直流时为36mA。

（2）安全电压　在水下，电压的影响与电流的影响相同，接触电压越接近工频且其数值越大时，对人的危害也越大，确保通过人体的电流不超过安全电流的电压限值称为安全电压。

我国常用水下人体直接接触的安全电压值，工频交流时为12V，直流时为36V。

（3）距带电体的安全距离　当水中有电源存在，就产生电场，人若处在其中，就会有电流流经人体。水下焊接与切割时，因焊条（或割条）等的泄漏电流造成的海水电位梯度及流入人体内的电流是非常微弱的，不存在安全问题。即使在空载状态下，人体直接接触焊条时，估计有几十毫安的电流流经人体，也不会对人造成生命危害。因此，水下焊接与切割时，一般对距带电体的安全距离不作规定。

（4）地线位置　水下电源（如焊接电源）需要接地线时，其接地位置对流经人体及潜水装具金属部位的漏电电流都会产生影响。例如，在水下焊接时，潜水焊工若背向接地点，即将自己置于工作点与接地点之间时，不仅容易触电，而且容易使潜水装备的金属部件受到电解腐蚀。因此水下焊接与切割时，潜水焊工应面向接地点，把工作点置于自己和接地点之间。

3. 水下防触电的措施

1）水下焊接与切割电流应使用直流电，禁止使用交流电。

2）与潜水焊工直接接触的控制电器必须使用隔离变压器，并有过载保护。其使用电压，工频交流时不得超过12V，直流时不得超过36V。

3）要定期检查水下所用设备、焊钳及电缆等的绝缘性能及防水性能。

4）潜水焊工进行操作时，必须穿戴专用的防护服及专用手套。

5）开始操作前或在操作过程中需要更换焊条或剪断焊丝时，必须通知陆上人员断开电路。

6）引弧、续弧过程中，应避免双手接触工件、地线及焊条（或割条）。

7）注意接地线位置，不要使自己处于工作点和地线之间。

8）在带电结构（有外加电流保护的结构）上进行水下焊接与切割操作时，应先切断结构上的电流。

4. 防爆措施

除了湿法水下焊接或电弧切割产生的氢氧混合气体可能引起爆炸外，潜水人员还要知道其他易爆气体及有害物品的可能来源。在船舶或其他结构的修理打捞工作中，水下密闭容器、储油储气罐及管线等都可能含有易燃易爆气体或有害物品。为此要采取以下预防措施：

1）在开始工作之前要对工程结构进行认真研究和分析，找出所有可能存在易爆气体的部位。

2）查看运货单，看船舶载有什么危险物品及存放的部位。

3）对含用易爆气体的部位要开透气孔，并防止潜水人员接触到化学物品及其他有毒物质。

9.7.2 湿法水下焊接安全技术

1）在进行水下焊接或切割时，不能使用交流电源。

水下人体直接接触的安全电压值是：工频交流为12V；直流为36V。所以最危险的是交流电。为了安全起见，最好采用柴油机驱动的直流电源，但不能用汽油机驱动的直流电源。

2）定期检查水下带电设备的绝缘性能。

焊枪或割炬必须是专为水下使用设计的。接地必须牢靠，而且焊接地线必须接在靠近要进行焊接或切割的部位，并使地线与焊炬或割炬处于潜水焊工的同一侧。作业中更换焊条或切割电极时，必须通知水上人员断电。

3）潜水焊工或潜水员要戴防水绝缘手套，使手处于干燥绝缘状态。

在进行核设施水下焊接时，干潜水服要和靴子及手套做成一个整体，防止潜水员可能受到辐射污染。在每次潜水作业前，干潜水服必须要用压缩空气做水密试验。

4）水下工作时还要注意弧光防护，潜水服的头盔或面罩应能安装活动护目镜，以根据需要更换不同深度的护目镜。另外，在清水中作业时，皮肤也不要直接暴露在弧光下，以防被弧光灼伤。

5）在湿法水下焊接时产生的氢氧混合气体是可燃的。

在焊接空间狭窄或焊接部位的上方构件可能造成气泡积聚的场合，特别是在焊接水深大于20m时，必须采取措施排除气泡的累积。

9.7.3 高压干法水下焊接安全技术

1）干法水下焊接工作室中舱用气体的氧分压对焊工安全是非常重要的。水深27m以内可使用空气作为舱用气体，超过27m就应该用能支持生命的呼吸气体，这时通常使用$He+O_2$混合气体。上述27m水深的限制，主要是针对工作水域敞开，工作室下端开口，且焊工在发生紧急情况时能快速下潜的生产环境。对于封闭的焊接环境，如在水下高压舱进行焊接工艺评定时，必须使用混合气体，而且水下工作室要装备高压喷水系统，潜水服及手套必须由阻燃材料制成。

2）水下工作室不能放置油漆、溶剂、碳氢化合物及其他任何可能放出有毒或刺激性气体的物质。在要求使用液压工具时，胶管及接头必须通过耐压试验，耐压试验的压力为1.5倍工作压力。为了安全，还可采用水+乙二醇混合物替代普通液压用流体。在采用风动工具时，应清除工具及胶管上的润滑剂。

3）采用空气作为水下工作室的舱用气体时，要不断进行换气，以免气体烟雾在工作室内积聚。在使用混合气体时，由于混合气体成本高，在工作室内要装设气体烟雾清洁器或除尘器。为了防止焊工潜水面罩排出的气体污染舱内环境气体的氧分压，必须要采用排气系统，使其排放在舱外。而且在采用风动工具时，为了避免舱内氧分压的改变，也要采用排气系统。

4）用电视摄像机监视焊接工作室内的活动，特别在对话通信系统中断工作时，摄像监视系统对焊工的安全保障是十分重要的。另外，要尽可能少用交流电设备，如一定要用交流电，必须设置接地故障断路器，它在检测到几毫安漏电的时候就能切断电源。在工作室内还应装有紧急备用呼吸系统或备用气瓶。

9.7.4 水下切割安全技术

1）水下氧弧切割也会产生易爆气体，并造成人员伤亡事故。除了水分解产生的氢和氧之外，还有切割过程中大量未消耗掉的氧气。在通风不良的条件下，这些易爆混合气体的切割材料的正反面都可能累积，甚至在拿切割电极戴手套的手掌心内也可能发生微型爆炸。为了防止易爆混合气体的积累，要预估可能出现气体累积的部位，并在该部位钻孔或用弧水技术割孔。

2）热割缆及热割矛切割广泛用于海上抢修工作，两者在切割过程中均产生大量的氢和氧。在采用热割缆或热割矛进行厚大截面件的切割时，应该每3～4s把割缆或割矛后撤一下，使水能进入切口并适度冷却过热的金属，不能靠提高厚截面工件内部的温度来提高切割速度。由于热割缆或热割矛的燃烧速率很大（8～10mm/s），潜水员必须警惕割缆或割矛的燃烧端距手太近。在切割过程中必须维持合适的切割氧气压力，如果在热割缆或热割矛的燃烧端氧气压力太低，氧化过程就能从割缆的端头转向割缆内部，甚至会烧到潜水切割人员。在出现紧急情况时，高压氧必须立即切断。

3）用热割缆切割有色金属时，若操作不当可能导致强烈爆炸。有色金属切割是靠切口金属的熔化而不是氧化，热割缆也不能切割混凝土、珊瑚或岩石，否则也可能引起爆炸。热割矛切割过程中产生的大量氢和氧可能引起爆炸，所以切割速度必须缓慢并注意切割运动的方式。

4）在进行水下手工等离子弧切割时，最要当心的是切割电压及电流均较高。高频引弧电压可达6000～9000V，必须对手持割枪的水下操作人员提供可靠的保护，潜水人员穿整体干潜水服，并和操作割枪完全绝缘，且每次潜水作业以前也要用压缩空气对潜水服做水密试验。

9.7.5　水下焊接与切割劳动卫生保护

潜水焊工除应遵守潜水条例和有关潜水劳动卫生保护的规定外，还应注意水下焊接时的劳动卫生保护，特别是视力保护和灼伤的防护。

1）视力保护。在水下，电弧发出的强烈弧光及射线（如紫外线），仍然会对眼睛造成伤害。若潜水焊工着重潜装具进行操作时，应根据个人的视力情况，选戴适当的护目镜，若着轻潜装具操作时，可佩戴软性角膜接触镜。

2）灼伤防护。水下焊接与切割时，飞溅的高温熔渣或熔滴以及处于高温状态下的焊缝等，除可能灼伤潜水焊工外，还可能烧毁潜水装具及气管等。因此，潜水焊工在操作时，严禁触摸处于高温的焊缝、焊条或割条，并应注意潜水装具及气管等不要处于高温物质喷落的区域。

9.8　水下焊接工程实例

9.8.1　平台水下桩的焊接[2]

水下桩是增加平台承载能力和稳定性的辅助桩。“渤海12号”钻井平台共有6根水下桩，其上端位于水深13.5m，结构细节及所处位置如图9-51所示。需要水下焊接的是弧形板与导管和钢桩之间的两条横向环缝。对焊接接头的技术要求是：焊缝表面成形良好，无咬边等焊接缺陷，接头强度不低于母材，冷弯180°。

水下焊接施工前，先在4.5m水深的淡水训练罐中焊接2个水下桩帽模拟件，模拟件与实际结构接头尺寸一致。接头尺寸及结构细节如图9-52所示。模

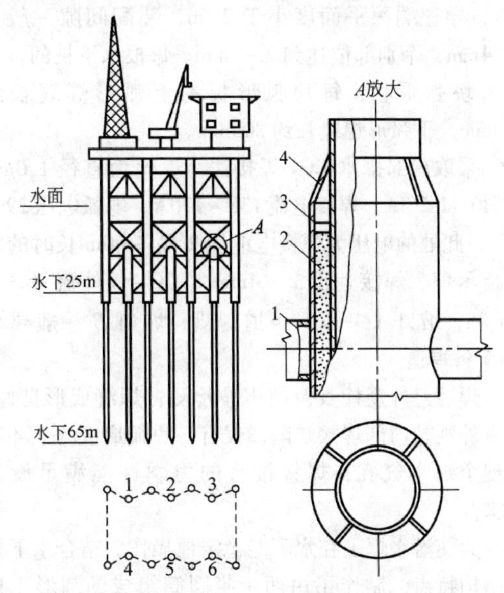

图9-51　水下桩结构及其焊接位置

1—拉肋　2—水泥　3—密封垫　4—弧形板

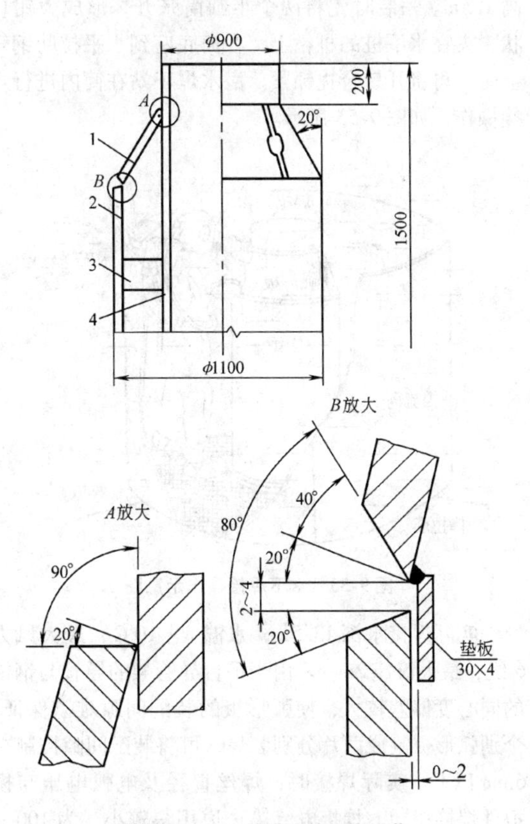

图9-52　水下桩模拟件结构细节

1—弧形板（SM53B，$\delta=14$mm）

2—导管（SM41C，$\delta=14$mm）

3—肋板（Q235，$\delta=10$mm）

4—钢桩（SM50C，$\delta=18$mm）

拟件的装配在陆上进行。导管与钢桩的圆度误差小于1%，导管端面平面度小于2mm，装配间隙一般在0～4mm，个别部位达到7～8mm。每根水下桩的桩帽有4块弧形板，每块弧形板的上弧形焊缝长约700mm，下弧形焊缝长约800mm。

采取局部排水 CO_2 焊接法。焊丝为直径1.0mm的H08Mn2SiA，焊接电流130～170A，电弧电压29～30V，此处的电压为焊接电缆线2根各60m长时的电源指示值，焊接速度2～4mm/s，CO_2 气体流量3～4m³/h，坡口 A 一般3～4道焊满，坡口 B 一般要求4～5条焊道。

焊后经外观检查及超声波检测，焊缝成形良好，没有外观及内部焊接缺陷，仅有一块弧形板的下环缝出现个别小气孔，焊接接头的力学性能满足设计要求。

为使潜水焊工在水下能稳定地操作，结合水下桩的结构特点，制作了由两个半圆筒组成的圆形工作台，或称挡流筒，起挡水流的作用。挡流筒直径3m，高1.5m。吊装时先将两个半圆筒张开，形成大钳口状，夹在水下桩的桩帽上，在筒底座到水平拉肋钢管上时，再将开口合拢锁紧。潜水焊工站在筒内进行焊接操作，如图9-53所示。

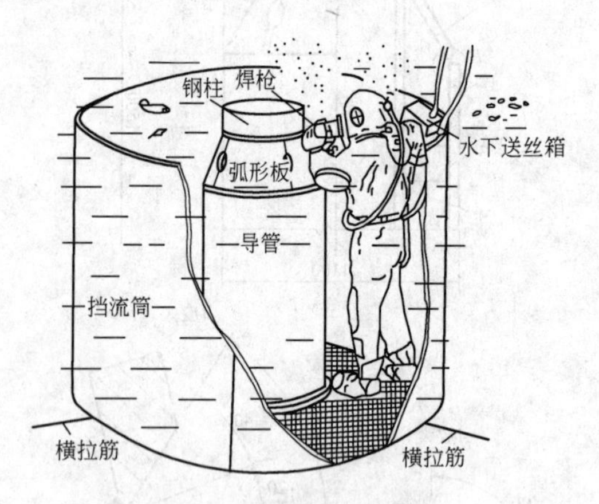

图9-53 水下焊接操作示意图

实际焊接水深13.5m，水温8～10℃，最大风力6级，最大流速2m/s。由于平台导管架的导管与钢桩的同心度偏差较大，使弧形板的装配间隙难以保证。个别弧形板割成两片分别装焊，可将装配间隙控制在6mm以下。实际焊接时，焊丝直径及电弧电压与模拟件焊接相同，焊接电流第一道用得较小，为100～120A，其余各焊道为130～180A，气体流量为5～7m³/h。

焊后经潜水员肉眼外观检查和电视录像及水下摄像表面检查，焊缝成形良好，没发现缺陷，达到要求。

9.8.2 装焊牺牲阳极[2]

牺牲阳极是通过本身的腐蚀来保护浸在海水中的钢结构，免受或少受海水电化学腐蚀的消耗材料。极块用Al、Zn等合金铸成，极脚是一般碳素钢，以便与水下钢结构焊接。如果水下结构材质为低碳钢，则可采用湿法水下焊接装焊，如图9-54a所示。如果水下结构为高强度钢或低碳钢重要结构，须采用LD-CO_2 法装焊。此时，须在极脚上先焊一块长度为120～150mm、规格尺寸大于60mm×60mm的角钢，如图9-54b所示。然后再在水下将角钢与构件焊接起来。

9.8.3 补焊采油平台沉箱破洞[2]

渤海6号采油平台在北海湾作业时，右桩腿沉箱上甲板被脱落的潜水泵冲破一个"8"字形破洞，并冲断一根筋骨。甲板厚度为10mm左右，材质为低碳船用钢。所处水深为45m，因业主要求此次焊修为永久性的，故采用LD-CO_2 焊接方法焊修。

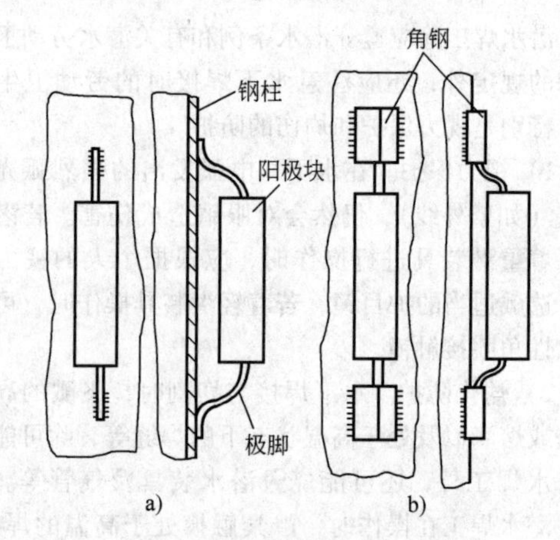

图9-54 牺牲阳极结构示意图

a）湿法水下焊接装焊 b）LD-CO_2 法装焊

首先采用电-氧切割法将破洞周边连同变形处切割掉，被切面积约2m×1.8m。先用120mm×120mm×10mm的角钢把被冲断的筋骨修复，再制作一块2m×1.8m的补板，用水下液动砂轮将甲板破洞切口打平，基本形成30°的坡口，再在背面分段衬上40mm×5mm的低碳钢衬板。然后将补板与破洞装配上。因是用砂轮打磨出的坡口，其尺寸不太均匀，间隙一般为0～6mm，坡口角度为50°～90°。采用分段对称焊工艺，如图9-55所示。焊丝为 ϕ1.0mm的H08Mn2SiA，焊接电流120～200A，气体流量约5m³/h。一般情况下，需4道填满坡口，坡口较宽时，需5～6道。焊后经水下录像和超声波检测，没有发现超限缺陷。

9.8.4 石油钻探平台的疲劳损伤修复[34]

损伤的石油钻探平台局部结构如图9-56所示，立柱直径5.4m，水平撑杆直径610mm，水平斜撑直径406mm。损伤位置处于水线以下约1.5m的部位，共5处。其中水平斜撑与水平撑杆间撕裂2处，斜撑与立柱撕开1处，每个撕裂口有裂纹3~4处，裂纹最大长度200mm。另外，在K形接头焊趾部位有穿透裂纹，两处裂纹的长度为300~350mm。

损伤的原因主要是岸涛引起管件产生平面外交变弯曲造成的。由于修理的部位处于接管的高应力区，理应采用干法水下焊接修理，但这要在平台6个部位设置水下焊接干箱，最大的一个干箱要能包围7根撑杆和斜撑，这样产生的附加载荷可能引起平台损伤的进一步加剧。因此决定采用湿法水下焊接修理。

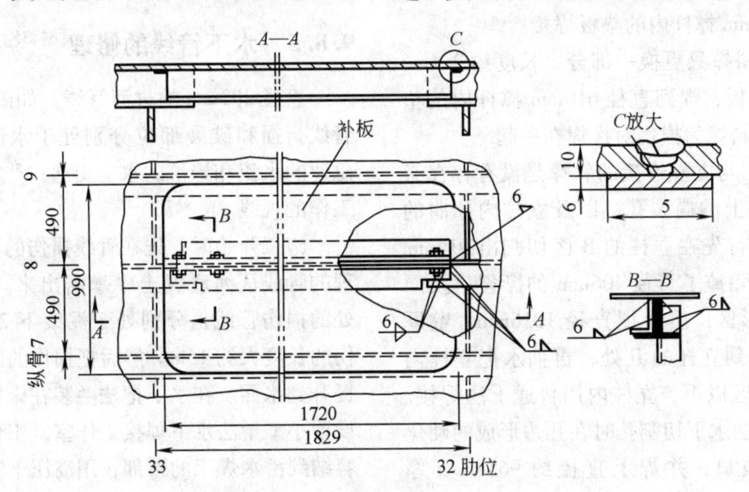

图9-55 平台破洞焊补示意图

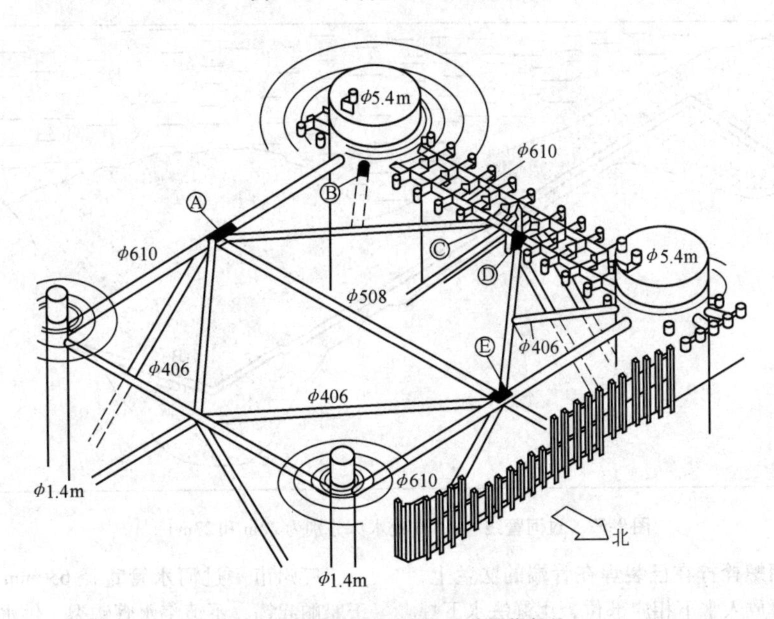

图9-56 石油钻探平台及疲劳损伤部位

在水下补焊的每个部位，对材料取样进行化学分析，发现1处材料的碳当量高，为0.43%，焊接热影响区存在发生氢致裂纹的敏感性，因而决定此处采用镍基焊条进行焊接，其余碳当量低的部位均采用低碳钢焊条焊接，焊接工艺评定及焊工认证工作均在平台现场进行。图9-56中深颜色的部位为管件更换及焊接修理的部位。

水下焊接施工的主要步骤是：

1）对直径610mm水平撑杆上的撕裂口进行扩孔，以去除一些75mm以下的较短裂纹，对其他裂口向周围辐射扩张的裂纹，开V形坡口。

2）撕裂口扩孔后，孔边周围也开坡口，并在管内壁安装弧形垫板，形成单边V形焊接坡口，焊后焊缝表面磨光。

3）新替换的水平斜撑，直径406mm，一端焊上分瓣的补板。在A区，其中一瓣与直径610mm撑杆内的垫板焊接，另两瓣与相邻直径508mm的水平斜撑及立式斜撑焊接。新斜撑的另一端也焊上补板，并在C区与直径610mm撑杆内的垫板焊接。

4）在D区的斜撑只更换一部分，长度约2.4m，一端装上分瓣的补板，焊到直径610mm撑杆内的垫板上，另一端与原斜撑为损伤对接焊在一起。

5）分析认为，与立柱连接的斜撑是没有存在必要的，但对立柱B上的撕裂孔，以及立柱内翘曲的腹板必须要修理。首先在立柱的B区切割出914mm直径的孔，从而切除掉了直径406mm的撕裂口及周围立柱壁上的变形区；然后把直径1016mm、壁厚9.5mm的弧形板焊到立柱的B处；再抽水把立柱内的水平面降到损伤区以下，立柱内用普通干法焊接。焊接前，先去掉湿法水下切割孔时在孔边形成的硬化区，再在周边开坡口，并焊上直径约965mm、厚13mm的补板，原先在立柱外用湿法焊接的直径1016mm的板，作为柱内对接焊的垫板使用。

6）E区的K形焊接接头热影响区存在穿透裂纹，长度为300～350mm。先在裂纹两端钻止裂孔，防止修理时裂纹进一步扩展；再用风铲及砂轮边开坡口并补焊；最后在开裂区焊上补强板。

上述修理工作是在1974年10月完成的。16年后，虽然在平台其他部位多次发生疲劳损伤，但所有这次修理的部位均处于完好状态。

9.8.5 水下管线的修理[34,35]

直径203mm的过河管线，如图9-57所示。两处管线折损和破裂部位分别处于水深22m和27m处。急速的水流和繁忙的水上交通，严重干扰了水下修理工作的视线。

施工开始时，先在管线损伤的部位开沟，把要修理的管线从河底泥土中暴露出来。水深22m和27m处的损伤管线，分别处于泥线下2m和9m，管线损伤的长度大约15m。然后把损伤的区段两端切开，并提升到水面。在水下把法兰装在未损伤的管端上，并设置小型干法水下焊接工作室，工作室的空间应足以容纳到潜水焊工的腰部，用高压干法水下焊接对法兰及管端进行焊接。

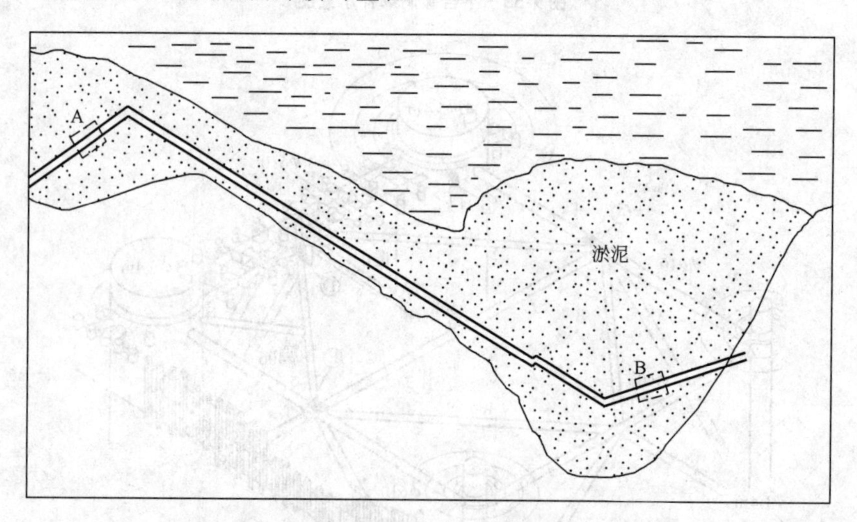

图9-57 过河管线（A、B处水深分别为22m和27m）[34]

把配合法兰用螺栓拧在已装焊在管端的法兰上，把要替换的新管段放入水下相应部位，用湿法水下焊接将新管段与配合法兰定位焊在一起，然后松开螺栓，把新管段及定位焊好的法兰提升到水面上。在水面上进行焊接、试压并作防腐处理。用驳船将两端焊好法兰的替换管段沉入水下相应部位，在法兰之间放置不锈钢环形垫圈，并用螺栓拧紧。最后管线经12h、13MPa承压试验。

广州市一过河水管直径630mm，壁厚8mm，由于船舶起锚，不慎将水管钩裂，供水中断，对生产和居民生活造成极大影响，虎门一条直径1100mm的过河水管，由于安装时沉放不当，造成撕裂，水压急剧下降，严重影响生产，如果用传统的方法恢复供水，只能是重新铺设过江水管，如此一来，工期过长，费用浩大。经过多方调研，决定采用水下干式高压焊工艺，主要解决水下干式焊接舱的设计和舱内焊接的安全问题。

水下干式焊接舱的环境控制系统用以保证潜水员的安全并提供必需的工作条件。根据工件的情况，干舱的设计尺寸为2m×2m×2.5m，四角设有桩孔，边门为活动封板，舱内配备焊接设备及工具箱、2盏水下照明灯、水下电话、水下电视录像系统、4个进排气阀等。

受涨潮、退潮的影响，水流很急，为防止干式舱受水流影响而摆动，干舱在现场就位后，用4根桩将其固定。根据计算结果，干舱排空时将有90kN的正浮力，干舱自重2t，故加放8t的压载铁块。

干式舱排水用空压机为6m³国产空压机，焊接设备为AX4—300—1直流焊机。施焊处水深15m，环境气体为空气，气体压力2MPa，舱内温度23℃。被焊水管材料Q235，直径630mm，壁厚8mm，表面有沥青保护。焊接时使用ϕ4mm结422船用焊条，直流正接，第一道焊接 电流290～250A，第二道260～280A，检验要求进行目视检查、水下照相、水下录像。

参考文献

[1] 林尚扬，宋天虎. 水下焊接研究概况［J］. 国外焊接，1981（3）.

[2] 宋宝天. 水下焊接与切割［M］. 北京：机械工业出版社，1989.

[3] 史耀武，张新平，雷永平. 严酷条件下的焊接技术［M］. 北京：机械工业出版社，1999.

[4] 刘桑，等. 第九次全国焊接会议论文集：第二册［C］. 哈尔滨：黑龙江人民出版社，1999.

[5] 宋炀，等. 码头钢桩支撑等水下焊接节点优化设计［J］. 焊接，1997（5）.

[6] Heinz Haferkamp. Underwater wet welding of structural steels for the off-shore sector using "selfshelded" flux-cored electrodes［J］. Welding Reseach Herbin，1991（5）.

[7] 加贺精一，掘田忠克. 水下爆炸压焊［J］. 溶焊技术，1976，24（2）：23-26.

[8] Ogden D，Joos T. Specification stirs underwater electrode development［J］. Welding Journal，1990，69（8）：59-61.

[9] Tsai C L，Feng Z，Grangham J A，et al. Connection Pad Design for Underwater Tubular Structures［J］. Welding Journal，1990，69（1）：53-59.

[10] Tsai C L，Zirker L R，Feng Z L，et al. Fitness-for-service design for underwater wet weld［J］. Welding Journal，1994，73（1）：1-8.

[11] Tsai C L，Yao P L，Hong J K. Finite element analysis of underwater welding repairs［J］. Welding Journal，1997，76（8）：283-288.

[12] Nixon J H. Underwater Repair Technology［M］. Cambridge：Woodhead Publishing Limited，2000：41-43.

[13] 蒋力培，王中辉，等. 水下焊接高压空气环境下GTAW电弧特性研究［J］. 焊接学报，2007，28（6）.

[14] 林柏山. 第六届全国焊接技术会议论文集：第六卷［C］. 西安：1990.

[15] 高莹波. 第六届全国焊接技术会议论文集：第6卷［C］. 北京：机械工业出版社，1990

[16] Lyons R S，Middleton T B. Underwater Orbital TIG Welding［J］. Metal Construction，1985，17（8）：504-507.

[17] Hutt G. Trends in diverless/remotely controlled hyperbaric pipeline tie-ins. Proc of the 3 international offshore and polar engineering conference，1993：226-234.

[18] Michael D. Trolling the depths with a new system［J］. Welding & Metal Fabrication，64，8：20-22.

[19] Schafstall H G，Szelagowski P. 高压气氛下的手工及机械化焊接［A］. 中国机械工程学会焊接学会，联邦德国焊接学会编. 焊接技术的新发展及应用［C］. 1987. 215-219.

[20] 薛龙，等. 高压空气环境下TIG焊接机器人关键技术［J］. 焊接学报，2006，27（12）：17-20.

[21] Huismann，H，Hoffmeister H，Knagenhjelm H O. Effects of TIG electrode properties on wear behavior under hyperbaric conditions［A］. In：Welding Under Extreme Conditions［C］. Oxford：Pergamon Press，1989. 239-246.

[22] 木神原宝雄. 海中における熔接、切断技术の现状て展望［M］. 东京：熔接学会志，1991.

[23] 陈家庆，等. 水下破损管道维修技术及其相关问题［J］. 石油矿场机械，2004，33（1）：33-37.

[24] Porto E S. Santos V R. Hyperbaric welding simulator for maximum pressure equivalent to a water depth of 500m［A］. In：Welding Under Extreme Conditions［C］. Oxford：Pergamon Press，1989. 119-206.

[25] 焦向东，等. 第十一次全国焊接会议论文集［C］. 北京：机械工业出版社，2005.

[26] JT/T 371—1997 水下局部排水二氧化碳保护半自动焊作业规程［S］. 北京：人民交通出版社，1998.

[27] GB/T 6419—1986 潜水焊工考试规则［S］. 北京：中国标准出版社，1987.

[28] 梅福欣，俞尚知. 水下焊接与切割译文集［M］. 北京：机械工业出版社，1982.

[29] 李尚周，等. 水下TIG焊接的研究［J］. 华南工学院学报，1983. 12（1）.

[30] ANSI/AWS D3. 6-93：Specification for Underwater Welding [S]：Miami：AWS，1993.

[31] Allwood R L. Inspection and non-destructive testing of structures subsea [J]. Welding Research Abroad，1991，37（6/7）：36-38.

[32] Yemington C R. Underwater NDE beyond diver depths [J]. Welding Journal，1990，69（8）：63-65.

[33] 元川米夫. 电防食用阳极水下溶接 [J]. 溶接技术，1997，27（7）.

[34] Sohwartz M M，Gerken J M Welding Handbook：Vol2 Welding Processes [M]. 8th ed. Florida：AWS，1991.

[35] 陈锦鸿，等. 水下干式高压焊接在海（河）底管线维修中的应用 [J]. 焊接技术，1998，27（6）：25-26.

[36] Xue long，Huang Jiqiang，Zou Yong，et al. Arc Behavior and Metal Transfer of GMAW in Hyperbaric Atmosphere [C]. 2nd International Symposium on Computer-Aided Welding Engineering. Jinan，China，2012，B10：1-6.

[37] Richardson I M，Woodward N J，Armstrong M A，et al. Developments in dry hyperbaric arc welding-a review of progress over the past ten years [C]. International workshop on the state of the art science and reliability of underwater welding and inspection technology. Houston，Texas，USA，November，2010：65-83.

[38] Huang Jiqiang，Xue long，Jiang Lipei，et al. Arc Characteristics of GMA Welding in High-pressure Air Condition [J]. China Welding，2012，21（4）：26-32.

[39] 高峰，房晓明，潘东民，等. 高压干式海底管道焊接维修工艺技术 [J]. 北京石油化工学院学报，2012（3）：48-51.

[40] 薛龙，曹莹瑜，等. 局部干式焊接小型排水装置：中国，ZL200920218303.5 [P] 2009-10-13.

[41] 薛龙，吕涛，曹俊芳，等. 可用于水下局部干式焊接的无导轨自动跟踪柔性爬行小车：中国，ZL201020206298.9 [P]. 2010-05-21.

第10章　螺　柱　焊

作者　刘嘉　谢晓东

将金属螺柱或类似的其他金属紧固件（栓、钉等）焊接到工件（一般为板件）上去的方法叫作螺柱焊。螺柱焊技术是为提高焊接质量和效率发展起来的一项专业焊接技术。通过螺柱焊方法，可以将柱状金属在5ms～3s的短时间内焊接到金属母材的表面，焊缝为全断面熔合。由于焊接时间短、焊缝强度高、焊接能量集中、操作方便、焊接效率高、对母材热损伤小等特点，这项技术被广泛地应用在汽车制造、钢结构建筑、锅炉制造、造船工业、金属容器制造、电气设备制造、装饰行业、钣金加工等行业中。

实现螺柱焊接的方法有电阻焊、摩擦焊、爆炸焊以及电弧焊等，本章讨论的螺柱焊则特指电弧法螺柱焊。在螺柱焊过程中，通过电源的输出和螺柱的机械运动的协调作用，首先在焊接螺柱和工件之间引燃焊接电弧，焊接螺柱和工件被部分熔化，在工件上形成熔池，同时螺柱端形成熔化层，然后在压力的作用下将螺柱端部浸入熔池，并将液态金属部分挤出接头，从而形成再结晶的塑性连接或再结晶和重结晶混合连接接头。当电弧熄灭后，保持几毫秒的短路电流形成加压顶锻。

为了取得好的质量，需要具备正确的焊接工艺、高质量的焊接控制器和螺柱焊枪，以及合格的焊接螺柱和焊接辅料。

10.1　螺柱焊工艺与设备

ISO 4063按照操作过程的不同，将螺柱焊分为电容放电尖端引燃螺柱焊和拉弧式螺柱焊两大类。在电容放电尖端引燃螺柱焊中又依据电弧引燃时螺柱放电尖端与工件的间隙情况分为直接接触式和有引燃间隙式两种方法；拉弧螺柱焊则包含用陶瓷环或气体保护拉弧螺柱焊、短周期拉弧螺柱焊和电容放电拉弧螺柱焊三种工艺。

10.1.1　电容放电尖端引燃螺柱焊

电容放电尖端引燃螺柱焊是以电容组作为电源，电容所储存的能量快速放电供给电弧。使用高容量电源，峰值电流可以达到10000A。电容放电尖端引燃螺柱焊具有如下特点：

1）焊接时间短，只有1～3ms，空气来不及侵入焊接区，焊接接头已经形成，因此无须保护措施。

2）螺柱直径d与被焊工件壁厚δ之比可以达到8～10mm，最小板厚约为0.5mm。

3）不用考虑螺柱长度方向的焊接收缩量。这是因为焊接熔池很小，而且接头是塑性连接。

4）接头没有外部可见的焊脚，不需要进行接头外观质量检查，不会有气孔、裂纹等缺陷。

1. 直接接触式电容尖端引燃螺柱焊

在直接接触式电容尖端引燃螺柱焊过程中，首先螺柱被插入焊枪的螺柱夹头中（图10-1a），螺柱的起弧尖端在焊枪弹簧的作用力下，直接抵在工件的焊接位置。按压焊枪开关，电容放电，螺柱前端的起弧尖端被强大的电阻热汽化，激发出电弧（图10-1b、c）。螺柱和工件的表面熔化，形成熔化层。同时，螺柱在弹簧的作用下向工件运动，插入熔池，电弧熄灭，形成焊接接头（图10-1d）。螺柱的运动速度为0.4～1.0m/s，速度的大小取决于焊枪的弹簧力。上述过程在2～3ms内完成。

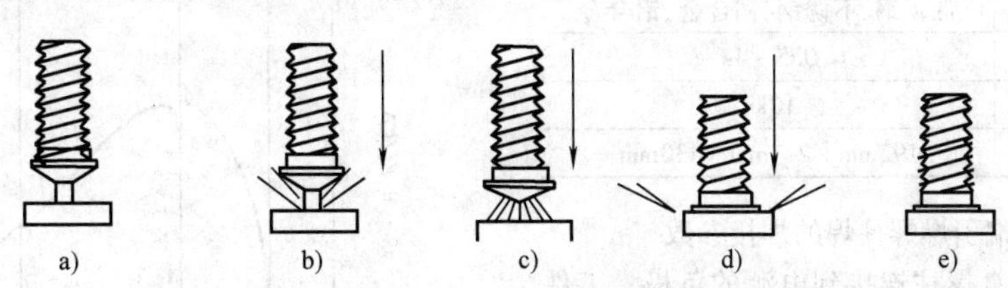

图10-1　直接接触式电容尖端引燃螺柱焊操作过程

2. 预留间隙式电容尖端引燃螺柱焊

预留间隙式螺柱焊和接触式螺柱焊不同之处在于，在焊接开始后，焊枪嵌入的电磁铁从初始位置提升螺柱，在焊接螺柱与工件表面之间形成一个可以调节的间隙（图10-2a、b）。当螺柱到达上部顶点位置时，电磁线圈释放，焊接螺柱在弹簧的作用下加速向工件运动，速度大约在0.8～1.4m/s。速度受控于螺柱的提升距离和弹簧力。一旦螺柱引燃尖端接触工件，电流回路闭合，电源电容开始放电。间隙式螺柱焊的后续过程与接触式螺柱焊相同（图10-2b、c、 d)，但是由于通常间隙式螺柱焊时螺柱的运动速度更快，电弧燃烧时间只有 1 ~ 2ms。如此快速的焊接过程，使得间隙式螺柱焊可以在没有保护气体的条件下，焊接有色金属。

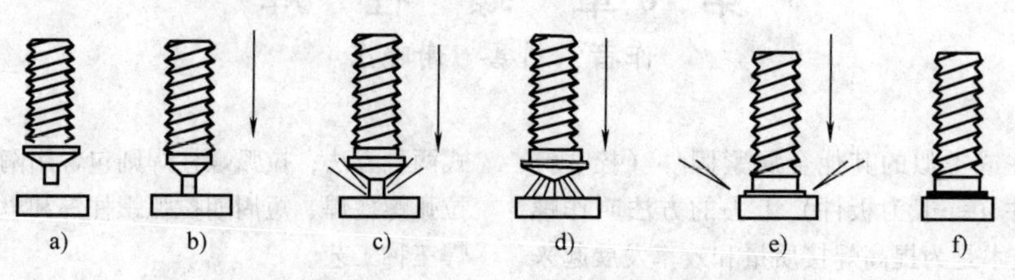

图 10-2 预留间隙式电容尖端引燃螺柱焊操作过程

3. 电容放电尖端引燃螺柱焊设备原理

螺柱焊设备由电源、控制系统和焊枪三部分组成。通常电源与控制系统是集成在一起的。直接接触式和预留间隙式电容尖端放电螺柱焊电源是相同的，可以通用。这两种设备的差异主要体现在焊枪上。

电容放电尖端引燃螺柱焊电源的电路原理图如图 10-3 所示。电源由电容器充电电路、充电电压调节电路、电容器的放电电路及复位电路等组成。图中电容器组 C 容量为 12 ~ 150mF，T、S_1、ZL、S_2 构成 C 的充电回路。S_2 为充电开关，S_2 关断时交流电经过 T 变压、ZL 整流对 C 充电，S_1 为双向晶闸管，用来控制 C 的充电电压。S_2 断开时，充电结束。R_2、S_4 为复位电路，焊接结束关掉电源时 C 储存的能量通过该复位电路释放。S_3 为 C 的放电开关。OBO-WINTURES BS310 型电容储能螺柱焊机的主要技术参数见表 10-1。

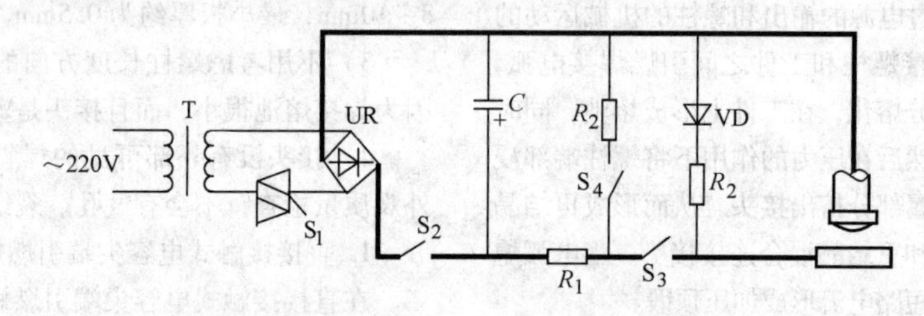

图 10-3 电容放电尖端引燃螺柱焊电源原理图

表 10-1 OBO-WINTURES BS310 型电容储能螺柱焊机的主要技术参数

电容容量	88000μF
充电电路	逆变技术
电容放电电压	40 ~ 200V
控制方式	微处理器
调节方式	数字化
焊接范围	M3 ~ M10
焊接金属种类	低碳钢、不锈钢、铜合金、铝合金
充电速度	0.5 ~ 4s
焊机重量	10kg
焊机体积	192mm × 217mm × 430mm

4. 电容放电尖端引燃螺柱焊的焊接参数

（1）极性 通常螺柱连接到电源的负极，工件接正极。但是对于铝合金和黄铜工件的螺柱焊，工件接负极是有益的。

（2）焊接电流 峰值电流在 1000 ~ 10000A，取决于充电电压、电容量和焊接输出回路的电阻和电感。图 10-4 给出了电容放电尖端引燃螺柱焊焊接电流和电压曲线。

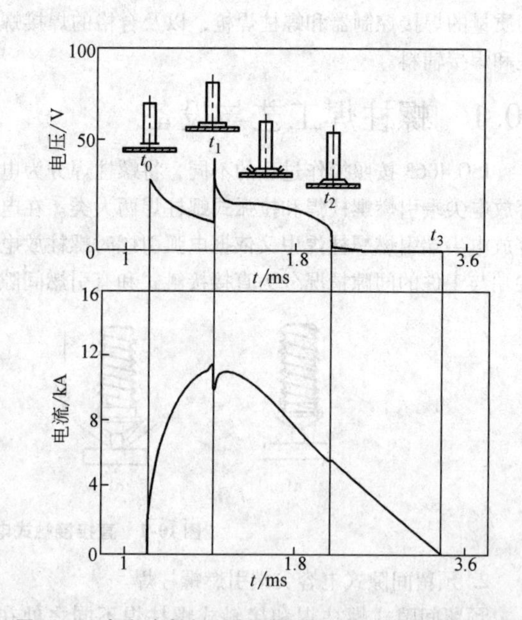

图 10-4 电容放电尖端引燃螺柱焊焊接电流和电压曲线

（3）焊接时间 焊接时间不能直接选取，取决于电容所储存的能量和回路电感。一般电容尖端放电引燃螺柱焊的焊接时间为1~3ms。在镀锌钢板上焊接可以适当延长焊接时间。

(4) 负载功率 电容尖端引燃螺柱焊的焊接能量是电容器组输出的，因此其负载功率应等于电容器所储存的能量，即：$W(\mathrm{J}) = 0.5 \times C(\mathrm{F}) \times U^2(\mathrm{V})$。

负载功率正比于螺柱直径，随着螺柱直径的增加，应提高充电电压或增大电容器组容量。图10-5为电容放电尖端引燃螺柱焊时，螺柱直径与电容量、充电电压和负载功率的关系曲线。

(5) 浸入速度 螺柱向工件的浸入速度由焊枪弹簧和螺柱的质量决定，浸入速度大约在0.5~1.5m/s。它与螺柱尖端长度共同决定了焊接时间，因此必须保持稳定的浸入速度在极限值以内能够达到稳定的焊接质量。

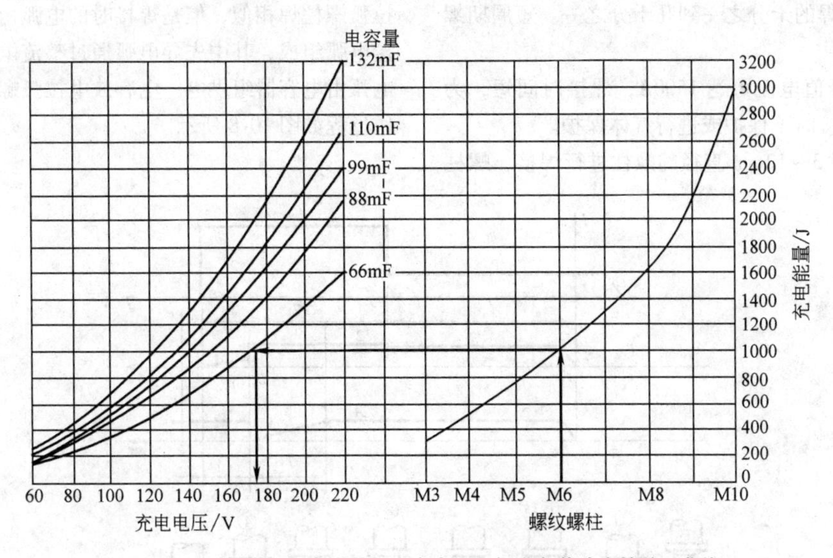

图10-5 螺柱直径与电容量、充电电压和标准负载功率的关系曲线

10.1.2 拉弧式螺柱焊

拉弧式螺柱焊的电弧引燃与焊条的引燃原理相同，都是短路提升引弧。但是拉弧式螺柱焊的三种工艺过程却存在着一定的差别。

1. 陶瓷环或气体保护拉弧螺柱焊

陶瓷环或气体保护拉弧式螺柱焊接的过程如图10-6所示。首先，将焊接螺柱插入焊枪的夹头中，如果需要，再配上瓷环，然后抵在工件的焊接位置(图10-6a)。当焊接开始时，焊接螺柱被提升，接着是先导电流在焊接螺柱和工件之间激发出电弧（图10-6b)。然后在焊接螺柱和工件之间触发主电弧(图10-6c)，螺柱和焊接母材表面熔化。焊接螺柱被提升到最高点后，开始回落并插入熔池，焊接电流也随即终止（图10-6d)。

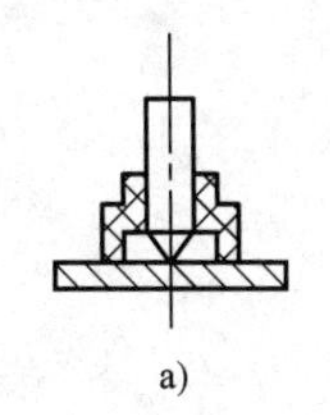

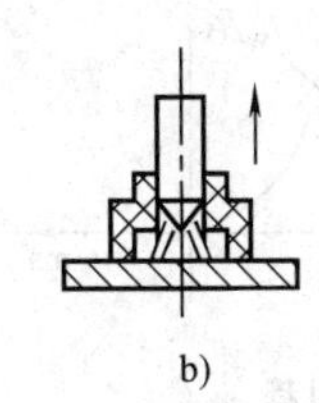

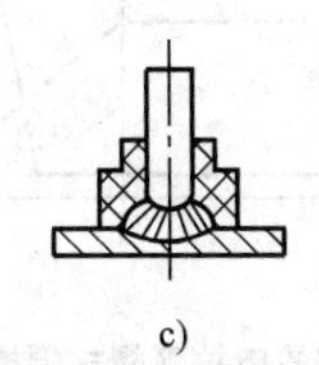

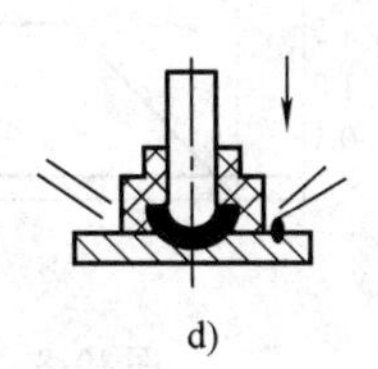

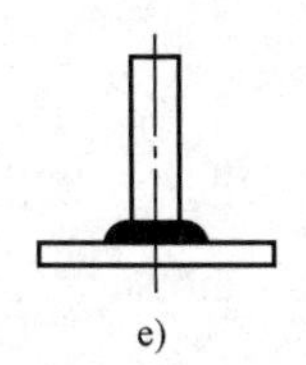

图10-6 陶瓷环或气体保护拉弧式螺柱焊接过程

a) 套上瓷环，短路定位 b) 螺柱提升，引燃电弧 c) 电弧扩展，形成熔池 d) 落钉 e) 接头形成，焊接结束

陶瓷环或气体保护拉弧螺柱焊的电弧是稳定燃烧的，为了防止空气侵入熔池恶化接头质量，一般需要进行保护。大多数情况下的保护采用陶瓷环，也可以采用氩气。在平焊时也可以采用渣保护，即螺柱与工件短路后用埋弧焊剂掩埋焊接区再进行焊接。该种工艺方法具有如下特点：

1) 焊接峰值电流可达3000A，焊接时间通常为100~2000ms，需要保护。

2）可以对3~25mm直径的螺柱进行焊接，螺柱直径d与被焊工件壁厚δ之比可以达到4，最小板厚约为1mm。

2. 短周期拉弧螺柱焊

短周期拉弧螺柱焊是拉弧焊的一种特殊形式，焊接过程也是由短路、提升引弧、焊接、落钉和有电顶锻几个过程组成，但是焊接时间只有陶瓷环或气体保护拉弧式螺柱焊的十分之一到几十分之一。短周期螺柱有以下特点：

1）焊接峰值电流可达1500A，焊接时间短，为5~100ms，焊接时不保护或进行气体保护。

2）可以对3~12mm直径的螺柱进行焊接，螺柱直径d与被焊工件壁厚δ之比可以达到8，最小板厚约为0.6mm。

3）电流是经过调制的，螺柱直径在10mm以下时最容易实现自动化。

短周期拉弧螺柱焊的操作过程如图10-7所示。

3. 电容放电拉弧螺柱焊

电容放电拉弧螺柱焊的原理与陶瓷环或气体保护拉弧螺柱焊相似，但是焊接时的电弧由先导电弧和焊接电弧组成，其中先导电弧通过整流电源供电，焊接电弧由电容器组供电。电容放电拉弧螺柱焊的焊接操作过程如图10-8所示。

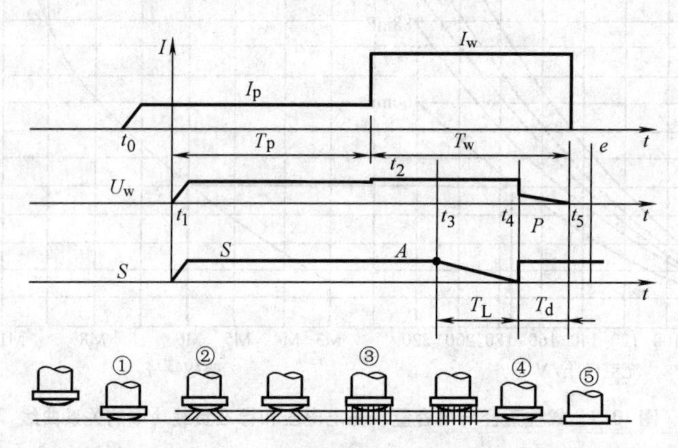

图10-7　短周期拉弧螺柱焊操作过程

I_w—焊接电流（A）　U_w—电弧电压（V）　T_w—焊接时间（ms）　T_d—有电顶锻阶段（ms）　I_p—先导电流（A）　S—螺柱位移（mm）　T_p—先导电弧时间（ms）　T_L—落钉时间（ms）　P—焊枪中弹簧对螺柱压力（N）

①~⑤—t_1~t_5时刻对应的螺柱状态

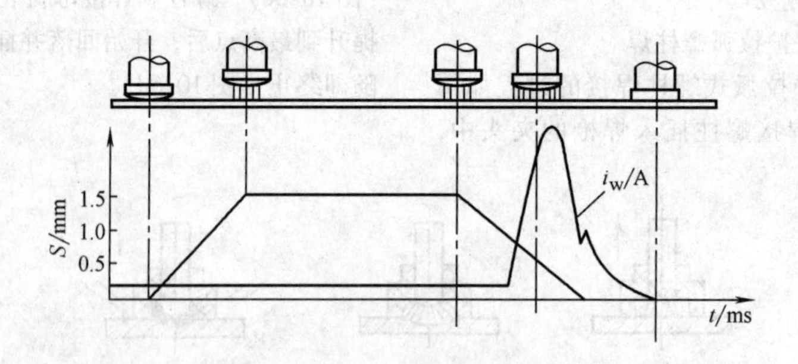

图10-8　电容放电拉弧螺柱焊操作过程

电容放电拉弧螺柱焊的特点：

1）焊接峰值电流可达5000A，焊接时间更短，为3~10ms，无保护。

2）可以对2~8mm直径的螺柱进行焊接，螺柱直径d与被焊工件壁厚δ之比可以达到10，最小板厚约为0.5mm。

4. 拉弧式螺柱焊设备

拉弧式螺柱焊三种工艺有所区别，其相应的设备也各有特点。

（1）陶瓷环或气体保护拉弧螺柱焊设备　陶瓷环或气体保护拉弧螺柱焊采用整流器或变流器供电，为了使焊接过程稳定，要求电源为直流下降特性，具有良好的动特性。螺柱焊电源的负载持续率一般为3%~10%，空载电压在70~100V之间，电源的最大焊接电流可达3000A。

陶瓷环或气体保护拉弧螺柱焊电源普遍采用整流器分级调节或移相触发晶闸管整流，后者控制性能好，对网路电压波动具有较强的补偿能力。图10-9为晶闸管整流拉弧电源的原理框图。KÖCO ELOTOP2002拉弧螺柱焊机主要技术参数见表10-2。

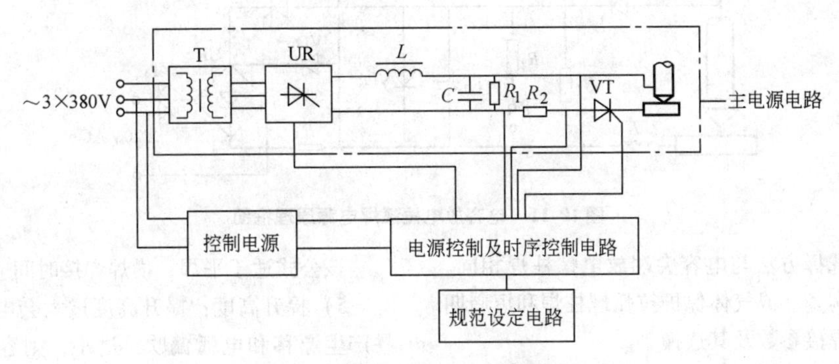

图10-9　晶闸管整流拉弧电源原理框图

表10-2　KÖCO ELOTOP2002拉弧螺柱焊机主要技术参数

焊接范围	3～22mm
焊接电流	无级调节，300～2000A，最大2300A
焊接时间	20～1500ms
控制方式	微处理器
允许电压波动	−15%　+6%
过热保护	有
防治重复焊接	有
故障自动诊断	有
焊接电流实时控制	有
PCB防水防尘屏蔽保护	有
气体保护功能	有
重量	185kg

（2）短周期拉弧螺柱焊设备　短周期螺柱焊最容易实现自动化，成套设备包括电源、控制装置、送料机及焊枪。短周期螺柱焊电源可以是整流器、电容器组，也可以是逆变器。当采用整流器或电容器组为短周期拉弧螺柱焊电弧提供电能时，通常使用两个单元并联，分别为先导电弧和焊接电弧供电。只有采用逆变器时可以采用一个电源。逆变式螺柱焊电源已经形成了系列产品，但是大多数应用于短周期拉弧螺柱焊。图10-10为逆变式螺柱焊电源的原理框图。

（3）电容放电拉弧焊设备　电容放电拉弧焊电源原理如图10-11所示。给电源供电的电源有两部分组成，其一是由R_3-L-VT_3-R_4-VD_2-UR构成的整流器，其作用是为先导电弧提供电能；其二是以电容器组C_1为核心的储能式电源，为焊接电弧提供能量。图中VT_2是C_1的充电开关，VT_1是放电开关，S是复位开关。C_1充电电压的控制通过检测C_1电压和调节VT_4的导通角来实现。

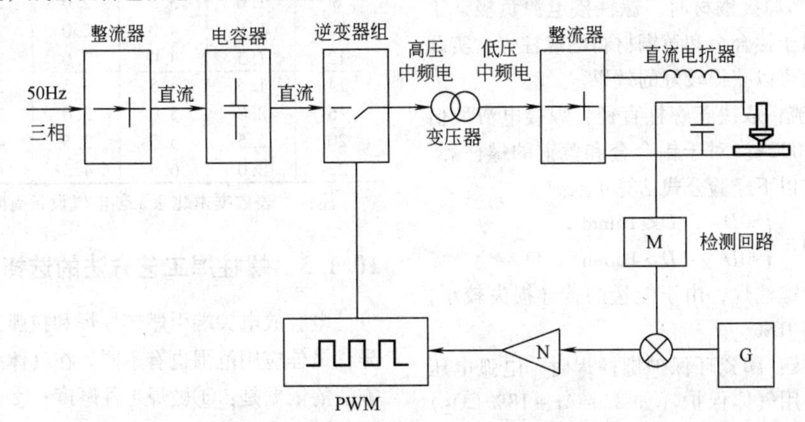

图10-10　逆变式螺柱焊电源的原理框图

5. 拉弧式螺柱焊的焊接参数

拉弧式螺柱焊是以电弧作为热源实现螺柱与工件连接的，电弧的产能为电弧电压、焊接电流及焊接时间（电弧燃烧时间）三者的乘积，即$W=UIt$。但是对于电容放电拉弧螺柱焊，由于先导电弧能量很小，焊接电弧的能量基本由电容器组的储能所确定，因此

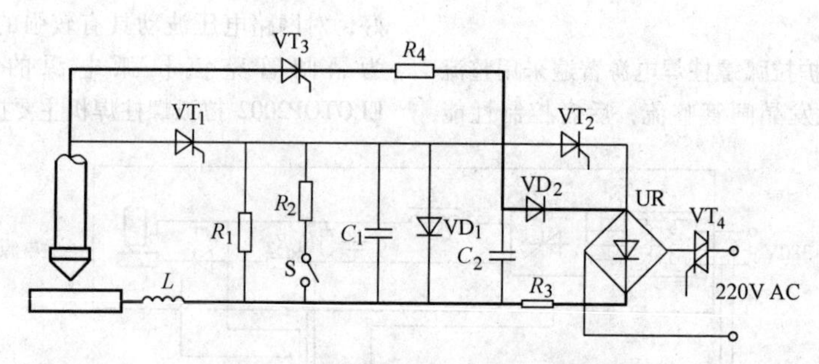

图 10-11　电容放电拉弧焊电源原理框图

其焊接参数的选择方法与电容尖端放电螺柱焊相同。这里重点介绍陶瓷环或气体保护拉弧螺柱焊和短周期拉弧螺柱焊的焊接参数及其选择。

陶瓷环或气体保护拉弧螺柱焊的焊接参数如下。图 10-12 给出了陶瓷环保护拉弧螺柱焊的焊接能量与螺柱直径的关系。

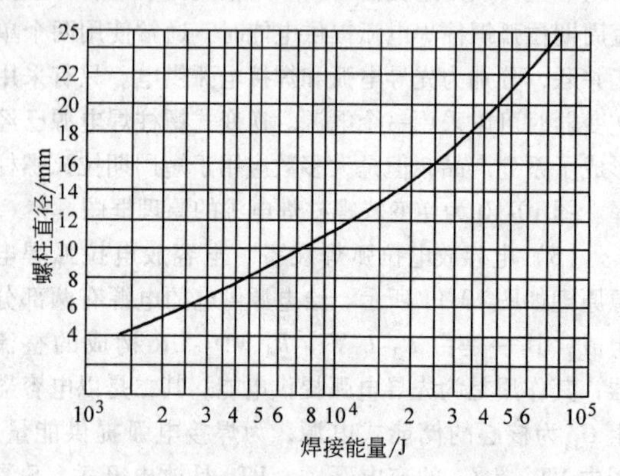

图 10-12　陶瓷环拉弧螺柱焊焊接能量与螺柱直径的关系曲线

1）极性：当焊接钢材时，螺柱接电源负极，工件接正极。而对于铝合金和黄铜材料的螺柱焊，实践证明反极性接法可以获得较好的效果。

2）焊接电流：取决于螺柱直径，焊接电流取值范围为 300 ~ 30000A。对于铝合金和黄铜的螺柱焊，焊接电流可以按以下经验公式估算：

$$I=\begin{cases}80D & D\leqslant 16\text{mm}\\90D & D>16\text{mm}\end{cases}$$

对于钢材的螺柱焊，由于能量的传导损失较小，焊接电流应减小 10%。

3）电弧电压：陶瓷环保护螺柱焊时，电弧电压可达 30V，而使用气体保护（如 82% Ar + 18% CO_2）时电弧电压约为 3V。为了保持电弧产能的恒定，必须选择较高的焊接电流或增加焊接时间。

4）焊接时间：可以按如下经验公式估算：

$$t_w=\begin{cases}0.02D & D\leqslant 12\text{mm}\\0.04D & D>12\text{mm}\end{cases}$$

该公式适于平焊，横焊焊接时间应减少。

5）提升高度：提升高度过大会电弧不稳定，容易产生漂移和电弧偏吹；过小，则容易发生短路断弧。为了保证拉弧后电弧的稳定燃烧，提升高度正比于螺柱直径，在 1.5 ~ 7.0mm 变化，见表 10-3。

6）浸入尺寸：浸入工件尺寸大约为 3 ~ 8mm，正比于螺柱直径。浸入尺寸取决于螺柱下降的速度和压力，在陶瓷环保护螺柱焊时又取决于焊缝余高的形状和陶瓷环的凸缘面积，见表 10-3。

7）浸入速度：直径 12mm 以下螺柱的浸入速度约为 200mm/s，而较大直径螺柱为了防止飞溅的产生，浸入速度约为 100mm/s。

表 10-3　不同螺柱直径的提升高度和浸入尺寸、浸入速度

螺柱直径 /mm	气体保护拉弧焊（螺柱前端锥形）		陶瓷环保护拉弧焊（螺柱前端平面）		浸入速度 /(mm/s)
	提升高度 /mm	浸入尺寸 /mm	提升高度 /mm	浸入尺寸 /mm	
6	1.0	3.0	1.5	2.5	≈200
8	1.0	3.5	2.0	2.5	
10	1.5	4.0	2.0	2.5	
12	1.5	4.0	2.0	3.0	
14	1.5	4.5	2.5	3.0	≈100
16	2.0	5.0	3.0	3.0	
20	2.5	5.5	3.5	4.0	
22	3.0	6.5	4.5	4.0	

注：本表数据由北京永创电气设备有限公司提供。

10.1.3　螺柱焊工艺方法的选择

电容放电尖端引燃螺柱焊和拉弧式螺柱焊特点各异，最佳应用范围也有不同。在具体应用中选择焊接方法的依据是：①被焊工件厚度；②材质；③紧固件的尺寸。

1）直径大于 8mm 的螺柱一般是受力接头，适合采用陶瓷环或气体保护拉弧焊工艺。虽然陶瓷环或气体保护拉弧焊工艺可以焊接直径 3 ~ 25mm 的螺柱，但是 8mm 以下的螺柱更适合采用电容放电尖端引燃

螺柱焊、电容放电拉弧焊或短周期拉弧焊。

2）对于 $w(C) \leqslant 0.18\%$ 的结构钢、镍铬钢材料的螺柱焊接，可以选用任一工艺。但是对于铝及铝合金、铜及铜合金、涂层薄钢板和异种金属材料的螺柱焊最好采用电容放电尖端引燃螺柱焊或电容拉弧螺柱焊。

3）不同螺柱焊工艺可达到的工件厚度 δ 和螺柱直径 d 的比例不同，对于板厚3mm以下的工件最好采用电容尖端放电螺柱焊、电容放电拉弧焊或短周期拉弧焊。

表10-4给出了各种螺柱焊工艺的特点和应用范围，在工艺方法的选择中可以参考。

表10-4　螺柱焊工艺分类和特点

特性参数	电容放电尖端引燃螺柱焊		拉弧式螺柱焊		
	直接接触式	预留间隙式	用陶瓷环或气体保护拉弧螺柱焊	短周期拉弧焊	电容放电拉弧焊
螺柱直径 d/mm	2～8	2～8	3～25	3～12	2～8
峰值电流/A	10000	10000	3000	1500	5000
焊接时间/ms	1～3	1～3	100～2000	20～100	3～10
d/δ	8	8	4	8	10
生产率/(个/min)	2～15	2～15	2～15	手动2～15 自动40～60	手动2～15 自动40～60
熔池保护	无保护	无保护	陶瓷环或气体	无保护或气体保护	无保护
螺柱材料	$w(C) \leqslant 18\%$ 的结构钢、镍铬钢	$w(C) \leqslant 18\%$ 的结构钢、镍铬钢、铜锌合金、铜、铝	$w(C) \leqslant 18\%$ 的结构钢、镍铬钢、铝($d \leqslant 12$mm)	$w(C) \leqslant 18\%$ 的结构钢、镍铬钢、铜锌合金（气体保护）	$w(C) \leqslant 18\%$ 以内的结构钢、镍铬钢、铜锌合金、铜、铝
最小板厚/mm	0.5	0.5	1	0.6	0.5
工件表面	焊前清理油污	焊前清理油污	不用处理	不用处理	不用处理

10.1.4　自动螺柱焊系统

自动螺柱焊接系统由负责焊枪运动的机构、自动送钉系统、自动焊枪、螺柱焊接电源以及完成工件定位、安装的操作台等组成。双悬臂储能自动焊接系统如图10-13所示。

图10-13　双悬臂储能自动焊接系统

10.2　螺柱焊焊接质量检验

螺柱焊的接头质量检验方法主要包括外观检验，X射线检验和力学性能试验等。

1）陶瓷环或气体保护拉弧螺柱焊和短周期拉弧焊的外观检验，主要检验接头封口形状均匀性和焊缝余高尺寸。这两种工艺容易出现的问题是：①焊接极性不正确；②磁偏吹；③焊接时间或焊接电流选择不当；④浸入速度不合适；⑤保护不当；⑥螺柱提升高度不合适。而电容尖端放电螺柱焊和电容放电拉弧焊熔深极浅，接头是塑性连接，没有重结晶的焊缝，因此外观检查针对飞溅环封口的均匀性。

2）对于X射线检验，只有在陶瓷环或气体保护拉弧螺柱焊，力传递螺柱，直径 $D>12$mm，并且不能进行拉伸试验时进行。X射线检验的试件，应刚好在焊缝余高的上方切断螺柱。X射线检验可以参考相关的国家或国际标准。

3）力学试验有弯曲试验、扭力扳手弯曲试验、拉伸试验等内容，是否需要进行要看使用条件而定。力学性能试验应当在焊接生产前的工艺评定试样上进行，以确定最佳焊接工艺；同时也在生产现场随机抽查进行。弯曲试验包括锤击和套筒弯曲，一般情况下陶瓷环或气体保护拉弧螺柱焊的弯曲角度应达到60°，其他工艺的弯曲角度应达到30°。如果弯曲后焊接处无裂纹，可以认为通过度验。扭力扳手弯曲试验主要应用于陶瓷环或气体保护拉弧螺柱焊和短周期拉弧焊。但是当产品有弯曲应力要求时，对电容尖端引燃螺柱焊结构也应进行扭力扳手弯曲试验。拉伸试验用于陶瓷环或气体保护拉弧螺柱焊和短周期拉弧螺柱焊（力传递结构），若拉伸后破坏发生在螺柱或母材以外，认为通过检验；拉伸试验也可用于电容尖端引燃螺柱焊或电容放电拉弧焊，但是这时的标准要低得多，只要未焊接面积不超过30%，拉伸破坏允许发生在焊接区。

几种螺柱焊的缺陷及其防止方法见表10-5～表10-7。

表10-5 陶瓷环或气体保护拉弧螺柱焊的缺陷及其防止方法

外观检验			
序号	一般的外形	可能的原因	防止方法
1	焊缝余高规则、光泽和完整，焊接后螺柱长度在公差范围内	正确的焊接参数	不需要
2	焊缝直径减小 螺柱长度过长	不适合地浸入工件或提升高度 焊接参数太大	增加浸入尺寸，矫验陶瓷环对中，矫验提升高度，减小焊接电流与/或时间
3	焊缝直径减小，不规则和浅灰色焊缝余高，螺柱长度过长	焊接参数太小，耐熔陶瓷环受潮	增加焊接电流与/或时间，在炉中将陶瓷环干燥
4	焊缝余高离开中心，焊缝咬肉	电弧偏吹效应 陶瓷环定心不正确	调整接地线位置，改变电流方向，必要时采用两根接地线，对称分布。 调整焊枪夹头
5	焊缝余高减小，有大量的侧向喷射 焊接后螺柱长度太短	焊接参数太大 浸入工件速度太高	减小焊接电流与/或时间 调整浸入工件速度与/或焊枪阻尼器

（续）

破 坏 检 验			
序号	破坏的外形	可能的原因	防止方法
6	母材撕裂 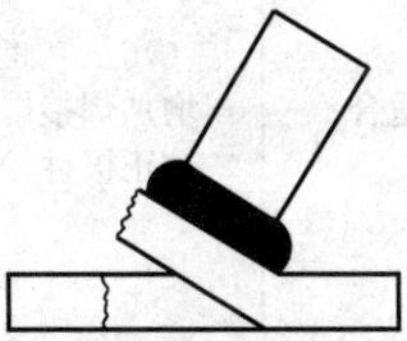	正确的焊接参数	—
7	适当变形后破坏在焊缝余高 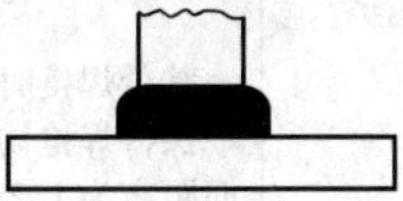	正确的焊接参数	—
8	撕裂在焊缝内 高的气孔率 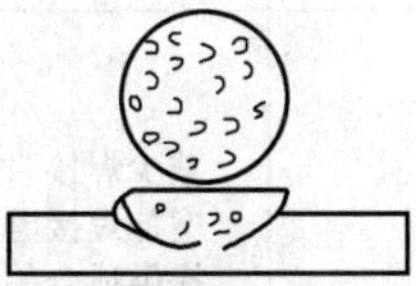	焊接参数太小 材料不适合螺柱焊	增加焊接电流与/或时间 检验材料化学成分
9	破坏在热影响区 浅灰色的破坏表面没有适当的变形 	母材的碳含量太高 母材不适合螺柱焊	调整母材 增加焊接时间 可以按需预热
10	破坏在焊缝处 光泽的外形 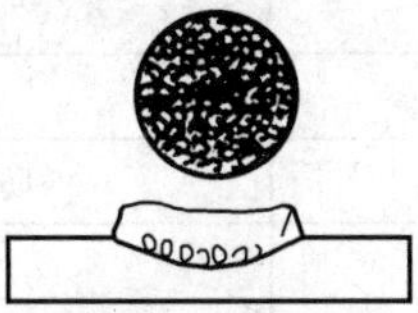	螺柱焊剂含量太高 焊接时间太短	调整焊剂数量 增加焊接时间
11	母材网格状撕裂 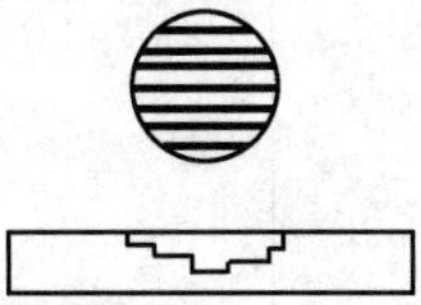	非金属夹杂物在母材内 母材不适合螺柱焊	参见 ISO 9956-3 标准 尽可能选择韧性好的母材

表 10-6 短周期拉弧螺柱焊的缺陷及其防止方法

外 观 检 验			
序号	一般的外形	可能的原因	防止方法
1	规则的焊缝余高，没有看到缺陷 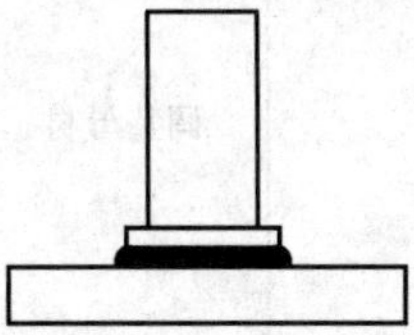	正确的焊接参数	不需要

（续）

外 观 检 验			
序号	一般的外形	可能的原因	防止方法
2	局部的焊缝 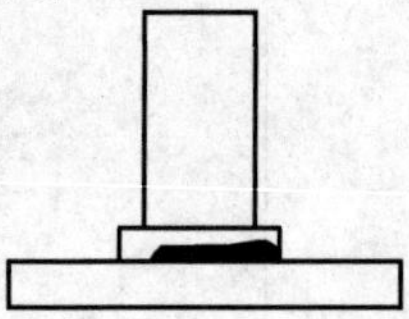	焊接电流与/或时间不适合 极性不正确	增加焊接电流与/或时间 改正极性
3	大的不规则焊缝余高 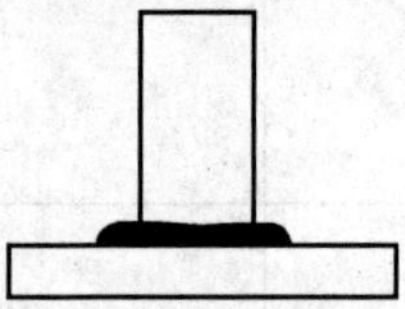	焊接时间太长 螺柱提升高度过高	减少焊接时间 保持焊枪防护罩端面到螺柱端面距离为1.2mm
4	在焊缝余高内有气孔 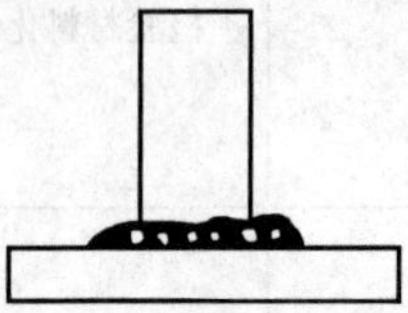	焊接时间太长 焊接电流太低 焊接熔池氧化	减少焊接时间 增加焊接电流 提供适合的保护气体
5	焊缝余高离开中心 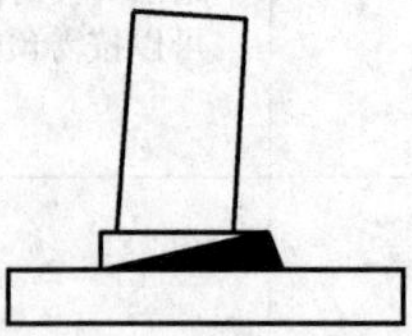	电弧偏吹效应	调整接地线位置，改变电流方向，必要时采用两根接地线，对称分布
破 坏 检 验			
序号	破坏的外形	可能的原因	防止方法
6	母材撕裂 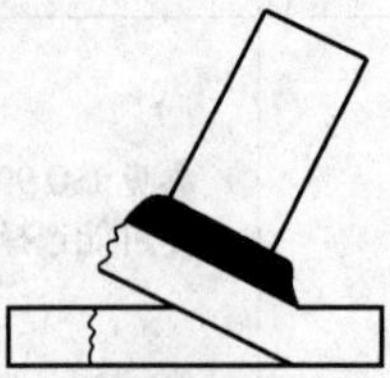	正确的焊接参数	—
7	适当变形后破坏在焊缝余高 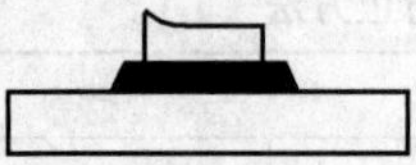	正确的焊接参数	—
8	破坏在热影响区 	母材的碳含量太高 母材不适合螺柱焊	调整母材

（续）

破坏检验			
序号	破坏的外形	可能的原因	防止方法
9	熔透不够	热输入太低 焊接极性不正确	增加热输入 改正焊接极性

表10-7 电容放电拉弧螺柱焊和电容放电尖端引燃螺柱焊的缺陷及其防止方法

外观检验			
序号	一般的外形	可能的原因	防止方法
1	围绕焊接接头小的飞溅没有外观缺陷	正确的焊接参数	—
2	在法兰盘和母材之间有间隙	不适合的功率 弹簧压力太小 母材金属的支撑不适合	增加功率 调整弹簧压力 提供适合的支撑
3	围绕焊缝大量的飞溅	功率太大与/或弹簧压力不适合	减小功率 增加弹簧压力
4	焊接飞溅离开中心	电弧偏吹	调整接地线位置，改变电流方向，必要时采用两根地线，对称分布
破坏检验			
序号	破坏的外形	可能的原因	防止方法
5	母材撕裂	正确的焊接参数	—

（续）

破 坏 检 验			
序号	破坏的外形	可能的原因	防止方法
6	螺柱破坏在法兰盘上	正确的焊接参数	—
7	破坏在焊缝处	不适合的功率 不适合的压力 螺柱/母材组合不相称	增加功率 增加压力 变更螺柱或母材材料
8	焊接后工件反面变形	功率太大 压力太大 焊接方法不适合 不相称的母材太薄	减小功率 降低压力 使用有引燃间隙的方法,不用直接接触方法 增加母材厚度

10.3 焊接专用螺柱

螺柱焊中所使用的螺柱根据具体工艺种类的不同和应用的不同，其形状和尺寸有所区别。ISO 13918—2008 标准说明了通常使用的螺柱类型并规定了标准尺寸，特殊应用可以采用更多类型的螺柱。这里仅给出不同螺柱焊工艺方法所使用的螺柱和陶瓷环的符号（见表10-8），限于篇幅详细信息请查阅 ISO 13918—2008 标准。

表10-8 螺柱类型和螺柱及陶瓷环的符号

螺柱类型			螺柱符号	陶瓷环符号
拉弧	陶瓷环或气体保护拉弧螺柱焊	螺纹螺柱	PD	PF
		缩径螺柱	RD	RF
		无螺纹螺柱	UD	UF
		抗剪锚栓	SD	UF
	短周期拉弧螺柱焊	带法兰螺纹螺柱	FD	
电容放电尖端引燃螺柱焊		螺纹螺柱	PT	
		无螺纹螺柱	UT	
		内螺纹螺柱	IT	

第11章　碳弧气刨

作者　方臣富　审者　李西恭

使用焊接技术制造金属结构时，必须先将金属切割成符合要求的形状，有时还需要刨削各种坡口，清焊根及清除焊接缺陷。对金属进行切割和刨削的方法多种多样，应用电弧热切割和刨削金属则是焊接结构生产时广泛采用的方法。电弧切割与电弧气刨的工作原理一样，所用电源、工具、材料及气源大同小异，不同之处仅仅在于具体操作略有不同。可以认为电弧气刨是电弧切割的一种特殊形式，而碳弧气刨则是电弧气刨家族中的一员，因其具有设备投资少、操作简单方便、生产效率高等显著优点而得到广泛应用。

11.1　碳弧气刨的原理、特点及应用

11.1.1　原理

碳弧气刨是利用在碳棒与工件之间产生的电弧热将金属熔化，同时用压缩空气将这些熔化金属吹掉，从而在金属上刨削出沟槽的一种热加工工艺。其工作原理如图11-1所示。

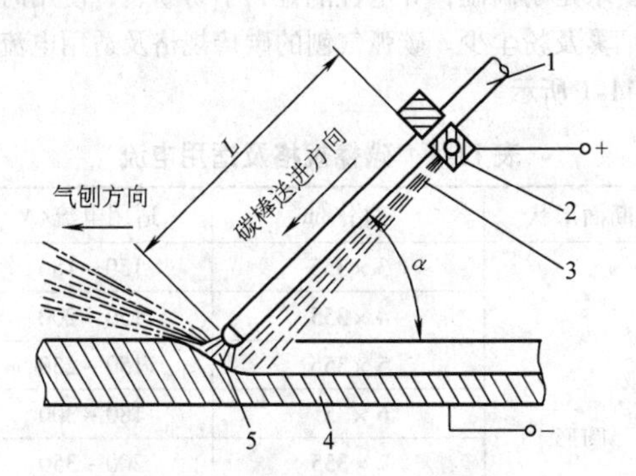

图11-1　碳弧气刨工作原理示意图

1—碳棒　2—气刨枪夹头　3—压缩空气
4—工件　5—电弧
L—碳棒外伸长　*α*—碳棒与工件夹角

11.1.2　特点

1）与用风铲或砂轮相比，效率高，噪声小，并可减轻劳动强度。

2）与等离子弧切割相比，设备简单，压缩空气容易获得且成本低。

3）由于碳弧气刨是利用高温而不是利用氧化作用刨削金属的，因而不但适用于普通钢铁材料，而且还适用于不锈钢、铝及其合金、铜及其合金等。

4）由于碳弧气刨是利用压缩空气把熔化金属吹去，因而可进行全位置操作；手工碳弧气刨的灵活性和可操作性较好，因而在狭窄工位或可达性差的部位，碳弧气刨仍可使用。

5）在清除焊缝或铸件缺陷时，被刨削面光洁铮亮，在电弧下可清楚地观察到缺陷的形状和深度，故有利于清除缺陷。

6）碳弧气刨也具有明显的缺点，如产生烟雾、噪声较大、粉尘污染、弧光辐射、对操作者的技术要求较高。

11.1.3　应用

碳弧气刨工艺可以加工大多数金属材料。例如碳钢、低合金钢、不锈钢、铸铁、铝合金、铜合金、镁合金、镍合金等。在生产中主要有以下作用：

1）清焊根。

2）开坡口，特别是中、厚板对接坡口，管对接U形坡口。

3）清除焊缝中的缺陷。

4）清除铸件的毛边、飞刺、浇铸口及缺陷。

11.2　设备及材料

碳弧气刨系统由电源、气刨枪、碳棒、电缆气管和压缩空气源等组成，如图11-2所示。

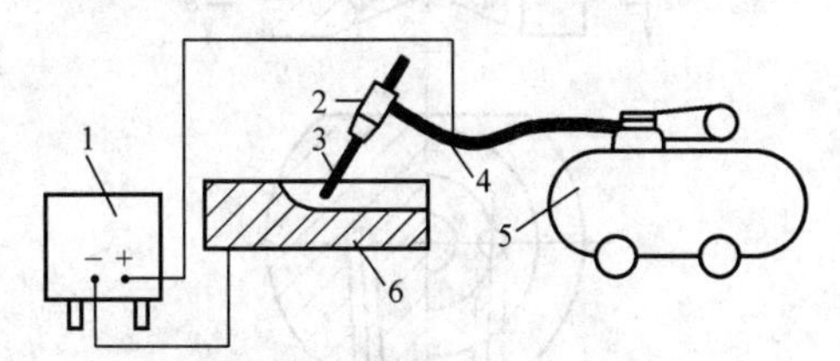

图11-2　碳弧气刨系统示意图

1—电源　2—气刨枪　3—碳棒
4—电缆气管　5—空气压缩机　6—工件

11.2.1　电源

碳弧气刨一般采用具有陡降外特性且动特性较好的手工直流电弧焊机作为电源。由于碳弧气刨一般使用的电流较大，且连续工作时间较长，因此，应选用

功率较大的焊机。例如，当使用 ϕ7mm 的碳棒时，碳弧气刨电流为350A，故宜选用额定电流为500A的手工直流电弧焊机作为电源。使用工频交流焊接电源进行碳弧气刨时，由于电流过零时间较长会引起电弧不稳定，故在实际生产中一般并不使用。交流方波焊接电源，尤其是逆变式交流方波焊接电源的过零时间极短，且动态特性和控制性能优良，也可应用于碳弧气刨。

11.2.2　气刨枪

碳弧气刨枪的电极夹头应导电性良好、夹持牢固，外壳绝缘及绝热性能良好，更换碳棒方便，压缩空气喷射集中、准确，重量轻和使用方便。碳弧气刨枪就是在手工电弧焊钳的基础上，增加压缩空气的进气管和喷嘴而制成。碳弧气刨枪有侧面送气和圆周送气两种类型。

1）侧面送气气刨枪。侧面送气气刨枪结构如图11-3所示。

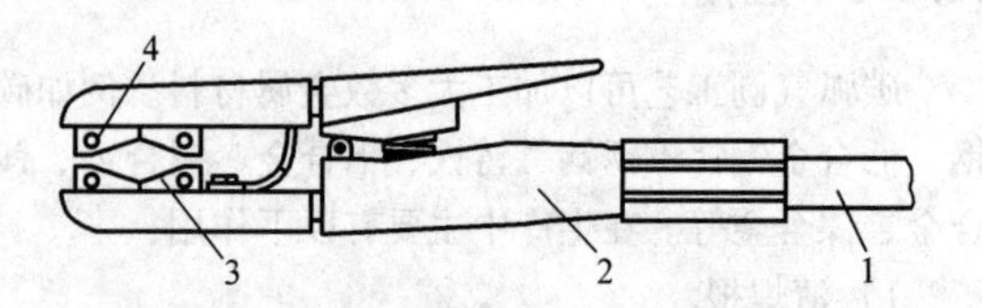

图 11-3　侧面送气气刨枪结构示意图
1—电缆气管　2—气刨枪体
3—喷嘴　4—喷气孔

侧面送气气刨枪嘴结构如图11-4所示。

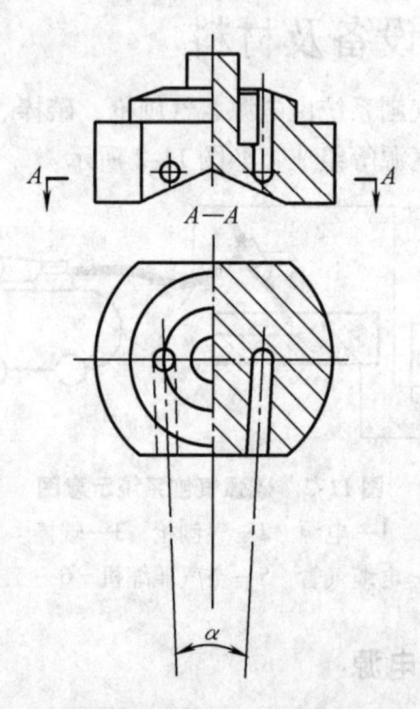

图 11-4　侧面送气气刨枪嘴结构示意图

侧面送气气刨枪的优点：结构简单，压缩空气紧贴碳棒喷出，碳棒长度调节方便。缺点：只能向左或右单一方向进行气刨。

2）圆周送气气刨枪。圆周送气气刨枪只是枪嘴的结构与侧面送气气刨枪有所不同。圆周送气气刨枪嘴结构如图11-5所示。

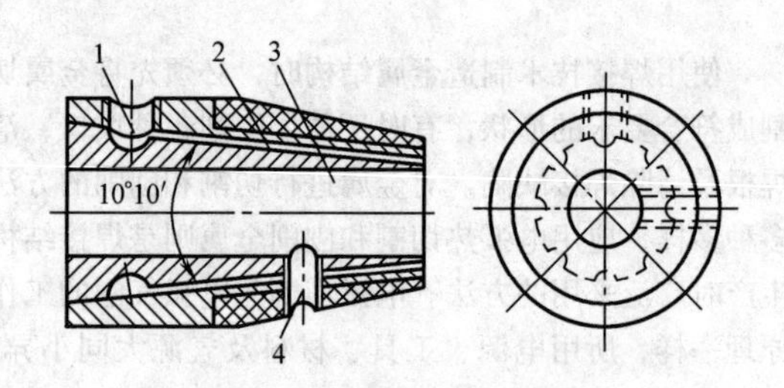

图 11-5　圆周送气气刨枪嘴结构示意图
1—电缆气管的螺孔　2—气道
3—碳棒孔　4—紧固碳棒的螺孔

圆周送气气刨枪的优点：喷嘴外部与工件绝缘，压缩空气由碳棒四周喷出。碳棒冷却均匀，适合在各个方向操作。缺点：结构比较复杂。

11.2.3　碳棒

碳棒是由碳、石墨加上适当的粘合剂，通过挤压成形，烘烤后镀一层铜而制成。碳棒主要分圆碳棒、扁碳棒和半圆碳棒三种，其中圆碳棒最常用。对碳棒的要求是耐高温，导电性能好，不易断裂，使用时散发烟雾及粉尘少。碳弧气刨的碳棒规格及适用电流如表11-1所示。

表 11-1　碳棒规格及适用电流

断面形状	规格/mm	适用电流/A
圆形	3×355	150～180
	4×355	150～200
	5×355	150～250
	6×355	180～300
	7×355	200～350
	8×355	250～400
	9×355	350～450
	10×355	350～500
扁形	3×12×355	200～300
	4×8×355	180～270
	4×12×355	200～400
	5×10×355	300～400
	5×12×355	350～450
	5×15×355	400～500
	5×18×355	450～550
	5×20×355	500～600

11.3 碳弧气刨工艺

11.3.1 工艺参数及其影响

1）电源极性。碳弧气刨一般采用直流反接（工件接电源负极）。这样电弧稳定，熔化金属的流动性较好，凝固温度较低，因此反接时刨削过程稳定，电弧发出连续的唰唰声，刨槽宽窄一致，光滑明亮。若极性接错，电弧不稳且发出断续的嘟嘟声。

2）电流与碳棒直径。电流与碳棒直径成正比关系，一般可参照下面的经验公式选择电流：

$$I=(30\sim50)D$$

式中 I——电流（A）；

D——碳棒直径（mm）。

对于一定直径的碳棒，如果电流较小，则电弧不稳，且易产生夹碳缺陷；适当增大电流，可提高刨削速度、刨槽表面光滑、宽度增大。在实际应用中，一般选用较大的电流，但电流过大时，碳棒烧损很快，甚至碳棒熔化，造成严重渗碳。碳棒直径的选择主要根据所需的刨槽宽度而定，碳棒直径越大，则刨槽越宽。一般碳棒直径应比所要求的刨槽宽度小2~4mm。

3）刨削速度。刨削速度对刨槽尺寸，表面质量和刨削过程的稳定性有一定的影响。刨削速度取决于碳棒直径、刨削的材料、压缩空气压力、电流大小，应与刨槽深度（或碳棒与工件间的夹角）相匹配。刨削速度太快，易造成碳棒与金属短路、电弧熄灭，形成夹碳缺陷。一般刨削速度为0.5~1.2m/min为宜。

4）压缩空气压力。压缩空气的压力会直接影响刨削速度和刨槽表面质量。压力高，可提高刨削速度和刨槽表面的光滑程度；压力低，则造成刨槽表面粘渣。一般要求压缩空气的压力为0.4~0.6MPa。压缩空气所含水分和油分可通过在压缩空气管路中加过滤装置予以限制。

5）碳棒的外伸长。碳棒从导电嘴到碳棒端点的长度为外伸长。手工碳弧气刨时，外伸长大，压缩空气的喷嘴离电弧就远，造成风力不足，不能将溶渣顺利吹掉，而且碳棒也容易折断。一般外伸长为80~100mm为宜。随着碳棒烧损，碳棒的外伸长不断减少，当外伸长减少至20~30mm时，应将外伸长重新调至80~100mm。当采用碳弧气刨加工有色金属时，碳棒的外伸长应适当减短。

6）碳棒与工件间的夹角。碳棒与工件间的夹角α（图11-1）大小，主要会影响刨槽深度和刨削速度。夹角增大，则刨削深度增加，刨削速度减小。一般手工碳弧气刨采用夹角45°左右为宜。

11.3.2 低碳钢、合金钢及铸件的碳弧气刨

1. 低碳钢

可采用碳弧气刨对低碳钢清焊根、清除焊缝缺陷和加工坡口。一般刨槽表面有一深度为0.54~0.72mm的硬化层，但它基本上不影响焊接接头的性能。这是因为焊前可用钢丝刷或砂轮对刨槽表面进行清理，而在随后的焊接中，又将这层硬化层熔化了。

2. 不锈钢

可采用碳弧气刨对不锈钢清焊根、清除焊缝缺陷和加工坡口。对不锈钢进行碳弧气刨后，按下述原则和如图11-6所示顺序进行焊接，不会影响不锈钢的抗晶间腐蚀性能。

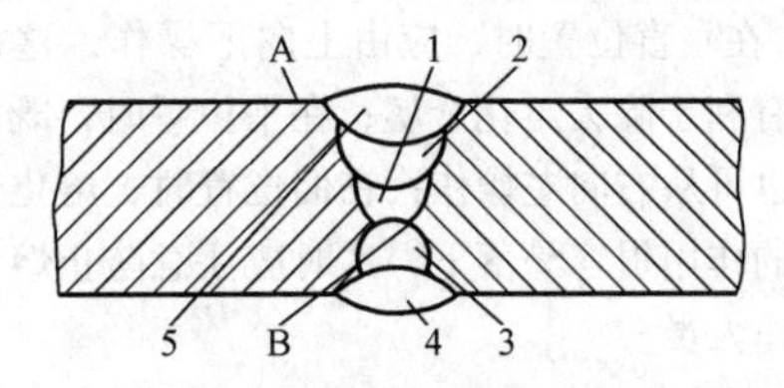

图11-6 不锈钢多层焊接顺序

A—介质接触面 B—气刨槽

1~5—各层焊道的焊接顺序

1）先在介质接触面的一侧进行打底焊，以便在非介质接触面的一侧清焊根，并避免碳弧气刨的飞溅物对介质接触面的损伤。

2）尽量采用不对称的X形坡口，而介质接触面一侧的坡口较大，以使碳弧气刨槽远离介质接触面。

3）介质接触面的盖面焊缝最后施焊，以保证焊缝的耐蚀性。

为了防止碳弧气刨对不锈钢耐晶间腐蚀性能的影响，将不锈钢的刨槽表面用砂轮磨削干净以后，再进行焊接。对于接触强腐蚀介质的超低碳不锈钢，不允许使用碳弧气刨清焊根，而应采用砂轮磨削。

3. Q345和Q390钢

可采用碳弧气刨对Q345和Q390钢清焊根、清除焊缝缺陷和加工坡口。对焊前要求预热的合金钢，应在预热的情况下进行碳弧气刨。其预热温度应等于或略高于焊前预热温度。某些对冷裂纹十分敏感的高强合金钢厚板，不宜采用碳弧气刨。

4. 铸件刨铣

当使用碳弧气刨刨铣铸件表面或浇铸口时，首先应按所需刨铣深度确定碳棒与铸件之间的夹角，然后碳棒左右摆动向前推进。刨铣浇铸口时，碳棒与铸件表面之间的夹角保持20°~70°为宜。碳棒左右摆动

和向前推进的一致性和稳定性决定铸件刨铣表面的粗糙度。

11.3.3 碳弧气刨的操作

1）根据碳棒直径选择并调节好电流，使气刨枪夹紧碳棒并调节碳棒外伸长为80～100mm；打开气阀并调节好压缩空气流量，使气刨枪气口和碳棒对准待刨部位。

2）通过碳棒与工件轻轻接触引燃电弧。开始时，碳棒与工件的夹角要小，逐渐将夹角增大到所需的角度。在刨削过程中，弧长、刨削速度和夹角大小三者适当配合时，电弧稳定、刨槽表面光滑明亮；否则电弧不稳、刨槽表面可能出现夹碳和粘渣等缺陷。

3）在垂直位置时，应由上向下操作，这样重力的作用有利于除去熔化金属；在平位置时，既可从左向右，也可从右向左操作；在仰位置时，熔化金属由于重力的作用很容易落下，这时应注意防止熔化金属烫伤操作人员。

4）碳棒与工件之间的夹角由槽深而定，刨削要求深，夹角就应大一些。然而，一次刨削的深度越大，对操作人员的技术要求越高，且容易产生缺陷。因此。刨槽较深时，往往要求刨削2～3次。

5）要保持均匀的刨削速度。均匀清脆的嘶嘶声表示电弧稳定，能得到光滑均匀的刨槽。速度太快易短路；太慢又易断弧。每段刨槽衔接时，应在弧坑上引弧，以防止弄伤刨槽或产生严重凹痕。

11.4 常见缺陷及排除措施

1. 夹碳

刨削速度和碳棒送进速度不稳，造成短路熄弧，碳棒粘在未熔化的金属上，易产生夹碳缺陷。夹碳缺陷处会形成一层含碳量高达6.7%的硬脆的碳化铁。若夹碳残存在坡口中，焊后易产生气孔和裂纹。

排除措施：夹碳主要是操作不熟练造成的，因此应提高操作技术水平。在操作过程中要细心观察，及时调整刨削速度和碳棒送进速度。发生夹碳后，可用砂轮、风铲或重新用气刨将夹碳部分清除干净。

2. 粘渣

碳弧气刨吹出的物质俗称为渣。它实质上主要是氧化铁和碳化铁等化合物，容易粘在刨槽的两侧而形成粘渣，焊接时容易形成气孔。

排除措施：粘渣的主要原因是压缩空气压力偏小。发生粘渣后，可用钢丝刷、砂轮或风铲等工具将其清除。

3. 铜斑

碳棒表面的铜皮成块剥落，熔化后集中熔敷到刨槽表面某处而形成铜斑。焊接时，该部位焊缝金属的含铜量可能增加很多而引起热裂纹。

排除措施：碳棒镀铜质量不好、电流过大都会造成铜皮成块剥落而形成铜斑。因此，应选用质量好的碳棒和选择合适的电流。发生铜斑后，可用钢丝刷、砂轮或重新用气刨将铜斑消除干净。

4. 刨槽尺寸和形状不规则

在碳弧气刨操作过程中，有时会产生刨槽不正，深浅不匀甚至刨偏的缺陷。

排除措施：产生这种缺陷的主要原因是操作技术不熟练，因此应从以下几个方面改善操作技术：①保持刨削速度和碳棒送进速度稳定；②在刨削过程中，碳棒的空间位置尤其是碳棒夹角应合理且保持稳定；③刨削时应集中注意力，使碳棒对准预定刨削路径。在清焊根时，应将碳棒对准装配间隙。

11.5 碳弧气刨的冶金作用

碳弧气刨时，碳棒接电源正极，碳粒子将从碳棒向母材过渡并被液态母材迅速吸收，因此必须通过压缩空气把渗碳液体金属清除干净。气体压力不足、碳棒夹角和操作不当，都可能在坡口表面留下渗碳金属。根据渗碳金属残留量、要使用的焊接工艺、母材性能、所需焊接质量决定是否采用机械打磨方式清除坡口表面的渗碳金属。

11.6 自动碳弧气刨

11.6.1 自动碳弧气刨的优点

1）碳弧气刨小车和碳棒送进机构可自动控制、无级调速。

2）刨槽的精度高、稳定性好。

3）刨槽平滑均匀、刨槽边缘变形小。

4）刨削速度比手工碳弧气刨速度高5倍左右。

5）碳棒消耗量比手工碳弧气刨少。

11.6.2 自动碳弧气刨设备

自动碳弧气刨机与全位置行走机构如图11-7所示。

主要技术数据：碳棒直径8～19mm；气刨电流350～1600A；压缩空气压力0.42MPa；刨削速度32～165cm/min；刨槽宽度11～29mm；一次刨槽深度3～31mm。

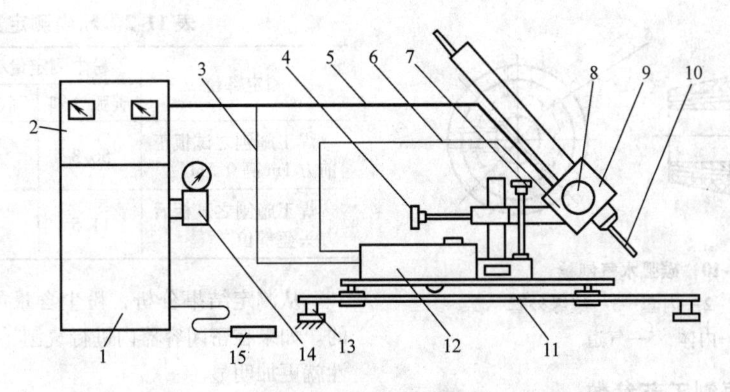

图11-7 自动碳弧气刨机与全位置行走机构示意图

1—主电路接触器（箱内） 2—控制箱 3—牵引爬行电缆 4—水平调节器 5—电缆气管 6—电动机控制电缆 7—垂直调节器 8—伺服电动机 9—气刨头 10—碳棒 11—轨道 12—牵引爬行器 13—定位磁铁 14—压缩空气调节器 15—遥控器

11.7 碳弧水气刨

碳弧气刨产生的烟雾和粉尘，严重污染环境，影响工人的身体健康，特别是在密闭的容器内操作，情况更为恶劣，采用一般的通风措施都不能解决问题。为了控制碳弧气刨引起的烟雾和粉尘污染，根据水喷雾可以消烟灭尘的道理，有些工厂应用了碳弧水气刨。

11.7.1 碳弧水气刨设备

碳弧水气刨设备类似碳弧气刨设备，但增加了一个供水器和供水系统。其示意图如图11-8所示。

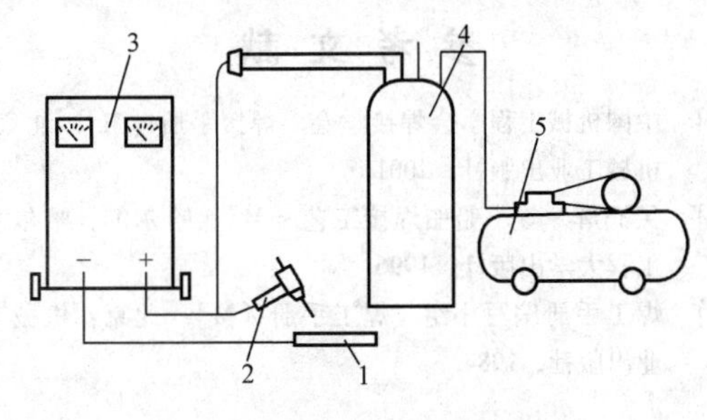

图11-8 碳弧水气刨设备示意图

1—工件 2—气刨枪 3—电源 4—供水器 5—空气压缩机

供水器是提供水雾的装置，其结构见图11-9。压缩空气经管道1与容器连通，水经进水管3注入容器2内，水面达到 H 高度（低于出气管4的底部）后，关闭进水阀门。此时打开出气管4的阀门，就有压缩空气从出气管排出。再打开出水管5的阀门，就有压力水从出水管喷出。若同时打开4和5，压缩空气和压力水经三通接头6混合，从而喷射出压缩空气和水雾。调节出气管4的阀门和出水管5的阀门，可改变风量及水雾的大小。当供水器内的水面高度低于 h 时，就喷不出水雾。因水在工作中呈雾状，消耗量较少，一次灌注可用数日。

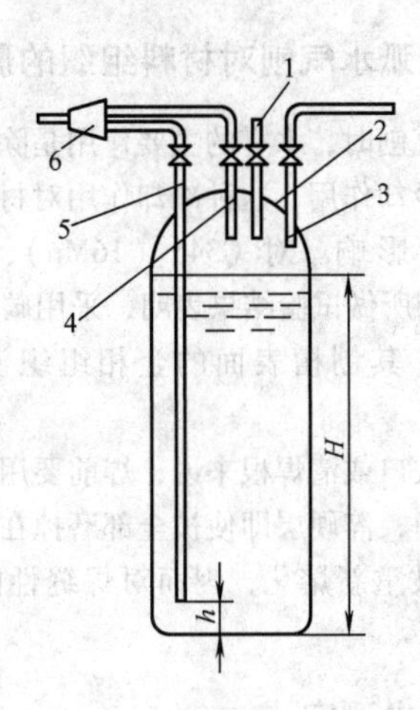

图11-9 供水器示意图

1—压缩空气进气管 2—容器 3—进水管 4—压缩空气出气管 5—出水管 6—水、气、混合三通

碳弧水气刨的关键，在于制造合理的供水器，以获得均匀弥散的水雾。但还必须注意压缩空气与压力水混合的三通管接头6，应该使它尽可能地靠近气刨枪（一般在10mm以内），这样才能保证气刨枪喷出挺拔的水雾。

将碳弧气刨枪稍做改造即可作为碳弧水气刨枪。例如，将圆周送气气刨枪的内体（图11-10）和外套在左端尾部钎焊以保密封，同时将内体上的气道内径由1mm改为1.5mm。

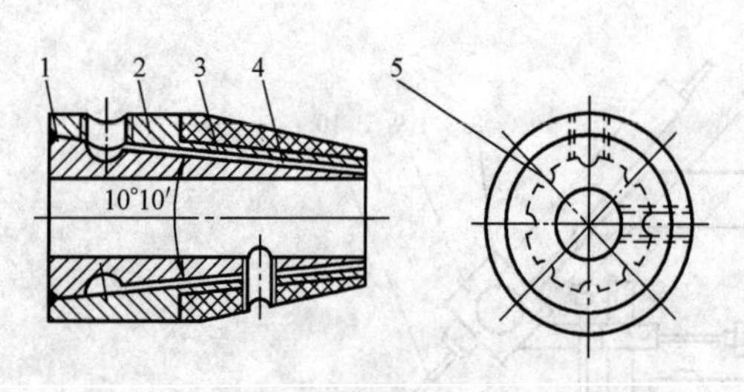

图11-10 碳弧水气刨枪

1—钎焊处 2—内套 3—绝缘外套

4—内体 5—气道

11.7.2 碳弧水气刨工艺参数

根据试验和生产试用，推荐参考工艺参数如下：

碳棒直径 ϕ7mm

碳棒外伸长 70～90mm

压缩空气压力 0.45～0.6MPa

气刨电流 400～500A

刨槽深度 4～6mm

刨槽宽度 9～11mm

11.7.3 碳弧水气刨对材料组织的影响

碳弧水气刨时，水雾的主要作用是除尘，也对工件有一定的冷却作用，这种冷却作用对材料组织和性能没有大的影响。对Q345（16Mn）、15CrMo和1Cr18Ni9Ti钢所做试验结果表明，采用碳弧气刨或碳弧水气刨时，其刨槽表面的金相组织没有明显的差别。

对于刨坡口或清焊根来说，焊前要用砂轮将刨槽表面打磨干净，淬硬层即使被全部磨掉在其后的焊接过程中也会被重新熔化，因而对焊缝性能没有明显影响。

11.7.4 粉尘测定

经在车间现场进行粉尘测定，其结果见表11-2所示。

表11-2 粉尘测定数据

测定部位	粉尘测定量/(mg/m)		粉尘下降倍数
	碳弧气刨	碳弧水气刨	
焊工施刨之试板正前方1m高0.5m	56.3	13.8	4.1
焊工施刨之试板后方头盔部位	11.5	1.15	10

从测定结果分析，粉尘含量的下降幅度是明显的。如果在密闭容器内进行气刨，碳弧水气刨的优越性就更加明显。

11.8 安全技术

碳弧气刨操作过程需注意防止包括烟尘、有害气体、噪声、光辐射和电击等多种危害。

1）露天作业时，尽可能顺风向操作，防止吹散的铁液及渣烧损操作人员，并注意场地防火。

2）碳弧气刨时会产生氧化物、臭氧、一氧化氮和二氧化氮等烟尘和有害气体，必须通过排风系统或其他方法将其排除，以保证气刨操作者呼吸区内有毒物质的浓度合乎要求。特别是在容器或舱室内部操作时，必须加强抽风及排除烟尘措施。

3）碳弧气刨过程产生的较大噪声可能对操作人员的听力产生伤害。因此操作人员应在碳弧气刨过程中注意防止噪声危害。

4）选用电碳厂生产的专用于碳弧气刨的碳棒。

其他安全措施与一般焊条电弧焊相同。

参考文献

[1] 中国机械工程学会焊接学会. 焊接手册［M］. 北京：机械工业出版社，2001.

[2] 吴润辉，等. 船舶焊接工艺［M］. 哈尔滨：哈尔滨工程大学出版社，1996.

[3] 焊工手册编写小组. 焊工手册［M］. 北京：机械工业出版社，1984.

第12章　高效电弧焊焊接方法与技术

作者　黄鹏飞　华学明　审者　殷树言

12.1　绪论

12.1.1　概述

自从熔化极气体保护焊出现以来，它以高效、节能、操作简单方便、便于实现机械化和自动化等特点，在实际生产中得到广泛的应用，并已成为焊条电弧焊的替代工艺。西欧、美国和日本等工业发达国家的MIG/MAG焊接工艺已经占所有焊接工作量的60%～80%[1]。随着工业生产的发展、市场竞争越来越激烈，焊接自动化程度不断提高，各生产厂家为增强市场竞争力，越来越强烈地要求提高生产效率，降低生产成本。另外，近些年在气体保护电弧焊领域中，对于如何改善焊接质量和提高焊接生产率两个方面，都进行了大量的研究。鉴于当今各工业国的焊接技术工人队伍呈逐年减少，而焊接生产中的劳动力费用逐渐增高之势，各国对于如何减少辅助工时和如何提高焊丝熔敷速度的问题就更为重视了[2]。提高MIG/MAG焊的生产效率，不仅是提高焊接产品市场竞争能力的一个有效途径，同时也具有极大的现实意义[3]。

12.1.2　高效焊接的常见问题

国际上对高效MAG焊的定义不尽相同，德国焊接协会在DVS-0909-1-2000中界定了高效MAG焊的标准，即对于ϕ1.2mm的焊丝，送丝速度超过15m/min，或熔敷速度大于8kg/h的MAG焊称为高效MAG焊，某些高效MAG焊的最高熔敷速度可达25kg/h以上[2]。

焊接生产率的提高主要包括两个方面：①提高焊接速度，主要用于薄板焊接；②提高熔敷速度，主要用于中厚板的焊接。熔敷速度是指焊接过程中，单位时间内熔敷在焊件上的金属质量（kg/h），它是焊接生产率的重要指标。

1. 提高焊接速度

为提高焊接速度，一个自然的想法是在提高焊接速度的同时增大焊接电流，维持热输入不变。但是实践表明，简单地保持焊接热输入不变并不能实现稳定的高速焊接。随着焊接速度的提高，熔池的长度变长，当超过某临界值时，会产生咬边，其焊缝断面如图12-1所示。如继续提高焊接速度，则会出现驼峰焊道[4]。即使焊接电源的输出非常稳定，也很难避免上述焊接缺陷的产生。这是由于在高速焊接条件下，焊接电弧和熔池的行为都不同于常规低速的焊接状况。由于咬边一般先于驼峰出现，所以解决高速焊接工艺的核心问题就是解决咬边问题。

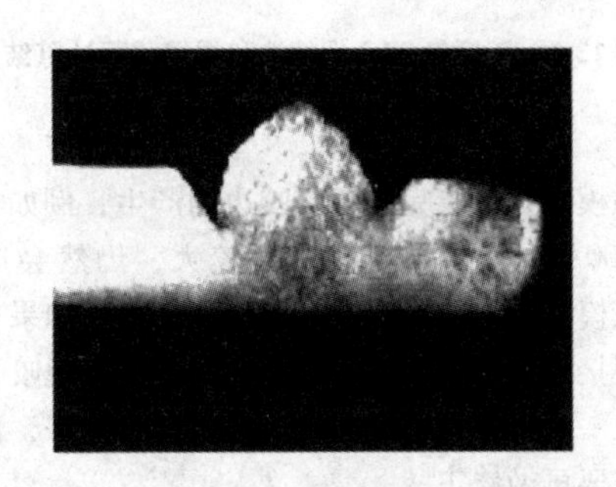

图12-1　焊缝咬边

在高速焊接过程中，避免焊缝产生咬边是提高焊接速度的关键问题，目前关于咬边产生机理的模型主要有如下几种。

（1）流体动力学数值模型　自从苏联的H. H. 雷卡林在1951年建立焊接热过程计算理论以来，焊接温度场的解析计算没有实质性的进步，但是随着计算机技术的飞速发展，焊接热过程的数值模拟取得了长足的进步。Sudnik建立的焊接过程的准稳态数值模型，是目前这一领域较先进的[5,6]。在他的模型中，考虑了熔池表面的对流、辐射、金属蒸发等因素。建立了重力、电弧力和表面张力之间的平衡方程，模型中的热源和电弧力符合高斯分布规律。考虑了焊接熔池周围的两相区，引入了间隙宽度和横向收缩、焊接速度和填充金属的熔敷速率等，从而更加符合焊接实际情况。

在计算时，考虑到表面张力决定于温度，温度决定于表面形状，形状又决定于表面张力，多次循环迭代，最终得到稳定的结果。

该研究以薄板TIG焊为例进行计算，如图12-2所示为焊接速度v＝30mm/min，电流I＝430A，板厚为2.2mm的不锈钢板焊接时理论计算得到的焊缝断面和熔池形状。实验表明，理论计算结果基本反映焊缝实际形状。用上述模型可以计算焊缝的咬边、烧穿等缺陷。计算表明，当电流很大时（$I \geqslant 300A$），咬边是由于电弧压力过大造成的。

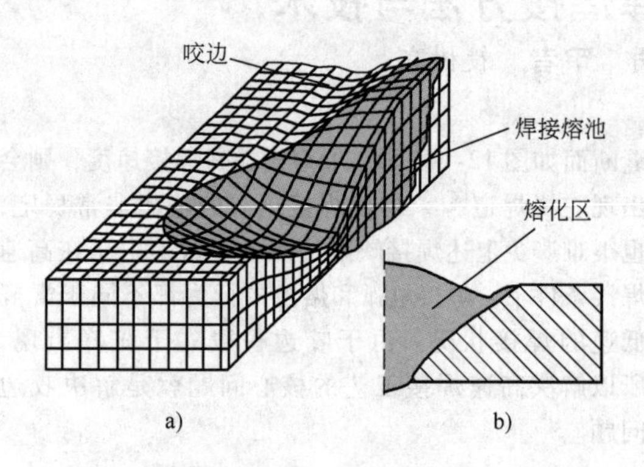

图12-2　不锈钢TIG焊熔池和焊缝截面计算结果

a）焊接熔池　b）焊缝断面形状

该模型并不能完全解释咬边的产生，例如在电流小于300A时，如果焊接速度较大，仍然会产生咬边，该模型却不能得到这一结论。相反，如果在大电流下焊接时，如果焊接速度小，则不会出现咬边，该模型在一定焊接条件下和实际情况符合较好，但在高速时需要再做修正。

（2）咬边产生机理的表面张力模型[7]　当金属材料中存在一定量的表面活性元素时，在温度升高过程中，表面张力的温度系数会出现由正到负的转变过程。如图12-3所示，如果用T_c代表液体表面张力温度系数$\partial\sigma/\partial T$由负变正的转变温度，那么在此温度之上，$\partial\sigma/\partial T<0$，表面张力将随着熔池温度的升高而减小；在此温度之下到金属熔化温度之上，$\partial\sigma/\partial T>0$，表面张力将随着熔池金属温度的升高而增大。以铁基金属为例，当其硫含量为0.02%时，其表面张力温度系数由负变为正的转变温度大约是2370K。这样，我们可以沿焊枪运动的垂直方向，依据温度分布把熔池分为两个区域，如图12-3所示。

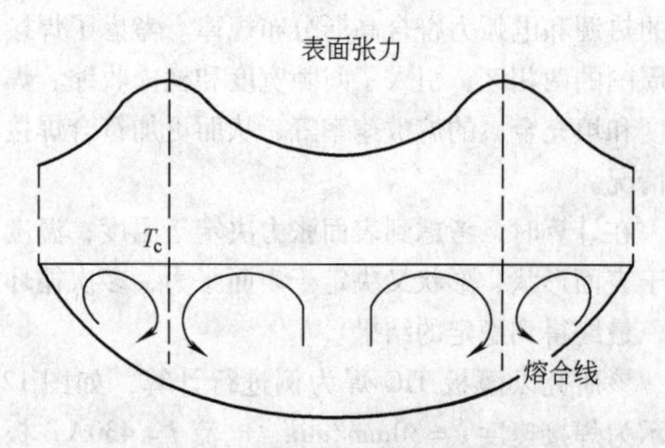

图12-3　焊接熔池流动示意图

在温度高于T_c区域，$\partial\sigma/\partial T<0$，表面张力将随着温度的升高而减小，图12-3中间区域，形成了自熔池中间向T_c线的液体流动。

在T_c到熔合线（约为1833K）之间，$\partial\sigma/\partial T>0$，表面张力随温度升高而增大，导致熔池表面液态金属形成了自熔池熔合线向T_c线的液体流动。正是这种液体流动，使得近熔合线附近的液体金属向熔池中心聚集，当液体金属补充受阻时，将导致熔池周边表面下凹，形成咬边。研究表明：①熔池表面液体自熔合线向熔池中心流动是导致焊缝产生咬边的最根本因素，当熔池表面张力温度系数为正值时将可能发生咬边现象；②温度梯度是影响焊缝咬边程度的最重要因素，在其他条件不变的前提下，焊缝咬边程度随着温度梯度的增大而增大；③增加熔化角可有效减小近熔合线区的液体流动阻力，降低近熔合线区凝固速度，对抑制焊接咬边有明显作用。针对某种确定的材料，表面张力的温度系数也是确定的。模型表明采用如下两种方式可以提高焊接速度：①降低焊接温度场的温度梯度；②增大焊接熔化角。

该模型对焊缝产生咬边的机理进行了初步研究，但是咬边的影响因素很多，影响机理也非常复杂，目前尚缺少系统科学的理论解释。

2. 提高熔敷速度

在焊接厚板时，希望能采用更大的送丝速度，提高熔敷速度。为了提高熔敷速度，就需要提高焊接电流，此时电弧行为成了限制焊接电流提高的主要因素。随着电流的增大，电弧对熔滴的作用力也越来越大，在MIG/MAG焊中电流很大时，熔滴过渡形态将会由稳定的射滴、射流过渡转变为不稳定的旋转射流过渡，此时焊丝端头十分柔软，由于金属蒸气从焊丝侧面蒸发，而造成焊丝端部旋转，熔滴无规则地甩动，同时伴随着很大的飞溅[8]，焊缝成形恶化，过程极不稳定[9]，焊丝的熔敷速度受到限制。所以实现高熔敷速度焊接的关键就是解决在大电流下的电弧稳定性问题。

在高熔敷速度MAG焊中，通过综合利用多元保护气体的物理特性和适度加大焊丝伸出长度，在超常规MAG焊的高电流和高电压范围内（图12-4右半部曲线）可提高焊丝的熔化速度。由图12-4的关系曲线可见，在富Ar的混合气体下，采用ϕ1.2mm直径的实心焊丝，送丝速度超过15m/min，焊接电流大于350A，电弧电压高于26V则进入高效MAG区。当其他焊接参数保持不变，焊丝伸出长度为22～35mm，焊接电流为350～500A，相应的电弧电压为26～45V，则出现高速短路过渡。这种过渡的特点是短路、燃弧周期性交替，而短路时间很短，过渡频率较高，可以达到非常高的焊接效率，并能形成深而宽的焊缝，完全不同于常规短路过渡形式。高效MAG焊熔滴过渡形式如图12-5所示。

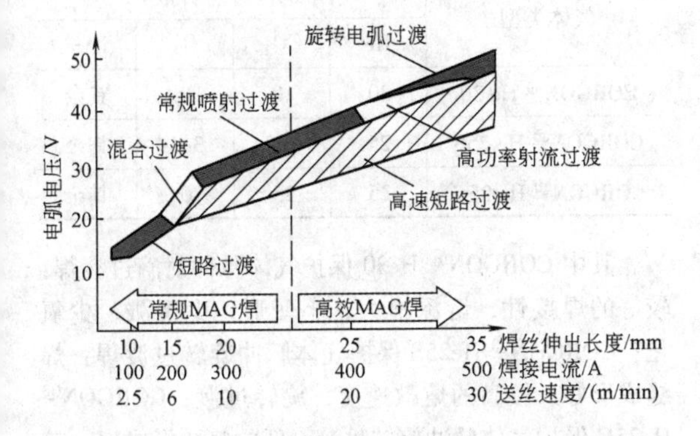

图12-4　MAG焊熔滴过渡形式与焊接参数的关系

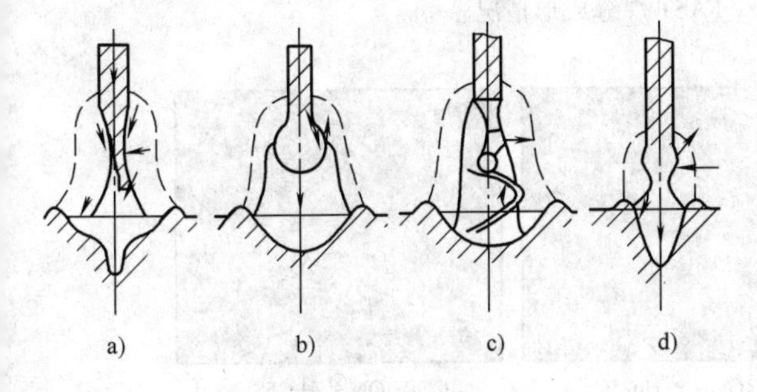

图12-5　高效MAG焊熔滴过渡形式

a）射流过渡　b）滴状过渡

c）旋转电弧过渡　d）短路过渡

12.2　高效焊接的主要解决办法

科学技术向前发展是永恒的，同样焊接技术也要向前发展，为了实现高效化焊接，长久以来人们做了大量的实验与研究，从最初的只是局限于改变焊接参数，到后来改变焊接材料、改进原有工艺方案等方法来提高焊接效率。这方面已经如取得了许多成绩，但是为了进一步提高焊接效率，必须开辟新的途径、研发新的工艺。

12.2.1　改变焊接材料

1. 不同气体配比的高效焊接方法及特点

（1）T.I.M.E焊接　T.I.M.E.焊接工艺（Transfer Ionized Molten Energy Process）由Canda Weld Process公司的J. Church在1980年研究成功。T.I.M.E.工艺仍为MAG焊范畴的方法，是具有代表性的高熔敷速率的焊接工艺。与普通MAG不同的是，T.I.M.E焊工艺是采用四元保护气体，各种气体成分分别为Ar（65%）+He（26.5%）+CO_2（8%）+O_2（0.5%）。通过这种不同比例混合保护气体，可以实现稳定的锥形旋转射流过渡，从而可以突破传统的MAG焊电流极限，防止了在普通MAG焊大电流时不规则的旋转射流过渡和较大的飞溅，如图12-6所示。其中He和CO_2的作用在于控制产生旋转射流的临界电流和旋转射流稳定性，加入少量的O_2，可以进一步提高熔滴过渡的稳定性。采用上述混合气体保护，再辅以合适的焊丝伸出长度（长度可达35~40mm），能够显著提高焊丝熔化速度，而且T.I.M.E.焊接一般采用ϕ1.2mm或ϕ1.6mm的细焊丝，在500~700A的大电流下进行焊接，使焊丝伸出长度上的电阻热增大，送丝速度突破了MAG焊的最高速度15m/min的限制，提高至50m/min，从而大幅提高了熔敷速度（熔敷速度是传统MAG焊的三倍）。

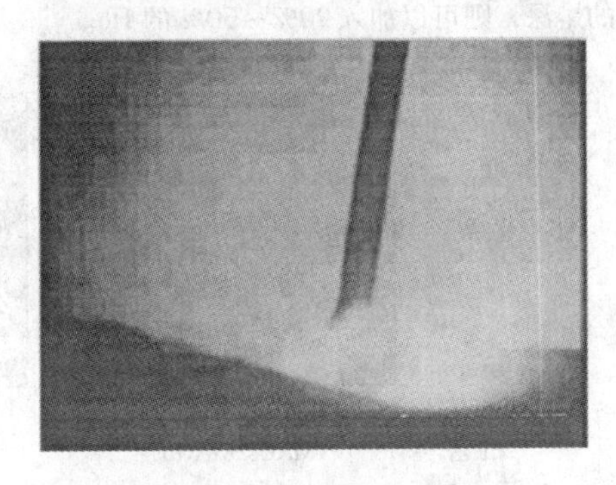

图12-6　T.I.M.E焊的电弧形态

从20世纪90年代初开始，T.I.M.E.焊工艺在加拿大、欧洲、日本等国家得到了推广，但由于采用四种成分的混合气体，尤其是由于He的加入，使得T.I.M.E.焊的保护气体成本较高，为此，各国在开发和应用T.I.M.E.焊工艺的同时，也针对具体应用要求开发了基于三元或二元气体的T.I.M.E.焊替代工艺[9,10,11]，如瑞典AGA公司的RAPID MELT，日本OTC的HIGH MAG等，其主要出发点与T.I.M.E.焊相同，都是通过采用适当的保护气体，将传统的MAG焊极限送丝速度即电流提高，从而提高熔敷速度。

由于T.I.M.E.焊工艺大幅度提高了焊丝熔敷速度，即使与传统埋弧焊工艺相比，也有其自身独特的优越性：①工艺适应性强；②操作简便；③易于实现机械化和自动化；④焊接成本低，经济效益可观；⑤电弧控制性好，获得稳定熔滴过渡形式的电流区间宽；⑥耗材成本低（T.I.M.E.焊的焊丝、气体与埋弧焊的焊丝、焊剂相比）；⑦设备耗能低，还可用于其他焊接方法；⑧焊缝金属氢含量低等[11]。

（2）LINFAST 焊接[12]

为了降低富含 He 的 T. I. M. E. 焊工艺的成本，焊接工作者试图采用简单的二元或三元混合气体，来获得稳定的高效焊接工艺过程。在这方面比较有代表性的是德国 LINDA 公司推出的 LINFAST 焊接工艺。LINFAST 焊接工艺的基本原理是在保护气体的选择上除了具有保护功能之外，还要使得焊接电弧的形态以及熔滴过渡过程得到有效的控制，从而实现稳定的旋转射流过渡，满足提高焊接效率、改善焊接质量的要求。LINFAST 根据不同的焊接规范区间和不同的应用场合，选择不同的保护气体，以降低气体的成本。例如，在较低的送丝速度范围（15 ~ 20m/min）内，LINFAST 采用 82% Ar + 18% CO_2 气体，CO_2 气体的加入，可以提高焊接电弧的挺直度，使电弧收缩，熔深加大，同时对焊缝金属还有清洁作用。如果为了提高焊缝的熔深，则可以加入 20% ~30% 的 He。

常用的 LINFAST 保护气体成分见表 12-1。

表 12-1　常用的 LINFAST 保护气体成分

气体类型	气体成分（体积分数，%）			
	He	CO_2	O_2	Ar
CORGON® He 30	30	10	0	其余
CORGON® He 25S	25	0	3.1	其余
CORGON® He 25C	25	25	0	其余

其中 CORGON® He30 保护气体脉冲射滴过渡焊：较好的焊接性，熔深增大，小变形，少飞溅，少氧化；CORGON® He25S 保护气体脉冲旋转过渡焊：焊缝成形好，较高的熔敷速度，旋转过渡；CORGON® He25C 保护气体脉冲旋转过渡：低的气孔形成率，较高熔深。图 12-7 为不同保护气体的 MAG 焊接 LINFAST 焊缝成形情况[6]。

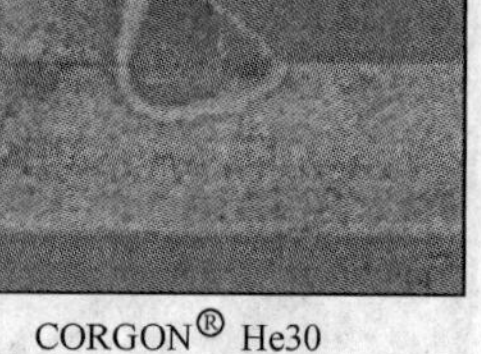
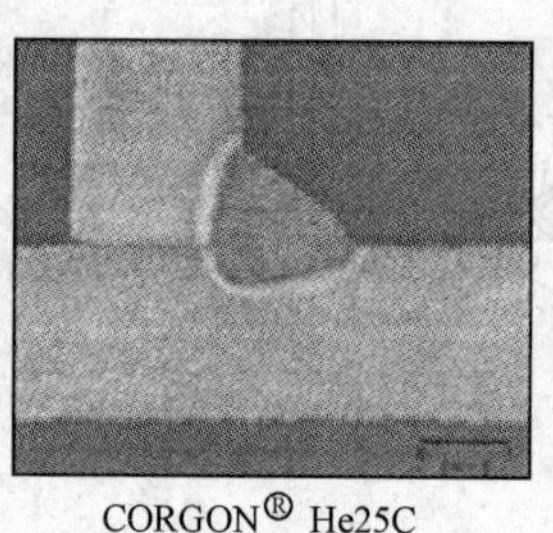
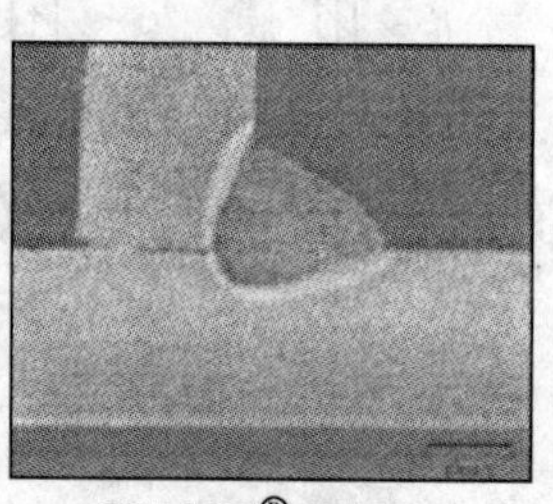

a)

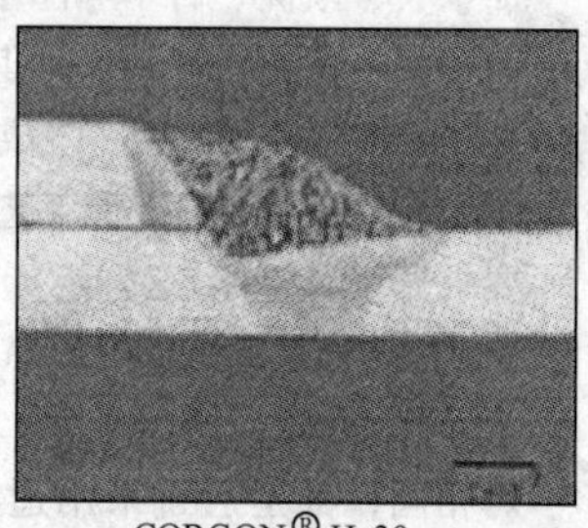
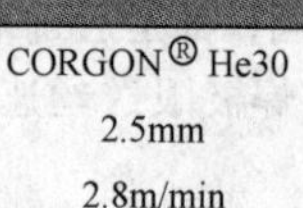

b)

图 12-7　不同保护气体的 MAG 焊接 LINFAST 焊缝成形

a）单丝 MAG 焊接　b）双丝 MAG 焊接

（3）RAPID MELT 焊接

RAPID MELT 焊接工艺是瑞典 AGA 公司研究的一种新的焊接工艺方法，和 T. I. M. E. 焊接方法相似，它也是通过改变保护气体的成分，来改变焊接电弧的物理特性。它在保证焊接质量的前提下，使得焊接熔敷速度得到很大的提高。和传统的 MIG/MAG 焊接方法相比较，RAPID MELT 大幅扩展了传统的 MIG/MAG 焊接的规范区间，从而使得焊接生产效率得到提高。采用 MISON8（Ar/8% CO_2/0.03% NO）气体保护进行的 RAPID MELT 焊接试验，焊丝的熔敷速度从传统的射流过渡的 8kg/h 提高到 10～20kg/h，其中添加的 NO 减少焊接过程中产生的臭氧。RAPID MELT 通过合理匹配送丝速度、电弧电压、保护气体和焊丝伸出长度等焊接参数，来实现不同的熔滴过渡形式，从而获得较高的熔敷速度。

（4）RAPID ARC 焊接

通过改变保护气体成分，对提高焊接速度也会有一定的作用，其中比较成功的是瑞典的 AGA 公司的 RAPID ARC 焊接法。如上所述，该公司的 RAPID MELT 焊接法是 T.I.M.E. 焊的一个变种，适用于焊接厚板，而 RAPID ARC 焊接法则是专门用于焊接薄板的。RAPID ARC 采用高速送丝、大伸出长度和低氧化性气体 MISON8（该公司的专利产品），增强了熔池润湿性，因而焊缝与母材过渡平滑，并且焊缝平坦，从而可在 1～2m/min 的速度下进行焊接而不出现成形缺陷。这种焊接方法已经成功地在欧洲市场上应用。

2. 新型焊丝材料

目前提高熔敷速度的手段中，应用最为广泛的是采用药芯焊丝代替实心焊丝进行焊接，采用金属粉芯焊丝可比实心焊丝的熔敷速度提高 50% 以上。①实心焊丝适用的直径为 ϕ1.0～1.2mm，过细的焊丝不能适应高速送丝，而直径大于 1.2mm 的焊丝，即使在大电流下也不易产生稳定的旋转电弧过渡。药芯焊丝可以采用 1.2～1.6mm 的直径。②金属粉芯和造渣型药芯焊丝均可用大的焊接参数实现高效 MAG 焊。尤其是金属粉芯焊丝，由于金属粉的填充率可以高达 45%，所以采用 ϕ1.6mm 的金属粉芯焊丝，以 380A 和 38V 的焊接参数焊接时，其熔敷速度高达 9.6kg/h。金属粉芯焊丝的熔滴过渡相似于实心焊丝。药芯焊丝可以用常规喷射过渡和高速短路过渡形式焊接，但不可能产生旋转电弧过渡。金红石药芯焊丝的最高送丝速度可达 30m/min，碱性药芯焊丝送丝速度的上限为 45m/min，熔化速度最高可达 20kg/h。

调整保护气体的成分可以大幅度地提高焊丝的熔敷速度，药芯焊丝在提高焊接效率的同时，也可以大幅度提高焊接接头的力学性能。

12.2.2　现有焊接工艺的优化

1. 磁控 MAG 焊

传统 MAG 焊在大电流时产生旋转射流过渡，这时伴随着很大的飞溅，如图 12-8 所示。实际上发生旋转射流过渡时电流就是 MAG 焊的上限电流，也就是说 MAG 焊的最大电流是受到无规则的旋转射流过渡的限制，因此也就是限制了焊接熔敷速度的提高。为了避免改变保护气体成分造成生产成本上升，北京工业大学焊接技术研究所利用磁场控制焊接电弧和熔滴过渡，实现了高熔敷速度焊接[13]，其原理如图 12-9 所示。焊接电弧在纵向磁场作用下，由于带电粒子由电弧中心向边缘的扩散运动，而引起径向电流 I_r，如图 12-9a 所示。该电流 I_r 在纵向磁场作用下将发生绕焊丝轴向的旋转运动，同时产生沿圆周方向的电流分量 I_ω，同时圆周电流 I_ω 也在纵向磁场 B_z 作用下产生向心的作用力 F_r，它作用在焊丝端头的液柱上将使其向中心收缩，即形成稳定的圆锥形旋转射流过渡，如图 12-9b 所示。这时的磁控电弧的形态如图 12-10 所示。

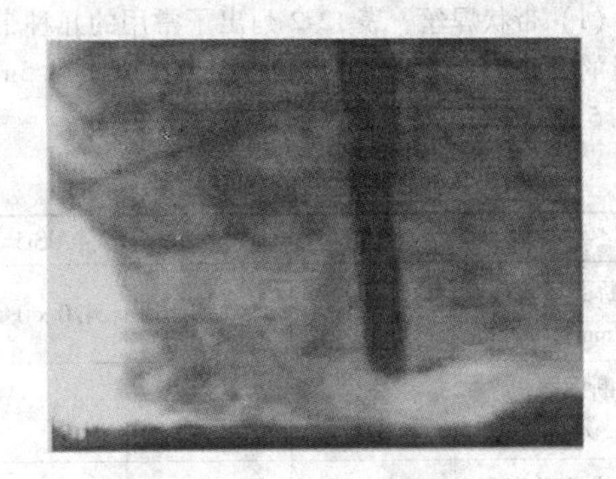

图 12-8　旋转射流过渡形态

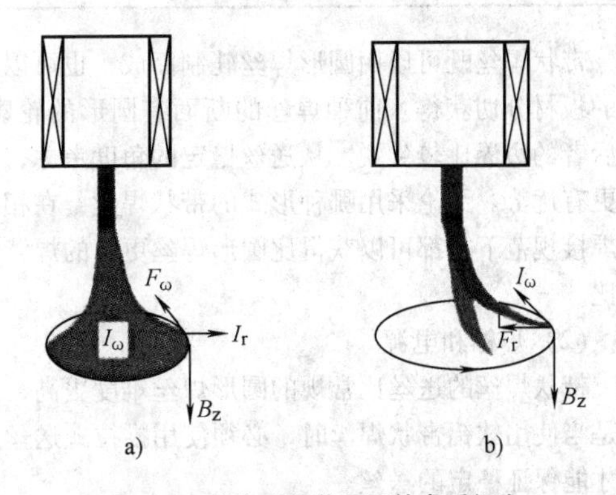

图 12-9　纵向磁场作用下的电弧行为

由图可以看出，磁控 MAG 焊可以得到与改变保护气体高效焊接工艺类似的效果。目前试验中使用 ϕ1.2mm 的焊丝，送丝速度能够达到 42m/min，焊缝成形良好。

2. 带极气体保护焊

带极气体保护焊是一种新的提高 GMA 焊接速度

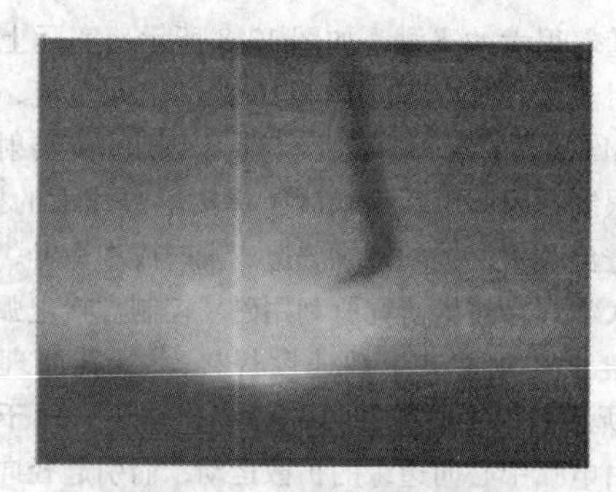

图 12-10　磁控电弧的形态

的方法，使用带状焊丝作为电极，其熔敷速度能超过11kg/h[15]。和常规 MAG 焊相比，其优势表现在：①熔敷速度快；②焊接速度快。当然它也有一些缺点，比如在机器人应用中会遇到送丝方面的问题。

使用带状焊丝的必备条件是，必须有一套非常匹配的焊接电源、送丝机及焊枪。

（1）带状焊丝　表 12-2 列出了常用的几种带状焊丝的类型。带状焊丝的尺寸范围为宽 4.0 ~ 4.5mm，厚 0.5 ~ 0.6mm，最大宽厚比为 9:1。

表 12-2　几种不同的带状焊丝尺寸

材料	G3Si1	AlMg4.5Mn	AlSi5
断面尺寸/宽/mm × 厚/mm	4.5 × 0.5	4.0 × 0.6	4.0 × 0.6
断面面积/mm^2	2.3	2.4	2.4
单位长度质量/(g/m)	17.6	6.5	6.6

带状焊丝既可以用圆形焊丝轧制而成，也可以由薄的板材分切获得。前种焊丝的断面有圆形的轮廓，而后者的边界比较尖锐。从送丝稳定的角度考虑，前者更有优势。无论采用哪种形式的带状焊丝，在相同的焊接规范下，都可以获得比圆形焊丝更大的焊缝深宽比。

（2）焊枪和电源

带状焊丝的送丝比常规的圆形焊丝难度更高，特别是当使用软铝带状焊丝时，必须使用推拉式送丝系统才能保证稳定的送丝。

图 12-11 所示是专门适用于带状焊丝的推拉式焊枪。导电嘴设计成这种方式使带状焊丝能正好穿过长方形的焊丝孔。焊枪的喷嘴是水冷式的，当焊接电流很高的时候，水冷系统非常重要。

在带极气体保护焊中，使用的电源额定输出电流为 900A，一般在钢焊丝的脉冲电弧焊中，脉冲峰值电流最高需要达到 1200A。铝焊丝的峰值电流最高要达到 500A。

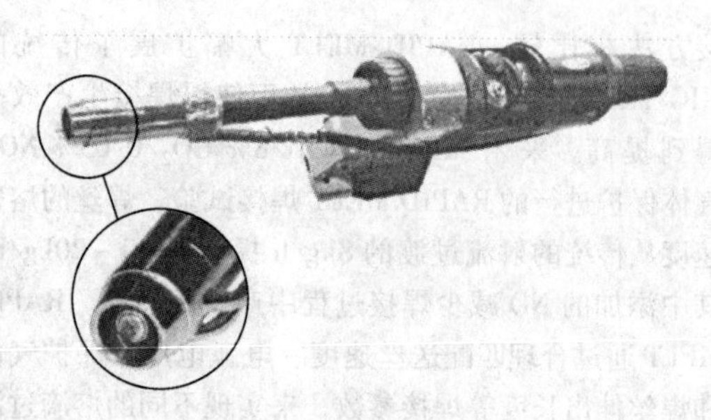

图 12-11　使用带状的焊枪

（3）焊接参数和保护气体　在钢焊丝焊接中，平均的焊接电流是 420A（电流密度是 190A/mm^2）。送丝速度为 11m/min，熔敷速度超过 11kg/h，采用 82% Ar + 18% CO_2 的混合气体作为保护气体，混合气中含有少量的 CO_2 能改善熔滴过渡。气流量约为 20L/min。

在 AlMg4.5Mn 带状焊丝脉冲焊中，电流平均要达到 260A（电流密度为 110A/mm^2）。送丝速度为 9m/min，熔敷速度为 4kg/h。为提高焊接速度用纯氩或氩氦混合气作为保护气。

（4）熔滴过渡　金属微粒在带极气体保护焊中的过渡可以借助高速照相机进行研究。从图 12-12 可以看出 AlSi5 的带状焊丝在一个脉冲周期内的变化（送丝速度为 5m/min）。在靠近带状焊丝的部位，电弧可以明显地看出是椭圆的形状，但是在靠近工件的部位，就趋于圆形了。值得注意的是分离后的熔滴并不是呈明显的椭圆形。由于表面张力的影响，很多熔滴为球状。

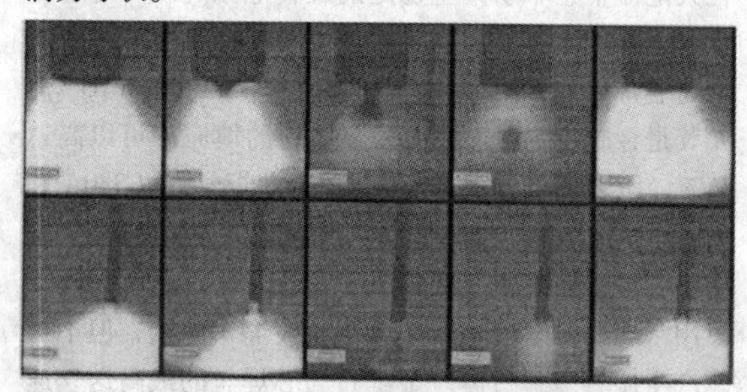

图 12-12　不同电极条件下的熔滴过渡

（5）焊接速度　提高焊接速度是提高焊接效率的重要方法。在 3mm 板厚水平位置搭接焊时，如果采用直径为 1.2mm 的圆形焊丝进行焊接，最高焊接速度能达到 80cm/min。而如果采用带状焊丝，焊接速度能有很大的提高，最高可达 1.65m/min。图 12-13所示为两块 3mm 厚薄铝板搭接焊后的实物图，采用带极焊接工艺，填充金属为 AlMg4.5Mn，焊接速度为 1.5m/min。

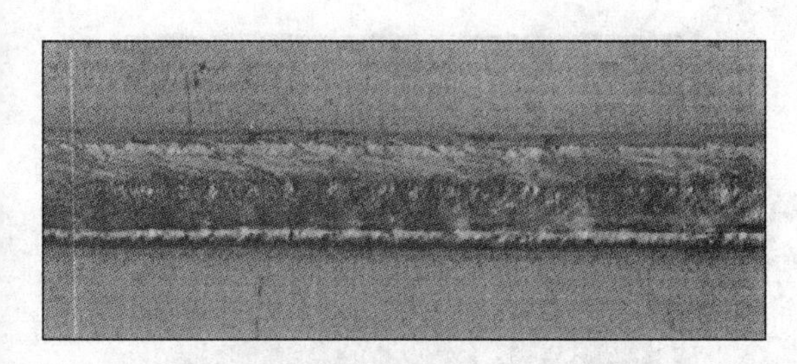

图12-13　带极高速焊接铝板焊缝外形

12.2.3　新型焊接工艺

优质、低耗是当前制造业对焊接技术提出的迫切需求。焊接作为一种重要的制造成形工艺，其效率的提高对企业总的生产率的提高有着举足轻重的影响。现代制造业为了增强市场竞争能力，对焊接生产加工的效率提出了越来越高的要求，但有些高效焊接方法，其工艺复杂、设备投资成本高，对工件的装配精度要求高，适应性差，难以大面积推广应用。为了既要提高焊接速率，又要降低焊接成本，人们通过大量尝试，对现有工艺进行组合实验，得到许多令人满意的复合焊接工艺方案，大大提高了焊接效率，如双丝高速焊、激光-MIG焊、TIG-MIG焊、等离子弧-MIG焊、A-TIG焊等，下面几节将对这几种复合焊接做详细介绍。

12.3　单丝高速焊接工艺

12.3.1　高速焊接工艺的实现方式

实践表明，改变焊接材料的方式可以提高效率，但是不可避免地会使焊接成本升高，虽然在一定程度上提高了焊接生产效率，但同时也都存在一些明显的问题。提高焊接速度的最终目的，是降低焊接生产成本，提高市场竞争力。

在工业生产中，短路过渡焊接工艺得到了广泛应用。短路过渡的波形控制技术可以使电弧具有不同特性，从而满足不同工艺需要。

研究表明，不同的焊接速度对电流波形控制提出了不同的要求，其中影响最大的是燃弧阶段的电流波形，如图12-14所示[14]。图中燃弧电流波形1适合于低速焊接，其波形与传统的电流波形类似，若将这种波形应用于高速焊接，由于再引燃电流较大，焊丝端头返烧较大，同时对熔池产生较大的冲击，其结果使熔池产生较大的振荡，引起焊道不连续；波形3再引燃电流较小，而且在燃弧阶段基本上保持不变，从而抑制了熔池振动，使熔池比较平静，焊缝成形良好；电流波形2则是介于二者之间的波形，适用于中速焊接。

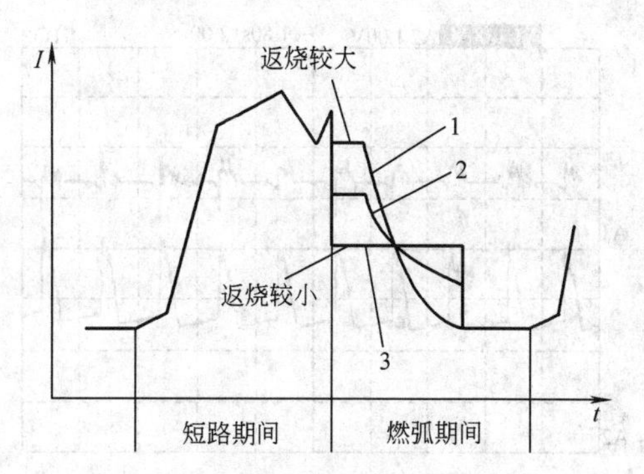

图12-14　不同焊接速度对电流波形的要求

1—低速焊接　2—中速焊接　3—高速焊接

12.3.2　单丝高速焊接工艺

欧洲的某些公司设计的短路过渡焊接电源，在短路时电流沿直线上升，这种方式的短路飞溅比较大，但在发生短路后，可以使熔滴迅速产生颈缩，短路过程迅速结束。而在燃弧阶段，提高基值电流，燃弧能量大，焊缝在母材表面铺展较好，不易产生咬边[17]。采用该种方式可以使焊接速度提高到1.2m/min，但是焊接时飞溅较大。其工作波形如图12-15所示。

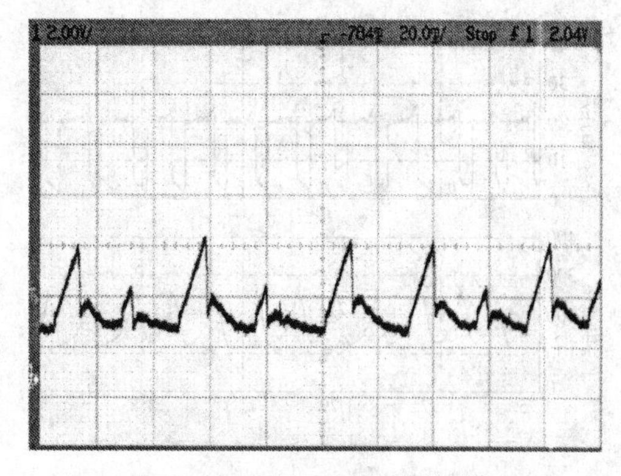

图12-15　短路过渡实现高速焊接

日本的一些焊接公司，通过专用的高速熔化极气体保护焊机，采用纯CO_2或者富氩保护气，实现高速焊接。该种焊机采用脉冲控制方式，电弧具有良好的自身调节能力，可以保证在电弧长度很短时稳定工作。通过大量的工艺实验，找出了适合高速焊接的工作区间。据文献报道，该种工艺可以在500A、34V的规范下焊接板厚3.2mm的搭接焊缝，焊接速度可达到3m/min。图12-16所示为该焊机的工作电流电压波形。该法采用电压脉冲配合电流基值，既保证了很好的电弧自身调节作用，又实现了脉冲焊控制熔滴过渡的效果。脉冲的作用对熔池有较强的压迫作用，阻止熔敷金属向中间聚集，防止了咬边的产生。

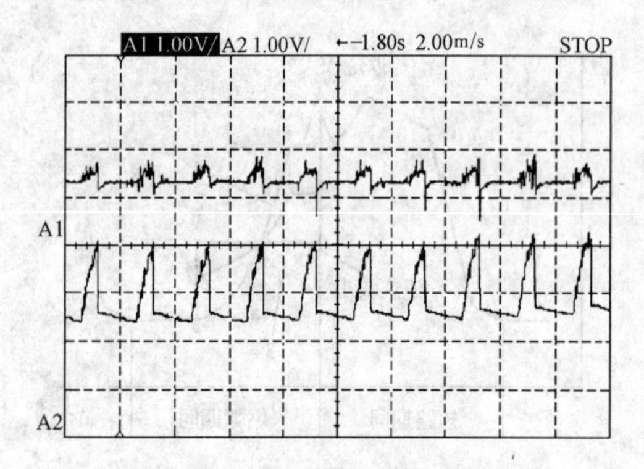

图 12-16　采用脉冲焊实现高速焊接

北京工业大学采用短路过渡焊接工艺，把焊接速度提高至 1.5m/min 以上。由研究可知，实现高速焊接必须在增大熔敷金属量的同时减小焊缝宽度，所以单丝高速焊接要求电源输出特性能保证电弧在大电流、低电压下稳定工作。通过研究开发低飞溅 GMAW 焊机，对参数进一步优化，不但飞溅小，而且焊接参数区间宽，在大电流下可以稳定的焊接。当采用 MAG 焊时（保护气体比例为 82% Ar，18% CO_2），搭接焊最高速度可以达到 2m/min。图 12-17 所示为工作电流电压波形。

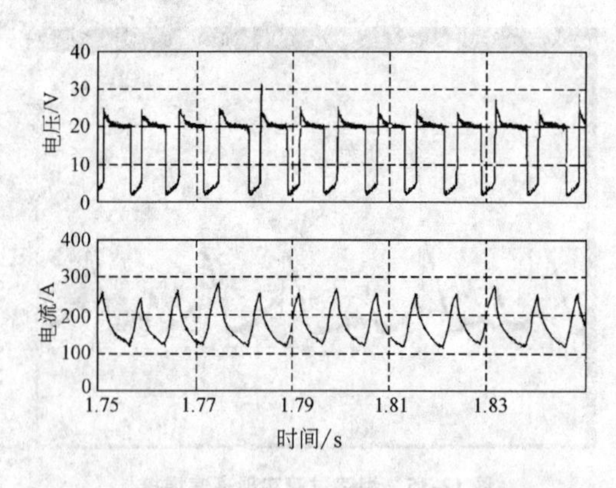

图 12-17　采用 CO_2 短路过渡实现高速焊接

该焊机的特点是：在短路初始时，电流先保持在一个较低值，然后以一较快速度上升，保证熔滴尽快形成颈缩，随后降低电流上升速度，防止小桥爆断时造成过大的冲击力。而在燃弧期间，该法不同于常规焊机，该焊机的燃弧初值电流比短路峰值电流小，电流波动很小，保证了熔池受到的扰动较小，焊接过程稳定。图 12-18 为采用该种控制工艺，实现 1.6mm 薄板对接焊的断面图，图 12-19 为焊缝的正面以及背面图。

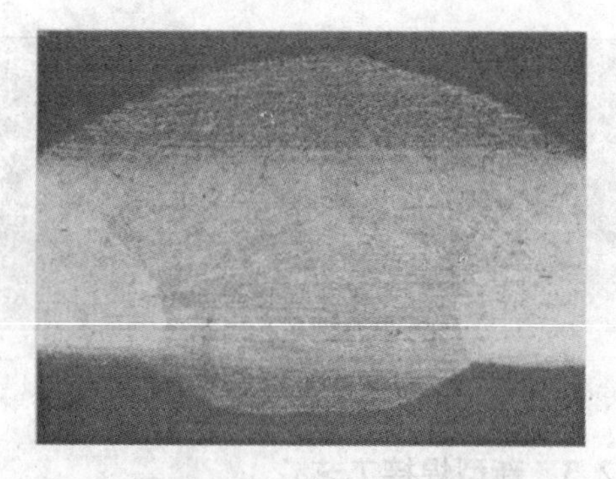

图 12-18　薄板高速焊接的截面图

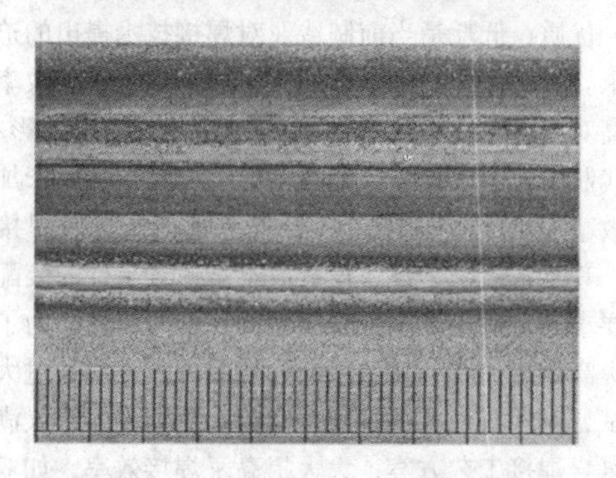

图 12-19　薄板对接焊缝正面和背面图

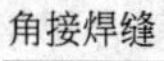

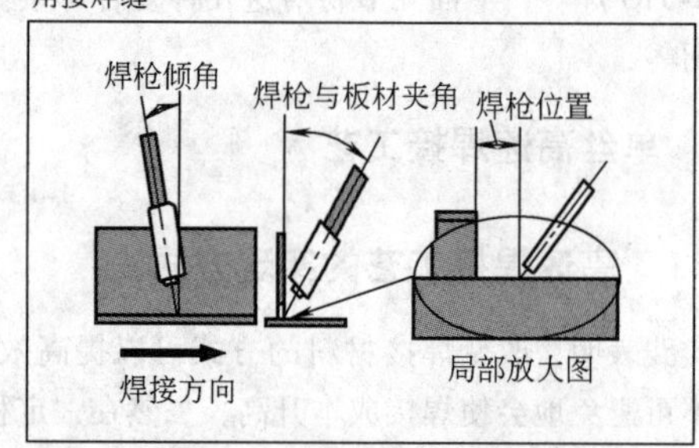

图 12-20　高速角接焊的焊枪位置和角度

搭接焊缝

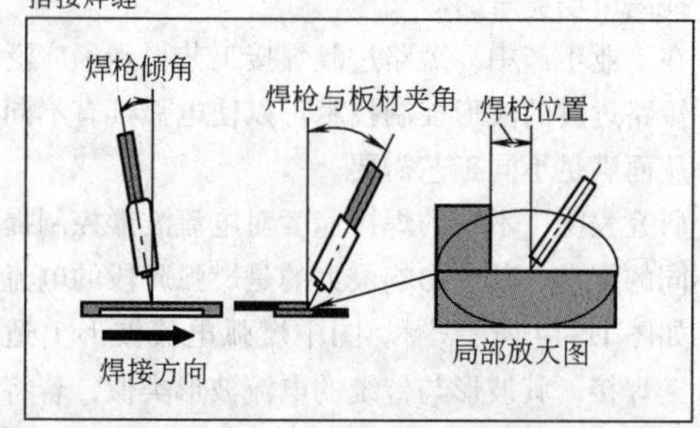

图 12-21　高速搭接焊的焊枪位置和角度

12.3.3　单丝高速焊接工艺的典型工艺规范

目前关于角接和搭接焊都有比较成熟的焊接工

艺，图12-20为角接焊时的焊枪位置和角度，图12-21所示为搭接焊时的焊枪位置和角度。焊接板材厚度和所用的焊接参数、焊枪位置及角度见表12-3、表12-4、表12-5、表12-6所示。

表12-3　高速CO_2焊焊接参数（角接）

板厚/mm	焊接电流/A	电弧电压/V	焊接速度/(cm/min)	焊枪与板材夹角/(°)	焊枪倾角/(°)	焊枪位置①/mm	焊缝宽度/mm
1.6	180	22	100	40	20	0	5
2.0	200	24	100	40	20	0	5
2.0	270	26	150	40	20	0	5
2.3	280	29	100	40	20	0	5
2.3	380	35	150	40	20	0	5

① 焊枪位置以焊枪在焊缝中心处为0，向左为负值，向右为正值。

表12-4　高速CO_2焊焊接参数（搭接）

板厚/mm	焊接电流/A	电弧电压/V	焊接速度/(cm/min)	焊枪与板材夹角/(°)	焊枪倾角/(°)	焊枪位置①/mm	焊缝宽度/mm
1.0	110	20	100	40	20	-0.6	4
1.0	150	21	150	40	20	-0.6	4
1.0	180	22	200	40	20	-0.6	4
1.6	170	21	100	40	20	0	5
1.6	220	24	150	40	20	0	5
1.6	260	25	200	40	20	0	5
2.0	200	24	100	40	20	1.0	6
2.0	260	27	150	40	20	1.0	6
2.3	230	25	100	40	20	1.5	7
2.3	300	32	150	40	20	1.5	7
3.2	300	32	100	40	20	2.0	8.5
3.2	350	35	150	40	20	2.0	8.5

① 焊枪位置以焊枪在焊缝中心处为0，向左为负，向右为正。

表12-5　高速MAG焊焊接参数（角接）

板厚/mm	焊接电流/A	电弧电压/V	焊接速度/(cm/min)	焊枪与板材夹角/(°)	焊枪倾角/(°)	焊枪位置①/mm	焊缝宽度/mm
1.0	110	18	100	40	20	0	4
1.0	200	19	150	40	20	0	4
1.6	180	20	100	40	20	0	4.5
1.6	250	23	150	40	20	0	4.5
1.6	280	26	200	40	20	0	4.5
2.0	230	22	100	40	20	0	5
2.0	300	29	150	40	20	0	5
2.3	280	29	100	40	20	0.5	6

① 焊枪位置以焊枪在焊缝中心处为0，向左为负，向右为正。

表12-6　高速MAG焊焊接参数（搭接）

板厚/mm	焊接电流/A	电弧电压/V	焊接速度/(cm/min)	焊枪与板材夹角/(°)	焊枪倾角/(°)	焊枪位置①/mm	焊缝宽度/mm
1.0	110	17	100	45	20	0	4
1.0	165	18	150	45	20	0	4
1.0	220	20	200	45	20	0	4
1.6	165	18	100	45	20	0	5
1.6	220	20	150	45	20	0	5
1.6	270	23	200	45	20	0	5

（续）

板厚/mm	焊接电流/A	电弧电压/V	焊接速度/(cm/min)	焊枪与板材夹角/(°)	焊枪倾角/(°)	焊枪位置①/mm	焊缝宽度/mm
2.0	190	20	100	45	20	1.0	6
2.0	260	25	150	45	20	1.0	6
2.3	245	25	100	45	20	1.5	7
2.3	320	31	150	45	20	1.5	7
3.2	320	31	100	45	20	2.0	8.5
3.2	380	35	150	45	20	2.0	8.5

① 焊枪位置以焊枪在焊缝中心处为0，向左为负，向右为正。

通过焊接电源的改进，使用单丝电弧焊可以获得较高的焊接效率。但电弧作为热源的同时也是一个力源，随着焊接速度的提高，要求焊接电流相应增大，电弧力也越来越强。集中于一点的电弧力对熔池的搅动也越来越大，保证焊接过程稳定非常困难。此外，单丝焊接的焊缝余高一般都较高，限制了该法的广泛应用。

12.4 双丝高速焊接工艺

目前单丝高效焊的熔敷速度和焊接速度基本上已经接近了这项工艺所能达到的极限，进一步提高效率的方法是采用双丝或多丝焊接，其中比较有代表性的为双丝 MIG/MAG 焊，双丝 MIG/MAG 焊不但保持了单丝焊所拥有的优点，还拥有很多单丝焊不具备的特性[17,18]。

12.4.1 双丝焊简介

双丝焊的两个电弧在受热方面有相互的补充，产生了强烈的热效应，一般情况下，根据工艺控制要求，前丝电弧热主要影响熔深，后丝电弧热主要影响熔宽，这样，在一定的熔敷速度下，能获得良好的焊缝成形质量。双丝焊电弧及热量分布如图 12-22 所示。

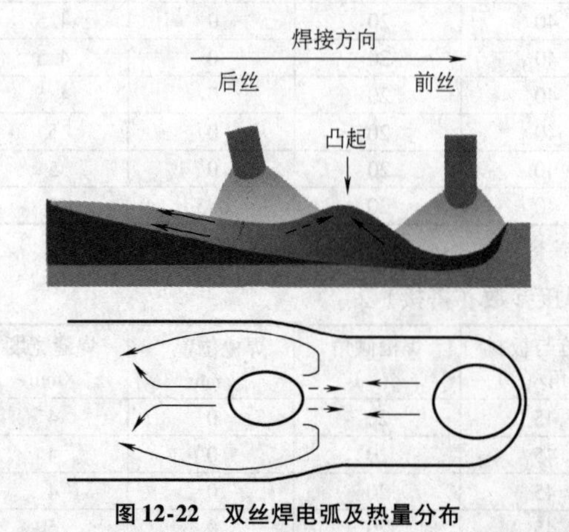

图 12-22 双丝焊电弧及热量分布

双丝 MIG/MAG 中如果两焊丝距离太大，两个电弧形成两个熔池，则两电弧之间相互影响不大，这也就失去双丝的意义。当两焊丝距离适当时，会产生“1+1>2”的效应。两个电弧同时对工件进行加热焊接，并形成一个熔池，两个电弧之间的热量分布有利于提高焊接速度和改善焊缝成形[16]。

双丝 MIG/MAG 焊的优点：

（1）熔敷速度快 两根焊丝的电弧在同一个熔池上燃烧，即使单根焊丝电流小于常规单丝焊接，但是总焊接电流很高。双丝焊可以避免在大电流下产生旋转射流过渡。由于电弧力和电流的平方成正比，所以双丝焊可以避免大电流电弧力对熔池的冲击作用，保持熔池的稳定。

（2）焊接速度快 两根焊丝一前一后，熔池加长，面积增大，熔池对单位长度的焊缝加热时间增大，所以温度梯度降低。此外，双丝焊还可以向熔池的两侧提供充足的热量和金属液，因而在高速焊接时不会出现咬边等焊接缺陷。

（3）焊缝质量好 由于两根焊丝是以交替脉冲的方式向母材传输热能，加上焊速提高了，因而向焊缝的热输入减少了，母材焊接区域的热变形大幅减小。而且由于熔池面积增大，凝固时间的延长，增加了熔池气体排出的时间。气孔的敏感性显著降低，可以获得更高的焊接质量。

图 12-23 所示为双丝焊接电弧形态。

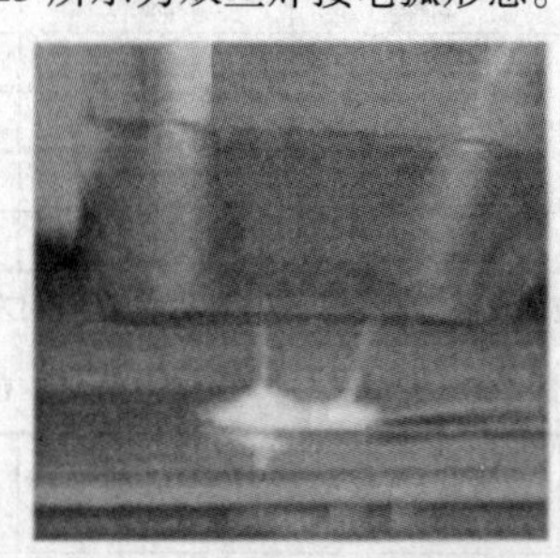

图 12-23 双丝熔化极气体保护焊电弧形态

12.4.2 双丝高速气体保护焊工艺

双丝高速气体保护焊焊接工艺一般有两种方案：一是由两台送丝机向同一个导电嘴送进两根焊丝，并由同一台电源或者两台并联的电源供电，也被称为双丝并列 MIG/MAG 焊工艺方法，即 twin arc；二是两根焊丝分别由各自的送丝机构向两个相互绝缘的焊嘴送给，并由两台电源分别供电，被称为双丝串列[21]，即 tandem。

1. 双丝并列焊接原理

图 12-24 所示为双丝并列焊接系统原理[22]。德国的 SKS 公司的双丝焊工艺属于这种方式。在双丝并列焊接中，按照焊接方向，排列在前面的焊丝称为前导焊丝，后面的焊丝称为尾随焊丝。为充分利用双丝焊的特点，两根焊丝的送给速度可以按照要求分别进行调整。前导焊丝选择较高的进给速度，较大焊接电流，较低的电弧电压，从而起保证熔透的作用，尾随焊丝选择较低的进给速度，用作改善焊缝的成形。

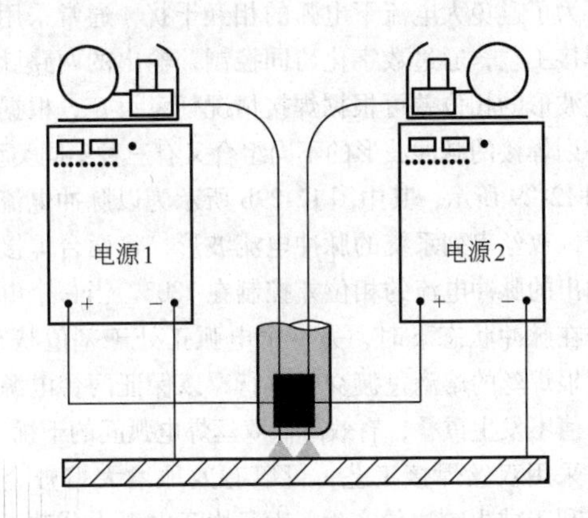

图 12-24　双丝并列焊接系统原理

在双丝并列焊接时，双丝的位置有不同的布置方式，最常见的是沿焊接方向排列，还可以垂直焊接方向或与焊接方向偏离一定角度。在这种焊接方式下，焊丝相对于工件处于相同的电位，形成两个电弧、一个熔池。焊接过程中，每根焊丝的端部跟工件之间各自产生一个电弧，如果其中一个电弧弧长变长，则另外一根焊丝上流过的电流增大，熔化速度加快，从而使两个弧长保持一致，即利用电弧自身调节，两个电源之间无须协调系统，使系统结构简单[3]。但是也正是由于两根焊丝共用一个导电嘴，电弧的可控性差，如果电源和送丝系统不够稳定，则各电弧的电流和电压会不等，这样有可能会造成电弧失去自调节能力，另外，各焊丝上燃烧的电弧之间存在强烈的电磁力，在大电流高速焊接时这种影响会更明显，从而造成电弧不稳、飞溅大、焊缝成形不好，失去多丝焊的意义。

解决方法可以采取如下措施：一是选用脉冲电流，同时应优化脉冲电流波形；二是选择 $Ar + CO_2 + O_2$ 三元气体代替二元气体。

在双丝并列焊时，短弧焊是不适合的。因为等电位的要求，一根焊丝在短路时将导致另一根焊丝电压下降。焊丝接着被送进，直至电弧被重新点燃。在频繁地短路或短弧焊中，将导致极端不稳定的焊接过程。实践中，通常应用脉冲和喷射过渡，且需要相同的焊丝直径。而且在双丝并列焊时两电弧会彼此吸引，导致产生不规律的熔滴过渡和剧烈的飞溅（也就是电弧磁偏吹问题），用脉冲焊接不仅可稳定焊接电弧、减少飞溅，同时还可改善焊缝，成形，实现稳定的熔滴过渡。

双丝并列方式虽然有一些固有的不足，但是这种方式的结构简单，只要一台大功率电源就可以工作，所以在一些场合下仍有应用，目前应用较多的是双丝串列电弧焊接。

2. 双丝串列焊接原理

在双丝焊接工艺中，目前应用更为广泛的是双丝串列（tandem）模式[24]。与 twin arc 系统最大的不同就是，tandam 焊接工艺采用两台独立的焊接电源，两个电弧的电流和电压可以独立调节，所以具有很高的灵活性。两台电源相互间可以通过协调器控制，这样就有可能减小在大电流时电弧之间的相互干扰程度。目前国际上德国 CLOOS 公司，奥地利 FRONIUS 公司，美国 MILLER 公司、LINCOLN 公司等都采用这种方式。国内如北京时代科技，北京极点精密焊接有限公司等也推出了 tandem 焊接设备。

在双丝串列焊接中，一般把前面的焊丝叫作“主丝”（master），后面的叫作“从丝”（slave）。主丝的电弧叫主弧，规范一般较大，主要起到熔化焊丝和母材的作用，而从丝的电弧叫从弧，一般规范稍小，主要起添充和盖面的作用。

如图 12-25 为双丝串列焊接工作原理及组成，在双丝串列焊接时，两根焊丝按照一定的角度放在一个特别设计的焊枪中，如图 12-26 所示。向同一个熔池送给两根焊丝，焊丝分别由两台送丝机送进，并通过两个相互绝缘的导电嘴建立各自的电弧，每根焊丝由一台焊接电源单独供电，双丝串列系统的两台电源可以分别设置不同的参数，且两根焊丝的直径、材质也可以不一样。通过两台弧焊电源之间的协同控制，可以有效地控制电弧，大幅减少电弧之间的电磁干扰，以实现每个电弧稳定燃烧和理想的熔滴过渡[25-27]。

3. 双丝串列电弧焊的工作模式

串列电弧焊的工作模式按主丝和从丝所接焊接电流种类不同，有以下工作模式[28]。

（1）直流/直流工作模式[28]　在这种模式下由于两电弧干扰严重，影响焊接过程稳定性，不推荐用

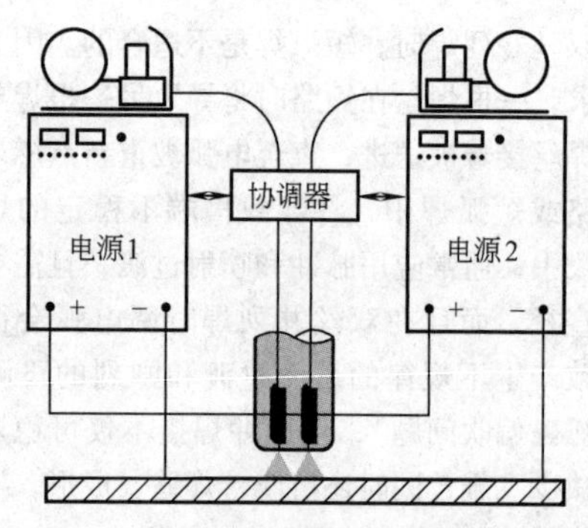

图 12-25　双丝串列焊接工作原理及组成

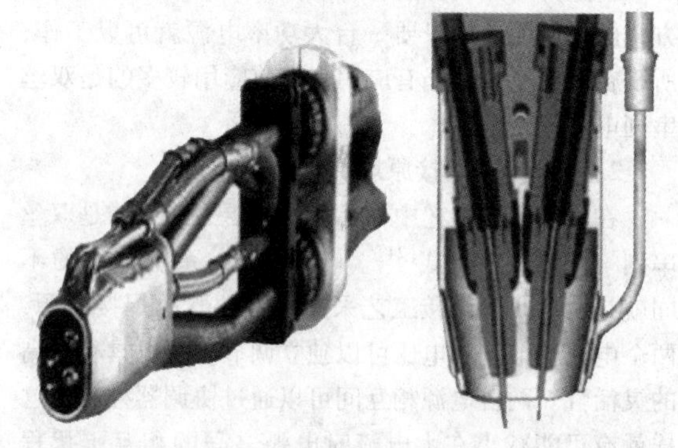

图 12-26　双丝串列 MIG/MAG 焊焊枪及焊枪剖面图

于工业生产。

（2）脉冲/直流工作模式　即主丝接脉冲电流，从丝接直流。焊接电流波形和电弧形态如图 12-27 所示。其特点是主丝通过脉冲电流，其中电流峰值远高于从丝的电流值。这样，主丝产生稳定的脉冲喷射，从丝产生高速短路过渡。

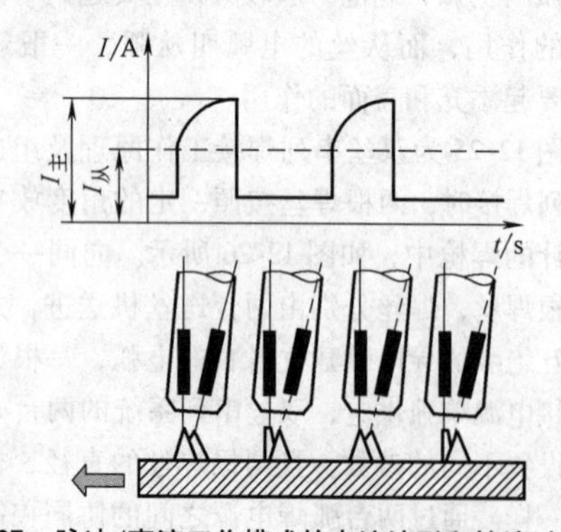

图 12-27　脉冲/直流工作模式的电流波形和熔滴过渡形式

（3）直流/脉冲工作模式　即主丝接直流，从丝接脉冲电流。该种模式下的电流波形和电弧形态示于图 12-28。主丝通常通过稳定的直流电流，使其产生喷射过渡并达到最大的熔深或焊接速度。从丝的脉冲电弧可产生稳定的脉冲喷射过渡，降低热输入并将两个电弧之间的电磁干扰减少到最小。此外，从弧还可使焊接熔池得到冷却，改善焊道的成形。

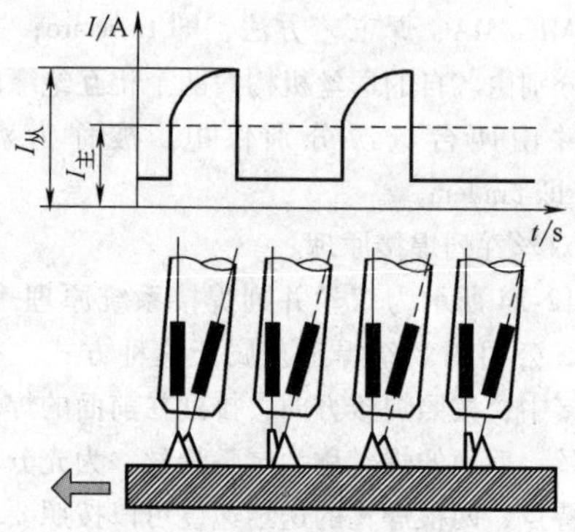

图 12-28　直流/脉冲工作模式的电流波形和电弧形态

（4）脉冲/脉冲工作模式　即两焊丝均接脉冲电流。为了避免大电流下电弧的相互干扰，通常采用脉冲焊接工艺，通过数字化协同控制，输出的两路脉冲电流波形的相位差可根据焊接情况任意设定，根据双丝串列焊接的脉冲波形的不同组合又有三种不同类型，如图 12-29 所示，其中图 12-29b 所示为以脉冲电流焊接时，双丝串列系统的脉冲电流波形，将两台焊接电源输出的脉冲电流的相位差控制在 180°，当一个电弧工作在脉冲状态下时，另一个电弧正处于基值状态，使两根焊丝的熔滴过渡交替进行，以保证两台电源脉冲峰值不发生重叠，有效降低双丝焊电弧间的干扰。

采用双丝焊接工艺，可以有效地增大熔敷金属量，利于减少咬边的产生。而且由于电弧力分散于两点，所以对熔池的扰动作用也较小，有利于提高焊接速度。德国 CLOOS 公司的双丝串列焊接工艺，在薄板下坡焊时，最大焊接速度可达 5m/min。而且焊接参数灵活，可以有多种匹配方式。奥地利的 Fronius 公司等都采用该种模式。

北京工业大学也在从事这方面的研究，并取得了成功，目前已经把焊接速度提高到 3m/min 以上。该法采用两台相同的脉冲焊接电源，脉冲能量恒定，保证在不同电流时，都能实现一个脉冲过渡一个熔滴。两台电源协同工作，脉冲相位相差 180°，当一台电源处于脉冲阶段时，另一台则处于维弧基值电流阶段，避免了相互干扰。相比于普通的 MIG/MAG 焊接工艺，其效率明显提高。焊接时两焊丝可以前后行走，也可以成一定角度，从而调整焊缝的宽度，焊缝平整光滑。采用脉冲焊接工艺，可以有效地减少双弧间的干扰现象。图 12-30 是熔滴过渡高速摄像图片。图 12-31 所示为双丝焊接电流相位关系图。这两台电源，脉冲能量恒定，保证在任何电流时，一个脉冲过渡一个熔滴。

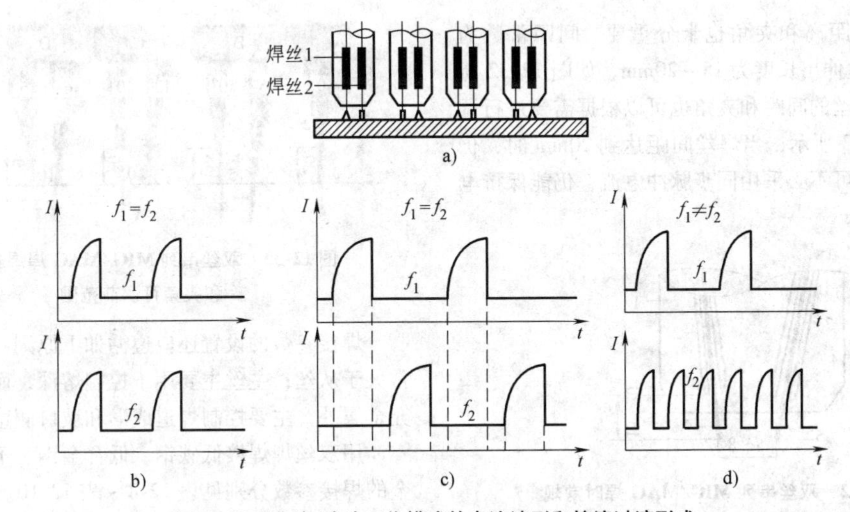

图12-29　脉冲/脉冲工作模式的电流波形和熔滴过渡形式

a）焊接示意　b）同频率同相位（适合焊接钢）

c）同频率相位差180°（适合焊接铝）　d）不同频率相位任意（适合焊接钢）

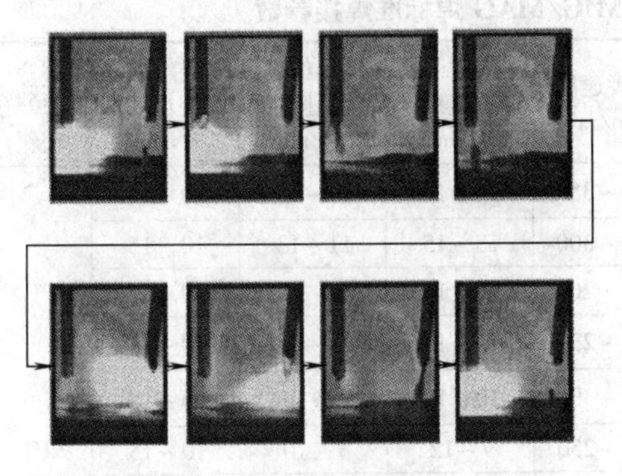

图12-30　双丝焊接熔滴过渡过程

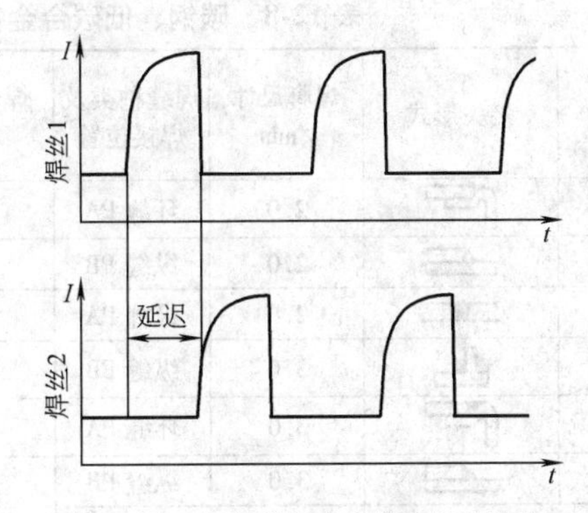

图12-31　双丝焊接电流波形相位关系

与双丝并列系统最大的不同就是，双丝串列系统可以使两台电源分别设置不同的焊接参数，相互间可以通过协调器控制，这样就有可能减小双丝焊大电流时电弧之间的相互干扰程度。

目前国内也有部分生产厂家在进行相关的研发工作。北京极点精密焊接科技有限公司已经推出了商品化的双丝高效焊接设备。表12-7为常用的双丝高速焊接参数。

表12-7　常用双丝高速焊接参数

焊接速度	$v=2$m/min		$v=2.5$m/min		$v=3$m/min	
	送丝速度/(m/min)	焊接电流/A	送丝速度/(m/min)	焊接电流/A	送丝速度/(m/min)	焊接电流/A
主机	10	270	12	320	15	410
从机	8.5	250	11	300	13	380
总和	18.5	520	23	620	28	790

4. 双丝串列焊接材料与参数

焊接材料应根据母材来选择。双丝焊可以焊接碳钢、低合金钢、不锈钢和铝以及铝合金。保护气体也应根据母材来选择。

1）焊接碳钢和低合金钢时可选用以下保护气体：

① 90% Ar + 10% CO_2（体积分数）。

② 82% Ar + 18% CO_2（体积分数）。

③ 96% Ar + 4% CO_2（体积分数）。

2）焊接不锈钢可选用的保护气体为：97.5% Ar + 2.5% CO_2（体积分数）。

3）焊接铝及铝合金可选用的保护气体为：

① 99.996% Ar（体积分数）。

② 50% Ar + 50% He（体积分数）。

4）双丝焊的气体流量为25～30L/min。

双丝串列MIG/MAG焊的焊接参数比较复杂。首先主丝与从丝两根焊丝的焊接参数常常不同。其次两根焊丝之间的距离和夹角也十分重要。间距常数为 5 ~ 8mm，焊丝伸出长度为 15 ~ 20mm，如图 12-32 所示。此外，焊丝的间距和夹角也可以根据需要进行调节，如图 12-33 所示，当焊丝间距达到 20mm 时，仍为一个熔池，可不必采用同步脉冲电流，仍能保持电弧稳定。

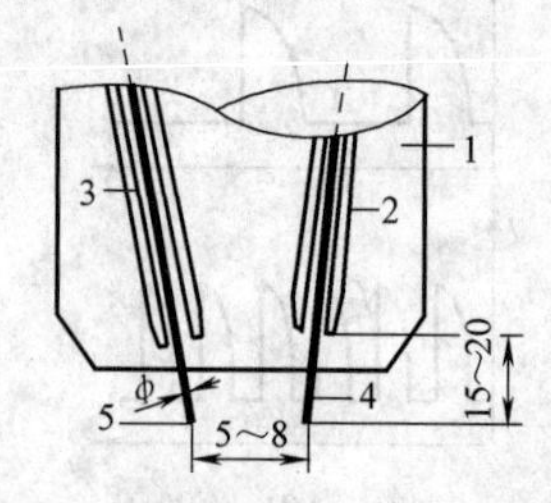

图 12-32　双丝串列 MIG/MAG 焊时常规焊丝间距和焊丝伸出长度

1—保护气体喷嘴　2、3—导电嘴　4、5—焊丝

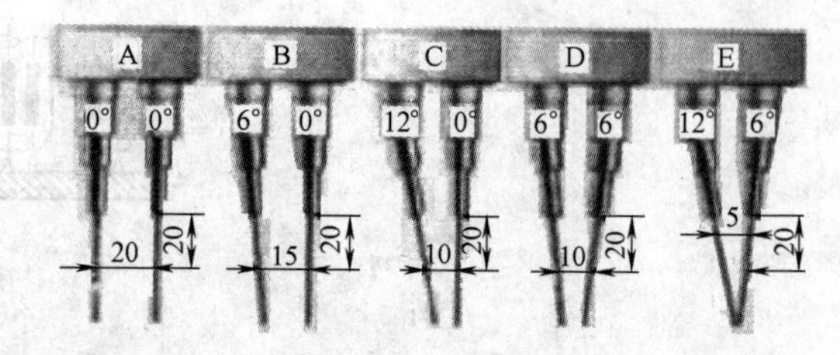

图 12-33　双丝串列 MIG/MAG 焊焊丝间距和夹角可调节范围

焊接参数的设置还应遵循如下原则：主丝的电流常大于从丝；主丝主要用于控制熔深，而从丝除了填充金属外，主要控制焊道成形和坡口侧壁熔合。

用双丝焊焊接低碳钢、低合金钢、不锈钢和铝合金的焊接参数分别见表 12-8 ~ 表 12-10。它们分别列出这些材料各种焊接接头、不同板厚、焊接位置和焊缝种类的标准焊接参数。

表 12-8　碳钢、低碳合金钢双丝串列 MIG/MAG 焊标准焊接参数

板厚 /mm	接头形式	焊脚尺寸 /mm	焊缝种类及焊接位置	焊丝直径 /mm	焊接速度 /(cm/min)	主丝送丝速度 /(m/min)	从丝送丝速度 /(m/min)	焊丝伸出长度 /mm	保护气体
2.0		2.0	环缝 PA	1.0	250 ~ 350	14 ~ 16	12 ~ 14	10 ~ 15	82% ~ 89% Ar 18% ~ 8% CO_2
2.0		2.0	纵缝 PB	1.0	200 ~ 300	13 ~ 15	11 ~ 13	10 ~ 15	
2.0		2.0	纵缝 PA	1.0	150 ~ 200	10 ~ 14	8 ~ 12	10 ~ 15	
3.0		3.0	纵缝 PB	1.0	180 ~ 230	12 ~ 15	10 ~ 13	10 ~ 15	
3.0		3.0	环缝 PA	1.2	200 ~ 300	10 ~ 12	8 ~ 10	10 ~ 15	
3.0		3.0	纵缝 PB	1.2	150 ~ 250	9 ~ 12	7 ~ 10	10 ~ 15	
3.0		3.0	纵缝 PA	1.2	150 ~ 200	9 ~ 12	7 ~ 10	10 ~ 15	
5.0		5.0	纵缝 PB	1.2	100 ~ 120	12 ~ 14	11 ~ 13	10 ~ 15	
5.0		5.0	环缝 PA	1.2	120 ~ 150	12 ~ 15	11 ~ 14	10 ~ 15	
5.0		5.0	纵缝 PB	1.2	100 ~ 120	12 ~ 14	11 ~ 13	10 ~ 15	
10		6.0	纵缝 PB	1.2	80 ~ 100	12 ~ 15	11 ~ 14	10 ~ 15	
10		6.0	纵缝 PA	1.2	80 ~ 100	15 ~ 18	14 ~ 17	10 ~ 15	
10 ~ 20		8.0	纵缝 PA	1.2	50 ~ 60	15 ~ 18	14 ~ 17	10 ~ 15	

注：1. 双丝串列 MIG/MAG 焊采用脉冲/脉冲工作模式。
2. PA—平焊位置，PB—平角焊位置。

表 12-9　铬镍、不锈钢双丝串列 MIG/MAG 焊标准焊接参数

板厚 /mm	接头形式	焊脚尺寸 /mm	焊缝种类及焊接位置	焊丝直径 /mm	焊接速度 /(cm/min)	主丝送丝速度 /(m/min)	从丝送丝速度 /(m/min)	焊丝伸出长度 /mm	保护气体
2.0		2.0	环缝 PA	1.2	200 ~ 250	9 ~ 11	8 ~ 10	10 ~ 15	97.5% Ar 2.5% CO_2
2.0		2.0	纵缝 PB	1.2	200	8 ~ 10	7 ~ 9	10 ~ 15	
2.0		2.0	纵缝 PA	1.2	180 ~ 200	9 ~ 11	8 ~ 10	10 ~ 15	
3.0		3.0	纵缝 PB	1.2	150 ~ 180	8 ~ 10	7 ~ 9	10 ~ 15	
3.0		3.0	环缝 PA	1.2	150 ~ 200	9 ~ 12	8 ~ 11	10 ~ 15	

（续）

板厚/mm	接头形式	焊脚尺寸/mm	焊缝种类及焊接位置	焊丝直径/mm	焊接速度/(cm/min)	主丝送丝速度/(m/min)	从丝送丝速度/(m/min)	焊丝伸出长度/mm	保护气体
3.0		3.0	纵缝 PB	1.2	150～250	10～13	9～12	10～15	97.5% Ar 2.5% CO_2
3.0		3.0	纵缝 PA	1.2	150～180	10～12	9～11	10～15	
5.0		5.0	纵缝 PB	1.2	100～140	12～14	11～13	10～15	
5.0		5.0	纵缝 PB	1.2	120～150	16～18	15～17	10～15	

注：1. 双丝串列 MIG/MAG 焊采用脉冲/脉冲工作模式。
2. PA—平焊位置，PB—平角焊位置。

表 12-10　铝合金双丝串列 MIG/MAG 焊标准焊接参数

板厚/mm	接头形式	焊脚尺寸/mm	焊缝种类及焊接位置	焊丝直径/mm	焊接速度/(cm/min)	主丝送丝速度/(m/min)	从丝送丝速度/(m/min)	焊丝伸出长度/mm	保护气体
2.0	锁口对接	2.0	环缝 PA	1.2	200～300	10～12	9～11	10～15	99.9% Ar
2.0	搭接	2.0	环缝 PB	1.2	250	9～11	8～10	10～15	
2.0	直边对接	2.0	纵缝 PA	1.2	200	9～11	8～10	10～15	
3.0	T形角接	3.0	纵缝 PB	1.2	180～200	8～10	7～9	10～15	
3.0	锁口对接	3.0	环缝 PA	1.2	150～200	9～12	8～11	10～15	
3.0	搭接	3.0	纵缝 PB	1.2	150～250	10～13	9～12	10～15	
3.0	直边对接	3.0	纵缝 PA	1.2	150～180	10～12	9～11	10～15	
5.0	T形角接	5.0	纵缝 PB	1.2	100～140	12～14	11～13	10～15	
5.0	锁口对接	5.0	环缝 PA	1.2	100～130	12～14	10～13	10～15	
5.0	搭接	5.0	纵缝 PB	1.2	120～150	16～18	15～17	10～15	
10	T形角接	6.0	纵缝 PB	1.2	100～120	16～18	15～17	10～15	
10	T形角接	6.0	纵缝 PA	1.2	80～100	16～18	15～17	10～15	

注：1. 双丝串列 MIG/MAG 焊采用脉冲/脉冲工作模式。
2. PA—平焊位置，PB—平角焊位置。

双丝串列 MIG/MAG 焊焊枪的最佳倾角如图12-34所示，焊枪相对于焊接方向的推进角一般取5°。

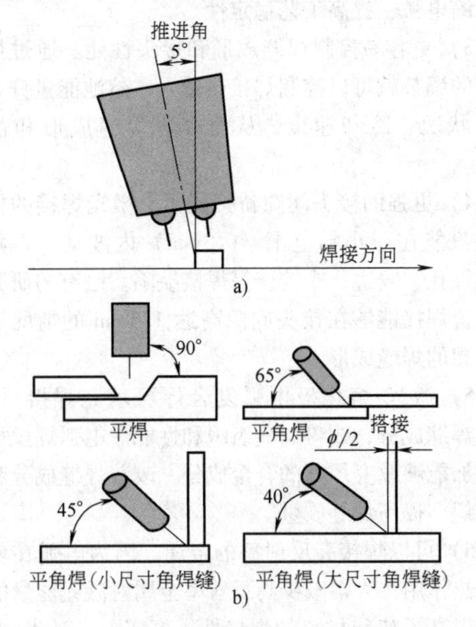

图 12-34　双丝串列电弧 MIG/MAG 焊各种形式接头时焊枪的倾角

a）焊枪推进角　b）焊枪倾角

5. 双丝串列焊应用实例

双丝串列焊接可以用于碳钢、低合金钢、不锈钢和铝合金等多种金属材料，适用于各种接头形式。其应用实例如图 12-35、图 12-36 和表 12-11。

图 12-35　双丝串列工艺焊接汽车轮毂实例

（1）钢的焊接　德国货车轮缘制造厂商采用气体保护焊焊接轮缘。在富氩情况下，焊缝有显著的指状熔深，在低压时搭接区有裂纹。使用双丝焊，既可以增加熔敷速度，又可以提高焊接速度。焊接的搭桥性能以及熔透的形状也由于焊丝的倾斜发生变化。

轮缘由 S235RJ 材料制成，6～8mm 厚，用 ϕ1.2mm 的 G3Si1 实心焊丝焊接。保护气为富氩气体，含 12% 的 CO_2。

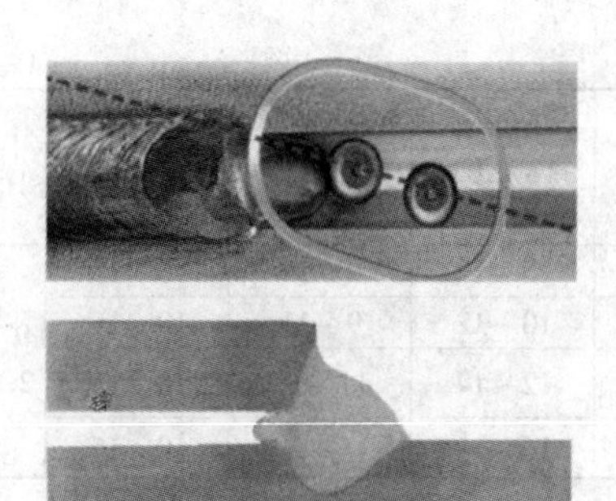

图 12-36　双丝串列工艺焊铝实例

表 12-11　双丝串列焊应用实例

产品名称	焊缝形式	焊接速度/(m/min)
冰箱压缩机	角焊接	3.2
铝制机车车厢外壳	V形坡口、板厚3mm	2
不锈钢制净化器	角焊接	2
灭火器罐体	搭接焊缝(1.25+1.00)mm	4
船体肋板	角焊接	1.8
热水箱	V形坡口、壁厚(3+3)mm	2.6
轿车轴部件	搭接焊缝(2.75+2.75)mm	4
起重臂	角焊接	1.5
汽车轮毂	角焊接	2.5

过去采用单丝GMA焊接的货车轮缘第一次使用双丝进行焊接。如图12-35所示，参数的匹配力求使熔透最佳，以避免低压情况下的裂纹。这种方法一方面可使熔透的几何形状优化；另一方面，与单丝焊相比焊接速度明显增加。使用脉冲焊，几乎没有飞溅。焊缝没有外观和冶金缺陷。

（2）铝的焊接　脉冲焊主要应用于铝的焊接，参数连续可调，不会短路，没有飞溅。每个脉冲过渡一个熔滴，还可以使熔滴均匀。这对铝合金如AlMg非常重要，脉冲焊可以在整个焊接规范区间内保证熔滴尺寸的均匀。

随着能量的增加，电弧力也增加，使熔池难以控制。当使用ϕ1.2mm的AlMg焊丝时，电流为320～350A，送丝速度为20～22m/min时，参数达到极限值。这里，采用两个独立导电嘴把两个焊丝送进同一个熔池的双丝串列工艺显示出明显的优势。

通常，前面的主弧有稍大的能量，使母材熔化，根部熔合。后面的从弧填充焊缝，使熔池扩展，脱气时间长，气孔减少。和单丝焊相比，速度提高了一倍以上，而且可以保证焊趾部位良好地熔合。特别在角焊缝和搭接焊缝中更具有优势。

12.5　激光-MIG复合焊

英国学者W. Steen于20世纪70年代末首次提出激光-电弧复合热源焊接技术的理念，其主要思想就是有效利用电弧能量，在较小的激光功率条件下，获得较大的焊接熔深，同时提高激光焊接对焊缝间隙的适应性，实现高效率、高质量的焊接过程[63]。

12.5.1　激光-电弧复合焊的优点

实验证明，激光-电弧复合焊接技术能充分结合激光焊与电弧焊的优点，弥补彼此的不足，具有焊接熔深大、焊接效率高、工艺稳定性强、装夹要求低、可焊材料范围广、焊接变形小等优点。综合上述优点，激光-电弧复合焊接技术在车辆、航空、船舶、重型机械、石油管道等国民经济支柱产业具备广阔的发展空间和应用前景。

激光-电弧复合焊综合了激光和电弧两种焊接方法的优点，起到了优势互补的作用，下面简要介绍激光-电弧复合焊的优点[30]：

1）更大的焊接熔深和焊接速度。采用低功率激光器和电弧复合就能够取得大功率激光器才能够得到的焊接熔深或焊接速度。

2）更高的工艺稳定性。电弧焊接容易受到各种环境因素的影响而导致工艺过程剧烈波动，尤其是高速焊接时，电弧弧根阳极或阴极斑点的剧烈跳跃会造成工艺极不稳定并伴随咬边、驼峰等焊缝缺陷。激光加入后，其作用点能够为电弧提供稳定的阳极或阴极斑点，有效抑制电弧弧根跳跃。激光等离子体还能够通过激光、电弧相互作用提高电弧的电离程度，稳定和压缩电弧，提高工艺稳定性。

3）更容易控制焊缝成形和接头性能。通过焊接参数的调节就可以控制焊接热输入、熔池能量分布和受力状况、冷却速度，从而改善焊缝成形和微观组织。

4）更强的接头间隙桥接能力。激光焊接的接头缝隙只能在很小的范围（0.3mm）内波动，否则将形成气孔、咬边、未熔合等焊接缺陷。已有的研究证明复合焊接能够在接头间隙高达1.5mm的情况下获得理想的焊缝成形。

5）激光-熔化极电弧复合焊可填充焊接材料，调整焊缝成分，改善焊缝组织和性能。电弧焊丝材料的添加能够改变焊缝的合金成分，改善焊缝成分和微观组织，提高焊缝质量。

6）可以焊接高反射率的金属。因为电弧在前端的预热作用，大幅减少高反射率金属对激光能量的反射，提高了特殊材料的焊接性。事实上，激光-电弧复合焊大量应用于高反射率金属，如铝合金、镁合金、钛合金等材料的焊接性研究，而且取得了理想的试验结果。

7）同传统电弧焊接相比，激光-电弧复合焊的焊接变形更小。通常，电弧焊因为变形而进行的后处理大约需要耗费整个处理工时的三分之一，而复合焊可降低焊接热输入，缩小焊接变形，减少后期装配工时。

8）大幅扩大了激光在工业中的应用范围，促进了焊接自动化程度。

12.5.2　激光-电弧复合焊的原理

早期出现的激光-电弧复合焊技术实际上是一种联合焊接技术，激光与电弧之间在焊接方向上存在一定的间距，在焊接过程中，电弧与激光之间没有相互影响，分别作用于被焊工件。目前受到国内外研究者广泛关注的激光与电弧复合热源焊接主要是指耦合焊接方式，电弧与激光束同时作用在工件的同一区域，两者之间相互作用、影响，因而相对于前者这种复合方式下激光与电弧的作用机理更为复杂[31]。

激光-电弧复合焊不是单热源的简单叠加，而是通过激光与电弧这两种物理性质、能量传输机制截然不同的热源相互作用、相互加强形成一种复合、高效的热源[34]。其原理如图12-37所示。气体或固体激光（如CO_2、Nd^{3+}、YAG、Diode）和常规电弧（如MIG/MAG、TIG等）复合，共同作用于工件同一区域。当激光辐射在金属材料表面时，激光的一部分能量将在一个很薄的表层内被吸收并转换成热，使表面温度升高。当激光功率密度大于材料蒸发所需的临界功率密度时，凝固态物质蒸发[32]。这样，在薄的加热层中所含的能量少，几乎激光所有供给的能量都用于使物质蒸发，然后使气体加热并加速，同时，蒸气的反冲作用在材料表面产生一定的反冲压力，使熔融金属表面下陷并形成小孔。形成小孔的力学条件是材料蒸发产生的压力必须达到一定的临界值，以克服表面张力、静压力和液体的流动阻力。材料的蒸发给激光作用空间提供了高温、高密度、低电离能的蒸发原子。这种高温金属蒸气因为热电离产生大量的自由电子。另一方面，材料表面的热发射也将提供大量电子。

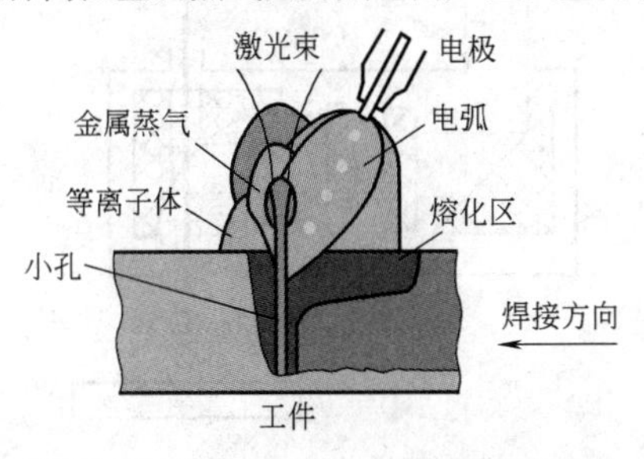

图12-37　激光-电弧复合热源焊接原理图

这两种机制的共同作用可在材料表面上方产生一个较高的电子密度，在该环境下自由电子将通过电子-中性粒子吸收激光能量，使金属蒸气的温度升高，导致进一步的热电离。更多电子产生使金属蒸气对激光的吸收进一步加强，从而使温度急剧升高，金属蒸气在极短时间内被击穿而形成金属蒸气等离子体。等离子体对入射激光的吸收、折射以及散射作用会降低激光能量利用率[32]。

1. 电弧对激光的作用[30]

首先，在激光-电弧复合焊时，由于激光作用在焊接熔池中，这样可以大幅提高金属对激光的吸收，降低对激光的反射作用。复合焊接的焊接熔深比单一激光焊时提高了大约15%～20%，同时焊缝的表面成形也比单激光焊接时要好。

其次，激光-电弧复合焊大幅降低激光焊对装配精度的要求，提高了生产效率，并扩大了激光焊在工业上的应用范围。例如石油管道的厚度约10～15mm，间隙约为1mm，在石油管道的焊接中，若采用传统的电弧焊需要进行多道焊接，焊接效率很低；若采用激光焊，则由于焊接熔池搭桥能力太差，对焊接装配精度要求高，无法施焊；而采用激光-电弧复合焊不但可以焊接，而且提高焊接效率，增大熔深。

最后，电弧能够稀释激光焊接等离子体，降低等离子体对激光的屏蔽作用。外加电弧后，由于电弧等离子体密度较低，通常比激光致等离子体小几个数量级，相对低密度的电弧等离子体的掺入，使激光致等离子体被稀释，等离子体对入射激光的阻碍减小，从而激光能量传输效率提高；同时电弧对母材进行加热，使母材温度升高，母材对激光的吸收率提高，焊接熔深增加。另外，激光作用产生的金属蒸气进入电弧区，由于金属蒸气电离能较低，更容易为电弧提供自由电子，同时激光致等离子体掺入电弧等离子体中，提高了电弧等离子体的密度，电弧中的自由电子密度再进一步相应提高，于是电弧通道的电阻降低，电弧的能量利用率提高，从而使总的能量利用率提高，熔深将进一步增加[32]。

2. 激光对电弧的作用

当焊接电弧电流较小或者焊接速度很高时，电弧就会处于不稳定状态，所以小电流焊接或者高速焊接过程不是很稳定。在激光-电弧复合焊中激光的加入起到了稳定电弧的作用，电弧激光吸引和压缩，增加了电弧的能量密度，使电弧更加稳定。

12.5.3　激光-电弧复合热源分类[33]

按照激光-电弧复合焊中激光功率大小可以分为以下三类：

（1）百瓦级激光能量-电弧复合　热源表现为电弧的特性，激光功率能量比较小（500W），激光主要起稳定和压缩电弧、提高电弧能量利用率的作用，多用于激光 + TIG 电弧的复合焊接，比较适合薄板焊接。

（2）千瓦级激光能量-电弧复合　热源兼有激光和电弧的特性，能够充分利用二者的优点，多用于激光 + MIG/MAG 电弧的复合焊，适用于铝合金、镁合金、碳钢、低合金高强度钢、超高强度钢等材料的焊接。

（3）万瓦级激光能量-电弧复合　热源表现为激光的特点，具有较大的焊缝深宽比，大多采用大功率的 CO_2 激光与 MAG 焊的复合，难以实现全位置柔性化焊接，主要用于船板等大厚板的焊接，设备投资较大。

激光-MIG/MAG 复合热源焊接利用填丝的优点，在提高焊接熔深、增加适应性的同时，还可以改善焊缝冶金性能和微观组织结构。熔化极气体保护电弧（GMA）的方向性比 TIG 弧方向性强，所以电弧与激光位置之间的关系非常重要。激光作用于电弧，不仅改变电弧的形态，也改变熔滴的过渡方式。与激光-TIG 复合热源相比，其能焊接的板厚更大，焊接适应性更高。通过调节电弧与激光的不同作用位置，可有效提高间隙的容忍度，减少焊缝边缘的处理工作量。它的高适应性不仅在于对间隙、错边、对中偏离的敏感性降低，还可以减少焊接装夹、定位、焊后处理等许多工作。对于激光-MIG/MAG 复合热源来说，不仅能进一步提高高功率激光的焊接熔深，而且能够实现中小功率激光的厚板焊接并消除激光厚板焊接时出现的气孔、咬边等焊缝缺陷，还能够实现薄板高速焊接。填充焊丝的加入使该工艺能够通过调节焊接参数来改善焊缝成形和微观组织，在造船、汽车、石油管道等工业领域具有更广阔的应用前景[32,34]。

12.5.4　激光与电弧的复合方法[35]

激光与电弧的复合方法有两种。一种是目前研究较多，相对容易实现的激光-电弧旁轴复合，如图12-38a所示。这种方法的优点是研制简单，但存在热源为非对称性，难以用于曲线或三维焊接，且电弧与激光聚焦光斑的相互位置对焊接过程稳定性影响大。另一种就是激光-电弧的同轴复合，如图 12-38b、c 所示。图 12-38b 方法是在钨极中心加工一小孔，让激光束从钨极中心通过。这种方法的缺点是需要在钨极上加工中心孔，大幅增加了钨极的损耗，降低了电弧热效率，而且无法用于激光与 MIG 焊的复合焊接。

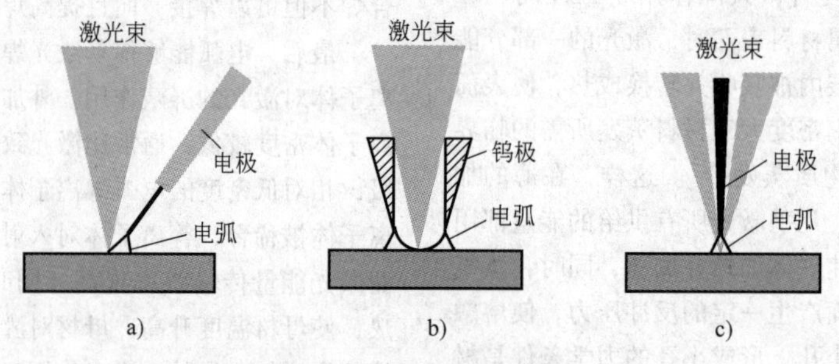

图 12-38　激光-电弧的复合方法

a）激光-电弧旁轴复合　b）激光-TIG 同轴复合　c）激光-电弧同轴复合

由于激光-GMA 复合需要送丝，故绝大多数采用旁轴复合，但也有同轴复合方式。清华大学的张旭东、陈武柱申请了激光-电弧同轴复合焊枪的专利[36]，如图 12-39 所示，焊枪端面具有一个光路孔径，内置一套光束变换系统和反射聚焦系统，还包括一个电弧焊电极。经焊枪光路孔径入射的激光经光束变换系统分成双光束或变换为环形光束，再经反射聚焦系统将双光束或环形光束聚焦；电弧焊电极处于双光束或环形光束中间，且与聚焦系统射出的激光同轴[32]。在单纯激光焊条件下，由于铝的反射率很高，很难形成焊缝。图 12-40 所示是在脉冲 MIG 焊接参数固定（焊接电流 150A，电弧电压 25V，送丝速

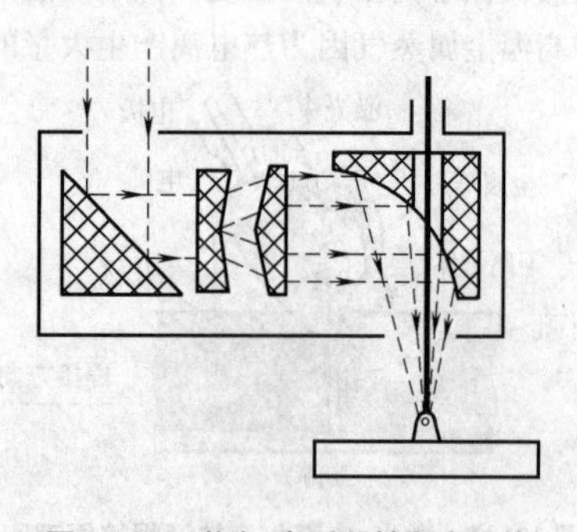

图 12-39　激光-电弧同轴复合焊枪

度为5.5m/min）而改变激光功率的条件下获得的焊缝成形照片[35]。

可以看出，在相同的MIG焊接参数下，随着复合激光功率的增加，焊缝成形质量明显提高。在单独MIG焊时，熔深较浅，焊缝铺展效果最差（图12-40a）。激光功率1000W时，虽然熔深没有明显变化，但焊缝铺展效果已大大好转（图12-40b）。当激光功率增加到1400W时，已经形成良好的焊缝表面形状，且熔深增加（图12-40c）。继续增加激光功率至1800W，熔深明显增加（图12-40d）。

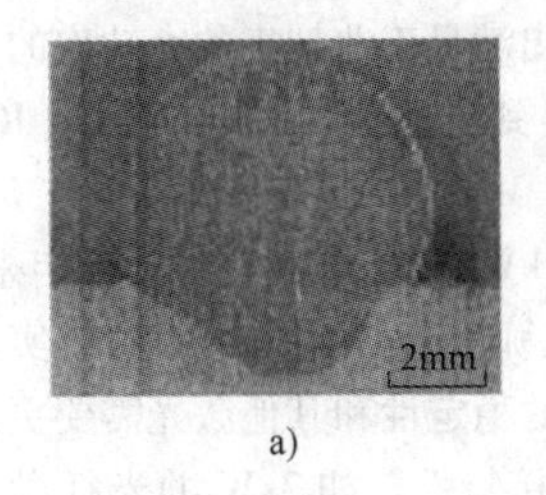

a)

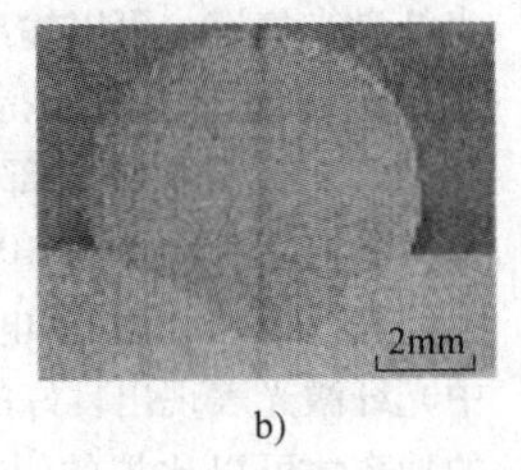

b)

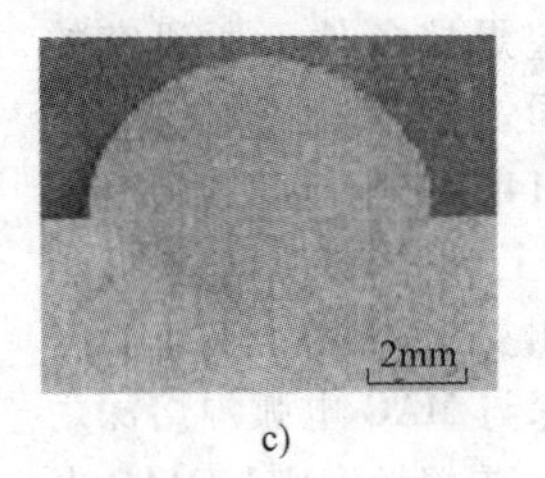

c)

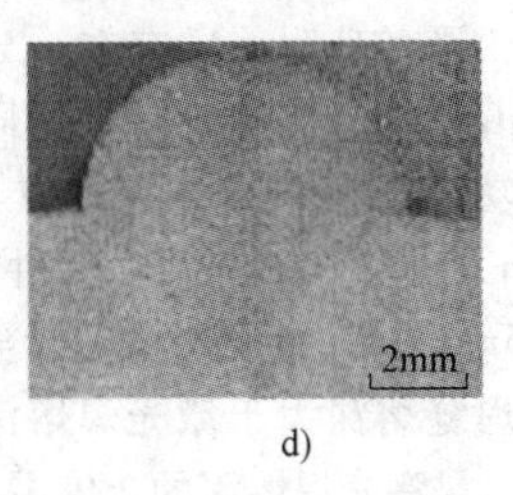

d)

图12-40 不同激光功率下复合焊成形照片

a）MIG b）MIG+1000W激光 c）MIG+1400W激光 d）MIG+1800W激光

同轴复合的优点在于，其能提供对称热源，因而焊接方向不受空间限制，适合三维焊接。日本的Takashi Ishide等人采用YAG激光-MIG电弧同轴复合装置，在接头缝隙高达1.5mm时仍能获得良好的焊缝成形，同时实现薄板和20mm厚的厚板多道焊，焊接速度达到7m/min[37]。

旁轴耦合热源分解如图12-41所示，在焊接过程中激光在MIG电弧的前面，对MIG电弧起压缩和引导作用，使得电弧的焊接质量和稳定性得到提高，电弧加热具有热作用范围大的特点，它对工件的辅热作用能有效减小温度梯度、降低冷却速度，从而减少焊接缺陷。

美国海军连接中心进行了船体结构部件的激光-MIG复合焊测试[34]。通过4kW YAG激光和450AMIG电弧的复合能够以1m/min的速度双面焊透11mm厚的方坯（图12-42b），所需时间比传统电弧焊节省2~3倍，而单独激光双面焊不能够形成全熔透焊缝（图12-42a），激光-MIG复合焊的最大间隙桥接能力可达到1.14mm（图12-42c）。

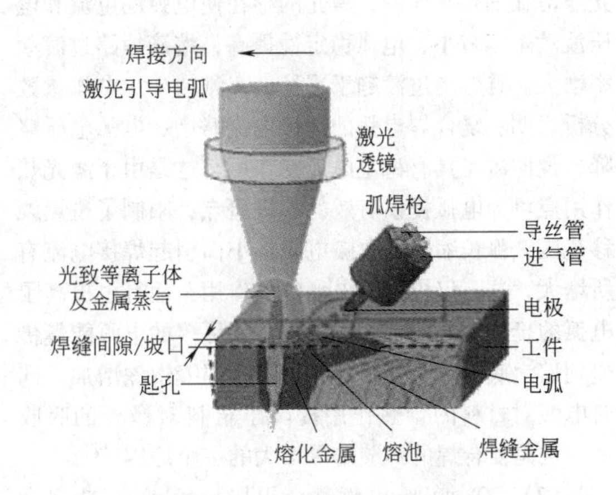

图12-41 旁轴耦合热源分解图

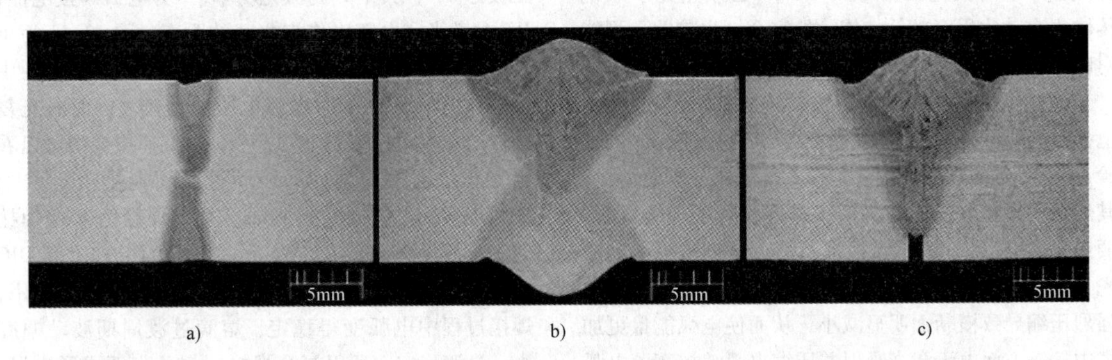

a) b) c)

图12-42 激光-电弧同轴复合焊炬

a）单独激光焊 b）复合焊 c）复合焊，接头缝隙1.14mm

根据激光类型的不同又可将激光与GMA电弧复合热源焊接技术分为：Nd：YAG激光-电弧复合焊接技术、CO_2激光-电弧复合焊接技术和光纤激光-电弧复合焊技术。

（1）Nd：YAG激光-电弧复合焊接技术 Nd：YAG激光波长短，可以实现光纤长距离传输，容易实现机器人焊接[38]。Nd：YAG激光焊接时，等离子体屏蔽效应较弱，可以像单独的气体保护焊一样，针对电弧稳定性、熔滴过渡和保护效果等情况选用最优化的保护气。而且可以实现几个工作站同时共享一个激光源，从而节省开机时间和成本。

研究表明，只有在一定焊接条件下所研究的YAG-MAG复合焊才具有协同效应。试验参数为：激光功率1.5kW，焊接电流144A，焊接速度0.9m/min，激光焦点位于试件上方1mm，热源间距0.5mm，激光前置焊可显示出复合焊的协同效应，复合焊缝熔深大于激光焊熔深与MAG电弧焊熔深之和，是激光焊熔深的2倍多，焊缝熔宽则与MAG电弧焊熔宽相近。一般认为复合焊的协同效应来源于激光与电弧的相互作用，激光的存在使电弧的电流和电压波动范围减小，电弧稳定性提高，熔滴短路过渡频率增大，且熔滴过渡趋于平稳，飞溅减少。电弧参数分析表明：复合焊电弧的焊接电流略增，电弧电压略降，说明激光具有稳定电弧的作用。这是由于激光热作用点可为电弧提供有效的阳极斑点，限制了斑点飘移范围，弧长缩短，电弧电阻减小而引起焊接电流有所增大，这不仅提高了电弧的热作用，而且也提高了电弧的挺度及对熔池的作用力，使更多的电弧能量传递到熔池底部，电弧热效率提高，焊缝熔深增加。同时电弧对材料的预热作用提高了材料对激光的吸收率，也是复合焊的焊缝熔深增大的一个原因[39]。

（2）CO_2激光-电弧复合焊接技术[38]　功率大（可达50kW）是CO_2激光器的主要特点。CO_2激光器量子效率高达40%，工业器件总效率达20%，经济性好，易于实施，很早就得到了商业应用。但CO_2激光器产生的激光波长为10.6nm，必须用光学系统传输，自动化程度较低，传输的安全性也较差，可能对眼睛造成伤害。

通过单独CO_2激光焊、MAG电弧焊和激光-MAG电弧复合焊分别对7.0mm厚高强度钢板进行焊接试验，与MAG焊相比，复合焊极大地提高了焊缝熔深，其熔深为单独电弧焊的3倍，并且改善了焊缝成形。两热源复合后MAG电弧根部及临近区域被吸引到激光与材料的作用点上；在远离激光作用点处的电弧被强烈压缩导致横断面明显减小，从而使电弧能量更加集中。一方面由于激光吸引并压缩电弧，提高了电弧的稳定性；另一方面由于MAG电弧的加入，使被焊接材料表面熔化，增加了对激光能量的吸收，同时因激光等离子体被稀释而减少了激光因等离子体散射和折射而成的能量损失，增加了激光能量的吸收。以上两方面说明在复合焊过程中交互作用的等离子体的形态对工艺稳定性和焊缝成形有着重要影响[40]。

（3）光纤激光-电弧复合焊技术[38]　光纤激光器是近年来才出现的一种激光器，光束质量好、占地面积小、终生无须维护、电效率高，有很好的综合经济性。单模IGP光纤激光最大功率为200W，但通过光纤激光集聚，可以输出满足工业加工的大功率的激光。在其出现以后，得到了迅速发展和应用。IGP Photonics公司在其总部Mass. Oxford和欧洲的工厂，都大量应用了功率达10kW的光纤激光器。近年来，他们进行了光纤激光-电弧复合焊接测试实验，实验中光纤激光表现出良好的稳定性和其他激光需要更高的功率才可以比拟的焊接特性。如2kW的光纤激光对1.2mm的镀锌钢板进行搭接焊的速度达5m/min，相当于4kW的Nd：YAG激光。Fronius激光复合焊接研究室用7kW的光纤激光进行了激光-电弧复合焊接研究，指出该工艺可以对8mm厚的普通钢和高合金钢进行焊接。

12.5.5　激光-MIG/MAG电弧复合焊的电弧形态及熔滴过渡

单独电弧焊时，电弧向金属熔池表面移动，熔滴与电弧形态不匹配，成形不规则；加入激光后，电弧阴极斑点移动到匙孔产生的热作用区，稳定了电弧，改善了焊缝成形[29]，电弧等离子体形态如图12-43所示。其中左侧为常规MIG焊的电弧形态，而右图为激光-电弧复合焊的电弧形态。

以5.0mm厚的5A06防锈铝合金板材为焊接母材，对比常规MIG焊和CO_2激光-MIG复合焊的焊接过程，图12-44所示为单MIG焊和复合焊的电弧电压波形[42]，其中P为激光功率，I为电弧焊接电流，D_{LA}为激光和电弧工作点之间的距离。图12-45为单MIG焊和复合焊熔滴过渡的高速摄像。从图12-44中可以看出单MIG焊时电弧电压波动较大，而激光复合焊的电弧电压变得非常平稳。从高速摄像中可以看出复合焊射滴过渡时，熔滴过渡周期为16ms，而MIG焊熔滴过渡周期为14ms，复合焊接比MIG焊接射滴过渡慢2ms左右[31]。虽然激光的引入使得MIG焊熔滴过渡变慢，但是由于激光致等离子体的作用，焊接过程中电弧变得稳定，熔滴过渡周期波动幅度小，过渡稳定，所以复合焊接的焊缝表面成形光滑，鱼鳞纹细密均匀[40]。

在激光-MIG复合焊过程中，激光的能量密度非常高，激光能量对熔滴的热辐射作用导致的促进熔滴过渡的作用占了主导作用，因而在复合焊接过程中，熔滴的过渡频率提高，焊接过程的稳定性提高[42]。

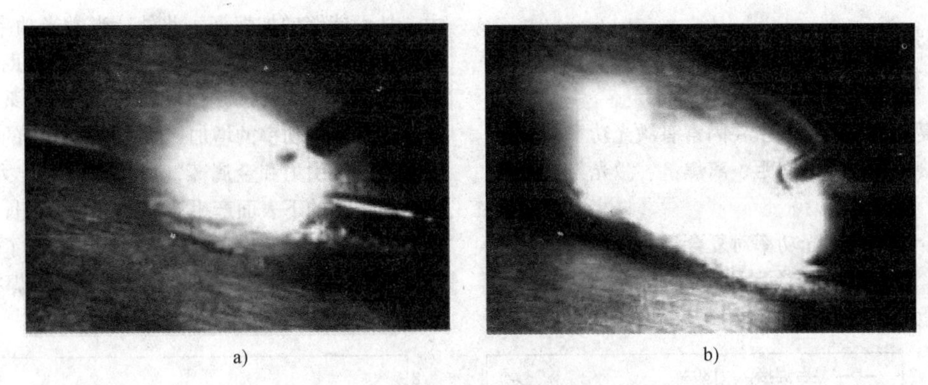

a)　　　　　　　　b)

图12-43　激光加入前后电弧等离子体形态的变化

a）MIG焊　b）激光-电弧复合焊

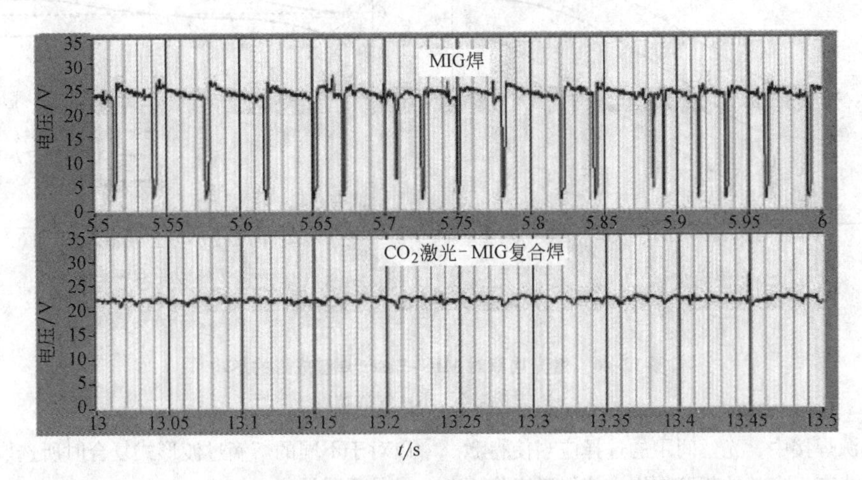

图12-44　单MIG焊和复合焊的电弧电压波形（$P=1500\text{W}$；$I=150\text{A}$；$D_{LA}=2.5\text{mm}$）

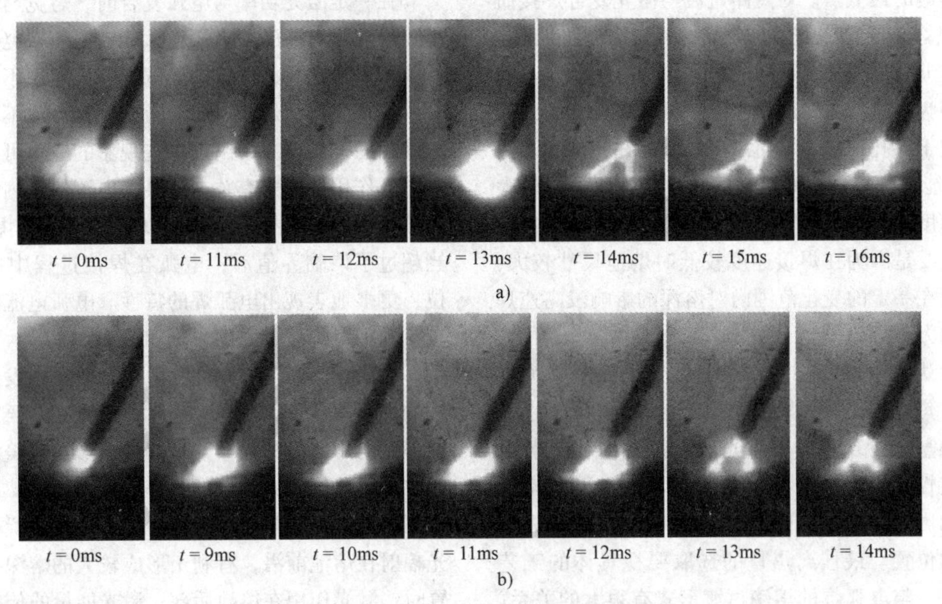

图12-45　激光引入前后熔滴过渡高速摄像[40]

a）激光-MIG复合焊接（$P=2000$；$I=170\text{A}$；$D_{LA}=3\text{mm}$）　b）MIG电弧焊接（$I=170\text{A}$）

12.5.6　影响激光与 MIG/MAG 复合热源焊接的主要工艺因素

影响复合热源焊接的主要因素有激光功率、焊接电流、焊接速度、光丝间距、离焦量、激光与电弧的相对位置等[44]。

在复合焊中，激光功率对复合焊的焊缝成形有很大的影响，特别是对焊缝熔深的影响最大。这主要是因为随着激光功率的增大，用于穿孔的激光能量增大，从而能够增加熔深。此外，当激光功率较小时，激光主要起到稳定和压缩电弧的作用，有助于熔滴的形成和加速熔滴的过渡；当激光功率达到某一临界值时，随着激光功率的增加，激光匙孔产生的等离子体对熔滴的吸引力和金属蒸气对熔滴的上推力都增加，从而使熔滴的下表面产生波形线，使熔滴长大时间增加，直径增大，发生颗粒过渡，从而降低了熔滴过渡频率[40]。激光功率在不同焊接参数下对焊接熔深的影响如图 12-46 所示[43]。

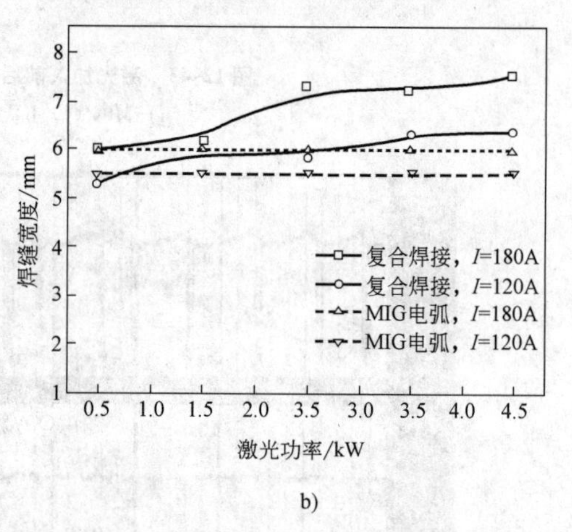

图 12-46　激光功率对 MIG-Laser 焊缝成形的影响

a）焊接熔深　b）焊缝宽度

在复合热源焊接中，光丝间距的选择应当使得激光与电弧之间能产生有效的相互作用，使得激光作用于电弧熔池的最低点。对短路过渡与激光复合焊接研究时发现，无论是激光在前还是在后，光丝间距在 1mm 时能形成最大熔深，并且焊接过程最稳定。而光丝间距为 0 时，更多的激光能量用于焊丝金属的熔化，而用于穿孔的能量相对减少，所以在光丝间距为 0 时并不能得到复合焊的最大熔深。特别地，以较大的焊接速度进行复合焊时，光丝间距对熔深影响较大，这主要是因为在焊接速度较低时熔池尺寸较大，光丝间距在一定的变化范围内对熔深的影响没高速焊时的影响大。

通常认为激光束的焦点在工件上表面定义为零离焦量，焦点在工件上表面之上为正离焦量，之下为负离焦量。在复合焊中激光焦点位置的变化对电弧的稳定性、复合焊缝的熔宽影响不大，但对熔深有较大的影响，同激光焊一样存在一个获得最大熔深的最佳位置。最佳离焦量的选取要视具体的工艺过程来定，与电弧焊的熔滴过渡形式有很大的关系。电弧焊短路过渡时熔池液面高于工件表面，射滴过渡和射流过渡时熔池液面下凹，低于工件表面，所以对于不同的熔滴过渡形式复合时所选取的最佳离焦量是不同的。

在一定激光功率与电弧复合时，熔宽与熔深并不是随着焊接电流的增大而增大的，当焊接电流达到某一个特定值之后，焊缝的熔宽熔深会呈现不变化甚至较小的现象。大焊接电流的激光复合焊也不能减少焊接过程的飞溅现象，出现这些现象的原因可能与激光和电弧作用的模式有关，在某一电流值以内，激光在焊接过程中起主导地位，所以表现出激光焊的特性；当超过了该临界值后，电弧在焊接过程中占主导地位，更多地表现出电弧焊的特性。电弧电流在不同焊接参数下对焊接熔深的影响如图 12-47 所示。

在激光与短路过渡的电弧复合研究中发现，在相同的焊接参数下，复合焊接时，激光在前要比电弧在前得到的焊缝熔深大，并且焊缝成形比较美观，特别是在焊接速度较大的情况下，效果更明显。出现这种现象的原因可能是与激光辐射在熔池的位置有关。激光辐射在熔池前沿，有利于形成较大的熔深。激光后置时，激光作用在熔池后部，激光能量的传输易于受到熔滴过渡主要是短路过渡形式及熔池波动的影响，因此激光能量对熔深的贡献较小[41]。

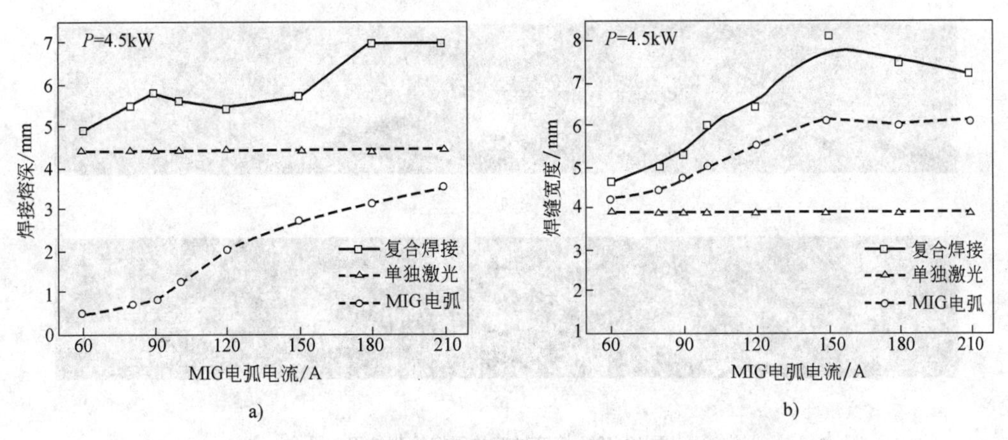

图12-47 MIG电弧电流对激光-MIG复合焊焊缝成形的影响

a）焊接熔深 b）焊缝宽度

12.6 TIG-MIG的复合焊接

熔化极气体保护焊中，一般焊接电流的大小取决于送丝速度。焊丝送进得越快，则焊接电流也越大，送丝速度和焊接电流相互耦合，难以独立调节。但是在很多应用场合下，如表面堆焊，希望在提高熔敷速度的前提下降低焊接热输入，采用常规的气体保护焊工艺显然是无法实现的。

为了实现焊接电流和焊丝送进速度的解耦，必须对常规的熔化极气体保护电弧焊进行改进，张裕明教授最早提出了一种新型的双电极电弧焊工艺DE-GMAW（double electrode-gas metal arc welding）

12.6.1 DE-GMAW焊原理及特点

1. DE-GMAW焊系统组成与原理[45]

如图12-48所示，DE-GMAW焊接工艺方法是将一个GTAW焊枪与一个GMAW焊枪相组合，GTAW焊枪构成旁路（bypass），GMAW焊枪与工件构成主路，流经焊丝的焊接电流I，在电弧弧柱区分为两部分，一是旁路电流I_{bp}，二是施加到母材的电流I_{bm}。作用于焊丝上的电流数值较高，有利于提高焊丝的熔化速度，从而提高熔敷率。GTAW焊枪构成的旁路，分流了一部分通过焊丝的焊接电流，在保证了熔敷速度的同时，可以减小作用于母材的热输入。

通过焊丝的焊接电流I（即总的焊接电流），是由送丝速度和电弧电压决定的，这如同常规GMAW焊接的情况。而通过控制旁路电流I_{bp}大小，就可以调节作用于母材上的电流I_{bm}。在图12-48所示的实验装置中，焊丝端部是主路电弧和旁路电弧共同的阳极。电流传感器检测通过母材的电流。控制系统通过改变旁路电路的电阻值来调节旁路电流I_{bp}的大小，

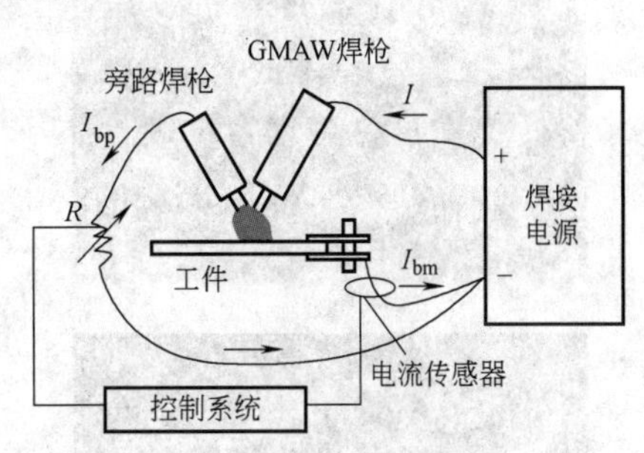

图12-48 DE-GMAW高速焊接工艺原理示意图

使得作用于母材上的电流I_{bm}处于理想的水平[64]。

2. DE-GMAW焊特点

图12-49是拍摄的一组DE-GMAW熔滴过渡图像。其中，图12-49a对应的情况是没有旁路电弧，相当于常规GMAW焊接，焊接电流214A，是滴状过渡。而图12-49b是DE-GMAW焊接，通过焊丝的焊接电流是214A，其中旁路电流72A，通过母材的电流142A。

DE-GMAW焊接过程中，由于旁路电弧的存在，降低了产生射流过渡的临界电流值。对于常规GMAW焊接，临界电流约为240A。而对于DE-GMAW焊接过程，通过焊丝的焊接电流为214A时，就出现射流过渡。这是DE-GMAW焊接的一个优点。另外，无旁路电流时，熔滴沿焊丝轴线（与水平面呈60°角）呈滴状过渡（图12-49a）；有旁路电流时，熔滴过渡的路径被向后推离，即稍微偏离焊丝轴线（图12-49b），熔滴落在熔池稍靠后的位置，而此处液态金属层较厚，这使得熔滴冲击力偏离电弧压力的作用点，因而有利于减小熔深，适宜于薄板的高速焊接。图12-50是DE-GMAW高速焊接的焊缝成形及横断面照片。焊接参数如下：焊接速度1.27m/min，电弧电压32V，送丝速度13.97m/min，通过焊丝的焊接电流330A，其中旁路电流80A，通过母材的电流

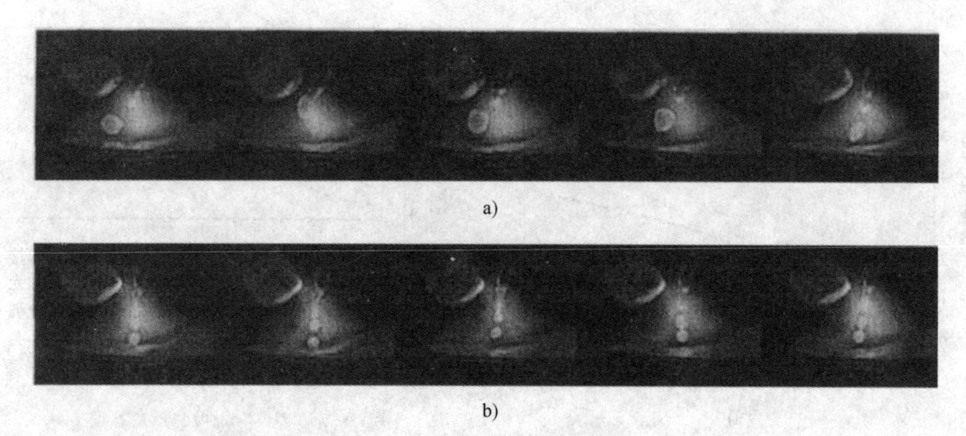

a)

b)

图 12-49　熔滴过渡的图像检测结果

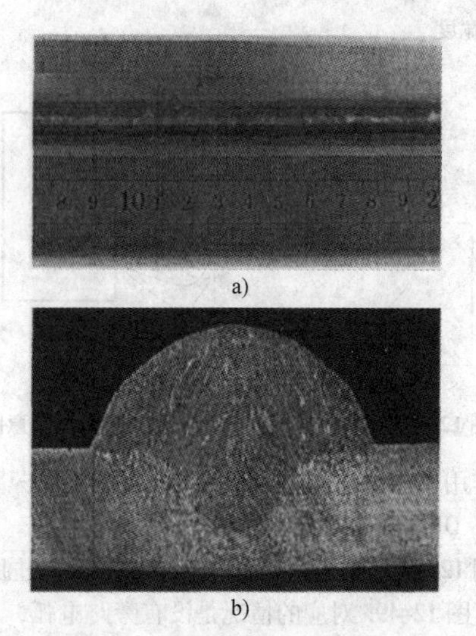

a)

b)

图 12-50　DE-GMAW 高速焊接的焊缝成形及焊缝横断面

250A。可以看到高速焊接没有出现咬边和驼峰等焊缝成形缺陷。

DE-GMAW 焊特点：

1）DE-GMAW 焊接工艺通过 GTAW 焊枪构成的旁路，分流了一部分通过焊丝的焊接电流，在保证了熔敷速度的同时，减小了作用于母材的热输入，较好地解决了高速焊接面临的既要减小对母材的热输入，同时还要增大通过焊丝的焊接电流的矛盾。

2）DE-GMAW 焊接工艺降低了出现射流过渡的临界电流值，在保证焊缝成形良好的条件下实现了高速焊接（焊接速度在 1.2m/min 以上）。由于 DE-GMAW 本质上属于电弧焊的改型，所以它是低成本的高效焊接方法[64]。

12.6.2　DE-GMAW 的焊枪结构及典型电弧特性

1. DE-GMAW 焊枪结构

如图 12-51 所示，DE-GMAW 的焊枪由 GTAW 焊枪和 GMAW 焊枪构成，所示的双焊枪组合中，两把焊枪安装固定在一起，同时相对于工件运动。相对于焊接方向来说，GTAW 焊枪在前，GMAW 焊枪在后[64]。

图 12-51　DE-GMAW 的焊枪结构

2. DE-GMAW 焊电弧特性

图 12-52 为 DE-GMAW 焊的典型熔滴过渡及电弧形态，实验观察得到，总电流不变的情况下，当旁路电流较小时，旁路电弧的电磁力较小，对主路电弧影响较小，焊接热输入主要受主路电弧影响，主路电磁力和电弧压力随母材电流的减小而减小，焊接熔深也相应减小，直到出现极小值。当旁路电流增大到一定值后，主路电弧受电磁力影响开始向旁路电弧偏移，熔滴过渡速度受旁路电弧影响而加快，熔滴冲击力变大，冲击力增大的强度超过电弧压力的减小强度，熔深非线性增加，直到出现极大值。旁路电流继续增大，旁路电弧的电磁力也增大，主路电弧的过度偏移和主路电流的减小会导致电弧压力急剧减小，当电弧压力的减小强度超过熔滴冲击力增加的强度，熔深非线性减小[46]。

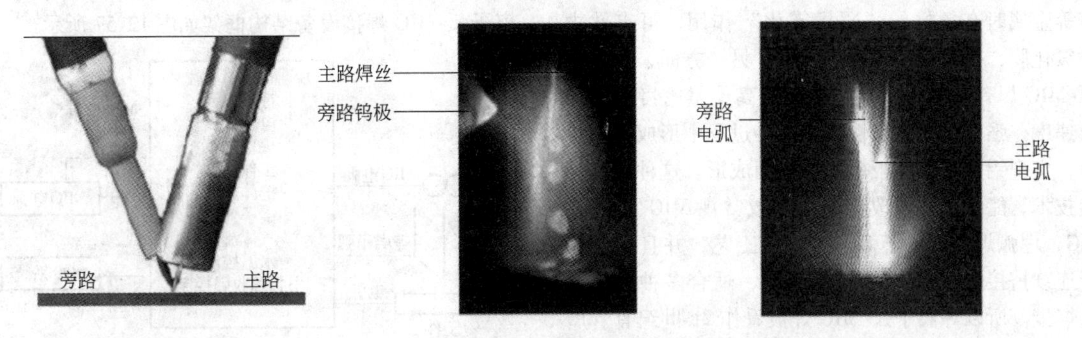

图12-52　DE-GMAW的熔滴过度及电弧形态

12.6.3　DE-GMAW焊的应用[46]

对于直径为ϕ1.2mm CHT711钛型药芯焊丝，母材采用Q235钢板，旁路钨极直径为ϕ3.2mm，保护气［w(Ar)=99.9%］流量为10.5L/min，主路焊丝送进速度为3.6m/min，主路保护气［w(Ar)=99.9%］气流量为10L/min，焊接速度为48cm/min。主要焊接参数见表12-12。

表12-12　主要焊接参数和熔深

总电流 I/A	母材电流 I_{bm}/A	旁路电流 I_{bp}/A	主路电压 U/V	板厚 δ/mm	熔深 H/mm
357	357	0	38.7	5.3	3.73
	277	80	19.6	4.5	1.45
	257	100	18.1	4.5	1.12
	237	120	15.4	5.3	1.44
	217	140	12.5	5.3	1.35
	197	160	10	5.3	0.59
397	397	0	50	14.5	5.88
	357	40	36.9	4.5	2.49
	337	60	26.5	4.5	2.12
	317	80	28	4.5	1.63
	297	100	25	4.5	1.30
	277	120	21.6	4.5	1.04
	257	140	18.8	4.5	1.44
	237	160	16	4.5	0.80
	217	180	14	4.5	0.68

采用脉冲旁路耦合电弧焊方法即DE-GMAW焊，可以将铝镁合金ER5356堆焊到304不锈钢板上，可以获得结合良好的焊缝。

铝/不锈钢焊缝成形较好，如图12-53所示。图12-54为铝/不锈钢焊缝剖面的宏观照片。图12-55为铝/不锈钢界面处背散射电子照片，经测量得出过渡层平均厚度约为8μm，小于10μm的危险临界厚度[47]。

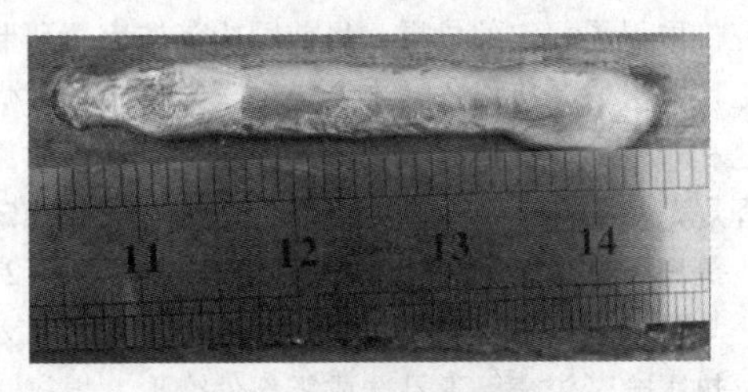

图12-53　铝/不锈钢焊缝成形

图12-54　铝/不锈钢焊缝剖面照片

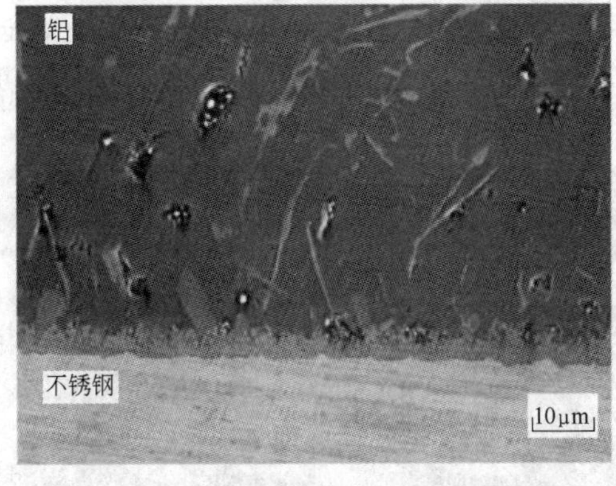

图12-55　铝/不锈钢焊缝剖面的背散射照片

12.7　等离子弧-MIG/MAG焊

等离子弧-MIG/MAG焊是一种新型高效复合焊接工艺方法，也称之为Super-MIG/MAG。为了叙述方便，以下简称为“等离子弧-MIG焊”。

12.7.1　等离子弧-MIG焊的特点

等离子弧-MIG焊综合了MIG焊和等离子弧焊的

优点[48]：一方面，MIG焊可以直流反接，焊接铝、镁等金属时有良好的"阴极雾化"作用，可有效去除氧化膜，提高接头的焊接质量；另一方面，等离子弧-MIG焊有效地利用等离子束流高能量密度、高射流速度、强电弧力的特性，在焊接过程中形成穿孔熔池，实现铝合金中厚板单面焊双面成形。这种新的焊接技术，能够代替或改善绝大多数常规MIG、MAG、TIG、埋弧焊、等离子弧焊等焊接工艺，并且还可用于连续搭接焊、缝焊/点焊组合等，适合多种金属材料焊接。所以等离子弧-MIG焊被看作21世纪有着广泛应用前景的焊接方法。近几十年来国内已进行相关研究，取得了一定的成果。目前国内尚未完全研制出该工艺方法的焊接设备，主要是由于等离子弧对焊接工艺和规范参数变化比较敏感，获得良好接头质量的合理规范参数范围窄、裕度小，致使焊缝成形稳定性差。等离子弧-MIG焊速度快，是传统MIG焊的2~3倍，与常规MIG焊相比，熔深更大，焊接热输入较低，热影响区较窄，不易造成零部件变形，焊接飞溅较少，等离子弧-MIG焊的焊接质量优良，可将等离子弧电源与传统MIG电源有机组合，统一协调控制，使等离子弧-MIG复合热源焊接技术成为传统MIG焊升级改造的方向[49,50]。

等离子弧-MIG焊将MIG电弧和等离子体结合在一把焊枪内，兼容现有的MIG/MAG焊接系统，适合于自动化（机器人）焊接，图12-56为典型的等离子弧-MIG机器人焊接系统。主要包括：一体化焊枪、控制主机（包括等离子弧电源）、常规MIG/MAG电源和送丝装置、焊枪自动清理装置及焊接机器人。

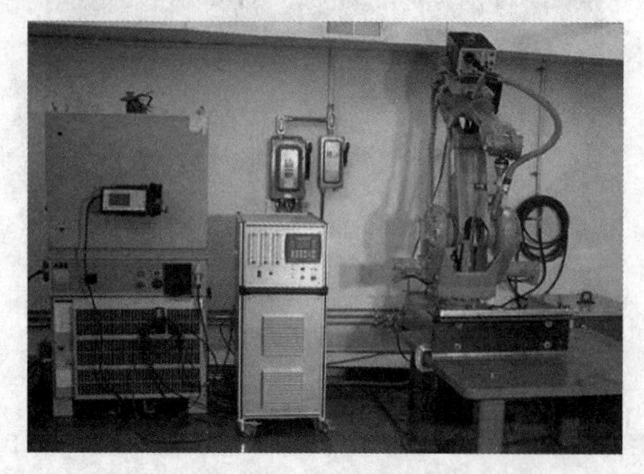

图12-56　等离子弧-MIG机器人焊接系统

12.7.2　等离子弧-MIG焊设备

1. 设备介绍

等离子弧-MIG焊焊接系统主要包括：一体化焊枪、控制主机（包括等离子弧电源）、常规MIG焊电源和送丝装置、焊枪自动清理装置和焊接机器人。等离子弧-MIG焊接设备结构框架如图12-57所示[49]。

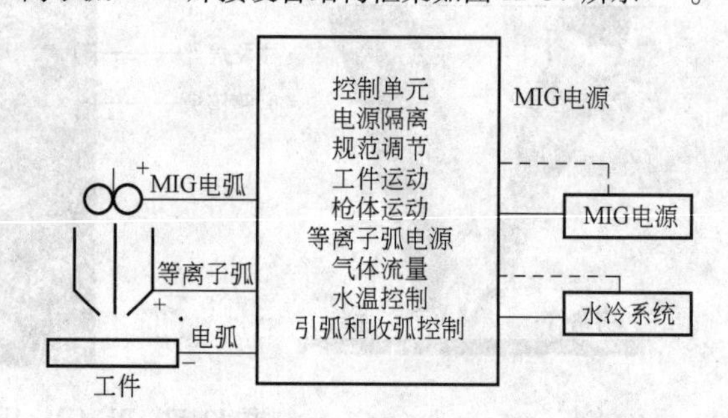

图12-57　等离子弧-MIG焊接设备结构框架

等离子弧-MIG焊接设备由两个独立的电源为焊枪供电，各自产生MIG电弧和等离子弧。由于需要同时产生两种电弧，因此焊接参数的协调和稳定十分重要。控制主机需要完成以下功能：两个独立电源的隔离；焊接参数的规范调节；对工件和枪体运动的控制；气体流量和水温的控制；引弧和收弧的控制。

等离子弧-MIG焊的枪体是该焊接设备的核心组件，它要保证两路电弧的稳定燃烧和彼此有效隔离[51-53]。等离子弧-MIG焊枪体首先要保证等离子电弧和MIG电弧之间的有效隔离。受到枪体尺寸的限制，使这种隔离具有比较大的难度。实际使用的等离子弧-MIG焊枪体相当于两个套在一起的枪体，其内层要考虑到MIG焊丝的送进，必须给送丝通道提供足够的空间。在送丝管和外层等离子枪体阳极体（喷嘴）之间需要采用绝缘组件进行有效的隔离，这些隔离组件采用聚四氟乙烯制成。图12-58为一种等离子弧-MIG枪体的结构简图。

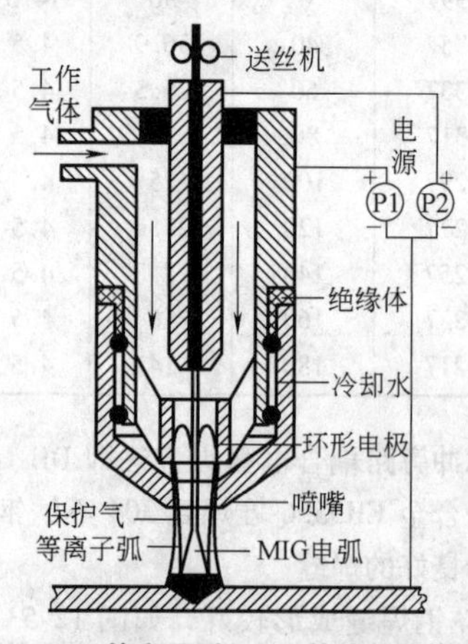

图12-58　等离子弧-MIG枪体的结构简图

2. 等离子弧-MIG焊两种焊接电弧引弧和收弧的顺序

引弧顺序设定为先MIG弧，后等离子弧。由

MIG 弧的电离气体作为等离子弧的通路。这样可以省去常规等离子弧的引弧装置，既可以消除引弧高频高压对微电子电路的影响，也降低了设备的复杂性。收弧可以先让 MIG 电弧按某一规律衰减到熄弧，然后熄等离子弧。

3. 两种焊接电弧的配置

这个问题关系到焊接熔深及焊缝表面质量。具体的设计方案为：MIG 焊枪与等离子弧-MIG 枪体同轴，间接水冷，中心气体环绕焊丝导电嘴；等离子弧焊枪的铜制喷嘴作为阳极，直接水冷和外加环形保护气[49]。

12.7.3　等离子弧-MIG 焊原理

1. 基本原理

等离子弧焊是利用等离子弧作为热源的焊接方法。气体在电弧加热下发生离解，高速通过水冷喷嘴时受到压缩，能量密度和离解度增大，形成等离子弧。等离子弧焊接的稳定性、发热量和温度都高于一般电弧，因此具有较大的熔透力、较快的焊接速度、较窄的热影响区和较小的工件变形。等离子弧焊属于高质量焊接方法，一般用氩气作为离子气和保护气体，根据各种工件的材料性质，也可以使用氦或氩-氦、氩-氢等混合气体。等离子弧有两种工作方式：一种是非转移弧，电弧在钨极与喷嘴之间燃烧，主要用于等离子弧喷镀或加热非导电材料；另一种是转移弧，电弧由辅助电极高频引弧后，在钨极与工件之间燃烧。形成焊缝的方式有熔透式和穿透式：前一种形式的等离子弧熔透母材，形成焊接熔池，多用于厚 0.8～3mm 的板材焊接；后一种形式的等离子弧熔穿板材，形成钥匙孔形的熔池，多用于厚 3～12mm 的板材焊接；此外，还有小电流的微束等离子弧焊，特别适合 0.02～1.5mm 的薄板焊接。

等离子弧-MIG 焊是将两种成熟的标准焊接工艺整合在一起的复合热源焊接技术。等离子弧-MIG 焊过程中，在等离子弧和 MIG 电弧的作用下，焊丝加热并熔化，形成金属熔滴，进入熔池。等离子弧为负极，MIG 电弧为正极，电流通过两个电极相互作用产生电磁力，电磁力牵引等离子弧向焊接熔池前方移动，而且等离子弧在高速焊接过程中尾随焊枪轴线。增加了等离子弧的刚度和稳定性，进而大幅提升了焊接熔深和焊接速度，飞溅也得到控制。图 12-59 为等离子弧-MIG 焊原理示意图。

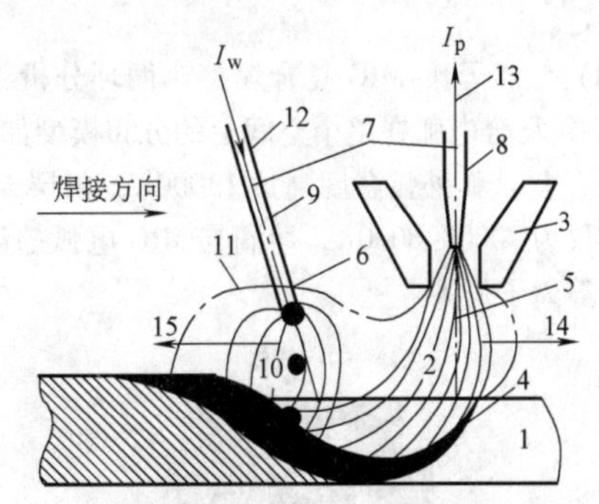

图 12-59　等离子弧-MIG 焊接原理示意图[54]

1—工件　2—等离子流　3—等离子喷嘴
4—熔融金属　5—等离子弧中心　6—焊丝中心
7—电极之间的夹角　8—钨极　9—焊丝
10—MIG 电弧　11—等离子弧
12—焊丝电流（I_w）方向
13—等离子弧电流（I_p）方向
14—施加在等离子弧上的电磁力（F）
15—施加在 MIG 电弧上的电磁力（F）

通常情况下，等离子弧-MIG 焊过程中需要轴向送进的焊丝和 MIG 电弧都被离子气包围。等离子弧-MIG 焊技术还应用了获得专利的 SoftStart™引弧技术，消除了在引弧过程中所产生的电磁干扰，大大增加了等离子电极的寿命[52]。

表 12-13 为等离子弧-MAG 焊与 MAG 焊的工艺效果对比。

表 12-13　等离子弧-MAG 与 MAG 焊工艺对比

接头类型	材料	焊丝	保护气体	等离子弧-MAG 焊接速度/(mm/min)	MAG 焊接速度/(mm/min)	对比
搭接	碳素钢厚度 4mm	ER70S-6，直径 1.2mm	Ar + CO_2(20%)	1500	700	焊接速度提高 1 倍
角接	碳素钢，板厚 4mm，管子壁厚 3mm	E70S-3，直径 0.9mm	Ar + CO_2(18%)	840	360	焊接速度提高 1.3 倍

2. 等离子弧-MIG 复合电弧特性

等离子弧-MIG 焊是一种复合热源焊接技术，然而等离子弧-MIG 复合电弧焊接过程中，等离子弧和 MIG 电弧并不是相互独立的，两者以共享的电磁空间导电气氛和焊丝为媒介建立起耦合关系。这就导致了在焊接过程中复合电弧焊接特性产生了很多新的特点[54-56]。

（1）等离子弧-MIG复合电弧形态　等离子弧-MIG复合电弧焊接参数多，因此对于复合弧的电弧形态影响因素较多。主要影响因素为压缩程度、电弧高度及MIG电压。复合电弧在整个空间分布，外层等离子弧单独存在，内层MIG弧在焊丝端部与外层等离子弧建立耦合关系。相同的送丝速度、等离子弧电流及压缩程度条件下，熔滴过渡脱落时的高度由MIG电压决定。

（2）等离子弧-MIG复合焊接热循环分析　等离子弧-MIG复合电弧在整个空间上的分布模型如图12-60所示，复合弧外弧温度高达13000K，内层MIG电弧温度仅为7000～8000K，熔滴与MIG电弧都包围在炽热的等离子弧中。

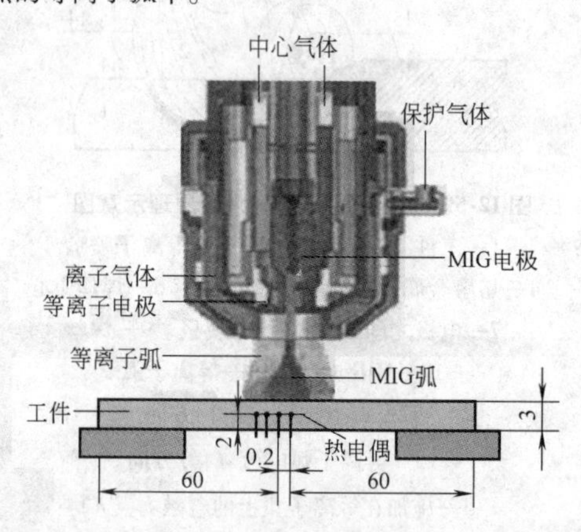

图12-60　等离子弧-MIG复合电弧温度场测量及电弧模型

与传统MIG焊相比，等离子弧-MIG复合焊的热循环曲线与MIG电弧存在着很大的差异。传统MIG焊电弧温度内高外低，温度分布梯度大；等离子弧-MIG复合电弧空间温度在水平面分布均匀，这种电弧温度水平面均匀分布导致了复合弧焊接过程中，热量均匀分布在熔池内。随着外层等离子弧电流的升高，等离子弧-MIG峰值温度升高，对工件的热输入升高，高温停留时间随等离子弧电流的增加而变短，与传统的MIG焊相比，冷却速度加快，过冷度变大。

（3）等离子弧-MIG复合焊接热循环分析和焊接细晶机理　等离子弧电流大小影响焊缝熔合区晶粒尺寸，在相同热输入下，等离子弧电流的增大，能够有效地细化焊缝熔合区晶粒尺寸，能够起到有效的晶粒细化作用。

通过以上关于等离子弧-MIG复合电弧焊接特性的分析，可以得出以下结论：

1）等离子弧-MIG复合电弧在整个空间分布，外层等离子弧单独存在，内层MIG弧在焊丝端部与外层等离子弧建立耦合关系。相同的送丝速度、等离子弧电流及压缩程度条件下，熔滴过渡脱落时的高度由MIG电压决定。

2）等离子弧-MIG复合电弧空间温度分布均匀。随着等离子弧电流的增大，复合电弧高温停留时间变短，焊缝冷却速度快，过冷度大。

3）等离子弧-MIG复合焊，外层等离子弧电流的增大有利于填充材料的润湿铺展。焊缝熔宽大，成形美观，适合于大等离子弧电流的快速焊接。

4）在相同热输入下，复合电弧温度及作用于熔池的热在空间分布上均匀，能够降低晶粒长大倾向。复合电弧温度高，过冷度大能够促进晶粒自发形核，熔合区原奥氏体晶粒及焊缝组织得到细化。

3. 等离子弧-MIG焊熔滴过渡特征

等离子弧-MIG焊采用等离子电弧和MIG电弧共同形成的复合型电弧进行焊接，与常规熔化极气体保护焊相比，其电弧形态和熔滴过渡等特征都发生了变化[58]。而在气体保护焊中，金属熔滴过渡方式极大地影响着焊接电弧的稳定性和焊接质量[59]。

MIG焊加上等离子弧后熔滴过渡方式发生了变化，短路过渡形式消失，以滴状和射流过渡为主。这是因为等离子弧的存在，在很小的MIG焊接电流下就已经开始了滴状过渡，而且等离子弧电流的加入显著地降低了熔滴从滴状过渡向射流过渡的临界点[60]。

等离子弧-MIG焊方法中MIG焊接电流对熔滴过渡形式起决定性作用；等离子弧-MIG焊与单纯MIG焊比较，由于等离子电弧的存在显著降低了滴状过渡向射流过渡的临界点；等离子弧-MIG焊的熔滴过渡形式以滴状过渡和射流过渡为主。

12.7.4　等离子弧-MIG焊技术的应用

等离子弧-MIG焊作为一种复合焊接方法，可以方便地实现全自动焊和半自动焊，并且在低碳钢、不锈钢、铝合金和铜的焊接与堆焊上已经得到成功应用。采用等离子弧-MIG焊的T型焊枪进行角焊缝焊接，可以单面焊双面成形，达到常规焊接方法所达不到的熔深效果。

等离子弧-MIG复合焊技术的应用已经越来越广泛[61]。例如在美国康明斯公司的排气管自动焊车间，全面使用了等离子弧-MIG焊，提高了生产效率，降低了生产成本。美国Babcock Power公司采用等离子弧-MIG焊替代了原有的TIG焊，在保证焊接质量的同时，管子对接焊的效率提高了10倍。目前，大功率的等离子弧-MIG焊正在20～100mm厚钢板的焊接中推广应用。在风力发电的塔柱焊接、大型船舶焊接、大型输气输油管道焊接等方面，大功率的等离子弧-MIG 焊将更加体现高效优质技术优势。在工程中采用等离子弧-MIG 焊焊接设备很好地解决了厚壁铝制焊件的焊接工艺问题。该方法应用在三峡大型开关断路器壳体和母线罐的制造中，取得了良好的效果。此外，等离子弧-MIG 焊工艺在如下两方面也有较好的应用[62]。

1. 铝合金焊接

等离子弧-MIG 焊焊接铝合金时优点突出，与常规 MIG 焊相比，焊缝的气孔率低，焊缝金属晶粒小，有更高的焊接速度和熔敷速度。在欧洲某工厂进行铝管道与法兰焊接时，用 MIG 焊方法手工焊接时，两个工人要花费一天才能完成 12 个铝管与法兰的焊接；采用等离子弧-MIG 焊方法焊接时，仅 1h 就能完成相同的工作，效率显著提高。用等离子弧-MIG 焊焊接设备焊接车用液罐，焊接速度是 MIG 焊的两倍多。

1980 年，德国国际原子公司焊接管簇结构铝管，焊接件由 32 个直径 ϕ165mm 的铝管组成，结构复杂特殊。采用等离子弧-MIG 焊方法进行焊接，焊缝经过 X 射线检验质量很高。1981 年，飞利浦公司建立了一套把盖板焊接到铝合金管的角焊缝的机械装置，并且成功应用在原子反应堆用件的焊接上。

20 世纪 90 年代，IFS 开展了高效焊和复合焊接方法在工业铝焊接上的应用研究，特别是等离子弧-熔化极焊接方法的发展。与传统的焊接方法相比，在更高的可行焊接速度、焊缝质量和焊接经济性方面，表现出了优点。

2. 堆焊

1977 年，英国的 R. Vennekens 和 A. A. Schevers 等人在钢上进行了堆焊铜锡合金的研究。因为等离子弧-熔化极焊接与其他焊接方法相比，具有熔深浅且稀释率小的特点，人们曾期望它无渗铜现象，但在研究了焊缝横断面之后，晶间的渗铜现象还是发生了。

德国人通过实验发现，在鼓风炉吹风嘴上堆焊不锈钢能使其寿命提高三倍。试验使用了允许通过大电流的水冷铜电极焊枪。对堆焊焊件的金相观察结果表明，铜渗透到了钢中。使用 AISI316L 型不锈钢焊丝时，铜的渗透量比使用 AISI308L 型不锈钢焊丝时少。

1981 年 10 月，瑞典的钢铁生产厂在飞利浦公司焊接实验室的帮助下，建立了一套等离子弧-MIG 焊接设备。用等离子弧-MIG 焊代替埋弧焊来修理连铸生产线上的滚轮，不仅节省了耗费，减小堆焊表面机械加工量，而且延长了使用寿命。熔敷速度达 9 ~ 10kg/h。原子反应堆一次回路，反应容器、增压器、蒸汽发生器、回路管道等需要用不锈钢在表面进行堆焊。用添加焊丝形式的等离子弧-熔化极气体保护焊进行堆焊，熔敷速度和熔深可以相对独立地控制。焊接过程稳定，不易受弧长变化的影响。美国犹他州 Valtek 公司使用等离子弧-熔化极气体保护焊替代钨极氩弧焊对工件进行表面处理，阀的耐磨寿命提高了四倍[62]。

12.8　A-TIG 焊

A-TIG 焊（activating flux TIG welding）实际上是焊前在待焊区域涂敷某种活性焊剂，使用普通的 TIG 焊焊接设备和参数规范可以进行焊接。焊接过程中在活性焊剂的作用下引起焊接电弧收缩，电弧能量密度增加，电弧力增大，最终导致焊缝熔深增加的一种焊接新工艺。焊接工艺中，一般采用 I 字形坡口，焊接时无须填充焊丝，根据经验，对于 10mm 厚的奥氏体不锈钢可一次焊透，实现单面焊双面成形。A-TIG 焊接过程如图 12-61 所示[65]。

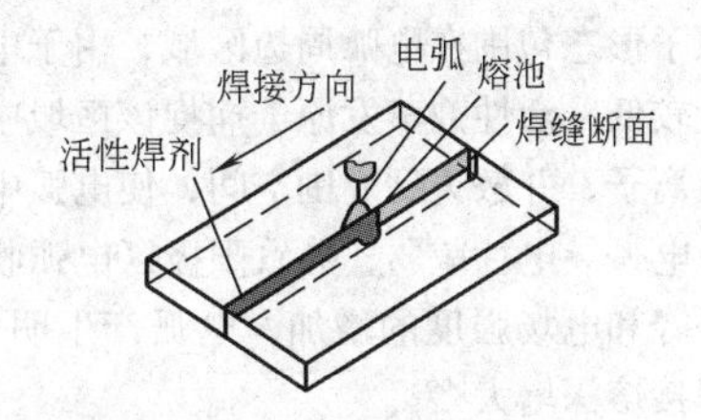

图 12-61　A-TIG 焊接过程示意图

12.8.1　A-TIG 焊原理及特点

1. A-TIG 焊原理

目前关于 A-TIG 焊中，活性焊剂增加焊缝熔深的具体作用机理，在学术界还没有定论。其中最有代表性的机理为表面张力梯度改变理论和电弧收缩理论。

（1）面张力梯度改变理论　由于活性助焊剂的加入，引入了硫等活性焊剂可改变熔池表面张力的元素，从而使得熔池内液态金属的流动方向发生了变化，导致熔深增加。像 Fe、Ni、Co 这样的材料，其液态金属的表面张力系数随温度的提高而降低，焊接熔池中心温度高而周边温度低，液态金属形成从熔池中心向熔池周边的表面张力流，电弧向熔池底部的传热效率低，所形成的焊缝宽而浅；当液态金属处于氧化性气氛中或液态金属中含有活性元素时，液态金属表面张力系数值降低，同时表面张力系数随温度的提高而增大，在焊接熔池中，由于熔池中心区温度最高，液态金属便形成从熔池周边向熔池中心的表面张力流，致使熔池底部的加热效率提高，从而使焊接熔深增大[66]，图 12-62 为熔池金属流态示意图。

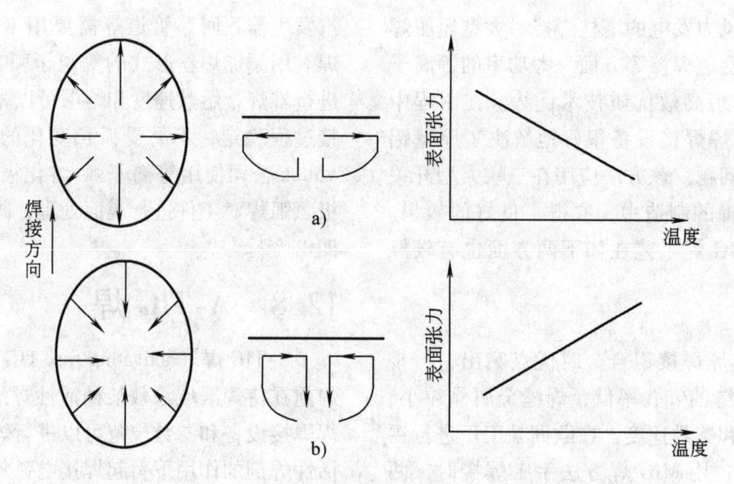

图 12-62 熔池金属流态示意图

（2）电弧收缩理论 活性助焊剂使得焊接电弧收缩，从而增加了电弧的能量密度和电弧压力，熔池下凹，熔深增加。A-TIG 焊剂中含有大量氧化物、卤化物等活性物质，这些物质在电弧高温的作用下蒸发，以原子形态包围在电弧周边区域，由于电弧周边区域温度较低，活性剂蒸发原子捕捉该区域中的电子而形成负离子，并散失到周围空间，使电弧中的电子数减少，电弧导电性减弱，导致阳极区电弧收缩，以及阳极压降和电场强度的增加，电弧产生明显收缩，从而使焊接熔深增大[66]。

电弧收缩的原因有三种可能[67-69]：一是在电弧的中心区域，电弧的温度高于分子的分解温度，气体和活性剂原子被电离成电子和正离子。在弧柱较冷的外围区域，被蒸发的物质仍然以分子和被分解的原子的形式存在，被分解的原子大量地吸附电子，形成负离子，使外围区域作为主要导电物质的电子减少，导电能力下降，使电弧收缩；二是因为我们使用的活性剂的各组分都是多原子分子，所以在电弧气氛下发生热解离，热解离是吸热反应，所以根据最小电压原理，使电弧收缩；三是因为涂层物质本身不导电，又因为涂层物质的熔沸点都比金属的高，所以只在电弧中心温度较高的区域有金属的蒸发，形成阳极斑点，即涂层的存在减小了阳极斑点区，从而使电弧收缩。

2. A-TIG 焊特点

1）与传统的焊条电弧焊、埋弧焊、钨极氩弧焊等焊接方法相比，A-TIG 焊具有质量可靠、生产效率高的优点。

2）与先进的激光焊、电子束焊以及等离子弧焊相比，A-TIG 焊在焊接效率上虽稍有欠缺。但因其所用的活性焊剂材料成分组成宽，来源丰富，价格便宜，而且无须昂贵的焊接设备，使得 A-TIG 焊具有成本低廉，经济性好的优点，因此具有良好的经济效益和广泛的应用前景。

3）A-TIG 焊典型的应用是较厚工件（3～12mm）的精密焊接，与同等厚度的常规 TIG 焊相比，A-TIG 焊可以进行高速低热输入焊接，所以非常适合于薄壁小直径管—管、管—板焊接。

4）A-TIG 焊中的活性焊剂对焊缝中主要成分的质量分数影响极小，并且采用 A-TIG 焊工艺焊接的焊缝接头在强度、韧塑性、抗晶间腐蚀性能等各方面均等同于或优于 TIG 焊焊接的接头。

12.8.2 应用实例

A-TIG 焊是通过调节活性焊剂中微量元素的组成和含量来达到控制焊缝成形和提高焊接质量的目的。不同的材料，其本身各元素的组成和含量不同，因而对于某一牌号的钢材，必须配合一种专为该钢种研制的活性焊剂才能实现 A-TIG 焊接，并充分发挥该技术的优势。现已报道的几种具体钢种的活性焊剂的成分均由氧化物或氧化物与卤化物的混合物组成。活性焊剂中的氧化物一般由 Fe、Cr、Si、Mn、Ti、Ni、Co、Mo 及 Ca 等元素的一种或几种组成。由氧化物和氟化物混合组成的活性焊剂被用于各种钢材的焊接生产中。在苏联时期用于工业级别的 C-Mn 钢焊接活化剂的成分如表 12-14 所示。

表 12-14 活性焊剂化学成分

成分	SiO_2	TiO_2	TiO	CrO	Ti 粉
质量分数（%）	57.3	13.6	6.4	9.1	13.6

一般的活性焊剂为细粉状，为便于涂敷以及防止焊接时保护气体将其吹散，应用易挥发的溶剂丙酮或乙醇将其溶解成糊状，焊接前均匀地涂抹在待焊处两

侧。活性焊剂的用量应根据工件的厚度、焊接条件和所需解决的技术问题决定，用量一般控制在0.1～5g/m。实际生产中涂敷活化剂时，涂层的厚度以充分遮盖钢的本色为宜。

目前，A-TIG可应用于焊接钛合金、碳钢、不锈钢、锰钢、镍基合金、铝合金等材料，广泛应用于核电、船舶、汽车、航空航天、锅炉等要求较高的场合。

参考文献

[1] 殷树言，徐鲁宁．熔化极气体保护焊的高效化研究［J］．焊接技术，2000，29（s1）：4-7.

[2] 池梦骊．由MAG脱颖而出的TIME焊接新工艺［J］．焊接技术，1994，23（3）：46.

[3] Tusek J. Mathematical modeling of melting rate in twin-wire welding［J］. Journal ofmaterials processing technology，2000，100（3）：250-256.

[4] Bradstreet B J. Effect of Surface Tension and Metal Flow on Weld Bead Formation. Welding Journal［J］. 1968，47（7）：314-322.

[5] Sudnik W. Undersuchung und Projektierung der Schmelzschweiβ technologien mit Hilfe von phzsikalisch-mathematischen Mod-ellen und Computer. Schweiβ u Schneid，1991（10）：588-590.

[6] 拉达伊D．焊接热效应 温度场 残余应力 变形［M］．北京：机械工业出版社，1997.

[7] 卢振洋．焊缝咬边成因机理及高速焊接工艺研究［D］．北京：北京工业大学，2006.

[8] 西武史．高速サブマージア溶接法の研究［J］．溶接学会志，. 1982，30（8）：68-74.

[9] Tusek J. Raising Arc Welding Productivity［J］. Welding Review International. 1996，15（8）：102-105.

[10] Olsson R，et al. High-speed Welding Gives a Competitive Edge［J］. Welding Review International. 1995，14（8）：128-131.

[11] Bengtsson P，et al. High Productivity MIG/MAG Welding Processes［J］. Welding & Metal Fabrication，1992，60（6）：226-228.

[12] 山本英幸，等．ハイマク溶解法の开发［J］．溶接技术，1990，38（2）：68-73.

[13] 王军，陈树君，卢振洋，等．磁场控制横向MAG焊接焊缝成型工艺的研究［J］．北京工业大学学报，2003，29（2）：147-150.

[14] 西田顺纪，等，最近の碳酸ガス［J］．マゲ溶接技术，1990，38（2）：62-67.

[15] 黄鹏飞．高速熔化极气体保护焊过程控制及其规律研究［D］．北京：北京工业大学，2005.

[16] 刘辉．双丝脉冲MIG焊工艺研究［D］．天津：天津大学，2007.

[17] 卢振洋，黄鹏飞，等．高速熔化极气体保护焊机理及工艺研究现状［J］．焊接，2006，（3）：16-20.

[18] 殷树言，陈树君，刘嘉，等．逆变焊接电源及现代焊接技术现状与思考［J］．电焊机，2003，33（8）：12-17.

[19] 殷树言．高效弧焊技术的研究进展［J］．焊接，2006，（10）：7-14.

[20] 冯雷，殷树言．高速焊接时焊缝咬连的形成机理［J］．焊接学报，1999，20（1）：16-21.

[21] 王喜春，李颖．TANDEM双丝焊系统的特点及应用［J］．焊接，2003，（5）：33-35.

[22] Himmelbauer K. Time twin digital：top deposition rate thanks to two wire electrode［EB/OL］. http：//WWW. fronius. com. 2003-05-02.

[23] 孙清洁，林三宝，杨春利，等．超声钨极氩弧复合焊接电弧压力特征研究［J］．机械工程学报．2011，47（4）：56-59.

[24] 魏占静．先进的TANDEM高速、高效MIG/MAG双丝焊技术［J］．机械工人：热加工，2002（5）：22-37.

[25] 黄石生，蒋晓明，薛家祥，等．协同控制的Tandem双丝高速焊装备研究［J］．中国机械工程，2007，18（18）：218-224.

[26] 卢振洋．高速熔化极气体保护焊设备及工艺研究［C］//高效化焊接国际论坛论文集，2002（11）：45-48.

[27] 杨运强，郭健，李俊岳，等．熔化极电弧焊熔滴过渡特征信息的提取［J］．湘潭大学自然科学学报，2001，23（04）：88-92.

[28] 陈裕川．高效MIG/MAG焊的新发展：二［J］．现代焊接，2009，（1）：7-14.

[29] Kyoung-Don Lee，Ki-Chol Kim，Young-Gak Kweon. A study on the pocess robustness of Nd：YAG laser-MIG hybrid welding of aluminum alloy 6061-T6［C］//International Congress on Applications of laser & Electro-Optics. Jacksonville：laser Institute of American，2003，9（A）48-55.

[30] 许贞龙．YAG激光-MIG电弧复合焊热源相互作用及熔滴过渡研究［D］．天津：天津大学，2010.

[31] 赵鹏飞．CO_2激光-MIG复合焊接碳钢的熔滴过渡特性研究［D］．哈尔滨：哈尔滨工业大学，2008.

[32] 王治宇．激光-MIG电弧复合焊接基础研究及应用［D］．武汉：华中科技大学，2006.

[33] 潘际銮，郑军，屈岳波．激光焊技术的发展［J］．焊接，2009（02）：18-21.

[34] 高明．CO_2激光-电弧复合焊接工艺、机理及质量控制规律研究［D］．武汉：华中科技大学，2007.

[35] 张旭东，陈武柱，双元卿，等．CO_2激光-MIG同轴

复合焊方法及铝合金焊接的研究［J］. 应用激光，2005，25（01）：1-3.

［36］张旭东，陈武柱．激光-电弧同轴复合焊炬：中国，CN1446661A［P］. 2003.

［37］郭东东，刘金合．激光-GMAW 复合热源焊接的研究现状［J］. 热加工工艺，2011，40（3）：147-150.

［38］辜磊，刘建华，汪兴均．激光-电弧复合焊接技术在船舶制造中的应用研究［J］. 造船技术，2005（5）：38-40.

［39］陈俐，董春林，吕高尚，等．YAG/MAG 激光电弧复合焊工艺研究［J］. 焊接技术，2004，33（04）：21-35.

［40］刘双宇，张宏，石岩，等．CO_2 激光-MAG 电弧复合焊接工艺参数对熔滴过渡特征和焊缝形貌的影响［J］. 中国激光，2010，12（35）：3172-3179.

［41］雷振，秦国梁，林尚扬．激光与 MIG/MAG 复合热源焊接工艺发展概况［J］. 焊接，2005（9）：9-13.

［42］雷正龙，陈彦斌，李俐群，等．CO_2 激光-MIG 复合焊熔滴过渡的熔滴特性［J］. 应用激光，2004，24（6）：361-364.

［43］樊丁，中田一博，牛尾诚夫．YAG 激光与脉冲 MIG 复合焊［J］. 甘肃工业大学学报，2002，28（3）：4-6.

［44］吴世凯．激光-电弧相互作用及激光-TIG 复合焊接新工艺研究［D］. 北京：北京工业大学，2010.

［45］张明贤，武传松，李克海，等．基于有限元分析对新型 DE-GMAW 焊缝尺寸预测［J］. 焊接学报，2007，28（2）：33-37.

［46］石玗，温俊霞，薛诚，等．DE-GMAW 旁路电流对焊缝熔深变化的影响［J］. 兰州理工大学学报，2011，37（1）：17-20.

［47］石玗，温俊霞，黄健康，等，基于旁路耦合电弧的铝钢 MIG 熔钎焊研究［J］. 机械工程学报，2011，47（16）：25-29.

［48］陈克选，李鹤岐，李春旭．变极性等离子弧焊研究进展［J］. 焊接学报，2004，25（1）：124-128.

［49］阙福恒，王振民．等离子弧-MIG 焊的研究进展［J］. 电焊机，2013，43（3）：28-31.

［50］白岩，高洪明，等．等离子弧-熔化极气体保护焊电弧特性研究现状［J］. 电焊机，2007，37（9）：17-19.

［51］张义顺，董晓强，李德元．等离子弧-MIG 焊接方法在厚壁铝合金构件焊接中的应用［J］. 新技术新工艺，2006（4）：87-89.

［52］张义顺，董晓强，等．等离子弧-MIG 焊接设备的设计与研制［J］. 焊接，2005，（2）：135-138.

［53］张义顺．等离子弧-MIG 焊接方法及其双弧复合特性的研究［D］. 辽宁：沈阳工业大学，2006.

［54］王长春，杜兵．等离子弧-MIG/MAG 复合热源焊接技术研究与应用［J］. 焊接，2009（12）：62-64.

［55］孙磊．Plasma MIG 焊接熔滴过渡及焊缝成形的实验研究［D］. 沈阳：沈阳工业大学，2007.

［56］杨涛，许可望，刘永贞，等．Plasma-MIG 复合电弧焊接特性分析［J］. 焊接学报，2013，34（5）：62-66.

［57］Bai Yan，Gao Hongming，QIU Ling. Droplet transition for Plasma-MIGwelding on auminium alloys［J］. Transactions of Nonferrous Metals Society of Chiana，2006，15（4）：5-8.

［58］Esser W G，Jelmorini G，Tichelaar G W. Arc charateristics andmetal transfer with plasma-MIGwelding［J］. Metal Constuction，1972，4（12）：439-447.

［59］Pokhodnya I A. Method of investigation the process of melting and transfer of electrode metal during welding［J］. Antomatic welding，1964，（2）：33-35.

［60］董晓强，于跃．等离子弧-MIG 焊熔滴过渡的研究［J］. 热加工工艺，2009，38（3）：121-123.

［61］王长春．全新的技术突破——等离子 MIG 复合焊工艺［J］. 现代焊接，2010（11）：18-25.

［62］白岩，高洪明，吴林，等．等离子-熔化极气体保护焊设备及其应用［J］. 电焊机，2006，36（12）：32-34.

［63］康乐．不锈钢激光-MAG 电弧复合热源焊接工艺及机理研究［D］. 长春：长春理工大学，2008.

［64］武川松，张明贤，李克海，等．DE-GMAW 高速电弧焊工艺机理的研究［J］. 金属学报，2001，43（6）：663-667.

［65］葛小层．试论 A-TIG 焊接技术的研究与发展［J］. 焊接技术，2003，6（3）：18-19.

［66］吴强，王利辉，王玉良．A-TIG 焊剂的研制及单面焊双面成形工艺试验［J］. 焊接技术，2003，2（1）：45-47.

［67］Simonik A G. The effect of contraction of the arc discharge upon the introduction of electro negative elements［J］. Welding Production，1976，5（3）：49-51.

［68］Simonik A G. Effect of halides on penetration in argon-arc welding of titanium alloys［J］. Svarochnoye Proizvodstvo，1974，7（3）：53.

［69］Panton B E. Contraction of the welding arc caused by the flux in tungsten-electrode argon-arc welding［J］. The Paton Welding Journal，2000（1）：5-11.

第2篇 电 阻 焊

引 言

作者 冀春涛 审者 冀殿英

1. 概述

电阻焊是将被焊金属工件压紧于两个电极之间，并通以电流，利用电流经过工件接触面及临近区域产生的电阻热，将其局部加热到熔化或塑性状态，使之形成金属结合的一种连接方法。

电阻焊方法主要有4种，即点焊、缝焊、凸焊、对焊。图1是它们的示意图。

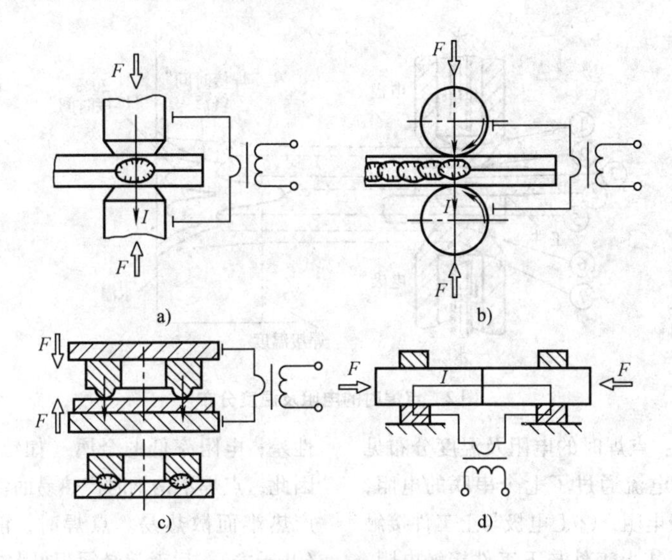

图1 主要电阻焊方法

a）点焊 b）缝焊 c）凸焊 d）对焊

点焊时，工件只在有限的接触面上，即所谓“点”上被焊接起来，并形成扁球状熔核。点焊又可分为单点焊和多点焊。多点焊时，使用两对以上的电极，一次通电加热同时形成多个熔核。

缝焊类似点焊，只是电极为一对可旋转的滚轮。缝焊时工件在两个旋转的滚轮间通过，利用断续通电加热，形成一条焊点前后搭接的连续焊缝。

凸焊是点焊的一种变形，区别是一个工件上有预制的凸点，两个工件的接触面积由凸点的大小和形状决定。凸焊时，一次可在接头处形成一个或多个熔核。

对焊时两个工件的端面相接触，在电阻热和压力作用下，整个对接面形成金属连接。

电阻焊的优点如下：

1）熔核形成时始终被塑性环包围，熔化金属与空气隔绝，冶金过程简单。

2）加热时间短，热量集中，故热影响区小，变形与应力也小。通常在焊后不必安排校正和热处理工序。

3）无须焊丝、焊条等填充金属，以及氧气、乙炔、氩气等焊接耗材，焊接成本低。

4）操作简单，易于实现机械化和自动化，对工人的熟练程度要求不高，劳动强度较低。

5）生产率高，噪声小且无有害气体。在大批量生产中，可以和其他制造工序一起编到组装线上，但闪光对焊因有火花喷溅，需要隔离。

电阻焊的缺点包括：

1）目前还缺乏可靠的无损检测方法，焊接质量只能靠工艺试样和工件的破坏性试验来检查，靠各种监控和监测技术来保证。

2）点焊、缝焊的搭接接头不仅增加了构件的重量，而且因在两板间熔核周围形成尖角，致使接头的抗拉强度和疲劳强度均较低。

3）设备功率大，机械化、自动化程度较高，使设备的成本较高，维修较困难。此外，常用设备——大功率单相交流焊机使三相负载不平衡，不利于电网的正常运行。

随着航空、航天、电子、汽车、家用电器等工业的发展，电阻焊的应用日益广泛，同时对电阻焊接头质量也提出了更高的要求。可喜的是，电子元器件、大功率开关和整流元件的发展为电阻焊技术进一步提高提供了条件。目前，二次整流和逆变直流式电阻焊机在高端市场受到青睐，机器人技术和先进的在线焊接质量监测监控技术（监测对象包括焊接电流、焊接区电阻、电极压力和位移等）已在生产中推广应用。这一切都将有利于提高电阻焊质量和自动化程度，并扩大其应用领域。

2. 电阻焊的基本原理

（1）焊接热的产生和影响产热的因素　点焊时产生的热量由下式决定：

$$Q = I^2 Rt \tag{1}$$

式中　Q——产生的热量（J）；

I——焊接电流（A）；

R——电极间电阻（Ω）；

t——焊接时间（s）。

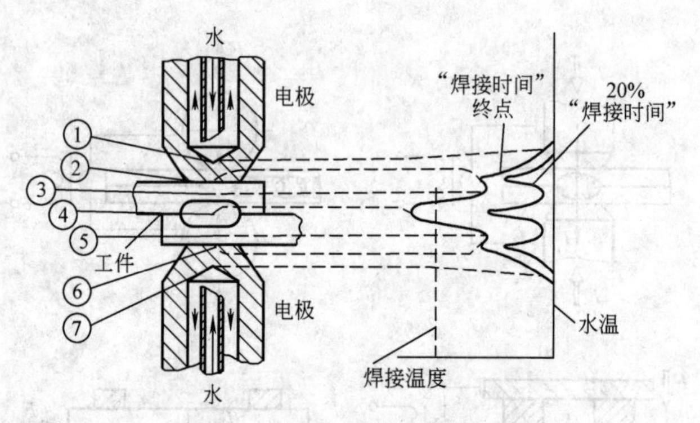

图 2　点焊时的电阻及温度分布

1）电阻 R 的影响：点焊时的电阻及温度分布见图 2。在焊接过程中，电流通过了七个串联的电阻，它们分别是：①上电极电阻；②上电极与上工件接触电阻；③上工件电阻；④上工件与下工件接触电阻；⑤下工件电阻；⑥下工件与下电极接触电阻；⑦下电极电阻。

焊接过程中，上述七处均会产生正比于其电阻的热量。焊接开始时，各处温度均为水温（如图 2 中右侧垂直线所示）。开始通电时，4 点的电阻最大，因此产热最多；2、6 点电阻也较大，产热量仅次于 4 点。当通电时间达到约 20% 的焊接时间时，温度分布曲线如图 2 所示，有三个明显的峰值。随后，由于 2、6 点的水冷电极的散热作用很强，而 4 点处尽管接触电阻已消失，但散热很差，温升很快，因此通电结束时的温度分布如图 2 所示，只有工件与工件的接触面（4 点附近）一个小范围内的温度能达到焊接温度，从而形成熔核。

工件本身的电阻对焊接热量的产生起着主要作用，而工件电阻取决于其电阻率。电阻率是被焊材料的重要性能。电阻率高的金属（如不锈钢），其导热性差；电阻率低的金属（如铝合金），其导热性好。因此，点焊不锈钢时产热易而散热难，点焊铝合金时产热难而散热易。点焊时，前者可以用较小电流（几千安），后者就必须用很大电流（几万安）。

电阻率不仅取决于金属种类，还与金属的热处理状态和加工方式有关。通常合金中含合金元素越多，电阻率就越高。淬火状态的又比退火状态的电阻率高。例如退火状态的 2A12（LY12）铝合金电阻率为 4.3μΩ · cm，淬火时效的则高达 7.3μΩ · cm。金属经冷作加工后，其电阻率也增高。

金属的电阻率还与温度有关（如图 3）。由图 3 可见，常用材料的电阻率随着温度而升高，并且金属熔化时的电阻率比熔化前高 1～2 倍。

随着温度升高，除电阻率升高使工件电阻升高外，金属的压溃强度会降低，使工件与工件、工件与电极间的接触面增大，因而引起电阻减小。点焊低碳钢时，在两种矛盾着的因素影响下，加热开始时工件电阻逐渐升高，熔核形成时又逐渐降低，动态电阻曲线具有一个峰值。这一现象为目前已应用于生产的动态电阻监控提供了依据。铝合金点焊时动态电阻无峰

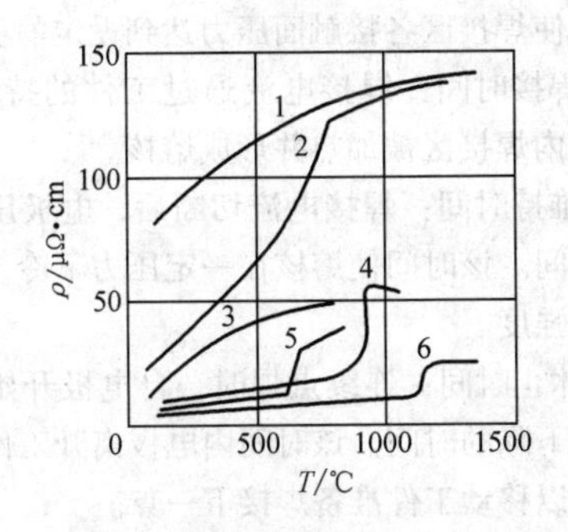

图3　各种金属高温时的电阻率

1—不锈钢　2—低碳钢　3—镍

4—黄铜　5—铝　6—铜

值，因而不适用动态电阻监控。

电极压力变化将改变工件与电极、工件与工件间的接触面积，从而改变接触电阻。接触电阻由下面两方面的因素形成：

① 工件和电极表面的高电阻系数的氧化物或污物层。它使电流受到较大阻碍，过厚的氧化物或污物层甚至会使电流不能导通。

② 接触面的微观不平度。即使工件表面十分清洁，但由于接触面的微观不平度，工件只在粗糙表面的局部凸点形成接触。在接触点处形成电流线的收拢，缩小电流通道而增加了接触电阻。

电极压力增大时，粗糙表面的凸点将被压溃。凸点的接触面增大，数量增多，表面氧化膜也更易被挤破。温度升高时，金属的压溃强度降低（低碳钢600℃时，铝合金350℃时，压溃强度趋于0）。即使电极压力不变，也会有凸点接触面增大，数量增多的现象。可见，接触电阻将随电极压力的增大和温度的升高而显著减小。因此，当表面清理十分洁净时，接触电阻只在通电开始后极短的时间内存在，随后就会迅速减小以致消失。接触电阻尽管存在时间很短，但在通电时间极短时（如电容储能点焊），对熔核形成仍有重要影响。

2）焊接电流的影响：式（1）中，电流为平方项，其对产热的影响比电阻和时间两者都大。因而在点焊中，电流是一个必须严格控制的参数。点焊中导致电流变化的主要原因是电网电压波动和交流焊机二次回路阻抗变化。阻抗变化是因回路的几何形状变化或因在变压器二次回路中引入了不同量磁性金属。对于直流焊机，二次回路阻抗变化对电流无明显影响。

除焊接电流总量外，电流密度也对加热有显著影响。当焊点间距较小时，部分电流通过邻近已焊点流过工件的现象叫作分流，如图4。图中 B 是当前焊点，A 是相邻的已焊点。当 A、B 距离较近时，通过 A 点的电流（分流）较大。分流现象会使焊接区电流密度降低。此外，增大电极接触面积和凸焊时的凸点尺寸，均会降低电流密度和焊接热，从而使接头强度显著下降。

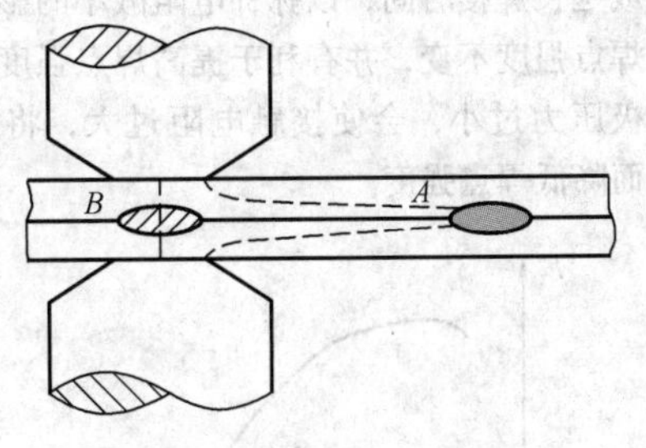

图4　邻近焊点的分流作用

图5显示了接头抗剪力和焊接电流的关系。随着电流增大，熔核尺寸和抗剪力将增大。图中曲线的陡峭段 AB 相当于未熔化焊接。倾斜段 BC 相当于熔化焊接。接近 C 点处抗剪力增加缓慢，说明电流变化对抗剪力的影响小。因此，点焊时应选用 C 点的电流。越过 C 点后，由于熔化金属喷溅或工件表面压痕过深，抗剪力会明显降低。

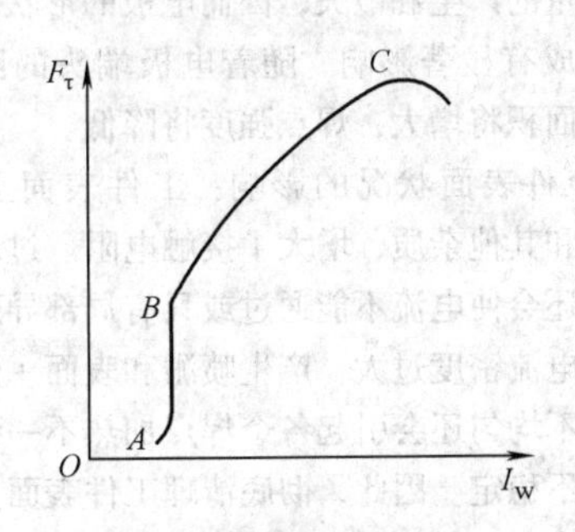

图5　焊接电流 I_w 对焊点抗剪力 F_τ 的影响

恒流闭环监控技术能有效克服网压波动和二次回路阻抗变化的影响。分流影响则可用具有电流递增功能的控制器解决。它可为各焊点设置不同的焊接电流，以补偿分流影响。

3）焊接时间的影响：由式（1）可见，焊接热量与焊接时间成正比。为了保证熔核尺寸和焊点强度，焊接时间和电流在一定范围内可互为补充。为了获得一定强度的焊点，可采用大电流和短时间（强条件），也可采用小电流和长时间（弱条件）。选用强条件还是弱条件，取决于金属的性能、厚度和所用焊机的功率。但对于一定性能、厚度的金属，所需的电流和时间仍有一个上、下限，超过此范围将无法形成合格熔核。

4）电极压力的影响：电极压力对两电极间的总

电阻 R 有显著影响。由前述可知，随着电极压力增大，R 将减小，从而引起产热量的减小。因此，其他条件一定时，焊点强度总是随着电极压力的增大而降低（如图6）。在增大电极压力的同时，相应增大焊接电流或延长焊接时间，以弥补电阻减小的影响，可以保持焊点强度不变，并有利于提高焊点强度的稳定性。电极压力过小，会使接触电阻过大，将引起喷溅，从而降低焊点强度。

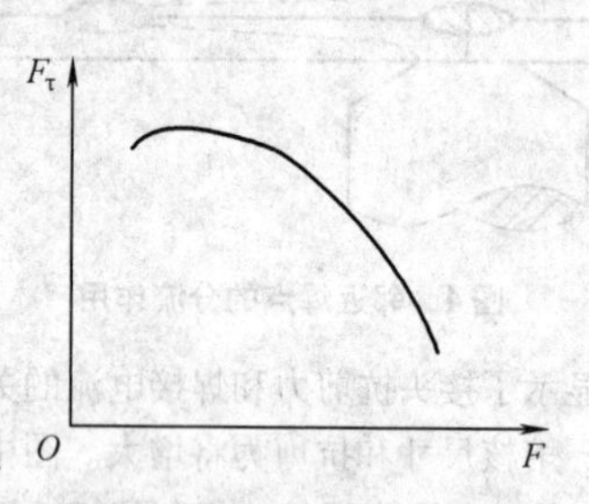

图6　电极压力 F 对焊点抗剪力 F_τ 的影响

5）电极形状及材料性能的影响：由于电极的接触面积决定着电流密度，电极材料的电阻率和导热性关系着热量的产生和散失，因而电极的形状和材料对熔核的形成有显著影响。随着电极端头的磨损和变形，接触面积将增大，焊点强度将降低。

6）工件表面状况的影响：工件表面上的氧化物、油污和其他杂质，增大了接触电阻。过厚的氧化物层甚至还会使电流不能通过或只有局部导通。局部导通会使电流密度过大，产生喷溅和表面+烧损。氧化物层的不均匀还会引起各个焊点加热不一致，造成焊接质量不稳定。因此，彻底清理工件表面是保证获得优质接头的必要条件（清理工艺详见13.4.1）。

（2）焊接循环　点焊和凸焊的焊接循环由4个基本阶段组成（如图7）。

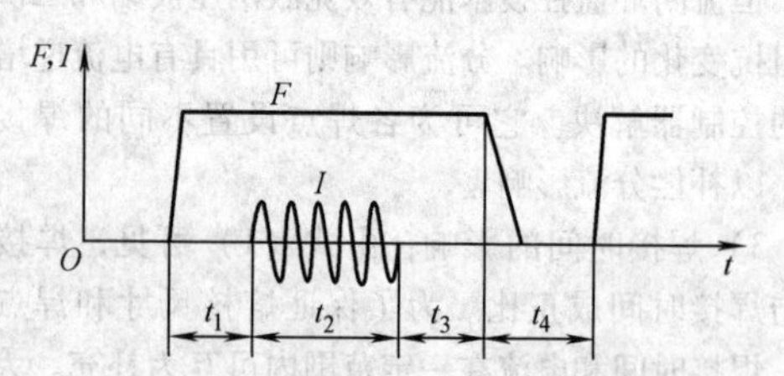

图7　点焊和凸焊的基本焊接循环

F—电极压力　I—焊接电流　t_1—预压时间　t_2—焊接时间　t_3—维持时间　t_4—休止时间

1）预压时间：自电极开始下降到焊接电流开始接通的时间。这一时间是为了确保在通电之前电极压紧工件，使焊接区各接触面压力达到设定的稳态值。

2）焊接时间：焊接电流通过工件的持续时间。在该时间内焊接区被加热并形成熔核。

3）维持时间：焊接电流切断后，电极压力继续保持的时间。该时间使熔核在一定压力下冷却凝固至具有足够强度。

4）休止时间：连续点焊时，自电极开始提起到再次开始下降的时间。该时间内电极离开工件，使操作人员得以移动工件准备焊接下一点。

通电焊接必须在电极压力达到稳定值后进行，否则可能因压力过低而喷溅，或者因各点压力不一致而影响加热，造成焊点强度波动。

电极提起必须在电流全部切断之后，否则电极与工件间将引起电弧，烧伤工件。这一点在直流脉冲焊机上尤为重要。

为了改善接头的性能，有时需要将下列各项中的一项或多项加于基本循环。

1）加大预压力以消除厚工件的间隙，使之紧密贴合。

2）用预热脉冲提高金属的塑性，使工件易于紧密贴合、防止喷溅。多点凸焊时，这样做可使各凸点在通电焊接时与平板均匀接触，以保证各点加热的一致。

3）加大锻压力以压实熔核，防止产生裂纹和缩孔。

图8为在三相二次整流焊机上焊接2A12CZ（LY12CZ）铝合金的复杂焊接循环。虚线是增加的加大预压力和缓冷脉冲部分。图中的电极落下时间 t_1（低电极压力）是为了电极缓慢下降，不致冲击工件而设置的。电极接触工件后，应迅速提高电极压力，以保证在通电前压力达到设定值（参看13.4.7铝合金的点焊）。

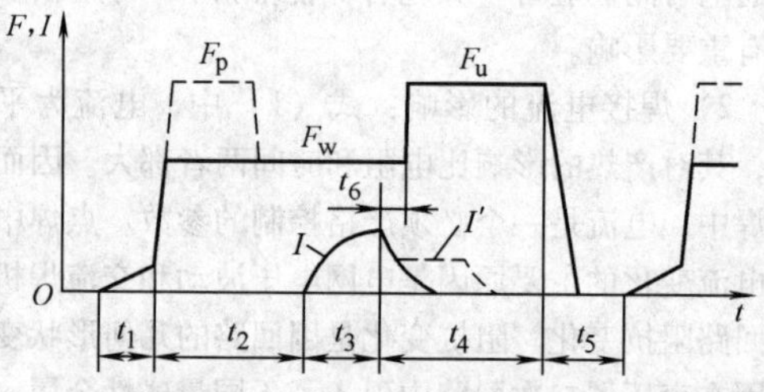

图8　焊接2A12CZ铝合金的复杂焊接循环

F_p—预压压力　F_w—焊接压力　F_u—锻压压力　I—焊接电流脉冲　I'—缓冷电流脉冲　t_1—电极落下时间　t_2—预压时间　t_3—焊接时间　t_4—锻压时间　t_5—休止时间　t_6—锻压滞后时间

（3）焊接电流的种类和适用范围 电阻焊的焊接电流可以是交流电或直流电，它们的适用范围有所不同。

1）交流电：通常是指单相50Hz交流电，由焊接变压器输出。常用的电压范围是1~25V，电流为1~50kA。

点焊机变压器负载是电极臂和工件构成的二次回路，为感性负载。一般感抗与二次回路所包围的面积成正比，因此交流焊机功率因数低，难以提供大的焊接功率。三相低频焊机输出频率较低，功率因数有所提高。

2）直流电：主要有直流脉冲、电容储能、三相二次整流和中频逆变等工作方式。其中直流脉冲式由于变压器体积庞大，焊接电流必须换向，而逐渐被三相二次整流和中频逆变式所取代。直流焊机的主要特点是：①三相电源供电，避免了单相交流焊机所造成的三相负载不平衡；②功率因数高，在电极臂伸较长情况下仍能提供较大焊接电流。微型零件的电阻焊常用一种晶体管式焊机或小功率逆变直流焊机，由于通电和调整时间不受工频周期的限制，控制精度较高。中小功率直流焊机为降低成本也有采用单相电源供电的。

（4）金属电阻焊时的焊接性 评价金属电阻焊接性的主要指标有：

1）材料的导电性和导热性：电阻率小而热导率大的金属需使用大功率焊机，焊接性较差。

2）材料的高温强度：高温（$0.5 \sim 0.7T_m$）屈服强度大的金属，点焊时易产生喷溅、缩孔、裂纹等缺陷，需使用大的电极压力，有时还需在断电后施加大的锻压力，故其焊接性较差。

表1给出了某些常用金属材料的主要热物理性能。

3）材料的塑性温度范围：塑性温度范围较窄的金属（如铝合金），对焊接参数的波动非常敏感，需要使用能精确控制焊接参数的焊机，并要求良好的电极随动性，因此其焊接性较差。

表1 常用金属材料的主要热物理性能[1]

材料类别及型号	电阻率 $\rho_{20℃}$ /μΩ·cm	热导率 $\lambda_{20℃}$ /[W/(cm·K)]	高温屈服强度 R_e/MPa	热敏感性	熔化温度 T_m/℃	结晶间隔 T_{ES}/℃	氧化膜特征	
							熔点 T_{mo}/℃	致密性
低碳钢(10钢)	13	0.627	70(600°C)	小	1530	20	1424(FeO)	中
淬火钢(30CrMnSiA)	21	0.393	500(550℃)	大	1480	130	1650(MnO)	中
奥氏体不锈钢(1Cr18Ni9Ti)	75	0.163	70(900°C)	小	1440	60	2275	大
高温合金(GH39)	90	0.134	140(900℃)	中	1400	—	—	大
塑性铝合金(3A21)	4.2	1.59	17(400℃)	小	654	21	2045(Al_2O_3)	大
低塑性铝合金(5A06)	7.1	1.05	27(400℃)	小	620	70	2045(Al_2O_3)	大
硬铝合金(2A12,T4)	7.3	1.25	22(400℃)	中	633	131	2045(Al_2O_3)	大
钛合金(TA7)	100	0.08	170(600℃)	小	1700	20	1340(TiO_2)	大
镁合金(MB8)	12	0.96	19(400℃)	小	630	67	2800(MgO)	小
铜合金(H62)	8	1.09	50(600℃)	小	905	15	123(Cu_2O)	中

4）材料对热循环的敏感性：在焊接热循环的影响下，有淬火倾向的金属，易产生淬硬组织、冷裂纹；与易熔杂质，易于形成低熔点共晶物的合金，易产生热裂纹；经冷作强化的金属，易产生软化区。要防止这些缺陷，必须采取相应的工艺措施，因此凡对热循环敏感性高的金属，其焊接性就较差。

此外，熔点高、线胀系数大、易形成致密氧化膜的金属和镀层金属，焊接性一般较差。

参考文献（见第16章著录的参考文献）

第13章 点 焊

作者 冀春涛 审者 冀殿英

点焊主要用于金属板材搭接而接头处无须气密或液密的场合，是一种高速、经济的连接方法。这种方法广泛用于汽车车身、配件、家具等低碳钢产品的焊接。在航空、航天工业中，多用于连接飞机、发动机、导弹、火箭等由合金钢、不锈钢、铝合金、钛合金等材料制成的部件。

点焊通常适于焊接厚度小于3mm的冲压、轧制薄板构件，有时也可焊接6mm或更厚的金属板。但与熔焊的对接接头相比较，点焊接头的承载能力低，搭接接头增加了构件的重量和成本，且需要昂贵的特殊焊机，因而用于厚件焊接是不经济的。

13.1 点焊电极

点焊电极是保证点焊质量的重要零件，其主要功能有：

1）向工件传导电流。

2）向工件传递压力。

3）迅速导散焊接区的热量。

13.1.1 电极材料

电极的上述功能，要求制造电极的材料具有足够高的电导率、热导率和高温硬度，电极的结构必须有足够的强度和刚度，以及充分冷却的条件。此外，电极与工件间接触电阻应足够低，以防止工件表面过热熔化或电极与工件之间的合金化。

电极材料按照我国JB/T 4281—1999的标准分为两组，A组为铜和铜合金，B级为烧结材料。其中A组分为四类，但常用的是前三类（表13-1）。

1类：高电导率、中等硬度的铜及铜合金。这类材料主要通过冷作变形的方法达到其硬度要求。适用于铝及铝合金的焊接，也可用于镀层钢板的点焊，但性能不如2类合金。1类合金还常用于制造不受力或低应力的导电部件。

2类：电导率较高（低于1类），硬度较高（高于1类）的合金。这类合金可通过冷作变形与热处理相结合的方法达到其性能要求。与1类合金相比，它具有较高的力学性能，适中的电导率，在中等程度的压力下，有较强的抗变形能力，因此是最通用的电极材料，广泛用于点焊低碳钢、低合金钢、不锈钢、高温合金、电导率低的铜合金，以及镀层钢等。2类合金还适用于制造轴、夹钳、台板、电极握杆、机臂等电阻焊机中各种导电的构件。

3类：电导率较低（低于1、2类），硬度高（高于1、2类）的合金。这类合金可通过热处理或冷作变形和热处理相结合的方法达到其性能要求。这类合金具有更高的力学性能，耐磨性好，软化温度高，但电导率较低。因此适用于点焊电阻率和高温强度高的材料，如不锈钢、高温合金等。这类合金也适于制造各种受力的导电构件。

B组烧结材料由六类组成。

10类和11类：铜和钨烧结产品。

12类：铜和碳化钨烧结产品。

13类：钼的烧结和加工制品。

14类：钨的烧结和加工制品。

15类：银和钨的烧结产品。

B组材料的电导率较低，硬度较高，软化温度高，可用作焊接电导率很高的铜基材料的镶嵌电极、黑色金属凸焊用镶嵌电极以及热铆和热镦锻用镶嵌电极。

表13-2为表13-1中各类电阻焊电极材料的典型应用。

除上述电极材料外，还有一种氧化铝弥散强化铜电极（$Cu\text{-}Al_2O_3$）强度较高，可以大大减轻电极的蘑菇状变形。用于点焊镀锌钢和普通碳素钢，电极寿命可达2类电极的4~10倍。

13.1.2 电极结构

点焊电极由4部分组成：端部、主体、尾部和冷却水孔。标准电极（即直电极）按端部形状分为6种形式（图13-1）。

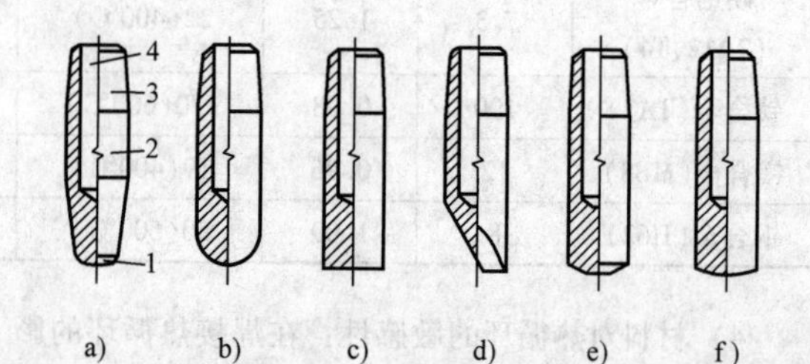

图13-1 标准电极形状

a）尖头 b）圆顶 c）平面
d）偏心 e）锥形 f）球面
1—端部 2—主体 3—尾部 4—冷却水孔

表13-1 电极材料的成分和性能[2]

组	类型	编号	名称	基本成分①（质量分数,%）	通用形式/mm	硬度HV(30kg)最小值	电导率/(S/m)最小值	软化温度/℃最小值
A	1	1	Cu-ETP	Cu(-Ag)≥99.9	拉拔棒≥ϕ25 拉拔棒<ϕ25 锻件 铸件	85 90 50 40	56 56 56 50	150
A	1	2	CuCdl	Cd:0.7~1.3	拉拔棒≤ϕ25 拉拔棒<ϕ25 锻件	90 95 90	45 43 45	250
A	2	1	CuCrl	Cr:0.3~1.2	拉拔棒≥ϕ25 拉拔棒<ϕ25 锻件 铸件	125 140 100 85	43 43 43 43	475
A	2	2	CuCrlZr	Cr:0.5~1.4 Zr:0.02~0.2	拉拔棒≥ϕ25 拉拔棒<ϕ25 锻件	130 140 100	43 43 43	500
A	2	3	CuCrZr	Cr:0.4~1.0 Zr:0.02~0.2	增加硬度 磨光件<45	160 160	43 43	500
A	2	4	CuZr	Zr:0.11~0.25	增加硬度 磨光件<30	130 130	47 47	500
A	3	1	CuCo2Be	Co:2.0~2.8 Be:0.4~0.7	拉拔棒≥ϕ25 拉拔棒<ϕ25 锻件 铸件	180 190 180 180	23 23 23 23	475
A	3	2	CuNi2Si	Ni:1.6~2.5 Si:0.5~0.8	拉拔棒≥ϕ25 拉拔棒<ϕ25 锻件 铸件	200 200 168 154	18 17 19 17	500
A	4	1	CuNi1P	Ni:0.8~1.2 P:0.16~0.25	拉拔棒≥ϕ25 拉拔棒<ϕ25 锻件 铸件	130 140 130 110	29 29 29 29	475
A	4	2	CuBe2CoM	Be:1.8~2.1 CoNiFe:0.2~0.6	拉拔棒≥ϕ25 拉拔棒<ϕ25 锻件 铸件	350 350 350 350	12 12 12 12	
A	4	3	CuAg6	Ag:6~7	铸件<ϕ25 锻件25~50	140 120	40 40	
A	4	4	CuAl10Fe5Ni5	Al:8.5~11.5 Fe:2.0~6.0 Ni:4.0~6.0 Mn:0~2.0	锻件 铸件	170 170	4 4	650
B	10		W75Cu	Cu:25		220	17	1000
B	11		W78Cu	Cu:22		240	16	1000
B	12		WC70	Cu:30		300	12	1000
B	13		Mo	Mo:99.5		150	17	1000
B	14		W	W:99.5		420	17	1000
B	15		W65Ag	Ag:35		140	29	900

① 材料的基本成分仅供参考。

表 13-2　电阻焊电极材料典型应用[2]

材料	点焊	缝焊	凸焊	闪光焊或对焊	辅助性应用
A1/1	焊铝电极	焊铝电极轮	—	—	无应力载电部件叠片分路
A1/2	焊铝电极、焊镀层钢(锌、锡、铅)电极	焊铝电极、焊镀层钢（锌、锡、铅）电极轮	—	焊低碳钢模具或镶嵌电极	有色金属高频电阻焊电极
A2/1	焊低碳钢电极、握杆轴和衬垫	焊低碳钢的电极轮	大型模具	焊低碳钢、碳钢不锈钢和耐热钢用模具或镶嵌电极	有应力载电部件 B 组绕结材料衬垫
A2/2	焊低碳钢和镀层钢电极	焊低碳钢和镀层钢电极轮	模具和镶嵌电极	—	有应力载电部件、枪的部件，例如握杆、轴
A2/3	焊低碳钢、镀层钢和高强度低合金钢电极	焊低碳钢和镀层钢电极轮	模具和镶嵌电极	—	有应力载电部件、枪的部件，例如握杆、轴
A2/4	焊低碳钢、镀层钢和低合金高强度钢电极	焊低碳钢和镀层钢电极轮	模具和镶嵌电极	—	有应力载电部件
A3/1	焊不锈钢和耐热钢电极有应力电极握杆、轴和电极臂	焊不锈钢和耐热钢电极轮轴和轴衬	模具和镶嵌电极	有高夹紧力模具和镶嵌电极	有应力载电部件
A3/2	有应力电极握杆、轴和电极臂	轴和轴衬	—	—	有应力载电部件
A4/1	电极握杆和曲臂	轴和轴衬	—	—	有应力载电部件
A4/2	强机械应力下的电极握杆和轴	强机械应力下的机械臂	高电极压力下的模具或镶嵌电极	闪光焊耐用模	—
A4/3	—	高热应力下焊低碳钢用电极轮	—	—	—
A4/4	电极握杆	低电力负载下的轴和轴衬	压板和模具	—	—
B10	—	—	焊低碳钢用镶嵌电极	在高应力下焊低碳钢镶嵌电极	热铆和热镦镶嵌电极
B11	—	—	—	—	热铆和热镦镶嵌电极
B12	—	—	焊不锈钢镶嵌电极	焊钢材小型模具或镶嵌电极	热铆和热镦镶嵌电极
B13	焊高导电铜基材料镶嵌电极	—	—	—	热铆和热镦镶嵌电极、电阻钎焊镶嵌电极
B14	焊高导电铜基材料镶嵌电极	—	—	—	热铆和热镦镶嵌电极、电阻钎焊镶嵌电极
B15	—	—	—	—	高频电阻焊黑色金属用电极

电极的端面直接与高温的工作表面相接触，在焊接生产中反复承受高温和高压。因此黏附、合金化和变形是电极设计中应着重考虑的问题。电极和工件材料之间的亲和力是黏附和合金化的主要原因。抗变形能力取决于电极的强度和硬度，但端头尺寸和形状也有显著影响。通常，锥形电极顶角 $\alpha \geqslant 120°$，以利于散热和增强抗变形能力；边缘要倒圆（$R0.75$mm），使焊点压痕边缘能够圆滑过渡，以提高接头的抗疲劳强度。锥形电极的端面直径 d 和球面电极的球面半径 R，取决于工件厚度和需要的熔核尺寸。电极的形状尺寸规定见 JB/T 3158—1999。

为了满足特殊形状工件点焊的要求，有时需要设计特殊形状的电极（弯电极）。图 13-2a 为普通弯电极。图 13-2b 为尾部和主体上刻有水槽的弯电极，目的是使冷却水流到电极的外表面，以加强电极和工件表面的冷却。这种电极常用于不锈钢和高温合金的点焊。图 13-2c 为增大横断面的电极，目的是加强电极端面向水冷部分散热。

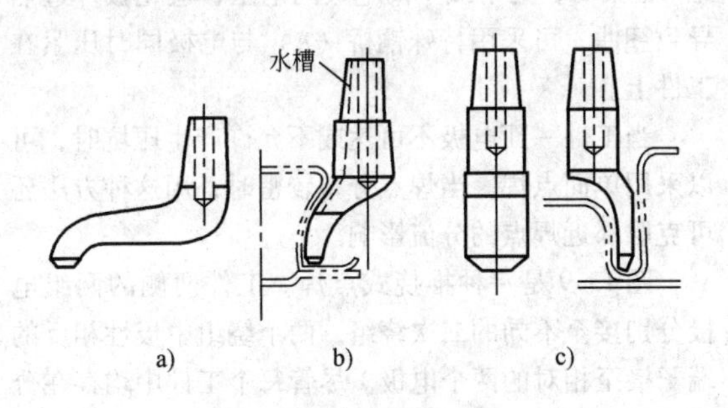

图 13-2　特殊形状的电极

a）普通弯电极　b）刻有水槽的弯电极　c）增大横断面的电极

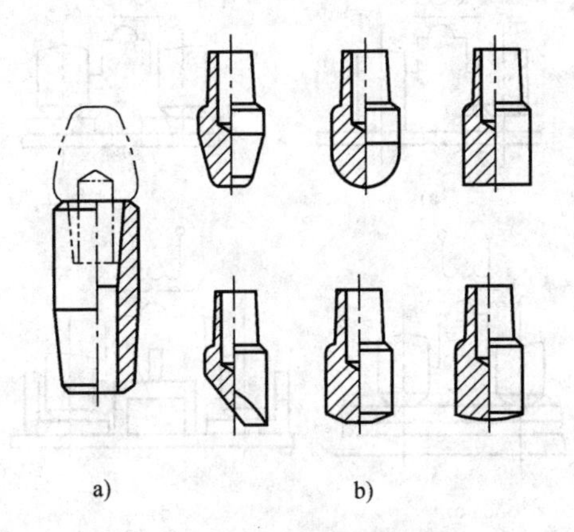

图 13-3　帽状阳电极

a）电极体　b）6 种阳电极帽

为减少成本高昂的铜合金的消耗，帽状电极得到了广泛应用。当电极磨损之后，只需更换电极帽。图 13-3 所示的是帽状阳电极，尾部锥体突出，使用时插入电极体。图 13-4 所示的是帽状阴电极，尾部为锥形孔，使用时由电极体插入。

电极的冷却水孔应尽可能延伸到接近端面的部位，其大小应能容纳一根进水管，并能使水从管子外围流出。水管的端头应斜切（防止顶端堵死），并应接近水孔底部以增强冷却效果。在多数情况下，进水管是电极握杆的一个部件。对于不能插入水管的弯电极，可以在电极外面钎焊上冷却水管或采用外部水冷的方法。

电极与电极握杆之间多采用锥度为 1∶10 的锥体连接，个别情况下也有用螺纹连接的。

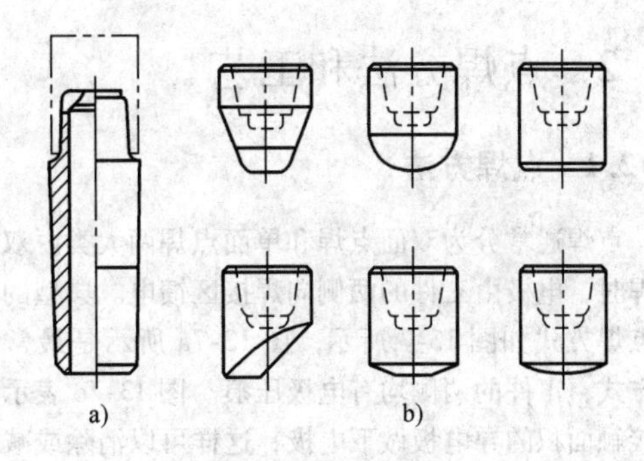

图 13-4　帽状阴电极

a）电极体　b）6 种阴电极帽

拆卸电极时，只能用专用工具或管钳将电极旋转后取出，不能用左右敲击的办法，以避免损坏电极座，造成接触不良或漏水。帽状电极拆卸时可采用专用工具或先卸下电极体，由尾部插入金属棒敲击，将电极帽顶出。电极帽尺寸见 JB/T 3948—1999。

图 13-5 所示的电极头更换较方便，只需将螺母卸下，便可进行修理或更换了。

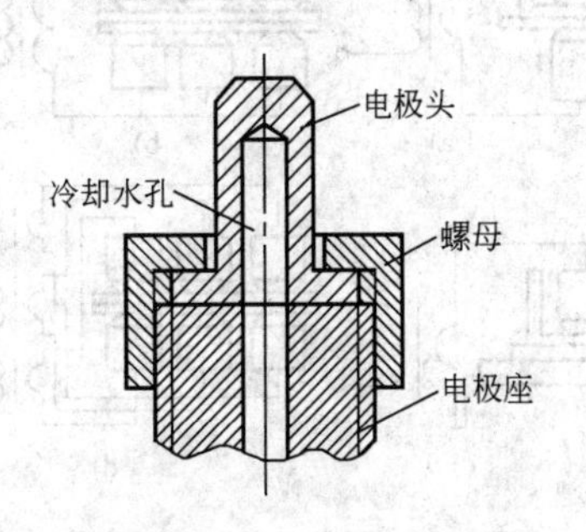

图 13-5　方便更换的电极头

13.1.3　电极握杆

电极握杆用于夹持电极、导电和传递压力，故应有良好的力学性能和导电性。如图 13-6 所示，大多数电极握杆的结构都能向电极通冷却水，有的还装有顶推机构以便拆卸电极。在使用特殊电极时，握杆的锥形部分需承受相当大的力矩。为避免锥形座的变形和配合不紧密，锥形的端面壁厚不得小于 5mm，必要时可采用末端加粗的电极握杆。为了适应特殊形状的工件点焊，需要设计特殊形状的电极握杆。

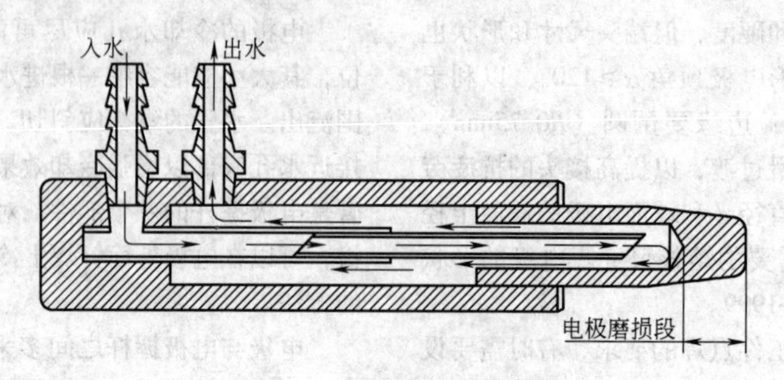

图 13-6　电极及其握杆的冷却

13.2　点焊方法和工艺

13.2.1　点焊方法

点焊通常分为双面点焊和单面点焊两大类。双面点焊时，电极由工件的两侧向焊接区馈电。典型的双面点焊方式如图 13-7 所示。图 13-7a 所示是最常用的方式，工件的两侧均有电极压痕。图 13-7c 表示用大接触面积的导电板做下电极，这样可以消除或减轻下面工件的压痕，常用于装饰性面板的点焊。图 13-7b 为同时焊接两个或多个焊点的双面点焊。使用一个变压器将各个电极并联，这时所有电流通路的阻抗必须基本相等，才能保证通过各个焊点的电流基本一致，这在点数较多的情况下是难以做到的。图 13-7d 为采用多个变压器的双面多点点焊，这样可以避免图 13-7b形式的不足。

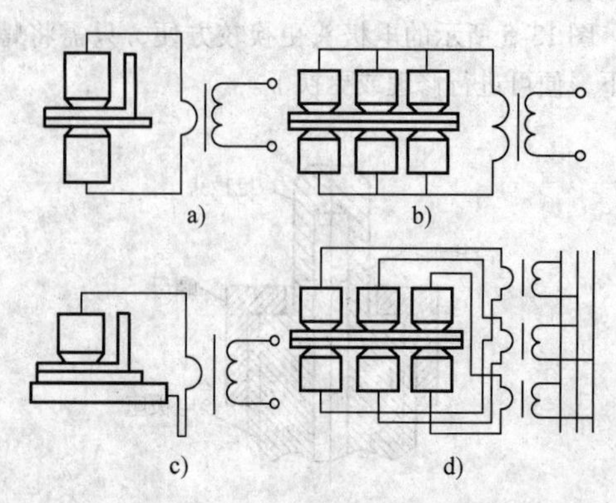

图 13-7　不同形式的双面点焊

单面点焊时，电流由工件的同一侧向焊接区馈电。典型的单面点焊方式如图 13-8 所示。图 13-8a 所示为单面单点点焊。不形成焊点的电极采用大直径和大接触面，以减小电流密度。图 13-8b 为无分流的单面双点点焊，焊接电流全部流经焊接区。图 13-8c 为有分流的单面双点点焊，流经上层工件的电流不经过焊接区，形成分流。为了给焊接电流提供低电阻通路，在工件下面垫有铜垫板。图 13-8d 为当两焊点间距 l 很大时，为了减小两电极间电阻，避免板件过热导致翘曲，可采用特殊铜桥（A）与电极同时压紧在工件上。

当工件一面电极不可达或不允许产生压坑时，可以采用单面点焊。当焊点分布较密时，用这种方法还可克服邻近焊点的分流影响。

图 13-9 是一种推挽式点焊。工件两侧的两组电极分别接至不同的二次绕组，两个绕组中极性相反的端子接至相对的两个电极。尽管每个工件中均存在分流，但在相对电极之间较高电压作用下，焊接电流与分流之比得到显著提高（与图 13-8c 相比）。

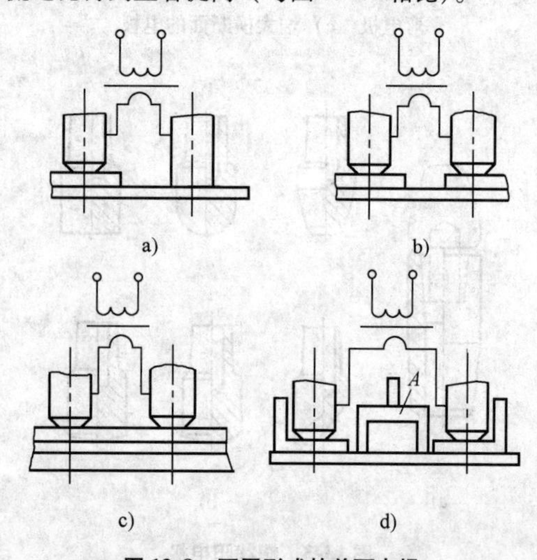

图 13-8　不同形式的单面点焊

采用铜芯棒的点焊是单面点焊的特殊形式，和图 13-8 中的例子一样，它一次既可焊一个点，也可焊

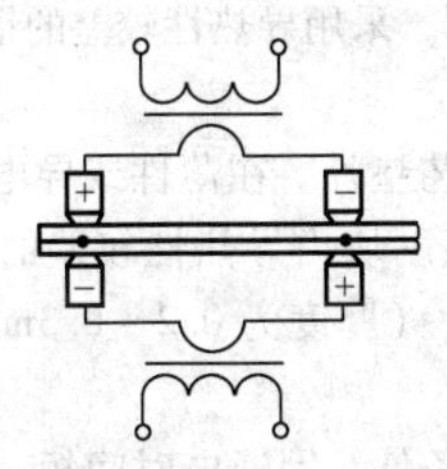

图13-9 推挽式串联点焊

两个点。这种形式特别适于点焊结构空间狭小，电极难于或根本不能接近的工件。图13-10a中的芯棒实际是一块几毫米厚的铜板。图13-10b、c是同类工件的两种结构，结构b不如结构c，因为前者通过工件2的分流不通过焊接区，会减少焊接区的产热，因而需要增大焊接电流，这样就会增加工件2与两个电极之间的产热，并且可能使工件烧穿。当芯棒的断面较大时，为了节约铜料和制作方便，可以在夹布胶木或硬木制成的芯棒上包覆铜板或嵌入铜棒（图13-10d、e）。

由于芯棒与工件的接触面远大于电极与工件的接触面，熔核将偏向与电极接触的一侧。若两个工件的厚度不同，将厚件置于与芯棒接触的一侧，则可减轻熔核偏移的程度（原因参见13.2.3）。

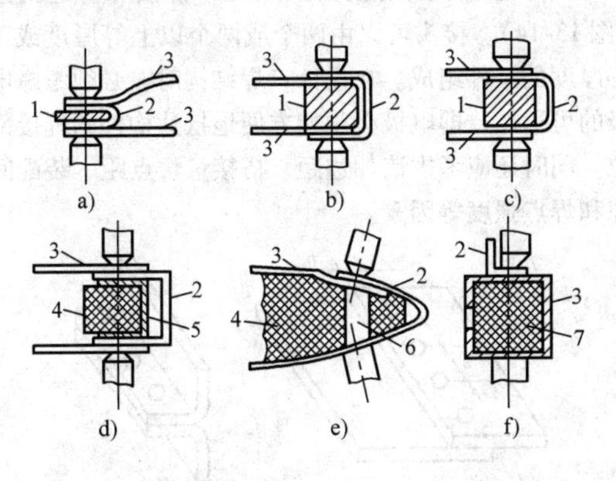

图13-10 利用铜制芯棒或填料的单面点焊
1—铜芯棒 2、3—工件 4—夹布胶木棒
5—铜覆板 6—嵌入的铜棒 7—填料

当需要在封闭容器上焊接零件，而芯棒又无法伸入容器时，可以用Zn、Pb、Al或其他较被焊金属熔点低的金属，填满整个容器后进行焊接（图13-10f）。当容器壁厚较大时，也可以用沙子或石蜡等不导电材料作为填料。焊接应采用强条件，以避免因长时间加热而使低熔点金属或石蜡熔化，导致电极压塌工件。有时封闭构件内部不便插入或填充任何物体，可以采用图13-11的方法进行单面点焊。图13-11所示为某汽车封闭管件的点焊实例。图中铜垫块与封闭管件下部形状相适应。这里要注意的是，管件应有足够的刚性，应采用高强度钢材，壁厚应大于1.5mm，焊点应处于零件刚性较好的部位（如转角处）[3]。

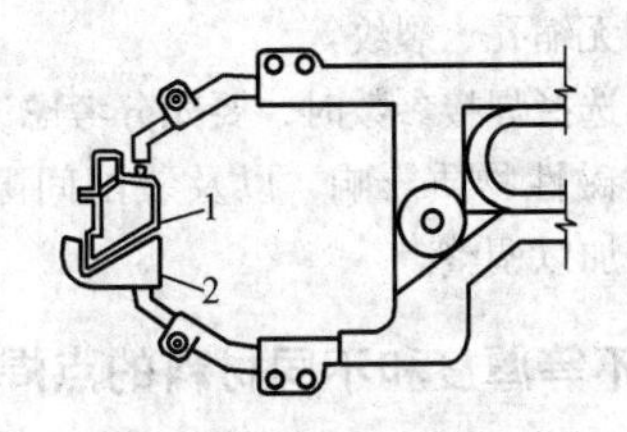

图13-11 空心封闭管件的单面点焊
1—封闭管件 2—铜垫块

在大量生产中，单面多点点焊获得广泛应用。这时可采用由一台变压器供电，各对电极轮流压住工件通电的形式（图13-12a），也可采用各对电极均由单独的变压器供电，所有电极同时压住工件通电的形式（图13-12b）。后一形式优点较多，应用较广，因为变压器可以安置得离所连电极最近，因而所需功率较小；各焊点的焊接参数可以单独调节；所有焊点可同时通电，生产率高，且能保证三相负载平衡（各变压器均匀分配在三相电源上）；所有电极同时压住工件，可减少工件变形。

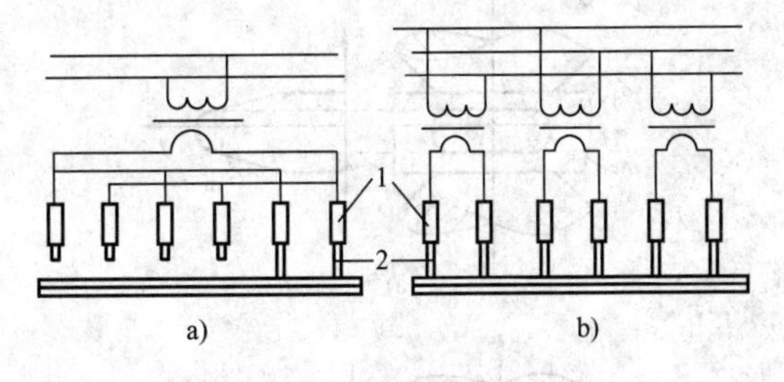

图13-12 单面多点点焊形式
a）一个变压器轮流供电
b）多个变压器分别同时供电
1—液压缸 2—电极

13.2.2 点焊焊接参数选择

点焊焊接参数通常是根据工件的材料和厚度，参考该种材料的焊接条件表选取。首先确定电极的端面形状和尺寸，其次初步选定电极压力、预压时间、焊接时间和维持时间，然后从较小的电流开始焊试片，逐渐增大电流直至产生喷溅，再将电流适当减小至无喷溅，检测单点的抗拉和抗剪强度、熔核直径和熔深是否满足要求，适当调整电流或焊接时间直至满足要求。

最常用的检验试样的方法是撕破法。优质焊点的标志是：在撕破试样的一片上有圆孔，另一片上有圆凸台。厚板或淬火材料有时不能撕出圆孔和凸台，但可以通过剪切断口判断熔核直径。必要时还需进行低倍测量、拉伸试验和X射线检测，以判定熔透率、抗剪力和有无缩孔、裂纹等。

以试样选择焊接参数时，要充分考虑试样和工件在分流、铁磁性物质影响，以及装配间隙方面的差异，并适当加以调整。

13.2.3 不等厚度和不同材料的点焊

当进行不等厚度或不同材料的点焊时，熔核将不对称于其交界面，而是向厚件或导电、导热性差的一边偏移，偏移的结果将使薄件或导电、导热性好的工件焊透率减小，焊点强度降低。熔核偏移是由两工件产热和散热条件不相同引起的。厚度不等时，厚件一边电阻大、交界面离电极远，故产热多而散热少，致使熔核偏向厚件；材料不同时，导电、导热性差的材料产热易而散热难，故熔核也偏向这种材料，见图13-13。图中ρ为电阻率。此外，采用直流电源点焊时，由于“帕尔帖”效应，正电极产热高于负电极，因而即使在相同材料等厚度的情况下，熔核仍会略微偏向正电极一侧。

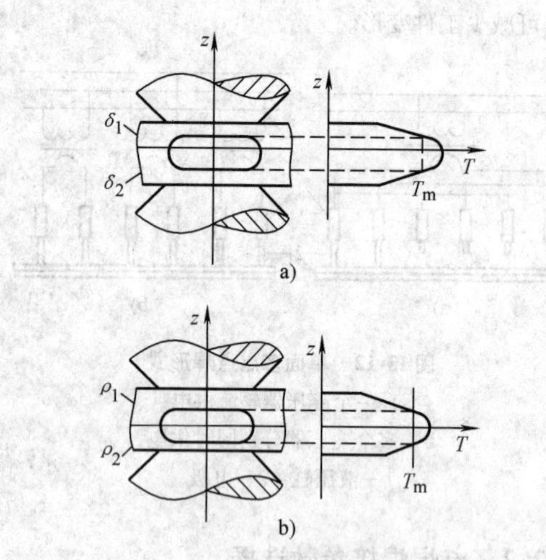

图13-13 不等厚度、不同材料点焊时的熔核偏移

a）不等厚度（$\delta_1 < \delta_2$）

b）不同材料（$\rho_1 < \rho_2$）

调整熔核偏移的原则是：增加薄件或导电、导热性好的工件的产热而减少其散热。常用的方法有：

1）采用不同端面直径或球面半径的电极。在薄件或导电、导热性好的工件的一侧，采用较小直径或较小球面半径，以增加这一侧的电流密度，并减小电极散热的影响。

2）采用不同的电极材料。薄件或导电、导热性好的工件的一侧，采用导热性较差的铜合金，以减少这一侧的热损失。

3）采用工艺垫片。在薄件或导电、导热性好的工件的一侧，垫一块由导热性较差的金属（如不锈钢）制成的垫片（厚度为0.2～0.3mm），以减少这一侧的散热。

4）采用强条件。因通电时间短，使工件间接触电阻产热的影响增大，电极散热的影响降低，有利于克服核心偏移。此方法在极薄件与厚件点焊时有明显效果。电容储能焊机（一般是大电流和极短的通电时间）能够点焊厚度比极大的工件（如20:1）就是明显的例证。但对厚件而言，因通电时间较长，接触电阻对熔核加热几乎没有影响，采用弱条件反而可以使热量有足够时间向两个工件的界面处传导，有利于克服核心偏移。生产中有这样的例子，在点焊3.5mm的5A06（LF6）铝合金（电阻率高）与5.6mm的2A14（LD10）铝合金（电阻率低）时，熔核严重偏入较薄的5A06（LF6）工件中，将通电时间由13周延长至20周后，偏移才得以纠正。

13.3 点焊的接头设计

点焊通常采用的接头形式为平搭接和折边搭接（图13-14）。接头可以由两个或两个以上等厚度或不等厚度的工件组成。在设计点焊结构时，必须考虑电极的可达性，即电极必须能方便地抵达构件的焊接部位。同时还应考虑诸如边距、搭接量、点距、装配间隙和焊点强度等因素。

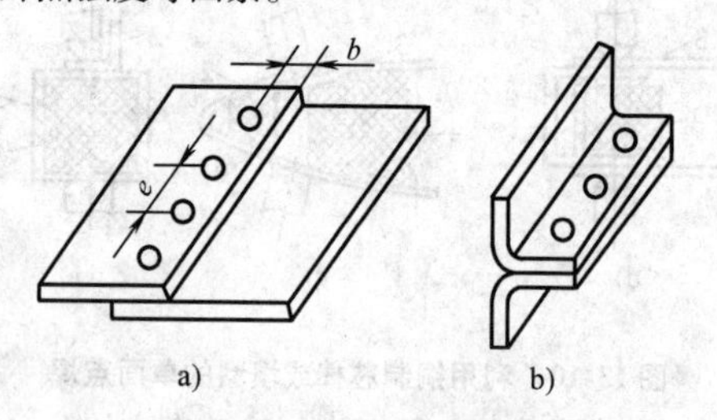

图13-14 点焊接头形式

a）平搭接 b）折边搭接

e—点距 b—边距

边距的最小值取决于被焊金属的种类、厚度和焊接条件。对于屈服强度高的金属、薄件或采用强条件时可取较小值。

搭接量是边距的两倍，推荐的最小搭接量见表13-3。

点距即相邻两点的中心距，其最小值与被焊金属的厚度、电导率、表面清洁度，以及熔核的直径有关。表13-4为推荐的最小点距。

表13-3 接头的最小搭接量[4]

（单位：mm）

最薄板件厚度	单排焊点的最小搭接量			双排焊点的最小搭接量		
	结构钢	不锈钢及高温合金	轻合金	结构钢	不锈钢及高温合金	轻合金
0.5	8	6	12	16	14	22
0.8	9	7	12	18	16	22
1.0	10	8	14	20	18	24
1.2	11	9	14	22	20	26
1.5	12	10	16	24	22	30
2.0	14	12	20	28	26	34
2.5	16	14	24	32	30	40
3.0	18	16	26	36	34	46
3.5	20	18	28	40	38	48
4.0	22	20	30	42	40	50

表13-4 焊点的最小点距[4]

（单位：mm）

最薄板件厚度	最小点距		
	结构钢	不锈钢及高温合金	轻合金
0.5	10	8	15
0.8	12	10	15
1.0	12	10	15
1.2	14	12	15
1.5	14	12	20
2.0	16	14	25
2.5	18	16	25
3.0	20	18	30
3.5	22	20	35
4.0	24	22	35

点距最小值的确定主要是考虑分流影响。采用强条件和大的电极压力时，点距可以适当减小；采用热膨胀监控或能够顺序改变各点电流的控制器，或者采用单面双点焊机时，点距可以很小。

如果受工件尺寸限制，点距无法拉开，而又无上述控制手段时，为保证熔核尺寸一致，就必须以适当电流先焊各工件的第一点，然后调大电流，再焊其相邻点。

装配间隙必须尽可能小，因为靠压力消除间隙将消耗一部分电极压力，使实际的焊接压力降低。因此间隙的不均匀性将使焊接压力波动，从而导致各焊点强度的显著差异。过大的间隙还会引起严重喷溅。许用的间隙值取决于工件刚度和厚度，刚度、厚度越大，许用间隙越小，通常为0.1～2mm。环形工件的过大间隙，可以在焊前用滚压的方法予以消除。

单个焊点的抗剪力取决于两板交界面上熔核的面积。为了保证接头强度，除熔核直径外，焊透率和压痕深度也应符合要求。焊透率的表达式为：$\eta=\frac{h}{\delta}\times 100\%$（参见图13-15）。两板上的焊透率应分别测量。焊透率应介于20%～80%之间。镁合金的最大焊透率只允许至60%，而钛合金则允许至90%。焊接不同厚度工件时，每一工件上的最小焊透率可为接头中薄件厚度的20%。压痕深度c不应超过板件厚度的10%～15%，如果两工件厚度比大于2:1，或在不易接近的部位施焊，以及在工件一侧使用平头电极时，压痕深度可增大到20%～25%。图13-15为低倍磨片上的熔核尺寸。

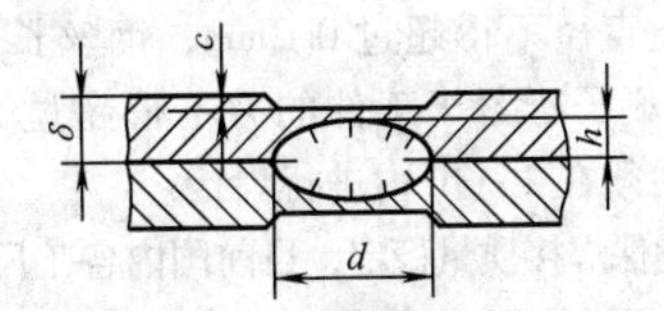

图13-15 低倍磨片上的熔核尺寸

d—熔核直径 δ—工件厚度

h—熔深 c—压痕深度

点焊接头受垂直于板面方向的拉伸载荷时的强度，为正拉强度。由于在熔核周围两板间形成的尖角可引起应力集中，而使熔核的实际强度降低，因而点焊接头的正拉力总是低于抗剪力。通常以正拉力和抗剪力之比，作为判断接头延性的指标。此比值越大，则接头的延性越好。

多个焊点形成的接头强度还取决于点距和焊点分布。点距小时，接头强度会受分流影响，但大的点距又会限制可安排的焊点数量。因此，必须兼顾点距和焊点数量，才能获得最大的接头强度。多列焊点最好交错排列而不要作矩形排列。

13.4 常用金属的点焊

13.4.1 电阻焊前的工件清理

无论是点焊、缝焊或凸焊，在焊前必须进行工件表面清理，以保证接头质量稳定。

清理方法分机械清理和化学清理两种。常用的机械清理方法有喷砂、喷丸、抛光，以及用砂布或钢丝刷等工具清理。

不同的金属和合金，应采用不同的清理方法。简介如下：

铝及其合金对表面清理的要求十分严格。由于铝对氧的化学亲和力极强，刚清理过的表面上会很快被氧化，形成氧化铝薄膜。因此，清理后的表面在焊前允许保持的时间是有严格限制的。

铝合金的氧化膜主要用化学方法去除。在碱溶液中去油和冲洗后，将工件放进正磷酸溶液中腐蚀。为了减慢新膜的成长速度和填充新膜孔隙，在腐蚀的同时进行钝化处理。最常用的钝化剂是重铬酸钾和重铬酸钠。钝化处理后便不会在去除氧化膜的同时，造成工件表面的过分腐蚀。腐蚀后进行冲洗，然后在硝酸溶液中进行亮化处理并再次进行冲洗。冲洗后，在温度为75℃的干燥室中干燥，或用热空气吹干。这样清理之后的工件，可以在焊前保持72h。

铝合金也可用机械方法清理。如用0或00号砂布，或用电动或风动的钢丝刷等。但为防止损伤工件表面，钢丝直径不得超过0.2mm，钢丝长度不得短于40mm，刷子压紧于工件的力不得超过15～20N，而且清理后须在2～3h内进行焊接。

为了确保焊接质量稳定，目前国内各工厂多在化学清理后，在焊前再用钢丝刷清理工件搭接的内表面。

铝合金清理后，应该测量放有两个铝合金工件的两电极间的总电阻*R*。方法是使用类似于点焊机的专用装置，上面的一个电极对电极夹绝缘，在电极间压紧两个试件。这样测出的*R*值可以客观地反映出表面清理的质量。对于2A12、7A04、5A06铝合金，*R*不得超过120μΩ，一般为40～50μΩ。对于导电性更好的3A21、5A02铝合金，以及烧结铝类的材料，*R*不得超过28～40μΩ。

镁合金一般采用化学清理，经腐蚀后再在铬酐溶液中钝化。这样处理后会在表面形成薄而致密的氧化膜，它具有稳定的电气性能，可以保持10昼夜或更长时间，性能仍几乎不变。镁合金也可以用钢丝刷清理。

铜合金可以在硝酸及盐酸中处理，然后进行中和并清除焊接处残留物。

不锈钢、高温合金电阻焊时，保持工件表面的高度清洁十分重要，因为油、尘土、油漆的存在，能增加硫脆化的可能性，从而使接头产生缺陷。清理方法可用抛光、喷丸、钢丝刷或化学腐蚀。对于特别重要的工件，有时用电解抛光，但这种方法复杂而且生产率低。

钛合金的氧化皮，可在盐酸、硝酸及磷酸钠的混合溶液中进行深度腐蚀加以去除，也可以用钢丝刷或喷丸处理。

低碳钢和低合金钢在大气中的耐蚀能力较低，因此这些钢在运输、存放和加工过程中常常用抗蚀油保护。如果涂油表面未被车间的污物或其他不良导电材料所污染，在电极的压力下，油膜很容易被挤开，不会影响接头质量。

钢的供货状态有：热轧，不酸洗；热轧，酸洗并脱脂；冷轧。未酸洗的热轧钢焊接时，必须用喷砂、喷丸，或者用化学腐蚀的方法清除氧化皮。可在硫酸及盐酸溶液中，或者在以磷酸为主，但含有硫脲的溶液中进行腐蚀。后一种成分可有效地同时进行脱脂和腐蚀。

有镀层的钢板，除了少数例外，一般不用特殊清理就可以进行焊接。镀铝钢板则需要用钢丝刷或化学腐蚀清理。带有磷酸盐涂层的钢板，其表面电阻会高到在低电极压力下，焊接电流无法通过的程度，只有采用较高的压力才能进行焊接。

13.4.2　低碳钢的点焊

低碳钢的*w*（C）低于0.25%，其电阻率适中，需要的焊机功率不大；塑性温度区宽，易于获得所需的塑性变形，而不必使用很大的电极压力；碳与微量元素含量低，无高熔点氧化物，一般不产生淬火组织或夹杂物；结晶温度区间窄、高温强度低、热膨胀系数小，因而开裂倾向小。这类钢具有良好的焊接性，其焊接电流、电极压力和通电时间等焊接参数具有较大的调节范围。

表13-5是美国RWMA推荐的低碳钢点焊的焊接参数，可供参考。

13.4.3　淬火钢的点焊

由于焊接区在电极间的冷却速度极快，在点焊淬火钢时必然产生硬脆的马氏体组织，并及极易产生裂纹。为了消除淬火组织，改善接头性能，通常采用电极间焊后回火的双脉冲点焊方法。这种方法的第一个电流脉冲为焊接脉冲，第二个为回火热处理脉冲。使用这种方法时应注意两点：

1）两脉冲之间的间隔时间一定要保证使焊点冷却到马氏体开始转变点*Ms*温度以下。

2）回火电流脉冲幅值要适当，以避免焊接区的金属重新超过奥氏体相变点而引起二次淬火。

淬火钢的双脉冲点焊的焊接参数实例，示于表13-6，可供参考。用单脉冲点焊时，尽管可以用很长的焊接时间（比一般的长2～3倍，目的是降低接头的冷却速度以防止裂纹），但仍不能避免产生淬火组织。当撕破检查时，接头呈脆性断裂，撕不出圆孔，抗剪力也远不如双脉冲点焊接头，因此单脉冲点焊不宜采用。

表13-5 低碳钢点焊的焊接参数[5]

板厚 /mm	截锥形电极尺寸 d /mm	截锥形电极尺寸 D /mm	A级 焊接时间 /周	A级 电极压力 /kN	A级 焊接电流 /kA	B级 焊接时间 /周	B级 电极压力 /kN	B级 焊接电流 /kA	C级 焊接时间 /周	C级 电极压力 /kN	C级 焊接电流 /kA
0.4	3.2	12	4	1.18	5.4	7	0.74	4.4	17	0.39	0.35
0.5	3.5	12	5	1.32	6.0	9	0.88	5.0	20	0.44	0.39
0.6	4.0	12	6	1.47	6.6	11	0.98	5.5	23	0.49	0.43
0.8	4.5	12	7	1.72	8.0	13	1.18	6.4	25	0.69	0.50
1.0	5.0	12	8	2.16	9.0	17	1.47	7.2	30	0.83	0.56
1.2	5.5	12	10	2.70	10.0	19	1.72	8.0	33	0.98	0.61
1.4	6.0	12	12	3.14	10.8	22	1.96	8.6	38	1.18	0.66
1.6	6.3	12	13	3.63	11.6	25	2.26	9.2	43	1.32	0.71
1.8	6.7	16	15	4.22	12.5	28	2.55	9.8	45	1.52	0.76
2.0	7.0	16	17	4.71	13.2	30	2.94	10.4	48	1.72	0.80
2.3	7.6	16	20	5.59	14.4	37	3.24	11.0	54	1.96	0.86
2.8	8.5	16	24	6.87	16.0	43	4.22	12.4	60	2.26	0.95
3.2	9.0	16	27	8.04	17.4	50	4.71	13.2	65	2.80	10.2
3.6	9.5	20	34	9.02	18.4	60	5.30	14.0	85	3.09	10.8
4.0	10.0	20	42	10.2	19.8	75	5.98	15.0	129	3.53	11.3
5.0	11.2	20	58	13.5	22.4	100	7.65	16.8	175	4.32	12.7

注:1. 单相交流电源,50Hz。

2. 当焊机容量足够大时应选用A级参数,容量不足时选用B级或C级参数。

表13-6 25CrMnSiA、30CrMnSiA钢双脉冲点焊的焊接参数

板厚 /mm	电极端面直径/mm	电极压力 /kN	焊接时间 /周	焊接电流 /kA	间隔时间 /周	回火时间 /周	回火电流 /kA
1.0	5~5.5	1~1.8	22~32	5~6.5	25~30	60~70	2.5~4.5
1.5	6~6.5	1.8~2.5	24~35	6~7.2	25~30	60~80	3~5
2.0	6~7.0	2~2.8	25~37	6.5~8	25~30	60~85	3.5~6
2.5	7~7.5	2.2~3.2	30~40	7~9	30~35	65~90	4~7

13.4.4 镀层钢板的点焊

镀层钢板点焊时的主要问题包括：

1）表层易破坏，失去原有镀层的作用。

2）电极易与镀层黏附，缩短电极使用寿命。

3）与低碳钢相比，适用的焊接参数范围较窄，易于形成未焊透或喷溅，因而必须精确控制焊接参数。

4）镀层金属的熔点通常比低碳钢低，加热时先熔化的镀层金属使两板间的接触面扩大，电流密度减小，因此焊接电流应比无镀层时大。

5）为了将已熔化的镀层金属排挤出接合面，电极压力应比无镀层时高。

贴聚氯乙烯塑料面的钢板焊接时，除保证必要的强度外，还应保证贴塑面不被破坏。因此必须采用单面点焊，并采用较短的焊接时间。

（1）镀锌钢板的点焊　镀锌钢板大致分为电镀锌钢板和热浸镀锌钢板，前者的镀层比后者薄。

点焊镀锌钢板用的电极，推荐采用2类电极合金。当对焊点外观要求很高时，可以采用1类合金。推荐用锥形电极形状，锥角120°~140°。使用焊钳时，推荐采用端面半径为25~50mm的球面电极。

为提高电极使用寿命，也可采用嵌有钨电极头的复合电极（图13-16）。以2类电极合金制成的电极体，可以加强钨电极头的散热。

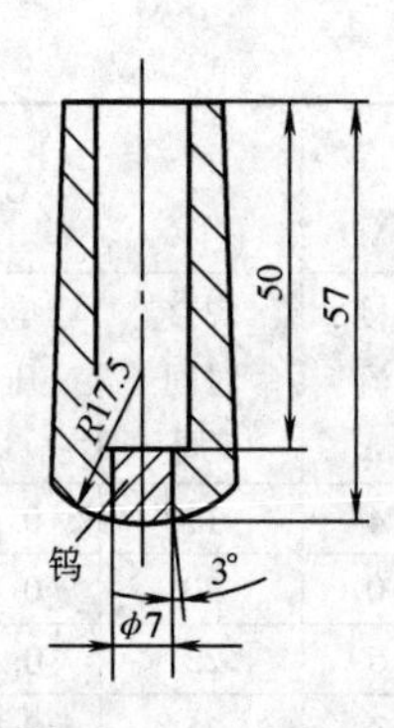

图13-16　复合电极

表13-7是日本焊接学会推荐的镀锌钢板点焊的焊接参数。镀锌钢板点焊时应采取有效的通风装置，因为ZnO烟尘有害于人体健康。

（2）镀铝钢板的点焊　镀铝钢板分为两类，第一类以耐热为主，表面镀有一层厚20～25μm的Al-Si合金［$w(Si)=6\%\sim8.5\%$］，可耐640℃高温。第二类以耐腐蚀为主，为纯铝镀层，镀层厚为第一类的2～3倍。点焊这两类镀铝钢板时，都可以获得强度良好的焊点。

由于镀层的导电、导热性好，因此需要较大的焊接电流。并应采用硬铜合金的球面电极。表13-8为第一类镀铝钢板点焊的焊接参数。对于第二类，由于镀层厚，应采用较大的电流和较低的电极压力。

（3）镀铅钢板的点焊　镀铅钢板是在低碳钢板上镀以$w(Pb)=75\%$和$w(Sn)=25\%$的Pb-Sn合金镀层。这种材料价格较贵，较少使用。镀铅钢板点焊的情况较少，所用焊接参数与镀锌钢板相似。

表13-7　镀锌钢板点焊的焊接参数[5]

板厚/mm	镀层厚度/μm	A级 焊接时间/周	A级 电极压力/kN	A级 焊接电流/kA	B级 焊接时间/周	B级 电极压力/kN	B级 焊接电流/kA
1. 热浸镀锌钢板点焊的焊接参数							
0.4	10～15	5	1.20	7.90	7	1.00	6.50
0.5		6	1.45	8.80	8	1.25	7.30
0.6		7	1.75	9.70	10	1.50	8.00
0.8		9	2.35	11.20	13	2.00	9.20
1.0		12	3.00	12.50	17	2.50	10.30
1.2	15～20	14	3.55	13.70	20	3.00	11.30
1.6		18	4.70	15.80	27	4.00	13.00
2.0	20～25	23	5.90	17.70	33	5.00	14.60
2.3		27	6.70	19.00	34	5.80	15.60
2.8		33	8.00	20.90	47	7.00	17.20
2. 电镀锌钢板点焊的焊接参数							
0.4	2～3	5	1.20	7.40	7	0.85	6.00
0.5		6	1.50	8.30	8	1.10	6.70
0.6		7	1.80	9.10	10	1.35	7.40
0.8		9	2.70	10.50	13	1.80	8.50
1.0		12	3.10	11.70	17	2.30	9.50
1.2		14	3.70	12.80	20	2.60	10.40
1.6		18	4.80	14.80	27	3.70	12.00
2.0		23	6.00	16.50	33	4.60	13.40
2.3		27	7.00	17.70	34	5.30	14.40
2.8		33	8.40	19.60	47	6.30	15.90

表13-8　耐热镀铝钢板点焊的焊接参数[6]

板厚 /mm	电极球面半径 /mm	电极压力 /kN	焊接时间 /周	焊接电流 /kA	抗剪力 /(kN/点)
0.6	25	1.8	9	8.7	1.9
0.8	25	2.0	10	9.5	2.5
1.0	50	2.5	11	10.5	4.2
1.2	50	3.2	12	12.0	6.0
1.4	50	4.0	14	13.0	8.0
2.0	50	5.5	18	14.0	13.0

13.4.5　不锈钢板的点焊

不锈钢一般分为：奥氏体型不锈钢、铁素体型不锈钢、马氏体型不锈钢、双相不锈钢和沉淀硬化不锈钢5种。由于不锈钢的电阻率高、导热性差，因此与低碳钢相比，可采用较小的焊接电流和较短的焊接时间。这类材料有较高的高温强度，必须采用较高的电极压力，以防止产生缩孔、裂纹等缺陷。不锈钢的热敏感性强，通常采用较短的焊接时间，强有力的内部和外部水冷却，并且要准确地控制加热时间和焊接电流，以防止热影响区晶粒长大和出现晶间腐蚀现象。

点焊不锈钢的电极，推荐用2类或3类电极合金，以满足高电极压力的需要。表13-9为不锈钢点焊焊接参数。

马氏体不锈钢由于有淬火倾向，点焊时要求采用较长焊接时间。为消除淬硬组织，最好采用焊后回火的双脉冲点焊。点焊时一般不采用电极的外部水冷却，以免因淬火而产生裂纹。

13.4.6　高温合金的点焊

高温合金分为铁基和镍基合金，它们的电阻率和高温强度比不锈钢更大，因而要用较小的焊接电流和较大的电极压力。为了减少高温合金点焊时出现裂纹和胡须状缺陷，还应尽量避免焊点过热。所用电极推荐采用3类电极合金，以减少电极的变形和消耗。表13-10为推荐的高温合金点焊的焊接参数。点焊较厚板件（2mm以上）时，最好在焊接脉冲之后再加缓冷脉冲并施加锻压力，以防止缩孔和裂纹，同时采用球面电极，以利于熔核的压固和散热。

表13-9　不锈钢点焊的焊接参数[5]

板厚 /mm	截锥形电极尺寸		电极压力 /kN	焊接时间 /周	焊接电流/kA	
	d/mm	D/mm			母材抗拉强度低于830MPa	母材抗拉强度高于830MPa
0.4	3.6	12	1.42	3	2.90	2.45
0.5	3.9	12	1.75	3	3.80	3.00
0.6	4.2	12	2.11	4	4.70	3.80
0.8	4.7	12	2.94	5	6.25	4.90
1.0	5.2	12	3.92	6	7.70	5.50
1.2	5.7	12	4.91	7	9.00	7.30
1.5	6.5	16	6.48	8	10.70	8.70
2.0	7.6	16	8.73	12	13.70	11.00
2.5	8.8	16	10.69	13	16.50	13.00
3.0	9.7	20	14.23	16	18.20	14.90
3.2	10.2	20	14.81	17	18.80	15.60

注：本表参数适用于12Cr17Ni7、06Cr25Ni20、06Cr17Ni12Mo2的点焊。

表13-10 高温合金GH44、GH33点焊的焊接参数[1]

板厚/mm	电极端面直径/mm	电极压力/kN	焊接时间/周	焊接电流/kA
0.3	3.0	4~5	7~10	5~6
0.5	4.0	5~6	9~12	4.5~5.5
0.8	5.0	6.5~8	11~17	5~6
1.0	5.0	8~10	16~20	6~6.5
1.2	6.0	10~12	19~24	6.2~6.8
1.5	5.5~6.5	12.5~15	22~31	6.5~7
2.0	7.0	15.5~17.5	29~38	7~7.5
2.5	7.5~8	18.5~19.5	39~48	7.5~8.2
3.0	9~10	20~21.5	50~65	8~8.8

13.4.7 铝合金的点焊

铝合金的应用十分广泛，分为冷作强化和热处理强化两大类。铝合金点焊的焊接性较差，尤其是热处理强化的铝合金。其原因及应采取的工艺措施如下。

1）电导率和热导率较高，必须采用较大电流和较短时间，才能做到既有足够的热量形成熔核，又能减少表面过热，避免电极黏附和电极铜离子向纯铝包覆层扩散，降低接头的耐蚀性。

2）塑性温度范围窄、线胀系数大，必须采用较大的电极压力，电极随动性好，才能避免熔核凝固时因过大的内部拉应力而引起的裂纹。对裂纹倾向大的铝合金，如5A06、2A12、7A04等，还必须采用加大锻压力的方法，使熔核凝固时有足够的塑性变形，减少拉应力，以避免裂纹产生。在弯电极难以承受大的顶锻压力时，也可以采用在焊接脉冲之后加缓冷脉冲的方法避免裂纹。对于大厚度的铝合金可以两种方法并用。

3）表面易生成氧化膜，焊前必须严格清理，否则极易引起喷溅和熔核成形不良（撕破检查时，熔核形状不规则，凸台和孔不呈圆形），使焊点强度降低。清理不均匀则将引起焊点强度不稳定。

基于上述原因，点焊铝合金应选用具有下列特性的焊机：①能在短时间内提供大电流；②电流波形最好有缓升缓降的特点；③能精确控制焊接参数；④有恒流监控功能；⑤能提供阶形和马鞍形电极压力；⑥机头的惯性和摩擦力小，电极随动性好。

近年来市场已出现能够实时显示焊接电流、电极压力和电极热膨胀曲线，并能对焊接质量进行在线评估的国产智能型直流点焊机[7]。据报道，该焊机在焊接过程可视化、智能化，以及焊点质量实时监控方面已达到国际先进水平，适合于重要铝合金构件的焊接。

点焊铝合金的电极应采用1类电极合金，球形端面，以利于压固熔核和散热。

由于电流密度大和氧化膜的存在，铝合金点焊时，很容易产生电极黏着。电极黏着不仅影响外观质量，还会因电流减小而降低接头强度。为此需经常修整电极。电极每修整一次后，可焊的焊点数与焊接条件、被焊金属型号、清理情况、有无电流波形调制、电极材料及其冷却情况等因素有关。通常点焊纯铝为5~10点，点焊5A06、2A12时为25~30点。

防锈铝3A21的强度低、延性好，有较好的焊接性，不产生裂纹，通常采用固定不变的电极压力。硬铝（如2A11、2A12）、超硬铝（如7A04）的强度高、延性差，极易产生裂纹，必须采用阶形曲线的压力（见本篇引言图8）。但对于薄件，采用大的焊接压力或具有缓冷脉冲的双脉冲加热，裂纹也是可以避免的。

采用阶形压力时，锻压力滞后于断电的时刻十分重要，通常是0~2周。锻压力加得过早（断电前），等于增大了焊接压力，将影响加热，导致焊点强度降低和波动；锻压力加得过迟，则熔核冷却结晶时已形成裂纹，加锻压力已无济于事。有时也需要提前于断电时刻施加锻压力，这是因为电磁气阀动作延迟，或气路不畅通造成锻压力提高缓慢，不提前施加不足以防止裂纹的缘故。

在直流脉冲点焊机上焊接铝合金的焊接参数分别见表13-11和13-12。采用三相二次整流焊机时可参考此两表。电容储能式点焊机焊接铝合金的焊接参数见表13-13。

表 13-11　直流脉冲点焊机点焊铝合金 3A21、5A03、5A05 的焊接参数[1]

板厚/mm	电极球面半径/mm	焊接压力/kN	焊接时间/周	焊接电流/kA	锻压力/kN
0.8	75	2.0~2.5	2	25~28	—
1.0	100	2.5~3.6	2	29~32	—
1.5	150	3.5~4.0	3	35~40	—
2.0	200	4.5~5.0	5	45~50	—
2.5	200	6.0~6.5	5~7	49~55	—
3.0	200	8	6~9	57~60	22

表 13-12　直流脉冲点焊机点焊铝合金 2A12CZ、7A04CS 的焊接参数[1]

板厚/mm	电极球面半径/mm	焊接压力/kN	焊接时间/周	焊接电流/kA	锻压力/kN	锻压滞后断电时刻/周
0.5	75	2.3~3.1	1	19~26	3.0~3.2	0.5
0.8	100	3.1~3.5	2	26~36	5.0~8.0	0.5
1.0	100	3.6~4.0	2	29~36	8.0~9.0	0.5
1.3	100	4.0~4.2	2	40~46	10~10.5	1
1.6	150	5.0~5.9	3	41~54	13.5~14	1
1.8	200	6.8~7.3	3	45~50	15~16	1
2.0	200	7.0~9.0	5	50~55	19~19.5	1
2.3	200	8.0~10	5	70~75	23~24	1
2.5	200	8.0~11	7	80~85	25~26	1
3.0	200	11~12	8	90~94	30~32	2

表 13-13　电容储能式点焊机点焊铝合金的焊接参数[8]

板厚/mm	电极直径/mm	电极球面半径/mm	焊接压力/kN	锻压力/kN	电容器容量/μF	电容电压/V	变压器匝数比	储存能量/J	最低平均抗剪力/(kN/点)	熔核直径/mm
0.5	16	76	1.7	3.1	230	2150	300:1	555	0.8	3.2
0.8	16	76	2.6	5.9	240	2700	300:1	875	1.6	4.1
1.0	16	76	3.1	7.2	360	2550	300:1	1172	2.1	4.6
1.3	16	76	4.0	9.5	600	2560	300:1	1952	2.9	5.3
1.6	16	76	4.9	12.2	720	2700	300:1	2622	4.2	6.3
1.8	16	76	5.6	14.3	960	2750	450:1	3630	5.1	7.0
2.0	22	76	7.0	18.2	1440	2700	450:1	5250	6.3	7.6
2.3	22	76	8.3	21.2	1920	2650	450:1	6750	7.7	8.4
2.6	22	76	9.2	23.2	2520	2700	450:1	9180	9.3	9.1

13.4.8　铜和铜合金的点焊

铜合金与铝合金相比，电阻率稍高而导热性稍差，所以点焊并无太大困难。厚度小于 1.5mm 的铜合金，尤其是低电导率的铜合金在生产中用得最广泛。纯铜的电导率极高，点焊比较困难。通常需要在电极与工件间加垫片，或使用在电极端头嵌入钨的复合电极，以减少向电极的散热。钨棒直径通常为 3~4mm。

焊接铜和高电导率的黄铜和青铜时，一般采用 1 类电极合金做电极；焊接低电导率的黄铜、青铜和铜镍合金时，采用 2 类电极合金，也可以用嵌有钨的复合电极焊接铜合金。由于钨的导热性差，故可使用小得多的焊接电流，在常用的中等功率的焊机上进行点焊。但钨电极容易和工件黏着，影响工件的外观。表13-14和表13-15为点焊黄铜的焊接参数。高电导率的铜和铜合金因电极黏附严重，很少采用点焊，即使用复合电极，也只限于点焊薄铜板。

表13-14　黄铜点焊的焊接参数[6]

板厚/mm	电极压力/kN	波形调制/周	焊接时间/周	焊接电流/kA	抗剪力/(kN/点)
0.8+0.8	3	3	6	23	1.5
+1.6	3	3	6	23	—
+2.3	3	3	8	22	—
+3.2	3	3	10	22	—
1.2+1.2	4	3	8	23	2.3
1.6+1.6	4	3	10	25	2.9
+2.3	4.5	3	10	26	—
+3.2	4.5	3	10	26	—
2.3+2.3	5	3	14	26	5.3
+3.2	6	3	14	31	—
3.2+3.2	10	3	16	43	8.5

表13-15　用复合电极点焊黄铜的焊接参数[6]

板厚/mm	电极压力/kN	焊接时间/周	焊接电流/kA	抗剪力/(kN/点)
0.4	0.6	5	8	1
0.6	0.8	6	9	1.2
0.8	1.0	8	9.5	2
1.0	1.2	11	10	3

13.4.9　钛合金的点焊

钛合金的比强度高、耐蚀性强，并有良好的热强性，因而广泛应用于航空、航天及化学工业。

钛合金的焊接性与不锈钢相似，焊接参数也大致相同。焊前一般不需要特别清理，有氧化膜时可进行酸洗。钛合金的热敏感性强，即使采用强条件，晶粒也会严重长大。焊透率可高达90%，但对质量无明显影响。其焊接参数可参考表13-16。由于钛合金的高温强度大，电极最好采用2类电极合金、球形端面。

表13-16　钛合金［Ti－6Al－4V（α＋β系）］点焊的焊接参数[6]

板厚/mm	电极压力/kN	焊接时间/周	焊接电流/kA	焊点强度	
				抗拉强度/MPa	抗剪力/(kN/点)
0.9	2.7	7	5.5	2.7	7.8
1.5	6.8	10	10.5	4.5	22
1.8	7.5	12	11.5	8.4	28
2.3	11.0	16	12.5	9.5	38

13.4.10　铝合金的胶接点焊

胶接点焊[9,10]与普通点焊相比具有下列优点：

1）提高了结构强度。它的静抗剪强度为点焊的2倍以上，疲劳强度为点焊的3~5倍。

2）密封性好。可以防止焊后阳极化时，酸液残留在搭接缝中引起金属腐蚀。

胶接点焊的不足之处是成本比普通点焊高，胶固化时间长，耗电量较大。

胶接点焊主要有以下3种方法：

1）先涂胶后点焊。

2）先点焊后灌胶。灌胶的方法是用注胶枪将胶液注射到搭接缝中去。

3）在搭接的两工件间夹一层固体胶膜，胶膜的宽度和搭接的宽度相同，在需要点焊的部位将胶膜冲一个比焊点略大的孔，然后在胶膜有孔的部位点焊。

第 1 种方法要求胶液活性期较长，并且对工作场地的温度、湿度和涂胶后的搁置时间有严格要求。因为当胶液黏度增加到一定程度后，会因电极压力挤不开胶液而影响焊接。先涂胶后点焊还不宜采用电容储能焊机，因为其陡而窄的脉冲（硬脉冲）往往不能将胶液全部从接合面内挤出，残留在接头中的胶液可能引起疏松、气孔、裂纹等缺陷。电流脉冲过软也不行，这会使胶液的黏度急剧减小，造成流胶和脱胶。直流脉冲点焊机和二次整流点焊机的电流波形具有缓升缓降的特点，适于胶接点焊。交流点焊时，宜采用调幅波形。

先涂胶后点焊时，挤出的胶液会污染电极，影响操作和产品质量，并且焊后变形必须在胶固化前校正，给生产增加了困难。

第 2 种方法要求胶粘剂具有良好的流动性，以利于充满搭接缝。但流动性太好也不行，这会引起胶粘剂流失。注胶时，为了方便胶液进入焊缝，并不致流到其他表面，宜将工件倾斜 15°~45°。

先点焊后灌胶的缺点是搭接面的宽度受到限制。由于点焊后搭接面不平滑，当宽度超过 40mm 时，胶液不容易渗透到整个搭接面而形成缺胶。

先点焊后灌胶方法简便，质量容易保证，多余的胶液也易于清除。目前国内多采用此种方法。

先涂胶后点焊方法用的胶粘剂，一般都是改性环氧胶。先点焊后灌胶方法用的胶粘剂有多种牌号，如 425-1、425-2[9]、TF-3[9]、SY201 等。

胶接点焊在飞机制造中已获得广泛应用，例如国产“运七”型飞机蒙皮与桁条的连接，就大量采用了这种工艺。

参考文献（见第 16 章著录的参考文献）

第14章　缝　焊

作者　冀春涛　　审者　冀殿英

缝焊是用一对滚轮电极代替点焊的圆柱形电极，在焊接过程中滚轮压紧工件，滚轮转动驱动工件运动，同时滚轮向工件馈送连续或断续焊接电流，从而产生一个个熔核相互搭叠的密封焊缝的焊接方法。加长断续电流之间的间隔（冷却）时间，则可形成熔核互不搭叠的焊缝，这种方式称为滚点焊。缝焊的两种方式如图14-1所示。

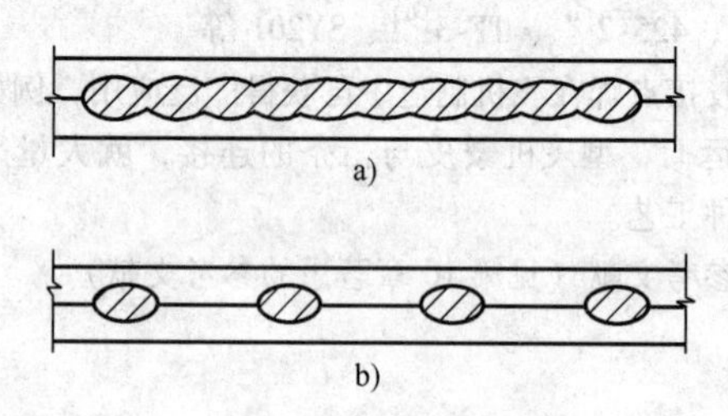

图14-1　缝焊的两种方式
a）密封缝焊　b）滚点焊

缝焊广泛应用于油桶、罐头罐、暖气片、飞机和汽车的油箱，以及喷气发动机、火箭、导弹中密封容器的薄板焊接。

缝焊机有3种基本形式：

1）横向缝焊机（或称环缝缝焊机）：滚轮平面与电极臂轴线垂直，适用于焊接圆筒状工件的环形焊缝和平直工件的长焊缝。

2）纵向缝焊机：滚轮平面与电极臂轴线平行，适用于焊接圆筒和平板上较短的纵向焊缝。

3）移动式缝焊机：焊接时工件不动而焊机沿着焊缝移动，常用于焊接汽车车身等不便移动的大型构件。

14.1　缝焊的电极

缝焊用的电极是圆盘形的滚轮。滚轮的直径一般为50～600mm，常用的直径为180～250mm。滚轮厚度为10～20mm，接触表面有4种基本形状（图14-2）。圆柱面滚轮除双侧倒角的形式外，还可以做成单侧倒角形式，以适应折边接头的缝焊。接触表面宽度 W 视工件厚度不同为3～10mm，圆弧半径 R 为25～200mm。圆柱面滚轮广泛用于焊接各种钢和高温合金。圆弧面滚轮因易于散热，压痕过渡均匀，常用于轻合金的焊接。缝焊电极材料的选取与点焊电极相似（见13.1）。

滚轮通常采用外部冷却方式。焊接有色金属和不锈钢时，用清洁的自来水即可；焊接一般钢时，为防止生锈，常用含5%硼砂的水溶液冷却。滚轮有时也采用内部循环水冷却，特别是焊接铝合金的焊机，但其构造要复杂得多。

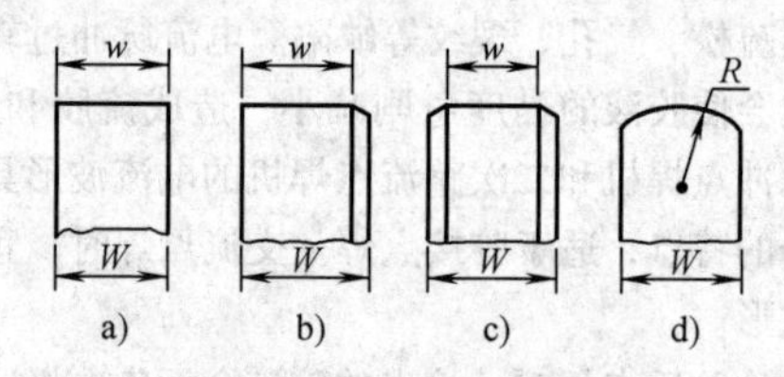

图14-2　滚轮的接触表面类型
a）　圆柱面　b）圆柱面单侧倒角
c）圆柱面双侧倒角　d）圆弧面
w—接触表面宽度　W—滚轮宽度　R—圆弧半径

14.2　缝焊方法

按滚轮转动与馈电方式分，缝焊可分为连续缝焊、断续缝焊和步进缝焊。

连续缝焊时，滚轮连续转动，电流不断通过工件。这种方法易使工件表面过热，电极磨损严重，因而很少使用。但在高速缝焊时（4～15m/min），50Hz交流电的每半周将形成一个焊点，交流电过零时相当于冷却时间，这又近似于断续缝焊，因而在制罐、制桶工业中获得应用。

断续缝焊时，滚轮连续转动，电流断续通过工件，形成的焊缝由彼此搭叠的熔核组成。由于电流断续通过，在冷却时间内滚轮和工件得以冷却，因而可以提高滚轮寿命，减小热影响区宽度和工件变形，获得较优的焊接质量。这种方法已被广泛应用于1.5mm以下的各种钢、高温合金和钛合金的缝焊。断续缝焊时，由于滚轮不断离开焊接区，熔核在压力减小的情况下结晶，因此很容易产生表面过热、缩孔和裂纹（如在焊接高温合金时）。尽管在焊点搭叠量超过熔核长度50%时，后一点的熔化金属可以填充前一点的缩孔，但最后一点的缩孔是难以避免的。不过目前国内生产的一种微机控制箱，能够在焊缝收尾部分逐点减小焊接电流，从而解决这一难题[11]。

步进缝焊时，滚轮断续转动，电流在滚轮停转时通过工件。由于金属的熔化和结晶均在滚轮不动时进行，改善了散热和压固条件，因而可以更有效地提高焊接质量，延长滚轮寿命。这种方法多用于铝、镁合金的焊接，用于缝焊高温合金，也能有效地提高焊接质量。当焊接硬铝，以及厚度为（4+4）mm 以上的各种金属时，必须采用步进缝焊，以便在形成每一个焊点时都能像点焊一样施加锻压力，或同时采用缓冷脉冲，但后一种情况很少使用。

缝焊接头形式主要为搭接缝焊，包括各种搭接形式和压平缝焊（图 14-3），及铜线电极缝焊（图 14-8）。此外，还有对接缝焊，包括低频、高频对接缝焊[1]，以及垫箔对接缝焊（图 14-9）。

搭接缝焊的电极可采用一对滚轮或用一个滚轮和一根芯轴电极。接头的最小搭接量与点焊相同。

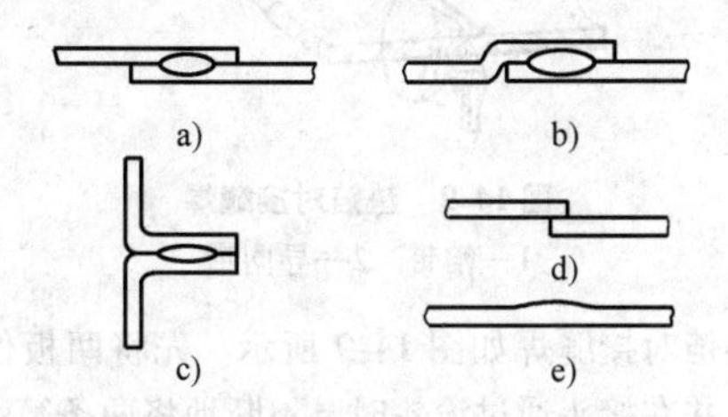

图 14-3　搭接缝焊接头的几种形式

a）典型搭接　b）偏置搭接　c）折边搭接
d）压平搭接（焊前）　e）压平搭接（焊后）

压平缝焊时的搭接量比一般缝焊时要小得多，约为板厚的 1~1.5 倍。焊接的同时压平接头，焊后的接头厚度应不超过板厚的 10%~25%。通常采用圆柱面的滚轮，其宽度应全部覆盖接头的搭接部分。焊接时要使用较大的焊接压力和连续的电流，焊接速度应较低。为了获得稳定的焊接质量，必须精确地控制搭接量。通常要将工件牢固夹紧或用定位焊预先固定。这种方法可以获得具有良好外观的焊缝，常用于低碳钢和不锈钢制成的食品容器和冷冻机衬套等产品的焊接。有色金属由于塑性稳定范围窄，不能采用压平缝焊。

搭接缝焊除常用的双面缝焊外（参见引言图 1），还有单面单缝缝焊、单面双缝缝焊和小直径圆周缝焊等。单面单缝缝焊如图 14-4 所示。图 14-4a 是一般搭接接头，辅助滚轮接触面较宽，以减小电流密度和压痕。图 14-4b 是在管子上焊接散热片的方法，辅助电极做成滑动导电块的形式，以免压伤工件。单面双缝缝焊如图 14-5 所示。图 14-5a 所示为典型的单面双缝缝焊，用于炼钢厂的电镀生产线上。由于上板有分流，故仅用于薄板。图 14-5b 所示的上板无分流，可用于 3mm 以下板件的焊接。图 14-5c 所示是用于汽车减振器等产品的焊接方法。此时两滚轮的旋转方向相反，工件只需旋转略大于半周即可焊完整个环形焊缝。图 14-5d 是把散热片焊到管子上的方法。通常管子壁厚较大，可以不垫铜芯棒。

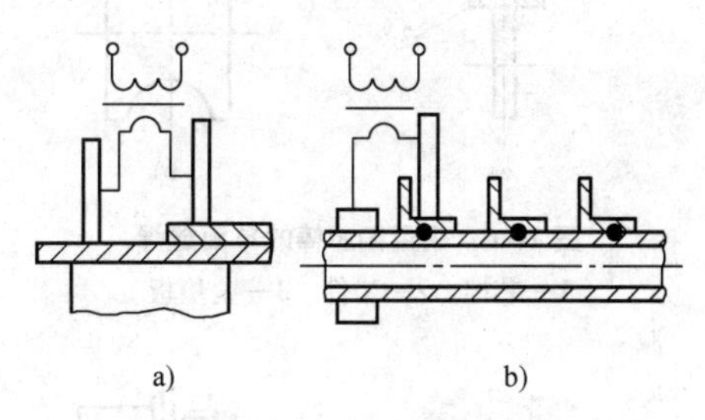

图 14-4　单面单缝缝焊

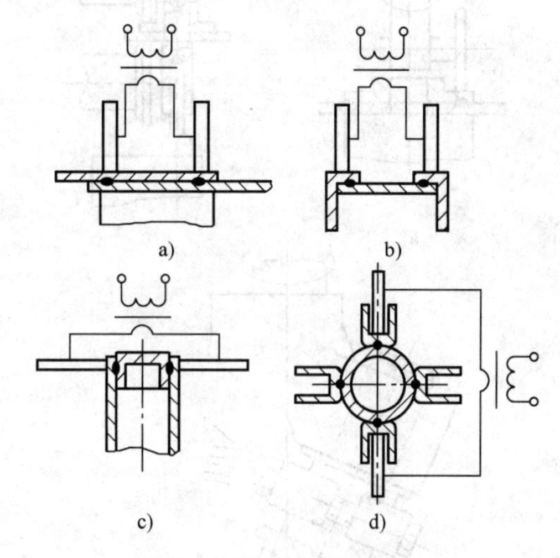

图 14-5　单面双缝缝焊

采用铜芯棒进行的缝焊是单面缝焊的特殊形式，如图 14-6 所示。图 14-6a 所示为焊接薄壁、封闭壳体工件纵缝的示意图，采用的是平板芯棒。为此，需将工件预先压扁，并和芯棒一起压在两滚轮电极间。此时，下电极只起导电作用，为了防止与下滚轮接触处的工件过热或烧穿，在下滚轮与工件间垫一块较厚的铜板条，以增大与工件的接触面积。当焊接不能压扁的小直径管子时，可以采用由两个楔形块组成的芯棒，以便管子焊接后芯棒易于抽出。只起导电作用的下滚轮，应加工成与管子贴合的半圆形凹槽，用以减少工件的发热，如图 14-6b 所示。

小直径圆周缝焊可采用图 14-7 所示的几种方式。图 14-7a 所示是采用偏离加压轴线的滚轮电极。图 14-7b 所示是在横向缝焊机上附加一定位装置。图 14-7c 所示是采用杯形电极，电极的工作表面呈锥形，锥尖必须落在小直径圆周焊缝中心，以消除电极在工件上的滑移。

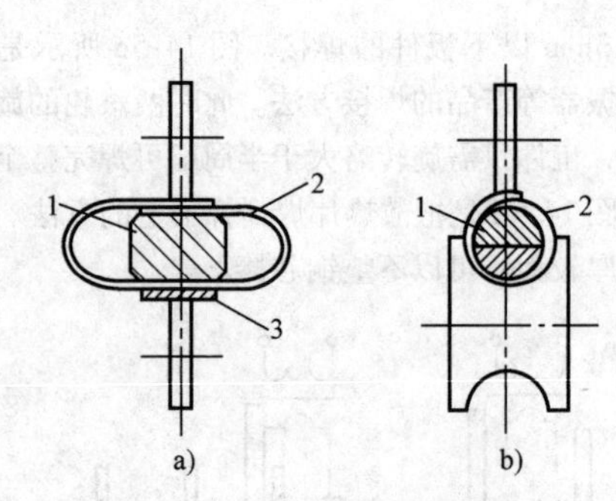

图 14-6 采用铜芯棒的单面缝焊

1—芯棒 2—工件 3—铜垫板

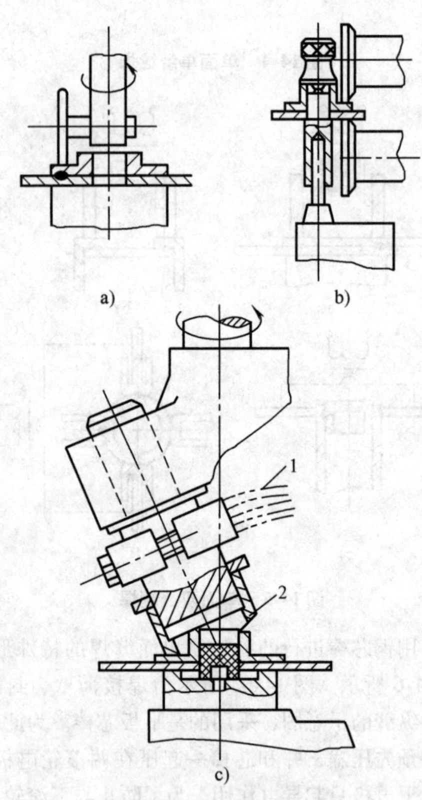

图 14-7 小直径圆周缝焊

1—导电母线 2—杯形电极

铜线电极缝焊是解决镀层钢板缝焊时镀层黏着滚轮的有效方法。焊接时，将圆铜线不断地送到滚轮与板件之间（图 14-8a）。铜线呈卷状连续输送，经过滚轮后自动切成短段回收。镀层仅黏附在铜线上，而不会污染滚轮。虽然铜线用过后要报废，但镀层钢板，特别是镀锡钢板，还没有别的缝焊方法可以代替它。由于报废铜线的售价与铜线相差不多，所以焊接成本并不高。这种方法主要用于制造食品罐。另一种方法将铜线在送至滚轮前先轧制成扁平线，搭接接头和压平缝焊一样（图 14-8b）。这种方法的焊接速度较高。板厚 0.2mm 时，焊接速度可达 15m/min。

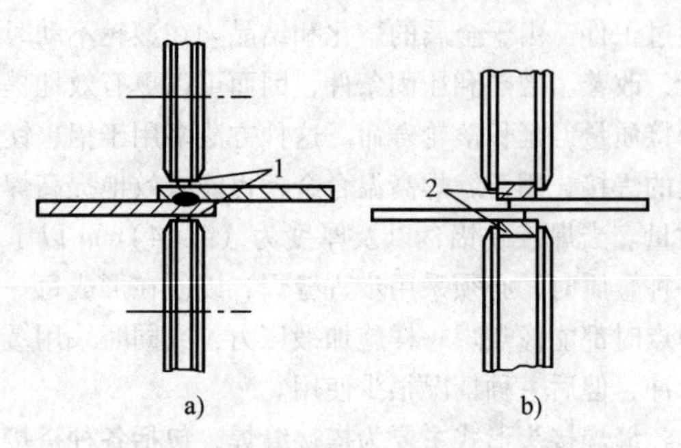

图 14-8 铜线电极缝焊

1—圆铜线 2—扁平铜线

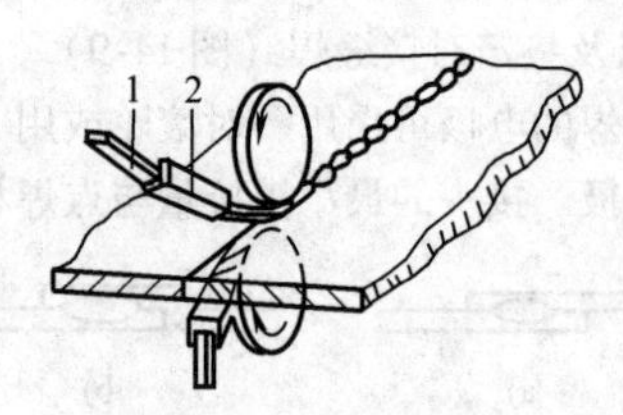

图 14-9 垫箔对接缝焊

1—箔带 2—导向嘴

垫箔对接缝焊如图 14-9 所示。先将两板件边缘对接，并在接头通过滚轮时，不断地将两条箔带铺垫于滚轮和板件之间（某些工件只在一侧加箔带）。箔带的厚度为 0.2～0.3mm，宽度为 6mm。由于箔带增加了焊接区的电阻并使散热困难，因而有利于熔核的形成。

这种方法的优点是：①接头有较平缓的余高。②良好的外观。③不管板厚如何箔带的厚度均相同。④不易产生喷溅，因而对应于一定电流的电极压力均可减小一半。⑤焊接区变形小。其缺点是：①对接精度要求高。②焊接时必须准确地将箔带铺垫于滚轮与工件间，增加了自动化的困难。

垫箔对接缝焊可用于需承受较高拉伸应力的低碳钢件的连接（如车用钢板），也是解决厚板缝焊的一种方法。因为当板厚达 3mm 时，若采用常规搭接缝焊，就必须用很慢的焊接速度，较大的焊接电流和电极压力，这会引起电极表面过热和电极黏附，使焊接困难。若用垫箔缝焊就可以克服这些困难。

14.3 缝焊工艺

14.3.1 焊接参数对缝焊质量的影响

缝焊接头的形成在本质上与点焊相同，因而影响焊接质量的诸因数也是类似的，主要有焊接电流、电极压力、焊接时间、冷却时间、焊接速度，以及滚轮的直径和宽度等。

（1）焊接电流　缝焊形成熔核所需的热量来源与点焊相同，都是利用电流通过焊接区电阻产生的热量。在其他条件给定的情况下，焊接电流的大小决定了熔核的焊透率和重叠量。在焊接低碳钢时，熔核平均焊透率为钢板厚度的30%～70%，以40%～50%为最佳。为了获得气密焊缝，熔核重叠量应不小于15%。

当焊接电流超过某一定值时，继续增大电流只能增大熔核的焊透率和重叠量，而不会提高接头强度，这是不经济的。如果电流过大，还会产生压痕过深和焊缝烧穿等缺陷。

缝焊时，由于熔核互相重叠而引起较大分流，因此焊接电流通常比点焊时增大15%～40%。

（2）电极压力　缝焊时，电极压力对熔核尺寸的影响与点焊一致。电极压力过高会使压痕过深，同时会加速滚轮的变形和损耗。压力不足则易产生缩孔，并会因接触电阻过大易使滚轮烧损而缩短其使用寿命。当电极压力较低时，稍微改变焊接电流就对焊缝质量有很大影响，因此电极压力应足够高，以允许焊接电流有一个较宽的变化范围。

（3）焊接时间和冷却时间　缝焊时，主要通过焊接时间控制熔核尺寸，通过冷却时间控制重叠量。在焊接速度较低时，焊接时间与冷却时间之比为1.25∶1～2∶1，可获得满意结果。当焊接速度增加时，焊点间距增加，此时要获得重叠量相同的焊缝，就必须增大此比例。为此，在较高焊接速度时，焊接时间与冷却时间之比应为3∶1或更高。

（4）焊接速度　焊接速度与被焊金属、板件厚度以及对焊缝强度和质量的要求等有关。通常在焊接不锈钢、高温合金和有色金属时，为了避免喷溅和获得致密性高的焊缝，必须采用较低的焊接速度。有时还采用步进缝焊，使熔核在滚轮停止的情况下形成。这种缝焊的焊接速度要比常用的断续缝焊低得多。

焊接速度决定了滚轮与板件的接触面积，以及滚轮与加热部位的接触时间，因而影响了接头的加热和散热。当焊接速度增大时，为了获得足够的热量，必须增大焊接电流。过大的焊接速度会引起板件表面烧损和电极黏附，因此即使采用外部水冷却，焊接速度也要受到限制。

14.3.2　缝焊焊接参数的选择

与点焊相似，缝焊焊接参数主要是根据被焊金属的性能、厚度、质量要求和设备条件来选择的。通常可参考已有的推荐数据初步确定，再通过工艺试验加以修正。

滚轮尺寸的选择与点焊电极尺寸的选择原则一致。为了减小搭边尺寸，减轻结构重量，提高热效率，减少焊机功率，多采用接触面宽度为3～5mm的窄边滚轮。

滚轮的直径和板件的曲率半径均影响滚轮与板件的接触面积，从而影响电流场的分布与散热，并导致熔核位置的偏移，如图14-10所示。当滚轮直径不同而板件厚度相同时，熔核将偏向小直径滚轮的一边。当滚轮直径和板件厚度均相同而板件呈弯曲形状时，则熔核偏向板件凸向电极的一边。

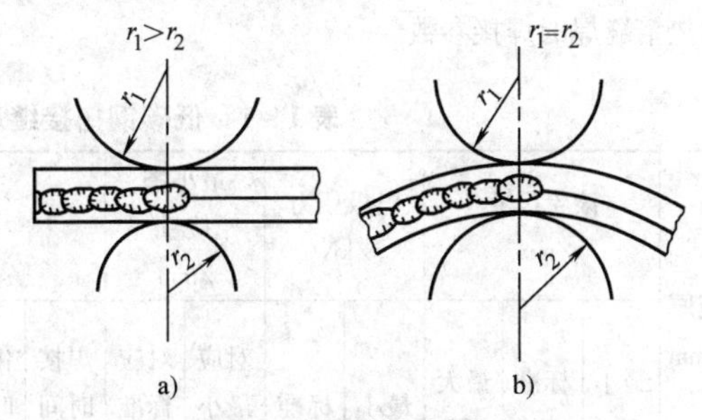

图14-10　熔核偏移示意图

a）滚轮直径不同的影响　b）板件弯曲的影响

不同厚度或不同材料缝焊时，熔核偏移的方向和纠正熔核偏移的方法也类似于点焊。可采用不同的滚轮直径和宽度、不同的滚轮材料，以及在滚轮与板件间加垫片等。

在不同厚度板件缝焊时，由于经过已焊好的焊缝区有显著的分流，可以减少熔核向厚件的偏移。但在厚度差较大时，薄件的焊透率仍然不足，必须采用上述纠正熔核偏移的措施。例如，在薄件一边采用导电性较低的铜合金做滚轮，并将其宽度和直径也做得小一些，以减少这一侧的散热。

14.4　缝焊接头的设计

缝焊的接头形式、搭边宽度与点焊类似（压平缝焊与垫箔对接缝焊的接头例外）。

滚轮不像点焊电极那样可以做成特殊形状，因此设计缝焊结构时，必须注意滚轮的可达性。

当焊接小曲率半径工件时，由于内侧滚轮半径的减小受到一定限制，必然会造成熔核向外侧偏移，甚至使内侧板件未焊透，为此应避免设计曲率半径过小的工件。如果在一个工件上既有平直部分，又有曲率半径很小的部分，如摩托车油箱，为了防止小曲率半径处的焊缝未焊透，可以在焊到此部位时，增大焊接电流。这在微机控制的焊机上是可以实现的。

14.5　常用金属的缝焊

14.5.1　低碳钢的缝焊

低碳钢是焊接性最好的缝焊材料。低碳钢搭接缝焊根据使用目的和用途，可采用高速、中速和低速三种方案。表 14-1 为低碳钢搭接缝焊的焊接参数。手工移动工件时，为便于对准预定的焊缝位置，多采用中速。自动焊接时，如果焊机的容量足够，可以采用高速或更高的速度。如果焊机的容量不够，不降低速度就不能保证足够大的熔宽和熔深时，就只能采用低速。

表 14-2 和表 14-3 为连续通电的低碳钢压平缝焊和垫箔缝焊的焊接参数。

14.5.2　淬火合金钢的缝焊

可淬硬合金钢缝焊时，为消除淬火组织，也需要采用焊后回火的双脉冲加热方式。在焊接和回火时，工件应停止移动，即应在步进缝焊机上焊接。如果缺少这种设备，只能在断续缝焊机上焊接时，建议采用焊接时间较长的弱规范参数。表 14-4 是焊接低合金钢（30CrMnSiA）采用这种参数的推荐值。

14.5.3　镀层钢板的缝焊

（1）镀锌钢板的缝焊　镀锌钢板缝焊时，应注意防止产生裂纹，以免破坏焊缝的气密性。裂纹产生的原因是残留在熔核内和扩散到热影响区的锌使接头

表 14-1　低碳钢搭接缝焊的焊接参数（气密性接头）[5]

板厚/mm	滚轮尺寸/mm			电极压力/kN		最小搭接量/mm		高速焊接				中速焊接				低速焊接			
	最小 w	标准 w	最大 W	最小	标准	对应最小 w	对应标准 w	焊接时间/周	休止时间/周	焊接电流/A	焊接速度/(cm/min)	焊接时间/周	休止时间/周	焊接电流/kA	焊接速度/(cm/min)	焊接时间/周	休止时间/周	焊接电流/kA	焊接速度/(cm/min)
0.4	3.7	5.3	11	2.0	2.2	7	10	2	1	12.0	280	2	2	9.5	200	3	3	8.5	120
0.6	4.2	5.9	12	2.2	2.8	8	11	2	1	13.5	270	2	2	11.5	190	3	3	10.0	110
0.8	4.7	6.5	13	2.5	3.3	9	12	2	1	15.5	260	3	2	13.0	180	2	4	11.5	110
1.0	5.1	7.1	14	2.8	4.0	10	13	2	2	18.0	250	3	3	14.5	180	2	4	13.0	100
1.2	5.4	7.7	14	3.0	4.7	11	14	2	2	19.0	240	4	3	16.0	170	3	4	14.0	90
1.6	6.0	8.8	16	3.6	6.0	12	16	3	1	21.0	230	5	4	18.0	150	4	4	15.5	80
2.0	6.6	10.0	17	4.1	7.2	13	17	3	1	22.0	220	5	5	19.0	140	6	6	16.5	70
2.3	7.0	11.0	17	4.5	8.0	14	19	4	2	23.0	210	7	6	20.0	130	6	6	17.0	70
3.2	8.0	13.6	20	5.7	10	16	20	4	2	27.0	170	11	7	22.0	110	6	6	20.0	60

w—滚轮接触面宽度　W—滚轮厚度。

表 14-2　低碳钢压平缝焊的焊接参数[6]

板厚/mm	搭接量/mm	电极压力/kN	焊接电流/kA	焊接速度/(cm/min)
0.8	1.2	4	13	320
1.2	1.8	7	16	200
2.0	2.5	11	19	140

表 14-3　低碳钢垫箔缝焊的焊接参数[6]

板厚/mm	电极压力/kN	焊接电流/kA	焊接速度/(cm/min)
0.8	2.5	11.0	120
1.0	2.5	11.0	120
1.2	3.0	12.0	120
1.6	3.2	12.5	120
2.3	3.5	12.0	100
3.2	3.9	12.5	70
4.5	4.5	14.0	50

表14-4 低合金钢（30CrMnSiA）缝焊的焊接参数[1]

板厚/mm	滚轮宽度/mm	电极压力/kN	时间/周		焊接电流/kA	焊接速度/(cm/min)
			焊接	休止		
0.8	5~6	2.5~3.0	6~7	3~5	6~8	60~80
1.0	7~8	3.0~3.5	7~8	5~7	10~12	50~70
1.2	7~8	3.5~4.0	8~9	7~9	12~15	50~70
1.5	7~9	4.0~4.5	9~10	8~10	15~17	50~60
2.0	8~9	5.5~6.5	10~12	10~13	17~20	50~60
2.5	9~11	6.5~8.0	12~15	13~15	20~24	50~60

注：滚轮直径为150~200mm

脆化，受应力作用而引起的。防止裂纹的方法是正确选择焊接参数。试验证明，焊透率越小（10%~26%），裂纹缺陷就越少。焊接速度高时，散热条件差，表面过热，熔深大，则易产生裂纹。一般在保证熔核直径和接头强度的条件下，应尽量选用小电流、低焊接速度，以及强烈的外部水冷。

滚轮应采用压花钢轮传动，以便随时修整滚轮尺寸并清理其表面。表14-5是镀锌钢板缝焊的焊接参数。

（2）镀铝钢板的缝焊　第一类镀铝钢板缝焊的焊接参数见表14-6。对于第二类镀铝钢板，也和点焊一样，必须将电流增大15%~20%。由于黏附现象比镀锌钢板还严重，因此必须经常修整滚轮。

（3）镀铅钢板的缝焊　镀铅钢板对汽油有耐蚀性，故常用作汽车油箱。镀铅钢板的缝焊与镀锌钢板一样，主要问题也是裂纹，其焊接参数可参考表14-7。

14.5.4 不锈钢和高温合金的缝焊

不锈钢缝焊困难较少，通常在交流焊机上进行。表14-8是不锈钢缝焊的焊接参数。

高温合金缝焊时，由于电阻率高和缝焊的重复加热，更容易产生结晶偏析和过热组织，甚至使工件表面挤出飞边。为此应采用很慢的焊接速度、较长的冷却时间，以利于散热。表14-9是高温合金缝焊的焊接参数。

表14-5 各种镀锌钢板缝焊的焊接参数[1]

锌层种类及厚度	板厚/mm	滚轮宽度/mm	电极压力/kN	时间/周		焊接电流/kA	焊接速度/(cm/min)
				焊接	休止		
热镀锌钢板（15~20μm）	0.6	4.5	3.7	3	2	16	250
	0.8	5.0	4.0	3	2	17	250
	1.0	5.0	4.3	3	2	18	250
	1.2	5.5	4.5	4	2	19	230
	1.6	6.5	5.0	4	1	21	200
电镀锌钢板（2~3μm）	0.6	4.5	3.5	3	2	15	250
	0.8	5.0	3.7	3	2	16	250
	1.0	5.0	4.0	3	2	17	250
	1.2	5.5	4.3	4	2	18	230
	1.6	6.5	4.5	4	1	19	200
磷酸盐处理防锈钢板	0.6	4.5	3.7	3	2	14	250
	0.8	5.0	4.0	3	2	15	250
	1.0	5.0	4.5	3	2	16	250
	1.2	5.5	5.0	4	2	17	230
	1.6	6.5	5.5	4	1	18	200

表 14-6　镀铝钢板缝焊的焊接参数[6]

板厚 /mm	滚轮宽度 /mm	电极压力 /kN	时间/周		焊接电流 /kA	焊接速度 /(cm/min)
			焊接	休止		
0.9	4.8	3.8	2	2	20	220
1.2	5.5	5.0	2	2	23	150
1.6	6.5	6.0	3	2	25	130

表 14-7　镀铅钢板缝焊的焊接参数[6]

板厚 /mm	滚轮宽度 /mm	电极压力 /kN	时间/周		焊接电流 /kA	焊接速度 /(cm/min)
			焊接	休止		
0.8	7	3.6～4.5	3	2	17	150
			5	2	18	250
1.0	7	4.2～5.2	2	1	17.5	150
			5	1	18.5	250
1.2	7	4.5～5.5	2	1	18	150
			4	1	19	250

表 14-8　不锈钢（07Cr19Ni11Ti）缝焊的焊接参数

板厚 /mm	滚轮宽度 /mm	电极压力 /kN	时间/周		焊接电流 /kA	焊接速度 /(cm/min)
			焊接	休止		
0.3	3～3.5	2.5～3.0	1～2	1～2	4.5～5.5	100～150
0.5	4.5～5.5	3.4～3.8	1～3	2～3	6.0～7.0	80～120
0.8	5.0～6.0	4.0～5.0	2～5	3～4	7.0～8.0	60～80
1.0	5.5～6.5	5.0～6.0	4～5	3～4	8.0～9.0	60～70
1.2	6.5～7.5	5.5～6.2	4～6	3～5	8.5～10	50～60
1.5	7.0～8.0	6.0～7.2	5～7	5～7	9.0～12	40～60
2.0	7.5～8.5	7.0～8.0	7～8	6～9	10～13	40～50

表 14-9　高温合金（GH33、GH35、GH39、GH44）缝焊的焊接参数[1]

板厚 /mm	电极压力 /kN	时间/周		焊接电流 /kA	焊接速度 /(cm/min)
		焊接	休止		
0.3	4～7	3～5	2～4	5～6	60～70
0.5	5～8.5	4～6	4～7	5.5～7	50～70
0.8	6～10	5～8	8～11	6～8.5	30～45
1.0	7～11	7～9	12～14	6.5～9.5	30～45
1.2	8～12	8～10	14～16	7～10	30～40
1.5	8～13	10～13	19～25	8～11.5	25～40
2.0	10～14	12～16	24～30	9.5～13.5	20～35
2.5	11～16	15～19	28～34	11～15	15～30
3.0	12～17	18～23	30～39	12～16	15～25

14.5.5　有色金属的缝焊

（1）铝合金的缝焊　铝合金缝焊时，由于电导率高，分流严重，故焊接电流要比点焊时提高15%～50%，电极压力提高5%～10%。又因大功率单相交流缝焊机会严重影响电网三相负荷的均衡性，因此国内铝合金缝焊均采用三相供电的直流脉冲或二次整流步进缝焊机。表14-10是在FJ－400型直流脉冲缝焊机上焊接铝合金的焊接条件。采用三相二次整流焊机时，也可用表14-10的焊接参数作为参考。

为了加强散热，铝合金缝焊应采用圆弧形端面滚轮（最好采用内部水冷），并必须用外部水冷。

（2）铜和铜合金的缝焊　铜和铜合金由于电导率和热导率高，几乎不能采用缝焊。对于电导率低的铜合金，如磷青铜、硅青铜和铝青铜等可以缝焊，但需要采用比低碳钢高的电流和低的电极压力。

（3）钛及其合金的缝焊　钛及其合金缝焊时没有太大困难，其焊接条件与不锈钢大致相同，但电极压力要低一些。

表14-10　铝合金缝焊的焊接参数[1]

板厚/mm	滚轮圆弧半径/mm	步距（点距）/mm	3A21、5A03、5A06				2A12、7A04			
			电极压力/kN	焊接时间/周	焊接电流/kA	每分钟点数	电极压力/kN	焊接时间/周	焊接电流/kA	每分钟点数
1.0	100	2.5	3.5	3	49.6	120～150	5.5	4	48	120～150
1.5	100	2.5	4.2	5	49.6	120～150	8.5	6	48	100～120
2.0	150	3.8	5.5	6	51.4	100～120	9.0	6	51.4	80～100
3.0	150	4.2	7.0	8	60.0	60～80	10	7	51.4	60～80
3.5	150	4.2	—	—	—	—	10	8	51.4	60～80

参考文献（见第16章著录的参考文献）

第15章　凸　　焊

作者　冀春涛　　审者　冀殿英

凸焊与点焊的差别在于，凸焊的工件上需要预制一定形状和尺寸的凸点，焊接过程中电流通路面积的大小决定于凸点尺寸，而不像点焊那样决定于电极端面尺寸。因此，凸焊电极端面的尺寸可以做得更大，电极中电流密度可以更低，从而可选用强度更高而导电性稍差的电极材料。

凸焊主要用于焊接低碳钢和低合金钢的冲压件。凸焊的种类很多，除板件凸焊外，还有螺母、螺钉类零件的凸焊，线材交叉凸焊，管子凸焊和板材T形凸焊等。

板件凸焊最适宜的厚度为0.5～4mm，焊接更薄的板件时，凸点设计要求严格，需要随动性极好的焊机。因此，厚度小于0.25mm的板件更宜于采用点焊。

随着我国汽车工业的发展，高生产率的凸焊在汽车零部件生产中获得大量应用。例如，汽车真空助力器的螺钉和接管嘴与冲压壳体的连接，汽车发电机风叶与爪极的连接，汽车座椅调角器凸轮与轴的连接，汽车空调电磁离合器带轮与吸盘的连接等，都采用了凸焊结构。

凸焊与点焊相比还具有以下优点：

1）一次通电可同时焊接多个焊点，不仅生产率高，而且没有分流影响。因此，可在窄小的部位上布置焊点而不受点距的限制。

2）由于电流密集于凸点，与点焊相比，焊接区电流分布更集中，故可用较小的电流进行焊接，并能可靠地形成较小的熔核。而在点焊时，对应于某一板厚要形成小于某一尺寸的熔核是很困难的。

3）凸点的位置准确、尺寸一致，各点的强度比较均匀。因此，对于给定的强度，凸焊焊点的尺寸可以小于点焊。

4）由于采用大平面电极，且凸点设置在一个工件上，所以可最大限度地减轻另一个工件外露表面上的压痕。同时大平面电极的电流密度小，散热好，电极的磨损要比点焊小得多，因而大大降低了电极的保养和维修费用。

5）与点焊相比，工件表面的油、锈、氧化皮、镀层和其他涂层对凸焊的影响较小，但干净的表面更有利于焊接质量的稳定。

6）可以焊接一些点焊难以焊接的板厚组合。有时3:1以上的板厚组合点焊就比较困难，而凸焊可焊接6:1甚至更高的板厚组合，也可以焊接一些采用点焊显得太厚的金属。

由于凸焊具有上述多种优点，因而获得了极广泛的应用。

凸焊的不足之处是：①需要冲制凸点的附加工序。②有时电极比较复杂。③当一次通电焊接多个焊点时，需要使用高电极压力、高机械精度的大功率焊机。

15.1　凸焊电极、模具和夹具

15.1.1　电极材料

凸焊电极通常采用两类电极合金制造。这类电极合金在电导率、强度、硬度和耐热性等方面具有最好的综合性能。3类电极合金也能满足要求。

15.1.2　电极设计

凸焊电极有下面3种基本类型：

1）点焊用的圆形平头电极。

2）大平头棒状电极。

3）具有一组局部接触面的电极，即将电极在接触部位加工出凸起接触面，或将较硬的铜合金嵌块用钎焊或紧固方法固定于电极的接触部位。

标准点焊电极用于单点凸焊时，为了减轻工件表面压痕，电极接触面直径应不小于凸点直径的两倍。

大平头棒状电极用于局部位置的多点凸焊。例如，加强垫圈的凸焊，一次可焊4～6点。这种电极的接触面必须足够大，要超过全部凸点的边界，超出量一般应相当于一个凸点的直径。这种电极一般可装在大功率点焊机上。

15.1.3　焊接模具和夹具

焊接模具用于保持和夹紧工件于适当位置，同时也用作电极。一般情况下夹具是不导电的辅助定位装置。对于小工件，电极和定位夹具通常是合成一体的。图15-1是螺栓与板件凸焊的电极示例。图15-1a中螺栓插入上电极，由弹簧夹和固定销使其定位。为防止分流，插入电极的固定销必须用非金属材料。图15-1b中，螺栓先穿过板上的孔，再插入下电极的孔中。为保护螺纹，常在电极孔中加绝缘衬套。

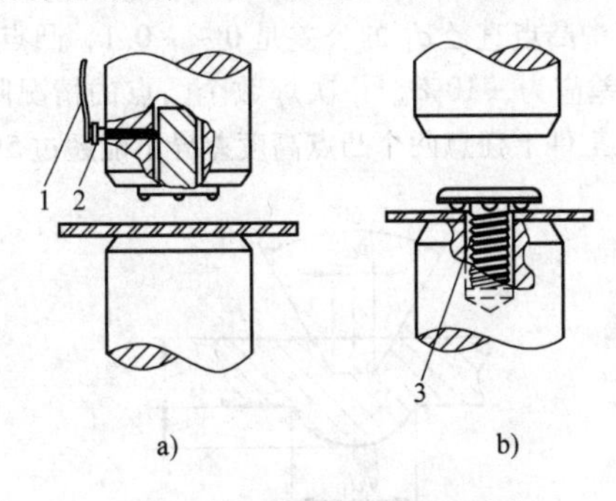

图15-1 凸焊螺栓和螺母的电极

1—弹簧夹 2—固定销 3—下电极钻孔直径稍大于螺栓

其他类型的待焊工件也可用弹簧夹固定在上电极上，在条件许可时还可用真空吸附的方法使工件保持在上电极中，有时也可用一个移动装置将小工件夹住并送入待焊部位。

大型凸焊构件需要复杂得多的焊接模具和夹具，以满足定位、夹紧和导电的需要。

15.2 凸焊的工艺特点和焊接参数

15.2.1 凸焊的工艺特点

凸焊是点焊的一种变形，通常是在两板件之一上冲出凸点，然后进行焊接。由于电流集中，克服了点焊时熔核偏移的缺点，因此凸焊时工件的厚度比可以超过6:1。

凸焊时，电极必须随着凸点的压溃而迅速下降，否则会因失压而产生喷溅，所以应采用电极随动性好的凸焊机。

多点凸焊时，如果焊接条件不适当，会引起凸点移位现象，并导致接头强度降低。试验证明，移位是由电流通过时的电磁力引起的。图15-2为两点凸焊时的电磁力方向和撕破后的凸点示意图。图中虚线小圆为焊前的凸点位置。影响凸点移位的电磁力 F 与电流 I 的平方和凸点的高度 h 成正比，与点距 S_d 成反比，凸点移动向外偏斜是二次回路电磁力附加作用的结果。

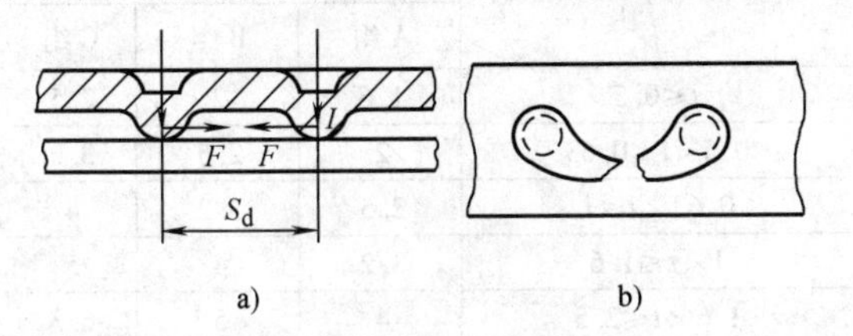

图15-2 两点凸焊时的移位示意图

a）电磁力 F 方向 b）撕破后的凸点

在实际焊接时，由于凸点高度不一致，上、下电极平行度差，一点固定、另一点移动要比两点同时移动的情况多。

为了防止凸点移位，除在保证正常熔核的条件下，选用较大的电极压力、较小的焊接电流外，还应尽可能地提高加压系统的随动性。提高随动性的方法主要是减小加压系统可动部分的质量，以及在导向部分采用滚动摩擦。

多点凸焊时，为克服各凸点间的压力不均衡，可以采用附加预热脉冲或采用可转动电极的办法。图15-3为可转动的凸焊电极示意图。这种方法特别适用于在同一个板件上焊接两个距离较大的零件。在上电极与上座板之间装有由多层铜箔制成的铜分路，目的是防止枢轴过热和两侧凸点电流不均衡。

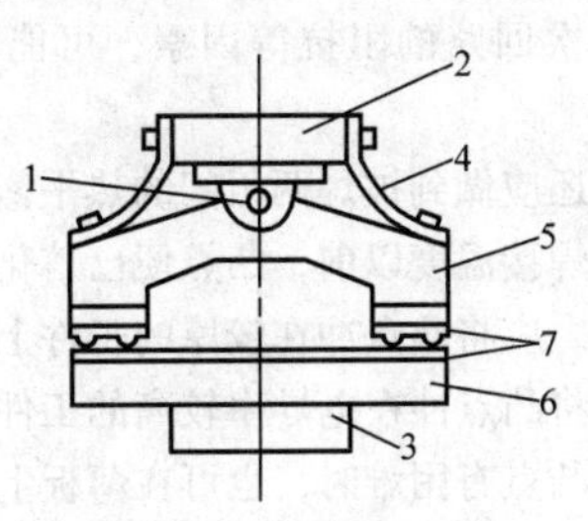

图15-3 可转动的凸焊电极

1—枢轴 2—上座板 3—下座板 4—铜分路 5—上电极 6—下电极 7—工件

15.2.2 凸焊的焊接参数

凸焊的主要焊接参数是电极压力、焊接时间和焊接电流。

（1）电极压力 凸焊的电极压力取决于被焊金属的性能、凸点的尺寸和一次焊接的凸点数量等。电极压力应足以在凸点达到焊接温度时将其完全压溃，并使两个工件紧密贴合。电极压力过大，会过早地压溃凸点，失去凸焊的作用，同时因电流密度减小而降低接头强度；电极压力过小，会引起严重喷溅。

（2）焊接时间 对于给定的工件材料和厚度，焊接时间由焊接电流和凸点刚度决定。在凸焊低碳钢和低合金钢时，与电极压力和焊接电流相比，焊接时间是次要的，在确定合适的电极压力和焊接电流后，再调节焊接时间，以获得满意的焊点。如果想缩短焊接时间，就要相应增大焊接电流，但过分增大焊接电流可能引起金属过热和喷溅。通常，凸焊的焊接时间比点焊长，而电流比点焊小。

多点凸焊的焊接时间稍长于单点凸焊，以减少因凸点高度不一致而引起各点加热的差异。采用预热电流或电流斜率控制（通过调幅使电流逐渐增大到需要值），效果会更好，可以提高焊点强度的均匀性并减少喷溅。

（3）焊接电流　对于相同工件，凸焊一个焊点所需的电流比点焊一个焊点要小，但在凸点完全压溃之前电流必须能使凸点熔化。推荐的电流应该是在采用合适的电极压力下不至于挤出过多金属的最大电流。对于一定尺寸的凸点，挤出的金属量随电流的增加而增加，采用递增的调幅电流可以减小挤出金属。和点焊一样，被焊金属的性能和厚度仍然是选择焊接电流的主要依据。

多点凸焊时，总的焊接电流大约为每个凸点所需电流乘以凸点数，但考虑到凸点的公差、工件形状，以及焊机二次回路的阻抗等因素，可能需要做一些调整。

凸焊时还应做到被焊两板间的热平衡，否则，在平板未达到焊接温度以前，凸点便已熔化。因此焊接同种金属时，应将凸点冲在较厚的工件上，焊接异种金属时，应将凸点冲在电导率较高的工件上。但当在厚板上冲出凸点有困难时，也可在薄板上冲凸点。在汽车发电机爪极（厚 10mm）与风叶（厚 1mm）的凸焊中，凸点就冲在薄件风叶上，而且一次焊接12～16 个凸点，也能获得强度满意的接头。

电极材料也影响两工件上的热平衡。在焊接厚度小于 0.5mm 的薄板时，为了减少平板一侧的散热，常用 W-Cu 烧结材料或用 W 做电极的嵌块。

15.3　凸焊接头和凸点设计

15.3.1　凸焊接头设计

凸焊搭接接头的设计与点焊相似。通常，凸焊接头的搭接量比点焊的小，凸点间的间距没有严格限制。

当一个工件的表面质量要求较高时，凸点应冲在另一工件上。在冲压件上凸焊螺母、螺栓等紧固件时，凸点的数量必须足以承受设计载荷。

15.3.2　凸点设计

凸点的作用是将电流和压力局限在工件的特定位置上，其形状和尺寸取决于应用的场合和需要的焊点强度。一般而言凸点尺寸和板厚相关，当平板较薄时采用小凸点，较厚时采用大凸点。图 15-4 是圆球形凸点尺寸（JB/T 10258—2001），其中板厚 t 和凸点直径 d_1 的关系见表 15-2。表 15-1 是相应的凸点尺寸，其中凸点直径 d_1 的公差是 0～+0.1，凸点高度 h 的公差应为 ±10%，一次焊数个凸点的情况除外。同一个工件上任意两个凸点高度差异不能超过 5%。

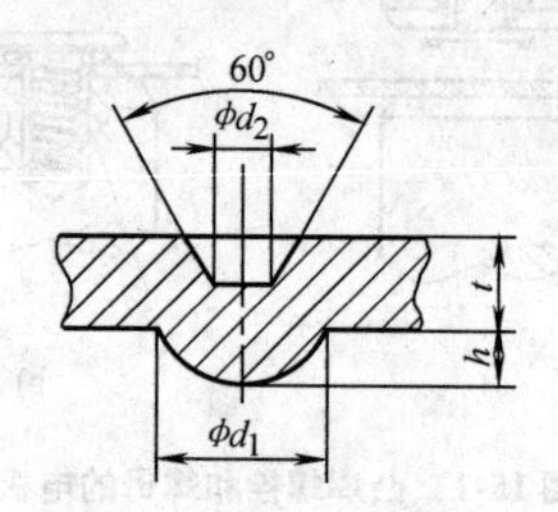

图 15-4　圆球形凸点尺寸

表 15-1　凸点的尺寸[12]

（单位：mm）

$d_1{}^{+0.1}_{\ 0}$	h	d_2
1.6	0.4	0.4
2	0.5	0.5
2.5	0.63	0.63
3.2	0.8	0.8
4	1	1
5	1.25	1.25
6.3	1.6	1.6
8	2	2
10	2.5	2.5

由焊缝强度和材料性能确定应用场合和需要的强度时，根据板厚，推荐采用下列 3 组凸点直径（表 15-2）：

1）A 组：小尺寸凸点，适用于空间有限制或需要最小焊痕的场合。

2）B 组：标准凸点，通常需要大一些的空间并且留下比 A 组凸点大的焊痕。

3）C 组：空间或形状受限，或多点凸焊，通常用于高强度钢，适用于高强度大尺寸凸点。

表 15-2　凸点直径的分组[12]

（单位：mm）

钢板厚度 t	凸点直径 d_1		
	A 组	B 组	C 组
$t≤0.5$	1.6	2	2.5
$0.5<t≤0.63$	2	2.5	3.2
$0.63<t≤1$	2.5	3.2	4
$1<t≤1.6$	3.2	4	5
$1.6<t≤2.5$	4	5	6.3
$2.5<t≤3$	5	6.3	8

图 15-5 是圆球形凸点加工成形用的工具示例。其中加工工具的直径 d_3 应大于或等于 d_1。

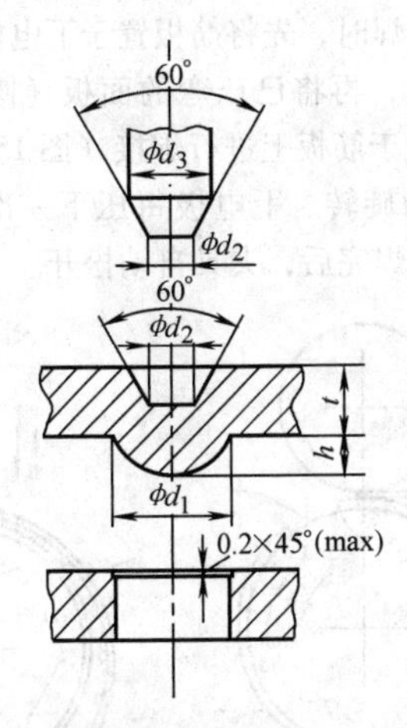

图 15-5 圆球形凸点加工成形用的工具

除了上述圆球形凸点外，还有圆锥形凸点（图 15-6b），这种凸点刚度较高，在电极压力较大时不至于过早压溃，也可以减少因电流密度过大而产生喷溅。但常采用圆球形凸点。为防止挤出金属残留在凸点周围而形成板间间隙，有时也采用带环形溢出槽型凸点（图 15-6c）。

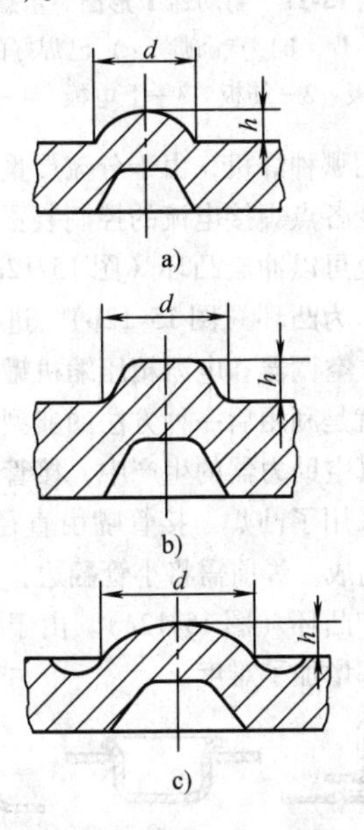

图 15-6 凸点的不同形状

a）圆球形 b）圆锥形 c）带环形溢出槽型

凸点也可以做成长形的（近似椭圆形，见图 15-10a、b），以增加熔核尺寸，提高焊接强度。此时凸点与平板为线接触。

凸焊时，除利用上述几种形式的凸点形成接头外，根据凸焊工件种类不同，还有多种接头形式。

用于凸焊的螺栓和螺母上的凸点和凸环（图 15-7a～e），多是在零件锻压时一次成形，凸环用于有气密要求的接头。图 15-7f、g 是它们的焊接示例。图 15-7c 的螺栓已成功地应用于汽车真空助力器的生产中，以取代加密封垫的压铆方法。

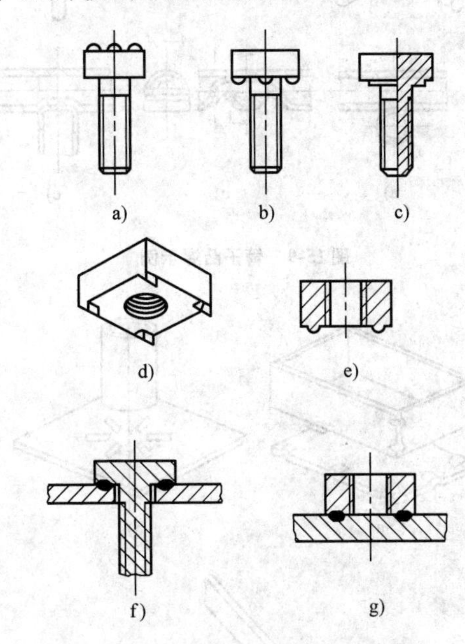

图 15-7 凸焊用的螺栓螺母及焊接示例

图 15-8 是线材凸焊的示意图。这几种凸焊不需要特殊准备，因线材本身就已形成凸点，为防止线材错移和增大线材的接触面，与线材接触的电极应做成半圆缺口。

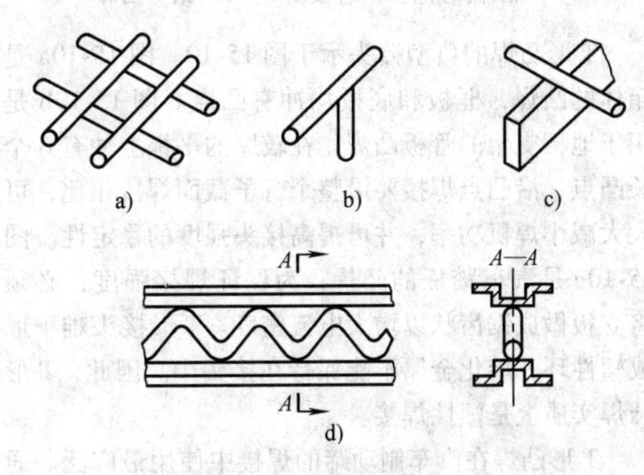

图 15-8 线材凸焊示例

a）线材交叉凸焊 b）线材 T 形凸焊
c）线材与板材凸焊 d）线材与型钢凸焊

管子凸焊的典型接头示于图 15-9。图 15-9a 接头的缺点是交叉两管只有一个凸点，接头的抗弯强度、抗扭强度很低。如果像图 15-9b 那样，先将两管的局部压成 U 形，然后进行焊接，此时一个接头上将有四个凸焊点，情况就会好得多。图 15-9c 为管子的 T 形接头，为保证接头美观，对管子的端面必须进行预加工。

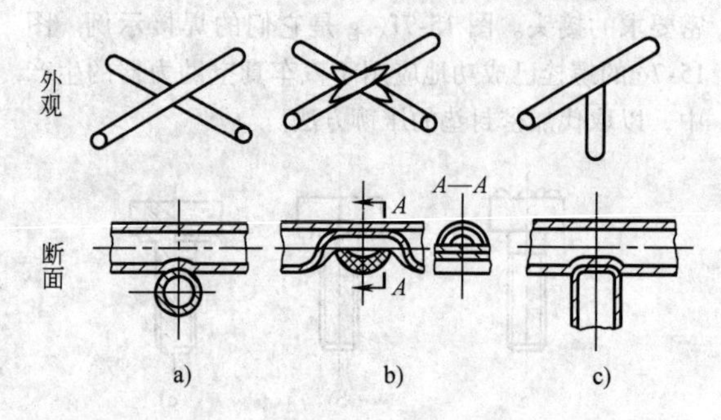

图 15-9　管子凸焊示例

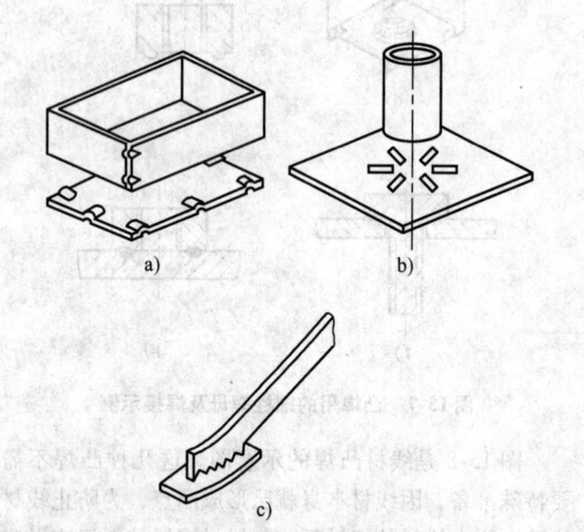

图 15-10　T 形凸焊示例

a）箱体凸焊　b）管板凸焊　c）踏板凸焊

T 形凸焊的典型接头示于图 15-10。图 15-10a 是箱体的凸焊，框板和底板均冲有凸点。图 15-10b 是用于地板支架的管板凸焊，在较厚的平板上冲有 6 个长凸点，沿凸点焊接要沿整个管子截面焊接相比，可大大减小焊机功率，并可提高接头强度的稳定性。图 15-10c 是汽车踏板的凸焊，为保证焊接强度，必须将立板做成锯齿状以增大电流密度。T 形接头难于形成塑性环，熔化金属不能保持在接头中。因此，T 形凸焊实质上是塑性焊接。

T 形凸焊在汽车制动蹄的焊接中使用最广泛。通常是在面板上冲出圆凸点或长凸点。使用的焊机有自动送料的全自动滚凸焊机，也有手工送料的点凸焊机。点凸焊机因结构简单、功率小、价格低廉，更换制动蹄品种方便和易于维修而被广泛地采用。其缺点是生产率较低。

采用全自动滚凸焊时，下滚轮夹持筋板，并带动面板和上滚轮旋转。面板以直板送进，并在凸点被依次焊接的过程中逐渐被压弯。下滚轮不间断旋转，每转一周可焊成两只制动蹄（图 15-11a）

采用点凸焊时，先将筋板置于下电极夹具中，由气动夹具夹紧，再将已压弯的面板（圆弧半径比成品的略大）置于筋板上进行焊接（图 15-11b）。下电极多采用手动旋转。上电极每压下一次，焊一个凸点，全部凸点焊完后，夹具自动松开。

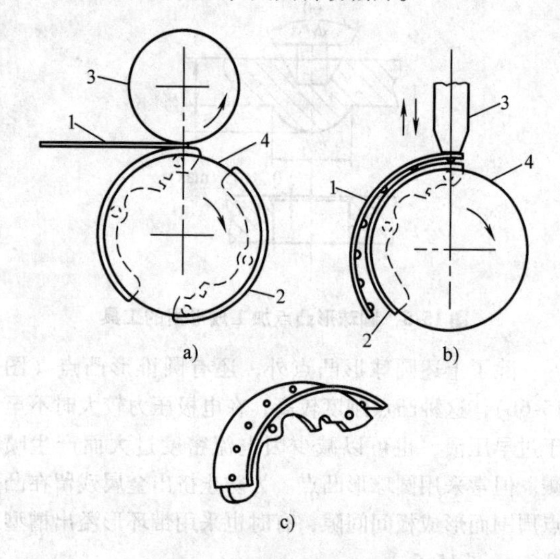

图 15-11　制动蹄 T 形凸焊示意图

a）滚凸焊　b）点凸焊　c）已焊好的制动蹄

1—面板　2—筋板　3—上电极　4—下电极

无论采用哪种焊机，由于分流严重，都必须采用能按顺序改变各点焊接电流的控制装置。

冲压件也可以冲成凸环（图 15-12a），或利用板件孔的边缘作为凸环（图 15-12b），进行凸焊，以形成密封焊缝。空调器和电冰箱压缩机罐端盖与接线柱外壳的凸焊就是利用后一种方法的典型例子。

在汽车真空助力器的生产中，接管嘴与壳体的焊接也成功地采用了凸焊。接管嘴由直径 10mm、壁厚 1mm 的小管制成。焊前需将小管翻边，并在曲面壳体上冲出平台和凸环（图 15-12c）。由于管径太小，给冲压和焊接都增加了难度。

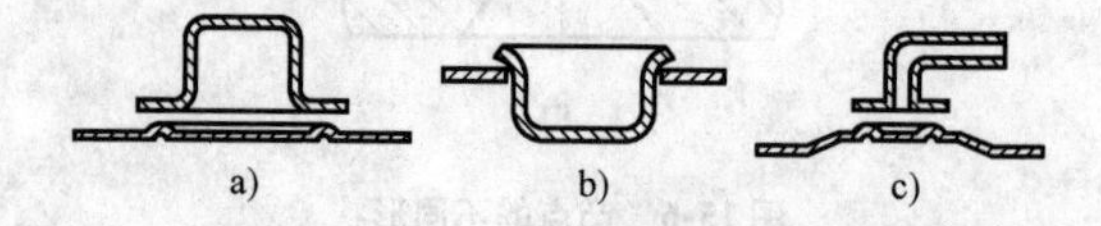

图 15-12　冲压件的环形凸焊

利用机加工零件的边缘倒角作为凸环的例子也常遇见。例如，汽车座椅调角器凸轮与轴的凸焊（图 15-13）。由于产品尺寸公差要求严格，必须采用强条件（即用短的通电时间和大的焊接电流）焊接，以减小焊接变形。

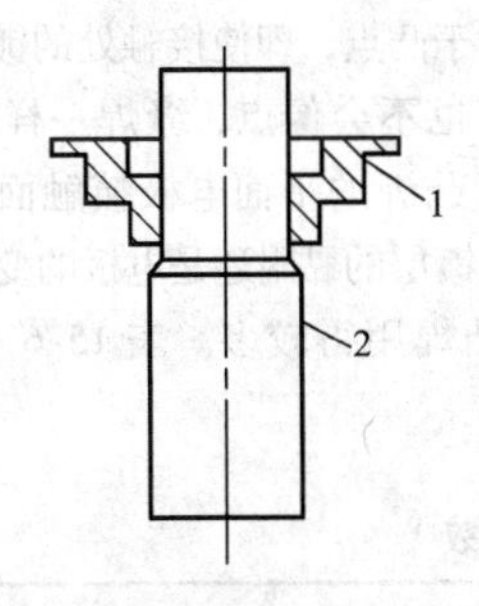

图15-13　座椅调角器凸轮与轴的凸焊

1—汽车座椅调角器凸轮　2—轴

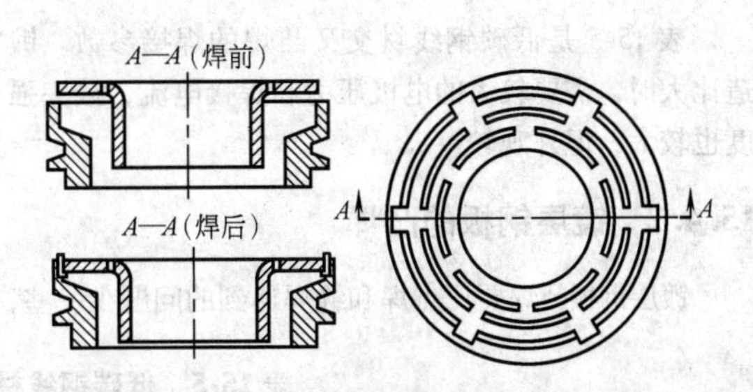

图15-14　电磁离合器带轮与吸盘的凸焊

汽车空调电磁离合器带轮与吸盘的凸焊，采用了一种特殊的接头形式（图15-14）。焊接时，将两零件置于上、下两电极间，加压并通电加热，直到吸盘的平板全部压入带轮为止。焊后车平上表面，清除毛刺。由于带轮直径较大（约130mm），所以尽管沿圆周只有6段弧面需要焊接，但焊接截面仍然较大。为满足焊接所需的大电流和大压力，通常要采用大功率的三相二次整流凸焊机。

15.4　常用金属的凸焊

15.4.1　低碳钢的凸焊

低碳钢的凸焊应用最广泛。表15-3是圆球形和圆锥形凸焊的焊接参数。

表15-4是低碳钢螺母凸焊的焊接参数。凸焊螺母时，应采用较短时间，否则会使螺纹变色，精度降低；电极压力也不能过低，否则会引起凸点移位，强度降低，并损坏螺纹。

表15-3　低碳钢圆球形和圆锥形凸焊的焊接参数

板厚 /mm	电极接触面最小直径 /mm	电极压力 /kN	焊接时间 /周	维持时间 /周	焊接电流 /kA
0.36	3.18	0.80	6	13	5
0.53	3.97	1.36	8	13	6
0.79	4.76	1.82	13	13	7
1.12	6.35	1.82	17	13	7
1.57	7.94	3.18	21	13	9.5
1.98	9.53	5.45	25	25	13
2.39	11.1	5.45	25	25	14.5
2.77	12.7	7.73	25	38	16
3.18	14.3	7.73	25	38	17

注：1. 本表选自美国金属学会主编的《金属手册》，1984年版。
2. 时间栏内周数已按50Hz电源频率修订。
3. 本表数据仅用于两板凸焊，厚度比最大为3:1。
4. 表中电极接触面最小直径为凸点直径的2倍。

表15-4　低碳钢螺母凸焊的焊接参数[6]

螺母的螺纹直径/mm	平板厚度 /mm	A			B			接头抗扭力矩 /N·m
		电极压力 /kN	焊接时间 /周	焊接电流 /kA	电极压力 /kN	焊接时间 /周	焊接电流 /kA	
4	1.2	3.0	3	10	2.4	6	8	—
	2.3	3.2	3	11	2.6	6	9	
8	2.3	4.0	3	15	2.9	6	10	80.2
	4.0	4.3	3	16	3.2	6	12	
12	1.2	4.8	3	18	4.0	6	15	210
	4.0	5.2	3	20	4.2	6	17	

表15-5是低碳钢线材交叉凸焊的焊接参数。锻造比大时，需要较大的电极压力和焊接电流，接头强度也较大，但外观较差。

15.4.2　镀层钢板的凸焊

镀层钢板凸焊要比点焊和缝焊遇到的问题少一些，原因是电流集中于凸点，即使接触处的镀层金属首先熔化并蔓延开来，也不会像点、缝焊一样使电流密度降低。此外，由于凸焊的平面电极接触面大、电流密度小，因此无论是镀层的黏附还是电极的变形都比较小。

镀锌钢板凸焊用得较多。表15-6是这种钢板凸焊的焊接参数。

表15-5　低碳钢线材交叉凸焊的焊接参数[6]

锻造比(%)	线径/mm	级别A		
		电极压力/kN	焊接时间/周	焊接电流/kA
15	2.0	0.4	5	1.0
	2.4	0.45	6	1.4
	3.2	0.55	8	2.0
	4.0	0.8	10	2.9
	4.8	1.1	13	3.7
	6.4	1.8	20	5.1
	8.0	2.9	27	6.6
	9.5	4.0	35	8.0
25	2.0	0.4	6	1.3
	2.4	0.45	8	1.7
	3.2	0.7	11	2.5
	4.0	1.0	15	3.5
	4.8	1.4	20	4.3
	6.4	2.5	30	6.0
	8.0	3.8	40	7.8
	9.5	5.5	52	9.5

表15-6　镀锌钢板凸焊的焊接参数[6]

凸点所在板厚/mm	平板板厚/mm	凸点尺寸/mm		电极压力/kN	焊接时间/周	焊接电流/kA	抗剪力/(kN/点)	熔核直径/mm
		直径 d	高度 h					
0.7	0.4	4.0	1.2	0.5	7	3.2	—	—
	1.6	4.0	1.2	0.7	7	4.2		
1.2	0.8	4.0	1.2	0.35	10	2.0	—	—
	1.2	4.0	1.2	0.6	6	7.2		
1.0	1.0	4.2	1.2	1.15	15	10.0	4.2	3.8
1.6	1.6	5.0	1.2	1.8	20	11.5	9.3	6.2
1.8	1.8	6.0	1.4	2.5	25	16.0	14	6.2
2.3	2.3	6.0	1.4	3.5	30	16.0	19	7.5
2.7	2.7	6.0	1.4	4.3	33	22.0	22	7.5

15.4.3　贴聚氯乙烯塑料面钢板的凸焊

这种钢板的一面有绝缘的聚氯乙烯塑料层，只能以单面单点或单面双点的方式焊接。为了保护贴塑面不被破坏，必须采用较短时间的焊接。一般采用半周通电的方式来控制加热时间和热量，甚至缩短到1/6周或者使用储能焊机进行短时间焊接。为了保证贴塑面没有明显压痕，通常采用与贴塑面钢板相同花纹的钢板作垫板。

凸点形状通常采用圆球形。当特别要求强度时，可采用如图 15-15a 所示的环形凸点。也可以在钢件上冲孔，利用冲孔毛边作为环形凸点，如图 15-15b 所示。这种凸点因毛边高度低，焊接时常在毛边以外的区域接触而通电，使焊接质量不稳定。为此作了如图 15-15c 的改进形式，即在图 15-15b 的基础上增加了高度 H。使用这种凸点时，在焊接之后要立即施加锻压力，压溃 H 部分，以防止产生间隙。

表 15-7、表 15-8 分别是采用圆球形和环形凸点时凸焊的焊接参数。

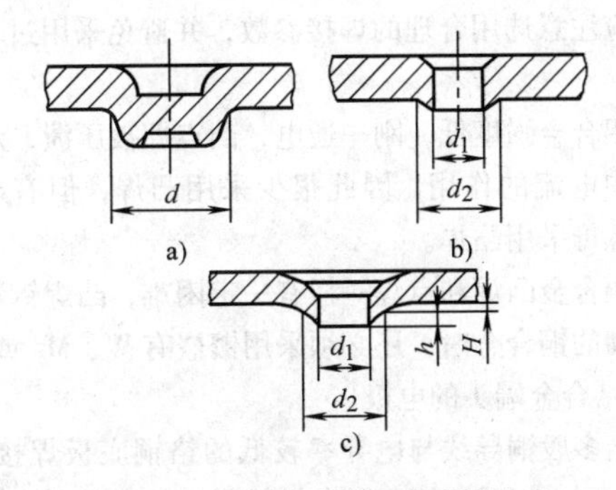

图 15-15 贴塑钢板使用的环形凸点

表 15-7 贴塑钢板圆球形凸点凸焊的焊接参数[6]

板厚/mm		凸点尺寸/mm		电极压力/kN	焊接时间/ms	交流半波电流峰值/kA	抗剪力/(kN/点)
贴塑钢板	凸点所在钢板	直径 d	高度 h				
0.6	0.4	0.4	2.0	0.15	4	3.2	0.75
	0.6	0.3	1.8	0.15	5	3.5	0.50
0.8	0.4	0.4	1.8	0.15	5	3.2	0.65
	0.8	0.4	1.8	0.20	5	3.5	1.0
1.0	0.4	0.4	2.0	0.15	5	4.0	0.75
	1.0	0.5	2.0	0.25	5	4.5	1.0
1.2	0.6	0.6	2.6	0.25	6	5.0	1.0
	1.2	0.5	3.0	0.85	6	8.0	2.0

表 15-8 贴塑钢板环形凸点的凸焊的焊接参数[6]

板厚/mm		凸点尺寸/mm			交流半波式			电容储能式		抗剪力/(kN/点)
贴塑钢板	凸点所在钢板	d_1	d_2	h	电极压力/kN	焊接时间/周	电流峰值/kA	电容量/μF	电压/V	
0.6	0.6	3.5	4.2	0.5	0.2~0.3	5	9.0	3000	340	0.9
	1.6	2.0	3.0	0.4	0.2~0.4	6	9.5	4000	360	1.3
0.8	0.6	4.4	5.5	0.6	0.3~0.6	6	11.5	4900	360	1.4
	1.6	2.8	3.5	0.4	0.4~0.8	7	12.0	4000	350	2.3
1.0	0.6	4.3	5.5	0.8	0.3~0.6	7	14.0	5000	400	2.3
	1.6	3.5	4.0	0.4	0.4~0.8	7	16.5	6000	400	2.8
1.2	0.6	4.0	5.5	1.0	0.35~1	7	15.0	5500	400	2.6
	2.3	3.5	5.0	0.4	0.5~1	7	18.0	8000	430	3.0

注：表中 d_1、d_2、h 均为图 15-15b、c 的凸点尺寸。

15.4.4 其他金属材料的凸焊

可淬硬的高强度合金钢很少凸焊，但有时会进行线材交叉焊接。由于会产生淬火组织，必须进行电极间回火，并应采用比低碳钢高的电极压力。

不锈钢凸焊没有困难，但较易产生熔核移位现象，应注意选用合理的焊接参数，并避免采用过小的点距。

铝合金强度低，刚一通电，凸点即被压溃，起不到集中电流的作用，因此很少采用凸焊，但有时螺栓、螺母采用凸焊。

铜合金凸焊和点焊一样有一定困难，凸焊铜和电导率高的铜合金时，还必须采用镶嵌有W、Mo或W-Cu烧结合金端头的电极。

当多股铜导线与电导率较低的铬铜底板焊接时，铬铜一侧可以采用第2类电极材料。与多股铜线接触的镶钨电极的表面应开有凹槽（图15-16），凹槽的深度不得大于多股铜线的半径。凹槽可以将多股铜线聚拢在一起，有利于形成紧凑致密的接头。

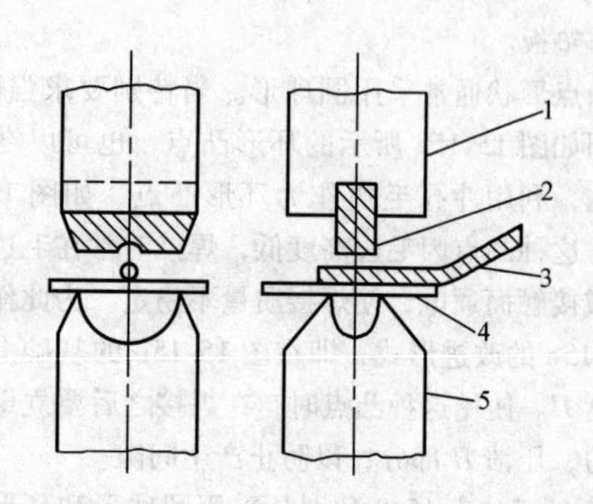

图15-16 多股铜线与铬铜底板的凸焊

1—上电极 2—钨端头 3—多股铜线 4—铬铜底板 5—下电极

参考文献（见第16章著录的参考文献）

第16章　对　焊

作者　冀春涛　　审者　冀殿英

对接电阻焊（以下简称对焊）是利用电阻热将两工件沿整个端面同时焊接起来的一类电阻焊方法。

对焊的生产率高，易于实现自动化，因而获得广泛应用。其应用范围可归纳如下：

1）工件的接长。例如，带钢、型材、线材、钢筋、钢轨、锅炉钢管、石油和天然气输送管道等的对焊（图16-1a、b）。

2）环形工件的对焊。例如，汽车轮辋和自行车、摩托车轮圈的对焊、各种链环的对焊等（图16-1c、d）。

3）部件的组焊。将简单轧制、锻造冲击或机加工件对焊成复杂的零件，以降成本。例如，汽车方向轴外壳和后桥壳体的对焊，各种连杆、拉杆的对焊，以及特殊零件的对焊等（图16-1e～i）。

4）异种金属的对焊。可以节约贵重金属，提高产品性能。例如，刀具的工作部分（高速钢）与尾部（中碳钢）的对焊，内燃机排气阀的头部（耐热钢）与尾部（结构钢）的对焊，铝铜导电接头的对焊等（图16-1j、k）。

对焊可分为电阻对焊和闪光对焊两种。

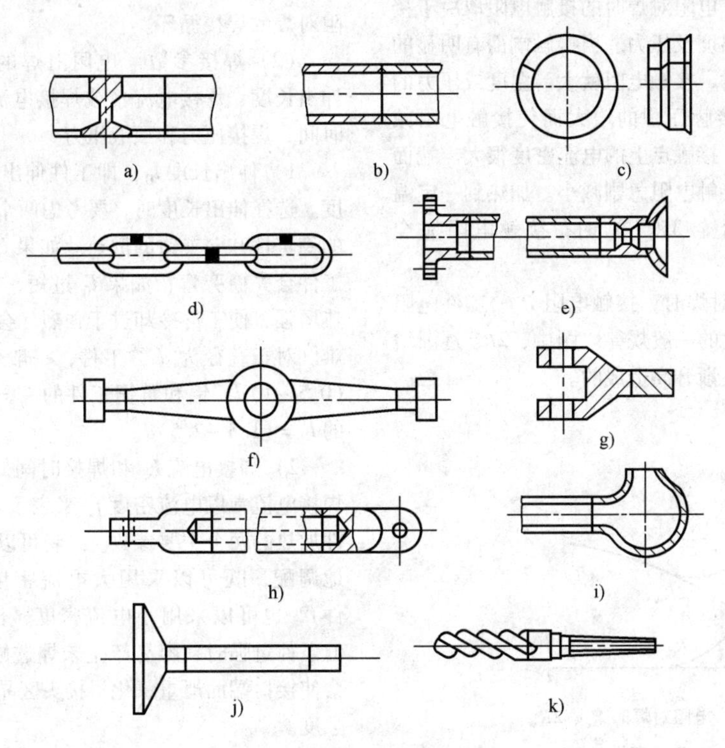

图16-1　对焊应用举例

a）钢轨　b）管道　c）汽车轮辋　d）链环　e）万向轴壳　f）汽车后桥壳体　g）连杆　h）拉杆　i）特殊形状零件　j）排气阀　k）刀具

16.1　电阻对焊

电阻对焊是将两工件夹在导电夹具内，使其端对端接触，加上电压使电流通过工件，利用电阻热将焊接区加热至塑性状态，然后迅速施加顶锻压力（或不加顶锻压力只保持焊接压力）完成焊接的方法。

16.1.1　电阻对焊的电阻和加热

对焊时的电阻分布，如图16-2所示。总电阻可用下式表示：

$$R=2R_w+R_c+2R_{ew}$$

式中　R_w——一个工件导电部分的内部电阻（Ω）；

R_c——两个工件间的接触电阻（Ω）；

R_{ew}——工件与电极间的接触电阻（Ω）。

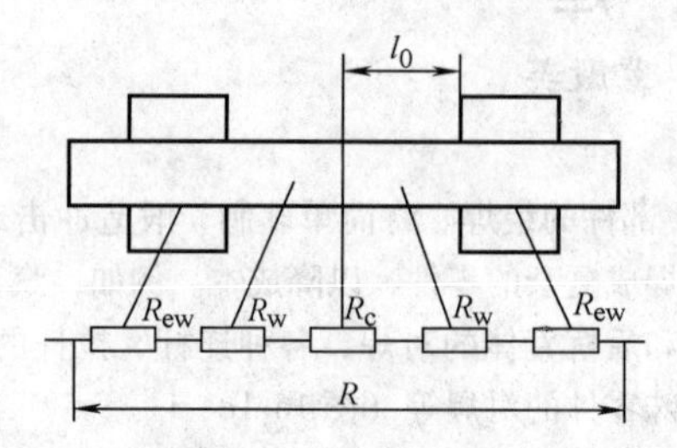

图 16-2　对焊时的电阻分布

由于工件与电极之间的接触电阻小，且离接合面较远，故通常忽略不计。工件的内部电阻与被焊金属的电阻率 ρ 和工件伸出电极的长度 l_0 成正比，与工件的横断面面积 S 成反比。

和点焊时一样，电阻对焊时的接触电阻取决于接触面的表面状态、温度及压力。当接触端面有明显的氧化物或其他污物时，接触电阻就大。温度或压力的增高，都会因实际接触面积的增大而使接触电阻减小。焊接刚开始时，接触点上的电流密度很大。端面温度迅速升高后，接触电阻急剧减小。加热到一定温度（钢 600℃，铝合金 350℃）时，接触电阻完全消失。

图 16-3 是电阻对焊时，接触电阻 R_c、工件电阻 $2R_w$ 和总电阻 R 变化的一般规律。图中，$2R_w$ 逐渐增大是由于工件温度逐渐升高造成的。

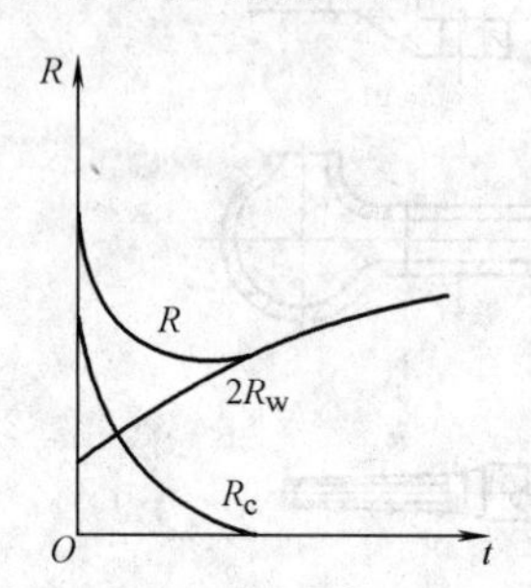

图 16-3　电阻对焊时 R_c、$2R_w$ 和 R 的变化

和点焊一样，对焊时的热源也是由焊接区电阻产生的电阻热。电阻对焊时，接触电阻存在的时间极短，产生的热量小于总热量的 10% ~15%。但因为这部分热量是在接触面附近很窄的区域内产生的，所以会使这一区域的温度迅速升高，内部电阻迅速增大。即使接触电阻完全消失，该区域的产热强度仍比其他部位高。所采用的焊接条件越强（即电流越大和通电时间越短），工件的压紧力越小，接触电阻对加热的影响越明显。

电阻对焊加热结束时，工件沿轴向的温度分布参见图 16-6 的曲线 1。由于主要靠工件内部电阻加热，故温度分布比较平坦。

16.1.2　电阻对焊的焊接循环、焊接参数和工件准备

（1）焊接循环　电阻对焊时，两工件始终压紧，当端面温度升高到焊接温度 T_w 时，两工件端面的距离小到只有几个埃（1Å = 0.1nm）。端面间原子发生相互作用，在接合面上产生共同晶粒，从而形成接头。电阻对焊时的焊接循环有两种：等压的和加大锻压力的。前者加压机构简单，便于实现。后者有利于提高焊接质量，主要用于合金钢、有色金属及其合金的电阻对焊。为了获得足够的塑性变形和进一步改善接头质量，还应设置有电流顶锻程序。图 16-4 为电阻对焊的焊接循环。

（2）焊接参数　电阻对焊的主要焊接参数有：伸出长度、焊接电流（或焊接电流密度）、焊接通电时间、焊接压力和顶锻压力。

1）伸出长度 l_0：即工件伸出夹钳电极端面的长度。选择伸出长度时，要考虑两个因素：顶锻时工件的稳定性和向夹钳的散热。如果 l_0 过长，则顶锻时，工件会失稳旁弯；如果 l_0 过短，则由于向钳口的散热增强，使工件冷却过于强烈，会增加塑性变形的困难。对于直径为 d 的工件，一般低碳钢工件的 $l_0=(0.5\sim1)d$，铝和黄铜工件的 $l_0=(1\sim2)d$，铜工件的 $l_0=(1.5\sim2.5)d$。

2）焊接电流 I_w 和焊接时间 t_w：在电阻对焊时，焊接电流常以电流密度 j_w 来表示。j_w 和 t_w 是决定工件加热的两个主要参数。二者可以在一定范围内相应地调配，既可以采用大电流密度、短时间（强条件），也可以采用小电流密度、长时间（弱条件）。但条件过强时，容易产生未焊透缺陷；条件过弱时，会使接口端面严重氧化，接头区晶粒粗大，影响接头强度。

3）焊接压力 F_w 与顶锻压力 F_u：F_w 对接头处的产热和塑性变形都有影响。减小 F_w 有利于产热，但不利于塑性变形。因此，宜用较小的 F_w 进行加热，而以大得多的 F_u 进行顶锻。但是 F_w 也不能过低，否则会引起喷溅，增加端面氧化，并在接口附近造成疏松。

（3）工件准备　电阻对焊时，两工件的端面形状和尺寸应该相同，以保证两工件的加热和塑性变形一致。工件的端面，以及与夹钳接触的表面必须进行严格清理。端面的氧化物和污物会直接影响接头的质

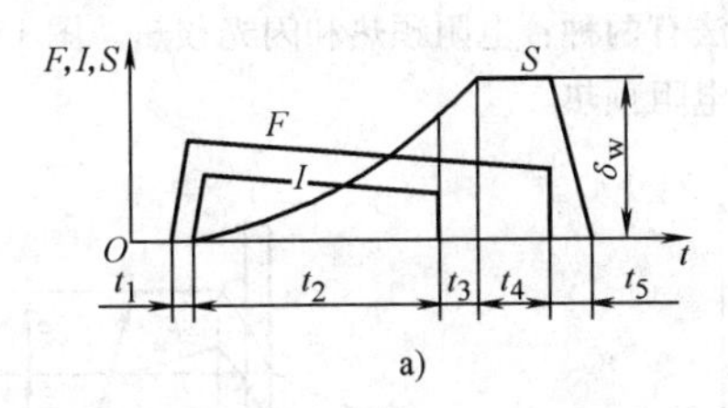

a)

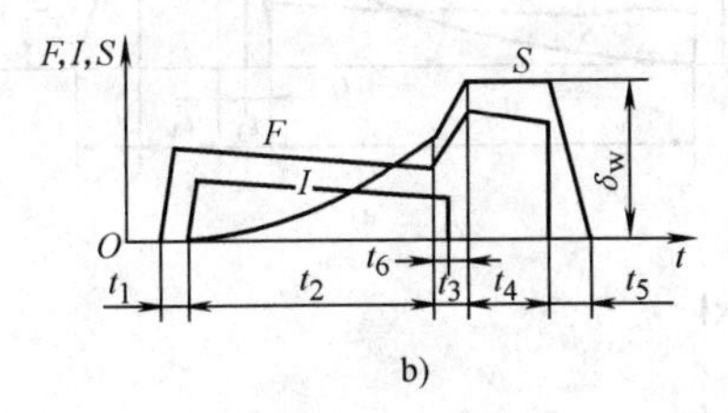

b)

图16-4 电阻对焊的焊接循环

a）等压的 b）加大锻压力的

t_1—预压时间 t_2—加热时间

t_3—顶锻时间 t_4—维持时间

t_5—夹钳复位时间 t_6—有电流

顶锻时间 F—压力 I—电流 S—动

夹钳位移 δ_w—焊接留量 t—时间

量。与夹钳接触的工件表面的氧化物和污物将会增大接触处电阻，使工件表面烧伤、钳口磨损加剧，并增大功率损耗。

清理工件可以用砂轮、钢丝刷等机械手段，也可以用酸洗。

电阻焊接头中易产生氧化物夹杂。对于焊接质量要求高的稀有金属、某些合金钢和有色金属时，常采用氩、氦等保护气氛来解决。

电阻对焊虽有接头光滑、飞边小、焊接过程简单等优点，但其接头的力学性能较低，对工件端面的准备工作要求高，因此仅用于小断面（小于250mm²）金属型材的对接。

16.2 闪光对焊

闪光对焊可分为连续闪光对焊和预热闪光对焊。连续闪光对焊由两个主要阶段组成：闪光阶段和顶锻阶段。预热闪光对焊只是在闪光阶段前增加了预热阶段。

16.2.1 闪光对焊的两个阶段

（1）闪光阶段 闪光的主要作用是加热工件。在此阶段中，先接通电源，并使两工件端面轻微接触，形成许多接触点。电流通过时接触点熔化，成为连接两端面的液体金属过梁。由于液体过梁中的电流密度极高，使过梁中的液体金属蒸发、过梁爆破。随着动夹钳的缓慢推进，过梁也不断产生并爆破。在蒸气压力和电磁力的作用下，液态金属微粒不断从接口间喷射出来，形成火花急流——闪光。

在闪光过程中，工件逐渐缩短，端头温度也逐渐升高。随着端头温度的升高，过梁爆破的速度将加快，动夹钳的推进速度也必须逐渐加大。在闪光过程结束前，必须使工件整个端面形成一层液态金属层，并在一定深度上使金属达到塑性变形温度。

为了保持稳定而强烈的闪光，动夹钳移动速度必须适当。如果速度太慢，则闪光较弱，产生的热量不足；如果速度太快，则两个工件会过早地粘合在一起，若不及时拉开，便形成劣质焊缝。

（2）顶锻阶段 在闪光阶段结束时，立即通过动夹钳对工件施加较大的顶锻压力，接口间隙迅速减小，过梁停止爆破，即进入顶锻阶段。顶锻的作用是封闭工作端面的间隙和液体金属过梁爆破后留下的火口，同时挤出端面的液态金属及氧化夹杂物，使洁净的塑性金属紧密接触，并使接头区产生一定的塑性变形，以促进再结晶的进行，形成共同晶粒，获得牢固的接头。闪光对焊时，在加热过程中虽有熔化金属，但实质上是塑性状态焊接。

预热闪光对焊是在闪光阶段之前，先经断续的电流脉冲加热工件，然后再进入闪光和顶锻阶段。预热的目的如下：

1）减小需用功率。可以在小容量的焊机上焊接断面面积较大的工件，因为当焊机容量不足时，若不先将工作预热到一定温度，就不可能激发连续的闪光过程。此时，预热是不得已而采取的手段。

2）降低焊后的冷却速度。这将有利于防止淬火钢接头在冷却时产生淬火组织和裂纹。

3）缩短闪光时间。可以减少闪光留量，节约贵重金属。

预热的不足之处是：

1）延长了焊接周期，降低了生产率。

2）使过程的自动化更加复杂。

3）预热控制较困难。预热程度若不一致，就会降低接头质量的稳定性。

16.2.2 闪光对焊的电阻和加热

闪光对焊时的接触电阻 R_c 即为两个工件端面间液体金属过梁的总电阻，其大小取决于同时存在的过梁数及其横截面面积。后两项又与工件的横截面面积、电流密度和两个工件的接近速度有关。随着这三者的增大，同时存在的过梁数及其横截面面积将增大，R_c 将减小。

闪光对焊的 R_c 比电阻对焊的大得多，并且存在于整个闪光阶段。虽然其电阻值逐渐减小，但始终大于工件的内部电阻，直到顶锻开始瞬间 R_c 才完全消失。图16-5是闪光对焊时 R_c、$2R_w$ 和 R 变化的一般规律。R_c 逐渐减小是由于在闪光过程中，随着端面温度的升高，工件接近速度逐渐增大，过梁的数目和尺寸都随之增大的缘故。

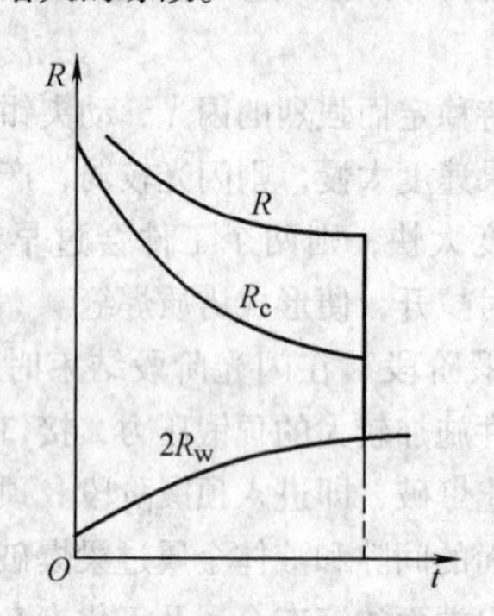

图16-5　闪光对焊时 R_c、$2R_w$ 和 R 变化

由于 R_c 大并且存在于整个闪光阶段，所以闪光对焊时接头的加热主要靠 R_c。

闪光对焊结束时，工件沿轴向的温度分布如图16-6所示。图16-6中同时示出了电阻对焊时的温度分布（曲线1）以进行比较。图16-6中 T_w 为电阻对焊的焊接温度，通常为 $(0.8\sim0.9)T_m$，T_m 为被焊金属的熔点。连续闪光对焊因主要靠接触电阻加热，故温度成陡降分布（曲线2）。预热闪光对焊介于二者之间（曲线3）。

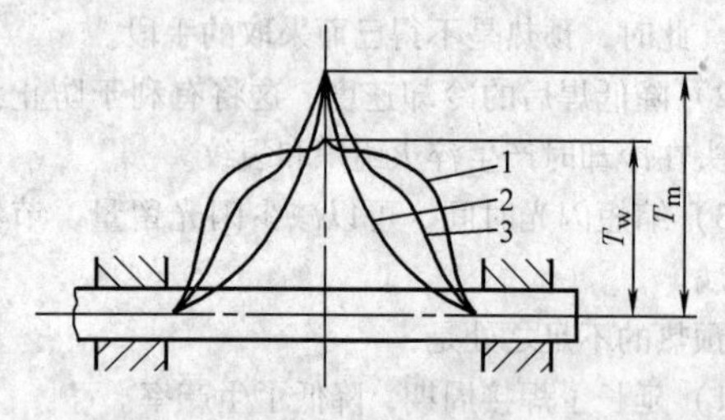

图16-6　对焊加热结束时的温度分布

1—电阻对焊　2—连续闪光对焊

3—预热闪光对焊

16.2.3　闪光对焊的焊接循环、焊接参数和工件准备

1. 焊接循环

闪光对焊的焊接循环如图16-7所示。图中，复位时间 t_5 是指动夹钳由松开工件至回到原位的时间。预热方法有两种：电阻预热和闪光预热。图16-7b采用的是电阻预热。

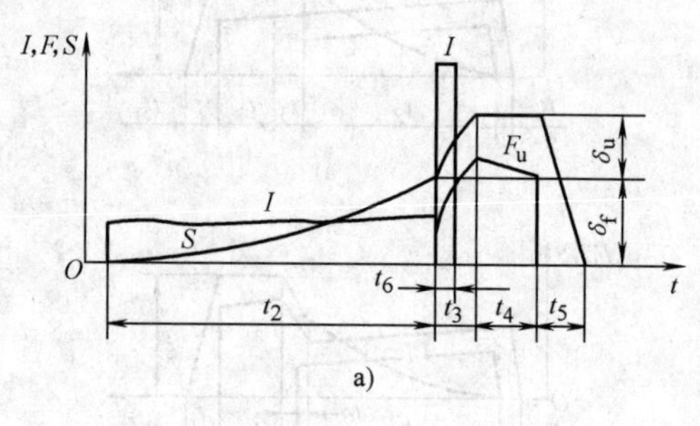

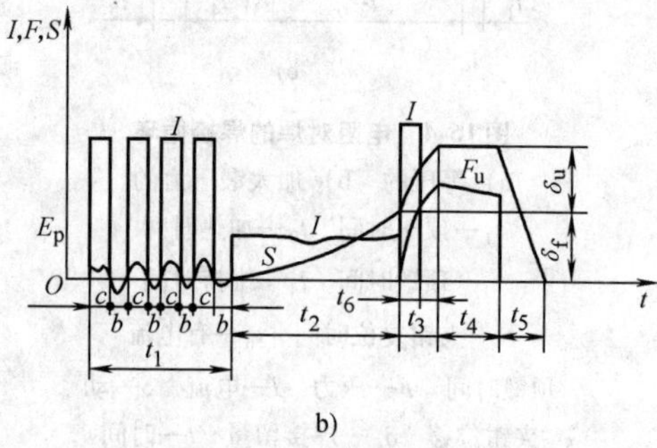

图16-7　闪光对焊的焊接循环

a）连续闪光对焊　b）预热闪光对焊

t_1—预热时间　t_2—闪光时间　t_3—顶锻时间

t_4—维持时间　t_5—复位时间　t_6—有电流顶锻时

t—时间　E_p—预热压力　F_u—顶锻压力　I—电流　S—动夹钳位移　δ_f—闪光留量　δ_u—顶锻留量

2. 焊接参数

闪光对焊的主要焊接参数有：伸出长度、闪光电流、闪光留量、闪光速度、顶锻留量、顶锻速度、顶锻压力、顶锻电流、夹钳夹持力等。图16-8是连续闪光对焊各留量和伸出长度的示意图。

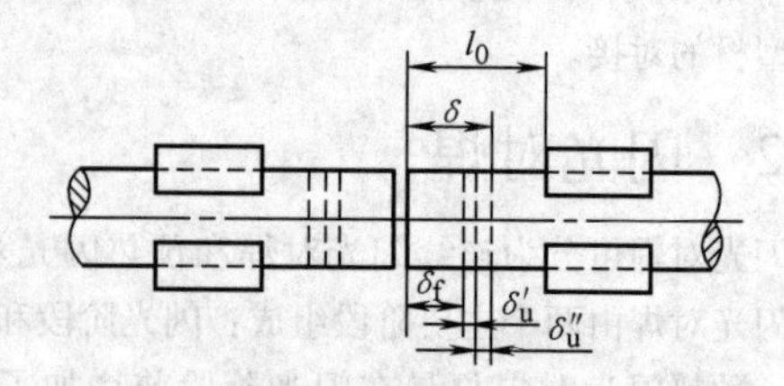

图16-8　闪光对焊留量的分配和伸出长度示意图

δ—总留量　δ_f—闪光留量　δ'_u—有电流顶锻留量　δ''_u—无电流顶锻留量

l_0—伸出长度

下面介绍各焊接参数对焊接质量的影响及选用原则：

（1）伸出长度 l_0　和电阻对焊一样，l_0 影响沿工件轴向的温度分布和接头的塑性变形。此外，随着

l_0 的增大，使焊接回路的阻抗增大，需用功率也要增大。一般情况下，棒材和厚壁管材 $l_0=(0.7\sim1.0)d$，d 为圆棒料的直径或方棒料的边长。

对于薄板（$\delta=1\sim4$mm），为了顶锻时不失稳，一般取 $l_0=(4\sim5)\delta$。

不同金属对焊时，为了使两个工件上的温度分布一致，通常是导电性和导热性差的金属的 l_0 应较小。表16-1是不同金属闪光对焊时的 l_0 参考值。

表16-1　不同金属闪光对焊时的伸出长度[13]

金属种类		伸出长度	
左	右	左	右
低碳钢	奥氏体钢	$1.2d$	$0.5d$
中碳钢	高速钢	$0.75d$	$0.5d$
钢	黄铜	$1.5d$	$1.5d$
铜	钢	$2.5d$	$1.0d$

注：d 为工件直径。

（2）闪光电流 I_f 和顶锻电流 I_u　I_f 取决于工件的截面面积和闪光所需要的电流密度 j_f。j_f 的大小又与被焊金属的物理性能、闪光速度、工件断面的面积和形状，以及端面的加热状态有关。在闪光过程中，随着 v_f 的逐渐提高和接触电阻 R_c 的逐渐减小，j_f 将增大。顶锻时 R_c 迅速消失，电流将急剧增大到顶锻电流 I_u，此时的电流密度为 j_u。

当焊接大断面钢件时，为增加工件的加热深度，应采用较小的闪光速度，所用的平均 j_f 一般不超过 $5A/mm^2$。表16-2为断面面积为 $200\sim1000mm^2$ 时，工件闪光对焊的 j_f 和 j_u 的参考值。

电流的大小取决于焊接变压器的空载电压 U_{20}，因此在实际生产中一般是给定二次空载电压。选定 U_{20} 时，除应考虑上述选择电流时所考虑的因素外，还应考虑焊机回路的阻抗。阻抗大时 U_{20} 应相应提高。焊接大断面的工件时，有时采用分级调节二次电压的方法。开始时，用较高的 U_{20} 来激发闪光，然后降低到适当值。

表16-2　闪光对焊时 j_f 和 j_u 的参考值[1]

金属种类	$j_f/(A/mm^2)$		j_u
	平均值	最大值	$/(A/mm^2)$
低碳钢	5～15	20～30	40～50
高合金钢	10～20	25～35	35～50
铝合金	15～25	40～60	70～150
铜合金	20～30	50～80	100～200
钛合金	4～10	15～25	20～40

（3）闪光留量 δ_f　选择闪光留量时，应满足在闪光结束时整个工件端面有一熔化金属层，同时在一定深度上达到塑性变形温度。如果 δ_f 过小，则不能满足上述要求，会影响焊接质量。δ_f 过大，又会浪费金属材料、降低生产率。在选择 δ_f 时还应考虑是否有预热，因为预热闪光对焊的 δ_f 可以比连续闪光对焊小30%～50%。

（4）闪光速度 v_f　足够大的闪光速度才能保证闪光的强烈和稳定，但 v_f 过大会使加热区过窄，增加塑性变形的困难。同时，由于需要的焊接电流增加，会增大过梁爆破后的火口深度，因此将会降低接头质量。选择 v_f 时还应考虑下列因素：

1）被焊材料的成分和性能。含有易氧化元素多或导电、导热性好的材料，v_f 应较大。例如，焊奥氏体不锈钢和铝合金时，v_f 要比焊低碳钢时大。

2）是否有预热。有预热时容易激发闪光，因而可提高 v_f。

3）顶锻前应有强烈闪光。v_f 应较大，以保证在端面上获得均匀的金属层。

（5）顶锻留量 δ_u　δ_u 影响液态金属的排除和塑性变形的大小。δ_u 过小时，液态金属残留在接口中，易形成疏松、缩孔、裂纹等缺陷；δ_u 过大时，也会因晶纹弯曲严重，降低接头的冲击韧度。δ_u 根据工件的截面面积选取，随着截面面积的增大而增大。

顶锻时，为防止接口氧化，在端面接口闭合前不马上切断电流，因此顶锻留量应包括两部分——有电流顶锻留量和无电流顶锻留量。前者为后者的0.5～1倍。

（6）顶锻速度 v_u　为避免接口区因金属冷却而造成液态金属排除及塑性金属变形的困难，以及防止端面金属氧化，顶锻速度越快越好。最小的顶锻速度取决于金属的性能。焊接奥氏体钢的最小顶锻速度约为焊接珠光体钢的两倍。导热性好的金属（如铝合金），焊接时需要很高的顶锻速度（150～200mm/s）。对于同一种金属，接口区温度梯度大的，由于接头的冷却速度快，也需要提高顶锻速度。

（7）顶锻压力 F_u　F_u 通常以单位面积的压力，即顶锻压强来表示。顶锻压强的大小应保证能挤出接口内的液态金属，并在接头处产生一定的塑性变形。顶锻压强过小，则变形不足，接头强度下降；顶锻压强过大，则变形量过大，晶纹弯曲严重，又会降低接头冲击韧度。

顶锻压强的大小取决于金属性能、温度分布特点、顶锻留量和速度、工件端面形状等因素。高温强度大的金属要求大的顶锻压强。增大温度梯度就要提高顶锻压强。由于高的闪光速度会导致温度梯度增大，因此焊接导热性好的金属（铜、铝合金）时，需要大的顶锻压强（150～400MPa）。图16-9为根据接头飞边外观和角度判断热量和顶锻力是否合适的一种简单方法。

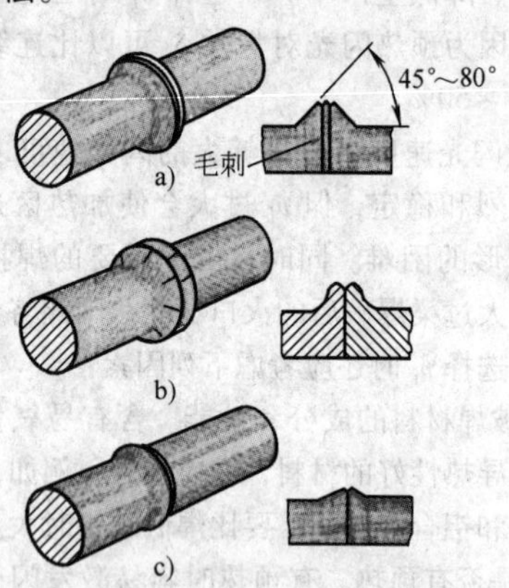

图16-9　从接头外观判断热量和顶锻力是否合适

a）飞边金属斜度为45°～80°：热量和顶锻力合适　b）飞边斜度过大且有裂纹：热量不足，顶锻力过大　c）飞边斜度过小：热量和顶锻力不足

（8）预热闪光对焊参数　除上述焊接参数外，还应考虑预热温度和预热时间。预热温度根据工件截面和材料性能选择。焊接低碳钢时，一般不超过700～900℃。随着工件截面面积的增大，预热温度应相应提高。

预热时间与焊机功率、工件截面大小及金属的性能有关，可在较大范围内变化。预热时间取决于所需预热温度。

预热过程中，预热造成的缩短量很小，不作为焊接参数来规定。

（9）夹钳的夹持力　F_c 必须保证工件在顶锻时不打滑，F_c、顶锻压力 F_u 与工件、夹钳间的摩擦因数 f 有关。它们的关系是：$F_c \geqslant \frac{F_u}{2f}$。通常 $F_c = (1.5 \sim 4.0) F_u$。截面紧凑的低碳钢取下限，冷轧不锈钢板取上限。当夹具上带有顶撑装置时，夹紧力可以大大降低，此时 $F_c = 0.5F_u$ 就足够了。

3. 工件准备

闪光对焊的工件准备包括：端面几何形状、毛坯端头的加工和表面清理。

闪光对焊时，两个工件对接面的几何形状和尺寸应基本一致（如图16-10）。否则将难以达到热平衡，不能保证两个工件的加热和塑性变形一致，从而将会影响接头质量。在生产中，圆形工件直径的差别不应超过15%，方形工件和管形工件不应超过10%。

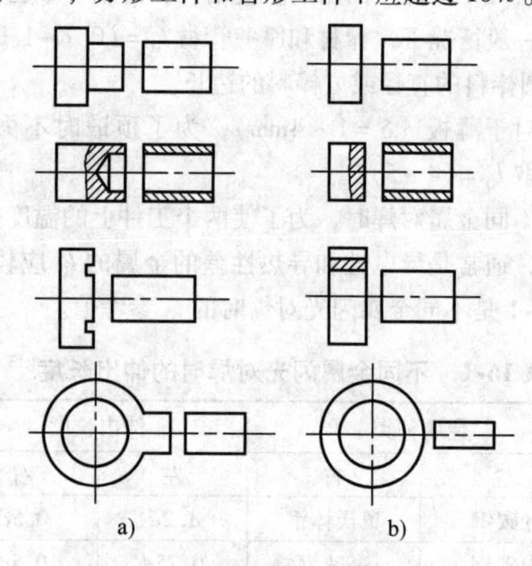

图16-10　闪光对焊的接头形式

a）合理　b）不合理

不同金属焊接时，导热性较好的金属伸出夹钳的长度应该较长，使电流通过较长的金属而增加产热，从而达到热平衡。熔点较低的金属因为烧损速度快，也应伸出较长。

在闪光对焊大截面工件时，最好将一个工件的端部倒角，使电流密度增大，以便于激发闪光。这样就可以不用预热或在闪光初期提高二次电压，图16-11是推荐的棒、管、板材的倒角尺寸。

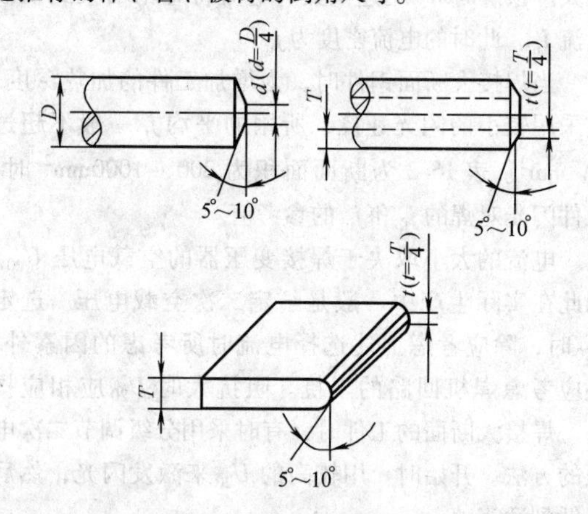

图16-11　大截面工件端部的倒角尺寸

对焊毛坯端头的加工可以在剪床、冲床、车床上进行，也可以用等离子弧或气焰切割，然后清除端面。闪光对焊时，因端部金属在闪光时被烧掉，故对端面清理要求不甚严格，但对夹钳和工件接触面的清理要求，应和电阻对焊时一样。

16.2.4　常用金属的闪光对焊

1. 影响闪光对焊的金属的性能

所有钢和有色金属几乎都可以闪光对焊。但要获得优质接头，还需根据金属的有关特性，采取必要的工艺措施。

（1）导电、导热性　对于导电、导热性好的金属，应采用较大的比功率和闪光速度，较短的焊接时间。

（2）高温强度　对于高温强度高的金属，应增大高温塑性区的宽度，采用较大的顶锻压力。

（3）结晶温度区间　结晶温度区间越大，半熔化区越宽，应采用越大的顶锻压力和顶锻留量，以便把半熔化区中的熔化金属全部排挤出去，以免留在接头中引起缩孔、疏松和裂纹等缺陷。

（4）热敏感性　常见的有两种情况。第一种是淬火钢，焊后接头易产生淬火组织，使硬度增高、塑性降低，严重时会产生淬火裂纹。淬火钢通常采用加热区宽的预热闪光对焊，焊后采用缓慢冷却和回火等措施。第二种是经冷作强化的金属（如奥氏体不锈钢），焊接时接头和热影响区发生软化，使接头强度降低。焊接此类金属通常采用较大的闪光速度和顶锻压力，以尽量缩小软化区和减轻软化程度。

（5）氧化性　接头中的氧化物夹杂对接头质量有严重危害。因此，防止氧化和排除氧化物是提高接头质量的关键。金属的成分不同，其氧化性和生成的氧化物也不同。若生成氧化物的熔点低于被焊金属，这时氧化物有较好的流动性，顶锻时容易被排挤出来；若生成氧化物的熔点高于被焊金属，如 SiO_2、Al_2O_3、Cr_2O_3 等，就只有在被焊金属还处在熔化状态时，才有可能将它们排出。因此，在焊接含有较多 Si、Al、Cr 一类元素的合金钢时，应该采取严格的工艺措施，彻底排除氧化物。

2. 闪光对焊的特点

下面介绍几种常用金属材料闪光对焊的特点。

（1）碳素钢的闪光对焊　这类材料具有电阻系数较高，加热时碳元素的氧化接口提供保护性气氛 CO 和 CO_2，不含有生成高熔点氧化物的元素等优点。因而都属于焊接性较好的材料。

随着钢中含碳量的增加，电阻系数增大，结晶区间、高温强度及淬硬倾向都随之增大。因而需要相应增加顶锻压强和顶锻留量。为了减轻淬火的影响，可采用预热闪光对焊，并进行焊后热处理。

碳素钢闪光对焊时，由于碳向加热端面扩散并被强烈氧化，以及顶锻时半熔化区内含碳量高的熔化金属被挤出，所以在接头处形成含碳量低的贫碳层（呈白色，也称亮带）。贫碳层的宽度随着钢含碳量的提高、预热时间的加长而增宽，随着含碳量的增大和气体介质氧化倾向的减弱而变窄。采用长时间的热处理可以消除贫碳层。

用得最多的是碳素钢闪光对焊。只要焊接条件选择适当，一般不会出现困难，甚至对熔焊来说比较难焊的铸铁也是一样。

铸铁通常采用预热闪光对焊。用连续闪光对焊容易形成白口。由于含碳量很高，闪光时产生大量的 CO 和 CO_2 保护气氛，自保护作用较强，即使在焊接参数波动很大时，在接口中也只有少量氧化夹杂物。

（2）合金钢的闪光对焊　合金元素含量对钢性能的影响和应采取的工艺措施如下：

1）钢中的 Al、Cr、Si、Mo 等元素易生成高熔点氧化物，应增大闪光和顶锻速度，以减少其氧化。

2）合金元素含量增加，高温强度提高，应增加顶锻压强。

3）对于珠光体钢，合金元素增加，淬火倾向性就增大，应采取防止淬火脆化的措施。

表16-3是碳素钢和合金钢闪光对焊的焊接参数的参考值。

表16-3　碳素钢和合金钢闪光对焊焊接参数的参考值[14]

类别	平均闪光速度/(mm/s)		最大闪光速度/(mm/s)	顶锻速度/(mm/s)	顶锻压强/MPa		焊后热处理
	预热闪光	连续闪光			预热闪光	连续闪光	
低碳钢	1.5~2.5	0.8~1.5	4~5	15~30	40~60	60~80	不需要
低碳钢及低合金钢	1.5~2.5	0.8~1.5	4~5	≥30	40~60	100~110	缓冷，回火
高碳钢	≤1.5~2.5	≤0.8~1.5	4~5	15~30	40~60	110~120	缓冷，回火
珠光体高合金钢	3.5~4.5	2.5~3.5	5~10	30~150	60~80	110~180	回火，正火
奥氏体钢	3.5~4.5	2.5~3.5	5~8	50~160	100~140	150~220	一般不需要

低合金钢的焊接特点与中碳钢相似，具有淬硬倾向，应采用相应的热处理方法。这类钢的高温强度较大，易生成氧化物夹杂，需要采用较高的顶锻压强、较高的闪光和顶锻速度。

高碳合金钢除具有高碳钢的特点外，还含有一定数量的合金元素。由于含碳量高，结晶温度区间宽，接口处的半熔化区就较宽。如果顶锻压力不足，塑性变形量不够，残留在半熔化区内的液态金属将形成疏松组织。此外，还会因含有合金元素，形成高熔点氧化物夹杂。因此，需要较高的闪光和顶锻速度、较大的顶锻压强和顶锻留量。

奥氏体钢的主要合金元素是 Cr 和 Ni。这种钢具有高温强度高、导电和导热性差、熔点低（与低碳钢相比）的特点，又有大量易形成高熔点氧化物的合金元素（如 Cr）。因此，要求有大的顶锻压强、高的闪光和顶锻速度。高的闪光速度可以减小加热区，有效地防止热影响区晶粒急剧长大和耐腐蚀性的降低。

（3）铝及其合金的闪光对焊　这类材料具有导电、导热性好，熔点低，易氧化且氧化物熔点高，塑性温度区窄等特点，给焊接带来困难。

铝合金对焊的焊接性较差，焊接参数选择不当时，极易产生氧化物夹杂、疏松等缺陷，使接头强度和塑性急剧降低。闪光对焊时，必须采用很高的闪光和顶锻速度、大的顶锻留量和强迫成形的顶锻模式。所需比功率也要比钢件大得多。

（4）铜及其合金的闪光对焊　铜的导电、导热性比铝还好，熔点较高，因而比铝要难焊得多。纯铜闪光对焊时，很难在端面形成液态金属层并保持稳定的闪光过程，也很难获得良好的塑性温度区。为此，焊接时需要很高的最后闪光速度、顶锻速度和顶锻压强。

铜合金（如黄铜、青铜）的对焊比纯铜容易。黄铜对焊时由于锌的蒸发而使接头性能下降，为了减少锌的蒸发，也应采用很高的闪光速度、顶锻速度和顶锻压强。

铝、铜及其合金闪光对焊的焊接参数可参考表 16-4。

表 16-4　有色金属及其合金闪光对焊的焊接参数[14]

焊接参数	材料尺寸/mm															
	铜			黄铜(H62)		黄铜(H59)		青铜(QSn6.5-1.5)		铝				铝合金		
	棒材 d=10	管材 9.5×1.5	板材 44.5×10	棒材直径				带材厚		棒材直径				2A50 板材厚度		5A06 板材厚度
				6.5	10	6.5	10	1~4	4~8	20	25	30	38	4	6	4~7
空载电压/V	6.1	5.0	10.0	2.17	4.41	2.4	7.5	—	—	—	—	—	—	6	7.5	10
最大电流/kA	33	20	60	12.5	24.3	13.5	41	—	—	58	63	63	63	—	—	—
伸出长度/mm	20	20	—	15	22	18	25	25	40	38	43	50	65	12	14	13
闪光留量/mm	12	—	—	6	8	7	10	15	25	17	20	22	28	8	10	14
闪光时间/s	1.5	—	—	2.5	3.5	2.0	2.2	3	10	1.7	1.9	2.8	5.0	1.2	1.5	5.0
平均闪光速度/(mm/s)	8.0	—	—	2.4	2.3	3.5	4.5	5	2.5	11.3	10.5	7.9	5.6	5.8	6.5	2.8
最大闪光速度/(mm/s)	—	—	—	—	—	—	—	12	6	—	—	—	—	15.0	15.0	6.0
顶锻留量/mm	8	—	—	9	13	10	12	—	—	13	13	14	15	7.0	8.5	12.0
顶锻速度/(mm/s)	200	—	—	200~300	200~300	200~300	200~300	125	125	150	150	150	150	150	150	200
顶锻压强/MPa	380	290	224	—	230	—	250	—	60~150	64	170	190	120	180~200	200~220	130
有电流顶锻量/mm	6	—	—	—	—	—	—	—	—	6.0	6.0	7.0	7.0	3.0	3.0	6~8
比功率/(kVA/mm²)	2.6	2.66	1.35	0.9	1.35	0.95	2.7	0.5	0.25	—	—	—	—	0.4	0.4	—

铝和铜用闪光对焊焊成的过渡接头广泛用于电机行业。由于它们的熔点相差很大，铝的熔化比铜快4~5倍，所以要相应增大铝的伸出长度。铝和铜闪光对焊的焊接参数可参考表 16-5。铝和铜对焊时，可能形成金属间化合物 $CuAl_2$，增加接头脆性。因此，必须在顶锻时尽可能将 $CuAl_2$ 从接口中排挤出去。

（5）钛及其合金的闪光对焊　钛及其合金的闪光对焊的主要问题是，由于淬火和吸收气体（氢、氧、氮等）而使接头塑性降低。钛合金的淬火倾向与加入的合金元素有关。若加入稳定 β 相元素，则淬火倾向增大，塑性将进一步降低。若采用强烈闪光的连续闪光对焊，不加保护气体就可获得满意的接头。当采用闪光、顶锻速度较小的预热闪光焊时，应在 Ar 或 He 保护气氛中焊接。预热温度为 1000~1200℃，焊接参数和焊接钢时基本一致，只是闪光留量稍有增加。此时可获得较高塑性的接头。

表16-5 铜与铝闪光对焊的焊接参数[15]

焊接参数		焊接截面面积/mm²			
		棒材直径		带材	
		20	25	40×10	50×10
电流最大值/kA		63	63	58	63
伸出长度/mm	铜	3	4	3	4
	铝	34	38	30	36
烧化留量/mm		17	20	18	20
闪光时间/s		1.5	1.9	1.6	1.9
闪光平均速度/(mm/s)		11.3	10.5	11.3	10.5
顶锻留量/mm		13	13	6	8
顶锻速度/(mm/s)		100~120	100~120	100~120	100~120
顶锻压强/MPa		190	270	225	268

16.3 典型工件的对焊

16.3.1 小截面工件的对焊

直径 $d \leqslant 5$mm 的线材多采用电阻对焊，其焊接参数可参考表16-6。

16.3.2 杆件对焊

多用于建筑业的钢筋对焊。通常，直径 $d<10$mm 用电阻对焊；$d>10$mm 用连续闪光对焊；$d>30$mm 用预热闪光对焊。用手动对焊机时，由于焊机功率较小（通常不超过50kVA），$d=15\sim20$mm 时，一般就要用预热闪光对焊。

杆件对焊时可使用半圆形或V形夹钳电极。后者可用于各种直径，因而获得广泛地应用。杆件属实心截面，刚性较大，可采用较长的伸出长度。低碳钢棒材电阻对焊和闪光对焊的焊接参数可参考表16-7和表16-8。

表16-6 线材电阻对焊的焊接参数[14]

金属种类	直径/mm	伸出长度/mm	焊接电流/A	焊接时间/s	顶锻压力/N
碳钢	0.8	3	300	0.3	20
	2.0	6	750	1.0	80
	3.0	6	1200	1.3	140
铜	2.0	7	1500	0.2	100
铝	2.0	5	900	0.3	50
镍铬合金	1.85	6	400	0.7	80

注：顶锻留量等于线材直径，有电流顶锻量等于直径的0.2~0.3倍。

表16-7 低碳钢棒材电阻对焊的焊接参数[15]

断面面积/mm²	伸出长度①/mm	焊接缩短量/mm		电流密度②/(A/mm²)	焊接时间②/s	焊接压强/MPa
		有电	无电			
25	6+6	0.5	0.9	200	0.6	10~20
50	8+8	0.5	0.9	160	0.8	
100	10+10	0.5	1.0	140	1.0	
250	12+12	1.0	1.8	90	1.5	

① 对于淬火钢增加100%。

② 焊接淬火钢时，增加20%~30%。

表 16-8　低碳钢棒材闪光对焊的时间和留量①

工件直径 /mm	预热闪光对焊					连续闪光对焊			
	留量/mm			时间/s		留量/mm			时间/s
	总流量	预热与闪光	顶锻	预热	闪光与顶锻	总流量	闪光	顶锻	
5	—	—	—	—	—	6	4.5	1.5	2
10	—	—	—	—	—	8	6	2	3
15	9	6.5	2.5	3	4	13	10.5	2.5	6
20	11	7.5	3.5	5	6	17	14	3	10
30	16	12	4	8	7	25	21.5	3.5	20
40	20	14.5	5.5	20	8	40	35.5	4.5	40
50	22	15.5	6.5	30	10	—	—	—	—
70	26	19	7	70	15	—	—	—	—
90	32	24	8	120	20	—	—	—	—

① 此表也可参见参考文献[1]。

16.3.3　管子对焊

管子对焊广泛地应用于锅炉制造、管道工程及石油设备制造。根据管子的截面和材料，选择连续或预热闪光对焊。夹钳电极可以用半圆形或 V 形。通常，当管径与壁厚的比值大于 10 时，选用半圆形，以防管子被压扁；比值小于 10 时，可选用 V 形。为避免管子在夹钳电极中滑移，夹钳电极应有适当的工作长度。管径为 20 ~ 50mm 时，工作长度为管径的 2 ~ 2.5 倍；管径为 200 ~ 300mm 时，工作长度为管径的 1 ~ 1.5 倍。低碳钢和合金钢管连续闪光对焊的焊接参数可参考表 16-9。大直径厚壁钢管一般用预热闪光对焊，其焊接参数可参考表 16-10。

表 16-9　20 钢、12Cr1MoV 及 12Cr18Ni12Ti 钢管连续闪光对焊的焊接参数[14]

钢种	尺寸 /mm	二次空载电压/V	伸出长度 /mm	闪光流量 /mm	平均闪光速度/(mm/s)	顶锻留量 /mm	有电流顶锻量/mm
20	25×3	6.5 ~ 7.0	60 ~ 70	11 ~ 12	1.37 ~ 1.5	3.5	3.0
	32×3			11 ~ 12	1.22 ~ 1.33	2.5 ~ 4.0	3.0
	32×4			15	1.25	4.5 ~ 5.0	3.5
	32×5			15	1.0	5.0 ~ 5.5	4.0
	60×3			15	1.15 ~ 1.0	4.0 ~ 4.5	3.0
12Cr1MoV	32×4	6 ~ 6.5	60 ~ 70	17	1.0	5.0	4.0
12Cr18Ni12Ti	32×4	6.5 ~ 7.0	60 ~ 70	15	1.0	5.0	4.0

表 16-10　大截面低碳钢管预热闪光对焊的焊接参数[14]

管子断面面积 /mm²	二次空载电压 /V	伸出长度 /mm	预热时间/s		闪光留量 /mm	平均闪光速度 /(mm/s)	顶锻留量 /mm	有电流顶锻量 /mm
			总时间	脉冲时间				
4000	6.5	240	60	5.0	15	1.8	9	6
10000	7.4	340	240	5.5	20	1.2	12	8
16000	8.5	380	420	6.0	22	0.8	14	10
20000	9.3	420	540	6.0	23	0.6	15	12
32000	10.4	440	720	8.0	26	0.5	16	12

由于管子是展开形截面，散热较快，端面液态金属易于冷却，顶锻时难于挤出。面积分散使闪光过程中自保护作用减弱，因此当焊接参数选择不当时，非金属夹杂物会残留在接口中形成灰斑缺陷。保持稳定闪光，提高闪光和顶锻速度，并采用气体保护，能减少或消除灰斑。

管子焊接后，需去除内、外毛刺，以保证管子的外表光洁，内部有一定的通道孔径。去除毛刺需使用专用工具。

16.3.4　薄板对焊

薄板对焊在冶金工业轧制钢板的连续生产线上被广泛地应用。板材宽度从300mm到1500mm以上，厚度从小于1mm到十几毫米。材料有碳钢、合金钢、有色金属及其合金等。板材对焊后，接头由于将经受轧制，并产生很大的塑性变形，因而不仅要有一定的强度，而且应有很高的塑性。厚度小于5mm的钢板，一般采用连续闪光对焊，用平面电极单面导电；板材较厚时，采用预热闪光对焊，双面导电，以保证沿整个端面加热均匀。

薄板焊接时，因截面的长与宽之比较大，面积分散，接头冷却快，闪光过程中自保护作用较弱。同时，液态过梁细小，端面上液态金属层薄，易于氧化和凝固。因此必须提高闪光和顶锻速度。焊后应趁热用毛刺切除装置切除毛刺。低碳钢和不锈钢钢板的闪光对焊的焊接参数可分别参考表16-11和表16-12。

表16-11　低碳钢钢板的闪光和顶锻留量[14]

厚度/mm	宽度/mm	留量/mm				
		总留量	闪光留量	顶锻留量		
				总留量	有电	无电
2	100	9.5	7	2	1	1
	400	11.05	9	2.5	1.5	1
	1200	15	11	4	2	2
	2000	17.5	15	4.5	2	2.5
3	100	12	9	3	2	1
	400	15	11	4	2.5	2
	1200	16	13	5	2	3
	2000	20	14	6	3	3
4～5	100	14	10	4	2	2
	400	17	12	5	2	2
	1200	20	14	6	3	3
	200	21	15	6	3	3

表16-12　不锈钢板闪光对焊的留量（板宽700～900mm）[14]

厚度/mm	最终钳口距离/mm	闪光留量/mm	顶锻留量/mm	伸出总长/mm
1.0	3	5.5	1.5	10
1.5	5	8	2	15
2	6	10.5	2.5	19
2.5	7	13	3.0	23
3	9.5	15	3.5	27
4	11	15	4	30
5	15	18	5	38
6	16	18	6	40
10	18	20	7	55

16.3.5　环形件对焊

环形件（如车轮辋、链环、轴承环、喷气发动机安装边等）焊接时，除了考虑对焊工艺的一般规律外，还应注意分流和环形件变形弹力的影响，由于存在分流（部分电流不经过焊接区而经过环形工件本身通过），需要功率要增大 15% ~50%。分流随环形件直径的减小，断面的增大，以及材料电阻率的减小而增大。

环形件对焊时，顶锻压力的选择必须考虑变形反弹力的影响，但由于分流有对环背加热的作用，因而顶锻压力增加量不大。

自行车、摩托车轮辋、汽车轮辋均采用连续闪光对焊，夹钳电极的钳口必须与工件截面相吻合。顶锻时，为了防止反弹力影响接头质量甚至拉开接头，需要延长无电流顶锻时间。

锚链、传动链等链环多用低碳和低合金钢制造。直径 $d<20$mm 时，可用电阻对焊；$d>20$mm 时，可用预热闪光对焊。预热的目的是为了使接口处加热均匀，顶锻时容易产生一定的塑性变形。

链环对焊的焊接参数可参考表 16-13 和表 16-14。

表 16-13　锚链闪光对焊的焊接参数[15]

锚链直径/mm	次级电压/V	一次电流/A		预热间断次数	焊接通电时间/s	顶锻速度/(mm/s)	闪光速度/(mm/s)	留量/mm					
		闪光	短路					自然间隙	等速	加速	顶锻		合计
											有电	无电	
28	9.27	420	550	2~4	19±1	45~50	0.9~1.1	1.5	4	2	1.0~1.5	1.5	10~11
31	10.3	450	580	3~5	22±1.5	45~50	0.9~1.1	2	4	2	1.0~1.5	1.5	10~11
34	10.3	460	620	3~5	24±2	45~50	0.8~1.0	2	4	2	1.5	1.5	11~12
37	8.85	480	680	4~6	28±2	30	0.8~1.0	2.5	5	2	1.5	1.5~2	12~13
40	10.0	500	720	5~7	30±2	30	0.7~0.9	2	5	2	1.5~2	2	12~13

表 16-14　小直径链环电阻对焊的焊接参数[14]

直径/mm	焊机额定功率/kVA	二次电压/V	焊接时间/s		每分钟焊接链环数
			通电	断电	
19.8	250	4.4~4.55	4.5	1.0	6.4
16.7	250	3.4~3.55	5.0	1.0	6.4
15.0	175	3.8~4.0	3.0	1.0	6.6
13.5	175	3.8~4.0	2.5	1.0	8.8
12.0	175	2.8	1.5	0.8	8.6

16.3.6　刀具对焊

刀具对焊是目前刀具制造业中用于制造毛坯的工艺方法之一，主要是高速钢（W18Cr4V、W9Cr4V2）和中碳钢的对焊。刀具对焊有如下特点：

1）高速钢与中碳钢的导热性与电阻率差别大。在常温下，中碳钢的 $\lambda=0.42\text{W}/(\text{cm}\cdot\text{K})$，$\rho_0=18\sim22\mu\Omega\cdot\text{cm}$；高速钢的 $\lambda=0.23\text{W}/(\text{cm}\cdot\text{K})$，$\rho_0=48\mu\Omega\cdot\text{cm}$。为了使接合面两侧的温度分布基本一致，高速钢的伸出长度应比中碳钢小 30% ~50%。一般情况下，高速钢的伸出长度为（0.5~1.0）d。为了防止散热过快，伸出长度应不小于 10mm。

2）高速钢淬火倾向大，焊后硬度将大大提高，并可能产生淬火裂纹。为了防止裂纹，可采用预热闪光对焊。预热时，将接口附近 5~10mm 范围内的金属加热到 1100~1200°C。焊后在 600~700℃的电炉中保温 30min 进行退火。

3）高速钢加热到高温时，会产生晶粒长大或在半熔化晶界上形成莱氏体共晶物，使接头变脆。莱氏体共晶物不能通过热处理消除，因此需要用充分的顶锻来消除这种组织。刀具对焊的焊接参数可参考表 16-15。

表 16-15　刀具对焊的焊接参数[15]

直径/mm	面积/mm²	二次电压/V	伸出长度/mm		留量/mm						
			工具钢	碳钢	预热	闪光	顶锻		总留量	工具钢留量	碳钢留量
							有电	无电			
8~10	50~80	3.8~4	10	15	1	2	0.5	1.5	5	3	2
11~15	80~180	3.8~4	12	20	1.5	2.5	0.5	1.5	6	3.5	2.5
16~20	200~315	4~4.3	15	20	1.5	2.5	0.5	1.5	6	3.5	2.5
21~22	250~380	4~4.3	15	20	1.5	2.5	0.5	1.5	6	3.5	2.5

（续）

直径/mm	面积/mm²	二次电压/V	伸出长度/mm		留量/mm						
			工具钢	碳钢	预热	闪光	顶锻		总留量	工具钢留量	碳钢留量
							有电	无电			
23～24	415～450	4～4.3	18	27	2	2.5	0.5	2	7	4	3
25～30	490～700	4.3～4.5	18	27	2	2.5	0.5	2	7	4	3
31～32	750～805	4.5～4.8	20	30	2	2.5	0.5	2	7	4	3
33～35	855～960	4.8～5.1	20	30	2	2.5	0.5	2	7	4	3
36～40	1000～1260	5.1～5.5	20	30	2.5	3	0.5	2	8	5	3
41～46	1320～1660	5.5～6.0	20	30	2.5	3	1.0	2.5	9	5.5	3.5
47～50	1730～1965	6.0～6.5	22	33	2.5	3	1.0	2.5	9	5.5	3.5
51～55	2000～2375	6.5～6.8	25	40	2.5	3	1.0	3.5	10	6	3.5
56～80	—	7.0～8.0	25	40	2.5	4	1.5	4	12	7	5

16.4 闪光对焊的几种方法[9]

（1）程控降低电压闪光对焊　这种焊接方法的特点是：闪光开始阶段采用较高的二次空载电压，以利于激起闪光；当端面温度升高后，再采用低电压闪光，并保持闪光速度不变，以提高热效率；接近顶锻时再提高二次电压，使闪光强烈，以增强自保护作用。

程控降低电压闪光对焊与预热闪光对焊相比较，具有焊接时间短、需用功率低、加热均匀等优点。

（2）脉冲闪光对焊　这种焊接方法的优点是：在动夹钳电极送进的行程上，通过液压振动装置，再叠加一个往复振动行程，振幅为0.25～1.2mm，频率为3～35Hz均匀可调。由于振动使工件端面交替地短路和拉开，从而产生脉冲闪光。

脉冲闪光对焊与普通闪光对焊相比较，由于没有过梁的自发爆破，喷溅的微粒小、火口浅，因而热效率可提高1倍多，顶锻留量可缩小到2/3～1/2。

以上两种方法主要是为了满足大断面工件闪光对焊的需要。

（3）矩形波闪光对焊　这种焊法与工频交流正弦波闪光对焊相比较，能显著提高闪光稳定性。因为正弦波电源当电压接近零位时，将使闪光瞬间中断，而矩形波可在周期内均匀产生闪光，与电压相位无关。

矩形波电源单位时间内的闪光次数比工频交流提高30%，喷溅的金属微粒细、火口浅、热效率高。矩形波频率可在30～180Hz范围内调节。这种方法多用于薄板和铝合金轮圈的连续闪光对焊。

16.5 冲击焊

冲击焊也属于对焊，其接头形成于两个零件相对的整个端面，但其热量是通过一个储能电容器快速放电而得到的，在放电的同时或放电后立即施加压力。

这种方法与电容储能点焊机的主要不同点在于它不需要焊接变压器，电容器直接对工件放电。

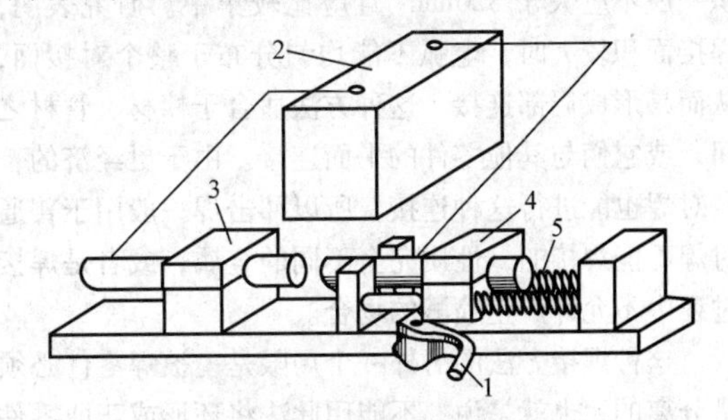

图16-12　冲击焊原理示意图

1—锁闩　2—电容器　3—定夹钳
4—动夹钳　5—弹簧

图16-12是说明冲击焊原理的一个示意图。电容器直接连接到需焊接的两个工件，通常充电至数千伏的电压。两个工件一个夹在固定夹具上，另一个夹在移动夹具上。锁闩1将移动夹具卡住，阻止其在弹簧力的作用下向固定夹具一侧运动，从而使两个工件保持一定距离。起动焊接时松开锁闩1，在弹簧力的推动下两个工件快速接近。在两个工件相互接触之前，电容器中储存的电能通过工件间的空气放电，形成高频电弧。通过合理设计放电回路的电气和机械特性，可使放电在非常短的时间内完成，电弧仅对工件的表层有影响。也就是说，两个工件的端面只有百分之几毫米深度的金属达到了熔化状态。

要理解冲击焊过程，必须记住放电时间小于0.001秒，而电弧释放的功率范围在200～300kW之间。由于所有焊接能量均来自这种电弧，被焊工件的电阻并不影响焊接区热量的产生。这种方法可以容易地焊接特性完全不同的金属，如不锈钢与铝或铜。事实上，在这里工件金属的电阻率或熔点并不重要，只要具有一定的导电性就行了。此外，极短的放电时间使得熔化区局限于工件对接的表面，而且几乎完全没有喷溅。

由于热影响区深度仅为约0.25mm，如淬火的钢和冷加工的不锈钢等，热处理金属不须退火便可焊接。例如，硬质合金头与青铜阀杆、银-石墨触点与纯铜杆均已成功用此法焊接。国内外用冲击焊成功焊接直径为6.3～9.5mm的棒材的不同材料组合，包括低碳钢与硬质合金、低碳钢与纯铜或黄铜、低碳钢与镁、黄铜与纯铜、锌与铝、硬铝与铝镁合金、低碳钢与锌、黄铜与渗碳钢、铸铁与纯铜、低碳钢与球墨铸铁及黄铜与铝镁合金[8]等。直径很小的线材、不同材料的线材，以及线材与冲压件（如电阻器和二极管的端盖与连接线）均可采用此法焊接。

因为电弧的放电通路很难控制，冲击焊的焊接面积一般不应大于320mm^{2}且应比较集中。研究表明，焊接面积较大时，电弧不能均匀分布于整个对接面，从而易形成局部连接。这种方法适合于棒材、管材之间，或它们与其他零件的平面连接。由于更经济的普通对焊也能进行这种连接，所以冲击焊一般用于普通对焊不能焊接的，性质完全不同的金属，或者是焊接过程中不允许产生喷溅的场合。

这种焊接方法的另外一个局限是，被焊零件必须是分离的。也就是说，不能用此法将环形或弯曲零件的两个端头焊接在一起。

16.6　电热铆和电热镦锻

严格地说，电热铆和电热镦锻不属于对焊，但它们加热原理和所用的机器与电阻对焊相似。基本原理是利用电流通过工件产生热量，使其成为塑性状态，然后焊机加压系统向工件加压，使其产生局部变形，从而达到铆接或镦粗的目的。

16.6.1　电热铆

图16-13为电热铆的几种典型应用。

图16-13a中零件上部铆钉头的加热和镦粗一次性完成，整个过程和用电炉加热铆钉并用气动锤镦粗的工艺相似。

与普通热铆相比，电热铆的优点在于：

1）速度较快。

2）不需辅助机构来加热铆钉，加热和铆接一气呵成。

3）只加热铆钉头部的一小部分。

4）热量和压力能够实现高精度自动控制。

图16-13b中，用铆钉连接上下两种不同的金属板，铆钉的材料和下板相同。上端铆钉头镦粗成形的同时，铆钉的下端与下板也焊接在一起。图16-13c中，一个带螺杆的零件通过电热铆的方法，与另一个不同材料的板件铆接起来。

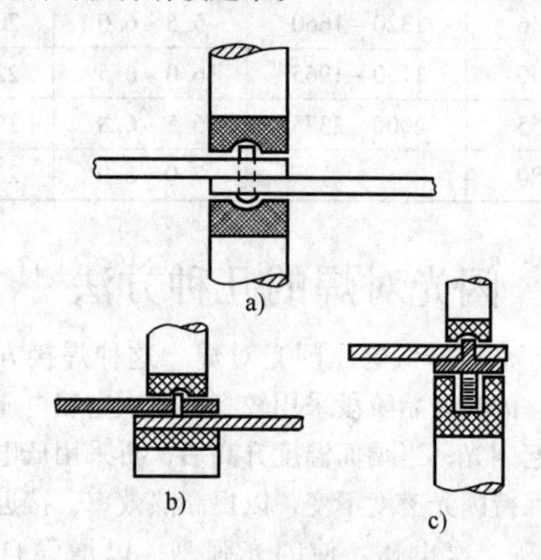

图16-13　电热铆的典型应用

航空发动机整流器由钛合金制成的内、外环和数十个径向分布的叶片组成。叶片两端的榫头分别插入内环和外环上与榫头相配的长方形孔中，通过如图16-14所示的一对电极进行自下而上的多点电热铆，在每一叶片的两端形成一排铆接接头。步进电动机驱动工件转动，以铆接下一个叶片。与其他焊接方法相比，采用这种方法的最大优点是焊后工件变形量很小。

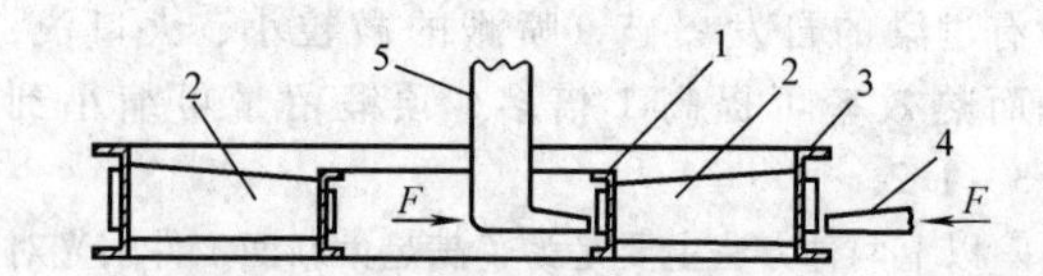

图16-14　航空发动机整流器自动电热铆

1—内环　2—叶片　3—外环
4—外电极　5—内电极

16.6.2　电热镦锻

电热镦锻是将一根金属棒夹在对焊机的两对夹钳上，当通以电流时，两对夹钳间的金属被加热至塑性状态，并在压力作用下变粗。夹钳间金属棒的最大可镦锻长度约为棒直径的4倍。

图16-15a是单重镦粗的初始情况，初始夹钳距

离是杆径的4倍。图16-15b为镦粗后的情况。图中右侧为定夹钳，左侧为动夹钳。夹紧工件后通电加热，动夹钳向定夹钳方向移动，形成如图的镦粗结果。图16-16是多重镦粗的情况。当第一次镦粗完成后形成右边的第一个鼓包，然后左边夹钳松开，后退并再次夹紧，进行下一次镦粗。如此反复镦粗的结果如图16-16b所示。若定夹钳换为固定挡块，则多重镦粗结果如图16-16c。

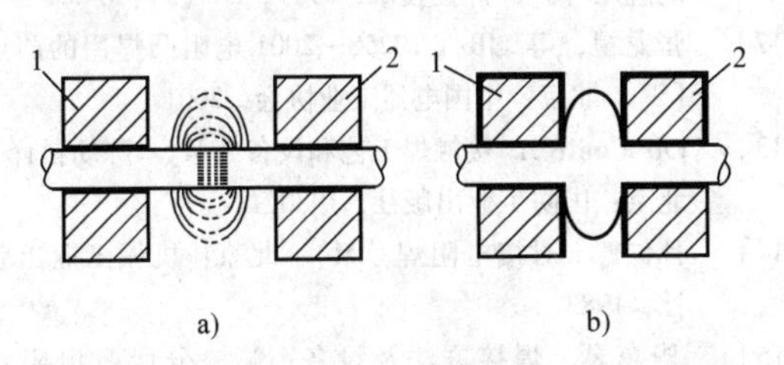

图16-15　单重镦粗

1—动夹钳　2—定夹钳

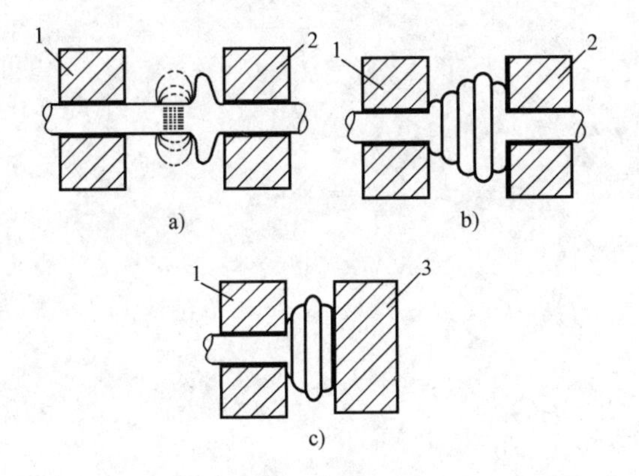

图16-16　多重镦粗

a）第一次镦粗后　b）、c）多次镦粗后

（c中定夹钳换为固定挡块）

1—动夹钳　2—定夹钳　3—固定挡块

电热镦锻也可用于管材。用冷轧的方法只能在薄壁的管子上形成浅波纹或凸缘，而电热镦锻可以容易地在壁厚或直径较大的管子上进行这种镦粗（如图16-17）。

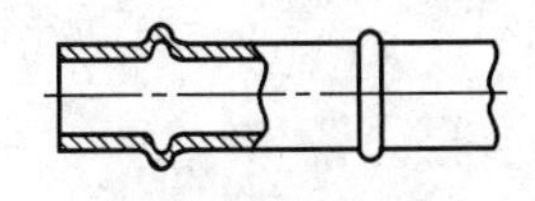

图16-17　管材镦粗

另一种镦粗方法是连续镦粗，如图16-18所示。此时，左侧夹钳的夹紧力较小，使得棒件可在夹钳中滑动，但夹紧力必须足以保持夹钳与工件间良好的导电通路。在对夹钳间工件通以电流加热的同时，对棒件露出左侧夹钳的部分施加向右的推力，则可实现镦粗。此时，两个夹钳的位置均固定不动，从左夹钳外部将棒件不断推入两夹钳间镦粗，因此不再限制镦粗长度为金属棒直径的4倍。图16-18b的右侧定夹钳换成了固定挡块，汽车发动机排气阀端部的圆盘就是采用这种方式成形的。

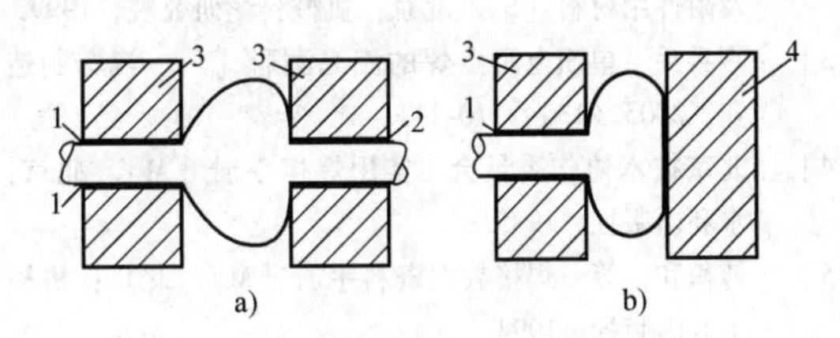

图16-18　连续镦粗

1—滑动接触　2—压紧接触

3—定夹钳　4—固定挡块

16.7　电阻切割

电阻切割是与电阻焊相反的过程，电流通过棒材、线材或钢绳使其局部加热软化而被分成两段。其设备基本与对焊设备相同，只是加力方向不同，电阻切割是施加拉力将材料分离而不是施加压力将材料对接。

当螺旋扭绞的钢绳采用机械方法切断时，端头呈松散状，须通过绑扎或气焊的方法进行处理。电阻切割在切断钢绳的同时也将断口的金属丝熔接在一起。一般要求切断时不在端部产生鼓包，因为大多数钢绳端部需要装卡套，而卡套与钢绳之间没有多少空隙。

这种钢绳切割机有人工操作的，也有完全自动化的。在简单的人工操作情况下，将钢绳置于钳口中，切割点位于两块压板中间处，压板间距约等于或小于钢绳直径。钢绳被压紧后立即通过弹簧或气缸施加拉力，并通以电流，钢绳被拉断的同时端头被熔合。

全自动切割机由4部分组成：放线台、钢绳切割机、测量台和继电器控制板。按照控制的顺序，钢绳被送入机器，测量、压紧、分离、松开、落入漏斗或其他容器。

典型的切割线材包括不锈钢、青铜、麻芯、里程表软线和柔性轴。

该装置的另一作用是生产尖头棒材，如农用耙齿。将耙齿双倍长度的棒材放在切割机中，然后不是向前面那样快速拉断，而是有一定技巧地拉成针状后再分离，形成两根尖棒。这种工艺只能用于塑性区间较宽的钢材，而塑性区间较窄的有色金属棒会在尚未变细前被烧断。

参考文献

（第2篇引言及第13章至第16章）

[1] 赵熹华. 压力焊［M］. 北京：机械工业出版社，2003.

[2] 全国电工合金标委会. JB/T 4281—1999 电阻焊电极及附件用材料［S］. 北京：机械科学研究院，1999.

[3] 卢兵兵. 单面电阻点焊的流光溢彩［J］. 汽车制造业，2005（13）：110-111.

[4] 北京技术协作委员会. 实用焊接手册［M］. 北京：水利出版社，1985.

[5] 傅积和，等. 焊接数据资料手册［M］. 北京：机械工业出版社，1994.

[6] 兵崎正信. 搭接电阻焊［M］. 尹克里，等译. 北京：国防工业出版社，1977.

[7] 罗贤星，等. 铝合金点焊过程中影响因素的特征判识与熔核尺寸的评估［J］. 焊接学报，2005，26（7）：37-43.

[8] RWMA. Resistance Welding Manual［M］. 4th ed. Philadelphia：PA，1989.

[9] 夏文干，等. 胶接剂和胶接技术［M］. 北京：国防工业出版社，1980.

[10] 夏文干，等. 胶接手册［M］. 北京：国防工业出版社，1989.

[11] 冀春涛，等. 焊接电流调幅及其在曲面板件缝焊中的应用［J］. 焊接技术，1999，28（5）：6-7.

[12] 张龙祖，等. JB/T 10258—2001 电阻凸焊用的凸点［S］. 北京：中国电器工业协会，2001.

[13] Орлов В Л. 接触焊工艺和设备［M］. 陈幼松译. 北京：国防工业出版社，1980.

[14] 孙仁德. 对接电阻焊［M］. 北京：机械工业出版社，1983.

[15] 毕惠琴. 焊接方法及设备：第二分册　电阻焊［M］. 北京：机械工业出版社，1981.

第 17 章　电阻焊设备

作者　王敏　　审者　严向明　姚　舜

17.1　电阻焊设备分类及主要技术条件

17.1.1　电阻焊设备的分类和组成

电阻焊设备是对利用电流流过工件时其自身电阻产生的热量，对焊接区域局部加热焊接的设备统称。按工艺方法，电阻焊设备可以分为点焊机、缝焊机、凸焊机和对焊机 4 大类。每一大类中又可按电源类型、用途、安装或电极运动方式等进一步细分。其控制设备可以包含在相应的焊机中，也可以单独分类。

国产电阻焊设备的型号根据 GB/T 10249—2010《电焊机型号编制方法》统一编制。根据设备类型，用汉语拼音字母及阿拉伯数字按一定的次序排列命名。各类电阻焊设备的代号含义见表 17-1。

表 17-1　电阻焊设备代号含义

第 1 字位		第 2 字位		第 3 字位		第 4 字位		第 5 字位	
代表字母	大类名称	代表字母	小类名称	代表字母	附注特征	数字序号	系列序号	单位	基本规格
D	点焊机	N	工频	省略	一般点焊	省略	垂直运动	kVA	额定功率①
		J	直流冲击波	K	快速点焊	1	圆弧运动		
		Z	二次整流	W	网状点焊	2	手提式		
		D	低频	—	—	3	悬挂式		
		B	逆变	—	—	6	焊接机器人		
		R	电容储能	—	—	—	—	J	最大储能量
T	凸焊机	N	工频	—	—	省略	垂直运动	kVA	额定功率①
		J	直流冲击波	—	—	—	—		
		Z	二次整流	—	—	—	—		
		D	低频	—	—	—	—		
		B	逆变	—	—	—	—		
		R	电容储能	—	—	—	—	J	最大储能量
F	缝焊机	N	工频	省略	一般缝焊	省略	垂直运动	kVA	额定功率①
		J	直流冲击波	Y	挤压缝焊	1	圆弧运动		
		Z	二次整流	P	垫片缝焊	2	手提式		
		D	低频	—	—	3	悬挂式		
		B	逆变	—	—	—	—		
		R	电容储能	—	—	—	—	J	最大储能量
U	对焊机	N	工频	省略	一般对焊	省略	固定式	kVA	额定功率
		J	直流冲击波	B	薄板对焊	1	弹簧加压		
		Z	二次整流	Y	异型断面对焊	2	杠杆加压		
		D	低频	C	轮圈对焊	3	悬挂式		
		B	逆变	T	链环对焊	—	—		
		R	电容储能	G	钢窗对焊	—	—	J	最大储能量
K	控制器	D	点焊	省略	同步控制	1	分立元件	A	额定电流
		F	缝焊	F	非同步控制	2	集成电路		
		T	凸焊	Z	质量控制	3	微机		
		U	对焊	—	—	—	—		

① 额定功率为 50% 负载持续率下的标称输入视在功率，逆变焊机由产品标准规定。

举例说明 DN—63 型点焊机的含义：

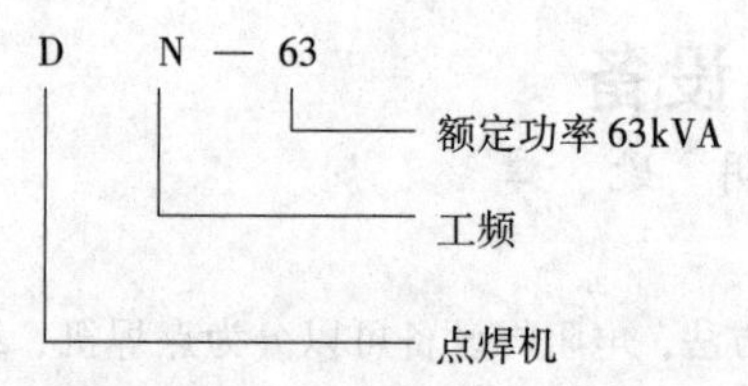

注：第3、第4字位省略。

电阻焊设备一般由以下3个主要部分组成：

1）焊接主电路：以阻焊变压器为主，包括电极及二次回路等。

2）机械装置：包括机架、加压及夹紧机构、送进机构（对焊机）、传动机构（缝焊机）等。

3）控制装置：能按要求同步控制焊接通电及加压，并可控制焊接程序中各段时间及调节焊接电流，有些还兼有焊接质量监控功能。

17.1.2　电阻焊设备的通用技术条件

根据 GB/T 8366—2004《阻焊　电阻焊机　机械和电气要求》和 GB 15578—2008《电阻焊机的安全要求》规定，电阻焊机的通用技术条件包括使用条件、技术要求（包括安全要求）、试验方法和检验规则等内容。一台合格的电阻焊机，应能保证在下列使用条件下正常工作，并能达到标准所规定的主要技术要求。

1. 使用条件

（1）冷却介质要求　对于通水冷却的焊机，冷却水进口温度范围 5～30℃，冷却水进口压力范围：0.15～0.3MPa，其水质应符合工业用水标准。其中，对冷却水水质的要求尤为重要。若水质差，其沉积的水垢容易将冷却水管堵塞，使冷却不充分，严重时会将焊接变压器或其他部件烧坏。冷却回路的冷却液流量应能保证有效的冷却。

（2）使用场所要求　使用场所周围空气中的灰尘、酸、腐蚀性气体或物质等不超过正常含量，环境温度为 5～40℃，相对湿度不大于 90%，并能避免因偶然凝结而产生的有害影响。

（3）供电电网要求

供电电源应符合 GB/T 156—2007 的规定，供电电网品质应符合：供电电压波形应为近似正弦波，网压波动不超过额定值的 ±10%，电网电压频率波动不大于额定值的 ±1%，三相电压允许不平衡度≤±4%。

2. 主要技术要求

（1）绝缘及介电强度　焊机输入回路（包括与之相连接的控制回路）对焊接回路（包括与之相连接的控制回路）的绝缘电阻应不低于 5MΩ，控制回路和外露导电部件对所有回路的绝缘电阻应不低于 2.5MΩ。焊机绝缘应能承受表 17-2 所述的 50Hz 或 60Hz 正弦交流试验电压而无闪络或击穿现象，试验电压峰值不超过有效值的 1.45 倍。电阻焊机初次试验用表中所列的试验电压，同一台焊机的重复试验用此试验电压的 80%。试验电压持续时间为：60s（型式试验）；5s（例行检验）。

表 17-2　介电强度试验电压

最大额定电压有效值/V	交流介电强度试验电压有效值/V			
所有回路	所有回路对外露导电部件，输入回路对除焊接回路以外的所有回路		除输入回路以外的所有回路对焊接回路	输入回路对焊接回路
	Ⅰ类保护	Ⅱ类保护		
≤50	250	500	500	—
200	1000	2000	1000	2000
450	1875	3750	1875	3750
700	2500	5000	2500	5000
1000	2750	5500	—	5500

注：除 200～450V 之外，允许用插入法确定试验电压。

（2）空载特性参数　在阻焊变压器各调节档位，输出端的额定空载电压应不超过 GB/T 3805—2008 规定的安全（特低）电压值，并符合铭牌规定。额定空载电压的测量及计算如下：交流电阻焊机测量 U_{20}；直流电阻焊机根据表 17-3 计算 U_{2di}；逆变式直流电阻焊机测量 U_{2d}。

表 17-3　“理想的”直流空载电压

输　入	输出	U_{2di}
星形接法	中间点	$1.17U_{20}$
三角形接法	中间点	$1.35U_{20}$
单相电阻焊机	中间点	$0.9U_{20}$
二次整流电阻焊机		$1.35U_{20}$

（3）最大短路输出电流　最大短路输出电流是指在额定输入电压下，在焊机的最大调节档位置，电极按规定短路，在最大和最小阻抗情况下的输出电流有效值。最大短路电流的允差应不超过以下限值：直接测试为 ±5%；间接测试为 $^{+10\%}_{0}$（在输入端进行测量，然后通过计算获得）。

（4）温升要求　阻焊变压器绕组及变压器的任何一个组成部分的温升极限值，应符合表 17-4 规定的数值。阻焊变压器铁心及其他零件的温升应不超过与其相接触绕组的温升，阻焊变压器以外的焊接回路及其零件（不包括电极）的温升应不超过 60K。

（5）静态机械特性　主要测试指标有：偏心量（点焊机、凸焊机和缝焊机）、偏转角度、最大电极力或顶锻力、最大电极行程、最大电极臂伸出长度、最大电极臂间距。

表 17-4　不同绝缘等级阻焊变压器绕组的温升极限值

绝缘系统温度/℃K （耐热等级） （绝缘按照 GB/T 20113—2006）	峰值温度/℃K （按 GB/T 1094.12—2013）	温度限值/K			
		空气冷却		液体冷却	
		表面或埋入式温度传感器法	电阻法	表面或埋入式温度传感器法	电阻法
378(A)	403	60	60	70	70
393(E)	418	75	75	85	85
403(B)	428	85	85	95	95
428(F)	453	110	105	120	115
453(H)	478	135	130	145	140
473	498	498	145	165	155
493(C)	518	175	160	185	170

（6）动态机械特性　动态机械特性描述了点焊机、凸焊机或缝焊机在电极与被焊工件接触过程中所产生的振荡方式，主要指标为电极接触以及再次接触时的冲击能量 E 及其时间。

（7）电阻焊机铭牌的内容　每台电阻焊机出厂时都应该有一块铭牌。按标准规定，铭牌上应划分为包含信息和数据的若干区域：标志、焊接输出、供电电源及其他特性。

17.2　电阻焊设备的主电源及电气性能

根据电阻焊的基本原理及工艺要求，电阻焊设备的主电源一般具有以下特点：

1）输出大电流、低电压。

2）电源功率大，且可调节。

3）一般无空载运行，负载持续率低。

4）可采取多种供电方式。

目前，电阻焊设备的主电源主要采用单相工频交流、三相低频、二次整流、电容储能和逆变等方式供电，具体选择哪一种供电方法，视被焊材料的性质、被焊工件的焊接工艺要求，以及设备投资的费用和用户的电网情况等因素而定。以下是几种常用主电源供电方式的电阻焊机的原理、结构、特点及用途。

17.2.1　单相工频焊机

电阻焊设备中，数量最多、使用最广的是单相工频焊机，焊机功率可由 0.5kVA 到 500kVA 甚至更大。它一般由单相交流 380V 电网供电，流经主电力开关及功率调节器输入到焊接变压器的一次侧，经过焊接变压器降压从其二次侧输出一个与电网相同频率的交流焊接大电流（一般达数千至数万安培），用于焊接工件。图 17-1 是工频焊机电气原理图。

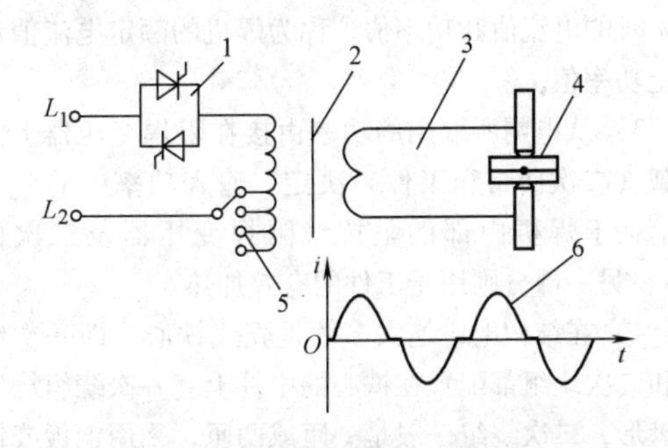

图 17-1　单相工频焊机电气原理图

1—主电力开关　2—阻焊变压器　3—二次回路
4—工件　5—级数调节器　6—电流波形

单相工频交流电阻焊机的通用性强，设备投资及维修费用较低，而且控制较简单，容易调整。但这种电源有两个主要缺点：一是由于使用单相380V电网，且焊接通电时间短，瞬时功率大，特别是在供电电网容量不足的情况下，单相工频交流电阻焊机的使用会对电网产生很大的冲击，同时使电网品质发生恶化，以至影响其他用电设备的正常工作；二是工频交流焊机焊接回路的阻抗较大，功率因数低（通常约为0.4~0.5）。

单相工频交流电源既可用于点焊机、凸焊机及缝焊机，也可用于对焊机。单相工频交流点、缝焊机功率一般不超过300~400kVA，凸、对焊机功率不超过1000kVA[1]。如果工件需用更大的功率焊接，则需选用其他形式电源。单相工频交流焊机一般用于焊接电阻率较大的材料，如碳钢、不锈钢、耐热钢等，但不能要求焊机有很大的焊接回路，且焊接回路内应尽量避免伸入磁性物质。对于某些工厂，如果在同一电力变压器下同时使用多台单相工频交流电阻焊机，可以将它们分相错开连接，分时通电，既可降低焊机对电网容量的需求量，又可使供电电网三相尽可能均衡。

阻焊变压器、级数调节器及二次回路是决定单相工频焊机电气性能的关键部件。

1. 阻焊变压器

阻焊变压器是电阻焊机的主要组成部分，是一种特殊结构的变压器。其特点是：

1）能够输出低电压、大电流。通过改变一次线圈的匝数，可相应改变二次线圈的空载电压及输出功率。

2）是一种周期工作的变压器。工作周期是指焊接通电时间（负载持续时间）与断电时间（空载时间）之和。焊接通电时间与全周期时间的比值介于0~1之间，一般用百分数表示。这个百分数被称为焊机的负载持续率。在次高级变压比，且负载持续率50%时的电流值和功率值，称为焊机的额定电流值和额定功率值。

3）从电网所取用的功率由接在阻焊变压器上的负载（二次回路和工件）决定。输入功率中的一部分消耗于焊机内部的阻抗（阻焊变压器及二次回路），另一部分则用于工件的有效加热。

4）在结构上，绝大多数是壳式铁心，即一次绕组和二次绕组都配置在铁心的中柱上。一次绕组绕制成盘形，二次绕组一般是一匝或两匝，采用铜板或铜管多件并联。一次绕组的布置是使每一件二次绕组的两侧各紧贴一盘一次绕组。一次绕组通电产生的热量依靠二次绕组通水管中的冷却水带走。

2. 级数调节器

级数调节器是用来调节阻焊变压器一次绕组匝数的一种专用装置，即通过改变阻焊变压器一次绕组的匝数，改变二次空载电压，从而改变焊接电流大小，达到功率粗调的目的。阻焊变压器的一次绕组可按串联和并联方式进行各种组合，也可采用抽头形式。图17-2是常用的两种级数调节器的原理图。

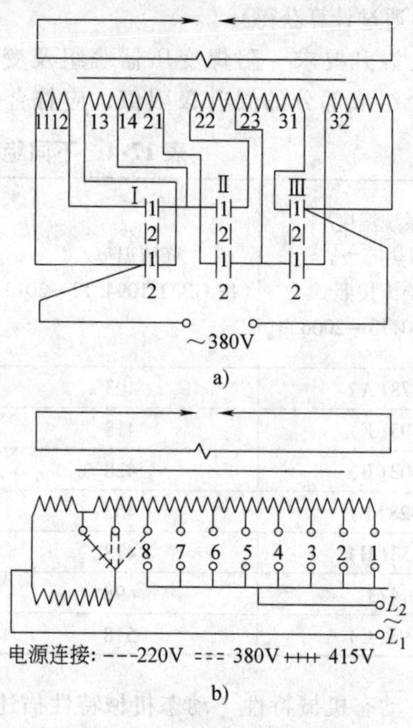

图17-2 级数调节器原理图

a）串并联式 b）抽头式

3. 二次回路

点焊机、凸焊机的二次回路由阻焊变压器的二次绕组、导电体、软连接（纯铜带或多芯电缆）、电极臂、电极握杆（点焊机）或带槽电极平板（凸焊机）、电极和工件等组成。

缝焊机的二次回路除有与点焊机相似的组成部分外，尚有相对滑动的导电轴和导电轴座等，电极则为圆盘形的滚轮。

对焊机的二次回路由阻焊变压器的二次绕组、导电体、软连接、导电钳口（电极）和工件等组成。

图17-3是各种焊机的二次回路示意图。

二次回路中的各个组成构件，在传递焊接电流过程的同时，还要经受由焊接电流产生的电磁力的作用，电极、电极臂还要承受焊接时的机械力。

二次回路的几何形状、导电构件的尺寸，以及焊机二次回路中有无磁性材料等，都会影响焊机的电气性能。有效的焊接电流和功率受二次回路阻抗的影响。阻抗包括电阻和感抗。电阻又包括阻焊变压器绕组的电阻、二次回路各个构件的电阻、各构件间连接处的接触电阻和工件的电阻。阻焊变压器绕组折合到

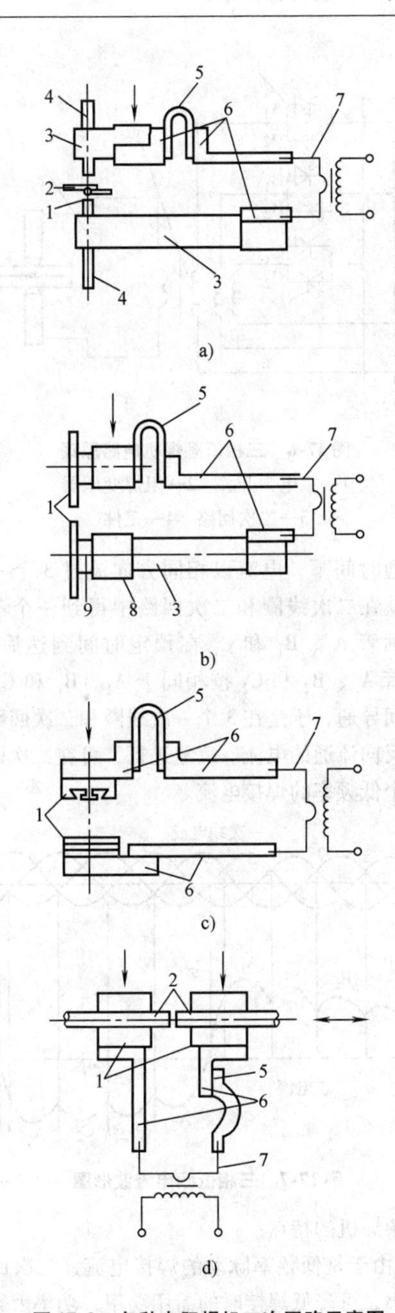

图 17-3　各种电阻焊机二次回路示意图

a）点焊机　b）凸焊机　c）缝焊机　d）对焊机
1—电极　2—工件　3—电极臂　4—电极握杆　5—软导体　6—导电体　7—阻焊变压器二次绕组　8—导电轴座　9—导电轴

二次的电阻（一次和二次之和）一般仅为 10～30μΩ。各构件间连接处的接触电阻根据接触表面的压力、清洁程度、材料品种和形状而定，一般要求每一连接处的接触电阻在 2～20μΩ 范围内。感抗包括阻焊变压器的漏抗和二次回路感抗。阻焊变压器折合到二次的漏抗一般约为 10～50μΩ，二次回路的感抗与二次回路所包容的面积有关。

减小阻抗的方法包括：

1）减小焊机的臂伸长度和臂间距离（臂伸长度和臂间距离决定了二次回路的包容面积）。

2）尽可能降低二次回路的电阻值，即加大导电体的截面积，增加冷却水的流量和减小接触电阻。

3）在二次回路中尽量减少使用和置入铁磁性材料。

17.2.2　二次整流焊机

二次整流焊机的主电路通常有单相全波整流、三相半波整流和三相全波整流 3 种形式，图 17-4 是三相全波二次整流焊机电气原理图。

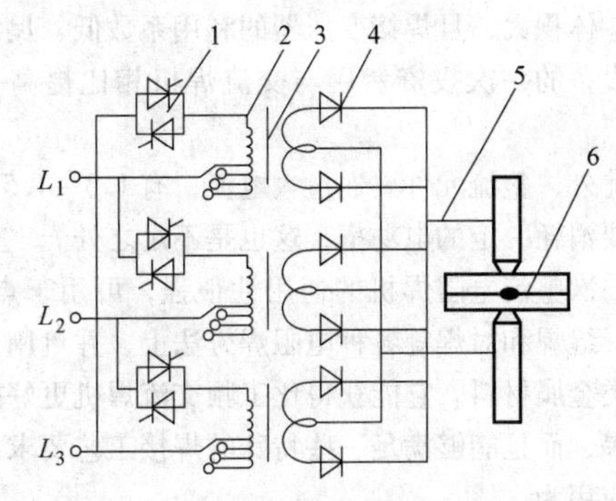

图 17-4　三相全波二次整流焊机电气原理图

1—主电力开关　2—级数调节器　3—阻焊变压器　4—大功率硅整流器　5—二次回路　6—工件

这种焊机是在阻焊变压器的二次输出端接入大功率硅整流器，使得二次回路中流过的是整流后的直流电流。典型的三相全波二次整流焊机电流波型如图 17-5 所示。

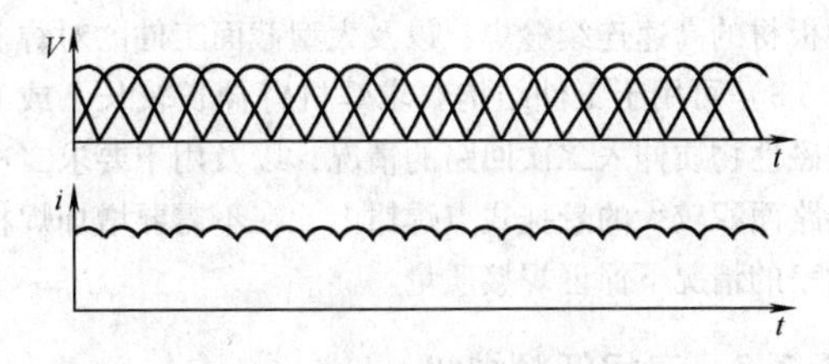

图 17-5　三相全波整流焊接电流波形图

二次整流焊机焊接电流的调节方法与工频焊机相似。这种焊机主要优点如下[2]：

1）由于二次输出为直流，且焊接电流不过零，热效率高，所以获得同样焊接电流所需的二次空载电压和功率比交流焊机低得多，功率因数也大大提高，达到 0.8～0.9。据统计，在保证相同焊接效果的条件下，这种焊机所需的视在功率只有交流焊机的 1/5～1/3，节能效果明显。

2）由于二次整流焊机二次输出直流，故二次回路的感抗几乎为零，焊接电流的大小仅和电阻成正比，不受焊机臂包围面积变化及二次回路内伸入磁性物质的影响。

3）焊接时在电极臂之间不像通交流电时会产生交变电磁力，故电极压力稳定。在焊钳与阻焊变压器分开的悬挂式点焊机上，不必采用粗大的低感抗电缆，因为电缆间没有交流电所产生的冲击力，故可提高电缆的使用寿命，并减轻劳动强度。

4）直流缝焊能大大提高焊接速度，不受交流频率的影响。闪光焊时，闪光稳定，可减少闪光所需电压，从而可减少焊机功率。

5）二次整流焊机需用大功率整流管。整流管价格高、体积大，且焊接变压器的利用系数低、尺寸较大，设备的一次投资费用与交流焊机相比提高一倍左右。

此外，整流元件要通过大电流，有1.3～1.5V压降，要消耗一定的电功率，这也是不足之处。

二次整流电阻焊机的通用性很强，可用于点焊、凸焊、缝焊和对焊等各种电阻焊方法上，并可用于焊接各类金属材料。它能获得比工频交流焊机更好的焊接效果，而且能够满足一些特殊的焊接工艺要求。其主要应用为：

1）由于焊接电流不过零，焊接区温度上升快，对工频交流焊机难于焊接的导电、导热性好的有色金属焊接特别有利，焊接耐热钢板，不易产生裂纹。同时，这种单方向的脉动电流在通过工件时，产生集束效应使电流集中，形成的焊点成形好，对焊接多层薄板更为见效。

2）适用于大型构件、厚板的点焊，也可用于较薄板材的高速连续缝焊，以及大型截面工件的对焊。

3）可用于工件结构要求焊机臂伸长较长，或有铁磁性物质伸入二次回路的情况，以及用于要求二次回路面积较大的悬挂式点焊钳上，在不需要增加焊机功率的情况下保证焊接质量。

17.2.3　三相低频焊机

三相低频焊机是一种由特殊的、具有三相一次线圈和单相二次线圈的阻焊变压器构成的焊机。它的输出电流频率低于工频50Hz（一般为15～20Hz或更低），阻焊变压器的铁心截面一般都比较大。图17-6是三相低频焊机电路原理图。

三相低频焊机的电流波形图见图17-7。阻焊变压器一次线圈通过3组晶闸管与电网连接。控制电路使晶闸管 A_1、B_1 和 C_1 轮流导通，在正确的导通顺

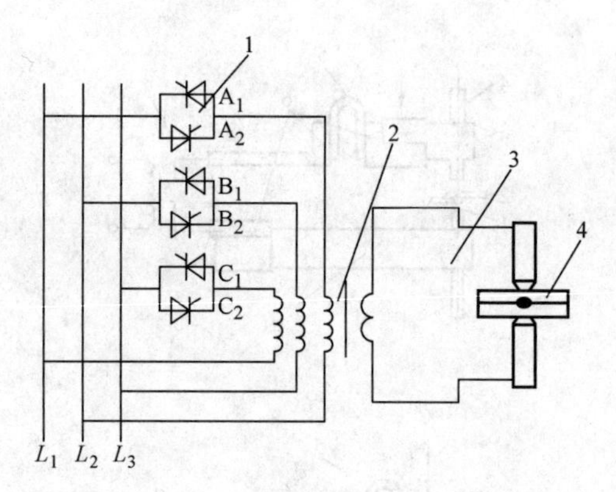

图17-6　三相低频焊机电路原理

1—主电力开关　2—阻焊变压器
3—二次回路　4—工件

序和导通时间下，电流以相同方向流过3个一次线圈。这就在二次线圈和二次回路中得到一个单向电流。晶闸管 A_1、B_1 和 C_1 在预定时间到达后切断，而晶闸管 A_2、B_2 和 C_2 按相同于 A_1、B_1 和 C_1 的顺序和时间导通，于是在3个一次线圈和二次回路中得到一个反向流通的电流。反复进行，可在二次回路中得到一个低频率的焊接电流。

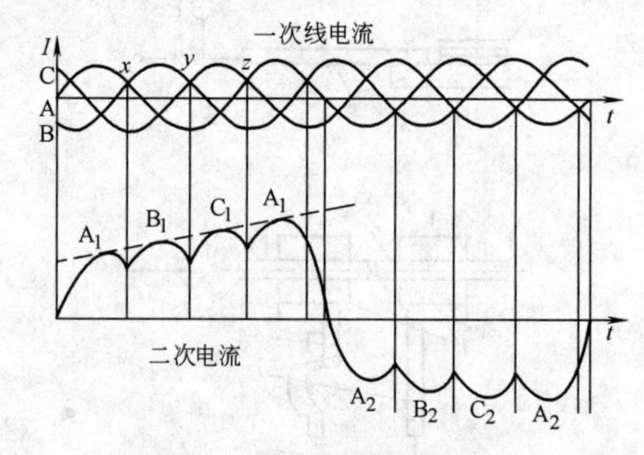

图17-7　三相低频电流波形图

低频焊机的特点：

1）由于是低频率脉动的焊接电流，二次回路的感抗很小，可降低焊接时的需用功率，功率因数也可提高到0.95左右，其节能效果优于二次整流焊机。

2）三相负荷，克服了电网负荷不平衡现象。

3）这种焊机的控制线路设计精确，抗干扰能力强，焊接质量稳定可靠。

此种焊机存在的缺点是：由于频率低，且单方向通电时间较长，铁心容易饱和，故所需的阻焊变压器的尺寸比工频交流焊机的大得多；由于为低频焊接，焊接生产率较低。

三相低频电阻焊机可用于焊接碳钢、不锈钢、有色金属、耐热合金等多种材料，并且通常用于焊接质

量要求较高的航空、航天结构件，也可用于大厚度钢件的点焊及缝焊，以及大截面尺寸零件的闪光对焊。

17.2.4　电容储能焊机

电容储能焊是利用从电网缓慢地储积于电容器中的能量，在很短的时间内，通过阻焊变压器向被焊工件放电进行焊接。储能焊机由一组电容器、一个将这些电容器充电到预定电压的电路，及一个阻焊变压器组成（有的储能焊机可能由电容器直接向工件放电，而不采用阻焊变压器）。焊机可由单相或三相供电。图17-8是储能焊机电路原理图。

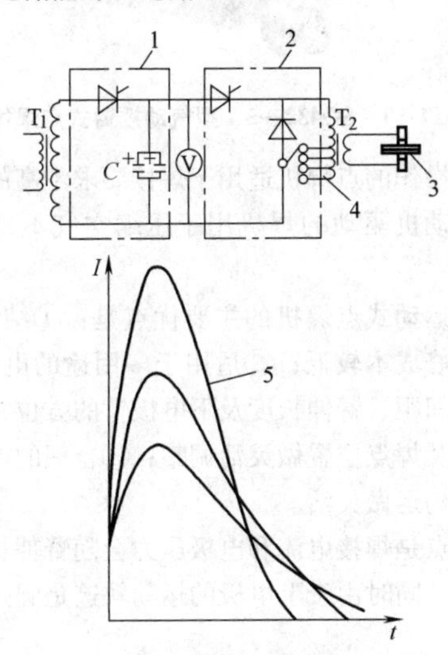

图17-8　储能焊机电路原理图

T_1—中间变压器　C—电容器组　T_2—阻焊变压器

1—充电电路　2—放电电路　3—工件

4—级数调节器　5—放电电流波形

电容储能焊机的特点：

1）要求电网容量小，焊接同样的材料和结构，所需的电网容量仅为交流点焊机的1/10左右，对电网的冲击也小，能有效地利用电力，达到省电的目的。

2）电容储能焊是大电流、短时间焊接，加热集中，接头的外形好、变形小。

3）采用现代电子技术，半导体充放电回路，很容易做到电容器每次焊接供给电能的一致性，并不受网压波动的影响。因而焊接热量极为稳定，接头强度波动小，重复性极好。

其缺点是电容器体积大、价格贵，焊机成本及维修费高。

储能焊质量稳定，可用于对焊接热能要求严格的场合。例如，精密仪器仪表零件、电真空器件、金属细丝，以及异种金属工件的焊接。利用其加热集中的特点，可用于导电、导热性好的铝、铜板焊接[3]，以及大凸缘工件一次凸焊[4]。因此，大容量储能电阻焊机，在某些场合可替代价格更昂贵的低频焊机。

对于不用阻焊变压器的储能焊机，由于重量轻，便于携带，用于安装施工现场进行储能式螺柱焊十分有利。如1台1000J的储能螺柱焊机可焊接直径6mm的碳钢或不锈钢螺柱，焊机重量仅28kg。

17.2.5　逆变式焊机（变频焊机）

逆变式电阻焊机是继逆变式电弧焊机之后，于20世纪80年代中期发展起来的一项新品种。其基本原理是：从电网输入的三相交流电，经桥式整流和滤波后得到较平稳的直流电，经逆变器逆变产生中频交流电（f=600~1000Hz），再向阻焊变压器馈电，阻焊变压器二次输出的低电压交流电经单相全波整流后，提供一个稳定、可以精确调控的直流焊接电流。逆变式电阻焊机通常是用脉宽调制（PWM）方法调节焊接电流的。图17-9是逆变式焊机的电气原理图。

与工频焊机比较，逆变式焊机有以下特点：

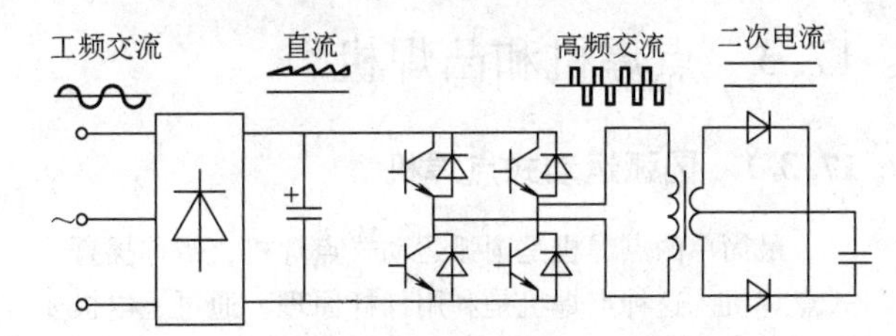

图17-9　逆变式电阻焊机电气原理图

1）焊接电流接近完全直流，热效率高，焊接相同工件电流可降低40%，使可焊范围加大，电极寿命提高，节能效果明显。

2）阻焊变压器的重量和体积减少到相同功率的工频焊机的1/5~1/3，提高了焊机工作的灵活性。逆变与工频阻焊变压器的重量与外形对比表17-5。

表17-5　逆变与工频阻焊变压器重量与外形对比

形式	功率/kVA	U_{20}/V	重量/kg
工频	75	6.8~9.1	83.6
逆变	85	8.9	22.3
	170	13	50
形式	长/cm	宽/cm	高/cm
工频	64.1	15.2	26
逆变	21.6	14.3	22.2
	39.4	21	26.7

3）能提高控制精度和响应速度，容易实现稳定的恒流控制。

4）控制更为可靠。在发现故障，如短路或接地时，IGBT开关可在3μs内切断，比晶闸管快得多。

5）由于二次回路中是高品质的直流，没有感抗损耗，提高节能效果。

逆变式电阻焊机的优良性能，使可焊材料品种增多，能用于可焊性较差、比较复杂的材料，如镀锌钢板、铝合金等的焊接。

在汽车工业中，采用机器人点焊操作时，逆变式焊机优点尤为显著，可使机器人的负荷减轻，操作灵活，结构更为紧凑，便于采用连变压器式焊钳。此外，逆变电源还可用在罐头盒的缝焊上，其特点是不采用二次整流，采用中频交流电（f = 120 ~ 400Hz）直接焊接，以提高焊接速度。

逆变式焊机制造成本近年来有显著降低，现约为工频焊机的2倍左右，但从生产率、用电量、二次电缆及电极的消耗等综合运行费用来考虑，是很有发展前途的一种新设备。随着大功率开关元件及控制技术的不断完善，该类焊机正在迅速得到推广应用[5]。

17.3 点焊机和凸焊机

17.3.1 圆弧运动式点焊机

最简单的点焊机是圆弧运动式点焊机，俗称摇臂式点焊机。这种点焊机是利用杠杆原理，通过上电极臂施加电极压力。上、下电极臂为伸长的圆柱形构件，既传递电极压力，也传递焊接电流。

圆弧运动式点焊机的上电极绕上电极臂支承轴作圆弧运动。当上电极和下电极与工件接触加压时，上电极臂和下电极臂必须处于平行位置。只有这样，才能获得良好的加压状态。如果电极臂的刚度不够，可能发生电极滑移。

加压有3种操作方法：气动、脚踏和电动机-凸轮。图17-10是SO432—5A型气动摇臂式点焊机的外形图。这种焊机的臂伸长度的调节范围是250 ~ 500mm。在气动操作中，焊接程序由控制设备（装于机身内）自动操纵。电极运动快，并容易按工件形状和尺寸的不同而进行适当地调节。

气动摇臂式焊机的电极压力是活塞力与杠杆长度比的乘积。因此，当杆长比一定时，电极压力与用减压阀控制的压缩空气压强成正比。

在脚踏和电动机-凸轮操作的点焊机中，弹簧力代替活塞力，弹簧被脚踏推动的杠杆或被电动机驱动的凸轮压缩。电极压力与弹簧的压缩量成正比。

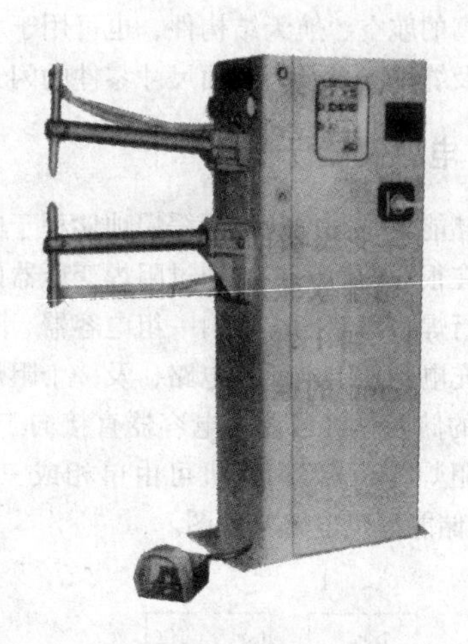

图17-10 SO432—5A型气动摇臂式点焊机

脚踏操作的点焊机适用于焊接要求不高的小批量工件。电动机驱动的焊机用于压缩空气不易得到的场合。

圆弧运动式点焊机的主要优点是：①结构简单，生产及维修成本较低；②适用于多用途的电极变化，即电极臂间距、臂伸长度及下电极臂的方位，均可按工件形状及焊点位置做灵活调整；③合理的杠杆加压和配力结构运做灵活。

其缺点是焊接电流和电极压力会随臂伸长度的变化而变化，同时由于上电极的运动轨迹是圆弧形，不适宜凸焊。

圆弧运动式焊机是钣金、箱体、交叉金属丝焊接的最经济选择。

17.3.2 垂直运动式点/凸焊机

垂直运动式焊机，亦称直压式焊机，适用于要求较高的点焊及凸焊。这类焊机的上电极在有导向构件的控制下作直线运动。电极压力由气缸或液压缸直接作用。

图17-11是DN—63型直压式点焊机的外形图。图17-12是TN—63型凸焊机的外形图。

点焊机的臂伸长度是指电极中心线与机架垂直面之间的距离。凸焊机的臂伸长度是指气缸中心线与机架垂直面之间的距离。凸焊机的刚性要求高，故臂伸长较小，为了扩大使用范围，点焊机的臂伸长度一般较大。

气动系统可用于所有功率的垂直运动式焊机。当要求的电极压力较大时，需用的气缸和气阀的尺寸将很大，动作会减慢，压缩空气的消耗量也增大，这时可采用液压系统。在点焊或凸焊较薄工件时，电极的随动性是很重要的。由于空气的可压缩性，气动焊机

图 17-11　DN—63 型直压式点焊机

图 17-12　TN—63 型凸焊机

的随动性比液压焊机好，故这种情况下通常用气动的。对液压焊机，为改善随动性，需要在液压系统中采用蓄能器，另外还可采用弹簧（或弹性厚橡胶）补偿和减少导轨的阻力，使随动性获得提高。

气动焊机中采用的多为活塞式气缸。为了提高加压系统的随动性，在焊接质量要求严格时，可采用薄膜式气缸。这种气缸由两块连接在同一活塞杆上的薄膜，将气缸隔成四个气室，下面一块直径较小的薄膜所隔的两个气室决定锻压压力，在不同时间对各个气室提供不同压强的压缩空气，便可得到变化的电极压力。

垂直运动式点/凸焊机的特点是：①采用直压式加压机构，焊接速度快；②可分别通过调压阀和节流阀无级调节电极压力和加压速度；③直压式加压，焊接压力稳定，有利于保证焊点的表面及内在质量。

17.3.3　移动式焊机

移动式焊机分为两类：悬挂式焊机和便携式焊机。图 17-13 是 C130S—A 型悬挂式点焊机外形图。图 17-14 是 KT826N4—A 型悬挂式点焊机外形图。C130S—A 型点焊机的阻焊变压器与焊钳是分离的，要通过水冷电缆传递焊接电流。由于阻焊变压器与焊钳之间的电缆增加了二次回路的阻抗，所以这种悬挂式焊机阻焊变压器的二次空载电压较固定式焊机高2～4 倍。KT826N4—A 型悬挂式点焊机的阻焊变压器与焊钳是连成一体的，故与固定式焊机的性能相似。

移动式焊机的控制箱可与阻焊变压器安装在一起并悬挂在一定的空间位置，也可单独放置在地面，以便于调节。

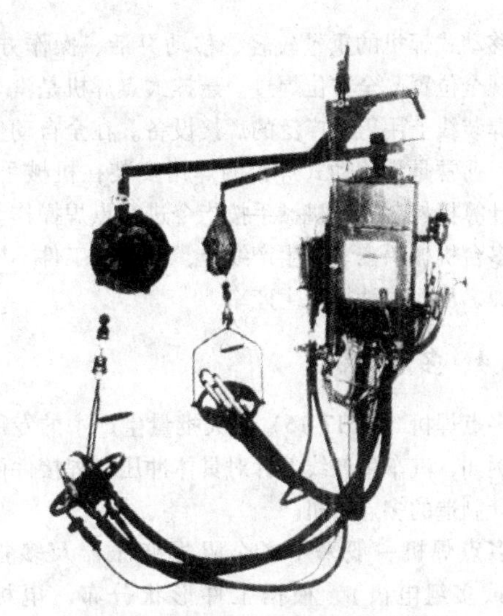

图 17-13　C130S—A 型悬挂式点焊机

图 17-14　KT826N4—A 型悬挂式点焊机

便携式焊机（图 17-15）用于维修工作，为达到简便、轻巧的使用目的，阻焊变压器采用空气自然冷却的形式，这样额定功率很小（2.5kVA），负载持续率非常低（仅能每分钟使用 1 次），但瞬时焊接电流仍可达 7000～10000A。

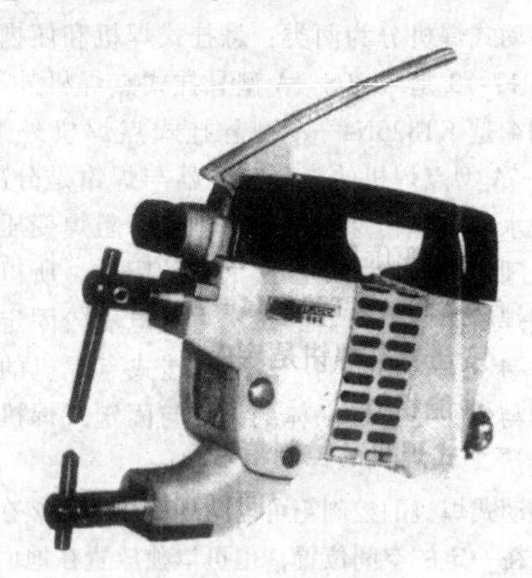

图 17-15　KT218 型便携式点焊机

移动式焊机的重量较轻、移动灵活、操作方便，可实现全位置、全方位焊接。悬挂式点焊机是汽车白车身焊装线上用得最广泛的焊接设备。在全自动生产线上，通常是将移动式焊机的焊钳安装在机械手上，通过计算机控制，使机械手按指令进行点焊操作。还可将多台机械手安装在生产线上，同时对工件不同部位施焊，从而显著提高生产率。

17.3.4　多点焊机

多点焊机（图 17-16）是大批量生产中的专用设备。例如，汽车生产线上针对具体冲压、焊接件而专门设计制造的多点焊机。

多点焊机一般采用多个阻焊变压器及多把焊枪（或多组电极），根据工件形状分布。电极压力通过安装在焊枪上的气缸或液压缸直接作用在电极上。为了达到较小的焊点间距，焊枪外形和尺寸受到限制，有时需要采用液压缸才能满足要求。

20 世纪 70 年代的多点焊机大多采用单面双点焊方式，有些大型的可焊数百点。为了适应加速更新车型的需要，20 世纪 80 年代起已逐步发展成每个工位完成 10～30 余点的多点焊机。同时为了保证焊点质量和控制或检测焊接电流，已从单面双点改用双面单点方式（有时也采用推挽式双面双点），还出现了机头固定，工作台将工件移动到所需焊接部位的柔性多点焊机。

图 17-16　多点焊机（DN13—6×100 型）

17.3.5　典型点焊机和凸焊机的主要技术参数及选用原则

根据点焊机和凸焊机的类型、功率、主电源供电方式等不同，表 17-6 列举了典型点焊机和凸焊机的主要技术参数。

在实际应用中，一般根据被点（凸）焊工件的结构形状、材料种类、板厚等特点，选用不同种类的点（凸）焊机。点（凸）焊机选用原则如下：

1）焊机结构类型的选择，主要考虑工件大小、工件结构、焊点质量要求等因素。例如，工件尺寸不太大，易移动，通常采用固定式点焊机；若对焊点质量要求不高时，可选用制造成本较低的圆弧运动式点焊机，特别是脚踏式点焊机；对焊点内部及表面质量要求较高时，则必须选用垂直运动式点焊机；若工件尺寸很大，且是在固定工位上或流水线上不便移动的，则要选择移动式点焊机。在有些特殊的焊接结构情况下，例如，焊接厚度差比较大的两零件，在不太大的接触面上要形成多个焊点的情况，以及环形焊、T 形焊、线材交叉焊等特殊形式的焊接，为了保证焊接质量，节省焊机功率，建议选用凸焊机焊接。因为凸焊机都是垂直运动式加压机构，焊机刚度好，且加压机构的随动性好。

表 17-6　典型点焊机和凸焊机主要技术参数

焊机类型	型号	特性	额定功率/kVA	负载持续率(%)	二次空载电压/V	电极臂长/mm	焊接板厚度/mm
圆弧运动式点焊机	DN2-75	工频	75	20	3.16~6.24	500	钢 2.5+2.5
	SO432-5A		31	50	2.5~4.6	250~500	钢 2.5+2.5
	DZ-63	二次整流	63	50	3.65~7.31	500	钢 3+3,铝 1+1
垂直运动式点焊机	SDN-16	工频	16	50	1.86~3.65	240	钢 3+3
	DN-63		63	50	3.22~6.67	600	钢 4+4
	DN2-100		100	20	3.65~7.30	500	钢 4+4
	DN2-200		200	20	4.42~8.85	500	钢 6+6
	P260CC-10A	二次整流	152	50	4.52~9.04	1000	钢 6+6,铝 3+3
	P300DT1-A	三相低频	247	50	1.82~7.29	1200	铝合金 3.2+3.2
	DR-100-1	储能	100J	20	充电电压 430	120	不锈钢 0.5+0.5
移动式点焊机	KT-218	工频	2.5	50	2.3	115	钢 2.5+3
	KT-826		26	50	4.7	170	钢 3.5+3.5
	C130S-A2		150	50	14~19	200	钢 3+3
凸焊机	TN-63	工频	63	50	3.22~6.67	250	—
	TN1-200		200	20	4.42~8.85	500	—
	E2012T6-A	二次整流	260	50	2.75~7.60	400	—
	TR-3000	储能	3000J	20	充电电压 420	250	铝点焊 1.5+1.5
	T(D)R-36000	储能	36000J	20	充电电压 420	800	铝点焊 4+4 钢凸焊 8+8

2）焊机主电源类型选择，主要考虑被焊材料的种类和厚度。例如，对于一般厚度不大的低碳钢、不锈钢点（凸）焊，通常选用工频交流点（凸）焊机即可；对于铝合金、耐热合金等材料，或大厚度钢板等点（凸）焊，最好选用二次整流、三相低频或大容量储能点（凸）焊机；而对于仪表、电器等小型结构件点焊，常采用电容储能焊机，以使热量集中，对焊接区周围的热影响也小。

3）焊机功率选择，一般也是考虑被焊材料、板厚。例如，点焊低碳钢薄板（厚度在 2mm 以内），选用 50kVA 以下的点焊机即可，随着钢板厚度增加，所用焊机的功率也需增加；点焊板厚 5mm 以上的低碳钢板，通常需选用 200kVA 以上的点焊机。点焊铝合金所需的焊机功率，大约为点焊同样厚度钢板所需功率的 2~3 倍。凸焊机的功率通常较大（63kVA 以上），也可根据工件的板厚、凸点尺寸及凸点数来选择其大小。

4）焊机臂伸长度选择，主要考虑在额定视在功率相同的情况下，点（凸）焊机的臂伸长度越长，则输出的焊接功率越低。所以，在满足工件结构焊接位置的条件下，尽量选用臂伸长度短的焊机，以利于充分利用输入功率。

17.4　缝焊机

缝焊机除电极及其驱动机构外，其他部分与点焊机基本相似。缝焊机的电极驱动机构一般由电动机通过调速器和万向轴带动电极转动。

根据焊机结构不同，通常有 3 种普通类型的缝焊机。

17.4.1　横向缝焊机

在焊接操作时形成的缝焊接头与焊机的电极臂相垂直的称横向缝焊机。这种焊机用于焊接水平工件的长焊缝以及圆周环形焊缝。例如，用于汽车、摩托车油箱外环缝焊等。图 17-17 是横向缝焊机外形图。

17.4.2　纵向缝焊机

在焊接操作时形成的缝焊接头与焊机的电极臂相平行的称纵向缝焊机。这种焊机用于焊接水平工件的

图 17-17　横向缝焊机

短焊缝，以及圆筒形容器的纵向直缝。图 17-18 是纵向缝焊机外形图。

图 17-18　纵向缝焊机

17.4.3　通用缝焊机

通用缝焊机是一种纵横两用缝焊机，上电极可作 90°旋转，而下电极臂和下电极有两套，一套用于横向，另一套用于纵向，可根据需要进行互换。

缝焊机的传动机构，按焊机的用途及焊接工艺要求不同，可以有连续传动和步进传动两种形式；按带动电极转动的部件不同，可以有齿轮传动或修正轮传动；按焊机类型及被焊工件的形状要求不同，可以单由上电极或单由下电极主动，或者上、下两电极均为主动，横向缝焊机通常是以下电极为主动的，而纵向缝焊机通常是以上电极为主动，通用缝焊机都是以上电极为主动的。

大多数缝焊机的电极转动是连续性的。对于较厚工件或者铝合金工件，缝焊时需采用间隙驱动（步进）施焊，以保证熔核在冷却结晶时有充分的电极压力和施加锻压压力。多数连续驱动的传动机构是由交流电动机和减速-调速器组成的，也有些是用可调速的直流电动机或变频电动机驱动的。

电极的驱动方式可由修正轮或齿轮带动。修正轮带动电极就是用与电极周缘接触的修正轮，依靠一定的摩擦力带动圆盘形电极转动。这种驱动方法在电极直径因磨损而减小时，仍能保持恒定的线速度。齿轮驱动是使电极转动轴由一个受变速驱动的齿轮系统带动，一般只能是上电极或下电极中的一个由齿轮带动，否则要设计差动齿轮机构。在采用齿轮驱动时，随着圆盘形电极直径的磨损，线速度将减小，但可以用提高驱动速度来获得补偿。

缝焊机的导电轴既要不停地旋转又要导电，还要承受加压压力，因此转动时要求轻快，摩擦阻力尽量小，导电时要求接触紧密。它的导电方式通常有滚动接触导电、滑动接触导电及耦合导电三种。从机头性能及焊机的整体使用性考虑，较好及最常用的还是滑动接触导电方式。为更好地满足其使用性能和寿命，应在导电轴与轴座的间隙中加入特制的导电润滑油脂。

17.4.4　典型缝焊机的主要技术参数和选用原则

根据缝焊机的类型、主电源供电方式、功率及焊接速度范围等不同，目前有多种不同型号的缝焊机，表 17-7 列举了典型缝焊机的主要技术参数。

在实际应用中，一般根据被缝焊工件的结构形状、材料种类、板厚及焊缝的密封要求等，选用不同种类的缝焊机。

1）缝焊机结构类型的选择，主要考虑被焊工件的形状及尺寸。当所需焊接的焊缝走向可以与焊机臂伸方向垂直时，尽量选用横缝焊机；当所需焊接的焊缝走向必须与焊机臂伸方向平行时，应选用纵缝焊机；当经常需要更换纵横焊接形式时，则需选用纵横两用的通用型缝焊机。

2）缝焊机主电源类型的选择，主要考虑被焊材料种类、板厚及焊接速度。一般低碳钢、不锈钢材料的低速或中速缝焊，通常选用工频交流缝焊机即可。缝焊铝合金、耐热合金等材料，则需要采用二次整流

表17-7 典型缝焊机主要技术参数

焊机类型	型号	特性	额定功率/kVA	负载持续率(%)	二次空载电压/V	电极臂长/mm	焊接板厚度/mm
横向缝焊机	FN-100	工频	100	50	4.75~6.35	600	钢1.5+1.5
	FN1-150-1		150	50	3.88~7.76	800	钢2+2
	FN1-150-8		150	50	4.52~9.04	1000	钢2+2
	M230-4A		290	50	5.85~9.80	400	镀层钢板1.5+1.5
	FZ-100	二次整流	100	50	3.52~7.04	610	钢2+2
纵向缝焊机	FN1-150-2	工频	150	50	3.88~7.76	800	钢2+2
	FN1-150-5		150	50	4.80~9.58	1100	钢1.5+1.5
通用缝焊机	M272-6A	工频	110	50	4.75~6.35	600(横) 670(纵)	钢1.5+1.5
	M272-10A		170	50	4.2~8.4	1000(横) 1070(纵)	钢1.25+1.25
	M300ST1-A	低频	350	50	2.85~5.70	800	铝合金2.5+2.5

或三相低频缝焊机。此外，低碳钢板高速搭接连续缝焊（15m/min以上）。如需得到气密焊缝，也需要采用二次整流缝焊机。低碳钢薄板高速缝焊，最好采用逆变式缝焊机。

3）缝焊机功率选择，一般也是考虑被焊材料性质、板厚及焊接速度等。随着材料的导电性、导热性、板厚以及焊接速度的增加，所需焊机的功率也需增加。

17.5 闪光对焊机和电阻对焊机

17.5.1 闪光对焊机

1台标准的闪光对焊机包括：机架、闪光和顶锻机构、夹具和夹紧机构、阻焊变压器和级数调节组，以及配套的电气控制箱。

对焊机的阻焊变压器实质上和其他类型电阻焊机的阻焊变压器相同。阻焊变压器的一次线圈与级数调节组，通过电磁接触器或由晶闸管组成的主电力开关与电网接通。当采用晶闸管开关时，还可配合热量控制器，以便为预热或焊后热处理提供较小的电功率。

1. 夹具和夹紧机构

对焊机的夹具包括静夹具和动夹具两部分。通常，静夹具固定安装在机架上，并与机架在电气上绝缘。大多数焊机中还有活动调节部件，以保证电极和工件焊接时对准中心线。动夹具则安装在活动导轨上，并与闪光和顶锻机构相连接。夹具座由于承受很大的钳口夹紧力，通常都用铸钢件或焊接结构件。两个夹具上的导电钳口分别与阻焊变压器的二次输出端相连。钳口一方面夹持工件，另一方面还要向工件传递焊接电流。

夹具在顶锻时需阻止工件打滑，夹紧力一般为顶锻力的2.5~3倍，同时还支承工件并使之对准中心线。因此夹具应是可调节的。另外为适应不同长度和几何形状的工件，夹具也应可调换。夹具在结构上必须有足够刚性，才能承受顶锻压力而不变形。当工件允许用止挡块时，夹具的夹紧力只需保证良好的电接触及维持端面对中即可。

不同的夹紧机构可以容纳不同形式的工件。这些机构可以分为在垂直位置工作或在水平位置工作。垂直夹紧机构常用于棒类毛坯或其他紧凑截面的工件。图17-19和图17-20是这种类型对焊机的外形图。

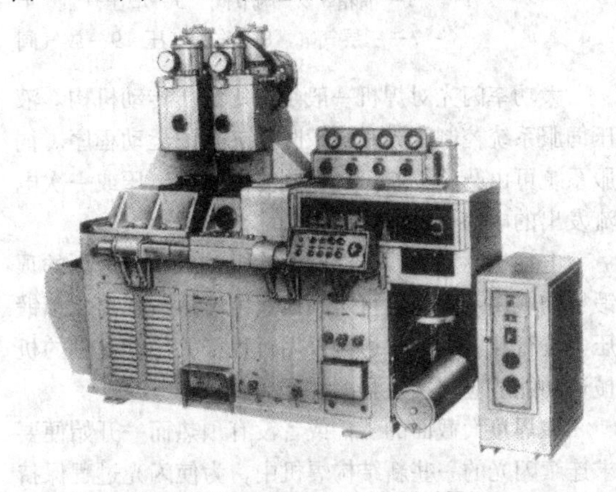

图17-19 UN17—150—1型对焊机

图 17-20　UN—40 型对焊机

夹紧机构的动力源有手动、气压及气-液压等几种形式，以适合各种工件形状、尺寸以及焊机功率等的要求。在中小功率的对焊机中，常采用手动夹紧机构和气压夹紧机构。在大功率对焊机上，则须采用气-液压夹紧或液压夹紧机构。

2. 闪光和顶锻机构

用于闪光和顶锻的机构类型取决于焊机的大小和使用的要求，有杠杆扩力机构、凸轮机构、气-液压传动及液压传动机构等。

最简单的闪光顶锻机构是手工操作的杠杆扩力机构。这种机构所能得到的顶锻力是靠人力产生，所以不够稳定，而且顶锻速度低，只能用于要求不高的场合。

用电动机驱动的凸轮机构，凸轮是按特定的曲线制成的。凸轮的旋转速度决定着闪光时间。动夹具可由凸轮直接驱动或者通过杠杆机构推动。凸轮送进机构具有结构简单、闪光稳定，便于自动控制等优点。其缺点是顶锻速度受到限制，凸轮的制造要求高，闪光位移曲线变化困难等。

中等功率的闪光焊机多采用气－液压联合闪光和顶锻机构，如图 17-21 所示。这种机构的优点是闪光速度可随意调节，顶锻速度快，顶锻力大。由于采用了行程控制放大装置，故控制准确、稳定性好。

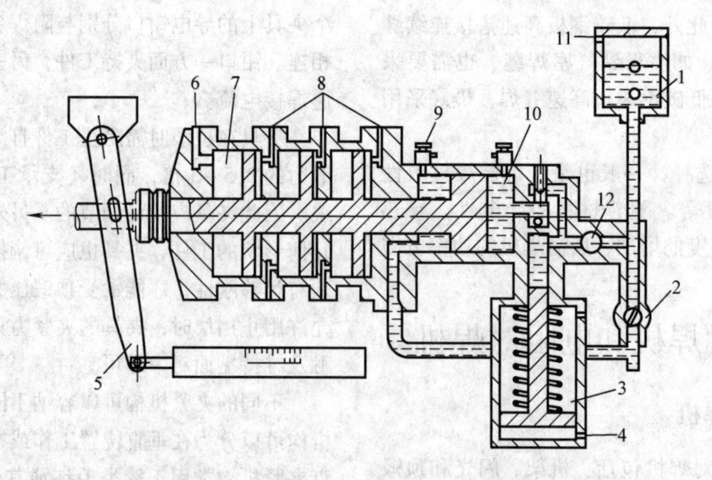

图 17-21　气-液压联合闪光顶锻机构

1—油箱　2—调节阀　3—增压气缸　4—顶锻气压　5—行程放大杠杆　6—后退气压　7—三层气缸　8—前进气压　9—放气阀　10—阻尼油缸　11—油面气压　12—旁路阀

大功率闪光对焊机一般是采用液压传动机构。液压伺服系统控制闪光和顶锻时动夹具的运动程序。伺服系统可由凸轮控制，也可同时由二次电压或一次电流发出的电信号进行控制。

电动机驱动的闪光凸轮机构可与气动或液压的顶锻机构联用。联用后可对顶锻速度、顶锻距离及顶锻压力进行独立调节。通常采用行程开关使动夹具的机械运动能适应焊接过程的需要。

在焊接大截面的工件或者没有预热而一开始便要求连续闪光的一些新结构焊机中，为使闪光过程保持稳定，防止可能产生的瞬间短路现象，采用了振动闪光过程。这就使动夹具在前进过程中以一定的振幅和频率作前后振动。

为改善焊接接头的力学性能，瑞士生产的一种钢轨对焊机中将顶锻过程分为合缝顶锻和可控顶锻两个程序。合缝顶锻是使工件结合面在闪光终止时高速合缝。可控顶锻是以较小的顶锻力使工件逐渐完成塑性变形，避免由于过大变形量而使接头区域硬化。

17.5.2　电阻对焊机

电阻对焊机除了没有闪光过程外，其原理与闪光对焊机十分相似。典型的电阻对焊机包括一个容纳阻焊变压器及级数调节组的主机架、夹持工件并传递焊接电流的电极钳口和顶锻机构。

最简单的电阻对焊机是手工操作的。自动电阻对焊机可以采用弹簧或气缸提供压力。这样得到的压力稳定，适合焊接塑性范围很窄的有色金属。

17.5.3　典型对焊机的主要技术参数和选用原则

典型对焊机的主要技术参数列于表17-8。

一般根据被焊工件的结构特点、截面形状及尺寸、材料种类等，来选择不同种类的对焊机。

1）根据工件截面大小及形状选择对焊机类型。对于截面面积小于300mm^{2}的紧凑小截面工件对焊，可以选用结构较简单、功率较小、手工操作的小型电阻对焊机；对于焊接截面尺寸较大或展开截面的工件，则必须选用相应功率的闪光对焊机；对于一些特殊形状的工件，例如，链条、钢窗、薄板、轮圈、钢轨等，则需要选用相应的专用闪光对焊机。

表17-8　典型对焊机的主要技术参数

焊机类型		型号	送进机构	额定功率/kVA	负载持续率（%）	二次空载电压/V	夹紧力/kN	顶锻力/kN	碳钢焊接断面面积/mm^2
电阻对焊	通用	UN—1	弹簧加压	1	8	0.5~1.5	80	40	1.1
		UN—3		3	15	1~2	450	180	5.0
		UN—10		10	15	1.6~3.2	900	350	50
		UN1—25	人力-杠杆	25	20	1.76~3.52	偏心轮	—	300
闪光对焊	通用	UN—40	气-液压	40	50	3.7~6.3	45	14	320
		UN1—75	杠杆	75	20	3.52~7.04	螺旋	30	600
		UN2—150—2	电动机凸轮	150	20	4.05~8.10	100	65	1000
		UN17—150—1	气-液压	150	50	3.8~7.6	160	80	1000
	钢窗专用	UY—125		125	50	5.51~10.85	75	45	400
	薄板专用	UY5—300	凸轮烧化气-液压顶锻	300	20	2.84~9.05	350	250	2500
	轮圈专用	UN7—400		400	50	6.55~11.18	680	340	2000
	钢轨专用	UN6—500	液压	500	40	6.8~13.6	600	350	8500

2）对焊机的功率一般根据被焊工件的焊接截面尺寸及工件材料种类和对焊方法等来定。例如，低碳钢连续闪光对焊的比功率通常为20~30kVA/cm^2，而预热闪光对焊为10~20kVA/cm^2。

17.6　电阻焊机的电极

在点焊、缝焊、凸焊和对焊等电阻焊设备中都需要采用电极，它是电阻焊机上的一个关键的易损耗零件。电极的功能是向被焊工件传送电流和焊接力，并消散工件表面的热量，有时还兼做焊模或定位夹具等。所以，电极的材料、形状、工作端面的形状和尺寸以及冷却条件等对焊接质量、生产率及电极消耗都有重大的影响。

17.6.1　电极材料

电阻焊电极和附件用材料的成分和性能见表17-9。

随着现代化工业尤其是汽车工业中焊接生产节拍的不断提高，以及镀锌钢板和高强度钢板等新材料的大量使用，对电阻焊电极材料的综合性能指标提出了更高的要求。新型的弥散强化铜合金复合材料在高温强度和导电性能的综合匹配上，明显优于常用的电阻焊电极。汽车板焊接中证明：弥散强化铜合金材料电极的使用寿命为铬铜电极的4~10倍。

17.6.2　电极结构

电阻焊电极根据其焊接工艺方法不同，可以分成点焊电极、凸焊电极、缝焊电极和对焊电极四大类。由于它们各自的工艺特点、使用要求，以及所配的焊机形式不同，它们具有不同的结构特点。

点焊电极应用得最广泛。它一般由端部、主体、尾部三部分组成。图17-22是标准点焊直电极。图17-23列出了几种典型的结构。

最常用的凸焊电极是平面形的，也有球面或凹面，以及工作端面与工件外形相适应的电极，如图17-24所示[5]。

表 17-9　电阻焊电极和附件用材料的成分和性能[5]

材料名称	化学成分（质量分数，%）	材料性能			适用范围
		硬度 HV (30kg)	电导率 /(MS/m)	软化温度 /K	
纯铜 Cu—ETP	Cu：≥99.9	50～90	56	423	适用于制造焊铝及铝合金的电极，也可用于镀层钢板的点焊
镉铜 CuCd1	Cd：0.7～1.3	90～95	43～45	523	
锆铌铜 CuZrNb	Zr：0.10～0.25	107	48	773	
铬铜 CuCr1	Cr：0.3～1.2	100～140	43	748	最通用的电极材料，广泛用于点焊低碳钢、低合金钢、不锈钢、高温合金，以及电导率低的铜合金和镀层钢等
铬锆铜 CuCrZr	Cr：0.25～0.65 Zr：0.08～0.20	135	43	823	
铬铝镁铜 CuCrAlMg	Cr：0.4～0.7 Al：0.15～0.25 Mg：0.15～0.25	126	40	—	
铬锆铌铜 CuCrZrNb	Cr：0.15～0.4 Zr：0.10～0.25 Nb：0.08～0.25 Ce：0.02～0.16	142	45	848	
铍钴铜 CuCo2Be	Co：2.0～2.8 Be：0.4～0.7	180～190	23	748	适用于点焊电阻率和高温强度高的材料，如不锈钢、高温合金等，还适用于凸焊或对焊电极夹具及镶嵌电极
硅镍铜 CuNi2Si	Ni：1.6～2.5 Si：0.5～0.8	168～200	17～19	773	
钴铬硅铜 CuCo2CrSi	Co：1.8～2.3 Cr：0.3～1.0 Si：0.3～1.0 Nb：0.05～0.15	183	26	600 873	
钨 W	99.5	420	17	1273	点焊高导电性能有色金属（Ag、Cu）的复合电极镶块
钼 Mo	99.5	150	17	1273	
W75Cu	Cu：25	220	17	1273	复合电极镶块材料，凸焊、对焊时镶嵌电极
W78Cu	Cu：22	240	16	1273	
WC70Cu	Cu：30	300	12	1273	
W65Ag	Ag：35	140	29	1173	抗氧化性好

注：1. 钨、钼、W75Cu、W78Cu、WC70Cu 和 W65Ag 为烧结材料，其余材料均为冷拔棒和锻件。
2. 对于硬度，锻件取低限，直径小于25mm 的冷拔棒取高限。
3. HV（30kg）是指加 30kg 砝码的 HV 值。

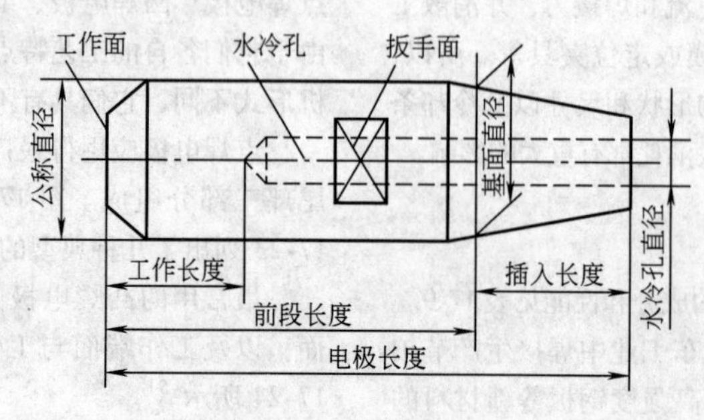

图 17-22　点焊直电极

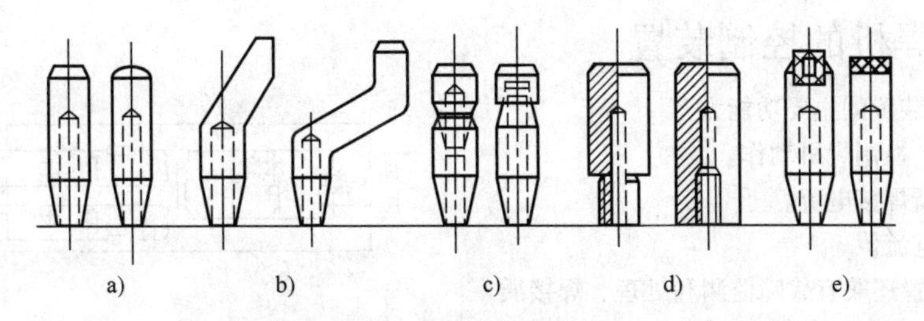

图17-23 常用点焊电极的结构形式

a）标准直电极 b）弯电极 c）帽式电极 d）螺纹电极 e）复合电极

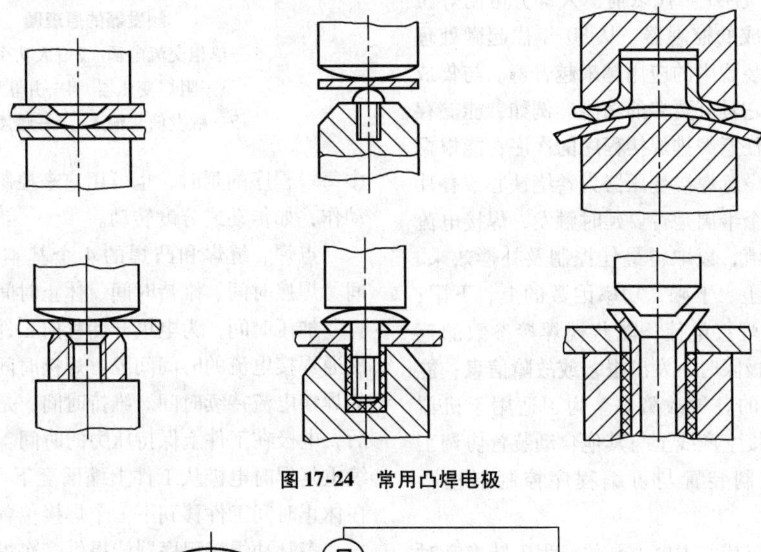

图17-24 常用凸焊电极

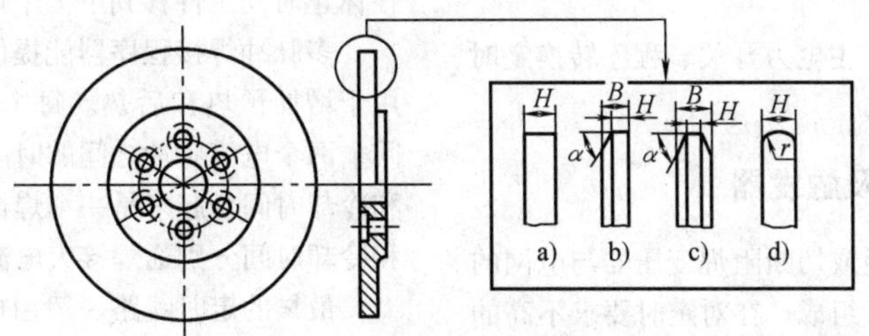

图17-25 横焊焊轮形状

a）平面形 b）单边倒角形 c）双边倒角形 d）球面形

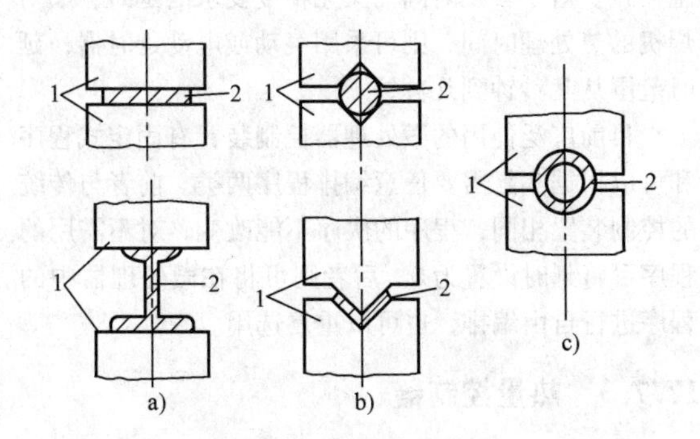

图17-26 对焊电极的形状

a）平面形钳口 b）V形钳口 c）半圆形钳口

1—钳口 2—工件

缝焊电极通常采用圆形滚盘式，故也被称作为焊轮。其基本结构如图17-25所示。缝焊电极结构一般由轮缘端面外形、焊轮直径、焊轮宽度、冷却方式和安装形式等因素决定。

对焊电极钳口的形状、尺寸通常根据被焊工件的形状和尺寸来考虑，如图17-26所示。平面形钳口常用于焊接板材、钢轨等工件；V形钳口常用于对焊直径较小的圆棒或圆管、角钢等；而半圆形钳口常用于对焊直径较大的圆棒或圆管，钳口的曲率半径应与工件的外径相吻合，以保证电极与工件有较大的接触面。

17.7　电阻焊机的控制装置

电阻焊机控制装置的主要功能为：

1）提供信号，控制焊机动作。

2）接通和切断焊接电流。

3）控制焊接电流值。

先进的控制装置还兼有故障监测和处理、焊接质量监控等功能。

最简单的电阻焊机控制装置仅由行程开关和电磁接触器组成。20世纪80年代以前，大部分电阻焊机均采用集成元件组成的控制器。从80年代起微处理器在电阻焊机控制装置中的应用越来越普遍。与集成元件控制器相比，它具有更多的功能。例如，能储存多个焊接程序；能任意编排焊接程序的次序；能根据焊接环境的变化，设置焊接变压器为卷绕铁心或叠片铁心，以决定第一个半周是否要延时触发，焊接电流为工频交流还是直流，以取得最佳控制及补偿效果，可设置焊接电流的上、下限，功率因数的上、下限；能随焊点逐步递增焊接电流；能监视焊接参数的范围，当超出设定的极限时，发出报警或故障信息；能自诊断控制器发生的各种故障等。为了适用于机器人，专用焊机在焊接生产线上与其他自动装置协调工作，可将电阻焊控制装置与可编程序控制器进行集成。

控制装置一般包括：主电力开关、程序转换定时器、热量控制器。

17.7.1　主电力开关及触发器

主电力开关用于接通或切断阻焊变压器与电网的连接，通常均采用晶闸管组成。在对定时要求不高的场合，也可采用电磁接触器。主电力开关一般由2只晶闸管反向并联构成，上下用通水导电冷却板夹持，电流从冷却板上引出。新型的晶闸管结构只在晶闸管一边装有冷却板，此冷却板与晶闸管导电板之间有薄的导热绝缘层隔开。这样可避免晶闸管损坏，但更换时必须拆装冷却水管。

触发器是将触发脉冲耦合输出到受控制的晶闸管。一般均采用光电耦合方式，以防止干扰信号造成晶闸管误触发，并将与电源连接的高压回路与逻辑电平的低压控制回路相隔离。

图17-27是单相晶闸管主电力开关及触发器原理图。

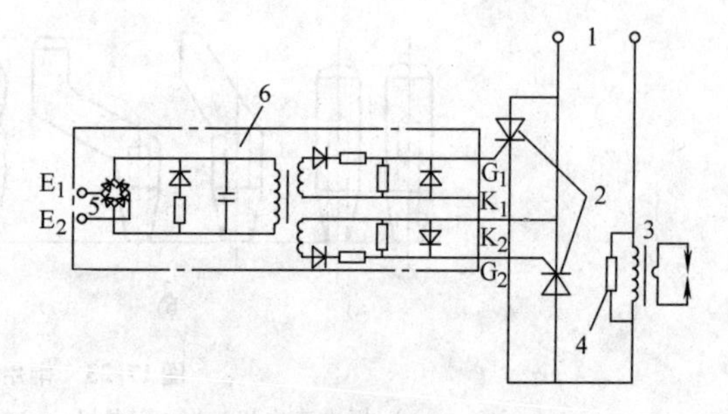

图17-27　单相主电力开关及触发器的原理图

1—单相交流电源　2—大功率晶闸管
3—阻焊变压器　4—并联电阻
5—触发信号输入　6—触发电路

17.7.2　程序转换定时器

程序转换定时器用于控制一个完整的电阻焊程序中每段程序的延时，也可用它来控制焊机的其他部分动作，如传动或分度转动。

点焊、缝焊和凸焊的4个基本程序为：加压时间、焊接时间、维持时间、休止时间。

加压时间，为电极开始移向工件进行加压到第一次通焊接电流的时间间隔。焊接时间，是单脉冲焊时的焊接电流持续时间。维持时间，是当焊接电流切断后，电极在工件上保持压力的时间。休止时间，是连续重复焊时电极从工件上缩回至下一次加压的时间。在休止时间工件移到下一个焊接位置。

多脉冲焊接程序器能提供多次焊接电流脉冲，如用于增加预热和后热。每个通电脉冲时间为加热时间，两个电流脉冲之间的时间为冷却时间。加热时间和冷却时间合起来是一个焊接时间间隔，也有在加热和冷却时间分别通焊接大电流和小电流。

最早的定时线路一般由电阻电容组成，利用RC时间常数来达到定时目的。20世纪80年代后的控制装置大多改用计数器，以保证延时周数与设定周数完全一致。对于较长时间而又无精度要求的延时，如对焊机的热处理时间，则可采用气动或电动延时器，延时范围从几秒钟到几分钟。

目前广泛使用的微处理器控制装置有固定式程序和可以根据实际需要任意编排程序两类。前者与传统的控制装置相同，程序的次序不能改变，对不需用的程序可将延时设置为0。后者则可将在微处理器中的程序进行自由编排，也可以重复选用。

17.7.3　热量控制器

焊接时的热量调节，即焊接电流的调节，可通过改变阻焊变压器一次匝数进行有级调节。热量的精细调节必须依靠电子热量控制线路。它是利用控制晶闸管主电力开关的控制角进行无级调节，这就称为热量调节。控制角的精确控制不仅对控制十分重要，而且如果正负半波的控制角有偏差，还将导致焊接变压器直流磁化。

在电子热量控制线路中，为了取得所需的热量，将晶闸管控制角度相对于电网每个半波起始点进行移相。热量与移相角的关系可用图17-28来说明[6]。当移相角为180°时，晶闸管不触发，热量为零；当移相角逐步减小时，晶闸管触发时间逐步提前，导电时间逐步延长，加在焊接变压器一次上的均方根电压值也在逐步提高；当移相角等于负载功率因数角时，焊接变压器的一次电流为100%全导通。图17-28上列出了4种功率因数下的热量调节范围。从图上可见，功率因数越高，热量调节范围越广。

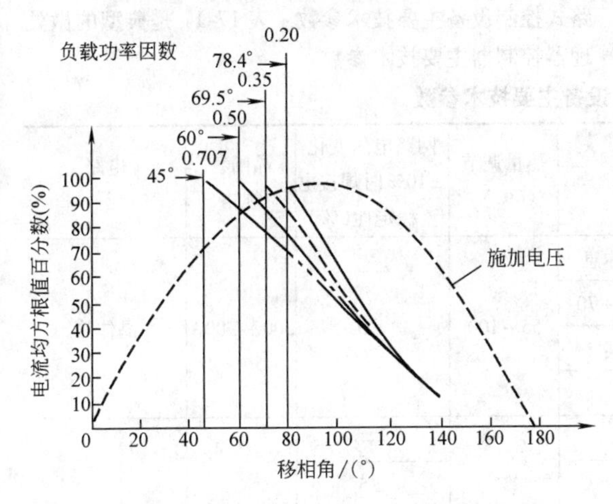

图17-28　在不同功率因数下电流均方根值

由于热量与电流平方成比例，当焊接电流均方根值从100%调节到20%时，热量将从100%减少到4%。一般情况，供电功率也同热量成正比。如果焊接电流设定为最大值的80%，供电功率也为最大值的80%。如果改变变压器级数来调节，则供电功率仅为最大值的64%。因此控制器热量不宜调节得太低。

目前，很多电阻焊热量控制器兼有热量自动控制功能。它包括自动电网电压补偿、自动电流补偿、电流上坡、电流下坡、预热及后热、点焊电流递增器等。

（1）自动电网电压补偿（AVC模式）　它也称作恒电压控制，能在通电的每个周波里对电网电压及功率因数进行采样，并与设定值对比得出下一个周波晶闸管的控制角度。电网电压补偿范围一般可达到±15%。为了避免电网电压补偿时触发移相超限，在设定热量百分数时应留有余量。新的微机控制器还能设定电网电压额定值，以达到更合理的补偿范围，如供电电压经常偏低处于360V左右，就可将额定电压设定为360V。这样电网电压补偿就以360V为基准而不是380V。

（2）自动电流补偿（ACC模式）　它也称作恒电流控制，用取自焊接变压器一次或二次电流的信号与设定值比较，自动改变触发移相角，以达到维持焊接电流恒定的目的。这种方式可以补偿电网电压变化，以及二次回路阻抗的变化。但设定焊接电流时，需要注意焊接变压器调节级数是否恰当，否则控制器将会在补偿时超出极限，无法输出所设定的电流值。目前多数用户都选用这一补偿模式。

（3）上坡与下坡控制　上坡控制是使热量从第一个周波的较低值在若干个周波内上升到设定值。下坡则相反。上坡控制能防止或减少工件间发生的喷溅，适合于焊接有镀层钢板和有色金属（特别是铝合金）。下坡控制则能降低焊接区域的冷却速度，减少有淬火倾向的材料发生裂缝。

（4）预热和后热　预热为在低于规定焊接电流条件下先通几周电流，经几个周波冷却后再接通焊接电流。预热能使电极更好地压紧工件。后热为在焊接电流切断后，经几个周波的冷却时间，再通几个周波低于焊接热量的回火电流，对工件进行回火。

（5）电流递增器　在大批量生产线上，点焊机电极端面经一定次数点焊后会发生变形，导致尺寸增大。同时由于沾上工件上的镀层或油污造成焊点强度下降。电流递增器就是在焊接一定点数后，分级按不同斜率增加热量，保持电流密度恒定，以保证焊点强度。当焊接到最后一级的最后一点时，控制器发出信号，要求更换电极。这里控制器还需要考虑新电极和修磨后电极对电流递增器起始点和斜率的不同要求。

另有一种智能型电流递增器，能使焊接电流自动递增或递减，保持在即将发生喷溅的边缘，以保证焊点的强度。其机理为监视焊接电流每个相邻周波的功率因数变化，当变化大于某一限值时即判定为有喷溅。

17.7.4　故障显示和自诊断等其他功能

新型的微处理器控制器除了可设置多项正常焊接程序外，通常还能提供许多其他功能。

1）能设定电流随电流递增器的递增而变化的动态电流的上、下限。

2）能设定功率因数上、下限和折算到额定电网电压时，每1%热量输出的焊接电流上、下限，以监视焊接回路的变化状况。

3）能在焊接电流低于设定值时自动进行补焊。

4）能等待电网电压高于某一设定值时才开始焊接。

5）能测定上、下电极闭合并达到一定压力时才开始焊接，以节省预压时间。

6）能监视晶闸管开关是否存在短路或误触发。

7）能自诊断并显示所发现的故障和输入、输出所处状态。

17.7.5　电阻焊机的群控及网络化控制

由于大部分电阻焊机为单相供电，焊接通电时间仅几个周波，而实际焊接功率往往比额定功率还要大上好几倍。

对供电容量有限的中小型企业，由于电网超负荷工作经常出现跳闸而无法正常生产，直接影响焊接质量。电阻焊机的群控是将焊机按容量平均分配到三相中去。通常，采用电网负荷分配器，使各台焊机不在同一时间通电，是一个合理而经济的解决方法。分配器线路工作的可靠性，可以采用继电器组成的逻辑电路或可编程序控制器控制。

在大规模使用电阻焊机的场合，如汽车车身生产线，可将多台电阻焊控制器用本区网络（LAN）联网。简单的联网可用个人计算机（PC）通过调制解调器（MODEM）与数十台焊接微处理器交换信息，如编写焊接程序、监视和收集焊接数据、保存焊接数据档案库。更大规模可将数百台焊接微处理器联网，主机与焊接微处理器之间不仅能进行数据比较和交换，而且还能对数据进行分析。

17.7.6　典型控制设备的主要技术参数

目前电阻焊机上配用的控制装置有微处理器式、集成电路式和少量晶体管式。表 17-10 是典型集成电路式控制设备主要技术参数。表 17-11 是典型的微处理器控制器主要技术参数。

表 17-10　典型控制设备主要技术参数

<table>
<tr><th>类型</th><th>型号</th><th colspan="4">延时范围/周</th><th>热量调节（%）</th><th>网路电压变化±10%时焊接电流稳定性（%）</th><th>晶闸管规格</th><th>电路元件</th></tr>
<tr><td rowspan="2">点焊</td><td rowspan="2">KD7—500—3</td><td>加压</td><td>焊接</td><td>维持</td><td>休息</td><td rowspan="4">55~100</td><td rowspan="4">±5</td><td rowspan="4">500A/900A</td><td rowspan="4">晶体管</td></tr>
<tr><td>2~70</td><td>1~300</td><td>2~70</td><td>2~70</td></tr>
<tr><td rowspan="2">缝焊</td><td rowspan="2">KF4—500—1</td><td colspan="2">脉冲时间</td><td colspan="2">休止时间</td></tr>
<tr><td colspan="2">1~20</td><td colspan="2">1~20</td></tr>
<tr><td rowspan="3">点焊或缝焊</td><td rowspan="2">KD9—500</td><td>程序 1</td><td colspan="3">程序 2,3,4,5</td><td rowspan="7">40~100</td><td>—</td><td rowspan="7">500A/
1200A
（组合式）</td><td rowspan="7">集成电路</td></tr>
<tr><td>3~100</td><td colspan="3">0~99</td><td rowspan="2">±5</td></tr>
<tr><td>KD9—500A</td><td>3~100</td><td colspan="3">0~99</td></tr>
<tr><td rowspan="2">点焊或凸焊（双脉冲）①</td><td rowspan="2">KD10—500</td><td>程序 1</td><td colspan="2">程序 2,3,4,5</td><td>程序 6,7</td><td rowspan="2">—</td></tr>
<tr><td>3~100</td><td colspan="2">0~99</td><td>0~9</td></tr>
<tr><td rowspan="2">点焊或凸焊（双脉冲）②</td><td rowspan="2">KD10—500A</td><td>程序 1</td><td colspan="2">程序 2，3，4
5，6，7，8，9</td><td>锻压延时</td><td rowspan="2">±5</td></tr>
<tr><td>2~200</td><td colspan="2">0~99</td><td>0~99</td></tr>
</table>

① 控制器可对两组焊接参数，即焊接参数Ⅰ、焊接参数Ⅱ进行控制。每组焊接参数的程序过程相同，各程序时间范围及热量调节均符合表中规定。

② 控制器有 2 个加热脉冲，各个脉冲的延时及热量均可独立调节，并能进行脉冲调制，成为多脉冲加热形式。

表 17-11　微处理器控制器主要技术参数

型号	200S	700S	3000S
电源电压	200/380 单相	380 单/三相	380 单相
晶闸管容量/kA	0.2~1.1	0.5~1.1	0.5~1.1
热量调节（%）	20~99	20~99	20~99
补偿模式	AVC/ACC	AVC~ACC	AVC/ACC
补偿响应速度/周	3	1	1

（续）

型号	200S	700S	3000S
网路电压变化±15%时，焊接电流稳定性(%)	-3~3	-3~3	-3~3
可设定程序数	7	7	31
故障显示方法	代码	文字	文字
焊接数据显示内容			有
焊接时网路电压/V	最低值	最低值	平均/最高/最低
焊接时功率因数	平均值	平均值	平均/最高/最低
焊接时 C 系数①	—	—	平均/最高/最低
热量显示	—	—	有
通电时间/周	—	—	有
启动程序号	有	有	有
启动控制器号	—	—	有
电流上、下限	有	有	有
电流递增器极限	有	有	有
C 系数上、下限	—	—	有
功率因数上、下限	—	—	有
AVC 补偿极限	有	有	有
ACC 补偿极限	有	有	有
晶闸管短路/误触发	有	有	有
焊接变压器/晶闸管过热	有	有	有
没有过零同步信号	有	有	有
存储器数据出错	有	有	有

① C 系数是折算到额定供电电压下，每 1% 热量焊机能提供的焊接电流安培数。C 系数的变化表明焊接环境的变化，例如二次回路电阻或电抗的变化。

17.8 电阻焊机的安装、调试、保养和安全使用

17.8.1 电阻焊机的安装

1. 供电电源及电缆选择

合适的电源是电阻焊机能达到预期焊接质量和生产率的先决条件之一，工厂电网供电系统主要由电力变压器、馈电电缆、装有分断开关和指示仪表的开关板组成。

电力变压器和馈电电缆是否合适，要由两个因素决定：允许的电压降和允许的发热程度。对于多数电阻焊设备而言，允许的电压降是决定性因素，但也必须考虑发热因素。

根据电压降来确定向一台电阻焊机供电的电力变压器功率的大小时，首先要确定焊机规定的最大允许压降。当同一台电力变压器向两台或多台焊机供电时，由一台焊机引起的电压降将会反映在第二台焊机的工作中。因而，为保证焊接质量，不论向单台或多台焊机供电时，规定总电压降不超过 5% 是合适的。最大时也不应超过 10%。电压降应在焊机所在处测量。

图 17-29 为焊机瞬时负荷对变电所造成的电压降计算图。

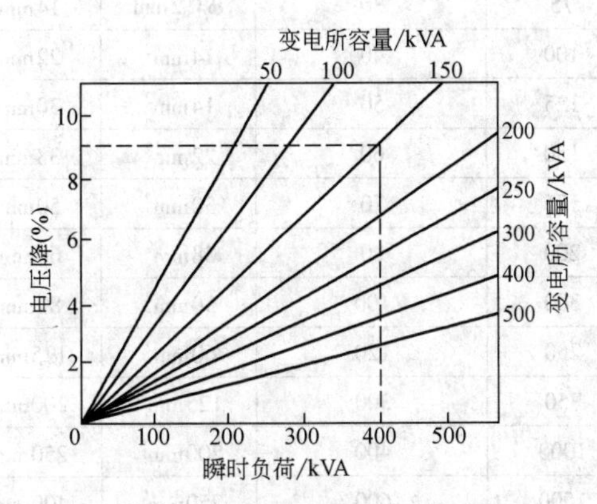

图 17-29 瞬时负荷引起的电压降

同时，由于电阻焊机容量大，还必须考虑一次电缆长度引起的线路压降。图17-30是单相配线时的压降计算。电阻焊机的配线可参照表17-12。

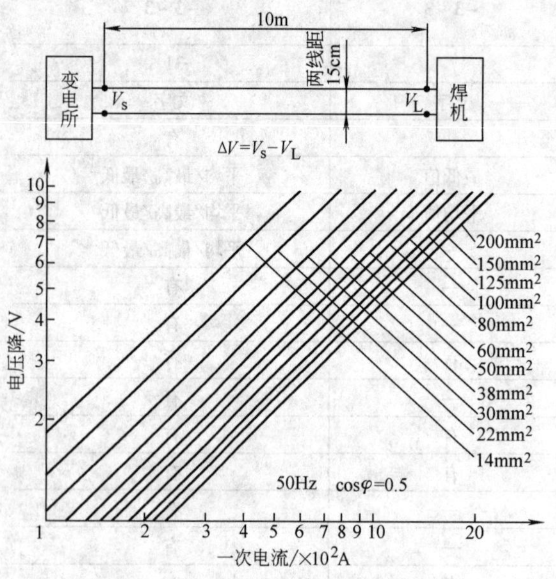

图17-30 单相配线时每10m的电压降

此外，对单台焊机，如只根据发热程度考虑时，确定电力变压器功率的大小是比较简单的，因为一般阻焊变压器的额定功率是根据发热程度确定的。由于电力变压器通常是100%工作制，而阻焊变压器的负载持续率为50%，所以当只以发热为基础时，向一台给定的焊机供电的电力变压器的等效额定值等于该焊机变压器额定值（负载持续率为50%）的70.7%。例如：一台正常运行的150kVA缝焊机所需的电力变压器的功率可为106kVA。

2. 压缩空气源的选择

绝大多数电阻焊机采用气动加压方式，焊机工作时气压最高为0.5MPa，故应选用至少为0.6MPa的气源。耗气量可根据节拍快慢计算。为稳定气源压力，必要时应增设储气罐。当希望压力波动小于5%时，储气罐容量应为一个循环耗气量的20倍。在气路中希望接有气水分离装置，以去除压缩空气中的水分。

3. 冷却系统的选择

电阻焊机大多采用水冷，冷却部件有晶闸管、二次整流二极管、焊接变压器二次绕组、焊接回路及电极等。要求入口水压不低于0.2MPa，水温不大于30℃，水质干净，水的电阻率在5kΩ · cm以上。对于重要设备或部件，常采用蒸馏水闭路循环并配制冷系统。北方地区冬季下班后应将焊机管道内的水排空，防止冻裂。进水管材用φ10～φ20mm内径的管子，排水管宜用φ25mm内径的管子。

表17-12 电阻焊机配线参照表[1]

最大一次电流/A	最大单相输入容量/kVA（400V时）	一次电缆最小规格		开关规格/A	保护器		接地线规格
		外部配线	金属管配线		熔断器	断路器	
15	<6	φ1.6mm	φ1.6mm	15	15	20	φ1.6mm
20	8	φ1.6mm	φ1.6mm	30	20	20	φ1.6mm
30	12	φ1.6mm	φ2.0mm	30	20	30	φ1.6mm
40	16	φ2.0mm	φ2.6mm	30	30	30	φ1.6mm
50	20	φ2.0mm	8mm²	50	30	30	φ2.0mm
75	30	φ3.2mm	14mm²	50	50	50	φ2.6mm
100	40	14mm²	22mm²	100	75	75	φ2.6mm
125	50	14mm²	30mm²	100	75	75	φ2.6mm
150	60	22mm²	38mm²	100	100	125	14mm²
175	70	30mm²	50mm²	200	125	150	14mm²
200	80	38mm²	60mm²	200	150	175	14mm²
300	100	50mm²	80mm²	200	150	200	14mm²
250	120	60mm²	125mm²	200	200	225	22mm²
750	300	125mm²	200mm²	500	400	600	38mm²
1000	400	200mm²	250mm²	750	750	800	50mm²
1500	600	250mm²	400mm²	1200	1000	1000	60mm²

4. 安装位置

焊机应远离有激烈振动的设备，如大吨位冲床、空气压缩机等，以免引起控制设备工作失常。电阻焊机工作时常有喷溅呈火星状喷出，尤其是闪光焊，因此焊机周围及其正上方均应保证无易燃物存在。当焊接镀层板或黄铜等材料或打磨电极或焊轮时，将会产生锌、铅等有毒蒸气或粉尘，这种情况下应设置通风装置。

17.8.2　电阻焊机的调试

1. 通电前的检查

按照说明书检查连接线是否正确。测量各个带电部位对机身的绝缘电阻是否符合要求。检查机身的接地是否可靠。水和气是否畅通。测量电网电压是否与焊机铭牌数据相符。

2. 通电检查

确认安装无误的焊机，便可进行通电检查。主要是检查控制设备各个按钮与开关操作是否正常，然后进行不通焊接电流下的机械动作运行，即拔出电压级数调节组的手柄，或把控制设备上焊接电流通断开关放在断开的位置。起动焊机，检查工作程序和加压过程。

3. 焊接参数的选择

使用与工件相同材料和厚度裁成的试件进行试焊。试验时通过调节焊接参数（电极压力、二次空载电压、通电时间、热量调节、焊接速度、工件伸出长度、烧化量、顶锻量、烧化速度、顶锻速度、顶锻力等），以获得符合要求的焊接质量。

对一般工件的焊接，用试件焊接一定数量后，经目视检查应无过深的压痕、裂纹和过烧，再经撕破试验检查熔核直径合格且均匀即可正式焊接几个工件。经过产品的质量检验合格，焊机即可投入生产使用。

对工件要求严格的航空和航天等领域，当焊机安装、调试合格后，还应按照有关技术标准，焊接一定数量的试件并经目测、金相分析、X射线检查、机械强度测量等试验，评定焊机工作的可靠性。

17.8.3　电阻焊机的维护保养

1. 日常保养

这是保证焊机正常运行，延长使用期的重要环节，主要项目是：保持焊机清洁；对电气部分要保持干燥；注意观察冷却水流通状况；检查电路各部位的接触和绝缘状况。

2. 定期维护检查

机械部位应定期加润滑油，缝焊机还应在旋转导电部分定期加特制的润滑脂；检查活动部分的间隙；观察电极及电极握杆之间的配合是否正常，有无漏水；定期排放压缩空气系统中的水分，检查电磁气阀的工作是否可靠；水路和气路管道是否堵塞；电气接触处是否松动；控制设备中各个旋钮是否打滑，元件是否脱焊或损坏。

3. 性能参数检测

（1）焊接电流及通电时间的检测　在焊机的使用现场，可使用电阻焊大电流测量仪对二次短路电流（电极直接接触）或焊接电流（电极间有工件置入）及通电时间进行检测，并与设定值进行比较，以确定焊机输出是否正常。电阻焊电流测量仪是一种专用仪表，通过套在二次回路中的感应线圈（传感器）获取通电瞬间的电磁信号，然后经过积分等电路转换，以数字形式显示出电流值及时间值。

（2）二次回路直流电阻值的检测　对特定的一台焊机来说，二次回路尺寸是固定的，因此感抗不变，只有电阻值会因接触表面氧化膜的增厚、紧固螺栓的松动等而增大。二次回路电阻的增大，将使焊机二次短路电流值（或焊接电流值）减少，降低了焊机的焊接能力。所以，在长期使用后应对二次回路进行清理和检测。表17-13列出了部分焊机的二次回路直流电阻实测值，可供参考。二次回路直流电阻值的检测方法可采用微欧姆计进行直接测量，也可对二次回路外接直接电源，通过测定电流及电压降的方法换算成电阻值。

表17-13　电阻焊机二次回路直流电阻实测值

焊机种类	型号	直流电阻/μΩ	环境温度/℃
点焊机	DN2—100	40	15
	DN2—200	32	15
	DN—63	36	20
	SO432—5A	45	10
	P300DTI—A	36	12
凸焊机	TN—63	25	10
缝焊机	FN1—150—2	38	15
	M272－6A	42	25
对焊机	UN17—150—1	40	25

（3）测定压力　对于一般气动焊机来说，压力是由气缸产生的。因此，接入气缸的压缩空气的压强与气缸压力是成比例的，可建立电极压力与压缩空气压强的关系曲线，定期检测电极压力，并与之对照。

17.8.4 常见故障和排除

为诊断和及时排除故障，必须首先熟悉电阻焊机的工作原理，要按说明书等有关资料了解焊机的机械传动、气液压系统和电气原理。电阻焊机常见故障如表17-14。

表17-14 电阻焊机常见故障

故障	现象	原因
压紧力不足	点、缝焊喷溅严重，对焊时工件打滑	1)加压、减压阀不准 2)电极握杆松动 3)气缸内密封件已坏，此时气缸排气不停。如果焊机管路不漏气，则可听到持续排气声 4)气缸行程已到极限，此时可取出工件再加压检查行程
通电时间不准	点、缝焊时，虽采用正常使用的焊接参数，但仍发现焊点比正常小且出现未焊透现象	控制器计数系统失灵
电流失控	焊接时电流突然过大，甚至烧坏电极或焊轮	晶闸管短路损坏，已进入全导通或连续缝焊状态

对具体焊机的动作故障，必须参照说明书及其原理图来排除。目前微机控制的点、缝焊机，一般制造厂不提供内部原理图，此时只能求助制造厂家修理。

17.8.5 电阻焊机的安全使用

电阻焊的安全技术主要有预防触电、压伤（撞伤）、灼伤和空气污染等。除了在技术措施方面作必要的安全考虑外，操作人员亦须了解安全常识，应事先对其进行必要的安全教育。

1. 防触电

电阻焊机二次电压甚低，不会产生触电危险。但一次电压为高压，尤其是采用电容储能电阻焊机，初级电压可高于千伏。晶闸管一般均采用水冷，冷却水带电，故焊机必须可靠接地。通常次级回路的一个极与机身相连而接地，但有些多点焊机因工艺需要二个极都不与机身相连，则应将其中一个极串联1kΩ电阻后再接到机身。在检修控制箱中的高压部分时，必须切断电源。电容储能焊机如采用高压电容，则应加装门开关，在开门后自动切断电源。

2. 防压伤（撞伤）

电阻焊机必须固定一人操作，防止多人因配合不当而产生压伤事故。脚踏开关必须有安全防护。国外的对焊机上，夹紧按钮采用双钮式，操作人员必须双手同时各按一钮才能夹紧，杜绝了夹手事件。多点焊机则在其周围设置栅栏，操作人员在上料后必须退出，离设备一定距离或关上门后才能起动焊机，确保运动部件不致撞伤人员。

3. 防灼伤

电阻焊工作时常有喷溅产生，尤其是闪光对焊时，火花将持续数秒至十多秒。因此，操作人员应穿防护服，戴防护镜，以防止灼伤。在闪光产生区周围，宜用黄铜防护罩罩住，以减少火花外溅。闪光时，火花可飞高9~10m，故周围及上方均应无易燃物。

4. 防污染

电阻焊焊接镀层板时，产生有毒的锌、铅烟尘，闪光对焊时有大量金属蒸气产生，修磨电极时有金属尘，其中镉铜和铍钴铜电极中的镉与铍均有很大毒性，因此必须采取一定的通风措施。

参考文献

[1] 朱正行，严向明，王敏. 电阻焊技术[M]. 北京：机械工业出版社，2000.

[2] 郑会镦. 电阻焊机的应用概况及二次整流电阻焊机[M]. 重庆：科学技术文献出版社重庆分社，1989.

[3] 王敏，盛经志，王宸煜. 铝制交通标志板电容储能点焊工艺研究[J]. 电焊机，2002，32（8）：28-30.

[4] 王敏，钱静峰，宋政等. 薄钢板拼接一次压平电容储能焊工艺[J]. 上海交通大学学报，2005，39（11）：1755-1757，1762.

[5] 赵熹华，冯吉才. 压焊方法及设备[M]. 北京：机械工业出版社，2005.

[6] Weisman, Charlotte, Kearns W H. Welding Handbook: Volume 2 Welding Processes [M]. 8th ed. Miami: American Welding Society, 1991.

第18章　电阻焊质量检验及监控

作者　王　敏　审者　严向明　姚　舜

18.1　电阻焊质量检验

18.1.1　概述

电阻焊质量检验是电阻焊生产中十分重要的一个环节，是保证产品质量、防止废品出厂的必不可少的手段。在产品焊接前和焊接过程中，通过检验工件的成分、尺寸和质量，以及夹具和焊接设备运行状态，及时发现焊接条件和焊接参数的变化，以便采取相应的技术和管理上的措施，来保证产品的焊接质量。在产品焊接之后，对工件采用非破坏或破坏性检验方法，定性或定量地评定焊接接头或工件的各种性能及冶金缺陷，从而鉴别工件的质量等级与使用寿命。

为了保证产品的焊接质量，必须对工件生产过程中的所有环节进行系统的检验，如工件设计后的工艺审查、焊接工序的工艺检验和质量评定、焊接设备的检验与鉴定、焊接工人技术水平的考试等。本节主要叙述焊接工序的工艺检验和质量评定。

焊接质量检验是以电阻焊质量检验标准为依据的。由于工件的使用条件和采用的材料不同，质量检验的标准也不同。在国外和我国军工及重要民用产品部门，依工件的承载能力和受力状态、材料的焊接性能和工件在系统中的重要性，将焊接接头分为一级、二级和三级（HB 5363—1995，GJB 481—1988，MIL—W—6858D），见表18-1。

不同等级的接头有不同的质量检验标准。接头的质量标准包括接头强度标准、工件尺寸要求、接头内部和外部缺陷的尺寸和数量、允许修补的数量，以及其他特殊性能要求。对一级、二级接头的工件焊接，还规定了电阻点焊机和缝焊机的稳定性鉴定方法。这也是焊接检验的重要内容之一。

表18-1　焊接接头等级划分表

接头等级	质量要求
一级	承受很大的静载荷、动载荷或交变载荷，接头破坏会导致系统失效或危及人员的生命安全
二级	承受较大的静载荷、动载荷或交变载荷的工件，接头破坏会降低系统的综合性能，但不会导致系统的失效和危及人员的生命安全
三级	承受小的静载荷或动载荷的一般接头

18.1.2　电阻焊的检验方法与检验内容

电阻焊质量检验应包括焊前、焊接过程中和焊后各工序的质量检验。由于目前电阻焊焊接质量尚无有效的无损检验方法，因此焊前和焊接过程中的检验显得十分重要，它对保证产品质量起着决定性的作用。焊前工序检验有设备、电极、材料和工艺检验。例如，焊机机械部分和电器部件的检查，电极尺寸及表面质量检验，电源电压、压缩空气压力、冷却水压力和温度的检验，工件表面清洗质量检验，用工艺试件进行焊前和工作间隔2h的焊接工艺检验等。

电阻点焊、缝焊和对焊试件及产品的质量检验方法依检验内容而选择，其检验方法分为无损检验和破坏性检验两大类。常用的检验方法及相应的检验内容列入表18-2中（GJB 724A—1998，HB 5282—1984，HB 5276—1984，HB 5427—1989）。

18.1.3　电阻焊的工件尺寸要求

1. 焊点和焊缝位置要求

焊点的位置应与设计图样规定的尺寸相符合。对碳钢、结构钢和不锈钢点焊的位置尺寸偏差要求因产品不同而不同。表18-3为焊点位置尺寸偏差的军用标准GJB 481—1988中的数值，供参考。

表18-2　常用电阻焊检验方法及内容

检验类型	检验方法	检验内容	检验数量	适用范围
无损检验	外观检验（允许10倍的放大镜和测量工具）	装配尺寸、焊点或焊缝的位置、尺寸和错位、表面质量（包括压痕深度、喷溅、表面裂纹、烧伤、烧穿、边缘胀裂和表面发黑等）	100%	点焊、缝焊和对焊
	X射线检验	熔核尺寸、裂纹、气孔、缩孔、喷溅等	不同等级要求不同	点焊、缝焊和对焊

（续）

检验类型	检验方法	检验内容	检验数量	适用范围
无损检验	超声波检验	大块夹杂、气孔、缩孔、氧化皮等	抽检	对焊
	特殊性能试验（如气密、耐腐蚀、耐振性等）	工件或接头的特殊性能或寿命	按产品要求	按产品要求进行
破坏性检验	撕破检验（又称剥离试验）	焊点和焊缝熔核尺寸、未焊合、接头脆性	工艺试验时100%	点焊和缝焊薄件
	宏观金相检验	焊点和焊缝熔核尺寸、焊透率、熔核搭接量、压痕深度、裂纹、气孔、缩孔、结合线伸入、喷溅、对焊的未完全熔合及粗大条带组织等	抽检	点焊和缝焊（箔材可不作此项检验）、对焊
	显微金相检验	焊点、焊缝和热影响区的组织鉴别、晶粒长大、裂纹、局部熔化、夹杂物分析、白斑、灰斑	抽检	点焊、缝焊和对焊，此项不作常规检验
	硬度检验	焊点、焊缝和热影响区的组织鉴别、裂纹鉴别、接头强度与延性分析	按产品要求	常用于合金结构。此项不作常规检验
	弯曲试验	评定接头的抗弯能力、焊接缺陷的影响	抽检	对焊
	强度试验（包括拉伸、剪切、扭转、疲劳、点焊正拉）	评定接头的强度与塑性、抗扭能力和疲劳性能	工艺试验时，100%产品检验	点焊、缝焊和对焊
	冲击试验	接头抗冲击载荷的能力	抽检	对焊、点焊

缝焊时，焊缝对中心线的偏差，一级、二级接头应在±1.5mm范围内；三级接头应在±2.0mm范围内，但焊缝边缘距工件的边缘应不小于1mm。

承受振动和疲劳载荷的工件，定位焊点应超出缝焊焊缝的边缘，以防止在定位焊点凸出部位形成应力集中，造成工件提前断裂。

钢的闪光对焊的尺寸公差要求为：总长度公差对每个接头来说一般为±0.8mm。若要求更精确的公差，则需在闪光焊后进行机械加工。板材和棒材闪光焊的对准精确度应不超过名义直径或板厚的5%，对薄板和管材应不超过板厚或管壁厚的10%。

表18-3　焊点位置尺寸偏差

焊点相互位置公称尺寸/mm		允许偏差值/mm	
		一、二级接头	三级接头
边距	≤8	±1.5	±2.0
	>8	±2.0	±2.5
点距	≤15	±2.0	±2.5
	16～30	±3.0	±3.5
	>30	±4.0	±4.5
排距	≤20	±2.0	±3.0
	>20	±3.0	±4.0

2. 熔核尺寸和焊透率的要求

评定点焊和缝焊接头质量的主要指标之一是熔核尺寸。通常对薄钢板（$\delta<4$mm）焊点熔核直径的要求为：

$$d=5\sqrt{\delta} \tag{18-1}$$

或

$$d=4\sqrt{\delta} \tag{18-2}$$

式中　d——焊点熔核直径（mm）；

δ——板材厚度（mm）。

式（18-1）适用于重要结构。式（18-2）适用于一般结构。

在某些点焊和缝焊质量检验标准中，按材料厚度明确规定了焊点最小熔核直径（表18-4）和焊缝的最小熔核高度，若低于此值，则认为焊点不合格（GJB 724A—1998，HB 5282—1984，HB 5276—1984，HB 5427—1989）。

检验熔核尺寸的主要方法是：在撕破试件、X射线底片或宏观金相试样上，用读数放大镜或其他工具测量其直径（d）和高度（H）（图18-1），并依据实测熔核高度按下式计算焊透率（A）。

表 18-4　允许的最小熔核直径

材料厚度/mm	最小熔核直径/mm			
	铝合金	碳钢及低合金钢	不锈钢	钛合金
0.3	—	2.2	2.2	2.5
0.5	2.5	2.5	2.8	3.0
0.8	3.5	3.0	3.5	3.5
1.0	4.0	3.5	4.0	4.0
1.2	4.5	4.0	4.5	4.5
1.5	5.5	4.5	5.0	5.5
2.0	6.5	5.5	5.8	6.5
2.5	7.5	6.0	6.5	7.5
3.0	8.5	6.5	7.0	8.5
3.5	9.0	7.0	7.6	—
4.0	9.5	—	—	—

注：缝焊焊缝的熔核最小宽度比点焊熔核直径要求大 0.2～0.5mm（板厚≤1.0mm）或 0.5～1.0mm（板厚 1.2～3.0mm）。

$$A=\frac{H}{\delta}\times 100\% \qquad (18\text{-}3)$$

式中　H——熔核单侧高度（mm）；

δ——板材实测厚度（mm）。

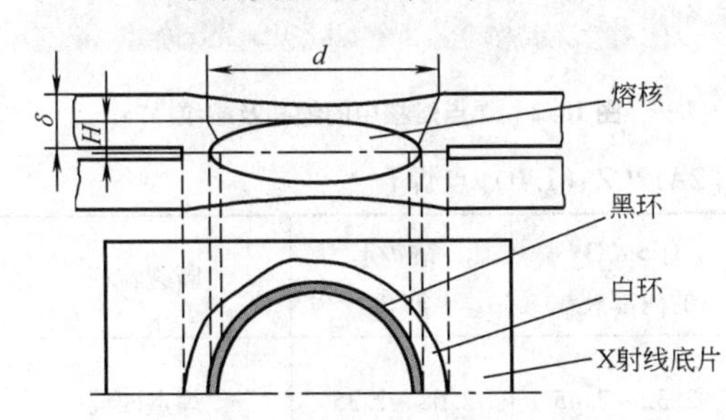

图 18-1　宏观金相试样与 X 射线底片上的相对应熔核尺寸

对不同厚度板材结合的点焊和缝焊接头，应分别测量和计算每块板侧熔核的焊透率。

对不同材料或不同厚度的焊点和焊缝，其焊透率的要求是不同的。焊透率过小和过大会影响接头性能，一般要求焊透率在 20%～80% 范围内。对厚度小于 0.6mm 的箔材，焊透率允许降至 15%。

包铝的铝合金（如 2A12）点焊和缝焊接头，可以用 X 射线检验熔核直径。由于在焊点周围有铝的富集，在 X 射线底片上形成黑环，其黑环的外径即为熔核的直径（图 18-1）。

钛及钛合金的点焊和缝焊的接头，当采用宏观金相检验方法测量熔核尺寸时，往往要比实际铸造熔核的尺寸偏大。这是因为钛在 880℃ 以上的热影响区产生相变，它与熔核的组织均为 α′相的马氏体，金相观察不易区分这两个区域之故。所以，钛及钛合金点焊和缝焊的熔核尺寸测量常用撕破方法（HB 5427—1989）。

18.1.4　电阻焊的接头缺陷

接头外部或内部的缺陷是评定电阻焊接头质量的另一重要指标。通过表 18-2 所列的检验方法可以发现的缺陷有：未熔合和未完全熔合、裂纹、气孔、缩孔、结合线伸入、烧伤、烧穿、边缘胀裂、过深压痕、火口未闭合和过热组织等。这些缺陷在工件上是否允许存在，是否允许修补是由缺陷的特性、被焊材料的性能，以及接头的等级决定的。在产品或材料的焊接质量检验标准中，均有明确的规定。

1. 未熔合和未完全熔合

未熔合和未完全熔合是较严重的缺陷，它直接影响接头的强度，尤其影响接头的疲劳强度以及缝焊焊缝的密封性，因此对此种缺陷限制较严格。

未熔合和未完全熔合是由于焊接区热输入不足及散热热量过多引起的，如焊接电流过小、时间过短、分流过大、电极端面尺寸偏大等因素都会引起这种缺陷。

未熔合和未完全熔合的检查常用宏观金相检验方法。目前对点焊和缝焊无有效可靠的无损检验方法，对焊接头可用超声波检验方法。

未熔合缺陷在宏观金相试件上的表现是看不到熔核或焊缝，而是呈塑性粘合。未完全熔合缺陷的特征是焊点过小或熔核偏心，形成结合面上的熔核直径小于规定值（表 18-4）或在焊点和缝焊焊缝中只局部熔合。显然有这种缺陷的接头强度较低。

点焊和缝焊中的未熔合或未完全熔合，对某些材料（如高强度结构钢、马氏体不锈钢）的一级、二级焊接接头，一般不允许存在。避免此种缺陷的主要手段是加强焊接参数的监控。产生这种缺陷后，可以采用加大焊接电流重新焊接，在缺陷处加铆钉或在焊点旁补加焊点的方法修补，对焊接头的未焊合可以用熔焊的方法进行修补。

2. 裂纹

裂纹是危险性较大的一种缺陷，特别是承受动载荷的工件，若存在外部裂纹，更为危险。

裂纹有外部裂纹和内部裂纹之分。裂纹对承受静载荷的接头强度有一定影响，对承受动载荷和疲劳载荷的接头寿命影响显著，特别是外部裂纹最为明显。表 18-5 中列出 2A12CZ 铝合金点焊接头的抗剪、抗拉强度和弯曲疲劳的性能数据。显然，表面裂纹明显降低接头的疲劳性能。因此，在有关质量检验标准中对裂纹有严格的限制（MIL—W—6858D，GJB 724A—1998，HB 5282—1984，HB 5276—1984）。内部裂纹不允许伸入到熔核半径15%的无缺陷环形区内。裂纹在焊透高度方向，对于一、二级接头，不允许超过单侧板厚的25%；对于三级接头，不允许超过50%，且都不允许超过熔核边界。裂纹的最大线性尺寸，对于一级接头，不允许超过熔核直径或宽度的15%；对于二级接头，不允许超过20%；对于三级接头，不允许超过25%。

检查裂纹常用宏观和显微金相方法、小焦点或微焦点的X射线法及超声波检验方法。用金相方法检验裂纹时，推荐在抛光后或轻微腐蚀后的金相试样上进行，必要时用显微硬度和电子扫描电镜等方法进行分析。

避免裂纹的主要措施为减缓冷却速度和及时加压，以减小熔核结晶时的内部拉应力。

焊后排除裂纹常用磨去裂纹，再用焊条电弧焊或氩弧焊进行补焊的方法。对点焊也可以钻掉焊点，以铆钉代之。

3. 气孔和缩孔

气孔和缩孔是电阻焊接头中常见的一种缺陷。在高温合金点焊和缝焊时更为普遍。检查气孔和缩孔常用X射线和金相检验方法。

气孔和缩孔如无裂纹伴生，则对接头强度无明显影响，但对动载或冲击性能则有一定的影响。在质量检验标准中，气孔和缩孔在焊透高度及最大线性尺寸上的限制要求，与上述对裂纹的要求相同（GJB 724A—1998，HB 5282—1984）。

气孔和缩孔过大、存在于熔核边缘或有裂纹伴生（图18-2），则应依据接头等级予以不同的限制。点焊时，可用低惯性电极和增加锻压力的方法来克服此种缺陷，也可采用减缓冷却速度的规范措施。缝焊时，仅能用后一种方案。

一般常用焊条电弧焊或重新点焊的方法修补气孔或缩孔。

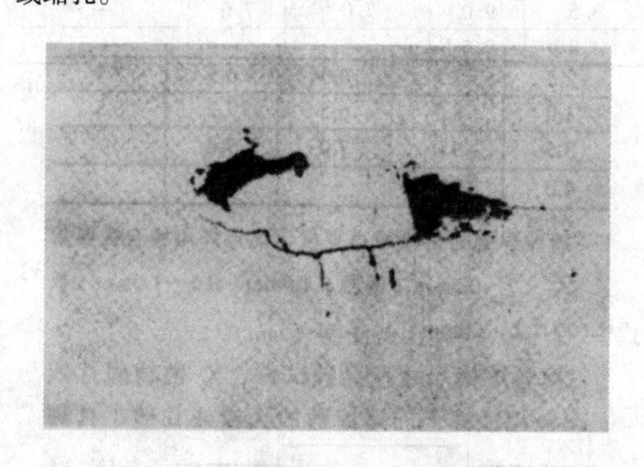

图18-2 焊点熔核中的缩孔及裂纹[8]

表18-5 裂纹对接头性能的影响［2A12CZ（1.0）点焊］

性能缺陷	无裂纹	有表面裂纹	有 $<d/3$ ① 的内部裂纹	有 $>d/3$ ① 的内部裂纹	钻 $d/3$ 的孔	断裂特征
抗剪力 /(kN/点)	2.28~2.63	2.33~2.77	2.33~2.59	2.32~2.45	2.08~2.35	焊点四周
抗拉力 /(kN/点)	0.72~0.81	0.660~0.667	0.695~0.79	—	0.715~0.804	焊点四周
纯弯曲疲劳 /次②	1×10^5 ~ 5.8×10^5	1×10^5 ~ 1.9×10^5	3.3×10^5 ~ 9.2×10^5	—	6×10^4 ~ 26×10^4 ③	从裂纹处开始断裂
熔核直径 d/m	4.2~4.8	4.9~5.0	4.5~5.0	4.5~5.0	4.3~4.7	—

① d 为熔核直径。

② 试验条件为：$\sigma=78.4$MPa，$n=\pm6.2$mm，$T=25$℃。

③ 在焊点中心加工0.2mm×1.2mm的长方孔。

4. 压痕过深

在质量检验标准中，点焊和缝焊的压痕深度一般规定应小于板材厚度的15%，最大不超过20%~25%。若超过此规定，则称为压痕过深，作为焊接缺陷处理。

压痕过深常在宏观金相试件上用工具显微镜测量。

压痕过深对焊点和焊缝的强度有一定的影响。表18-6中列出30CrMnSiA钢点焊接头的试验数据，由表可见压痕过深是十分不利的。在质量标准中，对一

表18-6 压痕深度对点焊接头强度的影响（30CrMnSiA钢）

性能 压痕深度(%)	抗剪力/(kN/点)	抗拉力/(kN/点)	弯曲疲劳/次
14~18	11.81~13.81	3.76~4.06	3.0×10^6~5.3×10^6
25 ~ 35	8.87~9.31	2.74~3.25	1.9×10^6~3.2×10^6

注：1. 熔核直径为5.5~5.7mm。
2. 弯曲疲劳试验的偏心距为4.5mm。

级、二级接头一般允许存在压痕过深的点数为工件上总点数的5%左右；对三级可以为10%。其允许修补的点数与焊缝长度也有一定限制。避免压痕过深的措施是尽可能采用较硬的焊接规范及加强冷却，降低工件的表面温度。压痕过深常用焊条电弧焊或氩弧焊修补并锉修平整。

5. 表面烧伤和表面发黑

表面烧伤、表面沾铜和表面发黑是常见的一种缺陷，其中表面发黑是铝及铝合金点焊和缝焊时产生的一种缺陷。该种缺陷虽不会影响接头的强度，但却会影响接头的表面质量和耐腐蚀性能。表18-7列出2A12CZ铝合金点焊试样腐蚀试验的结果。显然表面发黑应当重视，在质量检验标准中均有一定限制，并要求去掉黑色腐蚀产物。

表18-7 焊点表面发黑对腐蚀性的影响

腐蚀时间/h①	表面发黑的焊点	打磨掉发黑物的焊点	正常焊点
24	焊点腐蚀	焊点轻微腐蚀	未腐蚀
72	表面涂漆②的焊点开始腐蚀，漆层破坏	表面涂漆的焊点开始腐蚀，但漆层未破坏	未腐蚀
240	焊点破坏	焊点开始破坏	未腐蚀，漆层未破坏

① 腐蚀液（质量分数）为3%的NaCl，0.3%的H_2O_2。
② 因产品要求表面涂保护漆，故点焊后涂漆进行试验。

6. 喷溅

喷溅是点焊和缝焊中常见的一种缺陷。某些产品（例如汽车零件非暴露部件）轻微喷溅是允许的，不作为缺陷处理。大的喷溅是十分有害的，因为喷溅破坏了焊点四周的塑性环，降低了接头强度和塑性；喷溅伴随有缩孔和裂纹，影响接头的动载强度；喷溅破坏了工件的表面，影响表面质量和耐蚀性，所以过大的喷溅应尽量避免。在质量标准中相应有一定的限制。

防止喷溅的措施有：缩短通电时间及减小焊接电流，或者加预热脉冲，加强工件表面清理等。

7. 结合线伸入

结合线伸入是点焊和缝焊某些高温合金和铝合金时特有的缺陷，是指两板贴合面伸入到熔核中的部分（图18-3）。检查结合线伸入是在腐蚀后的金相试件上进行，并用工具显微镜测量熔核两侧的深入量。

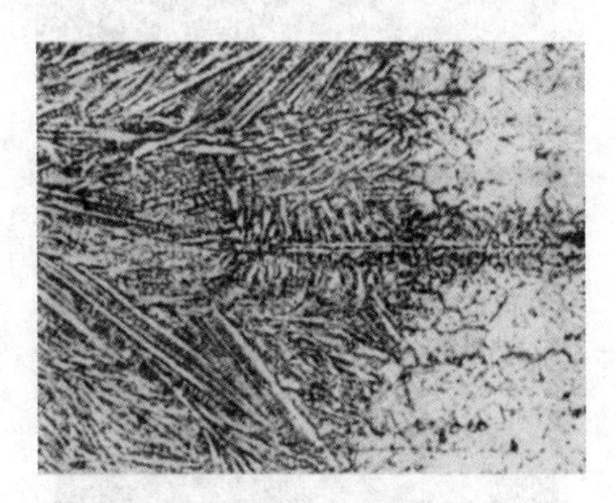

图18-3 GH44合金缝焊的结合线伸入[1]

结合线伸入减小了熔核的有效直径，会降低接头强度。当伸入前端伴有裂纹时（图18-4）还会影响接头的动载强度和高温持久强度。因此在质量检验标准中，一般将伸入量限制在0.1~0.2mm范围内。避免结合线伸入的主要措施是加强焊前工件表面的清理。

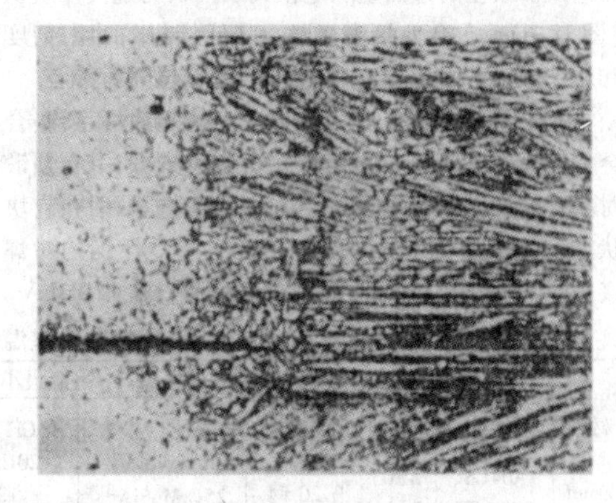

图18-4 结合线前端的裂纹[1]

8. 过烧组织和过热组织

这种缺陷出现在接头的热影响区中。在铝合金点焊和缝焊接头中，当焊接参数不当时会出现过烧组织；高温合金接头中会产生局部熔化组织（图 18-5），这种组织虽然未发现与接头强度有直接关系，但也应引起重视。

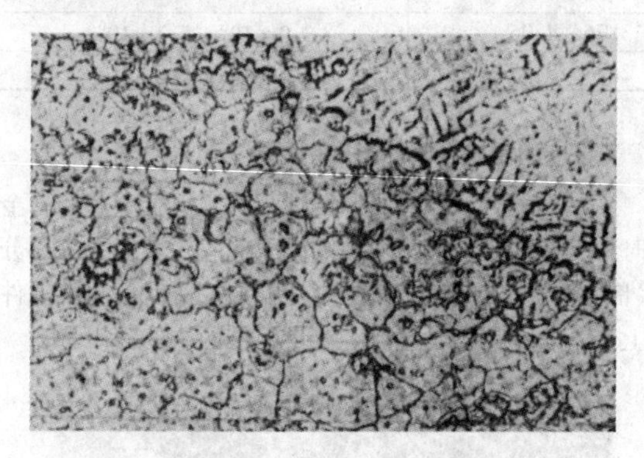

图 18-5　GH140 合金缝焊的局部熔化组织[1]

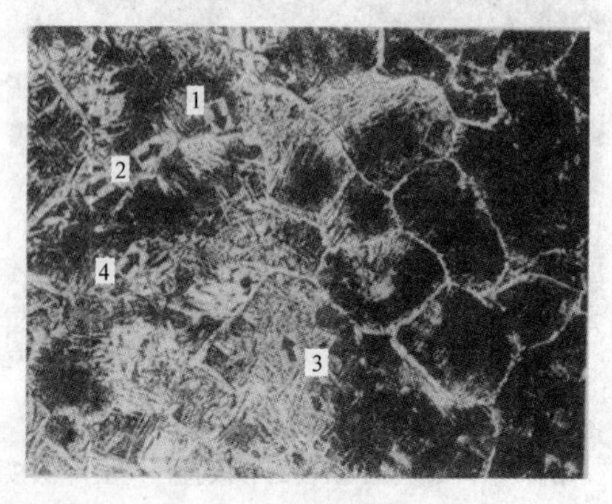

图 18-6　碳钢闪光对焊接头中的魏氏体组织[2]

在某些材料的闪光对焊接头热影响区中会出现过热组织。典型的过热组织是粗大或网状的魏氏体组织（图 18-6）。它会使接头变脆，降低接头的冲击韧度和疲劳强度，因此在生产中的限制应较严格。

9. 白斑和灰斑白斑和灰斑是对焊碳钢和某些合金钢接头中出现的一种特殊形态的夹杂物，是在顶锻时氧化物挤出过程中的残留薄膜，通常呈放射状或块状。它是一种严重的缺陷。在碳钢、Q345 钢的对焊接头中，白斑由 MnO、FeO、SiO_2 所致；在 12CrMnV 钢管对接接头中，白斑由 Cr、Mo、V 的氧化物所致。可见，白斑是与材料和焊接工艺有关的一种缺陷。白斑呈细小，沿径向分布，会使接头塑性显著降低，因此在某些标准中对白斑的尺寸和数量作了限制。

有些断口残留氧化物呈灰色，故称灰斑，如重型钢轨对焊时，会出现这种缺陷。灰斑基本不影响接头静拉伸强度，但显著降低接头塑性，弯曲试验时极易开裂，是一种危险的缺陷。

白斑和灰斑（包括连续状夹杂物）采用目视和 X 射线检验方法难以发现，应采用断口、弯曲试验和扫描电镜进行分析。

解决白斑和灰斑的最主要措施，是彻底挤出液态金属面上的氧化物。加大顶锻留量是最有效的手段。

18.1.5　电阻焊的接头强度

1. 点焊接头的抗剪力和正拉力

电阻焊接头的强度是表示接头质量的另一个重要指标。点焊接头强度常用室温或高温单点抗剪力（F_τ）表示。点焊接头延性常用单点正拉力（F_b）与 F_τ 的比值表示。一般认为 $F_b/F_\tau \geqslant 25\%$ 时，接头的延性尚可；$F_b/F_\tau > 40\%$ 时，接头的延性良好。对某些低合金高强度钢或有淬火倾向的结构钢和不锈钢、高强度铝合金进行单点正拉力试验是十分有意义的。因为这类钢和合金，要达到 F_τ 的规定值是较容易的，但要达到延性指标（$F_b/F_\tau \geqslant 30\%$）则不容易。对延性较好的材料，如 1Cr18Ni9Ti 奥氏体不锈钢，几乎可达到 F_τ 的水平，因此往往不要求 F_b 值，只规定 F_τ 的最小要求值。

在点焊质量检验标准中，对不同材料按其厚度规定了最小单点抗剪力的标准，作为产品质量验收的依据之一，这也是结构设计的依据之一。表 18-8 列出了常用材料的室温单点抗剪力的最小值（GJB 724A—1998；HB 5282—1984；HB 5276—1984；HB 5427—1989）。

表 18-8　室温单点抗剪力最小值

材料厚度/mm	室温最小单点抗剪力/(N/点)							
	2A12CZ、7A04CS、2A16CZ	5A02、5A03、7A04M	10 钢、20 钢	30CrMnSiA①、25CrMnSiA①	13Cr11Ni2W2MoVA、14Cr17Ni2、20Cr13Mn9Ni4（冷作硬化）、12Cr21Ni5Ti、12Cr18Ni9（冷作硬化）	06Cr13、12Cr13、06Cr19Ni10、14Cr18Ni11Si4AlTi、20Cr13Mn9Ni4（软态）	TA7、TC3、TC4	TA1、TA2、TA3、TC2
0.3	—	—	784	882	1220	890	1275	980
0.5	540	440	1420	1665	2350	1730	2450	1765
0.8	930	830	3040	3530	4650	3440	4410	3530

（续）

材料厚度/mm	室温最小单点抗剪力/(N/点)							
	2A12CZ、7A04CS、2A16CZ	5A02、5A03、7A04M	10 钢、20 钢	30CrMnSiA①、25CrMnSiA①	13Cr11Ni2W2MoVA、14Cr17Ni2、20Cr13Mn9Ni4(冷作硬化)、12Cr21Ni5Ti、12Cr18Ni9(冷作硬化)	06Cr13、12Cr13、06Cr19Ni10、14Cr18Ni11Si4AlTi、20Cr13Mn9Ni4(软态)	TA7、TC3、TC4	TA1、TA2、TA3、TC2
1.0	1235	1125	3920	4705	6500	4730	6670	4900
1.2	1520	1370	5488	4510	8700	6200	8340	6370
1.5	2450	2060	7840	8820	10000	7500	12750	9810
2.0	3530	3040	10780	12740	15000	9800	17560	12750
2.5	4700	4110	14700	14895	20000	13400	22560	15690
3.0	6175	—	18620	19600	25000	17000	26480	18630
3.5	8000	—	20000	—	—	—	—	—
4.0	10000	—	—	—	—	V	—	—

① 30CrMnSiA 和 25CrMnSiA 点焊前为退火状态，焊后未处理。

点焊接头的抗剪强度试件如图 18-7。该试件应符合国家标准（GB/T 2651—2008）。点焊接头正拉试件如图 18-8。在各行业标准中，正拉试件的形状与尺寸还未统一，较多采用十字形试件。因为这种试件尺寸对正拉力引起的误差较小，是一种常用的尺寸较小的正拉试件[3]。

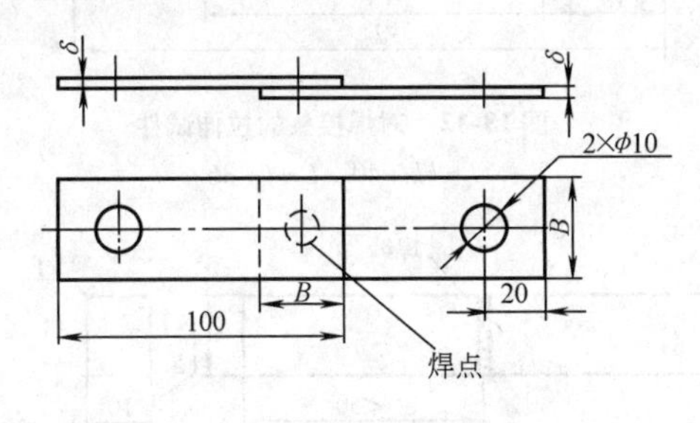

δ/mm	≤1.0	>1.0～2.5	>2.5～3.0	>3.0～4.0
B/mm	20	25	30	35

图 18-7　点焊接头的抗剪强度试件

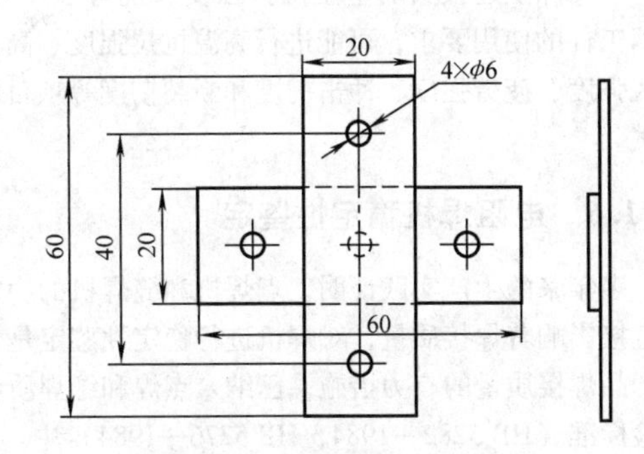

图 18-8　点焊接头正拉强度试件

在进行点焊拉剪试验时，若采用不加销孔试件，直接在试验机上夹紧后拉伸，会因拉力试验机夹头不平行，只夹紧试件的局部，造成受力轴线与焊点轴线不重合，产生扭力（图 18-9），结果焊点的抗剪力变低，不能真实反映接头的强度。此外，拉伸试验时，应注意拉伸速度小于 15mm/s，否则影响试验结果。在正拉试验夹紧试件时，拉伸夹具上应有 4 块垫片压紧试件，否则试件会产生变形，影响试验结果。

2. 点焊接头的拉剪疲劳

点焊接头的拉剪疲劳试件，如图 18-10，试件尺寸见表 18-9。它适用于板厚 0.5～5.0mm 的金属板材在室温大气环境中的拉剪疲劳试验。

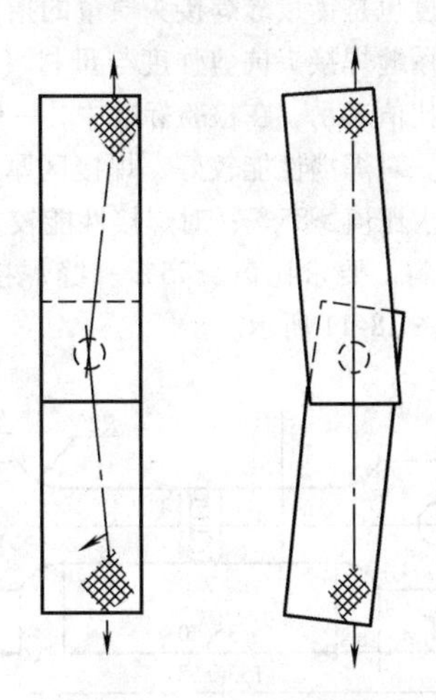

图 18-9　点焊接头抗剪试件不正确拉伸的示意

表 18-9　试件尺寸

（单位：mm）

t	板厚 W	重叠区 Y	试验段 V
0.5～1.6	40	40	160 以上
>1.6～3.2	50	50	200 以上
>3.2～6	60	60	240 以上

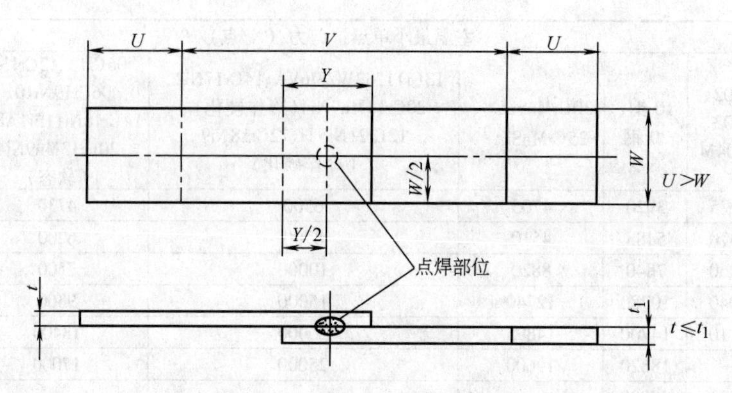

图 18-10　点焊接头剪切拉伸疲劳试件

疲劳试验一般均做一组，测定各不同循环应力系数 k（同一最大应力下，最低应力与最大应力之比，其值在 $-1\sim+1$ 之间）的循环次数 n 值，并画出 k 与 n 的曲线，也可固定 k 值作最大应力 σ 与 n 的关系曲线。由于试验数据较分散，每组一般均需取 15 个试样。

单点点焊试样在疲劳试验时，其裂纹源始于熔核边缘或热影响区，而后迅速扩展到母材金属，最终断裂。

3. 缝焊抗剪强度

抗剪强度也是衡量缝焊接头质量的指标之一。在生产中，常用缝焊接头抗剪强度与母材（同炉批的）抗拉强度的比值表示。在检验标准中，一般规定其比值应>75%。对焊接性能较好、焊接区厚度<2.0mm 的材料，要求比值≥85%；对焊接性能较差或厚度>2.0mm 的材料，要求比值≥75%。缝焊接头的抗剪强度试件如图 18-11 所示。

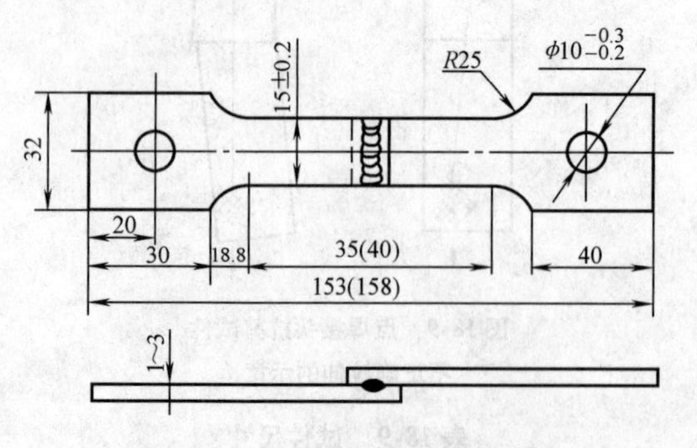

图 18-11　缝焊接头抗剪强度试件[3]

4. 对焊接头拉伸和弯曲

对焊接头质量指标之一是接头的抗拉强度和抗弯强度。由于对焊接头多数为圆棒、型材或筒形件，且厚度较大，因此接头的拉伸试件和弯曲试件与材料的拉伸和弯曲试件尺寸基本相同（GB/T 2651—2008，GB/T 2653—2008），如图 18-12 和图 18-13 所示。在测试抗拉强度的试件上，还可求出相对伸长率 δ，表示接头的延性。

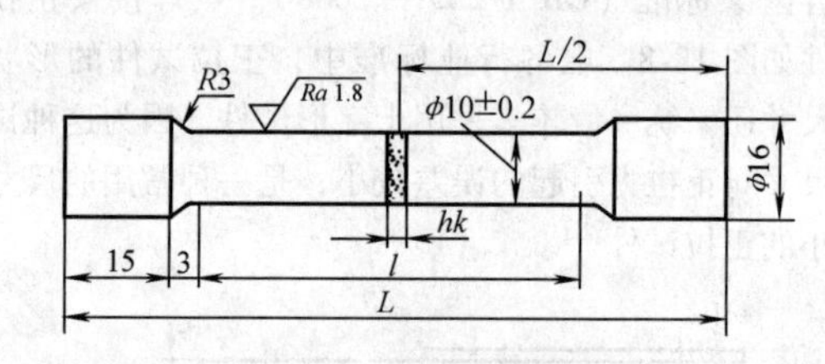

图 18-12　对焊接头的拉伸试件

$l = hk + 40$，$L = l + 36$

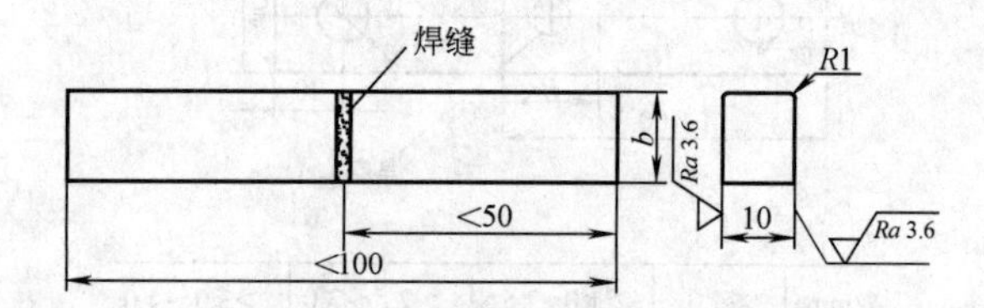

图 18-13　对焊接头的弯曲试件

b—试板厚度

除上述接头的室温抗拉强度和抗弯强度外，根据工件的使用要求，可能进行高温抗拉强度、高温持久强度、疲劳强度、冲击韧度和断裂韧度等项目的测试。

18.1.6　电阻焊机稳定性鉴定

多年来的生产实践证明，点焊机和缝焊机的稳定性直接影响着焊接质量，对焊机进行稳定性鉴定是保证产品焊接质量的有力措施，已纳入点焊和缝焊质量检验标准（HB 5282—1984，HB 5276—1984）中。

点焊机和缝焊机在安装和大修之后或控制系统改变之后，要求进行焊机的稳定性鉴定。鉴定合格后，方可焊接产品。

鉴定项目及要求见表 18-10。

表18-10 点焊机和缝焊机稳定性鉴定项目及要求

焊机类别	接头等级	试件总数/个	宏观金相检验		X射线检验		剪切试验	
			数量/个	要求	数量/个	要求	数量/个	要求
点焊机	一级、二级	105	5	熔核直径应符合表18-4要求，焊透率在20%~80%范围内，压痕深度<15%，无其他缺陷	100	除允许有<0.5mm的气孔外，无其他缺陷	100	1）强度值均大于表18-8的要求 2）90%的试件强度应在F_τ①的±12.5%范围内，其余的应在F_τ的±20%范围内
	三级				—	不要求	100	1）强度值均大于表18-8的要求 2）90%的试件强度应在F_τ①的±20%范围内，其余的应在F_τ的±25%范围内
缝焊机	一级、二级	300mm②或600mm长焊缝	纵向2，横向3	焊缝宽应大于表18-4的值，焊透率在20%~80%范围内，压痕深度<15%	全部	除允许有<0.5mm的气孔外，无其他缺陷	5	大于母材强度的85%
	三级		纵向1，横向2		—	不要求	5	铝合金要求其强度大于母材抗拉强度的80%~85%

① F_τ为试件抗剪力的平均值。

② 铝合金要求焊600mm，碳钢及不锈钢要求300mm长的焊缝。

18.2 电阻焊质量监控技术

18.2.1 概述

早在20世纪40年代已提出电阻焊质量控制问题，但是真正的发展并用于生产是20世纪80年代后，由于微电子学和计算机技术的发展和广泛应用，才使该技术达到实用的水平。

电阻焊质量控制技术是属于焊接过程中的质量控制，通常包括实时稳定控制焊接参数和控制焊接过程中反映焊点状态的物理量两方面。前者如恒电流监控、电极间电压监控、动态电阻监控、能量监控等；后者如电极位移控制、压痕控制、红外辐射监控等。在大部分监控系统中采用了计算机技术，提高了监控技术的运算速度和控制精度，有些还采用人工智能技术，可以模拟人类大脑的思维活动，达到更高层次的监控。随着现代化生产管理的发展，往往将质量监控与生产管理用计算机相结合，形成一体化管理。

本节中重点介绍常用的监控技术，对最新研究技术作简要介绍。在实际应用时，应根据生产要求和实际条件选择某一监控技术，或选用多因素的联合监控技术。

18.2.2 恒电流监控

1. 监控原理

恒电流监控是在电阻焊过程中，维持焊机输出的焊接电流有效值为恒定，以保证焊接区产生的热量基本不变，从而获得稳定的焊点熔核尺寸的一种质量监控技术。

根据焦耳定律，焊接电流所产生的热量

$$Q = \int_0^t i_w^2(t)R(t)\,dt \tag{18-4}$$

式中 i_w——流过工件的瞬时电流值（A）；

R——两电极间焊接区的总电阻（Ω）；

t——焊接电流通过的时间（s）。

如果在相同的焊接生产条件下（t也不变），则可近似地认为R不变，那么Q只取决于i_w，并与i_w平方成正比关系。欲保持焊接电流恒定，需根据焊机回路负载阻抗的变化和电源电压的变化等，计算每半波的电流有效值，并与设定的电流值比较。依据比较的差值，调节焊机主电力回路中晶闸管的控制角，使输出焊接电流保持恒定。大量试验和生产实践证明，焊接电流有效值与焊点熔核直径有密切的关系。因此，当生产条件较稳定时，控制焊接电流为恒定，则可实现焊点尺寸的控制。

2. 控制仪器及方法

恒电流监控是一个闭环系统，微电脑恒电流控制系统框图如图18-14所示。电流传感器从焊接变压器二次回路上采样，信号经积分复原、精密整流后，送入模数转换器。每半波进行 n 次模数转换，并读入CPU。在CPU中求出半波的电流有效值 $\left(\left[\left(\sum_{l}^{n} i_{w}^{2}\right)n^{-1}\right]^{1/2}\right)$[4]，随后与设定的电流进行比较，计算出下周的热量。根据内存的热量与控制角的关系表格，查出下一周波应控制的控制角，以此驱动晶闸管。恒电流控制仪的响应速度较快，操作简单，成本较低。

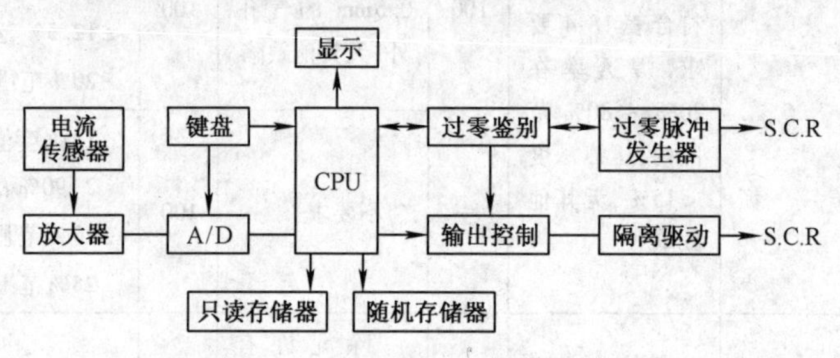

图18-14　恒电流控制系统框图[5]

由于恒电流监控仪采用了微机处理器，因此能实现焊接电流有效值的计算和晶闸管控制角的精确控制。恒电流控制的精度可达到2%。

恒电流监控仪只控制焊接电流参数，并与电流设定值保持一致，因此选择合适的电流设定值则是本监控方法的关键。电流设定值应结合产品结构、材料特征和生产条件，经多次工艺试验而选定，并与焊接时间、电极电压和电极直径相匹配。

恒电流控制的特点是：在电源电压波动和焊机回路阻抗变化时，可以通过输出控制焊接电流稳定焊点熔核尺寸[6]。图18-15示出恒电流对电源电压的适应性。当电源电压在300~450V之间变化时，恒电流仪可维持焊接电流不变，保证焊点熔核尺寸基本不变。若无恒电流控制，则焊接电流随电压增加而增加，熔核尺寸产生较大变化。图18-16和图18-17是焊接电流对工件层数和焊机回路阻抗变化的适应性。它表明恒流控制下，焊接电流基本上不随负载阻抗的变化而变化。这对有铁磁物伸入焊机回路的生产有实际意义。

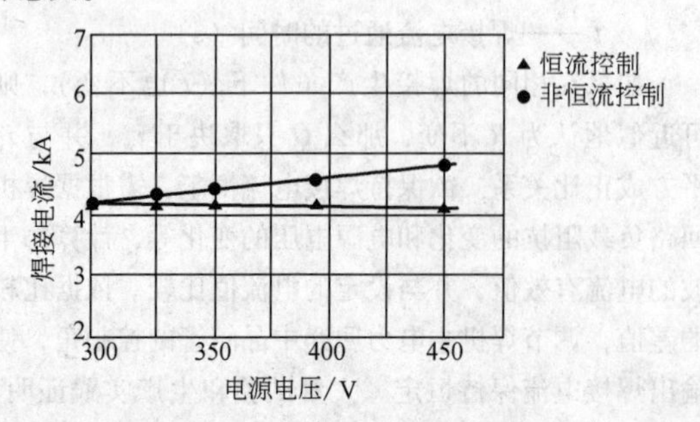

图18-15　电源电压变化的影响[6]

3. 适用范围

由于恒电流控制是使焊机回路中的电流有效值为

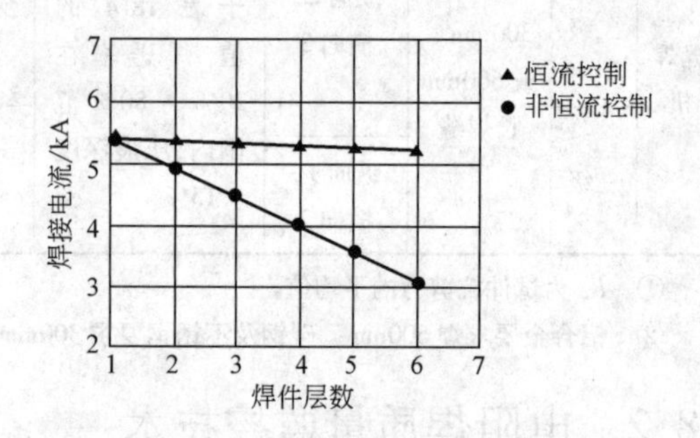

图18-16　工件层数的影响[6]

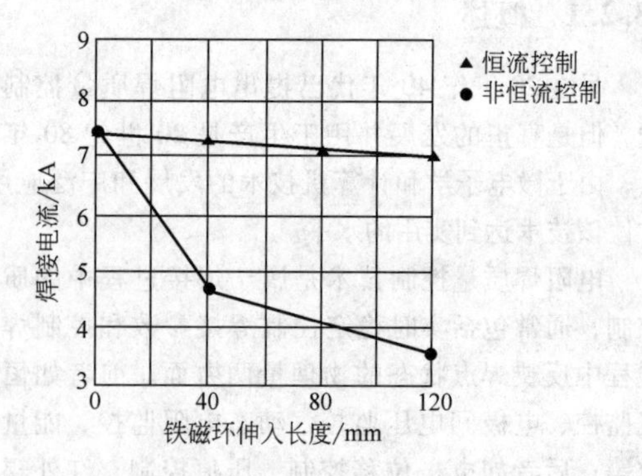

图18-17　铁磁物质伸入量的影响[6]

恒定，而不是控制形成焊点的电流有效值为恒定，所以该方法适用于焊机回路中电参数易变的场合，如电源电压、铁磁物伸入量、被焊板材的厚度等的变化。对会影响焊接过程中电流密度的因素，如分流、电极磨损等，则这种控制不但不宜采用，甚至有不好的作用（如电极磨损）。

恒电流监控技术适用于点焊、缝焊和凸焊，也可用于电阻对焊。它是目前使用的一种简单、方便、应用广泛的控制方法。

4. 应用举例

1）工件名称：环形件与安装座的点焊。

2）材料：1Cr18Ni9Ti。

3）厚度：环形件 1.0mm，安装座 1.2～1.8mm。

4）电极直径：6～7mm 平头标准电极。

5）控制效果：焊接 600 多件，焊点质量均达到技术要求。解剖一件中各个焊点得到：宏观金相检验熔核直径为 4.8～5.4mm，熔核高度为 0.55mm。在采用恒电流控制前，由于安装座厚度变化，焊点质量不稳定，有脱焊（未熔合）现象。

18.2.3 动态电阻监控

1. 控制原理

动态电阻监控技术是利用点焊过程中焊接区电阻随时间变化的规律，控制电阻曲线上某些特征参数或跟踪电阻曲线，来控制焊点质量的一种方法。

图 18-18a 为碳钢正常焊点的动态电阻曲线。焊接区的电阻不仅随焦耳热的作用而增加，而且电阻与焊接区的温度有密切关系。当熔核大小达到一定值时，焊接区的平均温度达到一个较稳定值，电阻也达到最大值，并且电阻与焊接电流通道面积的倒数成正比[7]，即随熔核长大，电阻减小。由此可见，动态电阻曲线较真实地反映了熔核的形成过程。由于动态电阻曲线上的位置与一定的熔核尺寸相对应，因此只要测出电阻曲线上的某些特征参数或跟踪电阻曲线，就可以确定熔核的大小。

图 18-18b 是铝合金点焊的动态电阻曲线。它没有最大值特征，其变化规律反映不出熔核的大小，故具有这类电阻曲线的材料，如铝合金、奥氏体不锈钢等，不推荐使用动态电阻监控技术。

动态电阻监控技术主要有跟踪电阻曲线的方式及电阻变化率的方式。

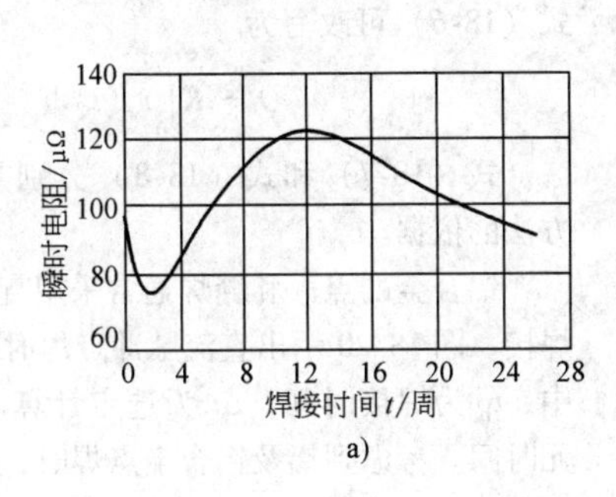

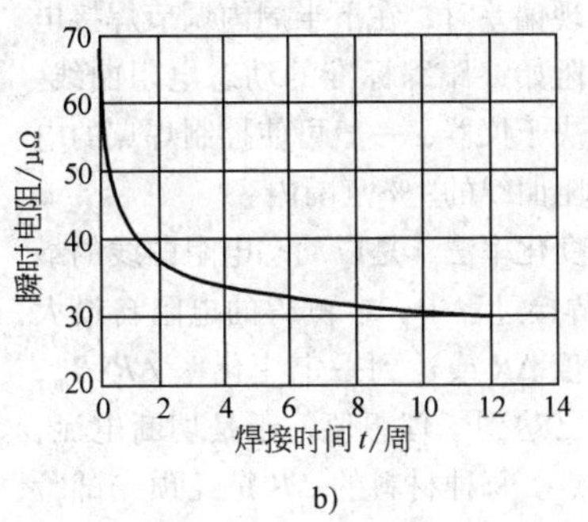

图 18-18 点焊的动态电阻曲线[8]

a）碳钢 b）铝合金

2. 监控仪器与方法

在点焊过程中，动态电阻可按下式计算：

$$r_w = u/i_w \quad (18\text{-}5)$$

式中 r_w——焊接区的动态电阻（Ω）；

u——焊接区的瞬间电压（V）；

i_w——焊接瞬时电流（A）。

在工程技术中，欲求的焊接区的动态电阻（r_w）是以焊接电流半周波为单位，取半波的电流有效值（i_w）和电压半周波的峰值（u_w），并按式 18-5 计算。取峰值电压是为排除附加电磁的影响，取电流有效值是因为它是产生热量的因素，因此可求得与熔核尺寸相关的 r_w 值[8-10]。

为快速地计算每半周的动态电阻，并适时调节焊接电流，使下半周的动态电阻为预期值，在设计监控仪器时，广泛地采用了微处理机。图 18-19 是动态电阻控制系统的功能方框图。主要有电流通道、电压通道和电阻通道、CPU、触发电路等组成。

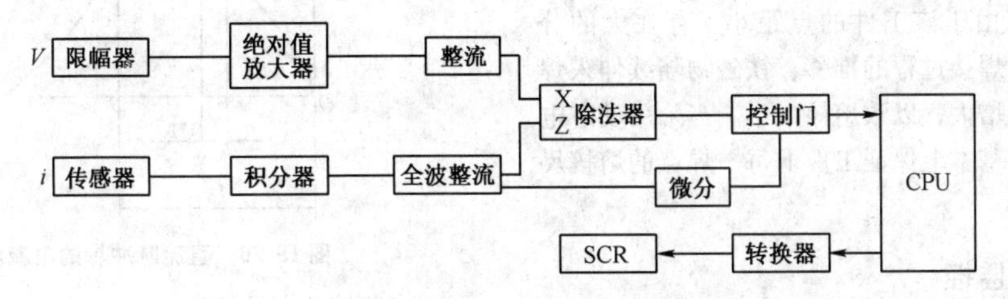

图 18-19 动态电阻监控系统方框图

电流通道由电流传感器、积分器和精密全波整流电路组成。传感器接受 di/dt 的微分信号，经积分复原和整流后，传输给除法器的 Z 端。电压通道由传输导线、限幅、绝对值放大的精密全波整流等电路组成。电压信号传输给除法器的 X 端。电阻通道由除法器和控制门电路组成。除法器提供了一个与输入信号成正比变化的电导。控制门 Q 由微分电路产生的脉冲控制，只在正半周峰值时将 Q 门打开。Q 门的设置隔断了因电流快速变化产生的周期性感应电压的影响。电阻通道将信号传给 CPU。这种监控系统响应速度快、控制精度高。

在使用跟踪电阻曲线的监控方法时，应在监控前进行焊接工艺试验，选择最佳电阻曲线作为标准动态电阻曲线。此种监控方式是预先把试验测得的标准的动态电阻曲线存入微机内存，在焊接过程中每半个周波测出一个动态电阻瞬时值，并与标准动态电阻曲线上的值比较。当出现偏差时，在下半周内调节焊接电流，使该焊点的电阻始终跟踪标准的动态电阻曲线。控制的精度主要取决于仪器，一般可使控制焊点的电阻曲线落在最佳电阻曲线的4%范围内。

电阻差值法或变化率法，是以动态电阻曲线的最大值 R_m 为基准，焊接过程中，在测得的电阻自最大值以后下降到一定值 ΔR 或达到一定变化率 $\Delta R/R_m$，认为焊点熔核尺寸已达到了理想值，于是切断电流，得到较好质量的焊点。每种材料的 ΔR 是经预先试验后作为设定值存储在微机内存中的。

3. 适用范围　动态电阻监控技术适用于碳钢、低合金结构钢、钛合金和镀锌钢板的点焊。它适用于电流密度易变化场合的监控，如存在电流分流、电极头磨损、工件表面状态变化等。

对铝合金和奥氏体不锈钢不推荐采用该监控技术。

4. 应用举例

工件名称：环形件。

材料：1Cr17Ni2（1.5mm + 2.0mm）。

电极直径：4.5 ~ 6.5mm。

焊接条件：焊接电流 6 ~ 6.5kA，焊接时间 18 ~ 20 周，电极压力 20N。

监控结果：由于该工件的点距小，存在大的分流。另外，随着焊接过程的推移，铁磁物陆续伸入焊机回路，因阻抗增大，以致熔核减小。当采用动态电阻监控后，则可基本上保证工件上每一焊点的熔核尺寸，使产品合格。

18.2.4 能量监控

1. 监控原理

能量监控技术是建立在焊接区的焦耳热为熔化金属，并形成焊点的唯一热源的基础上的。当生产条件一定时，可以假设焊点的散热情况基本一致。此时，焊接区释出的热量越多，形成的焊点熔核就越大。因此，将焊接区的热量作为焊点熔核大小的判据。

焊接区释出的热量为：

$$Q = \int_0^t i_w^2(t) R(t) \mathrm{d}t \tag{18-6}$$

或

$$Q = \int_0^t i_w(t) u(t) \mathrm{d}t \tag{18-7}$$

式中　Q——热量（J）；

i_w——通过焊接区的瞬时电流值（A）；

R——两电极间的总电阻（Ω）；

u——两电极间的电压（V）；

t——通过焊接电流的时间（s）。

在某些条件下，如铝合金点焊时，焊接区的总电阻基本为一水平线，即可近似认为电阻为一常数，则式（18-6）可改写为

$$Q = K\int_0^t i_w^2(t) \mathrm{d}t \tag{18-8}$$

式（18-7）和式（18-8）分别是两种能量监控方法的依据。

铝合金的点焊和缝焊通常采用直流脉冲焊机进行焊接。图 18-20 示出直流脉冲点焊时的电流波形。图中，t_b 为焊接时间，Δt 为选定计算电流平均值的单元时间。考虑到铝及铝合金点焊时，电极间电阻迅速降低到接近直线，可将 R 视为一常数，则在 Δt 时间内焊接能量为

$$Q = K\sum_{n-1}^{n} i_w^2 \Delta t$$

点焊时，比较“在焊点”与“标准焊点”在单元时间 Δt 内的能量，如果发现“在焊点”的能量提前或滞后达到“标准焊点”的能量时，则自动缩短或延长焊接时间 1/3 ~ 1 周，以实现能量监控的目的。该方法已用于航空工业生产[11]。

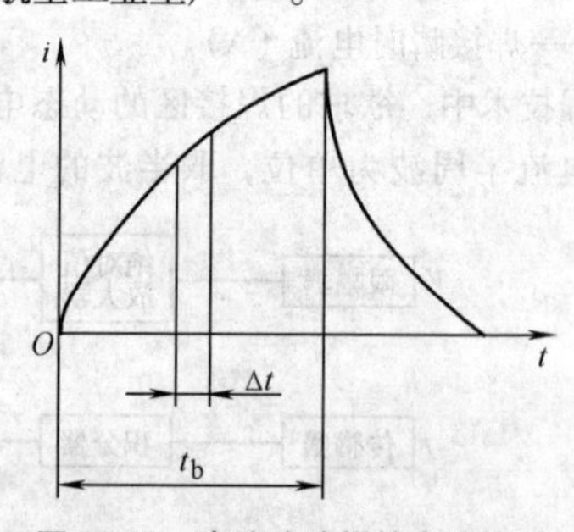

图 18-20　直流脉冲焊的电流波形

2. 监控仪器及方法

能量监控仪是按式（18-7）和式（18-8）设计

和制造的。它由电流传感器、积分器、电压传输线和绝对值电路、乘法器或平方器、V-f 变换器、整形电路、计数器、显示器和时序电路等组成，图 18-21 为能量监控仪的功能方框图。

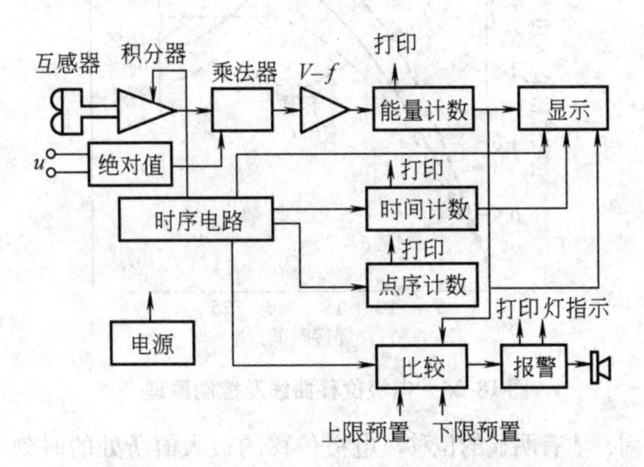

图 18-21　能量监控仪的功能方框图[12]

该监控技术有两种监控方式：在电流因素易变而电阻不易变的场合，可选用 $\int i_w^2 \mathrm{d}t$ 的方式；对电极压力易变和有分流的场合，可选用 $\int i_w u \mathrm{d}t$ 的方式。图 18-22 示出用 $\int i_w^2 \mathrm{d}t$ 方式监控 2A12 铝合金点焊的能量计数与焊点熔核直径的关系。图 18-23 为 $\int i_w u \mathrm{d}t$ 方式监控 30CrMnSiA 钢的结果。大量试验和生产应用表明，$\int i_w u \mathrm{d}t$ 监控方式对电流分流、压力和时间变化有一定的灵敏度[12]。$\int i_w^2 \mathrm{d}t$ 方式则只对 i_w 的变化有一定的灵敏度。

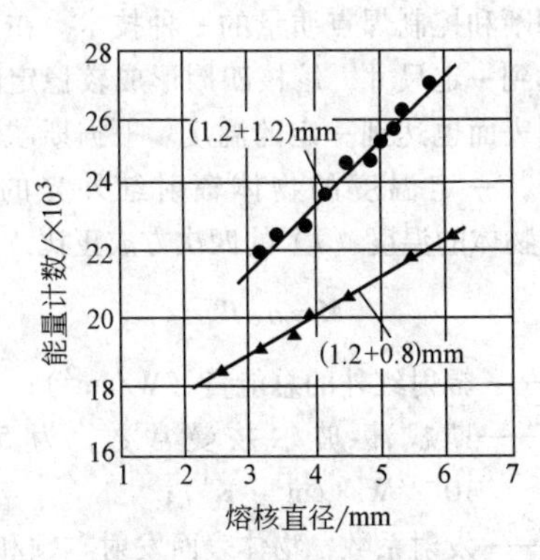

图 18-22　铝合金点焊能量计数与熔核直径的关系[12]

在监控之前，应进行工艺试验，结合产品结构和生产条件，选择合理的能量计数控制范围（相应给定的熔核直径），凡超出该控制范围的焊点应怀疑其焊接质量。

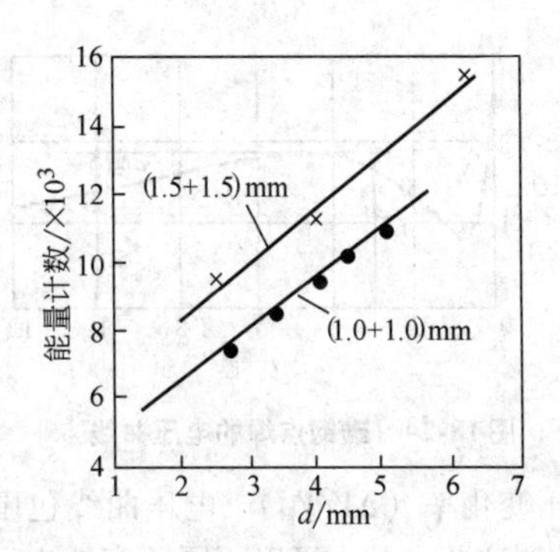

图 18-23　30CrMnSiA 钢点焊能量计数与熔核直径的关系[12]

3. 适用范围

该监控技术适用范围较广，但控制精度不很高。它适用于碳钢、结构钢、不锈钢、钛合金和铝合金的点焊、缝焊及凸焊，也适用于对焊的预热阶段的控制。

4. 应用举例

工件名称：翼刀。

材料：2A12CZ（1.2 + 1.2mm）。

焊机和电极：NJ—300，球面电极 $R = 100$mm。

监控方式：$\int i_w^2 \mathrm{d}t$ 。

监控结果：每个工件有 92 个焊点，共焊 25 件。焊后进行 100% 的 X 射线检验，将结果与监控结果相对比，证实监控焊点合格率达 99.8%。在监控之前，生产中经常出现脱焊，甚至有连续的多点脱焊。

18.2.5　其他质量监控技术

1. 电极间电压监控

电压控制技术是在焊点形成过程中，选择电极间电压曲线上某些特征参数作为控制对象，并通过对这些参数的控制，实现焊点熔核尺寸的控制。

在点焊过程中，金属产生熔化和凝固的演变，焊接区的导电性和导电面积按一定规律变化，电极间电压也按一定规律相应变化。对碳钢来说，会形成图 18-24 的曲线。曲线上 A 点是最大电压值（V_m），表示焊点熔核已形成到一定程度。AB 段为电压下降曲线，主要是熔核增长，电流通道面积迅速增大之故。随着金属的熔化，一方面电阻会增大，另一方面电流通道面积会增大，阻抗会减小，而通道面积扩大得很快，因此形成 AB 下降的曲线。当熔核长大到一定程度或长大过快，则会产生喷溅，电压会发生陡降。

在电压曲线上，可以表示熔核长大程度的特征参数有：最大电压值（V_m）、电压差值（$\Delta V = V_m -$

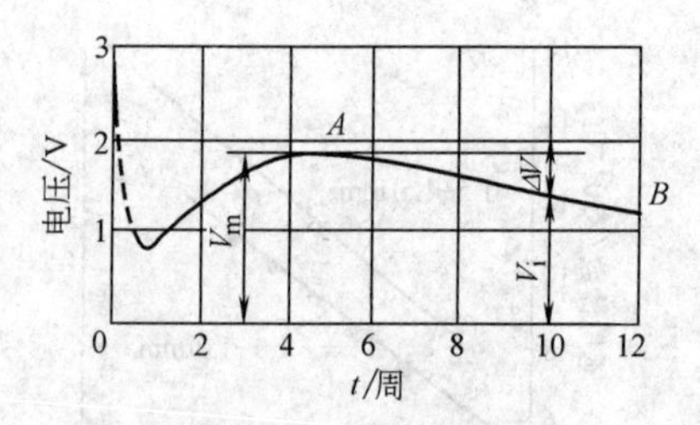

图 18-24　碳钢点焊的电压曲线[8]

V_i）、电压变化率（$\Delta V/V_m$）、电压曲线包围的面积（V_s）。检测这些参数，可以不同程度地表示出熔核的大小。运用这些参数产生了电压积分法、电压差值法、电压变化率法和最大电压值法的控制方法。目前常用电压差值法和电压变化率法。

电极间电压曲线的形状与材料有关，碳钢、镀锌钢板、钛合金的点焊电压曲线存在最大电压值和随后电压下降的阶段（见图 18-24）。奥氏体不锈钢、高温合金点焊的电压曲线中上述特征不明显。铝合金点焊的电压曲线是先陡降后水平的特征，不存在最大电压值。由此可见，对不同材料应选用不同的质量控制方法。

电压曲线上的特征参数与焊接参数有关，V_m 随焊接电流的增加而增加，且向左移；V_m 随电极压力增加而减小，且向右移。在大的焊接电流和小的电极压力时，可获得较大的 ΔV 值。这一规律与熔核尺寸的变化规律相一致。这说明，在采用电压控制时，选择预定的 ΔV 应考虑焊接规范的强弱，并经反复试验而确定。

生产中曾经使用电压变化率和电压积分法的质量监控技术。在电极压力不很大的条件下，电压监控技术对焊接电流和边距的变化有较高的灵敏度和小的分散度，但对因点距较小造成电流分流影响的场合，监控效果不够理想。

2. 电极位移监控（热膨胀法）

在点焊过程中，金属因受热而产生体积膨胀，特别是金属熔化变成液态时，体积明显增大。熔化金属的四周有冷态的固体金属包围，限制液态金属的膨胀。在电极轴线方向上，液态金属很薄，于是液态金属只能朝这一方向膨胀，尽管有电极压力，仍能产生电极位移。焊点金属熔化得愈多，体积膨胀越大，电极位移也越大[13-17]。因此，电极位移量（又称热膨胀量）的大小，是焊点金属熔化量多少的度量。

图 18-25 示出电极位移曲线及控制原理。图中，根据不同的熔核尺寸，将电极位移分为三个区域。依焊点的电极位移所处的区域判别焊点的质量[8,13]。

电极位移曲线由金属受热膨胀所致的位移上升段和金属冷却收缩所致的位移下降段组成。被焊金属受热早期（通电的前两周），电极位移几乎为零，大约在第三

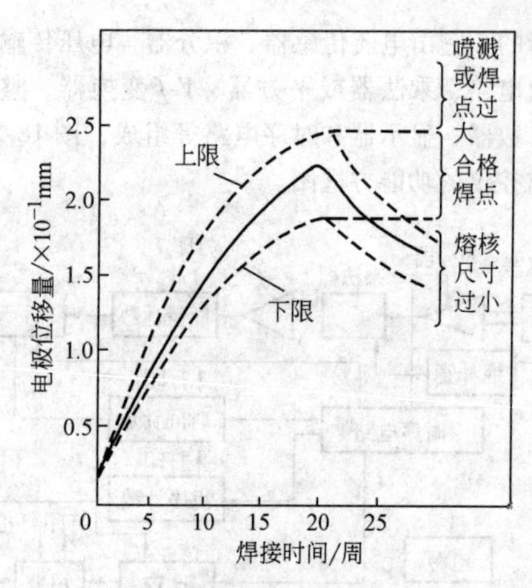

图 18-25　电极位移曲线及控制原理[8]

周，才有明显的位移。电极位移的最大值所处的时刻，不是焊接电流终止时刻，大约滞后 2～3 周。位移上升段（8～10 周之前）近似为线性，位移下降段呈指数关系曲线[16]。

根据电极位移曲线的特性，可以看出，主要监控的参数有初始位移速度（ds/dt）和最大位移量（S_m）。一般，采用 ds/dt 控制焊点熔核的长大，以及 S_m 控制焊点熔核的最终尺寸的联合控制方式。也有采用 S_m 单参数的监控方式。

该监控技术可以用于控制因电源电压变化、分流、回路感抗变化、电极头磨损、小边距等因素造成熔核尺寸的变化。但由于该监控方法对点焊生产操作有一定影响，实际应用较少。

3. 红外辐射监控

红外辐射监控技术是根据焊点表面辐射的红外光强度来判断和控制焊点质量的一种技术。在点焊时，当熔核达到一定尺寸，熔核四周形成较稳定的热场，被焊金属表面也达到一定的温度。根据斯忒藩-玻尔兹曼定律，一定温度的物体辐射红外光的总能量（M），与物体的温度（T）的四次方成正比[17,18]：

$$M=\sigma\varepsilon T^4 \tag{18-9}$$

式中　M——辐射红外的总能量（W/cm^2）；

σ——斯忒藩-玻尔兹曼常数，为 $5.669\times10^{-12}W/(cm^2\cdot K^4)$；

ε——发射系数，物体表面发射本领和黑体发射本领的比值；

T——物体的热力学温度（K）。

由式（18-9）可知，物体（工件）的温度高，辐射的红外线能量就多，而工件的表面温度是与熔核尺寸直接相关的。因此，根据所测红外辐射能量，可以求得焊点熔核的尺寸。

在监控时，通常在电极一侧或两侧安装红外探测器，测量焊点四周或中心表面的红外辐射强度，并将其转换成电信号，进行记录和分析。当红外辐射强度达到预计数值，表明熔核达到设计要求，则停止焊接过程。

图 18-26 为不同焊点质量的红外特性曲线。红外辐射监控主要控制初始速度（dR_s/dt）使熔核正常长大，最后控制最大辐射量（R_{sm}）使焊点达到规定尺寸。影响 dR_s/dt 和 R_{sm} 的主要因素有焊接电流和焊接时间，其他因素有探头的位置、材料表面状态、电极冷却条件、材料厚度等。

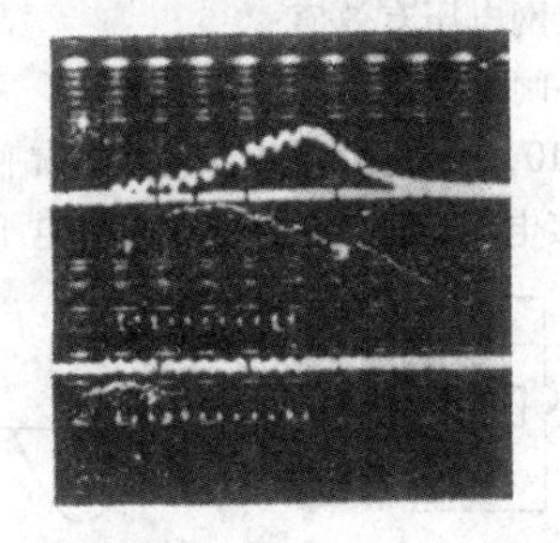
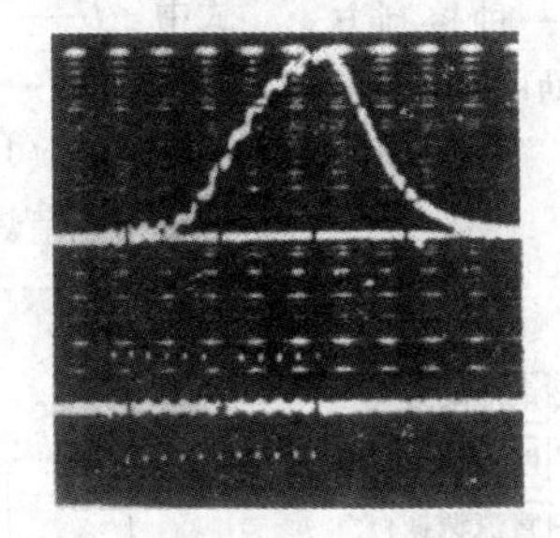
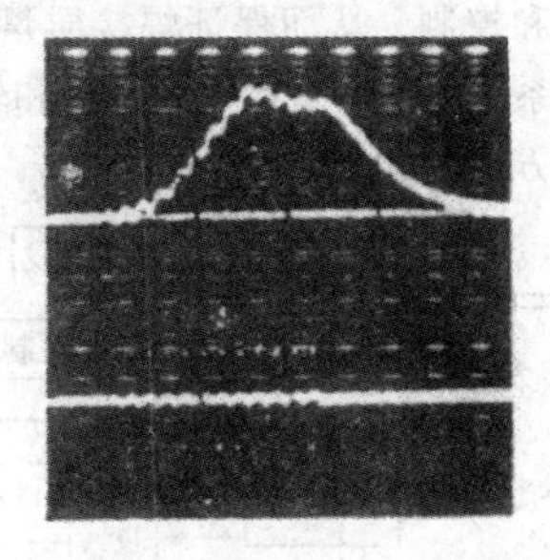

图 18-26　不同焊点质量的红外特性曲线[19]

目前对红外辐射监控技术已进行广泛地研究，监控了耐热钢、铝合金和钛合金等材料的点焊质量。虽然目前监控结果不够理想，但它是一种有潜力的监控技术。

18.2.6　点焊质量监控新技术

1. 人工智能控制

近 10 年来，应用人工智能技术解决电阻焊接质量监控或点焊质量预测有了较大进展。目前引人注目的是人工神经网络的应用[21,22]。神经网络是过程处理单元组成的并行分布的信息结构，由若干信息处理层构成。它可以模拟人类思维活动，经学习训练后，根据输入参数按规定规则和模式进行推理运算，只要处理层空间足够大，有足够的覆盖性，就可保证输出满意的精度。由于人工神经网络的建立无须任何的假设和数学推导，具有自组织、自学习、模糊性和容错性的特点，因此可以处理非线性多变性的复杂信息，经各网络层处理给出相应的输出[20,21]。例如，运用神经元网络理论，结合低碳钢动态电阻与焊点质量之间的模型关系，可以建立点焊质量模糊综合评判模型，实现低碳钢点焊质量的多参量综合监测。

人工智能技术特别适用于多信号融合的非线性时变系统。它可同时综合多个定量和定性信号。因此，把人工神经网络技术与控制理论结合，能解决一些像点焊质量控制这样，用基于精确的数学建模的控制理论很难得到满意解决的实际问题。另外，人们还在研究把 ANN 建模与模糊控制相结合的点焊实时监控系统[23]，以提高控制系统的智能和建模的准确性。该技术在电阻焊上的应用处于发展阶段，具有较大的应用前景。

2. 基于熔核直径数值计算的自适应控制

采用数值计算的熔核直径在线自适应控制技术，需在焊前预先输入被焊工件材质的力学与热物理参数，以及焊接参数，焊接时每隔一定时间间隔检测焊接电流与电极间电压，按照热传导数学模型计算出温度场分布情况，从而实时推算出熔核的生长情况，并据此反馈控制焊接电流，以改变焊接区温度的上升斜率。通过合理调控各时间段温度的上升斜率，确保熔核长大过程及结束前达到要求的直径。实际生产使用证明，基于熔核直径数值计算的自适应控制技术能使焊点质量稳定，焊接喷溅减小，电极寿命延长，耗电量降低，尤其是能较好地解决镀锌钢板的点焊质量问题。缺点是该方法需进行大量在线计算，必须采用高性能计算机，使设备投资增加。

3. 基于模糊分类理论的点焊质量等级评判[23]

德国学者 Burmeister 认为，电阻点焊过程是一个分类过程，不能用公式来清晰描述。只有通过监测点焊过程参数的一些最大值或最小值来进行片面描述，这样就可以从过程的函数描述转换为过程的分类描述，并用现有的专家数据库来建立分类等级。目前，已有用模糊分类的方法来评估焊接电流引起的过程信号（电极位移特征量、电极加速度特征量）和焊点质量变化的报道。报道中还指出，模糊分类虽然适用于描述点焊过程的复杂性和非线性，可以用于焊点质量的等级评估，但只能给出焊点质量参数的大致范围，而且评价的准确性难以避免地受到专家数据库等众多人为因素的影响。

18.2.7　闪光对焊质量监控技术

闪光对焊和其他电阻焊方法一样，实现质量监控可通过电参数和机械参数两种方式进行。闪光对焊时，影响接头质量的参数很多，但实际生产中不可能而且没有必要对所有的影响参数都进行控制，通常是控制其中的一个或某几个参数。下面介绍一种焊接电压、电流和工件送进速度的多参数控制技术。

多参数控制技术是利用计算机技术，对影响接头质量的焊接电压、电流和烧化速度等参数进行实时监测、处理和控制，从而保证焊接质量的一种控制方法。控制系统由主电路、控制电路和辅助电路组成。系统功能方框图如图 18-27 所示。

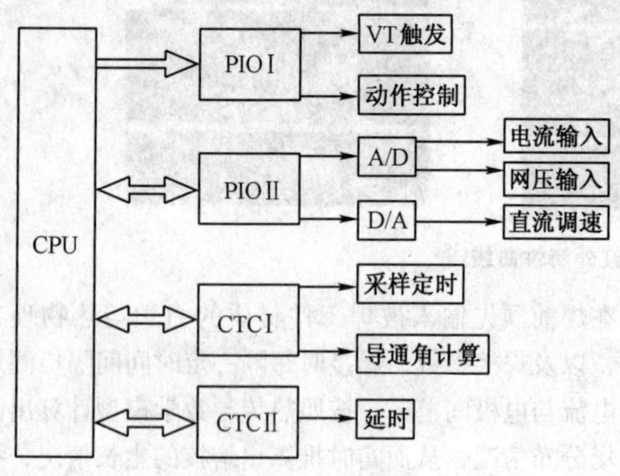

图 18-27　闪光对焊多参数控制系统的方框图[22]

在主电路中，大功率晶闸管控制焊接变压器的通电，并在焊接过程中起调节焊接电压的作用。其调整作用由微处理机通过定时时间来控制。控制电路和辅助电路由微处理机和输入/输出电路组成。微处理机包括 CPU、键盘、并行接口 PIO、CTC 等。输入/输出电路包括光电隔离电路、逻辑译码电路、控制信号和位置信号产生电路，以及同步信号产生、放大、驱动电路等。该系统的中心是 CPU。通过 PIO—Ⅰ，完成 SCR 触发、电极的夹紧与松开，以及起动电机等功能。通过 PIO—Ⅱ，实现电流和电压的采样。CTC—Ⅰ用以完成采样点的定时以及 SCR 导通角的测量等功能。CTC—Ⅱ则用以进行各阶段的延时。数据的处理及判断则由 CPU 完成。

1. 焊接电压程控及其自动补偿

焊接电压是闪光对焊重要的焊接参数之一。进行预热闪光对焊时，一般在预热阶段采用低电压，进入闪光阶段后采用较高电压。在闪光阶段，为了保证闪光过程的连续和稳定，以及为了建立合适的温度场，闪光过程各阶段的电压是不同的。因此，应能对焊接电压进行实时控制，以提供所需的各种电压，而且应同时能实现电压的自动补偿，以保持每次闪光过程中各个电压的稳定。

控制装置采用焊机的主电路，如图 18-28 所示。图中，α 为晶闸管控制角。由图可知，焊接电压有效值为

$$U_a=\sqrt{\frac{1}{\pi}\int_{\alpha}^{\pi}(\sqrt{2}U\sin\omega t)^2}=\frac{1}{U}\sqrt{\frac{\pi-\alpha}{\pi}+\frac{1}{2\pi}\sin2\alpha}\qquad(18\text{-}10)$$

式中　U——电网电压有效值；

α——晶闸管控制角。

由式（18-10）可见，可以通过改变晶闸管控制角 α 来调节焊接电压有效值，以实现焊接电压的控制。

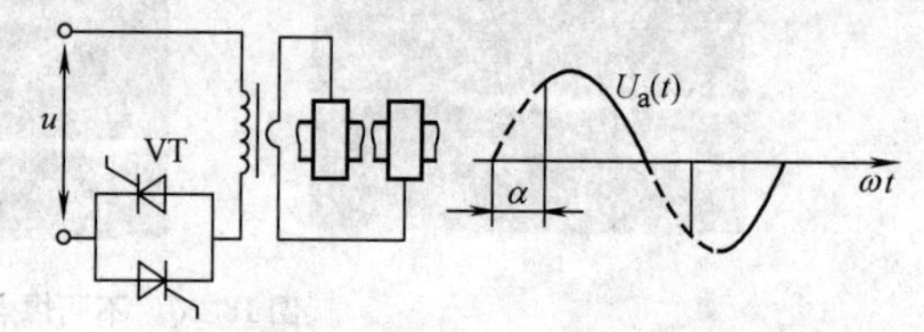

图 18-28　闪光对焊机主电路及电压波形

设焊接电压有效值与电网电压有效值之比为 M，则

$$M=\frac{U_a}{U}=\sqrt{\frac{\pi-\alpha}{\pi}+\frac{1}{2\pi}\sin2\alpha}\qquad(18\text{-}11)$$

M 与 α 的关系可用图 18-29 的曲线表示。

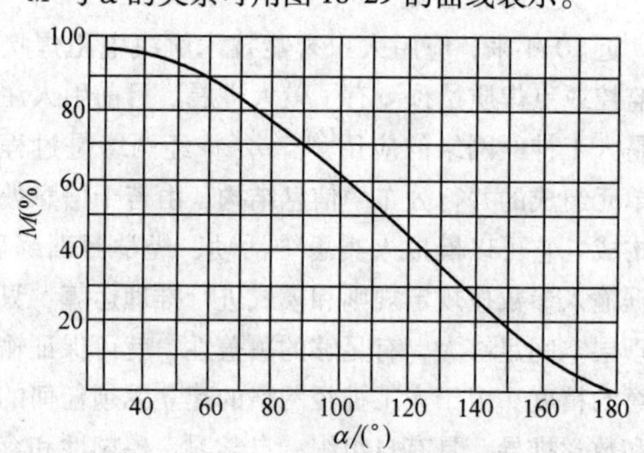

图 18-29　M 与 α 的关系[22]

当电网电压发生波动时，为了保持焊接电压稳定，需要对 α 角进行修正，以实现电网电压补偿。设给定电压为 U_{a0}，额定电网电压为 U_0，给定电压比值为 M_0，则在电网电压波动前

$$U_{a0}=M_0U_0\qquad(18\text{-}12a)$$

电网电压波动后

$$U_a=MU\qquad(18\text{-}12b)$$

式中　U_a——实际焊接电压；

U——波动后的电网电压；

M——波动后的电压比值。

为使 $U_a=U_{a0}$ 或 $MU=M_0U_0$

则必须使

$$M=M_0U_0/U\qquad(18\text{-}13)$$

此即为电网电压补偿的算法。

为了实现电压的实时控制，将图18-29的M-α关系曲线离散化，并存入微处理机内存。这样，对于给定的各阶段电压参数U_a，微处理机在每个周波导通之前计算出在额定电网电压时的M_0值，并对电网电压进行测量，然后根据此时的电网电压值按式（18-13）计算出M值，再根据此M值查表得到对应的控制角α，进而对电网电压波动进行补偿。

这种系统已在LM—500型对焊机上用来焊接ϕ18~ϕ64mm圆环链。

2. 烧化速度的控制

工件的送进速度与烧化速度相等，是整个闪光焊过程的关键问题之一。在闪光过程中，如果工件的烧化速度大于送进速度，则会使闪光过程断续进行，焊接质量将因加热过程或保护条件被破坏而下降。如果工件的送进速度大于烧化速度，则会使两工件短路，闪光中断，造成工件报废。实践证明，在生产中经常出现而危害最大的是闪光过程初期的短路现象。

为避免出现短路现象，需要根据工件的材质、截面尺寸和结构形状等选择合理的送进曲线，对工件的送进速度进行精确控制，使其与烧化速度保持一致。但是闪光过程是复杂的，而且要求每一瞬间的送进速度都等于烧化速度，在实际生产中是很难实现的，因此生产实际中是使动夹具按确定的送进曲线移动，同时对工件的烧化速度进行瞬时控制。这是通过调节电参数来实现的。闪光过程中，当液体过梁总面积发生突变时，电流会出现一个相应的尖峰，因而焊接电流的变化可直接反映过梁的产生和爆破的瞬间过程，所以可取焊接电流作为反馈信号，通过调节焊接电压来实现工件烧化速度的瞬时控制。例如，在闪光初期，当出现短路趋势时，液体过梁的总面积将急剧增大，焊接电流也急剧增大，于是可以根据检测到的电流值判断短路趋势。在出现短路趋势时，立即提高焊接电压，以增大端口过梁截面上的电流密度，促使过梁迅速爆破，并提高工件的烧化速度，从而使短路趋势在形成危害之前即被消除。

实践证明，对于钢件来说，这种方法能够有效地防止短路现象的出现。在闪光焊后期出现闪光中断，对接头质量的影响也不容忽视。

参考文献

[1] 六二一所. 焊接金相图集：第一集［M］. 北京：第三机械工业部三〇一研究所，1973.

[2] 中国机械工程学会焊接学会. 焊接金相图谱［M］. 北京：机械工业出版社，1987.

[3] 六二一所，红旗机械厂，等. 航空材料焊接性能手册［M］. 北京：国防工业出版社，1987.

[4] 吴禄，等. 关于应用微处理机检测点焊焊接电流有效值的研究［J］. 焊接学报，1985，6（1）：31-38.

[5] 鲍力立，等. 第一届中德焊接学术会议论文集［C］. 1987，232.

[6] 王敬和，等，引进先进控制设备改造老焊机［J］. 航空工艺技术，1985（9）：4.

[7] SHUJI NAKATA，AKIRA NISHIMURA. Adaptive Control for Assuring the Quality of Resistance Spot Weld in Real Time. Osaka：The Fourth International Symposium，1982.

[8] Beatson E V，et al. Resistance Welding Control and Monitoring. Cambridge：The British Welding Institute，1977.

[9] 霍晓，刘效方. 电阻焊微处理机监控器［J］. 国外焊接，1987（3）：33.

[10] 奥田滝夫. スポシト溶接のモニタリンヌヂ装置の现状上评价［J］. 溶接技术，1978（3）：33.

[11] 航空制造工程手册总编委会. 航空制造工程手册：焊接卷［M］. 北京：航空工业出版社，1996.

[12] 刘效方，等. 采用能量积分法监测点焊荣获尺寸的研究［J］. 航空材料（专刊），1984，4（1）：28-34.

[13] Weller D N，Knowlson P M. Electrode Separation Applied to Quality Control in Resistance Welding［J］. Welding Journal，1965（4）：168s-174s.

[14] Weller D N. Head Movement as a Means of Resistance Welding Quality Control［J］. British Welding Journal，1964（3）：118-122.

[15] 姜以宏，等. 电阻点焊的热膨胀法质量监测［R］. 哈尔滨：哈尔滨工业大学科学研究报告，1983（135）.

[16] 刘效方，等. 点焊质量电极位移法控制模型的设计［J］. 电焊机，1987（3）：11.

[17] 冀殿英，等. 热膨胀监控微机控制点焊过程的研究［J］. 电焊机，1986（2）：7-12.

[18] роговин A. О контроле качества точечной сварки низкоуглеродинетых сталей средних толгинн по вепцчине перемещений вер хнего электрода.［J］. сварочное произвоgотво，1972（2）：35.

[19] 王康印. 红外检测［M］. 北京：国防工业出版社，1986.

[20] 张忠典，等. 人工神经元网络法估测点焊接头力学性能［J］. 焊接学报，1997，18（1）：1-5.

[21] 赵熹华，等. 基于专家系统和人工神经网络的点焊焊接参数选择［J］. 焊接学报，1998，19（4）：203-208.

[22] 崔维达，等. 微处理机控制闪光对焊过程的研究［J］. 金属科学与工艺，1988，7（3）：95-102.

[23] 赵熹华，冯吉才. 压焊方法及设备［M］. 北京：机械工业出版社，2005.

第3篇　高能束焊

引　　言

作者　刘金合　**审者**　陈彦宾

高能束焊又称高能焊、高能密度焊，它是利用高能密度的束流诸如电子束、等离子弧、激光束等作为焊接热源的。高能束焊的功率密度比通常的钨极氩弧焊或熔化极气体保护焊的功率密度要高一个数量级以上，其功率密度通常高于 $5\times10^5\mathrm{W/cm^2}$。等离子弧焊的功率密度仅能达到高能束焊的下限，因而通常所说的高能束焊主要是指电子束焊（Electron Beam Welding—EBW）和激光束焊（Laser Beam Welding—LBW），激光束焊又简称激光焊（Laser Welding）。

1. 高能束的获取

为了获得能满足焊接需要的高能的电子束和激光束，主要采取三方面的措施：一是提高束流的输出功率，二是提高束流的聚焦性，三是采用适当的聚焦方法。

（1）高能电子束的获取　图1是真空电子束焊接原理示意图。通过采用特殊形状的阴极和阳极形成会聚的锥形电子束并在阳极附近形成交叉点，电子束穿越阳极之后逐渐发散，然后通过电磁透镜

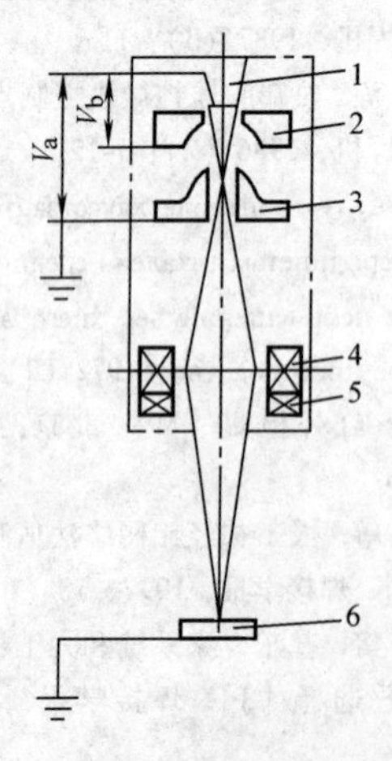

图1　真空电子束焊接原理示意图

1—阴极　2—聚束极　3—阳极　4—聚焦线圈（磁透镜）　5—偏转线圈　6—工件　V_a—加速电压　V_b—偏压

（聚焦线圈）的再次聚焦使电子束的聚焦斑点落在工件表面附近，偏压电极主要用于控制电子束流的强度，阴极与阳极之间通常加有 15～150kV 的加速电压。

若忽略电子从阴极逸出时的初速度，则经电场加速后的电子速度

$$v=\sqrt{\frac{2eV_a}{m}} \tag{1}$$

式中　e——电子电量；
m——电子质量；
V_a——加速电压。

电子经 100kV 的电压加速后，其运动速度约达到光速的60%。

当加速电压为 100kV、聚焦束斑直径为 0.5mm、电子束流为 20mA 时，聚焦束斑焦点处的功率密度可达到 $10^6\mathrm{W/cm^2}$。

（2）高能激光束的获取　在激光器里通过谐振腔的方向选择和频率选择作用以及谐振腔和工作物质共同形成的反馈放大作用，使输出的激光方向性好、单色性好、亮度高。

光源的亮度　$$B=\frac{P}{A\Omega} \tag{2}$$

式中　A——光源发光面积；
Ω——法线方向上立体发散角；
P——在立体角为 Ω 的空间内发射的功率。

激光束的方向性用光束发射张角一半来表示，称为发散角，可表示为

$$\theta=\frac{4}{\pi}\frac{\lambda}{D} \tag{3}$$

式中　λ——激光波长；
D——光束直径。

经聚焦的激光束在焦平面处的束斑直径

$$d=f\times\frac{4}{\pi}\times\frac{\lambda}{D}=f\theta \tag{4}$$

式中　f——聚焦镜焦距。

目前，大功率连续波激光的功率达几千瓦、几十千瓦，甚至上百千瓦，相应的光束直径仅为几十毫米、上百毫米，立体角可达到10^{-6}sr；脉冲固体激光器的光脉冲持续时间可压缩至10^{-12}s，甚至更短。因而激光具有极高的亮度，加之激光的方向性好，发散θ角小，有良好的聚焦性，在焦平面处可获得大于10^6W/cm^{2}的功率密度。

2. 高能束聚焦的像差及焦深

（1）像差　高能束的聚焦实际是成像问题。实际光学系统与理想光学系统成像的差别称为像差，像差越小，成像的质量越高。

1）球差。同一颜色（或波长）的光线通过球面成像时，由同一点发出的与光轴夹角不同的光线经球面折射后，折射光线并不交于一点，随着光线和光轴夹角的增大，光线和光轴的交点逐渐向球面顶点靠近，由此引起的像差称为球差。对电子束进行聚焦时，由于电子束中电子运动方向与光轴夹角不同，同样会产生球差。

2）色差。由同一点发出的波长不同（或颜色不同）的光经透镜折射后不交于一点而引起的像差称为色差。波长长的对应的焦距长，波长短的对应的焦距短。激光的单色性好，频率宽度窄，但仍存在一定的频宽，聚焦时有色差存在，而电子束聚焦中的色差是由于电子的运动速度不同而引起的。

（2）焦深　焦深定义为焦点附近束斑直径变化5%时在光轴上两对应面间的距离

$$L = 6.5\frac{f}{D}d \tag{5}$$

式中　f——焦距；

D——入射光束直径；

d——焦点处的束斑直径。

在电子束焊接中，常用电子束流活性区长度L_b表示与焦深类似的量。

$$L_b = 9.92\frac{f}{D\sigma} \tag{6}$$

式中　f——磁透镜焦距；

D——磁透镜孔径；

σ——测量标准差。

焦深和活性区长度对焊缝形貌、质量、待加工处尺寸的公差要求以及进行切割时切缝的锥度等有重要影响。

3. 高能束焊的特点

1）既可进行热传导焊接，也可进行深熔焊接。尽管聚焦后束斑焦点处的功率密度可大于10^5W/cm^2，焊接时实际作用于工件表面的功率密度可通过改变输出功率、离焦量以及焊接速度等而加以调整。当工件表面束流作用处的功率密度大于10^5W/cm^{2}时为深熔焊接，小于10^5W/cm^{2}时为热传导焊接。

热传导焊接时，束流与工件相互作用产生的热经热传导进入工件内部，使材料被加热而熔化，熔池温度低，几乎没有蒸发，焊缝宽而浅，焊缝截面近似为半圆形，该焊接过程类似于非熔化极电弧焊。

2）深熔焊时有“小孔效应”，能形成深宽比大的焊缝。

当作用在工件表面的功率密度在10^6W/cm附近时，熔化钢材的温度可达到1900℃，金属蒸发而形成的蒸气压力约为300Pa，在金属蒸气压力、蒸气反作用力、液体金属静压力以及表面张力等的共同作用下，可形成深约3mm的小孔。

如作用在工件表面的功率密度进一步增加，蒸发更为厉害，蒸气压力和蒸气反作用力向四周和熔池底部排开液体金属的作用强烈，高能束直接进入小孔底部与金属直接作用，加剧了小孔向深部扩展。当蒸气压力、蒸气反作用力、束流压力与液体金属静压力以及表面张力平衡后，小孔不再继续深入。显然，在高功率密度情况下，金属的急剧蒸发导致高能束流深入小孔内部与材料直接作用（而不是通过热传导），因而高功率密度下能形成深宽比大的焊缝。

如功率密度大于10^9W/cm^2，蒸气压力、蒸气反作用力以及蒸发速率都很大，以至于熔化金属几乎全部被蒸发或被蒸气流冲出腔外，这种情况主要用于打孔。

图2是功率密度对焊缝熔深影响的关系曲线，由图可以看出，随着功率密度的增加，焊缝变窄，深宽比变大，焊缝边线接近直线。图2是在高真空条件下通过电子束焊接得到的结果，然而，不难判断，在真空条件下进行激光焊接，由于不存在等离子屏蔽等负面影响，因而有充足的理由认为所得到的焊缝形貌主要是受功率密度的影响。

3）可焊材料范围广。高能束焊不仅适宜于普通金属，而且还特别适宜于难熔金属、热敏感性强的金属、钛合金、高温合金、热物理性能悬殊的异种材质，以及厚度、尺寸差别大的构件间的焊接。

4）加热集中，热输入少，变形小。

5）焊缝质量高，许多情况下焊缝强度与母材接近或相当。

6）完成焊接所需的有效时间短，大批量生产时成本低。

7）不足之处是设备价格高，无论真空电子束焊或是激光焊，设备的一次投资大，维护费用也较高。

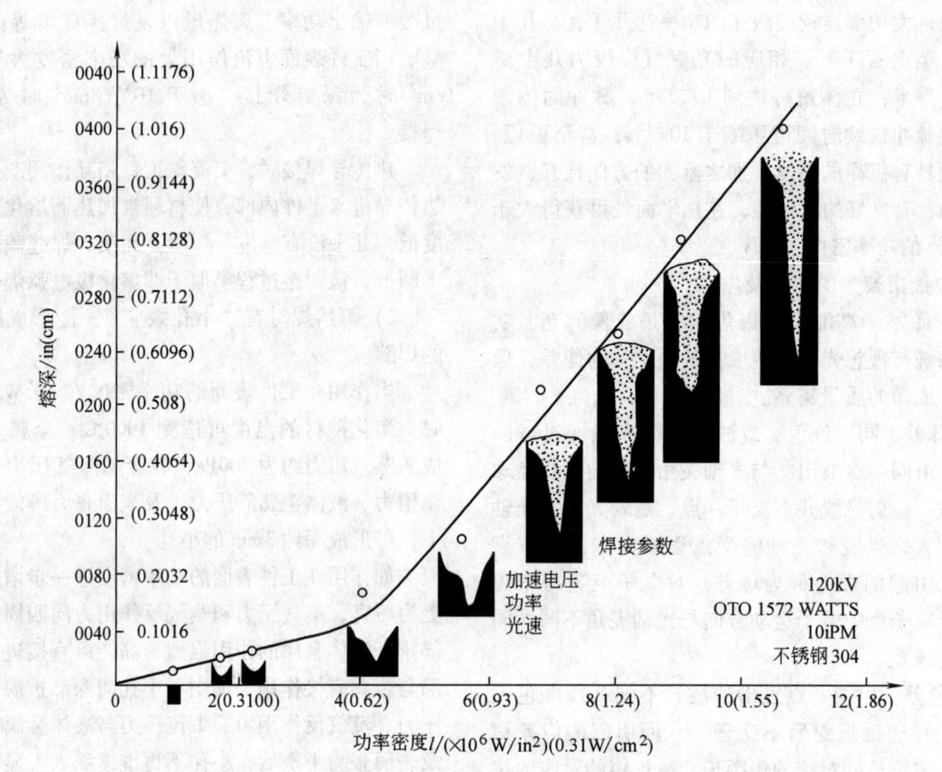

图2　功率密度对焊缝熔深影响的关系曲线

4. 高能束焊熔池所受的力

高能束焊时，熔池受力可分为两类：一是倾向形成和维持小孔的力，二是倾向封闭小孔的力。

（1）束流压强 p_b　束流压强对电子束来讲，它是由电子的冲击力产生的；对激光来讲，它则是光子的辐射压强。束流压强促进小孔的形成。

当电子和工件撞击时，电子束流压强

$$p_b = \frac{I_b}{\frac{\pi}{4}d^2}\sqrt{2m\frac{V_a}{e}} \tag{7}$$

式中　I_b——电子束流；

d——作用在工件上的束斑直径；

m——电子质量；

e——电子电量；

V_a——加速电压。

激光束流压强

$$p_b = \frac{P}{A} \times \frac{1}{c} \tag{8}$$

式中　P——激光功率；

A——激光作用在工件上的面积；

c——光速。

功率密度相同时，激光束流压强约为电子束流压强的1/3。

（2）蒸气压强 p_v　蒸气压强的作用是力图将熔化的金属向四周排开，使小孔进一步向工件内部发展。蒸气压强主要取决于熔池的温度，由于束流的直接作用和壁聚焦效应，小孔底部的温度最高。对于钢工件来讲，小孔底部温度一般在2300～2700℃之间，2300℃时对应的蒸气压强约为 5×10^3Pa，2700℃时蒸气压强高达 5×10^4Pa。

（3）蒸气反作用压强 p_r　熔池底部的蒸发粒子以一定的速度离开液面时由于反作用而形成了蒸气反作用压强，该压强倾向于加深和维持小孔。

$$p_r = \frac{1}{\rho Q}\left(\frac{P}{A}\right)^2 \tag{9}$$

式中　P——束流功率；

A——束流作用在工件上的面积；

Q——蒸发1kg被焊金属所需的能量；

ρ——蒸气密度。

由式（9）可知，蒸气反作用压强除与功率密度（P/A）和材料性质有关外，还与环境压力有关，这是因为环境压力的大小影响着蒸气密度。在其他条件相同的情况下，真空电子束焊之所以比激光焊能获得深宽比更大的焊缝，原因之一就是因为真空电子束焊时，焊件所处的环境压力低，蒸气反作用力大。真空条件下激光焊的熔深也比大气条件下的大。研究表明，功率密度为 $3.5\times10^{6}W/cm^{2}$ 时，真空电子束焊的蒸气反作用压强达 $10^{7}Pa$。

（4）液体金属静压强 ρgh　在环绕熔池小孔的液体金属内，任一点的静压强与液体的密度 ρ 和该点距熔池表面的距离 h 成正比，该压强的作用是倾向于封闭小孔。对于钢铁材料，若熔池小孔深 5mm，作用在熔池底部的液体金属静压强为 386Pa。

（5）表面张力附加压强 p_{γ}　液面凸起时，表面张力附加压强指向液体内部；液面凹下时，附加压强指向液体外部。液面为球形时

$$p_{\gamma}=\frac{2\gamma}{R} \tag{10}$$

式中　γ——表面张力系数；

R——球形液面半径。

液面为圆柱形曲面时

$$P_{\gamma}=\frac{\gamma}{R} \tag{11}$$

式中　R——圆柱曲面的半径。

进行非穿透的深熔焊接时，熔池小孔底部的表面张力附加压强的作用与束流压强和蒸气反作用压强相反，试图使小孔填平；进行穿透焊接且材料厚度小于焊缝宽度时，表面张力附加压强试图将熔化金属拉回母材，促使小孔产生并维持小孔的存在。

5. 真空电子束焊与激光焊的比较

1）真空电子束焊可获得比激光焊更高的功率密度。

2）真空电子束焊一次焊透的深度以及焊缝的深宽比都比激光焊大。加速电压为 150kV 的电子束焊机焊不锈钢时熔深可达 150mm，深宽比可达 50∶1。

3）真空电子束焊特别适宜于活泼金属、高纯金属以及铝合金、铜合金等。高真空中没有气体污染，并能使析出的气体迅速从焊缝中逸出，提高了焊缝金属的纯度，提高了接头质量。

4）真空电子束焊的相对不足之处是被焊金属工件的大小受真空室尺寸的限制，需要抽真空，效率低。

5）激光焊接时，不需进行 X 射线屏蔽，不需要真空室，观察及对中方便。

6）脉冲激光焊接在微细零件的点焊、缝焊方面具有特别的优势。

7）激光焊接可通过透明介质对密闭容器内的工件进行焊接；YAG 激光和光纤激光可用光纤传输，可达性好。

8）激光束不受磁场影响，特别适宜于磁性材料的焊接。

9）激光焊的相对不足之处是导电性好的材料如铝、铜等对其反射率高，施焊比较困难。

第19章 电子束焊

作者 左从进 审者 刘金合

19.1 概述

电子束焊一般是指在真空环境下，利用会聚的高速电子流轰击工件接缝处所产生的热能，使被焊金属熔合的一种焊接方法。电子轰击工件时，动能转变为热能。电子束作为焊接热源有两个明显的特点：

1）功率密度高。电子束焊时常用的加速电压范围为30～150kV。电子束电流为20～1000mA。电子束焦点直径为0.1～1mm。这样，电子束的功率密度可达10^6W/cm^{2}以上，属于高能束流。

2）精确、快速的可控性。作为物质基本粒子的电子具有极小的质量（9.1×10^{-31}kg）和一定的负电荷（1.6×10^{-19}C），电子的荷质比高达1.76×10^{11}C/kg，通过电场、磁场对电子束可进行快速而精确的控制。电子束的这一特点明显地优于同为高能束流的激光，后者只能用透镜和反射镜控制。

基于电子束的上述特点和焊接时的真空条件，真空电子束焊具有下列主要优缺点。

优点：

1）电子束穿透能力强，焊缝深宽比大，可达到50:1。图19-1所示的是电子束焊缝的特点。图19-1a是电子束焊接过程的示意图，上部是电子枪的出口，中部的亮带就是高速的电子流，下部是电子束焊接后在铝合金活塞上形成焊缝的断面照片。其标尺显示焊缝深度为70mm，而焊缝的宽度仅为1mm左右，焊缝深宽比大。图19-1b是工程应用中常用的优质电子束焊的焊缝形状的照片，焊缝自上到下宽度均匀，称“平行焊缝”。图19-1c是25mm钢材等厚度电子束焊焊缝和开双面坡口弧焊焊缝横断面对比的金相照片，电子束焊时可以不开坡口实现单道大厚度焊接，辅助材料和能源的消耗只是弧焊的数十分之一。

2）焊接速度快，热影响区小，焊接变形小。电子束焊的焊接速度一般在1m/min以上，由图19-1b可以看出，电子束焊的焊缝热影响区很小，有时几乎不存在。焊接热输入小以及“平行焊缝”的特点使得电子束焊的变形较小，因此对于精加工的工件，电子束焊可用作最后连接工序，焊后仍保持足够高的精度。

3）真空环境利于提高焊缝质量。真空电子束焊不仅可以防止熔化金属受到氢、氧、氮等有害气体的污染，而且有利于焊缝金属的除气和净化，因而特别适于活泼金属的焊接。也常用电子束焊焊接真空密封元件，焊后元件内部保持在真空状态。

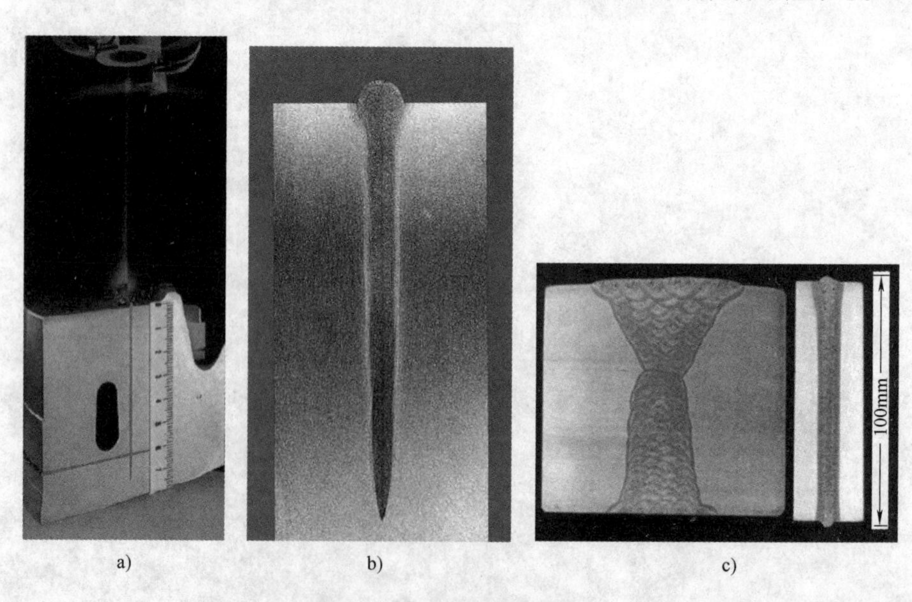

a)　　b)　　c)

图19-1 电子束焊焊缝的特点

a）电子束焊焊接过程的示意图 b）电子束焊焊缝形状

c）电子束焊焊缝与弧焊的比较

4）焊接可达性好。电子束在真空中可以传到较远的位置上进行焊接，只要束流可达，就可以进行焊接。因而能够进行一般焊接方法的焊炬、电极等难以接近部位的焊接。

5）电子束易受控。通过控制电子束的偏移，可以实现复杂接缝的自动焊接。可以通过电子束扫描熔池来消除缺陷，提高接头质量。

缺点：

1）设备比较复杂，费用比较昂贵。

2）焊接前对接头加工、装配要求严格，以保证接头位置准确，间隙小而且均匀。

3）真空电子束焊接时，被焊工件尺寸和形状常常受到真空室的限制。

4）电子束易受杂散电磁场的干扰，影响焊接质量。

5）电子束焊时产生的X射线需要严加防护以保证操作人员的健康和安全。

由于有上述的优势，电子束焊技术可以焊接难熔合金和难焊材料，焊接深度大，焊缝性能好，焊接变形小，焊接精度高，并具有较高的生产率，因此在核能、航空、航天、汽车、压力容器以及工具制造等工业中得到了广泛的应用。

19.2　电子束焊的工作原理和分类

19.2.1　电子束焊的工作原理

电子束是从电子枪中产生的。通常电子是以热发射或场致发射的方式从发射体（阴极）逸出。在25～300kV加速电压的作用下，电子被加速到0.3～0.7倍的光速，具有一定的动能，经电子枪中静电透镜和电磁透镜的作用，电子会聚成功率密度很高的电子束。

这种电子束撞击到工件表面，电子的动能就转变为热能，使金属迅速熔化和蒸发。在高压金属蒸气的作用下熔化的金属被排开，电子束就能继续撞击深处的固态金属，很快在被焊工件上“钻”出一个小孔，（即匙孔）（图19-2）。小孔的周围被液态金属包围。随着电子束与工件的相对移动，液态金属沿小孔周围流向熔池后部，逐渐冷却、凝固形成了焊缝。也就是说，电子束焊过程中的焊接熔池始终存在一个“匙孔”。“匙孔”的存在，从根本上改变了焊接熔池的传质、传热规律，由一般熔焊方法的热导焊转变为穿孔焊，这是包括激光焊、等离子弧焊在内的高能束流焊接的共同特点。

电子束传送到焊接接头的热量和其熔化金属的效果与束流强度、加速电压、焊接速度、电子束斑点质

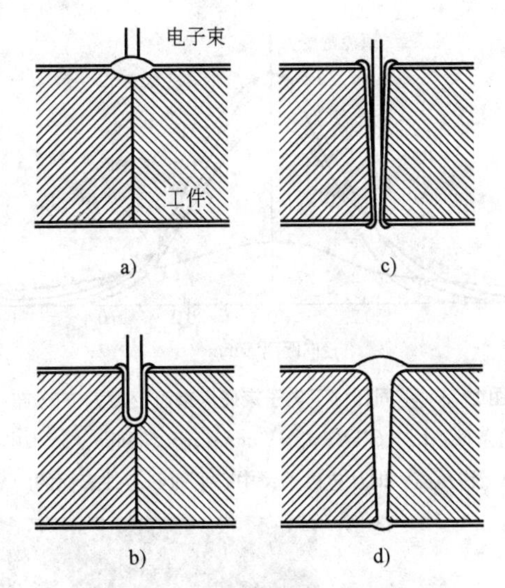

图19-2　电子束焊接焊缝成形的原理

a）接头局部熔化、蒸发　b）金属蒸气排开液体金属，电子束“钻入”母材，形成“匙孔”　c）电子束穿透工件，“匙孔”由液态金属包围 d）焊缝凝固成形

量以及被焊材料的性能等因素有密切的关系。

19.2.2　电子束焊的分类

1）按电子束加速电压高低可分为高压电子束焊（120kV以上）、中压电子束焊（60～100kV）和低压电子束焊（40kV以下）三类。工业领域常用的高压真空电子束焊机的加速电压为150kV，功率一般都小于60kW；中压真空电子束焊机的加速电压多为60kV，功率一般都小于75kW。

2）按被焊工件所处的环境的真空度可分为三种：高真空电子束焊、低真空电子束焊和非真空电子束焊。

高真空电子束焊是在10^{-4}～10^{-1}Pa的压强下进行的。良好的真空条件，可以保证对熔池的“保护”，防止金属元素的氧化和烧损，适用于活性金属、难熔金属和质量要求高的工件的焊接。

低真空电子束焊是在10^{-1}～10Pa的压强下进行的。从图19-3可知，压强为4Pa时束流密度及其相应的功率密度的最大值与高真空的最大值相差很小。因此低真空电子束焊也具有束流密度和功率密度高的特点。由于只需抽到低真空，适用于批量大的零件的焊接和在生产线上使用。例如，变速器组合齿轮多采用低真空电子束焊接。

在非真空电子束焊机中，电子束仍是在高真空条件下产生的，然后穿过一组光阑、气阻和若干级预真空室，射到处于大气中的工件上。由图19-3可知，在压强增加到15Pa时，由于散射，电子束功率密度

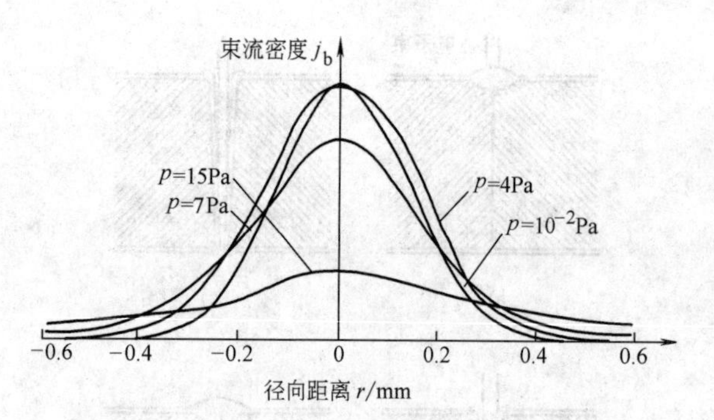

图 19-3　不同压强下电子束斑点束流密度 j_b 的分布

实验条件：U_b = 60kV；I_b = 90mA；z_b = 525mm（z_b 为电子枪的工作距离，即从电磁透镜中心平面到工件表面的距离）

明显下降。图 19-4 所示的是在氦气中电子束的散射情况。由于氦的密度小，在 500Pa 时电子束的发散仍较小，随着气压的升高，发散逐渐增大。在空气中，电子束散射更加强烈。即使将电子枪的工作距离限制在 20 ~ 50mm，焊缝深度也小于 60mm，焊缝深宽比最大也只能达到 5∶1。

图 19-5a 所示的铜合金焊接接头，采用 270kV 的加速电压，60kW 的功率，工作距离 20mm，焊接深度仅为 29mm，焊缝深宽比也较小。从图中可以看出非真空电子束焊接的接头特征。然而在真空条件下，电子束焊接的深度大大提高，图 19-5b 所示是 5083 铝合金真空电子束焊缝的照片，其焊接深度达到 450mm。

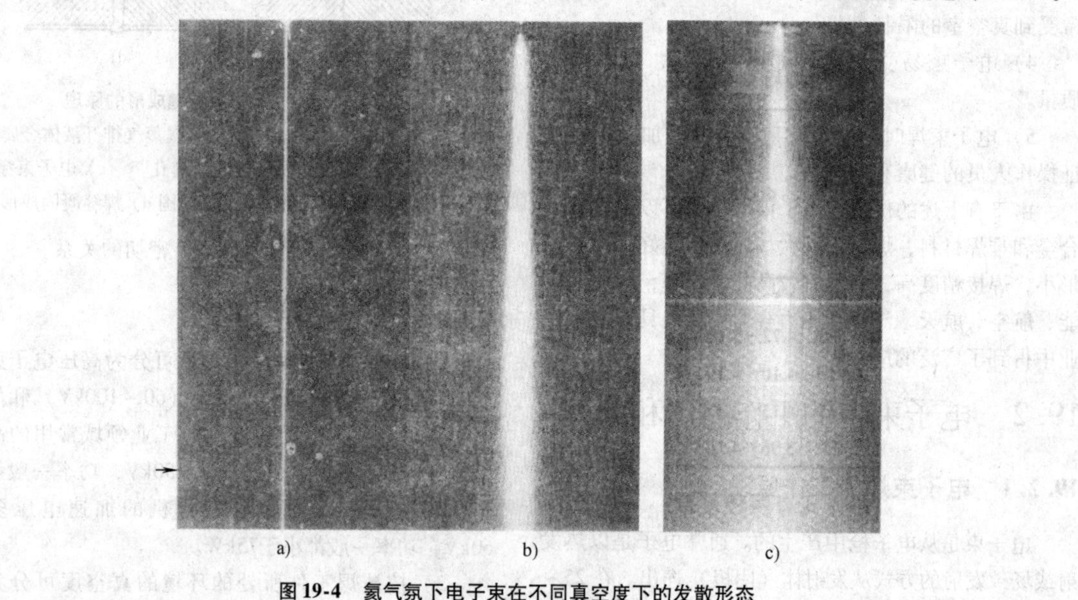

a)　　b)　　c)

图 19-4　氦气氛下电子束在不同真空度下的发散形态

a）500Pa　b）10^4 Pa　c）9×10^4 Pa

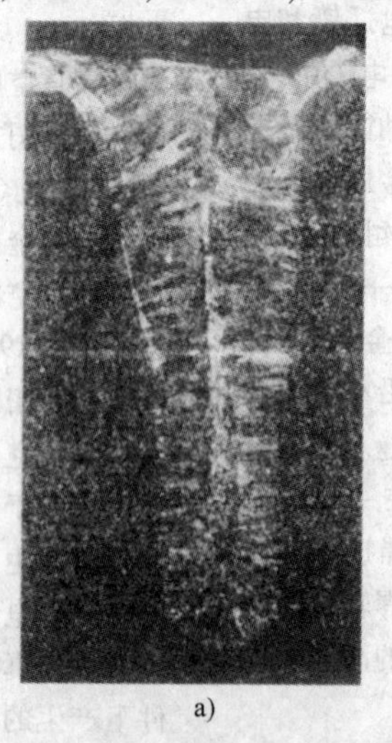

a)

图 19-5　电子束焊缝金相照片

a）非真空

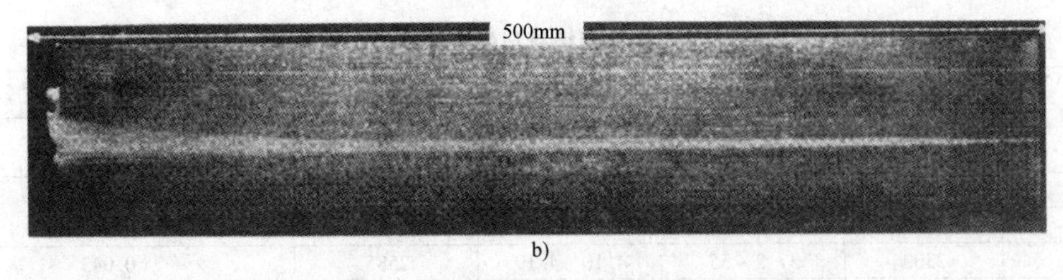

图19-5 电子束焊缝金相照片（续）

b）真空

19.3 电子束焊的设备和装置

真空电子束焊的焊接设备通常是由电子枪、高压电源、真空室（也称工作室）、运动系统、真空系统及电气控制系统等部分组成。

19.3.1 电子枪

电子束焊的焊接设备中用以产生和控制电子束的电子光学系统称为电子枪。图19-6为三极电子枪枪体结构示意图。现代电子束焊机多采用三极电子枪，其电极系统由阴极、聚束极（栅极）和阳极组成。阴极处于高的负电位，它与接地的阳极之间形成电子束的加速电场。聚束极相对于阴极呈负电位，通过调节其负电位的大小和改变其电极形状及位置可以调节电子束流的大小和改变电子束的形状。

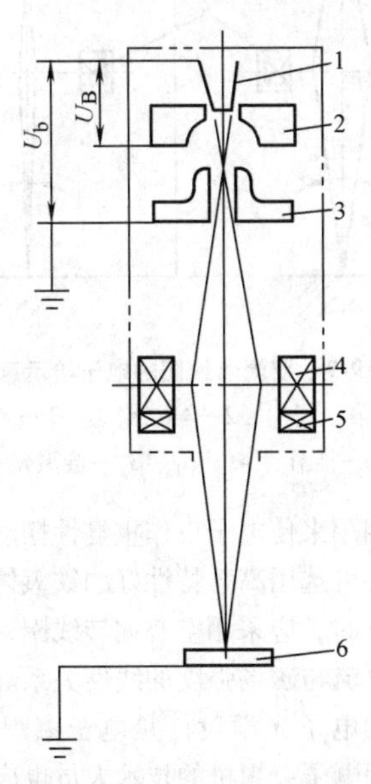

图19-6 三极电子枪枪体结构示意图

1—阴极 2—聚束极 3—阳极 4—聚焦线圈（电磁透镜） 5—偏转线圈 6—工件

U_b—加速电压 U_B—偏压

二极电子束枪是由阴极、聚束极和阳极组成的电极系统，聚束极与阴极等电位。在一定的加速电压下，通过调节阴极温度来改变阴极发射的电子流，从而调节电子束流的大小。

在焊接电子枪中采用热电子发射能力强而且不易“中毒”的材料作阴极，常用的材料有钨、钽、六硼化镧（LaB_6）等。六硼化镧在较低的工作温度下具有很强的发射电子的能力，常用作大功率电子枪的间接加热式阴极。这种阴极在工作过程中遭受离子的轰击，会改变其形状和成分，使发射电子的能力随着阴极使用的时间有所变化。含钍的钨极，热电子发射能力强，但在长期工作中，正离子的轰击也会使表面成分发生变化，影响其发射电子的稳定性。用钨或钽制成的直热式阴极结构简单，但要防止阴极的热变形和补偿加热电流的磁场对电子束的偏转作用。

阴极的温度是影响热电子发射能力的主要因素之一，下列公式为纯金属阴极发射电流密度的表达式：

$$j_\varepsilon = RDT^2\exp(-\Phi/kT)$$

式中 j_ε——发射电流密度（A/cm^2）；

R——常数，因阴极材料而异（见表19-1）；

D——阴极表面平均电子透射系数；

T——阴极绝对温度（K）；

Φ——逸出功（eV）；

k——波耳兹曼常数，$k=1.38\times10^{-23}$J/K。

表19-1列出了几种阴极材料的电子发射特性。

阴极的加热方式有两种：直接加热和间接加热。对直热式阴极，加热电流的类型和大小是影响阴极寿命和电子束从技术上稳定的主要因素。在使用三极电子枪时，应在开环条件下，对特定形状和尺寸的阴极，实验测定阴极加热电流与电子束流的关系曲线（图19-7）。阴极加热电流应选择在曲线进入饱和区的A点处。这样既可以避免使用过大的加热电流而影响阴极寿命，又可以减小加热电流的波动对电子束从技术上的影响。对直热式阴极一般应采用直流加热，电流脉动系数应小于3%。交流加热电流产生的磁场会引起电子束周期摆动。

表 19-1　几种阴极材料的电子发射特性

金属	熔点 /K	R $\left(\frac{A}{cm^2K^2}\right)$	Φ/eV	$j_e=3A/cm^2$ 时的温度 T_1/K	在温度 T_1 下的蒸发率 $\left(\frac{\mu g}{cm^2 \cdot s}\right)$
W	3655	60~100	4.52~4.55	2780	0.043
Re	3450	50~120	4.72~5.10	2590	0.043
Ta	3300	37.2~55	4.10~4.19	2585	0.043
Mo	2895	51~115	4.15~4.37	2580	14
Nb	2770	29~37	3.96~4.10	2560	0.42

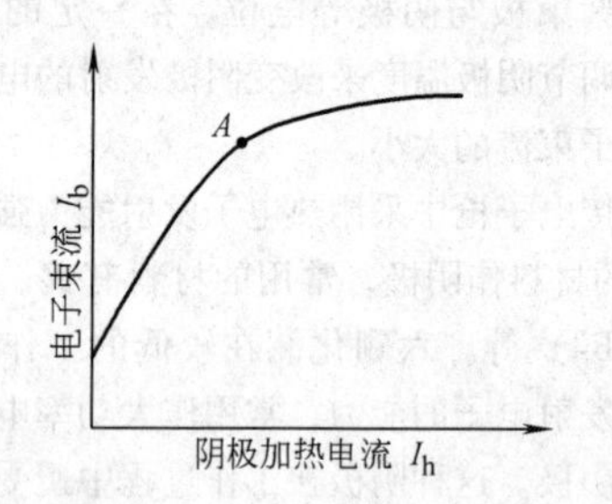

图 19-7　三极枪直热式阴极加热电流的选择

间接加热式阴极结构示于图 19-8。在加热灯丝和阴极之间应加几千伏的电压，以使阴极受到热电子的撞击而升温。这种电极的热惯性大、寿命长。

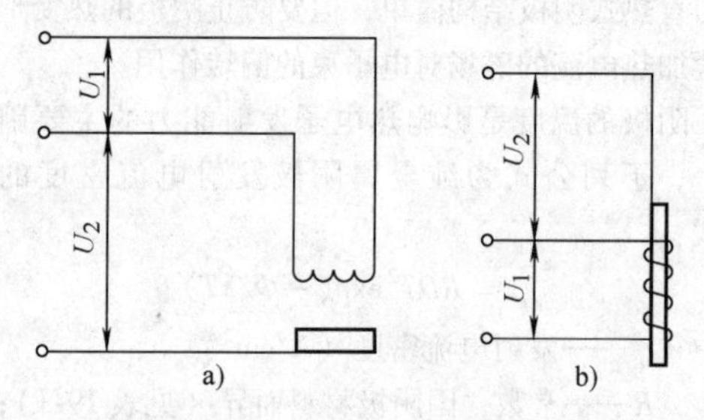

图 19-8　间接加热式阴极结构示意图

a）盘状阴极　b）棒状阴极

U_1—灯丝加热电压　U_2—撞击加热电压

阴极的形状及其与偏压电极的相对位置是影响电子束斑点位置和形状及会聚角的重要因素。对于电子枪的阴极应采用精密加工和准确的成形工艺，装卸阴极应采用专用夹具，以便确保长期工作时阴极形状和位置的稳定性。通常，阴极形状及其相对位置的尺寸精度和重复装配精度应保持在 0.05~0.15mm 范围内。

电子枪的电极系统还构成电子束的静电透镜，它使阴极发射的电子会聚在阳极附近，形成交叉点。电子束穿过阳极孔后，逐渐发散，然后通过电磁透镜（聚焦线圈）使电子束再次会聚在待焊工件表面或其附近而形成斑点。电子束会聚角越大，其斑点就越小。对于焊接电子枪，一般采用小会聚角电子束，不追求过小的电子束斑点。

电子枪的静电透镜和电磁透镜的各部件应保持同心（也称合轴），否则电子束轨迹将发生畸变，在调节聚焦或改变束流时电子束将发生位置偏移，所以电子枪上应设有机械式或电磁式的合轴调节机构。

大功率电子枪（大于 30kW）可设置两个聚焦线圈，并在电子束通道上设置小直径光阑（图 19-9），以减少金属蒸气和离子对电子枪工作稳定性的影响。同时，双聚焦还增加了调节电子束形状的可能性。

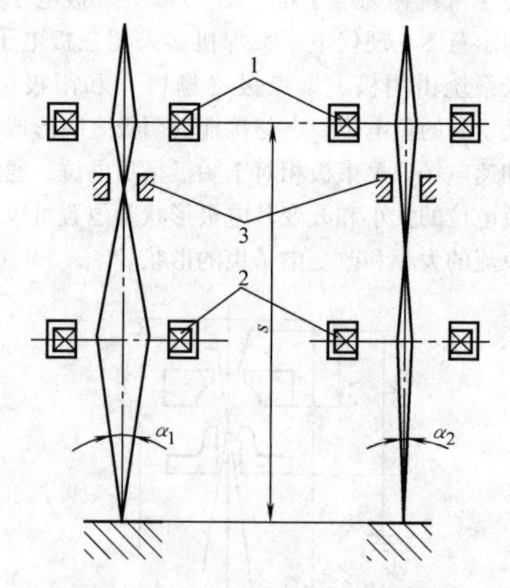

图 19-9　双聚焦线圈的电子枪示意图

1—第一聚焦　2—第二聚焦　3—光阑

s—工作距离　α_1、α_2—会聚角

偏转线圈用来使电子束作重复性摆动或偏移。偏转线圈的磁心可选用高频特性好的铁氧体。在偏转频率高于 10kHz 时，应采用空心偏转线圈，以保证偏转线圈的励磁电流与磁场强度的线性关系。

电子枪的电子光学设计是电子束焊机的重要环节，对于使用电子束焊机的技术人员也应具备有关电子光学的一些基本知识。

19.3.2　供电电源

供电电源是指电子枪所需要的供电系统，通常包括高压电源、阴极加热电源和偏压电源。这些电源装在充油的箱体中，称为高压油箱。纯净的变压器油既可作绝缘介质，又可作为传热介质将热量从电气元件传送到箱体外壁。电气元件都装在框架上，该框架又固定在油箱的盖板上，以便维修和调试。

1. 高压电源

加速电压是施加于阴极和阳极之间的负直流高压，在阴、阳极间形成静电场对电子进行加速。高压的稳定可靠性、波形的平滑特性等是保证电子束斑点质量的关键。为了获得直流高压电源，须将交流电经整流和滤波形成稳定、平滑的负直流电压。高压电源获得方法经过了从工频、中频到高频的发展过程。在早期采用晶闸管直接调节电网输入电压，再经工频高压变压器升压到额定值，这种方法简单可靠，但对电网电压冲击较大，且变压器庞大，需要很大的滤波电容，从而纹波系数及电源储能都较大。在20世纪70年代开始逐步采用了中频发动机－发电机组的方式，通过发电机产生400Hz中频电压后，经高压变压器升压。电压频率的提高降低了变压器的体积，发电机组稳定、可靠，不受电网波动的影响，纹波及动态特性得到了一定程度的提高，如图19-10所示。

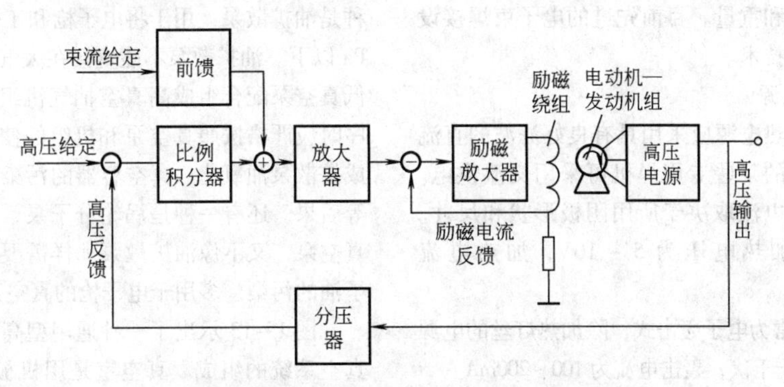

图19-10 电动机-发电机组调压的高压电源原理图

在20世纪80年代初，西方先进的电子束焊焊接设备已开始采用新型开关式高压电源的技术，即通常所说的逆变电源。图19-11是电子束焊的逆变式高压电源的原理框图，它主要由五部分组成，如图中①、②、③、④、⑤所示。

① 变压整流部分：选用先进的三相全控可控整流技术将三相工频电经变压及整流、滤波处理产生直流电压。

② 电压变换电路：通过开关管VT1的通断控制，将直流电压信号变换成方波信号，由高压测量值和设定值的差值经PWM调节控制其占空比，从而控制变换器的输出电压从0V到最大值。

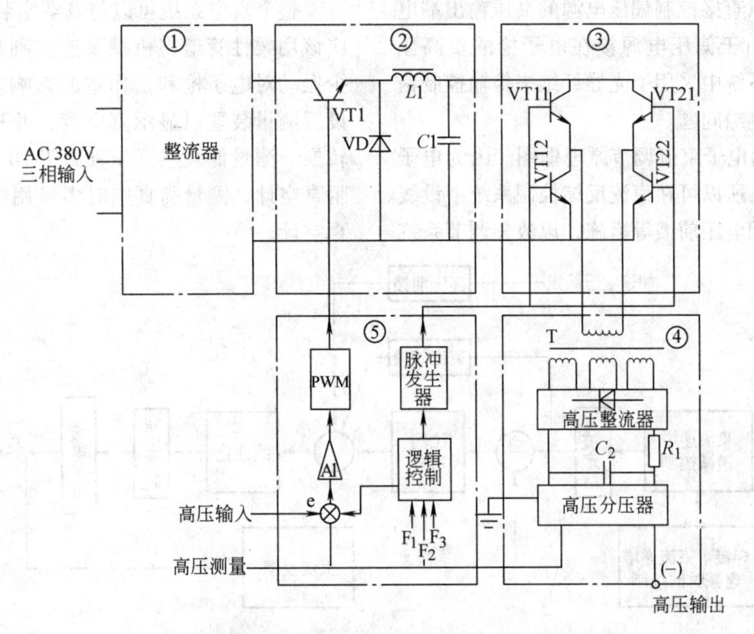

图19-11 开关式高压电源原理框图

③ 全桥逆变功率转换部分：在图中四只两组对称的开关管 VT11 和 VT22，或 VT12 和 VT21 同时工作，周期性地导通或关闭，从而形成方波信号，其频率常采用 20kHz。

④ 高压变换部分：产生的方波经高频、高压变压器升压，并经倍压整流和滤波至额定的工作电压。

⑤ 控制部分：实现接口控制、参数 PWM 调节控制、过压和过流保护等功能。

这种高压电源大幅提高了电源的纹波特性，减小了电源中能量的储存，动态响应速度快，而且还降低了高压油箱的体积和重量。目前先进的电子束焊接设备均采用此类电源技术。

2. 阴极加热电源

直热式阴极加热电源应采用具有良好滤波的直流电源，在要求不高的某些专用焊机可采用交流供电。电源的输出电压和电流取决于所用阴极形状和尺寸。对于带状钨极，加热电压为 5 ~ 10V，加热电流为10 ~ 70A。

间热式阴极通常为电子轰击式，除加热灯丝的电源外，轰击电压为若干千伏，轰击电流为 100 ~ 200mA。

3. 偏压电源

三极枪的偏压电源应能使电子束流从零到额定值连续可调。一般偏压应能在 100 ~ 2000V 之间调节。为了使电子束流稳定在允许的范围内（一般应为 ±1%），偏压电源及其控制回路应有良好的调节特性。常用的偏压电源是调节偏压变压器低压输入端电压的整流电源。为了改善偏压电源的动态特性，可以采用逆变电源，也可以直接控制偏压电源的高压输出端电压。对于后者，由于偏压电源接在电子枪的负高压端，所以在控制系统中采用了光导纤维来传输控制信号，以解决高压绝缘问题。

图 19-12 示出电子束流调节原理框图。因为电子枪是非线性元件，所以可在束流反馈控制系统中设线性化电路，并采用电压前馈等措施，以改善调节系统的特性。

19.3.3　真空系统

真空系统是对电子枪和真空室（也称工作室）抽真空用的。该系统中大多使用三种类型的真空泵。一种是活塞式或叶片式机械泵，也称为低真空泵，能够将电子枪和工作室从大气压抽到 10Pa 左右。在低真空焊机、大型真空室或对抽气速度要求较高的设备中，这种机械泵应与双转子真空泵（也称罗茨泵）配合使用，以提高抽速并使工作室压强降到 1Pa 以下。另一种是油扩散泵，用于将电子枪和工作室压强降到 10^{-2} Pa 以下。油扩散泵不能直接在大气压下起动，必须与低真空泵配合组成高真空抽气机组。在设计抽真空程序时应严格按照真空泵和机组的使用要求，否则将造成扩散泵油氧化、真空容器的污染甚至损坏真空设备等后果。还有一种是涡轮分子泵，它是抽速极高的高真空泵，又不像油扩散泵那样需要预热，同时也避免了油的污染，多用于电子枪的真空系统。

图 19-13 示出了一种通用型高真空电子束焊机的真空系统的组成。真空室是用机械泵 P1、P2 和扩散泵 P3 来抽真空的，为了减少扩散泵的油蒸气对电子枪的污染，应在扩散泵的抽气口处装置水冷折流板（也称冷阱），在有无油真空的要求时，可采用低温泵（以液氮为介质）替代油扩散泵。对于电子枪则采用机械泵 P4 和涡轮分子泵 P5 来抽真空，这不仅消除了油蒸气的污染，不需要预热，而且缩短了电子枪的抽真空时间。

整个真空系统可以与真空室装在同一个底座上，应该用柔性管道将机械泵连接到真空系统上，以减少振动对电子枪和工作室的影响。在真空系统中应设置测量装置以显示真空度，并进行抽真空的程序转换。测量低真空（压强高于 10^{-1}Pa）时多采用电阻真空计，测量高真空时多采用电离式或磁放电式真空计。

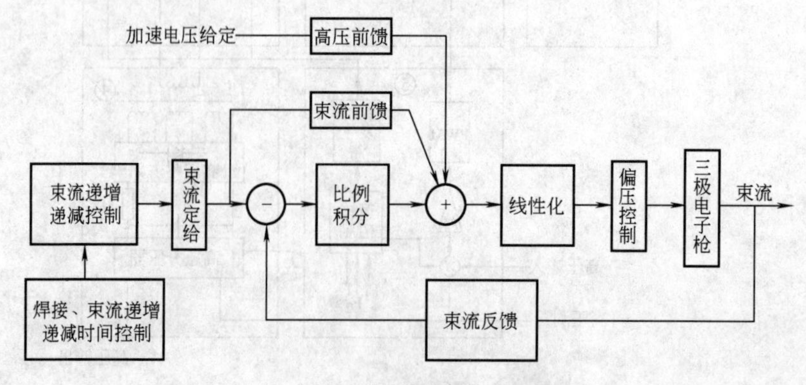

图 19-12　电子束流调节原理图

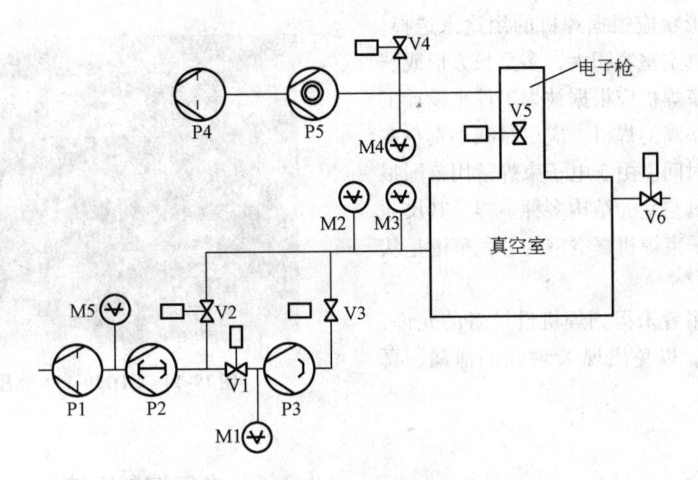

图 19-13 高真空电子束焊机的真空系统

P1、P4—旋片泵 P2—罗兹泵 P3—油扩散泵 P5—涡轮分子泵
M1 ~ M5—真空检测计 V1 ~ V6—各种阀门，其中 V4 和 V6—进气阀

图 19-13 中装置在电子枪和真空室之间的阀门 V5 可使两者隔离。关闭此阀门，可以在更换工件或阴极时使电子枪或真空室保持在真空状态。

图 19-13 中所示的真空系统工作顺序如下：

1）机械泵 P1 起动，P2 延时起动，阀门 V1 开启，V2、V3、V5、V6 关闭，预抽扩散泵；

2）当 M1 所测真空度小于 10Pa 时，起动扩散泵 P3，进行预热；

3）当 M1 所测真空度小于 1Pa 时，关闭 V1，打开 V2，预抽真空室；

4）当 M2 所测真空度小于 1Pa 时，真空室预抽成功，关闭 V2，打开 V1、V3，用扩散泵抽真空室高真空；

5）当 M3 所测真空度达到预期指标，如 4×10^{-2}Pa 时，真空室抽真空准备就绪；

6）V4 关闭，P4 起动，P5 延时起动，当 M4 所测真空度达到预期指标，如 2×10^{-2}Pa 时，电子枪抽真空准备就绪；

7）打开 V5，进行焊接；

8）焊接完成，打开 V6，进气。

如不再进行焊接，在关闭系统的过程中，扩散泵 P3 和涡轮分子泵 P5 关闭后，机械泵 P1、P2 和 P4 应延时工作至规定时间后关闭，以保证真空系统不被损坏。

电子束焊机真空系统的组成以及工作顺序有多种形式，以上只是其中之一。目前工业使用的电子束焊机，采用可编程序控制器（PLC）或计算机自动进行真空室的抽气准备。

抽真空的速率取决于真空泵的抽速、工件和夹具的结构尺寸、真空室的容积、所要求的真空度以及真空系统的漏气速率等因素。理论上说，真空系统可以实现任何合理的抽气时间需求，但要求越高，投资越大。一般说来，采用国产的真空泵，将真空室从大气压抽到 4×10^{-2}Pa 的压强，对于容积为 1m^3 左右的真空室，需要 5min 左右的时间；对于容积为 10m^3 左右的真空室，需要 20min 左右的时间；对于更大的真空室，只要真空系统匹配得当，也可以在 40min 之内完成抽真空过程。

19.3.4 真空室

真空室（也称工作室）提供了进行电子束焊的真空环境，同时将电子束与操作者隔离开来，防止电子束焊接时产生的 X 射线对人体和环境的伤害。真空室的尺寸及形状应根据焊机的用途和被加工的零件来确定。真空室一般采用低碳钢和不锈钢制成，碳钢制成的工作室内表面应镀镍或作其他处理，以减少表面吸附气体、飞溅及油污等，缩短抽真空时间和便于真空室的清洁工作。

真空室的设计应满足承受大气压所必需的刚性、强度指标和 X 射线防护的要求。中低压电子束焊机（加速电压小于或等于 60kV），可以靠真空室钢板的厚度和合理设计工作室结构来防止 X 射线的泄漏。高压电子束焊机（加速电压高于 60kV）的电子枪和真空室必须设置严密的铅板防护层，铅防护层通常粘接在真空室的外壁上。

真空室可采用整板结构和带加强肋的薄板结构。10m^3 容积以下的真空室尽可能采用整板结构，这种结构的真空室制造工艺简单，易于粘接铅防护板，但真空室笨重，刚性差。采用加强肋的薄板结构，其真空室刚性强，但制造工艺复杂。

真空室的容积和形状应根据焊机的用途来选择。通用型电子束焊机的真空室容积大，多呈长方形或圆柱形。对专用型电子束焊机应根据被焊工件来设计工作室，特别是对生产率高的焊机，应尽量减小真空室容积，以减少抽真空时间。由于电子束焊适用范围很广，所以电子束焊机真空室的结构多种多样，其尺寸也大小不一。目前电子束焊机真空室的容积范围是从几升到数千立方米。

电子束焊机的使用者未得到焊机设计者的允许，不得随意改装真空室，以免出现 X 射线的泄漏、真空室的变形等问题。

图 19-14　ZD150-15A 高压电子束焊机

19.3.5　运动系统

运动系统使电子束与被焊零件产生相对移动，实现焊接轨迹，并在焊接过程中保持电子束与接缝的位置准确和焊接速度的稳定，一般由工作台、转台及夹具组成。

电子束焊机大多将电子枪固定在真空室顶部，运动系统使工件运动来实现焊接。高压电子束焊机给电子枪供电的电缆粗大，柔性差，一般采用定枪结构。对大型真空室的中低压电子束焊机，为了充分利用真空室，也可以使工件不动，而使电子枪运动进行焊接。图 19-14 是典型的通用高压真空电子束焊机的运动系统，采用定枪结构以及可移出真空室的数控工作台和转台。

为了提高生产率，可采用多工位夹具，抽一次真空可以焊接多个零件。图 19-15a 所示的多工位焊接夹具装在真空室内，同时装有 14 个零件，一次焊接完成。图 19-15b 所示的是两工位齿轮组合体电子束焊机，一个工位在真空室外进行装配和拆卸已焊好的齿轮，另一工位在真空室内进行焊接。由于多工位夹具应用于大批量生产中，对其重复定位精度要求很高。

19.3.6　电气控制系统

控制系统就是电子束焊机的操作系统，通过将上述各部分功能进行组合，完成优质的焊缝，也标志着电子束焊机工业应用的成熟程度。

图 19-16a 所示是保存在慕尼黑德国博物馆 1958 年生产的世界首台真空电子束焊机，手动操作，各部分之间没有协调关系。图 19-16b 为当代先进的电子束焊机，采用可编程序控制器（PLC）或工控机控制各部分的逻辑关系，实现焊接过程自动化。

19.3.7　辅助系统

1. 电子束束斑品质测量

电子束束斑品质直接影响电子束焊质量。电子束通过电子光学系统聚焦使斑点变小，成为一点（焦点），如图 19-17a 所示。但实际上，由于电子之间的斥力作用，限制了电子束斑点的继续缩小，形成的焦点是如图 19-17b 所示直径相对稳定的一段柱状区，称为活性区。活性区的长度根据电子枪的不同而变化，一般在 5 ~ 20mm 之间。虽然有活性区的存在，可

a)

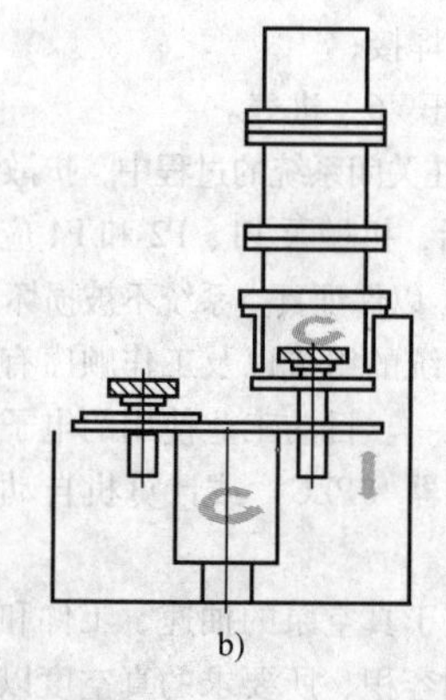

b)

图 19-15　多工位装配焊接夹具

图 19-16　世界首台和当代先进的真空电子束焊机

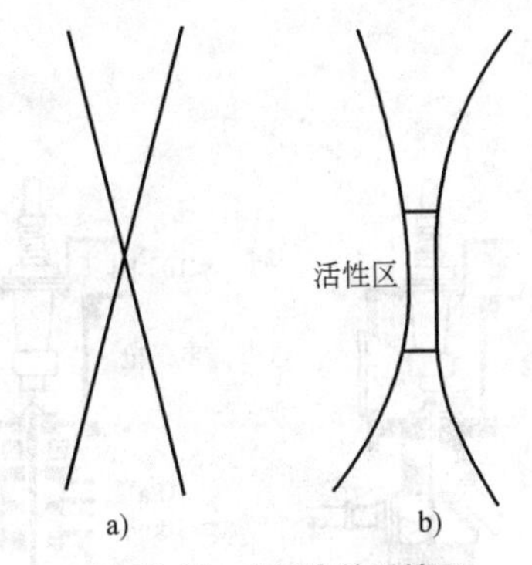

图 19-17　电子束的活性区

以使电子束焊的焊接工艺规范适应性更强，但是要获得优质的焊缝就必须了解电子束的焦点位置。一般的方法是在焊接前将小束流（几毫安）作用在试片上，调整聚焦状态，用肉眼观察斑点的亮度，以最亮时作为焦点位置进行焊接。由于电子束的聚焦状态是随着束流大小而变化的，对于大厚度零件的焊接，焊接束流大，束流变化引起的焦点位置偏差大，获得优质的焊缝就必须进行大量的焊接工艺实验。

检测焊接束流的焦点位置及束斑品质是重要的。Arata 法是传统的检测手段，它是将金属片竖直放置在不同的高度，呈锯齿斜坡状，电子束沿斜坡扫过，通过测量电子束在金属片上的痕迹，可以定性地了解电子束在不同工作距离的斑点品质。Arata 法检测的结果误差大，金属片不能重复使用，有明显的局限性。图 19-18 所示的是当代先进的电子束品质检测方法之一。图 19-18a 中的大圆是测试位置电子束横断面，虚线方框为传感器，黑色小圆是传感器的接受孔（直径一般为 20μm 左右），传感器静止不动，电子束以面扫描方式高速扫描传感器，相当于传感器高速扫描静止的电子束束斑，传感器所记录的信号经过处理就能获得电子束束斑品质的量化特征，包括束斑直径和电子束能量密度分布，如图 19-18b 所示。传感器在冷却系统的辅助下，可以检测 100kW 功率高速扫描电子束的能量密度分布。对于中小功率的电子束，可以采用探针式传感器高速扫描静止的电子束进行检测。

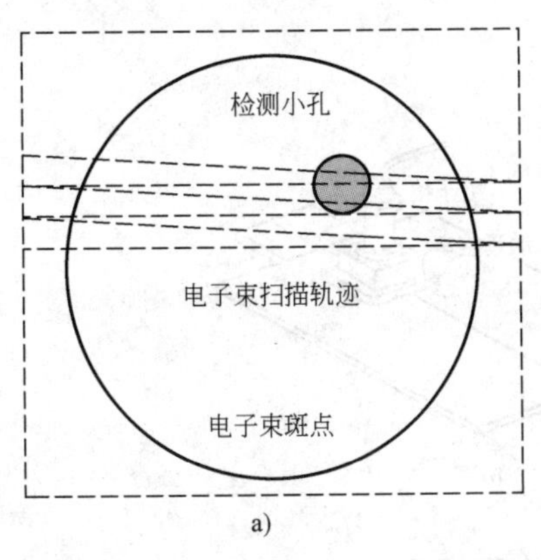

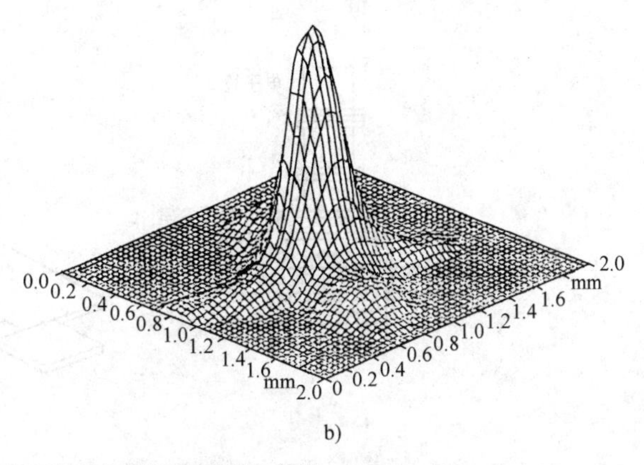

图 19-18　电子束束斑品质的测量方法及结果

2. 焊缝观察和跟踪

为了便于观察电子束与接头的相对位置、电子束焦点状态、工件移动和焊接过程，在电子枪和真空室装有光学观察系统、工业电视、二次电子成像系统和观察窗口等。图 19-19 示出了装在电子枪上的光学观察系统的结构简图，通过这个系统操作者可以得到放大了的电子束和焊缝的图像，这种方式适用于定枪结构。采用工业电视和二次电子成像系统可以使操作者连续地观察焊接过程，避免了肉眼受强烈光线刺激的危害，并且适用于动枪结构。所有的观察装置应采取措施防止金属飞溅、蒸气引起的污染和损害。

对观察系统得出的图像进行处理，并且与数控的运动系统相结合，可以实现焊缝的示教和实时跟踪。由于电子束焊接零件的加工及装配精度较高，所以一般不需采用实时焊缝跟踪系统。

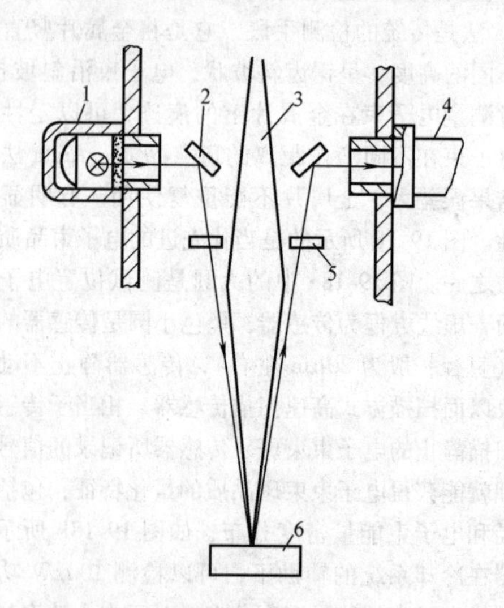

图 19-19　与电子束同轴的光学观察系统

1—光源　2—反射镜　3—电子束　4—观察镜　5—保护片　6—工件

19. 3. 8　电子束焊接装置的几种形式

电子束焊机主要有真空和非真空两种形式，如图 19-20 所示。电子枪需要在高真空下工作，图 19-20a 为真空焊接，图 19-20b 采用分级过渡真空将电子束引入大气，成为非真空电子束焊。根据加工零件的需要，应用移动密封技术，也能够以连续真空和局部真空的方式进行焊接。如图 19-21 所示，图 a 是通过分级真空室使得零件直接从大气传递到真空的焊接位置，进行连续焊接，多用于条带的拼焊生产线。图 19-21b 是局部真空的示意图，电子枪可以静止在某一位置进行局部焊接，也可移动以局部的形式完成整体的焊接工作。

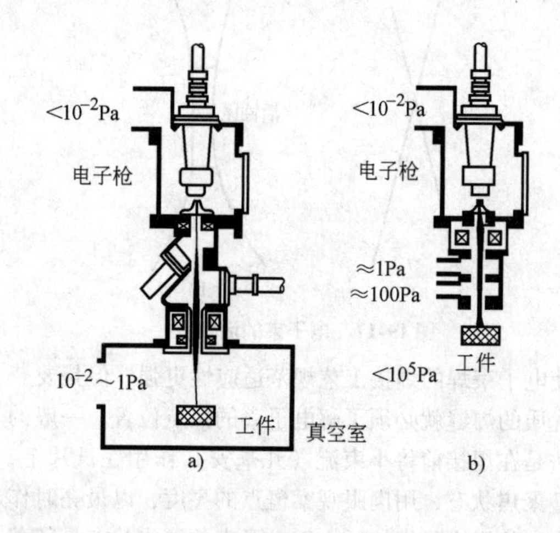

图 19-20　真空和非真空电子束焊

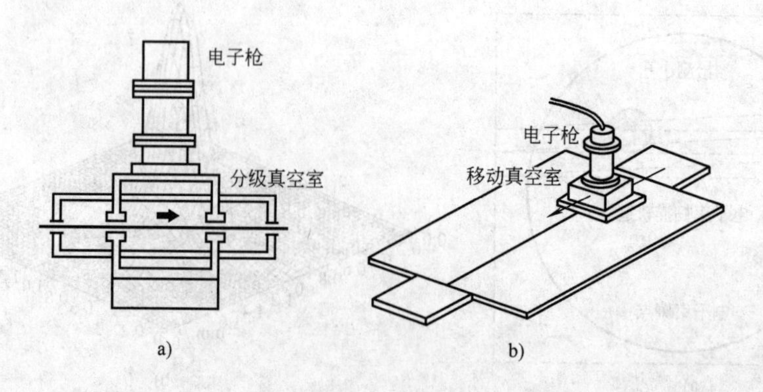

图 19-21　连续真空和局部真空电子束焊

19.4 电子束焊的接头设计和焊接工艺

19.4.1 焊接接头设计

电子束焊常用的接头形式是对接、角接、T形接、搭接和端接。电子束斑点直径小，能量集中，焊接时一般不加焊丝，设计接头时应注意这些特点。

对接接头是最常用的接头形式。图19-22a、b两种接头的准备工作简单，但需要装配夹具，不等厚的对接接头采用上表面对齐的设计（图19-22b）。带锁口的接头（图19-22c、d、e），便于装配对齐，锁口较小时（图19-22c）焊后可避免留下未焊合的缝隙。图19-22f、g接头皆有自动填充金属的作用，焊缝成形得到改善。斜对接接头（图19-22h）只用于受结构和其他原因限制的特殊场合。

角接头是仅次于对接接头的常用接头，如图19-23所示。台阶接头（图19-23a）在焊接时要用宽而倾斜的电子束。图19-23d为卷边角接，主要用于薄板，其中一件须准确弯边90°。其他几种接头都易于装配对齐。

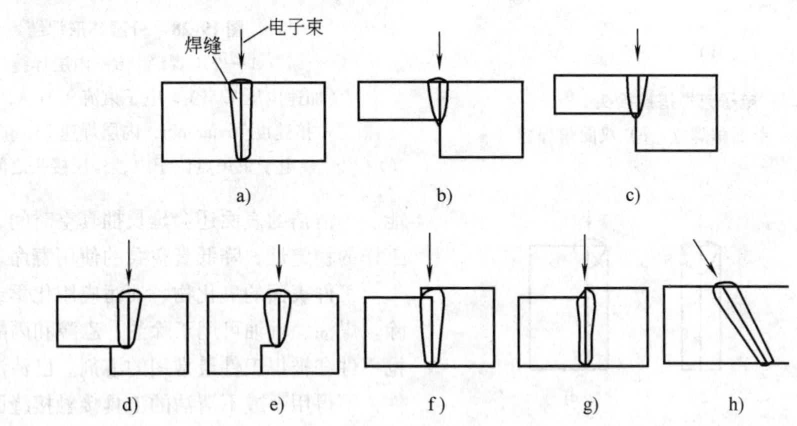

图19-22 电子束焊的对接接头

a）正常对接 b）齐平接头 c）锁口对中接头 d）锁底接头 e）双边锁底接头 f）、g）自填充材料的接头 h）斜对接接头

T形接头也常用于电子束焊接，如图19-24所示。熔透焊缝在接头区有未焊合缝隙，接头强度差，如图19-24a所示。推荐采用单面T形接头，焊接时焊缝易于收缩，残余应力较低。图19-24b、c多用于板厚超过25mm的场合。

搭接接头多用于板厚1.5mm以下的场合，如图19-25所示。熔透焊缝主要用于板厚小于0.2mm的场合，有时需要采用散焦或电子束扫描以增加熔合区宽度。厚板搭接接头焊接时需添加焊丝以增加焊脚尺寸，有时也采用散焦电子束以加宽焊缝并形成光滑的过渡。

图19-26为端接接头，厚板端接接头常采用大功率深熔透焊接。薄板及不等厚度的端接接头常用小功率或散焦电子束进行焊接。

对重要承力结构，焊缝位置最好应避开应力集中区，图19-27所示的接头设计，可以改善角接头和T形接头的动载特性。该接头可从两个方向a或b进行焊接，当工件是磁性材料，又必须从a向进行焊接时，接缝到腹板的距离d应足够大。应用类似的接头形式，可以将不等厚度接头过渡成为等厚度接头，进行焊接，对厚度差较大的焊接接头尤为适用。

采用多道焊缝可以在同样电子束功率下焊接更厚的工件。例如，采用正反两条焊缝可以将熔深提高到单道焊缝所能达到的熔深的两倍。

对于多层结构中各层的接头位置相同时，可采用

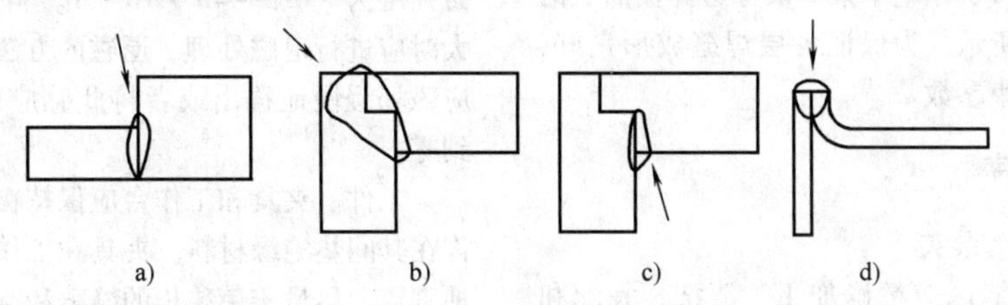

图19-23 电子束焊的角接接头

a）台阶接头 b）双边锁底斜向熔透焊缝 c）双边锁底 d）卷边角接

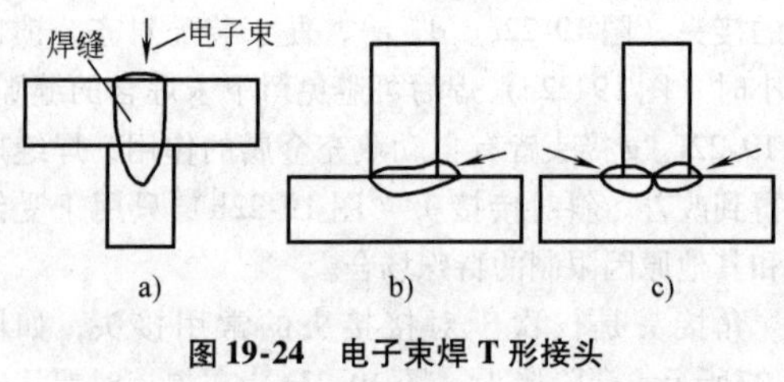

图 19-24　电子束焊 T 形接头

a）熔透焊缝　b）单面焊　c）双面焊

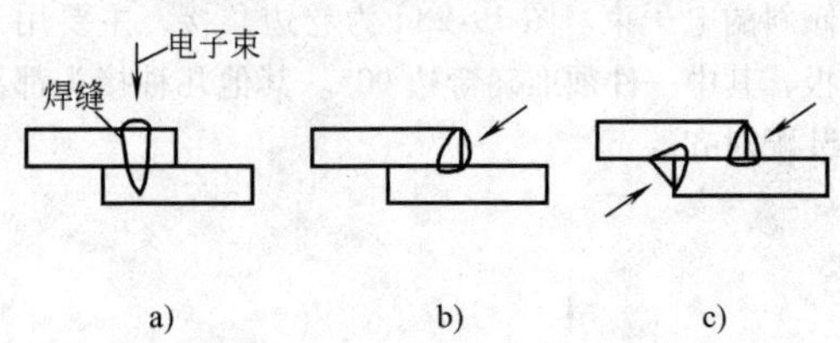

图 19-25　电子束焊搭接接头

a）熔透焊缝　b）单面角焊缝　c）双面角焊缝

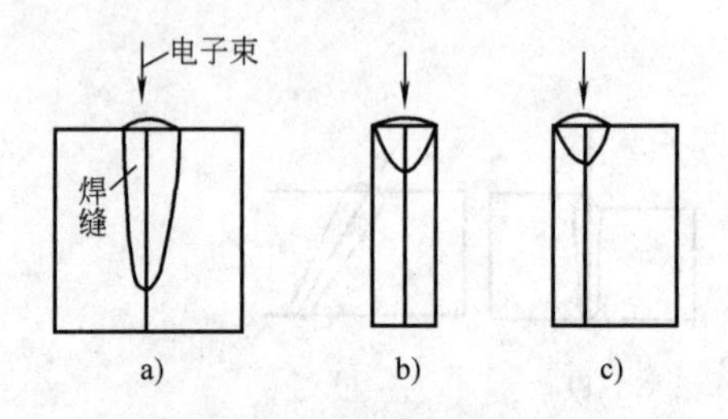

图 19-26　电子束焊端接接头

a）厚板　b）薄板　c）不等厚度接头

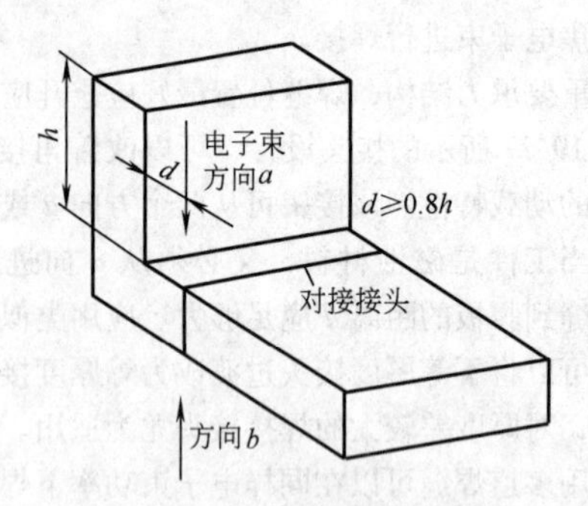

图 19-27　用对接代替角接头

分层焊缝的接头设计。分层焊缝是指在同一个电子束方向上将几层对接接头用电子束一次穿透焊接而成的焊缝，如图 19-28 所示。为保证各层焊缝成形良好，必须仔细选择电子束参数。

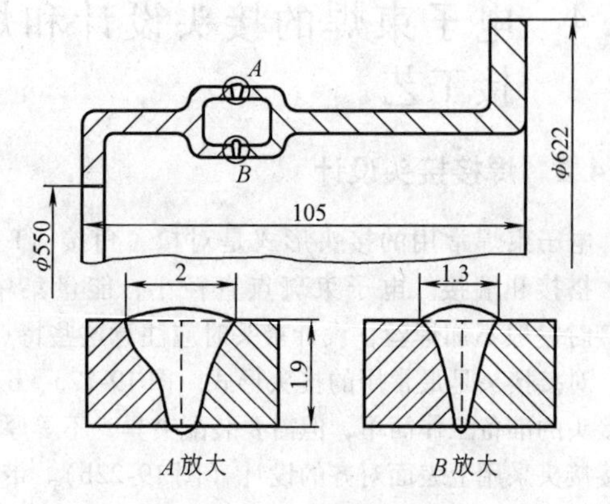

图 19-28　分层环形焊缝

A—外层焊缝　B—内层焊缝

（加速电压 125kV，电子束流 9.3mA，外层焊接速度 76cm/min，内层焊速 73cm/min，电子束焦点位于内、外层接头之间）

19.4.2　辅助工序

1. 工件的准备和装夹

待焊工件的接缝区应精确加工、清洗、装配和固定。

接头清洗不当会形成焊接缺陷，降低接头的性能。不清洁的表面还会延长抽真空时间，影响电子枪工作的稳定性，降低真空泵的使用寿命。

工件表面的氧化物、油污应用化学或机械方法清除。煤油、汽油可用于除油，乙醇和丙酮是清洗电子枪零件和被焊工件最常用的溶剂。已清洗干燥后的工件，不得用手或不清洁的工具接触接缝区。

装配零件时应力求使零件紧密接触，接缝间隙应尽可能小而均匀。被焊材料越薄则间隙应该越小。一般装配间隙不应大于 0.13mm。当板厚超过 15mm 时，允许间隙可放宽到 0.25mm。非真空电子束焊时，装配间隙可以放宽到 0.8mm。

电子束焊是自动进行的，工件应准确装夹和对中。电子束焊所用的夹具与电弧焊所用的夹具结构和性能类似。但其定位和传动精度要高一些，其刚性可以弱一些。为了防止穿透焊时电子束对零件和夹具的损坏，应在接缝背面放置铜垫块，接头附近的夹具和工作台的零部件最好使用非磁性材料来制造，以防磁场对电子束的干扰。

磁性材料的工件经过磁粉检验或在电磁吸盘上进行磨削加工或电化学加工后，会存留剩磁。允许的剩磁强度为（0.5～4）$\times 10^{-4}$T。当工件上剩磁强度过大时应进行退磁处理。退磁的方法是将工件从工频感应磁场缓慢地移出或者将此感应磁场强度逐渐降低到零。

工件、夹具和工作台应保持良好的电接触，不允许在其间垫绝缘材料。夹具和工作台的接头应有利于抽真空，尽量避免狭长的缝隙和空间大、抽气口小的所谓气袋结构。

2. 抽真空

现代电子束焊机的抽真空程序是自动进行的，这样可以保证各种真空机组和阀门正确地按顺序进行，避免由于人为的误操作而发生事故。

保持真空室的清洁和干燥是保证抽真空速度的重要环节。应经常清洁真空室，尽量减少真空室暴露在大气中的时间，仔细清除被焊工件上的油污并按期更换真空泵油。同样，电子束焊机的工作环境温度应控制在 12～35℃之间，厂房应配有空气干燥系统以降低环境湿度。

3. 焊前预热和焊后热处理

对需要预热的工件，一般可在工件装入真空室前进行。根据工件的形状、尺寸及所需要的预热温度，选择一定的加热方法（如气焊枪、加热炉、感应加热、红外线辐射加热等）。在工件较小、加热引起的变形不会影响工件质量时，可在真空室内用散焦电子束来进行预热，这是常使用的方法。

对需要进行焊后热处理的工件，可在真空室内或在工件从真空室取出后进行。

19.4.3　焊接工艺

1. 薄板的焊接

板厚为 0.03～2.5mm 的零件多用于仪表、压力或真空密封接头、膜盒、封接结构、电接点等构件中。

薄板导热性差，电子束焊接时局部加热强烈。为防止过热，应采用夹具。图 19-29 示出薄板膜盒零件及其装配焊接夹具，夹具材料为纯铜，对极薄工件可考虑使用脉冲电子束流。

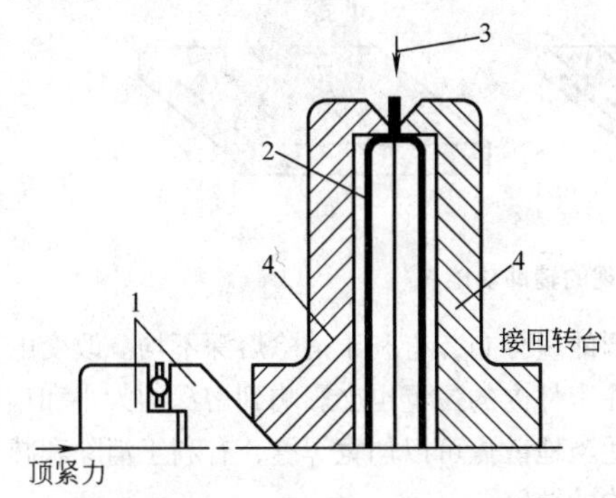

图 19-29　膜盒及其焊接夹具

1—顶尖　2—膜盒　3—电子束　4—纯铜夹具

电子束功率密度高，易于实现厚度相差很大的接头的焊接。焊接时薄板应与厚度大的零件紧贴，适当调节电子束焦点位置，使接头两侧均匀熔化。

2. 厚板的焊接

电子束可以一次焊透 300mm 的钢板，焊道的深宽比可以高达 50∶1。当被焊钢板厚度在 60mm 以上时，可以将电子枪水平放置进行横焊，以利焊缝成形。电子束焦点位置对熔深影响很大，在给定的电子束功率下，将电子束焦点调节在工件表面以下，熔深的 0.5～0.75 倍处电子束的穿透能力最好。根据实践经验，焊前将电子束焦点调节在板材表面以下，板厚的 1/3 处，可以发挥电子束的穿透能力并使焊缝成形良好。

焊接厚板时，保持良好的真空度有利于增大电子束焊缝的熔深。

3. 添加填充金属

只有在对接头有特殊要求或者因接头准备和焊接条件的限制不能得到足够的熔化金属时，才添加填充金属，其主要作用是：

1）在接头装配间隙过大时可防止焊缝凹陷。

2）在焊接裂纹敏感材料或异种金属接头时可防止裂纹的产生。

3）在焊接沸腾钢时加入少量含脱氧剂（铝、锰、硅等）的焊丝，或在焊接铜时加入镍均有助于消除气孔。

添加填充金属的方法是在接头处放置填充金属。箔状填充金属可夹在接缝的间隙处，丝状填充金属可用送丝机构送入或用定位焊固定。

送丝机构应保证焊丝准确地送入电子束的作用范围内。送丝嘴应尽可能靠近熔池，其表面应有涂层以防金属飞溅物的沾污。应选用耐热钢来制造送丝嘴。应能方便地对送丝机构进行调节，以改变送丝嘴到熔池的距离、送丝方向以及与工件的夹角等。焊丝应从熔池前方送入。焊接时采用电子束扫描有助于焊丝的熔化和改善焊缝成形。

送丝速度和焊丝直径的选择原则是使填充金属的体积为接头凹陷体积的 1.25 倍。

4. 定位焊

用电子束进行定位焊是装夹工件的有效措施，其优点是节约装夹时间和经费。

可以采用焊接束流或弱束流进行定位焊，对于搭接接头可用熔透法定位，有时先用弱束流定位，再用焊接束流完成焊接。

5. 焊接可达性差的接头

电子束很细、工作距离长、易于控制，所以电子束可以焊接狭窄间隙的底部接头。这不仅可以用于生产过程，而且在修复报废零件时也非常有效。复杂形状的昂贵铸件常用电子束来修复。

对可达性差的接头只有满足以下条件才能进行电子束焊：

1）焊缝必须在电子枪允许的工作距离上。

2）必须有足够宽的间隙允许电子束通过，以免焊接时误伤工件。

3）在电子束的路径上应无干扰磁场。

6. 电子束扫描和偏转

在焊接过程中采用电子束扫描可以加宽焊缝，降低熔池冷却速度，消除熔透不均等缺陷，降低对接头准备的要求。

电子束扫描是通过改变偏转线圈的励磁电流，从而使横向磁场变化来实现的。常用的电子束扫描图形有正弦形、圆形、矩形、锯齿形等。通常电子束扫描频率为 100～1000Hz，电子束偏转角度为 2°～7°。在焊接铝合金等蒸发量较大的金属时，为了防止焊接所产生的大量金属蒸气和离子直接侵入电子枪，可设置电子束偏转焊接，使电子枪在焊接过程中稳定工作。

通过专用高频扫描系统，电子束经过高达 1MHz 频率扫描后，可以实时观测焊件表面形态，检测接缝的位置，实现焊缝跟踪。如图 19-30 所示。通过二次电子反射，可以观察焊件表面的细微形貌。焊接时，分出小部分电子束在焊缝前端扫描观察，确定焊缝位置，比对偏差，实现实时焊缝跟踪。

此外，利用该技术还可以实现多束焊接，如图 19-31a 所示。利用电子束高频“跳动”实现多束焊接，提高效率，减小焊接变形；改变扫描方式，也可以实现平面扫描加热，用于表面清理、表面热处理及表面改性，如图 19-31b 所示；甚至可以实现焊前预热、焊接、焊后热处理同时进行，一次完成，如图 19-31c 所示。

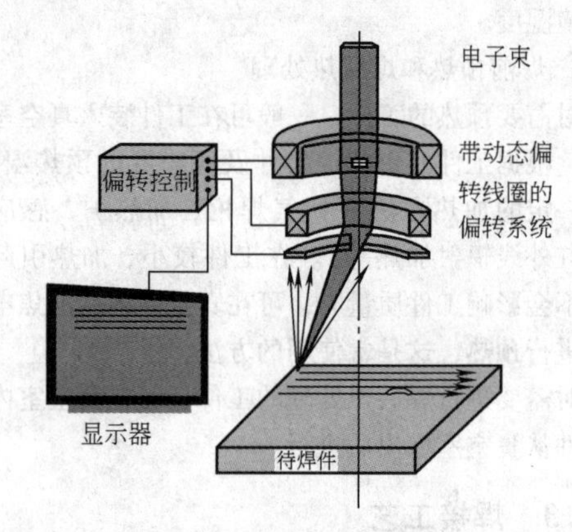

图 19-30　二次电子传感系统

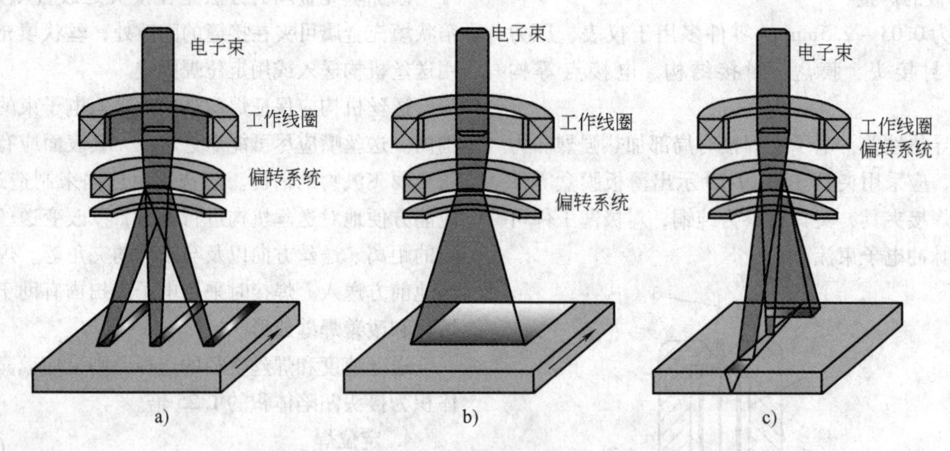

图 19-31　高频扫描系统可以实现的辅助功能

7. 焊接缺陷及其防治

和其他熔焊一样，电子束焊的接头也会出现未熔合、咬边、焊缝下陷、气孔、裂纹等缺陷。此外，电子束焊缝特有的缺陷有熔深不均（spiking）、长空洞、中部裂纹和由于剩磁或干扰磁场造成的焊道偏离接缝等。

熔深不均出现在非穿透焊缝中。当在焊缝根部还出现孔洞时，称为焊缝根部钉形缺陷，如图 19-32 所示，这种缺陷是高能束流焊接所特有的。它与电子束焊接时熔池的形成和金属的流动有密切的关系。加大束斑直径可减弱这种缺陷。将电子束作圆形扫描，获得凹形能量分布，有利于消除熔深不均。改变电子束焦点在工件内的位置也会影响到熔深的大小和均匀程度。适当地散焦可以加宽焊缝，有利于消除和减小熔深不均的缺陷。

长空洞及焊缝中部裂纹都是电子束深熔透焊接时所特有的缺陷，降低焊接速度，改进材质有利于消除此类缺陷。

19.4.4　焊接参数的选择

电子束焊的焊接参数主要有电子束电流、加速电压、焊接速度、聚焦电流和工作距离等。一般说来，

图 19-32 非穿透焊缝根部纵剖面金相照片

焊接深度随加速电压、束流的增加而增大，随束斑直径（受聚焦电流影响）、工作距离、焊接速度的增大而减小。

加速电压的增加可使熔深加大。在保持其他焊接参数不变的条件下，焊缝深宽比随加速电压的增大而增大。增加电子束流，熔深和熔宽都会增加。增加焊接速度会使焊缝变窄，熔深减小。电子束聚焦状态对熔深及焊缝成形影响很大。焦点变小可使焊缝变窄，熔深增加。

对于不同的设备，焊接同一零件，由于电子枪结构、加速电压和真空度的差异，电子束的束流品质也不相同，所采用的焊接参数也就不同。即使对于同一台电子束焊接设备，焊接同一零件，也可能几组参数都适用。如图 19-33 所示，钢的电子束焊焊接参数有一个较大的选择范围（阴影部分所示），针对不同零件的具体要求，可以选择更为合适的焊接参数进行焊接。

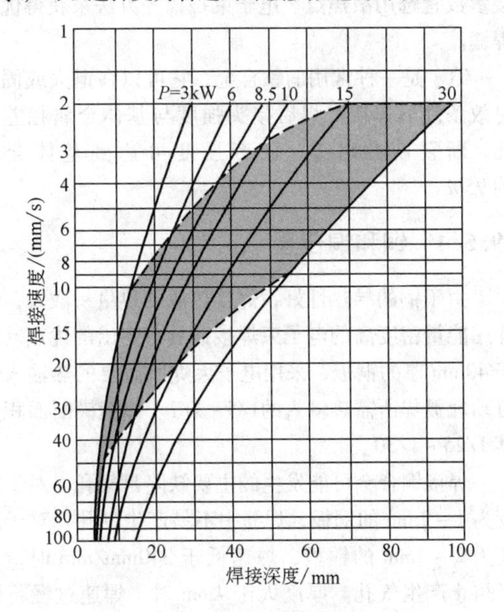

图 19-33 钢的电子束焊焊接参数

对于确定的电子束焊设备，加速电压一般固定不变，必须时也只作较小的调整。厚板焊接时应使焦点位于工件表面以下 0.5～0.75 熔深处；薄板焊接时，应使焦点位于工件表面。工作距离应在设备最佳范围内。焊接电流和焊接速度是主要调整的焊接参数。

焊接热输入是焊接参数综合作用的结果，对于一种材料，焊接厚度和焊接热输入有对应的函数关系。电子束焊时热输入的计算公式为

$$Q = U_b I_b / v$$

式中 Q——热输入；

U_b——加速电压；

I_b——电子束流；

v——焊接速度。

热输入与电子束焊焊接功率成正比，与焊接速度成反比。

利用焊接热输入与焊接厚度的对应关系，初步选定焊接参数，经实验修正后方可作为实际使用的焊接参数。此外，还应考虑焊缝横断面、焊缝外形及防止产生焊缝缺陷等因素，综合选择和实验确定焊接参数。

19.5 几种材料的电子束焊

在熔焊方法中，真空电子束焊是材料焊接性较好的焊接方法之一。常用的金属、合金、金属间化合物等都可以采用电子束焊结构，并且焊接接头与其他熔焊方法相比具有更佳的力学性能。

19.5.1 钢

1. 低碳钢

低碳钢易于焊接。与电弧焊相比，焊缝和热影响区晶粒细小。焊接沸腾钢时，应在接头间隙处夹一厚度为 0.2～0.3mm 的铝箔，以消除气孔。半镇静钢焊接有时也会产生气孔，降低焊速、加宽熔池也有利于消除气孔。

2. 合金钢

这些钢材电子束焊的焊接性与电弧焊类似。经热处理强化的钢材，在焊接热影响区的硬度会下降，采用焊后回火处理可以使其硬度回升。

焊接刚性大的工件时，特别是基本金属已处于热处理强化状态时，焊缝易出现裂纹。合理设计接头时焊缝能够自由收缩；采用焊前预热、焊后缓冷以及合理选择焊接条件等措施可以减轻淬硬钢的裂纹倾向。对于需进行表面渗碳、渗氮处理的零件，一般应在表面处理前进行焊接。如果必须在表面处理后进行焊接，则应先将焊缝区的表面处理层除去。

w(C) <0.3%的低合金钢焊接时不需要预热和缓冷。在工件厚度大、结构刚性强时需预热到250～300℃。对焊前已进行过淬火和回火处理的零件，焊后回火温度应略低于原回火温度。轻型变速器的齿轮大多采用电子束来焊接组合。齿轮材料是20CrMnTi或16CrMn，焊前材料处于退火状态。焊后进行调质和表面渗碳处理。

合金高强度钢 w(C)（或碳当量）>0.30%时，应在退火或正火状态下焊接，也可以在淬火加正火处理后焊接。当板厚大于6mm时应采用焊前预热和焊后缓冷，以免产生裂纹。

对于 w(C) >0.50%的高碳钢，用电子束焊时开裂倾向比电弧焊低。轴承钢也可用电子束焊，但应采用预热和缓冷。

3. 工具钢

工具钢的电子束焊接头性能良好，生产率高。例如：4Cr5MoVSi钢焊前硬度为50HRC，厚度为6mm。焊后进行550℃正火，焊缝金属的硬度可以达到56～57HRC，热影响区硬度下降到43～46HRC，但其宽度只有0.13mm。

4. 不锈钢

不锈钢的电子束焊接性较好，电子束焊设备通常以不锈钢的最大焊接深度及焊缝深宽比作为设备焊接能力的标志。

奥氏体钢的电子束焊接头具有较高的抗晶间腐蚀的能力，这是因为高的冷却速度可以防止碳化物的析出。

马氏体钢可以在任何热处理状态下焊接，但焊后接头区会产生淬硬的马氏体组织，而且随着含碳量的增加和焊接速度的加快，马氏体的硬度将提高，开裂敏感性也较强。

沉淀硬化不锈钢的焊接接头的力学性能较好。含磷高的沉淀硬化不锈钢的焊接性差。半奥氏体钢，例如17-7PH和PH14-8Mo，焊接性很好，焊缝为奥氏体组织。降低半马氏体钢的碳含量可以降低马氏体的硬度，改善其焊接性。

19.5.2 铝和铝合金

焊前应对接缝两侧宽度不小于10mm的表面应用机械和化学方法作除油和清除氧化膜处理。

铝合金的熔点低，焊接时合金中一些元素汽化而产生焊缝气孔，在高速焊时尤为明显。表19-2列出了常用铝合金的焊接参数。为了防止气孔和改善焊缝成形，对厚度小于40mm的铝板，焊速应为600～1200mm/min；对于40mm以上的厚铝板，焊速应在600mm/min以下。

表19-2 推荐使用的铝合金焊接参数

合金牌号	厚度/mm	电子束功率/kW	焊接速度/(cm/min)	焊接位置
5A07	0.6	0.4	102	平焊,电子枪垂直
	5	1.7	120	平焊,电子枪垂直
	100	21	24	横焊,电子枪水平
	300	80	24	横焊,电子枪水平
7A04	10	4.0	150	平焊,电子枪垂直
2A08	18	8.7	102	平焊,电子枪垂直

利用电子束扫描焊或将焊缝用电子束再熔化一次，有利于消除焊缝气孔，改善焊缝成形。添加焊丝可改善焊缝成形，补偿合金元素（Mn、Mg、Zn、Li等）的蒸发，消除焊缝缺陷，还可降低裂纹倾向。

采用高速来焊接热硬铝合金对于减小软焊缝的宽度和热影响区的宽度是有好处的。

19.5.3 钛和钛合金

钛和钛合金是非常活泼的金属，且对气孔比较敏感，尤其是氢气孔。在真空环境下，例如当真空度达到 7×10^{-2}Pa以上时，残余的气体含量很低，比一般的惰性气体保护效果要好得多，所以大多数钛合金均适合采用真空电子束焊接。由于钛合金的低热导率会引起电子束焊接中晶粒长大，因此钛合金电子束焊宜采用高速焊接。同时为了防止钛合金焊缝中产生气孔，除了焊前需要对接头进行机械和化学清理外，焊接参数宜选用散焦点、电子束扫描等方法来获得优质焊缝。

TC_4 是一种常用的钛合金，它可以在退火或固溶时效条件下焊接。焊后接头强度与基体金属相差无几，断裂韧性略差，疲劳强度可达到基体金属的95%。

19.5.4 铜和铜合金

由于铜的导热性好，焊接热源的热量易散失，因此用能量密度高的电子束焊接铜具有突出的优点。对于40mm厚的铜板，采用电子束焊所需要的热输入是自动埋弧焊所需热输入的1/5～1/7。焊缝横断面积是其1/25～1/30。

焊接铜合金可能发生的主要缺陷是气孔。对于厚度为1～2mm的铜板，焊缝中不易产生气孔。对于厚度为2～4mm的铜板，焊速低于340mm/min时，才可防止产生气孔。厚度大于4mm时，焊速过慢将使焊缝成形变坏，焊缝空洞变多。增加装配间隙、焊前预热和重复施焊都是减少焊缝气孔的有效措施。

为了减少金属的蒸发，对厚度为1~2mm的铜板，电子束焦点应处在工件表面以上。对厚度大于15mm时可将电子枪水平放置，进行横焊。

19.5.5 镁合金

一般说来，能用电弧焊焊接的镁合金也能用电子束焊，两种方法采用相同的焊前和焊后处理工艺。由于合金里镁和锌在真空里的蒸气压很高，易于产生气孔。当镁合金的锌含量大于1%（质量分数）时，很难形成致密的焊缝。电子束焊的焊接参数应进行闭环控制，以防止焊缝根部过热和产生气孔。电子束扫描焊接有助于消除气孔。

19.5.6 难熔金属

锆非常活泼，焊接应在真空度达1.33×10^{-2}Pa以上的“无油”高真空中进行。接头准备和清洗是至关重要的。焊后退火可提高接头抗冷裂和延迟破坏的能力。退火条件是在1023~1128K的温度下保温1h，随炉冷却。焊接锆所用的热输入与同厚度的钢相近。

铌的电子束焊接也应在优于1.33×10^{-2}Pa的高真空下进行。真空室的泄漏率不得超过4×10^{-4} m^3Pa/s。铌合金焊缝中常见的缺陷是气孔和裂纹。采用细电子束进行焊接不易产生裂纹。用散焦电子束对接缝进行预热，有清理和除气作用，有利于消除气孔。

钼合金中加入铝、钛、锆、铪、钍、碳、硼、钇或镧，能够中和氧、氮和碳的有害作用，提高焊缝韧性。钼的焊缝中常见的缺陷是气孔和裂纹。焊前仔细清洗接缝和预热有利于消除气孔。采用细电子束和加快焊速有利于消除裂纹。在焊速为500~670mm/min时，每1mm厚度的钼需要1~2kW电子束功率。

钨及其合金对电子束焊具有良好的焊接性。接头准备和清洗是非常重要的，清洗后应进行除气处理，即在优于1.33×10^{-3}Pa的真空度下，将工件加热到1370K，保温1h，随炉冷却。预热是防止钨接头冷裂纹的有效措施，预热温度可选为700~1000K，只是在焊接粉末冶金钨，而且焊速低于500mm/min时才不进行预热。对W-25Re合金，预热可提高焊接速度，降低热裂倾向。焊后退火可降低某些钨合金焊接接头的脆性转变温度，但不能改善纯钨焊缝金属的冷脆性。

19.5.7 金属间化合物

随着材料科学的进步，金属间化合物越来越多地得到应用，如Ti_3Al、Ni_3Al等。焊接金属间化合物时，必须严格控制焊接热输入，采用较高的焊接速度，避免焊接裂纹和接头脆性。材料冶炼和铸造过程中杂质的控制好坏，对焊接质量的影响很大，因此焊前应对材料成分及力学性能进行复验。

19.5.8 异种金属

异种金属接头的焊接性取决于各自的物理化学性能。彼此可以形成固溶体的异种金属焊接性良好。易生成金属间化合物的异种金属的接头韧性差。对于难以直接焊接的异种金属，可以通过过渡材料来焊接。例如：焊接铜和钢时（图19-34）加入铝衬，可使焊缝密实和均匀，接头性能良好。

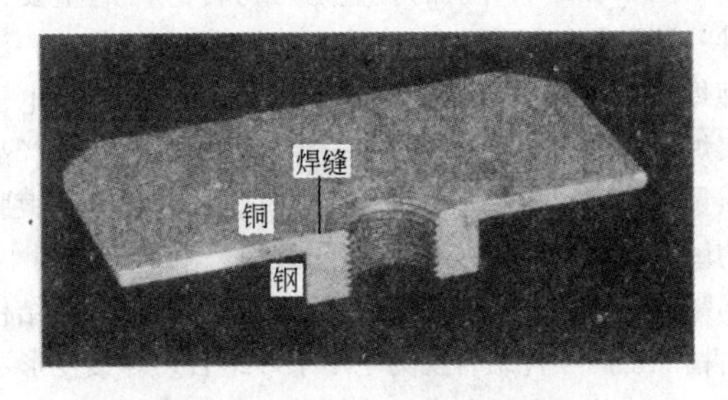

图19-34 铜-钢电子束焊接接头

异种金属相互接触和受热时会产生电位差，这会引起电子束偏向一侧，应注意这一特殊现象，防止焊偏等缺陷。

高铝瓷和铌的密封接头是用电子束焊接的。焊前将工件预热到1300~1700℃，焊后退火处理。

焊接难熔的异种金属时应尽量降低热输入，采用小束斑，尽可能在固溶状态下施焊。焊后作时效处理。

19.6 应用

随着电子束焊工艺及设备的发展，特别是近年来工业应用中对高精度、高质量连接技术需求的不断扩大，电子束焊在航空、航天、核能、兵器、电子、能源、汽车制造、纺织、机械等许多工业领域已经获得了广泛的应用。

在能源工业中，各种压缩机转子、鼓筒轴、叶轮组件、仪表膜盒等；在核能工业中，反应堆壳体、送料控制系统部件、热交换器等；在飞机制造业中，发动机机座、转子部件、起落架等；在化工和金属结构制造业中，高压容器壳体等；在汽车制造业中，齿轮组合体、后桥、传动箱体等；在仪器制造业中，各种膜片、继电器外壳、异种金属的接头等都成功地应用了电子束焊。

图 19-35　膜盒等传感元件

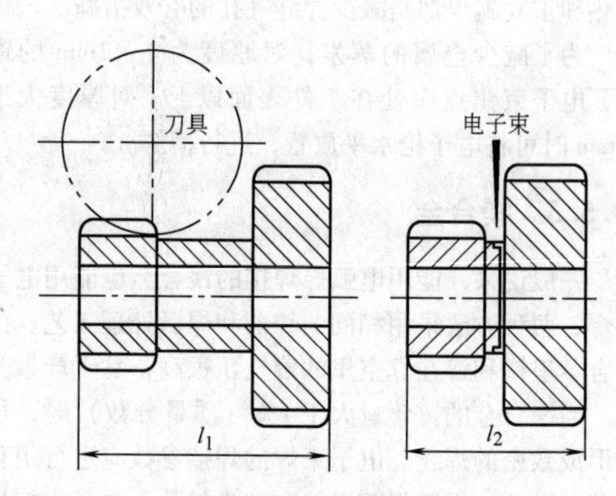

图 19-36　齿轮的电子束焊

图 19-35 中所示的膜盒是压力传感器的重要元件，原工艺是钎焊，工序复杂（清理——→镀锡——→清理焊剂——→高频焊——→抽真空——→封堵）。改用电子束焊接后工序简化为清理——→焊接。生产效率和产品质量都得到了提高。有的传感元件，要在距真空镀膜的敏感元件仅 5mm 处进行电子束焊，由于热作用小，不影响敏感元件的电阻值。图 19-36 所示的齿轮结构由精加工的零件组合变为电子束焊组合，焊接变形不超过允许的误差，节省了为加工小齿轮的刀具预留的空间，节约成本，提高效率，减小零件尺寸，这种结构已广泛用于变速器的制造。

图 19-37 示出了飞机发动机结构中电子束焊的应用，图中 1 ~ 10 都是焊缝分布的不同位置。目前国际上的发动机制造企业都将电子束焊视为获得高质量产品的先进技术之一。不仅如此，电子束焊已经扩展到飞机的大型结构制造中，如美国先进的 F-22 战斗机的机体结构，采用的电子束焊焊缝总长超过 80m。同样，在航天工业中发动机和结构件都大量采用了电子束焊技术。

是否高效连续生产，是电子束焊在机械制造业中能否应用的关键。已有电子束焊设备安装在生产线中，如齿轮和双金属条带焊接。

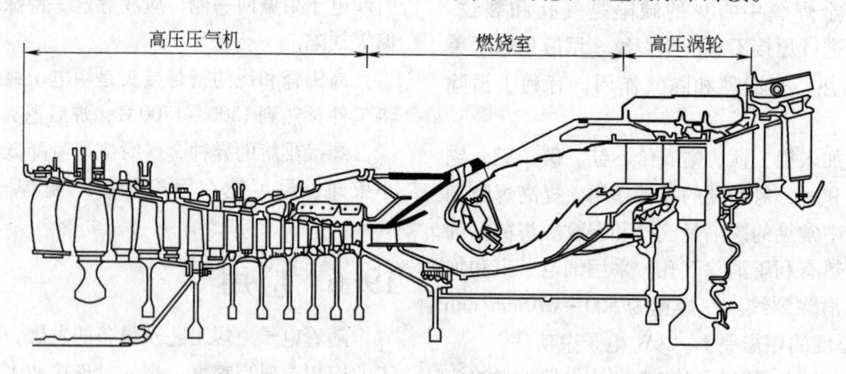

图 19-37　飞机发动机制造中电子束焊接的应用

高效率地生产双金属条带是电子束焊的成功应用之一。如图 19-38 所示，具有两只电子枪的焊接系统，同时将三种金属焊接为一体，根据需要可以将条带从中间剖开，成为两条双金属条带，其最广泛的应用是加工双金属锯条。

电子束焊的一个重要应用场合是修复磨损或损坏的零件。切掉已损坏的部分；安装和焊接一块相应的材料，经焊后热处理及机加工工序，可以修复零件。由于电子束焊接热输入小，焊接变形很小，修复零件的尺寸精度可以保证。特别是用电子束修复价格昂贵的零件（如航空发动机零件），会带来很好的经济效益。

真空室一直是电子束焊技术推广应用的障碍，非真空电子束焊也已在工业中应用，适用于薄板高速（>15m/min）焊接，特别是不等厚接头的焊接。目前世界上建立的最大的非真空焊接工作站（图 19-39）的容积为 300m³，电子枪在工作室内运动，在工业电视和焊缝跟踪系统的帮助下进行焊接。尽管非真空电子束不需要真空室，但电子枪仍要在射线防护室或无人车间内工作。

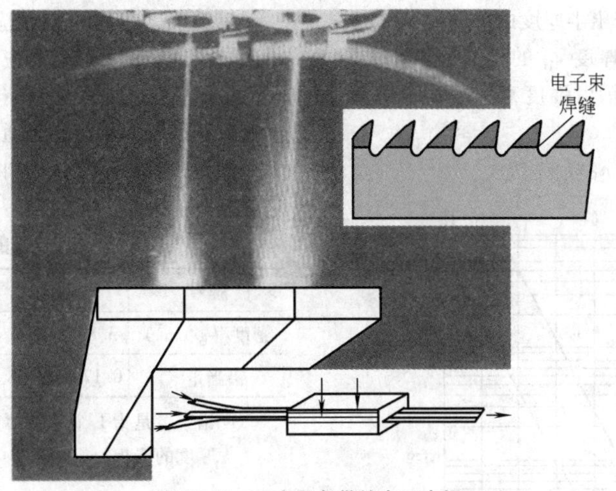

图 19-38　双金属条带的电子束焊

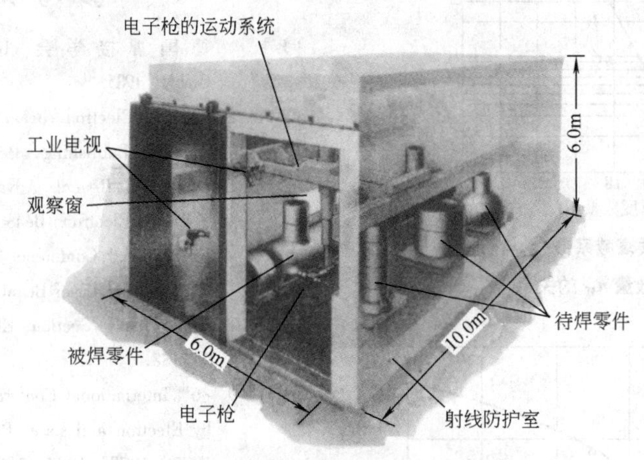

图 19-39　非真空电子束焊工作站示意图

19.7　安全防护

在操作电子束焊机时要防止高压电击、X 射线以及烟气等。

高压电源和电子枪应保证有足够的绝缘和良好的接地。绝缘试验电压应为额定电压的 1.5 倍。电子束焊设备应安装专用地线，其接地电阻应小于 3Ω。设备外壳应用粗铜线接地。在更换阴极组件和维修时应切断高压电源，并用放电棒接触准备更换的零件，以防电击。

电子束焊时大约不超过 1% 的电子束能量将转变为 X 射线辐射。我国规定对无监护的工作人员允许的 X 射线剂量不应大于 2.5 μSv/h。加速电压为 80kV 以上的焊机应附加铅防护层。防护层的厚度应按如下步骤选择：先由图 19-40 查出某额定束功率下的辐射剂量，按下式算出所需要的衰减系数 k_x：

$$k_x = I_x / I_{x0}$$

式中　I_x——允许的辐射剂量，$I_x = 2.5\mu Sv/h$；

I_{x0}——无防护层的辐射剂量。

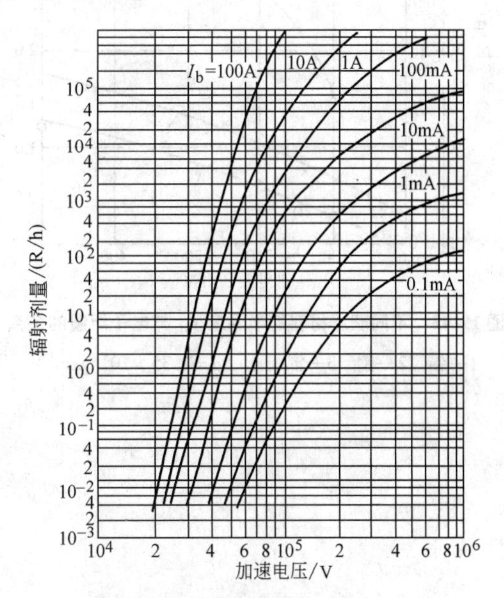

图 19-40　在距离钨靶 1m 处 X 射线辐射剂量与不同束下电子能量的关系

根据 k_x 按图 19-41 查出半厚度的 n_H。半厚度 x_H 可以按图 19-42 查出，半厚度 x_H 的含义是 X 射线穿过 x_H 厚度的某种材料时辐射强度衰减一半的厚度。所需要的某种材料的厚度

$$t = n_H x_H$$

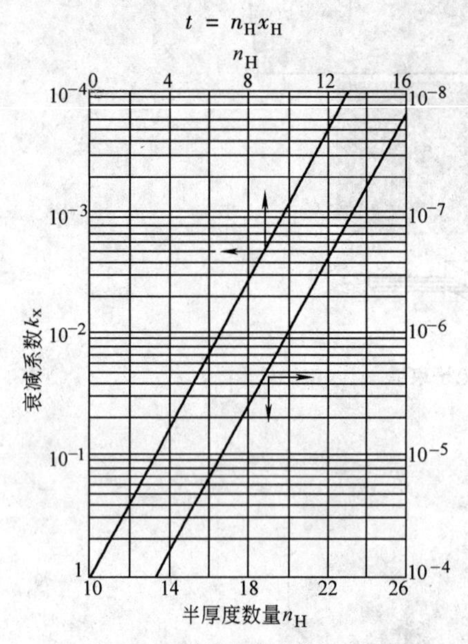

图 19-41　X 射线衰减系数 k_x 与防护层半厚度数量 n_H 的关系

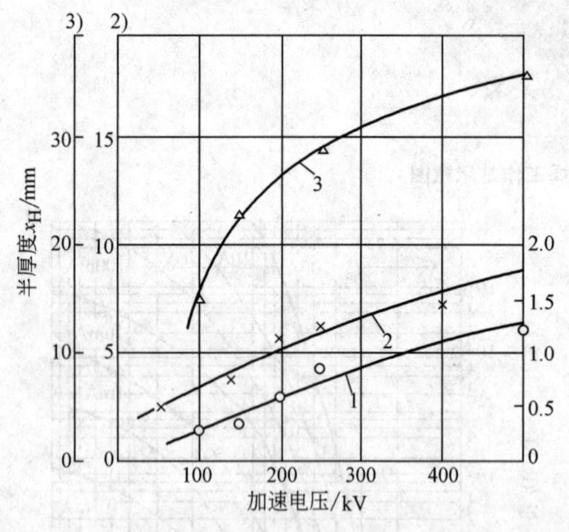

图 19-42　不同蔽屏材料的半厚度 x_H 与电子能量的关系

1—铅　2—钢　3—混凝土（$\rho = 2.35 \times 10^3 kg/m^3$）

铅玻璃的厚度可按相应的铅当量选择。表 19-3 示出国产铅玻璃牌号和相应的铅当量。

应采用抽气装置将真空室排出的油气、烟尘等及时排出，设备周围应易于通风。

焊接过程中不允许用肉眼直接观察熔池，必要时应配戴防护眼镜。

表 19-3　铅玻璃的密度和铅当量

牌号	ZF1	ZF2	ZF3	ZF4	ZF5	ZF6
密度/(g/cm³)	3.84	4.09	4.46	4.52	4.65	4.77
铅当量①	0.174	0.198	0.228	0.238	0.243	0.277

① 铅当量是指 1 个单位厚度的铅玻璃相当于表中示出厚度的铅板。

参 考 文 献

[1]　德国焊接学会. Beam Technology. RODRUCK GmbH，1985.

[2]　Schultz H. Electron beam welding [M]. England：Abington Publishing，1993.

[3]　Sanderson A. Recent Advances in high Power Non-Vaccum Electron Beam Welding Proceedings. 5th International Conference on Welding and Melting by Electron and Laser Beam，La Baule，1993.

[4]　Fritz D. Heavy Section EB-Welding. IIW Doc，IV-453-88.

[5]　1～6th International Conference on Welding and Melting by Electron and Laser Beam. 法国焊接学会出版，1972，1978，1983，1988，1993，1998.

[6]　北京航空工艺研究所. 高能束流加工技术重点实验室论文选编，1995. 9.

第20章　激光焊接与切割

作者　刘金合　审者　陈彦宾

激光是20世纪最伟大的发明之一，世界上第一台激光器问世于1960年，激光焊是当今先进的制造技术。与一般的焊接方法相比，激光焊有如下特点：

1）聚焦后的功率密度可达$10^5 \sim 10^7 W/cm^2$，甚至更高，加热集中，完成单位长度、单位厚度工件焊接所需的热输入低，因而工件产生的变形极小，热影区也很窄，特别适宜于精密焊接和微细焊接。

2）可获得深宽比大的焊缝，焊接厚件时可不开坡口一次成形。激光焊缝的深宽比目前已达12∶1，不开坡口单道焊接钢板的厚度已达50mm。

3）适宜于难熔金属、热敏感性强金属以及热物理性能差异悬殊、尺寸和体积悬殊工件间的焊接。

4）可穿过透明介质对密闭容器内的工件进行焊接。

5）可借助反射镜使光束达到一般焊接方法无法施焊的部位，YAG激光（波长1.06μm）和光纤激光还可用光纤传输，可达性好。

6）激光束不受电磁干扰，无磁偏吹现象存在，适宜于磁性材料焊接。

7）不需真空室，不产生X射线，观察及对中方便。

激光焊的不足之处是设备的一次投资较大，对高反射率的金属直接进行焊接比较困难。

目前，用于焊接的激光器主要有三大类：气体激光器、固体激光器和光纤激光器；气体激光器以CO_2激光器为代表，固体激光器以YAG激光器为代表。根据激光的作用方式激光焊可分为连续激光焊和脉冲激光焊；根据实际作用在工件上的功率密度，激光焊可分为热传导焊（功率密度小于$10^5 W/cm^2$）和深熔焊（功率密度大于$10^5 W/cm^2$）。随着设备性能的不断提高、结构的日益复杂，对接头性能和变形要求越来越苛刻，许多传统的焊接方法已不能满足要求，因而激光焊在许多场合具有不可替代的作用。

20.1　激光产生的基本原理

20.1.1　能级与辐射跃迁

当原子或分子内部的电子与外界交换能量时，原子的内能也产生变化，但内能的变化是不连续的，其内能的状态称为能级。一个粒子（原子或分子）可以处于许多不同的能级，其最低的能级称为基态。

粒子从外界吸收能量时从低能级跃迁到高能级；当粒子从高能级跃迁到低能级时，向外界释放能量。若吸收或释放的能量是光能，则称此跃迁为辐射跃迁。

当粒子从高能级E_2向低能级E_1辐射跃迁时，辐射光子的能量E等于两个能级之差，即

$$E = E_2 - E_1 = h\nu \tag{20-1}$$

式中　h——普朗克常数；

ν——光波频率。

当粒子吸收的外来光子的能量恰好等于其两能级的能量之差时，则从其低能级跃迁到高能级。

根据量子力学的观点，粒子（原子或分子）不可能有绝对准确的能量值，每个能级都显现出一定的宽度，这是因为粒子能级的变化是以跃迁概率的形式表现出来的，能级中心对应的跃迁概率最大，实际应用中，能级宽度用最大概率一半所对应的范围进行度量。

20.1.2　自发辐射、受激辐射和受激吸收

通常，系统中的绝大多数粒子都处于基态，为了实现粒子从低能级到高能级跃迁，需进行激发。激发的方式主要有加热激发、辐射激发和碰撞激发等。加热激发是通过加热提高系统的温度，从而使处于高能级的粒子数增加；辐射激发是通过外来光的照射并经粒子吸收光能而实现能级跃迁；碰撞激发是粒子与其他电子或受激粒子经碰撞、发生能量转移而实现能级跃迁。

处于高能级的粒子自发地向低能级跃迁并释放出一个光子的过程称为自发辐射。处于高能级E_2的粒子，如受到一个能量恰为$h\nu = E_2 - E_1$的光子作用后，跃迁到低能级E_1并同时辐射出一个和入射光子完全一样（频率、相位、传播方向和偏振方向均相同）的光子的过程称为受激辐射。而受激吸收则是指处于低能级E_1的粒子，受到能量恰巧为$h\nu = E_2 - E_1$的光子作用且吸收该光子并跃迁到高能级E_2的过程。

自发辐射的光波之间没有固定的相位关系，没有固定的频率，没有固定的传播方向和偏振方向，光向

四周传播，普通光源就是通过自发辐射而发光的。受激辐射在一个外来光子的作用下，出现了两个完全相同的光子，即受激辐射起到了光放大的作用。

20.1.3　泵浦与粒子数反转

热平衡状态下，处于高能级的粒子数远远少于处于基态的粒子数。当外界入射光进入介质后，受激辐射的放大作用总是小于受激吸收的削弱作用，因而入射光必然受到衰减。欲使入射光通过介质后得到增强与放大，就必须打破热平衡，使处于高能级的粒子数大于处于低能级的粒子数，这种状态称为粒子数反转。凡是能够通过激励而实现粒子数反转的物质称作激光工作物质（或激活介质），激光工作物质一般都是三能级系统或四能级系统。凡是能使激光工作物质在某两个能级间实现粒子数反转的过程称为泵浦或抽运。

典型的三能级系统激光工作物质是掺有铬离子的红宝石晶体，典型的四能级系统激光工作物质有钕玻璃和 Nd^{3+}：YAG（掺钕钇铝石榴石）等，典型的类四能级系统激光工作物质如 He-Ne 系统以及 CO_2 系统等。

20.1.4　激光的形成过程

为了提高激光工作物质的增益，在实际的激光器内，激光工作物质两端都放有反射镜，这两个反射镜组成的系统称作谐振腔，最简单的谐振腔由两个互相平行的平面反射镜组成。

激光工作物质在泵浦源的作用下，处于低能级的粒子不断向高能级跃迁，如果泵浦的速率足够大，就可打破热平衡状态时的粒子分布情况，实现粒子数反转。在激活介质内部，自发辐射产生的光子会引起其他粒子的受激辐射，如果反转的粒子数密度超过 $\Delta N_{阈}$，光束通过激活介质时就会得到放大。由于谐振腔对光的反射，使得那些与谐振腔轴不平行的光很快逸出腔外，而与谐振腔轴平行的光则在腔内来回反射，并多次穿过激活介质，形成正反馈，最后产生了与腔轴平行的激光束，整个形成过程的示意图如图20-1 所示。

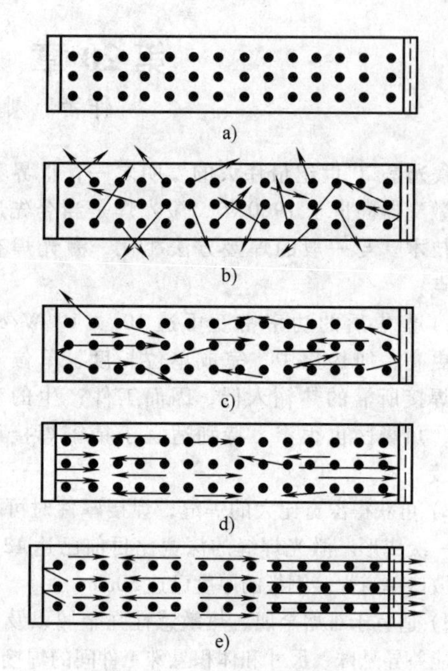

图 20-1　激光振荡形成过程

20.1.5　激光的纵模与横模

在谐振腔里，振幅相同的相干波在同一直线上相向传播，满足驻波产生的条件，每一种驻波成为一个纵模，相邻纵模的频率间隔

$$\Delta\nu = \frac{C}{2nL} \qquad (20\text{-}2)$$

式中　C——光速；

n——激光工作物质的折射率；

L——谐振腔的腔长。

横模是指在与腔轴垂直方向上存在的稳定的光场分布，这个光场的分布总是不均匀的。现以平行平面腔为例进行分析。若两镜的口径为 $2a$，间距为 L，当光束在两镜之间来回反射时，必然发生衍射。假如开始时横向光场的分布是均匀的，第一次衍射时，相当于圆孔衍射，第二次衍射时，边缘部分被挡住，第三次、四次、五次……衍射时，上述过程继续发生，每次衍射的结果都是削弱了边缘部分的光振幅，经许多次衍射后最后形成了如图 20-2 所示的光场分布，它的主要特点是边缘部分的光强很小，而圆孔中心线附近的光强大。

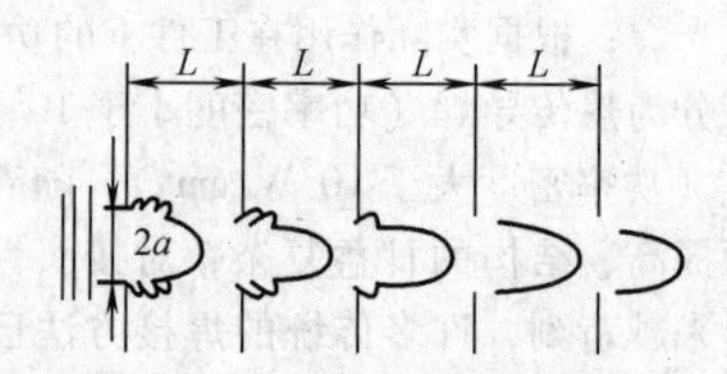

图 20-2　衍射对横模形成的影响

激光的横模用 TEM_{mn} 来表示，TEM 是 Transvers Electromagnetic Mode 的缩写，m、n 称为横模序数。当横模为轴对称时，m 表示 x 轴方向出现极小值的次数，n 表示 y 轴方向出现极小值的次数，见图20-3a～图 20-3d。当横模为旋转对称时，m 表示在半径方向

出现极小值（暗环）的次数，n 表示在 2π 角度内出现极小值（暗直径）的次数，见图 20-3e ~ 图 20-3g。

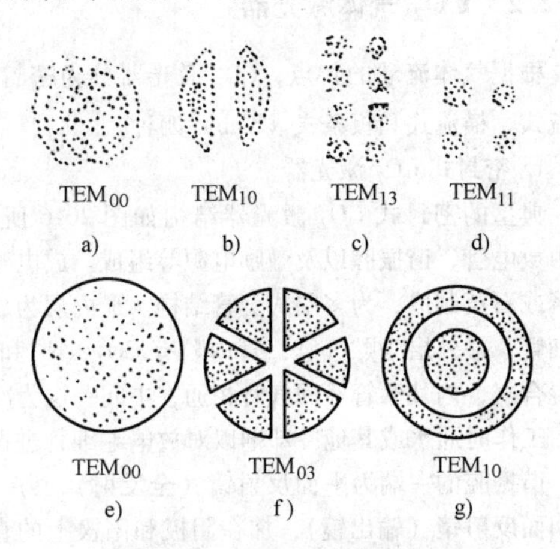

图 20-3　典型的横模图形

m、n 均为零时，称为基模，当 $m=0$、$n=1$ 或 $m=1$、$n=0$ 时，称为低阶模，其他的则称为高阶模。基模能量集中，光场分布较均匀，方向性也好，高阶模的面积比低阶的大。

20.1.6　激光的特点

激光具有方向性好、亮度高、单色性强以及相干性好四大特点。

1. 方向性好

由于谐振腔对光束方向的选择，使激光具有很小的发散角，甚至可以达到 0.1mrad，如果经适当的光学系统扩束，发散角还可进一步降低。

设 S 为激光传播方向上的一块球面，球面面积为 A，球面的曲率半径为 R，它所对应的立体张角为 Ω，发散角为 θ，如图 20-4 所示。由于

$$\Omega=\frac{A}{R^2} \tag{20-3}$$

当 θ 很小时，$A\approx\pi(R\sin\theta)^2\approx\pi(R\theta)^2$，所以 $\Omega\approx\pi\theta^2$。

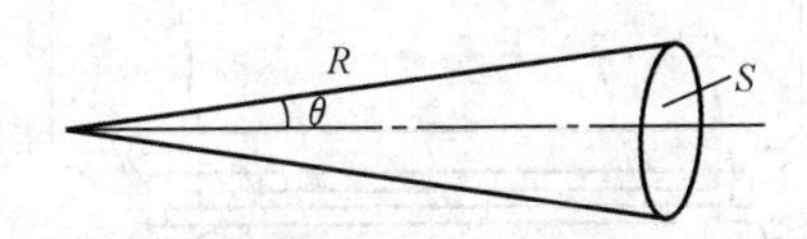

图 20-4　光源的立体张角

若 $\theta=10^{-3}$rad 时，$\Omega=\pi\times10^{-6}$sr。这说明激光器只向数量级为 10^{-6}sr 的立体角空间传播，而不像普通光源那样向很大的空间传播。

激光良好的方向性对其聚焦性有重要影响，由引言公式（4）$d=f\theta$ 知，微小的发散角可使聚焦后的束斑直径很小。

2. 亮度高

若光源的发光面积为 ΔS，在 Δt 时间内向法线方向上立体角为 $\Delta\Omega$ 的空间发射的能量为 ΔE，则光源在该方向上的亮度

$$B=\frac{\Delta E}{\Delta S\Delta\Omega\Delta t} \tag{20-4}$$

激光束的立体发散角一般为 10^{-6}rad，所以激光的亮度要比普通光源高百万倍。也可看出，在其他条件不变情况下，光源的功率 $\Delta E/\Delta t$ 越大，其亮度也越高，有些脉冲激光器的光脉冲持续时间可压缩至 10^{-9} ~ 10^{-12}s 甚至更短，这样亮度就更高了。

3. 单色性强

单色性是指光波的频率宽度 $\Delta\nu$ 很小，或者说波长的变化范围 $\Delta\lambda$ 很小，激光的单色性比普通光源的好万倍以上。

4. 相干性好

相干性是指在不同的空间点上以及不同的时刻光波场相位的相关性。

上述的激光的四个特性本质上可归为一个特性，即相干性好。激光的高亮度、良好的方向性以及单色性可以使激光能量在空间和时间上高度集中，因而是进行焊接和切割的理想热源。

20.2　激光焊设备

20.2.1　激光焊设备的组成

图 20-5 是激光焊设备组成框图。

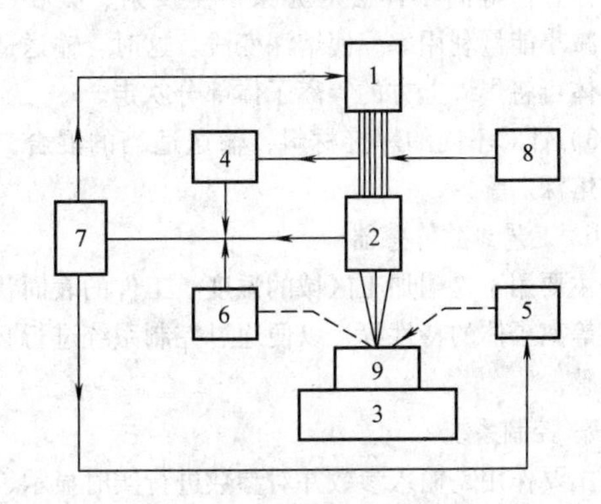

图 20-5　激光焊设备的组成

1—激光器　2—光学系统　3—激光加工机　4—辐射参数传感器　5—工艺介质输送系统　6—工艺参数传感器　7—控制系统　8—准直用 He-Ne 激光器　9—工件

1. 激光器

激光器是激光焊设备中的重要部分，提供加工

所需的光能。对激光器的要求是稳定、可靠，能长期正常运行。对焊接和切割而言，要求激光的横模最好为低阶模或基模，输出功率（连续激光器）或输出能量（脉冲激光器）能根据加工要求进行精密调节。

2. 光学系统

光学系统用以进行光束的传输和聚焦。进行直线传输时，通道主要是空气，在进行大功率或大能量传输时，必须采取屏蔽以免对人造成危害。在激光输出快门打开之前，激光器不对外输出。在小功率系统中，聚焦多采用透镜，在大功率系统中一般采用反射聚焦镜。

3. 激光加工机

加工机用以产生工件与光束间的相对运动。激光加工机的精度对焊接或切割的精度影响很大。

根据光束与工件的相对运动，加工机可分为二维、三维和五维。二维的在平面内 x 和 y 两个方向运动，三维的增加了与 x-y 平面垂直方向上的运动；五维的则是在三维的基础上增加了 x-y 平面内 360°的旋转以及 x-y 平面在 z 方向 ±180°的摆动。

4. 辐射参数传感器

主要用于检测激光器的输出功率或输出能量，并通过控制系统对功率或能量进行控制。

5. 工艺介质输送系统

焊接时该系统的主要功能有三：

1）输送惰性气体，保护焊缝。

2）大功率 CO_2 焊接时，在熔池上方产生蒸气等离子体，该等离子体会对光束产生反射、吸收和散射，减小能量利用率，使熔深变浅。这时，输送适当的气体可将焊缝上方的等离子体部分吹走。

3）针对不同的焊接材料，输送适当的混合气以增加熔深。

6. 工艺参数传感器

主要用于检测加工区域的温度、工件的表面状况以及等离子体的特性等，以便通过控制系统进行必要的调整。

7. 控制系统

主要作用是输入参数并对参数进行实时显示、控制，另外，还有保护和报警等功能。

8. 准直用 He-Ne 激光器

一般采用小功率的 He-Ne 激光器，进行光路的调整和工件的对中。

以上是激光焊设备的典型组成，实际上，由于应用场合不同，加工要求不同，上述的 8 个部分不一定一一具备，各个部分的功能也差别很大，在选用设备时可酌情而定。

20.2.2　CO_2 气体激光器

根据气体流动的特点，CO_2 激光器分为密封式、轴流式、横流式和板条式（Slab）四种。

1. 密封式 CO_2 激光器

典型的密封式 CO_2 激光器结构如图 20-6 所示，它由放电管、谐振腔以及激励电源等组成。放电管用玻璃或石英制成，为多层式套管结构。最内层为放电毛细管，最外层为贮气管，管内贮有 CO_2、N_2 和 He 的混合气，内外两管经回气管相通；中间一层为冷却管，工作时通水或其他冷却剂以对放电毛细管进行冷却。谐振腔的一端为平面反射镜（全反射），另一端为凹面反射镜（输出镜），加在阴极和阳极上的直流高压使气体产生辉光放电并使电子得到加速。这类激光器的转换效率为 8% 左右，为了增大输出功率并减小体积，可采用折叠腔将放电管串联起来，也可将两放电管并联起来。

2. 轴流式 CO_2 激光器

这类激光器的主要特点是气体流动方向、放电方向以及激光的输出方向三者一致。根据气流速度的大小，又可分为慢速轴流和快速轴流两种。图 20-7 是快速轴流 CO_2 激光器示意图，它由放电管、谐振腔（包括后腔镜和输出镜）、高速风机以及热交换器等组成。放电管内可有多个放电区，图中所示为 4 个，高压直流电源在其间形成均匀的辉光放电，通常正极位于气流的上游，负极位于下游。为了提高激光器的输出功率，可增大气体的流速。有的气体速度已接近声速，这时，每米放电管可获得500～2000W 的激光功率。这类激光器的输出模式为 TEM_{00} 模和 TEM_{01} 模，这种模式特别适宜于焊接和切割。

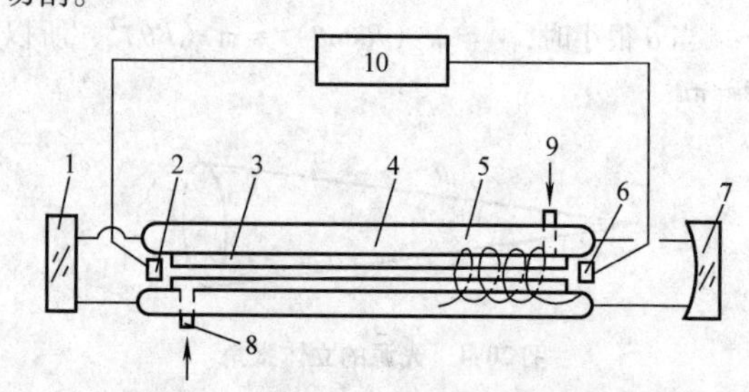

图 20-6　密封式 CO_2 激光器结构示意图

1—平面反射镜　2—阴极　3—冷却管　4—贮气管　5—回气管　6—阳极　7—凹面反射镜　8—进水口　9—出水口　10—激励电源

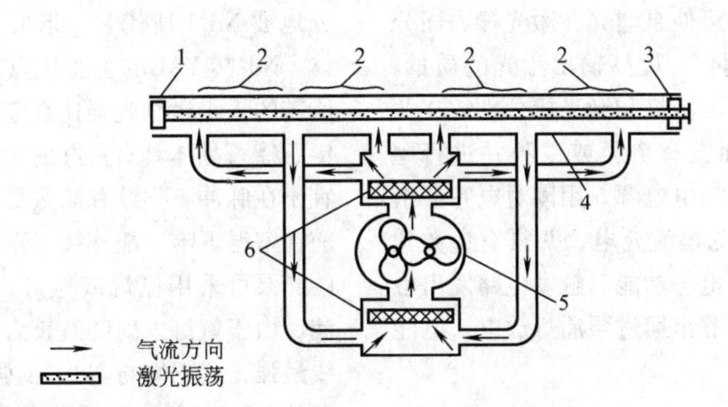

图 20-7　快速轴流式 CO_2 激光器示意图

1—后腔镜　2—高压放电区　3—输出镜　4—放电管　5—高速风机　6—热交换器

3. 横流式 CO_2 激光器

横流式 CO_2 激光器的结构原理如图 20-8 所示。它由密封外壳、谐振腔（包括后腔镜、折叠镜、输出镜）、高速风机、热交换器以及放电电极等组成。它的光束、气流和放电的三个方向相互垂直，气体激光介质用高速风机连续循环地送入谐振腔，气体直接与热交换器进行热交换。这类激光器的气压大，气体密度高，气流流通截面也较大，流速快，所以冷却效果好，允许输入大的电功率，每米放电管的输出功率可达 2～3kW。

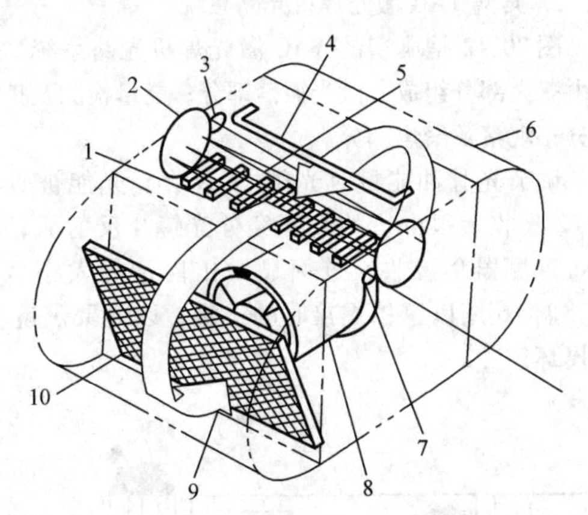

图 20-8　横流式 CO_2 激光器示意图

1—平板式阳极　2—折叠镜　3—后腔镜　4—阴极　5—放电区　6—密封壳体　7—输出反射镜　8—高速风机　9—气流方向　10—热交换器

横流式 CO_2 激光器由于输出功率高，其谐振腔的全反镜常用金属材料（例如铜）作基板，表面镀以性能稳定的金属如金、银、铝等。输出镜则用可透过 10.6μm 红外光的材料如 NaCl、KCl、GaAs、CdTe、ZnSe 等制成。

放电电极分别处在谐振腔的下方和上方，电极结构可分为管板式和针板式两种。在管板式结构中，阴极为表面抛光的水冷铜管，上面均匀地布有一排细铜丝触发针，它将阴极放电产生的电子不断地输送到主放电区，以保持辉光放电的稳定性；阳极为分割成许多块的铜板，相邻的铜板间填充绝缘介质，并用水进行冷却。在针板式结构中，阳极为水冷纯铜板，阴极为数排铼钨针（几百支），每只针都接有几十千欧的镇流电阻，以保持放电的均匀性。

4. 板条（Slab）式 CO_2 激光器

图 20-9 是板条（Slab）式 CO_2 激光器原理图。该激光器被国际工业界誉为工业 CO_2 激光器新的里程碑，其主要特点是光束质量极好（$K>0.8$），消耗气体少（0.3L/h），运行可靠、免维护、运行费用低，商品型 Slab 激光器的功率已达几千瓦。

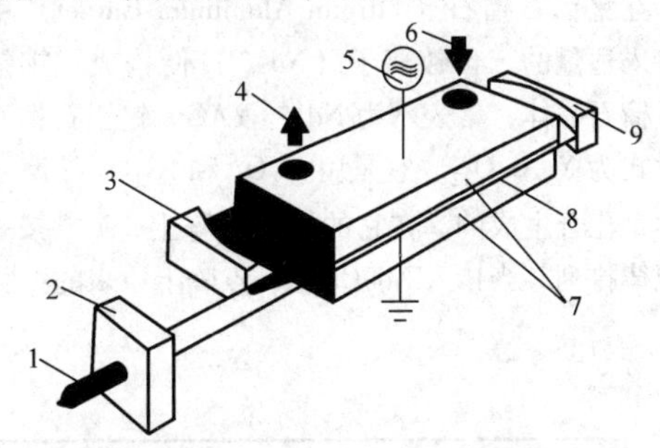

图 20-9　板条式 CO_2 激光器原理图

1—激光束　2—光束整形器　3—输出键　4、6—冷却水　5—射频激励放电　7—后腔镜　8—射频激励放电　9—波导电极

20.2.3　YAG 固体激光器

1. 固体激光器的基本结构

图 20-10 是固体激光器基本结构示意图。激光工作物质 2（又称激光棒）是激光器的核心，全反射镜 1 和部分反射镜 4 组成谐振腔，8 为泵浦灯，固体激光器一般都采用光泵抽运，可用氙灯或氪灯。聚光腔 3 用以将泵浦源发出的光通过反射，尽量多地照射到

激光棒上以提高效率，并可使泵浦光在激光棒表面分布均匀，形成较好的光耦合，提高输出激光的质量。理想的激光腔为椭圆形，泵浦灯和激光棒分别放在两个焦点上，聚光腔反射面镀有金膜或银膜并进行抛光，以提高反射率。高压充电电源6用以对电容器组7充电，充电电源常设计为恒流充电，并具有参数预置、自动停止以及手工放电等功能。触发电路发出触发脉冲后，已充电的电容器组通过泵浦灯放电，电能部分转换为光能。

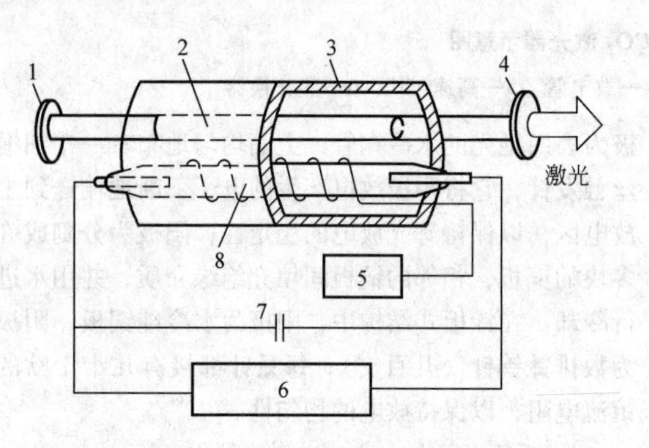

图20-10　固体激光器基本结构示意图

1—全反射镜　2—激光工作物质（激光棒）　3—聚光腔　4—部分反射镜　5—触发反射镜　6—高压充电电源　7—电容器组　8—泵浦灯

在钇铝石榴石（Yttrium Aluminum Garnet）单晶里掺入适量的三价钕离子（Nd^{3+}）便构成了掺钕钇铝石榴石晶体，常表示为Nd^{3+}:YAG。钇铝石榴石的化学式为$Y_3Al_5O_{12}$，它是由Y_2O_3和Al_2O_3按摩尔比为3:5化合生成的。在它的结晶点阵上，Y^{3+}按一定的规律排列，当掺入Nd_2O_5后，点阵上原来的Y^{3+}部分地被Nd^{3+}所代替，形成了淡紫色的Nd^{3+}:YAG晶体。Nd^{3+}:YAG的主要优点是易于实现粒子数反转，所需的最小激励光强比红宝石小得多。同时，掺钕钇铝石榴石晶体具有良好的导热性，热膨胀系数小，适宜于在脉冲、连续和高重复率三种状态下工作，是目前在室温下唯一能连续工作的固体激光工作物质。它的光泵可采用氙灯或氪灯，连续工作时常用氪灯泵浦，由于氪灯发射的波长为0.75μm和0.8μm的光谱线最强，这正好与Nd^{3+}的强吸收带相匹配，故效率可达3%～4%。为了提高Nd^{3+}:YAG激光器的连续输出功率，可以多棒串联，如图20-11所示。

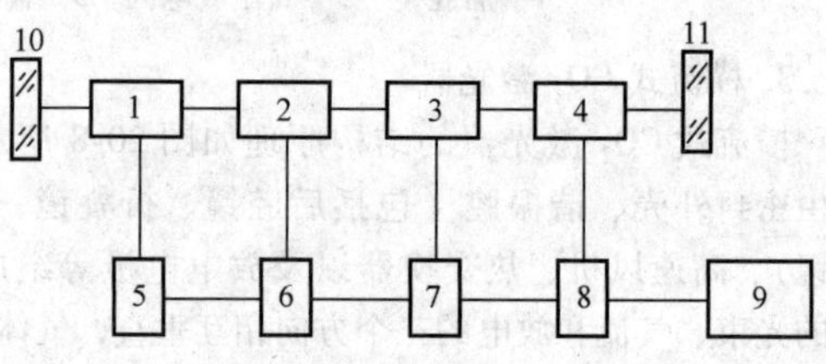

图20-11　多级串联高功率Nd^{3+}:YAG激光器示意图

1、2、3、4—Nd^{3+}:YAG棒　5、6、7、8—电源　9—控制器　10—全反镜　11—部分反射镜

2. 典型YAG激光焊机光路系统

图20-12是典型的YAG激光焊机光路系统。系统由三大部分组成：激光振荡部分；能量检测及扩束部分；观察及聚焦部分。

调节光脉冲能量时光闸11闭合，光能被吸收器12吸收。很少量的光能经分光镜8反射后，被能量探测器9接收，进而显示出能量的大小。保护玻璃16用以遮挡焊接时的飞溅，以免聚焦镜15被损坏。

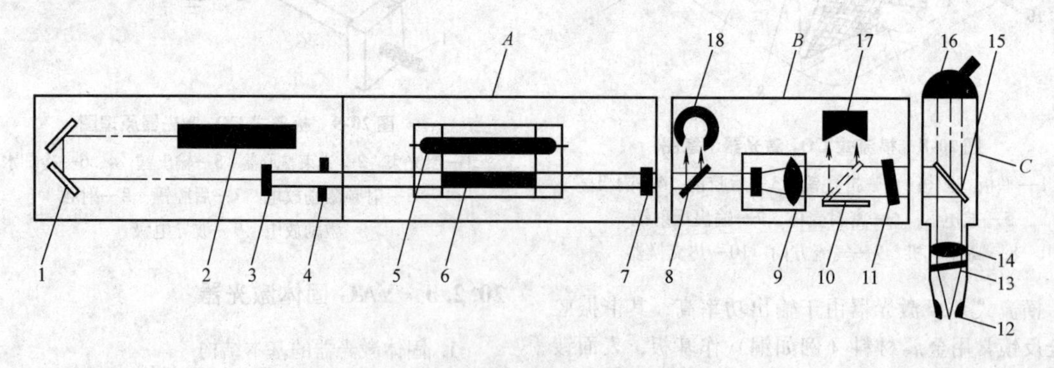

图20-12　典型的YAG激光焊机光路系统

A—激光振荡部分　B—能量检测及扩束部分　C—观察及聚焦部分

1、15—反射镜　2—准直用He-Ne激光器　3—尾镜　4—光栅　5—泵浦灯　6—YAG棒　7—输出镜　8—分光镜　9—扩束器　10—光闸　11—调节器　12—喷嘴　13—保护玻璃　14—聚焦镜　16—观察镜　17—光能吸收器　18—能量探测器

20.2.4　其他激光器

可用于激光焊的其他激光器还有 CO 激光器、半导体激光器、准分子激光器、光纤激光器等。

1. CO 激光器

CO 激光器输出波长约为 5.3μm，是 CO_2 激光输出波长的一半，发散角也为 CO_2 激光的一半，因而被金属吸收的性能好，其他条件相同情况下，聚焦后的功率密度是 CO_2 激光的 4 倍。CO 激光器的效率高，总效率可达 30%，并已实现了高于 10kW 的功率输出。其主要缺点是只能运行于低温深冷状态，因而设备成本和运行费用高。

2. 半导体激光器

在这类激光器中以半导体二极管激光器最为重要，其最简单的形式是 P-N 结型跃迁，其工作物质为半导体，可采用简单的注入电流的方式来泵浦，当提供一个足够大的直流电压时，就可产生粒子数反转。半导体二极管激光器的主要优点是激光波长短（0.85～1.65μm），可用光纤传输，电能与光能的转换比极高，激光器体积小，其输出功率已达 3kW。

3. 准分子激光器

所谓准分子，是因为其在激发态为分子，而在基态则离解为原子，正因为如此，准分子激光的下能级总是空的，容易实现离子数反转，效率很高。

准分子激光的波长短、能量高，输出紫外超短脉冲激光，波长范围 193～351nm，约是 YAG 激光波长的 1/5 和 CO_2 激光波长的 1/50，单光子能量比大部分分子的化学键能都要高，故能直接深入材料分子内部进行加工，其加工机理是基于光化学作用，在非放热效应下进行，因而材料变形极小。

准分子激光器的另一特点是可调谐。目前，准分子激光器的功率输出水平在实验室已达千瓦级。

4. 光纤激光器

（1）概述　光纤激光器是近年来发展迅猛的一种新型激光器，它以掺杂稀土元素的光纤作为放大器。光纤激光器中的光纤纤芯很细，在泵浦光的作用下极易形成激光工作物质的能级粒子数反转。再适当加入正反馈回路构成谐振腔，即可形成激光振荡。

一个端面（纵向）泵浦的光纤激光器的基本结构如图 20-13 所示。光纤放置在两个反射率经过选择的腔镜之间，泵浦光从左边腔镜进入，激光从另一端输出。光纤激光器实际上是一个波长转换器，在泵浦波长上的光子被介质吸收，形成粒子数反转，最后在掺杂光纤介质中产生受激发射而输出另一种波长的激光。

按激光输出的时域特性，可分为连续激光器和脉冲激光器；按频域特性，可为单波长、单纵模、多纵模以及多波长光纤激光器。

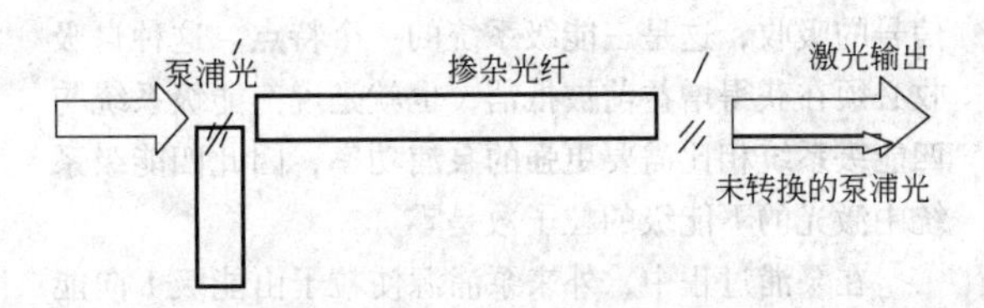

图 20-13　纵向泵浦光纤激光器的基本结构

（2）光纤激光器特点　光纤激光器作为第三代激光技术的代表，其主要特点是：

1）光束质量高，具有非常好的单色性、方向性和稳定性。

2）光纤激光器的成本低。

3）纤芯直径小，可以在纤芯层产生相当的功率密度，具有极低的体积面积比，散热快、损耗低，激光阈值低，运行成本低。

4）温度稳定性好，工作物质热负荷小，无须冷却系统。

5）结构简单，减小了对块状光学元件的需求和光路机械调整的麻烦，加之光纤具有极好的柔绕性，简化了光纤激光器的设计及制作，维护方便。

6）能胜任恶劣的工作环境，对灰尘、振荡、冲击、湿度、温度具有很高的容忍度。

（3）光纤激光器的工作原理　光纤激光器和其他激光器一样，也包含工作介质、光学谐振腔和泵浦源三部分。光纤激光器一般采用光泵浦方式，泵浦光被耦合进光纤，泵浦波长上的光子被介质吸收，形成粒子数反转，最后在光纤介质中产生受激辐射而输出激光。光纤激光器的谐振腔一般由两平面反射镜组成，谐振腔的腔镜可直接镀在光纤断面上，也可以采用光纤耦合器、光纤圈等。

光纤激光器同样有三能级系统和四能级系统。三能级系统在光纤激光器中比较常见。下面讨论三能级系统的结构特性。图 20-14 所示为掺铒光纤激光器的三能级系统激光能级图。

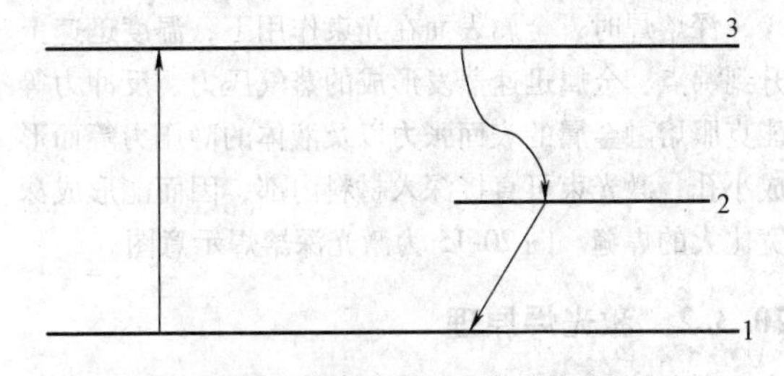

图 20-14　掺铒光纤激光器的三激光系统

激光工作的下能级是激态，在发射带中还存在着信号的吸收，这是三能级系统的一个特点。这种自吸收必须在获得增益前被抵消，也就是说三能级系统与四能级系统相比需要更强的泵浦功率，因此四能级系统中激光的下能级的粒子数是零。

在泵浦过程中，外来泵浦源使粒子由能级1向能级3跃迁，由能级3向能级1存在自发跃迁，由能级3向能级2为无辐射跃迁，从能级2向能级1跃迁时产生激光。

20.2.5　焊接（含切割）用激光器的特点

为便于比较，现将主要的焊接用激光器的特点加以比较，见表20-1。

表20-1　焊接（含切割）用激光器的特点

激光器	波长/μm	振荡方式	重复频率/Hz	输出功率或能量范围	主要用途
红宝石激光器	0.6943	脉冲	0～1	1～100J	点焊、打孔
钕玻璃激光器	1.06	脉冲	0～10	1～100J	点焊、打孔
YAG激光器（钇铝石榴石）	1.06	脉冲 连续	0～400	1～100J 0～2kW	点焊、打孔 焊接、切割、表面处理
密封式 CO_2 激光器	10.6	连续	—	0～1kW	焊接、切割、表面处理
横流式 CO_2 激光器	10.6	连续	—	0～25kW	焊接、表面处理
快速轴流式 CO_2 激光器	10.6	连续、脉冲	0～5000	0～6kW	焊接、切割
连续光纤激光器	1.06	连续	—	1～50kW	焊接、切割
Q开关脉冲光纤激光器	1.07	脉冲	20～400k	200W	切割

20.3　激光焊原理及分类

20.3.1　激光焊分类

根据激光对工件的作用方式，激光焊可分为脉冲激光焊和连续激光焊。脉冲焊时，输入到工件上的能量是断续的、脉冲的，脉冲激光焊中大量使用的脉冲激光器主要是YAG激光器。YAG激光器适用的重复频率宽。此外还可将连续输出的YAG激光器和 CO_2 激光器用于脉冲焊接，最简单的办法就是打开或关闭装在激光器上的光闸。

根据实际作用在工件上的功率密度，激光焊可分为热传导焊（功率密度小于 $10^5W/cm^2$）和深熔焊（功率密度大于等于 $10^5W/cm^2$）。

热传导焊时，工件表面温度不超过材料的沸点，工件吸收的光能转变为热能后，通过热传导将工件熔化，无小孔效应发生，焊接过程与非熔化极电弧焊相似，熔池形状近似为半球形。

深熔焊时，金属表面在光束作用下，温度迅速上升到沸点，金属迅速蒸发形成的蒸气压力、反冲力等能克服熔融金属的表面张力以及液体的静压力等而形成小孔，激光束可直接深入材料内部，因而能形成深宽比大的焊缝。图20-15为激光深熔焊示意图。

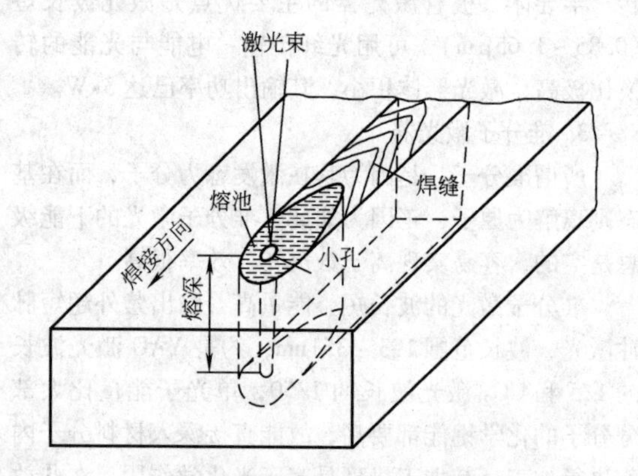

图20-15　激光深熔焊示意图

20.3.2　激光焊原理

激光焊实质上是激光与非透明物质相互作用的过程，这个过程极其复杂，微观上是一个量子过程，宏观上则表现为反射、吸收、加热、熔化、汽化等现象。

1. 光的反射及吸收

当光束照在清洁磨光的金属表面时，一般都存在着强烈的反射。

金属对光束的反射能力与它所含的自由电子密度有关，自由电子密度越大（即电导率越大），反射本领越强。对同一种金属而言，反射率还与入射光的波长有关。波长较长的红外线，主要与金属中的自由电子发生作用，而波长较短的可见光和紫外光，除与自由电子作用外，还与金属中的束缚电子发生作用，而束缚电子与照射光作用的结果则使反射率降低。总之，对于同一金属，波长越短，反射率越低，吸收率越高。

当能量为 E_0 的激光照射到材料表面时，部分能量被反射，用 E_R 表示；部分能量被吸收，用 E_A 表示；对透明材料，还有部分被透射，用 E_T 表示，则

$$E_0 = E_R + E_A + E_T$$

亦可表示为

$$1 = \frac{E_R}{E_0} + \frac{E_A}{E_0} + \frac{E_T}{E_0} \tag{20-5}$$

$$= \rho_R + \rho_A + \rho_T \tag{20-6}$$

式中　ρ_R——反射率；

ρ_A——吸收率；

ρ_T——透射率。

对于不透明材料，$E_T = 0$，则有

$$1 = \rho_R + \rho_A \tag{20-7}$$

当激光垂直入射时，金属表面反射率

$$\rho_R = \frac{(n-1)^2 + K^2}{(n+1)^2 + K^2} \tag{20-8}$$

式中　n——折射率；

K——金属表面的吸收系数。

材料处于真空且表面无氧化膜时，金属对激光的吸收率可近似表示为

$$\rho_A(T) \approx 0.365\{\rho_r[1 + \beta(T-20)]/\lambda\}^{\frac{1}{2}} \tag{20-9}$$

式中　$\rho_A(T)$——金属材料在温度 T 时对波长为 λ 的激光器的吸收率；

ρ_r——金属材料在 20℃ 时的电阻率(Ω·m)；

β——电阻温度系数（$℃^{-1}$）；

T——温度（℃）；

λ——激光波长（m）。

2. 材料的加热

一旦激光光子入射到金属晶体，光子即与电子发生非弹性碰撞，光子将其能量传递给电子，使电子由原来的低能级跃迁到高能级。与此同时，金属内部的电子间也在不断地互相碰撞。每个电子两次碰撞间的平均时间间隔为 10^{-13}s 的数量级，因而吸收了光子而处于高能级的电子将在与其他电子的碰撞以及与晶格的互相作用中进行能量的传递，光子的能量最终转化为晶格的热振动能，引起材料温度升高，改变材料表面及内部温度。

3. 材料的熔化及汽化

激光焊时，材料达到熔点所需时间为微秒级；脉冲激光焊时，当材料表面吸收的功率密度为 10^5W/cm^2 时，达到沸点的典型时间为几毫秒；当功率密度大于 10^6W/cm^2 时，被焊材料会产生急剧的蒸发。在连续激光深熔焊时，正是由于蒸发的存在，蒸气压力和蒸气反作用力等能克服熔化金属表面张力以及液体金属静压力而形成小孔，小孔类似于黑体，它有助于对光束能量的吸收，显示出“壁聚焦效应”，由于激光束聚焦后不是平行光束，与孔壁间形成一定的入射角，如图 20-16 所示。激光束照射到孔壁上后，经多次反射而达到孔底，最终被完全吸收。

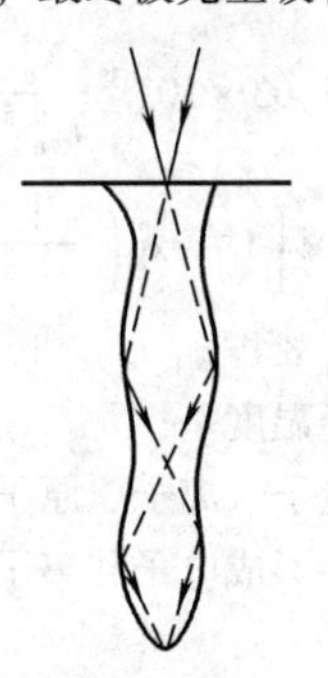

图 20-16　壁聚焦效应

4. 激光作用终止，熔化金属凝固

焊接过程中，工件和光束做相对运动，由于剧烈蒸发产生的强驱动力使小孔前沿形成的熔化金属沿某一角度得到加速，在小孔的近表面处形成如图 20-17 所示的大旋涡，此后，小孔后方液体金属由于传热的作用，温度迅速降低，液体金属很快凝固形成焊缝。

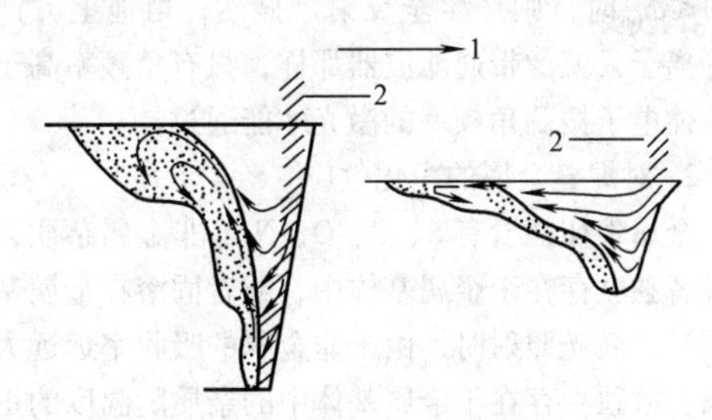

图 20-17　小孔内液体金属的流动

1—焊接方法　2—激光束

20.3.3　激光焊焊接过程中的几种效应

1. 等离子体的负面效应

激光焊时，被焊材料不仅熔化、蒸发，而且还会和保护气体一起被电离，在熔池上方形成等离子云，所以激光焊焊接过程实质上也是入射激光、保护气体、等离子体以及被焊材料四者之间相互作用的过程。

等离子体的折射率小于 1，它是比真空还光疏的物质，激光入射到等离子云上时，会产生折射、反射、吸收，极端情况下甚至会产生全反射。

等离子体对 CO_2 激光的折射角为

$$\theta = \frac{N_e}{2 \times 10^{19}} \frac{L}{R} \tag{20-10}$$

式中　N_e——等离子体的电子密度；

L——激光通过等离子体的长度；

R——等离子体柱的半径。

采用CO_2激光焊焊接钢材料时，等离子体对激光的吸收系数

$$\alpha = 1.63 \times 10^{-32} \frac{N_e^2}{T_e^{0.5}} \times \left[1 - \exp\left(\frac{-1.36 \times 10^3}{T_e}\right)\right] \quad (20\text{-}11)$$

式中 N_e——电子密度；

T_e——电子温度。

等离子体由电子、离子、原子或分子组成，在库仑力的作用下，会形成电子和离子的集体振荡，其电子振荡角频率

$$\omega_{pe} = \sqrt{\frac{N_e e^2}{m_e \varepsilon_0}} \quad (20\text{-}12)$$

式中 N_e——电子密度；

e——电子电量；

m_e——电子质量；

ε_0——真空介电常数。

随着N_e的增加，ω_{pe}也增加，当入射激光的角频率$\omega \leqslant \omega_{pe}$时，则产生全反射。显然，熔池上方产生的等离子云就像带通滤波器那样，只有角频率高于等离子体电子振荡角频率的激光才能通过。

2. 对焊缝金属的净化效应

金属中往往含有S、P、O、N等非金属杂质，它们或者独立存在于金属基体中，或者固溶在金属基体中。受到激光照射时，由于非金属的吸收率远远大于金属，故独立存在于金属基体中的杂质随温度的迅速上升而逸出熔池；而固溶在金属基体中的杂质也由于其沸点低、蒸气压高而很容易地从熔池中逸出，结果是减少了焊缝中的有害元素和杂质，提高了焊缝的塑性和韧性。

3. 壁聚焦效应

壁聚焦效应前已提及，它是指深熔焊接时，由于熔池小孔出现、激光束深入小孔内部、小孔壁对激光多次吸收、反射，最终在小孔底部形成较高的激光功率密度，并被全部吸收的作用。

20.3.4 激光焊等离子体负面效应的抑制

抑制激光焊等离子体负面效应的方法有：

1）侧向下吹气法：在熔池小孔上方，沿侧下方吹送保护气体，其作用是，一方面吹散电离气体，另一方面还有对熔化金属的保护作用。大功率焊接时，一般吹送He气，因为He元素位于元素周期表的最右上角，电离势高，不易电离。

2）同轴吹送保护气体法：与侧向下吹气相比，该方法可将部分等离子体压入熔池小孔内，增强对焊缝的加热。

3）双层内外圆管吹送异种气体法：喷嘴由两个同轴圆管组成，外管通He气，内管通Ar。外管He气有益于减弱等离子体以及保护熔池，内管的Ar气可将等离子体抑制于蒸发沟槽之内，此方法适用于中等功率的CO_2激光焊接。

4）光束纵向摆动法：此方法利用光束的移动来避开等离子体。当光束在起始位置时，等离子体云很小，激光深入内部，小孔向深处发展；然后，光束与工件以相同的速度随动，激光停留于工件上的一点，熔化继续向深处发展；随着熔深的增加，等离子体云逐渐增多，在产生大量的等离子体云之前，光束迅速移开，重新开始深熔过程。

5）低气压法：该方法的原理是，光束周围压力低时，气体的密度小，等离子体云中的电子密度小，因而减小了等离子体的不良影响。此方法需要真空室。

6）侧吸法：吸管置于激光束与工件的作用点附近，吸管与工件表面成一定角度，吸管接抽气机，从而在工件表面形成局部低压，减小了等离子体的体积和电荷数量。

7）外加电场法：在熔池上方的等离子体区域两侧，加一直流电场，使等离子体内正、负电荷向两侧运动，减小对激光的散射和吸收。

8）外加磁场法：其原理是基于电荷受磁场作用时，在洛仑兹力的作用下产生旋转，适当的磁场可降低激光束通道上的电子密度，进而减小了对激光的散射和吸收。

20.4 激光深熔焊

激光深熔焊时，能量转换是通过熔池小孔完成。小孔周围是熔融的液体金属，由于壁聚焦效应，这个充满蒸汽的小孔犹如“黑体”，几乎全部吸收入射的激光能量。总之，热量是通过激光与物质的直接作用而形成的，而常规的焊接和激光热传导焊接，其热量首先在工件表面聚积，然后经热传导到达工件内部，这是激光深熔焊和热传导焊的根本区别。

20.4.1 激光深熔焊焊接设备的选择

激光深熔焊时，选择激光器主要考虑的因素是：

1）较高的额定输出功率。

2）宽阔的功率调节范围。

3）功率渐升、渐降（衰减）功能，以保证焊缝

起始和结束处的质量。

4）激光横模（TEM），横模直接影响聚焦光斑直径和功率密度，基模焦点处的功率密度要比多模光束高两个数量级。

20.4.2 深熔焊的接头设计

传统焊接方法中使用的绝大部分的接头形式都适合激光焊，所不同的是，由于聚焦后的光束直径很小，因而对装配的精度要求高。在实际应用中，激光焊最常采用的接头形式是对接和搭接。

对接时装配间隙应小于材料厚度的 15%，零件间的错位和不平度不大于 25%，如图 20-18 所示。尽管激光焊时变形很小，为了确保焊接过程中工件间的相对位置不变化，最好采用适当的夹持方式。图中所标公差主要适用于铁合金和镍合金等材料，而对于导热性好的材料，如铜合金、铝合金等，还应将误差控制在更小的范围内。另外，由于激光焊接时一般不加填料，所以对接间隙还直接影响着焊缝的凹陷程度。

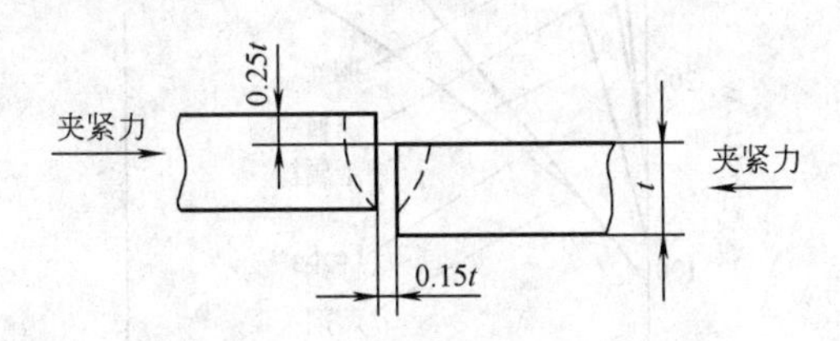

图 20-18 对接装配精度及夹紧方式

搭接时装配间隙应小于板材厚度的 25%，如图 20-19 所示。如装配间隙过大，会造成上面工件的烧穿。当焊接不同厚度的工件时，应将薄件置于厚件之上。

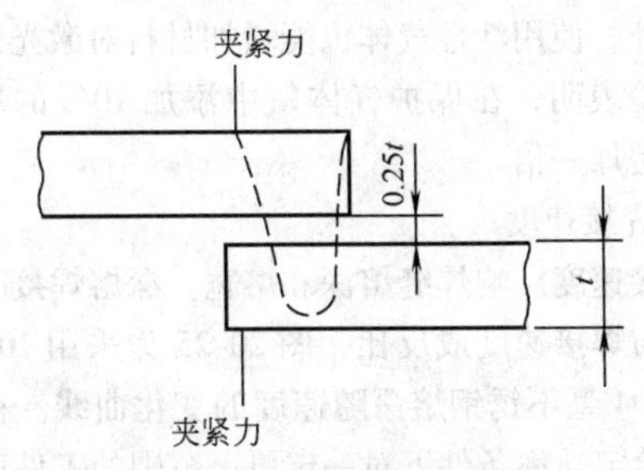

图 20-19 搭接装配精度及夹紧方式

图 20-20 给出了板材激光焊时常用的接头形式，其中的卷边角接接头具有良好的连接刚性。在吻焊接头形式中，待焊工件的夹角很小，因而，入射光束的能量可绝大部分被吸收，吻焊接头焊接时，可不施加紧力或仅施很小的加紧力，其前提是待焊工件的接触必须良好。

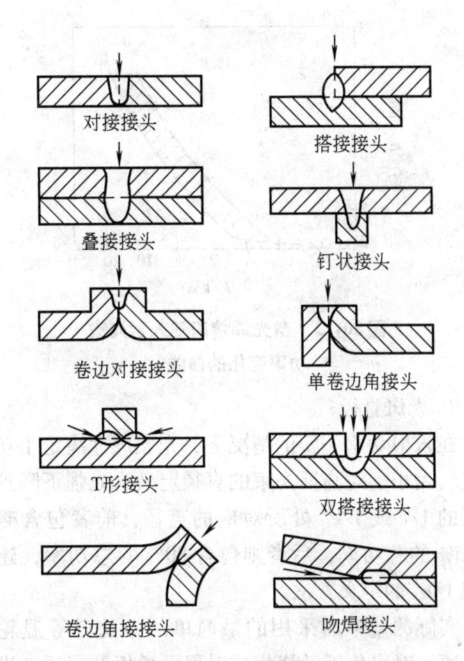

图 20-20 板材激光焊常用接头形式

20.4.3 焊接参数及其对熔深的影响

1. 入射光束功率

它主要影响熔深，当束斑直径保持不变时，熔深

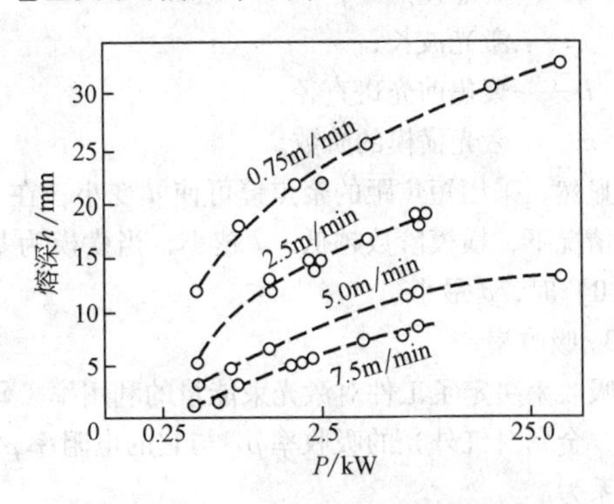

图 20-21 304 型不锈钢激光焊熔深随入射光束功率变化的曲线

随入射光束功率的增加而变大，图 20-21 是 304 型不锈钢激光焊熔深随入射光束功率变化的曲线，图 20-22是根据对不锈钢、钛、铝等金属的实验而给出的激光焊熔深与入射光束功率的关系。由于光束从激光器到工件的传输过程中存在能量损失，作用在工件上的功率总是小于激光器的输出功率，所以入射光束功率应是照射到工件上的实际功率。在焊接速度一定的前提下，焊接不锈钢、钛、铬时，最大熔深 h_{max} 与入射光束功率 P 间存在以下关系：

$$h_{max} \propto P^{0.7} \tag{20-13}$$

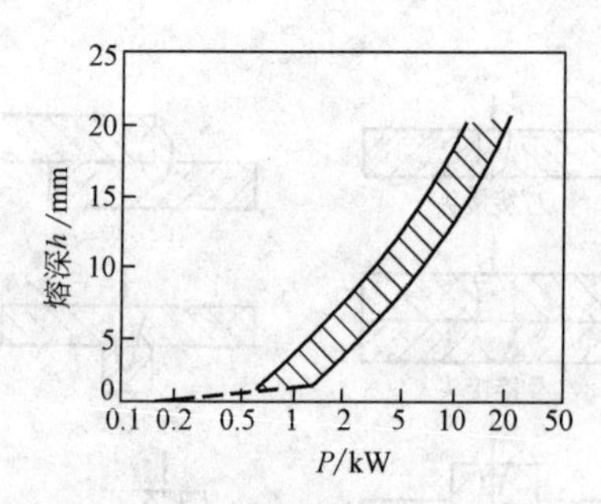

图 20-22　激光焊熔深随入射光束功率变化的曲线

2. 光斑直径

在入射功率一定的情况下，光斑尺寸决定了功率密度的大小。对高斯光束的直径定义为光强下降到中心值的 $1/e$ 或 $1/e^2$ 处所对应的直径，前者包含略多于 60% 的总功率，后者则包含 80% 的总功率，建议采用 $1/e^2$ 的定义方法。

实际测量中所采用的最简单的方法是等温轮廓法，通过对炭化纸的烧焦或对聚丙烯板的穿透来进行测量。

聚焦后的光斑直径

$$d = 2.44\frac{f\lambda}{D}(3m+1)^{\frac{1}{2}} \qquad (20\text{-}14)$$

式中　f——聚焦镜焦距；

λ——激光波长；

D——聚焦前光斑直径；

m——激光横模的阶数。

显然，采用短焦距的聚焦镜可使 d 变小，在 f 一定的情况下，横模阶数越低，d 越小，当横模为基模（$m=0$）时，d 最小。

3. 吸收率

吸收率决定了工件对激光束能量的利用率。研究表明，金属对红外光的吸收率 ρ_A 与它的电阻率 ρ_r 间的关系为

$$\rho_A = 112.2\sqrt{\rho_r} \qquad (20\text{-}15)$$

电阻率又与温度有关，所以金属的吸收率又与温度密切相关。理论计算表明，材料Ti-6Al-4V在300℃时的吸收率约为15%，而 304 型不锈钢、Fe 和 Zn 即使在熔融状态，其吸收率也低于 15%，这说明反射所造成的能量损失是很大的。

尽管大多数金属在室温时对 10.6μm 波长光束的反射率一般都超过 90%，然而一旦熔化、汽化、形成小孔以后，对光束的吸收率将急剧增加，图 20-23 显示了金属材料吸收率随表面温度和功率密度的变化。由图可知，达到沸点时的吸收率已超过 90%。不同金属达到其沸点所需的功率密度也不同，钨为 10^8 W/cm²，铝为 10^7 W/cm²，碳钢和不锈钢则在 10^6 W/cm² 以上。对材料表面进行涂层或生成氧化膜，可有效地提高对光束的吸收率。图 20-24 表示在不同的表面处理条件下，熔透功率与焊接速度的关系。可以看出，材料表面经处理后对光束的吸收率有不同程度的提高。

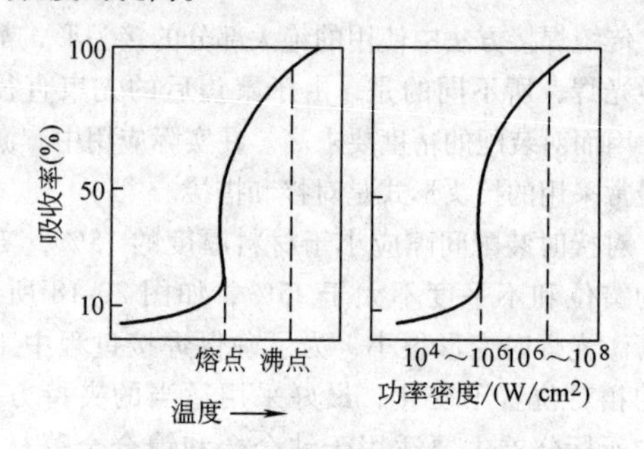

图 20-23　金属材料吸收率随表面温度和功率密度的变化

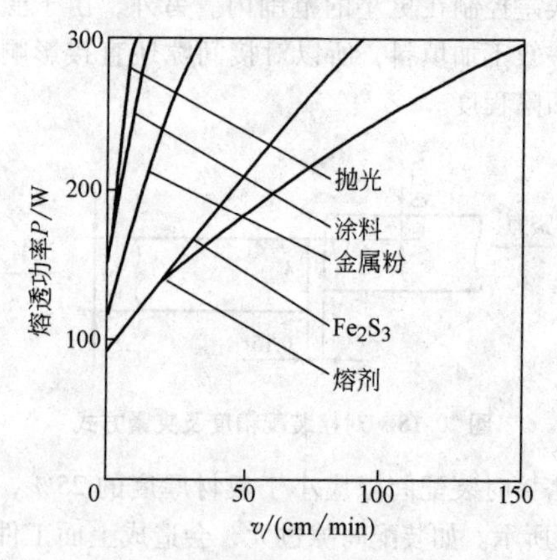

图 20-24　不同表面处理条件下熔透功率与焊接速度的关系

另外，使用活性气体也能增加材料对激光的吸收率。实验表明，在保护气体氩中添加 10% 的氧，可使熔深增加一倍。

4. 焊接速度

焊接速度影响焊缝熔深和熔宽。深熔焊接时，熔深几乎与焊接速度成反比，图 20-25 为采用 10kW 功率时，304 型不锈钢熔深随速度的变化曲线。在给定材料、给定功率条件下对一定厚度范围的工件进行焊接时，有一合适的焊接速度范围与之对应。如速度过高，会导致焊不透；如速度过低，又会使材料过量熔化，焊缝宽度急剧增加，甚至导致烧损和焊穿。

5. 保护气体成分及流速

深熔焊时，保护气体的作用有两个，一是保护被焊部位免受氧化，二是为了抑制等离子云的负面效应。

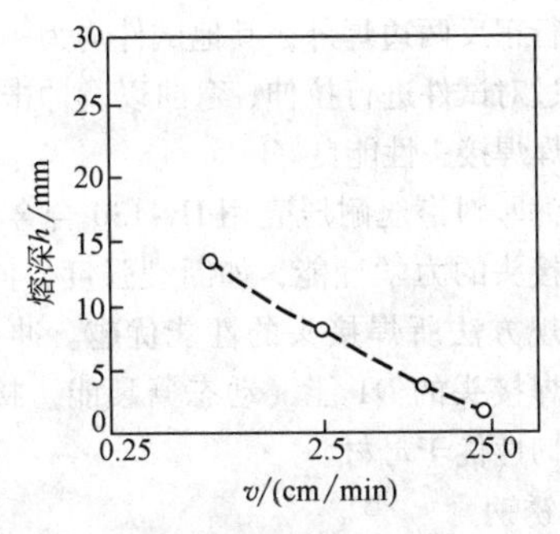

图 20-25 304 型不锈钢在 10kW 功率下熔深随焊接速度的变化曲线

图 20-26 显示了不同的保护气体对熔深的影响。由图可知，He 可显著改善激光的穿透力，这是由于 He 的电离势高，不易产生等离子体，而 Ar 的电离势低，易产生等离子体。若在 He 中添加 1% 的有更高电离势的 H_2，则又会进一步改善光束的穿透力，使熔深进一步增加。空气和 CO_2 对光束穿透力的影响介于 Ar 和 He 之间。

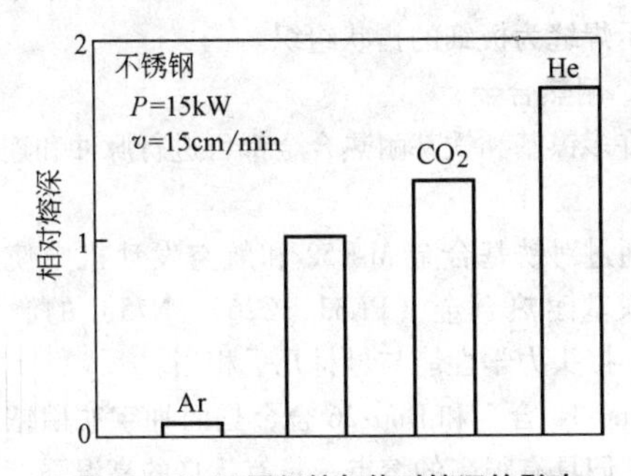

图 20-26 不同保护气体对熔深的影响

气体流量对熔深的影响如图 20-27 所示。在一定的流量范围内，熔深随流量的增加而增加，超过一定值以后，熔深则基本维持不变。这是因为流量从小变大时，保护气体去除熔池上方等离子体的作用加强，减小了等离子体对光束的吸收和散射作用，因而熔深增加，一旦流量达到一定值以后，仅靠吹气进一步抑制等离子体负面效应的作用已不明显，因而即使流量

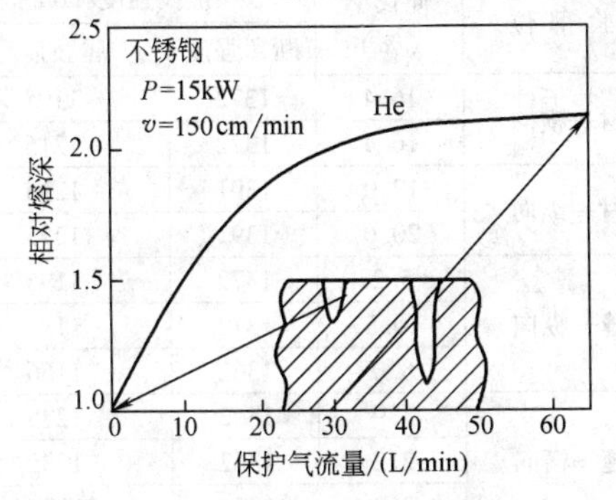

图 20-27 保护气体流量对熔深的影响

再加大，对熔深也就影响不大了。另外，过大的流量不仅会造成浪费，同时，还会使焊缝表面凹陷。

高速焊接时，选择保护气体不能仅仅考虑气体的电离势，还应考虑气体的密度。因为电离势较高的气体往往原子序数较低，相对原子质量也较小，高速焊接时，这些较轻的气体不能在短时间内把焊接区域的空气排走，而较重的气体则可实现这一点，因而把较重的气体和较轻的而电离势又高的气体混合在一起，将会产生最佳的熔透效果。图 20-28 表明，尽管提高了焊接速度，当在 He 中添加 10% 的 Ar 时，仍可显著增加熔深。

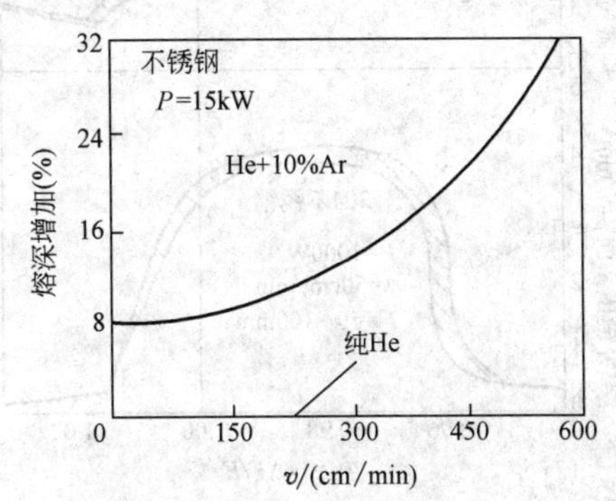

图 20-28 Ar（10%）与 He（90%）混合气对熔深的影响

6. 离焦量

离焦量不仅影响工件表面光斑直径的大小，而且影响光束的入射方向，因而对焊缝形状、熔深和横截面积有较大影响。图 20-29 是采用功率为 5kW、焊接速度为 16mm/s、对板厚为 6mm 的 310 型不锈钢进行实验所得到的结果。当焦点位于工件较深部位时形成 V 形焊缝；当焦点在工件以上较高距离（正离焦量大）时形成“钉头”状焊缝，且熔深减小；而当焦点位于工件表面下 1mm 左右时，焊缝截面两侧接近平行。实际应用时，焦点位于工件表面下 1 ~ 2mm 的范围较为适宜。

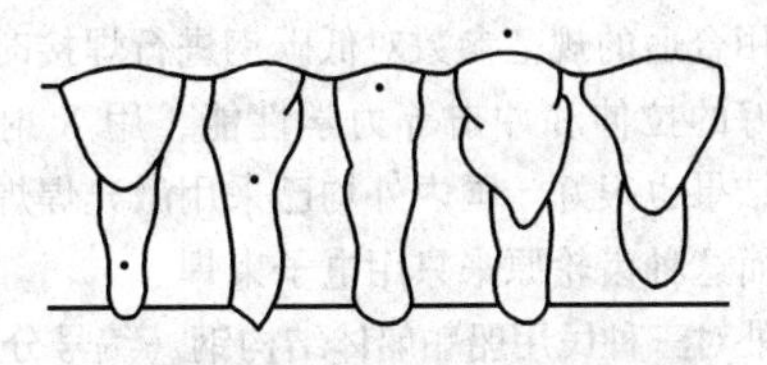

图 20-29 离焦量对焊缝形态的影响

图 20-30 为采用 1000W 激光、焊接速度为 50cm/min 、焦距为 50 ~ 100mm、对 304 型不锈钢进行实验所得出的离焦量对熔深、熔宽和焊缝横断面面积影响的关系曲线。图中，F 为焦距，ΔF 为离焦量。由图可知，熔深随离焦量有一跳跃性变化，在 $|\Delta F|$ 很大

的地方，熔深很小，这时属热传导焊接，当$|\Delta F|$减小到某一值后，熔深发生跳跃性增加，这标志着小孔效应开始产生。

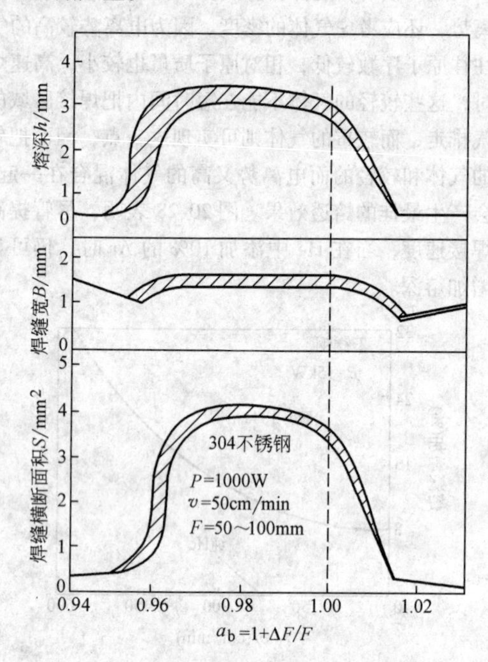

图 20-30 离焦量对熔深、熔宽和横断面积的影响

20.4.4 金属材料的激光焊

所有可以用常规方法进行焊接的材料或具有冶金相容性的材料都可采用激光焊，一些用常规方法难焊的材料，如高碳钢、高合金工具钢以及钛合金等，也可采用激光焊。影响材料激光焊焊接性的因素除了材料本身的冶金特性以外，还包括材料的光学性能，即材料对激光的吸收能力。吸收能力强的材料易于焊接，而吸收能力差（反射率大）的材料（如 Al、Cu 等）焊接较困难。

1. 碳钢及合金钢

采用合适的规范参数对低碳钢进行焊接时，焊缝具有良好的拉伸和冲击等力学性能，用 X 射线进行检验的结果也很好。国内外均已采用激光焊焊接汽车齿轮，而这种齿轮原来只用电子束焊。

国外对三种民用船舶船体结构钢（编号分别为 A、B、C）的激光焊进行了实验研究。实验板材的厚度范围为：A 级—9.5～12.7mm，B 级—12.7～19.0mm，C 级—25.4～28.6mm。钢的 $w(\mathrm{C}) \leqslant 0.23\%$，$w(\mathrm{Mn}) = 0.6\% \sim 1.03\%$，钢的脱氧能力从 A 级到 C 级依次递增。焊接时，使用的激光功率在 10kW 左右，焊接速度为 0.6～1.2m/min。除对厚度为 19.0mm 和 25.4mm 的板材进行正反两边焊外，其他试件均为一次焊双面成形。通过对试件进行拉伸、弯曲以及冲击等实验表明，激光焊焊接头性能良好。

美国海军对潜艇耐压壳用 Hy-130 合金钢的激光焊表明，接头的力学性能，如断裂强度、伸长率等，比其他常规方法所焊接头的性能优越。冲击实验表明，激光焊接头的 DT 能（动态撕裂能）接近母材，而且冲击韧性优于母材。

2. 不锈钢

用激光焊接 18-8 型（304 型）不锈钢，从薄板到厚板（0.1～12mm）均可获得成形美观、性能良好的焊接接头。

对镍-铬系 300 型不锈钢进行深熔焊接表明，焊缝深宽比可达 12∶1；经 X 射线检验表明，焊缝致密，无缺陷。当焊接参数合适时，接头可与母材等强度。

对薄壁 18-8 钛型（321 型）不锈钢管的焊接实验也获得了满意的结果，焊缝抗拉强度达 656 MPa，并破断在母材区，焊缝区硬度值也较高，扫描电镜实验显示焊缝为极细的指状组织。

3. 耐热合金

许多镍基和铁基耐热合金都可进行脉冲和连续激光焊。

通过对铁基合金 M-152 和航空发动机中使用的三种镍基耐热合金（PK33、C263、N75）的激光焊表明，接头力学性能与母材几乎相当。

Dop-14 合金和 Dop-26 合金是两种宇航用铱基合金，它们具有很高的熔点，具有优良的高温强度和抗氧化性，用激光对其进行焊接时，焊缝晶粒很细，可消除金属钍在晶界偏析所产生的热裂现象，获得无裂纹的焊缝，而用常规的钨极氩弧焊则是难以办到的。

国外对厚度为 6.4mm 的 Inco-718 镍基合金组件，用大功率（8～14kW）CO_2 激光器对其进行了成功的焊接，表 20-2 是接头的力学性能实验数据。

表 20-2 Inco-718 合金激光焊接头性能

试验部位	伸长率（%）	抗拉强度/MPa	
		断裂强度	屈服强度
母材—横向	16.4	1372	1195
	16.4	1372	1215
母材—纵向	17.0	1391	1215
	20.0	1391	1225
焊缝—纵向	5.2	1372	1195
	10.5	1372	1185
	6.0	1362	1166
焊缝—横向	3.9	1362	1225
	2.2	1342	1235
	3.2	1352	1235

4. 铝及铝合金

铝及其合金的激光焊是比较困难的，一方面是由于工件表面在开始时的反射率极高（超过 90%），反射率又不稳定；另一方面，随着温度的升高，氢在铝中的溶解度急剧增加，焊缝中普遍存在着气孔。因此对这类材料进行焊接时，工件表面需进行预处理，且需要大功率的激光器。

国外有人使用 8kW 的 CO_2 激光焊透 12.7mm 的 5456 型铝合金，但焊缝强度比母材低得多，这主要是因为母材中的 Mg、Mn 元素对激光吸收能力强，形成了择优蒸发，最后导致焊缝中的 Al_3Mg_2 强化相减少。

尽管激光焊铝及其使合金存在较大困难，但通过大量研究，采用 10kW 左右的激光束和气保护系统，对耐海洋腐蚀性能良好的铝-镁合金（5000 系列）进行成功焊接的试验已见诸报道。采用 6kW 的激光器焊接 9.5mm 的板材时，焊缝虽仍有气孔，但焊道成形良好，平均接头强度达 343MPa，与母材强度相当，但焊缝塑性较低。

5. 铜及铜合金

由于铜及铜合金的热导率和反射率比铝合金还高，一般很难进行焊接。在极高的激光功率和对表面进行处理的前提下，可对少数合金如磷青铜、硅青铜等进行焊接。由于 Zn 元素易挥发，黄铜的焊接性能不好。

6. 钛及钛合金

钛合金采用激光焊可得到满意的结果。对 1mm 厚的 Ti-6Al-4V 板材采用 4.7kW 的激光输出功率，焊接速度可超过 15m/min。经 X 射线检查显示，接头致密，无裂缝，无气孔，无夹杂物，接头强度与母材相近，疲劳强度也与母材相当。当放慢焊接速度时，使用 3.8kW 的激光功率可焊接 7.5mm 的厚板。表 20-3 是对工业纯钛和钛合金（Ti-6Al-4V）进行深熔焊接所得到的强度实验结果。

7. 异种金属

激光焊可在许多类异种金属间进行，研究表明，铜-镍、镍-钛、钛-钼、低碳钢-铜等异种金属在一定条件下均可进行激光焊。图 20-31 是对不同材料组合进行激光焊的实例。

另外，不锈钢-铜、可伐合金-铜、普通碳钢-硬质合金以及因瓦镍合金-不锈钢间也可采用激光焊。

表 20-3　钛激光焊焊接接头抗拉性能

材料	焊缝金属			母　材		
	抗拉强度/MPa	屈服强度/MPa	伸长率(%)	抗拉强度/MPa	屈服强度/MPa	伸长率(%)
Ti-6Al-4V	842 ~ 904	784 ~ 842	11.0 ~ 14.0	877 ~ 980	817 ~ 877	10.0 ~ 15.0
工业纯钛	519 ~ 561	450 ~ 492	27.0	>484	407	27.0 ~ 28.0

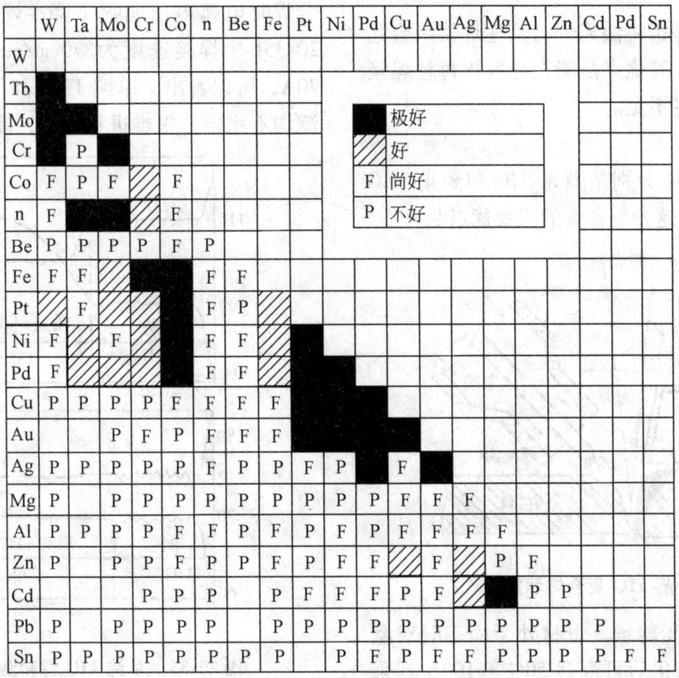

	W	Ta	Mo	Cr	Co	n	Be	Fe	Pt	Ni	Pd	Cu	Au	Ag	Mg	Al	Zn	Cd	Pd	Sn
W																				
Tb																				
Mo																				
Cr		P																		
Co	F	P	F		F															
n	F				F															
Be	P	P	P	P	F	P														
Fe	F	F				F	F													
Pt		F				F	P													
Ni	F		F			F	F													
Pd	F					F	F													
Cu	P	P	P	P	F	F	F	F												
Au			P	F	P	F	F	F												
Ag	P	P	P	P	P	F	P	P	F	P		F								
Mg	P		P	P	P	P	P	P	P	P	P	F	F	F						
Al	P	P	P	P	F	F	P	F	P	F	P	F	F	F	F					
Zn	P		P	P	F	P	P	F	P	F	F		F		P	F				
Cd				P	P	P		P	F	F	F	P	F			P	P			
Pb	P		P	P	P	P		P	P	P	P	P	P	P	P	P	P	P		
Sn	P	P	P	P	P	P	P	P		P	F	P	F	F	P	P	P	P	F	F

极好
好
F 尚好
P 不好

图 20-31　不同金属间采用激光焊的焊接性

20.4.5　非金属材料的激光焊

激光还可以焊接陶瓷、玻璃、复合材料等。焊接陶瓷时需要预热以防止裂纹产生，一般预热到1500℃，然后在空气中进行焊接，如图 20-32 所示，通常采用长焦距的聚焦镜。为了提高接头强度，也可添加焊丝。

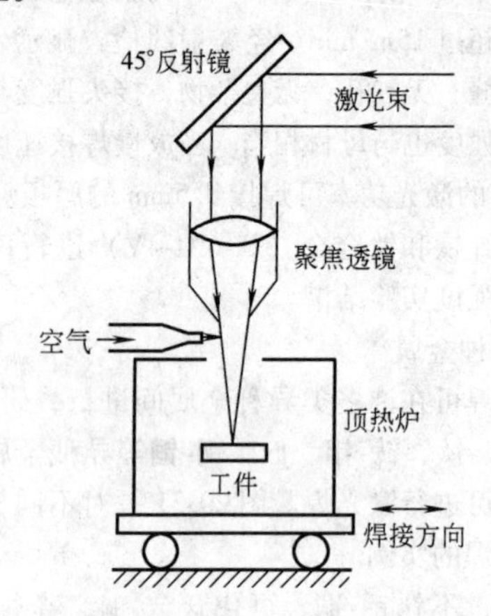

图 20-32　陶瓷激光焊示意图

焊接金属基复合材料（Metal Matrix Composites，MMCs）时，易产生脆性相，这些脆性相会导致裂纹以及降低接头强度，虽然在一定条件下可以获得满意的接头，但总体仍处于研究阶段。

20.4.6　激光焊复合技术

激光焊复合技术是指将激光焊与其他焊接组合起来的集约式焊接技术，其优点是能充分发挥每种焊接方法的优点并克服某些不足。

1. 激光-电弧焊

图 20-33 和图 20-34 分别是激光-TIG 和激光-MIG 复合焊法示意图。进行这种复合焊的主要优点是：

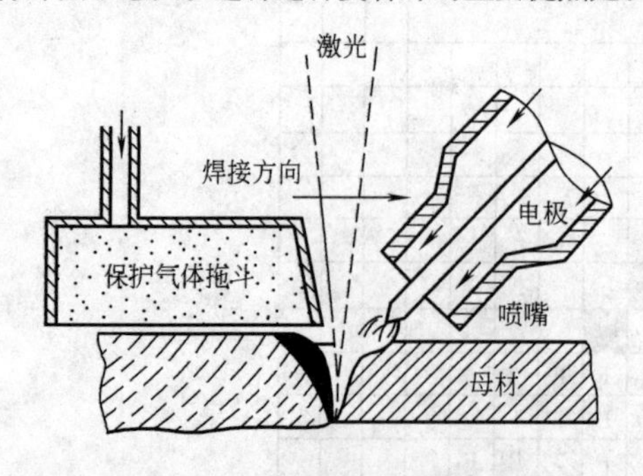

图 20-33　激光-TIG 复合焊示意图

1）有效地利用激光能量。母材处于固态时对激光的吸收率很低，而熔化后可高达 50% ~ 100%。采用复合焊法时，TIG 电弧或 MIG 电弧先将母材熔化，

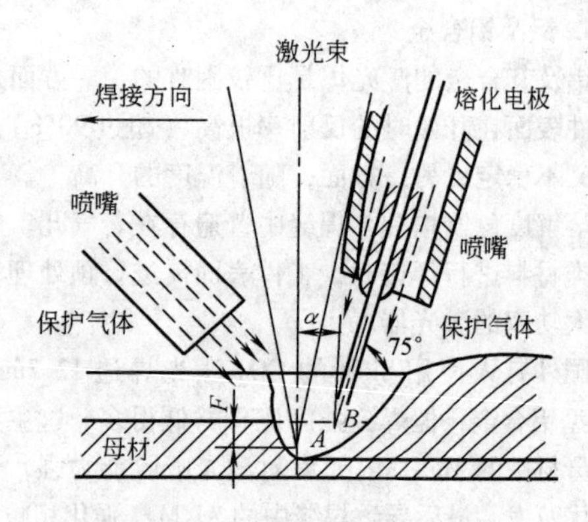

图 20-34　激光-MIG 复合焊示意图

紧接着用激光照射，从而提高母材对激光的吸收率。

2）增加熔深。在电弧的作用下，母材熔化形成熔池，而激光束又作用在电弧形成熔池的底部，加之液体金属对激光束的吸收率高，因而复合焊接较单纯激光焊的熔深大。

3）稳定电弧。单独采用电弧焊时，焊接电弧有时不稳定，特别是在小电流情况下，当焊接速度提高到一定值时会引起电弧飘移，使焊接无法进行。而进行激光-电弧复合焊时，激光产生的等离子体有助于稳定电弧。

图 20-35 为单纯 TIG 焊和激光-TIG 复合焊时电弧电压和电弧电流的波形。图 20-35a 中焊接速度为135cm/min、TIG 焊焊接电流为 100A，可以看出，复合焊时电弧电压明显下降，焊接电流明显上升。图20-35b 中焊接速度为270cm/min、TIG 焊焊接电流为70A，可以看出，单纯 TIG 焊时，电弧电压及焊接电流均不稳定，很难进行焊接，而与激光进行复合焊时

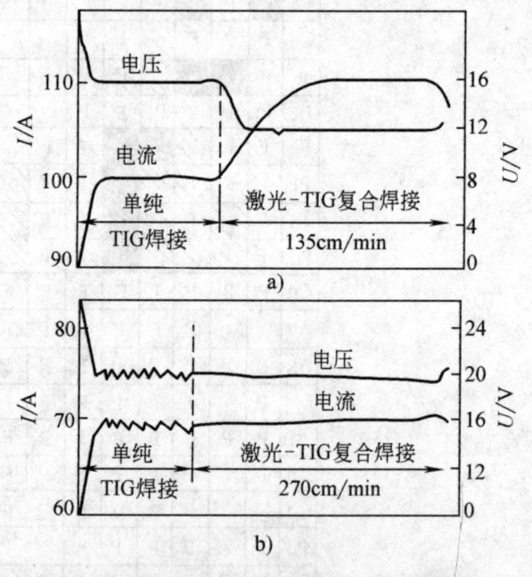

图 20-35　单纯 TIG 焊和激光-TIG 复合焊时电弧电压和电弧电流的波形

电弧电压和电弧电流均很稳定，可顺利进行焊接。

2. 激光-高频焊

图 20-36 是激光-高频焊示意图。它是在高频焊管的同时，采用激光对尖劈进行加热，从而使尖劈在整个厚度上的加热更均匀，有利于进一步提高焊管的生产率和质量。

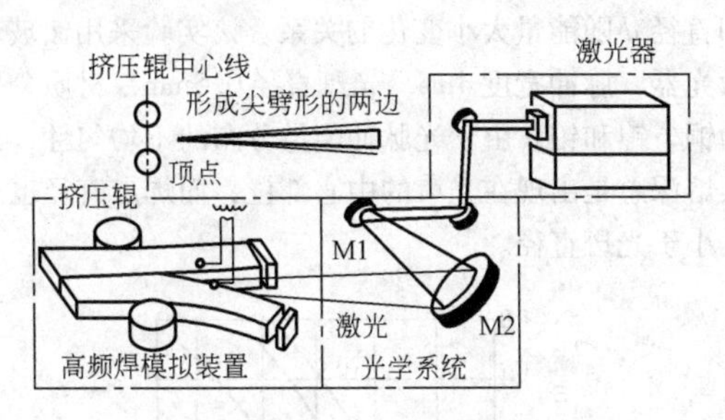

图 20-36　激光-高频焊示意图

3. 激光压焊

图 20-37 是采用激光压焊对薄钢带焊接的示意图。对薄钢带进行激光熔焊时，如焊接速度大于 30m/min 时，往往出现缺陷。而采用如图所示的方法时，两待焊的薄钢带通过导槽形成 60°张角，经聚焦的激光束照射到两薄带之间，在上下两压辊的作用下，两钢带在未熔化前被压焊在一起，其结果是不仅焊缝强度很好，而且焊接速度亦达到 240m/min，是原来的 8 倍。

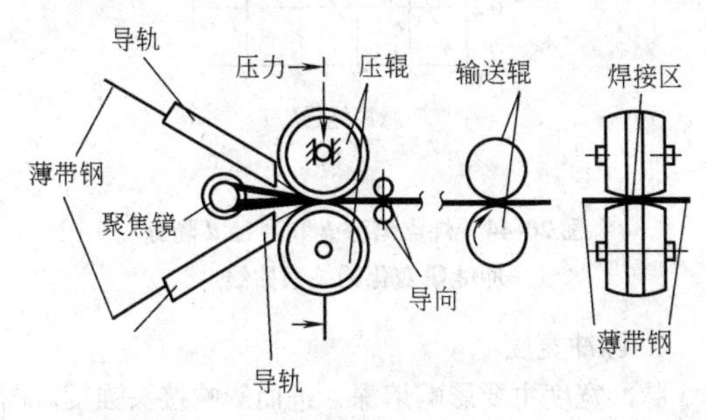

图 20-37　采用激光压焊对薄钢带焊接的示意图

20.5　激光热传导焊

激光热传导焊时，功率密度比较低，金属加热温度控制在沸点附近，不至于形成很大的蒸气压力，不形成熔池小孔。图 20-38 是蒸气压与功率密度的关系。激光作用下，金属材料物态转变成液态和汽化的量不仅与激光功率密度有关，还与激光的作用时间有关。图 20-39 是平均功率为 30kW、功率密度为 10^7W/cm^2 的 1.06μm 波长激光作用于 Ni、Mo、Cu、Al 表面时，所测得的物态转变量（液化和汽化量）与激光脉宽的关系，而其中的液态物质占总转化量的百分比与脉宽的关系如图 20-40 所示。由图可知，液化汽化量随激光脉宽的增加而迅速增加。当功率密度大于 10^6W/cm^2 且脉宽小于 0.2ms 时，蒸发占主导，此时有利于切割、打孔等；当脉宽大于 0.2ms 时，熔化占主导，这对焊接有利，脉冲激光焊时，脉宽为毫秒量级。

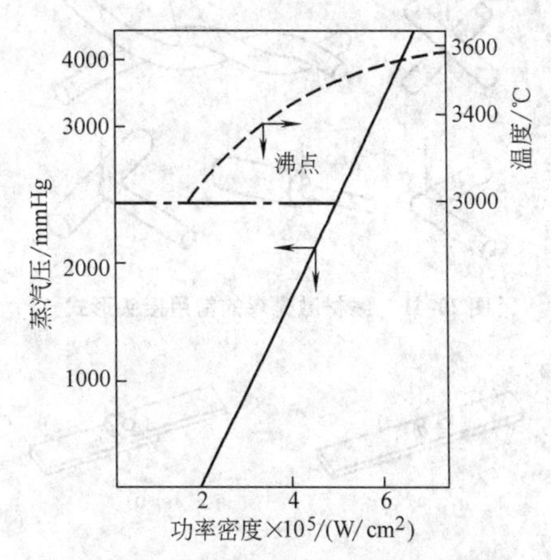

图 20-38　蒸气压与功率密度的关系

注：1mmHg = 133.322Pa

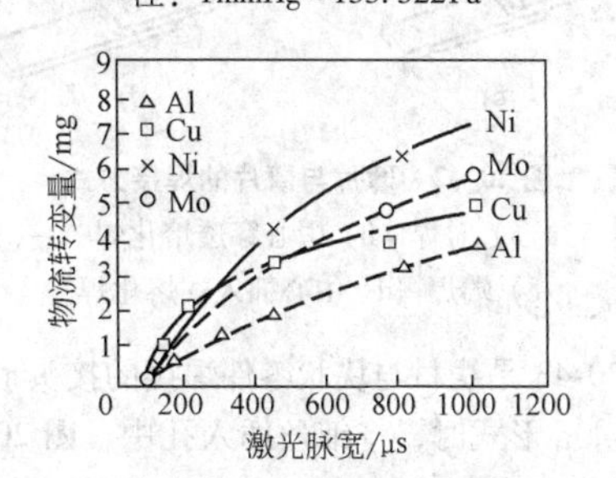

图 20-39　液化汽化量与激光脉宽的关系

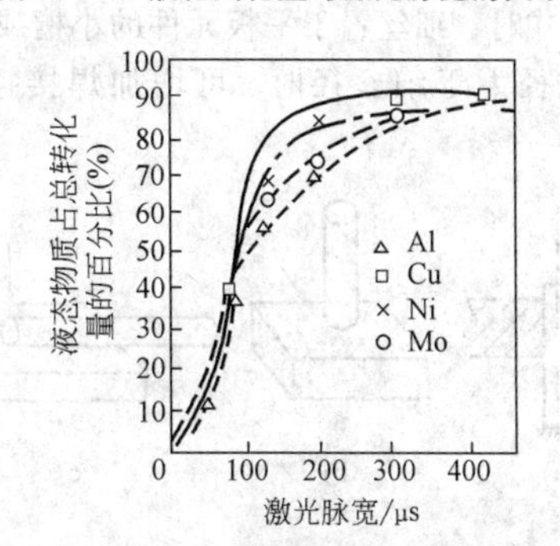

图 20-40　转变成液态的物质量与激光脉宽的关系

20.5.1　传导焊的接头设计

图 20-41 是线材激光焊常用的接头形式，线材焊接常采用脉冲固体激光焊。图 20-42 是片与片的焊接

形式。

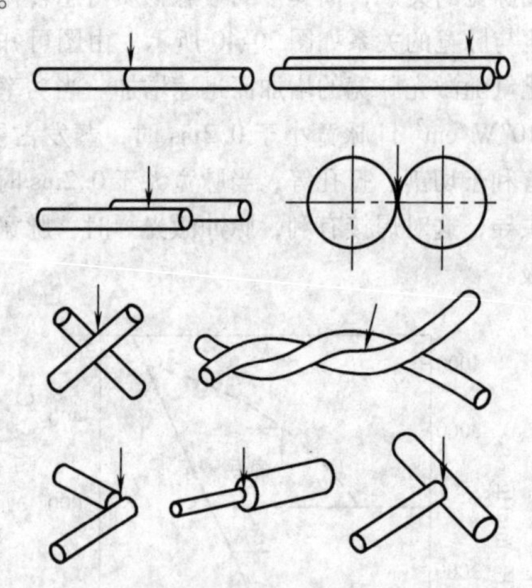

图 20-41　线材激光焊的常用接头形式

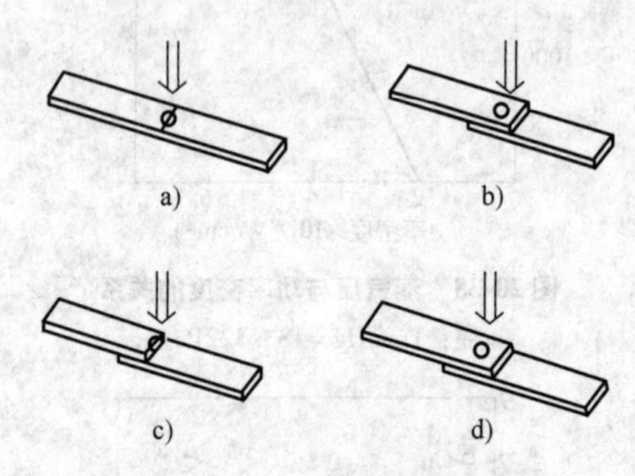

图 20-42　薄片与薄片的焊接方式
a）对焊　b）中心穿透熔化焊
c）端焊　d）中心插入式熔化焊

图 20-43 是线材与块状零件焊接的接头形式。采用图 20-43a 形式时，将细丝插入孔中，图 20-43b 为 T 形连接，图 20-43c、d、e 为端焊连接，而采用图 20-43f 形式时，细丝置于平板元件的小槽或凹口内，当光斑直径大于细丝径时，可增加焊接接头的可靠性。

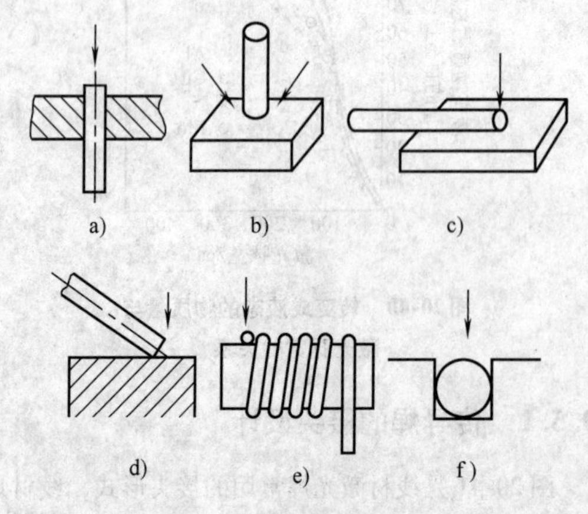

图 20-43　线材与块状零件焊接的常用接头形式

20.5.2　焊接参数的选择

1. 脉冲能量

脉冲能量主要影响金属的熔化量，当能量增大时，焊点的熔深和直径增加。图 20-44a、b 分别表示了当脉冲宽度和光斑直径均保持不变时，焊点熔深 h 和直径 d 随能量大小变化的关系。该实验采用钕玻璃激光器，脉冲宽度 4ms，光斑直径 0.5mm，材质分别为铜、镍和钼。由于光脉冲能量分布的不均匀性，最大熔深总是出现在光束的中心部位，而焊点直径也总是小于光斑直径。

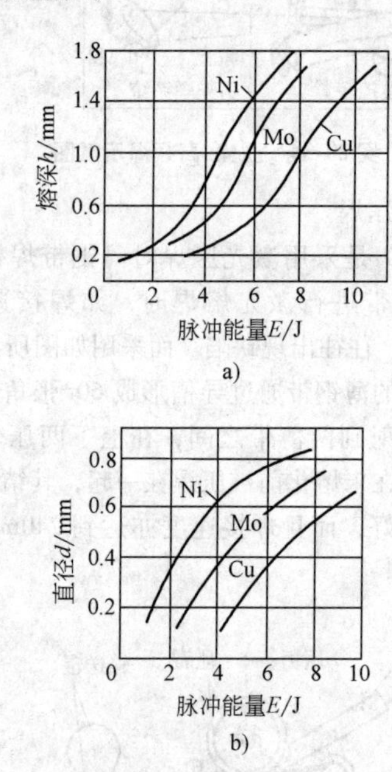

图 20-44　焊点熔深 h 和直径 d 随脉冲能量变化的关系曲线

2. 脉冲宽度

脉冲宽度主要影响熔深，进而影响接头强度。图

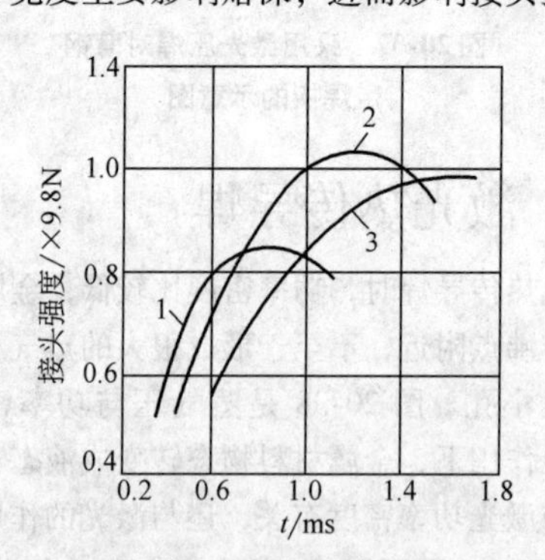

图 20-45　接头强度与脉冲宽度的关系曲线
1—τ_1　2—τ_2　3—τ_3　$\tau_1 < \tau_2 < \tau_3$

20-45 表示了接头强度与脉冲宽度的关系。当脉冲宽度增加时，脉冲能量增加，在一定的范围内，焊点熔深和直径也增加，因而接头强度随之也增加。然而当脉冲宽度超过一定的值以后，一方面热传导所造成的热耗增加，另一方面，强烈的蒸发最终导致了焊点截面积减小，接头强度下降。脉冲宽度增加引起的热传导损耗的变大还造成了曲线的右移。大量研究和实践表明，脉冲激光焊的脉宽下限不能低于 1ms，其上限不能高于 10ms。

3. 脉冲形状

由于材料的反射率随工件表面温度的变化而变化，所以脉冲形状对材料的反射率有间接影响。图 20-46 中的曲线 1 和曲线 2 表示了在一个激光脉冲作用期间铜和钢相对反射率的变化。

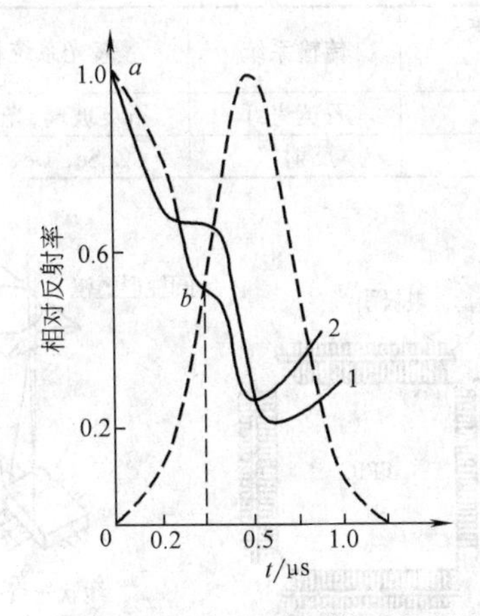

图 20-46　在一个激光脉冲作用期间铜和钢的相对反射率变化曲线

由图可知，激光开始作用时，由于材料表面为室温，反射率很高；随着温度的升高，反射率迅速下降（对应图中的 *ab* 段）；当材料处于溶化状态时，反射率基本稳定在某一值；当温度达到沸点时，反射率又一次急剧下降。

对大多数金属来讲，在激光脉冲作用的开始时刻，反射率都较高，因而可采用带前置尖峰的光脉冲，如图 20-47 所示。前置尖峰有利于对工件的迅速加热，可改善材料的吸收性能，提高能量的利用率，尖峰过后平缓的主脉冲可避免材料的强烈蒸发，这种形式的脉冲主要适用于低重复频率焊接。而对高重复频率的缝焊来讲，由于焊缝是由重叠的焊点组成，光脉冲照射处的温度高，因而，宜采用如图 20-48 所示的光强基本不变的平顶波。而对于某些易产生热裂纹和冷裂纹的材料，则可采用如图 20-49 所示的三阶段激光脉冲，从而使工件经历预热→熔化→保温的变化过程，最终可得到满意的焊接接头。

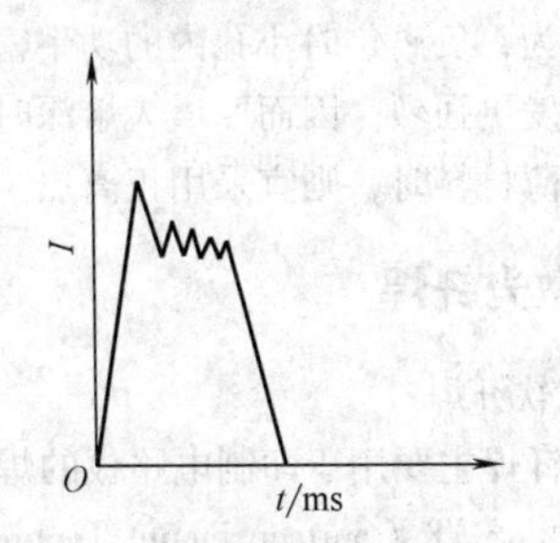

图 20-47　带前置尖峰的激光脉冲波形

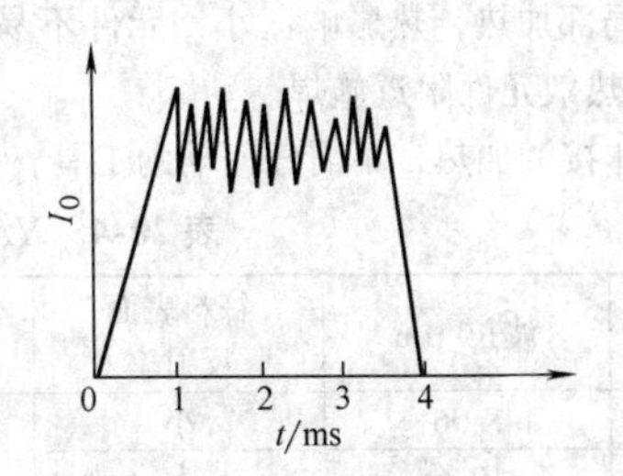

图 20-48　光强基本不变的平顶波

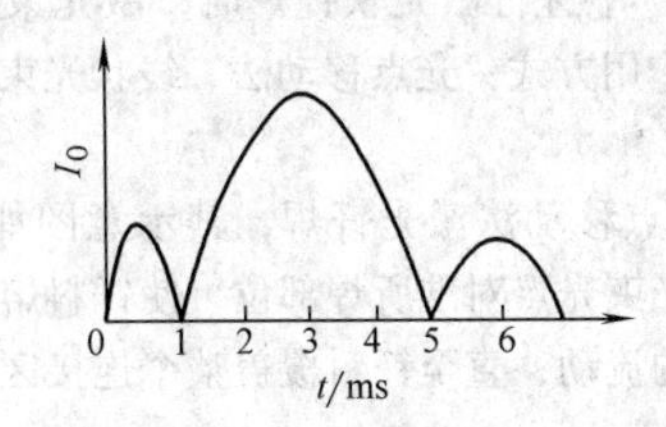

图 20-49　三阶段激光脉冲波形

4. 功率密度

在脉冲激光焊中，要尽量避免焊点金属的过量蒸发与烧穿，因而合理地控制输入到焊点的功率密度是十分重要的。功率密度（Power Density—PD）

$$PD = \frac{4E}{\pi d^2 t_p} \qquad (20\text{-}16)$$

式中　E——激光能量；

d——光斑直径；

t_p——脉冲宽度。

焊接过程金属的蒸发还与材料的性质有关，即与材料的蒸气压有关，蒸气压高的金属易蒸发。另外，熔点与沸点相差大的金属，焊接过程易控制。大多数金属达到沸点的功率密度范围在 $10^5 \sim 10^6 W/cm^2$ 以上。对功率密度的调节可通过改变脉冲能量、光斑直径、脉冲宽度以及激光模式等而实现。

5. 离焦量

一定的离焦量可以使光斑能量的分布相对均匀，同时也可获得合适的功率密度。尽管正负离焦量相等时，相应平面上的功率密度相等，然而，两种情况下所得到的焊点形状却不相同。负离焦时的熔深比较大，这是因为，负离焦时小孔内的功率密度比工件表面的高，蒸发更强烈。因而要增大熔深时可采用负离焦，而焊接薄材料时，则宜采用正离焦。

20.5.3 激光钎焊

1. 激光软钎焊

激光软钎焊主要用于印制电路板的焊接，尤其在表面安装技术 SMT（Surface mount Technology）中用于片状元件的组装。激光软钎焊的主要优点是：

1）局部加热，热影响区小，元件不易产生热损伤，可在热敏元件附近施焊。

2）非接触加热，不需任何辅助工具，可在双面印制板上进行双面装配后同时焊接。

3）重复操作稳定性好，激光功率和照射时间易于控制，成品率高。

4）光容易实现分光，通过半透镜、反射镜、棱镜、扫描镜等可对激光进行空间上的分割，能实现多点同时焊。

5）波长为 1.06μm 的激光可用光纤传输，可达性好，灵活性好。

6）聚光性好，易于实现多工位装置的自动化。

激光钎焊使用连续 CO_2 激光器和 Nd^{3+}：YAG 激光器时，二者间的特性比较见表 20-4。由于 Nd^{3+}：YAG 激光可用光纤传输，钎料对其反射率又比 CO_2 激光低，且光学系统廉价，因而被广泛采用。

表 20-4 YAG 激光器和 CO_2 激光器特性的比较

激光种类	波长/μm	钎料表面反射率	钎剂吸收能力	电路板吸收能力	传输系统	聚光系统材料
YAG	1.06	小	大	小	石英光纤	石英玻璃,光学玻璃
CO_2	10.6	大	小	大	反射镜	ZnSe, Ge, GaAs

在 SMT 中进行激光软钎焊时，激光束对材料主要有三种作用方式：光点移动法、线状光束照射法以及扫描法。

1）光点移动法激光钎焊，其示意图如图 20-50 所示。激光束光点对准所焊部位，使钎料熔化，产生一定范围的流动，直至钎料覆盖整个连接区。

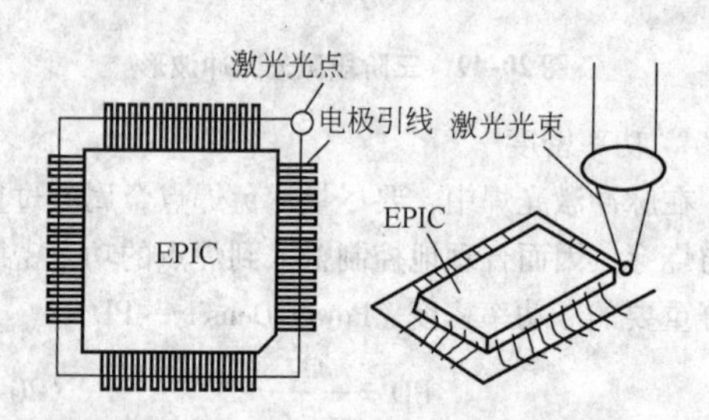

图 20-50 光点移动法激光钎焊示意图

光点移动，既可移动光束，也可移动工件。移动光源时多采用机器人，移动工件时可采用数控工作台。

光点移动法激光钎焊所需激光功率较小，一般 15W 左右，每个焊点所需时间为 20～40ms。激光输出的通断由谐振腔内的光快门控制。

2）线状光束照射法激光钎焊，如图 20-51 所示。该方法采用柱面透镜将光束聚焦为线状，集成电路一侧的若干引线经一次激光照射即可完成钎焊，因而缩短了焊接时间。若将激光束分割为平行的两束光，则一次可完成两侧引线元件的焊接，而对于四向引线元件，仅需二次激光照射。

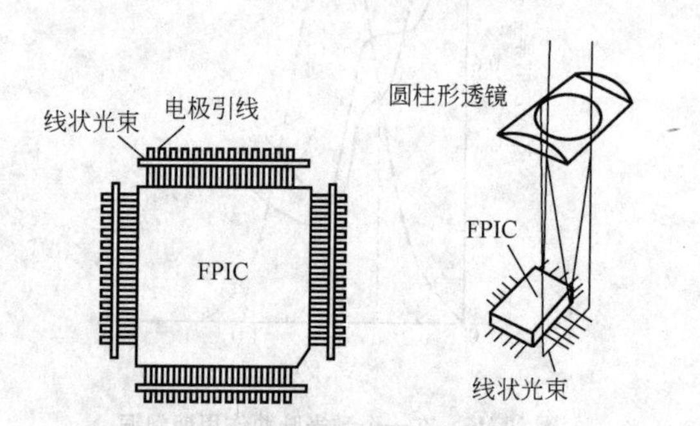

图 20-51 线状光束法激光钎焊示意图

3）扫描法激光钎焊，如图 20-52 所示。YAG 激光经光纤传输后通过电动机带动反射镜实现往复扫描。这种方法是把局部加热的激光束变成了线状光束后，照射到若干个部位进行钎焊。

扫描法激光钎焊与其他激光钎焊相比，其主要优点是：

1）缩短了钎焊时间。

2）对元件的热损伤小，尤其是高度集成器件的树脂膜很薄，温度超过 150～170℃时树脂产生裂纹，此时，该方法的优点显得特别突出。

3）加热均匀，通过对振镜的反馈控制可实现匀速扫描。

4）能适应各种元器件，通过电控可对不同元器件照射位置及长度进行快速变换，这比采用快门法的效率高。

5）适宜于钎焊自动化，激光功率、辐照时间等参数易于控制，且易于重复。

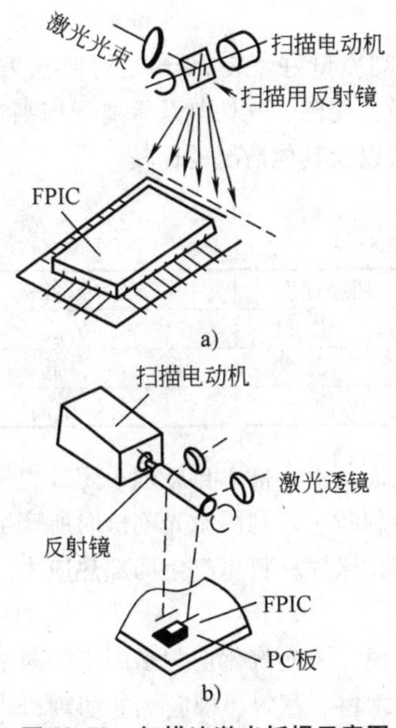

图20-52 扫描法激光钎焊示意图

a）扫描方式原理 b）扫描光学系统

6）具有自定位效果。由于所有钎焊部位同时加热，利用熔融钎料的表面张力，可将元器件引线拉向正中位置。

2. 激光硬钎焊

激光硬钎焊在有色金属的连接中优越性较大，目前，对Ag、Ni、Cu、Au和Al基材料的硬钎焊获得了良好的效果。

图20-53是激光加丝硬钎焊示意图。焊接时聚焦光斑直径、离焦量、钎丝位置都十分重要，只有正确选择，才能保证过程的正常进行。

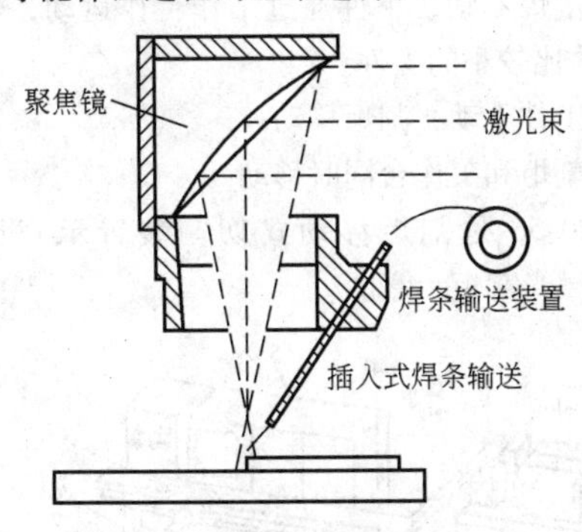

图20-53 激光加丝硬钎焊示意图

20.6 激光焊应用实例

表20-5是激光焊的部分应用实例。

图20-54是用CO_2激光焊的缓冲器实物照片。该缓冲器内外共有20条焊缝，其中内环焊缝9条，外环焊缝11条。18条焊缝为0.2mm+0.2mm，2条外环焊缝为0.2mm+1.2mm。

图20-55是用脉冲YAG激光焊的丝材与质量块的低倍金相照片。丝材为ϕ0.2mm的1Cr18Ni9Ti，质量块为12Cr13不锈钢。

表20-5 激光焊的部分应用实例

工业部门	应用实例
航空	发动机壳体、风扇机匣、燃烧室、流体管道、机翼隔架、电磁阀、膜盒等
航天	火箭壳体、导弹蒙皮与骨架、陀螺等
航海	舰船钢板拼焊
石化	滤油装置多层网板
电子仪表	集成电路内引线、显像管电子枪、全钽电容、速调管、仪表游丝、光导纤维等
机械	精密弹簧、针式打印机零件、金属薄壁波纹管、热电偶、电液伺服阀等
钢铁	焊接厚度0.2～8mm、宽度为0.5～1.8m的硅钢、高中低碳钢和不锈钢，焊接速度为1～10m/min
汽车	汽车底架、传动装置、齿轮、蓄电池阳极板、点火器中轴与拨板组合件等
医疗	心脏起搏器以及心脏起搏器所用的锂碘电池等
食品	食品罐（用激光焊代替了传统的锡焊或接触高频焊，具有无毒、焊接速度快、节省材料以及接头美观、性能优良等特点）

图20-54 CO_2激光焊的缓冲器

图20-55 脉冲YAG激光焊的丝材与质量块的低倍金相照片

20.7　激光切割

20.7.1　激光切割的特点

激光切割与其他切割相比，具有如下一系列优点：

1）切割质量好。表 20-6 是对厚 6.2mm 的低碳钢板采用激光切割、气切割及等离子切割时，切缝的宽度和形状以及其他情况的比较。

表 20-6　几种切割方法的比较

切割方法	切缝宽度/mm	热影响区宽度/mm	切缝形态	切缝速度	设备费
激光切割	0.2～0.3	0.04～0.06	平行	快	高
气切割	0.9～1.2	0.6～1.2	比较平行	慢	低
等离子弧切割	3.0～4.0	0.5～1.0	楔形且倾斜	快	中高

激光切割的切缝几何形状好，切口两边平行，切缝几乎与表面垂直，底面完全不黏附熔渣，切缝窄，热影响区小，有些零件切后不需加工即可直接使用。

2）切割材料的种类多。通常气割只限于含铬量少的低碳钢、中碳钢及合金钢。在等离子切割中，使用非转移弧虽能切割金属和非金属，但容易损伤喷嘴；常用的是转移弧，故只能切割金属。激光能切割金属、非金属、金属基和非金属基复合材料、皮革、木材及纤维等。

3）切割效率高。激光的光斑极小，切缝狭窄，比其他切割方法节省材料。另外，激光切割机上一般配有数控工作台，只需改变一下数控程序，就可适应不同的需要。

4）非接触式加工。激光切割是非接触式加工，不存在工具磨损的问题，也不存在更换“刃具”的问题。

5）噪声低。

6）污染小。

激光切割的不足之处是设备费用高，一次性投资大，目前，主要用于中小厚度的板材和管材。

20.7.2　激光切割的机理及分类

根据切割材料的机理，激光切割分为：激光气化切割、激光熔化切割、激光氧气切割以及激光划片与控制断裂。

1）激光气化切割。当激光束照射时，金属材料被迅速加热汽化，并以蒸发的形式由切割区逸散掉。

2）激光熔化切割。材料被迅速加热到熔点，借助喷射惰性气体，如氩、氦、氮等，将熔融材料从切缝中吹掉。

3）激光氧气切割。金属材料被迅速加热到熔点以上，以纯氧或压缩空气作辅助气体，此时熔融金属与氧激烈反应，放出大量热的同时，又加热了下一层金属，金属继续被氧化，并借助气体压力将氧化物从切缝中吹掉。

4）激光划片与控制断裂。划片是用激光在一些脆性材料表面刻上小槽，再施加一定外力使材料沿槽口断开。控制断裂是利用激光刻槽时所产生的陡峭的温度分布，在脆性材料里产生局部热应力，使材料沿刻槽断开。

一般来说，激光汽化切割多用于极薄金属材料以及纸、布、木材、塑料、橡胶等的切割，非金属材料一般都不易氧化，且对 10.6μm 波长的激光吸收率特别高，导热系数极低。激光熔化切割用于不锈钢、钛、铝及其合金等。激光氧化切割主要用于碳钢、钛钢以及热处理钢等易氧化的金属材料。

20.7.3　激光切割设备

激光切割设备主要由激光器、导光系统、CNC 控制的运动系统等组成，此外还有抽吸系统以保证有效地去除烟气和粉尘。

激光切割时割炬与工件间的相对移动有三种情况：

1）割炬不动，工件通过工作台作运动，这主要用于尺寸比较小的工件。

2）工件不动，割炬移动。

3）割炬和工作台同时移动。

图 20-56 是割炬移动式切割装置示意图。图 20-57是激光割炬示意图。

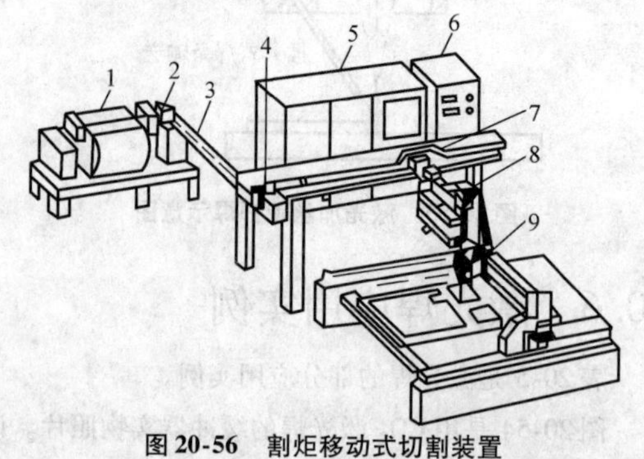

图 20-56　割炬移动式切割装置

1—激光振荡器　2、4、7、8—反射镜　3—激光束　5—激光光源　6—CNC 装置　9—聚焦透镜

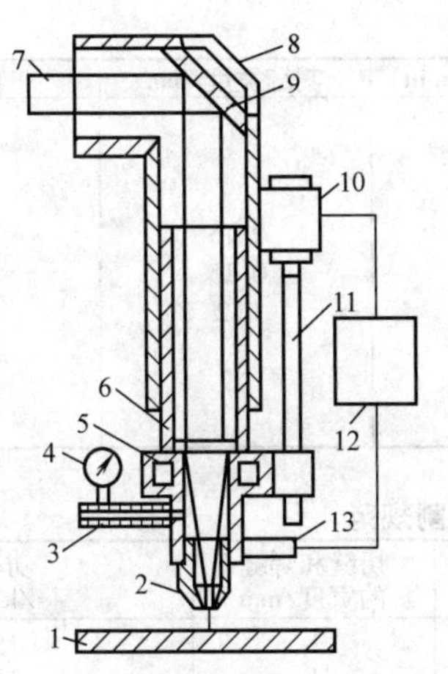

图 20-57 激光割炬

1—工件 2—切割喷嘴 3—氧气进气管 4—氧气压力表 5—透镜冷却水套 6—聚焦透镜 7—激光束 8—反射冷却水套 9—反射镜 10—伺服电动机 11—滚珠丝杠 12—放大控制及驱动电器 13—位置传感器

激光切割时，对割炬的特殊要求是：

1）割炬能喷射出足够的气流。

2）要求气体喷射的方向和反射镜的光轴是同轴的。

3）切割时金属的蒸汽和金属的飞溅不损伤反射镜。

4）焦距便于调节。

20.7.4 影响切割质量的因素

1. 光束横模

1）基模（TEM_{00}），又称高斯模，是切割最理想的模式，主要出现在千瓦以下的激光器。

2）低阶模（TEM_{01} 或 TEM_{10}），接近 TEM_{00} 模，主要出现在 1～2kW 的中功率激光器。

3）多模，是高阶模的混合，出现在 3kW 以上的激光器。

图 20-58 是切割速度与横模及板厚的关系。由图可以看出，300W 的单模激光和 500W 的多模有同等的切割能力。多模的聚焦性差，切割能力低，单模激光的切割能力优于多模。表 20-7 是一些材料的单模激光切割规范，表 20-8 是一些材料的多模激光切割规范。

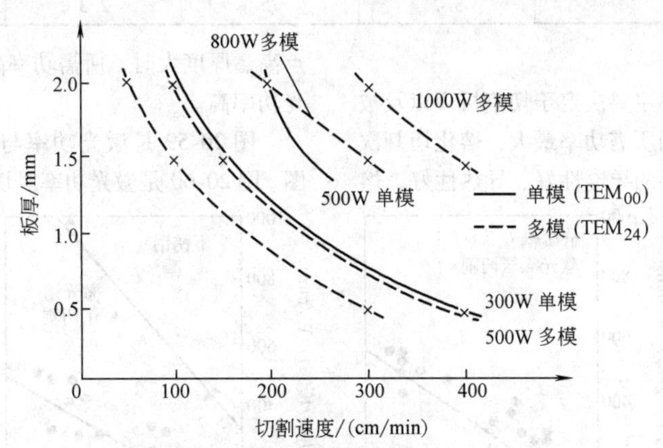

图 20-58 切割速度与横模及板厚的关系

表 20-7 一些材料的单模激光切割规范

材料	厚度/mm	辅助气体	切割速度/(mm/min)	割缝宽度/mm	功率/W
低碳钢	3.00	氧	600	0.2	250
不锈钢(18CrNi)	1.00	氧	1500	0.1	
钛合金	40.00	氧	500	3.5	
钛合金	10.00	氧	2800	1.5	
有机玻璃(透明)	10.00	氮	800	0.7	
Al21 氧化铝	1.00	氧	3000	0.1	
聚酯地毯	10.00	氮	2600	0.5	
棉织品(多层)	15.00	氮	900	0.5	
纸板	0.50	氮	3000	0.4	
波纹纸板	8.00	氮	3000	0.4	
石英玻璃	1.90	氧	600	0.2	
聚丙烯	5.50	氮	700	0.5	
聚苯乙烯	3.20	氮	4200	0.4	
硬质聚氯乙烯	7.00	氮	1200	0.5	
纤维增强塑料	3.00	氮	600	0.3	
木材(胶合板)	18.00	氮	200	0.7	

（续）

材料	厚度/mm	辅助气体	切割速度/(mm/min)	割缝宽度/mm	功率/W
低碳钢	1.00	氧	4500		
低碳钢	3.00	氧	1500		
低碳钢	6.00	氧	500		
低碳钢	1.20	氧	6000	0.15	
低碳钢	2.00	氧	4000	0.15	500
低碳钢	3.00	氧	2500	0.2	
不锈钢	1.00	氧	3000		
不锈钢	3.00	氧	1200		
胶合板	18.00	氮	3500		

表 20-8　一些材料的多模激光切割规范

材料	切割和焊接	板厚/mm	切割和焊接的速度/(cm/min)	切缝和焊缝的宽度/mm	功率/kW
铝	切割	12	230	1	15
碳钢		6	230	1	15
304 型不锈钢		4.6	130	2	20
硼/环氧复合材料		8	165	1	15
纤维/环氧复合材料		12	460	0.6	20
胶合板		25.4	150	1.5	8
有机玻璃		25.4	150	1.5	8
玻璃		9.4	150	1	20
混凝土		38	5	6	8
304 型不锈钢	焊接	20	130	3.3	20
		12	250	2.3	20
		8.7	75	2.3	8

2. 激光功率

切割所需的激光功率主要决定于切割机理以及被切割材料性质。汽化切割所需功率最大，熔化切割次之，氧气切割最小。材料的导电性好、导热性好、熔点高、厚度大时，所需功率高。切割速度大，所需激光功率高。

图 20-59 是激光功率与板厚和切割速度的关系图。图 20-60 是激光功率对切口宽度影响的关系图。

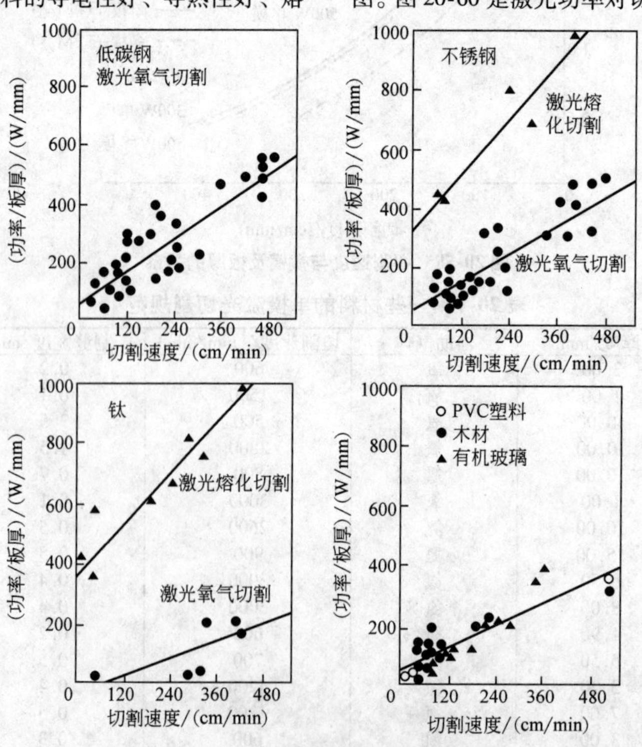

图 20-59　激光功率与板厚和切割速度的关系

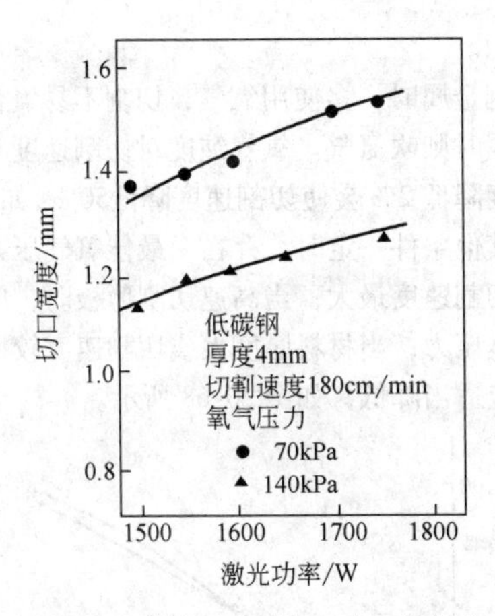

图 20-60　激光功率对切口宽度的影响

3. 激光的偏振方向

光是横波，其振动方向与传播方向垂直，它含有互垂直的电振动矢量和磁振动矢量，习惯上以电振动矢量方向作为激光的偏振方向。

切割时，光束在切割面上不断反射，如光束偏振方向与切缝方向平行，光能被吸收的最好，切缝狭窄而平行；如二者成一角度，光能吸收减少，切割速度变慢，切缝变宽，粗糙且不平直；如二者垂直，切割速度更慢，切缝更宽更粗糙。图 20-61 是光束偏振方向与切割质量关系示意图。

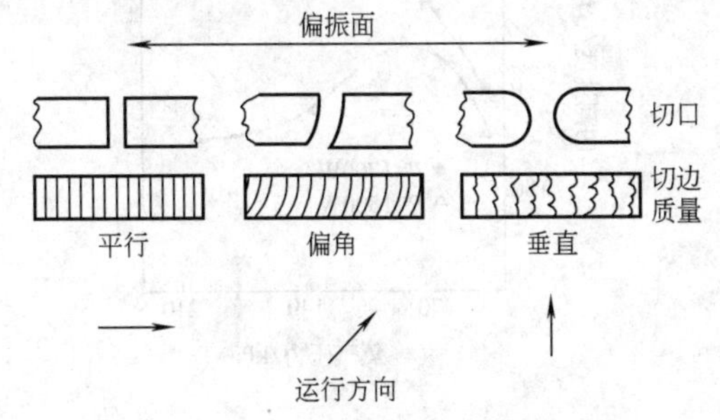

图 20-61　光束偏振方向与切割质量的关系

4. 聚焦镜焦距

焦距的大小直接影响聚焦束斑直径和焦点处的功率密度。焦距短，光斑直径小，功率密度高，切割速度快，但焦距短时，焦深也小。高速切割薄板时，可选用短焦距；切割厚板时，在有足够功率密度的前提下，以选用长焦距的聚焦镜为宜。

5. 离焦量

离焦量影响切缝宽度和切割深度。图 20-62 是离焦量对切缝宽度的影响，显然，负离焦时得到的切缝窄。图 20-63 是激光功率为 2. 3kW、切割不同厚钢板时，离焦量对切割质量的影响。

6. 切割速度

在其他工艺参数一定的情况下，在一定的切割速度范围内均可得到较满意的切割质量。图 20-64 给出了切割速度与材料厚度的关系，图中的上下曲线分别表示可切透的最高速度和最低速度，图 20-65 给出了切割速度对切缝宽度的影响，图 20-66 是切割速度对切缝表面粗糙度的影响。

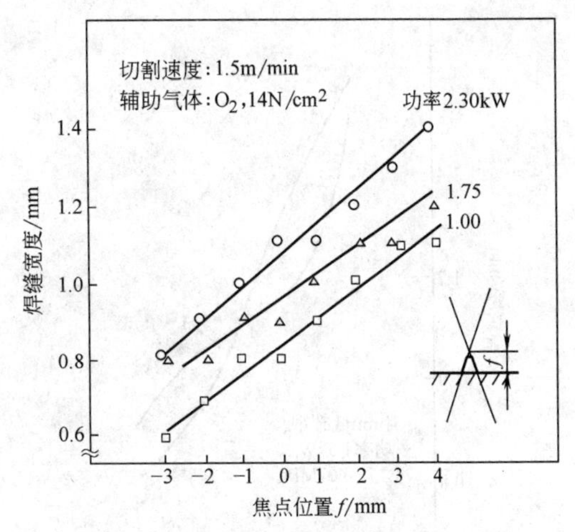

图 20-62　离焦量对切缝宽度的影响

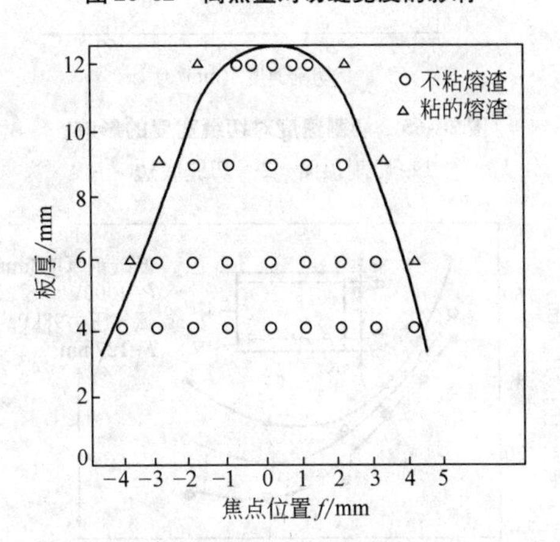

图 20-63　切割不同厚度钢板时，离焦量对切割质量的影响

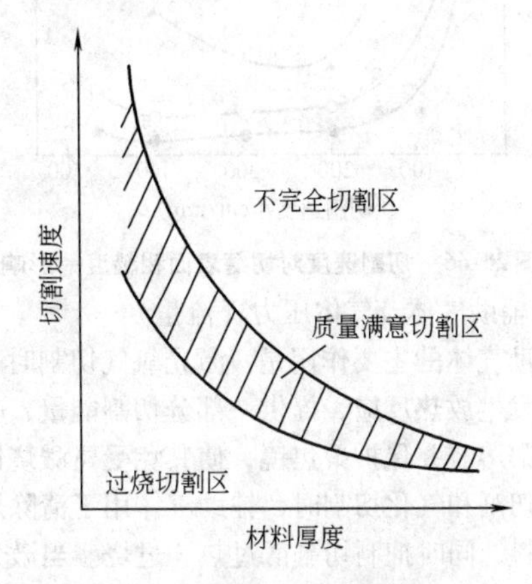

图 20-64　切割速度与材料厚度的关系

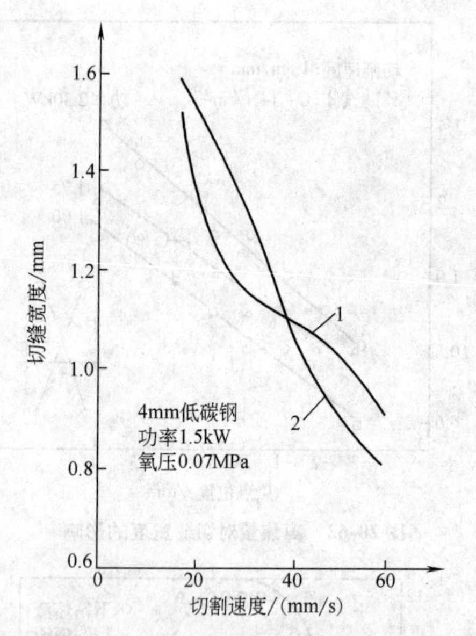

图 20-65　切割速度对切缝宽度的影响

1—切割顶面　2—切缝底边

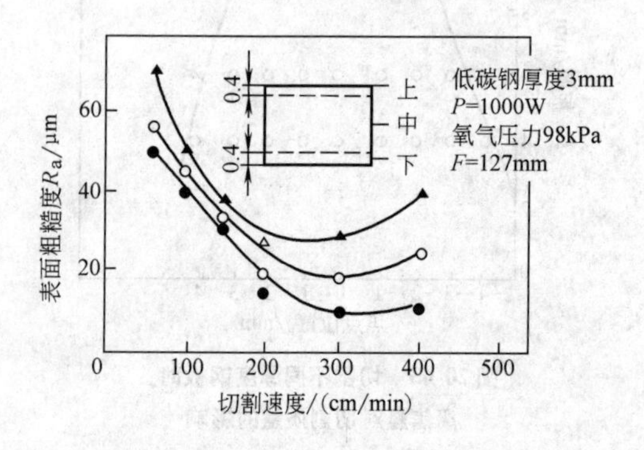

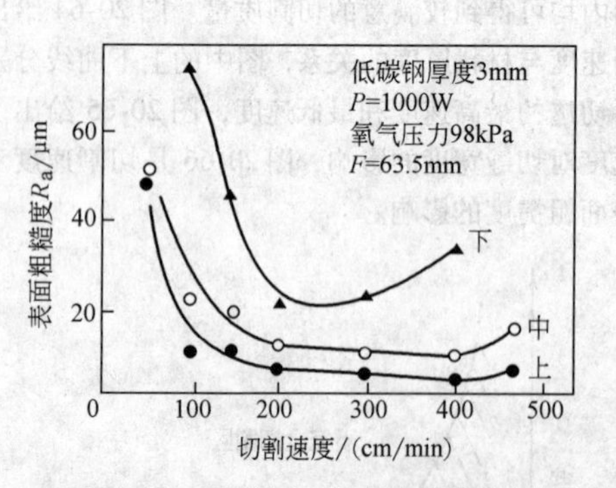

图 20-66　切割速度对切缝表面粗糙度的影响

7. 辅助气体及气体压力（流量）

辅助气体的主要作用是：激光氧气切割时，与切割金属发生放热反应，提供一部分切割能量，吹走切割区底部熔渣并保护聚焦镜，使其免受飞溅烧蚀；激光熔化切割和气化切割时，辅助气体用于清除熔化和蒸发材料，同时抑制切割区过热、过烧。当激光切割出现等离子体时，辅助气体还有抑制等离子云负面效应的能力。

切割金属时，多使用氧气，切割不易氧化的金属和非金属时则吹氮气。氧气纯度对切割速度有显著影响，纯度降低 2% 会使切割速度降低50%，如图 20-67 所示。其他条件一定时，存在一最佳氧气压力，这时对应的切割速度最大；当高速切割薄板时，应采用较大的气体压力；当材料厚度大或切割速度较慢时，气体压力应适当降低，如图 20-68 所示。

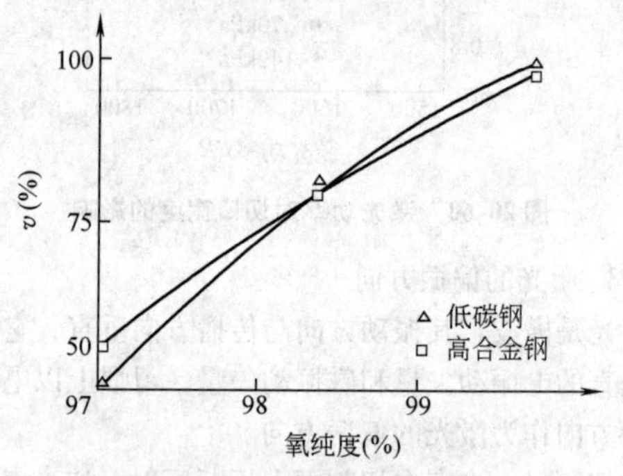

图 20-67　氧纯度对切割速度的影响

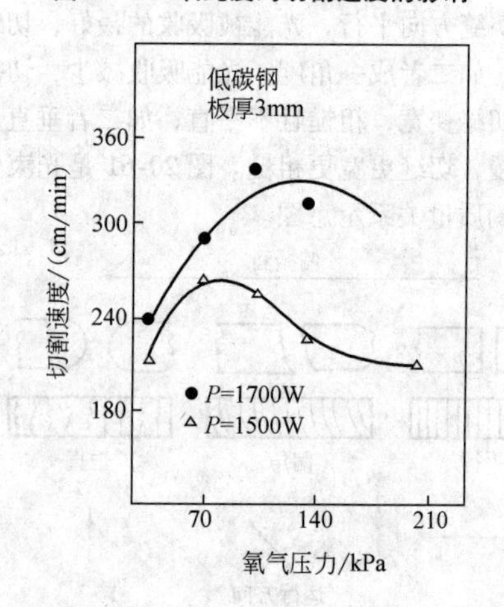

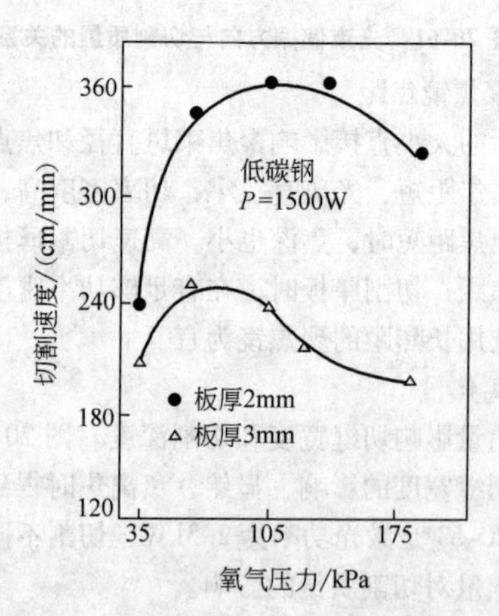

图 20-68　氧气压力对激光切割速度的影响

8. 喷嘴

在流量一定的情况下，作用在工件表面的辅助气体压力流态与喷嘴形状、口径以及喷嘴离材料表面的距离密切相关。

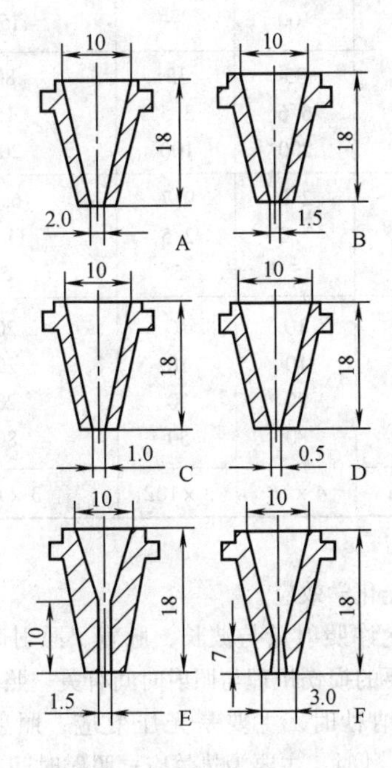

图 20-69　三种形状的 6 个喷嘴

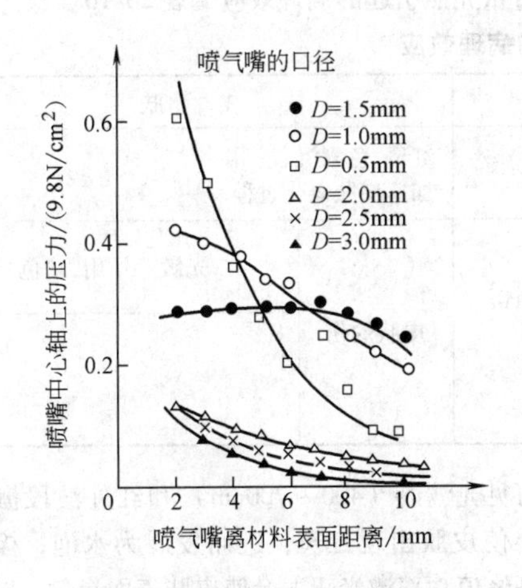

图 20-70　压力与距离的关系

图 20-69 列出了三种形状的 6 个喷嘴，其中，A、B、C、D 为一种形状，仅口径不同，E、F 各为一种形状，它们的气体流态均为层流。图 20-70 为该 6 种喷嘴在 O_2 流量为 20L/min 时，中心轴线上压力与喷嘴离材料表面距离的关系。一般情况下，当流量相同时，口径越小、距离越短，则压力越大。图 20-71 为不同氧气流量时，中心轴线的压力与 C 型喷嘴离材料表面距离的关系。

20.7.5　脉冲激光切割

脉冲激光切割与连续激光切割相比，脉冲激光峰值功率高，所以热影响区更小；脉冲激光对等离子体有抑制作用，可提高切割效率；脉冲激光切割可获得更低的切口断面粗糙度。

图 20-72 是脉冲 CO_2 激光切割和连续 CO_2 激光切割切缝断面示意图。二者相比，采用脉冲激光时，端面更光洁整齐。

脉冲激光切割光源既可是 CO_2 激光器，也可是 Nd^{3+}：YAG 激光器。YAG 激光特别适宜于反射率高和熔点高的金属（如金、银、铜、铝、钼、铂等）以及精密切割等。脉冲 YAG 激光切割的精度可以达到 ±0.0015mm。表 20-9 是美国用于切割的几种脉冲 Nd^{3+}：YAG 激光器参数。

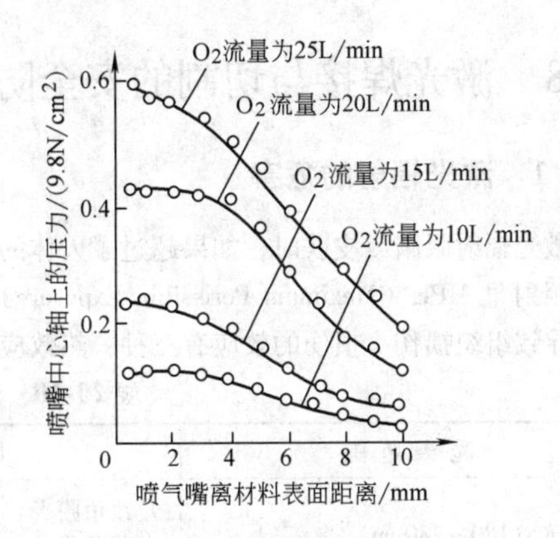

图 20-71　C 型喷嘴中心轴线上压力与离材料表面距离的关系

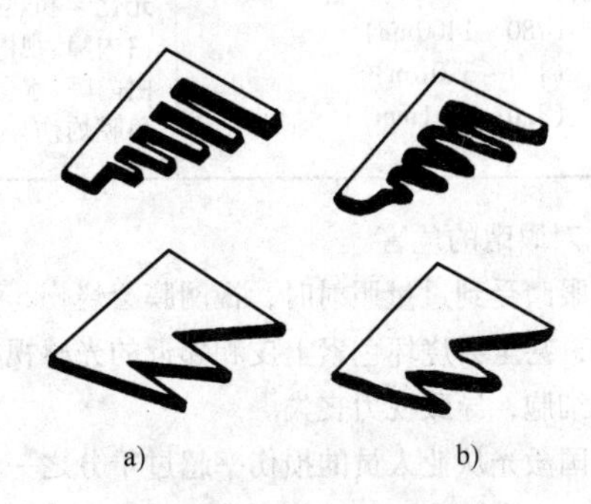

图 20-72　脉冲和连续 CO_2 激光切割切缝断面示意图

a）采用脉冲激光

b）采用连续激光

表 20-9　美国用于切割的几种脉冲 Nd^{3+}：YAG 激光器参数

激光器型号		Model 114		Model 116		Model 117	
		TEM_{00}	TEM_{mn}	TEM_{00}	TEM_{mn}	TEM_{00}	TEM_{mn}
连续输出	额定输出/W	6	25	14	40	18	90
	最大多模输出/W	—	50	—	100	—	150
Q 开关输出	最大峰值功率/kW	12	20	14	35	35	80
	最大脉冲能量/mJ	1.0	4.0	2.4	6.6	3.5	16
	脉宽/ns	90	200	170	200	100	200
激光输出特性	光斑直径/mm	0.8	2.0	0.7	2.0	0.7	6.0
	发散半角/mrad	2.3	6.0	2.2	7.0	2.5	11.0
	CW 输出稳定度×100	3	5	5	5	5	5
脉冲输出稳定度 P-F×100	2kHz 重复率/Hz	5	10	10	10	10	20
	5kHz 重复率/Hz	5	10	10	10	10	20
	10kHz 重复率/Hz	10	20	15	20	10	20
	35kHz 重复率/Hz	50	50	50	80	50	80
YAG 晶体长/mm	直径/mm×长度/mm	3×63	3×63	4×76	4×76	3×102	3×102

20.8　激光焊接与切割的安全防护

20.8.1　激光辐射的危害

激光辐射眼睛或皮肤时，如果超过了人体的最大允许照射量 MPE（Maximum Perissible Exposure）时，就会导致组织损伤。损伤的效应有三种：热效应、光压效应和光化学效应。

最大允许照射量与波长、脉宽、照射时间等有关，而主要的损伤机理与照射时间有关。照射时间为纳秒和亚纳秒时，主要是光压效应；照射时间为100ms 至几秒时，主要为热效应；照射时间超过 100s 时，主要为光化学效应。

过量光照引起的病理效应见表 20-10。

表 20-10　过量光照引起的病理效应

光谱范围	眼睛	皮肤	
紫外光:(180~280nm) (200~315nm) (315~400nm) 可见光:(400~780nm) 红外光:(780~1400nm) (1.4~3.0μm) (3.0μm~1mm)	光致角膜炎 光致角膜炎	红斑,色素沉着 加速皮肤老化过程	
	光化学反应 光化学和热效应所致的视网膜损伤 白内障、视网膜灼伤 白内障、水分蒸发、角膜灼伤 角膜灼伤	皮肤灼伤	光敏感作用,暗色

1. 对眼睛的危害

当眼睛受到过量照射时，视网膜会烧伤，引起视力下降，甚至会烧坏色素上皮和邻近的光感视杆细胞和视锥细胞，导致视力丧失。

我国激光从业人员的损伤率超过千分之一，其中有的基本丧失视力，所以对眼睛的防护要特别关注。

2. 对皮肤的危害

当脉冲激光的能量密度接近几焦耳/cm^2 或连续激光的功率密度达到 0.5W/cm^2 时，皮肤就可能遭到严重的损伤。

可见光波段（400~700nm）和红外波段激光的辐射会使皮肤出现红斑，进而发展为水泡；极短脉冲、高峰值功率激光辐射会使皮肤表面炭化；对紫外激光的危害和累积效应虽然缺少充分研究，但仍不可掉以轻心。

20.8.2　激光危害的工程控制

1）最有效的措施是将整个激光系统至于不透光的罩子中。

2）对激光器装配防护罩或防护围封，防护罩用以防止人员接受的照射量超过 MPE，防护围封用以避免人员受到激光照射。

3）工作场所的所有光路包括可能引起材料燃烧或次级辐射的区域都要予以封闭，尽量使激光光路明显高于人体身高。

4）在激光加工设备上设置激光安全标志，激光器无论是在使用、维护或检修期间，标志必须永久固定。

激光辐射警告标志一律采用图 20-73 所示的正三角形，标志中央为 24 条长短相间的阳光辐射线，其中长线 1 条、中长线 11 条、短线 12 条，图中各部分的尺寸见表 20-11。

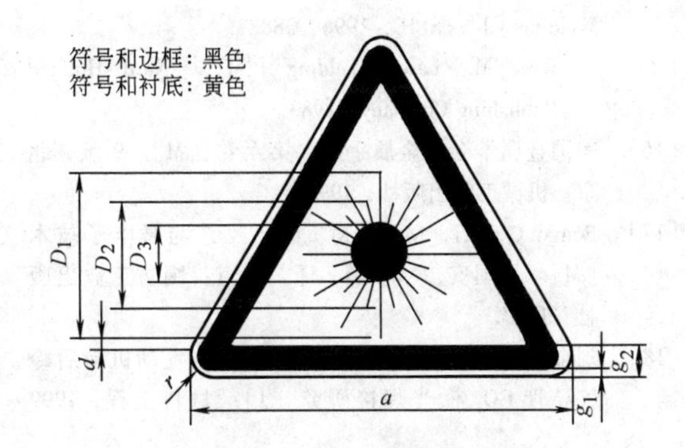

图 20-73　激光辐射警告标志

表 20-11　激光辐射警告标志的尺寸　（单位：mm）

a	g_1	g_2	r	D_1	D_2	D_3	d
25	0.5	1.5	1.25	10.5	7	3.5	0.5
50	1	3	2.5	21	14	7	1
100	2	6	5	42	28	14	2
150	3	9	7.5	63	42	21	3
200	4	12	10	84	56	28	4
400	8	24	20	168	112	56	8
600	12	36	30	252	168	84	12

注：尺寸 D_1、D_2、D_3、g_1 和 d 是推荐值。

20.8.3　激光危害的个人防护

即使激光加工系统被完全封闭，工作人员亦有接触意外反射激光或散射激光的可能性，所以，个人防护也不能忽视。个人防护主要使用以下器材：

1）激光防护眼镜。其最重要的部分是滤光片（有时是滤光片组合件），它能选择性地衰减特定波长的激光，并尽可能透过非防护波段的可见辐射。激光防护眼镜有普通眼镜型、防侧光型和半防侧光型等。

2）激光防护面罩，实际上是带有激光防护眼镜的面盔，主要用于防紫外激光。

3）激光防护手套，工作人员的双手最易受到过量激光照射，特别是高功率、高能量激光的意外照射对双手的威胁很大。

4）激光防护服，防护服由耐火及耐热材料制成。

参考文献

［1］　刘金合．高等密度焊［M］．西安：西北工业大学出版社，1995．

［2］　王家金．激光加工技术［M］．北京：中国计量出版社，1992．

［3］　关振中．激光加工工艺手册［M］．北京：中国计量出版社，1998．

［4］　曹明翠，郑启光，陈祖涛，等．激光热加工［M］．武汉：华中理工大学出版社，1995．

［5］　闫毓禾，钟敏霖．高功率激光加工及其应用［M］．天津：天津科学技术出版社，1994．

［6］　李志远，钱乙余，张九海，等．先进连接方法［M］．北京：机械工业出版社，2000．

［7］　周炳琨，高以智，陈家骅，等．激光原理［M］．北京：国防工业出版社，1980．

［8］　Poueyo-Verwaerde A，Fabbro R，et al. Experimental study of laser-induced plasma in welding condition with continuos CO_2 Laser［J］. J. Appl. phys，1993（11）．

［9］　Miller R，Debroy T. Energy absorption by metal-vapor-dominated plasma during carbon dioxide laser welding of steel［J］. J. Appl. Phys，1990（9）．

［10］　徐家鸾，金尚宽．等离子体物理学［M］．北京：原子能出版社，1981．

［11］　肖荣诗，左铁钏．中等功率 CO_2 激光深熔焊接光致等离子体的控制［J］．激光与光电子学进展（增刊），1996（7）．

［12］　Ishide T. Fundamental Study of laser plasma reduction method in high power CO_2 laser welding［J］. Proc. of laser advanced mater Process 87，Osaka，High Temperature Society Of Japan，1987．

［13］　张旭东，陈武柱，任家烈．第八届全国焊接会议论文集：第二册［M］．北京：机械工业出版社，1997．

［14］　Liu Jin he，Zhang Feng ming. Rresearch adout the effect of adding magnetic field on the penetration of laser beam

Welding [J]. SPIE, 1996, 2888.

[15] Bass M. Laser Welding [M]. North-Holland Publishing Company, 1983.

[16] 美国金属学会. 金属手册：第六卷 [M]. 9版，北京：机械工业出版社，1994.

[17] Вейко С В П, Метев М. 激光工艺与微电子技术 [M]. 吴国安，邓存熙，译. 北京：国防工业出版社，1997.

[18] 刘金合，李华伦，张津生，等. 航空发动机前后冷气导管 CO_2 激光焊接研究 [J]. 材料工程，1999 (6).

[19] 陈彦宾. 现代激光焊接技术 [M]. 北京：科学出版社，2005.

[20] 张国顺. 现代激光制造技术 [M]. 北京：化学工业出版社，2006.

[21] 周广宽，等. 激光器件 [M]. 西安：西安电子科技大学出版社，2011.

[22] 郭玉彬，霍佳雨. 光纤激光器及其应用 [M]，北京：科学出版社，2008.

第4篇 钎 焊

第21章 钎焊方法及工艺

作者 何 鹏 审者 方洪渊

21.1 钎焊基本原理及特点

钎焊就是在低于母材熔点、高于钎料熔点的某一温度下加热母材，通过液态钎料在母材表面或间隙中润湿、铺展、毛细流动填缝，最终凝固结晶，而实现原子间结合的一种材料连接方法。它与熔焊、压焊一起构成现代焊接技术的三大组成部分。

钎焊过程与在固相、液相、气相进行的还原和分解，以及润湿和毛细流动、扩散和溶解、固化和吸附、蒸发和升华等物理、化学现象的综合作用有关。钎焊可分为三个基本过程：一是钎剂的熔化及填缝过程，即预置的钎剂在加热熔化后流入母材间隙，并与母材表面氧化物发生物理化学作用，以去除氧化膜，清洁母材表面，为钎料填缝创造条件；二是钎料的熔化及填满钎缝的过程，即随着加热温度的继续升高，钎料开始熔化并润湿、铺展，同时排除钎剂残渣；三是钎料同母材的相互作用过程，即在熔化的钎料作用下，小部分母材溶解于钎料，同时钎料扩散进入母材当中，在固液界面还会发生一些复杂的化学反应。当钎料填满间隙并保温一定时间后，开始冷却凝固形成钎焊接头。

同熔焊方法相比，钎焊具有以下优点：

1）钎焊加热温度较低，对母材组织和性能的影响较小。

2）钎焊接头平整光滑，外形美观。

3）工件变形较小，尤其是采用均匀加热的钎焊方法，工件的变形可减小到最低程度，容易保证工件的尺寸精度。

4）某些钎焊方法一次可焊成几十条或成百条钎缝，生产率高。

5）可以实现异种金属或合金、金属与非金属的连接。

根据使用钎料的不同，钎焊一般分为：

1）软钎焊，即钎料液相线的温度低于450℃。

2）硬钎焊，即钎料液相线的温度高于450℃。

21.2 液态钎料对母材的润湿与铺展

21.2.1 液态钎料对母材的润湿作用

所谓润湿，是指由固-液相界面取代固-气相界面，从而使体系的自由能降低的过程。也就是液态钎料与母材接触时，钎料将母材表面的气体排开，沿母材表面铺展，形成新的固体与液体界面的过程。液态钎料能够较好地润湿母材，使钎料填充到钎缝的毛细间隙中，并进而依靠毛细作用力保持在间隙内，经冷却凝固而形成钎焊接头的前提条件。其作用原理的相关描述如下：

根据杨-拉普拉斯方程

$$p_1 - p_2 = \sigma_{LG}\left(\frac{1}{R_1}+\frac{1}{R_2}\right) \qquad (21\text{-}1)$$

式中 p_1，p_2——液体表面对应凹液面和凸液面的压强；

σ_{LG}——气体介质边界上液体的表面张力；

R_1 和 R_2——分别为液面上相互垂直的两个方向上的曲率半径。

同平直界面的液体相比，具有曲率的液体表面层在液体上会产生附加压力（表面张力），这一附加压力主要是由毛细现象引起的。钎料在固体母材表面不同程度的润湿和铺展，主要是由于固-液相界面张力和液体表面张力不同造成的。

固体平界面上液滴发生铺展润湿后，最终会达到平衡状态，即体系三相边界点上表面张力达到力的平衡（图21-1），即

$$\sigma_{SG} = \sigma_{LS} + \sigma_{LG}\cos\theta \qquad (21\text{-}2)$$

式中 σ_{SG}——固体和气体介质间沿边界作用于液滴上的表面张力；

σ_{LS}——在液固边界上的界面张力。

将式（21-2）稍做变换，即可得到杨氏方程：

$$\cos\theta = \frac{\sigma_{SG} - \sigma_{LS}}{\sigma_{LG}} \qquad (21\text{-}3)$$

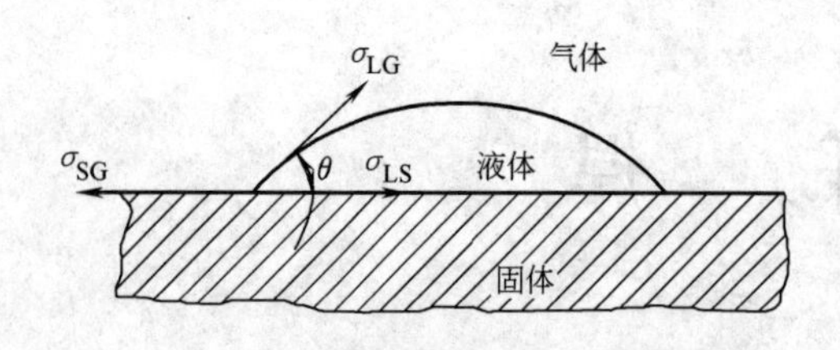

图21-1　固体表面上液滴的表面张力平衡示意图

将 $\cos\theta$ 作为描述液体润湿能力的润湿系数。θ 是指平衡状态下的润湿角，其大小表征了体系润湿与铺展能力的强弱。当 $\theta=0°$时，称为完全润湿；当 $0°<\theta<90°$时，称为润湿；当 $90°<\theta<180°$时，称为不润湿；当 $\theta=180°$时，称为完全不润湿。

杨-拉普拉斯方程与杨氏方程均是由施加于材料上的力平衡后得到的。必须指出的是，这两个方程是在液体与固体无相互作用的情况下导出的。在实际钎焊过程中，母材和熔融的钎料间会发生剧烈的相互作用。在这种情况下进行的表面润湿、铺展及毛细现象更为复杂，因此上面推导出的方程式只是一种近似的描述。

21.2.2　液态钎料在母材表面的铺展

熔融钎料沿母材表面的铺展是由多种因素决定的，如图21-2所示。其中金属间相互作用的性质和钎料性能（黏度）是两个最主要的影响因素。当钎料晶体结构具有较大的晶格间隙，而钎焊又是在液相线以下的温度进行时，钎料的流动性就具有特别的意义。

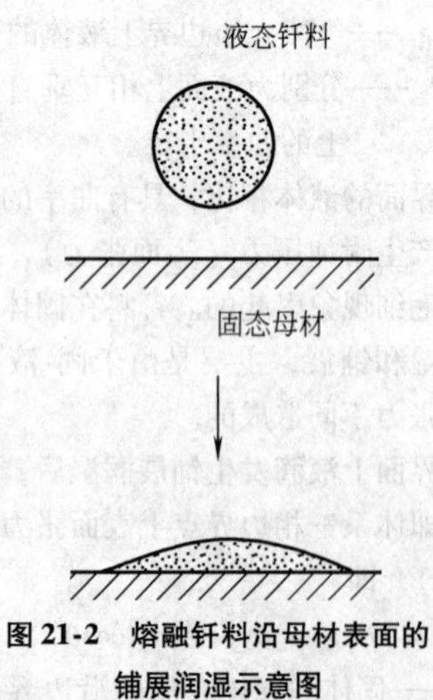

图21-2　熔融钎料沿母材表面的铺展润湿示意图

钎料铺展的过程不但与熔融的钎料性质有关，还与母材和钎料的相互作用，钎料进入母材表面的扩散作用，及最终的毛细流动有关。钎料铺展过程取决于钎料与母材间物理化学性能关系，甚至取决于钎焊条件。固体表面上熔融钎料的铺展，是由液态钎料对母材表面的附着力，和钎料原子或分子间结合力产生的内聚力的相互对比关系而决定的。附着力所做功可由液体润湿固体时释放的表面自由能确定。

$$A_{附着}=\sigma_{SG}+\sigma_{LG}-\sigma_{LS} \tag{21-4}$$

钎料粒子的内聚力由形成两种新的液体表面所必需的功来估算：$A_{内聚}=2\sigma_{LG}$

若接近表面的附着功等于或者大于钎料的内聚功，那么沿母材表面的钎料熔滴的铺展就会发生。它们之间的差值 K 称为铺展系数。

$$\begin{aligned}K&=A_{附着}-A_{内聚}\\&=\sigma_{LG}(1+\cos\theta)-2\sigma_{LG}\\&=\sigma_{LG}(\cos\theta-1)\end{aligned} \tag{21-5}$$

因此母材表面的熔融钎料的铺展性由它的表面张力和润湿角决定。

21.2.3　液态钎料与母材的反应润湿

由于影响润湿的过程（如扩散、化学反应以及流动）具有多样性，并且可能会同时存在于一个系统中，因此描述这些过程的动力学的速度定律也不尽相同。这些速度定律与标准的流动控制的润湿模型不同。在化学和冶金反应中，当两个或更多的截然不同的过程同时起作用时，它们通常是以连续或平行的方式进行的。当涉及扩散、流动与反应的润湿过程被看作是连续过程时，这些过程中最慢的将成为控制因素。如果液体能够润湿裸露的基体，则润湿动力通常是由表面张力及黏度控制的。由流体流动控制条件下的金属液滴的润湿速率，比扩散与反应控制条件下的润湿速率要大得多。如果这三个过程同时存在于一个系统中，则流体流动可以忽略。在这种情况下，直至扩散物质与基体组元反应并生成产物时，液体才会润湿基体。液体从一种亚稳毛细状态向另一种亚稳毛细状态推进，并且在停止时仍可能处于亚稳的毛细状态。美国F. G. Yost提出反应润湿动力学模型建立在圆柱坐标系下，不考虑液滴的形状，并将扩散与反应的过程看成是一维的（沿径向）。初始条件（$t=0$）为扩散（或反应）物浓度 $C(r,0)=C_0$。边界浓度，当 $r=r(t)$ 时为 C_a，这里 r 为半径，$r(t)$ 为润湿边界的位置。润湿速率 $\dot{r}$ 为 $r(t)$ 对时间的一阶导数。准平衡或缓慢流动的条件为：

$$\dot{r} \ll \frac{D}{r(t)} \tag{21-6}$$

式中　D——液滴的扩散系数。

要使反应能够进行，润湿边界的浓度 C_a 必须比与基体达到化学平衡时的浓度 C_e 略大。扩散平衡方程的解满足如下条件：

$$C(r,t) = C_a + \frac{2(C_0 - C_a)}{r(t)} \sum_{n=1}^{\infty} e^{-D\lambda_n^2 t} \frac{J_0[r\lambda_n]}{\lambda_n J_1[r(t)\lambda_n]} \quad (21\text{-}7)$$

式中 $r(t)\lambda_n$ 定义 Bessel 函数 J_0 的根。

润湿边界通量平衡服从下式：

$$C_a \dot{r}(t) = \int_0^{\theta(t)} j_d(\phi,r)\mathrm{d}\phi = \mu(C_a - C_e) \quad (21\text{-}8)$$

式中 $j_d(\phi, r)$——扩散通量，如图21-3所示。

μ——界面迁移系数，单位与速率单位相同；

θ——润湿角。

扩散通量可写成

$$j_d(\phi,r) = -\cos(\phi) D\frac{\partial C}{\partial r}\bigg|_{r=r(t)} \quad (21\text{-}9)$$

ϕ 介于0到与基体的润湿角之间。

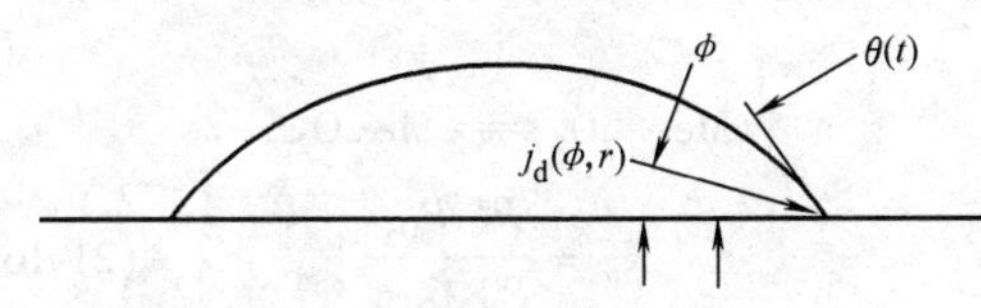

图21-3 扩散通量示意图

扩散通量为 ϕ 的函数，总通量为函数 $j_d(\phi, r)$ 对 ϕ 从0到 θ 的积分。由式（21-8）和（21-9）得：

$$C_a \dot{r}(t) = \mu(C_a - C_e) \quad (21\text{-}10)$$

$$\mu(C_a - C_e) = \frac{2(C_0 - C_a)}{r(t)} F(t)\sin(\theta) \quad (21\text{-}11)$$

此处，$F(t) = \sum_{n=1}^{\infty} e^{-D\lambda_n^2 t}$

解方程（21-11）求得 C_a，然后代入方程（21-10）得到润湿边界运动方程

$$\dot{r}(t) = \frac{\dfrac{2D}{r(t)}\left(\dfrac{C_0}{C_e} - 1\right)F(t)\sin\theta(t)}{1 + \dfrac{2D}{r(t)\mu}F(t)\sin\theta(t)\dfrac{C_0}{C_e}} \quad (21\text{-}12)$$

润湿角 $\theta(t)$ 可由初始液滴的体积求得。

$$V_0 = \frac{\pi r^3(t)}{6}\tan\frac{\theta(t)}{2}\left(3 + \tan^2\frac{\theta(t)}{2}\right) \quad (21\text{-}13)$$

此时液体的体积保持不变，也就是说这里假设反应进行过程中消耗很少量的液体。从方程（21-12）可以看出，在反应控制条件下$\left(\text{即}\dfrac{D}{\mu} \gg 1\right)$，润湿速度为常数，且为

$$\dot{r}(t) = \mu\left(1 - \frac{C_e}{C_0}\right) \quad (21\text{-}14a)$$

在扩散控制条件下$\left(\text{即}\dfrac{D}{\mu} \ll 1\right)$，润湿速度为

$$\dot{r}(t) = \frac{2D}{r(t)}\left(\frac{C_0}{C_e} - 1\right)F(t)\sin\theta(t) \quad (21\text{-}14b)$$

由式（21-14a）可以看出，反应控制是线性的，而在扩散控制条件下，其动力学方程由式（21-14b）给出。由于方程中含有 $F(t)$ 和 $\sin\theta(t)$，故并非抛物线关系。

需要说明的是，反应润湿是一个复杂的过程，反应机制也是多方面的。例如，气氛也可能与基体反应，成为控制润湿动力学的一个方面。但是，将所有可能反应都包含在一个模型中是很困难的。

21.2.4 影响钎料润湿与铺展的因素

由式（21-3）可以看出，钎料对母材的润湿性取决于具体条件下三相间的相互作用。但不论情况如何，σ_{SG}增大，σ_{LS}或σ_{LS}减小，都能使 $\cos\theta$ 增大，θ 角减小，即能改善液态钎料对母材的润湿性。从物理概念上讲，σ_{LG}减小，意味着液体内部原子对表面原子的吸引力减弱，液体原子容易克服本身的引力趋向液体表面，使表面积扩大，钎料容易铺展；σ_{LS}减小，表明固体对液体原子的吸引力增大，使液体内层的原子容易被拉向固体－液体界面，即容易铺展。表21-1～表21-3提供了部分金属液态时的表面张力σ_{LG}、部分金属固态时的表面张力σ_{SG}和部分金属系统的界面张力的数据。

大量研究表明，影响钎料的润湿及铺展的因素主要包括：

（1）钎料和母材的成分　由于不同的材料具有不同的表面自由能，所以当钎料和母材的成分变化时，其界面张力值必然发生变化，这将直接影响到钎料对母材的润湿和铺展。一般来说，如果构成钎料和母材的各元素之间可以发生相互作用，如形成固溶体、共晶体或金属间化合物时，就会表现出良好的润湿性，反之润湿性就较差。

（2）钎焊温度　液体的表面张力 σ 与温度 T 呈下述关系：

$$\sigma A_m^{2/3} = K(T_0 - T - \tau) \quad (21\text{-}15)$$

式中 A_m——一个摩尔液体分子的表面积；

K——常数；

T_0——表面张力为零时的临界温度；

τ——温度常数。

表 21-1 部分金属液态时的表面张力

金属	σ_{LG}/(N/m)	金属	σ_{LG}/(N/m)	金属	σ_{LG}/(N/m)	金属	σ_{LG}/(N/m)
Ag	0.03	Cr	1.59	Mn	1.75	Sb	0.38
Al	0.91	Cu	1.35	Mo	2.10	Si	0.86
Au	1.13	Fe	1.84	Na	0.19	Sa	0.55
Ba	0.33	Ga	0.70	Nb	2.15	Ta	2.40
Be	1.15	Ge	0.60	Nd	0.68	Ti	1.40
Bi	0.39	Hf	1.46	Ni	1.81	V	1.75
Cd	0.56	In	0.56	Pb	0.48	W	2.30
Ce	0.68	Li	0.40	Pd	1.60	Zn	0.81
Co	1.87	Mg	0.57	Rh	2.10	Zr	1.40

表 21-2 部分固态金属的表面张力

金属	温度 t/℃	σ_{NG}/(N/m)
Fe	20	4.0
	1 400	2.1
Cu	1 050	1.43
Al	20	1.91
M	20	0.70
W	20	6.81
Zn	20	0.86

表 21-3 部分金属系统的界面张力

系统	温度 T/℃	σ_{SG} /(N/m)	σ_{LG} /(N/m)	σ_{LS} /(N/m)
Al-Sn	350	1.01	0.60	0.23
Al-Sn	600	1.01	0.56	0.25
Cu-Ag	850	1.67	0.94	0.28
Fe-Cu	1 100	1.99	1.12	0.44
Fe-Ag	1 125	1.99	0.91	>3.40
Cu-Pb	800	1.67	0.41	0.52

由式（21-15）可知，随着温度的升高，液体的表面张力不断减小。一般说来，温度越高，润湿效果越好，铺展面积也就越大。但是如果温度过高，就可能造成母材晶粒过分长大，以及过热、过烧等问题。而且钎料的铺展能力过强时，容易造成钎料的过分流失，不易填满钎缝，同时也容易造成溶蚀等缺陷。因此在实际钎焊过程中，钎焊温度不宜过高，一般常取为钎料液相线以上 20～40℃，或取为钎料熔点的 1.05～1.15 倍。

（3）保温时间　钎焊过程中，钎焊温度下保温时间增加到一定极限时会导致润湿角的减小。进一步增加保温时间，不会影响润湿边界角的变化。在某些情况下，钎焊时沿母材表面钎料的铺展可分为两个阶段：第一阶段是表面张力作用下的快速铺展，第二阶段是慢铺展。某些成分的合金会发生慢铺展，这种现象的本质与母材和钎料之间形成比初始状态的钎料具有更高润湿能力的合金有关。有时在第二阶段铺展的钎料面积会发生某种程度的降低，或慢铺展的效果完全消失，这种情况与相互作用双方物质的物理化学性能及钎焊温度有关。

（4）真空度　真空钎焊时的真空度对钎料铺展有很大影响。如果金属及其氧化物处在以饱和气体形式相互作用的体系中，那么反应的平衡常数由关系式（21-16）确定。

$$n\mathrm{Me} + z\mathrm{O_2} \rightleftharpoons \mathrm{Me}_{\frac{n}{m}}\mathrm{O}_{2\frac{z}{m}}$$

$$K_p = \frac{P^n_{\mathrm{Me}} P^z_{\mathrm{O_2}}}{P^m_{\mathrm{Me}_{\frac{n}{m}}\mathrm{O}_{2\frac{z}{m}}}} \tag{21-16}$$

式中　P^n_{Me}、$P^z_{\mathrm{O_2}}$、$P^m_{\mathrm{Me}_{\frac{n}{m}}\mathrm{O}_{2\frac{z}{m}}}$——分别为金属气体、氧气和氧化物气体的分压。

当金属和它的氧化物处于液态时，平衡常数为：

$$K_p = P^z_{\mathrm{O_2}} \tag{21-17}$$

也就是说，如果在同样温度下金属及其氧化物为饱和溶液混合物，则该常数不变。在不饱和溶液条件下，平衡常数将是符合相规律的金属及其氧化物浓度的函数。温度不变时，金属及其氧化物之间的平衡是由氧的分压决定的。若钎焊区氧分压比该温度下氧化物分解产物平衡时的氧的分压小，则氧化物将被从母材和钎料表面去除。

（5）钎剂　钎焊时使用钎剂可以清除钎料和母材表面的氧化膜，改善润湿。当钎料和钎焊金属表面覆盖了一层熔化的钎剂后，它们之间的界面张力将发生变化（图 21-4）。

液态钎料终止铺展时的平衡方程为

$$\sigma_{SF} = \sigma_{LS} + \sigma_{LF}$$

$$\cos\theta = \frac{\sigma_{SF} - \sigma_{LS}}{\sigma_{LF}} \tag{21-18}$$

式中　σ_{SF}——固体同液态钎剂界面上的界面张力；

σ_{LF}——液态钎料与液态钎剂间的界面张力；

σ_{LS}——液态钎料与母材间的界面张力。

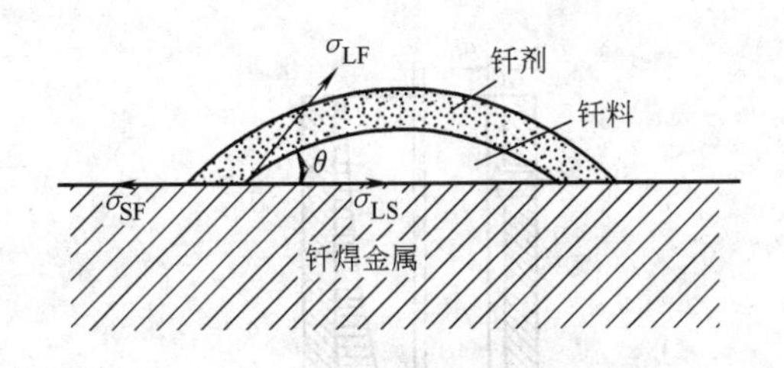

图 21-4　使用钎剂时母材表面上的液态钎料所受的界面张力

由式（21-18）可以看出，要提高润湿性，即减小 θ 角，必须增大 σ_{SF} 或减小 σ_{LF} 及 σ_{LS}。钎剂的作用除能消除表面氧化物使 σ_{SF} 增大外，另一重要作用是减小液态钎料的界面张力 σ_{LF}。因此，选用适当的钎剂将有助于保证钎料对母材的润湿。

（6）金属表面的氧化物　在常规条件下，大多数金属表面都有一层氧化膜。氧化膜的熔点一般都比较高，在钎焊温度下为固态，其表面张力值很低。因此钎焊时将导致 $\sigma_{SG} < \sigma_{LS}$，产生不润湿现象，表现为钎料成球，不铺展。另外，许多钎料合金表面也存在一层氧化膜，当钎料熔化后被自身的氧化膜包覆，此时钎料与母材之间是两种固态的氧化膜在接触，产生不润湿。所以在钎焊过程中必须采取适当的措施来去除母材和钎料表面的氧化膜，以改善钎料对母材的润湿。

（7）母材表面状态　母材表面粗糙度在许多情况下会影响到钎料对其润湿。这是因为较粗糙表面上的纵横交错的细槽，对于液态钎料起到了特殊的毛细管作用，促进了钎料沿母材表面的铺展，改善了润湿。但是表面粗糙度的特殊毛细管作用，在液态钎料同母材相互作用较强烈的情况下不能表现出来，因为这些细槽会迅速被液态钎料溶解而不复存在。

（8）母材间隙　母材间隙是直接影响钎焊毛细填缝的重要因素。毛细填缝的长度与间隙大小成反比，随着间隙减小，填缝长度增加；反之减小。因此毛细钎焊时一般间隙都较小。

（9）钎料与母材的相互作用　实际钎焊过程中，只要钎料能润湿母材，液态钎料与母材都或多或少地发生相互溶解及扩散作用，致使液态钎料的成分、密度、黏度和熔化温度区间等发生变化。这些变化都将在钎焊过程中影响液态钎料的润湿及毛细填缝作用。

21.3　液态钎料的填缝过程

21.3.1　液态钎料的毛细流动

1. 钎料的铺展与流动

钎缝内钎料的铺展和流动之间没有直接关系。钎焊时，对液态钎料的主要要求不是沿固态母材表面的自由铺展，而是填满钎缝的全部间隙。通常钎缝的间隙很小，如同毛细管。钎料是依靠毛细作用在钎缝间隙内流动的，因此钎料能否填满钎缝间隙，取决于它在母材间隙中的毛细流动特性。在钎焊时事先将零件浸入熔融钎料中加热，对间隙中的流动也有很大影响。在气体介质中低温钎焊时钎料的毛细流动，还取决于气体介质活性组元的数量和性质。

2. 钎料流入深度

根据系统最小表面能条件下固体表面上的液体的静力学理论，多余的压力可以通过一定水平面上的液柱高度和密度来表达。例如，液体在两平行薄片之间毛细流动情况如图 21-5 所示，则液面的一定水平面上升高的高度根据杨-拉普拉斯方程得：

$$h = \frac{2\sigma_{LG}\cos\theta}{a\rho g} \tag{21-19}$$

式中　ρ——液体密度；

g——重力加速度；

a——间隙尺寸。

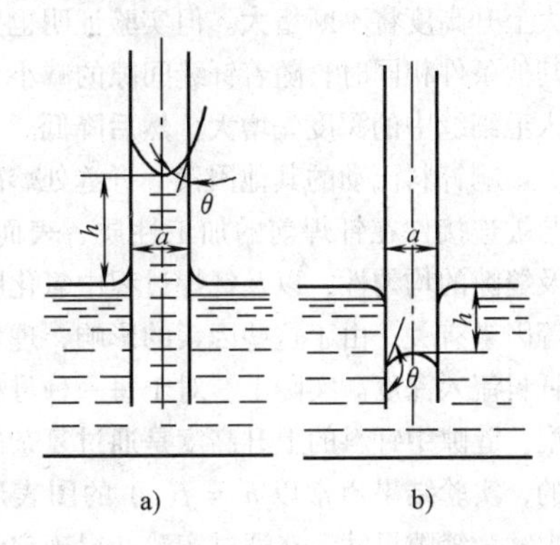

图 21-5　两平行板间液体的毛细作用
a）钎料润湿母材　b）钎料不润湿母材

在此情况下，若毛细管中液体重力超过毛细作用合力，则平衡状态下毛细管中液体表面将降低。在钎焊条件下，这将会导致高于固定水平面的部分钎缝处于未被钎料充满的状态，从而导致未焊透。根据动力学理论，熔融钎料的流动速度与搭接的尺寸、作用于间隙入口和出口的压力差值及钎料的黏度有关。

（1）钎料流入深度与润湿角的关系　在钎缝中熔融钎料的流入深度与钎料在母材表面的润湿角之间，没有直接的依赖关系，即缝隙中钎料的较大流入深度并不总是对应较小的润湿角。

（2）钎料流入深度与环境介质的关系　钎焊介质组成成分的变化可导致钎料流入深度的改变。

（3）钎料流入深度与间隙 a 的关系　当钎缝水平分布时，钎料流入间隙的深度根据动力学理论由式（21-20）确定：

$$l=\sqrt{\frac{\sigma_{LG}a}{3\eta}t} \tag{21-20}$$

式中　η——钎料黏度；

t——钎料流入深度为 l 时所需的时间。

由式（21-20）得出，钎料流入深度与间隙 a 有直接关系，但实际上钎料流入深度并不完全符合这个关系。除此之外，若熔融钎料足够，根据式（21-20）流入深度应是无限的。而事实上，由于母材在熔融钎料中的溶解，熔融钎料性能发生了较大程度的改变，尽管其量足够，仍会导致缝隙液态钎料流动停止。

在钎缝水平分布时，根据动力学理论，液态钎料在存在压力差的情况下就会无限制地流动，那么，在钎缝垂直分布时钎料流动会在液柱重力与压差平衡时停止，这时总压差将为0。由此得到钎料最大上升高度为

$$h_{max}=\frac{2\sigma_{LG}}{\rho g a} \tag{21-21}$$

由式（21-21）可以看出，随着钎缝间隙的减小，最大上升高度将不断增大。但实验证明也并非如此，当其他条件相同时，随着钎缝间隙的减小，熔融钎料流入毛细缝中的深度先增大，然后降低。

（4）影响钎料流动的其他因素　钎缝处熔融钎料的流动与被连接件在钎焊前的加工性质、表面状态、缝隙值及缝隙的均匀性，以及钎焊过程中氧化膜的去除方法等因素有关。由于这些因素的影响，理论上很难计算钎料流入深度。实际上，对于每一种母材与钎料的搭配，缝隙中钎料的上升高度是通过复杂的实验而确定的，实验结果通常以 $h=f(a)$ 的图表形式给出，其中 a 为缝隙尺寸。在通过实验获得确定缝隙与它对应的钎料高度之间关系基础上，如式（21-22），可确定钎焊连接中要求的缝隙尺寸，如图 21-6 所示。

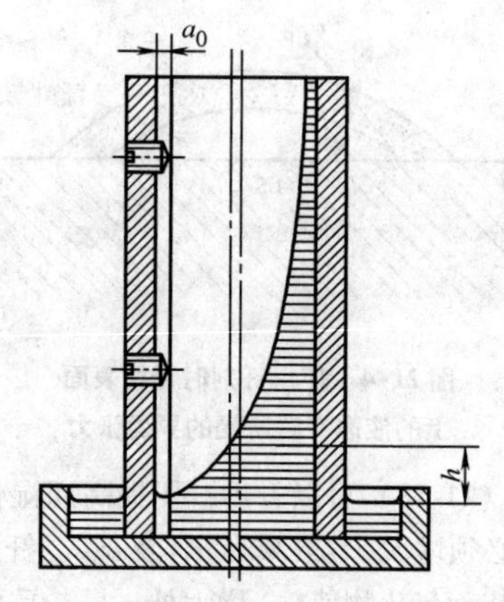

图 21-6　确定一定钎缝间隙下钎料的上升高度

$$a_{max}=\frac{a_0}{2}\left[1-\cos\frac{57.3\,(\pi r-bh^n)}{r}\right] \tag{21-22}$$

式中　a_{max}——对应上升高度 h 的最大允许间隙；

a_0——杆件与套管之间的最大间隙；

r——杆件的半径；

b，n——常量。

21.3.2　液态钎料的实际填缝过程

在实际填缝过程中，液态钎料与固态金属母材间存在着溶解、扩散作用，致使液态钎料的成分、密度、黏度和熔点都发生变化。此外，按理想状态，液体在平行板毛细间隙中的填缝是自动进行的过程，即填缝过程中扩大固液界面面积、减少固气界面面积是释放能量的自发过程，而且液体填缝速度应该是均匀的，液体流动前沿形状是规则的。但是实际钎焊填缝过程与其完全不同，平行板间隙钎焊时，液态钎料填缝速度是不均匀的，有时还受钎料沿工件侧向流动的影响。因此，钎料填缝前沿不整齐，流动路线紊乱（图 21-7）。实际上这种毛细填缝特点将会直接影响钎焊接头质量，形成钎缝不致密，产生夹气、夹渣等缺陷。

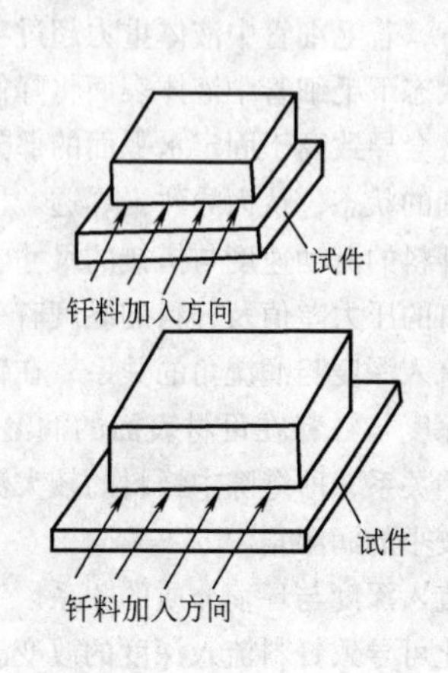

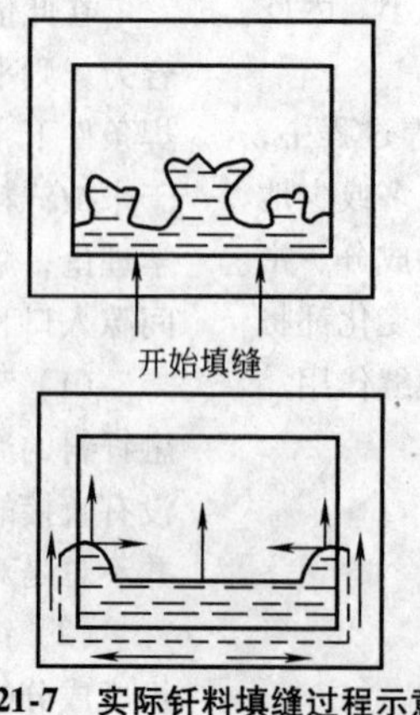

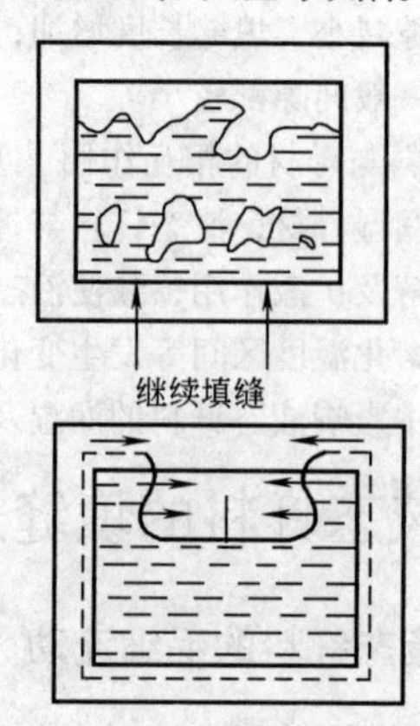

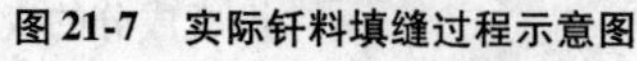

图 21-7　实际钎料填缝过程示意图

21.4　钎焊接头的形成

21.4.1　钎焊接头的结构

在钎焊过程中，液态钎料在毛细填缝的同时会与母材发生相互扩散作用。这种扩散作用包括母材原子向液态钎料中的溶解，以及钎料组分向母材中的扩散。钎料与母材之间发生的这些相互作用使得钎焊接头的成分与组织同钎料原有成分和组织有很大差别，其结构和组成是不均匀的。钎缝结构一般由三个区域组成。

（1）钎缝中心区　是由钎料与母材相互作用，及钎缝中熔融钎料进一步结晶形成的。由于母材原子溶解、钎料组分向母材中扩散及钎缝结晶时可能形成的偏析，使得该区域组织和结构有别于钎料原始组织。

（2）钎缝结合区　是母材边界与钎缝中心区的过渡层。由母材与熔融钎料相互作用后冷却形成的，一般为固溶体或金属间化合物。钎缝结合区是实现钎焊连接的关键部位，结合区的组织对钎焊接头的性能影响很大。

（3）扩散区　同钎缝结合区相连的母材边界层。由于钎料向母材中的扩散，使得该层的化学组成和微观结构同母材相比都发生了变化。

21.4.2　不同类型钎焊接头的形成

1. 无扩散接头的形成

无扩散接头的形成必须满足相互接触的材料的原子结合能超过一定的能量界限值。如果释放的能量足以形成原子间的结合，克服一定的能量之后就会形成两部分同样的晶胚，在接触区就会发生接头面积不断增加的自发过程。无扩散接头的形成实质上是处于金属表面的原子间的化学反应，因此无扩散接头是在扩散过程开始之前的时期形成的，并始于固液金属间形成接触之时。无扩散接头可在含有聚合物和胶粘剂的金属间、非金属间、非金属与金属之间，甚至是固态金属间的相互作用时获得。

2. 溶解-扩散接头的形成

如果钎焊过程不是在化学结合形成阶段停止，而是在足够高的钎焊温度和较长钎焊时间的条件下钎焊，那么在固液接触区将发生不同程度的母材溶解及钎料扩散，最终形成溶解-扩散接头。

3. 接触-反应接头的形成

利用母材与钎料接触熔化，形成共晶体接头的钎焊方法称为接触反应钎焊。通过这种方式形成的钎焊接头称为接触-反应接头。接触反应钎焊的原理是：金属A与B能形成共晶或形成低熔固溶体，则在A与B接触良好的情况下加热到高于共晶温度或低熔固溶体熔化温度以上，依靠A和B的相互扩散，在界面处形成共晶体或低熔固溶体，从而把A与B连接起来。A和B接触熔化时，形成低熔固溶体的速度较慢，故在生产上较少利用A和B能形成低熔固溶体来进行接触反应钎焊，一般都是利用它们之间能形成共晶体而进行接触反应钎焊。接触反应钎焊不仅在可以形成共晶体的纯金属之间进行，还可以在能形成共晶体的纯金属与合金、合金与合金之间进行，但是从它们之间接触加热到开始形成液相的时间要加长。成分越复杂，此时间越长。原则上凡是能形成共晶的金属，均适用于接触反应钎焊。

没有共晶反应的异种金属或合金之间，也可以通过选择适当的中间反应层金属进行接触反应钎焊。中间反应金属可以是一种或两种以上的多种金属，并且中间夹层的加入方式也是多种多样的，可以是箔状、粉状，也可以是镀层，如蒸镀、电镀、阴极溅射、喷涂等。有时也采用预先渗入的方式加入，如应用硅粉接触反应钎焊铝及铝合金获得了满意的结果。目前在应用接触反应钎焊，其材料的组配形式主要有以下几种：

1）两种母材之间直接连接进行接触反应钎焊。这种形式的焊接参数比较难以确定，主要是依靠时间的长短来控制，否则，反应将持续进行直到其中一种元素消耗完毕为止。

2）同种金属间夹一层反应金属。这是应用最多且最为普遍的一种形式。其最大的优点是反应量可以通过中间层厚度加以控制，如以硅粉作中间层接触反应钎焊铝就属于这种情况。

3）异种金属间夹一层或多层反应金属，当异种金属之间不存在共晶反应而又要进行接触反应钎焊时，常采用这种形式，它具有和“同种金属间夹一层反应金属”相同的优点。

4）异种或同种金属间夹两种或多种反应金属。

4. 扩散接头的形成

母材金属在钎料中发生不完全溶解，较高熔点的金属在钎料熔化作用下由于表面自由能降低而扩散，这样获得的接头就称为扩散接头。

形成扩散接头时，在熔融钎料的作用下，母材的扩散过程是在高温、有限量的液相、熔融钎料向母材积极迁移的条件下进行的。在这种条件下，扩散过程长期受钎缝处液相数量限制，最大持续时间由扩散粒子充满间隙的时间决定。

21.4.3 影响钎焊接头形成的因素

1. 母材对接头形成的影响

钎缝的间隙通常为0.05～0.2mm，因此其中液体金属的量并不显著。固相与熔融金属之间发生相互作用导致钎料原始液相成分变化，特别是在高温钎焊时，钎料会强烈地被母材金属组元合金化。如果母材金属表面无氧化膜，则母材金属和熔融钎料直接接触，合金化作用加强，即钎焊时钎料中母材金属溶解强烈。当钎料中加入母材金属的组元时，母材金属的溶解作用就会减弱。

钎焊时钎料的原始组成发生变化不只是由于母材金属在钎料中的溶解，还由于钎料组元向母材中的选择扩散、蒸发和氧化进入熔渣等。母材金属对接头形成过程的影响，可用界面上进行的结晶直接说明。母材表面新晶胚的形成取决于钎料润湿性。润湿角越小，形成晶胚所需消耗的能量越小，晶胚产生所需的过冷度也越小。母材金属表面状态对钎焊接头形成的影响主要表现为：结晶一开始，母材表面状态某种程度上决定了晶体生长方向，也就是说结合区固化金属的结晶网格尺寸和形状都与母材金属表面状态有一定关系。当母材表面状态决定结晶方向的因素存在时，因结晶过程的三个阶段的连续发展，从而形成具有如下特点的钎缝金属晶体结构：第一阶段，晶体定向的形成完全由晶体生长的基底决定；第二阶段，由于固态金属对定向生长影响的减弱，出现孪晶和其他结构缺陷；第三阶段，观察到多晶体结构，或者产生组织长大。

受熔融钎料结晶形成的晶格参数和母材金属晶格参数的影响，在一定方向上的结晶会按不同方式进行。熔融钎料中形成的新相在原子形状、类型和晶格参数上都有别于母材相形成的晶格。形成的熔融钎料晶面同基底晶面共格，在该晶面上原子分配更符合母材晶面上原子的分布。共格晶面上原子间距离差别越小，这样的结晶概率就越大。

2. 钎料及钎缝中的液相量对接头晶体结构的影响

合金的结晶类型由熔融钎料的温度梯度，以及接近结晶线成分的过冷区的面积大小决定。其他条件相同时，间隙减小，结晶的液体层从某一时刻开始导致上述因素变化，使树枝晶逐渐趋向蜂窝状晶，最后变为具有光滑表面的晶体生长。钎缝金属最终的晶体结构与晶体生长的最初形状并不相符。钎缝中晶粒的新边界在树枝晶和蜂窝状晶的任意方向上相交叉。在大间隙中存在一次枝晶边界区产生亚边界的区域。在小间隙时，沿钎缝宽度方向上是一个晶粒层。亚结构的产生与结晶时形成的大量缺陷有关。这些缺陷是由凝固金属在一定部位的移动和积聚形成的。间隙减小，从而凝固金属的量减少，这使得无论是单组元钎料还是双组元钎料，钎焊时都形成光滑的平面晶粒。

21.5 钎焊方法

钎焊方法常常根据热源或加热方法来分类。常用的钎焊方法有炉中钎焊、火焰钎焊、浸渍钎焊、感应钎焊和电阻钎焊。此外，还有一些其他钎焊方法，如电弧钎焊、激光钎焊、红外钎焊等，在工业中也得到了应用。按加热方式区分的钎焊方法如图21-8所示。

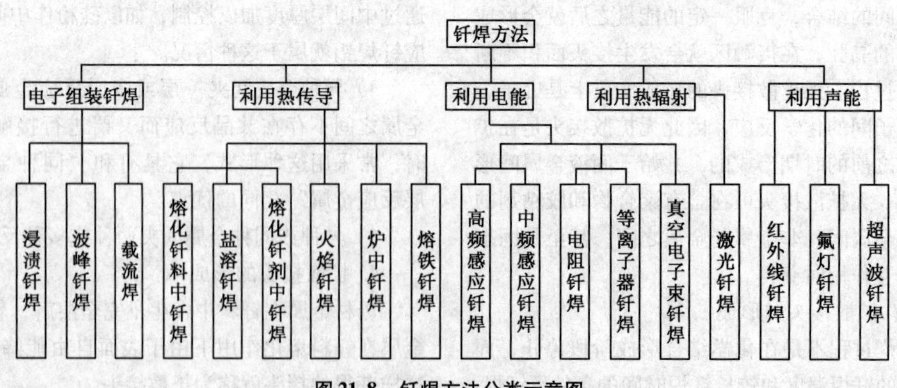

图21-8 钎焊方法分类示意图

21.5.1 炉中钎焊

按钎焊过程中钎焊区的气氛组成，炉中钎焊可分为三大类，即空气炉中钎焊、保护气氛炉中钎焊和真空炉中钎焊。

1. 空气炉中钎焊

这种方法的原理很简单，即把装配好的加有钎料和钎剂的工件放入普通的工业电炉中加热至钎焊温度。依靠钎剂去除钎焊表面的氧化膜，钎料熔化后流入钎缝间隙，冷凝后形成接头。

钎剂以水溶液或膏状使用最方便。一般是在工件放入炉中加热前把钎剂涂在钎焊处。有强腐蚀性的钎剂，应待工件加热到接近钎焊温度后再加。

空气炉中钎焊加热均匀，工件变形小，需用的设备简单通用，成本较低。虽然加热速度较慢，但因一炉可同时钎焊多件，生产率仍然很高。其严重缺点是：由于加热时间长，又是对工件整体加热，因此工件在钎焊过程中会遭到严重氧化，钎焊温度高时尤为显著。

2. 保护气氛炉中钎焊

保护气氛炉中钎焊也称控制气氛炉中钎焊。其特点是加有钎料的工件是在活性或中性气氛保护下加热钎焊的。

活性气体以氢和一氧化碳为主要成分，不仅能防止空气侵入，还能还原工件表面的氧化物，有助于钎料润湿母材。活性气体的还原能力不但同氢气和一氧化碳的含量有关，而且取决于气体的含水量和二氧化碳的含量。气体的含水量以露点来表示。含水量越小，露点越低。当钎焊钢和铜等金属时，由于这些金属的氧化物容易还原，允许气体中的二氧化碳含量和露点高些；当钎焊含铬、锰量较多的合金时，如不锈钢，由于这些元素的氧化物难以还原，应选用露点低和二氧化碳含量小的气体。活性气氛炉中钎焊示意图如图21-9所示。在高温下，氢气是许多金属氧化物的一种最好的活性还原剂。在干燥氢气中，硬钎焊时特别需要注意露点的控制，并且在整个钎焊过程中都必须仔细地控制。由于氢气会使铜、钛、锆、铌、钽等金属脆化，因此在考虑采用氢气作为钎焊保护气氛时应慎重。推荐用于硬钎焊的气氛范围很广泛，其中一些列于表21-4中。

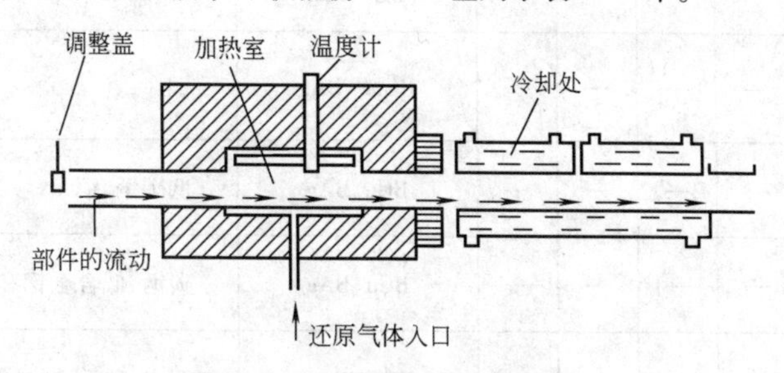

图21-9　活性气氛炉中钎焊示意图

表21-4　美国焊接学会推荐硬钎焊使用的气氛

气氛类号	气源	最高露点/气氛压力	成分近似值（体积分数，%）				应用		备注
			H_2	N_2	CO	CO_2	钎料	母材	—
1	燃气（低氢）	室温	1~5	87	1~5	11~12	BAg①、BCuP、RBCuZn①	铜、黄铜①	—
2	燃气（脱碳）	室温	14~15	70~71	9~10	5~6	BCu、BAg①、RBCuZn、BCuP	铜②、黄铜①、低碳钢、蒙乃尔合金、中碳钢③	脱碳
3	燃气干燥的（增碳）	-40℃	15~16	73~75	10~11	—	BCu、BAg①、RBCuZn、BCuP	铜②、黄铜①、低碳钢、中碳钢③、高碳钢、蒙乃尔合金和镍合金	—
4	分解氨	-40℃	38~40	41~45	17~19	—	BCu、BAg①、RBCuZn①、BCuP	铜②、黄铜①、低碳钢、中碳钢③、高碳钢、蒙乃尔合金	增碳
5	气瓶氢气	-54℃	75	25	—	—	BAg、BCuPRBCuZn、BCu、BNi	铜②、黄铜①、低碳钢、中碳钢③、高碳钢、蒙乃尔合金、镍合金和含铬合金④	—

（续）

气氛类号	气源	最高露点/气氛压力	成分近似值（体积分数,%）				应用		备注
			H_2	N_2	CO	CO_2	钎料	母材	—
6	脱氧而干燥的氢气	室温	97～100	—	—	—	BCu、BAg、RBCuZn、BCuP	铜②、黄铜①、低碳钢、中碳钢③、蒙乃尔合金	脱碳
7	加热挥发性材料	-59℃	100	—	—	—	BAg、BCuPRBCuZn、BCu、BNi	与气氛类号5的相同，加上钴、铬、钨合金和硬质合金④	—
8	纯惰性气体	无机蒸气	—	—	—	—	BAg	黄铜	专用于与1～7气体共同使用
9	真空	惰性气体（如氮氩等）	—	—	—	—	BAg、BCuPRBCuZn、BCu、BNi	与气氛类号5的相同，加上钛锆和铅	专用工件清洁/气体提纯
10	真空	真空>266Pa	—	—	—	—	BCuP、BAg	铜	—
10A	真空	66.5～266Pa	—	—	—	—	BCu、BAg	低碳钢、铜	—
10B	真空	0.133～66.5Pa	—	—	—	—	BCu、BAg	碳钢、低合金钢和铜	—
10C	真空	0.133Pa以下	—	—	—	—	BNi、BAu、BAlSi、钛合金	耐热和耐腐蚀钢，铝、钛、锆和难熔合金	—

注：美国焊接学会分类号6、7和9包括压力降到266Pa。
① 当采用含有挥发性元素的合金时，气氛中应加入钎剂。
② 铜必须完全脱氧或无氧。
③ 加热时间要保持最短，以防止有害的脱碳。
④ 如果铝、钛、硅或铍含量显著，气氛中应加入钎剂。

保护气氛炉中钎焊也可使用惰性气氛，如氮、氩、氦气等。氩气保护炉中钎焊可以用来焊接一些复杂结构、在空气中容易与氧、氮、氢等作用的材料，如1Cr18Ni9Ti不锈钢散热器、钛热交换器等。氮气保护气氛钎焊时一般需要氮气纯度达到99.9995%以上，所以必须对氮气进行纯化处理。在这种气氛中焊接，由于氮气是纯净、干燥、惰性的，因此不会引起金属氧化，但也不能去除氧化物，不能改变碳的含量，因此可以加入一些氢、甲烷、甲醇等，以便为特殊应用提供所需的氧化-还原作用或碳势值。这种方法主要用于汽车铝制散热器、汽车空调蒸发器、冷凝器、水箱等铝制产品的钎焊。

保护气氛炉中钎焊设备由供气系统、钎焊炉和温度控制等装置组成。供气系统包括气源装置及管道、阀门等。在钎焊加热中，外界空气中的渗入、器壁和零件表面吸附气体的释放、氧化物的分解或还原等，将导致保护气氛中氧、水汽等杂质增多。应指出，若保护气氛处于静止状态，气体介质与零件表面氧化膜反应的结果，使有害杂质可能在工件表面形成局部聚积，使去膜过程中止，甚至逆转为氧化。因此在钎焊加热的全过程中，应连续地向炉中容器内送入新鲜的保护气体，排出其中已混杂了的气体，使工件在流动、纯净的保护气氛中完成钎焊。这是保持钎焊区保护气体高纯度的需要，也是使炉内气氛对炉外大气保持一定的残余压力，阻止空气渗入所必需的。对于排出的氢，应点火使之在出气管口烧掉，以消除它在炉旁积聚的危险。钎焊结束断电后，应等炉中或容器中的温度降至150℃以下，再停止输送保护气体。这既是为了保护加热元件和工件不被氧化，也是为了防止氢气爆炸。保护气氛炉中钎焊时，不能满足于通过检测炉温来控制加热，必须直接监测工件的温度，对于大件或复杂结构，还必须监测其多点的温度。

3. 真空炉中钎焊

真空炉中钎焊是在抽出空气的炉中或钎焊室中钎焊，特别适合于钎焊面积很大而连续的接头。这种接头在普通钎焊时难以彻底清除钎焊界面的固态或液态钎剂，或保护气体不能排尽藏在紧贴钎焊界面中的气体。真空钎焊也适用于连接某些特殊的金属，包括钛、锆、铌、钼和钽。这些金属的特点是，甚至很少量的大气中的气体也会使其脆化，有时在钎焊温度下就会碎裂。

与其他钎焊方法相比，真空钎焊有如下优点：

1）在全部钎焊过程中，被钎焊零件处于真空条件下，不会出现氧化、增碳、脱碳及污染变质等现象。

2）钎焊时，零件整体受热均匀，热应力小，可将变形量控制到最小限度，特别适宜精密产品的钎焊。

3）基体金属和钎料周围存在的低压，能够排除金属在钎焊温度下释放出来的挥发性气体和杂质，可使基体金属的性能得到改善。

4）因不用钎剂，所以不会出现气孔、夹杂等缺陷，可以省掉钎焊后清洗残余钎剂的工序，节省时间，改善了劳动条件，对环境无污染。

5）零件热处理工序可在钎焊工艺过程中同时完成。选择适当的钎焊焊接参数，还可将钎焊作为最终工序，而得到性能符合设计要求的钎焊接头。

6）可一次钎焊多道邻近的钎缝，或同炉钎焊多个组件，钎焊效率高。

7）可钎焊的基本金属种类多，特别适宜钎焊铝及铝合金、钛及钛合金、不锈钢、高温合金等。对于复合材料、陶瓷、石墨、玻璃、金刚石等材料也适用。

8）开阔了产品设计途径，对带有狭窄沟槽、极小过渡台、不通孔的部件和封闭容器、形状复杂的零组件均可采用，无须考虑由钎剂等引起的腐蚀、清洗、破坏等问题。

但是真空钎焊也存在下面一些缺点：

1）在真空条件下金属易于挥发，因此对含易挥发元素的基本金属和钎料不宜使用真空钎焊。如确需使用，则应采用相应的复杂的工艺措施。

2）真空钎焊对钎焊零件的表面粗糙度、装配质量、配合公差等的影响比较敏感，对工作环境要求高。

3）真空设备复杂，一次性投资大，维修费用高。

真空炉中钎焊时，零件是在氧分压较低的真空炉中加热、保温、冷却而形成钎焊接头的。因此，为了顺利地实现钎焊过程而获得优质的钎焊质量，从工艺角度考虑，现代真空钎焊炉应当是一个能准确调节温度、时间和气氛的自动控制设备，以确保钎焊产品的精度和优质钎缝的再现。工业用的真空钎焊炉已经历了60多年的发展过程，目前生产中应用的真空炉种类繁多。真空炉的分类，按炉体结构的主要特征，有采取炉外加热的热壁型真空钎焊炉和将加热系统装在真空室内的冷壁型真空钎焊炉；按照钎焊温度，有低温真空钎焊炉（<650℃）、中温真空钎焊炉（650～950℃）和高温真空钎焊炉（>950℃）三大类。

在真空条件下，为了满足工艺过程的要求和获得高质量的钎焊接头，所用钎料必须满足以下几项基本要求：

1）钎料组分不含有易挥发的元素，如锌、镉、锂等，蒸气压高的纯金属也不宜做真空钎焊用钎料。但含蒸气压高的元素，应视其形成的钎料本身蒸气压是否高，如磷的蒸气压在704℃时为10^3Pa，但在镍基钎料中形成的Ni_3P蒸气压在704℃时为10^{-2}Pa。

2）钎料中的非金属组分（如胶粘剂、助熔剂等），在钎焊过程中挥发后不能对钎缝成形或真空设备产生有害影响。

3）熔化温度合适，能在毛细作用下比较容易地填充钎焊间隙，并能与母材产生良好的合金化作用，形成高强度接头。

4）在无钎剂除氧化膜的真空气氛中对被钎焊材料要有良好的润湿性，并在钎焊温度下有足够的流动性。

5）钎料可用形式能满足全位置接头所需，获得的钎缝应能满足设计和使用要求。此外，还应考虑钎料的经济性，尽量少含或不含贵重和稀有金属等。

21.5.2 火焰钎焊

火焰钎焊是利用可燃气体（包括液体燃料的蒸气）吹以空气或纯氧点燃后的火焰进行加热。火焰钎焊加热温度范围宽，从酒精喷灯的数百摄氏度到氧乙炔火焰超过3000℃。最常用的是氧乙炔焰。氧乙炔焰的内焰区温度最高，可达3000℃以上，因此广泛用于气焊。但钎焊时只需把母材加热到比钎料熔点高一些的温度即可，故对火焰的使用应与气焊不同，常用火焰的外焰区加热，因为该区火焰的温度较低而横断面面积较大。应当使用中性焰或碳化焰，以防止母材和钎料氧化。由于氧乙炔焰的高温在钎焊时易造成母材过热甚至熔化，因此可以采用压缩空气来代替纯氧，用其他可燃气体代替乙炔，如压缩空气雾化汽油火焰、空气丙烷火焰等，使这种钎焊方法具有就地取材的灵活性。

火焰钎焊的主要工具是钎炬。和气炬一样，它的作用是使可燃气体与氧或空气按适当的比例混合后，从出口喷出，燃烧形成火焰。因此构造也与气焊炬相似。当采用氧乙炔焰时，一般即可使用普通气焊炬，但最好配上多孔喷嘴，这样得到的火焰比较柔和，断面较大，温度比较适当，有利于保证均匀加热。使用其他火焰的钎炬也均具有多喷嘴，或有类似功能的喷嘴结构。为适应大量生产的需要，火焰钎焊也可以实现机械化。此时，钎焊装置可以设计成工件运动，或者钎炬组运动。图 21-10 为特种火焰钎焊的设备。

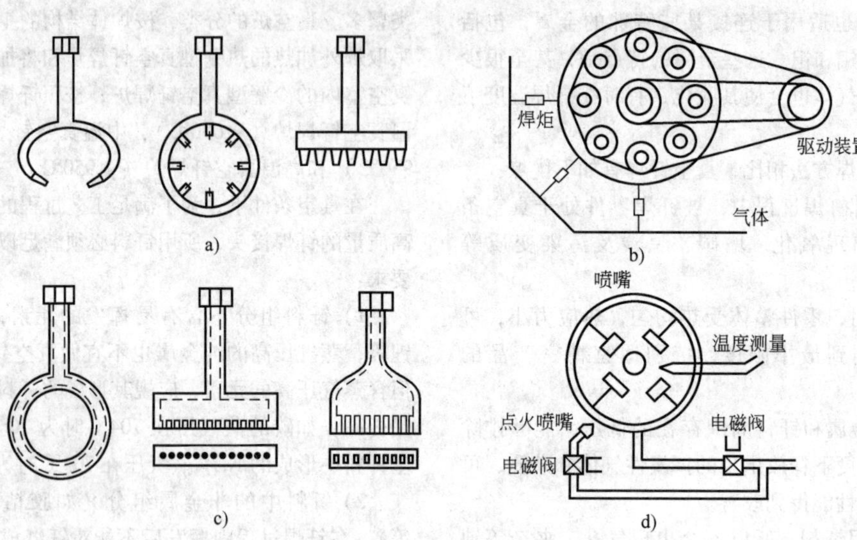

图 21-10 特种火焰钎焊设备

a)、b) 特种多孔喷嘴 c)、d) 多头固定式钎焊装置

火焰钎焊的应用很广，主要用于铜基、银基钎料钎焊碳钢、低合金钢、不锈钢、铜及铜合金的薄壁和小型工件，也用于铝基钎料钎焊铝及铝合金。火焰钎焊的缺点是：手工操作时加热温度难掌握，因此要求工人有较高的技术；火焰钎焊是一个局部加热过程，可能在母材中引起应力或变形。

21.5.3 浸渍钎焊

浸渍钎焊是把钎焊工件的局部或整体浸入盐混合物熔体或钎料熔体中，依靠这些液体介质的热量来实现钎焊过程。由于液体介质的热容量大、导热快，能迅速而均匀地加热钎焊工件，因此这种钎焊方法的生产率高，工件的变形、晶粒长大和脱碳等现象都不显著。钎焊过程中液体介质又能隔绝空气，保护工件不受氧化。并且，熔体温度能精确地控制在 ±5℃ 范围内，因此钎焊过程容易实现机械化。有时，在钎焊的同时还能完成淬火、渗碳、渗氮等热处理过程。由于这些特点，工业上广泛使用这种钎焊方法来钎焊各种合金。

浸渍钎焊按使用的液体介质不同分为两类：盐浴钎焊和金属浴钎焊。

1. 盐浴钎焊

盐浴钎焊时，工件的加热和保护都是靠盐浴来实现的，因此盐混合物的成分选择对其影响很大。盐浴的基本要求是：①要有合适的熔点；②对工件能起保护作用而无不良影响；③使用中能保持成分和性能稳定。一般多使用氯盐的混合物。表 21-5 中列举了一些用得较广的盐混合物成分，适用于以铜基钎料和银钎料钎焊钢、合金钢、铜及铜合金和高温合金。在这些盐熔液中浸渍钎焊时，需要使用钎剂去除氧化膜。当浸渍钎焊铝及铝合金时，可直接使用钎剂作为盐混合物。

表 21-5 钎焊用盐混合物

成分（质量分数,%）				盐混合物	钎焊温度
NaCl	$CaCl_2$	$BaCl_2$	KCl	熔点 T_m/℃	T_B/℃
30	—	65	5	510	570 ~ 900
22	48	30	—	435	485 ~ 900
22	—	48	30	550	605 ~ 900
—	50	50	—	595	655 ~ 900
22.5	77.6	—	—	635	665 ~ 1300
—	—	100	—	962	1000 ~ 1300

为了保证钎焊质量，在使用中必须定期检查熔盐的组成及杂质含量，并加以调整。

盐浴钎焊的基本设备是盐浴槽。现在工业上用的盐浴槽大多是电热的。其加热方式有两种：一种是外热式，即槽外电阻丝加热，它的加热速度慢，且盐浴槽必须用导热好的金属制作，由于不耐盐熔液的腐蚀，因此应用不广；另一种加热方式是得到广泛采用的内热式盐浴槽，它靠电流通过盐熔液时产生的电阻热，来加热自身并进行钎焊。

盐浴钎焊最大的优点是由于盐浴槽的热容量很大，工件升温的速度极快并且加热均匀，特别是钎焊温度可作精密控制，有时甚至可在比母材的固相线只低 2 ~ 3℃的条件下钎焊。此外，无特殊情况不需另加钎剂。盐浴钎焊的缺点是焊后清洗较困难，盐浴蒸气和废水易引起环境污染，耗电量大。

2. 金属浴钎焊

这种钎焊方法的过程是将经过表面清理并装配好的工件用钎剂处理，然后浸入熔化的钎料中。熔化的钎料把零件钎焊处加热到钎焊温度，同时渗入钎缝间隙中，并在工件提起时保持在间隙内，凝固形成接头。钎焊工件的钎剂处理有两种方式：一种是将工件先浸在熔化的钎剂中，然后再浸入熔化钎料中；另一方式是熔化的钎料表面覆盖有一层钎剂，工件浸入时先接触钎剂再接触熔化的钎料。前种方式适用于在熔化状态下不显著氧化的钎料。如果钎料在熔化状态下氧化严重，则必须采用后一种方式。

这种钎焊方法的最大优点是能够一次完成大量多种和复杂钎缝的钎焊，工艺简单，生产率高。主要缺点是工件表面必须作阻焊处理，否则将全部沾满钎料。工业上某些散热器，如家用热水器中热交换器的钎焊及电子工业中的波峰焊均属此类。

这种钎焊方法主要用于以软钎料钎焊钢、铜及铜合金。特别是对那些钎缝多而密集的产品，诸如蜂窝式换热器、电机电枢、汽车水箱等，用这种方法钎焊比用其他方法优越。

各种方式的金属浴中浸渍钎焊方法在电子工业中应用甚广，如波峰焊已在电子设备生产中占有重要地位。与一般的金属浴中浸渍钎焊过程相反，波峰焊过程的特点是用泵将液态钎料通过喷嘴向上喷起，形成波峰去接触随传送带前进的印制电路板底面，实现元器件的引线和铜箔电路的钎焊连接。

3. 波峰钎焊

波峰钎焊是金属浴钎焊的一种，主要用于印制电路板的钎焊。在熔化钎料的底部安放一泵，依靠泵的作用使钎料不断地向上涌动，印制电路板在与钎料的波峰接触的同时随传送带向前移动，从而实现元器件引线与焊盘的连接。

波峰钎焊又可分为单波峰钎焊、双波峰钎焊以及喷射空心波钎焊等。图 21-11 所示的是双波峰焊的示意图。

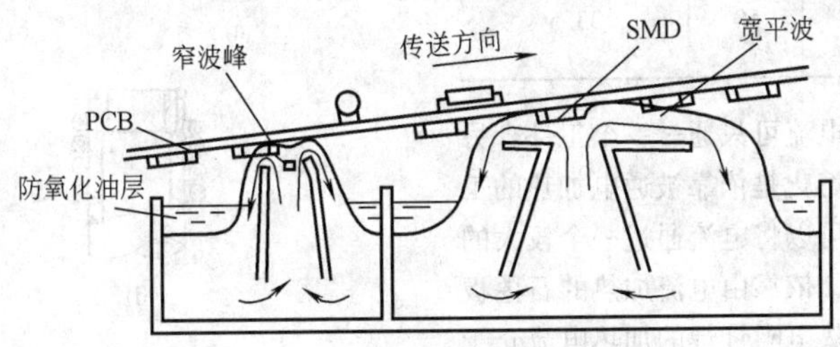

图 21-11　双波峰焊示意图

PCB—印制电路板　SMD—表面贴装器件

21.5.4　电阻钎焊

电阻钎焊是利用电流通过工件或与工件接触的加热块所产生的电阻热，加热工件和熔化钎料的钎焊方法。钎焊时对钎焊处应施加一定的压力。电阻钎焊分直接加热和间接加热两种方式，如图 21-12 所示。

一般的电阻钎焊方法与电阻焊相似，是用电极压紧两个零件的钎焊处，使电流流经钎焊面形成回路，主要是靠钎焊面及毗连的部分母材中产生的电阻热来加热。其特点是被加热的只是零件的钎焊处，因此加热速度很快。在这种钎焊过程中，要求零件钎焊面彼此保持紧密贴合。否则，将会因接触不良，造成母材局部过热或未钎透等缺陷。

直接加热电阻钎焊，钎焊处由通过的电流直接加热，加热很快，但要求钎焊面紧密贴合。加热程度视电流大小和压力而定，加热电流在 6000 ~ 15000A，压力在 100 ~ 2000N 之间。电极材料可选用铜、铬铜、钼、钨、石墨和铜钨烧结合金。电极的性能列于表 21-6、表 21-7 中。

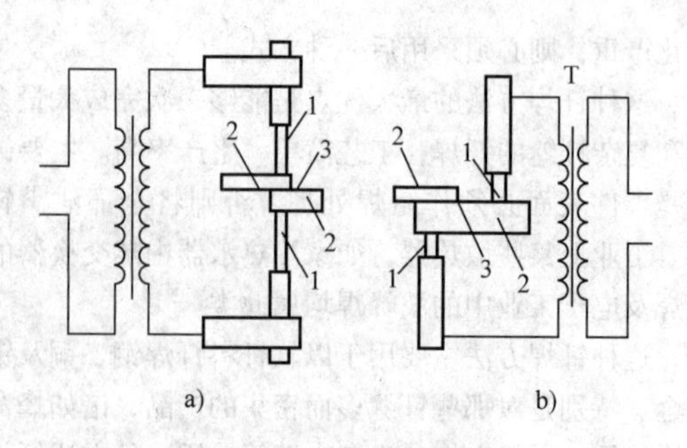

图 21-12 电阻钎焊原理图
a）直接加热图 b）间接加热图
1—电极 2—工件 3—钎料

表 21-6 电极的特性

材 质	电阻率 /Ω · m	硬度 HV	软化温度 /℃
钢	1.89×10^{-4}	95	150
铜合金	$(2.0\sim2.13)\times10^{-4}$	110 ~ 150	250 ~ 450
铜钨合金	$(5.3\sim5.9)\times10^{-4}$	200 ~ 280	1000
钨	5.5×10^{-4}	450 ~ 480	>1000
钼	5.7×10^{-4}	150 ~ 190	>1000

表 21-7 石墨电极特性

状态及特性	软质	中等	硬质
电阻率 /Ω · m	1.0×10^{-7}	2.0×10^{-7}	6.1×10^{-7}
热导率 /[W/(m · K)]	151	50	33.5

间接加热电阻钎焊，电流可只通过一个工件，另一个工件的加热和钎料的熔化是依靠被通电加热的工件的热传导来实现的。也可以将电流通过一个较大的石墨板，工件放在此板上，依靠由电流加热的石墨板的传热实行加热。间接加热电阻钎焊的加热电流介于100 ~ 3000A 之间，电极压力为 50 ~ 500N。间接加热电阻钎焊的灵活性较大，对工件接触面配合的要求较低，但因不是直接通过电流来加热的，加热速度慢，适于钎焊热物理性能差别大和厚度相差悬殊的工件，而且对钎焊面的配合要求可适当降低。

电阻钎焊最适于采用箔状钎料，它可以方便地直接放在零件的钎焊面之间。另外，在钎焊面预先镀覆钎料层也是常采用的工艺措施，这在电子工业中应用很广。若使用钎料丝，应待钎焊面加热到钎焊温度后，将钎料丝末端靠紧钎缝间隙，直至钎料熔化，填满间隙，并使全部边缘呈现缓的钎角为止。

电阻钎焊适于使用低电压、大电流，通常可在普通的电阻焊机上进行，也可使用专门的电阻钎焊设备。

电阻钎焊的优点是：①加热迅速、生产率高；②加热十分集中，对周围的热影响小；③工艺较简单、劳动条件好，而且过程容易实现自动化。但适于钎焊的接头尺寸不能太大，形状也不能太复杂，这是电阻钎焊应用的局限性。电阻钎焊主要用于钎焊刀具、带锯、电机的定子线圈、导线端头，以及各种电触点等。

21.5.5 感应钎焊

感应钎焊是依靠工件在交流电的交变磁场中，产生感应电流的电阻热来加热的钎焊方法。由于热量由工件本身产生，因此加热迅速，工件表面的氧化比炉中钎焊少，并可防止母材的晶粒长大和再结晶的发展。此外，还可实现对工件的局部加热。

交流电源按频率可分为工频、中频和高频。工频很少用于钎焊，感应钎焊常用的是高频和中频。

感应圈是传递感应电流的部件，感应圈设计的好坏对加热影响极大。图 21-13 为感应圈的典型结构。正确设计和选用感应圈的基本原则是：保证工件加热迅速、均匀及效率高。通常感应圈均用纯铜管制作。

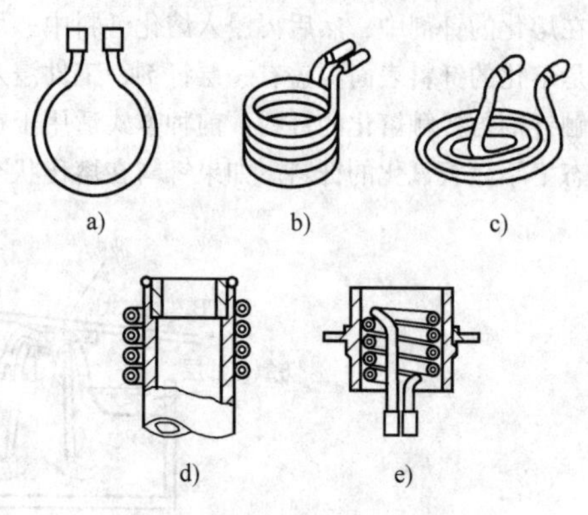

图 21-13 感应圈的典型结构
a）单匝感应圈 b）多匝螺管形感应圈
c）扁平式感应圈 d）外热式 e）内热式

感应钎焊可使用各种钎料。由于钎焊加热速度很快，钎料和钎剂都在装配时预先放好。感应钎焊除可在空气中进行外，也可在真空或保护气氛中进行。在这种情况下，可同时将工件和感应圈放入容器内，也可将装有工件的容器放在感应圈内，而容器抽真空或通保护气体。

感应钎焊广泛地用于钎焊钢、不锈钢、铜和铜合金、高温合金等，既可用于软钎焊，也可用于硬钎焊，主要用来钎焊比较小的工件，特别适用于对称形状的工件，如管状接头、管与法兰、轴和盘的连接等。另外，由于感应钎焊容易实现自动化和局部迅速加热，对于大批量生产，也是一种很有效的工艺。

21.5.6　其他钎焊方法

1. 红外钎焊

红外线是电磁波谱中波长介于红光和微波之间的电磁辐射，有显著的热效应。同时，红外线很容易被物体吸收，在通过有悬浮粒子的物质时不容易发生散射，具有较强的穿透能力，因此在工业上红外线被广泛用作热源。红外钎焊就是利用红外线辐射能来加热工件和熔化钎料的钎焊方法。

一种主要用作钎焊热源的红外线辐射器是大功率石英白炽灯。如在石英灯上附加抛物面聚焦装置，可以对小型部件进行点状加热。这种钎焊装置目前已用于印制电路板上小型元器件的钎焊连接。电热毡钎焊是红外钎焊的另一种形式。电热毡是由上、下加热垫组成。垫内安放有冷却水管，垫的表面安置着加热元件，其形状与工件外形相同。工件放在密封容器内，容器置于加热垫之间，抽真空并充氩后加热钎焊，在加热中热量的辐射起了主要作用。

2. 电弧钎焊

电弧钎焊是一种新型的钎焊工艺。钎焊时电弧位于工件与熔化极之间，周围是惰性气体。钎料作为电弧的一个电极，从焊枪中连续送进钎焊区，形成钎焊焊缝的填充金属。

电弧钎焊具有节能高效的特点，同时由于氩气流对电弧具有压缩作用，热量较集中，加热升温速度快，钎焊接头在高温停留时间短，母材金属不易产生晶粒长大并使热影响区变窄，其组织与性能变化也较小，焊缝成形美观，速度快，钎焊接头强度较高。电弧钎焊用于镀锌钢板钎焊时，可防止锌层的破坏及锌的蒸发，钎缝耐腐蚀，生产率高。

根据电极的不同，采用的材料不同，电弧钎焊分为熔化极惰性气体保护电弧钎焊（MIG 钎焊）和钨极惰性气体保护电弧钎焊（TIG 钎焊）、脉冲熔化极/非熔化极惰性气体保护电弧钎焊及等离子弧钎焊。对于 TIG/MIG 钎焊，当电极接正极、母材接负极时，因其特有的“阴极雾化”作用，能破碎和清洁钎缝表面的氧化膜；当电极接负极时，等离子弧柱的热活化和热蒸发作用，能使加热区得到净化，所以电弧钎焊不需要用钎剂，无钎剂腐蚀作用，不需要焊后清洗。MIG 钎焊中采用脉冲电流是取得低热输入最适宜的方式，并采用一脉冲一滴的熔滴过渡方式。钎焊过程中无飞溅，电弧十分稳定。采用脉冲 MIG 钎焊，因接头能够熔敷足够多的钎料，而这个部位的热输入却很小，所以对减小变形效果显著。

电弧钎焊要求热输入不能过大，否则会造成被焊工件局部熔化而不能形成钎焊接头。故采用较低的热输入是获得良好钎焊接头的必要条件，因此钎焊过程中必须严格执行工艺规范。电弧钎焊作为一种新型的钎焊工艺，其显著优点已在生产中获得了很多应用。在国内，第一汽车集团公司在 20 世纪 90 年代初即开展了电弧钎焊工艺的研究，并很快用于轻型车、油漆线制造等生产中；奥迪 A6、上海别克已使用 MIG 钎焊方法焊接镀锌钢板；上海大众帕萨特在 2000 年已大量采用了该工艺。德国、美国、英国、日本、瑞士、荷兰、意大利等国的汽车工业的部件制造及电器制造上，都已经采用了电弧钎焊方法。

近几年出现了一种冷金属过渡技术 CMT（Cold Metal Transfer），它是将送丝与熔滴过渡过程进行数字化协调。当焊机的 DSP 处理器监测到一个短路信号，就会反馈给送丝机，送丝机做出回应回抽焊丝，从而使得焊丝与熔滴分离，使熔滴在无电流状态下过渡。通过协调送丝监控和过程控制实现了焊接过程中“冷”和“热”的交替。CMT 同时具备许多优点：焊接过程中，热输入小；无飞溅起弧，减少了焊后清理工作；能够进行薄板对接焊而不需要对工件进行背面气体保护。良好的搭桥能力使得焊接过程操作容易，特别适用于自动焊。CMT 技术已成功地应用于铝与不锈钢的异种材料电弧钎焊中。

3. 激光钎焊

激光钎焊是利用激光束所产生的热能对薄壁精密零件实行局部加热和钎焊，从而使金属连接起来的一种工艺方法。由于激光钎焊的成本较高，因此只有当常规钎焊方法不适用时才考虑这一工艺方法。

激光钎焊相对于常规钎焊的一大优点是它只产生一个局部的钎焊连接。它的另一个优点是激光束热能的可控程度很高，包括可控制光束强度、束斑尺寸、加热持续时间，以及可精确地局部加热或限位加热。此外，由于固体相对于激光波长来说是透明的，激光束易于通过固体而被传输，因此激光钎焊可在密封的真空内或充有高压气体的封装物内进行。

在大多数应用场合，将激光束直接指向接头上的预置钎料，从而完成一条钎缝的钎焊。一般来说，激光钎焊时工件将位于固定的激光束之下，将工件定位于激光束焦点上方以求得光束的能量密度与光束宽度之间的适当平衡。激光钎焊时，预先将钎料放置在接头内。钎料或呈粉状，或呈填隙片状，将其装在待钎焊零件之间。

任何激光钎焊过程，不论是否采用钎剂，均需采用适当的气氛保护。当采用钎剂时，可用水或酒精使其与粉状钎料混合而成膏状并涂于接头内，钎焊前必须将膏状钎剂彻底干燥。

4. 气相钎焊

气相钎焊是利用非活性有机溶剂（氟化物）被加热沸腾产生的饱和蒸气与工件表面接触时凝结放出的潜热而进行加热的。气相钎焊设备示意图如图 21-14所示。用加热器将工件液体加热、挥发，使饱和蒸气充满容器。工作液体主要是（C_3F_{11}）$_3$N，其沸点为 215℃，可满足锡铅共晶钎料钎焊温度的要求。当工件进入工作液体饱和蒸气时，由于工件温度低，蒸气在其表面沉积后冷凝，释放出潜热，进行钎焊加热。为了防止蒸气逸出大气，可使用辅助气（三氯二氟乙烷，沸点为 47.5℃）。辅助气的密度介于工作气与大气之间，成为工作气与大气之间的阻挡层。容器上方装有凝聚用的冷却螺旋管，以防止进入大气。

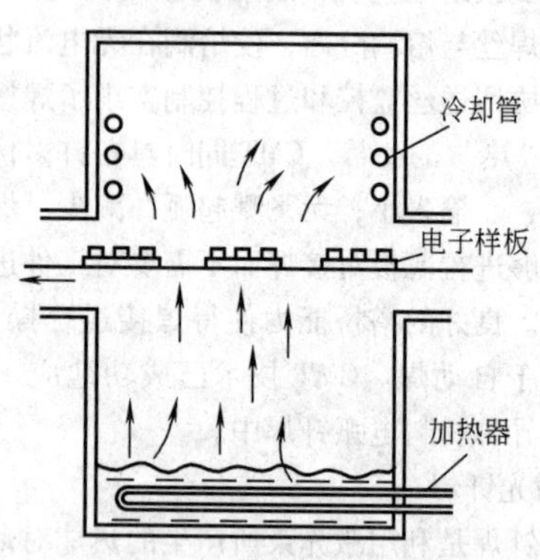

图 21-14　气相钎焊设备示意图

这种钎焊方法的优点是加热均匀，能精确控制温度，生产率高，钎焊质量高，缺点是氟液价格昂贵。这种钎焊方法可用于钎焊印制电路板上的接线柱，在陶瓷基片上钎焊陶瓷片或钎焊芯片基座外部的引线等。

5. 放热反应钎焊

放热反应钎焊是另一种特殊硬钎焊方法，使钎料熔化和流动所需的热量是由放热化学反应产生的。放热化学反应是两个或多个反应物之间的化学反应，并且反应中热量是由于系统的自由能变化而释放的。虽然自然界为我们提供了无数的这类反应，但只有固态或接近于固态的金属与金属氧化物之间的反应才适用于放热反应钎焊装置。

放热反应的特点是不需要专门的绝热装置，故适用于难以加热的部位，或在野外钎焊的场合。已有在宇宙空间条件下实现钢管放热反应钎焊的实例。

6. 机械热脉冲劈刀钎焊法

这种方法依靠劈刀来传递热量，加热焊接点。预成形的钎料放置在两个母材之间，劈刀以一定的压力压在其中一被焊物上，停留片刻使钎料熔化。这种方法能够十分精确地控制由劈刀传给被焊物的热量和焊区的加热时间。劈刀的形状根据被焊物的形状而定，可以是楔形、圆柱形或凹槽形。所用的钎料多是低熔点的软钎料。如果配置适当的自动化设备，可以进行半自动或全自动的焊接。目前这种方法应用在梁式引线晶体管、混合电路中的元件引线焊接及集成电路封盖中。

7. 超声波钎焊法

超声波钎焊法是利用超声波振动传入熔化钎料，利用钎料内发生的空化现象，破坏和去除母材表面的氧化物，使熔化钎料润湿纯净的母材表面而实现钎焊的。其特点是钎焊时不需使用钎剂。

超声波钎焊法常应用于低温软钎焊工艺。随着温度升高，空化破坏加剧。当零件受热超过 400℃，则超声波振动不仅使钎料的氧化膜微粒脱落，而且钎料本身也会小块小块地脱落。因此通常先将零件搪上钎料，再利用超声波烙铁进行钎焊。

8. 光学钎焊法

光学钎焊是利用光的能量使焊点处发热，将钎料熔化，填充连接的空隙。目前常用的光学钎焊法有两种，一种是红外灯直接照射，使钎料熔化，一般用于集成电路封盖；另一种是利用透镜和反射镜等光学系统，将点光源的射线经聚光透镜成平行光束。光束的大小由一组透镜聚焦调节，光线与被焊物作用时间的长短靠一个特殊的快门来控制。根据不同的设备可以应用在微电子器件内引线焊接和管壳的封装。光学钎焊一般使用预成形的环形、圆形、矩形或球形钎料。

9. 扩散钎焊法

扩散钎焊法是把互相接触的固态异质金属或合金加热到熔点以下，利用相互的扩散作用，在接触处产生一定深度的熔化而实现连接。当加热金属能形成共晶或一系列具有低熔点的固溶体时，就能实现这样的扩散钎焊。接触处所形成的液态合金在冷却时是连接两种材料的钎料，这种钎焊方法也称“接触-反应钎焊”或“自身钎焊”。当两种金属或合金不能形成共晶时，可在工件间放置垫圈状的其他金属或合金，以形成共晶实现扩散钎焊。

扩散钎焊的主要焊接参数是温度、压力和时间，其中尤以温度对扩散系数的影响最大，而压力有助于消除结合面微细的凹凸不平。压力与温度、时间有着密切关系。

扩散钎焊过程可分为三个阶段。首先是接触处在固态下进行扩散，此时合金接触处附近的合金元素饱和，但未达到共晶的浓度；接着，接触处达到共晶成分的地方形成液相，促进合金元素继续扩散，共晶的合金层将随时间增加；最后停止加热，接触处合金凝固形成连接接头。

21.5.7 各种钎焊方法的比较

钎焊方法的种类较多，合理选择钎焊方法的依据是工件的材料和尺寸、钎料和钎剂、生产批量、成本、各种钎焊方法的特点等。表21-8综合了各种钎焊方法的优缺点及适用范围。

表21-8 各种钎焊方法的优缺点及适用范围

钎焊方法	主要特点		用途
烙铁钎焊	设备简单、灵活性好，适用于微细钎焊	需使用钎剂	只能用于软钎焊，钎焊小件
火焰钎焊	设备简单，灵活性好	控制温度困难，操作技术要求较高	钎焊小件
金属浴钎焊	加热快，能精确控制温度	钎料消耗大，焊后处理复杂	用于软钎焊及其批量生产
盐浴钎焊	加热快，能精确控制温度	设备费用高，焊后需仔细清洗	用于批量生产，不能钎焊密闭工件
气相钎焊	能精确控制温度，加热均匀，钎焊质量高	成本高	只用于软钎焊及其批量生产
波峰钎焊	生产率高	钎料损耗大	用于软钎焊及其批量生产
电阻钎焊	加热快，生产率高，成本较低	控制温度困难，工件形状、尺寸受限	钎焊小件
感应钎焊	加热快，钎焊质量好	温度不能精确控制，工件形状受限制	批量钎焊小件
保护气体炉中钎焊	能精确控制温度，加热均匀，变形小，一般不用钎剂，钎焊质量好	设备费用较高，加热慢，钎料和工件不宜含大量易挥发元素	大、小件的批量生产，多钎缝工件的钎焊
真空炉中钎焊	能精确控制温度，加热均匀，变形小，一般不用钎剂，钎焊质量好	设备费用高，钎料和工件不宜含较多挥发性元素	重要工件
超声波钎焊	不用钎剂，温度低	设备投资大	用于软钎焊

21.6 钎焊工艺

21.6.1 钎焊工艺步骤

钎焊的工艺过程包括如下步骤：

1）工件的表面处理，包括脱脂，清除过量的氧化皮，有时还需要进行表面镀覆各种有利于钎焊的金属。

2）装配和固定，以保证工件零件间的相互位置不变。

3）钎料和钎剂位置的最佳配置，使得液态钎料能够在纵横复杂的钎缝中获得最理想的走向。

4）当钎料在工件表面漫流不入钎缝时，有时需涂以阻流剂，以规范钎料的流向。

5）正确选择钎焊参数，包括钎焊的温度、升温速度、焊后保温时间、冷却速度等。

6）钎焊后清洗，以除去可能引起腐蚀的钎剂残留物或者影响钎缝外形的堆积物。

7）必要时钎缝连同整个工件还要进行焊后镀覆，如镀其他金属保护层、氧化或钝化处理、喷漆等。

21.6.2 工件表面准备

钎焊前必须仔细地清除工件表面的氧化物、油脂、污物及油漆等，因为熔化了的钎料不能润湿未经清理的零件表面，也无法填充接头间隙。有时，为了改善母材的钎焊性、提高钎焊接头的耐蚀性，钎焊前还必须将零件预先镀覆某种金属层。

1. 清除油污

油污可用有机溶剂去除。常用的有机溶剂有酒精、四氯化碳、汽油、三氯乙烯、二氯乙烷及三氯乙烷等。

小批生产时可将零件浸在有机溶剂中清洗干净。大批生产中应用最广的是在有机溶剂中脱脂。此外，在热的碱溶液中清洗也可得到满意的效果。例如钢制零件可浸入70～80℃的10%苛性钠溶液中脱脂，铜和铜合金零件可在50g磷酸三钠、50g碳酸氢钠加1L水的溶液内清洗，溶液温度为60～80℃。零件的脱脂也可在洗涤剂中进行。脱脂后用水仔细清洗。当零件表面能完全被水润湿时，表明表面油脂已去除干净。对于形状复杂而数量很大的小零件，也可在专门的槽子中用超声波清洗。

2. 清除氧化物

钎焊前，零件表面的氧化物可用机械方法、化学侵蚀法和电化学侵蚀方法去除。

机械方法清理时可采用锉刀、金属刷、砂布、砂轮、喷砂等去除零件表面的氧化膜。其中，锉刀和砂布清理用于单件生产，清理时形成的沟槽还有利于钎料的润湿和铺展；批量生产时用砂轮、金属刷、喷砂等方法。铝和铝合金、钛合金的表面不宜用机械清理法。

由于生产率比较高，化学侵蚀法广泛用于清除零件表面的氧化物，特别是批量生产中，但要防止表面的过侵蚀。适用于不同金属的化学侵蚀液成分列于表21-9。对于大批量生产及必须快速清除氧化膜的场合，可采用电化学侵蚀法（表21-10）。

表21-9 化学浸蚀液成分

适用的母材	侵蚀液成分(体积分数)	处理温度/℃
铜和铜合金	10% H_2SO_4，余量水	50～80
	12.5% H_2SO_4 + 1%～3% Na_2SO_4，余量水	20～77
	10% H_2SO_4 + 10% $FeSO_4$，余量水	50～80
	0.5%～10% HCl，余量水	室温
碳钢与低合金钢	10% H_2SO_4 + 侵蚀剂，余量水	40～60
	10% HCl + 缓蚀剂，余量水	40～60
	10% H_2SO_4 + 10% HCl，余量水	室温
铸铁	12.5% H_2SO_4 + 12.5% HCl，余量水	室温
不锈钢	16% H_2SO_4，15% HCl，5% HNO_3，64% H_2O	100，30s
	25% HCl + 30% HF + 缓蚀剂，余量水	50～60
	10% H_2SO_4 + 10% HCl，余量水	50～60
钛及钛合金	2%～3% HF + 3%～4% HCl，余量水	室温
铝及铝合金	10% NaOH，余量水	50～80
	10% H_2SO_4，余量水	室温

表21-10 电化学侵蚀

成 分	时间/min	电流密度/(A/cm²)	电压/V	温度/℃	用 途
φ(正硫酸) 65% φ(碳酸) 15% φ(铬酐) 5% φ(甘油) 10% φ(水) 5%	15～30	0.06～0.07	4～6	室温	用于不锈钢
硫酸 15g 硫酸铁 250g 氯化钠 40g 水 1L	15～30	0.05～0.1	—	室温	零件接阳极，用于有氧化皮的碳钢
氯化钠 50g 氯化铁 150g 盐酸 10g 水 1L	10～15	0.05～0.1	—	20～50	零件接阳极，用于有薄氧化皮的碳钢
硫酸 120g 水 1L	—	—	—	—	零件接阴极，用于碳钢

化学侵蚀和电化学侵蚀后，还应进行光泽处理或中和处理（表21-11），随后在冷水或热水中洗净，并加以干燥。

3. 母材表面镀覆金属

在母材表面镀覆金属，其主要目的是：①改善一些材料的钎焊性，增加钎料对母材的润湿能力；②防止母材与钎料相互作用对接头质量产生不良的影响，如防止产生裂纹，减少界面产生脆性金属间化合物；③作为钎料层，以简化装配过程和提高生产率。某些母材的镀覆金属使用情况列于表21-12。在母材表面镀覆金属可用不同的方法进行，常用的有电镀、化学镀、熔化钎料中热浸、轧制包覆等。

表21-11 光泽处理或中和处理

成分（体积分数）	温度/℃	时间/min	用 途
HNO_3 30%溶液	室温	3～5	处理铝、不锈钢、铜和铜合金、铸铁
Na_2CO_3 15%溶液	室温	10～15	
H_2SO_4 8%，HNO_3 10%溶液	室温	10～15	

表21-12 预镀覆的使用情况

母 材	镀覆材料	方 法	功 用
铜	银	电镀、化学镀	用作钎料
铜	锡	热浸	提高钎料的润湿作用
不锈钢	铜、镍	电镀、化学镀	提高钎料的润湿作用，铜又可用作钎料
钼	铜	电镀、化学镀	提高钎料的润湿作用
石墨	铜	电镀	使钎料容易润湿
钨	镍	电镀、化学镀	提高钎料润湿作用
可伐合金	铜、镍	电镀、化学镀	防止母材开裂
钛	钼	电镀	防止界面产生脆性相
铝	镍、铜、锌	电镀、化学镀	提高钎料润湿作用，提高接头的耐蚀性
铝	铝硅合金	包覆	用作钎料

21.6.3 装配和固定

模锻钎焊零件应装配定位，以确保它们之间的相互位置。固定零件的方法很多，对于尺寸小、结构简单的零件，可采用较简单的固定方法，如依靠自重、紧配合、滚花、翻边、扩口、旋压、镦粗、收口、咬口、弹簧夹、定位销、螺钉、铆钉、定位焊、熔焊等。图21-15列出了典型的零件定位方法。其中，紧配合主要用于以铜钎料钎焊钢，其他场合甚少用；滚花、翻边、扩口、旋压、收口、咬口等方法简单，但间隙难以保证均匀；螺钉、铆钉、定位销定位比较可靠，但比较麻烦；定位焊和熔焊固定既简单又迅速，但定位点周围往往发生氧化。故应根据具体情况进行选择。对于结构复杂的零件一般采用专用的夹具来定位。对钎焊夹具的要求是：①夹具材料应具有良好的耐高温和抗氧化性；②夹具与零件材料应具有相近的热膨胀系数；③夹具应具有足够的刚度，但结构要尽可能简单，尺寸尽可能小，使夹具既工作可靠，又能保证较高的生产率。

21.6.4 钎料的放置

在各种钎焊方法中，除火焰钎焊和烙铁钎焊外，大多数是将钎料预先安置在接头上的。安置钎料时应尽可能利用钎料的重力作用和间隙的毛细作用来促进钎料填满间隙。图21-16a、b所示环状钎料的安置方式是合理的。为避免钎料沿平面流失，应将钎料放在稍高于间隙的部位。为了完全防止钎料沿法兰平面流失，可采用图21-16c、d形式的接头。在图21-16e、f中工件是水平放置的，必须使钎料紧贴接头，方能依靠毛细作用吸入缝隙。对于紧密配合和搭接长度大的接头可采用图21-16g、h形式，即在接头上开出钎料安置槽。膏状钎料应直接涂在钎焊处；粉末状钎料可用胶粘剂调和后粘在接头上。

21.6.5 涂阻流剂

为了完全防止钎料流失，有时需要涂阻流剂。阻流剂主要是由氧化物（如氧化铝、氧化钛或氧化镁等稳定氧化物）与适当的胶粘剂组成。钎焊前将糊状阻流剂涂在邻近接头的零件表面上，由于钎料不能

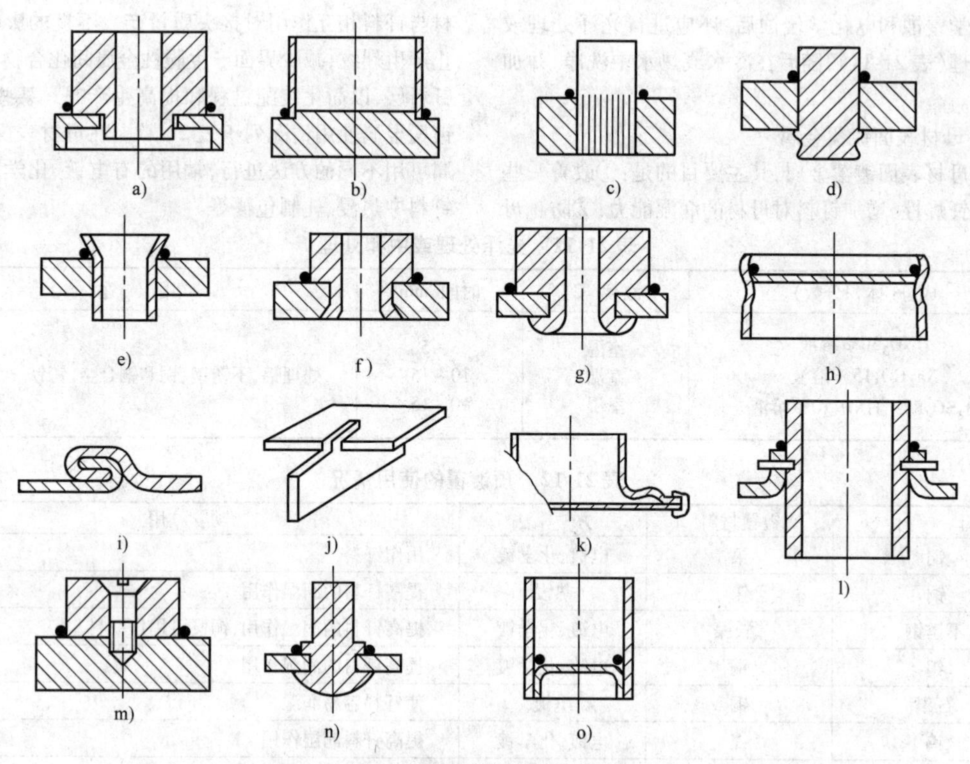

图21-15　典型的零件定位方法

a）重力定位　b）紧配合　c）滚花　d）翻边　e）扩口　f）旋压　g）模煅　h）收口
i）咬边　j）开槽和弯边　k）夹紧　l）定位销　m）螺钉　n）铆接　o）定位焊

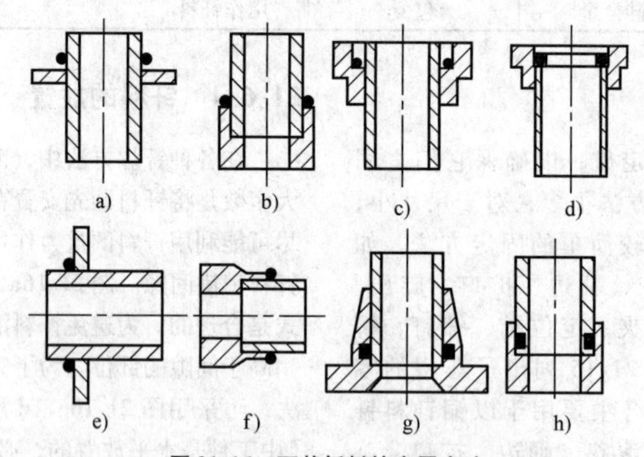

图21-16　环状钎料的安置方法

润湿这些物质，故被阻止流动。钎焊后再将阻流剂去除。阻流剂在保护气氛炉中钎焊和真空炉中钎焊中用得很广。

21.6.6　钎焊参数

钎焊过程的主要参数是钎焊温度和保温时间。钎焊温度通常选为高于钎料液相线温度25～60℃，以保证钎料能填满间隙，但也有例外。例如，对某些结晶温度间隔宽的钎料，由于在液相线温度以下已有相当量的液相存在且具有一定的流动性，这时钎焊温度可以等于或稍低于钎料液相线温度。对于某些钎料，如镍基钎料，希望钎料与母材充分地发生反应，钎焊温度可能高于钎料液相线温度100℃以上。钎焊的保温时间视工件大小以及钎料与母材相互作用的剧烈程度而定。大件的保温时间应长些，以保证加热均匀；钎料与母材作用强烈的，保温时间要短。一般来说，一定的保温时间是促使钎料与母材相互扩散，形成牢固结合所必需的，但过长的保温时间将导致溶蚀等缺陷的发生。

21.6.7 钎焊后清洗

钎剂残渣大多对钎焊接头有腐蚀作用，也妨碍对钎缝的检查，需清除干净。

含松香的钎剂残渣不溶于水，可用异丙醇、酒精、汽油、三氯乙烯等有机溶剂除去。由有机酸及盐组成的钎剂，一般都溶于水，可采用热水洗涤。若为由凡士林调制的膏状钎剂，则可用有机溶剂去除。由无机酸组成的软钎剂溶于水，因此可用热水洗涤。含碱金属及碱土金属氯化物的钎剂（例如氯化锌），可用体积分数为2%的盐酸溶液洗涤，其目的是溶解不溶于水的金属氧化物与氯化锌相互作用的产物。为了中和盐酸，再用含少量NaOH的热水洗涤。若为由凡士林调成的含氯化锌的钎剂，则可先用有机溶剂清除残留的油脂，再用上述方法洗涤。

硬钎焊用的硼砂和硼酸钎剂残渣基本上不溶于水，很难清除，一般用喷砂去除。比较好的方法是，将已钎焊的工件在热态下放入水中，使钎剂残渣开裂而易于去除，但这种方法不适用于所有的工件；也可将工件放在70~90℃的体积分数为2%~3%的重铬酸钾溶液中清洗较长时间。含氟硼酸钾或氟化镓的硬钎剂残渣，可用水煮或在10%柠檬酸热水中清除。铝用软钎剂残渣可用有机溶剂（例如甲醇）清除。铝用硬钎剂残渣对铝具有很大的腐蚀性，钎焊后必须清除干净。下面列出了一些清洗方法，可以得到较好的效果。如有可能，可将热态工件放入冷水中，使钎剂残渣崩裂。

1）60~80℃热水中浸泡10min，用毛刷仔细清洗钎缝上的残渣，冷水冲洗后在HNO_3体积分数15%的水溶液中浸泡约30min，再用冷水冲洗。

2）60~80℃流动热水冲洗10~15min，再放在65~75℃的$CrO_3$2%（体积分数）、$H_3PO_4$5%（体积分数）水溶液中浸泡5min，用冷水冲洗后用热水煮，冷水浸泡8h。

3）60~80℃流动热水冲洗10~15min，流动冷水冲洗30min。放在体积分数分别为草酸2%~4%、NaF1%~7%、环氧乙烷的聚合物洗涤剂0.05%溶液中浸泡5~10min，再用流动冷水冲洗20min，然后放在$HNO_3$10%~15%（体积分数）硝酸溶液中浸泡5~10min，取出后再用冷水冲洗。

对于有氟化物组成的无腐蚀性铝钎剂，可将工件放在体积分数分别为7%草酸、7%硝酸组成的水溶液中，先用刷子刷洗钎缝，再浸泡1.5h取出后用冷水冲洗。

21.6.8 工件的升温速度和冷却速度

升温速度具有调节钎剂、钎料熔化温度区间的作用，但其与材料的热导率、工件尺寸应有相应的配合。对那些性质较脆、热导率较低和尺寸较厚的工件不宜升温过快，否则将导致材料的开裂，产生表面与内部的应力差，进而导致变形。不提高工件的环境温度而加强气氛的对流和循环来加强热传导，以提高升温速度是一种可取的方法。这种方法还可以提高加热的均匀性，是隧道加热炉中常采用的一种方法。类似可取的方法还有盐浴钎焊和金属浴钎焊。

冷却速度对钎缝结构有很大影响。一般，钎焊过程完成以后，快速冷却有利于钎缝中钎料合金的细化，从而加强钎缝的各种力学性能，这对于薄壁、传热系数高、韧性强的材料是不成问题的。但是对那些厚壁、热导率低的脆性材料，则会和升温速度快时一样产生同样的缺陷。较慢的冷却速度有利于钎缝结构的均匀化，这对一些钎料和母材能产生固溶体的情况时比较突出。例如Cu-P钎料钎焊铜时，较慢的冷却速度使得钎缝中含有更多的Cu-P固溶体，而产生较少的Cu_3P化合物。

合适的升温速度和冷却速度应该综合考虑母材性质、工件形状尺寸、钎料的性质及其与母材的相互作用等条件后再加以确定。

21.6.9 钎焊接头的保温处理和结构的均匀化

钎焊过程完成以后，适当加以保温再进行冷却，往往有利于结构的均匀化而使强度增加。在采用Al-Si共晶钎料600℃钎焊3A21铝母材后，钎缝保温时间不同，结果不同。随着保温时间的延长，液态共晶钎料沿晶界渗入愈益深化，钎缝扩散变宽，共晶硅有聚集成较大晶粒的倾向。保温7min之后，共晶硅几乎完全消失，钎缝组织中只剩下不连续的硅晶粒，钎缝实际上已不复存在。这种现象的产生是因为600℃时Si在Al中互溶度小于1%，在7min内Si不足以全部溶入Al内形成固溶体，小的硅晶体溶解，而大的硅晶体长大。同Al-Si共晶钎料600℃钎焊3A21铝相似，用Cu-P钎料钎焊纯铜，延长保温时间也会观察到类似现象。与母材互溶度较大的钎料则与此不同。例如，用Cu62Zn钎料钎焊铜时，由于锌在铜中互溶度很大，在900℃时高达39%，在钎焊温度950℃保温，随保温时间的延长，钎缝会完全整齐地被固溶体充满。与此类似的例子还可以在1050℃用BNi82CrSiB钎料钎焊不锈钢时观察到。钎料与母材间有金属间化合物产生时，由于钎焊后的保温，钎料中能与母材产生化合物的组元也会向母材晶粒中或晶界扩散，而减少化合物的存在和影响。

以上是钎料中第二组元和母材在液相和固相都有相互互溶度时，焊后保温所产生的效果。如果钎料和母材间无论液相还是固相的互溶度都极小，例如用银作钎料钎焊铁时，就不会产生上述效果。但通常不用纯银而是采用银铜锌的合金作为钎料，铜的质量分数高达 20% ~50%，与铁无论是固相还是液相都有相当大的互溶度，因此这些合金钎料还是可以作保温处理的。

21.6.10　熔析与溶蚀

钎焊时钎缝往往并不光滑，有时在钎料的流入端留下一个剩余的钎料瘤，有时也会留下一个凹坑，前者称为熔析，后者称为溶蚀。二者产生的根本原因在于钎料的组成和钎焊温度搭配不当。

熔析的现象主要在应用亚共晶钎料时容易发生，因此使用亚共晶钎料的关键是要快速升温。

溶蚀的发生主要由于钎料的成分选择不当、钎焊温度过高以及钎焊停留时间过长。亚共晶钎料的溶蚀较小，而过共晶钎料则有较大的溶蚀，因此除在特殊情况下，一般较少使用过共晶钎料。实际上，钎焊温度高出液相线许多，严格意义上的溶蚀是不可避免的。已发生较严重溶蚀的液态钎料顺着钎缝流走，则会在放置钎料处留下麻面或凹坑。如果不流走，长时间停留原处，则会在此处与母材互溶，改变母材的成分，使母材变形，甚至溶穿。总之，产生溶蚀的原因在于钎料合金中的第二相与母材的互溶度太大、温度太高，以及钎料在原地停留时间过长。

21.7　钎焊接头设计

设计钎焊接头时，首先应考虑接头的强度，其次要考虑如何保证组合件的尺寸精度、零件的装配定位、钎料的安置、钎焊接头的间隙等工艺问题。

21.7.1　钎焊接头的基本形式

钎焊接头大多采用搭接形式，搭接接头的装配同对接接头相比也比较简单。为了保证搭接接头与母材具有相等的承载能力，搭接长度可按式（21-23）计算：

$$L = a\frac{R_m}{\tau_b}\delta \tag{21-23}$$

式中　R_m——母材的抗拉强度；

τ_b——钎焊接头的抗剪强度；

δ——母材厚度；

a——安全系数。

在生产实践中，对采用银基、铜基、镍基等强度较高钎料的钎焊接头的搭接长度，通常取为薄件厚度的 2 ~3 倍；对用锡铅等软钎料的钎焊接头的搭接长度，可取为薄件厚度的 4 ~5 倍，但应不大于 15mm。这是因为搭接长度过大时钎料很难填满间隙，往往形成大量缺陷。由于工件的形状不同，搭接接头的具体形式各不相同，如图 21-17 ~图 21-22 所示。

1）平板钎焊接头形式如图 21-17 所示。其中，图 21-17a、b、c 是对接形式，当要求两个零件连接后表面平齐，同时又能承受一定负载时，可采用图 21-17b、c 的形式，但这对零件的加工要求较高。其他接头形式有的是搭接接头，有的是搭接和对接的混合接头。随着钎焊面积的增大，接头承载能力也可提高。图 21-17j 是锁边接头，适用于薄件。

2）管件钎焊接头形式如图 21-18 所示。当要求连接后零件的内孔孔径相同时，可采用图 21-18a 的形式；当要求连接后零件的外径相同时，可采用图 21-18b 的形式；当零件接头的内、外径都允许有差别时，可采用图 21-18c、d 的形式。

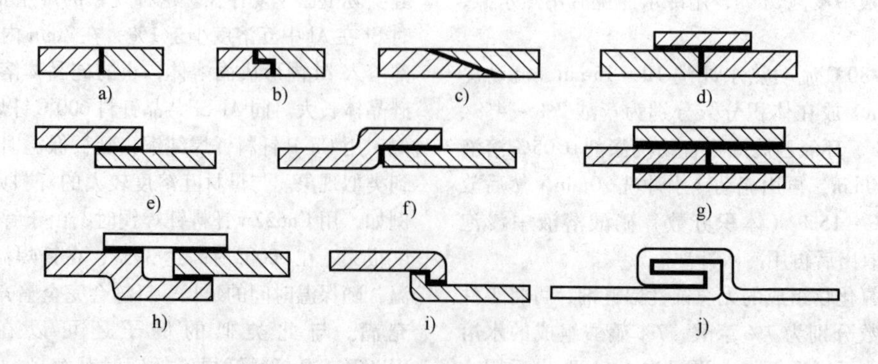

图 21-17　平板钎焊接头形式

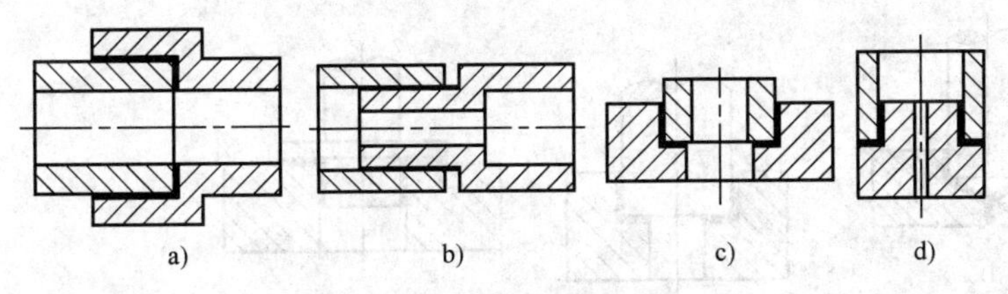

图 21-18 管件钎焊接头形式

3）T形和楔角钎焊接头如图21-19所示。对T形接头，为增加搭接面积，可将图21-19a、b所示的形式改为图21-19f、g的形式；对楔角接头，可采用图21-19h、i所示的形式来代替图21-19c、d形式；图21-19e、j所示形式的搭接面积更大；图21-19k主要用于薄件的钎焊。

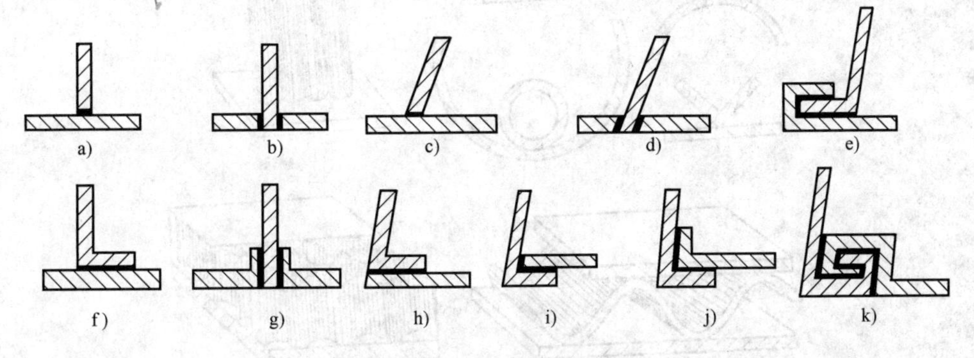

图 21-19 T形和斜角钎焊接头

4）端面接头，特别是承压密封接头采用图21-20形式。这种接头具有较大的钎焊面积，发生泄漏的可能性可减小。

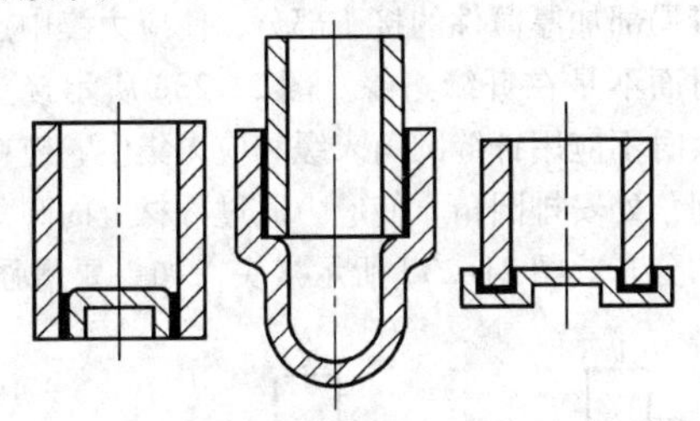

图 21-20 端面密封接头

5）管或棒与板的接头形式如图21-21所示。图21-21a所示的管板的接头形式较少采用，常以21-21b、c、d所示的接头替代。图21-21e所示的接头可用图21-21f、g、h所示的接头替代。当板较厚时，可采用图21-21i、j、k所示的接头形式。

6）线接触接头形式如图21-22所示。这种接头的间隙有时是可变的，毛细作用只在有限的范围内起作用，接头强度不是太高。这种接头主要用于钎缝受压，或受力不大的结构。

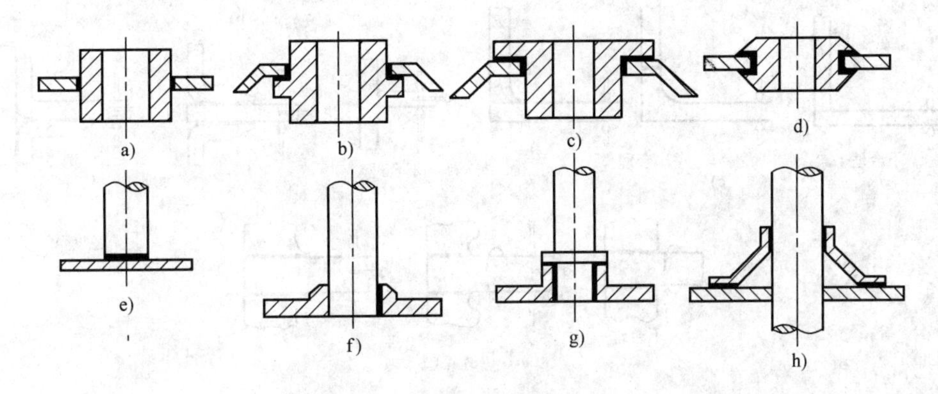

图 21-21 管或棒与板的接头形式

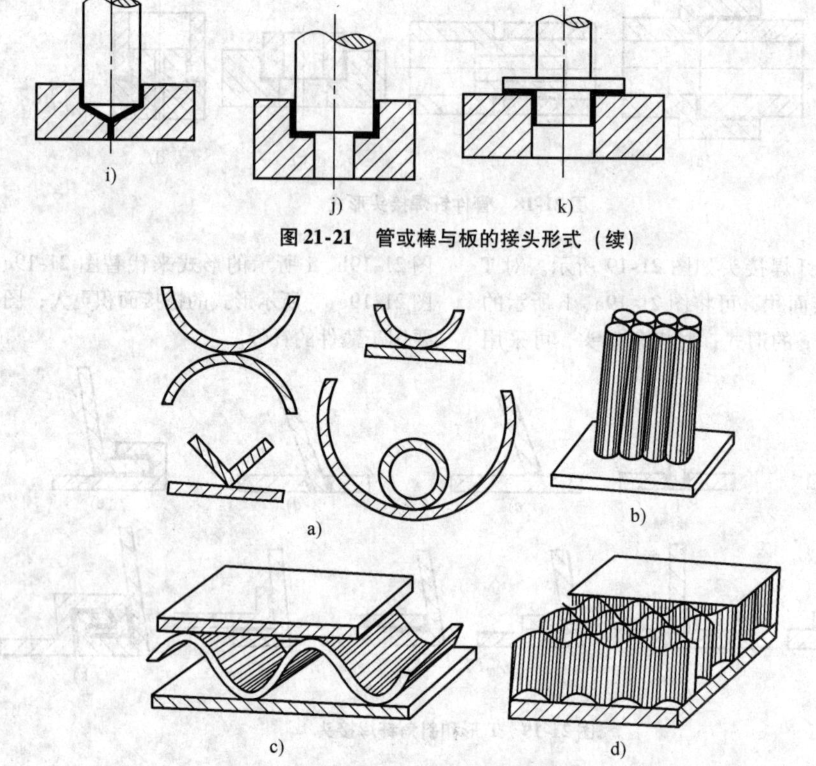

图 21-21　管或棒与板的接头形式（续）

图 21-22　线接触钎焊接头

21.7.2　钎焊接头形式与载荷的关系

设计钎焊接头时，还应考虑应力集中问题，尤其是接头受动载荷或大应力时的应力集中问题更为明显。这种情况下的设计原则是不应使接头边缘产生任何过大的应力集中，应将应力转移到母材上去。图 21-23 示出了一些受撕裂、冲击、振动等载荷的合理与不合理设计的接头。图 21-23a、b 所示为受撕裂载荷的接头，为避免在载荷作用下接头处发生应力集中，可局部加厚薄件的接头部分，使应力集中点发生在母材而不是在钎缝边缘。图 21-23c 所示接头，当载荷大时不应用钎缝圆角来缓和应力集中，应在零件本身拐角处安排圆角，使应力通过母材上的圆角形成适当的分布。图 21-23d 所示接头，如果要增强承载

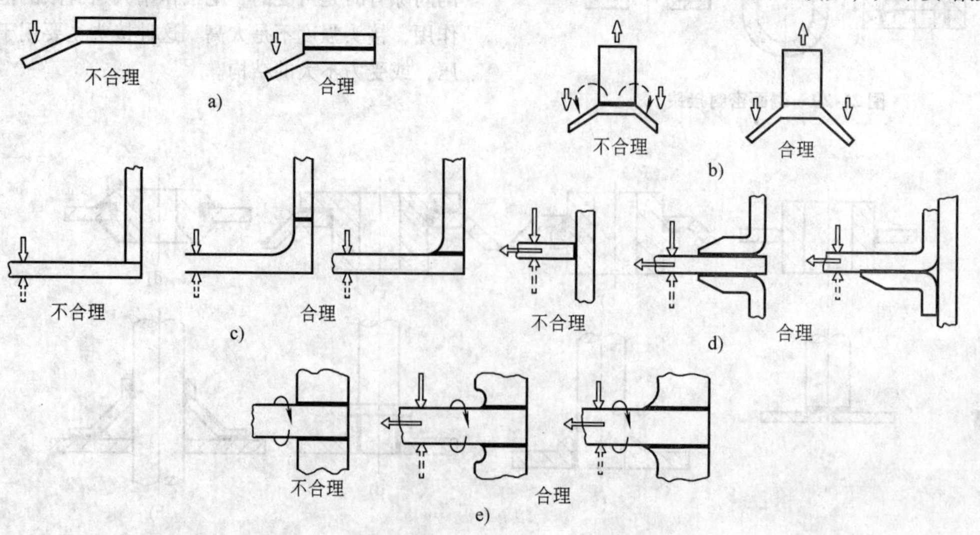

图 21-23　受动载荷或大载荷的合理与不合理设计

能力，一方面应增大钎缝面积，另一方面应尽量使受力方向垂直于钎缝面积。图 21-23e 所示是轴和盘的接头，可在盘的连接处做成圆角，以减小应力集中。

21.7.3　接头的工艺性设计

接头的工艺性设计包括接头的装配定位、钎料安置，以及限制钎料流动等。工艺孔是为满足工艺上的要求而在接头上开的孔。这对于密闭容器尤为重要。因为钎焊时容器内的空气受热膨胀，阻碍钎料的填隙，也可能使已填满间隙的钎料重新排出，形成不致密性缺陷。故密闭容器必须开工艺孔（图 21-24a）。对于其他接头，为使受热膨胀的空气逸出，也应开设类似的工艺孔（图 21-24b、c）。

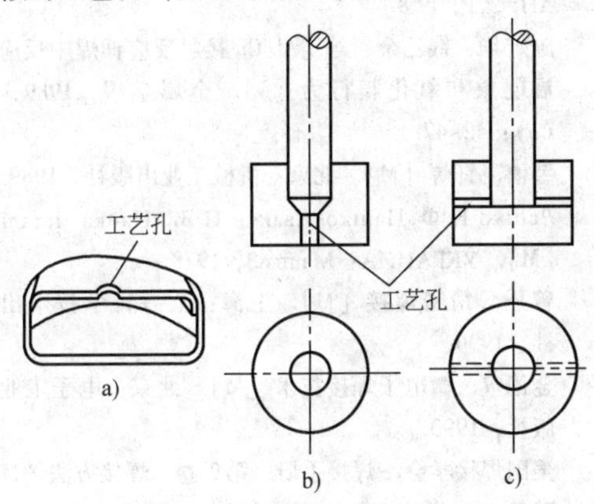

图 21-24　封闭型接头的工艺孔

21.7.4　接头间隙

钎焊时是依靠毛细作用使钎料填满间隙的，因此必须正确地选择接头间隙。间隙的大小在很大程度上影响钎缝的致密性和接头强度。间隙过小，钎料流入困难，在钎缝内形成夹渣或未钎透，导致接头强度下降；接头间隙过大，毛细作用减弱，钎料不能填满间隙，也会使接头的致密性变坏，强度下降。接头间隙的选择与下列因素有关：

1）用钎剂钎焊时，接头的间隙应选得大一些。这是因为钎焊时，熔化的钎剂先于熔化的钎料流入接头，熔化的钎料流进接头后将熔化的钎剂排出间隙。当接头间隙小时，熔化的钎料难以将钎剂排出，从而形成夹渣。真空或气体保护钎焊时，不发生上述排渣的过程，接头间隙可取得小些。

2）母材与钎料的相互作用程度将影响接头的间隙值。若母材与钎料的相互作用小，间隙值一般可取小些，如用铜钎焊钢或不锈钢时就是这种情况；若母材与钎料的相互作用强烈，如用铝基钎料钎焊铝时，会因为母材的溶解使钎料熔点提高，流动性降低，间隙值应大些。

3）流动性好的钎料，如纯金属（铜）、共晶合金及自钎剂钎料，接头间隙应小些；结晶间隔大的钎料，流动性差，接头间隙可以大些。

4）垂直位置的接头间隙应小些，以免钎料流出。水平位置的接头间隙可以大些。搭接长度大的接头，间隙应大些。

5）设计异种材料接头时，必须根据热膨胀数据计算出钎焊温度时的接头间隙。

21.8　钎焊接头的质量检验

21.8.1　钎焊接头的缺陷

钎焊后的工件必须检验，以判定钎焊接头是否符合质量要求。钎焊接头的缺陷与熔焊接头相比，无论在缺陷的类型、产生原因或消除方法等方面都有很大的差别。钎焊接头内常见的缺陷包括填缝不良、钎缝气孔、钎缝夹渣、钎缝开裂、母材开裂和钎料流失等。

1. 填缝不良的原因

1）接头设计不合理，装配间隙过大或过小，装配时零件歪斜。

2）钎剂不合适，如活性差，钎剂与钎料熔化温度相差过大，钎剂填缝能力差等。或者，是气体保护钎焊时，气体纯度低；真空钎焊时，真空度低。

3）钎料选用不当，如钎料的润湿作用差，钎料量不足。

4）钎料安置不当。

5）钎焊前准备工作不佳，如清洗不净等。

6）钎焊温度过低或分布不均匀。

2. 钎缝气孔的原因

1）接头间隙选择不当。

2）钎焊前零件清理不净。

3）钎剂去膜作用和保护气体去氧化物作用弱。

4）钎料在钎焊时析出气体或钎料过热。

3. 钎缝夹渣的原因

1）钎剂使用量过多或过少。

2）接头间隙选择不当。

3）钎料从接头两面填缝。

4）钎料与钎剂的熔化温度不匹配。

5）钎剂的密度过大。

6）加热不均匀。

4. 钎缝开裂的原因

1）由于异种母材的热膨胀系数不同，冷却过程中形成的内应力过大。

2）同种材料钎焊加热不均匀，造成冷却过程中收缩不一致。

3）钎料凝固时，零件相互错动。

4）钎料结晶温度间隔过大。

5）钎缝脆性过大。

5. 母材开裂的原因

1）母材过烧或过热。

2）钎料向母材晶间渗入，形成脆性相。

3）加热不均匀或由于刚性夹持工件而引起过大的内应力。

4）工件本身的内应力而引起的应力。

5）异种母材的热膨胀系数相差过大，而其延性较低。

6）钎料流失。

6. 钎料流失的原因

1）钎焊温度过高，保温时间过长。

2）母材与钎料之间的作用太剧烈。

3）钎料量过大。

21.8.2 钎焊接头缺陷的检验方法

钎焊接头缺陷的检验方法可分为无损检测和破坏性试验。

1. 外观检查

外观检查是用肉眼或低倍放大镜检查钎焊接头的表面质量，如钎料是否填满间隙，钎缝外露的一端是否形成圆角，圆角是否均匀，表面是否光滑，是否有裂纹、气孔及其他外部缺陷。

2. 表面缺陷检验

表面缺陷检验法包括荧光检验、着色检验和磁粉检验，用来检查发现不了的钎缝表面缺陷，如裂纹、气孔等。荧光检验一般用于小型工件的检查，大型工件则用着色探伤法。磁粉检验法只用于磁性金属。

3. 内部缺陷检验

采用一般的X射线和γ射线是检验重要工件内部缺陷的常用方法，可以显示钎缝中的气孔、夹渣、未钎透以及钎缝和母材的开裂等。对于钎焊接头，由于钎缝很薄，在工件较厚的情况下常因设备灵敏度不够而不能发现缺陷，使其应用受到一定的限制。

超声波检验所能发现的缺陷范围与射线检验相同。

钎焊结构致密性检验的常用方法有水压试验、气密试验、气渗透试验、煤油渗透试验和质谱试验等方法。其中，水压试验用于高压容器；气密试验及气渗透试验用于低压容器；煤油渗透试验用于不受压容器；质谱实验用于真空密封接头。

钎焊接头的检验方法一般都在产品技术条件中加以规定。另外，还有一些破坏性的检验方法，包括金相检验、剥离试验、拉伸与剪切试验、扭转试验等。

参考文献

[1] 邹僖，等．焊接方法及设备：第四分册 钎焊和胶接［M］．北京：机械工业出版社，1981.

[2] Гременко В Н. Поверхностное натяжение жидких металлов［M］. УКРАИНА：укранский химический журнал，1962.

[3] Гременко В Н，Найдин А П. Смачинание редкометаллами поверхности тугоппавских соединений［M］. УКРАИНА：АНУССР，1958.

[4] 陈定华，钱乙余，等．Al/Cu接触反应钎焊中反应铺展现象和氧化膜行为［J］．金属学报，1989，25（1）：42-47.

[5] 邹僖．钎焊［M］．北京：机械工业出版社，1989.

[6] Лашко Н Ф，Пашко-Авакян С В. Пайка металлов［M］. УКРАИНА：МашгиЗ，1978.

[7] 曾乐．精密焊接［M］．上海：上海科学技术出版社，1996.

[8] 金德宣．微电子焊接技术［M］．北京：电子工业出版社，1990.

[9] 美国焊接学会．焊接手册：第2卷 焊接方法［M］．黄静文，等译．北京：机械工业出版社，1988.

[10] 田中和吉．电子产品焊接技术［M］．北京：电子工业出版社，1984.

[11] 邓键．钎焊［M］．北京：机械工业出版社，1979.

[12] Петрунин И Е. Справонник по лаике［M］. УКРАИНА：Машгиз，1984.

[13] 王听兵，等．铝溶剂钎接的焊后处理［C］．上海：铝波导器件钎焊技术文集，1984.

[14] 美国金属学会．金属手册：第6卷 焊接与钎焊［M］．8版．吴友华，等译．北京：机械工业出版社，1984.

[15] AWS Committee on Brazing and Soldering. Brazing Manual［M］. 3th ed. Ohio：ASM Metals Park，1975.

[16] 陈定华，等．不等间隙钎焊提高钎缝致密性机理的研究［J］．电子工艺技术，1987（7）：18-28.

[17] 中国焊接学会．焊接标准汇编［M］．北京：中国标准出版社，1996.

[18] 张启运，庄鸿寿．钎焊手册［M］．北京：机械工业出版社，1999.

[19] 方洪渊．简明钎焊工手册［M］．北京：机械工业出版社，1998.

[20] 张启运，郑朝贵，胡佳．Al-Si共晶合金变质机理的探讨（Ⅱ）［J］．金属学报，1984，20（2）：A138.

[21] 张启运，刘淑祺. 高温铝钎料的选择及其与母材的相互作用［J］. 金属学报，1981，17（3）：300.

[22] 张启运，刘淑祺，高念宗. 氟铝酸钾高温铝钎剂的湿法合成及其在钎焊时的作用机理[J]. 焊接学报，1982，3（4）：153.

[23] Aluminum Association. Aluminum Brazing Handbook［M］. New York：Aluminum Association，1971.

[24] American Welding Society. Brazing Handbook［M］. 4th ed. Miami：American Welding Society，1991.

[25] Humpston G，Jacobson D M. Principles of Soldering and Brazing：Materials Park［M］. OhiO：ASM International，1993.

[26] 美国金属学会. 金属手册：第6卷［M］. 9版. 北京：机械工业出版社，1994.

[27] 中国机械工程学会焊接学会. 焊接手册：第2卷［M］. 北京：机械工业出版社，1992.

[28] 日本溶接学会. 溶接·接合便览［M］. 东京：丸善出版社，1994.

[29] ASM. Metals Handbook. Vol. 6，Welding Brazing and Soldering［M］. 9th ed. New York：AWS INC，1987.

[30] 曾乐. 现代焊接技术手册［M］. 上海：上海科学技术出版社，1993.

[31] 占列维奇 C M. 有色金属焊接手册［M］. 邸斌，刘中青，译. 北京：中国铁道出版社，1988.

[32] 王连仲，李国亮. 连续式气体保护钎焊炉的发展现状及其应用［J］. 工业炉，2001，23（4）：15-18.

第22章　钎焊材料

作者　薛松柏　审者　冯吉才

钎焊材料是钎焊过程中在低于母材（被钎金属）熔点的温度下熔化并填充钎焊接头的钎料（金属和/或合金），及起到去除或破坏母材被钎焊部位氧化膜作用的钎剂的总称。钎焊材料根据所起作用的不同，分为钎料和钎剂。钎焊材料质量的好坏、性能的优劣，以及合理选择和应用钎焊材料，对钎焊接头的质量起着举足轻重的作用。

22.1　概述

为了满足接头性能和钎焊工艺的要求，钎料一般应满足以下几项基本要求：

1）合适的熔化温度范围。通常情况下它的熔化温度范围要比母材低。

2）在钎焊温度下具有良好的润湿性能和铺展性能，能充分地填充接头间隙。

3）与母材的物理、化学作用应能保证它们之间形成牢固的接头。

4）成分稳定，尽量减少钎焊温度下元素的烧损或挥发，少含或不含稀有金属或贵重金属。

5）能满足钎焊接头的物理、化学及力学性能等要求。

钎料按供货要求，可制成带、丝、铸条、非晶态箔材、普通箔材、粉末状、环状、膏状、含钎剂芯管材（丝材）、药皮钎料、胶带状钎料等。

钎剂的作用是去除母材和液态钎料表面上的氧化物，保护母材和钎料在加热过程中不被进一步氧化，以及改善钎料在母材表面的润湿铺展性能。因此钎剂必须具有足够的“活性”，即去除母材及钎料表面氧化物的能力；熔化温度及最低“活性”温度应稍低于钎料的熔化温度；在钎焊温度下具有足够的润湿铺展能力。

钎剂分为软钎剂与硬钎剂两大类。按特殊用途，钎剂可再分为铝用钎剂、铜基钎料钎焊不锈钢钎剂；按形态，钎剂可分为粉末状钎剂、液体钎剂、气体钎剂、膏状钎剂、免清洗钎剂等。

22.1.1　钎焊材料分类方法

1. 钎焊材料的分类

钎料可按下列三种方法分类。

（1）按钎料的熔点分类　通常将熔点在450℃以下的钎料称为软钎料，而高于450℃的称为硬钎料，高于950℃的称高温钎料。

（2）按钎料的化学成分分类　根据组成钎料的主要元素，软钎料、硬钎料都可分成各种“基”的钎料。如软钎料分为Sn基、Bi基、In基、Pb基、Cd基、Zn基等，其熔点范围如图22-1所示；硬钎料分为Al基、Ag基、Cu基、Mn基、Au基、Ni基等，其熔点范围如图22-1所示。

（3）按钎焊工艺性能分类　分为自钎性钎料、真空钎料、复合钎料等。

2. 钎料型号表示方法

钎料型号由两部分组成，中间用隔线“－”分开。

钎料型号的第一部分用一个大写英文字母表示钎料的类型，如“S”（英文Solder的第一个大写字母）表示软钎料；“B”（英文Braze或Brazing的第一个大写字母）表示硬钎料。

钎料型号的第二部分由主要合金组分的化学元素符号组成，第一个化学元素符号表示钎料的基本组

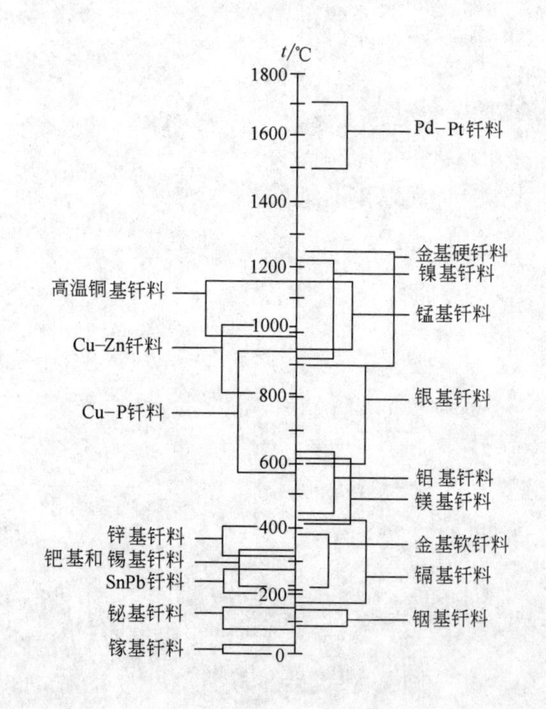

图22-1　软、硬钎料熔点

分，其他化学元素符号按其质量分数顺序排列，当几种元素具有相同质量分数时，按其原子序数顺序排列。

软钎料每个化学元素符号后都要标出其公称质量分数。硬钎料仅第一个化学元素符号后标出公称质量分数。公称质量分数取整数，误差 ±1%，小于1%的元素在型号中不必标出。如某元素是钎料的关键组分一定要标出时，按如下规定予以标出：

1）软钎料型号中可仅标出其化学元素符号。

2）硬钎料型号中将其化学元素符号用括号括起来。

标准规定每个型号中最多只能标出6个化学元素符号。将符号“E”标在第二部分之后用以表示是电子行业用软钎料。

钎料型号的表示方法示例：

（1）软钎料

1）一种 w(Sn)60%、w(Pb)39%、w(Sb)0.4%的软钎料，型号表示为：S-Sn60Pb40Sb。

2）一种 w(Sn)63%、w(Pb)37%电子工业用软钎料，型号表示为：S-Sn63Pb37E。

（2）硬钎料

1）一种二元共晶钎料含 w（Ag）72%、w(Cu)28%，型号表示为：B-Ag72Cu。

2）一种成分基本相同的钎料，但含有一种关键元素 Li[w(Li)小于1%]，型号表示为：B-Ag72Cu(Li)。

3）一种 w(Ni)63%、w(W)16%、w(Cr)10%、w(Fe)3.8%、w(Si)3.2%、w(Be)2.5%、w(C)0.5%、w(S)0.6%、w(Mn)0.1%、w(Co)0.2%的 Ni 基钎料，型号表示为：B-Ni63WCrFeSiB

我国还有一套钎料牌号表示方法，在该方法中，钎料又称焊料，以“HL×××”或“料×××”表示，“HL”或“料”代表焊料，即钎料。其后第1位数字代表不同合金类型（表22-1）。第2、3位数字代表该类钎料合金的不同编号，亦即不同品种成分。

表22-1 钎料牌号及合金分类

牌　　号	合金类型
HL1××(料1××)	CuZn 合金
HL2××(料2××)	CuP 合金
HL3××(料3××)	Ag 基合金
HL4××(料4××)	Al 基合金
HL5××(料5××)	Zn 基、Cd 基合金
HL6××(料6××)	SnPb 合金
HL7××(料7××)	Ni 基合金

随着市场上膏状钎料的出现，为了区别于丝状、片状、箔状等固体状态钎料，又另行采用了表示膏状钎料的方法，见表22-2。

表22-2 膏状钎料分类及表示方法

膏状钎料牌号	合金类型
GL1××	Cu 基合金
GL2××	Al 基合金
GL3××	Ag 基合金

此外，由于我国“行业管理”的原因，还有一些其他的表示方法，许多至今还在沿用。

SJ/T 10753—1996《电子器件用金、银及其合金钎焊料》中用“DHLAgCu28”之类牌号表示。“D”表示电子器件用，“HL”代表焊料，其中 w（Ag）约72%，w(Cu) 约28%。

GB/T 8012—2013《铸造锡铅焊料》中用“ZHLSnPb60”之类牌号表示。“Z”代表铸造，“HL”也为焊料，其中 w（Pb）约60%，余量为 Pb。

3. 硬钎焊用钎剂型号表示方法

根据 JB/T 6045—1992《硬钎焊用钎剂》的规定，硬钎焊用钎剂型号表示方法如下所述。

钎剂型号由硬钎焊用钎剂代号“FB”（英文 Flux 和 Brazing 的第一个大写字母）和钎剂主要组分分类代号 X_1、钎剂顺序代号 X_2 和钎剂形态 X_3 表示。钎剂主要组分 X_1 见表22-3，分为四类，并用“1、2、3、4”表示。X_3 分别用大写字母 S（粉末状、粒状）、P（膏状）、L（液态）表示钎剂的形态。

表22-3 硬钎剂主要元素组分分类

钎剂主要组分分类代号（X_1）	钎剂主要组分（质量分数，%）	钎焊温度/℃
1	硼酸+硼砂+氟化物≥90	550~850
2	卤化物≥80	450~620
3	硼砂+硼酸≥90	800~1150
4	硼酸三甲酯≥60	>450

钎剂型号的表示方法如下：

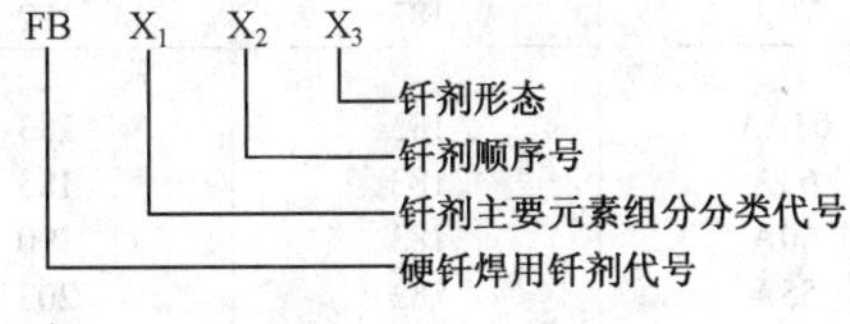

示例：

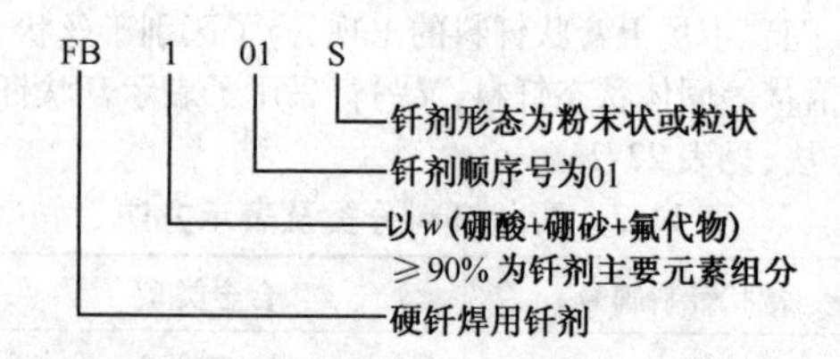

4. 软钎焊用钎剂型号表示方法

软钎剂型号表示方法如下所述。

软钎焊用钎剂型号由代号“FS”（英文Flux和Soldering的第一个大写字母）加上表示钎剂分类的代码组合而成。

软钎焊用钎剂根据钎剂的主要组分分类并按表22-4进行编码。

例如磷酸活性无机膏状钎剂应编为3.2.1.C，型号表示方法为FS321C；非卤化物活性液体松香钎剂应编为1.1.3.A，型号表示方法为FS113A。

22.1.2　钎焊材料国家标准及行业标准

目前已有的钎焊材料国家标准和行业标准如下：

1）GB/T 6418—2008《铜基钎料》

2）GB/T 10046—2008《银钎料》

3）GB/T 10859—2008《镍基钎料》

4）GB/T 13679—1992《锰基钎料》

5）GB/T 13815—2008《铝基钎料》

6）GB/T 15829—2008《软钎剂　分类与性能要求》

表22-4　软钎剂分类及代码

钎剂类型	钎剂主要组分	钎剂活性剂	钎剂形态
1. 树脂类	1. 松香(松脂)	1. 未加活性剂 2. 加入卤化物活性剂 3. 加入非卤化物活性剂	A:液态 B:固态 C:膏状
	2. 非松香(树脂)		
2. 有机物类	1. 水溶性		
	2. 非水溶性		
3. 无机物类	1. 盐类	1. 加入氯化铵 2. 未加入氯化铵	
	2. 酸类	1. 磷酸 2. 其他酸	
	3. 碱类	胺及(或)氨类	

7）GB/T 8012—2013《铸造锡铅焊料》

8）GB/T 3131—2001《锡铅钎料》

9）SJ/T 10753—1996《电子器件用金、银及其合金钎焊料》

10）GJB 2458—1995《航天用锰基钎料规范》

11）GJB 2509—1995《真空器件用含钯贵金属钎料规范》

12）JB/T 6045—1992《硬钎焊用钎剂》

13）JB/T 6173—2014《免清洗无铅助焊剂》

14）SJ 2659—1986《电子工业用树脂芯焊锡丝》

15）HB 6771—1993《银基钎料》

16）HB 6772—1993《镍基钎料》

17）HB 7052—1994《铝基钎料》

18）HB 7053—1994《铜基钎料》

19）YS/T 93—2015《膏状软钎料规范》

22.2　软钎料

22.2.1　锡基及铅基软钎料

1）国家标准规定中的锡铅钎料的成分、物理化学性能及用途见表22-5～表22-8。

表22-5　铸造锡铅钎料熔化温度、密度、应用说明（摘自GB/T 8012—2013）

代号	熔化温度范围/℃		密度/(g/cm³),约	应用说明
	固相线,约	液相线,约		
90A	183	215	7.4	邮电、电气、仪器高温焊接用
70A	183	192	8.1	专门钎料、焊接锌和镀层金属
63AA	183	183	8.4	电子、电气(印制电路板)波峰焊、光伏焊带用
63A	183	183	8.4	
60A	183	190	8.5	
55A	183	203	8.7	

（续）

代 号	熔化温度范围 / ℃		密度/(g/cm³),约	应用说明
	固相线,约	液相线,约		
50A 45A 40A 35A	183 183 185 185	215 221 235 245	8.9 9.1 9.3 9.5	电子、电气一般焊接,机械、器具焊接,散热器浸焊、电缆接头用
30A 25A 20A 15A 10A 5A	185 185 185 225 268 300	255 267 279 290 301 314	9.7 9.9 10.2 10.4 10.5 10.8	机械制造焊接、灯泡焊接
2A	316	322	11.2	散热器芯片焊接
63B 60B 50B 45B 40B	183 183 183 183 185	183 190 216 224 235	8.4 8.5 8.9 9.1 9.3	机械、电器焊接、镀锡,电缆、家用电器焊接,白铁工艺焊接
60C 55C 50C 45C 40C 35C 30C 25C 20C	183 183 183 183 185 185 185 185 185	190 203 216 224 225 235 250 260 270	8.5 8.7 8.9 9.1 9.3 9.5 9.7 9.9 10.2	机械、电器焊接,冷却机械、润滑机械制造用铜及铜合金焊接,白铁工艺焊接
Ag2	179	179	8.4	银电极、导体焊接用,银餐具焊接,光伏焊带用
Ag2.5 Ag1.5	309 280	309 280	11.3 11.3	需要高温环境下工作或焊接的产品
63P 60P 50P	183 183 183	183 190 215	8.4 8.5 8.9	电子、电气(印制电路板)波峰焊用。具有一定抗氧化性能

注：表中数据仅供购买者在选择使用铸造锡铅钎料时参考。

表 22-6　铸造锡铅焊料牌号及化学成分表（摘自 GB/T 8012—2013）

类别	牌号	代号	化学成分(质量分数,%)											
			合金成分			其他	杂质,不大于							
			Sn	Pb	Sb		Bi	Fe	As	Cu	Zn	Al	Cd	Ag
锡铅焊料	ZHLSn63PbAA	63AA	62.50~63.50	余量	≤0.007 0	—	0.008	0.0050	0.0020	0.0050	0.0010	0.0010	0.0010	0.010
	ZHLSn90PbA	90A	89.50~90.50	余量	≤0.050	—	0.020	0.010	0.010	0.020	0.0010	0.0010	0.0010	0.015
	ZHLSn70PbA	70A	69.50~70.50	余量	≤0.050	—	0.020	0.010	0.010	0.020	0.0010	0.0010	0.0010	0.015
	ZHLSn63PbA	63A	62.50~63.50	余量	≤0.012	—	0.020	0.010	0.010	0.020	0.0010	0.0010	0.0010	0.015
	ZHLSn60PbA	60A	59.50~60.50	余量	≤0.012	—	0.020	0.010	0.010	0.020	0.0010	0.0010	0.0010	0.015
	ZHLSn55PbA	55A	54.50~55.50	余量	≤0.012	—	0.020	0.010	0.010	0.020	0.0010	0.0010	0.0010	0.015
	ZHLSn50PbA	50A	49.50~50.50	余量	≤0.012	—	0.020	0.010	0.010	0.020	0.0010	0.0010	0.0010	0.015
	ZHLSn45PbA	45A	44.50~45.50	余量	≤0.050	—	0.025	0.012	0.010	0.030	0.0010	0.0010	0.0010	0.015
	ZHLSn40PbA	40A	39.50~40.50	余量	≤0.050	—	0.025	0.012	0.010	0.030	0.0010	0.0010	0.0010	0.015
	ZHLSn35PbA	35A	34.50~35.50	余量	≤0.050	—	0.025	0.012	0.010	0.030	0.0010	0.0010	0.0010	0.015
	ZHLSn30PbA	30A	29.50~30.50	余量	≤0.050	—	0.025	0.012	0.010	0.030	0.0010	0.0010	0.0010	0.015
	ZHLSn25PbA	25A	24.50~25.50	余量	≤0.050	—	0.025	0.012	0.010	0.030	0.0010	0.0010	0.0010	0.015
	ZHLSn20PbA	20A	19.50~20.50	余量	≤0.050	—	0.025	0.012	0.010	0.030	0.0010	0.0010	0.0010	0.015
	ZHLSn15PbA	15A	14.50~15.50	余量	≤0.050	—	0.025	0.012	0.010	0.030	0.0010	0.0010	0.0010	0.015
	ZHLSn10PbA	10A	9.50~10.50	余量	≤0.050	—	0.025	0.012	0.010	0.030	0.0010	0.0010	0.0010	0.015
	ZHLSn5PbA	5A	4.50~5.50	余量	≤0.050	—	0.025	0.012	0.010	0.030	0.0010	0.0010	0.0010	0.015
	ZHLSn2PbA	2A	1.50~2.50	余量	≤0.050	—	0.025	0.012	0.010	0.030	0.0010	0.0010	0.0010	0.015
	ZHLSn63PbB	63B	62.50~63.50	余量	0.12~0.50	—	0.050	0.012	0.015	0.040	0.0010	0.0010	0.0010	0.015
	ZHLSn60PbB	60B	59.50~60.50	余量	0.12~0.50	—	0.050	0.012	0.015	0.040	0.0010	0.0010	0.0010	0.015
	ZHLSn50PbB	50B	49.50~50.50	余量	0.12~0.50	—	0.050	0.012	0.015	0.040	0.0010	0.0010	0.0010	0.015
	ZHLSn45PbB	45B	44.50~45.50	余量	0.12~0.50	—	0.050	0.012	0.015	0.040	0.0010	0.0010	0.0010	0.015

（续）

类别	牌号	代号	化学成分（质量分数，%）											
			合金成分			其他	杂质，不大于							
			Sn	Pb	Sb		Bi	Fe	As	Cu	Zn	Al	Cd	Ag
锡铅焊料	ZHLSn40PbB	40B	39.50～40.50	余量	0.12～0.50	—	0.050	0.012	0.015	0.040	0.0010	0.0010	0.0010	0.015
	ZHLSn60PbC	60C	59.50～60.50	余量	0.50～0.80	—	0.100	0.020	0.020	0.050	0.0010	0.0010	0.0010	—
	ZHLSn55PbC	55C	54.50～55.50	余量	0.12～0.80	—	0.100	0.020	0.020	0.050	0.0010	0.0010	0.0010	—
	ZHLSn50PbC	50C	49.50～50.50	余量	0.50～0.80	—	0.100	0.020	0.020	0.050	0.0010	0.0010	0.0010	—
	ZHLSn45PbC	45C	44.50～45.50	余量	0.50～0.80	—	0.100	0.020	0.020	0.050	0.0010	0.0010	0.0010	—
	ZHLSn40PbC	40C	39.50～40.50	余量	1.50～2.00	—	0.100	0.020	0.020	0.050	0.0010	0.0010	0.0010	—
	ZHLSn35PbC	35C	34.50～35.50	余量	1.50～2.00	—	0.100	0.020	0.020	0.050	0.0010	0.0010	0.0010	—
	ZHLSn30PbC	30C	29.50～30.50	余量	1.50～2.00	—	0.100	0.020	0.020	0.050	0.0010	0.0010	0.0010	—
	ZHLSn25PbC	25C	24.50～25.50	余量	0.20～1.50	—	0.100	0.020	0.020	0.050	0.0010	0.0010	0.0010	—
	ZHLSn20PbC	20C	19.50～20.50	余量	0.50～3.00	—	0.100	0.020	0.020	0.050	0.0010	0.0010	0.0010	—
含银焊料	ZHLSn62PbAg	Ag2	61.50～62.50	余量	≤0.012	银1.80～2.20	0.020	0.010	0.010	0.020	0.0010	0.0010	0.0010	—
	ZHLSn5PbAg	Ag2.5	4.50～5.50	余量	≤0.050	银2.30～2.70	0.020	0.012	0.010	0.030	0.0010	0.0010	0.0010	—
	ZHLSn1PbAg	Ag1.5	0.80～1.20	余量	≤0.050	银1.30～1.70	0.020	0.012	0.010	0.030	0.0010	0.0010	0.0010	—
含磷焊料	ZHLSn63PbP	63P	62.50～63.50	余量	≤0.012	磷0.001～0.004	0.020	0.010	0.010	0.020	0.0010	0.0010	0.0010	0.015
	ZHLSn60PbP	60P	59.50～60.50	余量	≤0.012	磷0.001～0.004	0.020	0.010	0.010	0.020	0.0010	0.0010	0.0010	0.015
	ZHLSn50PbP	50P	49.50～50.50	余量	≤0.012	磷0.001～0.004	0.020	0.010	0.010	0.020	0.0010	0.0010	0.0010	0.015

表22-7　锡铅钎料成分

牌号	主要成分(质量分数,%)				杂质成分(质量分数,%)≤									
	Sn	Pb	Sb	其他元素	Sb	Cu	Bi	Fe	Zn	Al	Cd	As	S	除Sb、Bi、Cu以外的杂质总和
S-Sn95PbA	94.0～96.0	余量	—	—	0.1	0.03	0.03	0.02	0.002	0.002	0.002	0.03	0.015	0.08
S-Sn90PbA	89.0～91.0	余量	—	—	0.1	0.03	0.03	0.02	0.002	0.002	0.002	0.03	0.015	0.08
S-Sn65PbA	64.0～66.0	余量	—	—	0.1	0.03	0.03	0.02	0.002	0.002	0.002	0.03	0.015	0.08
S-Sn63PbA	62.0～64.0	余量	—	—	0.1	0.03	0.03	0.02	0.002	0.002	0.002	0.03	0.015	0.08
S-Sn60PbA	59.0～61.0	余量	—	—	0.1	0.03	0.03	0.02	0.002	0.002	0.002	0.03	0.015	0.08
S-Sn60PbSbA	59.0～61.0	余量	0.3～0.8	—	—	0.03	0.03	0.02	0.002	0.002	0.002	0.03	0.015	0.08
S-Sn55PbA	54.0～56.0	余量	—	—	0.1	0.03	0.03	0.02	0.002	0.002	0.002	0.03	0.015	0.08
S-Sn50PbA	49.0～51.0	余量	—	—	0.1	0.03	0.03	0.02	0.002	0.002	0.002	0.03	0.015	0.08
S-Sn50PbSbA	49.0～51.0	余量	0.3～0.8	—	—	0.03	0.03	0.02	0.002	0.002	0.002	0.03	0.015	0.08
S-Sn45PbA	44.0～46.0	余量	—	—	0.1	0.03	0.03	0.02	0.002	0.002	0.002	0.03	0.015	0.08
S-Sn40PbA	39.0～41.0	余量	—	—	0.1	0.03	0.03	0.02	0.002	0.002	0.002	0.03	0.015	0.08
S-Sn40PbSbA	39.0～41.0	余量	1.5～2.0	—	—	0.03	0.03	0.02	0.002	0.002	0.002	0.03	0.015	0.08
S-Sn35PbA	34.0～36.0	余量	—	—	0.1	0.03	0.03	0.02	0.002	0.002	0.002	0.03	0.015	0.08
S-Sn30PbA	29.0～31.0	余量	—	—	0.1	0.03	0.03	0.02	0.002	0.002	0.002	0.03	0.015	0.08
S-Sn30PbSbA	29.0～31.0	余量	1.5～2.0	—	—	0.03	0.03	0.02	0.002	0.002	0.002	0.03	0.015	0.08
S-Sn25PbSbA	24.0～26.0	余量	1.5～2.0	—	—	0.03	0.03	0.02	0.002	0.002	0.002	0.03	0.015	0.08
S-Sn20PbA	19.0～21.0	余量	—	—	0.1	0.03	0.03	0.02	0.002	0.002	0.002	0.03	0.015	0.08
S-Sn18PbSbA	17.0～19.0	余量	1.5～2.0	—	—	0.03	0.03	0.02	0.002	0.002	0.002	0.03	0.015	0.08

（续）

牌号	主要成分(质量分数,%)				杂质成分(质量分数,%)≤									
	Sn	Pb	Sb	其他元素	Sb	Cu	Bi	Fe	Zn	Al	Cd	As	S	除Sb、Bi、Cu以外的杂质总和
S-Sn10PbA	9.0～11.0	余量	—	—	0.1	0.03	0.03	0.02	0.002	0.002	0.002	0.03	0.015	0.08
S-Sn5PbA	4.0～6.0	余量	—	—	0.1	0.03	0.03	0.02	0.002	0.002	0.002	0.03	0.015	0.08
S-Sn2PbA	1.0～3.0	余量	—	—	0.1	0.03	0.03	0.02	0.002	0.002	0.002	0.03	0.015	0.08
S-Sn50PbCdA	49.0～51.0	余量	—	Cd:17.5～18.5	0.1	0.03	0.03	0.02	0.002	0.002	—	0.03	0.015	0.08
S-Sn5PbAgA	4.0～6.0	余量	—	Ag:1.0～2.0	0.1	0.03	0.03	0.02	0.002	0.002	0.002	0.03	0.015	0.08
S-Sn63PbAgA	62.0～64.0	余量	—	Ag:1.5～2.5	0.1	0.03	0.03	0.02	0.002	0.002	0.002	0.03	0.015	0.08
S-Sn40PbPA	39.0～41.0	余量	1.5～2.0	P:0.001～0.004	—	0.03	0.03	0.02	0.002	0.002	0.002	0.03	0.015	0.08
S-Sn60PbPA	59.0～61.0	余量	0.3～0.8	P:0.001～0.004	—	0.03	0.03	0.02	0.002	0.002	0.002	0.03	0.015	0.08

注：摘自 GB/T 3131—2001。

表 22-8 锡铅钎料的物理性能

牌号	固相线/℃	液相线/℃	电阻率/Ω·m	主要用途
S-Sn95Pb	183	224	—	电气、电子工业用耐高温器件
S-Sn90Pb	183	215	—	
S-Sn65Pb	183	186	1.22×10^{-7}	电气、电子工业(印制电路板)、航空工业及镀层金属的焊接
S-Sn63Pb	183	183	1.41×10^{-7}	
S-Sn60Pb S-Sn60PbSb	183	190	1.45×10^{-7}	
S-Sn55Pb	183	203	1.60×10^{-7}	
S-Sn50Pb S-Sn50PbSb	183	215	1.81×10^{-7}	普通电气、电子工业(电视机、收录机、石英钟)航空
S-Sn45Pb	183	227	—	
S-Sn40Pb S-Sn40PbSb	183	238	1.70×10^{-7}	钣金、铅管焊接,电缆线、换热器金属器材、辐射体、制罐等焊接
S-Sn35Pb	183	248	—	

（续）

牌号	固相线/℃	液相线/℃	电阻率/Ω·m	主要用途
S-Sn30Pb S-Sn30PbSb	183	258	1.82×10^{-7}	灯泡、冷却机制造、钣金、铅管
S-Sn25PbSb	183	260	1.96×10^{-7}	
S-Sn20Pb S-Sn18PbSb	183	279	2.20×10^{-7}	
S-Sn10Pb	268	301	1.98×10^{-7}	
S-Sn5Pb	300	314	—	钣金、锅炉及其他高温设备用
S-Sn2Pb	316	322	—	
S-Sn50PbCd	145	145	—	轴瓦、陶瓷的烘烤焊接、热切割、分级焊接及其他低温焊接
S-Sn5PbAg	296	301	—	电气工业、高温工作条件
S-Sn63PbAg	183	183	1.20×10^{-7}	同 S-Sn63Pb，但焊点质量等方面优于 S-Sn63Pb
S-Sn40PbSbP	183	238	1.70×10^{-7}	用于对抗氧化有较高要求的场合
S-Sn60PbSbP	183	190	1.45×10^{-7}	

注：摘自 GB/T 3131—2001。

2）非国家标准规定的锡铅软钎料的成分、熔化温度及用途见表 22-9 和表 22-10。

3）微电子器件组装用膏状软钎料的合金种类、形状及尺寸见表 22-11。

表 22-9　锡基软钎料及其用途

钎料牌号	化学成分(质量分数,%)					熔化温度/℃	用途
	Sn	Ag	Sb	Al	其他		
S-Sn96Ag	96	4	—	—	—	221~230	适宜钎焊铜、黄铜、铝青铜等,工作环境温度可达100℃左右,在钎焊镀银件(如半导体材料)时,能有效防止银薄膜的扩散
S-Sn95Sb	95	5	5	—	Cu:2	234~240	加入 w(Sb)5% 可增加钎缝高温强度和抗蠕变性能,在150℃时,仍能保持抗拉强度达23MPa
S-Sn92AgCuSb	92	5	1	—	Cu:2	215~240	与 S-Sn96Ag 相似,强度更高
Sn84.5AgSb	84.5	8	7.5	—	—	235~250	高温强度比前三种更高
S-Sn80Ag	80	20		—	—	225~370	与 S-Sn96Ag 相似,强度更高
S-Sn78ZnAgCu	78	1	—	—	Zn:20 Cu:1	197~281	用于 Al-Cu 接头钎焊
S-Sn72ZnAgAlGe	72	2	—	20	Zn:2 Ge:0.4	200~230	熔点较低,适用于铬铁钎焊铝及铝合金,及钢和不锈钢的钎焊
S-Sn55ZnAgAl	55	2.5	—	2.5	Zn:40	320~350	钎料的塑性好、强度高,用火焰钎焊铝-铜接头的力学性能稳定、电气性能较好,可在 -60~200℃ 工作
S-Sn70Ag	70	30		—	—	221~420	同 S-Sn80Ag

表22-10 铅基软钎料及其用途

钎料牌号	化学成分(质量分数,%)				熔化温度/℃	用 途
	Pb	Ag	Sn	其他		
S-Pb97Ag	97	3	—	—	300~305	接近铅银共晶成分的钎料,耐热性较好,在200℃时抗拉强度为11.5MPa,可钎焊工作温度高的铜及铜合金
S-Pb92SnAg	92	2.5	5.5	—	295~305	
S-Pb90InAg	90	5	—	In:5	290~294	
S-Pb65SnAg	65	5	30	—	225~235	
S-Pb83.5SnAg	83.5	1.5	15	—	265~270	—
S-Pb50AgCdSnZn	50	25	8	Cd:15, Zn:2	320~485	熔点较高,结晶区间大,适用于快速加热方法钎焊,能填满较大间隙,适于钎焊铜及铜合金
S-Pb87SnSbNi	87	—	6	Sb:6、 Ni:1	310~320	—

表22-11 膏状软钎料分类(摘自YS/T 93—2015)

合金类别	焊粉		钎焊剂		
	形状	尺寸	类型	主剂	活性成分
锡铅焊料	S	1a	1	1	1
含银焊料	I	1b	2	2	2
含磷焊料		2a 2b	3	3	3
无铅焊料		3 4 5			

注:1. 焊粉形状:S—球形;I—不定形。
2. 焊粉尺寸:la—75~150μm;lb—20~150μm;2a—45~75μm;2b—20~75μm;3—20~45μm;4—20~38μm;5—15~25μm。
3. 钎剂分类及代码见表22-4。

22.2.2 锌基钎料和镉基钎料

1. 锌基钎料

纯锌的熔点为419℃。在锌中加入锡能明显降低钎料的熔点,加入少量Ag、Al、Cu等元素,可提高钎缝的结合强度、耐腐蚀性能和工作温度。近年来,许多研究者在锌基钎料中加入某些微量元素,可以达到良好的自钎效果,并已在生产中得到应用,取得了良好的效果。

锌基钎料适于钎焊铝合金制品。钎焊铜、铜合金和钢时,铺展性能差。在潮湿条件下,其耐蚀性能较差。常用锌基钎料的用途列于表22-12。

表22-12 锌基钎料及其应用

钎料牌号	化学成分(质量分数,%)					熔化温度/℃	用 途
	Zn	Al	Sn	Cu	其他		
S-Zn89AlCu	89	7	—	4	—	377	用于纯铝、铝合金、铸件和工件的补焊。钎焊铜、铜合金和钢时,铺展性比其他锌基钎料稍好
S-Zn95Al	95	5	—	—	—	382	在钎焊铝的软钎料中,耐蚀性能最好,可用于钎焊铝-铜接头
S-Zn72.5Al	72.5	27.5	—	—	—	430~500	钎焊铝及铝合金,具有较好的铺展性和填缝能力,耐蚀性较好,钎缝在阳极化处理时发黑

（续）

钎料牌号	化学成分(质量分数,%)					熔化温度/℃	用途
	Zn	Al	Sn	Cu	其他		
S-Zn65AlCu	65	20	—	15	—	390~420	钎焊铝及铝合金、铝-铜,可不用钎剂进行括擦钎焊
S-Zn58SnCu	58	—	40	2	—	200~350	
S-Zn86AlCuSnBi	86	6.7	2	3.8	Bil	304~350	
S-Zn60Cd	60	—	—	—	Cd40	266~366	用于铝、铝合金、铜、铜合金及铝-铜接头钎焊

2. 镉基钎料

镉具有较高的耐腐蚀性能。Cd与Bi、Zn、Sn、Ti、Al等元素形成塑性很好的共晶合金。镉基钎料是一种耐热软钎料，工作温度可达250℃。但是，Cd是对人体健康极为有害的元素，除特殊需要外，一般不推荐使用镉基钎料。镉基钎料及其应用列于表22-13。

表22-13 镉基钎料及其应用

钎料牌号	化学成分(质量分数,%)				熔化温度/℃	用途
	Cd	Zn	Ag	Ni		
S-Cd96AgZn	96	1	3	—	300~325	适用于铜及铜合金零件的软钎焊,如散热器电机整流子等。在铜及铜合金上具有良好的润湿性及填缝能力
S-Cd95Ag	95	—	5	—	338~393	
S-Cd84AgZnNi	84	6	8	2	363~380	强度极限比Sn-Ag和Pb-Ag钎料高,耐热性能是软钎料中最好的一种,在260℃时抗拉强度为12MPa
S-Cd82.5Zn	82.5	17.5	—	—	265	同S-Cd95Ag。加Zn可减少Cd在加热过程中的氧化
S-Cd82ZnAg	82	16	2	—	270~280	这两种钎料是在Cd-Zn共晶的基础上加Ag,熔点较低,强度及耐热性良好,钎缝能进行电镀
S-Cd79ZnAg	79	16	5	—	270~285	
S-Cd92AgZn	92	2~4	4~5	—	320~360	比S-Cd96AgZn的熔点稍高,适用性相同

22.2.3 金基软钎料

金基软钎料（表22-14）主要用于半导体器件的封装。虽然其成本高，但是由于其具有导电性能好、钎焊接头强度高、耐腐蚀性好、润湿性好等许多优点，在生产中仍得到了应用。

表22-14 几种金基钎料成分及液相线温度

钎料牌号	化学成分(质量分数,%)				液相线温度/℃
	Au	Sn	Ge	其他	
S-Au30SnAg	余量	40	—	Ag:30	411
S-Au97Sn	余量	—	—	Si:3	363
S-Au99.5Sb	余量	—	—	Sb:0.5	360
S-Au86GeAg	余量	—	12	Ag:2	358
S-Au88Ge	余量	—	12	—	356
S-Au87.5GeNi	余量	—	12	Ni:0.5	356
S-Au80Sn	余量	20	—	—	280
S-Au10Sn	余量	90	—	—	217

22.2.4 其他低熔点软钎料

1. 铟基钎料

铟的熔点为156.4℃。In与Sn、Pb、Cd、Bi等金属组成二元合金，可得到非常易熔的共晶钎料，这类钎料通常称为易熔软钎料。这种钎料在碱性介质中具有较高的耐蚀性，并能很好地润湿金属和非金属。常用共晶铟基钎料的牌号、化学成分、熔化温度列于表22-15。

这类钎料的钎缝电阻值低、塑性较好，可进行不同热膨胀系数材料的非匹配封接。在电子真空器件、玻璃、陶瓷和低温超导器件的钎焊上获得广泛的应用。如S-In52Sn是In-Sn共晶二元合金，对玻璃的润湿性能较好，并能得到相当牢固的连接。此外，含In的易熔三元合金［w(Pb) 37.5%、w(Sn) 37.5%和w(In) 25%］钎料，广泛地用来封接玻璃和石英器件。富铟的锡钎料广泛地用来制造玻璃的真空密封接头。

2. 铋基钎料

铋的熔点是271℃，同许多金属形成易熔共晶，多元合金组成钎料熔点更低（表22-16）。几种易熔软钎料都含有Bi。

含Bi钎料对某些金属润湿性能较差，为此钎焊前可预先镀锌后再进行钎焊。铋基液态钎料在冷却过程中体积稍有增加。铋基钎料可用在180℃以下制造敏感元件。S-Bi32PbInSnCd和S-Bi49ZnPbSn的熔点很低，可用于要求钎焊温度低的工件及某些特殊需要中。

3. 镓基钎料

镓的熔点为29.8℃。Ga与Sn、In、Cd、Zn、Al、Pb等金属元素组成一系列低熔点钎料。镓基钎料的牌号、化学成分和熔化温度列于表22-17。镓基钎料可做成钎料膏，使用方便。在膏状钎料中添加Ag、Cu、Ni粉末可制成复合钎料。

镓基钎料的熔化温度在10.6～29.8℃之间。钎焊时在常温下，将钎料涂覆在金属、陶瓷等钎缝外，被钎焊工件加压或在自由状态下放置4～48h后，由于液、固相间的溶解扩散作用，可自行固化形成牢固钎焊缝。这种接头的工作温度可达425～650℃，脱焊温度可达900～1000℃。镓基钎料工艺性能好，钎缝力学性能好，特别适宜用来钎焊加热温度不能过高的镓砷元件及其他微电子器件。

表22-15 铟基钎料的牌号、化学成分和熔化温度

钎料牌号	化学成分(质量分数,%)				熔化温度/℃
	In	Sn	Cd	Zn	
S-In44SnCdZn	44.2	41.6	13.6	Ti0.8	90
S-In44ZnCd	44	42	14	—	93
S-In48SnPbZn	48.2	46	Pb:4	1.8	108
S-In74CdZn	74	—	24.25	1.75	116
S-In50Sn	50	50	—	—	120
S-In97Zn	97.2	—	—	2.8	143

表22-16 铋基钎料的牌号、化学成分和熔化温度

钎料牌号	化学成分(质量分数,%)					熔化温度/℃
	Bi	Pb	Sn	Cd	In	
S-Bi32PbInSnCd	32	22	10.8	8.2	18	46
S-Bi49PbSn	49	18	12	—	21	58
S-Bi50PbSn	50	25	25	—	—	94
S-Bi59SnPb	59	15	26	—	—	114
S-Bi55Pb	55	45	—	—	—	124
S-Bi57Sn	57	—	43	—	—	138.5
S-Bi60Cd	60	—	—	40	—	144

表22-17 镓基钎料的牌号、化学成分和熔化温度

钎料牌号	化学成分(质量分数,%)						熔化温度/℃	
	Ga	In	Sn	Zn	Ag	其他	固相线	液相线
S-Ga100	100	—	—	—	—	—	—	29.8
S-Ga95Zn	95	—	—	5	—	—	24	25
S-Ga92Sn	92	—	8	—	—	—	20	21
S-Ga82SnZn	82	—	12	6	—	—	—	17
S-Ga76In	76	24	—	—	—	—	—	16
S-Ga67InZn	67	29	—	4	—	—	—	13
S-Ga55InSnCdMgZr	55	25	11	—	—	Cd:4,Mg:4,Zr:1	—	10.6

22.2.5　无铅软钎料

近年来，铅的危害性已经受到广泛重视，各国相继立法，如欧盟的WEEE、RoHS指令（2006年7月1日正式实施），以及我国的《电子信息产品污染控制管理办法》（2007年3月1日正式实施），对Pb、Cd、Hg、六价Cr等六种有害物质在电子行业的应用作了相应的限制。因此，替代Sn-Pb钎料中Pb的无铅软钎焊合金的研究进展很快，目前国内外已研究开发出了几十种具有应用前景的无铅软钎焊合金。但在润湿性和铺展性能方面，较传统的Sn-Pb软钎料仍有相当大的差距。无铅钎料的国家标准GB/T 20422—2006已于2007年1月1日正式实施，含铅钎料必将被无铅钎料所取代。但是由于Sn-Pb钎料优良的润湿性和铺展性能，在相当长的一段时间里，Sn-Pb钎料与无铅钎料仍将并存，因此，关于无铅钎料，仍有大量研究工作尚待深入进行。表22-18中列出了熔点和铺展面积（在纯铜上）较为接近Sn-Pb软钎料的若干种合金。表22-19中列出了一些无铅钎料的化学成分。

表22-18　部分无铅钎料及Sn-40Pb钎料的铺展面积

无铅软钎焊合金	熔点或温度范围/℃	铺展面积(母材为纯铜)/mm^2
Sn-3.5Ag	221	77
Sn-3.5Ag-1Zn	217	77
Sn-1Ag-1Sb	222~232	97
In-48Sn	118	73
Sn-Ag-Cu-Sb	210~215	53
Sn-20In-2.8Ag	178.5~189.1	127
Sn-9Zn	198	77
Sn-9Zn-10In	178	70
Sn-9Zn-5In	188	67
Bi-43Sn	138	47
Sn-3.3Ag-4.8Bi	212	100
Sn-7.5Bi-2Ag	207~212	110
Sn-0.7Cu	227	80
Sn-4Cu-0.5Ag	225~349	80
Sn-5Sb	232~240	90
Sn-4Sb-8In	198~204	70
Sn-6Sb-19Bi	140~220	160
Sn-40Pb	183	250

表 22-19　无铅钎料的化学成分

型号	熔化温度范围/℃	化学成分(质量分数,%)														
		Sn	Ag	Cu	Bi	Sb	In	Zn	Pb	Au	Ni	Fe	As	Al	Cd	杂质总量
S-Sn99Cu	227~235	余量	0.10	0.20~0.40	0.10	0.10	0.10	0.001	0.10	0.05	0.01	0.02	0.03	0.001	0.002	0.2
S-Sn99Cu1	227	余量	0.10	0.5~0.9	0.10	0.10	0.10	0.001	0.10	0.05	—	0.02	0.03	0.001	0.002	0.2
S-Sn97Cu3	227~310	余量	0.10	2.5~3.5	0.10	0.10	0.10	0.001	0.10	0.05	—	0.02	0.03	0.001	0.002	0.2
S-Sn97Ag3	221~230	余量	2.8~3.2	0.10	0.10	0.10	0.05	0.001	0.10	0.05	0.01	0.02	0.03	0.001	0.002	0.2
S-Sn96Ag4	221	余量	3.3~3.7	0.05	0.10	0.10	0.10	0.001	0.10	0.05	0.01	0.02	0.03	0.001	0.002	0.2
S-Sn96Ag4Cu	217~229	余量	3.7~4.3	0.3~0.7	0.10	0.10	0.10	0.001	0.10	0.05	0.01	0.02	0.03	0.001	0.002	0.2
S-Sn98Cu1Ag	217~227	余量	0.2~0.4	0.5~0.9	0.06	0.10	0.10	0.001	0.10	0.05	0.01	0.02	0.03	0.001	0.002	0.2
S-Sn95Cu4Ag1	217~353	余量	0.8~1.2	3.5~4.5	0.08	0.10	0.10	0.001	0.10	0.05	0.01	0.02	0.03	0.001	0.002	0.2
S-Sn92Cu6Ag2	217~380	余量	1.8~2.2	5.5~6.5	0.08	0.10	0.10	0.001	0.10	0.05	0.01	0.02	0.03	0.001	0.002	0.2
S-Sn91Zn9	199	余量	0.10	0.05	0.10	0.10	0.10	8.5~9.5	0.10	0.05	0.01	0.02	0.03	0.001	0.002	0.2
S-Sn95Sb5	230~240	余量	0.10	0.05	0.10	4.5~5.5	0.10	0.001	0.10	0.05	0.01	0.02	0.03	0.001	0.002	0.2
S-Bi58Sn42	139	41~43	0.10	0.05	余量	0.10	0.10	0.001	0.10	0.05	0.01	0.02	0.03	0.001	0.002	0.2
S-Sn89Zn8Bi3	190~197	余量	0.10	0.05	2.8~3.2	0.10	0.10	7.5~8.5	0.10	0.05	0.01	0.02	0.03	0.001	0.002	0.2
S-Sn48In52	118	47.5~48.5	0.10	0.05	0.10	0.10	余量	0.001	0.10	0.05	0.01	0.02	0.03	0.001	0.002	0.2

注：1. 表中的单值均为最大值。
2. 表中的“余量”表示100%与其余元素含量总和的差值。
3. 表中的“熔化温度范围”只作为资料参考，不作为对无铅钎料合金的要求。
4. S-Sn99Cu1 和 S-Sn97Cu3 中，Ni 作为杂质时不作含量要求。然而需要注意的是，在已经授权的钎料合金专利中含有 Sn、Cu 和 Ni。

表 22-20　银钎料化学成分

型　号	化学成分(质量分数,%)										参考值		
	Ag	Cu	Zn	Cd	Ni	Sn	Li	In	Al	Mn	杂质总量（%）	固相线温度/℃	液相线温度/℃	钎焊温度/℃
B-Ag72Cu	71.0 ~ 73.0	余量	—	—	—	—	—	—	—	—		779	779	770 ~ 900
B-Ag94Al	余量	—	—	—	—	—	—	—	4.5 ~ 5.5	0.7 ~ 1.3		780	825	825 ~ 925
B-Ag72CuLi	71.0 ~ 73.0	余量	—	—	—	—	0.25 ~ 0.50	—	—	—		766	766	766 ~ 871
B-Ag72CuNiLi	71.0 ~ 73.0	余量	—	—	0.8 ~ 1.2	—	0.40 ~ 0.60	—	—	—		780	800	800 ~ 850
B-Ag25CuZn	24.0 ~ 26.0	39.0 ~ 41.0	33.0 ~ 37.0	—	—	—	—	—	—	—		700	800	800 ~ 890
B-Ag45CuZn	44.0 ~ 46.0	29.0 ~ 31.0	23.0 ~ 27.0	—	—	—	—	—	—	—		665	745	745 ~ 815
B-Ag50CuZn	49.0 ~ 51.0	33.0 ~ 35.0	14.0 ~ 18.0	—	—	—	—	—	—	—		690	775	775 ~ 870
B-Ag60CuSn	59.0 ~ 61.0	余量	—	—	—	9.5 ~ 10.5	—	—	—	—		600	720	720 ~ 840
B-Ag35CuZnCd	34.0 ~ 36.0	25.0 ~ 29.0	19.0 ~ 23.5	17.0 ~ 19.0	—	—	—	—	—	—		605	700	700 ~ 845
B-Ag45CuZnCd	44.0 ~ 46.0	14.0 ~ 16.0	14.0 ~ 18.0	23.0 ~ 25.0	—	—	—	—	—	—	≤0.15	—	620	620 ~ 760
B-Ag50CuZnCd	49.0 ~ 51.0	14.5 ~ 16.5	14.5 ~ 18.5	17.0 ~ 19.0	—	—	—	—	—	—		625	635	635 ~ 760
B-Ag40CuZnCdNi	39.0 ~ 41.0	15.5 ~ 16.5	14.5 ~ 18.5	25.1 ~ 26.5	0.1 ~ 0.3	—	—	—	—	—		595	605	605 ~ 705
B-Ag50CuZnCdNi	49.0 ~ 51.0	14.5 ~ 16.5	13.5 ~ 17.5	15.0 ~ 17.0	2.5 ~ 3.5	—	—	—	—	—		630	690	690 ~ 815
B-Ag34CuZnSn	33.0 ~ 35.0	35.0 ~ 37.0	25.0 ~ 29.5	—	—	2.0 ~ 3.0	—	—	—	—		—	730	730 ~ 820
B-Ag56CuZnSn	55.0 ~ 57.0	21.0 ~ 23.0	15.0 ~ 19.0	—	—	4.5 ~ 5.5	—	—	—	—		620	650	650 ~ 760
B-Ag49CuMnNi	48.0 ~ 50.0	15.0 ~ 17.0	余量	—	4.0 ~ 5.0	—	—	—	—	6.5 ~ 8.5		625	705	705 ~ 850
B-Ag40CuZnIn	39.0 ~ 41.0	29.0 ~ 31.0	23.5 ~ 26.5	—	—	—	—	4.5 ~ 5.5	—	—		635	715	715 ~ 780
B-Ag34CuZnIn	33.0 ~ 35.0	34.0 ~ 36.0	28.5 ~ 31.5	—	—	—	—	0.8 ~ 1.2	—	—		660	740	740 ~ 800
B-Ag30CuZnIn	29.0 ~ 31.0	37.0 ~ 39.0	25.5 ~ 28.5	—	—	—	—	4.5 ~ 5.5	—			640	755	755 ~ 810

注：摘自 GB/T 10046—2008。

22.3 硬钎料

钎焊温度高于450℃以上的钎料称为硬钎料。硬钎料由于强度相对较高，可用于钎焊受力构件，如钎焊钢、铜及其合金的银钎料和铜基钎料，钎焊铝用的铝基钎料等，已在生产中得到广泛的应用。在高温工作场合，镍基、锰基钎料越来越受到重视。在某些重要场合，铜基、钯基等贵金属钎料仍是必不可少的连接材料。

22.3.1 银钎料

银钎料主要指Ag-Cu-Zn-Cd、Ag-Cu-Zn及Ag-Cu系钎料（表22-20），w(Ag)一般在10%～90%范围内。银钎料是应用很广的硬钎料，具有良好的钎焊接头强度、塑性、导热性、导电性和耐腐蚀性，广泛地应用于钎焊铜及其合金、钢及不锈钢、镍及其合金等材料。

银钎料中有时加入Sn、Mn、Ni、Li及Al等元素，以满足不同的钎焊工艺要求。20世纪90年代后期，国内外相继研究开发出了含In的银钎料，由于其具有优良的润湿性、铺展性和填缝性，在铜与钢的钎焊中得到了很好的应用。但是，由于In是稀有元素，且价格昂贵（约为银的3倍），含In的银基钎料已很少使用。近几年国内外相继研究开发了含Ga（或含Ga、In）的稀土银钎料。虽然Ga也是稀有元素，但价格相对较低，与银的价格相当，对降低银钎料的熔点效果显著，因此具有良好的发展和应用前景。几种典型含镓稀土银钎料的化学成分及熔化温度见表22-21。

表22-21 含镓稀土银钎料的化学成分及熔化温度

型号	化学成分(质量分数,%)								参考值		
	Ag	Cu	Zn	Ga	Sn	In	Ce	杂质总量(%)	固相线温度/℃	液相线温度/℃	钎焊温度/℃
HY-Ag50SnGa	余量	17.0～21.0	16.0～20.0	2.0～5.0	3.0～6.0	—	0.001～0.10	≤0.15	610	640	660～700
BrazeTec 5662①	56	19	17	3	5	—	—	≤0.15	608	630	≥630
HY-Ag40GaSn	余量	25.0～32.0	25.0～35.0	0.1～3.0	0.01～1.0	—	0.002～0.10	≤0.15	690	720	730～830
HY-Ag35SnGa	余量	26.0～32.0	24.0～32.0	2.0～5.0	2.0～6.0	0.2～2.0	0.002～0.10	≤0.15	645	700	710～800
HY-Ag30GaSn	余量	30.0～41.0	28.0～35.0	0.5～2.0	0.01～2.0	—	0.001～0.10	≤0.15	690	710	720～820

① BrazeTec 5662为德国UMICORE公司产品样本数值。

22.3.2 铜基钎料

铜基钎料常用的是铜锌系和铜磷系钎料，此外还有铜锗钎料和其他铜基钎料。

1. 铜锌系钎料

GB/T 6418—2008《铜基钎料》中所列的铜和铜锌钎料化学成分及熔化温度见表22-22。

2. 铜磷钎料

铜磷钎料是以Cu-P系和Cu-P-Ag系为主的钎料。在钎焊纯铜时可以不用钎剂，在电气、电机制造业和制冷行业得到了广泛的应用。

由于铜磷钎料中含有较高的磷，因此不能钎焊钢、镍合金以及w(Ni)超过10%的镍铜合金。

GB/T 6418—2008《铜基钎料》中所列的铜磷钎料化学成分及熔化温度见表22-23。

表 22-22　铜锌钎料化学成分及熔化温度

型号	化学成分(质量分数,%)								熔化温度范围/℃（参考值）	
	Cu	Zn	Sn	Si	Mn	Ni	Fe	Co	固相线	液相线
BCu48ZnNi(Si)	46.0~50.0	余量		0.15~0.20		9.0~11.0			890	920
BCu54Zn	53.0~55.0	余量	—	—	—	—	—	—	885	888
BCu57ZnMnCo	56.0~58.0	余量	—	—	1.5~2.5	—	—	1.5~2.5	890	930
BCu58ZnMn	57.0~59.0	余量	—	—	3.7~4.3	—	—	—	880	909
BCu58ZnFeSn(Si)(Mn)	57.0~59.0	余量	0.7~1.0	0.05~0.15	0.03~0.09	—	0.35~1.20	—	865	890
BCu58ZnSn(Ni)(Mn)(Si)	56.0~60.0	余量	0.8~1.1	0.1~0.2	0.2~0.5	0.2~0.8	—	—	870	890
BCu58Zn(Sn)(Si)(Mn)	56.0~60.0	余量	0.2~0.5	0.15~0.20	0.05~0.25		—	—	870	900
BCu59Zn(Sn)	57.0~61.0	余量	0.2~0.5	—	—	—	—	—	875	895
BCu60ZnSn(Si)	59.0~61.0	余量	0.8~1.2	0.15~0.35	—	—	—	—	890	905
BCu60Zn(Si)	58.5~61.5	余量	—	0.2~0.4	—	—			875	895
BCu60Zn(Si)(Mn)	58.5~61.5	余量	≤0.2	0.15~0.40	0.05~0.25	—			870	900

注：表中钎料最大杂质含量（质量分数）：Al0.01、As 0.01、Bi0.01、Cd0.010、Fe0.25、Pb0.025、Sb0.01；最大杂质总量（Fe除外）0.2。

表 22-23　铜磷钎料化学成分

型号	化学成分(质量分数,%)				熔化温度范围/℃（参考值）		最低钎焊温度①/℃（指示性）
	Cu	P	Ag	其他元素	固相线	液相线	
BCu95P	余量	4.8~5.3	—	—	710	925	790
BCu94P	余量	5.9~6.5	—	—	710	890	760
BCu93P-A	余量	7.0~7.5	—	—	710	793	730
BCu93P-B	余量	6.6~7.4	—	—	710	820	730
BCu92P	余量	7.5~8.1	—	—	710	770	720
BCu92PAg	余量	5.9~6.7	1.5~2.5	—	645	825	740
BCu91PAg	余量	6.8~7.2	1.8~2.2	—	643	788	740
BCu89PAg	余量	5.8~6.2	4.8~5.2	—	645	815	710
BCu88PAg	余量	6.5~7.0	4.8~5.2	—	643	771	710
BCu87PAg	余量	7.0~7.5	5.8~6.2	—	643	813	720
BCu80AgP	余量	4.8~5.2	14.5~15.5	—	645	800	700
BCu76AgP	余量	6.0~6.7	17.2~18.0	—	643	666	670
BCu75AgP	余量	6.6~7.5	17.0~19.0	—	645	645	650
BCu80SnPAg	余量	4.8~5.8	4.5~5.5	Sn9.5~10.5	560	650	650
BCu87PSn(Si)	余量	6.0~7.0	—	Sn6.0~7.0　Si0.01~0.04	635	675	645
BCu86SnP	余量	6.4~7.2	—	Sn6.5~7.5	650	700	700
BCu86SnPNi	余量	4.8~5.8	—	Sn7.0~8.0　Ni0.4~1.2	620	670	670
BCu92PSb	余量	5.6~6.4	—	Sb1.8~2.2	690	825	740

注：表中钎料的最大杂质含量（质量分数）：Al0.01、Bi0.030、Cd0.010、Pb0.025、Zn0.05、Zn＋Cd0.05；最大杂质总量0.25。

① 多数钎料只有在高于液相线温度时才能获得令人满意的流动性，多数铜磷钎料在低于液相线某一温度钎焊时就能充分流动。

3. 铜锗钎料

铜锗钎料的特点是蒸气压低，可用来钎焊铜和可伐合金等，主要用于电真空器件的钎焊。表22-24列出了几种铜锗钎料的化学成分和特性。

4. 高温铜基钎料

普通银钎料和铜基钎料的强度随温度的升高而下降，不能满足在较高温度下工作的要求。在铜中加入Ni和Co，可提高钎料的耐热性能，但钎料的熔化温度也相应有所提高。表22-25列出了一些高温铜基钎料的化学成分及特性。

22.3.3 铝基钎料

铝基钎料主要用来钎焊铝和铝合金。它主要以铝硅合金为基，有时加入Cu、Zn、Ge等元素以满足工艺性能的要求。在铝硅合金中加入w(Mg)为1%～1.5%，可用于铝合金的真空钎焊。GB/T 13815—2008《铝基钎料》中规定的一些铝基钎料的成分及特性列于表22-26。

铝基钎料还可制成双金属复合板，即在基体金属一侧或两侧复合厚度为5%～10%的钎料板，以简化装配过程。双金属复合板适用于钎焊大面积或接头密集的部件，如各种散热器、冷却器等。双金属钎焊板的牌号和特性见表22-27。

表22-24 铜锗钎料的化学成分和特性

牌号	化学成分(质量分数,%)			熔化温度/℃	
	Cu	Ge	Ni	固相线	液相线
BCu92Ge	余量	8	—	930	950
BCu90Ge	余量	10.5	—	870	890
BCu88Ge	余量	12	0.25	840	860

表22-25 高温铜基钎料的化学成分及特性

牌号	化学成分(质量分数,%)							熔化温度/℃	钎焊温度/℃
	Cu	Ni	Si	B	Fe	Mn	Co		
BCuNiSiB	余量	27～30	1.5～2.0	≤0.2	<1.5	—	—	1080～1120	1175～1200
BCuNiMnCoSiB	余量	18	1.75	0.2	1	5	5	1053～1084	1090～1110
BCuMnCo	余量	—	—	—	—	31.5	10	940～950	1000～1050
BCuMnNi	余量	20	—	—	—	40	—	950～960	1000～1050

表22-26 铝基钎料的化学成分

型号	化学成分(质量分数,%)								熔化温度范围/℃(参考值)	
	Al	Si	Fe	Cu	Mn	Mg	Zn	其他元素	固相线	液相线
Al-Si										
BAl95Si	余量	4.5～6.0	≤0.6	≤0.30	≤0.15	≤0.20	≤0.10	Ti≤0.15	575	630
BAl92Si	余量	6.8～8.2	≤0.8	≤0.25	≤0.10	—	≤0.20	—	575	615
BAl90Si	余量	9.0～11.0	≤0.8	≤0.30	≤0.05	≤0.05	≤0.10	Ti≤0.20	575	590
BAl88Si	余量	11.0～13.0	≤0.8	≤0.30	0.05	≤0.10	≤0.20	—	575	585
Al-Si-Cu										
BAl86SiCu	余量	9.3～10.7	≤0.8	3.3～4.7	≤0.15	≤0.10	≤0.20	Cr≤0.15	520	585
Al-Si-Mg										
BAl89SiMg	余量	9.5～10.5	≤0.8	≤0.25	≤0.10	1.0～2.0	≤0.20	—	555	590
BAl89SiMg(Bi)	余量	9.5～10.5	≤0.8	≤0.25	≤0.10	1.0～2.0	≤0.20	Bi0.02～0.20	555	590
BAl89Si(Mg)	余量	9.50～11.0	≤0.8	≤0.25	≤0.10	0.20～1.0	≤0.20	—	559	591
BAl88Si(Mg)	余量	11.0～13.0	≤0.8	≤0.25	≤0.10	0.10～0.50	≤0.20	—	562	582
BAl87SiMg	余量	10.5～13.0	≤0.8	≤0.25	≤0.10	1.0～2.0	≤0.20	—	559	579
Al-Si-Zn										
BAl87SiZn	余量	9.0～11.0	≤0.8	≤0.30	≤0.05	≤0.05	0.50～3.0	—	576	588
BAl85SiZn	余量	10.5～13.0	≤0.8	≤0.25	≤0.10	—	0.50～3.0	—	576	609

注：所有型号钎料中，Cd元素的最大含量（质量分数）为0.01，Pb元素的最大含量（质量分数）为0.025。其他每个未定义元素的最大含量（质量分数）为0.05，未定义元素总含量（质量分数）不应高于0.15。

表 22-27 铝基双金属钎焊板牌号和特性

钎焊板牌号	基体金属	包覆层	包覆层熔化温度范围/℃
5A06.3-1	3A21	A1-11～12.5Si	577～582
5A03	3A21	A1-6.8～8.2Si	577～612

22.3.4 锰基钎料

锰基钎料的延性好，对不锈钢、耐热钢具有良好的润湿能力，钎缝有较高的室温和高温强度，中等的抗氧化性和耐腐蚀性，钎料对母材无明显的溶蚀作用。在锰基钎料中加入 Cr、Co、Cu、Fe、B 等元素，可降低钎料的熔化温度，改善工艺性能，提高耐腐蚀性等。Mn 在国内资源丰富，价格较低，但锰基钎料的蒸气压较高，耐腐蚀性不够好。它适用于在低真空及保护气氛下钎焊 500℃左右长期工作的不锈钢和耐热钢部件。GB/T 13679—1992《锰基钎料》中规定的一些锰基钎料的成分及特性见表 22-28。

22.3.5 镍基钎料

镍基钎料具有优良的耐腐蚀性和耐热性，用它钎焊的接头可以承受的工作温度高达 1000℃。镍基钎料常用于钎焊奥氏体不锈钢、双相不锈钢、马氏体不锈钢、镍基合金和钴基合金等，也可用于碳钢和低合金钢的钎焊。镍基钎料的钎焊接头在液氧、液氮等低温介质内也有令人满意的性能。

镍基钎料内常加的元素有 Cr、Si、B、Fe、P 和 C 等。Cr 的主要作用是增大抗氧化、耐腐蚀能力及提高钎料的高温强度；Si 可降低熔点，增加流动性；B 和 P 是降低钎料熔点的主要元素，并能改善润湿能力和铺展能力；C 可以降低钎料的熔化温度，而对高温强度没有多大的影响；少量的 Fe 可以提高钎料的强度。镍基钎料中含有较多的 Si、B、P 等非金属元素，比较脆，常以粉末状使用，但近年来已研制成非晶态箔状钎料。GB/T 10859—2008《镍基钎料》中规定的常用镍基钎料的成分及特性见表 22-29。

表 22-28 锰基钎料的化学成分及特性

牌号	化学成分（质量分数，%）											熔化温度/℃	
	Mn	Ni	Cu	Cr	Co	Fe	B	C	S	P	其他元素总量	固相线	液相线
BMn70NiCr		24.0～26.0		4.5～5.5	—	—						1035	1080
BMn40NiCrCoFe		40.0～42.0	—	11.0～13.0	2.5～3.5	3.5～4.5	—					1065	1135
BMn68NiCo		21.0～23.0		—	9.0～11.0	—						1050	1070
BMn65NiCoFeB	余量	15.0～17.0			15.0～17.0	2.5～3.5	0.2～1.0	≤0.10	≤0.020	≤0.20	≤0.30	1010	1035
BMn52NiCuCr		27.5～29.5	13.5～15.5	4.5～5.5	—	—	—					1000	1010
BMn50NiCuCrCo		26.5～28.5	12.5～14.5	4.0～5.0	4.0～5.0							1010	1035
BMn45NiCu		19.0～21.0	34.0～36.0	—	—							920	950

表22-29　镍基钎料的化学成分及特性

牌　　号	化学成分(质量分数,%)						
	Ni	Cr	B	Si	Fe	C	P
BNi74CrSiB	余量	13.0~15.0	2.75~3.50	4.0~5.0	4.0~5.0	0.60~0.90	0.02
BNi75CrSiB						0.06	
BNi82CrSiB		6.0~8.0			2.5~3.5		
BNi68CrWB		9.5~10.5	2.20~2.80	3.0~4.0	2.0~3.0	0.30~0.50	
BNi92SiB		—	2.75~3.50	4.0~5.0	0.5	0.06	
BNi93SiB			1.50~2.20	3.0~4.0	1.5		
BNi71CrSi		18.5~19.5	0.03	9.75~10.50	—	—	—
BNi89P		—	—	—		0.10	10.0~12.0
BNi76CrP		13.0~15.0	0.01	0.10	0.20	0.08	9.7~10.5
BNi66MnSiCu		—	—	6.0~8.0	—	0.10	0.02

牌　　号	化学成分(质量分数,%)				参考值		
	W	Mn	Cu	其他元素总量	固相线/℃	液相线/℃	钎焊温度/℃
BNi74CrSiB	—	—	—	0.50	975	1040	1065~1205
BNi75CrSiB						1075	1075~1205
BNi82CrSiB					970	1000	1010~1175
BNi68CrWB	11.5~12.5				970	1095	1150~1205
BNi92SiB	—				980	1040	1010~1175
BNi93SiB						1065	
BNi71CrSi					1080	1135	1150~1205
BNi89P					875	875	925~1205
BNi76CrP		0.04			890	890	925~1040
BNi66MnSiCu		21.0~24.5	4.0~5.0		980	1010	1010~1059

因为钎料的蒸气压很低，所以镍基钎料特别适用于真空系统和真空管的钎焊。镍基钎料中不得含有Ag、Cd、Zn或其他高蒸气压元素。应该指出，当P与某些元素化合后，这些化合物具有极低的蒸气压，因而可允许在1065℃和真空度为0.135Pa下进行真空焊。

BNi74CrSiB钎料广泛地用于高强度合金和耐热合金的钎焊，可用于钎接涡轮叶片、喷气发动机零件、高应力的平板金属结构以及其他高应力部件。

BNi75CrSiB钎料是一种低碳的镍铬硼硅钎料，除其最大w（C）0.06%外，其化学成分与BNi74CrSiB一致。这种钎料也可用于高温喷气发动机零件。

BNi82CrSiB钎料的性能和用途与BNi74CrSiB相似，但能在较低的温度下进行钎焊，且有较好的流动性和扩散性能。

BNi92SiB钎料是一种耐热性能良好的钎料，适用于较低温度下钎焊高应力零件。它的使用与BNi74CrSiB相似，在保护气体中，或在间隙很小或大面积的接头上都有良好的铺展性。

BNi93SiB钎料与BNi92SiB相似，用这种钎料可以形成较大和塑性较好的角接钎缝，也能用来钎焊具有相当大间隙的接头。

BNi71CrSi钎料用于钎焊在高温下工作的高强度和抗氧化合金接头，其应用范围与BNi74CrSiB相似。此外，BNi71CrSi还可用于钎焊某些不允许含硼的核工业中的部件。

BNi89P钎料流动性极好，与大多数铁基或镍基金属只产生极小的溶蚀。这种钎料可在保护气体中使用，在放热性气体中钎焊低铬钢，结果很好。

BNi76CrP钎料用于钎焊蜂窝结构、薄壁管组件，以及其他在高温下使用的结构。由于BNi76CrP与铁基和镍基合金的溶解性小，因而能控制溶蚀。在相当低的钎焊温度下，钎焊耐热母材可以得到牢固且防漏的接头。推荐用于钎焊不允许含硼的各种核工业中的部件，炉中钎焊可以获得良好的结果。增加钎焊温度时的保温时间，可以提高塑性。

BNi66MnSiCu钎料最初是由于它与Ni的相互作用很小，并且具有良好的钎焊性能而发展起来的，后来发现也适于钎焊航空工业的蜂窝结构和其他不锈钢材料与耐腐蚀材料。由于这种钎料含有相当多的Mn，故应遵守特别的钎焊工艺。因为Mn比Cr更容易氧化，因而氢气、氩气和氦气等钎焊气体必须纯净而且十分干燥。在真空环境下，真空压力必须很低，漏气速率必须很小，以确保很低的氧分压。应当指出，当Mn在保护气体中氧化或当Mn在真空中蒸发或氧化时，BNi66MnSiCu钎料的化学成分和熔化特性都会发生变化。但是，保护气体中，Mn的影响不致构成问题。

镍基活性扩散钎焊用钎料列于表22-30中。

表22-30　Ni基活性扩散钎焊用钎料成分及特性

牌　号	化学成分(质量分数,%)	熔化温度/℃		钎焊温度/℃
		$T_{固}$	$T_{溶}$	
AMDRY DF3	Ni-20Cr-20Co-3Ta-3B-0.05La	1050	1122	1191～1218
AMDRY DF4B	Ni-14Cr-10Co-2.5Ta-3.5Al-2.7B-0.02Y	1064	1122	1149～1190
AMDRY DF5	Ni-13Cr-3Ta-4Al-2.7B-0.02Y	1080	1157	1177～1218
AMDRY DF6	Ni-20Cr-3Ta-2.8B-0.04Y	1050	1157	1170～1218
AMDRY DF915B2	Ni-13Cr-3.5Fe-2B	1030	1066	1149～1205

各钎料的具体用途如下：

AMDRY DF3具有极好的抗氧化性和抗硫化性，特别适用于在氧化和燃烧的环境下工作的工件。钎料具有很好的流动性和铺展性，适用于钎焊小间隙和钎补裂纹，用于各种镍基和铁镍基合金。

AMDRY DF4B因含大量的Ta和Al，特别适用于钎焊沉淀强化镍基合金，也可以与等离子喷涂粉NiCrAlY混和用于表面修复。

AMDRY DF5是由等离子喷涂粉NiCrAlY加B而形成的钎料，具有极好的抗氧化性和耐腐蚀性，用于钎补小裂纹和修复表面。

AMDRY DF6钎料用来钎焊镍基合金、MA754和956，氧化物称为散强化合金（ODS）。

AMDRY DF915B2钎料在钎焊时由于B的迁移，可使钎缝的重熔温度大大提高。适用于钎焊马氏体时效钢和沉淀强化镍基合金。接头的工件温度可高达1149℃。

上述钎料按表22-30所述的焊接参数钎焊后，再经过约1066℃扩散处理，使B充分地从钎缝向母材迁移，可获得与母材性能一致的钎焊接头。

22.3.6　金基钎料

高温金基钎料主要由Au、Cu和Ni等元素组成。这类钎料耐热性和抗氧化性优良，对铁、镍、钴基耐热合金润湿性好，溶蚀倾向小。钎料强度高，塑性好，广泛地用于铁、镍、钴基合金薄壁构件的钎焊。由于钎料中不含挥发元素，导电性好，热稳定性高，因此金基钎料在电真空器件上、高温工程以及工作温度高的真空电子管上获得应用。这类钎料可在低于650℃的情况下可靠工作。常用金基钎料的化学成分及特性列于表22-31中。

表22-31　常用金基钎料化学成分、特性及用途

钎料牌号	化学成分(质量分数,%)					熔化温度/℃	钎焊温度/℃	用　途
	Au	Cu	Ni	Pd	其他			
BAu82Ni	余量	—	17～18	—	—	≈949	949～1004	综合性能极好，可钎焊铜、可伐合金、钨、钼、不锈钢等重要产品
BAu80Cu	余量	19.5～20.5	—	—	—	≈891	890～1010	电真空器件分段钎焊用钎料
BAu60Cu	余量	39～41	—	—	—	850～975	980～1000	—
BAu37Cu	余量	62.5～63.5	—	—	—	991～1016	1016～1083	电真空器件分段钎焊用钎料
BAu35CuNi	余量	61.5～62.5	2.5～3.5	—	—	974～1029	1029～1091	电真空器件分段钎焊用钎料
BAu30PdNi	余量	36.5～37.5	—	33.5～34.5	—	1135～1166	1166～1232	钎焊在高温下要求接头具有良好强度的耐热和耐腐蚀金属
BAu35CuIn	余量	59～61	—	—	In5	850～890	880～910	可代替BAu80Cu用于电子器件的钎焊

（续）

钎料牌号	化学成分（质量分数，%）					熔化温度/℃	钎焊温度/℃	用途
	Au	Cu	Ni	Pd	其他			
BAu40Cu	40	60	—	—	—	980～1000	1000～1050	—
BAu55Cu	55	45	—	—	—	1020～1160	1160～1180	可钎焊铁基、镍基、铜基合金

22.3.7 含钯钎料

钎料合金中含有合金元素Pd的钎料通称为含钯钎料。

银铜钎料中添加钯，大大提高了钎料的润湿性、充填接头间隙能力和接头的工作温度。含钯的银铜钎料可在427℃下可靠工作，接头的耐蚀性能较银铜钎料显著增加。在银锰或镍锰钎料中加入Pd，钎焊接头的强度、耐热性可接近Ni基钎料，而接头的塑性及抗冲击性能比Ni基钎料优越得多。

含钯钎料的优点是有良好的润湿性和流动性，蒸气压低，接头强度高、塑性好，对基体金属的溶蚀倾向小。适用于镍基、钴基、钛基等耐热合金、硬质合金、不锈钢等材料的钎焊，主要用于高温工艺装置、电真空和宇航工业部门。常用含钯钎料的化学成分及特性列于表22-32中。

表22-32 常用含Pd钎料化学成分及特性

牌号	化学成分（质量分数，%）					熔化温度/℃
	Pd	Ag	Cu	Mn	其他	
BPd5AgAu	5	68.4	26.6	—	—	807～810
BPd10AgCu	10	58	32	—	—	825～850
BPd20AgCu	20	52	28	—	—	879～898
BPd20AgMn	20	75	—	5	—	1000～1120
BPd20AgLi	20	79.5	—	5	Li:0.5	1000
BPd25AgCu	25	54	21	—	—	901～950
BP21NiMn	21	—	—	31	Ni:48	1120
BPd33AgMn	33	64	—	3	—	1180～1200
BPd81AgSi	81.1	14.3	—	—	Si:4.6	750～790
BPd60Ni	60	—	—	—	Ni:40	1235
BPdCuNi50-15	35	—	50	—	Ni:15	1163～1171

22.3.8 真空级钎料

真空级钎料主要用于电子器件等要求有极佳运行特性和较长的工作寿命部件的钎焊。真空级钎料对除主元素之外的杂质元素要求比普通钎料要严格得多，且对钎焊时钎料的溅散性和钎焊部位的清洁性亦有严格要求。我国目前正式列入标准的有5种钎料，其化学成分及特性见表22-33。普通真空级钎料化学成分及特性见表22-34。

22.3.9 其他钎料

近年来，随着新材料、新工艺大量涌现，对新的钎焊材料的需求越来越高，现有的常规品种已无法满足需要，因此不断研究开发出许多新型钎料并投放市场试用。

1. 钛基钎料

钛基钎料是Ti和Ni、Cu、Be、Zr等元素制成的许多不同熔化温度的钎料。这类钎料可润湿多种难熔金属、石墨、陶瓷、宝石等材料。钎料的抗氧化性能强。钎缝可承受高于800℃的温度，某些钎料和无水肼还有极好的相容性。

钛基钎料可用于Ti、W、Mo、Ba、Nb、石墨、陶瓷、蓝宝石等材料的钎焊。钎料极脆，多以粉末状态供应。BTi70CuNi钎料具有较低的钎焊温度，可在氩气或真空中钎焊，特别适宜高频感应钎焊钛及钛合金，接头具有较高的高温强度，在430℃时，接头抗剪强度可达300MPa，而BAg91Al钎料的抗剪强度只有89MPa。

2. 铁基钎料

铁基钎料含有Cr、Ni、Mn、Ti、B等元素，可用来钎焊硬质合金与高速钢刀具，钎缝具有一定的耐热性能与热稳定性，但钎缝的塑性较差。

铁基钎料的价格便宜，一般以粉末状供应。w(P) 10%的铁基钎料，具有十分好的自钎性能。w(Ti) 40%的铁基钎料，耐热性极佳，可钎焊在高温条件下不受力的构件。

表 22-33 SJ/T 10753—1996 中列出的电子器件用真空级钎焊料化学成分及特性

序号	钎焊料名称	牌号	主要成分（质量分数，%）				杂质（质量分数，%）≤												熔化温度/℃	
			Au	Ag	Cu	Ni	Pd	Bi	Zn	Cd	Sb	S	P	Al①	Fe①	Mg①	Sn①	总量	固相线	液相线
1	纯银	DHLAg	—	> 99.95	—	—	0.003	0.003	0.002	0.002	0.003	0.005	0.002	—	0.005	0.002	—	0.05	961	961
2	28 银铜	DHLAgCu28	—	71.0 ~ 73.0	27.0 ~ 29.0	—	0.005	0.003	0.002	0.002	0.003	0.005	0.002	0.002	0.005	0.002	0.002	—	779	779
3	50 银铜	DHLAgCu50	—	49.0 ~ 51.0	49.0 ~ 51.0	—	0.005	0.003	0.005	0.002	0.003	0.005	0.002	0.002	0.005	0.002	0.002	—	779	875
4	17.5 金镍	DHLAuNi17.5	82.0 ~ 83.0	—	—	17.0 ~ 18.0	0.005	—	0.005	—	—	0.005	0.002	—	—	—	—	—	950	950
5	20 金铜	DHLAuCu20	79.3 ~ 80.7	—	19.3 ~ 20.7	—	0.005	—	0.005	—	—	0.005	0.002	—	—	—	—	—	910	910

① 参考值，不作为考核指标。

表 22-34 通用真空级钎料特性及成分要求

钎料型号	主要成分(质量分数,%)								杂质(质量分数,%)≤					熔化温度/℃	
	Ag	Au	Cu	Ni	Co	Sn	Pd	In	Zn	Cd	Pb	P	C	固相线	液相线
BAg99.99-V	>99.95	—	0.05	—	—	—	—	—	0.001	0.001	0.002	0.002	0.005	961	961
BAg50Cu-V	49.5~51.0	—	余量	—	—	—	—	—	0.001	0.001	0.002	0.002	0.005	779	875
BAg72Cu-V	71.0~73.0	—	余量	—	—	—	—	—	0.001	0.001	0.002	0.002	0.005	779	779
BAg71CuNi-V	70.5~72.5	—	余量	0.3~0.7	—	—	—	—	0.001	0.001	0.002	0.002	0.005	779	795
BAg60CuSn-V	59.0~61.0	—	余量	—	—	9.5~10.5	—	—	0.001	0.001	0.002	0.002	0.005	602	768
BAg61CuIn-V	60.5~62.5	—	余量	—	—	—	—	14.0~15.0	0.001	0.001	0.002	0.002	0.005	624	707
BAg68CuPd-V	67.0~69.0	—	余量	—	—	—	4.5~5.5	—	0.001	0.001	0.002	0.002	0.005	807	810
BAg58CuPd-V	57.0~59.0	—	31.0~33.0	—	—	—	余量	—	0.001	0.001	0.002	0.002	0.005	824	852
BAg54PdCu-V	53.0~55.0	—	20.0~22.0	—	—	—	余量	—	0.001	0.001	0.002	0.002	0.005	900	950
BAu80Cu-V	—	79.5~80.5	余量	—	—	—	—	—	0.001	0.001	0.002	0.002	0.005	891	891
BAu82Ni-V	—	81.5~82.5	—	余量	—	—	—	—	0.001	0.001	0.002	0.002	0.005	949	949
BAuNiPd-V	—	49.5~50.5	—	24.5~25.5	0.06	—	余量	—	0.001	0.001	0.002	0.002	0.005	1102	1121
BAu92Pd-V	—	91.0~93.0	—	—	—	—	余量	—	0.001	0.001	0.002	0.002	0.005	1200	1240
BPdCoNi-V	—	—	—	0.06	余量	—	64.0~66.0	—	0.001	0.001	0.002	0.002	0.005	1230	1235

3. 钴基钎料

钴基钎料是以Co为基体并加入Rh、Cr、W、B、Si等元素组成的钎料。BCo70CrWBSi钎料的接头强度高，耐蚀性好，可在炉中钎焊高温下工作的耐热合金零部件。

4. 铂基钎料

铂基钎料是Pt与Au、Ir、Cu、Ni、Pd等金属制成的钎料，可以很好地润湿W、Mo等金属。钎料具有良好的抗氧化性能和高温性能。铂基钎料可以钎焊钨丝与钼丝，在电子工业中有很大的使用价值。

一些特殊用途钎料的化学成分及特性见表22-35。

5. 膏状钎料

膏状钎料是先将钎料制成粉末状（一般为75～150μm或更细）后加入钎剂、润湿剂和其他化学试剂制成的膏状体。从理论上讲，可将Cu-P-(Ag)、Al-Si、Ag-Cu-Zn、镍基、锰基等任何一种或一类硬钎料制成膏状钎料。随着自动化钎焊技术的不断提高，对膏状钎料的需求量也日益增长，国内有许多单位已经能批量生产各种膏状钎料。

表22-35　一些特殊用途钎料化学成分及特性

钎料牌号	化学成分（质量分数,%）	熔化温度/℃	钎焊温度/℃
BTi70CuNi	Ti:70,Cu:15,Ni:15	930～950	970
BTi80VCr	Ti:80,V:15,Cr:5	1400～1450	1500
BZr80CuFe	Zr:80,Cu:10,Fe:10	850～870	950
BCo70CrWBSi	Co:70.5,Cr:21,W:4.5,B:2.4,Si:1.6	—	1233
BFe89P	Fe:89.5,P:10.5	—	1080
BFe60Ta	Fe:60,Ti:40	—	1400
BV50TaCd	V:50,Ta:25,Cd:25	—	1870
BPt95Ni	Pt:95.1～95.9,Ni:4.1～4.9	1720～1750	1850
BPt95Ir	Pt:94.7～95.3,Ir:47～5.3	1765～1772	1872
BPt90Rh	Pt:89.3～90.3,Rh:9.7～10.3	1845～1855	1900

22.3.10　钎料的选择

钎料的选用应从使用要求、钎料与母材的相互匹配，以及经济角度等方面进行全面考虑。

从使用要求出发，对钎焊的接头强度和工作温度要求不高的，可用软钎焊。对在低温下工作的接头，应使用含Sn量低的钎料。要求高温强度和抗氧化性好的接头，宜用镍基钎料，但含B的钎料不适用于核反应堆部件的钎焊。

对要求耐腐蚀性好的铝钎焊接头，应采用铝硅钎料钎焊，Al的软钎焊接头应采用保护措施。用Sn92AgSbCu和Sn84.5AgSb钎料钎焊的铜接头的耐腐蚀性，比用AgPb97钎料钎焊的好。前者可用于在较高温度和高温强度条件下工作的工件。

对要求导电性好的电气零件，应选用含Sn量高的SnPb钎料或含Ag量高的银钎料，真空密封接头应采用真空级钎料。

选择钎料时，应考虑钎料与母材的相互作用。铜磷钎料不能钎焊钢和镍，因为会在界面生成极脆的磷化物相。镉基钎料钎焊铜时，很容易在界面形成脆性的铜镉化合物而使接头变脆。用BNi-1镍基钎料钎焊不锈钢薄件时，因有溶穿倾向而不予推荐。

选择钎料时还应考虑钎焊加热温度的影响。如，对于已调质处理的20Cr13工件，可选用B40AgCuZnCd钎料，使其钎焊温度低于700℃，以免工件退火；对于冷作硬化铜材，为了防止母材钎焊后软化，应选用钎焊温度不超过300℃的钎料。

钎焊加热方法对钎料选择也有一定的影响。炉中钎焊时，不宜选用含易挥发元素的钎料，如含Zn、Cd的钎料。真空钎焊要求钎料不含高蒸气压元素。

此外，从经济观点出发，应选用价格便宜的钎料。如制冷机中铜管的钎焊，虽然使用银钎料焊接的质量很好，但是用铜磷银或铜磷锡钎料钎焊的接头也不错，后者的价格要比前者便宜得多。

各种材料组合时所适用的钎料可参阅表22-36。

22.4　钎剂

钎剂的作用在本章22.1节中已有介绍，钎剂的分类按用途形态可分为若干类。但按行业标准和国家标准的标定，则分为硬钎焊钎剂（JB/T 6045—1992）和软钎焊用钎剂（GB/T 15829—2008）。软钎焊用钎剂又可细分为树脂类、有机物类和无机物类三大类。它们各自还可细分，且形态均可为液态、固态或膏状。硬钎焊用钎剂则按形态可分为粉末状、粒状、膏状和液态（气态）四类。

22.4.1 软钎剂

软钎剂主要是指在450℃以下钎焊的钎剂。它主要分为非腐蚀性钎剂和腐蚀性钎剂两大类。软钎剂由成膜物质、活化物质、助焊剂、稀释剂和溶剂等组成。常用金属的软钎焊性及钎剂选择见表22-36。软钎剂的组分结构列于表22-37。

表22-36 各种材料组合适用的钎料

金属合金	铝及其合金	铍、钒、锆及其合金	铜及其合金	钼、镍、钽、钨及其合金	镍及其合金	钛及其合金	碳钢及低合金钢	铸铁	工具钢	不锈钢
铝及其合金	Al① Sn-Zn Zn-Al Zn-Cd	—	—	—	—	—	—	—	—	—
铍、钒、锆及其合金	不推荐	无规定	—	—	—	—	—	—	—	—
铜及其合金	Sn-Zn Zn-Cd Zn-Al	Ag-	Ag- Cd- Cu-P Sn-Pb	—	—	—	—	—	—	—
钼、镍、钽、钨及其合金	不推荐	无规定	Ag-	无规定	—	—	—	—	—	—
镍及其合金	不推荐	Ag-	Ag- Au- Cu-Zn	Ag- Cu- Ni-	Ag-Ni- Au-Pd- Cu- Mn-	—	—	—	—	—
钛及其合金	Al-Si	无规定	Ag-	无规定	Ag-	无规定	—	—	—	—
碳钢及低合金钢	Al-Si	Ag-	Ag-Sn-Pb Au Cu-Zn Cd	Ag- Cu Ni-	Ag-Sn-Pb Au- Cu- Ni-	Ag-	Ag-Cu-Zn Au-Ni- Cu- Sn-Pb-	—	—	—
铸铁	不推荐	Ag-	Ag-Sn-Pb Au- Cu- Zn Cd-	Ag- Cu Ni-	Ag- Cu② Cu-Zn③ Ni-	Ag	Ag- Cu- Zn Sn-Pb	Ag- Cu-Zn Ni Sn-Pb	—	—
工具钢	不推荐	不推荐	Ag- Cu-Zn Ni-	不推荐	Ag- Cu Cu-Zn Ni-	不推荐	Ag- Cu Cu-Zn Ni-	Ag- Cu-Zn Ni-	Ag- Cu Cu- Ni	—
不锈钢	Al-Si	Ag-	Ag- Cd- Au-Sn-Pb Cu-Zn	Ag- Cu Ni-	Mn- Ag-Mn- Au-Pd- Cu-Sn-Pb	Ag-	Ag-Sn-Pb Au- Cu- Ni	Ag- Cu- Ni- Sn-Pb	Ag- Cu Ni-	Ag-Ni- Au-Pd- Cu-Sn-Pb Mn-

① Al为铝基钎料。
② Cu为纯铜钎料。
③ Cu-Zn为铜锌钎料。

表 22-37　软钎剂的组成结构简介

<table>
<tr><th colspan="3">钎剂的组成部分</th><th>采用材料</th></tr>
<tr><td rowspan="11">不挥发性物质</td><td rowspan="3">成膜物质</td><td>矿脂</td><td>矿油、凡士林、石蜡</td></tr>
<tr><td>天然树脂</td><td>松香</td></tr>
<tr><td>合成树脂</td><td>改性酚醛树脂、聚氨基甲酸酯、改性丙烯酸树脂、聚合松香、改性环氧树脂</td></tr>
<tr><td colspan="2">无机酸</td><td>盐酸、正磷酸、氢氟酸、氟硼酸、BF_3、$ZnCl_2$</td></tr>
<tr><td colspan="2">无机金属盐类</td><td>NH_4Cl、$PbCl_2$、$SnCl_2$、$CuCl$、$NaCl$、KCl、$LiCl$</td></tr>
<tr><td colspan="2">有机酸</td><td>松香酸、乳酸、硬脂酸、苯二甲酸、水杨酸、谷氨酸、柠檬酸、油酸、苯甲酸、草酸、月桂酸</td></tr>
<tr><td colspan="2">胺类或氨类</td><td>乙二胺、三乙醇胺、苯胺、联胺、磷酸苯胺、磷酸联胺、环丁烷二胺、环丁烷三胺</td></tr>
<tr><td colspan="2">有机卤化物</td><td>溴化水杨酸、溴化肼、盐酸联胺、盐酸苯胺、盐酸乙二胺、盐酸吡啶、盐酸谷氨酸、16 烷基三甲基溴化胺、乙二基二甲基 16 烷溴化胺、16 烷基溴化吡啶</td></tr>
<tr><td colspan="2">其他</td><td>脲、氟碳、表面活性剂等</td></tr>
<tr><td colspan="2">助溶剂</td><td>乳剂、甘油</td></tr>
<tr><td colspan="2"></td><td></td></tr>
<tr><td>挥发性物质</td><td colspan="2">稀释剂与溶剂</td><td>乙醇、异丙醇、丙三醇、水、三甘醇、乙醚、松节油</td></tr>
</table>

1. 非腐蚀性软钎剂

非（弱）腐蚀性软钎剂的化学活性比较弱，对母材几乎没有腐蚀性作用，但只有纯松香或加入少量有机脂类的软钎剂属于非腐蚀性，而加入胺类、有机卤化物类的软钎剂，称其为弱腐蚀性软钎剂更为准确。

松香是最常用的非腐蚀性软钎剂。一般以粉末状或以酒精、松节油溶液的形式使用。在电气和无线电工程中被广泛地用于铜、黄铜、磷青铜、Ag、Cd 零件的钎焊。松香钎剂只能在 300℃ 以下使用，超过 300℃时，松香将碳化而失效。

松香去除氧化物能力较差，通常加入活化物质而配成活性松香钎剂，以提高其去除氧化物的能力。活性松香钎剂常用于铜及铜合金、各种钢、Ni、Ag、不锈钢等的钎焊。钎剂残渣不腐蚀母材和钎缝，或者腐蚀性很小。常用金属的软钎焊性和钎剂选用见表 22-38。表 22-39 是常用的活性钎剂成分。

表 22-38　常用金属的软钎焊性和钎剂选用

<table>
<tr><th rowspan="2">金　属</th><th rowspan="2">软钎焊性</th><th colspan="3">松香钎剂</th><th rowspan="2">有机钎剂（水溶性）</th><th rowspan="2">无机钎剂（水溶性）</th><th rowspan="2">特殊钎剂和/或钎料</th></tr>
<tr><th>未活化</th><th>弱活化</th><th>活化</th></tr>
<tr><td>铂、金、铜、银、镉板，锡（热浸），锡板，钎料板</td><td>易于软钎焊</td><td>适合</td><td>适合</td><td>适合</td><td>适合</td><td>建议不用于电气产品软钎焊</td><td rowspan="7">适合</td></tr>
<tr><td>铅、镍板、黄铜、青铜</td><td>较不易</td><td>不适合</td><td>不适合</td><td>适合</td><td>适合</td><td>适合</td></tr>
<tr><td>铑、铍铜</td><td>不易</td><td>不适合</td><td>不适合</td><td>适合</td><td>适合</td><td>适合</td></tr>
<tr><td>镀锌铁、锡-镍、镍-铁、低碳钢</td><td>难于软钎焊</td><td>不适合</td><td>不适合</td><td>不适合</td><td>不适合</td><td>适合</td></tr>
<tr><td>铬、镍-铬、镍-铜、不锈钢</td><td>很难于软钎焊</td><td>不适合</td><td>不适合</td><td>不适合</td><td>不适合</td><td>适合</td></tr>
<tr><td>铝、铝青铜</td><td>最难于软钎焊</td><td>不适合</td><td>不适合</td><td>不适合</td><td>不适合</td><td></td></tr>
<tr><td>铍、钛</td><td>不可软钎焊</td><td></td><td></td><td></td><td></td><td></td></tr>
</table>

表22-39 常用活性钎剂成分

牌号	成分(质量分数,%)	备注
—	松香40,盐酸谷氨酸2,酒精余量	钎焊温度150~300℃
—	松香40,三硬脂酸甘油酯4,酒精余量	
—	松香30,水杨酸2.8,三乙醇胺1.4,酒精余量	
—	松香70,氯化铵10,溴酸20	
—	松香24,盐酸二乙胺4,三乙醇胺2,酒精70	钎焊温度230~300℃
201型	松脂A40,松香40,溴化水杨酸10,酒精适量	—
202型	溴化肼10,酒精(75%酒精、25%水),甘油3	—
—	聚丙二醇40~66,正磷酸0.25~15,松香0~50	—
—	聚丙二醇40~50,松香35,正磷酸10~20,二乙氨盐酸盐5	—
—	聚丙二醇40~60,松香35~60	—
RJ11	工业凡士林80,松香15,氯化锌4,氯化铵1	—
RJ12	松香30,氯化锌3,氯化铵1,酒精66	—
RJ13	松香25,二乙胺5,三羟乙基胺2,酒精68	—
RJ14	凡士林35,松香20,硬脂酸20,氯化锌13,盐酸苯胺3,水7	—
RJ15	蓖麻油26,松香34,硬脂酸14,氯化锌7,氯化铵8,水11	—
RJ16	松香28,氯化锌5,氯化铵2,酒精65	—
RJ18	松香24,氯化锌1,酒精75	—
RJ19	松香18,甘油25,氯化锌1,酒精56	—
RJ21	松香38,正磷酸(密度1.6g/cm^3)12,酒精50	—
RJ24	松香55,盐酸苯胺2,甘油2,酒精41	—

2. 腐蚀性软钎剂

腐蚀性软钎剂由无机酸或（和）无机盐组成。这类钎剂化学活性强，热稳定性好，能有效地去除母材表面的氧化物，促进钎料对母材的润湿，可用于黑色金属和有色金属的钎焊。残留钎剂对钎焊接头具有强烈的腐蚀性，钎焊后的残留物必须彻底洗净。

氯化锌水溶液是最常用的腐蚀性软钎剂。在氯化锌中加入氯化铵可提高钎剂的活性和降低熔点。加入其他一些组分可进一步提高其活性。常用的腐蚀性软钎剂成分和用途列于表22-40。清洗钎剂残渣的方法可参照表22-41。

表22-40 常用腐蚀性软钎剂的成分及用途

牌号	组分(质量分数,%)	应用范围
RJ1	氯化锌40,水60	钎焊钢、铜、黄铜和青铜
RJ2	氯化锌25,水75	钎焊铜和铜合金
RJ3	氯化锌40,氯化铵5,水55	钎焊钢、铜、黄铜和青铜
RJ4	氯化锌18,氯化铵6,水76	钎焊铜和铜合金
RJ5	氯化锌25,盐酸(相对密度1.19)25,水50	钎焊不锈钢、碳钢、铜合金
RJ6	氯化锌6,氯化铵4,盐酸(相对密度1.19)5,水90	钎焊钢、铜和铜合金
RJ7	氯化锌40,二氯化锡5,氯化亚铜0.5,盐酸3.5,水51	钎焊钢、铸铁、钎料在钢上的铺展性有改进
RJ8	氯化锌65,氯化钾14,氯化钠11,氯化铵10	钎焊铜和铜合金
RJ9	氯化锌45,氯化钾5,二氯化锡2,水48	钎焊铜和铜合金
RJ10	氯化锌15,氯化铵1.5,盐酸36,变性酒精12.8,正磷酸2.2,氯化铁0.6,水余量	钎焊碳钢
RJ11	正磷酸60,水40	不锈钢铸铁
剂205	氯化锌50,氯化铵15,氯化镉30,氯化钠5	铜和铜合金、钢

表 22-41　钎剂选择

类型	组元	载体	用途	温度稳定性	除污能力	腐蚀性	推荐的钎焊后清洗方法
无机类酸	盐酸、氢氟酸、正磷酸	水、凡士林膏	结构	好	很好	严重	热水冲洗并中和 有机溶剂清洗
盐	氯化锌、氯化铵、氯化锡	水、凡士林膏、聚乙烯乙二醇	结构	极好	很好	严重	热水冲洗并中和 质量分数2%的盐酸液清洗 有机溶剂清洗
有机类酸	乳酸、油酸、谷氨酸、硬脂酸、苯二酸	水、有机溶剂、凡士林膏、聚乙烯乙二醇	结构、电器	相当好	相当好	中等	热水冲洗并中和 有机溶剂清洗
卤素	盐酸苯胺、盐酸谷氨酸、软脂酸的溴化衍生物、盐酸肼（或氢溴化物）	水、有机溶剂、凡士林膏、聚乙烯乙二醇	结构、电器	相当好	相当好	中等	热水冲洗并中和 有机溶剂清洗
胺或酰胺	尿素、乙烯二胺	水、有机溶剂、聚乙烯乙二醇	结构、电器	尚好	尚好	一般无腐蚀	热水冲洗并中和 有机溶剂清洗
活化松香	水白松香	异丙醇、有机溶剂、聚乙烯乙二醇	电器	差	尚好	一般无腐蚀	水基洗涤剂清洗 异丙醇清洗 有机溶剂清洗
水白松香	只含松香	异丙醇、有机溶剂、聚乙烯乙二醇	电器	差	差	无腐蚀	水基洗涤剂清洗 异丙醇清洗 有机溶剂清洗，但一般不需要钎焊后清洗

注：钎剂性能、除污能力由高到低的表述依次为极好、很好、相当好、好、尚好、差；腐蚀性表述依次为严重、中等、一般、无。

22.4.2　硬钎剂

硬钎剂指的是在450℃以上进行钎焊用的钎剂。黑色金属常用的硬钎剂的主要组分是硼砂、硼酸及其混合物。硼砂、硼酸及其混合物的黏度大、活性温度相当高，必须在800℃以上使用，并且不能去除Cr、Si、Al、Ti等氧化物，故只适用于熔化温度较高的一些钎料，如铜锌钎料钎焊铜和铜合金、碳钢等，同时钎剂残渣难于清除。

为了降低硼砂、硼酸钎剂的熔化温度及活性温度，改善其润湿能力，提高去除氧化物的能力，常在硼化物中加入一些碱金属和碱土金属的氟化物和氯化物。例如，加入氯化物可改善钎剂的润湿能力；加入氟化钙能提高钎剂去除氧化物的能力，适于在高温下钎焊不锈钢和高温合金；加入氟化钾可降低其熔化温度和表面张力，同时可提高钎剂的活性；加入氟硼酸钾能进一步降低其熔化温度，提高钎剂去除氧化物的能力。含氟化钾和（或）氟硼酸钾的钎剂残渣较易于去除。常用的一些硬钎剂组分及用途见表22-42。

虽然JB/T 6045—1992《硬钎焊用钎剂》中

表 22-42　常用的硬钎剂组分及用途

牌号	组分（质量分数，%）	钎焊温度/℃	应用范围
YJ1	硼砂100	800~1150	铜基钎料钎焊碳钢、铜、铸铁、硬质合金等
YJ2	硼砂25，硼酸75	850~1150	
YJ6	硼砂15，硼酸80，氟化钙5	850~1150	铜基钎料钎焊不锈钢和高温合金
YJ7	硼砂50，硼酸35，氟化钾15	650~850	用银基钎料钎焊钢、铜合金、不锈钢和高温合金
YJ8	硼砂50，硼酸10，氟化钾40	>800	用铜基钎料钎焊硬质合金
YJ11	硼砂95，过锰酸钾5	>800	铜锌钎料钎焊铸铁

（续）

牌号	组分（质量分数，%）	钎焊温度/℃	应用范围
QJ-101	硼酐30，氟硼酸钾70	550～850	银钎料钎焊铜和铜合金、钢、不锈钢和高温合金
QJ-102	氟化钾42，硼酐35，氟硼酸钾23	650～850	
QJ-103	氟硼酸钾>95	550～750	银铜锌镉钎料钎焊
粉301	硼砂30，硼酸70	850～1150	铜基钎料钎焊碳钢、铜、铸铁、硬质合金、不锈钢和高温合金等
200	硼酐66±2，脱水硼砂19±2，氟化钙15±1	850～1150	铜基钎料或镍基钎料钎焊不锈钢和高温合金
201	硼酐77±1，脱水硼砂12±1，氟化钙10±0.5		
剂105	氯化镉29～31，氯化锂24～26，氯化钾24～26，氯化锌13～16，氯化铵4.5～5.5	450～600	钎焊铜和铜合金
铸铁钎剂	硼酸40～45，氯化锂11～18，碳酸钠24～27，氟化钠+氯化钠10～20（NaF:NaCl=27:73）	650～750	活性温度低，适宜于银钎料和低熔点铜基钎料钎焊和修补铸铁
FB308P	硼酸盐+活性剂+成膏剂	600～850	弱腐蚀性膏状钎剂，适于银基钎料和铜基钎料钎焊铜、钢等
FB405L	硼酸三甲酯+活性剂+溶剂	700～850	用于气体钎焊铜与铜、铜与钢或钢与钢等结构，焊后残渣腐蚀性小
FB406L	硼酸三甲酯+活性剂+去膜剂+溶剂	700～850	主要用于钎焊不锈钢等
	三氟化硼	>800	

规定了硬钎剂型号的编制方法，但各种硬钎剂的编号仍然比较混乱，表中牌号仅供参考。

22.4.3　铝及铝合金用钎剂

近年来，国内外铝钎焊用钎剂的研究成果较多，并在生产中得到越来越多的应用。

表22-43～表22-46是一些典型铝钎剂的配方。

表22-43　铝用硬钎剂的配方和应用

序号	钎剂代号	钎剂组成（质量分数，%）	熔化温度/℃	特殊应用
1	QJ201	H701 LiCl(32)，KCl(50)，NaF(10)，$ZnCl_2$(8)	≈460	
2	QJ202	LiCl(42)，KCl(28)，NaF(6)，$ZnCl_2$(24)	≈440	
3	211	LiCl(14)，KCl(47)，NaCl(27)，AlF_3(5)，$CdCl_2$(4)，$ZnCl_2$(3)	≈550	
4	YJ17	LiCl(41)，KCl(51)，KF(3.7)，AlF_3(4.3)	≈370	浸渍钎焊
5	H701	LiCl(12)，KCl(46)，NaCl(26)，KF-AlF_3共晶(10)，$ZnCl_2$(1.3)，C_2Cl_2(4.7)	≈500	
6	Φ3	NaCl(38)，KCl(47)，NaF(10)，$SnCl_2$(5)		
7	Φ5	LiCl(38)，KCl(45)，NaF(10)，$CdCl_2$(4)，$SnCl_2$(3)	≈390	
8	Φ124	LiCl(23)，NaCl(22)，KCl(41)，NaF(6)，$ZnCl_2$(8)		
9	ΦB3X	LiCl(36)，KCl(40)，NaF(8)，$ZnCl_2$(16)	≈380	
10		LiCl(33～50)，KCl(40～50)，KF(9～13)，ZnF_2(3)，$CsCl_2$(1～6)，$PbCl_2$(1～2)		
11		LiCl(80)，KCl(14)，K_2ZrF_2(6)	≈560	长时间加热稳定
12		$ZnCl_2$(20～40)，CuCl(60～80)	≈300	反应钎剂
13		LiCl(30～40)，NaCl(8～12)，KF(4～6)，AlF_3(4～6)，SiO_2(0.5～5)	≈560	表面生成Al-Si层

（续）

序号	钎剂代号	钎剂组成（质量分数，%）	熔化温度/℃	特殊应用
14	129A	LiCl(11.8)，NaCl(33.0)，KCl(49.5)，LiF(1.9)，$ZnCl_2$(1.6)，$CdCl_2$(2.2)	550	
15	1291A	LiCl(18.6)，NaCl(24.8)，KCl(45.1)，LiF(4.4)，$ZnCl_2$(3.0)，$CdCl_2$(4.1)	560	
16	1291X	LiCl(11.2)，NaCl(31.1)，KCl(46.2)，LiF(4.4)，$ZnCl_2$(3.0)，$CdCl_2$(4.1)	≈570	
17	171B	LiCl(24.2)，NaCl(22.1)，KCl(48.7)，LiF(2.0)，TiCl(3.0)	490	用于含Mg量高的2A12、5A02
18	1712B	LiCl(23.2)，NaCl(21.3)，KCl(46.9)，LiF(2.8)，TiCl(2.2)，$ZnCl_2$(1.6)，$CdCl_2$(2.0)	482	
19	5522N	$CaCl_2$(33.1)，NaCl(16.0)，KCl(39.4)，LiF(4.4)，$ZnCl_2$(3.0)，$CsCl_2$(4.1)	≈570	少吸湿
20	5572P	$SrCl_2$(28.3)，LiCl(60.2)，LiF(4.4)，$ZnCl_2$(3.0)，$CsCl_2$(4.1)	524	
21	1310P	LiCl(41.0)，KCl(50.0)，$ZnCl_2$(3.0)，$CdCl_2$(1.5)，LiF(1.4)，NaF(0.4)，KF(2.7)	350	中温铝钎剂
22	1320P	LiCl(50)，KCl(40)，LiF(4)，$SnCl_2$(3)，$ZnCl_2$(3)	360	适用Zn-Al钎料

表22-44　一些反应型铝软钎剂的配方

代号	序号	成分（质量分数，%）	熔化温度/℃	特殊应用
QJ203	1	$ZnCl_2$(55)，$SnCl_2$(28)，NH_4Br(15)，NaF(2)	215	钎铝无烟
	2	$SnCl_2$(88)，NH_4Cl(10)，NaF(2)		
	3	$ZnCl_2$(88)，NH_4Cl(10)，NaF(2)		
	4	$ZnBr_2$(50～30)，KBr(50～70)		
	5	$PbCl_2$(95～97)，KCl(1.5～2.5)，$CoCl_2$(1.5～2.5)	—	铝面涂Pb
Φ134	6	KCl(35)，LiCl(30)，ZnF_2(10)，$CdCl_2$(15)，$ZnCl_2$(10)	390	
	7	$ZnCl_2$(48.6)，$SnCl_2$(32.4)，KCl(15.0)，KF(2.0)，AgCl(2.0)	—	配Sn-Pb钎料，高耐蚀性

表22-45　一些有机铝软钎剂的配方

序号	代号	成分（质量分数，%）	钎焊温度/℃	特殊应用
1	QJ204（Φ59A）	三乙醇胺(82.5)，$Cd(BF_4)_2$(10)，$Zn(BF_4)_2$(2.5)，NH_4BF_4(5)	270	
2	Φ61A	三乙醇胺(82)，$Zn(BF_4)_2$(10)，NH_4BF_4(8)	250	
3	Φ54A	三乙醇胺(82)，$Cd(BF_4)_2$(10)，NH_4BF_4(8)		
4	1060X	三乙醇胺(62)，乙醇胺(20)，$Zn(BF_4)_2$(8)，$Sn(BF_4)$(5)，NH_4BF_4(5)		
5	1160U	三乙醇胺(37)，松香(30)，$Zn(BF_4)_2$(10)，$Sn(BF_4)_2$(8)，NH_4BF_4(15)	250	水不溶，适用电子线路

表22-46 一些氟铝酸盐钎剂（Nocolok 钎剂）

序号	成分（质量分数,%）	熔化温度/℃
1	KF (55.0), AlF_3 (45.0)	558
2	CsF (58.0), AlF_3 (42.0)	471
3	RbF (51.6), AlF_3 (48.4)	486

22.4.4 免清洗钎剂

免清洗钎剂的最大特点是省去了清洗工序，因而减少了与清洗工序相关联的设备、材料、能源和废物处理等方面的费用，有利于降低成本。

免清洗钎剂一般由合成树脂和性能更加稳定的活性剂组成，其固相成分（质量分数）的典型值为35%～50%，明显低于传统的RMA钎剂（RMA钎剂中固相物的典型值为55%～60%）。免清洗钎剂的残渣主要有合成树脂及活性剂残余反应物（金属氧化物），在高温下残渣变软，但不吸潮，表面绝缘电阻的典型值为 $(7.5\sim9.9)\times10^{10}\Omega$。

免清洗钎剂的相容性问题是这类钎剂在应用时需要重点考虑的问题。相容性问题包含以下两个方面含义：一是各钎剂之间的相容性；二是免清洗钎剂与现行钎焊工艺之间的相容性。Foxbor公司的研究表明，在印制电路板的钎焊工艺中，如果采用不同的免清洗钎剂，则可能由于钎剂之间不相容而导致泄漏电流过大，并对生产线造成危害。

1. 常见工艺问题

在钎焊工艺方面，下列问题是实现由RMA钎剂向免清洗钎剂转换的关键。

（1）润湿能力　免清洗钎剂腐蚀性的降低也意味着其去除氧化层能力降低，从而可能导致钎料润湿能力的降低。

（2）涂覆工艺　由于免清洗钎剂的溶剂多为低级醇类物质，而这类物质难以发泡并且易燃，因而只能用于波峰涂覆。这又常常造成过量涂覆和留下残渣，而要去除残渣则失去了免清洗的意义。

（3）预热工序　免清洗钎剂对避免钎焊表面再氧化的保护作用非常有限。因此，预热温度过高将对钎剂的使用极为不利。但如果预热温度过低，又会造成挥发物质在钎焊时才逸出，从而导致气孔缺陷明显增加。

（4）焊接参数　免清洗钎剂的使用，将要求钎焊的焊接参数重新确定。如波峰焊时，由于钎剂中固相成分相对减少而改变了熔融钎料的界面张力，从而改变了钎料波峰出口区的几何参数。因此，需要对传送带速度、倾角和波峰高度等参数重新进行优化组合，以避免钎焊缺陷增加。

（5）钎焊气氛　使用免清洗钎剂常常需要使用惰性气体（如氮气）来保护，以防止再氧化。但氮气氛可能使某些树脂基钎剂形成黏性、未氧化的残渣，并且氮气还可能引起树脂过分铺展。

2. 宜具有的特点

对于免清洗钎剂，通常希望其具有以下特点：

1）润湿率或铺展面积大，具有良好的软钎焊性能。

2）焊后无剩余物，印制电路板表面干净、不粘。

3）固态含量极少，不含卤化物，易挥发物含量极少。

4）焊后印制电路板的表面绝缘电阻高。

5）能够进行良好的探针测试。

6）操作工艺简便易行，烟雾气味小。

7）常温下化学性能稳定，无腐蚀作用。

对于每种具体的免清洗钎剂来说，要同时满足上述要求是非常困难的。国内外的免清洗钎剂都是根据不同的要求来配制的。如降低的固态物含量，有利于降低腐蚀性，减少焊后残余物及获得较高的表面绝缘电阻，但却会削弱发泡质量，影响软钎焊性；而增加固态物的含量，虽有利于提高软钎焊性，减少桥接和焊料球，但却导致表面绝缘电阻下降，残余物增加，表面发黏等。因此，只能根据具体产品的要求来决定取舍和适当平衡。

免清洗软钎剂的具体配方多属专利，各生产厂家对其产品也只是介绍其性能和适用范围。如Multicore公司的X32-105免清洗钎剂是一种不含天然松香、无卤化物、完全没有残留物的钎剂，可用于一般基板（包括单面板、双面板和多层板）的钎焊。这种钎剂适用于发泡、喷雾和浸渍等工艺方法。该钎剂钎焊后检验通过了美军清洁度标准（MIL-P28809）、美军铜镜试验（MIL-F-1426）、英国军规（DTD-599A）和美国贝尔规范（TR-TSY-00008）。其一般特性为：相对密度0.812±0.001（在25℃下）；固体含量2.5%±0.5%（质量分数）；酸值（16±0.5）mgKOH/g；闪点12℃；气味为酒精味；色泽为无色。

参 考 文 献

[1] American Welding Society. Brazing Handbook [M]. 4th Ed. Miami：American Welding Society，1991.

[2] Giles Humpston，David M. Jacobson. Principles of Soldering and Brazing [M]. USA：ASM International，1993.

[3] 美国金属学会. 金属手册：第6卷 [M]. 9版. 北京：机械工业出版社，1994.

[4] 曾乐. 现代焊接技术手册 [M]. 上海：上海科学技术出版社，1993.

[5] 机械工业部. 焊接材料产品样本 [M]. 北京：机械工业出版社. 1997.

第23章 材料的钎焊

作者 刘会杰 审者 薛松柏

23.1 材料的钎焊性

材料的钎焊性是指材料在一定的钎焊条件下获得优质接头的难易程度。对某种材料而言，若采用的钎焊工艺简单且钎焊接头的质量好，则表明该种材料的钎焊性好；反之，如果采用复杂的钎焊工艺也难以获得优质的接头，那么表明该种材料的钎焊性较差。

影响材料钎焊性的首要因素就是材料本身的性质。例如，铜和铁的表面氧化物的稳定性低，易于去除，因而铜和铁的钎焊性较好；铝的表面氧化物非常致密、稳定，难以去除，因而铝的钎焊性较差。

材料的钎焊性可以从工艺因素（包括采用何种钎料、钎剂和钎焊方法）来考察。例如，大多数钎料对铜、铁的润湿性能都比较好，而对钨、钼等材料的润湿性能差，故铜、铁的钎焊性较好，而钨、钼等材料的钎焊性较差。又如，钛及其合金同大多数钎料作用后会在界面区形成脆性化合物，故钛的钎焊性较差。再如，低碳钢在炉中钎焊时对保护气氛的要求较低，而含铝、钛的高温合金只有在真空钎焊时才能获得良好的接头，故碳钢的钎焊性较好，而高温合金的钎焊性较差。

总而言之，材料的钎焊性不但取决于材料本身，而且与钎料、钎剂和钎焊方法有关，因此必须根据具体情况进行综合评定。

23.2 铝及铝合金的钎焊

23.2.1 钎焊性

铝及铝合金的钎焊性见表23-1。与其他常见的金属材料相比，铝及铝合金的钎焊性是较差的，主要原因有氧化膜很难去除，操作难度大，接头耐蚀性易受钎焊材料影响等。

表23-1 常见铝及铝合金的钎焊性

类别			牌号	主要成分(质量分数,%)	熔化温度/℃	钎焊性	
						软钎焊	硬钎焊
工业纯铝			1035~1100	Al≥99.0	≈660	优良	优良
变形铝合金	非热处理强化铝合金	铝镁	5A01	Al-1Mg	634~654	良好	优良
			5A02	Al-2.5Mg-0.3Mn	627~652	较差	良好
			5A03	Al-3.5Mg-0.45Mn-0.65Si	627~652	较差	较差
			5A05	Al-4.5Mg-0.45Mn	568~638	较差	较差
			5A06	Al-6.3Mg-0.65Mn	550~620	很差	很差
		铝锰	3A21	Al-1.2Mn	643~654	优良	优良
	热处理强化铝合金	硬铝	2A11	Al-4.3Cu-0.6Mg-0.6Mn	613~641	很差	较差
			2A12	Al-4.3Cu-1.5Mg-0.5Mn	502~638	很差	较差
			2A16	Al-6.5Cu-0.6Mn	549	较差	良好
		锻铝	6A02	Al-0.4Cu-0.7Mg-0.25Mn-0.8Si	593~652	良好	良好
			2B50	Al-2.4Cu-0.6Mg-0.9Si-0.15Ti	555	较差	较差
			2A90	Al-4Cu-0.5Mn-0.75Fe-0.75Si-2Ni	509~633	很差	较差
			2A14	Al-4.4Cu-0.6Mg-0.7Mn-0.9Si	510~638	很差	较差
		超硬铝	7A04	Al-6Zn-1.7Cu-2.4Mg-0.4Mn-0.2Cr	477~638	很差	较差
			7A19	Al-5Zn-1.6Mg-0.45Mn-0.15Cr	600~650	良好	良好
铸造铝合金			ZL102	Al-12Si	577~582	很差	较差
			ZL202	Al-5Cu-0.8Mn-0.25Ti	549~584	较差	较差
			ZL301	Al-10.5Mg	525~615	很差	很差

1. 氧化膜很难去除

铝对氧的亲和力很大，在表面上很容易形成一层致密、稳定，而且熔点很高的氧化膜 Al_2O_3，同时含镁的铝合金还会生成也很稳定的氧化膜 MgO。这两类氧化膜会严重阻碍钎料的润湿和铺展，而且很难去除。钎焊中，只有采用合适的钎剂才能使钎焊过程得以进行。

2. 操作难度大

铝及铝合金的熔点与所用的硬钎料的熔点相差不大，钎焊时可选择的温度范围很窄，温度控制稍有不当就容易造成母材过热甚至熔化，使钎焊过程难以进行。一些热处理强化的铝合金还会因钎焊加热而引起过时效或退火等软化现象，导致钎焊接头性能降低。火焰钎焊时，因铝合金在加热过程中颜色不改变而不易判断温度的高低，这也增加了对操作者的操作水平的要求。

3. 接头耐蚀性易受钎焊材料影响

铝及铝合金的电极电位与钎料相差较大，使接头的耐蚀性降低，尤其是对软钎焊接头的影响更为明显。此外，铝及铝合金钎焊中采用的大部分钎剂都具有强烈的腐蚀性，即使钎焊后进行了清理，也不会完全消除钎剂对接头耐蚀性的影响。

23.2.2　钎焊材料

1. 钎料

由于软钎焊中钎料与母材的成分及电极电位相差很大，易使接头产生电化学腐蚀，因而铝及铝合金的软钎焊是不常应用的方法。软钎焊主要采用锌基钎料和锡铅钎料，按使用温度范围可分为低温软钎料（150～260℃）、中温软钎料（260～370℃）和高温软钎料（370～430℃）。当采用锡铅钎料并在铝表面预先镀铜或镀镍进行钎焊时，可防止接头界面处产生腐蚀，从而提高接头的耐蚀性。

铝及铝合金的硬钎焊方法应用很广，如铝波导、蒸发器、散热器等部件大量采用硬钎焊方法。铝及铝合金的硬钎焊只能采用铝基钎料，其中铝硅钎料应用最广，它的具体适用范围和所钎焊接头的抗剪强度分别见表 23-2 和表 23-3。但这种钎料的熔点都接近母材，因此钎焊时应严格而精确地控制加热温度，以免母材过热甚至熔化。

表 23-2　铝及铝合金用硬钎料的适用范围

钎料牌号	钎焊温度/℃	钎焊方法	可钎焊的铝及铝合金
B Al92Si	599～621	浸渍,炉中	1035～1100,3A21
B Al90Si	588～604	浸渍,炉中	1035～1100,3A21
B Al88Si	582～604	浸渍,炉中,火焰	1035～1100,3A21,5A01,5A02,6A02
B Al86SiCu	585～604	浸渍,炉中,火焰	1035～1100,3A21,5A01,5A02,6A02
B Al76SiZnCu	562～582	火焰,炉中	1035～1100,3A21,5A01,5A02,6A02
B Al67CuSi	555～576	火焰	1035～1100,3A21,5A01,5A02,6A02,2A50,ZL102,ZL202
B Al90SiMg	599～621	真空	1035～1100,3A21
B Al88SiMg	588～604	真空	1035～1100,3A21,6A02
B Al86SiMg	582～604	真空	1035～1100,3A21,6A02

表 23-3　铝硅系钎料钎焊的铝及铝合金接头的抗剪强度

钎料牌号	抗剪强度/MPa		
	纯铝	3A21	2A12
B A188Si	59～78	98～118	—
B A167CuSi	59～78	88～108	118～196
B A186SiCu	59～78	98～118	—
BA176SiZnCu	59～78	98～118	—

铝硅钎料通常以粉末、膏状、丝材或薄片等形式供应。在某些场合下，采用以铝为本体、以铝硅钎料为复层的钎料复合板。这种钎料复合板通过滚压方法制成，并常作为钎焊组件的一个部件。钎焊时，复合板上的钎料熔化后，受毛细作用和重力作用而润湿、铺展，填满钎焊间隙。

2. 钎剂和保护气体

铝及铝合金软钎焊时，常以专用的软钎剂进行去膜。与低温软钎料配用的是以三乙醇胺为基的有机钎剂，如 FS204 等。这种钎剂的优点是对母材的腐蚀作用很小，但钎剂作用时会产生大量的气体，影响钎料的润湿和填缝。与中温和高温软钎料配用的是以氯化锌为基的反应钎剂，如 FS203、FS220A 等。反应钎剂具有强烈的腐蚀性，其残渣必须在钎焊后清除干净。

铝及铝合金的硬钎焊目前仍然以钎剂去膜为主，所采用的钎剂包括氯化物基钎剂和氟化物基钎剂。氯化物基钎剂去氧化膜能力强，流动性好，但对母材的腐蚀作用大，钎焊后必须彻底清除其残渣。氟化物基钎剂是一种新型钎剂，其去膜效果好，而且对母材无腐蚀作用，但其熔点高，热稳定性差，只能配合铝硅钎料使用。

铝及铝合金硬钎焊时，常采用真空、中性或惰性氛围。当采用真空钎焊时，真空度一般应达到10^{-3}Pa的数量级。当采用氮气或氩气保护时，其纯度要很高，露点必须低于−40℃。

23.2.3 钎焊技术

1. 表面准备

铝及铝合金的钎焊对工件表面的清洁有较高的要求。要获得良好的质量，必须在钎焊前去除表面的油污和氧化膜。去除表面油污，可用温度为60~70℃的Na_2CO_3水溶液清洗5~10min，再用清水漂净；去除表面氧化膜，可用温度为20~40℃的NaOH水溶液侵蚀2~4min，再用热水洗净；去除表面油污和氧化膜后的工件，再用HNO_3水溶液光泽处理2~5min，再在流水中洗净并最后风干。经过这些方法处理后的工件，勿用手摸或沾染其他污物，并应在6~8h内进行钎焊，在可能的条件下最好立即钎焊。

2. 软钎焊

铝及铝合金的软钎焊方法主要有火焰钎焊、烙铁钎焊和炉中钎焊等。这些方法在钎焊时一般都采用钎剂，并对加热温度和保温时间有严格要求。火焰钎焊和烙铁钎焊时，应避免热源直接加热钎剂，以防钎剂过热失效。由于铝能溶于含锌量高的软钎料中，因而接头一旦形成就应停止加热，以免发生母材溶蚀。在某些情况下，铝及铝合金的软钎焊有时不采用钎剂，而是借助超声波或刮擦方法进行去膜。利用刮擦去膜进行钎焊时，先将工件加热到钎焊温度，然后用钎料棒的端部（或刮擦工具）刮擦工件的钎焊部位。在破除表面氧化膜的同时，钎料端部熔化并润湿母材。

3. 硬钎焊

铝及铝合金的硬钎焊方法主要有火焰钎焊、炉中钎焊、浸渍钎焊、真空钎焊及气体保护钎焊等。火焰钎焊多用于小型工件和单件生产。为避免使用氧乙炔焰时因乙炔中的杂质同钎剂接触使钎剂失效，以使用汽油压缩空气火焰为宜，并使火焰具有轻微的还原性，以防母材氧化。具体钎焊时，可预先将钎剂、钎料放置于被钎焊处，与工件同时加热；也可先将工件加热到钎焊温度，然后将蘸有钎剂的钎料送到钎焊部位。待钎剂与钎料熔化后，视钎料均匀填缝后，慢慢撤去加热火焰。

空气炉中钎焊铝及铝合金时，一般应预置钎料，并将钎剂溶解在蒸馏水中，配成质量分数为50%~75%的稠溶液，再涂覆或喷射在钎焊面上，也可将适量的粉末钎剂覆盖于钎料及钎焊面处，然后将装配好的工件放到炉中再进行加热钎焊。为防止母材过热甚至熔化，必须严格控制加热温度。

铝及铝合金的浸渍钎焊一般采用膏状或箔状钎料。装配好的工件应在钎焊前进行预热，使其温度接近钎焊温度，然后浸入钎剂中钎焊。钎焊时，要严格控制钎焊温度及钎焊时间。温度过高，母材易于溶蚀，钎料易于流失；温度过低，钎料熔化不够，钎着率降低。钎焊温度应根据母材的种类和尺寸，以及钎料的成分和熔点等具体情况而定，一般介于钎料液相线温度和母材固相线温度之间。工件在钎剂槽中的浸渍时间必须保证钎料能充分熔化和流动，但时间不宜过长。否则，钎料中的硅元素可能扩散到母材金属中去，使近缝区的母材变脆。

铝及铝合金的真空钎焊常采用金属镁作活性剂，以使铝的表面氧化膜变质，保证钎料的润湿和铺展。镁可以以颗粒形式直接放在工件上使用，或以蒸气形式引入到钎焊区内，也可以将镁作为合金元素加入铝硅钎料中。对于结构复杂的工件，为了保证镁蒸气对母材的充分作用以改善钎焊质量，常采取局部屏蔽的工艺措施，即先将工件放入不锈钢盒（通称工艺盒）内，然后置于真空炉中加热钎焊。真空钎焊的铝及铝合金接头，表面光洁，钎缝致密，钎焊后不需进行清洗。但真空钎焊设备费用高，镁蒸气对炉子污染严重，需要经常清理维护。

在中性或惰性氛围中钎焊铝及铝合金时，可采用镁活性剂去膜，也可采用钎剂去膜。采用镁活性剂去膜时，所需的镁量远比真空钎焊低，一般镁的质量分数在0.2%~0.5%左右，含镁量高时反而使接头质量降低。采用氟化物钎剂配合氮气保护的Nocolok钎焊法是近年来迅速发展的一种新方法。由于氟化物钎剂的残渣不吸潮，对铝没有腐蚀性，因此可省略钎焊后清除钎剂残渣的工序。在氮气保护下，只需涂敷较少数量的氟化物钎剂，钎料就能很好地润湿母材，易于获得高质量的钎焊接头。这种Nocolok钎焊法已用于铝散热器等组件的批量生产中，特别是改进型的Nocolok钎焊法，采用CsF替代KF，由于$CsF\text{-}AlF_3$具有比$KF\text{-}AlF_3$更低的熔点（约450~480℃），因而钎焊时不需要氮气保护也具有很好的去膜效果，可以钎焊镁含量较高的高强度铝合金以及铝锂合金等。

4. 钎后清理

采用除氟化物钎剂之外的钎剂钎焊铝及铝合金时，钎焊后必须彻底清除钎剂残渣。铝用有机钎剂的残渣，可用甲醇、三氯乙烯等有机溶剂去除。铝用反应钎剂的残渣，可先用盐酸溶液洗涤，再用氢氧化钠水溶液中和处理，最后用热水和冷水洗净。氯化物基铝用硬钎剂残渣的清除可按下述方法进行：先在60～80℃的热水中浸泡 10min，用毛刷仔细清洗钎缝上的残渣，并用冷水清洗；再在体积分数为 15% 的硝酸水溶液中浸泡 30min，最后用冷水冲洗干净。

23.3　铜及铜合金的钎焊

23.3.1　钎焊性

铜及铜合金通常可分为纯铜、黄铜、青铜和白铜四大类。它们的钎焊性主要取决于表面氧化膜的稳定性以及钎焊加热过程对材料性能的影响。

1. 纯铜的钎焊性

纯铜表面可形成氧化铜和氧化亚铜。这两种氧化物容易被还原性气体还原，也容易被钎剂去除，所以纯铜的钎焊性很好。为防止发生氢脆现象，不能在含氢的还原气氛中进行钎焊。

2. 黄铜的钎焊性

只含有锌元素的黄铜，表面可生成氧化亚铜或氧化锌两种氧化物。氧化锌虽然比较稳定，但也不难去除。锰黄铜表面的氧化锰比较稳定，很难去除，应采用活性强的钎剂，以保证钎料的润湿性。

3. 青铜的钎焊性

锡青铜、镉青铜表面的氧化膜均容易去除。硅青铜、铍青铜表面的氧化膜虽然较稳定，但也不难去除。而铝的质量分数超过 10% 的铝青铜，表面主要是铝的氧化物，很难去除，必须采用专用钎剂。

4. 白铜的钎焊性

白铜表面上镍的氧化物和铜的氧化物容易去除，但应选用不含磷的钎料进行钎焊，以免发生钎焊接头的自裂。

23.3.2　钎焊材料

1. 软钎焊用钎料及钎剂

软钎焊中应用最广的钎料是锡铅钎料，其润湿性和铺展性随钎料中含锡量的增加而提高。这种钎料的工艺性和经济性均好，接头强度也能很好地满足使用要求。锡的质量分数超过 95% 的锡铅钎料主要用于食品工业和餐具的钎焊，以减少铅的污染。SSn60Pb 和 SSn63Pb 的熔化温度最低，具有优越的工艺性能，主要用于电子器件的手工钎焊、波峰钎焊、热熔钎焊和浸渍钎焊等。SSn63PbAg 可减轻母材镀银层的溶蚀，提高钎料的抗蠕变性能和疲劳性能。SPb60Sn 和 SPb60SnSb 是最通用的钎料，广泛应用于散热器、管道、电气接头、家用制品和发动机部件的钎焊。镉基钎料是软钎料中耐热性最好的钎料，接头承受的最高温度可达 250℃，并具有较好的耐蚀性。用镉基钎料钎焊铜和铜合金时，在界面上容易形成脆性的铜镉化合物，所以必须采用电阻钎焊等快速加热的方法。采用软钎料钎焊时，铜及黄铜接头的强度见表 23-4。

表 23-4　铜及黄铜软钎焊接头的强度

钎料牌号	抗剪强度/MPa		抗拉强度/MPa	
	铜	黄铜	铜	黄铜
SPb80Sn18Sb2	20.6	36.3	88.2	95.1
SPb68Sn30Sb2	26.5	27.4	89.2	86.2
SPb58Sn40Sb2	36.3	45.1	76.4	78.4
SPb97Ag3	33.3	34.3	50.0	58.8
SSn90Pb10	45.1	44.1	63.7	68.6
SSn95Sb5	37.2	—	—	—
SSn92Ag5Cu2Sb1	35.3	—	—	—
SSn85Ag8Sb7	—	82.3	—	—
SCd96Ag3Zn1	57.8	—	73.8	—
SCd95Ag5	44.1	46.0	87.2	88.2
SCd92Ag5Zn3	48.0	54.9	90.1	96.0

用锡铅钎料钎焊铜时，可选松香酒精溶液或活性松香和 $ZnCl_2 + NH_4Cl$ 水溶液等无腐蚀性钎剂，后者还可用于黄铜、青铜和铍青铜的钎焊。钎焊铝黄铜、铝青铜和硅黄铜时，钎剂可为氯化锌盐酸溶液。钎焊锰白铜时，钎剂可选磷酸溶液。用铅基钎料钎焊时，可用氯化锌水溶液作为钎剂。用镉基钎料时，可采用 FS205 钎剂。

然而，随着世界范围内对环保要求的不断提高，禁止使用有毒、有害物质的呼声越来越强，有关法律、法规也相继出台，被称为环保型无铅钎料的研制、生产和应用进入了一个崭新的发展阶段。现已开发出以锡为基的 Sn-Ag 系和 Sn-Zn 系无铅钎料，如 SSn96Ag3.5Cu0.5 和 SSn86Zn9In5 等，以便取代广泛应用的锡铅钎料。与此同时，配合无铅钎料使用的钎剂也在研发之中，并已生产和应用。

2. 硬钎焊用钎料及钎剂

硬钎焊铜时，可以采用银钎料和铜磷钎料。银钎料的熔点适中，工艺性好，并具有良好的力学性能、导电和导热性能，是应用最广的硬钎料。对于要求导电性能高的工件，应选含银量高的 BAg70CuZn 钎料。真空钎焊或保护气氛炉中钎焊，应选用不含挥发元素的 BAg50Cu、BAg60CuSn 等钎料。含银量较低的钎料，价格便宜，钎焊温度高，钎焊接头的韧性较差，主要用于钎焊要求较低的铜及铜合金。铜磷和铜磷银钎料只能用于铜及铜合金的硬钎焊。其中，BCu93P具有良好的流动性，用于机电、仪表和制造工业中不受冲击载荷零件的钎焊，最适宜的间隙为0.003～0.005mm。铜磷银钎料（如BCu70PAg）的韧性和导电性能都比铜磷钎料好，主要用于导电要求高的电气接头。采用硬钎料钎焊时，铜及黄铜接头的力学性能见表23-5。

表 23-5　铜及黄铜硬钎焊接头的力学性能

钎料牌号	抗剪强度/MPa		抗拉强度/MPa		弯曲角/(°)	冲击吸收能量/J
	铜	黄铜	铜	黄铜	铜	铜
BCu62Zn	165	—	176	—	120	353
BCu60ZnSn-R	167	—	181	—	120	360
BCu54Zn	162	—	172	—	90	240
BZn52Cu	154	—	167	—	60	211
BZn64Cu	132	—	147	—	30	172
BCu93P	132	—	162	176	25	58
BCu92PSb	138	—	160	196	—	—
BCu92PAg	159	219	225	292	120	—
BCu80PAg	162	220	225	343	120	205
BCu90P6Sn4	152	205	202	255	90	182
BAg70CuZn	167	199	185	321	—	—
BAg65CuZn	172	211	177	334	—	—
BAg55CuZn	172	208	174	328	—	—
BAg45CuZn	177	216	181	325	—	—
BAg25CuZn	167	184	172	316	—	—
BAg10CuZn	158	161	167	314	—	—
BAg72Cu	165	—	177	—	—	—
BAg50CuZnCd	177	226	210	375	—	—
BAg40CuZnCd	168	194	179	339	—	—

用银钎料钎焊铜及铜合金时，采用FB101或FB102钎剂可得到良好的效果。钎焊铍青铜和硅青铜，最好采用FB102。用银铜锌镉钎料钎焊时，应采用FB103。用铜磷、铜磷银钎料钎焊纯铜时可以不用钎剂，但钎焊黄铜及其他铜合金时必须使用。

惰性气体氩和氦以及氮都可用于钎焊铜及铜合金，无氧铜还可以在还原性气氛（如氢气）中钎焊。

23.3.3　钎焊技术

1. 表面准备

铜及铜合金在钎焊前，要采用机械清理或砂纸打磨的办法，清除工件表面的氧化物；用化学清洗的办法，去除油脂及其他污物。不同种类的铜合金，应采用不同的清洗工艺。

1）对于纯铜、黄铜和锡青铜，在体积分数为5%～15%的硫酸冷水溶液中浸洗。

2）对于白铜及铬青铜，在体积分数为5%的硫酸热水溶液中浸洗。

3）对于铝青铜，先在体积分数为2%的氢氟酸和体积分数为3%的硫酸组成的混合酸冷水溶液中浸洗，然后用体积分数为5%的硫酸温水溶液反复清洗。

4）对于硅青铜，先在体积分数为5%的硫酸热水溶液中浸洗，然后在体积分数为2%的氢氟酸和体积分数为5%的硫酸组成的混合酸水溶液中浸洗。

5）对于铍青铜，氧化膜较厚时应在体积分数为50%的硫酸热水溶液中浸洗，氧化膜较薄时先在体积分数为2%的硫酸热水溶液中浸洗，然后在体积分数为30%的硝酸水溶液中稍浸即可。

2. 钎焊要点

铜及铜合金可以采用烙铁、波峰、火焰、感应、电阻及炉中加热等方法进行钎焊。

1）含氧铜炉中钎焊时，不能使用含氢气氛，也应避免使用火焰钎焊大型组件，以免发生氢脆现象。

2）黄铜在炉中钎焊时，为避免锌的蒸发，最好在黄铜表面先镀铜，然后进行钎焊。

3）含铅的铜合金长时间加热容易析出铅，有可能在接头中产生缺陷。

4）铝青铜钎焊时，为了防止铝向银钎料的扩散，钎焊加热时间尽量短，或在铝青铜表面镀铜、镍等金属。

5）铍青铜软钎焊时，最好选择钎焊温度低于300℃的钎料，以免发生时效软化。铍青铜硬钎焊时，应选择固相线温度高于淬火温度（780℃）的钎料，钎焊后再进行淬火—时效处理。

6）对于容易产生自裂的硅青铜、磷青铜及铜镍合金，一定要避免产生热应力，不宜采用快速加热的方法。

23.4 碳钢和低合金钢的钎焊

23.4.1 钎焊性

碳钢和低合金钢的钎焊性很大程度上取决于材料表面上所形成氧化物的种类，而低合金钢氧化物的种类主要取决于低合金钢本身的化学成分。

1. 碳钢的钎焊性

随着温度的升高，在碳钢的表面上会形成 γ-Fe_2O_3、α-Fe_2O_3、Fe_3O_4 和 FeO 四种类型的氧化物。这些氧化物除了 Fe_3O_4 之外都是多孔和不稳定的，它们都容易被钎剂所去除，也容易被还原性气体所还原，因而碳钢具有很好的钎焊性。

2. 低合金钢的钎焊性

对低合金钢而言，如果所含的合金元素相当低，则材料表面上所存在的氧化物基本上是铁的氧化物，这时的低合金钢具有与碳钢一样的钎焊性；如果所含的合金元素增多，特别是像铝和铬这样易形成稳定氧化物的元素的增多，会使低合金钢的钎焊性变差，这时应选用活性较大的钎剂或露点较低的保护气体进行钎焊。

23.4.2 钎焊材料

1. 钎料

碳钢和低合金钢的钎焊包括软钎焊和硬钎焊。软钎焊中应用最广的钎料是锡铅钎料。这种钎料对钢的润湿性随含锡量的增加而提高，因而对密封接头宜采用含锡量高的钎料。锡铅钎料中的锡与钢在界面上可能形成 $FeSn_2$ 金属间化合物层，为避免该层化合物的形成，应适当控制钎焊温度和保温时间。几种典型的锡铅钎料钎焊的碳钢接头的抗剪强度见表23-6，其中以锡质量分数为50%的钎料钎焊的接头强度最高，不含锑的钎料所焊的接头强度比含锑的高。

表23-6 锡铅钎料钎焊的碳钢接头的抗剪强度

钎料牌号	SPb90Sn	SPb80Sn	SPb70Sn	SPb60Sn	SSn50Pb	SSn60Pb
抗剪强度/MPa	19	28	32	34	34	30
钎料牌号	SPb90SnSb	SPb80SnSb	SPb70SnSb	SPb60SnSb	SSn50PbSb	SSn60PbSb
抗剪强度/MPa	12	21	28	32	34	31

碳钢和低合金钢硬钎焊时，主要采用纯铜、铜锌和银铜锌钎料。纯铜熔点高，钎焊时易使母材氧化，主要用于气体保护钎焊和真空钎焊。但应注意的是钎焊接头间隙宜小于0.05mm，以免产生因铜的流动性好而使钎焊间隙不能填满的问题。用纯铜钎焊的碳钢和低合金钢接头具有较高的强度，一般抗剪强度在150～215MPa范围内，而抗拉强度分布在170～340MPa之间。

与纯铜相比，铜锌钎料因锌的加入而使钎料熔点降低。为防止钎焊时锌的蒸发，一方面可在铜锌钎料中加入少量的硅，另一方面必须采用快速加热的方法，如火焰钎焊、感应钎焊和浸渍沾钎焊等。采用铜锌钎料钎焊的碳钢和低合金钢接头都具有较好的强度和塑性。例如，用BCu62Zn钎料钎焊的碳钢接头抗拉强度达420MPa，抗剪强度达290MPa。

银铜锌钎料的熔点比铜锌钎料的熔点还低，便于钎焊的操作。这种钎料适用于碳钢和低合金钢的火焰钎焊、感应钎焊和炉中钎焊，但在炉中钎焊时应尽量降低锌的含量，同时应提高加热速度。采用银铜锌钎料钎焊碳钢和低合金钢，可获得强度和塑性均较好的接头，具体数据列于表23-7中。

表23-7 银铜锌钎料钎焊的低碳钢接头的强度

钎料牌号	BAg25CuZn	BAg45CuZn	BAg50CuZn	BAg40CuZnCd	BAg50CuZnCd
抗剪强度/MPa	199	197	201	203	231
抗拉强度/MPa	375	362	377	386	401

2. 钎剂

钎焊碳钢和低合金钢时均需使用钎剂或保护气体。钎剂常按所选的钎料和钎焊方法而定。当采用锡铅钎料时，可选用氯化锌与氯化铵的混合钎剂或其他专用钎剂。这种钎剂的残渣一般都具有很强的腐蚀性，钎焊后应对接头进行严格清洗。

采用铜锌钎料进行硬钎焊时，应选用FB301或FB302钎剂，即硼砂或硼砂与硼酸的混合物；在火焰钎焊中，还可采用硼酸甲酯与甲酸的混合液作钎剂，其中起去膜作用的是B_2O_3蒸气。

当采用银铜锌钎料时，可选择FB102、FB103和FB104钎剂，即硼砂、硼酸和某些氟化物的混合物。这种钎剂的残渣具有一定的腐蚀性，钎焊后应清除干净。

23.4.3　钎焊技术

1. 表面准备

采用机械或化学方法清理待焊表面，确保氧化膜和有机物彻底清除。清理后的表面不宜过于粗糙，不得黏附金属屑粒或其他污物。

2. 钎焊要点

采用各种常见的钎焊方法均可进行碳钢和低合金钢的钎焊。

1）火焰钎焊时，宜用中性或稍带还原性的火焰，操作时应尽量避免火焰直接加热钎料和钎剂。

2）感应钎焊和浸渍钎焊等快速加热方法非常适合于调质钢的钎焊，同时宜选择淬火或低于回火的温度进行钎焊，以防母材发生软化。

3）保护气氛中钎焊低合金高强钢时，不但要求气体的纯度高，而且必须配用气体钎剂才能保证钎料在母材表面上的润湿和铺展。

3. 钎后清理

钎剂的残渣可以采取化学或机械的方法来清除。

1）有机钎剂的残渣可用汽油、酒精、丙酮等有机溶剂擦拭或清洗。

2）氯化锌和氯化铵等强腐蚀性钎剂的残渣，应先用NaOH水溶液中和，然后再用热水和冷水清洗。

3）硼酸和硼酸盐钎剂的残渣不易清除，只能用机械方法或在沸水中长时间浸煮解决。

23.5　不锈钢的钎焊

23.5.1　钎焊性

根据组织不同，不锈钢可分为奥氏体不锈钢、铁素体不锈钢、马氏体不锈钢、铁素体-奥氏体双相不锈钢和沉淀硬化不锈钢。不锈钢钎焊接头广泛应用于航空、航天、电子通信、核能、仪器仪表等工业领域，如蜂窝结构、火箭发动机推力室、微波波导组件、热交换器及各种工具等。此外，诸如不锈钢锅、不锈钢杯等日常用品也常用钎焊方法来制造。不锈钢钎焊中的主要问题表现在以下几个方面：

1）表面氧化膜严重影响钎料的润湿和铺展。各种不锈钢中都含有相当数量的铬，有的还含有镍、钛、锰、钼、铌等元素，它们在表面上能形成多种氧化物甚至复合氧化物。其中，铬和钛的氧化物Cr_2O_3和TiO_2相当稳定，较难去除。在空气中钎焊时，必须采用活性强的钎剂才能去除它们；在保护气氛中钎焊时，只有在低露点的高纯气氛和足够高的温度下，才能将氧化膜还原；真空钎焊时，必须有足够高的真空度和足够高的温度才能取得良好的钎焊效果。

2）加热温度对母材的组织有严重影响。奥氏体不锈钢的钎焊加热温度不应高于1150℃，否则晶粒将严重长大。若奥氏体不锈钢不含稳定元素钛或铌而含碳量又较高时，则还应避免在敏化温度（500～850℃）内钎焊，以防止因碳化铬的析出而降低耐蚀性能。马氏体不锈钢的钎焊温度选择要求更严，一种是要求钎焊温度与淬火温度相匹配，使钎焊工序与热处理工序结合在一起；另一种是要求钎焊温度低于回火温度，以防止母材在钎焊过程中发生软化。沉淀硬化不锈钢的钎焊温度选择原则与马氏体不锈钢相同，即钎焊温度必须与热处理制度相匹配，以获得最佳的力学性能。

3）奥氏体不锈钢存在应力开裂倾向。除上述两个主要问题外，奥氏体不锈钢钎焊时还有应力开裂倾向，尤其是采用铜锌钎料钎焊更为明显。为避免应力开裂发生，工件在钎焊前应进行消除应力退火，且在钎焊过程中应尽量使工件均匀受热。

23.5.2　钎焊材料

1. 钎料

根据不锈钢工件的使用要求，常用的钎料有锡铅钎料、银钎料、铜基钎料、锰基钎料、镍基钎料及贵金属钎料等。

不锈钢软钎焊主要采用锡铅钎料，并以含锡量高为宜，因钎料的含锡量越高，其在不锈钢上的润湿性越好。几种常用锡铅钎料钎焊的07Cr19Ni11Ti不锈钢接头的抗剪强度列于表23-8中。由于接头强度低，只用于钎焊承载不大的零件。

银钎料是钎焊不锈钢最常用的钎料。其中，银铜锌及银铜锌镉钎料由于钎焊温度对母材性能影响不大而应用最为广泛。几种常用银钎料钎焊的07Cr19Ni11Ti不锈钢接头的强度列于表23-9中。银钎料钎焊的不锈钢接头很少用于强腐蚀性介质中，接头的工作温度一般也不超过300℃。

表 23-8 07Cr19Ni11Ti 不锈钢软钎焊接头的抗剪强度

钎料牌号	Sn	SSn90Pb	SPb58SnSb	SPb68SnSb	SPb80SnSb	SPb97Ag
抗剪强度/MPa	30.3	32.3	31.3	32.3	21.5	20.5

表 23-9 银钎料钎焊的 07Cr19Ni11Ti 不锈钢接头的强度

钎料牌号	BAg10CuZn	BAg25CuZn	BAg45CuZn	BAg50CuZn	BAg65CuZn
抗拉强度/MPa	386	343	395	375	382
抗剪强度/MPa	198	190	198	201	197
钎料牌号	BAg70CuZn	BAg35CuZnCd	BAg40CuZnCd	BAg50CuZnCd	BAg50CuZnCdNi
抗拉强度/MPa	361	360	375	418	428
抗剪强度/MPa	198	194	205	259	216

钎焊不含镍的不锈钢时，为防止钎焊接头在潮湿环境中发生腐蚀，应采用含镍多的钎料，如BAg50CuZnCdNi。钎焊马氏体不锈钢时，为防止母材发生软化现象，应采用钎焊温度不超过650℃的钎料，如BAg40CuZnCd。保护气氛中钎焊不锈钢时，为去除表面上的氧化膜，可采用含锂的自钎剂钎料，如BAg92CuLi和BAg72CuLi。真空中钎焊不锈钢时，为使钎料在不含易蒸发的锌、镉等元素时仍具有较好的润湿性，可选用含锰、镍、钯等元素的银钎料。

用于不锈钢钎焊的铜基钎料主要有纯铜、铜镍和铜锰钴钎料。纯铜钎料主要用在气体保护或真空条件下进行钎焊，不锈钢接头的工作温度不超过400℃，但接头抗氧化性不好。铜镍钎料主要用于火焰钎焊和感应钎焊，所钎焊的07Cr19Ni11Ti不锈钢接头的强度见表23-10。由表中数值可见，接头能与母材等强度，且工作温度较高。铜锰钴钎料主要用于保护气氛中钎焊马氏体不锈钢，接头强度和工作温度与用金基钎料钎焊的接头相当。如采用BCu58MnCo钎料钎焊的12Cr13不锈钢接头与用BAu82Ni钎料钎焊的同种不锈钢接头，二者性能相当（见表23-11），但生产成本大大降低。

锰基钎料主要用于气体保护钎焊，且要求气体的纯度较高。为避免母材的晶粒长大，宜选用钎焊温度低于1150℃的相应钎料。用锰基钎料钎焊的不锈钢接头可获得满意的钎焊效果，接头的工作温度可达600℃，见表23-12。

表 23-10 高温铜基钎料钎焊的 07Cr19Ni11Ti 不锈钢接头的抗剪强度

钎料牌号	抗剪强度/MPa			
	20℃	400℃	500℃	600℃
BCu68NiSiB	324~339	186~216	—	154~182
BCu69NiMnCoSiB	241~298	—	139~153	139~152

表 23-11 不同钎料钎焊的 12Cr13 不锈钢接头的抗剪强度

钎料牌号	抗剪强度/MPa			
	室温	427℃	538℃	649℃
BCu58MnCo	415	317	221	104
BAu82Ni	441	276	217	149
BAg54CuPd	299	207	141	100

表 23-12 锰基钎料钎焊的 07Cr19Ni11Ti 不锈钢接头的抗剪强度

钎料牌号	抗剪强度/MPa					
	20℃	300℃	500℃	600℃	700℃	800℃
BMn70NiCr	323	—	—	152	—	86
BMn40NiCrFeCo	284	255	216	—	157	108
BMn68NiCo	325	—	253	160	—	103
BMn50NiCuCrCo	353	294	225	137	—	69
BMn52NiCuCr	366	270	—	127	—	67

采用镍基钎料钎焊不锈钢时，接头具有相当好的高温性能。这种钎料一般用于气体保护钎焊或真空钎焊。为了克服在接头形成过程中钎缝内产生较多脆性化合物，而使接头强度和塑性严重降低的问题，应尽

量减小钎焊间隙，保证钎料中易形成脆性相的元素（硼、硅、磷等）充分扩散到母材中去。为防止钎焊温度下因保温时间过长而使母材晶粒长大现象的发生，可采取短时保温并在焊后进行较低温度（与钎焊温度相比）扩散处理的工艺措施。

钎焊不锈钢所用的贵金属钎料主要有金基钎料和含钯钎料，其中最典型的是 BAu82Ni 和 BAg54CuPd。BAu82Ni 具有很好的润湿性，所钎焊的不锈钢接头具有很高的高温强度和抗氧化性，最高工作温度可达800℃。BAg54CuPd 具有与 BAu82Ni 相似的特性，且价格较低，因而有取代 BAu82Ni 的趋向。

2. 钎剂和炉中气氛

不锈钢的表面含有 Cr_2O_3 和 TiO_2 等氧化物，必须采用活性强的钎剂才能将其去除。采用锡铅钎料钎焊不锈钢时，可配用的钎剂为磷酸水溶液或氯化锌盐酸溶液。磷酸水溶液的活性时间短，必须采用快速加热的钎焊方法。采用银钎料钎焊不锈钢时，可配用 FB102、FB103 或 FB104 钎剂。采用铜基钎料钎焊不锈钢时，由于钎焊温度较高，可采用 FB105 钎剂。

炉中钎焊不锈钢时，常采用真空气氛或氢气、氩气、分解氨等保护气氛。真空钎焊时，要求真空压力低于 10^{-2}Pa。保护气氛中钎焊时，要求气体的露点不高于 -40℃。如果气体纯度不够或钎焊温度不高，还可在气氛中加入少量的气体钎剂，如三氟化硼等。

23.5.3 钎焊技术

1. 表面准备

不锈钢在钎焊前必须进行更为严格的机械清理和化学清洗，以去除表面上的任何油脂、油膜和氧化膜。机械清理时应避免使用金属丝刷子，清理后最好立即进行钎焊，否则应将清理过的零件放入塑料袋中密封保存。

2. 钎焊要点

不锈钢钎焊可以采用火焰、感应和炉中等加热方法。炉中钎焊用的炉子必须具有良好的温度控制系统，并能快速冷却。用氢气作为保护气体进行钎焊时，对氢气的要求视钎焊温度和母材成分而定，即钎焊温度越低，母材含有稳定剂越多，要求氢气的露点越低。例如，对于 12Cr13 和 14Cr17Ni2 等马氏体不锈钢，在 1000℃ 下钎焊时要求氢气的露点低于 -40℃；对于不含稳定剂的 18-8 型铬镍不锈钢，在1150℃钎焊时要求氢气的露点低于 -25℃，但对含钛稳定剂的 07Cr19Ni11Ti 不锈钢，在 1150℃ 钎焊时的氢气露点必须低于 -40℃。采用氩气保护进行钎焊时，要求氩气的纯度更高。若在不锈钢表面上镀铜或镀镍，则可降低对保护气体纯度的要求。为了保证去除不锈钢表面上的氧化膜，还可添加 BF_3 气体钎剂，也可采用含锂或硼的自钎剂钎料。真空钎焊不锈钢时，对真空度的要求视钎焊温度而定。随着钎焊温度的提高，所需要的真空度可以降低。

3. 钎焊后的清理及热处理

不锈钢钎焊后的主要工序是清理残余钎剂和残余阻流剂，必要时进行钎焊后的热处理。根据所采用的钎剂和钎焊方法，残余钎剂可以用水冲洗、机械清理或化学清理。当采用研磨剂来清洗残余钎剂或接头附近加热区域的氧化膜时，应使用砂子或其他非金属细颗粒。马氏体不锈钢和沉淀硬化不锈钢制造的零件，钎焊后需要按材料的特殊要求进行热处理。用镍铬硼和镍铬硅钎料钎焊的不锈钢接头，钎焊后常常进行扩散热处理，以降低对钎焊间隙的要求和改善接头的组织与性能。

23.6 铸铁的钎焊

23.6.1 钎焊性

根据碳在铸铁中所处的状态及存在形式，铸铁可分为白口铸铁、灰铸铁、可锻铸铁和球墨铸铁。在应用中，常要求将灰铸铁、可锻铸铁及球墨铸铁本身或与异种金属（多数为铁基金属）相连接，而白口铸铁很少使用钎焊。事实上，铸铁钎焊主要用于破损部件的补焊。铸铁钎焊的主要问题如下：

1）母材难以被钎料所润湿。铸铁中的石墨妨碍钎料对母材的润湿，使钎料与铸铁不能形成良好的结合。尤其是灰铸铁中的片状石墨，对钎料的润湿性影响最大。

2）母材的组织和性能易受钎焊工艺的影响。在铸铁的钎焊中，当钎焊温度超过奥氏体的转变温度（820℃）且冷却速度较快时，将形成马氏体或马氏体与二次渗碳体混合的脆硬组织，从而使母材的性能变差。可锻铸铁和球墨铸铁在加热到 800℃ 以上温度进行钎焊时，析出渗碳体和马氏体组织的倾向更大，所以钎焊温度不能过高，钎焊后的冷速也应缓慢。

23.6.2 钎焊材料

1. 钎料

铸铁钎焊主要采用铜锌钎料和银铜钎料。常用的铜锌钎料牌号为 BCu58ZnNiMnSi、BCu60ZnSn 和 BCu58ZnFeSn（铜基钎料参见 GB/T 6418—2008）等，所钎焊的铸铁接头抗拉强度一般达到 120 ~ 150MPa。

在铜锌钎料的基础上，添加锰、镍、锡和铝等元素，可使钎焊接头与母材等强度。

银铜钎料的熔化温度低，钎焊铸铁时可避免产生有害的组织，钎焊接头的性能好。尤其是含镍的钎料，如 BAg50CuZnCuNi 和 BAg40CuZnCdNi（银钎料参见 GB/T 10046—2008）等，增强了钎料与铸铁的结合力，特别适合于球墨铸铁的钎焊，可使接头与母材等强度。

2. 钎剂

采用铜锌钎料钎焊铸铁时，主要配用 FB301 和 FB302 钎剂，即硼砂或硼砂与硼酸的混合物。此外，采用质量分数分别为 40% 的 H_3BO_3、16% 的 Li_2CO_3、24% 的 Na_2CO_3、7.4% 的 NaF 和 12.6% 的 NaCl 所组成的钎剂效果更好。

采用银铜钎料钎焊铸铁时，可选择 FB101 和 FB102 等钎剂，即硼砂、硼酸、氟化钾和氟硼酸钾的混合物。

23.6.3　钎焊技术

1. 表面准备

钎焊铸铁前，应仔细清除铸件表面上的石墨、氧化物、砂子及油污等杂物。清除油污可采用有机溶剂擦洗的方法。石墨、氧化物的清除可采用喷砂或喷丸等机械方法，也可采用电化学方法。此外，还可用氧化性火焰灼烧石墨而将其去除。

2. 钎焊要点

钎焊铸铁可采用火焰、炉中或感应等加热方法。由于铸铁表面上易形成 SiO_2，使保护气氛中的钎焊效果不好，故一般都使用钎剂进行钎焊。用铜锌钎料钎焊较大的工件时，应先在清理好的表面上撒一层钎剂，然后把工件放进炉中加热或用焊炬加热。当工件加热到 800℃左右时，再加入补充钎剂，并把它加热到钎焊温度，再用钎料在接头边缘刮擦，使钎料熔化填入间隙。为了提高钎缝强度，钎焊后要在 700～750℃进行 20min 的退火处理，而后进行缓慢冷却。

3. 钎焊后的清理

钎焊后过剩的钎剂及残渣，可采用温水冲洗清除。如果难以去除，则可先用体积分数为 10% 的硫酸水溶液或体积分数为 5%～10% 的磷酸水溶液清洗，而后再用清水洗净。

23.7　工具钢和硬质合金的钎焊

23.7.1　钎焊性

工具钢通常包括碳素工具钢、合金工具钢和高速钢，而硬质合金是碳化物（如 WC、TiC 等）与粘结金属（如 Co 等）经粉末烧结而成的。工具钢和硬质合金的钎焊技术主要用于刀具、模具、量具和采掘工具的制造上。

1. 工具钢的钎焊性

工具钢钎焊中的主要问题是它的组织和性能易受钎焊过程的影响。如果钎焊工艺不当，极易产生高温退火、氧化及脱碳等问题。例如，高速钢 W18Cr4V 的淬火温度为 1260～1280℃，为避免上述问题的发生，确保切削时具有最大的硬度和耐磨性，要求其钎焊温度必须与淬火温度相适应。

2. 硬质合金的钎焊性

硬质合金的钎焊性是较差的。这是因为硬质合金的含碳量较高，未经清理的表面往往含有较多的游离碳，从而妨碍钎料的润湿。此外，硬质合金在钎焊的温度下容易氧化形成氧化膜，也会影响钎料的润湿。因此，钎焊前的表面清理对改善钎料在硬质合金上的润湿性是很重要的，必要时还可采取表面镀铜或镀镍等措施。

硬质合金钎焊中的另一个问题是接头易产生裂纹。这是因为硬质合金的线胀系数仅为低碳钢的一半，当硬质合金与这类钢的基体钎焊时，会在接头中产生很大的热应力，从而导致接头的开裂。因此，硬质合金与不同材料钎焊时，应设法采取防裂措施。

23.7.2　钎焊材料

1. 钎料

钎焊工具钢和硬质合金通常采用纯铜、铜锌和银铜钎料。

纯铜对各种硬质合金均有良好的润湿性，但需在氢的还原性气氛中钎焊才能得到最佳效果。同时，由于钎焊温度高，接头中的应力较大，导致裂纹倾向增大。采用纯铜钎焊接头的抗剪强度约为 150MPa，接头塑性也较高，但不适于高温工作。

铜锌钎料是钎焊工具钢和硬质合金最常用的钎料。为提高钎料的润湿性和接头的强度，在钎料中常添加锰、镍、铁等合金元素。例如，BCu58ZnMn 中就加有质量分数为 4% 的锰，使硬质合金钎焊接头的抗剪强度在室温达到 300～320MPa，在 320℃时仍能维持 220～240MPa。在 BCu58ZnMn 的基础上加入少量的钴，可使钎焊接头的抗剪强度达到 350MPa，并且具有较高的冲击韧度和疲劳强度，显著提高了刀具和凿岩工具的使用寿命。

银铜钎料的熔点较低，钎焊接头产生的热应力较小，有利于降低硬质合金钎焊时的开裂倾向。为改善钎料的润湿性并提高接头的强度和工作温度，钎料中还常添加锰、镍等合金元素。例如，BAg50CuZnCdNi钎料对硬质合金的润湿性极好，钎焊接头具有良好的综合性能。

除上述三种类型的钎料外，对于工作温度在500℃以上且接头强度要求较高的硬质合金，可以选用锰基和镍基钎料，如BMn50NiCuCrCo和BNi75CrSiB等。对于高速钢的钎焊，应选择钎焊温度与淬火温度相匹配的专用钎料，见表23-13。这种钎料分为两类，一类为锰铁型钎料，主要由锰铁及硼砂组成，所钎焊的接头抗剪强度一般为100MPa左右，但接头易出现裂纹；另一类为含镍、铁、锰和硅的特殊铜合金，用它钎焊的接头不易产生裂纹，其抗剪强度能提高到300MPa。

表23-13　钎焊高速钢专用钎料的组成成分及液相线温度

序号	组成成分(质量分数,%)									液相线温度/℃
	锰铁	硼砂	玻璃	硼酸	Ni	Fe	Mn	Si	Cu	
1	60	30	10	—	—	—	—	—	—	1250
2	80	15	—	5	—	—	—	—	—	1250
3	60	20	15	—	—	—	—	—	5	1230
4	—	—	—	—	30	—	—	—	70	1220
5	—	—	—	—	12	13	4.5	1.5	余量	1280
6	—	—	—	—	9	17	2.5	1	余量	1250

2. 钎剂和保护气体

钎剂的选择应与所焊的母材和所选的钎料相配合。工具钢和硬质合金钎焊时，所用的钎剂主要以硼砂和硼酸为主，并加入一些氟化物（KF、NaF、CaF_2等）。铜锌钎料配用FB301、FB302和FB105钎剂，银铜钎料配用FB101～FB104钎剂。采用专用钎料钎焊高速钢时，主要配用硼砂钎剂。

为了防止工具钢在钎焊加热过程中的氧化和免除钎焊后的清理，可以采用气体保护钎焊。保护气体可以是惰性气体，也可以是还原性气体，要求气体的露点应低于－40℃。硬质合金可在氢气保护下进行钎焊，所需氢气的露点应低于－59℃。

23.7.3　钎焊技术

1. 表面准备

1）工具钢在钎焊前必须进行清理，机械加工的表面不必太光滑，以利于钎料和钎剂的润湿和铺展。

2）硬质合金的表面在钎焊前应经喷砂处理，或用碳化硅或金刚石砂轮打磨，清除表面过多的碳，以利于钎焊时被钎料所润湿。

3）含碳化钛的硬质合金比较难润湿，通过在其表面上涂敷氧化铜或氧化镍膏状物，并在还原性气氛中烘烤，使铜或镍过渡到表面上去，从而增强钎料的润湿性。

2. 钎焊要点

碳素工具钢的钎焊最好在淬火工序前进行或者同时进行。如果在淬火工序前进行钎焊，所用钎料的固相线温度应高于淬火温度范围，以使工件在重新加热到淬火温度时仍然具有足够高的强度而不致失效。当钎焊和淬火合并进行时，选用固相线温度接近淬火温度的钎料。

合金工具钢的成分范围很宽，应根据具体钢种确定适宜的钎料、热处理工序，以及将钎焊和热处理工序合并的技术，从而获得良好的接头性能。

高速钢的淬火温度一般高于银铜和铜锌钎料的熔化温度，因此需在钎焊前进行淬火，并在二次回火期间或之后进行钎焊。如果必须在钎焊后进行淬火，只能选用表23-13给出的专用钎料进行钎焊。钎焊高速钢刀具时采用焦炭炉比较合适，当钎料熔化后，取出刀具并立即加压，挤出多余的钎料，再进行油淬，然后在550～570℃回火。

硬质合金刀片与钢制刀杆钎焊时，宜采取加大钎焊间隙和在钎缝中施加塑性补偿垫片的方法，并在焊后进行缓冷，以减小钎焊应力，防止裂纹产生，延长硬质合金刀具组件的使用寿命。

3. 钎焊后的清理

钎焊工作完成后，先用热水冲洗或用一般的除渣混合液清洗工件上的钎剂残渣，随后用合适的酸洗液酸洗，以清除基体刀杆上的氧化膜。但注意不要使用硝酸溶液，以防腐蚀钎缝金属。

23.8　活性金属的钎焊

23.8.1　钎焊性

钛和锆均为活性金属，具有类似的钎焊性。它们在航空航天、石油化工及原子能工业得到广泛的应用。钛和锆钎焊中的主要问题如下：

1）表面氧化膜稳定。钛和锆及其合金对氧的亲和力很大，具有强烈的氧化倾向，表面容易生成一层很稳定的氧化膜，从而阻碍钎料的润湿和铺展，故钎焊时必须将其去除。

2）具有强烈的吸气倾向。钛和锆及其合金在加热过程中对氢、氧和氮具有强烈的吸纳倾向，而且温度越高，吸纳越严重，从而使钛和锆的塑性和韧性急剧降低，故钎焊应在真空或惰性气体中进行。

3）易于形成金属间化合物。钛和锆及其合金能同大多数钎料发生化学反应，生成脆性化合物，造成接头变脆。因此，用于钎焊其他材料的钎料基本上不适用于钎焊活性金属。

4）组织和性能易于变化。钛及其合金在加热时会发生相变和晶粒粗化，温度越高，粗化越严重。在冷却速度较快的情况下，高温的β相将转变成针状的α相，使材料的塑性降低。对于TC4等α+β双相合金（淬火温度850～950℃，时效温度480～550℃）来讲，高温钎焊的温度不宜比淬火温度高出很多，低温钎焊的温度不宜超过550℃，以免过时效而发生软化现象。

23.8.2　钎焊材料

1. 钛及其合金钎焊用钎料

钛及其合金很少用软钎料钎焊，硬钎焊所用的钎料主要有银基、铝基、钛基或钛锆基三大类，其牌号和钎焊温度见表23-14。

表23-14　钛及其合金钎焊用钎料

钎料种类	钎料牌号	钎焊温度/℃
银钎料	BAg72Cu28	800～900
	BAg71Cu27.5Ni1Li	800～880
	BAg68Cu28Sn4	800～870
	BAg85Mn15	950～1000
铝基钎料	BAl91Si4.8Cu3.8FeNi	610～680
	BAl98.8Mn1.2	675
钛基或钛锆基钎料	BTi70Cu15Ni	970
	BTi73Cu13Ni14Be	950
	BTi49Cu49Be	997～1020
	BTi48Zr48Be	940～1050
	BTi43Zr43Ni12Be	850～1050
	BTi25Zr25Cu50	850～950
	BTi27.5Zr37.5Cu15Ni10	850～950
	BTi35Zr35Cu15Ni15	850～950
	BTi57Zr13Cu21Ni9	930～960

银钎料主要用于工作温度低于540℃的构件。使用纯银钎料的接头强度低，容易产生裂纹，接头的耐蚀性及抗氧化性较差。Ag-Cu钎料的钎焊温度比银低，但润湿性随Cu含量的增加而下降。含有少量Li的Ag-Cu钎料，可以改善润湿性和提高钎料与母材的合金化程度。Ag-Li钎料具有熔点低、还原性强等特点，适用于保护气氛中钎焊钛及钛合金，但真空钎焊会因Li的蒸发而对炉子造成污染。Ag-5Al-(0.5～1.0) Mn钎料是钛合金薄壁构件的优选钎料，钎焊接头的抗氧化和耐腐蚀性能好。采用银钎料钎焊的钛及钛合金接头的抗剪强度见表23-15。

表23-15　钛及其合金的钎焊规范和接头强度

钎料牌号	钎焊规范			抗剪强度/MPa
	钎焊温度/℃	保温时间/min	气氛	
BAg72Cu	850	10	真空	112.3
BAg72CuLi	850	10	氩气	118.3
BAg77Cu20Ni	920	10	真空	109.5
BAg92.5Cu	920	10	真空	120.3
BAg94Al5Mn	920	10	真空	139.9

铝基钎料的钎焊温度低，不会引起钛合金发生β相转变，降低了对钎焊夹具材料和结构的选择要求。这种钎料与母材的相互作用程度低，溶解和扩散也不明显，但钎料的塑性好，容易将钎料和母材轧制在一起，故非常适宜钎焊钛合金散热器、蜂窝结构和层板结构。

钛基或钛锆基钎料一般都含有Cu、Ni等元素，它们在钎焊时能快速扩散到基体中而与钛反应，造成基体的溶蚀，并形成脆性层。因此，钎焊时应严格控制钎焊温度和保温时间，尽可能不用于薄壁结构的钎焊。BTi48Zr48Be是典型的钛锆钎料，它对钛有良好的润湿性，钎焊时母材无晶粒长大倾向。

2. 锆及其合金钎焊用钎料

钎焊锆及其合金的钎料主要有BZr50Ag50、BZr76Sn24和BZr95Be5等，它们广泛应用于核动力反应堆的锆合金管道的钎焊。

3. 钎剂和保护气体

钛、锆及其合金在真空和惰性气体（氦、氩）中钎焊可获得满意的结果。氩气保护钎焊应使用高纯氩，露点必须是-54℃或更低。火焰钎焊时必须采用含有金属钠、钾、锂的氟化物和氯化物的特殊钎剂。

23.8.3　钎焊技术

1. 表面准备

钎焊前必须彻底清理表面，进行脱脂和去除氧化膜。厚氧化膜应当采用机械法、喷砂法或熔融盐浴法去除。薄氧化膜可在体积分数分别为20%～40%硝酸和2%氢氟酸的水溶液中去除。

2. 钎焊要点

钛、锆及其合金在钎焊加热时不允许接头表面同空气接触，可在真空或惰性气体保护下进行钎焊，可以采用高频感应加热或炉中加热等方法。小型对称零件最好采用感应加热的方法，而对于大型复杂组件，则采用炉中钎焊比较有利。

用于钛、锆及其合金钎焊的加热元件最好选择Ni-Cr、W、Mo、Ta等材料，不能使用以裸露石墨为加热元件的设备，以免造成碳污染。钎焊夹具应选用高温强度好，与钛、锆的线胀系数相近，并与钛、锆不易反应的材料。

23.9　难熔金属的钎焊

23.9.1　钎焊性

钨、钼、钽、铌的熔点都在2000℃以上，被称为难熔金属。它们都具有高温强度高、弹性模量高，以及耐蚀性能优异等特点，适合于在高温条件下工作。在对这类金属进行钎焊中，由于它们的物化性质及力学性能的差异，其钎焊性也不尽相同。

1. 钨的钎焊性

钨的熔点为3410℃，能在2700℃的高温环境中可靠工作。钨在常温下具有很高的强度（880～1080MPa）和硬度（320～415HBW），同时具有很大的脆性，只有在加热超过300～350℃以上才具有一定的塑性。钨和其他金属钎焊时，由于其线胀系数相差很大，钎焊比较困难。为了防止晶粒快速长大而使钨的强度和塑性降低，宜在再结晶温度（约为1450℃）以下进行快速钎焊。钨可以在所有保护气体和还原气体中进行钎焊，但最好的方法是真空钎焊。

2. 钼的钎焊性

钼的熔点为2622℃，可制造在2000℃下工作的构件。钼的高温抗氧化能力差，400℃开始氧化，600℃以上迅速形成MoO_3。钼在大气中较高温度下工作时，需要镀层保护。钎焊钼时所遇到的问题就是高温下的氧化和晶粒长大问题。因此，应在较高真空下或在仔细净化过的氩气保护下进行钎焊，并采用快速加热的方法。由于钼再结晶后强度和塑性显著下降，因此钎焊温度不应超过再结晶温度。钼与钴、铁、锰、钛、硅等元素易形成脆性化合物，使用含有这些元素的钎料时，可在钼上镀铜或镀铬，以防止金属间化合物的生成及改善钎料对钼的润湿性。

3. 钽和铌的钎焊性

钽的熔点是2996℃，导热性是钼的1/4，线胀系数则比钼大1/3，高温强度低于钨和钼。除热硫酸溶液外，钽在大多数工业酸的混合介质中的耐腐蚀性非常好。铌的熔点为2468℃，在所述四种难熔金属中熔点最低，弹性模量、热导率、强度和密度也最低，但线胀系数则最高。铌的塑性-脆性转变温度为－157～－102℃，有极好的塑性和加工性。钽或铌钎焊中最突出的问题是氧、氮和氢的污染，因为在空气中加热时，钽或铌从200℃开始便发生强烈的氧化，同时在加热时大量吸收氧、氮及氢等气体，导致金属变硬、变脆。

23.9.2　钎料选择

根据使用温度的要求，对钨、钼、钽和铌进行钎焊时，可选用两类钎料，一类是工作温度低于1000℃的钎料，另一类是工作温度高于1000℃的高温钎料，具体情况见表23-16。

表 23-16　难熔金属高温钎焊用钎料

钎料牌号	固相线温度/℃	液相线温度/℃	钎焊温度/℃	被焊材料
Nb	2468	2468	—	钨、钼
Ni	1453	1453	1500～1700	钨、钼
Pt	1769	1769	—	钨、钼
Ta	2996	2996	3000～3100	钨
Zr	1852	1852	—	钨、钼
BAu75Pd25	1380	1410	—	钨、钼
BCu55Ni45	1230	1300	—	钨、钼
BCu69.5Ni30Fe0.5	1170	1240	—	钨、钼
BMo90Si10	2120	2150	—	钨、钼
BNi70Pd30	1290	1320	—	钨、钼
BNi53.5Mo46.5	1320	1320	—	钨、钼
BPd65Co35	1220	1220	—	钨、钼

（续）

钎料牌号	固相线温度 /℃	液相线温度 /℃	钎焊温度 /℃	被焊材料
BPd54Ni36Cr10	1232	1260	—	钨、钼
BPt60Ir40	1950	1990	—	钨、钼
BTi70Cr20Mn7Ni3	1330	1350	—	钨、石墨
BTi90Ta10	1780	1780	—	钨、石墨
BTi85Ta10Cr5	1600	1700	—	钨、石墨
BTi67Cr33	1390	1420	1440 ~ 1480	难熔金属，钼与石墨或陶瓷
BTi54Cr25V21	—	—	1550 ~ 1650	难熔金属，难熔金属与石墨或陶瓷
BTi66V30Be4	1055	1080	1270 ~ 1310	难熔金属，钼与石墨或陶瓷
BTi91.5Si8.5	—	—	1330 ~ 1370	难熔金属，难熔金属与石墨
BTi72Ni28	—	—	1140	钽，钽与难熔金属、石墨或陶瓷
BTi70V30	—	—	1675 ~ 1760	钽，钽与难熔金属或陶瓷
BTi62Cr25Nb13	—	—	1260	钽，钽与难熔金属或石墨
BTi47.5Zr47.5Nb5	—	—	1600 ~ 1700	钽，钽与难熔金属、石墨或陶瓷
BTi50V40Ta10	—	—	1760	钽，钽与难熔金属、石墨或陶瓷
BV65Nb30Ta5	—	—	1820	钽，钽与难熔金属或石墨
B-V65Ta30Ti5	—	—	1850	钽，钽与难熔金属、石墨或陶瓷
BTi48Zr48Be4	—	—	1050	铌，铌与陶瓷
BZr75Nb19Be6	—	—	1050	铌，铌与钽

1. 钨钎焊用钎料

凡温度低于 3000℃ 的各种钎料均可用于钨的钎焊。其中，400℃ 以下使用的构件，可选用铜基或银钎料；在 400 ~ 900℃ 之间使用的构件，通常选用金基、锰基、镍基、钯基或钴基钎料；高于 1000℃ 使用的构件，多采用纯金属铌、钽、镍、铂、钯、钼等钎料。铂基钎料钎焊后的构件，其工作温度已经达到 2150℃，如果在钎焊后进行 1080℃ 的扩散处理，则最高工作温度可达 3038℃。

2. 钼钎焊用钎料

钎焊钨的钎料大多数都可以用于钼的钎焊。其中，400℃ 以下工作的钼构件，可选用铜基或银钎料；400 ~ 650℃ 之间工作的电子器件及非结构件，可以使用 Cu-Ag、Au-Ni、Pd-Ni 或 Cu-Ni 等钎料；更高温度下工作的构件，可采用钛基或其他高熔点的纯金属钎料。应注意的是，一般不推荐使用锰基、钴基和镍基钎料，以避免在钎缝中形成脆性金属间化合物。

3. 钽和铌钎焊用钎料

钽或铌构件在 1000℃ 以下使用时，可以选用铜基、锰基、钴基、钛基、镍基、金基及钯基钎料，其中 Cu-Au、Au-Ni、Pd-Ni、Pt-Au-Ni、Cu-Sn 钎料对钽和铌的润湿性强，钎缝成形好，接头强度也比较高。由于银钎料有使钎焊金属变脆的倾向，应尽可能避免使用。在 1000 ~ 1300℃ 之间使用的构件，钎料应选用与它们形成无限固溶体的纯金属 Ti、V、Zr，或以这些金属为基的合金。使用温度更高时，可选用含 Hf 的钎料。

23.9.3　钎焊技术

钎焊前，要特别仔细地清除难熔金属表面的氧化物，既可采用机械清理，也可进行化学清洗，如打磨、喷砂、超声清洗、酸洗或碱洗等。完成清理工序之后，最好立即进行钎焊，以防再次污染及氧化。

1. 钨的钎焊技术

由于钨的固有脆性，在构件组装操作中应小心处理钨零件以免碰断。为了防止形成脆性的碳化钨，应避免钨与石墨直接接触。因焊前加工或焊接而产生的预应力，应在焊前予以消除。钨在温度升高时极易氧化，钎焊时要求真空度要足够高，如在 1000 ~ 1400℃ 的温度范围进行钎焊，真空度不能低于 8×10^{-3} Pa。为了提高接头的使用温度，可把钎焊过程和焊后的扩散处理结合起来。例如，用 BNi69Cr20Si10Fe1 钎料在 1180℃ 下钎焊钨，焊后经 1070℃ ×4h、1200℃ ×3.5h 和 1300℃ ×2h 的三次扩散处理后，钎焊接头的使用温度可达 2200℃ 以上。

2. 钼的钎焊技术

钼在钎焊接头装配时，应考虑线胀系数小这一特点，钎焊间隙选在0.05～0.13mm范围内为宜。如果使用夹具，要选择线胀系数小的材料。气体火焰、受控气氛炉、真空炉、感应加热炉和电阻加热设备，都可以用来钎焊钼。钎焊加热温度超过再结晶温度或由于钎料元素的扩散使再结晶温度降低时，都会使钼发生再结晶。因此，钎焊温度接近再结晶温度时，钎焊时间越短越好。在钼的再结晶温度以上钎焊时，一定要控制钎焊时间和冷却速率，避免冷却过快而引起开裂。用氧乙炔火焰钎焊时，使用由工业硼酸盐或银钎焊用钎剂与含有氟化钙的高温钎剂组成的混合钎剂较为理想，可以获得良好的保护，因为银钎焊用钎剂在较低的温度范围内具有活性，而高温钎剂的活性温度可达到1427℃。具体实现的方法是，首先在钼表面涂覆一层银钎焊用钎剂，然后涂覆高温钎剂。

3. 钽和铌的钎焊技术

钽或铌构件最好在真空下进行钎焊，且真空度不低于1.33×10^{-2}Pa。如果在惰性气体保护下进行钎焊，必须去除一氧化碳、氨、氮和二氧化碳等气体杂质。在空气中进行钎焊或电阻钎焊时，应采用特种钎料，配以合适的钎剂。为防止高温下钽或铌与氧接触，可在表面镀一层金属铜或镍，同时要进行相应的扩散退火处理。

23.10　贵金属的钎焊

23.10.1　钎焊性

贵金属主要是指金、银、钯、铂、铑、铱、钌和锇等材料，它们具有良好的导电性、导热性、耐腐蚀性以及高温稳定性，在工业中多作为功能材料而应用。为了既能充分利用贵金属的特性，又能降低成本，往往将贵金属与其他金属组成复合构件使用，而且构件尺寸一般较小。因此，钎焊已成为贵金属构件的主要连接方法之一。

在这些贵金属中，除了钌和锇易受氧化外，其他均有优良的抗氧化性能。因此，常用贵金属均有良好的钎焊性。

23.10.2　贵金属触头的钎焊

1. 钎焊特点

贵金属作为触头材料，其共同特点是钎焊面积小，要求钎缝金属的抗冲击性能好、强度高，具有一定的抗氧化性能，并能经受电弧侵袭，但又不改变触头材料的特性和元件的电性能。由于触头钎焊面积受限制，不允许钎料溢流，应严格控制钎焊参数。

大多数的加热方法都可以用来钎焊贵金属触头。火焰钎焊常用于较大的触头组件，感应钎焊适用于大批量生产。用普通的电阻焊机也可以进行电阻钎焊，但应使用炭块作电极，选择较小的电流和较长的钎焊时间。当同时需要钎焊大量的触头组件或者在一个组件上钎焊多个触头时，可采用炉中钎焊。为获得高质量的钎焊接头，且保证材料本身的性能不会受到影响，最好采用真空钎焊。

2. 钎料选择

钎焊金及其合金触头主要使用银和铜基钎料，既能保证钎缝的导电性能，又易于润湿。为满足触头导电性要求，既可以使用含Ni、Pd、Pt等元素的钎料，又可以使用钎焊镍、钴合金并有良好抗氧化性能的钎料。如选用Ag-Cu-Ti钎料，钎焊温度不得高于1000℃。

银表面生成的氧化银不太稳定，很容易进行钎焊。银触头软钎焊时，可采用锡铅钎料，并配以氯化锌水溶液或松香作钎剂；硬钎焊时，常采用银钎料，以硼砂、硼酸或它们的混合物作钎剂。真空钎焊银及其合金触头时，主要选用银钎料，如BAg61CuIn、BAg59CuSn、BAg72Cu等。

钎焊钯触头，可选用容易形成固溶体的金基、镍基钎料，也可以用银钎料以及铜基或锰基钎料。

钎焊铂及其合金触头，广泛使用银钎料以及铜基、金基或钯基钎料。选用BAu70Pt30钎料，既不改变铂的颜色，又能有效提高钎缝重熔温度，增加钎缝的强度和硬度。如果要将铂触头直接钎焊在可伐合金上，可选用BTi49Cu49Be2钎料。在非腐蚀介质中工作温度不超过400℃的铂触头，应优先选用成本低、工艺性能好的无氧纯铜钎料。

3. 钎焊技术

钎焊前，应对整个工件，特别是触头组件进行检查。从薄板上冲出或从板条上剪下的触头不得因冲、剪而变形。用顶锻、精压、锻造成形的触头的钎焊表面必须平直，以保证与支座的平直表面接触良好。待焊工件的曲面或任意半径的表面必须配合一致，以保证钎焊时有适当的毛细作用。

各种触头钎焊前都要采用化学或机械方法去除工件表面的氧化膜，并用汽油或酒精仔细清洗工件表面，以清除表面油污、油脂、灰尘以及妨碍润湿和流动的污物。

对于小型工件，选用胶粘剂预定位，保证在装炉、装钎料等搬运过程中不错位，所使用的胶粘剂不应对钎焊带来危害。对于大型工件或专用触头，装配定位一定通过带有凸台或凹槽的夹具，使工件处于稳定状态。

钎焊加热速率应根据材料类型而定，加热方法应能使被焊零件同时达到钎焊温度，冷却时要适当控制降温速率，以使触头应力分布均匀。对于较小的贵金属触头，应避免直接加热，可利用其他零件进行传导加热。触头上应施加一定的压力，使钎料在熔化和流动时保证触头不发生移动。为了保持触头支座或支承件应有的刚性，应避免受热发生退火，此时可将加热范围局限在钎焊区域内。此外，为了避免钎料溶解贵金属，可采取控制钎料数量，避免过分加热，限制钎焊时间以及使热量均匀分布等措施。

23.10.3　贵金属导电膜的钎焊

1. 钎焊特点

贵金属导电膜是用超细贵金属粉末、玻璃粉末、金属氧化物添加剂和有机胶粘剂组成的混合浆料，经丝网印制到电路基板上，再经烧结得到具有良好导电性的膜层。烧结温度越高，膜层表面金属粉末合金化程度越高，则抵抗钎料侵蚀的能力越强，钎焊性越好。

常用的贵金属导电膜有银及其合金导电膜、金及其合金导电膜，其钎焊性与所含的贵金属成分有关，也与选用的钎料有关。

2. 银及其合金导电膜的钎焊

银及其合金导电膜一般采用含银的锡铅钎料进行钎焊，如熔点为 179℃ 的 SSn62Pb36Ag2 钎料。在 230℃的钎焊温度下，测得的 Ag-Pd 导电膜的钎焊性见表 23-17。

表 23-17　Ag-Pd 导电膜的钎焊性

$w(Ag)/w(Pd)$	膜厚/μm	电阻/mΩ	钎焊性/次
2	12	52	4
2	15	68	5
2	16	35	8
2.5	12	37	3
2.5	16	25	5
3	11	29	5
3.5	12	28	3
4	11	25	4
12	13	10	2

为提高导电膜的钎焊性，可在银浆料中添加铂元素，制成 Ag-Pt 导电膜。铂含量越高，导电膜的钎焊性越好，但 Ag-Pt 导电膜不宜与硅片进行低熔共晶钎焊。

3. 金及其合金导电膜的钎焊

金及其合金导电膜一般采用无锡或低锡的铅基钎料进行钎焊，如 Pb-In 系钎料。这是因为，当采用 Pb-Sn 钎料时，由于金易溶于锡，且会生成脆性的金属间化合物，导致导电膜与基板之间的附着强度降低，因而钎焊性差。

在金浆料中添加扩散系数小的铂元素，制成 Au-Pt 导电膜，能显著提高导电膜的钎焊性，见表 23-18。

表 23-18　Au-Pt 导电膜的钎焊性

$w(Ag)/w(Pd)$	膜厚/μm	电阻/mΩ	钎焊性/次
3.5	13	150	11
3.5	17	90	30

23.11　石墨和金刚石的钎焊

23.11.1　钎焊性

石墨和金刚石都是由碳原子组成的，只是它们晶体结构不同，因而具有不同的性能。从钎焊的角度来看，它们的钎焊性都较差，主要表现在以下几个方面：

1）难于润湿。由于石墨和金刚石具有特殊的晶体结构和性质，大多数常规钎料对它们难于润湿或根本不能润湿。若想实现钎焊，一是采用活性高的钎料，如钛基钎料；二是进行表面金属化，即通过真空镀膜、离子溅射、等离子弧喷镀等方法，在石墨及金刚石表面沉积一层 2.5 ~ 12.5μm 厚的钨、钼等元素，并与之形成相应的碳化物。

2）易产生裂纹。与大多数金属相比，石墨和金刚石的线胀系数很低，当其与金属钎焊时，接头内会产生较大的热应力，再加上石墨本身的抗拉强度也很低，因而接头易产生裂纹，甚至直接断裂。因此钎焊时要尽量选用线胀系数小的钎料，同时要严格控制冷却速度。

3）钎焊工艺受限。钎焊石墨及金刚石时，除了严格控制冷却速度外，对加热温度以及加热气氛也要加以限制。在空气中直接加热石墨及金刚石，温度超过 400℃就会出现氧化或碳化，故应采用真空钎焊。对于聚晶金刚石材料，若在真空环境下加热超过 1000℃，聚晶磨耗比开始下降，超过 1200℃ 时磨耗比降低 50% 以上。因此真空钎焊金刚石时，钎焊温度一定要控制在 1200℃ 以下，真空度不低于 5×10^{-2}Pa。

23.11.2　钎料选择

钎料的选择主要根据构件用途和表面加工情况而

定，作为耐热结构使用时，选择钎焊温度高、耐热性好的钎料；而用于化工耐蚀结构则选择钎焊温度低、耐蚀性好的钎料。具体选择时，首先应根据钎焊表面的加工情况来考虑。

1. 表面经过金属化的选择

对于经过表面金属化的石墨，可采用延性高、耐蚀性好的纯铜钎料。银基及铜基活性钎料对石墨和金刚石均有良好的润湿性和流动性，但钎焊接头的使用温度难以超过400℃。对于400～800℃之间使用的石墨构件及金刚石工具，通常选用金基、钯基、锰基或钛基钎料；800～1000℃之间使用的接头，则选用镍基或钴基钎料。石墨构件在1000℃以上使用时，可选用镍、钯、钛等纯金属钎料，或含有钼、钽等能与碳形成碳化物的合金钎料。

2. 表面未经金属化的选择

对于不进行表面金属化的石墨或金刚石，可采用表23-19所示的活性钎料进行直接钎焊。由于这些钎料大多是钛基二元或三元合金，因而具有很高的活性。纯钛与石墨反应强烈，可生成很厚的碳化物层，且与石墨的线胀系数差别较大，易产生裂纹，故不能做钎料使用。钛中加入Cr、Ni可以降低熔点，同时改善润湿性。钛基三元合金以Ti-Zr为主，加入Ta、Nb等元素，具有低的线胀系数，可以降低钎焊接头的热应力。以Ti-Cu为主的三元合金适合于石墨与钢的钎焊，接头具有较高的耐蚀性能。

表23-19 石墨和金刚石直接钎焊用钎料

钎料牌号	钎焊温度/℃	被焊材料
BTi50Ni50	960～1010	石墨-石墨,石墨-钛
BTi72Ni28	1000～1030	
BTi93Ni7	1560	石墨-石墨,石墨-BeO
BTi52Cr48	1420	石墨-石墨,石墨-钛
BAg72Cu28Ti	950	石墨-石墨
BCu80Ti10Sn10	1150	石墨-钢
BTi55Cu40Si5	950～1020	石墨-石墨,石墨-钛
BTi45.5-Cu48.5-Al6	960～1040	石墨-石墨,石墨-钛
BTi54Cr25V21	1550～1650	石墨-难熔金属,石墨-陶瓷
BTi47.5Zr47.5Ta5	1650～2100	石墨-石墨
BTi47.5Zr47.5Nb5	1600～1700	石墨-石墨,石墨-钼
BTi43Zr42Ge15	1300～1600	石墨-石墨
BZr56V28Ti16Be0.1	1454～1482	石墨-钼,石墨-陶瓷
BFe54Ni38Ti8	1300～1400	石墨-钼,石墨-碳化硅

23.11.3 钎焊技术

1. 石墨的钎焊技术

石墨的钎焊方法可分两大类，一类是表面金属化后进行钎焊，另一类是表面不进行金属化而直接钎焊。不论哪种方法，装配前都应先对工件进行预处理，即用酒精或丙酮将石墨材料的表面污染物擦拭干净。

表面金属化法焊接时，应先在石墨表面电镀一层镍、铜，或用等离子弧喷镀一层钛、锆或二硅化钼，然后采用铜基钎料或银钎料进行钎焊。采用活性钎料直接钎焊是目前应用最多的方法，可根据表23-19中提供的钎料选择钎焊温度。

进行装配时，可将钎料夹在两工件中间或靠近一端。当与线胀系数大的金属钎焊时，可利用一定厚度的钼或钛作中间缓冲层，该缓冲层在钎焊加热时可发生塑性变形，吸收热应力，避免石墨开裂。例如，用钼缓冲层真空钎焊石墨和耐蚀镍基合金（Hastelloy N）组件时，采用具有良好耐熔盐腐蚀和抗辐射性能的BPd60Ni35Cr5钎料，钎焊温度1260℃，保温时间10min。

2. 金刚石的钎焊技术

天然金刚石可以选用BAg68.8Cu26.7Ti4.5和BAg66Cu26Ti8等活性钎料直接钎焊，钎焊应在真空或氩气保护下进行。钎焊温度不宜超过850℃，应选择较快的加热速度，在钎焊温度下的保温时间不能过长（一般选10s左右），以免在界面形成连续的TiC层。金刚石与合金钢钎焊时，应加塑性中间层或低膨胀合金层进行过渡，以防止热应力过大造成金刚石晶粒的破坏。超精密加工用的车刀或镗刀采用钎焊工艺制造时，将0.1～0.5克拉（1克拉$=2\times10^{-4}$kg）的小颗粒金刚石钎焊到钢体上，钎焊接头强度达到了200～250MPa。

聚晶金刚石可以采用火焰钎焊、高频钎焊或真空钎焊。切削金属或石材用的金刚石圆锯片，应采用高频钎焊或火焰钎焊，选用熔点较低的Ag-Cu-Ti活性钎料，钎焊温度控制在850℃以下，加热时间不宜过长，并采取较慢的冷却速度。用于石油、地质钻探的聚晶金刚石钻头，工作条件恶劣，承受巨大的冲击载荷，可选用镍基钎料，用纯铜箔做中间层进行真空钎焊。例如，将350～400粒直径为4.5～4.5mm的柱状聚晶金刚石，钎焊到35CrMo或40CrNiMo钢的齿孔中构成切削齿时，可采用真空钎焊方法。真空度不低于5×10^{-2}Pa，钎焊温度为（1020±5）℃，保温时间为（20±2）min，此时钎缝抗剪强度达到200MPa以上。

应当指出，钎焊时应尽可能利用工件的自重进行装配定位，一般使金属件处于上部，以便压住石墨或金刚石材料。当使用夹具定位时，应选用线胀系数与被焊工件相近的夹具材料。

23.12　高温合金的钎焊

23.12.1　钎焊性

高温合金可分为镍基、铁基和钴基三大类，它们在高温下具有较好的力学性能、抗氧化性和耐腐蚀性。其中，镍基合金是实际生产中应用最多的高温合金，因此这里所述的钎焊性也主要是对这种合金而言的。

1. 氧化膜难于去除

加热氧化是高温合金钎焊时的首要问题。因为高温合金含有较多的Cr，加热时表面易形成难以去除的Cr_2O_3氧化膜。同时，镍基高温合金均含有铝和钛，加热时极易氧化，形成更为稳定的Al_2O_3和TiO_2氧化膜，二者在氢气或氩气保护下是无法去除的，必须采取其他措施，如真空环境，而且要保证热态的真空度不低于$10^{-3}\sim10^{-2}$Pa，以免合金表面在加热时发生氧化。

此外，在镍基高温合金钎焊中，不推荐使用钎剂去除表面氧化膜。这是因为，钎剂中的硼砂或硼酸在钎焊温度下能与母材作用，降低母材表面的熔化温度，从而使母材产生溶蚀，而且发生反应后析出的硼能渗入母材造成晶间渗入。因此镍基高温合金常用真空钎焊，以避免氧化膜的形成。

2. 钎焊参数影响母材性能

无论是固溶强化还是沉淀强化，只有将镍基高温合金中的合金元素及其化合物充分固溶于基体内，才能获得良好的高温性能，因此钎焊参数应尽可能与合金的热处理制度相匹配，即钎焊温度应尽量选择与母材固溶处理的加热温度相一致，以保证合金元素的充分溶解。钎焊温度过低，合金元素不能完全溶解；钎焊温度过高，母材晶粒长大，即使焊后进行热处理也无法恢复合金的性能。当然，铸造镍基合金的固溶温度都较高，并且晶粒不易长大，一般不会因钎焊温度过高而影响其性能。

3. 存在应力开裂倾向

一些镍基高温合金，特别是沉淀强化合金有应力开裂的倾向，因此钎焊前必须充分去除加工中形成的应力，钎焊过程中应尽量减小热应力，以降低开裂倾向。

23.12.2　钎焊材料

1. 钎料

从接头的工作条件和钎焊加热的影响出发，镍基高温合金钎焊可采用银钎料、纯铜钎料、镍基钎料及活性钎料。

当接头的工作温度不高时，可采用银钎料。为了防止钎焊温度超过母材时效强化温度而对母材性能造成影响，同时也为减小钎焊接头的热应力，应选用熔化温度较低的银钎料，如Ag-Cu-Zn系钎料。

在真空或保护气氛中钎焊时可选用纯铜作钎料，钎焊温度为1100～1150℃，此时工件的内应力已经消除，接头不会产生应力开裂现象，但接头的工作温度不能超过400℃。

高温合金钎焊最常用的钎料是镍基钎料，它不但具有很好的高温性能，而且钎焊时不发生应力开裂现象。镍基钎料中主要的合金元素是Cr、Si和B，少量钎料中还含有Fe和W等。当钎料中增加W而降低B后，可减少硼对母材的晶间渗入，提高接头的高温性能，适合于钎焊间隙不易控制或间隙较大的接头。

在镍基钎料的基础上，为了克服Si对高温合金力学性能的不利影响，已开发出一些不含Si的镍基钎料，并将其称为活性扩散钎焊用钎料，见表23-20。这些钎料的钎焊温度分布在1150～1218℃之间，钎焊后在1066℃进行扩散处理后，可获得与母材性能一致的钎焊接头。

表23-20　镍基活性扩散钎焊用钎料

钎料牌号	固相线温度/℃	液相线温度/℃	钎焊温度/℃
BNi54Cr20Co20Ta3B3La0.05	1050	1122	1191～1218
BNi67.3Cr14Co10Ta2.5Al3.5B2.7Y0.02	1064	1122	1149～1190
BNi77.3Cr13Ta3Al4B2.7Y0.02	1080	1157	1177～1218
BNi74.2Cr20Ta3B2.8Y0.04	1050	1157	1170～1218
BNi81.5Cr13Fe3.5B2	1030	1066	1149～1205

2. 钎剂及炉中气氛

用银钎料钎焊时可选用FB101钎剂，钎焊含铝量高的沉淀强化高温合金时，应用FB102钎剂，并添加10%～20%的硅氟酸钠或铝用钎剂（如FB201等），此时由于钎焊温度不高而不会因硼的析出造成对母材的溶蚀。当钎焊温度超过900℃时，应选用FB105钎剂，但钎焊温度不宜过高，钎焊时间要短，以免钎剂同母材发生强烈的反应而使母材溶蚀。

镍基高温合金绝大多数是采用炉中钎焊的，炉中气氛可以是真空，也可以是惰性气体氛围或还原性气体氛围。合金中所含的铝或钛越多，要求的真空度越高，所用的氩气或氢气的露点越低。

23.12.3 钎焊技术

镍基高温合金可采用气体保护钎焊、真空钎焊和瞬时液相连接。钎焊前都必须采用砂纸打磨、毡轮抛光、丙酮擦洗及化学清洗等方法，进行脱脂和去除表面氧化膜。选择钎焊规范时应注意加热温度不宜过高，钎焊时间尽量短，以降低对母材性能的影响。为防止母材开裂，经冷加工的零件焊前应进行去应力处理，焊接加热应尽可能均匀。

1. 气体保护钎焊

气体保护钎焊对保护气体的纯度要求很高，对于铝、钛质量分数小于 0.5% 的高温合金，使用氢气或氩气时要求其露点低于 -54℃。当铝、钛含量增多时，合金表面加热时仍发生氧化，可以采取的去除或预防措施包括：加入少量钎剂，如 FB105 等，利用钎剂去除氧化膜；零件表面镀 0.025 ~ 0.038mm 厚的镀层；将钎料预先喷涂在待钎焊材料表面；附加少量气体钎剂，如三氟化硼等。

2. 真空钎焊

真空钎焊应用较广，能获得更好的保护效果和钎焊质量。典型镍基高温合金真空钎焊接头的力学性能见表 23-21。对于铝、钛质量分数小于 4% 的高温合金，虽然表面不进行特殊预处理也能保证钎料的润湿，但最好在表面电镀一层 0.01 ~ 0.015mm 的镍。当铝、钛质量分数超过 4% 时，镀镍层的厚度应为 0.02 ~ 0.03mm。镀层太薄不起保护作用，镀层太厚将降低接头强度。也可将待焊零件放在盒内进行真空钎焊，盒中应放吸气剂，如锆在高温下吸收气体，可使盒内形成一个局部真空，从而防止合金表面的氧化。

表 23-21 典型镍基高温合金真空钎焊接头的力学性能

母材牌号	钎料牌号	钎焊温度/℃	测试温度/℃	抗剪强度/MPa
GH3030	BNi82CrSiB	1080 ~ 1180	600	220
			800	224
		1110 ~ 1200	20	230
			650	126
	BNi68CrWB	1105 ~ 1205	20	433
			650	178
GH3044	BNi70CrSiBMo	1080 ~ 1180	20	234
			900	162
GH4188	BNi74CrSiB	1170	20	308
			870	90
DZ22	BNi43CrNiWBSi	1180	950	26 ~ 116
			980	90 ~ 107
GH4033	BNi48Mn31Pd21	1120 ~ 1180	20	338
			850	122
	BAg64Pd33Mn3	1170 ~ 1200	850	122

高温合金钎焊的接头组织和强度随钎焊间隙而变化，钎焊后扩散处理可进一步增大钎焊间隙的最大允许值。以 Inconel 合金为例，采用 BNi82CrSiB 钎焊的接头，经 1000℃ × 1h 扩散处理后，最大间隙值可达 90μm；而采用 BNi71CrSiB 钎焊的接头，经 1000℃ × 2h 扩散处理后，最大间隙值为 50μm 左右。

3. 瞬时液相连接

瞬时液相连接是在较小的压力和合适的温度下，利用含有原子半径小，扩散速度快，同时又能降低熔点的元素（统称为降熔元素）的合金中间层，熔化并润湿母材，降熔元素迅速向母材扩散，使液相成分变化而引起固相线温度升高，当固相线温度达到钎焊温度时发生等温凝固，从而形成接头。

这种连接方法的显著特点是接头成分较为均匀，接头性能好。其主要参数有温度、压力和保温时间。对于镍基高温合金，连接温度介于 1100 ~ 1250℃ 之间，连接压力和时间取决于对接头的技术要求。一般采用较小的压力，主要是为了保持工件配合面的良好接触，同时排除合金中间层熔化后所形成的部分液相。加热温度和加热时间对接头性能有很大的影响，在不影响母材性能的前提下，采用高温（≥1150℃）和长时间（如8～24h）有利于提高接头的性能。如果母材不能经受较高的温度，则应采用较低的温度（1100～1150℃）和较短的时间（1～8h）。

中间层成分的确定应以被连接的母材成分为依据，加入不同的降熔元素，如硼、硅、锰和铌等。例如，Udimet合金的成分（质量分数,%）为BNi53.9Cr15Co18.5Al4.3Ti3.3Mo5，作为瞬时液相连接用中间层的成分（质量分数,%）为BNi62.5Cr15Co15Mo5B2.5。这些添加元素都能使Ni-Cr或Ni-Cr-Co合金的熔化温度降低，但硼的降熔作用最明显。此外，硼的扩散速度高，可使中间层和母材迅速趋向均质化。

23.13　陶瓷与金属的钎焊

23.13.1　钎焊性

按用途划分，陶瓷分为结构陶瓷和功能陶瓷；按组成划分，陶瓷分为氧化物陶瓷和非氧化物陶瓷。在结构工程中，所应用的陶瓷主要有氧化物陶瓷、碳化物陶瓷、氮化物陶瓷以及硼化物陶瓷等。陶瓷具有密度低、强度高、耐高温、耐磨损及腐蚀等优点，在各个领域都有广阔的应用前景。在陶瓷实用化的进程中，不可避免地涉及它与金属材料的连接问题，其中钎焊是最有效的连接方法之一。一般来讲，陶瓷与金属的钎焊是较为困难的，主要表现在以下几个方面：

（1）难于润湿　陶瓷的化学组成非常稳定，其晶体结构的键型表现为离子键或共价键，一般很难被具有金属键型的金属钎料所润湿。若想实现陶瓷与金属的钎焊，只能通过两种途径：一是采用能够与陶瓷发生界面反应的活性钎料，通过界面反应及其产物来提高润湿性；二是对陶瓷表面进行金属化，通过表面的金属化层来提高普通钎料的润湿性。因此形成了两种钎焊方法，即活性钎焊法和金属化钎焊法。

（2）易产生裂纹　陶瓷与金属的线胀系数和弹性模量差异很大，当对二者进行钎焊时，接头内会产生较大的热应力。同时，陶瓷的塑性和断裂韧度远低于金属，在较大的热应力作用下容易产生裂纹。为解决这个问题，常常选用线胀系数介于陶瓷与金属之间、具有良好塑性的中间层来缓解接头内的热应力，提高接头的抗裂性和力学性能。

（3）界面产物影响接头性能　在陶瓷与金属的钎焊中，连接界面及其附近易形成多种类型的化合物，如碳化物、氮化物、硅化物以及三元或多元化合物。由于这些化合物的脆性很大，因而对接头的力学性能会产生明显的影响，特别是它们以层状形式连续分布时，影响更大。因此如何控制这些化合物的生成和长大，已成为提高接头力学性能的关键。

23.13.2　钎料选择

1. 金属化钎焊法用钎料

对陶瓷表面进行金属化后，提高了表面的润湿性，这时可选用常规钎料实现陶瓷与金属的钎焊。常用的有银钎料以及铜基及金基等钎料，典型钎料的牌号及固、液相线的温度见表23-22。

表23-22　陶瓷与金属钎焊用常规钎料

钎料牌号	固相线温度/℃	液相线温度/℃
BAg99.99	960.5	960.5
BAg72Cu28	779	779
BAg65Cu20Pd15	852	898
BAg63Cu27In10	685	710
BAg58Cu32Pd10	824	852
BAg50Cu50	779	850
BAu82.5Ni17.5	950	950
BAu80Cu20	889	889
BAu60Ag20Cu20	835	845
BCu99.9	1083	1083
BCu87.75Ge12Ni0.25	850	965

值得说明的是，当进行真空电子器件的钎焊时，对所选用的钎料还应提出一些特殊的要求。例如，钎料中不宜含有易挥发元素，如Zn、Cd、Bi、Mg及Li等，一般规定器件工作时钎料的蒸气压不超过10^{-3} Pa，所含高蒸气压杂质的质量分数不超过0.002%～0.005%，以免引起器件的漏电或中毒；钎料中氧的质量分数不超过0.001%，以免在氢气中钎焊时生成水气，引起熔融钎料的飞溅。此外，还要求钎料表面必须清洁，表面也不应存在氧化物，以免在钎焊过程中形成浮渣，降低钎缝的气密性。

2. 活性钎焊法用钎料

当陶瓷与金属直接进行钎焊时，必须选用活性钎料。这些活性钎料主要是钛基或锆基的钎料，或者是含有钛或锆的钎料，见表23-23。其中，二元系活性钎料以Ti-Cu系为主，三元系中以Ag-Cu-Ti（Ti的质量分数低于5%）钎料最为常用。

表23-23 陶瓷与金属钎焊用活性钎料

钎料牌号	钎焊温度/℃	被焊材料
BAg85Ti15	1000	氧化物陶瓷-Ni,氧化物陶瓷-Mo
BAg85Zr15	1050	氧化物陶瓷-Ni,氧化物陶瓷-Mo
BAg69Cu26Ti5	850~880	陶瓷-Cu,陶瓷-Ti,陶瓷-Nb
BCu70Ti30	900~1000	陶瓷-Cu,陶瓷-Ti,陶瓷-难溶金属
BTi92Cu8	820~900	陶瓷-金属
BTi75Cu25	900~950	陶瓷-金属
BTi72Ni28	1140	陶瓷-金属,陶瓷-石墨
BTi68Ag28Be4	1040	陶瓷-金属
BTi50Cu50	980~1050	陶瓷-金属
BTi49Cu49Be2	1000	陶瓷-金属
BTi48Zr48Be4	1050	陶瓷-金属
BTi47.5Zr47.5Ta5	1650~2100	陶瓷-Ta
BZr75Nb19Be6	1050	陶瓷-金属
BZr56V28Ti16	1250	陶瓷-金属

BAg69Cu26Ti5钎料可以制成箔片、粉状或Ag-Cu共晶钎料片配合Ti粉使用，可对各类陶瓷与金属进行直接钎焊。在Ag-Cu-Ti三元系活性钎料基础上，通过添加Al而发展起来的BAg54Cu36Ti5Al5钎料，能有效提高钎料的高温抗氧化性能，接头的强度也高。

BTi49Cu49Be2钎料具有与不锈钢相近的耐蚀性，并且蒸气压较低，在防氧化、防泄漏的真空密封接头中可优先选用。在Ti-V-Cr系钎料中，V的质量分数为30%时，钎料的熔化温度最低（1620℃），而Cr的加入能有效缩小熔化温度范围。不含Cr的BTi47.5Zr47.5Ta5钎料，已用于氧化铝和氧化镁的直接钎焊，其接头可在1000℃的环境温度下工作。

23.13.3 钎焊技术

陶瓷与金属的钎焊可以采用预先对陶瓷进行金属化的钎焊法，也可采用活性钎料进行钎焊的活性钎焊法。此外，还可根据陶瓷的组成类型，采用一种以氧化物为主或氟化物为主的混合物作钎料的钎焊方法，并称之为混合物钎焊法。

1. 金属化钎焊法

金属化钎焊法是指经过预先金属化处理的陶瓷，在高纯度的惰性气体、氢气或真空环境中，采用常规钎料进行钎焊的方法。其主要工艺过程包括表面清洗、涂膏、陶瓷表面金属化、镀镍、装配、钎焊及焊后检验等。

（1）表面清洗　表面清洗是为了除去母材表面的油污、汗迹和氧化膜等。对于金属零件和钎料，应先用有机溶剂脱脂，再酸洗或碱洗去氧化膜，最后经流水冲洗并烘干。陶瓷件应采用丙酮加超声清洗，再用流水冲洗，最后用去离子水煮沸两次，每次煮沸15min。清洗后的零件不得再与有油污的物体或裸手接触，应立即进入下道工序或放入干燥器内，不能长时间暴露在空气中。

（2）涂膏　涂膏是陶瓷金属化的一个重要工序，主要是将手工或自动方法制备好的膏剂涂于需要金属化的陶瓷表面上，涂层厚度一般为30~60μm。膏剂一般由粒度约为1~5μm的纯金属粉末、适量的金属氧化物和有机胶粘剂调制而成。

（3）陶瓷表面金属化　陶瓷表面金属化实质是一种烧结过程，是将涂好膏的陶瓷件送入氢气炉中，用湿氢或裂化氨在1300~1500℃下烧结30~60min，使膏剂中的金属与陶瓷表面发生作用，在陶瓷表面上获得金属化层。

（4）镀镍　镀镍是为了进一步提高金属化层的润湿性。对于Mo-Mn金属化层，为了使其被钎料所润湿，必须在其表面上电镀4~5μm厚的镍层或涂一层镍粉。如果钎焊温度低于1000℃，则镍层还需在氢气炉中进行预烧结，烧结温度为1000℃，烧结时间为15~20min。

（5）装配　对于处理好的陶瓷和金属件，采用不锈钢或石墨、陶瓷模具装配成组件，并在连接处装上钎料，送入炉中准备钎焊。在整个操作过程中，要保持工件清洁，不得用裸手触摸。

组装后的陶瓷-金属件，可在氩气、氢气或真空炉中进行钎焊，钎焊温度视钎料而定。为防止陶瓷件开裂，降温速度不宜过快。此外，钎焊中还可以施加一定的压力（约0.49~0.98MPa）。

（6）焊后检验　钎焊后的工件除进行表面质量检验外，还应进行热冲击及力学性能检验。对于真空器件，还应按有关规定进行检漏试验。

2. 活性钎焊法

活性钎焊法是在真空或高纯的惰性气氛下，利用活性钎料对金属与陶瓷直接进行钎焊的方法。由于工艺过程简单，接头质量稳定，这种方法现已得到普遍接受和应用。

进行直接钎焊前，先对陶瓷件和金属件进行表面清洗，然后进行装配。为避免组件钎焊后因组成部分线胀系数不同而产生裂纹，可在组件之间放置一层或多层金属箔片作为应力缓冲层。放置钎料时，应尽可能将钎料夹在两个被焊组件之间，或放在填充间隙的部位，然后开始进行真空钎焊。

使用Ag-Cu-Ti钎料进行直接钎焊时，应采用真空钎焊方法。当炉内的真空度达到2.7×10^{-3}Pa时开始加热，此时可快速升温；当温度接近钎料熔点时应缓慢升温，以使组件各部分的温度趋于一致；待钎料熔化时，快速升温到钎焊温度，保温时间3~5min。冷却过程中，应在700℃以前缓慢降温，而在700℃以后可随炉自然冷却。

采用Ti-Cu活性钎料直接钎焊时，钎料可以是Cu箔加Ti粉或Cu零件加Ti箔，也可以在陶瓷表面涂上Ti粉再加Cu箔。钎焊前，所有的金属零件都要真空除气，无氧铜除气的温度为750~800℃，Ti、Nb、Ta等要求在900℃除气15min，此时真空度应不低于6.7×10^{-3}Pa。钎焊时，将待焊组件装配在夹具内，在真空炉中加热到900~1120℃，保温时间为2~5min。在整个钎焊过程中，真空度不得低于6.7×10^{-3}Pa。

3. 混合物钎焊法

混合物钎焊法是指采用一种以氧化物为主或氟化物为主的混合物作为钎料的钎焊方法。根据混合物的主要组分不同，混合物钎焊法又可分为氧化物钎焊法和氟化物钎焊法。

氧化物钎焊法是利用氧化物钎料熔化后形成的玻璃相，向陶瓷渗透并润湿金属表面而实现连接的方法。氧化物钎料的成分主要是Al_2O_3、CaO、BaO和MgO，加入B_2O_3、Y_2O_3及Ta_2O_3等可以得到各种熔点和线胀系数的钎料，见表23-24。采用氧化物钎料既可以钎焊氧化物陶瓷与金属，也可以钎焊非氧化物陶瓷与金属。

表23-24 典型氧化物钎料的组分

系列	组分(质量分数,%)							钎焊温度/℃	线胀系数/(×10⁻⁶/℃)
	Al_2O_3	CaO	MgO	BaO	Y_2O_3	B_2O_3	Ta_2O_3		
Al-Ca-Mg-Ba	49	36	11	4	—	—	—	1550	8.8
	45	36.4	4.7	13.9	—	—	—	1410	
Al-Ca-Ba-B	46	36	—	16	—	2	—	1325	9.4~9.8
Al-Ca-Ta-Y	45	49	—	—	3	—	3	1380	7.5~8.5
Al-Ca-Mg-Ba-Y	40~50	30~40	3~8	10~20	0.5~5	—	—	1480~1560	6.7~7.6

氟化物钎焊法是利用以氟化物为主的钎料，进行陶瓷与陶瓷、陶瓷与金属的钎焊的方法，能获得强度高、耐蚀性好的钎焊接头，所用的氟化物主要是CaF_2和NaF。氟化物钎料中还可加入一定量的氧化物。这种钎焊方法主要用于非氧化物陶瓷之间的连接，也可用于非氧化物陶瓷与氧化物陶瓷之间的连接，还可用于陶瓷与金属的连接。

23.14 金属间化合物的钎焊

近年来，在工程界受到高度重视的金属间化合物，主要是Ti-Al系和Ni-Al系的A_3B型或AB型金属间化合物，其物理性能见表23-25。特别是Ti-Al系金属间化合物或金属间化合物基合金，具有密度低、弹性模量高、高温力学性能好和抗氧化等特点，是很有发展前途的轻质结构材料，可望在航空、航天和军工等领域获得广泛的应用。然而出于对结构或功能的考虑，需要将其与自身或与其他材料连接在一起，而钎焊则是较为合适的连接方法之一。因此这里仅就具有代表性的Ti-Al系金属间化合物基合金的钎焊技术进行简要阐述。

表23-25 Ni-Al系和Ti-Al系金属间化合物的物理性能

金属间化合物	晶体结构类型	密度/(g/cm³)	弹性模量/GPa	熔点/℃
Ni_3Al	面心立方	7.50	178	1390
NiAl	体心立方	5.86	293	1640
Ti_3Al	密排六方	4.20	144	1600
TiAl	面心四方	3.91	175	1460

23.14.1 Ti_3Al基合金的钎焊

钎焊接头的组织和性能在很大程度上取决于所采用的钎料。当采用不同的钎料对Ti_3Al基合金进行钎焊时，界面产物及界面组织是不同的，因而接头的力学性能也不同。

1. 采用钛基钎料的钎焊

当采用Ti-Zr-Ni-Cu钎料对Ti_3Al基合金进行钎焊时，接头的抗剪强度随焊接参数的变化如图23-1所示。在钎焊时间定为5min的条件下，随钎焊温度的升高，接头的抗剪强度提高，在钎焊温度为1323K时，接头的抗剪强度达到254MPa；而当钎焊温度保持在1323K时，随钎焊时间的增加，接头的抗剪强度先增后减，并在钎焊时间为5min时出现峰值。

以上抗剪强度的试验结果实质是由界面组织决定的。当采用Ti-Zr-Ni-Cu钎料钎焊Ti_3Al基合金时，在钎料与母材的界面处出现了Ti_2Ni + Ti（Cu，$Al)_2$化合物和Ti基固溶体，而且它们的数量及分布与钎焊温度和时间密切相关。随着钎焊温度的增加，Ti_2Ni + Ti（Cu，$Al)_2$化合物增加，Ti基固溶体减少，但温度升至1323K时，Ti_2Ni + Ti(Cu，$Al)_2$化合物弥散分布于Ti基固溶体上，对接头起到了强化作用；而随钎焊时间的增加，各元素反应更加充分，Ti_2Ni + Ti(Cu，$Al)_2$化合物增加，Ti基固溶体相应减少。

2. 采用银钎料的钎焊

当采用Ag-Cu-Zn钎料对Ti_3Al基合金进行钎焊时，接头的抗剪强度随焊接参数的变化如图23-2所示。在钎焊时间保持在5min的条件下，钎焊温度升高时，接头的抗剪强度先增加后减小，并在钎焊温度为1173K时达到最大值125MPa；当钎焊温度保持在1173K时，随钎焊时间的增加，接头的抗剪强度也是先增加后减小，并在钎焊时间为5min时出现峰值。这是因为，当采用Ag-Cu-Zn钎料对Ti_3Al基合金进行钎焊时，在界面处明显出现了TiCu + Ti（Cu，$Al)_2$化合物和Ag基固溶体，而且其形态和分布与钎焊参数有关。随钎焊温度的升高，TiCu和Ti（Cu，$Al)_2$增多，Ag基固溶体减少；随钎焊时间的增加，Ti和Al的扩散反应更加充分，TiCu + Ti（Cu，$Al)_2$化合物的量增加，Ag基固溶体进一步减少。

23.14.2 TiAl基合金的钎焊

在TiAl基合金的钎焊中，主要采用银钎料，以及钛基、铝基等钎料，既涉及TiAl基合金自身的钎焊，也涉及TiAl基合金与结构钢的钎焊。钎焊接头的组织和性能既与钎料有关，又与母材本身有关，还与钎焊的焊接参数有关。

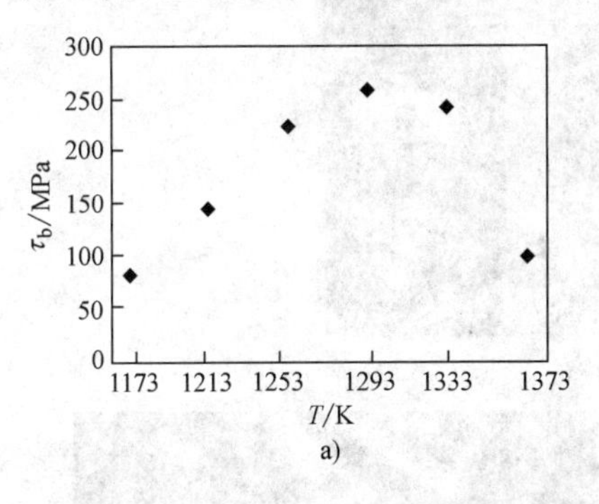

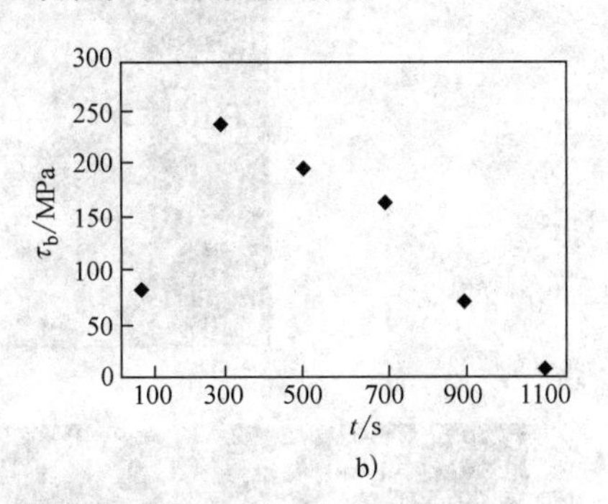

图23-1 采用Ti-Zr-Ni-Cu钎料的钎焊接头的抗剪强度

a）抗剪强度随钎焊温度的变化 b）抗剪强度随钎焊时间的变化

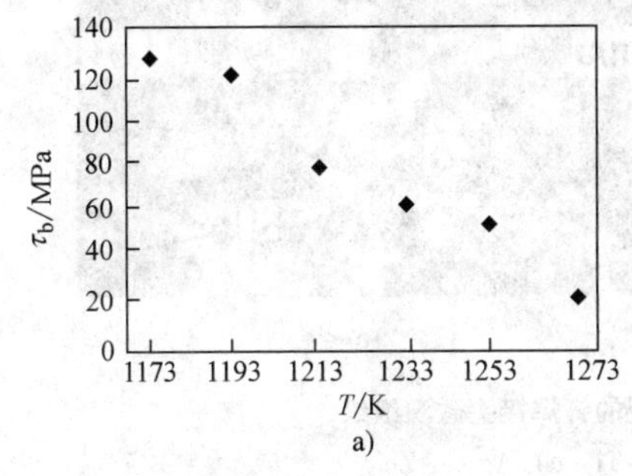

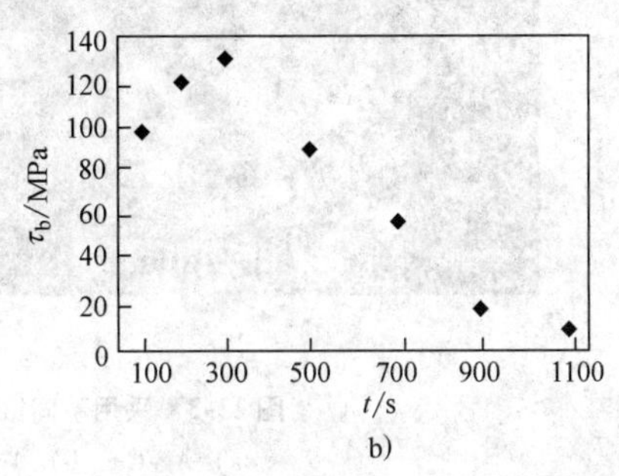

图23-2 采用Ag-Cu-Zn钎料的钎焊接头的抗剪强度

a）抗剪强度随钎焊温度的变化 b）抗剪强度随钎焊时间的变化

1. TiAl基合金自身的钎焊

采用B-Ti70Cu15Ni15钎料，在氩气保护下进行Ti-50Al（原子分数）铸造合金的红外钎焊时，Al从TiAl基合金向钎缝中的扩散是形成界面微观结构的主控因素。通过等温凝固和固态扩散，在接头中形成由α（Ti）、（α+β）或α_2、β（Ti）和残留钎料层等多个反应层组成的界面结构，而且该结构是按五步形成机理实现的，即β（Ti）的形成、α+β两相区的形成、α_2相的形成、富Al的α（Ti）的形成和α_2相的长大。但在美国的C. A. Blue等人进行的同样研究中，只发现沿反应区的中心形成一个富Ni、富Cu的区域。

采用Al箔作钎料进行具有$\gamma+\alpha_2$层片状组织的Ti-48Al（原子分数）铸造合金的钎焊研究时，发现在1173K的连接温度下，熔化的Al与母材发生反应，生成$TiAl_3$或$TiAl_2$化合物。当在1573K对钎焊接头进行随后的热处理时，接头成分发生均匀化，且Al钎料完全转变成单一的γ相。对接头进行室温和高温（873K）的强度测试发现，接头的抗拉强度与母材相同，达到220MPa。与此项研究相类似，同样采用Al箔作钎料研究TiAl基合金红外钎焊所形成的界面产物时，发现在1323～1623K的温度范围内，钎焊时间为15～60s时，Al与TiAl反应形成$TiAl_3$化合物，反应的程度则取决于所用的具体温度和时间。

采用Ti-Zr-Ni-Cu钎料时，接头的最高抗剪强度达到260MPa，在界面处有Ti_2Ni、Ti（Cu，Al）$_2$化合物和Ti基固溶体生成，Ti_2Ni和Ti（Cu，Al）$_2$的形成降低了接头的抗剪强度。采用Ag-Cu-Zn钎料时，接头的最高抗剪强度只有125MPa，在界面处生成TiCu、Ti（Cu，Al）$_2$和Ag基固溶体，TiCu和Ti（Cu，Al）$_2$的生成是降低接头抗剪强度的主要原因。

2. TiAl基合金与结构钢的钎焊

采用Ag-Cu、Ag-Cu-Ti和Ag-Cu-Zn等银基系列钎料对TiAl基合金与40Cr钢进行钎焊时，钎缝中都出现了基本相同的反应产物，即Ti（Cu，Al）$_2$化合物、Ag基固溶体、Ag-Cu共晶和TiC，但这些产物的微观形态及分布在不同条件下形成的接头中是不同的，如图23-3所示。其中，Ag（s. s.）代表Ag基固溶体。也正是因为接头的微观组织或界面结构的差异，造成了接头性能的不同，如图23-4所示。

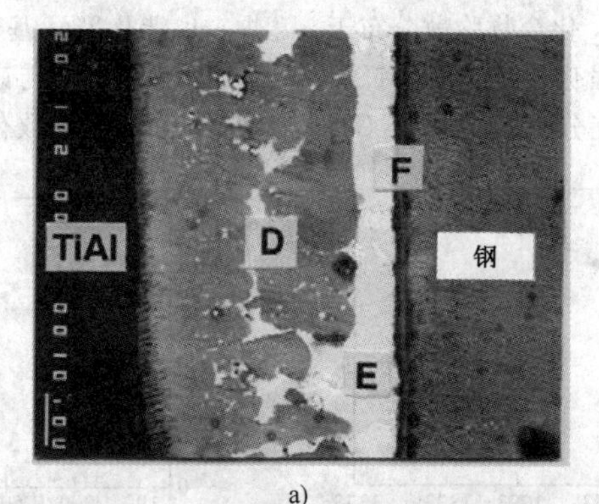

a)

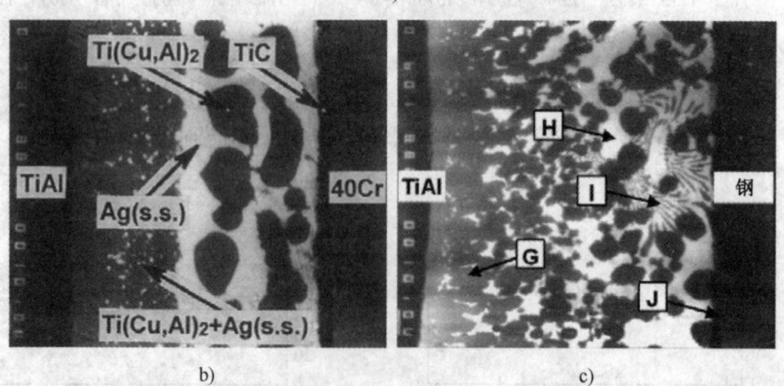

b)　　　　c)

图23-3　采用不同银钎料的钎焊接头微观组织

a）Ag-Cu　b）Ag-Cu-Ti　c）Ag-Cu-Zn

D或G—Ti（Cu，Al）$_2$　E或H—Ag（s. s.）

T或J—TiC　I—Ag-Cu共晶

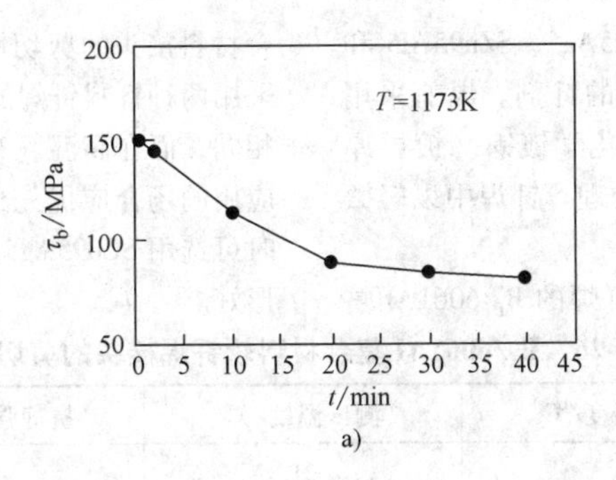

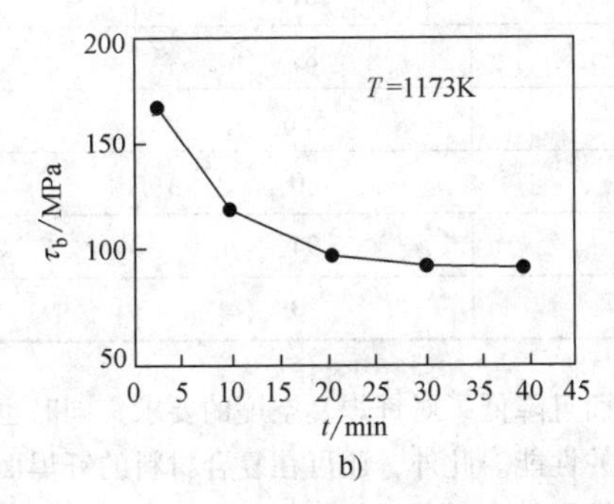

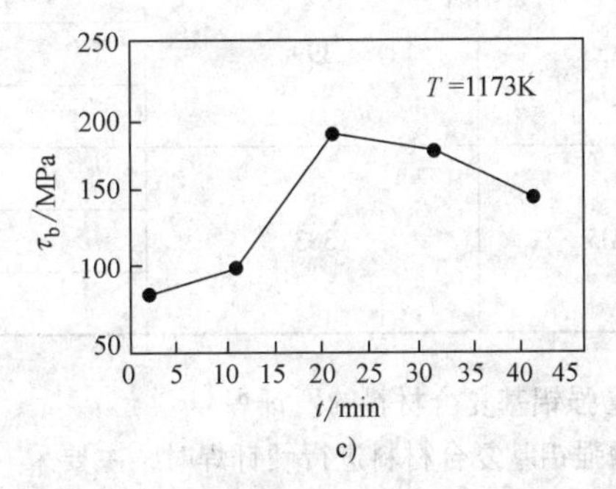

图 23-4　采用不同银钎料的钎焊接头的抗剪强度

a）Ag-Cu　b）Ag-Cu-Ti　c）Ag-Cu-Zn

当采用 Ag-Cu 钎料时，接头中所形成的界面结构为 TiAl/Ti(Cu，Al)$_2$ + Ag(s. s.)/Ag(s. s.)/TiC/40Cr，在钎焊温度为 1173K、钎焊时间为 2min 的条件下，接头的抗剪强度最高达到 150MPa；当采用 Ag-Cu-Ti 钎料时，接头中形成了 TiAl/Ti(Cu，Al)$_2$ + Ag(s. s.)/Ag(s. s.) + Ti(Cu，Al)$_2$/TiC/40Cr 的界面结构，在钎焊温度为 1173K、钎焊时间为 2min 的条件下，接头的抗剪强度最高达到 170MPa；当采用 Ag-Cu-Zn 钎料时，接头中的 Ti(Cu，Al)$_2$、Ag(s. s.) 和 Ag-Cu 共晶形成了完全混合的组织，同时在 40Cr 钢侧还存在一个连续的 TiC 层，在钎焊温度为 1173K、钎焊时间为 20min 的条件下，接头的抗剪强度最高达到 190MPa。

采用银钎料 BAg63Cu35. 2Ti1. 8 和钛基钎料 BTi70Cu15Ni15 对 Ti-33. 5Al-0. 5Cr-1Nb-0. 5Si 铸造合金与 AISI4340 结构钢进行钎焊时，钛基钎料与母材的反应强于银钎料，并且钛基钎料与钢之间形成碳化物层，而银钎料与钢之间未形成碳化物层。正因为如此，用钛基钎料钎焊 TiAl 基合金与结构钢时所得接头的抗拉强度较低；而用银钎料钎焊得到的接头的抗拉强度较高，室温达到 320MPa，而高温（773K）达到 310MPa。

23. 15　铝基复合材料的钎焊

铝基复合材料的增强材料主要有硼、碳、碳化硅、氧化铝及石墨等，按增强相的形态划分，铝基复合材料主要分为颗粒（包括晶须）增强和纤维增强两大类。无论是哪一类，铝基复合材料都具有高比强度、高比弹性模量、优异的尺寸稳定性和耐磨性，在航空、航天、汽车和武器装备等领域的应用中，都涉及钎焊问题。

铝基复合材料在钎焊过程中，增强相与基体之间会发生化学反应，生成脆性化合物层，使增强相与基体的界面弱化，降低复合材料的整体性能。由于增强相与基体之间的线胀系数差别非常大，不适当的钎焊加热会使增强相与基体的界面产生热应力，导致界面开裂。常规钎料对增强相的润湿性均较差，只有采用活性钎料或对复合材料的待焊表面进行改性处理，才能获得高质量的钎焊接头。此外，铝基复合材料钎焊中还会遇到与铝合金钎焊中同样的问题（参见 23. 2 节）。

23. 15. 1　纤维增强铝基复合材料的钎焊

在纤维增强铝基复合材料的钎焊中，通常采用搭接的接头类型，以保证纤维在钎焊接头中的连续性，从而提高接头的性能。在这种情况下，纤维增强铝基复合材料的钎焊实质变成了铝合金基体的钎焊，因而可以采用与铝合金相同的钎焊技术，但需注意钎焊参数的选择，以防严重损害复合材料本身的性能。

1. 纤维增强铝基复合材料的软钎焊

在纤维增强铝基复合材料的软钎焊中，主要采用镉基、锌基及锡基钎料，如 SCd95Ag5、SZn95Al5 和 SSn96.5Ag3.5 等，同时配用相应的钎剂。焊前采用砂纸打磨、钢丝刷清理、碱洗或化学镀镍（镀层厚度为 0.05mm）等方法进行表面处理。钎焊中以轻微碳化的氧乙炔火焰加热。

采用 SCd95Ag5 和 SZn95Al5 钎焊的 B_f/6061Al 复合材料接头的剪切性能见表 23-26 所示。可以看出，采用两种钎料钎焊的接头，在室温下的抗剪强度基本相同，而在高温（316℃）时差别很大。因此，高温应用的场合应优先选用 SZn95Al5 钎料，而室温应用时可选用 SCd95Ag5，因为后者的钎焊工艺和钎缝成形好。

表 23-26 B_f/6061Al 复合材料软钎焊接头的剪切性能

钎料牌号	熔化温度/℃	测试温度/℃	抗剪强度/MPa	接头强度系数(%)
SCd95Ag5	399	21	81	20
		93	89	22
		316	5.6	1.4
SZn95Al5	383	21	80	20
		93	94	23.5
		316	30	7.5

2. 纤维增强铝基复合材料的硬钎焊

对纤维增强铝基复合材料进行硬钎焊时，主要采用铝基钎料，如 BAl93Si7、BAl88Si12 和 BAl86.6Si11.6Mg1.5B0.3 等。钎焊中应注意的问题包括两个方面：一是防止因钎焊温度过高而造成对复合材料性能的损害；二是防止因钎料中的硅扩散进入铝合金基体而产生脆化作用。为避免此类问题的发生，可以选择钎焊温度低的钎料，如 BAl86.6Si11.6Mg1.5B0.3 等。Mg 和 B 的加入不仅降低了钎料的熔点，提高了钎料对复合材料的润湿性，而且降低了对钎焊真空度的要求，同时也提高了接头的性能。此外，还可在复合材料的钎焊面上包覆一层纯铝箔，阻碍钎料与复合材料之间的扩散反应，从而提高接头的性能。

采用 BAl88Si12 钎料，在氩气保护下炉中钎焊的 B_f/6061Al 复合材料接头的拉伸性能见表 23-27。可以看出，斜面对接接头对斜面角度非常敏感，当斜面角度由2°变为5°时，接头强度系数降低一半。此外，由于 Al-Si 钎料对硼纤维的润湿性差，且硼纤维在钎焊面处又不连续，因而接头总是断在钎焊界面处。

表 23-27 B_f/6061Al 复合材料硬钎焊接头的拉伸性能

钎焊条件	接头类型	抗拉强度/MPa	接头强度系数(%)
钎料:BAl93Si7 (钎焊温度:590℃ 保温时间:30min)	单面搭接	510	49
	双搭板对接	820	79
钎料:BAl88Si12 (钎焊温度:580℃ 保温时间:30min)	2°斜面对接	640	62
	5°斜面对接	320	31
	双叉搭板对接	910	88

23.15.2 颗粒增强铝基复合材料的钎焊

由于颗粒增强铝基复合材料的任何加工表面，都有裸露的颗粒增强相存在，因此常规的铝钎料对其难于润湿，需要采用活性钎料或对复合材料的待焊表面进行改性处理。此外，与铝合金的钎焊相类似，颗粒增强铝基复合材料在钎焊前必须去除表面上的氧化膜，并要保证整个焊接过程中不被重新氧化。总的来看，颗粒增强铝基复合材料的钎焊难度大于纤维增强铝基复合材料，其钎焊工艺并不十分成熟，可分为常规钎焊法和特种钎焊法。

1. 颗粒增强铝基复合材料的常规钎焊法

对石墨颗粒增强铝基复合材料而言，保护气氛炉中钎焊是目前最成功的方法，但必须采用含 Mg 的 Al-Si 钎料。例如，采用 6061Al 箔与 BAl88Si12 箔组成的复合钎料，对 Gp/Al 复合材料进行氩气保护的炉中钎焊，得到了完整而致密的接头。当对石墨颗粒增强铝基复合材料与含镁的铝合金进行钎焊时，可以采用不含 Mg 的 Al-Si 钎料。例如，Gp/Al7Zn 复合材料与 6061Al 进行钎焊时，采用 BAl88Si12 钎料即可获得高质量接头。当然，如果采用 Al-Mg 钎料来钎焊石墨颗粒增强铝基复合材料，也可以实现连接，但钎缝两侧存在严重的由氧化物组成的界面线。因此总的来看，钎焊石墨颗粒增强铝基复合材料，无论是其与自身连接，还是与铝合金连接，采用Al-Si-Mg钎料都是适宜的。

对于氧化铝颗粒（或晶须）增强的铝基复合材料而言，真空钎焊是常用的连接方法。钎焊前要将待焊表面进行磨削加工，并用800号砂布进行处理，最后再在丙酮中进行超声清洗。钎料的选择应以铝合金基体为依据，以避免钎焊过程中铝合金基体发生溶蚀甚至熔化。例如，对 Al_2O_{3w}/6061Al 复合材料与6061Al进行真空钎焊时，可采用由3003Al和4005Al组成的复合层状钎料，其中芯体为150μm厚的3003Al，两侧分别为5μm厚的4005Al包覆层，在590℃保温10min的钎焊条件下，所得接头的抗拉强度达到200MPa。

2. 颗粒增强铝基复合材料的特种钎焊法

特种钎焊法主要是指在钎焊过程中，通过各种外力作用，改善钎料对母材的润湿、铺展以及冶金行为，从而提高颗粒增强铝基复合材料钎焊接头性能的方法，如超声振动钎焊法和机械振动钎焊法等。

在超声振动钎焊方法中，当加热到钎焊温度时，对工件施加一定时间的超声振动，其频率为20～60kHz，振幅为3～30μm，振动时间为0.5～30s。加热方式可以是电阻加热，也可以是高频加热。钎料可以直接预置于待焊表面之间，也可以放置在边缘。该方法可在大气环境下或惰性气体保护下进行钎焊，待焊表面无须特殊清理，利用超声空化效应去除氧化膜，不需钎剂及焊后清理。液态钎料在超声振动作用下填缝效果好，钎透率高，缺陷少，所钎焊的 Al_2O_{3p}/6061Al 复合材料的接头强度系数达到80%以上。

在机械振动钎焊方法中，使钎焊温度介于钎料的固、液相线温度区间内，并对处于固、液两态的钎料施以低频机械振动，通过固、液两态钎料中的固相晶粒，对待焊表面进行周期性的冲击及剪切作用，去除表面氧化膜，在不使用钎剂的情况下实现钎料对母材的润湿、铺展和钎焊。机械振动的振幅为300～1000μm，时间为10～60s，钎焊间隙设定在200～1500μm之间。该方法可用于非真空条件下的无钎剂钎焊，钎焊质量好，所钎焊的 SiC_p/A356 复合材料的接头强度系数达到82%。

参考文献

[1] 张启运，庄鸿寿. 钎焊手册［M］. 北京：机械工业出版社，2007.

[2] 方洪渊. 简明钎焊工手册［M］. 北京：机械工业出版社，2000.

[3] 美国金属学会. 金属手册：第6卷［M］. 9版. 北京：机械工业出版社，1994.

[4] 中国机械工程学会焊接学会. 焊接手册：第2卷 材料的焊接［M］. 北京：机械工业出版社，2001.

[5] ASM. Metals Handbook：Vol. 6-Welding，Brazing and Soldering［M］. 9th Ed. New York：AWS INC，1987.

[6] 曾乐. 现代焊接技术手册［M］. 上海：上海科学技术出版社，1993.

[7] 古列维奇 C M. 有色金属焊接手册［M］. 邸斌，刘中青，译. 北京：中国铁道出版社，1988.

[8] AWS Committee on Brazing and Soldering. Brazing Manual［M］. 3rd Ed. Ohio：ASM Metals Park，1975.

[9] 邹僖. 钎焊［M］. 北京：机械工业出版社，1989.

[10] Xue Songbai，Dong Jian，Lu Xiaochun，et al. Reaction Behavior between the Oxide Film of LY12 Aluminum Alloy and the Flux［J］. China Welding，2004，13（1）：36-40.

[11] 张玲，薛松柏，韩宗杰，等. 高强铝锂合金炉中钎焊及接头组织分析［J］. 焊接学报，2006，26（8）：71-74.

[12] 刘联宝. 陶瓷-金属封接指南［M］. 北京：国防工业出版社，1990.

[13] 日本溶接学会. 熔接·接合便览［M］. 东京：丸善出版社，1994.

[14] 庄鸿寿，LugscheiderE. 高温钎焊［M］. 北京：国防工业出版社，1988.

[15] 冼爱平. 金属-陶瓷界面的润湿和结合机制［D］. 沈阳：中科院金属所，1991.

[16] Lee S J，Wu S K，Lin R Y. Infrared Joining of TiAl Intermetallics Using Ti-15Cu-15Ni Foil—The Microstructure Morphologies of Joint Interfaces［J］. Acta Materials，1998，46（4）：1283-1295.

[17] Blue C A，Blue R A，Lin R Y. Microstructural Evolution in Joining of TiAl with a Liquid Ti Alloy［J］. Scripta Metallurgica et Materialia，1995，32（1）：127-132.

[18] Uenishi K，Sumi H，Kobayashi K F. Joining of Intermetallic Compound by Using Al Filler Metal［J］. Z. Metallkd，1995，86（4）：270-274.

[19] Noda T，Shimizu T，Okabe M. Joining of TiAl and Steels by Induction Brazing［J］. Materials Science and Engineering A，1997，A239-240：613-618.

[20] He P，Feng J C，Xu W. Mechanical Property of Induction Brazing TiAl-Based Intermetallics to 35CrMo Steel using Ag-Cu-Ti Filler Metal［J］. Materials Science and Engineering A，2006，418（1）：45-52.

[21] He P，Feng J C，Zhou H. Microstructure and Strength of Brazed Joints of Ti_3Al-Base Alloy with Different Filler Metals［J］. Materials Characterization，2005，54（4-5）：

338-346.

[22] Feng J C, Liu H J. Interface Structure and Shear Strength of the Brazed Joints of TiAl-Based Alloy to Middle-Carbon Steel [J]. Transactions of Nonferrous Metals Society of China, 2003, 13 (Sp. 1): 23-25.

[23] Liu H J, Feng J C. Comparative Study on Microstructure and Strength of TiAl/Steel Joints Brazed with Ag-Cu-Ti and Ag-Cu-Zn Filler Metals [J]. Materials Science Forum, 2005, 502: 467-472.

[24] Xu Zhiwu, Yan Jiuchun, Kong Xiangli, et al. Interface Structure and Strength of Ultrasonic Vibration Liquid Phase Bonded Joints of Al_2O_{3p}/6061Al Composites [J]. Scripta Materialia, 2005, 53 (7): 835-839.

[25] Xu huibin, Yan Jiuchun, Yang Shiqin. Interface Structure Changes during Vibration Liquid Phase Bonding of SiC_p/A356 Composites in Air [J]. Composites Part A: Applied Science and Manufacture, 2006, 37 (9): 1458-1463.

[26] Yan Jiuchun, Xu huibin, Yang Shiqin. Microstructure and Mechanical Performance of Vacuum-Free Liquid Phase Bonded Joints of SiCp/A356 Composites Aided by Vibration [J]. Trans. Nonferrous Met. Soc. China, 2005, 15 (5): 993-996.

第5篇　其他焊接方法

第24章　电渣焊及电渣压力焊

作者　王纯祥　邹积铎　郭明达　吴文飞　**审者**　刘金合

24.1　电渣焊过程、特点、种类及适用范围[1,2]

20世纪50年代由苏联巴顿焊接研究所的技术人员发明了电渣焊方法，它可以“以小拼大”，将较小的铸件、锻件、钢板拼焊成大型机器产品零件。在大厚度焊接结构的生产中，具有生产率高、自动化程度高、工人劳动强度低等优点，它在大型水压机、大型锅炉、远洋船舶、大型水轮机、大型转炉等产品的制造中，发挥了重要作用。

电渣焊利用电流通过高温液体熔渣产生的电阻热作为热源，将被焊的工件（钢板、铸件、锻件）和填充金属（焊丝、熔嘴、板极）熔化，而熔化的金属以熔滴状通过液体渣池，汇集于渣池下部形成金属熔池。由于填充金属的不断送进和熔化，金属熔池不断上升，熔池下部金属逐渐远离热源，在冷却滑块（或固定成形块）的冷却下，逐渐凝固形成垂直位置的焊缝，是一种高效熔焊方法（图24-1）。渣池可保护金属熔池不被空气污染，水冷成形滑块与工件端面构成空腔挡住熔池和渣池，保证熔池金属凝固成形。

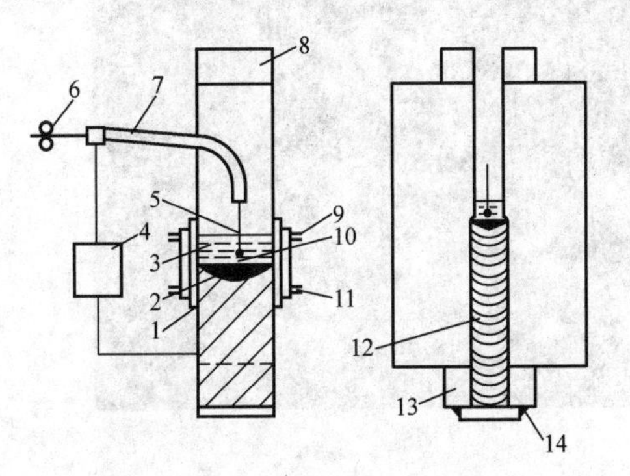

图24-1　电渣焊过程示意图

1—水冷成形滑块　2—金属熔池　3—渣池
4—焊接电源　5—焊丝　6—送丝轮　7—导电杆
8—引出板　9—出水管　10—金属熔滴
11—进水管　12—焊缝　13—起焊槽　14—石棉泥

24.1.1　电渣焊过程

电渣焊过程可分为三个阶段：

（1）引弧造渣阶段　焊前先把焊件垂直放置，两焊件间预留一定间隙（一般为20～40mm），在焊件两侧表面装好强迫成形装置。开始焊接时，在电极和起焊槽之间引出电弧，将不断加入的固体焊剂熔化。在起焊槽和水冷成形滑块之间形成液体渣池（温度1600～2000℃），当渣池达到一定深度后，增加焊丝送进速度并降低焊接电压，同时电极被浸入渣池，即让电弧熄灭，转入电渣过程。在引弧造渣阶段，电渣过程不够稳定，渣池温度不高，焊缝金属和母材熔合不好，因此焊后应将起焊部分割除。

（2）正常焊接阶段　当电渣过程稳定后，由于高温的液态熔渣具有一定的导电性，焊接电流流经渣池时在渣池内产生的大量电阻热将焊件边缘和焊丝熔化，熔化的金属沉积到渣池下面，形成金属熔池。有时为防止金属液漏出坡口间隙，可随时用石棉泥堵漏。随着电极不断向渣池送进，金属熔池和其上的渣池逐渐上升，金属熔池的下部远离热源的液体金属逐渐凝固形成焊缝。

（3）引出阶段　在被焊工件上部装有引出板，以便将渣池和在停止焊接时易于产生缩孔和裂纹缺陷的那部分焊缝金属引出工件。在引出阶段，应逐步降低电流和电压，以减少产生缩孔和裂纹。焊后应将引出部分割除。

24.1.2　电渣焊特点

与其他熔化焊相比，电渣焊有以下特点[2]：

1）当电流通过渣池时，电阻热将整个渣池加热至高温，热源体积远比焊接电弧大，大厚件工件只要留一定装配间隙，便可一次焊接成形，生产率高。

2）电渣焊一般在垂直或接近垂直的位置焊接，整个焊接过程中金属熔池上部始终存在液体渣池，夹杂物及气体有较充分的时间浮至渣池表面或逸出，故不易产生气孔和夹渣；熔化的金属熔滴通过一定距离的渣池落至金属熔池。渣池对金属熔池有一定的冶金作用，焊缝金属的纯净度较高。

3）调整焊接电流或焊接电压，可在较大范围内调节金属熔池的熔宽和熔深，这一方面可以调节焊缝的成形系数，以防止焊缝中产生热裂纹。另一方面还可以调节母材在焊缝中的比例，从而控制焊缝的化学成分和力学性能。

4）电渣焊渣池体积大，高温停留时间较长，加热及冷却速度缓慢，焊接中、高碳钢及合金钢时，不易出现淬硬组织，冷裂纹的倾向较小。如参数选择适当，可不预热焊接。

5）由于加热及冷却速度缓慢，高温停留时间较长，焊缝及热影响区晶粒易长大并产生魏氏组织，因此焊后应进行退火加回火热处理，以细化晶粒，提高冲击韧度，消除焊接应力。

24.1.3　电渣焊种类

根据采用电极的形状和是否固定，电渣焊方法主要有：丝极电渣焊、熔嘴电渣焊（包括管极电渣焊）、板极电渣焊。

1. 丝极电渣焊（图24-2）

丝极电渣焊使用焊丝作为电极，焊丝通过不熔化的导电嘴送入渣池。安装导电嘴的焊接机头随金属熔池的上升而向上移动，焊接较厚的工件时可以采用2根、3根焊丝，还可使焊丝在接头间隙中作横向往复摆动以获得较均匀的熔宽和熔深。

这种焊接方法由于焊丝在接头间隙中的位置及焊

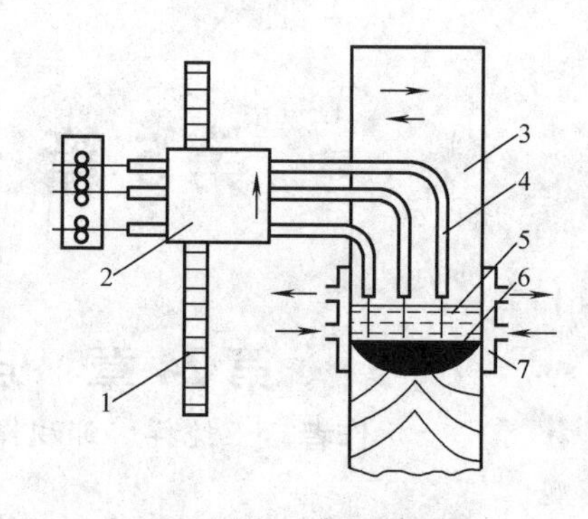

图24-2　丝极电渣焊示意图[3]

1—导轨　2—焊机的机头　3—工件　4—导电杆　5—渣池　6—金属熔池　7—水冷成形滑块

接参数都容易调节，许用功率小，监控熔池方便，从而熔宽及熔深易于控制，故适合于环焊缝的焊接、高碳钢、合金钢对接以及丁字接头的焊接。焊接工件厚度一般为40～450mm。如单丝不摆动可焊接厚度为40～60mm，单丝摆动可焊接厚度为60～150mm，三丝摆动可焊接厚度为450mm。与熔嘴电渣焊相比可降低45%左右成本。

但这种焊接方法的设备及操作较复杂，焊接大厚度、复杂断面的工件较困难。另外，由于焊机位于焊缝一侧，焊缝的一侧要有必需的自由通道，因此只能在焊缝另一侧安设控制变形的定位铁，以致焊后会产生角变形。故在一般对接焊缝中应用，在丁字焊缝中较少采用。

2. 熔嘴电渣焊（图24-3）

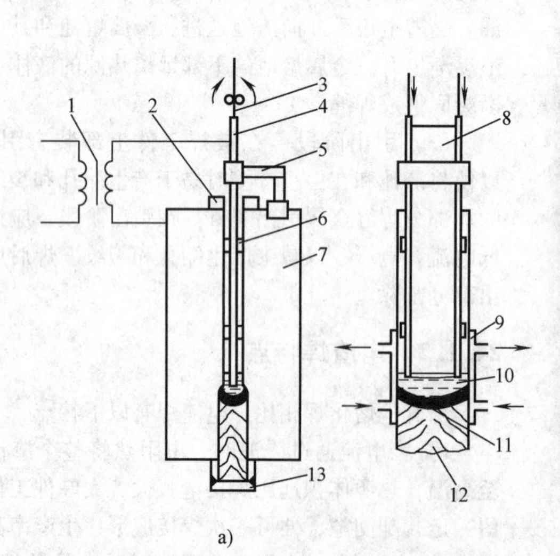

b)

图24-3　熔嘴电渣焊原理及应用

a）熔嘴电渣焊原理图　b）熔嘴电渣焊应用[4]

1—电源　2—引出板　3—焊丝　4—熔嘴钢管　5—熔嘴夹持架　6—绝缘块　7—工件　8—熔嘴钢板　9—水冷成形滑块　10—渣池　11—金属熔池　12—焊缝　13—起焊槽

熔嘴电渣焊的电极为固定在接头间隙中的熔嘴（通常由钢板和钢管焊成）和由送丝机构不断向熔池中送进的焊丝构成。随焊接厚度的不同，熔嘴可以是单个的也可以是多个的。根据工件形状，熔嘴电极的形状可以是不规则的或规则的，熔嘴的厚度是接头间距的 10% ~50%。同时熔嘴可以做成各种曲线或曲面形状，适合于曲线及曲面焊缝，如大型船舶的艉柱等的焊接。

熔嘴电渣焊的设备简单，操作方便，通用性强，焊接的工件实际上不受尺寸、形状的限制，可在难以到达的部位进行焊接。缺点是对熔池的监控很困难。目前已成为对接焊缝和丁字形焊缝的主要焊接方法。此外焊机体积小，焊接时，焊机位于焊缝上方，故适合于梁体等复杂结构的焊接。由于可采用多个熔嘴且熔嘴固定于接头间隙中，不易产生短路等故障，所以很适合于大断面结构的焊接，目前可焊工件厚度达 2m 左右，长度达 10m 以上。熔嘴还可以做成各种曲线或曲面形状，以适合于曲线及曲面焊缝的焊接。

当被焊工件较薄时，熔嘴可简化为一根或两根管子，而在其外涂上涂料，涂料除可起绝缘作用并使装配间隙减小外，还可以起到随时补充熔渣及向焊缝过渡合金元素的作用。因此也可称为管极电渣焊（图 24-4），它是熔嘴电渣焊的一个特例。

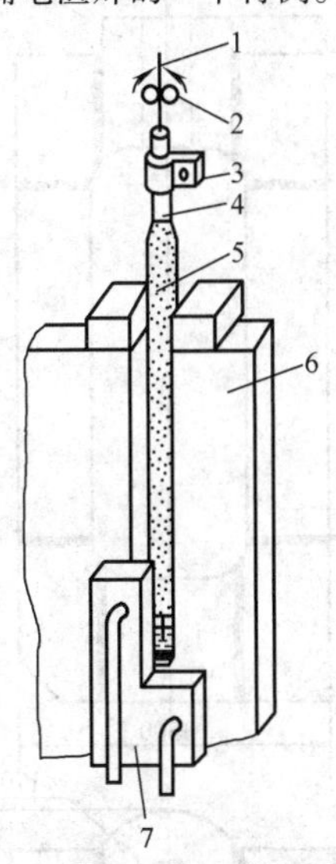

图 24-4　管极电渣焊示意图[3]

1—焊丝　2—送丝滚轮　3—管极夹持机构　4—管极钢管　5—管极涂料　6—工件　7—水冷却成形滑块

管极电渣焊的电极为固定在接头间隙中的涂料钢管和不断向渣池中送进的焊丝。因涂料有绝缘作用，故管极不会和工件短路，装配间隙可缩小，因而管极电渣焊可节省焊接材料和提高焊接生产率。由于薄板可只采用一根管极，操作方便，管极易于弯成各种曲线形状，故多用于薄板及曲线焊缝的焊接。

此外，还可通过管极上的涂料适当地向焊缝中渗合金，这对细化焊缝晶粒有一定作用。

3. 板极电渣焊（图 24-5）

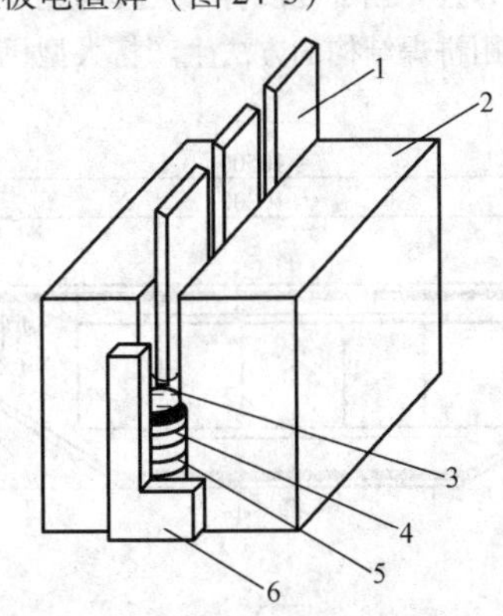

图 24-5　板极电渣焊示意图[3]

1—板极　2—工件　3—渣池　4—金属熔池　5—焊缝　6—水冷成形块

板极电渣焊的电极为金属板，根据被焊件厚度不同可采用一块或数块金属板条进行焊接，通过送进机构将板极不断向熔池中送进，不作横向摆动，可获得致密可靠的接头。

板极可以是铸造的也可以是锻造的，板极电渣焊适于不宜拉成焊丝的合金钢材料的焊接和堆焊，板极材料化学成分与焊件相同或相近即可，可用边角料制作，目前多用于模具钢的堆焊、轧辊的堆焊等。

板极电渣焊的板极一般为焊缝长度的 4 ~5 倍，因此送进设备高大，消耗功率很大，校正电极板的方位困难，焊接过程中板极在接头间隙中晃动，易于和工件短路，操作较复杂，因此一般不用于普通材料的焊接。

24.1.4　电渣焊的适用范围

电渣焊适用于焊接厚度较大的焊缝，难于采用埋弧焊或气电焊的某些曲线或曲面焊缝，由于现场施工或起重设备的限制必须在垂直位置焊接的焊缝，大面积的堆焊，某些焊接性差的金属如高碳钢、铸铁的焊接等。适合于电渣焊方法焊接的结构可分为以下几大类：

1. 厚板结构

（1）1.2×10^8N 自由锻造水压机的下横梁　万吨水压机下横梁，由于重量很大，国际上均采用“铸钢件分块组合式结构”，即用5~7块100t左右铸钢件经过机械加工后，再用大螺栓紧固组合在一起，重达540余吨，生产时需特大型炼钢、铸造设备及车间。江南造船厂生产的1.2×10^8N水压机下横梁，如图24-6所示，采用钢板焊接结构，梁体仅重260t左右，节约了大量金属，大大降低了成本，生产周期也大为缩短。并且开创了在没有特大型炼钢及铸造设备条件下，采用拼焊结构的方法生产特大型机器零部件的范例。

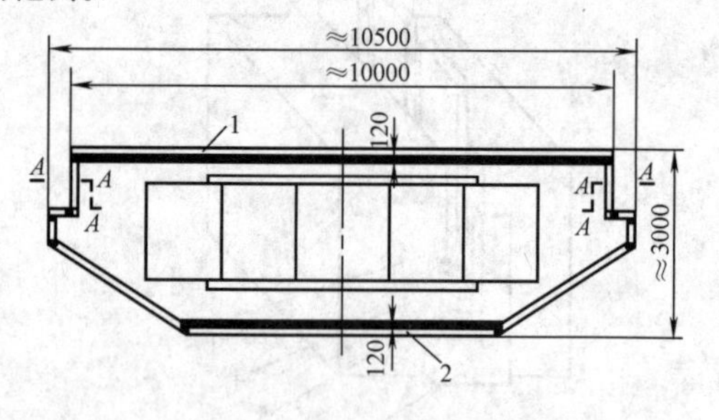

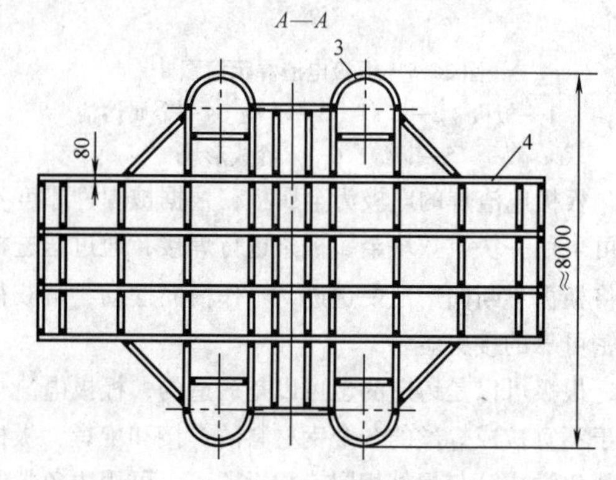

图24-6　1.2×10^8N自由锻造水压机下横梁

1—上盖板　2—下盖板　3—柱套　4—梁体构架

下横梁梁体构架及柱套部分全部采用80mm厚钢板电渣焊接而成，每条焊缝长约4m，焊接时间为4~6h（丁字接头焊接速度较慢）。然后再盖上厚120mm的上、下盖板，盖板与构架之间的全部焊缝也采用电渣焊接，下横梁共有近200条电渣焊缝，焊缝总长近500m，最长电渣焊缝（上盖板与构架纵焊缝）长10m，4条焊缝同时焊接，一次焊成。

（2）200MW锅炉汽包筒体纵焊缝　东方锅炉集团生产的200MW电站锅炉汽包筒体总长近20m，每个筒节长度约4m，如图24-7所示。如采用埋弧焊焊接，每条纵焊缝约需2天才能完成，中间还需要进行消氢处理。采用双丝电渣焊一条纵缝只需要3~4h就可一次焊成，焊完正火矫圆即可。

钢板越厚，焊缝越长，采用电渣焊焊接越合理，推荐采用电渣焊的板厚及焊缝长度见表24-1。

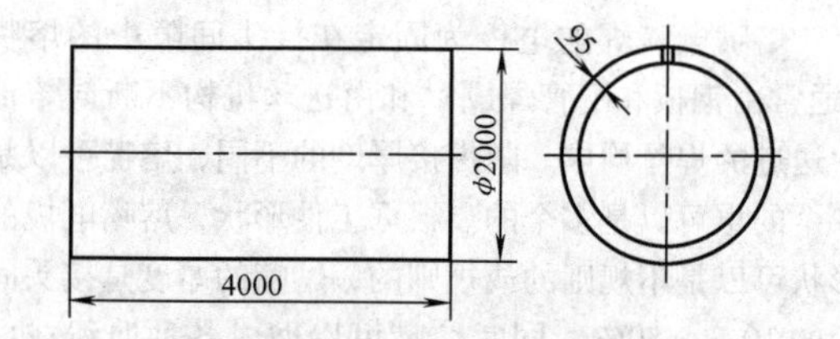

图24-7　锅炉汽包筒节

表24-1　推荐采用电渣焊的板厚及焊缝长度

板厚/mm	30~50	50~80	80~100	100~150
焊缝长度/mm	>1000	>800	>600	>400

2. 大断面结构

如大型轧钢机机架（图24-8）等。机架净重180t，约需300t钢液才能整体铸造。因铸造工厂无此铸造能力，故改为11件，用电渣焊焊成。其中最大焊缝的厚为960mm，长为2m。

圆形断面当直径大于300mm，方形或长方形断面当焊接厚度大于250mm时，均适合采用电渣焊接，目前世界上已焊成焊接厚度为3m的锤座。

3. 曲面结构

如25000t货轮的艉柱（图24-9）等。艉柱材料为ZG230—450，它由4段铸钢件拼焊而成。

对于曲面结构，为简化焊接工艺及操作，一般先

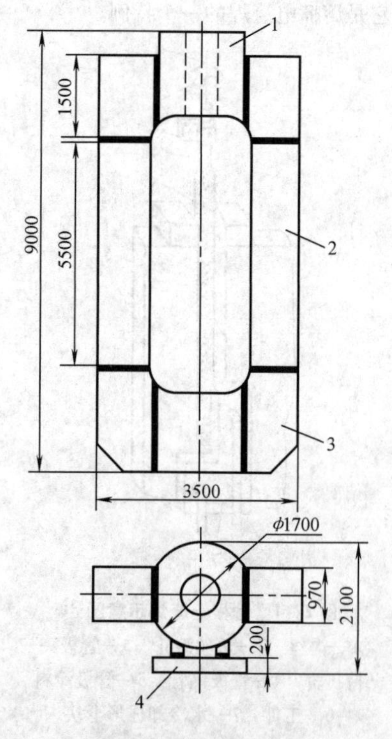

图24-8　2300轧钢机机架

1—上横梁　2—立柱　3—下横梁　4—底座

将焊接断面处拼成规则的方形或长方形。

4. 圆筒形结构

如 1.2×10^8N 自由锻造水压机立柱（图 24-10）等。江南造船厂生产的 1.2×10^8N 水压机立柱重达百吨，国外均用 200 余吨钢锭锻造，根据当时上海地区铸钢能力，分为 9 个铸钢件，再电渣焊成整根立柱。

适合采用电渣焊的圆筒形结构见表 24-2。

表 24-2　适合采用电渣焊的圆筒形结构的尺寸

焊接厚度/mm	50～60	60～80	>80
外圆直径/mm	>800	>700	>60
内圆直径/mm	>300	>300	>400

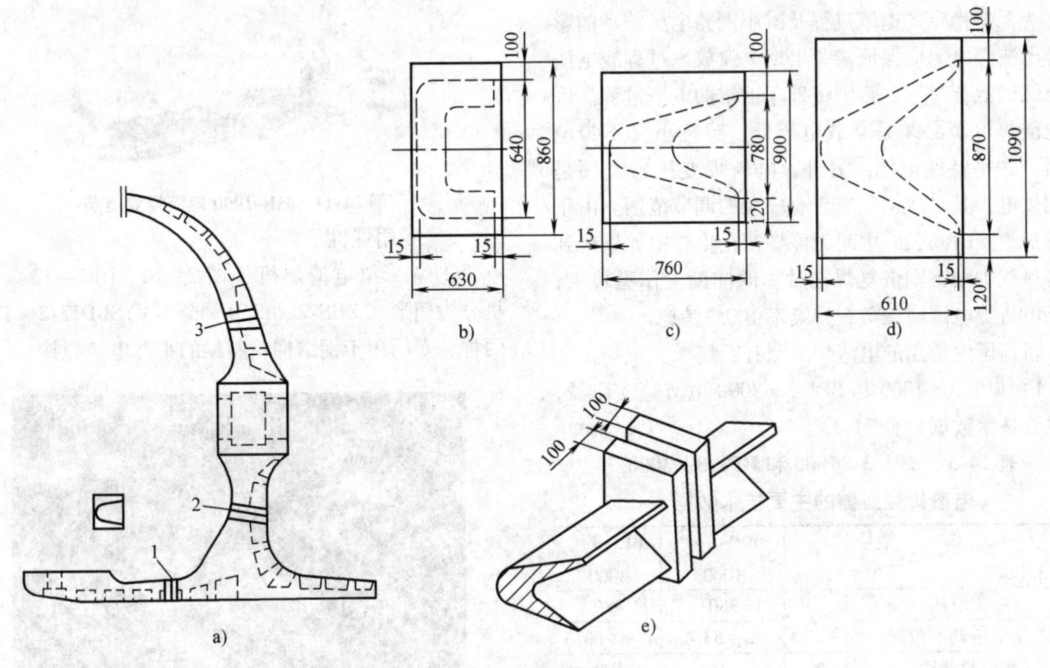

图 24-9　25000t 货轮艉柱

a）艉柱外形和接头布置图　b）接头 1 外形尺寸　c）接头 2 外形尺寸

d）接头 3 外形尺寸　e）艉柱接缝处断面形状

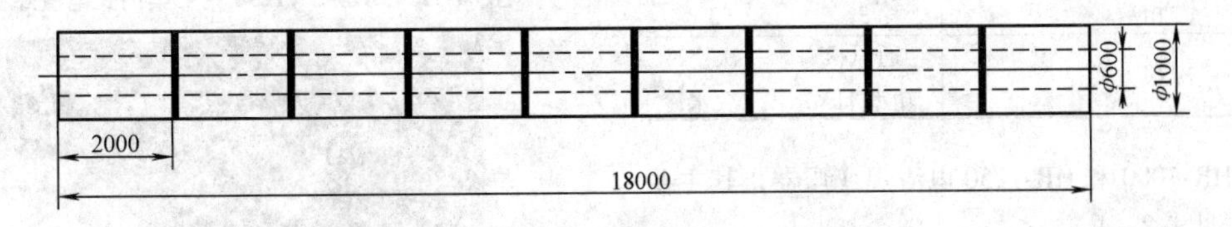

图 24-10　1.2×10^8N 自由锻造水压机立柱

5. 其他结构

（1）薄板结构　日本已将管极电渣焊应用于厚度为 12～14mm 的薄板焊接，以解决焊条电弧焊工人操作条件恶劣的船体隔舱中筋板的焊接及船体总装曲线焊缝的焊接问题。

（2）锻焊结构（汽轮发电机转子）　大型核电站及火电站的汽轮机转子往往需 500～600t 或更大的钢锭锻造，特大型钢锭生产设备复杂，保证质量难度很大，苏联时期已研究锻焊结构的转子，采用双极串联宽间隙、厚板极电渣熔焊方法将数个直径 ϕ1500mm 电渣锭拼焊成大型钢锭。我国也用类似方法将数个小型电炉锭锻件拼焊成大型锻件，并能做到焊缝、热影响区化学成分、金相组织、力学性能和母材基本一致。用该锻件生产的 12MW 汽轮发电机转子已通过鉴定，并已装机组运行。

（3）开坡口的电渣焊结构　日本在大型顶吹氧转炉等大型结构现场安装中已采用开 X 形坡口的电渣焊接，分两次焊成，采用高的焊接速度，焊接接头热影响区小，晶粒长大不明显，焊后仅进行局部消除应力热处理，而不需正火。

24.2　电渣焊设备

电渣焊设备主要包括电源、机头以及成形块等。

24.2.1　丝极电渣焊设备

1. 电源

从经济方面考虑电渣焊多采用交流电源。

为保持稳定的电渣过程及减小网路电压波动的影响，电渣焊电源应保证避免出现电弧放电过程或电渣-电弧的混合过程，否则将破坏正常的电渣过程。因此电渣焊电源必须是空载电压低、感抗小（不带电抗器）的平特性电源。另外，电渣焊变压器必须是三相供电，其二次电压应具有较大的调节范围。由于电渣焊焊接时间长，中间无停顿，在生产中如果遇到焊接过程中断，则恢复焊接过程的辅助工作量较大，因此电渣焊电源应按负载持续率 100% 考虑。

目前国内常用的电渣焊电源有：

1）BP1-3×1000 和 BP1-3×3000 电渣焊变压器，其主要技术数据见表 24-3。

表 24-3　BP1-3×1000 和 BP1-3×3000 电渣焊变压器的主要技术数据

技术数据 \ 型号			BP1-3×1000	BP1-3×3000
一次电压		V	380	380
二次电压调节范围		V	38～53.4	7.9～63.3
额定暂载率		%	80	100
不同负载持续率及其相应的焊接电流	100%	A	900	3000
	80%	A	1000	—
额定容量		kVA	160	450
相数			3	3
冷却方式			通风机 功率 1kW	一次空冷 二次水冷

2）HR-1000 和 HR-1250 电渣焊变压器，其主要技术数据见表 24-4。

表 24-4　HR-1000 和 HR-1250 电渣焊变压器的主要技术数据

项目	HR-1000	HR-1250
电源电压/V	三相 380,50Hz	三相 380,50Hz
额定输入容量/kVA	63	79
额定输入电流/A	96	119
电流调节范围/A	200～1000	250～1250
额定负载持续率(%)	100	100
空载电压/V	58	58
控制电压/V	110	110
绝缘等级	H	H
冷却方式	风冷	风冷
外形尺寸/mm	730×584×1426	730×584×1426
重量/kg	500	530

HR-1000 电渣焊变压器外形如图 24-11 所示。

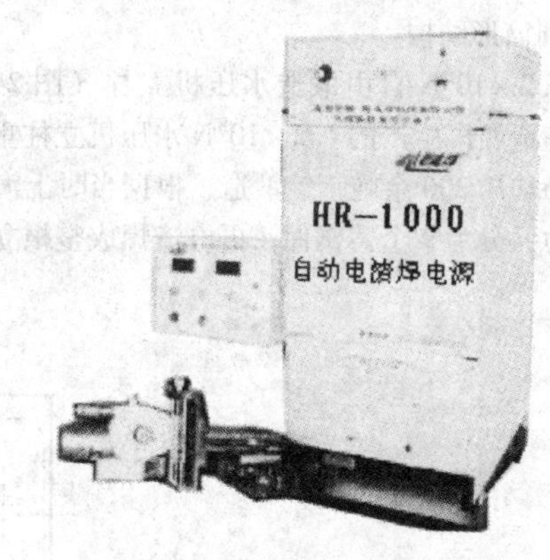

图 24-11　HR-1000 电渣焊变压器

3）专用焊机。

① 箱形梁电渣焊机（图 24-12、图 24-13）。该机分为门形式 ZHS-2×1250 和悬臂式 SBD12-2×1250 两种，专门用于钢结构箱型梁的小孔电渣焊接。

图 24-12　ZHS-2×1250 箱形梁门式电渣焊机[4]

图 24-13　SBD12-2×1250 箱形梁悬臂式电渣焊机[5]

独特的电路设计及机械结构的合理设计方式可确保整套系统从引弧造渣到稳定焊接直至渣池引出，整个焊接过程稳定可靠地进行。

两台电渣焊机在箱形梁两边同时进行焊接，送丝速度快，工件变形小。两种焊机的技术参数见表 24-5。

表 24-5　ZHS-2×1250 电渣焊机技术参数

技术参数 \ 型号	ZHS-2×1250
电源输入电压	AC 三相 380V
额定输入电流	两组 121A
额定焊接电流	两组 1250A
电流调节范围	250～1250A
电压调节范围	26.5～44V
负载持续率	100%
主体垂直升降距离	1300mm
机头横向移动距离	2×1000mm
机头微调距离	X:100mm Y:100mm Z:100mm

② ZH-1250A 电渣焊机（图 24-14）。该机由 ZH-1250A 电渣焊电源和电渣焊小车或专用机头及专用控制系统组成，使用范围广，可用于箱形梁小孔电渣焊、炼钢厂高炉、大型水轮机及其他各种电渣焊的形式。

图 24-14　ZH-1250A 型电渣焊机[4]

通过电源和机头的组合可实现单台或多台同时电渣焊，还可将轻便、小巧的机头安放于各种难施工的位置。ZH-1250A 电渣焊机技术参数见表 24-6。

表 24-6　ZH-1250A 电渣焊机技术参数

技术参数 \ 型号	ZH-1250A
额定焊接电流	1250A
电流调节范围	250～1250A
电压调节范围	26.5～55V
负载持续率	100%
机头调节距离	X:100mm Y:100mm Z:100mm
机头绕 X 轴转角	±90°
机头绕 Y 轴转角	±45°
机头绕 Z 轴转角	360°

2. 机头

丝极电渣焊机头包括送丝机构、摆动机构及上下行走机构。

（1）送丝机构和摆动机构　电渣焊送丝机构与熔化极电弧焊使用的送丝机构类似。送丝速度可均匀无级调节。目前国内生产的 HR－1000 型丝极电渣焊机的送丝机构可由一台驱动电动机利用齿轮箱同时送进焊丝（图 24-15）。摆动机构的作用是扩大焊丝所焊的工件厚度，它的摆动距离、行走速度以及在每一行程终端的停留时间均可控制和调整。机头参数见表 24-7。

图 24-15　电渣焊三丝送丝机[6]

表 24-7　HR-1000 型机头参数

控制电压/V	100	送丝机构由直流伺服电动机、减速机构驱动送丝轮送进焊丝。熔嘴夹持件安装在三维调节机构上，并与出丝口相衔接，还可以微调熔嘴位置
额定焊接电流/A	1000/1250	
焊丝直径/mm	ϕ2.0，ϕ2.4，ϕ3.2	
送丝速度/(m/min)	0～8	

（2）升降机构　电渣焊立架（图 24-16）是将电渣焊机连同焊工一起按焊速提升的装置。它主要用于立缝的电渣焊，若与焊接滚轮架配合，也可用于环缝的电渣焊。

电渣焊立架多为板焊结构或桁架结构，一般都安装在行走台车上。台车由电动机驱动，单速运行，可根据施焊要求，随时调整与焊件之间的位置。

桁架结构的电渣焊立架由于重量较轻，因此，也常采用手驱动使立架移行。

电渣焊机头的升降运动，多采用直流电动机驱动，无级调速。为保证焊接质量，要求电渣焊机头在施焊过程中始终对准焊缝，因此在施焊前，要调整焊机升降立柱的位置，使其与立缝平行。调整方式多样，有的采用台车下方的四个千斤顶进行调整（图 24-16）；有的采用立柱上下两端的球面铰支座进行调整。在施焊时，还可借助焊机上的调节装置随时进行细调。

有的电渣焊立架还将工作台与焊机的升降做成两个相对独立的系统，工作台可快速升降，焊机则由自身的电动机驱动，通过齿轮－齿条机构，可沿导向立柱多速升降。由于两者自成系统，可使焊机在施焊过程中不受工作台的干扰。

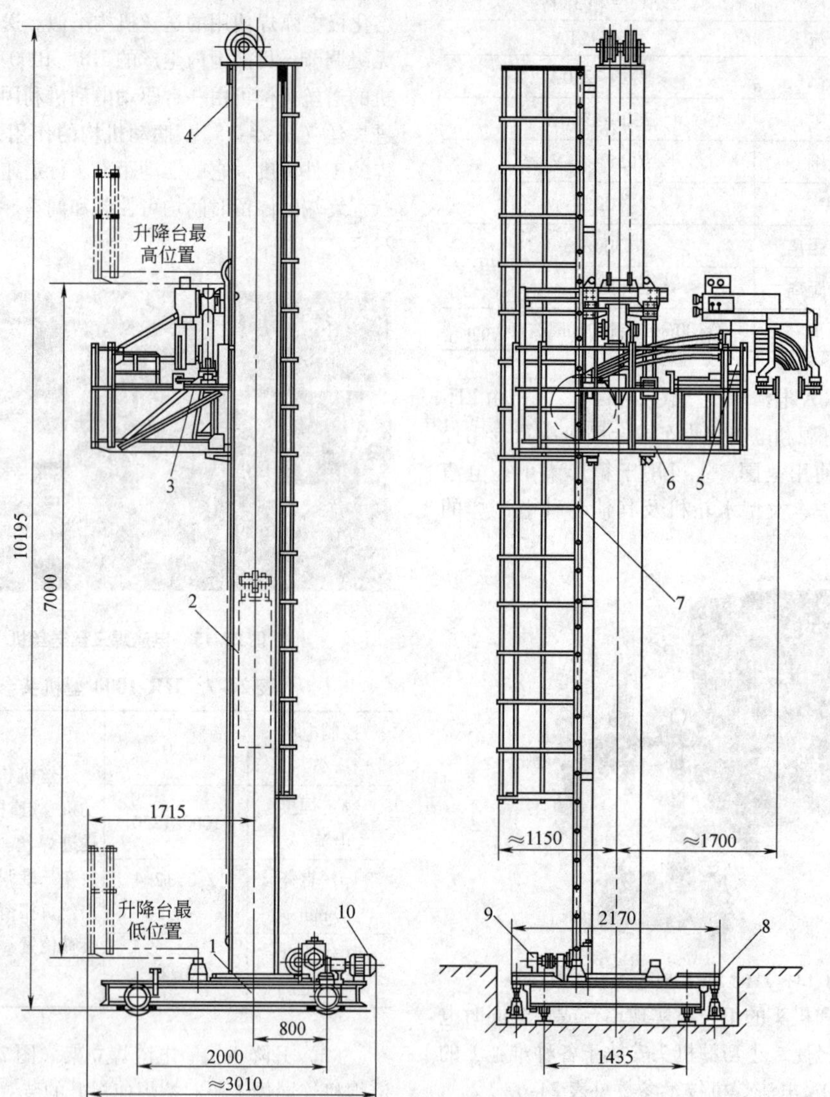

图 24-16　电渣焊立架

1—行走台车　2—升降平衡重　3—焊机调节装置　4—焊机升降立柱　5—电渣焊机
6—焊工、焊机升降台　7—扶梯　8—调节螺旋千斤顶　9—起升机构　10—运行机构

电渣焊立架技术数据：焊件最大高度 7000mm；升降台行程 7000mm；
升降台起升速度：焊速运行 0.5 ~ 9.6m/h，空程运行 50 ~ 80m/h；升降台允许载荷 500kg；
升降电动机功率 0.7kW（直流）；台车行走速度 180m/h；行走电动机功率 1kW；机重 6867kg。

3. 电控系统

电渣焊电控系统主要由送进焊丝的电动机的速度控制器、焊接机头横向摆动距离及停留时间的控制器、升降机构垂直运动的控制器以及电流表、电压表等组成。国产 KHR-1 型电渣焊控制箱采用单片微处理机芯片作为主控单元，通过控制电缆所采集的反馈信号，以及控制箱面板上发出的指令信号，经运算处理后对整个系统工作状态进行控制调节。该控制箱具有焊丝到位自停及故障自诊断功能。并根据电渣焊电源外特性特征设定相应的送丝速度控制方式。

4. 水冷成形（滑）块

为了提高电渣焊过程中金属熔池的冷却速度，水冷成形（滑）块一般用纯铜板制成。环缝电渣焊用的固定式内水冷成形圈，当允许在工件内部留存（如柱塞等产品）时，也可用钢板制成。

1）图 24-17 为固定式水冷成形块，该成形块的一侧加工成与焊缝加厚部分形状相同的成形槽，另一侧焊上冷却水套。单块固定式水冷成形块的长度通常为 300 ~ 500mm。

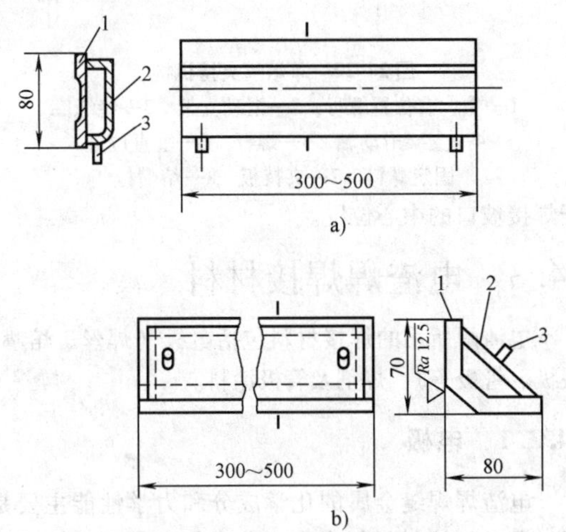

图 24-17　固定式水冷成形块

a）对接接头用　b）丁字形接头用

1—铜板　2—水冷罩壳　3—管接头

2）图 24-18 为移动式水冷成形滑块。它的形状和结构与固定式成形块相似，只是长度较短。

3）图 24-19 为环缝电渣焊内成形滑块，它可以根据工件的内圆尺寸制成相应的弧形。内成形滑块要求固定在支架上，用来保持滑块的位置和将滑块压紧在工件的内表面上。

24. 2. 2　熔嘴电渣焊设备

熔嘴电渣焊设备由电源、送丝机构、熔嘴夹持机构及机架等组成，其中电源为一般电渣焊电源。

1）国产 BGH1-HR-1250 型熔嘴电渣焊机（图 24-20），主要由焊接电源、焊接机头（夹持机构、送丝机构、机头调节机构、熔嘴等）、控制箱机构等组成。焊接电源采用仿林肯技术制造的 ZD5-1250 焊接电源，也可选配与 ESAB 技术合作生产的 ZP5-1250 焊接电源。

焊接机头由夹持机构、送丝机构、机头调节机构、焊嘴、送丝盘等组成。送丝系统采用了行星齿轮减速系统，输出效率高，力矩大，送丝稳定性高。BGH1-HR-1250 型熔嘴电渣焊机技术参数见表 24-8。

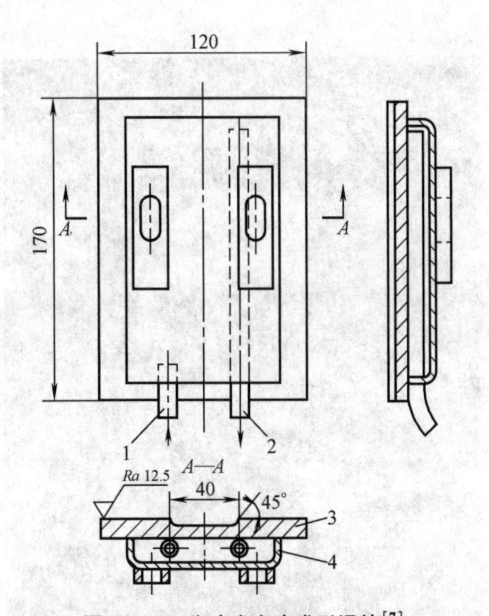

图 24-18　移动式水冷成形滑块[7]

1—进水管　2—出水管　3—铜板　4—水冷罩壳

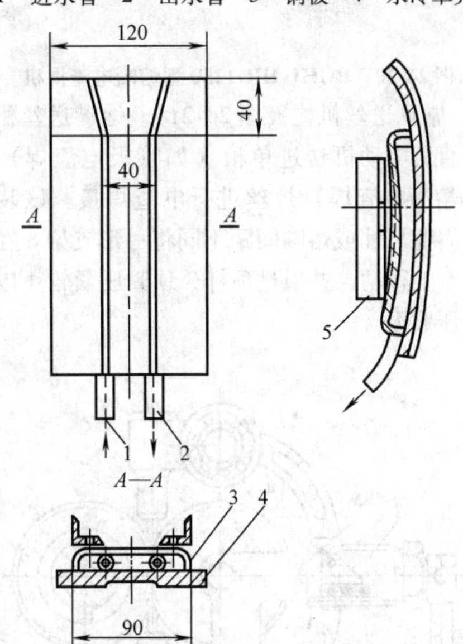

图 24-19　环缝电渣焊内成形滑块[7]

1—进水管　2—出水管　3—薄钢板外壳

4—铜板　5—角铁支架

表 24-8　BGH1-HR-1250 型机头参数

技术参数 \ 型号	BGH1-HR-1250
焊接电流/A	250 ~ 1250
焊接接头	立板纵缝对接
电流调节范围/A	250 ~ 1250
电压调节范围/V	20 ~ 44
送丝直径/mm	ϕ2. 4、ϕ3. 0、ϕ4. 0
送丝速度/(m/min)	0. 5 ~ 6. 5
焊丝盘容量/kg	30
负载持续率(%)	100
机头调节	前后 ±15mm、左右 ±15mm、前后 ±10°
配套电源	ZD5-1250

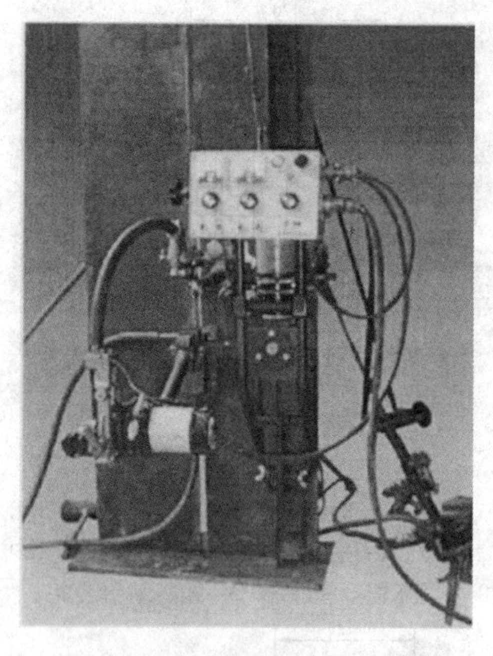

图 24-20　BGH1-HR-1250 型熔嘴电渣焊机

2）常见送丝机构（图 24-21）。熔嘴送丝机构采用一台直流电动机送进单根（如管极电渣焊）或多根（如熔嘴电渣焊）焊丝进行电渣焊接。该装置可以根据熔嘴尺寸或熔嘴间距不同将弓形支架 8 在支架滑动轴 5 上移动，并通过顶杆 3 顶紧压紧轮 4 以获得足够的压紧力。

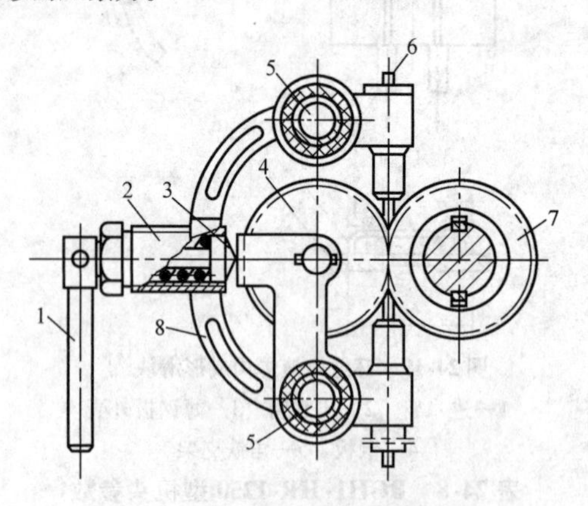

图 24-21　熔嘴电渣焊焊丝送进装置[7]

1—手柄　2—环形套　3—顶杆　4—压紧轮

5—支架滑动轴　6—焊丝　7—主动轮

8—弓形支架

3）常见熔嘴夹持机构。熔嘴夹持机构一般固定在工件上，它应具有足够的刚度，可采用单个熔嘴夹持机构（图 24-22）或采用多个熔嘴夹持机构套在支架滑动轴 4 上组成，熔嘴夹持机构用于熔嘴大断面电渣焊。熔嘴板 8 靠调整螺母 1 和螺钉 6 即可使其垂直于焊接坡口的中心位置。

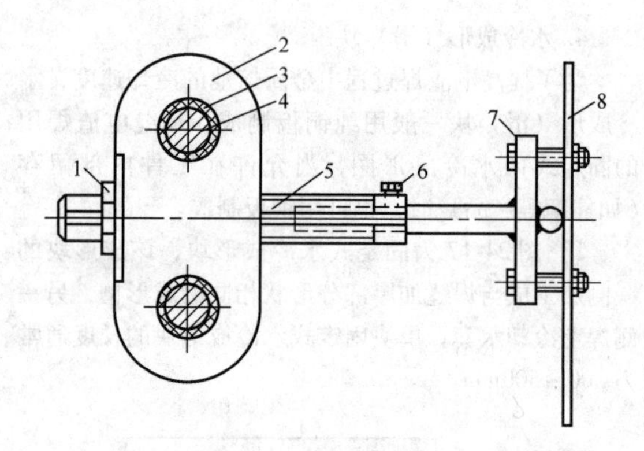

图 24-22　单熔嘴夹持机构

1—左、右位置螺母　2—滑动支架　3—绝缘圈

4—支架滑动轴　5—螺杆　6—垂直位置

固定螺钉　7—夹持板　8—熔嘴板

24.3　电渣焊焊接材料

电渣焊所用的焊接材料包括电极（焊丝、熔嘴、板极、管极等）、焊剂及管极涂料。

24.3.1　电极

电渣焊焊缝金属的化学成分和力学性能主要是通过调整焊接材料的合金成分来加以控制。由于渣池温度较低，冶金反应缓慢而且焊剂含量很少，一般不通过焊剂向焊缝金属渗合金。在选择电渣焊电极时应考虑到母材对焊缝的稀释作用。

在焊接碳钢和高强度低合金钢时，为使焊缝具有良好的抗裂性和抗气孔能力，除控制电极的硫磷含量外，电极的 $w(C)$ 通常低于母材（一般控制在 0.10% 左右），由此引起焊缝力学性能的降低可通过提高锰、硅和其他合金元素来补偿。

在丝极电渣焊中，焊接 $w(C) < 0.18\%$ 的低碳钢，可采用 H08A 或 H08MnA 焊丝，焊接 $w(C) = 0.18\% \sim 0.45\%$ 的碳钢及低合金钢时，可采用 H08MnMoA 或 H10Mn2 焊丝。在丝极、熔嘴、管极电渣焊时，常用的焊丝直径尺寸是 2.4mm 和 3.2mm。实践证明直径 2.4mm 和 3.2mm 焊丝的熔敷率、给送性能、焊接电流范围和可校直性等综合性能最佳。常用钢材电渣焊焊丝选用见表 24-9。

板极和熔嘴板使用的材料也可按上述原则选用，在焊接低碳钢和低合金结构钢时，通常用 Q295 钢板作为板极和熔嘴板，熔嘴板厚度一般取 10mm，熔嘴管一般用 $\phi 10\text{mm} \times 2\text{mm}$、20 号无缝钢管，熔嘴板宽度及板极尺寸应按接头形状和焊接工艺需要确定。

表 24-9　常用钢材电渣焊焊丝选用表

品种	焊件钢号	焊丝牌号
钢板	Q235A、Q235B、Q235C、Q235R	H08A、H08MnA
	20g、22g、25g、Q345 P355GH	H08Mn2Si H10MnSi、H10Mn2 H08MnMoA
	Q390	H08Mn2MoVA
	Q420	H10Mn2MoVA
	14MnMoV 14MnMoVN 15MnMoVN 13MnNiMo54	H10Mn2MoVA H10Mn2NiMoA
铸锻件	15、20、25、35	H10Mn2、H10MnSi
	20MnMo、20MnV	H10Mn2、H10MnSi
	20MnSi	H10MnSi

管极电渣焊所用的电极-管状焊条，由焊芯和涂料层（药皮）组成。焊芯一般采用10、16 或20 冷拔无缝钢管，根据焊接接头形状尺寸可选用 ϕ14mm × 2mm、ϕ14mm × 3mm、ϕ12mm × 4mm、ϕ12mm × 3mm 等多种型号钢管。

24.3.2　焊剂

电渣焊焊剂的主要作用与一般埋弧焊焊剂不同。电渣焊过程中当焊剂熔化成熔渣后，由于渣池具有相当的电阻而使电能转化成熔化填充金属和母材的热能，此热能还起到了预热工件、延长金属熔池存在时间和使焊缝金属缓冷的作用。但不像埋弧焊用焊剂那样还具有对焊缝金属渗合金的作用。电渣焊用焊剂必须能迅速和容易地形成电渣过程并能保证电渣过程的稳定性，为此，必须提高液态熔渣的导电性。但熔渣的导电性也不能过高，否则将增加焊丝周围的电流分流而减弱高温区内液流的对流作用，使焊件熔宽减小，以致产生未焊透。另外液态熔渣应具有适当的黏度，熔渣太稠将在焊缝金属中产生夹渣和咬肉现象；熔渣太稀则会使熔渣从工件边缘与滑块之间的缝隙中流失，严重时会破坏焊接过程而导致焊接中断。

电渣焊用焊剂一股由硅、锰、钛、钙、镁和铝的复合氧化物组成，由于焊剂用量仅为熔敷金属的1% ~5%，故在电渣焊过程中不要求焊剂向焊缝渗合金。

目前，国内生产的最常用的电渣焊专用焊剂为HJ360。与 HJ431 相比，HJ360 由于适当提高了 CaF_2 含量，降低了 SiO_2 含量，故可使熔渣的导电性和电渣过程的稳定性得到了改善。HJ170 也作为电渣焊专用焊剂，由于它含有大量 TiO_2，使焊剂在固态下具有电子导电性（俗称导电焊剂），在电渣焊造渣阶段，可利用这种固体导电焊剂的电阻热使自身加热熔化而完成造渣过程。当建立渣池后再根据需要添加其他焊剂。除上述两种电渣焊专用焊剂外，HJ431 也被广泛用于电渣焊接。表 24-10 为常用电渣焊焊剂的类型、化学成分和用途。

表 24-10　常用电渣焊焊剂的类型、化学成分和用途

牌号	类型	化学成分（质量分数，%）	用途
HJ170	无锰低硅高氟	$SiO_2$6 ~9 $TiO_2$35 ~41 CaO12 ~22 $CaF_2$27 ~40 NaF1.5 ~2.5	固态时有导电性，用于电渣焊开始时形成渣池
HJ360	中锰高硅中氟	$SiO_2$33 ~37 CaO4 ~7 MnO20 ~26 MgO5 ~9 $CaF_2$10 ~19 $Al_2O_3$11 ~15 FeO <1.0 S≤0.10 P≤0.10	用于焊接低碳和某些低合金钢
HJ431	高锰高硅低氟	$SiO_2$40 ~44 MnO34 ~38 MgO5 ~8 CaO≤6 $CaF_2$3 ~7 Al_2O_3 ≤4 FeO <1.8 S≤0.06 P≤0.08	用于焊接低碳钢和某些低合金钢

24.3.3　管极涂料

管状焊条外表涂有 2 ~3mm 厚的管极涂料。管极涂料应具有一定的绝缘性能以防止管极与工件发生接触，且熔入熔池后应能保证稳定的电渣过程。表 24-11 为管极涂料配方一例。

管状焊条的制造方法与普通焊条相同，可以用机压，也可手工制作。管极涂料与钢管应具有良好的黏着力，以防在焊接过程中由于管极受热而脱落。

为了细化晶粒，提高焊缝金属的综合力学性能，在涂料中可适当加入合金元素（如锰、硅、钼、钛、钒等），加入量可根据工件材料与所采用的焊丝成分而定。表 24-12 为涂料中铁合金材料的配比。涂料的粘合剂采用钠水玻璃，其成分（质量分数）为 $SiO_2$29% ~33.5%，NaO11.5% ~13.5%，S、P≤0.05%。

表 24-11　管极涂料配方一例

成分	锰矿粉	滑石粉	钛白粉	白云石	石英粉	萤石粉
（质量分数，%）	36	21	8	2	21	12

表 24-12　管极涂料中铁合金材料的配比

铁合金名称	每 1000g 管极涂料中铁合金的加入量/g								铁合金的主要用途
	H08A			H08MnA			H10Mn2		
	Q345	Q390	Q235	Q345	Q390	Q235	Q345	Q390	
低碳锰铁	300	400	—	100	200	—	—	—	提高强度，脱氧、脱硫，提高低温冲击韧度
中碳锰铁	100	100	100	100	100	—	—	100	
硅铁	155	155	155	155	155	155	155	155	脱氧，提高强度
钼铁	140	140	140	140	140	14	140	140	细化晶粒，提高冲击韧度
钛铁	100	100	100	100	100	100	100	100	细化晶粒，提高冲击韧度，脱氧、脱氮，减少硫的偏析
钒铁	—	100	—	—	100	—	—	100	细化晶粒，提高强度
合计	795	995	495	595	195	395	395	395	

24.4　接头设计与坡口制备

24.4.1　接头设计

电渣焊的基本接头形式是 I 形对接接头（见图 24-23 和表 24-13），电渣焊适于焊接方形或矩形断面，当需要焊接其他形状断面时，一般应将其端部拼成（或铸成）矩形断面（见图 24-24 和表 24-14）。

24.4.2　坡口制备

电渣焊的主要优点之一是坡口加工比较简单，一般钢板经热切割并清除氧化物后即可进行电渣焊接。铸件、锻件由于尺寸误差大、表面不平整等原因，焊前均须进行机械切削加工。焊接面的加工要求及加工最小宽度见图 24-25。当不作为超声波检测面时 $B \geqslant$ 60mm，加工表面粗糙度 Rz 为 25μm。当需要采用斜探头超声波检测时 $B \geqslant 1.5$ 倍工件厚度（$B_{\min} \geqslant \delta +$ 50mm），其加工面表面粗糙度 Rz 为 6.3μm。

对焊后需要进行机械加工的面，焊前应留有一定的加工余量。余量的大小取决于焊接变形量，热处理变形量焊缝少的简单构件，加工余量取 10～20mm，焊缝较多的复杂结构件加工余量取 20～30mm。

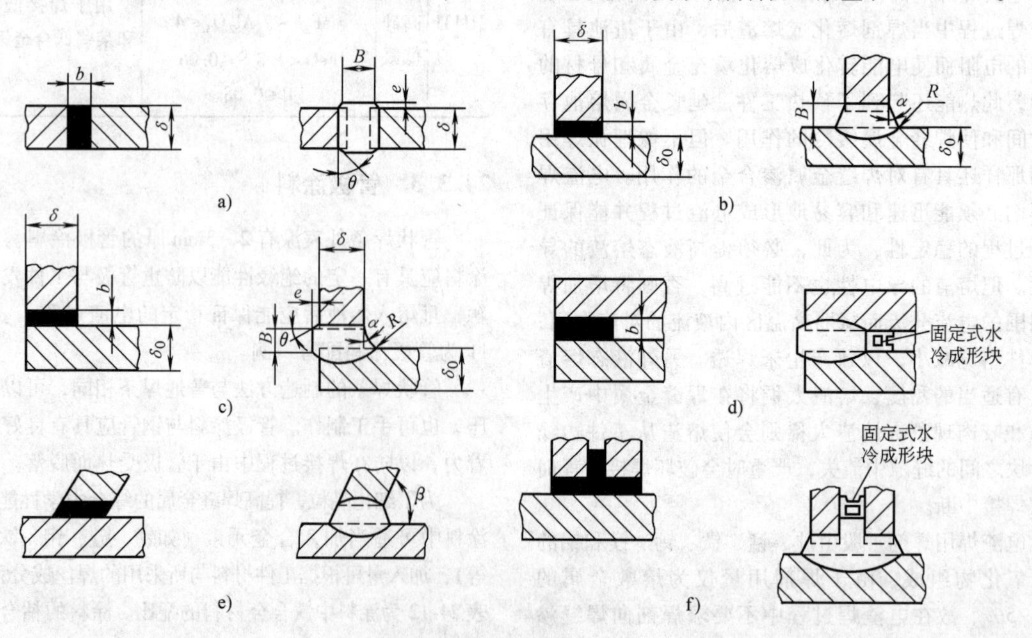

图 24-23　电渣焊基本接头形式

a）对接接头　b）丁字接头　c）角接接头　d）叠接接头　e）斜角接头　f）双丁字接头

表 24-13　各种形式的电渣焊接头尺寸

接头形式			接头尺寸/mm				
常用接头	对接接头（图 24-23a）	δ	50～60		60～120	120～400	>400
		b	24		26	28	30
		B	28		30	32	34
		e	2±0.5				
		θ	45°				
	丁字接头（图 24-23b）	δ	50～60	60～120	120～200	200～400	>400
		b	24	26	28	28	30
		B	28	30	32	32	34
		δ_0	≥60	≥δ	≥120	≥150	≥200
		R	5				
		α	15°				
	角接接头（图 24-23c）	δ	50～60	60～120	120～200	200～400	>400
		b	24	26	28	28	30
		B	28	30	32	32	34
		δ_0	≥60	≥δ	≥120	≥150	≥200
		e	2±0.5				
		θ	45°				
特殊接头		R	5				
		α	15°				
	叠接接头（图 24-23d）		同对接接头				
	斜角接头（图 24-23e）		同丁字接头 β>45°				
	双丁字接头（图 24-23f）		两块立板应先叠接，然后焊丁字接头				

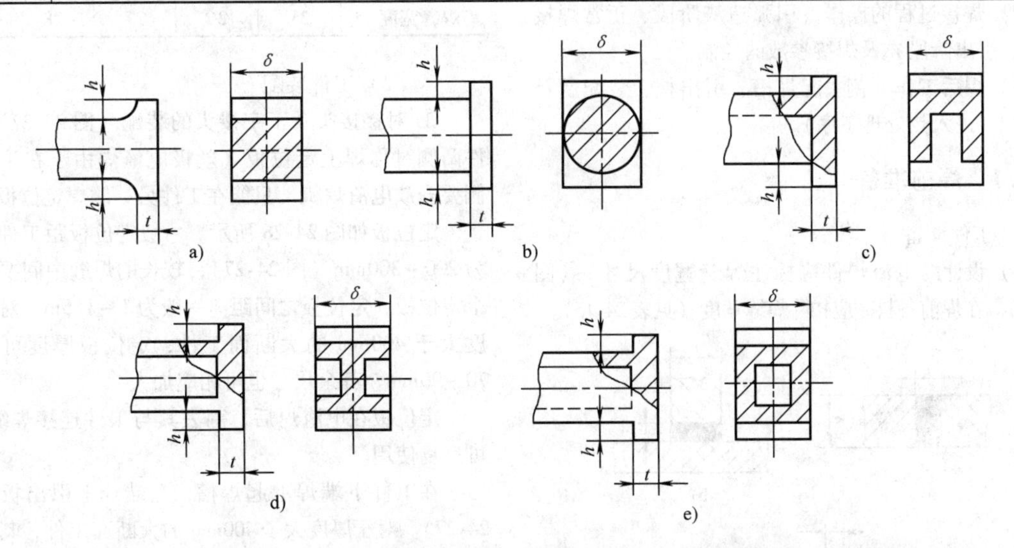

图 24-24　各种形状断面工件在焊接处断面形状（有关尺寸见表 24-14）

a）矩形工件断面　b）圆形　c）Ⅱ形　d）工字形　e）回字形

表 24-14　各种断面形状的工件焊接断面尺寸（参看图 24-24）　（单位：mm）

δ	120～200	200～500	500～1000	>1000
h	100	120	150	150
t	80～100	100～120	120～150	>200

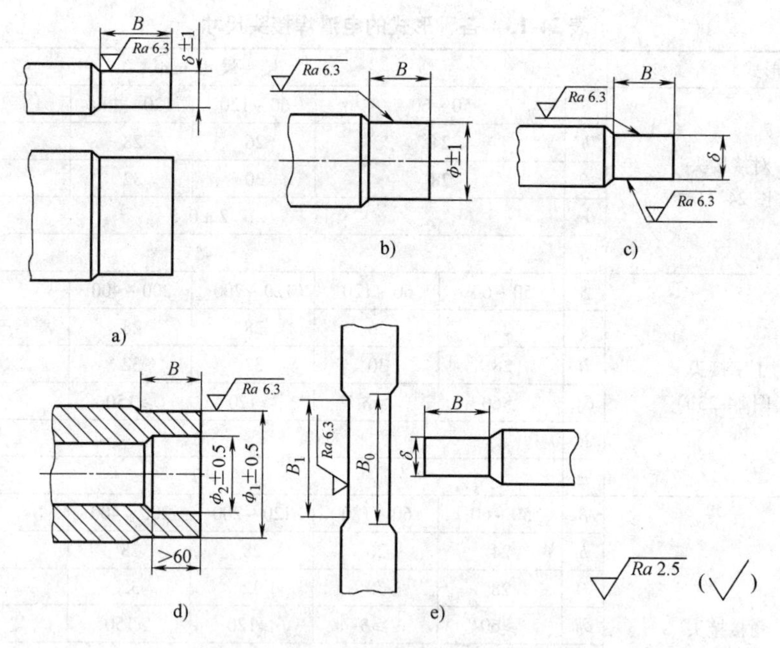

图 24-25　铸、锻件焊接面的加工要求

a）矩形面对接　b）圆形面对接　c）大厚度或重要工件　d）环缝对接　e）丁字形接头

24.5　电渣焊工艺及操作技术

电渣焊工作的全过程包括：

1）焊前准备（工件备料及装配，焊接工卡具准备、焊前设备调试等）。

2）焊接过程的操作（引弧造渣阶段、正常焊接阶段、引出阶段）及焊接参数的控制。

3）焊后工作（割去起焊槽、引出板、装配后及时进炉，进入热处理工序）。

24.5.1　焊前准备

1. 工件准备

1）设计的电渣焊件应标注焊缝宽度尺寸 c（图 24-26）。在焊前备料时应扣除焊缝宽度（见表 24-15）。

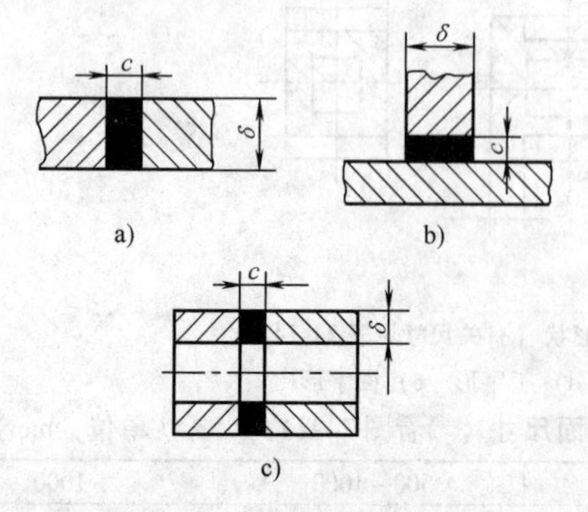

图 24-26　电渣焊工件设计图

a）对接接头　b）丁字接头　c）环形接头

表 24-15　各种厚度工件对接和丁字接头推荐选用的焊缝宽度

（单位：mm）

工件厚度 δ	50 ~ 80	80 ~ 120	120 ~ 200	200 ~ 400	>400
焊缝宽度 c	25	26	27	28	30

2）工件装配

① 对接接头及丁字接头的装配（图 24-27）。工件两侧对称焊上定位板（丝极电渣焊由于在工件一侧要安放电渣焊机，只能在工件另一侧焊定位板）。

定位板如图 24-28 所示。一般定位板距工件两端为 200 ~ 300mm（图 24-27），较长的焊缝中间要设数个定位板，定位板之间距离一般为 1 ~ 1.5m。对于厚度大于 400mm 的大断面工件，定位板厚度可选用 70 ~ 90mm。其余尺寸也可相应加大。

定位板在电渣焊后，割去其与工件连接焊缝后，可反复使用。

在工件下端焊上起焊槽，上端焊上引出板（图 24-27）。对于厚度大于 400mm 的大断面工件，其起焊槽和引出板宽度可选用 120 ~ 150mm，长度可选用 150mm。为便于引弧造渣还可采用特殊形式的引弧槽，详见焊接操作技术部分。

工件装配间隙 c_0 等于焊缝宽度 c 加上焊缝横向收缩量。根据经验，其数值列于表 24-16。

由于沿焊缝高度，焊缝横向收缩值不同。焊缝上

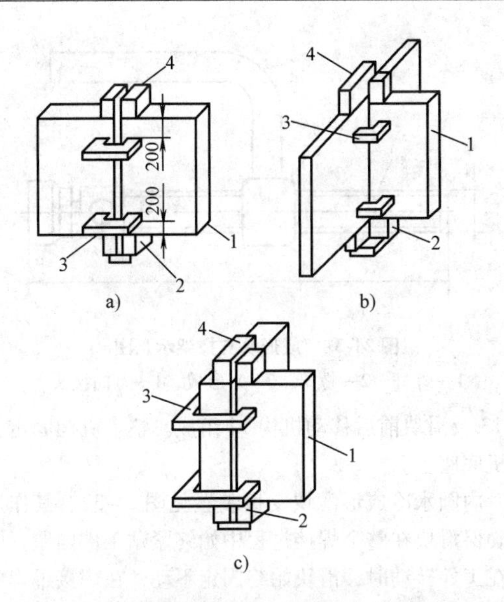

图 24-27　对接接头、丁字接头装配图

a）对接接头　b）丁字接头　c）角接接头

1—工件　2—起焊槽　3—定位板　4—引出板

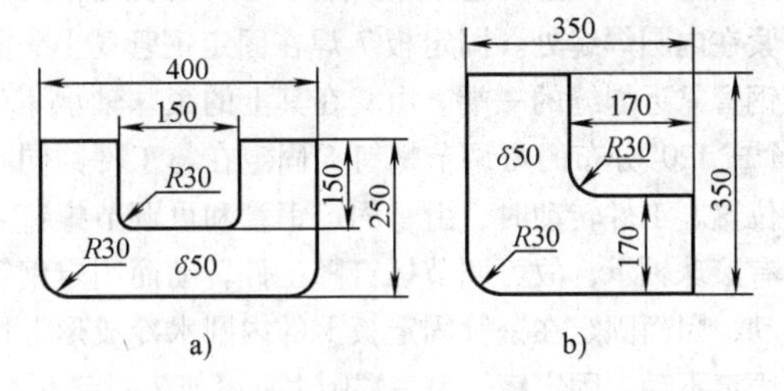

图 24-28　定位板

a）对接接头定位板　b）丁字接头定位板

部装配间隙应比下端大，其差值，当工件厚度小于 150mm 时，为焊缝长度的 0.1%；厚度为 150 ~ 400mm 时，为焊缝长度的 0.1% ~0.5%；厚度大于 400mm 时，为焊缝长度的 0.5% ~1%。

表 24-16　各种厚度工件的装配间隙

（单位：mm）

工件厚度	50 ~ 80	80 ~ 120	120 ~ 200	200 ~ 400	400 ~ 1000	>1000
对接接头装配间隙 c_0	28 ~ 30	30 ~ 32	31 ~ 33	32 ~ 34	24 ~ 36	36 ~ 38
丁字接头装配间隙 c_0	30 ~ 32	32 ~ 34	33 ~ 35	34 ~ 36	36 ~ 38	38 ~ 40

② 环焊缝的装配（图 24-29）。装配时，工件外圆先划分 8 等分线，然后按图 24-29 所示位置焊上起焊板及定位塞铁，再将另一段工件装配好，与起焊板及定位塞铁焊牢。为保证焊接过程不产生漏渣，两段

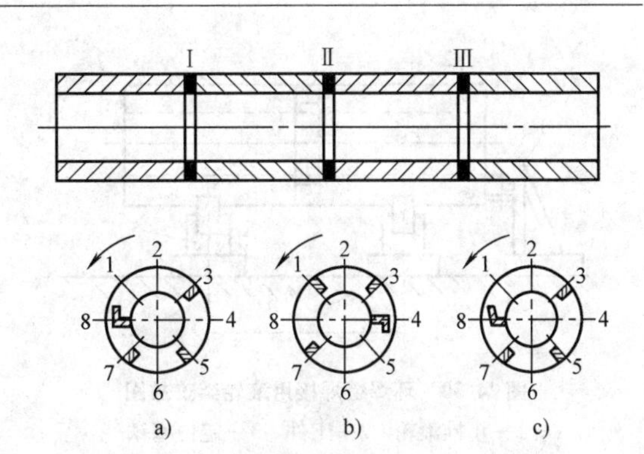

图 24-29　环焊缝装配时各个接头起焊槽及定位塞铁布置图

a）接头Ⅰ　b）接头Ⅱ　c）接头Ⅲ

工件内圆、外圆的平面度误差应小于 1mm。对于厚度大于 100mm 的工件，一般采用特殊形式的起焊槽，详见环焊缝的操作技术部分。

由于环焊缝各点横向收缩不均匀，故应装配成反变形。其反变形靠用不等的装配间隙来控制，见表 24-17。

表 24-17　环焊缝的装配间隙

（单位：mm）

工件厚度 / 8 等分线号	50 ~ 80	80 ~ 120	120 ~ 200	200 ~ 300	300 ~ 450
8 号线	29	32	33	34	36
5 号线	31	34	35	36	40
7 号线	30	33	34	35	37

有多条环缝工件装配时，为减少挠度变形，相邻焊缝起焊槽位置应错开 180°。

3）吊装装配件。对接接头及丁字接头装配结束后，应将工件吊至焊接处，并使装配间隙处于垂直位置。

环焊缝应吊至滚轮架上，滚轮架应固定在刚性大平台上（图 24-30）。为确保转动时安全、平稳，夹角 α 为 60° ~90°。

滚轮架安放位置应在每段工件的近中心处，以保持稳定。工件放于滚轮架后应用水平仪测量工件是否处于水平，并应转动几周以确定工件转动时其轴向移动的方向。面对其移动方向应顶上止推滚轮（图 24-30），以防止焊接时工件产生轴向移动。也可采用防轴向窜动滚轮架，其执行防窜机构有偏转式、升降式、平移式三种，操作更方便。

2. 焊接工卡具准备

（1）水冷成形滑块的准备　每次电渣焊前都要对水冷成形滑块进行认真的检查。首先检查并校平水

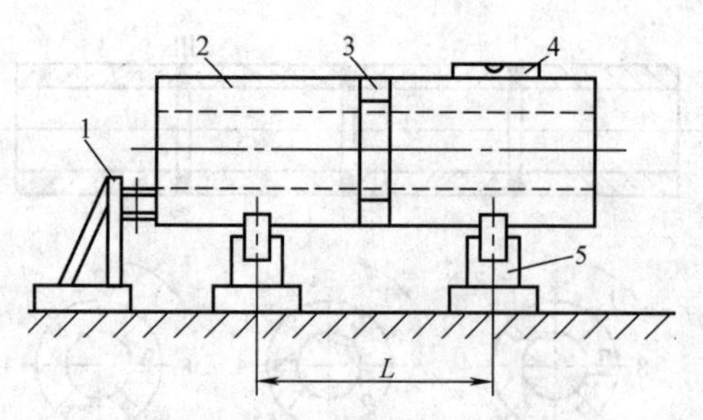

图 24-30　环焊缝焊接用滚轮架安放图
1—止推滚轮　2—工件　3—定位塞铁
4—水平仪　5—滚轮架

冷成形滑块使与工件间无明显缝，以保证焊接过程中不产生漏渣，其次要保证没有渗漏，以免焊接过程中漏水，迫使焊接过程中止。此外应检查进出水方向，确保水冷成形滑块下端进水，上端出水。以防焊接时水冷成形滑块内产生蒸汽，造成爆渣、伤人事故。

（2）水冷成形（滑）块的支撑装置

1）对接接头及丁字接头水冷成形（滑）块的支撑装置。丝极电渣焊机上都带有的水冷成形滑块支撑装置可使焊接时滑块随机头向上移动。

熔嘴电渣焊及板极电渣焊一般采用固定式水冷成形块，在焊接过程中交替更换。常采用图 24-31 所示的成形块支撑架。

可先将成形块支撑架焊在工件上。然后用螺钉将水冷成形块顶紧。

2）环焊缝的内圆水冷成形滑块支撑装置（图 24-32）。在焊接环焊缝时，工件转动，渣池及金属池基本保持在固定位置，故内、外圆水冷成形滑块必须固定不动。

外圆水冷成形滑块支撑装置由滑块顶紧机构（可用焊机随带的滑块顶紧机构）、滑块上下移动机

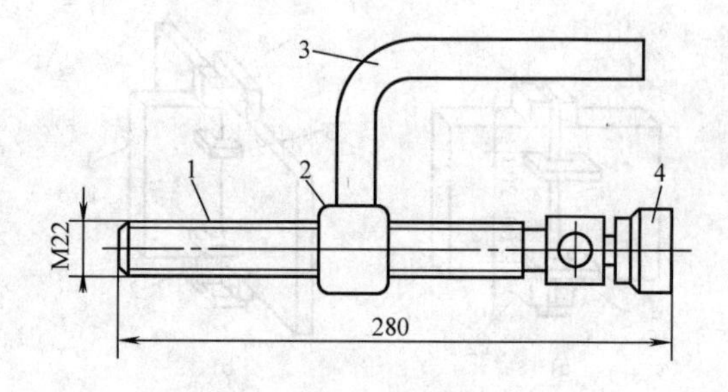

图 24-31　成形块支撑架示意图
1—螺杆　2—螺母　3—Γ形板　4—万向接头

构 13 及滑块前后移动机构 14 组成。整个机构固定在焊机底座上。

内圆水冷成形滑块支撑装置见图 24-32。其作用是确保滑块在整个焊接过程中始终紧贴工件内壁，同时在工件转动时，滑块始终固定不动，在焊接过程中不会产生漏渣。

内圆水冷成形滑块 12 靠悬挂在固定板 7 上的滑块顶紧装置 9（和丝极电渣焊机随带的顶紧装置相同），顶紧在内圆焊缝处。固定板 7 焊在固定钢管 3 上。固定钢管靠近焊缝的一端。由套在其上的滚珠轴承 8 和 3 个成 120°分布的可调节螺钉 5 固定在与工件圆同心的位置。工件转动时，由于固定钢管和可调节螺钉之间有滚珠轴承，故可调节螺钉随工件转动而固定钢管不动，因而固定在钢管固定板上的内圆水冷成形滑块也固定不动，固定钢管另一端则由夹紧架 2 固定不动。

焊接前必须认真调节三个可调节螺钉 5，使其伸出长度相等，以使右端钢管中心和工件中心重合。同时调节夹紧架 2 的高度，使钢管中心线和工件中心线相重合，以确保焊接过程中工件转动而内圆水冷成形滑块始终贴紧工件内圆，而不致漏渣。

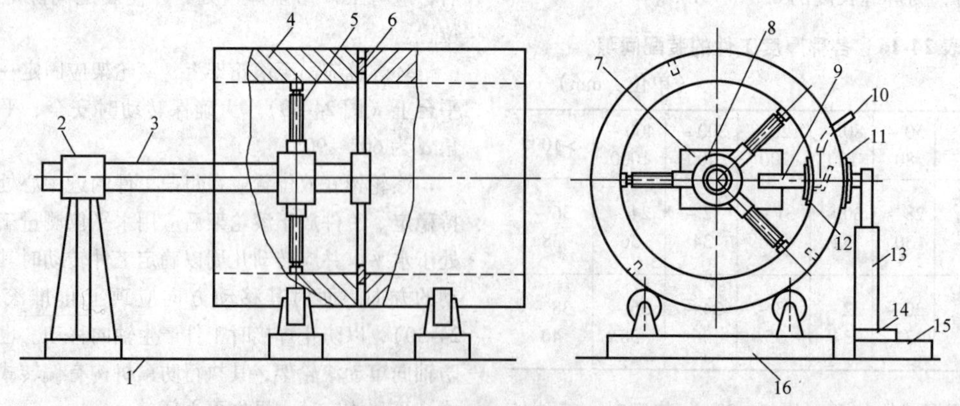

图 24-32　环焊缝内、外圆水冷成形滑块支撑装置示意图
1—焊接平台　2—夹紧架　3—固定钢管　4—工件　5—可调节螺钉　6—装配定位塞铁　7—固定板
8—滚珠轴承　9—滑块顶紧装置　10—导电杆　11—外圆水冷成形滑块　12—内圆水冷成形滑块
13—滑块上下移动机构　14—滑块前后移动机构　15—焊机底座　16—滚轮架

焊前应通过调节滑块上下移动机构 13 的高低，使滑块中心线和工件水平中心线重合，通过调节滑块前后移动机构 14，使滑块贴紧在工件外圆上。

3. 焊前设备调试准备

（1）丝极电渣焊

1）首先调整好焊机和工件的相对位置，使导电嘴处于焊接间隙的中心位置，有前后、左右调节的余地，并使正面、背面滑块顶紧机构位置适中，有调节余地。焊机导轨要保证由起焊槽至引出板全程的机头移动。

2）将正面及背面水冷成形滑块顶紧在工件上，并开动焊机向上、下走动一段，检查水冷成形滑块是否紧贴工件。

3）将焊丝送入导电嘴，检查焊丝是否平直，并将导电嘴在工件间隙中来回摆动，检查是否在摆动过程中，焊丝也处于间隙中心并与水冷成形滑块有适当的距离，同时要使焊丝在装配间隙中有调节余地。

4）进行空载试车，检查焊接变压器工作情况，检查各挡空载电压以及焊机上升、摆动和送丝各机构运转是否正常。

5）检查冷却水系统工作是否正常，对于环焊缝电渣焊还应检查：

① 被焊工件转动一周，工件是否产生轴向移动，内、外圆水冷成形滑块是否紧贴工件。

② 内圆及外圆水冷成形滑块必须调整到使电渣焊熔池位于通过工件中心线的水平面上（图 24-33），过高或过低，由于焊丝距滑块过近或过远都可能产生未焊透的缺陷。

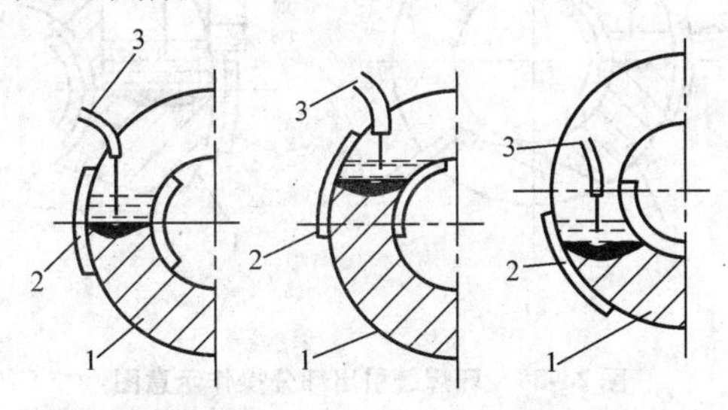

图 24-33　环形焊缝内、外圆水冷成形滑块位置图

1—工件　2—水冷成形滑块　3—导电杆

（2）熔嘴电渣焊

1）首先将熔嘴安装在装配间隙中，并固定在熔嘴夹持机构上，调节夹持机构上下螺栓使熔嘴处于装配间隙中心，与两侧水冷成形滑块距离合适（丁字接头熔嘴应靠面板近一些，以保证散热面较大的面板能焊透及焊缝成形良好）。为防止焊接过程中熔嘴和工件短路，可在工件和熔嘴间塞入竹楔固定之。

2）通入焊丝检查熔嘴管是否畅通。

3）检查冷却水系统。

4）设备进行空载试车。

24.5.2　焊接过程的操作

1. 引弧造渣过程的操作

引弧造渣是由引出电弧开始逐步过渡到形成稳定的渣池的过程。操作时应注意：

1）焊丝伸出长度以 40 ~ 50mm 为宜，太长易于爆断，过短溅起的熔渣易于堵塞导电嘴或熔嘴。

2）引出电弧后，要逐步加入熔剂，使之逐步熔化形成熔池。

3）引弧造渣阶段应采用比正常焊接稍高的电压和电流，以缩短造渣时间，减少下部未焊透的长度。

环焊缝的引弧造渣除采用平底板外，当工件厚度大于 100mm 时，还常采用斗式起焊槽，以减少起焊部分切割工作量（图 24-34）。

开始先用第 1 底层焊丝引弧造渣，渣池形成后，逐渐转动工件，渣液面扩大，放入第 1 块起焊塞铁，塞铁和装配间隙中的工件侧面定位焊牢。随着工件不断转动，渣液面的不断扩大，送入第 2 底层焊丝，再随渣液面进一步扩大，依次放入第 2 块起焊塞铁，定位焊牢，并安上外圆水冷成形滑块，逐步摆动焊丝，进入正常焊接过程。

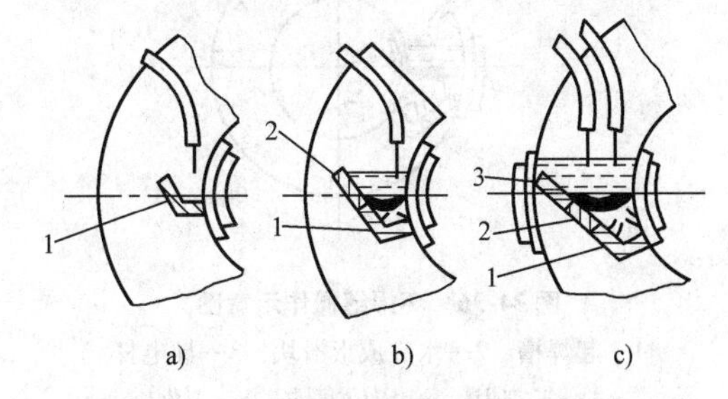

图 24-34　环焊缝斗式起焊槽引弧造渣示意图

a）斗式起焊槽引弧造渣　b）随渣池的形成工件转动，放入第 1 块起焊塞铁
c）随渣液面进一步扩大，放入第 2 块起焊塞铁
1—斗式起焊槽　2—第 1 块起焊塞铁
3—第 2 块起焊塞铁

工件厚度大于 400mm 的大断面工件熔嘴电渣焊时，若用一般的平底引弧槽则引弧造渣较困难，故一般采用图 24-35 所示的两种形式。

先送入工件两侧焊丝，引弧后逐渐形成渣池。渣池加深后向装配间隙内部流动。再依次送入其他焊丝。这种引弧造渣方式较稳妥可靠。

2. 正常焊接过程的操作

在正常焊接过程操作中应注意：

1）经常测量渣池深度，严格按照工艺进行控制，以保持稳定的电渣过程。

2）在整个正常焊接过程中保持基本恒定的焊接参数。不要随便降低电流和电压。

3）经常调整焊丝（熔嘴），使之处于装配间隙的中心位置，并使其距滑块的距离符合工艺要求，以保证工件焊透、熔宽均匀、焊缝成形良好。

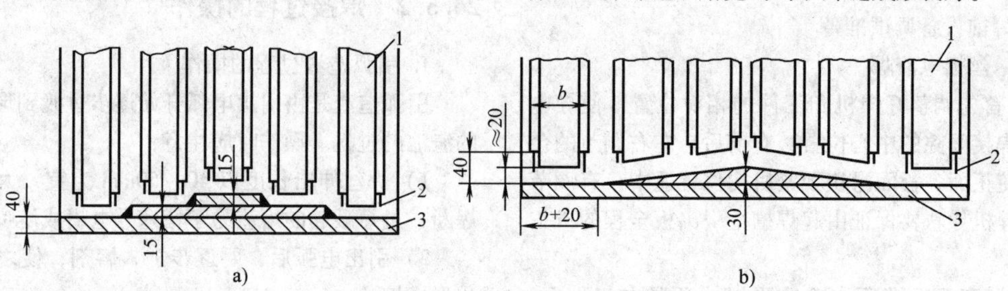

图24-35　大断面熔嘴电渣焊起焊槽

a）阶梯式起焊槽　b）斜形起焊槽

1—熔嘴　2—焊丝　3—起焊槽底板

4）经常检查水冷成形滑块的出水温度及流量。环焊缝的焊接操作比较复杂，除以上几点外，随着焊接过程的进行和工件的不断转动，要依次割去工件间隙中的定位塞铁，并沿内圆切线方向割掉起焊部分及切除干净附近未熔合的焊肉以形成引出部分的侧面，如图24-36所示。

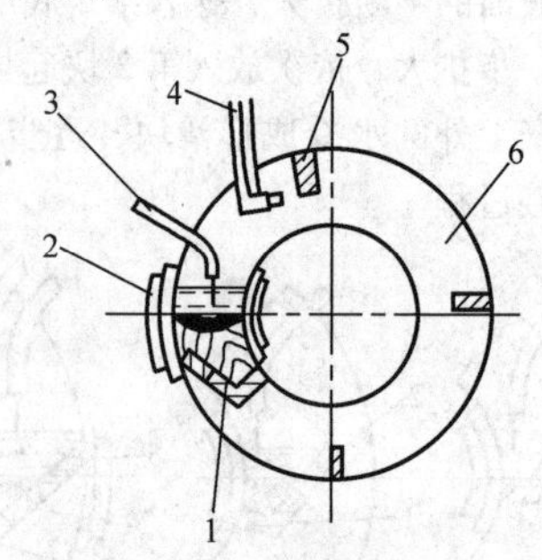

图24-36　环焊缝操作示意图

1—起焊槽　2—水冷成形滑块　3—导电杆

4—气割炬　5—定位塞铁　6—工件

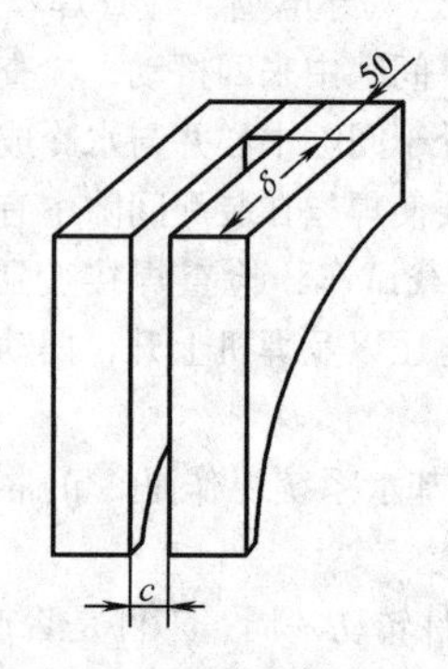

图24-37　Π形引出板

3. 引出部分的操作

焊接结束时，如果突然停电，渣池温度将陡降，易于产生裂纹、缩孔等缺陷。因此进入引出部分后应逐渐降低焊接电压和焊接电流，以减少这些缺陷。

环焊缝引出部分操作方法较多。目前大多采用在引出部分焊上Π形引出板，将渣池引出工件，其效果较好（见图24-37、图24-38）。

引弧部分切割后即清除氧化皮，并将Π形引出板焊在工件上，当Π形引出板转至和地面垂直位置时，工件停止转动（此时工件内切割好的引出部分也与地面垂直）。随着渣池上升，逐步放上外部挡板，机头随之上升。此时不能降低电压和电流，否则内壁易产生未焊透。须注意导电嘴不能与内壁短路，同时又要焊丝尽量靠近内壁，以保证焊透。待渣池全

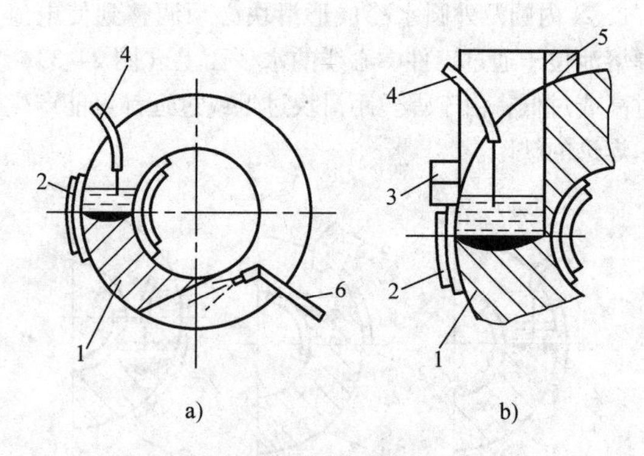

图24-38　环焊缝引出部分操作示意图

a）起焊部分切割　b）引出部分的焊接

1—焊缝　2—水冷成形滑块　3—外部挡板

4—导电杆　5—Π形板　6—气割炬

部引出工件后，再逐渐降低电流、电压。

4. 焊后工作

电渣焊停止后，应立即割去定位板、起焊槽、引出板，并仔细检查焊缝上有无表面缺陷。对表面缺陷要立即用气割或碳弧气刨清理、焊补，尽快进炉热处理。若进炉过晚，由于电渣焊后焊接应力很大，常易产生冷裂纹。

24.5.3 焊接参数

电渣焊的焊接电流 I、焊接电压 U、渣池深度 h 和装配间隙 c 直接决定电渣焊过程稳定性、焊接接头质量、焊接生产率及焊接成本，这些参数称为主要焊接参数。

在电渣焊过程中，焊接电流和焊丝送进速度成严格的正比关系（图 24-39）。由于焊接电流波动幅度较大，在给定焊接参数时，常给出焊丝送进速度以代替焊接电流。

一般焊接参数有：焊丝直径 d（或熔嘴板厚度及宽度），焊丝根数 n（熔嘴或管极的数量）。对于丝极电渣焊还有焊丝伸出长度、焊丝摆动速度及其在水冷成形滑块附近的停留时间和距水冷成形滑块距离等。这些参数中除焊丝直径 d、焊丝根数 n 对焊接生产率有较大影响，焊丝距水冷成形滑块距离对焊透及焊缝外观成形有较大影响外，其余参数影响不大。

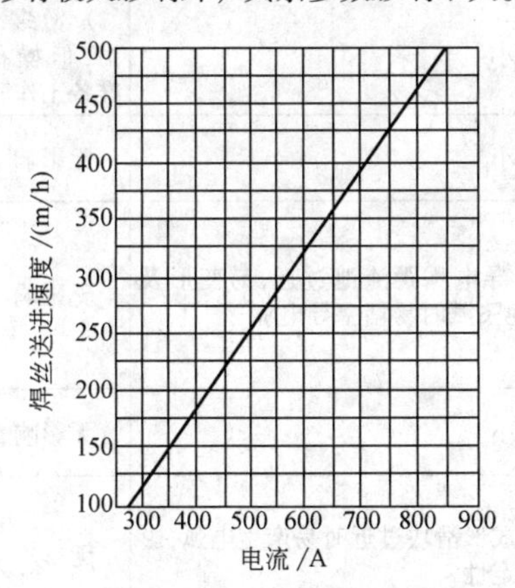

图 24-39 焊丝送进速度和电流的关系

（1）焊接参数的影响 焊接参数对焊接接头质量、焊接过程稳定性、焊接生产率的影响见表 24-18。

（2）主要焊接参数选择 选择焊接参数时，首先应保证电渣过程稳定性及确保焊接接头质量，在此前提下适当考虑提高生产率。选择参数的步骤如下：

1）确定装配间隙。根据接头形式，焊接厚度按表 24-16 及表 24-17 确定。

2）确定焊丝进给速度。根据以下公式进行计算：

丝极电渣焊

$$v_{\mathrm{f}} \approx \frac{0.14\delta\ (c_0-4)\ v_{\mathrm{w}}}{n}$$

熔嘴电渣焊

$$v_{\mathrm{f}} \approx \frac{0.11\ (c_0-4)\ v_{\mathrm{w}}}{n}$$

管极电渣焊

$$v_{\mathrm{f}} \approx \frac{0.13\delta\ (c_0-4)\ v_{\mathrm{w}}}{n}$$

式中 v_{f}——焊丝送进速度（m/h）；

v_{w}——焊接速度（m/h）；

δ——工件厚度（焊接处）（mm）；

c_0——装配间隙（mm）；

n——焊丝数量（根）。

说明：①上述公式仅在下列条件下适用。丝极电渣焊：焊丝直径为 3mm 时。熔嘴电渣焊：熔嘴尺寸按表 24-18 时。管极电渣焊：管极尺寸采用ϕ12mm × 3mm 或 ϕ14mm × 4mm 时。

② 焊接速度 v_{w}。根据生产经验可按表 24-19 选定。

说明：

a. 焊接厚度大时 v_{w} 应取下限。

b. 45 钢一般建议不采用熔嘴电渣焊，因较易产生裂纹。

c. 环焊缝当工件厚度小，直径很大时，刚性较小可参照非刚性固定选用 v_{w}，但引出部分的焊接参数应适当降低。当工件厚度大时，可参照刚性固定选用 v_{w}。

从图 24-39 上，根据计算出的焊丝送进速度，可查出相应的焊接电流。

3）确定焊接电压。根据电渣焊生产实践的经验，保证工件能良好地焊透，和有稳定电渣过程的焊接电压与接头形式有关。此外，不管是采用 1 底层焊丝或者多底层焊丝焊接，焊接电压和每底层焊丝所焊接的厚度有关（熔嘴电渣焊则和熔嘴中心距有关），推荐采用的焊接电压见表 24-20。

4）确定渣池深度。根据焊丝送进速度由表24-21 可确定保持电渣过程稳定的渣池深度。

（3）一般焊接参数的选择

1）丝极电渣焊，其示意图如图 24-40 所示。一般工艺参数的确定如下：

① 焊丝直径 d，一般均采用直径 3mm 的焊丝。

② 焊丝数目，可按表 24-22 确定。

③ 焊丝间距（B_0），按下列经验公式选择：

$$B_0 = \frac{\delta + 10}{n}$$

式中 B_0——焊丝间距（mm）；

δ——被焊工件厚度（mm）；

n——焊丝根数。

表24-18 焊接参数对焊缝质量、过程稳定性和生产率的影响

参数＼影响	对焊接接头质量的影响	对焊接过程稳定性的影响	对焊接生产率的影响
焊丝送进速度 v_f 或焊接电流 I	1. v_f 增大，金属熔池变深对结晶方向不利，抗热裂性能降低 2. v_f 增大，熔宽增大，但 v_f 超过一定数值后，熔宽反而减小	1. v_f 过大，焊丝和金属熔池短路造成熔渣飞溅 2. v_f 过小，焊丝易与渣池表面发生电弧	v_f 增大，生产率明显提高
焊接电压 U	1. U 增大，熔宽增大，母材在焊缝中的百分比增大，焊缝收缩应力增大 2. U 过小，易产生未焊透	1. U 过小，渣池温度降低，焊丝易与金属熔池短路，发生熔渣飞溅 2. U 过高，渣池过热焊丝与渣池表面发生电弧	无影响
渣池深度 h	1. h 减小，熔宽增大 2. h 过深，易产生未焊透、未熔合等缺陷	1. h 过浅，焊丝在渣池表面产生电弧 2. h 过深，渣池温度低，焊丝易与金属熔池短路，发生熔渣飞溅	无影响
装配间隙 c	1. c 增大，熔宽增大，应力与变形增加。热影响区增大，晶粒易粗大 2. c 过小，电极易与工件短路，操作困难，易产生缺陷	1. c 增大，便于操作，渣池易于稳定 2. c 过小，渣池难于控制，电渣过程稳定性差	c 增大，生产率降低
焊丝直径 d 或熔嘴板厚 t	d 增大，熔宽增加，但焊丝刚性大，操作困难，易产生缺陷	d 过小，电渣过程稳定性变差	d 增大，生产率降低
焊丝数目或熔嘴数目 n	n 增多，熔宽均匀性好	影响很小	n 增多，生产率高，但操作复杂，准备工作时间长
焊丝间距或熔嘴间距 B	对熔宽均匀性影响大，选取不当，易产生裂纹或未焊透等缺陷	影响很小	无影响
焊丝伸出长度 l	1. l 增大，电流略有减少，有时可通过改变 l 来少量调节焊接电流 2. l 过长，会降低焊丝在间隙中位置的准确性从而影响熔宽均匀性，严重时，会产生未焊透	l 过小，导电嘴距渣池过近，易变形及磨损，渣池飞溅时易堵塞导电嘴	无影响
焊丝摆动速度	摆动速度增加，熔宽略减小，熔宽均匀性好	影响很小	无影响
焊丝距水冷成形滑块距离	对焊缝表面成形影响大 1. 过大易产生未焊透 2. 过小易与水冷成形滑块产生电弧，严重时会击穿、漏水、中断焊接	距水冷成形滑块过近时易产生电弧，影响渣池稳定性	无影响
焊丝在水冷成形滑块处停留时间	停留时间长，焊缝表面成形好，易焊透	影响很小	无影响

表24-19 推荐的各种材料和厚度的焊接速度

类型	材料	焊接厚度/mm	焊接速度 v_w/(m/h)		
			丝极电渣焊	熔嘴(管极)电渣焊	
			对接接头	对接接头	丁字接头
非刚性固定	Q235、Q345、20	40~60	1.5~3	1~2	0.8~1.5
		60~120	0.8~2	0.8~1.5	0.8~1.2
	25、20MnMo、20MnSi、20MnV	≤200	0.6~1.0	0.5~0.8	0.4~0.6
	35	≤200	0.4~0.8	0.3~0.6	0.3~0.5
	45	≤200	0.4~0.6	—	—
	35CrMoA	≤200	0.2~0.3	—	—
刚性固定	Q235、Q345、20	≤200	0.4~0.6	0.4~0.6	0.3~0.4
	35、45	≤200	0.3~0.4	0.3~0.4	—
大断面	25、35、45 20MnMo、20MnSi	200~450	0.3~0.5	0.3~0.5	—
	25、35 20MnMo、20MnSi	>450	—	0.3~0.4	—

表 24-20　焊接电压与接头形式、焊接速度、所焊厚度的关系

参数			丝极电渣焊每底层焊丝所焊厚度/mm					熔嘴电渣焊熔嘴焊丝中心/mm					管极电渣焊每根管极所焊厚度/mm		
			50	70	100	120	150	50	70	100	120	150	40	50	60
焊接电压/V	对接接头	焊速 0.3~0.6m/h	38~42	42~46	46~52	50~54	52~56	38~42	40~44	42~46	44~50	46~52	40~44	42~46	44~48
		焊速 1~1.5m/h	43~47	47~51	50~54	52~56	54~58	40~44	42~46	44~48	46~52	48~54	44~46	44~48	46~50
	丁字接头	焊速 0.3~0.6m/h	40~44	44~46	46~50	—	—	42~46	44~50	46~52	48~54	50~56	42~48	46~50	—
		焊速 0.8~1.2m/h	—	—	—	—	—	44~48	46~52	48~54	50~56	52~58	46~50	48~52	—

表 24-21　渣池深度与送丝速度的关系

焊丝送进速度/(m/h)	60~100	100~150	150~200	200~250	250~300	300~450
渣池深度/mm	30~40	40~45	45~55	55~60	60~70	65~75

注：本表适用于按表 24-16 选定装配间隙，按表 24-20 选定焊接电压的电渣焊接。

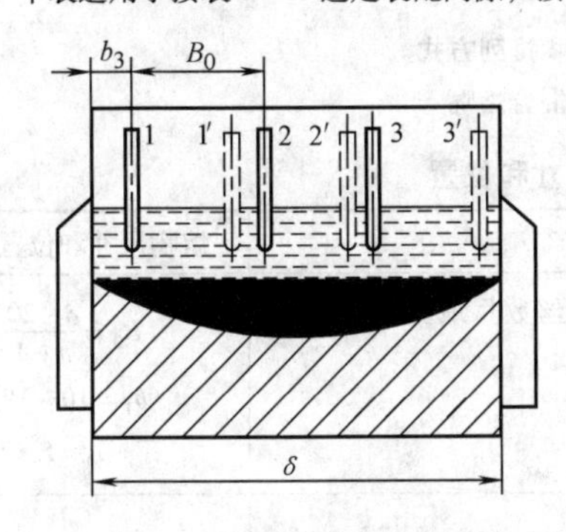

图 24-40　丝极电渣焊示意图

表 24-22　焊丝数目与工件厚度的关系

焊丝数目 n	可焊的最大工件厚度/mm		推荐的工件厚度[①]（摆动时）/mm
	不摆动	摆动	
1	50	150	50~120
2	100	300	120~240
3	150	450	240~450

① 焊丝不摆动的焊接，由于熔宽不均匀、抗裂性能较差，目前已很少采用。

④ 焊丝伸出长度（l），一般选用 50~60mm。

⑤ 焊丝摆动速度，一般选用 1.1cm/s。

⑥ 焊丝距水冷成形滑块距离（b），一般选用 8~10mm。

⑦ 焊丝在水冷成形滑块旁停留时间，一般选用 3~6s，常用 4s。

2）熔嘴电渣焊

① 焊丝直径选用 3mm。

② 熔嘴的形式及尺寸，对于厚度小于 300mm 的工件多采用单个熔嘴，其形式、尺寸及熔嘴在间隙中的位置见图 24-41 及表 24-23。

对于厚度大于 300mm 的工件，采用多个熔嘴，其排列方式有三种，如图 24-42 所示。其熔嘴尺寸、位置及特点见表 24-24。

3）管极电渣焊。管极电渣焊采用 ϕ3mm 的焊丝，钢管常采用 ϕ12mm × 3mm 或 ϕ14mm × 4mm 无缝钢管，钢管直径过小、厚度过薄在焊接过程中由于电阻大而发红，甚至熔化，直径过大则焊接装配间隙须随之增大，生产率降低。

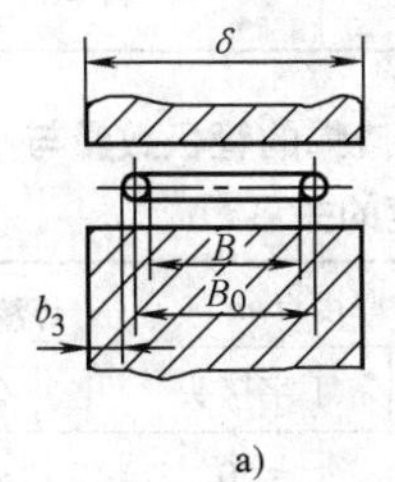

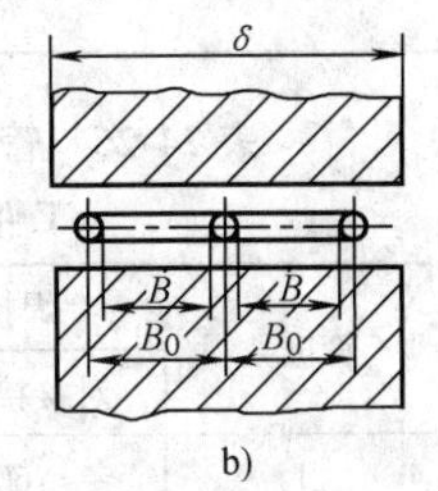

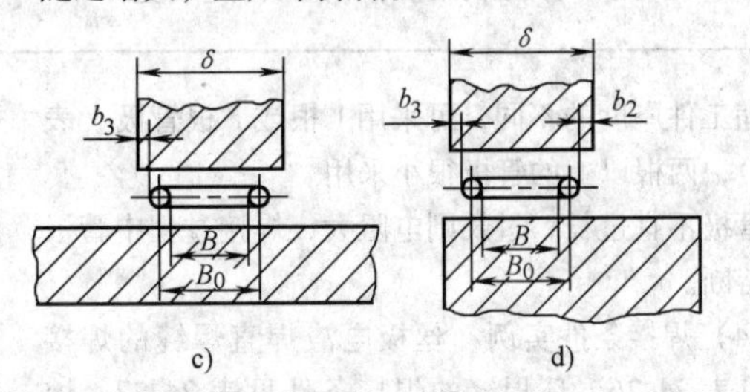

图 24-41　各种接头单熔嘴尺寸及其在装配间隙中的位置

a）对接接头中的双丝熔嘴　b）对接接头中的三丝熔嘴　c）丁字接头中的双丝熔嘴

d）角接接头中双丝熔嘴（单丝熔嘴在一般厚度工件电渣焊中已很少采用，多改用管极电渣焊）

表 24-23　各种接头单熔嘴的尺寸和位置

接头形式	熔嘴形式	熔嘴尺寸和位置/mm	可焊厚度及其特点
对接接头	双丝熔嘴	$B=\delta-40$　$b_3=10$　$B_0=\delta-30$	最常用形式，最大可焊200mm，常用于80～160mm
	三丝熔嘴	$B=\frac{\delta-50}{2}$　$b=10$　$B_0=\frac{\delta-30}{2}$	用于较厚的工件，最大可焊300mm，常用于160～240mm
丁字接头	双丝熔嘴	$B=\delta-25$　$B_0=\delta-15$　$b_3=2.5$	最大可焊170mm，常用于80～130mm
角接接头	双丝熔嘴	$B=\delta-32$　$b_3=10$　$b_2=2$　$B_0=\delta-22$	最大可焊180mm，常用于80～140mm

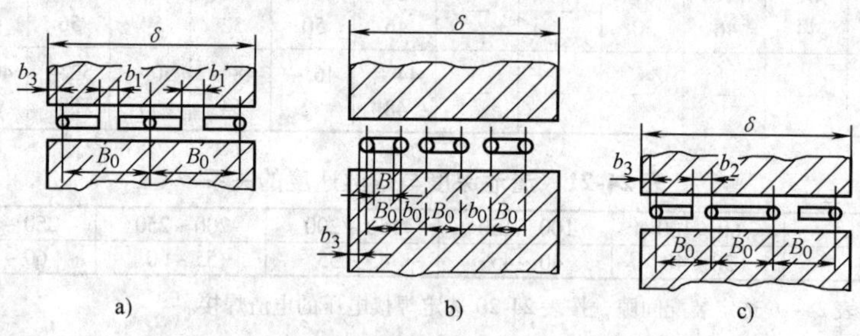

图 24-42　大断面工件对接接头的熔嘴排列方式

a）单丝熔嘴　b）双丝熔嘴　c）混合熔嘴

表 24-24　对接接头多熔嘴的尺寸和位置

熔嘴形式	特　点	熔嘴尺寸和位置/mm
单丝熔嘴	1. 焊丝间距（指两底层焊丝中心线之间的距离相等，焊丝数目最少，送丝机构简单 2. 熔嘴间距较小，绝缘及固定较困难 3. 一般 $B_0<180$mm	$B_0=\frac{\delta-20}{n-1}$ $b_1=10\sim15$ $b_3=5$
双丝熔嘴	1. 熔嘴间距较大，固定方便，焊接过程中熔嘴之间不易短路 2. 焊丝数目多，在一定生产率的条件下，可选用较小的送丝速度，有利于提高电渣过程的稳定性 3. 据经验，焊丝间距取40mm、70mm较合适 4. 丝距比 $k=\frac{B_0}{b_0}$ 对熔宽均匀性影响较大，一般 $k=1.4\sim1.7$，常取 $k=1.6$ 5. 熔嘴应取3的倍数，以保证三相电流平衡	$b_0=\frac{\delta-20}{2.6n-1}$ $B_0=1.6b_0$ $B=B_0-10$ $b_3=5$
混合熔嘴	1. 焊丝间距相等，计算方便，焊丝数量较少 2. 中间为双焊丝熔嘴，通过电流较大，中部熔宽较大，各相电流难于平衡 3. 熔嘴间距较小，绝缘及固定较复杂	$B_0=\frac{\delta-20}{n}$ $b_1=15\sim20$ $b_3=5$

随工件厚度的不同，可采用1根或2根管极（表24-25），两根以上的管极很小采用。

管极不宜过长，过长则电阻大，焊接过程中管极易于熔断。

（4）焊接条件实例　丝极电渣焊直焊缝的焊接条件见表24-26，环焊缝的焊接条件见表24-27。熔嘴电渣焊焊接条件见表24-28。管极电渣焊焊接条件见表24-29。

表 24-25　管极电渣焊的管极数量与工件厚度的关系①

管极数	焊接工件厚度/mm		焊缝长度/m
	对接接头	丁字接头	
1	≤60	≤50	≤2
2	50～120	50～100	≤6

① 适用于采用 ϕ14mm×4mm 钢管的管极电渣焊。

表 24-26 直焊缝的丝极电渣焊焊接参数

被焊工件材料	工件厚度/mm	焊丝数目/根	装配间隙/mm	焊接电流/A	焊接电压/V	焊接速度/(m/h)	送丝速度/(m/h)	渣池深度/mm
Q235 Q345 20	50	1	30	520 ~ 550	43 ~ 47	~ 1.5	270 ~ 290	60 ~ 65
	70	1	30	650 ~ 680	49 ~ 51	~ 1.5	360 ~ 380	60 ~ 70
	100	1	33	710 ~ 740	50 ~ 54	~ 1	400 ~ 420	60 ~ 70
	120	1	33	770 ~ 800	52 ~ 56	~ 1	440 ~ 460	60 ~ 70
25 20MnMo 20MnSi 20MnV	50	1	30	350 ~ 360	42 ~ 44	~ 0.8	150 ~ 160	45 ~ 55
	70	1	30	370 ~ 390	44 ~ 48	~ 0.8	170 ~ 180	45 ~ 55
	100	1	33	500 ~ 520	50 ~ 54	~ 0.7	260 ~ 270	60 ~ 65
	120	1	33	560 ~ 570	52 ~ 56	~ 0.7	300 ~ 310	60 ~ 70
	370	3	36	560 ~ 570	50 ~ 56	~ 0.6	300 ~ 310	60 ~ 70
	400	3	36	600 ~ 620	52 ~ 58	~ 0.6	330 ~ 340	60 ~ 70
	430	3	38	650 ~ 660	52 ~ 58	~ 0.6	360 ~ 370	60 ~ 70
	450	3	38	680 ~ 700	52 ~ 58	~ 0.6	380 ~ 390	60 ~ 70
35	50	1	30	320 ~ 340	40 ~ 44	~ 0.7	130 ~ 140	40 ~ 45
	70	1	30	390 ~ 410	42 ~ 46	~ 0.7	180 ~ 190	45 ~ 55
	100	1	33	460 ~ 470	50 ~ 54	~ 0.6	230 ~ 240	55 ~ 60
	120	1	33	520 ~ 530	52 ~ 56	~ 0.6	270 ~ 280	60 ~ 65
	370	3	36	470 ~ 490	50 ~ 54	~ 0.5	240 ~ 250	55 ~ 60
	400	3	36	520 ~ 530	50 ~ 55	~ 0.5	270 ~ 280	60 ~ 65
	430	3	38	560 ~ 570	50 ~ 55	~ 0.5	300 ~ 310	60 ~ 70
	450	3	38	590 ~ 600	50 ~ 55	~ 0.5	320 ~ 330	60 ~ 70
45	50	1	30	240 ~ 280	38 ~ 42	~ 0.5	90 ~ 110	40 ~ 45
	70	1	30	320 ~ 340	42 ~ 46	~ 0.5	130 ~ 140	40 ~ 45
	100	1	33	360 ~ 380	48 ~ 52	~ 0.4	160 ~ 180	45 ~ 50
	120	1	33	410 ~ 430	50 ~ 54	~ 0.4	190 ~ 210	50 ~ 60
	370	3	36	360 ~ 380	50 ~ 54	~ 0.2	160 ~ 180	45 ~ 55
	400	3	36	400 ~ 420	50 ~ 54	~ 0.3	190 ~ 210	55 ~ 60
	430	3	38	450 ~ 460	50 ~ 55	~ 0.3	220 ~ 240	50 ~ 60
	450	3	38	470 ~ 490	50 ~ 55	~ 0.3	240 ~ 260	60 ~ 65

注：焊丝直径为 ϕ3mm，接头形式为对接接头。

表 24-27 环焊缝丝极电渣焊的焊接参数

工件材料	工件外圆直径/mm	工件厚度/mm	焊丝数目/根	装配间隙/mm	焊接电流/A	焊接电压/V	焊接速度/(m/h)	送丝速度/(m/h)	渣池深度/mm
25	ϕ600	80	1	33	400 ~ 420	42 ~ 46	~ 0.8	190 ~ 200	45 ~ 55
		120	1	33	470 ~ 490	50 ~ 54	~ 0.7	240 ~ 250	55 ~ 60
	ϕ1200	80	1	33	420 ~ 430	42 ~ 46	~ 0.8	200 ~ 210	55 ~ 60
		120	1	33	520 ~ 530	50 ~ 54	~ 0.7	270 ~ 280	60 ~ 65
		160	2	34	410 ~ 420	46 ~ 50	~ 0.7	190 ~ 200	45 ~ 55
		200	2	34	450 ~ 460	46 ~ 52	~ 0.7	220 ~ 230	55 ~ 60
		240	2	35	470 ~ 490	50 ~ 54	~ 0.7	240 ~ 250	55 ~ 60
	ϕ2000	300	3	35	450 ~ 460	46 ~ 52	~ 0.7	220 ~ 230	55 ~ 60
		340	3	36	490 ~ 500	50 ~ 54	~ 0.7	250 ~ 260	60 ~ 65
		380	3	36	520 ~ 530	52 ~ 56	~ 0.6	270 ~ 280	60 ~ 65
		420	3	36	550 ~ 560	52 ~ 56	~ 0.6	290 ~ 300	60 ~ 65

（续）

工件材料	工件外圆直径/mm	工件厚度/mm	焊丝数目/根	装配间隙/mm	焊接电流/A	焊接电压/V	焊接速度/(m/h)	送丝速度/(m/h)	渣池深度/mm
35	ϕ600	50	1	30	300~320	38~42	~0.7	120~130	40~45
		100	1	33	420~430	46~52	~0.6	200~210	55~60
		120	1	33	450~460	50~54	~0.6	220~230	55~60
	ϕ1200	80	1	33	390~410	44~48	~0.6	180~190	45~55
		120	1	33	460~470	50~54	~0.6	230~240	55~60
		160	2	34	350~360	48~52	~0.6	150~160	45~55
		240	2	35	450~460	50~54	~0.6	220~230	55~60
		300	3	35	380~390	46~52	~0.6	170~180	45~55
	ϕ2000	200	2	35	390~400	40~54	~0.6	180~190	45~55
		240	2	35	420~430	50~54	~0.6	200~210	55~60
		280	3	35	380~390	46~52	~0.6	170~180	45~55
		380	3	36	450~460	52~56	~0.5	220~230	45~55
		400	3	26	460~470	52~56	~0.5	230~240	55~60
		450	3	38	520~530	52~56	~0.5	270~280	60~65
45	ϕ600	60	1	30	250~280	38~40	~0.5	100~110	40~45
		100	1	33	320~340	46~52	~0.4	135~145	40~45
	ϕ1200	80	1	33	320~340	42~46	~0.5	130~140	40~45
		200	2	34	220~340	46~52	~0.4	135~145	40~45
		240	2	35	350~360	50~54	~0.4	155~165	45~55
	ϕ2000	340	3	35	350~369	52~56	~0.4	150~160	45~55
		380	3	36	340~380	52~56	~0.3	160~170	45~55
		420	3	36	390~400	52~56	~0.3	180~190	45~55
		450	3	38	410~420	52~56	~0.3	190~200	45~55

注：焊丝直径为3mm。

表24-28　熔嘴电渣焊焊接参数

结构形式	工件材料	接头形式	工件厚度/mm	熔嘴数目/个	装配间隙/mm	焊接电压/V	焊接速度/(m/h)	送丝速度/(m/h)	渣池深度/mm
非刚性固定结构	Q235A Q345 20	对接接头	80	1	30	40~44	~1	110~120	40~45
			100	1	32	40~44	~1	150~160	45~55
			120	1	32	42~46	~1	180~190	45~55
		丁字接头	80	1	32	44~48	~0.8	100~110	40~45
			100	1	34	44~48	~0.8	130~140	40~45
			120	1	34	46~52	~0.8	160~170	45~55
	25 20Mn 20MnSi	对接接头	80	1	30	38~42	~0.6	70~80	30~40
			100	1	32	38~42	~0.6	90~100	30~40
			120	1	32	40~44	~0.6	100~110	40~45
			180	1	32	46~52	~0.5	120~130	40~45
			200	1	32	46~54	~0.5	150~160	45~55
		丁字接头	80	1	32	42~46	~0.5	60~70	30~40
			100	1	34	44~50	~0.5	70~80	30~40
			120	1	34	44~50	~0.5	80~90	30~40

（续）

结构形式	工件材料	接头形式	工件厚度/mm	熔嘴数目/个	装配间隙/mm	焊接电压/V	焊接速度/(m/h)	送丝速度/(m/h)	渣池深度/mm
非刚性固定结构	35	对接接头	80	1	30	38~42	~0.5	50~60	20~40
			100	1	32	40~44	~0.5	65~70	30~40
			120	1	32	40~44	~0.5	75~80	30~40
			200	1	32	46~50	~0.4	100~120	40~45
		丁字接头	80	1	32	44~48	~0.5	50~60	30~40
			100	1	34	46~50	~0.4	65~75	30~40
			120	1	34	46~52	~0.4	75~80	30~40
刚性固定结构	Q235A Q345 20	对接接头	80	1	30	38~42	~0.6	65~75	30~40
			100	1	32	40~44	~0.6	75~80	30~40
			120	1	32	40~44	~0.5	90~95	30~40
			150	1	32	44~50	~0.4	90~100	30~40
		丁字接头	80	1	32	42~46	~0.5	60~65	30~40
			100	1	34	44~50	~0.5	70~75	30~40
			120	1	34	44~50	~0.4	80~85	30~40
大断面结构	25 35 20MnMo 20MnS	对接接头	400	3	32	38~42	~0.4	65~70	30~40
			600	4	34	38~42	~0.3	70~75	30~40
			800	6	34	38~42	~0.3	65~70	30~40
			1000	6	34	38~44	~0.3	75~80	30~40

注：焊丝直径为 3mm，熔嘴板厚为 10mm，熔嘴管尺寸为 ϕ10mm×2mm，熔嘴尺寸须按表 24-23 及表 24-24 选定。

表 24-29　管极电渣焊焊接参数

结构形式	工件材料	接头形式	工件厚度/mm	管极数目/根	装配间隙/mm	焊接电压/V	焊接速度/(m/h)	送丝速度/(m/h)	渣池深度/mm
非刚性固定结构	Q235A Q345 20	对接接头	40	1	28	42~46	~2	230~250	55~60
			60	2	28	42~46	~1.5	120~140	40~45
			80	2	28	42~46	~1.5	150~170	45~55
			100	2	30	44~48	~1.2	170~190	45~55
			120	2	30	46~50	~1.2	200~220	55~60
		丁字接头	60	2	30	46~50	~1.5	80~100	30~40
			80	2	30	46~50	~1.2	130~150	40~45
			100	2	32	48~52	~1.0	150~170	45~55
刚性固定结构	Q235A Q345 20	对接接头	40	1	28	42~46	~0.6	60~70	30~40
			60	2	28	42~46	~0.6	60~70	30~40
			80	2	28	42~46	~0.6	75~80	30~40
			100	2	30	44~48	~0.6	85~90	30~40
			120	2	30	46~50	~0.5	95~100	30~40
		丁字接头	60	2	30	46~50	~0.5	60~65	30~40
			80	2	30	46~50	~0.5	70~75	30~40
			100	2	32	48~52	~0.5	80~85	30~40

注：管极采用无缝钢管，尺寸为 ϕ12mm×3mm 或 ϕ14mm×4mm。

24.6　电渣焊接头的常见缺陷及质量检验

24.6.1　电渣焊接头的常见缺陷

电渣焊接头的常见缺陷见图24-43，产生原因见表24-30。

24.6.2　电渣焊接头的质量检验

电渣焊接头的质量检验主要有外观检查和无损检测。

表24-30　电渣焊接头缺陷及预防措施

名称	特　征	产生原因	预防措施
热裂纹	1. 热裂纹一般不伸展到焊缝表面,外观检查不能发现,多数分布在焊缝中心,呈直线状或放射状,也有的分布在等轴晶区和柱晶区交界处热裂纹表面多呈氧化色彩,有的裂纹中有熔渣 2. 引出结束部分裂纹产生于焊接结束处或中间突然停止焊接处	1. 焊丝送进速度过大造成熔池过深,是产生热裂纹的主要原因 2. 母材中的S、P等杂质元素含量过高 3. 焊丝选用不当 4. 引出结束部分裂纹主要是由于焊接结束时,焊接送丝速度没有逐步降低	1. 降低焊丝送进速度 2. 降低母材中S、P等杂质元素含量 3. 选用抗热裂纹性能好的焊丝 4. 金属件冒口应远离焊接面 5. 焊接结束前应逐步降低焊丝送进速度
冷裂纹	裂纹多存在于母材或热影响区,也有的由热影响区或母材向焊缝中延伸,冷裂纹在焊接结构表面即可发现,开裂时有响声,裂纹表面有金属光泽	冷裂纹是由于焊接应力过大,金属较脆,因而沿着焊接接头处的应力集中处开裂(缺陷处) 1. 复杂结构,焊缝很多,没有进行中间热处理 2. 高碳钢、合金钢焊后没及时进炉热处理 3. 焊接结构设计不合理,焊缝密集,或焊缝在板的中间停焊 4. 焊缝有未焊透、未熔合缺陷,又没及时清理 5. 焊接过程中断,咬口没及时焊补	1. 设计时,结构上避免密集焊缝及在板中间停焊 2. 焊缝很多的复杂结构,焊接一部分焊缝后,应进行中间消除应力热处理 3. 高碳钢、合金钢焊后应及时进炉,有的要采取焊前预热,焊后保温措施 4. 焊缝上缺陷要及时清理,停焊处的咬口要趁热挖补 5. 室温低于零度时,电渣焊后要尽快进炉,并采取保温措施
未焊透	焊接过程中母材没有熔化与焊缝之间造成一定缝隙,内部有熔渣,在焊缝表面即可发现	1. 焊接电压过低 2. 焊缝送进速度太小或太快 3. 渣池太深 4. 电渣过程不稳定 5. 焊丝或熔嘴距水冷成形滑块太远,或在装配间隙中位置不正确	1. 选择适当的焊接参数 2. 保持稳定的电渣过程 3. 调整焊丝或熔嘴,使其距水冷成形滑块距离及在焊缝中位置符合焊接要求
未熔合	焊接过程中母材已熔化,但焊缝金属与母材没有熔合,中间有片状夹渣,未熔合一般在焊缝表面即可发现,但也有的不延伸至焊缝表面	1. 焊接电压过高送丝速度过低 2. 渣池过深 3. 电渣过程不稳定 4. 熔剂熔点过高	1. 选择适当的焊接参数 2. 保持电渣过程稳定 3. 选择适当的熔剂
气孔	氢气孔在焊缝断面上呈圆形,在纵断面上沿焊缝中心线方向生长,多集中于焊缝局部地区	主要是水分进入渣池 1. 水冷成形滑块漏水 2. 耐火泥进入渣池 3. 熔剂潮湿	1. 焊前仔细检查水冷成形滑块 2. 熔剂应烘干
	一氧化碳气孔在焊缝横断面上呈密集的蜂形,在纵截面上沿柱晶方向生长,一般整条焊缝都有	1. 采用无硅焊丝焊接沸腾钢,或硅含量低的钢 2. 大量氧化铁进入渣池	1. 焊接沸腾钢时采用含硅焊丝 2. 工件焊接面应仔细清除氧化皮,焊接材料应去锈

（续）

名称	特　征	产生原因	预防措施
夹渣	常存在于电渣焊缝中或熔合线上，常呈圆形，中有熔渣	1. 电渣过程不稳定 2. 熔剂熔点过高 3. 熔嘴电渣焊时，采用玻璃丝棉绝缘时，绝缘块进入渣池数量过多	1. 保持稳定电渣过程 2. 选择适当熔剂 3. 采用玻璃丝棉的绝缘方式

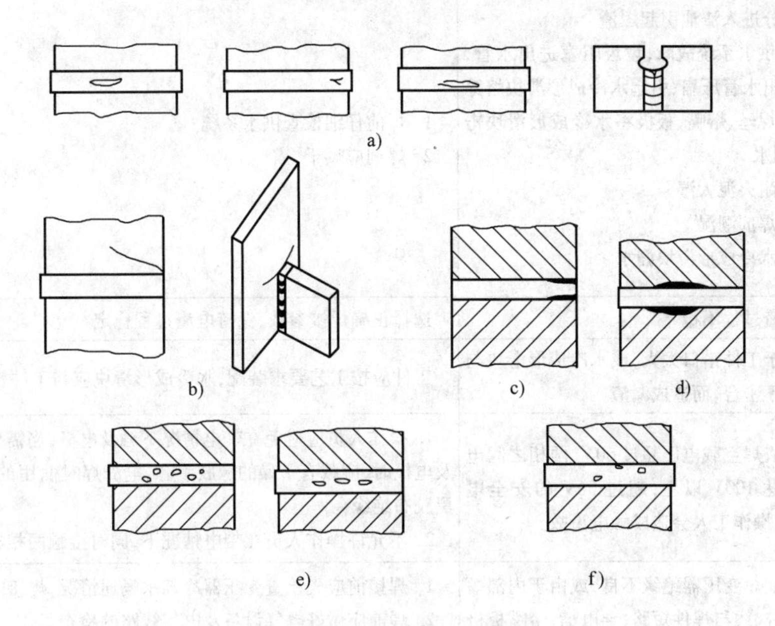

图 24-43　电渣焊接头常见缺陷

a）热裂纹　b）冷裂纹　c）未焊透　d）未熔合　e）气孔　f）夹渣

（1）外观检查　电渣焊后清除熔渣，割除起焊槽和引出板后，检查焊接接头是否存在表面裂纹、未焊透、未熔合、夹渣、气孔等缺陷，如有上述缺陷应清除后焊补。

（2）无损检测　对电渣焊接头内部质量应进行无损检测，主要采用超声波检测。对重要结构，也可采用射线检测和磁粉检测。

电渣焊接头中的裂纹、未焊透、未熔合等缺陷有方向性，对接接头使用斜探头检测，丁字接头和角接接头应使用平探头在面板处检测，见图 24-44。

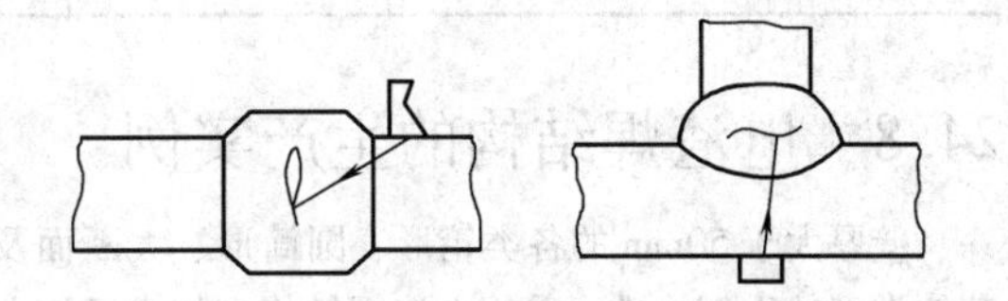

图 24-44　电渣焊接头超声波检测示意图

24.7　电渣焊安全技术

电渣焊是一个综合工种，除发生电焊、气割等安全事故，还会发生表 24-31 中的安全事故。

表 24-31　进行电渣焊时的安全事故及预防措施

安全事故	产生原因	预防措施
有害气体中毒	焊接时焊剂中的 CaF_2 分解，产生较多的 HF 气体，危害人体	1. 选用 CaF_2 含量低的焊剂 2. 设计的电渣焊工作区应有排除有害气体的措施 3. 设计的电渣焊结构应尽量避免使工人在狭窄的空间中操作，对于通风不良的结构应开排气孔 4. 进入半封闭的筒体、梁体进行操作时，时间不能过长，并应有人在外面接应。

（续）

安全事故	产生原因	预防措施
爆渣或漏渣引起的烧伤	焊接面附近有缩孔，焊接时熔穿，气体进入渣池，引起严重爆渣	焊前对焊件应严格检查有无缩孔和裂纹等缺陷，要清除干净，焊补后方能进行电渣焊接
	起爆槽、引出板与工件之间间隙大，熔渣漏入间隙引起爆渣	提高装配质量
	水分进入渣池引起爆渣 1. 供水系统故障，垃圾阻塞进出水管，或进出水管压扁，引起水冷成形滑块熔穿 2. 焊丝、熔嘴、板极将水冷成形滑块击穿，漏水 3. 耐火泥太湿 4. 焊剂潮湿 5. 水冷成形滑块漏水	1. 焊前仔细检查供水系统 2. 焊剂应烘干
	电渣过程不稳	选择正确焊接参数，保持电渣过程稳定
	由于工件错口太大，或水冷成形滑块与工件不密合，而造成漏渣	工件应按工艺要求装配，水冷成形滑块应与工件密合
触电事故	电渣焊空载电压超过60V，两相之间电压可达100V以上，超过36V的安全电压，对操作工人会造成触电事故	1. 操作人员应避免在带电情况下触及电极，当需要在带电情况下触及电极时，应戴有干燥的橡胶手套，电渣焊时使用的扳手、旋具等应用黑胶布绝缘 2. 不允许操作人员在带电情况下，同时接触两相电极
变压器烧坏事故	电渣焊变压器绝缘不良，或由于内部短路，二次线与焊件短路，导电嘴、熔嘴板极与焊件短路，造成电流过大，将变压器烧坏	1. 焊接前应先检查变压器冷却水畅通情况，焊接时严禁停水 2. 焊前应做好电气设备及电气线路的检查工作 3. 焊接操作时应防止导电嘴、熔嘴、板极与工件短路，如有短路发生，应立即切断电源

24.8 电渣焊结构的生产实例

壁厚大于50mm的各类箱形、圆筒形、大断面及其他类型的重型构件，采用电渣焊结构在技术经济上是较合适的。采用板-焊、锻-焊或铸-焊结构取代整锻、整铸结构，从而使设计的零件可以不受铸、锻设备吨位级的限制。在20世纪60年代初制造成的1.2×10^{8}N水压机就是一个突出的例子。

例1 大型水压机工作缸（图24-45）

工作缸采用铸-焊结构，材质为ZG230—450。采用丝极电渣焊将三段拼焊而成，由于缸体各段长度与直径尺寸相近，故一条电渣焊环缝不必采取反变形措施。但为了减少缸体轴线方向上的总变形量，两条电渣焊缝引弧位置应交叉180°。缸体壁厚大于200mm，为减少冒口部分的切割量，采用斗式引弧板引弧（图24-34）。

为了消除焊接应力及改善焊接接头的力学性能，工作缸按图24-46要求进行正火—回火热处理。

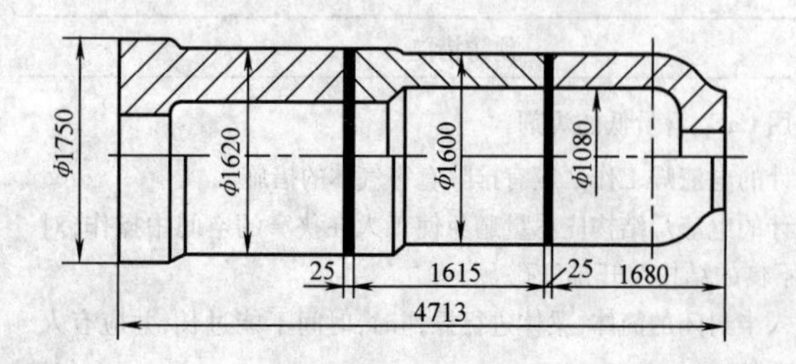

图24-45 水压机工作缸

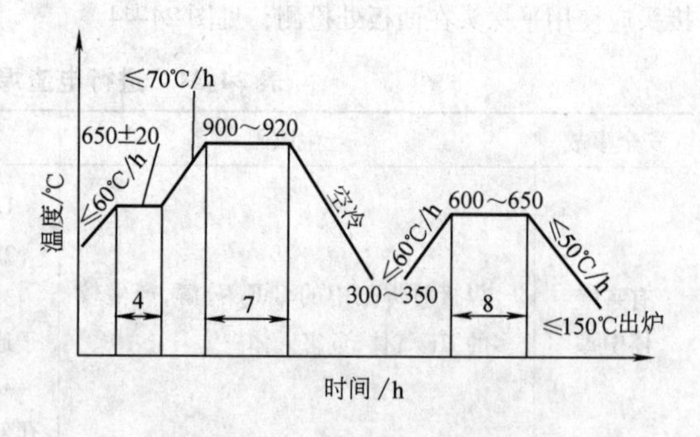

图24-46 工作缸正火—回火条件

例2 立辊轧机机架（图24-47）

立辊轧机机架重达90t，材质为ZG270—500，结构较复杂，由左、右牌坊及前、后之上、下横梁组成。机架上、下横梁分段处为空心断面。为适应电渣焊工艺需要，在焊接接头部分将其空心断面铸成矩形断面，图24-48为其焊接坡口尺寸。每个立辊牌坊有4个焊接接头（图24-49）可分二次施焊。首先焊接接头Ⅱ，然后翻身焊接接头Ⅰ。均采用多熔嘴电渣焊。图24-50为其熔嘴排列尺寸及引弧底板尺寸。焊接条件及焊后正火—回火热处理条件分别见表24-32和图24-51。

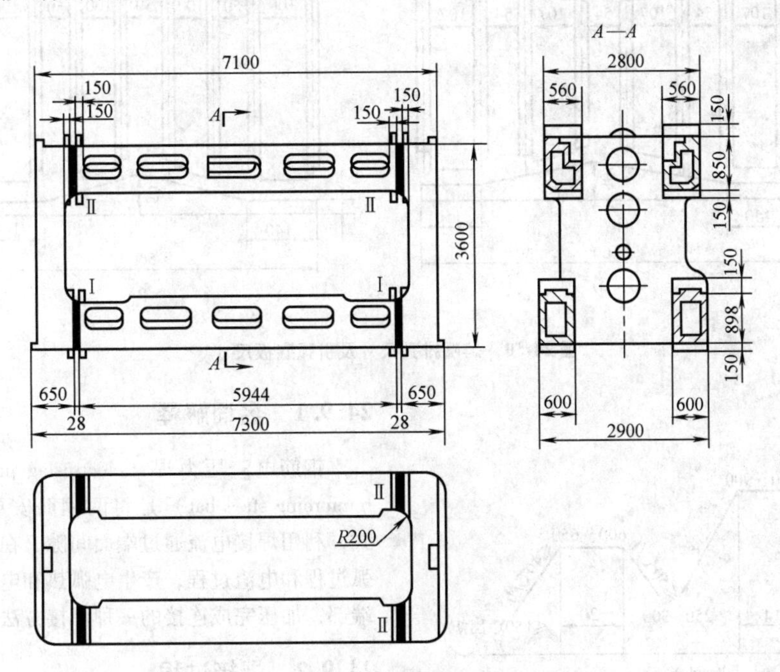

图24-47 立辊轧机机架

表24-32 立辊机架焊接条件

接头	焊缝位置	焊接断面尺寸 宽/mm×高/mm	熔嘴数量 /个	熔嘴尺寸 厚/mm×宽/mm	丝距比 (a/b)	焊接电压 /V	送丝速度 /(m/h)	备注
Ⅱ	上横梁与牌坊	560×1150	4	10×100	1.83	38~42	72~74	焊接材料 焊丝：ϕ3.2 H10Mn2 焊剂：焊剂-431 熔嘴：10Mn2
Ⅰ	下横梁与牌坊	600×1198	4	10×107	1.83	38~42	74~76	

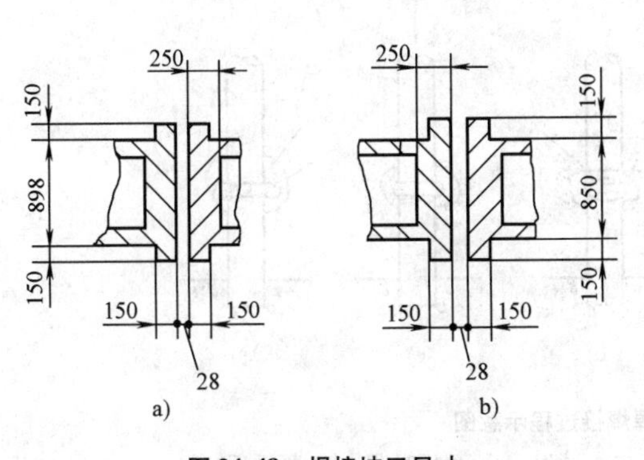

图24-48 焊接坡口尺寸

a）接头Ⅰ b）接头Ⅱ

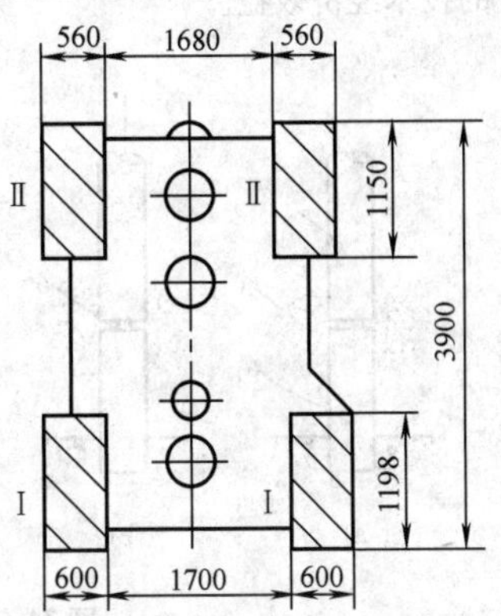

图24-49 焊接接头

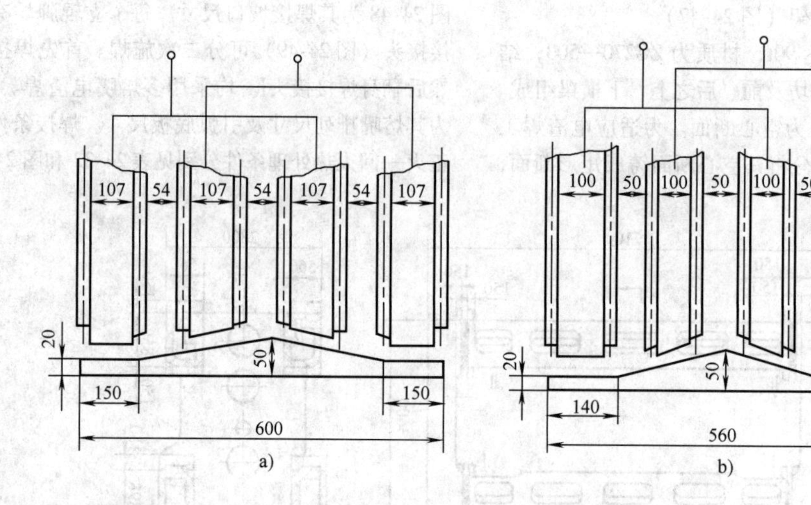

图 24-50　熔嘴排列尺寸及引弧底板尺寸

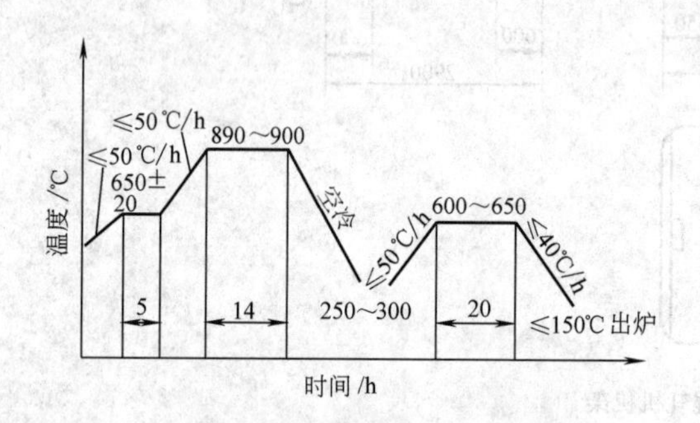

图 24-51　立辊机架正火—回火条件

24.9　电渣压力焊的基本原理[8]

电渣压力焊主要用于钢筋混凝土建筑工程中竖向钢筋的连接。钢筋电渣压力焊技术曾被国家科委、建设部列入重点推广项目计划。几年来，在全国建筑工程中，每年推广应用几百万个以上的焊接接头，取得了十分显著的技术经济效益。

24.9.1　名词解释

钢筋电渣压力焊（electroslag pressure welding of reinforcing steel bar）是将两钢筋安放成竖向对接形式，利用焊接电流通过端面间隙，在焊剂层下形成电弧过程和电渣过程，产生电弧热和电阻热，熔化钢筋端部，加压完成连接的一种焊接方法。

24.9.2　焊接过程

钢筋电渣压力焊具有电弧焊、电渣焊和压力焊的特点。焊接过程包括四个阶段，如图 24-52 所示；各个阶段的焊接电压与焊接电流波形变化（各取 0.1s），如图 24-53 所示。

（1）引弧过程　上、下两钢筋分别与弧焊电源两个输出端连接，钢筋端部埋于焊剂之中，两端面之间留有一定间隙。采用接触引弧，具体的引弧方法有两种。一种是直接引弧法，当弧焊电源（电弧焊机）

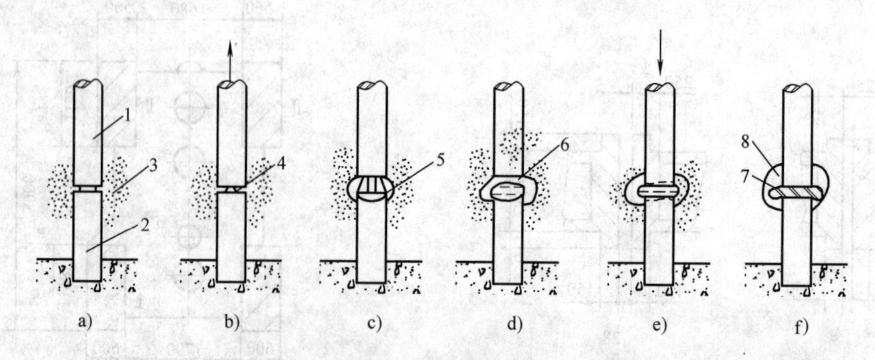

图 24-52　钢筋电渣压力焊焊接过程示意图

a）引弧前　b）引弧过程　c）电弧过程　d）电渣过程　e）顶压过程　f）凝固后

1、2—上、下钢筋　3—焊剂　4—电弧　5—熔池　6—熔渣（渣池）　7—焊包　8—渣壳

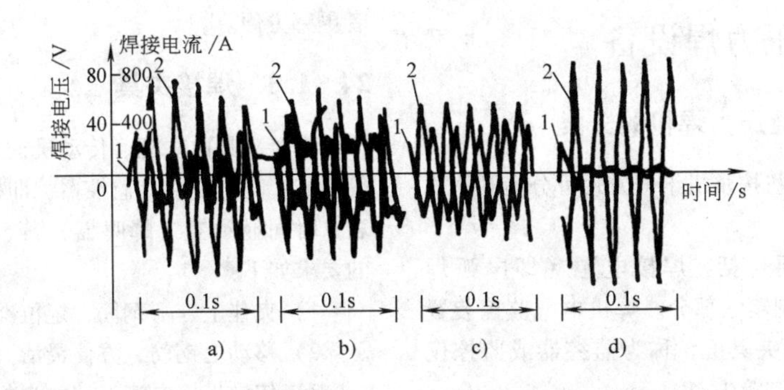

图 24-53　焊接过程中各个阶段的焊接电压与焊接电流

a）引弧过程　b）电弧过程　c）电渣过程　d）顶压过程

1—焊接电压　2—焊接电流

一次回路接通后，将上钢筋下压至与下钢筋接触，并立即上提，产生电弧。另一种方法是铁丝圈引弧法，在两钢筋的间隙中预先安放一个高 10mm 的引弧铁丝圈或者一个 ϕ3. 2mm、高约 10mm 的焊条芯，当焊接电流通过时，由于铁丝（焊条芯）细，电流密度大，立即熔化、蒸发、原子电离而引弧。

（2）电弧过程　焊接电弧在两钢筋之间燃烧，电弧热将两钢筋端部熔化。由于热量容易向上流动，上钢筋端部的熔化量约为整个接头钢筋熔化量的 3/5 ~ 2/3，略大于下钢筋端部熔化量。

随着电弧的燃烧，熔化的金属形成熔池，熔融的焊剂形成熔渣（渣池），覆盖于熔池之上。熔池受到熔渣和焊剂蒸气的保护，不与空气接触。

随着电弧的燃烧，上下两钢筋端部逐渐熔化，为保持电弧的稳定，上钢筋应不断下送，下送速度应与钢筋熔化速度相适应。

（3）电渣过程　随着电弧过程的延续，两钢筋端部熔化量增加，熔池和渣池加深，待达到一定深度时，加快上钢筋的下送速度，使其端部直接与渣池接触，这时，电弧熄灭，电弧过程变为电渣过程。

电渣过程是利用焊接电流通过液体渣池产生的电阻热对两钢筋端部继续加热，渣池温度可达到1600 ~ 2000℃。

（4）顶压过程　待电渣过程产生的电阻热使上、下两钢筋的端部达到全断面均匀加热的时候，迅速将上钢筋向下顶压，液态金属和熔渣全部挤出，随即切断电源，焊接结束。冷却打掉渣壳后，露出带金属光泽的焊包，如图 24-54 所示。

24. 9. 3　焊接接头特征

在钢筋电渣压力焊过程中，进行着一系列的冶金过程和热过程。熔化的液态金属与熔渣进行着氧化、

图 24-54　钢筋电渣压力焊接头外形

a）未去渣壳前　b）打掉渣壳后

还原、渗合金、脱氧等化学冶金反应，两钢筋端部经受电弧过程和电渣过程的热循环作用，焊缝呈柱状树枝晶，这是熔焊的特征。最后，液态金属被挤出，使焊缝区很窄，这是压焊的特征。

钢筋电渣压力焊属熔化压力焊范畴。

24. 10　钢筋电渣压力焊机的特点和适用范围

钢筋电渣压力焊机操作方便、效率高，适用于现浇混凝土结构竖向或斜向（倾斜度在 4∶1 范围内）钢筋的连接，钢筋的级别为Ⅰ、Ⅱ级，直径为 14 ~ 40mm。

钢筋电渣压力焊主要用于柱、墙、烟囱、水坝等现浇混凝土结构（建筑物、构筑物）中竖向受力钢筋的连接，但不得在竖向焊接之后，再横置于梁、板等构件中作水平钢筋用。这是根据其工艺特点和接头性能所作出的规定。

24.11　电渣压力焊设备

24.11.1　钢筋电渣压力焊机的分类

钢筋电渣压力焊机按整机组合方式可分为同体式和分体式两类。

分体式焊机主要包括：焊接电源（即电弧焊机）、焊接夹具和控制箱三部分。焊机电气监控装置的元件部分装于焊接夹具上，称为监控器或监控仪表；另一部分装于控制箱内。

同体式焊机是将控制箱的电气元件组装于焊接电源的机壳内，另加焊接夹具以及电缆等附件。

两种类型的焊机各有优点，分体式焊机便于施工单位充分利用现有的电弧焊机，可节省一次性投资；也可同时购置电弧焊机，这样比较灵活。同体式焊机便于建筑施工单位一次投资就位，购入即可使用。

钢筋电渣压力焊机按操作方式可分成手动式和自动式两种。

手动式焊机使用时，是由焊工按按钮，接通焊接电源，将钢筋上提或下送，引燃电弧，再缓缓地将上钢筋下送，至适当时候，根据预定时间所给予的信号（时间显示管显示、蜂鸣器响声等），加快下送速度，使电弧过程转变为电渣过程，最后用力向下顶压，切断焊接电源，焊接结束。因有自动信号装置，故有的称半自动焊机。

自动焊机使用时，是由焊工按按钮，自动接通焊接电源，通过电动机使上钢筋移动，引燃电弧，自动完成电弧、电渣及顶压过程，并切断焊接电源。

钢筋电渣压力焊是在建筑施工现场进行的，即使焊接过程是自动操作，但钢筋安放以及装卸焊剂等均需辅助工操作。这与工厂内机器人自动焊接有很大差别。

24.11.2　焊接电源

在钢筋电渣压力焊中，可采用较大容量（额定焊接电流500A或以上）的弧焊电源（电弧焊机）作为焊接电源，交流或直流均可，焊机的容量应根据所焊钢筋直径选定。

常用的交流弧焊电源，其型号有：BX3—500—2、BX3—630、HYS—630、BX2—700、BX2—1000等，此外，还有一些专门设计制造的电渣压力焊机焊接电源。

若采用直流弧焊电源，可用ZX5—630型晶闸管弧焊整流器或硅弧焊整流器，焊接过程更加稳定。

在焊机正面板上，一般都有焊接电流指示，或焊接钢筋直径指示。有些交流电弧焊机，将转换开关Ⅰ档标为焊条电弧焊，将Ⅱ档标为电渣压力焊，使操作者更感方便。

24.11.3　焊接夹具

焊接夹具由立柱、传动机构、上下夹钳、焊剂罐等组成。其上安装有监控器，即控制开关、二次电压表、时间显示器（蜂鸣器）等，其主要功能和对它的要求如下：

1）夹住上、下钢筋，定位准确，上下同心。

2）移动上钢筋，方便灵活。

3）传导焊接电流，接触良好（亦可另用焊钳夹住钢筋导电）。

4）焊剂罐直径与焊接钢筋直径相适应，防止焊接过程中烧坏，装卸焊剂方便。

5）具有足够的刚度，在最大允许载荷下，移动灵活、操作便利、结实、耐用。

6）装有监控器以便准确掌握各项焊接参数。

手动钢筋电渣压力焊机的加压方式有两种：杠杆式和摇臂式。前者利用杠杆原理实现上钢筋的上、下移动和加压；后者利用摇臂，通过锥齿轮实现上钢筋的上、下移动和加压。

自动电渣压力焊机的操作方式有三种。

1）电动凸轮式。其基本原理框图如图24-55所示。凸轮按上钢筋位移轨迹设计，采用直流微电动机带动凸轮，使上钢筋向下移动，并利用自重加压。在电气线路上，调节可变电阻，改变晶闸管触发点和电动机转速，从而改变焊接通电时间，满足不同直径钢筋焊接的需要。

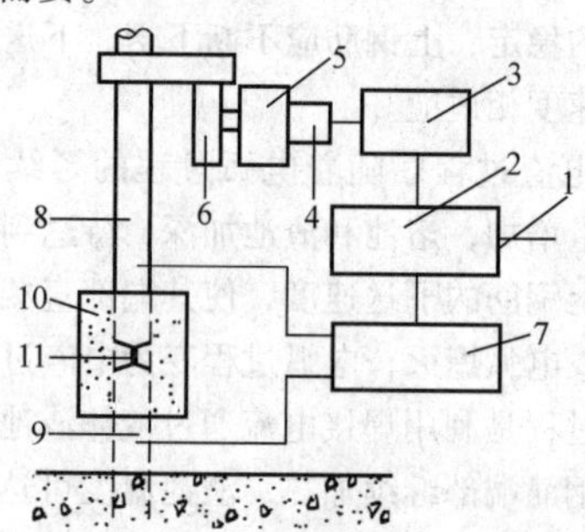

图24-55　电动凸轮式钢筋自动电渣压力焊机基本原理框图

1—电源输入　2—控制箱　3—操作箱　4—电动机　5—减速器　6—凸轮　7—焊接变压器　8—上钢筋　9—下钢筋　10—焊剂　11—引弧圆

2）电动丝杠式。采用直流电动机，利用电弧电压、电渣电压负反馈控制电动机转向和转速，通过丝杠将上钢筋向上、下移动并加压。

电压控制在22～27V，根据钢筋直径选用合适的焊接电流和焊接通电时间。焊接开始后，全部过程自动完成。

3）智能化型。全封闭全自动智能化型焊机可对施焊工艺的全过程进行监测、运算、补偿，只要设定钢筋直径，即可自动调整参数，完成焊接。

24.11.4　控制箱

控制箱的主要作用是，通过焊工操作使弧焊电源的一次线路接通或断开。

控制箱内的主要电气元件是接触器、控制变压器、继电器等。控制箱正面板上装有一次电压表、电源开关、指示灯。有些控制箱上刻有参数表供参考选用。

常见的电渣压力焊机电气原理图，见图 24-56。

24.11.5　几种钢筋电渣压力焊机

几种钢筋电渣压力焊机见图 24-57～图 24-59。

HYS630 竖向钢筋电渣压力焊机产品特点及技术参数：

1）产品性能特点

① 包括控制系统的一体式动圈交流焊接电源；主回路采用晶闸管模块，灵敏可靠，与用接触器控制方式相比振动小、噪声低，维护简单。

② 一台焊机可配多套卡具，流水作业，工作效率高。无空载损耗，节约电能。

③ 卡具体积小、重量轻、装卡方便，适于焊接密度较大的钢筋。

④ 焊接电压、时间显示为一体，引弧可靠、操作简便。

⑤ 施工距离半径可达 20m 以上，施工中无明火、明弧及铁液飞溅，安全系数高，可作为普通交流焊条电弧焊机使用。

2）主要技术参数，见表 24-33。

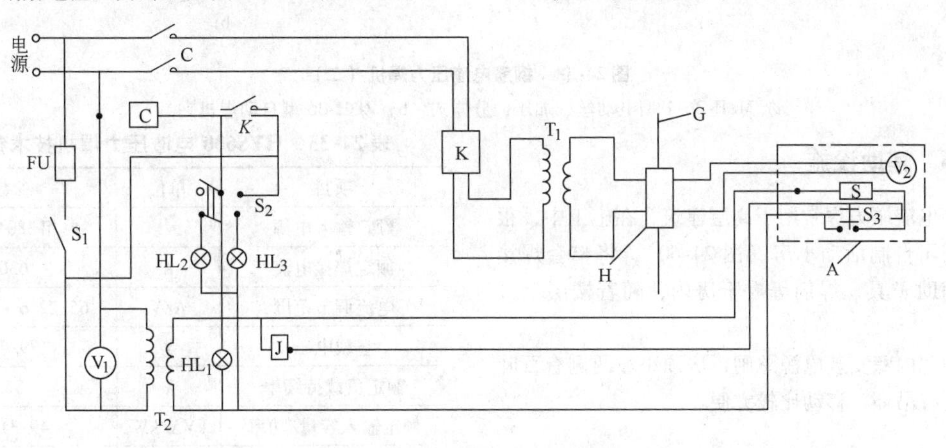

图 24-56　电渣压力焊机电气原理图

S_1—电流粗调开关　S_2—电源开关　S_3—转换开关　T_1—弧焊变压器　T_2—控制变压器　K—通用继电器　HL_1—电源指示灯　HL_2—电渣压力焊指示灯　HL_3—焊条电弧焊指示灯　V_1—一次电压表　V_2—二次电压表　S—时间显示器　H—焊接夹具　C—交流接触器　FU—熔断器　G—钢筋　A—监控器

图 24-57　钢筋电渣压力焊机（一）

a）LDZ-32 型，杠杆加压，同体式　b）MH-36 型，摇臂加压，分体式

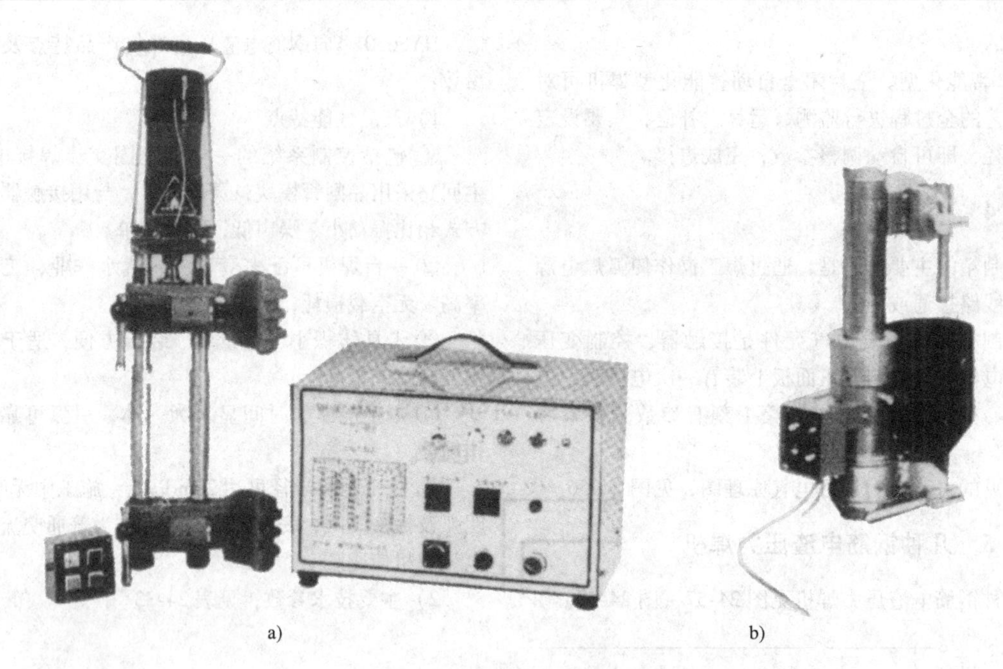

a) b)

图 24-58 钢筋电渣压力焊机（二）

a）MZH-36-1 型电动丝杠加压，分体式 b）ZDH-36 型自动焊机夹具

24.11.6 辅助设施

钢筋电渣压力焊常用于高层建筑，在施工中，很多建筑公司自制活动小房（图 24-60），将整套焊接设备、辅助 T 具、焊剂等放于房内，随着楼层上升而提。

活动房内壁安装电源总闸，房顶小坡两侧有百叶窗，四角有吊环，移动比较方便。

图 24-59 HYS630 竖向钢筋电渣压力焊机

表 24-33 HYS630 电渣压力焊机技术参数

项目	单位	参数
额定输入电源		单相 380V 50Hz
额定焊接电流	A	630
电流调节范围	A/V	65/22.6～750/44
空载电压	V	79/75
额定负载持续率	%	35
额定输入容量/功率	kVA/kW	49/31.2
额定输入电流	A	129
可焊钢筋直径	mm	ϕ14～ϕ36
电渣焊状态电源空载电流	mA	15
电渣焊状态安全空载电压	V	0
重量	kg	电源 225，卡具 9.6
外形尺寸	mm	730×524×915

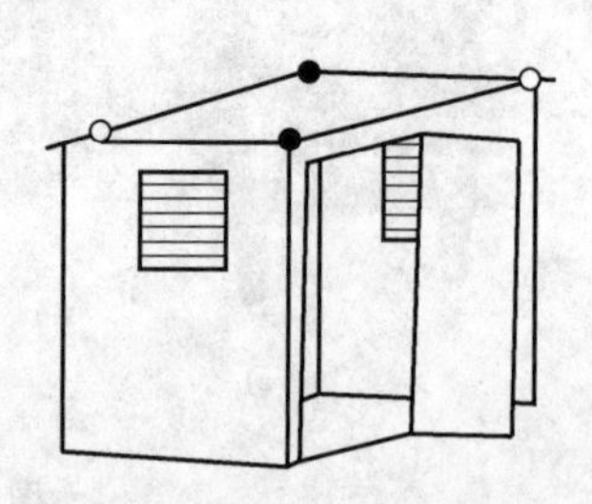

图 24-60 钢筋电渣压力焊机活动房

24.12 焊剂

24.12.1 焊剂的作用

在钢筋电渣压力焊过程中，焊剂的主要作用是：①通过熔化后产生气体和熔渣保护电弧和熔池，保护焊缝金属，防止氧化和氮化；②减少焊缝金属中元素的蒸发和烧损；③使焊接过程稳定；④具有脱氧和掺合金的作用，使焊缝金属获得所需要的化学成分和力学性能；⑤熔化后形成渣池，电流通过渣池产生大量的电阻热；⑥包括被挤出的液态金属和熔渣，使接头获得良好成形；⑦渣壳对接头有保温缓冷作用。

对焊剂的基本要求：①保证焊缝金属获得所需要的化学成分和力学性能；②保证电弧燃烧稳定；③对锈、油及其他杂质的敏感性要小，硫、磷含量要低，保证焊缝中不产生裂纹和气孔等缺陷；④焊剂在高温状态下要有合适的熔点和黏度以及一定的熔化速度，保证焊缝成形良好，焊后有良好的脱渣性；⑤焊剂在焊接过程中不应析出有毒气体；⑥焊剂的吸潮性要小；⑦具有合适的粒度，焊剂的颗粒要具有足够的强度，以保证焊剂的多次使用。

24.12.2 焊剂的分类和牌号编制方法

焊剂牌号编制方法，按照前企业标准：在牌号前加“焊剂”（HJ）二字，牌号中第一位数字表示焊剂中氧化锰含量，见表 24-34，牌号中第二位数字表示焊剂中二氧化硅和氟化钙的含量，见表 24-35；牌号中第三位数字表示同一牌号焊剂的不同品种，按 0、1、2、…、9 顺序排列。

表 24-34 焊剂牌号、类型和氧化锰含量

牌 号	类 型	氧化锰含量（质量分数,%）
HJ 1××	无锰	≤2
HJ 2××	低锰	2~15
HJ 3××	中锰	15~30
HJ 4××	高锰	>30
HJ 5××	陶质型	—
HJ 6××	烧结型	—

同一牌号焊剂具有两种不同颗粒度时，在细颗粒焊剂牌号后加“细”字表示。

24.12.3 几种常用焊剂

几种常用焊剂及其组成成分，见表 24-36。焊剂 330 和焊剂 350 均为熔炼型中锰焊剂。前者呈棕红色玻璃状颗粒，粒度为 0.4~3mm；后者呈棕色伞浅黄色玻璃状颗粒，粒度为 0.4~3mm 及 0.25~1.6mm。焊剂 431 和焊剂 430 均为熔炼型高锰焊剂，前者为棕色至褐绿色玻璃状颗粒，粒度为 0.4~3mm 及 0.25~1.6mm。上述四种焊剂均可交、直流两用。现在施工中，常用的是 HJ431。

表 24-35 焊剂牌号、类型和二氧化硅、氟化钙含量

牌号	类 型	二氧化硅含量（质量分数,%）	氟化钙含量（质量分数,%）
HJ×1×	低硅低氟	<10	<10
HJ×2×	中硅低氟	10~30	<10
HJ×3×	高硅低氟	>30	<10
HJ×4×	低硅中氟	<10	10~30
HJ×5×	中硅中氟	10~30	10~30
HJ×6×	高硅中氟	>30	10~30
HJ×7×	低硅高氟	<10	>30
HJ×8×	中硅高氟	10~30	>30

焊剂若受潮，使用前必须烘焙，以防止焊接接头中产生气孔等缺陷。烘焙温度一般为 250℃，保温 1~2h。

24.12.4 国家标准焊剂型号

GB/T 12470—2003《埋弧焊用低合金钢焊丝和焊剂》中焊剂型号是按照埋弧焊焊缝金属力学性能、焊剂渣系以及焊丝牌号来表示，与前企业标准有所不同，表示方法如图 24-61。F（Flux）表示焊剂。

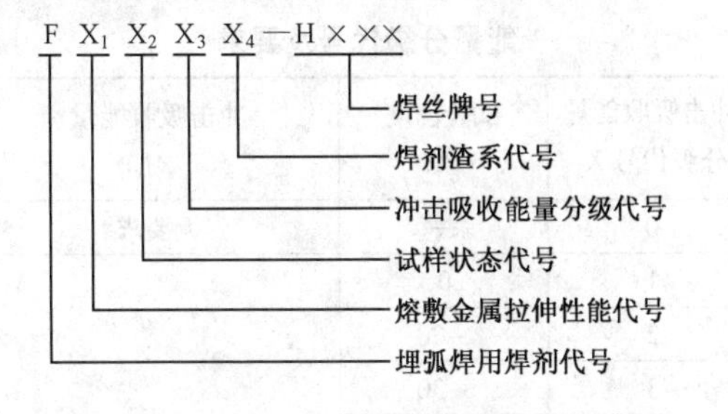

图 24-61 焊剂型号表示方法

1）熔敷金属的拉伸性能代号 X_1 分为 5、6、7、8、9、10 六类，每类均规定了抗拉强度、屈服强度及伸长率三项指标，见表 24-37。

2）试样状态代号 X_2，用“0”或“1”表示，见表 24-38。

3）熔敷金属冲击吸收能量分级代号 X_3，分为 0、1、2、3、4、5、6、8 及 10 级，见表 24-39。

4）焊剂渣系代号 X_4 的分类见表 24-40。

表 24-36 常见焊剂的组成成分（质量分数） （%）

焊剂牌号	SiO_2	CaF_2	CaO	MgO	Al_2O_3	MnO	FeO	$K_2O + NaO$	S	P
HJ 330	44～48	3～6	≤3	16～20	≤4	22～26	≤1.5	—	≤0.08	≤0.08
HJ 350	30～55	14～20	10～18	—	13～18	14～19	≤1.0	—	≤0.06	≤0.06
HJ 430	38～45	5～9	≤6	—	≤5	38～47	≤1.8	—	≤0.10	≤0.10
HJ 431	40～44	3～6.5	≤5.5	5～7.5	≤4	34～38	≤1.8	—	≤0.08	≤0.08

表 24-37 拉伸性能代号及要求

拉伸性能代号 X_1	抗拉强度 R_m/MPa	屈服强度 R_e/MPa	伸长率 A(%)
5	480～650	≥380	≥22.0
6	550～690	≥460	≥20.0
7	620～760	≥540	≥17.0
8	690～820	≥610	≥16.0
9	760～900	≥680	≥15.0
10	820～970	≥750	≥14.0

表 24-38 试样状态代号

试样状态代号 X_2	试样状态
0	焊 态
1	焊后热处理状态

按照现行国家标准规定，当焊接Ⅰ级钢筋时，可采用 F5004 焊剂：当焊接Ⅱ级钢筋时，可采 F6004 焊剂。考虑到在实际生产中，以应用Ⅱ级钢筋为主，并且往往是Ⅰ级钢筋和Ⅱ级先后应用，故统一采用 F6004 焊剂比较方便。

表 24-39 熔敷金属 V 形缺口冲击吸收能量分级代号及要求

冲击吸收能量分级代号 X_3	试验温度 /℃	冲击吸收能量 /J
0	—	无要求
1	0	≥27
2	−20	
3	−30	
4	−40	
5	−50	
6	−60	
8	−80	
10	−100	

应该指出，进行埋弧焊时需要加入填充焊丝，而在钢筋电渣压力焊中则不加填充焊丝。所以，在钢筋电渣压力焊施工中，常采用 HJ431 焊剂。

表 24-40 焊剂渣系分类及组分

渣系代号 X_4	主要组分（质量分数）	渣系
1	$CaO + MgO + MnO + CaF_2 > 50\%$ $SiO_2 \leq 20\%$ $CaF_2 \geq 15\%$	氟碱型
2	$Al_2O_3 + CaO + MgO_2 > 45\%$ $Al_2O_3 \geq 20\%$	高铝型
3	$CaO + MgO + SiO_2 > 60\%$	硅钙型
4	$MnO + SiO_2 > 50\%$	硅锰型
5	$Al_2O_3 + TiO_2 > 45\%$	铝钛型
6	不作规定	其他型

24.12.5 YD40—Ⅲ型钢筋电渣压力焊专用焊剂

某厂生产一种钢筋电渣压力焊专用焊剂 YD40—Ⅲ（YL40—Ⅲ）。该焊剂成分配比见表 24-41。碱度值B_1 = 0.85～1。

表 24-41 YD40—Ⅲ型焊剂成分配比（质量分数） （%）

$SiO_2 + MnO$	$Al_2O_3 + TiO_2$	$CaO + MgO + CaF_2$	其他
>50	<20	<25	<5

该焊剂中加入足够量的碱土金属及钛铁矿等稳弧剂，再加入适量 CaF_2。为提高熔渣电导率，加入适量的 Al_2O_3，并适当降低 SiO_2，既可降低熔渣冶金活性，又可确保熔渣有适宜的高温黏度等。采用该焊剂有利于起弧，电弧燃烧稳定，电渣过程平稳。

24.13 电渣压力焊工艺

24.13.1 操作要求

电渣压力焊的工艺过程和操作应符合下列要求：

1）焊接夹具的上下钳口应夹紧于上、下钢筋的适当位置，钢筋一经夹紧，严防晃动，以免上、下钢筋错位和夹具变形。

2）引弧宜采用铁丝圈或焊条芯引弧法，也可采用直接引弧法。

3）引燃电弧后，先进行电弧过程，然后转变为电渣过程，最后，在断电的同时，迅速下压上钢筋，挤出熔化金属和熔渣，如图 24-62a 所示。

4）焊毕后应停歇适当时间，再回收焊剂和卸下焊接夹具。敲去渣壳，四周焊包应均匀凸出钢筋表面至少 4mm，如图 24-62b 所示。

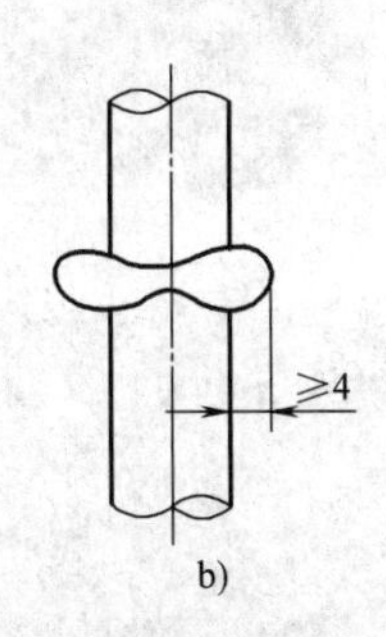

a)　　b)

图 24-62　钢筋电渣压力焊的焊接过程及接头尺寸

a）钢筋电渣压力焊挤出熔化金属和熔渣[9]

b）钢筋电渣压力焊接头尺寸

焊接参数图解，见图 24-63。图中钢筋位移 S 指采用铁丝圈（焊条芯）引弧法。

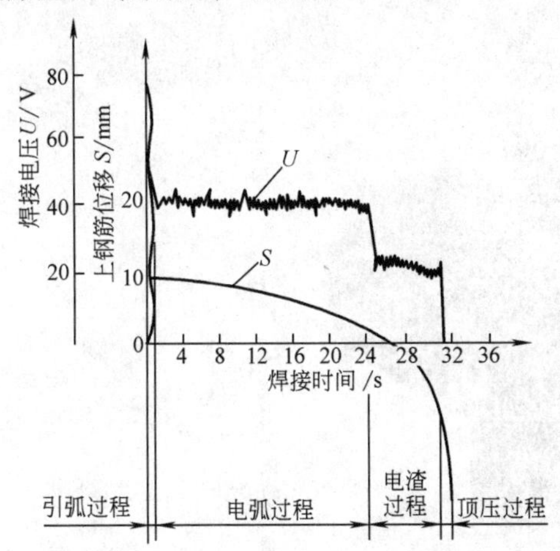

图 24-63　钢筋电渣压力焊焊接参数图解（ϕ32mm）

24.13.2　电渣压力焊参数

电渣压力焊的主要焊接参数是焊接电流、焊接电压和焊接通电时间，见表 24-42。不同直径钢筋焊接时，按较小直径钢筋选择参数，焊接通电时间适当延长。

24.13.3　焊接缺陷及消除措施

在焊接生产中应认真进行自检。若发现接头偏心、弯折、烧伤等焊接缺陷，宜按表 24-43 查找原因，及时消除。

表 24-42　电渣压力焊焊接参数

钢筋直径/mm	焊接电流/A	焊接电压/V		焊接通电时间/s	
		电弧过程 $U_{2.1}$	电渣过程 $U_{2.2}$	电弧过程 t_1	电渣过程 t_2
14	200 ~ 220	35 ~ 45	22 ~ 27	12	3
16	200 ~ 250			14	4
18	250 ~ 300			15	5
20	300 ~ 350			17	5
22	350 ~ 400			18	6
25	400 ~ 450			21	6
28	500 ~ 550			24	6
32	600 ~ 650			27	7
36	700 ~ 750			30	8
40	850 ~ 900			33	9

表 24-43　电渣压力焊焊接缺陷及消除措施

项次	焊接缺陷	消除措施
1	轴线偏移	1. 矫直钢筋端部 2. 正确安装夹具和钢筋 3. 避免过大的顶压力 4. 及时修理或更换夹具
2	弯折	1. 矫直钢筋端部 2. 注意安装与扶持上钢筋 3. 避免过快卸夹具 4. 修理或更换夹具
3	咬边	1. 减小焊接电流 2. 缩短焊接时间 3. 注意上钳口的起始点，确保上钢筋顶压到位
4	未熔合	1. 增大焊接电流 2. 避免焊接时间过短 3. 检修夹具，确保上钢筋下送自如
5	焊包不匀	1. 钢筋端面力求平整 2. 填装焊剂尽量均匀 3. 延长焊接时间，适当增加熔化量
6	气孔	1. 按规定要求烘焙焊剂 2. 消除钢筋焊接部位的铁锈 3. 确保钢筋在焊剂中合适的埋入深度
7	烧伤	1. 钢筋导电部位除净铁锈 2. 尽量夹紧钢筋
8	焊包下淌	1. 彻底封堵焊剂罐的漏孔 2. 避免焊后过快回收焊剂

24.14　接头的组织和性能

24.14.1　电渣压力焊接头金相组织

上钢筋为 BSt42/50RU 德国进口钢筋，直径为 ϕ22mm；下钢筋为 20MnSiⅡ级钢筋，直径为 ϕ25mm，采用电动凸轮式钢筋自动电渣压力焊机焊接。图 24-64为接头的宏观组织和显微组织。

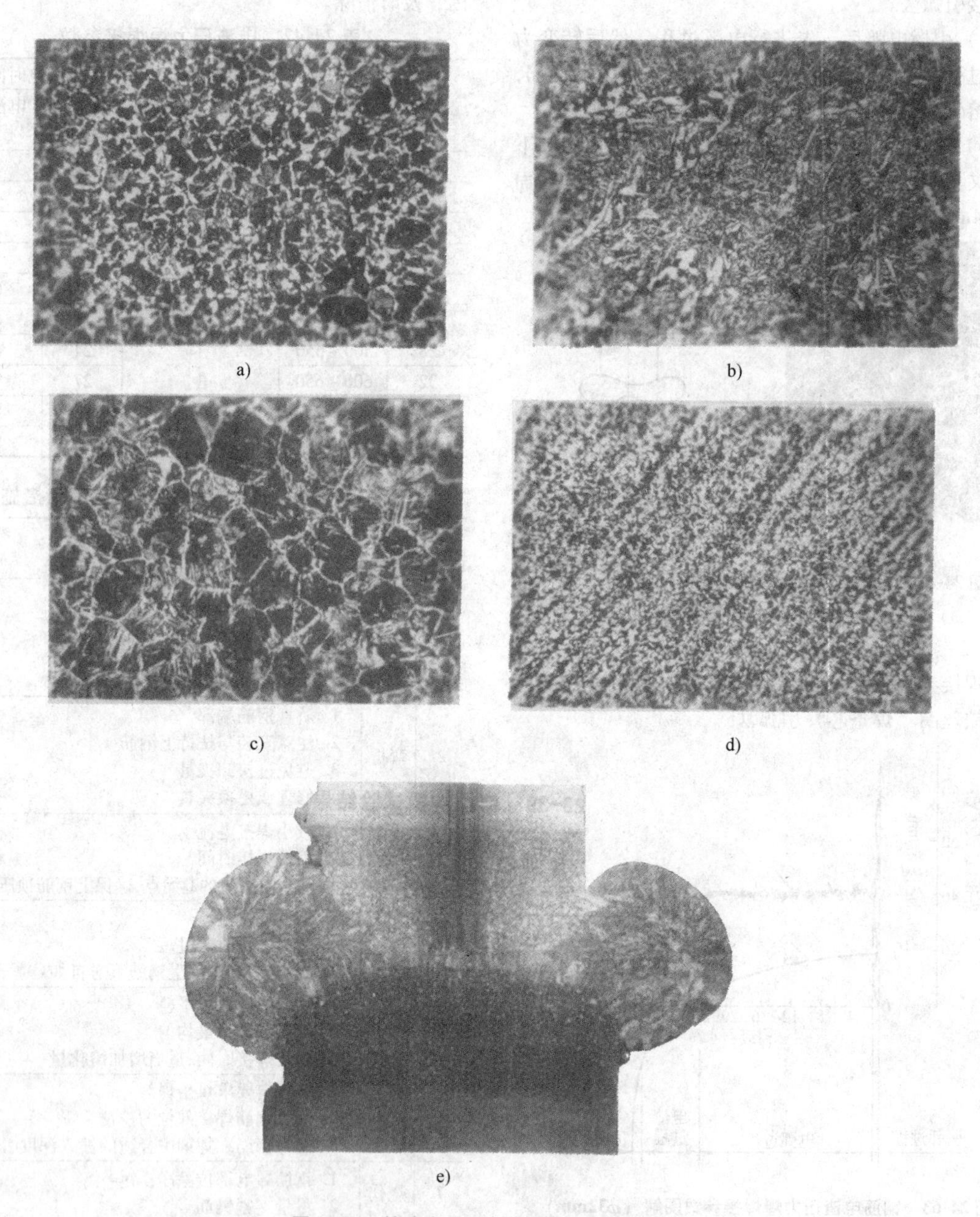

a)　b)　c)　d)　e)

图24-64　接头宏观组织和显微组织（100×）

a）母材　b）焊缝+熔合区　c）过热区　d）正火区　e）宏观接头

母材为珠光体+铁素体，呈7级晶粒，上钢筋中心处有碳偏析，焊缝为柱状晶，中间最小处宽为1.2mm，两边最宽处为5~10mm，其组织呈柱状树枝晶，过热区宽度4~5mm，其中近熔合线部位为2~3级晶粒，比较粗大，有魏氏组织；近正火区为5级晶粒，比较细；正火区宽5~10mm，晶粒很细，8级以上；焊包从液态金属凝固起，结晶从各边缘向中心进行，呈柱状树枝晶。热影响区宽度小于0.8倍钢筋直径。

24.14.2　焊接接头拉伸性能

在采用合理参数条件下，钢筋电渣压力焊接头拉伸时断于母材，部分试件如图24-65所示。

钢筋电渣压力焊接头具有一环形焊包，外形美观。但是，从接头宏观组织可以看出，焊包对于接头基本上不起加强作用。在外力作用下，接头依靠母材与焊缝的良好熔合传递应力。

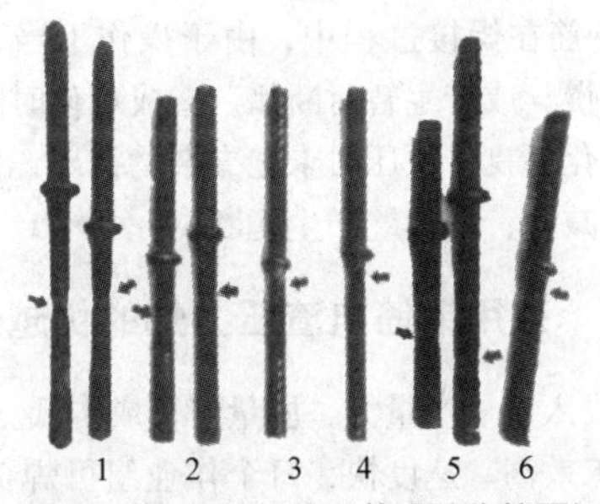

图 24-65　拉伸试件（箭头处为缩颈）

1—ϕ25mm Ⅰ级钢筋　2—ϕ25mm Ⅱ级钢筋
3—ϕ22mm 德国钢筋　4—ϕ22mm 德国钢筋 + ϕ25mm Ⅱ级钢筋　5—ϕ32mm 日本钢筋
6—ϕ20mm Ⅱ级钢筋

24.14.3　焊接接头冲击韧度

对钢筋电渣压力焊接头进行冲击韧度试验。试样为U形缺口夏比冲击试样，试验结果见表 24-44。焊缝试样的冲击韧度约为母材的 43.6%。

表 24-44　焊接接头冲击韧度

试样缺口部位	冲击韧度/(J/cm^2)
钢筋母材	148 ~ 176
	163
焊缝	60 ~ 97
	71
热影响区	120 ~ 163
	143

24.14.4　焊接接头抗振性能

对 ϕ22mm Ⅱ级钢筋进行模拟抗振试验，试件尺寸如图 24-66 所示。加载程序为第 1 次循环时，拉应力为钢筋屈服强度的 3/4，之后，拉应力按屈服强度的 3.5% 逐级增加，压应力保持屈服强度前水平。

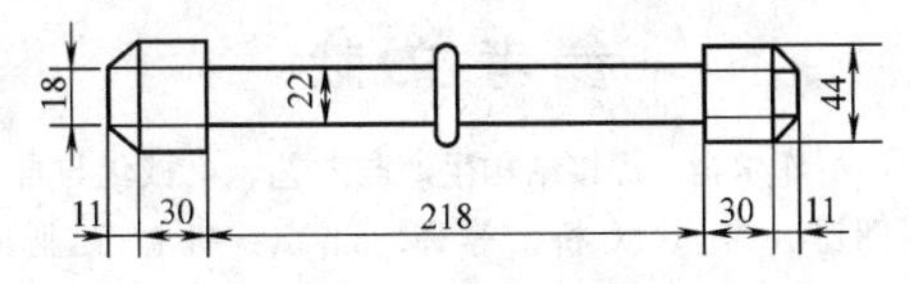

图 24-66　模拟抗振试件

试件共 9 根，其中 3 根的试验结果见表 24-45，其余 6 根均断于螺母处而不计。

试验结果在 20 次反复循环载荷下，均没有发现在焊口断裂的现象，焊口处的变形正常，其抗振性能良好。

24.14.5　焊接接头硬度

对钢筋电渣压力焊接头进行硬度试验。试验结果如图 24-67 所示。

表 24-45　模拟抗振试验结果

顺序	反复次数	屈服强度 R_e/MPa	抗拉强度 R_m/MPa	平均压应力 /MPa	伸长率 A (%)	断开位置
1	20	382	562	399	13	母材
2	20	372	557	279	13	母材
3	20	372	587	279	13	母材

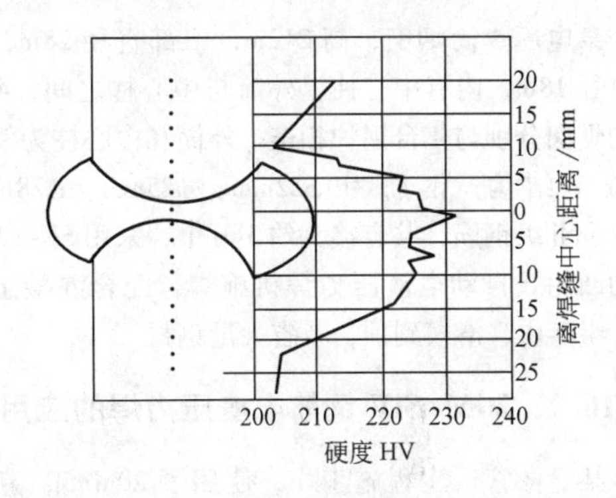

图 24-67　接头硬度测定

24.15　接头质量检查与验收[10]

24.15.1　接头质量检查

电渣压力焊接头应逐个进行外观检查。力学性能试验时，从每批接头中随机切取 3 个试件做拉伸试验。

1）在一般构筑物中，以 300 个同级别钢筋接头作为一批。

2）在现浇钢筋混凝土多层结构中，每一楼层或施工区段中以 300 个同级别钢筋接头作为一批，不足 300 个接头仍作为一批。

24.15.2　外观检查质量要求

电渣压力焊接头外观检查结果应符合下列要求：

1）四周焊包凸出钢筋表面的高度应大于等于 4mm。

2）电极与钢筋接触处，无明显的烧伤缺陷。

3）接头处的弯折角不大于 4°。

4）接头处的轴线偏移不超过 0.1 倍钢筋直径，同时不大于 2mm。

外观检查不合格的接头应切除重焊，或采取补强措施。

24.15.3　拉伸试验质量要求

对电渣压力焊接头进行拉伸试验时，3 个试件的抗拉强度均不得低于该级别钢筋规定的抗拉强度。当试验结果有1个试件的抗拉强度低于规定指标时，应取6个试件进行复验。复验时，若仍有1个试件的抗拉强度低于规定指标，该批接头为不合格品。

24.16　生产应用实例

24.16.1　212m四筒烟囱工程中的应用

某电厂4筒烟囱，高212m，下部直径28m，顶部直径18m，内有中心柱。外筒与中心柱之间，4个砖砌烟囱分别与4台锅炉相连。外筒和中心柱为钢筋混凝土结构，钢筋为ϕ22mm、ϕ25mm、ϕ28mm、ϕ32mmⅡ级钢筋，共有接头约3万个，采用SK-12型电动凸轮式自动电渣压力焊机施焊，配合混凝土浇灌，半年内，滑模到顶，节省大量钢材。

24.16.2　20MnSiV钢筋电渣压力焊的应用

某显像管厂工程施工中，使用了20MnSiV新Ⅲ级钢筋，该种钢筋是在20MnSi钢筋中加入了合金元素钒（V），提高了钢筋强度，细化了晶粒。焊接施工之前，作了ϕ28mm钢筋5组15个试件焊接工艺试验，全部断于母材。之后，正式用于工程，共施焊接头2426个。焊机采用LCD-90型钢筋电渣压力焊机。

施工中应注意以下问题：

1）输入的网路电压不得低于360V。

2）焊接电流应比焊Ⅱ级钢筋低一级。

3）焊接时间不宜过长，特别是电渣过程阶段的时间不宜太长。

4）顶压时焊工应正确判断钢筋的熔化量，除钢筋自重外，还应按钢筋断面施加0.4～0.5MPa顶压力。

5）不同直径的钢筋焊接时，应按小钢筋选用参数，通电时间可延长数秒。

6）较大直径钢筋（ϕ32～ϕ36mm）焊接时，电弧过程阶段钢筋的熔化量一定要充分，电渣过程阶段应控制好，工作电压一般在25V左右，瞬时顶压时，力一定要大些，这样杂质和熔化金属才容易从接合面挤出。

7）熔接脆断

① 20MnSiV新Ⅲ级钢筋是比较容易焊接的，但它还是有引起淬硬倾向的可能。出现脆断的原因主要是电渣过程太长，钢筋下送速度太慢，接头产生“过热”，晶粒变粗等。

② 钢筋焊接时电流过大，上钢筋在大电流的作用下钢筋端部温度过高。

③ 钢筋在焊接过程中，由于操作不当，下送钢筋速度过慢，或产生暂时断弧，造成熔化时间短，使上钢筋熔化不良，顶压时未把夹杂物挤出，使钢筋的有效断面减少，在焊缝产生脆断。

24.16.3　采用钢筋电渣压力焊的优越性

1）投入少、产量大、质量好、成本低。

2）工效高、速度快，每个作业组可焊180～200个接头，加快了土建总体施工速度。

3）节约了大量钢材和能源，是搭接焊耗电的1/10。

4）改善了焊工劳动条件，避免了高温和电弧伤害。

5）合理的劳动组合，优化焊接方法，创新了操作工艺。

与此同时，进行钢筋电渣压力焊时，应注意以下几个问题：

1）在下料中，钢筋的端头一定要调直，保证钢筋连接的同心度。

2）焊剂装填要均匀，保证焊包圆而正。

3）石棉垫要垫好，防止焊剂在施焊过程中漏掉、跑浆。

4）焊剂切忌潮湿，防止产生气泡，影响焊接质量。

5）操作者在施焊过程中，应随焊接电压高低，调整钢筋下送速度，保证施焊电压在25～45V之间。当焊剂熔化往上翻时，表明焊接将完成，应及时有力地施压成形。

6）焊接时间应从引弧正常时算起，有经验的焊工，听声、看浆，都可恰到好处地掌握。

7）注意焊剂的回收，降低接头成本。

参考文献

[1]　C A 库尔金. 焊接结构生产与工艺、机械化与自动化图册［M］. 关桥，等译. 北京：机械工业出版社，1995.

[2]　fxgaobin. 电渣焊工艺［EB/OL］. 2012［2015-07-24］. http：//wenku. baidu. com/view/f945fbef998fcc22bcd10d69. html###.

[3]　陈祝年. 焊接工程师手册［M］. 3版. 北京：机械工业出版社，2010.

[4]　李维春. 龙门丝极电渣焊机［EB/OL］. 2015［2015-07-24］. http：//china. makepolo. com/product-detail/100419687501. html

[5]　江苏大德重工有限公司. SBD12箱型梁电渣自动焊机［EB/OL］. 2015［2015-07-24］. http：//www. nfhj.

com/products_ detail/&productId = 9041d3de-4dab-4ea6-90e3-b0e86e877cf8. html

[6]　焊研威达. 焊研威达10周年产品目录 [R]. 2010.

[7]　陆仁发. 电渣焊 [M]. 北京：机械工业出版社，1984.

[8]　吴成才. 建筑结构焊接技术 [M]. 北京：机械工业出版社，2006.

[9]　Edharcourt. 电渣压力焊 [EB/OL] 2013. [2015-07-24] http://v.ku6.com/show/HqAAqsxM5RhHd7U6IQxhpg...html? lb = 1.

[10]　吴成才. 钢筋焊接及验收规程讲座 [M]. 北京：中国建筑工业出版社，1996.

第25章　高　频　焊

作者　介升旗　审者　刘永平

高频焊是在20世纪50年代初发明并应用于生产的。它是用流经工件连接面的高频电流所产生的电阻热加热，并在施加或不施加顶锻力的情况下，使工件金属间实现相互连接的一类焊接方法。它类似于普通电阻焊，但存在着许多重要差别。

高频焊时，焊接电流仅在工件上平行于接头连接面流动，而不像普通电阻焊那样，垂直于接头界面流动。高频电流透入工件的深度，取决于电流频率、工件的电阻率及磁导率。频率增加时，电流透入的深度减小，而且分布也更加集中。通常高频焊采用的频率范围为300~450kHz，有时也使用低至10kHz的频率，但都远高于普通电阻焊所使用的50Hz的频率。由于高频焊时，电流集中分布于工件表面很浅很窄的区域内，所以就能使用比普通电阻焊小得多的电流（能量耗损也小得多）使焊接区达到焊接温度，从而可使用比较小的电极触头和触头压力，并能极大地提高焊接速度和焊接效率。

要成功地进行高频焊，还必须考虑其他一些因素，如金属种类和厚度等。连接表面处过高的热传导，会削弱焊缝的质量，所以焊接高热导率材料的速度，就要比焊接低热导率的高。满意的焊缝通常就是在大气气氛中焊接的。高频焊时，除焊接某些黄铜件外，一般都不使用焊剂；只有焊接像钛等与氧和氮反应非常快的一类金属时，才需要使用惰性气体保护。焊接碳钢和许多其他合金时，在通常焊接过程中甚至还可以用水或可溶性油作为冷却剂喷浇焊接区。

25.1　高频焊的方法基础

25.1.1　高频焊的基本原理

高频焊的基础在于利用高频电流的两大效应：趋肤效应和邻近效应。

1. 趋肤效应

趋肤效应是指高频电流流经导体时，电流趋向集中于导体表面的现象。在导体的外表面附近电流密度最大，随着与导体外表面距离的增加，电流密度呈指数关系减少。高频电流的趋肤效应是由于导体内部磁场的作用而产生的。

趋肤效应通常用电流的透入深度来度量。透入深度指导体表面到电流密度减少到表面电流密度的$1/e$处的距离，其值越小，表示趋肤效应越显著。透入深度与导体的电阻率平方根成正比，与频率和磁导率的平方根成反比；亦即电阻率越低、频率越高、磁导率越大，透入深度越小。

圆形断面导体内通过高频电流时，电流的透入深度和导体内电流密度的分布可分别按式（25-1）和式（25-2）进行计算。

$$\delta = 50.3 \times \sqrt{\frac{\rho}{\mu_r f}} \tag{25-1}$$

式中　δ——透入深度（mm）；

ρ——电阻率（$\mu\Omega \cdot cm$）；

μ_r——磁导率（H/cm）；

f——频率（Hz）。

$$I_x = I_0 e^{-\frac{x}{\delta}} \tag{25-2}$$

式中　I_x——距离表面为x mm处的电流密度（A/mm^2）；

I_0——表面（$x=0$处）的电流密度（A/mm^2）；

δ——透入深度（mm）。

由于导体的磁导率是随温度变化的，如钢铁材料，常温时磁导率μ_r为20~100H/cm，而当温度超过居里点（768℃）时，μ_r就变为1H/cm，同非导磁材料一样。而电阻率ρ亦非恒定，它随温度的升高而增加，所以电流的透入深度必然随温度的变化而变化。在不同温度下，不同材料的电流透入深度和频率的关系示于图25-1。

2. 邻近效应

邻近效应就是当高频电流在两导体中彼此反向流动或在一个往复导体中流动时，电流集中流动于导体邻近侧的一种奇异现象。如图25-2所示，高频电流由A导入金属板后，不像低频电流那样沿最短路径流动到B（图25-2a），而是沿着与称作邻近导体相邻的边缘路径流动到B（图25-2b）。虽然路径长，但电流密度却最高。产生此现象的原因是由于感抗在高频电路阻抗中所占的分量大，有决定作用。对高频电流而言，外包的邻近导体与金属板边缘间相当于构成了往复导体，其间形成的感抗小，而电流趋向走感抗最小的路径。

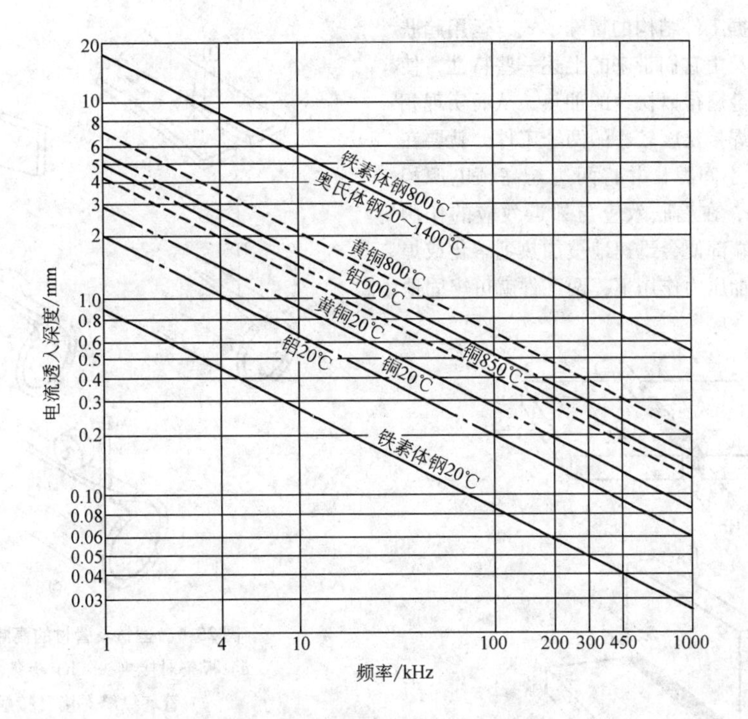

图 25-1 电流透入深度与温度、频率的关系

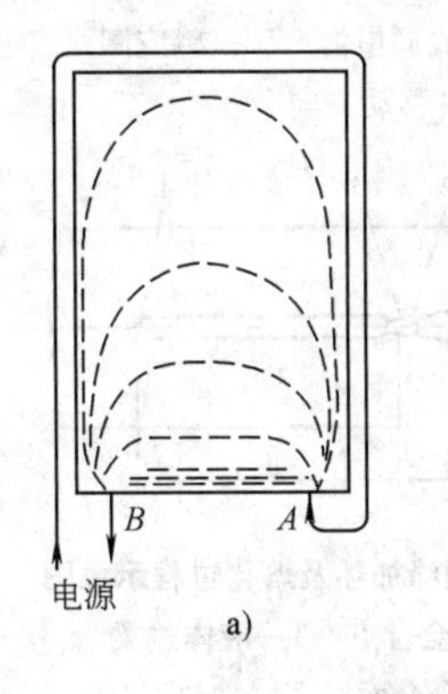

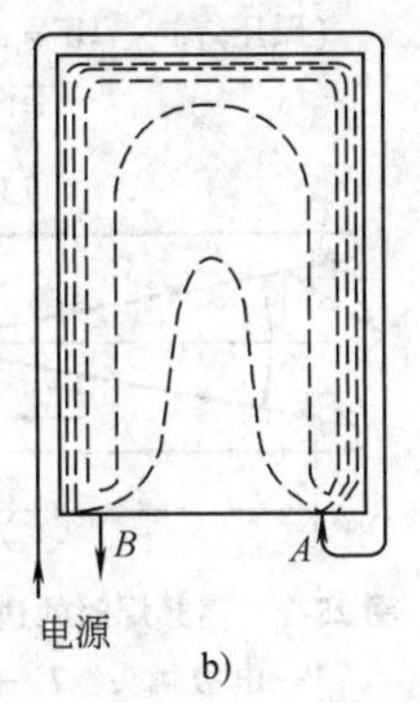

图 25-2 邻近效应的产生

a）直流或低频电流 b）高频电流

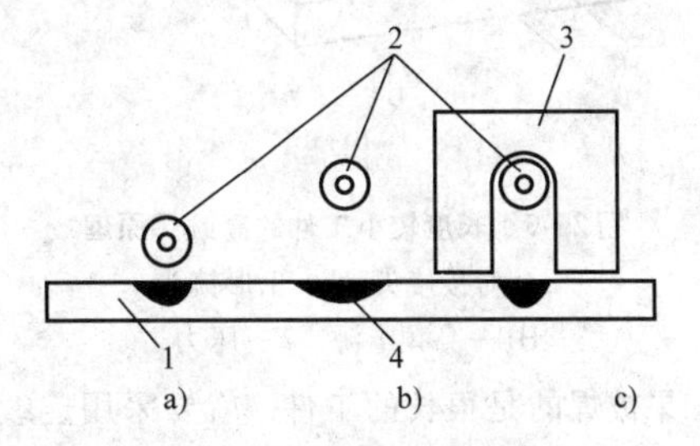

图 25-3 邻近导体位置对邻近效应的影响

a）导体靠近工件 b）导体远离工件

c）导体加磁心

1—工件 2—邻近导体 3—磁心

4—电流分布范围

邻近效应随频率的升高而增强，随邻近导体与工件的越加靠近而越加强烈，从而使电流的集中与加热程度更加显著。若在邻近导体周围加一磁心，则高频电流将会更窄地集中于工件表层（图25-3）。

3. 高频焊过程与实质

借助高频电流趋肤效应可使高频电流集中于工件的表面，而利用邻近效应，如图25-4所示，又可控制高频电流流动的路线位置和范围。需要将高频电流集中在工件的某一部位时，只要将导体与工件构成电的回路并靠近这一部位，使之构成邻近导体，就能实现这个要求。工件上电流集中的部位和被加热的图形与邻近导体的投影图形完全相同。

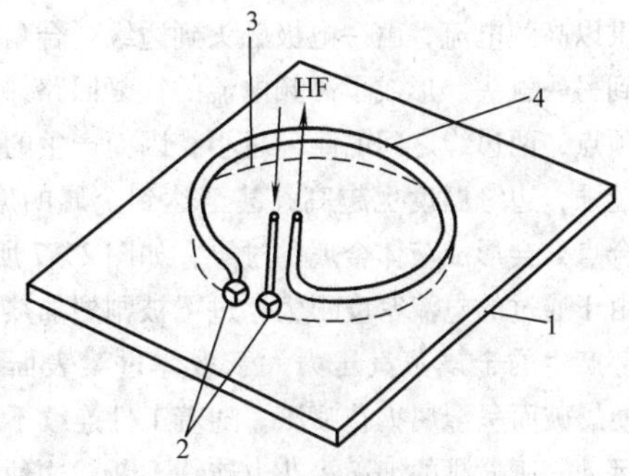

图 25-4 用邻近导体控制高频电流流动的路线

1—工件 2—触头接触位置 3—电流路线 4—邻近导体 HF—高频电源

高频焊就是根据工件结构的特殊形式，运用趋肤效应和邻近效应以及由它们带来的上述一些特性，使工件待连接处表层金属得以快速的加热，从而实现相互连接的。例如欲焊接长度较小的两个工件，就要在相邻的两边间留有小间隙，并将两边与高频电源相连，使之组成回路，在趋肤效应与邻近效应的作用下，相邻两边金属端部便会迅速地被加热到熔化或焊接温度，然后在外加压力作用下，两工件就可牢固地焊成一体（图25-5）。

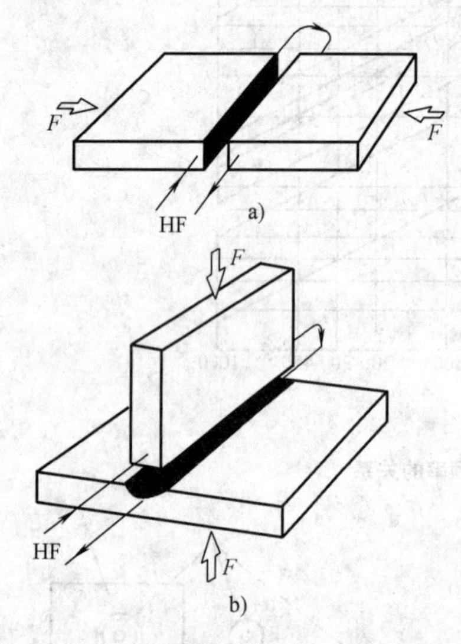

图25-5　长度较小工件的高频焊原理

a）对接接头　b）T形接头

HF—高频电源　*F*—压力

如果被焊的是很长的工件，就要采用连续高频焊。为了有效地利用高频电流的趋肤效应和邻近效应，此时必须使焊接接合面形成V形张角，此张角亦称会合角或开口角。典型的应用实例就是各种型材和管材的高频焊，如图25-6所示。

高频焊时，通过置于待焊工件边缘的电极触头向工件供以高频电流，由一电极触头到边缘会合角的顶点再到另一触头，形成了高频电流的往复回路，且越接近顶点，两边缘之间的距离越小，因而产生的邻近效应越强，边缘温度也越高，甚至达到金属的熔点。在会合点处会形成液体金属的过梁，如图25-7所示。

由于通过的电流密度很大，过梁被剧烈加热，当其内部产生的金属蒸汽压力大于液体过梁表面张力时，便爆破而呈金属火花喷溅。随着工件连续不断地向前运动，所喷溅的细滴火花也连续不断；这种情况与闪光对焊时相似。工件边向前运动，边受挤压力的作用，从边缘挤出液态金属和氧化物，纯净金属便在固态下相互紧密接触，产生塑性变形和奥氏体再结

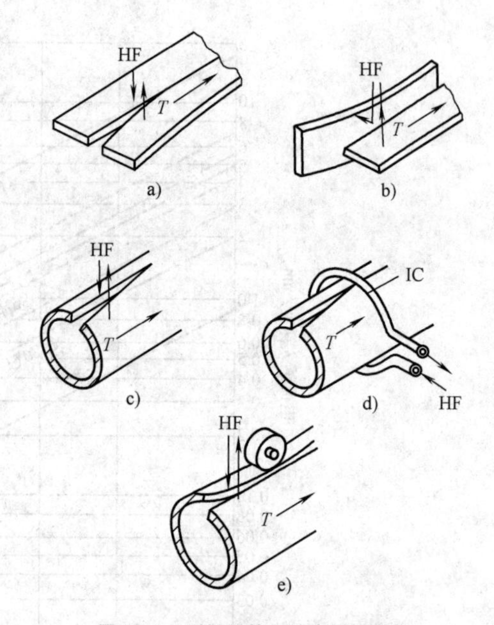

图25-6　型材及管材的高频焊模式

a）板条对接接头　b）板条T形接头

c）管坯纵缝对接（接触焊）

d）管坯纵缝对接（感应焊）　e）管坯纵缝搭接（碾压焊）　HF—高频电源　IC—感应圈

T—工件移动方向

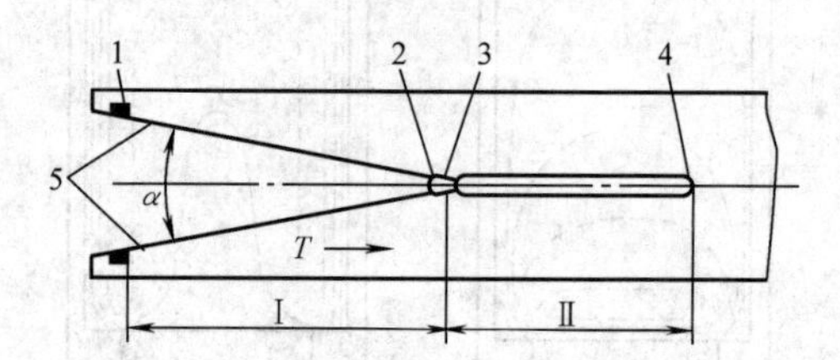

图25-7　高频焊时的边缘加热及熔化过程示意图

1—电极触头　2—会合点　3—液体过梁

4—焊合点　5—会合面　Ⅰ—加热段

Ⅱ—熔化段　*T*—工件移动方向

晶，从而形成了牢固的焊缝，实现了焊接。可见，高频焊除高频熔焊方法外，实属于一种固相焊接法。

通常将电极触头（或感应器）到液体过梁之间的一段叫加热段，将液体过梁到挤压点（亦称焊合点）之间的一段叫熔化段。大量研究和生产实践表明，金属火花喷溅和熔化段长度的稳定性，对高频焊焊缝的质量稳定性有决定意义；它与高频焊焊接参数，如输入功率、焊接速度等有着密切关系。

25.1.2　高频焊的特点及分类

高频焊与其他焊接方法相比具有一系列优点：

1）焊接速度高。由于电流能高度集中于焊接区，

加热速度极快，而且在高速焊接时并不产生“跳焊”现象，因而焊接速度可高达150m/min，甚至200m/min。

2）热影响区小。因焊速高，工件自冷作用强，故不仅热影响区小，而且还不易发生氧化，从而可获得具有良好组织与性能的焊缝。

3）焊接前可不清除工件待焊处表面氧化膜及污物。对热轧母材表面的氧化膜、污物等，高频电流是能够导通的，因而省掉焊前清理工序也能焊接。

4）能焊接的金属种类广。产品的形状规格多，不但能焊碳钢、合金钢，而且还能焊通常难以焊接的不锈钢、铝及铝合金、铜及铜合金，以及镍、钛、锆等金属。用高频焊时，型材和管材的尺寸规格远比普通轧制或挤压法的为多，且可制造出异种材料的结构件。

高频焊的缺点主要在于电源回路的高压部分对人身与设备的安全有威胁，因而对绝缘有较高的要求；回路中振荡管等元件的工作寿命较短，而且维修费用也较高；另外，由于高频焊设备在接近无线电广播频率范围工作，所以必须在安装、操作和维修中特别小心，以免对车间附近造成辐射干扰。

高频焊在管材制造方面获得了广泛应用。除能制造各种材料的有缝管、异型管、散热片管、电缆套管等管材外，还能生产各种断面的型材或双金属板和一些机械产品，如汽车轮圈、汽车车厢板、工具钢与碳钢组成的锯条等。

可从下列不同角度将高频焊分类：

1）根据高频电能导入方式，可分为高频接触焊和高频感应焊。

2）根据焊接时接头金属加热、加压状态不同，可分为高频闪光焊、高频锻压焊和高频熔焊。

3）根据焊接所得焊缝的长度不同，可分为高频连续缝焊、高频短缝对接焊和高频点焊等。

25.2 各种金属管的纵缝高频焊

25.2.1 高频焊制管的原理

1. 高频接触焊制管

高频接触焊制管是依靠前述高频焊工作原理而开创的连续焊制管材的一种方法，其原理如图25-8所示。

带材由成形机组制成大致管坯后，在挤压辊的挤压下，使接头两边会合成V形的会合角。高频电流借助放在会合角两侧的一对滑动电极触头导入，如图25-8中箭头所指，由一个电极触头经会合点传回到另一电极触头；在会合角两边的表层，形成往复回路，由于产生邻近效应，使两边的电流密度增大，加热速度加快。即使管坯快速向前移动，借助电源功率的调整，也足能使会合角两边，特别是会合点附近的表层加热到焊接温度或熔化温度，并引起会合点到焊合点中的一段区域产生连续的金属火花喷溅，即闪光。挤压辊除将管坯两边挤到一起，挤出两边的氧化物、杂质以及熔化金属外，还会将管坯周长挤去一定的挤压量，在接头两面间产生强烈的顶锻，促使金属原子之间牢固地结合在一起。接着，用设置在焊接机组后边的刨刀，将挤出的氧化物及墩粗部分的金属切削掉，再用定径和矫直装置将管材定径并矫直。可见，随管坯不断地快速送进、高频电流的连续导入、挤压辊与刨刀等连续工作，就实现了高频接触焊焊接连续制管的全过程。

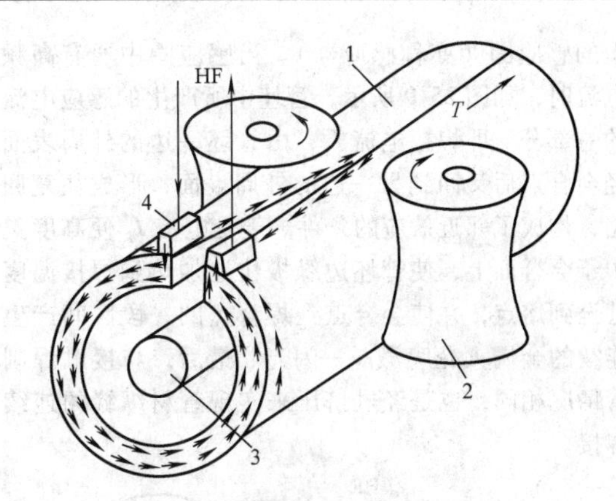

图25-8 管材的纵缝高频接触焊焊接原理

1—工件 2—挤压辊 3—阻抗器 4—电极触头接触位置 HF—高频电源 T—管坯运动方向

根据会合角两侧金属加热的程度和焊接时是否产生火花喷溅，高频接触焊制管法还可分为闪光焊法和锻压焊法两种。由于闪光焊法易于排除金属氧化物，焊接质量不但高而且稳定，因而它是高频焊焊接制管中最常采用的方法。操作时，可直观地依据焊合点到会合点区域内的闪光程度及其稳定性，掌握和控制焊缝的质量。

为了提高焊接效率，还必须在成形的管坯内设置阻抗器，以增加绕管坯内部流动电流的阻抗，从而减少无效的分流。

2. 高频感应焊制管

高频感应焊焊接制管是依据高频焊工作原理而发展的另一种连续制管法。它与高频接触焊制管的主要区别是向已形成V形会合角的两侧管坯导入电能的方法不是用直接导电的触头，而是采用套于其上的感应圈（亦称感应器）。当感应圈中通有高频电流时，如图25-9所示，管坯中所产生的感应电流的一部分，即焊接电流 I_1，由管坯一边的外周表面经会合点后又回到另一边的外周表面，形成往复回路，构成了邻近效应的条件。于是电流 I_1 便高度集中于会合面上，使管坯边缘极快地加热到焊接温度甚至到熔点，并使会合点到焊合点的一段区间产生连续的金属火花喷溅——闪光。最后，与接触焊制管情况相同，也是经过挤压来实现管材纵缝的连续焊接。

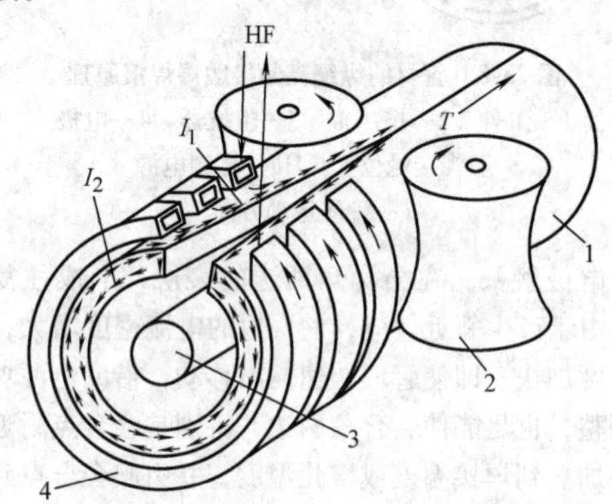

图25-9　管材的纵缝高频感应焊焊接原理
1—管坯　2—挤压辊　3—阻抗器　4—感应圈
HF—高频电源　T—管坯运动方向
I_1—焊接电流　I_2—无效电流

感应电流的另一部分，即 I_2，从管坯的外周流向管坯的内周表面，并构成循环流动。由于此部分电流只使管坯背面加热而与形成焊缝无关，故称为无效电流。为减小无效电流，需在管坯内安放由铁氧体磁心组成的阻抗器，增加管内壁的阻抗，减小无效电流，提高焊接效率。

3. 两种高频焊接制管法的比较

感应焊和接触焊相比，有以下几个优点：

1）焊管表面光滑，特别是焊道内表面较平整，适用于焊接电缆套管或流通液体等要求内壁平滑的管材。

2）感应圈不与管壁接触，故对管坯表面质量要求比较低，并且不会像接触焊时那样可能引起管材表面烧伤。

3）因不存在电极触头压力，故不会引起管坯局部失稳变形，也不会引起管坯表面镀层擦伤，它适宜于制造薄壁管和表面带有镀层材料的管材。

4）不用电极触头，没有电极触头材料的消耗，不仅节约有色金属，还节省因更换电极触头所耗费的停机时间。

5）不存在电极触头开路（脱离接触）问题，功率传输及焊接电流稳定，而且焊接过程中调整也较容易。

感应焊的最大缺点就是焊接中无效电流引起的能量损失较大，使高频电能利用率和焊接效率大为降低，特别是焊接大口径管材时则更甚。在使用相同功率高频电流焊制同种规格管材时，感应焊的焊速仅为接触焊的1/3～2/3，所以它一般只适用于焊制 ϕ9.0～ϕ139.7mm的中小直径管材，而对于中大直径管的制造，则以接触焊法为宜。

25.2.2　焊接参数的选择

影响高频焊制管质量的因素，除材质因素外还有与焊接工艺直接有关的一些因素，如电源频率、会合角、管坯坡口形状、触头和感应圈及阻抗器的安放位置、输入功率、焊接速度及焊接压力等。

1. 电源频率的选择

高频焊可在很广的频率范围内实现。从焊接效率看，提高电源频率有利于趋肤效应和邻近效应的发挥，有利于电能高度集中于连接面的表层，并快速地加热到焊接温度，从而可显著地提高焊接效率。所以，选择频率要尽可能地高些。不过，应注意避开无线电传送频率波段，以避免对广播产生干扰。

然而为了获得优质焊缝，频率的选择还得考虑管坯材质及其壁厚。不同材质所要求的最佳频率是不同的。一般制造有色金属管材的频率要比制造碳钢管材取得高些，其原因是有色金属的热导率比钢材大，必须在比焊接钢材速度大的焊接速度下进行，以使能量更加集中，才能实现焊接。管壁厚度不同，所要求的最佳频率也不同。大量实践证明，频率选择不当，不是使接缝两边加热过窄或厚度方向加热不均匀，就是使它加热过宽或发生氧化，从而导致焊缝强度降低。所以只有选用既能保证接缝两边加热宽度适中，又能保证厚度方向加热均匀的频率，才是适宜的。通常是，管壁薄的选用高一些的频率；管壁厚的，则相反。制造常用碳素钢管材时，多采用350～450kHz的频率；只有在制造特别厚壁管材时，才采用50kHz的频率。

2. 会合角的选择

会合角的大小对高频焊闪光过程的稳定性及焊缝质量和焊接效率都有很大影响。会合角小，邻近效应显著，有利于提高焊接速度，但不能过小，过小时，闪光过程不稳定，使过梁爆破后易形成难以压合的深坑或针孔等缺陷；会合角过大时，闪光过程较稳定，而且有利于熔融金属及氧化物排出。图25-10为会合角与焊缝缺陷面积百分比的关系，从图中可以看出，随着会合角的增大，焊缝夹杂物比率明显减少，但邻近效应减弱，使得焊接效率下降，功率消耗增加；同时，形成此角度也较困难，易引起管坯边缘产生折皱。综合以上因素，一般推荐会合角为4°~7°。

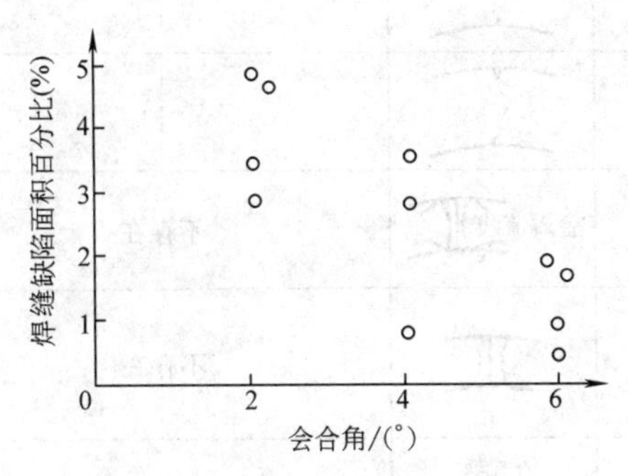

图25-10 会合角与焊缝缺陷面积百分比的关系（焊速为10m/min）

3. 管坯坡口形状的选择

管坯坡口形状对钢带端面加热的均匀程度及焊接质量影响很大。通常采用I形坡口，因为I形坡口的坡口面加热比较均匀，而且坡口准备容易。但是，当管坯的厚度很大时，若用I形坡口，则坡口横断面的中心部分就会加热不足，而其上下边缘却相反，显得有些加热过度。为保证质量，应改用X形坡口。实践证明，用高频焊制造厚壁管时，采用X形坡口可使坡口横断面加热均匀，焊后接头硬度亦趋向一致。

4. 对接形状的选择

从理论上讲，通过轧辊孔型和导向环的设计，ERW焊管可以形成三种对接形状，即V形对接、I形对接和倒V形对接，如图25-11所示。

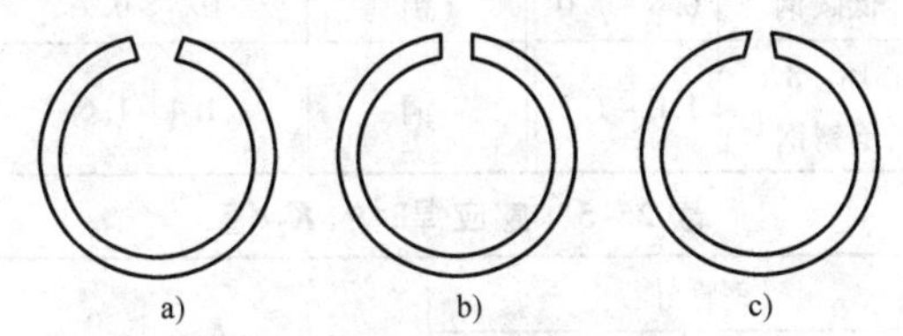

图25-11 三种不同对接形状

a）V形对接 b）I形对接 c）倒V形对接

V形对接由于钢管内壁先接触焊合，内壁焊接电流大于外壁焊接电流，使得内壁温度大于外壁焊接温度，V形对接需要更多的热输入。I形对接钢管内外壁同时接触，温度比较均匀。倒V形对接和V形对接正好相反，钢管外壁先接触焊合，外壁焊接电流大于内壁焊接电流，使得外壁温度高于内壁温度。

由于进入封闭孔型前钢带外壁拉伸、内壁压缩，进入封闭孔型后减径作用以及形成管坯后内外周长差的综合原因，容易形成V形接触。在实际生产时必须对V形大小进行控制。如果V形太大，管坯内壁较外壁提前接触时间较长，外壁电流较小，内外壁温度差异较大，容易造成焊接缺陷。

对薄壁管，为了便于观察焊接温度，一般控制成V形对接；对厚壁钢管，尽可能控制成I形或小V形对接形状。因为对厚壁钢管，如果控制成大的V形对接形状，内外壁焊接温度差异较大，一方面造成外部未焊合，另一方面，内壁焊接温度高造成内毛刺较大，内毛刺清除困难，而且容易造成焊瘤堆积，损坏阻抗器盒。

5. 电极触头、感应圈及阻抗器安放位置的选择

1）电极触头位置。为保持高效率焊接，触头安放位置应尽可能靠近挤压辊，它与两挤压辊中心连线的距离，一般取20~150mm，焊制铝管时取下限，焊接壁厚10mm以上的低碳钢管时选上限。典型的电极触头位置数据，见表25-1。

表25-1 电极触头位置（低碳钢）

钢管外径 D/mm	16	19	25	50	100
至两挤压辊中心连线距离 L/mm	25	25	30	30	32

2）感应圈位置。感应圈应与管材同心放置，其前端距两挤压辊中心连线的距离，同电极触头情况一样，对焊接效率和质量有很大影响，其值随管径及管壁厚度而变化，可参照表25-2选取。

表25-2 感应圈位置（低碳钢）

钢管外径 D/mm	25	50	75	100	125	150	175
至两挤压辊中心连线距离 L/mm	40	55	65	80	90	100	110

3）阻抗器位置。阻抗器应与管坯同轴安放，其头部与两挤压辊中心连线重合或离开中心连线10~20mm，以保持较高的焊接效率和避免损坏。阻抗器与管壁之间的间隙小时，可提高效率，但不能过小，一般为6~15mm。

6. 输入功率的选择

鉴于振荡器的输出功率正比于振荡器的输入功率，输入功率等于振荡管的屏压与屏流的乘积，而且屏压、屏流的大小都可以通过晶闸管调压器和有关反馈元件与指示仪表调节和测量，所以生产上一般都用振荡器的输入功率来度量输出给焊缝的加热功率。

输入功率小时，因管坯坡口面加热不足，达不到焊接温度，就会产生冷焊缺陷。输入功率过大时，管坯坡口面加热温度就会高于焊接温度过多，引起过热或过烧，甚至使焊缝击穿，造成熔化金属严重喷溅而形成针孔或夹杂缺陷。表25-3为输入功率与焊接质

表 25-3 输入功率与焊接质量的关系

类型	输入功率	焊接现象（高速摄影）	压扁试验	低倍形态	沿熔合线夹杂物形态
1	不足		不好		
2	稍欠		良好		
3	正常		良好	金属流线	不存在
4	稍过	实际汇合点 几何汇合点	良好		不存在
5	过量		部分好、部分不好	熔合线 热影响区	

量的关系。

7. 焊接速度的选择

焊接速度也是焊接的主要参数。焊接速度提高，对接边缘的挤压速度会随着提高。这有利于将已被加热到熔化的两边液态金属层和氧化物挤出去，从而易于得到优质焊缝。同时，提高焊接速度还能缩减待焊边缘的加热时间，从而可使形成氧化物的时间变短，并可使焊接热影响区变窄。反之，不但热影响区宽，而且待焊边缘形成的液态金属与氧化物薄层也会变得较厚，并会产生较大飞边，使焊缝质量下降。图25-12为焊接速度与最佳状态下焊接缺陷之间的关系，可以看出，随着焊接速度的提高，焊接缺陷产生的概率减小。

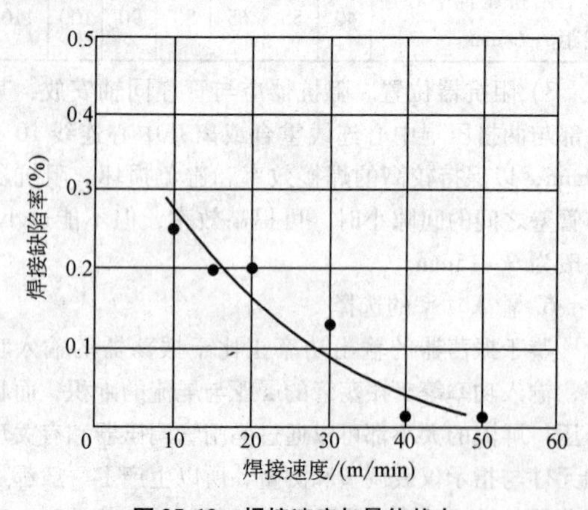

图 25-12 焊接速度与最佳状态下焊接缺陷之间的关系

然而，在输出功率一定的情况下，焊接速度不可能无限制地提高。否则，带材边缘的加热将达不到焊接温度，从而易于产生焊接缺陷或根本不能焊合。

生产中可根据式（25-3）估算焊接速度：

$$P = K_1 K_2 t b v_w \tag{25-3}$$

式中 P——高频振荡器输出功率（kW）；

t——管壁厚度（mm）；

b——对接边缘加热区宽度（cm），一般假定 $b = 1.0\text{mm}$；

v_w——焊接速度（m/min）；

K_1——与管坯材质有关的经验系数，根据表25-4选取；

K_2——与管径有关的修正系数，接触焊时，取 $K_2 = 1$；感应焊时，根据表25-5选取。

表 25-4 K_1 值

材料种类	K_1	材料种类	K_1
低碳钢	0.8～1.0	铝	0.5～0.7
18-8 不锈钢	1.0～1.2	铜	1.4～1.6

表 25-5 感应焊时的 K_2 值

钢管外径 mm	in	K_2
25	1	1.00
50	2	1.11
75	3	1.25
100	4	1.43
125	5	1.67
150	6	2.00

8. 挤压量的设定

要得到理想而均匀的焊接接头，挤压量是个很重要的因素。如果挤压量不够，熔融金属及其氧化物不能完全被排出或熔融金属冷却后形成的缩孔及夹杂物可能遗留在焊缝中，即使飞边清除后也不能除去缩孔或夹杂，因此必须保证一定的挤压量。但挤压量过大容易使熔融金属挤出过多，不能形成共同的晶粒，而且挤压量过大会给内外飞边清除带来困难。

实际生产中，挤压量常用挤压辊前后管材的周长差来表示，具体值根据钢管管径、壁厚、材质不同凭经验设定，结合焊缝低倍金相试样金属流线的方法评价挤压量的大小，挤压量大，金属流线夹角也大。金属流线夹角对焊缝缺陷的影响如图 25-13 所示。为了减少焊缝缺陷产生的概率，应保证金属流线夹角大于 40°。

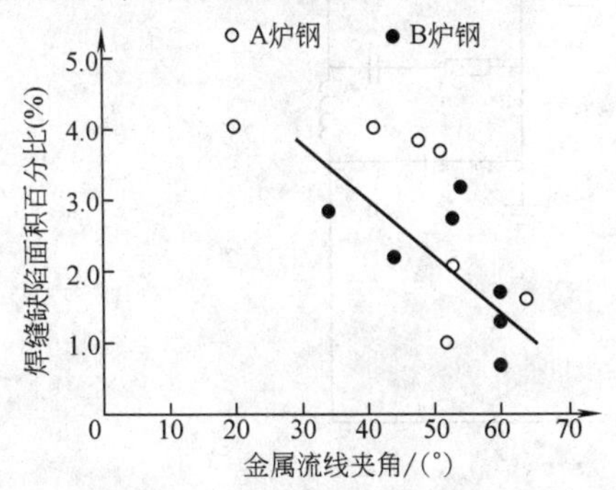

图 25-13 金属流线夹角与焊缝缺陷面积百分比的关系（焊速为 10m/min）

各种焊接参数之间不是独立的，而是相互影响、综合作用的。如图 25-14 所示，在同样的成形条件下，小的挤压量会缩短收束点到挤压辊中心的距离，焊接点容易穿过挤压辊中心；同时使开口角变小，焊接过程很不稳定，容易产生焊接缺陷。在实际生产中，必须综合考虑各种焊接参数的综合作用，才能生产出高品质的焊管。

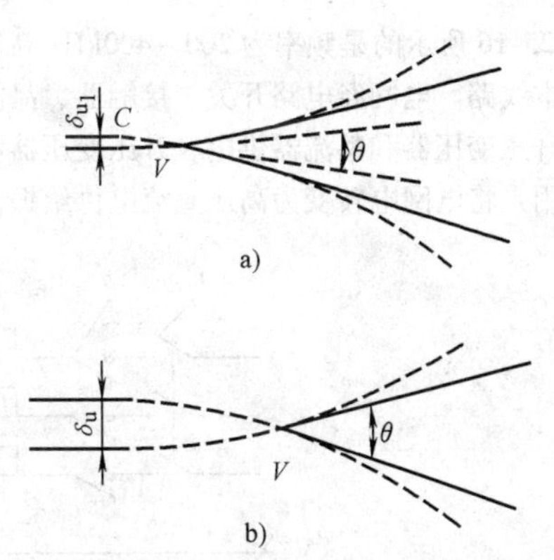

图 25-14 不同挤压量对收束点位置的影响

a）小挤压量 b）大挤压量

δ_u—挤压量 C—挤压辊中心

V—V 形收束点 θ—开口角

25.2.3 高频焊接制管设备

高频焊接制管设备是个机组，如图 25-15 所示。它由水平导向辊、高频发生器及其输出装置、挤压辊、外飞边清除器、磨光辊以及一些辅助机构、工具等组成。其中与焊管质量和生产效率最有关系的是高频发生器及一些焊接辅助装置。

1. 高频发生器

制管用的高频发生器有 3 种，即电动机-发电机组、固体变频器和电子管高频振荡器。高频振荡器频率通常为 100 ~ 500kHz，额定功率范围为 60 ~ 1500kW。固态变频器频率通常为 100 ~ 400kHz，最大可达 800kHz，额定功率范围为 50 ~ 2000kW。

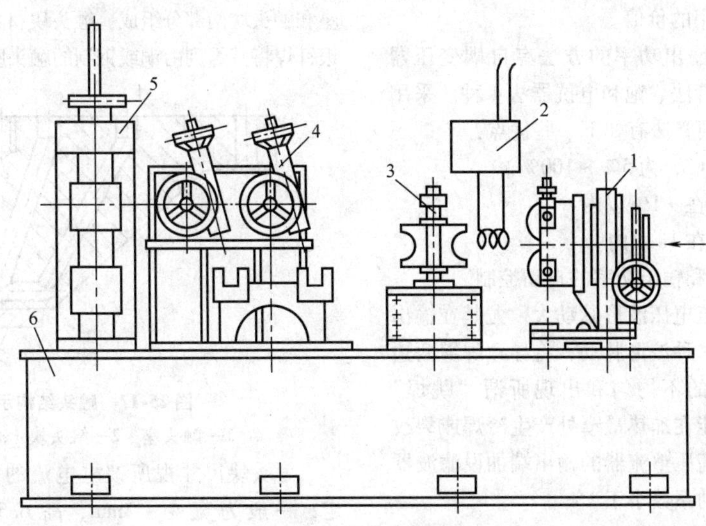

图 25-15 高频焊接制管机组

1—水平导向辊 2—高频发生器及输出变压器 3—挤压辊

4—外飞边清除器 5—磨光辊 6—底座

图25-16所示的是频率为200～400kHz高频振荡器的基本线路。电网经电路开关、接触器、晶闸管调压器向升压变压器和整流器供电，升压变压器和整流器的作用是将电网电转变为高压直流电供给振荡器。振荡器将高压直流电转变为高压高频电供给输出变压器，然后输出变压器再将高电压小电流的高频电转变为低电压大电流的高频电，并直接输给电极触头或感应圈。

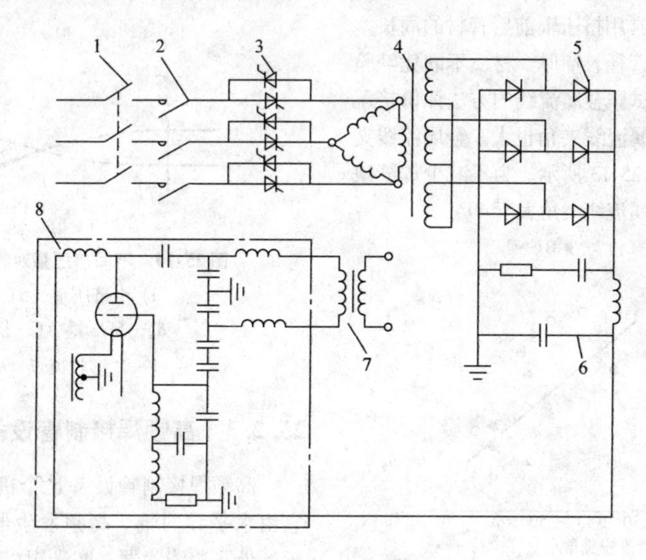

图25-16 高频振荡器的基本线路

1—电路开关 2—接触器 3—晶闸管调压器 4—升压变压器 5—整流器 6—滤波器 7—输出变压器 8—振荡器

此高频振荡器的基本线路属单回路类型，比旧式三回路类型具有频率稳定、效率高、制造简单和维修方便等优点。过去制管普遍应用的三回路高频振荡器已逐渐被此种单回路所代替。但三回路振荡器有易调整负载匹配的优点，所以当制管品种规格较多而产量又不大时，仍有被采用的价值。

调整高频振荡器输出功率的方法有自耦变压器法、闸流管法、晶闸管法、饱和电抗器法4种。采用如图25-16所示的晶闸管法有如下一些优点：

1）电压调整范围广，为5%～100%。

2）调节精度高，在±1%以内。

3）反应速度快，在1s以内。

4）易于实现电压和输出功率的自动控制。

此法的缺点是整流电压波形脉动大，尤其在输出电压低时更加严重。这种波形脉动，将导致焊缝两边加热宽度沿长度方向的不均匀和出现所谓“跳焊”现象，严重时甚至可能在加热最窄处产生冷焊或裂纹缺陷。为此，需要在高压整流器的输出端加设滤波器装置，以保证电压脉动系数小于1%。

2. 向管坯馈电装置及辅助器具

(1) 电极触头 电极触头要在高温和与管壁发生滑动摩擦的条件下传导高频电流，故应具有高的导电性、导热性和耐磨性，即应有足够的高温强度和硬度。它通常是由铜合金或由铜或银的基体上镶加硬且耐热的合金质点，如铜钨、银钨和锆钨等合金制成。除使用普通电阻点焊电极用的铜合金做成条状触头外，为节省贵重金属，一般可做成如图25-17所示的结构，即触头由触头座和触头块两部分组成，触头块材料取贵金属，然后用银钎焊将其焊到由铜或钢制的触头座上。

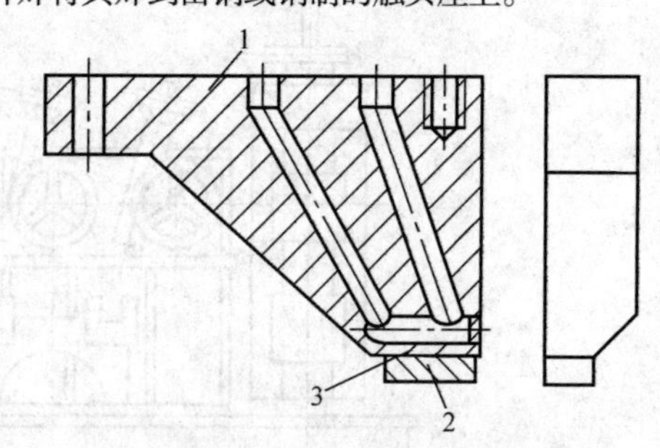

图25-17 触头结构示意图

1—触头座 2—触头块 3—钎焊缝

触头块尺寸视所馈电电流的大小和工件形状而定，一般为宽4～7mm、高6.5～7mm、长15～20mm。需传导的焊接电流一般为500～5000A。所以触头块和触头座要同时采用内部和外部水（或可溶性油）冷，以提高触头的使用寿命。触头块压在工件上的压力不大，一般22～220N已足够保证可靠地传导高频电流。

管坯上有鼓包、铁锈、飞边以及电极触头接触压力较小等情况时会使电极触头和管坯接触不良而产生打火现象。电极触头打火容易烧伤管体表面，同时又容易使管坯边缘加热不足造成冷焊缺陷。为了减少电极触头打火，可以使用双电极触头。两个电极触头及其触头座可以分别以自己的转轴为中心活动。当一个电极触头和管体接触不良时，高频电流由另一个电极触头进入管坯，解决了使用一个电极触头容易产生打火烧伤管体表面和打火造成的冷焊缺陷，弥补了接触焊的不足。

(2) 感应圈　感应圈是高频感应焊制管机的重要组件。其结构形式及尺寸大小，对能量转换和效率影响很大。常用感应圈的结构如图25-18所示。它一般是由纯铜圆管或方管或纯铜板制成的单匝或2～4匝金属环，内部通水冷却。单匝感应圈一般不需加任何绝缘物，而多匝的，为防止匝间发弧，常要缠上玻璃丝带，然后再浇灌环氧树脂，以确保匝间绝缘。单匝感应圈制作简单，拆装方便，但其效率比多匝的稍低。

感应圈与管壁的间隙大小，也对效率有影响。间隙过大，则效率急剧下降；而间隙过小，又易于造成管坯与感应圈间放电或撞坏感应圈。通常采取的间隙是3～5mm。感应圈的宽度一般是根据所焊管的外径D来选取，过大、过小，都要降低效率。通常单匝时取宽度$b=(1\sim1.5)D$，而2～4匝时，因其效率较高，故可适当小些。

(3) 阻抗器　阻抗器的主要元件是磁心，其作用是增加管壁背面的阻抗，减少无效电流，增加焊接有效电流，提高焊接速度。磁心采用的铁氧体材料，除应具有高的磁导率外，还应有高的居里点。居里点高，就可放置得距焊缝近些，在水冷却条件下易于保持其导磁性，可显著提高效率，并且还不易破碎。国内一般应用的铁氧体的型号是M－XO或NXO型，其居里点不低于310℃。

阻抗器的构造如图25-19所示。

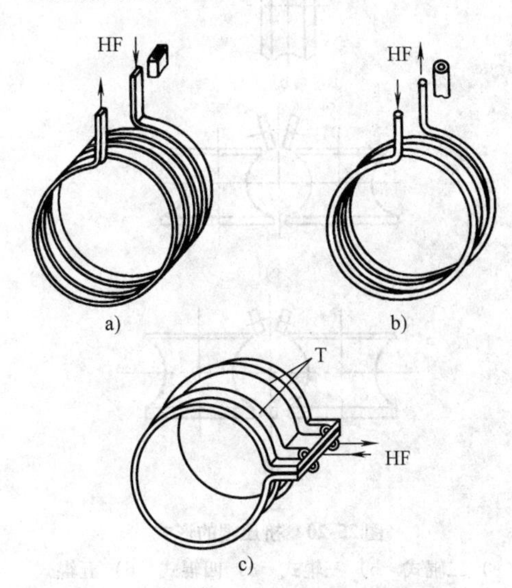

图25-18　典型的感应圈结构

a) 方管多匝　b) 圆管多匝　c) 板制单匝

HF—高频电源　T—冷却水管

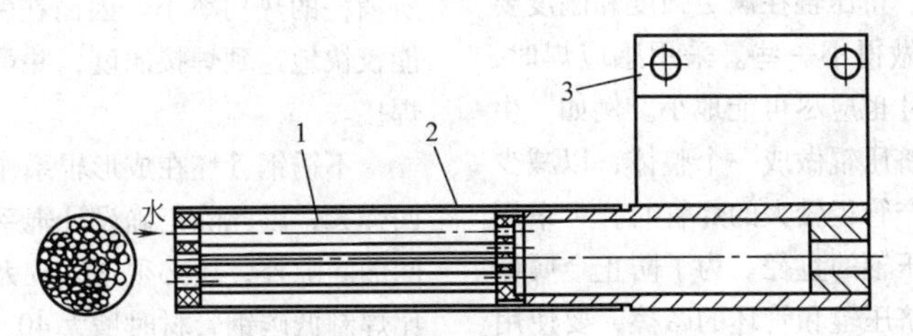

图25-19　圆形断面阻抗器的结构

1—磁棒　2—外壳　3—固定板

其磁心是用铁氧体制成的ϕ10mm×(120～160)mm的磁棒组合而成的。磁心的外部是用夹布胶木、玻璃钢等制造的具有耐热、绝缘和一定强度的外壳。在易于发生损坏的场合，外壳亦可用非导磁的金属材料，如不锈钢和铝等制造。阻抗器内部要能通水冷却，以免焊接时发热而影响导磁性能。阻抗器的长度要与管材直径相适应。焊接ϕ38.1mm（1.5in）以下管材时，长度为150～200mm；焊接ϕ50.8～ϕ76.2mm（2～3in）管材时，为250～300mm；而焊接ϕ101.6～ϕ152.4mm（4～6in）的管材时，长度则为300～400mm。

(4) 焊接挤压辊　挤压辊的作用是将边缘被加热到焊接温度的管坯，通过挤压辊施以一定的压力达到焊接的目的。挤压辊的形式有二辊式、三辊式、四辊式和五辊式等多种形式，如图25-20所示。一般小直径钢管大都采用二辊式挤压辊。焊接高强度厚壁管以及直径较大的钢管，由于钢管回弹较大，或轧辊上各点线速度差异较大，容易对轧辊产生划伤，大都考虑四辊式或五辊式挤压辊。

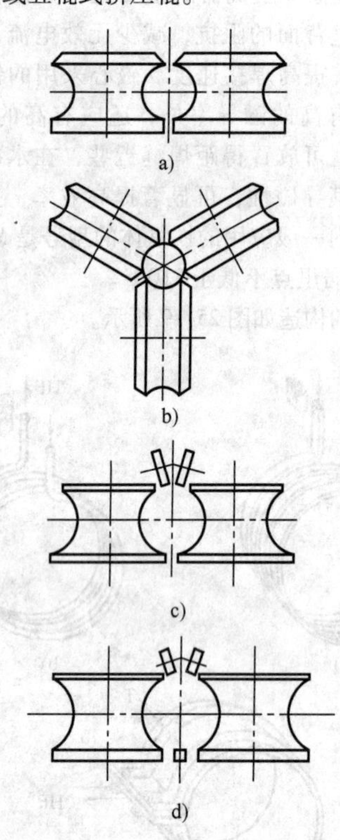

图 25-20　挤压辊的形式

a）二辊式　b）三辊式　c）四辊式　d）五辊式

为了精确地调整挤压辊孔型和使孔型中心对准机组中心，挤压辊应具有灵活的调整机构；同时挤压辊支座应具有足够的刚度。否则，管缝游动使焊接质量不稳定，影响焊接质量。挤压辊在满足强度和刚度要求的情况下，应尽可能做得小一些。采用感应焊时，挤压辊的轴径和底座尺寸也应尽可能地小。例如，生产小规格焊管时，可将挤压辊做成一个整体，以减少挤压辊的外形尺寸；生产管径较大的焊管时，可采用多辊式结构，以减少挤压辊的直径。为了防止金属黏附在挤压辊上，并减少挤压辊和管坯的摩擦，要使用冷却液对挤压辊进行充分的冷却和润滑。

在现代化的焊管机组上，均装有能够测量挤压辊压力的测力装置，以实现挤压力的自动测量。

25.2.4　其他材质管的纵缝高频焊焊接特点

1. 低合金高强度钢管纵缝高频焊

低合金高强度钢除含有一般低碳钢所含的C、Mn、Si、S、P外，还含有Ti、V、Al、Cr、Ni等合金元素，或有较高的C、Mn、Si含量。这些元素及其含量都不同程度地影响着焊接性。例如材质的碳含量增高，则由于高频焊时的焊接速度大、冷却极快，便会在焊接区产生淬火组织，引起接头硬度升高、延性下降，甚至出现脆裂等严重缺陷。其他元素，如锰等也有类似影响。

同熔焊一样，也可将其他元素的影响折算成碳的影响，即以碳当量来衡量高频焊时材质的焊接性。高频焊接低合金高强钢管材，可根据下式求碳当量：

$$CE = w(C) + 1/4w(Si) + 1/4w(Mn) + 1.07w(P) + 0.13w(Cu) + 0.05w(Ni) + 0.23w(Cr)$$

一般地说，碳当量小于0.2%时焊接性好，焊后不需进行热处理；碳当量大于0.65%～0.7%时焊接性差，焊缝极易脆裂，硬度极高，甚至难以锯断，因而禁止焊接；碳当量在0.2%～0.65%之间时，焊接性尚可，但焊后需要紧接着进行正火热处理，使焊缝硬度与母材趋于一致。低合金高强度钢的碳当量绝大多数在此范围内，所以高频焊后都需作在线正火处理。这是高频焊焊接此类钢的特点之一。

在线正火处理一般是在焊接和切去钢管外飞边后，在通水冷却和定径之前，用中频感应加热设备对焊接区连续加热的办法来进行。此法效率高且不会使管材发生明显氧化，很值得推广。

焊接含有易生成高熔点氧化物的元素，如焊接含Cr的管坯时，很容易产生焊接缺陷。为此，焊接时，可在高频焊接装置处和管坯内部喷送中性气体流（如氮气）进行气体保护办法加以解决。

2. 不锈钢管纵缝高频焊

不锈钢的导热性差、电阻率高，与高频焊接制造相同直径和壁厚的其他材质钢管比较，制造此类钢管所消耗的热功率小。因而在输入相同电功率情况下，能较快地达到焊接温度，并可用较高的焊接速度进行焊接。

不锈钢管坯在成形辊系作用下，较易冷作硬化且回弹大，因此除正确设计辊系机件、恰当调整轧辊之间的间隙外，还必须施以较大的挤压力，其值一般要比焊制低碳钢管材时增大40～50MPa。

不锈钢管纵缝焊接的关键问题是焊接热影响区的耐蚀性降低。采用焊前固溶处理、高的焊接速度，并紧接着焊后使管材通过冷却器进行急冷等措施，在不用惰性气体保护的情况下，就可以得到耐蚀性良好的接头。这是因为焊前、焊接过程中和焊后所采取的工艺措施都有避免和限制在热影响区析出碳化物的作用。

3. 铝及铝合金管纵缝高频焊

用高频焊接生产铝合金管时，在熔化段管坯待焊两边的金属表层，因已加热到熔化状态，会发生剧烈的氧化，生成高熔点的氧化膜（Al_2O_3）。为把氧化膜从焊合点处挤出去，必须使焊合点处温度不低于母材固相线温度。可是铝合金固液相线温度区间很窄，例如3A21只有14℃，LM-1只有27℃，很难满足这个条件。唯一的办法就是提高焊接速度，从而可缩短在液态温度下的停留时间，同时还可减少散热所引起的温度降低，并可增加挤压速度，促进挤出氧化膜。因此高频焊接铝合金管纵缝的特点之一便是焊接速度大，甚至大到约为焊制钢管的两倍。

铝合金是非导磁体，高频电流透入深度较大，所以焊制同样壁厚管材时，选取的频率通常要高些。焊接铝和铝合金还要求高频电源的电压和功率具有较高的稳定性及较小的纹波系数。此外，铝管表面易受辊子划伤，要求焊工技术水平比较高等，也都与焊制钢管颇为不同。

4. 铜及铜合金管纵缝高频焊

铜及铜合金也是非导磁材料，因而高频电流的透入深度也较大，即在相同频率下，铜管坯中高频电流集中的程度比较弱。同时，铜及铜合金又都具有良好的导热性，所以管坯散热快。为此，焊接时必须采用比较高的频率，以使电能更强地集中于会合面的表层，使之迅速加热到焊接温度或熔点；此外，还必须采用高的焊接速度，以减少热能的损失。

用高频焊焊接铜合金特别是黄铜管纵缝时，在将会合面表层加热到熔化温度的过程中，合金所含的锌会被氧化和蒸发。为此，必须使会合面金属快速加热到熔化，并承受较大的塑性变形，确保将已熔化的金属与氧化物彻底挤出。

实践表明，按上述工艺原则进行高频焊所得铜合金管材接头的力学性能和耐蚀性能均是满意的。

25.3　高频焊的其他应用

25.3.1　薄壁管搭接纵缝的高频焊

用高频焊制造薄壁管时，挤压辊挤压管坯时很易发生错边缺陷，很难形成对接焊缝。低碳钢管坯厚度小于0.4mm时，就会有这种情况。焊接这种薄壁管材的适宜方法，如图25-21所示。将管坯边缘搭接，辊轮挤压处作为顶点，两边缘仍形成V形会合角，其上安放电极触头，接通高频电源，随着管坯连续递送，并在内外辊轮挤压下，就可实现此种纵缝的焊接。

搭接边的宽度一般等于或稍大于壁厚。受内外辊轮挤压力的作用，可使接头厚度等于管壁厚度。此法焊速可达150m/min，不仅可焊制低碳钢，而且也能焊制不锈钢、铝及铝合金、铜及黄铜等管材。最突出的应用实例是焊制手电筒坯料。同时，它也在罐头筒、染料筒、散热器用薄壁管等工件生产中获得了应用。

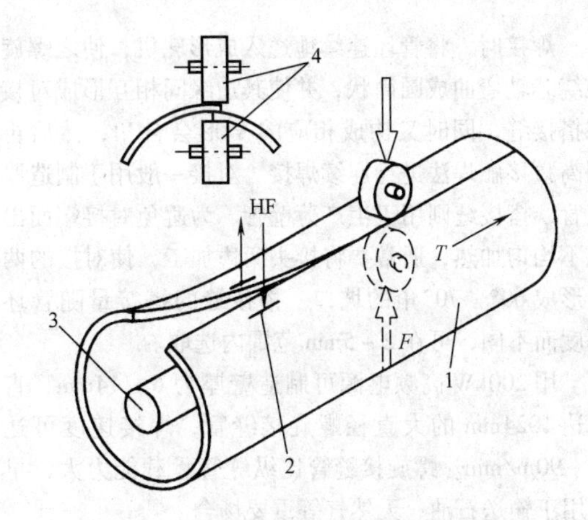

图25-21　薄壁管搭接纵缝的高频焊示意图

1—管坯　2—电极触头位置　3—阻抗器　4—挤压辊
HF—高频电　*T*—管坯运动方向　*F*—挤压力

25.3.2　管材螺旋接缝的高频焊

利用普通管材纵缝高频焊法生产中大直径的管子时，因受钢厂条件限制，很难得到合适规格的管坯。采用如图25-22所示的管材螺旋接缝高频焊法，可克服这个困难。除能使用较窄的带材焊出直径很大的管子外，它还能用同一宽度的带材焊出不同直径的管材。

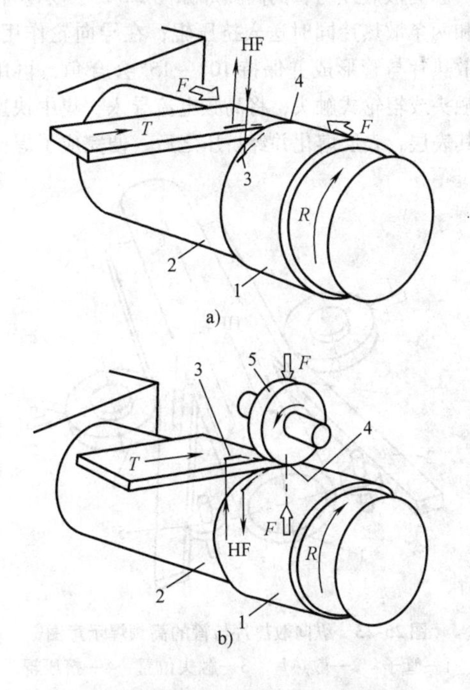

图25-22　管材螺旋接缝的高频焊示意图

a）对接螺旋缝　b）搭接螺旋缝
1—成品管　2—芯轴　3—触头位置　4—焊合点
5—挤压辊　HF—高频电源　*T*—送料方向
F—挤压力　*R*—管子旋转方向

焊接时，将管坯连续地送入成形轧机，使之螺旋地绕芯轴弯曲成圆筒状，并使其边缘间相互形成对接或搭接缝，同时又构成相应的V形会合角，然后再用高频接触焊法进行连续焊接。对接一般用于制造厚壁管，搭接缝则用于生产薄壁管。为避免对接端面出现不均匀加热，通常要将接头两边加工，使对接的两边形成60°~70°角的坡口。搭接缝的搭接量随管坯厚度而不同，可在2~5mm范围内选取。

用200kW高频电源可制造壁厚为6~14mm、直径达1024mm的大直径螺旋接缝管，焊接速度可达30~90m/min。螺旋接缝管比纵缝管承载能力大，早期用于输送石油、天然气等重要场合。

25.3.3　散热片与管的高频焊

为了增加各种散热器用管的散热表面积，常用焊接方法特别是高频焊方法向其表面焊上纵向散热片或螺旋散热片，使之成为散热片管（俗称鳍片管）。如高压锅炉水冷壁上使用的纵向散热片管就是一例。用高频焊焊接散热片与管具有焊接效率高、热影响区窄、焊接质量好且可使用异种金属材料等优点。

1. 纵向散热片与管的高频焊

纵向散热片与管的高频焊如图25-23所示。将管子和两条散热片同时送入挤压辊；在导向轮作用下，使散热片与管形成并保持10°~15°会合角，再用滑动触头或辊轮式触头，将高频电流导入，集中快速加热其表层，表层熔化并经挤压之后，便完成了焊接。

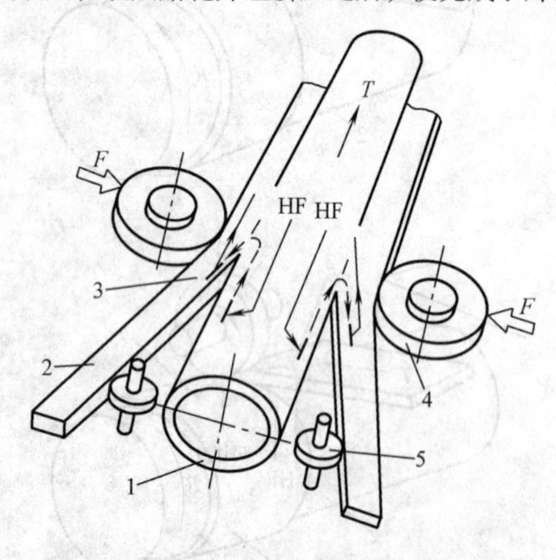

图25-23　纵向散热片与管的高频焊示意图

1—管子　2—散热片　3—触头位置　4—挤压辊　5—导向轮　HF—高频电源　T—送料方向　F—挤压力

焊接中遇到的一个特殊问题是管子与散热片连接面是非对称的，有不同的外形和散热条件，从而导致加热不均匀，易引起焊接质量下降或冷焊等缺陷。为克服这一困难，可采用如图25-24所示的集流式触头。将这种触头置于由散热片与管壁形成的会合角内，将另一普通触头置于管壁上且使其距会合点较远，这样，既可充分发挥邻近效应的作用，又可使管壁与散热片边缘的温度趋于均匀。

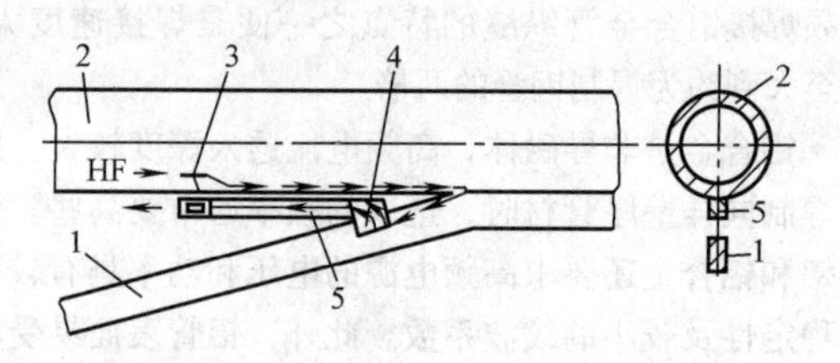

图25-24　集流式触头

1—散热片　2—管子　3—普通触头位置　4—集流式触头位置　5—集流式触头　HF—高频电源

2. 螺旋散热片与管的焊接

螺旋散热片与管的高频焊原理如图25-25所示。管子作前进及回转运动，散热片以一定角度送向管壁，并由挤压辊将其压紧于管壁上，当散热片与管壁上的触头通有高频电流时，会合角边缘金属便被加热，并经挤压而焊接起来。焊接螺旋散热片与管时，因连接面的非对称而产生的加热不均匀问题，可采用非对称地放置触头的办法来解决。

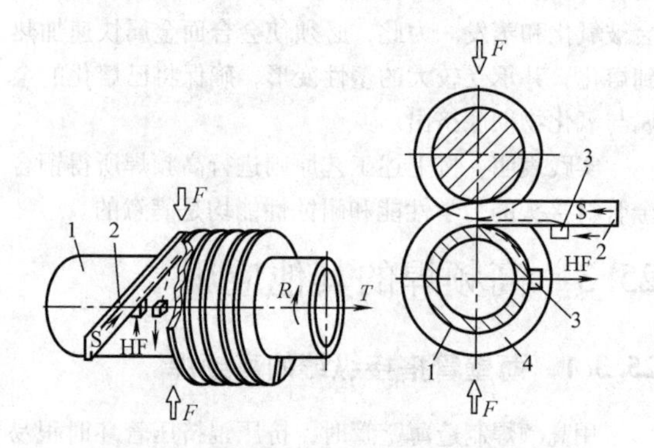

图25-25　螺旋散热片与管的高频焊原理图

1—管子　2—散热片　3—触头　4—挤压辊　HF—高频电源　R—管子旋转方向　S—散热片送料方向　T—管子移动方向　F—挤压力

25.3.4　电缆套管纵缝的高频焊

高频焊已成功地应用于制造电缆套管。因套管是用铝和钢做坯料代替稀缺金属铅，且比挤压法所制套管的壁薄，故能显著减轻电缆的重量；又因焊接时金属的加热范围小、冷却速度快，对电缆芯可不必采用特殊的绝热措施，所以用高频焊制造电缆套管有显著的优点。

电缆套管纵缝高频焊的原理示于图25-26。它与普通管纵缝焊接的区别在于焊接时，边将管坯弯曲成近管形，边将电缆芯送入管内，然后再通过感应圈。电缆套管纵缝高频焊的困难是管壁太薄，对接的两边缘难以对合；另外，电缆芯的放入会引起电流密度分布的改变。为此，要严格限制使用过薄的套管坯，以免挤压过程中发生失稳变形；并采用提高电流的频率、减小会合角等办法，以使高频电流得到充分集中。

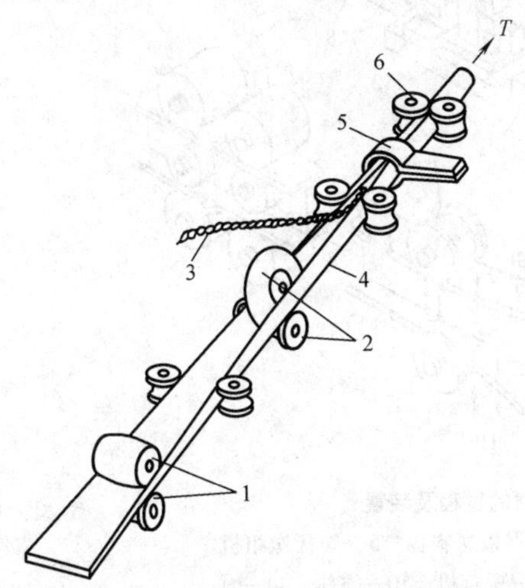

图25-26 电缆套管纵缝的高频焊原理图
1、2—成形辊 3—电缆芯 4—套管坯 5—感应器 6—挤压辊 *T*—送料方向

25.3.5 结构型材纵缝的高频焊

高频焊是高效率生产型材的一种方法。用它可制造I形、T形、H形等多种型材，可达到的尺寸范围是，腹板高76～508mm、翼板宽50～305mm、翼板及腹板厚度2.3～9.5mm。特别是用它可制造厚度相差很大、形状很不对称和由不同材料组成的型材，而使用普通热轧法则是很难轧制或无法轧制的。

使用高频焊制造结构型材的过程示意图或装置分别如图25-27～图25-29所示。

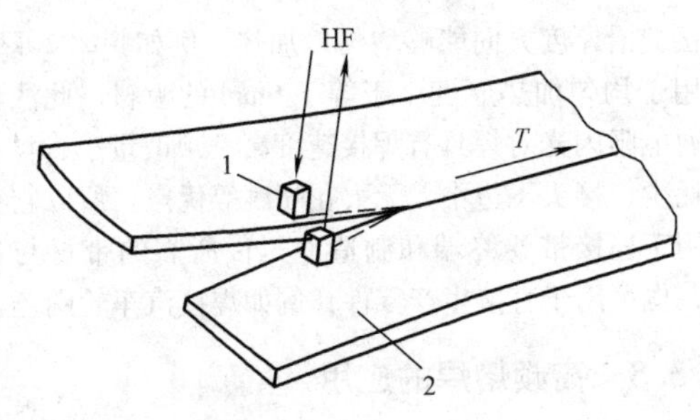

图25-27 板条对接示意图
1—高频焊触头 2—板条
T—工件移动方向 HF—高频电源

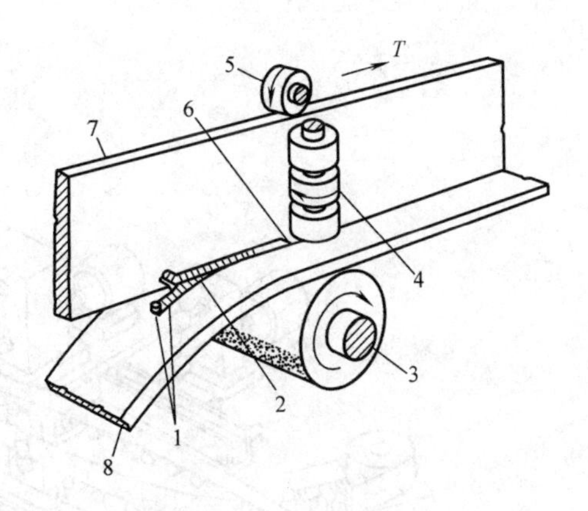

图25-28 焊接T形截面的高频焊装置
1—高频触头 2—电流通路 3、5—挤压辊 4—防弯辊组件 6—焊接点 7—腹板 8—翼板 *T*—工件移动方向

首先要将待焊板材上弯或下弯，使其形成V形的会合角，然后用滑动电极触头导入高频电流，加热会合角部分，最后再连续通过挤压辊进行挤压和焊接。

焊接制造T形、H形型材时，V形会合角附近的两边板材的加热程度也是不等的，腹板上下边缘温度高，翼板近缝处温度低。为此，必须采取措施将电极触头偏置，使翼板能有比腹板更长的电流通路，以增大加于翼板中的热量，使两板近缝处温度趋于一致。

用高频焊制造H形型材的焊缝宽度，一般仅为腹板厚度的85%，因而限制了高频焊的应用。为使型材金属得到充分应用，必须设法将焊缝宽度至少增大到等于腹板厚度。其办法就是在作业线上用轧机将腹板边缘冷镦，使厚度增加30%左右，然后再进行焊接。此法不仅有利于增加焊缝宽度，而且还因腹板镦厚后有利于缩小与翼板焊接温度的差异。

25.3.6 管子的高频对焊

管子高频对焊的原理示于图25-30。

将两段待连接的管子固定在夹头中，并使之相互接触；感应圈套在接头处的管子外围，当感应圈通有高频电流时，接头处便产生感应电流，使两端头很快加热到焊接温度（不熔化），然后再施加顶锻压力，完成焊接。

此焊管法的特点是接头内侧没有毛刺，只呈缓慢的凸起状，对流体的阻力小，因而常被用于重要结构，如锅炉钢管的焊接。接头加热温度有时可能不均匀，但采用管坯相对于感应圈作转动的方法就可克服。在高压锅炉制造应用中，可焊接壁厚小于10mm、直径为25～320mm的管子，其焊接时间为10～60s。

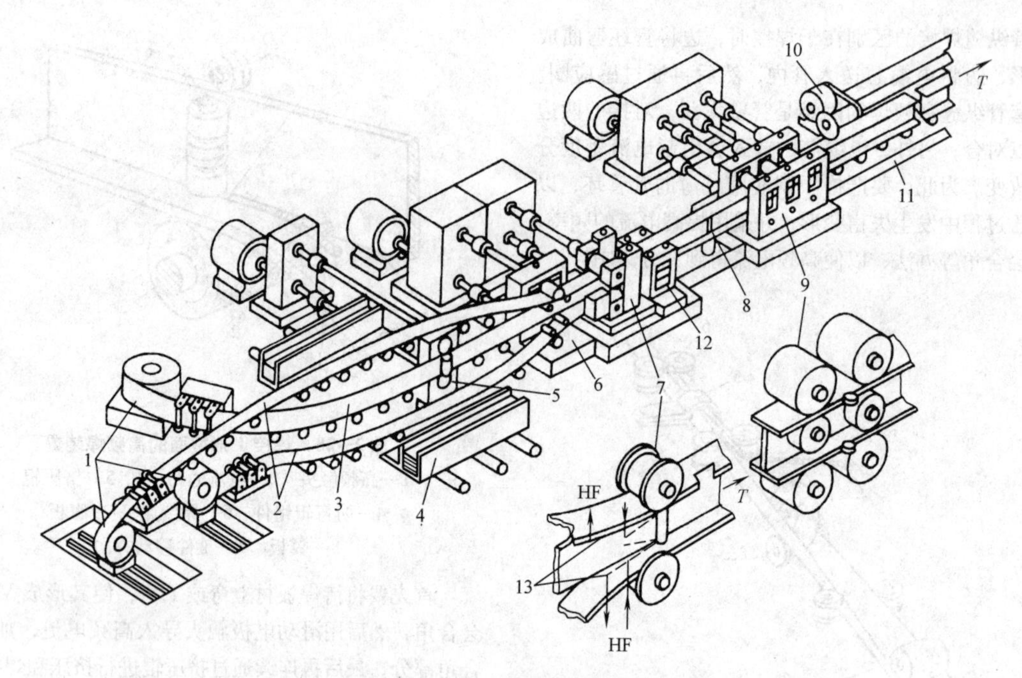

图 25-29　用高频焊制造结构型材的过程及装置

1—开卷机和矫平机　2—翼板　3—腹板　4—翼板送料器　5—腹板镦粗机　6—翼板预弯机　7—焊接工位　8—冷却区　9—矫直机　10—飞锯　11—成品输送区　12—表面缺陷清除工位　13—触头位置　*T*—送料方向　HF—高频电源

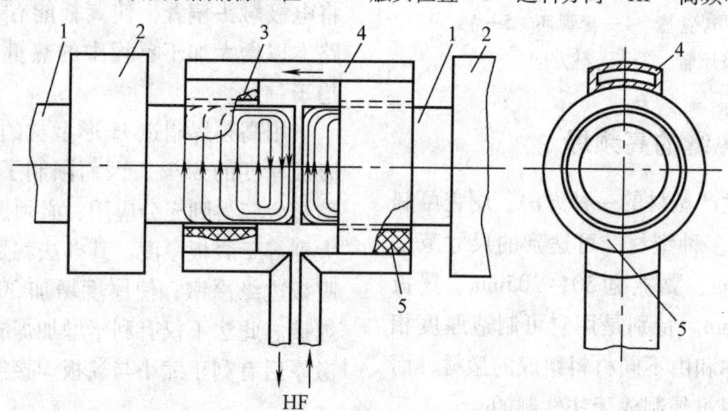

图 25-30　管子高频对焊原理图

1—管子　2—夹子　3、5—感应圈　4—过桥　HF—高频电源

25.3.7　板（带）材的高频对焊

可采用高频对焊法连接长度较短的板材或带材，其原理如图 25-31 所示。将两待焊的带材或板坯端头放于铜制的条形座上，加以轻微压力使之相互接触；同时，置邻近导体于接缝的上方，将其一端与条形座相连，而其另一端及条形座的另一端则分别接于高频电源的输出端；当高频电流通过时，接缝区便在邻近效应作用下异常迅速地加热到焊接温度（不熔化），随即在较大顶锻压力作用下连为一体。

通过正确地选择频率，可调节电流的透入深度，使接缝沿厚度方向能够均匀地加热。例如频率 10kHz 可用于均匀加热厚度小于等于 6mm 的板材。此法比普通电阻闪光对焊具有焊接速度高、顶锻量小、材料消耗少、接头飞边小、无火花喷溅等优点。所以它很适用于连接带卷终端和制造冲压件所需的带材与板坯，也可用于直接生产零件，例如焊接汽车轮圈坯。

25.3.8　高频熔焊的应用

高频熔化焊是利用高频电流使两工件连接处加热到熔化状态，并在不加任何压力下只通过冷却、结晶将其连接成一体的焊接方法。它有熔点焊、熔缝焊和

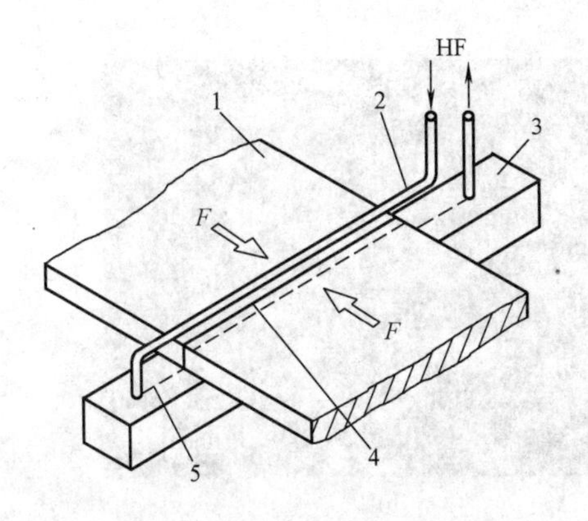

图25-31 板（带）材高频对焊原理图

1—工件 2—邻近导体 3—条形座 4—接缝
5—电流路线 HF—高频电源 F—压力

熔堆焊三种。用它已成功地焊接了电动机和变压器的叠片，如图25-32所示。

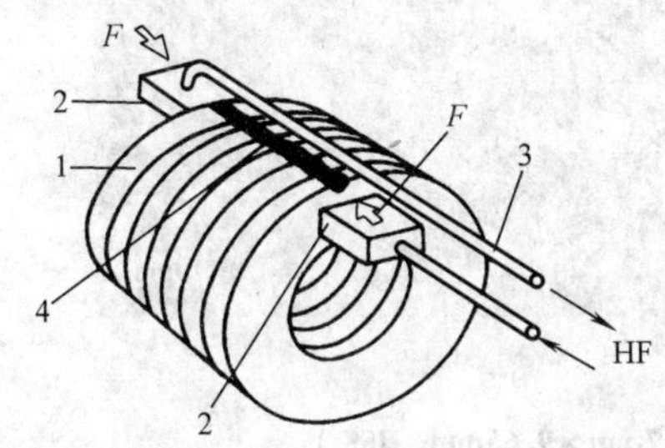

图25-32 电动机硅钢叠片的高频熔焊

1—叠片 2—触头 3—邻近导体 4—熔焊的焊缝 HF—高频电源 F—夹紧力

用高频熔化焊法焊接电动机叠片比采用螺钉、铆钉、卡子及钨极氩弧焊等连接法，具有快速、易于自动化和成本低的优点。

25.4 焊接质量及检验

高频焊的特点是焊合面加热速度快，加热时间可以短到0.01s，也可长达1s，加热后立即进行挤压，挤压时间一般为加热时间的1/3。在挤压的过程中，加热到熔融状态的氧化物被挤出了界面，带走了结合面的杂质，获得纯净和优质的焊接接头。高频焊不需要添加异质金属，实际上是一种锻焊。一旦加热停止，接头处的热量传导给周围未被加热的金属，由于快速焊接的结果，接头很少或者没有晶粒长大的现象。实际上，在加热后往往出现晶粒细化的现象。接头受到顶锻时产生塑性变形，出现了定向结构的再取向。对有层状结构的材料来说，再取向会成为困难。

根据高频焊管的焊缝组织形貌，可以把焊缝组织大体上分为熔合区和热影响区。熔合区指的是在高频电流的趋肤效应和邻近效应的作用下，管坯边缘很薄一层金属被熔化，经挤压辊挤压后，熔化金属被挤压出去，形成飞边，剩余的半熔化金属冷凝后焊合在一起的部位。热影响区包括奥氏体重结晶区和铁素体再结晶区，靠近半熔化区的奥氏体重结晶区的特点是加热温度高，奥氏体晶粒粗大，并在挤压力作用下产生变形，接着是细晶粒的奥氏体重结晶区，以及在Ac_1温度下发生的铁素体再结晶区。图25-33为高频焊钢管未经过热处理的焊接接头。从低倍组织看，由于高频加热的特点，其热影响区一般具有上下较宽、中间较窄的双曲线，双曲线形上下基本对称，焊缝处有一条宽度约0.1mm的白色亮线，为熔合区，它是焊缝熔化层金属被挤出后所遗留下来的脱碳区。热影响区和熔合区的宽度随高频电流的频率、焊接温度、焊接速度、壁厚等不同而变化。一般认为熔合区中部的宽度为0.02~0.12mm，热影响区中部的宽度与壁厚之比大约为1∶3时，认为焊接参数能够保证较好的焊缝质量。图25-34为焊缝经过正火热处理后的高倍组织。

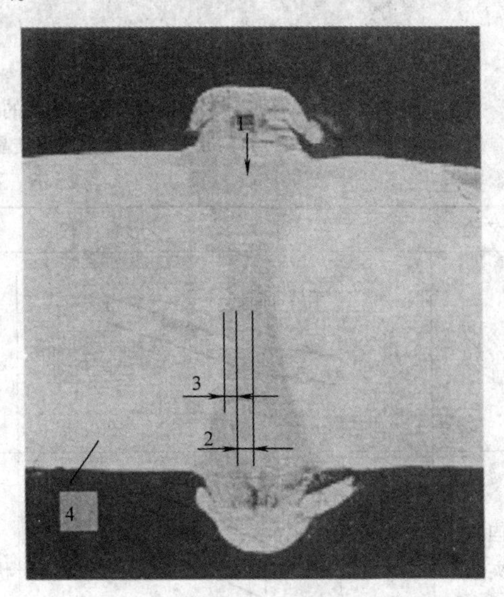

图25-33 高频焊钢管焊缝低倍组织
（ϕ244.5mm×12.7mm，×65）

1—熔合区 2—奥氏体重结晶区
3—铁素体重结晶区 4—母材

25.4.1 高频焊常见的缺陷

在高频焊接头中，很少发现熔焊时易于产生的气孔、夹渣等体积型缺陷，但因原材料质量控制、接头准备或焊接参数不当，也会产生诸多缺陷，表25-6为高频焊制管常见缺陷。

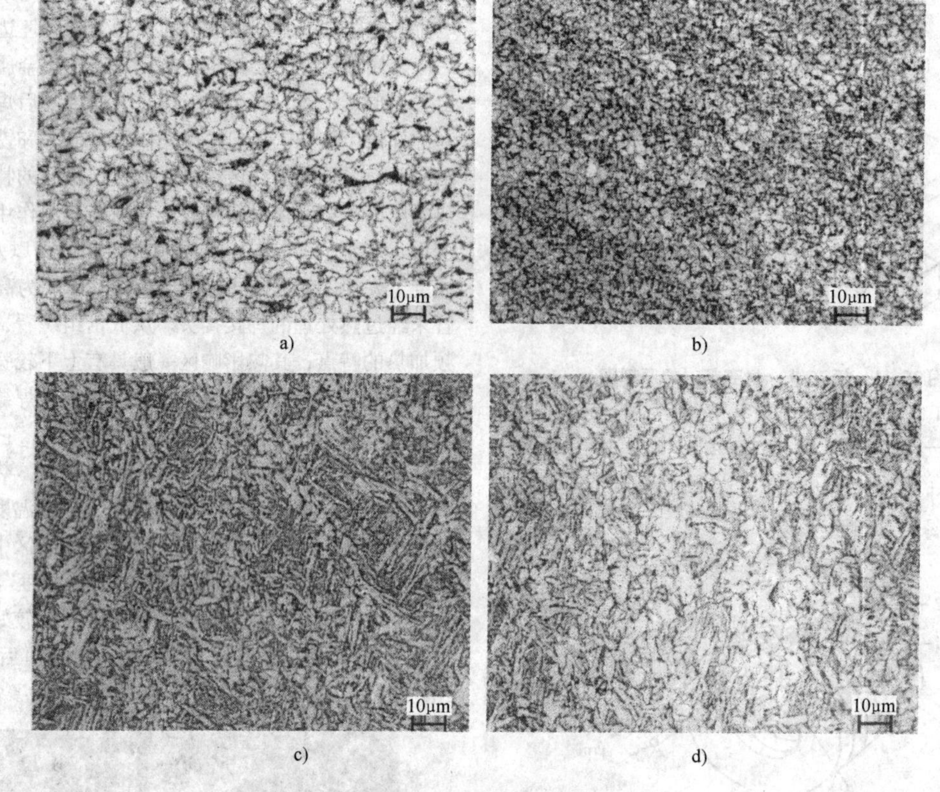

图25-34　高频焊接头各区的高倍组织（ϕ339.7mm×9.65mm，J55）

a）母材　b）铁素体再结晶区　c）奥氏体重结晶区　d）熔合区

表25-6　高频焊制管常见缺陷

名称	形　态		可能生产的原因
冷焊	未熔合面 熔合面	1. 几乎全部没有熔合 2. 只有一部分未熔合，但未熔合部分很长 3. 有很短的未熔合	1. 温度极低 2. 挤压量不够，加热温度不够，对接条件不合适，带钢边缘形状不合适 3. 打火造成温度波动
回流夹杂		熔合面上残留着米粒状或虫蛀状微小氧化物	1. 材质不合适 2. 加热温度过高，挤压量不够，V形角太小、焊接速度太慢
针孔	熔合线 缺陷	在熔合面局部分布着未排出的熔融物和针孔	加热温度过高，挤压量不够，焊接速度太慢
钩状裂纹	钩状裂纹	沿着上升的金属流线有很小的裂纹	焊接热影响区的母材中有非金属夹杂或偏析

（续）

名称	形　态		可能生产的原因
平行夹杂物、分层	分层	平行于金属流线有比较大的裂纹	母材中有分层、夹杂物或偏析
错边、残留飞边	错边 台阶	1. 错边 2. 飞边切削后焊道不平滑	1. 对接条件不合适 2. 刀具设定不合适

1. 冷焊和回流夹杂

高频焊制管产生的主要焊接缺陷是冷焊和回流夹杂，冷焊也称之为低温焊接，回流夹杂也称氧化夹杂或过烧。在对高频焊焊缝进行拉伸或冲击试验时，冷焊和氧化夹杂宏观断口上呈现无金属光泽的灰色区，因此也把冷焊和回流夹杂统称为灰斑。

冷焊：这种断口灰色面积较大，无一定几何形状，微观断口分析为细小、浅平的韧窝，大多数韧窝中都存在着细小夹杂物。

回流夹杂：此种断口宏观特征反映为不均匀分布的圆形或椭圆形灰色斑点区。其微观断口为较大韧窝，韧窝中分布有较大的夹杂物。

这两类缺陷中的夹杂物主要为 Si、Mn、Fe 等元素的氧化物以及它们的复合物，如 SiO_2、MnO、Al_2O_3、FeO 和 MnO-SiO_2-FeO 等。一般认为，灰斑对焊缝的强度无明显影响，但使焊缝的韧性和塑性明显的降低。缺陷中的夹杂物经常达到 10μm，在挤压力的作用下呈片状分布。大多数情况下超声波无法检测出这种缺陷，但它可能发展成诱发脆性断裂的尖锐缺口。缺陷中的夹杂物是使高频焊焊缝脆化的根本原因。

（1）对焊接现象的观察　为了发现各种可能出现的焊接现象，在较宽的焊接条件范围内，利用高速摄影对高频焊的焊接过程进行观察。焊接条件由焊接速度、热输入和电极触头位置（电源供给点）三者的不同组合而成。高速摄影机配置在焊点的上方。对各种焊接现象的观察表明，带钢边缘往往不总是在V形角的会合点上焊接，而是在一个狭窄的、不断间歇变化的间隙区段内完成焊接。如图 25-35 所示，在会合点（V）焊接时焊接是连续的，而在间隙区段（V—W）焊接时，焊接是间歇进行的。

观察分析表明，根据狭窄间隙区的长度和形状及焊接的时间周期，高频焊的焊接现象分为三种类型，其实拍照片见图 25-36。

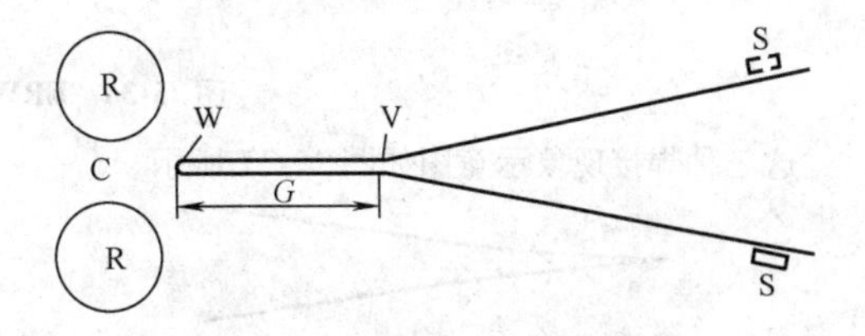

图 25-35　高频焊接现象示意图

V—会合点　R—挤压辊　W—焊接点
C—挤压辊中心　G—狭窄间隙区
S—电极触头（电流供应点）

第一种焊接现象：在V形会合点之后看不到边缘间隙，即 $G=0$ 或V与W点重合。此时管坯边缘端面在V点被连续地焊接，如图 25-36 中的照片 1 所示。当焊接速度高或热输入偏低时，出现此种焊接现象。

第二种焊接现象：这种现象从V形会合点开始，形成长度为 0～15mm 的边缘间隙（V—W）。在V形会合点附近熔化的钢液不断地形成间隙的“过桥”，即会合点上熔融金属像桥一样不断地使两边缘连接起来（跨接）。同时，熔融金属还沿着狭窄间隙区向着焊接点（W）急速地移动，熔钢的“过桥”填补焊接点附近的空位。此时焊接通常是间歇进行的，焊接边缘以 1000 次/s 的频率频繁地接触和分开。高速摄影照片见图 25-36 中照片 2。

第三种焊接现象：首先焊接点在V形会合点附近形成，但边缘并未接触，而是以管坯相同的速度向挤压辊中心移动并成为扇形。当焊接点移到一定位置时，V形会合点的边缘端面发生接触，在这一瞬间，熔钢“过桥”作为焊接点向前飞跃，这时往往伴随着电弧发生。由于熔钢过桥和从边缘挤出的熔融液滴的回流，V形会合点和焊接点之间边缘间隙的大部分，由熔钢填补并焊牢，此时焊接点返回会合点附近，重复上述过程。每一过程在 10ms 以上。它的实际过程形态如图 25-36 照片 3 所示。在焊速低或热输入较大时，出现第三种焊接现象。

照片1 第一种焊接现象
(看不到V会合点和焊接点的分离)

照片2 第二种焊接现象
(在V会合点产生的接触立即在后面形成电弧)

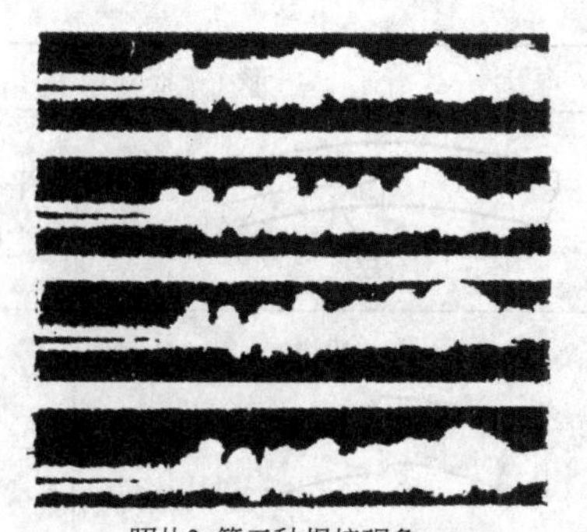

照片3 第三种焊接现象
(按四个阶段周期地、反复地进行焊接)

图 25-36　ERW 钢管的三种焊接现象

这三种焊接现象示意图如图 25-37 所示。

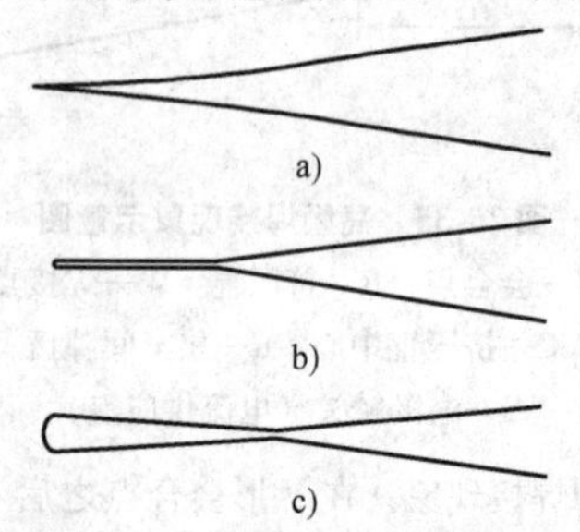

图 25-37　三种焊接现象示意图

a）$v_a > v_r$　b）$v_a = v_r$　c）$v_a < v_r$

v_a—边缘的接近速度，决定于挤压力、焊速和开口角的大小。

v_r—边缘的分离速度，决定于熔融金属排出端面的程度。

（2）间隙区的形成　高频焊管在会合点和焊接点间之所以形成间隙区（V—W），是由于高频电流产生的趋肤效应和邻近效应，在管坯两边缘分别产生方向互逆的高密度电流，这种反向电流所形成的相互排斥的电磁压力使熔融金属被挤出边缘端面，从而导致两边缘之间形成间隙，如图 25-38 所示。在边缘端面接触之前，如果金属开始熔融，那么熔融金属不断地被挤出直至焊接完成。这种熔融金属被挤出的过程，有如间隙两边缘的分离，并可有一定的分离速度 v_r。

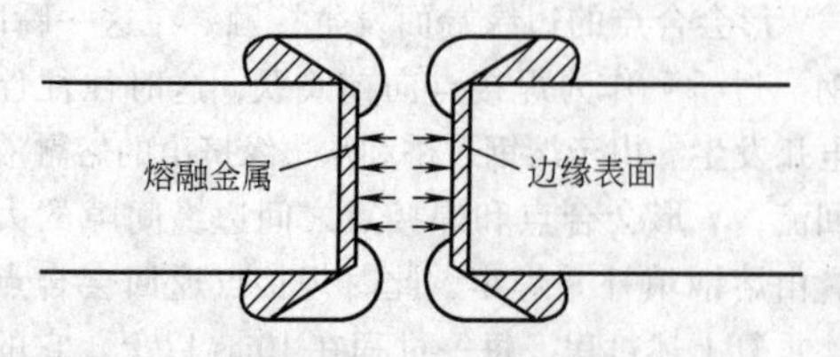

图 25-38　间隙形成的示意图

（3）焊接现象类型的确定　通过观察和分析认为，产生不同焊接现象的原因是间隙区的形式不同。而间隙区的不同形式是由于管坯在向挤压辊中心移动时：管坯两边缘的接近速度（v_a）与移动中的边缘分离速度（v_r）的比值不同。

当 $v_a > v_r$ 时，如图 25-37a 所示，即出现第一类焊接现象。这时由于焊接速度偏快、热输入不足，使边缘端面没有达到充分熔化状态。挤压后形成热固结合，端面形成的氧化物很难挤出而残留于焊接结合面，形成低温焊接缺陷，即冷焊。

当 $v_a < v_r$ 时，如图 25-37c 所示，由于管坯边缘的分离速度 v_r 大于其接近速度 v_a，所以随焊接点的移动，两边缘之间的间隙增大并形成扇形，从而产生较严重的回流夹杂，出现第三种焊接现象。

当 $v_a = v_r$ 时，由于管坯边缘的接近速度等于其分离速度，因而造成从 V 会合点至焊接点 W 两边缘间形成平行间隙，即产生第二种焊接现象，如图 25-37b 所示。

虽然第二种焊接现象有时出现少量回流夹杂或冷焊，但尺寸微小（$<2\mu m$），对焊缝性能不构成危害，属正常焊接过程。

（4）焊接缺陷的形成过程　通过对焊缝断口照片的观察分析，冷焊是低温焊接时形成的，与第一种焊接现象相对应。它沿焊接熔合线的大范围内均匀地出现，在显微镜下由集合的显微凹坑组成。它们的直径大多数小于 1μm，而且大多数坑内都有氧化性夹杂物。这和第一种焊接现象下观察到的大量的细小“挤瘤”产生于 V 形会合点附近边缘相一致。边缘焊接时，大量“挤瘤”夹在两边缘中间，如图 25-39 所示。“挤瘤”多半是由氧化物组成（假如由金属组成，在强电磁力的作用下就不可能产生挤瘤形状）。如果是第二或第三种焊接现象，“挤瘤”在两边缘会合之前已成为熔融金属的焊珠将不断被挤出，而问题在于第一种焊接现象是在低温时焊接的，大量的熔融金属连同大量氧化物未被挤出，则在两边缘端面上产生一种氧化物集群，类似于未焊透。

而第二种和第三种焊接现象中，大量的熔融金属被挤出，所以不能认为其夹杂是残留的氧化物，只能理解为熔融的焊珠夹有一定的氧化物，在焊接时回填到两边缘的间隙里，从而造成回流夹杂。这又以第三种焊接现象的回流夹杂更为严重。因此回流夹杂与冷焊的产生机理是不一样的。从电子显微镜上看出回流夹杂的凹坑和杂质比冷焊时大得多。

第三种焊接现象中常出现回流夹杂。第二种焊接现象中偶然出现，但第一种焊接现象从未出现过回流夹杂。同时第三种焊接现象中，形成长的间隙区，大部分的间隙被回流的熔滴所焊合。在第二种焊接现象中间隙长度较短，回流过程极短，这些都解释了两种焊接现象的回流夹杂发生概率的差别。

2. 钩状裂纹

也称外弯纤维状裂纹，其特征如图25-40所示。它是由于热态金属受强烈挤压，使其中原有的纵向分布的层状夹杂物向外弯曲过大而造成的开裂现象。避免此类缺陷开裂的措施，首先保证母材的质量，限制其杂质的含量；其次是调整焊接参数，使挤压力不要过大。

3. 分层和平行夹杂物

分层或平行夹杂物是由于钢坯皮下气泡、严重疏松，在轧制时未能焊合，化学成分偏析（例如钢液凝固过程中富集于液相形成熔点低的连续或不连续网状 FeS），轧制时出现分层以及钢坯中存在夹杂物经过轧制后沿轧制方向被拉长所致，平行夹杂物组织型貌如图25-41所示。

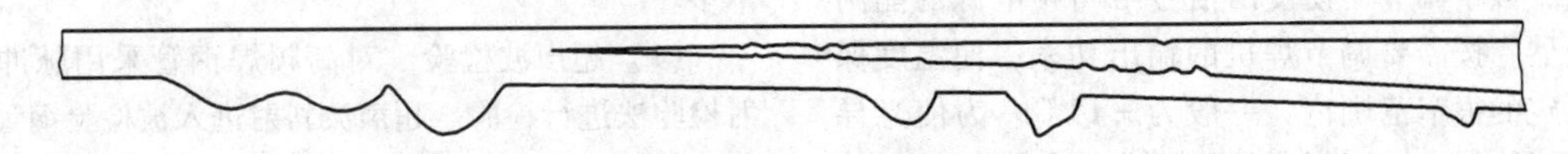

图25-39　冷焊现象示意图

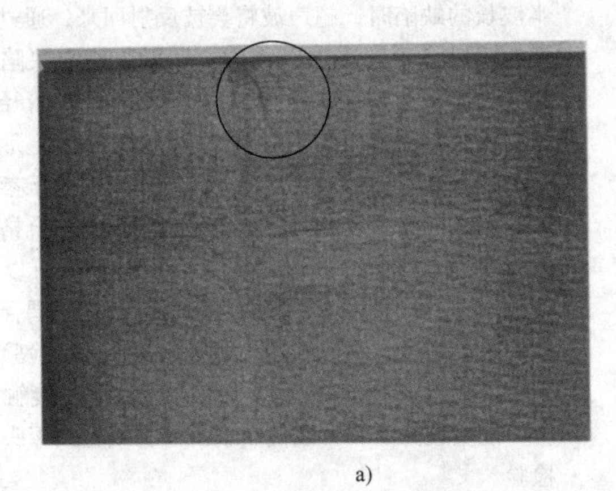

a)

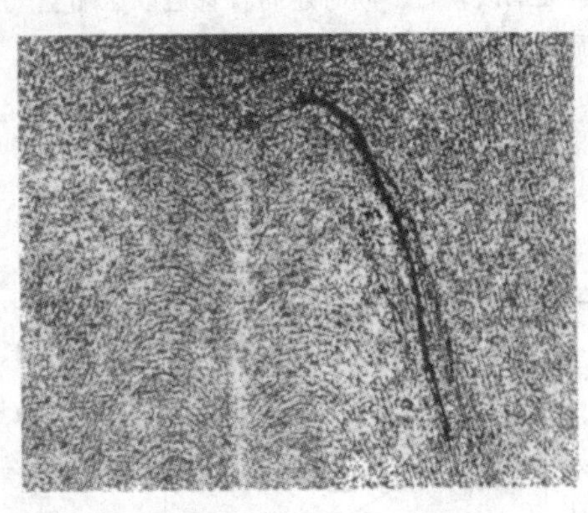

b)

图25-40　钩状裂纹（ϕ339.7mm×9.65mm，J55套管）

a）钩状裂纹低倍组织　b）钩状裂纹高倍组织

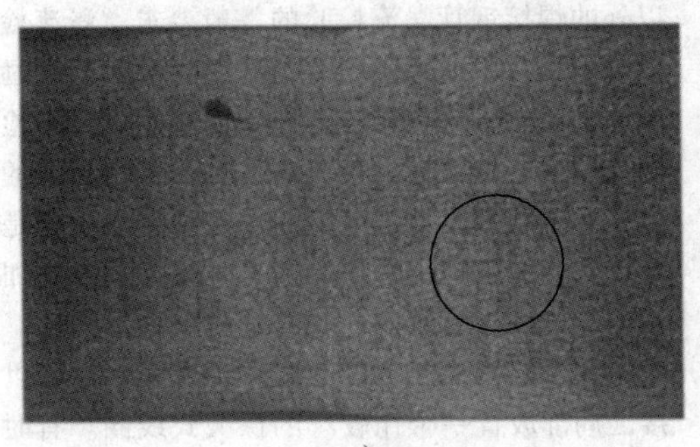

a)

b)

图25-41　平行夹杂物（ϕ339.7mm×9.65mm，J55套管）

a）平行夹杂物低倍组织　b）平行夹杂物高倍组织

除了以上缺陷，在薄壁管纵缝高频焊时，由于设备精度不高、挤压力较大，还可能引起错边甚至形成搭焊的缺陷。搭焊缺陷不仅影响管材的外观，还会引起管材强度的降低，所以也需注意防止和消除。

25.4.2　焊接质量的自动控制

依靠目测和手工调节的办法，难以确保高频焊接头的质量，因此必须对焊接参数实行自动控制。

典型的高频焊接质量自动控制系统如图 25-42 所示。将由光导纤维束组成的光缆，装在接近焊接区的位置。摄取 V 形会合点处因高频电流加热所产生的光辐射能量。其后接上光电比色高温计的光电传感器。光电传感器能将光纤维束摄取的光辐射能量转成电信号，输给比色高温计，转换成温度数值，并输送给数字调节器。在与数字开关设定温度信号比较后，数字调节器便发出信号给高频电源的晶闸管调压器，按需要调节焊机的输出功率，使温度保持在设定的很窄范围内，一般为 ±15℃。为使光导纤维束能清楚地、不间断地摄取光辐射能量，常将光导纤维束罩以软管，同时还向软管通以压缩空气，用其气流吹走焊接区的烟气与水蒸气。

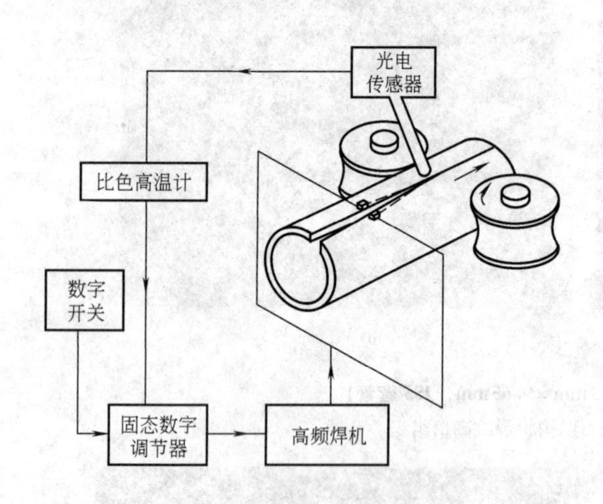

图 25-42　高频焊接质量自动控制系统

此系统响应时间为 0.01s，已可靠地用于制管线上，并取得了显著效益。它除能校正管壁厚度、焊接速度、网路电压等变化引起的波动外，还能测出阻抗器逐渐失效的情况。

25.4.3　焊接质量检验

高频焊接头质量主要决定于焊缝及热影响区金相组织、力学性能和有否缺陷。对输送酸性介质的钢管还应该有抗硫化氢应力腐蚀开裂性能，对不锈钢管焊接接头还应有高的耐晶间腐蚀性能。焊接质量的检验，根据检验时是否对焊接接头造成破坏可以分为非破坏性检验和破坏性检验。

1. 非破坏性检验

非破坏性检验可用来在高速生产中有效地检测出很小的焊接缺陷。通常，连接表面的非金属杂质达到不允许的数量时，焊后立即可以检测出来，这样可以对焊接条件做出调整和控制。一些常用于电弧焊质量控制的测试方法，如 X 射线法、磁粉法或液体渗透裂纹法，除了检验大而明显的缺陷之外，一般不适用于高频焊焊缝质量的检测。检验高频焊接头通常使用超声波法、涡流法和漏磁法。还可以采用流体静压试验作为非破坏性检验，但是检验中的失误会使裂纹扩展到无缺陷的材料中去，用磁粉检验管道的场合不多。

（1）超声波检验　对高频焊钢管采用脉冲式斜射检验法进行检验。超声波斜射进入被检验钢管，当超声波在被检验钢管中传播时遇到等于或大于超声波半波长的缺陷时，超声波将会被反射回来，通过超声波检验仪将反射波加以判别，就可以确定缺陷的情况。制作一个参考试样，参考试样的材质、管径和壁厚与被检验钢管相同，并带有一个或多个给定形状尺寸的孔和槽。当被检验钢管的缺陷反射波大于参考试样缺陷试样的反射波时，被检验钢管即为不合格。一般管径小于 100mm 的小管径管，批量小时可以使用接触法进行检验，为了使探头和钢管较好地耦合，提高检验灵敏度，可以采用接触聚焦探头进行检验；对于管径大于 100mm 的大管径管，通常采用接触法检验，批量较大时，可以使用水浸检验或轮式探头自动检验。

（2）涡流检验　在 GB/T 7735—2004《钢管涡流探伤检验方法》中给出了无缝钢管和除了埋弧焊以外的焊接钢管涡流检验的一般要求。涡流检验是以电磁感应原理为基础。涡流由管子附近激励线圈中的交流电感应到管子上，用传感器线圈来检测由涡流产生的磁通量。存在缺陷时会影响正常的涡流分布，传感器线圈可以检测出这种变化。若是铁磁金属，应在激励线圈和传感器线圈区域内施加一个强的外磁场，以使该区域的管道有效地消磁。激励线圈和传感器线圈可以完全环绕管子，也可以在焊接区局部放置一个比较小的探头式线圈。有时，一个或者更多的线圈可以同时起到激励器和传感器的作用。用带有已知缺陷的参考试样来校准仪器和确定验收标准。

(3) 漏磁检验　在 GB/T 12606—1999《钢管漏磁探伤方法》中给出了铁磁性无缝钢管和埋弧焊管以外的铁磁性焊管漏磁检验的一般要求。钢管漏磁检验的基本原理是：当铁磁性钢管被充分磁化时，管壁中的磁力线被其表面或近表面处的缺陷阻隔，缺陷处的磁力线发生畸变，一部分磁力线泄露出钢管的内外表面，形成漏磁场，位于钢管表面并与钢管做相对运动的探测元件拾取漏磁场，将其转换成缺陷电信号，通过探头可得到反映缺陷的信号。用带有已知缺陷的参考试样来校准仪器和确定验收标准。

(4) 流体静水压试验　焊管使用标准中一般给出了最小流体静压下试验压力，试验压力也可由用户自定。试验压力可以相当低，使之只起到检查泄漏的作用。试压力也可以相当高，以便给材料施加的应力接近其屈服点。在某些情况下，用流体膨胀使管子达到最后的尺寸，并对焊接接头进行严格检验。

2. 破坏性检验

高频焊生产焊管，除了使用拉伸、冲击等常规破坏性试验方法外，还经常使用压扁试验、反向压扁试验、弯曲试验、扩口试验和焊缝金相检验等破坏性检验方法来对产品进行少量抽样检验。

(1) 压扁试验　GB/T 246—2007《金属管　压扁试验方法》给出了金属管压扁试验的一般要求。进行该试验时，要求取被焊产品的一段作为试样，放在压床上的平行板之间，让焊缝与作用力呈90°，将试样压扁到规定的高度，检验焊接接头区裂纹或断裂的产生和扩展。然后继续压扁直到试样断裂或管子两个相对内壁面贴合为止。这种试验在焊缝的外表面施加最大的拉应力。还可以将焊缝放在压板下进行试验，这时管子内侧焊缝受到拉伸。这种试验可以检查焊缝缺陷和焊缝附近母材的塑性，如果试样在试验中断裂，则对断裂面进行检查往往有助于确定缺陷的性质并采取修正措施。

(2) 反向压扁试验（反弯试验）　当要求对内侧焊缝做严格的检验时，可以在焊缝每一侧的90°处将管子纵向分开并压平。然后再反向弯曲，使焊缝处在弯曲曲率最大的位置上。焊缝出现裂纹或其他表面缺陷都是废品的标志。对断裂面进行检查，对于确定产生缺陷的原因是很有价值的。

(3) 弯曲试验　GB/T 244—2008《金属管　弯曲试验方法》给出了金属管弯曲试验的一般要求。适当长度全截面直管绕一规定半径和带槽的弯心弯曲，直到弯曲角度达到相关产品标准所规定的值。一般情况下，焊缝置于与弯管呈90°（即弯曲中性线）的位置。试验后钢管任何部位不得出现裂纹，且焊缝不得开裂。

(4) 扩口试验　GB/T 242—2007《金属管　扩口试验方法》给出了金属管扩口试验的一般要求。将一段短管子一端套在带有一定锥度的芯轴上加压，使钢管外径扩口达到规定的扩口率。扩口后试样不得出现裂缝或裂口。虽然这种检验应用较广（尤其适用于塑性材料的焊缝），但是也会产生误判，尤其是当焊缝的镦出材料未从管子内侧除去时更是这样。镦出材料的存在往往会造成应力集中，导致焊缝处的过早断裂。

(5) 高频焊焊缝的金相检验　高频焊焊缝的金相检验常被用来确定焊缝的质量、完整性和热影响区的微观结构。

25.5　安全技术

高频焊时，影响人身安全的最主要因素在于高频焊电源。高频发生器回路中的电压特别高，一般在5～15kV。如果操作不当，一旦发生触电，必将导致严重人身伤亡事故。因此为确保人员与设备的安全，除电源设备中已设置的保护装置外，通常还应特别注意采取以下措施：

1) 高频发生器机壳与输出变压器必须良好接地，高频电流比低频电流更难接地，接地线应尽可能地短而直，接地电阻应不大于4Ω；而且设备周围特别是工人操作位置还应铺设耐压35kV的绝缘橡胶板。

2) 禁止开门操作设备，在经常开闭的门上设置联锁门开关，保证只有门处在紧闭时，才能起动和操作设备。

3) 停电检修时，必须拉开总配电开关，并挂上“有人操作，不准合闸”的标牌；并在打开机门后，还需用放电棒使各电容器组放电。只准在放电后，才开始具体检修操作。

4) 一般都不允许带电检修；如实在必要时，操作者必须穿绝缘鞋、戴绝缘手套，并必须另有专人监护。

5) 起动操作设备时，还应仔细检查冷却水系统，只在冷却水系统工作正常情况下，才准通电预热振荡管。

另外，因为高频电磁场对人体和周围物体都有作用，可使周围金属发热，可使人体细胞组织产生振动，引起疲劳、头晕等症状，所以对高频设备裸露在机壳外面的各高频导体还需用薄铝板或铜板加以屏蔽，使工作场地的电场强度不大于40V/m。

参考文献

[1] 中村孝，等．抵抗溶接：溶接全书［M］．東京：産報出版株式會社，1979．

[2] American Society for Metals. Welding, Brazing and Soldering, Metals Handbook. Ninth Edition Volume 6［M］．Ohio：American Society for Metals，1983．

[3] 美国焊接学会．焊接手册：第三卷焊接方法［M］．清华大学焊接教研组，译．北京：机械工业出版社，1986．

[4] 机械工程手册电机工程手册编辑委员会．机械工程手册：第七卷第四三篇焊接、切割与胶接［M］．北京：机械工业出版社，1982．

[5] Глуханов Н П Сварка Металлов лри высокоч астной нагреве［M］．МАШГИЗ，1962．

[6] 首钢电焊钢管厂，等．高频直缝焊管生产［M］．北京：冶金工业出版社，1982．

[7] 吴凤梧，等．国外高频直缝焊管生产［M］．北京：冶金工业出版社，1985．

[8] 辛希贤，等．管线钢的焊接［M］．西安：陕西科学技术出版社，1997：140-143．

[9] 介升旗．ERW焊管压扁试验性能评价与提高［J］．焊管，2005（5）：77-80．

[10] 张弘人．新日铁的焊接功率自动控制技术［J］．焊管，1986（4）：58-80．

[11] 高橋信夫．金屬管の高周波溶接［J］．溶接技術，1973（3）：43-69．

[12] ванов В Й Выскоч астотноя Сварка Металлов［M］．Йзлательство машиностроение，1979．

[13] 安滕成清，等．Cr-Mo系ボイラ用電縫鋼管のツール造管技術［C］．溶接大會請演概要．82-S339：15．

[14] 帅玉峰，等．1Cr18Ni9Ti不锈钢管的高频焊接研究［J］．焊接，1987（3）．

[15] Кироб И В ралиочастотная сварка латунных труб［J］．Аътоматнческая сварка，1963（11）：44．

[16] 京極哲郎，等．電縫鋼管：ミルにぉける溶接自动制御［J］．住友金属，1983，35（2）．

阅读资料

[1] Кирбо И В，Олейник И К Сварка алюминиеых радиаторных трубок токамирадиочастоты［J］．Автомат ическая свара，1967（10）：175．

[2] American Society for Metals. Source Book on Innovative Welding Processes［M］. New York：American Society for Metals，1981．

[3] 刘国溟，等．用铸造合金环做填充材料的排气阀冷凝堆焊［J］．焊接，1980（6）．

[4] 古里亚耶夫ГИ．电焊钢管的质量［M］．宋本仁，等译．北京：冶金工业出版社，1985．

第26章　气焊与气割

作者　张　华　审者　李乃健

气焊是金属熔接应用最早最广泛焊接方法之一，是由氧气及燃气按一定比例混合燃烧提供热源。

在电弧焊、CO_2 气体保护焊、等离子弧焊、激光焊等先进的焊接方法迅速发展和广泛应用情况下，由于气焊加热速度慢及生产效率低，热影响区较大，且容易引起较大变形的缺点，气焊应用范围越来越小。

目前气焊主要应用于建筑、安装、维修及野外施工等条件下的黑色金属焊接。有部分企业在生产铜、铝等有色金属制品时，应用气焊在生产成本及操作灵活性等方面仍有其独特的优势。

气割是利用燃气与氧混合燃烧产生的热量将工件加热到金属的燃烧温度，通过割炬喷嘴喷出的切割氧流，吹掉熔渣而形成割缝。

切割的生产应用具有两个特性：一是与焊接生产的配套性，二是用于分离切割的独立性。用于与焊接生产的配套，作为焊接生产的第一道加工工序，其切割产品的效率、尺寸精度直接影响焊接生产的效率、质量和成本。另一方面用于分离切割，即用切割的方法来代替机械加工，是当今较先进的工艺，例如大断面铸件或锻件的分离切割，重大锻件的毛坯备料、连铸机的热坯在线切割，结构件成形加工及大型旧钢结构设施拆除等。

切割技术已从单一的氧乙炔焰气割发展成为包括新型工业燃气火焰切割、等离子弧切割、激光切割、水射流切割等多能源、多种工艺方法在内的现代化切割技术，可切割的材料由通常的碳素钢和低合金钢发展到高合金钢、不锈钢、多种有色金属以及陶瓷、塑料、橡胶、皮革及其他非金属材料，应用领域覆盖了机械、造船、石油化工、矿山冶金、交通运输、家电和轻工等多个领域。

现代化控制技术与切割技术相结合，研究开发出新一代的全自动切割设备，它不仅实现了切割生产的高度自动化和高效率，而且无论是形位公差，还是尺寸精度都已达到对焊接结构件无须再加工的程度，这样，使热切割从传统的下料手段跃进为成形加工的方法，即变二次加工为一次成形加工。

26.1　气焊用气体及装备

26.1.1　气体及钢瓶

1）气焊所用气体是由氧气加乙炔或丙烷、丙烯、氢气、炼焦煤气、汽油及装有添加剂的新型工业燃气混合而成，但在气焊效率及效果上，其他燃气均不如氧乙炔气焊，本节主要介绍氧乙炔焊接。

2）工业用氧气瓶是储存及运输高压气态氧的一种高压容器，它是由优质碳素钢或低合金钢冲压而成的圆柱形无缝容器，头部装有瓶阀并配有瓶帽，瓶体上装有两道防振橡胶圈。氧气钢瓶外表为天蓝色，并用黑漆标以“氧气”字样。现有氧气钢瓶的主要技术参数见表26-1。

3）乙炔钢瓶是储存及运输乙炔的一种压力容器，其形状和构造如图26-1所示。瓶口安装专用的乙炔气阀，乙炔瓶内充满浸渍了丙酮的多孔物质。乙炔钢瓶外表是白色，并用红漆标以“乙炔”字样，其主要技术参数见表26-2。

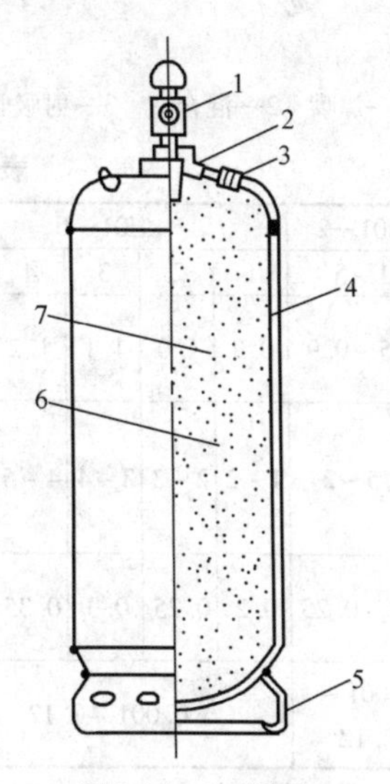

图26-1　乙炔钢瓶

1—瓶阀　2—瓶颈　3—可溶安全塞　4—瓶体
5—瓶座　6—溶剂　7—多孔物质

26.1.2　焊炬、焊嘴及回火防止器

1. 焊炬和焊嘴

氧气和乙炔通过焊炬的混合室按一定比例混合后由焊嘴喷出，我国目前按燃气和氧气的混合方式的不同，分为射吸式和等压式两种焊炬。

（1）射吸式焊炬　氧气通过喷嘴以高速进入射吸管，将低压乙炔吸入射吸管。氧气与乙炔以一定的比例在混合室内混合后从焊嘴喷出，点燃混合气体成为所需要的焊接火焰。乙炔压力较低时，由于氧气高速射入吸管而产生的负压，也能保证正常工作（一般乙炔压力大于0.001MPa即可），其结构如图26-2所示。射吸式焊炬主要技术参数见表26-3。

表26-1 氧气钢瓶主要技术参数

高度/mm	外径/mm	重量/kg	容积/L	工作压力/MPa	水压试验压力/MPa	名义装立量/m^3	瓶阀型号
1150±20		45±2	33			5	
1370±20	ϕ219	55±2	40	15	22.5	6	QF—2 铜阀
1490±20		57±2	44			6.5	

表26-2 乙炔瓶主要技术参数

容积/L	外径/mm	高度/mm	重量/kg	工作压力/MPa	充装量/kg
41.0	260	1050	~60	1.55	6.3~7.0

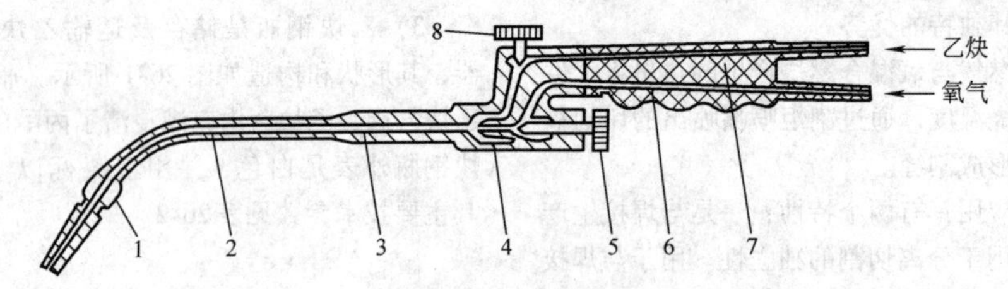

图26-2 射吸式焊炬

1—焊嘴 2—混合室 3—射吸管 4—喷嘴 5—氧气阀 6—氧气导管 7—乙炔导管 8—乙炔阀

表26-3 射吸式焊炬主要技术参数

焊炬型号	H01—2	H01—6					H01—12					H01—20					H02—1		
焊嘴号码	1~5	1	2	3	4	5	1	2	3	4	5	1	2	3	4	5	1	2	3
焊嘴孔径/mm	0.5~0.9	0.9	1.0	1.1	1.2	1.3	1.4	1.6	1.8	2.0	2.2	2.4	2.6	2.8	3.0	3.2	0.5	0.7	0.9
焊接低碳钢厚度/mm	0.5~2	1~2	2~3	3~4	4~5	5~6	6~7	7~8	8~9	9~10	10~12	10~12	12~14	14~16	16~18	18~20	0.2~0.4	0.4~0.7	0.7~1.0
氧气压力/MPa	0.1~0.25	0.2	0.25	0.3	0.35	0.4	0.4	0.45	0.5	0.6	0.7	0.6	0.65	0.7	0.75	0.81	0.1	0.15	0.2
乙炔压力/MPa	0.001~0.12	0.001~0.12					0.001~0.12					0.001~0.12					0.001~0.12		

（2）等压式焊炬 氧气和乙炔各自以一定压力和流量进入混合室混合后由焊嘴喷出，点燃后形成气焊火焰。等压式焊炬比射式焊炬结构简单，只要进入焊炬的气体压力不变，就可保证气焊火焰的稳定。等压式焊炬的乙炔压力较高，所以产生回火的概率比射吸式焊炬低。等压式焊炬主要结构如图26-3所示，技术参数见表26-4。

国产焊炬主要以乙炔燃气为主。近几年新型工业燃气的发展，现在国内部分企业也生产新型燃气焊炬、焊嘴，新型燃气焊炬和乙炔焊炬的外形是一样的，内部结构略有区别，主要是射吸喷嘴孔径加大。新型燃气焊嘴和乙炔焊嘴结构区别较大，乙炔焊嘴为单孔道，新型燃气为多孔道，为提高火焰稳定性，割嘴嘴芯要有内缩。由于新型燃气与乙炔气相比火焰温度低，燃烧速度慢、耗氧量大，气焊效果不如乙炔。目前主要应用于铜、铝等有色金属气焊、薄板（2mm以下）碳钢的气焊及钢板的加热矫形及表面淬火等。

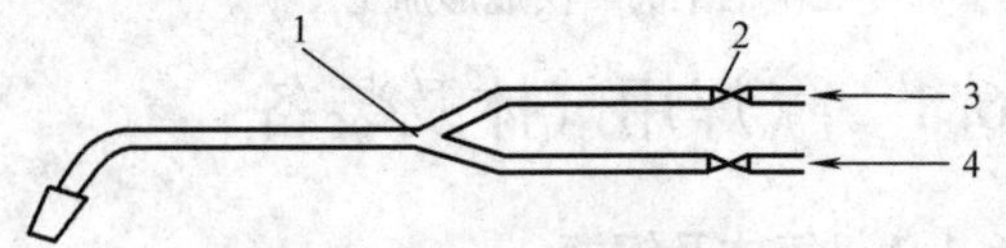

图26-3 等压式焊炬结构

1—混合室 2—调节阀 3—氧气导管 4—乙炔导管

表 26-4　等压式焊炬主要技术参数

型号	焊接低碳钢厚度/mm	嘴号	孔径/mm	氧气工作压力/MPa	乙炔工作压力/MPa
H02—12	0.5～12	1	0.6	0.2	0.02
		2	1.0	0.25	0.03
		3	1.4	0.3	0.04
		4	1.8	0.35	0.05
		5	2.2	0.4	0.06
H02—20	0.5～20	1	0.6	0.2	0.02
		2	1.0	0.25	0.03
		3	1.4	0.3	0.04
		4	1.8	0.35	0.05
		5	2.2	0.4	0.06
		6	2.6	0.5	0.07
		7	3.0	0.6	0.08

2. 回火防止器

回火防止器是装在燃气系统上的一种安全装置，当燃气系统发生回火时，防止火焰或燃烧气体进入燃气管路或燃气源逆燃引起爆炸事故的一种安全装置。在使用乙炔气体的管路场合，必须装置回火防止器，且应设在乙炔源与焊炬之间部位。

回火防止器通常按以下特征分类。

1）按工作压力分为低压≤0.01MPa 和中压 0.01～0.15MPa。

2）按乙炔流量分为岗位式（流量 $3m^3/h$）和管道式（流量 $>4m^3/h$）。

3）按阻火介质分为干式和湿式。

① 湿式是用水作阻火介质，湿式由于要经常加水，而且在冬天使用时，每次工作完毕，要把水全部排出并冲洗，目前应用的较少。

② 干式是用微孔金属或微孔陶瓷做防护介质，是目前应用最广的回火防止器。

4）干式回火防止器的工作原理及结构：

① 正常工作时，乙炔从进气管，经过滤网滤去杂质后，通过逆止阀、止火管周围空隙，由出气接头流出供焊炬使用。

② 当发生回火时，燃烧气体产生的高气压顶开泄压阀泄压，具有微孔的阻火管使火焰扩散速度迅速趋于零，高气压同时经阻火管作用于逆止阀，切断气源，从而阻止了回火的继续扩展。该类回火防止器阻火性能好，结构简单，体积小，重量轻，可在低温下使用。干式回火防止器的结构如图 26-4 所示，表 26-5为干式回火防止器的型号及参数。

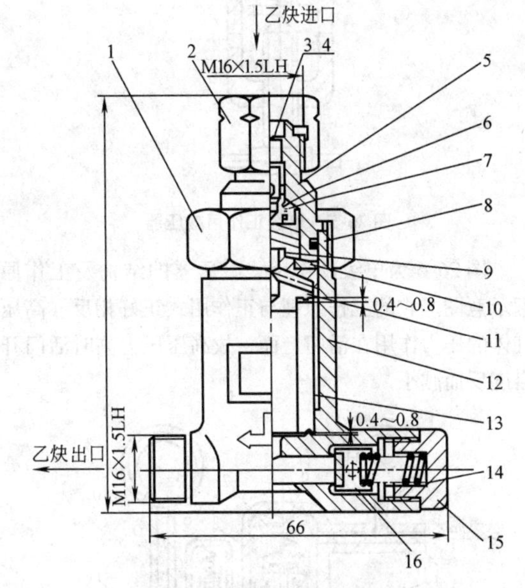

图 26-4　干式回火防止器结构

1—防松螺母　2—连接螺母　3—过滤网　4—挡圈　5—回火防止阀　6—小 O 形圈　7—逆止阀　8—大 O 形圈　9—逆气弹簧　10—弹性垫圈　11—压圈　12—本体　13—止火管　14—泄压阀弹簧　15—泄压阀　16—密封垫圈

表 26-5　干式回火防止器型号及参数

技术参数 \ 产品型号	Ⅰ型	Ⅱ型	Ⅲ型	Ⅳ型	Ⅴ型	Ⅵ型
工作压力/MPa	0.12	0.12	0.12	0.12	0.12	0.12
流量/(m^3/h)	5	3	6	20	15	80

26.1.3　减压器

减压器的作用是将钢瓶或管路内的高压气体调节成工作时所用的压力，并在使用过程中保持工作压力的稳定。减压器按使用气体的种类可分为氧气减压器、乙炔减压器及新型工业燃气减压器等。

减压器按使用位置不同分为钢瓶减压器、管路减压器两种，按工作原理可分为单级正作用式、单级反作用式和双级式三种。

图26-5为单级正作用减压器的结构及工作原理示意图。高压气体的压力在活门下面，具有帮助开大活门的作用，故称正作用式。

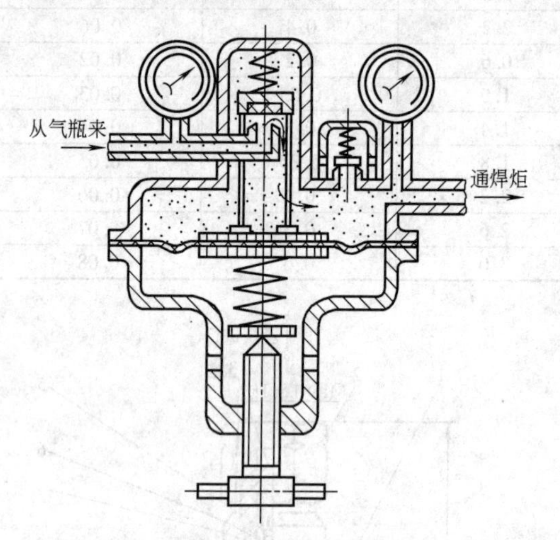

图26-5 单级正作用减压器

图26-6为单级反作用式减压器的结构及工作原理示意图。它的工作原理与正作用式正好相反。高压气体的压力作用在活门上面，故高压压力高时活门开启度反而减小。

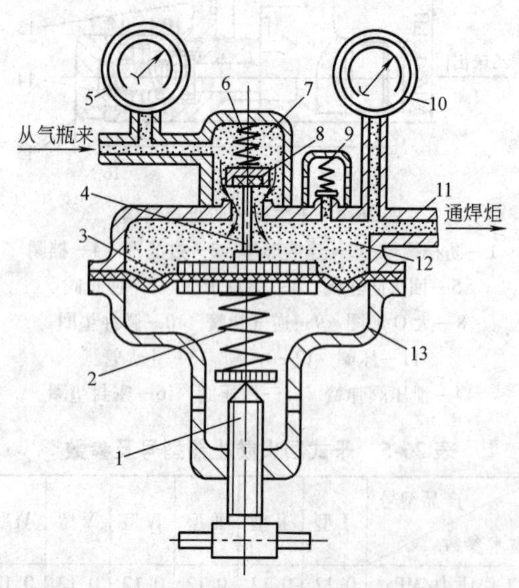

图26-6 单级反作用式减压器的结构及工作原理

1—调节螺栓 2—调节弹簧 3—弹性薄膜 4—活门顶杆 5—高压表 6—副弹簧 7—高压气室 8—减压活门 9—安全阀 10—低压表 11—出气管 12—低压气室 13—本体

单级正作用减压器和单级反作用减压器的使用方法基本相同，相比之下，反作用减压器更容易保证活门气密性，而且瓶内气体也能得到充分的利用，故目前反作用式减压器应用更为普遍。

双级减压器实际上是由两个单级减压器串联组合在一个装置内构成的，主要应用在压力的平稳性要求较高及气体流量需要量较大的条件下。它有以下的组成方式：

1）第一级为正作用式，第二级为反作用式；

2）第一级为反作用式，第二级为正作用式；

3）两级都是正作用式；

4）两级都是反作用式。

单级减压器的优点是：结构简单，使用方便。但输出气体压力的稳定性差，并且当输出气体流量大时，或在冬天容易发生冻结现象。

26.2 气焊工艺

26.2.1 气焊火焰

乙炔的完全燃烧是按下列方程式进行的：

$$C_2H_2 + 2.5O_2 = 2CO_2 + H_2O + 1302.7\text{kJ/mol} \tag{26-1}$$

根据上述化学方程式，即1个体积的乙炔完全燃烧需要2.5个体积的氧。对在焊嘴出口处形成的气焊火焰来说，基本按下式进行：

$$2CO + H_2 + 1.5O_2 = 2CO_2 + H_2O + 852.3\text{kJ/mol} \tag{26-2}$$

由式（26-2）看出，1个体积的乙炔与由焊炬提供1个体积的氧气燃烧的火焰叫作正常焰。但实际上，由于一少部分氢与混合气中的氧燃烧成为水蒸气，以及氧气的不纯缘故，所以由焊炬提供的氧气要多一些，即达到氧气与乙炔的比例为1.1～1.2时才能调成正常焰。正常焰是气焊金属最合适的火焰，应用最广。正常焰从肉眼看有轮廓明显的焰心，焰心的端部呈圆形。

当氧气与乙炔的混合比小于1:1时，火焰变成碳化焰。碳化焰的焰心轮廓不如正常焰明显。碳化焰具有较强的还原作用，也有一定的渗碳作用。轻微碳化焰适用于气焊高碳钢、高速钢、硬质合金、蒙乃尔合金、碳化钨和铝青铜等。

当氧气与乙炔的混合比大于1:2时，火焰变成氧化焰，焰心呈圆锥体形状。氧气过剩时由于氧化焰强烈，火焰的焰心及外焰都大为缩短。燃烧时带有强烈的噪声，噪声的大小决定于氧气的压力和火焰气体中的混合比，混合气中氧气含量越多，噪声越大。轻微的氧化焰适用于气焊黄铜、锰黄铜、镀锌铁等。三种火焰形状如图 26-7 如示。正常氧乙炔焰距离内部焰心的火焰温度见表 26-6。

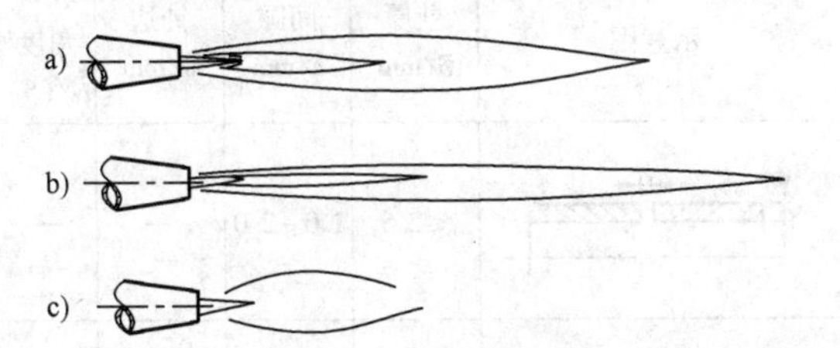

图 26-7　三种火焰形状

a）中性火焰　b）碳化火焰　c）氧化火焰

表 26-6　焰心火焰温度

距离内部焰心/mm	温度/℃
3	3050 ~ 3150
4	2850 ~ 3050
11	2650 ~ 2850
20	2450 ~ 2650

26.2.2　气焊参数

1. 火焰功率

火焰功率是由焊炬型号及焊嘴号大小决定的。实际生产中，要根据工件厚度选择焊炬型号和焊嘴号。

每种型号的焊炬及焊嘴，可以在一定范围内调节火焰大小。焊接纯铜等导热性强的工件时，火焰功率应大些。非平焊位置气焊时，火焰功率应小些。

2. 焊接方式

气焊有两种方式，左向焊及右向焊，左向焊适用于焊接薄板，右向焊适用于焊接厚度较大的工件。焊接方式如图 26-8 所示。

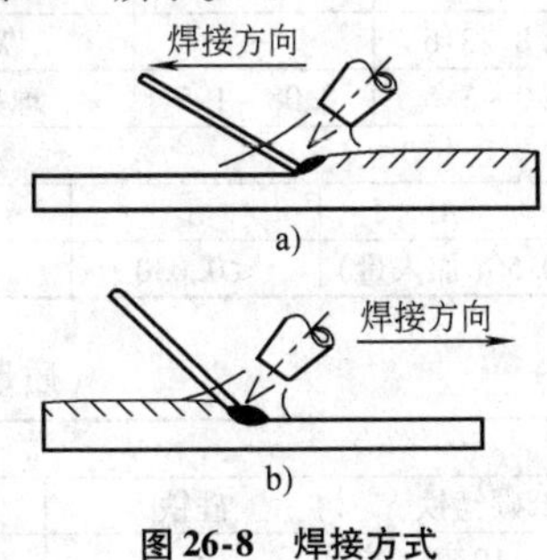

图 26-8　焊接方式

a）左向焊　b）右向焊

3. 焊丝的选择

选择焊丝时，要根据焊接工件的材质及厚度，选择与工件化学成分相同的焊丝，焊丝直径与工件的厚度相适应。焊丝直径选择见表 26-7。

4. 焊嘴倾斜角度

当焊嘴垂直于焊件表面（即焊嘴中心线与焊件的表面呈 90°夹角）时，火焰能量最为集中，同时焊件吸收热量也最大。随着焊嘴与焊件的夹角变化，焊件吸收的热量也随着下降。角度变化越大，下降也越大。

表 26-7　气焊焊丝直径的选择

工件厚度/mm	1 ~ 2	2 ~ 3	3 ~ 5	5 ~ 10	10 ~ 15	>15
焊丝直径/mm	1 ~ 2	2	2 ~ 3	3 ~ 4	4 ~ 6	6 ~ 8

在正常情况下，对于熔点高，导热性好，厚度较大的焊件，应使接头处吸收的热量大，反之则应小。焊嘴倾角变化与焊接厚度关系如图 26-9 所示。

在焊接过程中，为提高效率，预热、焊接和结尾三个过程中，焊嘴的角度也是在变化中，气焊过程焊嘴角度变化如图 26-10 所示。

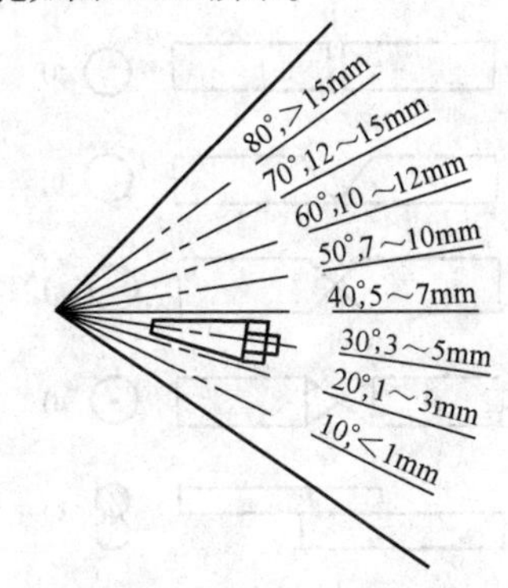

图 26-9　焊嘴倾角变化与焊接厚度关系

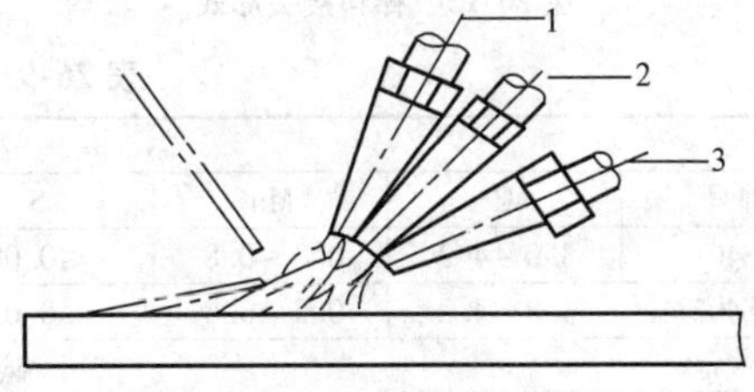

图 26-10　气焊过程焊嘴角度变化

1—60°　2—45°　3—30°

5. 气焊接头形式

根据对接头强度要求的不同，可采用多种接头形式。气焊板—板对接时，经常采用的接头形式为卷边接头、对接接头、角接接头和搭接接头等，气焊板—板接头形式如图 26-11 所示。

气焊棒料接头时，经常采用对接和搭接接头。对接根据直径的大小又分为不开坡口及开“V”、“X”两种坡口三种接头形式，一般 ϕ3mm 以下不用开坡口，ϕ3mm 以上要开坡口。棒料接头形式如图 26-12 所示。

气焊管子时，接头形式按管子的壁厚的变化，分为不开坡口与开“V”形坡口两种形式。气焊管子接头形式见表 26-8。

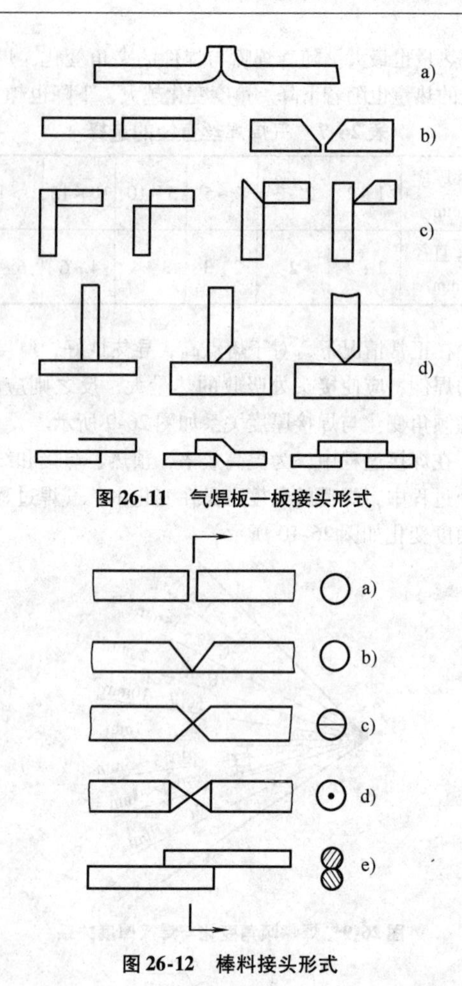

图 26-11 气焊板—板接头形式

图 26-12 棒料接头形式

表 26-8 管子接头形式

示意图	壁厚 δ/mm	间隙 c/mm	钝边 p/mm	坡口角度 α/(°)
	≤2.5	1.0~2.0	—	—
	2.5~4	1.5~2.0	0.5~1.5	60~70
	4~6	2.0~3.0	1.0~1.5	60~80
	6~10	2.0~3.0	1.0~2.0	60~90
	≥10	2.0~3.0	2.0~3.0	60~90

26.3 气焊材料

1. 焊丝

气焊的焊丝与填充金属作用，并与熔化的母材一起组成金属焊缝，因此气焊时应选择与母材成分相同的焊丝。焊丝牌号及主要成分见表 26-9。

2. 焊剂

气焊焊剂是气焊时的助熔剂，其主要作用是去除氧化物，改善母材润湿性等。焊剂牌号及用途见表 26-10。

表 26-9 焊丝牌号及主要成分 （质量分数，%）

铸铁焊丝

牌号	C	Mn	S	P	Si	ΣRE	用途
HS401	3.0~4.2	0.3~0.8	≤0.08	≤0.5	2.8~3.6	—	灰铸铁
HS402	3.8~4.2	0.5~0.8	≤0.05	≤0.5	3.0~3.6	0.08~1.5	球墨铸铁

碳钢、低合金钢焊丝

牌号	C	Mn	Si	Re	Al	S	P
Ho8MnReA	≤0.10	1.00~1.30	0.10~0.30	0.10(加入量)	0.50(加入量)	≤0.030	≤0.030

表 26-10 焊剂牌号及主要成分 （质量分数，%）

不锈钢及耐热钢

牌号	瓷土粉	大理石	钛白粉	低碳锰铁	硅铁	钛铁
CJ101	30	28	20	10	6	6

铸铁

牌号	H_3BO_3	Na_2CO_3	$NaHCO_3$	MnO_2	$NaNO_3$
CJ201	18	40	20	7	15

钢

牌号	H_3BO_3	$Na_2B_4O_7$	$AlPO_4$
CJ301	76~79	16.5~18.5	4~5.5

铝

牌号	KCl	NaCl	LiCl	NaF
CJ401	49.5~52	27~30	13.5~15	7.5~9

26.4　气割工艺

气割的原理是用燃气与氧混合燃烧产生的热量（即预热火焰的热量）预热金属表面，使预热处金属达到燃烧温度，并使其呈活化状态，然后送进高纯度、高速度的切割氧流，使金属（主要是铁）在氧中剧烈燃烧，生成氧化熔渣同时放出大量热量，借助这些燃烧热和熔渣不断加热切口处金属，并使热量迅速传递，直到工件底部，同时借助高速氧流的动量把燃烧生成的氧化熔渣吹除，被切工件与割炬相对移动形成割缝，达到切割金属的目的。从宏观上来说，金属火焰切割的过程实际上是钢中的铁在高纯度氧流中燃烧的化学过程和借切割氧流动量排除熔渣的物理过程相结合的一种加工过程。

26.4.1　氧乙炔切割

1. 乙炔性质

乙炔在纯氧中燃烧的火焰温度可达3100℃以上，是气割用燃气中温度最高，早期应用量最大的燃气之一。

乙炔在常温常压下是一种无色气体，其相对分子量是26.038，密度为1.171kg/m^3。乙炔与氧燃烧的化学反应式为：

$$C_2H_2 + 2.5O_2 = CO_2 + H_2O + 1302.7kJ/mol$$

乙炔的燃烧热值（标准状态）：高热值为58502kJ/m^3，低热值为56488kJ/m^3。乙炔的燃烧速度：7.5m/s（在纯氧中），4.7m/s（在空气中）。乙炔的点火温度为305℃。

乙炔分子中的碳与碳之间是不饱和的叁键，所以乙炔化学性质很活泼，极容易发生燃烧爆炸事故；使用中要严格按照安全操作规程进行。

2. 气割参数

氧乙炔切割工艺主要是通过割炬和割嘴实现的，割炬分为射吸式割炬和等压式割炬。射吸式割炬大多为手工切割，等压式割炬大多为机器切割。用等压式割炬进行机器切割，其切割参数见表26-11。用射吸式割炬进行切割，其切割参数见表26-12。氧乙炔焰温度高，燃烧速度快，火焰集中，预热金属时间短，但容易导致切口上棱角烧塌。

3. 安全使用注意事项

乙炔化学性质很活泼，极易发生燃烧爆炸事故。

1）纯乙炔当温度大于200～300℃时即发生聚合反应。发生聚合时温度升高很容易发生爆炸，爆炸时气体温度达到2500～3000℃，压力增大10～12倍。压力越高，则聚合过渡爆炸的温度越低。温度越高，则聚合过渡爆炸的压力越低。为了解决乙炔的聚合爆炸的危险性，将乙炔溶解在丙酮里，装在有填料的专用溶解乙炔钢瓶中。

2）乙炔和铜或银及其盐类长期接触会生成乙炔铜或乙炔银，这两种物质都是极易爆炸的物质，因此规定制造乙炔器的零部件不能采用铜、银及含量高于70%（质量分数）的合金。

3）乙炔中有氧存在时，其爆炸能力增大。乙炔与空气或纯氧的混合物在常压下温度达到燃点即能爆炸。乙炔在空气中的燃点为305℃，在空气中的爆炸极限是2.3%～80.7%（体积分数），在氧气中的爆炸极限是2.3%～93%（体积分数），所以乙炔储存时绝对避免混进空气或氧气。

4）乙炔的爆炸性与乙炔容器的形状、大小有关，容器直径越大越容易爆炸。装乙炔的容器中必须填充乙炔稀释材料，因此乙炔气瓶制造工艺是很复杂的。

5）乙炔由于燃烧速度非常快（在空气中为4.7m/s，在氧气中为7.5m/s），回火的速度也相当快，所以规定乙炔各级管路部位均要加装中央回火防止器和岗位回火防止器，并要经常检查其安全性。

6）发生回火时必须立即关闭乙炔阀，切断乙炔气源。回火排除以后再点火时，一定要先给一些氧气吹除残余碳粒。

表26-11　氧乙炔等压式割炬（机器切割）的切割参数

板厚/mm	切割氧孔径/mm	氧气压力/MPa	切割速度/(cm/min)	气体消耗量/(L/min)	
				氧气	乙炔
5	0.5～1.0	0.1～0.21	50～81	8.3～26.7	2.3～4.3
6	0.8～1.5	0.11～0.24	51～70	16.7～43.3	2.8～5.2
9	0.8～1.5	0.12～0.28	48～66	21.7～55	2.8～5.2
12	0.8～1.5	0.14～0.30	43～61	36～58.3	3.8～6.2
19	1.0～1.5	0.15～0.35	38～56	55～75	5.7～7.2
25	1.2～1.5	0.15～0.38	35～48	61.7～81.7	6.2～7.5
38	1.7～2.1	0.16～0.38	30～38	86.7～113	6.5～8.5
50	1.7～2.1	0.16～0.42	25～35	86.7～123	7.5～9.5
75	2.1～2.2	0.20～0.35	20～38	98.3～157	7.5～10.8

（续）

板厚/mm	切割氧孔径/mm	氧气压力/MPa	切割速度/(cm/min)	气体消耗量/(L/min)	
				氧气	乙炔
100	2.1～2.2	0.28～0.42	16～23	138～182	9.8～12.3
125	2.1～2.2	0.35～0.45	14～19	163～193	10.8～13.7
150	2.5	0.37～0.45	14～17	188～232	12.3～15.2
200	2.5	0.42～0.63	9～12	240～293	14.7～18.3
250	2.5～2.8	0.49～0.63	7～10	288～353	17.5～21.2
300	2.8～3.0	0.49～0.74	6～9	340～415	19.8～24.5
350	2.8～3.0	0.74	5～8	392～493	22.7～27.8
400	3.2～4.0	0.77	4.5～7.5	442～643	27～33.8
450	3.7～4.0	0.84	4.3～7.5	493～795	30.7～39.2
500	4.0～5.0	0.95	3.8～7.5	547～970	30.8～46.7

表 26-12　氧乙炔射吸式割矩的切割参数

型号 G01—	割嘴号码	割嘴形式	切割低碳钢厚度/mm	切割氧孔径/mm	气体压力/MPa		气体消耗量/(L/min)	
					氧气	乙炔	氧气	乙炔
30	1	环形	3～10	0.7	0.2	0.001～0.1	13.3	3.5
	2		10～20	0.9	0.25		28.3	4.0
	3		20～30	1.1	0.3		36.7	5.2
100	1	环形	10～25	1.0	0.3		36.7～45	5.8～6.7
	2		25～50	1.3	0.4		58.2～71.7	7.7～8.3
	3		50～100	1.6	0.5		91.7～121.7	9.2～10
300	1	环形	100～150	1.8	0.5		130～150	11.3～13
	2		150～200	2.2	0.65		183～233	13.3～18.3
	3		200～250	2.6	0.8		242～300	19.2～20
	4		250～300	3.0	1.0		367～433	20.8～26.7

26.4.2　氧丙烷切割

1. 丙烷性质

丙烷是液化石油气的一种，在常温常压下是气体。为了便于储存和运输，把其加压变成液体，装在储罐和钢瓶里，液化石油气由此得名。随着石油工业的发展，丙烷作为乙炔的代用气体正在逐步被广泛应用。丙烷分子式是 C_3H_8，相对分子质量为 44.097，密度为 1.96kg/m³。丙烷与氧燃烧的化学反应式为：

$$C_3H_8 + 5O_2 = 3CO_2 + 4H_2O + 2221.5kJ/mol$$

丙烷的燃烧热值（标准状态）：高热值为 101266kJ/m³，低热值为 93240kJ/m³。丙烷的燃烧速度为：2m/s（在纯氧气中），1.5m/s（在空气中）。丙烷的点火温度为 580℃。

丙烷分子中的碳与碳之间是饱和键，化学性质比乙炔稳定，使用中比乙炔安全。

2. 切割参数

同氧乙炔切割相似，氧丙烷切割使用的割炬有射吸式割炬和等压式割炬，射吸式割炬大多为手工切割，等压式割炬大多为机器切割。用等压式割炬机器切割的参数见表 26-13，用射吸式割炬切割的参数见表 26-14。

氧丙烷焰的温度虽不如氧乙炔焰的温度高，但火焰比较柔和，体积发热量比乙炔大。切割时切割面的上缘无明显烧塌现象，下缘不易挂渣，如有挂渣也极易清除。

3. 使用注意事项

氧丙烷切割与氧乙炔切割相比，虽然安全得多，但丙烷毕竟是可燃性气体，使用中如果不按规程操作，也容易发生火灾等事故。

1）丙烷的密度比较大，所以气瓶必须放置在通风良好的地方，不要放在地下室、半地下室或通风不良的场所，防止气体漏出存于低洼处遇火造成火灾。

2）丙烷气瓶将要用完时，瓶内应留有余气，便于充装前检查气样和防止其他气体进入气瓶。

3）当气瓶着火时，应立即关闭瓶阀。如果无法靠近，可用大量冷水喷射，使瓶体降温，然后关闭瓶阀，切断气源灭火，同时防止着火的瓶体倾倒。当不能制止气瓶阀门泄漏时，应将瓶体移至室外安全地带，让气体逸出，直到瓶内气体排尽为止。

26.4.3 用于气割的其他燃气

气割用燃气最早使用的是乙炔。随着工业的发展，人们在探索各种各样的气体来代替乙炔，目前在乙炔的代用气体中丙烷的用量最大。除乙炔、丙烷外，作为乙炔的代用气体的还有丙烯、天然气、焦炉煤气、氢气（电解水产生）、乙烯、液化石油气（以丙、丁烷为主要成分）、丙炔、丙烷与丙烯的混合气、乙炔与丙烯的混合气、乙炔与丙烷的混合气、乙炔与乙烯的混合气等，还有加有各种添加剂的其他燃气，其原料气主要也是丙烷、丙烯、液化石油气。另外，汽油经雾化后也可作为燃气用于气割。根据使用效果、成本、气源情况等综合分析，丙烷是乙炔的比较理想的代用燃气，丙烷的使用量在所有乙炔代用燃气中是最多的。

表26-13 氧丙烷等压式割炬机器切割参数

割嘴号	切割厚度/mm	氧气压力/MPa	燃气压力/MPa	切割速度/(mm/min)	备注
1	5~10	0.3	0.03	500~450	配机用等压式割炬
2	10~20	0.3	0.03	450~350	
3	20~40	0.35	0.03	350~300	
4	40~60	0.45	0.04	300~250	
5	60~100	0.6	0.04	250~230	
6	100~150	0.7	0.04	230~200	
7	150~180	0.8	0.05	200~170	
8	180~220	0.9	0.05	170~140	
9	220~260	0.95	0.05	140~90	
10	260~300	1.0	0.05	90~70	

表26-14 氧丙烷射吸式割炬的切割参数

割嘴号	切割厚度/mm	氧气压力/MPa	燃气压力/MPa	备注
1①	5~10	0.2	0.03	配G01—30割炬
2①	10~20	0.25		
3①	20~30	0.3		
1	5~10	0.2	0.03	配G01—100割炬
2	10~20	0.25	0.03	
3	20~40	0.3	0.03	
4	40~60	0.4	0.04	
5	60~100	0.5	0.04	
6	100~150	0.6	0.04	配G01—300割炬
7	150~180	0.7	0.04	
8	180~220	0.8	0.05	
9	220~260	0.9	0.05	
10	260~300	1.0	0.05	

① 为30型割嘴，只配G01—30型割炬。

26.4.4 优质快速火焰切割

1. 优质快速火焰切割的特点

优质快速火焰切割选用割嘴的切割氧孔道具有超声速均直流的气动特型曲面，使切割面光洁。表面质量可达切割表面质量Ⅰ级水平，可代替尺寸精度要求不高的机加工件。由于超声速氧流在单位时间内能提供较多的氧气，可促进被切割金属的氧化反应，便于气割过程的顺利进行。

由于切割氧孔道的特型使切割氧流的冲量较大，能强行排除氧化熔渣，从而提高了切割速度，减少了切割面在单位时间内的热输入，减小了切割热变形，使热影响区的厚度减薄，使切割件保持良好的几何尺寸，有利于进行要求较高的精加工，切割件也可直接进行焊接，优质快速切割的割缝较窄，可节约金属原材料。

2. 优质快速火焰切割的割嘴结构特点。普通割嘴切割氧孔道是圆柱形，切割氧压力随孔径的增加而增加，氧气流出口速度较慢，涡流大；而优质快速割嘴的切割氧孔道采用缩放形的气动特型曲面，如图26-13所示。

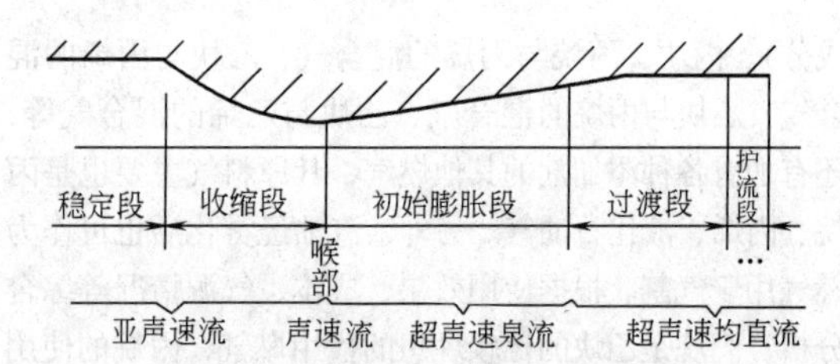

图 26-13　优质快速割嘴的切割氧孔道气动特型曲面构成

这种割嘴切割氧孔道的型面由亚声速流的稳定段、收缩段，声速流的喉部，超声速泉流的初始膨胀段，超声速均直流的过渡段及护流段等构成。这种割嘴的切割氧孔道实质上是一种能量转换器，能将氧气压力（势能）转化成超声速氧流（动能），而且能使氧流束的紊流度减到最小，把氧气的能量损失降到最低限度，以增加割嘴的切割能力和提高切割速度及切割质量。优质快速割嘴的切割氧压力基本不随切割厚度的变化而变化。表 26-15 是优质快速割嘴的切割参数。

优质快速切割割嘴与普通切割割嘴相比有许多优越性，但是这种割嘴只有在各种自动、半自动切割机上才能显示出其优越性。用于手工切割时，由于人为的因素使其优越性不能十分明显地表现出来。

表 26-15　优质快速割嘴的切割参数

割嘴号	割嘴喉部直径/mm	切割厚度/mm	切割速度/(mm/min)	气体压力/MPa			割口宽度/mm
				氧气	乙炔	丙烷	
1	0.6	5~10	750~600	0.7	0.025	0.03	≤1
2	0.8	10~20	600~450	0.7	0.025	0.03	≤1.5
3	1.0	20~40	450~380	0.7	0.025	0.03	≤2
4	1.25	40~60	380~320	0.7	0.03	0.035	≤2.3
5	1.5	60~100	320~250	0.7	0.03	0.035	≤3.4
6	1.75	100~150	250~160	0.7	0.035	0.04	≤4
7	2.0	150~180	160~130	0.7	0.035	0.04	≤4.5
1A	0.6	5~10	560~450	0.5	0.025	0.03	≤1
2A	0.8	10~20	450~340	0.5	0.025	0.03	≤1.5
3A	1.0	20~40	340~250	0.5	0.025	0.03	≤2
4A	1.25	40~60	250~210	0.5	0.03	0.035	≤2.3
5A	1.5	60~100	210~180	0.5	0.03	0.035	≤3.4

26.4.5　影响切割质量及切割过程的因素

气割受诸多因素的影响，但影响切割质量及切割过程的主要因素有以下几方面。

1. 氧气纯度的影响

在气割过程中氧气纯度对切割速度、氧气耗量及切割质量的影响是比较大的。

由于氧气纯度的降低，金属在氧气中的燃烧过程减缓，致使切割时间增加，所以切割速度变慢。由于氧气纯度的降低，为了保证金属在氧气中的相同燃烧效果，氧气的消耗量必然增加，随着切割厚度的增加，氧气消耗量的增加量变大。氧气纯度在99.5%~97.5%（体积分数）范围内降低 1%，切割 1m 长度的氧气消耗量将增加 25%~35%。图 26-14 是氧气纯度对切割时间和氧气消耗量的影响。

由于氧气纯度的降低，金属在氧气中的燃烧效果变差，所以切割面质量随之降低。如果切割速度保持不变，则后拖量增加。如果想无后拖，则必须降低切割速度，这样上缘烧塌严重。氧气纯度低，切割面的割纹深度增加，挂渣严重且不好清除。随着厚度的增加，对切割质量的影响更大。

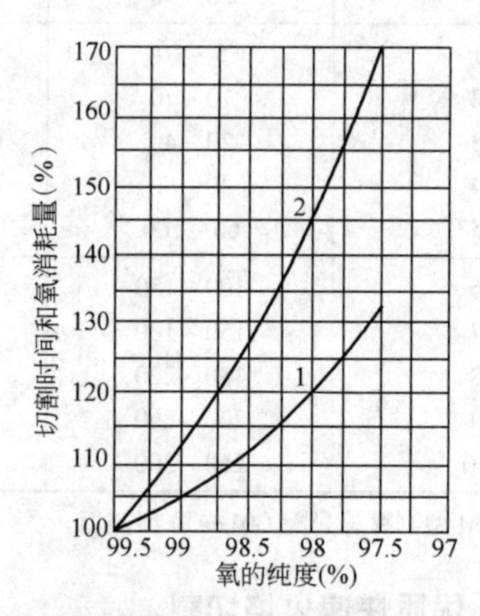

图 26-14　氧气纯度对切割时间和氧气消耗量的影响

1—切割时间　2—氧气消耗量

2. 金属中杂质和缺陷的影响

金属中含有杂质对火焰切割有很大影响。有的杂质甚至使金属不能实施火焰切割。

（1）碳的影响　当 w(C)<0.4% 时，可以维持金属的切割过程；当 w(C)>0.5% 时，火焰切割过程就会显著地变坏；而 $w(\mathrm{C})$ >1.0% ~1.2%时，无法进行正常的火焰切割。

(2) 锰的影响 当金属中含有的锰达到4%时，对火焰切割过程没有明显影响；当含锰量很大时，切割过程会很困难；而当 $w(\mathrm{Mn})$ ≥14%时，切割过程将无法进行。当 $w(\mathrm{Mn})$ >0.8%且 $w(\mathrm{C})$ >0.3%时，金属硬化倾向增高，使接近切口边缘的硬度和脆性都增高。

(3) 硅的影响 金属中含有一般数量的硅，对切割过程没有很明显的影响。当硅含量增加时，将形成难熔的 SiO_2，使熔渣的黏度增加，切割过程变得困难；当硅含量很高时，切割过程不能进行。

(4) 铬的影响 金属中含有少量铬时[$w(\mathrm{Cr})$ <4% ~5%]，只是在切割过程中熔渣黏度增加；当铬含量很大时，由于形成大量难熔的 Cr_2O_2，已不能用普通的火焰切割方法进行切割。

(5) 镍的影响 金属中 $w(\mathrm{Ni})$ 到7%时，对切割过程影响不大；当 $w(\mathrm{Ni})$ 高到34%时，切割过程开始变坏。

(6) 钼的影响 金属中 $w(\mathrm{Mo})$ <0.25%时，对切割过程没有影响，但切割边缘硬度增高。

(7) 钨的影响 特种钢中含有一般数量的钨时对切割过程没有影响。当 $w(\mathrm{W})$ 接近10%时，使切割过程受到影响：当 $w(\mathrm{W})$ 达到20%时，切割过程变得困难；当 $w(\mathrm{W})$ >20%时，不能进行气割。钨的含量还将引起切口边缘处的硬度大幅提高。

(8) 金属中缺陷的影响 钢材在轧制过程中如处理不好，内部产生气孔、夹渣和裂纹，对切割过程和切割质量影响很大。一般轻微的将使切割速度变慢、切割面质量变差。缺陷严重时会产生严重的后拖、切不透、返浆而发生回火，烧坏割嘴使切割中断。在切割钢坯、钢锭时最易发生上述现象。

3. 燃气种类和燃气纯度对切割质量的影响

氧乙炔焰切割是传统的火焰切割方法。近30年以来，丙烷、丙烯、天然气、焦炉煤气等各种乙炔代用燃气有了比较广泛的应用，在切割质量和切割效果上与乙炔没有太大的差别，有些方面比乙炔还要好。

燃气的纯度对切割质量和切割过程的影响不是太大，但燃气中的杂质会产生以下几方面影响。

1) 乙炔里如果含有一定的空气，爆炸的危险性增加；含有的磷化氢增加，易发生自燃，使爆炸的可能性增加。

2) 乙炔里含有的硫化氢对人体、工业均有害。磷和硫还将破坏焊接和切割质量，故含量均不能太高。国家标准对这些成分的含量均做了规定。

3) 丙烷、丙烯中其他成分的含量虽然对切割质量和切割效果影响不太大，但其他成分含量过高在温度较低和用气量很大的情况下挥发效果不好，残留杂质过多。如果用管路输送，时间长了残留杂质积存于管路中，影响气体流量甚至堵塞管路。

4) 焦炉煤气在使用中要有净化脱硫装置，否则将影响火焰切割的正常进行，对人体也有害。

4. 切割速度对切割质量的影响

火焰切割速度要合适，不能过快也不能过慢。过快了将产生后拖和切不透，甚至翻浆烧坏割嘴，中断切割；切割速度过慢，上缘烧塌，下缘挂渣严重，割缝变宽，切割面质量也很不理想。

26.4.6 薄板切割

切割4mm厚以下薄板时，因板薄、加热快、散热慢，容易引起切口边缘熔化，熔渣不易吹除，一边切割一边粘在钢板背面，且不易清除。切割时切割件易产生侧弯变形和上凸下凹变形。若切割速度稍慢，预热火焰控制不当，易造成前面割开，后面又熔合在一起的现象。

机器切割时应选用1号割嘴，手工切割时选用G01—30割炬和小号割嘴。预热火焰要小，割嘴后倾角加大到30°~40°，割嘴与工件距离加大到10~15mm，在切割不中断的情况下切割速度尽可能快些。为了尽可能减小切割变形，可在切割过程中一边切割，一边洒水进行冷却，也可在板内穿孔进行周边切割以减小变形。

薄板切割还可将板材叠在一起进行切割。与单层切割相比，生产效率提高，切割质量好。

多层切割要将多层钢板用夹具夹紧，尽量不留空隙。为了夹紧钢板，可用两张8mm左右厚度的钢板作为上下盖板。为了使起割顺利，可将上、下钢板错开，使端面叠成3°~5°的倾角，如图26-15所示。

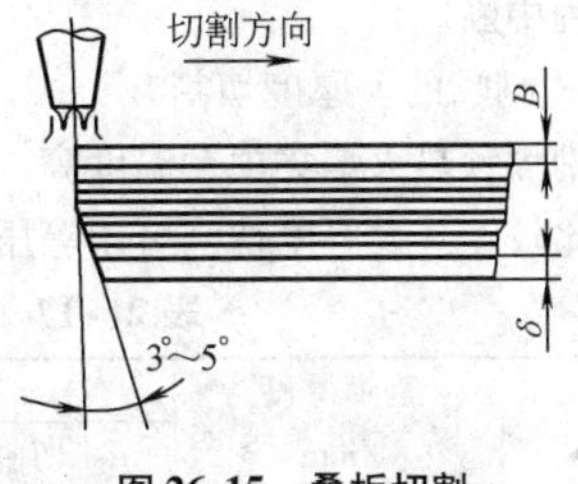

图 26-15 叠板切割

叠板切割可切割0.5mm以上的钢板，总厚度不宜超过120mm。叠板切割最好选用切割能力大于总厚度的割嘴，要有充分的裕量，最好选用机器切割的工艺方法。

26.4.7　大厚度钢材的切割

通常把厚度超过300mm的工件切割称为大厚度切割。根据气割原理，只要切割氧供给量足够并能达到被切割钢材的切口底部，就能把大厚度钢材割穿。利用特殊设计的割嘴和工艺方法，已成功地实现了厚3.6m钢材的气割。

气割大厚度钢材的主要难点是：

大厚度切割时由于工件较厚，预热使钢材上、下部受热不均匀，如操作不当，起割时往往不能沿厚度方向顺利穿透而造成切割失败。这是因为钢材比较厚，燃烧反应沿厚度方向传播需要一定时间，同时越往切口下部氧气纯度越低、动量减小，使后拖量增大，必须控制好切割速度。

熔渣多，切割氧流排渣能力又被减弱，容易造成在切口底部熔渣堵塞，使正常气割过程遭到破坏。

实现大厚度切割的最重要条件是向气割区供给足够的氧气流量。所需的切割氧流量 Q 可按下式估算

$$Q = 0.09 \sim 0.14t$$

式中　Q——大厚度切割时所需的切割氧流量（m^3/h）；

t——钢材厚度（mm）。

为确保供送足量的氧气，必须注意以下几点：

1）整个供氧系统，包括减压器、输气胶管、各种接头和阀件、割炬进气管及割嘴的孔径等的尺寸都要满足相应的供氧能力，避免产生节流现象。

2）要根据钢材厚度和切割长度，准备好足够的气源，以免中途因氧气用尽而使切割中断。一般，大厚度钢材要重新起割是极其困难的。

3）切割氧压力（指割炬进口处的压力）宜低不宜高。使用普通割嘴时，割炬进口处的氧气压力以152～386kPa之间为宜。使用扩散形割嘴时宜用0.49～0.69MPa的割嘴。切割氧压力过高，氧流的温度降低，反而对气割区起冷却作用，有的场合甚至可能使气割过程中断。

1. 等压式割嘴的大厚度切割

等压式割嘴预热火焰集中、温度高，工件的预热和起割时间比较短。大厚度切割可用等压式割嘴、外混式割嘴，射吸式割嘴易产生回火，一般不宜使用。切割用的预热燃气有乙炔、丙烷和天然气，后两种使用效果较好。利用相应的大型割炬，可用于切割厚2000mm以下的钢材。随着外混式割嘴的开发和应用，现在在机械切割时大都用于厚400mm以下钢材的切割。

2. 切割参数

表26-16示出了大厚度低碳钢氧-燃气切割主要参数的参考数据。

表26-16　大厚度低碳钢氧-燃气切割参数

钢板厚度/mm	割嘴切割氧孔径/mm	割炬处切割氧压力/kPa	切割氧流量/(L/min)
305	3.74～5.61	228～386	472～708
406	4.32～7.36	172～372	614～944
508	4.93～8.44	152～359	803～1180
610	5.61～8.44	200～331	944～1416
711	6.35～9.53	179～283	1087～1652
813	6.35～9.53	207～352	1274～1888
914	7.37～10.72	179～276	1416～2120
1016	7.37～10.72	207～317	1605～2360
1118	7.37～11.90	179～352	1792～2600
1219	8.44～11.90	193～276	1888～2830

表26-16所列数据随切割对象不同，如钢锭切头、废边切割和冒口切割等略有差异。实际切割时最好通过实物试割确定最佳的实用工艺参数。另外，表列厚度的切割速度范围在51～150mm/min之间。如厚910mm工件的切割速度约为78mm/min。在实际操作过程中也需根据切割对象加以适当调整。

若已知钢材内部有空洞或夹渣，则宜采用横向切割方式，使熔渣填塞空洞，从而获得优良的切割面。此种场合，切割氧压力宜适当增大，以利于清除切口中的熔渣。

表26-17示出大厚度低合金钢钢材氧-天然气切割参数。割嘴为等压式低压扩散形割嘴。切割前根据钢种预热至200～450℃，割后还要进行保温或回火处理。某些钢种大厚度切割时的预热温度和割后热处理资料见表26-18。

表26-17　大厚度低合金钢材氧-天然气切割参数

钢材厚度/mm	割嘴厚度/mm	气体压力/MPa			切割速度/(mm/min)	切口宽度/mm
		切割氧	预热氧	天然气		
200～300	80～100	0.4～0.5	0.3～0.4	0.03	220～180	20～25
300～400	100～150	0.5～0.6	0.3～0.4	0.03	150～120	20～25
400～500	100～150	0.5～0.6	0.3～0.4	0.03	120～80	20～25
500～700	100～150	0.5～0.6	0.4～0.5	0.03～0.07	80～70	25～30
700～1000	100～150	0.6～0.7	0.4～0.5	0.03～0.07	70～65	25～30

注：割嘴为扩散型，切割厚500mm以下时切割氧出口直径为3.5～5.5mm；切割厚500～1000mm时，切割氧出口直径为6.5～8.5mm。

表 26-18　某些钢种大厚度切割时的预热温度和割后热处理资料

钢种	切割厚度/mm	预热温度/℃	割后热处理
20SiMn 35	1000 以上	200 ~ 250	保温缓冷
45 ~ 55 37SiMn2MoV 38SiMn2Mo 20Cr3WMoV 34CrMoV 34CrMoA	600 以上	250 ~ 350	立即进炉保温缓冷或回火
60SiMnMo 60CrMnMo 5CrSiMnMoV 5CrMnMo 3Cr2W8V	400 以上	420 ~ 450	立即进炉630 ~ 650℃或回火

注：锻件应在最终热处理前切割，而铸件应在消除铸造应力后进行切割。

3. 切割操作要领

（1）割入方法及注意事项　大厚度切割中往往会因起割时割入方法不当而导致失败。因此要注意掌握正确的起割方法和要领。

1）起割部位的选择。有些大型铸锻件的断面形状呈圆形或者有倒角，有时覆盖有厚的氧化物层，这些部位不易预热到其燃点。因此宜选择直角边缘部位作为起割点。如必须在圆弧或有倒角部位起割，则可应用低碳钢棒帮助引割。

2）割入方法。切割大厚度钢材前，须在打开切割氧的状态下调整好预热火焰进行预热。正确的预热和起割方法如图 26-16 所示，预热火焰应作用在工件的上角部位，而切割氧流紧邻起割表面。当火焰热量沿端部扩展至下部，气割反应从上角部开始时，缓缓地向前移动割炬，待整个厚度割穿后才可转入正常切割速度。

如果预热火焰进入端面过多（图 26-16b）或火焰过强，上部起割后就移动割炬，就会出现图26-16c 所示的现象，并产生图 26-16d 所示的结果，在端部下方残留未割透的部分。

如果切割氧压力过高或者切割速度不合适，将出现图 26-16e 所示的现象；而切割氧压力过低或起割时割炬移动速度过快，则会出现图 26-16f 所示的情况。这些不正确的起割方法都会导致切割失败。

（2）附加预热法　当钢材厚度很大时，可在工件底部用附加热源进行补充加热，这样能促进起割时顺利割穿。

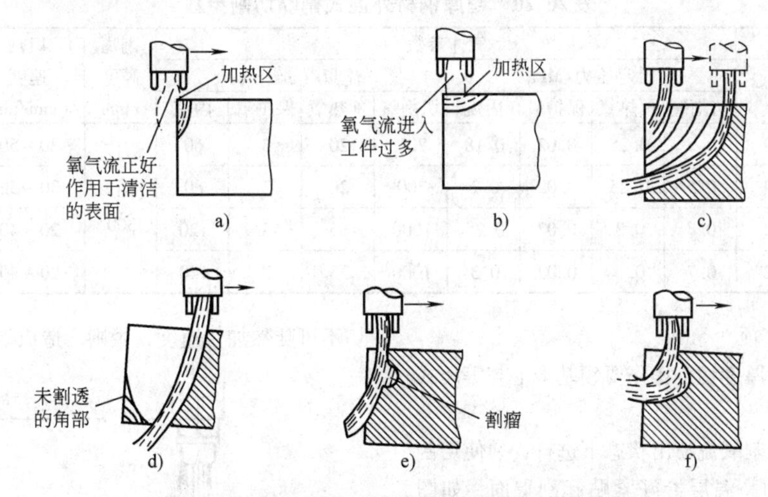

图 26-16　大厚度钢材切割的正确和不正确起割方法

（3）切割过程中注意事项　在切割过程中要经常观察熔渣从切口中排出状况，保证切割过程正常进行。若熔渣火花偏向切割后方飞落，要适当放慢切割速度。急剧改变切割速度或切割机发生抖动时，切割面上会产生缺口，需加以注意。另外，切割氧压力过高或切割速度稍快时，切割面中部会出现凹心。

（4）切割终了时注意事项　切割至接近终端时要特别注意完好地结束切割，此时切口中不能存在后拖量。为此要调节好切割速度，使熔渣火花转为垂直飞落。切割速度过慢或过快，或者将割炬后倾都会造成终端下部残留未割断部分，影响质量。

4. 分区切割法

当割嘴的切割能力不够而又急需切割较厚的工件时，可采用分区切割方法，如图 26-17 所示。这时，每次切割的实际厚度减小了，就可用较小的割嘴完成厚件的切割。但这种方法主要适用于手工切割且质量要求不高的场合。

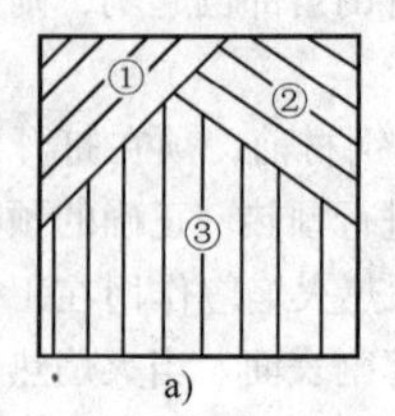

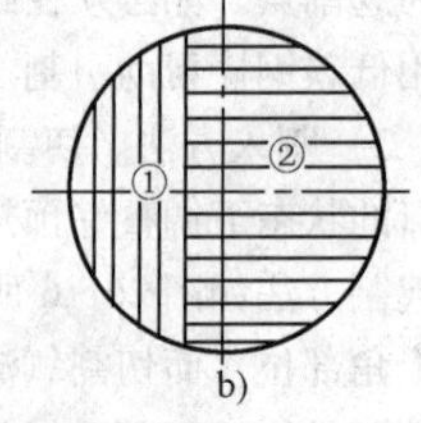

图26-17　厚钢材的分区气割法

a）方钢　b）圆钢

①、②、③表示切割分区

5. 外混式割嘴大厚度切割

外混式割嘴特别适合于大厚度钢材的切割，切割过程不会发生回火，而且切割质量好，切口上缘很少熔塌。

表26-19示出用天然气作燃气的外混式割嘴切割厚500～1700mm钢材的切割参数。割嘴的切割氧孔道为直锥式扩散型。

表26-20示出外混式扩散型割嘴切割2000～3500mm超厚钢材的切割参数。为补充工件下部的热量不足，在割炬后方增设1个燃气喷嘴，不断地向切口中供给丙烷气体，利用丙烷燃烧的热量加热下部钢材。

表26-19　氧-天然气外混式割嘴切割参数

钢材厚度/mm	割嘴厚度/mm	气体压力/MPa			切割速度/(mm/min)	切口宽度/mm
		切割氧	预热氧	天然气		
500～700	100～300	0.6～0.8	0.1～0.12	0.02～0.025	80～70	25～32
700～1000		0.6～0.8	0.1～0.12	0.02～0.025	70～65	25～32
1000～1200		0.6～0.8	0.1～0.12	0.025～0.03	70～65	32～40
1200～1500		0.8～1.0	0.12～0.15	0.025～0.03	50～45	40～45
1500～1700		0.8～1.0	0.12～0.15	0.025～0.03	45～42	40～45

注：割嘴为扩散型。当切割厚度为500～1000mm时，切割氧出口孔直径为6.5～8.5mm；当切割厚度为1000～1500mm时，切割氧出口孔直径为10～12.5mm。

表26-20　超厚钢材外混式割嘴切割参数

钢材厚度/mm	割嘴		气体参数								割嘴高度/mm	切割速度/(mm/min)	切口宽度/mm	
	名称	嘴号	设定压力/MPa				流量/(m^3/h)						上口	下口
			切割氧	预热氧	保护氧	丙烷	切割氧	预热氧	保护氧	丙烷				
2000	超厚用外混式	19	0.5	0.25	0.02	0.18	700	20	3	60	100～300	30～50	50	80
2500		19	0.5	0.25	0.02	0.2	700	20	3	80		30～50	50	90
3000		22	0.7	0.3	0.02	0.25	1000	35	3	120		20～40	70	100
3500		22	0.7	0.3	0.02	0.3	1000	35	3	140		20～40	70	110

6. 操作注意事项

外混式割嘴大厚度切割操作要领基本上与等压式割嘴切割相同。

预热也要在切割氧流喷出状态下进行，并使切割氧流周围呈白色的高温层恰好紧贴起割端面，如图26-18所示。由于预热火焰不形成焰心，预热时间比等压式割嘴要长。另外，在工件上角部不出现明显的炽热点，因此要使用低碳钢引割棒。当工件沿起割端面厚度预热至相当温度时，把引割棒置于起割点，利用其燃烧反应热把工件的上缘加热到燃烧温度。此时缓缓移动割炬（其速度为正常切割速度的1/5～1/10）开始割入，待熔渣向下达到工件底部并证实沿厚度完全割穿之后，再逐渐把速度调节到正常速度，切不可陡然加快速度，否则会造成下角未割透。

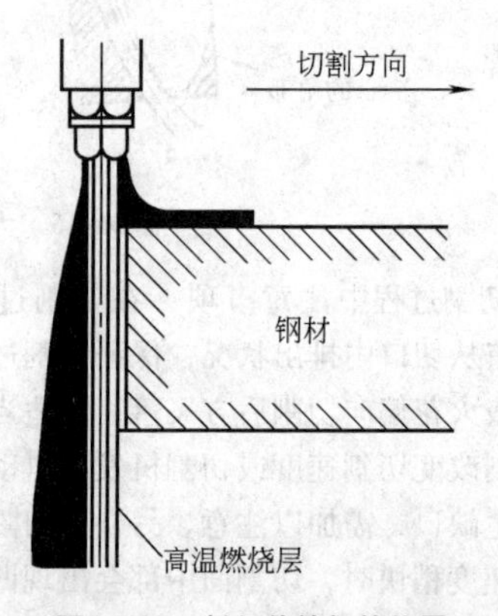

图26-18　割入前的加热位置

26.5 气割设备

随着工业的不断发展，采用机械化切割设备既能提高切割效率，减轻劳动强度，又能提高切割面的质量及工件的尺寸精度，省去切割后的机械加工工作量，甚至可省去机加工工序，从而可以节约材料、降低成本、提高效益。因此人们就不断地研究和开发各种不同用途的切割设备，且设备的制造精度及用途在不断地提高和扩大。随着计算机技术的出现和不断完善，工业化的应用程度不断提高，计算机技术在切割设备的应用已日趋完善，从二维的切割到三维的切割，甚至多轴的管子马鞍形切割，自动化精密切割机相继出现，并应用于生产中。

26.5.1 手扶式半自动切割机

图26-19所示为手扶式半自动切割机的一种，该设备主要用于切割厚度在50mm以下的各种成形零件及相应的焊接坡口（坡口角≤45°），配上小型导轨，可自动做直线切割，如果配置半径杆，也可作圆的切割。手扶式半自动切割机的型号和主要技术数据见表26-21。

图26-19 手扶式半自动切割机

表26-21 手扶式半自动切割机的型号和主要技术数据

型 号	CG1—20	QGS—13A—1	CG—7
电 源	AC 220V	AC 220V	AC 220V
氧气压力/MPa	0.4	0.2~0.3	0.3~0.5
乙炔压力/MPa	0.03~0.04	0.05	>0.03
切割厚度/mm	6~50	4~60	5~50
切割速度/(mm/min)	100~750	—	75~850
外形尺寸(长/mm×宽/mm×高/mm)	480×120×210	—	480×105×145
质量/kg	5	2	4.3

手扶式半自动切割机在工作时，由电动机通过减速装置后输出动力，来驱动装于前端的驱动轮运动，从而使机器在手持后端的把手下在钢板上前行，带动割炬作切割。气体的控制则由装于把手附近的手动阀来控制和调节，以取得合适的切割火焰，割嘴可采用等压式割嘴或分列式割嘴。

26.5.2 半自动切割机

图26-20所示为半自动切割机的一种，该机是最常用的切割设备，切割厚度为6~100mm，更换适当的割嘴，可以割至150mm，主要以切割直线形状及直线坡口为主，当配上半径杆，可作ϕ200~ϕ2000mm圆的切割；也可在横移杆上配置两把割炬，作Y形坡口切割。

图26-20 半自动切割机

半自动切割机在工作时，由电动机通过一级或二级蜗轮蜗杆及一对直齿轮的减速器来带动两后轮驱动整机，在附带的导轨上做直线运动，两前轮（或一前轮）作导向，该机在导轨上通过电气开关可作前、后运动，割炬在横移杆上可方便地调节，割炬可作上、下的调节，该机的割嘴一般配置等压式普通割嘴，也可方便地更换成等压式快速割嘴，从而提高切割速度及切割面的质量。

调速大多采用电气控制，也有采用机械式的调速装置。半自动切割机的型号及主要技术数据见表26-22。

26.5.3 仿形切割机

图26-21所示为一种最常见的摇臂式仿形切割机，该设备主要用于切割5~100mm的各种形状的零件，配置该机所带的圆板及附件后，也可切割600mm以下的圆形零件。

该机主要由机身、主轴、仿形机构、型臂及底座等部件组成，采用直流电动机，通过减速器减速后，

表 26-22　半自动切割机的型号及主要技术数据

型号		CG1—30	CG1—100	G1—100A	GCD2—100	GCD2—30	BGJ—150	CG—Q2	QCD1—100
切割直径/mm		φ200 ~ φ2000	φ200 ~ φ2000	φ50 ~ φ1500	φ200 ~ φ2000	—	> φ150	φ30 ~ φ1500	—
切割厚度/mm		5 ~ 60	8 ~ 100	10 ~ 100	根据割嘴参数	5 ~ 100	5 ~ 150	6 ~ 150	5 ~ 100
切割速度/(mm/min)		50 ~ 750	50 ~ 750	50 ~ 1200	100 ~ 700	50 ~ 750	0 ~ 1200	0 ~ 1000	100 ~ 700
电源电压/V		AC 220	AC 220	AC 220	AC 220	AC 220	AC 220	AC 220	AC 220
电动机	型号	S261	S261	S261	S261	—	—	S261	S261
	电压/V	110	110	110	110	DC 24	—	110	110
	功率/W	24	24	24	24	20	—	24	24
质量/kg	机器	20. 5	—	—	—	—	—	20	14. 5
	导轨	8	—	—	—	—	—	—	—
	总重量	28. 5	33. 5	17	22	13. 5	22	—	—
外形尺寸/mm		470 × 230 × 240	470 × 230 × 240	420 × 440 × 310	340 × 215 × 132	300 × 400 × 270	450 × 395 × 300	320 × 240 × 300	400 × 440 × 210

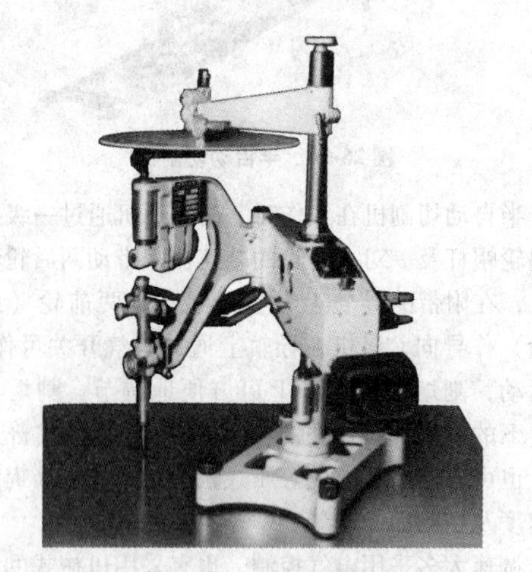

图 26-21　仿形切割机

驱动带有磁性的磁滚轮靠在型臂上的样板边缘滚动，同步带动安装在仿形机构上的割炬作相同的运动而实现对钢板的切割。磁滚轮的中心线和割炬的中心线重合，从而保证切割后的零件与样板一致，磁滚轮的移动速度即为切割速度，该机还装有压力开关，当切割氧打开的同时，通过压力开关的动作，启动磁滚轮。该机的尾部装有配重块，以平衡机器前后的重量，使机器在运动中更轻巧、平稳。该机配置等压式机用割炬或等压式普通割嘴，也可更换切割速度更快的等压式快速割嘴，以提高工作效率及得到更好的切口表面质量。

该机结构紧凑，操作简单，只要按该机的使用说明书中的样板制作方法，正确制作样板并安装平稳，则可提高工作效率并能得到高质量的零件，十分适合批量、相同零件的切割，尺寸一致性好。

现在，有些厂家还生产大型的仿形切割机，其原理和上述是一致的，只是加大了仿形机构及型臂的尺寸，以扩大切割零件的范围，有的则在型臂处增加扩大装置，以立轴中心为回转中心，来加大零件的切割范围。仿形切割机的型号和主要技术数据见表 26-23。

表 26-23　仿形切割机的型号和主要技术数据

型号	CG2—150	GYF—1400	G2—1000	G2—2000	G2—3000A
切割厚度/mm	5 ~ 100	5 ~ 50	5 ~ 60	5 ~ 100	10 ~ 100
最大直线长度/mm	1200	1500	1200	2000	3200
最大正方形（长/mm × 宽/mm）	500 × 500	450 × 450	1060 × 1060	1270 × 1270	1000 × 1000

（续）

型号		CG2—150	GYF—1400	G2—1000	G2—2000	G2—3000A
最大长方形（长/mm×宽/mm）		400×900	—	1200×260	1750×320	3200×350
最大圆直径/mm		φ600	φ650	φ1500	φ1800	φ1400
切割速度/（mm/min）		50～750	100～900	50～750	50～1500	100～1000
切割精度/mm		椭圆度≤1.5	—	≤±1.75	—	—
电源电压/V		AC 220	AC 220	AC 220	AC 220	AC 220
电动机	型号	S261	S261	S261	S261	S261
	电压/V	110	110	110	110	110
	功率/W	24	24	24	24	24
机器重量/kg		40	40	38.5		
外形尺寸（长/mm×宽/mm×高/mm）		1190×335×800	1380×330×300	1325×325×800	—	2200×1000×1500

26.5.4　H 型钢切割机

图 26-22 所示为小型 H 形钢切割机，型材的腹板最大为 1000mm，翼板最大为 600mm，可做端面垂直切割及端面的斜向切割，也可开焊接坡口，尺寸精度高。H 形钢切割机型号和技术数据见表 26-24。

该机在工作时，先将机器的水平导轨按要求平稳地放置于被切割的 H 形钢上，并拧紧水平导轨下部的夹紧螺钉，使夹紧块与 H 形钢翼板固定。切割翼板时，将割炬调整到水平位置，电气开关旋转到垂直方向运动状态，割炬在垂直导轨的带动下，作上下运动；切割腹板时，将割炬调整到垂直位置，电气开关旋转到水平方向运动状态，割炬在主机箱的带动下，整机沿水平导轨作水平方向运动。

图 26-22　H 形钢切割机

表 26-24　H 形钢切割机型号和技术数据

型　号	CG1—2	XG—120	XGJ—1
电源	AC 220V	AC 220V	AC 220V
驱动电动机型号	ZYN40·5	—	ZD—75 型
切割速度/（mm/min）	100～800	50～80	0～780
切割范围 腹板×翼板/（mm×mm）	1200×600	1200×600	700×430
切割精度/（mm/m）	±0.8	±0.8	直线度±1

在气路上设置有专用开启阀门，当手柄转到 45°方向时，事先由预热氧及乙炔手阀调整好的气流会同时进入割嘴，点燃乙炔并预热被切割件，当预热完成后将手柄转至 90°，切割氧会进入割嘴并进行切割，因此在切割过程中，气路的操作极其方便。

该机采用等压式机用割炬及等压式普通割嘴。

该机亦可加装专用的 SZ 型割炬后，可改变旋转割炬的角度，来切割小角度工件及翼、腹板的转角处，使切割表面质量更佳。

26.5.5　多向切割机（全位置切割机）

图 26-23 所示为多向切割机，切割厚度一般为 6～30mm，大多用于造船行业的船体切割。多向切割机的型号和技术数据见表 26-25。该机是由切割主机和带有多块磁钢的柔性钢带导轨两大部分组成，钢带厚度在 0.8～1.2mm 之间，宽度 98mm，长度 1600mm，切割钢板的曲率半径≥700mm，导轨中间部分冲有一系列矩形孔，主机由机体、传动机构、割炬和速度控制等四个主要部件组成，箱体采用铝合金

材料，以减轻主机自重，机体的压轮和导轮套入钢带轨道上，使其只能沿导轨作往复运动。

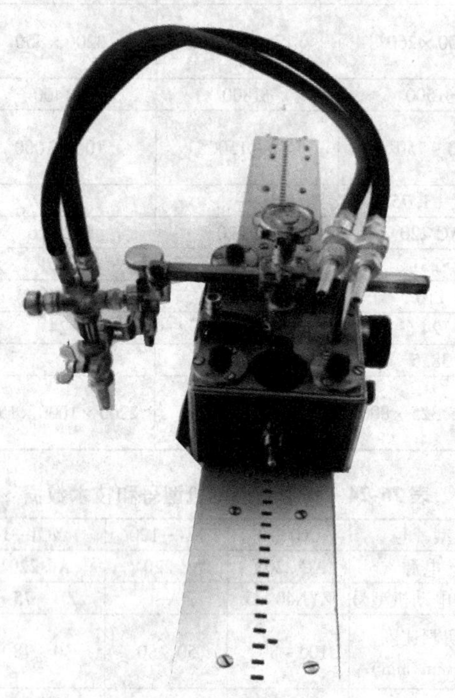

图 26-23 多向切割机

表 26-25 多向切割机的型号和技术数据

型号	CG1—13	CG—Q1	ACM
电源电压	AC 220V	AC 220V	AC 220V
驱动电动机	ZYN40—03	S261	—
功率/W	36.7	24	—
切割速度/(mm/min)	100～750	0～1000	150～800
切割厚度/mm	5～30	5～80	5～50
最小曲率半径/mm	700	1300	2000
重量/kg	15	15.2	—
主机外形尺寸(长/mm×宽/mm×高/mm)	230×200×230	350×20×120	—
导轨(长/mm×宽/mm×厚/mm)	1600×98×0.8(钢带)	—	995×42×30(橡胶)

当该机工作时，将导轨上的磁钢吸附在工件的表面，主机通过传动装置使链轮沿导轨的矩形孔啮合而运动，以带动割炬的运动，完成对钢板的切割，因为磁钢可以吸附在水平面上，也可吸附在垂直于地面的工件上以及仰向吸附在工件上，所以称之为全位置切割机。

另外，目前也有采用橡胶条做导轨（带有齿形，替代钢带导轨），因橡胶条能进行侧向弯曲，故其能作三维方向的弯曲，更适合工件的不同弯曲、变向切割。

26.5.6 管子切割机

图 26-24 所示为管子切割机。该机用于切割管径大于 ϕ108mm 的管子端面切断或作 V 形坡口切割，当管子增大到一定的数值后，需配之以附加钢带靠模装置，以保证切割的精度。

该机由主机及钢带靠模装置、链环保护装置等组成。管子切割机的型号和主要技术数据见表 26-26。

主机的下部有两组共四个永久磁性轮，磁性轮吸附在被切割管子的表面，通过传动机构自动环绕钢管进行切割，由于吸附及靠模装置的作用，该机也可在平面、立面、横面及仰位等各种位置进行管子切割。

图 26-24 管子切割机

表 26-26 管子切割机的型号和主要技术数据

型号	CG2—11	SAG—A
电源电压/V	AC 220V	AC 220V
适用钢管直径/mm	>ϕ108	>ϕ108
切割厚度/mm	5～50	5～70
切割速度/(mm/min)	50～750	100～600
电动机型号	70SZ08	
功率/W	55	
磁性轮吸附/N	>240	>240
精度(切割一周)/mm	中心偏差<0.5	
重量/kg	14.5	11
外形尺寸(长/mm×宽/mm×高/mm)	350×240×220	250×180×140

该机割炬采用等压式割炬，割嘴用等压式普通割嘴。

26.5.7　钢管马鞍形孔切割机

图 26-25 所示为钢管马鞍形孔切割机。其结构与圆切割机基本相同，只是改变了底座的形式，同时，增加了机械式的上下运动机构来跟踪上下方向的高度差，使割炬与圆管表面的距离基本保持一致。钢管马鞍形孔切割机的型号和技术数据见表 26-27。

图 26-25　钢管马鞍形孔切割机

表 26-27　钢管马鞍形孔切割机的型号和技术数据

型号	CG2—800	CG2—12
适用管子最小直径/mm	ϕ300	ϕ305
马鞍形孔直径与管子直径之比	1/2	2/3
割圆直径/mm	ϕ80 ~ ϕ800	—
切割厚度/mm	5 ~ 70	8 ~ 100
切割速度/(mm/min)	0.2 ~ 1.7r/min	100 ~ 700
重量/kg	—	20
外形尺寸(长/mm×宽/mm×高/mm)	800×1000×1100	420×600×600

26.5.8　钢管桩切割机

图 26-26 所示为钢管桩切割机。该机型号和主要技术数据见表 26-28。

钢管桩切割机是专为打入地下的钢管桩切断而专门开发的切割设备，因钢管桩打入地下，管径加大，所以该设备的切割是将设备放入管子内部，靠气缸将三只支撑脚向外扩张，顶住管子桩的内壁，从而固定机器，割炬横向安装，由内向外切，旋转一周将管子切断。

钢管桩切割机由割炬、割炬点燃装置、夹紧装置、减速机构等部分组成，其深入管子内部的深度可达 6.5m。

图 26-26　钢管桩切割机

表 26-28　钢管桩切割机的型号和主要技术数据

型　号	CG2—60
电源电压/V	AC 220V
切割管柱直径/mm	ϕ400 ~ ϕ900
切割厚度/mm	5 ~ 25
切割速度/(mm/min)	100 ~ 1000
切割精度/mm	一周 偏差 <0.5
重量/kg	40
外形尺寸(长/mm×宽/mm×高/mm)	55×500×720

26.5.9　钢锭切割机

图 26-27 所示为钢锭切割机。该机型号和主要技术数据见表 26-29。

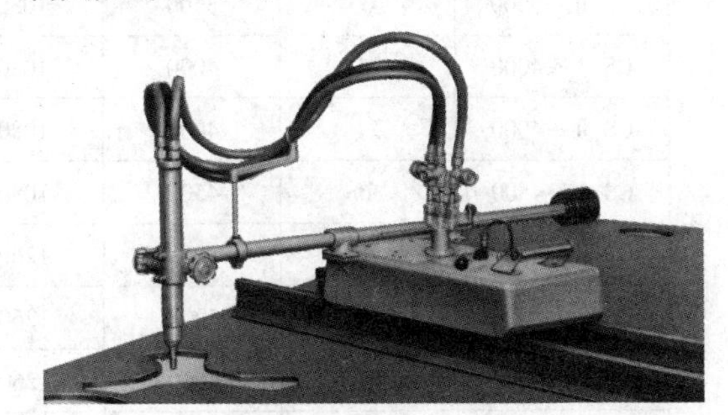

图 26-27　钢锭切割机

表 26-29　钢锭切割机的型号和主要技术数据

型　号	CG1—75
电源电压/V	AC 220
切割厚度/mm	150 ~ 350
割嘴(等压式)	7 ~ 10 号
切割速度/(mm/min)	50 ~ 750
电动机型号	S261
功率/W	24
机身外形(长/mm×宽/mm×高/mm)	510×1200×500
重量/kg	29

钢锭切割机是一种用于切割厚的板坯或钢锭用的导轨式专用半自动切割机，其结构原理与半自动切割机相同，但由于切割厚度厚（150～350mm），热量大，故机身相对大些，导轨采用轻型路轨来制作，横移杆的长度增长，因此放置割炬的另一侧配置了配重块。

26.5.10 数控火焰切割机

数控切割机是20世纪80年代开发的一种新型、高效节材的高科技切割设备，它适用于不同厚度的金属板材、管材及轴类的精密落料。可切割平面任意形及筒体子管、母管的任意角度正交、斜交的马鞍形相贯线。

数控火焰气割机是自动化的高效火焰切割设备。由于采用计算机控制，使气割机具备割炬自动点火、自动升降、自动穿孔、自动切割、自动喷粉画线、割缝自动补偿、割炬在任意程序段自动返回、动态图形跟踪显示、钢板自动套料等功能。利用数控切割机下料，不用画线，不需制作样板，可根据图样尺寸直接输入计算机，即可切割出所需形状的工件及任意形式的坡口。通过套料系统还可以对钢板优化套裁，达到节省钢材的目的。由于工件的尺寸精度高，切割表面质量好，减少二次加工，从而缩短工期、降低成本，经济效益十分显著。图26-28为数控火焰切割机外形照片，表26-30为数控火焰切割机的主要技术参数。

图26-28 数控火焰切割机外形

表26-30 数控火焰切割机的型号及主要技术参数

型号		驱动方式	轨距/mm	导轨长度	有效切割宽度 B_1/mm	有效切割长度 L_1/mm	机头数		
							D	H	H3
基本机型	GS Ⅰ—2000	单	2000	7200	1200	5200	1	—	—
	GS Ⅰ—2500	单	2500	7200	1800	5200	1	—	—
	GS Ⅰ—3000	单	3000	7200	2200	5200	1	—	—
	GS Ⅱ—3500	双	3500	10800	2700	8800	1	1	—
	GS Ⅰ—4000	单	4000	10800	3200	8800	—	2	—
	GS Ⅱ—4000	双	4000	10800	3200	8800	—	2	—
	GS Ⅰ—4500	单	4500	10800	3700	8800	—	2	—
	GS Ⅱ—5000	双	5000	12600	4200	10600	—	2	1
	GS Ⅱ—5000	双	5000	12600	4200	10600	1	2	1
	GS Ⅱ—5500	双	5500	12600	4700	10600	1	3	1
	GS Ⅱ—6000	双	6000	14400	5200	12400	1	3	1
	GS Ⅱ—6500	双	6500	14400	5700	12400	1	4	1
	GS Ⅱ—7000	双	7000	19800	6200	17800	1	4	1
	GS Ⅱ—7500	双	7500	19800	6700	17800	1	4	1
	GS Ⅱ—10000	双	10000	19800	9200	17800	1	4	1
	GS Ⅱ—12000	双	12000	19800	11200	17800	1	4	1

注：1. 轨距（B）在8m以上时，其中间规格按1m进级。
2. 表中的有效切割宽度（B_1）为最左端与最右端割炬之间的最大距离。
3. 机头数中，D表示等离子割炬，H表示火焰割炬，H3表示火焰直线三割炬。

26.5.11　数控多头直条气割机

数控多头直条气割机具有数控气割机和多头直条气割机的一切功能。可进行多组同一任意形状切割，也可多组直条切割，而且能作整边切割。切割机外形如图 26-29 所示，主要参数见表 26-31。

图 26-29　多头直条气割机外形

表 26-31　数控多头直条气割机主要技术参数

型号	CNG—3000B	CNG—4000B	CNG—5000B
轨距/mm	3000	4000	5000
纵向有效行程/mm	11000	11000	11000
横向有效行程/mm	1700	2700	3700
切割宽度/mm	80～2300	80～3300	80～4300
切割速度/(mm/min)	100～750	100～750	100～750
最高速度/(mm/min)	2500	2500	2500
割炬数目/组	单割炬 10	单割炬 10	单割炬 15

26.6　其他热切割方法

本节重点介绍的是目前在部分企业和特定条件下或应用于特殊材料或特定环境的切割方法，如水解氢氧火焰气割法、氧-熔剂切割法、氧矛穿孔和切割、火焰气刨、火焰表面清理、电弧锯切割法等。

26.6.1　水解氢氧火焰气割法

在氧气切割的发明阶段和工业应用初期，氢气曾是主要的预热燃气。由于氢的总热值小、火焰温度低、预热时间长，且安全性差等缺点，后来逐步为热值高、性能较好的乙炔等其他燃气所代替。氢气仅在水下氧气切割以及铅、镁和铝等气焊中使用。

因为氢氧混合气的燃烧产物是水，对环境无污染，因此在 20 世纪 80 年代，美国、瑞士和原苏联等国家相继开发出小型电解水氢、氧气发生装置，并利用其产生的氢氧混合气作为气焊火焰和气割预热火焰的燃气，于是出现了“水解氢氧气割法”。

与乙炔相比，这种切割方法具有设备紧凑、无污染和节约能源等优点。但只能在有电力的地方使用，而且氢并不是理想的气割用燃气，至今未见在大中型钢材加工企业推广应用这种技术的报道。

1. 水解氢氧发生装置

水解氢氧发生装置（国内也称“水解的氢焊割机”）如图 26-30 所示，由电解槽、混合器、水封式回火防止器、火焰调节器和干式回火防止器等组成。

电解槽是产生氢和氧的装置，为加速水的电离，提高电解效率，通常在水中加入适量的强电解质，如 KOH。

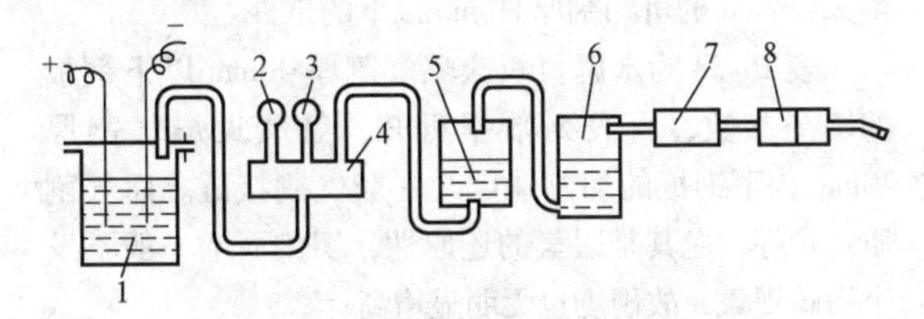

图 26-30　电解水氢氧发生装置示意图
1—电解槽　2—气体压力表　3—气体压力继电器
4—混合器　5、6—水封式回火防止器
7—干式回火防止器　8—割炬（或焊炬）

气体压力继电器用于控制发气，当混合器内压力大于某一设定值时即自动切断电源，停止电解。而当压力降至一定值时，电源自动接通，电解槽重新发气。

由于氢气易爆炸，故装置中设两道回火防止器，并在混合器上安装防爆膜片，一旦回火能及时排放气体，防止逆燃火焰进入电解槽。

另外，因发生装置产生的氢氧混合气一般只能形成中性火焰，其温度仅 2400℃，预热时间要比氧乙炔焰长 2 倍，因此有的发生装置中还在水封式回火防止器之后设有雾化器，把碳氢化合物（常用的是 70～90 号汽油或体积分数 90% 以上的乙醇）通过热雾化方式雾化后由调解器按所需比例混入氢氧混合气中，来提高燃气的热值和火焰温度。

再者，水解的 H_2 和 O_2 中常含水蒸气，混合气燃烧时会发出爆鸣声（因此也把氢氧混合气叫作爆鸣气），并使火焰温度降低，故有的发生装置在气体输出端还装有气体干燥器。表 26-32 为国产电解水发生器的型号和主要技术数据。

表 26-32　电解水氢氧发生器的主要技术数据

技术参数	水解氢焊割机				DQS 型多用机①
	CCHJ—4	CCHJ—8	CCHJ—10	CCHJ—12	DQS—1
产气量/(m^3/h)	0.8	1.5	3	6	2.2
电源电压/V	220	220	3 相,380	3 相,380	3 相,380
额定输入功率/kW	2	4	8	16	21
耗水量/(kg/h)	0.3	0.6	1.2	2.4	—
水温/℃	—	—	—	—	≤70
气体输出压力/MPa	0.08～0.25	0.08～0.25	0.08～0.25	0.08～0.25	≤0.06
适用的切割厚度/mm	—	—	—	—	≤80

① 该机的电源也适用于电弧焊接。

2. 水解氢氧火焰气割工艺

氢氧火焰气割的工艺和操作基本上与一般气割相同。需注意的是，在选用割嘴号码时，除根据板厚外，还要选择合适产气量的水解氢氧发生器。如产气量为 1.5m^3/h 的发生器可切割厚 3～50mm 的工件[1]；产气量 2.2m^3/h 的可切割厚 80mm 以下的工件。

表 26-33 为水解氢氧火焰气割厚 40mm 以下钢板的切割参数，由表列数据可知，氢氧火焰气割厚 40mm 以下钢板的切割速度与一般气割接近。而气割质量较好，尤其是因氢的还原性，切割面上一般不发生增碳现象，故硬度也无明显增高[2]。

使用水解氢氧气割的安全注意事项如下：

1）发生装置的各个部件及其连接接头须可靠密封，以免泄漏造成事故。

2）气割作业应尽可能在室外进行。如果在室内作业，一定要有良好的通风条件或配排风装置。

3）在工作开始前先打开割炬的混合气通路的气阀，排除里面的空气，待 2～3min 后才能点火[1]。切割结束，应先关爆鸣气，后关含碳化氢蒸气的混合气阀。

4）发生装置应可靠接地。

26.6.2　氧-熔剂切割法

1. 原理、方法和适用范围

氧-熔剂切割是在普通氧气切割过程中同时向切割区加入熔剂（铁粉、铝粉、矿石粉末等），利用它们的燃烧、造渣或冲刷作用实现切割的一种特殊切割法。

根据切割对象和熔剂在切割过程中的作用，氧-熔剂切割可细分为图 26-31 中所示的 3 种。

1）氧-金属粉末切割（图 26-31a）。这种方法是利用送入切割反应区的金属粉末在氧中燃烧的附加热量及所生成的低熔点氧化物的稀释熔渣作用，改善切口中熔渣的流动性，使之易为切割氧流所排除，从而使切割氧不断与被切割金属反应以实现切割。

表 26-33　水解氢氧气切割碳钢参数示例

钢板厚度/mm	割嘴号码	氢氧混合气流量/(m^3/h)	切割氧压力/MPa	切割速度/(mm/min)
20	1 号	1.1～1.3	0.50	388
30			0.55	295
40			0.70	285

注：割嘴为直筒形。

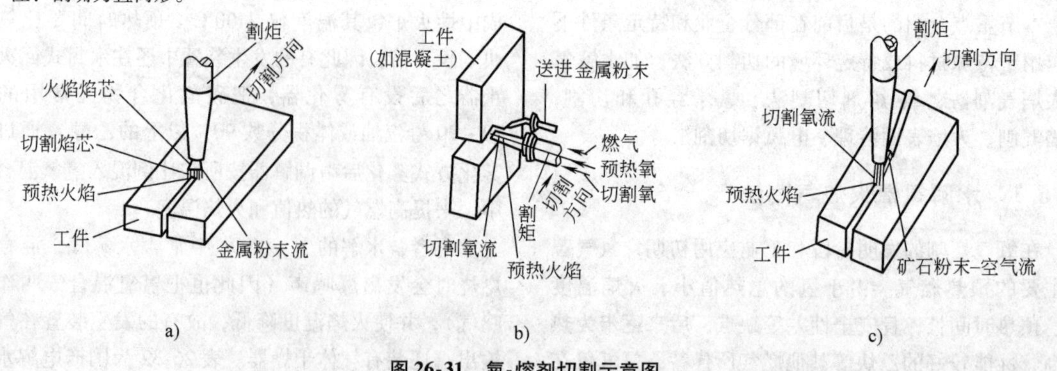

图 26-31　氧-熔剂切割示意图
a）氧-金属粉末切割　b）氧-金属粉末熔化切割　c）氧-矿石粉末切割

2）氧-金属粉末熔化切割（图26-31b）。这种方法是利用送入切割区的金属粉末在氧中燃烧的热量补充预热火焰的加热作用，将被切割材料熔化，并借燃烧生成的低熔点氧化物的稀释熔渣作用使之能为切割氧流排除以实现切割。

3）氧-矿石粉末切割（图26-31c）。这种方法通过向切割反应区送进矿石粉末（如石英砂等），利用矿石粉末的冲刷作用结合切割氧流的动量排除高熔点熔渣，使切割氧不断与被切割金属反应，从而实现切割。

氧-金属粉末切割和氧-矿石粉末切割适用于铬和铬镍不锈钢、铸铁、铜及其合金等金属的切割。利用熔剂产生的高热量、低熔点氧化物或冲刷作用消除切割时形成的高熔点氧化铬、氧化铝等薄膜，使切割氧不断与被切割材料发生燃烧反应。

氧-金属粉末熔化切割主要用于混凝土、岩石等非金属材料的切割和打孔。

氧-熔剂切割与等离子弧切割相比具有以下特点：

1）切割能力大。现在等离子弧切割不锈钢的最大厚度不超过200mm，铜为150mm。而用氧-熔剂切割法曾切割了厚度达1300mm的不锈钢锭。

2）切割厚度大于100mm的不锈钢，其切割速度高于等离子弧切割。

3）切割设备较为简单、质量轻，不需要大功率电源和消耗大量的电能，初始投资低。

4）切割质量良好。配上半自动切割机、仿形切割机可进行各种形状零件的切割。

因此在切割厚10mm以上的不锈钢等金属时，氧-熔剂切割仍具有一定的实用价值。

2. 切割用熔剂

氧-熔剂切割对熔剂的要求是：在氧中燃烧时发热量大，燃烧产物的熔点低，流动性好，或者具有一定的冲刷作用。

（1）普通熔剂

最常用的熔剂是纯铁粉，粒度宜为0.11mm或更细，以利在切割反应区中充分燃烧。为提高切割效率、改善切割质量，特别在切割有色金属时，也采用在铁粉中添加铝粉或其他金属粉末作熔剂。

（2）高效熔剂

试验查明[1]，采用铁粉和铝粉混合熔剂当铝粉含量不多时，切割生产率比用单一铁粉高，而随着铝粉量的增加，高熔点、高黏性的氧化铝也增多，切割生产率反而降低，切割质量也恶化[1]。为克服铝粉含量高的熔剂的上述缺点，于是出现了添加能与氧化铝、氧化铬和氧化硅等相互作用并形成低熔点熔渣组分的所谓高效熔剂。这类熔剂有：①AirCO熔剂（俄罗斯专利产品）；②含碳酸铁和氯化铁的熔剂[1]；③环氧粘结熔剂[1]。

3. 氧熔剂切割方式和装置

（1）氧熔剂切割送粉方式

氧-熔剂切割按熔剂向切割区送进方式分为内送粉式和外送粉式。

内送粉式，金属粉末（即熔剂）由切割氧输送并通过割嘴的切割氧孔道喷入切割反应区。采用内送粉方式，当熔剂为铁粉时，为了防止铁粉在输送过程中在氧流内发生自燃，需使用大颗粒铁粉（粒度在0.5~1.0mm），从而带来了割嘴寿命降低和最大切割厚度降低等缺点，因而应用不很广泛。

外送粉式，金属粉末用压缩空气（或氮气）通过与割嘴分离的送粉孔送入切割反应区。外送粉式可使用较细的铁粉，其发热量大，切割效果也好，故通常以采用外送粉式氧-熔剂切割为好。

（2）切割装置　氧-熔剂切割装置除一般气割设备外，不论是内送粉式还是外送粉式都需配备供给熔剂的送粉装置。图26-32所示为外送粉式氧-熔剂切割装置的构成图。送粉管分单管和多孔送粉管两种。多孔送粉管通常套在割嘴上，沿割嘴轴线方向（与轴线呈18°夹角）。

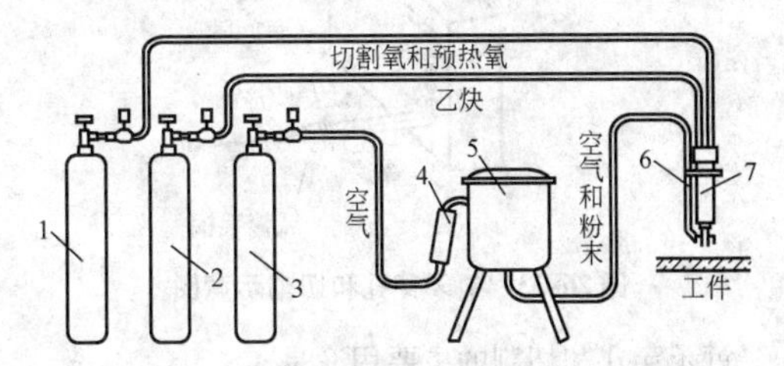

图26-32　外送粉式氧-熔剂的切割装置的构成

1—氧气瓶　2—乙炔瓶　3—空气或氮气瓶
4—干燥器　5—送粉瓶　6—送粉管　7—割炬

多孔送粉管一般设8个送粉孔，孔径ϕ1.8mm，横断方向与割嘴的预热孔错开，使熔剂的进给不致受预热火焰的影响。单送粉管的结构，置于割炬前方，端部弯成与割嘴呈60°角，两者的轴线交会于工件上表面。

1）送粉器。送粉器是向切割区供送熔剂的装置，是实施氧-熔剂切割的重要设备。它应连续且稳定地给送熔剂，并能按照切割工艺要求调节送粉量。送粉器的结构根据送粉方式而异。为除去压缩空气中的水分，一般都配有空气干燥器。

2）割炬和割嘴。切割厚度小于30mm的不锈钢，可以使用一般氧气切割用的割炬和割嘴（包括低压扩散形割嘴）。当切割更厚的工件时需使用特制割炬。而切割大厚度金属，由于切口中热量大，割炬遭受强烈的热辐射，须使用水冷却割炬。同时，割嘴也需特制，以提供足够的预热火焰功率并使火焰长而集中，还要保证切割过程中不发生回火。一种结合射吸式和等压式特点设计的嘴内混合射吸式割嘴，使用效果良好。

26.6.3　氧矛穿孔和切割

1. 原理和用途

氧矛穿孔也称火焰穿孔。其原理是，将工件的待穿孔部位用预热火焰局部加热到燃点或熔点，然后把内通氧气的管子（称为氧矛）顶在该部位，利用金属在氧中燃烧所产生的热量使工件继续燃烧或熔化，并利用氧流的动量排除熔渣而形成贯穿的孔。将一个个穿孔连成一条切口就可把工件割开，如图26-33所示。当工件为非金属材料（如混凝土、岩石等）时，穿孔是一种熔化切割过程，而对金属材料则主要是燃烧切割过程。

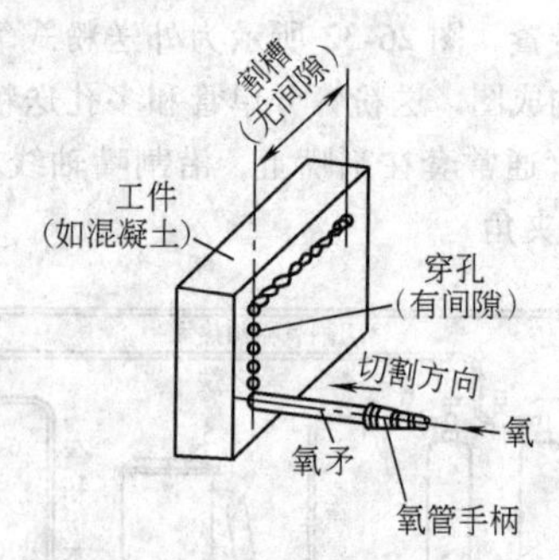

图26-33　氧矛穿孔和切割示意图

氧矛穿孔和切割的主要用途是：

1）大厚铸件浇冒口和钢锭的割断（用连续穿孔办法）。

2）熔烧炼炉出料口的开孔。

3）大厚度金属件的开孔。

4）混凝土和岩石等的打孔或分割。

2. 氧矛的种类

氧矛有消耗性氧矛和非消耗性氧矛两类。

（1）消耗性氧矛　使用低碳钢管作氧矛，在穿孔过程中钢管本身也燃烧并消耗。消耗性氧矛分为：

1）一般氧矛，即用一根钢管制作的氧矛。

2）熔剂-氧矛，即在钢管内的氧流中加入铁粉（和铝粉）或在钢管内加入1根或几根细的低碳钢条，以增加氧矛燃烧时的热量，主要用于高合金钢和混凝土等穿孔。

在采用钢条的场合，钢条的断面积与钢管内断面积之比（称间隙比）通常宜为0.4～0.8。间隙比过大，使管内氧气流量减小，会影响切割区的燃烧反应，发热量减少，从而使穿孔速度减慢。

3）复合氧矛，由内、外两层钢管及钢条组成的氧矛，这种氧矛由于外层钢管的存在，使内层钢管中的切割氧的纯度得以保持并提高了燃烧效果，同时又具有熔剂-氧矛热量高的特点，使供给切割区的总热量大大增加。这种氧矛主要用于大厚度非金属材料，如岩石的分割。

（2）非消耗性氧矛　使用导热好的铜管制作氧矛，在穿孔过程中铜管基本上不烧损，故称为非消耗性氧矛。

3. 操作工艺

采用一般消耗性氧矛穿孔时，穿孔孔径与钢管直径的关系见表26-34。

表26-34　氧矛直径与穿孔孔径的关系

氧矛直径/mm	12.5	6.4	9.5	12.7
穿孔直径/mm	12～25	19～50	50～70	75～87

钢管一般采用厚壁管，其长度根据穿孔深度而定，大体上取孔深的5倍以上[4]。

26.6.4　火焰气刨

火焰气刨（也称表面气割）如图26-34所示，是利用气割原理在金属表面加工槽道的一种方法。借预热火焰把工件表面加热到其燃点，然后送进切割氧使金属燃烧，所生成的熔渣被切割氧流推向前方，预热前沿金属并随后为切割氧流所吹除，从而形成所需的槽道。通常槽道的深宽比为1:（1～3）。这种工艺主要适用于碳素钢和低合金钢。但也可用于不锈钢和有色金属，需在切割氧流中加入铁粉等熔剂，进行类似氧-熔剂切割，即所谓氧-熔剂火焰气刨法。

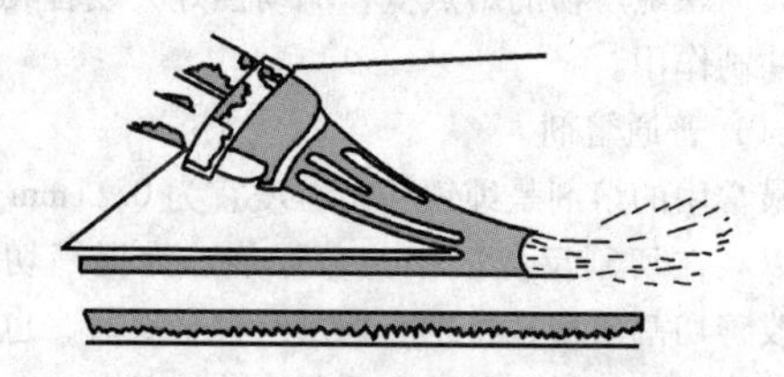

图26-34　火焰气刨

火焰气刨的主要用途是：

1）焊缝背面清根和开坡口，特别是U形坡口。

2）清除焊缝中的缺陷。

3）刨除“装配马”的临时焊缝。

4）清除铸钢或钢板上的局部缺陷。

5）修理、拆换或拆解作业中刨除一部分金属。

火焰气刨有手动操作和自动操作两种。实用上大都采用手工方式，自动火焰气刨主要用于开 U 形坡口。

火焰气刨与常用的碳弧气刨相比，有设备比较简单，粉尘较少等优点。

26.6.5 火焰表面清理

火焰表面清理是利用火焰气刨原理清除锭坯表面缺陷的一种特殊气刨方法。如图 26-35 所示，其刨削宽度比火焰气刨宽得多。

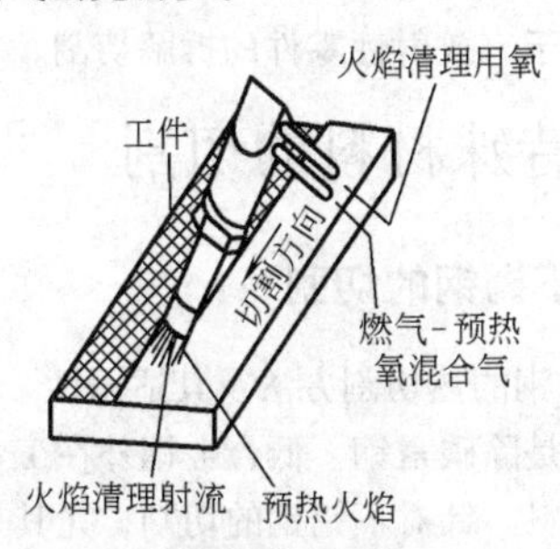

图 26-35 火焰表面清理示意图

这种工艺主要用于清理钢坯、板坯表面的伤痕、裂纹、非金属夹杂和脱碳层等缺陷。

火焰表面清理按工件的温度分为热表面清理（钢坯温度为 900 ~ 1150℃）、温表面清理（钢坯温度为 500 ~ 700℃）和冷表面清理；按工作地点分为在轧制生产线上清理和非轧制生产线上清理；而按操作方式则分为手工火焰清理和自动火焰清理。

在连续铸钢工厂的轧制生产线上，通常对锭坯表面作全面的清理，清理层厚度为 1 ~ 5mm（一般为 3mm），故都采用机械化自动化清理工艺。手工方式仅适用于清除局部缺陷。

根据所用的燃气不同，手工火焰清理炬分为乙炔用、丙烷（也适用于高炉煤气）用以及粉末火焰清理用等几种。

26.6.6 金属极电弧切割和刨槽法

金属极电弧切割和刨槽是利用金属电极与工件间的电弧热局部熔化工件并利用气流的动量扣除熔渣进行切割或刨槽的加工方法。现用的金属极电弧切割和刨槽法主要有：

1）电弧-氧切割法。

2）涂药刨割条电弧刨槽和切割法。

3）熔化极电弧切割和刨槽法。

1. 电弧-氧切割法

电弧-氧切割是兼用电弧热和氧化反应热的切割方法。

如图 26-36 所示，使用外涂药皮的空心割条，内通氧气。电弧起预热火焰的作用，从割条内芯喷出的氧流使金属燃烧并起排除熔渣的作用，从而实现金属的切割。

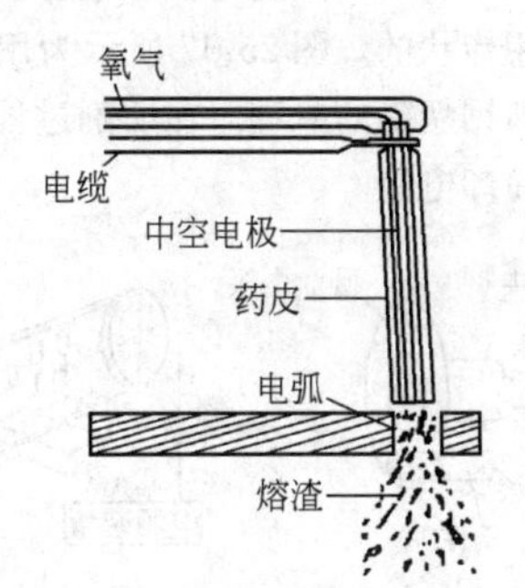

图 26-36 电弧-氧切割法

这种切割法当然可切割碳钢，但主要是为切割不锈钢等有色金属而开发的。在切割有色金属的场合，割条的熔融金属还起氧-熔剂切割中熔剂的作用。

电弧-氧切割的主要用途是：有色金属的切断、金属构件的拆解、打孔和水下切割。现在主要作为水下切割技术的一种方法。

电弧-氧切割的电源可使用直流或交流手工弧焊机。采用直流电时，割条宜接“-”极[4]。

2. 金属刨割条电弧刨槽和切割法

金属刨割条电弧刨槽和切割是利用涂有特种涂药的刨割条（外貌如焊条）与工件间产生的电弧热局部熔化工件并借药皮在高温下产生的喷射气流吹除熔融金属进行刨割的方法。

这种刨割法不需要特殊的附加设备，用普通的交流或直流焊条电弧焊机和焊钳即可工作，相当简便。

3. 熔化极电弧切割和刨槽法

熔化极电弧切割是利用连续进给的金属丝极与工件间产生的电弧热（和/或部分氧化燃烧热）局部熔化工件，同时借电弧力或铁液流出的动量排除熔融金属的切割或刨槽方法。

现用的熔化极切割方法有以下 3 种：

1）惰性气体熔化极电弧切割法（简称 MIG 切割法）。

2）喷水式熔化极电弧切割法。

3）压缩空气熔化极电弧切割和刨槽法（也称 Exo 法）。

26.6.7 电弧锯切割法

1. 原理

电弧锯切割是利用带电的移动电极与被切割工件

之间产生电弧放电使金属熔化，同时由移动电极将熔融金属除去的一种放电切割法。

通常，被切割金属接电源的正极，电极接负极。电极的形状主要有旋转圆盘电极和做直线运动的带状电极，也有用棒状的。图26-37所示为用圆盘电极和带状电极电弧锯切割的原理。在切割过程中一般用水溶性加工液冷却电极。

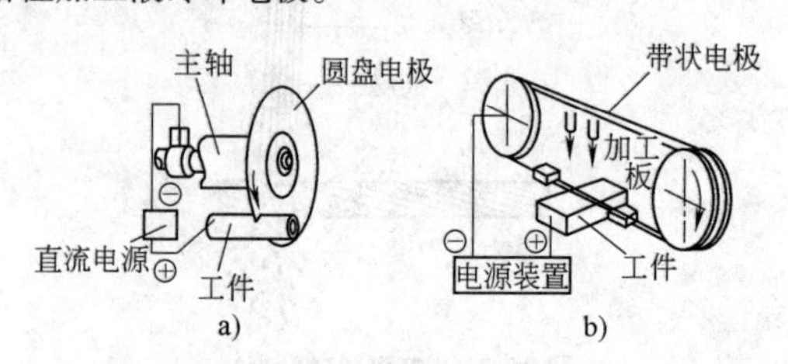

图26-37　电弧锯切割原理

a）圆盘电极　b）带状电极

2. 特点和用途

电弧锯切割具有以下的特点：

1）对导电性良好的被切割金属，不论其强度、硬度、加工硬化性和韧性等力学性能，都能获得外观漂亮的切割面。

2）由于放电时间极短（0.1～0.5ms，即每秒1000次以上），加上水溶性加工液的冷却，切割面的热变质层很浅（约0.1mm）。

3）由于是非接触式切割，工件不需要特制的夹持装置。

4）对于多重套管，即使适宜于管与管之间存在气体层也能切割。

5）电极虽是无齿式的，但切割过程中消耗很快，需经常更换。

6）切割速度同金属的熔化温度有关，比其他方法要慢。

这种方法是专为拆解核反应中不锈钢零部件而开发的，仅用于有放射性零件的拆解切割。

26.7　特殊材料的切割

26.7.1　不锈钢的切割

1. 不锈钢的热切割方法及其适用性

不锈钢是除碳素钢、低合金钢外在工业上应用最多的金属材料。针对不锈钢的切割，尤其是高效优质的下料切割方法进行了各种开发工作。现在，除机械切割外，各种热切割法已在工业上获得广泛应用。表26-35示出不锈钢的各种热切割法的特点、主要应用以及目前所能切割的最大厚度等资料。

表26-35　不锈钢的各种热切割方法的比较和主要应用

切割方法		特点	主要应用	最大切割厚度/mm
氧气切割	振动切割法、断氧切法	1. 可利用一般气割设备，容易掌握 2. 切割质量差，切口宽 3. 切割速度慢 4. 气体耗量大	仅适用于无质量要求的切割，如浇冒口	≈500
	氧-熔剂切割法	1. 切割能力大，厚件切割速度快 2. 切割质量良好 3. 切割设备较简单	可进行下料切割，尤适合于厚度大于100mm工件的切割和大型铸件浇冒口的切割	试验中曾达到1300[2]
电弧切割	空气碳弧切割	1. 设备较简单 2. 操作方便 3. 中等厚度板材的直线切割速度快，切口质量好	不常用，仅作为一种权宜方法	≈50
	电弧氧切割法	1. 需用特种割条和工具 2. 切割面质量差	除水下切割外基本上不使用	—
	熔化极电弧切割法	1. 操作成本低 2. 切口窄，切割面光滑 3. 切割能力低 4. 切割速度比等离子弧切割稍慢	中薄板的下料切割	60

（续）

切割方法		特点	主要应用	最大切割厚度/mm
电弧切割	等离子弧切割法	1. 切割速度快，热变形小 2. 切割面光洁 3. 设备价格较高 4. 操作成本高 5. 耗电多	各种零件的下料和成形切割，是目前最常用的切割方法	200
	电弧锯切割法	1. 设备复杂 2. 切割速度慢	仅适用于核反应堆不锈钢零部件的拆卸切断	试验中曾达到 760
激光切割法		1. 薄板的切割速度比等离子弧切割快，热变形小，切割精度高 2. 切口窄，切割面光洁 3. 热影响区窄 4. 切割过程中工具不易损耗，可实现无人化切割 5. 设备投资高	薄板零件的高精度切割	55
超高压水射流切割		1. 对切割边的材质无影响 2. 无热变形，切割精度高 3. 切口光洁 4. 切割速度慢 5. 设备投资高	高精度零件的切割	300

2. 不锈钢复合板的气割

不锈钢复合板可以使用第 26.1 节所述的各种切割方法加工。一般，复合板中不锈钢复合层的厚度不大，而基材（主要是低碳素钢或低合金钢）比较厚，因此在实际的下料切割中常可采用普通氧气切割法。

气割不锈钢复合板工艺的基本要点是从基材面开始进行切割，也就是把低碳钢（或低合金钢）层置于上面，利用气割碳素钢所生成的低黏度、高热量的氧化物对不锈钢覆合层产生的高熔点氧化物起稀释作用，改善了熔渣的流动性，使气割过程能顺利进行。

气割不锈钢复合板的操作要领是：

1）预热火焰的功率要比切割碳素钢时大些，即燃气压力要高一些。

2）切割氧压力比切割碳素钢时低 0.05MPa 左右。

3）割嘴向切割方向前倾一个角度。其作用是增大碳素钢基材的实际切割厚度，增加低黏度氧化铁熔渣数量，进一步改善气割进程。

4）切割速度比加工同等厚度的碳素钢要稍慢些。

26.7.2 铸铁的切割

实际生产中铸铁的切割作业主要是割除浇冒口、飞边等，对尺寸精度和切口质量的要求一般不很高，但切割后不能对随后的机加工增加困难。

切割铸铁可以采用各种热切割方法，如振动气割法、氧-熔剂切割法、碳弧-空气切割法和电弧-氧切割法等，如有条件也可使用等离子弧切割。其中尤以振动气割和碳弧-空气切割最为简便。

26.7.3 铝及其合金的切割

铝及其合金是工业中除钢铁材料外应用最多的金属材料。切割铝及其合金的方法除机械切割（剪切和带锯锯切）法外，广泛使用各种热切割方法。表 26-36 示出铝及其主要合金（A5083）的同热切割有关的一些物理性能。

表 26-36 铝及其主要合金的某些物理性能

性能	纯铝	A5083 合金①
密度/(g/cm³)	2.70	2.66
液相线温度/℃	660	579~641
比热容/[J/(kg·℃)]	879	921
熔化热/(kJ/g)	1.072	—
氧化反应热/(kJ/g)	29.14	—
热导率/[W/(m·K)]	234.46	117.23
氧化物	Al_2O_3	
氧化物的熔点/℃	2050	
燃点/℃	粉末状态时为 550	

① A5083 为日本标准高强度铝合金。

由表可知，铝的氧化反应热虽然很高，但其燃点（除粉末状态外）高于熔点，而且氧化物（Al_2O_3）的熔点大大高于母材本身，因此铝不能用一般氧气切割法进行切割。目前铝的主要热切割方法是等离子弧切割，在某些场合也可使用激光切割、氧-熔剂切割、MIG电弧切割和电弧-氧切割法等。另外，超高压水射流切割也是一种正在推广应用的新方法。

26.7.4　钛及其合金的切割

随着科学技术和工业的发展，钛及其合金的应用日益增加，其中用量最大的是TC_4Q合金（Ti-6Al-4V），约占总用量的50%，主要用于航空航天工业；其次是工业纯钛，为20%左右，而TA7约占10%[1]。因此钛及钛合金的切割也成了一个重要的加工工序而受到重视。

钛及其合金在高温下对氧、氮、碳和氢的亲和力很强。在热切割过程中，会迅速吸收氢、氧和氮，特别是空气中的氧和氮，从而使切割边发生硬化和脆化。表26-37[1]为纯钛及其主要合金同热切割有关的一些物理性能资料。为便于比较，表中也列出了纯铁的一些数据。

表26-37　钛及其主要合金的某些物理性能

性能	纯钛	Ti-6Al-4V合金	纯铁
密度/(g/cm³)	4.51	4.43	7.86
液相线温度/℃	1668	1540～1650	1530
比热容/[J/(kg·℃)]	522	522	460
熔化热/(kJ/g)	1.34	—	1.302
氧化反应热/(kJ/g)	18.84	—	4.77
热导率/[W/(m·K)]	16.329	—	—
氧化物	TiO_2		FeO
氧化物的熔点/℃	1855		1380
燃点/℃	610(氧中)		596(氧中)

从原理上讲，钛及其合金可使用各种热切割法进行加工，但因存在热影响区的硬化和脆化问题，适用的热切割法有氧气切割、等离子弧切割和激光切割等。新发展的高压水射流切割技术，由于不产生热影响区和材质变化，是切割钛合金的理想方法。目前，国外在航空航天工业中，因质量要求较高，主要采用等离子弧切割和高压水射流切割。激光切割工艺尚在进一步研究之中。

26.7.5　镁合金的切割

镁是一种比铝轻的有色金属，其熔点为651℃，沸点1100℃，密度为$1.74\times10^3kg/m^3$，热导率154W/(m·K)。镁的氧化性极强，在高温下易形成高熔点氧化物（MgO），熔点为2500℃[1]。纯镁的强度低，工程中常使用镁合金。

镁及其合金以往基本上采用机械切割，如锯切、剪切等。在机加工过程中，刀具对切割边有接触压力并产生变形，在某些应用中还发现切割边腐蚀抗力降低的倾向[1]。为此，对用CO_2激光切割镁合金的适用性进行了试验，证实这是一种可行的热切割方法。

激光切割镁合金与机械加工法相比具有以下的特点：

1）切割过程中，无刀具与切割边接触，不产生因刀具接触压力引起的机械变形；

2）切割边不受机械冲击和刀具接触，切割边不致为其他材料所污染，因此没有腐蚀抗力劣化问题。

26.7.6　陶瓷的切割

新型陶瓷是由各种金属同氧、氮或碳等经人工合成的无机化合物，按其特性分为工程陶瓷和功能陶瓷（如超导陶瓷、光学功能陶瓷、生物化学功能陶瓷等）两类。

工程陶瓷则有氧化物、氮化物、碳化物、硼化物和硅化物陶瓷等各种品种。它与金属材料相比，具有以下优良特性：

1）耐热性、耐氧化性、耐腐蚀性和耐磨耗性相当好。

2）硬度相当高。

3）杨氏模量大。

4）密度低，除WC陶瓷外，大都在2～4g/cm³之间。

因此，陶瓷在宇航、核能、汽车和电子等工业中用于制作尖端技术的关键零部件。但陶瓷也存在一些不足之处。如热膨胀系数和热导率一般比较低；延性很差，几乎不出现塑性变形，耐冲击能力也很低；特别是机械加工性能极差，仅能用烧结的金刚石刀具和金刚石磨具进行切削和磨削加工。几种工程陶瓷的物理性能见表26-38所示。

表26-38　几种工程陶瓷的热物理性能

性能 \ 陶瓷品种	Si_3N_4	SiC	Al_2O_3	ZrO_2
密度/(g/cm³)	2.2～3.2	3.09～3.2	3.6～3.9	3.5
升华温度 T_b/℃	1990	—	—	4275

（续）

性能 \ 陶瓷品种	Si_3N_4	SiC	Al_2O_3	ZrO_2
分解温度 T_d/℃	1878	2600	—	—
熔点 T_m/℃	—	—	2025	2550
热导率 λ/[W/(cm·K)](25℃时)	0.30	0.81	0.314	0.0195
热膨胀系数 d/(1/10^{6}K)	3	4	8.0	≥10

以往，陶瓷的分割加工主要采用固定磨具和超声波游离磨料等机加工方法及电火花切割法。近年来正在逐步开发和应用激光切割和高压水射流切割技术。

26.7.7　混凝土的切割

混凝土在热切割时会出现以下问题：

1）混凝土的熔点较高，约为2000℃[1]。为进行熔割，切割热源的温度需高于混凝土的熔点。同时，在排除切口中的熔渣时仍需保持切割区具有足够高的温度。而采用普通氧气切割法，切割氧流的冷却作用会使熔融的混凝土重新凝结，不能实现继续切割。

2）混凝土的导热性差，当表面受热开始熔化，热量传至下层需要一定的时间，故只能以低速进行切割。

3）混凝土内的间隙中存在水分，受高热时水分急速汽化，使表层混凝土发生爆裂，影响切割的进行。

根据上述特点，混凝土通常使用氧-熔剂切割和氧矛切割法。

26.7.8　岩石的穿孔

天然岩石可利用熔剂-氧矛切割法进行穿孔和切割。其切割过种类似混凝土的氧矛穿孔和切割。

现举熔剂-氧矛进行天然岩石穿孔的工艺参数实例一则[1]。

1）熔剂-氧矛：低碳钢管内通钢条。

2）穿孔直径：50mm。

3）氧气压力：0.5~0.8MPa。

4）氧气耗量：333L/min。

5）氧矛消耗量：2370mm/min。

6）穿孔速度：500mm/min。

另外，各种岩石也可利用高压水射流切割法进行穿孔和切割。还可使用非转移型等离子弧熔割。

参 考 文 献

[1]　梁桂芳．切割技术手册［M］．机械工业出版社，1997．［J］．

[2]　张甲英，等．新型的 DQS-1 型气焊、电焊、刷镀和喷涂多用机［J］．机械工人：热加工，1993（7）：12~13．

[3]　中华人民共和国机械工业部．气焊工工艺学（中级本）［M］．北京：科学普及出版社，1984．

[4]　机械工程手册，电机工程手册编委会．机械工程手册：第七卷［M］．北京：机械工业出版社，1982．

[5]　中国机械工程学会焊接学会，哈尔滨焊接研究所．焊工手册：手工焊接与切割［M］．修订版．北京：机械工业出版社，1991。

[6]　美国焊接学会．焊接手册：第二卷［M］．黄静文，等译．北京：机械工业出版社，1988．

[7]　姜焕中．电弧焊及电渣焊［M］．2 版．北京：机械工业出版社，1998．

[8]　曾乐．现代焊接技术手册［M］．上海：上海科学技术出版社，1996．

第27章　气　压　焊

作者　丁韦　高文会　**审者**　吴成材

27.1　定义和一般描述

气压焊是用气体火焰将待焊金属工件端面整体加热至塑性或熔化状态，通过施加一定顶锻力，使工件焊接在一起。气压焊可分为固态（或称塑性）气压焊（即闭式气压焊）和熔态（或称熔化）气压焊（即开式气压焊）。气压焊可焊接碳素钢、合金钢以及多种有色金属（如镍-铜、镍-铬和铜-硅合金），也可焊接异种金属。气压焊不能焊接铝和镁合金[1]。

27.2　基本原理

27.2.1　固态气压焊

1. 基本方法及特点

将被焊工件端面对接在一起，为保证紧密接触，一方面须将表面处理平整、干净，另一方面需施加一定的初始压力，然后使用多点燃烧的加热器对端部及附近金属加热，到达塑性状态后（低碳钢为1200～1250℃）立即加压（顶锻），在高温和顶锻力促进下，被焊界面的金属相互扩散、晶粒融合和生长，从而完成焊接，如图27-1所示。

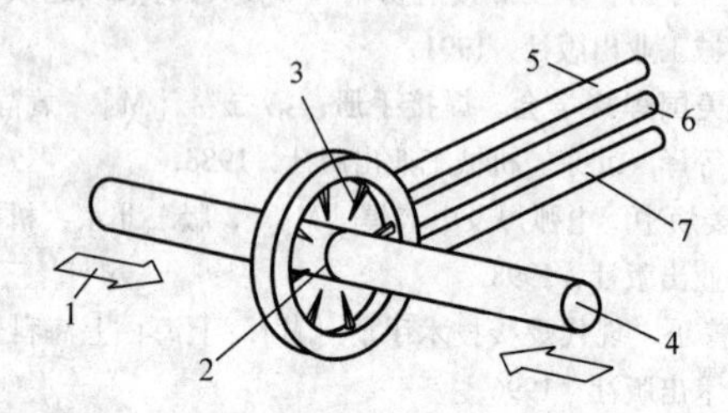

图27-1　塑性气压焊方法示意图

1—顶锻力　2—焊接端面　3—多孔火焰　4—被焊工件　5—冷却水流入　6—燃气进入　7—冷却水流出

固态气压焊的加热特点是金属没有达到熔点，焊接不同于熔焊。一般而言，是将对接端部及附近金属加热到塑性状态，顶锻后的焊接接头表面形成光滑的焊瘤（凸起），在焊接线处（焊缝）没有铸态金相组织。

2. 表面处理

焊前必须对焊接工件端部进行处理，包括两方面：一是对待焊端部及附近进行清理，清除油污、锈、砂粒和其他异物；二是对待焊端面进行机械切削或打磨等，使待焊端部达到焊接所要求的垂直度、平面度和表面粗糙度。对焊接工件处理质量要求取决于钢的类型以及焊接质量要求。表面处理的质量对焊接质量影响很大。

3. 加热

加热通常采用氧乙炔燃气，多点燃烧。加热器有的需要强制水冷。加热器可产生足够的热量，通过摆动使热量均匀地传播到整个被焊部位。实心或空心圆柱体（如轴或管）的对接焊，通常使用可拆卸的环形加热器，这样便于焊接前后装卸工件。精密的加热器往往形状也十分复杂，以便对各种形状的工件均匀加热。燃料气体亦可是丙烷气（或液化石油气）。

4. 顶锻（加压）

工件开始加热时，为使表面紧密接触，施加一定的初始压力，加热到一定温度后，即进行大力顶锻。顶锻的作用是：①使工件端部产生塑性变形，增大紧密接触面积，促进再结晶；②破碎工件端面上的氧化膜；③将接触面周边的焊接缺陷挤到焊瘤处，排除缺陷。

加压和顶锻方式与被焊金属有关，可以大致分为两类，一类是恒压顶锻法，从开始到焊接完成，压力基本保持不变，达到一定的顶锻量就完成焊接。恒压方式主要用于高碳钢的焊接。另一类加压和顶锻方式是非恒压顶锻法，例如，焊接高铬钢或非铁素体类型钢时，初始采用较高压力，这样可以使工件端面闭合紧密，防止氧化，当快达到焊接温度时压力减小，而在接头最终顶锻时压力再增加。这种顶锻方式压力的变化范围在40～70MPa之间。

表27-1列出了几种金属典型气压焊顶锻方式。表27-2给出了不同板厚与塑性气压焊接头尺寸及顶锻量。

表27-1　典型气压焊顶锻方式[2]

钢种类型	焊接方法	压力、顶锻力/MPa		
		初始	中间	最终
低碳钢	固态	3～10	—	28
高碳钢	固态	19	—	19
不锈钢	固态	69	34	69
镍合金	固态	45	—	45
碳钢和合金钢	熔态	—	—	28～34

表27-2　不同板厚与塑性气压焊接头尺寸及顶锻量[3]

（单位：mm）

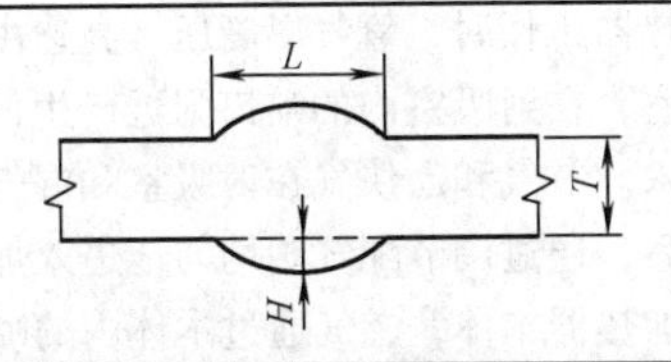

板厚 T	焊瘤长 L	焊瘤高度 H	顶锻量
3	5～6	2	3
6	8～13	2	6
10	14～16	3	8
13	19～22	5	10
19	27～30	6	13
25	32～38	10	16

焊接过程中的顶锻量与接头质量有密切关系。顶锻量大，则焊接热影响区缩短，焊瘤高度增加。推荐的顶锻量列于表27-2。

27.2.2　熔态气压焊

通常熔态气压焊的焊接过程是将工件平行放置，两个端面之间留有适当的空间（如图27-2所示），以便加热器在焊接过程中可以撤出。在焊接时，火焰直接加热工件端面，使端面金属完全熔化，这时迅速撤出加热器，然后立即顶锻，完成焊接。加压强度保持在28～34MPa。

熔化气压焊机必须具有更精确的对中性能，并且结构坚固，以保证快速顶锻。理想的加热器大多数形状比较窄，并且是多火孔燃烧（图27-2），火焰在工件横截面上均匀分布。加热器对中良好，对减少被焊端面的氧化，获得均匀的加热以及均匀的顶锻量是十分重要的。

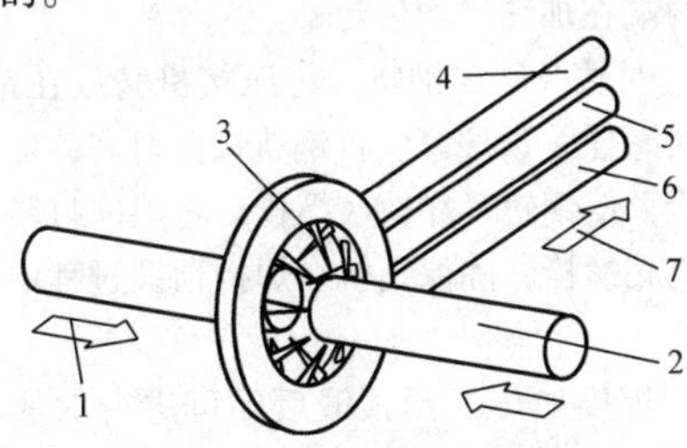

图27-2　熔化气压焊示意图

1—顶锻力　2—被焊工件　3—多孔火焰　4—冷却水出口　5—燃气进口　6—冷却水进口　7—顶锻前加热器撤出

由于焊接时工件端部要加热至熔化，因此，用机械方法切成的端面其焊接效果较为理想。工件端面上有较薄的氧化层对焊接质量的影响不大，但如有大量的外来物，如锈和油等，应当在焊前清除。

27.3　气压焊设备

气压焊设备包括：

1）加热器，为待焊工件端部提供均匀并可控制的热量，燃气使用氧乙炔气或氧液化石油气，大型加热器一般带有冷却水及循环系统。

2）顶锻设备，用于夹紧和施加顶锻力，一般采用液压或气动作为动力源。

3）气压、气流量及液压显示和测量装置，在焊接过程中进行调整和控制。

气压焊设备的复杂程度取决于被焊工件的形状、尺寸以及焊接的机械化程度。大多数情况下，采用专用加热器和顶锻设备。供气必须采用大流量设备，并且气体流量、压力的调节和显示装置可在焊接所需要的范围内进行稳定调节和显示。气体流量计和压力表尽量接近加热器，以便操作者迅速检查焊接时燃气的气压和流量。

为了冷却加热器，有时也为了冷却夹持工件的钳口和加压部件，还需大容量冷却水及循环系统。为了对中和固定，夹具应具有足够的夹紧力和刚度。

27.4　主要应用

气压焊最早应用于钢轨焊接。在无缝线路建设初期，主要用在钢轨的厂内焊接，焊机为固定式[4]，以后大部分被闪光焊代替。在日本和我国，气压焊多用于钢轨的现场联合接头的焊接上，并逐步朝着多功能、轻型化方向发展[5,6,7]。目前，现场钢轨焊接使用的气压焊机为小型移动式。我国现在广泛使用的气压焊机的质量为140kg[8]，新型保压气压焊机质量为160kg，近几年又发展出了带可编程序控制器（PLC）的气压焊机（图27-3）。此外，气压焊还主要应用于

图27-3　采用PLC控制的钢轨气压焊机

钢筋混凝土建筑结构中的钢筋焊接，该方法在日本和我国都有一定量的应用。

27.4.1　钢轨焊接

1. 特点

气压焊用于焊接钢轨的优点是一次性投资小，焊机的重量轻，无须大功率电源，焊接时间短，焊接质量可靠；但缺点是焊前对待焊端面的处理要求十分严格，并且在焊接时需要钢轨沿纵向少量移动，因此钢轨的焊接使用该方法，有时会有一定难度。

2. 焊接设备

早期移动式钢轨气压焊机是夹轨底式[9]。目前使用的移动式钢轨气压焊机多为夹轨腰式，夹紧位置位于钢轨纵向“中和线”上，由于轨顶和轨底受力均匀，在加压和顶锻时不产生附加弯矩。图27-4为夹轨腰式钢轨气压焊设备示意图，主要包括：压接机、加热器、气体控制箱、高压液压泵和水冷装置等。气压焊设备各项技术条件在国家铁路局标准[10]（TB/T 2622.1～2622.6—1995）均已做了明确规定。

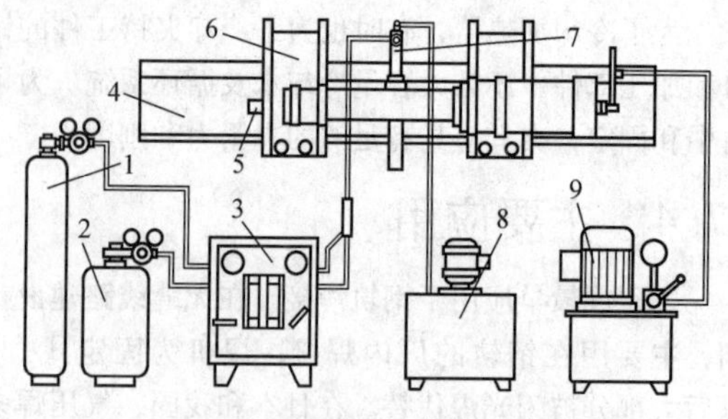

图27-4　移动式钢轨气压焊设备示意图

1—氧气　2—乙炔　3—流量控制柜　4—钢轨　5—斜铁　6—压接机　7—加热器　8—水冷装置　9—高压液压泵

YJ—440T型压接机的液压缸额定推力为385kN，最大顶锻行程为155mm，加热器最大摆动距离为60mm，压接机的质量不大于140kg，可以用于43～75kg/m钢轨的焊接、焊瘤的推除和焊后热处理[8]。待焊钢轨定位和夹紧是通过固紧轨顶螺栓、轨底螺栓和砸紧轨腰斜铁来实现的。液压缸内的高压油推动活塞运动，使钢轨端部通过斜铁相互挤压实现顶锻或推除焊瘤部分。加热器以导柱作为轨道沿钢轨轴线方向往复运动。

加热器按混气方式分为射吸式、等压式和强混式，按结构可以分成对开单（或双）喷射器式和开启单喷射器式。目前在我国应用较多的是对开射吸式加热器。图27-5为对开射吸式加热器（单喷射器）示意图，它是由加热器本体和喷射器组成。加热器本体分成对称并可拆卸的两部分，每侧有燃气和冷却水循环系统；混合器由喷射室、混气室和配气调节装置组成。加热器工作时，氧气以高压、高速由氧气进口射入射吸室，在射吸室内的喷口附近产生低压区，将乙炔气吸入。氧气和乙炔气在射吸室和混气室均匀混合、搅拌后，通过调节配气阀均匀地进入加热器本体两侧。在加热器本体，燃气通过本体内的喷火孔喷出并燃烧。喷火孔的大小及分布是根据钢轨断面的尺寸形状设计的，以确保钢轨加热均匀。加热器本体在加热时必须强制水冷。

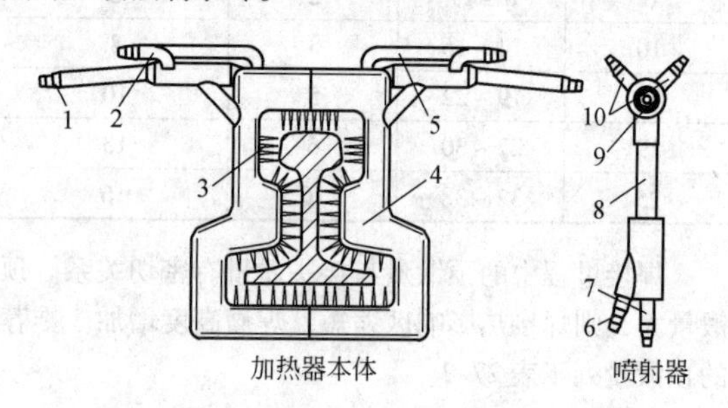

图27-5　对开射吸式加热器（单喷射器）示意图

1—燃气进口　2—进水管　3—火焰　4—加热器本体　5—出水管　6—乙炔气　7—氧气　8—混气室　9—配气螺母　10—燃气出口

3. 焊接工艺

钢轨气压焊包括焊前端面打磨、对轨、焊接加热、顶锻、去除焊瘤和焊后热处理等。

（1）钢轨端面打磨　焊前的端面打磨一般分为两步：第一步使用端面打磨机将钢轨端面磨平，使端面的平面度及端面与钢轨纵向轴线的垂直度公差在0.15mm以内；第二步对磨平后的端面用清洁的锉刀精锉，清除机械磨平时表面产生的异物和氧化膜等。在精锉时应注意使轨底两端略微凸起，这样有利于防止轨底两端在加热时产生污染。

（2）对轨及固定钢轨　将压接机骑放在钢轨上，穿上轨底螺栓并预拧紧。将钢轨端面对齐，然后拧紧轨顶螺栓，使钢轨紧靠轨底螺栓。将斜铁打紧，进一步拧紧轨底螺栓，确保钢轨在焊接顶锻过程中不出现打滑现象。

（3）焊接加热　预顶锻后即可进行加热。加热器点火通常采用“爆鸣点火”，燃烧采用微还原焰，即氧气与乙炔的燃烧比值为0.8～1.1。加热器在加热时必须进行摆动，摆动量和摆动频率见表27-3。摆动量过大，容易引起轨底角下榻，破坏接头成形；摆动量过小，局部热量集中，钢轨表面与心部温差加大，造成表面过烧而心部未焊透。

表 27-3 加热器摆动量和摆动次数[8]

加热时间/min	摆动量/mm		摆动频率/(次/min)
	50kg/m	60kg/m	
0～4.5	8～12	8～12	60
4.5～5	15～20	15～20	60
5～5.5	30	30	80

（4）顶锻　在焊接过程中通常采用三段顶锻法。以60kg/m钢轨为例：第一段为预顶锻，焊机油压控制在16～18MPa，保持钢轨表面接触。当加热到一定温度时，产生微量的塑性变形使钢轨表面全面接触。进入顶锻的第二段时，将压力降至10～12MPa，使钢轨在塑性状态下接触面之间产生充分扩散和结晶，形成金属键使钢轨焊合。随着时间的延长，局部表面金属开始熔化，而心部已充分焊合。进入第三段，压力提升到35～38MPa，将接触面边缘有缺陷的部分挤出，局部的氧化膜被破坏，焊接结束。

（5）推凸　焊接接头部位形成的焊瘤（凸起）可用两种方法去除：一种是用焊机的推凸装置在焊后立即进行；另一种是焊后热态下用火焰切割，将焊瘤切除。

（6）焊后热处理　钢轨焊后，接头过热区晶粒粗大，需要进行正火热处理，细化晶粒，提高接头的塑性和冲击韧度，见表27-4。正火加热并保温后，热轧轨空冷到常温，淬火轨应进行风或雾冷，使硬度恢复。

表 27-4 接头热处理对力学性能的影响[11]

热处理方式	抗拉强度/MPa	屈服强度/MPa	断后伸长率(%)	冲击吸收能量/J
未正火	911	536	7.0	5.8
正火	903	508	9.6	10.4

（7）接头及金相组织　图27-6为钢轨气压焊接头经过推凸后的外观形貌。

钢轨焊缝及热影响区金相组织分别如图27-7和图27-8所示。图27-7所示为经过焊后热处理的焊缝及热影响区金相组织，中部的竖向线状相貌即为焊缝，左右两侧为焊接热影响区。图27-8所示为钢轨气压焊接头未经热处理的热影响区金相组织。图27-7与图27-8相比较，其珠光体组织明显细化。

27.4.2 钢筋焊接[12]

1. 特点

钢筋气压焊设备轻便，可进行钢筋的全位置焊接。钢筋气压焊可用于同直径钢筋或不同直径钢筋之间的焊接。钢筋气压焊适用于ϕ14～ϕ40mm热轧HPB235、HRB335、HRB400钢筋。

图 27-6 钢轨气压焊接头外观

图 27-7 钢轨气压焊焊缝金相组织（400×）

图 27-8 钢轨气压焊未正火金相组织（400×）

2. 设备

钢筋气压焊设备如图27-9所示。它由多嘴环管加热器、加压器、焊接夹具以及供气装置组成。供气由氧乙炔气或氧液化石油气组成。滑块楔紧式钢筋气压焊机的外形如图27-10所示。

（1）多嘴环管加热器　多嘴环管加热器（以下简称加热器），是混合乙炔和氧气，经喷射后组成多

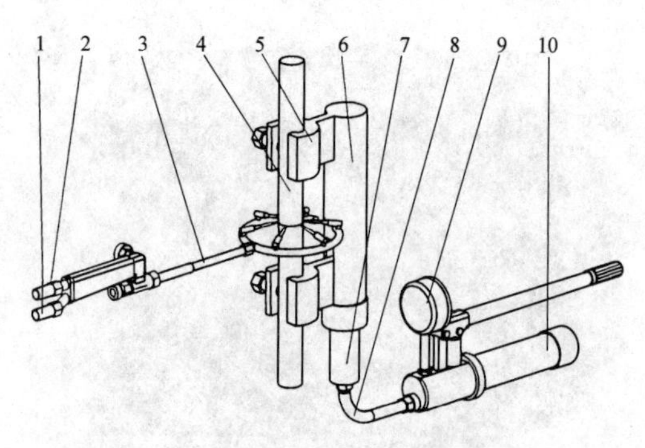

图 27-9 钢筋气压焊设备示意图

1—乙炔气或液化石油气 2—氧气 3—加热器 4—钢筋 5—夹头 6—焊接夹具 7—顶压液压缸 8—橡胶软管 9—液压表 10—液压泵

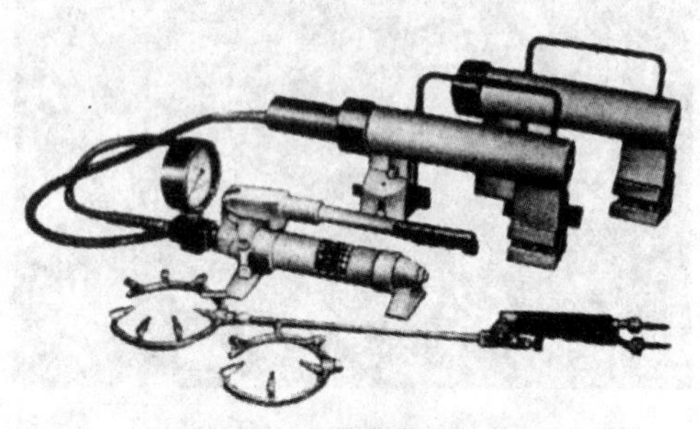

图 27-10 几种滑块楔紧式钢筋气压焊机的外形

火焰的钢筋气压焊专用加热器具，由混合室和加热圈两部分组成。加热器按气体混合方式不同，可以分为两种：射吸式（低压的）加热器和等压式（高压的）加热器。目前采用的多数为射吸式，但从发展来看，宜逐渐改用等压式。加热器的喷嘴有 6、8、12 和 14 个不等，根据钢筋直径大小选用。从喷嘴与环管的连接方式来分，有平接头式（P）和弯接头式（W）。

（2）加压器 加压器为钢筋气压焊中对钢筋施加顶锻压力的压力源装置，由液压泵、液压表、橡胶软管和顶压液压缸四部分组成。液压泵有手动式、脚踏式和电动式三种。

（3）焊接夹具 焊接夹具是用来将上、下（左、右）两钢筋夹牢，并对钢筋施加顶压力的装置。动夹头和定夹头的固筋方式有四种，如图 27-11 所示。使用时不应损伤钢筋的表面。

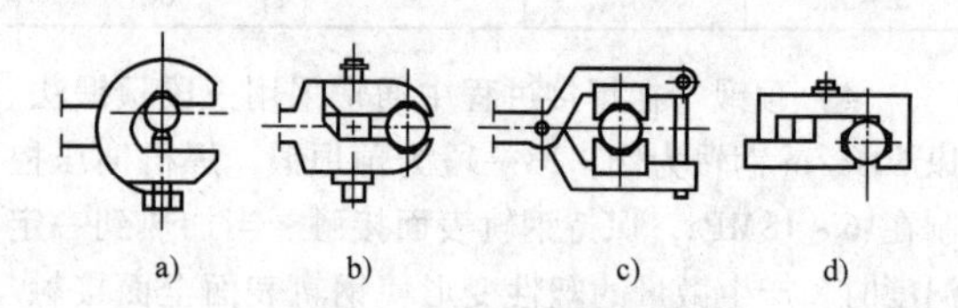

图 27-11 夹头固筋方式

a）螺栓顶紧 b）钳口夹紧
c）抱合夹紧 d）斜铁楔紧

3. 焊接工艺

（1）固态气压焊 钢筋固态气压焊生产中，其操作要领是：钢筋端面干净，安装时，钢筋夹紧、对准；火焰调整适当，加热温度必须足够，使钢筋表面呈微熔状态，然后加压镦粗成形。

1）焊前准备。气压焊施焊前，钢筋端面应切平，并宜与钢筋轴线相垂直；在钢筋端部两倍直径长度范围内若有水泥等附着物，应予以清除。钢筋边角飞边及端面上铁锈、油污和氧化膜应清除干净，使其露出金属光泽。

安装焊接夹具和钢筋时，应将两钢筋分别夹紧，并使两钢筋的轴线在同一直线上。钢筋安装后应加压顶紧，两钢筋之间的局部缝隙不得大于 3mm。

2）焊接工艺过程。气压焊时，应根据钢筋直径和焊接设备等具体条件选用等压法、二次加压法或三次加压法焊接工艺。在两钢筋缝隙密合和镦粗过程中，对钢筋施加的轴向压力，按钢筋横断面面积计，应为 30～40MPa。目前应用较多的为三次加压法（一次低压），如图 27-12 所示。第一次加压为预压，第二次加压为密合，第三次加压为镦粗成形。

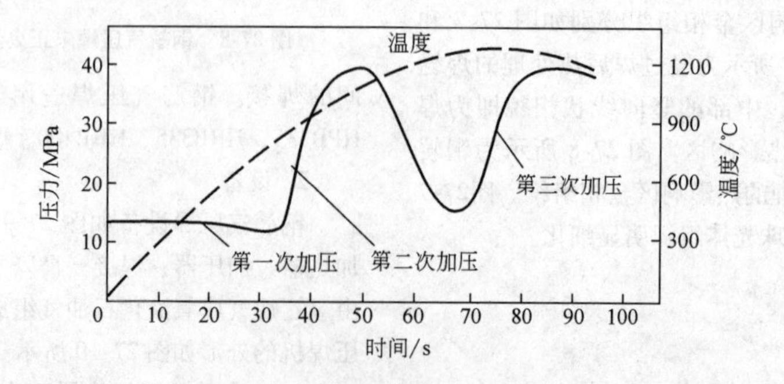

图 27-12 三次加压法气压焊工艺过程[10]

3）集中加热。气压焊的开始阶段应采用碳化焰，对准两钢筋接缝处集中加热，并使其内焰包住缝隙，防止钢筋端面产生氧化，如图27-13a所示；若采用中性焰，如图27-13b所示，内焰还原气氛没有包住缝隙，容易使端面氧化。

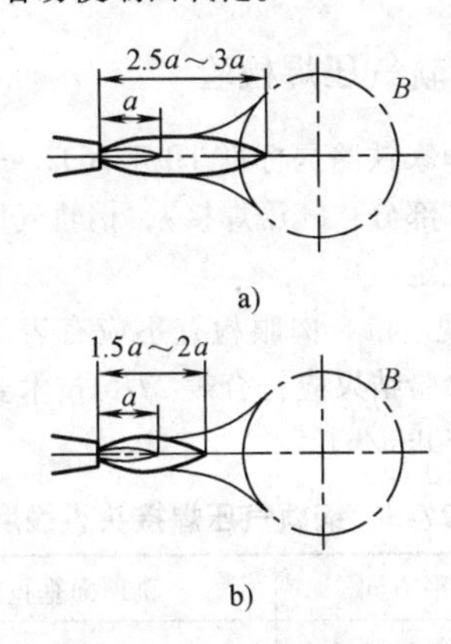

图27-13 火焰调整

a）碳化焰，内焰包住缝隙

b）中性焰，内焰未包住缝隙

a—焰芯长度 *B*—钢筋

4）宽幅加热。在确认两钢筋缝隙完全密合后，应改用中性焰，以压焊面为中心，在两侧各一倍钢筋直径长度范围内往复宽幅加热，如图27-14a所示。

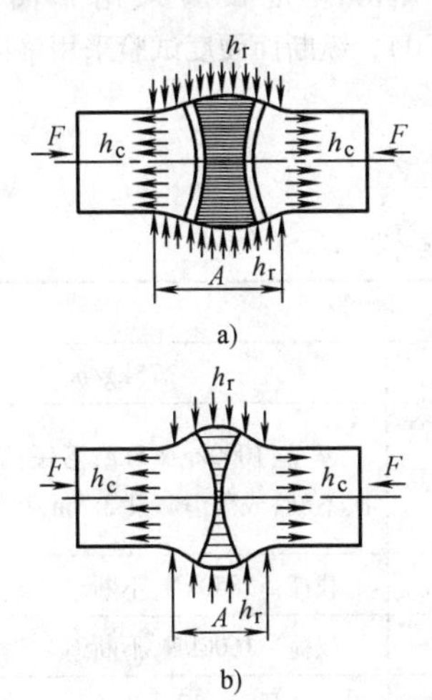

图27-14 火焰往复宽幅加热

a）宽幅加热 b）窄幅加热

h_r—输入热 h_c—热导出

A—加热摆幅宽度 *F*—压力

（2）熔态气压焊 钢筋熔态气压焊与固态气压焊相比，简化了焊前对钢筋端面仔细加工的工序，焊接过程如下：

把焊接夹具固定在钢筋的端面头上，端面预留间隙3～5mm，有利于更快加热到熔化温度。端面不平的钢筋，可将凸部顶紧，不规定间隙，调整焊接夹具的调中螺栓，使对接钢筋同轴后，安装上顶压液压缸，然后进行加热加压顶锻作业。首先，将钢筋端面加热至熔化状态，然后加压，完成焊接操作。

有两种操作工艺法。

一次加压顶锻成形法生产率高，热影响区窄，现场适合焊接直径较小（ϕ25mm以下）钢筋。

两次加压顶锻成形法的接头外观与固态气压焊接头的枣核状镦粗相似，但在接口界面处也留有挤出金属飞边的痕迹。

两次加压顶锻成形法接头有较多的热金属，冷却较慢，减轻淬硬倾向，外观平整，镦粗过渡平缓，减少应力集中，适合焊接直径较大（ϕ25mm以上）的钢筋。

4. 接头金相组织

ϕ25mm 20MnSi钢筋氧乙炔固态气压焊接头过热区金相组织如图27-15所示，白色网状分布为铁素体，黑色为珠光体，图中部有少量魏氏组织。接头特征如下：

1）焊缝没有铸造组织（柱状树枝晶），金相组织几乎看不到焊缝，高倍显微观察可以见到结合面痕迹。

2）由于焊接开始阶段采用碳化焰，焊缝增碳较多。

3）焊缝及热影响区有明显的魏氏组织。

4）热影响区较宽，约为钢筋直径的1.0倍。

图27-15 钢筋气压焊接头过热区金相组织（200×）

对硬度为400HRB的钢筋熔态气压焊接头进行金相显微观察，见到焊缝与熔合区晶粒交叉分布，熔合良好。

27.5　接头力学性能

由于气压焊接头没有填充金属，接头的力学性能取决于基体金属的化学成分、冷却速度和焊接质量。异种金属焊接时，接头的性能将更接近较弱的一方。

一般来说，气压焊对基体金属的力学性能和物理性能影响极小。由于焊接区加热金属范围相对较大，因此冷却速度通常比较慢。

在塑性气压焊中，金属的最高温度低于晶粒发生迅速长大的温度。在熔化气压焊中，熔化金属层在顶锻中被挤出。这些特征对于那些容易受过热影响合金的焊接是有利的。

由于整个焊接区域都是基体金属，所以它相当于同样热循环的热处理。这种影响包括对不锈钢接头耐蚀性的影响。如果希望不损坏耐蚀性，对于稳定化不锈钢，焊后对接头必须采用稳定化处理。

低碳钢在气压焊中很少需要焊后热处理或消除应力处理，因为这种钢的热影响区通常（在焊接加热时）已经被正火，并且应力很低。对于使用应力较高的低碳钢和高碳钢的焊接时，接头需要焊后热处理。热处理常常使用同一加热器（焊接加热器）进行。

在钢轨焊接中，接头两边的退火区可能比较软。为了克服这个问题，可以用加热器将焊头区域加热到奥氏体化温度，然后快速冷却恢复。与此相类似，在一些低合金钢（如石油钻井工具）的焊接中，用焊接火焰进行热处理可以改善接头的力学性能。这样的正火处理能够细化焊接热影响区的晶粒，同时提高塑性和韧性。对于高硬度钢，焊后的退火或缓慢冷却，可以防止焊接热影响区的硬化或表面脆化。为了改进可热处理钢的性能，通常使用热处理炉。

27.6　焊接接头检验

27.6.1　钢轨气压焊检验

按我国国家铁路局标准 TB/T 1632.4—2014《钢轨焊接　第4部分：气压焊接》，钢轨气压焊的接头应符合如下规定。

（1）外观质量　肉眼检查不应有表面裂纹等缺陷，直线度检验结果应符合表27-5技术要求（线路设计速度≤160km/h）。

表27-5　钢轨气压焊接头直线度

轨顶面水平方向	轨顶面垂直方向
±0.3mm/m	0～0.3mm/m

（2）力学性能检验　钢轨气压焊接头力学性能检验结果应符合表27-6技术要求。落锤、静弯和疲劳为整体接头试验，支距为1m，焊缝位于中部，且为加载部位。拉伸（$d_0=10\text{mm}$，$l_0=5d_0$）和冲击试样（10mm×10mm×55mm）是以焊缝为中心沿钢轨纵向取样。轨顶硬度试验采用布氏硬度方法（HBW10/3000），纵断面硬度试验采用洛氏硬度方法（HRC）。

表27-6　钢轨气压焊接头质量标准[13]

检验项目		要求		
		50kg/m	60kg/m	75kg/m
落锤		锤重：1000kg±5kg，落锤高度4.2m，1次不断；或落锤高度2.5m，2次不断	锤重：1000kg±5kg，落锤高度5.2m，1次不断；或落锤高度3.1m，2次不断	锤重：1000kg±5kg，落锤高度6.4m，1次不断；或落锤高度3.8m，2次不断
静弯	轨头受压	载荷≥1200kN，不断	载荷≥1450kN，不断	载荷≥1850kN，不断
	轨头受拉	载荷≥1100kN，不断	载荷≥1300kN，不断	载荷≥1600kN，不断
疲劳		$F_{min}=70\text{kN}$，$F_{max}=345\text{kN}$	$F_{min}=95\text{kN}$，$F_{max}=470\text{kN}$	$F_{min}=120\text{kN}$，$F_{max}=600\text{kN}$
		支距＝1.0m，$N=2\times10^6$，不断		
拉伸		热轧钢轨：880MPa级，$R_m\geqslant800\text{MPa}$；980MPa级，$R_m\geqslant880\text{MPa}$；1080MPa级，$R_m\geqslant980\text{MPa}$。$A\geqslant6\%$。热处理钢轨按照相应牌号热轧钢轨焊接接头的要求执行		
冲击		试验温度为常温，$KU_2\geqslant6.5\text{J}$		
硬度		热轧钢轨：顶面及纵断面测试线1应满足 $1.10H_P\geqslant H_J\geqslant0.95H_P$，$H_{J1}\geqslant0.80H_P$，$w\leqslant20\text{mm}$ 热处理钢轨：轨顶面及纵断面测试线1应满足 $H_J\geqslant0.95H_P$，$H_{J1}\geqslant0.80H_P$，$w\leqslant20\text{mm}$		

H_P—母材平均硬度　H_J—接头硬度　H_{J1}—接头软点硬度　w—软化区宽度

(3) 检验规则　钢轨气压焊的检验包括：成品检验、型式检验和生产检验。成品检验对于每一个焊接接头都需要进行，检验项目为外观和探伤检验。生产和型式检验除需进行外观和探伤检验，还需进行表27-7所列项目。

表27-7　检验项目及接头数量[13]

检验项目		型式检验	生产检验
落锤		15	2
静弯	轨头受压	12	—
	轨头受拉	3	
疲劳		3	
拉伸		各1	
冲击			
硬度	轨顶		各1
	纵断面		
显微组织		1	—
落锤断口形貌		15	2

型式检验条件为：焊轨组织初次焊接铁路钢轨；正常生产后，改变焊接工艺，可能影响焊接接头质量；停产1年后恢复生产前；取得型式检验报告的时间已满5年；生产检验及复验不合格；钢轨钢种、钢轨生产厂、钢轨交货状态、钢轨轨型之一改变，首次焊接。

生产检验条件为：每连续焊接200个焊接接头或停焊一个月；每隔3个月或累计焊接600个接头；更换加热器、热处理设备或气体生产厂家；更换主要操作人员或调整焊接、热处理工艺参数；更改加热器结构或尺寸之后。

27.6.2　钢筋气压焊检验[12]

现行行业标准JGJ 18—2012《钢筋焊接及验收规程》中规定如下：

1. 外观检验

气压焊接头外观检查结果，应符合下列要求：

1) 接头处的轴线偏移 e 不得大于钢筋直径的1/10倍，且不得大于1mm（图27-16a）；当不同直径钢筋焊接时，应按较小钢筋直径计算；当大于上述规定值，但在钢筋直径的3/10倍以下时，可加热矫正；当大于3/10倍时，应切除重焊。

2) 接头处表面不得有肉眼可见裂纹。

3) 接头处的弯折角 α 不得大于2°（图27-16b），当大于规定值时，应重新加热矫正。

4) 固态气压焊接头镦粗直径 d_c 不得小于钢筋直径的1.4倍（图27-16b），熔态气压焊接头镦粗直径 d_c 不得小于钢筋直径的1.2倍（图27-16b）当小于上述规定值时，应重新加热镦粗。

5) 镦粗长度 L_c 不得小于钢筋直径的1.0倍，且凸起部分平缓圆滑（图27-16b）；当小于上述规定值时，应重新加热镦粗。

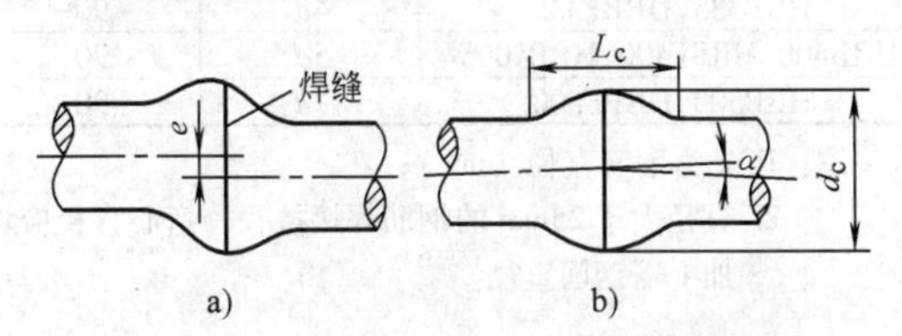

图27-16　钢筋气压焊接头外观质量

e—轴线偏移　L_c—镦粗长度

α—弯折角　d_c—镦粗直径

2. 拉伸检验

钢筋气压焊接头拉伸试验结果符合下列条件之一，评定为合格。

1) 3个试件均断于钢筋母材，呈延性断裂，其抗拉强度大于或等于钢筋母材抗拉强度标准值。

2) 2个试件断于钢筋母材，呈延性断裂，其抗拉强度大于或等于钢筋母材抗拉强度标准值，另一个试件断于焊缝，呈脆性断裂，其抗拉强度大于或等于钢筋母材抗拉强度标准值的1.0倍。

符合下列条件之一，应进行复验：

1) 2个试件断于钢筋母材，呈延性断裂，其抗拉强度大于或等于钢筋母材抗拉强度标准值；另一个试件断于焊缝或热影响区，呈脆性断裂，其抗拉强度小于钢筋母材抗拉强度标准值的1.0倍。

2) 1个试件断于钢筋母材，呈延性断裂，其抗拉强度大于或等于钢筋母材抗拉强度标准值；另2个试件断于焊缝或热影响区，呈脆性断裂。

3) 3个试件均断于焊缝，呈脆性断裂，其抗拉强度大于或等于钢筋母材抗拉强度标准值的1.0倍。

抗拉强度不合格：

3个试件中有1个试件抗拉强度小于钢筋母材标准值的1.0倍。

复验时，应再切取6个试件。复验结果，当有4个或4个以上试件断于钢筋母材，呈延性断裂，其抗拉强度大于或等于钢筋母材抗拉强度标准值，另2个或2个以下试件断于焊缝，呈脆性断裂，其抗拉强度大于或等于钢筋母材抗拉强度标准值的1.0倍，应评定该检验批接头抗拉试验复验合格。

3. 弯曲试验

钢筋气压焊接头弯曲试验，随机切取3个接头，焊缝应处于弯曲中心点，弯心直径和弯曲角应符合表27-8的规定。

表 27-8　接头弯曲试验指标

钢筋牌号	弯心直径	弯曲角/(°)
HPB300	$2d$	90
HRB335、HRBF335	$4d$	90
HRB400、HRBF400、HRB400W	$5d$	90
HRB500、HRBF500	$7d$	90

注：1. d 为钢筋直径（mm）；
2. 直径大于 25mm 的钢筋焊接接头，弯心直径应增加 1 倍钢筋直径。

弯曲试验结果应按下列规定进行评定：

1）当试验结果，弯至 90°，有 2 个或 3 个试件外侧（含焊缝和热影响区）未发生宽度达到 0.5mm 的破裂，应评定该批接头弯曲试验合格。

2）当有 2 个试件发生宽度达到 0.5mm 的破裂，应进行复检。

3）当有 3 个试件发生宽度达到 0.5mm 的破裂，应评定该检验批接头弯曲试验不合格。

4）复验时，应再切取 6 个试件进行试验。复验结果，当不超过 2 个试件发生宽度达到 0.5mm 的裂纹时，应评定该检验批接头弯曲试验复验合格。

4. 检验规则

气压焊接头的质量检验，应分批进行外观检查和力学性能检验，并应符合下列规定：

1）在现浇钢筋混凝土结构中，应以 300 个同牌号钢筋接头作为一批；在房屋结构中，应将不超过两楼层中 300 个同牌号钢筋接头作为一批；当不足 300 个接头时，仍应作为一批。

2）在柱、墙的竖向钢筋连接中，应从每批接头中随机切取 3 个接头做拉伸试验；在梁、板的水平钢筋连接中，应另切取 3 个接头做弯曲试验。

3）在同一批中，异径钢筋气压焊接头可只做拉伸试验。

参考文献

[1] American Society for Metals. Metals Handbook: Welding and Brazing [M]. 9th Ed. New York: ASM, 1983.

[2] Typical upset pressure cycles for pressure gas welds is presented in Chapter 29. Welding Handbook: Section 2 [M]: 8th Ed. Florida: AWS, 1998.

[3] Joint dimensions of pressure gas welds is presented in Chapter 29. Welding Handbook: Section 2 [M]. 8th Ed. Florida: AWS, 1998.

[4] 安汝潜. 气压焊接钢轨学习班讲义 [R]. 北京：铁道部科学研究院，1964.

[5] 丁韦，等. 日本高速铁路钢轨焊接方法 [J]. 中国铁路，1998，1.

[6] 郭希烈，等. 铁道科学技术：工务工程分册 [R]. 北京：铁道部科学技术情报研究所，1979：2-3.

[7] 刘建威，等. U71Mn75kg/m 钢轨移动式气压焊的研究 [J]. 铁道工务，1996（2）.

[8] 沈阳铁路局锦州科研所. 移动式钢轨气压焊技术与应用 [M]. 北京：铁道部科学技术情报研究所，1994.

[9] 北京焊轨队. 移动气压焊机研究试验报告[M]. 北京：北京铁路局科学研究所，1981.

[10] 铁道标准计量研究所. TB/T 2622.1～2622.6—1995 移动式钢轨气压焊设备 [S]. 北京：中国铁道出版社，1995.

[11] 丁韦，黄辰奎，杨来顺，等. 火焰正火对钢轨焊接接头金相组织及力学性能的影响 [J]. 铁道工程学报，2002（3）.

[12] 吴成材，杨熊川，王金平，等. 钢筋连接技术手册 [M]. 2 版，北京：中国建筑工业出版社，2005.

[13] 铁道标准计量研究所. TB/T 1632.1～1632.4—2014 钢轨焊接 [S]. 北京：中国铁道出版社，2015.

第 28 章　铝热焊（热剂焊）

作者　李力　邹立顺　　审者　刘金合

28.1　铝热焊方法的原理与特点

铝热焊一般是指利用金属氧化物和铝之间的氧化还原反应所产生的热量，熔化金属母材、填充接头而完成焊接的一种方法。由于金属氧化物与其他材料如硅、碳等的剧烈放热反应，也可作为热源应用于焊接领域，因此这种方法有时也被泛称为热剂焊。

铝在足够高的温度下，与氧有很强的化学亲和力，可从多数的金属氧化物中夺取氧，将金属还原出来。铁、铬、锰、镍、铜等都可被铝从相应的氧化物中还原出来，同时放出大量的热[1]。

目前，铝热焊主要用于铁路钢轨的现场焊接，钢轨铝热焊示意图如图 28-1 所示。

典型的热化学反应式及反应热效应见表 28-1。

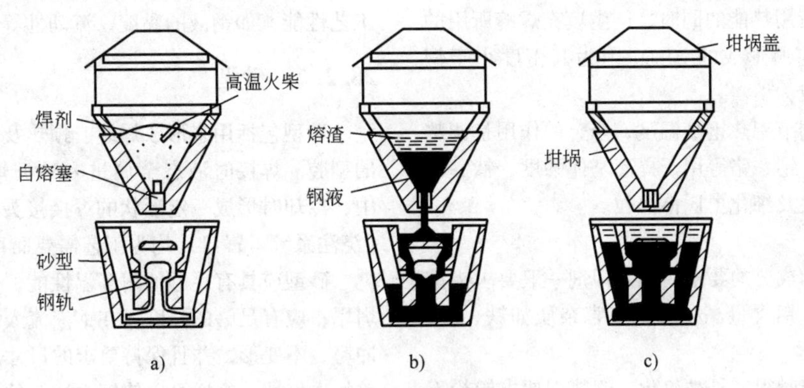

图 28-1　钢轨铝热焊示意图

a）焊接前　b）浇注过程中　c）浇注完毕

表 28-1　铝热反应的热效应

铝　热　反　应	Al 反应焓 $-\Delta H_{298}^{0}$ /(kJ/mol)	反应自动进行程度
$3/2MnO + Al = 3/2Mn + 1/2Al_2O_3$	259.58	非自动反应
$1/2Cr_2O_3 + Al = Cr + 1/2Al_2O_3$	272.14	非自动反应
$3/8Mn_3O_4 + Al = 9/8Mn + 1/2Al_2O_3$	316.52	自动反应
$1/2Mn_2O_3 + Al = Mn + 1/2Al_2O_3$	357.13	自动反应
$3/8Fe_3O_4 + Al = 9/8Fe + 1/2Al_2O_3$	418.26	自动反应
$1/2Fe_2O_3 + Al = Fe + 1/2Al_2O_3$	426.22	自动反应
$3/2FeO + Al = 3/2Fe + 1/2Al_2O_3$	440.45	自动反应
$3/2Cu_2O + Al = 3Cu + 1/2Al_2O_3$	530	自动反应
$3/2CuO + Al = 3/2Cu + 1/2Al_2O_3$	605	自动反应

基于铝热反应产生的高温液态金属填充焊接接头间隙时，熔化待焊母材端面，冷却凝固后完成焊接。

铝热焊在国内还被用于石油管道接地线的焊接，以及大断面铸锻件的焊接、焊修等。

铝热焊主要用于铁路钢轨的现场焊接。主要有以下特点：

1）铝热焊设备简单，投资省，焊接操作简便，无须电源。

2）材质宽容度大。焊接钢轨时，大量高温液态金属（以下称为铝热钢液）在较短时间（10s 左右）注入砂型型腔，使焊缝具有较高热容量，因而可使焊接区得到较小冷却速度。对含碳量较高的钢轨也不会造成淬火倾向。该方法比其他方法有更大的材质宽容度。

3）接头平顺性好。铝热焊方法没有顶锻过程，焊接接头的平顺性仅取决于焊前钢轨的调节精度。

铝热焊方法的缺点是焊缝金属为较粗大的铸造组织，韧性、塑性较差。但如对焊接接头进行焊后热处理，则可使其组织有所改进，从而可改善焊接接头性能。

28.2 铝热焊材料

28.2.1 铝热焊剂

铝热焊剂主要由氧化铁、铝粉、铁粉、合金组成。氧化铁与铝粉是铝热焊剂的基本组分，它们的反应在放出焊接所用热能的同时，产生填充焊缝所用的铝热钢液。反应所形成的 Al_2O_3 因为其密度小于钢液，浮在表面成为熔渣。

铁粉用于调节铝热钢液温度，合金的作用是调整焊缝金属成分，锰、铬等用于提高基体强度，钛、钒等用于提高硬度及细化奥氏体晶粒。

1. 铝粉

对铝锭化学成分的要求：铝热焊剂一般要求铝锭有较高的纯度，铝含量高，其中有害杂质如铁、硅、铜杂质总和少。

铝与空气接触很容易被氧化，铝热焊要求铝粉不被氧化，因为氧化铝延缓了反应速度，降低了铝的还原能力，影响焊接质量。铝粉应避免潮湿，由于储藏或处理不当，可能产生氢氧化铝，在高温下会产生水，分解成氢和氧，形成气孔等缺陷，所以铝热焊剂除要求铝粉化学成分合适外，还应密封好。

对铝粉粒度的要求：粒度大小对反应速度影响很大，颗粒度太大，反应时间长且热量损失大；颗粒度太小，易在空气中与氧化合，发生爆炸。所以铝热焊剂对铝粉粒度有一定的要求范围，一般采用粒度小于0.6mm的铝粉，并且要求不同粒度的铝粉按一定比例进行配制。

2. 氧化物

氧化物一方面可以供给反应时需要的大量氧，产生热量，另一方面，还原的金属可以作为焊接的填充金属。

氧化物主要有氧化铁、氧化铜。

氧化铁是轧钢厂轧制钢材产生的氧化层。从氧化铁的来源方面，希望能有固定不变的粒度范围和一定的化学成分，氧化铁原料中氧化亚铁（FeO）含量较高，为了达到铝热焊剂要求的 FeO 和 Fe_2O_3 含量，氧化皮可以通过回转炉燃烧氧化法增加氧含量。氧化铁的氧化是从表面氧化逐渐深入到颗粒内部，所以氧化铁颗粒的表层由 Fe_2O_3 组成，而核心部分则由 FeO 组成，在表层与核心之间还有一小层磁性氧化铁，大颗粒的氧化铁中氧化亚铁的含量比小颗粒为高，也就是说，氧含量随颗粒大小而变化。

对氧化铁粒度要求：氧化铁颗粒大小对铝热焊剂反应速度是直接有关的，为了控制反应速度，对氧化铁的粒度要有规定，过细的氧化铁因为含硅酸盐，所以不应使用。

合金的作用是调整焊缝金属成分。锰、铬等用于提高基体强度，钛、钒等用于提高硬度及细化奥氏体晶粒。

有的铝热焊剂中还有一些添加剂用于改善焊剂的工艺性能，如钢液的黏度、流动性等。

28.2.2 砂型

砂型包括用来形成焊缝、预热及浇注系统等部分的型腔。焊接时液态金属进入砂型焊缝部位的型腔中，冷却时形成一定形状的焊接接头。其他部位型腔（浇注系统、冒口）均为工艺需要而存在。

砂型应具有足够的耐高温性能，保证在预热时不坍塌；应有足够的强度，在钢液流入铸型时可以不被冲垮，不变形，并且保持要求的尺寸；同时还应有足够的透气性，这样可以使钢中溶解的气体和铸型内的气体在浇注过程中及时排出，防止形成气孔等缺陷。

砂型一般用水玻璃硅砂强制成形，烘干而成。

28.2.3 坩埚

坩埚是钢轨铝热焊的基本工具之一。主要供容纳焊剂进行铝热反应之用。铝热焊剂在坩埚内反应的温度很高，一般达2000℃以上。同时，还伴随着较强烈的沸腾，因此要求坩埚内衬材料具有高的耐火度，并与熔渣的化学作用较小，以防止受熔渣的侵蚀影响坩埚的使用寿命。

表28-2列出了几种耐火材料的软化点和熔点。

表28-2 几种耐火材料的软化点与熔点性能表

材 料	在120MPa压力下的软化点℃	熔点/℃
三氧化二铝（Al_2O_3）	1400～1600	2050
二氧化硅（SiO_2）	1600～1650	1710
氧化镁（MgO）	1300～1500	2800
石墨（C）	≈2000	不熔化而氧化

由表28-2可以看出，碳的熔点、软化点虽较高，但是在铝热反应时，高温作用下，石墨坩埚会使铝热钢液有较多的增碳，使铝热焊缝的含碳量提高，但不

能保证铝热焊缝的力学性能要求，因此目前还不能直接使用石墨坩埚来进行钢轨的铝热焊。

纯度高的三氧化二铝（Al_2O_3），虽具有高的耐火度，但价格昂贵，不适于大量应用。使用氧化铝含量较低的耐火材料制成的坩埚（一般称为高铝坩埚），其耐火度也相应降低，其主要原材料是铝矾土，由于原材料供应充分，因此价格也较低廉。一般使用的是预制坩埚衬，是在成形后经高温烧结后再使用。

纯度高的氧化镁（MgO），其耐火度很高，但价格也较贵，工业上一般用镁砂作为原料，经高温烧结制成坩埚。采用电熔镁砂作为原料，比一般镁砂具有更高的耐火度，并由于正常铝热钢的熔渣为中性，对于镁砂坩埚衬的侵蚀也较少。

镁砂坩埚应在成形后放入焙烧炉内焙烧。烧结温度一般要达1800℃。烧结良好的镁砂坩埚才可以提高其使用寿命。

硅砂的主要成分是二氧化硅（SiO_2），也具有较好的耐火度，价格较低，在一次性使用的坩埚中得到广泛应用。由于在铝热反应过程中，坩埚衬上的 SiO_2 在高温下部分还原成硅进入焊缝内，因此使焊缝的硅含量偏高。同时，由于石英坩埚耐蚀性差，所示焊缝中夹杂物含量也较大。

为了保证出坩埚口尺寸，坩埚应该采用厂内模具成形方式加工。

当坩埚内壁已形成凹陷或已损缺时，应立即停止使用，进行修补或更换新的坩埚，以保证生产安全。

28.2.4　衬管

衬管的作用是为了保证铝热钢液的流速。随着铝热焊技术的发展，自熔衬管已得到了普遍的使用。普通衬管用堵口钉进行坩埚封口，而自熔衬管使用自熔填料，当铝热反应达到一定温度时，填料熔化，实现自动浇注。

28.3　铝热焊剂的点燃

焊剂的点燃是铝热反应的前提。在热力学上能自发进行的铝热反应，如果缺乏点燃作为前提，铝粉与氧化铁将能长期共存。国内外的铝热焊都是采用高温火柴进行点燃。实际上，点燃焊剂的方式是多样的。

铝热反应需要外部提供能量。提供能量的方式有两种，一种是对铝热焊剂整体加热，到达一定的温度，则燃烧反应在整个材料内同时进行，称作热爆反应；另一种是利用外部热源加热铝热焊剂的局部，使其受到强烈的加热而首先燃烧，随后，燃烧火焰传播到整个反应体系中，这种方法叫作点火，是最常用的方法。

点火是一个非常重要的过程，在无气相燃烧体系中起着很重要的作用。从理论上说，只要能给铝热焊剂一定的能量，使其温度升高，达到点燃温度的能源都可以用来点燃铝热反应。常用的点火源可以有以下几种。

1）盘状钨丝：当钨丝通电时发热，利用辐射能点燃反应。这种方法应用最多，但热源的能量密度低，点燃时间长，控制难。

2）接触电阻：给铝热材料通以电流，利用金属粉粒间的接触电阻加热并引燃铝热反应。这种方法是整体点火，升温速度快，且可控。但由于接触电阻处的电流很大，电阻热大，接触处微小区域的温度很高，粉体的平均温度低，并且粉粒形状、大小和粉体密度都影响接触电阻，所以，难以得到准确的点燃温度。

3）电弧点火：用电弧的高温来点燃铝热高温合成反应。电弧的温度高，易点燃，但难以进行控制和测量。

4）微波点火：用微波点燃铝热反应，这是在整个微波作用的体积内都产生热量的体积热源，加热速度快，温度梯度小，但微波对材料的选择性强。

5）冲击载荷点火：用具有一定位能的冲头冲击材料，使其点燃铝热反应。这种方法简单，但对冲击能量和试验条件有一定的要求，应用受到限制。

6）电火花点火：利用高压放电产生的电火花点燃铝热反应。这种方法可以用来点燃气体悬浮金属粉或弥散固体粉末。很明显，这种方法的应用面很窄。

7）化学点火：将易燃的活性材料与铝热焊剂接触，点燃活性材料，就可引燃铝热反应。但是，活性材料及其适用性有限。

8）激光点火：用激光脉冲照射铝热材料表面，点燃铝热反应，也有用连续激光点火。

28.4　应用实例

28.4.1　钢轨的焊接

无缝线路铺设是提高铁路运输速度的关键，我国铁路钢轨焊接主要采用厂焊（接触焊）及现场焊（铝热焊、气压焊）结合的方式完成无缝线路的焊接。随着列车速度的提高，出现了跨区间无缝线路。道岔区内由于条件的限制，只能用铝热焊进行焊接。

1. 焊接工艺的发展

为了减少人为因素的影响，小焊筋、小焊剂量、长时间预热的焊接工艺已发展为大焊筋、大焊剂量、短时预热的新工艺，如德国 ELECTRICAL THERMIT 公司由原来的 SMW 工艺发展成 SKV 工艺；法国 RAILTECH 公司发展了 QPCJ 工艺；国内研究了定时预热工艺。因为预热对焊接质量的影响非常大，为了减少人为因素的影响，新的焊接工艺预热主要靠铝热钢液对钢轨端面的冲刷。

2. 钢轨焊剂种类与性能

我国铁路现役钢轨有 U71Mn（900MPa 级）、U75V、U76NbRE（1000MPa 级）、U75V 淬火轨（>1200MPa 级）等几种，大多数有素轨（未热处理）与淬火轨之分，根据不同线路条件，铺设不同强度的钢轨。根据硬度匹配原则，铝热焊接头硬度应与钢轨母材接近，以保证良好的线路状态。

适用于 U71Mn 钢轨的铝热焊剂为铁Ⅲ型，主要含 Mn、Cr、Ni、Mo、V 等合金元素，焊缝布氏硬度为 280HBW 左右。

适用于 U75V、U76NbRE 钢轨的铝热焊剂为铁Ⅳ型，主要含 Cr、Mn 等合金元素，焊缝布氏硬度为 300HBW 左右。ZTK1 型焊剂采用与钢轨母材相近的成分，对母材具有广谱的适应性。

如果用于淬火钢轨，则铝热焊头还应在焊后进行热处理，有时需辅以轨顶淬火，以达到与母材相匹配的硬度。

铁路进口的铝热焊剂也有相应的型号，以适应不同的钢轨材质。

3. 钢轨焊接工艺流程

钢轨焊接工艺流程如图 28-2 所示。

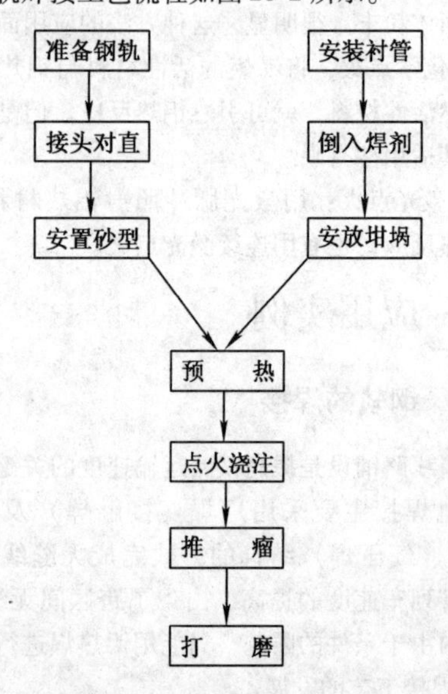

图 28-2　钢轨铝热焊工艺流程

4. 焊接工艺

（1）焊前准备工作

1）在封锁线路前，首先将焊头附近的易燃材料清理干净，并将个人防护用品准备好。同时，核对待焊钢轨的类型、重量及其表面状况，确认两侧的钢轨轨型与使用的铝热焊剂相对应。确认道床断面焊接空间是否足够。

2）尽快地将轨温计置于钢轨背光的一侧，测量轨温。如轨温低于 15℃，则应在焊接预热前将待焊钢轨两端各 1m 范围内加热至 37℃。

3）待焊接的钢轨端头与最近的轨枕的距离应至少为 100mm。如不足 100mm，则必须挪动轨枕，接头不能置于轨枕之上。

4）将待焊轨缝下的道砟掏至距轨底至少 100mm，以便为沙模安装提供足够的空间，并方便随后拆除沙模底板和清除多余焊料。

5）焊缝大小设置好后，必须使它在焊接过程中固定不变。将焊缝两侧各 15m 范围内的扣件上好。如果在焊接过程中受高温或低温的影响，可能使钢轨产生移动，则应采用液压钢轨拉伸器将钢轨固定后再焊接。

6）检查轨端是否有螺栓孔及裂缝、损伤等缺陷。如有任何裂缝或损伤，需将钢轨端头切掉，切割长度要保证裂纹或损伤影响的范围被完全清除。

7）任何采用火焰切割的钢轨端头都应采用锯轨机将其锯掉至少 100mm 长。

8）钢轨上螺栓孔距焊接轨端的距离都不应小于 100mm。

9）若焊缝某一侧的钢轨端头用其他方式焊接过，需将其他焊接影响到的部分全部锯掉。

10）如轨端有低塌现象，其低塌深度大于 2mm，长度大于 20mm，则必须切掉后再进行焊接。

11）为确保预热效果，钢轨端头一定要采用锯轨机进行切割。用 90°角尺检查，钢轨端头必须为直角且垂直；断面的垂直误差应小于 1mm。

12）若钢轨有侧磨，应对齐钢轨的轨底和轨腰，在轨头侧磨处放入专用的密封垫条后再进行焊接。

13）铝热焊的焊接区域为轨缝两侧各 0.5m 范围，为确保获得良好的接合面，所有飞边都应打磨掉；任何油漆、油渍、锈迹和其他污垢都应用钢丝刷将其从轨端刷掉至少 100～150mm。

（2）钢轨端头的对正　钢轨端头的对正是铝热焊接工艺中最难也是最关键的一步。

1）在钢轨对正前，应先调整好钢轨的大方向。如有低接头，也应提前调整好。

2）为了保证良好的对正质量，钢轨对正要求选用质量好的 1m 焊工直尺。

3）钢轨端头对正的四要素：①轨缝设置；②尖点设定（即垂直对正）；③水平对正；④不等倾斜调整（即扭曲）。

4）使用专用对正架，会使对正工作快速而精确。

5）轨缝设置：轨缝设置的正确尺寸应为 25mm ±2mm。该数据会因产品而有差异。过大或过小都会影响焊接质量。

6）尖点设定：设立尖点是一种焊接反变形措施，因为轨头与轨底形状尺寸、受热先后不一，钢轨必然产生焊后翘曲，预先的反变形能防止翘曲。

通常情况下，混凝土轨枕区的尖点应为 1.6mm，木枕区为 3.2mm。但是尖点值并不是一成不变的，根据实际需要，可以适当地进行调整。两端的尖点值用塞尺来测量（图 28-3）。

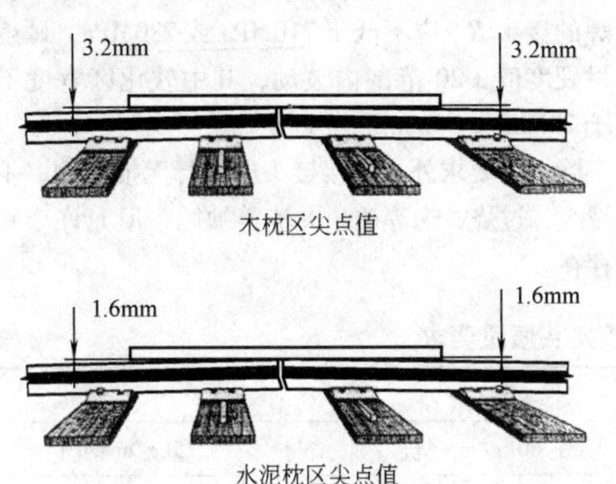

图 28-3　焊接接头的尖点设定示意图

不正确的尖点将会导致焊头最终过高或过低，这种情况会引起列车运行时产生附加冲击。

7）水平对正：若两侧钢轨轨头宽度不一时，应调整钢轨，使工作边对齐。

8）钢轨的不等倾斜调整。用 1m 直尺检查轨腰轨底拐角处及轨底部位，调节至钢轨与 1m 直尺完全密贴为止。

9）对正工作结束后，将对正架两侧的螺杆用手轻轻上紧，并在钢轨底部轻轻敲入木楔，以防止钢轨在随后的焊接中发生移动。

10）在线路下进行钢轨焊接时，应选用整体式对正装置。整体式对正装置把两节待焊钢轨连接为一个整体，会使对正工作更加迅速可靠，且可固定钢轨。

（3）砂模的安装

1）在安装砂模前将侧砂模在焊缝处钢轨的两侧轻轻摩擦，直至侧模与钢轨断面完全密贴无间隙为止。同时，通过磨合使侧砂模底部和钢轨底部平齐。

2）砂模安装时要使砂模型腔与轨缝对正。

3）密封。用专用的封箱泥进行密封。封箱泥要适量，并均匀涂抹。如封箱泥用量过多，则很难在预热时烘干，容易因潮湿而造成气孔缺陷，影响焊接效果。

4）切记要注意保持砂模底部地面的干燥。如果万一出现钢液泄漏，高温的钢液与潮湿或冰冷的道砟接触，将会引起爆炸。

（4）预热　预热的目的是为了将轨端的砂模材料加热到一个较高的温度，减少它们与熔化的钢液之间的温差，防止高温钢液流入砂模中时，出现热冲击现象。同时，预热还可以将轨端、砂模及封箱泥烘干，避免潮湿影响焊接。

预热是钢轨铝热焊工艺中一个非常关键的环节，铝热焊接头的断裂大部分是由于预热造成的。预热时，气体压力的调节、火焰的调节以及预热时间的掌握，都将对预热起着至关重要的作用。

1）在预热之前应先将预热支架调整好。预热器离钢轨的距离，会对钢轨断面是否加热均匀有影响，应当严格遵守工艺要求。同时预热器要垂直于钢轨且处于砂模型腔中央。

2）调节氧气和丙烷压力。压力调节时，先将丙烷和氧气调压器上的压力完全释放掉，即低压归零。然后将预热枪上的两个阀门完全打开，再通过氧气和丙烷的调压阀顺时针调节压力。氧气的压力为 0.49MPa，丙烷的压力为 0.07MPa。压力调好后，关闭预热器上的两个阀门。

3）火焰调节。点火时，先在砂模外略微打开预热枪上的丙烷开关，点燃火焰，然后慢慢地交替打开氧气和丙烷开关，直至预热枪上的丙烷开关完全打开，氧气开关开到合适的位置。这时，将在预热枪喷嘴处获得一个具有大约 12mm 蓝色焰芯的火焰。

4）将预热枪迅速放在预先定位好的预热支架上，并将预热枪在砂模中迅速定位居中，上紧螺钉。火焰应从砂模两侧冒出来，且均匀对称。这时，稍关预热枪上的氧气开关，当火焰声音发生变化时，再略微打开氧气开关，火焰声音恢复均匀。

预热时应将分流塞放在砂模边角上，以便将其烘干，否则随后浇注时，可能会引起钢液飞溅。

5）预热时间。对于不同轨型的钢轨，预热时间是不同的。具体时间如表 28-3 所示。

表 28-3 铝热焊预热参数

钢轨质量/kg	预热时间/min
50	4
60	5
75	6

6）在预热的整个过程中，要不间断地注意预热的情况，确保火焰是直接朝向钢轨焊缝处的，而且两侧加热均匀。检查并保持气体压力恒定。在规定的预热时间结束后，钢轨轨头的颜色应发红，此时，撤走预热枪，结束预热，关掉预热器。

（5）焊剂的点燃及浇注　预热一结束，就可立即将坩埚放置到位，然后点燃。

浇注前，所有用于浇注的工具必须在手头准备好，包括焊工手套及护目镜。

1）预热时间一到，应立即将预热器从砂模中取出来，将预热装置上的阀门迅速关掉。分流塞的作用是将熔化的钢液在砂模中均匀分布，预热后应立即将其放入砂模顶部中间口中，并轻轻向下推入。然后，迅速将坩埚放在砂模顶部，并使其在砂模上居中。

2）从坩埚中取出高温火柴，并将其在高热的砂模中点燃。然后将点燃的火柴插入焊药中，插入深度大约25mm。若插入太深则会引起焊药燃烧不正确，反应过快。

（6）拆模与推瘤　砂模的拆除，时间是关键。拆模过早，会影响焊药的冷却过程，导致出现脆性焊头或导致钢液溢流；如拆得过晚，那么多余的焊料将很难被清除。

推瘤时间如果过早，因此时焊料还比较软，会引起焊头的热拉伤。

（7）热打磨及冷打磨　推瘤一结束，并将大小钢柱打弯后，便可进行热打磨。热打磨的目的是为了减小打磨工作量，因为高温时磨削速度较大。冷打磨则是为了得到要求的轨道精度，冷打磨一般应在轨道精整之后进行。

5. 钢轨焊接质量检验[2]

根据铁道行业标准，钢轨铝热焊接头质量检验包括静弯、疲劳、断口检查以及抗拉强度 R_m、伸长率 A、硬度、冲击韧度等力学性能试验。

静弯及疲劳试验性能应满足表 28-4 的要求；铝热焊的接头 R_m 应不低于 710MPa 或 780MPa，硬度在母材硬度值 ±20 范围内波动，其中软化区宽度不应大于 20mm 或 30mm。

除上述要求外，焊接接头应进行无损检测，不得有裂纹、过烧、未焊透、夹渣等缺陷，但允许个别气孔存在。

表 28-4 钢轨铝热焊焊接接头质量要求

序号	项目		要求		
			50kg/m 钢轨	60kg/m 钢轨	75kg/m 钢轨
1	外观	平直度	按 TB/T 1632.1—2014 中 6.1 的规定。		
		表面质量	按 TB/T 1632.1—2014 中 6.2 的规定及本部分 3.5.2		
2	探伤		按 TB/T 1632.1—2014 中第 5 章的规定		
3	静弯[a]	轨头受压	$F\geqslant900$kN，$f_{max}\geqslant10$mm	880MPa 级钢轨：$F\geqslant1200$kN，$f_{max}\geqslant10$mm 980MPa 级钢轨：$F\geqslant1300$kN，$f_{max}\geqslant10$mm	880MPa 级钢轨：$F\geqslant1500$kN，$f_{max}\geqslant10$mm 980MPa 级钢轨：$F\geqslant1600$kN，$f_{max}\geqslant10$mm
		轨头受拉	$F\geqslant700$kN，$f_{max}\geqslant10$mm	880MPa 级钢轨：$F\geqslant1100$kN，$f_{max}\geqslant10$mm 980MPa 级钢轨：$F\geqslant1200$kN，$f_{max}\geqslant10$mm	880MPa 级钢轨：$F\geqslant1400$kN，$f_{max}\geqslant10$mm 980MPa 级钢轨：$F\geqslant1500$kN，$f_{max}\geqslant10$mm
4	疲劳		$F_{min}=50$kN，$F_{max}=250$kN	$F_{min}=70$kN，$F_{max}=350$kN	$F_{min}=90$kN，$F_{max}=450$kN
			支距：1.0m，载荷循环次数：2×10^6，不断		
5	拉伸性能①		880MPa 级钢轨：$R_m\geqslant710$MPa，980MPa 级钢轨：$R_m\geqslant780$MPa		
6	硬度	焊缝硬度	热轧钢轨：$H_p\pm20$（HBW 10/3000）：热处理钢轨：$H_p-40\sim H_p+20$（HBW 10/3000）		
		软化区宽度	热轧钢轨：$w\leqslant20$mm；热处理钢轨：$w\leqslant30$mm		

（续）

序号	项 目	要 求		
		50kg/m 钢轨	60kg/m 钢轨	75kg/m 钢轨
7	显微组织	焊缝、热影响区不应出现马氏体及魏氏组织等 贝氏体型焊剂：焊缝显微组织应为贝氏体加少量铁素体 珠光体型焊剂：焊缝显微组织应为珠光体加少量铁素体		
8	断口	不应出现疏松、缩孔或由焊接引起的裂纹等缺陷。允许出现少量气孔、夹渣或夹砂等缺陷，其尺寸及数量如下：最大尺寸2mm时，允许数量1个；最大尺寸1mm时，允许数量2个		

注：f_{max}—静弯最大挠度 H_p—母材平均硬度 w—软化区宽度

① 热处理钢轨焊接接头的静弯、拉伸检验项目，按照相应牌号热轧钢轨焊接接头的要求执行。

28.4.2 轧辊的铸接

铸造特大断面钢辊时，由于收缩量大，导热率低，凝固收缩时产生的内应力较大，凝固过程中在轧辊的上辊颈热节边缘处产生环裂、内裂或疏松等缺陷而导致轧辊报废。用铝热剂产生的热量对先铸出的部分预热，重新铸出新的部分，不但可作为裂纹等缺陷产生后的一种补救措施，而且还可作为生产能力不足时的一种生产手段。

铸接前辊坯要进行整体预热，铸接面预热温度要达到250℃，预热出炉后将辊坯放入扣好的型模内，如图28-4所示。型内充煤气加热辊坯。

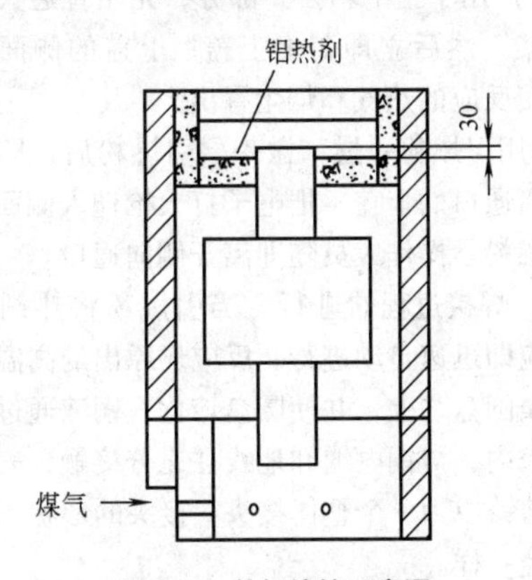

图28-4 轧辊铸接示意图

随后将钢包吊至型模上方，将铝热剂均匀撒于铸接面上，并用高温火柴点燃，待铝热剂充分反应后，浇入钢液。

铸接主要利用铝热反应所产生的热量对轧辊端面进行预热，浇注后仍有少量铝热钢残留于辊内，因此铝热钢成分应符合或接近母材要求。

28.4.3 钢轨接续线的焊接

钢轨接续线是钢轨间通过牵引电流与信号电流的导线，以前大部分采用塞钉式或钩钉式，随列车轴重量的增加，牵引电流增大，这两种接续线已不能满足要求。

采用铝热焊来焊接接续线，焊接强度高，钢轨母材不产生淬火组织，对母材影响小，而且机具简单，无须电源。

焊接过程如图28-5所示，将待焊钢轨面打磨好，把各种材料及工具按图装好。用高温火柴将焊剂引燃，反应完毕后，钢液熔化自熔片注入型模，进行焊接。

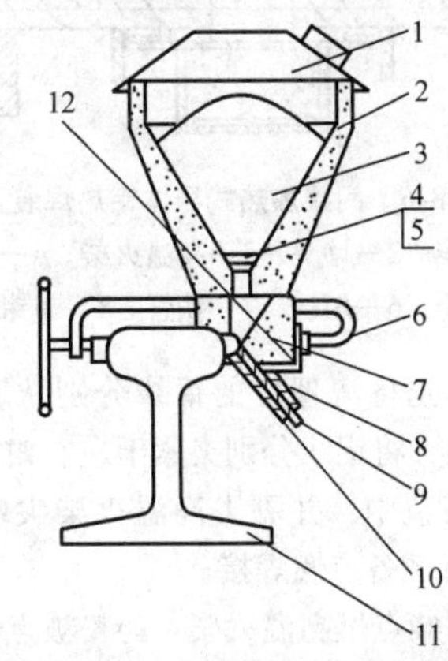

图28-5 钢轨接续线焊接示意图

1—盖子 2—坩埚 3—焊剂 4—石棉垫
5—自熔片 6—夹具 7—型模（左右型模）
8—导线保护器 9—铜绞线 10—托架
11—钢轨 12—密封垫

焊后用喷灯对接头保温、缓冷，然后打碎型模，清理焊接接头。

国外已大量采用铝热焊方法进行输油管道、塔架等接地线的焊接。

28.4.4 电气工程中的铝热焊[3]

铝热焊在电气工程中主要用来焊接导体。用于焊接铝导体的铝热焊，是间接加热方式，即被还原出来的载热体金属不直接与母材金属相接触，也不作为填充金属，而是通过金属管的模具将热量传导给管内的铝导体，使之熔化成形，在凝固期，还要施加一定压力，以保证型腔内金属接头的紧实、丰满。用于铜与铜、铜与钢的铝热焊，是直接加热方式，载热体金属直接与母材金属相熔合，使母材表面熔化，载热体金属又作为填充金属，成为焊缝金属的一部分，在凝固期不必施加压力。铝导体铝热焊通常是将热剂混合好后装入成型模具（管），外面用硬纸外壳封装好，形成预制的药包成品，到现场施焊。铜导体热剂焊则是热剂与石墨模具各自分离，到现场装配，与传统的热剂浇注焊相同。

由上述可知，电气工程中的热剂焊可大体分为直接加热式和间接加热式两种。

1. 间接加热式导体铝热焊

装置见图28-6。药包由纸盒、铁管填块和药粉等部分构成。

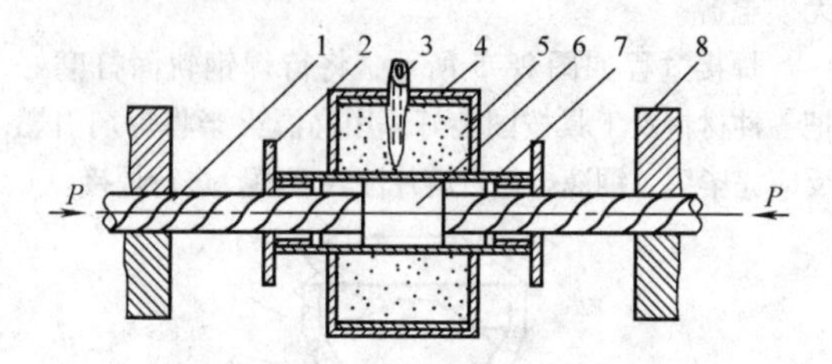

图28-6 间接加热式导体铝热焊装置

1—铝线 2—堵头 3—高温火柴 4—纸盒 5—药粉 6—填块 7—铁管 8—焊钳钳口

焊接前，先将清理好的铝线分别从墙头两端插入，顶紧填块，将铝线分别夹紧于左右钳口中，将高温火柴插入药包中，并剥去高温火柴尖端的高温层（外层），即可准备点燃焊接。

用普通火柴点燃高温火柴，药粉被点燃，放出热量，形成熔渣，将热量通过铁管传至铝填块，并使之熔化，随后铝导线也被熔化。在焊钳送进的同时，铝线逐渐熔化。当热量停止供给，熔化的铝液在墙头与铁管形成的型腔中结晶，将二铝线牢固焊合。在铝液冷凝过程中，应保持一定压力，使接头结合紧密、表面光滑丰满。去掉渣壳，取下堵头（下次再用），剥去铁管，再用钢丝刷打光接头表面，完成焊接工作。

2. 直接加热式导体铝热焊

装置如图28-7所示。该图是表示铜线电缆与钢地线柱的铝热焊示意图。

（1）焊前清理及准备工作　将被焊铜电缆剥去绝缘护套，先用钢丝刷清理其表面，再装入石墨熔模的型腔中，同时将清除锈迹和油污的地线柱装入竖向型腔孔内。

在装夹导体之前，应将熔模型腔清除油污，通常的办法是用丙烷火焰喷烤。

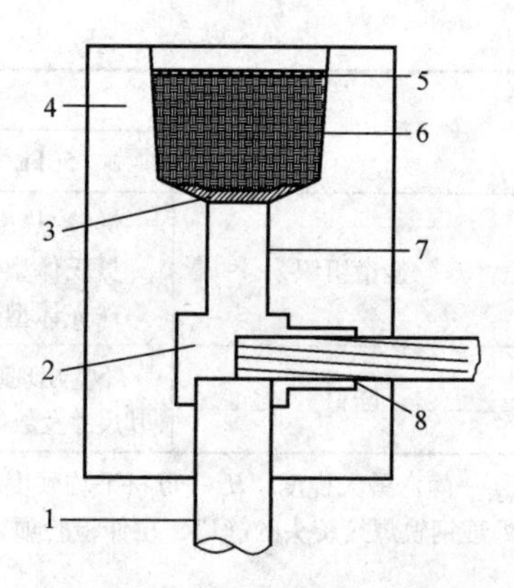

图28-7 直接加热式导体铝热焊装置

1—地线柱 2—型腔 3—圆盘堵片 4—石墨熔模 5—引燃粉 6—焊接药粉 7—浇注孔 8—电缆

（2）装焊剂粉　将预先配制好、经过烘干的焊剂粉，按要求的质量放入熔模上方的反应槽内，稍稍压实；并在其表面撒一层引燃粉（或插入高温火柴）。

在装热剂粉之前，将铜圆盘放在反应槽的下方，正好能堵住上浇注孔，以防止热剂粉漏入型腔内。

（3）点火引燃

1）用高温火柴引燃：将高温火柴头上的外层（高温层）用手指甲剥去一部分，先用普通火柴点燃高温火柴，然后立即盖上上盖；上盖的侧面留有通口，以使反应的热气和烟尘冒出。

2）用引燃粉引燃：撒一层引燃粉后，即可盖上留有侧向通口的上盖，把电子打火枪伸入侧面通口内点燃引燃粉。操作人员随即离开侧向通口。

（4）焊接过程的进行　当引燃粉将热剂粉引燃后，反应即迅速自动进行。反应还原出的高温铜液沉积于金属圆盘之上，并使圆盘熔化，铜液通过浇注孔进入型腔内，与铜电缆和地线柱充分接触，表面被熔化，并熔铸成为一个整体接头。接头的形状、尺寸与模具型腔一样。

（5）卸掉熔模，清理接头　松开夹具，使熔模分离并卸掉，形成接头。

参考文献

[1] 机械工程手册编委会. 机械工程手册［M］. 2版：机械制造工艺与设备（一）. 北京：机械工业出版社，1997.

[2] 铁道标准计量研究所. TB/T 1632.3—2014 钢轨焊接　铝热焊接［S］. 北京：中国铁道出版社，2006.

[3] 李致焕，等. 电气工程中的焊接与应用［M］. 北京：机械工业出版社，1998.

第29章 爆 炸 焊

作者 郑远谋 审者 刘金合

爆炸焊是以炸药为能源进行金属间焊接的一种焊接方法。这种方法是利用炸药爆轰的能量，使被焊金属面发生高速倾斜撞击，在撞击面上造成一薄层金属的塑性变形，以及适量熔化和原子间的相互扩散等冶金过程。同种和异种金属就在这些十分短暂的冶金过程中形成了冶金结合。

人们在弹片和靶子的撞击结合中早已观察到了爆炸焊接现象，最早记入文献的是美国的卡尔[1]。1957年，费列普捷克成功地实现了铝和钢的爆炸焊[2]。20世纪50年代末，国外开始了系统的研究。20世纪60年代中期以后，美、英、日等国先后开始了爆炸焊产品的商业性生产。我国是1963年开始爆炸焊试验和研究，1968年用于生产的。50多年来，爆炸焊技术及其产品已较为广泛地应用于国民经济的一些部门。

爆炸焊的特点是：

1）能将相同的、特别是异种的金属材料迅速和强固地焊接在一起。

2）工艺十分简单和容易掌握。

3）不需要厂房，不需要大型设备和大量投资。

4）不仅可以进行点焊和线焊，而且可以进行面焊——爆炸复合，从而获得大面积的复合板、复合管、复合管棒和复合异型件等。

5）能源为低爆速的混合炸药。它们价廉、易得、安全和使用方便。

29.1 爆炸焊原理及结合区波形成原理

29.1.1 爆炸焊原理

以金属复合板的爆炸焊为例，其工艺安装如图29-1所示，其瞬间状态如图29-2所示。当置于覆板上的炸药被雷管引爆后，爆轰波和爆炸产物的能量便在其上传播，并将一部分传递给它，使覆板向下运动和加速，随后迅速向基板倾斜撞击。在此过程中，在切应力的作用下，在波形成的同时，界面两侧一薄层金属的晶粒发生纤维状的塑性变形。离界面越近，切应力越大，变形程度也越大。随着与界面距离的增加，切应力越来越小，变形程度也越来越小。离开波形区后就呈现基体原始的组织形态了。随后借助该塑性变形过程，又将外加载荷的大部分转换成热能。在爆炸焊的具体情况下，这个转换系数为90%～95%及以上[3~6]。如此大量的热能积聚在界面上，在此近似绝热的条件下，必然引起紧靠界面两侧的一薄层变形金属的温度升高，当达到其熔点后就使其中的一部分熔化。这些熔化了的金属在波形成的过程中大部分被推向了漩涡区，少量残留在波脊上，其厚度以微米计。由金属物理学的基本原理可知，界面两侧不同的基体金属（百分之百的浓度差）处于高压（数千至数万兆帕）、高温（数千至数万摄氏度）、高速（2000m/s以上）下，金属在塑性变形、熔化及其综合作用下，它们的原子必然发生相互扩散。

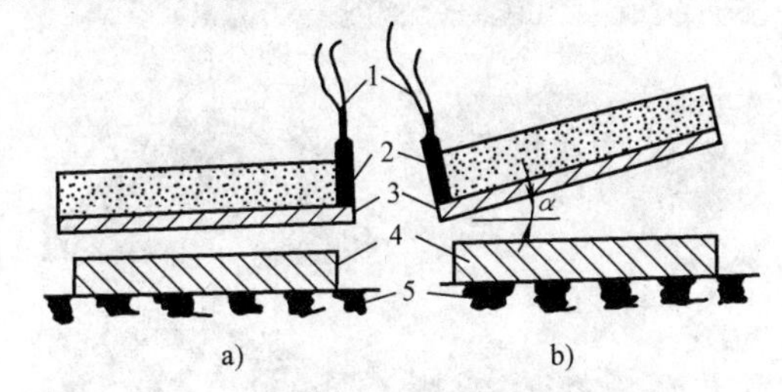

图29-1 复合板爆炸焊工艺安装示意图

a）平行法 b）角度法

1—雷管 2—炸药 3—覆板 4—基板 5—基础（地面） α—安装角

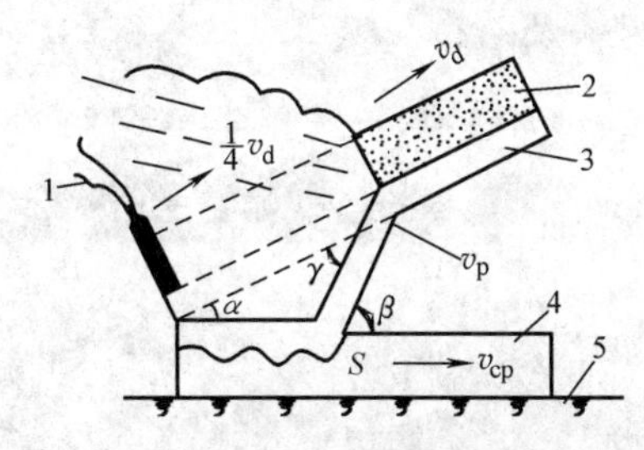

图29-2 角度法爆炸焊过程瞬间状况示意图

1—雷管 2—炸药 3—覆板 4—基板 5—地面

v_d—炸药爆轰速度 $\frac{1}{4}v_d$—爆炸产物速度

v_p—覆板下落速度 v_{cp}—碰撞点S移动速度

即焊接速度 α—安装角 β—撞击角 γ—弯折角

具有如上所述的金属的塑性变形、熔化和扩散以及波形特征的结合区就是基体金属间的成分、组织和性能的过渡区，即焊接过渡区。通常这个过渡区很窄

（在0.01~1mm范围内），但它却是强固地连接基体金属的纽带。其性质和强度直接与焊接参数有关，并强烈地影响着基体金属间的结合性能、加工性能及使用性能。

图29-2中S点以v_{cp}速度的移动即是爆炸焊过程的进行。因为炸药化学能的释放及其在金属中的传递、吸收、转换和分配，以及界面上许多物理-化学过程即冶金过程的进行，都是在若干微秒的时间内发生的，所以爆炸焊也是在一瞬间完成的。

29.1.2 结合区波形成原理

用爆炸焊方法制成的金属复合材料的结合区通常是波状的（图29-3）。分析和研究表明，这种波形是这样形成的[7,8]：炸药爆炸以后生成爆轰波和爆炸产物，后者以前者1/4的速度随后运动。爆轰波在覆板上传播的过程中，将其波动向前的能量传递给覆板，从而引起覆板相应位置物质的波动。当随后覆板向基板高速撞击时，这种撞击过程也波动地进行。由于覆板对基板的撞击压力超过它们的动态屈服强度，这样就使界面上出现波状的变形，即形成波状的塑性变形。这种波形原为锯齿状，在跟随爆轰波运动的爆炸产物能量的作用下，那种锯齿变得弯曲和平滑。在整个爆炸焊过程中，随着爆轰波和爆炸产物的能量在覆板上的传播，覆板和基板连续和波动地撞击，在它们的撞击面上便同时连续地形成了波形。

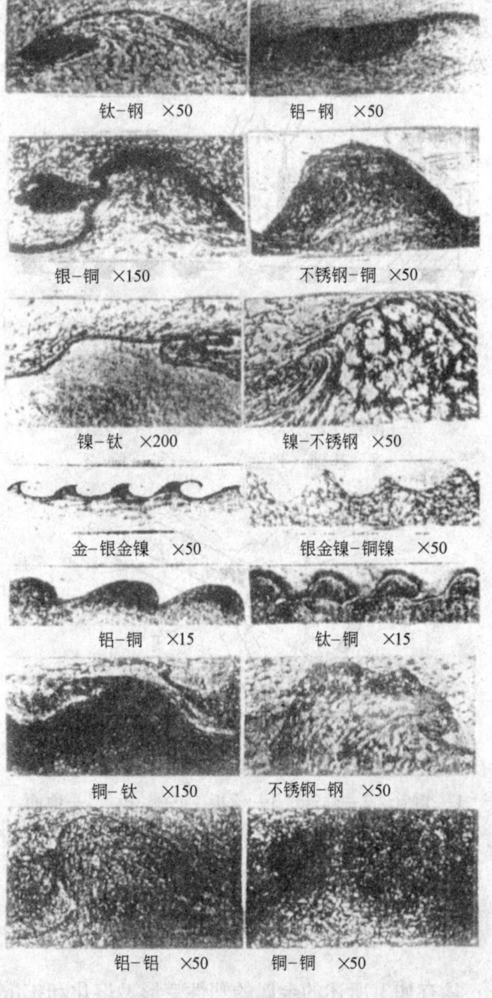

图29-3 一些爆炸复合材料结合区的波形形貌

分析和研究还表明，当炸药、金属材料以及金属材料之间相互作用（撞击）的强度和特性不同时，在结合区将形成不同形状和参数（波长、波幅和频率）的波形（图29-3）。在此，炸药是外因，金属材料是内因，它们的相互作用是此波形成不可缺少的过程和手段，三者缺一不可。分析和研究还表明，结合区波形成的过程，就是金属爆炸焊接的过程。

29.2 可爆炸焊的金属材料

理论和实践都证明，用爆炸焊的方法能够焊接所有相同的，特别是不同的金属材料。其原因就在于由此制成的金属复合材料的结合区具有塑性变形、熔化和扩散以及波形的众多特征，这些特征为金属材料间的结合创造了更多的条件和机理。图29-4为国内外已经试验成功和常用的爆炸焊的金属组合图。其中，像钛-钢、不锈钢-钢、铜-钢、铝-钢和铝-铜等已经较多地应用到生产及科研中了。

在合适的焊接参数下，爆炸焊双金属的结合强度随金属延性的增加而增大。当金属材料常温下的破断冲击吸收能量不太小时，爆炸后不会脆裂，都可以用爆炸法焊接起来。即使破断冲击吸收能量小的金属材料，如钼、钨、镁、铍和灰铸铁等，采用热爆炸焊法，也能制成复合材料[9]，使用这种方法还能使金属与陶瓷、塑料和玻璃焊接起来。热爆炸焊是将常温下a_K值很小的金属材料加热到它的a_K值转变温度以上后，立即进行的爆炸焊。例如钼在常温下的a_K值很小，爆炸后脆裂。但将其加热到400℃（a_K值转变温度）以上时钼不再开裂，并能和其他金属焊接在一起。

通过相应合金相图的分析，可以预测爆炸焊时具体的一对金属组合的焊接性和相对结合强度、结合区的化学和物理组成，以及后续热加工和热处理对爆炸复合材料结合性能的影响[10]。

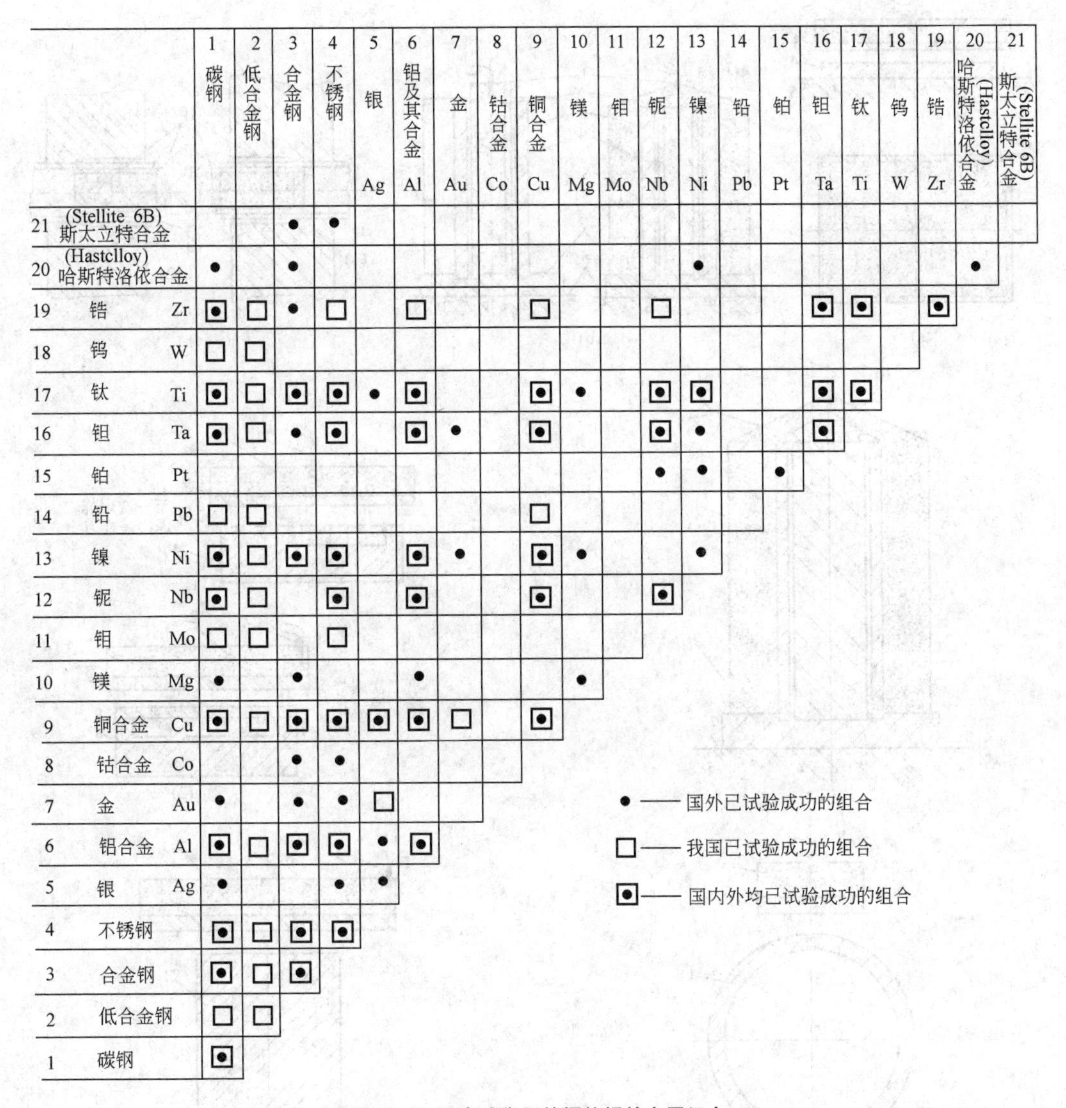

图 29-4 国内外常用的爆炸焊的金属组合

29.3 爆炸焊方法及工艺安装

29.3.1 爆炸焊方法

爆炸焊的方法很多。就金属材料的形状而言，除板-板外，还有管-管、管-管板、管-棒、板-棒、棒-棒、异形件、丝与丝、丝与板（管、棒），以及金属粉末与粉末、粉末与板（管、棒）的爆炸焊；从焊接接头的类型来看，有爆炸搭接、对接、斜接和压接；从爆炸焊实施的位置来分，有地面、地下、空中、水中和真空爆炸焊；还有一次、二次和多次爆炸焊，多层爆炸焊，单面和双面爆炸焊，内、外和内外同时爆炸焊、热爆炸焊和冷爆炸焊，以及成组爆炸焊、成排爆炸焊和成堆爆炸焊等。冷爆炸焊是将塑性太高的金属（如铅）置于液氮之中，待其冷硬后取出，并立即进行的爆炸焊。此外，爆炸焊工艺还可以与常规的金属压力加工工艺，如轧制、锻压、旋压、冲压、挤压、拉拔和爆炸成形等联合起来，以生产更宽、更长、更薄、更粗、更细和异型的金属复合材料及零部件，这种联合是爆炸焊方法的延伸和发展[11]。

29.3.2 爆炸焊工艺安装

部分爆炸焊的安装工艺如图 29-5 所示。由图可见，不同的爆炸焊方法，有不同的安装工艺，但它们都有一些必须注意的问题。以复合板为例，这些问题是：

1）爆炸大面积复合板时用平行法。此时如用角度法，前端则因间隙距离增大很多，覆板过分加速，使其与基板撞击时能量过大。这样会扩大边部打伤、打裂的范围，从而减少复合板的有效面积、增加金属的损耗。

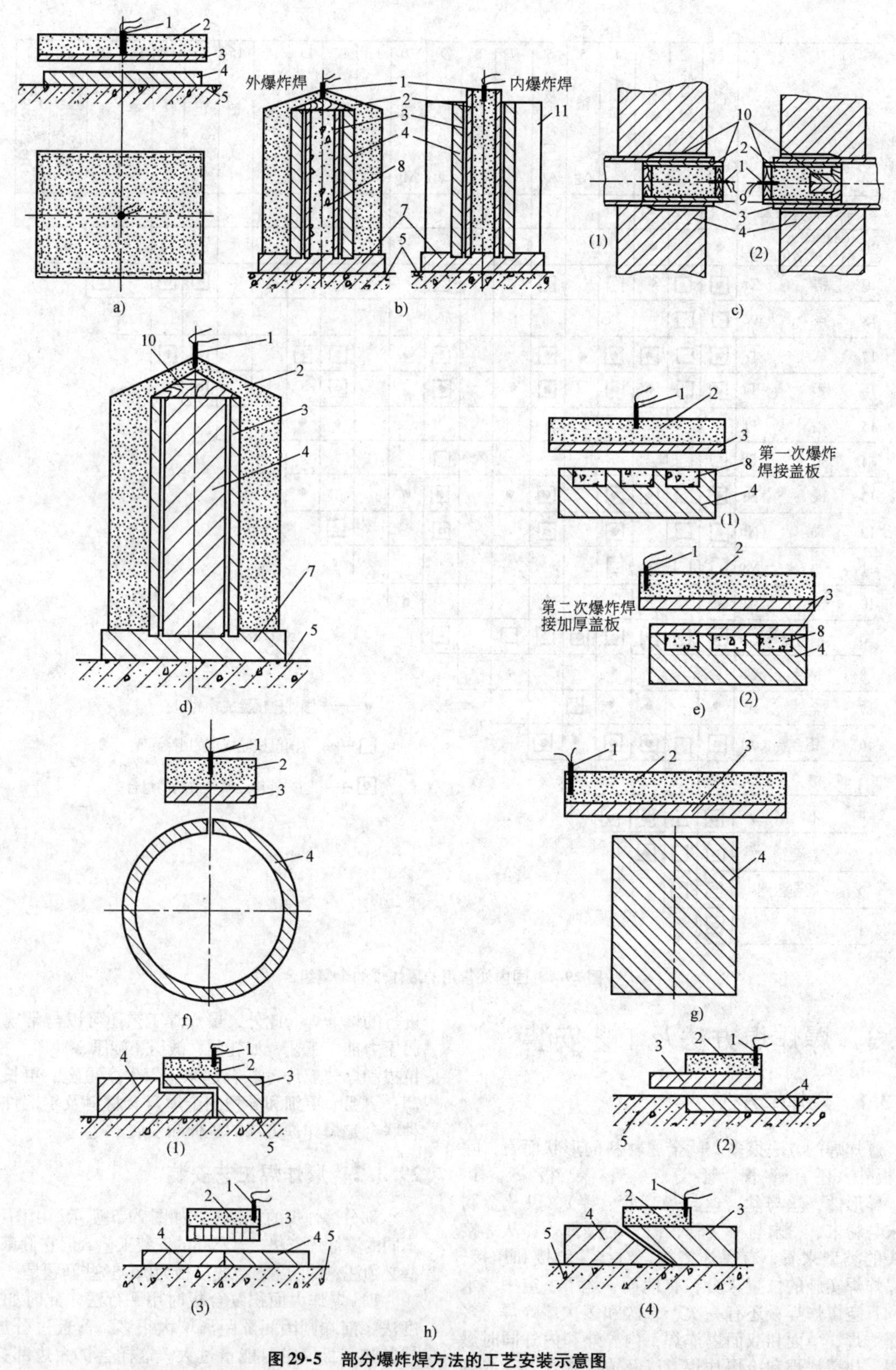

图 29-5　部分爆炸焊方法的工艺安装示意图

a）板-板　b）管-管　c）管-管板　d）管-棒　e）板-凹形板

f）板-管　g）板-棒　h）板-板爆炸搭接（1）（2）、对接（3）、斜接（4）

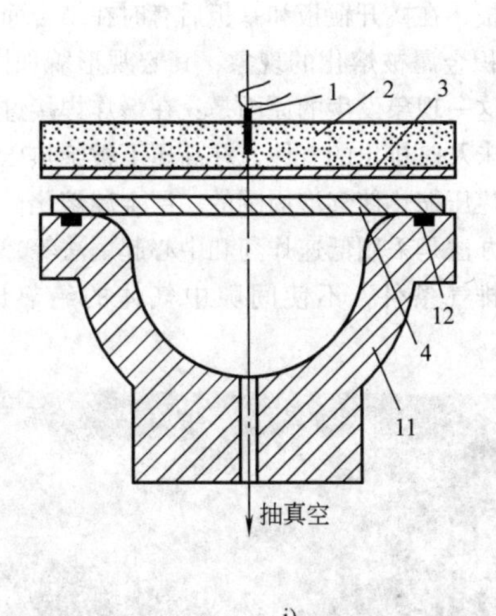

i)

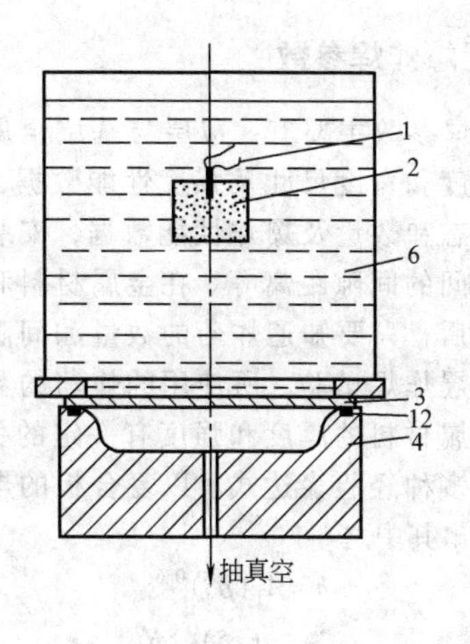

j)

图29-5 部分爆炸焊方法的工艺安装示意图（续）

i）爆炸焊接-爆炸成形 j）爆炸成形-爆炸焊接

1—雷管 2—炸药 3—覆层（板或管） 4—基层（板、管、管板、棒或凹形件） 5—地面（基础） 6—传压介质（水） 7—底座 8—低熔点或可溶性材料 9—塑料管 10—木塞 11—模具 12—真空橡皮圈

2）在安装大面积覆板时，再平整的金属材料的中部也会下垂或翘曲，以致与基板表面接触。此时为保证覆板下垂位置与基板表面保持一定间隙，可在该处放置几个高度等于间隙值和一定几何形状的金属片。

3）爆炸大面积复合板时，最好用中心起爆法引爆炸药，或者从长边中部引爆炸药。这样可使间隙中气体排出的路程最短，有利于覆板和基板的顺利撞击，减少结合区金属熔化的面积和数量。

4）为了引爆低速的主体炸药和减少雷管区的面积，通常在雷管下放置一定数量的高爆速炸药。

5）为了将边部缺陷引出复合板之外和保证边部质量，通常覆板的长、宽尺寸比基板的大20～50mm。管与管板爆炸焊时，管材也应有类似的伸出量。

29.4 爆炸焊工艺

29.4.1 爆炸焊工艺步骤

（1）被焊金属材料的准备 即按产品和工艺的要求，准备好所需尺寸的覆层和基层材料。以复合板为例，覆板的厚度可为0.01～50mm，基板的厚度可为0.1～500mm，基板与覆板的厚度比一般为1∶1～10∶1。基板越厚，基板与覆板的厚度比越大，越容易实现焊接。

（2）待焊金属材料的清理 用手工、机械、化学或电化学的方法对金属材料的待结合面进行清洁净化。钢材可用砂轮机打磨、磨床磨削或喷砂处理等；有色和稀有金属则宜用砂布擦、钢丝轮刷、机械抛光、化学腐蚀或电化学腐蚀等。净化处理后的金属表面力求平、光、净，表面粗糙度 $Ra \leqslant 12.5\mu m$。安装前，将待结合面上的污物用酒精擦净，直到其上没有其他固态物质和污物为止。实验结果表明，经磨削过的钢板，其复合板的结合强度要高于用其他方法处理过的钢板的复合板。

（3）炸药的准备 根据工艺和金属材料形状的要求，选择一定品种、状态和数量的炸药。例如，对复合板的爆炸焊来说，通常选用那些便于堆放和装填的粉状炸药；而对于带有曲面的涡轮叶片的耐蚀金属覆面来说，则选用易于成形的塑性炸药。

（4）安装 在爆炸场进行焊前安装的一些方法如图29-5所示。并做好爆炸前的一切准备，如接好起爆线、搬走所用的工具和物品、撤离工作人员和在危险区安插警戒旗等。根据药量的多少和有无屏障，设置半径为25m、50m或100m以上的危险区。

（5）引爆炸药以实现爆炸焊 待工作人员和其他物件撤至安全区后，用起爆器通过雷管引爆炸药，完成试验或产品的爆炸焊。

29.4.2 爆炸焊参数

爆炸焊参数主要有：覆层与基层金属材料的厚度、长度和宽度尺寸及强度性能数据，炸药的品种、状态和数量及爆炸性能数据，安装后覆层和基层之间的间隙距离等。在金属材料和炸药品种确定之后，只要知道炸药的数量和间隙距离就可以进行爆炸焊试验。所使用的炸药的数量和间隙值与金属材料的厚度和强度有一定的关系。这种关系有多种经验表达式。以复合板的爆炸焊为例，现列出其中之一。

$$h = A_1(\rho\delta)^{0.6}$$

$$W_g = A_2\frac{(\rho\delta)^{0.6}R_{eL}^{0.2}}{h^{0.5}}$$

式中 h——覆板与基板之间的间隙（cm）；

W_g——覆板单位面积上布放的炸药量（g/cm^2）；

ρ——覆板的密度（g/cm^3）；

δ——覆板的厚度（cm）；

R_{eL}——覆板金属材料的下屈服强度（MPa）；

A_1、A_2——计算系数，A_1 为1～2，A_2 为0.05～3.0。

当 h 和 W_g 计算出来之后，就准备相应尺寸的间隙柱，算出炸药的总需要量。然后进行一组小型复合板的试验。试验结果如有偏差，可对原来计算的 h 和 W_g 值进行适当的调整。再使用试验得到的能满足技术要求的焊接参数，进行大面积复合板的爆炸焊。

29.5 爆炸焊缺陷和检验

29.5.1 爆炸焊缺陷

爆炸焊的缺陷可以分为宏观和微观两大类。主要的宏观缺陷如下：

1）爆炸结合不良。进行爆炸焊以后，覆层与基层之间全部或大部分没有结合，以及结合了但强度甚低的情况。欲克服这种缺陷，首先应选择低爆速的炸药，其次是使用足够的炸药量和适当的间隙距离。此外采用中心起爆法等能缩短间隙中气体排出的路程，创造排气条件有利的引爆方法。

2）鼓包。在复合板的局部位置（通常在起爆端）上覆层偶尔凸起，其间充满气体，在敲击下发出“梆、梆”的空响声。欲消除鼓包，在选择低爆速炸药、最佳药量和最佳间隙值之后，重要的是造成良好的排气条件。

3）大面积熔化。某些双金属，例如钛-钢爆炸复合钢板，在撬开覆板和基板后有时在结合面上会发现大面积金属被熔化的现象，其宏观形貌如图29-6所示。这一现象发生的原因是：在爆炸焊接过程中，间隙内未及时排出的气体，在高压下被绝热压缩，大量的绝热压缩热使气泡周围的一层金属熔化。减轻和消除的办法是采用低速炸药和中心起爆法等，以创造良好的排气条件，不使间隙中气体的绝热压缩过程发生。

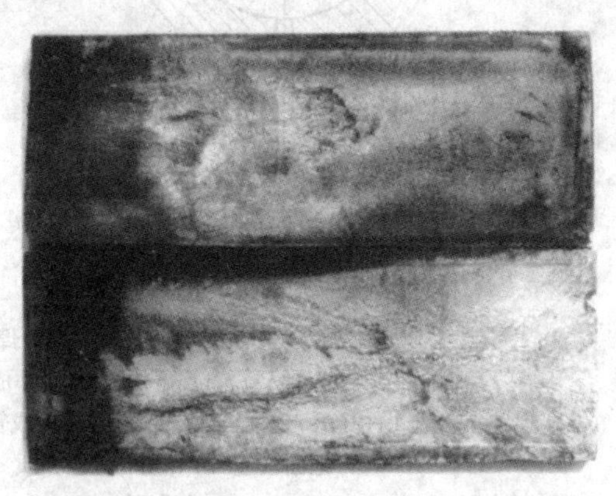

图29-6 钛-钢爆炸复合钢板侧结合面上大面积熔化的宏观形貌（钢板尺寸：100mm×250mm）

4）表面烧伤。指覆层表面被爆热氧化烧伤的情况。使用低爆热的炸药和采用黄油、水玻璃或沥青等保护层，可以防止这一缺陷的发生。

5）爆炸变形。在爆炸载荷剩余能量的作用下，复合板（管）在长、宽、厚三个方向上的尺寸和形状发生的宏观及不规则的变形。变形后的复合件在加工和使用前必须矫平（复合板）或矫直（复合管）。爆炸变形在一般情况下无法避免，但可设法减轻。欲使这种变形最小，需要增加基础的刚度和采取其他特殊的工艺措施。这一点，对于无法矫平的大型复合管板件来说尤为重要。

6）爆炸脆裂。某些常温下 a_K 值较小、强度和硬度特别高的金属材料，采用一般的爆炸焊方法时，将会发生脆断和开裂。实施热爆工艺可以消除这种现象。

7）雷管区。在雷管引爆的部位，由于能量不足和气体排不出去而造成覆层和基层未能很好结合的缺陷。它可用增加附加药包和将其引出复合面积之外的办法来尽量缩小或消除。

8）边部打裂。除雷管区之外的复合板的其余周边或复合管（棒）的前端，由于边界效应而使覆层被打伤打裂所形成的缺陷。这一现象产生的原因主要是周边和前端能量过大。减轻和消除它的办法是减少前端（复合管、棒）或边部（复合板）的药量，增加覆板和覆管的尺寸，或者在厚覆板的待结合面之外的周边刻槽等。

9）爆炸打伤。由于炸药结块或分布不均匀，使局部能量过大，或者炸药内混有固态硬物，它们撞击覆层表面，使其对应位置上出现麻坑、凹坑或小沟等影响表面质量的缺陷。细化和净化炸药以及均匀布药是防止覆层表面打伤的主要措施。

微观缺陷见于爆炸复合材料的内部，是用一些破坏性的方法检测出来的。这些缺陷的存在，会造成同一复合材料结合区内显微组织和力学性能的不均匀[12]。

29.5.2 爆炸焊检验

爆炸复合材料的检验分为非破坏性和破坏性两大类。

1. 非破坏性检验

（1）表面质量检验　其目的是对覆层表面及其外观进行质量检查，如打伤、打裂、氧化、烧伤、翘曲度、尺寸公差和其他外观情况等。

（2）轻敲检验　用锤子对覆层各个位置逐一轻敲，以其声响来初步判断复合材料的结合情况，由此还可大致计算其结合面积率。

（3）超声检验　其目的是对复合材料的结合情况和结合面积进行定量的测定。

关于用超声波检验爆炸复合板结合情况的方法和标准，国内外已有不少。现摘录国内一单位的该项标准，见表29-1。国家标准有GB/T 7734—2004。

表29-1　钛-钢爆炸焊+轧制复合板的超声波检验标准[13]

Ⅰ　类	Ⅱ　类
钛材既作为耐蚀等特殊用途，又作为强度设计	钛材不作为强度考核
单个不结合区的长度 < 70mm，其面积 < $45cm^2$，不结合区的总面积小于复合板总面积的2%	单个不结合区的面积 < $60cm^2$，不结合的总面积小于复合板面积的2%
适用于爆炸复合板	适用于爆炸+轧制复合板

2. 破坏性检验

爆炸复合板的破坏性检验项目和方法如下：

根据GB/T 6396—2008《复合钢板力学及工艺性能试验方法》，用剪切和弯曲试验来确定爆炸复合板的结合强度，用拉伸试验来确定它们的抗拉强度。

（1）剪切试验　此项试验是将安装在模具内的剪切试样，用压力使复合板发生剪切形式的破断，以此切应力来确定复合材料的剪切性能。

常用的剪切试样之一的形状和尺寸、剪切用模具和剪切试验如图29-7所示。一些爆炸复合板的抗剪强度数据如表29-2所列。某些金属组合的抗剪强度的验收标准列入表29-3中。

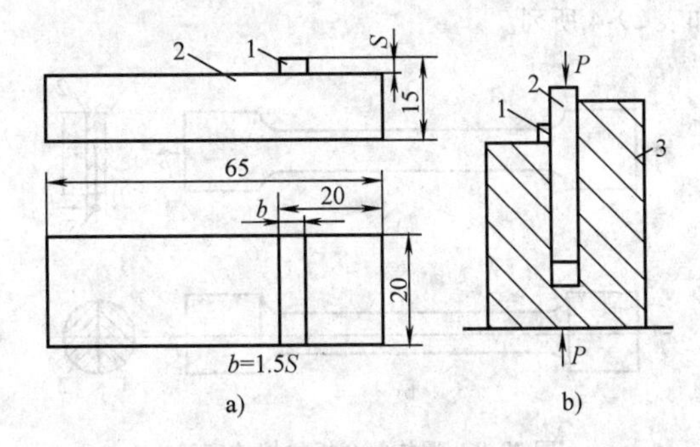

图29-7　爆炸复合板的剪切试验
a）剪切试样　b）剪切试验
1—覆板　2—基板　3—剪切模具

表29-2　一些爆炸复合材料的抗剪强度

覆层	基层	抗剪强度/MPa
钛	钢	220～350
钛	不锈钢	280～530
钛	铜	190～210
镍	钛	330
镍	不锈钢	430
铜	钢	190～210
不锈钢	钢	290～310
铝	铜	70～100
铝	钢	70～120
铝	不锈钢	70～90
铜	2A12铝合金	60～150

表29-3　一些爆炸复合材料抗剪强度的验收标准[14]

覆层	基层	最低抗剪强度/MPa
不锈钢、镍及其合金	钢	210
钛、钽、锆、钢及其合金	钢	140
银	钢、铜	100
铝	钢、铜	60

（2）拉伸试验　此项试验是将拉伸试样固定在试验机上，然后沿结合面方向对其施加拉力，直到破断为止。以此破断应力和相对伸长来确定爆炸复合板的抗拉强度和伸长率。

典型拉伸试样的形状如图29-8所示。当覆板较薄时宜用板状试样，当覆板较厚时则用棒状试样为好，两种试样的具体尺寸可以尽量与相关的单金属材料的国家标准靠近，几种爆炸复合板的抗拉强度数据如表29-4所列。

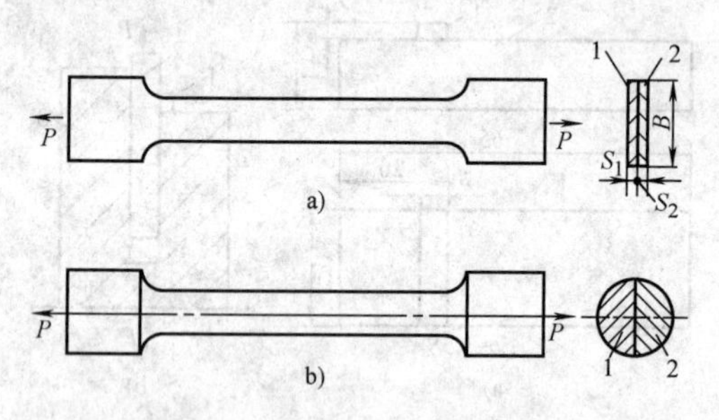

图29-8　爆炸复合板的拉伸实验
a）板状试样　b）棒状试样

（3）弯曲试验　以预定达到的弯曲角或试样破断时的弯曲角来确定爆炸复合材料（板或管）的结合性能和加工性能。

弯曲试验分为内弯（覆层在内）、外弯（覆层在外）和侧弯三种类型（图29-9），生产检验用内弯试验的弯曲试样的形状和尺寸之一如图29-10所示。几种爆炸复合件的弯曲性能见表29-5。

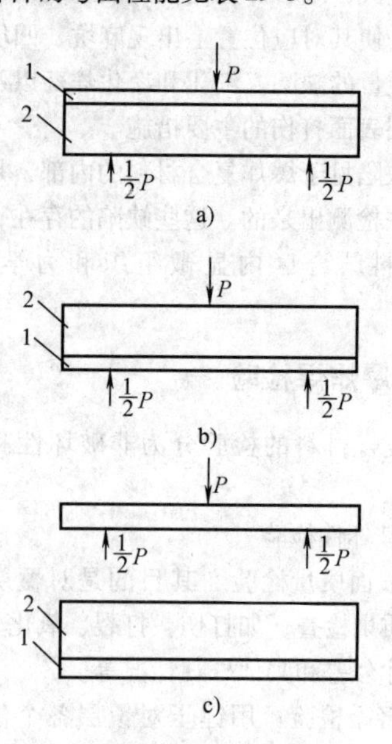

图29-9　爆炸复合板的弯曲试验
a）内弯曲　b）外弯曲　c）侧弯曲
1—覆板　2—基板

表29-4　几种爆炸复合材料的拉伸性能

复合板	钛-Q235钢	钛-18MnMoNb钢	B30-922钢[15]	铜-2A12铝合金
R_m/MPa	450～475	750	750～775	265～305
A(%)	3.5～14.0	5.0	10.5～11.5	6.5～10.9
试样形状	板状	棒状	板状	板状

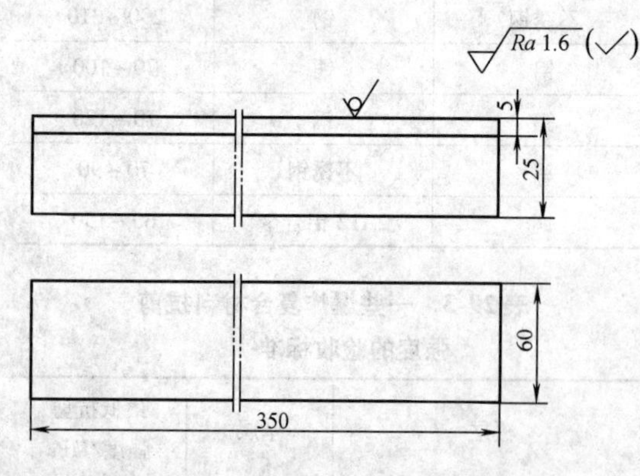

图29-10　一种内弯曲试样的形状和尺寸
1—覆板　2—基板

（4）显微硬度检验　此项检验是对爆炸复合材料的结合区、覆层和基层进行显微硬度的测量与分析，以确定在爆炸前后（包括后续热加工和热处理）这些材料各部分显微硬度的变化及其变化的规律。也可以测量特定位置（如漩涡区）上特殊组织的硬度，从而判断它的性质和影响。

表29-5　一些爆炸复合材料的弯曲性能①

覆层	基层	弯曲角/(°)
钛	钢	180
钼	钢	180
钽	钢	180
镍	钛	>167
镍	不锈钢	180
锆	不锈钢②	>110
不锈钢	钢	180
B30	922钢	180

① 均为内弯曲，弯曲半径等于复合板厚或复合管壁厚。
② 试样取自于复合管，其余取自于复合板。

图29-11为爆炸态和热轧态的钛-钢复合板结合区显微硬度分布曲线。由图可知，在爆炸态的情况下钛和钢在结合区及附近的硬度均高于爆炸前的。这表明这些材料在爆炸载荷下发生了硬化。结合界面上硬度最高，随着与界面距离的增加，硬度逐渐降低。这与其中金属塑性变形程度的逐渐减弱有关。热轧后，钛的硬度降到原始硬度以下，钢的硬度也有所降低，可是仍高于原始硬度。在1000℃加热和热轧后，由于钛和钢的界面上生成一个含有多种Fe、Ti金属间化合物的中间层，使其中的硬度显得特别高。

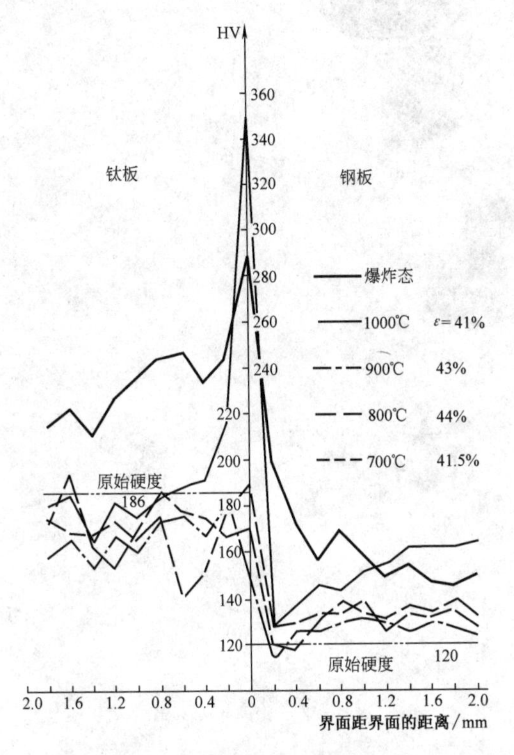

图29-11 爆炸态和热轧态钛-钢复合板结合区及其附近的显微硬度分布曲线

(5) 金相检验 从爆炸复合材料的一定位置切取金相样品，进行结合区显微组织的检验。这个位置，可以是复合材料中有代表性的部位，也可以是任意部位。用金相显微镜在放大一定倍数（低倍或高倍）下进行结合区组织和形态的观察，以确定是平面结合、波形结合还是熔化层结合，以及与基体不同的新组织，从而判断它的性质和影响。

爆炸焊接的金属复合材料的检验还可以视具体情况和需要，进行另外一些项目的检验，如冲击、扭转、杯突、疲劳、热循环和各种耐蚀性，以及结合区的化学和物理组成等。

29.6 爆炸焊应用

爆炸焊和爆炸复合材料的应用，可归纳成五个方面。

1）用以焊接物理和化学性质相同、相近、特别是相差悬殊的金属材料[16]。例如热胀系数相差很大的钛和钢，硬度相差很大的铅和钢，密度相差很大的铝和钢，熔点相差很大的铝和钽，高温下生成多种金属间化合物的铜和铝。

2）用以生产金属复合材料，为工业部门提供具有特殊物理和化学性能的结构材料[17]，如钛-钢、不锈钢-钢、铜-钢、铝-钢等。用这些复合材料制造石油化工、化肥、农药、轻工和冶金等设备。

3）用复合板、复合管和复合管棒加工成各种对接、搭接和斜接的异种金属的过渡接头，以便用常规的焊接方法连接不同金属及其零部件，变不同金属的焊接为相同金属的焊接，解决工程中异种金属的焊接问题[18]。

4）用爆炸焊的复合坯料进行多种形式的压力加工和机械加工，以生产各种形状和尺寸的复合板材、复合带材、复合箔材、复合管材、复合棒材、复合线材、复合型材料和复合粉末以及复合零部件[11]。

5）其他特殊的用途：例如，用爆炸法在某合金板坯的两大面上分别覆以薄层纯金属板，以解决该板坯的热轧开裂问题。又如热交换器，特别是核反应堆热交换器破损传热管的爆炸焊堵塞。再如，用爆炸焊法覆上一层同种金属，以修补大、中型零部件的内外缺陷或填补尺寸公差，使其翻新再用。爆炸焊和爆炸成形两种工艺的联合，以制造双金属的封头[19]和碟形管板（图29-5i和j）。

爆炸焊和爆炸复合材料的部分产品如图29-12所示。

爆炸焊爆炸复合材料的一些具体应用如下：

用钛-钢复合板制作处理城市污水的装置。用铜-不锈钢或铜镍合金-低碳钢复合板制作存放核废物的容器。用铜-钛复合板制造海洋石油平台的结构。铝-钛-不锈钢管接头用于大型冷冻机的部件与液氮和液氧的输送管道的过渡连接和卫星喷气推进系统。用铜-不锈钢或铜-低碳钢复合板制作具有良好导热性、刚性和美观的烹饪用具。用两层或多层复合板制作多硬度的装甲板。直径3.15m、重约45t的镍合金-低合金钢板用来制造大功率的水-水反应堆蒸汽发电机的管板。铜-钢和铝-钢复合材料可制造双金属的轴承、轴瓦及衬管。用铜-钢复合板制造电冶金炉和熔化炉的双层水冷外壳及双层结晶器，以及用这种大面积的复合板制造高能物理研究用的直线加速器的腔体。铜-铝复合管用于高压配电站的接线柱。在电化学工业中

图 29-12　爆炸焊和爆炸复合材料的部分产品[22]

a）钛-钢复合板　b）钛-钢复合管棒（横断面）　c）银-铜铆钉　d）不锈钢-钼搭接管接头　e）钛-不锈钢（左）和铝-不锈钢对接法兰状管接头　f）铝-钢搭接板接头　g）铝-钢对接棒接头　h）铜-铝的复合板、管和棒状的过渡电接头　i）电力金具：铜-铝接线端子

图 29-12 爆炸焊和爆炸复合材料的部分产品[22]（续）

j）电解铝用的铝-钢过渡接头 k）高强度锻铝-不锈钢复合管接头 l）不锈钢-钢复合板在三峡工程排沙底孔中的使用 m）广州地铁4号、5号和6号线直线电动机上使用的铝-钢感应板 n）100万吨减压塔装置（用不锈钢-钢复合板制造，筒体直径6400mm） o）150万吨减压塔（用不锈钢-钢复合板制造，最大直径7200mm，塔高54.6m）

用铜-铝汇流排代替铜的汇流排，以便节省铜材。铜-铝过渡接头在铝型材的表面处理和大型电镀设备的生产中有广泛的应用。银-铜、银-铁、银-不锈钢、金-银金（铜）镍-铜镍等双层和三层的触点材料在电子、机械、航空和航天等领域有广阔的应用前景。铅-铜、铅-钛、铅-铝、铅-钢等复合材料适于在离子辐射场和腐蚀性介质中，以及在强振动载荷下工作，制造同时保护离子辐射和屏蔽强大磁场的装置。镍-钛、镍-不锈钢复合板用来制造造纸的机械。钛-铜复合管棒作为制碱电解槽的新型电极材料，以其优良的导电性和耐蚀性替代了传统的石墨电极。钛-铝等轻型复合材料20世纪中叶就已成为航空和航天工业中竞相研制和发展的新材料。镍-钢复合板在制碱化工设备上的应用是节镍和省镍的必然之举。铜-钢和铝-钢复合板作为轻轨和地铁机车的直线电动机的感应板，已经大量地使用在轨道交通建设中[20]。三峡工程成千上万吨地使用了我国自制的不锈钢-钢复合板。锆-钢、铌-钢和钽-钢复合板在更为苛刻的腐蚀性介质中的应用是一个新的发展方向。爆炸焊和爆炸+压力加工技术在制造双层及多层、特别是新型热双金属方面尤其具有优势。汽车、拖拉机和其他重型机械上使用的耐磨双金属，爆炸焊+压力加工工艺在此方面获得了良好的应用。超导复合材料是爆炸焊的一个新应用领域。爆炸加工（包括爆炸焊）在核工程中有良好的应用前景。金属与陶瓷、玻璃和塑料以及非晶和微晶的爆炸焊及其广泛应用是有关科技人员努力探讨的课题。普通钢和高强度合金钢的复合刀具的刃口强度达2400MPa。将爆炸焊的多达600层的金属箔材进行切割和展开而形成航空器和航天器上用的蜂窝结构。高温高压条件下使用的双金属管板利用爆炸焊-爆炸成形工艺一气呵成和一次成功。运用成排、成堆和成组爆炸焊技术大批量地生产双层、三层和多层复合板（坯）。应用爆炸焊生产的金属基纤维增强复合材料，具有高的横向力学性能和层间抗剪强度，高的工作温度、耐蚀性和稳定持久等特点，并具有导电和导热等特性。金属粉末之间或金属粉末与金属板（管、棒）的爆炸焊是粉末冶金技术的一大发展。蒸汽管道、煤气管道、石油管道、天然气管道、自来水管道和灰渣管道的爆炸焊连接，工艺简单、操作方便、成本低。热交换器，特别是核反应堆的热交换器中破损传热管的爆炸焊，堵塞速度快、质量好。爆炸焊技术作为一种制造复合材料的方法，为维修和利用一些大型、重要、复杂及贵重的设备、部件和零件以及材料提供了一个好方法。

特别需要指出的是，由于钛-钢、不锈钢-钢、铜-钢和镍-钢等爆炸复合材料具有优良的耐蚀性、高的力学强度和低成本的特点，50多年来，尤其是在化工、石油化学和压力容器工业中获得了广泛的应用。例如，用其制造各种反应塔、沉析槽、搅拌器、高压釜、减压塔、洗涤塔、染色缸、蒸发器、蒸馏罐、储藏罐、环保设备、海水淡化装置和各类热交换器等，从而在生产和科学技术中发挥了重要的作用。

1990年美国复合材料的发货量为119万吨，1991年保持此水平。这么多复合材料主要用于汽车、飞机、环保设备和石油化工设备。1995～1997年间，美国复合材料的需求动向见表29-6。其中，包括相当数量的金属复合材料，也不乏用爆炸焊和爆炸焊+压力加工工艺生产的。而现在我国爆炸复合材料的年产量估计为50万吨左右。由此可见，在我国，爆炸焊技术的发展前途和爆炸复合材料的应用前景是何等的光明与灿烂。

综上所述，爆炸复合材料从20世纪60年代初开始获得应用以来，50多年间，不仅以其优良的使用性能，而且以其日益增长的、总计以数千万吨计的产量赢得了工业社会的承认和信任，从而使得它们的应用领域不断扩大。这些领域包括：材料科学、材料保护、表面工程、石油化工、能源技术、工程机械、机器制造、舟艇舰船、地铁轻轨、交通运输、冶金设备、电工电子、电脑家电、电线电缆、电解电镀、高压输电、电力装置、电力金具、消防器材、办公用品、仪表仪器、医药化肥、食品轻工、环境保护、建筑装饰、摩擦磨损、制冷制热、水利水电、烹饪用具、厨房设备、家具用材、医疗器械、医药化肥、切削刃具、油开钻探、油气管道、桥梁隧道、港口码头、市政建设、设备维修、农业机械、真空元件、耐磨材料、功能材料、超导材料、低温装置、海洋工程、国防军工、航空航天和原子能科学，以及金属材料资源的节约、综合利用和可持续发展。实际上，可以说，凡是使用金属材料、特别是那些使用稀缺和贵重金属材料的地方，爆炸复合材料都有用武之地，并能大显身手。至于异种金属的焊接，爆炸焊更有它不可替代的优势。而且，这些应用通常是十分新颖和独特的。

表29-6　美国按用途区分的复合材料的需求动向[21]　　（单位：万吨）

用途	陆地运输	建筑	耐蚀设备	舟艇船舶	电子电器	消防器材	家电办公	其他	航空航天	合计
1995年	44.48	28.51	17.87	16.85	14.26	8.34	7.55	4.83	1.07	142.76
1996年	45.23	29.68	17.26	16.67	14.47	8.40	8.01	4.86	1.07	146.02
1997年	45.35	30.16	18.31	16.38	14.78	9.39	7.84	5.11	1.09	148.41

文献［22］汇集了几十年国内外本学科的科技人员研究、开发和生产的数百和上千计的爆炸焊和爆炸复合材料的品种及类型，以及它们的工程应用的大量资料。

第30章　摩　擦　焊

作者　刘金合　　审者　刘效方

摩擦焊是利用工件表面相互摩擦所产生的热，使端面达到热塑性状态，然后迅速顶锻，完成焊接的一种压焊方法。

30.1　摩擦焊原理及特点

30.1.1　摩擦焊原理

在压力作用下，被焊界面通过相对运动进行摩擦时，机械能转变为热能，所产生的摩擦加热功率

$$P = \mu F v \tag{30-1}$$

式中　μ——摩擦因数；

F——摩擦压力；

v——摩擦相对运动速度。

对于给定的材料，在足够的摩擦压力和足够的运动速度条件下，被焊材质温度不断上升，伴随着摩擦过程的进行，工件亦产生一定的变形量，在适当的时刻，停止工件间的相对运动，同时施加较大的顶锻力并维持一定的时间（称为维持时间），即可实现材质间的固相连接。连续驱动摩擦焊过程可分为如下6个阶段：

1. 初始摩擦阶段

由于摩擦焊接表面总是凸凹不平，加之存在有氧化膜、锈、油、灰尘以及吸附的气体等，所以，显示出的摩擦因数很小，随着接触后摩擦压力的逐渐增加，摩擦加热功率也逐渐增加。

在不稳定摩擦阶段，凸凹不平互相压入的表面迅速产生塑性变形和机械挖掘现象，表面不平会引起振动，空气也可能进入摩擦表面。

2. 不稳定摩擦阶段

摩擦破坏了待焊面的原始状态，未受污染的材质相接触，真实的接触面积增大，材质的塑性、韧性有较大提高、摩擦因数增大、摩擦加热功率提高，达到峰值后，又由于界面区温度的进一步升高、塑性增高和强度下降，加热功率又迅速降低。在这个阶段中，摩擦变形量开始增大，并以飞边的形式出现。

在不稳定摩擦阶段，机械挖掘现象减小，振动消除，表面逐渐平整，出现高温塑性状态金属颗粒的“粘结”现象，而粘结在一起的金属又受扭力矩而剪断，并相互过渡。接触良好的塑性金属封闭了摩擦表面，使之与空气隔绝。

3. 稳定摩擦阶段

在这个阶段，材料的粘结现象减少，分子作用现象增强，摩擦因数很小，摩擦加热功率稳定在较低的水平。变形层在力的作用下，不断从摩擦表面挤出，摩擦变形量不断增大，飞边也增大，与此同时，又被附近高温区的材料所补充而处于动态平衡之中。

4. 停车阶段

这个阶段，伴随工件间相对运动的减慢和停止，摩擦转矩增大，界面附近的高温材料被大量挤出，变形量亦随之增大，具有顶锻的特点，为了得到牢固的结合，停车时间要严格控制。

5. 纯顶锻阶段

是指从工件停止相对运动到顶锻力上升到最大值所对应的阶段。顶锻力、顶锻速度和顶锻变形量对焊接质量具有关键性的影响。

6. 顶锻维持阶段

是指顶锻力达到最大值到压力开始撤除所对应的阶段。

从停车阶段开始到顶锻维持阶段结束，变形层和高温区的部分金属被不断地挤出，焊缝金属产生变形、扩散以及再结晶，最终形成了结合牢固的接头。

30.1.2　摩擦焊的特点

摩擦焊的优点：

1）接头质量高。摩擦焊属固态焊接，正常情况下，接合面不发生熔化，焊合区金属为锻造组织，不产生与熔化和凝固相关的焊接缺陷；压力与转矩的力学冶金效应使得晶粒细化、组织致密、夹杂物弥散分布。

2）适合异种材质的连接。对于通常认为不可组合的金属材料诸如铝—钢、铝—铜、钛—铜等都可进行焊接。一般来说，凡是可以进行锻造的金属材料都可以进行摩擦焊。

3）生产效率高。发动机排气门双头自动摩擦焊机的生产率可达 800 ~ 1200 件/h，对于外径 ϕ127mm、内径 ϕ95mm 的石油钻杆与接头的焊接，连续驱动摩擦焊仅需十几秒，如采用惯性摩擦焊，所需时间还要短。

4）尺寸精度高。用摩擦焊生产的柴油发动机预

燃烧室，全长误差为 ±0.1mm，专用机可保证焊后的长度公差为 ±0.2mm，偏心度为 0.2mm 。

5）设备易于机械化、自动化，操作简单。

6）环境清洁。工作时不产生烟雾、弧光以及有害气体等。

7）节能省电。与闪光焊相比，电能节约 5 ~ 10 倍。

摩擦焊的缺点与局限性：

1）对非圆形断面焊接较困难，所需设备复杂；对盘状薄零件和薄壁管件，由于不易夹固，施焊也很困难。

2）焊机的一次性投资较大，大批量生产时才能降低生产成本。

30.2　摩擦焊的分类

根据工件的相对运动和工艺特点进行的分类如图 30-1 所示。

30.2.1　连续驱动摩擦焊

典型的连续驱动摩擦焊过程的转速、轴向压力、转矩、轴向缩短量的变化如图 30-2 所示。通常，待焊工件两端分别固定在旋转夹具和移动夹具内，工件被夹紧后，位于滑台上的移动夹具随滑台一起向旋转端移动，移动至一定距离后，旋转端工件开始旋转，工件接触后开始摩擦加热。此后，则可进行不同的控制，如时间控制或摩擦缩短量（又称摩擦变形量）控制。当达到设定值时，旋转停止，顶锻开始，通常施加较大的顶锻力并维持一段时间，然后，旋转夹具松开，滑台后退，当滑台退到原位时，移动夹具松开，取出工件。至此，焊接过程结束。

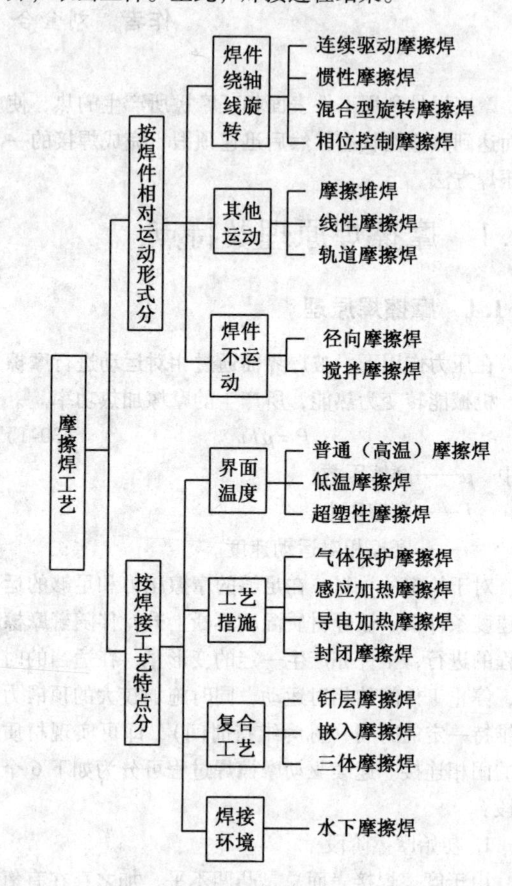

图 30-1　摩擦焊工艺方法及分类

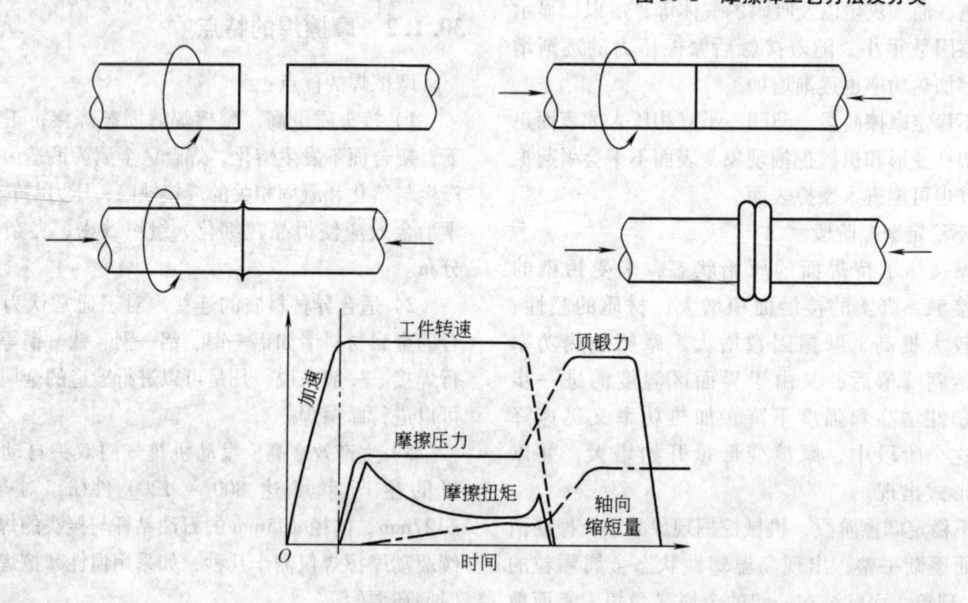

图 30-2　连续驱动摩擦焊焊接过程中几个主要参数随时间的变化规律

30.2.2 惯性摩擦焊

图30-3是惯性摩擦焊示意图。工件的旋转端被夹持在飞轮里，焊接过程开始时，首先将飞轮和工件的旋转端加速到一定的转速，然后飞轮与主电动机脱开，同时，工件的移动端向前移动，工件接触后，开始摩擦加热。在摩擦加热过程中，飞轮受摩擦转矩的制动作用，转速逐渐降低，当转速为零时，焊接过程结束。惯性摩擦焊的主要焊接参数有三个：飞轮转动惯量J、转速n（或飞轮角速度ω）以及轴向压力P。飞轮储存的能量E与飞轮转动惯量J和飞轮角速度ω的关系为

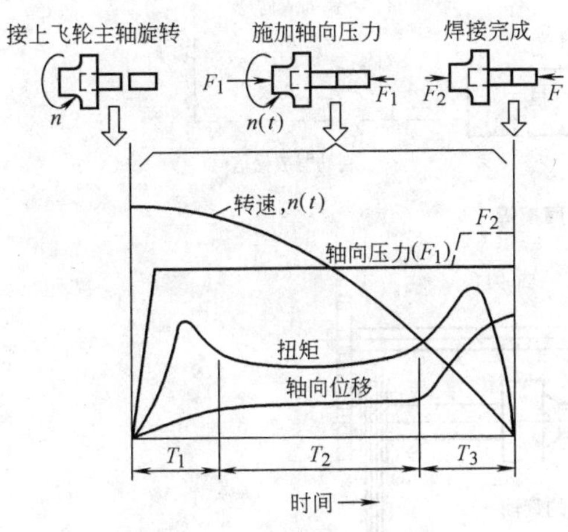

图30-3 惯性摩擦焊示意图

$$E=\frac{J\omega^2}{2} \tag{30-2}$$

对实心飞轮

$$J=\frac{GR^2}{2g} \tag{30-3}$$

式中 G——飞轮重量；

R——飞轮半径；

g——重力加速度。

实际生产中，飞轮的转动惯量可通过更换飞轮或不同尺寸飞轮的组合而加以改变。惯性摩擦焊的主要特点是恒压、变速，它将连续驱动摩擦焊的加热和顶锻结合在一起。

30.2.3 混合型旋转摩擦焊

混合型旋转摩擦焊是连续驱动摩擦焊和惯性摩擦焊的结合。这类焊机的特点是：断开驱动源之后，可以施加和不施加制动力；采用直流或交流变速驱动，不需要离合器和制动器；配有比例液压控制器，能使压力平衡地升降；通过控制减速时间和顶锻力上升时间，可以得到接近于惯性摩擦焊或连续驱动摩擦焊的接头质量；可以用同一吨位的焊机焊接更大的工件；对于不同的工件也不需更换飞轮。

30.2.4 相位摩擦焊

相位摩擦焊用于六方钢、八方钢、汽车操纵杆等相对位置有要求的工件的焊接，要求工件焊后棱边对齐、方向对正或相位满足要求。实际应用的主要有三种类型：机械同步相位摩擦焊、插销配合摩擦焊和径向摩擦焊。

1. 机械同步相位摩擦焊

图30-4是其原理图。主要过程为：焊接之前压紧校正凸轮→夹持工件→调整两工件相位→对静止主轴制动→松开校正凸轮→焊接开始→……→摩擦结束时，断电并对驱动主轴制动→在主轴接近停止转动前，松开制动器，这时主轴有局部回转的能力→立即压紧校正凸轮，工件间的相位得到保证→顶锻。

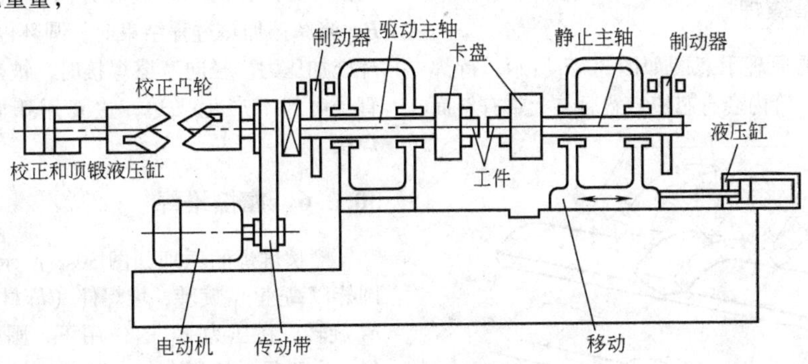

图30-4 机械同步摩擦焊机

2. 插销配合摩擦焊

图30-5是其原理图。其相位确定机构由插销、插销孔和控制系统组成。插销位于尾座主轴上，尾座主轴可自由转动，摩擦加热过程中，制动器B将其固定。加热过程终结时，制动主轴，当计算机检测到主轴进入最后一转时，给出信号，使插销进入插销孔，与此同时，松开尾座主轴的制动器B，使尾座主轴能与主轴一起转动。这样，既可保证相位，又可防

止插销进入插销孔时引起冲击。

3. 同步驱动摩擦焊

图30-6是其传动简图。为了保证轴管两端旋转轭间的相位关系，两主轴通过齿轮、同步杆和花键作同步旋转，在整个焊接过程中两旋转轭的相位关系一直不变。

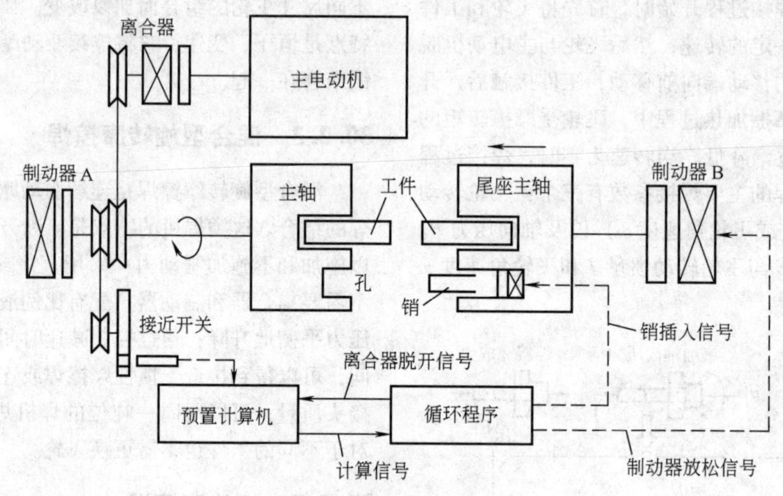

图30-5　插销配合摩擦焊

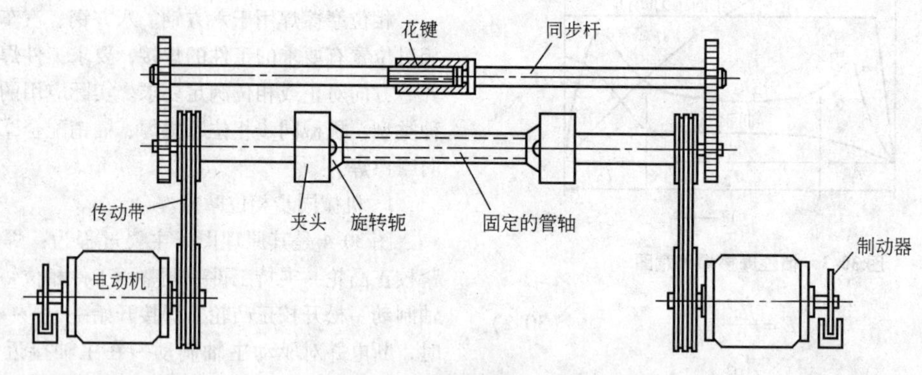

图30-6　同步驱动摩擦焊机传动简图

30.2.5　径向摩擦焊

径向摩擦焊的原理示意图如图30-7所示。待焊的管子开有坡口，管内套有芯棒，然后装上带有斜面的圆环，焊接时圆环旋转并向其施加径向摩擦压力 P，当摩擦加热过程结束时，圆环停止旋转，并向圆环施加压力。径向摩擦焊接时，被焊管本身不转动，管子内部不产生飞边，主要用于管子的现场装配焊接。

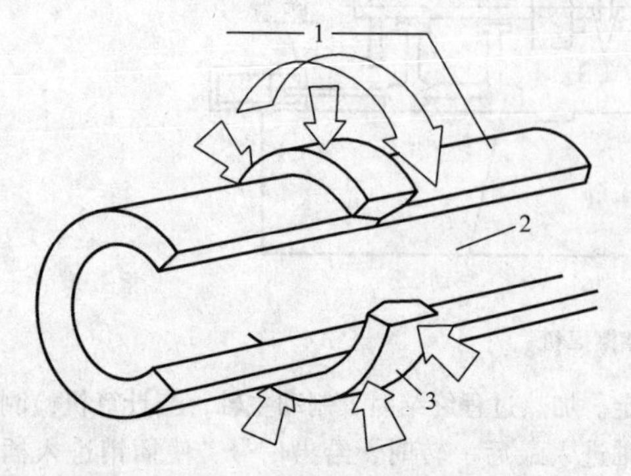

图30-7　径向摩擦焊原理示意图

1—待焊圆管　2—芯棒　3—圆环

30.2.6　摩擦堆焊

摩擦堆焊的原理如图30-8所示。堆焊时，金属圆棒以高速 n_1 旋转，堆焊件（母材）也同时以转速 n_2 旋转，在压力 F_1 的作用下，圆棒和母材摩擦生热。由于母材体积大，冷却速度快，所以，堆焊金属过渡到母材上形成堆焊焊缝。

30.2.7　轨道摩擦焊

图30-9是轨道摩擦焊示意图，图a、b、c之间依次相差120°。两个工件都不旋转，仅其中一个工

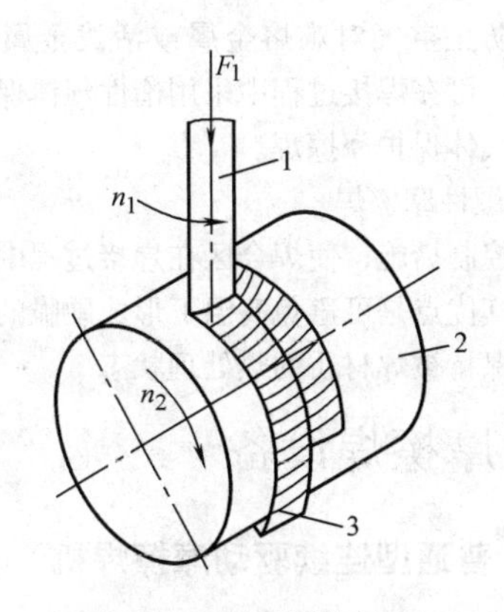

图 30-8 摩擦堆焊原理图

1—堆焊金属圆棒 2—堆焊件 3—堆焊焊缝

件绕另一个工件转动，它主要用于焊接非圆断面工件。

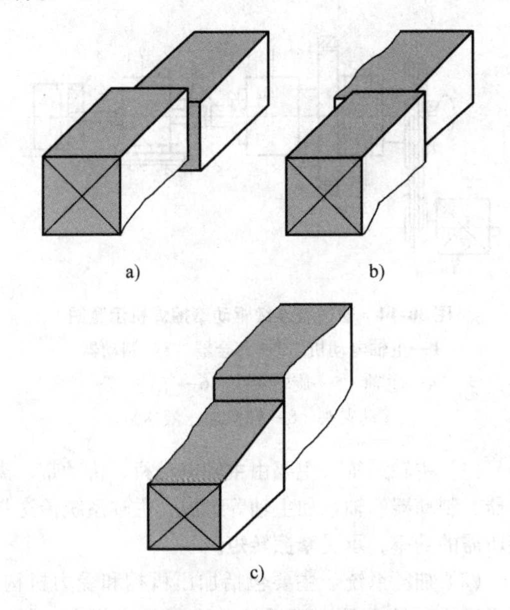

图 30-9 轨道摩擦焊示意图

30.2.8 线性摩擦焊与搅拌摩擦焊

图 30-10 是线性摩擦焊示意图，其主要优点是不管工件是否对称、均可进行焊接。

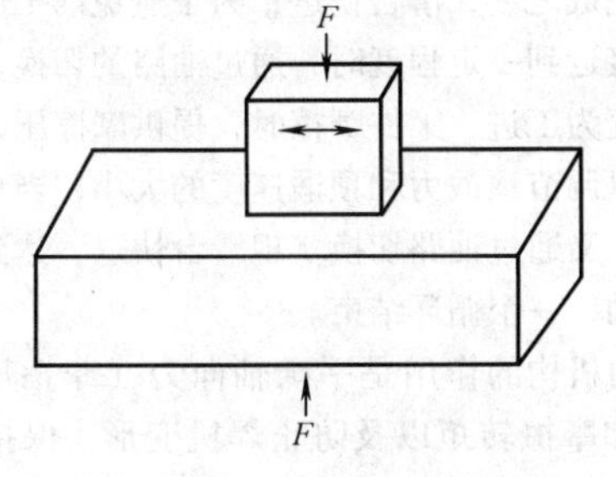

图 30-10 线性摩擦焊示意图

图 30-11 是搅拌摩擦焊示意图，焊接主要由搅拌头完成。搅拌头由搅拌针、夹持器和圆柱体组成。焊接开始时，搅拌头高速旋转，搅拌针迅速钻入被焊板的接缝，与母材金属摩擦生热形成了很薄的热塑性层。当搅拌针钻入工件表面以下时，有部分金属被挤出表面，由于正面轴肩和背面垫板的密封作用，一方面，轴肩与被焊板表面摩擦，产生辅助热，另一方面，搅拌头和工件相对运动时，在搅拌头前面不断形成的热塑性金属转移到搅拌头后面，填满后面的空腔。在整个焊接过程中，空腔的产生与填满连续进行，焊缝区金属经历着被挤压、摩擦生热、塑性变形、转移、扩散以及再结晶等。

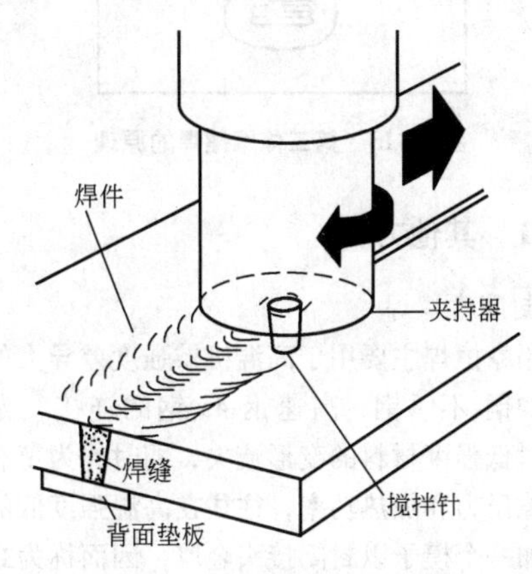

图 30-11 搅拌摩擦焊示意图

搅拌摩擦焊能完成对接、搭接、铰接、T形接等多种形式的连接。

30.2.9 嵌入摩擦焊

图 30-12 是其原理示意图。将较硬的材料嵌入到较软的材料中，通过二者相对运动产生的摩擦热，使较软材料的高温塑性层流入预先加工好的较硬材料的凹区中，从而形成接头。该方法可用于电力、真空、低温等领域的过渡接头。

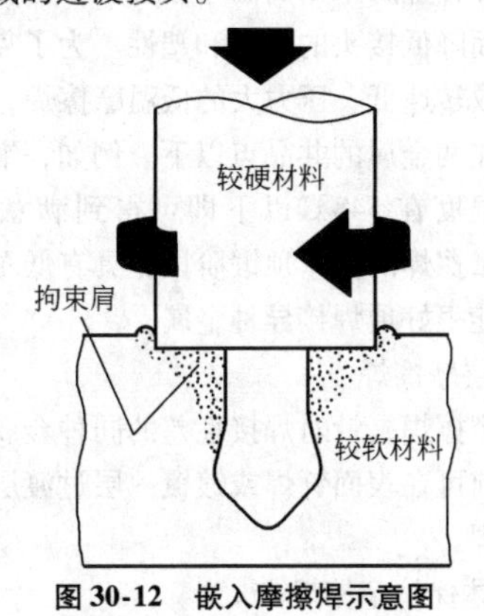

图 30-12 嵌入摩擦焊示意图

30.2.10　第三体摩擦焊

图30-13是其原理示意图。低熔点的第三体（第三种物质）经摩擦，温度升高，不发生熔化，仅产生塑性流动，冷却后，第三体材料固化，接头形成。这种方法可以采用很大横断面面积的第三体，接头强度可超过部件材料。

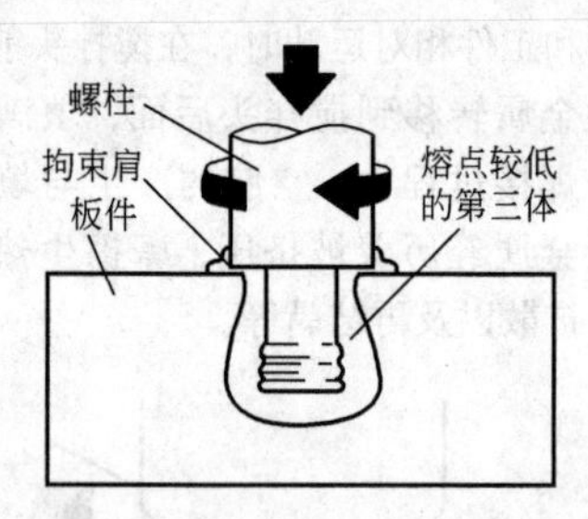

图30-13　第三体摩擦焊的原理

30.2.11　其他方法

1. 封闭摩擦焊

封闭摩擦焊主要用于高温机械强度差异大的异种金属，如铜-不锈钢、高速钢-45钢的连接。为了防止高温时低强度材料的变形流失，同时，为了有利于提高摩擦压力和加热功率，往往在高温强度低的材料一面附加一个模子以封闭接头金属，因而称为封闭摩擦焊。

2. 预热摩擦焊

预热摩擦焊也是针对高温机械强度差别大的异种金属的。为了增大高温时机械强度高的金属的塑性变形能力，使得两种材质的变形量相等，可在摩擦加热前先对高强度的金属预热，然后采用压力大、摩擦时间短、摩擦加热功率高的强规范施焊，这种方法称为预热摩擦焊。

3. 低温摩擦焊

某些异种金属采用高温摩擦焊时，易产生脆性合金层，从而降低接头的强度和塑性。为了克服此种缺陷，可采取转速低、压力大的低温摩擦焊，始终保持界面温度在两金属的共晶点以下。例如，铜—铝焊接时，只要温度在548℃以下即可得到满意的焊接接头。惯性摩擦焊的停车顶锻阶段，具有低温摩擦的特点，所以能很好地焊接异种金属。

4. 钎层摩擦焊

钎层摩擦焊是针对焊接性差的同种金属或异种金属的，焊前可在表面钎焊或镀覆一层过渡层，然后再进行摩擦焊。

5. 气体保护摩擦焊

为了防止空气对难熔金属或活泼金属焊缝的污染、危害，可在焊接过程中采用惰性气体保护，这种方法称为气体保护摩擦焊。

6. 超塑性摩擦焊

通过控制措施，使焊合区在焊接过程中处于超塑性状态。其优点是可避免高温下形成硬脆的金属间化合物以及保持被焊材质的热处理状态。

30.3　摩擦焊设备

30.3.1　普通型连续驱动摩擦焊机

1. 组成及要求

图30-14是普通型连续驱动摩擦焊机示意图，主要由主轴系统、加压系统、机身、夹头、检测与控制系统以及辅助装置等六部分组成。

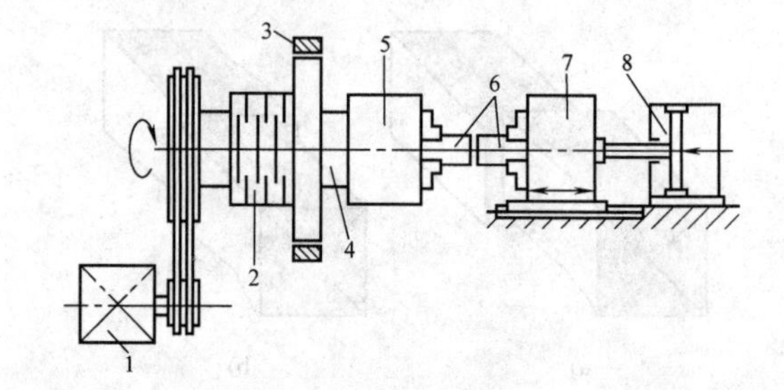

图30-14　普通型连续驱动摩擦焊机示意图
1—主轴电动机　2—离合器　3—制动器　4—主轴　5—旋转夹头　6—工件　7—移动夹头　8—轴向加压液压缸

（1）主轴系统　主要由主轴电动机、传动带、离合器、制动器、轴承和主轴等组成，主轴系统传送焊接所需的功率，承受摩擦转矩。

（2）加压系统　主要包括加压机构和受力机构。加压机构的核心是液压系统，液压系统分为夹紧油路、滑台快进油路、滑台工进油路、顶锻保压油路以及滑台快退油路等五个部分。

加紧油路主要通过对离合器的压紧与松开完成主轴的起动、制动以及工件的夹紧、松开等任务。当工件装夹完成之后，滑台快进；为了避免两工件发生撞击，当接近到一定程度时，通过油路的切换，滑台由快进转变为工进；工件摩擦时，提供摩擦压力；顶锻回路用以调节顶锻力和顶锻速度的大小；当顶锻保压结束后，又通过油路切换实现滑台快退，达到原位后停止运动，一个循环结束。

受力机构的作用是平衡轴向力（摩擦压力、顶锻力）和摩擦转矩以及防止焊机变形，保持主轴系统和加压系统的同轴度。轴向力的平衡可采用单拉杆或双拉杆结构，即以工件为中心、在机身中心位置设置单拉杆或以工件为中心、对称设置双拉杆；转矩的平衡常用装在机身上的导轨来实现。

（3）机身 机身一般为卧式，少数为立式。为防止变形和振动，它应有足够的强度和刚度。主轴箱、导轨、拉杆、夹头都装在机身上。

（4）夹头 夹头分为旋转和移动（固定）两种。旋转夹头又有自定心弹簧夹头和三爪夹头之分，如图30-15所示。弹簧夹头适宜于直径变化不大的工件，三爪夹头适宜于直径变化较大的工件。移动夹头大多为液夹台虎钳，如图30-16所示，其中简单型的则适于直径变化不大的工件，自动定心型的则适宜于直径变化较大的工件。为了使夹持牢靠，不出现打滑旋转、后退、振动等，夹头与工件的接触部分硬度要高、耐磨性要好。

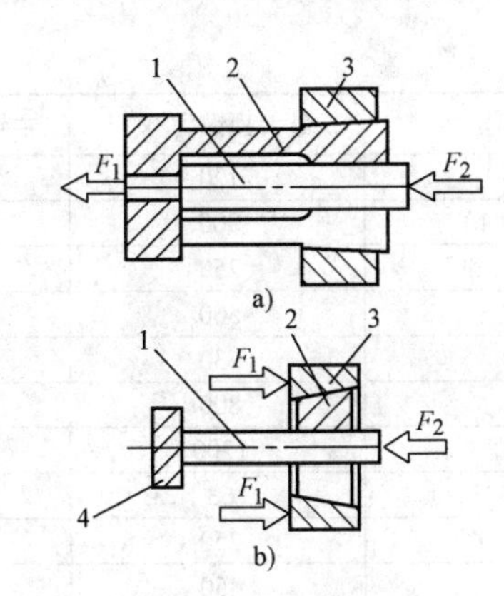

图30-15 旋转夹头

a）弹簧夹头 b）三爪夹头

1—工件 2—夹爪 3—夹头体 4—挡铁

F_1—预夹紧力 F_2—摩擦和顶锻时的轴向压力

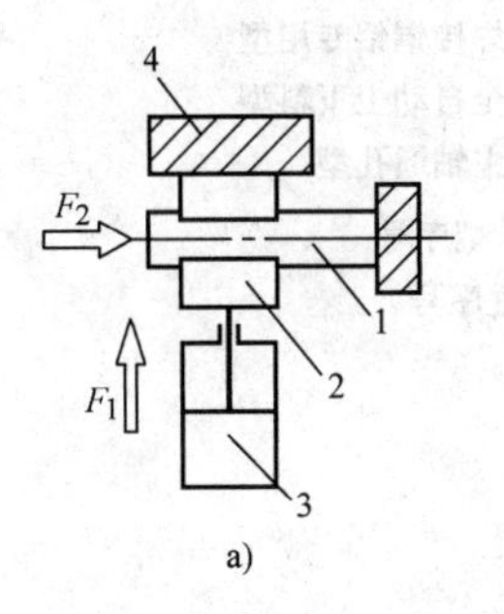

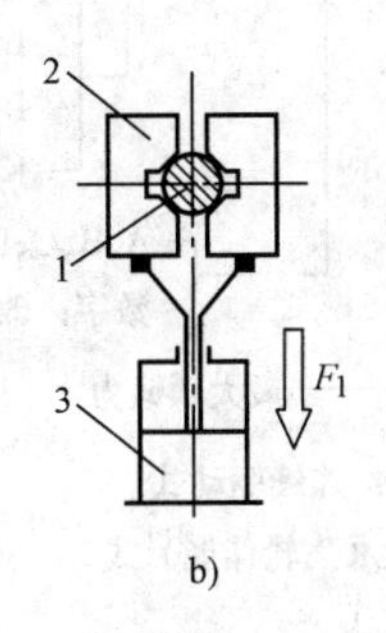

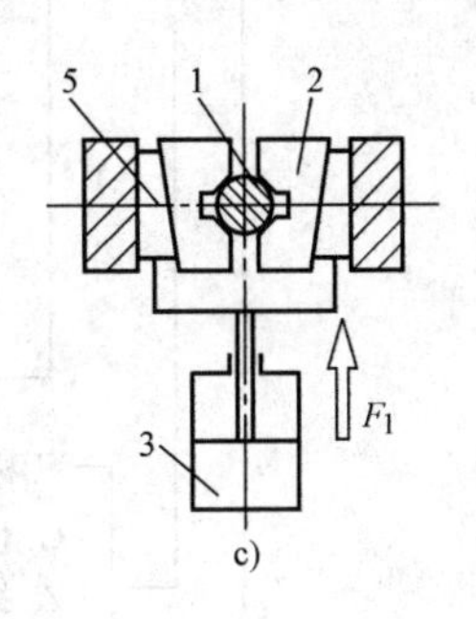

图30-16 移动（固定）夹头

a）简单液压台虎钳 b）、c）自定心液压台虎钳

1—工件 2—夹爪 3—液压缸 4—支座 5—挡铁

F_1—夹紧力 F_2—摩擦压力顶锻压力

（5）检测与控制系统 参数检测主要涉及时间（摩擦时间、制动时间、顶端上升时间、顶端维持时间）、加热功率、压力（摩擦压力——含一次压力和二次压力、顶锻力）、变形量、转矩、转速、温度、特征信号（如摩擦开始时刻、功率峰值及所对应的时刻）等。

控制系统包括程序控制和焊接参数控制，程序控制用来完成上料、夹紧、滑台快进、滑台工进、主轴旋转、摩擦加热、离合器松开、制动、顶锻保证、切除飞边、滑台后退、工件退出等顺序动作及联锁保护等，焊接参数控制则根据方案进行相应的诸如时间控制、功率峰值控制、变形量控制、温度控制、变参数复合控制等。

（6）辅助装置 主要包括自动送料、卸料、以及自动切除飞边装置等。

2. 典型摩擦焊机的技术数据

表30-1是国产的几种典型的连续驱动摩擦焊机的技术数据。

表30-2和表30-3分别是哈尔滨焊接研究所生产的连续驱动摩擦焊机和混合式摩擦焊机。

表30-1 国产的几种典型的连续驱动摩擦焊机的技术数据

型号	最大顶锻力/kN	主轴转速/(r/min)	焊棒料直径/mm	整机质量/t	可变型
C—0.5A	5	6000	$\phi4\sim\phi6.5$	3	
C—1A	10	5000	$\phi4.5\sim\phi8$	3	
C—2.5D(－※)	25	3000	$\phi6.5\sim\phi10$	3	Q
C—4D(－※)	40	2500	$\phi8\sim\phi14$	3	Q,L
C—4C(－※)	40	2500	$\phi8\sim\phi14$	4	I

（续）

型号	最大顶锻力/kN	主轴转速/(r/min)	焊棒料直径/mm	整机质量/t	可变型
C—12A—3	120	1000	$\phi10\sim\phi30$	6.8	
C—20(※-1)	200	2000	$\phi12\sim\phi34$	5.2	A,B,L
C—20A—3(※)	250	1350	$\phi18\sim\phi40$	6.8	K
C—50A	500	1000	$\phi30\sim\phi50$	8	
C63(※)	630	950	$\phi35\sim\phi60$	8.5	A,G
C—80A	800	850	$\phi40\sim\phi75$	17	
C—120(※)	1200	580	$\phi50\sim\phi85$	16	A,G
CG—6.3	63	5000	$\phi8\sim\phi20$	5	
CT—25	250	5000	$\phi18\sim\phi40$	8	
RS45(※)	450	1500	$\phi20\sim\phi70$	8.5	

注：设备型号说明：

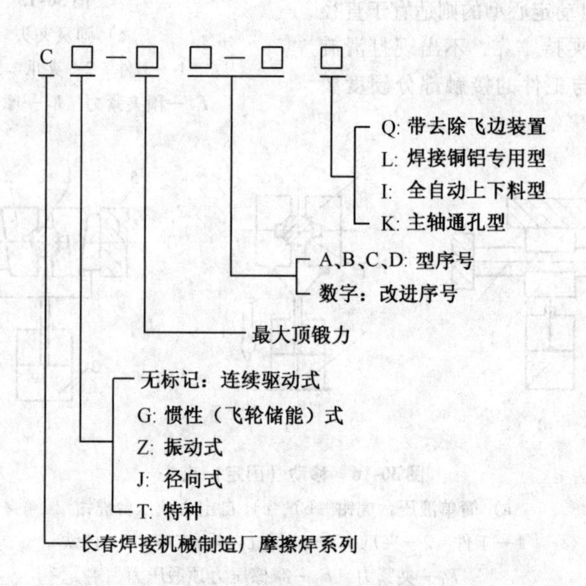

表30-2 连续驱动摩擦焊机系列

可焊焊件规格 \ 焊机型号		HAM-(轴向推力kN)								
		25	50	10	150	25	40	60	80	120
可焊件最大直径/mm(低碳钢)	空心管	$\phi20\times2$	$\phi20\times4$	$\phi38\times4$	$\phi43\times5$	$\phi73\times6$	$\phi90\times8$	$\phi80\times10$	$\phi100\times10$	$\phi127\times20$
	实心管	$\phi12$	$\phi16$	$\phi22$	$\phi28$	$\phi40$	$\phi50$	$\phi62$	$\phi75$	$\phi90$
焊件长度/mm	旋转夹具	50~140	50~140	50~200	50~200	50~300	50~300	50~300	80~300	100~500
	移动夹具	100~400	100~500	100~不限	100~不限	100~不限	100~不限	120~不限	120~不限	120~不限

表30-3 混合式摩擦焊机系列

可焊焊件规格 \ 焊机型号		HAM-(轴向推力kN)						
		50	100	150	280	400	800	1200
可焊件最大直径/mm(低碳钢)	空心管	$\phi20\times4$	$\phi38\times4$	$\phi43\times5$	$\phi75\times6$	$\phi90\times10$	$\phi110\times10$	$\phi140\times16$
	实心棒	$\phi18$	$\phi25$	$\phi30$	$\phi45$	$\phi55$	$\phi80$	$\phi95$
工件长度/mm	旋转夹具	50~140	50~200	50~200	50~300	50~300	80~300	100~500
	移动夹具	100~500	100~不限	100~不限	100~不限	120~不限	300~不限	200~不限

30.3.2 惯性摩擦焊机

图30-17是惯性摩擦焊机原理示意图。它由电动机、主轴、飞轮、夹盘、移动夹具、液压缸等组成。工作时，飞轮、主轴、夹盘和工件都被加速到与给定能量相应的转速时，停止驱动，工件和飞轮自由旋转，然后，使两工件接触并施加一定的轴向压力，通过摩擦使飞轮的动能转换为摩擦界面的热能，飞轮转速逐渐降低，当变为零时，焊接过程结束。

表30-4是MTI公司惯性摩擦焊机的型号和技术规格。这些焊机可以有不同的组合和改动，所有焊机均可配备自动装卸装置、除焊瘤装置和质量控制监测器，转速均可由0调节至最大。

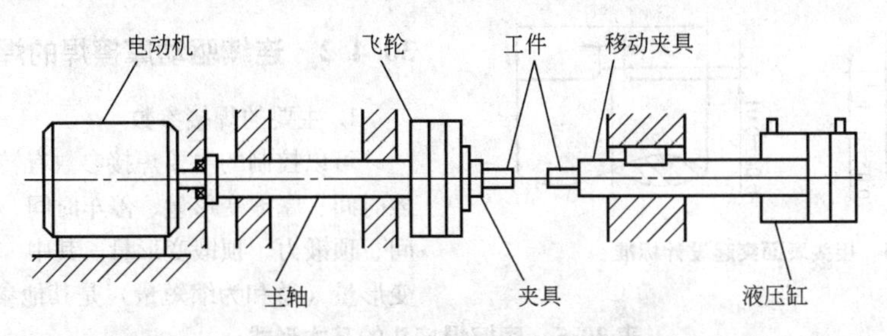

图30-17 惯性摩擦焊机原理示意图

表30-4 MTI公司惯性摩擦焊机的型号和技术规格

型号	最大转速/(r/min) 转速可调	飞轮最大转动惯量 /lb·ft²(kg·m²)	最大摩擦力 /lbf(kN)	最大管形焊缝面积 /in²(mm²)	变型
40	45000/60000	0.015(0.00063)	500(222)	0.07(45.2)	B.D.V
60	12000/24000	2.25(0.094)	9000(40.03)	66(426)	B.BX.D.V
90	12000	50(0.21)	13000(57.82)	1.0(645)	B.BX.D.T.V
120	8000	25(0.21)	28000(124.54)	1.7(1097)	B.BX.D.T.V
150	8000	50(2.11)	50000(222.4)	2.6(1677)	B.BX.T.V
180	8000	100(42)	80000(355.8)	4.6(2968)	B.BX.T.V
220	6000	600(25.3)	130000(578.2)	6.5(4194)	B.BX.T.V
250	4000	2500(105.4)	200000(889.6)	10(6452)	B.BX.T.V
300	3000	5000(210)	250000(1112.0)	12(7742)	B,Bx
320	2000	10000(421)	350000(1556.8)	18(11613)	B,Bx
400	2000	25000(1054)	600000(2668.8)	30(19355)	B,Bx
480	1000	250000(10535)	850000(3780.8)	42(27097)	B,Bx
750	1000	100000(21070)	1500000(6672.0)	75(48387)	B,Bx
800	500	1000000(42140)	4500000(20000)	225(145160)	B,Bx

30.4 摩擦焊工艺

30.4.1 接头设计

1. 接头设计原则

1）对旋转式摩擦焊，至少有一个是圆形截面。

2）为了夹持方便、牢固，保证焊接过程不失稳，应尽量避免设计薄管、薄板接头。

3）一般倾斜接头应与中心线成30°～45°的斜面。

4）对锻压温度或热导率相差较大的材料，为了使两个零件的锻压和顶锻相对平衡，应调整界面的相对尺寸。

5）对大断面接头，为了降低摩擦加热时的转矩和功率峰值，采用端面导角的办法可使焊接时接触面积逐渐增加。

6）如要限制飞边流出（如不能切除飞边或不允许飞边暴露时），应预留飞边槽。

7）对于棒-棒和棒-板接头，中心部位材料被挤出形成飞边时，要消耗更多的能量，而焊缝中心部位对转矩和弯曲应力的承担又很少，所以，如果工作条件允许，可将一个或两个零件加工成具有中心孔洞，这样，既可用较小功率的焊机，又可提高生产率。

8）采用中心部位突起的接头，如图30-18所示，可有效地避免中心未焊合。

9）摩擦面要避免采用渗碳、渗氮等。

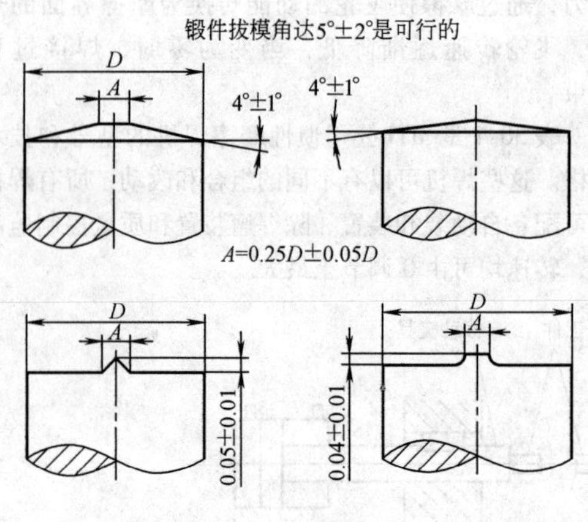

图 30-18　接头表面突起设计标准

10）为了防止由于轴向力（摩擦力、顶锻力）引起的滑退，通常在工件后面设置挡块。

11）工件伸出夹头外的尺寸要适当，被焊工件应尽可能有相同的伸出长度。

2. 摩擦焊接头的形式

表 30-5 和表 30-6 分别是摩擦焊接头的基本形式和一些特殊形式。

30.4.2　连续驱动摩擦焊的焊接参数

1. 主要的焊接参数

可以控制的主要焊接参数有转速、摩擦压力、摩擦时间、摩擦变形量、停车时间、顶锻延时、顶锻时间、顶锻力、顶锻变形量。其中，摩擦变形量和顶锻变形量（总和为缩短量）是其他参数的综合反映。

表 30-5　摩擦焊接头的基本形式

接头形式	简　图	接头形式	简　图
棒-棒		管-板	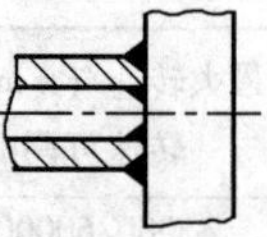
管-管	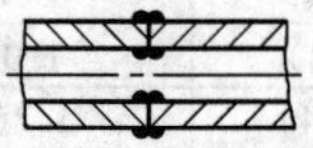	管-管板	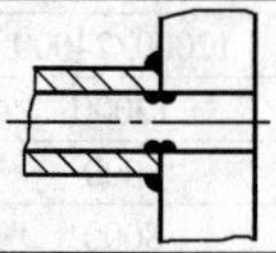
棒-管	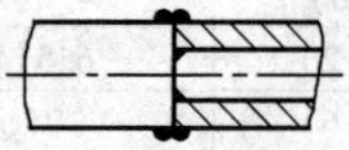	棒-管板	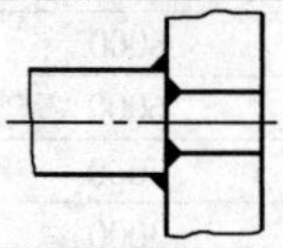
棒-板	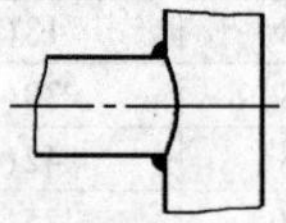	矩形和多边形型材-棒或板	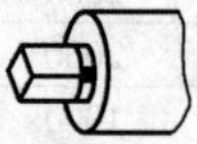

表 30-6　摩擦焊特殊接头设计形式

接　头　形　式	示　意　图	特　点
等断面接头	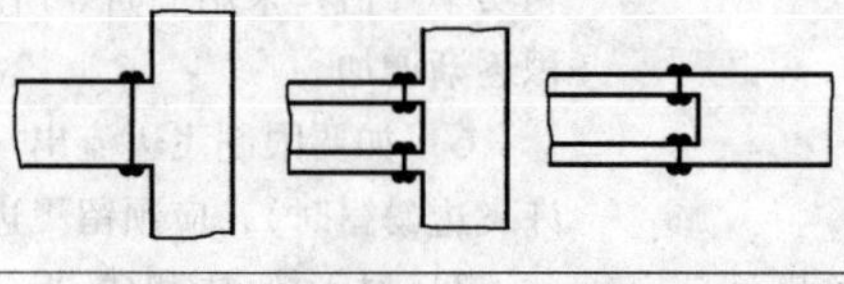	将焊接接头置于远离应力集中的部位，也有利于热平衡，便于顶锻和清除飞边
带飞边槽的接头	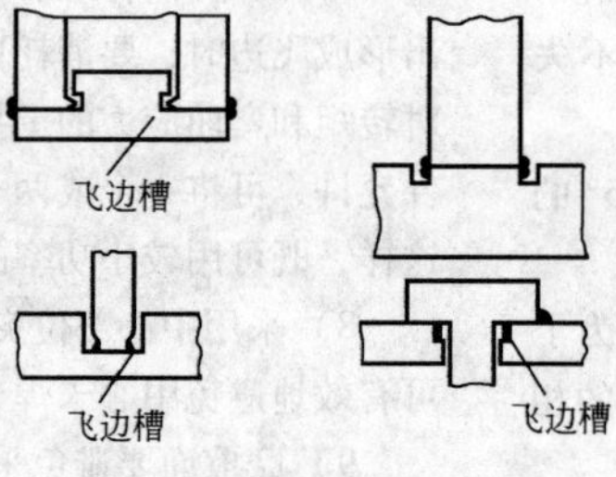 飞边槽 飞边槽 飞边槽	不允许露出又无法切除飞边的工件，可用飞边槽保持工件外观和使用性能

（续）

接头形式	示意图	特点
复式接头 （同心管-棒、板） （同心管、板-棒）		同时将两个接头焊成
端面倒角接头		用于大断面的棒、管件的摩擦焊，以减少工件外缘的摩擦热量 锥形部分长度不得超过缩短量的50%
（棒-棒） （管-管）		
锥形接头 （管-管）（棒-板）		锥形面与中心线呈30°～45°，最小可为8°的斜面，但角度选择须防止其中一工件从孔中挤出
异种材料锥形接头 （棒-棒）	钢　钢　铝　钢·钢	异种材料摩擦焊时，其中一件较软，可选用锥形接头和大参数
焊后锻压成形 （棒-棒）	去飞边 锻造	将棒材对接，焊后用锻压方法再制成所需形状
焊后展开轧制成形 （管-管）	去飞边 展开 滚轧	将管-管对接焊后，去飞边，展开滚轧成板材，用于不适合转动的板件摩擦焊

（1）转速与摩擦压力　转速和摩擦压力直接影响摩擦转矩、摩擦加热功率、接头温度场、塑性层厚度以及摩擦变形速度等。

工件直径一定时，转速代表摩擦速度。实心圆断面工件摩擦界面上的平均摩擦速度是距圆心为2/3半径处的摩擦线速度。稳定摩擦转矩与平均摩擦速度、摩擦压力的关系如图30-19所示。摩擦变形速度与平均摩擦速度、摩擦压力的关系如图30-20所示。转速对热影响区和飞边形状的影响如图30-21所示。

转速和摩擦压力的选用范围很宽，它们不同的组合可得到不同的规范，常用的组合有两种——强规范和弱规范。强规范时，转速较低，摩擦压力较大，摩擦时间短；弱规范时，转速较高，摩擦压力小，摩擦时间长。

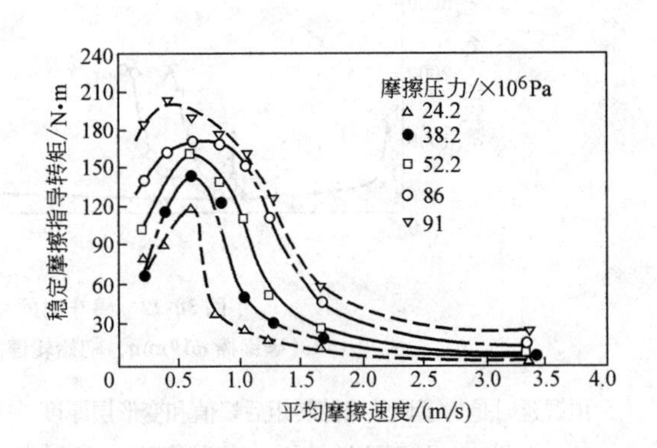

图30-19　摩擦转矩与平均摩擦速度、摩擦压力的关系曲线（低碳钢管 ϕ19mm×3.15mm）

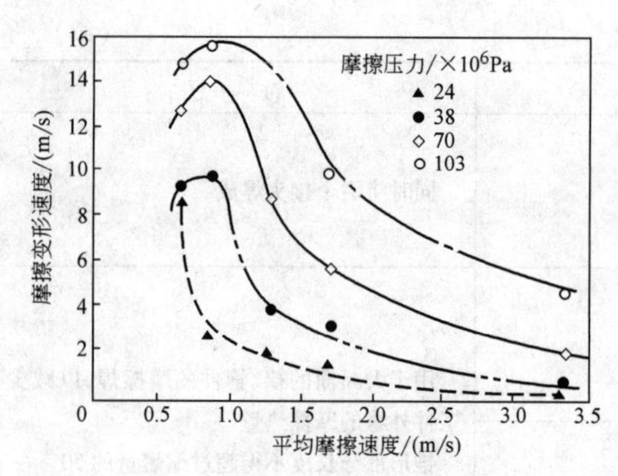

图 30-20　摩擦变形速度与平均摩擦速度、摩擦压力的关系曲线（低碳钢管 ϕ19mm × 3.15mm）

对大多数碳钢而言，推荐的圆周表面速度为 1.25 ~ 3.75m/s。对低碳钢和低合金钢的摩擦压力一般为 41 ~ 83MPa，对中、高碳钢，摩擦压力一般为 41 ~ 103MPa。焊接大截面工件时，为了不使摩擦焊加热功率超过焊机容量，可采用二级、三级加压。

（2）摩擦时间　摩擦时间影响接头的温度、温度场和质量。如时间短，则界面加热不充分，接头温度和温度场不能满足焊接要求；如时间长，则消耗能量多，热影响区大，高温区金属易过热，变形大，飞边也大，消耗材料多。碳钢工件的摩擦时间一般在 1 ~ 40s 范围内。

（3）摩擦变形量　摩擦变形量与转速、摩擦压力、摩擦时间、材质的状态和变形抗力有关，要得到牢靠的接头，必须有一定的摩擦变形量，通常选取的范围为 1 ~ 10mm。

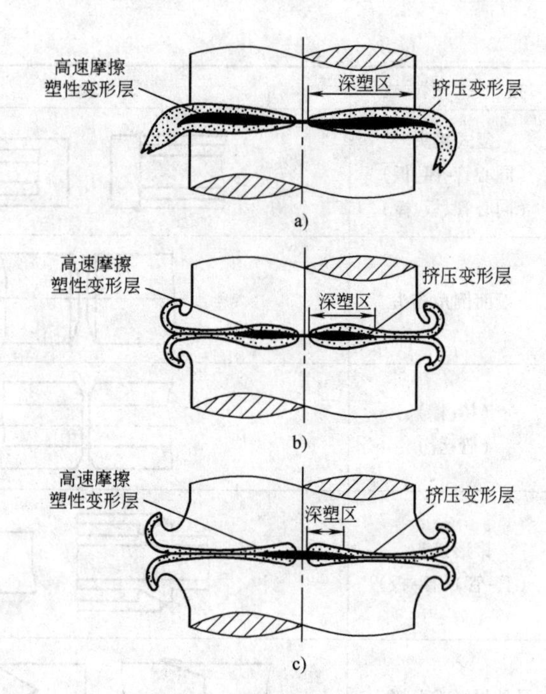

图 30-21　参数对热影响区和飞边形状的影响（低碳钢棒 ϕ19mm，压力 86MPa）

a）n = 1000r/min　b）n = 2000r/min　c）n = 4000r/min

（4）停车时间和顶锻延时　停车时间是转速由给定值下降到零所对应的时间，当其从短到长变化时，摩擦转矩后峰值从小到大，如图 30-22 所示。停车时间还影响接头的变形层厚度和焊接质量，当变形层较厚时，停车时间要短；当变形层较薄而且希望在停车阶段增加变形层厚度时，则可加长停车时间。其选取范围通常为 0.1 ~ 1s。

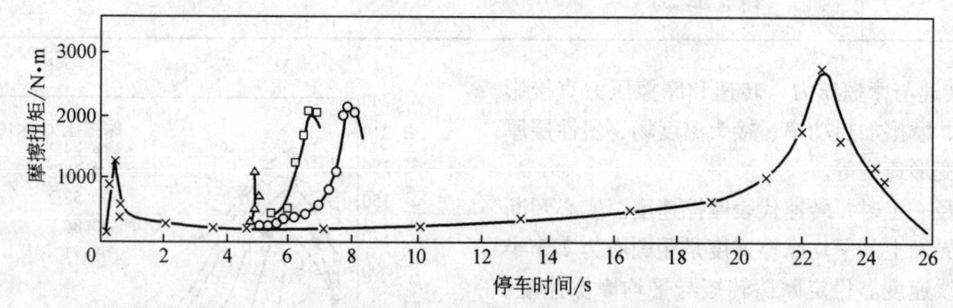

图 30-22　停车时间和摩擦后峰值扭矩的关系（碳钢棒 ϕ19mm，初始转速 2000r/min，摩擦压力 44MPa）

顶锻延时是为了调整摩擦转矩后峰值和变形层厚度。

（5）顶锻力、顶锻变形量和顶锻变形速度　顶锻力的作用是挤出摩擦塑性变形层中的氧化物和其他有害杂质，并使焊缝得到锻压，使结合牢靠，晶粒细化。

顶锻力的选择与材质、接头温度、变形层厚度以及摩擦力有关。材料的高温强度高时，顶锻力要大；温度高、变形层厚度小时，顶锻力要小（较小的顶锻力就可得到所需要的顶锻变形量）；摩擦压力大时，相应的顶锻力要小一些。顶锻力一般选取摩擦压力的 2 ~ 3 倍，对于低碳钢和低合金钢，可选取 80 ~

170MPa，对于中、高碳钢，可选取100～400MPa。

顶锻变形量是顶锻力作用结果的具体反映。顶锻变形量一般选取1～6mm。

顶锻速度反映了“趁热顶锻”的响应品质，如顶锻速度慢，则达不到要求的顶锻变形量，顶锻速度一般为10～40mm/s。

2. 几种典型材料的摩擦焊焊接参数

表30-7是几种典型材料的摩擦焊焊接参数。

表30-7 几种典型材料的摩擦焊焊接参数

序号	焊接材料	接头直径/mm	焊接规范				备注
			转速/(r/min)	摩擦压力/MPa	摩擦时间/s	顶锻力/MPa	
1	45钢+45钢	16	2000	60	1.5	120	—
2	45钢+45钢	25	2000	60	4	120	—
3	45钢+45钢	60	1000	60	20	120	—
4	不锈钢+不锈钢	25	2000	80	10	200	—
5	高速钢+45钢	25	2000	120	13	240	采用模子
6	铜+不锈钢	25	1750	34	40	240	采用模子
7	铝+不锈钢	25	1000	50	3	100	采用模子
8	铝+铜	25	208	280	6	400	采用模子
9	GH4169	20	2370	90	10	125	—
10	GH22	20	2370	65	16	95	—
11	TC4	20	1500	29	1	52	—
12	Ti17	20	2370	40	1	40	—
13	30CrMnSiNi2A	20	2370	30	6	55	—
14	40CrMnSnMoVA	20	2370	35	3	78	—
15	1Cr18Ni9Ti	25	2000	40	10	100	—

30.4.3 惯性摩擦焊工艺

1. 焊接参数

惯性摩擦焊的焊接参数有三个：起始转速、轴向压力和转动惯量。

(1) 起始转速　对每一种材料组合，都有与之相应的获得最佳焊缝的起始转速，图30-23a显示了起始转速对钢-钢工件焊缝深度和形貌的影响。起始

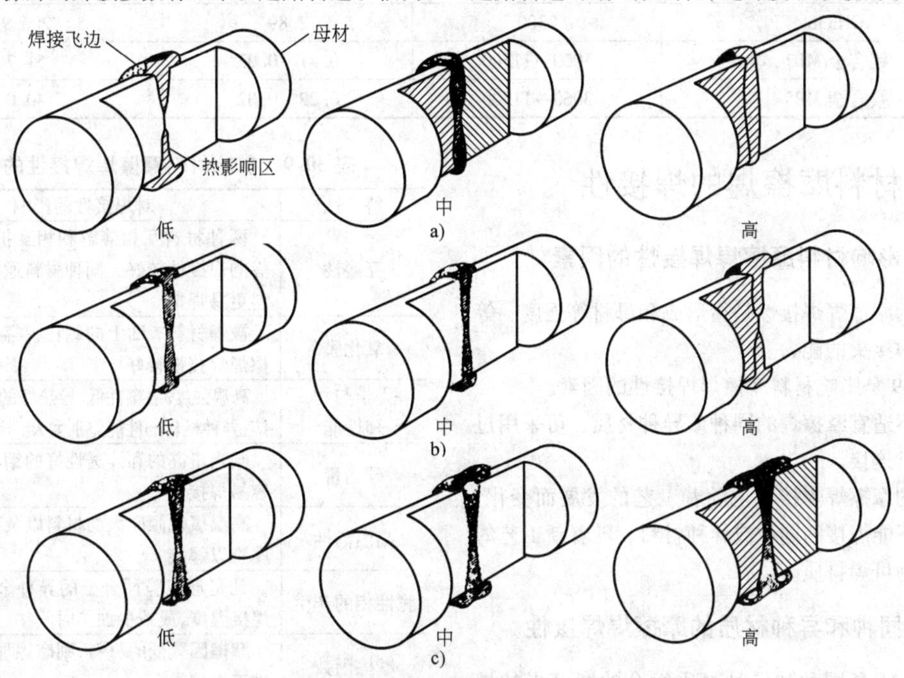

图30-23 焊接参数对熔深和均匀性及顶锻成形的影响
a）起始转速 b）轴向压力 c）正轮能量

转速具体反映在工件的线速度上，对钢-钢焊件，推荐的速度范围为 152 ~ 456m/min。低速（< 91m/min）时，中心加热偏低，飞边不齐，焊缝成漏斗状；中速（91 ~ 273m/min）焊接时，焊缝深度逐渐增加，边界逐渐均匀；高速（274 ~ 364m/min）焊时，焊缝边界均匀；如速度大于 36m/min 时，焊缝中心宽度大于其他部位。

（2）轴向压力　轴向压力对焊缝深度和形貌的影响几乎与起始转速的影响相反，如图 30-23b 所示。

（3）转动惯量　飞轮转动惯量和起始转速均影响焊接能量。在能量相同的情况下，大而转速慢的飞轮比小而转速快的飞轮产生较大的顶锻变形量。飞轮能量从小变大时，对钢-钢工件焊缝形貌和尺寸的影响如图 30-23c 所示。

2. 典型材料惯性摩擦焊焊接参数

典型材料的惯性摩擦焊焊接参数见表 30-8。

表 30-8　典型材料的惯性摩擦焊焊接参数

材　料	转速/(r/min)	转动惯量/kg · m²	轴向压力/kN
20	5730	0. 23	69
45	5530	0. 29	83
合金钢 20CrA	5530	0. 27	76
不锈钢 ZgoCr17Ni4Cu3Nb	3820	0. 73	110
超高强钢 40CrNi2Si2MoVA	3820	0. 73	138
纯钛	9550	0. 06	18. 6
钛合金 TC4	9550	0. 07	20. 7
铝合金 2A12	3060 ~ 7640	0. 41 ~ 0. 08	41
铝合金 7A04	3060 ~ 7640	0. 41 ~ 0. 08	89. 7
镍基合金 GH600	4800	0. 60	117
GH4169	2300	2. 89	206. 9
GH901	3060	1. 63	206. 9
GH738	3060	1. 63	206. 9
GH141	2300	2. 89	206. 9
GH536	2300	2. 89	206. 9
镁合金 MB7	3060 ~ 11500	0. 41 ~ 0. 03	51. 7
镁合金 MB5	3060 ~ 11500	0. 22 ~ 0. 02	40. 0

30. 5　材料摩擦焊的焊接性

30. 5. 1　影响材料摩擦焊焊接性的因素

材料的摩擦焊焊接性是指形成和母材等强度、等塑性摩擦焊接头的能力。

表 30-9 是影响材料摩擦焊焊接性的因素。

对于不适宜摩擦焊的同种或异种材质，可采用过渡材料进行连接。

材料的摩擦焊焊接性也随着工艺的发展而变化，有些原来不能焊接的同种或异种材料，随着新工艺的出现而变为可焊材质。

30. 5. 2　同种和异种材质的摩擦焊焊接性

图 30-24 是同种和异种材质组合的摩擦焊的焊接性。

表 30-9　影响材料摩擦焊焊接性的因素

特　性	对焊接性的影响
互溶性	两种材料互相溶解和相互扩散，则摩擦焊的焊接性较好。同种材料通常比异种材料更易焊接
氧化膜	被焊材料表面上的氧化膜容易破碎的摩擦焊焊接性较好
力学与物理性能	高温强度高、塑性低、导热好的材料较难焊接；异种材料的性能差别太大，不容易焊接
碳当量	碳当量高的和淬透性好的钢材往往不太容易焊接
高温活性	高温氧化倾向大的材料以及某些活性金属难以焊接
脆性相的产生	凡是形成脆性合金的异种金属，须降低焊接温度，或减少加热时间
摩擦因数	摩擦因数低的材料，则摩擦加热效率低，难于焊接
材料脆性	脆性材料，难于焊接

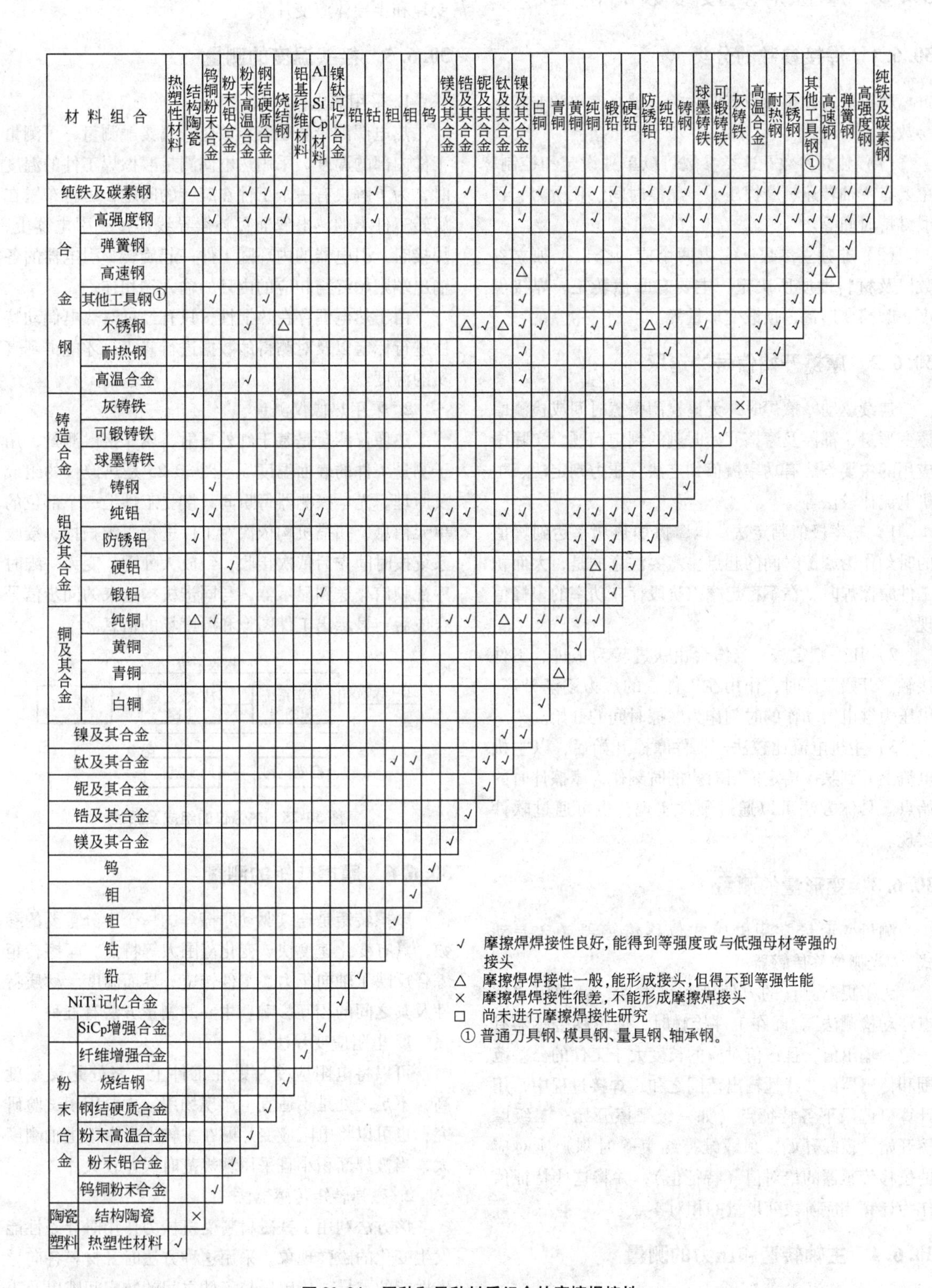

材料组合		热塑性材料	结构陶瓷	钨铜粉末合金	粉末铝合金	粉末高温合金	钢结硬质合金	烧结钢	铝基纤维材料	Al/SiC_p材料	镍钛记忆合金	铅	钴	钽	钼	钨	镁及其合金	锆及其合金	铌及其合金	钛及其合金	镍及其合金	白铜	青铜	黄铜	纯铜	锻铝	硬铝	防锈铝	纯铝	铸钢	球墨铸铁	可锻铸铁	灰铸铁	高温合金	耐热钢	不锈钢	其他工具钢①	高速钢	弹簧钢	高强度钢	纯铁及碳素钢
纯铁及碳素钢			△	√		√	√	√					√					√		√	√	√	√	√	√	√		√	√	√	√	√		√	√	√	√	√	√	√	√
合金钢	高强度钢			√		√	√	√					√								√				√					√	√			√	√	√	√	√	√	√	
	弹簧钢																																				√		√		
	高速钢																				△																√	△			
	其他工具钢①			√			√														√															√	√				
	不锈钢					√		△										△	√	△	√	√			√	√		△	√		√			√	√	√					
	耐热钢																				√								√					√	√						
	高温合金					√															√													√							
铸造合金	灰铸铁																																×								
	可锻铸铁																															√									
	球墨铸铁																														√										
	铸钢			√																										√											
铝及其合金	纯铝		√	√					√	√						√	√	√		√	√			√	√	√	√	√	√												
	防锈铝		√																					√	√	√		√													
	硬铝				√																				△	√	√														
	锻铝									√																√															
铜及其合金	纯铜		△	√													√	√		△	√	√	√	√	√																
	黄铜																							√																	
	青铜																						△																		
	白铜																					√																			
镍及其合金																				√	√																				
钛及其合金														√	√				√	√																					
铌及其合金																		√																						
锆及其合金																	√																							
镁及其合金																√																								
钨															√																									
钼														√																										
钽													√																											
钴																																								
铅												√																													
NiTi记忆合金											√																														
粉末合金	SiC_p增强合金									√																															
	纤维增强合金								√																																
	烧结钢							√																																	
	钢结硬质合金						√																																		
	粉末高温合金					√																																			
	粉末铝合金				√																																				
	钨铜粉末合金			√																																					
陶瓷	结构陶瓷		×																																						
塑料	热塑性材料	√																																							

√ 摩擦焊焊接性良好，能得到等强度或与低强母材等强的接头

△ 摩擦焊焊接性一般，能形成接头，但得不到等强性能

× 摩擦焊焊接性很差，不能形成摩擦焊接头

□ 尚未进行摩擦焊焊接性研究

① 普通刀具钢、模具钢、量具钢、轴承钢。

图 30-24 同种和异种材质组合的摩擦焊接性

30.6　摩擦焊焊接参数的检测

30.6.1　焊接参数的分类

摩擦焊的焊接参数有两大类：独立参数和非独立参数。

（1）独立参数　这类参数可以单独设定和控制，主要有主轴转速、摩擦压力、摩擦时间、顶锻力、顶锻维持时间等。

（2）非独立参数　它由两个或两个以上独立参数以及材料性质所决定，主要有摩擦转矩、焊接温度、摩擦变形量、顶锻变形量等。

30.6.2　摩擦开始信号的选取

连续驱动摩擦焊时，无论检测摩擦时间或检测摩擦变形量，都涉及摩擦开始时刻的判定问题。实际中应用的主要方法有功率极值判定法、压力判定法、主机电流比较法等。

1）功率极值判定法。以摩擦加热功率达到峰值的时刻作为摩擦时间的起点。需要注意的是，大面积工件摩擦焊时，在不稳定摩擦阶段存在功率的多峰值现象。

2）压力判定法。当滑台由快进转为工进、工件接触、开始摩擦时，作用在工件上的压力逐渐升高，以压力继电器动作的时刻作为摩擦时间的开始。

3）主机电流比较法。工件摩擦开始后，以主机电流上升到某一给定值所对应的时刻作为摩擦计时的始点。具体方法可以通过硬件实现，也可通过软件实现。

30.6.3　变形量的测量

测量变形量常用电感式位移传感器（含差动式）、光栅位移传感器等。

为了提高测量的方便性和可靠性，可采用“零点浮动检测法”，即在工件接触时，使位移传感器有一定的输出值，且该值对应的长度大于工件的公差范围和传感器的非线性输出范围之和，焊接过程中，用计算机记录下各特征点（如一级摩擦开始、二级摩擦开始、顶锻开始、顶锻维持结束等时刻）所对应的位移传感器的绝对值（特征值），并将这些特征值作为计算相应阶段变形量的相对零点。

30.6.4　主轴转速和压力的测量

主轴转速测量常采用磁通感应式转速计、光电式转速计以及测速发电机等。

压力测量除通常采用压力表外，还采用电阻丝应变片和半导体应变片等。

30.6.5　接头温度的测量

1. 采用热电偶测量

热电偶测量基于温差效应，属接触测量，可测量工件内部的温度。采用热电偶测量摩擦焊工件的温度时，为了解决有一个工件在旋转的问题，可将布置在旋转工件上的热电偶通过补偿导线连接到引电器上，焊接时，引电器的内环随工件一起旋转，引电器的各输出端则始终与相应的内环的输入端相连。

由于热电偶存在热惯性，只有经过对热电偶动特性进行标定以及对测得的数据进行修正，才能得到真实的温度。

2. 采用热像仪测量

热像仪测量是基于红外辐射，属非接触测量，用于测量工件的表面温度场。图30-25是热像仪的组成及原理。光学探测器每瞬间只接受工件上一个部位的单元信息，扫描机构依次对工件进行二维扫描，接收系统按时间先后依次接收，经放大处理，变为一维时序视频信号送到显示器，与同步机构送来的同步信号合成后，显示出工件图像和温度场的信息。

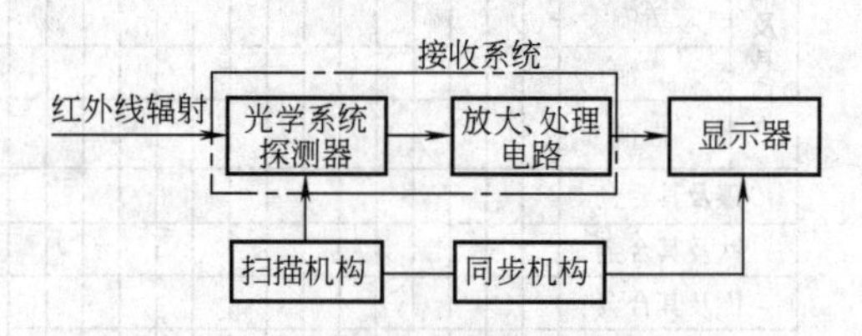

图30-25　热像仪的组成及原理

30.6.6　摩擦转矩的测量

摩擦转矩是连续驱动摩擦焊的一个十分重要的参数，具有变化速度快、变化范围大等特点。摩擦转矩综合反映了轴向压力、工件转速、界面温度、材质特性及其之间的相互影响。主要的测量方法有五种。

1. 电阻应变片法

可以将电阻应变片贴在工件上，好处是灵敏度高，不足之处是不适宜生产现场用，主要用于试验研究；也可以将电阻应变片贴在主轴上，由于主轴刚度大，当被焊面积小且采用软规范时误差较大。

2. 磁弹转矩传感器法

该方法利用了铁磁材料受机械力作用时导磁性能发生变化的磁弹现象。采用这种方法时，材料各向导磁性能的差异、传感器与工件之间的装配间隙以及工件的振动都会造成测量误差。

3. 轮辐式转矩传感器法

它是以主电动机带轮的轮辐作为弹性元件，本质上，这种方法测量的是主电动机的输出转矩，并非工件的摩擦转矩，是一种近似测量法。当传动带打滑或抖动时，也会对测量带来影响。

4. 主电动机定子电流法

当电网电压、转速、功率因数、电动机损耗等在摩擦焊过程中均保持不变时，摩擦转矩与主电动机定子电流成正比。实际上，由于网压波动、转速变化以及电动机损耗随电流而变等因素，主电动机定子电流和摩擦转矩之间没有线性关系，所以测量误差大。

5. 主电动机定子电压电流法——VCMM（Voltage and Current of Major Motor）法

连续驱动摩擦焊时，摩擦转矩 $T(t)$ 和摩擦加热功率 P_{heat} 分别为

$$T(t)=2\pi\int_0^R \mu(r,t)P(r,t)r^2\mathrm{d}r \quad (30\text{-}4)$$

$$P_{heat}=\frac{\pi^2}{15}\int_0^R n(t)\mu(r,t)P(r,t)r^2\mathrm{d}r \quad (30\text{-}5)$$

式中 $\mu(r,t)$——摩擦因数；

$P(r,t)$——摩擦压力；

R——工件半径；

r——工件摩擦表面某点到工件轴心的距离；

$n(t)$——摩擦转速。

由于 $n(t)$ 与 r 无关，所以

$$P_{heat}=\frac{\pi}{30}n(t)T(t) \quad (30\text{-}6)$$

通过计算机对主电动机定子电压和电流以及摩擦转速的实时同步检测，计算出主电动机的输入功率，再通过对摩擦焊过程各种功率损耗的分析、计算，并根据能量守恒定律，求出作用于摩擦焊接头的加热功率，根据式（30-6）可求出摩擦焊过程的动态转矩。图30-26是实际测量的主电动机定子电压、电流和摩擦转矩随时间的变化曲线。

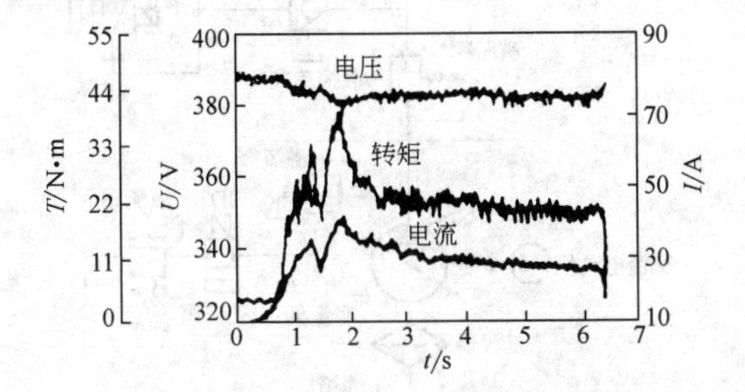

图30-26 主电动机定子电压、电流及摩擦转矩随时间的变化曲线

实验条件为：棒材—65Mn钢；工件直径—ϕ27mm；摩擦压力—1.76MPa；

摩擦时间—6s；顶锻力—3.43MPa；保压时间—8s。误差分析表明，实际测量误差小于5%。

30.7 摩擦焊质量控制

30.7.1 摩擦焊接头缺陷及产生原因

摩擦焊接头的主要缺陷及其产生原因见表30-10。

表30-10 摩擦焊接头的主要缺陷及其产生原因

缺陷名称	缺陷产生原因
接头偏心	焊机刚度低；夹头偏心；工件端面倾斜或在夹头外伸出量太长
飞边不封闭	转速高；摩擦压力太大或太小；摩擦时间太长或太短，以致顶锻焊接前接头中变形层和高温区太窄；停车慢
未焊透	焊前摩擦表面清理不良；转速低；摩擦压力太大或太小；摩擦时间短；顶锻力小
接头组织扭曲	速度低；压力大，停车慢
接头过热	速度高；压力小；摩擦时间长
接头淬硬	焊接淬火钢时摩擦时间短；冷却速度快
焊接裂纹	当焊接淬火钢时，摩擦时间短；冷却速度快
氧化灰斑	焊前工件清理不良；焊机振动；压力小；摩擦时间短；顶锻焊接前接头中的变形层和高温区窄
脆性合金层	焊接产生脆性合金化合物的异种金属时，加热温度高；摩擦时间长；压力小

30.7.2 焊接参数控制

当材质、接头形式和焊接参数确定后，摩擦焊质量主要取决于焊接参数的稳定。

连续驱动摩擦焊的焊接参数控制方法主要有以下六种。

（1）时间控制 通常是指摩擦时间控制。

（2）功率峰值控制 这种控制方法是基于摩擦加热功率峰值到稳定值之间相应的时间基本不变。实际上，由于加热功率的多峰值现象以及焊接参数的变化和工件表面状态的差异，都会引起功率峰值到稳定值的时间不同，因而这种控制方法的有效性有限，且主要应用于碳钢和低合金钢的强规范（即转速较低、摩擦压力较大、摩擦时间短）焊接。

（3）变形量控制 通常是指摩擦变形量控制，为了克服由于工件表面状态和其他焊接参数变化对这种控制方

法带来的不利影响，还可同时对摩擦时间进行监控。

（4）温度控制　主要通过对工件表面温度的非接触测量而进行相应的控制。

（5）变参数复合控制　该方法主要针对大截面工件的摩擦焊接，其核心是不同阶段采用不同的控制方案。在一级摩擦阶段，同时进行时间控制和压力控制（时间和压力复合控制），在二级摩擦阶段同时进行变形量和变形速度控制（变形量和变形速度复合控制）；在顶锻阶段同时进行压力控制和时间控制（时间和压力复合控制）。图 30-27 和图 30-28 分别是变参数复合控制流程框图和采用该方法时计算机记录的压力、转速、转矩和变形量随时间的变化曲线。

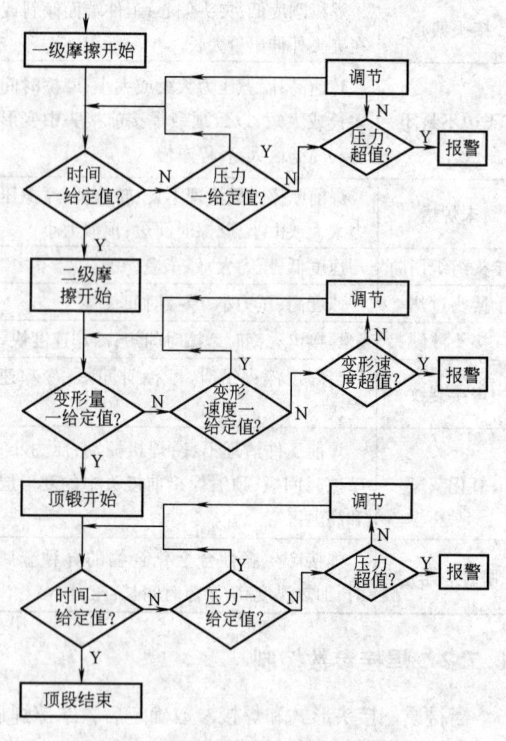

图 30-27　变参数复合控制流程框图

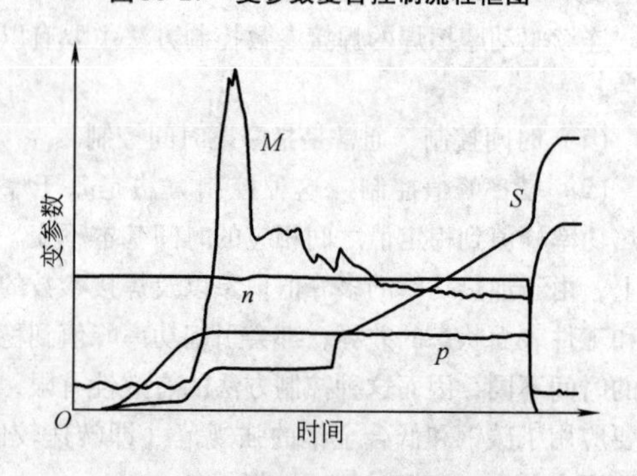

图 30-28　采用变参数复合控制时计算机记录的压力、转速、转矩和变量随时间的变化曲线

（6）*Mt* 控制　图 30-29 是 *Mt* 控制法示意图，从功率达到最大值的 t_0 时刻起计算摩擦热量，当摩擦热量达到 Q_0 时的 t_n 时刻停止摩擦加热过程而进入顶锻过程，而摩擦热量的控制可通过摩擦转矩 *M* 对摩擦时间 *t* 的积分运算来实现，该方法是在功率峰值控制的基础上发展起来的，它本质上是能量控制法。

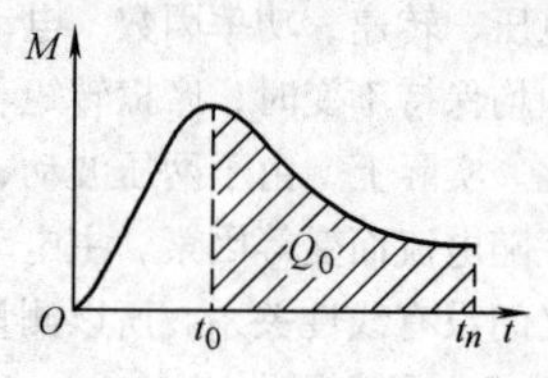

图 30-29　*Mt* 控制法示意图

30.8　摩擦焊过程的微型计算机控制

采用微型计算机对摩擦焊过程进行控制，应解决的主要问题是：液压系统的可控性；电液转换及执行机构；参数的传感变换；特征状态信号的转换、选取及接收；手动-自动切换等。

30.8.1　液压系统的可控性

图 30-30 是一典型的具有可控性的摩擦顶锻回路原理图。在该液压回路里，用电液伺服压力阀 DYSF-3P 和转接阀板替代了普通的三位四通阀。伺服阀的电流受控于微机，流经伺服阀电流的大小和方向改变时，液压缸内前后腔压差的大小和方向也发生改变。

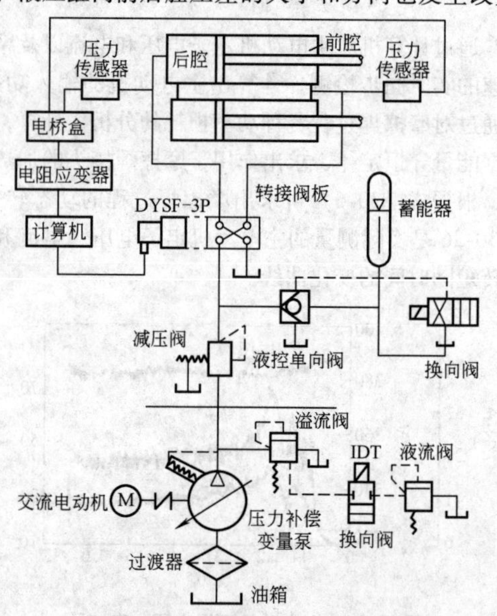

图 30-30　采用电流伺服压力阀的摩擦顶锻回路原理图

加工过程中，微机一方面随时检测压力的大小，另一方面，又根据压力信号和预定的控制方案随时调整流经伺服阀的电流，达到控制压力的目的。

30.8.2 电液转换及执行机构

为了将微机给出的毫安级的弱小电流信号转变为大功率的液压能（压力）输出，就必须进行电液转换。电液伺服压力阀是实现其转换的一种器件。图30-31是DYSF-3P阀的结构原理图。该阀由力矩马达和液压伺服两部分组成。力矩马达部分由磁钢、上下导磁体、衔铁、线圈及弹簧管组成；液压伺服部分由控制喷嘴、挡板、反馈节流孔、固定节流孔、阀芯和油滤等组成，构成一个带有反馈的两级液压放大器，第一级是喷嘴挡板式，成为前置放大器，第二级是四边控制式滑阀，称为功率放大器。当加给伺服阀的电流通过线圈时，在衔铁挡板上就产生一个力矩，引起挡板以弹簧管为中心在两个喷嘴端面中间运动，使一个喷嘴的内腔压力升高，另一个喷嘴的内腔压力下降，在两个控制喷嘴之间产生一个差动压力，推动阀芯移动，排出流量到负载，构成伺服阀的输出压力。这个负载压力通过反馈节流孔、反馈喷嘴反馈到挡板，当反馈力矩与电磁力矩平衡时，阀芯停止移动。由于力矩马达、液压放大器和反馈喷嘴的比例作用，伺服阀的输出压力与输入电流之间保持着线性关系。

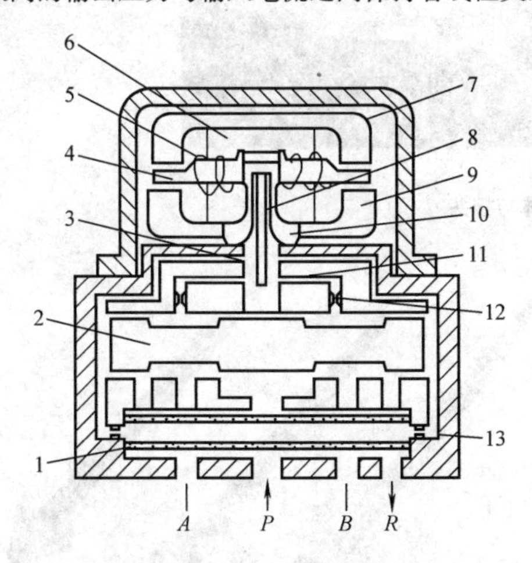

图30-31 DYSF-3P阀结构原理

1—油滤 2—阀芯 3—控制喷嘴 4—衔铁 5—线圈 6—磁钢 7—上导磁体 8—挡板 9—下导磁体 10—弹簧管 11—反馈喷嘴 12—反馈节流孔 13—固定节流孔

电液伺服阀的采用，可以很方便地对摩擦顶锻回路进行控制。对伺服阀加正向电流时，滑台前进，加反向电流时，滑台后退；压力大小可根据需要随意进行变化。电液伺服阀还使油路简化，减小了系统惯性，提高了系统的动态品质。

30.8.3 计算机控制实例

图30-32是微机控制摩擦焊系统框图，图30-33是采用电流法确定一级摩擦开始点、变形量零点浮动检测、变参数复合控制，焊接大断面工件时计算机打印的压力P、转速n、主机电流i、变形量s随时间的变化曲线。

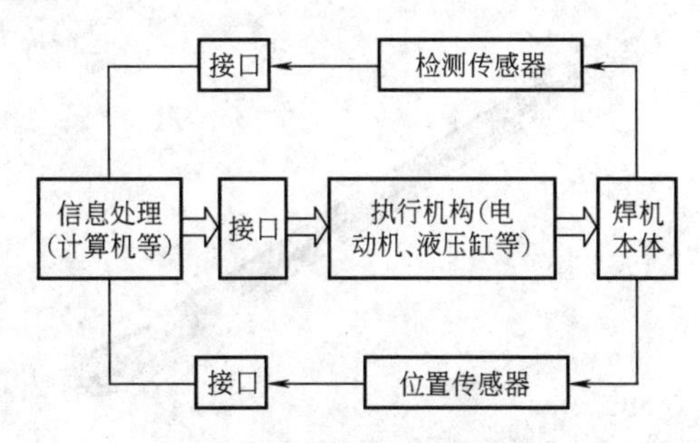

图30-32 微机控制摩擦焊系统的组成及其关系

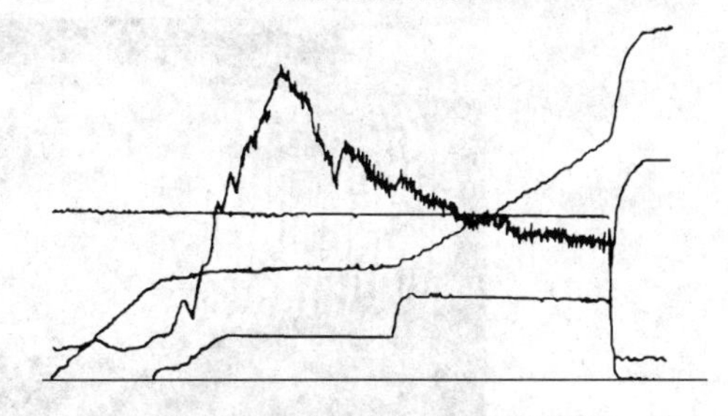

图30-33 实焊工件时的一组曲线

30.9 应用实例

1. 航空航天

航空航天领域采用摩擦焊的典型构件有低压钛转子组件（见图30-34）、喷气发动机压缩机转子（见图30-35）、飞机起落架拉杆（见图30-36）、定子叶片（见图30-37）。

图30-34 低压钛转子组件

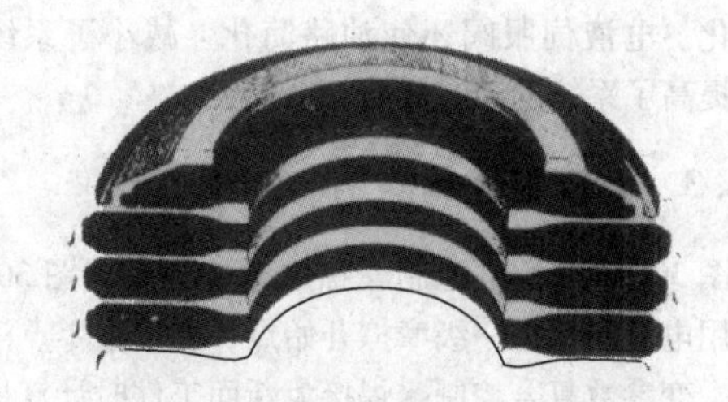

图 30-35　喷气发动机压缩机转子

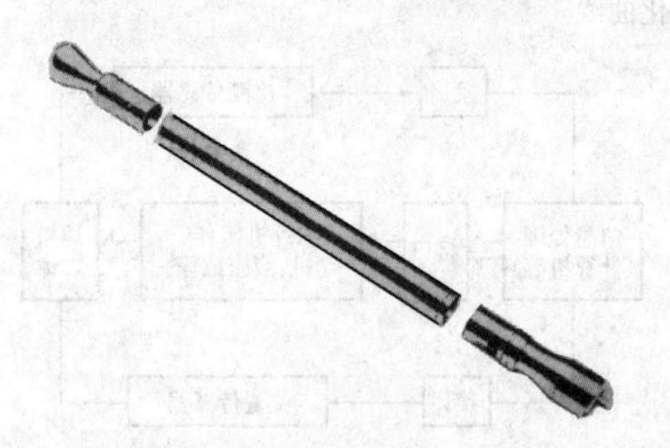

图 30-36　飞机起落架拉杆

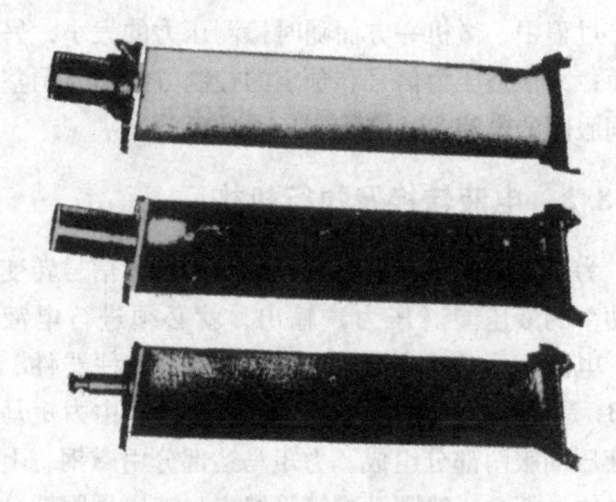

图 30-37　定子叶片

2. 石油钻探

典型实例是石油钻杆管体与接头的焊接，如图 30-38 所示。每根钻杆长约 10m，打一口中深井所需的钻杆长约为 3 km 左右。钻杆的受力非常复杂，下部承受压力以钻进岩石，上部由于自身重力的影响承受拉应力，同时，还承受旋转所需的扭力以及管内高压泥浆的径向张力等。

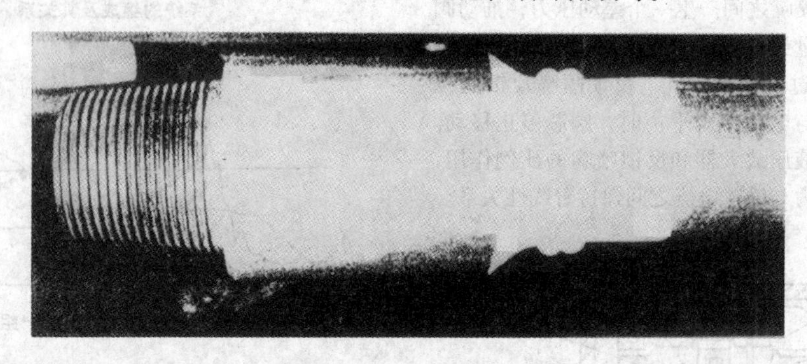

图 30-38　石油钻杆管体与接头

3. 切削工具

常将异种材质如工具钢与碳钢焊到一起，可显著降低成本，如图 30-39 和图 30-40 所示。

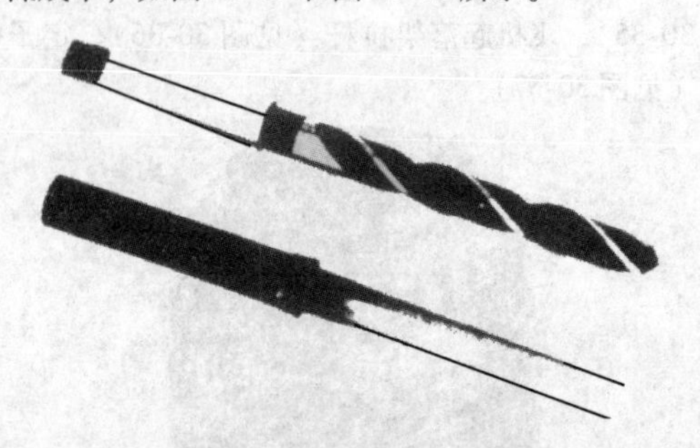

图 30-39　碳钢焊到工具钢钻头上

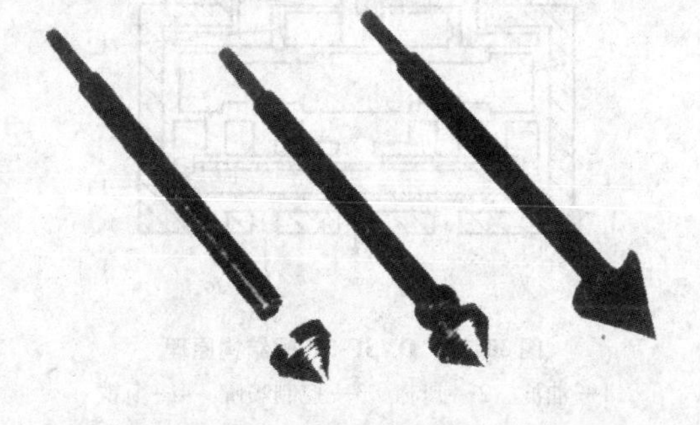

图 30-40　锥上钻-高速钢焊到低碳钢上

4. 汽车

汽车是摩擦焊应用的重要领域，典型零件有排气阀（图 30-41）、液压千斤顶（图 30-42）、传动齿轮（图 30-43）、涡轮增压器（图 30-44）、凸轮轴与法兰、万向轴组件、传动部件、传动轴、空调机蓄压器、制动器卡钳等。

图30-41 排气阀

图30-42 液压千斤顶

图30-43 传动齿轮（一）

图30-44 涡轮增压器

5. 工程机械

典型零件有柴油机活塞、传动齿轮、履带调整叉、液压活塞杆等，如图30-45～图30-48所示。

图30-45 柴油机活塞

图30-46 传动齿轮（二）

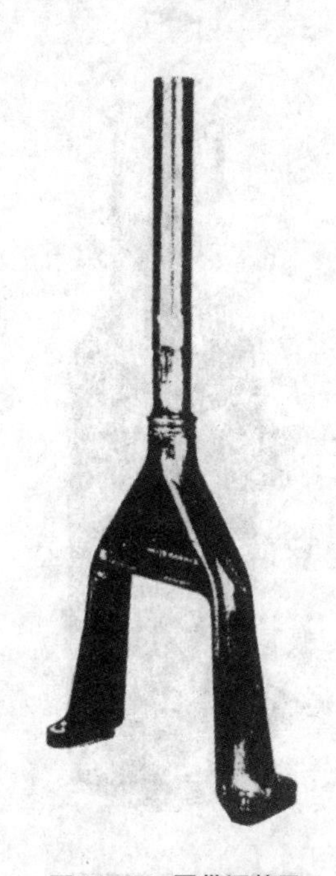

图30-47 履带调整叉

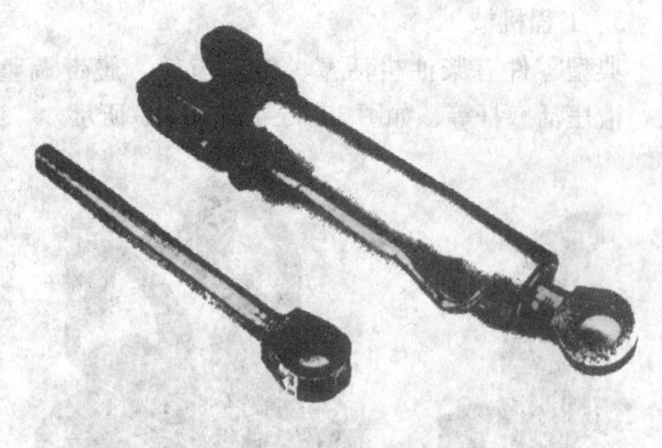

图 30-48　液压活塞杆

6. 其他

典型零件有球头螺栓、组合液压缸、高尔夫球轻击棒等，如图 30-49～图 30-51 所示。

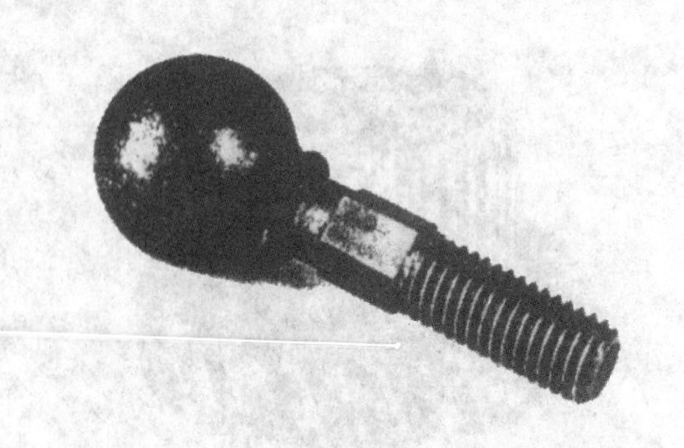

图 30-49　球头螺栓

图 30-50　组合液压缸

图 30-51　高尔夫球轻击棒

30.10　备受关注的两种摩擦焊——线性摩擦焊和搅拌摩擦焊

30.10.1　线性摩擦焊

线性摩擦焊是在旋转摩擦焊的基础上发展起来的。常规的旋转式摩擦焊只限于把具有圆形断面的工件焊接到具有相同类型断面的工件上，焊接非圆形断面工件则非常困难。线性摩擦焊可以焊接方形、圆形、多边形断面的金属或塑料工件。图 30-52 是一个线性摩擦焊试样。

图 30-52　线性摩擦焊试样

20 世纪 80 年代后期，开始把线性摩擦焊用于航空发动机钛合金整体叶盘的制造，整体叶盘是把发动机转子的叶片和轮盘加工或焊接（叶片和轮盘材料不同）成一体，无须加工榫头、榫槽，盘的轮缘径向高度、厚度及叶片原榫头部位尺寸均可大大减少，减重效果明显，采用线性摩擦焊接制造的整体叶盘比常规通过榫槽连接的盘和叶片组件减重 60%，可使发动机转子部件结构大为简化；消除了榫齿根部缝隙中气体的逸流损失；避免了叶片和轮盘装配不当造成的微动磨损、裂纹以及锁片损坏带来的故障。推重比为 10 的发动机已经采用了这种新结构，如 F119、

EJ200的风扇与压气机为钛合金整体叶盘结构，涡轮采用高温合金整体叶盘结构。F120、F414-400发动机的第2、3级风扇和压气机前3级也是整体叶盘结构。整体叶盘是第四代航空发动机的典型新结构之一。

线性摩擦焊接整体叶盘的过程如图30-53所示。

图30-53 线性摩擦焊接整体叶盘的过程

与用整体锻坯在五坐标数控铣床上加工或电解加工相比，此技术可以节约大量贵重的钛合金和高温合金，还可减少加工时间，并能对损坏的单个叶片进行修理。能否对整体叶盘进行修理是一个重要问题，因为发动机在使用中不可避免地会遇到外物，特别是鸟打伤叶片的情况，而应用线性摩擦焊就可以方便地更换新叶片。

图30-54是采用线性摩擦焊焊接的整体叶盘。

图30-54 采用线性摩擦焊焊接的整体叶盘

国内对这项先进制造技术的研究刚刚起步，如北京航空制造工程研究所和西北工业大学摩擦焊接重点实验室已率先开展了线性摩擦焊接设备和工艺的相关研究；图30-55是钛合金TC4线性摩擦焊焊缝组织流线。

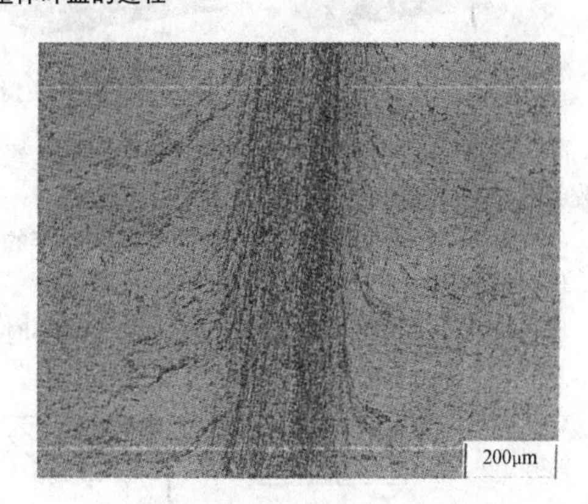

图30-55 钛合金TC4线性摩擦焊焊缝组织流线

30.10.2 搅拌摩擦焊

搅拌摩擦焊（FSW）是一种新型的固相连接技术，由英国焊接研究所（TWI）于1991年发明。搅拌摩擦焊最初应用于铝合金，随着研究的深入，搅拌摩擦焊适用材料的范围正在逐渐扩展。除了铝合金以外，还可以用于镁、铜、钛、钢等金属及其合金的焊接。搅拌摩擦焊是一种公认的最具潜力和应用前景的先进连接方法。

搅拌摩擦焊的原理如图30-56所示，一个带有轴肩和搅拌针的特殊形状的搅拌工具旋转着插入被焊工件，通过搅拌工具与工件的摩擦产生热量，把工件加热到塑性状态，然后搅拌工具带动塑化材料沿着焊缝运动，在搅拌工具高速旋转摩擦和挤压作用下形成固相连接的接头。

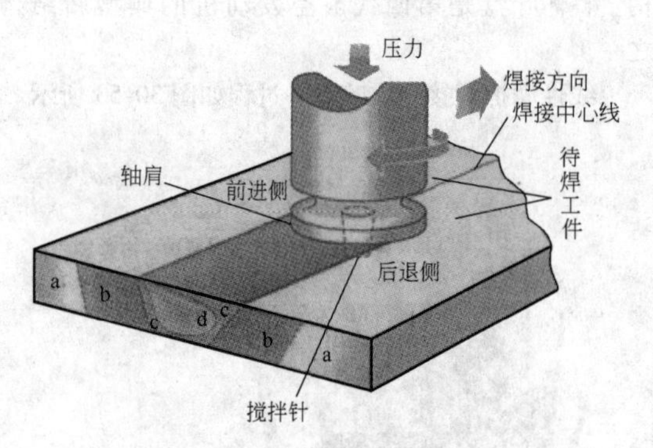

图 30-56　搅拌摩擦焊的原理图

1. 搅拌摩擦焊过程

搅拌摩擦焊接过程如图 30-57 所示，通常分为四步：①主轴带动搅拌头以一定速度旋转；②搅拌头在旋转的同时沿工件法线方向开始进给，并逐渐压入工件；③搅拌头压入到指定位置后停留一段时间，对焊接局部区域进行加热；④等周围材料充分塑化后，搅拌头开始沿焊接方向移动。

搅拌摩擦焊的两个非常重要的参数是：搅拌头的旋转速度和搅拌头沿连接线的平移速度。搅拌头的旋转引起搅拌针周围材料的搅拌和混合，搅拌头的平移把搅拌的材料从搅拌针的前方移到搅拌针的后方，从而完成焊接。

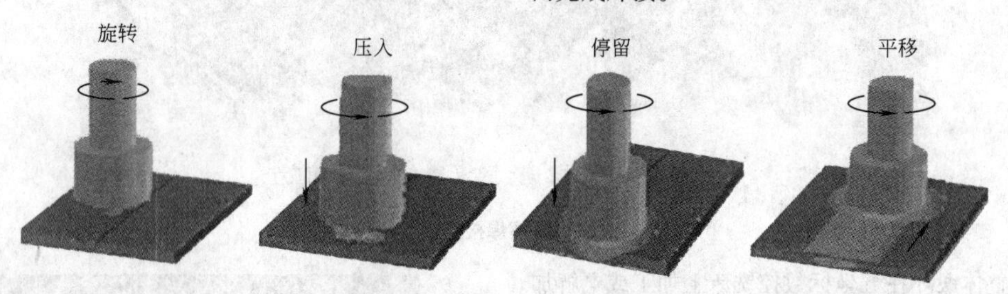

图 30-57　搅拌摩擦焊接过程示意图

除了旋转速度和平移速度之外，另外一个重要的参数就是主轴或搅拌头与工件表面的倾斜角度。一个合适的倾斜角度可以保证轴肩约束住搅拌针搅拌的材料，使材料有效地从搅拌针前方移到搅拌针后方。此外，压入深度也是很重要的参数，压入深度太小时产热不足，压入深度太大时会产生大量飞边。

2. 搅拌摩擦焊接头形式

FSW 典型的部分接头形式如图 30-58 所示。图 30-58a ~ c 是对接接头。对于搭接接头（图 30-58d ~ f），两块搭接板夹紧在垫板上，搅拌头从上面板插入到下面板，沿预定的方向平动，T 形接头和角接头如图 30-58f、g 所示。

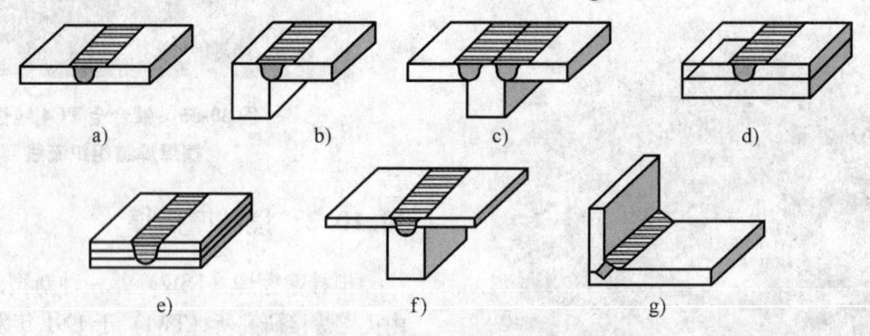

图 30-58　FSW 可实现的接头形式

a）平头对接接头　b）边缘对接接头　c）T 形对接接头　d）搭接接头
e）多层搭接接头　f）T 形搭接接头　g）角接头

3. 搅拌头

搅拌头是搅拌摩擦焊的关键，是获得高质量接头的前提。搅拌头主要包括轴肩和搅拌针。图 30-59 是搅拌头的示意图。其几何形状和尺寸不仅决定焊接过程的热输入方式，还影响焊接过程中搅拌头附近软化区金属的流动形式。

在焊接过程中，轴肩一方面对塑性金属起包拢

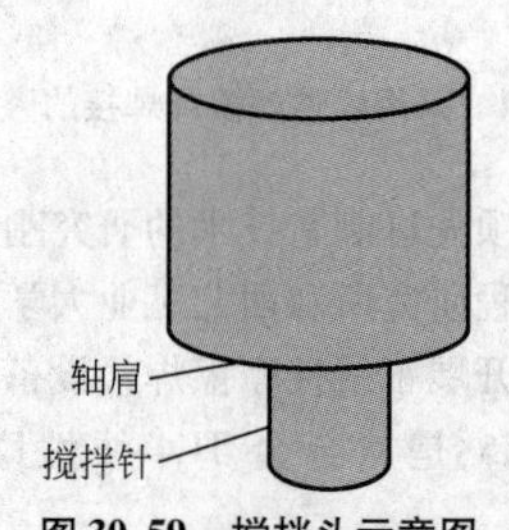

图 30-59　搅拌头示意图

作用；另一方面它与工件表面摩擦作为焊接热源，尤其是焊接薄板时作为主要热源。轴肩的形式也影响接头的表面质量。在旋转过程中，轴肩与工件表面接触，并产生向下的力压紧工件，这样促使接头的塑形流动，增大混合搅拌的效果。

搅拌针与工件摩擦除了提供热源外，还是材料变形的原动力。其重要的功能是破碎和弥散接头界面的氧化层，并使材料流动更合理。

（1）搅拌头的外形设计　搅拌头的形状影响材料的流动和混合，还影响加工的载荷。图30-60和图30-61是由TWI设计的Whorl™和MX Triflute™搅拌头的示意图。

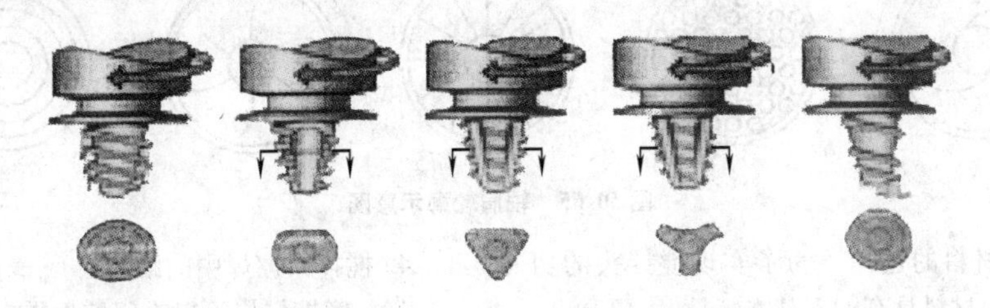

图30-60　Whorl™搅拌头的示意图

图30-61　MX Triflute™搅拌头的示意图

Whorl™和MX Triflute™的设计特点可以总结为：①减小焊接压力；②使塑性流动更加容易；③螺纹产生向下的力；④增大搅拌针和塑化材料的接触面积。使用这两种搅拌头可以成功单面焊接50mm以内的铝合金板。Thomas等指出这两种搅拌针强于一般圆柱搅拌针的主要原因是搅拌针旋转过程中扫掠过的体积与自身体积的比值，即“动态体积与静态体积之比”不同。在焊接25mm厚板时，相近根部直径和长度的搅拌针，一般搅拌针此比值为1.1:1，而Whorl™为1.8:1，MX Triflute™为2.6:1。

对于搭接接头，一般圆柱螺纹搅拌针会使上方板磨损严重，导致弯曲性能的下降。目前有两种用于搭接接头的搅拌头Flared-Triflute™和A-Skew™，如图30-62和图30-63所示。这两种搅拌头的设计特点可以归纳为：①增大搅拌针扫掠过的体积和自身体积之比，进一步改善搅拌针周围和下方的材料流动；②加宽了焊接区域，并减小了上方板的磨损；③增强了界面氧化物的破碎和混合。

还有一种可以不用垫板，自己承受压力的搅拌头——Bobbin，如图30-64所示。它有两个轴肩，上轴

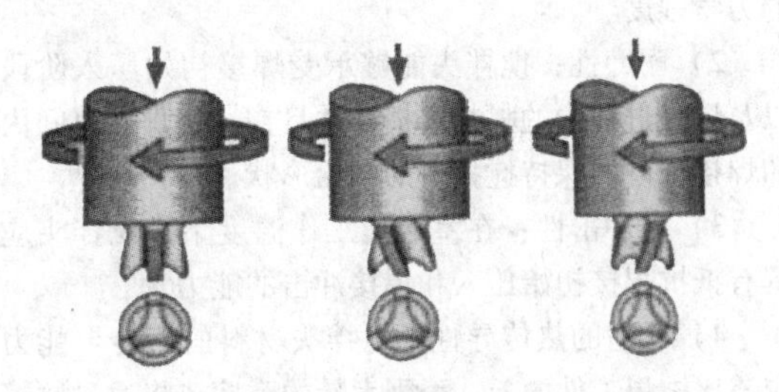

图30-62　用于搭接接头的Flared-Triflute™搅拌头

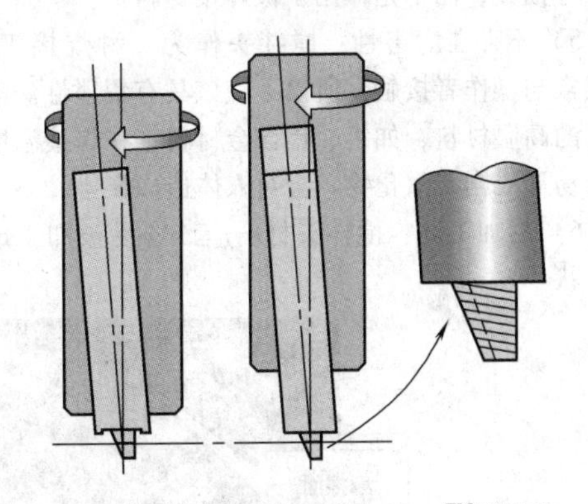

图30-63　用于搭接接头的A-Skew™搅拌头

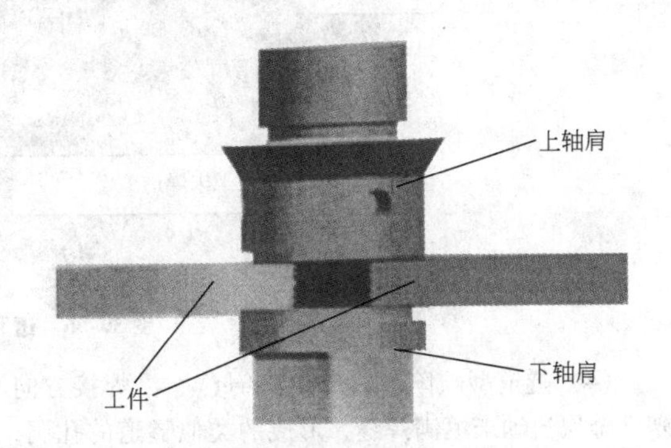

图30-64　Bobbin搅拌头示意图

肩位于工件上表面，下轴肩位于工件下表面。焊接过程中两个轴肩夹紧工件，和搅拌针作为一个整体旋转和平移。

另外TWI设计了不同的轴肩轮廓，以适合不同的材料和焊接条件，如图30-65所示。这些设计增加了轴肩和工件的相互作用，使塑化材料能更好地流动。

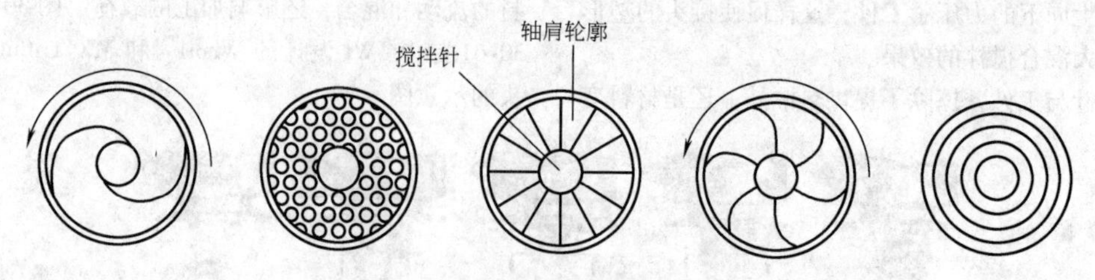

图30-65　轴肩轮廓示意图

（2）搅拌头材料的选择　为了实现搅拌头的功能，要求搅拌头的材料具有如下基本特性：

1）热强性：在焊接温度下，搅拌头应具有较好的力学强度。

2）耐磨性：搅拌头能够承受焊接初始压入阶段以及焊接过程中的材料磨损，并且在一定焊接时间内和焊接长度内保持搅拌头的初始形状。

3）耐冲击性：在室温或工作温度下，搅拌头应具有抵抗焊接初始压入和焊接冲击的能力。

4）合适的热传导性：搅拌头材料的热传导能力应该比被焊工件的差，否则大量的摩擦热将通过搅拌头传导损失，而不是作用于被焊接材料。

5）不存在危害性：搅拌头作为一种焊接工具，会经常与操作者接触，所以不应该具有辐射性。有些优良的高温材料，如钨、钼合金材料，在焊接温度下很容易形成剧毒氧化物，会对人体造成伤害。

6）易加工性：搅拌头材料应该容易被加工成复杂形状。

4. 搅拌摩擦焊中的缺陷

搅拌摩擦焊接可以克服熔焊带来的气孔、裂纹和变形等缺陷。当焊接参数适当时，可以获得无缺陷的接头。但焊接参数不当的时候就可能产生一些缺陷。影响焊接质量的一些参数包括：搅拌头尺寸、搅拌头旋转速度、焊接速度、焊接压力、搅拌头压入深度和工件之间的间隙等。

搅拌摩擦焊缝易出现的缺陷主要包括以下几种：

（1）孔洞（Void）　是指不包含材料的空间，通常在表面以下，如图30-66所示。

（2）未焊透（Lack Of Penetration-LOP）　是指焊缝根部未完全焊合，如图30-66所示。

（3）摩擦面缺陷（Faying Surface Defect）　焊缝表面因搅拌头轴肩的摩擦作用而造成的表面不均匀、不连续的缺陷。这类缺陷通常包含氧化物但危害性较轻，对于表面成形要求较高的焊缝可以进行适当的人工表面修整，如图30-66所示。

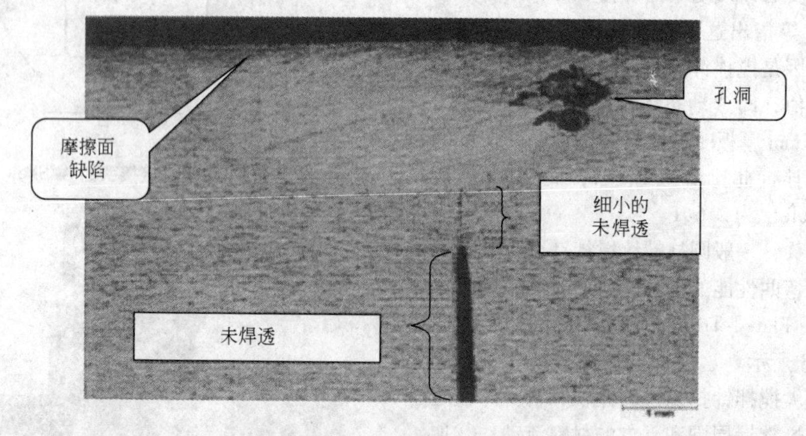

图30-66　透和孔洞缺陷宏观图

（4）隧道型缺陷（Tunnel Defect）　沿焊接方向塑性金属流动未填满焊缝，形成的类似隧道的孔洞，也称为蠕洞缺陷（Worm Hole），如图30-67所示。

（5）接头界面残留（Joint Line Remnant-JLR）　接头界面未形成有效的塑性挤压、扩散和连接，形成紧密贴合性的缺陷称为接头界面残留，也称吻接

(Kissing Bond) 或弱连接，如图30-68所示。

(6) 钩缺陷 (Hook Flaw) 这种缺陷发生在搭接接头和T形接头中，与接头界面残留有关，范围可以从未焊透 (LOP) 延伸到接头界面残留 (JLR)。这种缺陷的存在会降低接头的疲劳和拉伸性能，如图30-69所示。

图30-67 隧道型缺陷横截面图

图30-68 接头界面残留

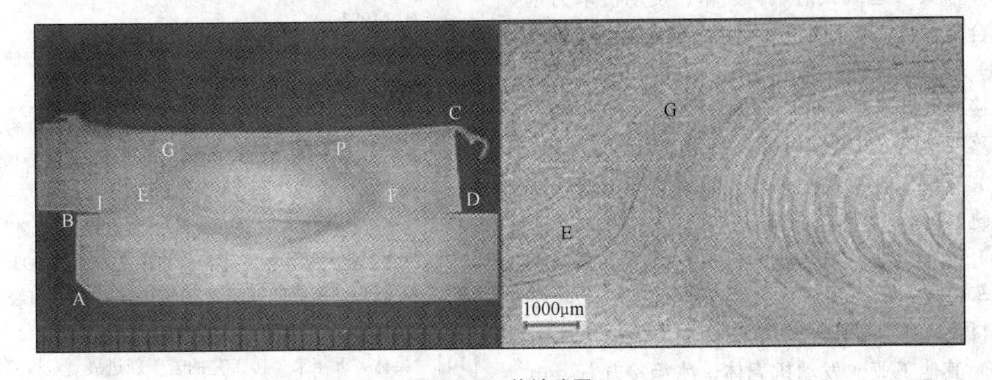

图30-69 钩缺陷图

E—LOP G—JLR

5. 搅拌摩擦焊缺陷的检测与补焊

研究和应用实践表明，相控阵超声波成像技术是检测搅拌摩擦焊接头缺陷最理想的技术。加拿大的R/D Tech公司是世界领先的相控阵超声波检测设备生产商，在搅拌摩擦焊接技术诞生不久，就参与了TWI与美国波音公司合作的航天贮箱搅拌摩擦焊技术研究项目。据R/D Tech公司研究，用于FSW接头缺陷检测的相控阵超声波检测技术具有直观、快速、准确和实时可视化等突出的优点。

相控阵超声波检测能直观反映缺陷的形态和尺寸，有利于工作人员对接头缺陷做出恰当的评价和描述，使得接头缺陷的检测与评定技术易于操控，是搅拌摩擦焊接检测技术的主流方向。通过实时可视化的相控阵超声波检测技术再辅以常规的X射线检测和渗透检测技术，可以解决搅拌摩擦焊接头的无损检测问题。

解决了接头缺陷的检测问题后，还必须解决接头缺陷的修补问题。搅拌摩擦焊作为一种固态焊接方法，接头成形属于塑态连接，其接头缺陷与熔焊缺陷在形成机理、类型和分布特征上存在本质的不同。由于搅拌摩擦焊接头的强度系数非常高，常规的熔焊补焊会显著降低接头的强度，这不仅抵消了FSW接头的优势，也为接头的设计带来困难。所以必须采用高质量的固态补焊工艺才能有效保证高的接头强度系数。摩擦塞焊为此提供了良好的工艺解决方案。

摩擦塞焊是由耗材摩擦焊衍生而来的，其原理如图30-70所示。将缺陷处铣成截锥孔，将修补的焊材做成圆柱体，其前端加工成与截锥孔匹配的形状，在适当的压力作用下高速旋转，摩擦加热至塑性状态时急停，同时施加顶锻力，焊材与母材即连为一体。冷却至室温后用机械加工方法去除多余部分完成修补与熔焊修补工艺相比，其具有高效、补焊接头性能优异、补焊接头残余应力与变形小等突出的工艺优势，是FSW接头理想的缺陷修补工艺。

6. 厚板的搅拌摩擦焊

目前，对铝合金的厚板搅拌摩擦焊可实现单面80mm、双面150mm的焊接。由于搅拌摩擦焊热源的特点，沿板厚方向组织和性能存在不均匀性。对此问题，可通过改进搅拌头结构、改变搅拌头表面摩擦系数以及其他工艺措施等进行改善。

7. 搅拌摩擦焊应用主要领域

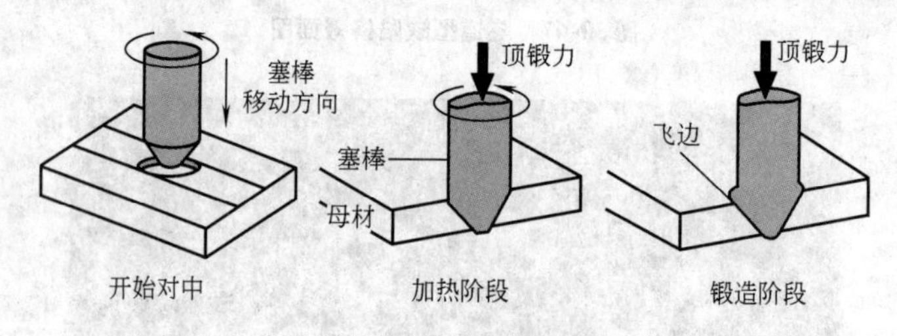

图30-70　摩擦塞焊原理图

（1）船舶和海洋工业　快艇、游船等的甲板、侧板、防水隔板、船体外壳、主体结构件、直升机平台、离岸水上观测站、船用冷冻器、帆船桅杆和结构件。

（2）航天　运载火箭燃料贮箱、发动机承力框架、铝合金容器、航天飞机外贮箱、载人返回舱等。

（3）航空　飞机蒙皮、衍条、加强件之间连接、框架连接、飞机壁板和地板连接、飞机门预成形结构件、起落架仓盖、外挂燃料箱。

（4）车辆工业　高速列车、轨道货车、地铁车厢、轻轨电车。

（5）汽车工业　汽车发动机引擎、汽车底盘支架、汽车轮鼓、车门预成形件、车体框架、升降平台、燃料箱、逃生工具等。

（6）其他工业　发动机壳体、冰箱冷却板、电器分封装、天然气、液化气贮箱、轻合金容器、家庭装饰、镁合金制品等。

参考文献

[1]　沈世瑶．焊接方法及设备：第三分册［M］．北京：机械工业出版社，1982.

[2]　《航空制造工程手册》总编委会．航空制造工程手册：焊接［M］．北京：航空工业出版社，1996.

[3]　美国金属学会．金属手册：第六卷　焊接、硬钎焊、软钎焊［M］．9th ed．包芳涵，等译．北京：机械工业出版社，1994.

[4]　刘金石，等．大型连续驱动摩擦焊机的微型机算计实时闭环控制系统研究［C］//中国机械工程学会焊接学会．第六届全国焊接学术会议论文选集：第7集．西安：西北工业大学出版社，1990.

[5]　宁裴章，才荫先．摩擦焊［M］．北京：机械工业出版社，1983.

[6]　李志远，钱乙余，张九海，等．先进连接方法［M］．北京：机械工业出版社，2000.

[7]　刘金合，等．连续驱动摩擦焊动态扭矩检测的新方法—VCMM法［J］．西北工业大学学报，1996，14（4）．

[8]　刘金合，等．摩擦变形量的“零点浮动检测”［J］．西北工业大学学报，摩擦焊接论文专辑，1993.

[9]　赵亚光．微型计算机在焊接中的应用［M］．西安：西北工业大学出版社，1991.

[10]　吴林．近年来焊接工艺的若干新进展［C］//中国机械工程学会焊接学会．第九次全国焊接会议论文集：第1册．哈尔滨：黑龙江人民出版社，1999.

[11]　张田仓，郭德伦，等．搅拌摩擦焊技术研究［C］//中国机械工程学会焊接学会．第九次全国焊接会议论文集：第1册．哈尔滨：黑龙江人民出版社，1999.

[12]　刘金合，等．摩擦焊控制的新方法—变参数复合控制［C］//中国机械工程学会焊接学会．第七届全国焊接学术会议论文集：第六册．哈尔滨：黑龙江人民出版社，1993.

[13]　刘金合，等．石油钻杆摩擦焊过程若干现象的分析［C］//中国机械工程学会焊接学会．第六届全国焊接学术会议论文集：第1集．西安：西北工业大学出

版社，1990.

[14] Liu Jin he, et al. Engineering-oriented VCFF method measure technique and mathematical physical model for friction torque [J]. CHINA WELDING, 1997, 16 (4) .

[15] American Welding Society. Welding Handbook. [M]. 8th ed. Florida: Amercian Welding Society, 1991.

[16] 刘效方，等. GH4169合金摩擦焊接头的高温持久性能［C］//中国机械工程学会焊接学会. 第八次全国焊接会议论文集：第2册. 北京：机械工业出版社，1997.

[17] 刘效方，等. 惯性摩擦焊形变强化机理的研究［C］//中国机械工程学会焊接学会. 第八次全国焊接会议论文集，第2册. 北京：机械工业出版社，1997.

[18] 刘家富. 整体叶盘机构及制造及工艺［J］. 航空科学技术. 1998 (6)：21-23.

[19] 关桥. 航空特种焊接技术的发展［C］//北京航空工艺研究所建所40周年论文集. 281-293.

[20] 张田仓. 线性摩擦焊在整体叶盘制造中的应用［J］. 航空制造技术，2004 (11)：56-58.

[21] 王文新. 推重比10一级发动机的材料和工艺分析［J］. 航空工艺技术，1996，14 (6)：39-41.

[22] 梁春华. 简化结构和减轻重量的一项新技术——整体叶盘结构［J］. 国际航空，1999，19 (7)：54-55.

[23] 陈光. 一种整体叶盘的加工方法——线性摩擦焊［J］. 航空工程与维修，1999，23 (8)：14-15.

[24] 刘金石，杨思乾，马铁军，等. 钛合金TC4线性摩擦焊初步研究［C］//中国机械工程学会及其焊接学会. 航空航天制造国际焊接论坛. 北京：机械工业出版社，2004：398-401.

[25] 刘佳涛，刘金合，杨思乾，等. Ti6Al4V线性摩擦焊接实验研究［J］. 热加工工艺，2007，36 (3)：23-24.

[26] 刘金合，杨思乾，马铁军，等. 钛合金TC4线性摩擦焊的工艺探索究［C］//中国机械工程学会焊接学会. 第十一次全国焊接会议论文集：第1册. 2005：607-609.

[27] 马铁军，杨思乾，苏瑾，等. GH4169线性摩擦焊研究［C］//中国机械工程学会焊接学会. 第十一次全国焊接会议论文集：第1册. 2005：462-464.

[28] 关桥，栾国红. 搅拌摩擦焊的现状与发展［C］//中国机械工程学会焊接学会. 第十一次全国焊接会议论文集：第1册. 2005：D15-D29.

[29] 栾国红，柴鹏，孙成斌. 钛合金的搅拌摩擦焊探索［J］. 焊接学报，2005，26 (11)：81-88.

[30] Thomas W M, Staines D G, Norrics I M, et al. Friction Stir Welding Tools and Developments [J]. Welding in the world, 2003, 47: 10-17.

[31] Threadgill P L. Friction stir welding-The state of the art. Industrial Member Report, 1999.

[32] Bird C R. The inspection of friction stir welded aluminum plant. 5th International FSW Symposium, France, 2004.

[33] Leonard A J. Flaws in aluminium alloy friction stir welds. TWI Report, 2001 .

[34] 栾国红，季亚娟，董春林，等. LY12铝合金摩擦塞焊接头组织分析［J］. 焊接学报，2006，27 (10)：5-8 .

[35] 张华，郭力杰，林三宝，等. 镁合金AZ31搅拌摩擦焊塑性流体流动［J］. 焊接学报，2004，25 (4)：67-69.

[36] 赵衍华，林三宝，吴林. 2014铝合金搅拌摩擦焊接过程塑性金属流变可视化［J］. 焊接学报，2005，26 (6)：73-76.

[37] 王大勇，冯吉才. 搅拌摩擦焊接三维流动模型［J］. 焊接学报，2004，25 (4)：46-50.

[38] 刘小文，穆耀钊，杨宁宁，等. T2-H62搅拌摩擦焊技术［J］，焊接学报，2005，26 (9)：1-3.

[39] 胡太文，刘金合，孙成彬，等. 5083铝合金搅拌摩擦焊接研究［J］. 热加工工艺，2006，35 (23)：34-36.

[40] 柯黎明，潘际銮，邢丽，等. 搅拌针形状对搅拌摩擦焊焊缝截面形貌的影响［J］. 焊接学报，2007，28 (5)：33-37.

[41] 徐韦锋，刘金合，栾国红，等. 厚板铝合金搅拌摩擦焊接头微观组织与力学性能［J］. 金属学报，2008，44 (11)：1404-1408.

[42] 徐韦锋，刘金石，栾国红，等. 厚板铝合金搅拌摩擦焊接头不同状态力学性能分析［J］. 金属学报，2009，45 (4)：119-125.

[43] Weifeng Xu, Jinhe Liu, Daolun Chen, et al. Change of microstructure and cyclic deformation behavior along thickness in a friction-stir-welded aluminum alloy [J]. Scripta Materialia, 2012, 66 (1): 5-8.

[44] Weifeng Xu, Jinhe Liu, Daolun Chen, et al. Influence of welding parameters and tool pin profile on microstructure and mechanical properties along the thickness in a friction stir welded aluminum alloy [J]. Materials & Design. 2013, 47: 599-606.

[45] Weifeng Xu, Jinhe Liu, Daolun Chen, et al. Low-cycle fatigue of a friction stir welded 2219-T62 aluminum alloy at different welding parameters and cooling conditions [J]. International Journal of Advanced Manufacturing Technology, 2014, 74 (1-4): 209-218.

[46] Weifeny Xu, Jinhe Liu, Daolun Chen, Study on nonhomogeneity of low-cycle fatigue properties along thickness direction of plate for friction stir welded aluminum alloy joint [J]. Acta Metallurgica Sinica, 2015, 51 (5): 587-596.

第31章　变　形　焊

作者　杨立军　审者　王惜宝

31.1　概述

变形焊是一种在压力的作用下使待焊金属产生塑性变形而实现固态金属键合的焊接方法。通过塑性变形挤出连接界面上的氧化膜等杂质，使纯洁金属原子紧密接触，形成原子键合力，达到晶间结合。

变形焊的加压过程也称为挤压，有的挤压一次即可产生足够的塑性变形量完成焊接，有的需要挤压多次才能完成焊接。

变形焊通常在室温或高于室温100～300℃条件下的大气、惰性气体或超高真空中进行。室温下进行的变形焊称为冷压焊；在高于室温100～300℃的条件下进行的变形焊称为热压焊；在超高真空中进行的变形焊称为超高真空变形焊，此类焊接若在室温下焊接，又可称为超高真空冷压焊。

31.1.1　变形焊的实质

变形焊过程不会引起接头急剧升温，一般不会产生热焊接头常见的再结晶、软化区、热影响区和脆性中间相。

对结合界面的分析表明：变形焊的结合界面呈现复杂的犬牙交错的空间形貌，结合界面的总面积远比焊件的几何截面大。同时，在变形焊塑性变形过程中，接头因形变硬化而使接头强化。因此，在正常情况下，接头强度不会低于母材，异种金属焊接时，不低于较软金属的强度。

变形焊过程中，因顶锻压力产生定向塑性变形流动，邻近界面的母材金属晶粒不断被横向拉长和挤压碎化，出现亚晶而细化，形成接近超塑性状态的超细晶粒，两种金属因变形而产生的超细晶体不断接近、相互咬合和挤紧，当达到原子引力的距离时，它们间的表面原子就形成了键合力。两种金属晶粒的结合机制与同种金属内晶粒间的键合性质是相同的。咬合的细晶大大增加了两侧金属形成键合的晶界面积，使得变形焊接头表现出很高的强度。变形焊过程中咬合的金属细晶粒晶间结合机制，使得无扩散行为的不相溶金属间通过晶界的结合能够产生良好的焊接性。

目前，对于变形焊的微观结合机理中是否存在扩散行为尚有不同看法。有研究表明[1,2,12]：原子扩散并不是一切焊接过程中的必然行为，没有热作用的变形焊过程，不存在原子的相互扩散行为；具有热行为的热压焊接头存在与金属学规律相应的原子相互扩散行为。对于可以互溶的和生成化合物的金属组配，变形焊界面处存在浅层扩散，实现冶金结合；而液固态下几乎不互溶的金属组配，能够牢固结合在一起的主要原因是界面处的机械结合力和金属键合力，而不是冶金结合。

31.1.2　变形焊接头形式

常用变形焊的接头形式有搭接和对接两种，如图31-1和图31-2所示。

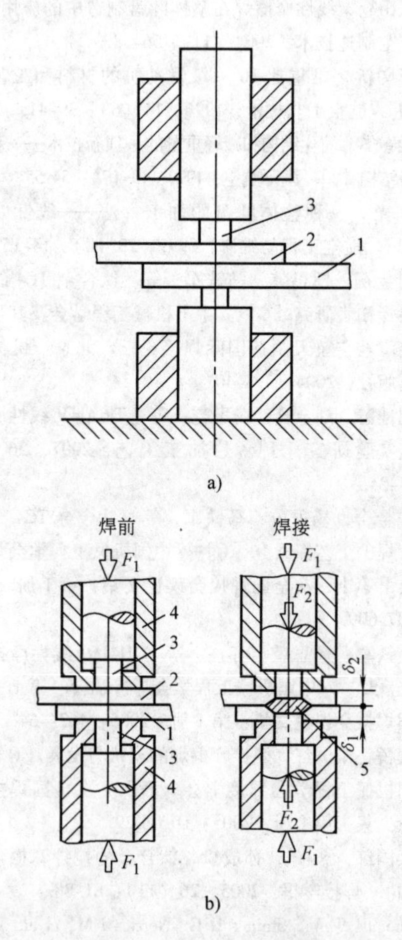

图31-1　搭接变形焊简图

a）带轴间式　b）带预压套环式

1、2—焊件　3—压头　4—预压套环　5—焊缝

δ_1、δ_2—两焊件各自厚度　F_1—预压力　F_2—焊接压力

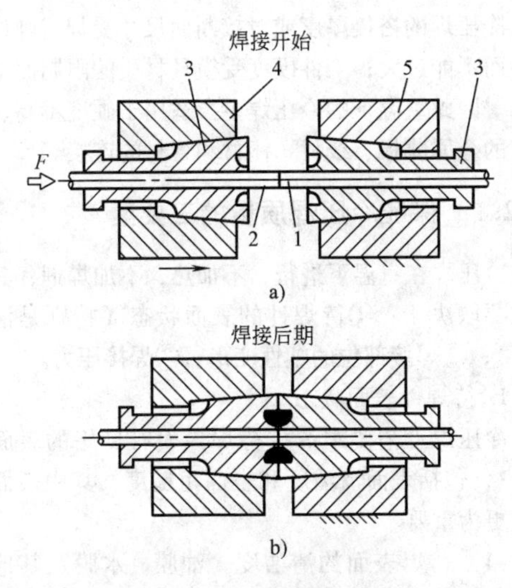

图31-2　对接变形焊简图

a）顶锻前　b）顶锻后（切除飞边）

1、2—焊件　3—钳口　4—动夹具　5—固定夹具

搭接焊时，将焊件搭放好后，用钢制的压头对焊件加压，当压头压入必要深度后，即完成焊接。采用柱状压头形成焊点，称为点焊；滚轮式压头则能形成长焊缝，称为滚压焊。搭接主要用于板材、带材、箔材的连接，包括异种金属间的焊接。

对接焊时，将焊件分别夹紧在左右钳口中，并留出一定的伸出长度，施加足够的顶锻力，使伸出部分产生径向塑性变形，将被焊界面上的氧化膜等杂质挤出，形成飞边，并在压力下，使紧密接触的纯洁金属形成键合，完成焊接工作。

一些具有脆性氧化膜的金属，通过径向塑性变形，很容易把氧化膜挤出界面，对接时重复挤压次数少，如铝只需1~2次。对于那些具有韧性氧化膜的金属，则需要的挤压次数多，如铜需重复挤压3~4次。

在超高真空中，经过去除氧化膜的界面，由于没有氧化膜再生，所需键合的变形挤压量只有大气中的6%，这个微小挤压量的作用，仅仅是为了克服界面的不平度，这就摆脱了金属氧化膜性质对挤压次数的影响，使各种塑性金属的冷压焊接性趋向一致。可以说，超高真空冷压焊是一种变形量最小的压焊方法。

对接变形焊主要用来焊接线材、棒材和管材。

31.1.3　变形焊的特点及应用

变形焊在力的作用下克服界面阻碍形成原子健结合，由于无高温、不需填料，设备简单，主要焊接参数由模具尺寸确定，故易于操作和实现自动化；焊接质量稳定、生产率高、成本低；不使用焊剂，接头不会引起腐蚀；焊接时接头不产生明显温升变化，特别适于异种金属、对温度比较敏感的材料和产品的焊接。

由于上述特点，变形焊成为电气行业、铝制品业和将来的太空焊接领域中最重要的焊接方法之一。

压力是变形焊的变形前提，变形量是实现两界面键合的重要条件，塑性变形的作用是：①破碎氧化膜；②定向流动的塑性变形使氧化膜和杂质挤出界面；③克服界面上的不平度，使两个界面上的金属原子紧密接触，形成键合力。不同界面状态所需最小变形量不同：在大气和室温条件下的变形焊，其最小变形量相对均在60%（变形程度）以上。

在纯氩气氛和室温下的变形焊，其最小变形量可在20%（变形程度）以下。在超高真空条件下的变形焊，其最小变形量可在5%以下。若界面加工成界面不平度≤其原子直径，则最小变形量为该金属材料的弹性变形量。如果在大气中界面存有油污，则多大的变形量也无法实现焊合。同样在大气和室温条件下，不同材质的变形焊所需最小变形量与各金属表面氧化膜性质直接相关。脆而硬的氧化膜所需最小变形量则小（如铝），软而韧的氧化膜所需最小变形量则大（如铜），因此在大气中进行变形焊时，不同金属的焊接性差异较大。但是在惰性气体或超高真空中进行界面清理的各金属的变形焊则没有焊接性的差异，这是因为氧化膜性质的影响因素已不存在。

待焊界面粗糙度主要对精密真空变形焊起作用。显然，界面粗糙度越小，则所需的最小变形量越小，此时所需的变形量只需克服表面粗糙度即可。

提高变形焊的环境温度可以减小所需的最小变形量（同时也减小变形压力），这对半导体元件生产中的变形焊十分重要。

由于变形焊是一种固态键合的形式，焊接温度低，排除了冶金因素的制约，凡具有延性的金属如Cu、Al、Ag、Ni、Fe、Zn、Cd、Ti、Sn、Pb及其合金均可以焊接，它们之间的相互组合，包括液相、固相不相溶的金属间的组合，也可以进行变形焊。

31.2　冷压焊

室温下进行的变形焊称为冷压焊，是变形焊应用的主要形式。在多达数十种焊接方法中，室温下冷压焊的焊接温度是最低的。试验证明：冷压焊过程中可行的变形速度不会引起接头的升温，也不存在界面原子的相对扩散[1]。因此冷压焊不会产生热焊接头常见的软化区、热影响区和脆性中间相，特别适于异种金属和焊接中怕升温的材料和产品的焊接。

经过焊接后严重变形的冷压焊接头，其结合界面均呈现复杂的峰谷和犬牙交错的空间形貌，如图 31-3 所示[3]。图 31-3a 是铝铜对接冷压焊接头的侧向界面线形态照片，具有犬牙交错的特征；图 31-3b 是铝镉对接冷压焊接头的正向界面的空间形态照片，具有峰谷沟壑叠加的特征。表明其结合界面面积比简单的几何断面大，同时，由于冷压焊过程中的形变硬化而使接头强化。因此在正常情况下，同种金属的冷压焊接头强度不低于母材；异种金属的冷压焊接头强度不低于较软金属的强度。由于结合界面大，又无中间相，所以接头的导电性、耐蚀性优良。

a)

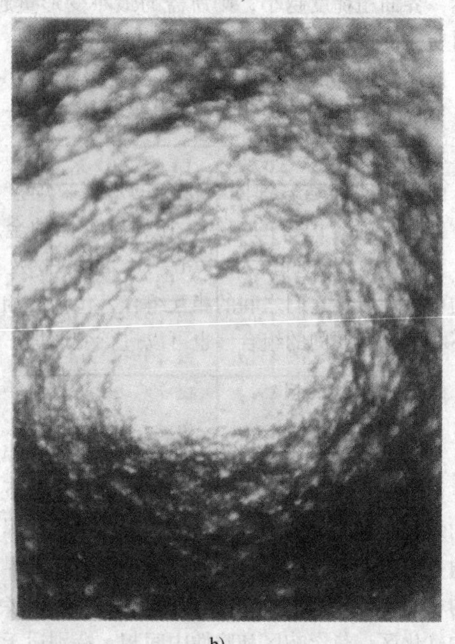

b)

图 31-3　对接冷压焊接头界面特征
a）7500 ×　b）50 ×

冷压焊的搭接厚度或对接断面尺寸受焊机吨位的限制而不能过大；工件硬度受模具材质的限制而不能过高。因此室温下的冷压焊主要适用于硬度不高、延性好的金属薄板、线材、棒材和管材的连接。

31.2.1　保证冷压焊质量的三要素

冷压焊在室温下进行，不加热，不加焊剂，其质量主要取决于：①待焊件的表面状态（特别是清洁程度）；②焊接部位的塑性变形；③焊接压力。

1. 待焊件表面状态

冷压焊工艺要求焊件待焊界面有良好的表面状态[13]，包括表面清洁度和表面粗糙度，其中表面清洁度更为重要。

（1）待焊表面的清洁度　油膜、水膜及其他有机杂质是冷压焊的“天敌”。在挤压过程中，它们会延展成微小的薄膜，不论工件产生多大的塑性变形都无法将其彻底挤出界面，甚至在极潮湿的环境中，冷压焊发生焊不上的现象，因此必须在焊前清除。有机物的清除通常采用化学溶剂清洗或超声波净化等方法。

金属氧化膜的存在会影响冷压焊的质量。氧化膜的脆性对冷压焊需要的塑性变形影响很大。如铝的表面氧化膜脆性大、硬度高，会增加界面间的摩擦因数，将其挤出界面所需的变形量不大，铝相对的塑性变形量大于 65% 即可挤出。对接冷压焊，只挤压 1 ~ 2 次即可。但是对脆性小、韧性大的氧化膜，如氧化铜，就需要挤压 3 ~ 4 次方能焊好。除了厚度不大、属于脆性的氧化膜（如铝工件表面的 Al_2O_3）在塑性变形量大于 65% 的条件下允许不作清理即可施焊外，都应在焊前进行清理。清理方法虽然可以采用化学溶剂或超声波方法，但效果最好、效率最高的钢丝刷或钢丝轮清理最常用[14]。钢丝轮（丝径为 0.2 ~ 0.3mm，材质最好是不锈钢）的旋转线速度以 1000m/min 为宜。

为保证获得稳定、优质的焊缝，清理后的表面不允许遗留残渣或氧化膜粉屑。例如用钢丝轮清理时，通常要辅加负压吸取装置，以去除氧化膜尘屑。清理后的表面也不准用手摸和再污染。工件一经清理，应尽快施焊。

（2）待焊表面的粗糙度　一般来说，冷压焊对工件待焊表面的粗糙度没有很高的要求，经过轧制、剪切或车削的表面都可用于冷压焊。带有微小沟槽不平的待焊表面，在挤压过程中有利于整个界面切向位移，对焊接过程是有利的。但是当焊接塑性变形量小于 20% 和精密真空压焊时，就要求待焊表面有较低的粗糙度。

2. 塑性变形程度

实现冷压焊所需的最小塑性变形量称为“变形程度”，它是判断材料焊接性和控制焊接质量的关键参数。其作用是：①以较大的变形量来破坏氧化膜；②使氧化膜和杂质排挤出接合界面；③克服界面上的不平度，使两个界面上的原子能紧密接触，形成晶间结合。

最小塑性变形量对于不同金属是不一样的。例如纯铝的变形程度最小，说明其冷压焊接性最好，钛次之。实际焊接的变形量要大于该金属的标称“变形程度”值，但不宜过大。过大的变形量会增加冷作硬化现象，使韧性下降。例如对铝及多数铝合金搭接时压缩率多控制在65%～70%范围内。

根据冷压焊接头形式的不同，表示变形程度的方法也不一样。

搭接冷压焊的塑性变形程度用压缩率（ε）表示。它是焊件被压缩的厚度与总厚度的百分比，即

$$\varepsilon=\frac{(h_1+h_2)-h}{h_1+h_2}\times100\%$$

式中　h_1、h_2——搭接工件各自的厚度；

h——压缩后的剩余厚度。

各种材料的最小压缩率见表31-1。表中的压缩率是在材质相同、厚度相等、冷压点焊条件下得到的。生产中为保证满意的焊合率，并考虑到各种误差的存在，选用的压缩率往往比表中数据大5%～15%。

对接冷压焊的塑性变形程度用总压缩量（L）表示，它等于工件伸出长度与顶锻次数的乘积，即

$$L=n(l_1+l_2)$$

式中　l_1——固定钳口一侧工件的每次挤压伸出长度；

l_2——活动钳口一侧工件的每次挤压伸出长度；

n——挤压次数。

表31-1　各种材料搭接点焊的最小压缩率

材料名称	压缩率（%）	材料名称	压缩率（%）
纯铝	60	铜	86
工业纯铝	63	铝与钛	88
w(Mg)=2%的铝合金	70	锡	88
钛	75	镍	89
硬铝	80	铁	92
铅	84	锌	92
镉	84	银	94
铜与铝	84	铁与镍	94
铜与铅	85	锌合金	95
铜与银	85		

足够的总压缩量是保证获得合格接头的关键因素。对于延性好、变形硬化不强烈的金属，工件的伸出长度通常小于或等于其直径或厚度，可一次挤压焊成。对于硬度较大、形变硬化较强的金属，其伸出长度通常等于或大于工件的直径或厚度，需要多次挤压才能焊成。对于大多数材料，挤压次数一般不大于3次。

几种材料的对接冷压焊最小总压缩量见表31-2。

表31-2　几种材料的对接冷压焊最小总压缩量

材料名称	每一工件的最小总压缩量		顶锻次数
	圆形件（直径d）	矩形件（厚度h_1）	
铝与铝	$(1.6\sim2.0)d$	$(1.6\sim2.0)h_1$	2
铝与铜	铝$(1\sim3)d$ 铜$(3\sim4)d$	铝$(2\sim3)h_1$ 铜$(2\sim3)h_1$	3
铜与铜	$(3\sim4)d$	$(3\sim4)h_1$	3
铝与银	铝$(2\sim3)d$ 银$(3\sim4)d$	铝$(2\sim3)h_1$ 银$(3\sim4)h_1$	3～4
铜与镍	铜$(3\sim4)d$ 镍$(3\sim4)d$	铜$(3\sim4)h_1$ 镍$(3\sim4)h_1$	3～4

为减少挤压次数，希望伸出长度尽可能大些。但伸出长度过大，顶锻挤压时会使工件弯曲，导致焊接过程失败。直径d（或厚度h_1）越小的工件被顶弯的倾向性越大。同种材料对焊时，通常取伸出长度为$(0.8\sim1.3)d$或$(0.8\sim1.3)h_1$。断面小的工件取下限，大者取上限。异种材料相焊时，各自的伸出长度以弹性模量E值之比选取，较软工件的伸出长度相应减小。

3. 焊接所需压力

压力是冷压焊过程中唯一的外加能量的来源，通过模具传递到待焊部位，使被焊金属产生塑性变形。焊接所需总压力既与被焊材料的强度以及工件横截面积有关，也与模具的结构尺寸有关。理论计算焊接所需压力的公式是：

$$F=pS$$

式中　F——焊接所需压力（N）；

p——单位压力（MPa）；

S——焊件的横断面面积（mm^2），对于对接冷压焊，S是指工件的断面面积；对于搭接冷压焊，S是指压头的端断面面积。

冷压焊过程中，由于塑性变形产生硬化和模具对金属的拘束力，都会使单位压力增加，甚至远大于理论计算的压力值。对接冷压焊在挤压过程中，焊件随

变形的进行而被镦粗，使工件的名义断面面积不断增大。综合结果，初始顶锻力较小，末期顶锻力增大，焊接末期所需的压力比焊接初始时的压力要大得多。因此实际施焊时的压力需通过试验获得。只要能使焊件塑性变形顺利进行，最后能切掉飞边即可。但不能过大，过大则会撞碎模具的刃口。

几种金属单位面积冷压焊所需压力见表31-3。

表31-3　几种金属单位面积冷压焊所需压力

（单位：MPa）

材料名称	搭接焊	对接焊
铝与铝	750～1000	1800～2000
铝与铜	1500～2000	>2000
铜与铜	2000～2500	2500
铜与镍	2000～2500	2500
HLJ型铝合金	1500～2000	>2000

表31-4　各种冷压焊机的技术参数

施压设备	压力/t	可焊断面面积/mm^2			设备参考重量/kg	设备参考尺寸（长/mm×厚/mm×高/mm）	备注
		铝	铝与铜	铜			
携带式手焊钳	(1)	0.5～20	0.5～10	0.5～10	1.4～2.5	全长310	LTY型
台式对焊手焊钳	(1～3)	0.5～30	0.5～20	0.5～20	4.6～8	全长320	
小车式对焊手焊钳	(1～5)	3～35	3～30	3～20	170	1500×7500×75[illegible]	
气动对接焊	5	2.0～200	2.0～20	2.0～20	62	500×300×300	自动重复顶锻
	0.8	0.5～7	0.5～4	0.5～4	35	400×300×300	
油压对接焊机	20	20～200	20～120	20～120	700	1000×900×1400	QL型自动重复顶锻
	40	20～400	20～250	20～250	1500	1500×1000×1200	
	80	50～800	50～600	50～600	2700	1500×1300×1700	
	120	100～1500	100～1000	100～1000	2700	1650×1350×1700	
携带式搭接手焊钳	(0.8)	厚度1mm以下			1.0～2	长:200mm 厚:350mm	
气动搭接焊机	50	厚度3.5mm以下			250	680×400×1400	
油压搭接焊机	40	厚度3mm以下			200	1500×800×1000	

注：括号内的压力值为计算值。

冷压焊模具的结构尺寸对压力的影响很大，这对冷压焊机的设计者是至关重要的；但是对使用者来说，只要压焊设备定型生产，其模具结构尺寸也就定型，可根据焊机的技术参数选取所需压力。表31-4给出各类冷压焊机（钳）的吨位、可焊断面面积及其他技术参数。

在冷压焊生产中，由于形成冷压焊接头所必需的变形程度是由模具确定的，只要压力充分，工件表面清洁，焊接质量就可以保证，对操作人员的技术要求不高。

生产中的质量检查主要采取抽查的办法。对于搭接冷压焊接头要做抗剥离试验。质量合格的接头被撕裂部位应在紧邻焊缝的母材上。对于对接冷压焊接头，因其接头对弯曲最敏感，只做抗弯试验就能鉴别其焊接质量，即将接头夹在台虎钳上，焊缝在钳口上侧1～2mm，首先弯曲90°角，再反向弯曲180°角，接头不在焊合界面上开裂，质量就算合格。

31.2.2　冷压焊模具及冷压焊设备

冷压焊是通过模具对工件加压，使待焊部分产生塑性变形完成的。模具的结构和尺寸决定了接头的尺寸和质量，因此模具的合理设计和加工是至关重要的。

根据压出的凹槽形状，搭接冷压焊分为搭接点焊和缝焊两类。按照加压方式，焊缝又分为滚焊及套焊等形式。搭接点焊模具为压头，滚焊模具为压轮，对接冷压焊模具为钳口。

1. 搭接点焊压头

点焊压头的形式较多。根据要求，压头（或焊点）可为圆形（实心或空心）、矩形、菱形或环形等，如图31-4所示。

按压头数目分，可分为单点点焊和多点点焊，单点焊又分为双面点焊和单面点焊。压头尺寸根据工件厚度（h_1）确定。圆形压头直径（d）和矩形压头的宽度（b）不能过大，也不能过小。过大时，变形阻力增大，在焊点中心将产生焊接裂纹，并将引起焊点四周金属较大延展变形；过小时，将因局部切应力过大而切割母材。典型的压头尺寸为$d=(1.0\sim1.5)h_1$或$b=(1.0\sim1.5)h_1$；矩形压头的长边取（5～6）b；不等厚件点焊时，压头尺寸以薄件厚度（h_1）确定：$d=2h_1$或$b=2h_1$。压头的几何尺寸如图31-5和表31-5所示。

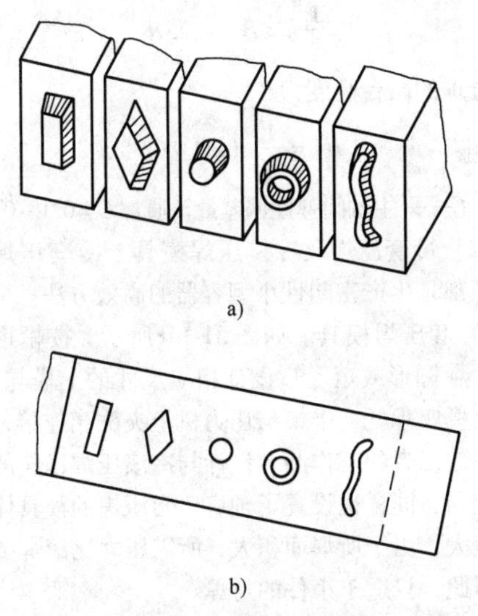

图31-4 搭接点焊压头形式

a）压头 b）焊点

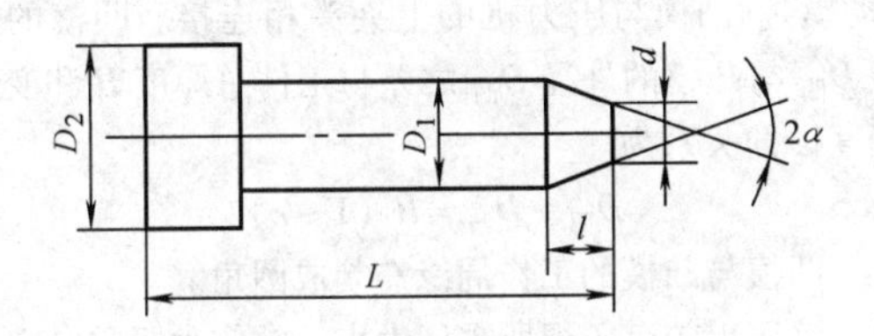

图31-5 搭接点焊压头几何尺寸

表31-5 点焊压头几何尺寸

（单位：mm）

型号	D_2	D_1	L	α /(°)	L		d	
					Al	Cu	Al	Cu
1	13	10	8	7	30	55	7	8
2	13	10	12	7	30	55	9	10
3	18	15	16	7	30	55	12	13

冷压点焊时，压缩率由压头压入深度来控制。通常的办法是设计带轴肩的压头（图31-2a），从压头端头至轴肩的长度即为压入深度，以此控制准确的压缩率，同时起防止工件翘起的作用。另一种方式是在轴肩外围加设套环装置（图31-2b），套环采用弹簧或橡胶圈对工件施加预压力，该预压力控制在20～40MPa。

压头工作面的周缘应加工成$R0.5$mm的圆形导角，完全直角的周缘将切割被焊金属。

2. 缝焊模具

冷压焊可以焊接直长缝或环状焊缝，气密性可达到很高的要求，而不出现熔化焊常见的气孔、未焊透等缺陷。具体形式有冷滚压焊、冷套压焊和冷挤压焊，如图31-6所示。

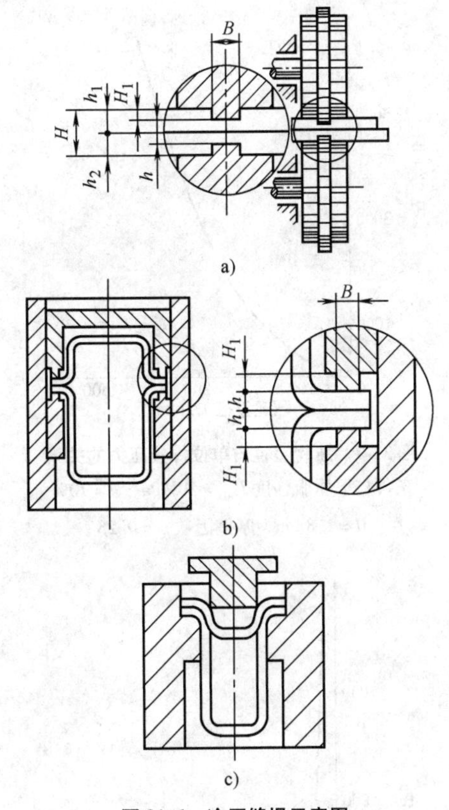

图31-6 冷压缝焊示意图

a）冷滚压焊 b）冷套压焊 c）冷挤压焊

（1）冷滚压焊压轮 冷滚压焊时，使被焊搭接件在一对滚动的压轮间通过，并同时向工件加压，即形成一条密闭性焊缝。滚压焊的压轮是关键部件，它的结构和尺寸将决定焊机功率、焊接所需压力、焊接质量和焊接能否进行。

1）压轮直径。它对焊接压力的影响很大（图31-7）。由图31-7可见，压轮直径D越大，所需的焊接压力急剧增大。从减小焊接压力考虑，D应越小越好。同时压轮直径大小还是决定工件能否自然入机、使滚焊得以进行的重要因素。工件能够自然入机的条件是：$D \geqslant 175H$，$H = h_1 - h_2$，因此选用压轮直径时，首先应满足这个条件，在此前提下尽可能选用小的直径。

确定压轮直径时，不但要考虑设备能够提供的最大输出焊接压力，还要考虑工件总厚度H。当焊机功率确定之后（即最大输出焊接压力确定），工件总厚度越小，选用的压轮直径可相应减小，如图31-8所示。

2）压轮工作凸台宽度B和高度H_1。压轮工作凸台的宽和高的作用与冷压点焊的压头相似。工作凸台两侧也设有轮肩，起控制压缩率和防止工件边缘翘起的作用。

合理的凸台宽度按下式确定：

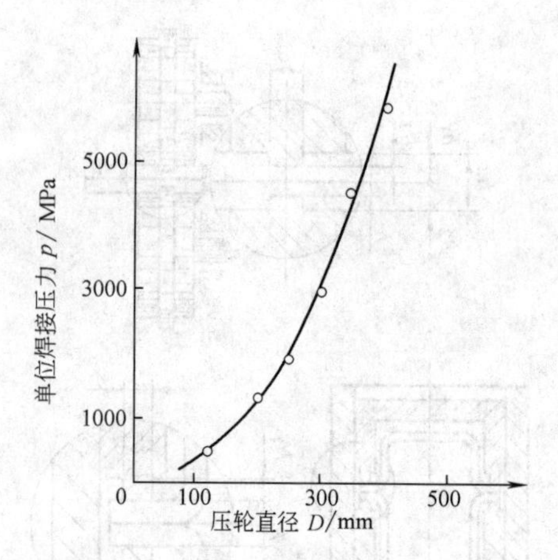

图 31-7 压轮直径与单位焊接压力的关系

条件：下屈服强度 $R_{eL}=50\text{MPa}$ $\varepsilon=70\%$

$H=1.8\text{mm}$ 摩擦因数 $\mu=0.25$

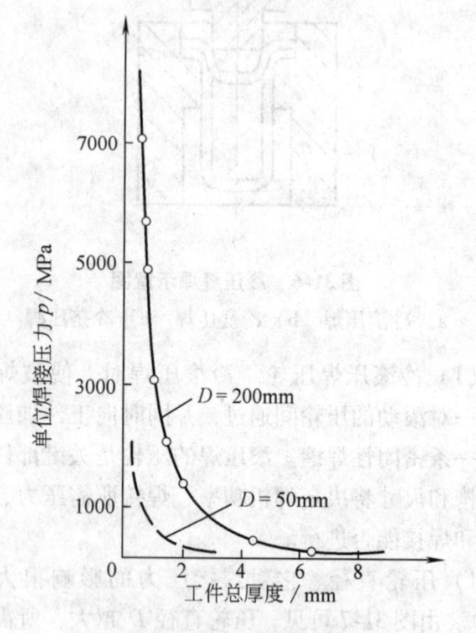

图 31-8 工件总厚度、压轮直径与单位焊接压力的关系

条件：下屈服强度 $R_{eL}=50\text{MPa}$ $\varepsilon=70\%$

摩擦因数 $\mu=0.25$

$$\frac{1}{2}h<B<1.25H$$

合理的凸台高度为

$$H_1=\frac{1}{2}\ (\varepsilon H+C)$$

式中 C——主轴间弹性偏差量，通常 $C=0.1\sim0.2\text{mm}$。

（2）冷套压焊及冷挤压焊模具 冷套压焊和冷挤压焊都是生产密闭性小型容器的高效方法。

1）套压焊模具。如图 31-6b 所示，按帽形工件的尺寸（圆形或矩形）设计相应尺寸的上模与下模。下模由模座承托，上模与压力机上夹头相连接，作为活动模。二者的工作凸台设计与冷滚压焊压轮的工作凸台相当，同样也设置了轴肩。套压焊的模具体积和重量较大，由于所焊面积大，所需压力比滚焊要大得多。因此，只适于小件的封焊。

2）挤压焊模具。如图 31-6c 所示，按内外帽形工件的形状尺寸设置相应的凹模（固定模）、凸模（动模）。凸模与压力机的上夹头相连接。凹模的内径 $D_{凹}$ 与凸模的外径 $D_{凸}$ 之差与工件总厚度 H 和变形程度 ε 的关系为

$$D_{凹}-D_{凸}=H\ (1-\varepsilon)$$

凹模与凸模的工作周缘需制成圆角。

挤压焊较套压焊所需压力小，常作为铝质电容器的封头焊接。

3. 对接冷压焊钳口

对接冷压焊的夹紧力和顶锻力都很大，钳口材料须用模具钢制造，钳口的制造精度要求较高。钳口分固定和可动的两组，各由两个相互对称的半模组成，各夹持一个工件。钳口的作用除夹紧工件外，主要是传递压力，控制塑性变形大小和切掉飞边。

依钳口端头结构形式可分为槽形钳口、尖形钳口、平形钳口和复合钳口四种，如图 31-9 所示。其中尖形钳口有利于金属的流动，能挤掉飞边，所需焊接压力小；平型钳与尖形钳则相反，故平型钳口已经很少应用。

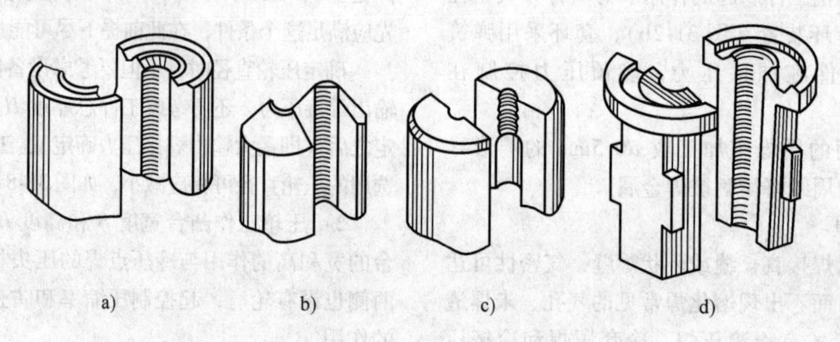

图 31-9 对接冷压焊钳口形式

a）槽形钳口 b）尖形钳口 c）平形钳口 d）复合钳口

为了克服尖形钳口易崩刃的缺点，在刃口外设置了护刃环和溢流槽（容纳飞边），成为应用广泛的复合钳口，如图31-10所示。

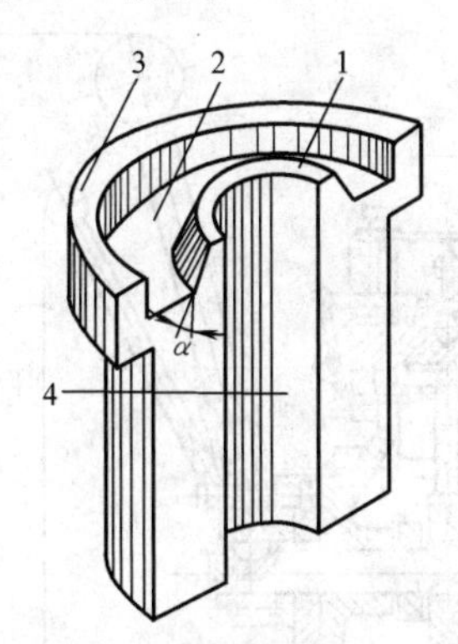

图31-10 尖形复合钳口示意图

1—刃口 2—飞边溢流槽 3—护刃环 4—内腔 α—刃口导角（α≤30°）

为避免顶锻挤压过程中工件在钳口中打滑，除给予足够的夹紧力外，还要增加钳口内腔与工件间的摩擦因数。具体措施是对内腔表面喷丸处理或加工出深度不大的螺纹状沟槽。

钳口内腔形状依被焊工件断面形状设计，可以是简单断面，也可是复杂异型断面。对于断面面积相差不大的不等工件可采用两组不同内腔尺寸的钳口。焊接扁线用的组合钳口如图31-11所示。对接管材时，管件内应装置相应的心轴。

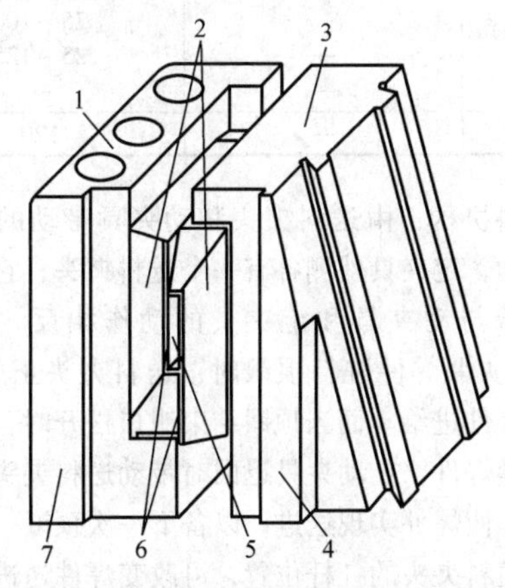

图31-11 扁线复合钳口示意图（动模）

1—固定模座 2—钳 3—滑动模座 4—护刃面 5—型腔 6—刃口 7—护刃面

钳口的关键部位是刃口。刃口厚度通常为2mm左右，楔角为50°～60°。此部位必须进行磨削加工，以减小顶锻时变形金属的流动阻力，避免卡住飞边。

钳口工作部位的硬度控制在45～55HRC。硬度太大，韧性差，易崩刃；硬度太小，刃口会变形成喇叭状，使接头镦粗。冷压焊的模具经合理设计和加工完成后，焊接的接头尺寸和可能达到的质量即被确定。当所焊工件规格尺寸变化时，则需更换模具。

4. 冷压焊机简要介绍

冷压焊机主要由加压装置和焊接模具组成，模具对接头的形成是至关重要的。而在冷压焊加压设备中，除了专用的冷滚压焊设备其压力由压轮主轴承担而不需另给压力源外，其余的冷压焊设备都可以利用常规的压力机改装，因此冷压焊的设备类型可以有多种类型（没有统一标准），此处进行典型介绍。

对接冷压焊钳有两种形式：手钳式和台钳式。它们都是通过凸轮机构手动加压来进行焊接的。LTY型手动冷压焊钳携带轻便，适于安装现场使用，但其刚度较小，可焊接$\phi1.2\sim\phi3$mm的铝导线。几种规格焊钳参数见表31-6。手摇自动台钳（LHJ型）可固定在台桌上，钳体刚度较大，适宜在室内或固定场合焊接铝铝、铜铜或铝铜导线，可焊线径为$\phi0.32\sim\phi4$mm，如图31-12及表31-7所示。

表31-6 冷压焊钳的规格参数

型号	可焊单股导线直径/mm		质量/kg
	铝	铜	
LTY—OA	1.3～4.0	1.3～3.1	1.6
LTY—OB	1.3～1.3	1.3～2.7	1.5
LTY—OC	1.0～2.0	1.0～1.7	0.5
LHJ—2	0.32～1.6	0.32～1.0	30
LHJ—3	1.0～4.75	1.0～0.35	40

该台钳人工送入被焊导线，用手摇动手柄3～4次，即可自动完成焊接工作，方便、快捷。

常见的对接冷压焊机有LHJ系列和QL系列，LHJ系列焊机缺点是焊接的每个动作都要去按一下电钮或搬动一下手把，生产效率较低。QL系列对接冷压焊机可进行自动操作（除人工装卸焊件以外，整个焊接过程，包括重复顶锻和进给焊件都自动完成），降低了劳动强度，提高了生产率。

表31-7列出了焊机型号和规格。

下面将QL—25型冷压焊机的结构原理和传动系统作一简单介绍。

焊机由机架、对焊机头、送料机构和剪刀装置等部分组成（图31-13）。

机架：由结构钢焊接而成，上部装有对焊机头和送料机构，上前侧装有操纵屏及剪刀装置，机架内有油箱、电动机、油泵及阀等传动部分。

对焊机头：分为动夹具和定夹具两部分。定夹具在机头右面，固定在夹具座上；动夹具在机头的左面，由两只并联的油缸驱使其左右移动。动、定夹具上各装有一副钳口，钳口夹持面经喷丸处理，以增加夹紧摩擦力，保证顶锻时焊件不致打滑；钳口端面有刃口，用以切除焊接飞边。

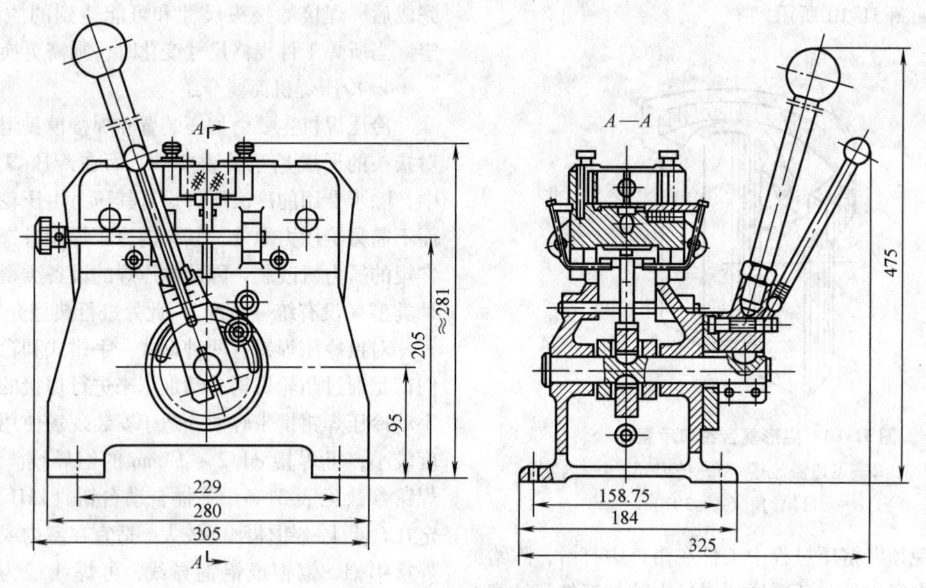

图31-12 LHJ冷压焊台钳外形

表31-7 冷压对焊机型号和规格

型号		LHJ—10A	LHJ—15A	LHJ—80A	QL—25
电源电压/V		380	380	380	380
挤压顶锻力范围/kN		20 ~ 100	20 ~ 200	≈800	50 ~ 250
夹紧力范围/kN		16 ~ 80	16 ~ 160	—	40 ~ 200
剪刀最大切力/kN		7.5	30	—	40
最大顶锻速度/(m/min)		3	5	—	—
可焊断面面积/mm²	铝-铝	7 ~ 110	3 ~ 200	—	25 ~ 200
	铜-铜	7 ~ 36	3 ~ 80	—	25 ~ 100
	铝-铜	7 ~ 50	3 ~ 100	—	25 ~ 125
	铝合金	7 ~ 50	3 ~ 100	—	—
生产率/(件/h)			—	—	120

图31-13 QL—25型冷压焊机

1—剪刀 2—送料机构 3—对焊机头 4—机架

送料机构：由送料夹头和动夹具带动的杠杆组成。在动、定夹具外侧各有一个送料夹头，它的夹紧和松开恰与动夹具和定夹具的动作相反。当钳口（模具）夹紧焊件进行顶锻时，送料夹头正好松开，不影响焊件进给。而当顶锻结束钳口松开时，送料夹头却夹紧焊件，在动夹具退回时带动送料夹头左移适当距离，使焊件实现送进，以备下一次顶锻。通过调节牵动送料夹头的杠杆位置，可改变焊件送进量的大小。自动送料原理如图31-14所示。

传动系统：动夹具的顶锻和返回、钳口以及送料夹头的夹紧和放松焊件等运动，都采用了液压传动。

31.2.3 应用

1. 搭接冷压焊的应用

搭接冷压焊可焊厚度为0.01 ~ 20mm的箔材、带材、板材。管材的封端及棒材的搭接都可以实现。搭接点焊常用于导线或母线的连接。搭接缝焊可用于焊接气密性的接头。其中滚压焊适于焊接大长度焊缝，例如制造有色金属管、铝制容器等较大容积的产品；套压焊用于电器元件的封帽封装焊及日用品铝制件的焊接。

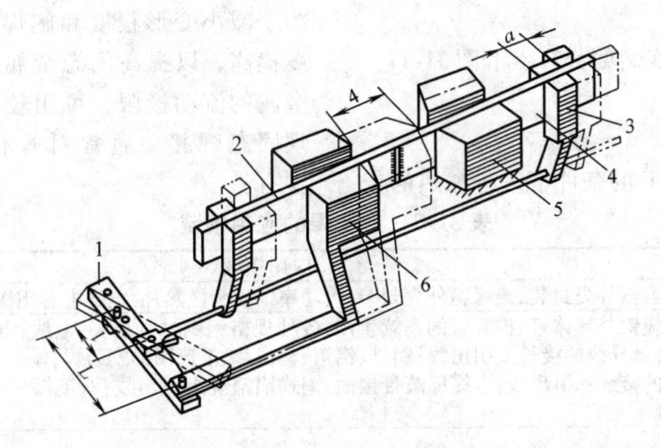

图31-14 自动送料原理

1—杠杆 2—工件 3—送料夹 4—工件 5—定夹具 6—动夹具

冷滚压焊制铝管主机如图31-15所示，铝管外径为11mm，管壁厚0.9mm。滚压焊制铝管，焊接速度可达1700cm/min以上，而且在小停机条件下可任意调整焊接速度，焊接质量可不受影响，这是其他焊接方法无法实现的。

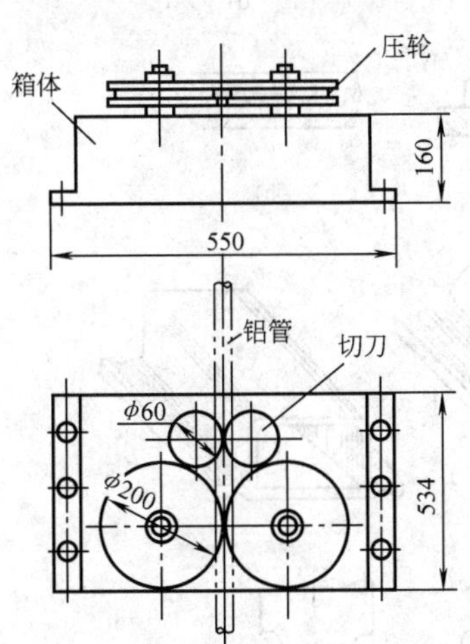

图31-15 冷滚压焊制铝管主机

2. 对接冷压焊的应用

对接冷压焊接头的最小断面为0.5mm^2（用手焊钳），最大焊接断面可达500mm^2（液压焊机），可以对接简单或异型断面的线材、棒材、板材、管材等。可在生产中接长同种材料，制造双金属过渡接头或异种金属的装焊。电气工程中铝、铜导线、母线的焊接应用最广泛。

图31-16是铝电磁线冷压对焊示意图，其过程如下[11]：首先根据待焊铝电磁线直径选择并安装相应冷压焊模具，去除铝电磁线表面的绝缘层，从模具的凹口把待焊铝电磁线塞入至模缝中间位置，然后重复挤压4～5次，直到在模具中间可以清晰地看到顶锻毛刺为止，取出焊好的电磁线，用剪刀、锉刀、砂布去除焊接飞边。

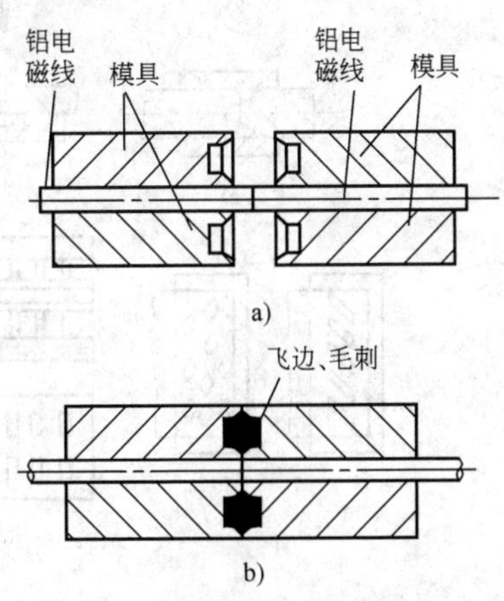

图31-16 铝电磁线冷压焊应用实例

a）顶锻前 b）顶锻后

3. 焊接不允许升温的产品

冷压焊特别适于在焊接中必须避免母材软化、退火和不允许烧坏绝缘的一些材料或产品的焊接。例如HLJ型高强度变形时效铝合金导体，当温升超过150℃时，其强度成倍下降；某些铝外导体通信电缆或铝皮电力电缆，在焊接铝管之前已经装入电绝缘材料，其焊接温升不允许高于120℃。某些石英谐振子及铝质电容器的封盖工序、Nb-Ti超导线的接续也属此例。

4. 焊接异种材料

对于在热焊时异种金属间会产生脆性金属中间相

的金属连接，冷压焊是最适合的方法。对于这类接头的使用温度要分别予以限制，例如铝铜的接头，使用的短期温升（1h 内）限制在 300℃以下；长期的允许使用温升不超 200℃[6]。

冷压焊的应用领域及实例见表 31-8 和图 31-17。

31.3　热压焊

在高于室温 100 ~ 300℃的条件下进行加热的变形焊称为热压焊。在半导体器件的引线连接中[10]，广泛应用了热压焊。冷压焊是在室温下进行的焊接，但是冷压焊的变形程度大、施焊压力比较大。为了减小变形程度和施焊压力，可以将焊件的温度提高，以提高固态金属的原子活力，降低被焊金属的流动极限，可用较小的压力和变形程度实现固态焊接，通常对焊件加热的温度为 300℃左右。

表 31-8　冷压焊的应用领域

使用行业	应用领域
电子工业	圆形、方形电容器外壳封装，绝缘箱外壳封装，大功率二极管散热片，电解电容阳极板与屏蔽引出线
电气工程	通信、电力电缆铝外导体管、护套管的连续生产；各种规格铝铜过渡接头；电线、电缆厂、电机厂、变压器厂、开关厂铝线及铝合金导线的接长及引出线；铜排、铝箔、整流片、汇流圈的安装焊；输配电站引出线；架空电线、通信电线、地下电缆的接线和引出线；电缆屏蔽带接地；铜式铝箔绕组引出线；石英振子盒封装、集成块封装、铌钛合金超导线的接续
制冷工程	换热器
汽车制造业	小轿车暖气片、汽车水箱、散热器片、脚踏板
交通运输业	地铁、矿山运输、无轨电车异形断面滑接对焊
日用品工业	铝壶、电热铝茶壶制造、铝容器、铝壶手把螺钉支撑
其他行业	铝管、铜管、铝锰合金管、铝镁合金管、钛管的对接、封头等

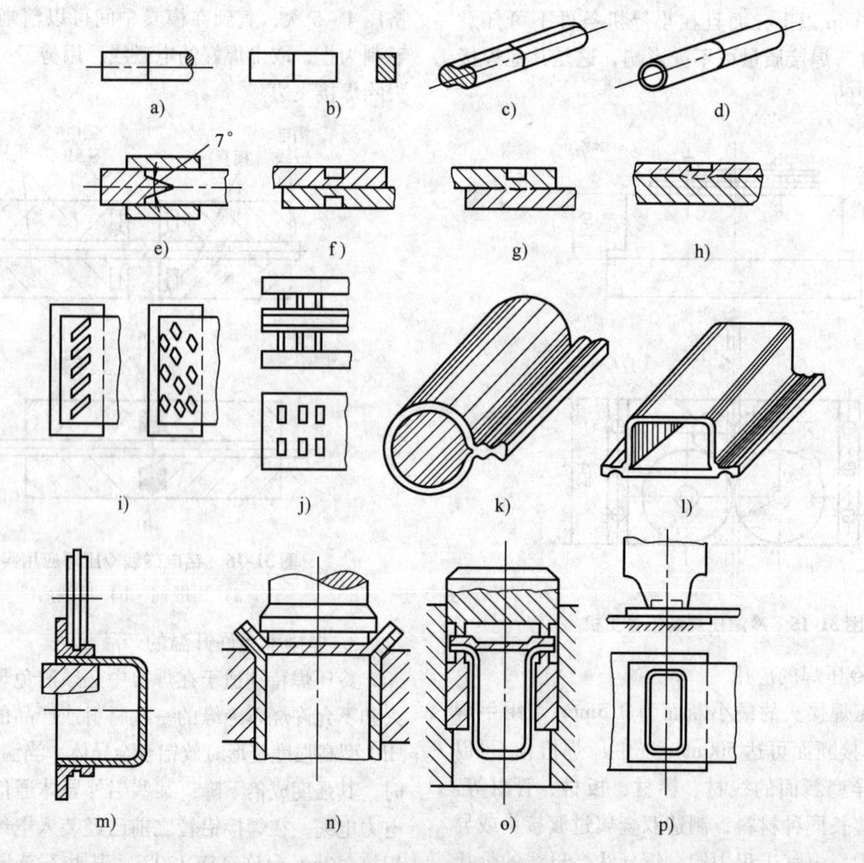

图 31-17　冷压焊应用实例

a）圆断面棒料及线材对接　b）矩形断面线材、母线对接　c）电气机车滑接线异型断面对接　d）管材对接　e）铜与钛等金属的楔形对接　f）双面点焊　g）单面点焊　h）不等厚件单面点焊　i）铝箔多点点焊　j）铝板双面镶焊铜板　k）滚焊制管　l）矩形容器滚焊　m）筒体与法兰盘单面滚压焊　n）容器封头挤压焊　o）碟形封头双面套压焊　p）单面套压焊

热压焊的焊接本质与冷压焊完全相同，即在加热条件下施加压力，使被焊界面金属产生足够的塑性变形，形成界面表面金属原子间的结合。

31.3.1 热压焊方法分类

1. 按加热方式分类

热压焊按加热方式可分为工作台加热、压头加热、工作台和压头同时加热三种形式。不同加热方式的优缺点见表31-9。

表31-9 不同加热方式的热压焊的优缺点[10]

加热方法	优 点	缺 点
工作台加热(包括整个器件或电路)	由于加热件的热容量大,加热温度可精确调节,故温度稳定	整个装焊过程中需对器件加热
连续压头加热	可采用较紧凑的加热器简化设备结构	很难测量加热焊接区内的温度
工作台和压头同时加热	温度调节比较容易,能在较高的压头温度实现焊接,获得牢固焊点所需的时间最短	设备和压头的结构复杂,整个装配过程中均需对器件、电路加热

2. 按压头形状分类

热压焊按压头形状可分为：楔形压头、空心压头、带槽压头及带凸缘压头的热压焊，如图31-18所示。图31-18a、c、d三种压头都是将金属引线直接搭接在基板导体或芯片的平面上；而图31-18b则是一种金丝球焊法，即金属丝导线从空心爪头的直孔中送出或拉出引线，在引线端头用切割火焰将端头熔化，借助液态金属的表面张力，在引线端头形成球状，压焊时利用压头的周壁将球施压，形成圆环状焊缝，实际上也是一种搭接形式的凸焊。

31.3.2 热压焊微型件——金丝引线

在电子微型焊接中，热压焊主要用于芯片引线的焊接，具体是将极薄的硅芯片表面，先用蒸镀法在待焊处镀覆一层以nm为单位的铝金属膜，用直径只有以μm计的金丝引线，将硅芯片上的铝膜与基板上导体相连接，或者几个硅芯片铝膜间互连。引线材料有时也使用铝丝。

这种微型精密焊接只能用高度自动化的设备进行，它包括微机控制系统和焊接机械手两大部分。

1. 机械手应具备的功能

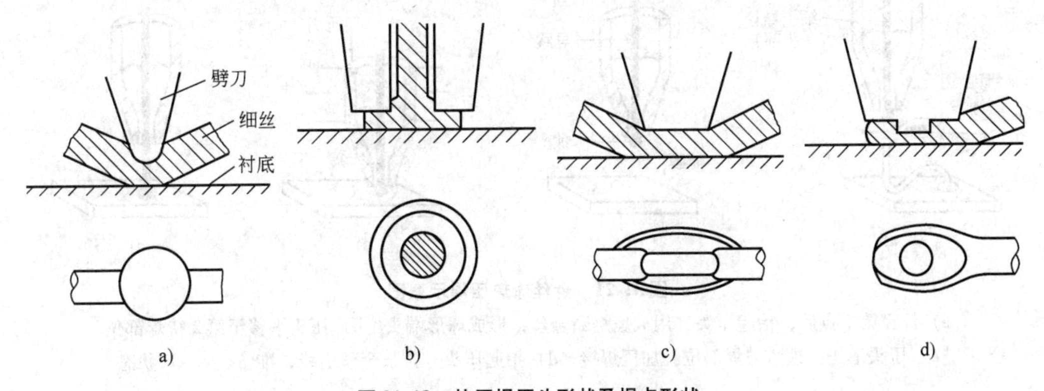

图31-18 热压焊压头形状及焊点形状

a）楔形压头（扁平焊点） b）空心压头（金丝球焊） c）带槽形的压头 d）带凸缘（轴肩）的压头

（1）*xyz*的精确定位 以硅芯片引线与基片导体的焊接为例，如图31-19所示。在各芯片*xy*平面布局的位置上，确定引线长度和机械运动轨迹，包括运动方向、运动速度、每一点停留（焊接）时间。

各芯片高度和芯片导体在垂直方向（*z*向）上距离差值的控制。

（2）焊接程序控制 每个焊点的送丝、压焊、抽丝、切断等工序的自动控制。

（3）焊接参数的控制

1）在图31-19中第1焊点即金丝引线与基片导体间的焊点所用的压力与第2焊点即金丝引线与硅芯片铝膜的焊点所施压力不同，控制系统应预先调制。

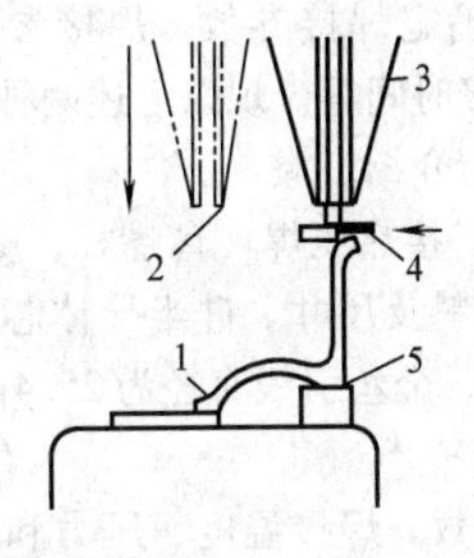

图31-19 剪刀式压头（机械手）焊接示意图

1—第1焊点 2—金属丝 3—细引导管

4—钳（剪刀） 5—第2焊点

2）不同加热方式对焊点的温度控制。

3）不同焊点与温度对应的焊接时间的控制。

不论采取哪一种压头或机械手，都应具备上述的空间位置、焊接程序及焊接参数三方面控制功能。

2. 两种常用的机械手

（1）金丝卧式搭接　采用卧式搭接除图 31-19 所示的剪刀式外，还有一种称为鸟嘴式的搭接热压焊。它们的共同点都是将金丝引线卧式搭接在芯片或基片导体上。不同点是剪刀式具有焊后剪切引线的剪刀装置，而鸟嘴式则使用劈刀式压头的后刀压断已焊完的引线（未完全切断，移动压头时稍用力拉断引线），如图 31-20 所示。

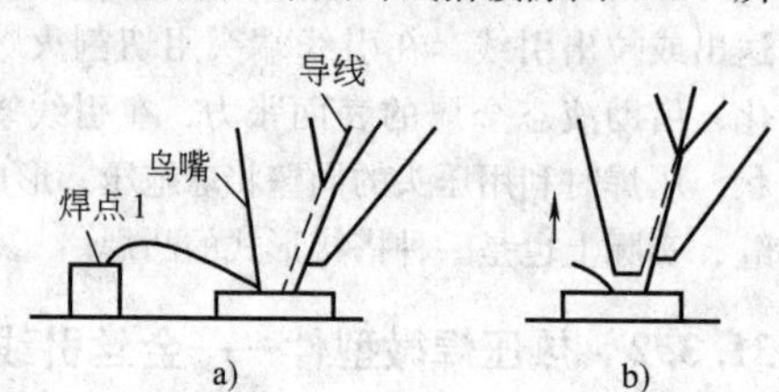

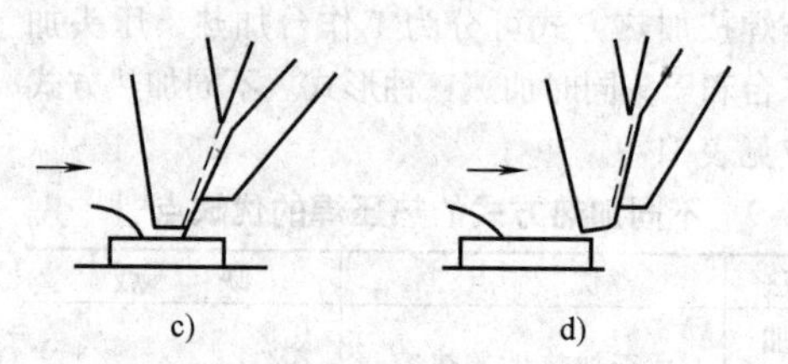

图 31-20　鸟嘴式压头搭接示意图

a）硅芯片引线已焊好，松开的鸟嘴压头拉出引线已移到基片导体上进行压焊

b）第 2 焊点焊完后，抬起压头　c）压头向右平移，此时鸟嘴夹紧金丝，使引线受力

d）压头向右平移过程中，拉断焊点右侧的金丝引线，准备移至下一个待焊点上施焊

这两种搭接热压焊的搭接宽度由压头的宽度决定。金丝被压扁。

（2）金丝球搭接　图 31-21 表示金丝球式热压焊的示意图。金丝球热压焊的压头由硬玻璃制成，内设金属引线丝孔，构造颇似熔化极气体保护焊的导电嘴。靠端头平整的环状端面对球施加压力，焊点虽外形为圆形，但真正焊着部分仅是加压的环状部分。尽管有的资料称这种方法是对接热压焊，但实际上仍然是搭接形式。

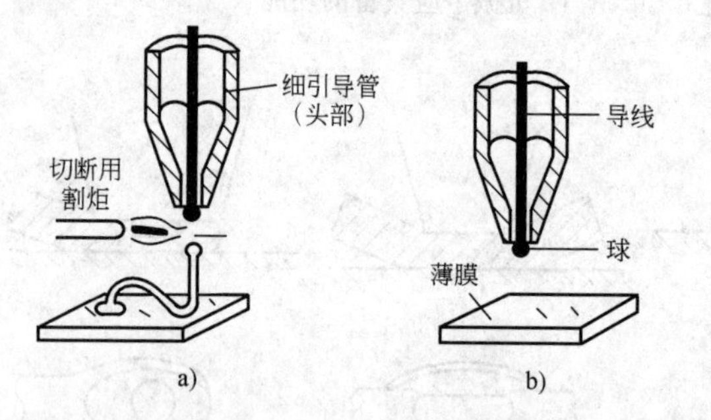

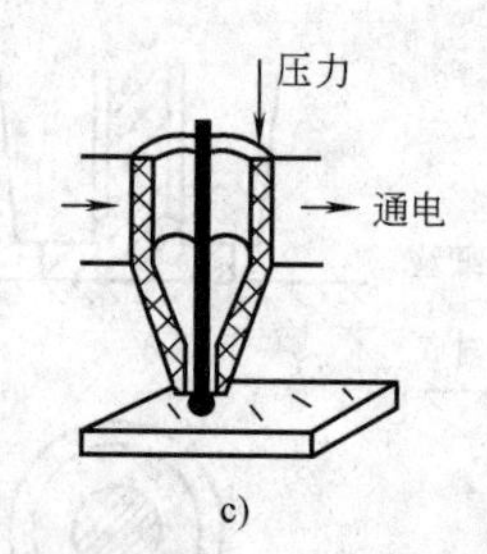

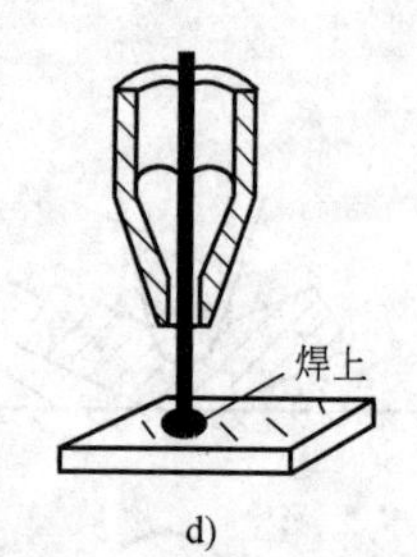

图 31-21　金丝球热压焊示意图

a）焊完第 1 点后，抬起压头，用火焰烧断金丝，形成球形端头　b）压头平移至第 2 待焊部位

c）压头下送，顶紧被焊部位，加压焊接　d）抬起压头，拉长金丝引线，准备进入 a）状态

3. 热压焊的焊接参数

热压焊的焊接参数依据被焊材料性质、加热方式、引线尺寸确定焊接参数。焊接参数有：焊接温度、压力、焊接时间等。现以上述两种典型热压焊焊接参数为例进行介绍。

（1）卧式搭接热压焊（鸟嘴式、剪刀式）

1）被焊材料及尺寸。硅半导体芯片上蒸镀铝金属厚度 1350nm，金丝引线直径为 25.4μm，压头材料为碳化钨。

2）焊接参数。焊接温度、压力和焊接时间三者相互影响：加热温度较高时，压力可减小，加压时间也可相应缩短；压力还与搭接面积有关，当搭接面积增大，相应的压力增大；采用的引线材料不同，压力也不同，当使用铝丝做引线时，所用的压力比金丝引线时要小。

本条件下焊接参数见表 31-10。

表 31-10　典型热压焊焊接参数

压头形式	压头材料	焊接温度 /℃	压力 /mN	时间 /s	焊点拉力 /mN
鸟嘴式、剪刀式	碳化钨	310	500	6	60.3
金丝球式	玻璃管	310	117	6	4.8

（2）金丝球式热压焊

1）被焊材料及尺寸。被焊材料：金丝直径 25.4μm，硅芯片表面蒸镀铝膜厚度 1350nm，压头材料为硬玻璃管。

2）焊接参数。金丝球式的焊接参数见表31-10。与卧式搭接相比最大的不同点是球式热压焊的焊点面积要小得多。从表31-10中可见，电极压力和焊点拉力，球式压焊都相应减小。从微型化角度出发，球式压焊的接头比较紧凑，占据的面积小，适于高密度集成电路或体积小的半导体芯片采用。

31.4 超高真空变形焊

在超高真空环境中的变形焊与在大气中相比，明显的不同是没有氧化膜的再生。当焊接界面上不存在氧化膜时，则所需的变形量就仅仅为了使两界面上金属原子接近达到100%的接触键合程度。这个变形量的大小视两界面加工的平滑度而定。经过极细致加工达到超级精度的平面经探针检测，其峰谷间距约200个原子层厚度，而一般的机加工表面的峰谷间距则可达到几万个原子厚度。

需要明确的是，带有氧化膜的待焊件在真空中施焊时氧化膜是不会通过挥发而自行消失的，必须要进行清理。可以采用机械方法，但最好的方法是用（考夫曼枪）离子束清理，它不但能去除（通过溅射）氧化膜和吸附的其他杂质及气体，还能使界面上的凸出点削平，其可达性非常好[9]，特别适于在生产流水线中应用。

31.4.1 超高真空变形焊的工艺要点

1. 真空度的确定

在超高真空室内清理过的被焊界面经过一段时间仍然会在界面上吸附一层气体，这层气体仍然是金属键合的障碍。不同真空度条件下吸附一层气体所需的时间与下式有关：

$$t=\frac{\sqrt{MT}}{2.\ 3\times10^{20}\sigma^2p}$$

式中 t——布满一个分子层所需时间（s）；

M——气体相对分子质量；

T——热力学温度（K）；

σ——分子直径（cm）；

p——真空室压强（Pa）。

对于氧气而言，在室温条件下，当$p=10^{-4}$Pa时，$t=31$s；$p=10^{-6}$Pa时，$t=310$s。因此当真空室内的压强低于10^{-5}Pa时，清理后即刻施焊能够满足施焊要求。

2. 清理方法

在真空条件下压焊，可以采用机械清理方法，也可采用离子束溅射的方法清理焊件表面。在采用机械清理方法时，可在真空室内充以高纯度Ar气，在用机械方法清理后，抽成$p=10^{-5}$Pa的真空度施焊，挤压量仅为在大气中的1/3。

工件放入真空室后抽成$p=10^{-7}$Pa的真空度，再用氩离子束溅射清理被焊界面，然后压焊，此时只用极小的挤压量就可焊合。离子束电压为1100～1400V，离子束电流为20～38mA，束径约10mm。

在超高真空条件下，利用离子束溅射法，将被焊界面的氧化膜及其他杂质彻底清除之后，就不受界面上氧化膜性质的影响，各种金属变形焊所需的变形量只用于克服界面的平面度，使两界面的金属原子全部接触形成键合就可以了。这个变形量很小，通常用细锉加工的被焊界面，总变形量只有大气中焊接总变形量的1/12。如果界面表面加工成原子级的平滑度，理论上只要加压就可以实现变形焊合。

3. 变形量的确定

在超高真空中的变形焊的变形量极小。该变形量由以下因素确定：

（1）界面平滑度（粗糙度） 被焊界面加工后表面粗糙度越小，变形量越小，反之亦然。

（2）材料的弹性变形量 被焊材料的弹性变形量大时，除了在挤压变形时克服不平度，还要加上该材料挤压时的弹性变形量，这需要用试验方法予以确定。

压焊时所用的模具与冷压焊所用相同。

31.4.2 超高真空压焊的特点

1）可消除氧化膜的影响，各种金属焊接性差异很小。

2）超高真空离子束压焊变形量不足大气中压焊的6%，属精密焊接，金属损耗最小，压痕最小。

3）焊接所需变形量的大小，只取决于被焊界面的加工精度，由此，可以认为超高真空压焊属于加工型的焊接。

4）所消耗的能量是所有焊接方法中最少的，特别适于太空焊接的要求。

参 考 文 献

[1] 李致焕，等. 冷压焊中原子扩散行为的试验研究［J］. 焊接学报，1991，12（1）.

[2] 亢世江，等. 金属冷压焊结合机理的试验研究［J］. 机械工程学报，1999，35（2）.

[3] 李致焕，亢世江，等. 全国焊接物理与工艺理论学术会议论文集［C］. 北京：中国社会科学出版社，1988.

[4] 新兴图书公司. 焊接学：下册［M］. 香港：新兴图

书公司，1979.
[5] 李致焕，亢世江，等. 不同硬度金属的冷压焊 [J]. 焊接技术，1988，12（6）.
[6] 河北工学院金工教研室. 电气工程中铝铜焊接技术 [M]. 北京：机械工业出版社，1978.
[7] 机械工程手册编辑委员会. 机械工程手册：第7卷 第43篇 [M]. 北京：机械工业出版社，1982.
[8] 李致焕. 中同轴电缆的冷压滚焊技术 [J]. 焊接学报，1984，5（3）.
[9] 李致焕. 界面条件对冷压焊接性的影响 [C] //中国机械工程学会焊接学会. 第八次全国焊接会议论文集. 北京，机械工业出版社，1997.
[10] 李致焕，等. 电气工程中的焊接技术与应用 [M]. 北京：机械工业出版社，1998.
[11] 温立民. 冷压焊技术在焊接铝电磁线上的应用 [J]. 焊接技术，2003，32（5）.
[12] 李云涛，等. 金属冷压焊界面结合机理探讨 [J]. 天津大学学报，2002，35（4）.
[13] Wright P K, et. al. Interfacial conditions and bond strength in cold pressure welding by rolling [J]. Metals Technology，1978，5（1）.
[14] Manesh, Danesh H. et. al. Study of mechanisms of cold roll welding of aluminium alloy to steel strip [J]. Materials Science and Technology，2004，20（8）.

第 32 章　超声波焊接

作者　马铁军　审者　杨思乾

超声波焊（Ultrasonic welding）是利用超声波（频率 16kHz 以上）的高频机械振动能量，对工件接头进行内部加热和表面清理，同时对工件施加压力来实现焊接的一种压焊方法。

超声波焊接高效、节能、环保，对于同种或异种金属、半导体、塑料及金属陶瓷等材料的连接具有明显的技术优势，因此在电子、电器、汽车配件、包装、医疗器械、通信器材及航空航天等工业领域获得了日益广泛的应用。

32.1　超声波焊的工作原理、特点及种类

32.1.1　超声波焊的工作原理

超声波焊接原理如图 32-1 所示。由超声波发生器 1 输出的超声频电流，经换能器 2 和聚能器 3 转换成沿箭头方向 8 所示的弹性机械振动。工件 5 被夹持在上声极 4 及下声极 6 之间。通过上声极向工件输送超声波的机械振动能量，下声极上放置工件，并向工件施加压力。焊接时，压紧上、下声极之间的工件接触面，在静压力及弹性振动能量的共同作用下，经过摩擦、升温和变形，使氧化膜或其他表面附着物被破坏及碎化，从而形成牢固的焊接接头。

32.1.2　超声波焊的特点

1）工件不通电，不外加热源，焊接区金属不熔化，不会形成任何铸态组织或脆性金属间化合物。

2）焊接区金属的物理和力学性能不发生宏观变化，焊接接头的静载强度和疲劳强度均比电阻焊接头高，且稳定性好。

3）可焊的材料范围广，可用于同种金属间的焊接，尤其对于高导电性、高导热性材料及一些难熔金属可成功进行焊接；也可用于性能相差悬殊的异种金属的焊接，以及金属与塑料等非金属材料的焊接。

4）可焊接大厚度比及多层箔片等特殊构件。

5）对工件表面焊前的准备要求不严格，焊后也无须进行热处理。

6）焊接时所需电能少，仅为电阻焊的 5% 左右。

7）工件变形小。

但是，由于受超声波设备功率的制约，该方法可焊材料的厚度有限。

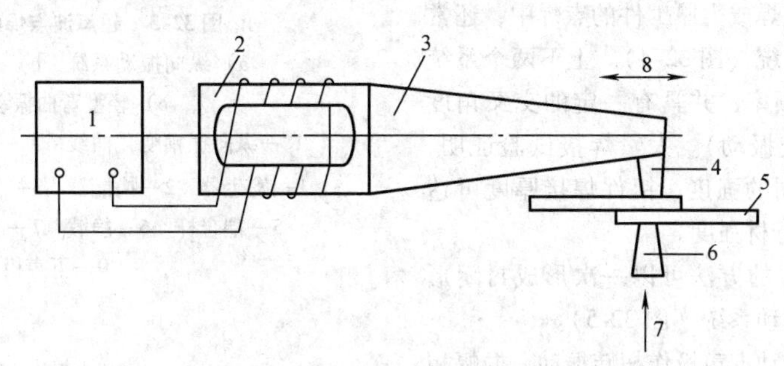

图 32-1　超声波焊接原理示意图

1—发生器　2—换能器　3—聚能器　4—上声极　5—工件　6—下声极　7—压紧力　8—振动方向

32.1.3　超声波焊的种类

按照超声波弹性振动能量传入焊件的方法不同，超声波焊接的基本类型可分为以下 2 类：

1）振动能量由切向传递到工件表面，从而使焊接界面之间产生相对摩擦。这种方法适用于金属材料的焊接（图 32-2a）。

2）振动能量从垂直于焊件表面的方向传到焊接区（图 32-2b）。这一类主要用于塑料的焊接。

常见的金属材料的超声波焊可分为点焊、环焊、缝焊、线焊及对焊。

（1）点焊　点焊可根据上声极的振动方式分为纵向振动系统、弯曲振动系统以及介于两者之间的轻型弯曲振动系统等几种（图 32-3）。

纵向振动系统用于功率小于 500W 的小功率焊机，弯曲振动系统适用于千瓦级大功率焊机，而轻型

弯曲振动系统用于中小功率焊机，它兼有前两种振动系统的诸多优点。

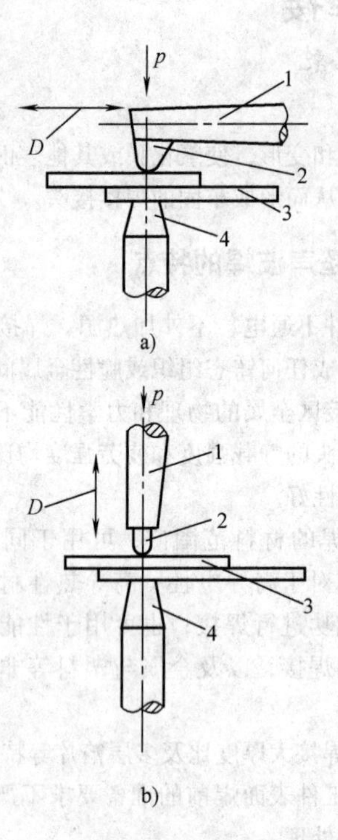

图 32-2　超声波焊接的两种基本类型

a）切向传递　b）垂直传递

D—振动方向　1—聚能器　2—上声极

3—工件　4—下声极

在金属板件的多点焊或大厚工件的点焊中，还常常采用双超声波振动系统（图 32-4）。上下两个系统分别选用不同的振动频率，并具有一定的交叉角度（一般相互垂直作直交振动）。大量焊接试验证明，多点搭接接头具有相同的强度；铝件焊接厚度可达 10mm，焊点强度达到母材强度。

(2) 环焊　用环焊的方法可以一次形成封闭形焊缝，采用的是扭转振动系统（图 32-5）。

焊接时，耦合杆带动上声极作扭转振动，振幅相对于声极轴线呈对称分布，轴心区振幅为零，边缘位置振幅最大。显然，环焊最适合于微电子器件的封装。有时环焊也用于对气密性要求特别高的直焊缝的焊接，用来替代缝焊。

由于环焊的一次焊缝的面积较大，需要较大的功率，故常采用多个换能器的反向同步驱动方式。

(3) 缝焊　缝焊机的振动系统按滚盘的振动状态可分为纵向振动、弯曲振动以及扭转振动 3 种形式（图 32-6）。其中最常见的是纵向振动形式，但其滚盘宽度受到驱动功率的限制。

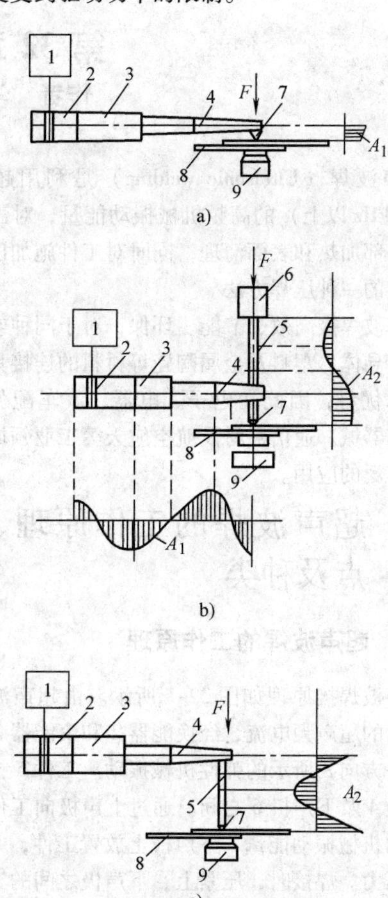

图 32-3　超声波点焊的几种类型

a）纵向振动系统　b）弯曲振动系统

c）轻型弯曲振动系统

A_1—纵向振幅变化曲线　A_2—弯曲振幅变化曲线

1—发生器　2—换能器　3—传振杆　4—聚能器

5—耦合杆　6—静载　7—上声极　8—工件

9—下声极

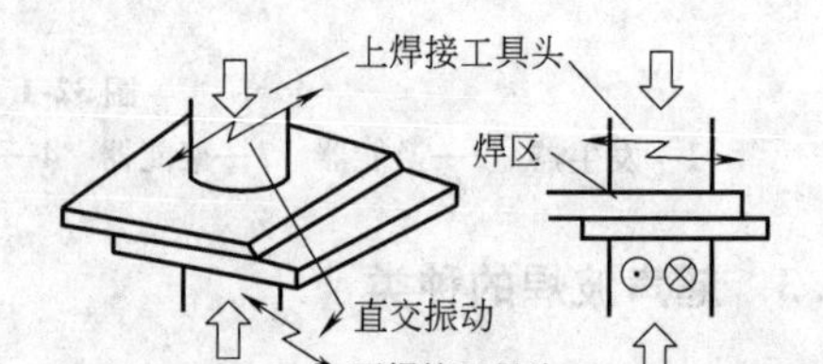

图 32-4　双超声波振动系统点焊示意图

缝焊可以获得密封的连续焊缝，通常工件被夹持在上下滚盘之间。在特殊情况下可采用平板式下声极。

（4）线焊　线焊可以看作是点焊的延伸。该方法目前可以通过线状上声极一次获得 150mm 长的线状焊缝，最适合金属箔件的线状封口（图 32-7）。

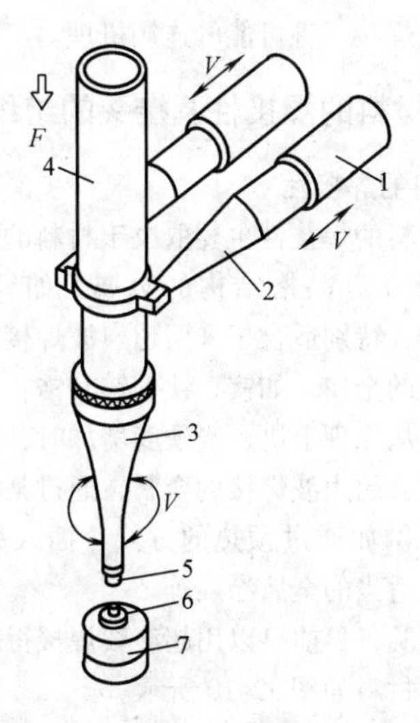

图 32-5　超声波环焊工作原理示意图

1—换能器　2、3—聚能器　4—耦合杆　5—上声极　6—工件　7—下声极　F—静压力　V—振动方向

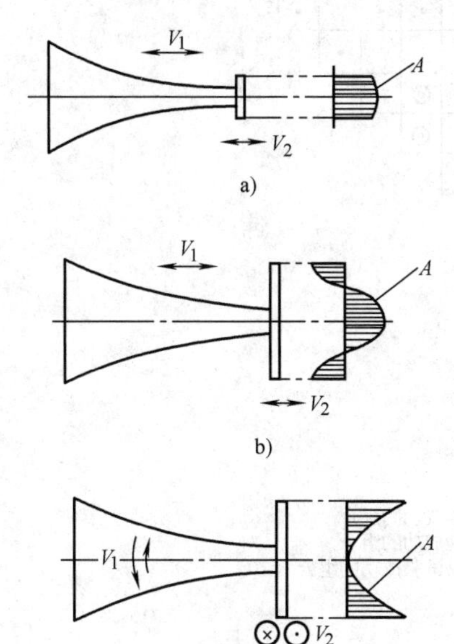

图 32-6　超声波缝焊的振动形式

a）纵向振动　b）弯曲振动　c）扭转振动　A—焊盘上的振幅分布　V_1—换能器上的振动方向　V_2—焊点部位的振动方向

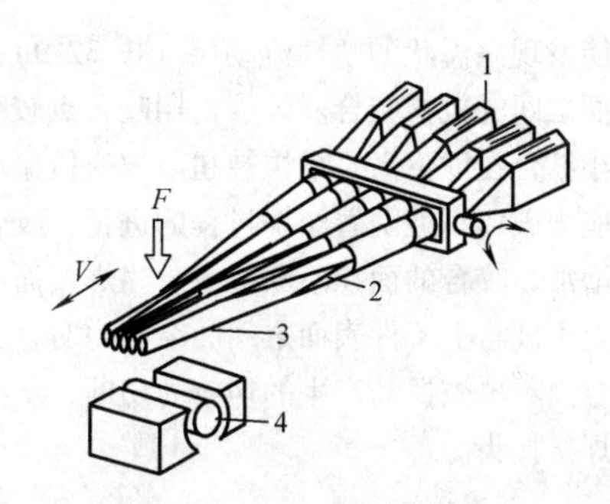

图 32-7　超声波线焊原理示意图

1—换能器　2—聚能器　3—125mm 长焊接声极头　4—焊接夹具

（5）对焊　对焊主要用于金属的对接，焊接原理如图 32-8 所示。右工件由夹具夹紧，焊接压力在右工件轴向施加，左工件一端由夹具固定，另一端夹在上、下振动系统之间作超声振动，与右工件端面实现对焊。应当注意，该焊接方法上、下振动系统的振动相位必须相反。目前可用于 6 ~ 10mm 厚、100 ~ 400mm 宽的铝板和铜板的对焊，也可用于断面较小的钢及其他材料的对焊。

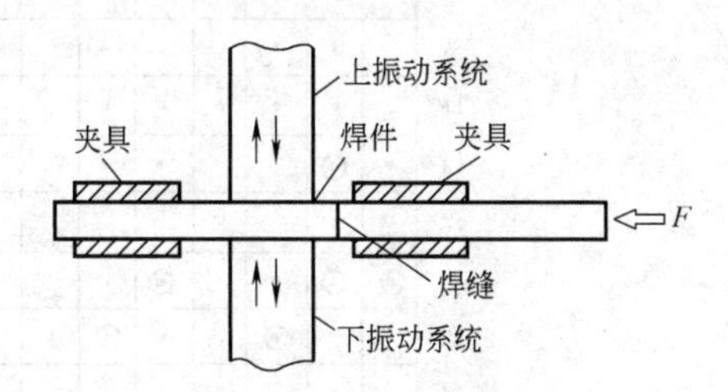

图 32-8　超声波对焊原理示意图

32.2　超声波焊接头的形成及其组织与性能

32.2.1　超声波焊接头的形成

在超声波焊接过程中，上声极将超声波振动能量传递到工件之间的贴合面上，在此产生剧烈的相对摩擦。摩擦面逐渐扩大的同时，破坏、排挤和分散了表面的氧化膜及其他附着物。在超声波振动往复摩擦的过程中，接触表面温度快速上升，材料的变形抗力下降。在静压力和超声机械振动产生的交变切应力的共同作用下，工件间接触表面的塑性流动不断进行，使已被破碎的氧化膜继续分散，甚至深入到工件材料的内部，促使纯净金属表面的原子接近到能发生引力作用的范围内，较高的表面晶体能以及一定程度的扩散过程，促进了高温变形的焊接区再结晶现象的发生。

另外，由于微观接触部分严重的塑性变形，此时焊接区能发现涡流状的塑性流动层（图 32-9），出现工件表面之间的机械咬合。焊接初期咬合点较少，咬合面积小结合强度不高，很快被超声波机械振动所产生的切应力破坏。但随着摩擦过程的进行，咬合的点数不断增加，咬合的面积不断扩大。当焊接面的结合力超过上声极与上工件表面之间的结合力时，工件之间的结合面不再被振动产生的切应力切断，从而形成牢固的焊接接头。

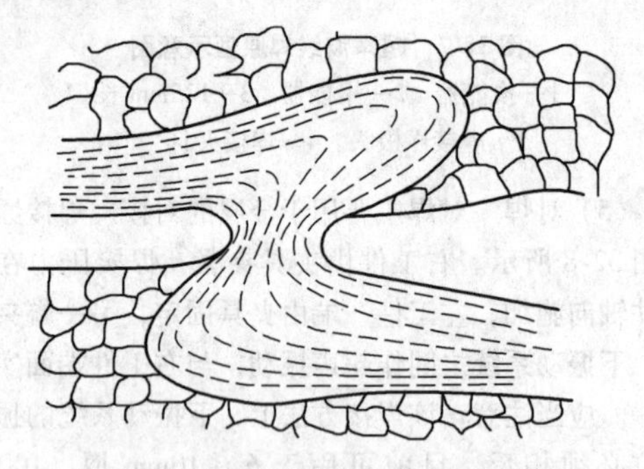

图 32-9　超声波焊点区的涡流状塑性流动层

大量的研究表明：金属超声波焊是一种固相焊，焊接过程不发生金属的熔化现象。但是，用高倍透射电子显微镜分析铝、铜超声波焊接接头的组织时发现焊接界面上存在局部熔化现象，故不能排除局部熔化作为超声波焊接一种可能的连接机理。

32. 2. 2　材料的焊接性及接头的组织与性能

1. 材料的焊接性

金属材料的焊接性主要取决于材料的硬度及晶格结构。面心立方晶格结构的金属，如铜、金、银、镍、钯和铂，特别适合于采用超声波焊接，而具有六方晶格结构的金属，如镁、钛、锌和锆，其可焊接的程度有限。从原理上讲，当硬度增加时，焊接性就降低。不太适合超声波焊接的金属，通过某种方式可改善焊接性，例如通过预热的方式，插入另一种金属箔，或涂上适当的金属涂层等。

通过实验，目前可以用超声波焊接得到满意焊接质量的金属材料如图 32-10 所示。

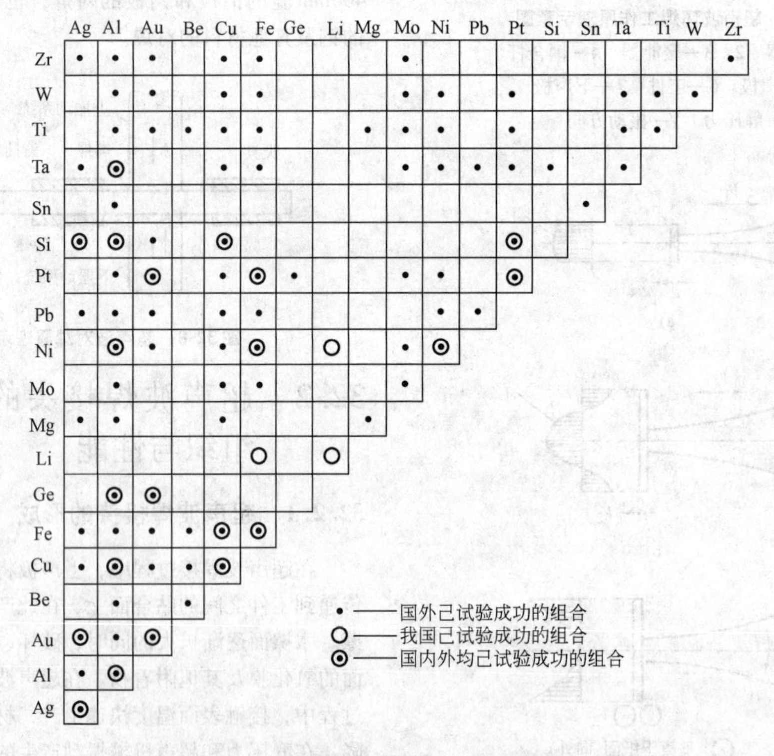

图 32-10　进行超声波焊接的金属材料组合

超声波对于物理性质相差悬殊的异种金属，甚至金属与半导体、金属与陶瓷、金属与塑料等非金属均可焊接。

对于不同性质的金属材料之间的超声波焊接，其焊接性取决于材料的硬度。材料的硬度越低、越接近则焊接性越好。当两者的硬度相差悬殊时，只要有其中的一种材料硬度较低，塑性较好，也可形成接头。当两种材料的塑性均不高时，则可垫入塑性高的中间过渡层来实现焊接。

2. 接头的显微组织

超声波焊点的显微组织通常为经过明显塑性变形及再结晶后，形成的固态形变组织。

图 32-11 是纯铝焊点的金相组织。超声振动造成的往复摩擦破坏了贴合面处的氧化膜，并使其以旋涡状分布在焊接界面附近。

图 32-12 是镍与铜的超声波焊接接头组织。较软的铜以犬牙交错的形式嵌入了镍材中。在镍与铜的界面上还可看到细小的铜的再结晶晶粒。

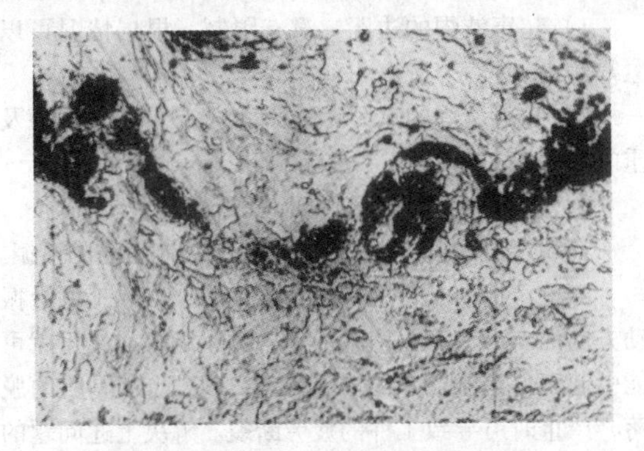

图 32-11　纯铝焊点显微组织

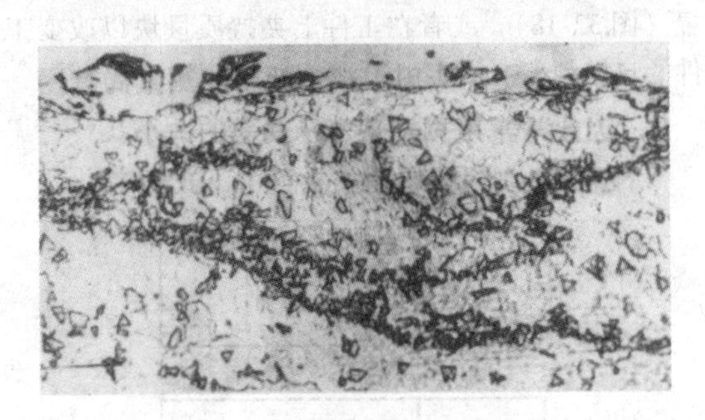

图 32-12　镍铜超声波焊点组织

图 32-13 是工业纯铁焊点的显微组织。由于在焊接过程中，焊接时间比较长，焊接区金属在高温停留时间相对比较长，因此，变形金属的再结晶进行的较为充分，焊点形成了明显的细晶区。这是高强度焊点的典型组织。

图 32-13　工业纯铁焊点组织

图 32-14 是覆有纯铝层的铜铝合金焊点的显微组织。从图可清楚看到，焊接界面的纯铝层并未被破坏。这可大大改善焊点的耐蚀性。

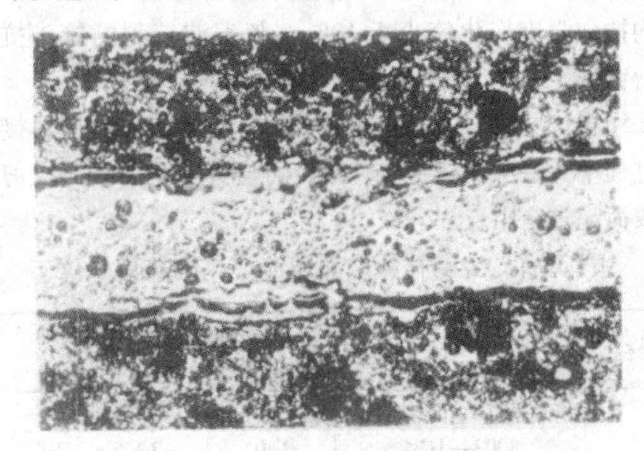

图 32-14　带覆铝层的铜铝焊点显微组织

图 32-15 是氧化铝陶瓷与铝的超声波焊接接头的显微组织。从图可以看到，在焊合面上形成了一条宽 2 ~ 10nm 的窄连接区。这表明：在陶瓷和金属的超声波焊接中，连接过程是由分子间的相互作用产生的。

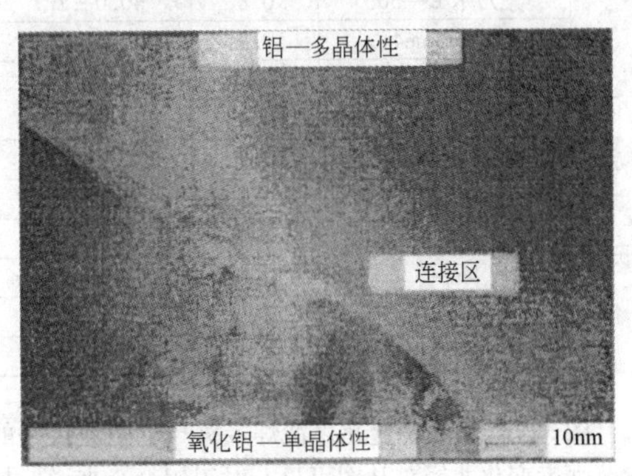

图 32-15　氧化铝陶瓷与铝的焊点显微组织

3. 接头的性能

超声波焊的接头具有良好的力学性能，尤其是对于那些在熔化焊及电阻焊中，焊接性较差的金属材料，更能显示出这一焊接方法的优点。

超声波焊接接头的力学性能一般是通过剪力或拉力实验来进行测定和比较的。例如，在超声波点焊时通常是把单点断裂的剪力值作为接头的主要性能指标。

在很多情况下，超声波焊接的是一些细丝、薄壁管、丝网等微型件，因此常采用撕裂法来定性地检查接头的力学性能。接头撕裂后，若从贴合面处完全开裂，一般情况下，表明接头的性能是不好的。

超声波焊点的抗剪强度通常是与电阻点焊的抗剪强度（抗剪载荷）进行比较的。实验表明，镍铬不锈钢及耐热合金的超声波点焊接头的抗剪强度比电阻点焊接头的最低标准高一倍左右。

表32-1是常见金属材料的超声波焊点的抗剪强度。超声波焊点的抗剪强度重现性特别好，焊点的平均抗剪强度变化值小于10%。超声波缝焊的接头抗剪强度一般为母材强度的85%～100%（δ<0.5mm）。尤其是对钼、钨等高熔点金属，由于焊接过程中免除了加热脆化现象，可使其承受的最大拉剪载荷超过电阻点焊。

表32-1　金属材料的超声波焊点的抗剪强度

材料	牌　号	工件厚度/mm	平均抗剪强度/10^2N
铝	2020—T6	1.0	55.2±2.2
	3003—H14	1.0	32.5±1.8
	5052—H34	1.0	33.4±1.3
	6061—T6	1.0	35.6±1.8
	7075—T6	1.25	68.5±4.0
铜	电解铜	1.15	37.8±0.9
镍	因康镍X—750	0.8	67.6±4.5
	蒙乃尔K—500	0.8	40.0±2.7
	雷诺Rene41	0.5	16.9
	钍弥散硬化型	0.64	40.5
钢	AISI—1020	0.6	22.3±0.9
	A—286	0.3	30.3±3.1
	Am—350	0.2	13.8±0.9
	Am—355	0.2	16.9±1.8
钛	Mn8%	0.8	77.0±8.9
	A15%—Sn2.5%	0.6	86.8±5.3
	A16%—V1%	1.0	100.6±8.0

图32-16为铝合金超声波焊接头与电阻焊接头的疲劳强度变化曲线。从图可见，对于铝合金来说，超声波焊接头的疲劳强度比电阻焊接头提高了30%左右。但对于铸造组织的合金材料，超声波焊点的疲劳强度的提高并不显著。

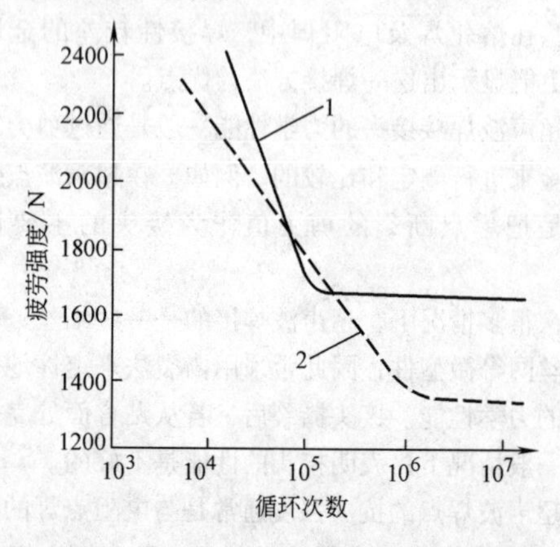

图32-16　铝合金（2024-T3）焊点的疲劳强度

1—超声波点焊　2—电阻点焊

32.3　焊接工艺

32.3.1　接头设计

由于超声波焊接过程中，焊点不受过大的压力与变形，母材不发生熔化，也没有分流及飞溅等问题，因而在设计焊点的点距、边距、搭接宽度等参数时，受到的限制要小（图32-17）。

1）超声波焊的边距e没有限制，根据情况可以紧靠边沿焊接。

2）超声波焊的点距s可任意选定，可以重叠及重复焊（修补）。

3）超声波焊的行距r可以任选。

在超声波焊接接头设计中应有效控制工件的谐振。

当上声极向工件引入超声振动时，如果工件沿振动方向的自振频率与引入的超声频率相等或接近就可能引起工件谐振。其结果往往会造成已焊焊点的脱落，严重时可导致工件的疲劳断裂。解决上述问题的简单方法就是改变工件与声学系统振动方向的相对位置（图32-18），或者在工件上夹持质量块以改变工件的自振频率（图32-19）。

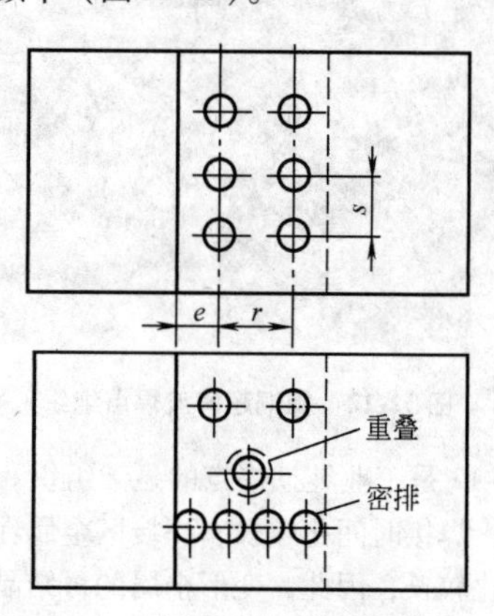

图32-17　超声波点焊的接头形式

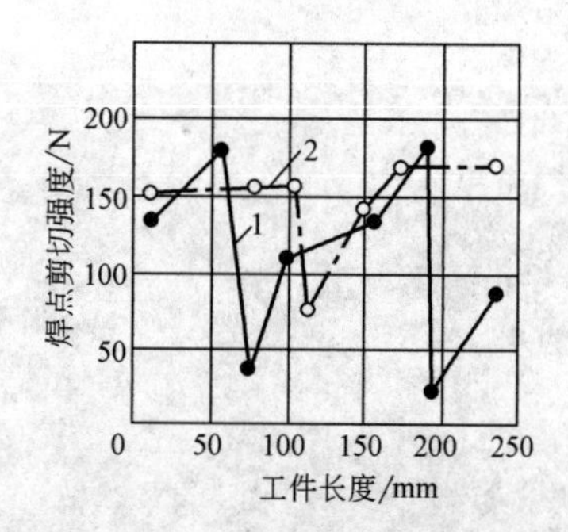

图32-18　工件长度产生的谐振与焊点剪切强度的关系曲线

1—超声波焊　2—电阻点焊

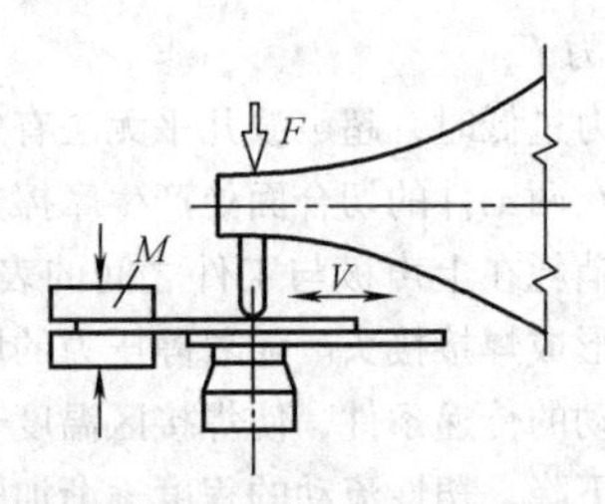

图 32-19　夹持质量块改变工件的自振频率

M—质量块　F—静压力　V—振动方向

32.3.2　焊接参数

超声波焊的主要焊接参数有：超声波振动频率 f、振幅 A、功率 P、静压力 F_w、焊接时间 t_w 及声极端部球面半径 r。

1. 超声波振动频率 f

振动频率一般为 15～75kHz。频率的选择应考虑工件的物理性能及其厚度。在焊接薄件时通常选用比较高的振动频率。因为在维持声功率不变的情况下，提高振动频率可以相应降低振幅，故可避免薄件因为交变应力而引起的焊点的疲劳破坏。通常情况下，频率越高，功率越小。在焊接硬度及屈服强度均比较低的材料时，宜选用较低的振动频率。

图 32-20 为超声波焊点的抗剪力 F_τ 与振动频率 f 的关系曲线。从图可见，材料越硬，厚度越大时，频率的影响越明显。

随着频率的提高，高频振荡能量在传输路径上的损耗将增大，因此，大功率超声波焊机宜选用较低的频率，一般在 15～20kHz。

振动频率决定焊机系统给定的标称频率，但其最佳的工作频率则随声极极头、工件和压紧力的改变而变化。

振动频率的精度是保证焊点质量的重要因素。由于超声波焊接过程中机械负荷的多变性，会出现随机的失谐现象，以致造成焊点质量的不稳定。

2. 振幅 A

振幅决定着摩擦功的大小、焊接区表面氧化膜的清除程度、结合面摩擦生热的多少、塑性变形区的大小以及材料的塑性流动状况等。因此根据材料性质及其厚度正确选择振幅是获得良好接头的重要保证。

在超声波焊接中，所选用的振幅一般为 5～25μm。较低的振幅适合于硬度较低或厚度较薄的工件，所以小功率超声波点焊机其频率较高而振幅较小。随着材料硬度及厚度的提高，所选用的振幅也应有相应的提高。因为振幅的大小表征着工件接触表面间的相对运动速度，而焊接区的温度、塑性金属的流动以及摩擦功的大小均由此相对运动速度所确定。

图 32-21 为镁铝合金超声波焊点的抗剪力与振幅之间的关系曲线。从图可以看出，对于一定材料的工件来说，存在着一个合适的振幅范围。当振幅为 17μm 时焊点的抗剪力最大。振幅小于峰值点的对应值时，焊点的抗剪力随之降低，是因为振幅值减小，焊件间相对移动速度降低所致。当振幅值超过峰值点时，焊点强度同样也呈下降趋势，这主要与材料内部及表面的疲劳破坏有关。因为振幅过大，由上声极传递到工件的振动剪切力超过了它们之间的摩擦力，声极则与工件表面之间发生滑动摩擦，产生大量的热及塑性变形，上声极嵌入工件使结合面减小，从而导致接头强度降低。

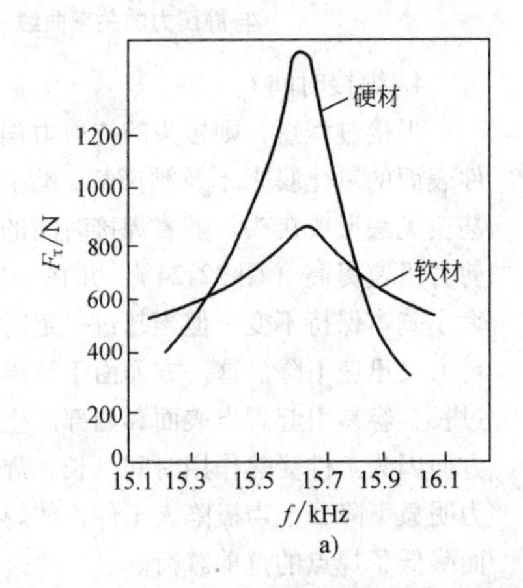

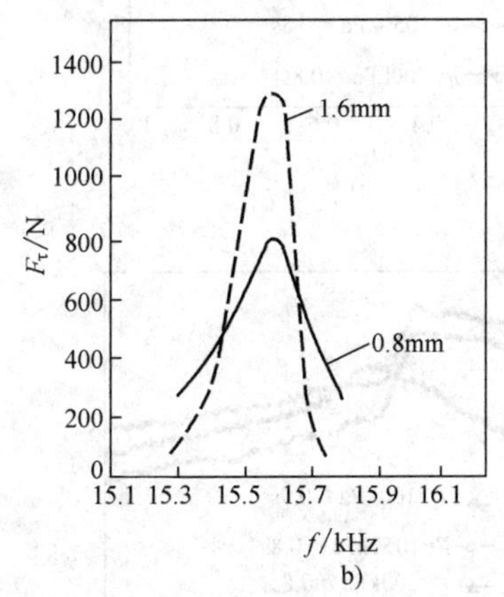

图 32-20　焊接接头的抗剪力与振动频率的关系

a）不同硬度的材料　b）不同厚度的材料（Al）

声极与工件之间的滑动摩擦，还会使两者之间产生“咬合”点。这不仅使工件表面受到严重损伤，而且常常使焊点四周产生疲劳破坏。

抗冲击型工程塑料聚苯乙烯的超声波点焊结果表

明：随着振幅的增大，焊接搭接面达到熔化温度175℃的时间 t 缩短。焊接压力增大时与振幅增大对温升的影响有相似作用（图32-22）。

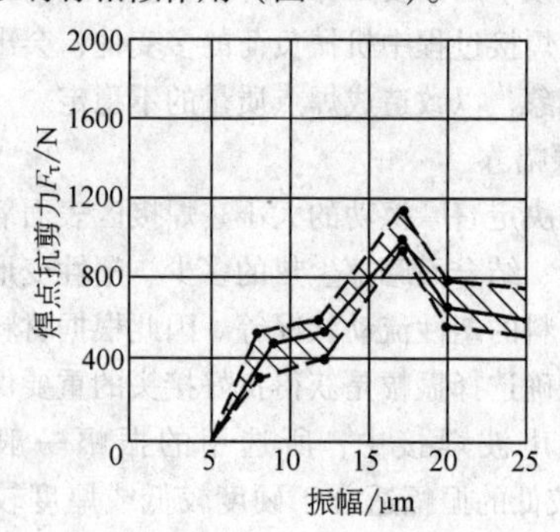

图32-21　焊点抗剪力与振幅的关系

（材料：铝镁合金；厚度0.5mm）

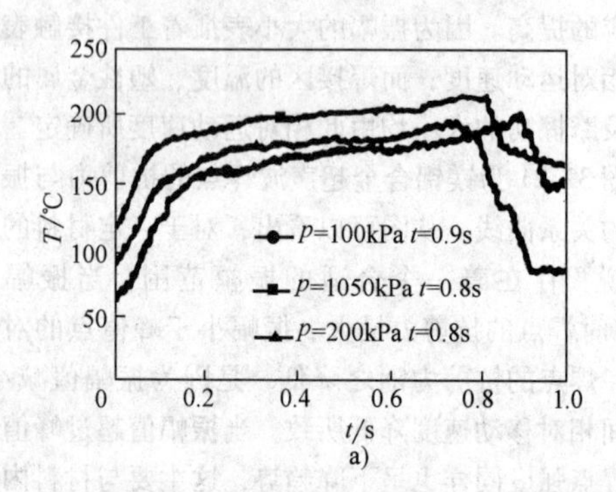

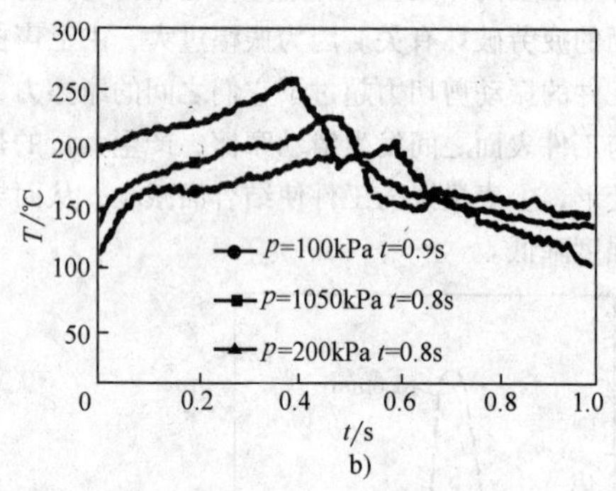

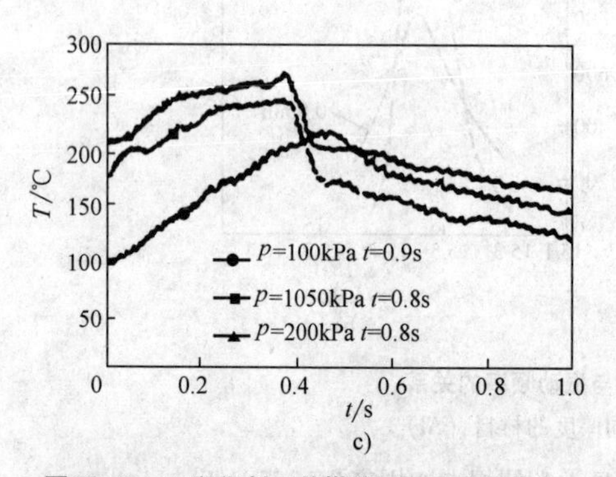

图32-22　工程塑料工件搭接面温度变化曲线

a）振幅20μm　b）振幅25μm　c）振幅30μm

3. 静压力 F_w

当静压力过低时，超声波几乎无法有效传递到工件，不足以在两工件的切合面处产生摩擦热，大量的超声波能量消耗在上声极与工件之间的表面滑动上，因此不可能形成焊接接头。随着静压力的增加，改善了超声波振动的传递条件，使焊接区温度升高，材料的变形抗力下降，塑性流动的程度逐渐加剧，塑性变形的面积增加，焊点尺寸增加，从而使抗剪力上升。

当达到一定值后，再增加静压力，焊点的抗剪力反而有所下降。这是因为静压力过大时，摩擦力过大造成工件间的相对摩擦运动减弱，甚至振幅有所降低，振动能量不能有效传递，导致工件间的结合面积不再增加反而有所减小。此外，大的静压力使材料的压溃深度增大，也会造成工件断面减小。所有这些均使焊点的抗剪强度有所降低。

从图32-23可清楚看到焊点的静压力与抗剪力之间的上述变化关系。实验结果表明，各种不同材料都有基本类似的变化规律。

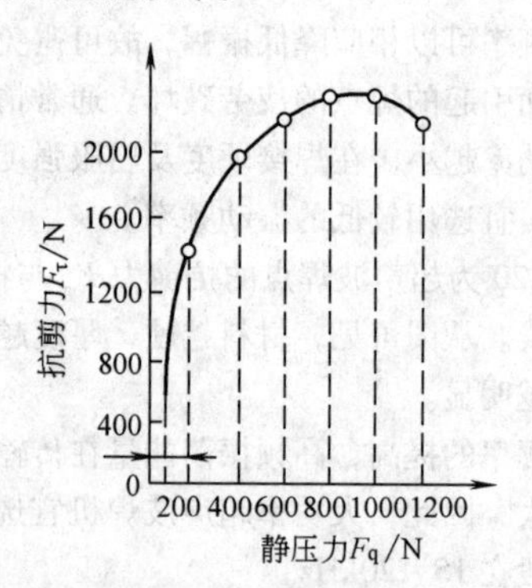

图32-23　硬铝（$\delta=1.2$mm）焊点抗剪力与静压力的关系曲线

4. 焊接时间 t_w

焊接过程短，则接头的抗剪力偏低，这是因为工件表面的氧化膜来不及被破坏，焊接区的温度太低，甚至无法形成接头。随着焊接时间的延长，焊点的抗剪力迅速提高（图32-24），并在一定时间内抗剪力大小基本保持不变。但当超过一定时间后，焊点的抗剪力又迅速下降。这一方面由于超声波振动作用时间过长，容易引起焊点表面和内部产生疲劳裂纹；另一方面因为工件受热作用时间延长，焊接区塑性变形抗力明显下降，上声极陷入工件，使焊点断面减小，从而降低了焊点的抗剪载荷。

焊接时间 t_w 的选择可由工件的性质、厚度及其他工艺参数确定。

5. 声极端部的球面半径 r 和表面形状

该参数直接影响到焊缝区的大小，而且与静压力

F_w、焊接时间 t_w、滚盘的速度 v 及焊机的功率 P 的选择有直接关系。搭接平板焊时，有效声极半径应为板材厚度的 50 ~ 100 倍。将丝材焊到板材上时，则需带槽的声极头。

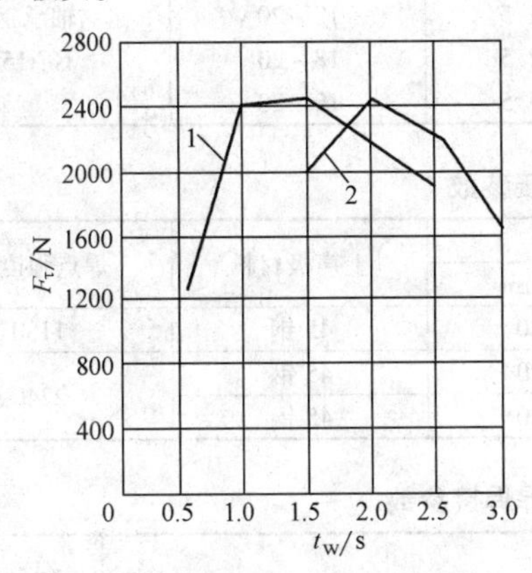

图 32-24　抗剪力与焊接时间的关系

（硬铝，δ = 1.2mm）

1—静压力 1200N　2—静压力 1000N

表 32-2 为不同材料超声波焊时，声极端部球面半径 r 的参考值。

6. 焊接功率 P

焊接需用的功率 P 取决于工件的厚度 δ（mm）和材料硬度 H（HV），并可按下式计算：

表 32-2　超声波焊不同材料所用声极端部球面半径 r 参考值

工件 材料	状态	厚度/mm	上声极球面半径 r/mm
2024 铝合金	T-3	1.0	76
TD 镍	退火	0.6	25
Ti-6Al-4V	固溶处理	0.25	25
Ti5Al2.5Sn	退火	0.3	25
Am-355 不锈钢	CRT	0.25	25
Co10Mn10Ti	冷轧及消除应力	0.1	12
Co10Mn10Ti	冷轧及消除应力	0.25	25
Co10Mn10Ti	冷轧及消除应力	0.4	25
Mn0.5Ti	冷轧及消除应力	0.1	12
Mn0.5Ti	冷轧及消除应力	0.25	18

$$P = kH^{3/2}\delta^{3/2} \tag{32-1}$$

式中，k 为系数。

工件厚度 δ、材料的硬度 H 与功率 P 之间的关系曲线如图 32-25 所示。

由于在实际应用中超声功率的测量尚有困难，因此常常用振幅来表示功率的大小。

超声功率与振幅的关系可用下式表示：

$$P = \mu SFV = 4\mu SFAf \tag{32-2}$$

式中　S——焊点面积；

V——相对速度；

A——振幅；

μ——摩擦因数；

f——振动频率。

32.3.3　焊接参数的选择

表 32-3 ~ 表 32-5 列出了铝、铜、钛及其合金的超声波焊的焊接参数，可供参考。

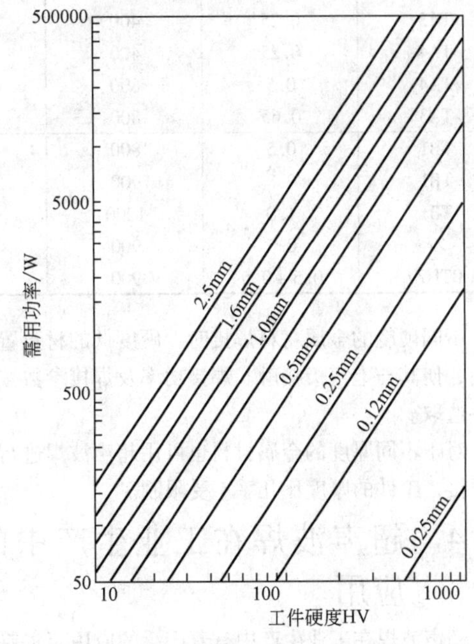

图 32-25　需用功率与工件厚度、材料硬度之间的关系

表 32-3　铝及其合金的超声波焊焊接参数

材料	厚度/mm	焊接参数 压力/N	焊接参数 时间/s	焊接参数 振幅/μm	上声极材料
1050A	0.3 ~ 0.7	200 ~ 300	0.5 ~ 1.0	14 ~ 16	45 钢
	0.8 ~ 1.2	350 ~ 500	1.0 ~ 1.5	14 ~ 16	
	1.3 ~ 1.5	500 ~ 700	1.5 ~ 2.0	14 ~ 16	
2A07	0.3 ~ 0.7	300 ~ 600	0.5 ~ 1.0	14 ~ 16	45 钢
5A06	0.3 ~ 0.5	300 ~ 500	1.0 ~ 1.5	17 ~ 19	45 钢
5A03	0.6 ~ 0.8	600 ~ 800	0.5 ~ 1.0	22 ~ 24	45 钢

（续）

材料	厚度/mm	焊接参数			上声极材料
		压力/N	时间/s	振幅/μm	
2B12	0.3～0.7	300～600	0.5～1.0	18～20	轴承钢 GCr15
	0.8～1.0	700～800	1.0～1.5	18～20	
	1.1～1.3	900～1000	2.0～2.5	18～20	
	1.4～1.6	1100～1200	2.5～3.5	18～20	

表32-4 铜的超声波焊焊接参数

材料厚度/mm	焊接参数			上声极材料	焊点强度/N
	压力/N	时间/s	振幅/μm		
0.3～0.6	300～700	1.5～2	16～20	45钢	1130
0.7～1.0	800～1000	2～3	16～20	45钢	2240
1.1～1.3	1100～1300	3～4	16～20	45钢	

表32-5 钛合金及锆的超声波焊焊接参数

材料	厚度/mm	焊接参数			上声极材料	焊点强度/N
		压力/N	时间/s	振幅/μm		
TA3	0.2	400	0.3	16～18	硬质合金堆焊（60HRC）	760
TA3	0.25	400	0.25	16～18		730
TA4	0.25	400	0.25	16～18		810
TA4	0.5	600	1.0	18～20		1840
TA3	0.65	800	0.25	22～24		4100
TB1	0.5	800	0.5	20～22	BK-20	2000
TB1	0.8	900	1.5	22～24		3300
TB1	1.0	1200	1.5	18～20		2930
Zr	0.5	900	0.25	23～25		700
BTHZr	0.5+0.5	900	0.25	23～25		670

不同硬度的金属材料焊接时，硬度低的材料置于上面，使其与上声极接触。焊接功率及焊接参数按上工件选取。

对于不同厚度的金属材料也可用超声波焊进行成功焊接，工件的厚度比几乎不受限制。

32.4 超声波焊在工业生产中的应用

超声波焊在工业生产中有着广泛的应用，主要集中在以下几个工业领域。

32.4.1 航空、航天

就金属材料的种类而言，目前航空工业应用的绝大多数金属及合金都可以进行超声波焊。

由于超声波焊可焊接其他焊接方法难以焊接的材料，故已用于飞机、航空发动机、导弹及机载设备等多种构件的生产中。例如：飞机和导弹接地线的焊接；铝、铜、银与其他金属导体的焊接；点火装置的细丝焊接；电动机电枢绕组和铜整流子的焊接；飞机舱门内外铝蒙皮的焊接；喷气发动机高温导管的焊接；仪表、传感器及墨盒的焊接等。

此外，在宇宙飞船核电能转换装置中，铝与不锈钢组件的焊接、卫星用太阳能电池的焊接也是超声波焊应用的成功例子。

32.4.2 电子工业

超声波焊广泛应用于微电子器件的连接。例如晶体管管芯、晶体管控制极的焊接以及电子器件的封装等。其中最重要、最成功的应用是集成电路元件的连接。例如，在1mm^2的硅片上，将数百条直径为25～50μm的Al或Au丝通过超声波焊将接点连接起来。集成电路连线之间的焊接曾是集成电路制造过程中的一项关键技术。

在采用超声波焊时，Al丝与涂Au膜之间所形成的Al-Au扩散层，由于存在“Kibendall”效应容易引起“空穴裂纹”。这是引起焊接裂纹、增大焊接电阻的主要原因。消除上述缺陷的有效措施是在厚膜Au层中添加元素Pb，使焊点中形成的Al-Au-Pb三元素合金层，填充由于 Au 扩散过快而形成的“空穴”，从而消除缺陷。

目前，在集成电路生产线上应用的超声波点焊机的功率一般为 0.02 ~ 2W；频率为 60 ~ 80kHz；压力 0.2 ~ 2N；焊接时间为 10 ~ 100ms。焊接过程采用微机控制及图像识别系统，位置控制精度每级 25 ~ 50μm；识别容量 200 ~ 250 点；识别时间 100 ~ 150ms；成品率已高于 90% ~ 95%。

在太阳能硅光电池的制造中，超声波焊将取代精密电阻焊，涂膜硅片的厚度为 0.15 ~ 0.2mm，铝导线的厚度为 0.2mm。此外，可以将上述光电元件直接与热收集装置中的铜或铝管道焊接起来。

32.4.3　电器工业

电动机制造，尤其是微电动机制造中，超声波点焊方法正在逐步替代原来的钎焊及电阻焊。微电动机制造中几乎所有的连接工序都可用超声波焊来完成，包括电枢铜导线的连接，整流子与漆包线的连接，铝制励磁线圈与铜导线的焊接以及编织导线与电刷电极之间的焊接等。

在钽或铝电解电容器的生产中，采用超声波点焊的方法焊接引出片已有 30 年的历史。一种涤纶电容器采用超声波连接 CP 引线与铝箔，使电容器的损耗角（tanδ）降低到 0.006 以下，成品率由原来的 75% 提高到近 100%。

超声波胶点焊已在我国 50 万 V 超高压变压器的制造中得到了成功的应用，取代了国际上通用的钎焊及铆接工艺。此外，热电偶的焊接、导线的焊接也大量采用超声波焊。

32.4.4　新材料工业

超声波焊可以在玻璃、陶瓷或硅片的热喷涂表面上连接金属箔或丝。这种应用已不只限于微电子器件的生产中。

利用超声波的焊接方法，可以焊接两种物理性能相差悬殊的材料并制成许多双金属接头。

在新材料的开发中，金属泡沫起着非常重要的作用。这些新材料的使用不仅对制造工艺有要求，并且要通过简单的方法将蜂窝状的材料变成连接可靠的完整性结构。传统的扩散焊会破坏蜂窝状结构。铆接及螺钉的连接强度不够。采用超声波焊接时，接头处的温度可达 350℃，焊接时间不超过 3s，工件的表面压力仅为 $3N/mm^2$。组合成的材料 AlMg3 钢板和带 A199 箔的 AlMgSi05 泡沫，抗剪强度约 $20N/mm^2$。电子显微的观察表明，组合的零件在金属泡沫的超声波焊接中没有熔化。在焊接过程中即使适当调节焊接参数，工件也未发生明显变形。

采用超声波环状焊接法，可以把螺栓焊接到金属泡沫零件上，从而使金属泡沫零件方便地与普通零件连接到一起。

超导体材料之间以及超导材料与导电材料之间的焊接，在采用超声波焊接及超声波浸润钎焊技术后，接头的电阻明显低于传统的钎焊及加锡铂的电阻焊，并已用于超导磁体的制作。

进入 20 世纪 90 年代，可用作水管、煤气管及导线管等的铝塑复合管得到广泛应用。超声波焊作为复合管主要焊接手段在生产中大量使用。图 32-26 为生产中应用的一种超声波缝焊机，功率为 2kW，焊接速度为 4 ~ 12m/min，可将 δ 为 0.2 ~ 0.5mm 的铝箔搭接焊在一起。

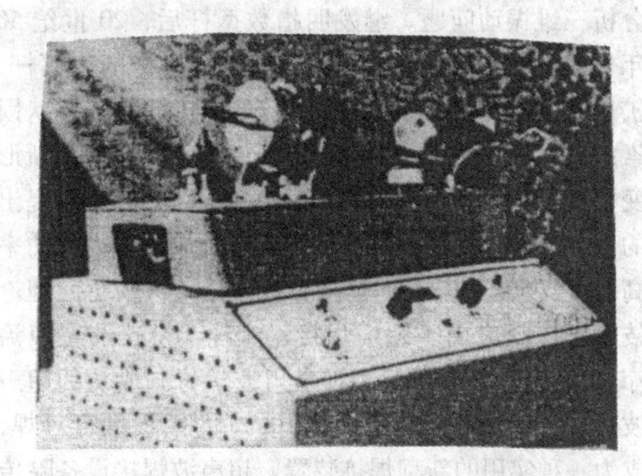

图 32-26　铝塑复合管生产线上的超声波缝焊机

铝塑复合管具有耐腐蚀、无毒无味、重量轻、热膨胀系数低、气密性好、保温性能好、耐高压、防静电、抗振动、易弯曲且不反弹、施工简便及使用寿命长等优点，是镀锌钢管、铜管、铝管、塑料管的优异的更新换代产品。

32.4.5　塑料

超声塑料焊接是将超声能转化为热能，使塑料局部熔化粘接在一起的一种焊接方法。

超声波焊在塑料工业中有相当广泛的应用。例如，聚乙烯医疗器具的超声波焊；复合尼龙俯耳薄壁圆管的超声波焊；低密聚乙烯离心叶轮的低温超声波焊及聚苯硫醚材料的超声波焊等。

以前研制的超声波塑料焊接机，都是利用开环系统进行控制的，即各个参数都是单独选定的，不能精确的反馈控制。新一代的超声塑料焊接机应用微机进行控制，使焊接质量和机器性能大大提高。

32.5 超声波焊焊接设备

32.5.1 概述

最早的超声发生器是1883年F. Galton发明的气哨。而在第一次世界大战期间Langevin提出的钢-石英-钢结构的夹心压电换能器，标志着在产生低频大功率超声设备上取得了重大进展。早在20世纪40年代W. P. Mason就发明了变幅杆，它与压电换能器连接而获得高强度超声，开创了功率超声在固体媒质中的应用。在换能器理论方面，20世纪40年代W. P. Mason首先提出了等效网络分析法。近年来在此基础上发展了传输矩阵方法用于复杂结构的一维纵振分析。在20世纪70年代森荣司提出表观弹性法，可分析二维振动问题。目前发展有限元及边界元方法分析三维振动问题。继发明指数型杆后，20世纪50年代提出的悬链线型变幅杆及由多级组合的变幅杆，扩展了变幅杆的类型。20世纪60年代提出了形状因素的概念，发展了一种应力沿杆件均匀分布的高斯形变幅杆，获得了很高的位移振幅。同时，森荣司提出的振动方向变换器，开辟了用功率合成法获得大功率高强度（50kW以上）超声的新途径。这些超声理论技术已广泛应用于超声焊接、清洗、粉碎及超声治疗。20世纪80年代日本神奈川大学研制成功的超声波对焊装置，可以对厚度达10mm的铝板进行对焊，成为一种实用的新型焊接装置。超声波焊接设备除传统的切向和纵向振动外，还发展了扭转和多系统的复合振动。焊接方式由搭接焊发展到对焊，焊机功率达50kW。

我国于20世纪60年代以后集中研究夹心式压电换能器，指出了决定换能器最大效率的参量及最佳设计方向，提出了一种新型可调频率的换能器。20世纪70～80年代发展并提出了两种新型的功率超声换能器。一种是半穿孔结构宽频带压电换能器；另一种是双向辐射换能器，分别用于超声清洗设备及超声乳化设备。20世纪90年代以来，开展了大尺寸压电换能器的二维分析及弯曲振动、扭转振动和复合振动的压电换能器的设计计算，为此类换能器的工程化应用奠定了基础。20世纪60年代以来，对纵向振动的单一和组合变幅杆的特性进行了系统的分析。20世纪80年代初首次用复变数解析映象理论研究了有负载的变幅杆，建立了有负载变幅杆的阻抗映像图，是变幅杆理论的重要发展。20世纪90年代以来，研究了大尺寸单一及复合变幅杆的二维振动、弯曲振动变幅杆及纵-扭、纵-弯复合振动模式的变幅杆，提出了三种新型振动扭转变幅杆和一种纵向变幅杆。这些研究工作完善了扭振变幅杆参数的计算，提出了扭转变幅杆谐振参数的测试方法，填补了这一方面的空白。

32.5.2 超声波焊焊接设备的组成

超声波点焊机的典型结构框图如图32-27所示。从图可见，超声波焊焊接设备主要由超声波发生器（A）、声学系统（B）、加压结构（C）及程控装置（D）4部分组成。其中声学系统又由换能器2、传振杆3、聚能器4、耦合杆5及上、下声极6、8组成。

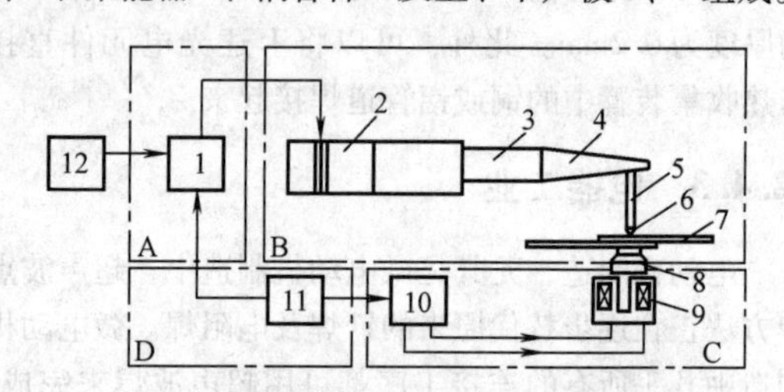

图32-27 超声波点焊焊机典型结构框图

1—超声波发生器 2—换能器 3—传振杆 4—聚能器 5—耦合杆 6—上声极 7—工件 8—下声极 9—电磁加压装置 10—加压系统电源 11—程控器 12—电源

32.5.3 超声波发生器

超声波发生器给超声换能器提供超声频交流电信号。在20世纪，随着电子技术的发展，超声波逆变电源所采用的功率器件经历了电子管、晶闸管、晶体管和IGBT共4个阶段。近年来在电路设计中使用了新型电路拓扑结构和新型功率器件，使超声波电源的可靠性、负载适应性、产品一致性得到进一步提高。

传统的超声波发生器是采用振荡电路来产生超声波的，并采用电子管作为功率器件。其缺点是效率低（仅为30%～45%）、无功功率大、热损耗大、体积大。20世纪80年代，改用双极型大功率晶体管，振荡频率可达20kHz。后来又采用绝缘栅极型功率晶体管（IGBT），工作电压、电流及振荡频率得到了进一步的明显提高。到了20世纪90年代，由于功率场效应管MOSFET的采用，使振荡频率达到了100kHz以上。近十年来，超声波电源采用了高频开关交流电源技术，其控制电路中集成了多种芯片及大规模的集成电路，使超声波发生器的综合性能指标及其功率进一步提高。

在超声波焊焊接过程中，由于焊接负载以及振动系统的温度、刚度、焊接面积、工件及声极表面的加工磨损等各种因素的影响，使系统的固有频率发生漂移。如果超声波发生器的频率不跟随变化，势必造成整个系统的失调。这就要求超声波发生器具有频率自动跟踪功能。常见的超声波焊焊接电源频率自动跟踪控制系统主要有如下几种方式：

1）电反馈自激振荡式。这种方式电路简单，应用广泛。其典型的方法是采用差动变量桥式电路对压电换能器的电学臂进行补偿，以实现频率的自动跟踪。电路同时还可改变满足自激振荡的相位条件，构建成 1 个自激振荡回路，使自激振荡频率随机械谐振点同步变化，来实现频率的自动跟踪。

2）锁相压控振荡方式。振荡频率受外加直流电压控制的振荡器称为压控振荡器。压控振荡器可制成频率调节十分方便的信号源。锁相压控方式是通过比较输入信号和压控振荡器输出信号之间的相位差，从而产生误差电压来调整振荡器的输出频率，以达到频率自动跟踪的目的。

3）电流动态反馈方式。首先将超声换能器等效为一个二端口网络，然后推导出谐振时输出振幅与电流的关系。在焊接过程中，将换能器的电流有效值作为反馈量来调节发生器的输出频率，以实现超声系统谐振控制和振幅恒定输出控制。

4）超声波焊接参数的自适应控制方式。通过微机系统对超声换能器的振幅、电压及电流信号的相位差等参数进行在线检测、识别。通过计算，并按照设定的程序来更改系统参数，输出相应的控制电压使超声波发生器的输出振荡频率自动跟踪系统的振荡频率。微机系统的主要任务是通过自适应控制系统，根据检测到的各个参量，计算出控制量，从而达到振荡频率自动跟踪的目的。

32.5.4　声学系统

1. 超声换能器

超声换能器的作用，是将超声波发生器产生的超声频电振荡信号转变为超声频机械振动。它是超声设备的关键部件之一。

超声波焊机所使用的换能器，主要有压电换能器和磁致伸缩换能器两种。

（1）压电换能器　将天然石英晶体沿一定方向切成晶片，并使其受到压缩或拉伸变形，晶体表面就由此而产生电荷。我们称此现象为压电效应。

压电效应的原理可作如下简述：可以设想石英晶格的电子呈中性结构（化学式为 SiO_2），即由带四个正电子的硅原子及带二个负电荷的氧原子组成。由于机械压缩、拉伸及剪切应力而破坏了平衡状态，产生形变，致使石英的表面产生电的极化作用，即在表面上聚集正、负电荷，形成电位差（图 32-28）。

压电效应是可逆的。当石英晶片的表面受到 20kHz 以上交变电压的作用时，晶片将随着这个交变电压有节奏的机械振动，从而产生超声波。如将石英晶片与一个试件良好耦合，超声波就会传播到工件中去。

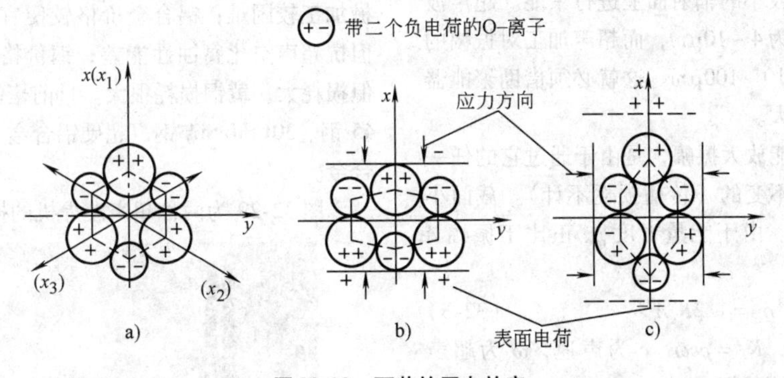

图 32-28　石英的压电效应

a）石英的中性晶胞　b）纵向压电效应　c）横向压电效应

压电材料主要有石英、压电陶瓷、压电复合材料以及压电薄膜等。其中压电陶瓷材料是目前超声研究及应用中最为常见的材料。其主要优点如下：

1）机电转化效率高，一般可达 80% 左右。

2）容易成形，可以加工成圆盘、圆环、圆筒、圆柱、矩形以及球形等各种形状。

3）通过改变成分可以得到具有各种不同性能的超声换能器。

4）造价低廉，性能稳定，易于大规模推广应用。

压电陶瓷材料的不足之处是脆性大、抗张强度低、大面积元件成形较难以及超薄高频换能器不易加工等。在这些方面，压电薄膜如 PVDF 等，则具有压电陶瓷难以比拟的优点。

（2）磁致伸缩换能器　磁致伸缩换能器是依靠磁致伸缩效应而工作的。当将镍或铁铝合金等材料置于磁场中时，作为单元铁磁体的磁畴将发生有序化运动，并引起材料在长度上的伸缩现象，即磁致伸缩现象。

传统的磁致伸缩材料有镍、铁铝合金、铁钴钒合金、铁钴合金及铁氧体合金等。

磁致伸缩效应所产生的应变与磁场方向无关，即当外加磁场的方向改变而大小不变时，所产生的大小与方向皆不变，也就是说磁致伸缩效应所产生的磁致伸缩应变是磁场强度的偶函数。因此当磁感应强度按照一定的角频率 ω 以正弦或者余弦的规律变化时，应变变化的角频率则为 2ω，且应变的幅度较小波形不好。

磁致伸缩换能器是一种半永久性器件，各种性能稳定可靠，但由于效率仅为20%～40%，故除了特大功率的换能器以及连续工作的大功率缝焊机外，已经被压电式换能器取代。

2. 传振杆

传振杆主要用以调整输出负载，固定系统以及传递振动能量，是与超声换能器相配套的声学主件。传振杆通常选择放大倍数为0.8、1、1.25等几种半波长阶梯型杆，一般选用45钢、30CrMnSi合金钢或超硬铝来制作。

3. 聚能器

聚能器又称变幅杆，它有两个主要的作用：

（1）聚能作用　即将机械振动位移或速度放大，或者把能量集中在较小的辐射面上进行聚能。超声波换能器的振幅一般为4～10μm，而超声加工对振幅的要求往往需要达到10～100μm。这就必须借助聚能器将换能器的振幅放大。

聚能器之所以能放大振幅，是由于通过它的任一截面的振动能量是不变的（传播损耗不计）。截面小的地方能量密度大。由于能量密度 ρ_e 正比于振幅 A 的平方，即

$$\rho_e = 1/2K_eA^2 \tag{32-3}$$

式中　K_e——系数，$K_e=\rho c\omega$，c 为声速，ω 为超声波焊的角频率；

ρ_e——弹性介质的密度；

振幅 A 可用下式表示：

$$A=\sqrt{\frac{2\rho_e}{K_e}} \tag{32-4}$$

因此聚能器断面小的地方，能量密度大，振幅也得到了放大。为了获得较大的振幅，应使聚能器的共振频率（即谐振频率）和外激振动频率相等，使之处于共振状态。

（2）向负载传输超声振动能量　聚能器作为声学系统的机械阻抗变换器，在换能器和声负载之间进行阻抗匹配，使超声能量从超声换能器更有效地向焊件传输。

各种锥形杆都可用作聚能器。设计各种聚能器的主要要求是使聚能器的自振频率与换能器的振动频率产生谐振，并在结构上考虑合适的放大倍数，低的传输损耗及足够的机械强度。

聚能器有指数形、悬链线形、圆锥形、阶梯形等各种形式。指数形聚能器由于可使用高的放大系数，工作稳定，结构强度高，因而常常优先选用。

此外，聚能器作为声学系统的一个组件，最终要固定在焊机的合适位置。从使用上考虑，在磁致伸缩型的声学系统中往往将固定整个声学系统的位置设计在聚能器的波节点上。某些压电式声学系统也有类似的设计。

聚能器工作在疲劳条件下，对材料的要求主要有以下几点：

1）在工作频率范围内材料的声能损耗小。

2）材料的疲劳强度高，而声阻抗小，以获得大的振动速度及位移振幅。

3）易于加工。

4）材料加工前应锻造，金属纤维伸长方向应与声的传输方向一致，以提高聚能器的抗疲劳性能及声学性能。

一般来说，钛合金性能最好，但价格较贵，且机械加工较困难；铝合金价格较便宜，易于机械加工，但抗超声空化腐蚀性能差；钢价格便宜，较易加工，但损耗大；黄铜损耗很大。目前聚能器常用的材料为45钢、30CrMnSiA钢、超硬铝合金、蒙乃尔合金及钛合金。

图32-29为两种超声波焊机的换能器及聚能器。

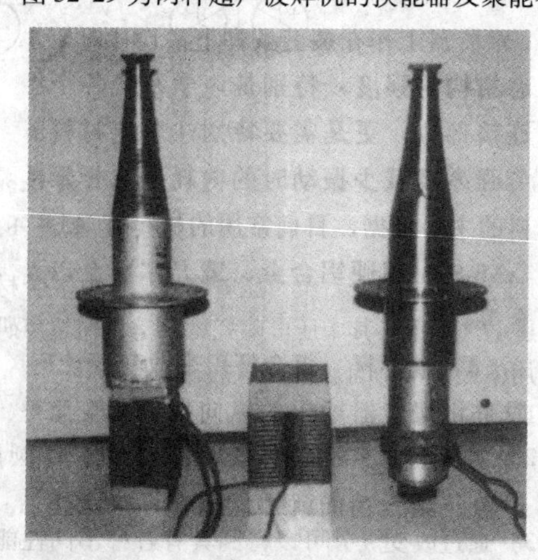

图32-29　两种超声波焊机的换能器及聚能器

4. 耦合杆

耦合杆用来改变振动形式，一般是将聚能器输出的纵向振动改变为弯曲振动。当声学系统含有耦合杆时，振动能量的传输就由耦合杆来承担。除了应根据谐振条件来设计耦合杆的自振频率外，还可根据波长的选择来调整振幅的分布，以获得理想的工艺效果。

耦合杆在结构上非常简单，通常是一个圆柱杆。耦合杆的约束条件及工作状态均比较复杂，设计时需要考虑弯曲振动时的自身转动惯量及其剪切变形的影响，设计过程比换能器复杂。

耦合杆的材料一般与聚能器相同，两者可用钎焊的方法连接起来。

5. 声极

超声波焊机中直接与焊件接触的声学部件称为上、下声极。对于点焊机来说，可以用多种方法使声极与聚能器或耦合杆相接触。缝焊机的上、下声极一般是一对滚轮。焊接塑料的上声极，其形状随零件的形状而改变。无论哪一种声极，在设计中的基本问题仍然是自振频率的设计。

通常点焊机的上声极是最简单的，一般都将上声极的端部制成一个简单的球面。缝焊机的滚盘按其工作状态进行设计。例如，选择弯曲振动状态时，滚盘的自振频率应设计成与换能器的频率相一致。

与上声极相反，下声极（有时称为砧）在设计时应选择反谐振状态，从而使振动能可在下声极表面反射，以减少能量损失。有时为了简化设计或受工作条件限制也可选择大质量的下声极。

32.5.5　加压结构

向焊机施加静压力的方式主要有液压、气压、电磁加压及自重加压等几种。其中液压具有压力大、冲击力小等优点，主要用于大功率焊机。小功率焊机多采用电磁加压式或自重加压方式。这种加压方式压力控制精确，特别适合微型精密构件的焊接。

32.5.6　超声波焊的焊机型号及主要技术参数

国产部分超声波焊的焊机型号及主要技术参数如表32-6所示。

表32-6　部分国产超声波焊的焊机型号及主要技术参数

型　号	发生器功率 /W	谐振频率 /kHz	静压力 /N	焊接时间 /s	焊速 /m · min^{-1}	可焊工件厚度 /mm
CHJ—28 点焊机	0.5	45	15 ~ 120	0.1 ~ 0.3		0.06 ~ 0.006
KDS—80 点焊焊机	80	20	20 ~ 200	0.05 ~ 6.0	0.7 ~ 2.3	0.06 + 0.06
SD—0.25 点焊机	250	19 ~ 21	15 ~ 100	0 ~ 1.5		0.15 + 0.15
SE—0.25 缝焊机	250	19 ~ 21	15 ~ 180		0.5 ~ 3	0.15 + 0.15
P1925 点焊机	250	19.5 ~ 22.5	20 ~ 195	0.1 ~ 1.0		0.25 + 0.25
P1950 点焊机	500	19.5 ~ 22.5	40 ~ 350	0.1 ~ 2.0		0.35 + 0.35
CHD—1 点焊机	1000	18 ~ 20	600	0.1 ~ 3.0		0.5 + 0.5
CHF1 缝焊机	1000	18 ~ 20	500		1 ~ 5	0.4 + 0.4
CHF—3 缝焊机	3000	18 ~ 20	600		1 ~ 12	0.6 + 0.6
SD—5 点焊机	5000	17 ~ 18	4000	0.1 ~ 0.3		1.5 + 1.5

参 考 文 献

[1]　《航空制造工程手册》总编委会. 航空制造工程手册（焊接）[M]. 北京：航空工业出版社，1996.

[2]　赵熹华. 压力焊 [M]. 北京：机械工业出版社，1995.

[3]　张云电. 超声加工及其应用 [M]. 北京：国防工业出版社，1995.

[4]　苏晓鹰. 特种焊接工艺超声波焊接的现状及未来前景 [J]. 电焊机，2004 (3).

[5]　杨圣文，等. 铜片-铜管的超声波焊接机理研究 [J]. 焊管，2005 (9).

[6]　余泽洋，等. 大功率超声波焊接加工系统现状 [J]. 佛山科学技术学院学报，2004，122 (4).

[7]　周玉生，等. 塑料超声波焊接过程及质量研究 [J]. 材料科学与工艺，1999，7 (9).

[8]　吴秀玲，等. 超声波焊接机频率跟踪控制的一种方法 [J]. 电子科技，2005 (9).

[9]　尹丽丽，等. 铝塑复合管的生产技术 [J]. 轻合金加工技术，2000，28 (7).

[10]　Jiromaru Tsujino, et al. New methods of ultrasonic welding of metal and plastic materials [J]. Ultrasonics, 1996 (34).

[11]　Jiromaru Tsujino, et al. Ultrasonic butt welding of aluminum, alumium alloy and stainless steel plate specimens [J]. Ultrasonics, 2002 (40).

第33章　扩　散　焊

作者　张田仓　审者　毛唯

扩散焊（或称扩散连接）是在一定的温度和压力下使待焊表面相互接触，通过微观塑性变形或通过在待焊表面上产生的微量液相而扩大待焊表面的物理接触，然后，经较长时间的原子相互扩散来实现结合的一种焊接方法。

与其他焊接方法相比较，扩散焊有以下一些优点：

1）接头质量好。扩散焊接头的显微组织和性能与母材接近或相同。扩散焊主要工艺参数易于控制，批量生产时接头质量较稳定。

2）零部件变形小。因扩散焊时所加压力较低，无宏观塑性变形，工件多数是整体加热，随炉冷却，故零部件变形小，焊后一般无须进行机械加工。

3）可实现多条焊缝的一次性焊接。扩散焊可作为部件的最后组装连接工艺。

4）可焊接大面积接头。易于实现大面积接头的连接，特别是采用气体压力加压扩散焊时，很容易对两板材实施叠合扩散焊。

5）可焊接其他焊接方法难于焊接的工件和材料。对于塑性差或熔点高的同种材料，或对于相互不溶解，或在熔焊时会产生脆性金属间化合物的那些异种材料，厚度相差很大的工件和结构很复杂的工件，扩散焊是一种优先选择的连接方法。

6）与其他热加工、热处理工艺结合可获得较大的技术经济效益。例如，将钛合金的扩散焊与超塑成形技术结合，可以在一个工序中制造出刚度大、重量轻的整体钛合金结构件。

扩散焊的缺点是：

1）零件待焊表面的制备和装配要求较高。

2）焊接热循环时间长，生产率低。

3）设备一次性投资较大，而且焊接工件的尺寸受到设备的限制，接头结构形式也有所限制。

4）焊缝连接质量的无损检测手段尚不完善。

5）无法进行连续量生产。

33.1　扩散焊的种类和方法

33.1.1　扩散焊的种类

目前扩散焊有两种分类法（表33-1），每类扩散焊特点如下：

表33-1　扩散焊种类

分类法	划分依据	类别名称	
第一种	按被焊材料的组合形式	无中间层扩散焊	同种材料扩散焊
			异种材料扩散焊
		加中间层扩散焊	
第二种	按焊接过程中接头区材料是否出现过液相	固相扩散焊	
		液相扩散焊	

1. 同种材料扩散焊

同种材料扩散焊通常指不加中间层的两同种金属直接接触的扩散焊。这种类型的扩散焊，一般要求待焊表面制备质量较高，焊接时要求施加较大的压力，焊后接头的成分、组织与母材基本一致。钛、铜、锆、钽等最易焊接，铝及其合金、含铝、铬、钛的铁基及钴基合金则因氧化物不易去除而难于焊接。

2. 异种材料扩散焊

异种材料扩散焊是指异种金属或金属与陶瓷、石墨等非金属的扩散焊。进行这种类型的扩散焊时，可能出现下列现象：

1）由于热膨胀系数不同而在结合面上出现热应力。

2）在结合面上由于冶金反应而产生低熔点共晶组织或者形成脆性金属间化合物。

3）由于扩散系数不同而在接头中形成扩散孔洞。

4）由于两种金属电化学性能不同，接头易出现电化学腐蚀。

3. 加中间层扩散焊

对难熔金属等难焊材料或异种材料进行扩散焊时，可在被焊材料之间加入一层金属或合金（称为中间层），这样就可以焊接很多难焊的或冶金上不相容的异种材料，也可以焊接熔点很高的同种材料。

4. 固相扩散焊

固相扩散焊指焊接过程中母材和中间层均不发生熔化或产生液相的扩散焊方法，是经典的扩散焊方法。

5. 液相扩散焊

液相扩散焊是指在扩散焊过程中接缝区短时出

现微量液相的扩散焊方法。短时出现的液相有助于改善扩散表面接触情况，可以使用较低的扩散焊压力。此微量液相在焊接过程中后期经等温凝固、均匀化扩散过程，使接头重熔温度提高，最终形成了成分接近母材的接头。获得微量液相的方法主要有两种：

1）利用共晶反应。对于某些异种金属扩散焊可利用它们之间可形成低熔点共晶的特点进行液相扩散焊（称为共晶反应扩散焊）。这种方法要求一旦液相形成之后应立即降温使之凝固，以免继续生成过量液相，所以要严格控制温度，实际上应用较少。

将共晶反应扩散焊原理应用于加中间层扩散焊时，液相总量就可通过中间层厚度来控制，这种方法称为过渡液相扩散焊（或瞬间液相扩散焊）。

2）添加特殊钎料。此种获得液相的方法是吸取了钎焊特点而发展形成的，特殊钎料是采用与母材成分接近但含有少量既能降低熔点又能在母材中快速扩散的元素（如B、Si、Be等），用此钎料作为中间层，以箔或涂层方式加入。与普通钎焊比较，此钎料层厚度较薄。钎料凝固方式的不同是液相扩散焊的另一个特点，液相扩散焊时钎料凝固是在等温状态下完成的，而钎焊时钎料是在冷却过程中凝固的。

液相扩散焊在有的文献中被称为“扩散钎焊”。

33.1.2　扩散焊的方法

每一类扩散焊根据所使用的工艺手段不同而有多种方法（表33-2）。其中常用方法详述如下：

表33-2　扩散焊方法

序号	划分依据	方法名称	特点
1	保护气氛	真空扩散焊	在真空条件下进行扩散焊
		气体保护扩散焊	在惰性气体或还原性气体中进行扩散焊
2	加压方法	机械加压扩散焊	用机械压力对连接面施加扩散压力,压力均匀性难于保证
		热胀差力加压扩散焊	利用夹具和焊接材料或两个焊接工件热胀系数之差而获得扩散压力
		气体加压扩散焊	利用保护气压力对连接面施加扩散压力,适于板材大面积扩散焊
		热等静压扩散焊	利用超高压气体对工件从四周均匀加压进行扩散焊
3	加热方法和方式	电热辐射加热扩散焊	常用方法,利用电阻丝(带)高温辐射加热工件,控温方便、准确
		感应加热扩散焊	高频感应加热,适合小件
		电阻扩散焊	利用工件自身电阻和连接面接触电阻,通电加热工件,加热较快
		相变扩散焊	焊接温度在相变点附近温度范围内变动,缩短扩散时间,改善接头性能
4	与其他工艺组合	超塑成形扩散焊	将超塑成形和扩散焊结合在一个热循环中进行
		热轧扩散焊	将板材滚轧变形与扩散焊结合
		冷挤压扩散焊	利用冷挤压变形增强扩散接头强度

1. 真空扩散焊

真空扩散焊是常用方法，通常在真空扩散焊设备中进行。被焊材料或中间层合金中含有易挥发元素时不应采用此方法，由于设备尺寸限制，仅适于焊接尺寸不大的工件。

2. 超塑成形扩散焊

对于超塑性材料，例如TC4钛合金，可以在高温下用较低的压力同时实现成形和焊接。采用此种组合工艺可以在一个热循环中制造出复杂空心整体结构件。在该组合工艺中扩散焊的特点是：扩散焊压力较低，与成形压力相匹配；扩散焊时间较长，可长达数小时。在超塑状态下进行扩散焊有助于焊接质量的提高，该方法已在航空航天工业中得到应用。

3. 热等静压扩散焊

热等静压扩散焊是在热等静压设备中进行焊接。焊前应将组装好的工件密封在薄的软质金属包囊之中并将其抽真空，封焊抽气口，然后将整个包囊置于加热室中进行加热，利用高压气体与真空气囊中的压力差对工件施加各向均衡的等静压力，在高温高压下完成扩散焊过程，压力各向均匀，且工件变形小。当待焊表面处于两被焊工件本身所构成的空腔内时，可不用包囊而直接用真空电子束焊等方法，将工件周围封焊起来。焊接时所加气压压力较高，可高达100MPa。当工件轮廓不能充满包囊时应采用夹具将其填满，防止工件变形。该方法尤其适合于脆性材料的扩散焊。

33.2　扩散焊的原理

在金属不熔化的情况下，要形成焊接接头就必须使两待焊表面紧密接触，使之距离达到 $(1\sim5)\times10^{-8}$cm 以内。在这种条件下，金属原子间的引力才开始起作用，才可能形成金属键，获得有一定强度的接头。

实际上，金属表面无论经过什么样的精密加工，在微观上总还是起伏不平的（图33-1）。经微细磨削加工的金属表面，其轮廓算术平均偏差为（0.8～

1.6) $\times 10^{-4}$cm。在零压力下接触时，其实际接触点只占全部表面积的百万分之一，在施加正常扩散压力时，实际紧密接触面积仅占全部表面积的1%左右，其余表面之间距离均大于原子引力起作用的范围。即使少数接触点形成了金属键连接，其连接强度在宏观上也是微不足道的。此外，实际表面上还存在着氧化膜、污物及表面吸附层，均会影响接触点上金属原子之间形成金属键。所以扩散焊时必须采取适当工艺措施来解决上述问题。

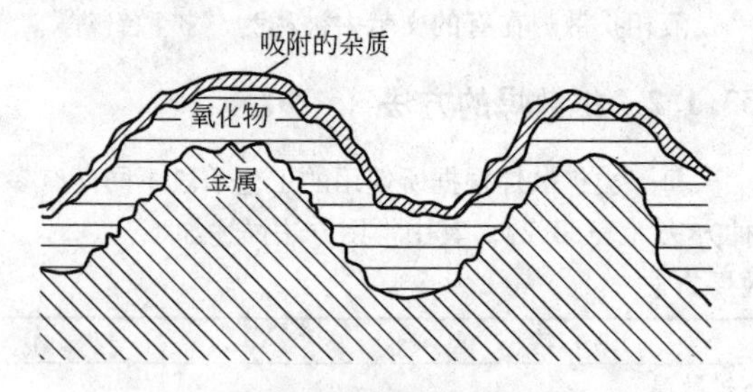

图 33-1 金属真实表面的示意图

33.2.1 同种金属扩散焊的模型

此类扩散焊过程可用图33-2所示的三个阶段模型来形象地描述。图33-2a是接触表面初始情况。第一阶段，变形和交界面的形成。在温度和压力的作用下，粗糙表面的微观凸起部位首先接触。由于最初接触点少，每个接触点上压应力很高，接触点很快产生塑性变形。在变形中表面吸附层被挤开，氧化膜被挤碎，表面上微观凸起点被挤平，从而达到紧密接触的程度，形成金属键连接。随着变形的继续，这个接触点区逐渐扩大，接触点数目也逐渐增多，达到宏观上大部分表面形成晶粒之间的连接（图33-2b）。其余未接触部分形成“孔洞”，残留在界面上。在变形的同时，由于相变、位错等因素，使表面上产生“微凸”，出现新的无污染的表面。这些“微凸”作为形成金属键的“活化中心”而起作用。在表面进一步压紧变形时，这些点首先形成金属键连接。第二阶段，晶界迁移和微孔的收缩和消除。通过原子扩散（主要是孔洞表面或界面原子扩散）和再结晶，使界面晶界发生迁移。界面上第一阶段留下的孔洞逐渐变小（类似粉末冶金中的压力烧结机理），继而大部分孔洞在界面上消失，形成了焊缝（图33-2c）。第三阶段，体积扩散，微孔消除和界面消失。在这个阶段，原子扩散向纵深发展，即出现所谓“体”扩散。随着体扩散的进行，原始界面完全消失，界面上残留的微孔也消失，在界面处达到冶金连接（图33-2d），接头成分趋向均匀。

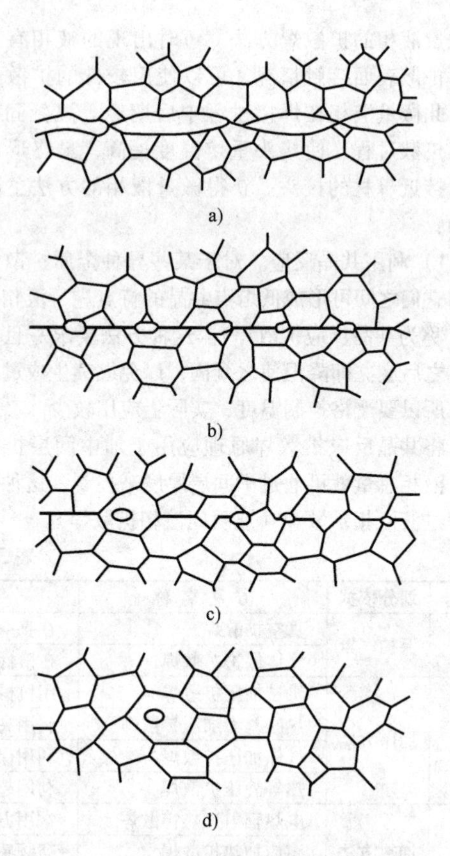

图 33-2 同种金属固相扩散焊模型

a）凹凸不平的初始接触

b）第一阶段：变形和交界面的形成

c）第二阶段：晶界迁移和微孔收缩消除

d）第三阶段：体扩散，微孔消除和界面消失

在扩散焊过程中，在每一个微小区域内，上述三个阶段依次连续进行，但对整个连接面而言，由于表面不平、塑性变形不均匀等因素，上述各个阶段在接头区同时出现或相互交错出现。

扩散焊时表面氧化膜除了通过破碎作用外，还可通过溶解或球化聚集作用而被去除，氧化物的溶解是通过氧离子向金属母材中扩散而发生的，而氧化物球化聚集是借氧化物薄膜的过多的表面能造成的扩散而实现的。因而去除氧化膜的这两种方法同样是一个需要温度和时间的扩散过程。

氧化膜去除方式与基体材料的特性有关，表33-3给出了三种不同类型材料表面氧化膜在固相扩散焊过程中的行为。铝合金型材料表面的氧化膜非常稳定，它不可能在常规固相扩散焊过程中消失，氧化膜仍残留在界面，如果扩散焊表层变形量不大时，界面结合强度低，这是铝合金固相扩散焊的最大障碍。

固相扩散连接时，被连接面都要经过仔细加工，表面应达到一定的粗糙度，使扩散连接在较低的压力作用下达到被连接面的良好接触。连接时还要克服表面氧化膜对扩散的影响，一些材料在连接前经过机械加工和腐蚀清洗后，表面又会很快形成氧化膜，可以通过真空加热使氧化膜分解，在很多情况下还难以消除氧化膜的影响。如镍在高温下与氧接触，可形成NiO，在373～1373K之间的分解压为1.3×10^{-5}～1.3×10^{-4}Pa，一般扩散连接使用的真空度为1.3×10^{-3}Pa，NiO不能分解。如果材料的表面生成Al_2O_3和Cr_2O_3，就更难发生分解。因此被连接材料表面的氧化膜分解挥发，必须在极高真空度下才能实现。在一般真空度条件下，扩散连接过程中，氧化膜的消除有以下几种途径：

1）解吸。在连接条件下，Ag、Cu、Ni等金属的氧化物可以解吸下来，加热使金属表面的氧化物结构发生变化，提高真空度可使氧化物解吸的温度下降。

2）升华。当氧化物的饱和蒸汽压高于该氧化物在气相中的蒸汽分压时，在真空中的氧化膜可升华。

3）溶解。扩散连接时，由于界面间的相互作用，金属表面的氧化膜向基体中溶解，或利用母材中所含的合金元素发生还原反应。氧化膜在基体金属中的溶解速度取决于温度和氧在该金属中的溶解度与扩散速度，例如在扩散连接钛及其合金时，氧在钛中的扩散速度和溶解度都特别大，比铁、铝等金属要大1～2个数量级，可以利用这一点来消除钛表面的氧化膜。

表33-3 不同材料表面氧化膜的行为

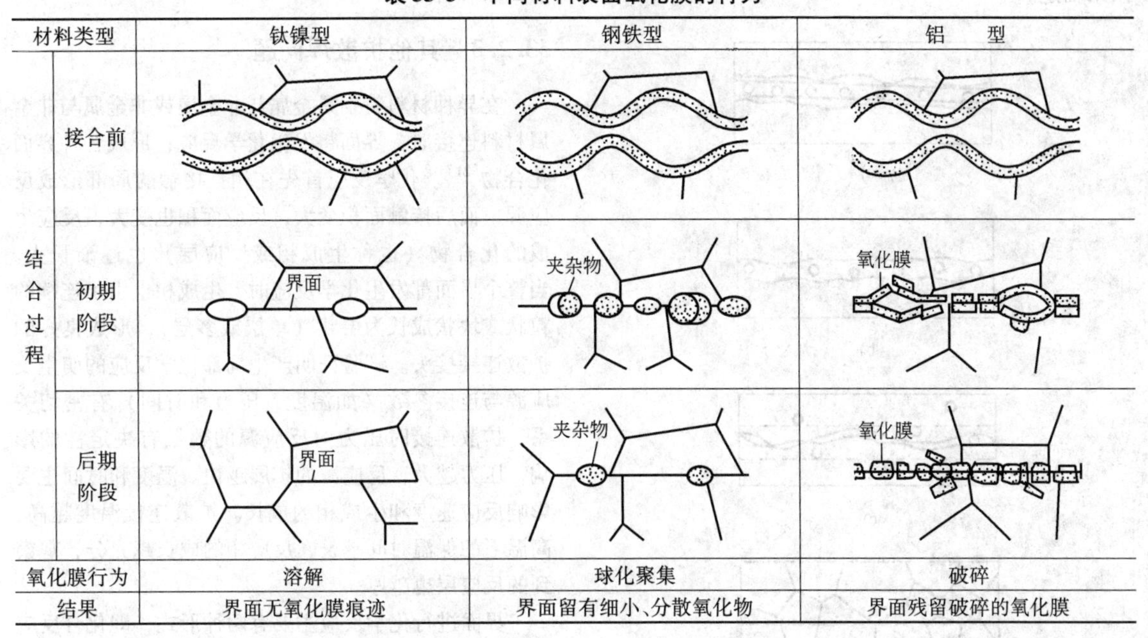

材料类型		钛镍型	钢铁型	铝 型
结合过程	接合前			
	初期阶段			
	后期阶段			
氧化膜行为		溶解	球化聚集	破碎
结果		界面无氧化膜痕迹	界面留有细小、分散氧化物	界面残留破碎的氧化膜

4）表面变形去膜。在被连接界面已接触的条件下，如果金属与其氧化物的塑性、硬度、热膨胀系数相差很大，即使极其微小的变形也会破坏氧化膜的整体性而龟裂成碎片被除去。

5）化学反应。真空系统中残留的H_2O、CO_2、H_2、O_2等化学活性气体，会与被连接材料的表面发生氧化-还原反应。

常用金属材料在真空条件下，有以下三种类型的去除氧化膜机制（表33-3）：

1）钛镍型。这类材料扩散连接时，氧化膜的去除主要是靠在母材中溶解。钛或镍金属表面附有非常薄的氧化膜（一般只有0.003～0.008μm）。在高温下，这样薄的氧化膜可以很快在母材中溶解，不会对扩散连接接头造成影响。

2）钢铁型。经过清理后钢铁材料表面的少量氧化膜，由于氧在基体中溶解量较低，在扩散连接过程中形成氧化膜的集聚，在空隙内或接合面上形成夹杂物。夹杂物主要是Al、Si、Mn等元素的氧化物和硫化物。

3）铝合金型。由于表面有一层致密的氧化膜，而且这种氧化膜在基体中的溶解度很小。去除氧化膜的方法主要是在扩散连接过程中，通过微观区域的塑性变形使氧化膜破碎，或在扩散连接时，真空室中含有很强的还原元素（如镁等），将铝表面的氧化膜还原。因此铝合金扩散连接时，微观接触的表面只有产生塑性变形，才能克服表面氧化膜的阻碍作用。

33.2.2 过渡液相扩散焊过程

过渡液相扩散连接（Transient Liquid Phase Diffusion

Bonding，TLP-DB）方法自20世纪70年代以来，在弥散强化高温合金、纤维增强复合材料、异种金属材料以及新型材料的连接中得到了大量应用。该种方法也称瞬时液相扩散连接，通常采用比母材熔点低的材料作中间层，在加热到连接温度时，中间层熔化，在结合面上形成瞬间液膜。在保温过程中，随着低熔点组元向母材的扩散，液膜厚度随之减小直至消失，再经一定时间的保温而使成分均匀化。与一般的固相扩散连接相比，过渡液相扩散连接有以下优点：液体金属原子的运动较为自由，且易于在母材表面形成稳定的原子排列而凝固；使界面的紧密接触变得容易；可大幅度降低连接压力。

过渡液相扩散焊过程可用图33-3所示的五个阶段来描述。

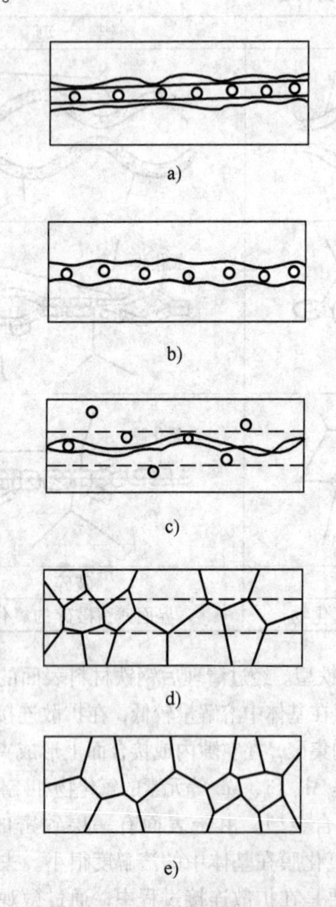

图33-3 过渡液相扩散焊过程示意图

a）扩散前准备好的组合 b）加热到焊接温度 c）在焊接温度下扩散使接头等温凝固 d）等温凝固完成 e）完全均匀化的焊缝

1）置于两待焊表面之间的中间层在低的压力作用下与待焊表面接触（图33-3a）。

2）中间层与母材之间发生共晶反应或中间层熔化，形成液相并润湿填充接头间隙（图33-3b）。

3）等温凝固阶段（图33-3c）。工件处于保温阶段，液相层与母材之间发生扩散。起初，母材边缘因液相中低熔点元素扩散进来而熔点下降，直至熔入液相，液相熔点则因高熔点母材元素的熔入和低熔点元素扩散到固相中而相应提高。晶粒从固相基体表面向液相生长，经一段时间扩散之后，液相层变得越来越薄。

4）等温凝固过程结束，液相层完全消失，接头初步形成（图33-3d）。等温凝固所获得的结晶成分几乎一致，均为此温度下固-液相平衡成分，避免了熔焊或普通钎焊时的不平衡凝固组织。

5）均匀化扩散阶段（图33-3e），接头成分和组织进一步均匀化，达到使用要求为止。此阶段可与焊后热处理合并进行。

33.2.3 其他扩散焊问题

在异种材料特别是金属与非金属或非金属与非金属材料连接时，界面将发生化学反应，形成各种界面化合物[21]。化学反应首先在相互接触的局部形成反应源，而后接触面积变大，反应面积也变大，反应生成的化合物（也称生成相或反应层）也逐渐长大。当整个界面都发生化学反应时，生成相也由不连续的粒状或块状成长为层状（单层或多层），形成良好的扩散连接接头。试验证明产生局部化学反应的萌生反应源与连接参数（如温度、压力和时间）有密切关系。扩散连接时压力对反应源的数量有决定性的影响，压力越大，反应源的扩展越快。温度和时间主要影响反应速度和生成相的成长。扩散连接温度越高、高温下的保温时间越长，反应相的成长越充分，观察到的反应层也越厚。

界面进行化学反应主要有两种形式，即化合反应和置换反应。化合反应主要应用是金属经过氧化层与陶瓷或玻璃进行连接，界面形成各种尖晶石、硅酸盐及铝酸盐等化合物。

置换反应是以活泼元素置换非活泼元素，在界面形成新的反应产物。在实际扩散连接时，界面反应多属于该类反应。例如，Al-Mg合金与玻璃或陶瓷连接时，界面发生置换反应，其反应机制如图33-4所示。铝与氧化硅在界面上相互作用时，二氧化硅中的硅被铝置换，还原为硅原子溶解于铝中。当达到饱和浓度后，则硅由固溶体中析出，并成长为新相。采用活泼金属Al、Ti、Zr等连接SiC和Si_3N_4陶瓷也有类似的反应。无论是化合反应还是置换反应，界面大多生成无限固溶体、有限固溶体和反应层。对于异种金属来说，反应层一般为金属间化合物，而对于陶瓷和金属来讲，一般生成碳化物、硅化物、氮化物及三元化合物或多元化合物。

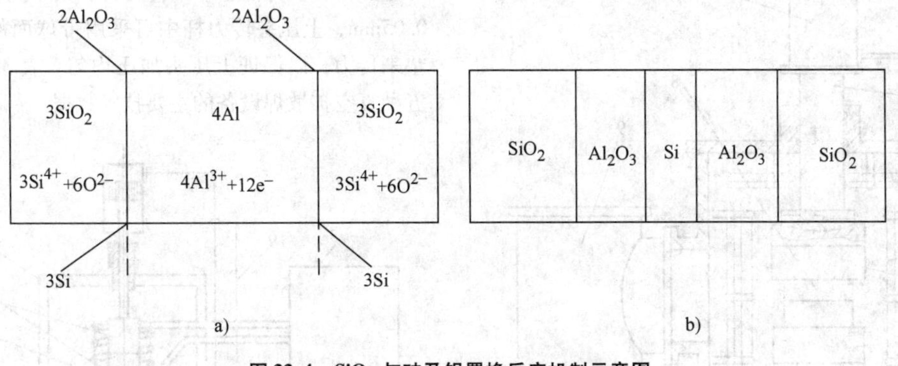

图 33-4 SiO_2 与硅及铝置换反应机制示意图

a）反应产物溶解 b）形成新相

（1）无限固溶体 扩散连接具有无限互溶性的金属（如铁与镍）时，在界面上会产生成分不定的固溶区，固溶区的宽度与连接温度和时间有关。均质的固溶体塑性很高，强度也高于基体金属。

（2）有限固溶体 具有有限互溶的金属（通常随着温度的上升，溶解度也相应变大，如铜与铁）扩散连接时，界面将产生浓度不同的固溶体区域。该区域的厚度由连接规范参数（温度、时间及压力）决定，当接头中形成较厚的共晶体脆性层时，接头的塑性和强度将下降。

（3）金属间化合物 某些异种金属在扩散连接时，过渡区中元素很容易达到极限溶解度，此时界面将生成金属间化合物（如铁与铝、钛与铝、铜与钛、锆与铁、锆与镍等）。金属间化合物形成的初期，由于元素沿着晶粒边缘的扩散系数要比体扩散系数大得多（有时甚至大几个数量级），沿晶界扩散元素的浓度要比平均浓度高，固溶体先在晶界的局部地区产生过饱和，从而产生新相（金属间化合物）的“核”。随着扩散的进行，新相的核不断扩大，变成间断的金属间化合物的“岛”。小“岛”不断扩大而连成一体，形成连续的新相层，形成过程如图 33-5 所示。因金属间化合物很脆，使接头性能大为降低。扩散连接时，为了提高接头的力学性能，必须对金属间化合物的种类、存在形态及厚度进行控制。

（4）陶瓷与金属界面的脆性化合物 陶瓷和金属扩散连接时，由于两种材料的物理性质和化学性质差别非常大，界面容易产生化学反应，形成由二元化合物（碳化物、硅化物、氮化物、硼化物等）、三元化合物和多元化合物组成的脆性层。

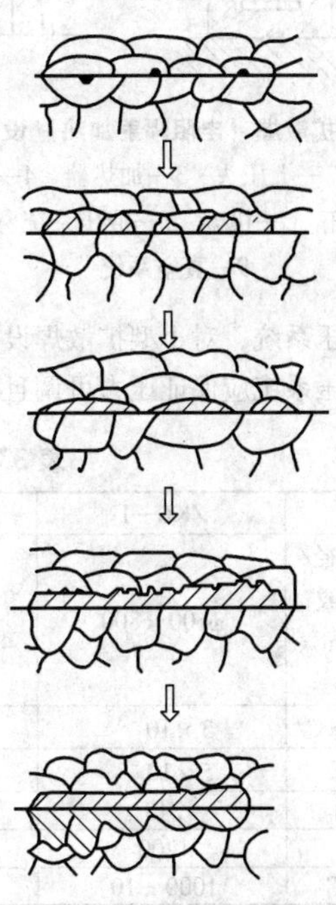

图 33-5 扩散连接时金属间化合物形成过程示意图

33.3 扩散焊设备

1. 真空扩散焊设备

真空扩散焊设备是通用性好的常用扩散焊设备，如图 33-6、图 33-7 所示。主要由真空室、加热器、加压系统、真空系统、温度测控系统及电源等几大部分组成。加热器可用电阻丝（带）（图 33-6），也可用高频感应圈（图 33-7）。真空扩散焊设备除加压系统以外，其他几个部分都与真空钎焊加热炉相似。扩散焊设备在真空室内的压头或平台要承受高温和一定的压力，因而常用钼或其他耐热、耐压材料制作。加

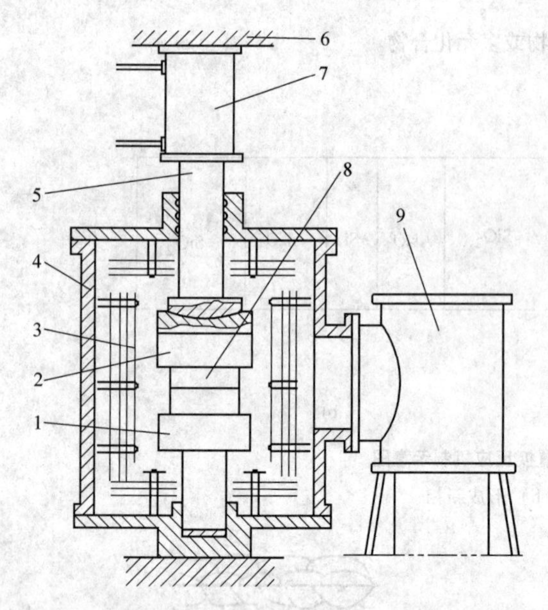

图33-6 真空扩散焊（电阻辐射加热）设备结构示意图

1—下压头 2—上压头 3—加热器 4—真空炉炉体 5—传力杆 6—机架 7—液压系统 8—工件 9—真空系统

压系统常为液压系统，对小型扩散焊设备也可用机械加压方式，加压系统应保证压力可调且稳定可靠。在设计传力杆时，应使真空室漏气尽可能小，热量传走尽量少。所设计的上、下传力杆，其不同轴度应小于0.05mm，上压头传力杆中可采用带球面的自动调整垫来传力，以保证上压头加压均匀。表33-4列举了五种真空扩散焊设备的主要技术数据。

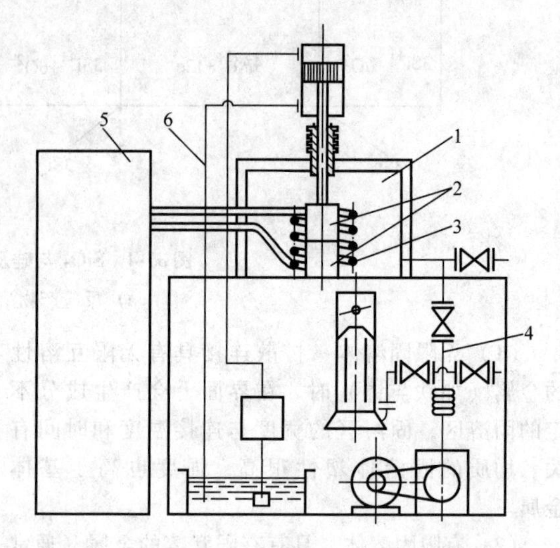

图33-7 真空扩散焊（感应加热）设备结构示意图

1—真空室 2—被焊零件 3—高频感应加热圈 4—真空系统 5—高频电源 6—加压系统

表33-4 真空扩散焊设备的主要技术数据

设备类型		ZKL—1	ZKL—2	超高真空扩散焊焊机	HKZ—40	DZL—1[1]
加热区尺寸(直径/mm×长/mm)或(长/mm×宽/mm×高/mm)		$\phi600\times800$	$\phi300\times400$	$\phi300\times350$	$300\times300\times300$	—
真空度/Pa	冷态	3×10^{-3}	3×10^{-3}	1.33×10^{-6}	10^{-3}	7.62×10^{-4}
	热态	5×10^{-3}	5×10^{-3}	1.33×10^{-5}	—	—
加压能力/kN		245	58.8	50	80	300
最高炉温/℃		1200	1200	1350	1300	1200
炉温均匀性/℃		1000±10	1000±5	—	1300±10	1200±5

注：HKZ—40数据引自北京华翔公司产品目录。

2. 超塑成形-扩散焊设备

此类设备是由压力机、真空-供气系统、特种加热炉及其电源等组成。加热炉中的加热平台应能承受一定压力，由高强度陶瓷（耐火）材料制成，安装于压力机的金属台面上。模具及工件置于两平台之间。如采用不锈钢板封焊成软囊式真空容器，而待扩散焊零件密封在该容器内，则该类设备可在真空下扩散焊较大尺寸的工件（图33-8）。真空-供气系统中有机械泵、管路和气阀。高压氩气经气体调压阀，向装有工件的模腔内或袋式毛坯内供气，以获得均匀可调的扩散焊压力和超塑成形压力。中小型工件也可采用金属平台，四周电阻辐射加热（图33-9）。

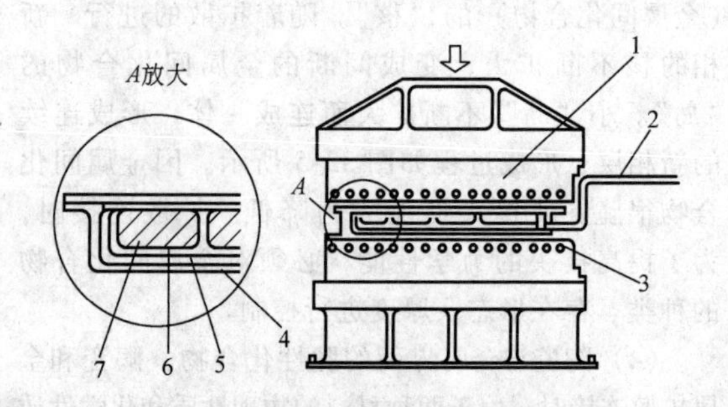

图33-8 超塑成形扩散焊（陶瓷加热平台）设备结构示意图

1—陶瓷平台 2—真空系统 3—加热元件 4—不锈钢容器 5—底板 6—被焊零件 7—垫块

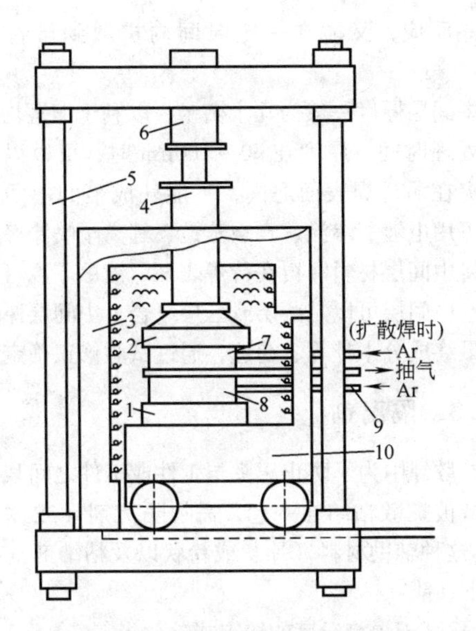

图 33-9 超塑成形扩散焊（金属平台）设结构示意图

1—下金属平台 2—上金属平台 3—炉壳 4—导筒 5—立柱 6—油缸 7—上模具 8—下模具 9—气管 10—活动炉底

表 33-5 热等静压设备的技术参数

型 号	工作压力/MPa	工作温度/℃	工作室尺寸（D/mm × H/mm）
RD200	200	2000	200 × 300
RD270	150	1500	270 × 500
RD690	150	1500	690 × 1120
型 号	装料方法	气体系统	备 注
RD200	上装料	气体不回收	试验型
RD270	下装料	气体回收	生产型
RD690	下装料	气体回收	生产型

注：本表数据由钢铁研究总院提供。

3. 热等静压扩散焊设备

热等静压扩散焊是在通用热等静压设备中进行，它是由水冷耐高压气压罐（包括筒体、上塞和下塞）、加热器、框架、液压系统、冷却系统、温控系统、供气系统和电源等部分组成。图 33-10 为该设备主体部分的结构示意图。表 33-5 列出了三种型号热等静压设备的技术参数。

4. 其他扩散焊设备

热胀差力加压扩散焊可用普通热处理炉，电阻扩散焊可用接触电阻焊机，其他扩散焊方法所使用的设备均应有加热加压功能。目前扩散焊设备均为自行研制或专门订货。

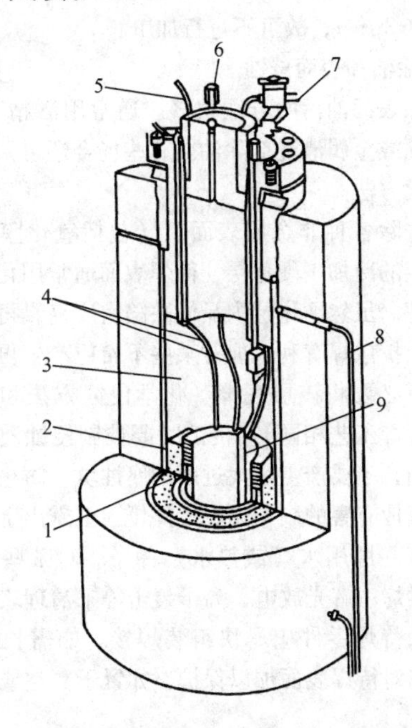

图 33-10 热等静压设备主体部分结构示意图

1—电热器 2—炉衬 3—隔热屏 4—电源引线 5—气体管道 6—安全阀组件 7—真空管道 8—冷却管 9—热电偶

33.4 扩散焊工艺

为获得优质的扩散焊接头，除根据所焊工件的材料、形状和尺寸等选择合适的扩散方法和设备外，精心制备待焊零件，选取合适的焊接条件并在焊接过程中控制主要工艺参数是极其重要的。另外，从冶金因素考虑仔细选择合适的中间层和其他辅助材料也是十分重要的。焊接加热温度、对工件施加的压力以及扩散的时间是主要的焊接参数。

33.4.1 工件待焊表面的制备和清理

工件的待焊表面状态对扩散焊过程和接头质量有很大影响，特别是固相扩散焊，因此在装配焊接之前，待焊表面应作如下处理：

1. 表面机加工

表面机加工的目的是为了获得平整光洁的表面，保证焊接间隙极小，微观上紧密接触点尽可能多。对普通金属零件可采用精车、精刨（铣）和磨削加工。通常使表面粗糙度 $Ra \leqslant 3.2\mu m$，Ra 大小的确定还与材料本身的硬度有关，对硬度较高的材料，Ra 应更小，对加有软中间层的固相扩散焊和液相扩散焊，以及热等静压扩散焊，表面粗糙度要求可放宽。在冷轧板叠合扩散焊时，因冷轧板表面粗糙度 *Ra* 较小（通常低于0.8μm），故可不进行加工。

2. 除油和表面侵蚀

去除表面油污的方法很多。通常用酒精、丙酮、三氯乙烯或金属清洗剂除油。有些场合还可采用超声清洗净化方法。

为去除各种非金属表面膜（包括氧化膜）或机加工产生的冷加工硬化层，待焊表面通常用化学侵蚀方法清理。虽然硬化层内晶体缺陷密度高，再结晶温度低，对扩散焊有利，但对某些不希望产生再结晶的金属仍有必要将该层去掉（化学侵蚀方法和浸蚀剂配方与钎焊工艺相同）。侵蚀时要控制侵蚀液浓度和侵蚀时间，不要产生过大过多的腐蚀坑，防止产生如吸氢等其他有害的副作用。工件侵蚀至露出金属光泽之后，应立即用水（或热水）冲净。对某些材料可用真空烘烤、辉光放电、离子轰击等来清理表面。清洗干净的待焊零件应尽快组装焊接。如需长时间放置，则应对待焊表面加以保护，如置于真空或保护气氛中。

33.4.2　中间层材料的选择

中间层的作用是下列中的一条或几条：

1）改善表面接触，从而降低对待焊表面制备质量的要求，降低所需的焊接压力。

2）改善扩散条件，加速扩散过程，从而降低焊接温度，缩短焊接时间。

3）改善冶金反应，避免（或减少）形成脆性金属间化合物和不希望有的共晶组织。

4）避免或减少因被焊材料之间物理化学性能差异过大所引起的问题，如热应力过大、出现扩散孔洞等。

相应地所选择的中间层材料应满足下列要求中的一条或几条：

1）容易塑性变形。

2）含有加速扩散或降低中间层熔点的元素，如硼、铍、硅等。

3）物理化学性能与母材差异较被焊材料之间的差异小。

4）不与母材产生不良的冶金反应，如产生脆性相或不希望有的共晶相。

5）不会在接头上引起电化学腐蚀问题。

通常，固相扩散焊的中间层是熔点较低（但不低于焊接温度），塑性好的纯金属，如铜、镍、银等，液相扩散焊的中间层是与母材成分接近，但含有少量易扩散的低熔点元素的合金，或者是能与母材发生共晶反应，又能在一定时间内扩散到母材中的金属。

中间层厚度一般为几十微米，以利于缩短均匀化扩散处理时间。厚度在30～100μm时，可以以箔片形式夹在两待焊表面之间，不能轧成箔的中间层材料，可用电镀、渗涂、真空蒸镀、等离子喷涂等方法直接将中间层材料涂覆在待焊表面，镀层厚度可仅数微米。中间层可以是两层或三层复合。中间层厚度可根据最终成分来计算、初选，通过试验修正确定。

33.4.3　隔离剂

扩散焊中为了防止压头与工件或工件之间某些待定区域被扩散粘结在一起，需加隔离剂（或称止焊剂），这种辅助材料（片状或粉状以及粘结剂）应具有以下性能：

1）高于焊接温度的熔点或软化点。

2）有较好的高温化学稳定性，高温下不与工件、夹具或压头起化学反应。

3）应不释放出有害气体污染附近待焊表面，不破坏保护气氛或真空度。例如钢与钢扩散焊时，可用人造云母片隔离压头；钛与钛扩散焊时，可涂一层氮化硼或氧化钇粉。粘结剂可用易分解挥发的聚乙烯醇水溶液，或用聚甲基丙烯酸甲酯、乙酸乙酯和丙酮配制的溶液。

33.4.4　焊接参数

1. 固相扩散焊

（1）温度　温度是扩散焊最重要的焊接参数，在一定的温度范围内，温度越高，扩散过程越快，所获得的接头强度也高。从这一点考虑，应尽可能选用较高的扩散焊温度。但加热温度受被焊工件和夹具的高温强度、工件的相变、再结晶等冶金特性所限制，而且温度高于一定值之后再提高时，接头质量提高不多，有时反而下降。对许多金属和合金，固相扩散焊温度为0.6～0.8T_m（K）（T_m 为母材熔点）。

（2）压力　压力主要影响固相扩散焊第一、二阶段的进行。如压力过低，则表层塑性变形不足，表面形成物理接触的过程进行不彻底，界面上残留的孔洞过大且过多。较高的扩散压力可产生较大的表层塑性变形，还可使表层再结晶温度降低，加速晶界迁移。高的压力有助于固相扩散焊第二阶段微孔的收缩和消除，也可减少或防止异种金属扩散焊时的扩散孔洞。在其他参数固定时，采用较高压力能产生较好的接头（图33-11）。工件晶粒度较大或表面较粗糙时所需扩散压力也较大。压力上限取决于对焊件总体变形量的限定、设备吨位等。除热等静压扩散焊外，通常扩散焊压力在0.5~50MPa之间选择。在正常扩散温度下，从限制工件变形量考虑，扩散压力可在表33-6所示范围内选取。由于扩散压力对第三阶段影响较小，在固相扩散焊时允许在后期将压力减少，以便减少工件变形。

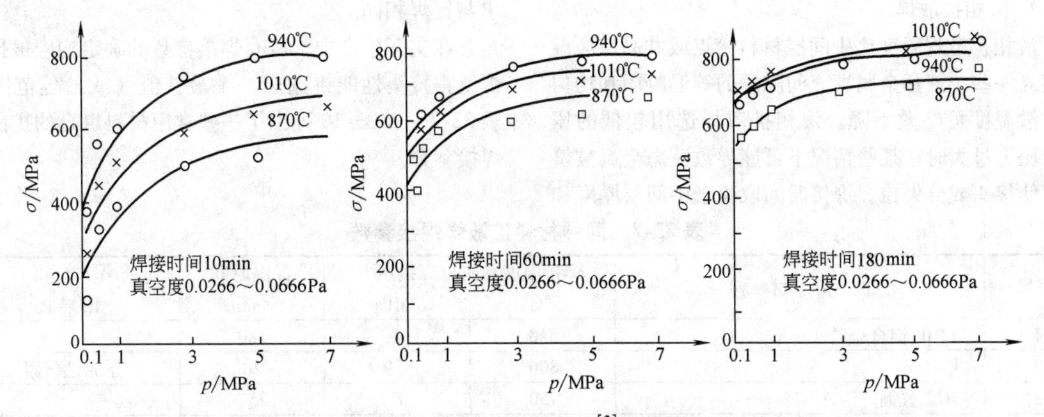

图33-11 扩散焊接头强度与压力的关系[3]（材料：TC4钛合金）

表33-6 同种金属固相扩散焊常用扩散压力[3]

材料类型	碳钢	不锈钢	铝合金	钛合金
普通扩散压力/MPa	5~10	7~12	3~7	—
热等静压扩散压力/MPa	100	—	75	50

（3）扩散时间　扩散时间是指被焊工件在焊接温度下保持的时间。扩散焊各个阶段的进行均需要较长的时间。如扩散时间过短，严重时会导致焊缝中残留许多孔洞，影响接头性能，接头强度达不到稳定的、与母材相等或相近的强度。但过长的高温高压持续时间，对接头质量不起任何进一步提高的作用，反而会使母材晶粒长大（图33-12）。对可能形成脆性金属间化合物的接头，应控制扩散时间以求控制脆性层的厚度，使之不影响接头性能。

扩散焊时间并非一个独立参数，它与温度、压力是密切相关的。实际焊接过程中，焊接时间可在一个非常宽的范围内变化。采用较高温度、压力时，焊接时间有数分钟即足够。而用较低温度、压力时则可能需数小时。图33-13表示钛合金固相扩散焊压力与最小焊接时间的关系。对于加中间层扩散焊，焊接时间还取决于中间层厚度和对接头成分、组织均匀度的要求（包括脆性相的允许量）。

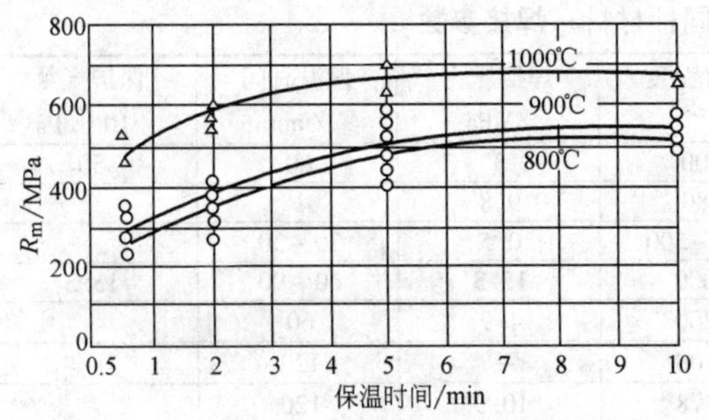

图33-12 扩散焊接头强度与保温时间的关系（压力20MPa，结构钢）

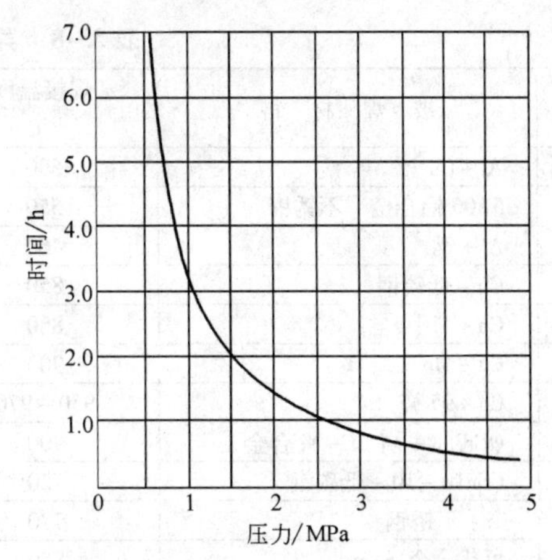

图33-13 压力与最小连接时间的关系（在925℃时Ti-6Al-4V板的低压扩散连接）

目前，根据固相扩散焊理论模型建立起来的扩散焊焊接参数计算机计算程序，已可以用来初选新材料固相扩散焊的三个焊接参数。

（4）保护气氛　焊接保护气氛纯度、流量、压力或真空度、漏气率均会影响扩散焊接头质量。常用保护气体是氩气，常用真空度为（1~20）$\times 10^{-3}$Pa。对有些材料也可用高纯氮、氢或氦气。在超塑成形扩散焊组合工艺中常用氩气氛负压（抽低真空—充氩—抽低真空，反复三次）保护钛板表面。在其他参数相同的条件下，在真空中扩散焊比在常压保护氩气中所需扩散时间较短。

（5）其他　冷却过程中有相变的材料以及陶瓷类脆性材料扩散焊时，对加热和冷却速度应加以控制。

2. 液相扩散焊

液相扩散焊温度比中间层材料熔点或共晶反应温度稍高一些。液相金属填充间隙后的等温凝固和均匀化扩散温度可略微下降。液相扩散焊选用较低的压力，压力过大时在某些情况下可能导致液态金属被挤出，使接头成分失控。焊接时间取决于中间层厚度和对接头成分、组织均匀度的要求。共晶反应扩散焊中，加热速度过慢，则会因扩散而使接触面上成分变化，影响熔融共晶生成。液相扩散焊对保护气氛的要求与钎焊相同。

在实际生产中，所有焊接参数的确定均应根据试焊所得接头性能挑选出一个最佳值（或最佳范围）。表33-7～表33-10列出了一些常用材料组合的扩散焊焊接参数。

表33-7　同种材料扩散焊焊接参数

序号	被焊材料	焊接温度/℃	焊接压力/MPa	保温时间/min	保护气氛/10^{-3} Pa
1	LD10 铝合金[4]	540	4	180	
2	Cu	800	6.9	20	还原性气氛
3	H72 黄铜	750	8	5	
4	可伐合金	1100	19.6	25	1.33
5	GH3039	1175	29.4～19.6	6～10	13.3
6	GH3044	1000	19.6	10	
7	TC4 钛合金	900～930	1～2	60～90	13.3 或氩低真空
8	Ti_3Al 金属间化合物合金①	960～980	8～10	60	真空

① 由北京航空制造工程研究所提供。

表33-8　异种材料扩散焊焊接参数

序号	被焊材料	焊接温度/℃	焊接压力/MPa	保温时间/min	保护气氛/10^{-3} Pa
1	Al + Cu	500	9.8	10	6.67
2	5A06 铝合金 + 不锈钢	550	13.7	15	13.3
3	Al + 钢	460	1.9	15	13.3
4	Cu + 低碳钢	850	4.9	10	
5	Cu + Ti	860	4.9	15	
6	Cu + Mo	900	72	10	
7	Cu + 95 瓷	950～970	77.8～11.8	15～20	6.67
8	QCr0.8 + 高 Cr－Ni 合金	900	1	10	
9	QSn10－10 + 低碳钢	720	4.9	10	
10	Ti + 不锈钢	770	—	10	
11	可伐合金 + Cu	850	4.9	10	
12	可伐合金 + 青铜	950	6.8	10	1.33
13	硬质合金 + 钢	1100	9.8	6	13.3

表33-9　加中间层扩散焊（同种材料）焊接参数

序号	被焊材料	中间层	焊接温度/℃	焊接压力/MPa	保温时间/min	保护气氛/10^{-3} Pa
1	5A06 铝合金[5]	5A02	500	3	60	50
2	Al	Si	580	9.8	1	
3	H62 黄铜[6]	Ag + Au	400～500	0.5	20～30	
4	1Cr18Ni9Ti	Ni	1000	17.3	60～90	13.3
5	A286 合金钢[7]	Ni	1200	4.9	60	
6	K18 Ni 基高温合金[7]	Ni-Cr-B-Mo 合金	1100	—	120	真空
7	GH141	Ni-Fe	1178	10.3	120	
8	GH22	Ni	1158	0.7～3.5	240	
9	GH188 钴基合金[8]	97Ni-3Be	1100	10	30	

（续）

序号	被焊材料	中间层	焊接温度/℃	焊接压力/MPa	保温时间/min	保护气氛/10^{-3} Pa
10	Al_2O_3	Pt	1550	0.03	100	空气
11	95瓷	Cu	1020	14～16	10	5
12	SiC[9]	Nb	1123～1790	7.26	600	真空
13	Mo	Ti	900	68～86	10～20	
14	W	Nb	915	70	20	

表33-10　加中间层扩散焊（异种材料）焊接参数

序号	被焊材料	中间层	焊接温度/℃	焊接压力/MPa	保温时间/min	保护气氛/10^{-3} Pa
1	Cu + Al_2O_3瓷	Al	580	19.6	10	
2	TA1钛+95瓷	Al	900	9.8	20～30	<13.3
3	TC4钛合金 + 1Cr18Ni9Ti不锈钢[10]	V + Cu	900～950	5～10	20～30	1.33
4	Al_2O_3 + ZrO_2	Pt	1459	1	240	
5	Al_2O_3 +不锈钢	Al	550	50～100	30	
6	Si_3N_4 +钢	Al - Si	550	60	30	
7	ZrO_2 +不锈钢	Pt	1130	1	240	

33.5　扩散焊接头形式、质量及检测

33.5.1　接头形式

由于扩散连接结构的千变万化，实际连接接头可能有各种形式。扩散连接在接头形式上比熔化焊类型多，可进行难熔材料及复杂形状的接合。平板、圆管、管、中空、T形及蜂窝结构均可进行扩散连接，实际生产中常用的接头形式如图33-14所示。

此外，在纤维增强金属基复合材料的制造过程中，主要依靠扩散连接的办法进行加工，典型的制造方法如图33-15所示。

33.5.2　力学性能

正常的同种金属扩散焊接头的组织和性能与基体材料相同。当扩散焊接头中存在未焊合或孔洞时，接头延性指标（如冲击韧度）和抗疲劳性能将明显下降，而抗拉强度在缺陷尺寸小，数量不多时，仍可能与母材相同。

33.5.3　缺陷

扩散焊接头缺陷主要是未焊合和孔洞（界面孔洞和扩散孔洞），界面孔洞缺陷形式见图33-16。在表面制备清理不良、气氛中氧分压过高以及工艺参数选择不当时，会产生上述缺陷，尤其是在工件边缘部分的焊缝，因应力状态不同，更易出现缺陷。图33-17为带有未焊合缺陷的扩散焊焊缝的金相照片。

33.5.4　检测

扩散焊工艺过程较易控制，重复性好。生产中主要靠控制工艺过程中各参数来保证质量，同时采用随机抽查进行金相检查，并配以超声等无损检测手段。用金相方法来检查焊缝情况时，根据金相检查的界面

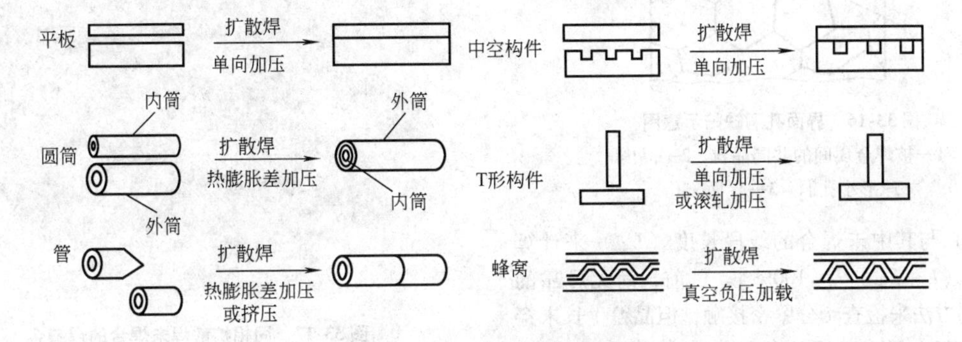

图33-14　各种扩散连接接头形式

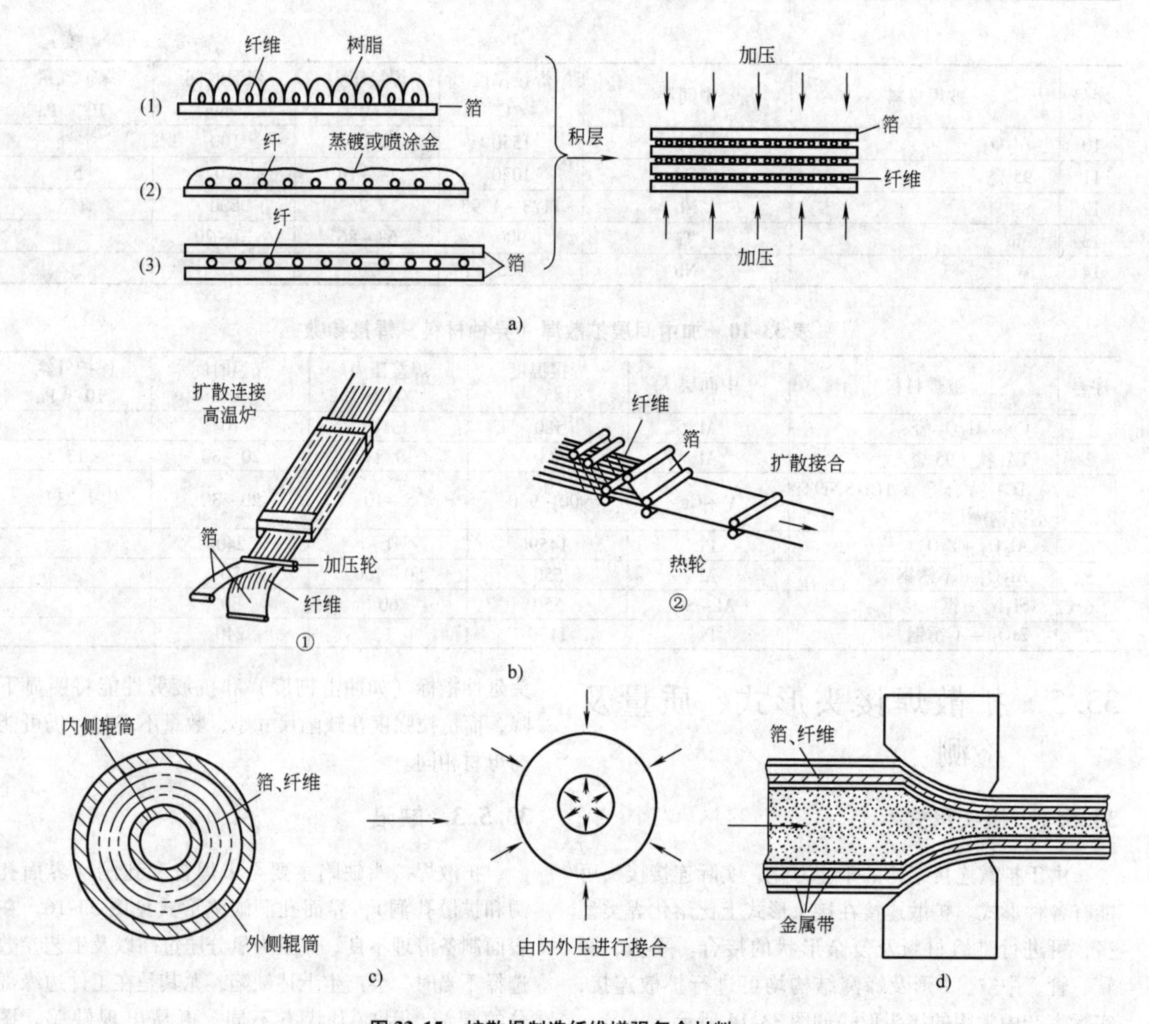

图 33-15　扩散焊制造纤维增强复合材料

a）积层接合法　b）热辊压法　c）热等静压法（HIP）　d）拉伸法

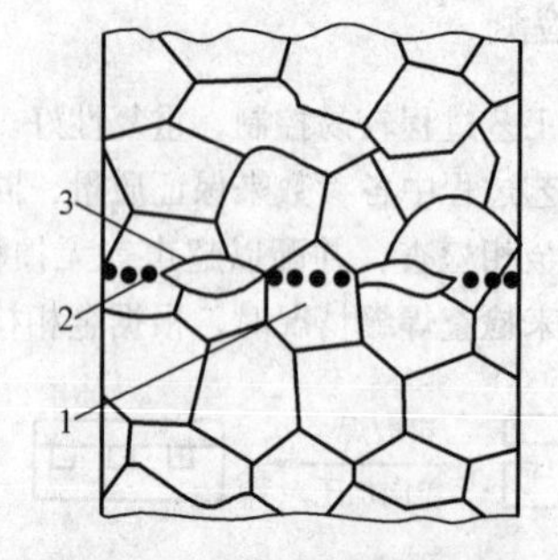

图 33-16　界面孔洞缺陷示意图

1—被焊金属间的共同晶粒　2—晶内球形小孔洞　3—界面疏孔

长度（L）与其中未焊合的线段长度（$L_{未}$）来计算焊合率［$(L-L_{未})/L\times100\%$］。目前，尚无可靠的无损检测方法来检查十分紧密接触，但晶粒生长未穿过界面的不良焊合区域，生产和试验中也用超高频

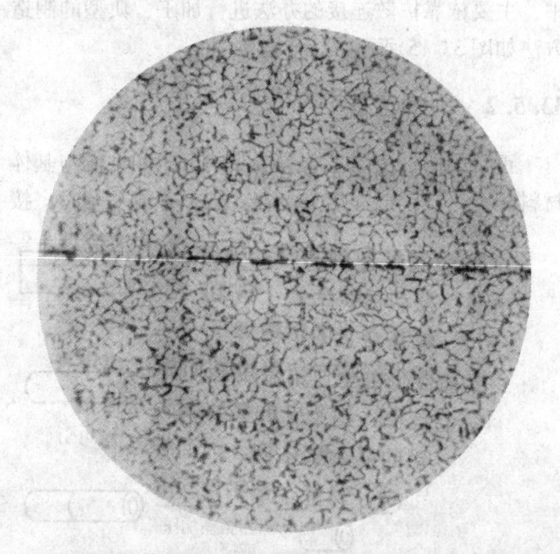

图 33-17　固相扩散焊未焊合的焊缝金相照片（200×）（TC4 与 TC4 扩散焊）

（≥50MHz）超声扫描检测装置来检查，但只对明显分离的未焊合和尺寸较大的孔洞才有效。对某些产品也可采用真空检漏方法和气压气密检查方法来检测穿透性未焊合缺陷。

33.6 扩散焊的应用

扩散焊在一些特种材料、特殊结构的焊接中得到相当成功的应用。在航空航天工业、电子工业和核工业等部门，许多零部件的使用环境恶劣，加之产品结构要求特殊，使得设计者不得不采用特种材料（如耐高温的镍基合金、钴基合金）和特殊结构（如为减轻重量而采用空心结构），而且往往要求焊接接头与母材等强或成分、性能上接近。在这种情况下，扩散焊就成为最优先考虑的焊接方法。

33.6.1 钛合金的扩散焊

由于钛对氧的溶解能力较强，合金表面氧化物中的氧在高温下能快速扩散到合金表面层里，从而容易获得纯净、无氧化膜的扩散焊表面，易于用固相扩散焊方法制造出优质的、与母材等强的扩散焊接头。虽然钛材本身价格较高，但它的耐腐蚀性好，比强度高（抗拉强度与密度之比），较易用扩散焊方法制得比刚度大的整体结构，所以在飞机、导弹、卫星等飞行器中，使用了不少钛合金构件。在超塑成形/扩散连接组合（SPF/DB）工艺问世后，钛合金扩散焊的应用范围更加扩大了。飞机上一些舱门、口盖和隔框，航空发动机空心叶片、整体叶盘，火箭、导弹的翼面、舵面，经恰当的重新设计之后，均可用SPF/DB和同种金属扩散焊技术制作。

用于SPF/DB组合工艺的扩散连接方法主要有三种：小变形固态扩散连接、过渡液相扩散连接和大变形/有限扩散连接。钛合金在高温下能同多种气体发生反应，特别是与氧、氢反应强烈，致使材料表面性能恶化，因此，在SPF/DB过程中必须对材料进行高温保护。保护方法有三种：真空保护、涂料保护和氩气保护，其中工业生产中普遍采用的是氩气保护的方法，保护氩气可同SPF/DB的气源和气密结合一起考虑。

对于某些钛合金（如TC4）而言，SPF和DB技术条件和工艺参数具有兼容性，因此有可能在构件研制中把两种工艺组合在一个温度循环中，同时实现成形和连接。钛合金SPF/DB构件主要有四种形式，如图33-18所示。

对那些在固相扩散焊温度下，母材晶粒长大严重的钛构件，也采用加中间层（Cu或Ni-Cu）的液相扩散焊方法。采用该法已成功制造出航空发动机钛合金（TC1）空心叶片。

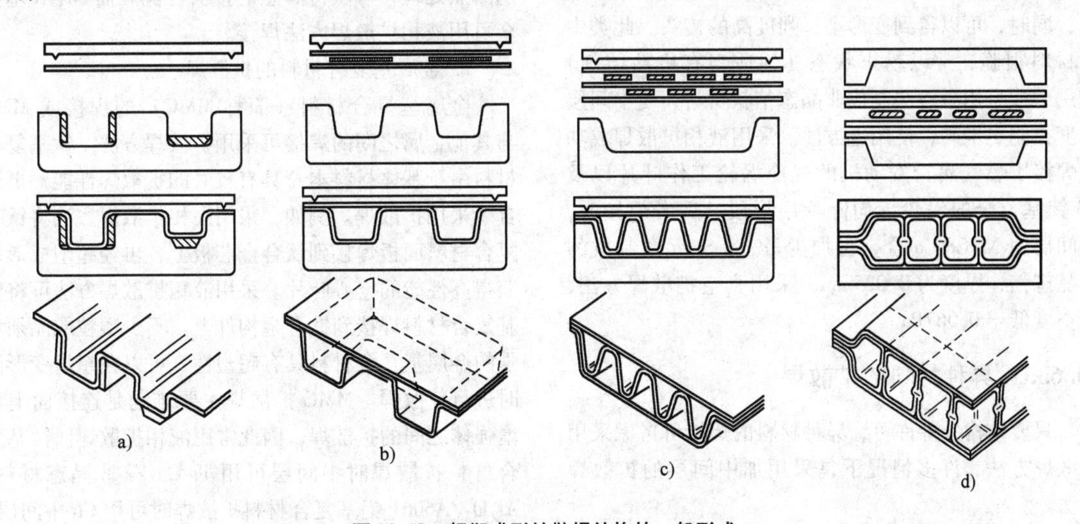

图33-18 超塑成形扩散焊结构的一般形式

a）加强板结构（一层板） b）整体加强结构（二层板） c）桁条芯夹层结构（三层板）
d）蜂窝夹层结构（四层板）

SPF/DB钛合金零件的质量和结构完整性是其在航空航天工业获得应用的关键，质量保证工作主要取决于零件的复杂程度和所承受的工作应力状态。对于复杂的SPF/DB构件，不仅需要进行尺寸检验、金相检验和破坏试验，还需开展更多的质量保证研究工作，尤其是扩散连接部位的检测。目前，航空领域SPF/DB构件质量的终检程序一般为：

1）目视检验表面完整性。

2）超声检测接头完整性和零件厚度。

3）X射线检测。

4）化铣去除表面α相层。

5）渗透检验。

33.6.2　镍基合金的扩散焊

镍基高温合金是 $w(\mathrm{Ni})>50\%$ 的高温合金，一般以镍、铬固溶体为基体添加多种合金元素，如钙、钼、铝、钛、铌、钴、钽及微量硼、锆等。镍基合金为面心立方点阵的固溶体。镍的主要物理性能和力学性能如表33-11所示。

表33-11　镍的主要物理和力学性能

密度 /(g/cm³)	熔化温度 /℃	(0~100℃)线胀系数 /10^{-6} C^{-1}
8.902	1453	13.3
抗拉强度 /MPa	**伸长率 (%)**	**硬度 HBW**
317	30	125~230

镍基合金由于使用温度高而广泛应用在发动机高温部位，由于它的氧化膜为难溶解于母材的铬、铝复杂氧化物，因而镍基合金的固相扩散焊较难。镍基合金扩散焊多采用液相扩散焊，通过选择B、P、C、Si、Ti、Al等元素活化表面和降低连接温度，实现等温凝固和成分均匀化，得到与母材基本相同的组织成分，同时，可以得到变形小、强度高的接头。此类中间材料很脆，常以粉末状态（加适当有机粘结剂）使用，或采用激冷法制成非晶态箔状材料，使中间层厚度控制更准确，使用也方便。采用液相扩散焊成功地焊接了燃气涡轮发动机的气冷涡轮工作叶片以及K3镍基合金的涡轮导向叶片扇形段。后者焊接时，中间层为Ni-Cr-Co合金再加少量B、Si元素制成的非晶态箔，厚度为0.025mm，采用真空扩散焊方法，真空度低于0.067Pa。

33.6.3　异种材料的扩散焊

只要结构条件许可，异种材料的焊接可考虑采用扩散焊方法，许多情况下是采用加中间层的扩散焊方法。

1. 陶瓷与金属的扩散焊

陶瓷与金属的焊接是电子工业中经常遇到的问题。采用真空扩散方法可以满足使用要求，可提高电绝缘性能，避免了钎料沾污器件和钎焊造成的附加内应力，提高器件耐热、抗振性能，提高器件的可靠性和使用寿命，此外，还可以使工艺过程简化。属于此类器件的有：调速管电子枪、大功率超高频四极管叠层芯柱以及某些管壳结构。常用陶瓷材料为氧化铝陶瓷（95瓷或99瓷）、氧化锆陶瓷，与此类陶瓷焊接的金属有铜（无氧铜）、钛（TA1）、钛钽合金（Ti-5Ta）。

2. 异种金属的扩散焊

应用实例见表33-12。

表33-12　异种金属的扩散焊应用实例

序号	产品名称	材料组合
1	导线过渡接头	Cu + Al
2	冷挤压模	DT-40硬质合金-模具钢
3	燃料喷注器	TC4 + 1Cr18Ni9Ti
4	柱塞泵滑块	锡青铜和钢
5	叶轮—轴	Ni基合金—耐热钢
序号	**应用部位**	**特点和效益**
1		
2		使用寿命大大提高
3	卫星	
4	航空发动机	提高了柱塞泵的润滑性能和寿命
5	航天发动机	

33.6.4　新型高温材料的扩散焊

1. 金属间化合物合金的扩散焊

该类材料较脆，熔焊时易产生裂纹，宜用扩散焊。如 Ti_3Al 基合金可用真空扩散焊方法来焊接，加随后热处理，可获得满意的接头性能。而 Ni_3Al 基合金可用液相扩散焊方法焊接。

2. 金属基复合材料的扩散焊

金属基复合材料（简称MMC）的焊接或MMC与其他金属之间的焊接可采用扩散焊方法。钛基复合材料由于基体材料本身具有较好的扩散焊性能，更适合于采用扩散焊。例如，采用固相扩散焊方法将钛基复合材料面板焊接到钛合金芯板上，再经超塑成形而获得高性能的空心叶片。采用液相扩散焊方法可将铝基复合材料焊接到钛合金构件上。不少颗粒或晶须增强的金属基复合材料具有超塑性，可以在超塑变形同时进行扩散焊。MMC扩散焊主要难题是连接面上两增强体之间的扩散焊，因此常用液相扩散焊。钛基复合材料扩散焊时中间层可用Ti-Cu-Zr非晶态材料。Al_2O_3/A6061铝基复合材料扩散焊时可用Cu中间层。

扩散焊也是某些纤维增强金属基复合材料制造过程中的一个重要环节。例如SiC纤维增强的钛合金复合材料的制造方法是将钛箔和纤维编织布叠合真空热压（或热等静压）复合，其中SiC纤维与基体箔材之间、箔材与箔材之间，在复合过程中是一个需要严格控制的扩散焊过程。

3. 铝及铝锂合金的扩散焊

铝合金、铝锂合金板材的表面状态是实现其高质量扩散连接技术的关键，图33-19中示出了铝锂合金板材的表面状态，其组成从内向外依次为贫锂层、氧化膜、氧离子和中性空气分子的吸附层、水分子层、油分子层及电离化的尘埃。贫锂层是不包铝的超塑性铝锂合金板材表面，热轧或者再结晶的过程中形成的，厚度为50~100μm。贫锂层上生长的氧化膜比铝锂合金板材表面氧化膜更加稳定和致密，扩散连接前，必须以化学或机械打磨的方法将其去除。

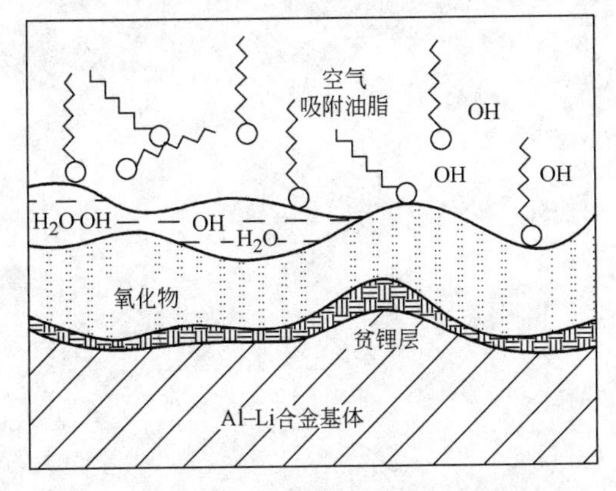

图33-19 铝锂合金表面状态及其组成示意图

在铝合金、铝锂合金的扩散连接技术方面，采用铜为中间过渡层的过渡液相（TLP）扩散连接技术，可实现铝合金扩散连接。但该技术还停留在实验室阶段，还不能达到工程应用的要求。最近，英国研究人员利用金属镓对铝合金表面氧化膜的液相致脆作用(LME)，实现了铝合金高质量的扩散连接[21,22]，对铝合金和铝锂合金来讲，这是一种很有前景的连接方法。如果这种方法和超塑成形组合工艺取得突破，将会对铝合金、铝锂合金飞机结构的生产制造产生重大的影响。

33.6.5 特殊结构的扩散焊

某些零件，如细丝网做成的气滤油滤器，虽被焊材料为普通材料，其熔焊、钎焊的焊接性均较好。但因其结构复杂，用熔焊有困难，用钎焊也会因钎料流布不均匀或因钎料流失而造成结构性能恶化。此时采用扩散焊就可获得满意的结果。例如，不同丝径、不同目数的不锈钢丝网，用镀镍层作中间层，采用扩散焊成功地将它们焊接在一起，制得具有一定刚度的骨架和网孔很小的油滤；将黄铜（H68）网扩散焊到纯铜环上制得小尺寸气滤零件。此件尺寸小厚度薄，可叠层，每次同时焊接数十件，每件之间用人造云母片或氧化物粉（Al_2O_3或ZrO粉）作隔离剂隔开。微波通信设备中关键部件——高频波导，对几何形状和尺寸精度要求很高，如用机械组合则存在缝隙，焊后不能再进行加工，所以采用加中间层的真空扩散焊方法。层板结构是另一个采用扩散焊的复合结构件，它是将两层或多层开有各种形状的通孔及沟槽的金属片叠合在一起，经扩散焊后成为一整体板，其内部含有许多冷却通道，表面有许多小孔，这种结构常用作发动机燃料室构件和涡轮导向器叶片，使其使用寿命大大提高，发动机性能也得到提高。层板材料为高温合金，用加中间层的真空扩散焊焊接。

参考文献

[1] 翟宗仁，等. DZL-1新型多功能高温真空炉的研制[C]//中国机械工程学会焊接学会. 第八次全国焊接会议论文集. 北京：机械工业出版社，1997.

[2] 林兆荣. 金属超塑性成形原理及应用[M]. 北京：航空工业出版社，1990.

[3] Dunkerton S B. Diffusion bonding Process and Applications[J]. Weld. and Metal Fabr, 1991, 59(3).

[4] 邹莱莲. LD10高强铝合金真空扩散焊工艺研究[J]. 航空精密制造技术，1997（6).

[5] 张杰. LF6铝合金的超塑性和扩散连接组合工艺[J]. 焊接学报，1996（4).

[6] 王文翰. 高频波导弱规范真空扩散焊[C]//中国机械工程学会焊接学会. 第六次全国焊接会议论文集. 西安：西北工业大学出版社，1990.

[7] 刘会杰，等. 高温合金的扩散连接[J]. 焊接技术，1995（6).

[8] 张奕琦，等. 高温合金扩散焊用Ni-Be中间层合金及其添加方式[C]//中国机械工程学会焊接学会. 第八次全国焊接会议论文集. 北京：机械工业出版社，1997.

[9] 冯吉才，等. SiC/Nb/SiC扩散连接接头的界面构造及接合强度[J]. 焊接学报，1997，18（2).

[10] 孙荣录，等. 中间过渡金属V+Cu对钛合金与不锈钢扩散焊接头性能的影响[J]. 焊接，1997（2).

[11] 航空制造工程手册总编委会. 航空制造工程手册：焊接分册[M]. 北京：航空工业出版社，1996.

[12] 张杰. Ni基超合金（K24）叶轮与耐热钢(1Cr11Ni2W2MoV）轴的扩散连接[J]. China welding, 1996, 5（2).

[13] 冯吉才. 碳化硅陶瓷和金属铌及不锈钢的扩散结合[J]. 材料科学与工艺，1998（1).

[14] 孙启政. 铜与低碳钢电阻扩散焊接工艺方法：中国，1080226A[P]. 1997. 04. 16.

[15] 张悦仁. 异种金属冷挤压-热扩散焊工艺：中国，1013253B[P]. 1990. 5. 16.

[16] 周荣林，等. 钛/不锈钢相变扩散连接工艺研究

[J]. 焊接，1999 (2).
[17] 刘会杰，等. 陶瓷与金属的连接方法及应用 [J]. 焊接，1999 (6).
[18] 张中元，等. 扩散焊接理论模型 [J]. 航空制造工程，1996 (5).
[19] 李志强，等. 超塑成形/扩散连接技术的应用与发展现状 [J]. 航空制造技术，2004 (11).
[20] 方洪渊，等. 材料连接过程中的界面行为 [M]. 哈尔滨：哈尔滨工业大学出版社，2005.
[21] Shirzadi A A. Surface Treatment of Oxidizing Material [M]. USA Patent 6, 669, 534 B2.
[22] Shirzadi A A, Assadi H, Wallach E R. Interface evolution and bond strength when diffusion bonding materials with stable oxide films [J]. Journal of Surface and Interface Analysis, 2001, 31 (2): 609-618.

第34章　堆　焊

作者　杨建华　审者　陈文威

34.1　概述

堆焊是用焊接方法在被焊金属表面制备具有特殊性能的堆焊层的方法，堆焊层能在特定工况条件下服役并符合使用要求。

机械装备在不同工况条件下工作，如粉碎、输送物料、金属高温成形、腐蚀介质等，分别要求耐磨、耐热、耐蚀，堆焊合金必须满足这些要求。磨损的工况最多，有时兼而有之。普通的金属材料通常不具备上述特殊性能，将迅速损坏、失效，设备不能正常运行。适合工况条件、具有某种特殊性能的合金堆焊在工作表面上就赋予普通金属以特殊性能，形成了复合材料的堆焊件，获得了良好的使用性能，大幅度提高了运行效率、延长了服役时间，使整台机械装备进入良好的运行状态。因此堆焊在机械制造业中是一种重要的加工方法。20年来科学技术迅速发展，出现了许多高效率、低能耗的先进技术装备，如辊压机、高效选粉机等，取代了旧式高能耗设备，随着设备效率的提高，大大加剧了设备本身的磨损；同时设备工作原理也发生了变化，承受了更高的挤压应力、冲击载荷、冲刷磨损，对堆焊提出了更高的要求，堆焊合金材料、堆焊方法也获得了快速发展。堆焊不仅在机械制造中，而且在设备维修上起着非常重要的作用。

34.2　堆焊材料

34.2.1　堆焊金属的服役环境

机械装备运行中完成特定任务，堆焊金属在一定的工况条件或环境中工作，经或长或短的一段时间就会失效，服役期终止，需更换堆焊件或重新堆焊。服役期长短取决于服役环境及堆焊金属的性能。服役环境或工况条件有：

1. 磨损

磨损是机械零件失效的主要形式，造成的损失是非常巨大的。磨损环境有多种不同工况，如是否存在磨料、磨料粒度、硬度、易碎性，磨料与工件间应力的大小、相对运动速度及冲击载荷大小、环境温度、有无腐蚀介质等，导致产生不同形式的磨损，主要有：

1）黏着磨损。接触表面相对运动时凸凹不平产生应力，使表面材料脱落或转移而形成的磨损，在工程磨损中约占15%。外加载荷较小时摩擦热使金属表面产生氧化膜，可防止表面焊合、磨损较轻，称之为氧化磨损或轻微磨损；载荷增大达某临界值“转变载荷”，表面接触点应力增大，发生“黏着”、“焊合”，材料发生脱落转移，磨损加剧，称为金属间磨损或严重磨损；产生的磨屑大于滑动间隙、滑动面间产生“咬焊”、“撕脱”是特殊的严重磨损，称之为咬焊。黏着磨损主要发生于机械运转时润滑不良的摩擦副，如轴-轴承、缸套-活塞环。摩擦因数较小的堆焊合金如铜基合金、镍基合金、钴基合金黏着磨损较轻，钴基合金抗咬焊能力最强，异种材料摩擦副、有一定硬度差（5HR）的摩擦副可减轻黏着磨损，硬度增加时黏着磨损减小。但含硬质相的表面会加速另一面的磨损；石墨充分析出的铸铁因石墨润滑作用可减轻黏着磨损。

2）磨料磨损。机械在含有磨料的环境里工作时物料会对设备造成磨损，称为磨料磨损，造成磨损的物料称为磨料。物料往往是工作对象，将其粉碎、成型、输送，也可是混入的外来物。磨料磨损是大规模工业生产中产生的，是主要的磨损形式，占全部磨损的50%以上。磨料体积、质量相差悬殊、与被磨表面作用力大小、性质不同，存在不同类型的磨料磨损：作用力较小时磨料不破碎、被磨表面仅为擦伤，称为低应力磨料磨损，如搅拌机、犁铧；而对滚机、辊压机、颚式破碎机、碗式破碎机以及螺旋挤压机工作时应力大于物料压溃强度，物料被挤碎、被磨表面发生局部塑性变形、磨料挤入表面甚至使之破坏、脱落，称之为高应力磨料磨损；锤式破碎机锤头、反击式破碎机板锤在高速转动中击碎巨大物料，物料将金属挖掘下来，故称之为凿削磨损，虽也属高应力磨损，但由于是冲击载荷，多称为冲击磨损。还有一类磨料磨损：含有粉尘的空气或含有固体颗粒的液体高速冲向设备表面形成的磨损，称为冲击侵蚀，如风机、喷沙机、选粉机、泥浆泵、砂浆输送装置均受此类磨损，影响因素有：粉尘或固体颗粒浓度及硬度、与被磨表面间的相对速度和冲击角度等。十几年前设计出高效选粉机，磨损大大加剧，新研制的高耐磨堆焊合金及时解决了这一难题；近几年来风机叶轮线速度由70m/s提高到240m/s，对耐磨堆焊提出了更高的要求。冲击侵蚀更广泛地被称为冲刷磨损。

磨料性质、状态及形成的磨损环境强烈影响磨损速度，磨料性质主要是硬度和易碎性，决定了磨蚀性。软体磨料如石膏、优质煤之类磨蚀性小，硬体磨料如石英、水泥熟料、钢渣磨蚀性大，Al_2O_3 为超硬磨料。磨料与表面接触时不易碎就会产生高的应力而反复磨损表面，结晶致密的矿石较已风化松散状态磨蚀性大得多。软体磨料含有或混有硬体磨料时磨蚀性也会加大。作者统计不同地区石灰石实际磨蚀性相差20倍以上；多雨地区矿石往往混有多量湿泥，破碎机处于充满黏土、内部机件不断受到严重磨损的恶劣环境、其磨损之快令耐磨合金难以奏效，须改善环境才能解决。改进机械结构及物料生产工艺可达到事半功倍的效果。

提高磨料磨损耐磨性的方法：

提高堆焊合金的硬度。硬度显示了抵抗外物进入的能力，宏观硬度 55HRC 左右才具备较好的耐磨性。实践表明中碳钢及合金钢硬化到 52HRC 以上其耐磨性明显提高且达到 Mn13 钢的水平。不稳定奥氏体在磨损过程中硬度会有不同程度的提高，Mn13 由 200HBW（13HRC）提高到 400HBW（43HRC）、高铬奥氏体加马氏体由 520HV 提高到 840HV，耐磨性大幅度提高。

提高堆焊合金强化元素、碳化物元素含量及加入硼。近年来的许多研究和应用表明，Mn13Cr2 较 Mn13 耐磨性约提高 40%，而 Mn18Cr2 又比 Mn13Cr2 高近 40%；硬度相同、$w(Cr) \leqslant 13\%$ 的合金钢耐磨性也随 Cr 增加而提高。

现代磨损学研究认为，马氏体硬度低于大多数磨料硬度，用马氏体提高宏观硬度的方法难以提高磨料耐磨性，含硬度更高的硬质相才能大幅度提高耐磨性；比磨料硬度高得越多、硬质相越多，耐磨性就越高；基体足够硬、能给硬质相以支撑，也提高耐磨性。实践证明这种理论对低应力磨料磨损有效，而对高应力及冲击、粉尘冲刷磨料磨损无效或效果不明显。瑞士、德国等国的研究先进而全面，研究的堆焊合金材料行销世界各国，低应力磨料磨损耐磨堆焊材料应用效果好，其他则明显不足，这说明上述理论并不完善。中国科学院金属研究所赵成章的论述[4]较全面，但就是在他认为最不可能突破的基体相研究方面，我国学者取得了突破，我国发明了奥氏体晶内 $(CrFe)_7C_3$ 微粒弥散硬化的基体，其上再分布 $(CrFe)_7C_3$ 短柱，从而具备了非常优秀的抗冲击高耐磨特性。瑞士 Castolin-Eutectic 公司赞助、推荐美国 AWS 共同授奖表明对该项成果的高度认可。应对高应力磨料磨损，必须同时提高硬质相自身及与基体的结合强度；对于粉尘冲刷磨损，硬质相细小、高密度小间距，防止粉尘微粒挖掘基体；取代钴铬钨用于宝钢型钢轧机型孔、螺旋碎煤机。硬质相可以外加，如碳化钨，但经电弧高温后结构改变，硬度降低、耐磨性大幅下降，可采用其他碳化物，还可从液态金属中生成。近 30 年来，我国依据不同磨损工况，从耐磨合金微观结构适应耐磨工况进行系统、全面的研究，研制出多种适应不同工况的耐磨合金经多年应用、实践证明耐磨寿命提高数倍，分别大量用于现代大型锤式破碎机转子及大型锤头、辊压机、耐磨风机制造及维修；批量出口，德国德巴公司也有采用。证明磨料磨损理论我国已经完备并系统化，走到国际前列。

3）疲劳磨损。摩擦表面相对滚动或滑动、周期性载荷使接触区受到很大的应力，在表层、亚表层产生疲劳裂纹、发生点蚀及剥落；局部因受周期性加热-冷却而产生热疲劳应力裂纹发生的磨损，如热轧辊、热锻模、热钢锭夹钳钳齿等的情况均属疲劳磨损。提高疲劳磨损抗力须提高堆焊合金的耐疲劳寿命，并有较高的弹性极限、塑性和硬度。

4）微动磨损。机械零件配合较紧的部位在载荷及一定频率的振动作用下、表面产生微小滑动引起的磨损称为微动磨损，如紧密配合的轴颈、航空发动机涡轮叶片的榫头等。微动磨损是疲劳磨损、黏着磨损甚至磨料磨损、腐蚀磨损综合形成的磨损。

2. 腐蚀

设备在腐蚀环境中工作，不同的介质氛围会引起化学腐蚀、电化学腐蚀或物理溶解使金属损坏，工程中均列入腐蚀范畴。腐蚀氛围中存在磨损会加剧磨损及腐蚀，称为腐蚀磨损，堆焊合金须同时具备耐磨性、耐蚀性；水轮机叶片、轮船螺旋桨、泵的叶轮高速旋转推动液体，液流压力在不断变化，低压时产生气泡、高压时气泡溃灭，溃灭瞬间局部产生冲击和高温，使表面发生疲劳、脱落并在腐蚀作用下形成海绵状，液体中磨料又加剧这一过程，称之为气蚀。

3. 温度环境

设备可能在低温或高温下工作，金属组织、力学性能发生变化，导致脆断、蠕变、快速磨损等事件时有发生。某些钢种脆性转变温度在 0℃左右，承受冲击时易发生脆断，如冶金品质不佳的 45 钢做大型破碎机锤盘就曾发生。各种堆焊合金开始蠕变及软化温度不同，大体上决定了该合金用于高温成形或高温耐磨时可使用的温度。有时环境温度经常变化，较低温度时间较长、高温时间短暂，最高温度虽然超过堆焊合金允许的使用温度，但 Fe-Cr-C 作为耐磨合金其使用寿命仍然较长。碳化物元素在合金钢中有二次析出硬化作用，经 500℃以上的回火弥散析出硬化能保持到600℃以上，如25Cr3Mo2MnV软化温度远高于30Cr13，用于钢坯初轧辊堆焊效果好；含W、Mo较多能提高高温强度、硬度，Cr提高抗氧化性，是热锻模、刀具堆焊合金不可缺少的；高铬铸铁有优良的高温抗氧化及耐磨能力，500℃应用不亚于钴基合金，并可间断在600~650℃工作，但长期在此高温下工作就须Co-Cr-W-C合金。镍基Mo-Cr-Si有优异的高温耐蚀及金属间磨损耐磨性，适于高温阀门。

34.2.2 堆焊合金类型

堆焊合金有铁基合金、钴基合金、镍基合金、碳化物硬质合金、铜基合金五大类，每类又有许多小类，各有不同性能特点和应用场合。表34-1为耐磨堆焊合金主要类型及具有代表性的典型合金系统。

表34-1 耐磨堆焊合金类型、典型合金系统、性能特点及用途

类型			合金系统（质量分数C‰,余%）	型号	牌号	硬度HRC	性能及用途
普通合金钢	珠光体	焊条	2Mn2(C0.2Mn≤3.5)	EDP Mn2—03	D107	≥22	韧性、抗裂性优,耐金属间磨损,不耐磨料磨损,用于恢复尺寸,如滑轮、链轮的堆焊
			2Mn4(C0.2Mn≤4.5)	EDP Mn4—16	D146	≥30	
			1Cr3(C0.1Cr≈3.2)		D156	~31	
		焊丝	Cr1~3Mn1~2Mo(实心、药芯,气保、自保护、埋弧)				
	马氏体	焊条	1.5Mn4Mo5SiV		广堆	47	韧、抗裂性优,耐金属间磨损 冲击磨损、磨料磨损的耐磨性差
			2Cr5Mn1.5V		广堆012	51	
		焊丝	2.5Cr3MoMnV(实心)		A450	42	(560℃回火)可保持到600℃,热轧开坯辊堆焊
			2Cr2MnMo(MAG药芯)			44	
		焊条	4Mn6Si	EDPMn6—15	D167	≥50	抗裂性中、抗冲击强,耐金属间磨损,磨料磨损耐磨性优于Mn13 D212应用较多,但耐磨性不足,与Mn13Cr2相当,堆焊破碎机寿命不及JHY—1C的1/10
			5Cr5Mo4	EDPCrMo—A4—03	D212		
			5Cr9Mo3V1	EDPCrMoV—A1—15	D237		
		焊丝	5Cr5Mo4(MAG)		YD212—1		
			3.8Cr6Mo3Mn3		A600		
		焊条	6Cr5Mn		D202B	54~58	抗裂性差,可抗磨料冲击,磨料磨损耐磨性约为Mn13的2倍
			6Cr5Mo3V5	EDPCrMoV—A2—15	D227	≥55	
			9Cr8Si2B	EDPCrSi—B	D246	≥60	
		焊丝	6Cr8Si2(MAG药芯)		YD247—1	≥55	
合金工具钢	焊条		W18Cr4V	EDD—0—15	D307	≥55	刀具、热剪刀刃
			W9Cr4V2		JHY—1W	60~62	耐磨粒磨损性良,耐冲击、耐热,堆焊的辊压机优于德国原装辊压机
			4Cr3W8	EDRCrW—15	D337	≥48	热锻模、热轧辊
			4W9Cr4Mo2V	EDRCrMoWV—A1—03	D322	≥55	冷冲模、切削刀具,耐热
			6W7Cr4Mo3V2		D317A	58~62	耐磨、耐热
			Cr8Mo1		D600	55	冷裁修边模
			2V7Mo2Mn2B	EDTV—15	D007	≥180HB	铸铁模具堆焊及焊补
	药芯焊丝		4Cr3W8(MAG)		YD371—1	≥48	
			2.5Cr5VMoSi			42~46	型材轧辊
			3(Cr+W)8~15Ni3Mn2Si			≥48	热轧辊、热锻模、耐热疲劳优
			5Cr6Mo2Mn2(MAG)		YD397—1	55~60	冷轧辊、冷锻模
高铬马氏体钢	焊条		12Cr13	EDCr—A1—03	D502	≥40	
			20Cr13	EDCr—B—15	D517	≥45	
			2Cr13Mn7	EDCrMn—A—16	D516M	38~48	≤450℃高、中压阀门
			2Cr13Ni		CR—55	55	耐金属间磨损优,耐磨料磨损良
	实心		00Cr13Ni4Mo			~38	耐蚀、耐磨、耐气蚀,用于汽轮机轴、≤450℃阀门,耐金属间磨损
			12Cr13	H1Cr13		~40	
	药芯焊丝		0Cr14NiMo			~30	连铸机辊、≤450℃阀门
			0Cr17			~24	
			4Cr17Mo1			~48	热轧辊、冲头
			20Cr13(自保护)		YD517—2	≥45	耐金属间磨损、轻磨料磨损

（续）

类型		合金系统（质量分数C‰,余%）	型　号	牌号	硬度 HRC	性能及用途
		（以下质量分数全为%）				
高锰、高铬锰奥氏体钢	焊条	Mn13(C≤1.1 Mn11~16)	EDMn—A—16	D256	≥170HB	冷作硬化显著,韧性好,抗冲击,耐高应力磨料磨损,不耐低应力磨料磨损,应用较多,但耐磨性不足,须防止吸入Mn蒸气
		Mn15	EDMn—B—16	D266	≥170HB	
		C0.8Mn15Cr3			≥210HB	
	焊条	C0.7Mn13Cr15	EDCrMn—B—16	D276	≥20	水轮机叶片导水叶
		C0.6Mn25Cr11	EDCrMn—D—15	D567	≥210HB	≤350℃中压阀门
		C1Mn15Cr15Ni5Mo4	EDCrMn—C—15	D577	≥28	≤510℃阀门配D507Mo
	自保护药芯焊丝	C1Mn15Cr3Ni3				同D256、D266
		C0.5Mn15Cr15Mo				同D256、D266、D276
		C0.6Mn16Cr3Ni2				加工硬化后44HRC
马氏体合金铸铁	焊条	C3.5Cr4Mo4		D608	≥55	耐磨料磨损尚好,抗裂性差,不耐冲击
		C2W9B		D678	≥50	
		C3W12Cr5		D698	≥60	
高铬合金铸铁	焊条	C3Cr28Ni4Si	EDZCr—C—15	D667	≥48	Ni奥氏体提高抗裂性,降低耐磨性
		Fe-Cr-C 弥散硬化奥氏体(~500HV)+短柱团块Cr_7C_3		JHY—1C①	55~60	抗冲击高耐磨、耐磨性为Mn13的16倍,堆焊大型锤式破碎机及锤头,已形成行业
		C5Cr28Nb6Mo7W5V				
		C3.5Cr27MnB		D658	≥60	严重磨料磨损、耐高温
		C3.5Cr30Mo2		D680	58~65	硼化物大幅提高耐磨性
		C5Cr28Nb7		D656	≥60	钼增加马氏体提高硬度
		Fe-Cr-C-B 硬质合金		D638Nb	≥60	高硬度块状NbC提高耐磨性,可用于辊压机,但成本较高,密布裂纹,用后再焊有蜂窝状气孔
		CASTOLIN 产品:Fe-Cr-C			65~68	
		Fe-Cr-C-Nb		XHD6006	60~62	耐磨性比D680等高一倍
		Fe-Cr-C-W-Nb-V-Mo		XHD6712	62~68	耐磨料磨损
				XHD715	63~68	耐严重磨料磨损
						强耐磨,耐热到<650℃
	焊丝	C3.5Cr28Co5Mn2Si2B		HS103	58~64	耐磨料磨损
		C3Cr25Mo3Si(自保护药芯焊丝)		YD646Mo2	54~60	
		C6Cr36(自保护药芯焊丝)		YD656—4	57	耐磨料磨损优,如辊子堆焊,但裂纹严重
钴基合金	焊丝	C1.2CoCr29W5	RCoCr—A(AWS)	HS111	40~45	高温高压阀门、热剪刀、热锻模
		C1.5CoCr29W8	RCoCr—B	HS112	45~50	同上,用于内燃机阀、热轧辊孔型
		C3CoCr30W17		HS113	55~60	高温磨料磨损如锅炉旋转叶片
		C3.4CoCr26W14		HS113G	≥54	高温热轧辊
		C1.8CoCr25W12Ni22		HS113Ni	37~40	耐蚀、耐气蚀,用于进气门、排气阀
		C0.2CoCr27Mo6Ni2.5		HS115	≥27	热模具、水轮机叶片
	焊条	C1CoCr29W5	EDCoCr—A—03	D802	≥40	同HS111
		C1.4CoCr29W8	EDCoCr—B—03	D812	≥44	同上,用于高压泵轴套筒
		C2.4CoCr29W15	EDCoCr—C—03	D822	≥53	牙轮钻头、轴承等,同HS113
		C0.3CoCr28W9	EDCoCr—D—03	D842	28~35	热锻模、阀门密封面

（续）

类型		合金系统（质量分数 C‰，余%）	型 号	牌号	硬度 HRC	性能及用途
（以下质量分数全为%）						
碳化钨硬质合金	焊条	C2.5W50Si4Mn2 C3W60Mo6Ni2Cr2Mn2Si3 WC55Ni40	EDW—A—15 EDW—B—15	D707 D717 D707Ni	≥60 ≥60 ≥45	磨料磨损 磨料磨损 高炉料钟、烧结机
	焊丝	WC65Fe WC-Cu 合金结硬质合金 WC60Fe(药芯)		YZ YD-XX HSY710		铣齿牙轮、钻头齿面 因气焊热源温度较低，耐磨性优异
镍基合金	焊条	Ni83Cr7A17			≥32	冷作硬化≥54，耐磨料磨损及气蚀、水轮机叶片堆焊
		Ni 基 Cr16Mo16W4Fe4		GRID UR34	220HBW	冷作硬化 400HBW 热剪刃、热冲头、热锻模堆焊
		C2.7Ni 基 Cr27Fe23Co12Mo8W3MnSi		HAYNES No.711	42	挤压机螺杆、凿岩机钻头、泥浆泵、低冲击冲模堆焊

① JHY 为发明者姓名缩写及商标。JHY-1C 多年广泛用于大型矿山设备，大大提高了装备水平。济南焊宝耐磨材料研究所杨文光、杨雷重新研制后，性能提高，优点突出。

1. 铁基堆焊合金

1）珠光体钢。Mn、Cr、Mo 为主的低碳低合金钢，焊态为珠光体、硬度 20～38HRC，焊接性、力学性能优良，抗裂性及抗冲击性好但耐磨性差，用于恢复尺寸、磨损较轻的场合作为过渡，硬度偏低，40～50HRC 较合适。

2）马氏体钢。低碳马氏体钢堆焊合金有 Mn4、Mo5V、Cr5MoV、（Cr + W）8Ni2 等，保持了珠光体钢的优点，但硬度达 45～50HRC，耐磨性提高明显，适用于金属间磨损及较轻磨料磨损。

中碳马氏体钢堆焊合金 w(Cr) = 2% ～10%、w(Mo) = 2% ～4%，硬度 38～55HRC，其中 D212 焊条及 YD212—1 药芯焊丝应用较广，为 5Cr5Mo4，高应力磨料耐磨性优于 Mn13，但作为破碎机锤盘、风机叶片堆焊材料其耐磨性远不能满足要求，而抗裂性明显变差。高碳马氏体钢堆焊合金不仅含碳量高，还加入了 V 或 B，组织为孪晶马氏体、残留奥氏体及莱氏体、铬及钒的碳化物、硼化物，硬度≥55 或 60HRC，高应力磨料磨损耐磨性约为 D256 的 2 倍。

3）合金工具钢。主要合金元素为 W、Mo、Cr、V，其中高速钢 w(C) = 0.7% ～1.0%，有 W18Cr4V(D307)、W9Cr4V2、W6Mo5Cr4V2、C1.3W12Mo6Cr2V3 等，堆焊后用作刀具时应作高速钢常规热处理，作耐磨合金时可焊态使用，硬度可达 62HRC，组织中（Fe、W)$_6$C 呈骨架状，硬度 1480～2290HM，VC 呈小块状、硬度 2300～2900HM，是硬化和耐磨的主要原因，有良好的高应力磨料磨损耐磨性，大约为 Mn13 的 8 倍，作者研制的 62HRC 焊条堆焊德国进口辊压机挤压水泥熟料使用寿命为 6600h，较原机提高 10%，抗裂性尚可，焊前预热 150～250℃，第一层裂纹较轻、第二层较明显。20 年来，硬度为 59～61HRC 的类似堆焊合金大量应用于辊压机堆焊裂性提高、寿命降至 5000h。

热工具钢堆焊合金用于热锻模、热轧辊等，除高温硬度外还要求较高强度和韧性、耐热疲劳性，故降低 w(C) = 0.25% ～0.55%、硬度仅≥48HRC，典型合金如 4Cr2W8（D337、药芯焊丝 YD337—1）等，2.5Cr3MoMnV 堆焊合金经 560℃ 回火 6h 弥散析出硬化，硬度升至 42～45HRC 并可保持到 600℃，用于钢锭初轧开坯轧辊堆焊，热疲劳及耐磨性均优良。

冷工具钢堆焊合金用于冷冲模及切削刀具，要求常温高硬度耐金属间磨损，如 4W9Cr4V（D322、D327）硬度≥55HRC、W7Cr4Mo3V2（D317）硬度 58～62HRC，可用于高炉料钟堆焊；Cr8Mo1（D600）用于冷冲修边模；5Cr6Mo2Mn2（药芯焊丝 YD397—1）用于冷轧辊、冷锻模堆焊。

4）高铬马氏体钢。w(Cr) = 12% ～17%，可加入 W、Mo、Ni、V 等，含碳量亦可有较大变化。耐蚀、耐热、抗氧化及热强性均较好、耐金属间磨损性优良、较 w(Cr) = 7% 者高约 40%。高碳 Cr12 有合金莱氏体及碳化物，磨料磨损耐磨性较好。这类钢合金成分改变会引起组织、性能较大变化，硬度范围35～62HRC，w(Cr)≥13% 硬度下降。2Cr13Ni 硬度约 55HRC，高应力磨料磨损耐磨性大致为 Mn13 的 7 倍。

5）奥氏体钢堆焊合金。包括高锰钢、高铬锰钢耐磨堆焊合金和铬镍奥氏体耐蚀耐热钢。高锰钢 1100℃ 淬火后为不稳定的纯奥氏体，冷作硬化倾向大，硬度由 200HBW 左右升至 400～500HBW 而获得良好的耐磨性。C过高会生成Mn的碳化物，Mn过高促使生成粗大柱状晶，均降低韧性；过低则出现马氏体，焊缝易产生裂纹。近年来均加入2%左右的Cr，因固溶强化及Cr的碳化物使耐磨性提高约40%。稀土及碳化物元素变质处理可细化晶粒、提高耐磨性。Mn18Cr2、Mn20Cr2称为超高锰钢，耐磨性较Mn13Cr2提高但铸造性更差，对铸造工艺要求更严，否则工作可靠性降低。高铬锰钢 $w(\mathrm{Mn})=12\%\sim17\%$、$w(\mathrm{Cr})=15\%$，冷作硬化倾向与高锰钢相似，但Cr优先结合C阻止晶间形成锰碳化合物厚膜，防止脆化及开裂，同时具有较好的抗氧化性、耐蚀性、金属间磨损耐磨性，工作温度较Mn13高，但不耐晶间腐蚀，适于水轮机耐气蚀堆焊、中温高压阀门堆焊。高铬锰钢与高锰钢都适于冲击及高应力作用下的磨料磨损工况工作，但耐磨性并不是很高，本文以Mn13为基准，将某些典型耐磨堆焊合金与之对照，主要依据多年生产实践中数据积累、统计分析以及行业内比较公认的数据、实验数据作为参考、补充，但不可能精确，可供参考。焊条、焊丝见表34-1。

铬镍奥氏体钢有很强的耐蚀、耐热、抗高温氧化性，为提高堆焊合金高温抗金属间磨损耐磨性，加入较多硅，固溶强化提高硬度。如Cr18Ni8Si7Mn2硬度≥37HRC，可用于<600℃阀门堆焊，缺点是脆性较大；Cr18Ni8Si5Mn（D547）脆性降低，但硬度也降低，使用温度<570℃，加入Mo、Nb、W、V的D547Mo硬度≥37HRC，高温析出碳化物及金属间化合物且未脆化，抗裂性较好，可用于<600℃高压阀门。Cr20Ni10Mn6冷作硬化显著，耐高应力及冲击磨料磨损，抗气蚀能力强，用于水轮机叶片堆焊，并可作为碳钢上堆焊高锰钢的过渡层；Cr29Ni9合金铁素体较多，不仅耐蚀、耐热性好，且冷作硬化显著、耐气蚀性强，可用于耐蚀堆焊、水轮机过流部件堆焊、热挤压及热冲压工具堆焊。

6）合金铸铁类堆焊合金。包括马氏体合金铸铁和高铬合金铸铁。马氏体合金铸铁种类较少，其组织中含有多量 $(\mathrm{M、Fe})_3\mathrm{C}$，硬度1000HV左右，高于 $\mathrm{Fe_3C}$，同时还有碳化物MC，硬度1200~1400HV，基体为马氏体+残留奥氏体。堆焊合金硬度为50~60HRC。因而磨料磨损耐磨性较好，但石英硬度900~1280HV，在硬体磨料中耐磨性难以大幅度提高。

高铬合金铸铁 $w(\mathrm{Cr})=12\%\sim40\%$、$w(\mathrm{C})=1.5\%\sim6.0\%$，C-Cr在很宽成分范围内组合并可加入多种元素，形成奥氏体、奥氏体+马氏体、马氏体不同基体及亚共晶、共晶、过共晶合金，基本硬质相是 $(\mathrm{Cr、Fe})_7\mathrm{C}_3$、截面呈六边形的六方晶格柱状晶，凝固时快速生成，与基体结合紧密不易脱落，硬度1280~1970HV，六边形面耐磨性最好。有优秀的耐磨性，在石英等硬体磨料中尚能耐磨。其他合金元素可使高铬合金铸铁获得不同的基体及硬质相，从而改变其性能：1%~4%的Ni可获得奥氏体，提高韧性、抗裂性、耐蚀性，但降低硬度、耐磨性，如Cr28Ni4Si4（D667）硬度≥48HRC，实测无缺口冲击韧性3.5J/cm^2，尚不能承受中等冲击载荷；一定量的Mo可使基体大部转变为马氏体，其硬度达600~800HV，堆焊合金硬度提高5HRC以上，对硬质相形成有力的支撑，提高耐磨性，残留奥氏体不稳定，在磨损应力作用下迅速硬化，由400HV左右升高到840HV、明显提高耐磨性；作者30年来进行了系统研究，研制出性能各异的堆焊合金。W、Mo、V、Ti、Nb等生成各自的碳化物，形状各异，硬度高于 $\mathrm{Cr_7C_3}$，并改变 $\mathrm{Cr_7C_3}$ 形状及分布，形成复杂复合碳化物，如NbC是立方体、弥散分布，提高耐磨性及韧性。也可加入碳化物，从而形成具有不同组织、性能的高铬铸铁分枝堆焊合金。硬质相硬度越高、与基体结合越紧密、均匀弥散分布于硬的基体上，其磨料磨损耐磨性就越好。含较多W、Mo可提高高温耐磨性。总的来说，高铬合金铸铁耐磨料磨损性优良，但不耐冲击、抗裂性差，预热及恰当的堆焊工艺只能减轻开裂程度。裂纹对低应力工况没有影响，高应力工况下会扩展、剥落，冲击载荷作用下有裂纹的堆焊金属迅速剥落、碎裂，甚至延伸至母材造成断裂，生产中屡屡发生。作者根据多年实践认识到国内外"裂纹不会扩展、无影响"甚至应力释放有利的说法是不正确的，故研制出弥散硬化奥氏体基、密布短柱块状硬质相的堆焊合金，可防止裂纹，通过了0.5t重钢球3m高落锤冲击试验，能承受巨石千万次冲击，已量产20多年，带动了我国现代化破碎机行业的发展，成为其核心技术。

2. 钴基堆焊合金

为Co-Cr-W-C合金，$w(\mathrm{Cr})=25\%\sim33\%$、$w(\mathrm{W})=3\%\sim21\%$、$w(\mathrm{C})=0.2\%\sim3.6\%$，组织、性能及耐磨性变化规律与Fe-Cr-C合金相似；其基体为Co-Cr-W固溶体奥氏体，随合金含碳量增高，其组织分别为奥氏体+共晶、共晶、过共晶，共晶为奥氏体+碳化物（$\mathrm{Cr_7C_3}$、碳化钨）。Co基合金加入W大幅度提高抗高温蠕变能力，650~700℃仍具有较高硬度，具有最好的高温性能。含碳量低时耐金属间磨损性好、耐冲击，但磨料磨损耐磨性差，共晶及过共晶合金耐磨料磨损性好、耐冲击性差。钴铬钨合金又称Stellite合金。典型合金见表34-1。

Co-Mo-Cr合金：Co-28Mo-8Cr-2Si、Co-28Mo-

17Cr-3Si 含金属间化合物 Laves 相，硬度 1100HV，既不易磨损又不会划伤配合面，有非常优秀的抗金属间磨损能力。

3. 碳化钨等碳化物耐磨堆焊硬质合金

碳化钨等高硬度碳化物是硬质合金主要组成物，用金属粘结，形成硬质合金类复合堆焊合金。碳化钨有铸造、烧结二种：铸造碳化钨粉碎或熔化制球，烧结碳化钨是少量 Co 将碳化钨烧结粘结而成。铸造碳化钨为 WC 与 W_2C 混合物，硬度分别为 93HRA、90HRA；烧结碳化钨硬度随 Co 增加而降低，YG3 为 91HRA、YG8 仅为 89HRA，耐磨性降低但强度和韧性提高。粘结金属是复合堆焊合金的胎体，可以采用钢、镍、铜合金等。低碳钢管装碳化钨焊丝 YZxx～xxg、HSY710，碳化钨占总重 60%，可用于氧乙炔焰堆焊、电弧及等离子弧堆焊及激光堆焊，亦可外涂药皮制成电焊条 D717、D717A；钢焊芯、镍焊芯外涂含多量碳化钨等药皮的电焊条 D707、D707Ni 用于电弧焊；用铜基合金作胎体粘结烧结碳化钨制成 YD 型焊条，用于氧乙炔焰堆焊。碳化钨按一定比例加入镍基、铁基、钴基自熔合金粉末，其喷熔层具有优良的耐磨料磨损性能。WC、W_2C 熔点为 2600℃ 及 2850℃，氧乙炔焰堆焊时熔化、溶解较少，堆焊层耐磨料磨损性能优异，优于高铬铸铁。电弧焊时碳化钨易氧化烧损及溶解，碳化钨含量降低、质量变差，虽胎体变为钨合金钢，耐磨性还是大幅度下降，氧乙炔焰堆焊温度高、时间长也会发生。高铬铸铁中加入足够的碳化钨等硬质合金，电弧焊时耐磨性成倍提高，但韧性、抗裂性降低。包覆碳化钨粉能减少高温烧损和溶解，改善结合强度，提高耐磨性。Cu-Ni-Zn、Cu-Ni-Zn-Mn 润湿性好，结合强度及本身强度高，能抑制碳化钨溶解，是很好的胎体材料。碳化钨密度大，堆焊时易沉底，可混合加入其他碳化物来解决。作者采用其他高硬度碳化物制作焊条、焊丝，堆焊层硬度可达 65HRC，最高可达 70HRC，有优秀的耐磨性，用于螺旋碎煤机挤碎煤矸石效果很好。

4. 镍基堆焊合金

具有最好的抗金属间磨损耐磨性，很高的耐热性及抗氧化、耐蚀性，易于熔化，堆焊工艺性好，但不耐 S 及 H_2S 腐蚀。分为硼化物合金、碳化物合金、金属间化合物三类。

Ni-Cr-B-Si 即 Colomony 合金，$w(C) \leq 1\%$，$w(Cr)=8\%\sim18\%$、$w(B)=1.8\%\sim4.5\%$，$w(Si)=2.5\%\sim5.5\%$，余为 Ni。熔点约 1040℃，润湿性、流动性好，是自熔性合金，组织为奥氏体 + 硼化物 + 碳化物，硬度 50～60HRC，540℃ 仍达 48HRC，500～600℃ 热硬性优于钴基合金，适于高温、腐蚀环境的低应力磨料磨损工况，但不耐冲击。粉末用于等离子弧堆焊、氧乙炔焰喷焊。铸造焊丝 HS121 可用于 TIG 焊及氧乙炔焰堆焊。

Ni-Gr-Mo-Co-W-Fe，即 Haynes 合金，$w(C)=0.4\%\sim2.7\%$，与相近含碳量的钴基合金性能相似，以取代钴基合金降低成本。如 No. 711（焊条或焊丝、粉末）为 C2.7Cr27 Fe23Co12Mo8W3Ni 余，含有 Cr_7C_3 及 M_6C 硬质相，硬度 42HRC，磨料磨损耐磨性较好，与 D822 相仿，可用于挤压机、凿岩机、泥浆泵、低冲击模具堆焊。含 C 低的 Haynes 合金耐磨料磨损性下降，但热强性、耐蚀性、抗热疲劳性很好，抗裂性较好，No. N-6 耐金属间磨损性优于司太利 No6。HASTELLOY “C” 合金为 Ni 基 C0.1Cr17Mo17W5Fe6，适于高温，抗冲击、耐金属间磨损场合，如热冲模、热挤压机模、热剪叶片、钳齿、高炉料钟密封面堆焊。Co、B 在核辐射中会成为带放射性的同位素，故在核工业中阀门、密封件堆焊材料采用无 Co、B 的 Ni 基合金。

Ni70Cu30 为 Monel 合金，硬度很低但耐蚀性很高，只适用于耐蚀堆焊。

Ni83Cr7Al7 冷作硬化性很强，可达 54HRC 以上，可用于耐磨料磨损、气蚀如水轮机叶片堆焊。

5. 铜基堆焊合金

包括纯铜、黄铜、青铜、白铜。铜基合金具有较好的耐蚀性，受核辐射不会变成放射性材料，耐气蚀及金属间磨损性较好，但易受硫化物及氨盐腐蚀，硬度低，不耐磨料磨损。铝青铜强度高，耐大气、海水腐蚀，耐金属间磨损性能优异，硬度较高，可以和较软铜合金作摩擦副，主要用于轴承、齿轮、蜗轮、船舶螺旋桨等耐磨、耐蚀、耐气蚀零件的堆焊。焊丝含 Al5%～15%，大多还含 Fe3%～5%。锡青铜强度高、塑性好、耐冲击、减摩性好，常用于堆焊轴承、蜗轮、耐蚀零件，焊丝 $w(Sn)=4\%\sim11\%$、$w(P)=0.05\%\sim0.35\%$，焊条 $w(Sn)=12\%$ 或 Sn6Ni3。铜磷青铜粉末 F422 为 Cu-Sn10-P0.3，用等离子弧堆焊轴、轴承。纯铜焊条 T107 主要用于堆焊耐海水腐蚀零件，也可采用纯铜焊丝 MIG 焊或 TIG 焊。黄铜堆焊轴承、耐蚀表面，氧乙炔焰可减少 Zn 蒸发烧损。白铜耐蚀耐热，在海水、苛性碱、有机酸中很稳定，适于堆焊海水管道、冷凝器等。

34.2.3 堆焊合金的选择

根据各种堆焊合金的性能特点选出最适合具体服役环境、最经济有效的堆焊合金，以达到设计要求、获得满意的使用效果，就达到了正确选择堆焊合金的目的。全面而详尽地了解堆焊合金性能是十分关键的。

摩擦磨损学已形成较系统的理论，对指导实践有重要意义，但实践经验及数据积累对正确选择堆焊合金更方便而准确，本文作者力求提供可靠的数据及性能比较。

重要装备主体部分或核心部件的服役寿命应足够长，可通过选择性能适合的堆焊合金及正确的堆焊工艺来达到。锤式破碎机转子是核心部件，采用堆焊提高耐磨寿命是最好的方法，D212之类普通马氏体合金钢堆焊合金虽价格低廉且可承受冲击但耐磨性不足，堆焊的转子寿命太短（仅1个月）、用户反映强烈。采用高铬铁堆焊合金易碎裂，W9Cr4V硬度虽达60HRC，但实践证明，耐磨寿命不足。而采用抗冲击高耐磨堆焊合金（见表34—1JHY—1C）制造，维修周期可达3年以上，对提高我国大型装备制造水平起到了重要作用。

在堆焊合金性能满足服役环境、工况的前提下选用价廉的堆焊材料。钴基合金性能优良、全面，使用温度之高超过所有合金，可持续在650℃以上工作，最高可达800℃甚至1000℃，高温环境耐氧化、耐磨蚀、抗热疲劳、耐金属间磨损工况，如热剪切刀刃、热锻模、热轧孔型、内燃机阀可选用碳较低的钴基合金，而磨料磨损工况如高温热轧辊、锅炉旋转叶片之类可采用含碳高的钴基合金堆焊，如表34-1所示。并非钴基合金所有的性能都优于其他堆焊合金。在650～500℃之间根据服役工况可分别选用镍基合金、高铬铸铁、高速钢、高Cr（13）马氏体钢、回火弥散析出硬化型低碳贝氏体-马氏体钢（如25Cr3Mo2MnV）等类堆焊合金。磨损中磨料磨损所占比例很大，而高铬合金铸铁有很好的磨料磨损耐磨性，远高于低碳、不亚于高碳钴基合金，价格低廉，应当首选；也可根据工况及抗裂性要求选用普通合金马氏体钢、高速钢、Cr13马氏体钢；而磨损非常强烈时碳化钨等硬质合金有时会收到良好效果。

避免堆焊合金选择的误区：不正确的理论分析形成错误认识，导致错误的选择。只重宏观硬度，忽视微观硬度及成分对耐磨性的巨大影响（可数倍于前者）；未全面了解堆焊合金性能及服役工况的要求，如炼油厂规定用D667（C3Cr28Ni4Si）堆焊油浆泵及轴套多年，应用高温预热堆焊工艺仍不能避免裂纹，加工后废品率达90%，而且堆焊层的Cr_7C_3会划伤配合面。推荐改用耐金属间磨损性良好、又耐磨料磨损的2Cr13Ni马氏体钢堆焊，废品率为0且无须高温预热，使用寿命达1年以上；有一些分析认为锤头所受冲击载荷并不大，因而采用耐磨性很高但韧性不足的合金堆焊，使用中或一触即溃，或几天内碎裂、剥落，甚至断锤。

34.2.4 应用举例

1. 冲击磨料磨损

20世纪80年代中期我国引进德国现代大型单段锤式破碎机，120kg锤头40余个，进料≤1.6m矿石，出料≤25mm，冲击载荷很大。应用约1年，因复合锤头高铬铁被打脱引发数个锤头打断、整机损毁，说明并未掌握抗冲击高耐磨技术。在我国自行设计锤式破碎机需要重新研究作者。解决了关键技术：①核心转子锤盘。钢板的脆性转变温度必须低于使用的最低温度；②其外缘堆焊我国发明抗冲击高耐磨堆焊合金；③锤轴钢材韧性应足够。锤头暂时使用高锰钢。试制顺利，即转入批量制造。之后研制堆焊锤头，在Mn13Cr2锤体前端打击部分块，连续2～6层堆焊抗冲击高耐磨合金，厚6～10mm无裂纹，适应不同磨蚀性矿石，寿命提高1～3倍。全国已普遍采用，存量数千台并出口，大多采用上述技术，应用情况很好，核心转子寿命3～5年以上，包括数万个堆焊锤头多年未发生安全事故。

未采用上述技术发生的损坏主要有：①冬天锤盘破裂；②锤盘外缘迅速磨损；③锤轴断轴；④复合高铬铁锤头、镶铸合金锤头都有碎裂断锤。外国进口锤头罕见堆焊，偶见欧洲锤头端部稀疏堆焊。日本为宝钢制造的锤式破碎机锤头前端也堆焊，但有大量裂纹，仅为高锰钢提前硬化，与我们堆焊目的不同，耐磨效果很小，还称不上堆焊起主要作用的堆焊锤头。

2. 高应力挤压磨损

辊压机与锤式破碎机是同期出现的高效节能环保粉碎装备，辊径≥1m，液压驱动，转动的两辊将石子或熟料压碎成微粉饼。作者分析认为：如辊面硬度不够高，物料挤入较深；如硬度虽高但脆，可能被挤碎，都会加速磨损。据此研制耐磨合金。我国引进德国、美国辊压机各2台，在使用中，德国洪堡（KHD）辊压机2次混入铁块压坏局部辊面，用随机附带的维修焊条及其他焊条修复均告失败，后使用作者研制的焊条JHY-1W堆焊修复成功，经焊修原装辊面总计运行约6000h。之后用JHY-1W焊条全部重新堆焊辊面，寿命比德国原装提高10%；美国富勒（FULLER）辊压机辊面寿命为4678h，用JHY-1W重新堆焊后，寿命为6001h。德国现改用Fe-Cr-C-Nb7药芯焊丝仅堆焊辊表横纹，耐磨性提高，每年只需堆焊3～4次横纹，但密布裂纹；我国研发的药芯焊丝JHY-1BS保持高抗裂性的同时提高硬度到65HRC，每年仅需堆焊两次横纹。

3. 轧钢机冷硬球铁型辊始端白口掉块堆焊

打磨白口至球铁栽丝，用细铸408焊丝小电流间断点焊、充分锤击，堆焊至略高于型辊并与白口间留坡口；再与白口之间焊接，瞬间点焊即停弧，立即再点焊的方法，减少输入热及热应力，减少裂纹，但不可锤击。使用效果接近新辊。球墨铸铁高强度堆焊层能承担工作应力，详见参考文献［5］。

34.3 堆焊方法

34.3.1 堆焊的特点及堆焊方法的选择

1. 堆焊冶金特点

1）稀释率的影响：稀释率（即熔合比）对第一层堆焊金属成分、组织、性能影响很大，可以用减小稀释率的方法或采用合金补偿法使成分、组织、性能符合要求。各种堆焊方法稀释率相差很大，见表34-2。许多情况要求多层堆焊，甚至希望成分、组织、性能逐渐过渡，如高应力及冲击磨料磨损时，稀释率影响减小。

表34-2 常用堆焊方法特点比较（单层堆焊）

堆焊方法		稀释率(%)	熔敷速度/(kg/h)	最小堆焊层厚度/mm	熔敷效率(%)
氧乙炔堆焊	手工送丝	1～10	0.5～1.8	0.8	100
	自动送丝	1～10	0.5～6.8	0.8	100
	粉末堆焊	1～10	0.5～1.8	0.8	85～95
焊条电弧堆焊		10～20	0.5～5.4	2.5	55～70
钨极氩弧堆焊		10～20	0.5～4.5	2.4	98～100
熔化极气体保护电弧堆焊		10～40	0.9～5.4	3.2	90～95
其中:自保护电弧堆焊		15～40	2.3～11.3	3.2	80～85
埋弧堆焊	单丝	30～60	4.5～11.3	3.2	95
	多丝	15～25	11.3～27.2	4.8	95
	串联电弧	10～25	11.3～15.9	4.8	95
	单带极	10～20	12～36	3.0	95
	多带极	8～15	22～68	4.0	95
等离子弧堆焊	自动送粉	5～15	0.5～6.8	0.8	85～95
	手工送粉	5～15	0.5～3.6	2.4	98～100
	自动送丝	5～15	0.5～3.6	2.4	98～100
	双热丝	5～15	13～27	2.4	98～100
电渣堆焊		10～14	15～75	15	95～100

2）熔合区不同特性及过渡层设置：各种堆焊合金与母材形成的熔合区有不同的成分、组织和特性。脆性熔合区将影响结合强度，堆焊金属容易剥离；熔合区的碳在活度梯度推动下会产生扩散迁移，使高温持久强度和耐蚀性下降；有些对含铁量有严格要求的有色金属堆焊在钢材上会受到铁的污染。上述情况可采用过渡层或障碍层解决堆焊旧锤头时，先用JMY-1A奥氏体高强韧钢作过渡层，再堆焊抗冲击、高耐磨合金，不仅提高结合强度，而且提高抗裂性。

3）焊接热循环的影响：各种堆焊合金多层堆焊时经受热循环发生的变化各不相同，有淬硬、软化、碳化物析出硬化或脆化、严重开裂等，应根据使用要求选择堆焊合金并制订相应的堆焊工艺。

4）焊接热源对堆焊金属的影响：焊接热源温度高低不同、保护方法性质不同，对不同堆焊合金有不同的影响，碳化钨堆焊硬质合金所受影响最大，热源温度低、熔滴过渡及熔池存在时间短的焊接热源、焊接方法较好，碳化钨溶解、熔化、烧损较少，堆焊合金质量较高。

2. 堆焊方法的选择

堆焊方法有焊条电弧堆焊、熔化极气保护及自保护电弧堆焊、钨极氩弧堆焊、埋弧堆焊、等离子弧堆焊、电渣堆焊、氧乙炔焰堆焊、激光堆焊、摩擦堆焊、包覆堆焊、碳弧堆焊、高频堆焊等，大致可依据下列因素进行选择：

1）堆焊件结构、形状特征。凡结构形状适于自动堆焊应尽量选用自动化堆焊方法，不仅堆焊效率高、周期短，而且堆焊层形状、尺寸规则。例如各种辊子采用熔化极气保护或自保护电弧堆焊、埋弧堆焊，成形美观、厚度均匀，对后续加工或直接应用带来方便。焊条电弧堆焊则周期过长、焊工疲劳，而且外形尺寸难以保证。堆焊件或堆焊层形状不规则，可优先选择熔化极气保护或自保护半自动电弧堆焊，也可采用焊条电弧堆焊，大型设备维修堆焊除辊子之外亦相同。小型精密零件采用钨极氩弧焊、氧乙炔焰堆焊甚至激光堆焊都是适宜的。堆焊材料的形状及适用的堆焊方法见表34-3。

表34-3　堆焊材料的形状及适用的堆焊方法

堆焊材料形状	适用的堆焊方法
丝（d_w＝0.5～5.8mm）	氧乙炔堆焊，熔化极气体保护电弧堆焊、振动堆焊、等离子弧堆焊、埋弧堆焊
带（t＝0.4～0.8mm，B＝30～300mm）	埋弧堆焊、电渣堆焊
铸棒（d_w＝2.2～8.0mm）①	氧乙炔堆焊、等离子弧堆焊、钨极氩弧堆焊
粉（粒）	等离子弧堆焊、氧乙炔堆焊
管状焊丝（药芯焊丝）	气保护及自保护电弧堆焊、氧乙炔堆焊、埋弧堆焊、钨极氩弧堆焊
堆焊焊条（钢芯、铸芯、药芯）	焊条电弧堆焊

① 除常规棒料外，我国已能用水平连续法生产优质的高合金铸棒。

2）堆焊层尺寸特征。堆焊层厚度及面积大，宜选用电渣堆焊、多丝或带极埋弧堆焊，堆焊层薄宜选用氧乙炔焰喷熔。

3）堆焊合金冶金性质特征。碳化钨堆焊硬质合金宜选用氧乙炔焰堆焊、钨极氩弧焊、药芯焊丝MIG焊，质量较好，尤其是氧乙炔焰喷熔层具有优异的磨料磨损耐磨性。

4）经济性。在保证质量符合使用要求的前提下尽量降低成本。堆焊成本包括材料成本及能源消耗、设备费用、人工工资等。钴基合金以及镍基合金、碳化钨等价格昂贵，堆焊成本很高，但必要时仍须采用。铁基堆焊合金价格主要取决于贵重材料含量及本身制造成本，熔敷速度高的堆焊方法生产效率高、堆焊工作周期短，可显著降低成本、满足生产需要。

34.3.2　氧乙炔堆焊

1. 特点及应用范围

使用普通气焊设备，仅焊炬的焊嘴孔径较大；几乎所有形状的堆焊材料都可使用；稀释率低，熔深可控制在0.1mm以内，可见度好，能在很小面积上堆焊，得到薄而光滑的堆焊层；火焰温度较低，碳化钨硬质合金烧损、分解、溶解较轻，加之碳化焰的渗碳作用，可保证堆焊质量和耐磨性能良好。主要缺点是手工操作，劳动强度大而生产率低，技术要求高。适用于质量要求高、堆焊层表面光洁的小批量中小工件小面积堆焊，在阀门、油井钻头、犁铧等零件上应用较多。

2. 堆焊工艺

乙炔过剩的碳化焰温度较低，加热缓和，烧损较少，且表面渗碳、降低表层熔点、减少熔深，故堆焊多采用碳化焰，内焰为焰心长度几倍就称为几倍乙炔过剩焰。不同堆焊合金要求采用不同倍数的乙炔过剩焰，倍数越高渗碳越多，过大则堆焊合金硬度不均匀、焊缝不平整，一般≤4。含碳量高的低熔点堆焊合金倍数较高，如高铬铸铁、钴基堆焊合金采用3倍乙炔过剩焰，Cr-Ni奥氏体钢采用2～2.5倍以防止渗碳降低耐蚀性，Ni基合金＜2倍乙炔过剩焰或中性焰。堆焊时只要将母材加热到“出汗”状态、熔化极薄一层就进行堆焊。钢制工件不需熔剂，铸铁件须采取减小应力的措施防止裂纹。

自熔合金粉末氧乙炔焰喷熔实质是钎堆焊，包括喷涂、重熔二过程：喷涂形成机械结合的松散涂层，重熔时B、Si与表面氧化物反应生成低熔点硼硅酸盐，形成致密的冶金结合涂层，典型自熔合金粉末见表34-11。分为一步法及二步法：一步法先局部喷涂，即加热至发汗、送粉，然后加热重熔至镜面反光，重复上述过程至喷熔到一定厚度，再移位重复进行；二步法先距工件150～200mm，一次喷涂≤0.2mm，多次喷涂到所需厚度，然后均匀预热到400～500℃，大件600～700℃，再重熔至镜面反光，逐渐完成，喷熔厚度≤1.6mm。预热、缓冷能有效地防止裂纹，大工件须炉中预热。最多可堆焊3层。

氧乙炔焰熔结堆焊：将自熔合金粉末用有机粘结剂调和、涂敷到零件待焊部位，烘干，用乙炔焰加热自熔合金粉末到出现镜面反光、再移动加热部位。先涂牙科焊剂，再涂含10%松香的松节油调和的合金粉，火焰用略带碳化焰的中性焰、距离20～30mm、带一定倾角且避免直吹涂层。堆焊层与母材形成完全的冶金结合，结合强度很高，Ni45粉末焊层可达580MPa，且节约粉末，与真空熔结有异曲同工之效，但更简便易行。汽车发动机排气门顶杆堆焊效果很好。审者研制。

34.3.3　焊条电弧堆焊

1. 特点及应用范围

1）设备便宜、通用性强、移动方便、适合现场堆焊，各种焊条电弧焊设备都可用于堆焊。

2）机动灵活、可达性好、大部分焊条可全位置施焊，特别适合形状不规则零件的堆焊及难以自动化堆焊的场合，如大型设备维修堆焊。

3）生产率较高，采用大直径及药皮合金含量高的焊条效率进一步提高，可以用于大批量堆焊生产。但堆焊电流密度较小限制了熔敷速度的提高；且难以自动化堆焊，堆焊层外形尺寸难以保证，劳动条件较差；对堆焊工作量很大且要求完成周期短的堆焊难以适应，如辊子堆焊。

2. 堆焊焊条

焊芯为冷拔焊芯，也采用铸芯、管状粉芯，外涂药皮，种类繁多、合金系统及性能各异。1968 年我国制订了统一的焊接材料牌号，部分堆焊焊条与现行国标型号有对应关系并符合国标规定。有些新研制的堆焊焊条因其创新性而未在上述之列，但可能有其独特的优良性能，不应予以限制。

3. 堆焊工艺

焊接电源按药皮类型选择，低氢钠型即堆××7须采用直流焊机、工件接负，其余焊条交流、直流均可，交流焊机性能亦应良好。大电流连续焊时焊机负载持续率应足够，且焊把易发热烫手，可用竹、木加长 20cm。焊工应带护目镜防止崩渣。焊条放置时间过长或雨季会吸潮、焊缝易生气孔，应按要求重新烘干，碱性及石墨型焊条 300～350℃烘干 1h。堆焊电流应根据工件制订合理的堆焊工艺来决定，多层焊时过渡层或底层用中等或偏小的电流，单层焊时尤其堆焊薄板时必须严格控制电流，防止追求效率加大电流，会降低堆焊层硬度、耐磨寿命，如风机叶片之类。

预热、层间温度、缓冷或后热处理：不仅要根据被焊钢材的淬硬性、碳当量来确定，以防止热影响区裂纹，还必须考虑堆焊金属的裂纹倾向、使用要求对裂纹允许的程度。有些堆焊金属经过上述工艺措施可以防止裂纹，有的难以完全避免，须采用其他堆焊工艺措施。减小及分散焊接应力，加大焊接电流、提高堆焊连续性及堆焊层间温度对防止产生裂纹有显著效果；堆焊金属的物理性质、被焊母材的焊接性对裂纹有重要影响，采用恰当的过渡层不仅能有效地防止裂纹、剥离以及裂纹延伸至母材，还能提高结合强度，铁基合金堆焊时常用低碳钢、Cr-Ni 奥氏体钢焊条焊过渡层。堆焊时切忌用风机直吹焊接区排烟，应采用自净式或吸入式排风机将烟尘引入沉淀室防止污染环境，对工件直吹会促进裂纹。

对抗裂性影响最大的还是堆焊合金系统、碳含量、组织结构及渣系、扩散氢含量，虽然难度很大，高硬度、高耐磨性而抗裂性及韧性又好的高合金堆焊焊条还是逐步研制出来并投入使用。母材焊接性也很重要，如高锰钢因成分、铸造及热处理工艺不当，会晶粒粗大、晶间产生连续的锰碳化合物厚膜，塑性大幅度降低，在焊接热应力作用下母材会产生裂纹，采用 Cr-Ni 或 Cr-Ni-Mn 奥氏体钢焊条、异质焊缝电弧冷焊工艺可以完全防止，且不须像铸铁电弧冷焊那样严格。

34.3.4　埋弧堆焊

1. 特点及应用范围

1）是机械化、自动化的堆焊方法，电流密度大、熔敷速度快、生产效率高、成形美观、尺寸稳定；无弧光辐射、飞溅，烟尘小、劳动条件好。

2）堆焊层成分、组织、性能与合金过渡方式有关：采用与堆焊合金成分比较接近的实心焊丝、金属粉芯（药芯）焊丝时成分过渡稳定，通过焊剂过渡合金较难获得稳定的高合金成分且过渡系数不高、合金浪费较多。有些实心合金焊丝会受供货来源及拔制困难的制约，金属粉芯焊丝容易获得要求的高合金成分，应用日趋广泛。

3）主要适用于水平位置堆焊，对大且不易变形的零件比较适合，而小零件上短或形状复杂的堆焊层堆焊比较麻烦，机动性较差。

4）稀释率高，一般需堆焊 2～3 层以上。大直径圆筒形容器内壁及辊子外壁采用埋弧堆焊都是很适合的。

2. 堆焊材料

为焊丝、焊剂，焊丝有实心及药芯焊丝、焊带。易拔制的材料如铬镍奥氏体钢、某些低合金钢、镍基合金、纯铜等可制成实心；药芯焊丝可制成圆形或矩形截面，容易调整成分及获得高合金成分，适于高合金钢、高铬铸铁等堆焊合金。

焊剂有熔炼焊剂、粘结焊剂、烧结焊剂。熔炼焊剂经 1500℃以上温度熔炼而成，故难以加入脱氧剂、合金剂，堆焊时主要起保护作用；粘结焊剂用水玻璃粘结、制粒，低温烘干制成，可含大量合金，适于埋弧自动堆焊时过渡合金，缺点为难以获得高而稳定的合金成分，且吸湿性大、易碎。烧结焊剂是经高温（700～1000℃）烧结、然后粉碎，强度较高，不易吸水。

3. 堆焊工艺及设备

焊接电源有交流、直流二种，直流电源堆焊质量好，但交流电源可减小磁偏吹。电弧电压反馈控制送丝加陡降特性电源较等速送丝电源堆焊质量好。双丝、三丝埋弧堆焊不仅可获得更高的生产率，同时还减小稀释率。

堆焊焊接参数对稀释率、焊道形状的影响见图 34-1、图 34-2：堆焊电流增大，稀释率、熔深、堆焊层厚度都增大；堆焊速度增大，稀释率增大而焊道厚度及宽度减小。堆焊时为保持电弧稳定必须保持一定的弧长，所以电弧电压一般在30～35V。降低稀释率的工艺措施还有：下坡焊、增大焊丝伸出长度、焊丝前倾、加大焊丝直径而不相应加大电流、加高焊剂堆高、摆动焊丝、密排焊道等。粘结、烧结焊剂堆高加高可增加合金元素的过渡。

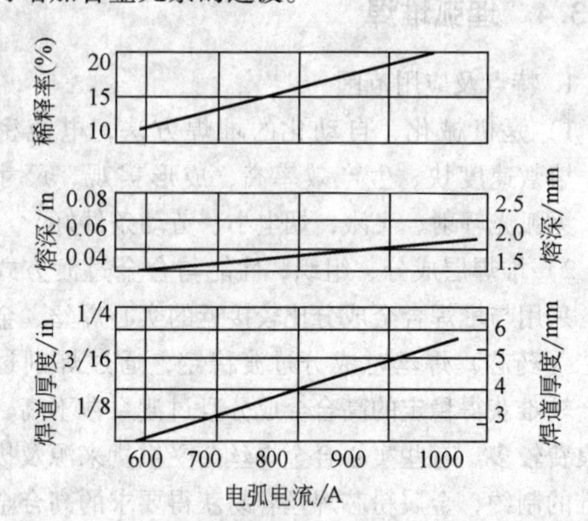

图34-1　稀释率、熔深、焊道厚度与电流的关系

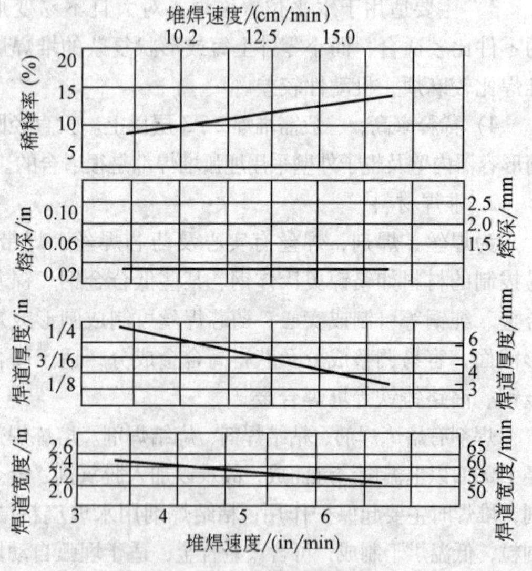

图34-2　稀释率、焊道断面形状与堆焊速度的关系

多丝埋弧堆焊：具有更高的熔敷速度、生产率和较低的稀释率。双丝双弧埋弧堆焊，前后焊丝分别为小电流、大电流，可减少淬硬、裂纹，可由双电源供电；双丝串联单弧堆焊，二根焊丝串联在交流电源二端、之间形成一个稳定电弧使二焊丝均匀熔化、母材间接加热，故稀释率低，二丝约呈45°，空载电压100V；多丝并列堆焊，多焊丝接电源一极、母材接另一极，电弧在丝间转移。

带极埋弧堆焊：可进一步提高熔敷速度、降低稀释率，焊道宽而平整、熔深浅而均匀。带极尺寸(0.4～0.8)×60mm，如果再宽，因为电磁力的作用易在两侧咬边。用线圈在带极二侧加磁场力抵消焊接时向内的磁场力，可改变熔池受力及形状，堆焊层更加均匀、避免二侧咬边，焊带宽度可达180mm。见图34-3。这种方法在带极电渣堆焊也采用。带极埋弧堆焊时电弧是在带极端部宽度方向上移动，如果遇到前一层上的残渣就会形成夹渣，而带极电渣焊则不会。用二侧略折弯的成形带极可提高外伸部分的刚性、改善送进稳定性和成形。

高速埋弧堆焊：堆焊速度高达250～280cm/min，变为以电渣为主的电渣-电弧联合过程，但母材热输入少、热影响区晶粒小，工件变形小，这与电渣焊特性不同，可以用于较薄的工件，尤其是在氢介质中工作时可大大提高抗氢致裂纹的能力，为电渣堆焊所不及。

轧辊堆焊多采用丝极埋弧堆焊，工艺特点是小电流、低电压、多层焊，每层厚度较小，每道重叠较大(>50%)，堆焊焊接参数见表34-4。

在铬镍合金高强钢上用带极埋弧堆焊制造铬镍奥氏体耐蚀层，堆焊焊接参数见表34-5。

磨煤机磨辊用药芯焊丝埋弧堆焊修复，堆焊合金成分（质量分数）：C3%～6%、Cr20%～30%、Mn3%～6%、Si1%～2%，焊丝直径ϕ3.2mm，堆焊焊接参数见表34-6。

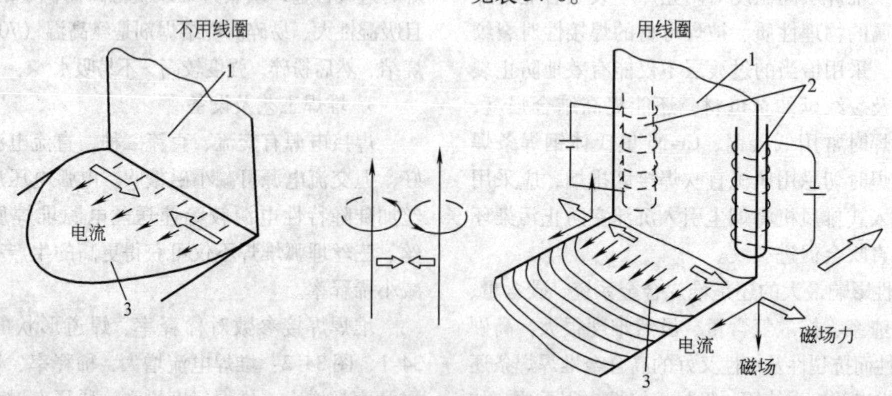

图34-3　用磁场力控制液态渣流动示意图
1—电极　2—线圈　3—熔池

表 34-4 轧辊单丝埋弧堆焊焊接参数

焊丝 $\phi3.0$mm	焊剂	预热 /℃	焊接电源	堆焊电流 /A	电弧电压 /V	送丝速度 /(m/min)	堆焊速度 /(cm/min)	每层厚度 /mm
2r13、3Cr13	HJ150	250~300	正接	280~300	28~30	1.5~1.8	60~65	4~6
30CrMnSiA	HJ430	250~300	正接	300~350	32~35	1.4~1.6	50~55	4~6
3Cr2W8V	HJ260	300~350	正接	280~320	30~32	1.5~1.8	60~65	4~6
25Cr3Mo2MnVA	HJ260	300+560 回火		500~550	30~35			

表 34-5 带极埋弧堆焊焊接参数

	焊剂	带极材料	带极尺寸 (厚/mm×宽/mm)	堆焊电流 /A	电弧电压 /V	堆焊速度 /(cm/min)	外伸长度 /mm	焊道重叠量 /mm
第一层	260	00Cr25Ni11	0.45×60	550~570	30~34	18~20	38~42	4~6
二层以上	260	00Cr20Ni10	0.60×60	640~660	30~34	14~16	38~42	5~10

表 34-6 药芯焊丝埋弧堆焊焊接参数

焊接电源	预热/℃	层间温度/℃	堆焊电流/A	电弧电压/V	堆焊速度/(cm/min)	外伸长度/mm
直流正接	室温	≤200 背面水冷	400	38~40	100	35~40

堆焊金属呈网状裂纹但不影响使用，寿命达7000h。

34.3.5 熔化极气体保护及自保护电弧堆焊

1. 特点及应用范围

采用 CO_2 或 Ar、混合气体保护，还可采用自保护药芯焊丝电弧堆焊。Ar 气保护焊合金元素氧化烧损少、飞溅小、质量高；以 Ar 为主的混合气基本保持了 Ar 弧焊的优点，又可改善熔滴过渡特性及焊缝成形，Ar + 15% ~ 20% He 为惰性气体保护焊（MIG），可改善湿润性；Ar + 1% O_2 可防止阴极飘移但不影响奥氏体不锈钢耐蚀性，Ar + 5% CO_2 有相似效果；Ar + 20% ~ 30% CO_2 虽也有良好的工艺性，但 CO_2 > 5%时焊缝增 C，不宜用于奥氏体不锈钢，但可用于其他钢材的堆焊。Ar + O_2 或者 CO_2 焊已属于活性气体保护焊（MAG）。CO_2 保护焊成本低、生产率高，但合金元素氧化烧损多、过渡系数降低，且稀释率较高。自保护电弧堆焊采用自保护药芯焊丝，堆焊时产生气体或者气渣联合保护，不需外加气体。

熔化极气体保护及自保护电弧堆焊可以自动，也可半自动堆焊，降低了劳动强度和对焊工的技术要求；由于电流密度大，如药芯焊丝堆焊电流密度达 40~70A/mm^2（焊条约 15A/mm^2），故熔敷速度较高，熔化极气体保护、自保护单丝堆焊、焊条电弧堆焊分别为 0.9 ~ 5.4kg/h、2.3 ~ 11.3kg/h、0.5 ~ 5.4kg/h。自动熔化极气体保护及自保护电弧堆焊可采用多丝堆焊、带极堆焊，熔敷速度又提高几倍，与埋弧多丝、带极堆焊相当，适于容器内壁、辊子表面大面积堆焊，其应用近几年迅速发展。半自动堆焊设备简单、便宜、易操作，具备焊条电弧焊的优点、适合现场堆焊而熔敷速度高 3~4 倍，特别适于形状复杂工件的堆焊。

2. 堆焊材料

堆焊材料为焊丝和保护气体，后者前已介绍；焊丝有实心焊丝、药芯焊丝、自保护药芯焊丝。实心焊丝仅有低碳合金钢、铬镍奥氏体钢、铝青铜、锡青铜等易于拔制的材料，直径一般≤1.6mm；药芯焊丝易于获得多种合金成分，且易调整达到理想的组织、性能，种类很多，直径有 ϕ1.6mm、ϕ2.0mm、ϕ2.4mm、ϕ2.8mm 及 ϕ3.2mm，自动焊常用到 ϕ3.2mm，也可制成矩形截面焊带。药芯焊丝中加入的物质改变了电弧特性，CO_2 气体保护焊时飞溅率仅为实心焊丝的 1/3 左右。药芯焊丝几乎可以取代绝大部分焊条。但是药芯焊丝易被压扁，挺度较小，对制造质量及送丝机要求较高；药芯焊丝外表易锈、药芯易吸潮，包装、保存要求更高，焊前往往需重新烘干。

自保护药芯焊丝是药芯焊丝的一种，靠药芯的气渣保护或主要靠金属高温气化保护，其药芯的作用和目的与焊条药皮相似，但加入物及表现与药皮不尽相同。需减少管内分解产生的 CO_2 气体，以减小飞溅，并加入强脱氧元素及强氮化物形成元素，以防止气孔及焊缝金属力学性能恶化。对堆焊金属韧性的要求往往较焊接为低，比较容易达到。

3. 设备及堆焊工艺

可以采用平特性电源等速送丝焊机，或下降外特性弧压反馈送丝焊机。实心焊丝 CO_2 保护焊对电源外特性及动特性要求较高，而药芯焊丝则因成分会改变电弧特性，对电源要求有所不同，可以放宽、并降低要求，所以有人认为交流或直流电源、平特性或下降外特性均可使用。实质上是与焊丝配方有关，如含Ba时电弧电压可低至13～14V，降低了电弧能量和熔敷速度，易于全位置焊接并减少了N的吸收，但必须采用该低电压下能维持电弧稳定的电源；自保护药芯焊丝还可采用焊条电弧焊机加弧压反馈送丝机，成本低、效果满意。但是平特性电源等速送丝焊机优点很多：短路电流大，易引弧并可防止短路时粘丝；电弧拉长时电流迅速减小可防止回烧；改变电源外特性调电压，改变送丝速度调电流，分别调节、互不影响、调节方便；焊接过程中电弧电压不受焊丝伸出长度的影响。

送丝机：实心焊丝外形尺寸精度好且刚度、挺度较高，一般送丝机都可；药芯焊丝越粗就越软、越易压扁，精度、挺度受制造设备及工艺影响大，送丝较实心焊丝困难，对送丝机要求较高。送丝机大致有两类：平面送丝机和线式送丝机。平面送丝机因送丝轮回转面与送丝方向在同一平面而命名，一般送丝机皆为平面送丝机，缺点是送丝轮与焊丝接触面小、药芯焊丝易压扁；线式送丝机有行星式及双曲面滚轮行星式，是用“轴向固定的旋转螺母轴向推动螺杆”的原理送进焊丝的，前者由3个互成120°的滚轮组成一驱动盘，后者由2个双曲面送丝轮送丝，都围绕焊丝公转又自转，由空心轴电动机带动。焊丝受力均匀、不易损伤变形、轴向送进力大、送丝距离长，很适合药芯焊丝送丝。

焊枪：实心焊丝MIG/MAG焊接用焊枪也适合于药芯焊丝，但药芯焊丝对导电嘴要求更高，孔径、长度应更加适合导电但又不增大阻力，孔径应较焊丝外径大0.2mm；保护气自喷嘴喷出应是分层的、防止紊流。自保护药芯焊丝需保持50mm左右伸出长度，为了保证焊丝导向性可在导电嘴末端接一段绝缘导管。送丝软管内径要根据焊丝选择，过紧过松都会增大送丝阻力。

堆焊焊接参数　实心CO_2气体保护堆焊时，ϕ0.6～ϕ1.4mm细焊丝采用短路过渡，堆焊工艺性好，飞溅、烟尘、光辐射较小，稀释率较低。电路中串接合适的电感可以减小飞溅，焊丝越细所需电感越小，甚至不加；伸出长度12～20mm，气体流量5～15L/min、中等规范20L/min。由于阴极发热量大，直流正接时熔敷速度是反接的1.6倍，故堆焊常采用直流正接。ϕ1.6mm、ϕ2.0mm粗丝短路过渡飞溅过大，采用细粒过渡较好。为避免对熔池的冲刷，将电弧电压提高到34～45V，ϕ1.6mm焊丝堆焊电流≥400A，ϕ2.0mm时≥500A，ϕ3.0mm时≥650A。ϕ3mm以上粗丝堆焊熔敷速度较埋弧堆焊还高0.5～1倍。CO_2细粒过渡与Ar弧喷射过渡不同，它并非完全轴向过渡，仍有一些飞溅，且需更大电流才能成为细粒过渡：ϕ2.0mm钢焊丝Ar弧焊320A即成为喷射过渡，而CO_2保护焊却需≥500A才能成为细粒过渡。采用小电流短路过渡和大电流细粒过渡飞溅都较小，二者之间的电流飞溅很大，故应避开。CO_2强烈吸热和导热导致弧柱和斑点收缩是飞溅大的原因，加入Ar气可改变弧柱气体物理、化学性质，随Ar气比例增大飞溅减小，尤以大颗粒（>0.8mm）飞溅减少显著。细粒过渡采用CO_2+Ar混合气较好。

药芯焊丝MAG焊时，电流和电弧电压对电弧稳定性及熔滴过渡形式起重要作用，见图34-4，阴影区为稳定的喷射过渡参数范围，电弧电压范围仅5V，低于此范围为短路过渡，高于此范围为滴状过渡，而适用的电流范围很大。

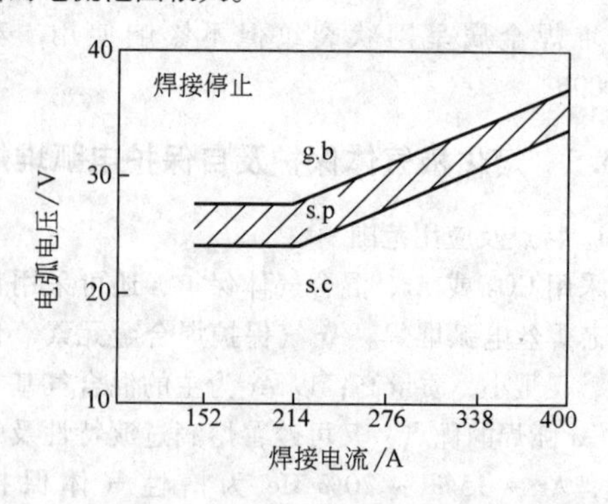

图34-4　焊接电流、电压对熔滴过渡形式的影响趋势

s. p—喷射过渡　g. b—滴状过渡　s. c—短路过渡

焊丝伸出长度是从导电嘴到电弧发生点的长度，过长电弧不稳、飞溅多、保护差、易生气孔；过短扰乱气流、影响观察、喷嘴黏附飞溅物多。电流<250A时伸出长度约15mm，≥250A时伸出长度为20～25mm。

自保护药芯焊丝电弧堆焊无须外加气体保护，是简便易行又优质高效的堆焊方法，适应面广，可以堆焊各种铁基合金、镍基合金、钴基合金以及碳化钨硬质合金，综合了气体保护药芯焊丝堆焊和焊条电弧堆焊的优点。高铬铸铁类自保护药芯焊丝堆焊焊接参数见表34-7，堆焊4层硬度57HRC，耐磨性不亚于焊条堆焊C4.1Cr28、硬度59HRC的合金，可用于磨煤辊的堆焊。不锈钢类自保护药芯焊丝堆焊焊接参数见表34-8。

4. 振动电弧堆焊

实心焊丝按一定频率和振幅振动，与工件周期性短路、放电，在较低电压下熔化并均匀稳定堆焊到轴类工件表面，同时用冷却水保护及冷却。振动堆焊通常在空气中进行，也可在 CO_2 等气体或焊剂保护下进行。这种方法生产率较低、适用范围窄，只适合轴类零件小批量生产及堆焊修复，是一种较老的工艺方法，主要用于汽车、拖拉机修理。堆焊应用实例及焊接参数见表34-9。

表34-7　自保护药芯焊丝耐磨堆焊焊接参数

堆焊合金类型	焊丝直径/mm	电源	堆焊电流/A	电弧电压/V	伸出长度/mm	层间温度/℃
C3.8Cr20	2.4	直流	280	27	25～30	250

表34-8　自保护药芯焊丝堆焊不锈钢焊接参数

焊丝数 直径2.4mm	平特性电源 额定电流/A	电流 /A	电压 /V	堆焊速度 /(cm/min)	熔敷速度 /(kg/h)	稀释率 (%)	摆动频率 /(次/min)
1	400	300	27	51	5.4	20	0
2	800	600	27	11	13.6	12	20
3	1200	900	27	10	20.4	12	20
6	二个1200并列	1800	27	9	38.6	12	20

表34-9　振动电弧堆焊应用实例

零件名称	焊丝种类	焊丝直径 /mm	预热温度 /℃	送丝速度 /(cm/min)	电弧电压 /V	冷却液及保护 介质(%)	堆焊层硬度 HRC
汽车发动机曲轴	70钢	1.6	150～200	140～160 (140～160A)	14～16	3%～5% Na_2CO_3 水溶液、水蒸气	35
拖拉机花键轴	中、高碳钢	1.5～1.6 1.8～2.0				5% Na_2CO_3 水溶液	

34.3.6　钨极氩弧堆焊

1. 特点及应用范围

钨极氩弧堆焊电弧稳定、飞溅少、可见度好、堆焊层形状容易控制、质量好，适合堆焊形状复杂的小工件，如汽轮机叶片堆焊很薄的钴基合金；熔敷速度不高，但比氧乙炔焰堆焊稍快、变形小，稀释率稍大，可以代替氧乙炔焰堆焊较大型的零件、焊接性差的零件，如钛稳定不锈钢、含铝镍基合金、不允许有碳吸附的材料等。

2. 堆焊工艺

为了减少堆焊层夹钨，采用直流正接较好。堆焊材料有实心焊丝、药芯或管状焊丝、铸条、粉末。采用焊丝、铸条堆焊时，通过控制电流、堆焊速度、送丝速度、焊枪摆动等焊接参数，可以获得重现性好、质量很高的堆焊层；用衰减电流的方法控制收弧处凝固速度可减少缩孔和弧坑裂纹；采用摆动焊枪、增加脉冲电流、减小堆焊电流、电弧主要指向熔敷层等方法可以减小稀释率。采用粉末堆焊时如碳化钨堆焊，将其输送到熔池表面，尽量减少碳化钨熔化、溶解、烧损，随着熔化金属的凝固，得到质量良好、均匀分布的碳化钨堆焊层。钻管接头堆焊就采用这种方法。

34.3.7　等离子弧堆焊

1. 特点及应用范围

等离子弧堆焊是利用联合型等离子弧或转移型等离子弧为热源，以焊丝或合金粉末作填充金属的一种堆焊工艺。与其他常规堆焊热源相比，等离子弧温度高、能量集中、燃烧稳定，能迅速而顺利地堆焊难熔材料。由于堆焊材料的送进和等离子弧参数的调节是独立进行的，所以稀释率和表面形状较容易控制，稀释率最低可达5%左右，堆焊层厚度为0.5～8mm，焊道宽度为3～40mm。等离子弧堆焊的缺点是设备复杂，堆焊成本高，操作时会产生对人体有害的噪声、紫外线辐射、臭氧污染等。这种堆焊方法主要适用于质量要求高、批量大的场合。

2. 各种类型的等离子弧堆焊

1）冷丝等离子弧堆焊是把焊丝直接送入等离子弧区进行堆焊。凡能拔制成丝的材料，如合金钢、不锈钢、铜合金等实心焊丝及药芯焊丝，一般通过自动送丝方式单根或数根并排送入。铸造成棒材的合金，如钴基合金、高铬铸铁棒材，通常采用手工送进。此外带状材料也可作为填充材料使用。冷丝堆焊在工艺和堆焊层质量上都较稳定，应用于各种阀门等耐磨、耐腐蚀零件的堆焊。

2）热丝等离子弧堆焊时，采用单独预热电源，利用电流通过焊丝所产生的电阻热预热焊丝，再将其送入等离子弧区进行堆焊，可用单丝或双丝自动送进。由于焊丝预热，使熔敷率的提高和稀释率的降低都非常明显，并且可去除焊丝表面的水分，减少堆焊层的气孔。双热丝等离子弧堆焊适用于大面积自动堆焊，如压力容器内壁的堆焊，常堆焊不锈钢、镍基合金、铜基合金等材料。用等离子弧双热丝堆焊不锈钢的典型焊接参数见表 34-10。

3）预制型等离子弧堆焊是将预制成环状或其他所需要形状的堆焊合金放置在零件的堆焊部位，然后再用等离子弧加热熔化而形成堆焊层。这种堆焊工艺适用于形状简单、批量大的零件堆焊，如发动机排气阀密封面。

4）粉末等离子弧堆焊是将合金粉末自动送入电弧区实现堆焊的。其特点是粉末来源广、种类多，铁基、镍基、钴基以及碳化钨等各种成分的合金粉末都能堆焊，典型自熔合金粉末见表 34-11；熔敷率高，稀释率低，堆焊层质量好；工艺过程稳定，易于实现机械化、自动化。目前粉末等离子弧堆焊广泛地应用于各种阀门密封面、石油钻杆接头、模具刃口、犁铧刃口等的强化与修复。

表 34-10　等离子弧堆焊不锈钢焊接参数

等离子弧堆焊枪参数			焊丝参数			焊接速度 /(cm/min)	熔敷速度 /(kg/h)	稀释率 (%)
电流/A	电压/V	气体流量 /(L/min)	焊丝数	直径/mm	电流/A			
400	38	23.4	2	1.6	160	20	18～23	8～12
480	38	23.4	2	1.6	180	23	23～27	8～12
500	39	23.4	2	1.6	200	23	27～32	8～15
500	39	23.6	2	2.4	240	25	27～32	8～15

表 34-11　典型自熔合金粉末牌号、成分、硬度、用途举例

	牌号	化学成分(质量分数,%)									硬度 HRC	用　途
		C	Cr	Si	B	W	Fe	Ni	Co	Mo		
镍基	F101 F121	0.3～0.7	8～12	2.5～4.5	1.8～2.6		≤4	余			40～50	高温耐蚀阀门、柱塞、玻璃模具、内燃机排气阀、凸轮
镍基	F102 F122	0.6～1.0	14～18	3.5～5.5	3.0～4.5		≤5	余			≥55	同上,搅拌机零件
钴基	F202 F222	0.5～1.0	19～23	1.0～3.0	1.5～2.0	7.0～9.0	≤5	—	余		48～54	耐磨、耐蚀、耐热(＜700℃)零件,热剪刀、内燃机阀门
钴基	F203 F223	0.7～1.3	18～20	1.0～3.0	1.2～1.7	7.0～9.5	≤4	11～15	余		35～45	高温高压阀门
钴基	F204	1.3～1.8	19～23	1.0～3.0	2.5～3.5	13～17	≤5	—	余		≥55	强烈磨损高温高压阀门
铁基	F301	0.4～0.8	4.0～6.0	3.0～5.0	3.5～4.5		余	28～32			40～50	农机、建筑机械、矿山机械零件、犁铧、齿轮、车轴等
铁基	F302	1.0～1.5	8.0～12.0	3.0～5.0	3.5～4.5		余	28～32		4.0～6.0	≥50	同 F301
铁基	F303	0.4～0.8	4.0～6.0	2.5～3.5	1.0～1.6		余	28～32			26～30	铸铁补焊、金属间磨损及受冲击零件
铁基	F306	0.4～0.6	5.0～7.0	3.0～4.0	1.5～2.0		余	28～32		2.0～4.0	30～40	小能量多冲零件,如枪械、齿轮
铁基	F307	0.4～0.8	4.0～6.0	2.5～5.5	1.1～1.6		余	28～32			26～30	铁路钢轨擦伤
含碳化钨	F105	F102＋50% WC									≥55	强烈磨料磨损
含碳化钨	F108	F102＋80% WC									≥55	同 F105,耐磨性更优
含碳化钨	F205	F204＋35% WC									≥55	高温 700℃以下强烈磨损
含碳化钨	F305	F302＋25% WC									≥50	同 F301,但耐磨性更好

34.3.8　电渣堆焊

1. 特点及应用范围

电渣堆焊是利用电流通过液体熔渣所产生的电阻热进行堆焊的方法。这种堆焊的熔敷率很高，如板极电渣堆焊的熔敷率可达150kg/h，一次可堆焊很大的厚度，稀释率低，堆焊的工件熔深均匀，焊剂的消耗比埋弧堆焊少得多。除通过电极外，还可通过将合金粉末加到熔渣池中或者作为电极的涂料进行掺合金，因而堆焊层的成分较易调整。由于电渣堆焊的热输入大，加热和冷却速度低，高温停留时间长，接头严重过热，堆焊后要进行热处理。另外，堆焊层不能太薄，一般应大于15mm，否则不能建立稳定的电渣过程。因此，电渣堆焊主要用于形状简单、堆焊层较厚的大中型零件上。

2. 堆焊工艺

电渣堆焊可以采用丝极、板极、管状电极等。由于堆焊用渣池比电渣焊渣池薄得多，为了得到必要的电阻、黏性等性能，焊剂中氟化物的含量比电渣焊的高得多。典型的熔炼焊剂的成分（质量分数）约为$CaF_2$49%、CaO21%、$SiO_2$21%和$Al_2O_3$9%。电渣堆焊一般用平特性的交流电源，最合适的堆焊位置是与垂线成45°~60°角，利用成形模具可进行水平位置的堆焊，采用固定式结晶器或水冷滑块可进行垂直位置的堆焊。对于在含氢环境中工作的压力容器内壁进行堆焊时，为防止剥离，第一层用埋弧堆焊，第二层用电渣堆焊，这样既提高生产率，又能得到光滑的表面。要使堆焊层表面更均匀，可通过线圈在电极边缘加磁场力的方法，还有采用调整焊剂成分和堆焊参数使带极的两边缘产生电弧，带极的大部分仍是电渣堆焊的模式，这样堆焊层表面较均匀，焊道之间接合较好。电渣堆焊一般用来堆焊不锈钢，如用4mm厚、150mm宽的板极对不锈钢大型压力容器进行电渣堆焊。镍铬合金也可采用这种方法进行堆焊。

34.3.9　激光堆焊

激光堆焊是用能量密度极高的激光束作为能源，当其轰击堆焊材料及母材表面并转换成热能后使之熔化、熔合，从而达到堆焊的目的。激光堆焊具有独特的优点：和焊接区不直接接触，可通过玻璃窗进行堆焊；利用反射镜反射，可对一般方法不能达到的部位进行堆焊；加工速度快，效率高，热影响区小；能堆焊所有金属，特别是在低熔点母材上堆焊高熔点合金；不受磁场的影响等。

激光堆焊可分为激光合金化及激光熔敷。

激光合金化是用激光束有控制地熔化母材到所要求的深度，使新添合金元素与母材表层熔合而形成和母材及新添材料性质都不相同的新的合金表层，达到表面改性的目的。合金元素的加入可采用预置涂层的方法，如将合金粉末用异丙醇调和，然后涂到处理表面，成为松散堆积的粉末涂层，其厚度可达0.25mm。也可以将粉末用有机化合物粘结剂调成浆状使用，堆积厚度可达2mm。如果化合物粘结剂中所含的碳对合金的性能有影响，可采用100mL丙酮与4g纤维素的混合剂来粘结粉末。通过适当的改进，预置材料也可采用焊条、焊丝、薄带和薄板。近年来较多地采用热喷涂方法来预置涂层，所获得的涂层均匀、结合良好，而且容易实施，但喷涂过程使某些合金元素烧损，而影响原成分配比。另一种加入合金元素的方法是采用气流直接送粉，在激光对母材表面预熔化的同时，用气流（Ar、He、N_2）把预先配合好的合金粉末喷注在激光熔池内，经熔化、均匀混合，凝固后形成新的合金表层。这种方法对合金的粉末量容易控制，实施方便，但对送粉装置的可靠性及稳定性要求很高。

激光熔敷时，仅使预置在母材表面上或同时注入的合金全部熔化，而母材表面微熔，以保证熔敷层很好地与母材冶金结合，因此稀释率低，这是与激光合金化的主要区别。从原理上看，激光熔敷和传统的堆焊方法相似，但当希望得到薄的熔敷层或者在采用激光束要比用焊条或焊炬更容易接近母材熔敷表面时，激光熔敷会有明显的优点。

激光熔敷的主要目的是提高零件表面的耐磨、耐热及耐蚀性能。熔敷的材料通常是钴基、镍基、铁基合金及陶瓷材料，如在石油钻头上熔敷WC，提高耐磨性；在水轮机叶片上熔敷Co-Cr-Mo合金，提高耐磨和耐蚀性。

目前，我国使用的激光器功率大都在2~10kW范围内。在激光合金化操作时，为使合金化表层的成分和显微组织均匀，最好采用摆动激光束。而在激光熔敷时，采用固定的或摆动的激光束均可。

34.3.10　摩擦堆焊

摩擦堆焊是利用金属与工件表面摩擦加热的一种热压堆焊方法。其热源是金属摩擦焊接表面形成高速摩擦塑性变形层，摩擦机械功转变为热能，摩擦堆焊热源最高温度不超过被焊金属的熔点。在异种金属堆焊时，摩擦堆焊热源的温度不超过低熔点金属的熔点。由于摩擦堆焊过程本身的特点，其热源能量集中，加热效率高，摩擦不仅产热，而且还能清除表面的氧化膜，所以这种堆焊方法具有显著的优点。普通的异种钢可以进行摩擦堆焊，常温和高温物理及力学性能差别很大的异种钢和异种合金也适合采用这种堆焊方法，例如碳素结构钢、低合金钢与不锈钢、高速工具钢、镍基合金之间的堆焊。

摩擦堆焊的原理示意图见图34-5。堆焊金属圆棒1以 n_1 高速旋转，并向母材2施加摩擦压力。由于母材体积大、导热好、冷却速度快，在摩擦加热过程中摩擦表面从堆焊金属和母材的交界面移向堆焊金属一边，同时堆焊金属凝结过渡到母材上。当母材相对于堆焊金属圆棒以 n_2 速度转动或移动时，在母材上就会形成堆焊层。

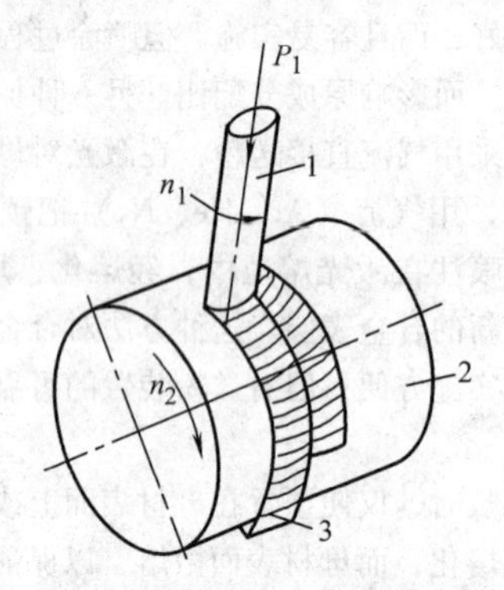

图34-5　摩擦堆焊原理示意图

1—堆焊金属圆棒　2—堆焊件（母材）　3—堆焊焊缝
n_1—堆焊金属圆棒转速　n_2—堆焊件（母材）转速　P_1—摩擦压力

34.3.11　包覆堆焊

包覆堆焊是为提高母材表面的耐腐蚀性或耐磨性而在其上堆敷具有优良性能的一层异种金属熔敷层的堆焊方法，例如在低合金钢化工容器内表面堆焊一层不锈钢，在钢板上堆焊耐磨合金预制成耐磨板。

通常采用焊条电弧焊或埋弧焊方法进行包覆堆焊，也可用熔化极气体保护电弧焊方法，但应用范围有限。填充材料可以是药皮焊条、焊丝以及焊带等形状的不锈钢或镍基合金材料。在很特殊的情况下，有用银作包覆层，采用钨极氩弧焊方法堆焊；用铅作包覆层采用氧乙炔焊方法堆焊。

除了用熔化焊接方法获得包覆堆焊层外，还可采用以下堆焊方法得到包覆层结构。

1）滚压包覆。将一张基板和一张薄包层材料沿其边缘焊接在一起，之后加热到高温并滚压，使包覆层板和基板连接在一起。沿着板边施焊的初始焊缝可阻止空气进入两层之间，并可防止两工件在滚压过程中的滑动。

2）爆炸包覆。将包覆板与基板相隔一定距离，包覆板用适量的炸药覆盖，炸药爆炸产生高压、高速冲击波作用于包覆板上，使其在几微秒内与基板发生撞击，破碎并去除表面膜，形成波状界面的连接。这种方法能连接铝、钛、不锈钢等各种不同金属，主要用于包覆平板，也可用来包覆筒体的内侧和外侧。

3）硬钎焊包覆。将硬钎料合金薄片放置于包覆金属和基材金属之间，通过压力机模板使其压紧。在适宜的气氛或真空条件下对该夹层进行钎焊加热，也可将夹层放进一个薄钢套内，该钢套可以抽真空并可在炉内或盐浴槽中加热到钎焊温度。采用硬钎焊包覆方法，基材板的两面可同时包覆，一次可包覆两块和两块以上的板。

34.3.12　高频堆焊

用高频电流的趋肤效应加热零件被堆焊部分的表面，使堆焊合金粉末熔化形成堆焊层，堆焊层厚度可控制在0.1～2mm，熔深浅、堆焊层薄。粉末熔化温度应较被焊零件低150～200℃。堆焊过程是：零件被感应部分表面迅速加热升温并向堆焊粉末传热，粉末由底层起向零件表面熔化。如粉末中有焊剂，焊剂熔化并覆盖在熔化的堆焊层合金上。

堆焊合金粉末如为自熔合金，可以喷涂到表面然后用高频加热重熔，轴类及小型辊子可用这种方法，喷涂层经过感应圈时被加热重熔。

非自熔合金须专门配粉，粉末由较易熔的金属组分、耐磨组分、焊剂（熔剂）组成，按设计的厚度置于堆焊部位上。焊剂熔点最低、首先熔化，具有良好的流动性、湿润性、脱氧、清除氧化物的能力；随后较易熔的金属组分熔化、耐磨组分熔化并与前者充分混合，形成耐磨堆焊层。耐磨组分中可考虑加入虽然难熔但非常耐磨的高硬度化合物微粒提高耐磨性，还可加入B、Mo等。堆焊层为高铬铸铁的配料举例见表34-12，焊剂配方见表34-13。

表34-12　农机具高频堆焊粉末配料示例

组成物	铸铁粉 C3.3Si～1Fe余	铬铁粉 C2～3.5 Cr50～60	焊剂
质量分数(%)	40～50	40～50	10

表34-13　焊剂配方（质量分数,%）

硼酐(B_2O_3)	$Na_2B_4O_7$(无水)	硅钙合金	萤石
50	31	14	5

堆焊金属化学成分（质量分数）：C2.8%、Cr23.3%、Si1.8%、Mn1.5%。堆焊件焊后正火或淬火+450℃回火。

高频堆焊焊接参数：阳极电压、阳极电流、加热时间、堆焊层厚度、金属粉末成分及粒度等。堆焊层主要缺陷是夹渣，提高阳极电压及加热时间可以解决。

犁铧、水田旋耕刀、草皮破碎刀、甘蔗刀用上述高频堆焊法堆焊高铬铸铁后，自磨刃效果好、耐磨寿命较65Mn标准刀提高1~2倍，并节约大量燃油。农机具易磨损件数量很大，效益可观。

参考文献

[1] 姜焕中．电弧焊及电渣焊［M］．2版．北京：机械工业出版社，1988.

[2] 田志凌，潘川，梁东图．药芯焊丝［M］．北京：冶金工业出版社，1999.

[3] 王娟，等．表面堆焊与热喷涂技术［M］．北京：化学工业出版社，2004.

[4] 赵成章，硬质耐磨堆焊材料及其硬质相［J］．焊接，1986（8）.

[5] 崔双德．铸铁电弧冷焊实践［M］．哈尔滨：黑龙江科学技术出版社，1986.

第35章　热　喷　涂

作者　徐滨士　许　一　魏世丞　　审者　刘世参

35.1　表面工程与热喷涂

表面工程是经表面预处理后，通过表面涂覆、表面改性或多种表面工程技术复合处理，改变固体金属表面或非金属表面的形态、化学成分、组织结构和应力状态，以获得所需要表面性能的系统工程。

工业现代化的发展，对各种设备零部件表面性能的要求越来越高，特别是在高速、高温、高压、重载、腐蚀介质等条件下工作的零件，其材料的破坏往往自表面开始，诸如磨损、腐蚀等，表面的局部损坏又往往造成整个零件失效，最终导致设备停产。因此，改善材料的表面性能，会有效地延长其使用寿命、节约资源、提高生产力、减少环境污染。表面工程的最大优势是能够以多种方法制备出优于本体材料性能的表面功能薄层，其厚度一般为几微米到几毫米，仅为结构尺寸的几百分之一到几十分之一，却使零件具有了比本体材料更好的耐磨性、耐蚀性和耐高温性，采用表面工程技术的平均效益高达5~20倍以上。表面工程能直接针对许多贵重零部件的失效原因，实行局部表面强化、修复、预保护，以达到延长使用寿命或重新恢复使用功能的目的。若再考虑在能源、原材料和停机等方面节约的费用，其经济效益和社会效益更是显而易见。常用的表面工程技术及其特点见表35-1。

热喷涂技术是近年来在机械制造、设备维修与再制造中广泛应用的一项表面工程技术，具有节能节材的特点，对建设节约型、环境友好型社会有着重要意义。表35-2为热喷涂技术与其他常用表面工程技术的比较。

各种表面技术有其优长，也有其局限性，在解决工程问题时，常需要多种表面技术的复合应用，如热喷涂与激光重熔、电子束重熔的复合；热喷涂与电刷镀的复合等。复合表面工程是第二代表面工程技术。将传统表面工程技术与纳米材料、纳米技术相结合从而产生的纳米表面工程技术，当前已进入实用阶段的纳米表面工程技术有：纳米电刷镀、纳米等离子弧喷涂、纳米自修复减摩技术、纳米固体润滑膜技术、微纳米粘涂技术等。纳米表面工程是表面工程发展的新阶段。

表35-1　表面工程技术的分类及特点

序号	表面工程技术	工艺方法	特点及应用
1	表面热处理	感应淬火、火焰淬火、脉冲表面淬火、接触电阻加热淬火	无膜，提高表面硬度和耐磨性，保持较高的疲劳强度和韧性
2	化学热处理(表面扩散渗入)	渗C、N、S、B、O等非金属及Al、Cr、Si、Ti、V、Zn、Nb等金属及多元或混合渗入	无膜，提高表面硬度、耐磨性、疲劳强度、抗高温氧化性、耐蚀性及减摩性等
3	堆焊	火焰堆焊、焊条电弧堆焊、钨极氩弧(TIG)堆焊、熔化极气体保护电弧(MIG)堆焊、埋弧堆焊、等离子弧堆焊、电渣堆焊、激光堆焊、电子束堆焊等	厚层，提高耐磨性、耐热性、耐蚀性、抗接触疲劳性能等，结合强度高
4	热喷涂	火焰喷涂、等离子弧喷涂、电弧喷涂、特种热源喷涂、纳米热喷涂、冷喷涂等	厚层，提高耐磨、耐热、耐蚀、绝热、减摩等性能
5	电镀	槽镀、电刷镀、流镀、摩擦电喷镀、复合镀、纳米复合镀等	薄层，提高耐磨性、耐蚀性、减摩、装饰及特殊功能涂层等性能
6	化学镀	化学镀镍、铜、钴、银、金、钯、铂等及其相应的合金	薄层，制备二元或多元合金，应用于电子工业、塑料电镀、金属基复合材料等
7	物理气相沉积(PVD)	真空蒸发镀膜、离子溅射镀膜、离子镀膜、离子束辅助沉积等	薄膜，提高耐磨性、耐蚀性、减摩、装饰等性能，获得磁性、光学膜、梯度膜等特殊功能涂层
8	化学气相沉积(CVD)	常压CVD、低压CVD、等离子体增强CVD、激光CVD、金属有机化合物CVD等	薄膜，制备复合材料及特殊功能涂层等
9	高能束表面改性	离子注入、等离子体注入	无膜，提高表面的硬度、耐磨、耐蚀、减摩等性能，获得特殊功能膜层

（续）

序号	表面工程技术	工艺方法	特点及应用
10	表面粘涂技术	有机胶粘涂、无机胶粘涂、纳米颗粒复合粘涂	厚涂层，提高零件表面的耐磨性、减摩性、耐蚀性，并可改善有机胶粘剂的化学稳定性，常用于修补各种缺陷
11	表面喷丸强化	铸铁丸、钢丸、玻璃丸等	无膜，提高疲劳极限、表面硬度等
12	离心自蔓延	自蔓延高温合成法、离心浇注	厚涂层，提高管路内壁防腐、耐磨、抗结垢等性能
13	化学转化膜	发蓝、磷化、氧化及摩擦化学转化膜等	薄膜，提高耐磨、减摩、表面防护、装饰等性能
14	表面纳米化	表面机械处理法、非平衡热力学法	无膜，获得一定厚度的纳米结构表层，从而改善表面性能，并为改善元素扩渗工艺创造条件

表 35-2　热喷涂技术与其他常用表面工程技术的比较

有关参数	热喷涂	堆焊	气相沉积	槽镀	电刷镀
零件尺寸	无限制	易变形件除外	受真空室限制	受电镀槽尺寸限制	无限制
零件几何形状	一般适用于简单形状	对小孔有困难	适于简单形状	范围宽	范围宽
零件的材料	几乎不受限制	金属	通常限制不大	导电材料或经过导电化处理的材料	导电材料或经过导电化处理的材料
表面材料	几乎不受限制	金属	金属及合金	金属、简单合金	金属、简单合金
涂层厚度/mm	1～25	达25	0.001～0.003	可达1，最优不大于0.2	可达3，最优不大于0.2
涂层孔隙率（%）	1～15	通常无	极小	通常无	通常无
涂层与基体结合强度	一般	高	高	较高	较高
热输入	低	通常很高	低	无	无
预处理	喷砂	机械清洁	要求高	化学清洁	化学清洁
后处理	常需要封孔处理	消除应力	通常不需要	通常不需要	通常不需要
表面质量	较细	较粗	很细	极细	极细
沉积量	0.5～60kg/h	1～70kg/h	1～2μm/min	2～4μm/min	10～20μm/min

35.2　热喷涂方法及设备

35.2.1　热喷涂的原理及分类

热喷涂是指利用一种热源将喷涂材料加热至熔融状态，通过气流使其雾化高速喷射在零件表面上，形成喷涂层的一种金属表面加工方法。其基本特征是喷涂材料需要热源加热，喷涂层与工件的结合主要是机械结合。热喷涂具有零件受热小，基体组织不改变，零件变形小，涂层性能优异等优点。

根据热源来分，热喷涂技术有4类基本方法：火焰喷涂、电弧喷涂、等离子弧喷涂和特种热源喷涂。表35-3是各种热喷涂方法及其技术特性的比较。

表 35-3　热喷涂方法及其技术特性的比较

热喷涂方法	火焰喷涂						电弧喷涂		等离子弧喷涂			特种热源喷涂	
	丝材火焰喷涂	陶瓷棒火焰喷涂	粉末火焰喷涂	粉末塑料火焰喷涂	气体爆燃式喷涂	超声速火焰喷涂	电弧喷涂	高速射流电弧喷涂	等离子弧喷涂	低压等离子弧喷涂	超声速等离子弧喷涂	激光喷涂	电热爆炸喷涂
热源	燃烧火焰	燃烧火焰	燃烧火焰	燃烧火焰	爆燃烧焰	燃烧火焰	电弧	电弧	等离子弧	等离子弧	等离子弧	激光	爆炸冲击波

（续）

	火焰喷涂						电弧喷涂		等离子弧喷涂			特种热源喷涂	
焰温度/℃	3000	2800	3000	2000	3000	略低于等离子弧	4000	4000	6000~12000	—	18000	—	>10000
喷涂粒子飞行速度/(m/s)	50~100	150~240	30~90	50~150	700~800	1000~1400	50~150	200~600	300~350	—	3660（电弧速度）	—	3000~4500
喷涂材料	金属复合材料，粉芯丝材	Al_2O_3 ZrO_2 Cr_2O_3 等陶瓷	金属，陶瓷，复合粉末材料	塑料粉末	陶瓷、金属陶瓷、硬质合金等	金属、陶瓷粉末，硬质合金等	金属丝，粉芯丝材	金属丝，粉芯丝材	金属、陶瓷、塑料	MCrAlY合金，碳化物，易氧化合金，有毒合金	金属、合金、碳化物和陶瓷材料	低熔点到高熔点的各种材料	导电类金属、复合材料
喷涂量/(kg/h)	2.5~3.0（金属）	0.5~1.0	1.5~2.5（陶瓷）3.5~10（金属）	2	—	20~30	10~35	10~38	3.5~10（金属）6.0~7.5（陶瓷）	5~55	不锈钢丝35，铝丝25，WC-Co 6.8	—	0.5~1
喷涂层结合强度/MPa	10~20（金属）	5~10	10~20（金属）	5~15	70（陶瓷）175（金属陶瓷）	>70（WC-Co）	10~30	20~60	30~60（金属）	>80	40~80	良好	>90
孔隙率（%）	5~20（金属）	2~8	5~20（金属）	无气孔	<2（金属）	<2（金属）	5~15	<2	3~15（金属）	<1	<1	较低	0.5~1

35.2.2　火焰喷涂

火焰喷涂法是利用燃料气体及助燃气体（氧）混合燃烧作为热源的热喷涂方法。燃料气体包括乙炔（燃烧温度3260℃）、氢气（燃烧温度2871℃）、液化石油气（燃烧温度约2500℃）和丙烷（燃烧温度达3100℃）等。

火焰喷涂法的另一发展是液体燃料火焰喷涂法，例如煤油和氧用作热源，粉末与燃料油混合，悬浮于燃料油中。此法与其他方法相比，粉末在火焰中有较高的浓度并分布均匀，热传导性更好，而且有很多氧化物（例如氧化铝、氧化硅、富铝红柱石），宜采用此法进行喷涂。

氧乙炔焰喷涂可以喷涂丝材、棒材和粉末材料。

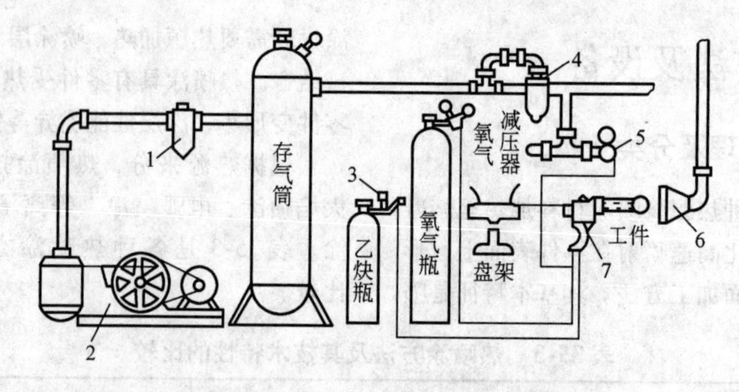

图35-1　氧乙炔焰丝材喷涂设备示意图

1—冷凝器　2—空气压缩机　3—乙炔减压器　4—过滤器　5—空气调节器　6—吸尘器　7—喷涂枪

1. 氧乙炔焰丝材喷涂技术

氧乙炔焰丝材喷涂技术是以氧乙炔作为加热金属丝材的热源进行喷涂的方法。图35-1为氧乙炔焰丝材喷涂设备原理示意图。

氧乙炔焰丝材喷涂的特点：与粉末材料喷涂相比，装置简单、操作方便；容易实现连续均匀送料，喷涂质量稳定；喷涂效率高，耗能少；涂层氧化物夹杂少，孔隙率低；对环境污染少。

2. 氧乙炔焰粉末喷涂

氧乙炔焰粉末喷涂也是采用氧乙炔焰作为热源，但喷涂材料采用粉末。其主要设备由气源设备及喷枪组成，喷枪主要包括火焰燃烧系统和送粉系统两部分，喷涂粉末从喷枪上料斗通过进粉口漏到氧与乙炔的混合气体中，在喷嘴出口处粉末受到氧乙炔焰加热至熔融状态或达到高塑性状态后，喷射并沉积到经过预处理的基体表面，从而形成牢固结合的涂层。中小型喷枪外形和结构上与普通的氧乙炔焊炬相似，不同之处在于喷枪上装有粉斗和射吸粉末的粉阀体；大型喷枪有等压式和射吸式两种。图35-2为一种国产射吸式喷涂、喷熔两用大型喷枪。气源设备主要包括氧气瓶和乙炔瓶（或乙炔发生器），使用乙炔发生器时必须经过过滤器滤除硫化氢、磷化氢等杂质，干燥器干燥水蒸气，并安装回火保险器才能使用。

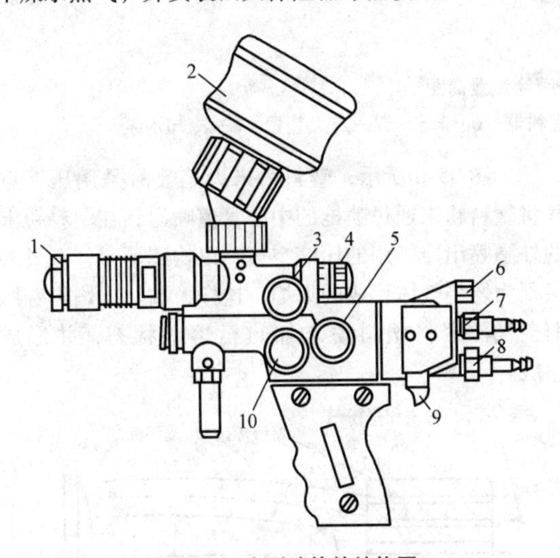

图35-2 大型喷枪的结构图

1—喷嘴 2—粉斗 3—送粉器开关 4—送粉开关 5—氧气开关 6—辅助送粉气开关 7—氧气开关 8—乙炔进口开关 9—气体快速关闭安全阀 10—乙炔开关

氧乙炔焰粉末喷涂具有设备简单、价廉，工艺操作简便，应用广泛灵活，适应性强，噪声小等特点，因而是目前热喷涂技术中应用最广泛的一种。

3. 气体爆燃式喷涂

（1）气体爆燃式喷涂原理 粉末气体爆燃式喷涂简称爆炸喷涂，是将一定比例的氧气和乙炔气送入到喷枪内，然后再由另一入口用氮气与喷涂粉末混合送入。在枪内充有一定量的混合气体和粉末后，由电火花塞点火，使氧乙炔混合气发生爆炸，产生热量和压力波。喷涂粉末在获得加速的同时被加热，由枪口喷出，撞击在工件表面，形成致密的涂层。爆炸喷涂原理如图35-3所示，该技术是20世纪50年代初由美国联合碳化物公司发明的，当时简称为D-GUN。爆炸喷涂技术于1953年开始进入实用以后，主要喷涂陶瓷和金属陶瓷，进行航空发动机的修复，因为其涂层质量高而受到一致好评。喷涂陶瓷粉末时，涂层的结合强度可以达到70MPa，而金属陶瓷涂层的结合强度可以达到175MPa。涂层中可以形成超细组织或非晶态组织，孔隙率可以达到2%以下。

（2）气体爆燃式喷涂设备 气体爆燃式喷涂设备由气体爆燃式喷涂枪、送粉装置、气体控制装置、旋转和移动工件的装置、隔声防尘室等几部分组成。爆炸喷枪由内径为25mm、长200mm的水冷式枪身和气体供给机构组成。气体爆燃式喷涂适用的粉末范围很广，包括合金、碳化物、陶瓷和金属陶瓷等各种材料，粉末颗粒的尺寸为10μm或10μm以上。在喷涂过程中，将很细的粉末均匀地送入到喷枪，在技术上是非常困难的。

爆炸喷涂时不仅产生强烈的噪声，还伴随有极细的粒尘向四处飞散，因此整个喷涂都是在隔声防尘室内进行的，并由设在隔声防尘室外面的计算机控制操作。

4. 超声速火焰喷涂

超声速火焰喷涂也称高速氧—燃气喷涂（HVOF）是在美国20世纪80年代出现的一种新型火焰喷涂方法，其目的是代替气体爆燃式喷涂。该装置是利用一种特殊火焰喷枪获得高温、高速焰流用来喷涂碳化钨等难熔材料并得到优异性能的喷涂层。广泛应用于喷涂切割刀片、风机叶片、泵叶轮、挤压螺旋、密封环、锅炉管道等。超声速火焰喷涂装置示意图如图35-4所示。

通过控制柜调节送粉量及可燃气和氧气。通过送粉器5用氮气输送和调节送粉量。

该装置采用MAPP-C_3H_4可燃气与氧气混合形成燃烧气体并用燃烧的氢氧火焰点燃。在停止喷涂时，仍维持这个氢氧焰的燃烧。用氮气通过燃烧室的中央输送喷涂粉末。

图35-5为超声速火焰喷涂枪的构造原理图。

氧气与可燃性气体通过气体接口4、5混合并在较高压力下燃烧，当高温气流离开燃烧室时，经膨胀喷嘴而加速，形成超音速焰流。用氮气将粉末通过入口6送入喷枪内。

该喷枪的特点是：

1）混合气体在燃烧室内燃烧，使火焰中的氧含量降低，有利于保护粉末不被氧化。

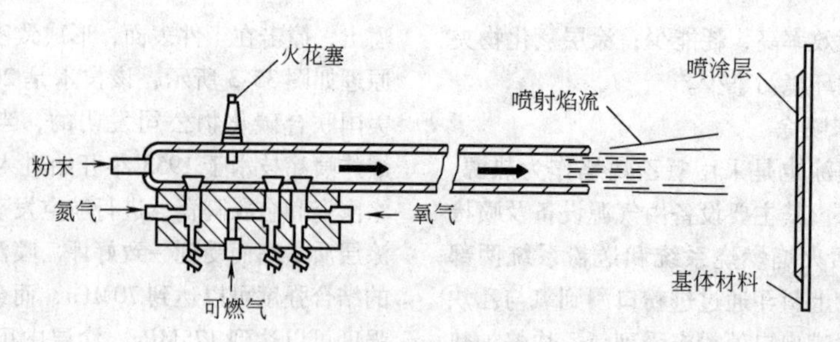

图 35-3 气体爆燃式喷涂原理

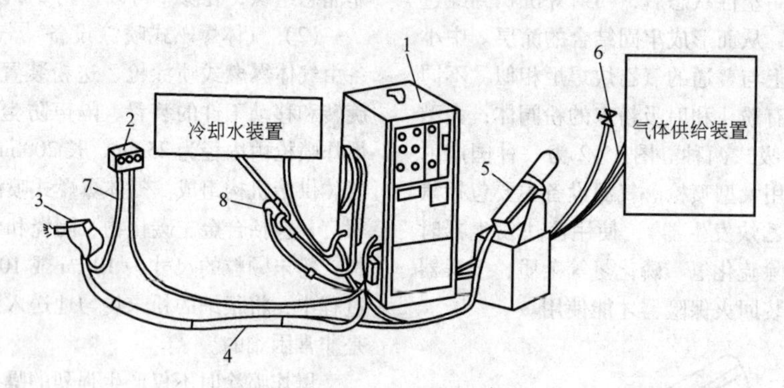

图 35-4 超声速火焰喷涂装置简图

1—控制柜 2—操纵盘 3—喷涂枪 4—软管 5—送粉器 6—软管 7—点火装置 8—冷却水泵

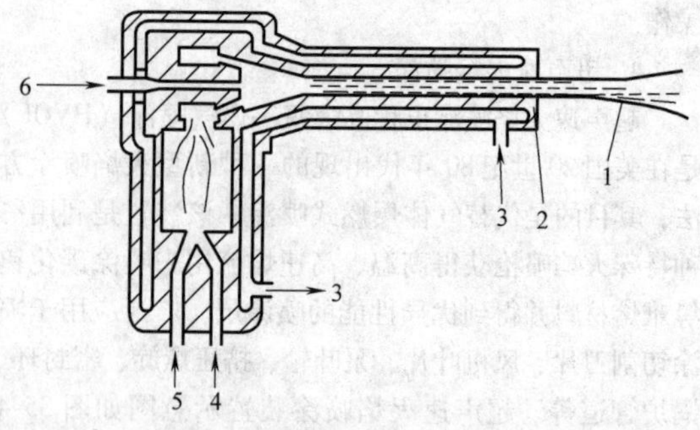

图 35-5 超声速火焰喷枪原理图

1—喷涂射流 2—喷枪 3—冷却水
4—氧气 5—燃气 6—粉末及送粉气

2）火焰温度达 2760℃，速度大于 1400m/s，有时可达 1770m/s。

3）粉末从火焰中央通过，保护性好、温度高。

4）喷涂焰流长度大、直径收缩小，使能量密度大而集中。

目前，该技术正在寻求以空气代替氧气，液体燃料代替燃气，即向高速空气-燃气喷涂（HVAF）的方向发展，此装置体积小、成本低，适用于现场喷涂。但该装置在喷涂重要合金或陶瓷粉末时，由于采用空气代替氧气后的质量控制有困难，在国外的应用范围受到限制。

5. 塑料喷涂

如图 35-6 所示，塑料粉末火焰喷涂是用压缩空气将塑料粉末通过喷枪的中心管道喷出；在塑料粉末的外围喷出冷却用的压缩空气，以构成幕帘；在最外层则为燃烧气体形成的火焰。这样，加热火焰隔着压缩空气幕帘将塑料粉末加热至熔融状态，并形成涂层。

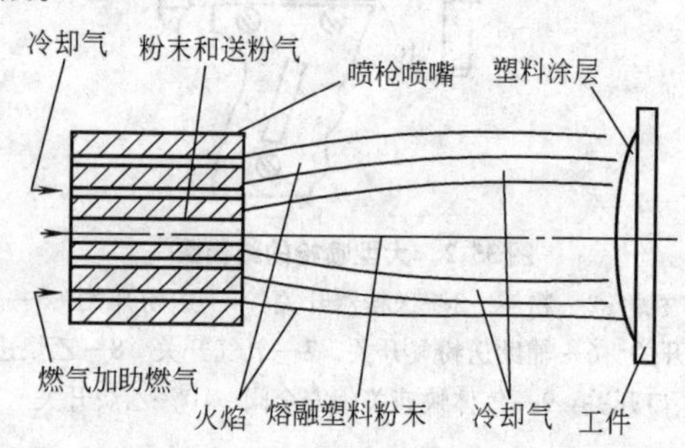

图 35-6 塑料粉末火焰喷涂原理

塑料粉末喷涂的关键问题是塑料粉末加热程度的控制。塑料粉末的燃烧、过熔或熔融不良都会影响喷涂层的质量和结合强度。为了达到上述目的，塑料喷涂的加热火焰一般不采用氧乙炔焰，而采用压缩空气-丙烷焰或氧-丙烷焰。此外，还在加热火焰与塑料粉末之间添加一层用压缩空气流形成的幕帘，以保护和控制塑料粉末的加热程度。这种加热火焰、压缩空气幕帘和塑料粉末的多层结构，正是塑料粉末火焰喷涂与火焰金属合金粉末喷涂的不同之处。

塑料粉末火焰喷涂装置一般都由塑料火焰喷涂枪、送粉器、控制部分组成。火焰喷枪以中心送粉式为主，利用燃气（乙炔、氢气、煤气等）与助燃气（氧气、空气）燃烧产生的热量将塑料粉末加热至熔融状态及半熔融状态，在运载气体（常为压缩空气）的作用下喷向工件表面形成涂层，装置组成如图35-7所示。塑料粉末送给罐有两种：一种是塑料粉末专用的大容量流动式粉末压力送给罐；另一种是金属、陶瓷、塑料粉末通用的小容量吸引式送粉罐（带有振动器）。用压力送给罐送粉平稳，可调节性好，可以大容量送粉。控制部分是调整和控制喷涂用各种气体的专用装置，以便获得最佳的参数，一般装有流量计、减压器和压力计，装有送粉用运载气体的开关，还有保证安全而设置的气动阀门机构等。

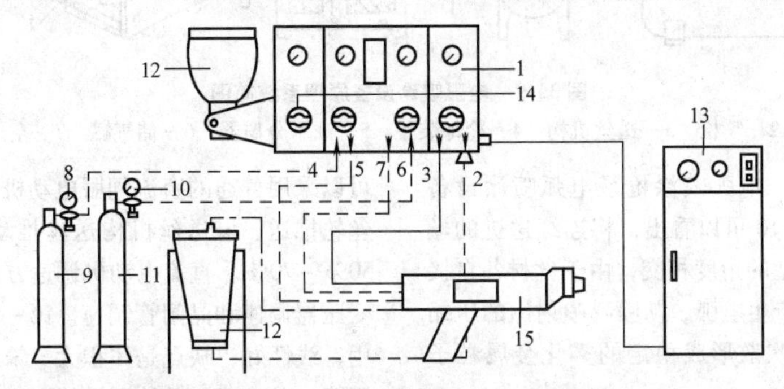

图35-7 SNMI塑料喷涂装置的组成

1—控制板 2—粉末罐用空气出口 3—枪用空气出口 4—氧气入口 5—枪用氧气出口 6—燃气入口 7—枪用燃气出口 8—氧气表 9—氧气瓶 10—燃气表 11—燃气瓶 12—粉末罐 13—空气压缩机 14—输送气体开关 15—喷涂枪

35.2.3 电弧喷涂

1. 电弧喷涂原理及特点

电弧喷涂是以电弧为热源，将熔化的金属丝用高速气流雾化，并以高速喷射到工件表面形成涂层的一种工艺。喷涂时，两根丝状喷涂材料经送丝机构均匀、连续地送进喷枪的两个导电嘴内，导电嘴分别接喷涂电源的正、负极，并保证两根丝材端部接触前的绝缘性。当两根丝材端部接触时，由于短路产生电弧。高压空气将电弧熔化的金属雾化成微熔滴，并将微熔滴加速喷射到工件表面，经冷却、沉积过程形成涂层。图35-8是电弧喷涂原理示意图。此项技术可赋予工件表面优异的耐磨、防腐、防滑、耐高温等性能，在机械制造、电力电子维修与再制造领域中获得广泛的应用。

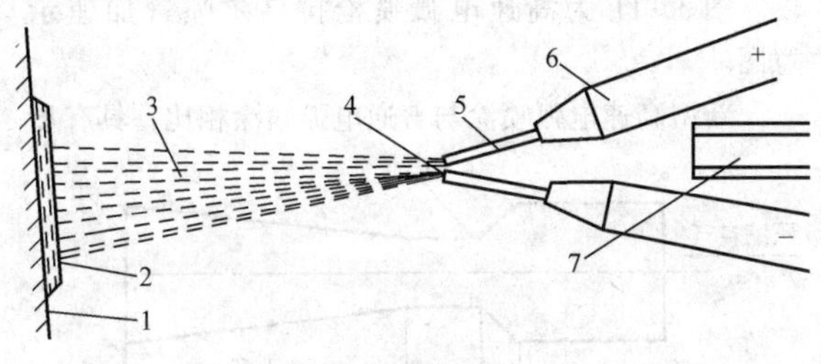

图35-8 电弧喷涂示意图

1—工件 2—涂层 3—喷涂束 4—电弧 5—喷涂丝材 6—导电嘴 7—压缩空气喷嘴

应用电弧喷涂技术，可以在不提高工件温度、不使用贵重底材的情况下获得性能好、结合强度高的表面涂层，一般电弧喷涂涂层的结合强度是普通火焰喷涂涂层的2.5倍；其喷涂效率正比于电弧电流；能源利用率达57%，显著高于其他喷涂方法，加之电能的价格又远低于氧气和乙炔，费用大大降低，另外由于不用乙炔等易燃气体，安全性高。与超声速火焰喷涂技术、等离子弧喷涂技术、气体爆燃式喷涂技术相比，电弧喷涂设备体积小、重量轻，使用、调试非常简便，使得该设备能方便地运到现场，对不便移动的大型零部件进行处理。由于电弧喷涂具有以上特点，使它在近20年间获得迅速发展，已在航天、航空、能源、交通、机械、冶金、国防等领域得到了广泛的应用。

2. 电弧喷涂的设备

电弧喷涂设备系统由电弧喷涂枪、控制箱、电源、送丝装置及压缩空气系统等组成（图35-9）。

（1）电弧喷涂电源　电弧喷涂电源均采用平的伏安特性。可以在较低的电压下喷涂，使喷涂层中的碳烧损大为减少，可以保持良好的弧长自调节作用，能有效地控制电弧电压。平特性的电源在送丝速度变化时，喷涂电流迅速变化，按正比增大或减小，维持稳定的电弧喷涂过程。根据喷涂丝材选择一定的空载电压，改变送丝速度可以自动调节电弧喷涂电流，从而控制电弧喷涂的生产率。

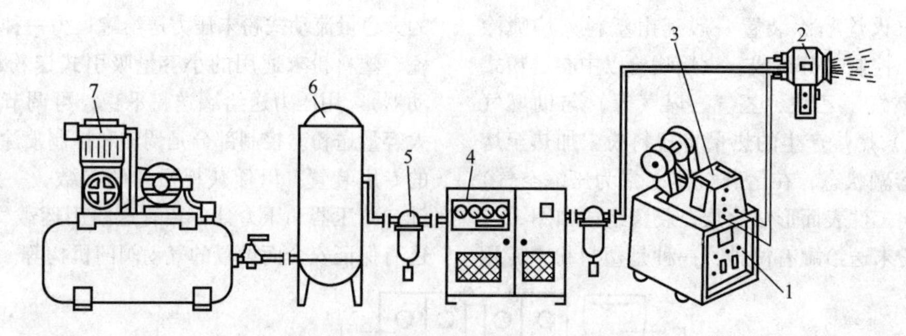

图35-9　电弧喷涂设备原理系统简图

1—电源　2—喷枪　3—送丝机构　4—冷却装置　5—油水分离器　6—储气罐　7—空气压缩机

（2）电弧喷涂枪　电弧喷涂枪是电弧喷涂设备的关键装置。从图35-10可以看出，将连续送进的丝材在喷涂枪前部以一定的角度相交，由于丝材各自接于直流电源的两极而产生电弧，从喷嘴喷射出的压缩空气流对着熔化金属吹散形成稳定的雾化金属粒子流，从而形成喷涂层。

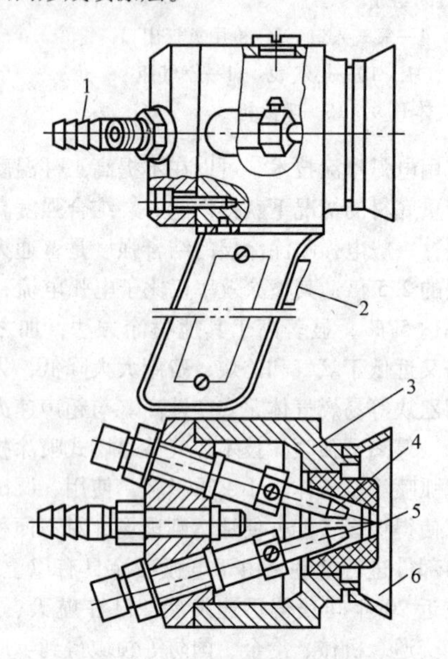

图35-10　电弧喷涂枪结构简图

1—压缩空气接头　2—手柄开关　3—喷枪体
4—导电嘴　5—金属丝材　6—挡弧罩

该枪的结构简单，安装调节方便，能获得稳定的喷涂过程和致密平滑的喷涂层。经使用实践，证明该枪工作稳定、可靠，能够满足各种喷涂工程的需要。该枪使用3mm直径的丝材，采用了推丝送进的方案。1996年国内研制成功ϕ2mm丝材电弧喷涂设备，为提高涂层质量和与国际接轨创造了有利条件。

（3）送丝机构　送丝机构分为推式送丝机构和拉式送丝机构两种，目前应用较多的是推式送丝机构。该方案中送丝机构与喷枪分离，送丝机构的驱动可以采用普通的直流伺服电动机，每根丝用双主动送丝轮推送。该送丝机构送丝推动较单驱动送丝力大50%～70%。直流电动机调速方法有两种方式：自耦变压器调速和晶闸管调速。第一种调速方式可靠、实用、线性好；缺点是体积大、笨重。考虑空间要求采用第二种方式，其使用性能良好，能满足设备的工作要求。

3. 高速电弧喷涂

普通电弧喷涂的粒子喷射速度有限且氧化程度比较严重，获得的涂层在结合强度、孔隙率及表面粗糙度等方面与等离子弧喷涂和超声速火焰喷涂（HVOF）技术相比还有较大差距。影响电弧喷涂涂层质量的主要工艺参数有电弧喷涂电压、喷涂电流（送丝速度）和压缩空气的压力和质量。其中压缩空气的压力和质量是影响电弧喷涂涂层质量的关键因素之一，如何提高熔滴的飞行速度是解决电弧喷涂涂层质量的重要途径之一。为了拓宽电弧喷涂技术的应用领域，提高喷涂层的质量，近年来开发出高速电弧喷涂技术。高速电弧喷涂关键设备是新型高速电弧喷枪，即在普通电弧喷涂设备基础上，利用新型拉乌尔喷管设计和改进喷涂枪，采用高压空气流作雾化气流，加速熔滴脱离，使熔滴加速度显著增加并提高电弧的稳定性，使电弧喷涂技术的涂层质量和效率得到进一步提高，从而使电弧喷涂技术上升到一个新的高度。图35-11为高速电弧喷枪拉乌尔喷管加速示意图。

新型高速电弧喷涂与普通电弧喷涂相比，具有显

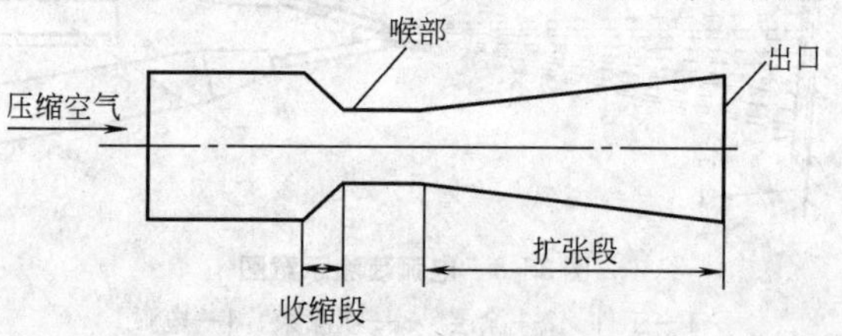

图35-11　拉乌尔喷管加速示意图

著的优点：

1）熔滴速度显著提高，雾化效果明显改善。在距喷涂枪喷嘴轴向80mm范围内的气流速度达600m/s以上，而普通电弧喷涂枪仅为200～375m/s；最高熔滴速度达到250m/s。且熔滴平均直径为普通喷涂枪雾化粒子的1/8～1/3。

2）涂层的结合强度显著提高。高速电弧喷涂防腐用Al涂层和耐磨用30Cr13涂层的结合强度分别可达到30MPa和40MPa，是普通电弧喷涂层的2.2和1.5倍。

3）涂层的孔隙率低。高速电弧喷涂30Cr13涂层孔隙率小于2%，而相应的普通电弧喷涂层孔隙率大于5%。

高速电弧喷涂技术的出现，使电弧喷涂的涂层质量和性能得到进一步的提高，是一项适合我国国情、易于推广的新技术。它对节材、节能有重大意义，特别是在船舶及其他海洋钢结构防腐，电站锅炉管道防热腐蚀、耐冲蚀，贵重零件的维修与再制造等方面，有着重要的应用价值。

35.2.4 等离子弧喷涂

等离子弧喷涂是采用等离子弧为热源，以喷涂粉末材料为主的热喷涂方法。近年来，等离子弧喷涂技术有了飞速的发展，在常规等离子弧喷涂基础上，又发展出低压等离子弧喷涂，计算机自动控制的等离子弧喷涂，高能、高速等离子弧喷涂，超声速等离子弧喷涂，三电极轴向送粉等离子弧喷涂和水稳等离子弧喷涂等。这些新设备、新工艺、新技术在航空、航天、核能、能源、交通、先进制造业和国防工业上的应用日益广泛，显示出越来越多的优越性和重要性。

1. 原理及特点

图35-12是等离子弧喷涂原理示意图。图的右侧是等离子体发生器又叫等离子弧喷枪，根据工艺的需要经进气管通入氮气或氩气，也可以再通入5%～10%的氢气。这些气体进入弧柱区后，发生电离而成为等离子体。高频电源接通使钨极端部与前枪体之间产生火花放电，于是电弧便被引燃。电弧引燃后，切断高频电路。引燃后的电弧在孔道中受到三种压缩效应，温度升高，喷射速度加大，此时往前枪体的送粉管中输送粉状材料，粉末在等离子焰流中被加热到熔融状态，并高速喷射到零件表面形成喷涂层。

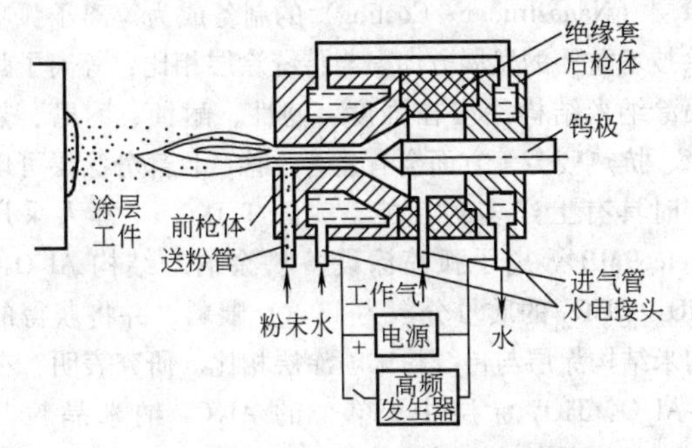

图35-12 等离子弧喷涂原理示意图

等离子弧喷涂与其他热喷涂技术相比，主要有以下特点：

1）基体受热温度低（<200℃），零件无变形，不改变基体金属的热处理性质。

2）等离子焰流的温度高，可喷涂材料广泛，既可喷涂金属或合金涂层，也可喷涂陶瓷和一些高熔点的难熔金属。

3）等离子射流速度高，射流中粒子的飞行速度一般可达200～300m/s，最新开发的超声速等离子弧喷涂粒子速度可达600m/s以上。因此形成的涂层更致密，结合强度更高，显著提高了涂层的质量，特别是在喷涂高熔点的陶瓷粉末或难熔金属等方面更显示出独特的优越性。

2. 等离子弧喷涂设备

等离子弧喷涂设备主要有：电源、控制柜、喷枪、送粉器、循环水冷却系统、气体供给系统等，它们之间的相互配置如图35-13所示。等离子弧喷涂需要的辅助设备有：空气压缩机、油水分离器和喷射设备等。目前我国已能生产多种型号的成套等离子弧喷涂设备。

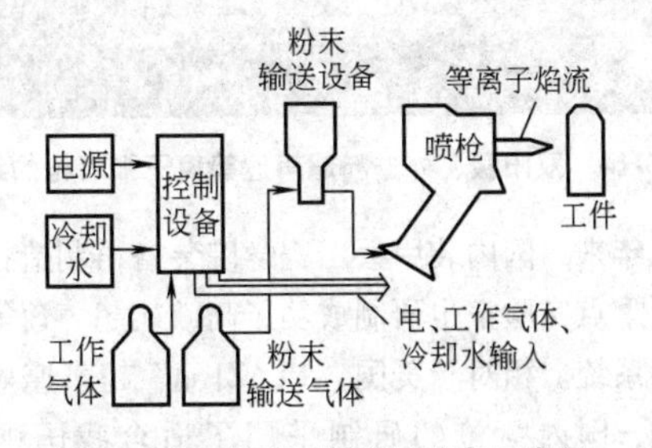

图35-13 等离子弧喷涂设备示意图

喷枪分为外圆喷枪和内孔喷枪两大类，外圆喷枪主要用于零件外圆表面的喷涂，也可用于直径较大的浅内孔表面的喷涂；内孔喷枪用于较深内孔表面的喷涂。

等离子弧喷枪的结构一般由前枪体、后枪体及绝缘体三部分组成。前、后枪体均由黄铜制造，绝缘体由玻璃纤维绝缘棒等绝缘材料制成。前枪体中密封固定着由纯铜制成的喷嘴，接电源的正极；后枪体固定着由铈钨合金制成的钨极，接电源的负极。图35-14为双阳极、外送粉超声速等离子弧喷枪的结构。其额定功率为 40kW。等离子弧喷涂对电源的要求与电弧电源相似，可参考其他章节。目前我国生产的等离子弧喷涂电源，其额定功率有 40kW、50kW 和 80kW 三种主要规格。

3. 超声速等离子弧喷涂

超声速等离子弧喷涂是在高能等离子弧喷涂（80kW 级）的基础上，利用非转移型等离子弧与高速气流混合时出现的“扩展弧”，得到稳定聚集的超声速等离子射流进行喷涂的方法。20 世纪 90 年代中期，美国 TAFA 公司向市场推出了能够满足工业化生产需要的 270kW 级大功率、大气体流量（$21m^3/h$）的“PLAZJ et”超声速等离子弧喷涂系统，其核心技术集中在超声速等离子弧喷枪的设计上。该喷枪依靠增大等离子气体流量提高射流速度，采用双阳极来拉长电弧，使弧电压可高达 200～400V，电流 400～500A，焰流速度超过 3000m/s，大幅提高了喷射粒子的速度（可达 400～600m/s），涂层质量明显优于常规速度（200～300m/s）的等离子弧喷涂层。但是由于能量消耗大，且为了保证连续工作，采用了外送粉方式，造成粉末利用率降低、喷涂成本很高，限制了其推广应用。图 35-14 为该喷枪的原理示意图。

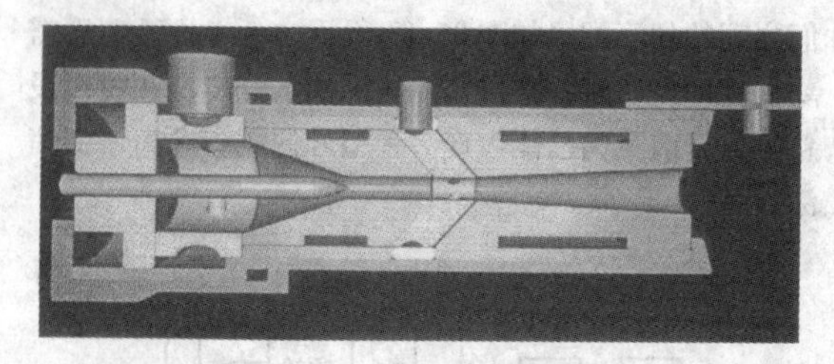

图 35-14　双阳极、外送粉超声速等离子弧喷枪的结构

近年来，国内装甲兵工程学院装备再制造技术国防科技重点实验室也研制成功了高效能超声速等离子弧喷涂系统。相对于美国“PLAZJ et”超声速等离子弧喷枪，国内喷枪的研制采用了适合我国国情的“较低功率（80kW）、小气体流量（$6m^3/h$）设计方案。图 35-15 是该喷枪的原理示意图。图中可看出该

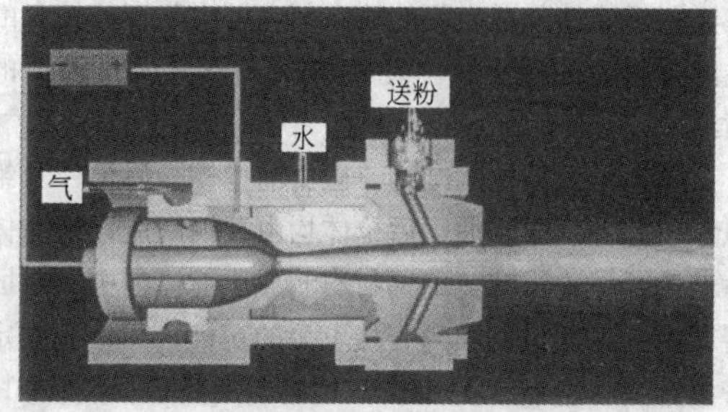

图 35-15　高效能超声速等离子弧喷涂枪结构示意图

喷枪采用了拉乌尔喷嘴型面的单阳极结构，压缩孔道长度缩短，但对电弧初始段的机械压缩增强，迫使阳极斑点前移来拉长电弧（弧压可达 200～400V），由于提前对电弧区段的加速，提高了喷枪热效率，获得了高焓值超声速射流，并应用了内送粉结构，有效降低了能耗。此外，该系统还在国际热喷涂界率先采用先进的 IGBT 逆变技术研制了 80kW 级喷涂电源，采用先进的 PLC 过程控制和氟利昂制冷的热交换器等，标志着我国等离子弧喷涂技术已达到国际先进水平。

4. 低压等离子弧喷涂

低压等离子弧喷涂，就是在一个密封的气室内，用惰性气体（氩气或氮气）排出室内的空气，然后抽真空至 5kPa，在这种保护气氛下的低真空环境里进行等离子弧喷涂。

低压等离子弧喷涂具有以下特点：

1）在低真空环境中，等离子射流的长度由常压下的 40～50mm 被拉长到 400～500mm，使粉末颗粒在射流中的停止时间延长，有利于粉末颗粒的加热和熔融。

2）在低真空环境中，粉末颗粒的飞行阻力减小，飞行速度提高，功率增加，因此提高了粉末的沉积效率和涂层的结合强度。

3）由于喷涂室内充满保护气体，工件可以预热到较高的温度而不至于发生氧化，有利于提高涂层的结合强度和降低孔隙率，涂层孔隙率可降至 1% 以下。

4）涂层中基本不含氧化物夹杂。这对于喷涂碳化物等易于烧损的材料特别有利。

由于低压等离子弧喷涂设备比较复杂，要求有良好的真空系统，因此设备的价格很高。目前主要用于尖端技术部门，喷涂一些难熔金属、活泼金属、碳化物和有毒性等材料。

5. 纳米等离子弧喷涂

随着纳米材料的研究开发与应用，微/纳米结构涂层（Nanostructure Coating）的制备成为等离子弧喷涂技术重要的发展方向。与传统涂层相比，等离子弧喷涂纳米结构涂层在强度、韧性、耐蚀、耐磨、热障、抗热疲劳等方面会有显著改善，且部分涂层可以同时具有上述多种性能。美国 T. D. Xiao 等人采用 Metco9MB 等离子弧喷涂设备喷涂纳米结构 Al_2O_3/TiO_2（TiO_2 的质量分数为 13%）喂料，并将获得的纳米结构涂层与传统粉末喷涂层相比。研究表明，在 n-Al_2O_3/TiO_2 涂层中，单个的 Al_2O_3 纳米晶粒与 TiO_2 纳米晶粒之间有较好的润湿性，纳米结构涂层

的耐磨性与传统粉末喷涂层相比提高了3~8倍。

D. G. Atteridge等人采用高能等离子弧喷涂技术（HEPS）喷涂WC/Co微米级纳米结构喷涂喂料，获得纳米结构等离子弧喷涂层。分别对传统微米级实心粉（WC/12Co）、微米级纳米结构空心喂料（WC/12Co）和实心喂料（WC/12Co）三种高能等离子弧喷涂层的磨损性能进行了对比分析，结果显示，实心喂料涂层的冲蚀磨损率是空心喂料涂层的1/2，是传统实心粉涂层的1/3左右。由于高能等离子弧喷涂采用200kW以上喷涂系统，使得纳米结构喂料在喷涂过程中熔化效果较好，颗粒冲击基体的速度高，获得的涂层具有组织致密、孔隙率低、结合强度高等特点。

从目前国外研究状况来看，等离子弧喷涂纳米结构涂层的开发研究的相关报道相对比较多，也是最有可能实现广泛实用化的纳米颗粒材料热喷涂技术。

35.2.5　特种热源喷涂

1. 激光喷涂

激光喷涂是把高强度能量的激光束朝着接近于零件基体表面的方向直射，基体同时被一个辅助的激光加热器加热，这时细微的粉末以倾斜的角度被吹送到激光束中熔化粘结到基体表面，形成了一层薄的表面涂层，与基体之间形成良好的结合。喷涂环境的气氛可以选择在大气气氛下也可在惰性气氛或真空状态下进行喷涂。其原理如图35-16所示。设备主要有二氧化碳激光器、高精度控制送粉速度的微粉供料装置等。激光喷涂可以喷涂大多数材料，如制备固体氧化物燃料电池陶瓷涂层、制备高超导薄膜等，所获得的涂层结构与原始粉末相同。

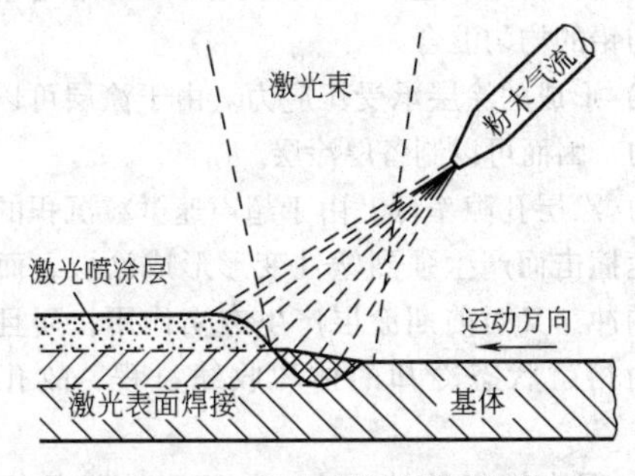

图35-16　激光喷涂原理示意图

2. 冷喷涂

冷喷涂（Cold Spray），又被称为冷气动力喷涂法（Cold Gas Dynamic Spray）或动力喷涂（Kinetic Spray）。它是基于空气动力学原理的一种新型喷涂技术。其原理如图35-17所示，喷涂过程是将高压气体导入收放型Laval喷嘴，流过喷嘴喉部后产生超声速流动，将粉末从喷枪后部沿轴向送入高速气流中，粒子经加速后形成高速粒子流（300~1000m/s），在温度远低于相应材料熔点的完全固态下撞击基体，通过较大的塑性流动变形而沉积于基体表面上形成涂层。

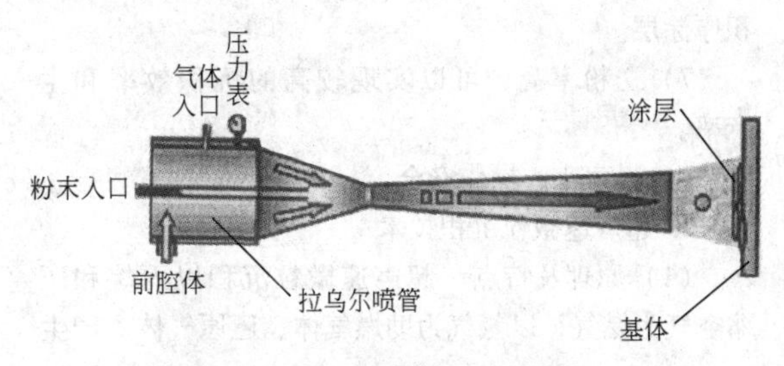

图35-17　冷喷涂工作原理示意图

冷喷涂系统一般主要有5部分组成，分别为：喷枪系统、送粉系统、气体温度控制系统、气体调节控制系统、高压气源。喷枪为冷喷涂系统的关键部件，主要由收放型Laval喷嘴构成。其内表面形状一般在喉部上游为圆锥形，下游可为长方体形，也可为与上游相对的圆锥形，前者涂层堆高是梯形，而后者堆高形态与热喷涂相似，呈锥形。冷喷涂工作气体可用高压压缩空气、N_2、Ar或He气，或者它们的混合气体。工作气体的入口压力范围一般为1.0~3.5MPa。为了增加气流的速度，从而提高粒子的速度，还可以将工作气体预热后再送入喷枪，通常预热温度根据不同喷涂材料来选择，一般小于600℃。为了获得较高的粒子速度，所用粉末的粒度一般要求1~50μm。而喷涂距离根据要求一般为5~50mm。

在传统的热喷涂过程中，由于使用高温热源，如高温等离子弧、电弧、燃烧火焰，通常粉末粒子或线材被加热到熔化状态，不可避免地使金属材料在喷涂过程中发生一定程度的氧化、相变、分解、晶粒长大等。尽管一些高速喷涂工艺，如爆炸喷涂、超声速火焰喷涂，可以使粉末粒子在得到有效加速的同时，加热得到控制，使粒子在半熔化状态与基体碰撞，但粒子仍然经历了表面达到熔化状态的热过程，也可能发生氧化、分解等。而新型的冷喷涂工艺主要通过高速固态粒子与基体发生塑性碰撞而实现涂层沉积。冷喷涂工艺和传统热喷涂工艺比较有两个重要特点是：气体温度低，粒子速度高。与传统热喷涂技术相比，冷喷涂技术具有以下优点：

1）可以避免喷涂粉末的氧化、分解、相变、晶粒长大等。

2）对基体几乎没有热影响。

3）可以用来喷涂对温度敏感材料，如易氧化材料、纳米结构材料等。

4）粉末可以进行回收利用。

5）涂层组织致密，可以保证良好的导电、导热等性能。

6）涂层内残余应力小，且为压应力，有利于沉积厚涂层。

7）送粉率高，可以实现较高的沉积效率和生产率。

8）噪声小，操作安全。

3. 超声速微粒沉积技术

（1）原理及特点　超声速微粒沉积以丙烷和压缩空气为燃气，以氢气为助燃气体、还原气体，产生超声速焰流携带喷涂颗粒与基体碰撞，粒子产生高塑性畸变，并和基体发生协调变形，从而沉积形成涂层。喷枪是利用拉乌尔（Laval）喷嘴原理设计的。超声速微粒沉积系统结构如图 35-18 所示，压缩气体分两路，一路通过送粉器，作为载带气将粉末引入喷嘴；另一路通过加热器使气体膨胀，提高气流速度，然后两路气流进入喷枪，在其中形成气-固双相流。双相流中的高动能颗粒撞击工件表面后产生塑性变形沉积在工件的表面形成涂层。在喷涂过程中，工艺参数可根据不同的粉末要求进行调节。超声速微粒沉积技术采用以下两种途径降低喷涂颗粒的温度：一是通过调整燃气比例，使丙烷不能充分燃烧，燃烧室温度明显降低；二是通过优化喷枪内部结构，使颗粒在高压区注粉，减少颗粒在燃烧室内的停留时间。

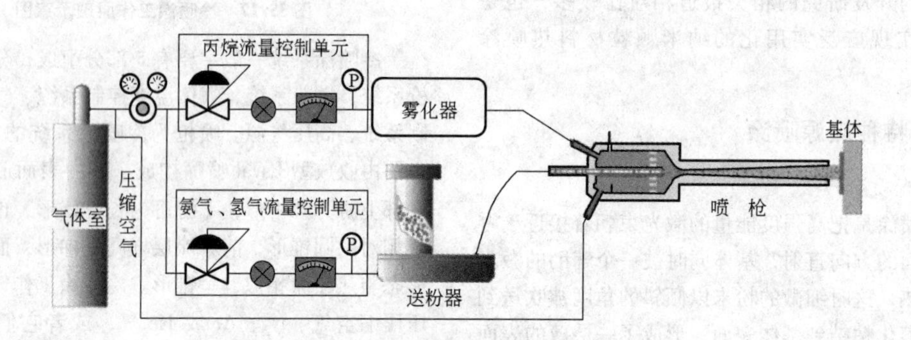

图 35-18　超声速微粒沉积系统结构图

超声速微粒沉积技术是一种完全不同于传统热喷涂的新技术。以等离子弧、电弧、火焰为热源的传统热喷涂技术，粉末颗粒或线材被加热到熔化状态。材料不可避免地在喷涂过程中发生相变、化学反应及辐射等现象。而超声速微粒沉积以低温高速焰流为动力，可以实现低温状态下的涂层沉积，具有以下技术特点：

1）温度低。金属材料在低温喷涂过程中的氧化非常有限，对于制备 Ti 及其合金等易于氧化材料的涂层具有十分重要的意义，所有的研究结果都表明，超声速微粒沉积涂层中氧含量基本与涂层原始粉末一致；可以避免材料的熔化和蒸发，因此在制备塑料涂层时就可以避免其挥发。

2）对材料的组织结构影响小。可以用来制备纳米涂层和块体材料，也可以用来制备对温度敏感的非晶材料涂层。

3）对基体的热影响小。基本不改变基体材料的组织结构，因此基体材料的选择范围广泛，可以是金属、合金甚至塑料，也就是说可以实现异种材料的良好结合。

4）沉积率高。粉末可以回收利用，材料利用率高，直接使用压缩空气作为喷涂气体，降低了成本。

5）可以制备复合涂层。例如，Al-Pb 合金，由于其在常温下不相溶，采用常规方法很难获得均匀的组织，而采用超声速微粒沉积的方法可以很容易地实现铝与铅的均匀混合。

6）形成的涂层承受压应力。由于涂层可以承受压应力，因而可以制备厚涂层。

7）涂层孔隙率低。由于超声速微粒沉积的颗粒以高速撞击而产生强烈塑性变形形成涂层，而后续粒子的冲击又对前期涂层产生夯实作用，而且涂层没有由熔融状态冷却的体积收缩过程，故孔隙率较低。

8）具有较高的结合力。与超声速微粒沉积相比，颗粒内能和动能更高，可用于制备高结合强度的涂层。

（2）设备　超声速微粒沉积系统装置组成图如图 35-19 所示。

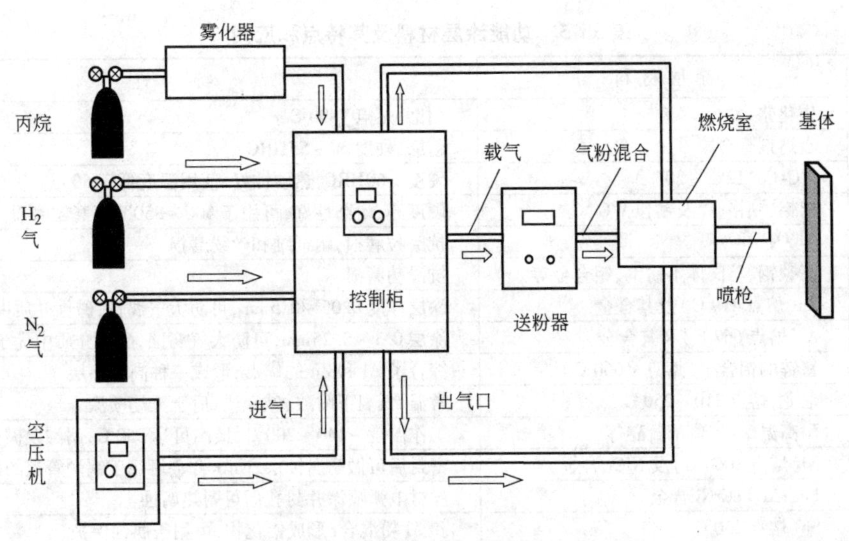

图35-19 超声速微粒沉积系统示意图

35.3 热喷涂材料

热喷涂材料的显著特点是广泛性和可复合性。凡在高温下不挥发、不升华、不分解、不发生晶型转变、可熔融的固态材料均可应用于热喷涂，可分为铁基合金、镍基及钴基合金、有色金属、难熔金属及合金、自熔剂合金、氧化物陶瓷、碳化物、氮化物、硅化物、硼化物、塑料等。热喷涂材料的形状主要有丝材、棒材和粉末等，见表35-4。

在选择喷涂材料时，可参考以下原则：①功能上，材料应具有和使用环境相适应的物理、化学性能，选择最适合的材料。②工艺上，材料应具有热稳定性，热膨胀系数尽可能与基材接近。③综合考虑材料的成本和来源。

根据工件的工作环境和使用要求，按涂层的应用可以将喷涂材料分为耐磨涂层、耐腐蚀涂层、隔热涂层、抗高温氧化涂层、自润滑减摩涂层、结合底层及特殊功能涂层材料，表35-5介绍了各种功能涂层材料及其特点和应用等情况。

表35-4 热喷涂材料分类

热喷涂材料	丝材	纯金属丝材	Zn、Al、Cu、Ni、Mo等
		合金丝材	Zn-Al、Pb-Sn、Cu合金、巴氏合金、Ni合金、碳钢、合金钢、不锈钢、耐热钢等
		复合丝材	金属包金属(铝包镍、镍包合金)、金属包陶瓷(金属包碳化物、氧化物等)、塑料包覆(塑料包金属、陶瓷等)
		粉芯丝材	低碳马氏体、NiFe-Al、Zn-Al-Mg-Re等
	棒材	陶瓷棒材	Al_2O_3、TiO_2、Cr_2O_3、Al_2O_3-MgO、Al_2O_3-SiO_2
	粉末	纯金属粉	Sn、Pb、Zn、Al、Cu、Ni、W、Mo、Ti等
		合金粉	低碳钢、高碳钢、镍合金(Ni-Cr、Ni-Cu)、钴基合金(CoCrW)、MCrAlY合金(NiCrAlY、CoCrAlY、FeCrAlY)、不锈钢、钛合金、铜合金、铝合金、锡合金、Triballoy合金等
		自熔性合金粉	镍基(NiCrBSi、NiBSi)、钴基(CoCrWB、CoCrWBNi)、铁基(FeNiCrBSi)、铜基自熔剂合金
		陶瓷、金属陶瓷粉	金属氧化物(Al系：Al_2O_3、Al_2O_3-MgO、Al_2O_3-SiO_2；Ti系：TiO_2；Zr系：ZrO_2、ZrO_2-SiO_2、CaO-ZrO_2、MgO-ZrO_2；Cr系：Cr_2O_3；其他氧化物：BeO、SiO_2、MgO_2)
			金属碳化物及硼、氮、硅化物：WC、W_2C、TiC、Cr_3C_2、$Cr_{23}C_6$、B_4C、SiC
		包覆粉	Ni包Al、Al包Ni、金属及合金、陶瓷、有机材料等包覆粉
		复合粉	金属+合金、金属+自熔剂合金、WC或WC-Co+金属及合金、WC或WC-Co+自熔剂合金+包覆粉、氧化物+金属及合金、氧化物+包覆粉、氧化物+氧化物、碳化物+自熔剂合金、WC+Co
		塑料粉	热塑性粉末：聚乙烯、聚四氟乙烯、尼龙、聚苯硫醚 热固性粉末：环氧树脂、酚醛树脂 改性塑料粉末：塑料粉中混入填料，如MoS_2、WS_2、Al粉、Cu粉、石墨粉、石英粉、云母粉、石棉粉、氟塑料粉、颜料等，改善物化、力学性能及颜色等

表 35-5　功能涂层材料及其特点和应用

涂层功能	涂层材料	特性
耐磨涂层	碳化铬	耐磨，熔点 1890℃
	自熔剂合金	耐磨，硬度 30～55HRC
	WC-Co（12%～20%）	硬度 >60HRC，热硬性好，使用温度低于 600℃
	镍铝、镍铬、镍及钴包 WC	硬度高、耐磨性好，可用于 500～850℃下磨粒磨损
	Al_2O_3-TiO_2	抗磨粒磨损，耐纤维和丝线磨损
	高碳钢、马氏体不锈钢、钼合金等	抗滑动磨损
耐腐蚀涂层	Zn（熔点 419℃）及其合金	涂层厚度 0.05～0.5mm，可防大气腐蚀，碱性介质中优于 Al
	Al（熔点 667℃）及其合金	涂层 0.1～0.25mm，可防大气腐蚀，酸性介质中优于 Zn
	富锌的铝合金（熔点 <660℃）	综合了 Al 和 Zn 的优点，形成一种高效涂层
	尼龙，熔点 210～250℃	常温、低温下耐酸、碱介质，适于火焰喷涂
	耐高温塑料：聚苯硫醚等	工作温度 -140～200℃，最高可达 350℃，耐酸及碱介质腐蚀
	Ni（熔点 1066℃）及 NiCr 合金	密封后可做耐腐蚀层，NiCr 合金可用于锅炉管道的耐热腐蚀
	FeCrAl、FeCrNi 合金	丝材电弧喷涂并封孔后可耐热腐蚀
	Sn（熔点 230℃）	和 Al 粉混合，形成铝化物，可用于腐蚀保护
	自熔剂镍铬硼合金	熔点 1010～1070℃，耐蚀性好，也耐磨
隔热涂层及热障涂层	ZrO_2 等氧化物、碳化物、难熔金属等	有单层、双层（底层金属＋陶瓷层）、多层和梯度系统，可以降低工作温度 10～65℃。常用于发动机燃烧室、火箭喷口、核装置的隔热屏等高温部件
抗高温氧化涂层	Al_2O_3、Si、Cr_3Si_2、$MoSi_2$、Ni-Cr、TiO_2、镍包铝、Cr、特种 Ni-Cr 合金、高铬不锈钢、Ni-Cr-Al＋Y_2O_3	这类涂层可以在氧化介质温度 120～870℃下对零件进行防护，涂层进行封孔后效果更好，可用在燃气轮机叶片、轧钢机械等
自润滑减摩涂层	镍包石墨，铜保石墨，镍包二硫化钼、镍包硅藻土、自润滑自粘结镍基、铜基等合金	涂层的自润滑性好，有较好的结合性、间隙控制能力，常用于低摩擦因数的可动密封零部件
结合底层	Mo、镍铬复合材料、镍铝复合材料、低碳马氏体粉芯丝材等	可以在范围很宽的工艺条件下，与工件表面形成良好的结合，并与随后喷涂的工作层有良好的结合性能
特殊功能涂层材料	Al、Cu、Ag、Al_2O_3 等导电、绝缘涂层	涂层可以广泛应用于电子工业导电绝缘涂层，制造稳定电阻器、电感器、大型刀开关的接触面、印制电路板等
	FeCrAl、FeCrNiAl 等微波吸收层	高能物理电子直线加速器、雷达、微波系统等微波吸收层

35.4　热喷涂工艺

热喷涂的基本工艺流程如图 35-20 所示。实践中部分工艺可以根据实际情况调整。

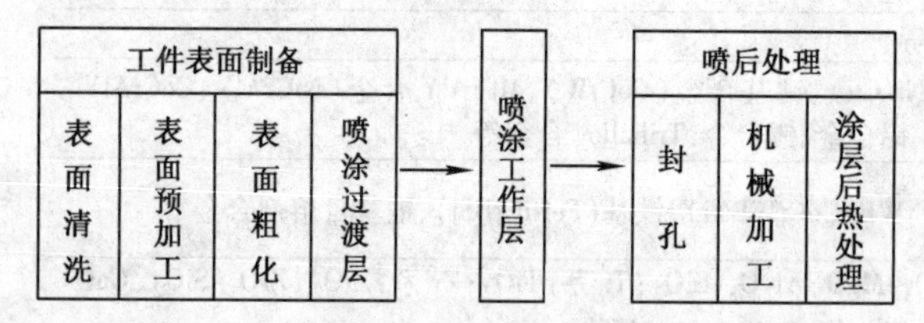

图 35-20　热喷涂基本工艺流程

35.4.1　工件表面制备

涂层要与基体结合良好，基材表面必须清洁，并有一定的粗糙度，喷涂前表面必须经过预处理，它是保证喷涂质量的重要措施。

1. 表面清洗

表面清洗的作用是去除工件表面的氧化膜和油污等，直到露出清洁/光亮的基体表面，其关键是去除油脂，常用的表面清洗方法有：①碱液清洗，利用氢氧化钠、磷酸三钠、碳酸钠等热碱液冲洗，然后用清水冲净，也可采用各种金属洗净剂进行清洗；②溶剂清洗，利用工业汽油、三氯乙烯、四氯化碳等有机溶剂，通过浸泡和擦刷、喷淋或蒸气脱脂等方法除去表面油脂，这类方法效果好，但费用高，而且许多有机溶剂对人体有害，使用时应注意通风；③加热脱脂，对于被油脂浸透的铸件等多孔质的工件，可采用 250～450℃低温加热，将微孔中的油脂挥发烧掉，表面残留的积炭，可用喷细砂法除去；④喷砂净化，对于工件表面的油漆层和氧化皮，可以采用喷细砂法去除，但这种方法代替不了喷砂粗化的技术要求，而且喷砂砂粒不能混用。

2. 表面预加工

表面预加工的主要目的是除去工件表面的各种损

伤（如疲劳层和腐蚀层等）和表面硬化层，修正不均匀的磨损表面和预留喷涂层厚度。通过表面预加工可以使涂层的收缩应力限制在局部地方，减少了涂层的应力积累，增大涂层与基体的结合面积，以提高涂层的粘接强度，并且使涂层中各层之间折叠，提高涂层本身的剪切强度。为使单个喷涂微粒与基体材料间获得必要的微观粘接，还必须在机械加工表面再采用喷砂和喷涂自粘接过渡层等粗化方法。表面预加工的方法主要有车削、磨削和滚花等，应用较多的是车削。

3. 表面粗糙化处理

表面粗糙化处理与清洗过程同样重要，主要采用喷砂或机械加工等方法，使净化过的基材表面呈均匀、凹凸不平的粗糙面，并达到所要求的表面粗糙度，起到增大结合面积、减少残余应力、活化表面的作用。粗化处理方法分类如图35-21所示。

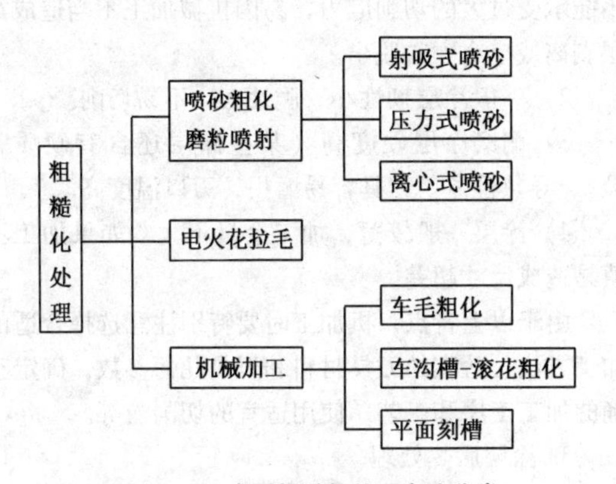

图35-21 表面粗糙化处理方法分类

喷砂是最常用的方法，常用的喷砂材料有：多角冷硬铸铁砂（适于50HRC左右表面）、氧化铝（白刚玉砂，适于40HRC左右表面）、石英砂（SiO_2，适于30HRC左右表面）、碳化硅砂（喷陶瓷涂层时用）。喷砂后要用压缩空气将表面黏附的碎砂粒吹净，工件表面粗糙度一般应达到 *Rz*3.2～12.5μm。

4. 喷涂结合底层

对于一些比较薄或硬的工件，不宜采用喷砂和机械加工的方法进行预处理，可以喷涂一些底层合金，如Mo、镍铝合金、镍铬合金、铬铝金属合金等，以增加工作层与基体的结合强度，底层的厚度一般在0.10～0.15mm，太厚则反而降低结合强度，而且影响工作层的储备厚度。

35.4.2 预热

喷涂前对工件表面进行预热可以清除工件表面吸附的水分，并使工件产生膨胀，降低喷涂层在冷却时产生的拉应力，工件的预热温度以80～120℃为宜。预热可以在电炉中进行，也可用氧乙炔焊炬采用中性或微碳化焰直接预热，加热要缓、均匀，防止局部过热。

35.4.3 喷涂工作层

影响喷涂的主要参数如图35-22所示，工作层的厚度一般较厚，应采取逐次加厚的办法进行喷涂，每次喷涂厚度不应超过0.15mm，而工作层的厚度一般不应超过1.0～1.5mm。喷涂时保持适当的喷涂距离，不同喷涂方法的合适距离见表35-6。喷涂操作时，要注意将喷涂射流的轴线与被喷涂的工件表面夹角保持在45°以上，喷涂时工件温度控制在150℃以下，以防热应力造成的喷涂层开裂和工件变形。

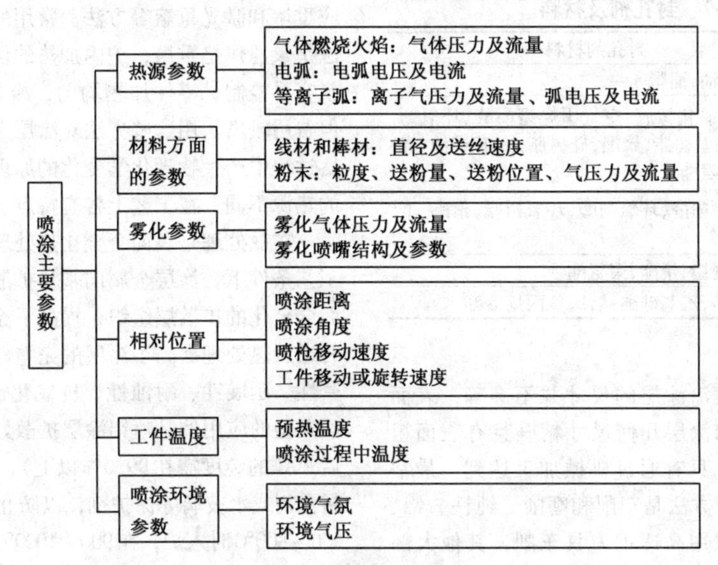

图35-22 影响喷涂的主要参数

表 35-6　不同喷涂方法的喷涂距离

热喷涂方法	丝材火焰喷涂	粉末火焰喷涂	电弧喷涂	等离子弧喷涂	
喷涂距离/mm	100～150	150～200	100～200	金属 70～130	陶瓷 50～100

35.4.4　喷后处理

在喷涂完毕后，为了填补或消除涂层固有的缺陷，改善涂层性能，以及为了得到尺寸精确的涂层，应对喷涂态涂层再进行后续加工处理，即为涂层后处理。涂层后处理种类和方法很多，须根据对涂层的具体要求和工件具体情况进行选择，涂层后处理方法主要有涂层后热处理、封孔处理、表面机械加工等。

1. 封孔处理

热喷涂涂层的孔隙率可以从小于1%到大于15%，孔隙有连贯和不连贯的，有的涂层孔隙互相连接并且从表面延伸到基体，对于要求防腐蚀或密封的喷涂层，往往需进行封孔处理。涂层封孔作用有以下几个方面：一是防止或阻止腐蚀介质浸入到基材表面；二是延长锌、铝及合金涂层的防护寿命；三是用于密封的涂层防止液体和压力泄漏；四是防止污染或研磨屑碎片进入涂层；五是保持陶瓷涂层的绝缘性能。

封孔剂为封闭涂层孔隙的材料，有以下几个方面的要求：①有足够的渗透性。②耐化学或溶剂的作用。③在涂层上抗机械作用。④在使用温度下性能稳定。⑤不降低涂层和基材的性能。⑥用于接触食品时无毒。⑦使用安全。封孔剂按其形成机理分类，有非干燥型、空气干燥型、烘烤型等，类别及材料列于表35-7。

表 35-7　封孔剂及材料

类别	封孔剂材料
干燥型	石蜡，油，油脂
空气干燥型	油漆、氯化橡胶，空气干燥型酚醛、环氧酚醛，乙烯基树脂，聚酯，硅树脂，亚麻子油，煤焦油，聚氨酯
烘烤型	烘烤型酚醛，环氧酚醛，环氧树脂，聚酯，聚酰胺树脂
催化型	环氧树脂，聚酯，聚氨酯
其他	硅酸钠，乙基硅酸钠，厌氧丙烯酸酯

2. 机械加工

喷涂完毕后，喷涂涂层的尺寸并不准确，表面也是粗糙的，在要求涂层几何尺寸精确且有表面粗糙度要求的情况下，只有通过机械加工达到。最常用的喷涂层机械加工方法是车削和磨削。纯铁、铝、铜等较软的涂层可以用高速钢刀具车削，其他大部分喷涂层都要用超细晶粒硬质合金刀具、立方氮化硼刀具、陶瓷刀具和金刚石刀具才能进行加工，有的涂层只能磨削加工，磨削时采用绿色碳化硅、人造金刚石或立方氮化硼等高硬度砂轮。为防止脱落的磨粒嵌入喷涂层的孔隙，影响磨削质量，砂轮粒度应稍粗。人造金刚石和立方氮化硼砂轮推荐的粒度范围如下：粗磨：60～120号，半精磨：100～180号，精磨：150～W40号。

对涂层的机械加工与普通整体材料的加工不完全相同，由于涂层组织的特殊性，因此对涂层的机械加工具有如下特点。

1）涂层结合强度有限，尤其边缘处是薄弱部位不能承受过大的切削应力，易因机械加工不当造成涂层剥离或单个颗粒脱出。

2）一般涂层韧性小，脆性大，不易切削。

3）耐磨涂层硬度高（某些涂层还含有硬质颗粒），导热性差。刀具容易磨损，刃口温度高。

4）涂层一般较薄，加工余量不大，如果加工不慎易造成尺寸超差。

由于以上特点，机加工时要特别注意选择合适的加工方法、适宜的刀具材料和刀具几何参数，确定正确的加工工序和工艺，使用适宜的切削液等。

3. 涂层后热处理

涂层后热处理包括重熔处理和扩散热处理。涂层重熔处理是针对自熔剂合金喷涂层而言。根据不同的加热方式，涂层重熔可分为火焰重熔、炉内重熔、感应重熔和激光重熔等方法。常用的经济简便的熔融方法是氧乙炔焰重熔，炉内加热的优点是加热温度和气氛容易控制，零件加热均匀，冷却速度也容易调节，但费用较高。用这些方法对涂层重熔的目的以及在重熔过程中产生物理化学变化的原理是一致的，但作用的热源不同，在工艺上各有特点。

扩散处理是表面合金化热处理。在一定的热处理工艺条件下，涂层金属向基材扩散，在界面上形成表面合金化的扩散层组织，提高了涂层的结合强度，同时通过热处理提高了涂层的完整性，改善了涂层的致密性、延展性、耐蚀性、抗氧化性以及涂层的强度。最典型的应用例是喷铝涂层扩散处理。钢铁件喷铝之后（Al的纯度需在99.0%以上），涂覆含Al的煤焦油封孔剂或水玻璃等保护剂，以防止涂层氧化。工件在600～800℃时入炉，在900～1000℃保温1h，随炉冷却至300～400℃，出炉空冷。经这样处理后，0.25～

0.5mm铝涂层可以产生Al和Fe的相互扩散，生成Al-Fe扩散合金层。渗铝层能防止高达900℃的热空气对工件的氧化。

35.4.5 热喷涂实例

1. 等离子弧喷涂修复重载履带车辆零件工艺简况

重载履带车辆上的密封环配合面、自压油挡配合面、轴承内外圈配合面、衬套滑动配合面、箱体支撑面等零件由于耐磨性差而迅速磨损失效。上述零件多属薄壁零件，以前因采用堆焊等方法不能修复而报废，后应用等离子弧喷涂进行修复，取得了优异的效果，通过实车考核试验，经等离子弧喷涂修复的零件平均耐磨性为同类新品件的1.4～8.3倍，显著延长了零件的使用寿命。喷涂工艺条件为：

1）采用PQ—77A型等离子弧喷枪，40kW硅整流电源，3GP—1型三料斗刮板式送粉器。在水冷却系统中增加了进出口水温表和流量计，并固定出水流量为0.5m³/h，等离子弧喷枪热效率$\eta_Q \approx 0.65$。

2）喷涂材料选用来源方便、价格便宜的国产耐磨粉末Ni04、Fe03、WF311、WF315、粉115Fe。应用时都以Ni/Al（NBL7501）粉打底，并相应固定了各种粉末的送粉量。

3）采取焓值高容易获得的纯氮气为喷涂用气体，氮气纯度不小于99.9%，不加入氢气。固定主气流量为2m³/h，送粉气流量为0.6～0.8m³/h。在气路中安装了QFH—2B型空气过滤减压器，保证了气体流量的稳定性。

4）对除油后的待喷表面进行喷砂预处理。压缩空气经过严格过滤，气流量为0.5～0.9m³/min，采用射吸式喷砂枪，出砂孔φ9mm，喷砂距离100mm，砂粒为20号及24号白刚玉，喷砂后试件用压缩空气吹净，并在2h内进行喷涂。

5）喷涂距离视粉末种类而定，Ni/Al粉取120～130mm，其余粉末100～110mm。

喷涂规范参数及性能见表35-8。

表35-8 主要规范参数及性能

粉末牌号	粉末粒度/目	送粉量/(g/min)	实用电功率/kW	最高沉积效率(%)	弯板试验临界厚度/mm	实用电功率时结合强度/MPa	涂层硬度HV
Ni04	-140～+300	23±2	20～24	74.2	$0.29^{0}_{-0.04}$	28.5～29.0	538
Fe03	-140～+300	23±2	23～27	70.5	$0.24^{0}_{-0.04}$	25.1～26.6	396
Fe04	-140～+300	20±2	20～26	78.5	$0.24^{0}_{-0.04}$	30.1～38.8	474
WF311	-140～+300	20±2	24～26	68.3	$0.25^{0}_{-0.04}$	40.5～43.0	373
WF315	-140～+300	22±2	24～26	68.9	$0.25^{0}_{-0.04}$	26.1～28.8	474
粉115Fe	-140～+300	20±2	21～24	77.6	$0.45^{0}_{-0.04}$	31.6～36.8	461
Ni/Al	-140～+240	21±2	22～25	65.5	一般不做弯曲试验	44.0～45.0	231

2. 电弧喷涂防腐技术的应用

（1）在舰船上的应用　我国南海地区在高温、高湿、高盐雾的恶劣环境下舰船钢铁结构腐蚀严重，有的舰船中修换板率达50%以上。采用电弧喷涂防腐技术解决了舰船钢结构防腐的重大难题，取得了成功。舰船的电弧喷涂防腐工艺如下：

1）电弧喷涂防腐工艺的设备及流程：采用国产CMD—AS型电弧喷涂设备，包括喷枪、电源、送丝机构等。另外配备空气压缩机及油水分离器。工艺流程为：喷砂处理→喷涂金属涂层→有机封闭涂料涂层→常规舰船面层涂料涂层。

2）防腐喷涂材料及涂层设计：为了保证金属涂层的防腐性能和与钢基体的结合强度，降低涂层的孔隙率，研究开发新型稀土铝合金防腐材料，结合强度由国家标准规定的10MPa提高到20MPa以上；孔隙率由国家标准规定的15%下降到8%以下；测算防腐寿命达10年以上。涂层设计为最佳协同效应的稀土铝合金涂层+有机材料的复合涂层。

3）电弧喷涂工艺参数，电弧喷涂工艺参数见表35-9。

表35-9 电弧喷涂工艺参数

材料	电压/V	电流/A	空气压力/MPa
稀土铝合金	32～36	150～200	>0.55
材料	喷涂距离/mm	喷涂角度/(°)	喷涂移动速度/(mm/s)
稀土铝合金	150～200	70～90	50～200

电弧喷涂防腐技术已经成功地应用于舰船维修、制造及国家重点工程上，如巡逻艇、汕头海湾大桥、大庆石化三期工程、大港发电厂、邯郸电厂等。特别是在三峡工程永久船闸防腐采用高速电弧喷涂铝涂层代替火焰喷涂锌涂层，降低成本三分之一，提高效率30%以上，并提高了质量，改善了环境。

（2）在水利工程及海洋钢结构长效防腐中的应用 电弧喷涂防腐蚀技术具有长效性、效率高以及维护费用低等特点，被广泛应用到国内外钢结构防腐蚀工程中，在该领域有大量的成功应用实例。20世纪90年代，装甲兵工程学院针对三峡水利工程中12万m^2闸门钢结构的腐蚀防护问题，最终确定电弧喷涂技术为最佳的施工方案。采用新型高速电弧喷涂技术和铝稀土合金涂层，取代原来的锌涂层设计方案，提高了防腐涂层的质量，并显著降低了成本，喷涂同样厚度的涂层，铝的用量仅相当于锌用量的三分之一，仅原材料费用节省约203万元。此外，还可以避免产生有害的ZnO粉尘。海洋钢结构的腐蚀防护是电弧喷涂的另一个重要应用领域。众所周知，钢结构在海洋环境中面临严重的腐蚀问题，电弧喷涂长效防腐蚀技术在该领域有大量的成功应用，如海洋石油平台[1]、海洋大桥[2]、舰船[3]、浮码头和气象浮标等海洋钢结构的腐蚀防护[4]。有效延长了海洋钢结构的使用寿命，确保了装备的长期稳定工作。

（3）在锅炉电厂中的应用 发电厂锅炉管道的热腐蚀、冲蚀问题是长期困扰电厂的重要经济和技术问题，容易引起锅炉爆管、泄漏等问题，其经济损失和社会影响十分巨大。采用电弧喷涂技术对管道进行防腐处理是目前国际上公认的有效解决方法。早在20世纪80年代，美国的TAFA公司就开发出了电弧喷涂45CT涂层防护技术，防护涂层使用5年以后仍然完好，使用9年基本无磨损、腐蚀和剥落，已在美国、欧洲国家广泛应用。45CT是55% Ni、43% Cr、2% Ti高合金，价格昂贵，加工困难，不适合我国国情。国内有相关研究机构根据治理效果好、经济性好、材料国产化、效率高、适合电站条件等原则，于20世纪90年代研究开发了新型高Cr-Ni合金（SL30）、Fe-Cr-Ni及Fe-Cr-Al等系列合金涂层，并通过试验将这些涂层的性能与45CT涂层的性能进行了全面对比，研究结果发现，研制的高Cr-Ni合金丝材获得的涂层腐蚀动力学性能与45CT丝材制得的涂层性能接近，涂层在650℃下具有优异的抗氧化腐蚀性能，性能基本上达到了45CT丝材的指标，而其成本大幅降低。并对天津大港发电厂的锅炉水冷壁腐蚀严重的区域进行喷涂防腐施工，总喷涂面积为330余平方米，涂层体系为SL30材料（NiCr合金）加高温封孔涂层，形成复合涂层体系。涂层平均厚度为0.2～0.3mm，预计防腐寿命可达5年以上。

3. 热喷涂在石油石化工业中的应用

热喷涂技术在石油石化工业中的应用领域主要包括：①修复石油机械。油田使用的各类泵的柱塞、缸套、叶轮等零件，石油钻机等设备中一些大功率曲轴，油田使用的各种重型车辆、拖拉机、柴油机的曲轴等磨损后均可采用热喷涂技术进行修复。可采用电弧喷涂30Cr13涂层来修复。既可显著降低成本，又能延长设备使用寿命，尤其可有效解决进口设备的修复问题。还可采用热喷涂方法恢复加工超差零部件或强化耐磨件表层。②提高机械零件的耐磨性。炼油厂的催化裂化装置，一般采用烟气能量回收系统。由于烟气轮机是在带有固体催化剂微粒及有腐蚀介质的高温烟气流下工作，其动、静叶片等零部件易受冲蚀，其使用寿命只有2～12个月。而采用等离子弧喷涂技术在动、静叶片表面喷涂合金粉末，可提高动、静叶片的抗冲蚀磨损性能，延长烟气轮机的使用寿命。③容器、管道和塔的防腐。油田使用的塔、罐、管道可采用电弧喷涂铝、锌、不锈钢等涂层防腐。杜邦、联合化工、壳牌等公司在反应发生器内壁已大量使用线材喷涂不锈钢、司太立合金、钼和钛合金。

35.5 喷熔

喷熔是以气体火焰为热源，把自熔剂合金粉末喷涂在经过制备的工件表面上，在工件不熔化的情况下，加热涂层，使其熔融并润湿工件，通过液态合金与固态工件表面的相互溶解与扩散，形成了一层呈冶金结合并具有特殊性能的表面熔敷层的喷涂法。喷熔层和喷涂相比，结合强度可以达到200MPa，孔隙率可以达到零，氧化物夹杂极少。不足之处是零件的受热变形及金属组织会改变。

喷熔过程中可以边喷涂，边重熔喷涂层即“一步法”；也可以先喷涂，再重熔喷涂层，即“二步法”。喷熔时应视工件材质及粉末类型等情况将表面预热到200～500℃，并在喷熔时保持工件温度在300～500℃，重熔可以采取火焰重熔、炉中重熔、感应重熔以及激光重熔等多种形式，冷却可采取空冷、保温缓冷或恒温退火，喷熔层厚度亦控制在0.5mm之内。当工件体积较小时，可选用火焰喷涂枪或喷涂-喷熔两用枪进行重熔操作，如果工件体积较大，需用专用火焰喷熔枪，燃料气体通常采用乙炔，火焰也选择中性焰或微碳化焰。可进行喷熔处理的工件材料见表35-10。喷熔材料主要采用自熔性合金，其熔点较低，在熔融过程中，不需要外加助熔剂，有自行脱氧、造渣功能，能“润湿”基体表面并与基材熔合的一类合金，目前大多是在镍基、钴基、铁基合金中添加适量的硼（B）、硅（Si）等元素得到。

表35-10 几种可进行喷熔处理的工件材料

工件材料	喷熔适应性
w(C)<0.25%的低碳钢 Mo、Mn、V、Cr、Ni总量<3%的结构钢 18-8型不锈钢及各类铸铁	预热至250～300℃即可喷熔
w(C)为0.25～0.4的中碳钢 Mo、Mn、V、Cr、Ni总量>4%的结构钢 w(Cr)≥2%的结构钢	需预热至250～380℃，喷熔后需缓冷
w(Cr)≥2%的马氏体不锈钢 w(C)≥0.4%的Cr，Mo结构钢	喷熔后需进行等温退火

目前也可以采用等离子转移弧进行喷熔，与火焰喷熔相比，在熔池内有很强的搅拌作用，排气及排渣效果更好。

35.6 涂层性能检验

涂层的性能反映了涂层的质量，它是有喷涂材料、喷涂工艺及涂层后处理等多种因素决定的，因此涂层性能既不同于喷涂材料性能，也不同于基体材料的性能，评定涂层性能涉及多方面的指标，一般而论，主要涉及的内容见表35-11。

喷涂层的检验大多采用的是模拟试验，这里介绍几种常用的喷涂层检验方法。

35.6.1 喷涂层结合强度试验

1. 喷涂层抗拉强度试验

表35-11 涂层性能测试

检测项目	检测子项目	检测目的、内容	主要检测方法
外观	表面粗糙度 宏观缺陷检查	检查表面状态 检查有无裂纹、起皮、粗大颗粒、工件变形等宏观缺陷	表面粗糙度检测仪 目视或低倍显微镜
厚度	最小厚度、平均厚度、厚度均匀性	评定是否复合设计要求	无损测厚(磁感应法及电涡流法等)、工具(千分尺等)测量、金相检测
结合强度	涂层抗拉强度 涂层抗剪强度 涂层抗弯强度 涂层抗压强度	评定在不同受力情况下，涂层与基体结合强度及涂层内聚强度	涂层拉伸试验、切割试验 涂层剪切试验、偏车试验 涂层刨削试验 涂层弯曲试验及杯突试验、涂层压力试验
密度及孔隙率	涂层密度测定 涂层孔隙率测定	评定涂层的致密性	直接称重法 直接称重法、浮力法、渗透法 液体称量法、金相法
硬度	宏观硬度 微观硬度	评定涂层质量和耐磨性能	洛氏硬度(HRC)计测定、金相测定、显微硬度(HV)计
化学成分	化学成分和氧含量 涂层相结构	评定涂层与原始喷涂材料的差异和涂层性质	化学分析、光谱、金相分析 电子探针、X射线衍射
金相	涂层组织结构 气孔及氧化物含量分布涂层与基体结合状况	评定涂层质量(检查涂层中颗粒熔化状态、有无裂纹、涂层相分布、氧化物含量、孔隙大小及分布等)	金相显微分析法
耐蚀性	涂层电位 涂层在腐蚀介质中的腐蚀速率 耐大气及浸渍腐蚀性 抗高温空气氧化性能	评定涂层耐蚀性及防护性能	电位测定法、中性盐雾试验、二氧化硫标准试验、浸泡试验、暴露试验 抗空气氧化试验
耐磨损性能	耐磨料磨损性能 耐摩擦磨损性能	评定涂层耐磨损性能	干砂橡胶轮磨损试验、吹砂试验 销盘式固定磨料磨损试验、滑动磨损试验
耐热性能	隔热性能 热寿命 抗热震性能	评定涂层耐热性能	隔热试验 热寿命试验 热震试验
电性能	电导率、电磁屏蔽	评定涂层电性能	

常用的喷涂层结合强度拉伸试验有2种，第一种试验方法如图35-23所示。

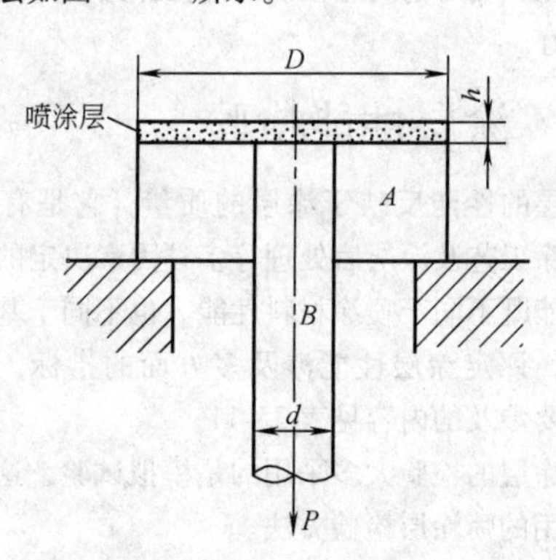

图 35-23　喷涂层结合强度拉伸试验

在试样的 A 中心开孔，使芯棒 B 与中心孔间隙配合，并使其端面与试件 A 的表面处于同一平面上，按选择的工艺进行喷涂。然后在万能材料试验机上，从下面支撑住试样 A，垂直向下拉芯棒 B，将喷涂层拉断。

这种试验方法比较简单，但对试样的配合精度要求高，加工费事。如果配合过紧，拉伸时将产生摩擦阻力，所得的数据会比实际的结合强度偏高。如果配合过松，喷涂层在 A、B 试样之间会形成桥状过渡，拉伸时在此处产生应力集中，所得的数据会比实际的结合强度偏低。另外，在喷涂层较薄时，会将其沿芯棒处圆边缘剪断，使所得的数据不是拉伸时的结合强度。

第二种喷涂层结合强度拉伸试验方法如图35-24所示。

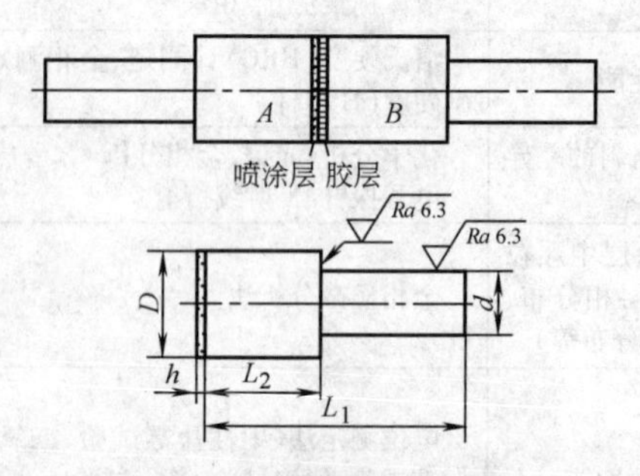

图 35-24　喷涂层结合强度拉伸试验

对圆柱形试样 A 的端面经表面处理进行预喷涂。在整个平面上，喷涂层厚度要均匀一致，如果喷涂层厚度不均匀，可作精加工修整。然后用胶粘剂将喷涂层面与同一尺寸的试样 B 的端面粘接起来，待胶粘剂固化后，用机械方法清除试样表面溢出的胶粘剂，在万能材料试验机上将试样拉断，并计算涂层结合强度。

用这种方法测定喷涂层的结合强度时，试样的断裂可能有3种形式：

1）断裂发生在胶层内，表示胶接强度小于喷涂层的结合强度，试验结果无效。

2）断裂发生在喷涂层内，表示喷涂层与基体间的结合强度大于喷涂层内部粒子间的结合强度，测得的结果是喷涂层内部粒子之间的结合强度，即喷涂层自身抗拉强度。

3）断裂发生在喷涂层与基体的界面上，这时测得的结果是喷涂层与基体间的结合强度。

这种试验方法要求使用高强度胶粘剂（如CX-212环氧树脂胶）。所推荐的喷涂层厚度大于0.40mm，是为了防止胶粘剂通过喷涂层渗透到基体上，影响试验结果的准确性。

2. 喷涂层抗剪切强度试验

图35-25所示为喷涂层结合强度剪切试验方法。在圆柱形试样 A 的中段部位喷涂后进行机械加工，然后压入凹模中，在万能材料试验机上无冲击缓慢加载（加载速度4mm/min），直至喷涂层脱落。

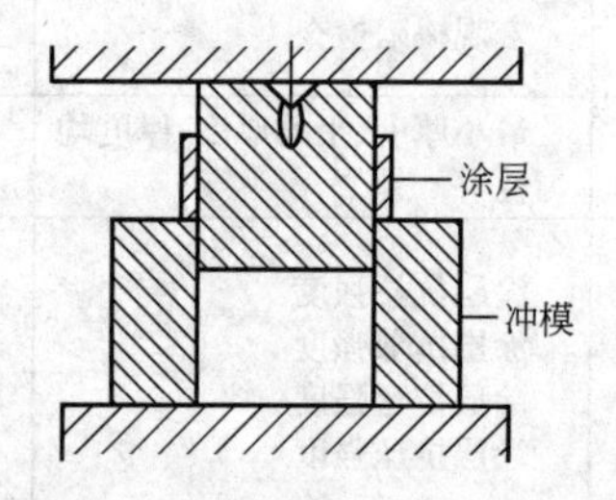

图 35-25　喷涂层结合强度剪切试验

喷涂层结合强度按下式计算：

$$\tau = P/\pi DS$$

式中　τ——喷涂层剪切结合强度（MPa）；

P——喷涂层脱落时的外加载荷（N）；

D——喷样直径（mm）；

S——喷涂层涂前的试样宽度（mm）。

3. 喷涂层自身抗拉强度试验

常用的喷涂层自身抗拉强度试验有2种。第一种试验方法如图35-26所示。

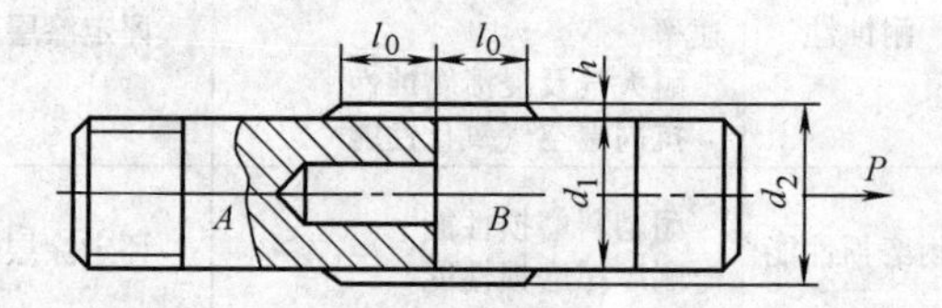

图 35-26　喷涂层自身抗拉强度试验（1）

喷涂层自身抗拉强度按下式计算：

$$R_m = 4P/[\pi(d_1^2 - d_2^2)]$$

式中 R_m——喷涂层自身抗拉强度（MPa）；

P——试样被拉断时的外加载荷（N）；

d_1——喷涂前的试样直径（mm）；

d_2——喷涂后的试样直径（mm）。

第二种喷涂层自身抗拉强度试验方法如图35-27所示。

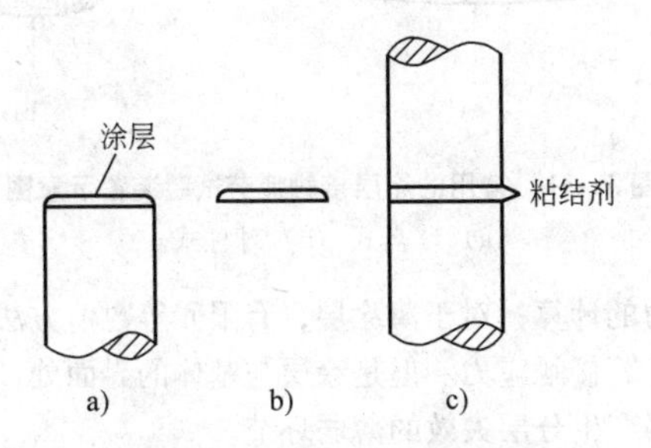

图35-27 喷涂层自身抗拉强度试验（2）

在圆柱形试样的端面上，制一层低熔点材料（如焊锡）薄膜，经粗糙化处理后，在此面上喷涂（图35-27a），然后加热将喷涂层取下（图35-27b），用胶粘剂在同样尺寸的两试样 A、B 端面之间（图35-27c），在万能材料试验机上进行拉伸试验。

4. 喷涂层结合强度的现场检验

在生产现场往往需要用简单易行的方法来对喷涂层与基体的结合情况进行定性的评定，这时可采用弯曲试验和杯突试验。

（1）弯曲试验 取1.0～1.5mm厚的普通碳素钢钢板制成50mm×100mm的试样，在试样表面喷涂约0.3mm厚的喷涂层，涂层与基体的结合情况可用下述2种方法评定：

1）将试样在两支点的中心处加压进行弯曲（图35-28），比较喷涂层开始发生龟裂的角度，以评定喷涂层结合性能的优劣。

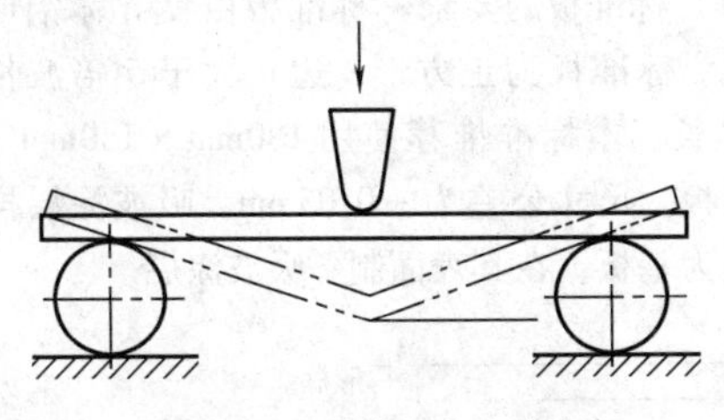

图35-28 喷涂层弯曲试验

2）用曲率半径为10mm的模块和试样一起夹紧在台虎钳内缓慢地弯曲至90°角（图35-29），根据弯曲后喷涂层开裂的情况，评定其结合性能的优劣。裂而不与基体分离者为结合良好；如有喷涂层剥离现象，则为结合不好。

（2）杯突试验 杯突试验也称球面凹坑试验。

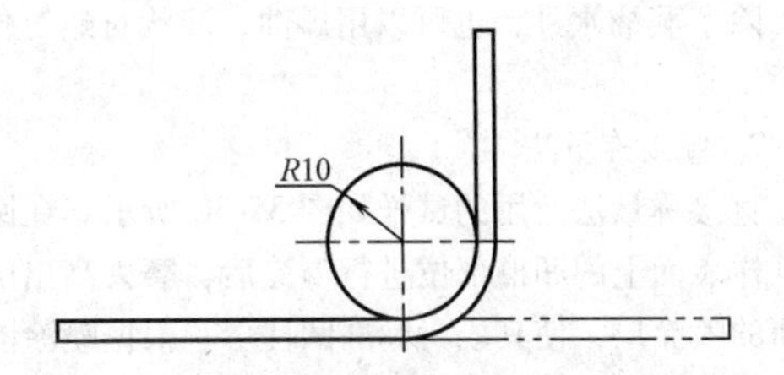

图35-29 喷涂层结合强度弯曲试验

取1.3～1.5mm厚的普碳钢板制成75mm×44mm的试样，在其表面喷涂0.05～0.15mm厚的喷涂层，然后放置杯突试验机上进行试验。试验时将喷涂层面向上，用预压环压住，然后由液压系统将一个钢球从喷涂层背面在预压环中心压出一个杯状的突起，根据突起的喷涂层龟裂程度评定喷涂层结合性能的优劣。喷涂无裂纹或虽有轻微龟裂但无脱落，为结合良好；如喷涂层开裂并脱落，则为结合不好。

杯突试验采用的规范见表35-12。

表35-12 喷涂层杯突试验规范

预压力/MPa	冲头压力/MPa	冲头钢球直径/mm	冲头压入速度/(mm/min)	杯突深度/mm
100	200～300	20	10	7.6

35.6.2 喷涂层孔隙率测定

1. 浮力法

将喷涂层由基体上取下，在110℃温度下干燥2h后，在喷涂层表面薄薄地涂一层凡士林，然后用细金属丝吊起来，测定其在空气中及蒸馏水中的重量。喷涂层的孔隙率由下式计算：

$$p=\left(1-\frac{\dfrac{W_z}{\rho_z}}{\dfrac{W-W'}{\rho_w}-\dfrac{W_c}{\rho_c}-\dfrac{W_v}{\rho_v}}\right)\times 100\%$$

式中 p——喷涂层的孔隙率（%）；

ρ_z——喷涂材料的密度（g/cm^3）；

ρ_w——蒸馏水的密度（g/cm^3）；

ρ_c——金属丝的密度（g/cm^3）；

ρ_v——凡士林的密度（g/cm^3）；

W_z——喷涂层在空气中的重量（g）；

W_c——浸入蒸馏水部分的金属丝重量（g）；

W_v——喷涂层表面的凡士林重量（g）；

W——喷涂层、金属丝和凡士林在空气中的总重量（g）；

W'——由金属丝吊挂的涂有凡士林的喷涂层在蒸馏水中的重量（g）。

除了蒸馏水外，也可以用煤油、液状石蜡等作为介质。

2. 直接称量法

直接称量法所用的试样如图35-30所示。在圆柱形试样表面上的凹槽部位进行喷涂后，磨去高出试样表面的喷涂层，使其成为标准圆柱形。根据喷涂前后试样的重量差（即喷涂层重量）和喷涂体积计算喷涂层的密度，再根据喷涂材料的密度，求出喷涂层的孔隙率。

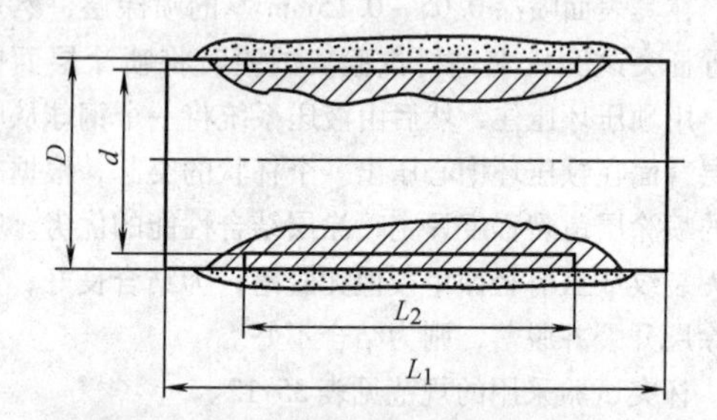

图35-30 直接称量法测定喷涂层孔隙率所用的试样

$$\rho = (1 - \gamma/\gamma_0) \times 100\%$$

式中 ρ——喷涂层的孔隙率（%）；

γ——喷涂层的密度（g/cm^3）；

γ_0——喷涂材料的密度（g/cm^3）。

这种方法是以喷涂材料的密度为标准进行计算的。实际上，由于喷涂层中存在着氧化物，而氧化物的密度与喷涂材料的密度是不同的，因此，用这种方法测得的孔隙率是有误差的。

35.6.3 涂层接触疲劳试验方法

涂层接触疲劳试验，是一种加速试验，旨在综合评价涂层的结合强度、耐磨性以及一些力学性能。接触疲劳试验，通常在点接触试验机或线接触试验机上进行。点接触试验又分为球盘式及球柱式2种，如图35-31所示。涂层接触疲劳失效机理与块体材料类似，主要有分层、剥落以及点蚀等。普遍认为，这些失效行为与接触应力的大小以及位置有明显的关系。对于较厚的涂层，经典的Hertz理论依然常被用于接触应力的计算；对于薄涂层，有限元等数值方法可以用来计算接触应力。但是涂层与基体的界面处，通常是容易产生分层失效的薄弱环节。

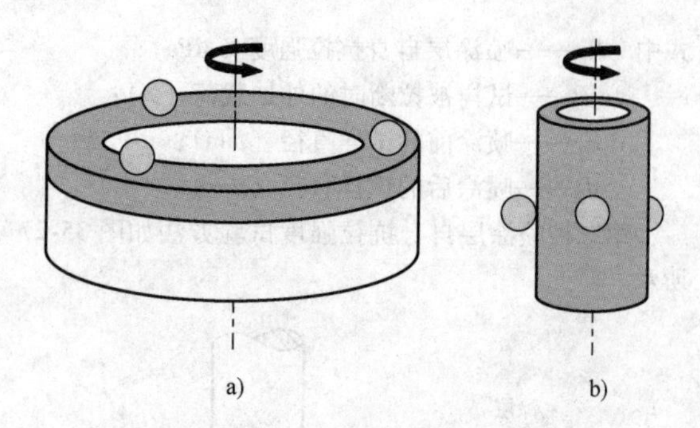

图35-31 常用的涂层接触疲劳试验装置示意图

a）球盘式 b）球柱式

由于涂层的接触疲劳是一种随机变量，一般评定接触疲劳寿命的标准，都是在不同的接触应力下，出现某一种相同疲劳皮坏概率所经历的循环次数来表征。但是，疲劳试验的结果是极其分散的，为了获取材料的完整而精确的接触疲劳性能，必须采用统计方法对数据进行处理，目前国际上最通用的是韦布尔方法。

35.6.4 吸波涂层电磁波反射率测定方法

弓形法是目前应用最广泛的吸波材料评价方法，根据GJB 2038—1994《雷达吸波材料反射率测试方法》中的规定，采用弓形测量法测定吸波涂层的反射率时，测量频带范围为8～18GHz，弓形法测量反射率的示意图如图35-32所示。分离的发射与接收天线安装在被测试样板上方的弓形架上，被测样放置在弓形架的圆心，通过改变天线在弓形架上的位置可以测出不同入射角的被测试样板的反射率。

弓形法测试条件如下。

（1）标准板的要求 标准板由良导体铝或铝合金做成。标准板为正方形，边长大于5倍波长小于15倍波长。本标准推荐使用180mm×180mm×5mm的标准板，尺寸公差为±0.05mm。吸波涂层样板以标准板为基板，在其表面制备吸波涂层。

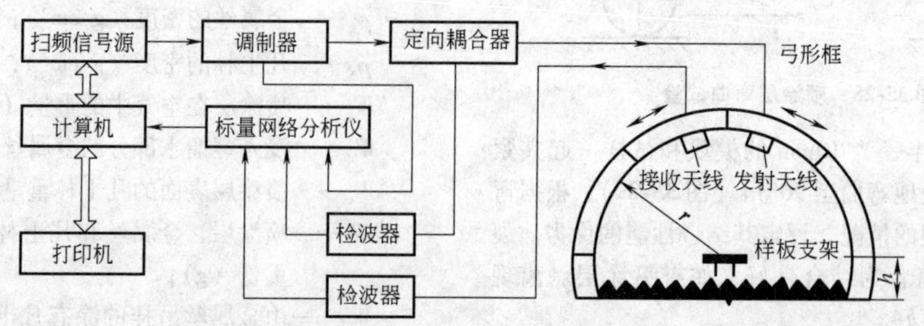

图35-32 弓形法测试反射率的系统示意图

（2）测试距离　天线口面到测试样板的最小测试距离 $r_{\min}$ 为：

$$r_{\min}=\frac{D^2}{\lambda}$$

式中　D——天线口横向最大尺寸；

λ——入射电磁波波长。

（3）测试环境　背景反射率的大小直接影响测量的准确度。为了减少背景的影响，在样品架周围的地面铺设了高性能的暗室用吸波材料，一般选用尖劈材料，其背景反射小于 -40dB。

35.7　表面工程的技术设计及涂层设计

为了更有效地发挥表面工程的潜力，在采用热喷涂等表面技术之前，必须进行必要的"表面工程技术设计"，这包括表面技术与涂层材料的合理选用、表面层成分、组织结构及力学性能、工艺参数的确定以及各种表面层的性能检测方法。热喷涂技术人员要能进行零件失效分析以及熟悉热喷涂等各种表面工程技术与材料的磨损、腐蚀与断裂特征。表面工程的技术设计体系可由图35-33所示。

针对不同的工件，应了解其使用工况，如材料、热处理状态、表面成分、组织、硬度、加工精度和粗糙度等要求，以及是否是薄壁、细长等易变形件，受热变化情况，工作时承受载荷的性质及大小、相对运动速度、润滑条件、工作温度、压力、湿度等条件；如果是修复件，还应了解零件的损坏情况，如失效形式、损坏部位、程度及范围，如磨损量大小、磨损面积、疲劳层深度等。在此基础上，按照零件对耐磨性、耐蚀性、耐热性、抗氧化性、抗疲劳性等性能的要求及硬度、应力状态、孔隙率、涂层缺陷及与基体结合强度、对基体的热影响程度、涂层的厚度等需要，根据实际条件选用合适的热喷涂方法，热喷涂材料、工艺及预加工余量，并对涂层的寿命和使用效果通过试验、分析计算、经验类比、计算机模拟等方法进行评估，确保涂层的质量。

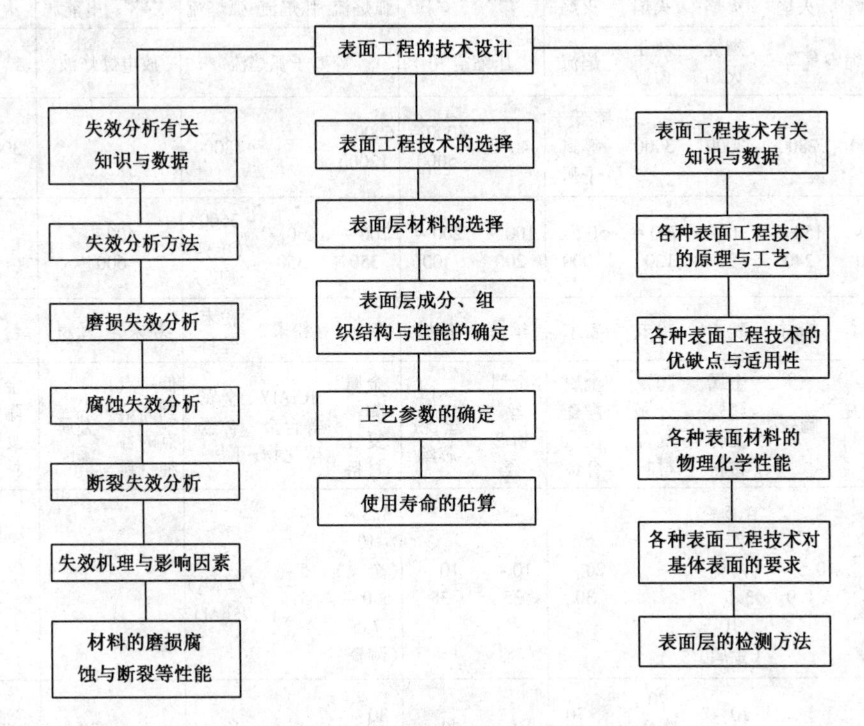

图35-33　表面工程的技术设计体系

1. 热喷涂方法的选取原则

1）热喷涂涂层适合于各种耐磨损表面（各种轴颈、轴承、轴瓦、导轨、滑座等摩擦面）、耐腐蚀表面（各种钢铁构件、塔架、盖板、油罐、船体等表面）和耐热表面（如电站锅炉受热面、燃烧室内衬、火箭头部和喷管等）。不同喷涂方法所适用的喷涂材料及所获得的涂层性能有较大的差别（表35-13）。应根据工件的使用条件、技术要求进行具体分析，选择合适的喷涂方法。

2）对涂层的结合强度要求应不是很高。热喷涂层与基体的结合强度一般在5~100MPa。其中粉末火焰喷涂、普通电弧喷涂涂层的结合强度偏低，而爆炸喷涂、超声速火焰喷涂、超声速等离子弧喷涂的结合强度较高。

3）对涂层的致密性要求应不是很高。热喷涂层的孔隙率一般在1%～15%。其中，爆炸喷涂、超声速火焰喷涂、低压等离子弧喷涂、超声速等离子弧喷涂涂层的孔隙率较低，而粉末火焰喷涂、普通电弧喷涂的孔隙率较高。对喷涂层进行封孔处理可减少孔隙的影响。

4）热喷涂涂层的厚度一般在0.2～3mm，最大可达25mm；热喷涂对工件的材料一般不作要求；预热和喷涂过程中工件温度一般不超过250℃（温度可控），工件的热处理状态不受影响，也不会产生变形。

5）大面积的金属喷涂施工最好采用电弧喷涂，对于批量大的工件最好采用自动喷涂。自动喷涂装置可自行制作或订购。

6）不同热喷涂方法中，电弧喷涂、粉末火焰喷涂所用设备简单，成本低；而爆炸喷涂、低压等离子弧喷涂、超声速等离子弧喷涂等所用设备复杂，成本较高。应根据单位自身的经济条件、场地面积、人员素质等情况综合考虑选择喷涂方法及设备。

表35-13中综合了各种热喷涂方法（包含了喷熔法）的主要技术特性，可供选择具体喷涂方法时参考。

表35-13　不同热喷涂方法的技术特性比较

热喷涂方法	火焰喷涂					电弧喷涂		等离子弧喷涂			特种喷涂		喷熔(熔结)	
	丝材火焰喷涂	陶瓷棒火焰喷涂	粉末火焰喷涂	爆炸喷涂	超声速火焰喷涂	电弧喷涂	高速电弧喷涂	等离子弧喷涂	低压等离子弧喷涂	超声速等离子弧喷涂	激光喷涂	丝材爆炸喷涂	火焰喷熔	低真空熔结
热源	燃烧火焰	燃烧火焰	燃烧火焰	爆燃火焰	燃烧火焰	电弧	电弧	等离子弧焰流	等离子弧焰流	等离子弧焰流	激光	电容放电能源	燃烧火焰	电热源
喷涂力源	压缩空气等		燃烧火焰	热压力波	焰流	压缩空气		等离子弧焰流			放电爆炸波			
火焰温度/℃	3000	2800	3000	3000	略低于等离子弧	4000	4000～5000	6000～12000		18000			3000	
喷涂粒子飞行速度/(m/s)	80～120	150～240	30～90	700～1200	500～1000	100～200	200～400	200～350	200～350	3600（电弧速度）	400～600			
喷涂材料 形状	线材	棒材	粉末	粉末	粉末	丝材	丝材	粉末	粉末	粉末丝材	粉末	丝材	粉末	粉末
喷涂材料 种类	金属复合材料	陶瓷	金属陶瓷复合材料	陶瓷金属复合材料	金属陶瓷硬质合金	金属丝、粉芯丝	金属丝、粉芯丝	金属陶瓷复合材料	MCrAlY等合金碳化物	金属合金陶瓷	低熔点到高熔点的各种材料	金属	金属陶瓷复合材料	金属陶瓷复合材料
喷涂量/(kg/h)	2.5～3.0（金属）	0.5～1.0	1.5～2.5（陶瓷）3.5～10（金属）		20～30	10～35	10～38	3.5～10（金属）6.0～7.5（陶瓷）	5～5.5	55（$ZZrO_2$）25(Al)				
喷涂层结合强度/MPa	10～20（金属）	5～10	10～20（金属）	70（陶瓷）>100（金属）	>70（WC-Co）	10～30	20～60	30～60（金属）	>80	40～80	良好	30～60	200～300	200～300
涂层孔隙率(%)	5～20（金属）	2～8	5～20（金属）	<1	<1（金属）	5～15	<2	3～6（金属）	<1	<1	较低	2.0～2.5	0	0
基体受热温度/℃	均小于250					<250		均小于250			<250		≈1050	
设备投资	低	低	低	高	较高	低	中	中	高	高	高	高	低	中

2. 热喷涂材料的选择原则

1）热喷涂涂层材料的选择应满足涂层性能要求，并兼顾工艺性和经济性。例如：钴基合金性能优越，但国内资源比较缺乏，宜少用。虽然我国镍资源比较丰富，但镍基合金价格比较昂贵，因而在满足使用要求的情况下尽量采用铁基合金。铁基合金的工艺性较差，施工时应确保质量。

2）材料的选择应与工艺方法的选择相适应。不同的喷涂方法所适用的喷涂材料范围并不一样。例如，某些高熔点合金或陶瓷的喷涂需要用较高温度的火焰或较高能量密度的能源；某些需要防止合金元素氧化、烧蚀的重要涂层需要在低真空或有保护气氛的环境下才能获得；大面积构筑物的防护性Zn、Al及其合金的喷涂采用电弧喷涂方法具有较高的喷涂效率和经济性；一些塑料的喷涂应选用特殊设计的喷枪并在较低温度的火焰下进行。总的来讲，要求高性能的重要涂层必须使用满足要求的喷涂材料及与之适应的喷涂方法和喷涂设备，而使用一般材料即可符合要求的涂层则应以获得最大经济效益为准则。

3）复合材料的选择。当单一材料涂层不能满足工件的使用要求时可考虑使用复合涂层，以达到与基体材料的牢固结合，并发挥不同涂层之间的协同效应。如使用具有高耐磨和耐高温氧化性能的陶瓷涂层（如Al_2O_3、ZrO_2、ZrO_2-Y_2O_3等）时，为了解决陶瓷与基体金属物理或化学的不相容性，克服两者不能结合或结合力不高的弊病，可在陶瓷表层与基体间引入一层或多层中间层，如第一层（打底层）可以是Ni-Cr、Ni/Al、Mo、W、NiCrAlY等。第一层至陶瓷表层间还可加入二至数层成分含量不同的梯度过渡层，其成分由以底层为主表层为辅过渡到以表层为主底层为辅。

表35-14中综合了各种热喷涂材料的主要应用范围，可供选择具体喷涂材料时参考。

表35-14 热喷涂涂层材料的应用

涂层材料		应用目的							特性及应用说明	最高使用温度/℃
		耐蚀保护	耐氧化保护	耐磨保护	滑动摩擦层	过渡结合层	修复层	其他		
Zn		▲							适于电弧喷涂，广泛用于防大气腐蚀，常温下耐淡水腐蚀，耐碱性介质腐蚀优于铝，结合性好	250
Al		▲							适于电弧喷涂，广泛用于防大气腐蚀，耐酸性介质腐蚀优于锌	400
富锌的铝合金		▲							综合Al及Zn的各自特性形成的高效耐蚀涂层	
Sn		▲							和铝粉混合，形成铝化物，可用于腐蚀保护	
Ni		▲				▲			密封后可作耐蚀层	~500
常温尼龙		▲							适于火焰喷涂，常温下耐酸、碱介质	
高温塑料：聚苯硫醚、聚醚砜、聚醚酮		▲							工作温度-140~200℃，耐酸及碱腐蚀	350
Al-Mg		▲								200
Pb		▲							防辐射材料	200
合金钢		▲		▲			▲			500
Mo				▲	▲	▲				320
硼化物	TiB_2，ZrB_2			▲						①
碳化物	TiC，Cr_3C_2，NbC，TaC，WC			▲						400TiC 500WC
	WC-TiC，TaC-NbC			▲						
	Cr_3C_2-NiCr WC-Co			▲					WC-Co（12%~20%）硬度>60HRC，热硬性好	800 500
氧化物	Al_2O_3，TiO_2 Cr_2O_3，ZrO_2			▲				绝热层	Al_2O_3封孔后抗高温氧化，1000℃下使用，900~1000HV TiO_2孔隙少，结合好，耐蚀；，500℃下使用，600~700HV	①

（续）

涂层材料		应用目的							特性及应用说明	最高使用温度/℃
		耐蚀保护	耐氧化保护	耐磨保护	滑动摩擦层	过渡结合层	修复层	其他		
氧化物	Al_2O_3-TiO_2 Al_2O_3-MgO Cr_2O_3-TiO_2			▲				绝热层	Al_2O_3-TiO_2(96%～2.3%),500℃下使用,硬度,900～1000HV Cr_2O_3-$TiO_2$13%耐滑动摩擦,500℃下使用,800～950HV Al_2O_3-MgO71%耐磨,耐热,电绝缘性好	①
	ZrO_2-MgO ZrO_2-CaO ZrO_2-SiO_2		▲	▲				绝热层	ZrO_2-MgO8%(或24%)耐热冲击,绝缘性好 ZrO_2-CaO4%(或7%,31%)隔热,耐热冲击,CaO比Y_2O_3便宜,可用作发动机燃烧室	①
	ZrO_2-Y_2O_3		▲					绝热层	ZrO_2-$Y_2O_3$4%(或6%,8%,12%,20%)耐热隔热性最高,耐热冲击性优良,Y_2O_3含量越多线胀系数越大	
用Al_2O_3或Cr_2O_3增强的Co基合金			▲	▲						～1000
Co-Mo-Si合金				▲	▲				称为耐磨合金	～1000
MCrAlY(M = Fe,Co,Ni)		▲	▲					绝热层		～1000
NiAl、NiCr			▲			▲	▲		镍铝、镍铬、镍及钴包WC可用于500～850℃下的磨粒磨损,Ni-Cr(80%～20%)耐热腐蚀	950
弥散有钒、铬、钼或钨的硼化物、碳化物或硅化物的铁基、钴基或镍基硬质合金				▲						800
Ni-Cr-Al + Y_2O_3			▲						抗高温氧化	
镍包氧化铝,镍包碳化铬			▲						工作温度800～900℃,抗热冲击	
黄铜,青铜					▲				轴承材料	<200
Ni-石墨					▲				镍包石墨为磨合涂层,润滑性好,可作发动机可动密封件	500
Cu-石墨					▲				铜包石墨润滑性好,导电性较高,可作电触头及低摩擦因数材料	
镍包二硫化钼					▲				减磨材料,润滑性良好,用于550℃以上动密封处	
自粘结镍基合金					▲				自润滑自粘接镍基合金属减磨材料,润滑性好	
自粘结铜基合金等					▲				自润滑粘接铜基合金与包覆聚酯,聚酰胺等属减磨材料	

① 使用温度的最大极限取决于基体材料，而不取决于涂层。

参考文献

[1] 孔爱民．热喷铝防腐技术在海洋平台防腐中的应用[J]．中国海洋平台，2008，23（5）：50-52.

[2] 安云岐、陈介亮、洪伟．海洋环境钢桥梁电弧喷铝复合涂层体系防护寿命预测[J]．有色金属：冶炼部分：2006（增刊）：80-82.

[3] 李言涛，黄彦良，侯保荣．海洋钢铁件锌铝喷涂技术典型工程实例回顾[J]．材料保护，2005，38（4）：51-53.

[4] 徐滨士．高稳定性高速电弧喷涂腐蚀防护技术[M]．北京：科学出版社，2011.

第36章 胶　　接

作者　李宏运　益小苏　审者　刘金合

胶接也称粘接、粘合等，是指同质或异质物体表面用胶粘剂连接在一起的一种技术。胶接具有应力分布连续、重量轻、工艺温度低、密封、绝缘、减振、隔热和隔声等特点，特别适用于不同材质、不同厚度、薄壁结构和复杂结构的连接，另外还可和机械连接、焊接并用形成复合连接，因此是广泛应用的重要连接技术之一。

36.1　胶粘剂

36.1.1　胶粘剂概述

胶粘剂的种类很多，下面从其主要组成、形态、固化方式和性能等方面对胶粘剂进行分类，以便选择和使用。

1. 按胶粘剂主要化学成分分类

根据胶粘剂使用的主要化学成分，胶粘剂可分为有机和无机两大类，见表36-1。

2. 按胶粘剂表观形态分类

按胶粘剂表观形态，可将胶粘剂分为液体型、膏糊型和固体型，见表36-2。

3. 按胶粘剂固化硬化方法分类

按固化形式的不同，可将胶粘剂分为溶剂挥发型、化学反应型和热熔型三大类，见表36-3。

按胶粘剂固化后的性能特点，可将胶粘剂分为结构型、非结构型和次结构型。结构胶粘剂是在承受较大载荷和较苛刻环境作用下不失效，且在预定时间内性能没有大幅度下降的胶粘剂，结构胶粘剂多为混合型，如酚醛-橡胶（热塑性塑料）、环氧-橡胶（热塑性塑料）等；非结构型胶粘剂一般不能承受较大的载荷，且在较高温度下或环境作用下会出现明显的性能下降，通常用于承力较小的制件或作定位及特殊功能用，如淀粉、蛋白、丙烯酸和醇酸树脂胶粘剂等；

表36-1　按主要化学成分对胶粘剂分类

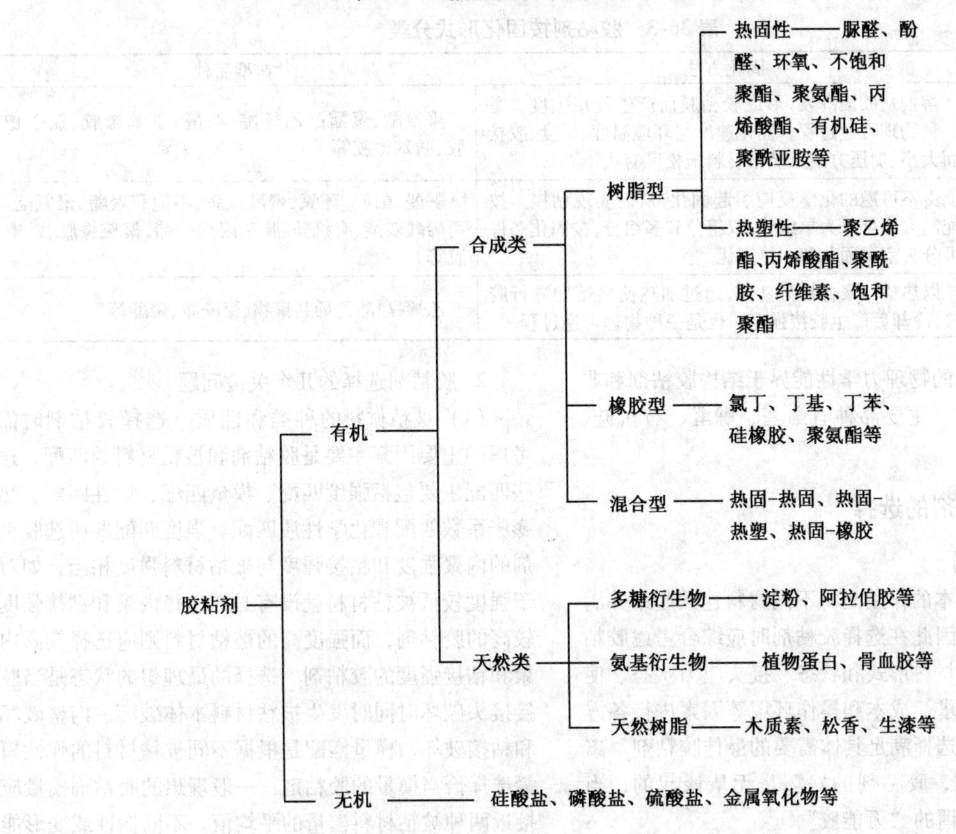

表 36-2　按表观形态对胶粘剂分类

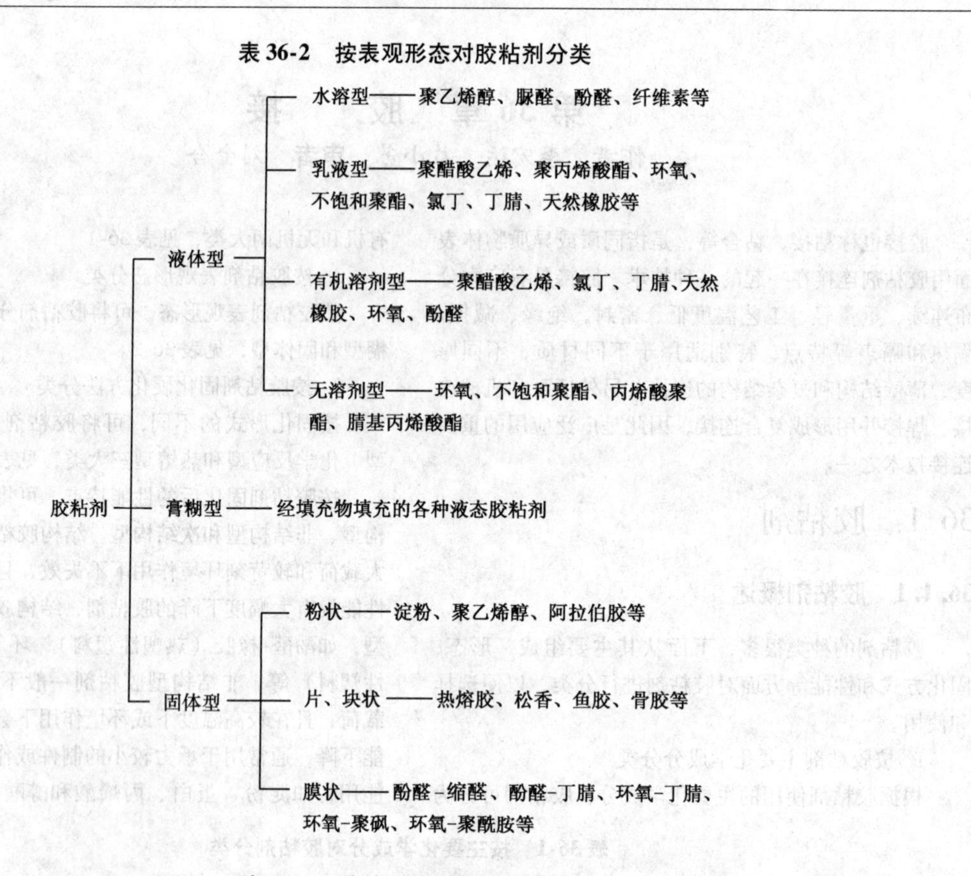

表 36-3　胶粘剂按固化形式分类

类　型	固化方法	典型品种
溶剂挥发型	溶剂从胶面挥发，形成胶粘膜而产生胶接强度。是一种物理可逆过程。固化速度与环境温度、湿度、胶接面大小、加压方式及被粘材料疏松度有关	聚氨酯、聚醋酸乙烯酯、酚醛、丁苯橡胶、氯丁橡胶、腈基橡胶等
化学反应型	由不可逆的化学反应引起固化，从而实现粘接。按配制方法可分为单组分、双组分和多组分，按固化条件可分为室温固化和加热固化	脲醛、酚醛、环氧、聚酰亚胺、不饱和聚酯、聚氨酯、丙烯酸双酯、有机硅、腈基丙烯酸酯、聚硫橡胶、硅橡胶等
热熔型	以热塑性聚合物为基体，通过加热使之熔融进行胶接，冷却后产生胶接强度。也是一种物理可逆过程	乙烯-醋酸乙烯共聚物、聚酰胺、聚酯等

次结构型胶粘剂的物理力学性能界于结构胶粘剂和非结构胶粘剂之间，主要品种有酚醛、脲醛、有机硅、聚氨酯等。

36.1.2　胶粘剂的选择

1. 基本原则

胶粘剂最基本的作用是将不同材料连接起来并满足特定的要求，因此在选择胶粘剂时应综合考虑胶粘剂的性质、被粘材料形式和状态、接头应力状态、使用环境、工艺要求、成本和操作环境等因素进行各方面的权衡，从而选择满足具体需要的最佳胶粘剂。离开了具体的要求，胶粘剂的好坏是无从谈起的，当然，也不存在所谓的“万能胶”。

2. 胶粘剂选择的几个关键问题

（1）被粘材料的种类和性质　选择胶粘剂时需考虑的重要因素主要是胶粘剂和被粘材料的匹配，这些匹配主要包括强度匹配、模量匹配、韧性匹配、热膨胀系数匹配和化学性质匹配。强度匹配即所选胶粘剂的内聚强度和粘接强度与被粘材料强度相当，如对于强度较低被粘材料就没有必要选择内聚和粘接强度较高的胶粘剂，而强度高的被粘材料则应选择较高内聚和粘接强度的胶粘剂，选择的最理想的状态是当胶接接头破坏时同时发生被粘材料本体破坏、内聚破坏和粘接破坏。模量匹配是根据不同被粘材料的弹性模量选择恰当模量的胶粘剂，一般理想的胶粘剂模量应接近两种被粘材料模量的平均值。不同韧性或变形能力的材料进行粘接时，应恰当地选择胶粘剂的韧性，即韧性匹配。当脆性材料粘接，如陶瓷-陶瓷或陶瓷-玻璃粘接时，可选择脆性的胶粘剂，如不增韧的酚醛、脲醛和环氧等；当韧性材料如橡胶、织物等粘接时，就必须选择韧性好的橡胶类胶粘剂；当韧性材料和脆性材料粘接，如橡胶-陶瓷、橡胶-金属或塑料-金属等，胶粘剂应选择具有较好韧性的体系，一般理想胶粘剂的断裂伸长率应不小于两种被粘材料断裂伸长率的平均值。不同被粘材料进行加热粘接时，因它们的热膨胀系数不同，会在胶层产生应力，选择胶粘剂时应考虑使胶层具有较好的韧性或变形能力及较高的粘接强度，以避免因残余应力而发生破坏，尤其接头须工作在温度变化较大的环境中时更应重视这一问题。许多胶粘剂中含有溶剂或可能对被粘材料有腐蚀作用的组分，因此，所选胶粘剂应不对被粘材料形成破坏性的溶解或腐蚀。

(2) 胶接接头使用工作条件　胶接接头的受力状态是首先需要考虑的问题。受力状态有四种基本形式，即拉伸、剪切、撕裂和剥离。选择胶粘剂时应分析接头所受的四种形式的应力，找出主次，从而选用能满足主要应力要求并兼顾其他应力形式的胶粘剂。一般来讲，未增韧的合成树脂类胶粘剂，如丙烯酸类、酚醛类及环氧类等具有较高的拉伸和剪切强度而剥离和撕裂强度较差；橡胶类胶粘剂则具有较好的剥离和撕裂强度而剪切和拉伸不足；结构胶粘剂一般为经增韧的树脂类胶粘剂，这类胶粘剂具有较全面的性能。

当接头应力为持久应力、动态应力或冲击应力时，应选择强度高且韧性较好的胶粘剂。

接头使用温度是选择胶粘剂的另一重要条件。胶粘剂的温度特性包括三个方面的问题，即耐热性、耐寒性和耐冷热交变性。

温度升高时，胶粘剂的性能会有不同程度的下降，因此所选胶粘剂应在接头使用温度下保持足够的强度。一般情况下，胶粘剂强度保留率为室温强度1/3时的温度为胶粘剂使用温度的上限。在低温情况下，胶粘剂会变脆，从而使剥离强度和撕裂强度下降，再加上因接头热膨胀系数的差异会导致较大的胶层应力，所以接头在低温下使用时，必须选用韧性、弹性好或玻璃化温度较低的胶粘剂。

对于冷热交变条件，胶粘剂应具有良好的高温和低温性能及非常好的韧性，能满足这些条件的胶粘剂一般为经过良好增韧的树脂类或耐热好的橡胶类。

第三个要考虑的使用条件是接头所处的环境条件，其中最重要的是潮湿（或水浸）和化学界质。水几乎可以渗入所有的胶粘剂和胶接界面中，使胶粘剂内聚强度和粘接强度降低，因此，有水环境中应选吸水率低的胶粘剂，并对被粘材料进行适当的表面处理。对用于化学界质环境中的胶接，所选胶粘剂应尽量不发生溶解、膨胀或腐蚀老化。

(3) 胶接工艺要求　胶粘剂的种类很多，不同种类的工艺性差别很大，选择胶粘剂时应根据制备不同胶接接头的工艺要求，考察胶粘剂的工艺性进行选择。胶粘剂的工艺性主要包括以下几个方面：胶粘剂状态、施胶方法、储存期、适用期、涂胶贴合时间、干燥时间、固化温度、固化压力和固化时间等。

胶粘剂的状态一般有液态、膏状和固态（或膜状）。液态胶粘剂适合喷涂或刷涂，膏状适合刮涂，膜状胶适合铺放。选择何种状态的胶粘剂要根据接头的形状和尺寸、制件数量、施胶工具、工装和设备等来决定。一般结构胶粘剂和次结构胶粘剂都需在一定温度和压力下固化，这样不但可以提高胶接接头的耐热性，还可以提高粘接的强度和耐久性，但对工艺装备提出了一些要求。对某写大型复杂部件或被粘材料不能承受高温高压时，需权衡工艺和性能要求，选择具有恰当温度和压力工艺参数的胶粘剂。

另外，选择胶粘剂时还应考虑胶粘剂的气味、毒性和是否为易燃易爆品等，并采取相应的安全措施。

以上仅为选择胶粘剂时应考虑的基本问题，当在重要结构上使用胶粘剂时，还应详细研究具体胶粘剂的各种性能数据，包括工艺性能、物理性能和力学性能等，必要时应与胶粘剂的生产厂商取得联系以获得技术支持。

表36-4给出了国内常见胶粘剂，表中根据用途将胶粘剂分成通用胶粘剂、结构胶粘剂、软质材料用胶粘剂和特种胶粘剂，其实各类之间并无严格的界定，这样分类仅为选用时方便。这里通用胶粘剂一般指常温固化（当然也可加热固化），耐温范围为$-50\sim60$℃，室温下具有较好的胶接强度，可用于金属、陶瓷、混凝土、塑料和木材等的胶接，组成可为合成树脂或橡胶等；表中结构胶粘剂指可承受较大载荷、综合性能好、耐温80℃或以上、耐环境老化的胶粘剂，一般为经增韧的酚醛、环氧中温或高温固化的胶粘剂，多用于金属的胶接；软质材料用胶粘剂为韧性较大的胶粘剂，一般为天然或合成橡胶、聚氨酯、软质塑料等，多用于织物、皮革之间或与金属及非金属的胶接；特种胶粘剂多为各种功能的胶粘剂。

表36-4 国内常用胶粘剂

主要组成	特点	用途	主要品牌	主要厂家
通用胶粘剂				
α-氰基丙烯酸酯	单组分、室温瞬间固化	各种金属、非金属的定位、装配等	WD502胶，神功502胶等	上海康达化工，浙江金鹏化工，北京北化精细化学品公司等
丙烯酸酯	双组分、室温快速固化、剪切强度较好，剥离强度低	胶接金属、陶瓷、硬塑料和木材等	SGA—806，SGA—809，J—39，J—50，TS系列胶，WD1004等	青岛海洋化工院，黑龙江石油化学研究院，北京天山公司，上海康达化工等
环氧类	双组分、室温或加热固化、耐温可达60℃，综合性能好	胶接各种金属、陶瓷、硬质塑料和木材等	SY—40，SY—37，SY—49，SY—21，SY—TG3，J系列胶粘剂，DG系列胶粘剂，HT系列胶粘剂等	北京航空材料研究院，黑龙江石油化学研究院，晨光化工研究院，湖北回天胶业等
结构胶粘剂				
酚醛类	单组分或双组分、液状或膜状、固化温度100～180℃，耐温100～150℃，综合性能和耐老化好	多用于金属结构件胶接	J系列胶粘剂，铁锚系列胶粘剂等	黑龙江石油化学研究院，上海新光化工有限公司等
环氧类	单组分、液状或膜状、固化温度120～177℃，耐温100～150℃，综合性能和耐老化好	金属材料结构胶接	SY—14、SY—24、SY—TG1、J—116、J—99系列胶等	北京航空材料研究院，黑龙江石油化工研究院等
软质材料用胶粘剂				
改性氯丁橡胶或天然橡胶	单组分或双组分，室温硫化，使用温度－40～60℃，剥离强度高，剪切强度低	织物、皮革、橡胶、塑料以及这些软质材料和刚性材料的胶接	CR4170H，铁锚系列胶	北京航空材料研究院，上海新光化工有限公司等
聚氨酯	双组分或单组分，室温或加热固化，耐温－40～80℃，韧性好，耐环境和介质性能好	织物、皮革、橡胶、塑料以及这些软质材料和刚性材料陶瓷、金属及玻璃等的胶接	WD系列胶，J2049、J2050系列胶8950、8960系列胶	上海康达化工，北京航通舟公司，湖北回天胶业等
特种胶粘剂				
胶接点焊胶	双组分或多组分、耐温－60～60℃，良好的静态和疲劳强度、耐工艺湿热和介质	金属材料的胶接点焊或普通胶接	SY—146、J系列胶、DG系列胶等	北京航空材料研究院，黑龙江石油化学研究院，晨光化工研究院等
耐高温双马来酰亚胺	单组分、175～200℃固化、长期使用温度180～200℃，短时耐温可达350℃	高温条件下使用的金属或陶瓷的胶接	SY—32、J—17胶等	北京航空材料研究院，黑龙江石油化学研究院等
耐高温聚酰亚胺	单组分、200～280℃固化、长期使用温度200～350℃，短时耐温可达450℃	高温条件下使用的金属或陶瓷的胶接	J—29、60、118系列胶	黑龙江石油化学研究院
银粉导电胶	单组分或双组分，一般加热固化，电阻率10^{-5}～$10^{-2}\Omega\cdot cm$，使用温度－60～120℃	各种电子元器件需导电部位的胶接	SY—71、73、DAD—x系列、J—17等	北京航空材料研究院、上海合成树脂研究所、黑龙江石化院等
发泡胶	单组分粉状或带状，120～180℃固化，使用温度－55～175℃，剪切强度高，耐疲劳、耐老化	蜂窝夹芯的拼接，各类构件的填充、封边	SY—P1、P3、P9、J—29、60、118	北京航空材料研究院、黑龙江石化院

36.2　胶接接头的设计

36.2.1　基本原则

胶接是一种较复杂的连接方法，这种连接方式具有其鲜明的优点，但也存在许多弱点，因此在设计胶接接头时必须注意发挥其长处，克服其不足。一些基本原则如下：

1）除橡胶类胶粘剂外，大多数胶粘剂的拉伸强度（或均匀扯离）和剪切强度较高，而剥离和不均匀扯离强度较低，因此在设计接头时要尽量减少使胶层承受的剥离和劈开应力，并尽可能避免应力集中。

2）合理增大胶接面积，以提高接头的承载能力。

3）使胶接接头的强度与被粘材料的强度相当。

4）尽可能简化胶接工艺。

5）综合考虑接头的受力形式和环境条件。

36.2.2　接头设计的几个重要问题

实际使用中的接头形式很多，但都可简化为端接（包括对接和搭接）、角接和面接三种基本形式，如图36-1所示。接头的典型受力形式有四种，即剪切、拉伸、不均匀扯离和剥离，如图36-2所示。胶接接头承受各种形式应力的能力是不同的，且受许多因素的影响，因此设计胶接接头时必须注意以下几个问题：

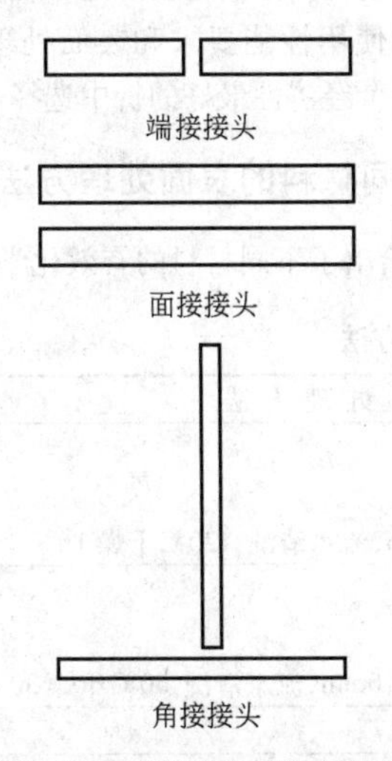

图36-1　胶接接头的基本形式

1. 尽量将接头设计成受剪切状态

受力分析和试验表明，对接接头和搭接接头的承载能力较好。对一般胶粘剂而言，对接接头承受的拉力为等面积搭接接头承受剪切力的2～6倍，是不均匀扯离的5倍，是剥离力的50倍；搭接接头的剪切力是不均匀扯离力的3～20倍，是剥离力的30倍以上。因此无论什么情况下，都应避免将胶接接头设计成受不均匀扯离和剥离载荷的形式，而应设计成受拉伸和剪切的对接和搭接形式。就对接和搭接而言，实际应用中多采用搭接形式，这是因为对接接头的胶接工艺和制造较困难，除非被粘材料为很厚的板材或很粗的棒材。一般对接时很难保证载荷完全垂直于胶接面，导致载荷转变成不均匀扯离或剥离状态，从而使接头容易破坏。所以将接头设计成受剪切状态的搭接形式最为合理。

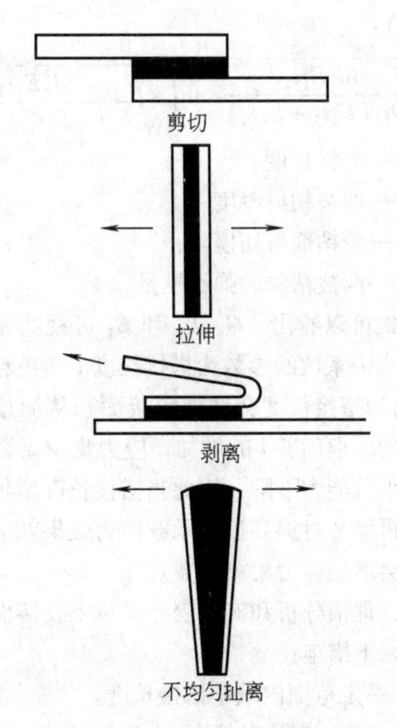

图36-2　接头的典型受力

2. 尽量避免应力集中

胶接接头是结构上不连续的部分，通过它把应力从一部分传递到另一部分。胶接接头是由许多部分组成，它们的物理性能和力学性能差别较大，因此在不同环境和承受载荷时应力分布非常复杂，很容易造成应力集中。

对典型的搭接接头，从理论上讲，当接头上作用一拉力或压力 F 时，胶接面主要承受剪切应力。但实际上，力的作用线不可能恰好在胶缝平面，从而产生一个弯矩作用在接头上，使被粘件发生变形，被粘件端部变形最大。这样，胶接面不但承受剪切应力，而且承受垂直于胶接面的拉应力，应力在胶缝端部最大，从两端往中间逐渐减小，端部的应力集中会产生严重的不均匀扯离或剥离，使胶接强度降低。下面的公式给出了接头的剪切应力集中系数 n（最大应力/

平均应力）：

$$n=\sqrt{\frac{Gl^2E_1t_1}{E_2t_2(E_1t_1+E_2t_2)}}\coth\left(\sqrt{\frac{Gl^2E_1t_1}{E_2t_2(E_1t_1+E_2t_2)}}\right)$$

式中 l——搭接长度；

t_1、t_2——两被粘物厚度；

G——胶粘剂剪切模量；

E_1、E_2——两被粘物的弹性模量。

从上式可以看出，G、E_1 和 E_2 可视为常数，而影响应力集中系数的参数为搭接长度 l 和被粘物厚度 t_1、t_2。增加搭接长度会增加胶接面积从而增加接头的承载能力，但随着 l 的增加，应力集中系数也会增大，又使承载能力下降。因此当搭接长度增加到一定程度后，再增加对提高接头承载能力效果就会大大减小，而只会增加应力集中系数。

总之，理论分析和实验表明，减小胶接面应力集中可采取以下措施：

1）在一定范围内减小搭接长度。

2）在一定范围内增加被粘物宽度、厚度和刚度。

3）采用刚度不大于被粘物刚度的胶粘剂，胶层要有适当的厚度。

4）尽量采用热膨胀系数相近的胶粘剂和被粘材料，减小内应力。

5）采用恰当的胶接工艺，避免胶层缺陷。

36.3 表面处理

36.3.1 表面处理的作用和过程

胶接区别于焊接或铆接特殊的一点，就是存在着异质材料的界面黏附问题。为了保证粘接的质量，要求被粘材料的表面具有一定的粗糙度和清洁度，同时还要求材料表面具有一定的化学或物理的反应活性，因此在进行粘接之前，必须进行材料表面的清洁处理和表面活化处理，统称表面处理。通过正确的表面处理可使粘接件的破坏或者发生在胶层内部（内聚破坏），或者发生在被粘接材料之中。从结合强度的观点来看，胶接材料表面处理得好坏的依据是界面粘接强度是不是大于或接近胶层材料的内聚强度。表面处理的常用工艺如下方框图。在进行以上表面处理工艺时，应考虑以下几点：

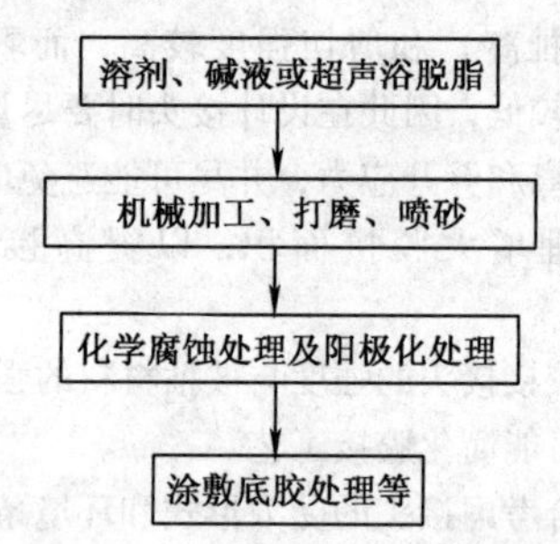

1）被粘材料的种类，其机械加工特性和化学腐蚀特性。

2）原材料被污染的情况，包括污染层厚，污染层紧密程度，表面污染层密实程度，表面污染物的种类和性质。

3）粘接结构的使用性能要求，例如短时力学性能、长时耐久性能等。

4）以下各项的必要性和经济性：设备投资、人员素质、工作场地的限制等。总之，在胶粘剂、被粘材料的种类、使用性能要求和表面处理工艺四者之间，应找出一个经济性最好的折中选择。

36.3.2 不同材料的表面处理方法

表36-5给出了不同材料的有效化学处理方法。

表36-5 不同材料的有效化学处理方法

被粘材料	处理液比例（质量比）	处理方法
钢铁	磷酸（85%）：乙醇＝1:2	三氯乙烯或汽油清洗 打磨或喷砂 在60℃处理液中浸泡10min，流水清洗，120℃干燥1h
铝及铝合金	化学处理：重铬酸钾：浓硫酸：蒸馏水＝1:10:30	丙酮或三氯乙烯清洗 打磨 在60～70℃处理液中处理10min，流水清洗，60℃干燥30～60min
		磷酸阳极化
不锈钢	重铬酸钾：浓硫酸：蒸馏水＝3.5:200:3.5	丙酮或三氯乙烯清洗 打磨 在70～75℃处理液中处理15～20min，流水清洗，95℃干燥20～30min
铜和铜合金	三氯化铁（42%水溶液）：浓硝酸：蒸馏水＝15:32:200	丙酮或三氯乙烯清洗 打磨 在室温处理液中处理1～2min，流水清洗，95℃干燥15～20min

（续）

被粘材料	处理液比例(质量比)	处理方法
一般塑料	重铬酸钾:浓硫酸:蒸馏水 = 5:100:8	丙酮或三氯乙烯清洗 在处理液中处理:PE、PP,25℃,1h 或 70℃,2~5min;其他塑料酌减时间和温度 流水清晰,自然晾干
聚四氟乙烯	12.8g 升华萘与干燥的四氢呋喃 100mL 搅拌溶解,再在气氛保护下加入钠制成处理液	丙酮或三氯乙烯清洗 在处理液中室温处理 10min,流水清洗并干燥

36.4 胶接工艺

36.4.1 胶接工艺过程和方法

胶接工艺的一般内容和程序以及针对这些工艺内容的一些特殊先进技术见表 36-6。

表 36-6 胶接工艺的一般内容和程序

序号	工艺内容	先进技术
1	表面处理	自动连续化处理线
2	施胶	机械手定位喷涂 胶膜自动铺放
3	组装定位	机械手操作
4	固化	自动程序控制固化 结构共固化 红外、微波、辐射固化
5	检验	各种无损检测

胶接工艺可以手工施工，也可以机械化施工。手工胶接的工艺要领有以下几点：

1）根据胶粘剂的种类和性质选择合适的涂胶工具，如毛刷、喷枪或注射器等。涂胶应均匀而不含气泡，胶膜厚度一般应控制在 0.05~0.20mm 之内。

2）涂完胶以后，晾置时间应控制在胶粘剂的允许适用范围内，同时应避免开放状态的胶膜吸附灰尘或被污染。

3）组装定位应准确，合拢后应避免反复错动，避免气泡残留在胶层内。

4）正确选择固化参数。

36.4.2 基本工艺参数

胶粘剂固化过程是一个化学反应过程，正确选择固化工艺参数是很重要的。控制化学反应型胶粘剂固化工艺的理论基础是化学反应动力学。其基本参数是反应时间、反应温度、作用压力等，其影响分述如下。

1. 反应时间

当一个化学反应的温度恒定以后，体系中反应物各组分的浓度比例将随反应时间的延长而发生变化。反应开始时，反应物各组分的浓度最高，体系的反应活性最大，因此反应速度最快。随着时间的增长，反应速度非常缓慢，而这时胶粘剂内聚强度已基本建立，因此一般认为反应达到约 90% 的程度时，固化就已经完成。

2. 反应温度

温度是影响化学反应速度最敏感的参数。概略地说，反应温度每提高 10℃，反应速度增加约一倍。此外，反应温度的高低还将影响反应产物的结构与性能（如交联度、内聚强度和黏附强度等）。

许多胶粘剂具有较宽的反应温度调节范围，因此可以通过调节固化反应的温度参数来达到预定的力学性能。

反应时间和反应温度的选择和确定一般应遵循胶粘剂产品说明书的规定，或者通过差热分析（DSC）自行测定。

3. 作用压力

固化反应时施加压力主要有以下几个目的：

1）缩聚反应时平衡低分子副产物的压力。

2）可溶性胶液靠外来压力来挤出其中的溶剂。

3）提高胶粘剂对被粘材料的浸润性。

4）提高反应产物（胶层）的强度。

实际工艺操作中有两种加压方式，一种是热压罐中加压；另一种是在热压机上加压，粘接强度一般先随压力升高而提高，但超过一定压力后又会下降，因为过高的压力将挤出胶液，造成胶层过薄。从工艺角度讲，要求固化压力对于整个胶粘面积均匀，并且保证胶层具有一定的厚度（0.05~0.20mm）。

4. 适用期

适用期是胶粘剂各组分均匀混合后直至混合物不再能继续使用的延续时间，即胶粘剂配好后允许在空气中停放的最长时间。适用期的长短取决于胶粘剂体系的固化反应速度，一般讲，胶粘剂的固化反应速度越快，其适用期就越短。在实际工作中，可以通过不断搅动胶粘剂，凭经验判断其固化程度，从而粗略地确定适用期。为了保证胶粘剂的使用性能，原则上最好现配现用，用多少配多少。

36.4.3 胶接质量控制

胶接工艺是一个多工序的复杂过程，每一步都对胶接的质量影响很大，因此为了保证胶接质量，必须使每步工序都处于受控状态。胶接质量控制的要素主要有厂房与环境、设备和仪器、胶粘剂和辅助材料、工艺过程和参数、检验和人员素质等。

胶接厂房和场地要保持干净整洁，对于要求较高的胶接产品的生产，还应在封闭连续的净化间中进行，并符合有关环境要求。一般环境控制要素有温度、湿度、粉尘和其他污染物等，这些要素在胶接过程中要进行适当的控制并记录。

设备如涂胶机、烘箱、热压机和热压罐等应定时检修使其工作在良好状态，计量器具、测量仪器仪表和传感器应保持足够的灵敏度并定期校验。

胶粘剂使用前应检查包装是否破损，胶粘剂是否被污染。胶粘剂和一些辅助材料一般都有一定的储存期限，使用前应了解胶粘剂已储存的时间和是否在满足相应技术条件的环境中储存，避免使用过期的胶粘剂和辅助材料。

胶接工艺过程的每一道工序要严格按照规定的工艺参数进行操作，每步检验合格后才进行下一步工作。

从事胶接生产的人员要有一定的胶粘剂和胶接工艺的基本知识，必要时还要对人员进行定期或不定期的培训，或对操作人员进行技能认证。

另外，胶接过程中使用的材料可能有易燃、毒害和腐蚀特性等，应采取相应措施避免对人员和环境造成损害。

36.5 胶粘剂和胶接性能测定

36.5.1 胶粘剂的物理化学性能测定

胶粘剂的物理化学性能决定着胶粘剂的工艺性能，从工艺考虑需测定的主要性能有储存期、适用期、黏度、固体含量和固化速度等。表36-7给出了测定以上性能的试验方法。

表36-7 胶粘剂物理化学性能试验方法标准

标准编号	标准名称
GB/T 2793—1995	胶粘剂不挥发物含量的测定
GB/T 13354—1992	液态胶粘剂密度的测定方法 重量杯法
GB/T 14518—1993	胶粘剂的pH值测定
GB/T 7123.1—2002	胶粘剂适用期的测定
GB/T 2794—2013	胶粘剂黏度的测定 单圆筒旋转黏度计法
GB/T 7123.2—2002	胶粘剂适用期和贮存期的测定

36.5.2 力学性能检测

胶接力学性能检测包括静态性能、动态性能和环境老化后性能。静态性能包括剪切强度、拉伸强度、不均匀扯离强度和剥离强度（包括90°剥离、180°剥离和T形剥离等）；动态性能主要有冲击和疲劳性能；老化条件主要有湿热和盐雾等，老化后力学性能的测定按相应方法进行。表36-8给出了部分试验方法和标准。

表36-8 部分胶接力学性能试验方法标准

标准编号	标准名称
GB/T 7124—2008	胶粘剂 拉伸剪切强度的测定(刚性材料对刚性材料)
GB/T 6329—1996	胶粘剂对接接头拉伸强度的测定
GB/T 2790—1995	胶粘剂180°剥离强度试验方法 挠性材料对刚性材料
GB/T 2791—1995	胶粘剂T剥离强度试验方法 挠性材料对挠性材料
GB/T 7122—1996	高强度胶粘剂剥离强度的测定 浮辊法
GB/T 7749—1987	胶粘剂劈裂强度试验方法(金属对金属)
GB/T 6328—1999	胶粘剂剪切冲击强度试验方法
HB 6686—1992	胶粘剂拉伸剪切蠕变性能试验方法(金属对金属)

目前国内尚无标准的胶接接头的疲劳试验方法，但大多采用拉伸剪切疲劳试验，所用试样也与静态拉伸剪切试样相同，载荷常取静态强度的30%、50%、60%或70%，载荷系数取0.1，载荷相对误差在±2%，试样试验时温度变化偏差应不超过±1%。根据需要，试验可测定胶接接头的疲劳强度或疲劳寿命。

老化试验一般用来评定考核胶粘剂的耐环境性，湿热老化在各种调温、调湿试验箱中进行，温度可选择40℃±1℃、50℃±1℃或55℃±1℃等；相对湿度大于等于95%。盐雾试验是评定胶接接头与海水及蒸汽接触的耐老化性能，试验在盐雾箱中进行，试验盐水配方为（质量比）：氯化钠27，无水氯化镁6，无水氯化钙1，氯化钾1，蒸馏水67。经老化后的试样应在24h内测定各种性能。

36.5.3 无损检测

实际的胶接制件一般不允许进行破坏试验，为了检测胶接质量的好坏，须对胶接制件进行无损检测。无损检测的方法很多，但基本原理大致相同，即通过对比胶接完好部分和缺陷部分在物理性质上的差异来推断缺陷的位置、形状、大小等，并寻求某一物理性质上的变化与胶接强度间的关系以确定胶接质量。

无损检测常用的方法很多，主要有声学法、光学法和热学法。而应用最多和普遍的是声谐振福克（Forkker）胶接检测仪，这种仪器不但可以检测胶层内的裂纹、脱层等缺陷，而且可通过数据积累和分析，确定胶接强度。其次，超声扫描法也是较为普遍使用的有效的胶接无损检测方法。

36.6 应用实例

例一：某钢厂的焦炭破碎机（图36-3）

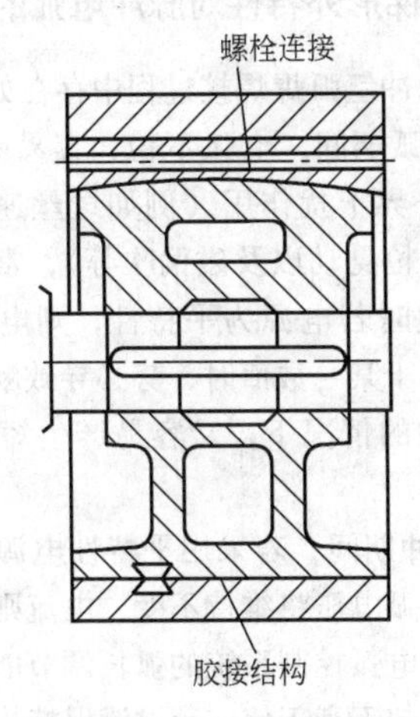

图36-3 焦炭破碎机的原结构和粘接结构

原结构中，铸铁的轧辊机套（直径1.2m）与铸铁的轧辊芯借助于两个外径为1m、长度分别为200mm的单面锥套相互螺钉拉紧固定。该结构的轧辊利用率很低。当轧辊套的壁厚因外壁磨损低于50mm以后，必须更换新辊套。现改用胶接结构，辊轧套选用硬化至60HRC的钢材，胶粘剂选用通用型双组分热固环氧胶，被粘材料表面喷砂预处理，胶粘剂80℃固化2h。结果，新辊的壁厚允许被磨损到10mm，从而大大提高了材料的利用率，减少了设备的维修次数和维修费用。

原结构与新结构的工艺制造费用相等，但由于提高了材料的利用率，使新结构的使用寿命比原结构延长4倍，从而每年节约的费用为轧辊制造工艺费3倍。

例二：轿车车身支承用的中空梁（图36-4）

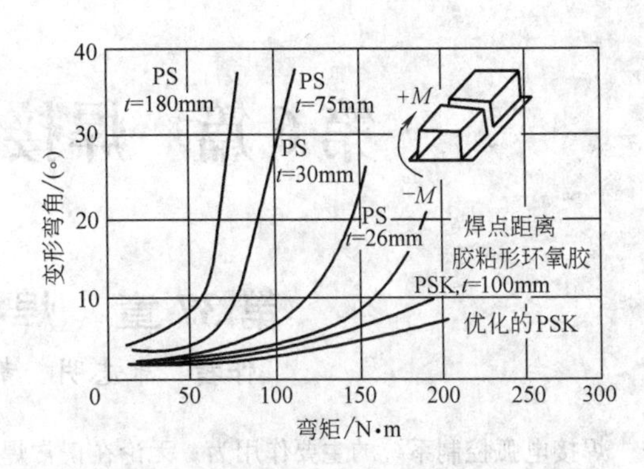

图36-4 轿车中空梁的单纯点焊（PS）结构和胶接点焊（PSK）结构的刚度性能比较（梁的变形弯角与梁的弯矩载关系曲线）

中空梁是现代轿车车身中的一种重要结构单元。传统的工艺用薄钢板点焊制成，用于独立承载大面积板材的加强加固。中空梁最重要的技术指标是刚度，即当梁受到弯矩作用时，弯角应尽量地小。在给定钢材牌号和结构尺寸以后，刚度的提高一般靠增加焊点、减少焊点间距离的方法来实现。在其他工艺和结构参数不变的情况下，改单纯点焊为先涂胶固定、后点焊、再共固化的胶接点焊复合连接方式，胶粘剂选用耐油、耐点焊的橡胶改性环氧胶，被粘钢材表面基本不作处理，结果使中空梁的刚度大幅度提高，梁的承载能力大大增加，从而使轻型结构技术更趋完善。胶层共固化工艺合成在车身底梁的固化工艺中，使轿车生产线不必为这一工艺革新作太大的投资和更改。

参考文献

[1] 杨玉昆，等. 合成胶粘剂［M］. 北京：科学出版社，1980.

[2] 李子东. 实用粘接手册［M］. 上海：上海科技出版社，1986.

[3] 王孟钟，黄应昌. 胶粘剂应用手册［M］. 北京：化学工业出版社，1987.

[4] 益小苏. 叠层胶粘复合材料概论［M］. 长春：吉林科学技术出版社，1990.

[5] Schliekelmann R J, ed. Bonded Joints and Preparation for Bonding［M］. London: Technical Editing and Reproduction Ltd, 1979.

[6] 益小苏. 胶接头抗剥离破坏性能的研究［J］. 航空材料，1988，8（2）：46-50.

[7] 益小苏. 胶接接头的微损伤特征值和破坏过程的声发射研究［J］. 南京航空学报，1984（50）：50-63.

第6篇　焊接过程自动化技术

第37章　焊接电弧控制技术

作者　朱志明　都　东　审者　陈　强

焊接电弧控制系统的主要作用为，无论在正常焊接过程中还是在系统受到扰动的情况下均能：①保证起弧顺畅、可靠；②保证燃弧和熔滴过渡过程稳定，保持稳定的弧长（弧压）、熔滴过渡形式、熔滴形状和尺寸、熔池形态等；③为进一步控制母材热输入和焊缝成形提供条件。

在熔化极电弧焊中，为了保持焊接过程的稳定，必须使焊丝的送进速度与熔化速度达到动态平衡，实现这一目标的焊接电源——电弧控制系统可分为两大类。第一类是通过实时调节焊接电源的输出电流（幅值及其持续时间），来改变焊丝熔化速度，达到控制弧长、抑制扰动的目的。传统的等速送丝配以平或缓降外特性焊接电源，利用电弧自身固有特性的负反馈调节系统即属此类。第二类则是通过实时调节焊丝送进速度，来适应焊丝熔化速度的变化而保持弧长稳定。传统的下降特性焊接电源配以弧压反馈调节焊丝送进速度的控制系统即属于此类。非熔化极焊接电弧的控制，类似上述第二种情况，其弧长的控制主要是通过调节焊炬的空间位置而实现的。

随着现代电力电子技术和控制技术的不断进步，国内外焊接界已逐渐认识到：焊接电源不应再拘泥于传统（平硬、缓降或陡降）的固定外特性概念，而应使其成为一个能够在线实时调整自身输出的宽频带电压电流源，以适应焊接电弧、熔滴、熔池状态的瞬态变化，满足焊接工艺控制的要求，进而有效地控制电弧的稳定性、熔滴过渡的均匀性和焊缝成形的一致性。

37.1　熔化极脉冲氩弧焊电弧控制技术

采用脉冲电流方式的熔化极氩弧焊既能保证熔滴的喷射过渡，又具有宽广的平均电流调节范围，因而得到不断发展并被广泛应用。熔化极脉冲氩弧焊利用焊接电源的控制作用，不仅可使电弧稳定燃烧，熔滴过渡均匀一致，并且通过保持最佳的脉冲参数可以获得理想的焊缝成形，国外20世纪80年代出现的Synergic电弧控制法已得到广泛应用。这里介绍几种基于阶梯形外特性的熔化极脉冲氩弧焊电弧控制方法和一种基于双脉冲的铝合金熔化极氩弧焊焊缝成形控制技术。

37.1.1　阶梯形外特性对脉冲电弧的控制作用

熔化极脉冲氩弧焊焊接过程中存在如下问题：

1）在维弧期间，电弧不稳、容易断弧或短路。随机出现的外界干扰作用（例如送丝速度不稳、工件不平整、焊枪晃动以及磁偏吹等），常使弧长发生突然偏离。此时若电源为平特性，则电流将剧烈波动，当电流小于某一数值时，势必导致断弧。而在电源为陡降特性的情况下，又容易产生短路而使电弧熄灭。

2）在脉冲期间，若采用平特性电源，当出现外界干扰时，电弧电压将维持不变，电流则随弧长变化而波动。这种电弧控制系统的弧长调节能力较强，然而电流的波动却不利于使熔滴过渡保持均匀一致。倘若采用陡降特性电源，则当出现外界干扰时，电流将保持不变，电压随弧长变化而波动。这种电弧控制系统的弧长调节能力较差，需要送丝速度与焊接电流严格匹配，否则焊枪导电嘴容易烧坏。

弧焊电源既然可以采用电压反馈来获得恒压输出的平特性，又可以采用电流反馈来获得恒流输出的陡降特性，那么将不同的外特性段设法连接起来，就可以建立具有如图37-1所示的 I_1-U-I_2 阶梯形外特性。阶梯形外特性焊接电源控制脉冲电弧的方法如

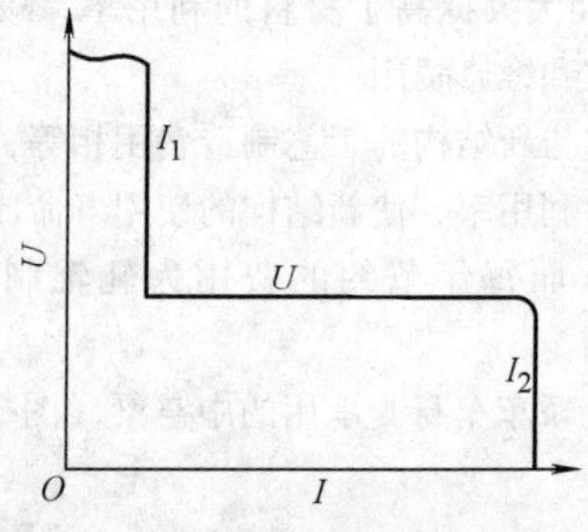

图37-1　弧焊电源的阶梯形外特性

图 37-2所示。采用阶梯形外特性的 L 形部分作为维弧之用，而将另一条阶梯形外特性的倒 L 形部分用作脉冲。这两条外特性按给定的维弧时间 t_b 及脉冲时间 t_p 自动进行切换，从而实现对脉冲焊接电弧的控制。设电弧长度为 l_0，维弧期间电弧工作于 A 点，而脉冲期间电弧工作于 B 点。当出现偶然扰动，使弧长变短为 l_1 时，则电弧工作点分别移至 A_1 及 B_1 点。在正常范围内，脉冲期间电弧工作点处于恒流段，因而熔滴过渡均匀，维弧期间电弧的工作点处于恒压段，从而改善了系统的弧长调节作用。而当弧长变长为 l_2 时，则电弧工作点分别移至 A_2 及 B_2 点。此时，维弧恒流部分可以保证小电流时不致断弧，而脉冲恒压部分可以限制最大弧长，避免出现烧坏焊枪导电嘴的极端情况。

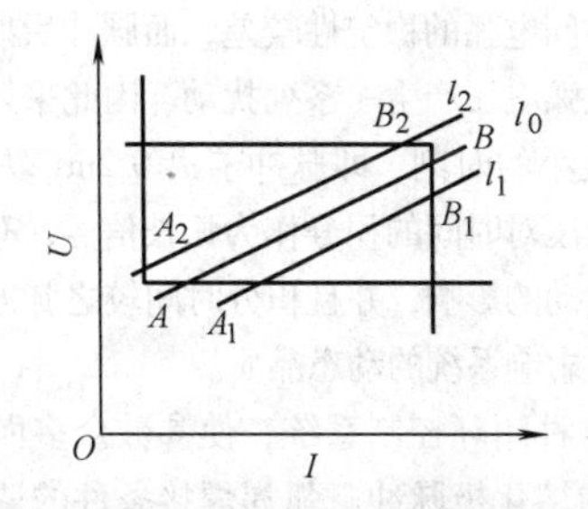

图 37-2　采用阶梯形外特性控制脉冲电弧的方法

弧焊电源的双阶梯形外特性可以采用模拟式或开关式晶体管电源实现，也可以采用逆变电源实现。采用双阶梯切换外特性的模拟式晶体管电源，其恒流恒压闭环的动态响应频率均高于 10kHz，两条外特性相互切换的过渡时间为 0.2ms，焊接参数实例如表 37-1 所示。

表 37-1　阶梯形外特性的参数选择实例

序号	维弧外特性			脉冲外特性			t_b/ms	t_p/ms
	I_1/A	U/V	I_2/A	I_1/A	U/V	I_2/A		
1	70	15			39	320	9	4
2	70	10	>200	<100	39	420	9	3
3	40	23			39	420	9	3

焊丝直径　1.2mm　　焊丝型号　H08Mn2Si
送丝速度　230cm/min　　保护气体　$CO_2$15% + Ar85%

37.1.2　离散采样的脉冲电弧闭环控制系统

上述采用双阶梯形外特性对脉冲电弧进行控制的方法，存在的不足之处在于：需要给定的参数众多，调节起来比较复杂。于是，出现了一种离散采样的脉冲电弧闭环控制系统。采用该系统，随着送丝速度的改变，脉冲电弧的维弧时间和脉冲时间能够根据给定的弧长而自动地相应变化，外特性各段的参数则根据不同的焊丝材料和直径分别事先固定而不再调节。因此实际焊接操作时仅需选择焊丝直径及合适弧长，调节送丝速度即可自动得到所需的脉冲焊接电流。

这种脉冲电弧闭环控制系统可由图 37-3 来说明。PS 为双阶梯形外特性焊接电源，根据信号 f 的控制作用，可以在 0.45ms 内由某一条阶梯形外特性切换为另一条。无论维弧期间还是脉冲期间电弧均工作于恒流状态，因而有利于焊缝成形以及获得匀匀一致的熔深，同时也提高了电弧的稳定性，并使维弧电流能够采用较小的值，从而扩大平均焊接电流的可调范围。固定的几套阶梯形外特性各段参数的给定值 G 输入到外特性选通器 S 以适应不同的焊丝直径或材料。方波发生器 SWG 根据其输入信号 a 及 b 输出相应宽度的方波信号去触发外特性选通器 S。检测电路 D 对每一个脉冲期间的电弧电压进行采样从而获得弧长信号 U_a，并将弧长信号 U_a 与弧长给定值 U_g 相比较，然后输出信号 a 经方波发生器 SWG 以控制维弧时间 t_b。焊接电流信号 I_a 经检测电路 C 输入方波发生器 SWG 用以改变脉冲时间 t_p，并且 t_p 不小于 3ms，以保证每个脉冲至少过渡一个熔滴。由于 t_b 得到控制，而 t_p 也作相应改变，因此焊接过程中脉冲频率变化不大。

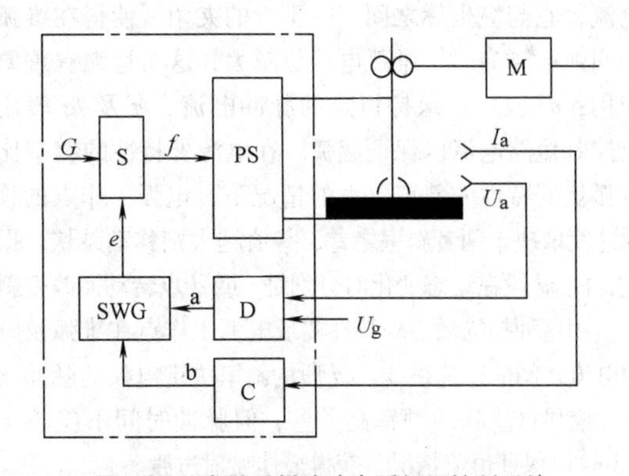

图 37-3　离散采样脉冲电弧闭环控制系统

获取弧长信息的方法是在每个脉冲前沿0.2 ~2.0ms内对电弧电压瞬时值进行积分。由于每次采样均在同样的脉冲电流情况下进行，因此采样值能够较好地反映相对弧长，并且采样频率随焊接电流脉冲频率一起变化。

由于维弧期间电弧的稳定性较差，而脉冲后期的熔滴过渡也会对电弧电压产生一系列扰动，因此采样点选择在随机干扰最小的时刻，即脉冲前沿0.2ms以后。同时，采用电弧电压对时间的积分作为弧长信号，有利于减小电压瞬时扰动的影响，并且积分时间较之脉冲周期为时很短，不会影响系统的动态品质。

采用这种闭环控制系统，使参数众多而相互配合关系复杂的熔化极脉冲氩弧焊焊接条件的调节，被简化为只需调节送丝速度。焊接电弧具有优良的抗弧长干扰能力，由外界因素引起的弧长变动均能快速恢复而自动维持给定值，焊接电流的调节范围宽广，应用效果优良。几种常用直径焊丝的适用电流范围如表37-2所示，在此范围内均能保持喷射过渡。

这种离散采样的脉冲电弧闭环控制系统，可应用于：①熔化极脉冲氩弧焊的单旋钮调节；②脉动送丝焊接或程序送丝焊接；③全位置焊接和薄板焊接；④控制焊缝成形和焊接热输入；⑤焊缝熔深控制和熔透闭环控制；⑥ 单面焊双面成形。

表37-2 焊接电流的调节范围

焊丝成分	焊丝直径/mm	焊接电流可调范围/A	保护气体成分
H08Mn2Si	1.0	45~200	15% CO_2 +85% Ar
	1.2	60~320	
	1.6	80~360	

37.1.3 熔化极脉冲氩弧焊电弧自适应控制

为进一步控制脉冲MIG/MAG电弧，发展了一种如图37-4所示的焊接电源多折线扫描外特性，其中：a点为空载状态，其电压约55V；bc段用以控制维弧电流，它与纵坐标之间有一不大的夹角，使得在维弧期间弧压越高时，维弧电流也越大，这对稳弧有重要作用；de段用以保持恒定的脉冲电流，ef及fg段用以控制短路电流以保证起弧。在电源外特性的斜率比电弧伏安特性的斜率更大的情况下，电弧工作点的移动速度取决于两者斜率之差，差值越大则移动越快。据此，使cd段在动态变化时分别绕c或d点转动而改变斜率，用这种扫描动态外特性实现电弧工作点在维弧及脉冲电流之间的快速跳变。cd段的斜率决定电弧的脉冲频率，应尽量使脉冲频率高一些，但脉冲时间不应小于2.5ms以保证恒流情况下获得最佳喷射过渡。

这种多折线扫描外特性对弧长具有很强的调节作用。如图37-4所示，设弧长为l_1，而电弧工作点处于c'，很小的维弧电流能够维持电弧稳定燃烧，但并不产生熔滴过渡。当弧长趋小时，弧压趋低，在电弧工作点触及bc与cd段交点的瞬时，cd段以逆时针方向绕c点快速扫描，迫使电弧工作点立即跳到de段上，即由维弧电流突变为脉冲电流。然后，随熔滴喷射过渡而弧长趋大、弧压趋高，由于cd绕d点的顺时针扫描作用，电弧工作点上移至cd与de段的交点后，即快速跳到bc维弧状态。上述过程自动地重复进行，电弧在脉冲电流和维弧电流间不断跳变，而焊丝的熔化速度与送进速度之间的平衡就得以自动维持。当弧长偏低时，电弧工作点在de段停留时间会自动延长，同时自动缩短在bc段的停留时间，从而保持给定的弧长；反之亦然。

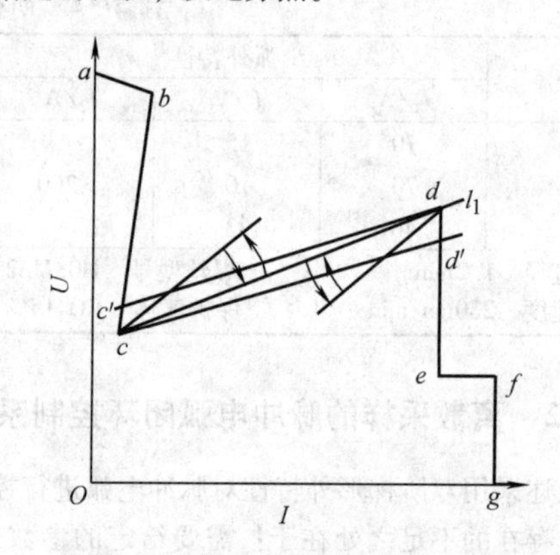

图37-4 焊接电源多折线扫描外特性

表37-3中，I_b、I_c、I_d、I_g分别是图37-4所示外特性各转折点对应的电流设定值。应用多折线扫描外特性电源取得了显著的焊接工艺效果：①在很宽的平均电流范围内都能实现喷射过渡，电弧稳定，飞溅极小，脉冲电弧效果明显，焊缝成形优良；②能抗弧长剧烈扰动，当焊嘴与工件之间的距离突然改变时，电弧仍然非常稳定，因此很适合于半自动焊；③焊接参数可自动适应送丝速度的变化，实现脉动送丝工艺，为熔透控制、成形控制和热输入控制提供手段；④能实现程序送丝焊接，用于全位置自动焊；⑤用于喷射过渡焊铝，较之亚射流过渡更为优越，焊接电流的可调范围大大增加，例如采用直径2mm的铝焊丝的焊接电流范围是65~350A。

表37-3 焊接电流调节范围及外特性设定值

焊丝成分	焊丝直径/mm	焊接电流/A					保护气体成分
		平均电流范围	I_b	I_c	I_d	I_g	
H08Mn2Si	1.0	45~220	60	25	300	450	15% CO_2 +85% Ar
	1.2	60~320	60	25	380	450	
	1.6	80~360	60	30	420	450	

37.1.4　铝合金双脉冲熔化极氩弧焊技术

伴随铝及其合金的广泛应用，优质高效的铝合金焊接工艺和设备受到普遍重视。为了在常规 MIG 焊接工艺和脉冲 MIG 焊接工艺的基础上进一步提高焊缝质量，近年来发展了一种新的铝合金焊接工艺——铝合金双脉冲 MIG 焊接工艺（DPMIG）。

铝合金双脉冲焊接工艺的控制原理如图 37-5 所示。它是在单脉冲 MIG 焊的基础上对焊接电流和电压进行低频调制，在焊接电流以较高频率脉冲输出，保证每个脉冲过渡一个熔滴的同时，使平均焊接电流和电压按照较低的频率作周期性变化。其变化的结果造成焊丝熔化和弧长的周期变化，一方面影响母材的受热，进而影响焊缝的熔深、熔宽，形成鱼鳞纹焊缝。同时，焊接电压电流的周期变化也影响到熔池受力，使熔池搅动，从而有利于溶解在液态金属中的气

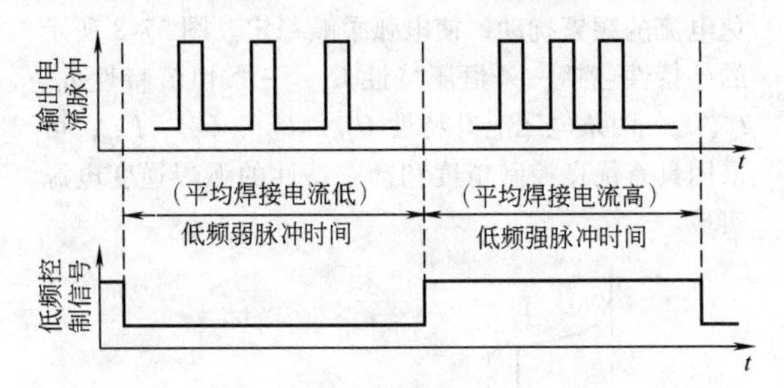

图 37-5　双脉冲 MIG 焊接控制原理

体溢出，减少气孔，并使焊缝晶粒细化，减少裂纹倾向。

双脉冲 MIG 焊接工艺的实现可以采用两种方式。一种是在普通脉冲 MIG 焊电源的基础上，调制焊丝的送进速度，使其按设定的频率低频变化。由于 DPMIG 的电源外特性为恒压特性，送丝速度的变化必然引起电弧电压电流的变化。但采用脉冲送丝将进一步增加铝焊丝的送进难度。第二种是维持送丝速度恒定，通过脉冲能量和电弧电压的调制，使电弧形态、电压和电流发生变化，具有良好的控制精度和动态特性的数字化控制弧焊逆变电源为其实现提供了便利条件。

37.2　CO_2 焊接电弧控制技术

37.2.1　基于时变输出特性的短路过渡 CO_2 焊接

CO_2 气体保护电弧焊由于具有高效、节能、抗锈、低氢等优点而得到广泛应用。利用焊接电源对其燃弧和熔滴短路过渡过程进行控制，是减小焊接飞溅和改善焊缝成形的有效途径之一。

图 37-6 示出了一种具有快速响应能力的逆变式 CO_2 弧焊电源系统的时变输出特性，图 37-7 是相应的短路过渡焊接电流电压随时间变化曲线。现将焊接过程中每个熔滴过渡周期的 6 个时段分述如下：

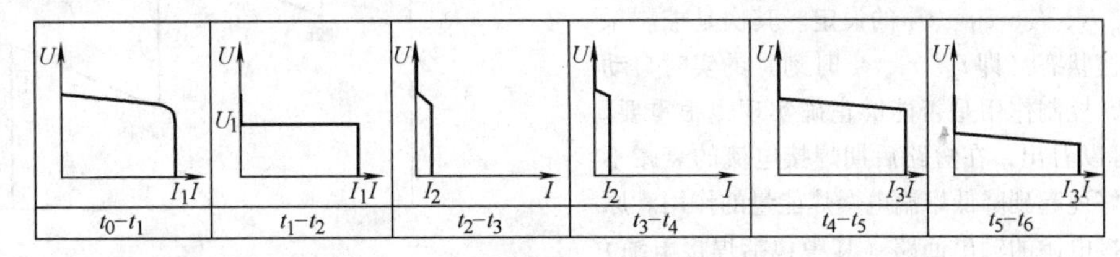

图 37-6　具有快速响应能力的逆变式 CO_2 弧焊电源系统的时变输出特性

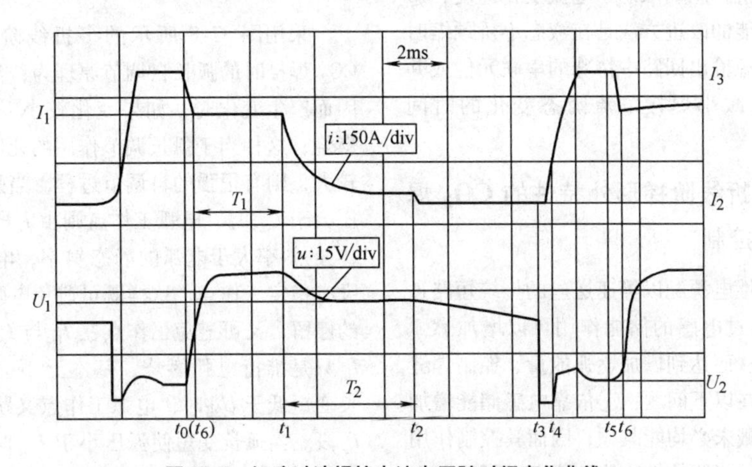

图 37-7　短路过渡焊接电流电压随时间变化曲线

1）燃弧前期（t_0-t_1）：焊接电源在 T_1 时间内输出恒流 I_1，以赋予电弧燃烧较大的能量，保证短路过渡后再燃弧过程的稳定性，同时有利于良好的焊缝成形。

2）燃弧中期（t_1-t_2）：焊接电源在 T_2 时间内的输出呈现平直特性 U_1，以加强电弧自身的调节作用，保证燃弧过程稳定。

3）燃弧后期（t_2-t_3）：焊接电源输出电流降至 I_2，限制熔滴进一步长大，并使其在较小的电磁阻力下接触熔池，减小飞溅。

4）短路前期（t_3-t_4）：熔滴短路后，焊接电源短时持续输出电流 I_2，以减小此时电磁力对熔滴过渡的阻碍作用，增加其柔顺性，保证形成可靠的液态小桥。

5）短路中期（t_4-t_5）：焊接电源输出高值短路电流 I_3，以增加电磁收缩力，促使熔滴快速过渡。

6）短路后期（t_5-t_6）：液态金属小桥出现颈缩时，焊接电源输出呈现低平特性 U_2，随着负载等效阻抗的增加，输出电流衰减，从而降低了液态小桥破断时的电爆炸能量及焊接飞溅，完成熔滴过渡。

焊接过程中，固定的 T_1、T_2 时间保证了熔滴尺寸和熔深的一致性，而弹性的 t_2-t_3 时间可适应熔池波动和焊枪抖动等因素带来的弧长扰动，保证了燃弧过程的稳定。

实现上述控制方法的关键，首先在于控制参数 T_1、T_2、I_1、I_2、I_3、U_1、U_2 的设定。其次是控制系统对熔滴过渡状态（即 t_3、t_5、t_6 时刻）的实时自动识别。另外，控制作用是否能够正确实现也很重要。由图 37-7 可以看出，在短路后期焊接电流的衰减不够，未能很好地起到降低熔滴电爆炸能量的作用。原因是一般焊接电源的输出回路（其中包括焊接电缆）不可避免地存在感抗，从而限制了电流变化速度，影响了控制效果。可能的改进方法是在液态小桥颈缩时刻，通过对焊接电源输出回路中特殊的串联元件或并联支路的切换，来减小焊接电流瞬态变化的时间常数。

37.2.2　基于多折线阶梯形外特性的 CO_2 焊接电弧控制

在采用恒压特性电源配以等速送丝的传统短路过渡 CO_2 焊接中，通过电感的储能作用可以增加燃弧前期的焊接电流，从而达到增加燃弧能量、控制焊缝成形的目的，但存在以下问题：①依靠电感储能增加燃弧能量与减少飞溅未必均能兼顾，因而其控制作用是有限的；②电源的恒压特性迫使熔滴在燃弧后期上翘，不利于熔滴的轴向过渡。

CO_2 焊接电弧的功率正比于电弧电压和焊接电流，电弧电压对燃弧能量的贡献并不亚于焊接电流，因此可采用恒流型电源，通过调节电弧电压来控制燃弧能量，达到控制焊缝成形的目的。但是，采用恒流特性电源，当弧长增大时，电弧电压升高，燃弧能量增加，使焊丝的熔化速度加快，弧长更长；当弧长变短时，电弧电压降低，燃弧能量减小，使弧长更短，弧长不能进行自动调节，从而使电弧很容易失去稳定的工作点。通过弧压反馈调节送丝速度是实现焊接电弧调节的传统方法，然而细丝的反馈送丝调节要求甚高而不易实现。因此为获得稳定的 CO_2 焊接过程，就必须解决恒流电源与等速送丝配合时的弧长自调节问题。

采用图 37-8 所示的多折线阶梯形外特性可以很好地解决恒流特性与弧长自调节的矛盾，并且可避免电流的频繁扰动，使电弧柔顺稳定。图 37-8 所示的外特性包括一条恒压特性 U_1，三条恒流特性 I_b、I_a、I_s，两条电压上升特性 $U_{2b}-U_{2a}$、$U_{3a}-U_{3s}$，可采用具有优良控制精度和动态特性的弧焊逆变电源实现。

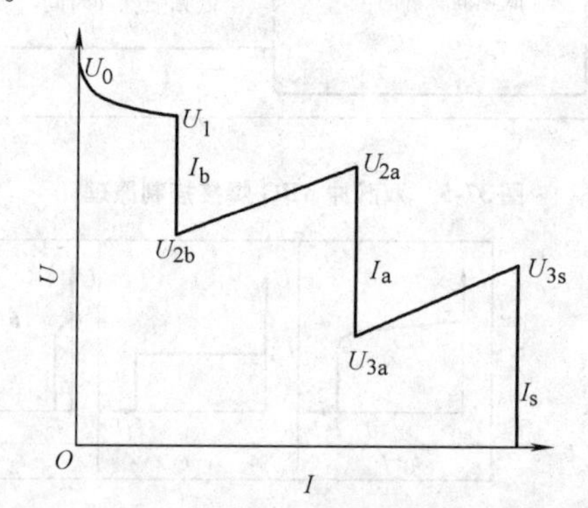

图 37-8　CO_2 焊接电源的多折线阶梯形外特性

采用图 37-8 所示的多折线阶梯形外特性进行 CO_2 焊接时的弧长自调节原理为：当弧长由于任何原因而产生变化时，如果变化较小，则电弧仍在 I_a 段燃烧，这相当于弧长调节作用的死区。一旦弧长改变较大，则有很强的自调节过程。当弧长加长，电弧电压大于 U_{2a}时，电弧工作点则由 I_a段跳至 I_b段（$U_{2b}-U_{2a}$的斜率大于电弧的静态斜率，电弧在 $U_{2b}-U_{2a}$上没有稳定工作点，这样既可避免电弧工作点在斜线段的停留，又可避免工作点在 I_b 与 I_a 间的频繁跳动），I_b 只是维持电弧燃烧，基本上不会熔化焊丝，当弧长变短低于 U_{2b}时，电弧工作点又跳回正常燃弧电流 I_a 段。当弧长变短使弧压小于 U_{3a}时，电流工作点跳至恒流段 I_s 上，电流的增大，大大加快了焊丝的熔化速度，使弧长又增大，待弧压大于 U_{3s}时，电弧工作点又回至 I_a 段上。

采用上述多折线阶梯形外特性进行 CO_2 焊接时，电弧总是在恒流段上燃烧。它有下述特点：

1）燃弧能量的提高可以通过调节电弧电压来实现，使电弧工作点位于恒流段 I_a 的上半部分。

2）燃弧电流的恒定使电弧柔顺稳定。

3）燃弧后期由于弧长变短，电弧电压降低，有利于弧根的上爬，从而使阻碍熔滴过渡的斑点压力有可能变为熔滴过渡的轴向推力，因而可实现恒流特性下的非短路过渡。

实验表明，合适的送丝速度与燃弧电流 I_a 的配合，可以获得稳定的 CO_2 焊接过程，但它并不排斥短路过渡。如果一时送丝速度较大，则电弧在 I_s 段上的工作时间加长，这就产生颗粒过渡与短路过渡交替出现的混合过渡形式。因此 I_s 段不仅使电弧有很强的弧长调节能力，而且还可用于改变颗粒过渡与短路过渡的比例，达到控制燃弧能量和焊缝成形的目的。换句话说，短路过渡在这种新型 CO_2 焊接电弧控制方法中被用作弧长自动调节的手段。

上述基于多折线阶梯形外特性的 CO_2 焊接电弧控制方法获得了良好的焊接工艺效果。

1）焊接电流调节范围大，如表 37-4 所示。对于小电流焊接，宜采用较低电压，否则易产生大颗粒过渡，造成电弧不稳定和焊缝不光滑。而大电流焊接时，既可采用高电压，也可采用低电压来控制熔滴过渡的形式。焊接电流调节范围的增大，可适应不同板厚工件焊接的需要，避免更换焊丝的麻烦。

表 37-4　焊接电流调节范围

焊丝直径/mm	焊接电流调节范围/A	电弧电压范围/V
1.2	60～280(或更高)	22～30
1.6	80～320(或更高)	22～32

2）飞溅小。常规 CO_2 焊接的飞溅率一般不低于5%，采用各种控制方法后，如波形控制、脉动送丝、脉冲焊等，飞溅率可降至 2%～3%。而采用本控制方法，焊接飞溅率很低，例如，对于 1.2 mm 直径的焊丝，在焊接电流为 150A 时，只有 1.7%，在 245A时，也只有 3% 左右。

3）焊缝成形得到有效改善。在常规 CO_2 焊接中，飞溅和焊缝成形是两个突出而又矛盾的问题。焊缝成形的不良表现为：堆高呈半圆形，熔深浅，熔宽小、堆高大、接触角小。而恒流 CO_2 焊接由于燃弧电压高，焊缝宽度增加，堆高降低，其堆高系数一般均大于 3.5，比常规 CO_2 焊接的堆高系数 2 提高了近一倍，显著地改善了焊缝成形。同时，通过调节颗粒过渡和短路过渡的比例可用来改变熔深。如弧长降低，颗粒过渡比例减少，短路过渡比例增加，则熔深增大。在相同的 I_a 下，增大 I_s，易获得指状熔深；而在相同的 I_s 下，减小 I_a 也倾向于形成指状熔深。

37.2.3　短路过渡 CO_2 焊接恒频自适应控制

根据能够反映短路过渡状态的电源输出回路电阻时变曲线，充分利用弧焊逆变电源输出电流的高速可控性，通过降低熔滴与熔池短路接触瞬间和金属液桥颈缩爆断时的焊接电流，能够完全消除瞬时短路、减小焊接飞溅，并且通过对燃弧能量进行控制，可以调节和改善焊缝成形。

在如图 37-9 所示的短路过渡焊接电压电流波形中，短路开始后，电源输出 0.8ms 的小电流使熔滴与熔池柔顺融合，以避免瞬时短路的发生；然后控制焊接电源迅速将短路电流提高到一个适当的峰值，促使熔滴向熔池过渡，此时短路电流的上升速度越高，越有利于焊接过程的规则性；短路后期，在检测到液桥开始缩颈后，迅速减小电源的输出电流，使液桥在小电流下完成破断，以减小可能由电爆炸产生的飞溅；再燃弧后，电源提供确定时间 T 的脉冲大电流以形成一定尺寸的熔滴及控制焊缝熔深。然后电流逐渐衰减至较小电流，等待下一次短路过渡过程。采用这样的控制电流波形，彻底消除了瞬时短路，使每一次短路都为正常的、产生金属过渡的行为。

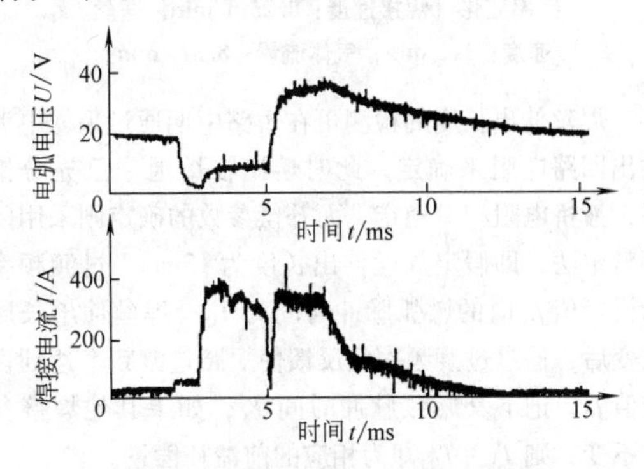

图 37-9　短路过渡焊接电压电流波形

熔滴短路过渡频率通常被作为评价短路过渡焊接过程稳定性和焊接质量的重要指标。若能够控制熔滴使其按恒定频率进行短路过渡，则有利于获得如下工艺效果：

1）在焊丝送进速度确定时，熔滴尺寸及弧长稳定，且可通过控制使其处于相对合理的大小，从而在扰动出现时具有较大抗扰动裕量，使焊接过程更加稳定。

2）焊缝波纹均匀，成形美观，使焊接接头质量提高。

3）调节短路过渡目标频率可以控制熔滴尺寸及弧长的大小，以适应对焊缝成形、焊接速度、焊接位置等不同工艺控制的要求。

焊丝伸出长度的电阻热对焊丝熔化及熔滴形成具有很大影响，通过对焊丝伸出长度进行实时检测，并根据其变化适当调整燃弧脉冲时间 T，则可对焊丝熔化及熔滴形成进行前馈补偿控制，维持熔滴尺寸及过渡频率的稳定。图 37-10 是设定过渡目标频率 f_0 = 50Hz，焊丝伸出长度变化时前馈补偿控制前后的短路过渡频率变化（连续 128 个短路过渡周期平均值的倒数）。显然，焊丝伸出长度前馈补偿可使短路过渡频率基本接近于设定的目标频率。

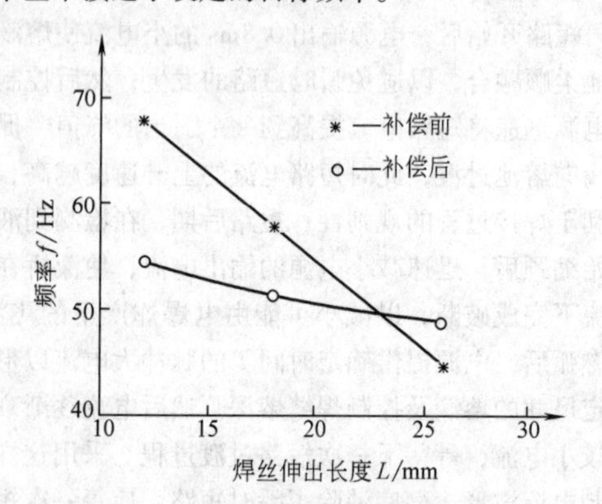

图 37-10　前馈补偿控制前后的短路过渡频率变化（焊接速度：0.25m/min，送丝速度：3m/min，气体流量：8.3L/min）

焊丝伸出长度的检测可在短路中期通过采样电源输出回路电阻来确定，此时熔滴在熔池中已充分铺展，液桥电阻相对稳定。而补偿参数的确定则采用闭环整定法，即假定焊丝伸出长度为 15mm、过渡频率为设定值 f_0 时的燃弧脉冲时间为 T_0；焊丝伸出长度改变后，通过过渡频率负反馈使短路过渡频率达到设定值 f_0，记下其燃弧脉冲时间 T_1；如果其他焊接参数不变，则 $T_1 - T_0$ 即为相应的前馈补偿量。

在对焊丝伸出长度变化进行前馈补偿控制的基础上，对熔滴短路过渡的实际频率进行检测，并与设置的目标频率进行比较，通过对燃弧脉冲时间 T 的进一步修正，可以实现短路过渡频率负反馈控制，进一步提高短路过渡频率的稳定性。

图 37-11 所示为采用焊丝伸出长度变化前馈—短路过渡频率负反馈的恒频自适应控制系统结构框图。在该系统中

$$\frac{T_w(s)}{L(s)} = \frac{G_n(s) + D_f(s)G(s)}{1 + D(s)G(s)}$$

式中　$G_n(s)$——焊丝伸出长度电阻热系数。

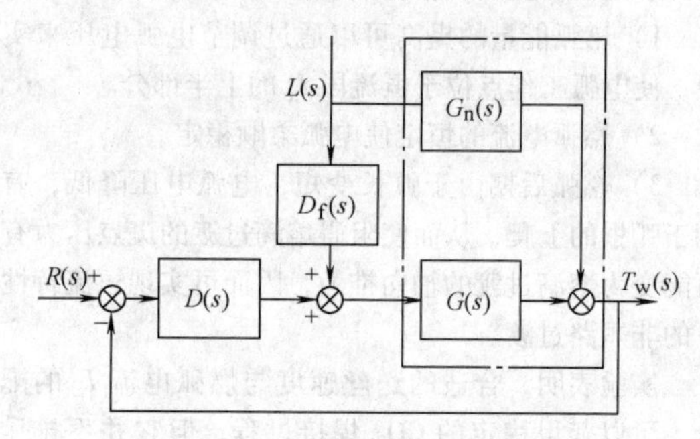

图 37-11　焊丝伸出长度前馈—过渡频率负反馈的恒频控制系统

当前馈调节器 $D_f(s)$ 对焊丝伸出长度变化 $L(s)$ 完全补偿时，$G_n(s) + D_f(s)G(s) = 0$；当补偿不完全时，未被补偿部分对过渡频率的影响将减小到

$$\frac{1}{1 + D(s)G(s)}$$

式中　$D(s)$——过渡频率反馈调节器的传递函数。

可见，图 37-11 所示的前馈—反馈控制系统降低了对焊丝伸出长度前馈补偿传递函数的要求，有利于系统的实现。前馈控制及时，负反馈控制精确，两者的结合使控制系统具有控制及时又精确的特点。

图 37-12 是对短路过渡频率进行恒频控制的实际焊接电压、电流波形。图 37-13a、b 分别为连续 128 个短路过程的短路持续时间及过渡周期的统计结果。实际过渡频率与目标频率（50Hz）相差不超过 1Hz。

对于确定的送丝速度，当过渡频率由低变高时，焊缝波纹越来越致密；然而由于燃弧能量逐渐减小，焊缝熔宽逐渐变窄，堆高逐渐增加。统计分析表明，短路过渡频率过高或过低，短路周期的一致性均有所下降。在送丝速度改变时，短路过渡频率应随送丝速度增大适当增加，以维持熔滴尺寸处于相对合理的大小。

焊接工艺实验表明：短路过渡 CO_2 焊接的恒频自适应控制，可获得焊接过程稳定、飞溅小、焊缝成形良好，且同一直径焊丝可在很宽的送丝速度（焊接电流）范围内进行焊接的良好工艺效果。对于 ϕ1.2mm 焊丝，送丝速度 2～10m/min，焊接电流适用范围为 60～300A，实测焊接过程的飞溅不超过 0.8%。在一定的范围内，短路过渡目标频率越低，焊接飞溅越小。

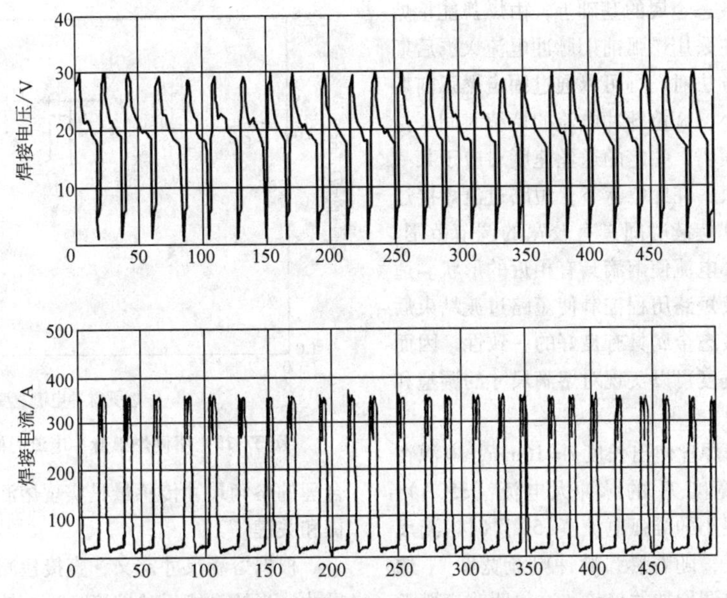

图 37-12　短路过渡 CO_2 焊接恒频自适应控制的电压电流波形

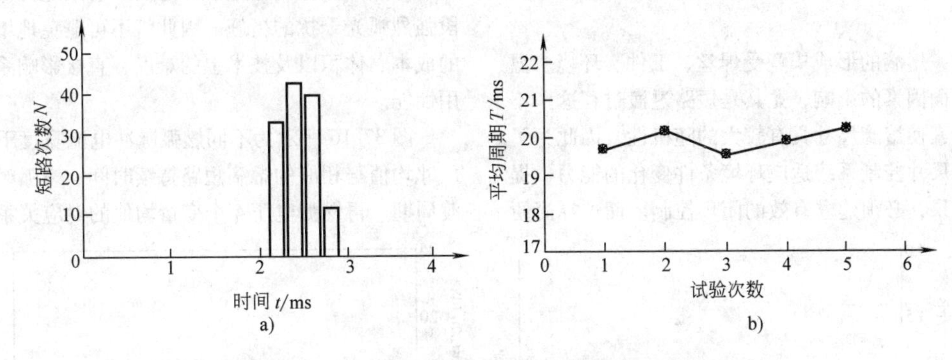

图 37-13　短路持续时间及过渡周期的统计分析结果

a）短路持续时间直方图　b）过渡周期平均值

焊接速度：0.25m/min，送丝速度：3m/min，气体流量：8.3L/min，焊丝伸出长度：15mm

37.2.4　短路过渡 CO_2 焊接熔滴尺寸控制技术

在非短路过渡方式下，熔滴尺寸为焊丝端部熔化的液态金属脱离焊丝端部后，在弧柱中自由飞落的液态熔滴直径。而在短路过渡焊接中，与熔池短路接触瞬间的熔滴尺寸和形状无疑是最为重要的，它承上反映了燃弧阶段焊丝熔化及形成熔滴的大小，启下又是实现正常短路过渡至关重要的条件，因此有研究者将与熔池短路接触瞬间的熔滴径向最大直径 D 定义为短路过渡焊接的熔滴尺寸（图 37-14）。实际处理时，以焊丝直径为参照源，对于采用高速摄像获得的熔滴图像，分别测量 D_0 和 d_0 对应的点阵数以确定熔滴的实际尺寸。

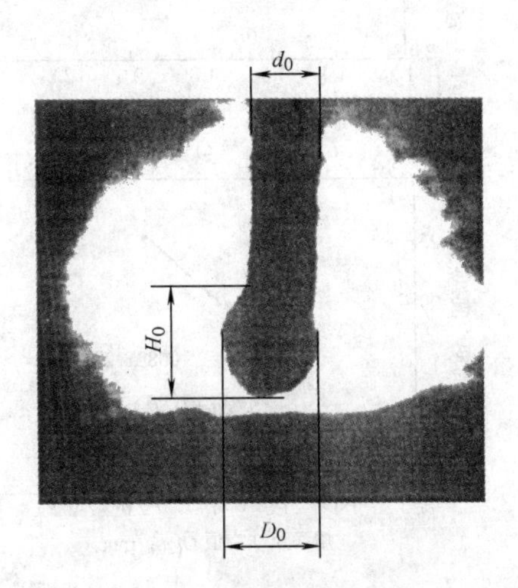

图 37-14　短路过渡熔滴尺寸定义

短路过渡焊接的熔滴是在上一个短路过渡周期结

束后焊丝端部残余液态金属的基础上，由燃弧能量熔化焊丝而形成的。在采用燃弧前期脉冲电流大、后期电流小的波形控制方法时，则可以通过固定燃弧前期脉冲峰值电流的大小、调整脉冲电流的持续时间来控制燃弧能量。研究表明，一定的送丝速度对应于某一合适的脉冲电流峰值，在此电流下，短路过渡焊接过程相对均匀，而且其持续时间具有较宽的调节范围。而燃弧后期的维弧小电流使熔滴具有相近的形状。适宜的燃弧电流波形及短路历程控制使短路过渡结束后残余在焊丝端部的液态金属具有良好的一致性，因而改变燃弧脉冲电流宽度可以实现对熔滴尺寸的调整和控制。

图37-15所示为焊丝伸出长度 $l=16$mm，电源在燃弧前期输出不同宽度 T_1 的脉冲大电流（350A）、而在燃弧后期提供很小的维弧电流（15A）时熔滴尺寸的变化情况。可见，随着燃弧脉冲电流宽度 T_1 的增加，熔滴尺寸呈单调增加的趋势，这说明改变燃弧脉冲电流的宽度可以有效地控制燃弧能量和熔滴尺寸。

然而，熔滴的形成毕竟受焊丝、工件、环境、温度等多方面因素的影响，尤其是短路过渡过程这一不确定性因素使熔滴尺寸具有较大的随机性，因此为了增强熔滴尺寸控制系统适应环境条件变化的能力，提高控制效果，必须建立有效的闭环控制。而选择简便合理的熔滴尺寸传感量是实现熔滴尺寸闭环控制的前提和关键。

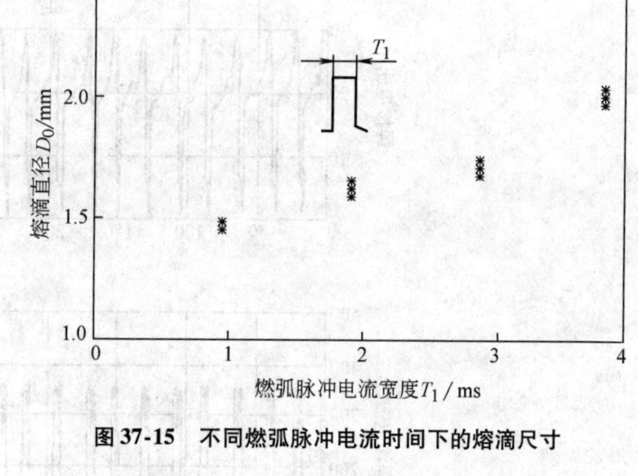

图37-15　不同燃弧脉冲电流时间下的熔滴尺寸

根据熔滴尺寸定义，直接检测短路前的熔滴几何尺寸，当然最能反映熔滴大小。然而这不仅需要附加光学装置及图像处理单元，还需要有效地抑制燃弧阶段强烈弧光干扰的措施。因此将不可避免地增加系统的成本、体积以及技术上的难度，直接影响系统的实用性能。

图37-16所示为不同燃弧脉冲电流宽度下，熔滴尺寸均值与相应的熔滴短路持续时间、燃弧时间、过渡周期、再燃弧电压4个变量均值的对应关系。图中

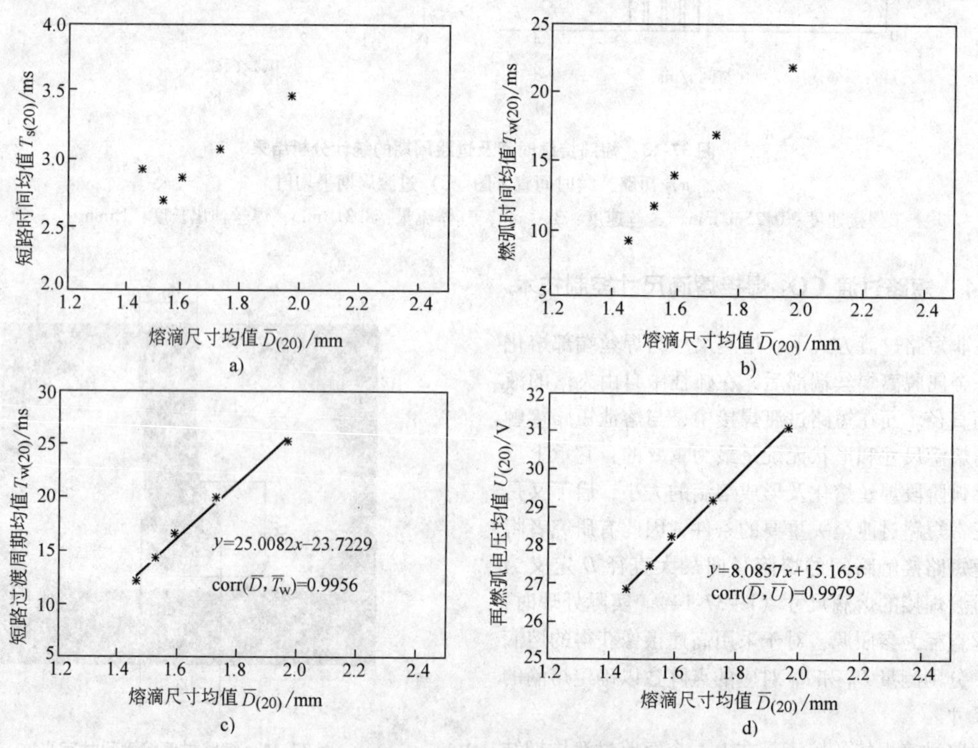

图37-16　连续20个熔滴的平均尺寸与相关变量的统计对应关系

每个数据点取自连续 20 个过渡周期的熔滴尺寸平均值 $\overline{D}_{(20)}$。从统计结果看，燃弧时间、过渡周期以及再燃弧电压与熔滴尺寸具有较好的对应关系，但短路持续时间 T_s 却并不与熔滴尺寸保持严格单调的对应关系，在一定的尺寸范围内，T_s 可以反映熔滴大小，尺寸大，熔滴短路持续时间较长，但是熔滴偏小时，由于熔滴需要依靠短路阶段产生较多的电阻热才能完成正常的过渡，短路过渡持续时间也较长。显然选取 T_s 作为熔滴尺寸的反馈变量，在熔滴尺寸偏小时将可能形成正反馈作用而破坏焊接过程的稳定。

然而以燃弧时间、过渡周期以及再燃弧电压的统计均值作为反馈量用于熔滴尺寸的反馈控制将导致较大的时间滞后，影响控制系统的实时性。进一步的研究表明，熔滴尺寸 D 与相应的再燃弧电压 U 具有良好的单值对应性，再燃弧电压能够作为逐个熔滴尺寸控制的反馈量。

熔滴尺寸闭环控制系统的结构如图 37-17 所示。它是一个瞬态控制与统计平均控制相结合的系统，以再燃弧电压负反馈逐滴调整燃弧脉冲电流时间 T_1，实现对熔滴尺寸的逐周期调整与控制，以短路过渡周期的统计均值负反馈补偿环境、温度、输出电缆长度、焊丝伸出长度等各种焊接条件波动以及热惯性作用对熔滴平均尺寸的影响，以提高控制系统的稳态控制精度，而焊丝伸出长度前馈环节更是在熔滴形成之前即对焊丝伸出长度波动对熔滴尺寸的影响进行补偿。再燃弧电压负反馈控制及焊丝伸出长度前馈补偿控制及时，而过渡周期负反馈控制精确，它们的结合使得熔滴尺寸闭环控制及时而又精确。

图 37-18 所示为 $U_g=32\text{V}$ 时连续 21 个过渡周期短路瞬间的熔滴图像，可以看出，短路前的熔滴形状一致性良好，而且熔滴均呈现易于过渡的细长形状，这样的熔滴形状不仅使以短路瞬间的熔滴径向最大直径来表征熔滴尺寸具有合理性，也使熔滴尺寸大小具有可比性。图 37-19 为熔滴尺寸随时间的动态变化过程及统计分析结果，熔滴尺寸的统计均值趋近于设定的目标尺寸，熔滴尺寸波动很小。

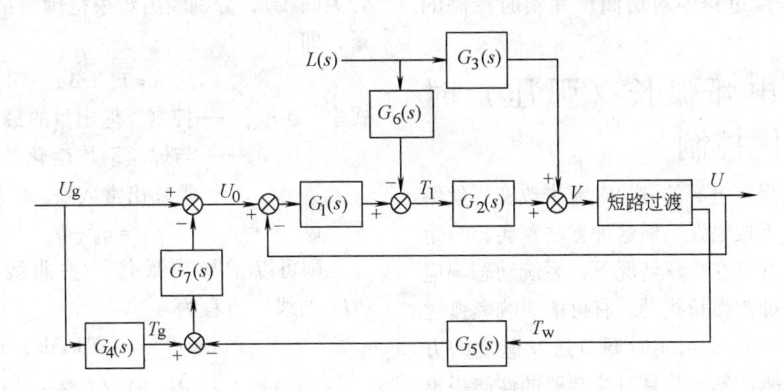

图 37-17 熔滴尺寸闭环控制系统

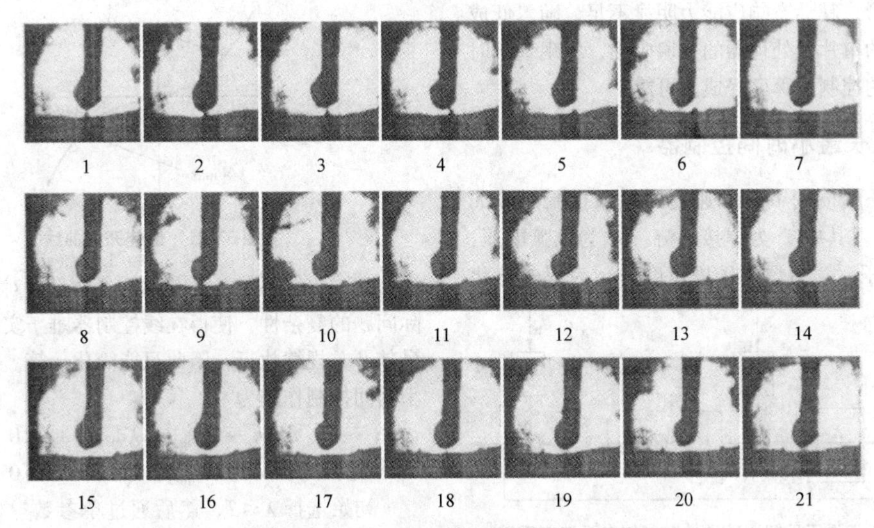

图 37-18 $U_g=32\text{V}$ 时的短路瞬间熔滴图像

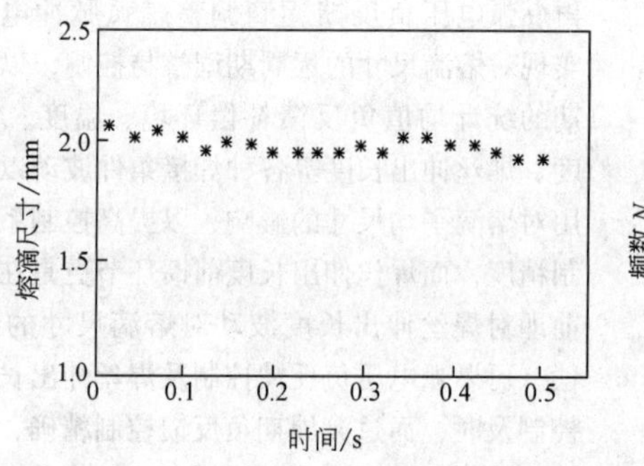

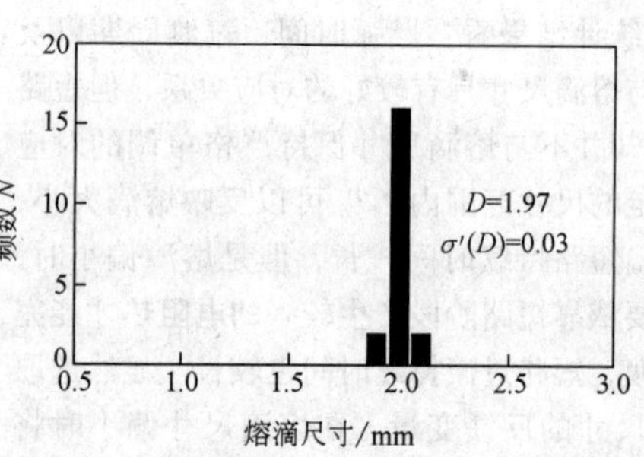

图 37-19 $U_g=32V$ 时的熔滴尺寸控制效果

进一步的试验结果表明：预置不同的再燃弧电压目标值可以有效地控制熔滴尺寸的大小，并且熔滴尺寸能够很好地跟随给定值线性或阶跃变化，系统具有良好的稳态和动态控制效果。在焊丝伸出长度线性或阶跃变化时，控制系统能够保持熔滴尺寸相对稳定，即控制系统具有良好的抗干扰性能。总之，熔滴尺寸控制系统具有良好的静、动态性能及抑制随机干扰的能力，能够满足焊接过程中对熔滴尺寸实时控制的要求。

37.3 焊接电弧弧长（弧压）时间最优控制

通过实时调节焊接电源的输出电流来改变焊丝熔化速度，可以控制焊接电弧，但这种方法常会影响熔滴过渡的均匀性，并且在粗丝情况下，系统动态响应速度降低，不足以抑制弧长扰动，有可能影响燃弧过程稳定和焊缝成形。而采用实时调节送丝速度的方法，对送丝机构、驱动器尤其是对控制器的性能提出了很高的要求，仅依靠常规 PID 调节方式，对弧长大幅度扰动情形，其动态响应能力明显不足。随着低成本、高性能的单片微处理器的普遍应用，实现基于时间最优原则的控制运算已经成为可能。

37.3.1 弧长最小时间控制器

基于弧压反馈调节送丝速度的电弧控制系统如图 37-20所示。其中 i_a 为焊接电流，u_a 为电弧电压，u_g 为给定弧压，v_f 为焊丝送进速度，v_c 为焊丝熔化速度，l_a 为弧长，K 和 T 为送丝机构等效参数，A、B、C 为电弧等效参数。

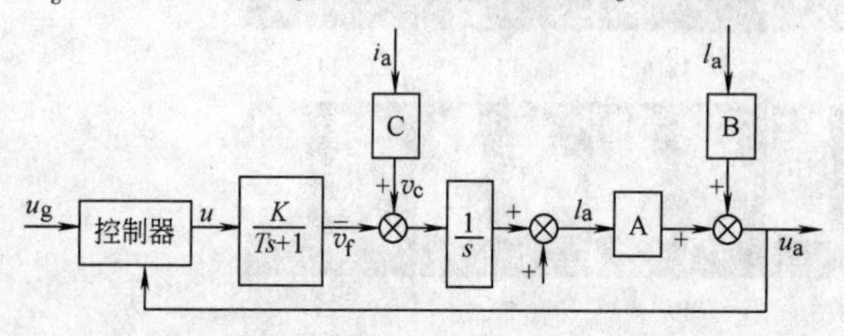

图 37-20 基于弧压反馈调节送丝速度的电弧控制系统

在现代控制理论中，所谓“最小时间控制”是指使系统在控制器作用下从一个状态到另一个状态所经历的过渡时间最短。可以证明，在图 37-20 所示系统中，最小时间控制器的输出为一开关函数，即在线根据系统的不同状态，按照一定的规律（所谓最佳开关曲线），分别输出约束范围内最大和最小的控制量，即

$$u=u_c\pm\Delta u_{max}$$

式中 Δu_{max}——控制器输出量的最大可变幅度；

u_c——与焊丝平均熔化速度相适应的控制器输出常数项。

设 $$e=u_g-u_a$$

则可以推导出最佳开关曲线（图 37-21 中的 *PON* 曲线）方程为

$$e=F(\mathrm{d}e/\mathrm{d}t)=-T\mathrm{d}e/\mathrm{d}t\pm ATK\Delta u_{max}\ln\left|1\pm(\mathrm{d}e/\mathrm{d}t)/(AK\Delta u_{max})\right|$$

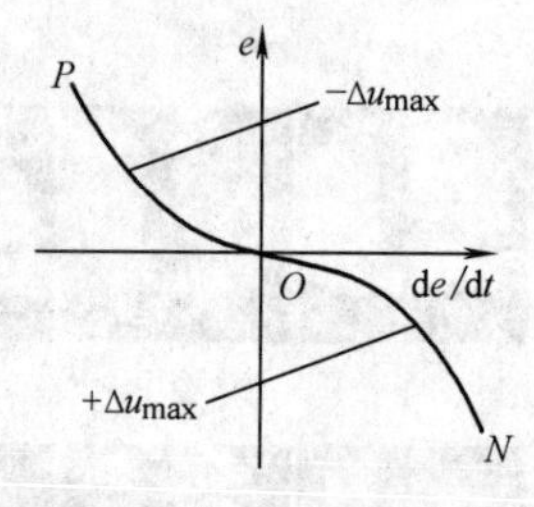

图 37-21 最佳开关曲线

上式包含系统各环节结构参数且有对数运算。实际问题的复杂性，使得在线控制器难于实时按严格的最佳开关规律执行，因此只能简化计算。简化后的最小时间控制作用为

$$u=u_c+\Delta u_{max},\ \lambda\mathrm{d}e/\mathrm{d}t+e<0$$
$$u=u_c-\Delta u_{max},\ \lambda\mathrm{d}e/\mathrm{d}t+e>0$$

初始选择 $\lambda\leqslant T$，然后通过单参数寻优实验加以调整。在最小时间控制过程中，常会出现极限环，使

系统在稳定值附近产生小幅振荡。这是因为受控对象的结构参数及其波动量难于准确确定，计算出的开关曲线不能反映真正的快速最佳过程，特别是在直线简化的情况下，解决这个问题的方法是设置偏差带 ε，以最小时间控制方法消除大偏差，当偏差绝对值小于 ε 时，采用常规 PD 调节。控制器的数学模型为

$$u = u_c + \Delta u$$

$$\Delta u = \pm \Delta u_{max}, \quad |e| > \varepsilon$$

$$\Delta u = K_p(e + T_d \mathrm{d}e/\mathrm{d}t), \quad |e| \leqslant \varepsilon$$

37.3.2　控制器参数在线修正

控制器输出常数项 u_c 非常重要，若取值不当，会使系统处于振荡状态而导致电弧不稳。u_c 的最佳值与系统结构参数和工况有关，如焊丝直径和材料、焊接电流、电弧区冷却条件等。这些因素变化时，u_c 的最佳值也随之而异。预置初值后，在焊接过程中必须进行修正。

一般情况下，实时检测各种条件变化并直接得出其与 u_c 的精确数学关系非常困难，只能通过进一步的分析研究。图37-22所示系统可以看作是一个有扰动的恒值控制系统，弧长最小时间控制器的作用是力图使每个时刻的弧压偏差 e 及 $\mathrm{d}e/\mathrm{d}t$ 同时趋小。一定的弧长是依靠焊丝送进速度与熔化速度的相互平衡而实现的，控制器输出的适时平均量就反映了此时焊丝的平均熔化速度。基于此原则，u_c 的在线修正模型为

$$u_c(k+1) = \left[u(k) - u(k-n) + \sum_{i=k-n} k^{-1}u(i)\right]/n$$

$$u_c(k+1) \in [u_L, u_H]$$

$$k \geqslant n$$

式中　$u(i)$——控制器在第 i 个采样调节周期的输出值；

$u(k)$——控制器在当前周期的输出值；

$u_c(k+1)$——下一个周期控制器输出常数项的修正值；

n——每次累加的控制器输出值的个数。

37.3.3　工程应用

基于上述时间最优控制原理，以主频 12MHz 单片机为核心构成数字控制器，针对粗丝埋弧自动焊接过程进行控制，系统结构如图37-22所示。弧长采样调节周期为 1ms。

实现 u_c 在线修正的方法，是依靠建立于控制器数据存储区的多字节累加器和一个在线形成且不断刷新的环形数表。数表长度 n 的确定要兼顾修正过程的快速性和系统平稳性的要求。在线修正的收敛性可通

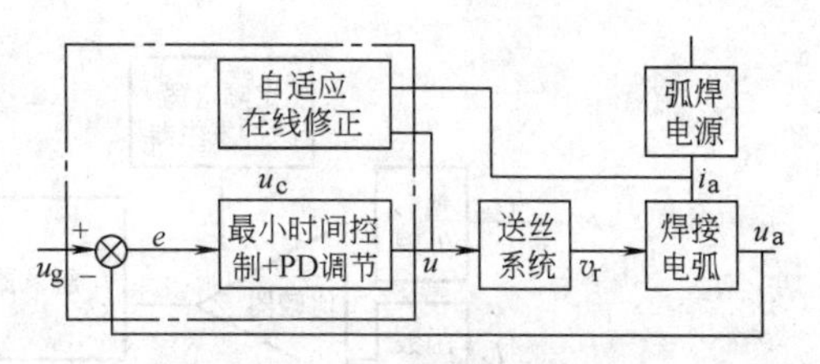

图37-22　数字控制器系统结构

过焊接试验证实，只要 u_L 和 u_H 选择适当，使燃弧过程相对平稳，则在很宽的范围内，u_c 的修正收敛性均可保证。

应用结果表明，与常规 PID 调节相比，系统的动态响应速度大为提高，能够适应弧长强扰动的情况，保证燃弧稳定和良好的焊缝成形。

37.4　弧焊逆变电源本脉冲控制技术

焊接电源具有优异的动态品质和静态精度是对焊接电弧实施有效控制的基础，开关频率高于 20kHz 的 IGBT 逆变电源正是这样的良好载体。而对其输出电流的有效控制更是实现时变输出特性的关键。

37.4.1　本脉冲 PWM 控制技术的基本原理

对于包含时变非线性的连续电弧负载和逆变器开关控制变量的混合系统，合理的电流反馈控制方式应基于瞬态信息处理原则，而非传统的输出平均值反馈，如图37-23所示。因此有研究者提出了一种瞬态信息反馈处理的 PWM 控制方法，如图37-24所示。

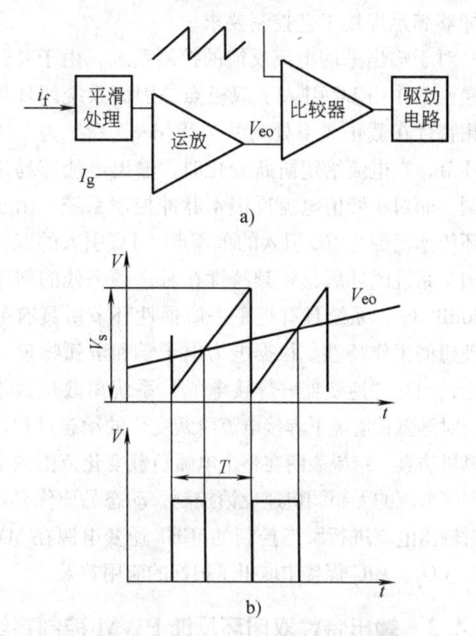

图37-23　平均电流反馈 PWM 控制原理

a）原理框图　b）控制过程示意图

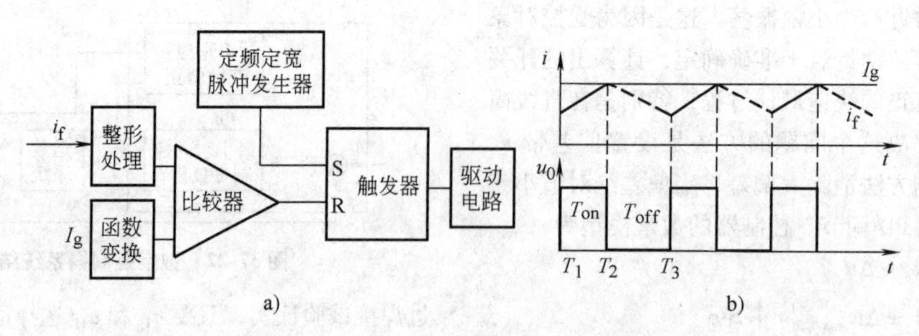

图 37-24　本脉冲 PWM 控制方法的基本原理

a）原理框图　b）控制过程示意图（i_g 为定常值的情形）

在逆变器每一开关脉冲输出期间，对其输出电流 i_f 的瞬态信息（而非平均值）进行反馈处理，根据给定值 i_g 即刻决定逆变器控制单元的当前脉冲宽度 T_{on}（$T_{on} \leqslant W_{max}$）。反馈信号处理环节只对电流瞬态信息进行整形，以调节灵敏度并改善系统稳定性，不存在滤波滞后。如果电流信号的采样点选在主变压器原边逆变回路中，则还可从原理上根本避免因逆变失败造成的功率开关元件过流损坏。

由于 IGBT 开通和关断的耗时，有时需要在电源输出短路（或低压）状态下对逆变器输出脉宽的最小值加以限制（即 $\geqslant 1\mu s$）。若从焊接电源输出端获取瞬态反馈信号 i_f，就可以实现合理的 PWM + PFM 自动调节方式。图 37-24b 是 i_g 为定常值的情形。数学推导和实验测试证明，此时逆变电源呈现恒流外特性。也就是说尽管这种控制方法仅针对瞬态信息进行处理，但也达到了对输出电流平均量的控制效果，完全能够满足焊接工艺控制要求。

对于输出平均电流反馈的控制系统，由于其开环传递函数中由 LC 引入了双极点，因而系统闭环后其幅频特性在截止频率处为 -40dB/dec，系统为二阶振荡环节，在电流给定阶跃变化时，输出电流容易出现超调。而对于峰值电流反馈本脉冲控制系统，由于其开环传递函数为 RC 引入的单零点及 LC 引入的双极点结构，系统闭环后其幅频特性在截止频率处的斜率为 -20dB/dec，系统具有近乎一阶惯性环节所具有的较为理想的工作特性。根据电力电子学和电弧物理基本理论，建立“逆变器—焊接电弧”系统离散化数学模型，对等弧长情况下焊接电流阶跃变化的动态过程进行计算机仿真，结果表明在整个电弧负载变化范围内实现了焊接电流的无超调快速反馈控制，动态品质优异。这种对输出电流进行瞬态控制的 IGBT 逆变电源在 MMA、TIG、CO_2、MIG 焊接中取得了很好的应用效果。

37.4.2　输出特性双闭环反馈 PWM 控制系统

尽管峰值电流本脉冲反馈具有优异的动态性能及网压前馈补偿能力，而且还具有由其工作特点决定的逐波限流的优点，但是该控制方式仍存在输出电流外拖、恒流特性不理想的不足。

理论上，峰值电流本脉冲反馈控制应该是峰值电流达到给定电流 I_g 时，功率开关瞬时关断。但在实际应用中，由于控制电路信号调理造成的滞后，以及功率开关器件存在的关断延迟时间 T_d，实际输出电流将产生一定的外拖。在高电压输出及较大的占空比下，因变压器原边电流上升速率较慢，功率开关器件的关断滞后对输出的影响很小；而在短路及近短路区域，由于变压器原边电流上升速率很快，T_d 造成的外拖电流比希望得到的 I_g 要大许多。而在输出平均电流反馈中，由于控制脉冲宽度是由输出电流大小与锯齿波相比较而决定的，避免了上述峰值电流反馈控制精度的不足，因而能够获得良好的恒流输出特性。

总之，峰值电流本脉冲反馈控制有利于系统工作的可靠及稳定，但恒流控制精度较低；输出平均电流反馈在给定阶跃变化时虽有超调情况出现，但可以获得良好的恒流输出特性。根据最优控制理论，实现全状态反馈的系统可以实现动态响应的误差平方积分（ISE）指标最小，因此在逆变式焊接电源系统中取输出平均电流及输入瞬时电流两种反馈信号实现双闭环控制是符合最优控制规律的。在图 37-25 所示的双闭环反馈 PWM 控制系统中，外环误差放大器专门用于控制负载变化造成的输出电流变化，而内环原边检测出的峰值电流在输出电流连续时能近似代表平均电流，因此整个电源可看成一个误差电流控制的电流源，误差放大器的幅频特性由双极点变成了单极点，使系统稳定性提高，并改善了频响特性，而具有更大的增益带宽乘积。

图 37-25 所示的双闭环反馈 PWM 控制系统使弧焊逆变电源具有如下优点：

1）静态设置精度高、动态响应速度快。输出平均电流反馈外环可以得到很好的静态设置精度；瞬

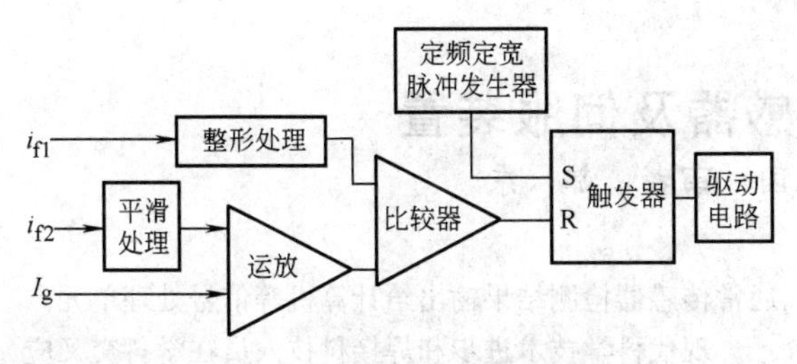

图 37-25　双闭环反馈 PWM 控制系统

时电流反馈内环由于消除了二阶变换系统中主变压器电感引入的极点，因此系统瞬态响应快，稳定性好。

2）具有网压变化瞬态响应的前馈控制特性。电网电压的波动必然立即引起变压器原边电流幅值的变化，只要原边电流脉冲的峰值达到了设定的幅值，脉宽比较器不经过误差放大器就能改变控制脉宽，保证输出稳定。

3）快速电流限制特性。内环瞬时电流反馈可以保证弧焊逆变电源系统实施逐个脉冲的电流限制，从而避免功率开关元件及主变压器的过流运行。

在基于瞬态电流的本脉冲反馈（图 37-24）及输出补偿的本脉冲反馈恒流控制系统（图 37-25）中，由于变压器漏感、主电路连线电感以及主变压器副边整流二极管反向恢复时间的作用，功率开关在开通瞬间产生的尖峰电流极易造成控制系统振荡。因而在应用本脉冲反馈控制时，原边峰值电流反馈信号的调理电路时间常数一般比较大，而在采用可饱和输出电感提高电源电流调节速度时，变压器原边电流上升速率增加，这样就不可避免地造成更大的恒流外拖。因此在逆变式焊接电源控制系统中，还可以设计如图 37-26 所示的本脉冲限流 + 输出平均电流反馈双闭环控制系统。其恒流输出由输出平均电流反馈控制实现；本脉冲控制仅用于限流，因而可减小反馈信号调理电路的时间常数，使本脉冲的逐波限流控制更加及时可靠，不仅能够抑制输出平均电流反馈控制超调情况的出现，而且可以避免过流保护造成关断电源输出，导致断弧以致焊接缺陷的产生。

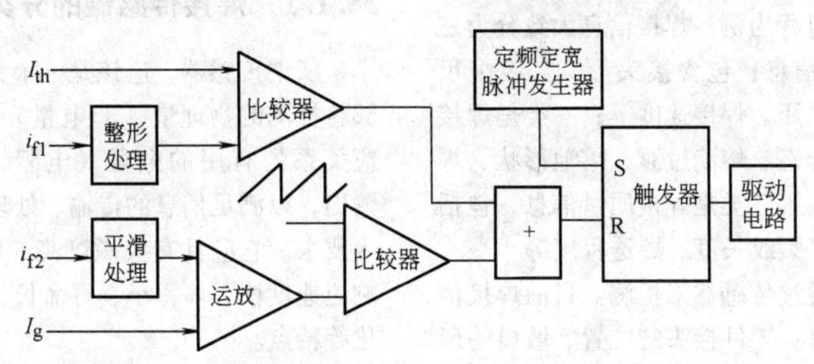

图 37-26　本脉冲限流 + 输出平均电流反馈的双闭环 PWM 控制系统

第38章 焊接传感器及伺服装置

作者 王克争 孙振国 审者 都 东

随着冶金、机械、电力、核能和航天、航空、激光等现代化技术的高速发展，作为材料加工的重要手段之一的焊接技术正向着自动化、智能化方向发展。作为一种加工方法而言，当然以产品质量为最终的评价标准。但是用什么指标及如何衡量焊接结果，以及为了达到所需的技术要求，在加工之前应提供哪些焊接条件，在加工过程之中应该对哪几种规范参数进行控制等，则是保证焊接质量甚至于还可能影响到焊接工艺能否进行的基本问题。

焊接过程是一个光、电、热、力等综合作用下的复杂的物理化学过程，其中对应地存在众多信息，分别以光、电、磁、声等不同的信号形式反映出来。根据关心的程度或希望控制的对象不同，所侧重的焊接信息也不同。以弧焊过程为例，焊接信息大致分为三类：一类是焊接工艺信息，包含接头形式、装配尺寸、焊接电流、电弧电压、焊接速度等；一类是焊接过程信息，包括电弧形态、熔滴过渡、熔池形状、焊缝对中、温度分布等；第三类是焊接质量信息，包括焊缝成形、气孔直径、裂纹长度、熔透程度等[1]。

焊接过程信息可通过传感器来检测。目前焊接信息传感器的检测范围有：工件接头的位置、坡口的形状、有无障碍物和定位等构件状态，焊丝伸出长度、电弧和熔池状态、焊道外观等焊接固有特性和状况。通常传感器检测结果输出给计算机等信号处理单元。

现代科学技术进步和焊接科技人员在学科交叉应用方面地不断努力，采用众多的手段和方法，充分利用焊接过程中的光、声、电磁、热、机械等信息，开发了基于机械、机电、电磁、电容、超声、红外、光电、激光、视觉、电弧、光谱等多种形式的传感设备。在电弧焊接的施工条件下，传感器的工作条件非常恶劣。因此对电弧焊传感器来说，除了通常的性能指标之外，还需要具有很强的抗电弧干扰的能力。

38.1 焊接传感器及自动跟踪系统概述

38.1.1 焊接传感器的分类

所谓传感器，应该是一个完整的测量装置，它能够将被测的物理量（非电量）转化为与之有确定对应关系的有用的电量（电阻、电容、电感、电压）输出，以满足信息的传输、处理、记录、显示和控制等要求。它应具有灵敏度高、精确度高、可靠性好、响应速度快、体积小、寿命长、廉价、多功能和智能化等特点。

根据传感器所面向对象的不同，表38-1列举了一些常用的焊接传感器。

表38-1 常用的焊接传感器[1]

类别	传感物理量	反映信息量	主要应用范围
机械	空间位置	接头位置	焊缝跟踪
图像	空间位置、尺寸	接头位置、熔池尺寸	焊缝跟踪、焊缝成形控制
电场	电弧电流、电压	接头位置、电弧状态	焊缝跟踪、电弧参数控制、焊缝成形控制
磁场	涡流、磁场强度	接头位置、电弧形态	焊缝跟踪、焊缝成形控制
光学	光波反射、透射	熔滴形态、熔池状态	熔滴、焊缝成形控制
热象	温度辐射、梯度	熔池形状、温度分布	焊缝成形、热循环控制
声音	声波发射、反射	接头位置、内在缺陷	焊缝跟踪、无损探伤等

焊接工艺的宏观质量控制通常是根据专家系统，严格遵循工艺评定及标准来保证。而施工生产中的过程质量控制则要求对每个瞬时的焊接条件和规范参数进行监控，其中包括接缝装配情况、位置偏差、焊缝成形、熔透程度以及各种焊接缺陷的信息反馈。因此在焊接过程中，首先要控制焊接电弧对焊缝的自动跟踪；其次要在焊接过程中检测焊接坡口情况（如宽度、深度、面积等）以及检测焊接熔池的状况（如熔宽、熔深和背面焊道的成形等），以便能实时地调整焊接参数，保证焊接质量；最后，要对焊接最终产品中可能存在的焊接缺陷进行无损检测。

根据使用目的不同，焊接传感器可以分为以下3类：

1）第一类传感器主要用于检测构件位置、坡口位置或焊缝中心线位置以达到焊缝位置自动跟踪的目的，通常称为焊缝自动跟踪传感器。它约占焊接信息传感器使用总量的 80%。

2）第二类传感器主要在焊接过程中实时检测焊接条件的变化以实时自动控制焊接参数来适应每一时刻的焊接状况，称为焊接条件实时跟踪传感器。如利用结构光或激光扫描手段，检测出坡口的宽度、深度及面积等，用以控制焊接电流及焊接速度以获得均匀的焊道；利用视觉系统直接拍摄焊接电弧及熔池，实时控制熔池的宽度以有效地控制熔深甚至熔透；通过光电或声控传感器控制熔透及背面焊缝成形，实现单面焊双面成形。此类传感器通常较为复杂，成本也较高，其控制一般要通过计算机来实现。它约占焊接信息传感器使用总量的 10%。

3）第三类传感器可以同时完成上述两项功能，它约占焊接信息传感器使用总量的 10%。

38.1.2 焊缝位置自动跟踪传感器的分类[2]

常用的焊缝自动跟踪传感器及其分类如图 38-1 所示[2]。其中的机械接触式传感器、电磁感应式传感器、电容式传感器、气动式传感器、超声波传感器等传统附加式焊缝跟踪传感器，特别是机械接触式传感器较早地得到发展和应用，但是由于其在传感信息量和检测精度方面的不足，1980 年以来传统型焊缝跟踪在生产应用中所占的比例呈逐年下降的趋势，而电弧传感器和视觉传感器这两种新型焊缝跟踪传感器所占的比例呈现出逐年增加的态势，成为生产和研究中的两大主流类型，如图 38-2 所示。

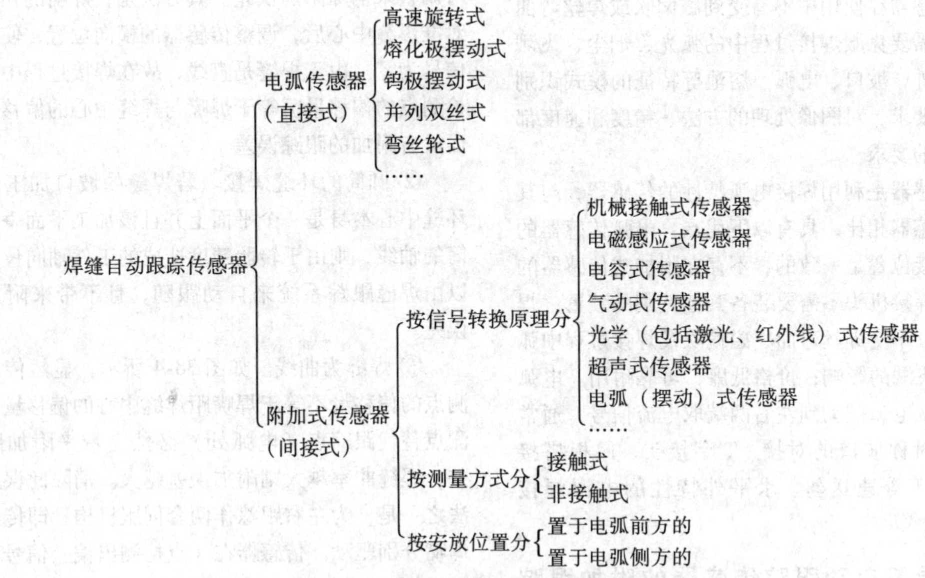

图 38-1 常用的焊缝自动跟踪传感器及其分类

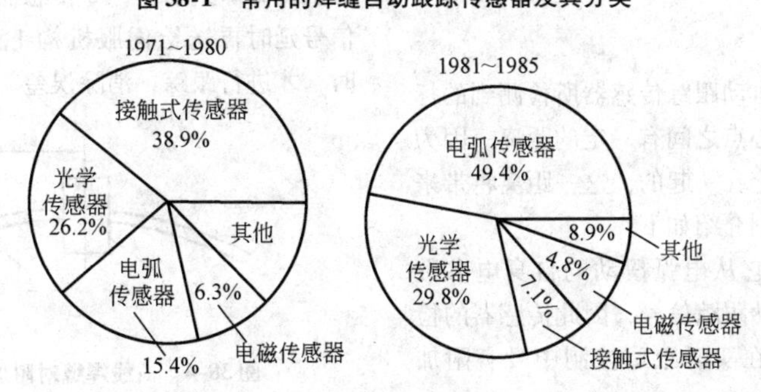

图 38-2 日本焊缝跟踪传感器的发展趋势

传统附加式传感器是在焊嘴上刚性地固定一个附加的机械、电磁或其他装置来检测焊缝位置，其优点在于结构简单、成本较低，其不足之处在于精度较差、抗磁偏吹和焊丝弯曲扰动能力差。一般情况下，传感器所检测到的目标点与实际的电弧中心点之间有一定的距离，这一距离将带来附加跟踪误差，如传感器超前于电弧 50～100mm，必将导致曲折焊缝的跟踪失败。为此需要在系统中采用记忆、延迟、再现方式，有时还需要将传感器和焊嘴分别驱动，并用其他传感方式来记录焊嘴与传感器之间的偏移量，无疑增加了系统的复杂性。此外传统附加式传感器一般检测的是焊嘴与坡口之间的相对位置，并以此代表电弧与坡口的相对位置，无法克服实际焊接中发生的磁偏吹或焊丝弯曲造成的电弧偏离焊嘴中心线的情况[3]。

视觉传感器通常采用红外线、可见光、弧光为光源，以点、线、面、体的方式传感焊接区域图像信息。近年来视觉传感器发展很快，已从单纯的焊缝位置检测装置发展到对包括坡口、电弧、熔池的整体模式识别。视觉传感器具有精度高、再现性好的优点，不仅可以用于焊缝跟踪，而且可以用于检测坡口形状、宽度和断面，为焊接过程信息传感、焊接参数自适应控制、焊接质量信息在线检测与闭环控制提供依据。视觉传感器在使用中不易受到磁偏吹或焊丝弯曲的影响，但需要克服焊接过程中的弧光、烟尘、飞溅等干扰。此外，坡口、电弧、熔池等特征的模式识别及其实时性要求，对图像处理的方法、精度和速度都提出了较高的要求。

电弧传感器是利用焊接电弧特性的传感器，与其他形式的传感器相比，具有以下优点：电弧传感器的检测点和焊接位置是一致的，不存在附加式传感器的附加误差；焊接机头不需要装备其他特别的装置，焊枪可达性好；不受焊丝弯曲、磁偏吹及焊接过程中弧光、烟尘、飞溅的影响；价格低廉，可靠耐用。电弧传感器主要从电弧摆动到左右两端取电流信号，通常应用于具有对称坡口的对接、T字接头、厚板搭接等。它适用于等速送丝、水平外特性的电源焊接系统。

38.1.3　焊缝自动跟踪传感器的附加跟踪误差

一般情况下，焊缝自动跟踪传感器所检测到的标志点与要控制的电弧中心点之间有一定的距离。因为传感器与焊嘴是刚性固定在一起的，这一距离将带来附加的跟踪误差。现分别介绍如下。

（1）电弧摆动式　它从电弧摆动的自身电参数的变化中，找出焊缝自动跟踪信号，因此传感器的检测点就是电弧中心点，在实时跟踪控制中没有附加误差。

（2）传感器固定于焊嘴的侧面　如图38-3a所示，由于辅助跟踪基准线平行于焊缝中心线，故左右跟踪的检测点与电弧中心点的距离没有附加的跟踪误差；若线不平行，则带来附加误差。

（3）传感器固定于焊嘴的前方　如图38-3b所示，传感器检测出的焊缝中心点位置，导前于焊嘴一

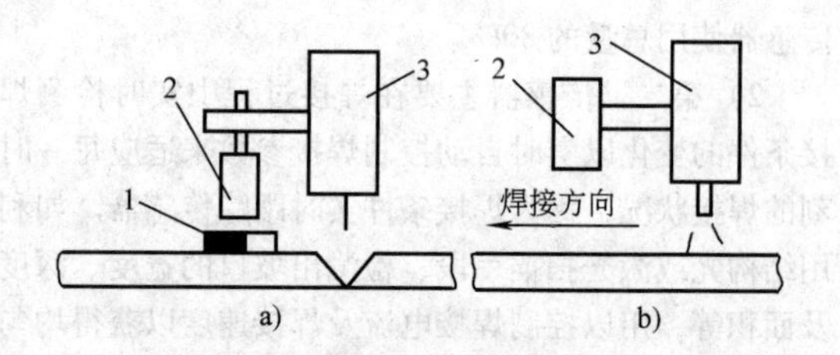

图38-3　传感器与焊嘴的固定方式

a）传感器在侧面固定　b）传感器在前面固定

1—黑白塑料带　2—传感器　3—焊嘴

段距离。这种分离带来的附加跟踪误差与焊缝形状有关。

① 焊缝为直线。可通过传感器与焊嘴位置的初时调整来消除附加误差。其方法是，焊嘴的初始位置对准焊缝中心后，调整传感器的横向位置，使之输出信号为零。由于焊缝是直线，故在焊接过程中传感器检测点的偏移量恒等于焊嘴与焊缝中心的偏移量，因而没有附加的跟踪误差。

② 圆筒的环缝焊接。若焊缝的坡口加工能保证环缝中心本身是一个平面上并且该加工平面垂直于圆筒的轴线，则由于转胎精度造成的工件轴向位移，可以由焊缝跟踪系统来自动跟随，且不带来附加跟踪误差。

③ 焊缝为曲线。如图38-4所示，显然传感器检测点的偏移量不等于焊嘴距焊缝中心的偏移量。以检测点替代跟踪点（电弧处）必然会带来附加跟踪误差。焊缝曲率越大则附加误差越大。消除此误差的方法之一是，为左右跟踪作两套伺服机构，即传感器与焊嘴分别驱动。传感器在A点检测出偏差信号，使伺服机构2即刻动作，令传感器回到平衡位置。此偏差信号延时再送给伺服机构1，即等到焊嘴达到A点时，才进行跟踪，消除误差。

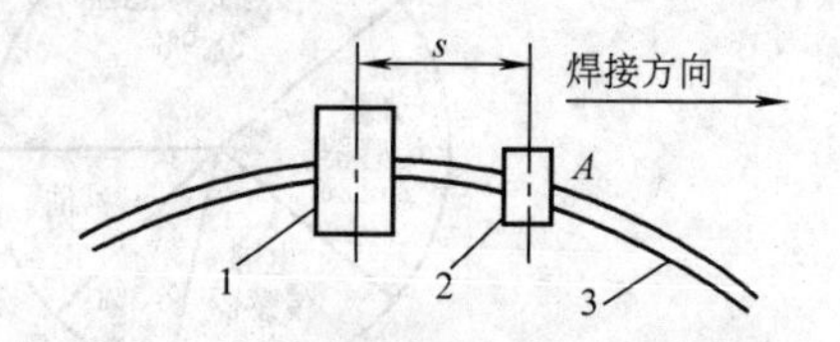

图38-4　曲线焊缝对附加跟踪误差的影响

1—焊嘴与伺服机构

2—传感器与伺服机构　3—焊缝

38.1.4　焊缝自动跟踪传感器系统

焊缝位置自动跟踪一般是通过焊缝跟踪系统来实现的。焊缝自动跟踪系统通常由传感器、信号处理单

元和伺服装置三个部分组成。传感器检测到的信息，经处理后用于驱动伺服装置以便对焊枪位姿进行适当的调整，实现对焊接过程的自动跟踪。从传感器系统的结构来看，焊缝跟踪系统是一种以电弧（焊嘴）相对于焊缝（坡口）中心位置的空间偏差作为被调量，以焊嘴位移量作为操作量的闭环控制系统。当电弧相对于焊缝中心位置发生偏差时，传感单元自动检测出这一偏差，输出信号，实时地调整焊嘴位姿，使之准确地与焊缝对中。实际生产中经常要求同时进行焊嘴左右位置和高低位置的自动跟踪，为此焊嘴必须相对于焊接小车有两个自由度，即要有两套随动机构。通常，这两套随动机构是由一个传感单元发出两个方向的跟踪信号来驱动的[2]。

传感器的作用是获取所需要的物理量并将其转化成相应的电信号，然后传送给信号处理器。信号处理器对传送来的电信号进行处理，包括去除噪声干扰，将调制信号解调、放大及运算，最后经功率放大器部分输出处理信号给伺服装置。信号处理器可根据传感器的种类、所能提供的信息量的大小及所需要的处理速度分别采用模拟电路、数字控制电路直至微型计算机进行信号处理。例如单点反射式光学传感器系统由于所需处理信息量少，则只采用模拟电路控制；而对于使用 CCD 摄像机的光学传感器系统，由于每幅图像所需处理的信息量大，而焊缝自动跟踪的实时自动控制又需要很高的运算速度，因此配以微机或 DSP 进行处理。一般来说，需要处理的信息量越大，信号处理器构成越复杂，成本也越高。但同时跟踪的精度高，应用的范围也越广。

伺服装置是一个小型的电动伺服控制系统。它可以采用普通的直流伺服电动机、直流无刷电动机、步进电动机，中、低惯量的力矩电动机以及印刷电动机等。其驱动控制可以采用模拟控制或数字控制。

38.2　传统附加式焊接传感器

38.2.1　机械接触式传感器

机械接触式传感器一般以导杆或导轮在焊嘴前方探测焊缝位置，如图 38-5 所示。它分为机械式和机械电子式两种。前者是靠焊缝形状对导杆（轮）的强制力来导向。后者是当焊嘴与焊缝中心线发生偏离时，导杆经电子装置发出信号（它能表示偏离的大小与方向），再控制驱动装置使焊嘴及传感器恢复正确位置，此时传感器输出信号为零，从而实行自动跟踪。

根据机-电信号转换方式的不同，机械电子式传

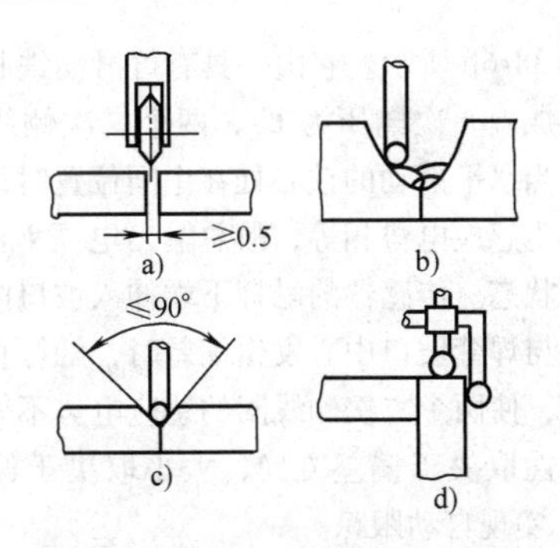

图 38-5　接触式传感器的触杆接触形式

a）用导轮接触间隙　b）用导杆以焊道与坡口面交点为基准　c）用导杆以坡口中心为基准　d）用双导杆以工件表面为基准

感器可以分为：机械-开关式、机械-差动变压器式、机械-光电式和机械-电磁式等（图 38-6）。

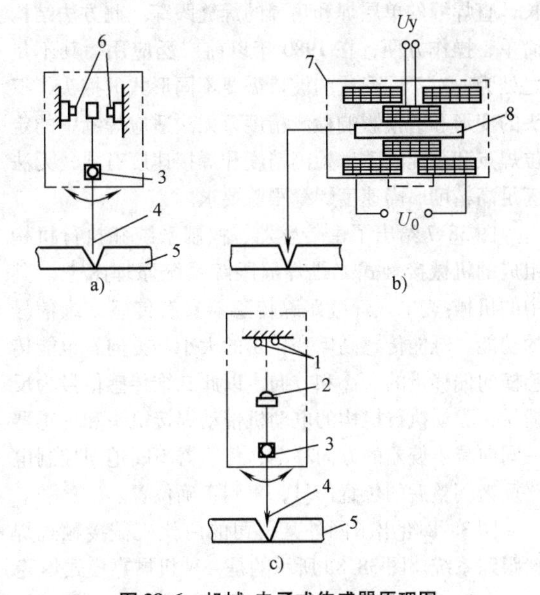

图 38-6　机械-电子式传感器原理图

a）机械-开关式　b）机械-差动变压器式　c）机械-光电式

1—光电管　2—发光二极管　3—杠杆轴　4—跟踪探头　5—工件　6—微动开关　7—位移传感器　8—铁心

1）机械-开关式。如图 38-6a 所示，机械-开关式传感器的触杆中部用铰链固定在传感器盒内，下端伸进坡口。当焊嘴偏离焊缝中心时，触杆向一侧偏转，此触杆上端接通一微动开关，驱动电动机转动，使传感器回到平衡位置。此时开关断开，电动机停转，保证焊嘴对准焊缝。

2）机械-差动变压器式。机械-差动变压器式传

感器如图 38-6b 所示。它由一具有可滑动铁心的差动变压器组成。一次电压为 U_y，两个二次侧线圈反极性串联。当水平滑动的铁心处在中间位置时，两个二次侧线圈为感应电势相等，故总输出电压 $U_0=0$，此即为平衡状态。传感器的触杆下端伸入坡口内，当传感器位置与焊缝坡口中心发生偏差时，触杆直接带动铁心移动，使两个二次侧线圈的感应电势不等，而输出一个极性取决于偏差方向，大小取决于偏差量的 U_s 信号，实现自动跟踪。

3）机械-光电式。机械-光电式传感器如图 38-6c 所示。它与机械-开关式相似，但在触杆的上端装有一个发光二极管。当焊嘴偏离焊缝中心使触杆偏转时，光束指向两个光电接收管之一。这两个光电管就像开关一样接通电动机的控制电路，实现自动跟踪。

机械接触式传感器适用于与探头有可靠接触面的 X 形、Y 形坡口窄间隙焊缝及角焊缝，一般应用于长、直焊缝的单层焊和角焊的焊缝跟踪。此方法结构简单，操作方便，在 1980 年以前广泛应用。其不足之处为：对不同形式的坡口需要不同形式的探头，探头的变形和磨损影响检测精度，无法适应焊缝中的定位焊点和装配间隙，检测精度和焊接速度有限，无法满足高精度、高速度焊缝跟踪要求。

图 38-7 给出了由传感器、控制系统和执行机构组成的机械接触式二维焊缝跟踪系统原理图[3]。其中的机械-光电式焊缝跟踪传感器具有传感二维信号的功能：既能传感高度变化量的大小和方向，也能传感横向偏移量的大小和方向。以此二维传感信号为反馈量，驱动执行机构的电动机带动焊接机头和传感器一同向减小偏差的方向移动，传感器不断地向控制电路反馈调整后的位置信号，直到正确位置。

图 38-8 给出了国外某公司的两款机械接触式焊缝跟踪系统。图 38-8a 所示的是一种机械靠模式焊缝

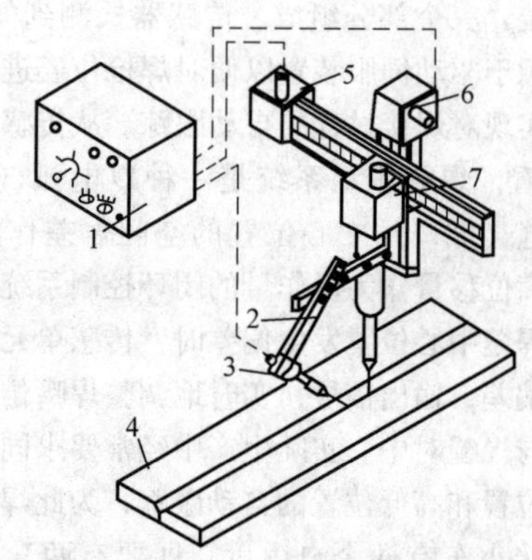

图 38-7　机械接触式二维跟踪系统示意图

1—控制箱　2—传感器支架　3—探头
4—工件　5—横向调节板　6—高度
调节板　7—焊接机头

跟踪传感器，该跟踪传感器由一对旋转的铜制导向轮、使焊枪移动的带导轨的十字滑块、重力垂直压力或气动提升力装置、弹簧或气动的侧向压力装置组成，通过铜制导向轮与工件表面的接触，精确保证角焊缝（两个方向的补偿）或保持预制的焊枪与工件表面的距离（一个方向的补偿）。图 38-8b 所示的是一种探头接触式焊缝跟踪传感器，其探头是可更换的。其几何尺寸为：72mm × 114mm × 40mm，探头长度 100 ~ 150mm，y 轴摆动角度 ±15°，z 轴摆动角度 ±15°，检测精度 ±0.15mm。焊缝跟踪系统由传感器、控制系统和电动（十字）滑块组成。跟踪传感器传感焊缝位置坐标，由控制系统与焊枪的实际坐标对比，位置偏差（左右和垂直水平方向）根据控制系统指令通过电动滑块进行补偿。主要适用于角焊、搭焊、对焊（最小间距 1 ~ 2mm）直线或旋转方式的自动化焊接。可以独立通过支架与自动焊设备连接，也可以直接与自动化控制轴相连。

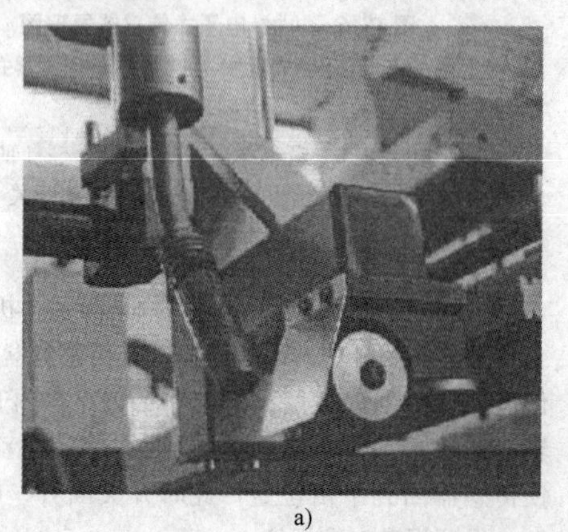

a)

b)

图 38-8　机械接触式焊缝跟踪系统

38.2.2　电磁感应式传感器

电磁感应式传感器实质上是共用一次侧线圈的两个变压器，如图38-9所示。一次侧线圈两端通以电压U_1，则在两个二次侧线圈上产生感应电势U_{21}和U_{22}。当传感器对准焊缝中心线时，两个变压器磁路对称，感应电势U_{21}等于U_{22}。当传感器偏离焊缝中心线时，两个变压器磁路的不对称性，使得U_{21}和U_{22}有一个偏差信号。该偏差信号可以反映传感器偏离焊缝中心线的大小和方向。

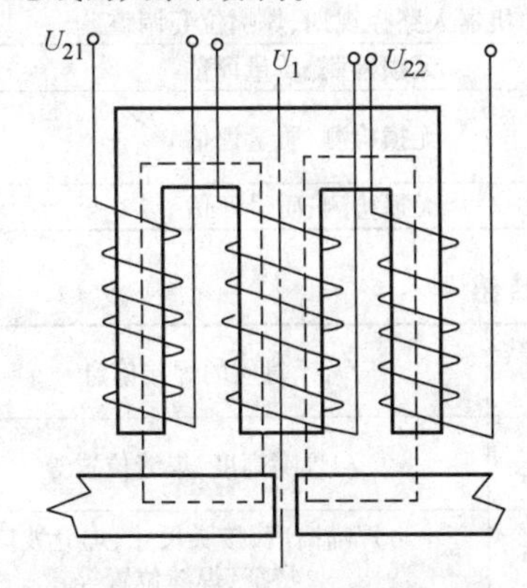

图38-9　电磁感应式传感器原理图

电磁传感器的灵敏度取决于输入电压的大小和频率、铁心材料和尺寸、传感器高度等。为减小传感器体积，提高抗电磁干扰能力，一般电压频率取6～10kHz，电压20V，铁心采用硅钢片或铁氧体材料，传感器安装高度10～15mm。电磁传感器对工件装配时的错边和定位焊点非常敏感，目前研制的漏磁抑制式、电磁抑制式和扫描式电磁传感器可以较好地抑制错边和定位焊点引起的干扰信号，但其灵敏度也有所降低。

电磁式传感器适用于对接、搭接和角焊缝，其体积大、使用灵活性差，且对磁场干扰和工件装配条件比较敏感，一般应用于对焊缝跟踪精度要求不甚严格的场合。

38.2.3　涡流式传感器及其应用

涡流式传感器结构如图38-10所示。在一次侧线圈1上加高频电流($f=30\sim120$kHz)，二次侧线圈2、3反极性串联。一次侧线圈高频电流产生高频主磁通，它在工件表面产生涡流。此涡流所产生的磁力线要削弱主磁通，从而影响二次侧线圈的感应电势，涡流强则感应电势减小。由于涡流不能穿过工件边界的缝隙，所以涡流在焊缝两边的分布与线圈1和焊缝的对中情况有关。当线圈1偏离焊缝中心线时，反极性串联的二次侧线圈输出一个偏差信号，该信号可以反映传感器偏离焊缝中心线的方向和大小。以此偏差信号为反馈量，控制电动机动作即可使传感器与焊嘴自动对中焊缝中心，实现焊缝跟踪的闭环控制。此外利用涡流产生的磁力线强度与传感器距离成一定的比例关系的特性，也可用来进行高低检测。

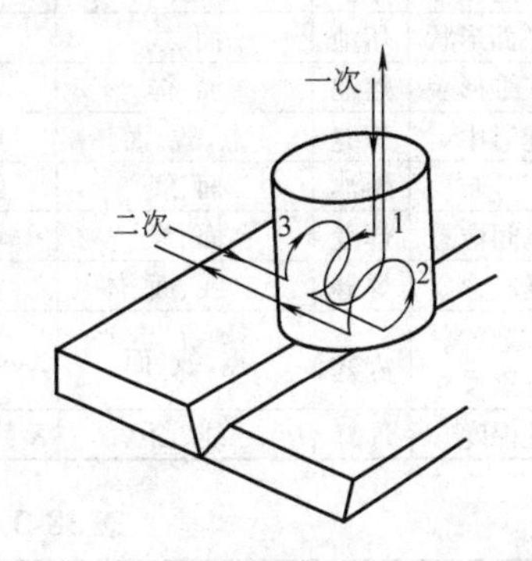

图38-10　涡流式传感器原理图
1—一次侧线圈　2、3—二次侧线圈

涡流式传感器的优点是：体积小巧，适用于各种金属材料的焊接（非铁磁材料精度略低），由于密封性能好而可用于水下焊接；缺点是受温度和环境磁场影响较大。

38.3　焊接视觉传感器

38.3.1　常用焊接信息的视觉传感[4,5]

焊接信息按其检测对象的几何特征可以分为点、线、面和体四种类型，而根据所采用的辐射光源的不同又可以将视觉图像分为可见光图像、红外图像及X射线图像等。在实际的焊接自动化、智能化控制中，可以根据所需要焊接信息的不同，选择不同视觉传感对象和视觉传感器件（设备），传感相应的视觉图像信号，并采用特定的图像信号处理方法从中提取焊接信息。表38-2给出了常用的焊接工艺、过程、质量信息的几何特征、视觉传感对象、光源类型及典型应用等。

由表38-2可见，焊接信息的视觉图像传感主要是对不同对象所具有的点、线、面和体的几何特征的视觉传感与识别。针对这四种不同的几何特征，可以选择不同的光源、视觉传感器件和视觉传感原理，如表38-3所示。其中，将点的检测装置沿线移动，并辅以光电管阵列或线阵检测单元就可以检测出线。而面的检测除了采用流行的基于电扫描原理的CCD器件外，也可以通过点检测装置作全平面机械扫描或线

表 38-2　常用焊接信息的视觉传感[6]

信息分类		对象	几何特征	光源类型	典型应用
工艺信息	接头形式、装配尺寸等	接头	面、体	可见光	焊缝跟踪、接头形貌测量、制定焊接工艺、选择焊接规范等
	焊缝坡口形貌	焊道	线、面	可见光	自动排道、焊缝跟踪、规范选择等
过程信息	电弧形态	电弧	面	可见光	焊接状态监测、光谱分析
	熔滴过渡	熔滴	面	可见光	熔滴过渡控制、熔滴尺寸检测
	熔池平面形状	熔池	面、线	可见光	焊缝成形控制
	熔池三维形貌	熔池	面、体	可见光	焊缝成形、熔透控制
	焊缝对中	焊缝	点、线、面	可见光	焊缝跟踪、路径规划
	温度分布	熔池	面、线	红外线	热循环控制、焊缝成形、熔透控制
	焊缝空间位置	焊缝	面、线	可见光	机器人路径规划、焊嘴位姿调整
质量信息	焊缝成形	焊缝	点、线、面、体	可见光	无损检测、质量评估
	气孔、裂纹等缺陷位置尺寸	焊缝	点、线、面	X射线、超声	无损检测、质量评估
	熔透程度	焊缝	线、面	X射线、超声	无损检测、质量评估

表 38-3　主要几何特征的视觉传感[6]

几何特征	照射光源（器件）	视觉传感器件（设备）	视觉传感基本原理	对应的焊接信息
点	卤钨灯、红外发光二极管、激光管、可见光等	光电管、光电倍增管、光敏电阻、光电池、PSD等	三角测距	焊嘴高度，焊缝位置等
线	卤钨灯、红外发光二极管、激光管、可见光等	光电管阵列、线阵CCD、线阵PSD等	三角测距	焊嘴高度、接头尺寸、焊缝坡口特征、焊缝位置等
面	可见光、红外线、紫外线、X射线等	面阵CCD、X射线成像设备、可作机械扫描运动的线阵传感装置等	边缘检测图像分割	焊缝位置、熔池形状、熔深、缺陷位置与几何尺寸等
体	可见光	两个面阵CCD摄像机	双目视觉	焊缝空间位置、三维形貌等

检测装置作平行机械扫描来实现。体的检测往往是通过对多个面的检测结果的复合处理得到的。而相关几何特征的检测是自上向下兼容的，即体传感装置可以检测面、线、点；面传感装置可以检测线、点；线检测装置可以检测点。

38.3.2　焊接信息视觉传感器的基本原理[4,7,8]

焊接中的视觉传感器按其检测组件特征的不同大致可以分为两类：一类是以单个或几个光电接收单元（包括线阵列）为检测组件的单光点式一维视觉传感器，另一类是机械扫描或电扫描的平面阵列成像式二维视觉传感器。三维视觉传感通常是对多个低维传感器获得的信息，进行综合处理运算来实现的。典型的一维、二维以及三维视觉传感器的基本原理如下所述。

1. 一维视觉传感原理

单光点式一维视觉传感一般是基于单点镜面反射成像原理的（如图38-11所示），光源聚焦为光点照射（或直接照射）到工件上，其反射光经过一定的光学系统传输到光电接收单元上。工件表面或焊缝坡口的高度信息与反射点位置存在对应关系。

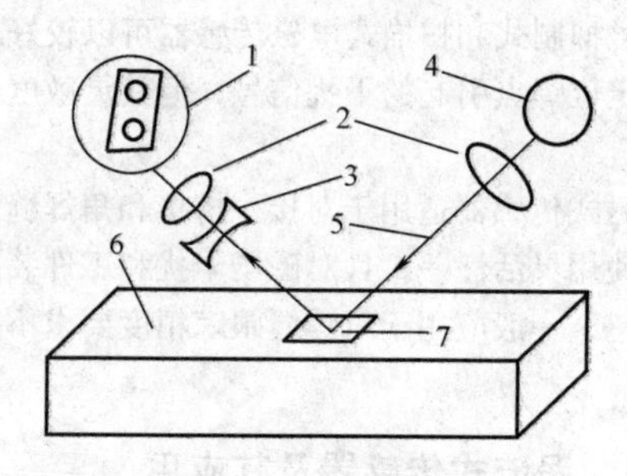

图 38-11　单点镜面反射原理

1—光电接收单元　2—凸镜　3—凹镜
4—光源　5—光线　6—工件　7—光点

常用的照射光源有卤钨灯、红外发光二极管、激光管等。卤钨灯具有发光效率高、体积小、功率大、寿命长等优点，激光管具有单色性、方向性和相干性好、辐射密度高等优点，而红外发光二极管具有耗电少、点燃频率高、使用寿命长和体积小等优点。

反射光的接收单元有光电管、光电倍增管、光敏电阻、光电池、PSD（Position Sensing Device）等，其中以光电管和PSD最为典型。光电管的光电流在一定范围内与入射光通量成正比，由多个光电管组成的光电接收屏（包括线阵列）可以用来检测工件反射光位置的变化，但因为其本质上是离散点检测，所以其灵敏度和动态范围有限。PSD是近些年发展起来的一种新型的光学接收器件，其基本工作原理如图38-12所示。当光点照射到光敏面上时，将有光电流产生，从两端电极输出的电流 I_1、I_2 与反射光点在光敏面上的位置 X_A 的关系为：$X_A = LI_2/(I_2 + I_1)$。PSD输出的电流信号经过一定的运算处理后即可得到只与接收光点位置有关而与光强无关的信号。由于其检测出的光点位置信号是连续变化的，因此与光电管相比，PSD位敏器件具有分辨率高、电路简单、动态响应快的优点。

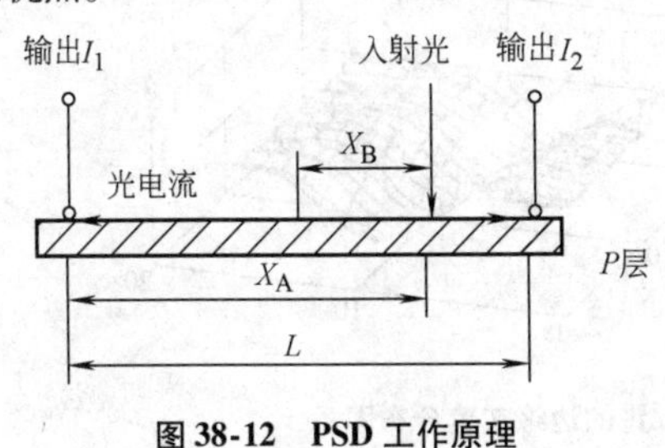

图 38-12　PSD 工作原理

将一维视觉传感器获得的光电流等传感信息转换为有效的反馈控制信号的过程，早期采用数学运算芯片及专门的硬件电路来实现。随着运算关系的复杂程度和控制要求的提高，现在更多地采用A/D器件将信号转换成数字量，送入计算机进行相应处理。此类传感器可以用于焊缝坡口的横向跟踪和焊嘴的高度跟踪。

点和线的检测本质上都是基于三角测距原理的，线的检测可以通过点检测装置的机械运动扫描或光学扫描来实现。图38-13给出了典型的以PSD为接收源的三角测距原理图。光源发出的光经被检测面镜面反射到与光源中心在同一水平面上的PSD接收器件上。当被检测面的高度向下平移距离 H 时，PSD上的光点位置平移距离 B，由图示的平面几何关系，可以求得：$H = B/2\tan\alpha$。基于这一原理，将发射源和接收源一起放置在平行于焊缝的平面内，沿焊缝横断面方向进行机械扫描，就可以获取焊缝深度等坡口特征。

2. 二维视觉传感原理

焊接中采用的二维视觉传感器有：象限光电管、摄像管、热像仪、面阵PSD、面阵CCD（Charge

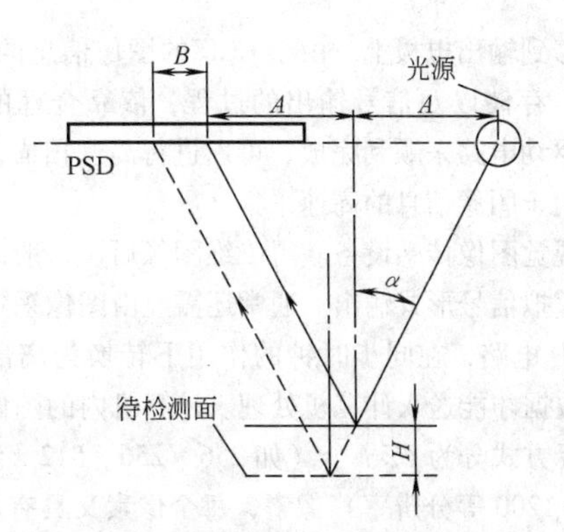

图 38-13　PSD 三角测距原理图

Coupled Device）等。图38-14给出了四象限光电管及其等效电路图。它将光电池或光电二极管的光敏面对称分割为4个部分，处在对称位置的两对光电器件 P_1、P_3 和 P_2、P_4 组成两对差动式光电接收器，可以用于偏差检测和位置跟踪。

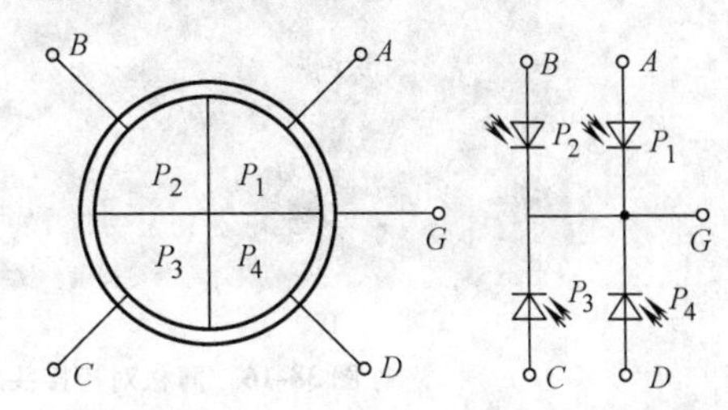

图 38-14　四象限光电管及其等效电路图

CCD是20世纪70年代发明的光电效应固体成像器件，因其具有灵敏度、噪声低、寿命长、检测精度高等优点，在数字存储、模拟信号处理及作为图像传感器方面得到广泛应用。用于工业图像信息传感的CCD像传感器通常分为线阵CCD和面阵CCD两种，它们既可以用于可见光的传感，也可以用于X射线、紫外线、红外线成像。CCD的基本工作原理如图38-15所示，光子不断撞击感光单元阵列，产生相应的电荷并被收集起来，一定时间的间隔之后，将电荷从感光区转移到光隔离存储区，然后再一行一行地转移到一个或多个输出寄存器，随后把这些电荷转换成电

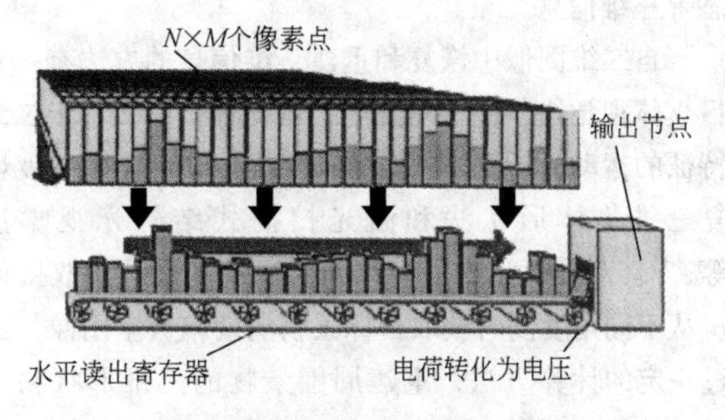

图 38-15　CCD 基本工作原理[9]

压转移到输出电极上。由于CCD的图像信息的形成、转移、存储以及信号输出的过程，依靠合理的时序脉冲驱动电路来顺利完成，可以进行高速扫描，因而可以用于图像信息的高速采集。

视觉图像传感设备获得二维图像后，一般以时间域的模拟信号形式输出。通常还需经由图像采集卡上的A/D电路，在同步时钟的作用下转换为离散的空间域数据才能送入计算机处理。计算机内的图像按平面坐标方式分为$I \times J$个（如256×256、512×512或1600×1200等分辨率）像素，每个像素又具有灰度$G(i, j)$，根据数据采集卡上A/D的位数不同，像素灰度被分为相应的等级，如8位的A/D对应为256级灰度[1]。

二维视觉传感设备所获得的图像往往是由目标和背景混合组成，如以工件为背景的焊缝或熔池的灰度分布图像等。通常，焊接图像中需要检测的焊缝坡口棱边、熔池固液相界面等都具有空间起伏变化的特点。这些空间的差异必然会导致边缘处光线反射或辐射的突变，在图像上表现为边缘附近图像的亮度（灰度）或亮度（灰度）梯度有较为陡峭或不连续的变化。如图38-16所示的薄板对接接头的原始图像中，接头位置在二维灰度图像中具有明显的边缘特征。利用边缘处图像灰度梯度变化剧烈（包括灰度的空间变化率和灰度空间变化的方向）的特点，可以通过在图像点的邻域内寻找极值的方法来定位可能的边缘点，再将相互邻接的边缘点连起来构成边缘线。在边缘检测的基础上，通过图像分割可以获得熔池、缺陷、坡口断面、接头形式等信息。

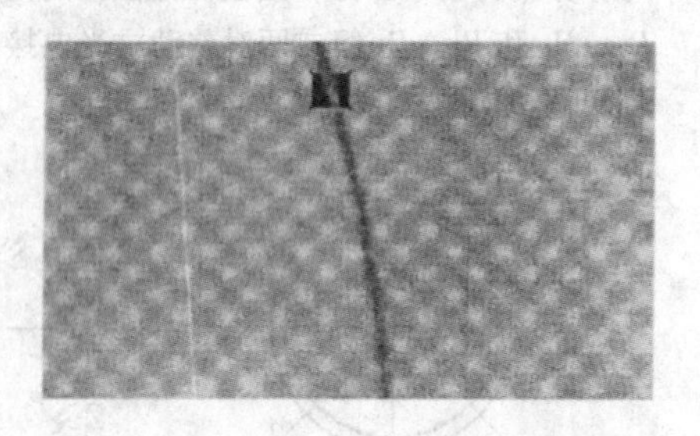

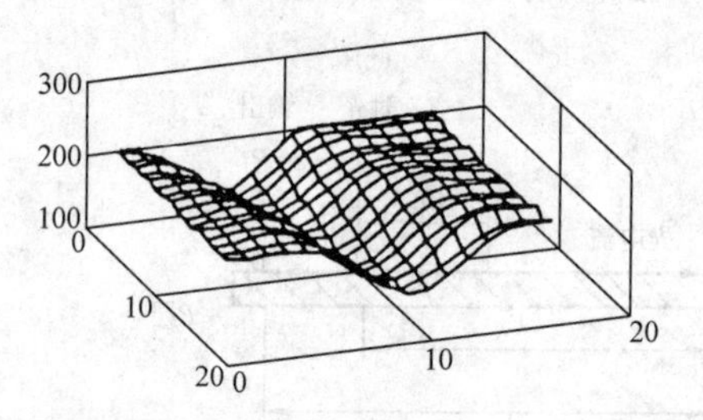

图38-16　薄板对接接头原始图像和接头位置的边缘灰度分布图

代表性的边缘检测方法有：空间导数法（如Roberts、Prewitt、Sobel等一阶正交梯度操作数，Robinson和Kirsch等一阶方向梯度操作数，Laplacian、LOG等二阶微分操作数）、模板匹配法、小平面模型法。边缘线提取的算法有边缘模型参考法（如Hueckel算法）、Hough变换（用于直线）、广义Hough变换（用于曲线）和松弛法等。代表性的区域（图像）分割的方法有边缘检测法、灰度直方图域值法、灰度判别准则法、区域生长法等[5]。

3. 三维视觉传感原理

当焊接控制要求和精度提高到一定程度时，就需要用到工件、焊缝、熔池等目标的空间坐标、位置状态等三维信息。

自二维图像中恢复和重建三维信息的方法有：双目立体视觉法、基于光流场的运动分析法、基于二维特征的运动分析法、三维特征匹配法、由图像灰度恢复三维物体形状法和激光扫描式结构光视觉法等[10]。双目视觉法是模拟人的视觉功能，用双摄像机从不同角度同时获取目标景物的两幅数字图像，通过一定的计算方法，重建周围景物的三维形状和位置。其基本原理如图38-17所示，对于空间物体表面的任意一点P，如果用C_1摄像机观察，看到它在C_1摄像机的图像点位于P_1，但却无法得知P的三维位置。因为在O_1P（O_1为摄像机的光心）连线上的任意一点P'的图像点都是P_1，因此由P_1的位置，只能知道空间点P位于O_1P_1连线上的某一位置。如果用C_1和C_2两个摄像机同时观察P点，并且能够确定在C_1摄像机图像上的点P_1和C_2摄像机图像上的点P_2是空间同一个点P的图像点的话。则空间点P既在O_1P_1上，又在O_2P_2上，因此空间点P就是O_1P_1和

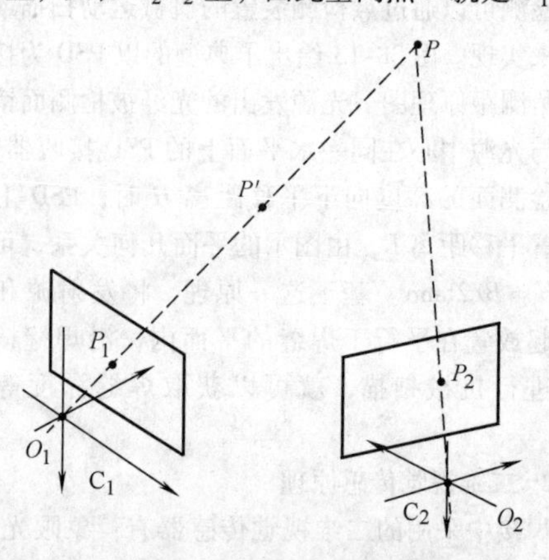

图38-17　双目立体视觉原理

O_2P_2 两条直线的交点。双目视觉法是模拟人的视觉功能，用双摄像机从不同角度同时获取目标景物的两幅数字图像，通过一定的计算方法，重建周围景物的三维形状和位置，可用于焊接机器人路径规划、焊缝跟踪和焊嘴姿态优化控制等[11,12]。

二维图像上各点的灰度值反映了三维物体相应点上的反射光强度，而反射光的与物体表面性质和物体表面的几何形状有直接的联系。基于这一原理可以从图像灰度恢复三维物体形状，目前常用的有光度立体视觉（photometric stereo）方法和由单幅图像恢复物体形状（shape from shading）的阴影法等，其中阴影法已经应用于 TIG 焊熔池三维形貌的重建[13]。

经典的结构光三维视觉方法是将基准光栅条纹结构光投影到物体表面，条纹随着物体表面形状的变化而发生畸变，摄像机摄取物体表面图像；然后采用计算机图像技术，从被物体表面形状所调制了的畸变条纹模式中，提取出物体的三维信息。工业应用中，很少采用基准光栅条纹结构光，而是采用简化的激光扫描照射系统，如图 38-18 所示[14-15]。图 38-19 给出了两种典型焊接接头的结构光传感图像与分析结果[16]。激光扫描式结构光系统在焊缝跟踪、坡口形状与接头形式检测、多道焊排道等方面已有应用[14-29]。

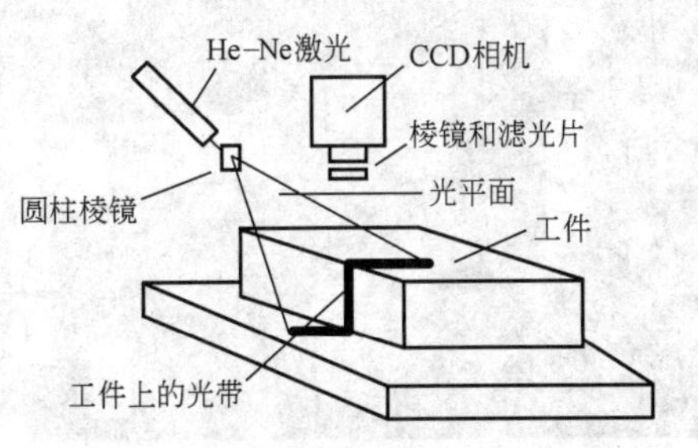

图 38-18 激光扫描式结构光系统示意图

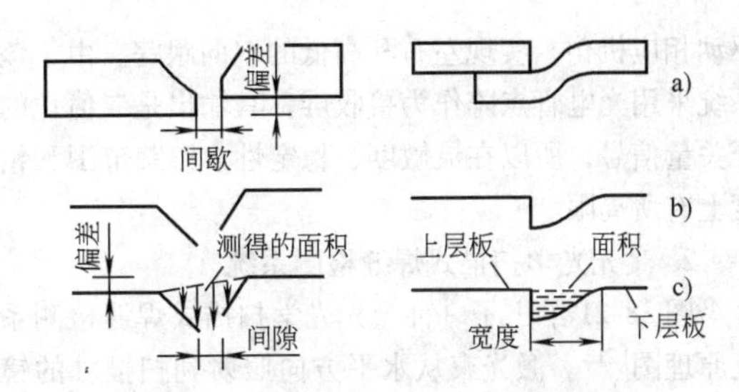

图 38-19 典型焊接接头的结构光传感图像与分析结果

上述 3 种三维视觉传感方法中，前两种既可采用主动光视觉，也可采用被动光视觉，而结构光三维视觉属于典型的主动光视觉。主动光视觉必须借助相应的外部照明系统来实现，系统较为复杂。相比之下，随着视觉传感设备和图像处理算法的发展，直接摄取目标的被动光视觉传感方法越来越得到重视。

38.3.3 焊接信息视觉传感器在焊缝跟踪中的应用

1. 激光-光电管式双向跟踪传感系统[20]

图 38-20 给出的是 1980 年左右研制成功的一种激光-光电管双向跟踪传感系统。如图所示，He-Ne 激光器发出的光束，通过光导纤维进入传感器，在平行于焊接方向的平面内以一定角度投射于工件上，其反射光被多个光电管组成的点阵式接收屏所接收。横向跟踪原理如图 38-20a 所示：当光点打在钢板上时，G_1 接收的信号增强并输出高电平；当光点打在坡口内时，G_1 几乎接收不到信号，因而输出低电平；当光点打在焊缝棱边时，G_1 信号处在设定的上下阀值之间。焊嘴高度跟踪原理如图 38-20b 所示：高度正常时，G_1 输出高电平，G_2、G_3 输出低电平；高度偏高时，G_2 输出高电平，G_1、G_3 输出低电；高度偏低时，G_3 输出高电平，G_1、G_2 输出低电平。计算机控制系统根据具体输出信号的不同，作出判断和决策，

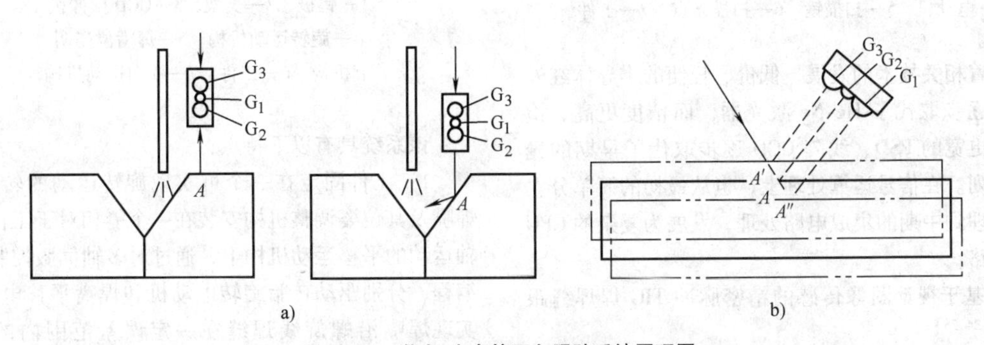

图 38-20 激光-光电管双向跟踪系统原理图

驱动相应机构，实现左右和高低的双向跟踪。由于该系统采用光电管点阵作为接收屏，其输出是二值化的开关量信号，所以在灵敏度、稳定性、跟踪范围和精度上有所局限。

2. 激光光学扫描式焊缝检测系统

图38-21给出了一种激光光学扫描式焊缝检测系统原理图[21]。激光束从水平方向照射到扫描轴的镜子上，再反射到工件上。从工件反射的光经过扫描轴的另一镜子反射到透镜，并在线阵CCD组件上成像。电动机在正反转驱动下不停地来回转动，而使激光束在工件焊缝处横向扫描。线阵CCD成像点的位置与工件高度有着很好的对应关系：工件高度不变时，线阵CCD成像点的位置也保持不变；工件高度发生变化时，线阵CCD成像点的位置也相应地发生变化。计算机记录不同焊缝断面位置点 x 所对应的线阵CCD成像点，就可以获得 x 点的高度信息 y，从而描述出焊缝坡口的断面形式和具体尺寸。还有一些与上述原理基本相同的变形机构，如文献[22，23]改变了上述的摆镜转动机构，而是将固定在一起的发射源与接收器一起平行于焊缝进行扫描，来获取焊缝坡口的特征。

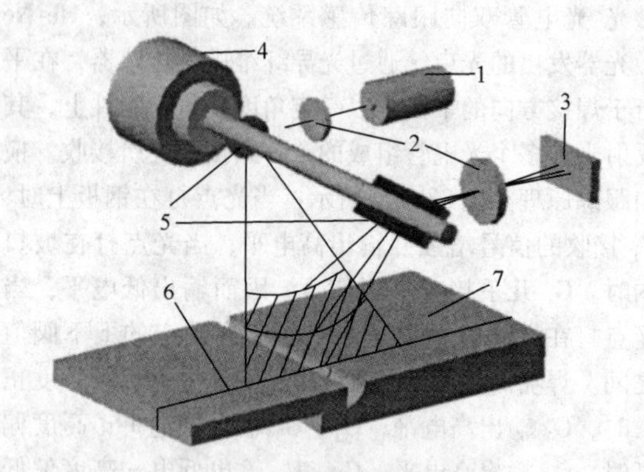

图38-21 激光光学扫描式焊缝检测系统原理图

1—He-Ne激光器 2—棱镜 3—线阵CCD
4—电动机 5—扫描镜 6—扫描光点 7—工件

随着相关技术的发展，低价、轻便的半导体红外发光管逐步取代了He-Ne激光器，而精度更高、检测范围更宽的PSD、线阵CCD逐步取代了早期的光电管阵列。在信号运算处理上，也从最初的简单分立电路处理到中期的集成电路处理，发展为复杂的CPU处理电路。

3. 基于视觉图像传感的精密脉冲TIG焊焊缝跟踪系统[24,25]

某复杂曲面工件由数百根管壁厚度仅为0.33mm的薄壁不锈钢矩形管盘于锥体胎具上焊接而成（如图38-22所示），其焊缝是一条螺旋角时刻发生变化的空间螺旋线。工艺要求焊缝窄而浅，成形均匀美观，结构牢固。薄壁管和锥体成形的应力及焊接热变形等因素的存在，使其对变形引起的弧长和电弧位置的变化十分敏感，更易导致焊偏、焊穿或未焊透现象。

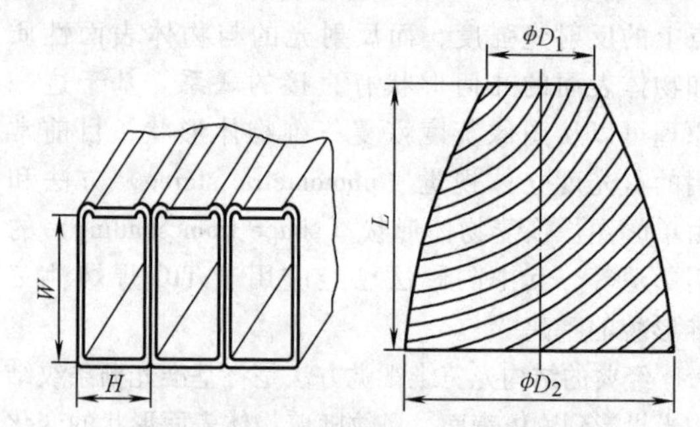

图38-22 复杂曲面薄壁不锈钢工件示意图

由于工件固定在锥体转胎上，焊缝的起点与终点在径向和轴向的变化量都比较大。为保证焊缝控制（及弧长跟踪）的精度，采用大误差范围内的轨迹控制与小误差范围内的精密跟踪相结合的方案，建立了如图38-23所示的基于视觉传感的精密脉冲TIG焊焊缝跟踪系统。

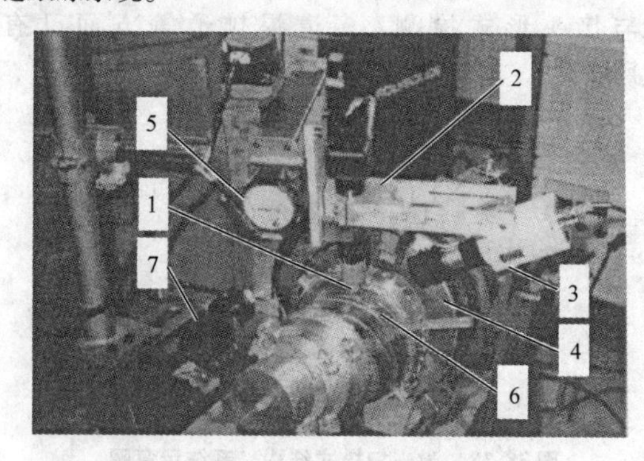

图38-23 基于视觉图像传感的焊缝跟踪系统

1—钨极 2—支架 3—CCD摄像机
4—旋转运动机构 5—焊嘴位姿调节机构 6—工件 7—横向运动机构

该系统具有以下特点：

1）工件固定在一个可实现旋转运动的转胎上，焊嘴及其位姿调整机构安装在一个能相对于工件旋转轴运动的平移运动机构上，通过对多轴伺服控制卡的编程，分别驱动转胎旋转电动机和焊嘴平移电动机，实现焊嘴沿螺旋线焊缝在一定误差范围内的轨迹运动。

2）焊嘴及其位姿调整机构和工件旋转轴保持某种特殊空间关系，可以保证焊嘴相对工件始终处于平焊位置，不仅便于控制焊接规范，而且减少了不同焊接位置对视觉图像的影响，提高了视觉传感图像的可比性。

3）CCD摄像机被置于焊嘴的焊接方向上，通过支架与焊嘴连接，并在焊接过程中与焊嘴保持相对位置固定，可以拍摄到实时焊接过程中熔池及焊缝的图像。

4）图像采集卡接收CCD摄像机拍摄的模拟图像后，经过A/D转换成为数字图像，由计算机进行实时图像处理。计算机根据图像处理结果，驱动焊嘴位姿调整机构，实时调节焊嘴位置，实现高精度的焊缝跟踪。

通过选择合适波长的滤光片，在脉冲电流基值期间的某一个电弧光强适中的时刻拍摄图像，可以有效地避免焊接过程中强弧光对视觉传感的干扰，可获取清晰、稳定、特征明显的实时焊缝图像。典型的视觉传感图像如图38-24a所示，图像上部是位于熔池前方的工件，较亮的两条垂直方向的平行棱线是被电弧光照亮的工件的两条棱，焊缝位于两棱之间；图像中部较亮的椭圆形区域为熔池；在图像的中下部为钨极的端部与电弧。由于在CCD所拍摄的较小视场范围内，可以近似地认为图像中的焊缝中心线是条直线。基于图像特征经过中值滤波、Sobel变换、二值化、求棱线的直线方程等步骤，可以快速、准确地识别焊缝中心线，如图38-24所示。

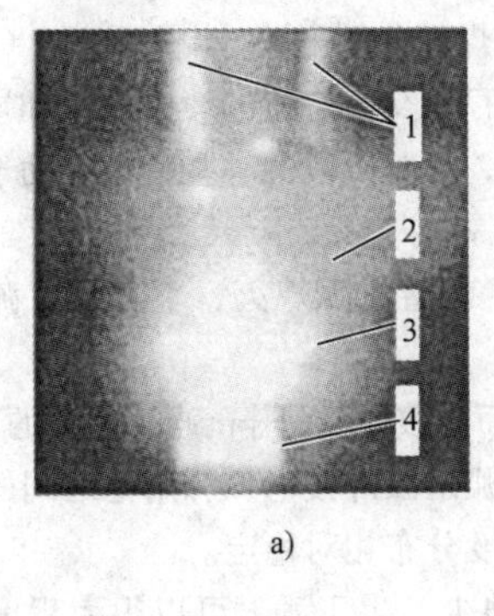

a)

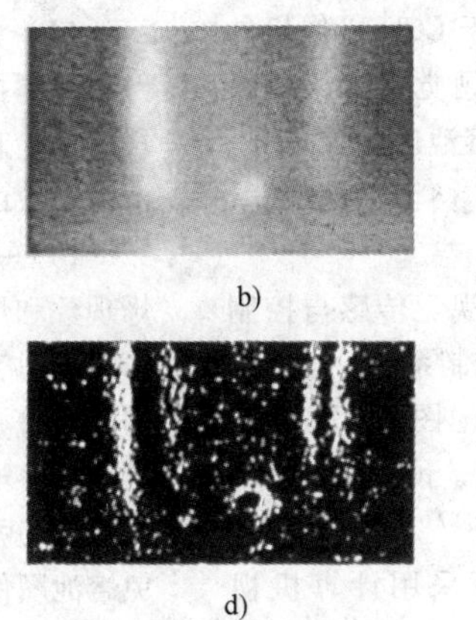

b)　d)

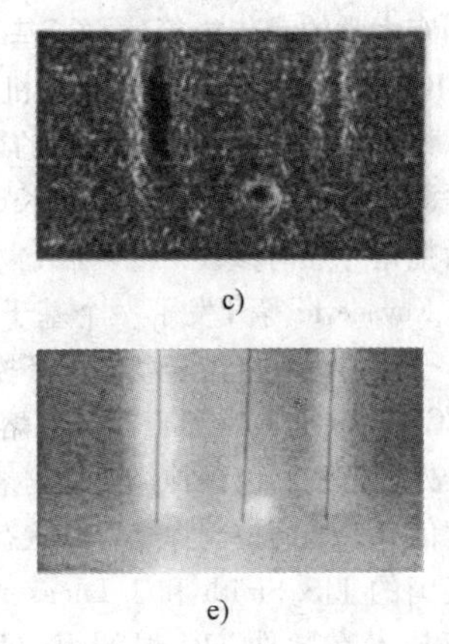

c)　e)

图38-24　焊缝中心线的图像识别

a）原始图像　b）窗口图像　c）SOBEL后的图像　d）二值化后的图像　e）提取棱线与焊缝中心线

1—工件棱线　2—熔池　3—电弧　4—钨极

根据求得的焊缝中心线的直线方程和当前钨极在图像中的位置，可以方便地求出钨极偏离焊缝中心线的偏差量信号E和方向信号D。当钨极位于焊缝中心线左侧时，$D>1$，步进电动机正转，带动焊嘴右移使钨极靠近焊缝中心线；反之，当钨极位于焊缝中心线右侧时，$D=0$，步进电动机反转，带动焊嘴左移使钨极靠近焊缝中心线。将步进电动机的驱动脉冲信号频率固定，通过控制步进电动机的使能信号T_e的时间长短来确定焊嘴移动距离。钨极偏离焊缝中心线的偏差量信号E与焊嘴移动时间T_e之间的对应关系可由下式表示：

$$T_e = \begin{cases} 0 & E \leqslant \varepsilon_1 \\ \alpha(E+M) & \varepsilon_2 > E > \varepsilon_1 \\ C & E \geqslant \varepsilon_2 \end{cases} \quad (38\text{-}1)$$

式中　ε_1、ε_2、C——常数；

M——与待焊处焊缝中心线的斜率相对应的调整量，M的数值可由焊缝中心线的斜率以及焊接速度来决定；

α——比例因子，用以控制输出纠偏量的幅度。

即：当偏差量小于ε_1时，焊缝跟踪电动机不动作；当偏差量大于ε_2时，焊缝跟踪电动机仅运动一段固定时间C，焊嘴仅移动一个固定距离；偏差量介于二者之间时，焊缝跟踪电动机动作时间正比于偏差量。

实验表明：基于视觉图像传感的精密脉冲TIG焊焊缝跟踪系统可以在120ms内完成图像采集、焊缝中心线识别、焊嘴偏差计算及控制量输出等；系统运行稳定可靠，实时性好，抗干扰能力强，能实现焊嘴运动方向与焊缝偏差角小于30°的焊缝跟踪。将该系统与弧长跟踪系统相配合，可用于复杂曲面薄壁不锈钢试件的精密焊接。

38.3.4 视觉传感器在焊接熔池几何形状检测与控制中的应用

受熟练焊工眼睛直接观察熔池进行控制的启示，尤其是近几年计算机视觉技术的日趋成熟及普通工业CCD摄像机的普及，直接采用熔池尺寸和形状作为传感信息和控制目标的研究工作方兴未艾，在很大程度上推动了焊接熔池控制的发展。许多焊接工作者根据不同的焊接方法，做了大量的尝试。

1. TIG焊接熔池形状检测与控制

TIG焊接过程电弧燃烧稳定，且无熔滴过渡过程，其熔池传感器的主要困难是如何避开电弧弧光的干扰。

山东大学的武传松等建立了基于CCD摄像机的脉冲TIG焊接熔池几何参数计算机视觉信息检测系统，从试件正面采集到比较清晰的熔池区图像信号，从而检测出熔池的熔宽、熔池半长、熔池后部面积、熔池后拖角等几何参数[26]。

R. Kovacevic等开发了一个基于视觉传感与控制的TIG全熔透焊焊缝熔合状态闭环控制系统，该系统采用CCD摄像机从焊缝正面获取熔池图像，借助图像信号处理算法和模糊神经模型测量、预测正面及背面熔宽信息，从而控制焊缝熔合状态[27]。

英国的J. S. Smith和J. Lucas等采用计算机视觉传感技术在脉冲TIG焊的焊道面积跟踪、焊道轮廓检测、多道焊排道、窄间隙焊等方面开展了大量的研究工作[28]。1991年开发成功正面焊道面积控制系统，该系统采用CCD摄像机在电弧电流基值的3ms的间隔期间获取焊道视觉图像，经计算机处理得出实际焊道面积与目标焊道面积的偏差信息，通过调节脉冲电流时间来控制正面焊道面积。

大多数视觉传感系统都通过CCD摄像机来获得熔池正面图像，然后提取熔池在二维平面上的宽度、长度等几何形状特征参数，在此基础上间接预测焊缝熔深、余高等。事实上，熔池本身是三维的，熔池表面高度信息也反映了焊缝成形好坏和接头质量的高低。文献［13］在脉冲GTAW基值期间，利用电弧光作为成像光源，采用两个CCD摄像机同时从熔池正面和背面获取熔池图像，获得了清晰稳定的熔池图像。在此基础上，开发了检测熔池宽度方向和长度方向下塌量的图像处理算法，可以实时提取出熔池的长度、宽度及熔池长度方向和宽度方向的下塌量等三维形状参数。特别是在熔池表面高度提取上，引入由阴影恢复形状的方法，考虑电弧光的光源特性、熔池表面的反射特性以及摄像机的位置参数等，建立了成像通用反射图模型。对反射图模型进行求解，可以由单幅焊接熔池图像计算出熔池的表面三维形貌（如图38-25所示），从而为更高层次的焊缝质量控制奠定了基础。

2. CO_2短路焊接熔池形状检测与控制[29,30]

熔化极气体保护焊，尤其是CO_2短路过渡焊的熔池图像视觉检测的研究鲜见报道，原因在于其焊接过程中不仅存在较强的弧光干扰，还伴有飞溅及烟尘的产生，并且频繁的短路过渡过程会产生弧光闪烁，这些给熔池图像的传感带来了极大的困难。所以前述TIG焊的熔池图像传感技术难以直接应用。

（1）CO_2短路焊接熔池图像传感原理　CO_2短路过渡焊接过程中存在交替进行的燃弧阶段和短路阶段。试验观察表明，短路阶段的一些特点有助于拍摄清楚一致的熔池图像：

1）短路阶段，焊接电弧熄灭，不存在电弧的闪烁现象和烟尘干扰。

2）熔池的表面温度已经下降到相对低的程度，因此几乎不存在燃弧阶段焊接电弧和熔池之间的强烈反差，熔池图像灰度分布相对稳定。

3）短路中期很少产生飞溅，可以很大程度地避免熔池图像中飞溅产生的噪声干扰。

4）没有再燃弧时电弧对熔池的冲击，熔池表面相对稳定。

综上所述，在短路阶段传感熔池图像的方案是可行的。但是普通工业CCD摄像机固定的拍摄时序和CO_2焊接中短路发生时刻的随机性之间的矛盾成为获取清晰稳定的熔池图像的主要障碍；特殊的CCD相机可以通过外同步信号（检测从燃弧阶段到短路阶段的跃变）控制其拍摄时序来获得熔池图像，但这种相机目前仅局限于实验室使用，尚未实现商品化。并且，昂贵的造价和控制的复杂程度限制了其在工业中的应用。

文献［29］认为在熔滴短路阶段弧光及飞溅的干扰较小，是获取熔池图像的最佳时期，为此研制了CO_2焊短路熔池视觉图像传感系统（如图38-26所示），并设了专门的摄像机开始及结束时刻的同步逻辑控制电路。该电路在接收到短路信号后控制摄像机开始曝光，并保证图像信号序列的每场中只曝光一次，曝光时间为2ms（图中①），对于短路时间小于2ms的非正常短路（图中②）、短路开始2ms内出现跨场（图中④）以及同一场中出现的第二次短路（图中③）等现象自动加以屏蔽。

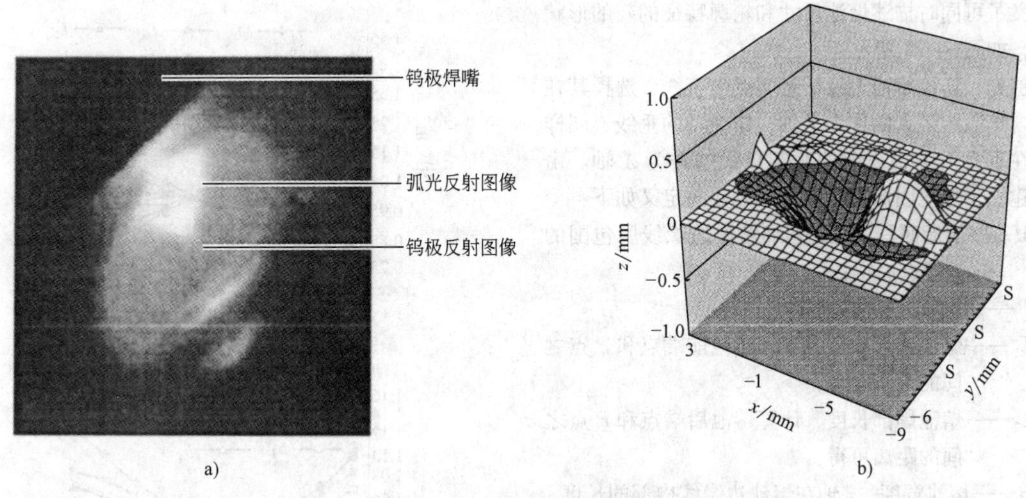

图38-25　单幅焊接熔池图像计算出熔池的表面三维形貌

a）清晰的熔池图像　b）计算出熔池的表面三维形貌

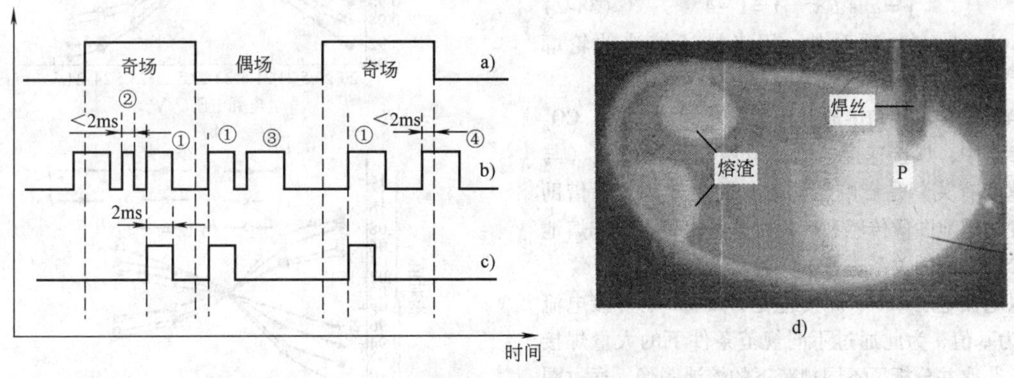

图38-26　CO_2 熔池视觉传感系统同步逻辑及典型的熔池图像

a）工业CCD曝光时序　b）短路过渡时序　c）同步逻辑时序　d）典型的 CO_2 熔池图像

（2）CO_2 短路焊接熔池图像传感系统　图38-27所示为短路熔池图像传感系统原理框图。工业CCD摄像机固结在焊枪的一侧，同步逻辑电路可以检测并识别焊接短路信号。当拍摄条件满足时，同步逻辑电路产生一脉冲驱动工业CCD摄像机抓取一幅熔池图像，图像数据经过图像卡转换后传送到计算机中作进一步的分析。

典型的熔池图像如图38-26d所示。从图像中可以清晰地分辨出焊接熔池边缘、浮在熔池表面的焊渣和熔池上方的焊丝、焊丝与熔池表面的交点 P 等。对熔池图像灰度分布进行分析和处理，可以获得熔池的形状参数。

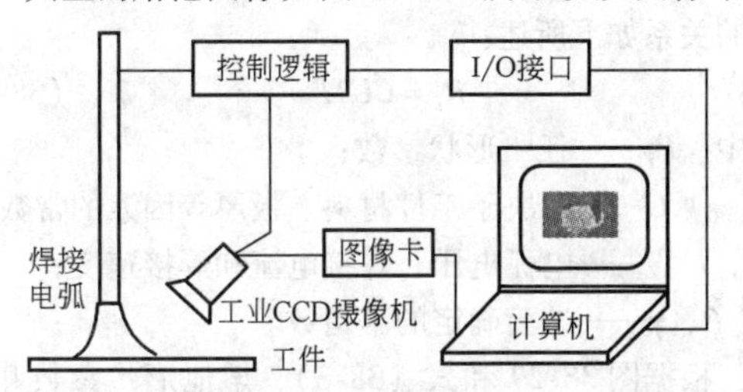

图38-27　短路熔池图像传感器系统示意图

（3）熔池形状参数定义　传统的熔池长度和宽度等熔池尺寸参数不能充分地表征熔池特征，因此重

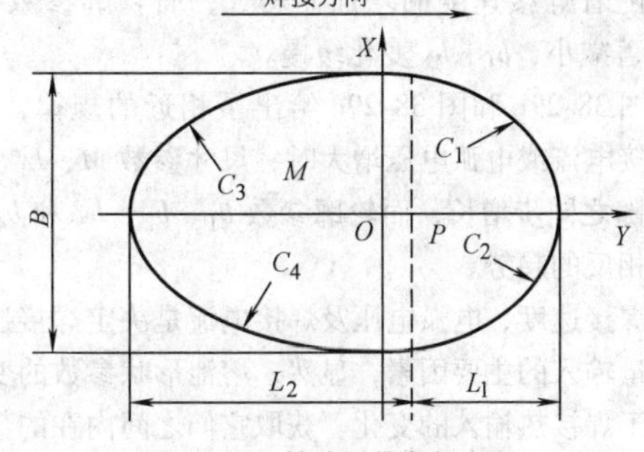

图38-28　熔池形状参数定义

新定义了可同时描述熔池尺寸和轮廓特征的新的形状参数，如图38-28所示。

首先，连接熔池边缘任意两点作直线，选择其在熔池内部截距最大的作为 Y 轴；作 Y 轴的垂线，同样选取在垂直于 Y 轴方向的截距最大的作为 X 轴。由此，建立了熔池图像坐标系，其参数的定义如下：

M——熔池面积，通过累加熔池边缘线所包围的像素点而得；

P——焊丝和熔池表面的交点；

L_1——熔池头部长度，计算熔池前端点和 P 点之间的距离可得；

L_2——熔池尾部长度，计算熔池后端点和 P 点之间的距离可得；

B——熔池宽度，x 轴在熔池边缘线内部的长度；

$C_1 \sim C_4$——熔池边缘线被坐标轴分为4部分，每段曲线可以通过如下公式描述：

$$y = a_i + b_i x^2 \quad i = 1 \sim 4 \tag{38-2}$$

式中 b_i——二次项系数，用来描述熔池的轮廓参数。

（4）焊接参数和熔池形状参数之间的关系 CO_2 焊接参数中，焊接速度、电弧电压和焊接电流（与送丝速度有关）是影响熔池形状的主要因素。借助所开发的熔池图像传感系统，对这些规范参数和熔池形状参数之间的关系进行了实验研究和分析。

以电弧电压21V、焊接速度13in/min、焊接电流125A为基值，为此通过不同规范条件下的大量焊接试验，获取并分析了不同规范下的熔池图像。通过图像处理和计算，可以得到上述定义的形状参数，包括熔池尺寸参数（面积 M、长度 $L_1 \sim L_2$、宽度 B 等）和轮廓参数（b_i，$i = 1 \sim 4$）。由此，可以得到焊接参数和熔池形状参数之间的关系，如图38-29所示，图中横坐标代表焊接规范，纵坐标代表各个熔池形状参数的相应变化量。

从图38-29a中可以看出，当焊接电弧电压和焊接电流保持恒定时，熔池的尺寸参数如 M、L_1、L_2 和 B 随着焊接速度的增加而增大，而轮廓参数 b_3、b_4 显著减小，b_1、b_2 变化缓慢。

图38-29b和图38-29c给出了相近的规律，即：当焊接电流或电弧电压增大时，尺寸参数 M、L_1、L_2 和 B 随之同步增长，而轮廓参数 b_1、b_2、b_3 和 b_4 表现出相反的趋势。

焊接速度、电弧电压及焊接电流是决定焊接过程中能量输入的主要因素，显然，熔池形状参数的变化决定于焊接热输入的变化。获取它们之间内在的数理关系需要更深层次的研究与探索。

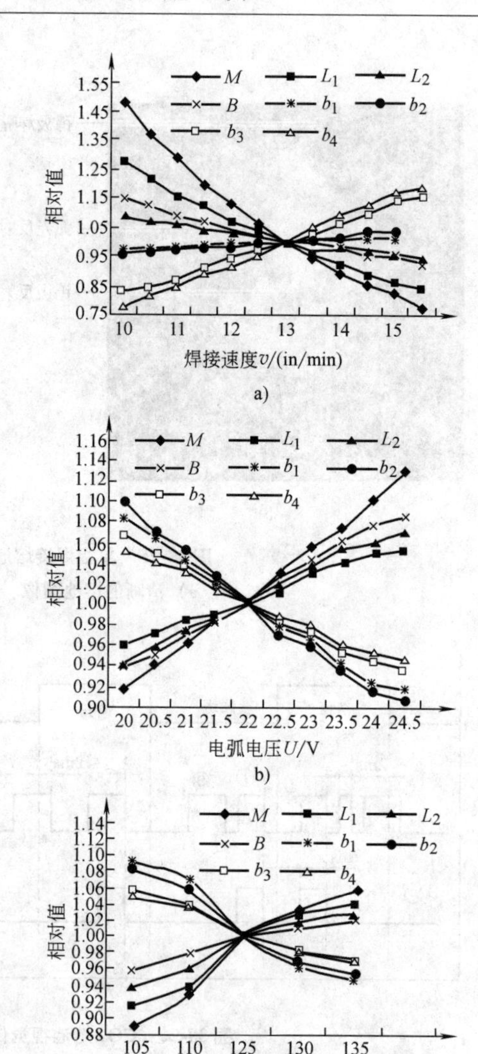

图38-29 焊接规范参数与熔池形状参数对应关系图

a）电弧电压 = 21V，焊接电流 = 125A

b）焊接电流 = 125A，焊接速度 = 13in/min

c）电弧电压 = 21V，焊接速度 = 13in/min

焊接参数和熔池形状参数之间的非线性关系，导致难以精确地建立它们之间的数学模型。为此，采用幂函数来简化这一模型。熔池形状参数和焊接参数之间的关系如下所述：

$$P_i = CU^{\alpha} I^{\beta} v^{\gamma} \tag{38-3}$$

式中 P_i——任一形状参数；

C——取决于工件材料、板厚等因素的常数；

U、I、v——电弧电压、焊接电流和焊接速度；

α、β、γ——试验确定的幂指数。

根据图38-29和式（38-3），熔池形状参数和焊接参数之间关系的具体描述如下：

$$M = C_M U^{1.05} I^{0.68} v^{-1.48} \tag{38-4}$$

$$L_1 = C_{L_1} U^{0.32} I^{0.43} v^{-1.0} \tag{38-5}$$

$$L_2 = C_{L_2} U^{0.54} I^{0.35} v^{-0.33} \tag{38-6}$$

$$B = C_B U^{0.67} I^{0.27} v^{-0.49} \tag{38-7}$$

$$b_1 = C_{b_1} U^{-0.91} I^{-0.48} v^{0.23} \tag{38-8}$$

$$b_2 = C_{b_2} U^{-0.97} I^{-0.51} v^{0.27} \tag{38-9}$$

$$b_3 = C_{b_3} U^{-0.70} I^{-0.32} v^{1.08} \tag{38-10}$$

$$b_4 = C_{b_4} U^{-0.62} I^{-0.3} v^{0.99} \tag{38-11}$$

实验初步建立的上述熔池形状参数和焊接参数之间的关系，为 CO_2 短路焊接质量控制奠定了基础。

3. 基于温度场的熔池形状检测与控制

因为焊接是一个复杂的物理过程，无法进行实时、准确地模拟，直接测量焊缝熔深比预测更有意义。而焊缝区域的温度场内包含着焊接接头质量及性能的重要信息，焊接温度场及其动态过程的检测是焊接领域的前沿课题之一。

1998 年 Ohio 州立大学的 D. Farson 等建立了一种基于光学测温的正面、非接触温度测量系统，采用 CCD 摄像机对 GTAW 焊熔池附近的母材温度进行红外测量，通过建立相应的温度模型，实现熔深实时检测与控制[31]。

美国 Auburn 大学的 B. A. Chin 和 W. H. Chen 等近年来采用红外摄像机在弧焊过程的红外温度场（infrared thermography）检测方面开展了大量研究工作[32-34]。1983 年，他们首先提出电弧不对中、接头几何缺陷、熔深变化和杂质等会分别地引起熔池表面温度的不同分布。在焊接过程中，采用温度分辨率为 ±0.2℃的扫描式红外摄像机监测熔池，通过计算机对图像进行分析处理，可以获得电弧运动或静止时的熔池表面温度等温线。该摄像机能够监控电弧相对于焊缝的位置，识别母材的几何缺陷（如间隙、错位等）。运动电弧前端的表面等温线的不同类型的变化直接与熔深、夹渣、障碍物等有关，在凝固前熔池中的直径为 0.8mm 的缺陷也可以被检测出来。在此基础上，1989 年他们采用红外温度场图传感电弧位置和熔深，并通过计算机图像处理技术将其量化，从而实现机器人焊接熔池位置和熔深的闭环控制。1990 年，用其检测接头熔深和熔宽与温度梯度变化的关系，发现熔宽与半峰值温度线轮廓宽度呈线性关系，而熔深与峰值轮廓温度线面积成指数关系。随后在 1995 年建立了用于 GTAW 焊的在线焊缝形貌检测与控制系统。

温度为 T 的辐射源，通过中心波长 λ、带宽为 $\Delta\lambda$ 的滤光镜，在距离 R 处的 CCD 光敏面上的信号强度为

$$Q(T) = m\varepsilon C_1 \exp(C_2 \lambda^{-1} T^{-1}) R^{-2}$$

式中　ε——辐射率；

m——光电转换系数；

C_1、C_2——物理参数。

对同一温度场，采用两个不同中心波长的滤光片，同时摄取两幅图像，则具体一个物理空间点的图像灰度（对应于辐射）在两幅图像的相同位置上分别为 $Q_1(T)$ 和 $Q_2(T)$，其辐射信号之比值为

$$r = \frac{Q_1(T)}{Q_2(T)} = \frac{\lambda_2^5}{\lambda_1^5} \exp\left[C_2\left(\frac{1}{\lambda_1 T} - \frac{1}{\lambda_2 T}\right)\right]$$

整理后得

$$T = \frac{C_2(\lambda_1^{-1} - \lambda_2^{-1})}{\ln(r\lambda_1^5 \lambda_2^{-5})}$$

逐点求两幅图像的灰度比值，可以获得各点的真实温度。这一测温原理又被称为比色法。基于此原理，文献［35］建立了一套焊缝背面温度场实时检测系统，如图 38-30a 所示。基于比色法测温原理，该系统采用两个不同中心波长的滤光片，对同一温度场同时摄取两幅图像，逐点求两幅图像的灰度比值，从而获得各点的真实温度。图 38-30b 给出了一个实际的温度场方便检测结果，从这些温度场分布中可以获得等温

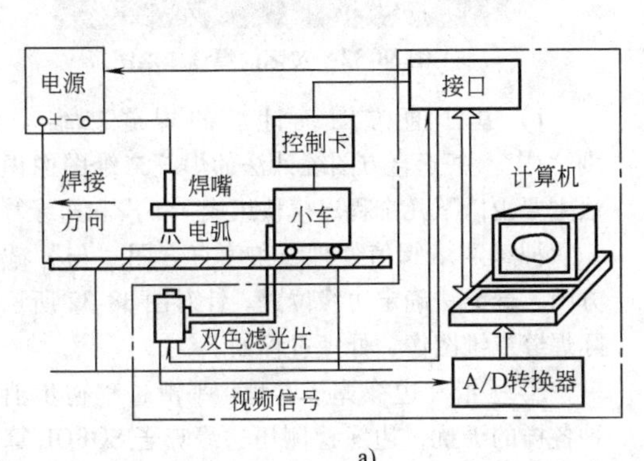

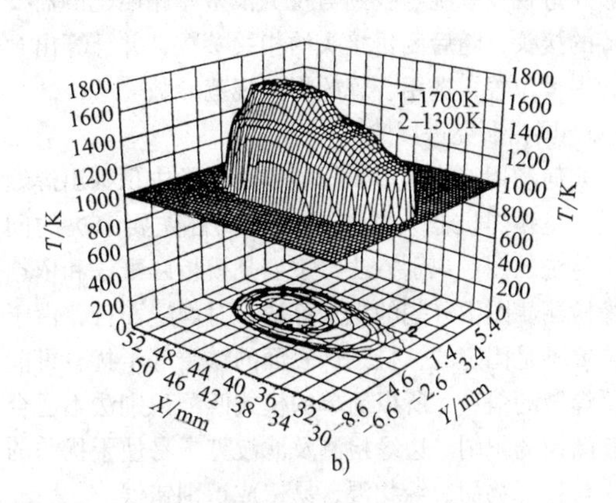

图 38-30　焊缝背面温度场实时检测系统及检测结果

线分布、纵向温度分布、横向温度分布、任意点的热循环信息，从而为焊接质量控制提供必要的反馈信息。该文对背面熔点或接近熔点的等温线宽度进行闭环控制，实现了控制熔透的目的。

38.3.5　视觉传感器在智能机器人焊接中的应用

目前应用广泛的焊接机器人大多属于示教再现型机器人，操作者通过示教盒在直角坐标系和极坐标系中移动机器人各关节，使焊嘴沿焊接轨迹运动，在焊嘴路径上记录示教的位置、焊嘴姿态、运动参数和工艺参数，并生成一个连续执行全部操作的示教程序。此类机器人存在的不足之处为：不适合在太空、深海、放射性环境等特殊环境下作业，对工件装配误差、焊接过程中的热变形等环境和工作对象变化不具备自适应能力等。新一代的具有视觉传感功能的，能够根据“看”到的焊缝空间位置，自动制定运动轨迹、焊嘴姿态和焊嘴参数的智能机器人成为未来的发展方向。

为此，国内外许多研究人员对机器人视觉系统在焊接接头特征识别、焊接参数优化、焊嘴位姿调节、焊接路径规划、焊缝跟踪、焊缝熔透控制等方面的应用开展了卓有成效的研究[36-42]。其中，Meta Machines Ltd. 的 R. J. Beattie 等研制成功的用于机器人多道焊的视觉传感系统，能够随着工件位置的变化而修正机器人位置，能够选择合理的参数来完成接头焊接。所开发的软件系统不仅能够识别接头类型，寻找到接头的侧面，而且能够测量接头顶部的宽度和断面积。焊工可以使用该软件规划多道焊的工序和路径以及每条焊道的敷熔量。采用该视觉传感系统可以自动选择各焊道的焊接参数而无须记忆跟踪。该系统首先通过示教来建立不同接头、坡口以及相应的根部、侧边等跟踪位置的视觉模型。在焊接开始时，机器人能够通过视觉系统寻找到与视觉模型库相匹配的需要焊接的接头，随后测量接头的相关参数，并计算出合理的焊嘴位置，选用合理的焊接规范参数[43]。

1. 国内研究进展[1,2]

如何利用算法从多干扰的焊缝图像中识别出焊缝位置，是弧焊机器人智能视觉系统首先要解决的问题。传统的图像识别方法，主要是模板匹配法和依据边缘检测、图像分割的识别算法。对焊缝而言，由于其位置不是固定的，且工件表面的铁锈等干扰有可能掩盖焊缝的信息，所以简单的模式匹配识别法不适合焊缝图像的识别。边缘检测及滤波算子易使干扰源的边缘与目标物的边缘相混，易造成识别错误。

下面依次介绍国内在二维焊缝图像识别、由焊缝的二维图像重建其三维信息、弧焊路径规划、焊缝空间位置的检测与焊嘴姿态的规划方面的研究进展。

（1）焊缝二维图像识别　焊缝识别，即确定焊缝坡口边缘线的位置，是焊缝三维坐标计算和路径规划的基础。

在焊缝的二维图像上，与工件表面的铁锈、斑点、划痕等相比，焊缝坡口边缘有以下特点：焊缝坡口边缘线光滑连续，而各种干扰源基本以极不规则的曲线边缘为主，连续性差；在局部小窗口中处理焊缝图像时，窗口中的焊缝边缘线可以近似为直线，而在各种干扰源的边缘处，各点的法向随机变化，没有明显的规律，且边缘点上各点处的曲率都很大。以常用的V形坡口为识别对象，可以建立如图38-31所示的焊缝的图像模型。

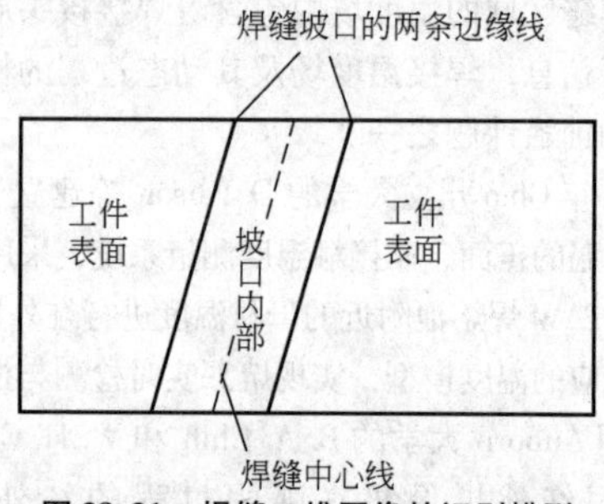

图38-31　焊缝二维图像的识别模型

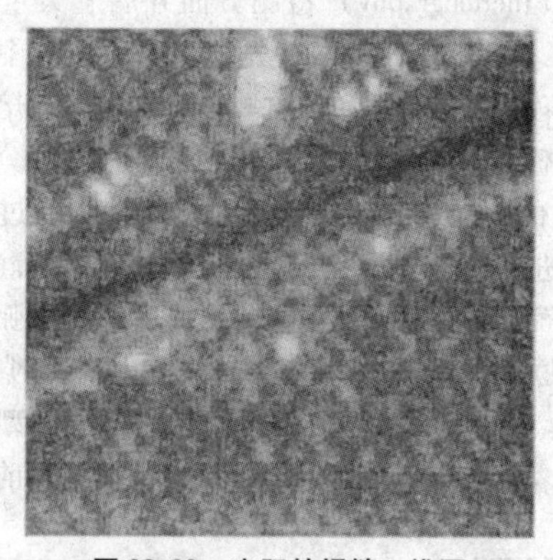

图38-32　实际的焊缝二维图

1）基于直方图统计法的焊缝二维图像识别[11,44]。基于直方图统计法的焊缝二维图像识别算法主要由以下几个程序模块组成：平滑和边缘算子卷积、神经网络阀值处理、角度直方图“与”截距直方图、聚类法确定边缘位置。针对图38-32所示的实际焊缝二维图像，处理过程如下：

① 平滑和边缘算子卷积：平滑过程初步消除各种各样的干扰，边缘检测用边缘算子SOBOL算子进行梯度计算，边缘算子得到的焊缝边缘的灰度梯度场和梯度方向场分别如图38-33所示。

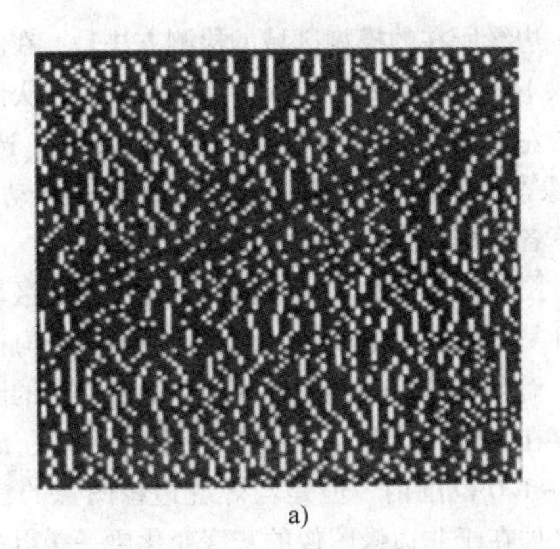
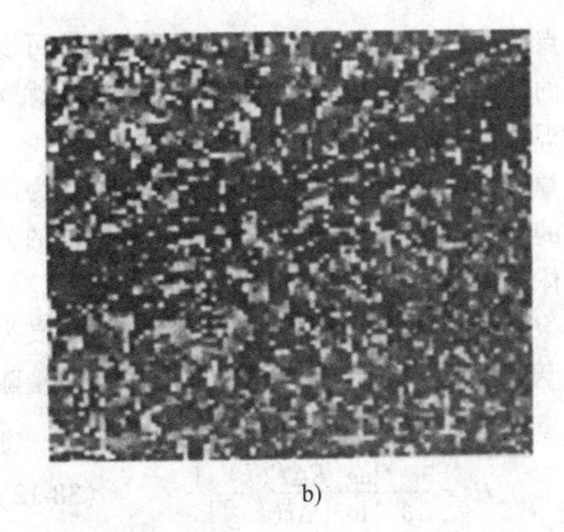

a)　　b)

图 38-33　焊缝边缘的灰度梯度场和梯度方向场
a）灰度梯度场　b）梯度方向场

② 神经网络阀值处理：采用 BP 神经网络来计算滤波的阀值。

③ 直方图滤波：对阀值处理后焊缝图像中的每一个像素点，根据它本身的边缘角和它在窗口类的位置，可以求出该像素点所对应的边缘线在坐标轴上的截距。经上述计算，对每一个留下的像素点，都对应了两个特征值，即边缘倾角和边缘线截距。然后进行边缘角度和边缘截距的直方图统计。根据焊缝的二维图像模型，显然只要是焊缝边缘上的点，那么在角度直方图上，该点一定位于峰值，在截距直方图上，该点一定位于两个峰值中的一个。基于此，对这两个直方图进行类似逻辑“与”的运算，将同时位于角度直方图和截距直方图峰值附近的像素点保留。阀值处理和直方图统计滤波的焊缝图像如图 38-34、图38-35所示。

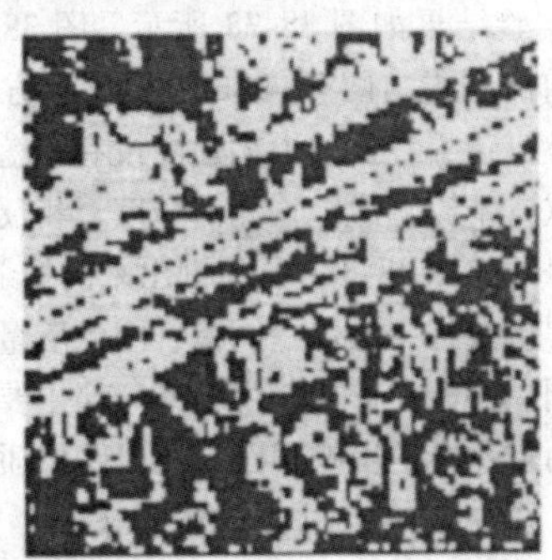

图 38-34　阀值处理后的焊缝图像

④ 用聚类算法确定焊缝边缘位置：经过上述处理后，用 Hough 聚类算法将焊缝的准确位置找出，其结果如图 38-36 所示。

采用该算法可以对环境光下对接 V 形、I 形坡口和搭接坡口的二维焊缝图像进行识别。

2）基于分形理论的焊缝图像识别方法[12]。传统

图 38-35　直方图统计滤波后的焊缝图

图 38-36　聚类算法得到的焊缝图

的图像处理算法往往拘泥于图像的微小细节，受到图像中每一点精度的影响，造成图像处理时对噪声和其他干扰比较敏感，因此容易将干扰信息误检为图像边缘，而且存在图像处理时间开销大、信息的利用率很低（视野较小）等不足。

采用分形理论的图像处理方法是从宏观的角度出发，首先利用图像的分形特征找到图像的模糊边界区域，其次在这些初步界定的局部范围内进行精确的微观边缘检测。由于边缘检测只在模糊区域里进行，所以检测的时间将大大减小，而且对拐角、线条、线端

点和孤立点的敏感度将降低。这种图像处理方法可以减少处理的数据量，节省时间，提高精度，对干扰噪声严重的焊接过程图像处理效果尤为明显。

一般焊缝图像的灰度强度函数 $F(x,y)$ 可视为图像平面上的二维随机变量，该变量在一定范围内的分布规律，体现了图像的相对宏观的平均特性。

在图像中选取一块区域，其灰度强度函数定义为 $F(x,y)$。因为图像灰度场满足离散分形布朗增量随机场，图像的分形维数 H 可表示为微分形式

$$H = \frac{\partial \{\log[E\Delta F(k)]\}}{\partial \{\log[\Delta r(k)]\}} \tag{38-12}$$

其中 $\Delta r(k) = \sqrt{(x_2 - x_1)^2 + (y_2 - y_1)^2}$，$\Delta F(k) = \dfrac{\sum\limits_{x_1=0}^{M-1}\sum\limits_{y_1=0}^{M-1}\sum\limits_{x_2=0}^{M-1}\sum\limits_{y_2=0}^{M-1}\left[\left|F(x_2,y_2) - F(x_1,y_1)\right|\right]}{P_n(k)}$

涉及的矢量有所有的像素点之间尺度变化范围 Δr、像素对数目 P_n 和多尺度灰度差 ΔF。$P_n(k)$ 为在距离 $\Delta r(k)$ 下所有像素对数目，$\Delta F(k)$ 表示在此种距离下灰度差绝对值的均值。

分别计算 $\log[\Delta r(k)]$ 及 $\log[\Delta F(k)]$，$k=1, 2, \cdots, n$，得到一组数据点对 $\{\log[\Delta r(k)], \log[\Delta F(k)]\}$，用最小二乘法拟合可得直线 $y = Hx + b$，并计算直线拟合残差 $\sigma = \sum\limits_i [\log E(\Delta F) - H\log(\Delta r) - b]^2$，最终得到3个分形特征参数 H、b、σ。其物理意义分别是：H 值表征焊缝图像的分形维数，维数大小为 $3-H$，b 值表征图像灰度变化的剧烈程度，σ 值表征直线拟合数据点的线性程度。

在图像处理时，先利用分形特征对图像进行区域检测，确定边缘所在的区域，然后再在这些区域中使用边缘检测方法进行微观的边缘检测，最后准确地检测出边缘线的位置。图像处理的流程如图38-37所示。

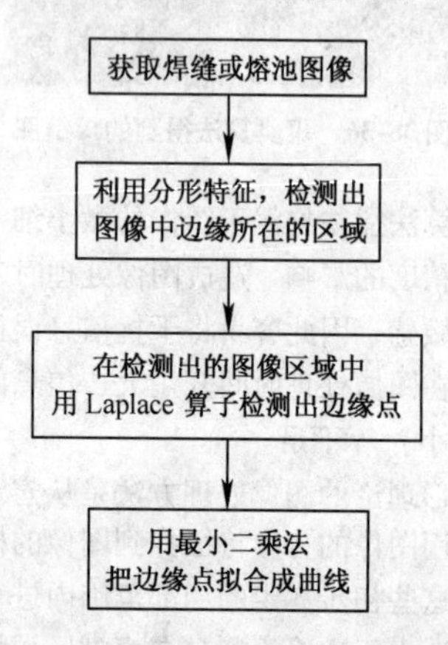

图38-37　基于分形理论的焊缝图像处理流程图

边缘所在的模糊区域的检测方法是：在图像中先选取144×144像素大小的图像窗口，再从该图像窗口的左上角开始，以6个像素长为步长，选取12×12像素大小的小窗口，水平垂直顺序移动小窗口，计算各小窗口的分形特征参数 H、b 和 σ。

图像处理实验表明，由位于焊缝边缘区域的小窗口计算得到的数据对拟合直线的斜率 H 均在1.0左右，而一些不在焊缝边缘上的图像窗口中的图像虽然也存在类似边缘的变化趋势，计算所得的 H 值也在0.8~1.0范围内，但是与焊缝边缘图像的模型的不同之处在于非边缘图像的灰度变化要平缓得多，焊缝边缘区域对应的 b 值较大，因此可以利用这一特征来区分边缘和非边缘区域。

在检测出边缘区域后，用 Laplace 算子进行边缘点检测，然后用最小二乘法对检测出的边缘点拟合成直线或曲线，得到边缘线在图像中的二维直线方程或熔池边缘在图像中的多项式方程。由于熔池边缘是一个封闭曲线，所以在实际的拟合中，可以将边缘点分成几个区域，分别在各区域内拟合曲线。

选取焊接之前的焊缝图像，由于焊接还没有开始，拍摄图像的光线主要来自于自然光，所以图像的质量变化较大。尤其是V形坡口底线在图像中显示为类似坡口边缘的灰度变化趋势，但这种趋势是两个斜坡的交界，而焊缝坡口边缘是一个灰度渐变斜坡。用分形理论的图像处理方法处理图像的结果表明，检测的模糊区域包括了足够的边缘信息，排除了焊道内外所有的干扰。在边缘检测的时候，根据边缘情况设定边缘线的多项式方程，对直焊缝，可以设置边缘线为直线。实验结果如图38-38所示。图38-38a是没有焊接之前的图像，图38-38b的黑色小方块是检测到的焊缝模糊边界，虽然模糊边界没有覆盖整个边缘区域，但这并不影响边缘检测的精度，相反还可以节省检测的时间。图38-38c是识别出来的焊缝边缘。

对于焊接过程中的焊缝图像，图像质量与焊前图像有所不同。由于在焊接时焊缝的光照主要来自于焊接弧光，而自然光的影响很小，所以图像质量比较稳定。此外，在焊接时，图像中还有飞溅、烟尘等干扰，尤其是飞溅会影响用传统图像处理方法的处理结果。而焊接干扰信息的分形参数与焊缝边缘的分形参数有很大的区别，据此可以将模糊边界区域与飞溅干扰等区分开来。焊接过程中的焊缝图像处理结果如图38-39所示，图38-39a是焊缝图像原图，图38-39b白色小方块是用分形方法检测到的模糊边界区域，其中包含了大部分坡口边缘信息，图38-39c是检测到的焊缝边缘。这里假定焊缝边缘满足直线方程。

a)
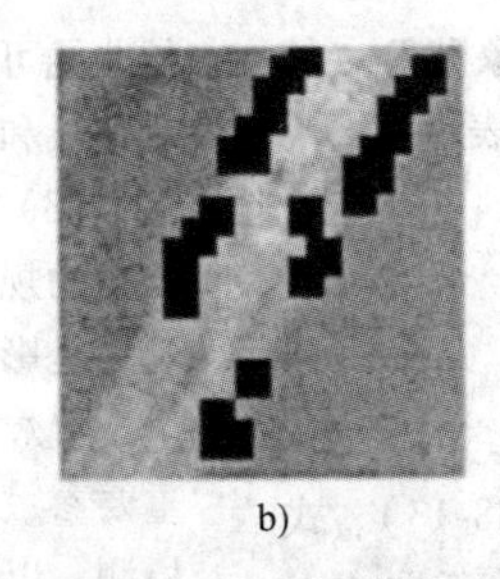
b)
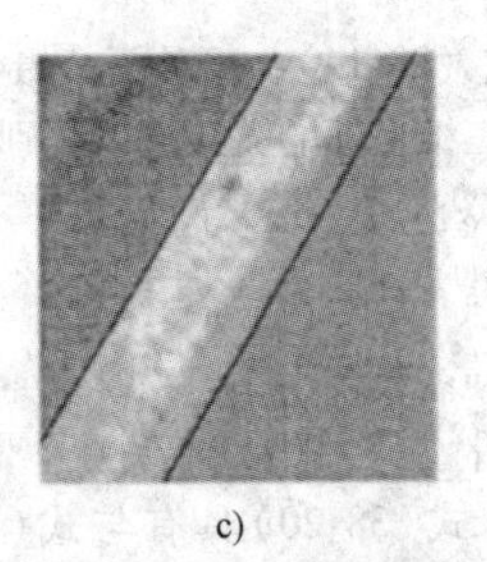
c)

图 38-38 焊前焊缝图像处理

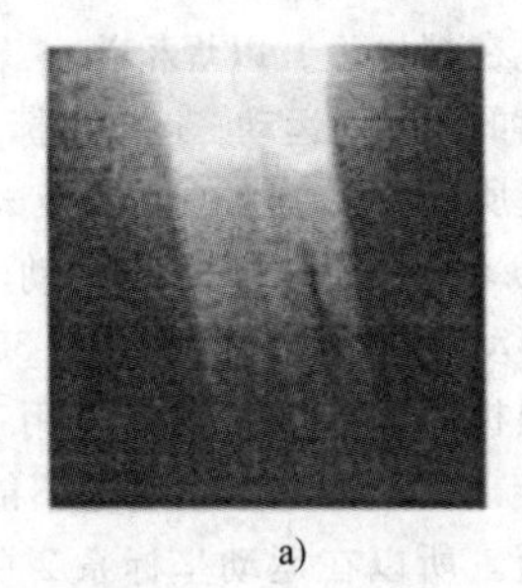
a)
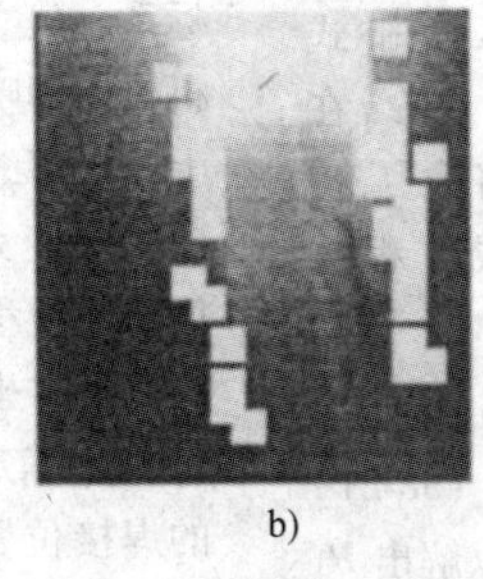
b)
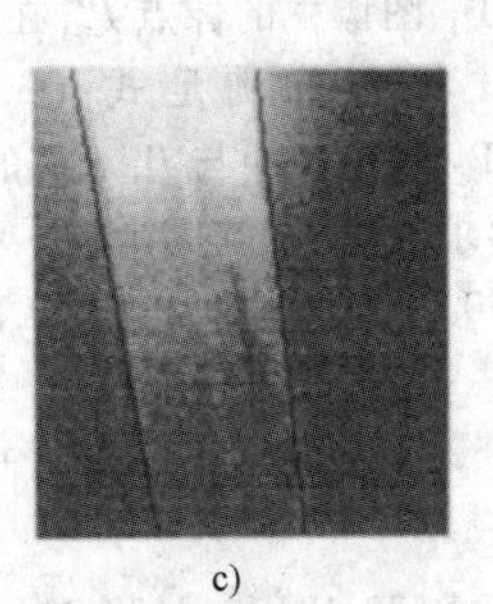
c)

图 38-39 焊后焊缝图像处理

（2）基于直线-点匹配法的焊缝图像三维坐标识别[11] 经典的计算机三维视觉重构采用两个图像平面上特征点匹配法确定对象的三维坐标，对于焊缝来说，坡口边缘内外不存在明确的特征点，所以无法使用特征点匹配法。针对在局部图像窗口中，焊缝可以近似为直线段的特点，为此设计了一种简化的特征匹配算法来计算焊缝三维坐标，并通过人工神经网络提高了精度和速度。

下面以图 38-40 说明直线-点匹配法重构点的三维坐标的方法。设 P 是空间焊缝边缘线 AB 上的任一点，在摄像机 1 的成像平面中点 P 对应的像点是 P'，焊缝边缘线 AB 对应的像直线是 $A'B'$，像点 P' 在像直线 $A'B'$ 上；在摄像机 2 的成像平面中点 P 对应的像点是 P''，焊缝边缘线 AB 对应的像直线是 $A''B''$，像点 P'' 在像直线 $A''B''$ 上。

摄像机标定采用的计算公式是：

$$X=\frac{G_1x_a+G_2y_a+G_3z_a+G_4}{G_9x_a+G_{10}y_a+G_{11}z_a+1} \tag{38-13}$$

$$Y=\frac{G_5x_a+G_6y_a+G_7z_a+G_8}{G_9x_a+G_{10}y_a+G_{11}z_a+1} \tag{38-14}$$

在式（38-13）、式（38-14）中，x_a、y_a、z_a 是空间一点的三维坐标，X、Y 是该点在一个摄像机的图像平面上像点的二维坐标。G_1、G_2、…、G_{11} 是 11 个可标定的系统参数，这 11 个参数确定了空间三维坐标系与摄像机二维图像坐标之间的对应关系。按照式（38-13）、式（38-14），当已知若干个（至少 6 个）空间点的三维坐标 x_a、y_a、z_a 及其对应的图像坐标 X、Y，通过求解联立方程组可以确定标定参数。反之，当标定了系统参数后，机器视觉的任务就是要从 X、Y 中计算出空间坐标 x_a、y_a、z_a。

在图 38-40 中，不难求得像直线 $A'B'$ 和 $A''B''$ 的二维直线方程为

$$A'B':\quad A_1X+B_1Y+C_1=0 \tag{38-15}$$

$$A''B'':\quad A_3X+B_3Y+C_3=0 \tag{38-16}$$

若令 P 的空间坐标为（x_a，y_a，z_a），根据

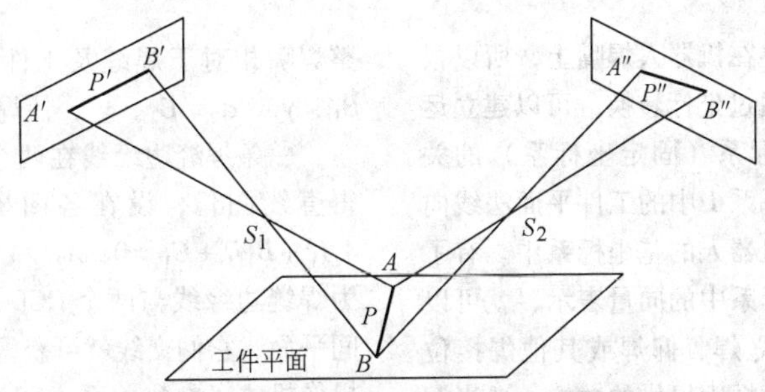

图 38-40 直线-点匹配算法焊缝立体成像模型

式（38-13）和式（38-14），相对两个摄像机 P 点的图像坐标与空间三维坐标的关系可以分别表示为

$$\text{CCD1:}\quad X_P^{(1)}=f_x^{(1)}(x_a,y_a,z_a) \tag{38-17}$$

$$Y_P^{(1)}=f_y^{(1)}(x_a,y_a,z_a) \tag{38-18}$$

$$\text{CCD2:}\quad X_P^{(2)}=f_x^{(2)}(x_a,y_a,z_a) \tag{38-19}$$

$$Y_P^{(2)}=f_y^{(2)}(x_a,y_a,z_a) \tag{38-20}$$

式(38-17)～式(38-20)具有与式(38-13)、式(38-14)同样的形式。在焊缝边缘线 AB 上任取一点 P_1，则 P_1 在 CCD_1 图像中的像点 P'_1 在像直线 $A'B'$ 上，且 P'_1 的二维坐标满足式（38-17）和式（38-18）。在 CCD_2 的图像中与 P'_1 对应的像点 P''_1 在直线 $A''B''$ 上，要求点 P_1 的空间坐标，可将式（38-19）和式（38-20）代入 $A''B''$ 的二维直线方程式(38-16)，得到：

$$A_3f_x^{(2)}(x_a,y_a,z_a+B_3f_y^{(2)}(x_a,y_a,z_a)+C_3=0 \tag{38-21}$$

联立式(38-17)、式(38-18)和式(38-21)可以解出 P_1 点的空间坐标。根据需要还可在 AB 上再任取第二点 $P_2 \neq P_1$，则可用同样的方法求得 P_2 点的空间坐标，再由两点定直线的关系可求出空间直线 AB。

直线-点匹配法利用焊缝边缘的直线特征，避免了传统的点-点匹配法计算空间坐标时难匹配的问题。用此方法可以得到焊缝边缘线上的任意点的三维坐标。在此基础上开发了一套基于双目立体视觉的机器人路径规划系统，该系统将双目摄像机安装在机器人的末端执行器上，使其能跟随焊嘴沿焊缝走向一起移动，采用自然光作为视觉系统的光源。对于曲率不大的曲线可以分割为足够小的直线时，该系统可以实现对直线和曲线焊缝的路径规划。

（3）机器人全位置的焊缝空间位置的检测与焊嘴姿态的规划[12]　焊缝空间位置的检测与焊嘴姿态的规划是影响机器人全位置自动焊接质量的重要因素。全位置焊接中焊嘴相对焊缝的姿态是控制熔池现状的重要参数，通过图像视觉可以对机器人焊嘴姿态进行检测。以焊嘴轴线的延长线与焊缝的交点为公共原点，建立两个运动坐标系，如图 38-41 所示。运动坐标系 1 建立在焊枪上，以焊枪为 z_1 轴，此坐标系随机器人焊嘴的运动而运动；运动坐标系 2 建立在工件上，以焊缝所在工件平面的法线为 z_2 轴，沿焊接方向的焊缝为 x_2 轴，此坐标系随运动坐标系 1 的移动而作相应移动。在坐标系 1 中（图 38-42a），焊缝相对于运动坐标系 1 各轴的夹角可用三个方向角 α_1、β_1、γ_1 确定。但是这三个角度还不能反映焊嘴所处的焊接位置。所以在运动坐标系 2 中（图38-42b），可用三个方向角 α_2、β_2、γ_2 来表示焊嘴相对于坐标系 2 各轴的夹角。其中 γ_2 是焊嘴与工件平面法线的夹角。

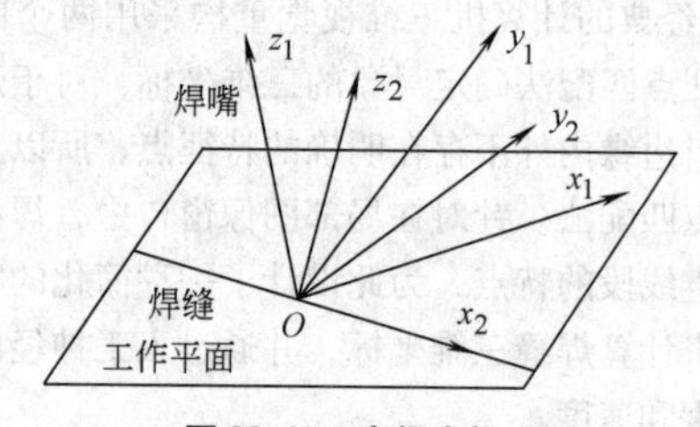

图 38-41　空间坐标系

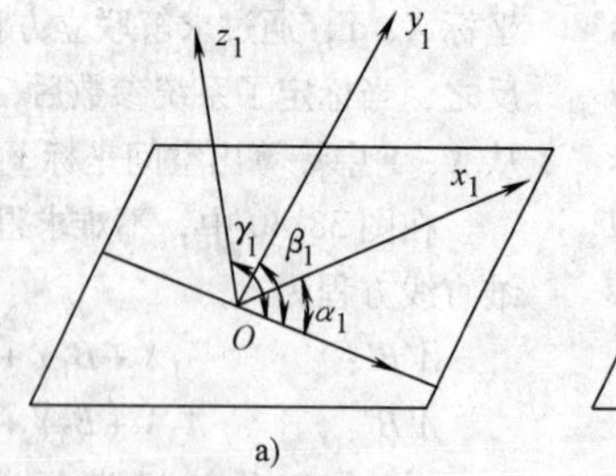

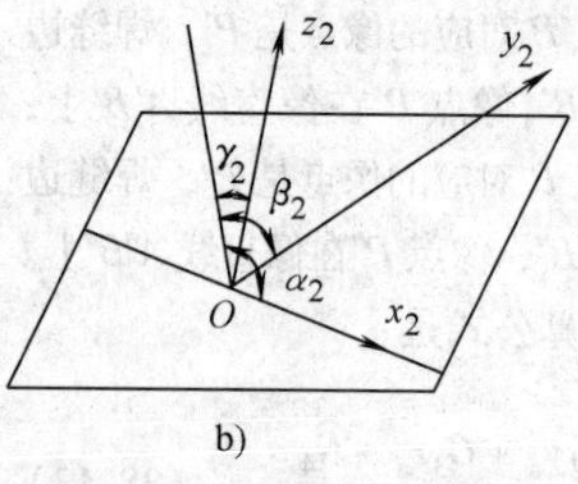

图 38-42　焊嘴姿态参数示意

由于运动坐标系 1 建立在机器人焊嘴上，所以根据机器人当前各轴的转角通过坐标转换，可以建立运动坐标系 1 与机器人基坐标系（固定坐标系）的关系，这样就能把在运动坐标系 1 中的工件平面法线向量和焊接方向向量变换到机器人的基坐标系中。有了这两个向量在机器人基坐标系中的向量表示，就可以确定当前工件处于平焊、立焊、仰焊或其他焊接位置，再根据焊嘴优化姿态数据库提供的数据，适当调整焊嘴相对于焊缝及工件的位置角度，即调整 α_1、β_1、γ_1、α_2、β_2、γ_2，使焊嘴保持适当的焊接姿态。

一条焊缝边缘线在两个 CCD 摄像机中可分别获得直线图像，设在各图坐标系中的直线方程为：$A_1i_1+B_1j_1+C_1=0$；$A_2i_2+B_2j_2+C_2=0$，这也可看作为焊缝边缘线与两个 CCD 摄像机的光心构成两个空间平面，它们交线就可获得该边缘线的空间方程。用摄像机位姿参数关系方程消去 i_1、j_1、i_2、j_2 后，可

以计算出运动坐标系 1 中焊缝边缘线的空间直线方程：$(x-x_l)/l=(y-y_m)/m=(z-z_n)/n$，式中，$l=\cos(\alpha_1)$、$m=\cos(\beta_1)$、$n=\cos(\gamma_1)$，其中 α_1、β_1、γ_1 即为运动坐标系 1 的三个轴与边缘线的夹角。

类似的，可以计算出 V 形坡口另一条边缘线。然后把得到的两条空间直线方程按实际情况分为平行、相交、异面三种情况，利用空间解析几何的原理和“直线-点”匹配法，可以计算出在运动坐标系 1 中的焊接方向向量和工件平面的法线向量，从而可以计算出姿态角 α_2、β_2、γ_2。

在研制开发成功的焊嘴位置和焊嘴姿态自动识别调整系统中（如图 38-43 所示），利用分形理论有效地排除了飞溅、锈斑等因素的干扰，结合数学物理模型，较经典的边缘检测算法在速度和精度上都有了很大的提高，实现了对任意焊缝的三维空间描述。同时，借助于大量实验得出不同焊嘴姿态对应的焊接规范数据库，使得机器人在任意空间位置焊接时，保持最优的焊嘴姿态及焊嘴规范参数，保证全位置焊接中焊缝成形的稳定、美观。

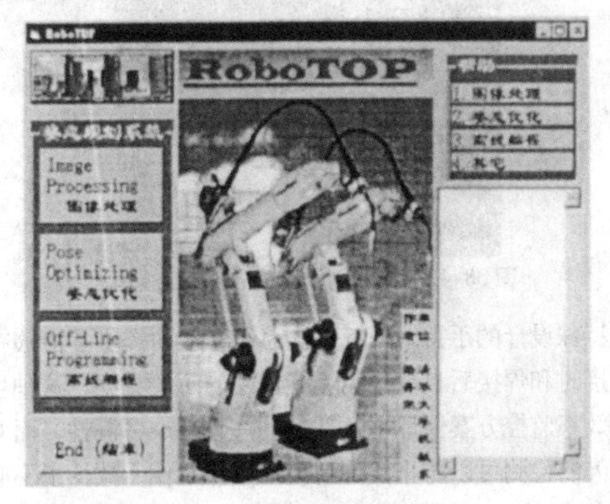

图 38-43 焊嘴姿态规划系统界面

2. 加拿大 SERVO-ROBOT 公司产品简介

在焊接过程中，对焊缝的实时跟踪首先由传感器检测到焊缝的位置，然后引导自动化焊接设备，如焊接机器人或者多轴焊嘴定位系统进行焊接。传感器将焊嘴与焊缝轨迹的偏差量传送给机器人，从而使焊嘴中心在焊接时保持在最优位置。高精度的跟踪大大地缩短了操作者进行监控的工作量，提高了焊接速度，降低了设备成本，从而提高了焊接生产率。这种工艺已经被运用在机器人对汽车车身的焊接以及自动化的管道焊接中，同时，在诸如弧焊和激光焊接的诸多领域都有广泛应用。

成功的电弧焊需要保持焊嘴和焊缝间的偏差量最小。实时焊缝跟踪能够对工件变形以及装夹定位所带来的焊缝偏差量予以修正。高精度的跟踪大大地缩短了操作者进行监控的工作量，提高了焊接生产率。这种跟踪方法提高了焊接速度，降低设备成本和焊接材料的用量。此外，由于焊嘴和焊缝之间保持了正确的位置关系，因此诸如焊接电流和焊接速度等焊接参数能够通过自适应控制系统得到实时的调节。焊缝跟踪自适应控制系统已经被用在汽车车身、建筑、管道等的焊接上。跟踪系统能够与机械、自动化以及机器人等设备一起使用。

手工焊接过程中，焊缝跟踪通过焊工的眼睛来完成。当使用机器人或者特殊的焊接设备时，一个激光传感器被安装在焊嘴的前端，通过自动滑块控制焊嘴的位置，或者通过数字化的界面能够直接控制焊接机器人，如图 38-44 所示。Servo Robot被视为是这一领域的开拓者和先导，其激光视觉传感系统和激光传感器代表着这一领域的最新成就。

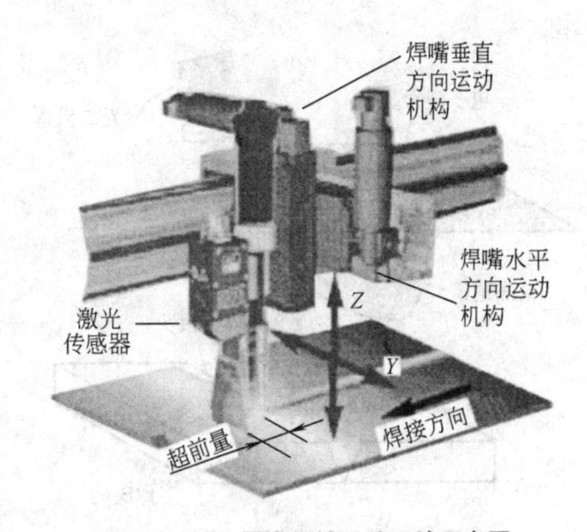

图 38-44 机器人焊缝跟踪系统示意图

弧焊自适应跟踪控制系统由激光-摄像机、控制单元、定位系统和软件组成。一个可靠的和鲁棒性好的激光传感器或者激光-摄像机是该系统的主要部分。它被设计成能够接近焊接电弧或者激光束。这个摄像机并不妨碍焊嘴的可达性。它能够检测接头的位置、方向以及从白亮的薄板到厚板的不同类型接头的几何参数，同时还包括图 38-45 所示的各型铝合金的接头形式。图 38-46 示意了用来计算接头几何参数的激光三角测量原理，Servo-Robot 上的激光-摄像机正是基于这样的原理。计算机控制单元为激光传感器或摄像机供电，并且与包括焊机、机械臂、安全设施等外围设备通信。它包含功能强大的处理器，能够完成摄像机的控制算法以及接头几何参数及位置/方向的计算。为某一应用选择跟踪系统必须保证所选择的控制算法能够提供独立于接头曲率、焊接速度或接头表面条件（亮度和铁锈等）的最高跟踪精度，同时还要补偿激光-摄像机和焊接位置的距离。Servo-Robot 开发的所有必需的软件和算法，使其适用于包括高速双丝 GMAW/MIG-MAG 和埋弧焊、电流从几安到 1000A 以上的不同场合的焊缝跟踪。该软件允许的焊接速度达数米/分钟，可以满足高质量焊接对电极位置精度的高要求。Servo-Robot 公司生产了带有交流或直流电动机和控制单元的精确定位滑块。这些滑块被集成在焊接专机或者焊接机器人上。这种精确定位滑块在行程、有效载荷以及尺寸上是不同的，可以适应于 SAW、FCAW、GMAW、GTAW、PAW 以及高速双丝的 MIG 焊接。

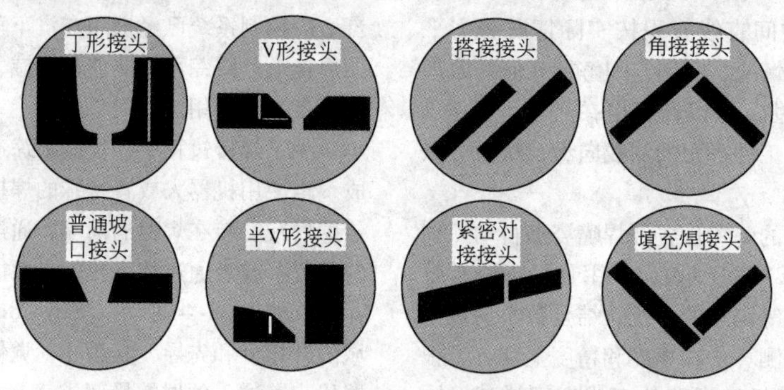

图 38-45 各型铝合金的接头形式

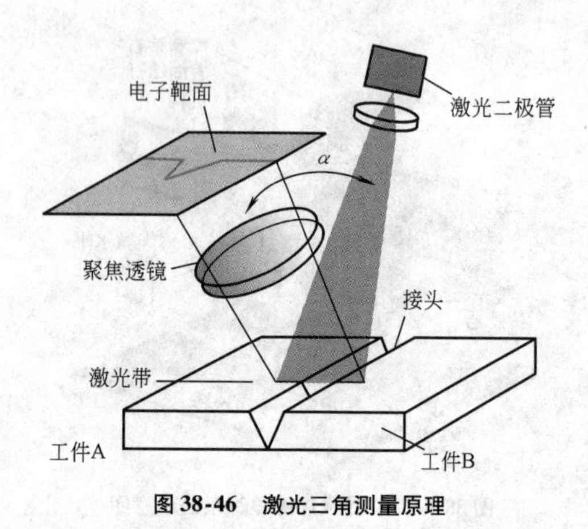

图 38-46 激光三角测量原理

Servo-Robot 公司开发出自适应焊接方法以提高焊接质量和效率。焊缝跟踪这一基本功能推动了焊接机器人以及焊接专机的使用，自适应焊接方法能够控制在焊接过程中调节焊接参数以适应错误的焊接坡口形式和接头装配。在此过程中，激光-摄像机检测到接头的精确几何尺寸（间隙、横截面积、错位等）。通过运用经验处理模型或公式调整焊接参数（焊缝中心点位置、焊嘴摆幅、焊速、送丝速度、电弧电压、焊接电流等），从而防止由于焊接时接头几何尺寸变化导致的焊接缺陷以及余高过高或者未焊满情况的产生。自适应焊接的软件如 ADAP 是 Servo-Robot 公司独一无二的产品，它能够使焊接工程师和技术人员自行编写用户方程和查询桌面以很好地适应用户自身的需求。

焊接检测和工艺生产率的监控对现代化焊接设备尤为关键。在这方面，Servo-Robot 开发出自动的或者是特殊设计的手持式焊缝检测系统，从而提供了能够在焊接时和焊接后自动检测焊缝尺寸的解决方案。这种生产效率监控方案保证了各部件的一致性、可溯性，而对缺欠的检测可以防止代价高昂的修补工作，减少了不必要的焊接，提高了整体的质量。图 38-47 显示了由 Servo-Robot 检测系统生成的焊接接头的三维造型。

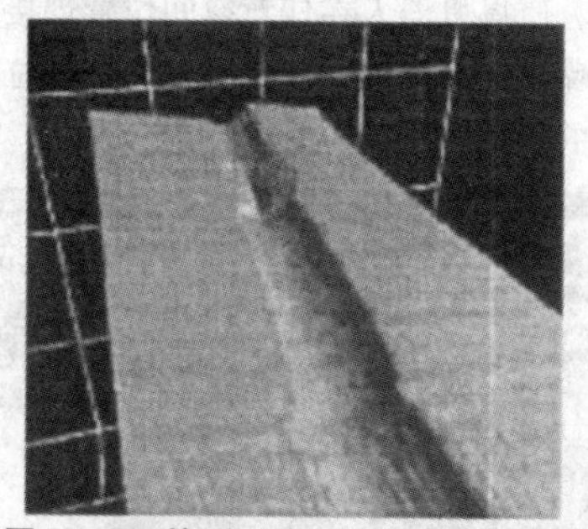

图 38-47 检测到的焊接接头三维造型

38.4 焊接电弧传感器

38.4.1 电弧传感的基本原理

电弧传感器的基本原理是利用焊嘴与工件距离变化而引起的焊接电流参数变化，并根据焊嘴与焊缝的已知几何关系导出焊嘴与焊缝的相对位置等被传感量。图 38-48 说明焊嘴端部与工件表面距离 H_0 变化时焊接参数变化的过程，以缓降外特性为例（恒流外特性分析类此），在稳定焊接状态时，电弧工作点为 A_0，弧长 l_0，伸出长度 L_1，电流 I_0，当焊嘴与工件表面距离 H_0 发生阶跃变化增大到 H_1 时，弧长突然被拉长为 L_1，此时伸出长度 L_1 还来不及变化，电

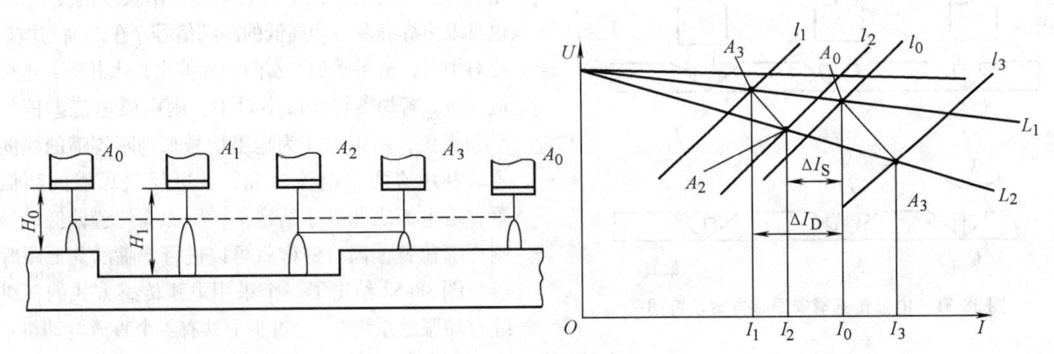

图 38-48　电弧传感工作原理

弧随即在新的工作点 A_1 处燃烧，电流突变为 I_1，但经过一定时间的电弧自调节，弧长逐渐变短，伸出长度增大，由于焊丝变化导致焊接回路电阻发生变化时，最后电弧只能稳定在一个新的工作点 A_2，弧长 l_2，伸出长度 L_2，电流 I_2。结果是伸出长度和弧长都比原来增加。同样的，如果 H_1 发生阶跃变化，减少到 H_0 时，电弧工作点将由 A_2 跳到 A_3（此时伸出长度 L_2 还来不及变化），弧长 L_3，电流 I_3。经过一定时间时，弧长自动调节后。电弧工作点又由 A_3 回到 A_0。由以上所述，焊嘴与工件表面距离发生变化时，电弧工作点和焊接电流均将发生变化。但存在动态和静态两种情况。例如焊嘴高度由 H_0 增为 H_1 时，动态电流变化为 ΔI_D，而静态电流变化为 ΔI_S。实验数据表明，若焊丝直径为 $\phi1.2$mm，焊接电流为 215 ~ 280A，焊接电压为 26 ~ 30V，则焊嘴与工件距离变化 1mm，ΔI_S 的变化为 5A。换言之，每毫米的变化可导致焊接电流 1.4% ~ 2.4% 的变化，因而在焊接速度不是很快的条件下利用静态变化作为信号进行自动跟踪的控制也是完全可能的。

38.4.2　摆动扫描式电弧传感器及其应用

机械摆动扫描式 MIG/MAG 电弧传感器利用焊嘴沿焊缝垂直方向的低频摆动实现电弧对坡口的扫描，如图 38-49 所示。图中 L 为扫描的左折返点，R 为右折返点，C 为扫描的中心。通过比较 CL、CR 之间的电流电压波形也可以判断 C 是否对准坡口中心线[45]。

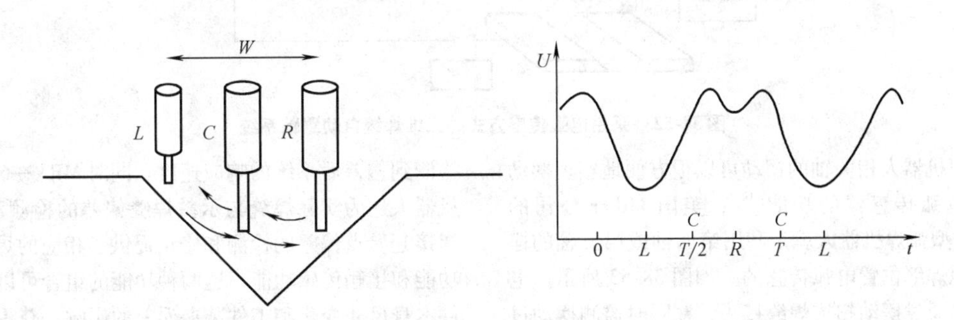

图 38-49　摆动扫描式 MIG/MAG 电弧传感器原理

TIG 焊通常采用恒流或陡降电源外特性，它的传感信号来自焊嘴高度变化时的电压变化，图 38-50 是 TIG 焊电弧传感器的焊缝跟踪原理图。系统中引入弧压闭环反馈控制，使焊嘴在 x 方向上的摆动扫描过程中，自动调整其自身在 y 轴上的位置。安装在 y 轴上的位移传感器将焊嘴在 y 轴上的位置与一个给定值 e_0 比较，以 e_0 作为焊嘴摆动折返的阈值。此控制可以保证焊嘴的摆动中心与坡口中心一致，并可在坡口宽度变化时自动调整摆动宽度[46]。

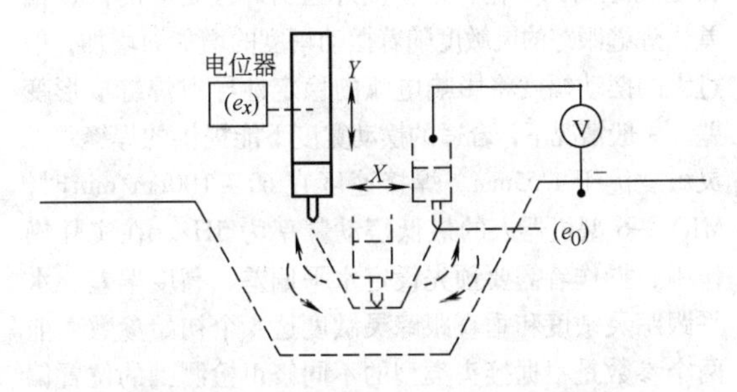

图 38-50　摆动扫描式 TIG 电弧传感器原理

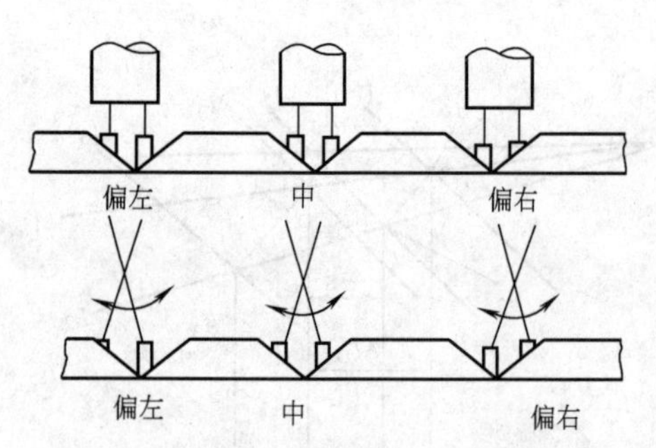

图 38-51　电弧传感横向跟踪方案示意图

图 38-51 给出了在 V 形坡口对接焊或丁字接头焊接的两个焊缝跟踪实例，一个是采用并列的双丝焊；另一个是采用机头横向摆动。在双丝焊时，两个电弧彼此独立，但可共用同一平特性焊接电源。若焊嘴的中心线未对准坡口中心，其左右两焊丝具有不同的伸出长度，因而将造成不相等的焊接电流。根据两个电流差值的大小和正负即可判断电弧位置并进行左右跟踪。根据两个电流之和即可进行高低跟踪。同样，利用机头作横向摆动，由左右两边伸出长度的变化情况，也可求出焊缝左右和高低的跟踪信号。在焊嘴与坡口中心对中时，机头摆到左右两侧的伸出长度相等，电弧电流相等。若焊嘴与坡口不对中，则电弧电流差值的大小和正负，就可以作为输出信号来判断焊嘴的横向位置。利用这两个电流之和，就可反映焊嘴的高低位置：若电流之和大于给定值，则焊嘴位置偏低；反之则焊嘴位置偏高。这样就可以进行焊嘴的高低跟踪。

图 38-52 给出了一个采用电弧传感方式的三维焊缝自动跟踪系统[47]。机头上共有 4 个直流电动机：一个驱动机头沿焊缝行走，M_1 控制上下运动，M_2 控制横向运动，M_3 通过凸轮 C 使焊嘴摆动。摆动频率 3 次/s 左右，焊丝横向摆幅为 4～6mm。M_3 之另一端有一对无触点开关 S，当焊丝摆至左、右端时，各输出一脉冲信号送入控制器指令测量电流数值。电流数值取自一分流器（200mV/600A），控制器根据左右位置脉冲信号，将左右两端电流信号之和（U_L+U_R）用以控制上下运动，信号之差（U_L-U_R）用以控制横向运动。

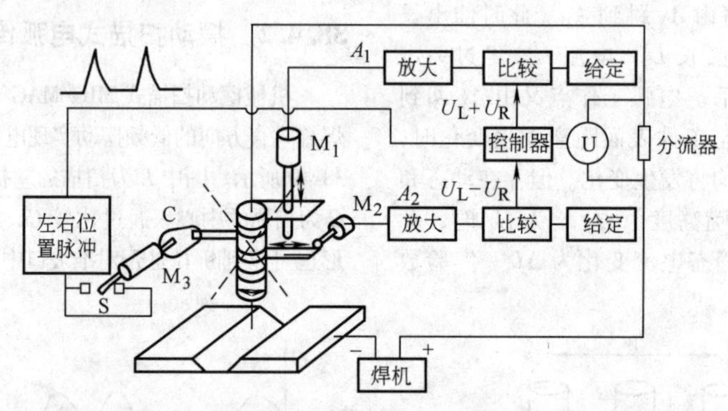

图 38-52　采用电弧传感方式的三维焊缝自动跟踪系统

利用机器人相关轴的摆动可以很方便地实现摆动扫描式电弧传感器的功能[48]，美国 Miller 公司的 MRV—6 型弧焊机器人就是利用第四轴或第五轴的摆动来实现焊缝位置电弧传感的。如图 38-53 所示，电弧传感器通过摆动扫描焊缝接头，并同时监测摆动过程中焊接电流相对于焊丝位置以及焊丝末端与工件母材之间距离的变化，来检测焊丝与焊缝之间的位置偏差。焊缝跟踪的灵敏度随着摆动幅度的增加而增加，但过大的摆动幅度将影响电弧的稳定性导致焊缝成形变差。一般情况下，合适的摆动宽度下能提供的焊缝跟踪灵敏度优于 1.55mm。焊接速度在 60～100cm/min时，MRV—6 型机器人的最低摆动频率为 5Hz。在实际操作中，操作者需要预先设定水平偏差、高度偏差、水平跟踪灵敏度和垂直跟踪灵敏度这 4 个初始参数。前两个参数是根据接头类型的不同修正检测到的位置偏差，如图 38-54、图 38-55 所示；后两个参数决定了检测到偏差后系统的响应速度。同时 MRV—6 型弧焊机器人还为实际焊缝与示教焊缝偏差的检测和修正、焊接起始点偏差的检测和修正提供了相应的焊缝跟踪功能和接触传感功能，这两种功能的组合可以克服工件本身尺寸变化和工件装夹误差的影响，获得一致性好的高质量焊缝。

38.4.3　旋转扫描式电弧传感器及其应用

旋转式扫描首见于日本 NKK 公司关于窄间隙焊接的报道中，是针对摆动式扫描频率低的缺点提出的一种新的电弧扫描方式。此方式中电弧和焊丝的伸出端围绕着焊嘴中心线作圆周运动，其原理与摆动式 MIG/MAG 电弧传感器相同，但是频率容易提高，可以获得较高的灵敏度，目前该方法应用于窄间隙焊接和角焊缝焊接中。

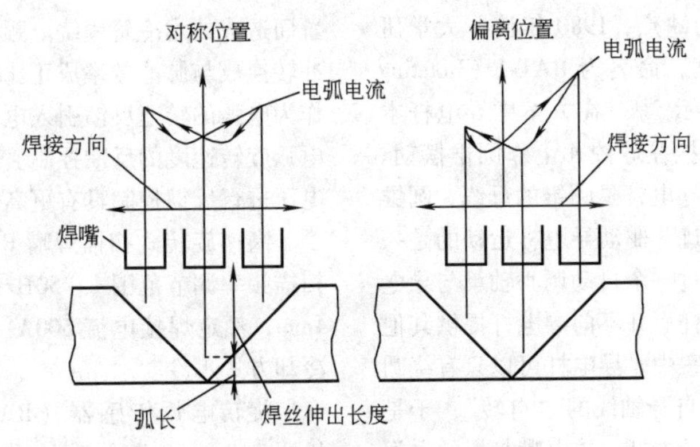

图 38-53　电弧传感器工作原理

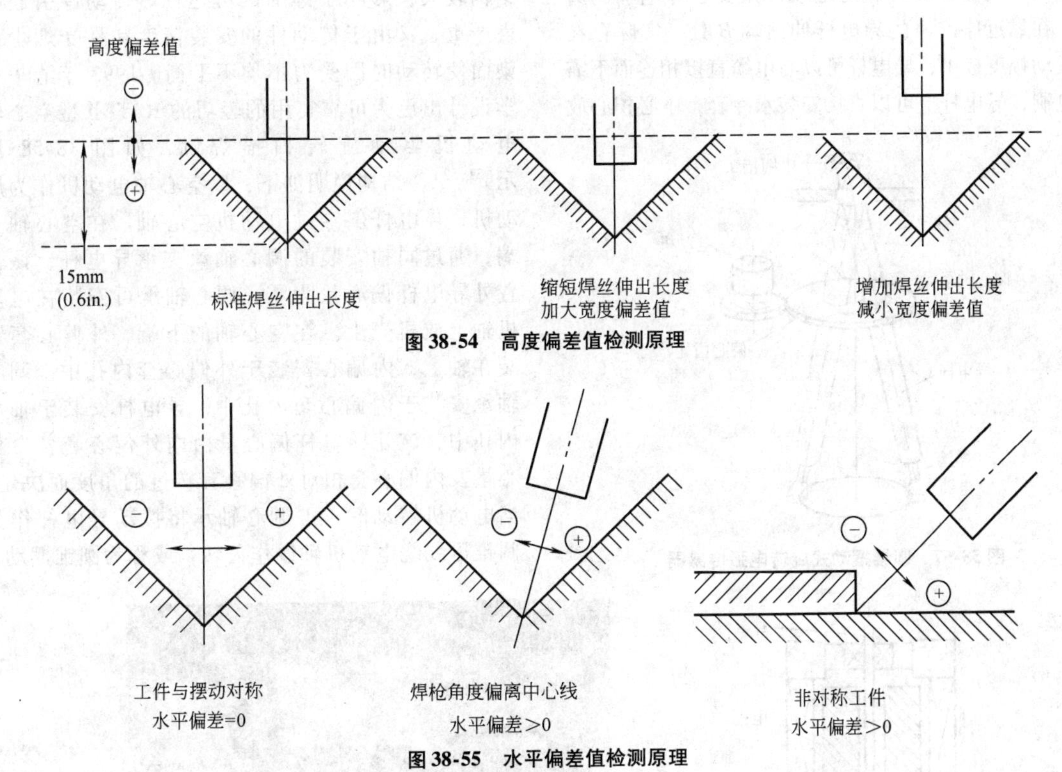

图 38-54　高度偏差值检测原理

图 38-55　水平偏差值检测原理

图 38-56 是野村博一首先提出的导电杆转动方案[49]，该方案中，用电动机驱动导电杆转动，利用导电嘴上的偏心孔使焊丝端头和电弧旋转。由于导电杆是处于高速转动的状态。焊接电缆与导电杆之间无法直接相连，需要有一类似电刷的石墨滑块将数百安培的焊接电流传送到导电杆上。这对于焊嘴的设计、加工和寿命都是不利的。同理，导电杆和导电嘴转动而通过导电嘴的焊丝不转动，因此导电嘴和焊丝之间存在高速相对运动，大大增加了导电嘴的磨损，这无疑增加了对导电嘴材料的要求。此外，该方案中导电嘴和导电杆的冷却也难以保证。

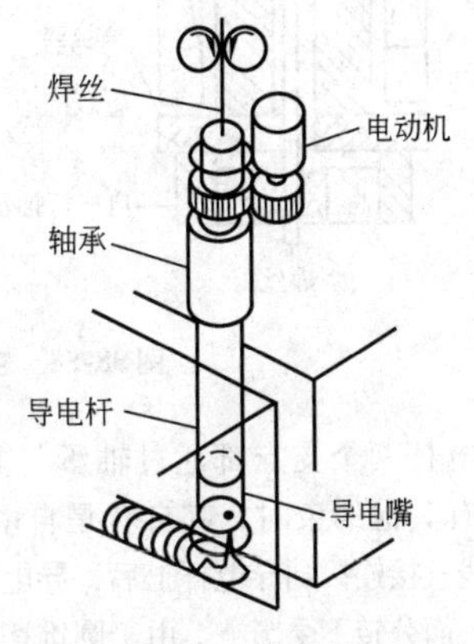

图 38-56　旋转扫描式 MIG/MAG 电弧传感器

为了克服这个方案的缺点，1980 年清华大学研究成功一种新的旋转方案，命名为 RAT-I（Rotating arc torch），如图 38-57 所示[50]。在方案中导电杆本身并不旋转，而是一端悬挂在球铰 A 上作圆锥摆动。球铰 A 即为圆锥的锥顶，导电杆是圆锥的母线，圆锥的底边就是电弧旋转的轨迹。驱动导电杆运动的是一个带偏心孔的齿轮，它通过一个自动调心轴承与导电杆相连，它只能拨动导电杆而并不向导电杆提供其他约束。因此在这样一种方案中，导电杆可以只有绕圆锥轴的“公转”而没有绕自身轴线的“自转”，于是就带来了这样一些优点：导电杆、导电嘴与焊丝之间没有因转动而造成的相对运动，减少了导电嘴的磨损；在靠近球铰 A 的导电杆伸出端 B 处，实际存在的运动幅度极小，导电杆可以与电缆直接相连而不需要电刷；导电杆上可以直接安装水冷套，不必担心放

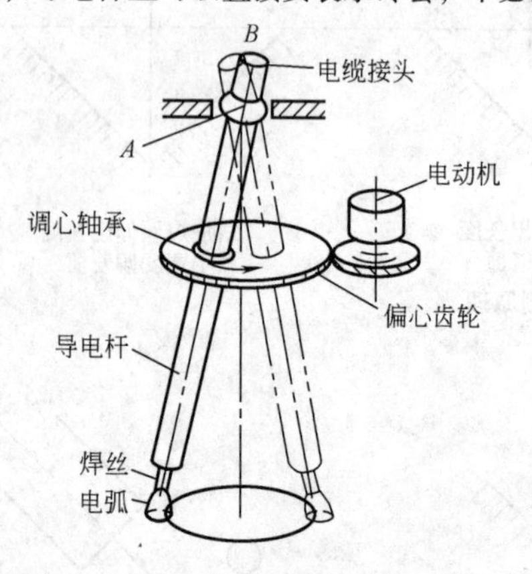

图 38-57　圆锥摆动式旋转电弧传感器

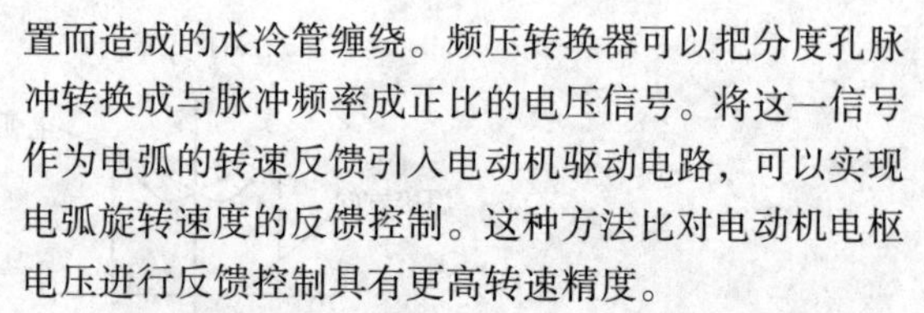

置而造成的水冷管缠绕。频压转换器可以把分度孔脉冲转换成与脉冲频率成正比的电压信号。将这一信号作为电弧的转速反馈引入电动机驱动电路，可以实现电弧旋转速度的反馈控制。这种方法比对电动机电枢电压进行反馈控制具有更高转速精度。

高速旋转式扫描焊嘴 RAT-I 的主要性能指标为：扫描频率调节范围 1～50Hz；扫描半径调节范围 0～4mm；额定焊接电流 500A；电动机功率 25W；焊嘴冷却方式水冷。

旋转电弧传感器（RAT-I 型）采用直流电动机驱动，一级齿轮减速传动。由于有齿轮传动，结构较大，影响了焊嘴的可达性。传动件引起噪声严重，又由于传动件的安装精度和易受烟尘污染而使转动时因受力不均不平衡。1993 年清华大学设计出更为可靠实用的轻巧的 RAT-Ⅱ型空心轴电动机驱动旋转扫描焊嘴，如图 38-58 所示[51,52]。结构说明如下：以空心轴电动机作为原动机，导电杆斜穿过电动机空心轴。在空心轴上端，通过同轴安装的调心轴承支承导电杆，该位置处导电杆偏心量为零，调心轴承可安装在电动机轴上或机壳上。在空心轴的下端，外偏心套安装在轴上，内偏心安装于外偏心套内孔中，调心轴承安装于内偏心套内孔中，导电杆安装于轴承内孔中，该处导电杆偏心量由内外偏心套各自偏心量及内偏心套相对外偏心套转过的角度而决定。当电动机转动时，下调心轴承将拨动导电杆作为圆锥母线绕电动机轴线作公转，或称为圆锥摆动。

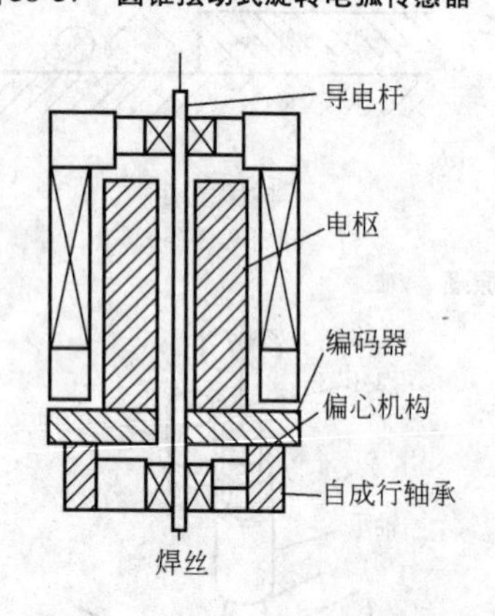

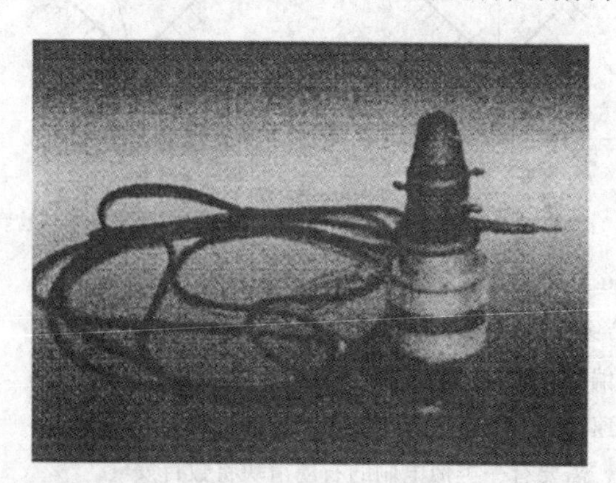

图 38-58　空心电动机旋转扫描焊嘴示意图及外形照片

由于导电杆两个支点都通过轴承与其他构件连接，因此没有其他约束时，其自转是自由的。当气、丝、电等管线直接连接到导电杆上后，导电杆受到约束而不能自转，而公转不受影响。由于圆锥摆动的幅度较小，管线也可以不在锥顶附近接入。采用双层气体保护，这是由于导电杆的运动搅动气体影响保护效果。实验结果表明，外加一层保护可以消除这种影响，达到良好的保护效果。

RAT-Ⅱ型旋转焊嘴的主要性能指标为：外径 80mm；旋转频率 14.5～36Hz；最大旋转半径 4mm；

最大焊接电流 350A；电动机空心轴：外径 12mm、内径 17mm；导电杆外径 12mm、内径 7mm、内通送丝软管。

旋转扫描焊嘴的电弧能以很高的速度旋转，因此可以实现高精度的焊缝跟踪。因为同样的弧长变化所引起的电流及电压的动态增量要比低速摆动时大得多，对于小坡口或高速焊的适应能力得以提高。旋转扫描焊嘴可以应用于焊缝和焊嘴横向与高低方向的偏差传感、焊缝坡口表面轮廓线检测等场合。

图 38-59 给出了由电弧扫描传感器、跟踪调整机构和跟踪控制系统三部分组成的旋转电弧传感焊缝跟踪系统[52]。电弧扫描器由旋转焊嘴、测位电路和闭环调速电路组成，可以实现焊嘴不同频率和幅度的扫描运动，旋转扫描时通过光码盘来测位和测速，实现转速的闭环调节控制并确定扫描位置，将扫描的位置信号输出给计算机进行信号采集与处理。它与焊接电源和送丝机一起实现电弧的扫描传感。双向跟踪调整由直流电动机驱动，丝杆螺母传动的十字滑块机构完成，可进行精确的高低左右位置移动，动作平稳。旋转扫描焊嘴与带有十字滑块的行走小车构成了整个焊缝跟踪机构。跟踪控制系统通过霍尔传感元件检测电流并实现控制回路与主回路的高度绝缘，具有线性度好、测量精度高、响应速度快的优点，电流信号经过 A/D 转换后送入计算机，计算机根据电弧扫描系统送来的位置信号进行实时中断采样，经信号处理后，输出双向跟踪控制信号给跟踪调整机构。采用所研制的旋转电弧传感焊缝跟踪系统对三维空间的弯曲焊缝（Z 型弯板窗形焊，板弯曲角度 25°，实际焊缝左右和高低方向弯曲角度为 18°）进行了 CO_2 焊接跟踪实验，结果表明双向自动跟踪系统工作良好，工件形状及焊缝实物照片如图 38-60 所示。

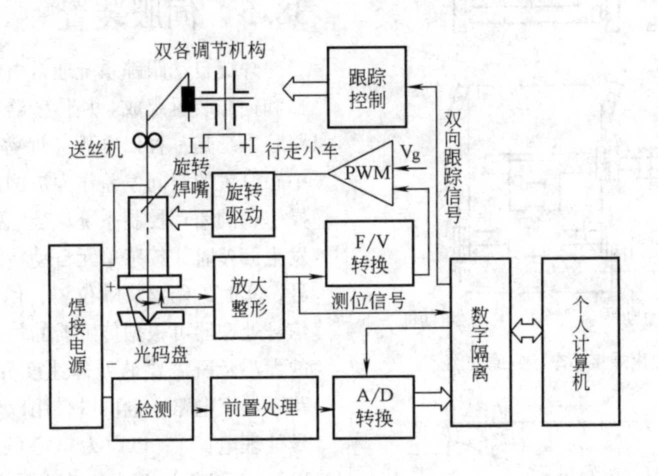

图 38-59　旋转电弧双向焊缝跟踪系统原理图

为了适应工地上长焊缝、大幅度弯曲或转折焊缝以及有上下坡焊缝的生产要求，清华大学研制了如图 38-61 所示的采用旋转扫描焊嘴多自由度焊接小车[53]。其结构原理图如图 38-62 所示，小车左右共轴线两车轮由两个电动机分别驱动，带有电动焊嘴横向和高低调节机构。各采用直角坐标式，具有手动的焊嘴左右姿态调节机构和电动的前后姿态调节机构。各电动调节自由度为控制器实现实时调整提供了条件。小车车轮采用永磁材料。同时考虑到实验过程中以水平施焊为主，还配有胶轮。焊接小车共有 5 个电动调节的自由度，另有焊嘴旋转电动机，因此共有 6 个电动机，其中横向调节机构与焊车车体的双自由度重合。

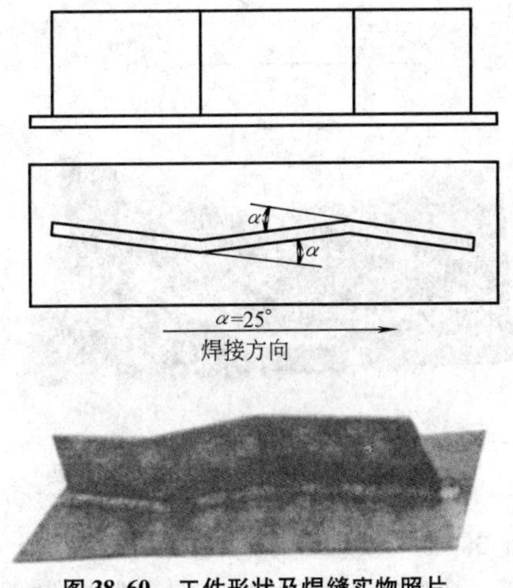

图 38-60　工件形状及焊缝实物照片

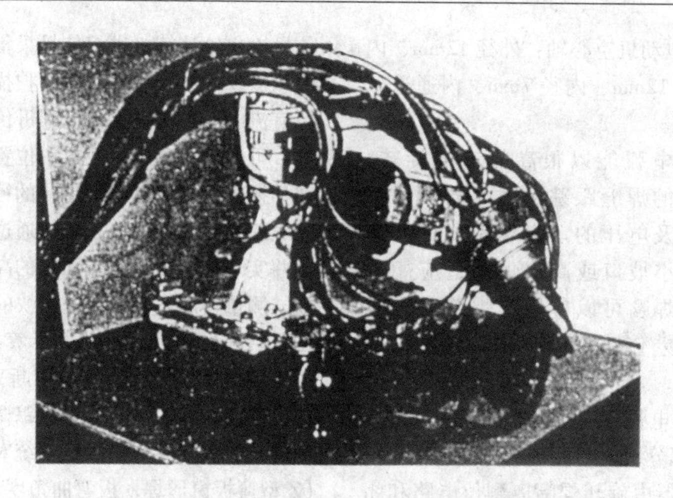

图 38-61　采用旋转扫描焊嘴多自由度焊接小车

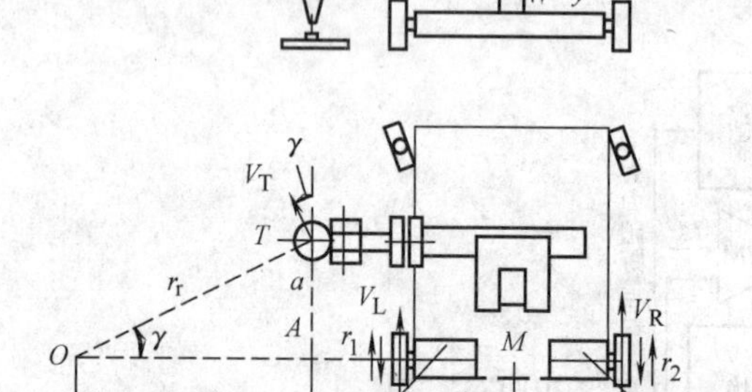

图 38-62　多自由度焊接小车结构原理图

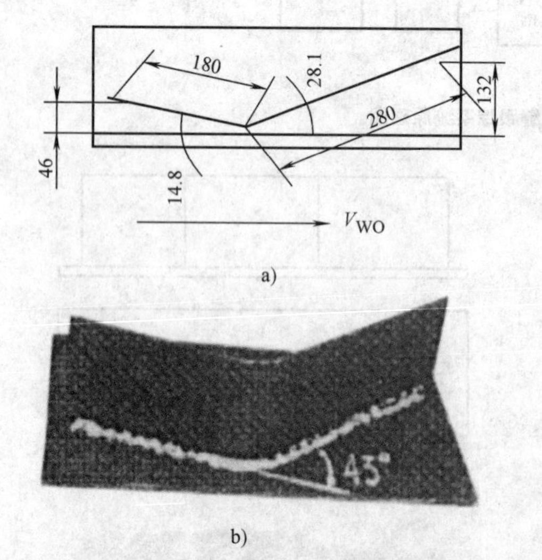

图 38-63　焊接小车转弯跟踪实验效果

图 38-63 为该系统用于焊接一转折角度为 43°的角焊缝，焊嘴左斜 45°施焊，结果表明焊接过程中小车能够跟随转弯至焊缝平行后改为直行，系统工作效果良好。

38.5　伺服装置

焊缝自动跟踪系统通常由焊接传感器、信号处理器和伺服装置组成。从传感器系统的结构来看，焊缝跟踪系统是一种以电弧（焊嘴）相对于焊缝（坡口）中心位置的空间偏差作为被调量，以焊嘴位移量作为操作量的闭环控制系统。当电弧相对于焊缝中心位置发生偏差时，传感单元自动检测出这一偏差，输出信号，实时地调整焊嘴位姿，使之准确地与焊缝对中。信号处理器可根据传感器的种类、所能提供的信息量的大小及所需要的处理速度分别采用简单的模拟电路、数字电路，也可以采用以单片机、DSP（数字信号处理电路）、PLC 为核心的微控制器，或者采用 IPC（工控机）等组成功能强大的计算机控制系统来处理相关信息。传感器检测到的信息，经信号处理器处理后用于驱动伺服装置以便对焊嘴左右位置和高低位置进行适当的调整，实现对焊接过程的自动跟踪。

伺服装置按其动力的种类常见的有电伺服装置和液压伺服装置。电伺服装置由伺服电动机和机械随动装置组成，对它的要求是具有较高的位置控制精度和较快的动态响应速度。它决定于电动机、控制系统和机械系统的性能。在生产中，电动机多采用直流伺服电动机和步进电动机等。机械随动系统包括减速机构和实现各种坐标运动的机构，它要保证运动精度高、惯量及阻力小。因此，机械结构应尽量小巧，除采用轻型材料之外，跟踪导轨的形式宜采用滚动摩擦型。

38.5.1　伺服电动机

伺服电动机的性能对传感器系统有很大的影响，

要求它的输出转矩大、转动惯量小、调速范围广。

1. 直流伺服电动机

一般情况下，直流伺服电动机的调速范围可以达到1∶10。常用SZ系列他励伺服电动机，型号如55SZ51。为了减少电动机尺寸，可将伺服电动机的他励磁场改为永磁式，即采用直流永磁伺服电动机，其型号如28SY001、45SY83等。还可以采用直流永磁稳速电动机，其转速较稳定，型号如36SYW83。

为了减少电枢的时间常数，降低电枢的惯性，已将电枢做成各种轻巧的形状。如杯形电枢直流永磁伺服电动机及印制绕组电枢电动机。杯形电枢直流永磁伺服电动机的型号，如28SYK—01、70SYK—01等。

印制绕组直流电动机采用大气隙永磁轴向磁场，薄盘形无铁心电枢转子。电感量小，转动惯量低，无火花换向，转矩高度均匀。在反馈元件和控制系统配合下，可以在0.5～4000r/min的速度范围内平滑稳定运转，实现高精度的速度和位置控制。该电动机采用高性能磁性材料、高粘接强度耐热绝缘材料以及先进的工艺技术，使电动机具有7倍额定量以上的瞬间过载能力。可以频繁起动、加速、制动及正反转工作，响应迅速，运行可靠，并可以连续满负荷运转。电动机结构特点是轴向尺寸小，能够紧密地连接到负载机构上，构成一个抗扭力的结构体系，减少主机外形尺寸，为伺服系统提供有利的工作条件。

2. 直流无刷电动机

无刷直流电动机保持着有刷直流电动机的优良控制特性，在电磁结构上和有刷直流电动机一样，但它的电枢绕组放在定子上，转子上放永久磁钢。无刷直流电动机的电枢绕组像交流电动机的绕组一样，采用多相形式，经由驱动器接到直流电源上，定子采用位置传感器实现电子换向代替有刷电动机的电刷和换向器，各相逐次通电产生电流，和转子磁极主磁场相互作用，产生转矩。

无刷直流电动机的转子主要是永久磁铁构成的磁极体组成，电枢绕组在定子上，因而转子外径可以相对较小，可以做到大的起动转矩和大的最大转矩，更快地加速电动机转速。一般情况下，最大转矩取在额定转矩的3～5倍之间，在特殊情况下，取在5～10倍之间。

和有刷直流电动机相比，无刷直流电动机由于革除了电的滑动接触机构，因而消除了故障的主要根源。由于转子上没有绕组，因此就没有电的损耗。又由于主磁场是恒定的，因此铁损也是极小的（在方波电流驱动时，电枢磁势的轴线是脉动的，会在转子铁心内产生一定的铁损）。总的来说，除了轴承旋转产生摩擦损耗外，转子的损耗很小，因而进一步增加了工作的可靠性。

和其他类型电动机相比，无刷直流电动机的损耗小。这是因为：①永久磁铁励磁，没有励磁绕组，因此没有励磁绕组的电损耗；②励磁磁场是恒定的，因此励磁磁场不会在转子上产生铁损；③没有电刷和换向器，因此也不会像有刷直流电动机那样，产生由于电刷和换向器之间的摩擦损耗和电损耗。从散热的角度看，由于电枢在定子上，直接和机壳相连，因此散热条件好，导热系数大。由于这样的关系，在相同的条件下，在相同的出力要求下，无刷直流电动机可以设计得体积更小、重量更轻。

在工业应用中，无刷直流电动机在快速性、可控性、可靠性、体积小、重量轻、节能、效率、耐受环境和经济性等方面具有明显优势。近几年，随着稀土永磁材料和电力电子器件性能价格比的不断提高，无刷直流电动机作为中小功率高性能调速电动机和伺服电动机在工业中的应用越来越广泛。目前在工业先进的国家里，工业自动化领域中的有刷直流电动机已经逐步被无刷直流电动机所替代。

3. 步进电动机

步进电动机是一种将电脉冲转化为角位移的执行机构。当步进驱动器接收到一个脉冲信号，它就驱动步进电动机按设定的方向转动一个固定的角度（即步进角）。我们可以通过控制脉冲个数来控制角位移量，从而达到准确定位的目的；同时也可以通过控制脉冲频率来控制电动机转动的速度和加速度，从而达到调速的目的。

现在比较常用的步进电动机包括反应式步进电动机（VR）、永磁式步进电动机（PM）、混合式步进电动机（HB）和单相式步进电动机等。永磁式步进电机一般为两相，转矩和体积较小，步进角一般为7.5°或15°；反应式步进电动机一般为三相，可实现大转矩输出，步进角一般为1.5°，但噪声和振动都很大。反应式步进电动机的转子磁路由软磁材料制成，定子上有多相励磁绕组，利用磁导的变化产生转矩。混合式步进电动机是指混合了永磁式和反应式的优点，它又分为两相和五相：两相步进角一般为1.8°，而五相步进角一般为0.72°。这种步进电动机的应用最为广泛。

4. 直流力矩电动机

直流力矩电动机是一种永磁式电动机。它的主要优点是：转速低，输出力矩大，可以不经过减速机构而直接驱动被控对象。因而能降低系统的惯性，提高响应速度。其型号如SYL—20。

38.5.2 电伺服系统框图

1）采用直流电动机的伺服系统，其框图如图38-64所示。

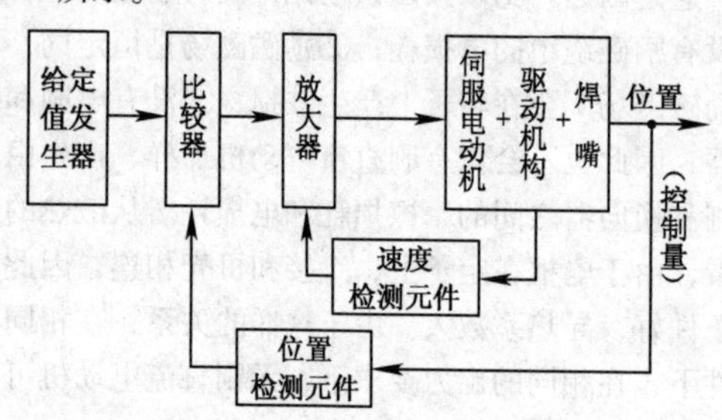

图38-64 直流电动机伺服系统框图

该系统采用位置闭环负反馈系统，常用于焊缝自动跟踪。为了提高电动机的机械特性的平硬度，使其转速更稳定，常加入速度闭环负反馈控制系统。

2）采用步进电动机的伺服系统，其框图如图38-65所示。

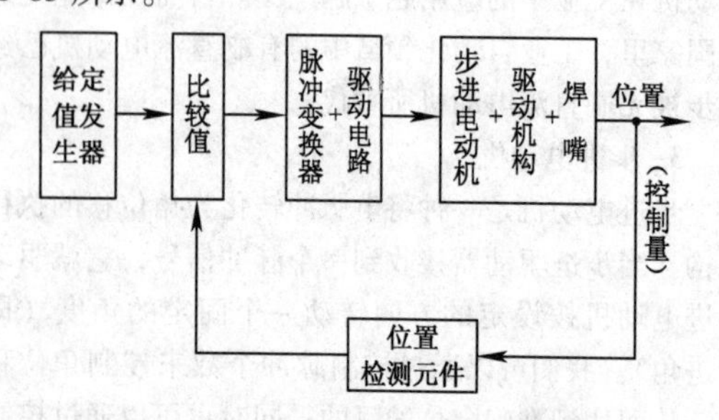

图38-65 步进电动机伺服系统框图

步进电动机的电源是一个专用的脉冲分配器，将脉冲按顺序分配给电动机的各相绕组，从而使电动机转动，改变相序可控制电动机的正反转方向。该系统是位置闭环负反馈控制，可用于焊缝自动跟踪。

3）采用力矩电动机的伺服系统，其框图如图38-66。

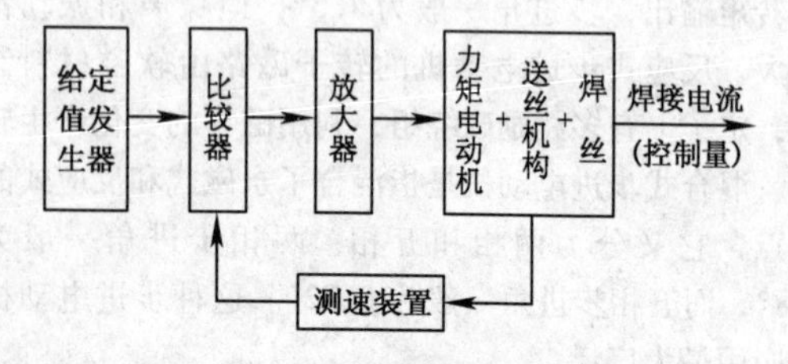

图38-66 力矩电动机伺服系统框图

该系统使用于焊丝送进系统的控制，它将力矩电动机与测速装置配合使用，可以获得良好的低速性能及线性调节特性。能省掉减速器而直接驱动焊丝，可实现恒速送丝和脉动送丝焊接，该系统具有良好的动态品质。

参考文献

[1] 陈丙森. 计算机辅助焊接技术［M］. 北京：机械工业出版社，1999.

[2] 潘际銮. 现代弧焊控制［M］. 北京：机械工业出版社，2000.

[3] 稚禄，等. 接触式二维跟踪技术的研究与应用[J]. 焊接，1991（8）.

[4] 王惠民. 光学仪器信号转换技术［M］. 北京：北京理工大学出版社，1993.

[5] 李介谷，等. 图像处理技术［M］. 上海：上海交通大学出版社，1988.

[6] 陈强，等. 焊接信息视觉传感［C］//. 第十届全国焊接会议—IT之夜论文集.

[7] 陈强，等. 计算机视觉传感技术在焊接中的应用［J］. 焊接学报，2001，22（1）：83-90.

[8] 顾文郁. 现代光电测试技术［M］. 上海：上海科学技术文献出版社，1993.

[9] DALSA Co. Ltd. DALSA DATA BOOK（1998—1999），1999.

[10] 马颂德，等. 计算机视觉—计算理论与算法基础［M］. 北京：科学出版社，1998.

[11] 金建敏. 弧焊机器人焊接路径预规划的研究［D］. 北京：清华大学，1996.

[12] 路井荣. 弧焊机器人焊嘴姿态优化的研究［D］. 北京：清华大学，1999.

[13] 赵冬斌. 基于三维视觉传感的填丝脉冲GTAW熔池现状动态智能控制［D］. 哈尔滨：哈尔滨工业大学，2000.

[14] Agapakis J E, et al. Approaches for recognition and interpretation of workpiece surface features using structured lighting［J］. The International Journal of Robotics Research，1990，9（5）：3-16.

[15] Agapakis J E, et al. Vision-aided robotic welding：an approach and a flexible implementation［J］. The International Journal of Robotics Research，1990，9（5）：17-34.

[16] Beattie B J, et al. The use of vision sensors in multipass welding applications［J］. Welding Journal，1988，67（11）：28-33.

[17] 岳宏，等. 基于结构光焊缝跟踪系统的研究［J］. 河北工业大学学报，1999，28（4）：21-24.

[18] Corlett B J. et al. Sensors for narrow-gap welding［J］. IEE PROCEEDINGS-A，1991，138（4）：213-222.

[19] Wu J, et al. Weld bead placement system for multipass welding［J］，IEE Proc. -Sci. Meas. Technol.，

1996, 143 (2): 85-90.

[20] 潘际銮, 等. 焊缝棱边双向激光自动跟踪系统的研究 [J]. 焊接学报, 1984 (2).

[21] Bangs S. Laser vision robot guides welding arc [J]. Welding Design & Fabrication, 1984 (11).

[22] 米宝. 机械扫描式 PSD 视觉传感及其焊缝跟踪系统的研究 [D]. 北京: 清华大学, 1996.

[23] 王天亚. 多功能无盲区 Laser-PSD 扫描式焊缝自动跟踪系统的研究 [D]. 北京: 清华大学, 1999.

[24] 陈念, 等. 基于视觉图像全位置精密 TIG 焊焊缝跟踪 [J]. 焊接学报, 2001, 22 (4): 19-22.

[25] Sun ZG, et al. Realizing precision pulse TIG welding with arc length control and visual image sensor based weld detection [J]. China welding, 2003, 12 (1): 11-16.

[26] 高进强, 等. 熔池图像传感与几何参数检测[J]. 焊接技术, 1999 (4): 3-4.

[27] Kovacevic R, Zhang Y M. Neurofuzzy model-based predictive weld fusion state estimation [J]. IEEE 1997, 0272-1708/97: 30-41.

[28] Smith J S, et al. Transputer-based real time vision system for industrial control [J]. Electrotechnology, 1991 (2/3): 32-36.

[29] 孔文德. 短路过渡焊接熔池形状检测的研究 [D]. 北京: 清华大学, 1998.

[30] SUN ZG, et al. Detection and analysis of weld pool shape for CO_2 short circuiting arc welding [J]. 机械工程学报 (英文版), 2001, 14 (3): 282-285.

[31] Farson D, et al. Infrared measurement of base metal temperature in gas tungsten arc welding [J]. Welding Journal, 1998, 77 (9): 396s-401s.

[32] Chin B A, et al. Infrared thermography for sensing the arc welding process [J]. Welding Journal, 1983, 62 (9): 227s-234s.

[33] Chen W, et al. Monitoring joint penetration using infrared sensing techniques [J]. Welding Journal, 1990, 79 (4): 181s-185s.

[34] Banerjee P, et al. Infrared sensing for on-line weld geometry monitoring and control [J]. Journal of Engineering for Industry, 1995, 117 (8): 322-329.

[35] 张华. 焊接温度场实时检测及其应用 [D]. 北京: 清华大学, 1997.

[36] 刘丹军, 等. 视觉机器人 MAG 焊接参数的在线规划系统 [J], 焊接学报, 1997, 18 (1): 50-54.

[37] 肖强. 焊接机器人视觉系统 [J]. 焊接, 1999 (4): 7-10.

[38] Kim P, et al. Automatic teaching of welding robot for free-formed seam using laser sensor [J]. Optics & Laser Technology, 1999, 31: 173-182.

[39] Clocksin W F, et al. An implementation of model-based visual feedback for robot arc welding of thin sheet steel [J]. The International Journal of Robotics Research, 1985, 4 (1): 13-25.

[40] Kim J S, et al. A robust method for vision-based seam tracking in robotic arc welding [J]. IEEE 1995, 0-7803-2722-5/95: 363-368.

[41] Yamene S, et al. Fuzzy control in seam tracking of the welding robots using sensor fusion [J]. IEEE 1994, 0-7803-1993-1/94: 1741-1747.

[42] Fuchs K. A transputer based vision system for industrial robots [J]. IEEE 1992, 1066-6192/92: 369-374.

[43] Beattie R J, et al. The use of vision sensors in multipass welding applications [J]. Welding Journal, 1988, 67 (11): 28-33.

[44] Chen Qiang, et al. An adaptive Thresholding for welding Seam Image Recognition in Real Time [J]. China Welding, 1995 (2).

[45] Erichhorn F. State of technology of sensorless, process-orientated seam-tracking system for arc welding processes [J]. IIW Doc XII-C-087-84.

[46] NKK Technical Report. All position TIG welding equipment, Overseas No. 47, 1986.

[47] 潘际銮. 新型自动焊接跟踪系统 [J]. 机械工程学报, 1980 (1): 1-14.

[48] MILLER ELECTRIC Mfg. Co. Owner's manual of MRV-6 arc welding robot. 1990.

[49] Nomura H. Narrow gap welding process with high speed rotating arc. IIW Doc. XII-C-033-82.

[50] 费跃农. 电弧传感器基础理论及焊缝跟踪系统的研究 [D]. 北京: 清华大学, 1990.

[51] 廖宝剑. 以电弧为传感器的多自由度智能焊接系统研究 [D]. 北京: 清华大学, 1993.

[52] 潘际銮. 空心轴电机驱动的旋转扫描焊嘴 [P]. 中国专利, No. 922444765.

[53] 吴世德. 电弧传感器焊缝跟踪的信息处理技术 [D]. 北京: 清华大学, 1997.

第39章　焊接过程的数字化监测和控制技术

作者　朱志明　韩赞东　审者　都　东

随着微型计算机、微控制器、数字信号处理器、可编程逻辑控制器等数字信号控制（处理）芯片和系统的不断发展，数字化和信息化技术的应用已普及深入到工业生产的各个领域。在焊接领域的过程监测、信息处理和自动化控制中，它们的应用也越来越普遍，所处理问题的深度与广度也在迅速增加。

本章在简要介绍焊接过程数字化监测和控制系统基本构成（重点为数字化控制和信息处理单元、输入/输出通道及信号隔离和抗干扰技术）的基础上，重点阐述数字化和信息化技术在焊接过程监测和自动化控制中的典型应用，以及现场总线网络技术和焊接自动化设备的系统集成技术。

39.1　焊接过程数字化监测和控制系统构成

在介绍数字化和信息化技术在焊接过程的监测和控制中的具体应用之前，首先对焊接过程数字化监测和控制系统的基本构成进行简要介绍。焊接过程数字化控制系统的基本构成如图39-1所示，一般包括数字化控制和信息处理单元、输入/输出通道、传感器、执行机构、焊接电源、工件传送设备和装卡具等辅助焊接设备，整个系统构成了一个闭合环路。如果省去输出通道和执行机构，则可简化构成焊接过程数字化监测与分析系统；如果省去传感器和输入通道，则构成简单的开环数字化控制系统。

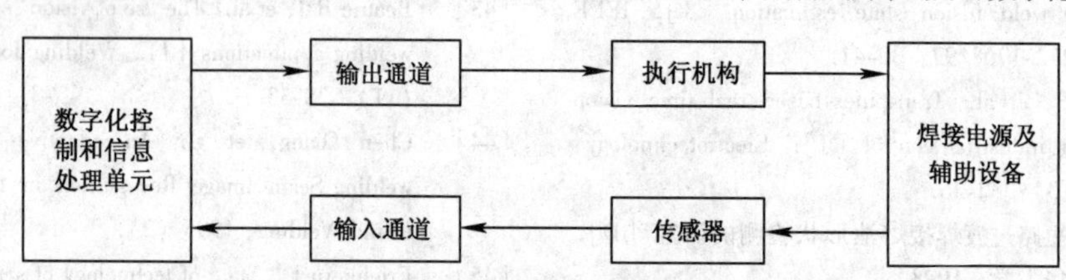

图39-1　焊接过程数字化控制系统的基本构成

焊接电源和辅助设备是焊接过程数字化监测和控制系统的监测和控制对象。焊接电源是焊接工艺的实现者，常用焊接电源既有传统的晶闸管电源，也有可控性能更优的逆变电源。焊接辅助设备主要包括焊接执行机构（如焊接机器人、操作机等）、工件的装卡和输送设备等，是焊接工艺过程自动化的实现者。

传感器是将焊接工艺过程中的各种电或非电信号转换为可用于数字化控制和信息处理单元处理的电信号的测量元件，它是实现焊接过程和工艺参数监测和控制的关键环节。传感器的基本参数包括量程、线性度、灵敏度、精度、稳定性、动态响应、抗干扰能力、应用范围等。执行机构是将电能转换为机械能的动力变送和传动装置，常用的执行机构是电动机（包括驱动器）、气缸和液压缸等。

数字化控制和信息处理单元是焊接过程数字化监测和控制系统的核心，用于焊接过程和工艺参数的采集、信号分析和控制功能的实现，包括信息处理速度、接口种类和数量、稳定性、抗干扰能力等基本参数。

输入/输出通道的任务是将传感器检测的信息传输给数字化控制和信息处理单元，并将处理结果传输给执行机构。在焊接过程的监测和控制系统中，一方面，焊接电源、焊接执行机构、工件传送设备和装卡具等辅助焊接设备的各种待监测和控制变量需要采用各类传感器进行检测，而传感器的输出存在许多非数字量信息，需要进行信息变换和传送才能被数字化控制和信息处理单元所接收和处理；另一方面，数字化控制和信息处理单元的处理结果都是用二进制数表达的，也需要变换成外部设备（执行机构）能接受的信息形式。因此在焊接过程的数字化监测和控制系统中，数字化控制和信息处理单元的信息输入/输出通道不仅需要完成信息的传输，而且还需要对非数字量进行模拟量和数字量的变换。此外，由于焊接设备大都是强电设备，焊接现场的电磁环境比较恶劣，为防止强电和强磁对数字化监测和控制系统的干扰，在输入/输出通道中常常需要采取一定的信号隔离和抗干扰措施。

除了基本的数字化控制焊接设备和焊接系统外，多个基本系统通过现场总线和网络还可以组成复杂的焊接制造单元和焊接生产线，如图39-2所示。

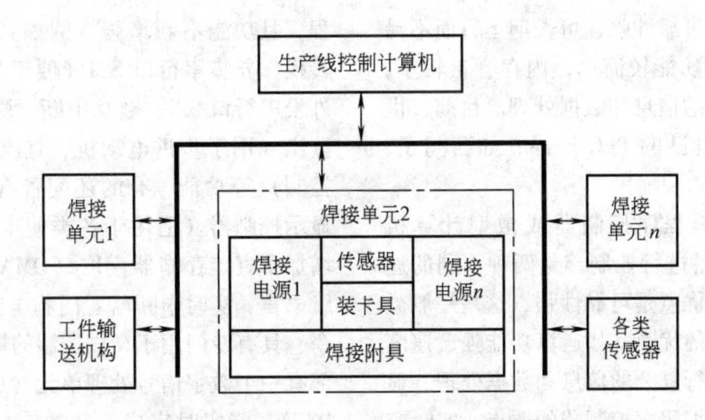

图 39-2　焊接生产线计算机控制系统基本构成

下面对构建焊接过程数字化监测和控制系统可供选择的数字化控制和信息处理器件和系统、输入/输出通道进行简单介绍，详细深入的知识和应用技术请参阅相关专著和技术手册。传感器、执行机构、焊接电源和辅助焊接设备的相关内容，请参阅本手册的其他章节或其他专著。

39.1.1　数字化控制和信息处理器件

常用于焊接过程数字化监测和控制的数字化控制、信息处理器件和系统包括可编程序逻辑控制器（PLC）、微控制器或单片机（MCU 或 SCM）、数字信号处理器（DSP）、微型计算机（PC，简称微机）、工业控制微型计算机（IPC，简称工控机）、嵌入式计算机系统、多级控制微型计算机系统等。

本节简要介绍可编程序逻辑控制器（PLC）、微控制器或单片机（MCU 或 SCM）、数字信号处理器（DSP）。

1. 可编程序逻辑控制器

可编程序逻辑控制器（Programmable Logic Controler，PLC）的主要应用领域是工业生产过程控制，完全可以替代工业控制中常用的继电器控制系统。PLC 的基本结构如图 39-3 所示，一般采用总线模块框架式结构，主框架一般带有电源、CPU 和基本 I/O 板，按需要进行其他功能单元的扩展。

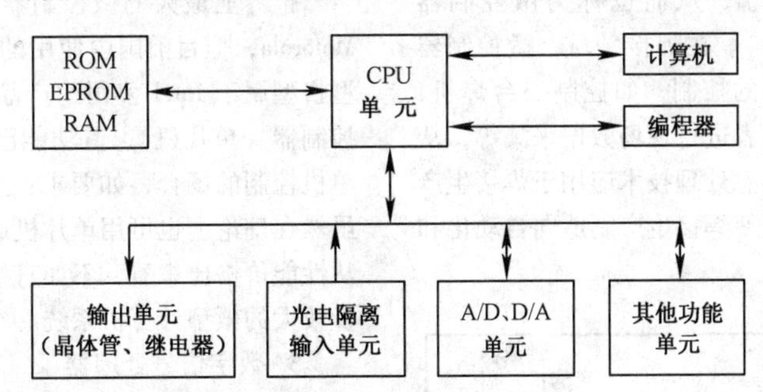

图 39-3　PLC 的基本结构

PLC 的每个继电器都有多个"常开"和"常闭"触头，允许无限次使用；CPU 用于布尔运算、总线控制、输入/输出管理和扫描时间监视等，计算机、编程器用于程序输入和运行状态监控。PLC 支持国际上普遍使用的梯形图（LAD）编程语言，使用方便；PLC 采用循环扫描工作方式，具有很高的可靠性；除了可进行与、或、延时等基本逻辑功能外，PLC 一般还具有计数、A/D、D/A、PID 控制、中断等功能；由于采用了模块化设计思想，各种功能模块（如高速计数模块、温度控制模块、电动机控制模块和通信联网模块等，可以根据需要选择）易于集成，便于实现复杂柔性加工系统的自动控制。

PLC 的输出单元包括模拟量输出与开关量输出。模拟量输出可用来控制伺服电动机或各种外设的模拟量，如焊接电源的输出电压或电流。开关量输出则可用来接通、切断电路，替代继电器的触头，一般通、断电流在 2A 以上。由于是无触头开关，寿命比继电器长得多，而且在通断电路时对其他电路的干扰较小。PLC 的输入单元全部带有光电隔离，隔离电压可达 1000V，可以很好地保护 PLC 不被外部的强电损坏。

PLC 是专为工业生产环境下应用而设计的，其优点是抗干扰能力与工作可靠性强，可长期运行而不易出故障，缺点是本身的功能较简单，内存容量较小，所以一般不宜进行复杂的信息和数据处理。目前，世界上许多公司都生产自己的 PLC 产品，如西门子、欧姆龙、三菱、三星等。

通常认为采用可编程序控制器或微型计算机（简称微机）对生产设备进行控制，是两种不同的途径。可编程序控制器的优点是可靠性强，这是一般微机的缺点；而一般微机的优点，如运算功能强、速度快、内存容量大、可进行复杂的信息和数据处理、显示复杂图像等，则是可编程序控制器的弱点。实际应用时，应根据需要合理选择，充分发挥各自的优点。随着硬件技术的发展，近年来两者的差距逐渐缩小，应用于生产环境的微机的抗干扰能力与工作可靠性增强，而可编程序控制器的运算功能等也在加强。

2. 微控制器（单片机）

将 CPU、存储器和某些输入/输出（I/O）电路等集成在一块芯片内，则构成单片微型计算机（Single Chip MicroComputer，SMC），简称单片机，如图 39-4 所示。单片机具有体积小、价格低、功能较强等优点，并且抗干扰能力优于一般的微型计算机，在智能化仪表、工业生产过程自动控制、计算机智能终端、传统工艺设备改造和机电一体化产品等实时应用场合有重要的使用价值，从而也称为微控制器（Micro Control Unit，MCU）。在焊接领域，微控制器（单片机）适用于对单机的控制，如控制一台焊机、变位器、工件传送机，或者进行现场数据采集等，从而可以将数字化控制和信息处理技术应用于焊接生产制造的每个角落，有利于使焊接生产制造向自动化和智能化方向发展。

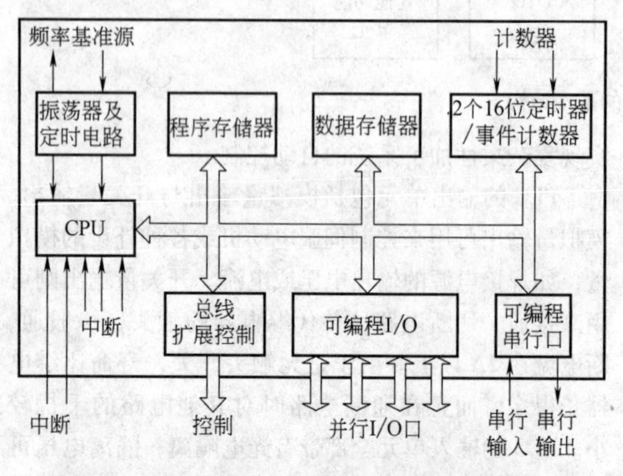

图 39-4 微控制器（单片机）的基本结构

与微型计算机的发展相适应，微控制器（单片机）的发展也经历了 8 位、16 位、32 位和 64 位的历程，且功能不断增强，例如具有脉冲计数器、A/D 转换、异步串行口 SCI（便于与计算机通信）、同步外设串行口 SPI、键盘中断、脉冲宽度调制（PWM）输出（用于步进电动机、直流电动机和交流电动机控制）等功能，有的还配置有 EEPROM、带有液晶显示控制器（适用于各类便携式仪器设备的控制）、增加了直接存储器存取（DMA）功能、支持使用高级语言、实时中断与看门狗电路 Wait 与 Stop 省电指令、具有专门用于模糊控制的模糊逻辑指令，甚至内部有一个数字信号处理单元（Digital Signal Processor，DSP），能实时完成低频数字信号处理的各种算法。许多微控制器（单片机）提供了硬件和软件调试工具，能对程序实现跟踪、设断点、对各寄存器的监视与修改和对存储器的读写功能，能实现在线仿真、软件系统的调试等。

微控制器（单片机）可以工作在单片方式，也可工作在扩展方式，如果内部功能在实际应用中仍嫌不足，可以进行功能扩展，包括通过增加外部片选逻辑电路和专用扩展芯片来扩展外部程序存储器（EPROM）和数据存储器（RAM）、通过专用扩展芯片来扩展输入/输出接口、中断、定时/计数器、串行通信接口等，也可通过使用 CPU 的总线结构来扩展外围接口芯片。

世界上最大的微控制器（单片机）生产公司是 Motorola，但目前国内使用的微控制器（单片机）典型机型属于 Intel 公司的产品。必须指出，目前的微控制器（单片机），其功能已相当强，但仍只适用于单机控制的场合，如要求控制局部或整个生产系统，虽然在理论上也可用单片机通过功能扩展来达到，但从性能价格比来看，不如直接选用功能较强、内存容量较大的微型计算机系统。

3. 数字信号处理器

数字信号处理器（Digital Signal Processor，DSP）最初是用来完成实时高速的信号处理，如专用于 FFT、数字滤波、卷积、相关等算法。随着集成电路技术的发展，DSP 芯片功能扩展，除专用于信号处理外，还逐渐在涉及信号处理的智能仪器中作为核心芯片得到广泛的应用，它可以取代微控制器（单片机）作为控制芯片应用在单机控制系统中。通常，DSP 芯片包括哈佛结构、流水线操作、专用硬件乘法器、特殊的 DSP 指令、快速的指令周期等。

（1）哈佛结构　通常的 CPU 都属于冯·诺伊曼（Von Neumann）结构，即总线结构，而哈佛结构与冯·诺伊曼结构不同，它将程序和数据存储在两个相互独立的存储器中，每个存储器独立编址，与两个存储器相对应的是在系统中设置了独立的程序总线和数据总线，可以同时访问指令和数据，从而使数据的吞吐率提高了一倍。同时，取指和执行能完全重叠运行。近年来，DSP 芯片的设计又作了若干改进，如允许数据存放在程序存储器中，并被算术运算指令直接调用，指令存储在高速缓冲器（Cache）中，当执行此指令时，不需要再和存储器打交道，节约了一个指令周期的时间。

（2）流水线操作　每一条指令有取指、译码和执行三个步骤，它处于一条流水线上，DSP 芯片支持流水线操作，使取指、译码和执行等操作可以重叠进行。一般第二代 DSP 芯片采用三级流水线（即三级流水线深度），可以并行处理 3 条指令，第三代 DSP 芯片采用四级流水线，可以并行处理 4 条指令，如在三级流水线操作中，在每个指令周期内，三条不同指令均处于激活状态，如第 N 条指令取指时，前面一条流水线上的第 $N-1$ 条指令正在译码，而再前面一条流水线上的第 $N-2$ 条指令正在执行。

（3）专用硬件乘法器　在通用的微处理器（Micro Processor，μP）中，乘法指令是由一系列加法来完成的，因此需要许多个指令周期，而 DSP 芯片有一个专用的硬件乘法器，乘法可在一个指令周期内完成，从而大幅提高了信号处理的运算速度。

（4）特殊 DSP 指令　DSP 芯片还设计了一些适合于数据处理的特殊指令，缩短了指令的执行周期。

DSP 芯片由于具有上述 4 个特点，因此具有快速的指令周期，从而使 DSP 芯片能够实时实现许多数字信号处理（DSP）的应用（如需要对实时信号进行频谱分析、相关分析或带有语音识别功能等）的控制系统，此时采用 DSP 芯片作为 CPU 比单片机或通用的 CPU 具有较强的处理功能。

生产 DSP 芯片的公司有 TI、Motorola、AT&T、AD、NEC 等，TI 公司的产品在国内占据的市场较大。图 39-5 所示为 TI 公司生产的 TMS320CX 的内部硬件结构。

39.1.2　数字化控制和信息处理系统

本节简要介绍微型计算机（简称微机，PC）、工业控制微型计算机（简称工控机，IPC）、嵌入式计算机系统、多级控制微型计算机系统等。

1. 微型计算机和工业控制计算机

微型计算机除了主机之外，一般都配有外围设备，如显示器、键盘、外部存储器（如硬盘）及打印机等。由于配置不同，微机系统的性能有很大差别。微机系统功能强，价格低廉。虽然微机系统的设计为分时工作方式，适用于办公室环境的文件管理、有限元计算、计算机模拟与仿真、计算机辅助设计（CAD）等，但只要处理好电源和地线的抗干扰问题，也可以具有较高的可靠性，对于焊接参数采集与处理、焊接过程控制、图像处理等都是较好的可选择的数字化监测和控制系统，在车间环境中也能可靠地长期运行，也可作为柔性制造系统（Flexible Manufacturing System，FMS）中的计算机辅助设计系统。

为了进一步提高微型计算机（PC）系统在工业控制中的可靠性和应用的灵活性，专门设计了总线开放的多板计算机系统，一般称为工业控制计算机（Industrial PC，IPC），简称工控机。IPC 一般除 CPU 板外，还有模拟量输入/输出板、数字量（开关量）输入/输出板、扩充的存储器板、通信板等。IPC 的特点是工作可靠性比 PC 高，能适应干扰强、环境恶劣的生产现场，且可以根据使用条件的不同选用不同的插板，适合于在车间内控制功能较复杂的焊机或在一条焊接生产线上使用。

总线是微型计算机中用来连接 CPU、存储器以及 I/O 接口等的数据总线、地址总线及控制总线的总和。为便于推广使用，将工控机的各插板规定一个统一的外形尺寸，各插板插入同一型号的插座内，插座的同号引脚用导线或通过印制电路板上的导线连接在一起，并对插座的各引脚按照总线标准（一种接口信号的标准和协议）进行明确的定义，这就是总线。在制造插件板时，其插头的各相应的引线都按插座对应引脚的定义进行设计，这样插件板可插在总线上的任意一个插座内都能正常工作。

目前国内工控机主要采用三种总线：STD 总线、PC 总线和 PCI 总线。

STD 总线是作为工业标准而提出的规模较小、设计较为周到的一种总线，它的适应性好，一些流行的微处理器均可使用该总线，因此有人称它为通用标准总线。IEEE961 标准支持 STD 总线。STD 总线由逻辑电源总线、数据总线、地址总线、控制总线和电源总线等组成。STD 总线的功能比较强，特别是它的控制总线，不仅可为存储器、I/O 和基本的系统操作提供信号，而且还为存储器的扩展、存储器映射 I/O、动态存储器再生、直接访问存储器（DMA）、多处理机处理、慢速存储器、单拍、电源掉电再启动、定点中断、优先级矢量中断、链中断和总线分析提供信号，并为这些专门操作分配了总线引脚。

PC 总线就是最常见 IBM PC 机的总线。在工控机 IPC 领域中，早期曾采用过 S-100 BUS、MULTI BUS、VME BUS 和 STD BUS 等，虽然 PC 总线不如 MULTI 和 VME 总线设计全面，不支持多系统运行，但近来 PC 总线的产品成为应用最广、增幅最大的产品。

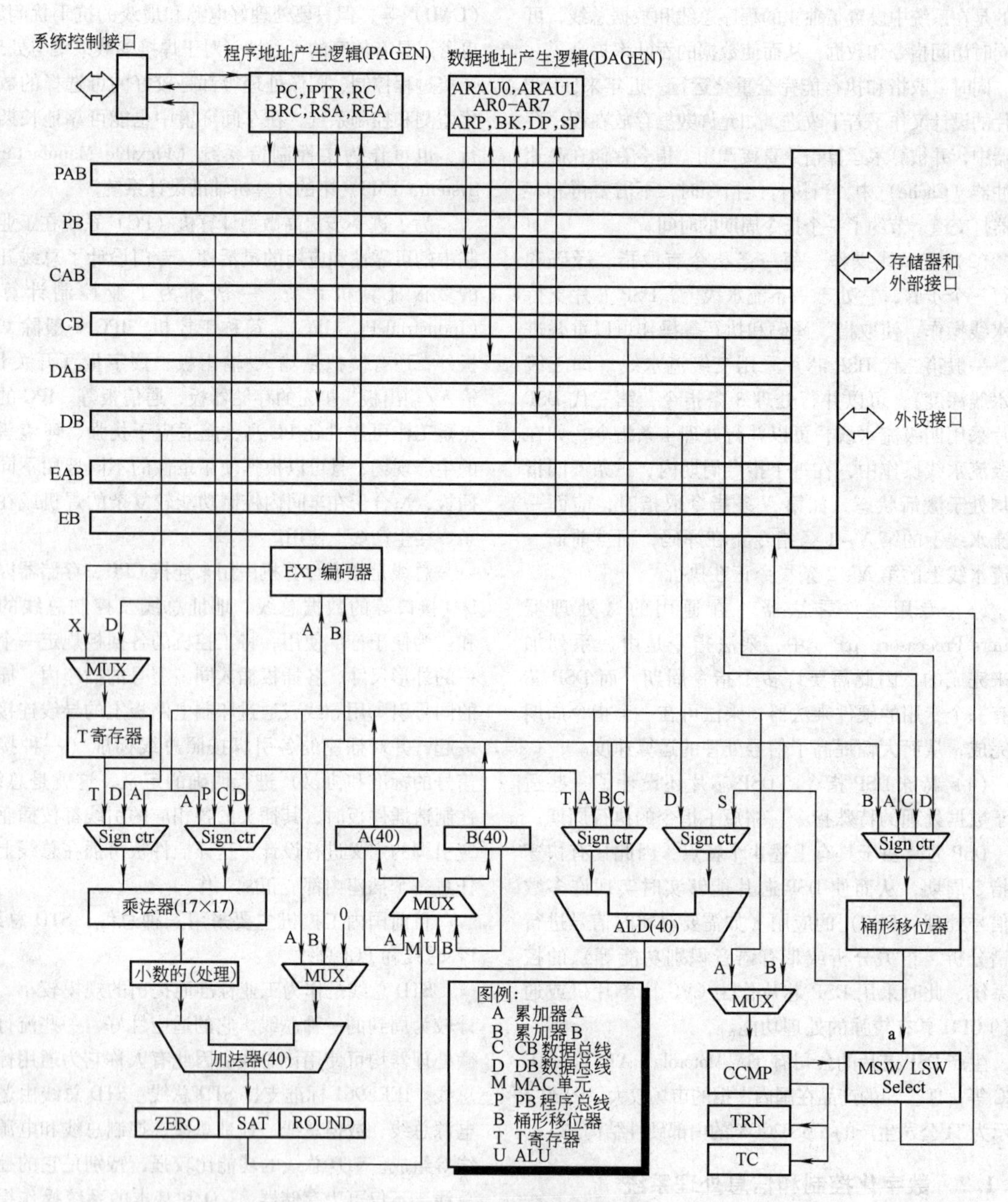

图 39-5　TMS320CX 的内部硬件结构

PCI 总线是“外围部件互连”总线，其特点是总线的 I/O 交换能力很强，数据传输快，A/D 的采样速率高，比较适合于高频信号或脉宽很窄瞬态信号的采集、处理和传输系统，当然也适合于通道数比较多的信息采集、处理、传输或控制系统。

2. 嵌入式计算机系统

嵌入式系统一般指非 PC 系统，相对于常见的微型计算机系统和专用的大型、小型机系统，它是有计算机功能但又不能称之为计算机的设备或器材。嵌入式系统一般不以独立的设备或装置的形式出现，而是将自己嵌入在各种设备和装置的内部，根据主体设备和装置的需要，发挥其运算、处理、存储和控制的作用。嵌入式系统以应用为中心，软硬件可裁减，适用于应用系统对功能、可靠性、成本、体积、功耗等综合性有严格要求的专用场合。简言之，嵌入式系统集应用软件和硬件于一体，具有软件代码小、高度自动化、响应速度快等特点，特别适合于要求实时和多任务的体系。

嵌入式系统主要由嵌入式处理器、相关支撑硬件、嵌入式操作系统及应用软件系统等组成。它是可独立工作的“器件”，几乎可应用于生产、生活中的所有电器设备，目前在焊接机器人中也开始广泛使用嵌入式控制系统。嵌入式系统发展经历了以下 4 个阶段：

（1）以单芯片为核心的可编程序控制系统　它具有检测、伺服、指示设备是否相配合的功能，主要用于工业控制系统中，一般没有操作系统支持，通过汇编语言对系统进行直接控制。这一阶段的主要特点是结构和功能相对单一、效率较低、存储容量较小、几乎没有用户接口，由于这种嵌入式系统使用简单、价格便宜，在工业领域中应用较为普遍。

（2）以嵌入式中央处理器（CPU）为基础，以简单操作系统为核心的嵌入式系统　这一阶段系统的主要特点是 CPU 种类繁多、通用性较弱、系统开销小、操作系统只具有低度的兼容性和扩展性、应用软件较为专业、用户界面不够友好，这类系统的主要任务是用来控制系统负载，以及监控应用程序的运行。

（3）以嵌入式操作系统为标志的嵌入式系统　这一阶段系统的主要特点是嵌入式操作系统能够运行于各种不同类型的处理器之上，内核开销小，效率高，模块化程度高，有高度的模块化和可扩展性，可提供多任务、多进程、多线程管理，具有文件和目录管理、图形窗口和用户界面等功能，有大量的应用程序接口，开发程序简单且嵌入式应用软件丰富。

（4）以网络应用嵌入式操作系统为标志的嵌入式系统　这一阶段以网络的大量应用为标志，并呈现出多种形态，特别是随着无线网络的不断发展，嵌入式系统必将在生产、生活的各个方面发挥更大的作用。

嵌入式系统通常面向特定应用，不但和一般 PC 系统不同，而且针对不同的具体应用而设计的嵌入式系统之间差别很大，因此嵌入式 CPU 与通用 CPU 的最大不同就是嵌入式 CPU 大多工作在为特定用户群设计的系统中。一般来说，嵌入式系统在兼容性方面要求不高，但是在功耗、体积、成本、集成度等方面限制较多，因此决定嵌入式 CPU 的主要因素是集成的外部接口功能和处理速度，能够把通用 CPU 中许多由板卡完成的任务集成在芯片内部，从而有利于嵌入式系统设计趋于小型化，提高可靠性。

嵌入式 CPU 是嵌入式系统的核心，当前最为流行的是 RISC 微处理器，其中 ARM 系列微处理器占据主导地位，它具有功耗低、性价比高、体积小、成本低、可靠性高、功能丰富、实时性强等特点。ARM 嵌入式微处理器采用流水线和哈佛结构，指令执行速度快，是高性能和低功耗的硬宏单元。其强大的处理能力和丰富的外设接口简化了嵌入式系统的应用设计，人机交互更为简便，针对不同用途可设计出专用的嵌入式系统，从而满足不同用户的需求，非常适合嵌入式焊接设备和焊接过程自动控制应用。

嵌入式操作系统是支持嵌入式系统应用的操作系统软件，它是嵌入式系统（包括硬、软件系统）极为重要的组成部分，通常包括与硬件相关的底层驱动软件、系统内核、设备驱动接口、通信协议、图形界面、标准化浏览器等。嵌入式操作系统具有通用操作系统的基本特点，如能够有效管理越来越复杂的系统资源，能够提供库函数、驱动程序、工具集以及应用程序。与通用操作系统相比较，嵌入式操作系统在系统实时高效性、硬件的相关依赖性、软件固态化以及应用的专用性等方面具有较为突出的特点。

一般而言，嵌入式操作系统可以分为两类，一类是面向消费电子产品的非实时操作系统；另一类是面向控制、通信等领域的实时操作系统。适合于焊接过程自动控制的嵌入式操作系统为实时操作系统，如 VxWorks 系统、Windows CE. net 系统、嵌入式 Linux 系统等。

VxWorks 操作系统具有高性能的内核以及友好的用户开发环境，在嵌入式实时操作系统领域占有重要地位。它以其良好的可靠性和卓越的实时性被广泛地应用在通信、军事、航空、航天等高精尖技术领域中。Windows CE. net 是模块型的操作系统，其体系结构采用独立于通常的程序设计语言并且和 Windows 兼容的 API 方式，从而可以保障其组件化和 ROM 化，充分适应有限的存储空间和各种不同芯片的要求，被认为是高端嵌入式设备最好的操作系统之一。它的平台定制工具 Platform Builder 和应用软件开发工具 Embedded Visual C + + 都是非常实用的开发工具。嵌入式 Linux 是一种开放源代码、软实时、多任务的嵌入式操作系统。它是在标准 Linux 的基础上针对嵌入式系统进行内核裁剪和优化后形成的，这使它的体积更小、性能更高，同时，因为它是免费的，没有其他商业性嵌入式操作系统需要的许可证费用，而且它得到许多 IT 巨头的支持，所以嵌入式 Linux 具有很强的市场竞争力。

嵌入式计算机——PC/104 模块既可以说是一种嵌入式计算机系统，也可以归入工控机中的一种总线。PC/104 提供与 PC 总线在体系结构、硬件和软件上的完全兼容性，而且结构紧凑的栈接式模块（尺寸为 90mm × 96mm）非常适合嵌入式控制应用的独特要求，已成为 IEEE 标准，称为“P996.1 嵌入式 PC 模块标准”。

PC/104 的扩展功能模块包括 SVGA 显示和 IDE 硬盘扩展模块、串行口和并行口扩展模块、附加存储卡、数据采集和控制模块、计数器/定时器及数字量 I/O 扩展模块等，而且都符合 PC/104 标准。采用 PC/104 CPU 模块和适当的扩展模块（如一块显示与存储器驱动扩展模块）栈接，就可以构成功能完整、结构紧凑坚固、低功耗、低成本、高可靠性的 PC 系统，接上键盘和显示器以及存储器驱动器即可按标准 PC 机运行。PC/104 CPU 模块可像元件一样，作为“心脏”植入 OEM 电路板，或与其他 PC/104 扩展模块一起栈接，构成高集成的控制系统，由于结构紧凑坚固、操作温度范围宽、功耗极低，使得 PC/104 成为可靠的嵌入式系统的核心。

PC/104 CPU 的良好兼容性及丰富的扩展 BIOS 特性，使得 PC/104 CPU 无须配用专门的开发设备，它可以用 PC/104 CPU 模块与其扩展模块栈接，构成一套嵌入式 PC 机作为开发用机（自主式开发），直接由硬盘引导操作系统，使用各种标准的 PC 编译、调试软件和其他应用软件进行开发。也可以利用 PC/104 CPU 模块的扩展 BIOS 功能进行单 CPU 模块的远程开发调试（主从式开发），此时利用 CPU 模块上的串行口和另外的 PC 机相连，可以将任何 PC 机上开发好的或现存软件用串行程序加载的方式加载到 PC/104 CPU 模块。PC/104 CPU 比单片机、DSP 芯片的开发要简单得多。

3. 多微处理器计算机系统与计算机网络

多微处理器计算机系统是指由多个微处理器（Micro Processor，μP）和 RAM、ROM、EPROM、I/O 接口以及总线等组成一个能在一定程度上实现并行处理的计算机系统，具有性价比高、可靠性高（采用冗余设计）、处理速度快（多个处理器并行运算）等特点，模块化设计便于根据需要进行扩展，使系统具有良好的结构灵活性，适合于控制多台焊接设备或一条甚至多条焊接生产线或整个焊接车间或工厂。在焊接生产过程控制中采用多微处理器计算机系统的结构一般为主-从结构或共享总线结构。

主-从结构的多微计算机系统结构如图 39-6 所示，设置一台功能较强的微型计算机作为主计算机和若干台微型计算机（一般采用单片机或功能较简单但抗干扰性较强的微型计算机）作为从计算机。主计算机的任务是负责监控和管理，从计算机的任务则是控制单机（一台焊机、一个工件变位器或其他装备），即进行各个现场的直接数字控制（DDC）。各从计算机的任务由主计算机分配，所有从计算机之间的通信都必须通过主计算机来进行。由于每一从计算机只与主机通信，所以通信机构简单，成本低，但主机的可靠性是本系统的一个薄弱环节，因此必要时可对主机加一备用机。

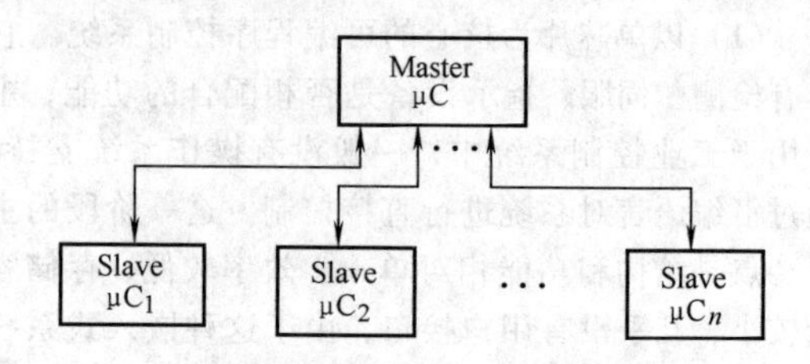

图 39-6　主-从多微计算机系统结构

Master μC—主微型计算机

Slave μC—从微型计算机

共享总线结构是指多个微处理器共同使用总线的结构。采用共享总线结构时，各微处理器之间比较简单的通信办法是采用共享存储器（以下简称共享内存），但这样的共享内存不宜过大，否则容易因竞争严重降低整个系统的性能。因此共享的内存一般只作为信息中心，每个微处理器只将要向其他微处理器发送的信息放在该处，同时每个微处理器也从该共享内存中取出由其他微处理器向它发送的信息。因此共享内存必须采用规定方式进行存取，一般用“邮箱”结构。如果有 N 个子系统（即 N 个微处理器 μC），则在共享内存中设置 N 个信箱，而且每一信箱又包含 $N-1$ 个分格；如果第 i 个 μC 要向第 j 个 μC 发送信息，则 μC_i 只要将相应的信息存入 μC_j 信箱中由 μC_i 到 μC_j 的信息分格中即可；然后 μC_j 便搜索它的信箱，以便确定是否有送给它的信息，如果有，则从中取出进行处理。

39.1.3　数字化输入/输出通道

接口（Interface）是指两个不同系统的交接部分。输入/输出接口（以下简称 I/O 接口）是指数字系统与外部设备（包括数字系统的外围设备，如显示器、打印机、绘图机、图形读入器等，以及数字系统所控制的对象）之间交接部分的硬件。这里只讨论数字系统与控制对象之间的接口技术，主要介绍一般常规接口电路的工作原理，应用时的设计原则与应注意的问题。

通常，在利用数字系统采集焊接参数或其他物理量以及对焊接过程进行控制时，主要有两大类信息在数字系统与被控对象（或被采集对象）之间进行传递。一类称为数字量（或称开关量），即高电平或低电平或脉冲计数信号，这类信号往往用来对被控对象工作过程进行逻辑控制（或称为程序控制），也用来表示被控对象所处的状态或计数并向数字系统通信。传递数字量的接口电路称为数字量通道。另一类信息是模拟量，是随时间而连续变化的物理量，如电流、电压、温度、压力等信息。传递模拟量的接口电路称为模拟量通道。下面分别对数字量输入/输出通道、模拟量输入/输出通道进行介绍。

1. 数字量输入/输出通道

数字量输入/输出通道的硬件组成框图如图 39-7 所示。接口芯片是与不同的 CPU 相配用的一种大规模或超大规模集成电路通用 I/O 芯片，一般都有输入/输出数据锁存器或缓冲器，可以输入或输出二进制数或开关量（单个或一串高电平和低电平信息），往往有两个以上数据端口，各端口的功能可用软件定义。

光耦元件又称光耦合器，其输入与输出之间仅靠光传递数字量信号而无电的联系，一般光耦器件输入与输出之间隔离的电压可达 500V 以上。在数字量通道中采用光耦元件的目的是将数字系统与一般工作在较高电压（几十至几百伏）下的被控对象进行电隔离，即切断公共电源线和地线等一切电路的联系，以防止被控对象在工作的瞬态过程中或其他不正常情况下将高电压通过公共地线及其他电路串入数字系统，造成严重干扰或烧毁数字系统的硬件。

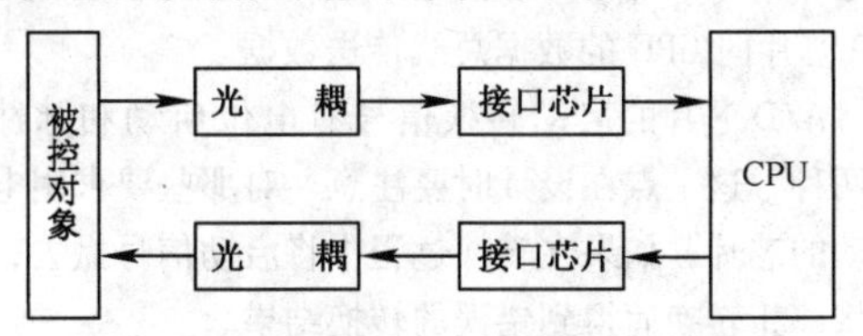

图 39-7　数字量输入/输出通道硬件框图

2. 模拟量输入/输出通道

模拟量通道是指数字化系统与被控对象之间传递模拟量的接口电路，图 39-8 所示为其硬件组成框图。由被控对象向数字系统传递模拟量信息的通道称为模拟量输入通道，简称 A/D 通道。由数字化系统向被控对象传递模拟量信息的通道称为模拟量输出通道，简称 D/A 通道。

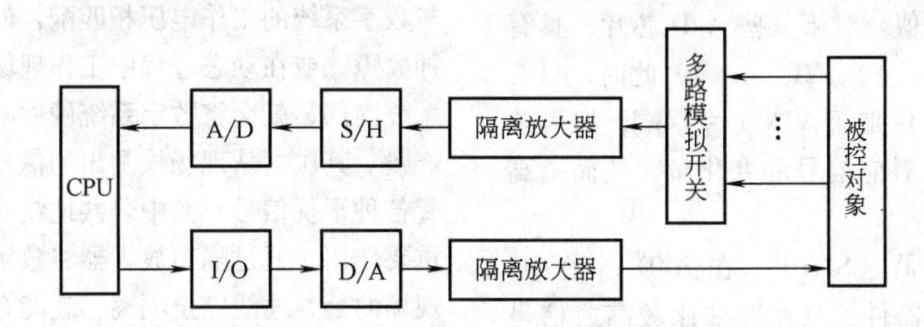

图 39-8　模拟量输入/输出通道硬件结构框图

CPU—中央处理单元（微处理器）　S/H—采样/保持器　I/O—输入/输出接口芯片
A/D—模/数转换器　D/A—数/模转换器

A/D 通道的硬件主要由模/数转换器（A/D 芯片）、采样/保持器（S/H）、隔离放大器、多路模拟开关等组成。D/A 通道的硬件主要由 I/O 并行接口芯片、数/模转换器（D/A 芯片）和隔离放大器组成。

（1）模/数转换器（以下简称 A/D 转换器或 A/D 芯片或 A/D）　一种将模拟量转换成二进制数字量的芯片。众所周知，数字化系统所能处理的信息只能是用二进制数表达的信息，因此被控对象的模拟量信息（如焊接电流、电弧电压、焊接速度、温度等）都必须转换成二进制数表达的数字量才能输入数字化系统进行处理，所以 A/D 芯片是 A/D 通道的主要组成部件。

A/D 芯片有多个公司的多种多样的型号可供选择。具体选择时，首先应考虑 A/D 芯片的位数（如 8 位、12 位、16 位等，位数决定其分辨率，但位数越高价格也越贵）和转换率（即每秒转换的次数），设计时，不要盲目选用高的参数，否则会大幅提高硬件费用；其次，应考虑 A/D 芯片的外特性，包括模拟信号输入端的个数和量程、数字量的并行输出端是否带有锁存器以及独立的控制端、输出数据的格式及其控制方法、起动转换的外部控制信号、转换完毕由转换器发出转换结束信号等，并根据实际应用要求进行选择。

必须指出，在选用 A/D 芯片时，除需要满足分辨率、转换速度、精度等使用技术要求外，还必须掌握数字信号输出的方式和对启动信号的要求。

A/D 芯片的输出基本有两种方式。一种是具有可控的三态门，这种芯片允许与 CPU 的数据总线直接相连，并在转换结束时利用 IORQ 和 RD 及地址译码信号联合控制打开三态门，将数据送到数据总线。另一种是数据输出寄存器不具备可控的三态门电路（在转换结束时自动打开三态门）或根本没有三态门电路，而是数据输出寄存器直接与芯片管脚相连，这种芯片的数据输出线不允许与CPU的数据总线直接相连，而必须通过三态门电路芯片、缓冲器或专用的I/O芯片向CPU的数据总线传送数据。

A/D芯片的启动转换信号有电位启动和脉冲启动两种，这一点在设计时要注意。对那些要求用电位启动的芯片，如果在转换过程中将启动信号撤去，一般将停止转换而得到错误的转换结果。

在使用A/D芯片时要注意以下几点，以提高转换分辨率。首先，当输入最大模拟电压小于A/D芯片满刻度所对应的电压值时，应选用其他放大器放大输入信号，使输入电压信号的最大值对应A/D满刻度值。其次，当输入电压是在某一电压基值上有小范围的变化而恰恰又需要精确测量其变化量时，应在输入电路中引进一个与上述电压基值方向相反、大小相等的电压，此时A/D芯片的满刻度将对应小范围变化的电压的最大变化值。对于某些A/D芯片，具有差动输入端，即VIN（+）、VIN（-），此时，只要将输入信号的基值电压加于VIN（-）端，即可使A/D芯片的满刻度值对应信号的变化量，从而提高分辨率。

（2）采样/保持器（S/H） 在A/D通道中，S/H并非必须选用的器件，只在要求比较高或信号变化很快而A/D芯片转换速度不够的情况下采用，其目的是使A/D芯片在转换过程中保持输入信号不变。

典型的采样/保持器的电路由输入/输出缓冲放大器、保持电容器、逻辑输入控制的开关组成，如图39-9所示。采样期间，逻辑输入控制模式的开关S是闭合的，A_1是高增益放大器，它的输出通过开关S给保持电容器C快速充电。A_2为高输入阻抗的输出缓冲放大器，由于电路接成跟随器，因而输出等于输入。保持期间，开关S断开，由于A_2输入阻抗很高，因此在理想情况下，保持电容器可保持充电时的最大值，从而使输出值保持采样时的最终值。

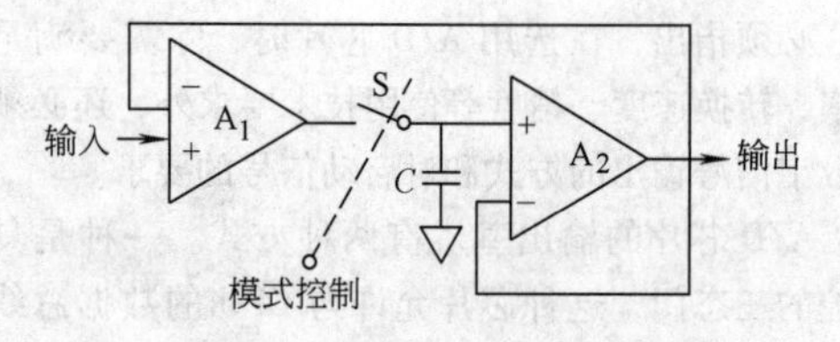

图39-9 采样保持电路原理图

采样保持电路集成在一个芯片上称为采样/保持器，但保持电容由用户根据需要外接。选用保持电容的大小与采样频率及要求的采样精度有关。采样频率越高，要求电容值越小，但电容上的电压下降速度也快，所以精度较差。反之，如采样频率较低，但要求较高的精度，则可选用较大的电容，通常选用几百pF到0.01μF。常用的采样/保持器芯片可分为通用芯片、高速芯片和高分辨率芯片等。

（3）隔离放大器 隔离放大器的功能是在其输入和输出电路之间只有模拟信号的传递（可以放大也可以不放大），而没有任何直接的电路连接（包括电源、信号线和地线），并且在输入和输出之间一般都有耐压1000V以上的绝缘。

在A/D通道和D/A通道中采用隔离放大器的目的有两个：首先是隔离现场与数字控制系统之间电的联系，因为工作现场往往有几十伏甚至220V以上的工作电压，而数字系统内部工作电压一般为±5V和±12V，如果工作现场和数字系统的硬件电路有直接的电路联系，虽然在输入电压上可以进行处理，使之与数字系统的工作电压相匹配，但一旦外电路出现某种故障，或在动态过程中工作现场的高电压窜入数字系统内部，就会将数字系统硬件电路上的各集成芯片烧毁。其次，从现场检测出的信号均不可避免地伴随着各种干扰信号，其中公共地线在传递干扰信号中起重要作用，通过隔离放大器将数字系统的地线和工作现场的公共地线完全隔离，就能有效地消除由地线传递的干扰信号。必须指出，由于D/A通道输出往往与受控设备的输入端相连，而一个系统的输入端往往很少自己产生干扰信号，因此受控系统输入端对数字系统产生干扰的可能性很小，所以D/A通道中的隔离放大器通常是可以省去的。

典型隔离放大器（以289为例）的原理如图39-10所示。隔离放大器可划分为输入、输出和电源三大部分，相互之间都没有电气上的联系。隔离放大器内部包括高性能的输入运算放大器A_1、调制和解调器、信号耦合变压器T_1和电源耦合变压器T_2（这两个耦合变压器为隔离层）、输出放大器A_2等几个基本部件。输出侧电源接V_s（10端），公共地接芯片的输出公共端（9端）。输出侧电源经稳压器稳压后为高频振荡器提供电源，输出100kHz的交流电经耦合变压器T_2耦合分为四路，第一路到输入部分（1号隔离电源），其中一部分作为输入运算放大器的电源，另一部分产生±15V的浮空电源由2、3端输出，可作为外附加电路（如传感器、前置放大器等）的电源（最大输出电流为5mA）。第二路到输出部分

(2 号隔离电源)，作为输出放大器的电源；第三、四路则作为相敏调制与解调信号。被测信号在输入部分经滤波后送到运算放大器 A_1 的正向输入端，再由 A_1 输出，被调制成交流信号后送到耦合变压器 T_1，耦合到输出部分，再经解调、滤波送到输出放大器 A_2 后由 6 脚输出，A_2 的作用是减小信号的输出阻抗以增大带负载的能力。

隔离放大器的优点是线性度好、传递模拟量失真小，缺点是响应频率较低，一般芯片不能传递频率高于 100kHz 的模拟量。A/D 通道中的隔离器件也可采用光耦元件，但其缺点是线性度较差，且其工作点随环境温度、工作时间等因素的不同而变化，因而传递模拟量时误差较大。有三种解决方法：一是采用线性光耦元件，二是将一般光耦元件放在 A/D 芯片的数字量输出线及控制线上，相当多的 A/D 通道板采用这种方法进行隔离，但缺点是 A/D 芯片与被控对象没有进行电路隔离；三是用普通光耦器件搭成线性隔离电路。

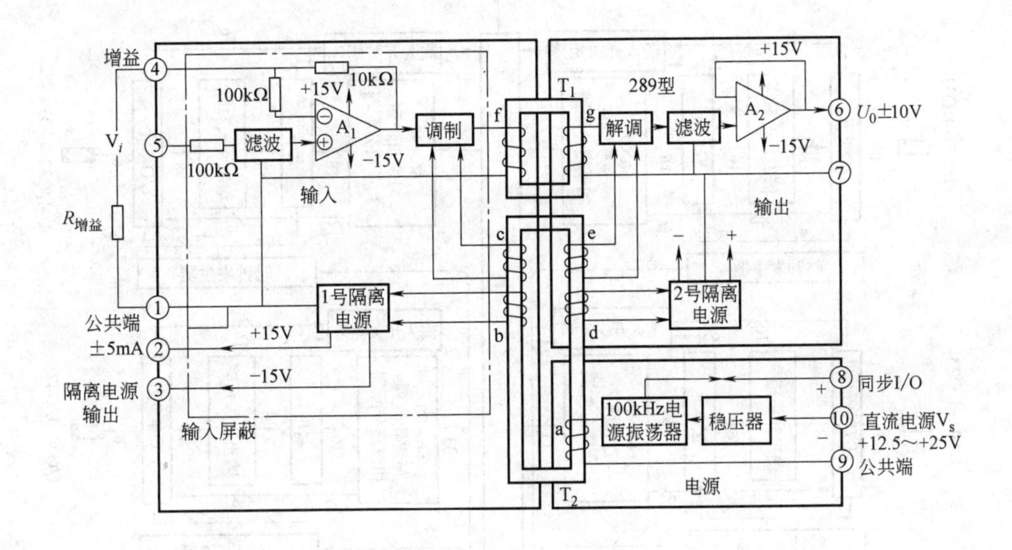

图 39-10 隔离放大器原理结构图

(4) 多路模拟开关 在焊接参数采集、焊接过程的实时控制系统中，被控制与被检测的模拟量往往是几个甚至几十个。对这些参数进行模/数转换（以及后面介绍的数/模通道中的数/模转换），时常采用公用的模/数转换（或数/模通道中的数/模转换）芯片以节省对系统硬件的投资。多路模拟开关是一种芯片，其作用是由 CPU 发出的信号控制该芯片来轮流切换各被测（或被控制）回路和模/数转换（或数/模转换）芯片间的通路，以达到分时享用模/数转换（或数/模转换）芯片的目的。选择多路模拟开关器件时，应注意器件的通断阻抗，希望接通阻抗低、阻断阻抗高。

(5) I/O 并行接口芯片 D/A 通道中的 I/O 并行接口芯片的作用是保存 CPU 向 D/A 芯片输出的二进制数。可选用专用芯片，也可选用普通锁存器，但如果选用的 D/A 芯片中有数据寄存器则可不用 I/O 并行接口芯片，CPU 可通过数据总线直接与这类 D/A 芯片传递数据。

(6) 数/模转换器（以下简称 D/A 转换器、D/A 芯片或 D/A） 一种将二进制数的数字量转换成模拟量的芯片，其作用是将数字系统输出的运算结果（或处理信息的结果）转换成模拟量作为控制量去控制焊接电源输出电压或电流的大小、焊丝送进速度、焊接速度等，因此 D/A 芯片是 D/A 通道的主要组成部分。

D/A 转换器的主要参数包括绝对精度、相对精度、分辨率、非线性误差、建立时间等。D/A 转换器的建立时间（又称稳定时间）是指数据变换量是满刻度时，输出达到终值 ± 1/2LSB 位当量时所需的时间。对输出是电流（即输入的数字量仅与输出的电流大小建立对应关系）的 D/A 转换器。建立时间是很快的，在实际应用中可不考虑它的延时。如将电流信号用运算放大器转换成电压信号，其建立时间主要取决于运算放大器所需的响应时间。在一般用途中，选用高速运算放大器后也可不必考虑其延时。将 D/A 芯片的电流输出转换成电压输出的典型电路如图 39-11 所示。

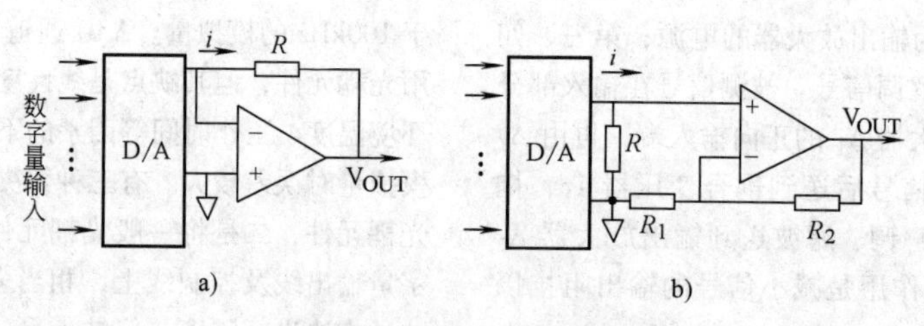

图 39-11　D/A 转换输出电路
a）反相输出　b）同相输出

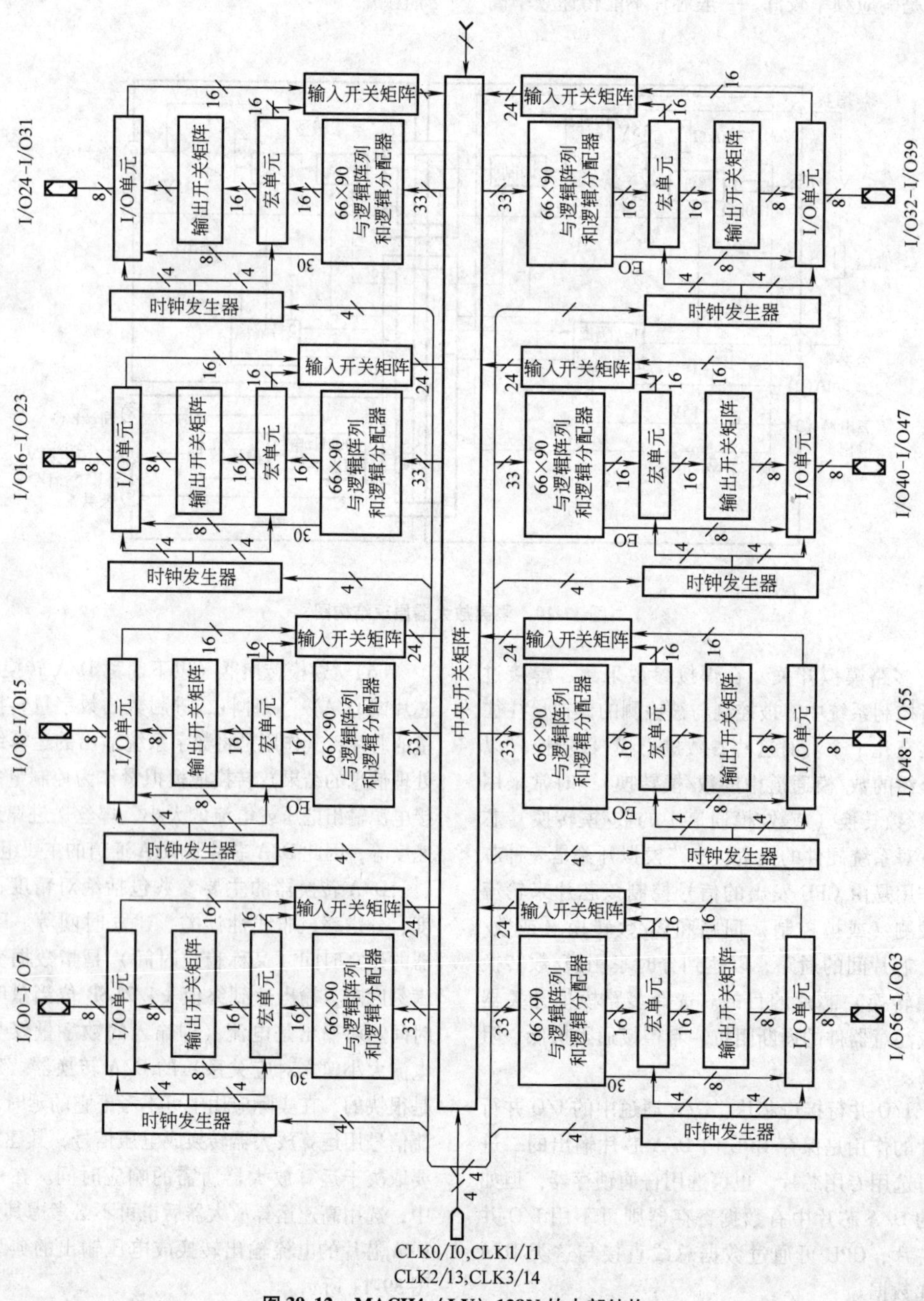

图 39-12　MACH4（LV）-128N 的内部结构

3. 可编程序逻辑器件在输入/输出接口中的应用

可编程序逻辑器件（Programmable Logic Device，PLD）是可以由用户在工作现场进行编程的逻辑器件，由于它具有体积小、功耗低、易于实现数字系统逻辑接口的设计、能将系统设备迅速投放市场等众多优点，而受到系统设计者的青睐，用它可以取代中规模逻辑门集成电路芯片。

可编程序逻辑器件的发展经历了从可编程序只读存储器（Programmable Read Only Memory，PROM）、电擦除只读存储器（Erasable Programmable Read Only Memory，EPROM）、可编程序逻辑阵列（Programmable Logic Array，PLA）、可编程序阵列逻辑（Programmable Array Logic，PAL）、通用阵列逻辑器件（Generic Array Logic，GAL）到复杂可编程序逻辑器件（Complex Programmable Logic Device，CPLD）和现场可编程序门阵列（Field Programmable Gate Array，FPGA）的过程。FPGA 可达到比 PLD 更高的集成度，具有更复杂的布线结构和逻辑实现，它们的主要差别是 PLD 通过修改具有固定内连电路的逻辑功能来进行编程，而 FPGA 是通过修改一根或多根分隔宏单元的基本功能块的内连线的布线来进行编程。

可编程序逻辑器件从集成规模上分为简单的 PLD 和复杂的 PLD（CPLD），而 CPLD 都是有若干个 PLD 块组合而成。图 39-12 所示为 MACH4（LV）-128N 的内部结构，它由 8 个 PAL 块和一个中央开关矩阵组成，有 64 个 I/O 引脚和两个连接至中央开关矩阵的专用输入引脚，以及也可作为输入的全部时钟引脚，连同电源（Vcc）和地（GND）共 84 个引脚。中央开关矩阵接收所有来自专用输入和输入矩阵的信号，并将它们送到各 PAL 块，对于返回到同一 PAL 块本身的反馈信号也必须经过中央开关矩阵。这种互联结构保证了器件中各 PAL 块之间的相互通信具有一致的、可预测的延时，使得设计者面对的不是多个 PAL 块的连接，而是一个可编程的芯片，设计软件将设计自动分配给各 PAL 块，设计者无须涉及其内部连接结构。MACH4（LV）-128N 中的每个 PAL 块含有 1 个时钟发生器、1 个逻辑分配器、1 个有 90 个乘积项的逻辑阵列、16 个宏单元、1 个输出开关矩阵和 8 个 I/O，它将 16 个内部反馈信号、8 个寄存器输入信号和 8 个 I/O 引脚信号提供给输入开关矩阵，这 32 个信号经过输入开关矩阵中的组合电路之后，形成 24 个信号并送到中央开关矩阵。

PLD 的开发工作一般在 PC 机上完成，其设计过程一般可分为 3 个设计步骤（设计输入、设计输入编译和编程）和 3 个验证步骤（功能仿真、时序仿真和器件测试），如图 39-13 所示。

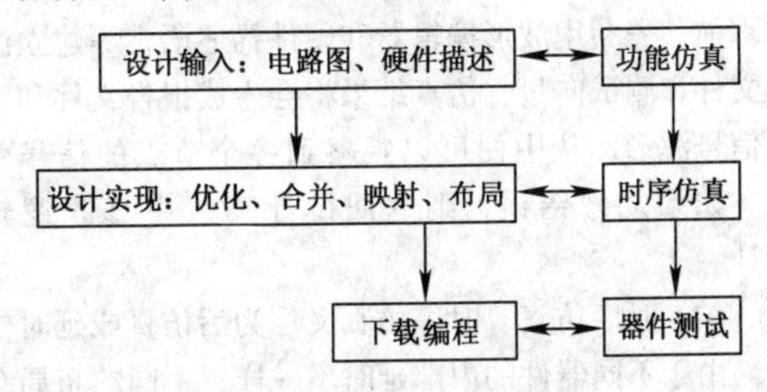

图 39-13　PLD 的设计流程

（1）设计输入　可以采用文本方式、图形方式或两者混合方式。对于简单 PLD 可用可编程序逻辑设计语言描述设计；对于复杂 PLD 可用原理图输入方式，也可用 VHDL 等硬件描述语言进行设计输入。还可采用“自顶向下”的层次式结构设计方法，将多个输入文件合并成一个设计文件。设计输入时可以规定器件的引脚分配，也可以暂时不规定器件引脚分配，留在后续处理中自动定位，以提高器件适配成功率。

原理图输入是一种最直接的设计描述方式，要设计什么，就从软件系统提供的元件库中调出来，画出原理图，比较符合人们的习惯，这种设计方式要求设计人员有丰富的电路知识及对 PLD 的结构比较熟悉。主要优点是容易实现仿真，便于信号的观察和电路的调整，缺点是效率低，特别是产品有所改动，需要选用另外一个公司的 PLD 器件时，就需要重新输入原理图，而采用硬件描述语言输入方式就不存在这个问题。

硬件描述语言（VHDL）输入是用文本方式描述设计。其突出优点有：语言和工艺的无关性，可以使设计人员在系统设计、逻辑验证阶段便确立方案的可行性；语言的公开可利用性，便于实现大规模系统的设计；具有很强的逻辑描述和仿真功能，而且输入效率高，在不同的设计输入库之间的转换非常方便，不需要对底层的电路和 PLD 结构熟悉。

波形输入方式主要是用来建立和编辑波形设计文件以及输入仿真向量和功能测试向量。波形设计输入适用于时序逻辑和有重复性的逻辑函数。系统软件可以根据用户定义的输入/输出波形自动生成逻辑关系。

（2）设计实现　指从设计输入文件到 CPLD 熔丝图文件或 FPGA 位流文件的编译过程。在编译过程中，编译软件自动对设计文件进行综合、优化，并针对所选中的器件进行映射、布局、布线，产生相应的熔丝图或位流数据文件。

（3）功能仿真　功能仿真也叫作前仿真。用户设计的电路必须在编译之前进行逻辑功能验证，此时的仿真没有延时信息，对于初步的功能检测非常方便。仿真前，先利用波形编辑器和硬件描述语言等建立波形文件和测试向量，仿真结果将会生成报告文件和输出信号波形，从中便可以观察到各个节点的信号变化。如果发现错误，则返回设计输入中修改逻辑设计。

（4）时序仿真　时序仿真又称为后仿真或延时仿真。由于不同器件的内部延时不一样，不同的布局布线方案也给延时造成不同的影响，因此在设计处理以后，对系统和各模块进行时序仿真，分析其时序关系，估计设计的性能，以及检查和消除竞争冒险等是非常有必要的。实际上这也是与实际器件工作情况基本相同的仿真。

（5）器件编程与器件测试　时序仿真完成后，软件就可产生供器件编程使用的数据文件。对CPLD来说，是生成熔丝图文件，即JED文件；对于FPGA来说，是产生位流数据文件（Bitstream Generation），然后将编程数据放到对应的具体可编程器件中去。

器件编程需要满足一定的条件，如编程电压、编程时序和编程算法等。可编程序逻辑器件的编程方式有两种，一种必须在编程器上对器件编程；另一种可在系统上编程（In System Programmability，ISP）。普通的CPLD器件和一次性编程的FPGA需要专门的编程器完成器件的编程工作。基于静态随机存储器（SRAM）的FPGA可以由EPROM或其他存储体进行配置。在线可编程的PLD器件不需要专门的编程器，只要一根编程下载电缆，通过下载电缆对已装在印制板上的器件进行编程，可以修改编程内容，省去了编程器，且引脚可做得小巧，从而减小引线电感、缩小器件体积、提高了工作的性能和可靠性。

器件在编程完毕之后，可以用编译时产生的文件对器件进行校验、加密等工作。对于支持JTAG技术，具有边界扫描测试（Boundary Scan Testing，BST）能力和在线编程能力的器件来说，测试起来就更加方便。

39.1.4　数字化系统的可靠性与抗干扰技术

将数字化监测和控制系统应用于焊接领域时，系统的可靠性至关重要。系统的可靠性涉及两方面的问题，一个是系统硬件本身的工作可靠性；另一个是系统是否能可靠地抑制干扰。解决第一个问题的办法是系统选用的元器件及电路板的制作要可靠，而且工作寿命长，或者采用容错设计（或称容忍故障的设计），即用各种冗余技术将不大可靠的元器件组成可靠性较高的系统，即采用适量多余器件、适当增加硬件投资的办法来换取系统的高可靠性。根据皮尔斯（Pierce）的观点，在一定条件下，冗余的成本线性增加，可使系统的故障率按对数规律下降。解决第二个问题的办法就是采用有效地抑制各种噪声干扰的技术。在焊接现场环境下，噪声干扰十分恶劣，抗干扰问题如不能得到有效解决，数字化系统将无法正常工作，严重时甚至会破坏系统硬件。下面简要介绍数字化系统应用于焊接时，噪声的来源及其抑制技术。

1. 噪声的来源及其耦合方式

在焊接环境中噪声源有系统外部的和内部的两种。系统外部的噪声源主要是邻近的设备中有高频信号源，如正在工作的超声信号、高频逆变器、高频焊机、高频起弧器、晶闸管电源、继电器、接触器、有碳刷的直流电动机以及重型设备的起动等。系统内部的噪声源是系统内部的高频信号源，如晶闸管电源、逆变电源、高频起弧器、焊丝送进系统、数字电路中的数字脉冲信号以及有高频信号分量的输出信号等。

噪声的耦合方式包括传导耦合、经公共阻抗耦合、电场和磁场耦合。传导耦合噪声是通过导线耦合到电路中去的噪声，当导线通过具有噪声的环境时，即拾取噪声并送到电路中而形成干扰。这种噪声是与信号源串联的，属于串联干扰，又叫作正态干扰，解决办法是在干扰进到敏感电路之前进行去耦（去耦的办法就是采用适当的滤波电路），或使噪声源远离输入导线。经公共阻抗耦合一般发生在两个以上电路的电流流经一个公共阻抗时，一个电路在该阻抗上的电压降会影响到另外的电路。这种耦合方式的干扰称为共态干扰，可为交流，也可为直流，是一种较难抑制的干扰源。辐射的电场和磁场也会造成噪声的耦合。应当明确，所有的元件及导线当有电荷运动时，都会辐射电磁场。由上可知，噪声耦合主要有4个途径：通过或靠近噪声区的输入信号线、电源、公共地线及空间，其中空间耦合的作用相对其他途径的作用要小一些。

2. 抑制干扰的方法

在数字化监测和控制系统中，抑制各种噪声干扰的方法可从硬件角度和软件角度去实施。

（1）硬件措施　硬件措施包括抑制噪声源和消除噪声耦合两个方面。抑制噪声源可以采取用屏蔽罩罩住噪声源、通过噪声环境的全部导线要经过滤波、屏蔽并绞合有噪声的导线、限制脉冲上升时间、屏蔽体在两端接地以抑制辐射干扰等措施。消除噪声耦合可以采取如下措施：①绞合并屏蔽信号线（高频可用同轴电缆），用来防护低电平信号的屏蔽电缆在一端接地，用于高频的同轴电缆其屏蔽层两端接地，信号导线的屏蔽要绝缘，有噪声的和无噪声的导线要分开；②低电平信号线和带有噪声的导线在同一插接件上时，应将它们分开，并在它们中间设置地线，在分立的插件上要对通过接线柱的信号线加以屏蔽；③高电平和低电平设备之间应避免采用公用地线，金属件地线和电路地线要分开，电路只在一点接地（高频电路除外），地线应尽可能短并有足够的断面面积；④对于金属表面的防护涂料应采用导电性涂料，不用非导电性涂料；⑤应用灵敏设备时，要使信号源和负载在工作时对地平衡，信号输入电路要放在屏蔽罩内，进入屏蔽罩内的导线要滤波或去耦，引线的长度应尽量短，必要时可将其地线浮空；⑥用低阻抗匹配电缆；⑦避免环路并考虑用隔离变压器、平衡变压器、隔离放大器、光耦合器、差分放大器等器件断开环路。

在数字控制系统中，电源是噪声耦合的主要途径之一，因此电源的正确选择和有效去耦是抑制干扰的最有效方法之一。通常，开关型电源或逆变型电源比普通选用变压器降压然后整流的稳压电源具有更好的抗干扰能力。采用普通稳压电源则要在变压器的原边加去耦电路，其中电感最好用空芯线圈或用高频磁性材料做铁心，电容应采用高频电容。在每块插件板的电源输入端对地都应并接电容（电解电容和高频电容并用），每个集成块的电源输入端也应并接高频电容。有噪声源或敏感电路的插板最好单独供电。如果工厂电源质量较差，应考虑从厂级电力变压器直接向数字控制系统供电，或采取有效的滤波措施。

地线也是噪声耦合的主要途径之一，这一点往往被忽视。在数字控制系统中设计地线应注意以下几点：①印制电路板上的地线不要形成封闭回路，地线尽可能宽，但地线所包围的面积应尽可能小，元器件的接地点（公共端）应按信号传递方向顺序接地，输出电路对地电流不应通过输入电路的地线；②数字电路与模拟电路的地线应只在插板的地线输出端连接在一起，其他点不能相连；③数字控制系统的地线应单独埋设，与控制对象的地线分开，更不要与车间的公共地线相连；④输入和输出信号线应尽量远离，在印制电路板上一般布置在板的不同面；⑤如控制对象工作电压为几十伏甚至几百伏，或控制对象中有较强的噪声源，则数字控制系统与被控对象之间应采用隔离放大器或光耦合器进行完全电隔离。一般情况下，模拟量用隔离放大器或线性光耦合器，数字脉冲信号用光耦合器；⑥数字控制系统硬件应放在金属屏蔽箱内，在噪声恶劣的环境中，可考虑在敏感电路的印制电路板两面加屏蔽板（铝板）；⑦设置软开关（即可用软件控制的开关），如用于数字量的三态门或驱动器，用于模拟量的模拟开关等。这样可以在数字控制系统与被控对象加电后，二者仍处于脱机状态，用软件来控制数字控制系统与被控对象联机或脱机。

（2）软件措施　一个好的软件可以在提高系统抵御错误和外界干扰方面起重要作用，用软件来抑制干扰的方法主要是采用软件容错技术和数字滤波技术。

所谓软件容错技术就是在系统由于本身硬件故障或外界干扰而出错的情况下，使系统仍能正常工作。硬件故障和外界干扰造成的系统出错，70% ~80% 是瞬时性故障，只要软件在出现瞬时性故障后，仍能按原来程序继续运行，就能实现容错而达到抑制干扰的目的。

软件容错技术包括时间冗余和信息冗余两个方面。时间冗余就是用消耗时间资源来达到容错的目的，其办法有两个：指令复执与程序卷回。

指令复执就是当硬件故障或干扰使程序运行发生错误时，不用中断程序运行重新启动，而是一旦发现错误仅重新执行被错误破坏的现行指令。指令复执可用编程来实现，也可用硬件来实现。其基本要求是：当发现错误时能保留现行指令的地址和该指令使用的初始数据。这就要求每执行一条重要指令时，检查其结果是否有错，一旦发现有错就停止执行下面的指令，而让程序计数器返回原处，重新执行由于干扰而出错的指令。通常情况下，往往指令复执一次后，故障仍未消除，所以需要复执数次。一般可用硬件控制复执次数（例如 8 次），或控制指令复执的时间。在规定的次数或时间内，故障消失，则复执成功，否则复执失败，可报警或调用备用设备。

程序卷回则是重复执行一段程序。编程时需要注意保护重复执行的程序段的断点与现场。例如，对于由于故障而进入“死循环”或脱离规定的程序，可利用可编程序定时器/计数器的某通道定时或定计数向 CPU 申请中断，而在用户程序中定时或定计数向定时器/计数器送控制字禁止其申请中断，然后再对其进行初始化，恢复原有功能。这样，当程序正常运行时，由于程序在定时器/计数器的该通道申请中断前就对其进行初始化，所以定时器/计数器的该通道永远不能向 CPU 申请中断。但一旦程序运行发生故障，如进入“死循环”或脱离了该程序，则定时器/计数器在规定时间到后就向 CPU 申请中断，使 CPU 返回该程序的起始点重新运行或重新启动。在数字控制系统与控制对象的信号采用异步通信时，应尽量少用“中断”法，而用程序查询法。

信息冗余是靠增加信息的多余度来提高可靠性的。一般采用各种校验码，如奇偶码、剩余码、余3码、海明码、法尔码、循环码来检查错误。这种方法尤其在数字通信中常用。

所谓数字滤波技术就是对采集获得的数字信号，采用各种数字滤波的方法去除干扰，如程序判断滤波、中值滤波、算术滤波、加权平均滤波、一阶滞后滤波（低通滤波）、高通滤波器、带通滤波器等。有时为了进一步提高滤波效果，常采用复合滤波法，即将两种以上的滤波方法结合起来使用。如将中值滤波和算术滤波两种方结合起来，首先将采样值按大小进行排队，去掉最大和最小值，再计算剩余值的平均值。也可采用双重滤波，如将采样值经过一次低通数字滤波后，再经过一次低通数字滤波。

应当指出，数字化控制系统的抗干扰技术主要靠实践经验，上述知识作为经验总结，也仅提供参考，工作现场不同，采取措施的侧重点也不同，只能利用上述知识去分析，灵活选用，不能完全照搬。

39.2　焊接参数和焊接瞬态过程监测

利用数字化控制和信息处理器件（系统）对焊接生产过程的焊接参数进行采集、存储并打印成报表，对焊接瞬态过程的参数进行检测与数据处理以便于研究焊接瞬态过程，对焊机输出的焊接参数、焊接过程和接头焊接质量进行控制等，是目前焊接过程数字化应用的主要方面，比较成熟，应用也比较广泛。本节和39.3节、39.4节将分别对其进行分析和阐述。

39.2.1　焊接参数监测系统

所谓焊接参数监测系统，就是利用数字化控制和信息处理器件（系统）能存储大量信息、具有分时采集多路不同信息和处理信息的功能，在焊接生产过程（也包括其他焊接过程）中，通过传感器检测焊接过程的电弧电压、焊接电流、焊丝送进速度、保护气体流量、焊接速度、脉冲电流频率、预热温度、焊后冷却速度等各种有关参数，并储存或打印成报表作为产品质量管理档案。有的系统还可以将所检测的焊接参数设置上、下限值，如实际焊接参数超出此限值时，可以通过报警指示灯或蜂鸣器向操作者发出报警信号，以保证产品的实际焊接参数符合设计要求。

这类系统仅仅对焊接过程中的有关焊接参数进行监测、报警、存储与记录，并不干预焊接过程，其硬件组成与功能根据需要的不同有较大差异。图39-14所示为焊接参数监测系统的硬件组成框图，主要由微型计算机、A/D转换器、采样保持器（S/H）、电隔离器、多路模拟开关、传感器及信号预处理电路等组成。

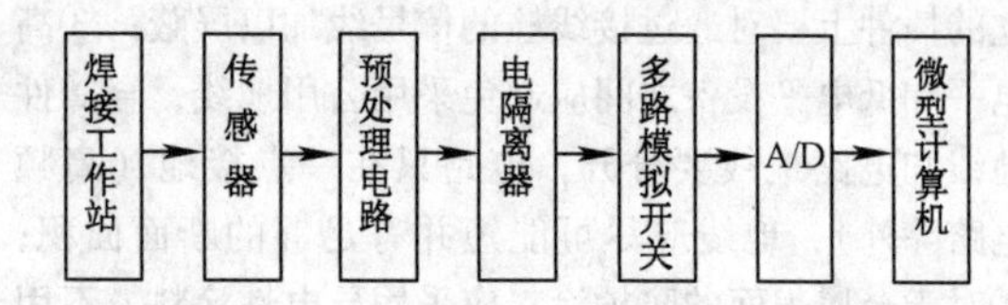

图39-14　焊接参数监测系统的硬件组成框图

（1）A/D转换器选择　对焊接过程中焊接参数的监测，大多是检测其在某一段时间的平均值，数据采集的频率并不要求很高，一般宜选用普及型的A/D芯片，如需采集多个焊接参数，可公用一块A/D芯片分时采集，对许多精密焊接也可满足要求。对A/D芯片分辨率的选择主要取决于被测参数的动态变化范围。

例如，虽然焊机的空载电压达到60~80V，但其电弧电压一般在40V以下，选用8位分辨率的A/D芯片，则其最小有效位当量为40V/256=0.16V，即能分辨出0.16V的电弧电压变化量，对检测电弧电压来说已足够。某些焊接参数绝对数值很大（例如埋弧焊的焊接电流为1200A），也需要一定的分辨率（例如最小能分辨出2A的电流变化量）。如需在0~1200A量程范围内分辨出2A的变化量，则需选用分辨率为10位的A/D芯片（此时的最小位当量是1200A/1024=1.2A）。但是如果在某实际应用时，埋弧焊的最小电流不小于500A，最大电流为1000A，则可将A/D转换器的量程调整在500~1000A，此时A/D芯片的实际量程为500A，选用8位分辨率的A/D芯片就能满足要求，因为其最小有效位当量为500A/256=1.9A。从而可减少对硬件的投资，也简化了软件的编程。由此可见，一般情况都可选用分辨率为8位的普及型A/D芯片。

（2）采样保持器的选择　焊接参数的精度大多数不是要求很高，对于电弧焊而言，由于电弧及电源回路的惯性，其变化的速度也不是很快，一般不需专门选用采样保持器，可将模拟量直接输入给A/D芯片，这样，A/D芯片转换出的数字量是对应转换期间的某几个时刻模拟量的粗略平均值。即使选用普及型A/D芯片，也可以认为在转换时间之内焊接电弧的参数是不会有多大波动的。

（3）电隔离器件的选择　采用电隔离器件的目的在前面已讨论过，主要是隔离数字系统与焊机系统之间电的联系，以保护数字系统的安全并能有效地提高其抗干扰能力。在本系统中，宜在模拟量通道中选用隔离放大器，但隔离放大器的缺点是响应频率不很高，不宜传递频率高的信号。如信号频率较高，可选用线性光耦合器进行隔离。如选用普通光耦器件，因其线性度差，应采用线性光电隔离放大电路。也可在A/D 转换器的数据线和控制线上采用普通光耦合器件进行隔离，但这种方案的缺点是 A/D 转换器没有与被控对象隔离，容易损坏，必须注意采取保护措施。

(4) 多路模拟开关的选择　在需要采集多个焊接参数时，由于 A/D 转换器的潜力很大，而且也是在接口电路中价格最贵的器件，所以一般选择用一块 A/D 芯片分时采集多路信号的方案。多路模拟开关就是用来将多路被采集的焊接参数分时通过隔离放大器与 A/D 芯片的模拟输入端（或采样保持器）接通，以达到上述目的的器件。一块 A/D 芯片能分时转换多少路信号，取决于 A/D 芯片的转换速度与信号所要求的采样周期。按照香农采样定理，采样频率（采样周期的倒数）应大于信号频谱中最高频率的 2 倍，否则采集的信号不能真实地反映实际信号。但如果采样频率过高，则接口硬件投资增加，并且占用数字系统的内存也增多。在实际应用中，采样频率一般为最高信号频率的 4～8 倍。对于焊接参数的采集，一般几十毫秒采样一次就足够了，因此即使选用普及型 A/D 芯片，用一块芯片也可分时采集几百个信号。如果采集的参数不很多，可选用带多路模拟开关的 A/D 芯片，但此时不宜采用公共的隔离放大器。

(5) 传感器及信号预处理电路　传感器是一种将非电量信号转换成电信号的装置，主要由敏感元件及信号预处理电路组成。如检测热工参数的温度、压力、流量、液位传感器，检测机械量的位移、力、速度、加速度、重量、尺寸传感器，检测物件位置、形态的视觉传感器等。

信号预处理电路包括对敏感元件输出信号的处理，同时也包括对某些电量信号（如电弧电压、焊接电流）的处理。焊接过程可测参数的信号差别很大，如电弧电压一般在十几伏到几十伏的范围，焊接电流信号如果从电流表的分流器上取出，则满量程仅为 75mV。从对数据采集系统的输入阻抗要求来看，也有很大差别，如量测电弧电压和焊接电流时，对输入阻抗的要求并不严格，一般在几百欧到几百千欧之间，但对于某些传感器（如热电偶），则要求信号输入电路的输入阻抗与热电偶输出阻抗相匹配。

本系统采用信号预处理电路的目的是将所用传感器的输出电平转换成 A/D 芯片所要求的输入电平（一般为 ±3V、±5V、±10V、±15V 等）。如果有阻抗匹配要求，则要进行阻抗变换，通常还需要滤波电路，以去除干扰信号。在某些复杂情况下（如远距离传送），还要对信号进行调制与解调等。

电弧电压信息预处理电路通常采用分压电路使电弧电压的最大变化范围与所选的 A/D 芯片满量程输入模拟电压相适应，也可以采用霍尔电压检测器件。采集焊接电流信号可以用交流互感器、直流互感器和直流电流表的分流器和霍尔电流检测模块。对于常用的弧焊整流器而言，用分流器具有电感小、反应速度快等优点，但其最大缺点是信号幅值较小（满量程只有 75mV），因而信噪比小，在信号传输线上容易混入干扰信号。解决办法是在分流器上直接接一个前置放大器，将满量程 75mV 放大到 A/D 芯片所要求的满量程模拟量输入电压，再传送到采集系统的输入端，这样可以有效地避免传输线上干扰信号的影响。

其他传感器信号的预处理电路，一般由前置放大器并配合滤波电路组成，一般有定型产品，用户不必自行设计。选用时应注意前置放大器的信噪比要大，静态工作点和工作性能（如放大倍数）要稳定，零点温漂要小，它们对工作在开环状态的参数采集系统十分重要。另外，传感器信号预处理电路对干扰信号十分敏感，由此进入的干扰信号对整个系统的影响也最严重，因此要尤其注意采取有效的抗干扰措施。

焊接参数监测系统可以设计成便携式的，其硬件一般由单片机、小型打印机、数码显示器以及有关接口电路组成。其数据采集功能与高级的焊接参数监控系统相比毫不逊色，但数据的存储、处理与打印格式较简单，对信息不能作复杂的处理，不能打印成中文报表的格式，只能打印数据及其统计表等。

将实际生产中的焊接参数采集与产品质量的管理相结合，可构成焊接产品质量管理系统，用以监测重要产品的实际焊接参数，并打印成报表存档，使工厂管理部门掌握产品实际焊接的情况，以监督生产部门严格执行工艺规程，确保焊接质量。同时为重要产品建立档案，以备日后查阅，也为分析、提高产品的焊接质量提供依据。

焊接参数采集与产品质量管理系统的硬件结构与便携式焊接参数监测系统基本相同，其区别在于数字化检测系统应选用具有汉字处理功能的微机，例如普通微机或工控机，可将 A/D 转换器、隔离器件、多路模拟开关、采样保持器等做成模拟量通道板直接插入上述计算机的 I/O 插槽。也可采用与便携式焊接参数监测系统通信的方式，将具有汉字处理功能的微机作为上级管理计算机，将由便携式焊接参数监测系统通信传递来的焊接参数进行处理，并根据要求打印成报表。

39. 2. 2　焊接瞬态过程的数字化测试

焊接瞬态过程的数字化测试系统是指用数字化技术测试焊接过程各物理量的瞬态过程的系统，是研究焊接瞬态过程的重要手段。数字化测试系统具有测量精度高（取决于 A/D 转换器的分辨率。当然，实际精度还与传感器、信号预处理电路中的运算放大器以及隔离放大器的精度有关）、测量和记录速度快（取决于 A/D 芯片的转换速度，可以捕捉到用其他记录仪捕捉不到的瞬态信息）、信息存储量大（可保存供事后分析研究用，为研究工作提供了方便）、分时采集多个参数（几个、几十个甚至几百个）等优点。

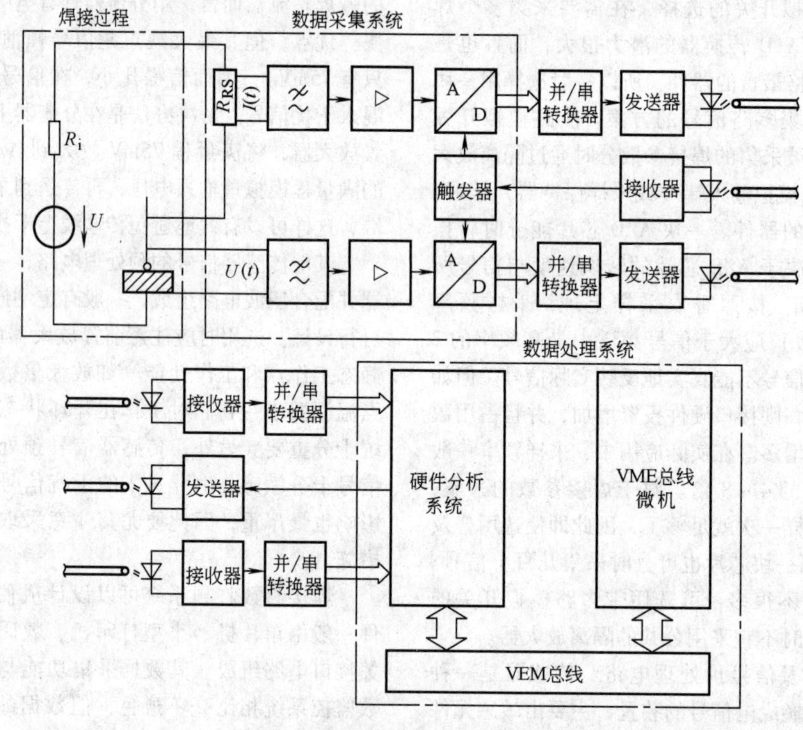

图 39-15　焊接电弧瞬时分析仪的硬件框图

焊接瞬态过程计算机测试系统的硬件组成基本上与焊接参数数字化监测系统相同，其特点是采用功能较强的数字化系统，有较大的内存容量，有硬盘，可以采用微控制器（单片机）或数字信号处理器设计成专用设备，也可选用 PC 机或工控机或 PC/104 模块。除硬件外，这类系统必须有相应的数据处理软件，可以对信息进行统计、运算和分析，如对熔滴过渡进行概率统计，记录焊接电流的瞬时峰值，计算熔滴过渡时短路电流的上升速度等，还可对不同参数进行相关运算等，能显示、打印数据处理的结果，并最好能用平面或空间曲线来表示。

图 39-15 所示为焊接电弧数字化数据采集与电弧瞬时分析仪的原理框图。该系统可以分析焊接电弧的瞬态过程，还可以用来测试焊接电源的动态参数。

39. 3　焊接过程的数字化自动控制

利用数字化控制系统对焊接过程进行控制，为焊接过程自动化开辟了一个新的前景。它使焊接过程的自动控制由简单的程序控制、恒定参数控制发展成多参数综合控制、焊接过程的自适应控制以及焊接过程的智能控制。

39. 3. 1　对焊接过程的程序进行控制

对于自动焊接过程，用数字化控制系统代替人工或继电器系统完成焊接过程的一系列程序操作，可以减轻焊工劳动强度，保证焊接质量，降低对焊工的操作技术要求。

例如 ESAB 公司的 PROTIG 250 可编程 TIG 焊管机，就是用数字化控制 TIG 焊管的全部焊接程序。又如数字化控制电容储能焊机，也是用数字化控制系统开环控制夹紧工件（打开气阀）、停止向电容充电、焊接（电容放电）、松开工件（关闭气阀）、向电容充电等整个焊接过程。

对焊接过程的程序进行控制的数字化控制系统的硬件结构比较简单，只需数字量通道即可，采用单片机就能满足要求。对于某些专用焊机或生产线，例如，用多点凸焊机焊接框架或网格构件的全自动生产线，则采用可编程序控制器（PLC）进行全自动焊接程序的控制，并包括对焊接时间与焊接电流的控制。这种设备用专用的语言进行编程，并配有存储器存储编好的程序，因此在调整产品规格时，只要调用相应的程序即可。这样的自动线具有柔性制造系统的功能。由于投资少，控制系统可靠性高，功能较强，很受欢迎。

39.3.2　记忆典型的焊接参数

利用数字化控制系统的存储器所具有的记忆功能，将各种典型产品（包括不同材料）经试验确定的焊接参数存入存储器（一般存入ROM或有电池供电的RAM，使断电后仍能保持信息）。焊机工作时，焊工只要输入所焊工件的材料、板厚、所用焊丝（或焊条）直径等信息，数字化控制系统就能自动调出合适的焊接参数给定值，送到焊接电源以控制其输出符合要求的焊接参数。有不少带数字化控制的CO_2气体保护焊机、MIG/MAG焊机都存储有几十到几百种焊接最佳参数的组合。

具有这类控制功能的数字控制系统都兼有焊接程序的控制，其硬件结构则包括数字量通道和D/A通道。对于某些设备还具有现场给数字化控制系统输入给定值的功能。现场输入给定值的办法有4种：①用键盘输入；②用拨码盘通过I/O口输入数字量；③用电位器通过A/D通道输入；④用通信方式由其他计算机输入。除第一种方式输入时需离线操作外，其他三种方式都可在线操作。这类控制系统一般选用单片机即可。

39.3.3　控制焊接或切割的轨迹

利用数字化控制可以代替过去的数控装置进行焊嘴或割枪运动轨迹的插补运算，从而控制焊嘴或割枪按预定轨迹运动。轨迹图形往往由计算机用计算机辅助设计（CAD）方法根据被切割零件的图形进行编程设计，并进行排料，然后计算机将设计好的表示图形的数据通过通信方式传送给数字化控制系统。控制系统根据此信息一面控制割枪运动，一面对割枪运动的轨迹进行插补运算，使割枪运动的轨迹符合编程计算机输出的零件形状尺寸要求。控制焊嘴或割枪运动的数字化系统要求有足够的内存容量和运算速度，其接口要包括多个D/A通道和数字量通道。典型的应用例子是CNC（Computer Numerical Control）数控气割机。

39.3.4　弧焊过程的闭环反馈控制

图39-16所示是基于数字化闭环反馈控制的焊机硬件结构原理框图。接口电路由A/D通道、D/A通道和数字量通道组成。焊接电流和电弧电压可就近用运算放大器前置放大后再送至多路模拟开关，以减少干扰，隔离放大后，经A/D变换由微控制器进行数据采集。如需采集焊丝送进速度和焊接速度等其他焊接参数，则可选用测速电动机进行速度反馈，仍通过A/D变换送入微控制器，或在上述传动机构上安装光码盘，通过数字量通道送入微控制器实现速度反馈。微控制器处理后的数据通过D/A通道输出，去控制焊机的输出电流或电压或脉冲参数。微控制器和A/D、D/A通道构成闭环控制电路，再由微控制器软件对反馈量进行某种运算形成闭环控制。I/O芯片、光耦和驱动电路组成的数字量输出通道用于对焊接过程进行程序控制。

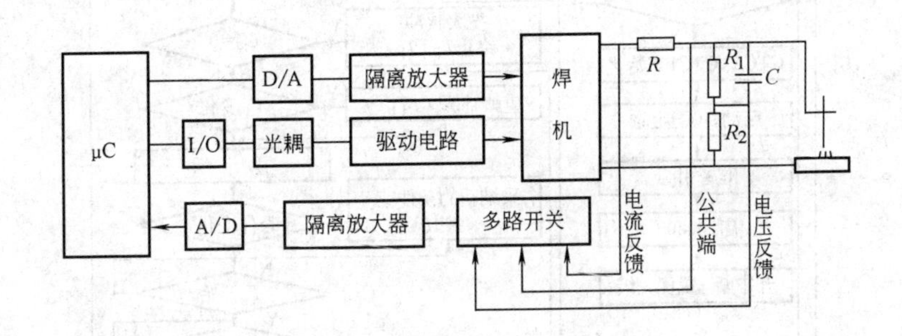

图39-16　焊机的数字化闭环控制系统

目前，采用数字化方式进行闭环控制的焊机有最佳参数配合（SYNERGIC）脉冲MIG焊机，通用型直流弧焊机，多功能型焊机，逆变焊机，交直流两用多功能TIG焊机，CO_2气体保护焊焊机，全位置钨极氩弧焊管机及管板焊机，电阻点、缝焊机等。

1. 协同式脉冲熔化极惰性气体保护焊

最佳参数配合（SYNERGIC）脉冲MIG焊机是目前国外流行的数字化控制高性能MIG焊机，它是利用微控制器（单片机、DSP等）检测送丝速度及所需要的电弧长度，再推算出最佳的脉冲电流、维弧电流、脉冲频率等参数，然后用这些参数去控制弧焊电源的输出，以达到上述参数与送丝速度的最佳配合。这种控制方式能实现单旋钮操作，保证一个脉冲过渡一个熔滴，从而达到最佳熔滴过渡方式，以减少飞溅（甚至无飞溅）稳定电弧。其硬件原理框图如图39-17所示，图39-18为其软件流程图。

2. 数字化控制多功能焊机

这类焊机包括通用型直流弧焊机、多功能型焊机、交直流两用多功能TIG焊机、CO_2气体保护焊焊

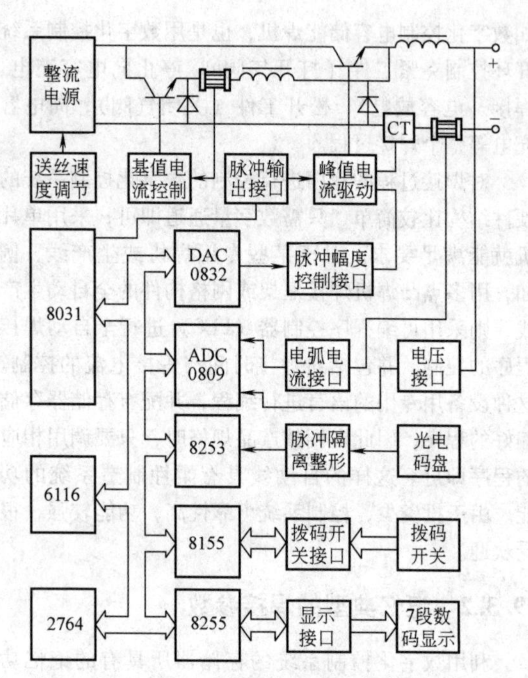

图39-17　Synergic脉冲MIG焊机的数字化控制系统

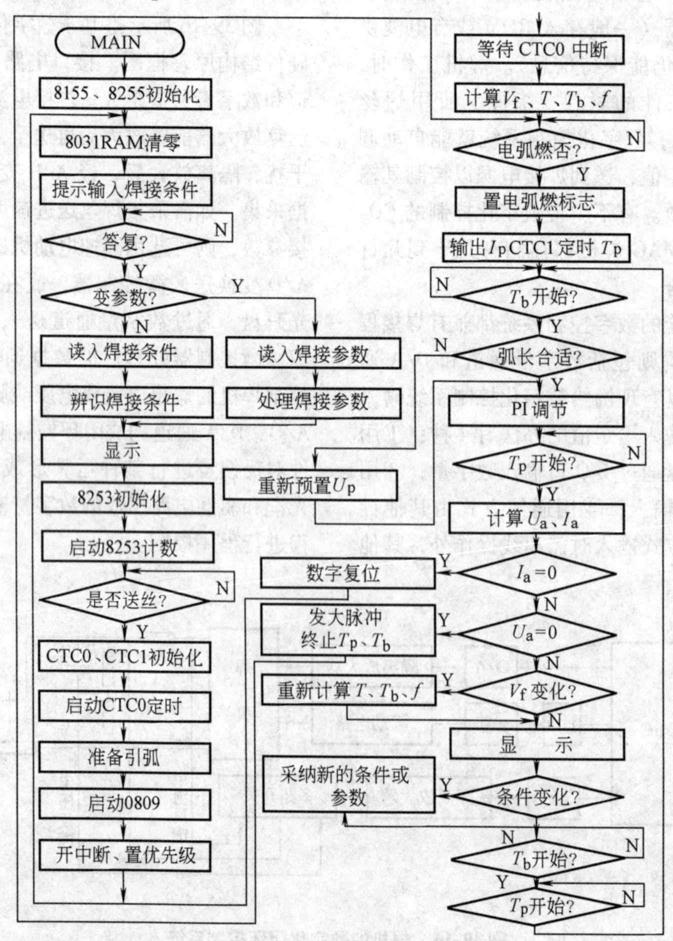

图39-18　Synergic脉冲MIG焊机的主程序流程图

机等。它们的主电路可以是三相桥式全控晶闸管整流器或带平衡电抗器的双反星形可控整流器，也可以是基于现代功率电子技术的逆变电路。图 39-19 为数字化控制的逆变焊机硬件框图。

采用数字化闭环控制的弧焊机的优点是控制电路硬件结构简单，抗干扰能力强，性能可靠，可记忆焊接参数，容易实现多功能控制，在某些焊机（如 CO_2 焊机）中可进行电流波形控制以改善焊接飞溅。

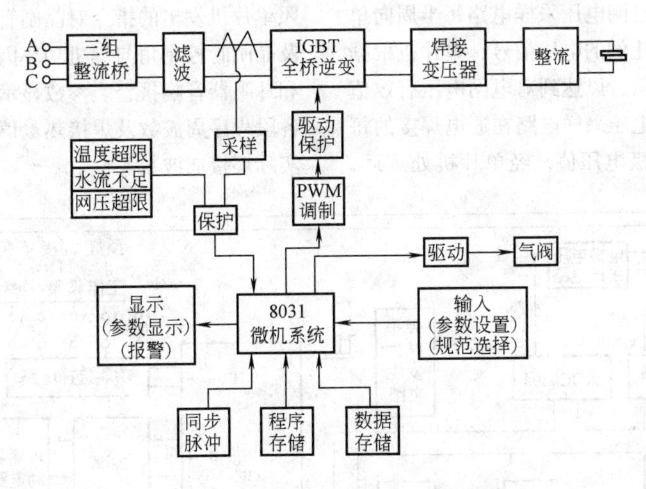

图 39-19　数字化控制逆变焊机硬件框图

39.4　焊接质量控制

焊接质量控制是数字化控制的重要应用，它通过检测反映焊接质量的参数（不是焊接参数）作为反馈量进行控制。例如，在弧焊中通过检测焊缝的宽度、焊缝区的温度场、焊缝背面的熔透程度以及焊缝的形态等来作为反馈量进行控制。

39.4.1　电阻点焊、缝焊过程的数字化控制

电阻点焊在汽车制造等行业中有广泛的应用，如何稳定焊点的质量越来越受到广泛重视。目前国外新出的电阻点、缝焊机均采用数字化方式控制焊接程序和焊点质量，例如数字化控制的点焊机器人（德国 KUKA 公司）、点焊程序控制器、点焊恒流控制器等。利用数字化方式控制电阻点焊、缝焊的焊点质量的方法主要有恒流法、计算能量法、测量焊点膨胀的位移法和检测动态电阻法。

恒流法是将测得的焊接电流信号通过 A/D 转换器送入计算机计算其有效值，与预置标准焊点各周波内的电流有效值相比较，如有差异，则数字控制器输出信号自动调整主电路的输出，达到恒流控制的目的。计算能量法是通过实时计算焊接输入能量与预置值进行比较，如发现“在焊点”的能量提前或滞后达到标准焊点的能量时，将自动缩短或延长通电时间。这两种方法都属于旨在稳定焊接参数的恒参数的闭环控制，其检测量都为焊接电流。

位移法与动态电阻法则属于焊接质量控制范畴。在电阻点、缝焊中，通过检测焊接过程中反映焊点大小的焊点位移和动态电阻，作为反馈量进行控制，可以对焊点质量进行有效控制。

成都电焊机研究所研制的 KD3—200 微机点、缝焊控制器采用动态电阻法来控制焊点质量，通过采集焊接时动态电阻曲线即两电极之间电压降对时间的变化率，将检测到的实际值和目标值进行比较，根据其差值去通过改变主电路的晶闸管导通角和晶闸管导通的周波数来控制焊接电流和焊接时间，以达到控制焊点质量的目的。控制系统同时兼有其他稳定参数控制功能。

图 39-20 为 KD3—200 微机点焊、缝焊控制器的硬件原理框图，采用 8035 单片机作为控制核心。单片机接受操作命令（包括预置参数，选择功能等），在焊接过程中采集反馈信息（如电网电压、电极电压、晶闸管导通与否等），按固化在 EPROM 中的程序进行处理后向控制对象发出运行指令（如工作程序的转换、晶闸管的通或断、参数显示、故障报警等）。

同步脉冲发生电路在电网电压过零时向单片机发出脉冲信号，作为各程序段计时（工频周期数）的时钟脉冲及晶闸管触发电路移相的时标。参数预置电路用于向单片机输入焊接规范参数（各段程序周期数和焊接热量值）。功能选择电路用于选择焊机的工作方式。

隔离驱动电路将单片机系统与工作在高电压的主电路隔离，并能按数字控制系统输出的指令执行电磁气阀的通—断、晶闸管的触发—关断等。因其传递的是脉冲信号，所以可采用光耦合器隔离。

在单片机控制下，电网电压采样电路每半周向单片机送入与电网电压成比例的电压信号，单片机根据此信号调整晶闸管导通角，以达到对电网电压有效值进行补偿的目的；电极电压采样电路在通电焊接的每个周波向单片机输入电极电压值，经单片机处理后，在电极电压达到合格焊点尺寸的对应值时，关断晶闸管，结束焊接。

检测电路检测晶闸管的导通信号并送入单片机，以判断晶闸管故障（失控、不导通等）。报警电路按照单片机发出的指令对晶闸管故障、焊点尺寸不合格及晶闸管控制角与焊机功率因数失配等给出指示灯亮和蜂鸣器音响报警。参数显示电路在预置参数时显示各段程序周波数及焊接热量值，在焊接过程中则显示实际焊接周波数。

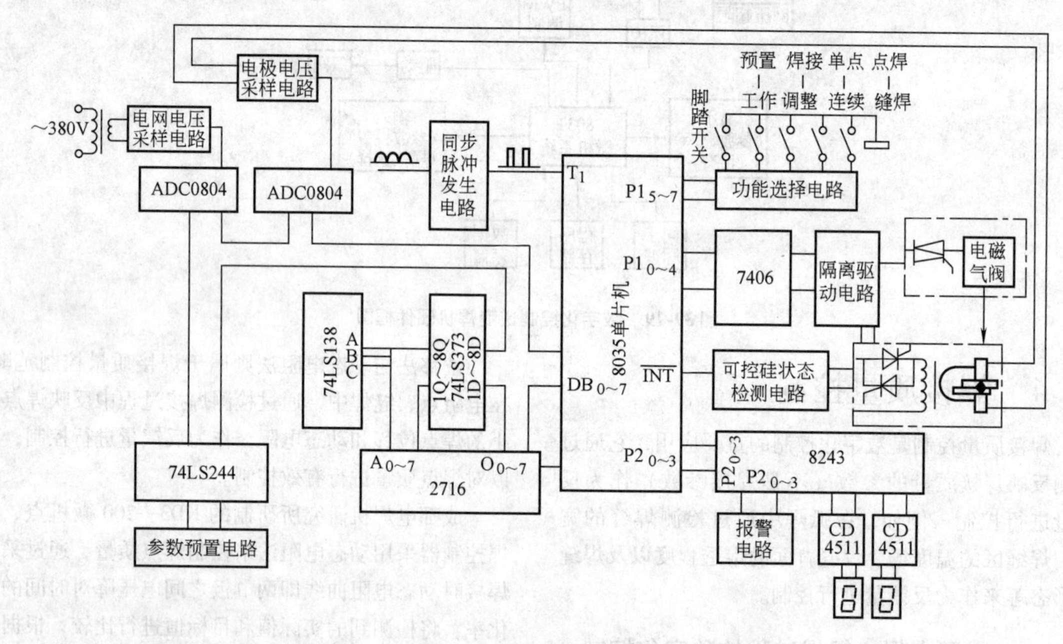

图39-20 KD3—200型微机点、缝焊控制器原理框图

由上可知，采用单片机作为控制器，其硬件结构简单清晰，其功能决定于软件的设计，图39-21为该控制器的软件流程图。

检测焊点大小的位移法，所检测的参数是焊接过程中电极的位移量，因为该参数与焊接时形成的焊点大小有关。形成的焊点大，电极的位移量大，反之则相反。从而可以通过位移传感器检测电极的位移量与标准量比较，根据比较结果控制焊接参数以达到稳定焊点大小的目的。

39.4.2 基于电弧及熔池图像处理的焊接质量控制

电弧及熔池图像处理是数字图像处理技术在焊接中的重要应用。其主要方法是利用摄像机拍摄实际焊接时的电弧及焊缝熔池图像，数字化系统对该图像进行去噪声、二值化处理后，勾画出电弧与焊缝熔池的轮廓以识别出熔池与电弧的形态以及电弧所处的位置，从而可以进行焊缝自动跟踪、焊缝熔宽控制、焊缝熔透控制等。这是国内外焊接界研究的焊接过程智能控制的主要内容之一，其用途是为弧焊机器人提供视觉，以保证焊接质量并扩大弧焊机器人的应用范围。

由于焊接电弧是一个强光源，因此必须采用恰当的滤光技术才能拍摄到层次分明的电弧及熔池图像。另外，图像是动态的，在摄取图像时，时间噪声较大，同时由于往往要利用图像分析的结果进行反馈控制，因此对图像的处理要尽可能快地捕捉到其特征信息，如电极轮廓、熔池形状等。

图39-22是采用两个摄像头的焊缝熔池控制系统，在电弧前方的摄像头摄取焊缝坡口的图像，在电弧后方的摄像头摄取电弧和焊接熔池的图像。由于所采用的摄像头可直接输出数字量信号，因此所摄取的图像信息直接送往各自的图像存储器。数字系统对两个图像存储器中的图像信息进行处理，可以用于窄间

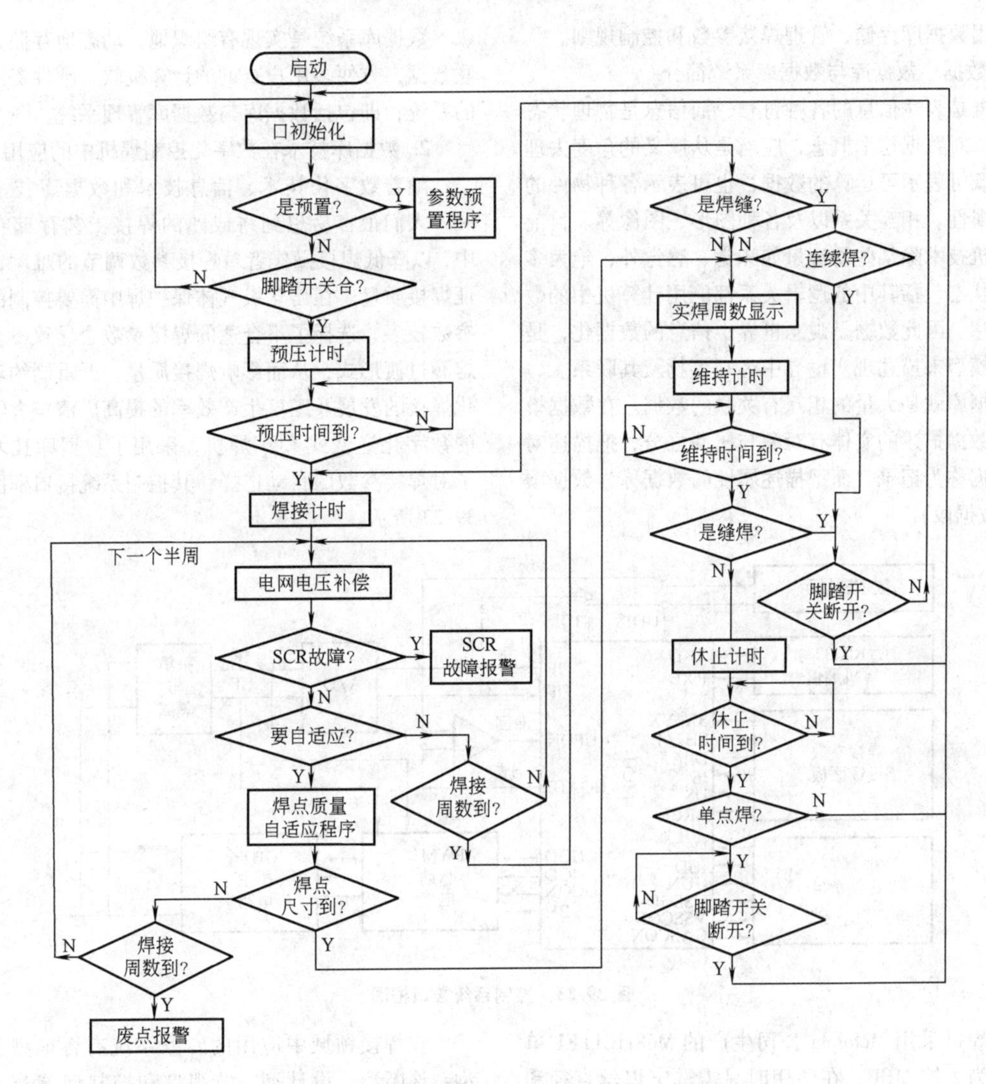

图 39-21　KD3—200 型微机点、缝焊控制器软件流程图

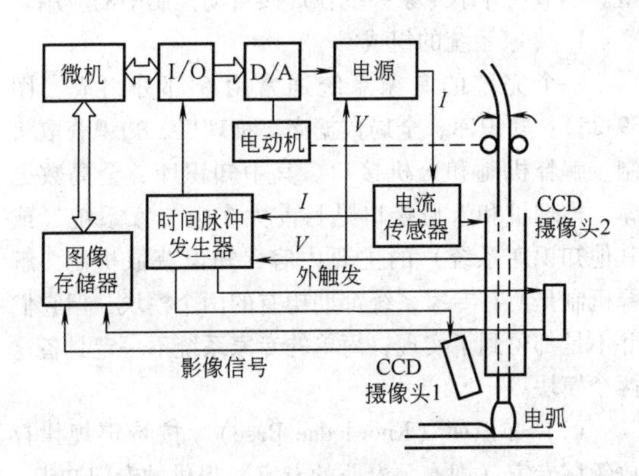

图 39-22　焊缝熔池控制系统

隙焊时的焊缝跟踪，利用数字系统采用模糊逻辑控制来控制焊缝熔池的宽度甚至熔透。由此可见，将图像处理技术与数字化控制技术相结合，可以实现智能控制。

39.5　数据库与专家系统在焊接自动化中的应用

除了前面几节介绍的数字化技术在焊接参数和焊接瞬态过程监测、焊接工艺过程和接头质量控制的应用之外，数据库和专家系统在焊接自动化控制中也有较多的应用。

39.5.1　焊接自动化中的数据库技术

数据库技术主要被用来建立焊工档案管理数据库、焊接符号检索数据库、焊接工艺评定资料数据库、焊接材料检索数据库、焊接设备、材料和结构生产厂家及其产品检索数据库，以及其他与焊接有关的各种资料检索数据库等。在焊接自动化控制系统中，也常利用数据库存储、管理焊接参数和控制规则。

1. 数据、数据库与数据库系统简介

数据是表达信息的各种符号，而信息是物理状态的反映。对数据这个概念，应当是从广义的角度去理解，它既可表示可运算的数据，也可表示各种物件的名称、属性、相互关系以及各种图形、图像等。目前的计算机技术除某些物理量如味觉、感觉外，绝大多数物理状态包括其中的逻辑关系都能用计算机中的数据来表达。因此数据是观念世界中信息的数据化，是用数据模型来描述现实世界中客观事物及其联系。

数据库就是大量的相互有关联的数据。在数据模型中用数据描述的实体有对象与属性之分，把描述对象的数据称为记录，而把描述属性的数据称为数据项（或称数据段）。

数据库系统是实现有组织地、动态地存储大量关联数据，方便多用户查询的计算机软、硬件资源组成的系统，即包括数据库与数据库管理系统。

2. 数据库技术在数字化控制焊机中的应用

随着数字化技术、信息技术和数据库技术的发展，人们很容易想到将成熟的焊接工艺存储在焊机中，以降低焊接操作者对焊接参数调节的难度，并保证焊接质量。在熔化极气体保护焊中需要控制的焊接参数较多，选择了不合适的焊接参数会导致不合适的熔滴过渡形式，从而影响焊接质量，严重制约着自动化焊接的发展及工厂生产效率的提高。清华大学研制的数字化逆变式 CO_2 焊机，采用了数据库技术实现了对焊接参数的自动选择，其控制系统接口框图如图39-23所示。

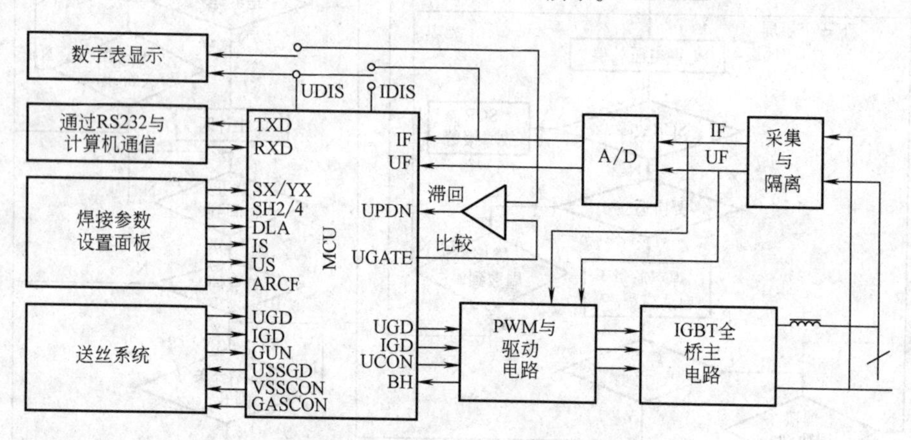

图 39-23 控制系统接口框图

该焊机采用 Motorola 公司生产的 M68HC11E1 单片机作为主控 MCU，在使用时只需选定焊丝直径和焊接电流，焊机会从数据库中自动确定其他焊接参数，大幅简化了焊接操作者的工作，也保证了焊接质量的稳定。焊接过程控制的主程序流程如图 39-24 所示。

39.5.2 专家系统在焊接自动化中的应用

所谓“专家系统”就是具有相当于专家的知识和经验水平，以及解决专门问题能力的计算机系统，通常主要指计算机智能软件系统。它具有知识信息处理、利用、推理和咨询解释能力。专家系统作为人工智能领域的一个重要分支，近年来有飞跃的发展。计算机可以把大量的数据和资料加以整理和归纳形成数据库，同时将有关各方面专家的知识和经验集中起来形成若干规则，编写出推理软件，使用户能够像有经验专家，甚至像一群专家，集体对涉及的问题进行判断，并做出决定。

在焊接领域中应用的专家系统有咨询型、预测型、诊断型、设计型、监视型和控制型等若干个类型。本节仅介绍专家系统在焊接自动控制中的应用。

1. 专家系统的组成

一个完整的专家系统通常由6部分组成（图39-25）：知识库、全局数据库、推理机、知识获取机制、解释机制和人机接口。其中知识库、全局数据库、推理机和人机接口是目前大多数专家系统（或其他知识库系统）的主要内容，知识获取机制、解释机制是所有专家系统都期望有的两个模块，但它们并不是都得到了实现，简单的专家系统不一定具备这两个模块。

（1）知识库（Knowledge Base） 按特定规律存放领域专家（即有关专业的专家）提供的专门知识。

（2）全局数据库 反映具体问题在当前系统运行（求解）状态下的符号或事实的集合，它由问题的有关初始数据和系统运行（求解）期间所产生的所有中间信息组成。

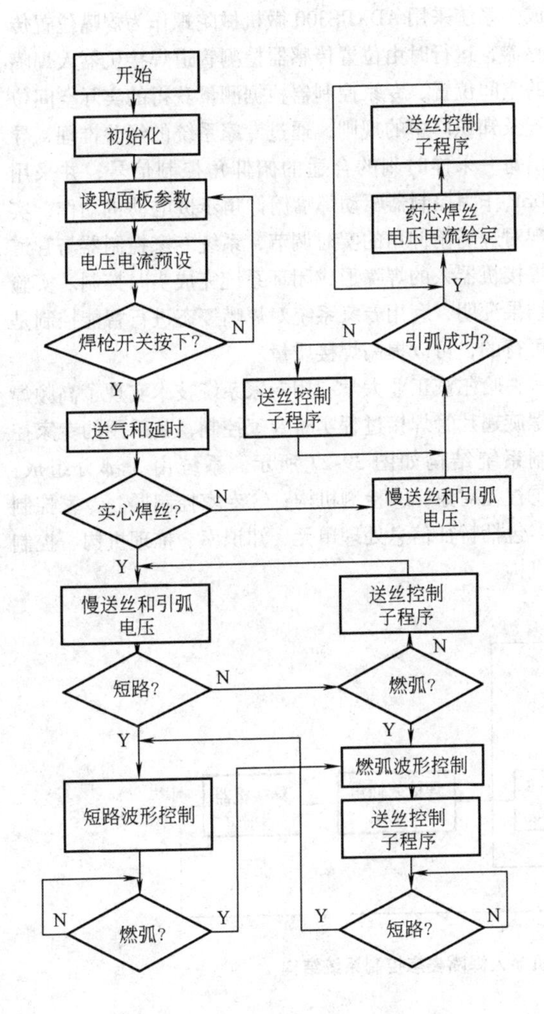

图 39-24　焊接过程控制的主程序流程

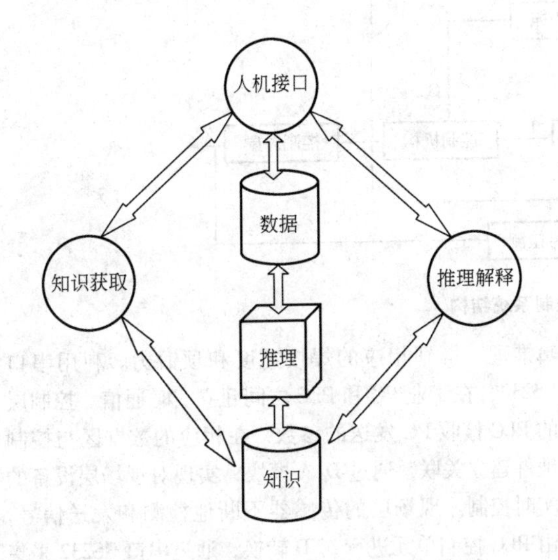

图 39-25　专家系统的组成

（3）推理机（Inference Engine）　在一定的控制策略下，针对上下文中的当前问题信息，识别和选取知识库中对当前问题的可用知识进行推理，以修改上下文直至最终得出求解结果。

（4）人机接口（User Interface）　将专家和用户的输入信息翻译成系统可接受的内部形式，同时将专家系统输出的信息转换成人类易于理解的形式，如文字或图形、表格等形式。

（5）知识获取机制（Knowledge Acquisition）　实现专家系统的自学习。

（6）解释机制（Clarification）　解释专家系统向用户提供的结论，回答用户对系统的提问。

2. 建造专家系统的步骤

要建造一个专家系统，通常由知识工程师来完成，其最主要的工作是要通过和领域专家的一系列讨论，获取该领域专门问题的专业知识，再进一步概括，形成概念并建立起各种关系。接着就是把这些知识形式化，用合适的计算机语言实现知识组织和求解问题的推理机制，建成原型系统。最后通过测试评价，在此基础上进行改进以获得预期的效果，这一过程可用 5 个具体阶段加以表示。实际上建造专家系统是一个递归开发的过程，经过 5 个阶段的初步设计和实现评价之后得到的原型系统，要进一步改进，逐步地向纵深方向生长和完善。

（1）认识阶段　知识工程师和领域专家一起交换意见，探讨对所考虑问题的认识，目的是了解表述问题的特征及其知识结构，以便进行知识库的开发工作，因为专家系统的推理机构和知识库的结构都和专家系统所要解决的问题的知识结构有密切的关系。

（2）概念化阶段　要使认识阶段提出的一些概念和关系变得更明确，所形成的概念必须和问题求解过程的思路一致。

（3）形式化阶段　把上一阶段孤立处理的概念、子问题及信息流特征等，用某种知识工程的工具将其形式化。这一阶段主要是建立模型，解决知识表示方法和求解方法的问题，是建造专家系统过程中最关键和最困难的阶段。

（4）实现阶段　把建立的模型映射到具体领域中去，建成原型系统。

（5）测试阶段　对原型系统及实现系统时所使用的表示形式做出评价。

前面已提过，建立专家系统是一个递归开发过程，原型系统总是要根据测试情况的反馈信息进行修改，修改的内容包括重新建立概念，重新设计表示格式或者重新改进已实现的系统，但多数是不断补充推理机构和知识库的内容。总之是要通过实现、测试和反馈的多次循环，不断调整规则及控制结构，直到获得所希望的性能为止。如果这时推理部分已经正常，而性能尚未稳定，则必须考虑修改知识库，重新设计表示格式，也是要经过多次循环，改到满意为止。

3. 专家系统技术在焊接过程控制中的应用

专家系统是智能控制的一种，是随着工业自动化的发展而提出的，专家系统用于焊接过程控制的实例有许多。在焊接过程控制，尤其是质量实时控制与机器人焊接过程控制中，有一些复杂的模糊的条件要进行判断，采用专家系统，常常可以达到比较满意的效果。

中国科技大学采用专家系统技术设计了管道焊接机器人焊嘴姿态智能控制系统，如图 39-26 所示，用以解决管道焊接机器人焊嘴姿态控制问题。系统主要由基于知识的专家控制器、位置传感器和被控对象组成。系统采用 ADXRS300 微机械陀螺作为焊嘴位置传感器，运行时由位置传感器检测管道焊接机器人焊嘴的空间位置，专家控制器根据测量获得的实际空间位置及知识库中的规则，通过专家系统的经验推理，导出每一采样时刻的合适的俯仰角控制信号，并采用 DSP 作为控制器驱动焊嘴俯仰角步进电动机动作，实现对焊嘴俯仰角的实时调节，系统专家控制器与管道焊接机器人的焊嘴形成闭环系统完成实时控制。实验结果证明，利用专家系统对焊嘴姿态进行智能控制是可行的，可以提高焊接质量。

哈尔滨工业大学利用专家系统技术实现了高频焊螺旋翅片管焊接过程实时专家控制，其采用的专家控制系统结构如图 39-27 所示。系统由 3 部分组成：①被控对象；②检测机构；③专家控制器。专家控制器包括特征信息处理单元、知识库、推理机构、控制机构。

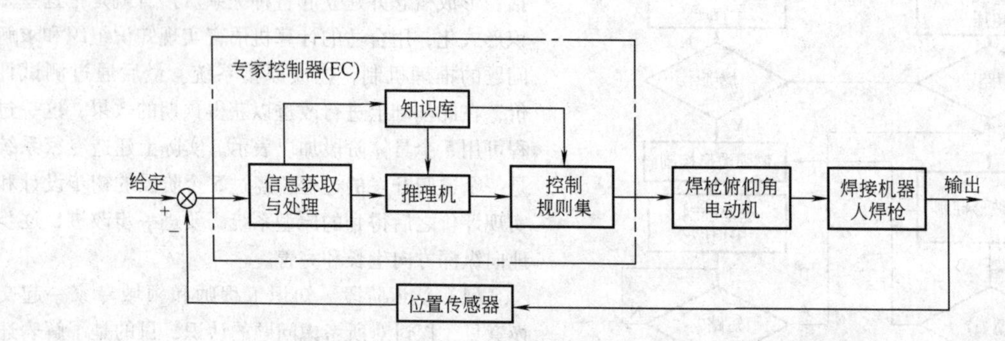

图 39-26　基于专家系统的管道焊接机器人焊嘴姿态控制系统结构

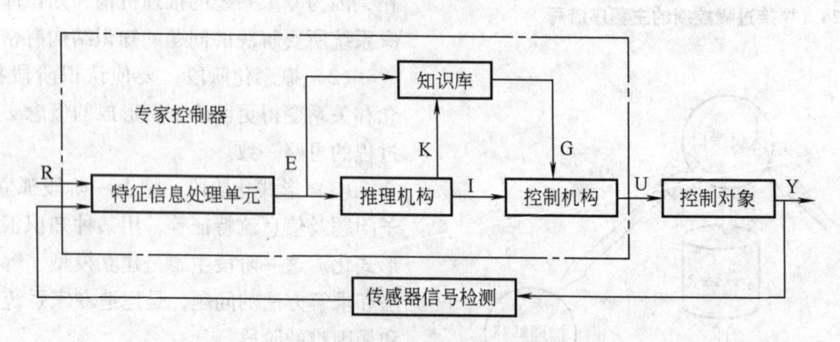

图 39-27　专家控制系统结构

图 39-28 所示为系统的硬件组成，采用工业 PC、人机界面、PLC 等控制单元构成该系统的控制核心。控制系统可分为 3 个层面：管理层、控制层、现场层。管理层是专家控制系统的核心，应用基于数据库开发的专家控制系统，输入相应的焊接参数，如翅片螺距、钢管（直径、管厚、材质）、钢带（带高、带厚、材质）等参数，通过推理机的产生式规则进行逻辑推理，得到相应的焊接速度和顶锻力。利用串口 RS232，在工业 PC 和 PLC 之间建立实时通信。控制层的 PLC 接收 PC 发送的参数，在相应的数据区与控制硬件建立关联，通过 D/A 模块，实现对现场层设备的实时控制。现场层的传感器不断地检测和发送信号，由 PLC 控制单元进行 A/D 转换，通过串口 RS232 采集到 PC 机中，从而实现该专家控制系统的实时反馈。

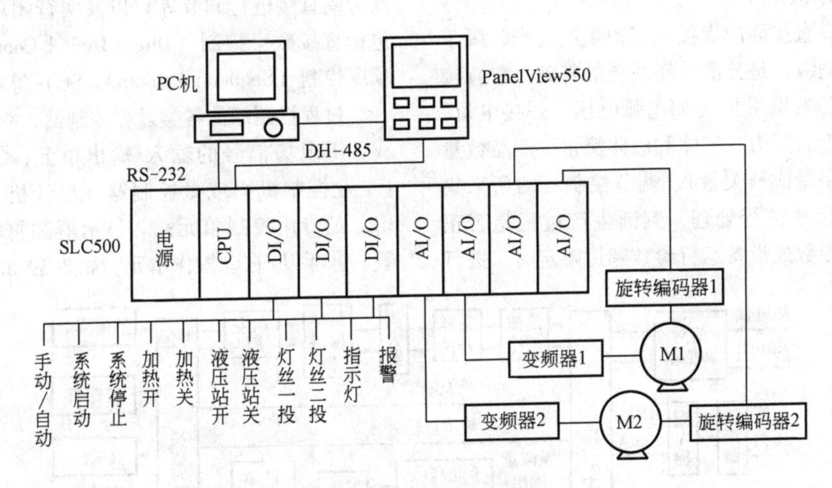

图 39-28 系统硬件构成图

39.6 计算机在焊接自动化中的其他应用

计算机辅助设计/计算机辅助制造（CAD/CAM）、柔性制造系统（FMS）及计算机集成制造系统（CIMS）属于计算机在自动化生产中应用的高级形式，在焊接领域的研究和应用也取得了一定的成果，有一些成功应用的实例。

39.6.1 焊接自动化中的集散控制系统

现代工业对控制系统的要求已不局限于自动数据采集和控制功能，还要求工业过程能长期在最佳状态下运行。对于一个规模庞大、结构复杂、功能综合、因素众多的大型控制系统，对它的要求不仅仅是一个局部最优化问题，而是一个整体的总目标函数最优化问题。总目标函数不但包括产品质量和产量等指标，还包括成本、污染等各类指标。这些指标反映了技术、经济、经营、环境控制各方面的要求。但对于一个复杂的大系统，直接进行多目标最优化控制是很困难的，实际上也无法实现这样的目标。

为了实现大型工程系统的最优化控制，大系统控制理论中引入了“分解”和“协调”的设计原则。分解就是在设计过程中，将高阶大系统细分，分解成若干个低阶的相关小系统，这些小系统之间互相独立，相互间的耦合关系应减至最小，以便于使用一般最优化控制理论设计局部控制器，分别控制各个小系统目标对象，达到小系统控制最优化，进而达到整个大系统的相对最优化控制。这种具有分散控制、信息集中管理特点的分布式计算机控制系统称为集散控制系统（Distributed Control System，DCS）。

集散型控制系统的结构通常分 3 级：第一级为直接过程控制级，第二级为集中操作监视级，第三级为综合信息管理级。各级之间由通信网络相连，级内各站或单元由本级的通信网络进行通信联系。典型的 DCS 系统结构如图 39-29 所示。

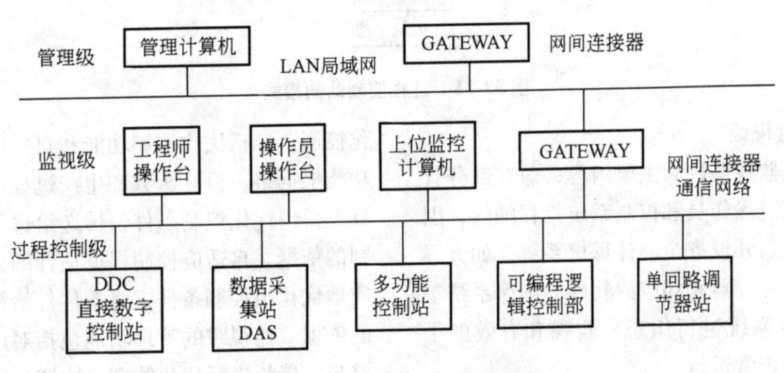

图 39-29 典型 DCS 系统结构图

1. 过程控制级

过程控制级直接面向焊接或其他生产过程，属于DCS的现场控制级，是分散控制系统的基础，它直接完成生产过程的数据采集（如电弧电压、焊接电流、焊接速度、温度、压力、气体和液体流量、产品数量等模拟量和数字量或开关量）、调节控制（对所采集的数据和状态信息进行处理，判断生产过程是否正常，如当焊接参数或设备运行参数超过限定时，进行报警或直接进行调节等）以及实行闭环和开环控制，包括直接数字控制（Direct Digital Control，DDC）和顺序控制（Sequential Control，SC）等功能。

过程控制级的各类过程控制站，一般由4部分组成：①现场信号的输入/输出单元；②微型计算机（工业控制机）或微控制器（单片机）及其他含有CPU的专用控制单元；③显示器和打印机等常规外设；④手动/自动操作单元，如图39-30所示。

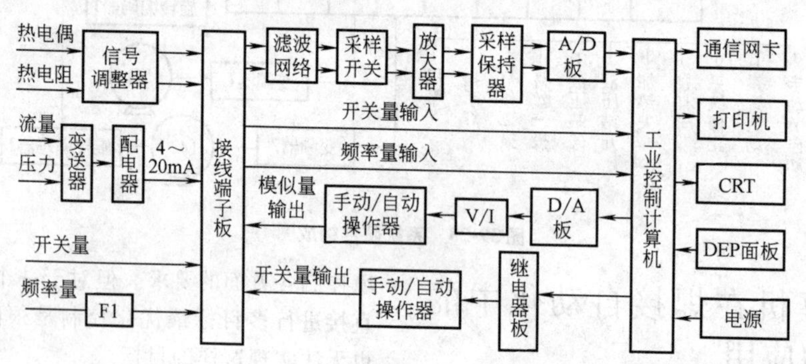

图39-30 过程控制站内部构成

过程控制站有不同类型，不同类型形成不同的模式，图39-31列举了几种常用模式。随着半导体集成制造技术的发展，过程控制站内的多数部件都已有模块化的标准工业产品可供选择，并可进行不同组合。

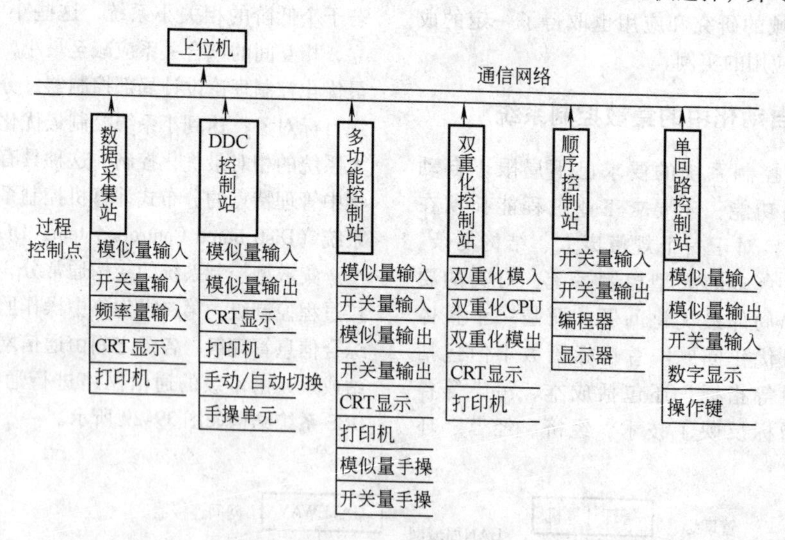

图39-31 过程控制站的模式

2. 集中操作监视级

操作监视级以监视监控为主要内容，兼有部分管理功能，是面向系统操作员和控制系统工程师的，因此需要配置功能强、外设齐全的计算机系统，如大屏幕显示器、大容量存储器和相应的软件，确保系统工程师和操作员能对系统进行组态、监视和有效的干预，保证生产过程正常运行。

监视级的监控任务是实现过程控制级的协调和优化控制，包括优化控制功能和自适应控制。优化控制功能根据某一目标函数和生产过程模型，进行优化运算，得出优化控制条件，传送给过程控制级，作为控制的依据。自适应控制根据估计的模型及参数，自适应地优化出控制条件，将条件传给控制级，作为控制的依据。监视级的管理功能包括对厂内生产过程、原材料、能耗进行优化管理，协调各部分的工作。

监视监控级的监视操作站（OPS）的主要功能

如下：

（1）系统功能　包括能将各控制站运行中的必要信息传送到操作站，并可对下级控制站进行操作记录和过程报警打印。

（2）操作员功能　操作员面对画面进行相应的操作，类似于仪表方式的控制系统。由于计算机软件技术的发展，在画面上可以静态甚至动态显示工艺流程及各重要参数及其上下限。还可以显示统计数据，综合判断生产工艺是否正常，如发现异常，会在相应的工艺显示区域改变颜色或用闪烁显示，以引起操作人员的注意。

（3）工程师功能　包括系统组态、系统控制、系统维护管理等功能。

（4）图形生成功能　这是一种图形软件，提供使用者能生成自己所需的各种工艺流程画面，并能存储以供调用。

（5）过程报告和报警处理功能　系统提供报警显示画面，发生报警事故时显示报警组号、站号和报警原因，报告现有过程状态或历史事件。

（6）信息传递与保存功能　保存或传递有关系统运行和报警信息。

3. 综合信息管理级

综合信息管理级由基于高性能计算机的工厂自动化综合服务系统和办公自动化系统组合而成，负责有关的经济、商务、工程、生产方面的综合处理，达到优化组合的目的。其主要功能包括市场经济情报（包括市场情报收集、市场分析、预测、用户反馈、市场经济走向等）、销售管理（包括合同管理、订货交货统计、合同履行、材料库存、外购订货管理等）、生产管理（包括生产订货安排、零部件计划、外协管理、工期管理等）、成本管理（包括制造成本、管理成本、价格核定等）、质量管理（包括零部件质量、半成品质量、成品质量、外协部件质量控制统计、工艺参数分析、工艺能力评价等）等。

4. DCS的数据通信

（1）数据通信的作用　数据通信是DCS的重要技术支柱之一。其主要作用如下：

1）指令发布。将上位机（监视操作站）的组态数据及控制信息传送给处在不同物理位置的过程控制站，由有关的控制站在现场执行局部范围内的专门控制和数据处理，如采集焊接参数、控制焊接过程等。

2）数据收集。将各控制站上的各种状态信息和统计数据传到上位机，便于对分散的控制现场进行数据集中管理和系统运行监督。对产品的生产质量在高层次上进行管理、监督和综合控制。

3）提高系统的可靠性。首先是有了通信系统，使控制系统分散，而信息管理集中在系统体系上保证了系统的可靠性。其次是由于信息的及时传递，生产现场的各种信息和报警信息很快在监视线上显示，值班人员可随时掌握情况，及时对异常情况加以处理，使生产过程的可靠性得以提高。第三是当发生生产设备或控制设备故障时，可以通过动态重组和信息转储的应急方式将故障影响减至最小，从增强系统容错能力方面提高了系统的可靠性。

（2）数据通信方式　常见的数据通信方式如下：

1）总线连接方式。这种方式一般只能在同类或同系列的计算机之间使用，通信距离不超过10m，计算机控制系统的双工系统常使用这种方式。

2）串行通信方式。如广泛使用的较远距离的调制/解调连接通信方式，这种方式通信距离可达数百米至数千米，但传送速度慢，一般只能用在数据通信量不大，次数也不频繁的场合。

3）过程输入/输出装置连接的通信方式。两套过程输入/输出装置作为计算机的外设，借助计算机的传递功能进行数据通信，其优点是程序处理方便，缺点是传送速度低，距离限制在500m以内。

DCS中更多地采用高速数据通道的方式进行数据通信。国际电工委员会（IEC）把用于DCS的数据通信系统正式定名为过程数据公路（Process Data Highway），简称PROWAY，其计算机局域网标准称为PROWAY C标准，它是在IEEE 802.2和IEEE 802.4标准的基础上，根据工业网络的特点进行扩充修改后制定的，在可靠性、实时性、数据流量控制和传输服务等方面进行了规定。

（3）数据通信系统的结构　通信系统的拓扑结构是指各系统物理分布与互联关系的几何构形。以拓扑学的观点来看，计算机通信网是由节点和线路构成的。对于DCS，各控制机是节点，控制机之间的数据通信线为线路，在节点中，一类起信息传递节点作用，另一类是信息交换源节点或目标节点。线路如何连接，从而引出多种拓扑结构。

1）星形结构。这种结构中任意节点间的通信都要通过中心节点才能实现，中心节点是控制节点。网络结构简单，缺点是可靠性差，中心节点成为系统的“瓶颈”，一旦中心节点发生故障，就会导致整个网络的瘫痪。这类结构属于集中式控制模式，在DCS中很少使用。

2）环形结构。这种结构中每个站上连一个转发器（Repeater），每个转发器连通上下两条链路，数据在链路上单向传输，数据逐位地顺序环绕传递，即被传送的信息的每一位在环上独立地循环一周。这种结构便于实现广播式通信，缺点是转发器或电缆的小故障会影响全网的正常运行。

3）总线结构。在总线结构中，所有站点都通过合适的硬件接口直接连到总线上，总线通常采用无源工作方式，任一节点的故障都不会造成整个网络的故障，可靠性高。它具有结构简单、节点增删和位置变动容易的优点，其缺点是网络对总线的故障比较敏感。这种结构在 DCS 中应用最广。

4）树形结构。树形结构是总线结构的一般形式，即分支化的非封闭总线结构，与星形结构相比，通信线路总长度短、成本低、节点扩展灵活、寻址较方便。

下面简要介绍总线结构信息传递控制方式。在总线结构中，所有节点共享一条公共传输链路，因此在某一时刻只能有一个节点能够通过总线发送数据，为了确定下一次哪个站有权发送数据，需要授予某种传递发送权限。常用的发送控制方式有确定型和争用型两种。

在管理用网络中采用载波侦听多路访问 CSMA/CD（Carrier Sense Multiple Access with Collision Detection）技术，该技术属于不确定型控制方式。在这种方式下，各站时刻在侦听总线，只有当总线空闲时才能发送信息。在工业控制中不能使用这种控制方式。

工业控制网络中使用最多的是令牌（Token）传递控制方式。网络上的各站中只有持有"令牌"的站才有权发送数据。令牌在各站之间依次传递，网络上的各站都有一个逻辑号，令牌则按所规定的顺序从一个站传到下一个站。获得令牌的站可以发送数据，如果发送完毕或没有数据需要发送，立即将令牌传到下一站。采用令牌方式的总线网称为令牌总线网。在环形网中一般也采用令牌方式，称为令牌环行网。

5. 模块化集散控制系统在焊接中应用举例

清华大学基于模块化集散控制系统的概念设计研制了管道焊接自动化系统，其硬件结构框图如图 39-32所示。系统的控制对象包括焊接小车、焊嘴调节机构、送丝机构和焊接电源等，属于底层控制系统，该系统将有关焊接过程的信息用传感器检测并经处理后通过通信口送到上级系统。这样的系统有可能将现场的信息反馈到上级层次中的模拟、仿真系统，通过模拟或仿真以诊断产品质量是否能保证，并从上级层次获得信息，调整焊接的有关参数。该系统的电路结构如图 39-33 所示，软件的数据流向和软件总体结构如图 39-34 和图 39-35 所示。

39.6.2　焊接自动化中的网络技术

制造业信息化是当今世界制造业的发展趋势，焊接制造作为制造业的重要组成部分，与信息化、网络化融合也是发展的必然趋势。目前，对焊接现场设备的网络化研究还相对薄弱，在现场焊接设备和管理层之间仍然存在数字鸿沟。焊接设备的单机网络化是实现焊接集成数字化制造的基础，如果焊接设备具有网络功能，则可以与企业现有的网络信息系统无缝连接，实现焊接工艺的网络化管理与监控，对于焊接质量控制和提高焊接制造过程的敏捷性具有重要意义，并且使焊接设备的远程故障诊断及维护成为可能。

由于因特网（Internet）和企业内部网（Intranet）的抗干扰性能较弱，用于焊接自动化现场的网络总线多为现场总线。现场总线（Fieldbus）也被称为自动化领域的计算机局域网，它形成了新型的网络集成式

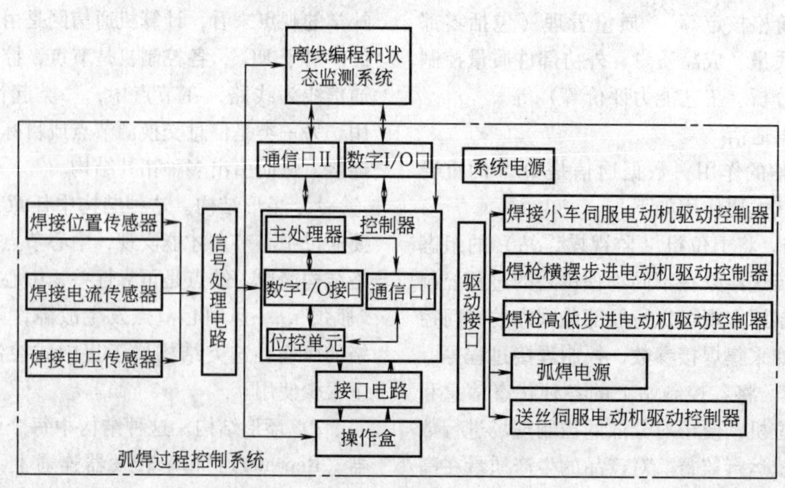

图 39-32　弧焊过程控制系统结构框图

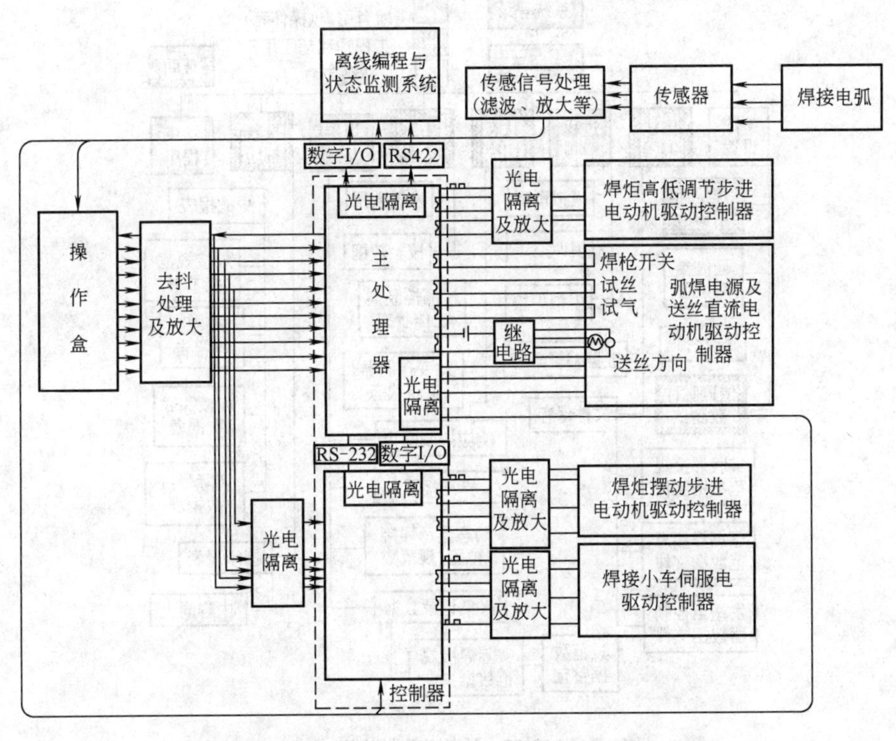

图 39-33　弧焊过程控制系统与外围设备的接线原理图

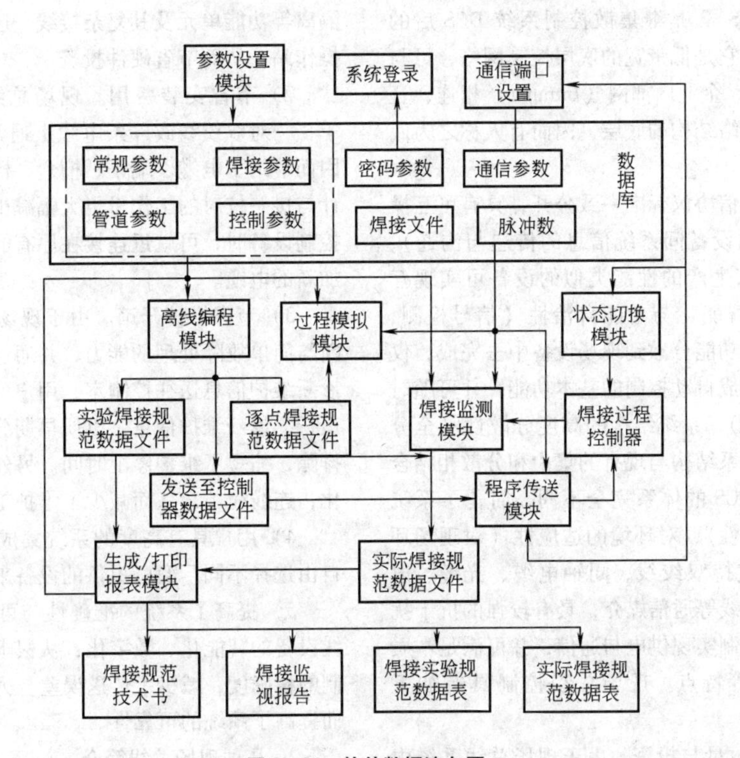

图 39-34　软件数据流向图

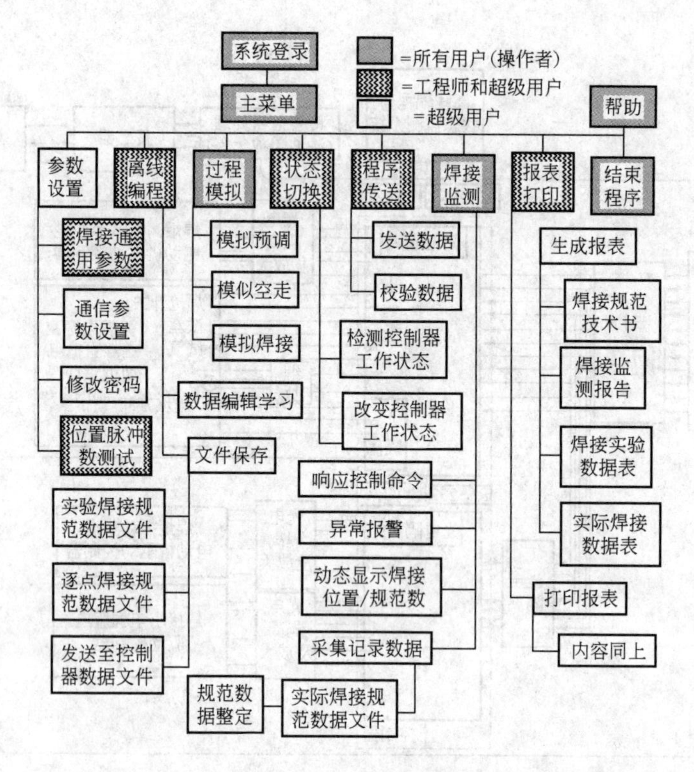

图 39-35 软件总体结构图

全分布控制系统，即现场总线控制系统（Fieldbus Control System，FCS），是继集散控制系统 DCS 后的新一代控制系统。它是低带宽的底层控制网络，可与因特网（Internet）、企业内部网（Intranet）相连，且位于生产控制和网络结构的底层，因而有人称之为底层网（Infranet）。

现场总线的通信协议标准一致公开，具有可互操作性（可实现互联设备间系统信息的传递与沟通）、互用性（不同厂家生产的性能类似的设备可实现互换）、现场设备的智能化与功能自治性（信号检测、数据处理和控制等功能分散到现场设备中去完成，仅靠现场设备即可完成自动控制的基本功能，并可随时诊断设备运行状态）、系统结构的高度分散性（全分散性控制系统的体系结构与现有的集中和分散相结合的集散控制系统 DCS 的体系完全不同，简化了系统结构，提高了可靠性）、对环境的适应性（对现场环境适应性强，可支持双绞线、同轴电缆、光缆、射频、红外线、电力线等通信媒介，具有较强的抗干扰能力，能采用两线制实现供电与通信，并可满足本质安全防爆要求）等特点。现场总线控制具有如下优点：

1）节省硬件数量与投资。由于现场总线系统中分散在现场的智能设备直接执行多种传感控制、报警和计算功能，所以不再需要 DCS 系统的信号转换、隔离等功能单元及其复杂接线，还可以用工控机作为操作站，从而节省硬件投资。

2）节省安装费用。现场总线系统接线十分简单，一对双绞线或一条电缆上通常可挂接多个设备，因而节约了电缆、端子、槽盒、桥架的用量，连线设计与接头校对的工作量也大幅减少。当需要增加现场控制设备时，可就近连接在原有的电缆上，而无须增加新的电缆。

3）节省维护开销。由于现场控制设备具有自诊断与简单故障处理的能力，并通过数字通信将相关的诊断维护信息送往控制室，用户可以查询所有设备的运行、诊断维护信息，以便早期分析故障原因并快速排除，缩短了维护停工时间。另外，由于系统结构简化，连线简单，从而减少了维护工作量。

4）用户具有高度的系统集成主动权。用户可以自由选择不同厂商所提供的设备来集成系统。

5）提高了系统的准确性与可靠性。由于现场总线设备的智能化、数字化，从根本上提高了检测与控制的精确度，减少了传送误差。另外，由于连线减少而提高了系统的可靠性。

1. 几种现场总线简介

（1）基金会现场总线（Foundation Fieldbus，

FF）基金会现场总线以 ISO/OSI 开放系统互联模型为基础，取其物理层、数据链路层、应用层为 FF 通信模型的相应层次，并在应用层上增加了用户层。用户层主要针对自动化测控应用的需要，定义了信息存取的统一规则，采用设备描述语言规定了通用的功能块集。由于基金会成员都是该领域自控设备的主要供应商，因而基金会现场总线规范具有一定的权威性。

基金会现场总线分低速 H1 和高速 H2 两种通信速率。H1 的传输速率为 31.25kbit/s，通信距离可达 1900m（可加中继器延长），可支持总线供电，支持本质安全防爆环境。H2 的传输速率可为 1Mbit/s 和 2.5Mbit/s 两种，其通信距离分别为 750m 和 500m。物理传输介质可支持双绞线、光缆和无线发射，协议符合 IEC1158-2 标准。其物理媒介的传输信号采用曼彻斯特编码。

（2）Lon Works 现场总线技术　Lon Works 现场总线采用了 ISO/OSI 模型的全部七层通信协议，采用了面向对象的设计方法，通过网络变量把网络通信设计简化为参数设置，其通信速率从 300bit/s 到 1.5Mbit/s 不等，直接通信距离可达 2700m（78kbit/s，双绞线）；支持双绞线、同轴电缆、光纤、射频、红外线、电力线等多种通信介质，并开发了相应的本质安全防爆产品，被认为通用控制网络。

Lon Works 技术所采用的 Lon Talk 协议被封装在称为 Neuron 的神经元芯片中，集成芯片中有 3 个 CPU，第一个 CPU 用于完成开放互联模型中第 1 和第 2 层的功能，称为媒体访问控制器，实现介质访问的控制与处理；第二个 CPU 用于完成第 3～6 层的功能，称为网络处理器，进行网络变量的寻址、处理、背景诊断、路径选择、软件计时、网络管理，并负责网络通信控制、收发数据包等；第三个 CPU 是应用处理器，执行操作系统服务与用户代码，芯片中还具有存储信息缓冲区，以实现 CPU 之间的信息传递，并作为网络缓冲区和应用缓冲区。Lon Works 技术已被广泛应用于工业过程控制、交通运输、楼宇自动化、家庭自动化、保安系统、办公设备等行业。

（3）PROFIBUS 总线　PROFIBUS 总线是德国标准 DIN19245 和欧洲标准 EN50170 的现场总线标准，它采用了 OSI 模型的物理层和数据链路层。传输速率为 9.6kbit/s～12Mbit/s，最大传输距离在 12Mbit/s 时为 100m、1.5Mbit/s 时为 400m，可用中继器延长至 10km。其传输介质可以是双绞线，也可以是光缆。最多可挂接 127 个站点。可实现总线供电与本质安全防爆。

（4）CAN 总线　控制局域网络（Control Area Net-work，CAN）总线规范已被 ISO 国际标准组织制订为国际标准，广泛应用在离散控制领域。其信号传输介质为双绞线，通信速率最高可达 1Mbit/s/40m，直接传输距离最远可达 10km(5kbit/s 时)。挂接设备最多可达 110 个，具有较强的抗干扰能力。

（5）HART 总线　HART（Highway Addressable Remote Transducer）总线技术是可寻址远程传感器高速通道的开放通信协议，其特点是在现有模拟信号传输线上实现数字信号通信，属于模拟系统向数字系统转变过程中的过渡性产品。HART 能利用总线供电，可满足本质安全防爆要求，并可组成由手持编码器与管理系统主机作为主设备的双主设备系统。HART 已成为全球智能仪表的工业标准。

2. 基于现场总线的企业网络信息集成系统结构

以现场总线为基础的企业信息系统的结构示意图如图 39-36 所示，图中，H1、H2、Lon Works 等现场总线网络与工厂现场设备连接，是工厂信息网络集成系统的底层，也称为网络的现场控制层。企业信息系统的功能模型及层次结构如图 39-37 所示。

3. 数字电焊机网络控制系统实例

机器人焊接或专用焊接自动生产线在完成特定工件各个焊缝的焊接时，要求焊接系统能根据不同焊缝快速自动地切换焊接规范，这就需要采用高性能 MIG/MAG 电焊机。要实现焊接生产过程的网络化管理，焊接设备的网络化是关键。德国的 DALEX VARIO MIG—400 电焊机利用嵌入式网关结合单片机控制，实现了电焊机的以太网控制。图 39-38 所示为一网络电焊机控制模块电路。它由单片机控制板、模拟量接口、数字量接口、嵌入式网关模块、键盘输入和显示模块（图中未标出）等组成。

电焊机网络控制系统结构如图 39-39 所示，主要由数据库服务器（焊接规范数据库）、Web 服务器、现场服务器、网络电焊机等组成。网络中每一个电焊机节点的初始化由现场服务器完成。现场服务器可完成最多 253 台电焊机的扫描监控过程。

39.6.3　CAD/CAM 在焊接自动化中的应用

计算机辅助设计（Computer Aided Design，CAD）是利用计算机的计算与绘图功能，在计算机屏幕上进行图形设计，以提高设计效率。CAD 可用于焊接结构（如焊接球罐、焊接容器、框架焊接结构、焊接坡口等）的设计。一般预先在计算机中存储一定数量图形的图形库，使用时调出合适的图形，进行拼凑和适当修改后标注尺寸，即可完成设计工作，十分方便。CAD 在焊接与切割技术中应用最成熟的例子是

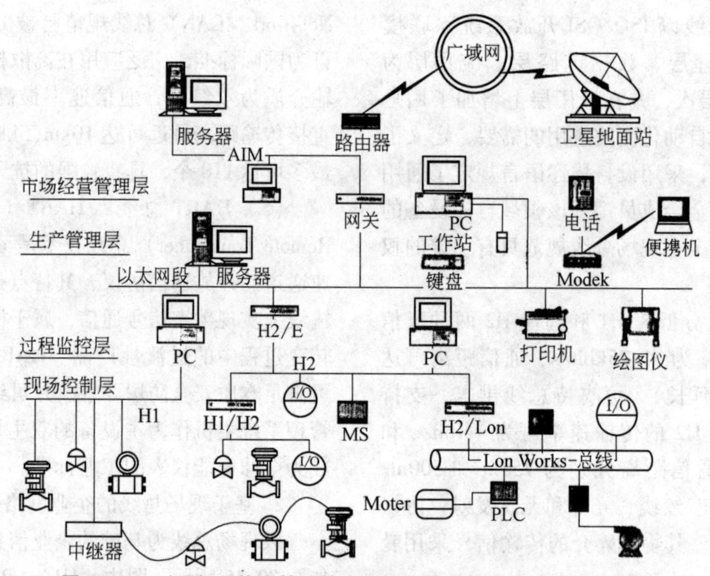

图39-36　以现场总线为基础的企业网络信息集成系统结构示意图

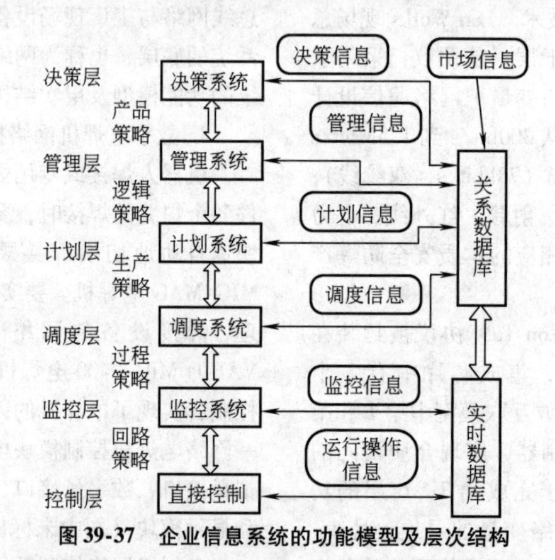

图39-37　企业信息系统的功能模型及层次结构

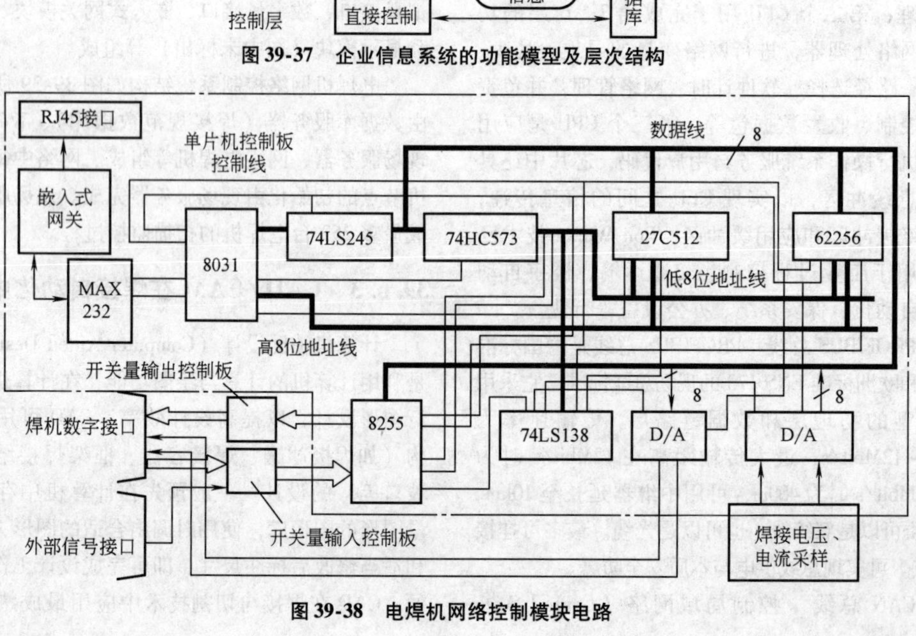

图39-38　电焊机网络控制模块电路

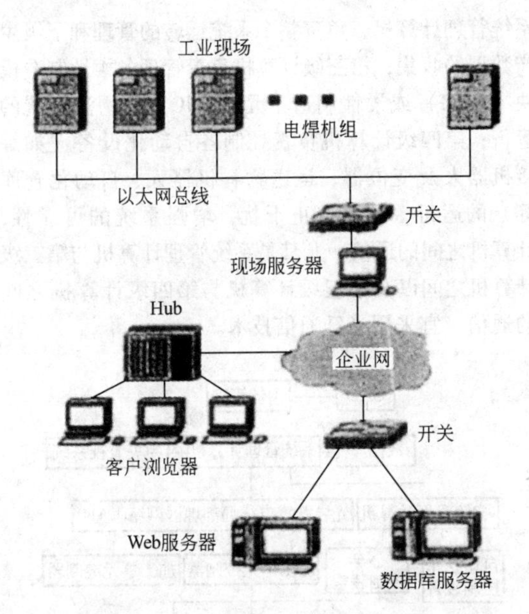

图39-39　电焊机网络控制系统结构

计算机数控（Computer Numerical Control，CNC）切割机的编程技术，一般采用在微型计算机的屏幕上设计被切割零件的图形，并进行排料设计，然后再将结果绘制在图纸上或直接送给CNC切割机进行切割。

计算机辅助制造（Computer Aided Manufacture，CAM）是利用计算机辅助设计的结果（设计出的零件图形及尺寸）控制数控切割机或焊接机器人进行切割或焊接的过程。

CAD/CAM焊接系统的一般流程图如图39-40所示。CAD/CAM焊接机器人系统如图39-41所示。

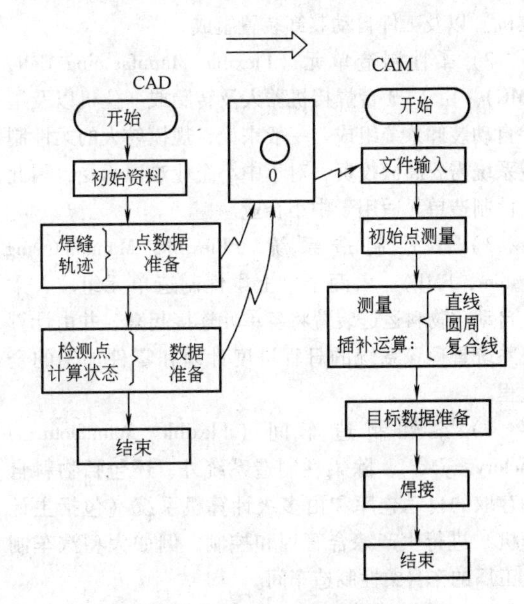

图39-40　CAD/CAM焊接系统流程图

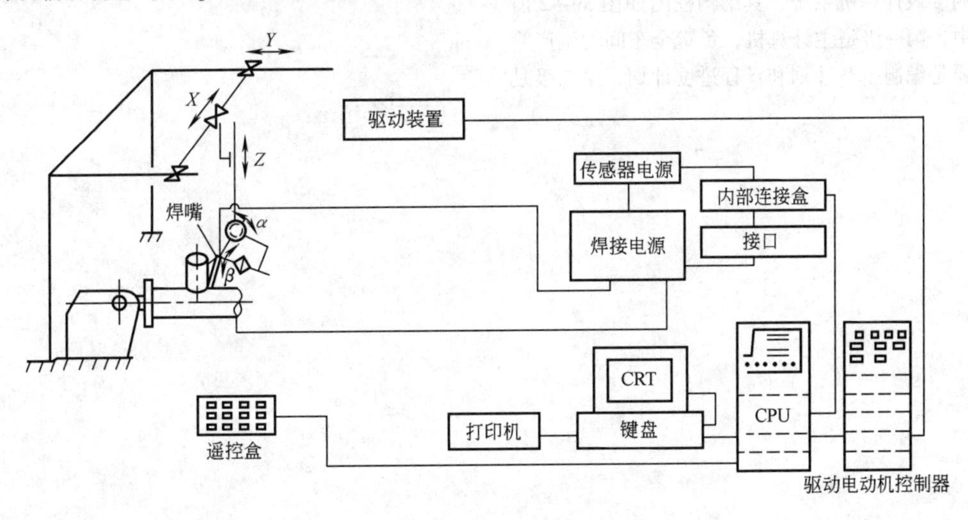

图39-41　CAD/CAM焊接系统

39.6.4　柔性制造系统在焊接自动化中的应用

柔性制造系统（Flexible Manufacturing System，FMS）是指能够同时和（或）交替地加工具有不同形状和尺寸，但属于同系列、同族类的零部件的加工系统。焊接柔性制造系统一般应包括下列部分：

1）由焊接机器人或计算机数控切割机组成的焊接或切割工作站。

2）一套自动化的物料（包括工件、焊丝等）搬运、输送系统，把各台焊接机器人和数控切割机有机联系起来，构成一个整体（系统）。

3）由分布式网络化的多级计算机系统进行综合管理和控制，协调系统内各焊接机器人、数控切割机和物料搬运系统的功能和运行。

根据规模的大小，柔性制造系统大致可分为以下4个层次：

1）柔性制造模块（Flexible Manufacturing Module，FMM）。由单台焊接机器人、滚轮架（或变位机）以及工件自动装卸装置组成。

2）柔性制造单元（Flexible Manufactuing Cell，FMC）。由2~3台焊接机器人及转胎或变位机以及工件自动装卸系统组成。一般来说，规模较大的柔性制造系统需要高额投资，对于中小企业难以承受，因此柔性制造单元适用于中小企业。

3）柔性制造系统（Flexible Manufacturing System，FMF）。由两个以上柔性制造单元组成，柔性自动化物料运送装置将各单元连接起来，并由计算机系统管理该系统的日程进度计划和零件加工的全过程。

4）柔性制造车间（Flexible Manufacturing Factory，FMF）。除柔性制造系统外，还包括物料自动存取的自动仓库和由多级计算机系统（包括主计算机）进行生产综合管理和控制，例如大型汽车制造工厂的车身柔性制造车间。

柔性制造系统的计算机控制系统一般采用分布式网络化的多级计算机系统，其结构框图如图39-42所示。其中，第一级是主计算机，负责全车间的生产管理，主要是编制生产计划和日程进度计划；第二级是系统管理计算机，负责整个系统运转的管理和下级生产数据的收集；第三级计算机负责管理各柔性制造模块（FMM）或柔性制造单元（FMC）和物流系统的运行；第四级计算机负责控制各自动化设备（如焊接机器人及变位器、运送物料机器人、自动化仓库等）的运行。为了防止干扰，增强系统的可靠性，计算机之间的通信，尤其是系统管理计算机与第三级计算机之间以及第三级计算机与第四级计算机之间的通信，宜采用光纤通信技术。

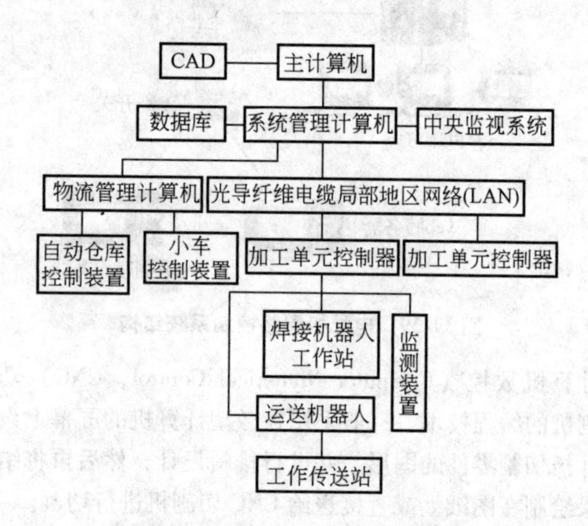

图39-42　FMS计算机控制系统

第40章　焊接机器人

作者　陈善本　林涛　张华　潘际銮　马国红　审者　吴林　施克仁

40.1　概述

40.1.1　新一代自动焊接的手段

工业机器人作为现代制造技术发展重要标志之一和新兴技术产业，已为世人所认同。并正对现代高技术产业各领域以至人们的生活产生了重要影响。

我国工业机器人的发展起步较晚，但20世纪80年代以来进展较快，1985年研制成功华宇Ⅰ型弧焊机器人；1987年研制成功上海1号、2号弧焊机器人；1987年又研制成功华宇Ⅱ型点焊机器人，并已初步商品化，可小批量生产。1989年我国国产机器人为主的汽车焊接生产线投入生产，标志着我国工业机器人实用阶段的开始。

焊接机器人是应用最广泛的一类工业机器人，在各国机器人应用比例中占总数的40%～50%。

采用机器人焊接是焊接自动化的革命性进步，它突破了传统的焊接刚性自动化方式，开拓了一种柔性自动化新方式。刚性自动化焊接设备一般都是专用的，通常用于中、大批量焊接产品自动化生产，因而在中、小批量产品焊接生产中，手工焊仍是主要焊接方式，焊接机器人使小批量产品自动化焊接生产成为可能。就目前的示教再现型焊接机器人而言，焊接机器人完成一项焊接任务，只需人给它做一次示教，它即可精确地再现示教的每一步操作，如要机器人去做另一项工作，无须改变任何硬件，只要对它再做一次示教即可。因此在一条焊接机器人生产线上，可同时自动生产若干种焊件。

焊接机器人的主要优点如下：

1）易于实现焊接产品质量的稳定和提高，保证其均一性。

2）提高生产率，一天可24h连续生产。

3）改善工人劳动条件，可在有害环境下长期工作。

4）降低对工人操作技术难度的要求。

5）缩短产品改型换代的准备周期，减少相应的设备投资。

6）可实现小批量产品焊接自动化。

7）为焊接柔性生产线提供技术基础。

40.1.2　工业机器人的定义和分代概念

关于工业机器人的定义尚未统一，联合国标准化组织采用的美国机器人协会的定义为：工业机器人是一种可重复编程和多功能的、用来搬运材料、零件、工具的机械手，或能执行不同任务而具有可改变的和可编程动作的专门系统。这个定义不能概括工业机器人的今后发展，但可说明目前工业机器人的主要特点。

工业机器人发展大致可分为三代。

第一代机器人，即目前广泛使用的示教再现型工业机器人，这类机器人对环境的变化没有应变或适应能力。

第二代机器人，即在示教再现机器人上加感觉系统，如视觉、力觉、触觉等，它具有对环境变化的适应能力。

第三代机器人，即智能机器人，它能以一定方式理解人的命令、感知周围的环境、识别操作的对象，并自行规划操作顺序以完成赋予的任务；这种机器人更接近人的某些智能行为。

40.1.3　工业机器人主要名词术语

1）机械手（Manipulator），也可称为操作机。具有和人臂相似的功能，可在空间抓放物体或进行其他操作的机械装置。

2）驱动器（Actuator），将电能或流体能转换成机械能的动力装置。

3）末端操作器（End Effector），位于机器人腕部末端、直接执行工作要求的装置。如夹持器、焊枪、焊钳等。

4）位姿（Pose），工业机器人末端操作器在指定坐标系中的位置和姿态。

5）工作空间（Working Space），工业机器人执行任务时，其腕轴交点能在空间活动的范围。

6）机械原点（Mechanical Origin），工业机器人各自由度共用的、机械坐标系中的基准点。

7）工作原点（Work Origin），工业机器人工作空间的基准点。

8）速度（Velocity），机器人在额定条件下，匀速运动过程中，机械接口中心或工具中心点在单位时间内所移动的距离或转动的角度。

9）额定负载（Rated Load），工业机器人在限定的操作条件下，其机械接口处能承受的最大负载（包括末端操作器），用质量或力矩表示。

10）重复位姿精度（Pose Repeatability），工业机器人在同一条件下，用同一方法操作时，重复 n 次所测得的位姿一致程度。

11）轨迹重复精度（Path Repeatability），工业机器人机械接口中心沿同一轨迹跟随 n 次所测得的轨迹之间的一致程度。

12）点位控制（Point To Point Control），控制机器人从一个位姿到另一个位姿，其路径不限。

13）连续轨迹控制（Continuous Path Control），控制机器人机械接口，按编程规定的位姿和速度，在指定的轨迹上运动。

14）存储容量（Memory Capacity），计算机存储装置中可存储的位置、顺序、速度等信息的容量，通常用指令条数和位置点数或存储器容量（如：MByte）来表示。

15）外部检测功能（External Measuring Ability），机器人所具备对外界物体状态和环境状况等的检测能力。

16）内部检测功能（Internal Measuring Ability），机器人对本身的位置、速度等状态的检测能力。

17）自诊断功能（Self Diagnosis Ability），机器人判断本身全部或部分状态是否处于正常的能力。

40.2 工业机器人工作原理及其基本构成

40.2.1 工业机器人工作原理

现在广泛应用的焊接机器人都属于第一代工业机器人，它的基本工作原理是示教再现。示教也称导引，即由用户导引机器人，一步一步按实际任务操作一遍，机器人在导引过程中自动记忆示教的每个动作的位置、姿态、运动参数、工艺参数等，并自动生成一个连续执行全部操作的程序。完成示教后，只需给机器人一个启动命令，机器人将精确地按示教动作，一步一步完成全部操作。这就是示教与再现。

实现上述功能的主要工作原理简述如下：

1. 机器人的系统结构

一台通用的工业机器人，按其功能划分，一般由三个相互关联的部分组成：机械手总成、控制器总成、示教系统，如图40-1所示。

机械手总成是机器人的执行机构，它由驱动器、传动机构、机器人臂、关节、末端操作器以及内部传感器等组成。它的任务是精确地保证末端操作器所要求的位置、姿态和实现其运动。

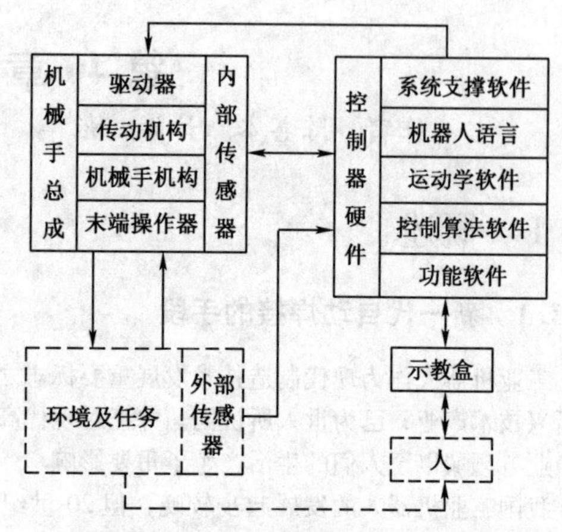

图 40-1 工业机器人的基本结构

控制器是机器人的神经中枢。它由计算机硬件、软件和一些专用电路构成，其软件包括控制器系统软件、机器人专用语言、机器人运动学和动力学软件、机器人控制软件、机器人自诊断和自保护功能软件等，它处理机器人工作过程中的全部信息和控制其全部动作。

示教系统是机器人与人的交互接口，在示教过程中它将控制机器人的全部动作，并将其全部信息送入控制器存储器中：它实质上是一个专用的智能终端。

2. 机器人手臂运动学

机器人的机械臂是由数个刚性杆体以旋转或移动关节串联而成，是一个开环关节链，开链的一端固接在基座上，另一端是自由的，安装着末端操作器（如焊枪）。在机器人操作时，机器人手臂前端的末端操作器必须与被加工工件处于相适应的位置和姿态，而这些位置和姿态是由若干个臂关节的运动所合成的，因此机器人运动控制中，必须要知道机械臂各关节变量空间、末端操作器的位置和姿态之间的关系，这就是机器人运动学建模。一台机器人机械臂结构几何参数确定后，其运动学模型即可确定，这是机器人运动控制的基础。

机器人手臂运动学中有两个基本问题：

1）对给定机械臂，已知各关节角矢量 $g(t)=[g_1(t),g_2(t),\cdots,g_n(t)]$，其中 n 为自由度；求末端操作器相对于参考坐标系的位置和姿态，称之为运动学正问题。在机器人示教过程中，机器人控制器即逐点进行运动学正问题运算。

2）对给定机械臂，已知末端操作器在参考坐标系中的期望位置和姿态，求各关节矢量，称之为运动学逆问题。在机器人再现过程中，机器人控制器即逐点进行运动学逆问题运算，将角矢量分解到机械臂各关节。

运动学正问题的运算都采用 D-H 法，这种方法采用 4×4 齐次变换矩阵来描述两相邻刚体杆件的空间关系；把正问题简化为寻求等价的 4×4 齐次变换矩阵。逆问题的运算可用几种方法求解，最常用的是矩阵代数、迭代或几何方法。在此不作具体介绍，可参考文献[3]。

对于高速、高精度机器人，还必须建立动力学模型，由于目前通用的工业机器人（包括焊接机器人）最大运动速度都在 3m/s 内、精度大多不高于 0.1mm，所以都只作简单的动力学控制，动力学的计算方法可参考文献 [3]~[5]。

3. 机器人轨迹规划

机器人机械手端部从起点（包括位置和姿态）到终点的运动轨迹空间曲线叫路径，轨迹规划的任务是用一种函数来“内插”或“逼近”给定的路径，并沿时间轴产生一系列“控制设定点”，用于控制机械手运动。

目前常用的轨迹规划方法有关节变量空间关节插值法和笛卡尔空间规划两种方法。具体算法可参考文献 [3]、[7]。

4. 机器人机械手的控制

当一台机器人机械手的动态运动方程已给定，它的控制目的就是按预定性能要求保持机械手的动态响应。但是由于机器人机械手的惯性力、耦合反应力和重力负载都随运动空间的变化而变化，因此要对它进行高精度、高速、高动态品质的控制是相当复杂而困难的，现在正在为此研究和发展许多新的控制方法。

目前工业机器人上采用的控制方法是把机械手上每一个关节都当作一个单独的伺服机构，即把一个非线性的、关节间耦合的变负载系统，简化为线性的非耦合单独系统。每个关节都有两个伺服环，如图 40-2 所示。外环提供位置误差信号，内环由模拟器件和补偿器（具有衰减速度的微分反馈）组成，两个伺服环的增益是固定不变的。因此基本上是一种比例积分微分控制方法（PID 法）。这种控制方法，只适用于目前速度、精度要求不高和负荷不大的机器人控制，对常规焊接机器人来说，已能满足要求[1]。

5. 机器人编程语言

机器人编程语言是机器人和用户的软件接口，编程语言的功能决定了机器人的适应性和给用户的方便性，至今还没有完全公认的机器人编程语言，每个机器人制造厂都有自己的语言。

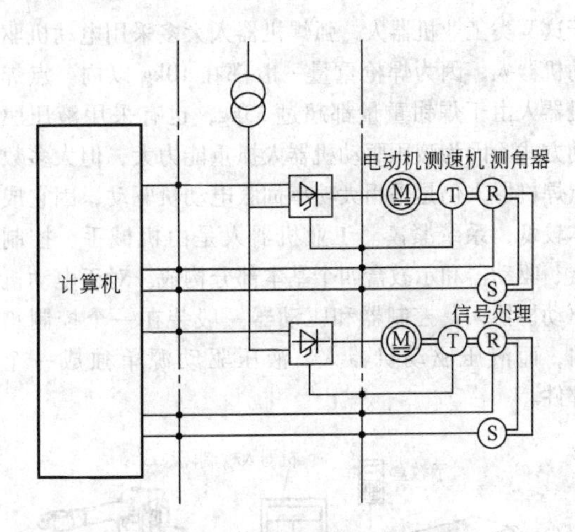

图 40-2　机械手伺服控制体系结构

实际上，机器人编程与传统的计算机编程不同，机器人操作的对象是各类三维物体，运动在一个复杂的空间环境，还要监视和处理传感器信息。因此其编程语言主要有两类：面向机器人的编程语言和面向任务的编程语言。

面向机器人的编程语言的主要特点是描述机器人的动作序列，每一条语句大约相当于机器人的一个动作，整个程序控制机器人完成全部作业。这类机器人语言可分为如下三种：

1）专用的机器人语言，如 PUMA 机器人的 VAL 语言，是专用的机器人控制语言，它的最新版本是 VAL-I 和 V ++。

2）在现有计算机语言的基础上加机器人子程序库。如美国机器人公司开发的 AR-Basic 和 Intelledex 公司的 Robot-Basic 语言，都是建立在 BASIC 语言上的。

3）开发一种新的通用语言加上机器人子程序库。如 IBM 公司开发的 AML 机器人语言。

面向任务的机器人编程语言允许用户发出直接命令，以控制机器人去完成一个具体的任务，而不需要说明机器人需要采取的每一个动作的细节。如美国的 RCCL 机器人编程语言，就是用 C 语言和一组 C 函数来控制机器人运动的任务级机器人语言。

焊接机器人的编程语言，目前都属于面向机器人的语言，面向任务的机器人语言尚属开发阶段，大都是针对装配作业的需要。

40.2.2　工业机器人的基本构成

工业机器人的基本构成可参见图 40-3 和图 40-4。图 40-3 为一台电动机驱动的工业机器人，图 40-4 为一台液压驱动的工业机器人。焊接机器人基本上都属于这两类工业机器人，弧焊机器人大多采用电动机驱动机器人，因为焊枪重量一般都在10kg以内。点焊机器人由于焊钳重量都超过35kg，也有采用液压驱动方式。因为液压驱动机器人抓重能力大，但大多数点焊机器人仍是采用大功率伺服电动机驱动，因它成本较低，系统紧凑。工业机器人是由机械手、控制器、驱动器和示教盒四个基本部分构成。对于电动机驱动机器人，控制器和驱动器一般装在一个控制箱内，而液压驱动机器人，液压驱动源单独成一个部件。

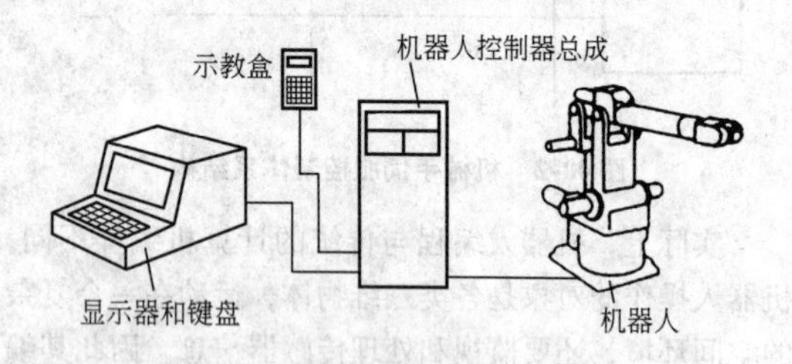

图40-3　电动机驱动的工业机器人

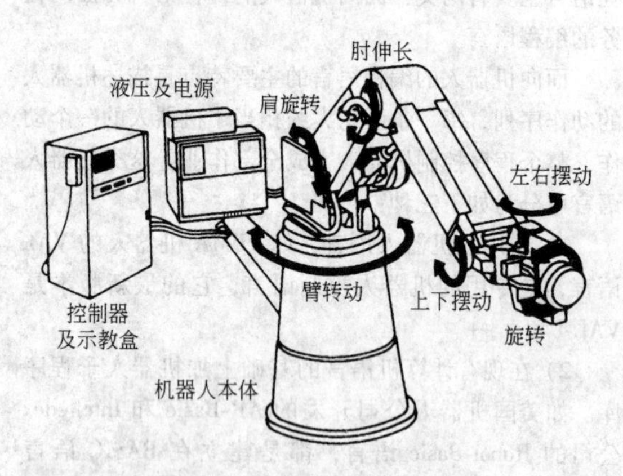

图40-4　液压驱动的工业机器人

1. 机械手

机器人机械手又称操作机，是机器人的操作部分，由它直接带动末端操作器（如焊枪、点焊钳）实现各种运动和操作，它的结构形式多种多样，完全根据任务需要而定，其追求的目标是高精度、高速度、高灵活性、大工作空间和模块化。现在工业机器人机械手的主要结构形式有如下三种：

（1）机床式　这种机械手结构类似机床。其达到空间位置的三个运动（x、y、z）是由直线运动构成，其末端操作器的姿态由旋转运动构成，如图40-5所示，这种形式的机械手优点是运动学模型简单，控制精度容易提高；缺点是机构较庞大，占地面积大、工作空间小。简易和专用焊接机器人常采用这种形式。

（2）全关节式　这种机械手的结构类似人的腰部和手臂，其位置和姿态全部由旋转运动实现，图40-6为正置式全关节机械手，图40-7为偏置式全关节机械手。这是工业机器人机械手最普遍的结构形式。其特点是机构紧凑，灵活性好，占地面积小，工作空间大；缺点是高精度控制难度大。偏置式与正置式的区别是手腕关节置于小臂的外侧或小臂关节置于大臂的外侧一边，以扩大腕或手的活动范围，但其运动学模型要复杂一些。目前焊接机器人主要采用全关节式机械手。

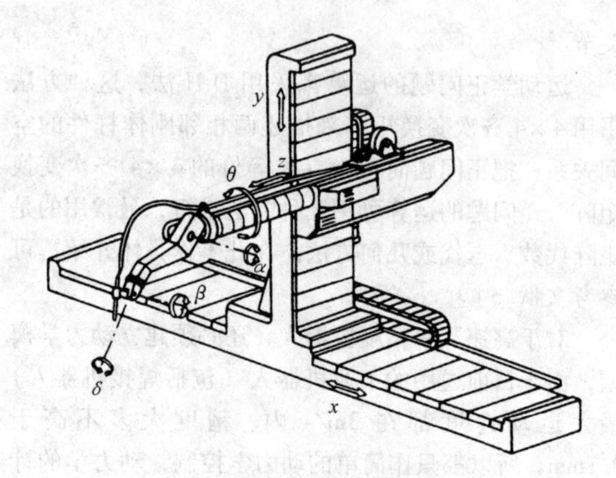

图40-5　机床式机械手

图40-6　正置式关节机械手

（3）平面关节式　这种机械手的机构特点是上下运动由直线运动构成，其他运动均由旋转运动构成。这种结构在垂直方向刚度大，水平方向又十分灵活，较适合以插装为主的装配作业，所以被装配机器人广泛采用，又称为SCARA型机械手，如图40-8所示。

机器人机械手的具体结构虽然多种多样，但都是由常用的机构组合而成。现以美国PUMA机械手为

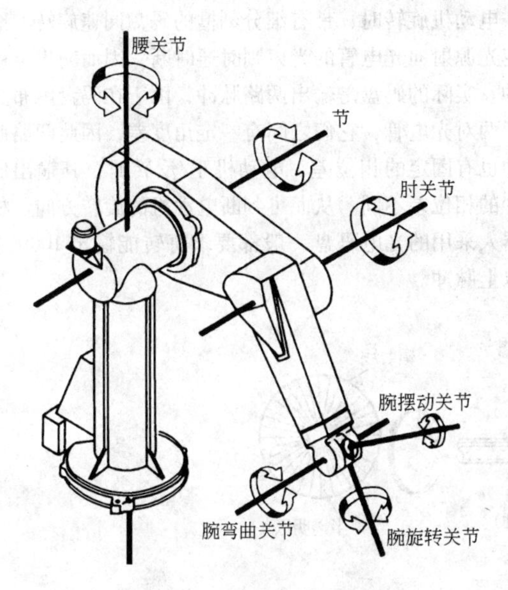

图 40-7　偏置式关节机械手

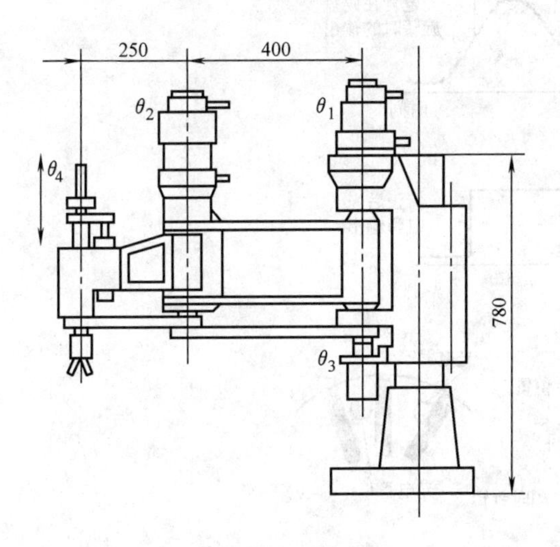

图 40-8　平面关节机械手

例来简述其内部机构，如图 40-9 所示。它是由机座、大臂、小臂、手腕四部分构成，机座与大臂、大臂与小臂、小臂与手腕有三个旋转关节，以保证达到工作空间的任意位置，手腕中又有三个旋转关节：腕转、腕曲、腕摆，以实现末端操作器的任意空间姿态。手腕的端部为一法兰，以连接末端操作器。

每个关节都由一台伺服电动机驱动，PUMA 机械手是采用齿轮减速、杆传动，但不同厂家采用的机构不尽相同，减速机构常用的是几种方式：齿轮、谐波减速器、滚珠丝杠、蜗轮蜗杆和 RV 减速机等。传动方式有：杆传动、链条/同步带传动、齿轮传动等。其技术关键是要保证传动双向无间隙（即正反传动均无间隙），这是机器人精度的机械保证，当然还要

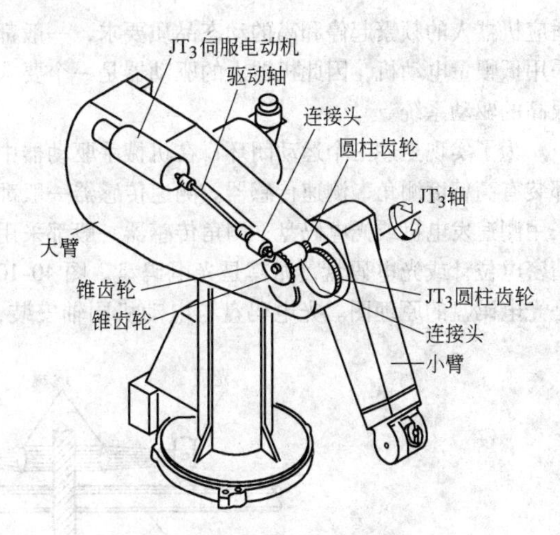

图 40-9　PUMA 机械手机构

求效率高、机构紧凑。

2. 驱动器

由于焊接机器人大多采用伺服电动机驱动，这里只介绍这类驱动器。工业机器人目前采用的电动机驱动器可分为四类：

（1）步进电动机驱动器　它采用步进电动机，特别是细分步进电动机为驱动源，由于这类系统一般都是开环控制，因此大多用于精度较低的经济型工业机器人。

（2）直流电动机伺服系统驱动器　它采用直流伺服电动机系统，由于它能实现位置、速度、加速度三个闭环控制，精度高、变速范围大、动态性能好，因此是较早期工业机器人的主要驱动方式。

（3）交流电动机伺服系统驱动器　它采用交流伺服电动机系统，这种系统具有直流伺服系统的全部优点，而且取消了换相电刷，不需要定期更换电刷，大大延长了机器人的维修周期，因此是现在机器人主要的驱动方式。

（4）直接驱动电动机驱动器　这是最新发展的机器人驱动器，直接驱动电动机一般有大于1:10000的调速比，在低速下仍能输出稳定的功率和高的动态品质，在机械手上可直接驱动关节，取消了减速机构，既简化机构又提高效率，是机器人驱动的发展方向，美国的 Adapt 机器人是直接驱动机器人。

工业机器人的驱动器布置都采用一个关节一个驱动器。一个驱动器的基本组成为：电源、功率放大板、伺服控制板、电动机、测角器、测速器和制动器。它的功能不仅能提供足够的功率驱动机械手各关节，而且要实现快速而频繁起停，精确地到位和运动，因此必须采用位置闭环、速度闭环、加速度闭环控制。为了保护电动机和电路，还要有电流闭环。为

适应机器人的频繁起停和高的动态品质要求，一般都采用低惯量电动机，因此机器人的驱动器是一个要求很高的驱动系统。

为了实现上述三个运动闭环，在机械手驱动器中都装有高精度测角、测速传感器。测速传感器一般都采用测速发电机或光电码盘；测角传感器一般都采用精密电位计或光电码盘，尤其是光电码盘。图40-10是光电码盘的原理图。光电码盘与电动机同轴安装，在电动机旋转时，带有细分刻槽的码盘同速旋转，固定光源射向光电管的光束则时通时断，因而输出电脉冲。实际的码盘是输出两路脉冲，由于在码盘内布置了两对光电管，它们之间有一定角度差，因此两路脉冲也有固定的相位差，电动机正/反转时，其输出脉冲的相位差不同，从而可判断电动机的旋转方向。机器人采用的光电码盘一般都要求每转能输出1000个以上脉冲。

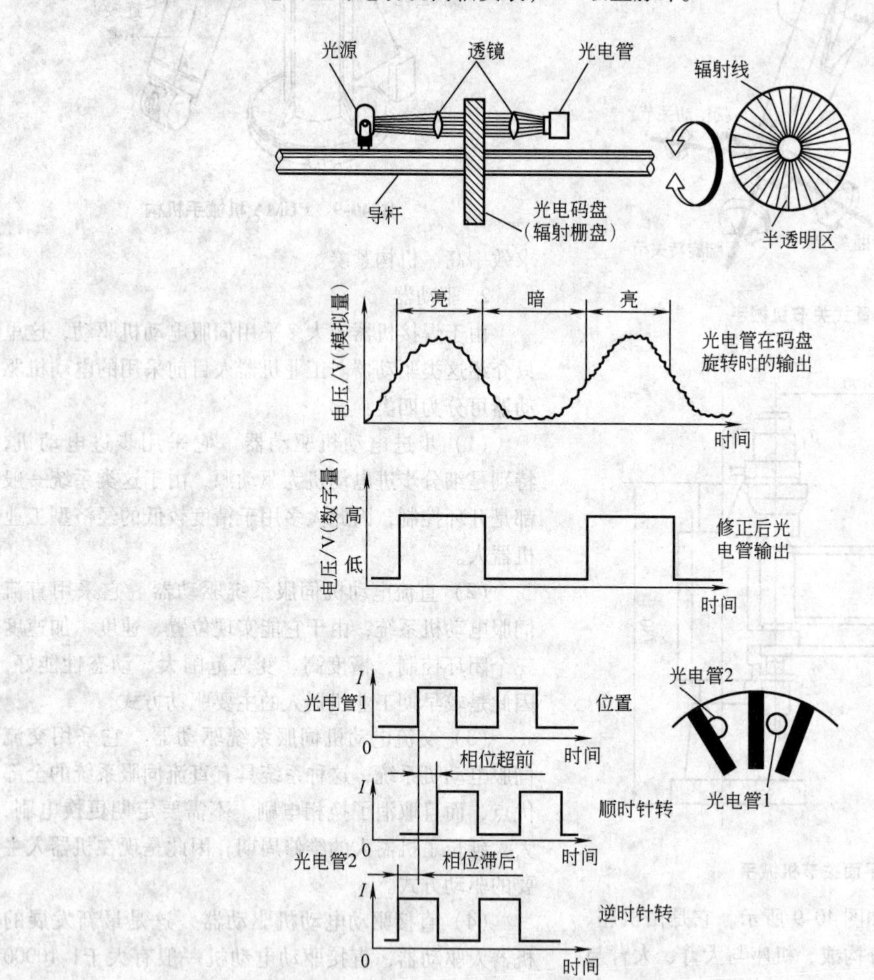

图40-10　光电码盘原理图

3. 控制器

机器人控制器是机器人的核心部件，它实施机器人的全部信息处理和对机械手的运动控制。图40-11是控制器的工作原理图。工业机器人控制器大多采用二级计算机结构，虚线框内为第一级计算机，它的任务是规划和管理。机器人在示教状态时，接受示教系统送来的各示教点位置和姿态信息、运动参数和工艺参数，并通过计算把各点的示教（关节）坐标值转换成直角坐标值，存入计算机内存。

机器人在再现状态时，从内存中逐点取出其位置和姿态坐标值，按一定的时间节拍（又称采样周期）对它进行圆弧或直线插补运算，算出各插补点的位置和姿态坐标值，这就是路径规划生成。然后逐点地把各插补点的位置和姿态坐标值转换成关节坐标值分送各个关节。这就是第一级计算机的规划全过程。

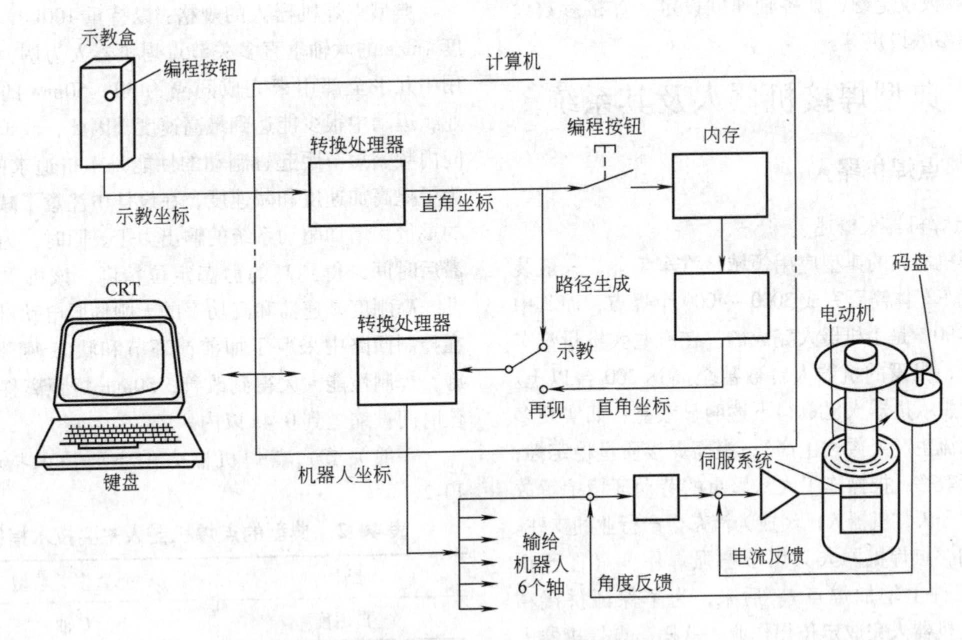

图 40-11　控制器工作原理图

第二级计算机是执行计算机，它的任务是进行伺服电动机闭环控制。它接收了第一级计算机送来的各关节下一步期望达到的位置和姿态后，又作一次均匀细分，以求运动轨迹更为平滑，然后将各关节的下一细步期望值逐点送给驱动电动机，同时检测光电码盘信号，直到其准确到位。

以上均为实时过程，上述大量运算都必须在控制过程中完成。以 PUMA 机器人控制器为例，第一级计算机的采样周期为 28ms，即每 28ms 向第二级计算机送一次各关节的下一步位置和姿态的关节坐标，第二级计算机又将各关节值等分 30 细步，每 0. 875ms 向各关节送一次关节坐标值。

4. 示教盒

示教盒是人机交互接口，目前人对机器人示教有三种方式：

（1）手把手示教　这种方式又称全程示教。即由人握住机器人机械臂末端，带动机器人按实际任务操作一遍。在此过程中，机器人控制器的计算机逐点记下各关节的位置和姿态值，而不作坐标转换，再现时，再逐点取出，这种示教方式需要很大的计算机内存，而且由于机构的阻力，示教精度不可能很高。目前主要在喷漆、喷涂机器人示教中应用。

（2）示教盒示教　即由人通过示教盒操纵机器人进行示教，这是最常用的机器人示教方式，目前焊接机器人都采用这种方式。

（3）离线编程示教　即无须人操作机器人进行现场示教，而可根据图样，在计算机上进行编程，然后输给机器人控制器。它具有不占机器人工时、便于优化和更为安全的优点，所以是今后发展的方向。

图 40-12 为 ESAB 焊接机器人的示教盒，它通过电缆与控制箱连接，人可以手持示教盒在工件附近最直观的位置进行示教。示教盒本身是一台专用计算机，它不断扫描盒上的功能和数字键、操纵杆，并把信息和命令送给控制器。各厂家的机器人示教盒都不相同，但其追求目标都是为方便操作者。

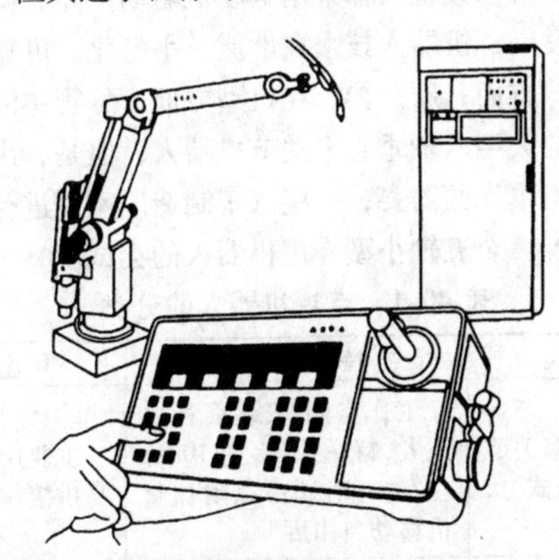
图 40-12　焊接机器人的示教盒

示教盒上的按键主要有三类：

1）示教功能键，如示教/再现、存入删除修改、检查、回零、直线插补、圆弧插补等，为示教编程用。

2）运动功能键，如 X 向动、Y 向动、Z 向动、正/反向动、1 ~6 关节转动等，为操纵机器人示教用。

3）参数设定键，如各轴速度设定、焊接参数设定、摆动参数设定等。

40.3　典型焊接机器人及其系统

40.3.1　点焊机器人

1. 点焊机器人概述

点焊机器人的典型应用领域是汽车工业。一般装配每台汽车车体需要完成3000～4000个焊点，而其中的60%～90%是由机器人完成的。在有些大批量汽车生产线上，服役的机器人台数甚至高达300台以上。汽车工业引入机器人已取得下述明显效益：如实现多品种的混流生产（柔性生产）；提高焊接质量稳定性；提高生产效率；把操作工人从繁重的劳动环境中解放出来等。今天，机器人已经成为汽车生产行业的支柱。

最初，点焊机器人只用于增强焊作业（往已拼接好的工件上增加焊点）。后来，为了保证拼接精度，又让机器人完成定位焊作业。这样，点焊机器人逐渐被要求具有更高的作业性能。具体来说有：安装面积小，工作空间大；快速完成小节距的多点定位（例如每0.3～0.4s内移动30～50mm节距后定位）；定位精度高（±0.25mm），以确保焊接质量；持重大（50～150kg），以便携带内装变压器的焊钳；示教简单，节省工时；安全，可靠性高。

表40-1列举了生产现场使用的点焊机器人的分类、特点和用途。在驱动形式方面，由于电伺服技术的迅速发展，液压伺服在机器人中的应用逐渐减少，甚至大型机器人也大都采用电动机驱动；随着微电子技术的发展，机器人技术在性能、小型化、可靠性以及维修等方面日新月异，在机型方面，尽管主流仍是多用途的大型六轴垂直多关节机器人，但是，出于机器人加工单元的需要，一些汽车制造厂家也进行开发立体配置三至五轴小型专用机器人的尝试。

表40-1　点焊机器人的分类

分类	特　征	用途
垂直多关节型（落地式）	工作空间/安装面积之比大，持重大，多为100kg左右，有时还可以附加整机移动自由度	主要用于车身拼接作业
垂直多关节型（悬挂式）	工作空间均为机器人的下方	主要用于车身拼接作业
直角坐标型	多数为3～5轴，适合用于连续直线焊缝，价格较低	
定位焊接用机器人（单向加压）	能承受500kg压力的高刚性机器人，有些机器人本身带有加压作业功能	

典型点焊机器人的规格：以持重100kg、最高速度4m/s的六轴垂直多关节点焊机器人为例，由于实用中几乎全部用来完成间隔为30～50mm的打点作业，运动中很少能达到最高速度，因此，改善最短时间内频繁短节距起、制动的性能是本机追求的重点。为了提高加速度和减速度，在设计中注意了减轻手臂的重量，增加驱动系统的输出力矩。同时，为了缩短滞后时间，得到高的静态定位精度，该机采用低惯性、高刚度减速器和高功率的无刷伺服电动机。由于在控制回路中采取了加前馈环节和状态观测器等措施，控制性能大大得到改善，50mm短距离移动的定位时间被缩短到0.4s以内。

一般关节式点焊机器人的主要技术指标见表40-2。

表40-2　典型的点焊机器人主要技术指标

结构	垂直多关节型		
自由度	6轴		
驱动方式	交流伺服电动机		
运动范围及最大速度	腰部S轴	±180°	105°/s
	大臂L轴	+80°/－130°	105°/s
	小臂U轴	+208°/－112°	105°/s
	转腕R轴	±360°	175°/s
	摆腕B轴	±130°	145°/s
	曲腕T轴	±360°	240°/s
最大活动范围	垂直方向：4782 mm 水平方向：3140 mm		
抓重	165kg		
重复定位精度	±0.2mm		
控制系统	2级计算机控制		
轨迹控制	PTP和CP		
运动控制	直线、圆弧插补		
示教系统	示教再现		
内存容量	60000步/10000条指令		
环境要求	温度：0～45℃ 湿度：90%以下，无霜		
电源容量	10kVA		
自重	1500kg		

2. 点焊机器人及其系统的基本构成

（1）点焊机器人的结构形式　点焊机器人系统虽然有多种结构形式，一般由机器人本体、点焊控制器、机器人控制柜、点焊钳、点焊辅助设备（线缆包、水气单元、焊接工装、电极修磨器、水冷单元、安全光栅）等构成，如图40-13所示。

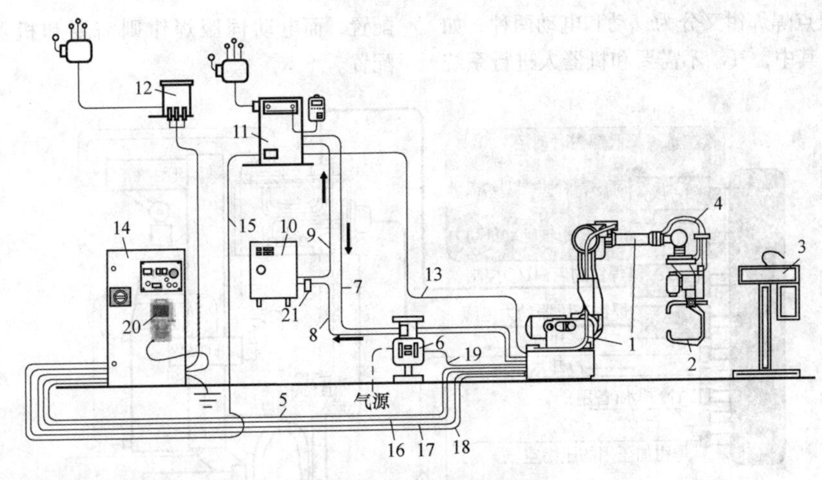

图 40-13　点焊机器人系统

1—机器人本体　2—点焊钳　3—电极修磨器　4—集合电缆　5—点焊钳控制电缆　6—水管/气管（气动焊钳）组合体　7—焊钳冷水管　8—焊钳回水管　9—点焊控制箱冷水管　10—冷水机　11—点焊控制箱　12—变压器　13—点焊钳控制电缆　14—机器人控制柜　15～18—机器人供电电缆　19—焊钳进气管　20—示教盒　21—冷却水流量开关

点焊机器人控制系统由本体控制器和焊接控制两部分组成。本体控制器是整个机器人系统的神经中枢，它由计算机硬件、软件和一些专用电路（伺服驱动等）构成，其软件包括控制器系统软件、机器人专用语言、机器人运动学及动力学软件、机器人控制软件、机器人自诊断及自保护软件等。控制柜负责处理机器人工作过程中的全部信息和控制其全部动作。焊接控制通常采用 PLC 为主控装置，对焊接电流、焊接压力等精确控制，以及对冷却水流量、压缩空气等监控和电极寿命管理。

根据焊接方法的不同，点焊机器人工作站一般可分为交流点焊、直流点焊（二次侧整流）两大类，交流点焊又分为工频、中频等。根据点焊钳结构的不同，一般分为 C 形钳、X 形钳等；根据点焊钳驱动方式的不同，一般分为气动点焊钳（气缸驱动）、伺服点焊钳（伺服电机驱动）等，伺服焊钳的电机一般由机器人直接驱动，相当于机器人第 7 轴。

（2）点焊机器人焊接系统　电阻焊四大工艺方法包括电阻点焊，电阻凸焊，电阻缝焊和电阻闪光对焊，这些方法在汽车行业有着广泛的应用，尤其是电阻点焊，占汽车焊接量的 80% 以上，这些焊接方法有个共同的特点：在形成焊接接头的过程中，一是必须向接头提供大的焊接电流，二是要向接头提供压力。

点焊机器人焊接设备主要有焊接控制器，焊钳（含电弧焊变压器）及水、电、气等辅助部分组成，系统原理如图 40-14 所示。

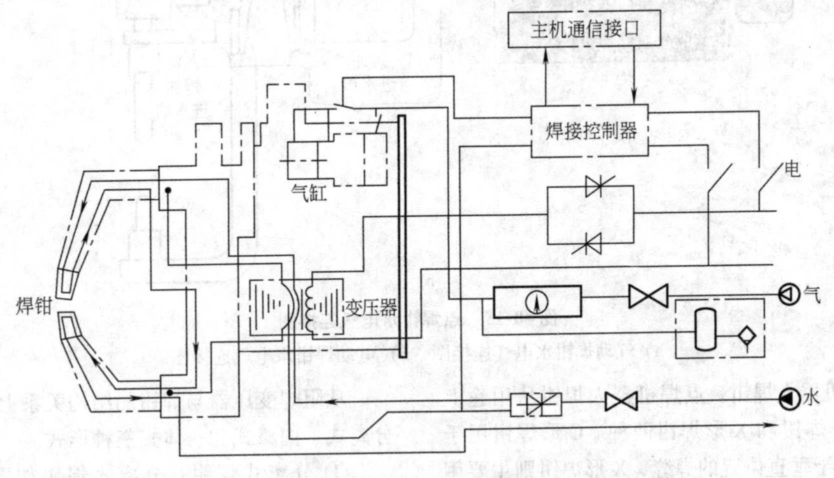

图 40-14　焊接系统原理图

目前的电阻点焊焊钳又分为气动和电动两种，如图 40-15 所示。其中，气动不需要和机器人进行系统配置，而电动伺服焊钳则需要和机器人进行系统配置。

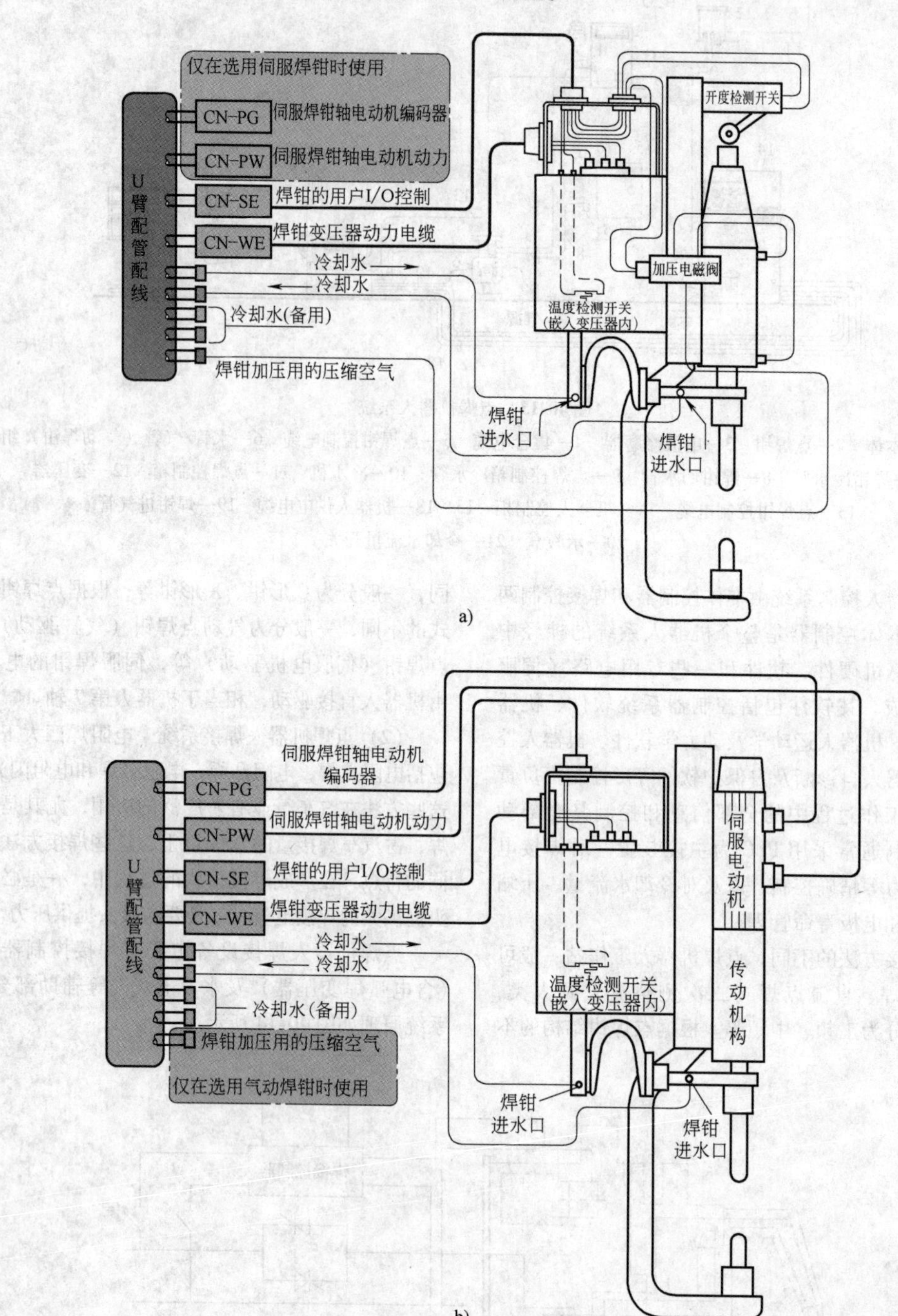

图 40-15　点焊钳水电气连接图

a）气动焊钳水电气连接图　b）电动焊钳水电气连接图

1）点焊机器人焊钳。点焊机器人焊钳从用途上可以分为 C 形焊钳和 X 形焊钳两种。C 形焊钳用于点焊垂直及近于垂直位置的焊缝，X 形焊钳则主要用于点焊水平及近于水平位置的焊缝。

从阻焊变压器与焊钳的结构关系上可将焊钳分为分离式、内藏式和一体式三种形式。

① 分离式焊钳：分离式焊钳如图 40-16 所示，其特点是焊钳与变压器相分离，钳体安装在机器人手

臂上，而焊接变压器则悬挂在机器人上方，可以在轨道上沿着机器人手腕的方向移动，二者之间用二次电缆相连，其优点是减小了机器人的负载，运动速度高，价格便宜。其缺点是需要大容量的焊接变压器，线路损耗大，能源利用率低，此外，粗大的二次电缆在焊钳上引起的拉伸力和扭转力作用于机器人的手臂上，限制了点焊工作区间和焊接位置的选择。另外二次电缆需要特殊制造，以便水冷，必须具有一定的柔性来降低扭曲和拉伸作用力对电缆寿命的影响。

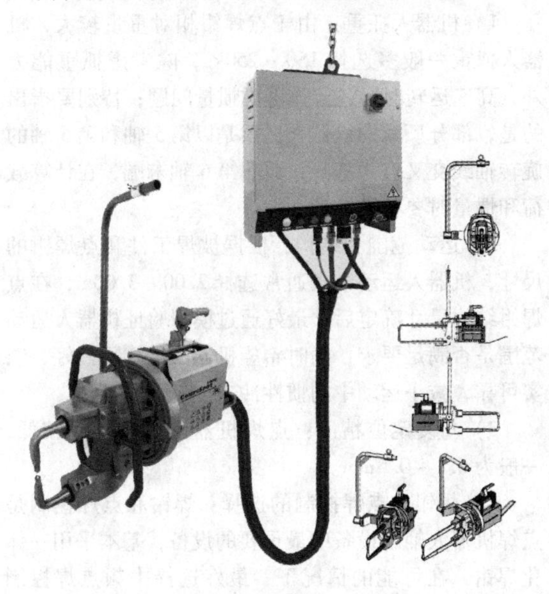

图 40-16　分离式焊钳

② 内藏式焊钳：内藏式焊钳是将焊接变压器安装在机器人手腕内，在订购机器人时需要和机器人进行统一设计。变压器的二次电缆可以在手臂内移动，如图 40-17 所示这种机器人结构复杂，其优点是二次侧电缆较短，变压器的容量可以减小。

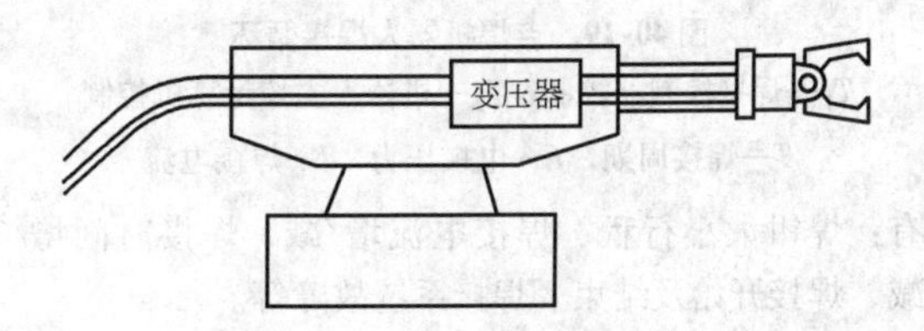

图 40-17　内藏式焊钳点焊机器人

③ 一体式焊钳：一体式焊钳是将焊接变压器和钳体安装在一起，然后固定在机器人手臂末端的法兰盘上，如图 40-18 所示，其主要优点是省掉了特制的二次电缆及悬挂变压器的工作架，直接将焊接变压器的输出端连接到焊钳的上下机臂上，另一个优点就是节省能量。目前和机器人相配套的焊钳主要是一体式工频/中频焊钳。

④ 逆变式焊钳：目前电阻点焊一个新的发展方向就是逆变式焊钳，这种焊钳的体积小，由于焊钳重量的减小，所使用的机器人也会随之变小，这在一定程度上会降低点焊机器人的成本。

2）焊接控制器。控制器一般由 CPU、EPROM 及外围接口芯片组成最小控制系统，它可以根据预定的焊接监控程序，完成点焊时的焊接参数输入、点焊程

a)

b)

图 40-18　一体式焊钳
a) X 形焊钳　b) C 形焊钳

序控制、焊接电流控制及焊接系统故障自诊断，并实现与本体计算机及手控示教盒的通信联系。常用的点焊控制器主要有三种结构形式。

① 中央结构型：它将焊接控制部分作为一个模块与机器人大体控制部分共同安排在一个控制柜内，由主计算机统一管理并为焊接模块提供数据，焊接过程控制由焊接模块完成。这种结构的优点是设备集成度高，便于统一管理。

② 分散结构型：分散结构型是焊接控制器与机器人本体控制柜分开，二者采用应答式通信联系，主计算机给出焊接信号后，其焊接过程由焊接控制器自行控制，焊接结束后给主机发出结束信号，以便主机控制机器人移位，其焊接循环如图 40-19 所示。这种结构的优点是调试灵活，焊接系统可单独使用。但需要一定距离的通信，集成度不如中央结构型高。

焊接控制器与本体及示教盒之间的联系信号主要

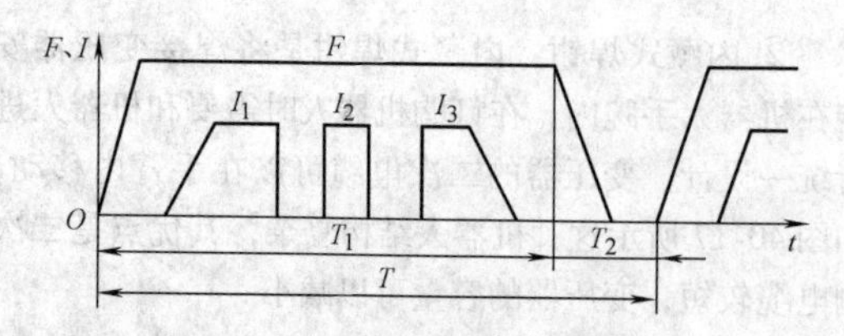

图 40-19　点焊机器人焊接循环

T_1—焊接控制器控制　T_2—机器人主控计算机控制

T—焊接周期　F—电极压力　I—焊接电流

有：焊钳大小行程、焊接电流增/减、焊接时间增/减、焊接开始及结束、焊接系统故障等。

③ 群控系统：群控就是将多台点焊机器人焊机（或普通焊机）与群控计算机相连，以便对同时通电的数台焊机进行控制，实现部分焊机的焊接电流分时交错，限制电网瞬时负载，稳定电网电压，保证焊点质量。群控系统的出现可以使车间供电变压器容量大大下降，此外，当某台机器人（或点焊机）出现故障时，群控系统启动备用的点焊机器人或对剩余的机器人重新分配工作，以保证焊接生产的正常进行。

为了适应群控的需要，点焊机器人焊接系统都应增加“焊接请求”及“焊接允许”信号，并与群控计算机相连。

3）新型点焊机器人系统。CAD 系统主要用来离线示教。图 40-20 为含 CAD 及焊接数据库系统的新型点焊机器人系统基本构成。

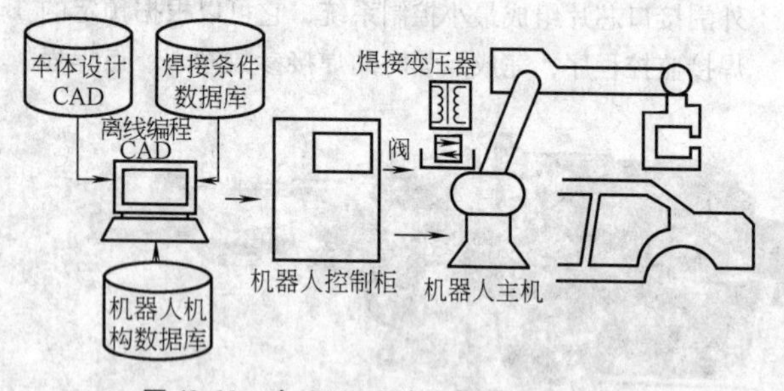

图 40-20　含 CAD 系统的点焊机器人系统

4）点焊机器人对焊接系统的要求：点焊对焊接机器人的要求不是很高，只需进行点位控制。机器人焊接系统首要条件是焊钳受机器人控制，可以与机器人进行机械和电气的连接。

① 应采用具有浮动加压装置的专用焊钳，也可对普通焊钳进行改装。焊钳重量要轻，可具有长、短两种行程，以便于快速焊接及修整，互换电极、跨越障碍等。

② 一体式焊钳的重心应设计在固定法兰盘的轴心线上。

③ 焊接控制系统应能对电阻焊变压器过热、晶闸管过热、晶闸管短路/断路、气网失压、电网电压超限、粘电极等故障进行自诊断及自保护，除通知本体故障外，还应显示故障种类。

④ 分散结构型控制系统应具有与机器人通信联系接口，能识别机器人本体及示教器的各种信号，并做出相应的动作反应。

在点焊机器人系统中，与电阻点焊控制器进行通信的方式与弧焊的基本一样，但是目前应用较多的仍然是点对点的 I/O 模式。

3. 点焊机器人的选择

1）机器人抓重：由于点焊钳相对重量较大，机器人抓重一般多选择 150～250kg，除考虑抓重能力外，高速运转时，还应该考虑惯量问题；特别要指出的是，部分厂家的机器人抓重是以第 5 轴和第 6 轴的旋转轴线交叉点为基准，而非第 6 轴末端，在计算载荷和惯量时要特别注意。

2）运动范围和结构：根据被焊工件和点焊钳的尺寸，机器人运动半径通常选择 2.00～3.00m，在点焊钳结构尺寸确定后，最好通过模拟验证机器人运动范围是否满足要求；同时希望机器人结构刚性好，结实可靠，减小运动中的惯性冲击。

3）重复定位精度：点焊机器人要求相对较低，一般为 0.1～0.5mm。

4）焊钳和点焊控制的选择：焊钳和点焊控制是点焊机器人辅助设备中最重要的设备，基本采用一体化焊钳，在可能的情况下，最好选择中频点焊控制器，减低变压器质量和体积。

根据上面的基本要求，再从经济效益、社会效益方面进行综合论证，以决定是否采用机器人及所需的台数、机器人选型等。

图 40-21 为汽车零部件的点焊工作站，该系统电溶机电（DENYO M&E）点焊控制器和发那科（Fanuc）机器人之间采用数字 I/O 通信，由机器人控制焊钳大/小行程、焊接通/断、焊接条件输出、异常复位、电极更换请求、变压器温度控制机修模电极等信号。

40.3.2　弧焊机器人

1. 弧焊机器人概述

（1）弧焊机器人的应用范围　随着弧焊工艺在各行业的普及，弧焊机器人已经在汽车零部件、通用机械、金属结构等许多行业中得到广泛运用。在我国，弧焊机器人主要应用于汽车、工程机械、摩托车、铁路、航空/航天、军工、自行车、家电、船舶等多种行业，其中以汽车零部件行业为最多，工程机械次之；随着机器人技术、传感技术和焊机的发展，用户对机器人应用特点等认知度的提高，以及国内机器人

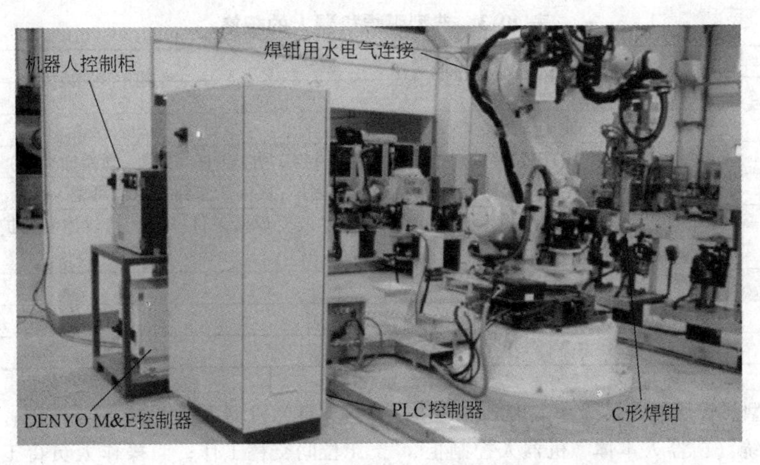

图 40-21　汽车零部件的点焊工作站

系统集成商的逐步成熟，越来越多的行业开始应用弧焊机器人。

（2）弧焊机器人的作业性能　在弧焊作业中，要求焊枪跟踪工件的焊道运动，并不断填充金属形成焊缝（Bead Weld），因此运动过程中速度的稳定性和轨迹精度是两项重要的指标。一般情况下，焊接速度为 5 ~ 50mm/s、轨迹精度为 ±0.2 ~ 0.5mm。由于焊枪的姿态对焊缝质量也有一定影响，因此希望在跟踪焊道的同时，焊枪姿态的可调范围尽量大。作业时，为了得到优质焊缝，往往需要在动作的示教以及焊接条件（电流、电压、速度）的设定上花费大量的人力和时间，所以，除了上述性能方面的要求外，如何使机器人便于操作也是一个重要课题。

（3）弧焊机器人的分类　从机构形式划分，既有直角坐标型的弧焊机器人，也有关节型的弧焊机器人。对于小型、简单的焊接作业，机器人有四五轴即可以胜任。对于复杂工件的焊接，采用六轴机器人对调整焊枪的姿态比较方便。对于特大型工件焊接作业，为加大工作空间，有时把关节型机器人悬挂起来，或者安装在运载小车上使用。

（4）规格　举一个典型的弧焊机器人加以说明。图 40-22 和表 40-3 分别是主机的简图和规格。

2. 弧焊机器人系统的构成

弧焊机器人可以被应用在所有电弧焊、切割技术范围及类似的工艺方法中。最常用的应用范围是结构钢和 Cr-Ni 钢的熔化极活性气体保护焊（CO_2 焊、MAG 焊）；铝及特殊合金熔化极惰性气体保护焊（MIG），Cr-Ni 钢和铝的加冷丝和不加冷丝的钨极惰性气体保护焊（TIG）以及埋弧焊。除气割、等离子弧切割及喷涂外，还实现了在激光焊接和切割上的应用。

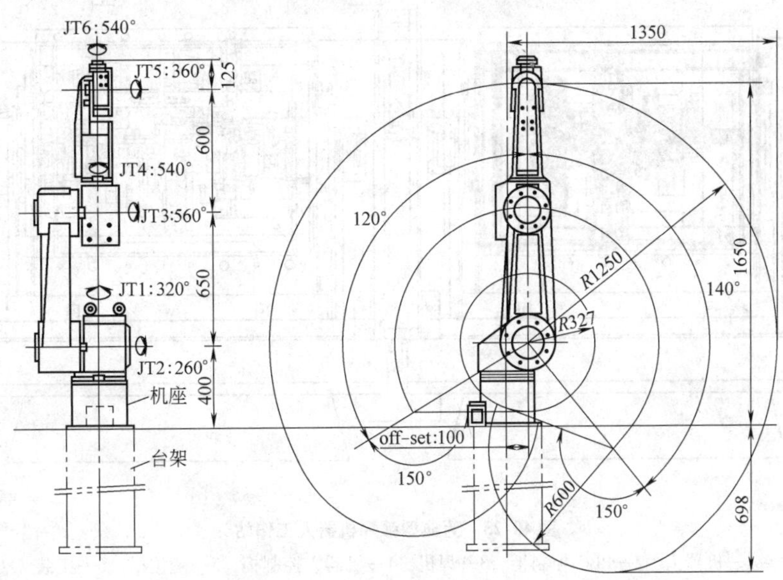

图 40-22　典型弧焊机器人的主机简图

表 40-3 典型弧焊机器人的规格

抓重	5 ~ 6kg，承受焊枪所必需的负荷能力
重复定位精度	±0.1mm，高精度
可控轴数	6 轴同时控制，便于焊枪姿态调整
动作方式	各轴单独插补（PTP 方式），焊枪端部等速控制 CP 方式（直线插补、圆弧插补等）
速度控制	焊枪端部最大直线速度为 2 ~ 3m/s，调速范围广，从极低速到高速均可调
焊接功能	焊接电流、电弧电压设定，允许在焊接过程中改变焊接条件，断弧、粘丝检测保护功能；焊枪摆动条件（摆幅、频率、角度等）设定
存储功能	IC 存储器、硬盘等
辅助功能	定时、运算、平移等功能，外部输入/输出接口
应用功能	程序编辑，外部条件判断，异常检测，传感器接口等

图 40-23 为典型弧焊机器人系统基本构成，其主要包括：机器人系统（机器人本体、机器人控制柜、示教盒）、焊接电源系统（焊机、送丝机、焊枪、焊丝盘支架）、焊枪防碰撞传感器、变位机、焊接工装系统（机械、电控、气路/液压）、清枪器、控制系统（PLC 控制柜、HMI 触摸屏、操作台）、安全系统（围栏、安全光栅、安全锁）和排烟除尘系统（自净化除尘设备、排烟罩、管路）等。弧焊机器人工作站通常采用双工位或多工位设计，采用气动/液压焊接夹具，机器人（焊接）与操作者（上下料）在各工位间交替工作；当操作人员将工件装夹固定好之后，按下操作台上的启动按钮，机器人完成另一侧的焊接工作，马上会自动转到已经装好的待焊工件的工位上接着焊接，这种方式可以避免或减少机器人等候时间，提高生产效率。

（1）弧焊机器人基本结构 弧焊用的工业机器人通常有 5 个自由度以上，具有 6 个自由度的机器人可以保证焊枪的任意空间轨迹和姿态。图 40-22 为典

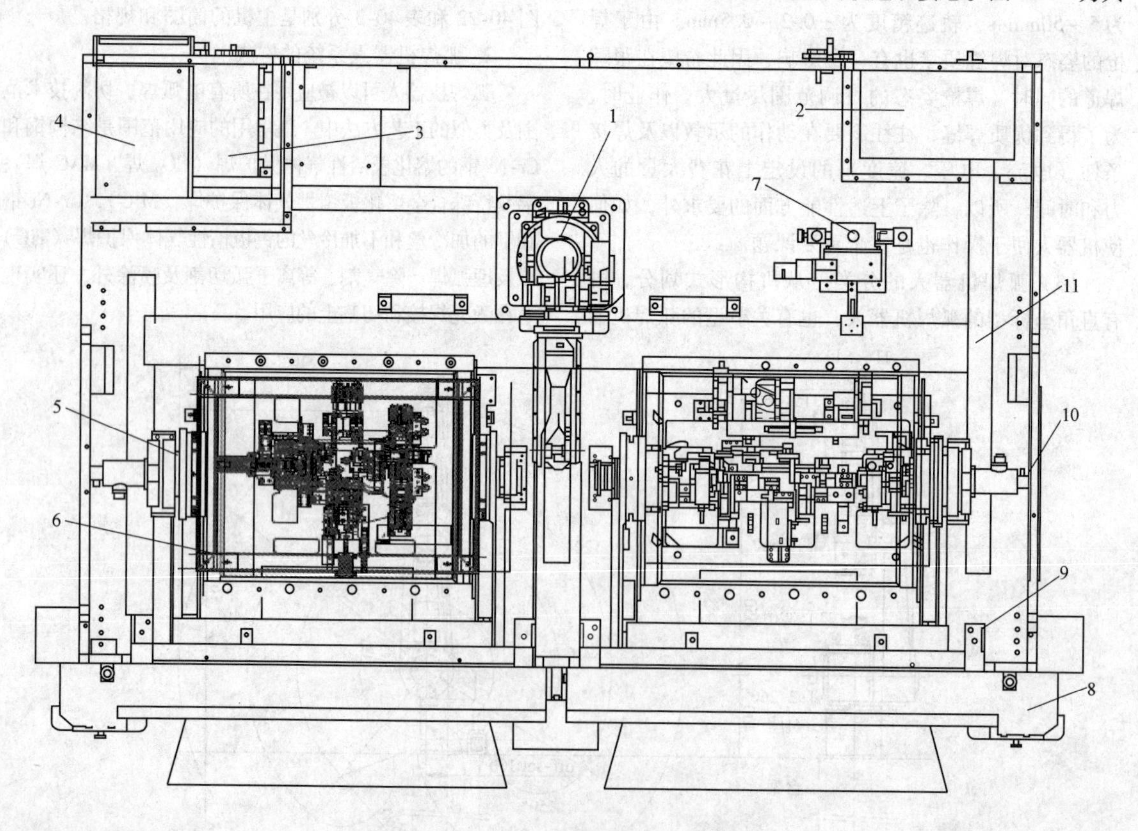

图 40-23 为典型弧焊机器人工作站

1—机器人 2—PLC 控制柜 3—焊机 4—机器人控制柜 5—变位机 6—工装 7—清枪/剪丝装置 8—卷帘门 9—安全光栅 10—安全围栏 11—电缆线槽

型的弧焊机器人的主机简图。点至点方式移动速度可达60m/min以上，其轨迹重复精度可达到±0.1mm，它们可以通过示教和再现方式或通过离线编程方式工作。

这种焊接机器人应具有直线的及环形内插法摆动的功能。如图 40-24 所示的 6 种摆动方式，以满足焊接工艺要求。机器人的负荷一般为 5～16kg。

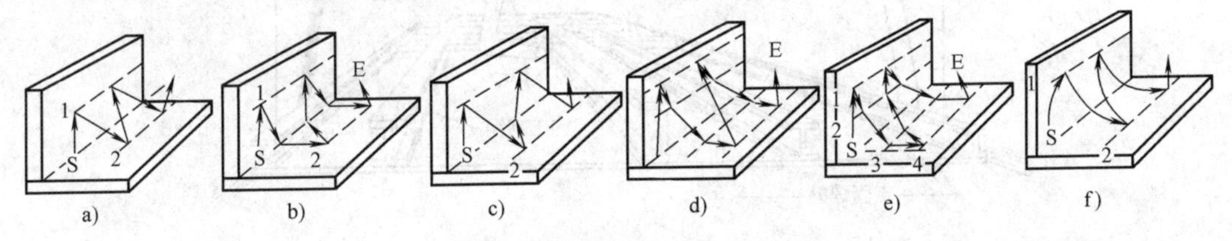

图 40-24　弧焊机器人的 6 种摆动方式

弧焊机器人的控制系统不仅要保证机器人的精确运动，而且要具有可扩充性，以控制周边设备，确保焊接工艺的实施。图 40-25 是一台典型的弧焊机器人控制系统的计算机硬件框图。控制计算机由 8086 CPU 做管理用中央处理器单元，8087 协处理器进行运动轨迹计算，每 4 个电动机由一个 8086 CPU 进行伺服控制。通过串行I/O接口与上级管理计算机通信，采用数字量 I/O 和模拟量 I/O 控制焊接电源和周边设备。

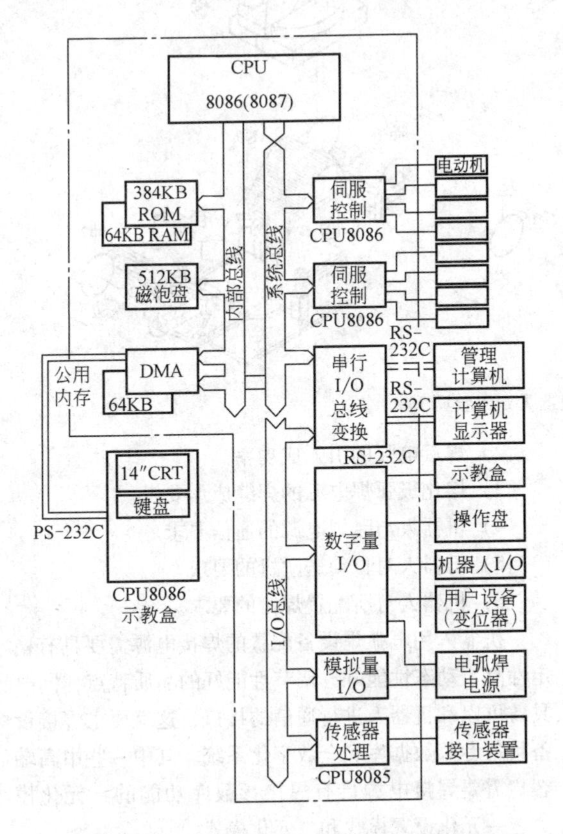

图 40-25　弧焊机器人控制系统计算机硬件框图示意

该计算机系统具有传感器信息处理的专用 CPU（8085），微计算机具有 384KB ROM 和 64KB RAM，以及 512KB 磁盘的内存，示教盒与总线采用 DMA 方式（直接存储器访问方式）交换信息；并有公用内存 64KB。

（2）弧焊机器人周边设备　弧焊机器人只是焊接机器人系统的一部分，还应有行走机构及小型和大型移动机架。通过这些机构来扩大工业机器人的工作范围（图 40-26），同时还具有各种用于接受、固定及定位工件的转胎（图 40-27）、定位装置及夹具。

在最常见的结构中，工业机器人固定于基座上，工件转胎则安装于其工作范围内。为了更经济地使用工业机器人，至少应有两个工位轮番进行焊接。

所有这些周边设备其技术指标均应适应弧焊机器人的要求，即确保工件上焊缝的到位精度达到±0.2mm。以往的周边设备都达不到机器人的要求。为了适应弧焊机器人的发展，新型的周边设备由专门的工厂进行生产。

变位机作为机器人焊接生产线及焊接柔性加工单元的重要组成部分，已经基本实现标准化，其作用是将被焊工件旋转（平移）到达最佳的焊接位置。在焊接作业前和焊接过程中，变位机通过夹具来装卡和定位被焊工件，在一定程度上焊接夹具是整个机器人系统成败的关键，它的主要作用体现在以下几个方面：

1）准确、可靠的定位和夹紧，减小工件的尺寸偏差，提高工件的制造精度。

2）有效地防止和减小焊接变形。

3）使工件处于最佳的施焊部位，保证焊缝成形良好，工艺缺陷明显降低，焊接速度得以提高。

4）可以扩大先进的工艺方法的使用范围，促进焊接结构的生产机械化和自动化的综合发展。

针对不同类型的工件，工装会采用不同的设计方式，可分为：定位型、强制压紧型、反变形型等。定位型工装一般只对工件起到定位和固定的作用，对装配质量（定位、间隙、错边等）、焊后尺寸及焊接过程热变性等几乎没有任何作用；强制压紧型工装一般通过外力（气缸、夹钳等）使工件发生一定的弹性

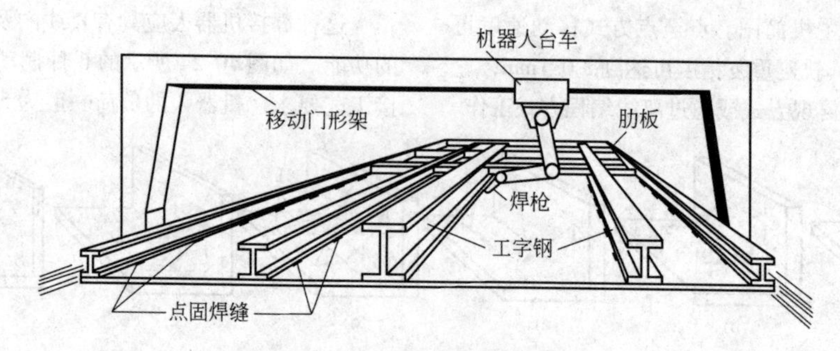

图40-26　机器人倒置在移动门架上

变形，保证装配质量，同时对焊接过程热变形等也有一定的抑制作用，通常可以较好地保证焊后尺寸；反变形型工装是通过外力（液压、气缸等）使工件发生较大的弹性变形或塑性变形，保证装配质量，特别对焊接过程热变形等也有较好的抑制或抵消作用，通常是为了保证焊后工件尺寸或形状，反变形量和压力设计是此类工装的难点。

根据转胎及工具的复杂性，机器人控制与外围设备之间的信号交换是相当不同的，这一信号交换对于工作的安全性有很大意义。

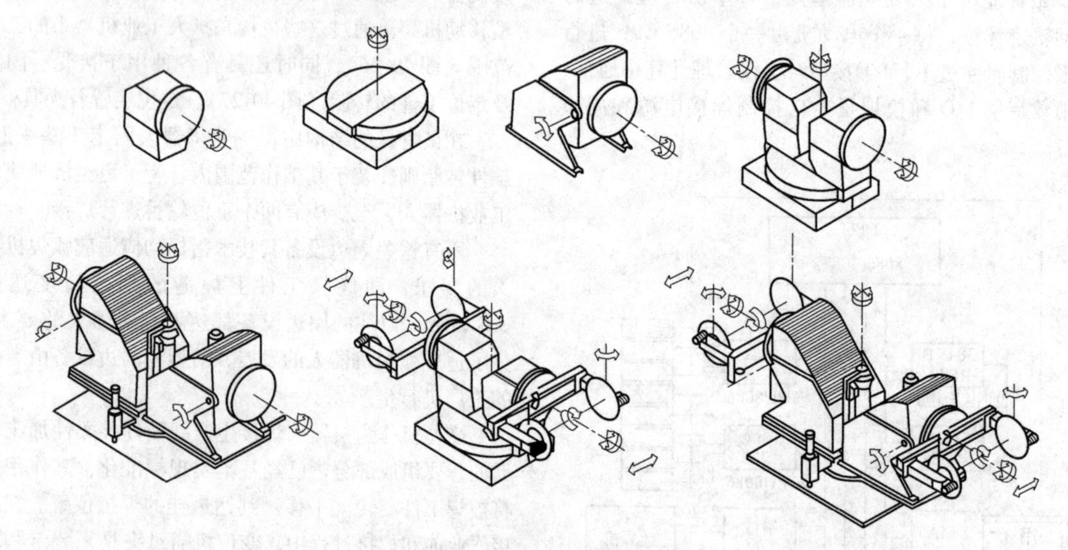

图40-27　各种机器人专用胎具

（3）焊接设备　随着焊接自动化的不断升级换代，焊接机器人成为焊接自动化中的高端主流配置，成为焊接自动化的发展方向。而焊接电源作为机器人焊接系统的重要组成部分，基于焊接电源与机器人通信要求及其自身的特点，机器人用焊接电源相对于手工焊电源有了较大变化，主要体现在功能全面化、数据库专业化、性能稳定化，且对送丝系统及焊枪的要求有了较大的修正。

在机器人焊接工程中，焊接电源的性能和选用是一项极为重要的技术，因为焊点或焊缝质量的优劣与控制，大都与焊接电源有着直接的关系。机器人用焊接电源鉴于应用范围和技术特点，需满足一定的要求：

1）焊接电弧的抗磁偏吹能力。

2）焊接电弧的引弧成功率。

3）熔化极弧焊电源的焊缝成形要求。

4）机器人与弧焊电源的通信要求。

5）机器人对自动送丝机的要求。

6）机器人对所配置焊枪的要求。

机器人用电弧焊设备配置的焊接电源需要具有稳定性高、动态性能好，调节性能好的品质特点，同时具备可以和机器人进行通信的接口，这就要求焊接设备具备专家数据库和全数字化系统。其中一些中高端客户需要焊接电源具有焊接参数库功能的一元化模式、一元化设置模式和二元化模式。

送丝机需要配置自动化送丝机，可以安装在机器人的肩上，且在一些高端配置中，焊接电源需要有进退丝功能，同时送丝机上也配置点动送丝/送气按钮。

（4）控制系统与外围设备的连接　工业控制系统不仅要控制机器人机械手的运动，还需控制外围设备的动作、开启、切断以及安全防护，图40-28是典型的控制框图。

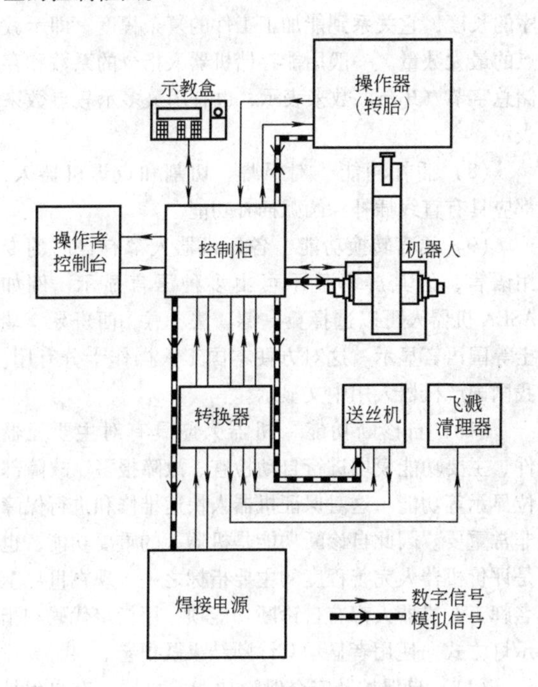

图40-28　典型的控制框图

控制系统与所有设备的通信信号有数字量信号和模拟量信号。控制柜与外围设备用模拟信号联系的有焊接电源、送丝机构以及操作机（包括夹具、变位器等）。这些设备需通过控制系统预置参数，通常是通过D/A数模转换器给定基准电压，控制器与焊接电源和送丝机构电源一般都需有电量隔离环节，防止焊接的干扰信号对计算机系统的影响，控制系统对操作机电动机的伺服控制与对机器人伺服控制电动机的要求相仿，通常采用双伺服环，确保工件焊缝到位精度与机器人到位精度相等。

数字量信号负担各设备的启动、停止、安全以及状态检测。

3. 弧焊机器人的操作与安全

（1）弧焊机器人的操作　工业机器人普遍采用示教方式工作，即通过示教盒的操作键引导到起始点，然后用按键确定位置、运动方式（直线或圆弧插补）、摆动方式、焊枪姿态以及各种焊接参数。同时还可通过示教盒确定周边设备的运动速度等。焊接工艺操作包括引弧、施焊、熄弧、填充弧坑等，也通过示教盒给定。示教完毕后，机器人控制系统进入程序编辑状态，焊接程序生成后即可进行实际焊接。下面是焊接操作的一个实例（图40-29）。

1）F = 2500；以2500cm/min的速度到达起始点。

2）SEASA = H1，L1 = 0；根据H1给出起始点L2 = 0，F = 100。

3）ARCON F = 35，V = 30；在给定条件下开始焊接I—280，TF = 0.5，SENSTON = H1并跟踪焊缝。

4）SENSTON = H1；给出焊缝结束位置。

5）CORN = ＊CHFOIAI；执行角焊缝程序＊CHFOIAI。

6）F = 300，DW = 1.5；1.5s后焊速为300cm/min。

7）F = 100；以100cm/min的速度运动并保持到下一示教点。

8）ARCON，DBASE = ＊DHFL09：开始以数据库＊DHFL09的数据焊接。

9）arcoff，vc = 20，ic = 180；在要求条件下结束焊接TC = 1.5，F = 200。

10）F = 1000；以1000cm/min的速度运动。

11）Dw = 1，OUTB = 2；1s后，在2点发出1个脉冲。

12）F = 100；以100cm/min的速度运动。

13）MULTON = ＊M；执行多层焊接程序＊M。

14）MULTOFF，F = 200；结束多层焊接。

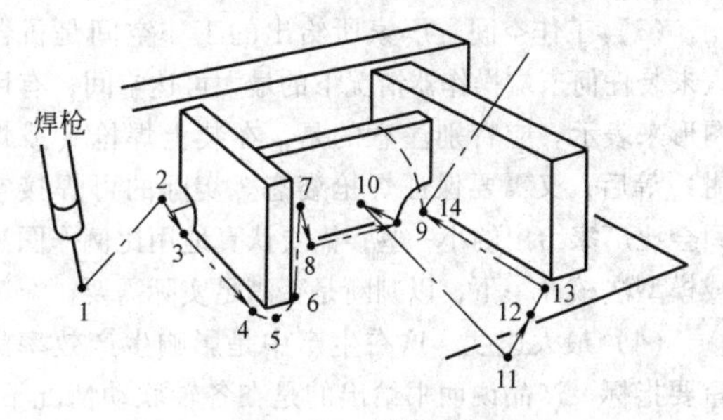

图40-29　焊接操作

（2）弧焊机器人的安全　安全设备对于工业机器人工位是必不可少的。工业机器人应在一个被隔开的空间内工作，用门或光栅保护，机器人的工作区通过电及机械方法加以限制。从安全观点出发，危险常出现在下面几种情况：

1）在示教时：这时，示教人员为了更好地观察，必须进到机器人及工件近旁。在此种工作方式时，限制机器人的最高移动速度和急停按键会提高安全性。

2）在维护及保养时：此时，维护人员必须靠近机器人及其周围设备工作及检测操作。

3）在突然出现故障后观察故障时。

因此机器人操作人员及维修人员必须经过特别严格的培训。

40.3.3 焊接机器人主要技术指标

选择和购买焊接机器人时，全面和确切地了解其性能指标十分重要。使用机器人时，掌握其主要技术指标更是正确使用的前提。各厂家在其机器人产品说明书上所列的技术指标往往比较简单，有些性能指标要根据实用的需要在谈判和考察中深入了解。

焊接机器人的主要技术指标可分两大部分：机器人的通用指标和焊接机器人的专门指标。

1. 机器人通用技术指标

（1）自由度数　这是反映机器人灵活性的重要指标。一般来说，有3个自由度数就可以达到机器人工作空间任何一点，但焊接不仅要达到空间某位置，而且要保证焊枪（割具或焊钳）的空间姿态，因此焊接机器人至少需要5个自由度。目前，大部分机器人都具有6个自由度。

（2）负载　指机器人末端能承受的额定载荷。焊枪及其电缆、割具及气管、焊钳及电缆、冷却水管等都属负载，因此弧焊和切割机器人的负载能力为6～10kg；点焊机器人如使用一体式焊钳，其负载能力应为60～120kg，如用分离式焊钳，其负载能力应为30～60kg。

（3）工作空间　厂家所给出的工作空间是机器人未装任何末端操作器情况下的最大可达空间，有用图形来表示。应特别注意的是，在装上焊枪（或焊钳）等后，又需要保证焊枪姿态。实际的可焊接空间会比厂家给出的小一些，需要认真地用比例作图法或模型法核算一下，以判断是否满足实际需要。

（4）最大速度　这在生产中是影响生产效率的重要指标。产品说明书给出的是在各轴联动情况下，机器人手腕末端所能达到的最大线速度。由于焊接要求的速度较低，最大速度只影响焊枪（或焊钳）的到位、空行程和结束返回时间。一般情况下，焊接机器人的最高速度达1～1.5m/s，已能满足要求。切割机器人要视不同的切割方法而定。

（5）重复定位精度　这是机器人性能的最重要指标之一。对点焊机器人，从工艺要求出发，其精度应达到焊钳电极直径的1/2以下，即1～2mm。对弧焊机器人，则应小于焊丝直径的1/2，即0.4～0.6mm。

（6）轨迹重复精度　这项指标对弧焊机器人和切割机器人十分重要；但各机器人厂家都不给出这项指标，因为测量比较复杂，但各机器人厂家内部都做这项测量，应坚持索要其精度数据，对弧焊和切割机器人，其轨迹重复精度应小于焊丝直径或割具切孔直径的1/2。一般需要达到0.3～0.5mm以下。

（7）用户内存容量　指机器人控制器内主计算机存储器的容量大小，这反映了机器人能存储示教程序的长度，它关系到能加工工件的复杂程度。即示教点的最大数量。一般用能存储机器人指令的系数和存储总字节（Byte）数来表示，也有用最多示教点数来表示。

（8）插补功能　对弧焊、切割和点焊机器人，都应具有直线插补和圆弧插补功能。

（9）语言转换功能　各厂机器人都有自己的专用语言，但其屏幕显示可由多种语言显示，例如ASEA机器人可以选择英、德、法、意、西班牙、瑞士等国语言显示。这对方便本国工人操作十分有用。我国国产机器人用中文显示。

（10）自诊断功能　机器人应具有对主要元器件、主要功能模块进行自动检查、故障报警、故障部位显示等功能。这对保证机器人快速维修和进行保障非常重要。因此自诊断功能是机器人的重要功能，也是评价机器人完善程度的主要指标之一。现在世界上名牌工业机器人都有自诊断功能项，用指定代码和指示灯方式向使用者显示其诊断结果及报警。

（11）自保护及安全保障功能　机器人有自保护及安全保障功能。主要有驱动系统过热自断电保护、动作超限位自断电保护、超速自断电保护等，它起到防止机器人伤人或周边设备，在机器人的工作部装有各类触觉或接近觉传感器，并能使机器人自动停止工作。

2. 焊接机器人专用技术指标

（1）可以适用的焊接或切割的方法　这对弧焊机器人尤为重要，这实质上反映了机器人控制和驱动系统抗干扰的能力，现在一般弧焊机器人只采用熔化极气体保护焊方法，因为这些焊接方法不需采用高频引弧起焊，机器人控制和驱动系统没有特殊的抗干扰措施，能采用钨极氩弧焊的弧焊机器人需要有一定的特殊抗干扰措施。这一点在选用机器人时要加以注意。

（2）摆动功能　这对弧焊机器人甚为重要，它关系到弧焊机器人的工艺性能。现在弧焊机器人的摆动功能差别很大，有的机器人只有固定的几种摆动方式，有的机器人只能在$x\ y$平面内任意设定摆动方式和参数，最佳的选择是能在空间（$x\ y\ z$）范围内任意设定摆动方式和参数。

（3）焊接P点示教功能　这是一种在焊接示教时十分有用的功能，即在焊接示教时，先示教焊缝上某一点的位置，然后调整其焊枪或焊钳姿态，在调整姿态时，原示教点的位置完全不变。实际是机器人能自动补偿由于调整姿态所引起的 P 点位置的变化，确保 P 点坐标，以方便示教操作者。

（4）焊接工艺故障自检和自处理功能　这是指常见的焊接工艺故障，如弧焊的粘丝、断丝、点焊的粘电极等，这些故障发生后，如不及时采取措施，则会发生损坏机器人或报废工件等大事故，因此机器人必须具有检出这类故障并实时自动停车报警的功能。

（5）引弧和收弧功能　为确保焊接质量，需要变参数，在机器人焊接中，在示教时应能设定和修改，这是弧焊机器人必不可少的功能。

40.4　机器人焊接智能化技术

随着先进制造技术的发展，实现焊接产品制造的自动化、柔性化与智能化已成为必然趋势。从 20 世纪 60 年代诞生和发展到现在，焊接机器人的研究经历了 3 个阶段，即示教再现阶段、离线编程阶段和自主编程阶段。随着计算机控制技术的不断进步，使焊接机器人由单一的单机示教再现型向多传感、智能化的柔性加工单元（系统）方向发展，实现由第二代向第三代的过渡将成为焊接机器人追求的目标。

由于焊接路径和焊接参数是根据实际作业条件预先设置的，在焊接时缺少外部信息传感和实时调整控制的功能，第一代或准二代弧焊机器人对焊接作业条件的稳定性要求严格，焊接时缺乏“柔性”，表现出明显的缺点。在实际弧焊过程中，焊接条件是经常变化的，如加工和装配上的误差会造成焊缝位置和尺寸的变化，焊接过程中工件受热及散热条件改变会造成焊道变形和熔透不均。为了克服机器人焊接过程中各种不确定性因素对焊接质量的影响，提高机器人作业的智能化水平和工作的可靠性，要求弧焊机器人系统不仅能实现空间焊缝的自动实时跟踪，而且还能实现焊接参数的在线调整和焊缝质量的实时控制。

一般工业现场应用的弧焊机器人大都是示教在线型的，这种焊接机器人对示教条件以外的焊接过程动态变化、焊件变形和随机因素干扰等不具有适应能力。随着焊接产品的高质量、多品种、小批量等要求增加，以及应用现场的各种复杂变化，使得直接从供货公司购置的焊接机器人往往不能满足生产条件和技术要求。这就需要对本体机器人焊接系统进行二次开发。通常包括给焊接机器人配置适当的传感器、柔性周边设备以及相应软件功能，如焊缝跟踪传感、焊接过程传感与实时控制、焊接变位机构以及焊接任务的离线规划与仿真软件等。这些功能大大扩展了基本示教再现焊接机器人的功能，从某种意义上讲，这样的焊接机器人系统已具有一定的智能行为，不过其智能程度的高低由所配置的传感器、控制器以及软硬件所决定。

40.4.1　机器人焊接智能化系统技术组成

现代焊接技术具有典型的多学科交叉融合特点，采用机器人焊接则是相关学科技术成果的集中体现。将智能化技术引入焊接机器人所涉及的主要技术构成如图 40-30 所示。

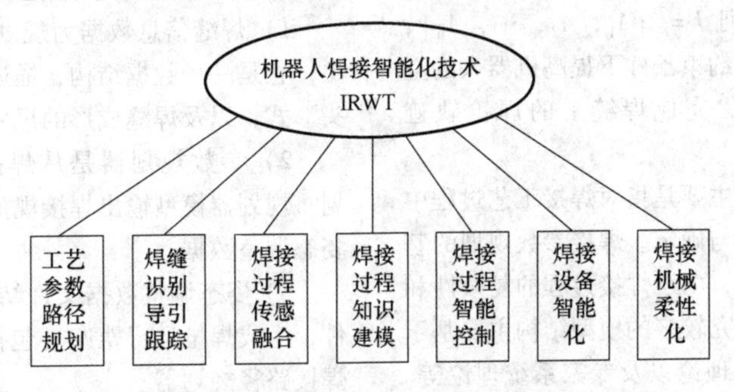

图 40-30　机器人焊接智能化技术构成

机器人焊接智能化系统是建立在智能反馈控制理论基础之上，涉及多学科综合技术交叉的先进制造系统[1,4,31,32]。除了不同的焊接工艺要求不同的焊接机器人实现技术之外，图中机器人焊接智能化系统涉及如下几个主要技术基础：

1）机器人焊接对于焊接任务、路径姿态及工艺参数的自主规划技术。

2）机器人焊接环境识别、初始焊位导引与焊缝跟踪运动轨迹控制技术。

3）机器人焊接动态过程的多信息传感及特征提取的融合技术。

4）机器人焊接动态过程知识建模。

5）机器人焊接动态过程及质量智能控制。

6）机器人焊接设备智能化。

7）焊接柔性制造系统协调控制技术。

将上述焊接任务规划、轨迹跟踪控制、传感系统、过程模型、智能控制等子系统的软硬件集成设计、统一优化调度与控制，涉及焊接柔性制造系统的物料流、信息流的管理与控制，多机器人与传感器、控制器的多智能单元协调以及基于网络通信的远程控制技术等。

40. 4. 2　机器人焊接任务规划软件设计技术

机器人焊接任务智能规划系统的基本任务是在一定的焊接工作区内自动生成从初始状态到目标状态的机器人动作序列、可达的焊枪运动轨迹和最佳的焊枪姿态，以及与之相匹配的焊接参数和控制程序，并能实现对焊接规划过程的自动仿真与优化。

机器人焊接任务规划可归结为人工智能领域的问题求解技术，其包含焊接路径规划和焊接参数规划两部分。由于焊接工艺及任务的多样性与复杂性，在实际施焊前对机器人焊接的路径和焊接参数方案进行计算机软件规划（即 CAD 仿真设计研究）是十分必要的，这一方面可以大幅度节省实际示教对生产线的占用时间，提高焊接机器人的利用率，另一方面还可以实现机器人运动过程的焊前模拟，保证生产过程的有效性和安全性。

机器人焊接路径规划的含义主要是指对机器人末端焊枪轨迹的规划。焊枪轨迹的生成是将一条焊缝的焊接任务进行划分后，得到的一个关于焊枪运动的子任务，可用焊枪轨迹序列 $\{P_{hi}\}$ $(i=1, 2, \cdots, n)$ 来表示。通过选择和调整机器人各运动关节，得到一组合适的相容关节解序列 $J=\{A_1, A_2, \cdots, A_n\}$，在满足关节空间的限制和约束条件下提高机器人的空间可达性和运动平稳性，完成焊缝上的焊枪轨迹序列。

机器人焊接参数规划主要是指对焊接工艺过程中各种质量控制参数的设计与确定。焊接参数规划的基础是参数规划模型的建立，由于焊接过程的复杂性和不确定性，目前应用和研究较多的模型结构主要基于神经网络理论、模糊推理理论以及专家系统理论等。根据该模型的结构和输入输出关系，由预先获取的焊缝特征点数据可以生成参数规划模型所要求的输入参数和目标参数，通过规划器后即可得到施焊时相应的焊接规范参数。

机器人焊接路径规划不同于一般移动机器人的路径规划，它的特点在于对焊缝空间连续曲线轨迹、焊枪运动的无碰路径以及焊枪姿态的综合设计与优化。由于焊接参数规划通常需要根据不同的工艺要求、不同的焊缝空间位置以及相异的工件材质和形状作相应的调整，而焊接路径规划和参数规划又具有一定的相互联系，因此对它们进行联合规划研究具有实际的意义。对焊接质量来讲，焊枪的姿态路径和焊接参数是一个紧密耦合的统一整体。一方面在机器人路径规划中的焊枪姿态决定了施焊时的行走角和工作角，机器人末端执行器的运动速度也决定了焊接速度，而行走角、工作角、焊接速度等都是焊接参数的重要内容；另一方面，从焊接工艺和焊接质量控制角度讲，焊接速度、焊枪行走角等参数的调整又必须在机器人运动路径规划中得以实现。而从焊缝成形的规划模型来看，焊接电流、电弧电压、焊枪运动速度、焊接行走角 4 个量又必须有机地配合才能较好地实现对焊缝成形的控制，因此焊接路径和焊接参数是一个有机的统一整体，必须进行焊接路径和焊接参数的联合规划。

根据焊缝成形的规划模型以及弧焊机器人焊接程序的结构，可以构造联合规划系统的结构，如图 40-31 所示。规划系统各部分的意义及工作流程简述如下：

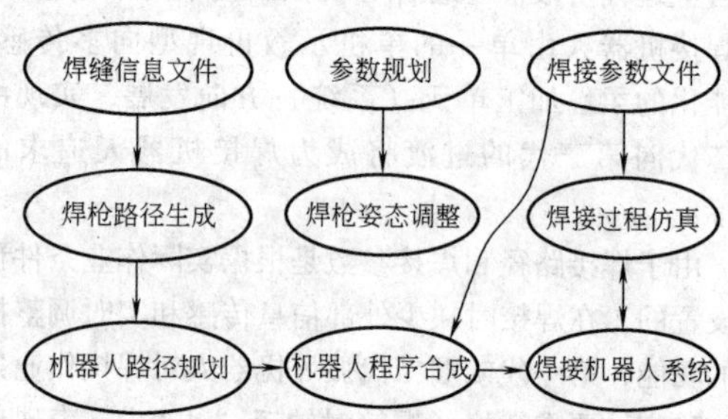

图 40-31　机器人焊接路径和参数联合规划图

1）焊缝信息数据为规划系统提供了一个规划对象，它是一种数据结构，描述了焊缝的空间位置和接头形式，以及焊缝成形的尺寸要求。

2）参数规划器是从焊接工艺上进行的参数规划，规划器模型输出焊接规范参数文件和机器人焊枪姿态调整数据。

3）姿态调整数据文件结合焊缝位置信息数据文件，生成焊枪运行轨迹（包括运行速度），然后通过焊接路径规划器。

4）路径规划器是一种人工智能状态搜索模型，通过设计相应的启发函数和惩罚函数，结合机器人逆运动学解算方法，在机器人关节空间搜索和规划出一条运动路径，该规划器主要是为了提高机器人的运动灵活性和可达性，实现对各种复杂的空间焊缝以及闭合焊缝的路径规划。

5）路径规划只能输出满足关节相容性的笛卡尔坐标运动程序和关节坐标运动程序。

6）机器人综合程序将焊接规范参数文件和焊接路径规划程序结合在一起，自动生成实际的焊接机器人系统的可执行程序，从而实现对焊接路径和焊接参数的联合规划，并达到相应的焊缝成形质量目标。

有关弧焊机器人的研究正逐步向自主化过渡，出现了弧焊机器人的离线编程技术，一个较为完整的弧焊机器人离线编程系统应包括焊接作业任务描述（语言编程或图形仿真）、操作手级路径规划、运动学和动力学算法及优化、针对焊接作业任务的关节级规划、规划结果动画仿真、规划结果离线修正、与机器人的通信接口、利用传感器自主规划路径及进行在线路径修正等几大部分。其关键技术通常包括视觉传感器的设计以及焊缝信息的获取问题、规划控制器的设计问题。

对焊接机器人的无碰路径规划、具有冗余度弧焊机器人自主规划以及焊接参数联合规划问题的弧焊机器人规划系统，包含了CAD输入系统、焊接专家系统、自主规划系统以及模拟仿真系统等。从更广泛的意义上讲，一个更完善的弧焊机器人规划系统应该还包括反馈控制系统、焊前传感系统以及焊后检测系统。

40.4.3 机器人焊接传感技术

人的智能标志之一是能够感知外部世界并依据感知信息而采取适应性行为。要使机器人焊接系统具有一定的智能，研究机器人对焊接环境、焊缝位置及走向以及焊接动态过程的智能传感技术是十分必要的。机器人具备对焊接环境的感知功能可利用计算技术视觉技术实现，将对焊接工件整体或局部环境的视觉模型作为规划焊接任务、无碰路径及焊接参数的依据，这里需要建立三维视觉硬件系统，以及实现图像理解、物体分割、识别算法软件等技术。

视觉焊缝跟踪传感器是焊接机器人传感系统的核心和基础之一。为了获取焊缝接头的三维轮廓并克服焊接过程中弧光的干扰，机器人焊缝跟踪识别技术一般是采用激光、结构光等主动视觉的方法，从而正确导引机器人焊枪终端沿实际焊缝完成期望的轨迹运动。由于采用的主动光源的能量大都比电弧光的能量小，一般将这种传感器放在焊枪的前端以避开弧光直射的干扰。主动光源一般为单光面或多光面的激光或扫描的激光束，由于光源是可控的，所获得的图像受焊接环境的干扰可以去掉，真实性好，因而图像的底层处理稳定、简单、实用性好。

结构光视觉是主动视觉焊缝跟踪的另一种形式，相应的传感器主要有两部分组成：一个是投影器，用它的辐射能量形成一个投影光面；一个是光电位置探测器件，常采用面阵CCD摄像机。它们以一定的位置关系装配后，并配以一定的算法，便构成了结构光视觉传感器，它能感知投影面上所有可视点的三维信息。一条空间焊缝的轨迹可看成是由一系列离散点构成的，其密集程度根据控制的需要而定，焊缝坐标系的原点便建立在这些点上，传感器每次测得一个焊缝点位姿并可获得未知焊缝点的位姿启发信息。导引机器人焊枪完成整个光滑连续焊缝的跟踪。

焊接动态过程的实时检测技术主要指在焊接过程中对熔池尺寸、熔透、成形以及电弧行为等参数的在线检测，从而实现焊接质量的实时控制。由于焊接过程的弧光干扰、复杂的物理化学反应、强非线性以及大量的不确定性因素的作用，使得对焊接过程可靠而实用的检测成为瞩目的难题。长期以来，已有众多学者探索过用多种途径及技术手段检测的尝试，在一定条件下取得了成功，各种不同的检测手段、信息处理方法以及不同的传感原理、技术实现手段，实质上是要求综合技术的提高。从熔池动态变化和熔透特征检测来看，目前认为计算机视觉技术、温度场测量、熔池激励震荡、电弧传感等方法用于实时控制的效果较好。

40.4.4 机器人焊接的焊缝跟踪与导引技术

就机器人焊接作业而言，焊接机器人的运动轨迹控制主要指初始焊位导引与焊缝跟踪控制技术。在弧焊机器人的各种应用领域，适应能力都是影响焊接质量和焊接效率的最重要因素。弧焊机器人的适应能力即采用从焊接工件检测到的传感器的输入信号实时控制和修正机器人的操作，以适应变化了的焊接条件和环境。

在初始焊位的机器人视觉导引技术研究方面，已有研究基于激光扫描的视觉系统，采用局部搜索算法，实现了对一定工件焊缝特征在一定范围的自主导引[17]。已有研究采用视觉伺服和图像识别技术探讨了机器人焊接初始焊位导引和焊缝识别与实时跟踪问题。

40.4.5 机器人焊接熔池动态过程的视觉传感、建模与智能控制技术

机器人焊接的高质量关键在于实现对于焊接动态过程的有效精确的控制。由于焊接过程的复杂性，实践表明经典的控制方法有效性受到较大的限制。受熟练焊工操作技艺的启发，近年来，模拟焊工操作的智能控制方法已被引入焊接动态过程，主要涉及熔池动

态过程的视觉传感、建模与智能控制。

1. 焊接熔池的视觉传感

随着计算机视觉技术的发展，利用机器视觉正面直接观察焊接熔池，通过图像处理获取熔池的几何形状信息对焊接质量进行闭环控制，已成为重要的研究方向。

图40-32展示了基于熔池正反两面视觉图像同时同幅传感系统获得的低碳钢脉冲GTAW熔池正反两面的图像[8]，基于熔池图像提取特征尺寸的研究也已较为深入。图40-33是机器人焊接S形焊缝时获取的3个典型方向的低碳钢脉冲GTAW熔池正面的图像[11]。已有研究获取了铝合金脉冲GTAW填丝熔池图像特征及其在机器人焊接运动过程中的视觉传感技术在焊接熔池动态过程中的智能控制方法。

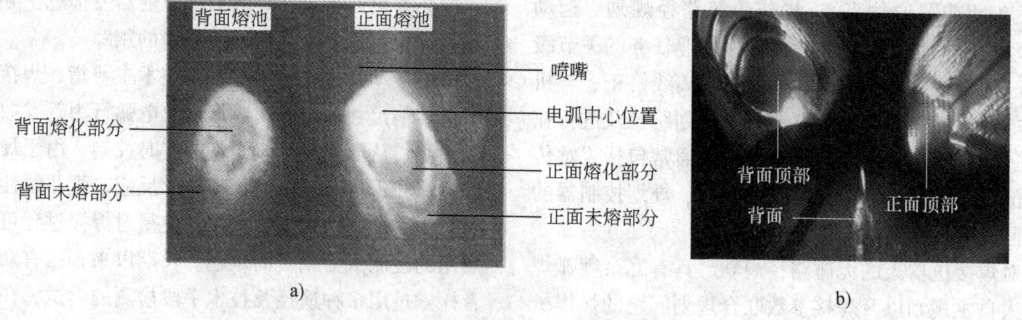

图40-32 脉冲GTAW熔池正反面同时同幅图像

a）低碳钢正反面熔池 b）铝合金正反面三方向熔池

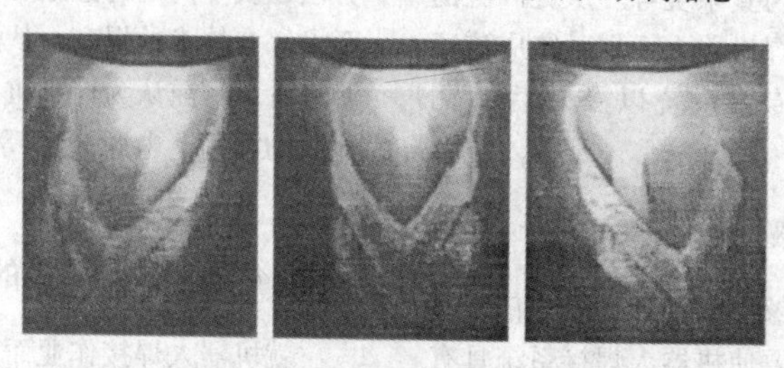

图40-33 机器人焊接S形焊缝时获取的典型熔池图像

2. 焊接熔池动态过程的建模

由于焊接熔池动态过程的非线性、不确定性、时变性和强耦合性，采用传统的过程建模方法建立的数学模型不可能作为有效的可控模型。模糊逻辑和神经网络被证明是有效的建模方法。已有研究对脉冲GTAW熔池动态过程传统数学模型进行了辨识与分析，对脉冲GTAW熔池动态过程进行了模糊逻辑和神经网络的建模方法研究，给出了相应的模型，并验证了模型用于过程实时控制的有效性[8-12]。

引入粗糙集合理论的知识建模方法直接基于实验数据测量的处理提取知识规律，给出以人类知识形式描述的模型，有助于对焊接过程变化规律的理解和智能系统的应用，成为焊接过程知识建模的新方向[15]。

3. 焊接动态过程的智能控制

焊接动态过程是一个多因素影响的复杂过程，尤其是在弧焊动态过程中对焊接熔池尺寸（即熔宽、熔深、熔透及成形等焊接质量）的实时控制问题，由于被控对象的强非线性、多变量耦合、材料的物理化学变化的复杂性，以及大量随机干扰和不确定因素的存在，使得有效地实时控制焊接质量成为焊接界多年来瞩目的难题，也是实现焊接机器人智能化系统不可逾越的关键问题。

由于经典及现代控制理论所能提供的控制器设计方法是基于被控对象的精确数学建模的，而焊接动态过程不可能给出这种可控的数学模型，因此对焊接过程也难于应用这些理论方法设计有效的控制器。

近年来随着模拟人类智能行为的模糊逻辑、人工神经网络、专家系统等智能控制理论方法的出现，使得我们有可能采用新思路来设计模拟焊工操作行为的智能控制器，以期解决焊接质量实时控制的难题。已有一些学者将模糊逻辑、人工神经网络、专家推理等人工智能技术综合运用于机器人系统焊接动态过程控制问题。

研究表明[8-16]，在焊接过程控制中引入了模糊控制、神经网络、专家系统等智能控制方法是非常适合的途径。已有研究实现了对于脉冲GTAW堆焊、对接、间隙变化、填丝熔池正反面熔宽以及正面焊缝余高的智能控制[8-12]。已有研究针对铝合金脉冲

GTAW 对接填丝熔池正反面熔宽设计了模糊监督自适应控制系统[16]。图 40-34 出示了在机器人焊接过程中对脉冲 GTAW 熔池实现的正反面熔宽的神经元自学习控制器设计[10]。

针对实际的焊接动态过程控制对象，智能控制器的设计需要许多技巧性的工作，尤其在控制器的实时自适应与自学习算法研究及其系统实现尚有许多问题，而且对不同的焊接工艺、不同的检测手段都将导致不同的智能控制器设计方法。焊接动态过程智能控制器与焊接机器人系统设计结合起来，将使机器人焊接智能化技术有实质性的提高。

40.4.6　智能化机器人焊接柔性制造单元/系统

对于以焊接机器人为主体的包括焊接任务规划、各种传感系统、机器人轨迹控制以及焊接质量智能控制器组成的复杂系统，要求有相应的系统优化设计结构与系统管理技术。从系统控制领域的发展分类来看，可将机器人焊接智能化系统归结为一个复杂系统的控制问题。这一问题在近年系统科学的发展研究中已有确定的学术地位，已有相当的学者进行这一方向的研究。目前对这种复杂系统的分析研究主要集中在系统中存在的各种不同性质的信息流的共同作用，系统的结构设计优化及整个系统的管理技术方面。随着机器人焊接智能化控制系统向实用化发展，对其系统的整体设计、优化管理也将有更高的要求，这方面研究工作的重要性将进一步明确。

图 40-35 给出一个典型的以弧焊机器人为中心的智能化焊接柔性制造单元/系统（IRWFMC/S）的技术构成[19]。

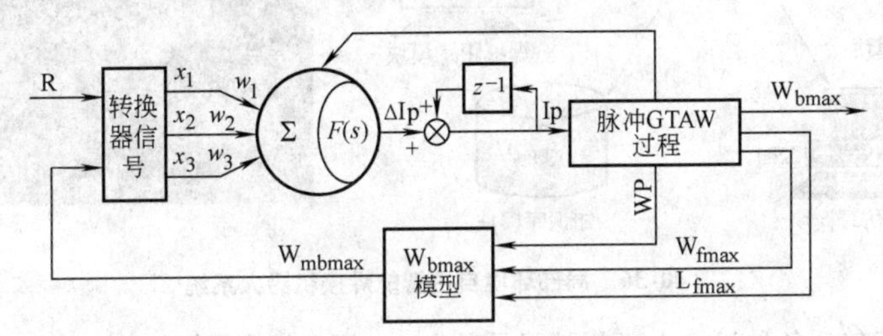

图 40-34　机器人焊接脉冲 GTAW 熔池神经元自学习控制系统

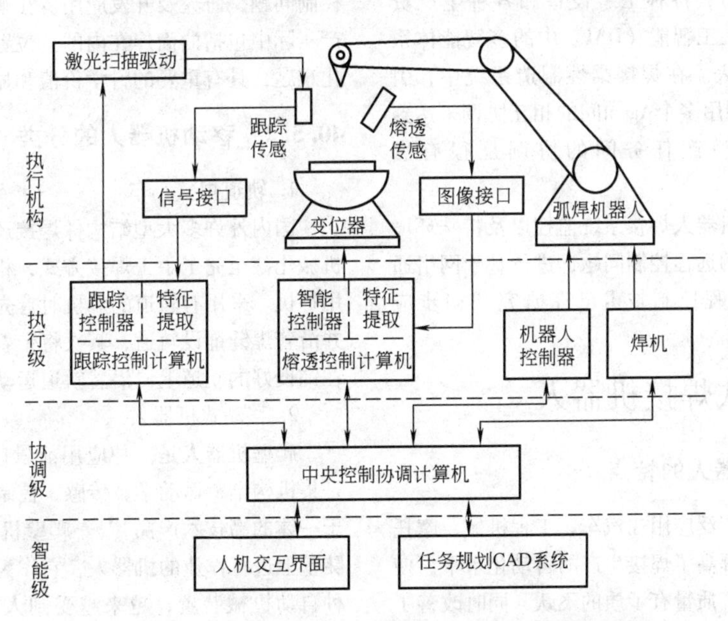

图 40-35　智能化机器人焊接柔性制造单元/系统（IRWFMC/S）

在焊接机器人技术的现阶段，发展与焊接工艺相关设备的智能化系统是适宜的。这种系统可以作为一个焊接产品柔性加工单元（WFMC）相对独立，也可以作为复合柔性制造系统（FMS）的子单元存在，技术上具有灵活的适应性。另外，研究这种机器人焊接智能化系统作为向更高目标——制造具有高度自主能力的智能焊接机器人的一个技术过渡也是不可或缺的。

文献［1，4］针对目前示教再现型焊接机器人对焊接环境与条件变化不具有信息反馈实时控制功能的技术应用瓶颈难题，运用人工智能技术模拟实现焊工观察、判断与操作行为功能，研究基于视觉信息传感的焊接机器人对初始焊位识别与导引、跟踪焊缝、焊接熔池动态过程及焊缝成形智能控制等关键技术，研制局部环境自主智能焊接机器人系统，图40-36，实现了对目前示教再现型焊接机器人的智能化技术进步。

针对焊接柔性制造单元/系统在宏观上具有离散性，在微观上具有连续性，已有结合柔性制造系统离散事件控制理论，对具有多传感信息的焊接柔性加工单元的组建、集成及实时调度控制技术进行系统化研究。

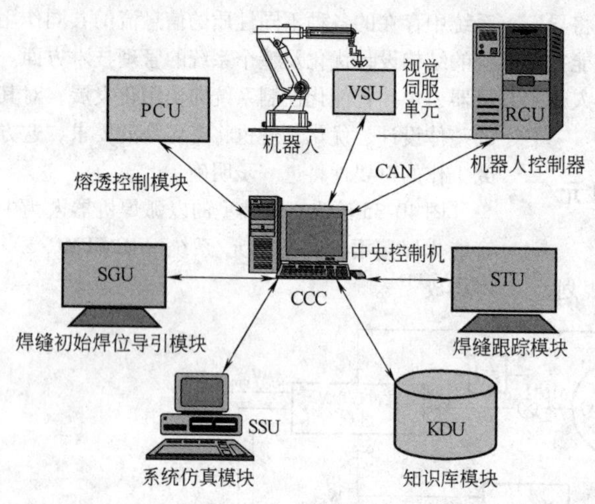

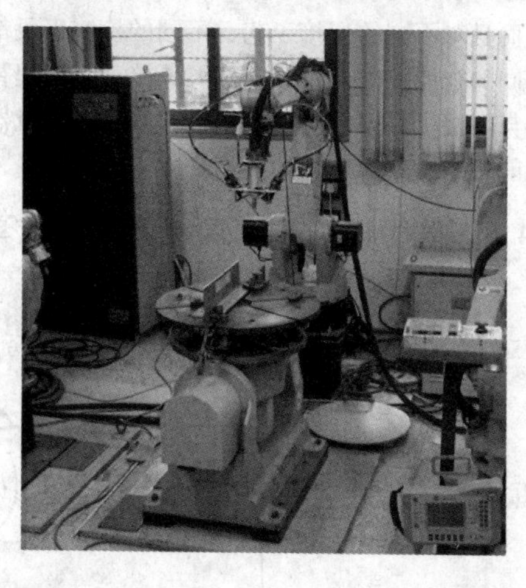

图40-36　局部环境自主智能焊接机器人系统

焊接柔性制造系统包括各种机器人（焊接机器人、搬运机器人等）、各种工装设备和各种生产资源，它们是分布式人工智能（DAI）中的多智能体系统（MAS）典型代表。在焊接柔性制造系统中，引入Agent的概念，利用多个Agent间的相互协调来达到实际生产设备或生产任务间的协调是很有意义的[20]。

针对大型装备机器人焊接系统监控以及特殊环境下机器人自主焊接的远程控制问题，进行基于网络通信的机器人焊接远程控制技术已在研究和初步应用中。

40.5　移动式焊接机器人

40.5.1　移动机器人的特点

弧焊机器人已广泛应用在汽车、工程机械、摩托车等产业，极大地提高了焊接生产的自动化水平，使焊接生产效率和生产质量有了质的飞跃，同时改善了焊接的劳动环境，为高效、清洁、宜人的绿色制造环境提供了重要的生产手段。但是现有的手臂式弧焊机器人存在工作范围比较小的局限性，而对于大型工件来说，工作量大，很多都是高空全位置焊接，劳动强度大，这些工件无法移动翻转，焊接位置特殊。

因此解决弧焊机器人爬行机构及其焊缝智能跟踪控制问题，研究及开发应用旨在解决大型工件焊接生产实际中包括曲面焊在内的全位置焊接自动化、智能化难题，具有重要的科学价值和显著的应用价值。

40.5.2　移动机器人的分类

1. 轨道焊接小车

国内外许多大型结构件焊接还是采用机械化、半机械化甚至完全手工焊接方式，相应有专用焊机和通用焊机。采用有轨道的焊机时首先需依着工件的形状并沿着焊缝铺设轨道，其次将带着焊炬的焊接小车挂在铺设好的轨道上，沿着轨道运动进行焊接。

2. 移动式机器人

爬壁机器人是一种应用前景广阔的特种机器人，是集机构学、运动学、传感、控制和信息技术等学科于一体的高技术产品[23]。爬壁机器人是能够在垂直陡壁上进行作业的机器人，它作为高空极限作业的一种自动机械装置，越来越受到人们的重视。概括起来，爬壁机器人主要用于[23-29]石化企业、建筑行业、消防部门、核工业及造船业等。

壁面移动机器人必须具有2个基本功能[23]：在壁面上的吸附功能和移动功能。按吸附机能来分，可分为真空吸附爬壁机器人与磁吸附爬壁机器人：真空吸附法又分为单吸盘和多吸盘 2 种结构形式。移动方式有轮式、履带式和足脚式（分两足和多足）等。

40.5.3 无轨道全位置爬行式焊接机器人

1. 概述

弧焊加工的自动化不仅可以提高工作效率，而且可以大大提高焊接质量。为了达到把机器人真正应用到焊接领域，适合一些特种结构和特殊环境下进行全位置焊接，则既需要有移动，又需要有爬壁功能的机器人。这就需要爬壁机器人具有如下相关技术：

1）移动与吸附机构设计。

2）作业过程可视化——传感器技术。

3）控制决策智能化——焊缝闭环跟踪控制。

4）焊接工艺过程的智能化。

2. 机构组成

爬行式智能弧焊机器人执行机构由爬行机构和十字滑块机构组成；控制系统有控制器、人机界面、驱动电路及设备、远程操作盒等组成；检测系统采用了激光图像传感器来识别焊缝，采用了霍尔传感器来检测焊接电流，用限位开关来检测位置信号；焊接系统包括焊接电源、送丝送气机构、摆动装置等。

（1）机器人本体设计　机器人本体的结构采用两轮独立驱动的结构，并使形心和质心对地平面的投影落于两个驱动轮轴线上。驱动轮分别由一套直流伺服系统驱动，提供需要的转速或者力矩；前后对称于驱动轮轴线各布置一万向轮，可任意移动而不会对小车产生阻力和约束作用。如图 40-37 所示。

内带减速齿轮的驱动电动机固定在车架上，两个驱动车轮也分别通过轴架固定在车架上。电动机的输出轴驱动车轮。直流伺服电动机具有起动力矩大、动态性能好、调速范围宽和控制较为简单等优点，如图 40-38 所示。

（2）十字滑块的设计　按总体设计要求，工作台应能在 x y 坐标平面内任意往返运动，位置误差为 0.5mm 以下，载重 20kg 以内。为保证工作台运行平稳和有效使用动力，在比较各种传动方式的基础上，采用滚动丝杠传动。

电动机与滑块工作面采用折叠设计，这样缩短了滑块的长度，它们之间的连接采用了同步带连接。可在相当广泛的范围内代替带传动、链传动和齿轮传动。

（3）吸附机构　产生吸附力的基本元件是磁吸附单元，它通过销钉均匀地固定于链条上。磁吸附单元由永磁体、导磁体和拨叉 3 部分组成。爬壁机器人的磁吸附单元对所用的永磁体有着特殊的要求，综合

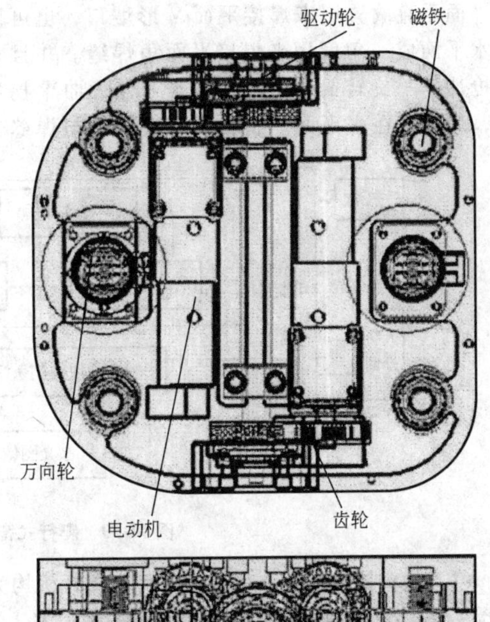

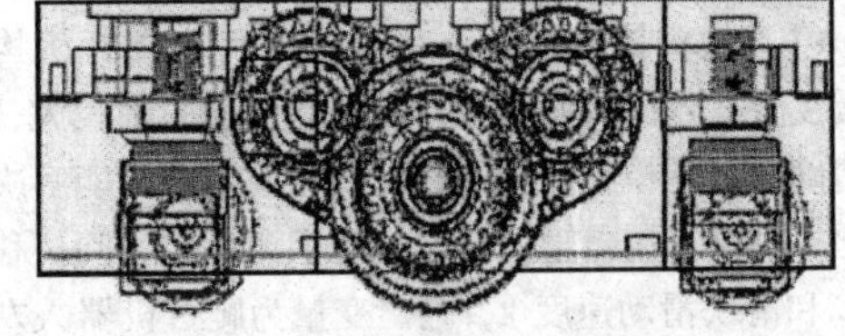

图 40-37　轮式机器人本体的设计

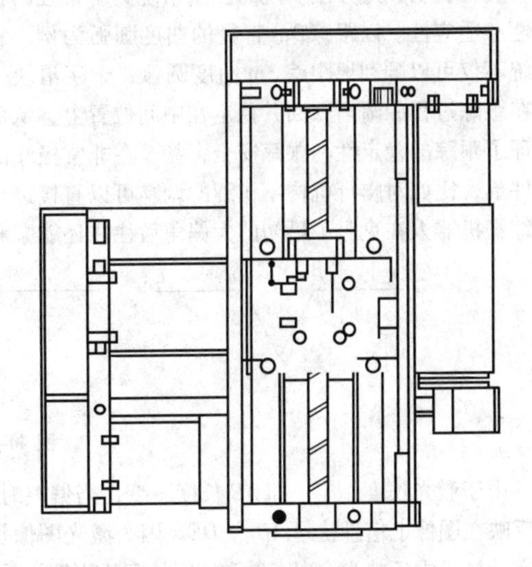

图 40-38　十字滑块的设计

考虑，确定选择的永磁材料为钕铁硼系列中的 $Nd_{15}Fe_{77}B_8$。

（4）机器人设计的特点

1）结构上力求紧凑、小巧。与原有的机器人相比，移动机器人的尺寸大大减小，两驱动轮通过齿轮传动错开放置，在长度和宽度方向都减少了尺寸。

2）焊枪与水平面的倾角是可调的。既可以与

水平面垂直放置用来焊接平面V形坡口，也可以与水平面成一角度用来焊接平面角焊缝。并且在焊枪加了一旋转的自由度，机器人在大曲率拐弯时，焊枪能在水平面上旋转，使焊枪能与焊缝保持垂直状态。

3. 系统控制

整个系统的原理框图如图40-39所示。

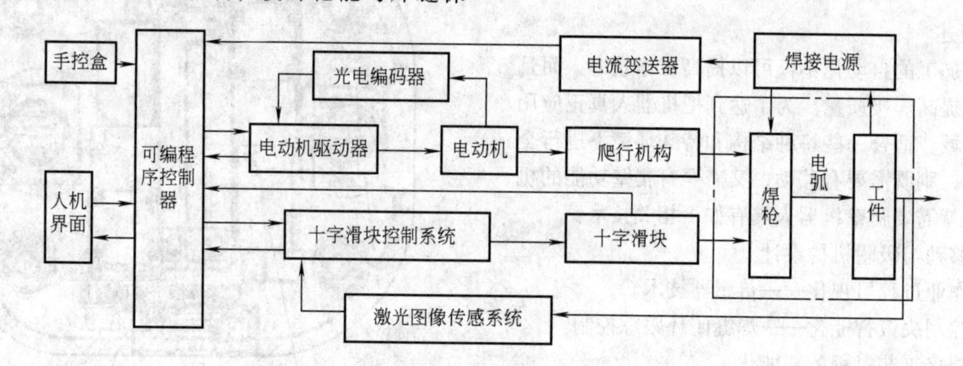

图40-39 爬行式智能弧焊机器人系统工作原理

（1）模糊控制器设计 对于本系统爬行机构为轮履复合式永磁吸附机构，自重和驱动力都较大，寻找精确的数学模型比较困难。模糊控制方法能解决该问题。模糊控制器输入变量为十字滑块四区间位移信号 E 和滑块滑动速度 V，输出变量为爬行机器人左右轮之转速差比率 U。经过计算得出模糊控制表。

实验表明，此方法实现的控制系统具有很强的稳定性和适应性。以跟踪3m直径的曲度圆弧为例，新系统不仅可以顺利地跟踪3m曲度圆弧，十字滑块也能在跟踪过程中渐渐归回并稳定在中间位置上，从而保证了跟踪的稳定性和跟踪安全，甚至在非常极端的条件下，比如对爬行机构不作细的调整可以直接进行跟踪，机器人在克服了最初的大偏角后往往还能顺利进行跟踪。

（2）焊缝识别 在移动机器人实际的运行过程中，由于各方面的误差，需要实时地计算出偏差情况，以通知校正控制部分将移动机器人校正回原有的路径上。

在识别出焊缝形状之后，还需要进行一步的特征分析和形状描述，如焊缝偏差、焊缝宽度与高度信息。激光器照射到工件的坡口时，激光图像能反映出曲面形状，以V形坡口工件为例（其他类型与此同理），说明一下焊缝偏差的分析计算方法。当提取出一定长度的激光图像时，没发生偏差时，左右两激光线长相等，如图40-40a所示；若左右激光线不等时，则产生了偏差，如图40-40b、c所示。

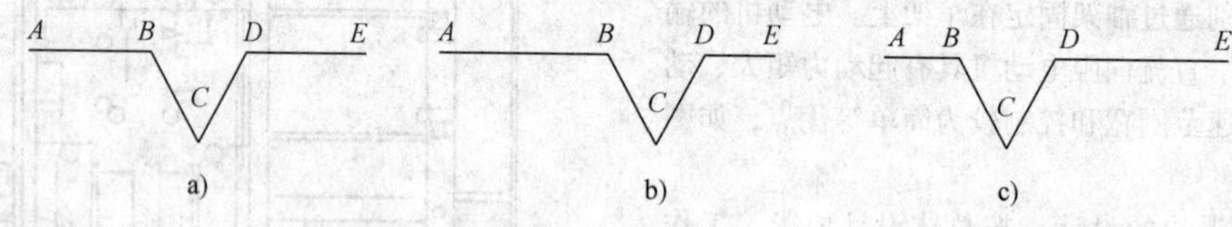

图40-40 V形坡口

由于激光长度一定，即 AE 长度不变，当偏差时，则反映在图像上信息就是 AB 和 DE。因为激光图像长短在计算机内反映为像素点数和实际长度的比例关系，所以乘以放大倍数 K 得到实际纠偏度 L。同时 BD 反映焊缝坡口宽度，C 到 BD 的垂直距离反映坡口深度等。

4. 焊接工艺

焊接工艺的选择对于焊接来说是一个非常重要的环节，焊接工艺的制定直接影响到焊接质量的好坏和成形的美观与否。焊接工艺主要包括焊接方法的选择、焊接坡口的类型、焊接规范的设定等。

（1）焊接方法 目前应用于工业中的焊接方法多种多样，在这里采用氩气、CO_2 混合气体保护脉冲MIG焊。脉冲MIG是一种新的熔化焊工艺，它的突出优点是熔滴过渡处在受控状态下进行，因而均匀可靠，飞溅很少，焊缝成形美观；特别是这种焊接方法可以采用很宽的电流范围，适用于不同厚度的焊接。在这里由于飞溅少，这对于激光传感器的弧光干扰现象也就少，因此这种焊接方法很适合于该机器人系统。

（2）焊接坡口

1）立焊。坡口选用V形坡口。焊前坡口及周围20mm范围内清除水、油、锈等，露出金属光泽，以保证激光图像传感系统对焊缝的顺利识别。

2）横焊。坡口选用不对称 V 形坡口，焊前需处理坡口表面。

(3) 工艺规范　在试验过程中，除对焊机参数的整定和正确调节外，焊枪位置、焊枪的摆动、焊接速度对焊接质量、焊缝成形都有很大的影响。因为这些量依靠人工手调，特别是焊枪位置、焊枪摆动，因为在实际操作中不便于测量，调节难度较大。以下分别对各量加以说明。

1）焊枪位置，包括焊枪头与工件位置、焊丝与坡口位置（要考虑摆动幅度的影响，如图 40-41、图 40-42 所示）。

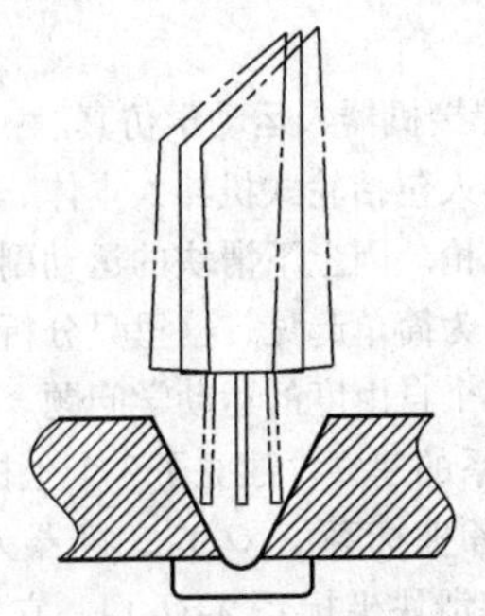

图 40-41　立焊焊枪位姿

2）摆动器的设置，主要参数有摆动速度、左中右三个位置的停留时间。

3）焊接速度为焊前设定值，焊接过程中可调。

4）焊前对焊机电压补偿进行整定，整定值 2.6V 作为焊机内设参量。常用调节量有送丝速度、焊接电压和脉冲幅值。

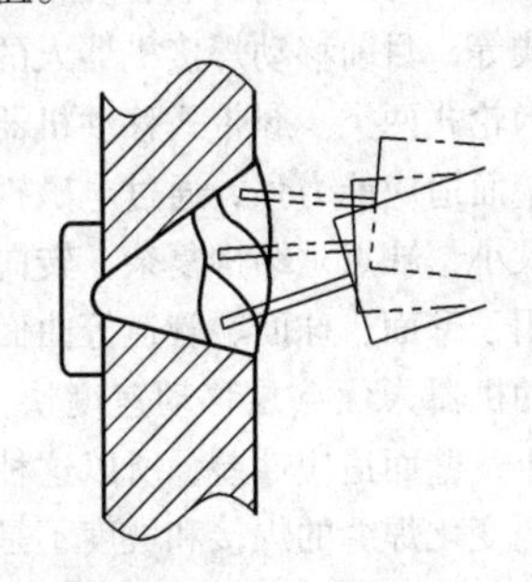

图 40-42　横焊焊枪位姿

(4) 焊接各项参数

1）立焊。立焊打底时焊枪垂直于工件 8mm 左右上方，加摆后焊丝靠两边坡口 1～2mm（见图 40-41），第二道盖面，焊枪垂直上调 5～8mm，摆动幅度适当调大。参数见表 40-4。

表 40-4　立焊参数

立焊	焊枪距工件高度/mm	摆动停留方式	摆率/(次/m)	摆幅/mm	电流/A	送丝速度/(mm/m)	电压/V	焊接速度/(cm/m)
打底	8 左右	两边停留 0.7s，中间不停	26	6～7	78～80	2.8	22～23	4.5
盖面	15 左右	同上	26	12～14	90～92	3.3	23～23.5	4.5

2）横焊。横焊打底时焊枪微向下扎（图 40-42）使焊丝在加有摆动时不至于太靠下边坡口，焊枪顺焊接方向向下斜摆，与水平成 75°～80°角；盖面三道成形，均不加摆动，且每次要根据上道焊接的效果和位置重新调整焊枪姿态，第一道盖面焊时焊枪头略向下扎，二道时较平，末道焊时焊枪头略向上仰。参数见表 40-5。

5. 小结

表 40-5　横焊参数

横焊	焊枪距工件高度/mm	摆动停留方式	摆动频率/(次/min)	摆幅/mm	电流/A	送丝速度/(m/min)	电压/V	焊接速度/(cm/min)
打底焊	8 左右	上边停留，时间为 0.3 秒	36	6～7	82～85	3.1	23～24	5.5
一道	15 左右	以下盖面焊不摆动	—	—	92～95	3.2	23～24	18
二道	15 左右	不摆动	—	—	94～97	3.3	23～24	18
三道	15 左右	不摆动	—	—	97～100	3.4	23～24	19.5

对于工地条件下大型工件焊接，目前国内外有 2 种焊接方法：一是仍然采用手工焊，二是采用有轨道的爬行机构实现自动化焊接。对于第一种方法主要问题是焊接质量的一致性无法保证，当然焊接环境对人的影响、焊接效率也是重要问题；第二种方法存在的主要问题是铺设轨道比较费劲，而且焊缝很难做到与

轨道始终保持平行。基于以上情况，无轨道全位置爬行式焊接机器人能克服两者的缺点。

40.5.4 轮式移动焊接机器人

1. 概述

移动机器人的行走机构一般有履带式、轮式、步行式和爬行式等，目前移动焊接机器人的行走机构主要是履带式和轮式两类。履带式移动机器人优点是着地面积大，壁面适应能力强，通过电磁铁吸附控制吸附壁面力的大小，缺点是结构复杂，转向性差，所以这种结构适用于壁面、球面、管道等曲面上的爬行焊接。轮式移动机器人优点是移动速度快，转向性好，但着地面积小，壁面适应性差，所以这种结构适应平面横向大范围变化焊缝的焊接和坡度不是很大的斜面爬坡焊接，由于这种移动机器人结构相对简单，所以目前在焊接及其他行业中用得都比较多。

2. 轮式焊接机器人机构

在焊缝跟踪的执行机构中，灵活性和稳定性是首要考虑的问题[3]。根据需要，轮式移动机器人机构包括：机器人本体和十字滑块。

（1）机器人本体机构　轮式机器人的本体机构常用的有2种，一种为参考汽车原理，前轮转向，后轮驱动的结构。这种机构虽然对机器人的转向角度可以精确控制，但也有如下的缺点：机构复杂，制造过程中容易造成误差积累，因此在控制过程中尤其是换向的情况下，往往前轮的转向动作滞后；转弯半径有限制，不能原地转弯。另一种为两轮差速驱动，前后布置万向轮的机构，该机构可以弥补前一种机构的缺点。

（2）十字滑块机构　十字滑块机构能在 x、y 轴坐标平面内任意往返运动，位置误差为0.5mm以下，载重20kg以内。为保证工作台运行平稳和有效使用动力，在比较各种传动方式的基础上，采用滚动丝杠传动。

3. 轮式焊接机器人运动学仿真

轮式机器人包括轮式机器人本体、横向滑块、上下滑块以及焊枪。因上下滑块的运动副为移动副，分析较为简单。为简单起见，这里只分析机器人本体和横向滑块的3个自由度的运动学问题。

1）坐标系的建立。建立了3个坐标系，如图40-43所示。参考坐标系 $X_0O_0Y_0$，机器人车体坐标系 $X_1O_1Y_1$，十字滑块坐标系 $X_2O_2Y_2$。它们间的关系见式（40-1）。

$$\begin{bmatrix} x_0 \\ y_0 \\ 1 \end{bmatrix} = {}^0T_1 \begin{bmatrix} x_1 \\ y_1 \\ 1 \end{bmatrix}; 其中 {}^0T_1 = \begin{bmatrix} \cos\theta & -\sin\theta & x_1(t) \\ \sin\theta & \cos\theta & y_1(t) \\ 0 & 0 & 1 \end{bmatrix} \tag{40-1}$$

$$\begin{bmatrix} x_1 \\ y_1 \\ 1 \end{bmatrix} = {}^1T_2 \begin{bmatrix} x_2 \\ y_2 \\ 1 \end{bmatrix}; 其中 {}^1T_2 = \begin{bmatrix} 1 & 0 & x_{21}(t) \\ 0 & 1 & y_{21}(t) \\ 0 & 0 & 1 \end{bmatrix}$$

（x_2，y_2）是焊枪点在坐标系 $X_2O_2Y_2$ 下的坐标，即

$$\begin{bmatrix} x_0 \\ y_0 \\ 1 \end{bmatrix} = \begin{bmatrix} \cos\theta & -\sin\theta & x_1(t) \\ \sin\theta & \cos\theta & y_1(t) \\ 0 & 0 & 1 \end{bmatrix} \begin{bmatrix} 1 & 0 & x_{21}(t) \\ 0 & 1 & y_{21}(t) \\ 0 & 0 & 1 \end{bmatrix} \begin{bmatrix} x_2 \\ y_2 \\ 1 \end{bmatrix} \tag{40-2}$$

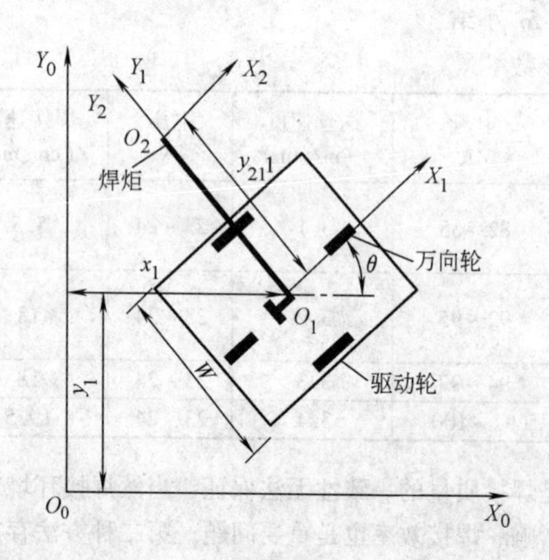

图40-43　轮式机器人坐标系的建立

2）移动机器人转弯时转弯半径的计算。设小车的左轮速度是 $v_1(t)$，右轮速度是 $v_r(t)$，运行时间是 Δt，滑块位移 s，w 是两前轮之间的距离，机器人绕图40-44所示的瞬心转弯，则机器人（质心）的转弯半径 ρ 为

$$\rho = \left| \frac{w}{2}\left[\frac{v_1(t)+v_r(t)}{v_1(t)-v_r(t)}\right] \right| \tag{40-3}$$

此时，机器人车体绕瞬心旋转的角速度为

$$\omega = \frac{[v_1(t)+v_r(t)]}{2\rho} \tag{40-4}$$

特殊地，当 $v_1(t) = -v_r(t)$ 时，$\rho = 0$，机器人绕原地旋转。此时，机器人旋转的角速度为

$$\omega = \frac{2v_1(t)}{w} \tag{40-5}$$

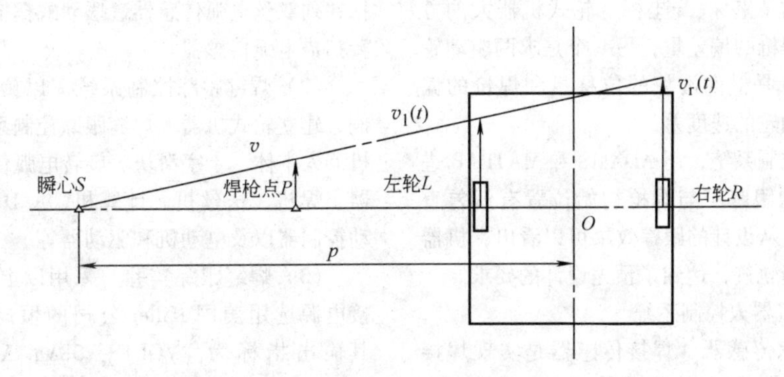

图 40-44　机器人运动瞬心的确定方法

3）移动机器人和滑块同时运动时焊枪位置和速度的确立。在焊接过程中，移动机器人本体的运动是连续的；而滑块的运动是为了快速的跟踪，它的运动是断续的。因此在计算焊枪的移动速度时，可将滑块的移动速度忽略不计。只是考虑滑块移动后的位移。下面分机器人直线行走和转弯两种情况来讨论。

① 机器人直线行走，滑块平移的情况：

设小车的速度是 $v(v_1(t)=v_r(t)=v)$，时间是 Δt，滑块的位移是 s，则焊枪点的坐标（x_0，y_0）为

$$\begin{bmatrix}x_0\\y_0\\1\end{bmatrix}={}^0T_2(t+Vt)\begin{bmatrix}x_2\\y_2\\1\end{bmatrix}=\begin{bmatrix}\cos\theta & -\sin\theta & x_1(t)+v\Delta t\cos\theta\\\sin\theta & \cos\theta & y_1(t)+v\Delta t\sin\theta\\0&0&1\end{bmatrix}\begin{bmatrix}1&0&x_{21}(t)\\0&1&y_{21}(t)+s\\0&0&1\end{bmatrix}\begin{bmatrix}x_2\\y_2\\1\end{bmatrix}\tag{40-6}$$

此时，焊枪的运动速度 v_h 就是机器人本体的前进速度，即

$$v_h=v\tag{40-7}$$

② 小车转弯，滑块平移的情况：

经过 Δt 后的转角是 $\Phi=\omega\Delta t$，滑块的位移是 s（这里规定左为正向），焊枪的初始位置与机器人中心 O_1 点的距离为 b，此时 $t+\Delta t$ 时刻车体坐标系相对于 t 时刻车体坐标系的变换矩阵为

$$\boldsymbol{A}=\begin{bmatrix}\cos(\pi-\Phi) & -\sin(\pi-\Phi) & \rho\sin(\pi-\Phi)\\\sin(\pi-\Phi) & \cos(\pi-\Phi) & \rho[1-\cos(\pi-\Phi)]\\0&0&1\end{bmatrix}\tag{40-8}$$

于是可得到（$t+\Delta t$）时刻焊枪点的坐标（x_0，y_0）为

$$\begin{bmatrix}x_0\\y_0\\1\end{bmatrix}={}^0T_2(t+\Delta t)\begin{bmatrix}x_2\\y_2\\1\end{bmatrix}=\begin{bmatrix}\cos(\pi-\Phi) & -\sin(\pi-\Phi) & \rho\sin(\pi-\Phi)\\\sin(\pi-\Phi) & \cos(\pi-\Phi) & \rho[1-\cos(\pi-\Phi)]\\0&0&1\end{bmatrix}\tag{40-9}$$

$$\begin{bmatrix}\cos\theta & -\sin\theta & x_1(t)\\\sin\theta & \cos\theta & y_1(t)\\0&0&1\end{bmatrix}\begin{bmatrix}1&0&x_{21}(t)\\0&1&y_{21}(t)+s\\0&0&1\end{bmatrix}\begin{bmatrix}x_2\\y_2\\1\end{bmatrix}$$

此时，焊枪的运动速度 v_h 分以下几种情况（图 40-44），在这里，按瞬心 S 所在的位置来讨论：

a）S 在焊枪点 P 的左边时，焊枪运动速度：

$$v_h=\omega(\rho-b-s)\tag{40-10}$$

b）S 点在焊枪点 P 点和左轮 L 点之间时：

$$v_h=\omega(b+s-\rho)\tag{40-11}$$

c）S 点在左轮 L 点和两驱动轮中心 O 点之间时：

$$v_h=\omega(b+s-\rho)\tag{40-12}$$

d）S 点在两驱动轮中心 O 点右边时：

$$v_h=\omega(b+s+\rho)\tag{40-13}$$

在第二种情况下，焊枪的运动方向与靠近焊枪的驱动轮方向相反，其余几种情况焊枪的运动方向都是与靠近焊枪的驱动轮方向相同。

4. 轮式机器人的运动控制仿真

整个控制系统由以下几部分组成：机器人本体控制模块、十字滑块控制模块、控制对象即机器人模块。机器人本体的控制也就是对两驱动轮的控制，采用的基于速度的闭环控制，十字滑块的控制是基于位置的闭环控制。控制系统中有两个 S 函数模块，其中一个是求焊枪与焊缝的偏差，输入量是 ADAMS 模块

的输出：焊枪点的 x 坐标、z 坐标、轮式机器人的方向角，输出量是焊枪的偏差量；另一个是求两驱动轮的速度差，输入量是横向滑块的位移量和焊枪的偏差，输出是两驱动轮的速度差。

采用以上的控制系统，用 ADAMS 和 MATLAB 进行联合仿真，分别跟踪了与焊枪初始位置有偏差直线、斜线和曲线。从设计的跟踪效果可以看出，机器人能准确跟上焊缝轨迹，达到了预先设计的要求。

5. 轮式焊接机器人控制系统

（1）焊缝跟踪传感器　焊接传感器是实现焊接过程自动化、智能化的基础，目前用于焊缝跟踪的传感器主要是利用焊接过程中的光、声、电磁、热、机械等各种物理量的变化所产生的电信号作为特征信号。根据传感方式的不同，焊缝跟踪传感器主要可分为附加式传感器和电弧传感器。附加式传感器主要分为机械传感器、电磁感应式跟踪传感器、超声波传感器、焊接温度场传感器和视觉传感器。电弧传感器包括并列双丝电弧传感器、摆动式扫描电弧传感器和旋转扫描电弧传感器。

（2）焊缝跟踪控制系统　以旋转电弧传感器为例，建立轮式机器人焊缝跟踪控制系统。该系统包括机器人本体、十字滑块、旋转电弧传感器、霍尔传感器、焊机、送丝机、计算机、A/D 卡、四轴驱动运动控制器以及电动机和驱动器等。

（3）焊缝跟踪实验　采用以上的系统，其中焊接电源选用美国 miller 公司的恒压直流弧焊电源，其输出指标为：VOLTS：38V；AMPERES：450A；DUTY CYCLE：100%；MAX OCV 48；VOTAGE RANGE 14～38V。送丝机选用漳州维德公司的 GS—88B 半自动送丝机。保护气体选用 15% CO_2 加 85% Ar 的混合气体。以焊接速度 36cm/min，送丝速度 10m/min，电弧传感器旋转频率 20Hz，对直线角焊缝、弯曲角焊缝进行跟踪实验，其结果如图 40-45 所示。

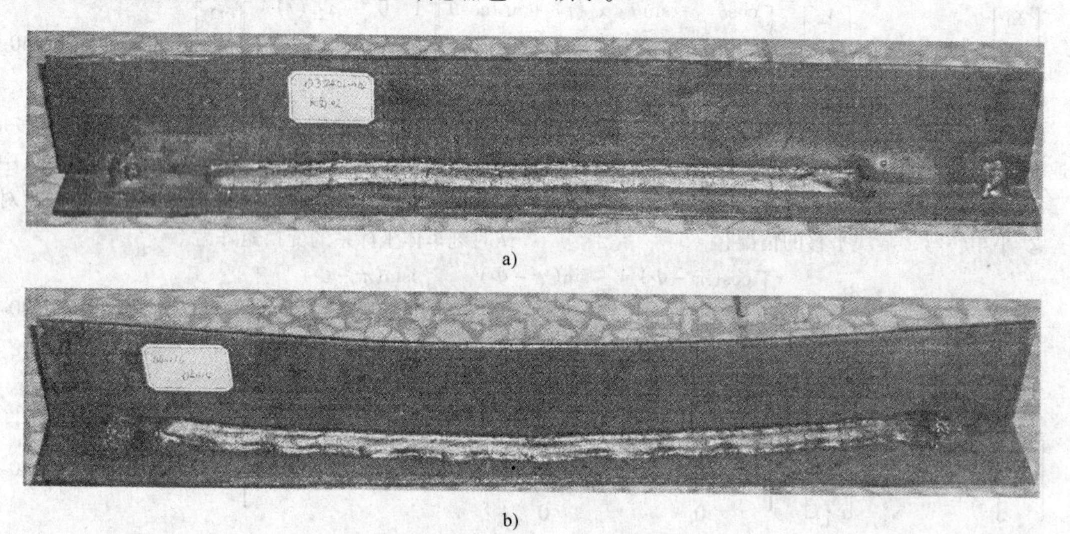

a)

b)

图 40-45　焊缝跟踪实验结果

a）跟踪直线角焊缝　b）跟踪弯曲角焊缝

40.5.5　一种轮足组合越障爬壁移动自主焊接机器人系统

根据在非结构大型装备的焊接制造中，对焊接机构要求在复杂壁面全位置移动、表面障碍跨越以及复杂焊缝自主识别与跟踪控制的高难度焊接作业需求，文献［13-37］针对现有移动焊接机构（小车）和示教在线焊接机器人的技术瓶颈限制，运用轮足组合运动越障的思想设计新型机器人移动越障机构、新型爬壁机器人大负载吸附机构，分别设计用于宏观焊接环境识别和局部焊接区视觉传感器，实现对焊接机器人自主识别环境、障碍物、初始焊接位置，以及焊缝跟踪、焊接过程监控等智能化自主焊接关键技术。文献［13-37］给出研制的一套焊接工艺要求非接触永磁吸附轮足组合式行走越障全位置智能焊接机器人系统样机及其爬壁与焊接实验图（图 40-46）。

该机器人系统包括非接触永磁吸附 6 轮组合升降越障和全位置移动爬壁机器人本体、组合 5 自由度焊接作业机械手、对焊接宏观环境和局部焊缝及熔池区视觉传感器、运动驱动控制系统、遥控通信系统、视觉监控系统、机器人越障焊接以及角焊缝等路径自主规划算法软件系统、机器人自主运动及焊接过程控制

图40-46　轮足组合式越障全位置智能焊接机器人系统

软件系统等。该机器人可以实现大型装备长距离和自然装配制造全位置角焊缝等复杂结构工位焊接，机器人样机的主要技术性能指标如下：

1）移动机构：6轮组合式行走。

2）焊接执行机构：5自由度关节机械手，柔性把持焊枪。

3）吸附方式：非接触永磁吸附。

4）移动速度：0~2000mm/min。

5）焊接速度：200~800mm/min。

6）爬壁负重能力：不小于300N。

7）作业方式：水平、垂直平面。

8）越障能力：60mm×60mm。

9）外形尺寸：约长680mm、宽450mm、高400mm。

10）焊接工艺：熔化极气体保护焊。

11）双目视觉传感器：用于焊接环境或过程信息获取。

12）机械手末端持重：3.0kg。

13）机械手工作空间：左右×上下×前后≈1000mm×600mm×300mm。

该机器人面向的应用对象：大型舰船舱体、大型球罐（储罐）、电站（核）成套装备、航天航空装备以及大型复杂管壁结构的焊接制造及检修维护作业。可实现越障、爬壁与自主智能焊接要求，现场机器人样机实验测试满足相应的实用焊接工艺要求。对解决作业空间复杂，有平面、立面及表面筋板加固（障碍）等人工焊接作业难度大和工作量大等技术难题提供了有力的技术支持；实现机器人自动焊接提高焊接生产效率和质量以及节约成本，有待形成针对行业装备制造的产业化。

参考文献

[1]　潘际銮．弧焊现代控制［M］．北京：机械工业出版社，2000．

[2]　付京逊，等．机器人学［M］．北京：中国科学技术出版社．1986．

[3]　吴广玉．机器人工程导论［M］．哈尔滨：哈尔滨工业大学出版社，1989．

[4]　张厦民．工业机器人［M］．北京：北京理工大学出版社，1989．

[5]　吴林，陈善本．智能化焊接技术［M］．北京：国防工业出版社，1999．

[6]　林尚扬，陈善本．焊接机器人及其应用［M］．北京：机械工业出版社，1999．

[7]　陈善本，林涛，等．智能化焊接机器人技术［M］．北京：机械工业出版社，2006．

[8]　蔡自兴．机器人技术及应用［M］．北京：机械工业出版社，1999．

阅读资料

[1]　Chen S B. Research evolution on intelligentized technologies for robotic welding at SJTU," Lecture Notes in Electrical Engineering, Robotic Welding, Intelligence and Automation, LNEE v 88, pp. 3-14, 2011, Springer.

[2]　潘际銮．二十一世纪焊接科学研究的展望［C］//中国机械工程学会焊接学会．第九次全国焊接会议论文集．1999，(1)：1-7．

[3]　宋天虎，李敏贤．先进制造技术的发展与焊接技术的未来［C］//中国机械工程学会焊接学会．第八届全国焊接会议论文集．1997．

[4]　Chen S B. On the Key Intelligentized Technologies of Welding Robot［C］//Lecture Notes in Control and Information Sciences, Robotic Welding, Intelligence and Automation, LNCIS 362, pp. 105-116, Springer, 2007.

[5]　陈善本，林涛，陈文杰，邱涛．智能化焊接制造工程的概念与技术［J］．焊接学报，2004，25（6）：124-128．

[6]　刘南生，张华，潘际銮．爬行式弧焊机器人三维视觉信息的提取与处理［J］．上海交通大学学报，2002，36：10-13．

[7]　蒋力培，焦向东，等．无导轨全位置光电实时跟踪球罐焊接机器人［J］．哈尔滨工业大学学报，2000，32

(9) 53-56.

[8] Chen S B, Lou Y J, Wu L, et al. Intelligent Methodology for Measuring, Modeling, Control of Dynamic Process During Pulsed GTAW: Part I Based-on-Welding [J]. Welding J. 2000, 79 (6): 151s-163s.

[9] Chen S B, Lou Y J, Wu L, et al Intelligent Methodology for Measuring, Modeling, Control of Dynamic Process During Pulsed GTAW: Part II Butt Welding [J]. Welding J. 2000, 79 (6): 164s-174s.

[10] Chen S B, I hang Y, Qiu T, et al. Welding Robotic Systems with Vision Sensing and Self-learning Neuron Control of Arc Weld Dynamic Process [J]. J. of Intelligent and Robotic Systems. 2003, 36 (2): 191-208.

[11] Chen S B, Wang W Y, Ma H B. Intelligent control of arc welding dynamics during robotic welding process [J]. Journal of Materials Science Forum Vols. 2010, 638-642.

[12] Chen S B, Wu J. Intelligentized Technology for Arc Welding Dynamic Process [C] //Lecture Notes in Electrical and Engineering. LNEE 29. Berlin: Springer, 2009, 11.

[13] Laiping, Chen Shanben, Lin Tao. The modeling of welding pool surface reflectance of aluminum alloy pulse GTAW [J]. Materials Science and Engineering: A, 2005, 394: 320-326.

[14] 黄石生，李迪. 焊接过程的神经网络建模及控制的研究 [J]. 机械工程学报. 1994, 30 (3): 24-29.

[15] Wang B, Chen S B, Wang J J. Rough set based knowledge modeling for the aluminum alloy pulsed GTAW process [J]. International Journal of Advanced Manufacturing Technology, 2005, 25 (9-10): 902-908.

[16] Wang J J, Lin T, Chen Shanben. Obtaining of weld pool vision information during aluminum alloy TIG welding [J]. International Journal of Advanced manufacturing technology, 2005. 26: 219-227.

[17] Chen X Z, Chen S B. The autonomous detection and guiding of start welding position for arc welding robot [J]. Industrial Robot: An International Journal, 2010, 37 (1): 70-78

[18] Chen S B, Chen X Z, Li J Q, et al. Acquisition of Welding Seam Space Position Information for Arc Welding Robot Based on Vision [J]. Journal of Intelligent & Robotic Systems, 2005, 43 (1): 77-97.

[19] Chen S B, Qiu T, et al. Intelligentlized technologies for robotic welding [J]. Series Lecture Notes in Control and Information Sciences, 2004, 299: 123-143.

[20] 朴永杰，朱振友，陈善本. 机器人焊接柔性制造系统的多智能体协调控制 [J]. 系统仿真学报, 2004, 16 (11): 2571-2574.

[21] 赵喜华，等. HRGD—1 型点焊机器人焊接系统研究 [J]. 焊接学报, 1989 (4).

[22] Ulrich DithKy. 第一届中国·联邦德国焊接学术会议论文集 [C]. 1987.

[23] 潘沛霖，等. 履带式磁吸附爬壁机器人喷漆机构的设计 [J]. 机器人, 1997, 19 (2).

[24] 周大威，等. 全方位移动清扫机器人控制技术的研究 [J]. 高技术通讯, 2000 (6).

[25] 蒋力培，等. 球罐全位置智能焊接机器人研究 [J]. 机器人, 2000, 22 (7).

[26] 陈佳品，等. 油罐容积检测用爬壁机器人控制系统研制 [J]. 工业仪表与自动化装置, 1997 (6).

[27] 俞尚知. 焊接工艺人员手册 [M]. 上海：上海科学技术出版社, 1991.

[28] 王军波，陈强，孙振国. 爬壁机器人变磁力吸附单元的优化设计 [J]. 清华大学学报（自然科学版）, 2003, 43 (2): 214-217, 226.

[29] 张俊强，张华，万伟民. 履带式爬壁机器人磁吸附单元的磁场及运动分析 [J]. 机器人, 2006, 28 (2): 219-223.

[30] Chen S B: Lv N. Research Evolution on Intelligentized Technologies for Arc Welding Process [J]. Manufacturing Processes, 2014, 1 (16): 109-122.

[31] Chen S B, Ye Z, Fang G. Intelligentized Technologies for Welding Manufacturing [J]. Materials Science Forum, 2014: 725-731.

[32] Wu Minghui, Gao Xiaofei, Yan W X, et al. New mechanism to pass obstacles for magnetic climbing robots with high payload, using only one motor for force-changing and wheel-lifting [J]. Industrial Robot: An International Journal, 2011, 38 (4): 372-380.

[33] Wu Minghui, Pan Gen, Zhang Tao, et al. Design and Optimal Research of a Non-Contact Adjustable Magnetic Adhesion Mechanism for a Wall-Climbing Welding Robot [J]. International Journal of Advanced Robotic Systems, 2013, 10 (63).

[34] 陈善本，吴明晖，赵言正，等. 轮足组合越障非接触磁吸附式爬壁机器人系统：中国, ZL 201010289332.8 [P].

[35] 陈善本，邓勇军，赵言正，等. 越障全位置自主焊接机器人系统：中国, ZL 201110421711.2 [P]. 2013-6-19.

[36] 吴明晖，赵言正，陈善本，等. 轮式越障爬壁机器人：中国, ZL 201010289327.7 [P]. 2011-1-19.

第41章　遥控焊接技术

作者　吴林　高洪明　李海超　审者　陈善本

41.1　概述

遥控焊接应用领域较广，在核电站设备修复、海洋工程的水下施工和海底管道的维修、空间站建设和维护等极限环境中，由于核辐射、水下压力、缺氧、微重力、高温有毒等因素，操作者无法现场施焊，因此需要采用遥控焊接技术。遥控焊接是机器人遥操作技术在焊接领域的应用，机器人能够使操作者从作业现场的高温、高压、有毒、密闭等环境中脱离出来，在远离工作现场的安全环境中，根据现场反馈的传感信息对焊接设备和焊接动作过程进行远程监视和控制。

一般而言，遥控焊接系统包括信息传感、人机交互接口、运动规划与控制和焊接质量控制等部分。机器人遥操作技术、控制理论、人工智能和人机交互技术的相关研究成果为遥控焊接技术的发展提供了技术支撑。从应用角度而言，遥控焊接主要采用电弧焊，也有关于激光焊、点焊、螺柱焊、摩擦焊、爆炸焊方面的研究。

41.1.1　遥控焊接的定义

核电站设备修复、深海资源的开发、空间探索、危险环境下的救援等工作都需要焊接技术。对于这些工作环境，操作人员是无法进入或不适宜进入的，此时需要采用遥控的方式进行焊接。

遥控焊接（Remote welding）的概念是20世纪80年代提出的。其基本内涵指“人不进入现场的焊接”，分为两种情况：

1）操作者在远端的保护装置内，通过手控器操纵焊接工具和焊接设备进行焊接操作。

2）操作者在本地端，通过遥控焊接系统的人机接口对远端的焊接机器人或专用设备进行控制，进行焊接操作。焊接过程中，操作者可以简单地参与，如预先设定焊接参数、起动、停止自动设备，焊接过程由焊接装置自动完成；操作者也可以在焊接中控制焊枪的运动参数，如焊接速度、横向偏差、焊枪姿态等。

前一种情况，操作者的智能参与体现在焊接前，焊接中由系统进行自主控制，因此要求系统具有精确的定位能力或者高水平的自主功能；后一种情况则要求操作者把手控命令与智能行为参与到整个焊接过程中，需要丰富的远端环境传感信息以及灵活的操作工具。

综合两种情况，遥控焊接的基本原理如图41-1所示。S_h 指操作者端，S_w 指远端，系统通过 K_1、K_2、K_3 的不同闭合情况，实现不同的遥控焊接模式。当 S_h 和 S_w 相同时，就是遥控焊接的第一种情况，此时操作者可以借助于系统的传感器，也可以直接通过从端的执行机构操作焊接过程。当 S_h 和 S_w 不同时，就是遥控焊接的第二种情况，操作者通过监视器和输入设备的反馈感受远端的工作情况，并通过模式设定和任务设定对本地端和远端的控制器进行工作模式设置，实现不同环境下的遥控焊接。在系统中，可以是单一操作者控制整个系统，也可以是多个操作者控制整个系统。系统远端可由多个传感器反馈不同的现场信息，如视觉信息（宏观场景、立体视觉、焊缝空间信息、熔池信息等）、力觉信息、声音信息、红外传感温度信息等，通过远端控制器进行信息处理，并同时传递到本地端的监视器和输入设备上实现监控。

41.1.2　遥控焊接分类

根据不同的作业对象，遥控焊接的执行器包括专用的焊接工具或通用的焊接机器人。据此，表41-1对遥控焊接的各种实现形式进行了归纳。从表中可以

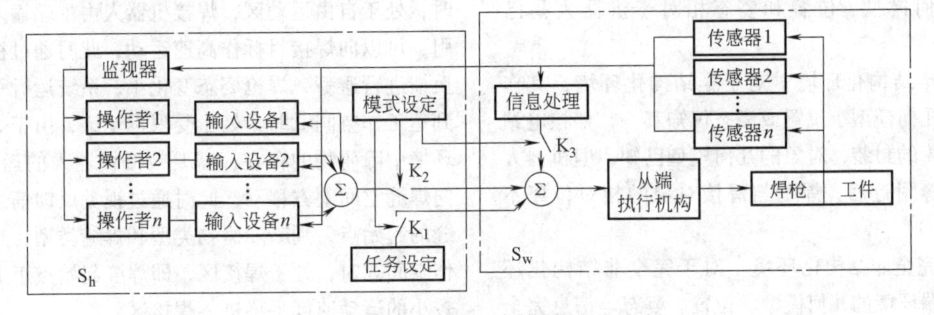

图41-1　遥控焊接原理图

看出，焊接机器人具有较好的通用性、操作灵活性和对环境的适应性，非常适合于作为遥控焊接的执行器，以焊接机器人为中心的遥控焊接研究是目前的研究重点。

表41-1 遥控焊接的各种实现形式

现场硬件	运动方式	人的作用	适用条件	特 点	状 态
专用焊接设备	自动执行(传感器引导和执行程序)	不参与	简单焊缝，批量生产	仅用于生产	应用
操作器+专用焊接设备	操作器放置专用设备	焊前调整专用设备	简单焊缝	仅用于维修特定接头	应用
	操作器控制宏观运动，专用设备负责局部运动调整	焊前，焊中控制专用设备	焊缝可有一定变化	略具灵活性	个别应用
操作器+焊接机器人	示教再现	导引、遥控示教、监控	通用	效率低，稳定性好	研究，个别应用
	全手动控制	全过程手动	通用	精度差，灵活性高	研究，个别应用
	局部自主	焊前、焊后宏观导引，焊中自主	通用	精度高，灵活性差	研究
	共享控制	整个作业过程中进行焊枪导引	通用	精度和灵活性较高	研究
机器人自主焊接	全自主	不参与	通用	理想系统	研究

遥控焊接的非结构化环境限制了操作者身临现场，其未知性和不确定性对机器人的自主能力提出了很高要求。由于目前的人工智能、环境模型识别、问题规划及求解等相关技术发展不足以支撑机器人在陌生的环境中全自主完成焊接任务。因此一般采用通用的焊接机器人作为执行机构，将人的高智能的全局规划能力与机器人高精度的局部自主能力相结合，实现遥控焊接。

一般所提到的遥控焊接就是这种狭义上的遥控焊接，即将机器人遥操作技术与人的焊接经验和焊接技能相结合，实现焊接遥操作。

41.1.3 遥控焊接的特点

1. 远端环境特点

远端环境分为三类：结构化环境、半结构化环境、完全非结构化环境，如图41-2所示。

（1）结构化环境　对于结构化环境，其作业对象的几何模型、位置和姿态相对于机器人是已知的。

（2）半结构化环境　对于半结构化环境，其作业对象的几何模型、位置或姿态仅知其一，如核电站中核燃料棒的封装，对象的几何模型已知，但机器人移动到焊缝附近后，焊枪与焊接对象的相对位姿不确定。

（3）完全非结构化环境　对于完全非结构化环境，其远端环境的几何模型、位置、姿态等信息完全未知，如核电站管道出现的焊接裂纹，操作者预先不知道焊缝的具体位置、焊缝的几何模型，以及焊缝与焊枪的相对姿态。

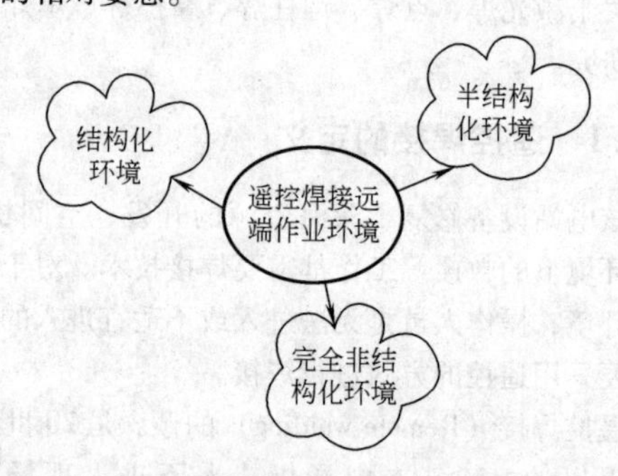

图41-2 遥控焊接远端作业环境的分类

进行焊接作业时，无论是哪一种遥控焊接环境，焊枪的运动空间都可分为三个区域：自由运动区、受限运动区、焊接区。以平板对接焊缝的遥控焊接为例，其运动空间划分如图41-3所示。在工作空间①时，处于自由运动区，焊接机器人由主端输入设备导引，可以向焊接目标作高速运动，此时通过视觉信息反馈进行避障，焊枪姿态变化小，系统运行平稳；当到达工作空间②时，处于受限运动区，由于焊缝周围环境中障碍物的存在，需要减慢机器人的运动速度，向焊缝空间上方移动，此时通过视觉反馈信息寻找焊缝的起始点，判断障碍物类型和焊缝类型；当到达工作空间③时，处于焊接区，即焊缝起始点正上方，以较小的运动速度平稳进入焊接区。

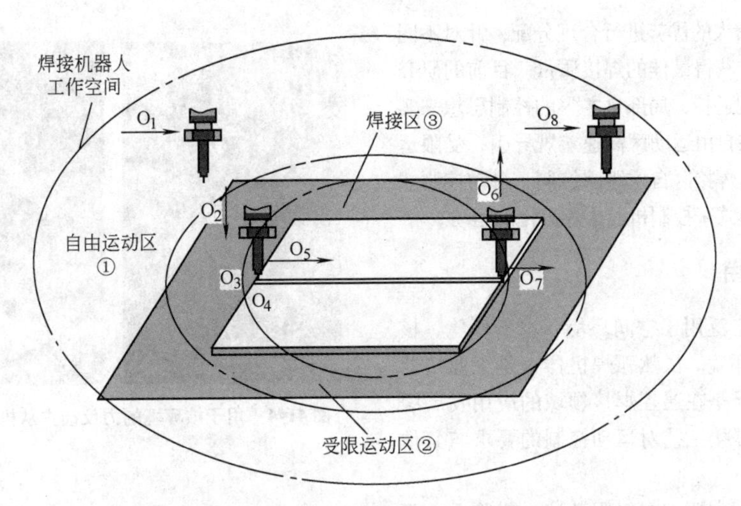

图41-3　遥控焊接时的运动空间分类及运动控制特点

2. 运动控制特点

遥控焊接的运动控制是指对焊接速度、弧长、横向偏差、焊枪角度等参数的控制，通过合理的运动控制，避免机器人和焊枪与环境发生碰撞、使焊枪运动轨迹与焊缝理想轨迹之间的偏差最小、保证焊接过程连续进行。

如何实现运动控制是遥控焊接的核心问题。遥控焊接的运动控制如图41-3所示，其运动过程可以分解为一系列的基本动作，见表41-2。

表41-2　遥控焊接过程中的基本动作分类

序列	动作描述
O_1	焊枪在自由运动区运动
O_2	在受限运动区的运动—接近焊缝
O_3	寻找焊缝起始点
O_4	引燃电弧
O_5	沿焊缝的移动—进行焊接
O_6	焊接结束收弧,并离开焊缝
O_7	远离焊缝,在受限运动区运动
O_8	离开受限运动区,在自由运动区运动

为了实现遥控焊接，系统应该具备下列条件：①动态感知远端环境信息；②避免与环境发生碰撞；③焊缝初始点确认；④确定沿焊缝的移动方式；⑤焊枪与焊缝之间的位姿关系；⑥引弧方式。

在执行整个动作序列过程中，都要满足约束条件①、②；在基本操作 O_3 执行时要满足条件③；基本操作 O_4 执行时要满足约束条件④；基本操作 O_5 需要满足约束条件⑤。确定沿焊缝的运动方式的操作 O_5 是整个运动控制的核心，要求较高的实时性，遇到意外情况可及时恢复。

3. 手工焊接、机器人焊接与遥控焊接的特点比较

手工焊接时，操作者亲临现场，主要通过观察获得视觉信息，综合运用焊接经验对其进行处理，做出决策。对于机器人焊接，目前主要以示教再现或编程方式工作，少部分通过焊缝跟踪实现，与一般的自动焊接设备相比，具有柔性，但与手工焊接相比，又显得缺乏灵活性，一般只能执行固定的程序或者简单规则焊缝的自主跟踪。同时焊接机器人没有疲劳问题，不像人受情绪等因素干扰，能够实现高精度的定量控制，因此质量稳定性高，焊接质量好。显而易见，人在决策、认知能力和适应性方面具有明显的优势，机器人在执行能力、运行精度、可靠性等方面具有明显的优势。表41-3进行了手工焊接、机器人焊接和遥控焊接的特点比较。

从表中可以看出，在遥控焊接系统中应该把人的

表41-3　手工焊接、机器人焊接与遥控焊接的特点比较

方法	控制精度	运动轨迹	操作灵活度	反应能力	难点
手工焊接	凭感觉施焊,不知道控制精度	运条动作形成周期性偏差和速度误差	根据熔滴过渡情况和熔池情况随时调整偏差,灵活度高	能够及时处理意外事故	保证精度问题;长时间焊接的负荷
机器人焊接	执行编好的程序,控制精度高	运动轨迹已知,由示教、编程决定	灵活度低	不能处理与程序描述不一致的情况	需要机器人与工件之间的准确定位
遥控焊接	控制精度由系统的工作模式决定,控制精度一般较高	可分别由操作者手控或程序确定,也可同时由二者确定	通过人机接口进行监控和干预操作过程,灵活度较高	能够及时处理意外事故	控制参数多,控制的实时性要求高

优势和焊接机器人的优势进行合理分配，针对不同任务和不同精度要求获得最佳的焊接质量。目前的研究中，主要采用“宏观遥控，局部自主”的控制思想来实现遥控焊接。即：在自由运动区高速宏观导引，受限运动区低速导引定位，焊接区自主跟踪控制、自动控制或者共享控制等控制模式来控制机器人及焊枪的运动。

41.1.4　主要应用

机器人遥操作广泛用于空间环境、水下环境、核环境和其他的危险环境。虽然弧焊机器人是工业机器人中的主要种类，但是在遥控焊接领域的应用发展缓慢，其原因主要是焊接工艺对运动控制的要求与其他任务相比苛刻得多。

遥控焊接的应用主要面向极限环境，工艺上主要采用电弧焊，早期的应用主要面向核环境。图41-4所示是面向核环境的机器人遥操作焊接系统，该系统基于宏观视觉的人机界面和ROBCAD软件图形仿真系统，采用了主从控制、半自主控制和基于轨迹的自动控制的人机协作控制策略，从端的机器人完成了对蒸汽生成器头部管道的切割、研磨和焊接。

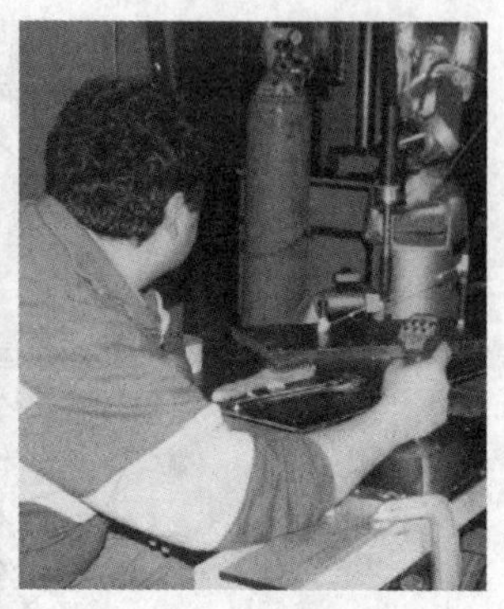

图41-4　用于核环境的力反馈主从机器人遥控焊接系统

图41-5是另外一种结构形式的机器人用于核环境的遥控焊接作业。用于核环境的检测和焊接维修。其末端安装摄像机、检测探头、磨砂轮和焊接头。

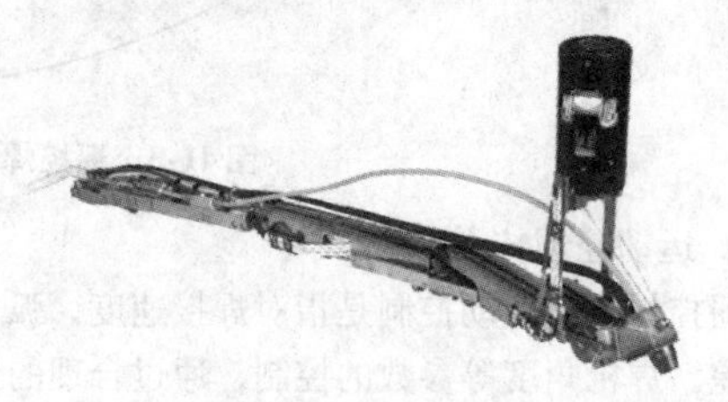

图41-5　核环境下的遥控检测和焊接机器人

遥控焊接另外的主要应用场合是水下环境。图41-6所示的系统采用直接手动控制、增强手动控制、半自主控制和全自主控制四种控制模式，成功地进行了海洋导管架的焊接接头检测、打磨清理和焊接修复。

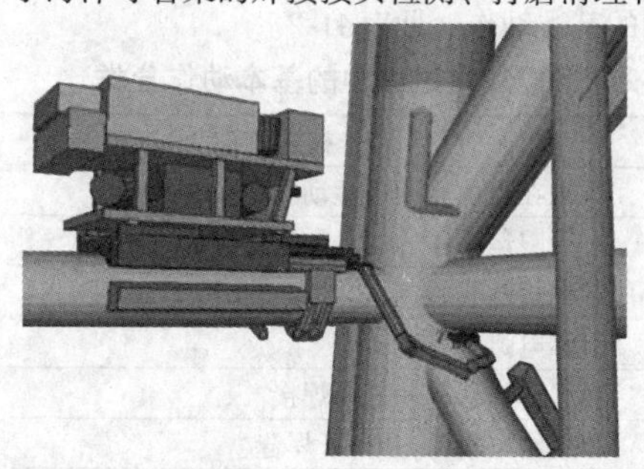

图41-6　ARM水下焊接机器人系统

图41-7是西屋公司开发的用于核环境和常规工业中的遥控焊接工作站，把操作者从有射线、有毒的环境中脱离出来。系统在本地端采用大触屏显示，如图41-7a所示，配有声音系统反馈远端信息。通过远端的摄像机观察焊接环境和焊接熔池，如图41-7b所示。

a)

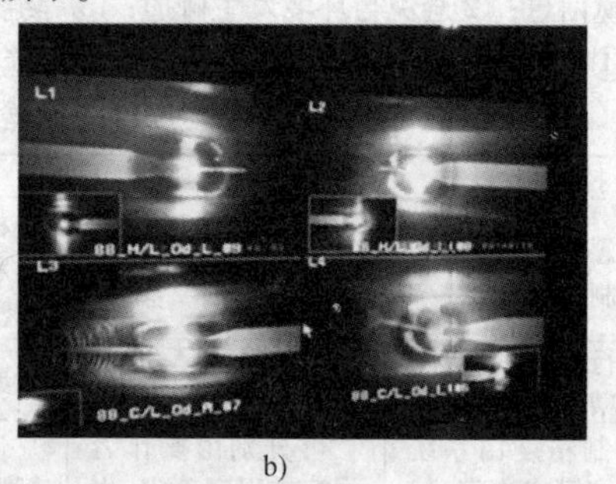

b)

图41-7　遥控焊接系统
a）本地操作端　b）远端熔池的监控

可见，遥控焊接是通过结合机器人遥操作与自动化焊接的遥控焊接系统实现的，一般在遥操作系统中，焊接不是唯一的工艺，通过工具切换等技术，遥操作系统中一般还包括打磨、切割等遥操作。从应用角度，其支撑技术如图 41-8 所示，包括遥操作系统结构、控制模式、人机接口及输入设备、图形仿真、场景监控、焊缝及环境识别、熔池监控等。从研究角度来说，遥控焊接系统的核心问题是感知与交互两大问题。

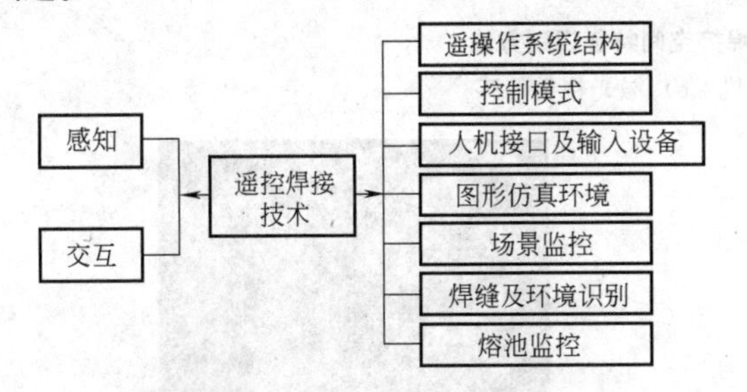

图 41-8　遥控焊接的支撑技术

41.2　遥控焊接的信息传感

传感是增强遥操作机器人系统性能的最重要手段，与相应的传感器配合，机器人能够表现出一定的智能。焊接中应用的传感器有跟踪焊缝的电弧传感器和视觉传感器，提高焊接质量的熔透控制传感，其中应用最多的传感是视觉传感。由于焊接过程中没有力接触，电弧力又太小，因此力觉传感一般用于焊前示教。

41.2.1　视觉信息传感

在遥控焊接中，按视觉应用的对象，视觉传感器作用可分为三种：①焊接场景监控；②焊接空间特征识别；③熔池监控。

1. 宏观场景监控

宏观场景监控可以分别采用二维视频监控和立体视觉显示方法。

二维视频监控一般采用摄像机-监视器的视频图像系统，对于复杂环境需要多个摄像机多角度监控。任务执行过程中，如果操作者仅作为监控者观察远端的焊接过程，采用上述两种方法都可以满足要求。如果操作者与远端环境进行交互，对于二维视频监控而言，则要考虑摄像机的摆放位置，见表 41-4。

表 41-4　摄像机摆放位置

单摄像机		双摄像机	多摄像机
手眼结构	机器人后	垂直摆放	手眼结构，或者多角度摆放

单摄像机如果采用手眼结构，视场随焊枪的运动而变化。放置于机器人外部的摄像机，用于焊缝空间的识别。单摄像机置在机器人后进行监控时，摄像机的视场为机器人末端焊枪的操作空间，操作者感觉与手工焊接的感觉类似，容易保证位置感。采用双摄像机垂直摆放时，扩大了视场，采用这种方式能够辅助完成一些简单的遥操作动作。多摄像机结构大大提高了视场，同时也使操作不容易连续，操作者在整个任务的过程中难以保持位置感。

另外一种宏观场景监控的方法是立体视觉显示，立体视觉使操作者容易获得焊缝空间的深度信息，是遥控焊接最重要的视觉反馈。同时，立体视觉不但可以用于场景监控，也可以用于焊缝特征识别和熔池监控，关于立体视觉的原理与实现将在以后的小节中说明。

2. 焊接空间特征识别

焊接空间指图 41-3 的焊接区，其特征识别包括：①工件特征识别；②焊缝起始点识别；③焊缝特征识别。焊接工件及焊缝特征的视觉识别是机器人视觉在焊接领域的应用。典型的视觉感知与机器人动作的合成可采用静态的开环形式，即先“观察”后“运动”；也可采用动态的闭环形式，即边“观察”边“运动”；远端机器人操作结果的准确性直接依赖于视觉传感系统的精度、系统延时和机器人末端的运动精度。

如图 41-9 所示为焊接空间识别的三种方法，图 41-9a 为采用单摄像机的手眼结构，图 41-9b 为采用双摄像机的手眼结构，图 41-9c 为激光视觉传感。单摄像机若用来进行特征识别一般采用手眼结构，用于遥操作中的增强现实中，将虚拟环境与远程任务环境的实际摄像机图像相匹配，克服延迟引起的控制不稳定问题。其工件识别精度可达到 ±6mm，角度标定误差为 ±3°。双目视觉由于具有了深度信息，一般采用手眼结构用来识别焊缝起始点和焊缝特征。在焊接中由于存在弧光的影响，因此采用先观察后运动的方式工作。激光视觉传感是应用激光在焊接工件表面的反光点在摄像机 CCD 上的像素点之间的映射关系，根据三角测量原理得到焊缝的轮廓图像，属于主动视觉传感。在弧焊中采用激光视觉传感系统能够获得焊枪与工件的关系，如弧长、跟踪偏差、侧倾角参数，通过多组视觉信息可以计算得出俯仰角和偏转角。这种方式可以实现边“观察”边“运动”的闭环方式，能够有效焊接变形带来的误差。

3. 熔池监控

熔池监控在遥控焊接中是控制焊接质量的重要手段，采用的方法与焊接过程控制的监控方法没有区别，其应用的难点在于消除延时的影响。在获取与焊接熔池有关的状态信息时，一般采用单摄像机获取二

a)

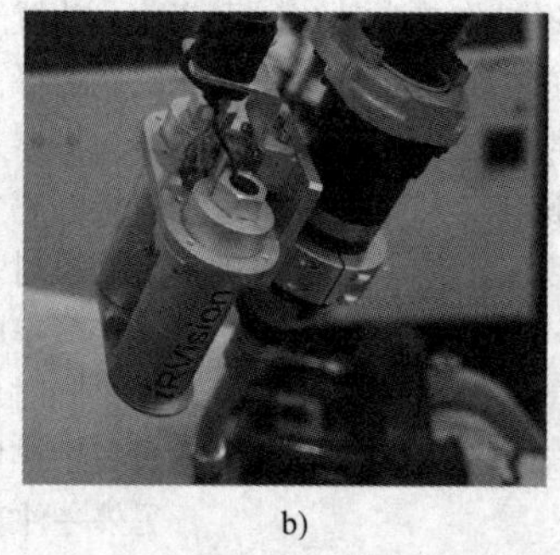

b)

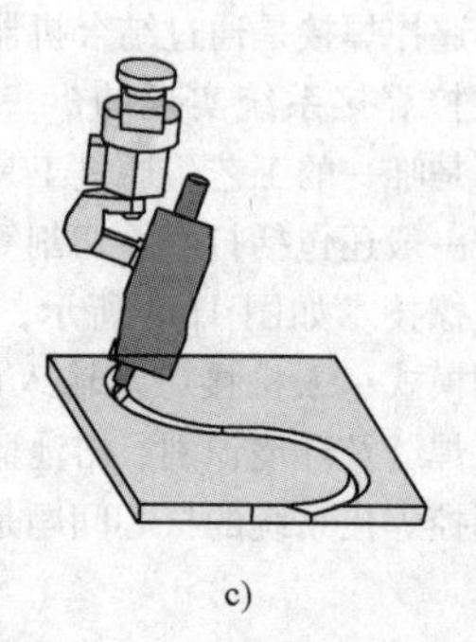

c)

图 41-9　三种不同形式的焊接空间特征识别方法

a）单摄像机　b）双摄像机　c）激光视觉传感

维图像信息、小范围视觉的方法直接摄取近弧区的图像，能够获得接头中心位置、焊接熔池和电极与焊件相对位置的信息。由于这种视觉方法受限于材料的反光程度、采用的焊接方法如 TIG 或 MIG 等，难以形成有效的质量控制。

目前的研究包括以下方法：

1）采用与焊接电极同轴的摄像机直接摄取熔池及其前方的接头图像，用于熔池的远距离观察。

2）采用红外线及可见光双重滤光法，在对熔池图像实现红外成像的同时，能够对熔池前方的工件进行可见光成像。

3）在短路瞬间获取熔池金属的清晰图像，在脉冲 MIG 焊的基值电流期间对熔池取像以测量熔池的宽度，或者采用高速快门和特殊滤光方法对焊接过程进行监视。

4）采用结构光投影法，用平行结构光条纹投射到熔池表面，经熔池镜面反射到一成像屏上，用摄像机观察成像屏上的激光反射条纹，条纹的变化反映了熔池表面形貌的变化

图 41-10a 为采用结构光投影法获得的熔池表面图像，经过图像处理得到图 41-10b 所示的熔池表面数据。

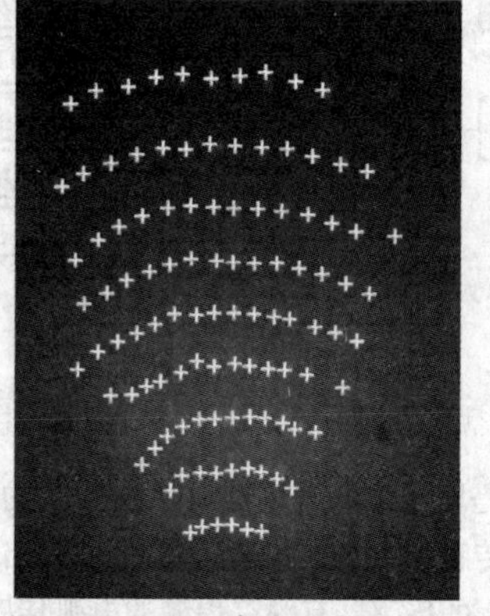

a)

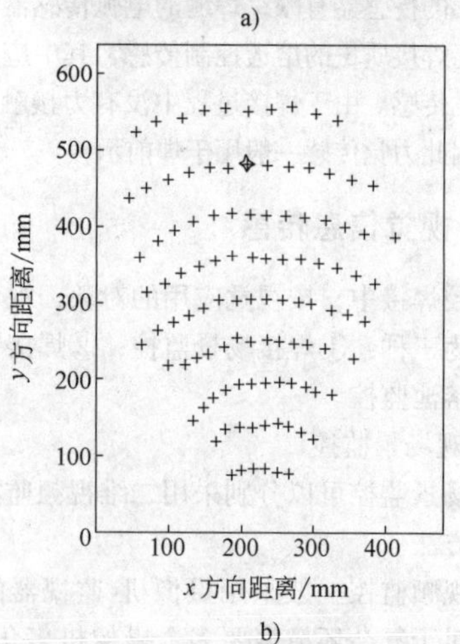

b)

图 41-10　采用结构光投影法的熔池监控

a）获取的激光光点图像　b）图像处理后得到的结果

41.2.2　立体视觉技术

立体视觉是遥控焊接中重要的视觉显示与传感技术，不但用于立体视觉显示、视觉临场感遥操作，而且可以用于焊接空间识别和熔池监控。

1. 立体视觉显示原理

人的双眼在视觉神经的控制下，具有左右眼图像自动匹配识别的能力，能调节双眼的光轴到所关注点，产生具有深度感的图像。具有立体视觉是人具有空间立体感的主要原因。与之类似，在立体视觉显示技术中，两个摄像机交角的区域确定了立体视觉区域，在该区域中的点由摄像机的图像空间映射到人的双眼系统中进行特征点自动匹配，从而形成立体视觉。

为了获得基于图像的立体视图，要对同一场景使用一对 CCD 摄像机从左右两个视点分别获得其透视图。通过这种方法采集到的立体视图具有一定的视差，从而保存了环境的深度信息，图 41-11a 说明了具有一定夹角的双目摄像机获取视觉图像的过程。观看交替显示的双目立体图像时，借助液晶光闸眼镜或头盔（HMD）等设备使左右眼只能看到与之相对应

的图像。对于三维空间中的某个点，左右眼看到的是屏幕上两个不同点，两条视线的延长线相交于三维空间中一点，从而使人产生深度感，人眼获取立体感图像的过程如图41-11b所示。

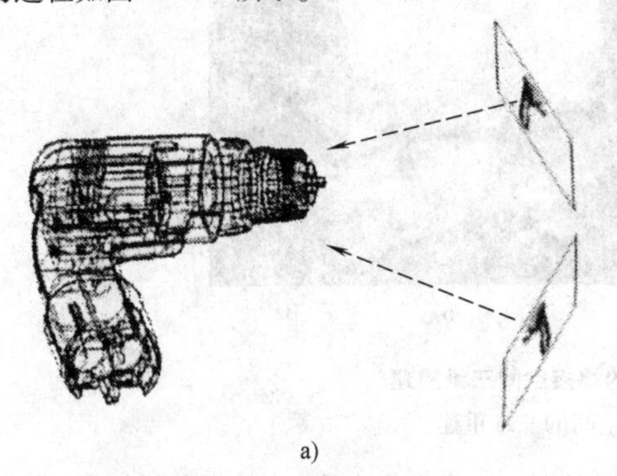

a)

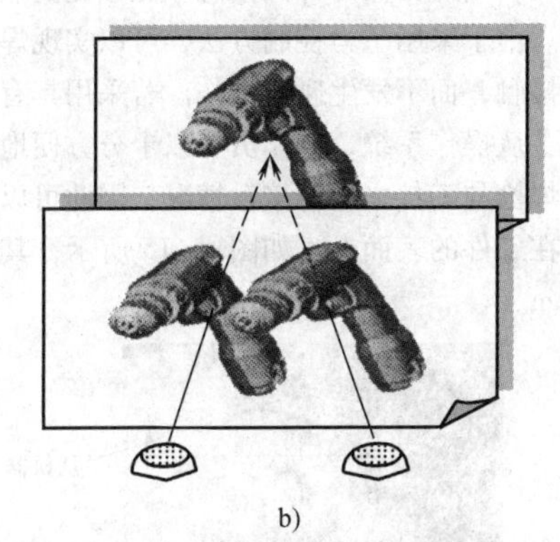

b)

图41-11　双目立体视觉原理

a）双目摄像头的视觉成像　b）双目视觉成像的合成

2. 视觉临场感

在遥操作系统中，立体视觉系统一般单独作为视觉反馈进行操作，同时也可以配合具有头部跟踪功能的头盔、主手组成视觉临场感遥操作系统，该系统能够使操作者对远端的感受由平面进化到立体，获得身临其境的感觉，提高遥操作的效率。视觉临场感系统已经应用到军事、核环境、空间环境等多个领域。一个典型的头盔式立体视觉监视系统如图41-12所示，操作者的头部运动能够映射到远端的云台控制器，产生与操作者相应的运动。

图41-12　头盔式立体视觉监视系统

随着立体视觉及头部跟踪技术的成熟，目前对大范围的机器人运动空间可以获得高品质的立体视觉临场感效果，对于小范围的焊缝空间，一般用立体视觉进行特征识别。

3. 基于立体视觉的三维重建

立体视觉是实现远端焊接空间三维重建的重要工具。田纳西大学的学者开发了机器人遥操作任务空间分析器，采用类似人眼的双目立体视觉系统，通过自动图像处理和人机交互建模，为操作者提供真实感的工作环境，如图41-13a所示。41-14为哈尔滨工业大学采用时空立体视觉技术进行遥控焊接场景的三维重建，x、y、z方向最大绝对定位误差的绝对值分别为0.42mm，0.40mm，2.15mm。15个重建点绝对定位距离误差平均值为0.87mm。

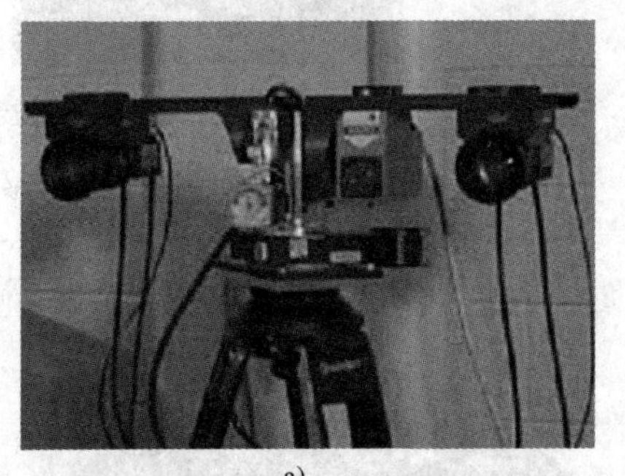

a)

b)

图41-13　机器人遥操作任务空间分析器

a）立体视觉摄像机　b）基于立体视觉的远端场景重建

41.2.3　力觉信息传感

在遥控操作中，力觉给操作者带来的信息量仅次于视觉，对于完成执行器与环境或工件接触的任务是必不可少的。焊接过程本身是非接触操作，电弧力也小于目前力反应系统能够达到的分辨率，在遥控焊接领域对力觉应用的研究非常少。在传感信息有限的条件下，开发遥控焊接中的力觉传感是有意义的。目前力学传感主要

a)

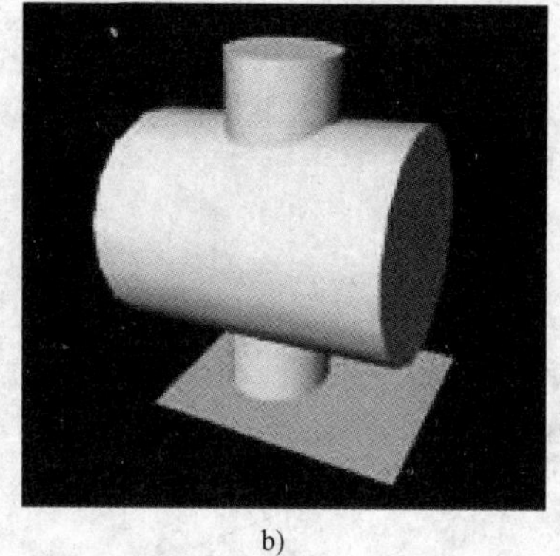
b)

图41-14　时空立体视觉技术的焊接空间三维重建

a）双目摄像机　b）焊接空间的三维重建

用于：①力觉临场感遥操作；②力觉遥控示教。

对机器人力控制的研究始于20世纪50年代，早期开发了电伺服式主从双向力反馈遥操作机械手，80年代提出了结合刚度控制和阻尼控制的特点的阻抗控制算法，并从机器人与环境接触的柔顺性和机器人位置控制的角度提出了力位混合控制。通过力觉传感器感知机器人腕部承受的力和力矩，根据被动柔顺装置的柔顺系数，将力信息转换成相应的位置姿态调整量，通过运动控制器使机器人绕被动柔顺装置的柔顺中心进行适量的平移和旋转，使末端工具处于最佳的位置和姿态，保证接触操作的顺利完成。近年的研究中，图像视觉系统加入到机器人系统，辅助力觉传感达到更好的力控制效果。

力觉临场感是力觉传感在遥操作中的重要应用，是人机交互的核心之一。力觉临场感是指将远端从机械手与环境的相互作用力（力觉、触觉信息）反馈到本地端的输入设备上，使操作者通过力反馈设备产生力觉的身临其境的反应，是遥操作系统完成力接触任务的保证。

传统的示教方法，把焊枪末端定位在希望的焊枪运动轨迹上，其缺点是焊枪与工件距离大，凭视觉定位焊枪的精度低，而且仅适合人在现场近距离观察调整的情况。用力觉作为补充信息，能够提高遥控示教的能力。由于采用了力控制方法，可以实现焊枪与工件之间接触，而不发生碰撞损伤。若采用具有力反馈能力的主从操作系统，操作员可以十分方便地通过力觉获得焊枪与工件之间的接触情况，因此可以把示教点定位在工件的表面上，如图41-15所示，其精度可达±1mm。

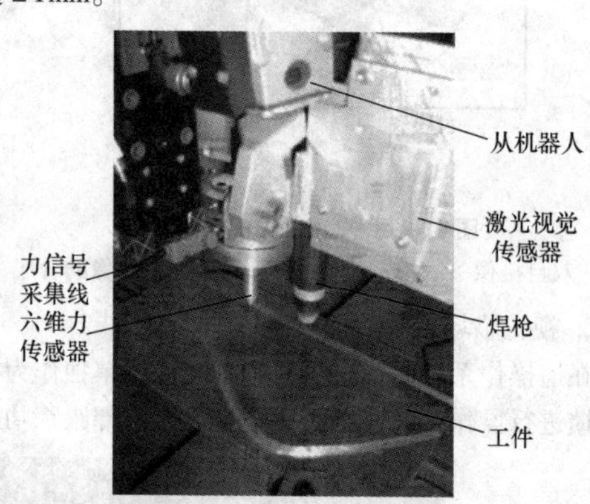

图41-15　力觉传感辅助遥控示教

力觉信息传感是借助于力传感器实现的。图41-16所示为德国雄克（Schunk）FTC-050的六维力/力矩传感器，一般安装在机器人的末端。

图41-16　六维力/力矩传感器

41.3　遥控焊接的人机交互接口

41.3.1　遥控焊接的主端输入设备

输入设备对遥操作系统的性能与工作效率有决定性影响，是临场感遥操作重要的人机接口。按硬件类型划分，输入设备包括主手、操纵杆、空间鼠标、数据手套、声音输入系统、键盘、示教盒等。按控制原理把遥控机器人的输入设备分为位置控制型、速率控制型和加速度控制型，见表41-5。

表41-5　输入设备分类

	输入	转换	输出
位置控制型	1, 0, t	K	0, t
速率控制型	1, 0, t	∫	0, t
加速度控制型	1, 0, −1, t	∬	0, t

主手是最常用的输入设备，其结构可分为异构式和同构式，一般有6个自由度或者外加一个控制手爪开合程度的自由度，能够对从手直接进行位置控制，或者进行双向力反馈控制。操纵杆是一种既有速率控制又有位置控制的输入设备，有些还具有力反馈功能。空间鼠标是针对空间机器人的应用而开发的6自由度输入设备，其实质上是一个六维力/力矩传感器的变型，属于速率控制型的输入设备，在Rotex实验中用于控制仿真图形环境和空间机器人，如图41-17所示。

目前，空间鼠标都用于对图形的操作，如在虚拟现实环境、CAD软件环境等。

41.3.2　遥控焊接的图形仿真环境

虚拟现实作为一种高端的人机接口强调了虚拟环境在机器人和工作对象仿真以及人机交互在环境感知、辅助操作和信息反馈中的重要性，允许用户通过多传感器实时地与虚拟环境交互，利用声音、图像、力以及图形等交互设备配合人的指挥或动作提示辅助机器人进行遥操作。

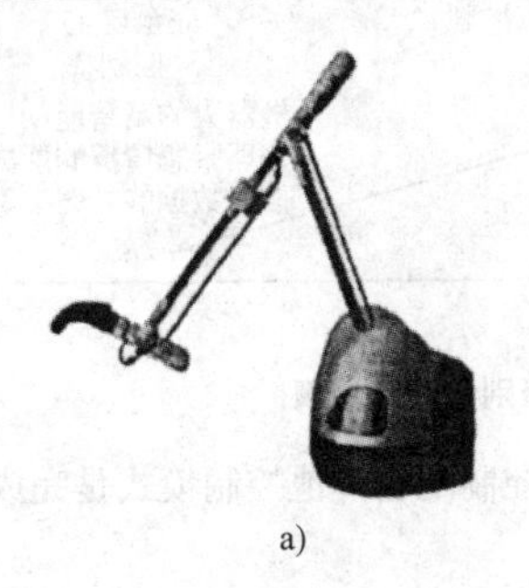

a)

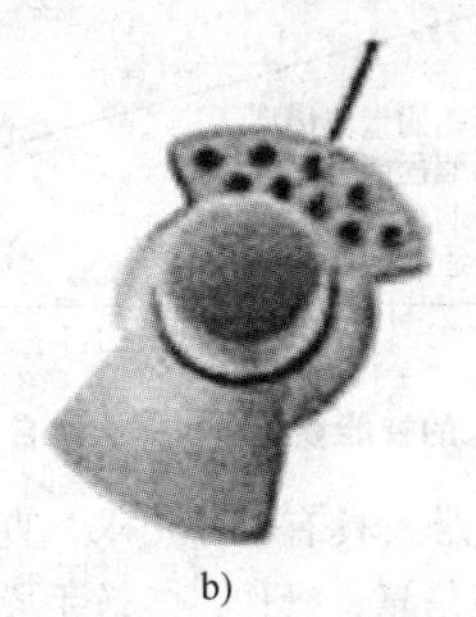

b)

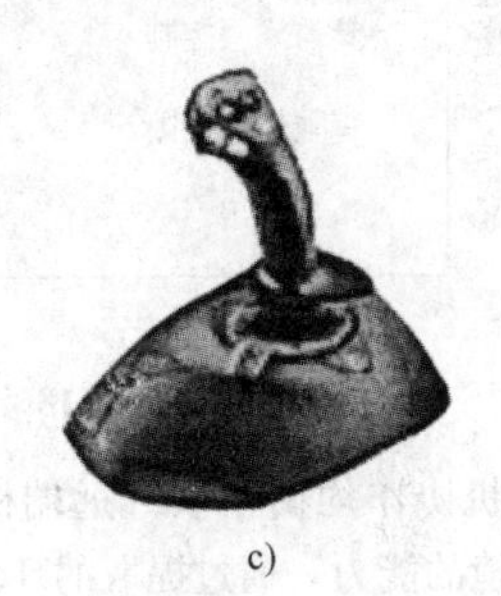

c)

图41-17　三种输入设备

a）主手　b）空间鼠标　c）操纵杆

虚拟现实技术在机器人遥控操作领域的应用主要体现在三个方面：

1）实现预测显示（Predictive display）。虚拟机器人能够即时响应操作者的动作进行连续运动，通过仿真运行可以对指令序列验证和优化，提高操作的安全性和可靠性。

2）实现临场感监视（Virtual presence）。对于结构化的远端环境，通过图形重构的办法建立虚拟的操作环境，显示操作环境的真实状态，在有限带宽的条件下实现对操作环境的连续多视点观察。

3）作为人机界面（Human-machine interface）辅助操作者完成遥控操作。

即使对于结构化的环境，意外和偶然因素也是不可避免的，使机器人遥操作的理想轨迹与实际执行结果之间存在偏差，造成虚拟机器人和真实机器人之间的误差。因此在遥操作机器人的应用中，必须建立虚拟环境与真实环境之间的对应关系。

41.3.3　遥控焊接的人机界面

人机界面是焊接遥操作机器人系统与操作者进行人机交互的接口，能使遥控操作系统高效、准确、安全地完成任务。目前已经提出的人机交互界面经历了四个阶段：直接操作、命令行界面、图形用户界面、自然交互界面。虚拟现实和图形仿真等高端的人机界面能够使操作者更自然、有效地进行人机交互。自然交互还处于探索阶段。

多模式人机界面（Multimode Human Machine Interface）基于视觉跟踪、语音识别、手动命令输入、视觉和力觉反馈、图形操作等交互技术，允许用户利用多个交互通道以并行、非精确方式进行交互，可以看成是图形用户界面到自然语言交互界面的一种过渡。主要研究内容包括：多模式整合、工效学问题、软件结构、多模式界面描述方法。

遥控焊接的人机界面应满足如下需求：①适应不同类型的输入、输出设备，包括常规的鼠标、键盘和显示器等输入输出设备，也包括非常规的空间鼠标、游戏操纵杆等输入输出设备；②尽量支持远端环境信息的采集和处理，并以操作者容易接受的自然表达方式进行输出；③尽可能通过控制模式的选取表现出对环境的适应性；④具有错误及异常处理能力。

41.4　遥控焊接的运动控制

41.4.1　遥控焊接的运动控制模式

从控制角度而言，遥操作系统是一个半自主控制的机器人系统，图41-18所示是系统中人的智能参与程度和系统中机器人的自主级别之间的关系，随着操作者智能参与的增加，系统自主级别降低。完全手动控制是系统的自主级别最低的一种极端情况，完全自主控制则是人完全不参与控制的另外一种极端情况，目前完全自主工作的机器人是不存在的。介于二者中间的方式是半自主控制方式，即人和机器人之间进行协作控制的方式。

根据操作者的智能参与和机器人的自主级别之间的关系，焊接遥操作系统有以下几种模型：

（1）操作者占主导地位　远端机器人只能接受动作级指令单步运动，该指令由机器人控制系统命令集定义。操作者包含在底层控制环中，跟踪机器人的每一步运动，以防止意外情况发生。

（2）机器人占主导地位　远端机器人具备较强的自主能力，接受任务级指令并根据实际情况做出相应决策，操作者作为监控者不参与底层控制。

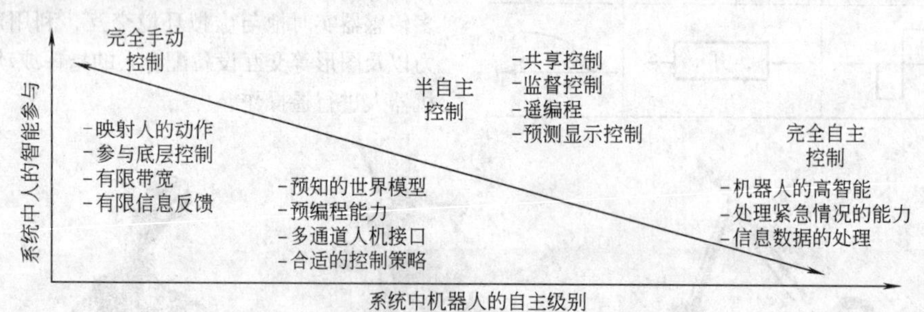

图41-18　人的智能参与和机器人的自主级别之间的关系

（3）人-机协作均衡模型　远端机器人具有部分感知当前环境的能力。通过提取的环境信息，操作者可以向机器人发送任务级或动作级指令。按照事先定义的协作机制，远端机器人能够按一定的顺序执行上述指令。

1. 直接控制

直接控制也称为手动控制，是最基本的遥控操作模式，其典型的工作方式是主从控制。直接控制把操作者的手动命令序列传给远端的机器人控制器，实时控制机器人的运动，操作者停止控制则形成开环。直接控制充分利用人的感知、决策和判断能力来增强系统的适应能力，具有较好的故障恢复能力。但由于对不确定环境的有效传感信息不充分，底层执行能力不足，不得不以牺牲速度为代价换取操作的稳定性，从而降低了系统的执行性能。在大延时情况下操作不能够连续进行，只能采用“运动-等待”（Move-Wait）的方法。因此在距离较近、控制精度要求不高的情况下可以采用直接控制进行遥操作。根据控制策略要求，直接控制配合其他控制模式是完成遥控操作的有效手段。

2. 自主控制

在非结构环境中进行完全的自主控制需要很高的传感手段和人工智能技术支持，目前尚不能实现。但是对于某一部分焊接任务是可以自主进行的，如在适合的条件下，采用高级的焊缝传感器配合高水平的软件可以实现机器人自主寻找焊缝起始点、跟踪、焊接、判断焊接结束。在遥控焊接中适当采用自主工作方式可以降低操作员的劳动强度，减少对人的操作技术的依赖。自主控制也是焊接自动化的发展方向。在运动控制方面，如果不考虑避碰问题，一个良好的可以实时检测接头位置、姿态的跟踪传感器就能够满足焊枪运动自主控制的要求。自主控制所需要的支持技术多，传感器体积影响焊枪的可达性，工件及环境约束条件影响其使用范围。

3. 共享控制

共享控制的提出有40年的历史，一般指人的直接控制和机器人的自主控制分别控制机器人不同的自由度。其提出目的在于提高操作效率、降低操作者工作强度、解决时间延迟问题。根据自主控制命令的来源不同，共享控制分为：共享位置控制、共享视觉控制、共享力觉控制等。与共享控制类似的是交互控制，交互控制中人和自主子系统根据现场信息轮流控制遥操作系统。自主控制可以扩展人的能力，完成人不能单独完成的任务；可以减轻人的负担，使工作变得简单；可以作为后援在人疲劳时支撑整个工作；可以完全代替人。扩展和减轻是共享控制，而后援与代替是交互控制。

4. 监督控制

监督控制指操作者可以选择机器人自主执行任务的参数序列，发给机器人执行，并且可在任意时刻终止的控制模式。监督控制遥操作系统中存在的3类条件中断驱动的反馈闭环：第一个闭环是监测过程，第二个闭环从干预到示教，第三个闭环从学习到规划。操作者和任务环境的交互通过这三个闭环控制实现。遥操作命令既可以是简单的点到点控制，也可以是操作者建立的子任务序列，监督的级别取决于人的参与程度和机器人自主的复杂性，机器人的智能程度越高，人的参与越少，反之亦然。监督控制根据操作者、机器人和自主系统各自的能力进行任务分配，既兼顾了底层的执行性能，又包含操作者的宏观决策和规划能力，适合执行遥控焊接任务。

41.4.2 遥控焊接的运动控制策略

在遥控焊接系统构建及任务执行过程中，在不同的阶段需要在操作者和智能系统之间采用不同的智能分配方式，即：在任务下达、任务分解、任务规划过程中以操作者为主，通过操作者与人机接口的交互完成；任务执行过程中，以机器人和传感子系统为主，通过直接控制、自主控制和共享控制完成，操作者进行宏观监控；整个任务的完成过程中，操作者手动控制命令始终保持在系统中，随时调整焊接参数和焊枪位置、姿态，对意外事件的处理和系统恢复由机器人和操作者协作完成。

针对三种不同的环境，有以下控制策略：

1. 结构化环境

在结构化环境下，焊接对象的几何模型、环境模型、机器人与焊缝的位姿关系已知，对包含焊接路径和焊接参数的程序预先在本地端规划好，下载到远端机器人控制器中，焊枪沿焊缝的运动控制一般通过执行离线编程或示教程序自动进行。例如完成核电站密封核燃料棒的最后一道工序时，首先把焊接机器人固定到作业现场，标定出机器人和焊缝之间的位姿关系，然后预先进行焊接机器人运动规划和焊接路径规划，操作者离开核环境现场，在本地端通过控制机器人执行编好的程序，实现遥控焊接，焊接过程通过人机界面进行监控。出现意外情况时，操作者和机器人系统采用人机协作控制策略，随时校正路径、调整焊接参数和紧急停机。

2. 半结构化环境

在半结构化环境下，焊缝的几何模型一般已知，机器人焊枪与焊缝之间的位姿关系未知。这种环境下，需要根据焊接遥操作的不同阶段采用不同的控制策略。在自由运动区，操作者通过操纵杆或者空间鼠标控制焊枪的位置和姿态；或者采用基于图像信息，移动焊枪到焊缝空间的受限运动区。整个过程要求机器人运动平稳，控制模式采用直接控制。在受限运动区的视觉反馈以立体视觉为主，避免机器人手臂、焊枪和传感器与任务环境发生碰撞。控制模式分为两种：手动控制、共享控制。寻找焊缝初始点可通过立体视觉辅助导引和环境标定技术完成。通过视觉标定技术标定焊缝与焊枪之间的位姿关系，在焊缝区采用四种作业模式：共享控制、自主跟踪控制、遥控示教、基于离线编程的监督控制。人机协作控制策略如下：

1）直接控制+共享控制。

2）直接控制+监督控制（基于遥控示教）。

3）直接控制+监督控制（环境标定+基于离线编程）。

3. 非结构化环境

在非结构环境下，焊缝的位置、姿态和几何模型未知。受限于环境标定精度和环境及工件建模精度的影响，焊接阶段难以采用基于离线编程的监督控制。直接控制一般作为焊接遥操作的宏观导引阶段，也可以对简单焊缝完全采用直接控制，操作者通过视觉反馈进行宏观监控。焊接阶段采用遥控示教、共享控制、自主跟踪控制三种方式，手动命令始终保持在整个焊接遥控操作过程中。人机协作控制策略如下：

1）直接控制。

2）直接控制+共享控制。

3）直接控制+监督控制（基于遥控示教）。

4）直接控制+监督控制（基于自主跟踪控制）。

41.5 焊接遥控操作机器人系统的结构

41.5.1 主从结构

主从遥控焊接系统可以充分利用人的智力，发挥其技巧，这样的系统灵活性和通用性最强。所采用的操作手是通用的，便于采用同一设备完成不同的任务。

运动控制命令的输入设备有很多种，如示教盒、空间鼠标、操纵杆等都可以作为操作器的物理人机接口。这些装置结构简单，成本低，体积小。但是一般只能实现速率控制，不能实现位置控制，操作者没有三维空间的位置和运动感觉，不能够使自己的动作与机器人的动作很好地对应起来，需要许多附加的思考判断时间，因而操作效率低、质量差。采用通用的6自由度主手时，能够克服这些缺点，操作者操作主手控制远端的从手运动，对操作任务具有三维空间的运动感觉和速度感觉。

哈尔滨工业大学所建立的立体视觉辅助主从遥控焊接试验系统如图41-19所示。

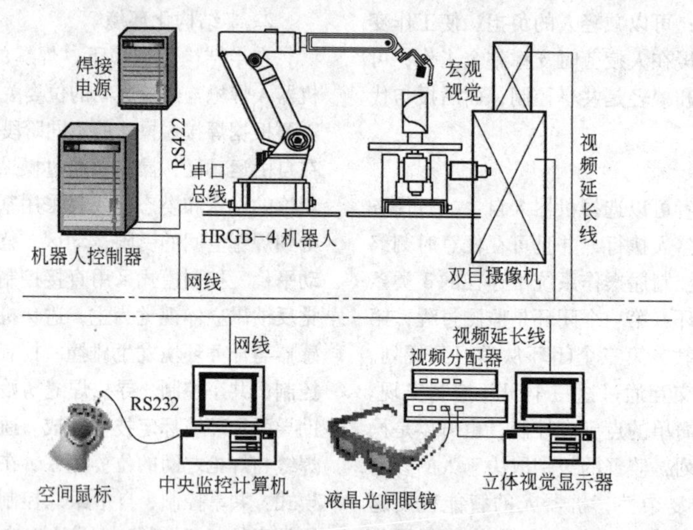

图41-19 立体视觉辅助主从遥控焊接试验系统

远端由双目立体视觉摄像机、宏观自动变焦摄像机、可控云台及可调支架、6DOF焊接机器人和焊枪组成，本地端由空间鼠标、焊接遥操作多模式人机界面、立体视觉显示器、液晶光闸眼镜、图像卡、光闸眼镜驱动器等组成。宏观可变焦距摄像机能够辅助立体视觉提供环境的视觉信息，操作者在远端通过空间鼠标控制机器人的运动，通过手动控制云台控制器，调整2自由度云台位姿，可以改变本地端的视频图像视野，使操作者形成视觉临场感。系统的硬件组成见表41-6。

表41-6 视觉临场感的硬件组成

名称	型号	数量	性能
CCD摄像机	SANYO VCC-6975P	2	480线，带有外同步触发功能
云台	台湾利凌 PIH-302	1	室内全方位云台，垂直60°，水平350°
视频分配器	台湾利凌 PIH-6002	1	一路视频输入四路输出
手动变焦镜头	SSV0358/SE1616	2/2	视角81.9°~35°焦距3.5~8mm F1.4-C
数字采集卡	ART 2006	1	USB接口，8路开关量输出，可编程
液晶光闸眼镜	实达铭泰	1	正负12V电压驱动，刷新率大于140Hz
焊接机器人	哈尔滨工业大学	1	6自由度HRGB-4机器人，实验室开发

41.5.2 多模式遥控焊接系统

以哈尔滨工业大学建立的遥控焊接系统——弧焊遥操作机器人系统为例进行说明，系统构成如图41-20所示。焊接工艺采用GTAW方法，由于电极是非熔化极，不涉及熔滴过渡，焊枪姿态控制简单，容易保持弧长稳定，便于焊接遥操作。采用人机协作控制策略能够完成焊枪的运动控制（调整焊接参数、位姿），并始终把操作者的智能决策和控制能力始终保持在整个焊接遥操作过程中。

操作者和6自由度弧焊机器人位于遥控操作系统两端，分别具有高智能的全局决策及规划能力和高精度的执行能力。从系统功能结构角度而言，包括以下组成部分：遥控操作控制子系统、激光视觉传感系统、虚拟环境规划与控制系统、视觉临场感系统、弧焊机器人子系统、网络通信子系统和焊接附属设备等。各个模块相互独立，能够完成一部分子任务，通过相互组合协作，完成整个遥控焊接过程。

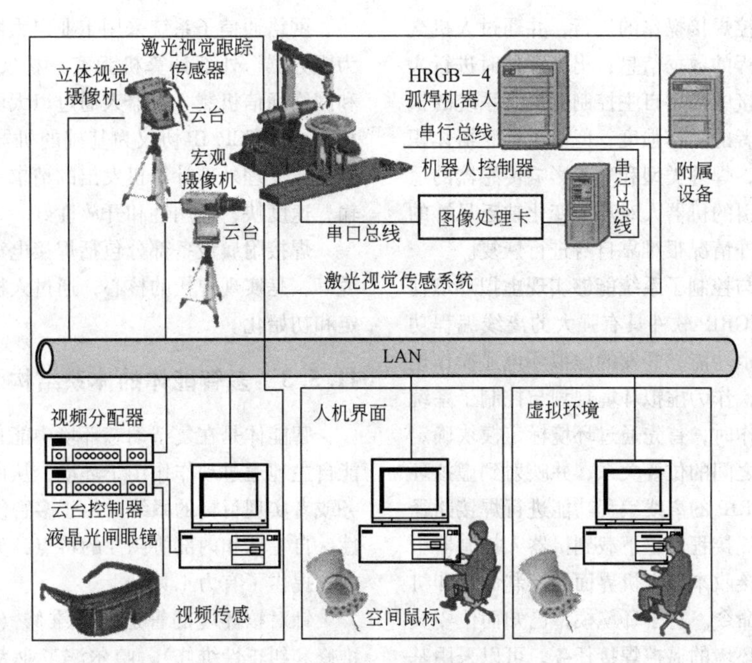

图 41-20　弧焊遥操作机器人系统结构

遥操作控制子系统的结构如图 41-21 所示，其核心是监控焊接遥操作多模式人机接口（简称 WMHMI)，集成了视频显示、状态显示、输入设备命令输入、多种控制模式和任务调度等多种功能，是操作者和整个系统之间的软硬件操作平台。视频显示采用一台自动变焦 CCD 摄像机和云台装置显示远端工作现场全景，另外一台自动变焦摄像机与机器人臂组成手眼结构，用于遥控示教。监控界面可以反馈远端场景的视觉信息、机器人的运行状态和系统的工作状态。6 自由度空间鼠标能够输出六维控制命令，作为操作者手动控制的输入设备，命令序列通过网络通信传给远端的机器人控制器，导引机器人在关节坐标系或笛卡尔坐标系下运动并控制焊枪姿态。控制命令在远端的机器人控制器中由任务执行模块接收，不但能够单独进行直接控制，而且与激光视觉传感的自主命令根据共享控制算法进行融合，执行共享控制。

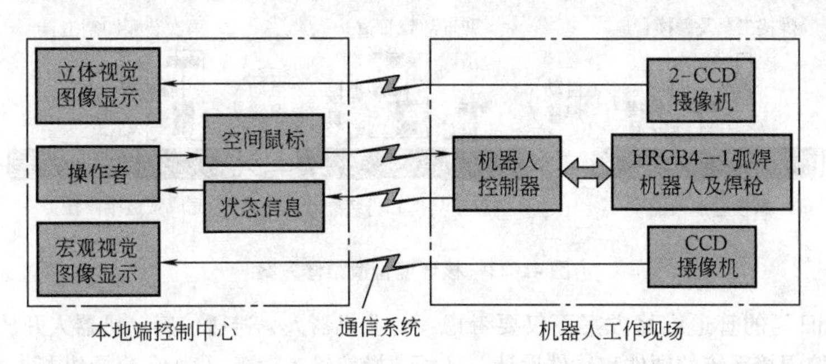

图 41-21　遥控操作控制子系统

视觉临场感子系统是焊接遥操作的视觉反馈中心，以双目立体视觉显示系统为子系统的核心。立体视觉能够通过在远端的具有一定交角的摄像机同时摄取远端场景的图像，传输到本地端进行交替显示，操作者通过佩戴液晶光闸眼镜，能够观察到远端场景的立体视觉图像，把具有深度感的视觉信息提供给操作者，遥操作过程中可以有效防止与环境发生碰撞。通过本地端的云台控制器操作 2 自由度的云台来调整摄像机视野。

自主跟踪控制是通过激光视觉传感系统实现的。激光视觉传感配合机器人控制器的自主跟踪软件具有一定的自主路径规划能力，能够完成连续规则焊缝的自主跟踪。其跟踪精度很高，可达到 0.1 ~ 0.3mm。执行自主跟踪控制时，传感器、机器人控制器和焊接系统组成了自主系统，能够自动寻找焊接接头起点、跟踪焊缝、焊接和判断焊接结束。操作者通过视频图像或者图形环境监控焊接操作的进行，并通过人机交互界面监控操作过程的数据信息，出现意外时进行人工干预。在遥控焊接中采用自主控制能提高系统的执行能力，降低操作者的工作强度，但由于传感器体积影响焊枪的可达性，焊缝类型和环境影响传感器的适用范围，传感器导引的机器人对环境变化缺乏足够的适应能力，遇到意外情况很难靠自身进行恢复。

虚拟环境规划与控制子系统能够实现虚拟环境辅助下的监督控制。IGRIP 软件具有强大的离线编程功能和逼真的图形显示功能，开发的虚拟环境遥操作模块、环境标定模块，作为虚拟环境规划与控制子系统的平台。进行遥操作时，首先通过环境标定模块确定机器人和工作对象之间的位姿关系，并映射到虚拟环境中；然后采用 IGRIP 的离线编程功能进行焊接路径规划，获得机器人焊接程序，下载到机器人控制器中执行，操作者实时接收来自人机界面的控制命令和机器人控制器的状态命令。对于环境模型已知而位姿关系未知的半结构化环境的遥控焊接任务，可以采用基于虚拟环境的监督控制实现。

网络通信子系统采用工业以太网，以机器人控制为服务器，外部计算机为客户机实现 C/S 计算模型和网络通信机制，机器人通过以太网卡与外部计算机相连，以 TCP/IP 协议为基础的机器人控制器作为服务器，受理外部计算机发出的请求，信息通过网线传输，速度快，通用性和开放性好。

焊接附属设备部分包括焊接电源、焊枪、通信电缆等，是实现焊接的核心，通过人机界面进行参数设定和初始化。

41.5.3　多智能体的体系结构

智能体是在复杂动态环境中能自主地感知环境并能自主地通过动作作用于环境，从而完成被赋予的任务或者实现目标的系统。由于多智能体系统具有分布性、自主性和内部协调性的特点，为动态、复杂问题求解提供了有力工具。

针对核环境的管道设备维修（可以分为预防性维修和纠正性维修），哈尔滨工业大学设计了管道切割替换的焊接套袖修补方法，如图 41-22 所示。

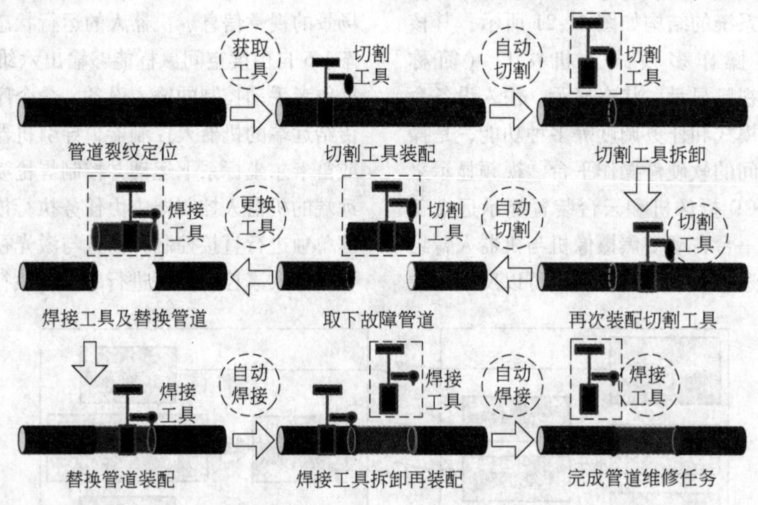

图 41-22　核环境管道维修方案

采用“以新替旧”的管道维修方案不仅要考虑机器人多智能体遥控焊接系统的硬件和软件设计，还需要设计遥控焊接系统中的操作者智能体与机器系统的交互模式，充分发挥各自的优势。根据机器系统的智能水平，设计了遥控焊接系统中的操作者智能体的角色，并对各个子系统的物理以及逻辑地位进行智能体化抽象，采用多智能体技术进行集成。

进行智能体划分后，得到用于管道维修的机器人多智能体遥控焊接系统的物理结构分布图，如图 41-23所示。该系统包括：

（1）机器人智能体　六自由度平行四连杆的工业机器人、避碰传感、机器人开放结构的控制系统遥操作输入设备（力反馈操纵杆、空间鼠标、自主研发的手控盒）。

（2）管道遥控焊接智能体　管道全位置焊接装置及其控制系统、弧压传感系统。

（3）力觉传感智能体　六维力/力矩传感系统、基于力觉的管道重建算法和人机交互界面；

（4）视觉传感智能体　彩色 CCD 平面视觉系统、双目立体视觉临场感系统、基于立体视觉的管道三维重建算法和人机交互界面。

（5）焊接电源智能体、离线编程智能体、中央管理智能体、任务管理智能体和操作者智能体。

系统的组成还包括机器人通用转换接口及其控制系统、工具架以及焊接保护气等。操作者在本地端作为一个特殊的智能体，具有丰富的知识和综合决策能力，通过智能体联盟，组织能够解决现有智能体划分中智能水平不足的问题。机器人智能体和管道遥控焊接智能体属于远端执行机构；力觉传感、视觉传感和离线编程智能体为遥操作提供控制传感信息、模型和执行路径；中央管理智能体和任务管理智能体负责多智能体系统集成，属于软件智能体。

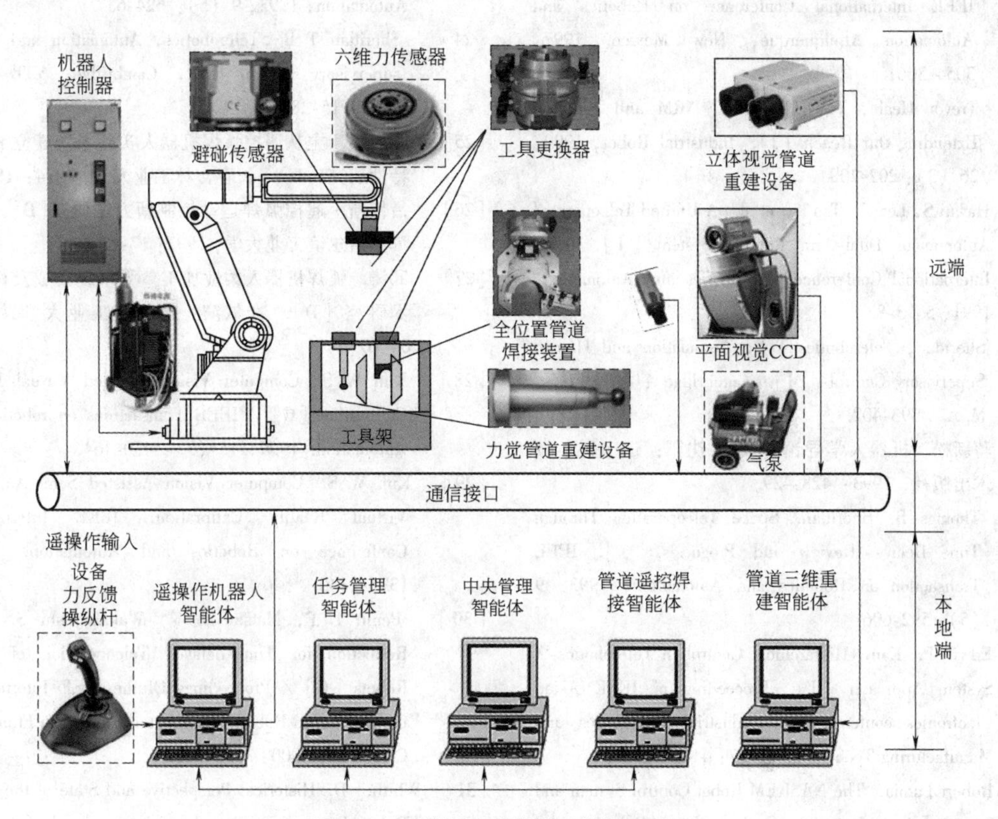

图41-23 机器人遥控焊接系统物理结构图

参考文献

[1] Li Haichao, Wu Lin, Sun Hua. Applying Shared Visual Control to Telerobotic Welding Seam Tracking [C]. 3rd International Symposium on Instrumentation Science and Technology, Xi' an, China. 2004: 921-925.

[2] Li H C, Wu L. Advanced Human-Machine Interface of Telerobotics System for Remote Welding [C]. 6th International Symposium on Test and Measurement, Dalian, China. 6, 2005: 6984-6987.

[3] 李海超，高洪明，吴林，等. 基于立体视觉的机器人焊接遥操作研究 [J]. 高技术通讯，2006，6: 12-15.

[4] 李海超，吴林，高洪明，等. 应用于遥控焊接的激光视觉传感辅助遥控示教 [J]. 焊接学报，2006，5: 39-42.

[5] 李海超，高洪明，吴林，等. 基于共享控制策略的遥控弧焊机器人焊缝跟踪 [J]. 焊接学报，2006，4: 5-8.

[6] 李海超，吴林，高洪明，等. 基于机器人遥操作的遥控焊接最新研究进展 [J]. 焊接学报，2006，6: 108-112.

[7] Agapakis J E, Masubuchi K. Fundamentals and Advances in the Development of Remote Welding Fabrication System [J]. Welding Journal, 1986, 65 (9): 21-32.

[8] Morgan-Warren E J. Remote Repair Welding in Nuclear Reactors [J]. Welding & Mental Fabrication, 1989, 12 (8): 111-116.

[9] Conrath J J. Remotely Controlled Repair of Piping at Douglas Piont [J]. International Conference on Robotics and Remote Handling in the Nuclear Industry, Toronto, Canada. 1984: 112-121.

[10] 蒋新松. 未来机器人技术发展方向的探讨[J]. 机器人，1996，18 (5): 285-291.

[11] Hirzinger G, Brunner B. Sensor Based Space Robotics-ROTEX The First Remotely Controlled Robot in Space

[J]. IEEE Transaction Robotics and Automation, 1994, 10 (3): 2604-2611.

[12] Mitsushige Oda. System Engineering Approach in Designing the Teleoperation System of the ETSVII Robot Experiment Satellite [J]. Proceeding of the IEEE International Conference on Robotics and Automation Albuquerque, New Mexico. 1997: 3054-3061.

[13] Trevor Heale, Trevor Larkum. ARM and Rovsim: Extending Our Reach [J]. Industrial Robot, 1999, 26 (3): 202-208.

[14] Hayati S, Lee T, Tso K, et al. A Unified Teleoperated Autonomous Dual-Arm Robotic System [J]. IEEE International Conference on Robotics and Automation, 1991, 5: 3-8.

[15] Sheridan, Telerobotics T B, Automation and Human Supervisory Control [M]. Cambridge : MIT Press, M. A. , 393-402.

[16] 蒋新松. 机器人学导论 [M]. 沈阳：辽宁科学技术出版社，1993：428-429.

[17] Thomas B. Sheridan. Space Teleoperation Through Time Delay: Review and Prognosis [J]. IEEE Transaction on Robotics and Automation, 1993, 9 (5): 592-606.

[18] Edwin P. Kan. Hierarchical Control in Telerobotics-A System Approach [J]. Proceeding of IEEE Asian Electronics conference on Industrial Electronics and Manufacturing Technology, 1987: 411-418.

[19] Robert Lumia. The NASREM Robot Control System and Tested [J]. International Journal of Robotics and Automation, 1990, 5 (1): 20-26.

[20] Burdea G C. Research on Portable Force Feedback Masters for Virtual Reality [J]. Proceeding of Virtual Reality World, 1995: 317-321.

[21] Paul Drews, Carsten Krause. Immersive Interface for Teleoperation [J]. Proceedings of the 24th Annual Conference of the IEEE Industrial Electronics Society, 1998 (1): 87-91.

[22] Hamel A, Suomela J, Savela M. Applying Telepresence and Augmented Reality to Teleoperated Field Robots. Robotics and Automous System, 1999 (26): 117-125.

[23] Lawrence D A. Stability and Transparency in Bilateral Teleoperation [J]. IEEE Transaction on Robotics and Automation, 1993, 9 (5): 624-637.

[24] Sheridan T B. Telerobotics, Automation and human supervisory control [J]. Cambridge; MIT Press, 1993: 15-28.

[25] 张惠斌. 主从遥控弧焊机器人实验系统建立和操作特性研究 [D]. 长春吉林工业大学，1994：18-52.

[26] 吕伟新. 遥控弧焊运动控制新方法研究[D]. 哈尔滨：哈尔滨工业大学，1997：17-78.

[27] 邱涛. 弧焊机器人柔性加工单元系统集成及优化技术研究 [D]. 哈尔滨：哈尔滨工业大学，2001：64-109.

[28] Kim W S. Computer Vision Assisted Virtual Reality Calibration [C] //IEEE Transactions on robotics and Automation. 1999, 15 (3): 450-464.

[29] Kim W S. Computer Vision Assisted Semi-Automatic Virtual Reality Calibration. IEEE International Conference on Robotics and Automation. 1997: 1335-1340.

[30] Penin L F, Matsumoto K, Wakabayashi S. Force Reflection for Time-delayed Teleoperation of Space Robots [C] //Proceedings Of the IEEE International Conference on Robotics and Automation, San Francisco. CA, USA, 2000: 3120-3125.

[31] Whitney D. Historical Perspective and State of the Art in Robot Force Control [J]. International Journal of Robotics Research, 1987, 6 (1): 3-14.

[32] Zhang W J, Zhang Y M. Modeling of Human Welder Response to 3D Weld Pool Surface: Part I-Principles [J]. Welding Journal, 2012, 91 (11): 310s-318s.

[33] Zhang W J, Zhang Y M. Modeling of Human Welder Response to 3D Weld Pool Sufrface: PartII-Results and Analysis [J]. Welding Journal, 2012, 91 (12): 329s-338s.

第42章　专用自动化焊接设备

作者　陈裕川　审者　吴毅雄

42.1　概述

近20年来，焊接工艺已发展成为一种先进的制造技术，它在各工业部门生产中所发挥的作用越来越重要，应用范围迅速扩大。但必须注意到，焊接作业是一种有害的工种。首先，焊接过程中所产生的烟尘、弧光和高温不仅直接损害焊工的身体健康，而且还污染环境；其次，手工焊接作业劳动强度大、容易疲劳，不能坚持长时间地连续工作。因此手工焊接很难持续保持稳定的焊接质量。

在现代工业生产中，随着焊接结构向大型化、重型化、高参数化和精密化方向发展，对产品的焊接质量也提出了越来越高的要求，若只借助手工操作很难达到高的质量标准。在许多大型焊接工程和大规模工业产生中，手工操作的低效率往往成为按期完成预定生产计划的最大障碍。

因此焊接生产过程的机械化和自动化，是焊接结构制造发展的必然趋势。当今，得益于计算机数字控制技术、软件技术、传感技术和信息化技术突飞猛进，现代自动化焊接设备与装备已发展到了相当高的水平，并已形成标准型自动化焊接设备和专用自动化焊接设备两大系列。本章主要论述后一种自动化焊接设备的设计技术。

42.2　专用自动化焊接设备的种类

1. 刚性自动化焊接设备

刚性自动化焊接设备也可称为初级自动化焊接设备。其大多是按照开环控制的原理设计的。虽然整个焊接过程是由焊接设备自动完成的，但对焊接过程中焊接参数的波动不能进行闭环反馈控制，焊接机头或焊件的运动只能按照预先规定的路径（例如轨道）进行，而不能随机纠正可能出现的形位偏差。

2. 自适应控制自动化焊接设备

自适应控制的焊接设备是一种自动化程度较高的焊接设备。它配用传感器和电子检测线路，对焊缝的轨迹自动导向和跟踪，并对主要焊接参数（焊接电流、焊接电压、焊接速度和送丝速度）实行闭环反馈控制。整个焊接过程将按预置的程序和工艺参数自动完成。

3. 智能化自动焊接设备

它利用各种高级传感元件，如视觉传感器、触觉传感器、光敏传感器、听觉传感器和激光扫描器等，并借助计算机软件系统、数据库和专家系统而具有识别、判断、实时检测、运算、自动编程、参数优化、自动编排焊道顺序、焊接参数存储和调用以及自动生成焊接质量记录文件等功能。焊机操作人员只需在人机界面或在控制面板上输入工件的原始数据：如材料的牌号、板厚、坡口形式、焊丝牌号和直径、焊剂牌号或保护气体种类等，焊接参数即能自动生成。或者在批量生产中，直接按工件的编号，调用已存储的相应焊接参数进行全自动焊接。

42.3　专用自动化焊接设备的构成

专用自动化焊接设备是为特定的工件和一定形状焊接接头专门设计的，因此至少应具备以下5项基本的功能：

1）具有电气控制起动、停止、按预置程序连续焊接并保持电弧稳定的功能。

2）具有自动稳定地向焊接熔池送进焊丝的功能。

3）具有便捷、准确调整各焊接参数，并维持其恒定的功能。

4）具有在较宽的范围内调节焊枪或焊件移动速度（即焊接速度）的功能。

5）具有焊枪沿焊缝轨迹导向或自动跟踪的功能。

为达到以上功能，专用自动化焊接设备至少应由以下几部分组成：

1）焊接电源，其输出功率和焊接特性应与拟采用的焊接工艺方法相匹配，并装有与主控制器相连接的接口。

2）送丝机及其控制与调速系统。对于送丝速度控制精度要求较高的送丝机，其控制电路应加测速反馈。

3）焊接机头（简称焊头）及其移动机构，其由焊接机头、支承架、悬挂式拖板等组成。对于精密型焊头移动机构，其驱动系统应采用装有编码器的伺服电动机。

4）焊件移动或变位机构，如焊接滚轮架、头尾架翻转机、回转平台和变位机等。精密型的移动变位机构应配伺服电动机驱动。

5）焊件夹紧机构。

6）主控制器，也称系统控制器，主要用于上列各组成部分的联动控制、焊接程序的控制、主要焊接参数的设定、调整和显示。必要时可扩展故障诊断和人机对话等控制功能。

7）计算机软件，当采用微处理机、数字信号处理器（DSP）工控机、PLC或小型计算机作为主控元件时，计算机软件是自动化焊接设备系统不可缺少的组成部分，焊接设备中常用的计算机软件有：编程软件、功能软件、工艺方法软件和专家系统等。

8）焊头导向或跟踪机构，弧压自动控制器，焊枪横摆器和监控系统。

9）辅助装置，如送气系统、循环水冷系统、焊剂回收输送装置、焊丝支架、电缆软管及拖链等。

42.4　专用自动化焊接设备的设计

专用自动化焊接设备的设计包括系统设计、机械结构设计和电气控制设计三大部分。设计工作的流程如图42-1所示。

42.4.1　专用自动化焊接设备的系统设计

专用自动化焊接设备的系统设计基本上是按用户提出的技术要求和原始资料，首先选定焊接工艺方法，确定设备的总体布局，绘制设备总体结构示意图，编制设备技术方案，提出设备各组成部分配置清单。

1. 焊接工艺方法的选定

专用自动化焊接设备所用的焊接工艺方法应根据用户提出的技术要求和原始资料，如工件的结构、所用的材料种类、板厚、接头形式和生产批量，以及对焊缝的质量要求等来初步选定。

专用自动化焊接设备上常用的焊接工艺方法有：SAW（埋弧焊）GMAW（熔化极气体保护电弧焊）、GTAW（非熔化极气体保护电弧焊）、PAW（等离子弧焊）、LBW（激光焊）和激光复合焊等。这些焊接方法常用的材料种类和壁厚范围列于表42-1。

表42-1　各种常用焊接方法适用的材料种类和壁厚范围

焊接方法名称		适用材料种类	适用壁厚范围/mm
SAW	细丝	碳钢、低合金钢、不锈钢	2~10
	粗丝		6~30（单道）20~200（多道）
	多丝		20~50（单道）30~300（多道）
GMAW	常规	碳钢、低合金钢、不锈钢、铝及铝合金、镍基合金	单丝:3~20
	高效		多丝:6~50
GTAW	冷丝	碳钢、低合金钢、不锈钢、铝及铝合金、钛及钛合金、镍基合金	0.3~6
	热丝		3~15
PAW	微束	碳钢、低合金钢、不锈钢、铝及铝合金、钛及钛合金、镍基合金	0.1~3.0
	熔透型		2~20
	锁孔型		3~10
LBW		碳钢、低合金钢、不锈钢、铝及铝合金、钛及钛合金、镍基合金	0.05~10
激光复合焊（LBW/GMAW）		碳钢、低合金钢、不锈钢、铝及铝合金、钛及钛合金	2~20

2. 设备的总体布局

选定焊接电源型号、功率、送丝机型号、焊接机头形式（标准型或特种结构型），确定焊接机头移动机构和焊件变位机构及其组合方式。提出焊件夹紧装置大体结构形式，选定主控制器的等级（电磁继电器式、PLC、微处理机或工控机等）及其功能要求，规定其他自动控制器件的配置，并按所选定的焊接工艺方法和焊件生产批量选定必要的辅助装置。最终绘制设备总体布局示意图，提交用户或本厂工艺部门审定。

3. 编制专用焊接设备的设计任务书

其内容应包括：该设备所焊焊件的形状、外形尺寸范围，接头形式，坡口形状和尺寸，接缝的装配精度、容差，拟采用的焊接工艺方法（一种或两种），已选定的焊接电源型号、功率，送丝机和焊接机头的型号、设备总体结构示意图，对电气控制系统的总要求，对焊接参数（包括焊接电流、焊接电压、焊接速度、送丝速度和焊接程序控制精度）的要求，对焊缝外观质量和内在质量的要求，对工件生产批量和生产节拍的规定以及对设备安全保护的要求等。表42-2列出一种小直径薄壁容器环缝专用焊接设备设计任务书实例，其对设计任务书的内容和格式做了进一步的说明。

4. 专用焊接设备的初步设计

初步设计是专用焊接设备系统设计的最后一道程序，其内容包括绘制设备结构总图（含主控制器）、详细标注外形尺寸、设计各组成部件之间的电路、气路和冷却水路。

对于采用计算机控制的专用自动化焊接设备，在系统设计中，设计人员应根据要求的焊接参数和焊接程序的复杂程度选定PLC或微处理机及数字信号处理器的具体型号和通信接口。

42.4.2　专用自动化焊接设备的机械结构设计

专用自动化焊接设备的机械结构设计包括机架设计、传动机构设计、焊头移动和调节机构设计、焊件变位机械设计以及焊件夹紧定位机构的设计等。

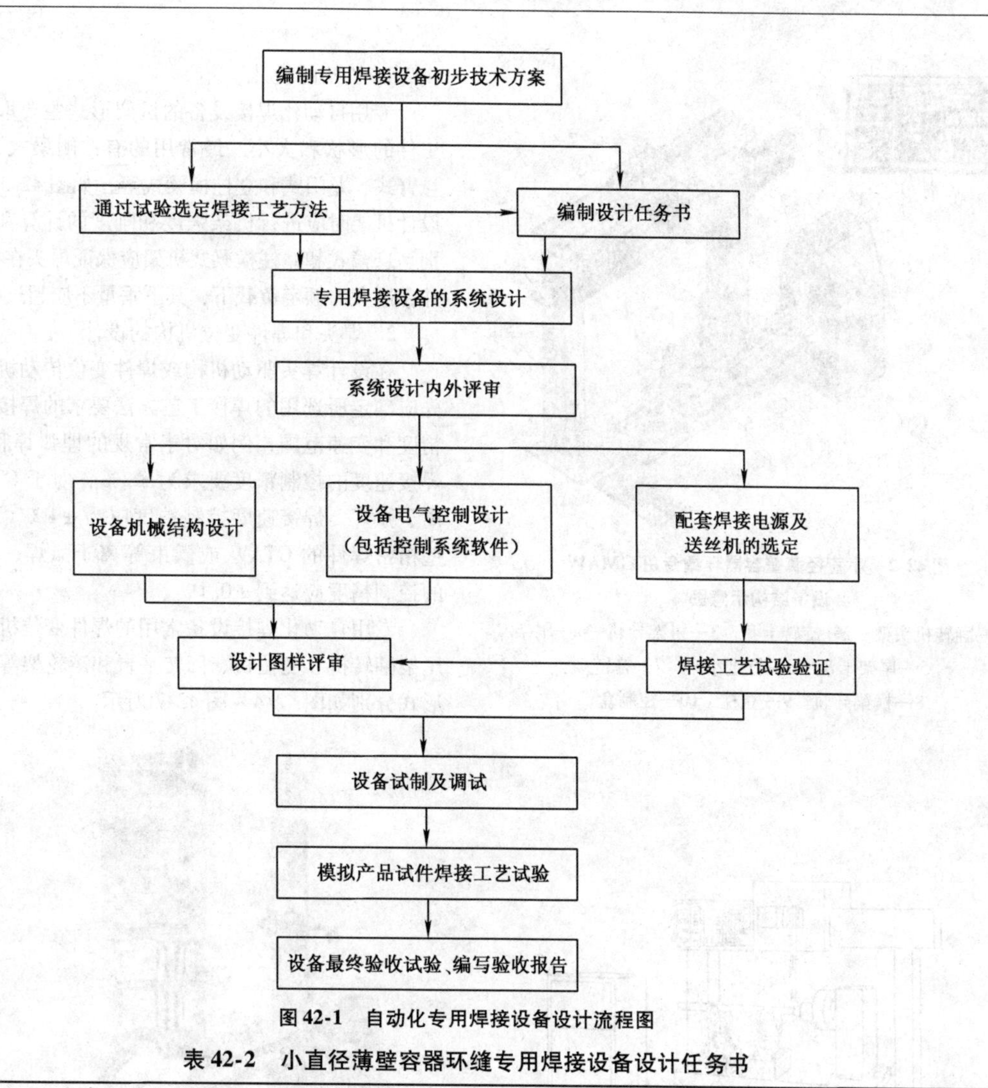

图42-1 自动化专用焊接设备设计流程图

表42-2 小直径薄壁容器环缝专用焊接设备设计任务书

xxx公司技术部专用焊接设备设计任务书			编号xxx
工件形状及外形尺寸	L ϕ 搭接焊缝 $\phi=400\sim800$mm　$\delta=3\sim6$mm $L=800\sim1200$mm	接头形式和焊缝尺寸	3~6 3~6 搭接焊缝厚度不低于接缝壁厚
工件材料	低碳钢和低合金钢，不锈钢		
焊接方法	脉冲GMAW，焊丝直径ϕ1.2mm，实心焊丝		
焊接电源型号及送丝机型号	焊接电源：Power Wave 355M，（300A/100%） 送丝机：Power Feed 10M，（1.27~20.3m/min），适用焊丝直径ϕ0.6~ϕ1.6mm （美国Lincoln公司产品）		
焊头及移动机构	焊头由十字拖板，行走小车和焊枪支架组成 焊头移动机构安装在侧梁上，由普通交流电动机驱动，定速不可调		
焊件变位机构	头尾架翻转机，尾架移动范围600mm，头架转盘由交流伺服电动机驱动，调速范围0.05~5r/min，转速控制精度±1%，编码器测速反馈由主控制器联动程序控制		
焊件夹紧机构	气动自动对中夹紧		
电气控制系统	采用PLC联动程序控制，主要焊接参数数字显示，控制面板，人机界面		
焊机总体结构	结构示意图如图42-2所示		

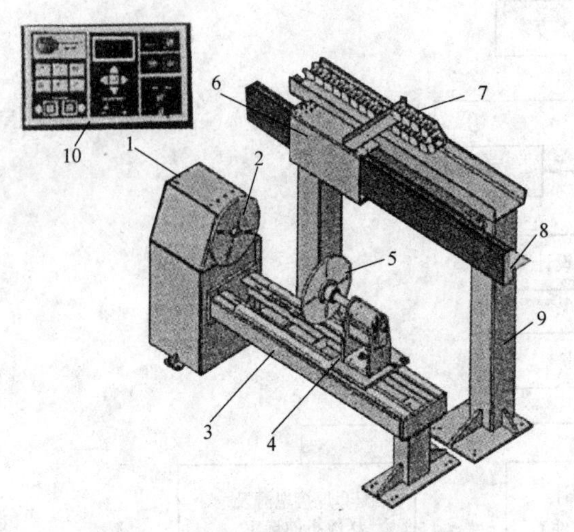

图 42-2　小直径薄壁容器环缝专用 GMAW 设备结构示意图

1—翻转机头架　2—旋转卡盘　3—机架导轨　4—尾架　5—尾架卡盘　6—行走小车　7—拖链　8—横梁导轨　9—立柱　10—控制盒

1. 机架的设计

专用自动化焊接设备的机架形式主要取决于所焊工件的形状和大小，最常用的有：侧梁式、立柱式、悬臂式、龙门式和立柱横梁式等，如图 42-3 所示。在设计机架时应进行机架强度和刚度的计算和校核，特别是悬臂式和立柱横梁式机架应保证焊头在极限位置，并在最大的额定负载下，其下垂量不应超过 1/1000。

2. 焊头和焊件变位机构的设计

在设计焊头驱动机构或焊件变位传动机构时，首先应确定所选用的焊接工艺方法要求的焊接速度控制精度和变速范围，例如对于常规的埋弧焊和 GMAW，焊接速度的控制精度要求为 ±2%，对于 GTAW 和等离子弧焊，焊接速度控制精度应为 ±1%。而对于薄壁精密焊件的 GTAW 或微束等离子弧焊，焊接速度的控制精度应达到 ±0.1%。

专用自动化焊接设备常用的焊件变位机构有：头尾架翻转机、变位机、回转平台和滚轮架等。其结构形式分别如图 42-4 ~ 图 42-7 所示。

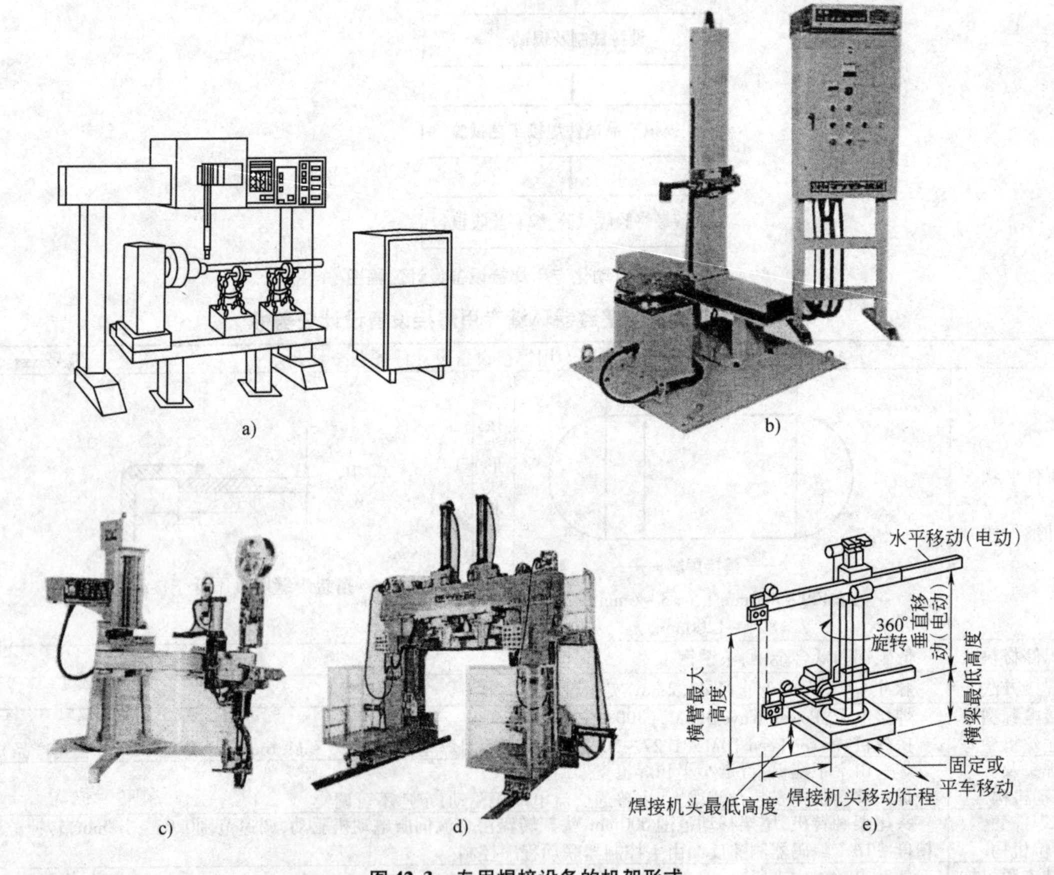

图 42-3　专用焊接设备的机架形式

a）侧梁式　b）立柱式　c）悬臂式　d）龙门式　e）立柱横梁式

图42-4 头尾架翻转机结构形式

图42-5 变位机结构形式

3. 焊枪夹持器和调节机构的设计

焊枪夹持器的结构取决于焊枪的外形尺寸。图42-8示出埋弧焊焊枪夹持器结构。

GTAW和等离子弧焊焊枪的夹持器结构相对比较复杂，如需要，其上还应装有冷丝或热丝导丝和调整机构，如图42-9所示。

图42-6 回转平台结构形式

图42-7 焊接滚轮架

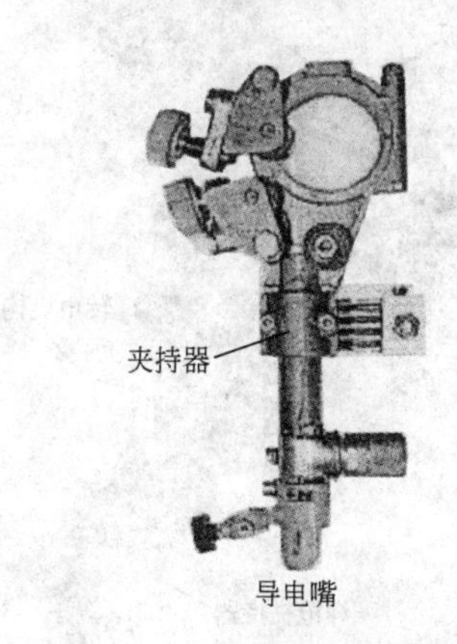

图42-8 埋弧焊焊枪夹持器结构

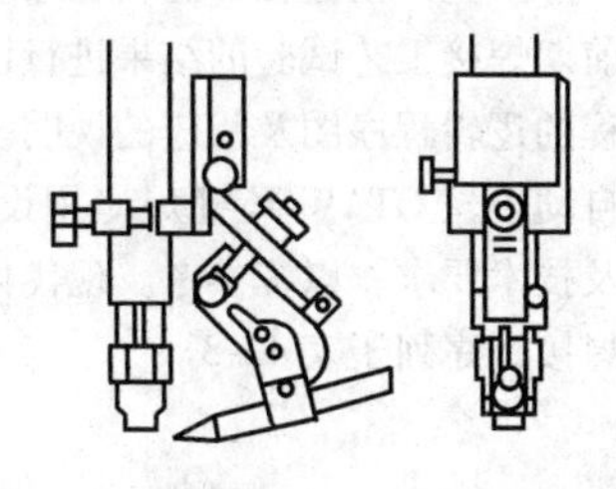

WGP—1型

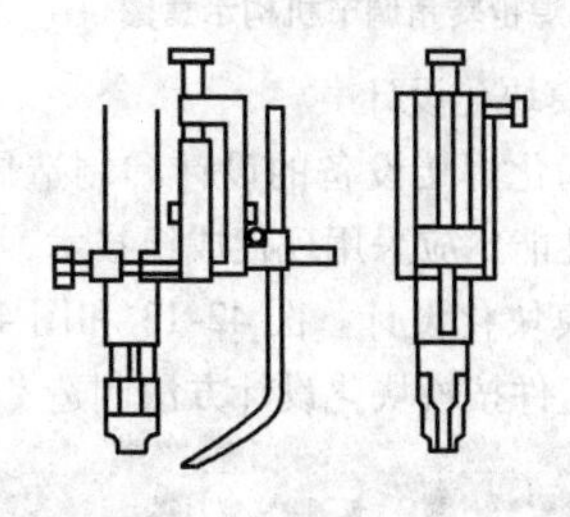

WGP—3型

图42-9 GTAW焊焊枪夹持器和填丝机构

焊枪位置的调节机构通常采用手动或电动十字拖板，其在焊接机头上的安装方式如图42-10所示。对于要求配备焊缝自动跟踪器的焊接机头，焊枪位置调节的十字拖板必须采用伺服电动机或步进电动机驱动。在许多应用场合，焊枪位置调节机构还应装有*Z*向调节拖板和焊枪转角调节器，如图42-11所示。

4. 焊件夹紧机构的设计

在专用焊接设备中，焊件的压紧机构对保证焊件的焊接质量和提高焊接效率起着十分重要的作用。例如薄板的拼接和薄壁筒件纵缝的焊接，为达到控制焊后变形的效果，应当采用图42-12所示的琴键式压紧机构。

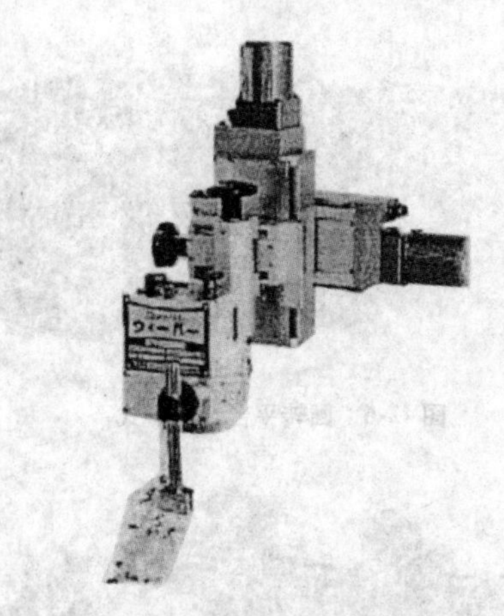

图 42-10　调节焊枪位置的十字拖板安装方式

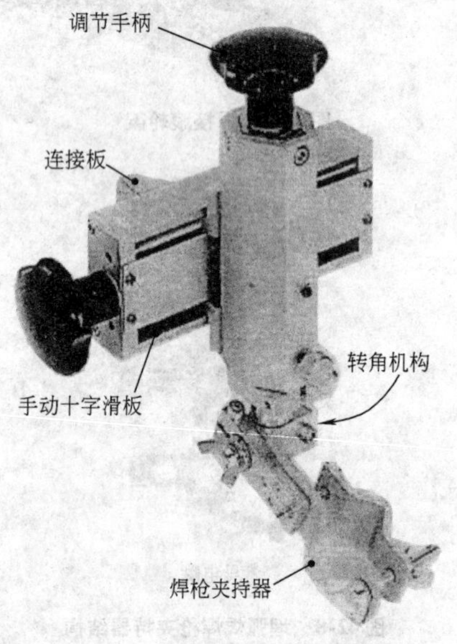

图 42-11　焊枪转角调节机构示意图

5. 成组技术和模块化设计

为缩短专用自动化焊接设备的设计和制造周期，并保证设备的使用性能，应采用现代成组技术，尽量选用标准组件进行模块化设计。图 42-13 和图 42-14 示出两台采用标准组件按模块化设计方法制造专用焊

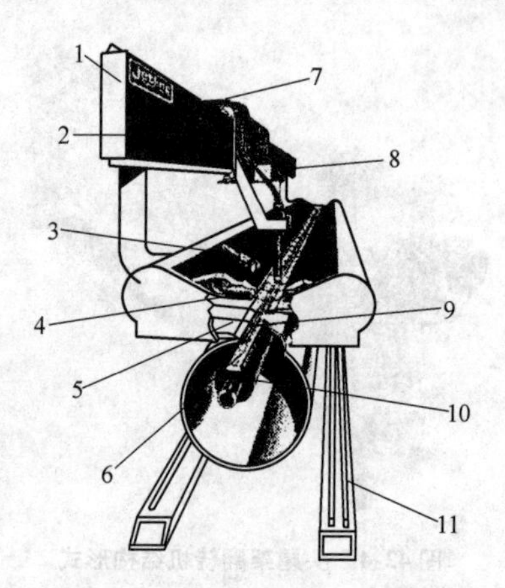

图 42-12　琴键式压紧机构示意图

1—侧梁导轨　2—行走小车　3—对中机构　4—气压软管　5—琴键压指　6—衬垫　7—电缆线支架　8—控制器　9—铜制压片　10—芯轴　11—脚踏控制线

接设备的实例。

42.4.3　专用自动化焊接设备的电气控制设计

专用自动化焊接设备电气控制设计的内容主要包括：焊接生产全过程的逻辑程序设计，专用焊接设备各组成部件的联动控制，焊头移动小车和/或焊件变位机械的驱动控制，气动或电动夹紧机构的动作控制，气路、水路以及其他辅助装置的电气控制。对于某些有特殊要求的精密专用焊接设备，还应进行焊缝自动跟踪系统、电弧长度自动控制器、焊枪横摆器以及焊接参数程序的存储、作业号编码、故障报警和诊断等。

1. 焊接生产全过程的逻辑程序设计

焊接生产全过程的逻辑程序应由焊接工艺人员根据前期焊接工艺试验的结果进行设计，并绘制焊接全过程的逻辑程序图及相应的说明。图 42-15 示出一台全自动填丝 GTAW 环缝焊专用设备的逻辑程序设计图及技术要求，以资参考。现代化专用焊接设备完整的焊接程序列于表 42-3。

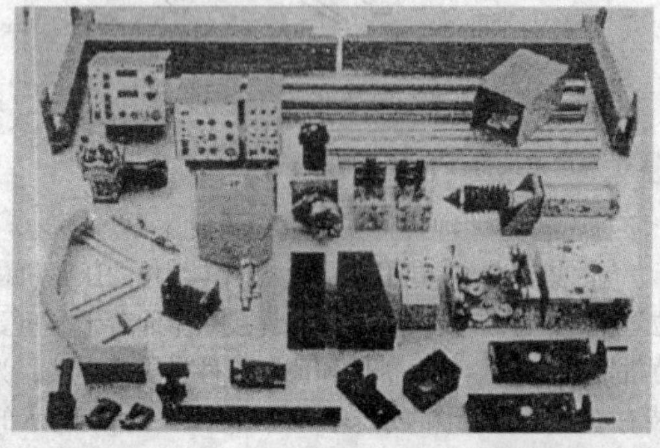

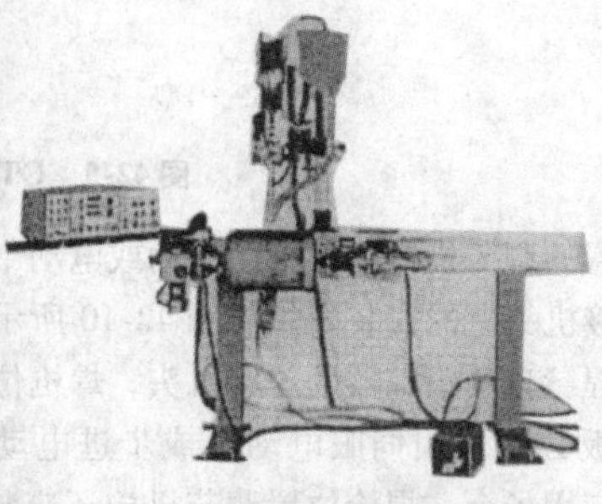

图 42-13　按模块化设计组合的筒体环缝自动埋弧焊专机

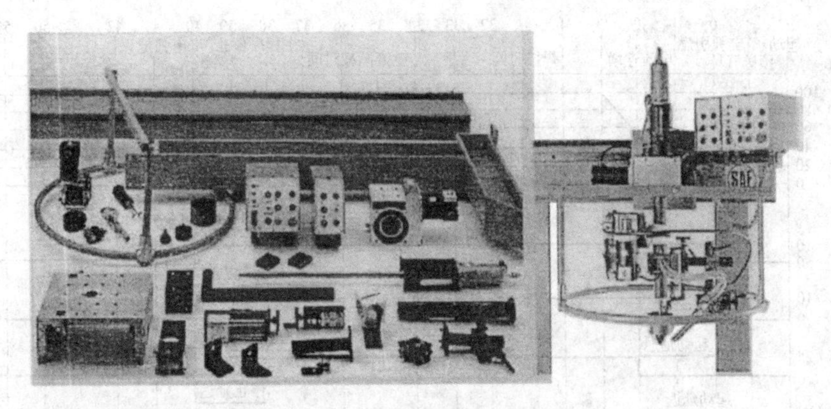

图 42-14　按模块化设计制造的接管环缝自动 GMAW 专机

表 42-3　专用焊接设备的焊接程序

序号	子程序名称	程序要求内容
1	焊前逻辑判定	1)选定焊接工艺方法 2)选定主要焊接参数 3)选定焊接材料种类和规格 4)选定保护气体种类、流量或焊剂牌号
2	装配和调整	1)装夹焊件并调整起始点 2)将焊枪移至焊接起始点(示教或跟踪接缝) 3)将焊枪调整到合适的角度 4)示教焊件运动轨迹
3	焊前准备	1)分析焊接工况,修正主要焊接参数 2)接通设备电源 3)打开保护气阀门,检测气体流量,或打开焊剂斗电磁开关 4)起动循环冷却水箱
4	起动焊接(取决于焊接工艺方法)	1)保护气提前送气(或打开焊剂斗开关) 2)接通冷却水 3)起动焊接电源,引燃电弧 4)给送焊丝或填充丝 5)调整焊接电流或自动反馈控制 6)起动焊头或焊件移动,跟踪示教轨迹 7)焊枪摆动,(必要时)弧长控制
5	停止焊接	1)填补弧坑,收弧 2)保护气延迟停气,或关闭焊剂斗开关 3)按预设子程序停止焊接,焊头移动,关闭焊接电源、保护气体和循环冷却水 4)焊头或工件复位
6	焊后复位	1)将设备回复准备焊接位置 2)卸下工件 3)切断设备总电源 4)重新接通设备电源,准备焊接下一个工件

2. 专用焊接设备系统控制器的设计

早期的系统控制器主要由操作开关、继电器、定时器、电动机调速器和限位开关等组成，目前已被半导体电子线路、标准型集成电路、单片机、微处理机、数字信号处理器、PLC 和工控机所取代。系统控制器基本上可分成以下 3 种类型：简易型系统控制器、自适应系统控制器和智能型系统控制器。

(1) 简易型系统控制器　简易型系统控制器主要用于刚性专用自动化焊接设备，与焊接电源的控制电路板、电动机控制和调速模块、I/O（输入/输出）控制元件通过总线电缆集成。以计算机软件选单的方式在控制器面板上设定所要求的焊接参数和焊接程序，基本可实现焊接过程的全自动化。

(2) 自适应系统控制器　自适应系统控制器是一

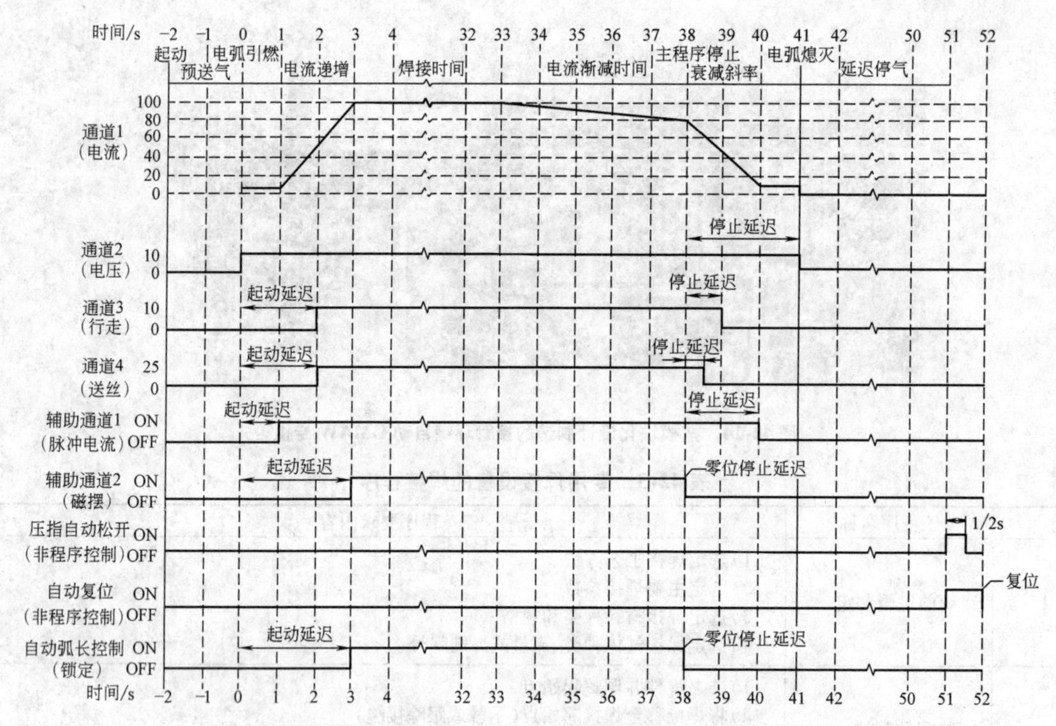

图 42-15　一台全自动填丝 GTAW 环缝焊专用设备的逻辑程序设计图

种现代高级功能的全自动系统控制器，除了可精确控制焊接参数，并按焊接工艺的要求预置焊接程序外，还可对焊接参数和焊枪位置进行自适应控制，即可按焊接坡口的实际形状和接缝组装偏差瞬时纠偏，以保证焊缝质量的一致性。现代精密全自动专用焊接设备已较普遍地采用自适应系统控制器。

图 42-16 示出一种典型自适应系统控制器的结构框图，其由三大部分组成，主控制器模块是基于微处理机的焊接程序控制器，通过各种传感器发出的信号，自适应控制主要焊接参数，以电弧跟踪控制模式校正焊枪的位置，保证所要求的焊道形状和熔透深度，并按焊接工艺的要求编制焊接过程时序，如图 42-17 所示。第二部分是可编程序逻辑控制器（PLC），它作为主控制器元件，同时起到焊接程序控制器与外设输入/输出功能之间的信息交换。第三部分是传感检测模块，在焊接过程中，不断向主控制器输入实测信号，经比较放大驱动模块，进行快速的反馈控制。标准型传感器模块有：电弧电压传感器、焊接电流传感器、气体流量传感器和位移传感器等。

为操作和管理上的方便，系统控制器应外接遥控盒，用于在焊接以前调整焊枪的位置及其他执行机构的定位。必要时，在焊接过程中修正焊接参数。遥控盒的荧光屏可显示预设的主焊接参数和实测的瞬时值。在某些系统控制器中还可外接焊接参数打印记录监控器。

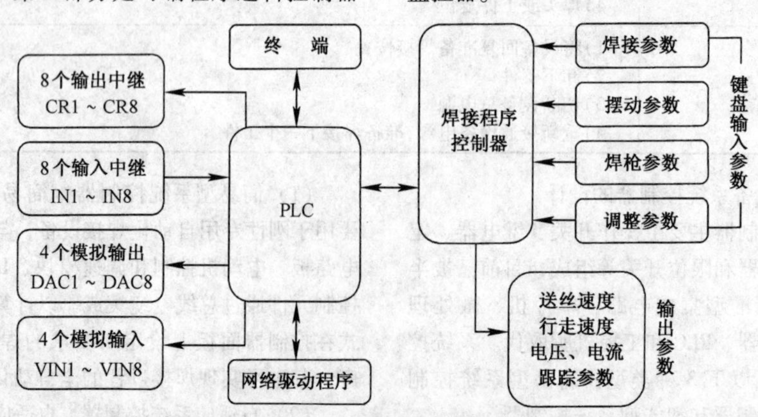

图 42-16　一种自适应系统控制器的结构框图

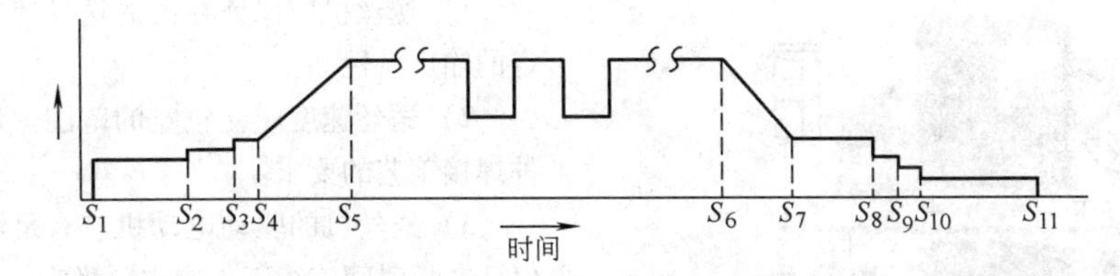

图 42-17　典型焊接过程时序

S_1—焊接周期开始　S_1 ~ S_2—预送气时间　S_2 ~ S_3—引弧参数时间　S_3 ~ S_4—电弧作用延迟时间　S_4 ~ S_5—电流递增时间　S_5 ~ S_6—焊接时间　S_6 ~ S_7—电流衰减时间　S_7 ~ S_8—填补弧坑时间　S_8 ~ S_9—焊丝回抽时间　S_9 ~ S_{10}—返烧时间　S_{10} ~ S_{11}—延迟断气时间

自适应系统控制器按焊接工艺的要求，可配置微步控制模块和直流伺服（或交流伺服）控制模块，相应控制焊接设备中所装备的步进电动机、直流或交流伺服电动机，例如焊枪的横摆机构、焊枪高度跟踪机构、焊枪横向对中跟踪机构以及焊接坡口左右侧跟踪机构等，以实现焊接过程的全功能自适应控制。图 42-18 示出厚壁管件对接环缝热丝 GTAW 自动焊机中自适应控制系统应用实例，其特点是采用了先进的视频传感器控制模块。

（3）智能型系统控制器　智能型系统控制器是在自适应系统控制器基础上发展的更高一级的全自动系统控制器。它利用大容量的数据库、专家系统和基于模糊逻辑理论的计算机软件，对所采集的信息进行高速处理、分析、判断、推理，并自动编制焊接程序和设定所要求的焊接参数。在焊接过程中对各种传感器系统检测的信号做出快速的反应，并进行必要的修正。在整个焊接过程中无须操作人员监视和调整。如要求完整的焊接质量记录文件，智能型系统控制器也可利用质量管理软件，自动生成质量记录文件，或对焊接全过程进行录像。图 42-19 示出一台最新型的智能型系统控制器外形，其由多台微处理机组成，核心控制元件是 50MHz 数字信号处理器（DSP），具有超强的数据处理和控制功能。实时微处理器采用 Motorola 68060 - 60MHz，数据采集速率达 10000 次/s，可集成最多为 8 个轴的协调运动。硬盘驱动能力取决于数据采集内存的要求。系统控制器与焊接设备、传感系统和计算机的连接全部通过以太网，实现了网络化控制，如图 42-20 所示。必要时，也可作无线通信。

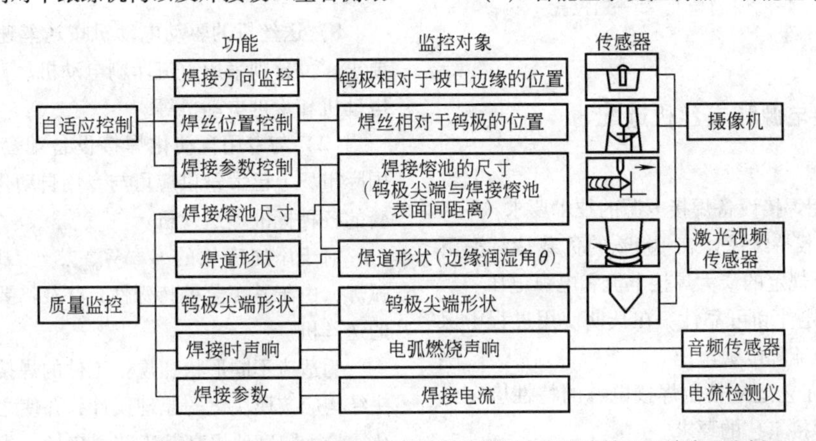

图 42-18　厚壁管件对接环缝热丝 GTAW 自动焊机中自适应控制系统应用实例

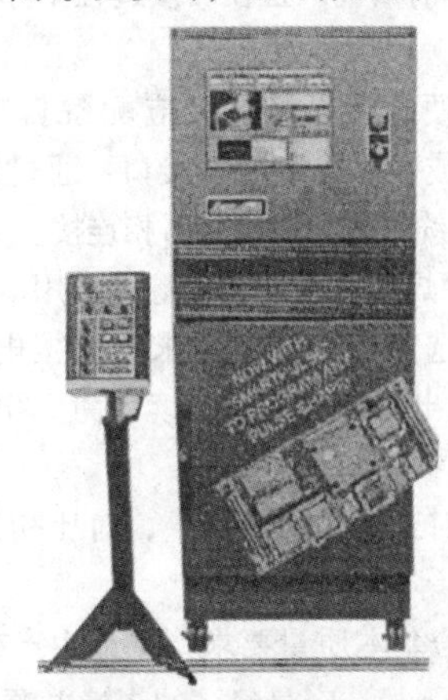

图 42-19　智能型系统控制器外形

智能系统控制器还可借助计算机软件采用标准的硬件构建焊接系统，并支持各种焊接方法，包括 GTAW、GMAW、PAW、EBW（电子束焊）和

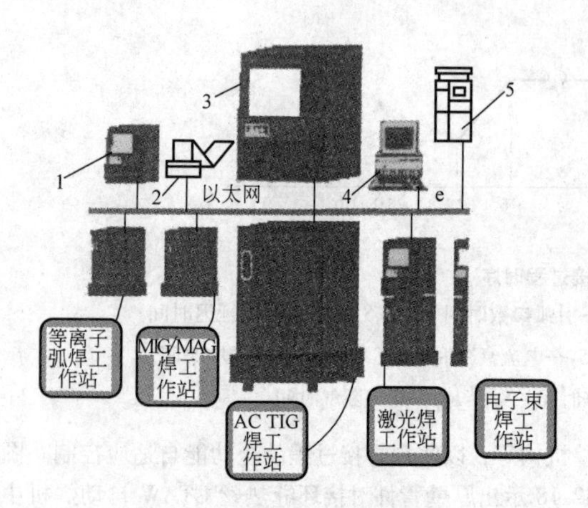

图42-20 系统控制器与焊接设备、传感系统和计算机的网络连接

1—系统控制器 2—打印机及监视器 3—主控制器 4—个人计算机 5—遥控盒

LBW等。

42.4.4 焊接电源和送丝机选配

1. 焊接电源

（1）对专用焊接设备焊接电源的技术要求

1）高的负载持续率。在100%的负载持续率下达到焊接工艺所规定的最大焊接电流和电弧电压。

2）高的稳定性和可靠性。在长期使用过程中保持稳定的焊接电流和电弧电压。

3）良好的工艺适应性。焊接电源的特性应完全适应所选定的焊接工艺的要求。

4）焊接参数精确可控。焊接电源的主要焊接参数不仅可在焊前预置，且在焊接过程中亦可远程精确控制和调整。

5）安装便捷。焊接电源应配备自动控制接口（多孔插座）或标准数字通信接口，通过控制电缆线或数字通信电缆直接与主控制器相连接。

（2）专用焊接设备焊接电源的选用

1）初步选定符合基本要求的焊接电源的种类、型号、额定输出功率及负载持续率为100%的需用焊接电流等基本参数。

2）根据对工件的质量要求，对比初选焊接电源参数控制精度等级。

3）在符合基本质量要求，保证生产效率和运行可靠性的前提下，选定最经济的焊接电源。

2. 送丝机

在专用自动化焊接设备中，高性能的送丝机是焊制优质接头的必要保证。

（1）对送丝机性能的基本要求

1）送丝机应保证在高的送丝速度下具有持续稳定的输出特性。

2）送丝速度应在较宽的范围内调节，以适应各种焊接工艺的要求。

3）送丝机的驱动电动机应有足够大的功率，以保证在长时间连续工作中送丝稳定。

4）送丝机的送丝速度应按焊接工艺的要求，达到规定的控制精度。

5）送丝机应装有调节方便、刚度足够的矫正机构。

6）送丝机的机械结构应尽量紧凑，以提高焊接机头的可达性。

7）送丝机的控制线路应具有网压补偿功能，以保证在网路电压波动的情况下，保持送丝速度的稳定。

8）送丝机的驱动电动机按送丝速度控制精度的要求，可分别采用直流印刷电动机、直流或交流伺服电动机和步进电动机等。

（2）与专用自动化焊接设备配套的送丝机 在国际市场上已大量供应可与专用自动化焊接设备相配套的各种标准型送丝机。

对于添加冷丝的GTAW、热丝GTAW和等离子弧焊，由于其工艺的特殊性，往往需要采用专门设计的送丝机。

为适应不同形状和规格工件的焊接要求，焊接机头结构应按模块化的原理设计，并使之标准化和系列化，最大限度地提高其工艺适应性。为满足某些特殊焊接作业的要求，例如焊接空间位置受限制的焊件时，应将送丝机和焊接机头设计成紧凑型，图42-21示出一种紧凑型的焊接机头结构外形，可以焊接最小内径为300mm的各种焊件。图42-22示出一种标准化生产的A2S微型焊接机头，它不仅适用于单丝和单弧双丝埋弧焊，而且也适用于单丝熔化极气体保护焊。

图42-21 紧凑型焊接机头结构外形图

图 42-22　微型焊接机头结构外形照片

42.4.5　焊接过程自动化控制器件

在自动化专用焊接设备中，为提高焊接过程自动化程度并确保焊接质量，通常需要选配各种焊接过程自动化控制器件，并构成自动化专用焊接设备不可缺少的组成部分。较常用的这类器件主要有：焊缝自动跟踪器、电弧长度自动控制器（AVC）和焊枪横摆器等。

1. 焊缝自动跟踪器

在实际生产中，焊件的坡口准备和焊缝的装配总存在一定的偏差。在焊接圆柱形工件和曲线焊缝时，还存在形位偏差。采用任何弧焊方法焊接时，为保证焊缝的质量，焊接过程中焊丝必须准确对中焊缝，或离坡口侧壁始终保持规定的间距。为满足这一要求，如单靠提高焊接机头行走机构或焊件变位机械的加工精度通常不能解决问题，而必须采用焊缝自动跟踪系统，对焊缝的轨迹进行实时的自动跟踪。

焊缝自动跟踪器主要分两大类：接触式和非接触式。接触式跟踪器的探头在工作时始终与工件接缝表面相接触，并采用光敏传感器、电磁感应传感器和电容传感器等。图 42-23a 示出一种以光敏元件为传感器的接触式焊缝自动跟踪系统构成。非接触式跟踪传感器的探头不与工件表面接触，最常用的传感元件是激光视觉传感器。图 42-23b 示出激光视觉焊缝自动跟踪系统的基本组成。这二类自动跟踪器的跟踪精度均可达到 ±0.1mm。激光自动跟踪传感器的优点在于所跟踪的焊接形式不受限制，而接触式自动跟踪器的适用范围局限于开坡口的接缝或留有一定间隙的对接缝。

2. 弧长自动控制器

弧长自动控制器的英文缩写为 ALC。由于弧长决定了电弧电压，故也称弧压自动控制器，英文缩写为 AVC。弧长自动控制器主要用于 GTAW 或 PAW 自动焊。在这些焊接方法中电弧的长度对焊缝的熔透深度有很大的影响。为确保焊缝质量的一致性，要求焊接过程中弧长保持恒定。

弧长自动控制器的工作原理比较简单，即在焊接过程中连续检测电弧电压，通过比较电路与所设定的标准电压相比较，其差值经放大后触发伺服电动机驱动电路，使伺服电动机正转或反转。执行机构则带动焊枪上升或下降，以维持恒定的电弧长度。图 42-24 示出配备弧长自动控制器的环缝自动 GTAW 焊机系统结构示意。

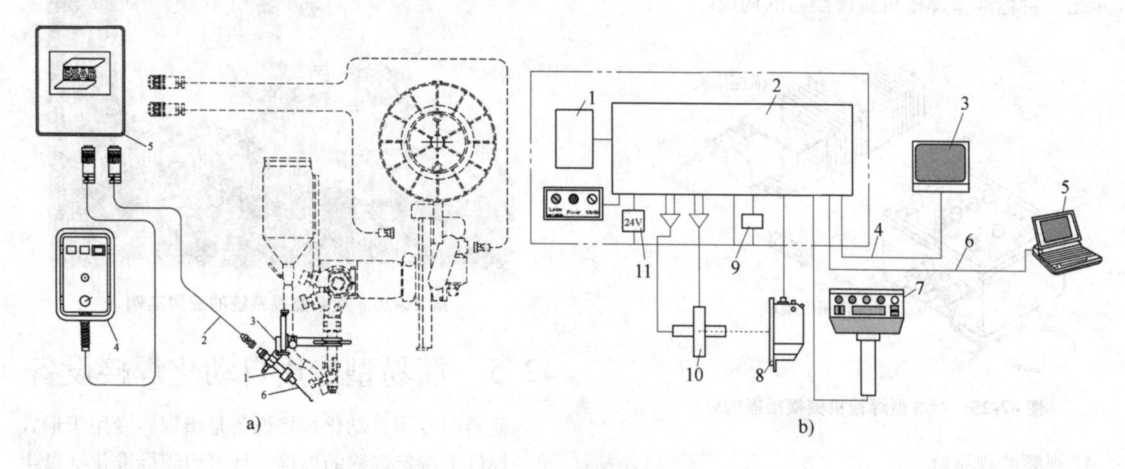

图 42-23　焊缝跟踪系统

a）接触式焊缝自动跟踪系统构成

1—传感器　2—控制电缆　3—传感器十字滑块　4—遥控盒　5—控制箱　6—探针

b）激光视觉焊缝自动跟踪系统构成

1—主控制器　2—微处理器电路板　3—视频监视器　4—视频电缆　5—计算机　6—串行通信电缆

7—操作盒　8—激光视频探头　9—外部控制信号输入接口

10—十字滑板　11—主控制电源

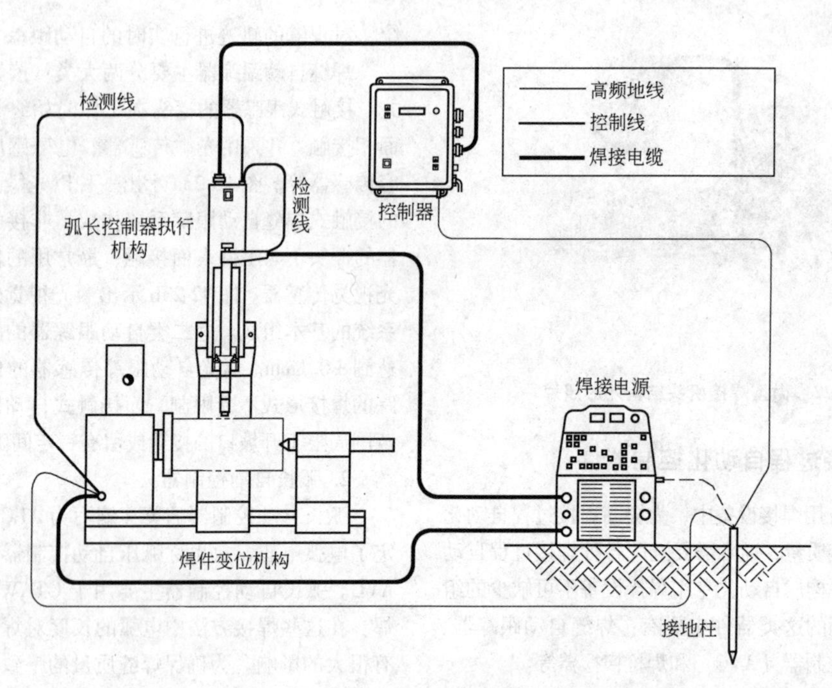

图 42-24 配备弧长自动控制器的环缝自动 GTAW 焊机系统结构示意

3. 焊枪机械横摆器

在自动化 GTAW 或者 GMAW 设备中，尤其是焊厚板接头时，焊枪机械横摆器是获得优质焊缝不可缺少的自动控制器件。横摆器不仅使焊枪垂直于焊缝的轴线作一定宽度的摆动，而且还可以在坡口两侧作适当的停留，以保证焊缝与坡口侧壁熔合良好。图 42-25 示出一种标准型焊枪机械横摆器的构成。

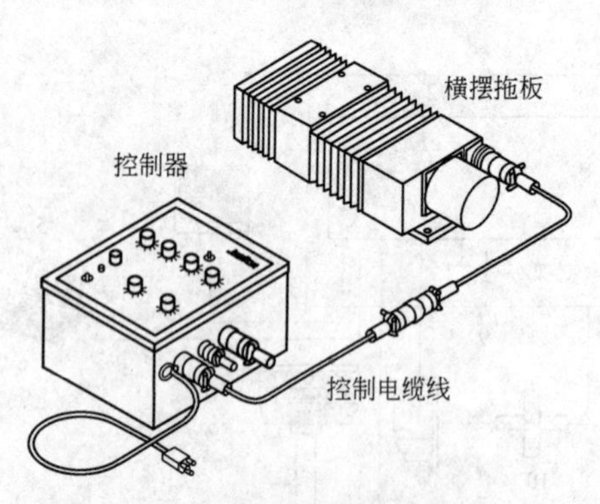

图 42-25 标准型焊枪机械横摆器构成

4. 视频监视系统

在许多焊接工业生产场合，焊工无法靠近焊接区直接观察焊接电弧和焊接熔池形状，利用现代视频监视系统可使焊接操作工远离焊接工件，清楚观察焊接区和焊枪的位置，并及时做出相应的调整，既能保证焊接质量，又改善了作业环境。图 42-26 示出视频监视系统的应用实例。视频监视系统主要由下列部件组成：摄像头、透镜组件、遥控器、高亮度卤素灯、彩色显示器和装配支架等。

图 42-26 视频监视系统的应用实例

42.5 简易型专用自动化焊接设备

简易型专用自动化焊接设备是指那些专用于形式单一焊件上特定焊缝的焊接，且可组织标准化批量生产的自动焊接设备。目前已基本形成下述四类简易型专用自动化焊接设备。

1. 薄板纵缝自动焊设备

薄板纵缝自动焊设备有多种结构形式，其中以装有琴键式夹紧装置的纵缝自动焊专机应用最广，图 42-27 示出一种典型的薄板自动焊专机结构组成示意图。

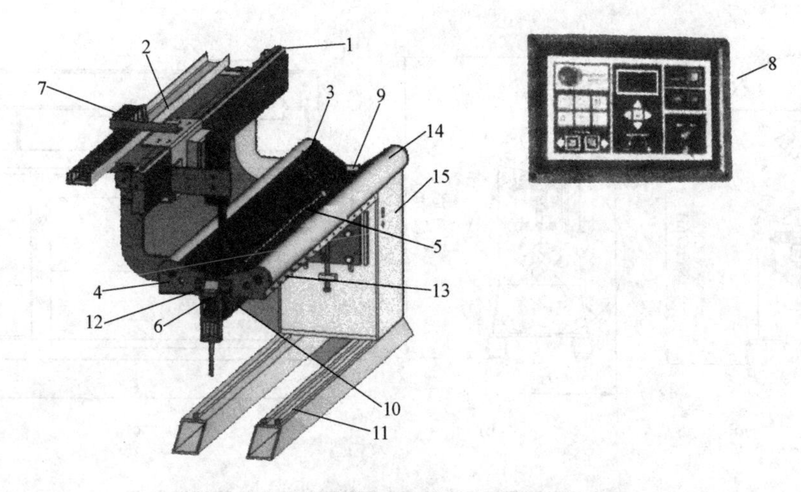

图42-27 琴键式薄板自动焊专机结构组成示意图

1—精密导轨 2—电动小车 3—工件接缝对中机构 4—气压顶紧软管 5—铝制琴键压板 6—铜垫 7—电缆拖链 8—小车行走控制器 9—工具箱 10—水冷芯轴 11—脚踏开关导电条 12—锁紧器 13—压指间距调节机构 14—压紧机构支撑臂 15—机架（内装电气控制器）

在设计薄板纵缝自动焊专机时，首先应保证机架具有足够的稳定度，以使夹紧焊件时，机架不会产生不容许的变形。侧梁导轨应有较大的刚度，以保证导轨的直线精度和小车行走的平稳性。琴键式夹紧机构是防止焊件焊接变形的关键部件。琴键压条的作用是在接缝的全长施加均匀的压力，并加快焊缝及热影响区的冷却速度，减少或完全消除焊接变形。琴键的压力通常采用气压软管并借助杠杆机构传递。琴键压条单位长度上的压力应达到750N/cm。

薄板纵缝焊专机的芯轴可采用厚壁管或矩形管制作，其断面应有足够的抗弯矩，使其在压紧焊件时不产生弯曲变形。为消除焊接热量的积聚对芯轴平直度产生不利的影响，应在芯轴内部通循环水加以冷却，芯轴顶部全长应开一定深度的凹槽，以镶嵌铜衬垫或成形气垫。工件接缝在芯轴上组对的位置如图42-28所示。芯轴不仅起支撑焊件的作用，而且还可使焊缝背面成形，实现单面焊双面成形工艺。

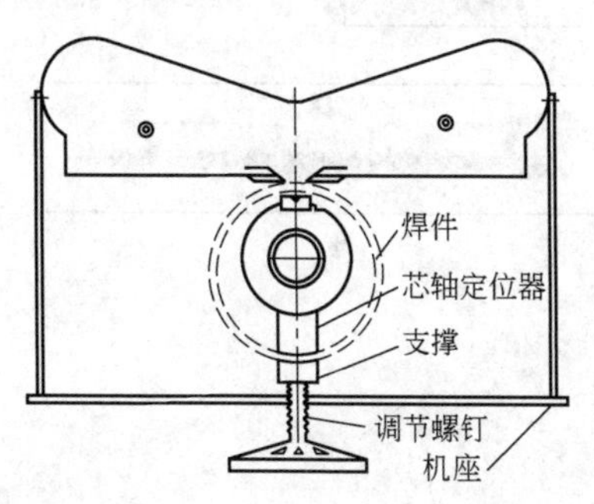

图42-28 薄壁筒体在纵缝自动机芯轴上组对的位置

在薄板纵缝自动焊专机侧梁上行走的小车，通常由直流电动机驱动，晶闸管调速电路无级调速。普通级别的纵缝自动焊专机，小车行走速度的控制精度为±2%；如要求较高的控制精度（如1%），则应加测速反馈控制系统。

在工业生产中已得到实际应用的薄板纵缝自动焊专机，按其基本功能可分为外纵缝、内纵缝、内外纵缝通用、提升式和台式5种。图42-29示出内外纵缝通用的自动焊专机外形结构和筒体组焊的方式。这种筒体纵缝自动焊专机因通用性较强，应用较为普遍。

2. 小直径容器、管件环缝自动焊专机

在现代工业中大量使用的各种气瓶、液化气罐、储气或储油桶、各类管件、轮、轴之类产品或部件都是以环缝组焊而成。图42-30示出其中几种典型的实例。这些部件的直径范围通常在100~1200mm之间，长度在6000mm以下，接头壁厚范围为2~20mm，因此非常适合采用简易型环缝自动焊专机进行焊接，既提高了焊接生产率，又保证了焊缝质量的一致性。

（1）通用式环缝自动焊专机 各种规格的储气罐，包括液化气储罐、气瓶和预制管件等都是由不同直径的筒体与两个封头，或管子与法兰组焊而成的。图42-31示出一种典型的储罐环缝自动焊专机基本构成，其主要由机架、侧梁导轨、焊接机头、行走小车、头尾架翻转机、电控系统和焊接电源等组成。按焊件的直径和接头壁厚可分别采用SAW、GMAW、GTAW和PAW等焊接方法。

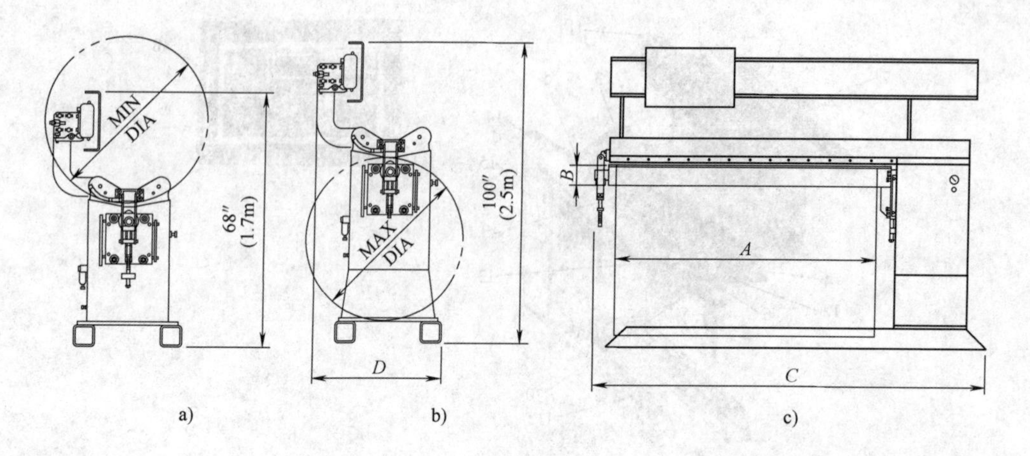

图 42-29　内外纵缝通用的自动焊专机外形结构和筒体组焊方式

a）内纵缝焊接方式　b）外纵缝焊接方式　c）筒体组焊方式

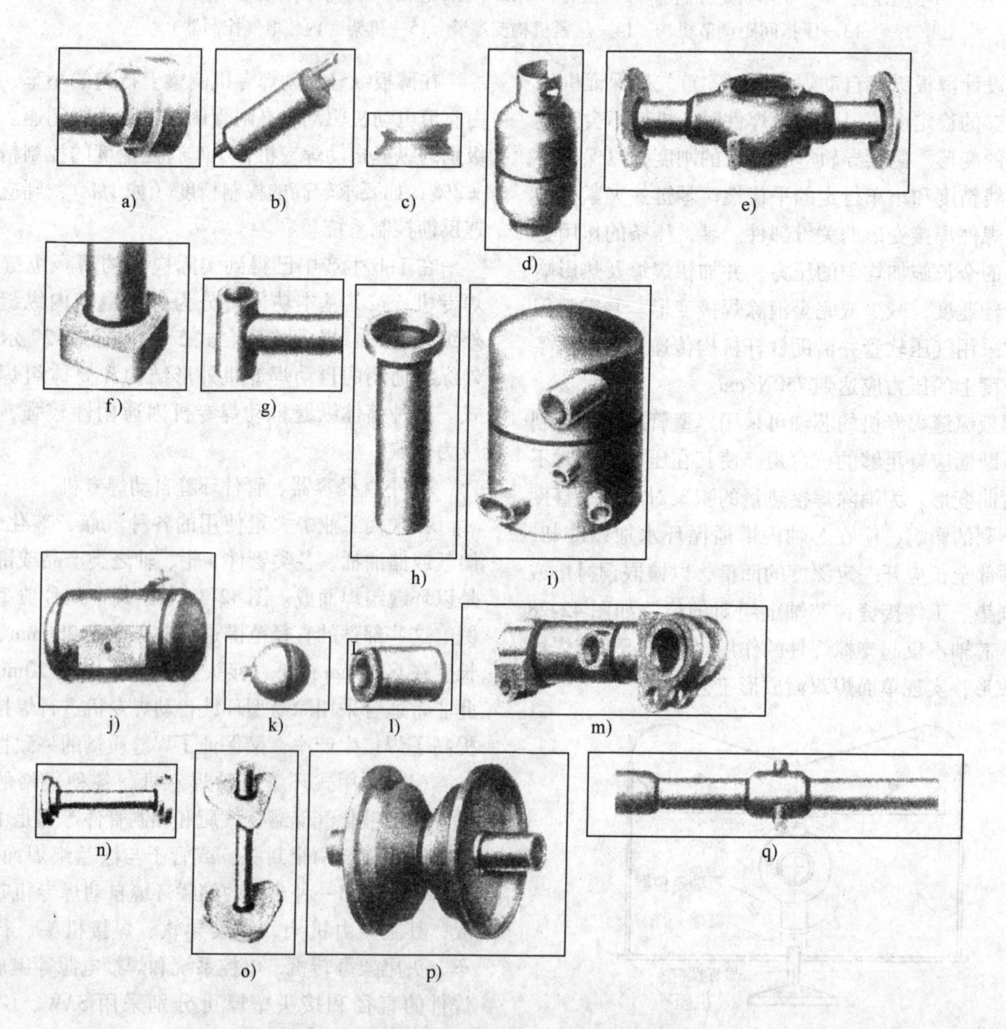

图 42-30　可采用环缝自动焊专机焊接的各类焊件

对于小批量生产和焊缝质量要求不十分严格的焊件，可选用图 42-32 所示的简易型单立柱式环缝焊专机，其中焊接机头安装在立柱端部，而立柱直接装在行走小车上，可沿机架侧面导轨移动，以适应不同长度焊件的环缝焊。这类环缝焊专机适用于长度在 6000mm 以下的各类储罐和气瓶等，工件重量最大不超过 500kg。头尾架翻转机的旋转速度通常为0.22～10.8r/min，转速控制精度按焊接工艺的要求，最高为±1%。

图 42-31 通用式环缝自动焊专机

对于直径和重量较大的各种储罐或圆柱形焊件，可采用图 42-33 所示的侧梁式双立柱型环缝焊专机。其翻转机的最大承载重量可达 1000kg，工件最大直径不超过 800mm，最大长度为 6000mm。头尾架旋转轴同轴度偏差应小于 0.4mm。头架卡盘旋转速度范围通常为 0.1～2.0r/min，其控制精度为±1%。头架旋转驱动采用直流伺服电动机加测速反馈控制，尾架的最大压紧力为 4500N。焊接机头安装在侧梁导轨的行走小车上，其最大承载重量为 130kg。可按要求装备 SAW、GMAW、GTAW 或 PAW 机头。

这种环缝焊专机可根据对焊缝质量的要求，配备相应精度的焊枪调节机构（*x*-*y*-*z* 三向或 *x*-*y* 双向滑架）、焊缝自动跟踪器、冷丝或热丝送丝机、弧长自动控制器（适用于 GTAW 和 PAW）和系统控制器等。图 42-34 示出另一种形式的精密型环缝焊专机外形结构。

（2）接管环形角焊缝自动焊专机 这类自动焊专机主要用于气瓶封头、顶盖上的接管、加强板、加强圈、接管法兰、三通管接头、齿轮轴套和轮毂环缝的焊接。图 42-35 示出一台通用式环形角焊缝自动焊专机外形。它主要由回转平台、立柱悬臂式操作机、对中定位机构，以及焊接电源、焊接机头和控制系统等组成。焊接时，回转平台带动焊件绕垂直轴转动，将焊枪调整到合适位置后固定不动。回转平台可在 0.6～6.0r/min 转速范围内旋转。按接管和封头的壁厚及对焊缝质量的要求，可选配 SAW、GMAW 和 GTAW 焊机头及相应的焊接电源和控制系统。

在平角焊位置焊接的接管环形角焊缝，如选用较大的热输入焊接，焊缝外形的均整度往往达不到高质量标准的要求。较简单的实用解决方案是将焊件的接缝置于船形位置。这可通过将操作架连同回转平台倾斜 30°～45°来实现。

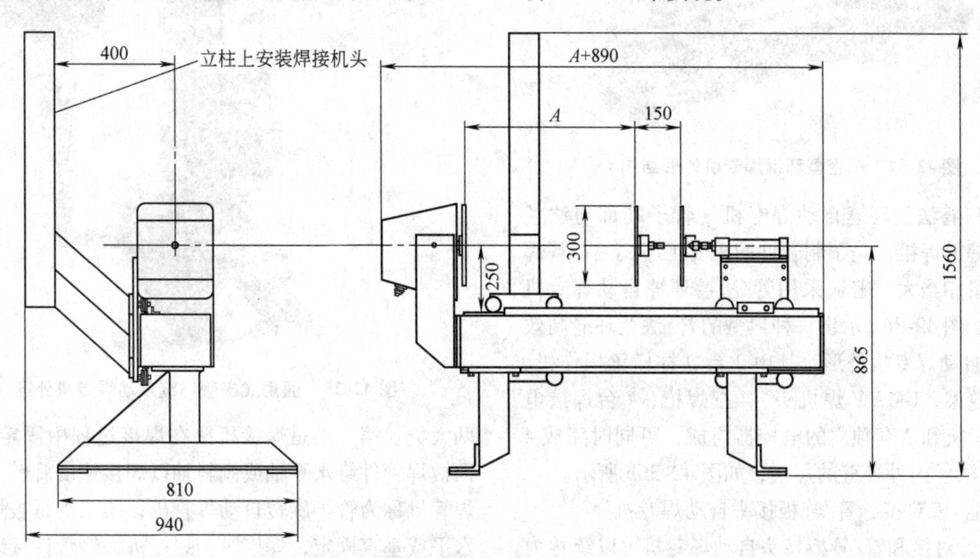

图 42-32 简易型单立柱式环缝焊专机结构示意图

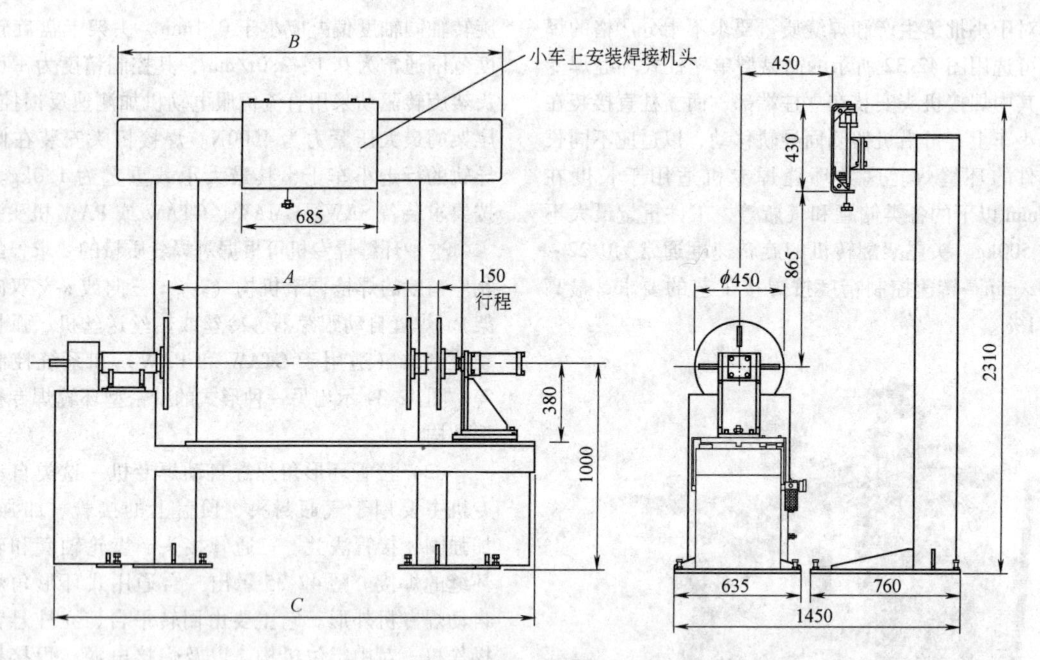

图42-33　侧梁式双立柱型环缝焊专机

图42-34　精密型环缝焊专机外形结构

（3）管法兰环缝自动焊专机　管子端部与法兰连接环缝的焊接，是预制管件的主要工序之一，且焊接工作量相当大，普遍采用管/法兰环缝自动焊专机来完成。图42-36a示出一种典型的管/法兰环缝高效GMAW自动焊专机外形，其由2台立柱横梁操作机、焊接滚轮架、GMAW焊机头、4把焊枪、4台焊接电源、送丝机和2套独立的电控器组成，可同时完成4条管端/法兰内外环缝的焊接，如图42-36b所示。

3. 管-管对接、管/管板接头自动焊专机

管-管对接和管/管板接头自动焊专机可以统称为自动焊管机，其按焊接时焊接机头的运动方式可分成

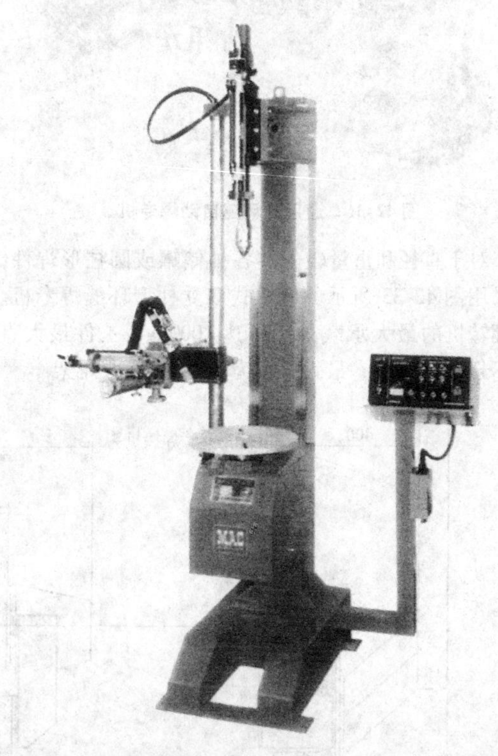

图42-35　通用式接管环缝自动焊专机外形

两大类。第一类是焊接机头在焊接过程中固定不动，而被焊管件绕水平轴或倾斜轴以焊接速度旋转，此类焊管机称为管子旋转自动焊管机；第二类是被焊管件水平或垂直固定，焊接时，焊接机头绕管件接缝作圆周运动，完成管件接缝的焊接，这类焊管机称为轨道

式旋转自动焊管机。

(1) 管子旋转自动焊管机　管子旋转自动焊管机主要用于各种管件的预制，即将管段与管段、管子与顶盖以对接环缝的形式焊接。图 42-37 示出一种用于管子环缝对接的管子旋转自动焊管机外形，其由双立柱式焊接操作机、头尾架焊接翻转机、两套 GMAW 焊接机头、送丝机、焊接电源和控制系统等组成，可同时完成两条管子对接环缝的焊接。

使用这类焊管机时，焊前将待焊管件端部夹紧在头架的旋转卡盘上，尾架装有气动顶紧装置，将管件从另一端定心压紧。在机座轨道上还装有两对滚轮架，便于管件焊接前后的装卸。

对于焊缝质量要求严格的小直径厚壁管接长对接焊，例如电站锅炉受热面部件自动生产线上的管子接长对接焊，则应采用图 42-38a 所示的高精度自动管子对焊机，其主要特点是配备了图 42-38b 所示的刚性气动夹紧器和双驱动回转机构，以保证两待焊管子接口精确同心对准，并以完全相同的速度旋转，使接缝两端不致产生任何相对位移。

a)

b)

图 42-36　管/法兰环缝自动 MIG/MAG 焊专机

a）专机外形　b）管端法兰内外环缝焊接实况

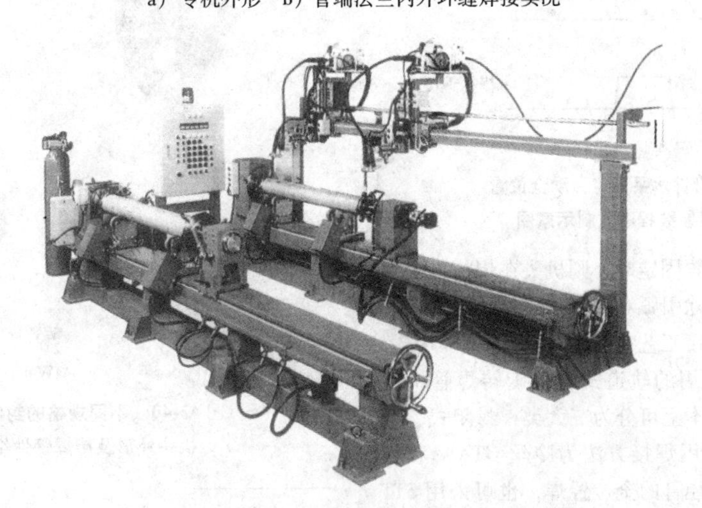

图 42-37　一种双焊头管子旋转自动焊管机外形图

为确保焊缝的高质量，并实现单面焊双面成形，这种精密型自动焊管机通常配用填丝 GTAW、热丝 GTAW、PAW 或数字控制脉冲 GMAW。

（2）轨道式自动旋转焊管机　当焊接已弯制成形的管件或管件接头在安装现场组焊时，因待焊管件不能旋转而必须采用轨道式自动旋转焊管机。当待焊管件在水平位置固定时，焊管机的机头需绕管子轴线作 360°圆周运动。这样，在焊接过程中，机头的位置将不断变化而作所谓的全位置焊，且要求分段程序控制各焊接参数，包括焊接电流、电弧电压和焊接速度等，如图 42-39 曲线所示，以保证整圈焊道成形均整。

a)

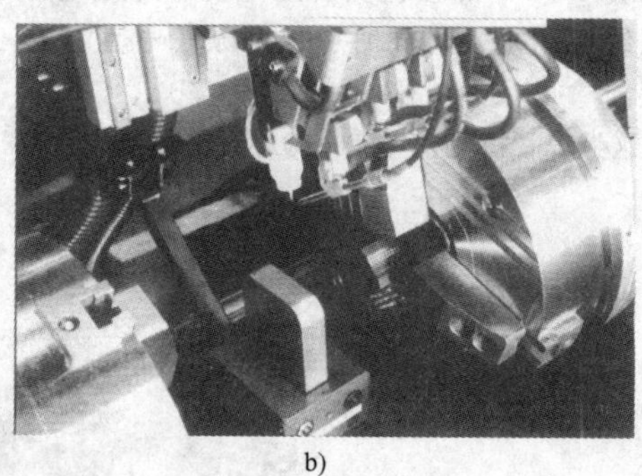
b)

图 42-38　精密型自动管子对焊机

a）管子对焊机外形　b）刚性气动夹紧机构

气体流量

焊接电流

焊枪旋转速度

送丝速度

弧长控制

横摆速度

图 42-39　管件水平固定自动全位置焊时焊接参数程序控制示意图

当管件在垂直位置固定时，则机头在焊接过程中始终处于横焊位置，除引弧和收弧阶段外，焊接参数可基本保持不变，焊接工艺相对比较简单。

在工业生产中常用的轨道式自动旋转焊管机机头，按其结构形式基本上可分为三大类：封闭式、开启式和小车式。最通用焊接方法为冷丝 GTAW 和热丝 GTAW。对于大直径管的全位置焊，也可采用 STT 法[㊀]和脉冲 GMAW。所配的焊接电源和控制系统应适用于三种机头，焊接电源的额定电流按所焊管件的规格而定。

1）封闭式自动焊管机机头。图 42-40 示出几种不同规格的封闭式焊管机机头外形和待焊管件的组装方式。采用这种机头焊接管子对接接头时，焊接过程是在封闭的环形空腔内完成的，故焊接电弧和焊接熔池保护相当良好，焊缝质量优异，适用的接头形式示于图 42-41，可焊管径范围为 $\phi1.6\sim\phi178$mm，最大

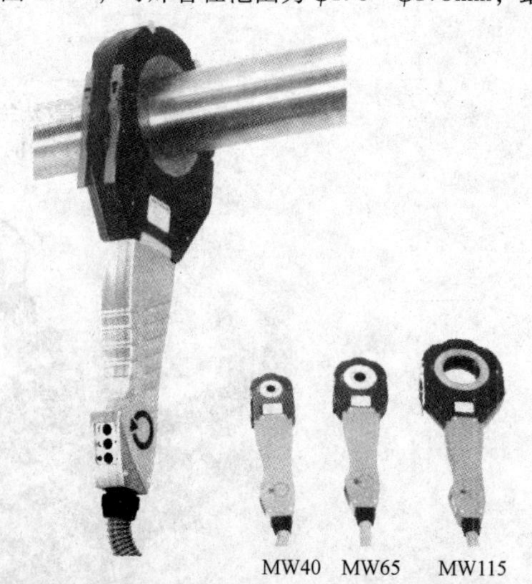

图 42-40　不同规格的封闭式焊管机机头外形及待焊管件组装方式

㊀ STT 法是表面张力过渡 GMAW 焊接法的英文缩写。

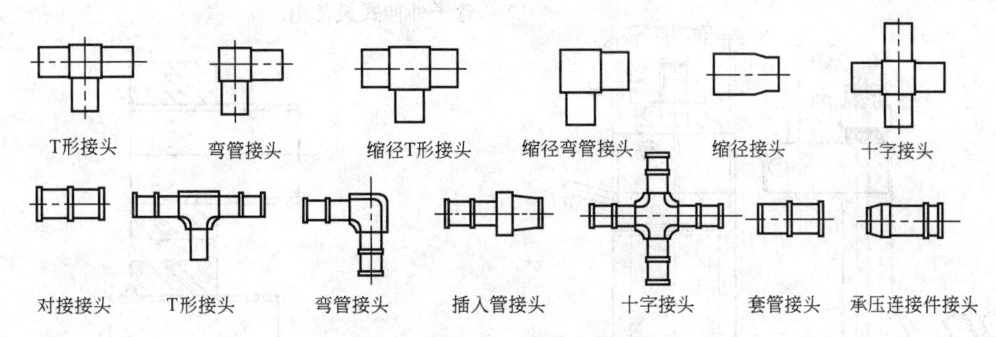

图42-41 封闭式机头适用的各种接头形式

可焊管壁厚度为3.0mm。其特点是结构紧凑，装卡操作方便；其缺点是只能进行单道焊，不能添加填充丝。

2）开启式自动焊管机机头。开启式机头的典型结构如图42-42所示。这种机头通过精密的夹紧机构直接固定在被焊管件上，机头的回转中心始终保持与管子同心，可在全位置焊的条件下完成优质的管子对接焊缝。绝大多数的开启式机头配备钨极氩弧焊焊枪。适用的管径范围为25～220mm，最大可焊管壁厚度为13.0mm。按管壁厚度可分别采用填丝或不填丝GTAW。图42-43示出一种装有送丝机构的开启式机头结构外形。在某些应用场合，为简化机头的结构或为缩小机头的外形尺寸，通常采用分离式送丝机，焊丝通过弹簧软管送至焊枪前侧的导丝嘴。机头的旋转机构大都采用微型直流电动机或步进电动机驱动，焊枪的旋转速度范围一般控制在0.05～2.0r/min。某些精密机头还装有弧压自动控制器。

图42-42 开启式自动焊管机机头典型结构外形

3）爬行小车式轨道自动旋转焊管机机头。爬行小车式轨道自动旋转焊管机机头外形如图42-44所示。它由精密刚性环形导轨、爬行小车、焊枪及其调节机构、送丝机和导丝管、焊枪横摆机构及弧长自动控制器等组成，适用于外径150～1200mm大直径厚壁管的全位置焊。当待焊管壁厚度大于30mm时，可以采用特殊结构的扁平型钨极氩弧焊焊枪（图42-45），以实现窄间隙填丝GTAW。

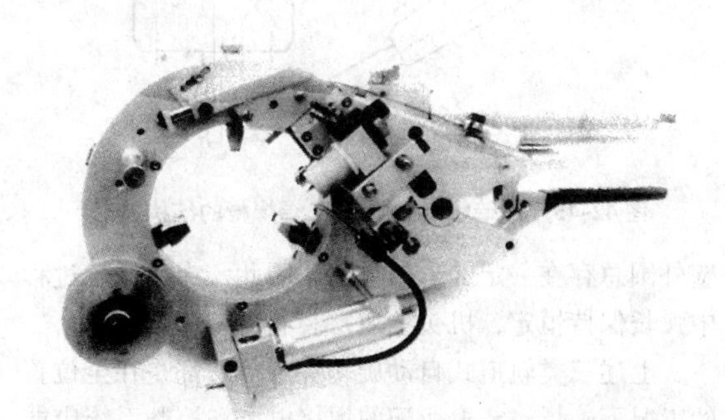

图42-43 装有送丝机构的开启式机头结构外形

图42-44 爬行小车式轨道自动旋转焊管机外形

当使用这种焊管机时，焊前应先选用与待焊管件外径相配的刚性环形导轨，并通过其上均布的螺钉固定在接缝一侧管件的外圆上，拧紧固定螺钉时应注意导轨内径与管件外圆之间的距离，四周应基本相等。导轨的端边应与接缝边缘精确平行，以保证爬行小车的行走轨迹与接缝的走向基本重合。但由于轧制钢管

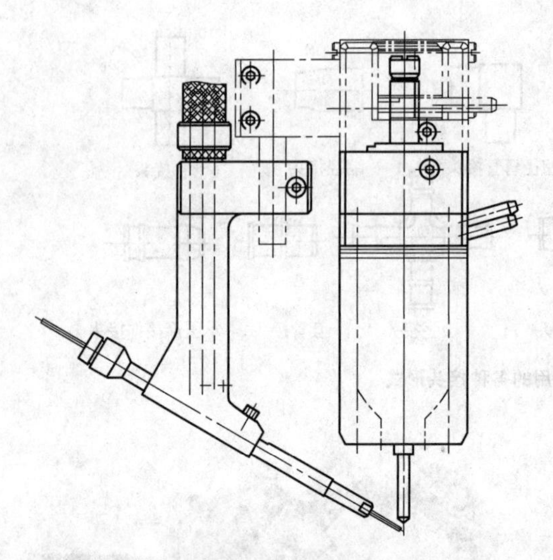

图 42-45　厚壁管窄间隙 TIG 焊焊枪的结构外形

壁外圆总存在一定的形位公差，因此，为使焊接过程中弧长保持恒定，机头上通常装有微型 AVC 机构。

上述三类轨道式自动旋转焊管机大都是在全位置的工况下施焊，要求所配的焊接电源和控制系统应能精确地分段设定和控制主要焊接参数和焊接程序。控制系统通常采用微处理机或 PLC 作为核心控制元件，并选用简洁明晰的人机界面。

对于焊接工作量较大，且作业条件较差的大口径管道的焊接，例如输油、输气管线的安装现场的焊接，采用工艺适应性较强、效率较高的 GMAW 轨道式自动旋转焊管机是一种更为经济和合理的解决方案。

图 42-46 示出了一种 GMAW 轨道式自动旋转焊管机外形。

图 42-46　一种 GMAW 轨道式自动旋转焊管机外形
1—垂直横摆拖板　2—300A 水冷 GMAW 焊枪
3—轨道和小车驱动系统

(3) 管/管板接头自动焊专机

在各种热交换设备中，大量采用了要求焊接连接的管/管板接头，其主要形式如图 42-47 所示，并以管子外伸式最常用。

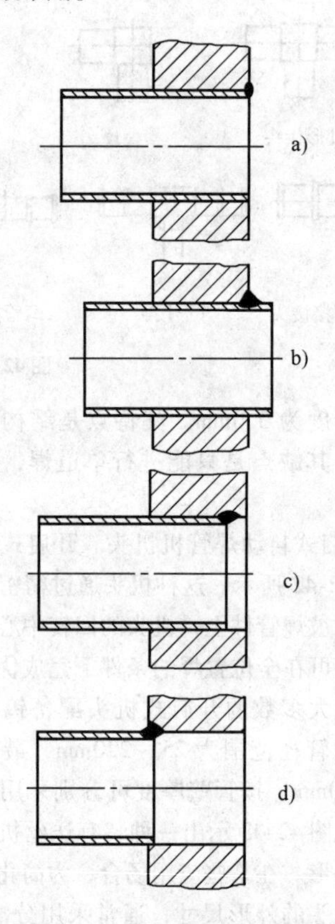

图 42-47　管/管板接头的主要形式
a）平齐式　b）外伸式　c）内缩式　d）端接式

图 42-48 示出一种通用型管/管板接头自动 GTAW 机头外形。其通常采用芯轴插入管子内孔进行定位和对中。焊接时，GTAW 焊枪绕管子外圆自动旋转 365°～370°，连续完成整圈焊缝的焊接。同时，焊枪旋转过程中，电缆线、气管、水管借助特殊机构，使其不产生缠绕。按管壁厚度和对接头强度的要求，可分别采用自熔 GTAW 和填丝 GTAW。

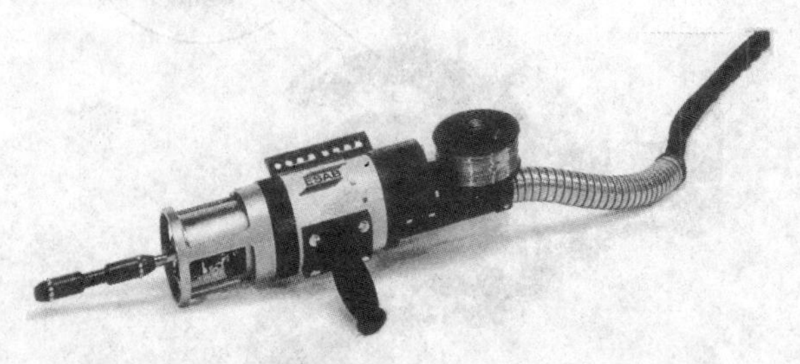

图 42-48　通用型管/管板接头自动 GTAW 机头外形

虽然上述管/管板接头自动 GTAW 焊机头可自动完成焊接过程，但机头在管孔中的定位仍需手工操作。为减轻操作工的劳动强度，已开发成功图 42-49 所示的管端滚压（胀接）和焊接综合数控加工中心。

其利用光纤搜索系统使焊接机头自动定位，误差小于 0.1mm，确保了焊枪旋转中心与管孔中心的一致性，大大提高了焊接自动化程度和效率以及焊缝质量的合格率。

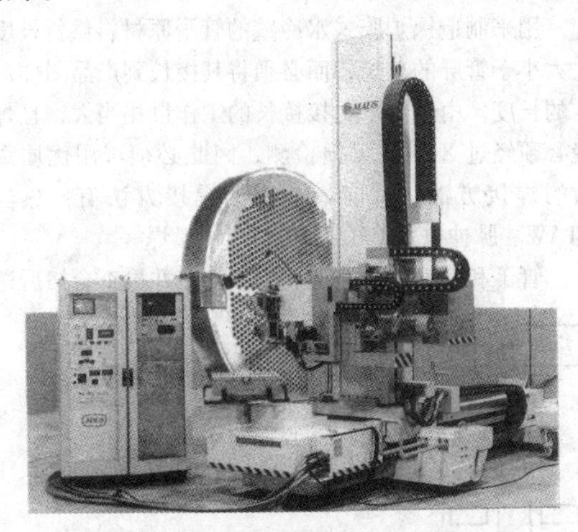

图 42-49 管/管板接头滚压（胀接）和焊接综合数控加工中心全貌

42.6 特种专用自动化焊接设备

特种专用自动化焊接设备是为用户特定的工件和工艺要求而设计制造的专用焊接设备，下面仅以锅炉膜式水冷壁部件管屏拼焊专用焊接设备为例，概括地介绍其设计程序。

1. 设计依据和原始数据

锅炉膜式水冷壁管屏由图 42-50 所示的光管与扁钢组焊而成。管屏最大长度为 12m，最大宽度为 2.4m。按产品制造技术条件，管屏的组装方式和焊接质量的要求应符合图 42-50 所示的规定。

管子的材料种类：碳钢、低合金钢。

扁钢的材料种类：碳钢、低合金钢。

管子规格：外径 $\phi38 \sim \phi76$mm。

管子壁厚：3.5 ~ 7.0mm。

扁钢的规格：宽 12.7 ~ 60mm，厚 4.0 ~ 8.0mm。

管间距：50.7 ~ 136mm。

管屏最大宽度：2400mm。

管屏最大长度：12000mm。

2. 焊接工艺方法的选定

锅炉膜式水冷壁管屏拼焊的传统焊接工艺方法为单丝和多丝埋弧焊。早期，国内某锅炉制造厂从国外引进了 6 丝三焊头门架式自动埋弧焊机，其一次行程可组装 4 根管子和 3 条扁钢拼成的管屏，具有较高的焊接效率，操作简单，焊接质量易得到保证。缺点是埋弧焊只能作单面焊，焊后管屏变形较大，校正工艺较复杂，且延长了管屏的制造周期。

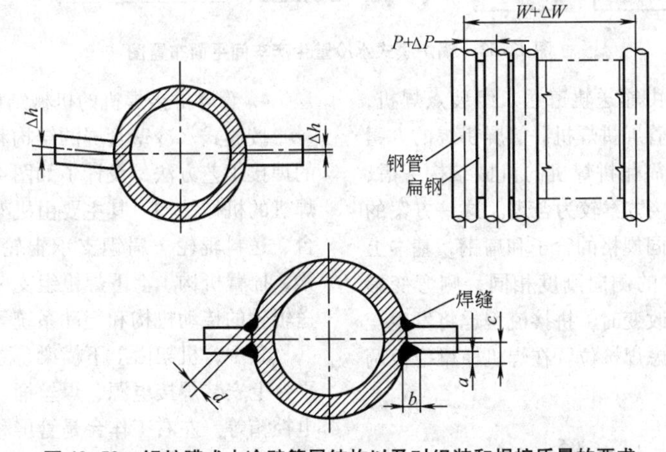

图 42-50 锅炉膜式水冷壁管屏结构以及对组装和焊接质量的要求

W—屏宽 P—节距

$\Delta W \leqslant 2.5$mm $a > 4.0$mm

$\Delta P \leqslant 0.8$mm $b > 4.0$mm

$\Delta h \leqslant 0.6$mm $c > 1.2$mm

$d > 3.0$mm

为解决管屏焊后变形的问题，可采用双面同时焊接的工艺方案。由于管屏背面焊缝处于仰焊位置，必须采用工艺适应性较好的脉冲电弧 GMAW 焊接工艺，这就需要为其配备价格较高的脉冲 GMAW 焊接电源。管屏拼接双面多丝 GMAW 优于单面多丝埋弧焊，并选定 8 个 GMAW 焊机头（上下各 4 个）按图 42-51 的焊枪布置方式的工艺方案。

3. 管屏拼接生产线的平面布置图

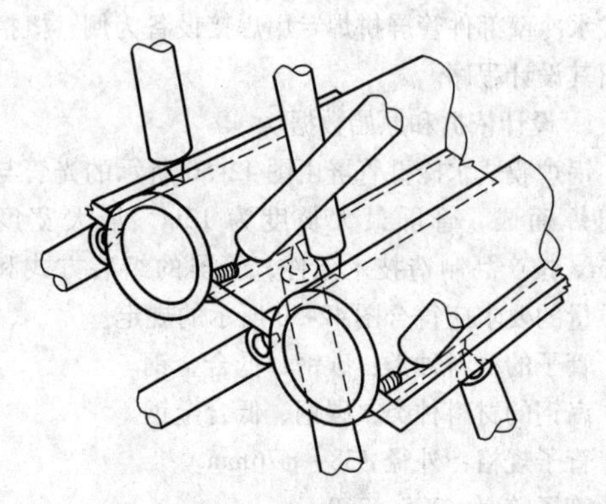

图42-51　管屏拼接8头双面GMAW的工艺方案

锅炉膜式水冷壁管拼接工艺流程决定了膜式水冷壁生产车间的平面布置图如图42-52所示。其基本上由3条生产线组成，即管子接长生产线、扁钢开卷精整生产线和管屏拼接生产线。

用来制造锅炉膜式水冷壁的管子原材料供货长度大大小于管屏的总长，而必须将其接长到产品图样规定的长度。由于管子对接接长的工作量相当大，且焊缝必须经过X射线无损检测，因此必须选用优质高效的焊接方法。目前最常用的焊接方法有：热丝GTAW、脉冲电弧GMAW和等离子弧焊等。

管子和扁钢坯料按上述要求加工并检查合格后送

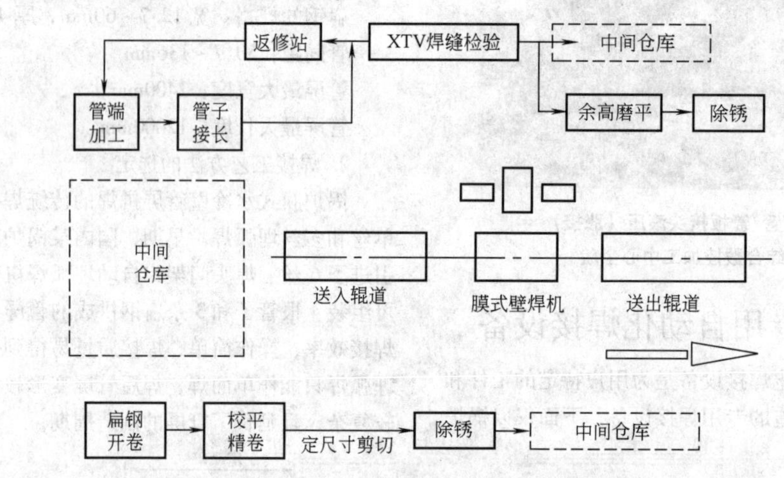

图42-52　锅炉膜式水冷壁生产车间平面布置图

入中间库存放，或直接由输送轨道送入组装点焊机，点固成组后，再转送至管屏拼焊机。管屏拼焊的方案可采用多种形式，但从简化拼焊机的机械结构考虑，采用图42-53所示的拼接方案较为合理。这一方案的优点是焊枪位置对于相同规格的管子和扁钢，基本上可不作调整。同时焊件的侧向刚度相同，侧弯变形小。当膜式壁管屏宽度改变时，拼接流程也将发生变化，但必须在设计时考虑焊枪位置在焊机横梁拖板调节范围之内。

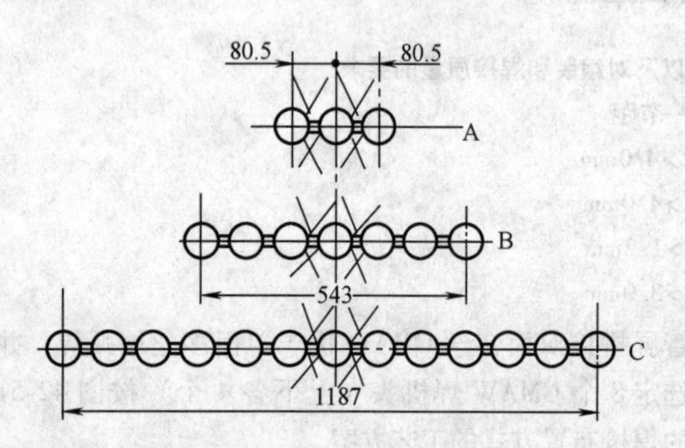

图42-53　采用双面GMAW焊工艺拼接管屏的最佳方案

4. 管屏拼接焊机的机械结构设计

按膜式水冷壁管屏的结构和外形尺寸以及所选定的焊接工艺方法，设计了如图42-54所示的管屏拼接焊机的机械结构。其主要由机架、上平台、左右工作台、送料辊轮、扁钢支承辊轮及调节机构、活动横梁、摇臂机构、上下焊枪组支架及调整机构，以及传送辊轮的传动机构和气动系统等组成。

其中，机架由上下横梁、立柱构成刚性框架。上平台上安装焊接电源、焊丝桶、送丝机、供气系统和电控箱等。左右工作台是管屏移动的支座，安装有5根槽型辊轴、活动横梁和仰焊枪及调节机构。

送料槽形滚轴组件由轴承座、辊轴、槽轮和垫片等组成。对待焊管屏起定位、压紧及送进作用。下滚轮的中心距按管屏的节距调整，下轧辊的中心距可随管屏节距滑动。辊轮的顶压力由气缸传递。如压缩空气的压力为0.4MPa，辊轴的总压力达178000N，轴向推力约为53460N。

扁钢支承辊轮组件由支架、轴承、轴和支撑轮等组成。上下扁钢支承轮安装在带T形槽的导轨上，可在宽度方向调整其位置。对待焊扁钢起支承和初定位作用。扁钢和管壁之间的精确定位由扁钢上下定位块及其调整机构来完成，如图 42-55 所示。

安装在辊轴上的送料槽轮型线通常是按管子外径的名义尺寸设计的。但按现行管子制造标准规定，管径公差为公称直径的 ±1%，这给管子在管屏焊机上的正确定位造成一定困难。因此在焊接一批管屏前，应正确实测管子的外径，并以修正该批扁钢的宽度进行调整。

活动横梁由铰接支架、横梁、导轨、高低调节机构和顶升气缸等组成，用于安装扁钢的支承机构。在左右工作台的端部，即在焊件的进出口处，各装一对被动支承辊轮，以支承正在焊接的管屏。

左右摇臂由支座、转轴、摇臂梁和气缸体等组成。摇臂转轴节点安装在立柱上，通过气缸转向轴上下移动。

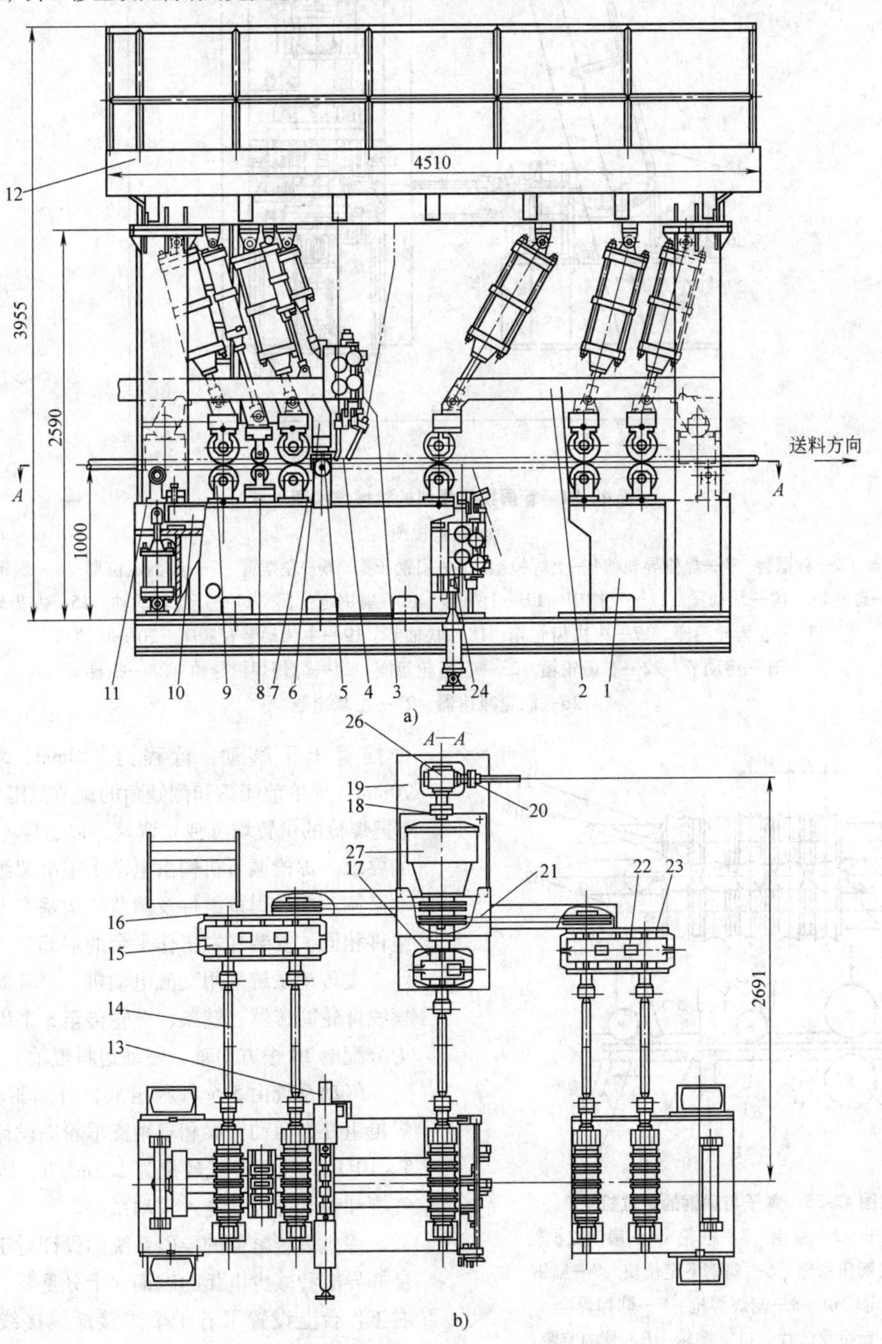

图 42-54　管屏拼接焊机的机械结构图

a）正视图　b）俯视图

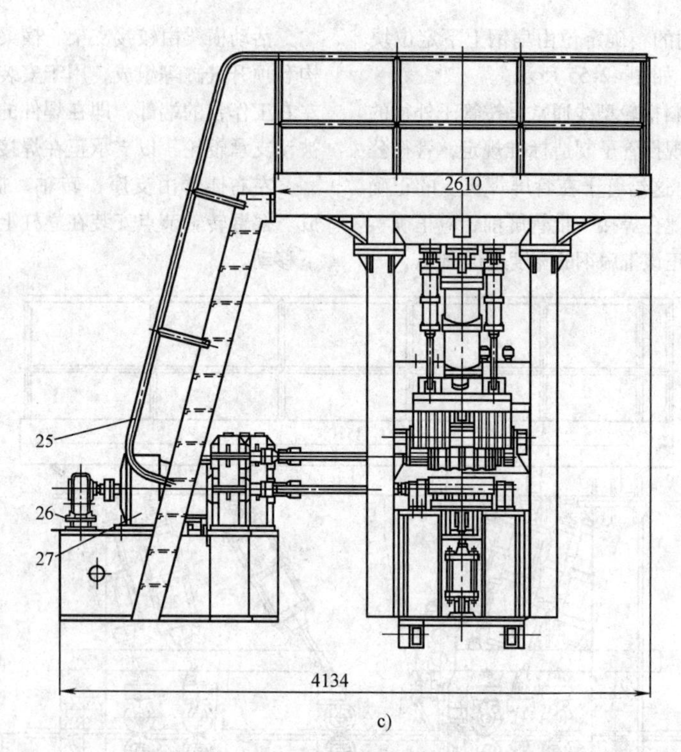

图42-54　管屏拼接焊机的机械结构图（续）

c）侧视图

1—机架　2—右摆臂　3—焊枪导轨　4—上焊枪组　5—扁钢压头　6—左摆臂　7—扁钢定位器　8—扁钢支承辊　9—送料辊　10—活动梁　11—支撑辊　12—上平台　13—扁钢定位器　14—万向转动轴　15—左齿轮箱　16—左齿轮箱座　17—中央齿轮箱　18—联轴节　19—主传动装置底座　20—联轴节　21—传动节　22—右齿轮箱　23—右齿轮箱座　24—仰焊焊枪导轨　25—扶梯　26—涡轮减速器　27—主减速器

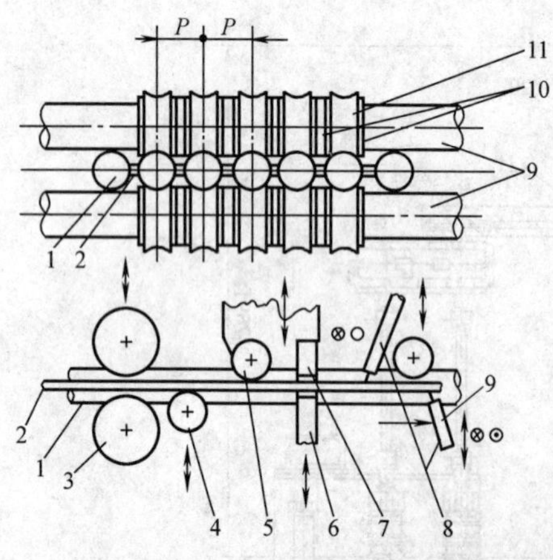

图42-55　管子与扁钢的定位机构

1—管子　2—扁钢　3—槽轮　4—扁钢支承轮　5—扁钢压紧轮　6—扁钢下定位块　7—扁钢上定位块　8—俯焊焊枪　9—仰焊焊枪　10—套筒及垫片　11—槽轮　*P*—管的节距

俯焊焊枪组件及调节机构共安装4把焊枪，可借助摇臂上下移动，行程为120mm，垂直行程为70mm。焊枪前倾角和侧倾角的调节范围为67°～83°。4把焊枪的位置均可独立调整，以适应不同拼焊工艺的要求。焊枪调节机构由电动十字滑架组成，也可手动微调。仰焊焊枪组件及调节机构基本上与俯焊焊枪组件相同，安装在左工作平台的端部。

主传动系统采用交流电动机、变频器调速。通过摆线针轮减速器、链条、链轮传至3个齿轮箱，将动力分配给10根方向轴，驱动送料辊轴。

气动系统由5个气缸组成，分别驱动送料辊轴、焊枪组件、活动横梁和扁钢支承轮。设计工作压力为5×10^5Pa，压缩空气耗量为$1.2m^3/h$。压缩空气经蓄气罐和油水分离器送入气动系统。

焊机焊接电流的导电系统的设计对于向焊件表面良好导电和减少电弧的磁偏吹十分重要。为此，在左右工作台上设置了若干个焊接地线接线端子，并在1、2、3号送料辊轴的颈部加装了旋转导电环，保证向焊件导电顺畅。

由于膜式水冷壁管屏拼焊焊缝的长度超过 10m，连续焊接时间约 20min，焊枪必须通过水冷却。为节约水资源，应采用循环水冷却装置。为防止供水管路堵塞，冷却水介质应选用工业纯水。冬季施焊时应加适量防冻液。

为尽量减小管屏的焊接变形，第 3 对送料压紧辊轴的位置应调整到紧靠焊接区。第 4、5 对辊轴主要用于控制管屏焊后的总变形。因此在焊缝冷却到 100℃以下后再卸压。

GMAW 为明弧焊，为保护焊工的眼睛和脸部皮肤，在焊机控制盘附近安装弧光防护屏和滤光镜片。同时，在焊接区的上方应安装烟尘抽吸系统。

5. 管屏拼接焊机的电气控制设计

根据管屏拼焊多头双面 GMAW 的操作顺序和工艺要求，对管屏拼焊机的电气控制作如下设计：

1）采用标准型可编程序控制器（PLC）和人机界面作为主控制器。在程序编程中应用步进顺序控制指令（SFC），手控和自动程序控制之间的关系如图 42-56 所示。

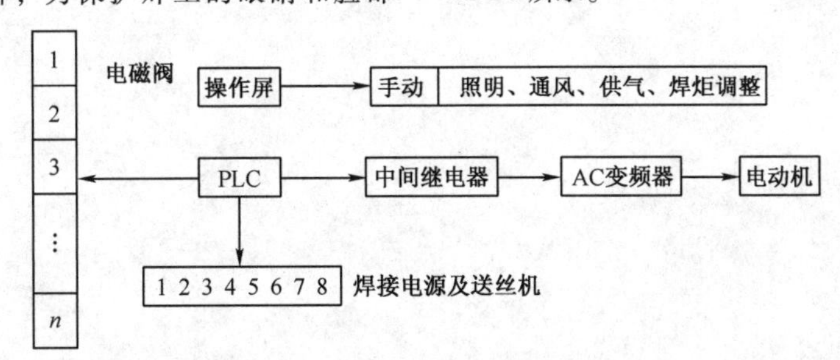

图 42-56　手动和自动程序控制关系框图

2）俯焊和仰焊各 4 台焊接电源和送丝机的起停开关和调节均设置在控制屏（人机界面）上。上下每台焊接电源，A、B、C、D 可单独起动，也可按 A + B、C + D 或 A + B + C + D 联合起动的方式控制。在控制屏上还设有保护气体流量检气按钮以及气缸电磁气阀的控制按钮。

3）为操作方便起见，俯焊位置和仰焊位置各设一个控制屏，每个控制屏除了上述功能外，还可通过选择按钮，实时数字显示每台焊接电源的主要焊接参数，包括焊接电流、电弧电压以及管屏的焊接速度，并对各执行器件的动作状态用不同颜色的指示灯显示。控制屏上还设有急停开关，在紧急情况下，可立即切断焊机和主驱动电路的电源。

4）管屏拼接焊机同时使用 8 台 GMAW 焊接电源，每台焊接电源的额定输入功率约为 26.6kVA，总功率约为 212.8kVA，故应为其配备专用的配电柜，以利供电电压的稳定。

5）管屏焊机的主传动驱动电路主要是交流电动机变频器调速电路，电动机功率约为 3.0kW。通过摆线针轮减速器及分配齿轮箱，焊接速度可在 400 ~ 1200mm/min 范围内无级调节，并设有正反转转接开关。

6）所有气缸的动作均由控制屏上的相应的按钮，通过 PLC 按预置的程序控制。

6. 焊接电源和送丝机的选配

根据管屏拼接焊机的工作特点，对相配的焊接电源提出了相当严格的要求。国内已开发成功了 12 头 MIG/MAG 管屏拼接焊机，即有 12 台焊接电源同时工作，任何一台焊接电源在焊接过程中出现故障或输出特征不稳定，都会导致焊接生产线停运，而造成重大经济损失，因此与之相配的焊接电源质量必须稳定可靠，保证在 100% 的负载持续率下 2000h 之内不出现任何电气故障。

7. 管屏拼接焊机验证试验

管屏拼接焊机试制完成并调试合格后，采用与产品实样相近的试件进行验证试验。最后确定，采用脉冲电弧 GMAW 工艺，富氩混合气体，ϕ1.2mm ER49—1（H08Mn2SiA）焊丝和表 42-4 所列的焊接参数，管屏拼缝正反两面焊缝均能达到外表成形美观的焊缝。焊缝横断面宏观分析表明，焊缝的熔透深度满足制造技术条件的要求。

表 42-4　验证试验确定的最佳焊接参数

焊接位置	焊接电流（有效值）/A	电弧电压/V	脉冲频率/Hz	焊接速度/（mm/min）	熔滴过渡形式
俯焊	200 ~ 240	25 ~ 27	100	700 ~ 800	脉冲喷射
仰焊	200 ~ 220	26 ~ 28	100	700 ~ 800	脉冲喷射